INTRODUCTION.

> Pour l'homme qui ignore les lois et les phénomènes de la nature, il est impossible qu'il réussisse à se faire une idée de la Bonté et de la Sagesse infinies du Créateur. En effet, tout ce que l'imagination la plus féconde, tout ce que l'intelligence la plus élevée, peuvent concevoir, nous produit l'effet, quand on le compare à la réalité, d'une bulle de savon vide, aux couleurs irisées et chatoyantes.
>
> Liebig.

La création est la réalisation extérieure de la volonté et des idées éternelles de Dieu, se manifestant par ses œuvres dans le temps et dans l'espace ; et la science, dans sa plus grande généralité, est l'expression des phénomènes et des lois ainsi réalisés dans l'univers par la Toute-Puissance créatrice.

La science repose donc sur la double base des faits et des lois des faits. L'observation fournit les faits, la pensée découvre les lois ; elle remonte des choses à la raison des choses, des phénomènes aux causes des phénomènes, aux énergies qui les produisent par leur efficace essentielle, et dont ce qu'on nomme loi n'est que le mode d'action (1).

Mais l'homme a des relations de plusieurs ordres avec ce qui existe hors de lui. De là diverses branches de la science.

De ses relations avec l'univers, avec ce qui se manifeste sous les conditions de l'étendue, les conditions de l'espace et du temps, sont nées les sciences physiques, chimiques, physiologiques. Comme ces sciences reposent sur l'observation d'une prodigieuse variété de faits, on a classé ces faits en différents groupes, constituant autant de sciences partielles, qui s'impliquent mutuellement et dont la réunion forme la science générale des corps animés et inanimés, depuis la molécule atomique jusqu'aux masses énormes qui, gravitant l'une vers l'autre, décrivent leurs orbites au sein de l'immensité ; depuis l'organisation la plus simple, soit végétale, soit animale, jusqu'à la plus complexe dans son unité, unité qui, dans la série ascendante des êtres, croît avec leur complexité même.

C'est pour faciliter l'étude et proportionner le travail aux forces de l'homme et à sa durée individuelle si courte, que l'on a introduit dans la science, à mesure que la connaissance s'étendait, des divisions de plus en plus nombreuses. On a créé ainsi autant de sciences partielles que les objets de la science offrent de différences plus ou moins caractérisées. Il résulte de là que plus le cercle où se renferme chacune de ces sciences partielles est étroit, moins les causes deviennent accessibles, ou moins la science est intellectuelle

---

(1) On peut définir la science : le travail de l'intelligence pour arriver par l'observation à la connaissance des faits, et par la pensée à la conception des lois qui régissent les faits, ou des causes dont les lois ne sont que le mode d'action.

La science a pour objet tout ce qui est, Dieu et l'univers ; et comme l'univers ne saurait être séparé de Dieu, dans lequel il a son origine, son principe, sa raison, la science de l'univers ne saurait être séparée de la science de Dieu, cause première, essentielle, nécessaire, infinie, sans lequel le mot même de cause n'aurait aucun sens, ou n'offrirait qu'un sens contradictoire.

Ainsi la science est une : elle descend de Dieu pour remonter vers lui.

Jusqu'à ce que ne voyant dans les faits que les faits mêmes, et n'en étant qu'une pure énumération, elle se matérialise et finisse là où le nombre règne seul. Mais même à ce degré d'abaissement de la science, la simple énumération de phénomènes déterminés, c'est-à-dire réels, serait impossible si l'esprit ne concevait à quelque degré ce qu'ils sont en soi, ce qui les constitue positivement, c'est-à-dire, en deux mots, leurs ressemblances et leurs dissemblances. Telle est la base des nomenclatures, dont la valeur dépend de la vérité des faits dénombrés et de la régularité de leur enchaînement ; en d'autres termes, de l'exactitude de l'observation et de la conception vraie des lois ou des causes (1).

S'il nous était donné d'embrasser la création entière, d'en suivre par la pensée le développement depuis son origine, les phases de ce développement considéré et dans l'ensemble de l'univers et dans chaque espèce d'êtres, qui, distincts et unis, y occupent une place déterminée par les lois harmoniques d'une mutuelle dépendance, cette connaissance, comprenant tous les êtres avec leurs relations phénoménales, serait la science même, telle qu'elle peut exister pour les intelligences finies. Il s'en faut de beaucoup que cette science, quoique bornée, quoiqu'à une distance infinie de la science absolue de Dieu, soit accessible à l'homme. Celle à laquelle nous pouvons atteindre est renfermée en des limites incomparablement plus resserrées. Nous ne possédons que des fragments, des lambeaux épars de la science propre des esprits créés, confinés que nous sommes en un point de la durée et de l'espace, et réduits sous notre forme terrestre, pour seul moyen d'investigation, à des sens imparfaits et à une intelligence non moins imparfaite.

La grandeur de l'homme, malgré cette imperfection de ses sens et la faiblesse de ses facultés intellectuelles, n'en consiste pas moins à suivre par la pensée, autant qu'il est en lui, la magnifique évolution de l'univers, à en observer les phases, à en rechercher les lois, à reproduire en soi, dans son type idéal, l'œuvre de Dieu dont il fait partie, et c'est ainsi que la science devient tout ensemble une philosophie et un hymne, l'expression du vrai et du bien, qui se révèle par l'ordre, l'aliment divin de l'intelligence et de l'amour. Heureux le savant à qui il a été donné de concourir efficacement à satisfaire ce besoin de connaître, inhérent à la nature humaine, d'ouvrir à cette philosophie quelques perspectives nouvelles, de balbutier quelques mots de cet hymne sublime !

Après ces considérations générales sur la science et sur son objet, abordons un ordre de faits naturels et de lois bien dignes d'exciter le plus vif intérêt, nous voulons parler des phénomènes moléculaires, objet propre de la chimie.

La Chimie est la science qui étudie la nature ou la constitution intime des corps et les lois qui régissent les éléments qui les composent, lorsque ceux-ci sont mis en présence suivant certaines conditions que l'expérience elle-même a déterminées.

L'affinité doit être considérée comme la cause générale, primitive, comme le principe générateur des phénomènes chimiques ou de la formation des corps.

Sans forme, point d'existence ; car pour exister, il faut exister d'une certaine manière. Une existence indéterminée serait une contradiction ; c'est la forme qui détermine l'être, qui le caractérise et le spécifie. Elle est le principe d'individualité et de personnalité.

Sans la forme, on peut concevoir le mouvement comme possible, mais jamais comme actuel, parce qu'on ne peut concevoir le mouvement sans direction, et que toute direction, étant une détermination, ne saurait être conçue que comme le résultat, l'effet, le produit de la forme, sans laquelle nulle détermination. De l'idée de direction naît l'idée de *fin* dans une sphère plus élevée.

Nous venons de dire que la forme est indispensable pour déterminer le mouvement ; le mouvement à son tour est nécessaire pour développer la forme et opérer entre les formes

(1) « Les sciences, quoi qu'on en ait dit, ne se bornent pas seulement à l'observation et à l'inscription des faits qui résultent de toutes nos expériences, à la coordination et à la simple contemplation des phénomènes de la nature. Leur mission est plus noble et plus élevée ; elles doivent, après la généralisation de ces faits, sans laquelle elles n'existeraient pas, se livrer à la recherche des causes cachées, mystérieuses et trop souvent introuvables qui les produisent, et tendre par là à diriger notre esprit vers la suprême intelligence qui ordonne l'univers. » — Gaudichaud, *Récherches générales sur la physiologie*, etc

ENCYCLOPÉDIE THÉOLOGIQUE,

OU

SÉRIES DE DICTIONNAIRES SUR TOUTES LES PARTIES DE LA SCIENCE RELIGIEUSE,

OFFRANT EN FRANÇAIS

LA PLUS CLAIRE, LA PLUS FACILE, LA PLUS COMMODE, LA PLUS VARIÉE
ET LA PLUS COMPLÈTE DES THÉOLOGIES.

CES DICTIONNAIRES SONT, POUR LA PREMIÈRE SÉRIE, CEUX

D'ÉCRITURE SAINTE, — DE PHILOLOGIE SACRÉE, — DE LITURGIE, — DE DROIT CANON, —
DES HÉRÉSIES, DES SCHISMES, DES LIVRES JANSÉNISTES, DES PROPOSITIONS ET DES LIVRES CONDAMNÉS,
— DES CONCILES, — DES CÉRÉMONIES ET DES RITES, —
DE CAS DE CONSCIENCE, — DES ORDRES RELIGIEUX (HOMMES ET FEMMES), — DES DIVERSES RELIGIONS, —
DE GÉOGRAPHIE SACRÉE ET ECCLÉSIASTIQUE, — DE THÉOLOGIE MORALE, ASCÉTIQUE ET MYSTIQUE,
— DE THÉOLOGIE DOGMATIQUE, CANONIQUE, LITURGIQUE, DISCIPLINAIRE ET POLÉMIQUE,
— DE JURISPRUDENCE CIVILE-ECCLÉSIASTIQUE,
— DES PASSIONS, DES VERTUS ET DES VICES, — D'HAGIOGRAPHIE, — DES PÈLERINAGES RELIGIEUX, —
D'ASTRONOMIE, DE PHYSIQUE ET DE MÉTÉOROLOGIE RELIGIEUSES, —
D'ICONOGRAPHIE CHRÉTIENNE, — DE CHIMIE ET DE MINÉRALOGIE RELIGIEUSES, — DE DIPLOMATIQUE CHRÉTIENNE, —
DES SCIENCES OCCULTES, — DE GÉOLOGIE ET DE CHRONOLOGIE CHRÉTIENNES.

PUBLIÉE

PAR M. L'ABBÉ MIGNE,

ÉDITEUR DE LA BIBLIOTHÈQUE UNIVERSELLE DU CLERGÉ,

OU

DES COURS COMPLETS SUR CHAQUE BRANCHE DE LA SCIENCE ECCLÉSIASTIQUE.

PRIX : 6 FR. LE VOL., POUR LE SOUSCRIPTEUR A LA COLLECTION ENTIÈRE, 7 FR., 8 FR., ET MÊME 10 FR. POUR LE
SOUSCRIPTEUR A TEL OU TEL DICTIONNAIRE PARTICULIER.

PREMIÈRE SÉRIE.

52 VOLUMES, PRIX : 312 FRANCS.

TOME QUARANTE-SIXIÈME.

DICTIONNAIRE DE CHIMIE ET DE MINÉRALOGIE.

TOME UNIQUE.

1 VOL. PRIX : 8 FRANCS.

S'IMPRIME ET SE VEND CHEZ L'ÉDITEUR,

AUX ATELIERS CATHOLIQUES DU PETIT-MONTROUGE,
BARRIÈRE D'ENFER DE PARIS.

1851

DICTIONNAIRE
DE CHIMIE
ET DE
MINÉRALOGIE.

CHIMIE MINÉRALE, VÉGÉTALE ET ANIMALE. — THÉORIE ET PRATIQUE. — VUES PHILOSOPHIQUES
ET HISTOIRE DE LA CHIMIE ANCIENNE, DU MOYEN AGE ET MODERNE.
BIOGRAPHIE DES CHIMISTES ET ALCHIMISTES ET ANALYSE CRITIQUE DE LEURS TRAVAUX.
APPLICATIONS A LA MÉDECINE, AUX ARTS, A L'INDUSTRIE,
A L'ÉCONOMIE DOMESTIQUE, ETC., ETC.

PAR L.-F. JÉHAN (de Saint-Clavien),

MEMBRE DE LA SOCIÉTÉ GÉOLOGIQUE DE FRANCE, DE L'ACADÉMIE ROYALE DES SCIENCES DE TURIN, etc.;

Auteur du *Dictionnaire d'Astronomie, de Physique et de Météorologie*, etc.

Omnia in mensurâ et pondere et numero Deus disposuit.
SAP. XI, 2.

Oui, tous les corps de la nature ont été faits à la balance
d'une sagesse éternelle. PROUST.

PUBLIÉ

PAR M. L'ABBÉ MIGNE,

ÉDITEUR DE LA BIBLIOTHÈQUE UNIVERSELLE DU CLERGÉ,
OU
DES COURS COMPLETS SUR CHAQUE BRANCHE DE LA SCIENCE ECCLÉSIASTIQUE.

1 VOL. PRIX : 8 FRANCS.

S'IMPRIME ET SE VEND CHEZ L'ÉDITEUR,
AUX ATELIERS CATHOLIQUES DU PETIT-MONTROUGE,
BARRIÈRE D'ENFER DE PARIS.

1851

diverses, au sein de l'univers physique, les combinaisons d'où résultent les séries progressives des êtres. Mais la forme ne saurait déterminer le mouvement qu'autant qu'elle est unie, dans tous les points du mouvement même, à la force dont il est l'action; de là découle la nécessité d'un principe spécial dont la fonction est de les unir, et la nécessité de son intervention dans tous les phénomènes. La combinaison directe du principe d'union et du principe de force produit le mouvement central ou la loi de gravitation, qui ramène à l'unité chaque monde, chaque système de mondes et l'innombrable multitude de ces systèmes.

La cause primitive génératrice des faits chimiques, que nous avons appelée affinité, est cette tendance naturelle et nécessaire des formes diverses à s'ordonner et à se combiner dans l'unité, selon l'ordre des relations qui existent entre elles. Sans doute il existe d'autres causes non moins générales qui concourent à leur production, telles que l'électricité, la lumière, etc. Mais comme ce qui différencie spécifiquement les corps dépend de la forme seule, et que l'affinité est l'action propre de la forme, elle a évidemment un rapport plus particulier avec la science dont l'objet final est de classer les corps en *espèces* définies, d'après l'ensemble de leurs propriétés respectives.

Quelque prodigieusement varié que soit le travail de la nature dans ses résultats, il n'est autre qu'un travail de composition et de décomposition, mots qui eux-mêmes n'expriment qu'un seul fait envisagé sous deux aspects divers; car la décomposition d'un corps aboutit toujours à la production d'autres corps plus complexes ou plus simples.

Puisque, dans l'universalité des effets, c'est l'affinité qui détermine ce que chacun a de propre, elle est donc la cause première et directe de ce grand phénomène de composition et de décomposition, phénomène essentiellement moléculaire.

Les phénomènes de cohésion, d'agrégation, de dissolution, ne sont que des modes de son action propre, respectivement caractérisés par ce qu'ont de divers les effets produits; car, du reste, l'unité radicale de la cause ressort évidemment de ces mêmes effets, qui s'impliquent plus ou moins l'un l'autre.

L'affinité, une dans son essence, peut donc être considérée sous deux points de vue, comme générale et comme spécifique; générale, quant aux conditions universelles de l'existence des êtres; spécifique, quant aux différences qui subsistent entre eux : et l'on ne pourrait la concevoir autrement, puisqu'elle n'est que l'action du principe même de détermination ou de variété. Dans l'ordre des réalités finies ou contingentes, aucun être ne peut exister, aucune forme ne peut se développer sans l'électricité, la lumière et le calorique ; toute forme a donc une affinité radicale et nécessaire pour ces trois fluides. Mais cette affinité générale se spécifie en chaque forme distincte, de sorte qu'elles contiennent toutes, selon leur nature propre, des quantités diverses d'électricité, de lumière et de calorique, ou sont en des rapports divers avec ces fluides, sans quoi, évidemment, il n'existerait qu'une seule et même forme, un seul et même corps.

Il est encore d'autres aspects sous lesquels on peut considérer l'affinité ; ainsi, il y a dans chaque forme complexe une affinité spécifique pour les formes plus simples que cette forme complexe implique, et la Chimie n'est presque tout entière que la science de ces affinités spécifiques.

Enfin, chaque forme a de l'affinité pour elle-même, et c'est de cette affinité que résulte l'agrégation et la cohésion des molécules similaires dans les corps où il ne s'opère actuellement aucun travail de composition ou de décomposition.

Il est facile à présent de comprendre et d'expliquer les trois états généraux auxquels peut subsister un composé sans changer de nature, nous voulons parler de l'état solide, de l'état liquide, et de l'état gazeux.

Un corps est solide lorsque l'affinité de la forme pour elle-même ne trouve en lui aucun obstacle à son action. La cohésion y est dans ce cas aussi grande que le comporte sa nature, par où l'on voit que le degré de cohésion est, en chaque corps, la mesure de la puissance d'affinité de la forme pour elle-même. Mais si cet état vient à être troublé par une cause quelconque, si sa force inhérente au corps tend à passer à l'état libre, la puissance d'affinité décroîtra, quant à ses effets, à mesure qu'augmentera l'activité de la force. Tout ce qui, dans le corps, excitera l'activité de la force, diminuera la puissance relative de l'affinité. Tel est le genre d'action du calorique introduit dans un corps; il le dilate en opérant l'écartement des molécules qui le composent et peut y produire un double effet remarquable, proportionnel à la quantité de calorique introduit et au degré de puissance de l'affinité de la forme pour elle-même, c'est-à-dire que le corps peut passer successivement par deux états.

Si l'action du calorique ou sa tendance à disjoindre les molécules du corps fait équilibre à sa puissance d'affinité, le corps passera à l'état liquide.

Si la force du calorique surmonte la puissance d'affinité, elle dispersera de plus en plus les molécules du corps, jusqu'à ce qu'elle rencontre un obstacle qui s'oppose à son expansion ultérieure. L'état gazeux est le résultat de cette dispersion des molécules ainsi soustraites à la puissance d'affinité de la forme pour elle-même.

Ce double phénomène est de la plus haute importance dans l'économie de la nature, en favorisant éminemment l'action de l'affinité de composition. On conçoit, en effet, que toute composition s'opérant de molécule à molécule, il faut que leur déplacement facile permette qu'elles se rapprochent, se présentent l'une à l'autre dans des conditions qui rendent possible leur action réciproque, les arrangements, les combinaisons qu'impliquent les formes nouvelles dont elles doivent devenir les éléments constitutifs; toutes choses qui nécessitent une mobilité plus ou moins parfaite de ces molécules, et par conséquent leur séparation ou leur mutuelle indépendance.

On ne se lasse point d'admirer toutes ces belles lois, si fécondes, si harmonieuses, d'où dépendent l'existence des corps et la variété infinie qu'ils présentent. Le monde physique ne pouvait subsister qu'à la condition que les corps résisteraient à leur propre destruction, qu'ils auraient en soi un principe de stabilité; et il ne pouvait se développer que par la subordination du principe de stabilité à un autre principe en vertu duquel s'accomplit l'évolution de la forme. L'affinité de la forme pour elle-même ou l'affinité de cohésion est le principe de stabilité; l'affinité réciproque des formes diverses les unes pour les autres, ou l'affinité de composition, est le principe de développement. Chose bien remarquable! on retrouve dans les phénomènes moléculaires et dans l'énergie spéciale dont ils dépendent essentiellement, cette même tendance vers un terme dernier, ascendant, idéal, infini, que l'observation constate dans toute créature, dans chaque ordre de créatures, comme aussi dans leur immense ensemble.

« La manifestation de l'affinité chimique est une tendance vers le repos, après une activité plus ou moins prolongée. Si l'on parvenait à réunir tous les corps en un même point, et qu'ils fussent tous en état de manifester leurs affinités, ils commenceraient à se combiner les uns avec les autres, et la masse entrerait dans une activité qui durerait plus ou moins longtemps, et se terminerait par un repos éternel, que nulle force ne pourrait troubler ni détruire. La masse se présenterait alors, en vertu de la force de cohésion, sous forme d'un agrégat mécanique de corps indifférents. Cependant il n'en est pas ainsi de la belle nature qui nous environne. Dans le petit point de l'univers que nous habitons, la nature organique est conservée par les changements continuels qui s'opèrent dans la nature inorganique, et nous sommes fondés à présumer que les choses se passent de même dans les autres parties de l'univers.

« Les agents qui troublent sans cesse le repos des éléments unis sont la lumière, le calorique et l'électricité, concurremment avec les différents degrés de l'affinité (1). »

L'univers tendrait-il au repos par le mouvement? Les corps seraient-ils comme des fragments séparés d'un tout qui cherchent à se rejoindre? Y aurait-il dans la création comme une aspiration perpétuelle vers une grande unité et un perpétuel effort pour l'atteindre?... Il n'est pas de notre sujet de pénétrer dans ces profondeurs d'une philosophie transcendante pour en sonder les mystères.

Jetons maintenant un coup d'œil sur l'histoire de la chimie, sur ses rapports avec les autres sciences, sur ses applications.

(1) Berzélius, *Traité de Chimie*, t. IV, p. 512.

La Chimie n'a commencé à exister comme science qu'à la fin du xvii° siècle. Pendant les dix siècles qui précédèrent, toutes les recherches entreprises isolément, sans méthode, et souvent sous l'empire des fantaisies les plus capricieuses de l'imagination, les travaux pharmaceutiques des médecins arabes et les opérations des alchimistes du moyen âge en quête de la pierre philosophale, n'avaient abouti qu'à la découverte d'un petit nombre de corps et de quelques-unes de leurs combinaisons. Lorsque Bacon, Descartes, Leibnitz, Galilée, eurent imprimé aux recherches scientifiques une direction salutaire, à laquelle les sciences naturelles durent tous leurs progrès ultérieurs, lorsqu'ils eurent affranchi les esprits du joug des opinions reçues, en faisant triompher le principe que l'expérience doit être le seul guide de l'observateur dans l'étude des phénomènes de la nature, on vit, à la vérité, la physique expérimentale prendre un vaste essor ; mais la Chimie proprement dite n'avait gagné à ce mouvement que de pouvoir dégager les résultats déjà obtenus de la croûte épaisse d'erreurs qui les enveloppait. Ainsi, au milieu du développement déjà considérable des autres sciences d'observation, la science de la nature intime des corps et de leur action réciproque n'offrait encore qu'un confus mélange de faits isolés, sans lien entre eux, sans base commune, sans unité et sans loi. Un chimiste prussien, Stahl, aidé des travaux de quelques-uns de ses devanciers, entreprit le premier d'expliquer et de coordonner en système tous les faits connus jusque-là. Stahl, rejetant les éléments scolastiques, divisait les corps en corps simples et en corps composés, rangeait les métaux parmi les corps composés, tandis que de leurs terres, c'est-à-dire de leurs oxydes, il faisait au contraire autant d'éléments. Pour expliquer le passage des métaux de l'état terreux à l'état métallique, ou de l'état métallique à l'état terreux, il admettait l'existence d'un principe inflammable, d'un agent universel, qu'il nommait *phlogistique*, que les métaux absorbaient ou dégageaient en vertu de certaines conditions. Quoique souvent contredite par les découvertes postérieures, cette théorie parut si bien concorder avec tous les faits alors connus, qu'elle fut adoptée pendant près de soixante ans par les plus habiles chimistes. Elle régna dans la science jusqu'à l'époque où les travaux de Schéele en Suède, de Priestley en Angleterre, et de Lavoisier en France, vinrent ouvrir à la Chimie la vaste carrière dans laquelle elle n'a pas cessé de marcher depuis à pas de géant.

Une observation capitale avait déjà été faite depuis longtemps par un médecin du Périgord, Jean Rey. Ayant pesé les métaux avant et après la calcination, il avait reconnu que, loin de diminuer après la calcination, ils augmentaient de poids ; d'où il avait conclu que la calcination, au lieu d'être le résultat du dégagement d'un prétendu *phlogistique*, pourrait bien être au contraire le produit de l'absorption d'un principe particulier de l'air.

Les savants dirigèrent donc leurs recherches sur la composition de l'air et sur l'étude des gaz, que l'on apprit à recueillir et à distinguer les uns des autres. C'est ainsi que Lavoisier, mettant à profit toutes les recherches antérieures, établit le premier que la calcination et toutes les combustions étaient le produit de l'union d'un élément particulier de l'air avec les corps. Cet élément, il le retrouve partout, dans l'air, où il est combiné avec le carbone ; dans l'eau, dont il est un des principes générateurs, dans la plupart des substances minérales, végétales, animales ; dans le phénomène de la chaleur, dans la formation des acides, dans la respiration des animaux. Cet élément si remarquable, ce principal agent de la Chimie, Lavoisier l'appela *oxygène*, c'est-à-dire *générateur de l'acide*, et lui assigna le premier rôle dans tous les phénomènes de la nature.

Il restait à coordonner tous ces faits nouveaux, à les réunir en un corps de doctrine. C'est ce qu'entreprit Guyton-Morveau, avec le concours de Lavoisier et de plusieurs autres savants. Il imagina une nomenclature destinée à désigner les divers composés chimiques d'après le procédé de composition constaté par les nouvelles découvertes. « Substituée, dit Cuvier, aux termes bizarres et mystérieux que la Chimie ancienne avait empruntés de l'alchimie, cette terminologie simple, claire, et qui avait fondu, en quelque sorte, les définitions dans les noms, contribua puissamment à la propagation de la doctrine nouvelle. »

Ce fut une véritable révolution scientifique. En vain la nouvelle Chimie éprouva-t-elle de la résistance de la part des esprits routiniers, elle ne tarda pas à envahir l'Europe et à prendre un essor prodigieux. Elle commence une ère nouvelle ; elle marche de découvertes un découvertes avec une étonnante rapidité, et il n'est presque point de branches des connaissances humaines qui n'éprouvent son heureuse influence.

Nous avons vu que le point de départ avait été une théorie en apparence fort simple de la combustion. Cette théorie fut un service immense rendu à l'humanité. En effet, c'est à la découverte de l'oxygène que se rattachent la connaissance de la constitution de l'atmosphère, l'explication des vents, de la rosée, de la pluie, de la grêle, de la neige, de tous les phénomènes météorologiques ramenés à un travail de composition et de décomposition dont la Chimie dévoile les causes, analyse les résultats. C'est à elle que nous devons rapporter les progrès de la géologie (1) et ceux de la minéralogie, puisqu'elle nous a fourni les moyens de reconnaître, de distinguer et de classer d'une manière rationnelle les substances minérales dont se compose l'écorce solide de notre planète. Enfin, l'extraction des métaux, cette opération si importante, l'exploitation avantageuse d'industries et de fabriques sans nombre, se lient à cette découverte de la manière la plus étroite. On ne doit point hésiter à lui attribuer le développement immense qu'a pris depuis lors le bien-être matériel des nations, et l'on peut dire que l'homme en a reçu une augmentation de puissance considérable.

Chacune des découvertes ultérieures de la Chimie a eu pour résultat des effets analogues : chaque application nouvelle de ses lois, de quelque nature qu'elle soit, apporte un bienfait aux peuples, accroît la somme de leur force et de leur prospérité.

Comparés entre eux, les corps présentent des analogies ou des différences sous le rapport de la forme ainsi que sous celui des propriétés. Celles-ci éprouvent des changements par le contact d'autres corps et se modifient suivant le mode d'arrangement de leurs molécules. Le chimiste étudie ces propriétés, ces modifications si nombreuses et si variées. L'ensemble de toutes ces observations constitue une langue dont chaque mot représente une propriété, une modification dans les corps, que l'expérience a constatée. Suivant la disposition qu'elles affectent, les mêmes quantités d'éléments identiques donneront naissance à un poison, à un aliment, à un corps volatil ou à un corps inaltérable à l'action du feu.

Le chimiste interroge un minéral : le langage des phénomènes qui se manifestent lui révèle que ce minéral contient du soufre, du fer, du chrome, de la silice, de l'alumine, disposés d'une certaine manière, ou bien il lui répond par tout autre mot de la langue chimique. Voilà l'*analyse chimique*.

Cette langue des phénomènes, dans laquelle le chimiste est devenu habile, le conduit à des combinaisons d'où découle une infinité d'applications utiles. La connaissance de ces combinaisons est une source d'améliorations pour les arts et l'industrie, pour la métallurgie et la préparation des médicaments. Ainsi, par exemple, le chimiste analyse l'outremer, puis il en traduit le mot ou la formule analytique en phénomène, c'est-à-dire qu'il donne

(1) « Il nous est donné maintenant, si nous voulons aborder l'histoire naturelle de notre globe, de nous appuyer, non-seulement sur les branches les plus transcendantes des sciences physiques, mais aussi sur les découvertes récentes, d'une bien plus haute importance pour nous, qui viennent d'être faites en minéralogie, en chimie, en botanique, en zoologie, en anatomie comparée. Aidés de ces secours, si nous venons à creuser le sein de la terre, nous y trouverons écrites, en caractères accessibles à notre intelligence, les annales de la formation du globe, là où ceux qui nous précédèrent ne rencontrèrent qu'un livre fermé d'un sceau que tous leurs efforts ne purent briser. Ainsi débarrassée du bandeau qui obscurcissait sa vue, et maîtresse de parcourir en tous sens l'horizon immense qui s'étend autour d'elle, la géologie embrasse plus en surface et en profondeur qu'aucune autre science physique, l'astronomie seule exceptée. Car outre qu'elle comprend l'étude entière du règne minéral, c'est à elle qu'appartient l'histoire des innombrables races éteintes tant du règne animal que du règne végétal. Elle fait voir que chacune, objet d'un plan et d'une prévoyance à part, a été mise en harmonie parfaite avec les conditions diverses de la vie terrestre ou aquatique pour laquelle elle avait été faite. Enfin, elle démontre que les arrangements primordiaux des éléments inorganiques ont été faits en vue de leur emploi dans la composition des corps organisés, animaux et végétaux actuellement existants, et surtout en vue de leur utilité pour l'espèce humaine.

« C'est à l'aide de ces divers témoignages que se reconstruit l'histoire des travaux du tout-puissant Auteur de l'univers, histoire aussi grande par l'élévation des sujets qu'elle embrasse que par la haute antiquité à laquelle elle remonte, et que Dieu lui-même a tracée de son doigt dans les fondements des montagnes éternelles. » Buckland, *Géologie et Minéral.*, t. I, p. 6. — Dans notre *Nouveau Traité des sciences géologiques, considérées dans leurs rapports avec la Religion*, nous avons essayé de faire ressortir les harmonies du plan du Créateur dans l'organisation de la terre.

la formule que l'on devra suivre pour reproduire artificiellement cette substance. Voilà la *Chimie appliquée*.

Il n'est guère de questions posées par les arts, l'industrie ou par la physiologie, auxquelles la Chimie scientifique n'ait donné une réponse satisfaisante. Elle a opéré en moins d'un demi-siècle un changement considérable dans presque tous les procédés des arts ; l'extraction des métaux, leur purification, leurs combinaisons en divers alliages dans un but d'utilité ou d'agrément, leur conservation, la fabrication du verre, de la porcelaine, la tannerie, la teinture et le blanchissage des tissus, la fabrication du savon et du sucré, l'éclairage par le gaz, le chauffage par la vapeur, dont la mécanique a su tirer un si grand parti, l'invention de la lampe de sûreté, la distillation, la transformation en produits utiles de tous les produits inutiles ou malfaisants, en un mot, presque toutes les innovations de l'industrie ont trouvé dans la Chimie moderne leur origine, leur flambeau et leur point d'appui.

Appliquée à l'analyse des plantes et à l'économie animale, elle étudie les principes des corps vivants, elle en décompose les produits pour y reconnaître leur ordre de composition, s'efforce d'expliquer leur nature intime, leurs formations, leurs rapports, et travaille sans cesse à chercher le mot du grand problème de la vie.

Comment les végétaux et les animaux peuvent-ils créer, dans l'intérieur de leurs organes, avec le concours de quatre ou cinq principes élémentaires seulement, cette multitude de composés dont la constitution et les propriétés chimiques sont si distinctes ? Par quels moyens puisent-ils dans le sol et tirent-ils de l'atmosphère les éléments convenables pour engendrer la fibre ligneuse ou musculaire, les huiles ou les graisses, le sucre, la gomme, l'amidon, etc., composés qui ne diffèrent les uns des autres que par des variations souvent insignifiantes dans les trois, quatre ou cinq éléments qui les constituent essentiellement ? Comment le pavot, la jusquiame, la ciguë, la morelle, tirent-ils leurs poisons du même terrain où le blé, la pomme de terre, le haricot, le pommier, ne trouvent que des matériaux salutaires et nourrissants ?... Dieu seul connaît le secret de ces transformations successives et merveilleuses par lesquelles passent les éléments inorganiques pour constituer la trame des organes des êtres vivants, aussi bien que les nombreux produits qui s'y accumulent incessamment. Et, comme l'a dit avec tant de raison le célèbre Berzélius, tout cela s'opère, non comme un effet du hasard, mais avec une variété admirable, avec une sagesse extrême.

« Tout ce qui tient à la nature organique annonce un but sage, et se distingue comme production d'un entendement supérieur... Cependant plus d'une fois une philosophie bornée a prétendu être profonde, en admettant que tout était l'œuvre du hasard... Mais cette philosophie n'a pas compris que ce qu'elle désigne, dans la nature morte, sous le nom de hasard, est une chose physiquement impossible. Tous les effets naissent de causes, où sont produits par des forces ; ces dernières (semblables aux désirs) tendent à se mettre en activité et à se satisfaire, pour arriver à un état de repos qui ne saurait être troublé, et qui ne peut être sujet à quelque chose qui réponde à notre idée du hasard. Nous ne voyons pas comment cette tendance de la matière inorganique à parvenir dans un état de repos et d'indifférence, par le désir de se saturer que possèdent les forces réciproques, sert à la maintenir dans une activité continuelle ; mais nous voyons cette régularité calculée dans le mouvement des mondes. Nos recherches nous conduisent tous les jours à de nouvelles connaissances sur la construction admirable des corps organiques, et il sera toujours plus honorable pour nous d'admirer la sagesse que nous ne pouvons suivre, que de vouloir nous élever, avec une arrogance philosophique et par des raisonnements chétifs, à une connaissance supposée des choses qui seront probablement à jamais hors de la portée de notre entendement (1). »

L'objet le plus élevé de la Chimie, son but suprême, est de rechercher les causes des phénomènes naturels, de leurs variations, les lois qui les régissent. L'ensemble et la coordination de tous les résultats recueillis et vérifiés par l'observation constituent ce qu'on appelle une *théorie*.

____

(1) Berzélius, *Traité de Chimie*, t. V, p. 3.

Autrefois la Chimie se réduisait à l'art d'expérimenter, découvert d'une manière empirique et réduit en règles. Aujourd'hui l'art de l'expérimentation a perdu de son importance. Toutes ces méthodes, tous ces procédés, toutes ces mesures de précaution, auxquels on avait recours dans l'enfance de la Chimie, tous ces bizarres attributs du chimiste d'autrefois, ses fourneaux, ses alambics, tout cela n'est plus qu'un pur objet de curiosité, tout cela ne s'apprend plus, mais se comprend de soi-même, parce que l'on connaît les causes qui ont rendu nécessaire cette complication d'appareils. Aujourd'hui le succès d'une expérience, d'une opération, dépend beaucoup moins de l'habileté mécanique que des connaissances de l'expérimentateur; sa sagacité a remplacé la dextérité : c'est l'organe intellectuel qui maintenant préside à toutes les découvertes chimiques.

La physiologie, la médecine, la géologie, la physique expérimentale, voilà les régions encore en partie inexplorées dont le chimiste aspire à découvrir les lois. Nos grands physiologistes trahissent à chaque parole leur conviction intime. La science des formes extérieures ne les satisfait plus : ils sont convaincus de l'importance et de la nécessité de pénétrer plus profondément, plus intimement dans la nature de l'organisme, afin de l'étudier chimiquement. Et pourtant, sans la physiologie, qu'est-ce que la médecine, sinon un art purement empirique, n'ayant d'autres règles que les résultats de l'empirisme, s'occupant seulement de savoir ce qui a réussi ou échoué dans tel ou tel cas particulier, sans s'inquiéter des causes des phénomènes?

Pour juger les états anormaux et morbides de l'organisme humain, quel secours ne puiserions-nous pas dans une notion suffisamment exacte de ses états normaux, dans l'idée parfaitement nette des phénomènes de la digestion, de l'assimilation et de la sécrétion? Quelles modifications n'en recevrait pas le traitement des maladies? En l'absence de toute idée exacte de force, de cause et d'effet, de toute vue pratique sur la nature des phénomènes, en l'absence de toute notion solide en physiologie ou en Chimie, doit-on s'étonner de voir des hommes, d'ailleurs intelligents, défendre les opinions les plus contradictoires? Les idées les plus radicalement impossibles ne leur coûtent rien à émettre, et le mot *force vitale*, par exemple, sera pour eux le mot merveilleux qui répondra à tout, qui expliquera tous les phénomènes qu'ils ne pourront comprendre. On ne pénétrera jamais le mystère de la force vitale qu'en suivant scrupuleusement la route qui a conduit la physique et la Chimie à de si grands résultats.

Parlant de l'électricité, de son rôle si longtemps inconnu dans les phénomènes naturels, et assurément un des états de la matière le moins accessible aux yeux du corps et de l'esprit, un savant chimiste s'exprime ainsi :

« Depuis la naissance de la physique, des milliers d'années se sont écoulées avant que l'esprit humain se fût seulement douté de la force immense, gigantesque, qui concourt à tous les changements dont la nature inorganique est le théâtre, et à tous les phénomènes que présente la vie des végétaux et des animaux.

« A la suite d'infatigables recherches, et grâce à un courage que n'ont pu rebuter des difficultés sans nombre, le physicien a fini par se familiariser avec la force dont nous parlons, et par en faire sa servante. Il sait aujourd'hui que l'électricité, le calorique, la lumière et le magnétisme sont pour ainsi dire les filles d'une même mère; c'est l'électricité qui l'a aidé à soumettre et à maîtriser ses sœurs. Par son secours, il trace à la foudre le chemin qu'elle doit parcourir, il arrache les métaux précieux de leurs mines les plus pauvres; c'est à elle qu'il doit d'avoir pu pénétrer la véritable nature des éléments qui composent notre globe; enfin, avec son aide, il fait marcher les navires et multiplie les arts. »

Puis, s'élevant à des considérations pleines de justesse sur l'art d'observer, Liebig ajoute :

« Une force ne tombe ni sous le sens de la vue ni sous celui du toucher. Pour la connaître dans son essence et dans ses propriétés caractéristiques, nous devons étudier ses manifestations et ses effets. Mais la simple observation ne saurait suffire, car l'erreur est toujours à la surface, et il faut fouiller plus profondément pour découvrir la vérité. Quand nous envisageons un phénomène sous un faux point de vue, quand nous le classons et l'interprétons mal, nous appelons cela commettre une erreur; mais il est un moyen de se mettre à l'abri de l'erreur : il consiste à vérifier expérimentalement nos conceptions, nos interprétations du phénomène observé. Il faut, afin de démontrer leur exactitude, reconnaître d'abord les conditions au milieu desquelles se produit le phénomène ; puis, ces conditions une fois reconnues, il faut les changer ; enfin, l'influence de ce changement doit faire l'objet de nouvelles observations : par ce moyen, la première observation, si elle est exacte, se trouve confirmée et acquiert une évidence complète. Rien ne doit être abandonné à l'imagination, à l'arbitraire. C'est par les faits, par les phénomènes à l'étude et à la recherche desquels il s'est voué, que le véritable investigateur explique ses idées ; il laisse les faits parler pour lui. Il n'est pas de phénomène qui, pris isolément, s'explique de lui-même ; on ne le connaît et on ne le comprend bien que lorsqu'il se trouve rattaché et coordonné à d'autres faits bien observés. N'oublions jamais que tout phénomène a sa raison, et que tout effet a sa cause.

« L'hypothèse suivant laquelle a force créatrice de la nature serait capable de produire sans semences toutes les espèces de végétaux et même certains animaux, c'est-à-dire de les faire naître de terres décomposées et de matières végétales en putréfaction ; l'horreur du vide, l'esprit recteur, la supposition singulière que l'organisme animal vivant possède la faculté de fabriquer du fer et du phosphore, toutes ces rêveries sont les résultats naturels de recherches incomplètes ; ce sont des filles de l'ignorance ou de la paresse incapable de remonter à l'origine et aux causes des phénomènes. Des milliers d'observations qui ne sont pas liées et coordonnées entre elles n'ont pas plus de valeur qu'une observation unique et isolée ; elles ne prouvent rien. Nous n'avons aucun droit de faire intervenir notre imagination et d'inventer des causes hypothétiques, lorsque nous échouons dans la recherche des causes réelles et venons nous briser contre les écueils de la route. Ainsi, quand nous voyons les infusoires naître d'œufs, il ne nous reste plus qu'à rechercher de quelle manière ces œufs se disséminent partout.

« Du moment où nous abandonnons les rênes à notre imagination et lui reconnaissons le droit de résoudre les questions demeurées sans réponse, il n'y a plus d'investigation scientifique : nous n'avons plus aucun moyen de découvrir la vérité. Cependant ce ne serait là que le moindre mal : le pire de tout, c'est qu'en général l'imagination met à la place de la vérité un monstre entêté, méchant et jaloux, je veux dire l'erreur, qui se place au-devant d'elle, cherche à lui barrer le chemin, lutte avec acharnement contre elle, et s'efforce de l'anéantir. Voilà ce que nous voyons dans toutes les sciences où on laisse les opinions se substituer aux preuves et prendre l'autorité de démonstrations positives. Lorsque, reconnaissant notre impuissance, nous confessons que nos moyens actuels sont insuffisants pour résoudre une question et ne peuvent expliquer un phénomène, eh. bien ! c'est un problème que nous léguons à nos successeurs : des milliers d'hommes peut-être y useront leurs forces, mais tôt ou tard le problème sera résolu.

« Les explications satisfont l'esprit, et l'erreur tenue pour vraie procure le repos à son activité, tout aussi bien que le ferait la vérité elle-même.

« Qu'il se présente des millions de cas, l'imagination créera des millions d'erreurs : or, rien n'est plus nuisible au progrès des sciences, rien ne s'oppose davantage à la lumière qu'une vieille erreur ; car il est infiniment difficile de réfuter une doctrine fausse, par la raison précisément qu'elle s'appuie sur la conviction que le faux est la vérité. »

C'est procéder d'une manière tout à fait irrationnelle en physiologie que de prétendre expliquer les phénomènes de la formation des tissus, de la nutrition et de la sécrétion dans l'organisme, avant de connaître l'aliment et les sources d'où il provient, avant d'avoir soumis l'albumine, le caséum, le sang, la bile, la substance cérébrale, etc., à des expériences rigoureuses. Il faut d'abord étudier les propriétés de ces substances et leur manière de se comporter, connaître les métamorphoses qu'elles éprouvent quand on les met en contact avec d'autres corps.

« La cause des phénomènes vitaux, ajoute l'observateur profond que nous citions tout à l'heure, est une force qui n'agit pas à une distance qu'on puisse mesurer, et dont l'activité ne se manifeste qu'au moment où la nourriture et le sang entrent en contact immédiat avec les organes destinés à les recevoir ou à les transformer. Il en est absolument de même de la force chimique; il n'existe pas dans la nature de causes génératrices de mouvement ou de changement; il n'y a pas de forces plus voisines entre elles que la force chimique et la force vitale. Nous savons qu'il se produit des réactions chimiques toutes les fois que des corps, en général, de nature différente, se touchent; or, ce serait aller contre toutes les règles de la méthode admise dans les sciences naturelles, que de supposer qu'une des forces les plus puissantes de la nature ne prend aucune part aux actes de l'organisme vivant, quoique toutes les conditions, sous l'influence desquelles son action se manifeste, s'y trouvent précisément réunies. Bien loin que nous ayons des motifs d'admettre que la force chimique se subordonne à la force vitale à mesure que ses effets échappent davantage à notre observation, nous voyons, au contraire, la force chimique de l'oxygène, par exemple, en pleine activité à tous les instants. Ainsi, l'urée, l'allantoïne, l'acide des fourmis et des coléoptères aquatiques, l'acide oxalique, l'huile volatile de la racine de valériane, l'huile de la fleur du *Spirea ulmaria*, l'huile volatile du *Gualteria procumbens*, sont bien des produits qui se forment pendant la vie; mais, pour cela, sommes-nous en droit de dire que ce sont des produits de la force vitale?

« Nous pouvons, au moyen de la force chimique, créer toutes ces combinaisons. Avec les excréments des serpents et des oiseaux, la Chimie produit la substance cristalline que renferme le liquide allantoïque de la vache; avec du sang carbonisé nous faisons de l'urée; avec de la sciure de bois nous faisons du sucre, de l'acide formique, de l'acide oxalique; avec de l'écorce de saule, nous fabriquons de l'huile volatile de *Spirea ulmaria* et de l'huile de *Gualteria*; enfin, de la pomme de terre nous pouvons retirer de l'huile de racine de valériane.

« Ce sont là des faits qui suffisent pour nous donner l'espoir qu'un jour nous réussirons à produire la quinine et la morphine, ainsi que les combinaisons qui constituent l'albumine et la fibre musculaire.

« Distinguons les effets de la force chimique de ceux qui appartiennent à la force vitale, et alors nous nous trouverons sur la voie qui peut nous conduire à pénétrer la nature de celle-ci. Jamais la Chimie ne sera en état de faire un œil, un cheveu, une feuille. Nous savons seulement d'une manière certaine que la production de l'acide prussique et de l'huile d'amandes amères dans les amandes qui ont cette saveur, de l'huile essentielle de moutarde et de la sinapine dans la moutarde, du sucre dans les semences en germination, est un résultat de décomposition chimique; nous voyons qu'avec le secours d'un peu d'acide chlorhydrique un estomac de veau mort agit absolument comme un estomac vivant sur la chair musculaire et sur l'albumine coagulée par la cuisson; qu'il dissout ces deux substances, en un mot, qu'il les digère. Ce sont là autant de faits qui nous autorisent à conclure qu'en suivant la voie de l'observation nous arriverons à nous faire une idée claire des métamorphoses que les aliments subissent au sein de l'organisme ainsi que de l'action des médicaments. »

Rechercher ce qu'il y a de physique et de chimique dans les phénomènes de la vie est une étude de la plus haute importance, et qui a attiré depuis longtemps l'attention des physiologistes; mais il est probable que leurs investigations auraient été plus fructueuses, s'ils eussent possédé des connaissances suffisantes en physique, pour les diriger dans un travail de cette nature, qui est hérissé des plus grandes difficultés. On conçoit très-bien que l'on puisse facilement s'égarer, surtout si l'on arrive avec des idées déjà arrêtées sur la cause des phénomènes. Celui qui attache une trop grande importance aux forces physiques ou chimiques ne voit dans la vie que des résultats de l'attraction ou des affinités. C'est ainsi que Tournefort a comparé l'accroissement des plantes à celui des minéraux, et que Malebranche a confondu l'organisation des animaux avec celles des machines. D'un autre côté, quelques physiologistes n'ont voulu voir et ne voient encore que des forces particulières, *sui generis*, dans lesquelles les forces physiques ou chimiques n'interviennent en rien. La vérité se trouve probablement entre ces deux extrêmes; aussi est-il indispensable de rechercher dans les phénomènes de la vie la part des forces physiques et chimiques, et celle qui est due aux forces vitales.

Nous avons parlé longuement de la Chimie et de ses lois; mais il est une autre science dont nous devons dire quelques mots en terminant, puisque nous en avons étudié les principes dans ce Dictionnaire, et que nous y avons décrit les substances les plus importantes dont elle s'occupe : nous voulons parler de la Minéralogie.

Le monde souterrain a ses merveilles, non moins surprenantes que celles qui nous frappent dans le spectacle des plantes et des animaux, ou dans la contemplation des astres qui rayonnent au firmament.

Pour les personnes étrangères à l'étude des sciences naturelles, c'est un sujet d'étonnement et d'admiration que ces formes régulières et variées sous lesquelles se présentent les substances minérales, cristallisées naturellement. Ces formes identiques aux solides polyédriques de la géométrie, offrent des faces, des arêtes et des angles tellement bien définis, qu'elles semblent être le produit de l'industrie humaine et avoir été travaillées par le lapidaire. La cristallisation a lieu toutes les fois que les particules destinées à former un solide, étant d'abord écartées les unes des autres, sont ensuite parfaitement libres de se réunir lentement et suivant les lois naturelles, sans qu'aucune action mécanique vienne déranger l'influence de ces lois. On connaît trois moyens généraux de donner lieu à ces circonstances nécessaires : l'un est la dissolution, l'autre la volatilisation, le troisième la fusion.

Tout minéral est composé de molécules d'une petitesse extrême, et pourtant composées elles-mêmes d'autres molécules encore plus petites, se combinant suivant des proportions fixes et définies, et possédant, d'après ce qu'indiquent tous les moyens d'analyse qu'on leur fait subir, des figures géométriques déterminées; et loin que ces combinaisons et ces figures paraissent être des résultats fortuits du hasard, elles sont coordonnées au contraire suivant les lois les plus précises et dans les proportions les plus mathématiquement exactes. « Ainsi, dit un célèbre physicien et le premier des cristallographes, au lieu qu'une étude superficielle des cristaux n'y laissait voir que des singularités de la nature, une étude approfondie nous conduit à cette conséquence que le même Dieu, dont la puissance et la sagesse ont soumis la course des astres à des lois qui ne se démentent jamais, en a aussi établi auxquelles ont obéi avec la même fidélité les molécules qui se sont réunies pour donner naissance aux corps cachés dans les retraites du globe que nous habitons (1). »

Le phénomène de la cristallisation nous fournit un argument décisif contre l'opinion qui veut que le globe terrestre ait existé de toute éternité dans l'état où nous le voyons. L'analyse chimique démontre que les substances minérales sont composées d'autres substances qui les ont précédées en existence à un état de plus grande simplicité avant de se combiner pour former les minéraux ou roches cristallinés qui constituent aujourd'hui l'écorce de notre globe. Ainsi, par exemple, le granit est composé de trois minéraux simples et dissemblables entre eux, le quartz, le feldspath et le mica, dont chacun offre certaines combinaisons régulières de forme extérieure et de structure interne, en même temps que certaines propriétés physiques qui lui sont propres. Mais ces trois minéraux sont eux-mêmes composés de substances plus simples encore ou de molécules élémentaires. Ainsi le quartz est composé de silicium et d'oxygène, deux corps simples ou derniers atomes de la matière. Il est donc évident qu'il fut un temps où les roches cristallinés, qui forment l'enveloppe de notre planète, n'étaient pas encore dans les conditions où nous les voyons aujourd'hui, et par conséquent il n'en est aucune qui puisse avoir existé de toute éternité sur le point où nous la rencontrons à l'époque actuelle.

Un savant académicien, et le premier des minéralogistes de notre époque, M. Beudant, a présenté la Minéralogie comme la source première des progrès de la civilisation et de ceux des sciences et des arts. Cette assertion n'a rien d'exagéré. On sait qu'une des plus belles et des plus étonnantes découvertes qui aient été faites, c'est celle de la pesanteur de l'air et la détermination de la pression atmosphérique. Sans la connaissance du mercure, Pascal n'y fût jamais parvenu. Sans ce métal aussi un grand nombre de gaz seraient demeurés inconnus.

A quoi les Davy, les Arago, les Ampère, les Berzélius, les Gay-Lussac, les Thénard, les

______

(1) Haüy, *Tableau comparatif des résultats de la cristallographie et de l'analyse chimique*, p. 17.

 INTRODUCTION.

Becquerel, etc., doivent-ils leurs plus brillantes découvertes? N'est-ce pas à l'appareil connu sous le nom de *Pile de Volta*, « le plus merveilleux instrument, dit M. Arago, que les hommes aient jamais inventé, sans en excepter le télescope et la machine à vapeur? » Eh bien ! sans le zinc, Galvani et Volta n'auraient point inventé la pile.

Sans l'oxyde de manganèse nous n'aurions ni le chlore, ni les chlorures de chaux et de soude, qui sont une des plus précieuses acquisitions que la médecine et les arts aient faites.

Sans les minéraux, l'art du teinturier serait encore dans l'enfance. L'architecture doit à la Minéralogie ses matériaux; l'agriculture, ses amendements; la chimie ses agents les plus énergiques; la physique et la chirurgie, la plupart de leurs instruments; enfin, les arts, en général, lui doivent presque tout ce qui concourt à leur perfectionnement.

De combien de provisions et de matériaux les hommes n'ont-ils pas besoin pour se loger convenablement ! Dieu pouvait placer ces matériaux à la surface de la terre, en sorte qu'ils se présentassent partout sous notre main; mais alors la terre en eût été encombrée. Il n'en est point ainsi; notre séjour s'en trouve heureusement débarrassé; la surface de la terre est libre; elle a été mise en état d'être cultivée et parcourue sans obstacle par ses habitants. Les métaux, les pierres, une infinité d'autres matières que nous mettons sans cesse en œuvre et qui devaient servir à des ouvrages toujours nouveaux dans la longue durée des siècles, ont été renfermés sous nos pieds dans de vastes souterrains où nous les trouvons au besoin. Ces matières ne sont point cachées à une profondeur qui nous les rende inaccessibles, mais elles ont été rapprochées à dessein vers la surface, et logées sous une voûte assez épaisse pour suffire au support et à la nourriture des plantes et des animaux, et assez mince pour être percée, quand il est nécessaire; en sorte que l'homme puisse descendre, quand il veut, dans le magasin des provisions sans nombre qui ont été préparées pour son service. Nous recevons tout le profit de cette économie qui a si bien fait valoir le dehors et l'intérieur de notre séjour; c'est un double présent qui nous a été fait dans un même terrain. Qui ne serait touché des soins de cette Providence bienveillante qui ne nous perd jamais de vue, et qui, en répandant la fertilité et l'agrément sur les dehors de notre demeure, en a partagé l'intérieur en une infinité de couches où elle a logé, comme dans des tablettes, les richesses dont elle nous a pourvus sans nous embarrasser !

Une preuve bien frappante de cette attention de la Providence se manifeste dans l'ensevelissement et la disposition de ces immenses amas de combustibles connus sous le nom de houille ou charbon de terre, d'anthracite, etc. Les naturalistes sont d'accord sur l'origine végétale de ces substances; ils ne diffèrent entre eux que dans l'explication du fait. Arrachées au sol qui les avait vues naître par les tempêtes et les inondations d'un climat chaud et humide, ces plantes furent entraînées dans un lac, dans un golfe ou dans quelque mer peu éloignée. Là, après avoir flotté à la surface jusqu'à ce que, saturées par l'eau, elles soient tombées au fond, elles y ont été enveloppées par les détritus des terres adjacentes, et, changeant de condition, elles ont pris place parmi les minéraux. Depuis lors elles sont demeurées longtemps dans leur sépulture, où, soumises à une longue série d'actions chimiques et à de nouvelles combinaisons dans leurs éléments végétaux, elles ont passé à la forme minérale de la houille. Puis l'expansion des feux internes a soulevé ces lits du fond des eaux pour les élever à la position qu'ils occupent maintenant sur les montagnes et les collines, où l'industrie, brisant leur linceul de pierre, va les chercher pour les mettre au service des besoins et du bien-être de l'espèce humaine. Aujourd'hui nous préparons nos repas, nous alimentons nos forges, nos fourneaux, nos machines à vapeur, avec les dépouilles de ces végétaux de formes primitives et d'espèces éteintes, qui ont été, à des périodes reculées, balayés de la surface du globe.

La disposition de ces restes précieux d'un monde ancien dans des conditions qui nous en permettent l'exploitation, nous démontre que l'état actuel de cette portion de la croûte du globe est une œuvre de prévoyance et de sagesse. Il ne suffisait pas, en effet, que ces débris végétaux fussent entraînés de leurs forêts natales, et ensevelis au fond des lacs et des mers primitives pour y être convertis en houille; il fallait en outre que des changements de niveau d'une grande étendue vinssent soulever et convertir en terres habitables ces couches où gisaient tant de richesses qui n'eussent eu aucune utilité tant qu'elles seraient demeurées ensevelies dans les profondeurs inaccessibles où elles s'étaient entassées. De ces soulèvements en collines ou montagnes variant entre elles par leur hauteur, leur direction, ou leur degré divers de continuité, il est résulté une série de dépressions irrégulières ou bassins séparés les uns des autres, de chaque côté desquels les couches plongent, par une pente plus ou moins rapide, vers les vallées qui séparent chaque chaîne. Les couches carbonifères viennent ainsi toutes à la surface, sur la circonférence de chaque bassin, ce qui permet à l'homme d'y pénétrer en y creusant des mines sur presque tous les points de leur étendue, et d'en extraire abondamment ces puissants éléments d'art et d'industrie. L'étude des plantes fossiles, les détails merveilleux d'organisation que le microscope découvre dans ce qui n'est pour les yeux, abandonnés à eux-mêmes, qu'un bloc informe de houille, nous démontrent la constance avec laquelle les mêmes moyens ont été employés pour arriver aux mêmes fins dans toute la série des créations diverses qui ont modifié les formes végétales. Ces combinaisons d'arrangements, qui varient avec les diverses conditions du globe, prouvent l'existence d'un architecte par l'existence d'un plan. En voyant la connexion des parties et l'unité du but pour lequel elles ont été faites, dans ce tout si vaste et si complexe, et en même temps si harmonieux, nous sommes conduits à conclure que c'est une Intelligence unique et toujours la même qui a créé et qui maintient toutes ces admirables dispositions.

Que dirons-nous de l'importance des métaux pour l'espèce humaine et des usages divers auxquels on les emploie ? Sans eux, toute culture et toute civilisation seraient impossibles ; il n'y aurait ni charrues, ni faux, ni bêches, ni serpes, et par conséquent point d'agriculture, point de récoltes, point de jardinage, point de greffe ni de culture des arbres, point d'ustensiles ni de meubles de ménage, point de maisons commodes ni d'édifices publics, point de vaisseaux ni de navigation. Il est remarquable que, parmi les métaux, ceux qui sont d'un usage plus fréquent et plus nécessaire, comme le fer, le cuivre, le plomb, sont aussi ceux qui se rencontrent en plus grande abondance dans la nature.

Tous les métaux ont des propriétés qui nous les rendent précieux ; mais le plus vil de tous, le plus grossier, le plus plein d'alliage, le plus triste en sa couleur, le plus sujet à s'altérer par la rouille, en un mot le fer, est réellement le plus utile de tous. Il a une qualité qui, seule, suffit pour le relever et le placer au premier rang ; il est de tous le plus dur et le plus tenace ; trempé chaud dans l'eau froide, il acquiert une augmentation de dureté qui rend ses services sûrs et permanents. Par cette dureté qui résiste aux plus grands efforts, il est le défenseur de nos demeures et le dépositaire de tout ce qui nous est cher. En unissant inséparablement les bois et les pierres, il met nos personnes à couvert des intempéries des saisons et des entreprises des voleurs. Les pierreries et l'or même ne sont en sûreté que sous la garde du fer. C'est le fer qui fournit à la navigation, aux charrois, à l'horlogerie, à tous les arts mécaniques et libéraux, les outils dont ils ont besoin pour abattre, affermir, creuser, tailler, limer, pour embellir, pour produire en un mot toutes les commodités de la vie. En vain aurions-nous de l'or, de l'argent et d'autres métaux, s'il nous manquait du fer pour les fabriquer : ils mollissent tous les uns contre les autres. Le fer seul les traite impérieusement et les dompte sans fléchir. De cette multitude innombrable d'objets, de meubles, de machines, qui nous offrent leurs services, il n'y en a peut-être pas un qui ne soit redevable au fer de la forme qu'il a prise pour nous servir. Vous pouvez à présent faire le juste discernement du mérite du fer d'avec celui des autres métaux : ceux-ci nous sont d'une extrême commodité, il n'y a que le fer qui nous soit d'une indispensable nécessité.

La complaisance du Créateur pour l'homme, si marquée dans les excellentes qualités des métaux qu'il a placés pour nous sur la terre, se montre encore évidemment dans la juste proportion qu'il a mise entre la quantité de ces métaux et la mesure de nos besoins. Si un homme avait été chargé de créer les métaux et de les distribuer au genre humain, il n'aurait pas manqué de répandre plus d'or que de fer ; il aurait cru illustrer sa libéralité en donnant avec réserve le métal le plus méprisable et en prodiguant les métaux que nous admirons. Dieu a fait tout le contraire. Comme le mérite et la grande commodité de l'or proviennent de sa rareté, Dieu nous l'a donné avec économie, et cette épargne, dont l'ingratitude se plaint, est un nouveau présent. Le fer entre généralement dans tous les besoins de notre vie, c'est pour nous mettre en état d'y pourvoir sans peine qu'il a mis le fer par tout sous notre main. Ainsi nulle ostentation dans ses dons. Le caractère de la véritable libéralité est d'étudier, non ce qui peut faire un vain honneur à la main qui donne, mais ce qui est solidement avantageux à celui qui reçoit.

Parmi les preuves sans nombre que l'on peut produire pour démontrer l'existence d'un plan rempli de bienveillance et de sagesse dans l'économie de notre globe, celles que l'on tire de la position même qu'occupent les métaux dans le sein de la terre méritent surtout de fixer notre attention. Si les métaux avaient été répandus abondamment dans les terrains de toutes les formations, ils auraient nui à la végétation ; s'ils avaient été disséminés par petites quantités dans la substance même des couches, leur extraction eût été trop dispendieuse. Tous ces inconvénients ont été prévenus par la disposition actuelle. L'action violente des commotions souterraines et des forces perturbatrices sur l'écorce du globe a produit dans les roches des déchirements ou fissures, des fentes et des crevasses qui sont devenues comme autant de réservoirs où se sont rassemblés, à la portée de l'homme, les minéraux métalliques.

La formation de ces dépôts minéraux, le mécanisme des filons qui les contiennent, et la disposition qui leur a été donnée, les proportions relatives suivant lesquelles ces substances ont été réparties, les mesures qui ont été prises pour les rendre accessibles, moyennant certaines dépenses, à l'industrie de l'homme, et pour les mettre à l'abri d'un gaspillage insensé et d'une destruction occasionnée par les agents naturels, la disposition plus générale de ceux de ces métaux qui sont les plus importants, et la rareté comparative de ceux qui le sont moins ; enfin, les soins qui ont été pris pour placer à notre portée les moyens de réduire à l'état métallique les minerais qui les renferment : voilà autant d'arguments qui nous autorisent à conclure qu'il dut entrer dans les desseins du Créateur, à l'époque où il déchaîna les forces physiques auxquelles les filons métalliques doivent leur origine, un souci providentiel des besoins et du bien-être de la créature qu'il devait former à son image, et à laquelle il destinait la terre pour domaine. Nous ne pouvons porter les yeux en haut, ni faire un pas sur la terre, ni creuser sous nos pieds, que nous ne trouvions partout des richesses qui n'y ont été disposées que pour nous. Nous voyons partout que nous sommes l'objet d'une complaisance tendre qui a prévu tous nos besoins, qui a placé partout de quoi occuper nos mains, exercer notre industrie, exciter notre reconnaissance et notre amour.

Puisque c'est un haut privilége de notre nature, et en même temps un emploi plein de piété de nos facultés, de nous élever jusqu'à la contemplation des beautés merveilleuses qui ont été jetées à profusion dans le monde matériel, et de lire le nom de l'auteur de l'univers là où il s'est plu lui-même à l'inscrire partout sous nos yeux, dans les œuvres sorties de ses mains, faisons servir cette noble contemplation à la glorification du Créateur, et que de nos cœurs, dans un saint enthousiasme, s'échappe un hymne de louanges et de bénédictions.

« Etre au-dessus de tous les êtres ! cet hommage est le seul qui ne soit point indigne de vous. Quelle langue pourrait vous louer, vous dont toutes les langues ensemble ne sauraient représenter l'idée ? Quel esprit pourrait vous comprendre, vous dont toutes les intelligences réunies ne sauraient atteindre la hauteur ? Tout célèbre vos louanges : ce qui parle vous loue par des acclamations ; ce qui est muet, par son silence. Tout révère votre majesté, la nature vivante et la nature morte. A vous s'adressent tous les vœux, toutes les douleurs ; vers vous s'élèvent toutes les prières. Vous êtes la vie de toutes les durées, le centre de tous les mouvements, vous êtes la fin de tout. Tous les noms vous conviennent et aucun ne vous désigne. Seul, dans la nature immense, vous n'avez point de nom. Comment pénétrer par delà tous les cieux dans votre impénétrable sanctuaire ? Soyez-nous favorable, Etre au-dessus de tous les êtres ! cet hommage est le seul qui ne soit point indigne de vous (1) ! »

(1) Saint Grégoire de Nazianze, *Hymne à Dieu.*

DICTIONNAIRE

DE

CHIMIE ET DE MINERALOGIE.

A

ABLETTE.—En 1680, un Français nommé Jaquin, faiseur de chapelets, observa que lorsqu'on lave un petit poisson, *l'ablette*, l'eau se charge de particules brillantes et argentées, qui se détachent des écailles. Le sédiment de cette eau a le lustre des plus belles perles, ce qui lui donna l'idée de les imiter. Son procédé, qu'on suit encore aujourd'hui, consiste à jeter les lamelles brillantes de l'ablette dans de l'alcali volatil qui les ramollit. Cette liqueur constitue ce qu'on nomme l'*essence de perles* ou l'*essence d'Orient*. On insuffle de cette liqueur dans des globules de verre, sur les parois desquels les écailles s'appliquent en raison de leur mollesse, leur donnent la propriété de réfléchir la lumière et de la décomposer à la manière des *perles orientales* ou naturelles. Il faut environ 20,000 ablettes pour faire 500 grammes d'*essence d'Orient*. C'est dans la Seine, aux Andelys et à Lamare, dans le département de l'Eure, qu'on pêche la plus grande partie des ablettes nécessaires aux fabricants de fausses perles.

Jaquin a perfectionné l'art d'imiter les perles, mais il n'a pas la gloire de l'invention. Tzetzès nous apprend qu'on a su faire des perles artificielles avec d'autres petites perles réduites en poudre, et Massarini dit que de son temps un citoyen de Venise imitait les perles fines au moyen d'un émail transparent, auquel il donnait la forme nécessaire, et qu'il remplissait d'une matière colorante.

ABRUS PRECATORIUS. *Voy.* Glycirrhizine.

ABSINTHE. — L'acide *absinthique*, extrait des tiges et des feuilles de cette plante par M. Braconnot, n'est, suivant M. Zwenger, que de l'acide *succinique*. Il n'y existe qu'en très-petite quantité, puisque 40 livres de feuilles et de tiges sèches en ont fourni à peine un gramme. L'existence de cet acide dans l'absinthe, et sans doute dans beaucoup d'autres végétaux, pourra jeter quelque lumière sur la formation du succin.

ABSORPTION.—On appelle ainsi la pénétration intime d'un liquide ou d'un gaz, soit dans une matière inorganique, soit dans un corps vivant. C'est ainsi que l'oxygène, le chlore, l'hydrogène, et d'autres gaz, sont absorbés par les métaux, par le charbon, etc. Pour les métaux, c'est une véritable combinaison chimique; pour le charbon, etc., c'est une simple condensation des gaz dans les interstices d'une substance poreuse.

Tout corps solide paraît attirer l'humidité de l'atmosphère, même lorsque l'air n'en est pas saturé. La quantité de vapeur ainsi absorbée varie selon l'état hygrométrique de l'air. 100 parties en poids de bois de sapin séché absorbent à l'air, en été, 10 parties d'eau et 24 en hiver. Il est facile de s'assurer que plus l'air est saturé de vapeur d'eau à une température donnée, plus les corps absorbent d'humidité; et comme la quantité de vapeur absorbée peut se reconnaître par le poids, ainsi que par diverses modifications dans la forme, ces corps peuvent servir d'hygromètres. C'est ce qui les a fait nommer *hygrométriques*. Buchner a observé que du papier humecté d'une huile volatile, ou même que des fleurs, comme les roses, le sureau, le *verbascum*, etc., perdent leur odeur après avoir été fortement séchés, mais la recouvrent aussitôt si on les expose à l'air humide ou qu'on les arrose.

12, 75 livres de semence d'anis, qui avaient été exposées à l'air depuis vingt ans et n'avaient plus qu'une faible odeur, fournirent, lorsqu'on les eut arrosées, 3,¼ onces d'huile volatile, à la distillation. Saussure présumait déjà que les parfums des fleurs ne s'évaporent qu'avec l'humidité qui les entraîne.

Absorption par les liquides. — Combien l'eau, mélangée de deux ou de plusieurs gaz, tous également absorbables, admet-elle de chaque espèce de gaz? Dalton a résolu la question et établi la loi suivante : *La proportion de l'absorption d'un mélange de gaz dépend de la densité du résidu non absorbé;* elle est, par conséquent, la même que si l'eau était réunie avec chacun de ces gaz à la même température. Ainsi, l'air contient, dans 100 volumes, 21 mesures d'oxygène et 79 volumes de gaz azote; l'eau, en contact avec l'air, absorbera autant de fois 0,21 d'oxygène et 0,79 de gaz azote qu'elle aurait absorbé de chaque gaz pris isolément, et comme l'oxygène est plus facilement absorbé que le gaz azote, l'eau se laisse imprégner d'une proportion d'oxygène plus grande que celle qui, mêlée à 7 vol. d'azote, constitue l'air.

Le volume d'air dégagé de l'eau de neige et de l'eau de Seine par l'ébullition est environ 0,04 du volume de l'eau. 100 volumes d'air retirés de l'eau distillée contiennent 32,8 en oxygène; l'air retiré de l'eau de pluie contient 31,0 volumes; l'air de l'eau de neige, 28,7; l'air de l'eau de Seine, 29,1 à 31,9 vol.

Quelles que soient la quantité et la nature du gaz absorbé par l'eau, la congélation l'expulse entièrement; ce qui détruit l'assertion de Hassenfratz, que l'eau de neige contient plus d'oxygène que toute autre eau, et qu'elle doit à cette circonstance son action particulière sur la végétation.

Tout le monde sait que si dans un vase contenant de l'eau légèrement chauffée on plonge un bâton de verre, un fil de fer, etc., on voit à l'instant ces corps se couvrir d'une quantité de bulles de gaz. OErsted a cherché à expliquer le fait, en supposant qu'une bulle de gaz ne peut se produire au milieu d'un fluide homogène, et que cette production n'a lieu qu'en contact avec le vase ou avec l'air, à la surface du liquide, ou avec un corps étranger, introduit dans le liquide.

La liquéfaction des gaz par la pression a jeté un nouveau jour sur les phénomènes de l'absorption. H. Davy et Faraday ont démontré, de la manière la plus nette, que les gaz sont d'autant plus faciles à absorber, qu'ils sont faciles à liquéfier. Ainsi l'hydrogène et l'azote, qu'on n'a pu encore liquéfier, sont moins absorbables que l'acide carbonique, qui peut être facilement réduit à l'état liquide.

Chez les êtres vivants, l'absorption est un acte en vertu duquel les matériaux assimilables, déposés à la surface des tissus, sont transportés du tube digestif dans le torrent de la circulation, et de là dans la profondeur de ces mêmes tissus; c'est ce qu'on nomme le mouvement de nutrition et de conservation des êtres. C'est par un phénomène du même ordre que les matériaux devenus impropres à la conservation de l'être vivant sont repris par les vaisseaux nommés exhalants pour être portés à leur tour dans le torrent circulatoire, et de là rejetés en dehors par toutes les voies d'excrétion connues.

C'est encore par un phénomène de pure absorption que dans l'acte respiratoire l'air atmosphérique, qui nous enveloppe de toutes parts, est aspiré par les poumons et vient s'y combiner avec le sang veineux, pour le transformer en sang artériel. L'absorption dans le règne végétal s'effectue par toute la surface de la plante et principalement par les spongioles ou extrémités des racines, et par les feuilles; c'est par là que pénètrent le car-

bonne, l'hydrogène, l'azote, l'oxygène, à l'état d'eau, d'acide carbonique, d'ammoniaque, tous éléments indispensables au développement et à la conservation des plantes. *Voy.* ENDOSMOSE.

ABUS DES LIQUEURS ALCOOLIQUES. *Voy.* EAUX-DE-VIE.

ABUS DU VINAIGRE. *Voy.* VINAIGRE.

ACÉTATE. — Les acétates sont des combinaisons salines que l'acide acétique forme avec les bases. Elles sont presque toutes solubles dans l'eau. On constate la présence d'un acétate dans un mélange quelconque, en distillant celui-ci avec de l'acide sulfurique étendu, et en traitant le produit de la distillation (acide acétique) par de l'oxyde de plomb: celui-ci se dissout, et la solution présente une réaction alcaline. Les acétates sont neutres ou basiques; dans les premiers, l'oxygène de l'acide est le triple de celui de la base.

La nature ne nous offre que deux acétates, ceux de potasse et d'ammoniaque; le premier se trouve dans la sève des végétaux, tandis que le second existe dans l'urine putréfiée.

Acétate d'ammoniaque. — Connu encore sous le nom d'esprit de *Minderer*, il existe en petite quantité dans les urines putréfiées. Ce sel s'obtient en saturant à froid le vinaigre distillé, ou l'acide acétique retiré du bois par l'ammoniaque liquide ou le carbonate d'ammoniaque. On l'emploie en médecine à l'état liquide; il s'administre à l'intérieur comme excitant, diaphorétique et apéritif.

Acétate de potasse. — Ce sel existe dans les végétaux. Celui qu'on emploie en médecine comme fondant et diurétique est un produit artificiel. Il était désigné autrefois sous le nom de *terre foliée végétale, terre foliée de tartre.* On le prépare en saturant le vinaigre distillé, par le carbonate de potasse, filtrant la liqueur et la faisant évaporer à siccité dans une bassine d'argent. Lorsque ce sel est obtenu à l'état concret et bien sec, on le renferme dans des flacons qu'on bouche hermétiquement. C'est un des sels les plus solubles que l'on connaisse.

Acétate de soude (Terre foliée minérale). — Ce sel s'obtient comme celui de potasse. Dans les arts, comme il est l'objet d'une grande fabrication, il sert pour obtenir l'acide acétique pur.

Acétate d'alumine. — Pour les besoins des arts, on le prépare économiquement, en traitant la solution d'alun par l'acétate de plomb; il est alors mêlé d'acétate de potasse ou d'ammoniaque, qui ne nuisent pas à l'effet qu'on veut produire. La facilité avec laquelle la chaleur décompose ce sel, jointe à ses autres propriétés, lui a assigné une place importante dans la fabrication des toiles peintes. Ainsi l'on s'en sert pour fixer l'alumine incolore et insoluble sur les étoffes dont le tissu n'offre que peu d'affinité pour les matières colorantes. En s'imprégnant d'alumine, les tissus acquièrent la faculté de s'unir à ces matières, et c'est dans cet état seulement qu'on peut les soumettre à toutes es opérations tinctoriales. Cette fixation de l'alumine sur les étoffes constitue ce qu'on appelle dans les arts le *mordançage* des toiles.

Acétate de sesquioxyde de fer. — Ce sel, qui est employé dans les manufactures de toiles peintes pour faire les couleurs de rouille, porte dans les arts le nom d'acétate rouge. — L'*acétate de protoxyde* s'emploie en médecine, en dissolution dans l'alcool (*tinctura ferri*). — L'*acétate de peroxyde* est employé dans les arts comme mordant et pour teindre en noir. Il est, sous ce rapport, supérieur au sulfate, en ce qu'il n'attaque pas les tissus sur lesquels on l'applique.

Acétate de bioxyde de cuivre. — Il sert à la préparation du vinaigre radical et pour faire une liqueur verte dont on se sert, sous le nom de *vert d'eau*, qui sert à laver les plans.

Acétate bibasique ou *sous-acétate de bioxyde de cuivre.* — Ce sel, désigné encore sous le nom de *vert-de-gris*, se fabrique principalement aux environs de Montpellier. Le procédé que l'on emploie consiste à placer des lames de cuivre dans des cuves, entre des couches de marc de raisin peu épaisses, et à abandonner ainsi le métal pendant environ six semaines. Au bout de ce temps, les lames sont recouvertes d'une couche de sous-acétate que l'on sépare des lames.

Ce sel est employé dans la peinture à l'huile, dans la fabrication du *verdet*, et en médecine dans la préparation de l'onguent *égyptien*, de *l'emplâtre divin*, etc. Les préparations de cuivre agissent comme de violents poisons corrosifs. Le meilleur antidote de ces poisons est, d'après M. Orfila, le blanc d'œuf délayé dans l'eau, corps qui a la propriété de les transformer en une matière insoluble dans l'eau et sans action sur l'économie animale. Ce contre-poison ne peut avoir de bons effets que lorsqu'il a été administré très-peu de temps après l'empoisonnement par la préparation de cuivre. La présence des acétates de cuivre dans les liqueurs alimentaires peut être décelée à l'aide des réactifs qui servent à faire reconnaître les sels de bioxyde de cuivre. *Voy.* CUIVRE.

Acétate de plomb neutre. — Ce sel, qui porte aussi le nom de *sel de Saturne, sucre de Saturne* (1), *sucre de plomb*, sert à la fabrication du sous-acétate de plomb et à la préparation en grand de l'acétate d'alumine, dont on fait une grande consommation dans la peinture sur toile. Il a aussi de nombreuses applications dans la médecine : à l'extérieur, on en fait fréquemment usage en collyres, lotions et injections, pour combattre certaines ophthalmies, les inflammations superficielles de la peau, les brûlures, les contusions, les flueurs blanches, etc. C'est donc un corps que l'on peut rencontrer fréquemment dans les maisons et dont on doit se défier ; car en général les préparations de

plomb agissent, à haute dose, comme des poisons irritants. Cependant l'empoisonnement par l'acétate de plomb peut être combattu avec succès par l'administration du sulfate de soude qui transforme l'acétate de plomb en sulfate insoluble et sans action sur l'économie.

L'acétate de plomb neutre se prépare en chauffant, dans des chaudières de plomb ou de cuivre étamé, la litharge avec un excès de vinaigre distillé ou d'acide pyroligneux, puis concentrant la liqueur et la laissant ensuite refroidir dans des vases où le sel cristallise en aiguilles blanches et brillantes.

Sous-acétate de plomb ou *acétate bibasique.* — Connu anciennement sous le nom d'*extrait de Saturne*, d'*extrait de Goulard*, ce sel se prépare de la même manière que le précédent. Il blanchit les eaux de rivière et de puits qui contiennent du sulfate de chaux et de l'acide carbonique. La solution de ce sel dans l'eau distillée est fréquemment employée en médecine comme astringent et répercussif dans le traitement des maladies chirurgicales, sous le nom d'*eau blanche*, d'*eau végéto-minérale*, etc.

Le *deuto-acétate de mercure* entre dans la composition de plusieurs préparations pharmaceutiques.

Les autres acétates, assez nombreux, sont d'une importance moindre.

ACÉTATE DE CUIVRE. *Voy.* CUIVRE (*Sels*).

ACÉTATE DE MORPHINE. *Voy.* MORPHINE.

ACÉTATE DE QUININE. *Voy.* QUININE (*Sels*).

ACÉTIQUE (acide). *Voy.* VINAIGRE.

ACÉTONE (*Esprit pyroligneux, esprit pyroacétique*, etc.). — En soumettant l'acétate de potasse ou de soude à la distillation sèche, on obtient de l'acétone et de l'acide carbonique. L'acétone se forme encore, mélangé avec d'autres produits, dans la distillation sèche des acétates métalliques, du sucre, de l'acide tartrique, citrique, etc. On le purifie en le distillant sur la chaux vive. L'acétone est un liquide incolore, d'une odeur pénétrante et légèrement empyreumatique. Sa saveur rappelle celle de la menthe poivrée L'acétone est miscible en toutes proportions à l'eau, l'alcool et l'éther. Il brûle avec une flamme très-éclairante.

ACIDES. — On appelle ainsi les composés d'oxygène et d'une ou plusieurs substances simples, qui rougissent la teinture de tournesol et ont une saveur aigre ou caustique, autrement l'acide est ce qui peut se combiner avec un autre corps jouant le rôle de base : telle est la définition la plus simple, et en même temps la plus générale qu'on puisse donner d'un acide. En soumettant le résultat de cette combinaison à l'action de la pile, l'acide se porte au pôle électro-positif et la base au pôle électro-négatif. Les acides peuvent être divisés en deux grandes classes : 1° les *acides minéraux* ou *inorganiques*, et 2° les *acides organiques* (acides végétaux et animaux). La plupart des acides minéraux ré-

(1) Le plomb était désigné par les alchimistes sous ce nom de *Saturne*.

sultent de la combinaison de l'oxygène avec un métalloïde ou avec un métal. On avait même cru pendant longtemps, sur l'autorité de Lavoisier, que l'oxygène faisait partie de tous les acides, que c'était le générateur des acides par excellence; mais on a reconnu plus tard qu'à côté des *oxacides* (acides résultant de la combinaison de l'oxygène avec un autre corps), il y avait des acides qui étaient exclusivement composés d'hydrogène et d'un métalloïde (soufre, chlore, brôme, iode, fluor, etc.). Ces derniers ont été appelés *hydracides*. Cette dénomination est impropre, si l'on admet les principes de nomenclature sur lesquels repose la théorie électro-chimique. D'après cette théorie, il faut, dans toute dénomination d'un composé, placer le nom du corps électro-négatif le premier (nom générique), et le nom du corps électro-positif le dernier (nom spécifique). Or, dans les *hydracides*, tels que l'acide chlorhydrique, bromhydrique, fluorhydrique, sulfhydrique, etc., l'hydrogène corps électro-positif, par rapport à tous les métalloïdes, ne correspond pas à l'oxygène corps électro-négatif dans les oxacides; mais il correspond au chlore, au brôme, au fluor, au soufre, etc. Aux *oxacides* il faudra donc opposer les *chloracides*, les *bromacides*, les *fluoracides*, les *sulfacides*, etc. D'après les mêmes principes de la théorie électro-chimique, on doit dire acides *chlorhydrique, bromhydrique, iodhydrique, sulfhydrique*, etc. au lieu d'acides *hydrochlorique, hydrobromique, hydroiodique, hydrosulfurique*, etc.

Il est à remarquer que les *peroxydes* métalliques sont de véritables acides : on a ainsi les acides *stannique, antimonique, ferrique, manganique*, etc. Plus la proportion d'oxygène augmente dans un oxyde basique, plus celui-ci perd sa propriété de base et tend à devenir acide, de telle façon que les composés les plus oxygénés sont généralement acides, tandis que les moins oxygénés sont basiques. Cette loi, vraie pour l'oxygène, l'est également pour le chlore, l'iode, le soufre, etc. En effet, presque tous les perchlorures, périodures, persulfures, etc., sont de véritables *chloracides, iodacides, sulfacides*, qui se combinent avec les protochlorures, les protosulfures (chlorobases, sulfobases), pour donner naissance à des *chloro-sels*, sulfo-sels, etc.

Il résulte de l'étude que M. Millon a faite de l'action de l'acide sulfurique sur l'acide iodique, que les acides n'ont pas moins de tendance à se combiner les uns avec les autres, que les acides avec les bases. Cette tendance se manifeste surtout dans des circonstances particulières d'atmosphère et de milieu. Ces combinaisons complexes des acides minéraux entre eux rapprochent singulièrement ces derniers des acides organiques.

Pendant que les éléments d'un acide minéral sont généralement au nombre de deux, ceux d'un acide organique sont d'ordinaire plus nombreux, mais ils ne dépassent pas le nombre de quatre. L'azote n'entre que rarement dans la composition des acides organiques; il n'existe guère que dans les acides cyanogénés. On appelle *hydrate* d'un acide une combinaison de un, deux, trois, etc., équivalents d'eau. On a divisé les acides organiques en acides *unibasiques, bibasiques* et *tribasiques*. Les acides unibasiques sont ceux qui, en se combinant avec un équivalent de base, constituent les *sels neutres*. En se combinant avec d'autres sels, ils forment des *sels doubles*. Les acides *bibasiques* neutralisent deux équivalents de base, et les acides *tribasiques* trois équivalents. Tous les acides organiques capables de saturer deux ou plusieurs équivalents de base, sont appelés acides *polybasiques*. Ces acides donnent, par la distillation sèche, des acides pyrogénés. M. Dumas appelle *conjugués* (*bijugués, trijugués*) les acides organiques qui semblent résulter de l'union de deux ou de plusieurs acides. M. Gerhardt a légèrement modifié l'idée primitive de M. Dumas, en substituant la dénomination de *copule* à celle de conjugaison, et en précisant quelques-unes des circonstances où ce mode de combinaison trouve son application.

ACIDE CHLOREUX. *Voy.* CHLORE.

ACIDE CHLORIQUE. *Voy.* CHLORE.

ACIDE MARIN DEPHLOGISTIQUÉ. *Voy.* CHLORE.

ACIDE MURIATIQUE OXYGÉNÉ. *Voy.* CHLORE.

ACIDE HYDROCHLORIQUE. *Voy.* CHLORHYDRIQUE.

ACIDE PERCHLORIQUE ou OXYCHLORIQUE. *Voy.* CHLORE.

ACIDE SULFURIQUE GLACIAL ou FUMANT, ou ACIDE DE NORDHAUSEN. *Voy.* SULFURIQUE (*Acide*).

ACIDE MURIATIQUE. *Voy.* CHLORHYDRIQUE (*Acide*).

ACIER (*acies*, tranchant). — C'est du fer contenant 5 à 7 millièmes de carbone et des traces de silicium. En général l'acier est plus blanc que le fer; sa cassure est finement granuleuse, et il est susceptible de prendre un très-beau poli.

Pour préparer l'acier, il existe différentes méthodes, qui toutes ont pour but de combiner le fer purifié avec une certaine quantité de carbone, mais qui fournissent des qualités différentes d'acier. Si l'on plonge pendant quelques instants une barre de fer dans la fonte liquide, celle-ci lui cède du carbone et la transforme en acier. Si l'on tient pendant quelque temps de la fonte à l'état de fusion, sous une couche de scories, une certaine quantité du carbone brûle, et l'on obtient de l'*acier brut*. Cet acier est souvent de mauvaise qualité, parce que le procédé à l'aide duquel on le fabrique ne peut pas être exécuté avec la précision nécessaire. On forge ensuite l'acier brut en barres étroites et minces, dont on en réunit douze à quinze en les brasant, puis on réduit la masse en barres étroites et carrées, qui sont désignées sous le nom d'*acier corroyé*. Quand on place alternativement, dans de grandes caisses bien lutées, des barres de bon fer, surtout d'une espèce qui contient du manganèse, et des couches de charbon en poudre, et qu'on les expose pendant plusieurs jours au rouge blanc, le fer absorbe du carbone sans entrer en fusion, et en retirant les barres on les trouve converties en acier. On conçoit, du reste, qu'une calcination trop prolongée ou trop courte donne de l'acier trop dur ou trop mou, et que la durée de l'opération et le degré de chaleur sont de la plus haute importance. On appelle cet acier *acier de cémentation*. Sa surface est souvent couverte d'une quantité de bulles plus ou moins grandes, qui paraissent provenir de substances gazéiformes que le fer a chassées du charbon pendant la combinaison. Au lieu de cémenter le fer dans du charbon en poudre, Macintosh prépare l'acier de cémentation en chauffant le métal dans un courant lent de gaz carbure d'hydrogène, analogue à celui dont on se sert pour l'éclairage. Par ce moyen le fer se convertit bien plus promptement en acier, et en continuant de chauffer, après avoir bouché l'ouverture qui donne accès au gaz, le carbone se distribue avec plus d'uniformité. Le métal décompose le gaz, s'empare d'une partie de son carbone, et finirait par se transformer en fonte si l'on continuait l'opération.

Quand on fait fondre l'acier de cémentation, qui contient toujours plus de charbon à l'extérieur qu'à l'intérieur, sous une couche de verre en poudre, on obtient de l'*acier fondu*, qui est préférable à l'acier de cémentation, en ce que sa masse est partout homogène, ce qui le rend plus propre à la fabrication des objets qui demandent un beau poli.

Quoiqu'une certaine quantité de carbone soit nécessaire à la bonté de l'acier, cette condition ne suffit cependant pas pour produire un acier de première qualité; il faut qu'il contienne, en outre, du manganèse et du phosphore. C'est pourquoi tous les minéraux manganésifères donnent un fer plus propre à la fabrication de l'acier que ceux qui ne contiennent point de manganèse. C'est encore pour cela qu'en ajoutant du charbon animal en certaines proportions (et ce fait est connu depuis très-longtemps), au charbon de bois qu'on emploie pour la fabrication de l'acier, celui-ci est meilleur que quand on a employé du charbon de bois seul. Vauquelin trouva, par l'analyse de plusieurs espèces d'acier de bonne qualité, qu'elles contenaient du manganèse, du phosphore, du silicium et du magnésium, quoique ces deux derniers y fussent en très-petite quantité. Faraday et Stodart ont démontré, il y a peu de temps, qu'en ajoutant à l'acier une très-petite proportion de rhodium ou d'argent, il en devenait beaucoup meilleur, observation très-importante pour la confection des instruments tranchants; Berthier a reconnu que le chrome remplissait le même but. Le rhodium est trop rare pour qu'on puisse l'adopter généralement

pour cet usage; mais l'emploi de l'argent est d'autant plus facile, qu'il ne faut qu'un cinq centième du poids de l'acier, ce qui n'augmente pas considérablement le prix de ce dernier.

La couleur de l'acier est plus claire que celle du fer; sa pesanteur spécifique est de 7, 8 à 7, 9. A la chaleur rouge il ne peut pas être traité avec autant de facilité que le fer, et il faut beaucoup de précaution pour le frapper à coups de marteau. S'il renferme trop de carbone, il se brise en petits morceaux quand on le soumet à l'action du marteau. Il est plus facile à casser que le fer, et sa cassure n'est pas raboteuse et inégale comme celle du fer, elle est plus unie, grénue et d'une couleur plus claire.

Quand l'acier, chauffé au rouge, est refroidi tout à coup, par exemple, en le plongeant dans de l'eau froide, il devient dur, et se rompt quand on cherche à le plier. Il n'est plus attaqué par la lime, et raie le verre. Pendant cette opération, connue sous le nom de la *trempe*, la surface de l'acier devient nette, et les battitures qui s'y trouvaient adhérentes s'en détachent; le fer qui, du reste, n'augmente pas de dureté par le même traitement, ne présente pas ce phénomène. Si l'on chauffe l'acier trempé et qu'on le laisse refroidir lentement, il perd sa dureté en proportion de la température à laquelle il a été élevé. Un couteau, par exemple, dont le tranchant est trop dur, s'adoucit quand on le plonge dans un pain sortant du four, et qu'on l'y laisse refroidir. Pour proportionner la dureté de l'acier aux différents usages auxquels on le destine, on nettoie et on polit sa surface après la trempe, puis on le chauffe, en se réglant pour la dureté sur les couleurs qu'il prend. Ces couleurs proviennent, à proprement parler, de la formation d'une mince pellicule d'oxyde, qui réfléchit les couleurs de l'iris. Par suite de cette oxydation, l'acier devient d'abord d'un jaune paille, passe ensuite au jaune doré, parsemé de raies pourpres, puis au pourpre, au violet et enfin au bleu; à la chaleur rouge toute coloration cesse, et il se forme à sa surface une croûte épaisse d'oxyde noir. Ces couleurs guident l'ouvrier, et lui apprennent à quelle époque l'acier doit être retiré du feu, pour le refroidir dans de l'eau ou de la graisse. Cette opération est connue sous le nom du *recuit*. La première teinte jaune convient aux ciseaux et aux autres instruments tranchants, qui sont destinés à travailler le fer; le jaune doré et le commencement du pourpre, pour les ciseaux et instruments tranchants à l'aide desquels on travaille des métaux moins durs; le pourpre, pour les couteaux et les outils destinés aux ouvrages à la main; le violet et le bleu, pour les ressorts de montre, qui n'acquièrent que par le recuit le degré d'élasticité qu'ils doivent avoir. Comme l'acier trempé ne possède pas la ténacité du fer, on brase ordinairement l'acier avec du fer doux, et quelquefois on acière la surface de différents objets en fer déjà confectionnés, en les fai sant rougir, après les avoir enveloppés de laine ou de râpure de corne, et en les retirant ensuite pour les tremper et les polir.

D'après Gautier, il est facile de transformer en acier des objets de fer tout confectionnés ; il suffit pour cela de les faire rougir, après les avoir enveloppés de tournure de fonte pulvérisée ; suivant lui, la formation de l'acier est alors plus prompte, et a lieu à une température moins élevée que par le procédé ordinaire.

Aux Indes orientales, on prépare une espèce d'acier qui nous arrive de Bombay, et qui est appelée *wootz*. Il possède des qualités qui le rendent préférable à tout autre acier. Faraday a trouvé que le wootz contient une petite quantité de silicium et d'aluminium, et il a enseigné la manière de l'imiter. Faraday et Stodart ont trouvé que quand on prend de la fonte qui contient beaucoup de charbon (celle dont ils se sont servis avait été fondue avec une nouvelle quantité de charbon, et renfermait 5,64 pour cent de carbone), et qu'après l'avoir pulvérisée et mêlée avec de l'alumine pure, on l'expose pendant longtemps à la température nécessaire pour fondre le fer, l'aluminium se réduit, et l'on obtient un petit culot blanc, cassant et à grain fin, qui donne par la dissolution 6,4 pour cent d'alumine. Dans un essai, 70 parties d'acier de cémentation ont été fondues avec 4 parties de cet alliage, et dans un autre essai, 6,7 parties de ce même alliage avec 50 parties d'acier. Dans les deux essais, ils ont obtenu un régule qui ressemblait sous tous les rapports au wootz. Cet acier laisse paraître des veines foncées et claires, quand, après l'avoir forgé, on attaque sa surface avec de l'acide sulfurique étendu ; c'est ce qu'on appelle *damasquiner*, parce qu'autrefois les lames ainsi préparées se fabriquaient principalement à Damas. La fusion ne détruit pas la damasquinure, car elle reparaît sous le marteau. Faraday l'attribue à ce qu'il se forme dans l'acier indien, des cristaux qui s'étendent par l'action du marteau, sans que leurs contours se confondent avec la masse environnante, et qu'ils sont ensuite rendus visibles par l'action de l'acide sulfurique étendu. Cependant Bréant a essayé de prouver que la présence de l'aluminium n'est pas indispensable dans l'acier damasquiné, et il a obtenu, avec 100 parties de fer en barres et 2 de noir de fumée calciné, de bon acier fondu, qui, après avoir été forgé, se damasquina par l'action de l'acide. 100 parties de tournure de fonte grise, mêlée et fondue avec un oxyde qui avait été préparé en calcinant 100 parties de la même fonte, donnèrent un acier semblable. Depuis longtemps on imite l'acier damasquiné en Europe, et on a cru que les figures qu'on y aperçoit étaient composées de fer et d'acier brasés ensemble. On réunit, en les brasant, des barres d'acier et de fer doux tordues en spirale, et l'on s'en sert ensuite pour fabriquer des lames de sabre, de couteau, etc. Lorsqu'on verse un acide à la surface de cet acier, les parties de fer pur deviennent blan-

ches, tandis que celles d'acier paraissent noires, à cause du carbone mis à nu ; la surface des objets ainsi préparés est couverte de stries noires, onduleuses, parce que, dans cette opération, le fer pur et l'acier viennent se placer l'un auprès de l'autre en stries onduleuses. Plus le nombre de morceaux qu'on a réunis est grand, et plus on les a étendus, plus aussi les ondulations sont fines et serrées, et réciproquement.

L'Anglais Mushet a cherché à déterminer les proportions de carbone qui entrent dans ces différents carbures de fer ; et, d'après ses essais, l'acier fondu ductile contient 0,012 parties de carbone ; l'acier fondu ordinaire, 0,01 ; l'acier dur, 0,011 ; l'acier cassant 0,02 ; la fonte blanche, 0,04 ; la fonte tachetée, 0,05, et la fonte noire, 0,067.

ACONIT NAPEL. — Les feuilles de cette plante ont été analysées par Bucholz. Cette plante est très-vénéneuse, mais on ignore d'où dépendent ses propriétés toxiques. Dans le cours de l'analyse, Bucholz fut pris de maux de tête, de vertiges et de douleurs dans la moelle épinière ; on pourrait conclure de là que la substance vénéneuse est volatile.

AÉROLITHE. *Voy.* Pierre météorique.

AÉROSTATS, comment on les gonfle. *Voy.* Hydrogène.

AFFINAGE. — Opération par laquelle on sépare l'or de l'argent et du cuivre, ainsi que d'autres métaux avec lesquels l'or peut se trouver allié. Le meilleur moyen d'opérer le *départ*, comme on appelle la séparation de l'argent de l'or, consiste à attaquer l'alliage par l'acide sulfurique concentré et bouillant, dans des cornues de platine. L'argent et le cuivre sont dissous et l'or reste parfaitement intact. Quant à l'argent dissous avec le cuivre, on le précipite par des lames de cuivre.

AFFINITÉ. — L'affinité est cette force à laquelle on rapporte tous les phénomènes chimiques, combinaisons, décompositions, etc., et dont l'action ne s'exerce qu'au contact apparent des molécules hétérogènes, de même que la cohésion n'exerce la sienne qu'au contact des molécules similaires. Parlons d'abord de l'affinité.

On conçoit parfaitement que plus l'état de division des corps est grand, plus les molécules ont de facilité pour réagir les unes sur les autres ; ce grand état de division est surtout indispensable quand l'affinité est faible, car si elle est très-énergique, elle s'exerce même entre des corps à l'état solide, comme le dégagement de gaz ammoniac nous en fournit la preuve dans le mélange trituré de sel ammoniac et de chaux. L'état liquide et l'état gazeux, en donnant aux molécules une plus grande liberté d'action, favorisent donc éminemment l'action de l'affinité ; mais il est encore un autre état qui facilite singulièrement les combinaisons, c'est l'état naissant, cet état dans lequel se trouvent les molécules à l'instant où elles sortent d'une combinaison, alors qu'étant isolées elles ne sont point encore aux prises avec la cohésion qui tend à affaiblir l'action de l'affinité. En vain chauffe-t-on l'hydrogène avec l'azote ou l'arsenic pour les combiner ensemble ; mais si l'hydrogène, à l'état naissant, à l'instant où il se dégage d'une combinaison, de l'eau par exemple, rencontre un de ces deux corps, il se combine avec lui et forme de l'ammoniaque ou de l'hydrure d'arsenic. Nous pourrions citer mille faits semblables ; mais c'est principalement en électro-chimie que l'on a constamment l'avantage de pouvoir disposer des éléments des corps à l'état naissant, et dont on tire un parti avantageux pour former un grand nombre de composés que la chimie n'a pas toujours la possibilité de produire. Cet isolement des molécules est une des conséquences de la décomposition électro-chimique ; c'est pendant qu'elle a lieu et à l'instant où elles arrivent sur les lames décomposantes que les molécules jouissent de leurs propriétés électriques, qui constituent, suivant nous, l'état naissant.

Quand une combinaison s'opère, l'effet qui nous frappe d'abord est l'élévation de température, et même une émission de lumière, si l'action est très-énergique. Nous reconnaissons ensuite que les propriétés du corps formé sont tout à fait différentes de celles des parties constituantes ; le corps occupe en effet un volume moindre que celui de ces parties ; dès lors la densité est plus grande. Il faut en excepter cependant quelques alliages, tels que ceux d'or et d'argent, dont le volume est plus grand. La saveur n'est plus la même, conséquence de la neutralisation des propriétés acides et alcalines des éléments. La couleur du composé est souvent différente de celle de ses éléments, comme les oxydes métalliques nous en offrent de si nombreux exemples. Outre le dégagement de chaleur, et quelquefois de lumière, il y a encore un dégagement d'électricité soumis aux lois suivantes. Dans toutes combinaisons, le corps qui se comporte comme acide rend libre de l'électricité positive, et celui qui agit comme alcali de l'électricité négative. Les quantités d'électricité mises en liberté dépendent de l'intensité de l'affinité, du pouvoir conducteur du dissolvant et de celui du corps dissous. Cet effet est inséparable de toute action chimique, et doit être pris désormais en considération dans un grand nombre de cas où l'on a pour but de faire naître l'affinité où elle ne pouvait se manifester. C'est là précisément le but que l'on se propose en électro-chimie. Pour nous, affinité et électricité sont deux choses inséparables. Dans tous les phénomènes observés jusqu'ici, l'affinité et l'électricité nous représentent deux forces agissant constamment ensemble et liées par des rapports tellement intimes, que l'une peut suppléer à l'action de l'autre, et *vice versa*.

Passons en revue les idées adoptées en chimie sur l'affinité, en commençant par celles exposées dans la statique chimique, et qui fixèrent l'attention générale quand cet important ouvrage parut. Nous allons être forcé d'entrer dans quelques détails de réactions chimiques pour être plus intelligible. D'après la manière de voir de Berthollet, lorsqu'un acide est versé dans une solution saline, tel que l'acide sulfurique, par exemple, dans une solution de nitrate de potasse, les deux acides se partagent la base proportionnellement à leur quantité ; ce qui veut dire, dans la théorie atomique, en raison du nombre de leurs atomes. Il se trouve donc dans la dissolution de l'acide sulfurique et de l'acide nitrique libres, du sulfate et du nitrate de potasse. Mais si, par une cause quelconque, un de ces corps vient à être enlevé, il s'opère de proche en proche une décomposition. Vient-on, par exemple, à volatiliser l'acide nitrique en chauffant, cet acide ne contre-balance plus l'action de l'acide sulfurique, qui peut alors décomposer une nouvelle quantité de nitrate de potasse, en rendant libre de l'acide nitrique, ainsi de suite jusqu'à ce que ce dernier acide soit entièrement volatilisé ; il ne reste plus alors dans la dissolution que du sulfate de potasse et un excès d'acide sulfurique, si l'on en a pris une quantité plus grande qu'il ne fallait pour saturer toute la potasse. Si l'on met, au contraire, en présence une forte base, telle que la potasse ou la soude, avec une solution de sulfate d'ammoniaque, on a des effets absolument semblables. Il en est encore de même en mélangeant ensemble deux solutions salines ; dans ce dernier cas, il y a formation de quatre sels, attendu que chaque acide se partage les deux bases. Si l'on opère avec deux solutions salines donnant naissance par leur réaction à un composé insoluble, il se produit dans ce cas une succession extrêmement rapide de décomposition. Supposons que l'on mélange une solution de baryte avec une solution de potasse. A l'instant même où le mélange s'effectue, la liqueur contient du nitrate de baryte, du nitrate de soude, du sulfate de soude et du sulfate de baryte qui se précipitent aussitôt. Immédiatement après, l'équilibre étant rompu par l'effet de cette précipitation, il y a nouvelle réaction du sulfate de potasse sur le nitrate de baryte, précipitation du sulfate de baryte formé ; ainsi de suite, jusqu'à ce que toute la décomposition soit achevée. Toutes ces réactions ont lieu, bien entendu, dans un temps infiniment court. C'est à l'aide de ces principes, et en faisant intervenir la cohésion, que Berthollet est parvenu à expliquer des faits qui n'avaient pu être interprétés jusqu'à lui ; mais il ne faut pas s'y tromper : dans ces principes, deux choses sont à considérer, la loi sur laquelle ils reposent et qui est incontestable, et l'hypothèse destinée à l'expliquer. Cette hypothèse est relative au partage en proportion définie dans le mélange de plusieurs solutions, de corps de nature semblable avec plusieurs autres antagonistes qui sont en présence.

Pour bien apprécier l'action des forces qui exercent une influence sur l'affinité, nous devons commencer par dire quelques mots de la force de dissolution. Si l'affinité produit des combinaisons en proportion définie, et que ce soit là son caractère essentiel, la force de dissolution forme des combinaisons en proportion indéfinie, auxquels on a donné le nom de *dissolution*. Celle-ci diffère des combinaisons en proportion définie en ce qu'elle n'a lieu que lorsque les corps n'exercent qu'une faible action les uns sur les autres, comme les sels quand ils se dissolvent dans l'eau. De cette différence entre les modes d'action de l'affinité et de la force de dissolution qui en dérive, résultent d'autres différences opposées, caractéristiques.

Au lieu d'une élévation, il y a un abaissement de température; les corps dissous perdent leur cohésion, mais ils conservent leur saveur et leurs propriétés acides et alcalines, selon qu'ils sont neutres, acides ou alcalins. L'écartement des molécules similaires dans l'acte de la dissolution explique l'abaissement de température, de même qu'on se rend compte facilement du dégagement de chaleur dans les combinaisons par le rapprochement jusqu'au contact apparent des molécules hétérogènes. Il peut se faire qu'il arrive néanmoins que les effets calorifiques se neutralisent en tout ou en partie, quand la force de dissolution agit immédiatement après l'affinité, c'est-à-dire quand la dissolution suit la combinaison.

Dans les dissolutions il s'opère, comme dans les combinaisons, un dégagement d'électricité soumis aux lois suivantes. Lorsqu'on mélange une solution concentrée avec de l'eau, celle-ci prend l'électricité négative, et celle-là l'électricité positive; la solution se comporte donc, sous le rapport des effets électriques produits, comme un acide dans sa combinaison avec un alcali. Une solution concentrée agit de même à l'égard d'une solution de même sel qui ne l'est pas. Ces effets dépendent d'un mouvement moléculaire dont il a été impossible encore de se rendre compte. Dans le cas où le sel est acide ou alcalin, l'effet devient complexe, attendu que l'acide ou l'alcali libre, en réagissant sur l'eau, produit des effets tels, que l'eau, en se mélangeant avec l'acide, prend l'électricité négative, tandis que le contraire a lieu avec l'alcali.

Les effets électriques produits dans les combinaisons en proportions définies ainsi que dans les combinaisons en proportions indéfinies, ont entre eux une dépendance qui en fait supposer une entre les causes auxquelles sont dues ces combinaisons, dépendance qui, du reste, est généralement admise en chimie. Nous ajouterons enfin que les combinaisons en proportions indéfinies, comme les autres combinaisons, s'opèrent non-seulement entre les solides et les liquides, mais encore entre deux liquides, et même deux solides. Ainsi, l'eau dissout l'alcool, les acides, les alcalis, etc. Les métaux s'unissent en toute proportion par la fusion, d'où résultent quelquefois des combinaisons en proportions définies en solution dans le bain. Les combinaisons en proportions définies ou indéfinies sont influencées par trois causes qui compliquent l'action de l'affinité quand on cher-

che à la déterminer d'une manière absolue. Ces causes sont la cohésion, la chaleur et l'électricité. L'influence de la première est encore un objet de discussion entre les chimistes, tandis que celle de la chaleur et de l'électricité ne saurait être mise en doute

Influence de la cohésion. — Cette force, tendant à rapprocher les molécules, agit nécessairement en sens inverse de l'affinité d'un corps pour un autre, et de la force de dissolution, tandis que la chaleur, en les écartant, favorise son action. Les effets de l'affinité en présence de la cohésion et de la chaleur sont donc complexes ; mais M. Gay-Lussac est loin d'admettre dans les actions chimiques l'influence de la cohésion, comme l'ont fait jusqu'ici les chimistes, car il l'exclut tout à fait. Ses opinions en pareille matière sont d'une telle importance, que nous devons les rapporter avec le plus de détails possible. Berthollet considérait la cohésion comme une force assez énergique pour balancer l'action de l'affinité au point de produire des combinaisons et des décompositions; force qui existait non-seulement quand ses effets étaient sensibles, mais même longtemps avant. Il s'appuyait à cet égard sur les faits suivants : *Quelques instants avant qu'un liquide ne se gazéifie, ou qu'un gaz ne se liquéfie, la dilatation du premier et la concentration du second sont déjà influencées par les nouveaux états que vont prendre ces deux corps, et suivent alors une progression plus rapide qu'à une certaine distance de ces termes.*

M. Gay-Lussac fait observer qu'il faudrait alors admettre un terme unique, constant, pour le changement d'état; ce qui ne saurait avoir lieu, puisque ce changement s'opère sous toutes les pressions et toutes les températures, et qu'il est impossible d'admettre, dans les précipitations et les dissolutions, la préexistence de l'influence de la cohésion qui ne peut se manifester que lorsque les molécules sont déjà formées.

On admet en chimie, que lorsqu'un corps est en présence de son dissolvant, la résistance que le premier oppose au second constitue l'insolubilité, laquelle dépend de la cohésion ou de l'attraction des molécules similaires des corps soumis à l'action du dissolvant, et de son affinité pour ce dernier. M. Gay-Lussac ne partage pas cette opinion. Voici les motifs qu'il en donne. Il commence d'abord par examiner quelle peut être l'influence de la cohésion sur la volatilisation, ce qui lui permet de se rendre compte ensuite plus facilement de ce qui se passe dans les phénomènes chimiques.

Si l'on prend un corps volatil pouvant se présenter solide et liquide dans des limites de température abordables, tel que l'eau, et que l'on cherche la force élastique de sa vapeur à partir de — 20° jusqu'à zéro, on trouve d'abord qu'elle est la même pour la glace à zéro que pour l'eau à la même température, et qu'il en est de même pour tout autre degré de thermomètre, auquel on peut obtenir à la fois l'eau à l'état solide et à l'état liquide; et cependant, à la manière dont on considère la cohésion, celle-ci est beaucoup plus grande dans la glace que dans l'eau. D'autres exemples semblables prouvent également qu'il n'existe aucun rapport entre la cohésion et la force répulsive ; d'où il suit que la force élastique de la vapeur ne serait déterminée que par le nombre de molécules d'eau pouvant se maintenir à l'état gazeux dans un espace déterminé, à une température donnée.

Pour savoir quels peuvent être les effets de la cohésion dans les dissolutions, prenons des corps réunissant la double condition d'être solubles dans un dissolvant, et de pouvoir se présenter solides et liquides dans les limites abordables de température. Aucun sel ni aucun acide ne réunit cette double condition ; mais parmi les corps inflammables, la cétine, la paraffine et les acides gras et solides, ne présentent aucune anomalie dans leur solubilité dans l'alcool. En passant de l'état solide à l'état liquide, la progression est parfaitement continue et régulière. Or, la cohésion de ces corps à l'état solide étant plus grande que lorsqu'ils sont à l'état liquide, et leur solubilité n'étant pas troublée à l'instant du passage d'un état à l'autre, ni avant ni après, ainsi qu'aux environs, on peut en conclure qu'elle est indépendante de la cohésion. Nous retrouvons les mêmes effets avec les substances gazeuses ; ainsi le chlore ne présente pas de changements dans sa solubilité au moment de son changement d'état. De plus, si la dissolution d'un sel était influencée par la cohésion, le dissolvant ne pourrait jamais s'en saturer complétement par le simple contact. Ainsi, tout tend donc à prouver, suivant M. Gay-Lussac, que la cohésion n'intervient en rien dans la dissolution. Celle-ci varie avec la température, de même que l'élasticité des vapeurs. L'action dissolvante est sans aucun doute liée à l'affinité réciproque du dissolvant et du corps dissous, avec cette différence que les effets de l'affinité ne sont pas variables avec la température, tandis que ceux de la dissolution en dépendent essentiellement ; d'où il semble résulter que dans la dissolution comme dans la vaporisation, le produit est essentiellement limité à chaque degré de température, par le nombre de molécules pouvant exister dans une portion donnée du dissolvant, dont elles se séparent par la même raison que les molécules élastiques se précipitent par un abaissement de température, et probablement encore, comme ces dernières, par la compression et la réduction du volume du dissolvant. La dissolution serait donc essentiellement liée à la vaporisation, en ce sens que l'une et l'autre dépendent de la température et obéissent à ses variations, et conséquemment ces deux actions présentent beaucoup d'analogie. Elles diffèrent en ce que les molécules gazeuses n'ont pas besoin, comme les molécules d'un corps solide, d'un dissolvant pour se soutenir dans un espace donné, leur force élastique leur donnant cette faculté. D'après l'analogie que nous venons d'établir, et comme il paraît incontestable que la force

élastique de la vapeur d'un corps soit tout à fait indépendante de la cohésion, M. Gay-Lussac en conclut que la dissolution est également indépendante de la cohésion.

Passons maintenant à la combinaison. Si on la compare à la dissolution, on trouve que celle-ci varie à chaque instant avec la température, tandis que celle-là n'obéit pas à ces variations. Cette considération et la précédente tendent donc à affaiblir l'influence que Berthollet attribuait à la cohésion dans les phénomènes chimiques, influence qui était telle que, *lorsqu'un corps en précipitait un autre, ce n'était pas toujours un indice d'une supériorité d'affinité, mais bien de ce que c'était la cohésion que devait prendre le précipité qui déterminait la décomposition.*

Des considérations que nous venons de présenter, et qui, sans aucun doute, sont très-importantes, M. Gay-Lussac en tire la conséquence que la cohésion ne joue qu'un rôle secondaire dans la précipitation, de même que dans la dissolution, et que la précipitation est constamment la preuve d'une plus grande affinité, dont la cohésion ne fait qu'accuser les effets.

Quant aux décompositions par double affinité, M. Gay-Lussac ne partage pas non plus l'opinion de Berthollet. Voici comment il les conçoit : Les précipités formés dans ces décompositions ne sont pas les composés les plus stables, ceux qui renferment les acides et les bases, les plus puissants ; une foule d'exemples le prouvent. Dès lors on ne peut dire que, lors du mélange de deux dissolutions salines, l'acide le plus fort se combine toujours avec la base la plus forte. L'expérience prouve, au contraire, que les sels neutres peuvent faire échange d'acides et de bases indépendamment de leurs affinités réciproques.

D'un autre côté, la solubilité n'étant point affectée par la différence d'attraction moléculaire entre l'état solide et l'état liquide, et l'échange des bases dans les doubles décompositions ayant lieu dans diverses circonstances de solubilité, de densité, de fusibilité, de volatilité, l'une d'elles ne saurait être la véritable cause de l'échange à l'exclusion des autres ; c'est donc un motif pour la chercher ailleurs.

L'échange n'étant déterminé non plus ni par l'affinité réciproque des acides et des bases, ni par les causes secondaires que nous venons de citer, et qui opèrent cependant des séparations, on doit donc admettre que l'échange les précède. Pour satisfaire à toutes ces conditions, M. Gay-Lussac suppose qu'au moment du mélange de deux sels il y a un pêle-mêle général entre les acides et les bases, c'est-à-dire que les acides se combinent indifféremment avec les bases, et réciproquement, pourvu que l'acidité et l'alcalinité soient satisfaites. Cette indifférence de permutation (d'équipollence) établie, les décompositions produites par double affinité s'expliquent avec beaucoup de simplicité. Ainsi, quand on mélange deux sels, il s'en forme deux nouveaux dans des rapports avec les deux premiers ; et suivant que l'une de ces propriétés, l'insolubilité, la densité, la fusibilité, la volatilité, etc., sera plus prononcée pour les nouveaux sels que pour les sels donnés, il y aura trouble d'équilibre et séparation d'un sel, quelquefois même de plusieurs. M. Gay-Lussac pense cependant que ce pêle-mêle n'a pas toujours rigoureusement lieu. On sait, en effet, que les molécules d'un composé opposent une certaine force d'inertie au changement, et qu'il faut souvent ou du temps ou un ébranlement pour opérer ce changement ; ainsi, le sulfate de soude en solution se maintient sursaturé à des températures très-inférieures à celle à laquelle elle devrait commencer à abandonner ce sel. Une solution de sulfate de magnésie et d'oxalate d'ammoniaque ne donne un précipité que longtemps après le mélange ; une rapide agitation le produit en quelques secondes.

Il est très-difficile de démontrer l'échange entre les éléments de deux sels dont on mélange les solutions, sans qu'il y ait formation de précipité. On peut s'en assurer cependant dans quelques cas ; par exemple, si l'on fait passer dans un mélange d'une dissolution de protosulfate de fer et d'une autre d'acétate de soude un courant d'hydrogène sulfuré, on obtient immédiatement un précipité de sulfure de fer, ce qui ne peut avoir lieu qu'autant qu'il s'est formé préalablement de l'acétate de fer.

Les arguments puissants que M. Gay-Lussac met en avant pour montrer que la cohésion ne joue pas dans les phénomènes chimiques un rôle aussi important qu'on l'a pensé jusqu'ici, sont de nature à être pris en considération par les physiciens qui s'occupent de l'étude des forces concourant à la formation des corps ; mais nous doutons qu'on puisse ériger en loi générale que tous les phénomènes chimiques soient indépendants de la cohésion, lorsqu'on sait que plus les affinités réciproques entre deux corps sont faibles, plus l'état de division de ces corps doit être grand, c'est-à-dire plus la force de cohésion doit être diminuée, pour qu'elles puissent s'exercer.

Influence de la chaleur. — Quelle que soit la manière dont on envisage l'intervention de la cohésion dans les phénomènes chimiques, il n'en est pas moins vrai que les molécules du corps sont sollicitées par deux forces antagonistes, la cohésion et la chaleur, dont l'une tend à les rapprocher et l'autre à les écarter. Du rapport mutuel de ces forces dépend l'état solide, liquide ou gazeux. Si la première l'emporte, et que les axes des particules s'orientent suivant certaines directions, le corps est solide. L'influence qu'exerce cette orientation paraît être la cause des changements de volume ou de densité qui ont lieu dans les phénomènes de cristallisation, et détermine, à ce qu'il paraît, la stabilité d'équilibre que présente l'agglomération des particules d'un milieu solide, et qui ne peut être vaincue que par des efforts souvent très-considérables. Il

résulte de cette disposition des particules à prendre des directions fixes, que lorsqu'on les en écarte, elles y reviennent en effectuant une suite de mouvements oscillatoires, transmis aux masses environnantes.

L'état liquide est caractérisé par une grande diminution dans l'influence qu'exerce la direction des axes sur l'état moléculaire du corps, et par l'augmentation de la quantité de chaleur qu'il contient, ce qui permet aux molécules de tourner les unes autour des autres, sans perdre pour cela leur position d'équilibre. Dans ce cas, la cohésion et la chaleur se balancent. Enfin, si l'orientation des axes n'a aucune influence, ou qu'une influence très-faible sur les conditions d'équilibre des particules, et que l'action de la chaleur l'emporte sur celle de la cohésion, le corps est gazeux. La chaleur favorise en général les combinaisons et les dissolutions en écartant les molécules, en affaiblissant la cohésion. Les rapports intimes qui lient la chaleur et la cohésion sont tels que l'on ne saurait s'empêcher d'admettre que, dans le cas actuel, leur influence ne soit entièrement opposée.

Le degré de chaleur nécessaire pour produire des combinaisons varie non-seulement avec les corps, mais encore avec le même corps, suivant son état moléculaire. Par exemple, pour opérer la combinaison du carbone avec l'oxygène, il faut employer une température d'autant plus élevée que la cohésion est plus considérable ; aussi le diamant d'abord, puis la plombagine et l'anthracite exigent-ils pour brûler plus de chaleur que le charbon ordinaire, qui est à tissu lâche.

La chaleur agit-elle seulement en affaiblissant la cohésion, ou bien ne peut-elle pas exalter l'affinité au point d'augmenter son énergie ? Les rapports qui lient l'affinité à l'électricité, et d'autres raisons que nous indiquerons plus loin, permettent de répondre affirmativement à la seconde partie de cette question. Ce qui se passe avec l'oxyde d'argent, au surplus, suffit pour montrer le rôle que peut jouer la chaleur. A une certaine température, cet oxyde est réduit ; chauffet-on jusqu'à fusion et au delà, on arrive à une température où l'argent absorbe ou se combine avec l'oxygène qui se dégage par le refroidissement. Nul doute que la chaleur ne modifie dans ce cas l'action exercée par l'argent sur l'oxygène. La chaleur n'intervient-elle pas quelquefois aussi pour modifier l'affinité de certains corps quand on les expose à une température élevée, comme le zircone, les oxydes de chrôme, quelques antimoniates, l'alumine, etc., qui, sans éprouver une diminution de poids, perdent la faculté de se combiner avec les acides faibles ? A la vérité, on peut dire que la chaleur détermine un nouvel arrangement moléculaire qui s'oppose au jeu des affinités ; mais cette explication ne détruit pas le fait.

La chaleur produit quelquefois des effets inverses, c'est-à-dire qu'elle s'oppose aux combinaisons, et les détruit même Ces effets ont lieu quand il existe une grande différence d'expansibilité entre les éléments d'un composé. C'est ainsi qu'à une température suffisante les combinaisons gazeuses de l'hydrogène avec le carbonate, le phosphore, le soufre et l'azote sont décomposées. Il en est de même d'un grand nombre d'oxydes, particulièrement de ceux appartenant aux métaux ayant peu d'affinité pour l'oxygène, et qui sont également décomposés par la chaleur. Les gaz qui n'ont qu'une faible affinité pour l'eau ne s'y dissolvent qu'au-dessous de 100°, et d'autant plus que la température est plus basse ; tandis que les autres gaz s'y dissolvent à toute température. Nous retrouvons des effets du même genre dans les combinaisons de deux liquides qui ne sont pas volatils au même degré : la chaleur les sépare ; et dans les composés solides renfermant des éléments qui prennent facilement l'état gazeux, les exemples en sont très-nombreux.

Ce n'est pas tout : il arrive encore que lorsque des combinaisons, telles que les substances organiques renfermant plusieurs éléments gazeux, sont détruites par l'action de la chaleur, il se forme de nouveaux composés, et surtout des produits ammoniacaux si ces combinaisons sont azotées. Nous ajouterons que les rapports sont tels entre la chaleur et l'affinité, que lorsque celle-ci n'a pas l'énergie nécessaire pour effectuer une décomposition, la chaleur lui vient en aide. C'est ainsi que le sulfate de baryte, qui n'est décomposé séparément ni par la chaleur, ni par l'acide borique à la température ordinaire, l'est par ces deux actions réunies, avec dégagement d'oxygène et d'acide sulfureux.

De l'influence de la quantité. — Cette influence ne se manifeste qu'à l'égard des parties qui composent les proportions définies d'après lesquelles les corps peuvent se combiner. Nous allons en donner de suite quelques exemples pour montrer en quoi elle consiste. Le bicarbonate de potasse, exposé à l'action de la chaleur, laisse échapper la moitié de son poids d'acide carbonique. La moitié qui reste doit donc être plus fortement attirée par la base que celle qui s'est dégagée. On connaît deux sulfates de potasse dans lesquels l'acide sulfurique est dans le rapport de un à deux. Si l'on traite le premier, qui renferme une proportion atomique d'acide sulfurique, par l'acide nitrique, on aura, d'une part, un sursulfate et du nitrate de potasse. Il y aura donc eu décomposition partielle, puisqu'elle s'est arrêtée après que le sulfate a perdu la moitié de sa base. Concluons de là que la potasse est plus fortement attirée par deux proportions atomiques d'acide que par une seule. On pourrait citer beaucoup d'autres exemples pour prouver l'influence dans les combinaisons de quantités entrant comme proportions définies dans ces combinaisons. Il est donc bien démontré qu'une proportion atomique d'un corps est plus fortement attirée par 2, 3, etc., proportions atomiques d'un corps antagoniste que par une seule de ces proportions. C'est ainsi qu'il faut envisager aujourd'hui l'intervention de la quantité dans les actions chimiques.

Influence de la pression. — Lorsqu'une substance est soumise à l'action de la chaleur, ou bien lorsque deux substances, en réagissant l'une sur l'autre à la pression de l'atmosphère, donnent naissance à des composés gazeux, si l'expérience se fait sous une pression telle que les composés ne puissent prendre l'état gazeux, les actions chimiques cessent. Citons quelques exemples. Quand on expose dans un vase de fonte fermé du carbonate de chaux à une température très-élevée, le dégagement de gaz acide carbonique ne tarde pas à s'arrêter en raison de la pression exercée par le gaz dégagé ; le carbonate éprouve alors une demi-fusion, qui lui permet de prendre par le refroidissement une texture cristalline. Si l'on enferme dans un tube très-fort un mélange d'eau, d'acide sulfurique et de limailles de fer, l'eau est d'abord décomposé avec dégagement de gaz hydrogène ; mais peu à peu l'action diminue, et quand le gaz exerce une pression de vingt et quelques atmosphères, elle cesse tout à fait.

Lorsque l'on chauffe, dans la marmite de Papin, de l'eau à une température supérieure à celle de l'ébullition, la vapeur ne pouvant s'échapper, exerce naturellement une compression sur le liquide, laquelle, augmentant avec la température, peut s'opposer à l'évaporation totale du liquide ; dans ce cas, la compression fait équilibre à la force élastique de la vapeur. M. Cagniard la Tour a cherché comment se comportaient dans les mêmes circonstances l'alcool, l'éther sulfurique et l'essence de pétrole rectifiée. Il a introduit à cet effet l'un de ces trois liquides dans de petits tubes qu'il a fermés par les deux bouts. Un de ces tubes, dans lesquels on avait mis environ les $\frac{2}{5}$ de sa capacité d'alcool à 36°, a été chauffé graduellement. Le liquide s'est dilaté ; quand son volume a été doublé, le liquide a disparu complétement, et a donné naissance à une vapeur transparente. En laissant refroidir le tube, il s'est formé un nuage épais et la vapeur s'est liquéfiée. Les autres liquides ont produit des effets analogues ; avec de l'eau remplissant le tiers du tube, ce dernier a perdu sa transparence, et s'est brisé peu de temps après. Le verre a donc été décomposé à une certaine température, en cédant son alcali à l'eau. Cet inconvénient est évité en ajoutant à l'eau une petite quantité de carbonate de soude. A la température de la fusion du zinc, l'eau se maintient sous la forme gazeuse, dans un espace quatre fois plus grand que le volume qu'elle avait d'abord.

M. Cagniard a déterminé la pression qu'exercent l'éther et l'alcool à l'instant où ces liquides se réduisent subitement en vapeur. L'éther prend l'état gazeux dans un espace moindre que le double de son volume primitif ; il exerce alors une pression de 37 à 38 atmosphères dans le tube qui le contient.

Il faut à l'alcool, pour se réduire en vapeur,

un espace un peu moindre que 3 fois son volume primitif. La pression qu'il exerce alors est de 119 atmosphères. La température de l'éther, quand il passe en vapeur, est de 160° tandis que celle de l'alcool est de 207°.

Suivant les idées de Laplace, qui sont généralement adoptées, la forme qu'affecte un corps dépend du rapport de trois forces qui doivent être prises en considération ; 1° de l'attraction de chaque molécule pour les molécules qui l'entourent, et dont l'effet est de les rapprocher sans cesse les unes des autres ; 2° de l'attraction de chaque molécule pour la chaleur qui entoure les molécules situées dans son voisinage ; 3° de la répulsion entre la chaleur qui entoure chaque molécule, et celle qui enveloppe les molécules voisines, laquelle tend à les désunir. Dans les effets précédents, il faut avoir égard à ces trois forces qui luttent continuellement et dont il n'est guère possible de prévoir les effets *a priori*.

De la mesure des affinités. — Lorsqu'une force est simple, rien n'est plus facile que de mesurer les différents degrés de son intensité, mais lorsqu'elle agit concurremment avec d'autres forces qui favorisent ou contrarient ses effets, sans qu'on puisse savoir jusqu'où s'étendent ces modifications, alors la question change de face et devient des plus complexes : c'est le cas de l'affinité ; cette force est effectivement sans cesse aux prises avec la chaleur, la cohésion (l'influence de cette dernière est à la vérité contestée) ; l'électricité et même dans un grand nombre de cas avec la lumière. D'un autre côté, nous savons que l'affinité n'exerce point son action au même degré dans des corps différents. En effet, le fer, l'argent, etc., ont plus d'affinité pour le soufre que n'en a le mercure ; de là l'ancienne dénomination d'affinité élective donnée à l'affinité, en vertu de laquelle un corps en présence de deux autres se porte de préférence plutôt vers l'un que vers l'autre. Le sulfate de magnésie en solution est décomposé par la chaux, de même que le sulfate de potasse par la baryte ; il faut donc que l'acide sulfurique, d'une part, soit doué d'une plus forte affinité pour la chaux que pour la magnésie ; de l'autre, pour la baryte que pour la potasse. Mais ces affinités ne sauraient être considérées d'une manière absolue, car on ne peut les séparer de la nature du dissolvant, de ses proportions, de la température à laquelle les corps réagissent, etc. Ce sont ces causes qui compliquent tellement la question de la mesure des affinités, qu'elle n'a pu être encore résolue.

Des rapports entre l'affinité et l'électricité. — L'action des particules hétérogènes les unes sur les autres et la permanence de leur union dans les combinaisons, ainsi que l'action mutuelle des molécules similaires, sont-elles dues à des forces électriques ou bien à des forces inconnues, dépendantes ou non des premières ? Telle est la grande question qui occupe depuis quarante ans, et qui occupera peut-être longtemps encore les physiciens et les chimistes.

Tous les faits observés jusqu'ici portent à croire que la chaleur est formée de la réunion des deux électricités, en supposant toutefois qu'elle se change en ces deux électricités toutes les fois que son mouvement dans les corps est brusquement arrêté, et *vice versa*, c'est-à-dire que l'électricité en mouvement devient chaleur lorsqu'elle rencontre des obstacles qui s'opposent à sa libre propagation, de même que la chaleur se change en électricité quand elle rencontre un obstacle. D'un autre côté, les effets électriques produits dans toutes les actions chimiques, et les lois auxquelles ils sont soumis, ainsi que l'action décomposante de l'électricité, nous prouvent qu'il existe des rapports intimes entre les affinités et les forces électriques, et une dépendance mutuelle telle qu'à l'aide des affinités on peut faire naître les forces électriques, et réciproquement. Sans rappeler tout ce que nous avons exposé touchant le dégagement de l'électricité dans les actions chimiques, nous dirons que l'électricité dégagée dans le cas actuel est un effet résultant de l'action des affinités, effet qui reparaît, mais en sens inverse, dans les décompositions, et qui annonce en même temps un état électrique moléculaire indispensable à la permanence de l'union des particules dans les composés, puisque, en faisant disparaître cet état, on détruit les combinaisons. Si l'on avait un moyen exact de mesurer l'électricité associée aux molécules, on pourrait comparer les affinités des corps, puisque la relation est telle entre les forces électriques et l'affinité, que lorsqu'on affaiblit l'action des premières, on diminue dans le même rapport l'action des secondes, et qu'en anéantissant les unes on détruit les autres. Il existe donc entre elles un rapport tel, que les unes ne peuvent exister sans les autres. Dans l'état actuel de la science, tout tend à prouver que les atomes ou particules élémentaires des corps sont associées à une certaine quantité d'électricité naturelle qui fait partie de leur essence, et qu'elles ne sauraient perdre sans cesser d'exister, ou du moins sans que leurs propriétés chimiques soient modifiées d'une manière quelconque. Lorsqu'un atome est uni à un autre, il possède donc, outre l'électricité qui sert au maintien de la combinaison, une certaine quantité d'électricité naturelle disponible selon le rôle qu'il joue dans la combinaison. Nous sommes fondé à croire que l'attraction des deux électricités contraires qui se manifestent à l'instant de l'affinité entre deux atomes est la cause de l'union de ces deux atomes, et par conséquent du maintien de la combinaison. Ainsi, par exemple, dans la combinaison d'un atome d'oxygène avec un atome d'hydrogène, le premier est éminemment négatif, le second éminemment positif, et les deux électricités possédées par ces deux atomes sont dissimulées sans pouvoir passer de l'un dans l'autre, effet semblable à celui que nous présente l'électrophore, dans lequel le plateau de résine et le disque de métal possèdent chacun une électricité contraire, qui est dissimulée par l'action de l'autre. En admettant cet état de choses, on explique tous les phénomènes électro-chimiques observés jusqu'ici ; mais il ne faut pas perdre de vue cependant que l'état électrique de chaque atome ne précède pas l'action de l'affinité, mais la suit au contraire ; ce qui exclut l'idée d'une électricité positive ou négative propre à l'atome avant sa combinaison, comme le pensait M. Ampère.

Les expériences de M. Faraday tendent à montrer la haute condition électrique des molécules de la matière dans les combinaisons, et l'identité de leur quantité d'électricité avec celle qui est nécessaire à leur séparation, de telle sorte que l'action chimique exercée sur un équivalent de zinc, dans un simple couple voltaïque fonctionnant avec de l'eau acidulée, est capable de développer une quantité d'électricité suffisante, sous forme de courant, pour décomposer un équivalent de cette substance. On voit par là que la quantité d'électricité associée aux particules de la matière, et qui leur donne le pouvoir de se combiner, est capable, lorsqu'elle est sous forme de courant, de séparer ces particules de leur état de combinaison, c'est-à-dire que l'électricité qui décompose et celle produite par la décomposition d'un certain volume de matière, sont égales.

D'après l'accord qui règne entre la théorie des proportions définies et celle de la théorie électro-chimique, on ne peut s'empêcher de considérer les parties équivalentes des corps comme des volumes de ces corps, contenant d'égales quantités d'électricité, ou qui ont des pouvoirs électriques égaux. Ainsi, les atomes des corps possèdent des quantités égales d'électricité quand ils sont combinés. Cette manière de voir ne doit pas être considérée comme une simple hypothèse, mais bien comme une représentation exacte des faits.

La théorie électro-chimique peut servir à éclairer plusieurs points de la chimie. En effet, le principe de l'antagonisme introduit dans la science par Lavoisier, et qu'on a cherché à attaquer dans ces derniers temps, est mis en évidence par les décompositions électro-chimiques ; car l'expérience prouve que toutes les fois qu'un courant voltaïque, ayant une énergie suffisante, traverse une dissolution capable d'être décomposée, les éléments transportés aux deux pôles opposés forment deux groupes parfaitement distincts, deux antagonistes, l'un renfermant les éléments acides ou se comportant comme tels, et l'autre, les éléments alcalins ou agissant comme tels. Sans entrer dans le fond même de la discussion à l'égard des combinaisons par antagonisme, nous ferons remarquer que si ce mode de combinaison n'existait pas, comment se ferait-il que les décompositions électro-chimiques de différents composés organiques ou inorganiques présentassent toujours cette particularité de s'effectuer en deux parties distinctes, jouissant de pro-

priétés opposées, et qui, réunies par l'action des affinités ou celle des forces électriques, quand il n'y a pas eu formation de produits secondaires, reproduisent ces mêmes composés ? Cette propriété ne porte-t-elle pas avec elle, dans les combinaisons, le caractère d'un partage entre deux éléments antagonistes, tel qu'on l'a considéré jusqu'ici ? A la vérité, les composés organiques se prêtent difficilement à la décomposition électro-chimique, attendu que la plupart ne se laissent pas traverser par le courant, et que ceux qui lui livrent passage donnent naissance à des produits secondaires qui ne permettent pas toujours de reconnaître les effets directs de l'action décomposante du courant.

Les décompositions électro-chimiques nous montrent cette propriété dans les substitutions quand un élément électro-positif est remplacé par un élément électro-négatif, sans pour cela que les propriétés fondamentales du composé soient changées. Prenons pour exemple l'acide acétique, dans lequel un atome d'hydrogène peut être remplacé par un atome de chlore, d'où résulte l'acide chloro-acétique dont les propriétés fondamentales sont les mêmes que celles du premier acide. On peut se demander si, dans ce cas, l'électro-chimie peut faire connaître ce changement, c'est-à-dire, si le radical électro-négatif a été remplacé par un radical électro-positif. L'atome d'hydrogène et l'atome de chlore sont entourés d'une certaine quantité d'électricité naturelle qui est décomposée à l'instant où les affinités s'exercent, de telle sorte que chaque atome peut devenir positif ou négatif, suivant le rôle qu'il joue dans la combinaison. Si l'on soumet à l'action du courant l'acide chloro-acétique, on trouve que le chlore se porte au pôle positif, tandis que toutes les autres parties constituantes de l'acide se rendent au pôle négatif, où elles forment un produit secondaire. L'antagonisme est donc bien établi ; mais doit-on considérer alors l'acide comme un composé de ce produit et de chlore ? C'est une question que nous laissons à résoudre aux chimistes.

AGATE. — Elle offre un grand nombre de variétés dues à la diversité de ses principes constituants, qui sont : le quartz, le jaspe, l'améthyste, l'opale, la cornaline, etc. Nous allons faire connaître les principales.

Agate rubanée. — Elle est composée de couches alternantes et parallèles de calcédoine avec jaspe, ou quartz ou améthyste ; elles sont diversement colorées ; les plus belles nous viennent de la Saxe et de la Sibérie.

Agate herborisée. — C'est à proprement parler une calcédoine offrant des ramifications végétales variées, et diversement colorées, qui sont traversées parfois par des veines irrégulières de jaspe rouge

Agate moka. — Nom qu'elle a reçu de ce lieu de l'Arabie où elle se trouve. Cette pierre doit être regardée comme une calcédoine transparente, offrant des contours herborisés qu'on attribue à des cryptogames.

Agate breccie ou en *brèche.* — Base d'améthyste, avec des fragments d'agate rubanée. Cette belle variété est originaire de la Saxe.

Agate fortification. — Sciée transversalement et polie, elle présente à l'intérieur des lignes en zigzag parallèles, qui ont l'apparence d'une fortification moderne.

Agate Onix ou Onyx. — Cette variété est remarquable en général par deux ou trois bandes diversement colorées, droites ou parallèles entre elles. Plus rarement les bandes sont au nombre de cinq à six. Leur principale beauté consiste dans la vivacité et l'épaisseur de leurs couleurs, ainsi que dans la finesse de leur pâte. Les quatre principales variétés d'Onix sont :

1° L'*Onix des lapidaires.* — Couches droites et parallèles; c'est presque la seule qui soit susceptible d'être travaillée.

2° L'*Onix à couches ondulées.* — C'est l'agate rubanée des lapidaires. Les couches sont ondulées.

3° L'*Onix* dit *œil d'adad,* ou *triophtalme des anciens.* — C'est l'*Agate œillée* des lapidaires. Couches orbiculaires et concentriques, ayant de l'analogie avec la prunelle des yeux.

4° L'*Onix camée.* — Celle-ci représente une gravure en relief d'une autre couleur que le fond. L'artiste a profité de la succession des couches colorées pour former une sorte de tableau.

Les Agates existent dans la plupart des contrées, principalement dans la serpentine et les roches de trap. On en colore artificiellement par immersion dans des solutions métalliques; elles étaient autrefois bien plus recherchées qu'elles ne le sont de nos jours. Les orientales sont presque toujours transparentes et d'un aspect vitreux; les occidentales ont des couleurs variées et souvent veinées de quartz ou de jaspe. Les Agates les plus estimées sont celles qui présentent à leur intérieur quelque animal ou quelque plante bien dessinés. On trouve aussi des calcédoines herborisées à dendrites noirs ou rouges, etc.

AGRÉGATION. — On donne ce nom à la réunion de plusieurs substances solides. Ce qui distingue la combinaison de l'agrégation, c'est que dans celle-ci les parties composantes ne sont pas homogènes; elles sont discernables. De petits fragments de cailloux, agglutinés par un ciment, constituent un agrégat, qui prend les noms minéralogiques de *poudingues,* de *brèches,* de *grès.*

AIGUE MARINE. *Voy.* Topaze et Émeraude.

AIMANT (*Fer oxydulé; ethiops martial,* etc.). — Substance métalloïde, noir de fer; très-attirable au barreau aimanté et magnétique. L'aimant constitue des dépôts plus ou moins considérables dans les terrains de cristallisation et qui ne se présentent pas dans les terrains de sédiment. C'est un excellent minerai qui fait la principale richesse minérale de la Suède et de la Norwége, et qui produit généralement d'excellent fer, parce qu'il est rarement mélangé de matières étrangères.

AIR. — On admit, presque jusqu'à la fin du xviii° siècle, que l'air était un élément. Lavoisier démontra le premier que l'air est un mélange de deux gaz, et indiqua leurs proportions.

L'air, en effet, se compose principalement de deux gaz, et sensiblement dans les rapports de 79 d'azote à 21 d'oxygène en volume, ou plus exactement, suivant MM. Dumas et Boussingault, de 79, 19 et 20,01. Les proportions de l'oxygène dans le mélange gazéiforme, d'après de récentes analyses de MM. Regnault et Reiset, varieraient entre 20,88 et 21,00; suivant M. Doyère, la variation s'élèverait jusqu'à près d'un centième, oscillant entre 20,5 et 21,3 d'oxygène pour 100 du volume total.

L'air atmosphérique contient, en outre, des quantités variables d'acide carbonique, représentant en moyenne 0,0004 de son volume. Les quantités de vapeur d'eau mêlées avec l'air sont bien plus variables encore, sans jamais atteindre les limites qui se rapprochent de la siccité absolue ni de la saturation d'eau.

Divers gaz ou vapeurs, engendrés par les altérations des matières organiques, se trouvent dans l'air libre en proportions si faibles, que l analyse ne peut guère déterminer leur nature; il en est tout autrement dans les espaces clos.

L'air atmosphérique, tantôt en mouvement, tantôt presque complétement en repos, est le véhicule d une foule de corpuscules dont il serait important que l'on pût se rendre compte; car parmi eux se trouvent les sporules de ces champignons microscopiques qui se développent partout où l'on expose à l'air les substances organiques dont la nature, l'état hygroscopique, etc., peuvent alimenter ces végétations. C'est à la même cause que l'on doit attribuer certaines épidémies de moisissures, qui attaquent en parasites les végétaux morts, et même vivants, de toutes les dimensions. Ce sont encore, sans doute, des émanations organiques qui occasionnent la *mal aria* des Maremmes en Toscane, et ces affections fébriles qui étreignent les populations dans presque toutes les localités où le sol, longtemps couvert d'eau, exposé à l'air, en se desséchant, diverses substances organiques jusqu'alors submergées.

En observant ces maladies endémiques toujours développées dans les mêmes conditions, ou est naturellement disposé à croire que les germes propagateurs des grandes et désastreuses épidémies sont transportés par l'air autour des foyers où l'infection domine habituellement, et jusqu'à d'énormes distances en certaines occasions. On doit donc admettre que c'est dans les contrées mêmes où règnent ces fléaux qu'on peut efficacement les combattre, en assainissant les lieux infectés par les masses de débris organiques, abandonnés jusqu'ici à toutes les altérations spontanées qu'engendre ou favorise le concours de la chaleur et de l'humidité.

Outre les émanations des matières organiques capables de vicier l'air atmosphérique libre et l'air confiné, celui-ci peut devenir insalubre, asphyxiant, vénéneux ou explosif par diverses causes locales, notamment par les produits de la combustion complète ou incomplète, avec ou sans excès d'air, etc., des diverses matières qui servent à l'éclairage et au chauffage des habitations.

Avant d'indiquer la nature de ces substances, plus ou moins dangereuses à respirer, et les moyens d'éviter leur mélange ou de diminuer leurs proportions dans l'air confiné, nous devrons décrire les combinaisons du carbone et du soufre avec l'oxygène et l'hydrogène, les conditions usuelles du chauffage et les procédés d'éclairage par les corps gras, et les gaz pyrogénés de la houille.

Lorsqu'on veut procéder à cette analyse, dans la vue de déterminer les relations entre l'oxygène et l'azote, on doit éliminer préalablement la vapeur d'eau et l'acide carbonique. A cet effet, on fait passer lentement l'air, à l'aide d'un aspirateur, 1° dans deux tubes courbés en U remplis de menus fragments de pierre-ponce imprégnée d'acide sulfurique; 2° dans deux autres tubes courbés en U, contenant de la ponce imprégnée d'une solution de potasse, et dans un troisième renfermant des fragments de potasse. Si l'on agit ainsi sur 80 à 100 litres d'air, il sera facile de déterminer les quantités d'eau et d'acide carbonique : l'eau est indiquée par l'augmentation de poids des deux premiers tubes qui l'ont retenue; l'acide carbonique est connu par l'augmentation qu'éprouve le poids des trois derniers tubes.

Quant à la détermination des proportions d'oxygène et d'azote, les procédés varient. Il en est qui reposent sur la combinaison que l'on opère au moyen d'une étincelle électrique entre l'oxygène et un excès d'hydrogène introduit à dessein : tout l'oxygène engagé dans la combinaison forme de la vapeur d'eau, qui se condense et fait disparaître ainsi du mélange, pour 1 volume d'oxygène 2 volumes hydrogène; le tiers de la diminution de volume représente alors le volume d'oxygène.

Cette opération très-simple donnerait promptement des résultats exacts, si l'on pouvait mesurer facilement, d'une manière précise et dans des conditions bien fixes de température et d'état hygroscopique, les gaz avant et après l'inflammation : c'est là le but que s'est proposé d'atteindre M. Regnault, en construisant un appareil spécial, dans lequel les erreurs sont réduites à 3 ou 4 dix-millièmes.

Les résultats obtenus par MM. Dumas et Boussingault avaient été déduits de l'augmentation de poids qu'éprouve le cuivre métallique, lorsqu'on fait passer graduellement l'air sur ce métal réduit en copeaux menus (ou raclures), et chauffé au rouge : tout l'oxygène est fixé par le cuivre; celui-ci étant exactement pesé avec le tube qui le contient, on comprend que le poids dont il a été augmenté représente précisément le poids de l'oxygène qui s'est séparé de l'air. Or, le poids de l'azote résidu, aspiré en ouvrant avec précaution le robinet d'un ballon dans lequel on a préalablement fait le vide et qu'on a taré alors, indique les quantités pondérables du second gaz, et la somme représente les proportions que l'air renferme de chacun d'eux.

Nous avons indiqué plus haut les résultats obtenus par ces deux méthodes analytiques, ainsi qu'en suivant le procédé employé par M. Doyère, à l'aide d'un appareil nouveau qui fixe l'oxygène dans une solution de chlorure de cuivre ammoniacal. Plusieurs autres procédés donnent des résultats moins exacts, notamment la combustion du phosphore dans une cloche graduée, l'oxydation du mercure dans un ballon communiquant avec une cloche sur le mercure, opération qui permit à Lavoisier de prouver, le premier, que l'air est un mélange de deux gaz doués de propriétés très-différentes, et d'indiquer approximativement leurs proportions.

Applications. — Les propriétés mécaniques, physiques et chimiques des gaz et vapeurs, qui composent l'air, trouvent des applications nombreuses et variées dans les arts agricoles et manufacturiers : ainsi, l'air en mouvement offre l'un des agents mécaniques naturels les plus anciennement employés (*moulins à vent pour la mouture des grains, l'élévation de l'eau,* etc.); le mouvement de l'air déterminé par des ventilateurs sert à éliminer les poussières qui salissent les grains, et à séparer les unes des autres les poudres de grosseurs différentes.

Les courants d'airs naturels ou artificiellement excités s'appliquent en une foule de circonstances pour opérer la dessiccation de divers produits. On met à profit la présence de la vapeur d'eau dans l'air, pour hydrater les grains à moudre, les cendres et soudes à lessiver, etc.

La pression atmosphérique est employée pour faire pénétrer des solutions antiseptiques dans le tissu du bois. En diminuant cette pression sur les liquides chauffés, on hâte leur évaporation qui s'opère à une plus basse température, et évite l'altération des matières organiques dissoutes (*sucre, glucose, principes colorants, gélatine,* etc.). L'insufflation de l'air dans les intestins épurés facilite la dessiccation de ces produits, dits *boyaux insufflés,* qu'on exporte en Espagne pour contenir et conserver les aliments. L'air sert dans les opérations métallurgiques, tantôt à oxyder les métaux ou les sulfures chauffés au rouge, tantôt à réduire les oxydes à l'aide des gaz réducteurs (*oxyde de carbone, hydrogène carboné*), produits et transportés par l'air même passant au travers d'un excès de combustible. L'air, par l'oxygène qu'il contient, favorise les *fermentations, la germination,* les *développements des moisissures*, phénomènes tantôt utiles, tantôt nuisibles, et que l'on peut souvent exciter ou entraver à volonté en laissant libre ou en interceptant l'accès de l'air.

ALABASTRITE. *Voy.* **Albatre.**

ALAMBIC (de ἄμβιξ, *vase distillatoire*, et *al*, article arabe). — Appareil distillatoire. C'était d'abord un instrument fort simple, nommé *retorte;* ce n'était qu'une bouteille dont le col était incliné de côté. Puis, on l'a fait de deux pièces : le corps de la bouteille, nommé *cucurbite*, par sa ressemblance avec une citrouille, et le chapiteau qui s'y adaptait. Pendant quatre siècles, la forme de l'alambic a peu varié. Ce n'est qu'au commencement de notre siècle que l'alambic des anciens a changé tout à la fois de nom et de forme.

ALBATRE CALCAIRE. — Il provient des stalactites et stalagmites de carbonate de chaux que l'on rencontre dans les cavernes des pays calcaires; on recherche les parties de ces dépôts, qui sont d'un blanc très-légèrement jaunâtre, d'une belle demi-transparence, avec des veines d'un blanc laiteux; c'est alors l'*albâtre oriental ou antique*. On recueille aussi les parties composées de couches parallèles bien distinctes, planes, ou contournées, les unes presque transparentes, les autres légèrement translucides, ou bien toutes de même degré de translucidité, et différentes par la couleur ou la teinte de couleur; c'est alors l'*albâtre veiné* ou *marbre onix, marbre agate*, dont le plus estimé est ordinairement jaune de miel, avec des bandes ou zones plus foncées, qui ne tranchent pas d'une manière trop brusque; il doit être à structure compacte et d'un éclat un peu gras; mais il en est des variétés dont le tissu très-légèrement fibreux produit un léger reflet soyeux qui est encore plus agréable. On emploie encore les variétés qui présentent des taches irrégulières sur des fonds de diverses couleurs dont les plus recherchées sont encore jaune de cire ou jaune de miel; c'est l'*albâtre tacheté*. Enfin, on emploie des *albâtres unis*, mais toujours translucides, particulièrement pour des vases adaptés à divers usages; les anciens ont employé un albâtre nébuleux, d'un blanc laiteux presque transparent, pour les lampes qui devaient répandre un jour mystérieux dans leurs temples.

ALBATRE GYPSEUX (*alabastrite* ou *sulfate de chaux*). — Matière blanche dont on fait des vases, des pendules, etc., rarement travaillés avec soin; cette matière est fort tendre, peu susceptible de poli et peu estimée; il y en a des variétés colorées, jaunes, brunâtres, qui ont des veines ou des zones plus pâles ou plus foncées, qui ressemblent un peu à l'albâtre calcaire, mais qui sont loin d'en avoir l'éclat et l'agrément. C'est en Italie que se fabriquent presque tous les ouvrages que nous voyons en albâtre gypseux; on en tire les matières des environs de Volterra; mais cette substance est très-commune en France, dans les terrains secondaires, où l'on pourrait également l'employer avec succès. Le gypse de Lagny, dans les

dépôts tertiaires, qui est lamelleux avec de beaux reflets nacrés, a fourni des plaques assez agréables qu'on a employées de diverses manières, et que l'on a quelquefois colorées. *Voy.* **Gypse.**

ALBERT LE GRAND. — C'était un moine, un dominicain, qui a occupé l'épiscopat de Cologne. Il naquit en Souabe, en 1205. Comme beaucoup de savants de ces temps éloignés, c'était un homme universel, dont les études avaient embrassé toutes les sciences, et il avait à la fois des connaissances très-étendues et très-approfondies; ce qui faisait dire de lui qu'il était : *magnus in magia, major in philosophia, maximus in theologia*. En effet, les ouvrages qu'il a écrits sur ces matières, et qui d'ailleurs sont fort nombreux, montrent qu'il possédait des connaissances précises de diverse nature, et en particulier sur les propriétés chimiques des pierres, des métaux et des sels, pour nous borner à ce qui nous concerne, connaissances qu'on trouverait fort difficilement chez d'autres savants de cette époque.

On ne doit pas d'ailleurs, pour s'en faire une juste idée, se figurer que Albert le Grand soit auteur de tous les ouvrages qu'on lui attribue. Il ne faut pas compter, parmi ses œuvres, les *secrets du Petit Albert*, ouvrage dont la composition est si peu en rapport avec la nature des devoirs d'un évêque, et dans lequel personne ne pourrait sérieusement reconnaître le style d'Albert, du maître de saint Thomas d'Aquin, son disciple favori. Il faut même en écarter un certain traité d'alchimie, le *Traité des secrets du grand Albert*, auquel on fait porter son nom, et qui est postérieur à son époque. Quand on a étudié ses écrits véritables et qu'on jette les yeux sur ce traité, on aperçoit bien vite la fraude, tant ces livres, forgés par les alchimistes, sont tracés d'une main lourde et maladroite. Enfin, il faut surtout mettre de côté sa réputation de magicien, et oublier les merveilles qu'on en raconte, quoiqu'elles soient dignes de figurer parmi les curieuses histoires d'enchantement qui ont amusé notre enfance.

Ainsi, ce n'est pas une tête d'airain que Albert le Grand avait fabriquée; c'était un homme tout entier, ce qu'on appelle l'*Androïde* d'Albert, personnage qui résolvait ses principales difficultés, et dont on serait tenté de croire que c'est tout simplement une machine à calculer, personnifiée par l'exagération populaire.

Bien mieux, Albert le Grand avait invité à dîner un certain comte de Hollande. Pour recevoir dignement ce haut personnage, il fait dresser la table au milieu du jardin, ce qui naturellement étonne beaucoup le comte et les seigneurs qui l'accompagnaient; car on était en plein hiver, et plusieurs pieds de neige couvraient le sol du jardin. Mais au moment de se mettre à table, la neige disparaît, une douce chaleur succède aux rigueurs de la froidure, les arbres se parent de leur feuillage et de leurs fleurs, et les oiseaux joyeux font entendre à l'envi leurs chants du printemps

Cette scène se continue aussi longtemps que dure le repas. Mais à l'instant où le dîner se termine, tout l'enchantement s'évanouit, et l'hiver reparaît avec ses glaces et son aridité.

Vous voyez quelle idée on se formait alors des hommes qui se livraient à l'étude de la chimie. Eux-mêmes ne contribuaient pas peu à l'entretenir ; ils aimaient, en général, à se donner comme disposant d'une puissance bien supérieure à leurs forces. C'est ainsi qu'on les voit souvent se vanter de savoir faire de l'or, et d'en faire en telle quantité qu'ils veulent, ou du moins de connaître des gens qui en font ; de sorte que l'opinion qu'ils laissent établir sur leur compte va bientôt grossissant ; et leur fait attribuer des connaissances qu'ils n'ont jamais possédées, et une puissance imaginaire.

Ceci, du reste, ne s'applique en rien à Albert le Grand, dont le traité *de Mineralibus et Rebus metallicis* offre tout au contraire plus de réserve et de sagesse qu'on n'en devrait attendre de l'époque. L'auteur y expose et y discute les opinions de Geber et des chimistes de l'école arabe ; il admet leur façon de voir sur la nature des métaux ; il partage leurs idées sur la génération de ces corps ; mais il y ajoute des observations qui lui sont propres, et surtout de celles que l'habitude de voir des mines et des exploitations métallurgiques lui a permis de faire.

On ne pourrait donc extraire de cet ouvrage que des faits de détail, si l'on voulait citer quelque chose qui appartînt à son auteur ; mais on donnerait par ce procédé une mauvaise appréciation de son mérite. Ce qui caractérise le traité *de Rebus metallicis*, c'est l'exposition savante, précise et souvent élégante des opinions des anciens ou de celle des Arabes ; c'est leur discussion raisonnée, où se décèle l'écrivain exercé en même temps que l'observateur attentif.

ALBUMINE. — Les chimistes ont donné le nom d'*albumine* à un principe immédiat, qui forme la base du blanc d'œuf (*albumen*), et qui est très-répandu dans beaucoup de liquides animaux et quelques substances solides. L'albumine existe sous deux états différents ; à l'état solide, elle entre dans la composition de certains tissus ; à l'état liquide, ou unie à une plus ou moins grande quantité d'eau et à quelques substances salines, elle se rencontre abondamment dans le blanc d'œuf, le sérum du sang, le chyle, la synovie, etc., et dans la plupart des liquides morbides.

L'analyse n'a constaté dans l'albumine que la présence de l'oxygène, de l'hydrogène, du carbone et de l'azote : cependant, comme elle noircit les vases d'argent dans lesquels on la coagule, et comme elle dégage de l'acide sulfhydrique par la putréfaction, on est porté à penser, à supposer qu'elle renferme une petite quantité de soufre.

L'albumine est liquide, visqueuse, transparente, insipide, inodore, plus dense que l'eau : elle mousse par l'agitation, et se coagule par l'action de la pile, de l'alcool, et

par une température de 60 à 63°. Cette coagulation avait été primitivement regardée comme une oxygénation de l'albumine ; mais cette explication est peu probable, puisque le phénomène se produit encore dans le vide.

Le sirop de violette verdit légèrement l'albumine, parce qu'elle contient une petite quantité de potasse. L'albumine est soluble dans l'eau, et cette dissolution, étendue et soumise à l'action de la chaleur, devient opaline, sans qu'il y ait coagulation, laquelle ne peut avoir lieu que lorsque l'eau est évaporée. Abandonnée à elle-même, elle éprouve la fermentation putride.

Les acides se combinent avec l'albumine ; les uns la coagulent, tandis que les autres s'y combinent sans la coaguler ; l'acide phosphorique et l'acide acétique sont dans ce dernier cas.

La potasse et la soude aidées de la chaleur empêchent la coagulation de l'albumine et dissolvent le coagulum formé primitivement. Presque tous les sels des quatre dernières sections sont décomposés par l'albumine qui s'unit toujours à la base. L'albumine peut être desséchée dans le vide ou dans l'air, lorsqu'on opère rapidement à une température de 30°. Elle peut alors très-bien se conserver, se dissoudre dans l'eau et présenter toutes les propriétés de l'albumine ordinaire.

L'albumine ordinaire diffère donc essentiellement de l'albumine coagulée qui se rapproche au contraire de la fibrine, dont elle a toutes les propriétés. Ce qui la distingue, c'est que l'albumine coagulée n'a pas d'action sur l'eau oxygénée, tandis que la fibrine la décompose instantanément.

Les graines des graminées et d'autres plantes contiennent une matière albumineuse tout à fait identique avec celle que nous venons de décrire. Cependant quelques chimistes prétendent qu'elle est différente ; d'autres admettent même plusieurs variétés d'albumine.

La présence de l'albumine dans la plupart des substances animales qui nous servent d'aliments doit la faire regarder comme une matière nutritive par ses propriétés ; elle est employée à plusieurs usages. C'est sur sa coagulation par la chaleur qu'est fondé l'emploi qu'on en fait dans les arts pour clarifier les sirops, le petit-lait, etc. C'est aussi sur sa précipitation par le tannin et les acides qu'est établi l'usage qu'on en fait pour clarifier les vins et la bière.

Tous les sels métalliques forment, avec l'albumine, des composés insolubles, dans lesquels elle joue le rôle d'un acide, et voilà pourquoi elle trouble toutes les dissolutions métalliques des quatre dernières sections. Les précipités, dans ce cas, ont des couleurs différentes, mais ils sont floconneux ; ce sont des *albuminates*, qu'un léger excès d'albumine ou de potasse caustique redissout. Avec le sulfate de cuivre, l'albumine donne lieu à un précipité verdâtre, que la potasse redissout en colorant la liqueur en beau violet

C'est alors un véritable sel double, très-stable, qui résiste à l'évaporation, et dont on tirera sans doute parti dans la peinture.

C'est en raison de cette action remarquable qu'on fait usage, avec un grand succès, des blancs d'œufs délayés dans l'eau pour le traitement des empoisonnements produits par les sels métalliques, et spécialement par les sels de cuivre et de mercure, attendu l'innocuité des composés insolubles qui se forment. C'est à M. Orfila qu'on doit d'avoir pleinement démontré cette vérité, confirmée, le 25 février 1825, d'une manière éclatante, par l'accident arrivé au célèbre professeur Thénard, qui, ayant bu par méprise une dissolution de *chloride de mercure* (sublimé corrosif), dut son prompt rétablissement à dès blancs d'œufs qu'il avala aussitôt qu'il eut reconnu sa fatale erreur.

L'albumine est un réactif si sensible pour le chloride de mercure, qu'elle forme un trouble apparent dans un liquide qui ne contient que cinq dix millièmes de ce composé mercuriel. Mais ce précipité se dissout très-bien dans l'eau salée ; aussi dans le traitement de l'empoisonnement par le sublimé corrosif, au moyen du blanc d'œuf délayé dans l'eau, il faut provoquer le vomissement le plus tôt possible, pour éviter qu'une partie du composé, formé par l'antidote, ne reste dissous dans les organes digestifs à la faveur du sel marin contenu dans les aliments habituels. *Voy.* Aliments.

ALBUMINE VÉGÉTALE. — L'albumine, qui est un principe immédiat des substances animales, se rencontre parfois dans le règne végétal ; elle existe dans le suc de beaucoup de plantes, dans les semences émulsives et farineuses, dans un grand nombre de racines ; sa présence peut être facilement reconnue à la propriété que possèdent soit les sucs de ces plantes, soit les macérations de ces parties de végétaux, de se troubler par la chaleur et de se coaguler en flocons insolubles ; d'être précipités par les acides minéraux, par la solution de deuto-chlorure de mercure et par l'acétate de plomb.

C'est à la présence d'une grande quantité d'albumine que certaines semences huileuses jouissent de la propriété, lorsqu'elles ont été pilées et broyées avec de l'eau, de former un liquide blanc, laiteux, désigné vulgairement sous le nom d'*émulsion*. Ce liquide, analogue au lait des animaux par son aspect, résulte de la suspension de l'huile dans la solution d'albumine que contenaient les semences ; aussi, par le repos, l'huile se sépare peu à peu, et nage à la surface sous la forme d'un liquide épais, opaque, analogue à la crème du lait, tandis que l'eau chargée d'albumine se trouve au-dessous de celle-ci. C'est sans doute à cette propriété qu'il faut attribuer le nom impropre de *lait d'amandes*, donné au liquide obtenu en exprimant les amandes pilées avec de l'eau.

Cette matière végéto-animale contenue dans les amandes a été regardée par quelques chimistes comme analogue au caséum du lait ; mais les expériences de MM. Payen

et Henri fils prouvent qu'elle a plus de rapport avec l'albumine qu'avec le caséum.

ALCALIMÉTRIE. — La potasse et la soude constituent, à cause de leurs nombreux usages, une branche importante du commerce. Mais ces substances, telles que le commerce les fournit, ne sont jamais pures ; elles contiennent des quantités notables de chlorure de potassium, de chlorure de sodium, de sulfate de soude et de potasse, sels que l'on considère comme des matières étrangères. Le consommateur a grand intérêt à connaître la quantité de potasse ou de soude réelle (carbonate de potasse ou de soude) contenue dans la potasse ou dans la soude brute du commerce. L'opération qui a pour but d'évaluer cette quantité s'appelle *alcalimétrie*.

Jusqu'à l'époque où Descroizilles indiqua des procédés alcalimétriques à la portée des manufacturiers, des négociants et des consommateurs, la fabrication, le commerce et les applications des alcalis étaient sans règles certaines : des erreurs nombreuses, souvent graves, avaient lieu relativement à la valeur et au dosage de ces agents si utiles à l'industrie et à l'économie domestique ; le nouveau moyen pratique d'essai fut donc un très-grand service rendu aux arts industriels. Chaque jour l'importance de la méthode de Descroizilles apparaît plus grande depuis que M. Gay-Lussac a perfectionné cette méthode, l'a étendue aux essais des sulfates, des hypochlorites de chaux, de soude, de potasse, des alliages d'argent, etc. ; depuis qu'enfin M. Pelouze et plusieurs autres savants chimistes ont doté l'industrie de moyens d'essais fondés sur le même principe et applicables à déterminer la valeur de divers produits.

Méthode de Descroizilles. — La méthode d'essai alcalimétrique de Descroizilles repose sur la saturation de la base (soude ou potasse) par l'acide sulfurique étendu, dont le volume employé (très-facile à connaître, puisqu'il est contenu dans un tube dont la capacité est divisée en centièmes par une graduation), indique directement le poids. On comprend que plus l'alcali exige d'acide pour être saturé, plus il est riche. Descroizilles employait 5 grammes de soude, dissoute dans un décilitre d'eau ; il saturait cette quantité avec le volume suffisant d'acide contenu dans une burette ou tube gradué, dont la capacité égale à 50 millilitres, divisée en cent parties ou degrés, renfermait une solution aqueuse de 5 grammes d'acide concentré.

Si l'on employait tout le liquide de la burette, il était facile de voir que les 5 grammes de soude avaient été saturés par 5 grammes d'acide sulfurique concentré. Le carbonate de soude sec donne à peu près ce résultat : ainsi, chaque centième (ou degré de la burette) d'acide, employé pour saturer une partie de soude, représente 1 centième de carbonate de soude. Les soudes brutes, saturant de 25 à 40 degrés, peuvent donc être considérées comme renfermant 25 à 40 0/0 de carbonate de soude pur. Mais les résul tats n'ont plus de signification directe s'il s'agit de soude caustique ou, à plus forte raison, de potasse caustique ou carbonatée ; les degrés ne sont plus alors que des termes de comparaison, et indiquent seulement le nombre de centièmes d'acide sulfurique que l'alcali peut saturer : la potasse qui exige 'e plus d'acide est la plus riche.

Méthode perfectionnée de Gay-Lussac. — Cette méthode donne directement les centièmes de soude pure ou de potasse pure contenue dans les produits caustiques ou carbonatés. Pour obtenir ce résultat, il suffit d'opérer, non plus sur un poids de l'alcali égal à celui de l'acide concentré contenu dans les 50 centimètres cubes de la burette, mais sur un poids tel que si la potasse ou la soude étaient pures, l'acide des 100 divisions de la burette serait employé à le saturer ; c'est donc un poids équivalent à celui de l'acide. Ce poids est de 3^{gr}, 185 pour la soude, et de 4^{gr}, 807 pour la potasse.

Afin d'opérer sur un échantillon plus volumineux, on pèse 10 fois la quantité de l'un ou de l'autre alcali, c'est-à-dire 31 ^{gr}, 85 de soude, ou 48^{gr},07 de potasse ; on fait dissoudre dans l'eau, ajoutée successivement et décantée, en broyant, à l'aide d'un mortier, jusqu'à ce que tout soit divisé et la matière soluble dissoute ; le volume total étant alors égal à un demi-litre ou $500^{c \cdot c}$, on agite, puis on laisse déposer ou l'on filtre. On prend avec une pipette, contenant $50^{c \cdot c}$ à un trait marqué, ce volume du liquide clair, et l'on a ainsi le dixième de la partie soluble de chaque échantillon pesé. Ces $50^{c \cdot c}$ (ou 1 demi-décilitre) exigeraient donc les $50^{c \cdot c}$ ou les 100 divisions d'acide étendu pour être saturés, si l'alcali était pur ; ils n'exigeraient que moitié ou 50 divisions de la burette, si l'alcali ne contenait que la moitié de son poids de soude ou de potasse pures. Par conséquent, chaque degré ou centième de la burette à acide donne directement l'indication des centièmes de soude ou de potasse contenus dans l'échantillon essayé.

Le terme de la saturation se reconnaît facilement en ajoutant dans les $50^{c \cdot c}$ de solution alcaline deux ou trois gouttes d'une teinture de tournesol, et en versant de l'acide avec la burette jusqu'à ce que la nuance de bleue qu'elle était, commence à devenir rouge vif, sans s'arrêter à la teinte violette faible que donne l'acide carbonique lorsqu'on sature des carbonates.

Afin de s'assurer que la teinte indique un très-léger excès d'acide sulfurique, on pose vers la fin de la saturation une goutte du liquide sur du papier à lettre, teint légèrement en bleu par le tournesol : la nuance rougeâtre doit être à peine visible sous la goutte. On ajoute alors de l'acide par quart de degré ou par demi-degré, on s'arrête dès que la nuance rouge est prononcée et persiste sur le papier. Deux gouttes représentent un quart de degré. Si l'on avait dépassé le terme en ajoutant par deux gouttes, il conviendrait de retrancher autant de quarts de degré qu'il resterait sur le papier de marques rouges persistantes.

ALCALIS (du chaldéen *kalah, brûler*). — Dénomination générique qui s'applique à la *potasse*, à la *soude*, à l'*ammoniaque*. Les deux premières substances s'appellent *alcalis fixes*, par rapport à l'*ammoniaque* qui est aussi connue sous le nom d'*alcali volatil*. Ce fut Marggraff qui le premier distingua, en 1736, la potasse de la soude, jusque-là confondues. (*Voy.* ces mots.)

Alcalis végétaux (alcaloïdes, bases salifiables organiques). — On donne ce nom à des principes immédiats qui, lorsqu'ils sont en dissolution dans l'alcool, ramènent au bleu le papier de tournesol rougi par un acide, et qui, combinés avec les acides, donnent naissance à des sels qui peuvent régulièrement cristalliser. — La découverte des alcalis végétaux est une des conquêtes chimiques les plus importantes de notre siècle ; car ces produits ont reçu les applications les plus heureuses à l'art de guérir : tous les jours on emploie pour soulager de cruelles maladies le sulfate de quinine, les sels de morphine et la strychnine. C'est à Sertuerner, pharmacien du Hanovre, qu'appartient l'honneur d'avoir distingué le premier cette classe intéressante de corps ; mais pour être juste on doit dire que Derosnes et Seguin avaient, bien avant lui, isolé de l'opium une base organique ; mais ils n'insistèrent point suffisamment sur ce caractère d'alcalinité. On compte aujourd'hui près de cinquante alcalis végétaux différents ; mais tous n'ont pas été convenablement étudiés, et quelques-uns seulement doivent nous intéresser spécialement.

C'est dans la classe des bases organiques que se trouvent les poisons végétaux les plus actifs. C'est depuis la découverte des alcaloïdes qu'on a su se rendre compte de la prodigieuse activité de ces sucs avec lesquels les Indiens empoisonnent leurs flèches. Dans les Indes orientales, à Java, à Macassar, à Bornéo, aussi bien que dans l'Amérique méridionale, sur les bords de l'Orénoque, du Cassiquiaré et de Rio-Negro, les sauvages préparent mystérieusement depuis longues années, avec le suc épaissi ou l'extrait de certains végétaux, des poisons fort célèbres, qu'ils nomment *upas-antiar, upas-tieuté, curare*. La quantité de poison attachée à chaque flèche est infiniment petite, et cependant les animaux qui en ressentent la piqûre éprouvent subitement de violentes convulsions, d'affreux vomissements, et meurent au bout de quelques minutes.

Leur chair, toutefois, ne contracte aucune propriété malfaisante. Avant la soumission de Java, les Hollandais étaient obligés de se couvrir d'une espèce de cuirasse pour se préserver des blessures mortelles de ces armes. Ces redoutables préparations de l'Asie et du Nouveau-Monde doivent leur énergie à la présence d'alcalis végétaux. Dans l'*upas-tieuté* il y a de la strychnine ; dans l'*upas-antiar* il existe une autre base qui n'a point encore été isolée à l'état de pureté ; dans le *curare* de l'Orénoque, on sait qu'il y a un alcali particulier qui a reçu le nom de *cura-*

rine. Ce sont de grandes lianes de la même famille que la noix vomique, qui fournissent l'*upas-tieuté* et le *curare*; l'*upas-antiar* est le suc d'un grand et gros arbre de la famille des orties.

Composition. — Tous les alcalis végétaux ont cela de commun qu'outre le carbone, l'hydrogène et l'oxygène, ils renferment de l'azote. A la distillation sèche ils donnent, outre les produits ordinaires des matières non azotées, une portion de carbonate d'ammoniaque, et ils laissent beaucoup de charbon. — Ils contiennent tous 2[3 et 3[4 de leur poids de carbone. La quantité d'oxygène qu'ils renferment est moins considérable, et la portion dans laquelle ils saturent les acides n'a aucun rapport avec celle dans laquelle les bases inorganiques en sont neutralisées.

On les rencontre toujours à l'état de sels, et ordinairement ils sont combinés avec un excès d'un acide végétal; le plus souvent c'est le malique, quelquefois le gallique, le lactique, les matières colorantes, et dans certains cas avec un acide particulier.

Plusieurs alcalis végétaux cristallisent avec des formes déterminées et constantes; plusieurs sont fusibles et quelques-uns volatils. Ils sont ordinairement très-peu solubles dans l'eau, mais beaucoup plus solubles dans l'alcool, surtout à chaud; leur solution ramène au bleu le papier de tournesol rougi. Ils s'unissent aux acides pour former des sels; ils forment des sels doubles avec plusieurs sels à bases d'oxydes métalliques. Ils exigent pour leur saturation une quantité très-petite d'acide; plusieurs de ces sels cristallisent très-bien, quelques-uns se présentent sous forme de masse gommeuse; ils sont beaucoup plus solubles que les alcalis végétaux eux-mêmes. Les acides nitrique et sulfurique les détruisent comme les autres matières organiques. Les solutions salines des alcalis végétaux précipitent toutes par l'infusion de noix de galle ou la solution de tannin; mais le précipité se dissout dans un excès d'acide; elles précipitent également toutes par la solution d'iodure de potassium iodurée, et elles fournissent ainsi des iodures d'iodhydrates remarquables par leur coloration diverse.

Ils ont tous une saveur amère très-prononcée; ils jouissent en général de propriétés médicales très-énergiques; plusieurs peuvent être considérés comme les plus violents poisons.

ALCALI MINÉRAL. *Voy.* Soude.

ALCALI MINÉRAL VITRIQLÉ. *Voy.* Sulfate de soude.

ALCALI VÉGÉTAL. *Voy.* Potasse (*carbonate*) et Potasse.

ALCALI VOLATIL. *Voy.* Ammoniaque.

ALCALI VOLATIL CONCRET. *Voy.* Sesquicarbonate d'ammoniaque, au mot Ammoniaque.

ALCALOIDES ou BASES ORGANIQUES. — Sertuerner est le premier chimiste qui ait soupçonné l'existence des bases organiques, c'est-à-dire de composés azotés qui se combinent, à la manière des bases métalliques, avec les acides, qui les saturent plus ou

moins complétement, et forment avec eux des combinaisons salines. C'est dans l'opium qu'il découvrit, en 1816, la morphine. Depuis cette époque, les chimistes dirigèrent particulièrement leurs recherches sur les sucs des végétaux doués d'actions énergiques sur l'économie animale; ce qui amena la découverte d'un grand nombre de bases salifiables végétales. Ces composés se distinguent essentiellement des bases non azotées, comme le méthylène et l'éther, en ce que les acides renfermés dans leurs combinaisons salines peuvent être déplacés par double décomposition. Les sels des alcalis organiques ressemblent donc entièrement, sous ce rapport, aux sels ammoniacaux. Plusieurs autres bases ont été obtenues artificiellement, comme l'amiline et la mélamine que M. Liebig a trouvées au moyen du sulfocyanure de potassium.

Les végétaux qui fournissent la même base appartiennent au même genre ou du moins à la même famille. Quelquefois ces corps se trouvent dans la même plante, quelquefois dans une partie seulement; quelquefois ils sont accompagnés d'acides, mais en quantité insuffisante pour les saturer.

Les alcalis organiques sont des corps ordinairement solides, blancs, inodores, plus pesants que l'eau, insipides et inaltérables à l'air; toutefois ces alcalis, pris en dissolution ou sous la forme d'un sel soluble, possèdent presque tous une saveur fort amère et même âcre. Ils sont doués d'une faible réaction alcaline sur les papiers, et peuvent saturer quelques acides dont on peut d'ailleurs facilement les séparer. Quelques-uns sont liquides et possèdent une apparence huileuse et légèrement verdâtre; les autres sont solides et souvent cristallisés, mais la quinine et la cinchonine ont une apparence résineuse, quoique leurs hydrates puissent cristalliser. On peut quelquefois fondre et vaporiser les alcalis organiques. Décomposés, ils produisent de l'ammoniaque, ce qui prouve qu'ils renferment de l'azote. Ils brûlent à l'air avec une flamme fuligineuse, en produisant de la chaleur; ils peuvent assez bien cristalliser et rester sans altération dans les corps putréfiés.

Les procédés d'extraction des bases organiques sont très-variés et dépendent en général de l'état qu'elles affectent à l'état isolé, ainsi que de leurs caractères chimiques. Les alcalis insolubles dans l'eau s'obtiennent en épuisant les parties végétales qui les renferment, par un acide étendu pouvant former avec eux un sel soluble. On fait bouillir à plusieurs reprises les parties végétales avec de l'eau aiguisée par de l'acide chlorhydrique ou sulfurique, jusqu'à ce qu'on ne découvre plus d'alcali dans les extraits: ensuite, après avoir concentré les extraits, on les sature légèrement par un alcali soluble, soit par de l'ammoniaque ou de l'hydrate de chaux, soit par du carbonate de soude. L'alcali organique se présente alors à l'état coloré et impur. On le purifie par des cristallisations dans l'alcool, ou bien en le combinant de nouveau avec un acide qui forme avec lui un sel soluble, et l'on fait cristalliser ce dernier dans l'eau, après l'avoir traité par du charbon animal exempt de chaux ; enfin on précipite de nouveau par un alcali minéral le sel ainsi purifié.

D'autres alcalis, à la fois solubles dans l'eau et volatils, peuvent être distillés : la nicotine et d'autres sont dans ce cas. On obtient ces alcalis en épuisant à chaud la partie végétale par un acide dilué, évaporant l'extrait jusqu'à consistance de sirop, mélangeant avec une lessive concentrée de potasse, et soumettant à la distillation. Il passe alors un liquide qui renferme l'alcali organique et une grande quantité d'ammoniaque ; on le sature par de l'acide oxalique ou de l'acide sulfurique étendu ; on évapore jusqu'à siccité, et l'on fait digérer le résidu à froid dans l'alcool ; l'oxalate ou le sulfate d'ammoniaque ne s'y dissolvent pas, tandis que l'alcool se charge de l'alcali organique uni à l'acide. On chasse ensuite l'alcool par évaporation, et l'on agite le résidu dans un flacon avec une lessive concentrée de potasse, et ensuite avec de l'éther. La potasse déplace l'alcali organique, et celui-ci se dissout dans l'éther ; il se produit alors deux couches, dont la supérieure est une dissolution éthérée de l'alcali, légèrement ammoniacale. Le liquide de cette couche étant soumis à la distillation dans une cornue, se dépouille d'abord de l'éther, ainsi que de l'ammoniaque, de telle sorte que la cornue retient l'alcali, que l'on distille à son tour au bain-marie, afin de le purifier.

Quand on traite les *papavéracées* par le premier procédé, on voit qu'au-dessus du dépôt de morphine se trouve la codéine dissoute, que l'on peut séparer par décantation et précipiter ensuite par l'acide tannique ; cela fait, M. Robiquet traite le précipité par l'acide sulfurique, ce qui produit un sulfate qu'il fait cristalliser et bouillir avec du charbon animal, puis qu'il traite par l'alcool et l'ammoniaque, afin de précipiter très-pure la codéine. La quinine et la cinchonine sont inégalement solubles dans l'éther et l'alcool faibles, ce qui permet de les séparer. On sépare la morphine, qui est soluble dans la potasse, de la nicotine, qui y est insoluble, en mettant à profit la différence d'action de la potasse sur ces deux bases. On sépare la brucine de la strychnine en se fondant sur ce que l'oxalate de strychnine est soluble dans l'alcool et non celui de brucine.

Tous les alcalis organiques renferment de l'azote ; la plupart contiennent encore du carbone, de l'hydrogène et de l'oxygène. Leurs propriétés basiques paraissent entièrement dues à l'azote qu'ils possèdent. L'oxygène n'influe pas sur leur capacité de saturation, ce qui est en général le contraire des oxydes métalliques. Presque tous les alcalis examinés jusqu'à présent renferment 2 équivalents d'azote Az^2 dans 1 équivalent de base, c'est-à-dire dans la quantité qui est nécessaire pour saturer l'équivalent d'un acide quelconque. D'autres en renferment 2 et même davantage.

Les alcaloïdes, privés de leur eau de cristallisation, s'unissent directement et très-bien aux hydracides anhydres, sans rien perdre de leurs éléments. Ces corps se comportent avec les oxacides comme le fait l'ammoniaque. En effet, ils ne peuvent se combiner qu'avec les hydrates de ces acides, et l'on ne peut pas éliminer des sels produits l'eau d'hydratation sans les décomposer. D'un autre côté, leurs hydrochlorates se combinent aussi, comme l'hydrochlorate d'ammoniaque, avec les bichlorures de platine et de mercure, pour former des sels doubles : cependant ces hydrochlorates retiennent quelquefois de l'eau de cristallisation, ce qui ne se présente pas pour l'hydrochlorate d'ammoniaque.

Les alcalis organiques ont une action énergique sur l'économie animale, surtout à l'état de sels, à cause de leur grande solubilité. Ce sont des poisons très-violents, dont les effets délétères ne sont annihilés que par la décoction récente de noix de galle ou une dissolution d'acide tannique.

Les alcaloïdes sont, en général, précipités par l'acide tannique. Les sels d'aconitine, d'atropine, de brucine, de quinine, de cinchonine, de codéine, de conine, de delphine, d'émétine, de morphine, de naxatine, de strychnine et de vératrine, sont précipités en blanc par la noix de galle. Ce précipité constitue un tannate qui absorbe l'oxygène de l'air et se transforme en un gallate soluble.

Les agents d'oxydation agissent d'une manière assez tranchée sur les bases organiques. L'acide azotique faible se combine avec ces corps ; mais, lorsqu'il est concentré, il donne de l'acide oxalique et une matière jaune. L'acide hypochloreux donne de l'acide carbonique et du chlorure d'azote. L'acide chlorique faible se combine avec elles ; mais, concentré, il donne de l'acide carbonique et du chlorure d'azote. L'acide iodique oxyde la morphine et produit de l'iode. L'acide azotique concentré rougit la morphine et encore plus la brucine : il est probable que c'est une simple oxydation, car ces bases rougissent aussi quand une pile leur donne de l'oxygène. Le persulfate de fer bleuit la morphine. M. Pelletier pense que c'est une combinaison de protoxyde de fer et de morphine. On a aussi observé que la morphine et ses sels prennent, au contact du perchlorure d'or et du perchlorure de fer, une teinte bleu foncé qui disparaît aisément. Le soufre altère la morphine et produit de l'acide sulfhydrique, de l'ammoniaque et une matière très-fétide ; le soufre altère aussi la strychnine. Les alcalis minéraux ont une action qui est peu connue sur les alcalis organiques. Plusieurs de ces derniers se dissolvent dans les alcalis minéraux : ainsi la quinine se dissout à chaud dans l'ammoniaque ; la morphine se dissout dans les alcalis caustiques et fixes. La potasse et la soude très-concentrées dégagent de l'ammoniaque de toutes les bases. Les tannates des bases organiques sont insolubles, mais ils sont solubles dans un acide. Les iodates sont solubles avec excès de bases et insolubles avec excès d'acide.

Sous l'influence de l'eau, le chlore fait éprouver une altération particulière aux alcaloïdes et à leurs sels; il produit de l'acide chlorhydrique qui se combine avec l'alcaloïde libre, et un sel soluble que l'action prolongée du chlore modifie encore davantage. Une dissolution de brucine, mise en contact avec du chlore gazeux, se colore en jaune, et cette teinte passe peu à peu par toutes les nuances du rouge, et redevient jaune à la fin. Le chlore gazeux détermine, dans les sels de strychnine, la formation d'un précipité blanc qui augmente tant qu'il y a encore de l'alcali en dissolution. Lorsque la strychnine est mélangée de brucine, le précipité est jaune ou rougeâtre; il renferme dans tous les cas du chlore et de l'azote. Comme ce précipité se produit même dans des liquides qui ne contiennent que $\frac{1}{600}$ de strychnine, on peut employer le chlore pour découvrir cette base organique.

Les sels de quinine et de cinchonine sont colorés par le chlore en jaune d'abord, puis en rose et en violet; il se précipite un corps rouge et résinoïde, qui durcit à l'air en brunissant, et qui peut alors se pulvériser.

Dans les mêmes circonstances, les sels de morphine deviennent orangés, puis d'un rouge de sang, et enfin jaunes, en précipitant une matière de même couleur. La narcotine prend une couleur de chair qui rougit peu à peu, et vers la fin de la réaction il se précipite un corps brun qui devient gris par les lavages (Pelletier). Une solution de sulfate de quinine saturée de chlore prend, par un excès d'ammoniaque, une couleur vert-pré, et il s'y forme une poudre grenue et de même couleur. Le liquide restant brunit à l'air, et donne par l'évaporation un résidu soluble dans l'alcool, avec une couleur rouge.

L'iode peut se combiner avec les bases organiques et produire de véritables iodures. Si l'on veut préparer une combinaison d'iode et de strychnine, il faut dissoudre cette base et une très-petite portion d'iode dans l'alcool bouillant; il se forme alors, par le refroidissement, des paillettes cristallines semblables à l'or massif, et l'eau-mère fournit des cristaux d'hydriodate de strychnine. Une dissolution de brucine dans l'alcool donne, avec la teinture d'iode, un précipité orangé, qui devient brun et résinoïde par l'emploi d'un excès d'iode. La quinine et la cinchonine, traitées de la même manière, fournissent des liquides bruns et limpides qui déposent par l'évaporation, d'abord des paillettes couleur de safran, d'une combinaison iodurée, puis de l'hydriodate.

Les précipités dont on vient de parler renferment tous de l'iode; car lorsqu'on les chauffe avec un acide, ils se décomposent en dégageant cet élément, tandis que l'acide retient en dissolution l'alcali inaltéré. Au contact de la soude et de la potasse, ils donnent de l'iodure de sodium ou de potassium; avec le nitrate d'argent, ils produisent l'iodure d'argent jaune, ainsi que du nitrate à base

d'alcaloïde. On ne sait ce que devient, dans ces réactions, l'oxygène de la potasse ou de l'oxyde d'argent, les métaux de ces oxydes se transformant en iodures.

Plusieurs chimistes se sont occupés de l'analyse des bases organiques; mais les résultats qu'ils ont trouvés varient beaucoup : de telle sorte que les formules qui se trouvent dans les traités, et qui représentent les équivalents de ces bases, sont peu certaines et ne doivent être considérées que comme approximatives. Le prix élevé de ces corps, la difficulté de les obtenir toujours identiques, sont les causes qui empêcheront les chimistes de tenter sur eux de nouvelles expériences et de nouvelles analyses. M. Regnault a fait l'analyse des bases principales, en les unissant avec l'acide chlorhydrique, parce que les chlorhydrates formés sont parfaitement cristallisables, et peuvent être obtenus toujours purs et identiques à eux-mêmes. Cependant les formules et les nombres qu'il a donnés ont été attaqués et n'ont pas été admis, ce qui prouve combien la question est difficile.

Voici un tableau qui contient les équivalents des bases organiques et les formules de ces équivalents. Ce tableau a été extrait de la *Chimie organique* de M. Liebig, le plus récent ouvrage sur la matière. Toutes les formules qui sont terminées par un point (?) sont douteuses.

Alcalis renfermés dans les quinquinas.

	Equivalent.	Formule.
Quinine	2062	$C^{20}H^{24}Az^2O^2$
Cinchonine.	2005	$C^{20}H^{24}Az^2O$
Aricine.	2155	$C^{20}H^{24}Az^2O^3$ (?)

Pour cette dernière base, le poids de l'équivalent a été calculé. M. Pelletier a trouvé qu'elle était formée :

Carbone.	71,0
Hydrogène.	7,0
Azote.	8,0
Oxygène.	14,0
	100,0

La formule $C^{20}H^{24}Az^2O^3$ rend assez bien compte de cette composition, et, en supposant qu'elle représente (ce qui est très-probable) 1 équivalent de cette base, on trouve, par le calcul, que le poids de son équivalent est 2155.

Alcalis contenus dans les papavéracées.

Morphine.	3070	$C^{35}H^{40}Az^2O^6$
Codéine, poids calculé.	3702	$C^{36}H^{42}Az^2O^6$
Narcotine, *idem*. . . .	4684	$C^{40}H^{40}Az^2O^{12}$
On donne encore pour la narcotine	5645	$C^{48}H^{48}Az^2O^{15}$
Thébaïne.	2623	$C^{25}H^{28}Az^2O^3$ (?)
Pseudomorphine, poids calculé.	4090	$C^{27}H^{36}Az^2O^{14}$ (?)
Narcéine, *idem*.	4821	$C^{32}H^{48}Az^2O^{16}$
Chélidonine	4434	$C^{40}H^{40}Az^2O^6$

Alcalis renfermés dans les solanées, les strychnos, etc.

Atropine, poids calculé.	3662,9	$C^{34}H^{48}Az^2O^6$ (?)
Solanine.	10763	$C^{84}H^{136}Az^2O^{28}$ (?)
Brucine.	4860	$C^{44}H^{50}Az^4O^7$
Strychnine.	4404	$C^{44}H^{46}Az^4O^4$
Sabadelline.	2637	$C^{40}H^{26}Az^2O^5$ (?)

Vératrine.	3418	$C^{34}H^{42}Az^2O^6$ (?)
Delphine.	2627	$C^{27}H^{38}Az^2O^2$ (?)
Emétine.		$C^{37}H^{54}Az^2O^{10}$ (?)
Ménispermine.		$C^{18}H^{24}Az^2O^2$ (?)
Corydaline.		$C^{34}H^{44}Az^2O^{10}$ (?)
Pipérine.	3490	$C^{34}H^{38}Az^2O^6$
Caféine, poids calculé.	1227	$C^{24}H^{26}Az^4O$
Berbérine, *idem*.	4477	$C^{42}H^{52}Az^2O^{16}$

La comparaison de la formule de la quinine avec celle de la cinchonine démontre que ces deux bases ne diffèrent que par **1** équivalent d'oxygène, de sorte qu'on pourrait les envisager comme dérivées d'un seul et même radical. Un rapport semblable s'observe entre la codéine et la morphine ; et si l'on considère que ces alcalis se rencontrent ensemble en quantités variables, ce rapport prend quelque importance, puisqu'il fait entrevoir la possibilité de les transformer l'un dans l'autre par un effet d'oxygénation ou de désoxygénation. Il est vrai que les expériences tentées dans ce but n'ont encore conduit à aucun résultat satisfaisant ; mais cela ne prouve pas que la chose soit absolument impossible.

Plusieurs chimistes avaient supposé que l'azote renfermé dans les alcalis organiques s'y trouvait sous forme d'ammoniaque ou d'amide, et que de là provenaient leurs propriétés alcalines. Si les alcalis renfermaient de l'ammoniaque toute formée, il est certain qu'en les décomposant par l'acide nitrique on devrait obtenir un sel ammoniacal, ou bien en les traitant par la potasse en fusion, ils devraient produire une combinaison oxygénée correspondant à un amide.

Les hydrochlorates de tous les alcaloïdes connus donnent, avec le bichlorure de platine, des combinaisons doubles qui sont exemptes d'eau. Ordinairement ces combinaisons sont insolubles et se présentent à l'état de précipités jaunes et cristallins. Celles de la nicotine et de la morphine sont peu solubles ; le composé de conine est, au contraire, très-soluble dans l'eau. Comme il est assez difficile de se procurer les alcaloïdes sous une forme propre à la détermination de leur équivalent ou poids atomique, on emploie souvent pour cela les hydrochlorates doubles. On considère comme un équivalent la quantité d'alcaloïde qui se trouve combinée avec 1 équivalent de platine ; le résidu de platine qui reste après la calcination du sel double donne, par le calcul, l'équivalent de sel ; car 1 équivalent de bichlorure de platine en étant déduit, on a en même temps le poids de l'équivalent de l'hydrochlorate neutre et anhydre. *Voy.* AL- CALIS.

ALCHIMIE. *Voy.* PIERRE PHILOSOPHALE.

ALCOOL (*esprit de vin , eaux-de-vie*). — L'alcool est dans la nature une de ces productions éphémères qui prennent naissance au moment où certains principes immédiats commencent à s'altérer. Ainsi, dans tous les fruits où la matière sucrée se développe, auprès d'elle se rencontrent des ferments prêts à agir dès que la déchirure des tissus, accidentelle ou spontanée , met en contact les sucres , le ferment et l'eau en présence de l'oxygène de l'air ; sous l'influence du ferment et de l'eau, le sucre de canne se transforme en glucose ; celle-ci subit la fermentation alcoolique ou se dédouble en alcool et acide carbonique. *Voy.* VIN.

L'un de ces produits , l'acide carbonique, se dégage à l'état de gaz ; l'autre , l'alcool, reste en grande partie dans le liquide ; il s'y transforme peu à peu en divers composés, notamment en acide acétique. Toutefois , l'alcool obtenu et conservé pour les besoins de l'industrie et de l'économie domestique est un des produits les plus importants des industries chimiques.

Composition et principales propriétés de l'alcool. — L'alcool pur est composé de carbone , d'hydrogène et d'oxygène dans les rapports qu'exprime la formule $C^4H^6O^2$ (4 équivalents de carbone, 6 d'hydrogène et 2 d'oxygène) ; c'est un liquide blanc, diaphane, doué d'une odeur légère , agréable , qui devient plus forte à mesure que la température s'élève et accroît sa tension ; la saveur de l'alcool est chaude, brûlante (1) ; mais elle devient agréable lorsqu'on l'affaiblit en l'étendant avec de l'eau.

A volume égal et à la température de 15°, l'alcool ne pèse que les 0,794, ou à peu près les $\frac{4}{5}$ du poids de l'eau ; la dilatation qu'il éprouve, lorsqu'on l'échauffe depuis 0° jusqu'à 78°, est triple de celle que manifeste l'eau entre ces mêmes limites de température. Ces propriétés ont été récemment appliquées à l'essai des vins. L'alcool, sous la pression de 0,^m76 de mercure, entre en ébullition à 78° 4, et n'absorbe que les 0,52 de la chaleur nécessaire pour élever l'eau à la même température. En se réduisant en vapeur , l'alcool emploie une quantité de chaleur un peu moindre que les $\frac{1}{4}$ de celle que nécessite la formation de la vapeur d'eau. Ces données ont été utiles à connaître pour améliorer l'art de la distillation.

On en peut déduire effectivement que la distillation de l'alcool n'exige guère plus que la moitié du combustible nécessaire pour distiller l'eau, et qu'on a un grand intérêt à éviter, le plus possible, de vaporiser celle-ci lorsqu'on distille des mélanges des deux liquides dans la vue d'en extraire l'alcool ; on doit donc s'efforcer d'obtenir directement l'alcool au degré commercial, au lieu d'arriver à ce terme, comme autrefois, après trois ou quatre distillations.

La vapeur d'alcool pèse plus que l'air dans le rapport de 1000 à 1600, et plus que la vapeur d'eau dans le rapport de 623 à 1600. Il convient de tenir compte de ces différences

---

(1) L'alcool pur, ou ne contenant que quelques centièmes d'eau, pris à l'intérieur, agit en outre sur tous les tissus mous, en absorbant l'eau et en leur faisant éprouver une forte constriction : il coagule l'albumine, détermine des inflammations, porte son action sur le cerveau : tous ces désordres peuvent amener la mort. A une certaine dose, l'eau-de-vie même, accidentellement avalée, en quantité trop grande, a parfois produit d'aussi funestes effets.

de densité dans la construction des appareils distillatoires.

Extraction de l'alcool et des eaux-de-vie, des vins, bières et cidres. — Les boissons alcooliques, telles que la bière, le cidre, les vins, lorsqu'elles sont produites en excès relativement à la consommation directe, ou lorsque leur qualité inférieure les fait rejeter de cette consommation, peuvent donner, par la distillation, de l'alcool présentant beaucoup plus de valeur sous un volume réduit. Cette double circonstance permet de placer avantageusement le produit de la distillation, en l'expédiant à des distances plus considérables.

Tel est le but de la distillation des vins, notamment dans le midi de la France, où cette industrie a une importance variable chaque année, suivant que les produits de la vendange sont plus ou moins abondants.

A l'article Vin, nous avons indiqué le moyen d'essai des vins sous le rapport de l'alcool qu'ils contiennent ; cet essai fournit la base principale de l'évaluation du prix des vins et des autres boissons achetées par les distillateurs. Une autre considération cependant peut concourir à déterminer cette valeur, c'est l'arome plus ou moins agréable du vin, surtout lorsqu'on se propose d'obtenir, soit de l'alcool *bon goût* applicable à la confection des liqueurs, soit, et à plus forte raison, de l'*eau-de-vie* propre à l'usage de la table.

Afin de donner une mesure de l'intérêt du distillateur à cet égard, nous ajouterons, qu'entre l'alcool (marquant 33, 36 ou 40°) dit *de vin* ou *bon goût* et l'alcool aux mêmes titres provenant des mélasses, des grains, de la fécule ou des pommes de terre, dit de *mauvais goût*, la différence varie de 5 à 10 centimes par litre, tandis que, comparativement avec les eaux-de-vie de première qualité, la différence peut être dix fois plus considérable. Nous avons indiqué sur ce point l'influence de la préparation des vins, qui peut produire, à volonté, avec les raisins noirs, soit des vins rouges, soit des vins blancs? Ces derniers, exempts, pendant la fermentation, du contact des enveloppes (tissu des pellicules, des fruits ou du raisin), sont aussi ceux qui participent le moins des principes contenus dans ces pellicules, principes qui donnent aux produits distillés le mauvais goût caractérisant les eaux-de-vie de marc.

Ainsi, dans les eaux-de-vie comme dans les vins, il existe plusieurs huiles essentielles, modifiées sans doute pendant la distillation : les unes, dont l'excès développe une odeur désagréable, appartiennent aux pellicules ; les autres, constituant une partie de l'arome agréable, proviennent de la pulpe du fruit.

L'alcool chimiquement pur est un liquide incolore, très-fluide, d'une densité de 0,7947 à 15°, et bouillant à 78°,41. Son pouvoir réfringent est considérable ; son odeur est agréable et enivrante. Il n'a encore pu être solidifié par aucun froid artificiel. Il est très-inflammable, et brûle en se décomposant en eau et en acide carbonique. L'alcool pur est très-avide d'eau ; il l'enlève aux matières avec lesquelles il est mis en contact ; c'est pourquoi il est d'un usage précieux pour la conservation des pièces anatomiques. Au moment où l'alcool pur se combine avec l'eau, il se produit de la chaleur, et le volume du mélange est moindre que le volume des deux liquides réunis ; le point d'ébullition s'élève par l'addition de l'eau. L'alcool, provenant de la fermentation des pommes de terre ou des céréales, renferme toujours une huile particulière (fusel) d'une odeur et d'une saveur désagréables ; cette huile est constatée au moyen de l'acide sulfurique, qui colore l'alcool des pommes de terre en rouge. On enlève cette huile en distillant l'alcool sur de l'hydrate de potasse. L'alcool absorbe un grand nombre de gaz, tels que l'oxygène, l'acide carbonique, le protoxyde d'azote. C'est le dissolvant par excellence des alcalis végétaux, des huiles essentielles et de la plupart des résines. Il est altéré par l'action des acides, qui le transforment en éther.

Ce liquide, étendu d'eau et pris en petite quantité, stimule toutes les fonctions, principalement celles de l'estomac ; introduit en excès, il détermine l'ivresse et les accidents qui peuvent en résulter par l'excitation qu'il exerce sur le cerveau ; pur et concentré, il agit comme un poison en occasionnant une vive inflammation de l'estomac et des intestins.

L'alcool a de nombreux usages : il sert d'excipient à une foule de médicaments, forme la base des teintures, des esprits aromatiques, des éthers. Il n'est jamais employé pur pour ces différentes opérations, mais à différents degrés indiqués par l'aréomètre. Dans les arts on en fait usage pour la préparation des vernis, des liqueurs de table ; étendu de son volume d'eau, il constitue l'eau-de-vie ou toutes les autres liqueurs simples, telles que le *rhum*, le *taffia* et le *kirschwasser*. La première se prépare par la fermentation du suc de canne ; la seconde par celle de la mélasse ; la troisième par celle des cerises sauvages pilées et fermentées avec les noyaux. Ces différentes liqueurs contiennent des principes volatils appartenant aux substances desquelles elles ont été extraites, et qui sont la cause de la saveur et de l'odeur particulière qu'elles présentent. La couleur jaune plus ou moins foncée qui caractérise les eaux-de-vie de commerce, est formée naturellement ou artificiellement ; dans le premier cas, elle est due à la solution des matières extraites qui étaient contenues dans le bois composant les tonneaux ; dans le second, elle est produite par l'addition d'un peu de caramel ou de bois de Brésil.

ALCOOL, sa proportion en volumes dans les vins et quelques autres boissons; tableau. *Voy.* Vin.

ALDINI, inventeur des appareils propres à garantir les pompiers de l'action des flammes dans les incendies. *Voy*. Toiles métalliques.

ALE. *Voy*. Bière.

ALIMENTS. — S'il est vrai que l'accroissement du corps, que le développement de ses organes et que la réparation de ses pertes se fassent aux dépens du sang, c'est-à-dire aux dépens des principes immédiats qui constituent ce liquide, nous sommes forcés de réserver exclusivement le nom d'*aliments* aux seules substances qui sont susceptibles de se transformer en sang. Or nous n'avons qu'un moyen de reconnaître quelles sont les substances susceptibles de cette transformation, il consiste à comparer la composition des divers aliments avec celle des principes immédiats du sang.

§ I. — *Éléments constitutifs du sang.*

Parmi les substances qui entrent dans la composition de ce liquide, il en est deux qui méritent une étude toute spéciale, car elles en constituent les éléments essentiels. Dès que le sang est soustrait à l'influence vitale, l'un de ces éléments se sépare immédiatement. Tout le monde sait qu'après une saignée, il s'opère une séparation entre la partie liquide et la partie solide du sang. La première est un liquide jaunâtre auquel on donne le nom de *sérum ;* l'autre est une masse solide gélatineuse qui, lorsqu'on agite ou fouette du sang frais avec une baguette au moment de la coagulation, s'attache à cette baguette sous forme de filaments mous, et élastiques : c'est la *fibrine*. Le second principe essentiel du sang est l'*albumine*. Elle se trouve contenue dans le sérum à l'état de dissolution, et donne à ce liquide toutes les propriétés du blanc d'œuf auquel elle est identique ; quand on soumet le sérum du sang à l'action de la chaleur, l'albumine se prend en une masse blanche et élastique. La fibrine et l'albumine, qui sont, ainsi que nous venons de le dire, les deux principes essentiels du sang, sont toutes deux composées de sept éléments chimiques, parmi lesquels nous trouvons l'azote, le phosphore, le soufre, ainsi que la substance terreuse des os. Le sérum contient, à l'état de dissolution, du sel commun, ainsi que d'autres sels à base de potasse et de soude ; ce sont des carbonates, des phosphates et des sulfates. Les globules du sang renferment de la fibrine, de l'albumine et de plus une matière colorante rouge dans laquelle il existe toujours du fer. Indépendamment des substances que nous venons de nommer, le sang renferme encore quelques corps gras qui se distinguent de la graisse ordinaire par plusieurs propriétés.

On est arrivé par l'analyse chimique à ce résultat remarquable, que la fibrine et l'albumine contiennent les mêmes éléments unis dans la même proportion pondérale. Ainsi, quand on exécute parallèlement deux analyses, l'une de fibrine, l'autre d'albumine, les résultats obtenus sont tout aussi rigoureusement semblables que si l'on avait fait simultanément deux analyses de fibrine ou deux analyses d'albumine.

La fibrine et l'albumine sont donc isomériques, c'est-à-dire que leur composition chimique est identique ; mais les différences qu'elles présentent sous le rapport de leurs propriétés démontrent que leurs éléments sont groupés d'une manière différente. L'exactitude de cette conclusion a été confirmée de la façon la plus positive par Denis. Ce physiologiste distingué a réussi à convertir artificiellement de la fibrine en albumine, c'est-à-dire à donner à la fibrine la solubilité et la coagulabilité qui caractérisent le blanc d'œuf. Outre leur identité de composition, la fibrine et l'albumine ont encore une propriété chimique qui leur est commune, c'est que toutes deux se dissolvent dans l'acide chlorhydrique concentré. L'une et l'autre dissolution constituent un liquide concentré de couleur bleu indigo foncé, et réagissent de la même manière sur toutes les substances que l'on met en contact avec elles. La fibrine et l'albumine peuvent toutes deux également, dans l'acte de la nutrition, se transporter en fibre musculaire, et la fibre musculaire est à son tour susceptible de se reconvertir en sang. Il y a déjà longtemps que les physiologistes ont établi la réalité de ces transformations : la chimie a simplement démontré que cette conversion et cette reconversion s'opèrent en vertu d'une force particulière, sans l'intervention d'un troisième corps, sans qu'un élément étranger vienne s'ajouter à la fibrine ou à l'albumine, et sans que ces deux substances perdent un seul de leurs éléments constitutifs.

Si maintenant nous comparons la composition de tous les tissus avec celle de la fibrine et de l'albumine du sang, nous arrivons aux résultats suivants. Toutes les parties du corps animal qui possèdent une forme déterminée et qui constituent les éléments des organes, contiennent de l'azote. Il n'existe pas, dans un organe doué de mouvement et de vie, une seule molécule qui ne renferme de l'azote. On trouve également dans tous les tissus du carbone ainsi que les éléments de l'eau : mais, pourtant ces derniers ne s'y trouvent jamais dans la proportion voulue pour former de l'eau. Les principes immédiats essentiels du sang contiennent environ 16 p. 0/0 d'azote, et l'on sait que la quantité d'azote qui entre dans la composition de toutes les parties de l'organisme, n'est jamais inférieure à celle qui existe dans le sang. Des observations et des expériences diverses ont prouvé que l'organisme animal est absolument incapable de produire un élément chimique, tel que l'azote ou le carbone, au moyen de substances ne contenant ni azote ni carbone. Il résulte donc nécessairement de là que toutes les substances alimentaires, pour être aptes à se métamorphoser en sang ou à former le tissu cellulaire, les membranes, la peau, les poils, la fibre musculaire, etc., doivent contenir une certaine quantité d'azote, puisque, d'un côté, les organes ne peuvent, avec des substances qui ne renferment pas d'azote, fabriquer cet élément essentiel à la composition des tissus que nous venons d'énumérer, et puisque, d'un autre côté, l'azote de l'atmosphère ne se combine jamais avec les tissus et les organes animaux.

La substance cérébrale et nerveuse est en grande partie composée d'albumine, mais indépendamment de ce principe, on y a découvert deux acides gras particuliers, qui se distinguent de toutes les autres graisses en ce qu'ils renferment du phosphore. (Peutêtre existe-t-il à l'état d'acide phosphorique.) L'un de ces acides gras contient de l'azote. Enfin, l'eau et la graisse contiennent les principes non azotés de l'organisme animal. Toutes deux sont amorphes, et le seul rôle qu'elles jouent dans les phénomènes vitaux est celui d'intermédiaires nécessaires à l'accomplissement de certaines fonctions. Les principes inorganiques de l'économie animale sont le fer, la chaux, la magnésie, le sel commun et les alcalis.

Les carnivores sont de tous les animaux ceux chez lesquels la nutrition s'opère de la manière la plus simple. Tous les individus de cette classe se nourrissent du sang et de la chair des animaux herbivores et granivores ; mais la chair et le sang de ces derniers sont, sous tous les rapports, identiques au sang et à la chair des carnivores : on n'a découvert aucune espèce de différence, soit chimique, soit physiologique, entre le sang et la chair de ces deux classes d'animaux.

Les aliments qui servent à la nutrition des carnivores proviennent du sang, ils se fluidifient dans l'estomac de l'animal et deviennent ainsi aptes à être transportés dans toutes les parties de l'organisme. Durant ce mouvement de translation, ils se transforment en sang, et celui-ci a pour fonction de reproduire toutes les parties du système qui ont éprouvé une perte ou une métamorphose. A l'exception des sabots, des poils, des plumes et de la portion terreuse des os, le carnivore peut s'assimiler le corps entier de l'animal qu'il a dévoré. En conséquence, on peut dire que, pour entretenir sa propre vie, le carnivore se consomme lui-même. Cette expression est exacte, chimiquement parlant ; car les substances qui lui servent d'aliments sont identiques aux principes constitutifs des organes qu'elles sont destinées à renouveler.

Il semble au premier abord que, chez les herbivores, la nutrition s'effectue d'une manière toute différente. Les individus qui appartiennent à cette classe possèdent un appareil digestif plus compliqué : ils se nourrissent de végétaux, lesquels, comparativement au volume de l'animal, ne contiennent que fort peu d'azote. On a donc dû se demander aux dépens de quelles substances se forme le sang qui sert ensuite au développement des organes de ces animaux. On peut actuellement donner une réponse positive à cette question. Les recherches chimiques ont fait voir que toutes les parties végétales qui sont susceptibles de servir à la nutrition des herbivores, contiennent certains princi-

pes immédiats, riches en azote, et l'expérience de chaque jour démontré que la quantité de matières végétales, dont ces animaux ont besoin pour leur nutrition et l'entretien des fonctions organiques, est d'autant moindre qu'elles renferment une plus grande proportion d'azote ; les substances non azotées sont incapables de servir à la nutrition. On trouve, à la vérité, de l'azote dans tous les végétaux sans exception, et même dans chacune de leurs parties ; mais celles qui en contiennent le plus sont les graines des céréales, des pois, des lentilles, des haricots, les racines et les sucs des légumes proprement dits.

Les substances azotées, que l'on rencontre dans les végétaux, peuvent se réduire à trois formes, qu'il est facile de distinguer les unes des autres par leurs caractères extérieurs : deux de ces substances sont solubles dans l'eau ; la troisième ne s'y dissout pas.

Lorsqu'on laisse reposer des sucs végétaux que l'on vient d'exprimer, on voit, au bout de quelques minutes, se former dans le liquide un précipité gélatineux, ordinairement de couleur verte. En traitant ce précipité par des liquides qui dissolvent sa matière colorante, on obtient une substance d'un blanc grisâtre, bien connue des pharmaciens sous le nom de fécule des sucs végétaux. C'est là un des composés végétaux azotés propres à la nutrition des animaux : on l'appelle *fibrine végétale*. Ce principe est surtout abondant dans le suc des graminées ; mais nulle part il ne se trouve en aussi forte proportion que dans les grains de froment et dans les semences des céréales en général. Il est facile, au moyen d'une simple opération mécanique, d'extraire la fibrine végétale presque pure de la farine de froment. Dans cet état, elle a reçu le nom de *gluten*. Cependant, la propriété visqueuse qui lui a valu ce nom n'appartient pas à la fibrine végétale elle-même ; cette viscosité résulte de ce qu'ici la fibrine se trouve mélangée avec une petite quantité d'une substance étrangère, qui d'ailleurs n'existe pas dans les graines des autres espèces de céréales.

Ainsi que le prouve son mode d'extraction, la fibrine végétale est insoluble dans l'eau. Néanmoins, il n'est pas permis de douter qu'elle n'existe, à l'état de dissolution, dans les sucs de la plante vivante ; ce n'est que plus tard qu'elle s'en sépare, de même que la fibrine du sang.

Le second principe végétal azoté se rencontre, à l'état de dissolution, dans le suc des plantes ; il ne s'en sépare pas à la température ordinaire, mais seulement lorsqu'on chauffe le suc végétal jusqu'au degré de l'ébullition. Quand on fait bouillir du suc de légumes préalablement clarifié, par exemple du suc de chou-fleur, d'asperge, de chou, de navet, etc., il s'y produit un caillot qui, sous le rapport de l'aspect extérieur et des propriétés, ne diffère aucunement du caillot que l'on obtient en soumettant à la chaleur de l'ébullition du sérum du sang ou du blanc d'œuf étendu d'eau. C'est pourquoi on lui a donné le nom d'*albumine végétale*. Cette substance azotée se rencontre principalement dans certaines semences, dans les noix, les amandes et autres graines où la fécule, qui existe dans les céréales, se trouve remplacée par de l'huile ou de la graisse.

Le troisième principe azoté que donnent les plantes est la *caséine végétale;* elle existe surtout dans les pois, les lentilles et les haricots. La caséine est, comme l'albumine, soluble dans l'eau ; mais elle se distingue de celle-ci en ce que sa dissolution se coagule par la chaleur. Lorsque l'on fait évaporer et chauffer cette dissolution, elle se recouvre d'une pellicule à sa superficie ; mais dès qu'on la traite par un acide, elle se comporte comme le lait des animaux, c'est-à-dire qu'il s'y forme un caillot.

Ces trois principes azotés, à savoir la fibrine, l'albumine et la caséine végétales, sont les véritables substances alimentaires azotées des animaux herbivores. Quant aux autres principes azotés que l'on rencontre dans les plantes, ou bien les animaux repoussent ces plantes si elles sont vénéneuses et médicinales, ou bien l'azote qui s'y trouve est en proportion tellement minime, qu'elles ne peuvent contribuer à l'accroissement de la masse du corps. L'analyse chimique des trois substances dont nous parlons a fait découvrir ce fait intéressant, que toutes trois contiennent les mêmes éléments organiques combinés dans les mêmes proportions pondérales. Un autre fait plus important encore, c'est l'identité de leur composition avec celle des principes essentiels du sang, c'est-à-dire de la fibrine et de l'albumine. Les trois principes azotés végétaux qui nous occupent se dissolvent, comme la fibrine et l'albumine du sang, dans l'acide chlorhydrique concentré, en donnant à la dissolution la même couleur bleu indigo. Sous le rapport des propriétés physiques, la fibrine et l'albumine végétales ne présentent aucune différence avec la fibrine et l'albumine animales. Nous devons insister ici d'une façon toute particulière sur la valeur du mot identité de composition. Nous ne voulons pas seulement indiquer par là une simple ressemblance; nous voulons encore dire que les proportions de soufre, de phosphore, de chaux et de phosphates alcalins sont absolument les mêmes.

Grâce à ces découvertes fécondes, la chimie nous a dévoilé l'admirable simplicité de la nutrition chez les animaux, c'est-à-dire de la formation, du développement et de la conservation des organes qui constituent l'individu. En effet, les substances végétales qui, une fois digérées par les animaux, vont servir à la formation du sang, contiennent déjà tout formés les principes essentiels du sang, la fibrine et l'albumine. En outre, toutes les plantes contiennent une certaine quantité de fer, élément que nous retrouvons dans la matière colorante du sang.

La fibrine végétale et animale et l'albumine végétale et animale ne présentent presque aucune différence de forme. Lorsque les substances que l'on donne à manger aux animaux sont dépourvues de ces principes azotés, la nutrition s'arrête chez eux ; quand, au contraire, ses aliments contiennent de l'albumine et de la fibrine végétales, l'animal herbivore y trouve précisément des substances identiques à celles qui servent à l'entretien des organes du carnivore. Il résulte de là que ce sont les organismes végétaux qui créent le sang de tous les animaux. En effet, les carnivores, en s'assimilant le sang et la chair des herbivores, ne s'assimilent, à proprement parler, que les matières végétales qui ont servi à la nutrition de ces derniers. La fibrine et l'albumine végétales, introduites dans l'estomac de l'animal herbivore, y prennent absolument la même forme que la fibrine et l'albumine animales dans l'estomac de l'animal carnivore.

La conséquence rigoureuse de ce qui précède, c'est que le développement des organes d'un animal et leur accroissement en masse et en volume dépendent de l'absorption de certaines substances qui sont identiques aux principes essentiels du sang. En ce sens, nous pouvons dire de l'organisme animal, à l'égard du sang, qu'il se borne à lui donner sa forme, et qu'il est incapable d'en fabriquer au moyen de substances qui ne seraient pas identiques aux principes essentiels de ce liquide. Cependant nous ne sommes pas pour cela en droit d'affirmer que l'organisme ne peut pas produire d'autres combinaisons. Car nous savons au contraire qu'il détermine une nombreuse série d'autres combinaisons qui, par leur composition, diffèrent des principes essentiels du sang; mais il lui est impossible de fabriquer ces derniers, qui sont le point de départ de la série.

L'organisme animal est, pour ainsi dire, un végétal d'un ordre supérieur, qui se développe précisément aux dépens des substances qu'une plante ordinaire ne produit qu'au moment même où elle va périr. En effet, dès que la plante a porté ses semences, elle meurt, ou du moins elle achève alors une des périodes de son existence.

Dans cette série infinie de combinaisons qui commence par les principes nutritifs des plantes, c'est-à-dire l'acide carbonique, l'ammoniaque et l'eau, et qui embrasse les composés les plus complexes que l'on trouve dans la substance cérébrale des animaux, il n'existe ni lacune ni interruption. Le dernier produit de l'activité formatrice des végétaux constitue précisément la première substance qui soit capable de servir à la nutrition des animaux; mais la substance des tissus celluleux et membraneux des nerfs et du cerveau ne saurait être produite par une plante. L'activité formatrice des végétaux cessera de nous paraître aussi miraculeuse, si l'on réfléchit que la formation des éléments du sang par les plantes n'est pas le seul fait de ce genre, et ne doit pas nous surprendre davantage que les suivants. L'on rencontre, par exemple, de la graisse de bœuf et de mouton dans les amandes de cacao, de la graisse humaine dans l'huile d'olive ; on trouve les éléments du beurre de vache dans le beurre de palmier; enfin on voit certaines semences oléagineuses contenir de la graisse de cheval et de l'huile de poisson.

§ II. — *Accroissement de l'organisme animal.*

Les détails dans lesquels je viens d'entrer expliquent, du moins je l'espère, d'une manière satisfaisante, la manière dont s'accroît la masse de chacun des organes qui constituent l'animal. Il me reste encore à parler du rôle que jouent dans l'organisme animal les substances qui ne contiennent pas d'azote, telles que le sucre, la fécule, la gomme, la pectine, etc.

La plus nombreuse des classes animales, c'est-à-dire toute la catégorie des herbivores, ne saurait vivre, si ses aliments ne renfermaient une certaine quantité de ces principes. En effet, nous voyons que la vie de tous ces animaux s'éteint promptement, quand les matières dont ils se nourrissent ne renferment pas une quantité suffisante des composés que je viens de nommer. Mais ce que nous disons de la nourriture des herbivores s'applique également à celle des carnivores, du moins pendant la première période de leur vie ; car, dans les premiers temps du développement de ces animaux, leurs aliments contiennent certains principes non azotés, dont la présence cesse d'être nécessaire quand l'organisme animal est parvenu à l'âge adulte. La nutrition chez les petits des carnivores s'opère évidemment de la même manière que chez les herbivores. Le développement des jeunes animaux de ces deux grandes classes dépend également de l'absorption d'un liquide particulier qui est sécrété par l'organisme de la mère : ce liquide est le lait.

Le lait ne contient qu'un seul principe azoté, la *caséine*. Indépendamment de ce principe, les éléments essentiels du lait sont le beurre (matière grasse) et le sucre de lait. C'est le principe azoté du lait, la caséine, qui, chez le jeune animal, soit carnivore, soit herbivore, sert à la formation du sang, de la fibre musculaire, de la substance celluleuse, des tissus nerveux et osseux, attendu que le beurre et le sucre de lait ne renferment point d'azote. En faisant l'analyse de la caséine, les chimistes ont découvert un fait qui, après ce qui a été dit plus haut, ne devra plus exciter notre étonnement : c'est que la composition de la caséine est identique avec celle des principes essentiels du sang, à savoir, la fibrine et l'albumine. Mais ce n'est pas tout encore, la comparaison des propriétés de la caséine du lait avec celles de la *caséine végétale* a démontré que ces deux substances sont identiques sous tous les rapports ; en sorte que certaines plantes, comme les pois, les haricots, les lentilles, sont capables de produire une substance semblable à celle qui naît du sang de la mère, et sert à former le sang que contient le corps du jeune animal. La caséine se distingue de la fibrine et de l'albumine par sa so-

lubilité extraordinaire et par son incoagulabilité, malgré l'action de la chaleur.

Il résulte de ce que nous venons de dire, que le jeune animal qui reçoit de la caséine, absorbe le propre sang de sa mère, du moins quant à son élément principal. Ainsi donc, pour que la caséine se transforme en sang, il n'est nullement besoin de la présence d'une troisième substance ; et d'un autre côté, lorsque le sang de la mère se convertit en caséine, aucun des éléments du sang maternel ne se sépare. L'analyse chimique fait voir que la caséine contient de la substance terreuse des os en beaucoup plus grande quantité que le sang lui-même. Cette substance terreuse existe dans le lait à un état de solution extrême, de sorte qu'après avoir été absorbée par le jeune animal, elle peut circuler et se disposer dans toutes les parties du corps. Ainsi, pendant la première période de la vie, le développement et l'accroissement des organes chez le jeune animal dépendent de l'absorption d'une substance qui, sous le rapport de sa composition organique, est identique avec les principes essentiels du sang.

Maintenant, il s'agit de savoir à quoi servent la matière grasse du beurre et le sucre du lait. Comment se fait-il que ces substances soient également indispensables à la vie des jeunes animaux ? Le beurre et le sucre ne contiennent pas de bases fixes, pas de chaux, pas de soude, pas de potasse. Le sucre de lait possède une composition analogue à celle des espèces ordinaires de sucre, à celle de l'amidon, de la gomme, de la pectine. Or, toutes ces substances sont composées de carbone, d'hydrogène et d'oxygène, et ces deux derniers éléments s'y trouvent précisément dans la proportion nécessaire pour former de l'eau.

Ces composés non azotés, ingérés en même temps que les principes azotés des substances alimentaires, augmentent donc la quantité de carbone introduite dans l'économie ou bien celle de carbone et d'hydrogène, ainsi que cela a lieu dans le cas du beurre. De là résulte dans l'organisme la présence d'un excès d'éléments qui ne peuvent être employés à la formation du sang, attendu que les aliments azotés contiennent déjà tout le carbone nécessaire à la formation de la fibrine et de l'albumine.

C'est aujourd'hui un fait incontestable que, chez un carnivore adulte qui n'augmente ni ne diminue sensiblement de poids d'un jour à l'autre, la quantité d'aliments qu'il consume, celle d'oxygène qu'il absorbe et les pertes qu'éprouve l'organisme, sont entre elles dans un rapport parfaitement déterminé. Le carbone de l'acide carbonique exhalé, celui de l'urine, l'azote de l'urine, et l'hydrogène qui est éliminé sous forme d'ammoniaque et d'eau, tous ces éléments pris ensemble doivent peser précisément autant que le carbone, l'hydrogène et l'azote des tissus métamorphosés, et par conséquent autant que le carbone, l'azote et l'hydrogène des aliments, attendu que ces derniers remplacent exactement ce que les tissus perdent incessamment. S'il n'en était pas ainsi, il serait impossible que le poids de l'animal restât invariable.

Cependant, chez le petit d'un animal carnivore en train de se développer, le poids du corps, au lieu de demeurer le même, va au contraire chaque jour en augmentant d'une quantité déterminée. D'après ce fait, nous pouvons admettre que le travail de l'assimilation, chez le jeune animal, est plus actif, plus énergique que le travail de la désassimilation éprouvée par les tissus à cette époque de la vie. Si ces deux modes d'activité vitale avaient la même intensité, le poids de l'animal n'augmenterait pas, et si la déperdition était supérieure à l'assimilation, il est évident que ce poids diminuerait.

C'est la caséine du lait qui fournit au jeune animal les principes essentiels de son propre sang. Il s'opère également chez lui une métamorphose incessante des tissus déjà formés, puisqu'il y a sécrétion de bile et d'urine : la substance des tissus métamorphosés est éliminée du corps sous forme d'urine, d'acide carbonique et d'eau. Quant au beurre et au sucre de lait absorbés par le jeune animal, ils disparaissent également ; mais on n'en découvre aucune trace dans les fèces. Le beurre et le sucre de lait sont évacués sous la forme d'eau et d'acide carbonique, et leur transformation en produits oxygénés démontre de la façon la plus évidente que la quantité d'oxygène absorbée est bien supérieure à celle qui est nécessaire pour convertir en acide carbonique et en eau le carbone et l'hydrogène provenant des tissus métamorphosés.

Les tissus organisés sont bien, il est vrai, pendant la première période de la vie des jeunes animaux, le théâtre de métamorphoses et de déperditions incessantes ; mais ces dernières cèdent dans un temps donné, sous forme de produits respiratoires, beaucoup moins de carbone et d'hydrogène qu'il n'en faudrait pour convertir en acide carbonique et en eau tout l'oxygène absorbé. En conséquence, la substance organique elle-même éprouverait une rapide diminution de poids, et serait bientôt entièrement brûlée par l'oxygène, si l'organisme ne recevait pas d'une autre source une certaine quantité de carbone et d'hydrogène. L'augmentation progressive de la masse du corps et le développement non interrompu des organes du jeune animal ne peuvent donc s'opérer que grâce à la présence des substances étrangères, dont le rôle consiste purement et simplement à protéger contre l'action destructive de l'oxygène, les organes en voie de développement : c'est en se combinant elles-mêmes avec l'oxygène que ces substances protègent l'organisme. Les organismes eux-mêmes ne peuvent pas, sans être consumés, rester exposés à l'action de l'oxygène, c'est-à-dire, qu'il serait impossible au corps du jeune animal de s'accroître et de se développer, si la quantité d'oxygène absorbée n'était pas inférieure à celle du carbone

et de l'hydrogène introduits dans les aliments.

Les considérations précédentes ne laissent aucun doute sur le but que s'est proposé la nature en ajoutant aux aliments des jeunes mammifères certaines substances non azotées, qui ne peuvent servir à la nutrition proprement dite ou à la formation du sang ; on voit clairement pourquoi elles cessent complétement d'être nécessaires à l'entretien de la vie, dès que l'animal est parvenu à l'âge adulte.

La nutrition, chez les animaux carnivores, se présente donc à nous sous deux formes distinctes. L'une est tout simplement la répétition de ce que l'on observe chez les herbivores et les granivores. En effet, chez les animaux qui appartiennent à cette dernière classe, nous voyons que, pendant toute la durée de leur vie, leur existence dépend de l'absorption de substances ayant une composition identique ou du moins analogue à celle du sucre de lait. Tous les aliments végétaux dont ils se nourrissent contiennent une certaine quantité d'amidon (fécule), de gomme, de sucre ou de pectine. Il est facile de comprendre le rôle que jouent dans la nutrition des herbivores ces substances non azotées, si l'on remarque combien est faible la quantité de carbone que ces animaux trouvent dans leurs aliments azotés. En effet, cette dernière quantité de carbone n'est nullement en rapport avec celle de l'oxygène qui pénètre dans l'organisme par la voie de la peau et des poumons, et qui est ensuite exhalée sous forme d'acide carbonique.

Un cheval, par exemple, peut se porter parfaitement bien si on lui donne par jour 240 onces ou 15 livres de foin, et 72 onces ou 4, 1/2 livres d'avoine. Or cette quantité de substances alimentaires contient 4,45 onces d'azote, ainsi que l'a démontré l'analyse chimique. Le foin renferme 1,5 pour 100 d'azote, et l'avoine 2,2 pour 100. Maintenant, représentons-nous cet azote passé dans le sang, c'est-à-dire faisant partie de la fibrine et de l'albumine du sang, et admettons en outre que ce liquide contienne 80 pour 100 d'eau ; il résulte de là que le cheval ne reçoit que 4,45 onces d'azote qui correspondent à un peu plus de 8 livres de sang ; mais les aliments où se trouve cet azote ne contiennent que 14,4 onces de carbone combiné avec lui, c'est-à-dire sous forme de fibrine et d'albumine.

Il n'est pas besoin d'autres calculs pour admettre qu'un cheval doit inspirer et expirer un volume d'air plus considérable que celui qui est inspiré et expiré par l'homme. Il doit donc absorber une plus grande quantité d'oxygène que ce dernier, et par conséquent aussi exhaler une plus grande quantité d'acide carbonique. Or un homme adulte consomme chaque jour pour environ 14 onces de carbone, et la détermination de Boussingault, d'après laquelle un cheval expire 79 onces de carbone par jour, ne saurait être très-éloignée de la vérité. Il résulte de là que le cheval ne trouve dans les substances azotées dont il se nourrit, que la cinquième partie environ du carbone nécessaire à l'entretien de sa respiration. Aussi voyons-nous que la sagesse du Créateur a ajouté à tous ses éléments, sans exception, les quatre cinquièmes de carbone qui manquent dans les substances azotées. Ce carbone supplémentaire se présente sous diverses formes, sous celles d'amidon, de sucre, etc.; et, grâce à la présence de cet aliment, les animaux herbivores peuvent résister à l'action destructive de l'oxygène.

Il est évident que chez les animaux herbivores dont les aliments contiennent une si faible proportion de principes susceptibles de se transformer en sang, la métamorphose des tissus, et par conséquent leur renouvellement et leur reproduction s'opèrent beaucoup moins rapidement que chez les carnivores. Si les choses ne se passaient pas ainsi, la végétation aurait beau être mille fois plus riche qu'elle ne l'est, elle ne pourrait suffire à leur nutrition. Le sucre, la gomme et l'amidon, ne seraient plus nécessaires à l'entretien de leur vie, attendu que les produits carbonés de la décomposition des organes des animaux contiendraient assez de carbone pour suffire aux besoins de la respiration.

§ III. — *Application des faits qui précèdent à l'espèce humaine.*

Appliquons maintenant à notre propre espèce les principes que nous avons établis dans les deux paragraphes qui précèdent.

Pour trouver de quoi suffire à sa consommation, l'homme, exclusivement carnivore, a besoin d'une immense étendue de terrain, plus vaste encore que celle qui est nécessaire au lion et au tigre, parce que l'homme, quand l'occasion s'offre à lui, tue sans manger sa proie.

Une tribu de chasseurs, enfermée dans un espace étroit dont elle ne peut sortir, est dans l'impossibilité absolue de se multiplier. Les individus de cette tribu ne peuvent puiser le carbone nécessaire à leur respiration que dans la chair des animaux. Or, sur l'espace limité que nous supposons, il ne peut vivre qu'un fort petit nombre de bêtes sauvages. Ce sont les plantes qui fournissent à celles-ci les éléments constitutifs de leur sang et de leurs organes; puis, ces mêmes éléments vont servir à former le sang et les organes des Indiens qui vivent exclusivement du produit de leur chasse. Mais ces Indiens ne trouvent pas dans leur nourriture tout animale les substances non azotées qui, pendant la vie des animaux, servaient à entretenir la respiration de ces derniers. Chez l'homme carnivore, c'est le carbone de la chair et du sang qui doit remplacer celui de l'amidon et du sucre; mais 15 livres de chair ne contiennent pas plus de carbone que 4 livres d'amidon. Ainsi donc, tandis qu'un Indien, avec un seul animal et un égal poids d'amidon, pourrait entretenir sa vie et sa santé pendant un certain nombre de jours, il lui faut, pour se procurer le carbone né-

cessaire à sa respiration durant le même espace de temps, consommer cinq animaux.

Il est aisé de voir combien est intime la connexion qui existe entre l'agriculture et la multiplication de l'espèce humaine. L'agriculture en effet n'a qu'un seul but : c'est de produire, dans le plus petit espace possible, la plus grande quantité possible de substances susceptibles de servir à l'assimilation et à la respiration. Ainsi, d'un côté, les céréales et les légumes nous offrent dans l'amidon le sucre et la gomme qu'ils contiennent, le carbone qui protége nos organes contre l'action destructive de l'oxygène atmosphérique, et qui produit dans l'organisation la chaleur indispensable de la vie. D'un autre côté, nous trouvons dans ces mêmes végétaux de la fibrine, de l'albumine et de la caséine végétale, qui servent immédiatement à la formation de notre sang et médiatement au développement des diverses parties de notre corps.

L'homme, qui se nourrit exclusivement de la chair, respire, comme l'animal carnivore, aux dépens des substances qui résultent de la métamorphose de ses propres tissus. De même que le lion, le tigre, l'hyène, renfermés dans les cages de nos ménageries, sont constamment en mouvement afin d'accélérer la mutation de leurs tissus et de produire ainsi la substance indispensable à l'entretien de leur respiration, de même l'Indien, dans le même but, est forcé de se soumettre aux courses et aux exercices les plus fatigants ; il est obligé d'user ses forces uniquement afin de produire la substance nécessaire à sa respiration.

La civilisation est l'économie de la force. La science nous enseigne les procédés les plus simples pour obtenir le plus grand effet avec la plus petite dépense de force possible. Elle nous enseigne également, un moyen étant donné, à en obtenir la plus grande somme de force possible. La dépense inutile ou simplement surabondante de force, soit dans l'agriculture, soit dans l'industrie, soit dans la science, soit enfin dans la politique, voilà ce qui caractérise la barbarie ou l'absence de civilisation.

Les substances alimentaires qui servent à la nourriture de l'homme doivent naturellement, ainsi qu'il est facile de le comprendre d'après ce qui précède, se diviser en deux classes : en aliments azotés et en aliments non azotés. Les premiers possèdent la faculté de se transformer en sang, les seconds ne la possèdent pas. Ainsi donc, ce sont les substances aptes à se convertir en sang qui fournissent les éléments des tissus et des organes. Les substances non azotées servent uniquement, dans l'état normal, à entretenir la respiration et à produire la chaleur animale.

Nous donnons les noms d'aliments plastiques aux substances azotées, et celui d'aliments respiratoires aux substances qui ne contiennent pas d'azote.

Les aliments plastiques sont :

La fibrine végétale,   **la chair,**

L'albumine végétale,   le sang des animaux.
La caséine végétale,   -

Les aliments respiratoires sont :

La graisse,	la pectine,
L'amidon,	la bassorine, etc
La gomme,	le vin,
Les diverses espèces	la bière,
de sucre,	l'eau-de-vie.

Les recherches auxquelles les chimistes se sont livrés ont établi comme un fait général, contre lequel ne s'élève pas une seule expérience, que tous les principes azotés des plantes ont la même composition que les principes essentiels du sang. Tout corps azoté, dont la composition diffère de celle de la fibrine, de l'albumine et de la caséine, est incapable d'entretenir la vie des animaux. L'organisme animal possède, sans contredit, le pouvoir de produire, à l'aide des principes constitutifs du sang, la substance propre des tissus celluleux et membraneux, des nerfs, du cerveau, ainsi que les éléments organiques des tissus tendineux, cartilagineux et osseux; mais il faut pour cela que le sang que reçoit l'animal soit déjà complétement formé, du moins au point de vue chimique; car il n'acquiert sa forme qu'au sein de l'économie. Lorsqu'il en est autrement, la formation du sang, et par conséquent la vie, ne tarde pas à cesser.

La grande discussion au sujet de la propriété nutritive de la gélatine animale (bouillon d'os), discussion qui a traîné des années entières devant l'Académie des sciences de Paris, peut aujourd'hui se résoudre de la façon la plus simple. Il est maintenant facile d'expliquer comment il se fait que les tissus qui donnent de la colle, c'est-à-dire la gélatine des os et des membranes, soient impropres à la nutrition et à l'entretien des fonctions de la vie : c'est que leur composition diffère de celle de la fibrine et de l'albumine du sang. Evidemment, tout cela se réduit à dire que ceux d'entre les organes animaux qui préparent le sang ne possèdent pas la puissance de déterminer une métamorphose dans l'arrangement des éléments de la gélatine ou des tissus qui donnent soit de la colle, soit de la chondrine. L'organisme, en effet, ne jouit pas de la faculté de décomposer la gélatine, ou mieux, d'en séparer certains éléments, de façon à ce qu'elle puisse se convertir en albumine et en fibrine. Si l'organisme possédait réellement ce pouvoir, il serait impossible de comprendre pourquoi, chez les animaux qui périssent d'inanition, les cartilages, les tendons ou les membranes conservent leur forme et leurs propriétés, pendant que toutes les parties susceptibles de se dissoudre disparaissent graduellement. Tous les membres du corps conservent leurs connexions, ce qu'ils doivent à la présence de tissus gélatineux.

D'un autre côté, cependant, nous voyons que la gélatine des os dévorés par un chien est absorbée tout entière; car on ne trouve dans les excréments de cet animal que la portion terreuse des os. Cette observation s'applique également à l'homme qui se nourrit d'aliments où la proportion de gélatine est plus forte que celle des autres substances. Tel est le bouillon, par exemple : comme on ne retrouve de gélatine ni dans l'urine, ni dans les fèces, il est évident qu'elle a subi une modification particulière, et qu'elle doit remplir une fonction quelconque dans l'économie. Il est difficile, si l'on ne voit pas les expériences qui prouvent le fait, de se faire une idée de la force avec laquelle la gélatine résiste à la décomposition, malgré l'action des agents les plus énergiques. Cependant on ne saurait douter que la gélatine ne soit éliminée de l'économie animale sous une forme différente de celle sous laquelle elle y a pénétré.

Quand on considère la transformation de l'albumine du sang en une partie d'un organe qui contient de la fibrine, l'identité de composition des deux substances rend cette métamorphose facile à concevoir. C'est cette identité de composition qui fait que nous trouvons très-compréhensible, au point de vue chimique, le fait de la conversion d'une substance soluble et dissoute, de l'albumine par exemple, en une autre substance vivante insoluble, comme la fibrine musculaire. Ainsi donc on ne saurait rejeter comme indigne d'examen l'hypothèse suivant laquelle la gélatine qui a été introduite à l'état de dissolution dans l'organisme y redevient cellule, membrane, et trame du tissu osseux. Il n'est pas absurde d'admettre qu'elle peut servir à réparer les pertes matérielles qu'éprouvent les tissus gélatineux et à accroître la masse de ces tissus. Si la nutrition de toutes les parties du corps est affectée par une altération quelconque survenue dans la santé de l'individu, la force organique, en vertu de laquelle les éléments du sang se transforment en cellules et en membranes, doit nécessairement diminuer dans l'état de maladie, alors même que les organes formateurs du sang ne participeraient en rien à la souffrance générale. Chez l'homme malade, l'énergie de la force vitale et le pouvoir qu'elle possède de déterminer des métamorphoses doivent s'affaiblir dans l'appareil digestif, aussi bien que dans toutes les autres parties du corps. La médecine pratique nous apprend que, dans ces circonstances, l'administration de tissus gélatineux à l'état de dissolution exerce une influence bienfaisante marquée sur le malade. Lorsqu'on les donne sous la forme la plus propre à l'assimilation (comme bouillon de viande ou d'os, etc.), les tissus gélatineux servent à économiser la force vitale. Il en est ici comme de l'estomac, qui se fatigue moins lorsqu'il reçoit des aliments convenablement préparés.

La fragilité des os des herbivores tient évidemment à la faiblesse des organes de l'économie qui ont pour fonction de métamorphoser les éléments du sang en cellules organiques. Si nous en croyons les récits des médecins qui ont résidé en Orient, les femmes turques, en se nourrissant de riz et en s'administrant fréquemment des lavements de bouillon, ont trouvé un excellent moyen d'augmenter chez elles la production du tissu cellulaire et de la graisse.

ALLUMETTES CHIMIQUES. — Un mélange de 100 parties de chlorate de potasse, de 12 parties de soufre et de 10 parties de charbon, s'enflamme au contact d'une baguette préalablement trempée dans de l'acide sulfurique. C'est sur la propriété oxygénante du chlorate de potasse qu'est fondée la théorie de la préparation des allumettes dites *chimiques*. Pour préparer ces allumettes, on trempe des allumettes soufrées dans une espèce de pâte faite avec 60 parties de chlorate de potasse, 14 parties de soufre et 14 parties de gomme, et une quantité d'eau suffisante pour faire une pâte convenable. Lorsqu'on plonge ces allumettes dans de l'acide sulfurique, il y a production de flamme. L'acide se porte sur la potasse, qui met en liberté l'acide chlorique ; et celui-ci, cédant son oxygène au soufre, donne naissance à de l'acide sulfureux et à du chlore. Le simple frottement suffit pour produire de la flamme. Avec un mélange pâteux fait avec du chlorate de potasse, du sulfure d'antimoine, du phosphore, du peroxyde de manganèse et de la gomme en proportions convenables, on prépare les allumettes qui s'enflamment, non plus au contact de l'acide sulfurique, mais par le frottement. En substituant au chlorate de potasse le nitre, on obtient des allumettes qui, par le frottement, s'enflamment sans bruit.

Leur préparation est fort simple : on les fait généralement avec du bois de tremble, de peuplier, de saule, de bouleau très-sec, qu'on fend au moyen d'un grand couteau analogue à celui des boulangers, en petites bûchettes carrées. Rien n'égale la dextérité des ouvriers qui exécutent cette opération : ils débitent de 4 à 5,000 bûchettes à l'heure. On a imaginé des machines ou rabots qui fendent jusqu'à 60,000 allumettes à l'heure ; mais on n'en fait point usage, parce que leur prix de construction et d'entretien est trop élevé, relativement à la valeur du produit qu'elles fournissent. Les bûchettes une fois obtenues, on les dispose par paquets ou boîtes dont on plonge l'un des bouts, ou alternativement les deux bouts, dans le mélange préparé. *Voy.* Phosphore et Potasse (*chlorate*).

ALOÈS. — On l'extrait des différentes espèces d'aloès (*aloe soccotrina, perfoliata et spicata*). L'aloès de bonne qualité s'obtient tantôt par expression des feuilles de ces arbres, tantôt elle s'écoule spontanément des feuilles dont on a coupé la pointe et qu'on a suspendues sens dessus dessous. Le suc est filtré et évaporé à une douce chaleur ; l'extrait qu'on obtient ainsi devient peu à peu si dur, qu'on peut le réduire en poudre. On rencontre dans le commerce plusieurs espèces d'aloès, savoir : l'aloès *lucide*, l'aloès *soccotrin* et l'aloès *hépatique*, que l'on prépare dans différents endroits, et qui ne se distinguent les uns des autres que par leur couleur. L'espèce connue sous le nom d'aloès *caballin* s'obtient en décoctionnant les feuilles.

L'aloès est brun ou jaune rougeâtre ; sa saveur est très-amère. Il se dissout en grande partie dans l'eau et dans l'alcool. L'eau laisse, sans la dissoudre, une substance brune, pulvérulente, qui se dissout jusqu'à un certain point dans l'eau bouillante, mais se précipite en majeure partie pendant le refroidissement.

L'aloès est très-employé en médecine ; c'est un des purgatifs les plus actifs et les plus usités.

ALQUIFOUX. *Voy.* Plomb (*sulfure*).

ALUMINE (*oxyde d'aluminium*). — Cette terre est le principe constituant principal des terres argileuses, des ardoises, des mines d'alun, etc. Elle n'a été désignée comme une terre particulière qu'en 1754, par Marggraff, et comme un oxyde, que depuis les travaux importants de Davy sur la potasse et la soude.

L'alumine native, la plus voisine de son état de pureté, existe dans le saphir, le rubis, les pierres orientales, la wavellite, etc. Elle est la base des kaolins, des terres à pipe, des terres à foulon, des bols, des ocres, etc., etc.

L'alumine pure est blanche, pulvérulente, douce au toucher, happant la langue, et formant, avec la salive, une pâte douce ; elle est inodore, insipide, fusible seulement au chalumeau oxyhydrogène ; le calorique ne fait que diminuer son volume en augmentant sa dureté ; c'est sur cette propriété qu'est construit le pyromètre de Wedwood. Elle se mêle en toutes proportions avec l'eau, en garde une partie, sans cependant s'y dissoudre. On éprouve la plus grande peine à en séparer les dernières portions de celle qu'elle a absorbée. L'alumine unie à l'eau jouit d'une propriété plastique qu'elle perd par la calcination ; on la lui rend en la faisant dissoudre dans les acides ; elle a la plus grande affinité pour les matières colorantes végétales, avec lesquelles elle s'unit et se précipite pour former les diverses laques.

Il faut distinguer l'alumine cristallisée, naturelle, de l'alumine préparée artificiellement. La première cristallise comme l'oxyde de fer, avec lequel elle est isomorphe. Elle est très-compacte, presque aussi dure que le diamant, et ordinairement colorée ; elle est connue comme pierre précieuse, sous les noms de *rubis* et de *saphir* ; sa densité est 4, 2, nombre qui rappelle la densité de la baryte. Le *corindon* est une variété d'alumine moins pure que le rubis et le saphir. L'alumine préparée dans les laboratoires se présente sous forme de poudre blanche, insipide, inodore, douce au toucher, happant à la langue, et sans indice de cristallisation. Sa densité est 2, 0 ; par conséquent, elle est beaucoup moins considérable que celle de l'alumine naturelle cristallisée. L'alumine est infusible au feu des fourneaux ordinaires. Cependant, à la température blanche, elle se ramasse en morceaux assez compactes pour faire feu au briquet. A la flamme du chalumeau, elle fond en une masse vitreuse, transparente, presque aussi dure que le rubis, dont on imite la couleur avec l'oxyde de chrome.

L'alumine est complétement insoluble dans l'eau ; cependant elle forme avec l'eau des hydrates dont plusieurs existent naturellement, comme le *gypsite* et le *diaspore*.

Les substances alumineuses sont très-répandues dans la nature. L'*argile*, la *terre glaise*, la *terre de pipe*, le *kaolin*, l'*alun*, sont de l'alumine impure, des combinaisons d'alumine avec de l'oxyde de fer, de la magnésie, de la potasse, de l'acide silicique, de l'acide sulfurique, etc.

L'alumine entre dans la composition de la faïence, de la porcelaine, des briques, de la poterie, etc. Le saphir, le rubis (l'alumine cristallisée), sont employés comme pierres d'ornement.

Plusieurs sels formés par cet oxyde, tels que le sulfate double d'alumine et de potasse, et l'acétate d'alumine, sont d'un grand usage dans la teinture, à cause de la propriété qu'a cet oxyde de se combiner avec les matières colorantes et de les fixer sur les tissus.

Mêlé avec la silice et la craie, l'oxyde d'aluminium forme ces terres grasses qu'on désigne sous le nom de *marnes*, et qui sont quelquefois employées en agriculture pour amender les terres trop sableuses, et les rendre plus propres à la culture de certains végétaux.

Silicate d'alumine. — Plusieurs de ces sels se rencontrent dans la nature, et sont très-abondants : tels sont les *différentes espèces d'argile*, le *kaolin* ou terre à porcelaine, qui sont formées d'acide silicique et d'alumine.

Le silicate d'alumine, uni au silicate de potasse ou de soude, constitue un assez grand nombre de minéraux, tels que le *feldspath*, l'*amphigène*, l'*albite*, le *pétalite*, le *triphane*, etc. Le silicate d'alumine dans ces derniers est combiné à une petite quantité de silicate de lithium.

ALUMINIUM. — Ce métal tire son nom d'*alumen*, dénomination latine de l'alun, sel double composé d'alumine, de potasse et d'acide sulfurique.

Après un grand nombre d'essais infructueux, ou couronnés seulement d'un succès fort incomplet, qui avaient été tentés par Davy, Berzélius et Œrsted, Wœhler est enfin parvenu à isoler l'aluminium en 1828. Il existe dans la nature combiné à l'oxygène, et forme un oxyde que l'on a d'abord désigné sous le nom d'alumine. Cet oxyde d'aluminium se rencontre rarement à l'état de pureté, mais le plus souvent uni à d'autres oxydes, et principalement à la silice. Il forme, avec cette dernière, une variété de minéraux connus sous le nom d'*argiles*, *terres argileuses*. On le trouve encore uni à l'acide sulfurique dans un sel que la nature offre tout formé dans certains pays, et que les anciens ont connu sous le nom d'*alun*, bien qu'ils aient ignoré sa véritable composition.

L'aluminium ne peut être obtenu aisément qu'en décomposant le chlorure d'aluminium par le potassium, comme l'a observé M. Wœhler. On place par couches ce chlorure dans un creuset de platine avec des morceaux aplatis de potassium. On fixe le couvercle avec un fil métallique, et on chauffe avec la lampe à esprit de vin. La réduction s'opère avec un si grand dégagement de chaleur, que le creuset devient rouge blanc. Le potassium s'empare du chlore pour former du chlorure de potassium, et l'aluminium est mis à nu. On laisse refroidir le creuset et on y verse de l'eau, qui dissout le chlorure de potassium et laisse précipiter l'aluminium en une poudre noirâtre qu'on recueille et qu'on lave à plusieurs reprises.

L'aluminium ainsi obtenu se présente en une poudre grise noirâtre, qui prend l'éclat métallique et brillant par le frottement contre un corps dur. Ce métal est infusible à la chaleur qu'on peut produire dans les meilleures forges. L'air n'a aucune action sur lui à la température ordinaire, mais à une chaleur rouge il le fait brûler rapidement et le convertit en une poudre blanche qui est de l'oxyde d'aluminium. L'eau froide paraît sans action sur ce métal, mais à une chaleur de $+ 100$, elle l'oxyde peu à peu par suite de sa décomposition. Les acides ne l'attaquent aussi qu'à chaud et l'oxydent en le dissolvant, ce qui démontre que l'affinité de ce métal pour l'oxygène n'est pas aussi grande qu'on le supposait avant les expériences de M. Wœhler.

ALUMINITE. *Voy.* ALUNITE.

ALUN (*sulfate double d'alumine et de potasse, ou d'alumine et d'ammoniaque*). — Ces deux sels, identiques par un grand nombre de leurs propriétés, sont connus depuis longtemps sous le nom d'alun : ils sont distingués l'un de l'autre par les noms *alun à base de potasse, alun à base d'ammoniaque*.

On les obtient par plusieurs procédés : 1° en combinant directement le sulfate d'alumine à l'un ou à l'autre de ces sels : c'est le seul procédé pour celui à base d'ammoniaque ; quant à l'autre, on peut l'extraire des terrains volcaniques, où il existe tout formé, en les lessivant avec de l'eau, et concentrant la solution dans des chaudières de plomb : c'est ce qu'on pratique à la Solfatare, dans le royaume de Naples ; 2° en calcinant, comme on le fait aux environs de Rome, à Tolfa, à Piombino, etc., les roches qui contiennent le sous-sulfate d'alumine et de potasse pur ou mêlé à la silice. Par l'action de la chaleur, une portion d'alumine se sépare d'elle-même, ou s'unit à la silice qui se rencontre dans la roche, ce qui contribue à convertir le sous-sulfate d'alumine et de potasse en sulfate neutre soluble dans l'eau. Cette opération, qui n'exige pas une chaleur trop élevée, se pratique ordinairement dans les fours où la température peut être réglée à volonté. Toutefois, c'est en traitant par l'eau chaude le résidu de cette calcination, et concentrant la solution, qu'on en retire l'alun ; 3° dans les pays où le sulfure de fer se trouve naturellement mêlé à l'argile ou à des schistes, on l'emploie pour la confection de l'alun. A cet effet, on le réduit en poudre, et on en forme des tas que l'on humecte avec de l'eau : il en résulte peu à peu, par l'action de l'oxygène sur le soufre et le fer, du protosulfate de fer et une certaine quantité de sulfate d'alumine qui se forme par suite de la décomposition du premier sel par l'alumine qui entre dans l'argile. Au bout d'un an, on lave la matière avec de l'eau qui dissout ces deux sels, et par l'évaporation et la concentration le protosulfate de fer cristallise, tandis que le sulfate d'alumine, qui est très-soluble et difficile à obtenir cristallisé, reste dans les eaux-mères. En y ajoutant du sulfate de potasse ou du sulfate d'ammoniaque, il se forme à l'instant de l'alun qui se précipite en petits cristaux qu'on lave avec une petite quantité d'eau froide, et qu'on fait ensuite redissoudre dans l'eau chaude et cristalliser. Ce n'est que lorsque les schistes, mêlés au sulfure de fer, sont très-denses, qu'on les calcine avant de les exposer à l'air; 4° dans quelques circonstances on prépare directement l'alun en traitant les argiles pures par l'acide sulfurique étendu d'eau, concentrant le sulfate d'alumine qui s'est produit et l'unissant au sulfate de potasse ou d'ammoniaque. Lorsque les argiles sont ferrugineuses, on les expose à la chaleur rouge pour décomposer l'hydrate de fer, le suroxyder et le rendre moins soluble dans l'acide sulfurique faible.

L'alun préparé par l'un des procédés indiqués ci-dessus ne peut être regardé comme pur qu'après avoir subi plusieurs cristallisations qui le privent pour la plus grande partie du sulfate de fer qu'il contient.

On emploie l'alun *en teinture* et *dans les impressions* comme mordant pour fixer les couleurs sur les tissus ; en précipitant l'alumine avec le *bleu de Prusse*, on dégrade ce bleu jusqu'aux nuances les plus pâles. L'alun s'emploie aussi dans ce but à la *préparation des couleurs des papiers peints*.

C'est en précipitant, par le carbonate de soude, l'alumine en présence des matières colorantes, notamment de la garance, que l'on obtient les *différentes laques*. On a maintes fois appliqué en grand l'alumine en gelée, ou l'alun précipité par les bases alcalines ou par la chaux pour décolorer les sirops ; mais on est presque toujours revenu à l'emploi du charbon d'os. M. Darcet a fait employer l'alun en poudre pour la *désinfection des urines* à Vichy ; on l'emploie dans la proportion de $\frac{1}{4}$ à $\frac{1}{2}$ millième pour la clarification des eaux limoneuses de la Seine, du Nil : il se forme, sous l'influence du carbonate de chaux, de l'alun aluminé qui entraîne, en se précipitant, les matières en suspension. L'alun ajouté dans la *distillation de l'eau de mer* prévient en partie l'altération des matières organiques et l'odeur désagréable de l'eau distillée ; l'alun est indispensable aux *collages des papiers*, soit par les savons résineux, soit par la gélatine ; on l'emploie pour *empêcher l'altération des colles fortes*, surtout des *colles*

au baquet, sur lesquelles il agit comme dans la préparation dite *alunage des peaux avec leurs poils*, des *cuirs hongroyés* et dans la *taxidermie*. L'alun forme alors une sorte de combinaison, qui peut se défaire, car ces peaux et cuirs peuvent donner de la gélatine, après des lavages à l'eau de chaux, tandis qu'aucun moyen n'a permis d'extraire la gélatine des cuirs tannés. On *clarifie les suifs à l'alun*, qui crispe et précipite dans la matière grasse fondue, les débris membraneux. L'alun s'emploie comme astringent en médecine. Après l'avoir desséché à une température ménagée, qui le boursoufle en vaporisant l'eau de cristallisation, on s'en sert en chirurgie pour ronger les chairs boursouflées, amollies : il est alors connu sous le nom d'*alun calciné*. On fait usage de l'alun de potasse, exclusivement, pour *préparer un pyrophore*, pour fabriquer les *nouveaux plâtres durs*, enfin, pour *mettre les bijoux en couleur*, en les passant au feu dans une composition formée d'alun, 2 kilogr.; azotate de potasse, 2 ; sulfate de fer, 1 ; et couperose, 1 ; mêlés et dissous à 100° avec 3 kilogr. d'eau.

Depuis fort longtemps on connaît la propriété que possède l'alun d'éclaircir les eaux troubles. En Chine, on met un morceau de ce sel dans le creux de la jointure d'un bambou percé de plusieurs trous, et on agite fortement l'eau trouble avec ce bambou pendant plusieurs minutes. Cela suffit pour clarifier l'eau et la rendre potable.

Les blanchisseuses des environs de Paris se servent du même moyen pour éclaircir les eaux de la Seine que les orages ont rendues troubles (1).

M. Félix d'Arcet, pendant son séjour en Egypte, dans les années 1828 et 1829, y a fait adopter l'usage de l'alun. Il a constaté qu'avec un $\frac{1}{4}$ gramme d'alun par litre d'eau du Nil, qui renferme, pendant l'inondation, jusqu'à 8 grammes de matières en suspension par litre, on obtient en une heure une clarification complète. Avec moitié moins de sel, l'effet est analogue, mais exige plus de temps. Pour les eaux de la Seine, il faut tout au plus 2 décigrammes d'alun par litre, soit par conséquent 2 kilog. par hectolitre d'eau.

Reste à savoir si l'eau clarifiée par l'alun est aussi salubre qu'auparavant. M. Boutigny, d'Evreux, prétend qu'il y reste des

(1) En Egypte, on se sert d'un petit pain d'amandes pour clarifier l'eau. Le *sacca* ou porteur d'eau en frotte l'intérieur des vases qui renferment le liquide, en faisant entendre un sifflement aigu qu'il croit indispensable à la bonne réussite de l'opération ; puis il agite l'eau fortement en tous sens et la laisse en repos pendant plusieurs heures. Elle est alors très-limpide et très-claire. C'est l'huile, provenant de la division du pain d'amandes, qui s'unit aux matières terreuses en suspension dans l'eau, les graisse pour ainsi dire, et les précipite en facilitant leur séparation d'avec le liquide. Au Caire et dans tous les bazars de l'Egypte, on vend de ces petits pains d'amandes au prix de 5 paras, ou environ 4 centimes. Au Sennaar et à Dongolah en Nubie, on emploie pour le même objet des fèves, des haricots et même des graines de ricin.

traces sensibles de ce sel, et il pense que cela peut, à la longue, exercer une fâcheuse influence sur la santé. Si cela est, l'emploi des filtres de charbon, quoique plus long, serait préférable lorsque l'eau doit servir de boisson (1).

En 1830, le chevalier Origo, colonel des pompiers de la ville de Rome, a reconnu que l'eau *saturée* d'alun et tenant en suspension de l'argile, éteint beaucoup plus vite les incendies que l'eau ordinaire. C'est la reproduction du procédé qu'employaient les *Vigili* de l'ancienne Rome, puisqu'à ces époques reculées, on faisait usage d'un mélange d'eau, de vinaigre et d'argile pour arrêter les progrès du feu. La faible dépense qu'occasionnerait le procédé de M. Origo serait bien compensée par la rapidité avec laquelle on parviendrait à maîtriser l'action du feu (2).

ALUNITE (*aluminite*, etc.). — Cette substance se trouve dans le voisinage des terrains trachytiques, particulièrement dans les parties qui semblent avoir été remaniées par les eaux.

L'alunite est une matière très-précieuse pour la fabrication de l'alun, et elle est exploitée pour cet usage dans quelques localités où elle est abondante (Tolfa, Musaj, Beregszaz). Il suffit, pour préparer ce sel, de griller l'alunite et de la transporter sur une aire, où on l'arrose continuellement pour la faire effleurir et la réduire en pâte ; on procède ensuite au lessivage à chaud, puis à la cristallisation. L'alun qu'on obtient immédiatement, sans aucune addition de matière potassée, est extrêmement pur ; il a été longtemps recherché dans le commerce, où

(1) M. Arago parlait un jour de l'alunage de l'eau à un ingénieur anglais qui se lamentait sur l'imperfection actuelle des moyens de purification en grand. « Ah ! que me proposez-vous, répondit-il sur-le-champ ; *l'eau, comme la femme de César, doit être à l'abri du soupçon.* » Voilà, dit M. Arago, dans une forme peut-être singulière, mais vraie, la condamnation définitive de tout moyen de clarification qui introduit dans l'eau de rivière quelque nouvelle substance dont elle était d'abord chimiquement dépourvue. Il est ici question de l'eau qui doit servir de boisson, car pour celle qu'on applique aux autres usages de la vie, il est indifférent qu'elle renferme de l'alun, du sulfate de soude ou autres sels analogues, surtout en aussi petites proportions.

(2) M. Gaudin, calculateur du bureau des longitudes, a proposé, en 1836, de faire servir au même usage l'eau chargée de chlorure de calcium, composé qui réunit à la fois l'abondance et le bas prix, la fusibilité et la solubilité la plus grande et la plus persistante, la décomposition la plus difficile, et par conséquent, vis-à-vis du bois en ignition, l'adhérence et la pénétration la plus intime, toutes qualités précieuses, sinon indispensables, pour l'objet en vue. Injecté en solution médiocrement concentrée sur des charbons ardents, il les couvre à l'instant d'une couche vitreuse qui arrête la combustion sur tous les points de la surface. La potasse du commerce peut remplir le même effet que l'alun et le chlorure de calcium. Le docteur Clanny a publié, en 1843, que le sel ammoniac brut est très-efficace dans les cas d'incendie ; la dissolution, faite dans les proportions de 28 grammes de sel par litre d'eau, arrête instantanément le feu le plus violent.

il était connu sous le nom d'*Alun de Rome*, avant qu'on ait eu l'idée de le fabriquer de toutes pièces, et de l'obtenir, dès lors, aussi pur en quelque sorte qu'on le désire.

AMALGAME. *Voy.* MERCURE (*usages*).

AMANDE. *Voy.* HUILES.

AMBRE. — L'ambre est communément appelé *ambre gris*, pour le distinguer de l'*ambre jaune*, dénomination sous laquelle on désigne quelquefois le succin. Cette substance se trouve principalement dans les contrées chaudes de la terre, flottant à la surface des eaux de la mer, ou rejetée sur les côtes. Le meilleur ambre vient de Madagascar, de Surinam et de Java. Depuis qu'on l'a trouvé dans le canal intestinal du *physeter macrocephalus*, mêlé avec des becs de *sepia octopodia*, et des débris de plusieurs animaux marins qui font la nourriture de ce cétacé, on a été conduit à supposer que c'est une production morbide, analogue aux calculs biliaires, conjecture qui est encore la plus vraisemblable de toutes celles qu'on a émises relativement à son origine, et en faveur de laquelle parle aussi sa composition chimique. On recueille l'ambre, qui est un objet de commerce à cause de son odeur, faible à la vérité, mais agréable.

L'ambre de bonne qualité est solide et opaque, d'une couleur de gris clair, plus foncée à l'extérieur, et parsemé de stries jaunes ou rougeâtres. Quand on le chauffe ou qu'on le frotte, il répand une odeur que la plupart des hommes trouvent agréable. Il n'est point dur, et on peut l'écraser entre les doigts.

L'ambre sert comme parfum. La plus odorante de ses préparations est sa dissolution dans l'alcool ; aussi est-ce sous cette forme qu'on l'emploie de préférence.

AMBRE JAUNE. *Voy.* SUCCIN.

AMER DE WELTHER. *Voy.* CHIMIE ANIMALE.

AMÉTHISTE. *Voy.* QUARTZ.

AMÉTHISTE ORIENTALE. *Voy.* SAPHIR.

AMIANTE (*asbeste, lin des montagnes*, etc.). — Il existe dans les terrains primitifs, principalement dans des roches de serpentine qu'il traverse en veines minces, et parfois dans des roches de gneiss, accompagné de feldspath. Ce minéral est en filaments plus ou moins flexibles et élastiques : éclat nacré, texture fibreuse, doux au toucher. On connaît un grand nombre de minéraux qui ont de l'analogie avec l'amiante, tels que l'amphibole, l'épidote, le diallage, le pyroxène, la tourmaline, etc.

Il est bien reconnu que les anciens fabriquaient, avec l'amiante, le lin et l'huile, des étoffes dans lesquelles ils enveloppaient les cadavres avant de les placer sur le bûcher, pour recueillir ensuite leurs cendres. Ces étoffes salies reprennent, il est vrai, leur blancheur en les exposant au feu, mais elles perdent un peu de leur poids, et, par une longue exposition à une température élevée, une partie de leur flexibilité. Ces tissus, faits avec l'amiante, le lin et l'huile, exposés à un feu suffisant, le lin et l'huile brûlent, l'amiante seule reste, et conserve les formes qu'on lui a données.

AMIDINE. — On désigne ainsi le principe particulier qui existe dans les diverses espèces d'amidon ou de fécule, et qui leur communique leurs principaux caractères.

Ce principe étant renfermé dans les vésicules qui composent les granules de l'amidon, ne peut en être extrait qu'en les déchirant, soit par la trituration et l'action de l'eau froide, qui le dissout en isolant les téguments, soit en faisant bouillir l'amidon pendant un quart d'heure avec cent fois son poids d'eau.

L'amidine, traitée à chaud par l'acide sulfurique et l'eau, est convertie en sucre analogue à celui du raisin.

La dextrine paraît être une modification isomérique de l'amidine, dont elle diffère parce qu'elle ne se colore plus en bleu par le contact de l'iode. *Voy.* DEXTRINE.

AMIDON. — On appelle *amidon* ou *fécule amylacée*, une matière blanche, brillante, qui se précipite du suc d'un grand nombre de végétaux. Raspail a démontré que chaque grain d'amidon devait être considéré comme un organe; il est formé d'un tégument renfermant un seul principe immédiat, l'*amidône*, dont la texture est organique; celle-ci est moins compacte à mesure que l'on se rapproche du centre, et le tégument lui-même peut être considéré comme une couche extérieure plus concrète que les autres.

L'amidon se rencontre dans une foule de végétaux; c'est particulièrement dans les tiges souterraines qu'on le trouve en grande proportion, où il forme quelquefois un amas considérable; on le rencontre dans la tige des palmiers; il constitue la plus grande partie de plusieurs semences; dans toutes les plantes il a des propriétés communes, et il ne forme qu'une seule espèce; mais il présente aussi, dans chaque végétal, des différences qui permettent de le distinguer. Ainsi un vase qui contient 1000 p. d'eau, peut contenir 800 de fécule de pomme de terre, 794 de fécule de blé, et 584 de fécule de radis noir.

L'amidon est sans odeur ni saveur; c'est une poudre blanche, brillante, insoluble dans l'alcool, l'éther, les huiles fixes et volatiles, insoluble dans l'eau froide. Traité par l'eau bouillante, il se convertit en une gelée connue sous le nom d'*empois;* cette gelée, traitée de 10° à 60° par l'orge germée, se fluidifie, et l'amidon est transformé d'abord en un principe soluble nommé *dextrine,* ayant la même composition que l'amidon, puis en sucre; cette même transformation s'opère par une ébullition soutenue avec de l'eau acidulée, avec l'acide sulfurique; enfin le caractère le plus remarquable de l'amidon, quand il n'est point altéré, consiste en une belle coloration bleue qu'il donne avec l'iode.

M. Payen a prouvé que la dextrine et l'amidon ont la même composition, et cependant ils ne sont point isomériques entre eux;

ils semblent à la vérité réunir les conditions d'un tel état, car ils offrent à la fois les mêmes relations entre leurs atomes constituants et des phénomènes très-divers sous l'influence d'agents nombreux; ces phénomènes ne démontrent pas des propriétés inhérentes à une combinaison moléculaire; ils dépendent plutôt de la forme et de l'agrégation des particules.

L'amidon, toujours identique chimiquement, mais sécrété par différents végétaux, présente des volumes, des degrés de cohésion très-divers. Soumis à de simples actions mécaniques, il produit avec l'eau, l'alcool, la potasse, l'iode, le tannin, les sels, etc., une foule de réactions différentes. Divisé plus encore par les acides puissants, par les alcalis caustiques ou la température, l'amidon produit alors graduellement des phénomènes nouveaux avec les mêmes réactifs; puis tout à coup sa dissolution complète semble avoir anéanti ses propriétés caractéristiques; on n'obtient plus ni colorations ni précipités par aucun des agents employés jusque-là avec succès pour les produire. Cependant sa composition intime n'a point varié, et, à l'aide des moyens convenables, on obtient avec les bases des combinaisons définies semblables, d'où l'on déduit un même poids atomique.

L'amidon a des applications de la plus grande importance : associé avec des matières azotées ou des corps gras, il constitue la base de notre alimentation; il sert à la fabrication du sucre de fécule. L'amidon de blé est spécialement employé dans les fabriques d'indiennes pour épaissir les mordants, auxquels il donne plus de consistance que la gomme. On l'emploie concurremment avec la fécule de pomme de terre pour donner plus de lustre et une certaine fermeté aux toiles de lin, de chanvre et de coton. Autrefois on consommait une très-grande quantité d'amidon fin pour poudrer les cheveux; c'est aujourd'hui la moindre de ses applications. Les confiseurs en font un usage journalier pour la composition des dragées; enfin c'est avec l'empois que les blanchisseuses donnent de l'apprêt au linge, aux dentelles, etc.

Sous le point de vue économique et médical, il est de peu d'importance d'employer de l'amidon fourni par une plante plutôt que par une autre. Cependant il est indubitable que, quelles que soient les précautions que l'on ait prises pour préparer les fécules des différentes plantes, elles donnent toujours, avec l'eau bouillante, des gelées qui ont une odeur et une saveur très-distinctes. Cette odeur particulière est souvent singulièrement exaltée par l'ébullition de la gelée avec de l'acide sulfurique, si bien que l'on peut regarder ce caractère comme très-important pour distinguer les fécules les unes des autres, lorsqu'on a de l'habitude ou lorsqu'on agit comparativement.

L'*amidon de blé* s'obtient dans le commerce en faisant fermenter des farines avariées de céréales; en les délayant dans une suffisante quantité d'eau, le gluten et le sucre fermentent, deviennent solubles, et leur solution forme l'*eau sûre* des amidonniers. L'amidon se précipite; on le lave; on le fait sécher; il prend, en se desséchant, la forme d'espèces de prismes quadrangulaires irréguliers; on le nomme alors *amidon en aiguilles*.

L'*arrow-root* est une fécule produite par les *maranta indica* ou *arundinacea* de la famille des *amomées*, cultivés aux Antilles. Cette fécule est moins blanche que celle de blé, ce qui tient à sa transparence plus parfaite; ses grains sont plus gros que ceux d'amidon, et ils ne sont point comme eux parfaitement sphériques. Un assez grand nombre de ses grains observés au microscope semblent tronqués par un plan, passant par leur centre ou parallèle à ce plan; sa gelée est ou inodore, ou avec un léger goût de galanga; ces caractères le distinguent nettement de la fécule de pomme de terre, avec laquelle on le falsifie.

La *fécule de pomme de terre* se prépare en râpant des pommes de terre bien lavées; on verse le suc qui s'en écoule sur un tamis, puis on l'abandonne au repos; la fécule se précipite; on fait sécher le précipité à l'ombre, on pulvérise, et on le conserve dans des vases bien fermés. Elle a toujours une apparence cristalline; les grains sont beaucoup plus gros que ceux du blé; on la reconnaît à l'odeur que donne son empois bouilli avec l'acide sulfurique.

La fécule est la base de potages restaurants; elle est aussi avantageuse sous ce point de vue que toutes les autres fécules qui se vendent beaucoup plus cher. Elle est très-usitée pour fabriquer le sucre et le sirop de fécule.

La *fécule de manioc* (*moussache* et *tapioka*) se prépare avec le *jatropha* ou *janipha maniot* Humb., de la famille des euphorbiacées. C'est un arbrisseau dont la racine volumineuse contient un principe vénéneux, qui se détruit ou par le feu ou par la fermentation, et une grande quantité de fécule. La racine râpée, exprimée et séchée au feu, prend le nom de farine de *manioc*. On connaît sous le nom de *moussache* la fécule qui a été entraînée avec le suc, et qui a été bien lavée et séchée à l'air; le tapioka est le même produit séché sur des plaques chaudes, cuit et aggloméré en grumeaux durs et irréguliers et un peu élastiques; il forme avec l'eau bouillante un empois qui offre un caractère particulier de transparence et de viscosité. Le principe vénéneux qui accompagne cette fécule est, suivant les expériences de MM. Boutron et Henri, de l'acide cyanhydrique. Cette fécule est la base de la nourriture dans plusieurs contrées intertropicales.

Le *sagou* est préparé aux îles Moluques avec la moelle du *sagus farinaria*, de la famille des palmiers, qui croît dans plusieurs îles. Quand les feuilles de l'arbre se recouvrent d'une efflorescence farineuse, on l'abat, on coupe sa tige par tronçons, on en

sépare la moelle, qui est ensuite écrasée dans l'eau; on fait sécher la fécule, qui est alors blanche et pulvérulente. Pour donner au sagou la forme qu'on lui connaît, les Moluquois le font passer à travers une platine perforée, puis le dessèchent sur des plaques chauffées. Tel que le commerce le livre, il se présente sous forme de grains arrondis, d'un gris rougeâtre, durs, élastiques, sans odeur, d'une saveur fade, douceâtre; il est insoluble dans l'eau froide; il se gonfle dans l'eau bouillante, devient transparent sans changer de forme.

En résumé, voici les noms des principales fécules commerciales, employées dans les arts et dans l'économie domestique :

Amidon.	C'est la fécule retirée des graines céréales.
Fécule.	de la pomme de terre.
Arrow-root. .	des racines du *maranta arundinacea*, qui croît dans les Antilles et dans les Indes.
Sagou	C'est la fécule retirée de la moelle du sagouier, palmier des îles Moluques.
Moussache. . . Tapioka	Fécules retirées des racines du manioc, arbrisseau de la Guyane et des Antilles. Ces fécules ne diffèrent que par la manière dont elles ont été desséchées. La première l'a été à l'air libre, la seconde sur des plaques de fer chaudes, ce qui lui a donné la forme de grumeaux irréguliers.
Fécule de to- lomane : . .	Fécule de la racine du *canna coccinea*, qui croît aux Antilles.

Dans toutes les plantes qui le contiennent, l'amidon est associé à différents principes immédiats qui en rendent l'extraction plus ou moins difficile, ou qui lui communiquent des propriétés particulières et souvent nuisibles. C'est ainsi que dans les semences du blé et des autres céréales, il est accompagné d'une substance très-nutritive qu'on appelle *gluten*; que, dans le marron d'Inde, il est intimement uni à un principe amer qui empêche de l'utiliser comme aliment; que, dans les racines d'arum, de bryone, il est associé à un principe âcre et vénéneux qui lui donne des propriétés purgatives; que, dans la racine de manioc, il est accompagné d'acide prussique qui le rend un aliment très-dangereux avant sa purification. « C'est une « chose fort remarquable, dit M. Thénard, « que, dans un grand nombre de plantes, la « fécule se trouve placée à côté d'un poison. »

Mais l'esprit inventif de l'homme a su partout trouver de faciles moyens pour isoler cette substance précieuse des matières étrangères qui en modifient les propriétés. Ainsi, les peuples grossiers de la Guyane et des Antilles savent, depuis longtemps, qu'en exposant à une douce chaleur la fécule déposée du suc de manioc, le principe vénéneux ou l'acide prussique se dissipe. Les anciens chimistes ont, de leur côté, enseigné de laver à plusieurs reprises les fé cules qu'abandonnent les sucs des arum et de la bryone, parce que le principe âcre et purgatif est soluble dans l'eau.

Quant à l'amidon des céréales, pour détruire le *gluten* qui le retient entre ses cellules, on concasse le grain et on le fait fermenter dans de grandes cuves après l'avoir délayé dans beaucoup d'eau. Le gluten se décompose promptement, et permet ainsi la séparation et le dépôt de l'amidon. Lorsque ce dépôt est complet, on enlève les débris igneux des grains, qui, plus légers, occupent la partie supérieure du dépôt. On délaye ensuite l'amidon dans de nouvelle eau ; on le lave à plusieurs reprises pour qu'il soit parfaitement blanc et pur, puis on le met en pains qu'on fait sécher rapidement. Pendant la dessiccation, l'amidon se divise en baguettes ou prismes irréguliers, qu'on livre au commerce sous le nom d'*amidon en aiguilles*. Nous devons dire ici que les amidonniers emploient de préférence les grains de blé, d'orge ou de seigle qui ont été altérés, gâtés par un long séjour dans des magasins humides, et rendus ainsi impropres à la plupart des autres usages, parce qu'alors ils se trouvent à meilleur marché dans le commerce. Pour l'amidon très-blanc, dit *amidon fin*, on se sert de recoupettes ou de *griots* de blé, c'est-à-dire des portions de grains moulus dans lesquels la farine n'a pu être séparée du son.

Depuis quelques années, on substitue à cet ancien procédé, qui est long, insalubre et moins productif, le procédé de M. E. Martin, pharmacien à Vervins, qui a su éviter la destruction du gluten, matière éminemment nutritive, tout en obtenant plus d'amidon. Je parlerai de ce procédé au moment où j'examinerai les farines (1).

L'extraction de la fécule de pomme de terre et de toutes les racines charnues est beaucoup plus simple. On râpe les tubercules ; on divise la pulpe dans l'eau, et on jette le tout sur des tamis. L'eau, en passant, entraîne avec elle la fécule ; on laisse reposer, on décante l'eau, on lave le précipité jusqu'à ce qu'il soit entièrement blanc, on le fait égoutter sur des toiles, et on le fait sécher au grand air ou dans une étuve. Dans les féculeries modernes, la main-d'œuvre est réduite à fort peu de chose, attendu qu'on

fait usage d'appareils continus dans lesquels le lavage et le râpage des pommes de terre, ainsi que le lavage de la pulpe sur les tamis sont effectués mécaniquement. On traite facilement 160 hectolitres de tubercules en 10 ou 12 heures, et on obtient de 16 à 17 p. 100 de fécule sèche. La pulpe épuisée, qui retient de 2 à 3 p. 100 de fécule que les lavages les plus énergiques ne peuvent enlever, sert à la nourriture des bestiaux.

L'amidon de blé et la fécule de pomme de terre, tels qu'on les extrait dans les usines, ne sont pas chimiquement purs. Ils contiennent des matières grasses, de la cire et des substances semblables au caoutchouc, dont il est difficile d'opérer l'isolement. Au reste, ces matières étrangères sont toujours en fort petite quantité, et ne nuisent pas dans les applications qu'on a su faire de ces deux fécules. *Voy.* Fécules.

AMIDON, réactif de l'iode. *Voy.* Iode.

AMMOLINE. *Voy.* Huile empyreumatique animale.

AMMONIAQUE (*alcali volatil ; oxyde d'ammonium*). — L'ammoniaque était depuis fort longtemps connue des Arabes. Ce sont eux qui ont donné à ce corps le nom d'ammoniaque, probablement à cause de son odeur, à laquelle ils trouvaient de l'analogie avec l'odeur de la gomme qui porte le même nom. D'autres font dériver le nom d'ammoniaque d'une contrée de l'Afrique appelée *Ammonie*, où existait le temple de Jupiter Ammon.

L'ammoniaque est un corps gazeux, incolore, d'une saveur âcre et caustique, d'une odeur très-forte et suffocante, tellement caractéristique, qu'elle peut toujours le faire reconnaître, et qui est d'ailleurs celle que finissent par prendre les urines des animaux. Il a une densité de 0,5912, et peut se liquéfier par un froid et une pression convenables ; il est très-alcalin, ce que l'on peut reconnaître avec le pied de tournesol qui a été rougi par les acides les plus forts, et par un bouquet de violettes dont il peut faire passer la couleur à plusieurs reprises. Outre son action sur les papiers réactifs, qui le range au nombre des alcalis, il jouit, comme ceux-ci, de la propriété de neutraliser les acides pour donner naissance à de véritables sels. Voilà pourquoi les anciens chimistes l'appelaient alcali volatil.

Ce gaz ne fume pas à l'air, quoiqu'il soit cependant extraordinairement soluble dans l'eau ; *car celle-ci peut en dissoudre jusqu'à* 430 *fois son volume, et donner naissance* à un liquide incolore, qui jouit des propriétés du gaz, c'est-à-dire qui en a la saveur, l'odeur pénétrante et les propriétés alcalines. Cette dissolution, qui peut être obtenue avec l'appareil de Wolf, offre un caractère particulier et qui explique jusqu'à un certain point pourquoi le gaz ammoniac n'est pas fumant, quoiqu'il soit très-soluble dans l'eau. Cette solubilité n'est pas déterminée par l'affinité de l'eau pour le gaz ; car si l'on expose la dissolution ammoniacale à l'air, tout le gaz s'en échappe peu à peu, et l'on voit la liqueur perdre toutes ses propriétés

---

(1) Les anciens connaissaient l'amidon et l'employaient en médecine. Dioscoride, Caton l'Ancien et Pline décrivent le procédé assez grossier qu'on suivait alors pour obtenir ce produit. On laissait le blé ou le seigle ramollir dans l'eau pendant plusieurs jours, on l'exprimait, on passait la liqueur dans un sac ou une corbeille, et on l'étendait sur des tuiles frottées de levain pour qu'elle s'épaississît au soleil. Pline attribue la découverte de l'amidon aux habitants de l'île de Chio. De son temps, l'amidon préparé dans cette île était le plus estimé ; venait ensuite celui de Crète, et en dernier lieu celui d'Egypte. (Pline, lib. xviii, cap. 17.) Le mot *amidon* est une traduction du mot latin *amylum*, dérivé lui-même du mot grec ἄμυλον, qui veut dire *sans meule*. Dioscoride dit que c'est parce qu'on ne faisait point moudre le grain qu'on appela ainsi le produit qui en provient (Dioscor., lib. ii, cap. 93.)

alcalines sans s'échauffer, ce qui n'arrive jamais pour l'acide chlorhydrique et les autres acides fumants.

L'ammoniaque possède, comme toutes les bases, la propriété de se combiner avec les acides pour former des composés salins. Les *hydracydes* (acides chlorhydrique, bromhydrique, sulfhydrique, etc.), peuvent se combiner, à l'état *anhydre*, avec le gaz ammoniac desséché. Il en résulte des composés qui, la plupart, jouent le rôle de base. Mais, pour que les *oxacides* (acide sulfurique, phosphorique, etc.) puissent produire des sels ammoniacaux, la présence d'un équivalent d'eau est absolument nécessaire. Ce fait remarquable a donné lieu à la *théorie* de l'*ammonium*. Suivant cette théorie, l'ammoniaque (NH^3) se convertit, au contact d'un oxacide *hydraté*, en une oxybase analogue à la potasse ou à la soude. Dans cette action, HO (1 équivalent d'eau) se porte sur NH^3 (ammoniaque) pour former NH^4O, c'est-à-dire de l'*oxyde* d'*ammonium*, dont le radical NH^4 (ammonium) est analogue au potassium, au sodium, etc. Exemple de cette réaction :

$$SO^3, HO + NH^3 = SO^3, NH^4O \text{ (sulfate d'oxyde d'ammonium).}$$

D'après cette même théorie, on comprend pourquoi les *hydracides* n'ont pas besoin de l'intervention de l'eau pour se combiner avec l'ammoniaque. Il se produit un composé en *ure* analogue au composé correspondant de potassium ou de sodium.

$$ClH + NH^3 = Cl,NH^4 \text{ (chlorure d'ammonium).}$$

La théorie de l'ammonium gagne en probabilité, en considérant que l'ammoniaque humide peut, tout comme la potasse, former avec le soufre un composé qui contient jusqu'à 5 proportions de soufre (*quintisulfure* d'*ammonium*, analogue au *quintisulfure* de *potassium*) ; que l'ammoniaque (*ammonium*) produit, avec certains métaux (le mercure), des espèces d'alliages analogues à ceux du potassium ; et qu'enfin l'alun à base d'ammoniaque offre la même cristallisation et contient le même nombre d'équivalents d'eau (24 HO) que l'alun à base de potasse, un équivalent d'eau HO ayant été nécessaire (*eau de constitution*) pour convertir l'ammoniaque en oxyde d'ammonium.

$$NH^4O, Al^2 O^3, (SO^3)^3 + 24 HO = 1 \text{ équiv. d'alun à base de d'ammoniaque.}$$

$$KO, Al^2 O^3 (SO^3)^3 + 24 HO = 1 \text{ équiv. d'alun à base de potasse.}$$

D'après la théorie ancienne, l'ammoniaque est une *hydrobase* qui se comporte différemment avec les hydracides et les oxacides ; en un mot, c'est une base fort singulière et, pour ainsi dire, exceptionnelle. La théorie de l'ammonium a au moins l'avantage d'assimiler l'ammoniaque aux autres alcalis, et de n'en point faire une exception en quelque sorte bizarre. L'ammoniaque donne, avec le bi-iodure de mercure, des produits encore mal étudiés.

Le chlore enlève l'hydrogène à l'ammoniaque : il se produit du sel ammoniac et de

l'azote pur. L'iode décompose également l'ammoniaque, en donnant naissance à une matière brune particulière (azotide d'iode fulminant). Le charbon végétal absorbe jusqu'à 90 fois son volume de gaz ammoniac (Théodore de Saussure). En faisant passer l'ammoniaque à travers un tube de porcelaine chauffé au rouge, on ne remarque point de décomposition, si le tube de porcelaine est vernissé et bien poli ; si l'on rend, au contraire, ce tube raboteux en y plaçant des fragments de n'importe quelle substance étrangère, il y a décomposition complète de l'ammoniaque : il se dégage des torrents d'azote et d'hydrogène, et quand on vient à examiner les fragments de fer, de cuivre, de platine, etc., placés dans le tube, on trouve qu'ils sont entièrement intacts, et qu'aucune combinaison n'a eu lieu ; seulement ces métaux paraissent avoir subi une sorte de déplacement de leurs molécules; car le cuivre, par exemple, de malléable qu'il était, est devenu très-cassant ; mais il reprend sous le marteau ses propriétés premières. Le fer paraît cependant absorber un peu d'azote; mais cette quantité est si petite, que les proportions des éléments de l'ammoniaque sont à peine altérées. A la fin de l'opération, qui est très-rapide, on trouve l'azote et l'hydrogène à l'état de simple mélange. C'est là ce que M. Gay-Lussac appelle *action* de *présence*, et M. Berzélius, *phénomène catalytique*. Lorsqu'on fait fondre du potassium ou du sodium dans du gaz ammoniac sec, il se produit une substance olivâtre. Il se trouve, à la place du gaz ammoniac qui a disparu, un volume d'hydrogène égal à celui qu'aurait produit, par la décomposition de l'eau, la quantité de potassium ou de sodium employée. La substance olivâtre qu'on a obtenue donne, sous l'influence de la chaleur, de l'hydrogène et de l'azote dans les proportions pour former de l'ammoniaque ; on a pour résidu une matière infusible, brune, qui tache le verre. La substance olivâtre est probablement une combinaison de gaz ammoniac avec de l'azoture de potassium ou de sodium. Humectée d'eau, elle se décompose en ammoniaque, et en potasse ou en soude. — Le gaz ammoniac se dégage, quelquefois en grande quantité, des fosses d'aisance, surtout pendant la saison chaude, et à l'approche d'un temps pluvieux et humide. Il se produit encore pendant la putréfaction d'une grande partie des matières organiques : mais alors il est presque toujours mêlé à d'autres gaz qui se dégagent en même temps, comme l'hydrogène carboné, l'hydrogène sulfuré, l'azote, l'acide carbonique. L'ammoniaque se produit encore dans des circonstances fort remarquables. M. Austin a annoncé le premier que l'ammoniaque se forme pendant l'oxydation du fer au contact de l'eau et de l'air atmosphérique. Vauquelin, Dulong et M. Chevalier ont constaté, par des expériences incontestables, que l'ammoniaque se trouve dans la rouille de fer.

Depuis longtemps on prépare en Egypte l'ammoniaque, ou plutôt le sel ammoniac par la calcination de la fiente des chameaux, dans des vases convenablement disposés. On obtient aujourd'hui l'ammoniaque en grand, en soumettant les urines et d'autres matières animales putréfiées à la distillation avec la chaux. L'ammoniaque se dégage dans des flacons remplis d'acide chlorhydrique ou d'acide sulfurique étendu. A la fin de l'opération, les flacons sont remplis de chlorure d'ammonium ou de sulfate d'ammoniaque, sels susceptibles de cristalliser dans la liqueur. Il est ensuite facile d'obtenir l'ammoniaque à l'état de gaz, en traitant le sulfate ou le chlorure par la chaux ou par la potasse, qui se substitue à l'alcali volatil. Formule de la réaction :

$$\text{NH}^3\ \text{HCl} + \text{CaO} =$$
$$\text{Ca Cl, HO} + \text{NH}^3.$$

On recueille le gaz ammoniac sur le mercure, car il se dissout dans l'eau. L'azote et l'hydrogène, éléments dont se compose l'ammoniaque, ne se combinent pas directement. Ces gaz ne se convertissent en ammoniaque que lorsqu'on foudroie un mélange de 3 volumes d'hydrogène et de 1 volume d'azote, en présence d'une certaine quantité d'acide chlorhydrique ou d'acide sulfurique. L'hydrogène et l'azote se combinent surtout (pour produire l'ammoniaque) à l'état de *gaz naissant*, c'est-à-dire au moment où ils se dégagent des matières animales en putréfaction (matières hydrogénées et azotées).

Le gaz ammoniac se décompose sous l'influence d'une série d'étincelles électriques, et il double de volume. Ainsi, 100 volumes de gaz ammoniac donnent, à la fin de l'opération, 200 volumes de gaz. Or, en ajoutant à ces 200 volumes de gaz 75 volumes d'oxygène (dans l'eudiomètre), on a : 200 volumes d'un mélange de gaz obtenu par la décomposition de 100 volumes d'ammoniaque ; 75 volumes d'oxygène. Total, 275 volumes. Après l'étincelle, il reste 50 volumes. Il y a donc eu absorption de 225 volumes ; et comme ces 225 volumes ont disparu à l'état d'eau, l'oxygène y entre pour 75 volumes (le tiers), et l'hydrogène pour 150 (deux tiers). Le résidu de 50 volumes est de l'azote pur. Donc, 100 volumes (1 volume de gaz ammoniac) se composent de 150 volumes ($1\frac{1}{2}$ volume) d'oxygène et de 50 volumes ($\frac{1}{2}$ volume) d'azote.—De là la formule de l'ammoniaque : NH³ ou AZ² H⁶ (atomes)=4 volumes=1 équivalent de gaz ammoniac saturant 4 volumes ou 1 équivalent d'acide chlorhydrique.

On emploie l'ammoniaque comme caustique (pommade de Gondret) ; on s'en sert avec succès dans les cas de brûlure produite par l'eau bouillante. On la fait avaler aux bestiaux gonflés pour avoir mangé des herbes humides en trop grande quantité. (Le gaz qui distend si énormément la panse de ces animaux est le gaz acide carbonique, qui disparaît en se combinant avec l'ammoniaque.)

L'ammoniaque est le seul gaz alcalin connu. Si la quantité d'ammoniaque est assez faible pour que sa présence ne soit pas constatée par l'odorat, on la découvre en approchant de la matière à analyser une tige de verre trempée dans de l'acide chlorhydrique concentré. A l'instant il se produit des vapeurs épaisses de chlorure d'ammonium, qui se déposent. Plus la quantité d'ammoniaque est considérable, plus ces vapeurs sont épaisses. L'ammoniaque, exposée à l'air, diffère essentiellement des autres alcalis, en ce qu'elle ne se transforme que fort incomplétement en carbonate. L'ammoniaque liquide est précipitée, comme la potasse, en jaune orangé, par le perchlorure de platine. Elle donne, avec le sulfate d'alumine, de l'alun, et ce dernier précipité ne se forme ordinairement qu'à la longue (phénomène de propagation chimique). — L'acide tartrique concentré ne précipite la dissolution d'ammoniaque que lorsque celle-ci est très-concentrée. Quand la dissolution est étendue, il ne se forme pas de précipité. — L'acide hydro-fluosilicique donne, avec l'ammoniaque, un précipité abondant d'acide silicique. Si le précipitant est en excès, il ne se forme pas de précipité.

Les sels ammoniacaux sont presque tous entièrement volatilisables par la chaleur. Le phosphate et le borate donnent seuls un résidu vitreux d'acide borique ou d'acide phosphorique. Le fluorure d'ammonium se volatilise complétement quand on le chauffe dans un creuset de platine ; il se décompose, au contraire, dans les vases de terre, en les corrodant. Triturés avec de la chaux ou avec tout autre alcali, les sels ammoniacaux dégagent l'odeur caractéristique de l'ammoniaque. Si la quantité est très-petite, on en constate la présence par une tige de verre trempée dans de l'acide chlorhydrique concentré. Plusieurs sels ammoniacaux, et particulièrement l'acétate, le chlorhydrate et le carbonate, possèdent la propriété remarquable de dissoudre et de faire cristalliser d'autres sels très-peu solubles dans l'eau, comme les sulfates de baryte, de chaux, de plomb. Il faut pour cela opérer à la température de 60° à 70° (*Voy.* Wepfen, dans les *Archiv. der Pharm.*, tom. IX ; fasc. 3, mai 1839).

Une propriété remarquable de l'ammoniaque, c'est qu'à la dose de 5 à 6 gouttes dans un verre d'eau sucrée, elle peut dissiper en peu de temps les effets primitifs de l'ivresse.

L'odeur forte et l'action vive de l'ammoniaque raniment les personnes tombées en syncope. La vapeur ammoniacale sature rapidement l'acide carbonique accidentellement répandu dans l'air de certaines cavités, et peut prévenir les asphyxies des travailleurs.

On se sert de l'alcali volatil pour mettre en émulsion la matière nacrée, brillante, des écailles d'ablettes, et en enduire l'intérieur des globules de verre destinés à former des perles fausses.

Une grande partie de l'ammoniaque du commerce s'emploie, au lieu d'urine putréfiée, pour développer la couleur de l'orseille, ainsi que dans divers procédés de teinture.

C'est d'ailleurs l'un des réactifs les plus usités dans les laboratoires de chimie.

SELS A BASE D'AMMONIAQUE.

Les sels formés par l'ammoniaque doivent faire une section à part, car cette base, par sa composition particulière, produit avec les acides des combinaisons qui ne sont plus soumises aux mêmes lois que les sels ordinaires.

Tous les sels de cette espèce sont solides et susceptibles de cristalliser; ils sont incolores, à l'exception du chromate d'ammoniaque, qui est jaune. Leur odeur est nulle, à moins qu'ils ne soient avec un excès d'ammoniaque; leur saveur est piquante et salée; l'eau les dissout tous, mais en plus grande quantité à chaud qu'à froid.

Exposés à l'action du calorique, ils se comportent différemment. Ceux qui sont formés par un acide très-volatil se subliment, les autres se décomposent ou entièrement ou en partie; enfin, si l'acide est fixe, l'ammoniaque est seulement dégagée, et l'acide reste à l'état de liberté. Dans le cas où le sel est décomposable par la chaleur, il y a réaction entre les éléments de l'acide et de l'ammoniaque, et formation de nouveaux produits.

Les acides exercent sur les sels ammoniacaux la même action que sur les autres sels à base d'oxydes métalliques, mais il n'en est pas de même de quelques oxydes qui ont plus d'affinité avec les acides que n'en a l'ammoniaque; ils les décomposent en totalité ou en partie, même à la température ordinaire. Tels sont les oxydes de potassium, de sodium, de lithium, de calcium, de barium, de strontium, qui se substituent à l'ammoniaque. L'oxyde de magnésium ne les décompose qu'en partie; car à mesure qu'une certaine quantité de sel à base de magnésie s'est formée, elle se combine à la portion du sel ammoniacal non décomposée, pour produire un sel double. Quelques autres oxydes métalliques agissent de la même manière.

Le fluide électrique les décompose à l'instar des autres sels : c'est ce qu'il est facile de constater en faisant agir la pile sur une solution d'un sel ammoniacal. L'acide et la base sont transportés à chaque pôle; mais lorsque ces sels sont à l'état solide et humectés d'un peu d'eau, ils présentent un phénomène remarquable : l'eau et le sel sont décomposés; l'hydrogène et l'ammoniaque, attirés au pôle négatif, peuvent s'unir en présence du mercure et former un composé triple (hydrure ammoniacal de mercure), qui augmente de volume en conservant le brillant métallique et prenant une consistance butyreuse. On vérifie ce résultat en faisant une petite coupelle avec un sel ammoniacal, humectant l'intérieur de la cavité avec un peu d'eau, et en y plaçant une petite quantité de mercure. Si on met en rapport le mercure avec le fil négatif de la pile, et l'extérieur de la coupelle avec le fil positif de la même pile, on observera les décompositions

que nous avons rapportées. Le même effet sera réduit, mais plus promptement, si on met dans la coupelle de sel ammoniacal, légèrement humectée, un amalgame de mercure et de potassium. Ce dernier métal, décomposant l'eau, se transformera en protoxyde de potassium, qui, réagissant sur le sel ammoniacal, en dégagera l'ammoniaque. Il résultera, de ces deux actions successives, de l'hydrogène et de l'ammoniaque, qui, se rencontrant à l'état de gaz naissant, s'uniront à l'amalgame non décomposé, et produiront un composé quadruple analogue au précédent (hydrure ammoniacal de mercure et de potassium).

Ces observations curieuses sont dues à MM. Seebech et Davy, et ces nouveaux composés ont été examinés particulièrement par MM. Gay-Lussac, Thénard, Berzélius, etc. Ce dernier chimiste, considérant l'ammoniaque sous un autre point de vue que celui admis généralement, la regarde comme formée d'un radical métallique composé, qu'il nomme *ammonium*. Ce métal, séparé de l'ammoniaque par l'influence décomposante de la pile, se combinerait au mercure, et formerait avec lui un amalgame connu sous le nom d'*hydrure* ammoniacal de mercure.

Quoique jusqu'à présent l'ammonium n'ait pu être extrait de cet amalgame, et que son existence ne soit rien moins que problématique, M. Berzélius, pour expliquer les différents faits qu'on peut déduire de sa théorie, admet deux suppositions : 1° que l'*ammonium* est un composé d'hydrogène et du radical présumé de l'azote qu'il appelle *nitricum*, d'où il suit que l'azote, tel que nous le connaissons, serait un *oxyde de nitricum*, et l'ammoniaque un *oxyde d'ammonium* ; 2° que l'ammoniaque est un composé d'azote avec plus d'hydrogène qu'il n'y en a dans l'ammoniaque, et, dans ce cas, sa composition serait représentée par $Az\,H^4$, au lieu de $Az\,H^3$. La première hypothèse n'est établie sur aucune preuve péremptoire; la seconde se concilie mieux avec les expériences rapportées plus haut.

La composition des sels neutres ammoniacaux est remarquable par la simplicité du rapport en volume de l'acide au gaz ammoniac. Suivant M. Gay-Lussac, ils présenteraient presque tous cette propriété que le radical de l'acide serait à la base :: 1 : 2 en volume; enfin, pour les sels où l'acide ni le radical ne peuvent être obtenus à l'état de gaz, on reconnaît que leur composition est représentée, comme pour les sels à base d'oxydes métalliques, par un atome d'acide et un atome d'ammoniaque.

Caractères distinctifs. — Tous les sels ammoniacaux présentent cette propriété de dégager une odeur vive d'ammoniaque, lorsqu'on les triture, soit avec de la chaux vive, soit avec une solution concentrée de potasse ou de soude caustique; si on approche alors du mélange un tube de verre mouillé d'acide nitrique ou hydrochlorique, des vapeurs blanches de sel ammoniacal apparaissent.

Carbonate d'ammoniaque. — Ce carbonate

résulte de la combinaison d'un volume de gaz acide carbonique et deux volumes de gaz ammoniac; on le produit directement en mêlant les deux gaz secs.

Sesqui-carbonate d'ammoniaque. — Ce sel a été d'abord connu sous le nom de *sel volatil d'Angleterre*, parce que c'est dans ce pays qu'on l'a préparé en grand et qu'il en a été fait un objet de commerce; il a été désigné ensuite sous les noms d'*alcali volatil concret, sous-carbonate d'ammoniaque.*

Il n'existe point dans la nature, mais il se forme dans plusieurs circonstances. C'est un des produits de la fermentation putride des substances animales et de leur décomposition par le feu. Sa présence, reconnue dans le produit de l'action du feu sur la corne de cerf, a fait donner à celui qu'on obtenait ainsi par la distillation de cette matière animale, et qui est mêlé avec une certaine quantité d'huile empyreumatique, le nom de *sel volatil de corne de cerf.* Ce produit s'obtient de la distillation de toutes les matières animales azotées.

Propriétés. — Ce sel se présente en une masse blanche cristallisée, d'une odeur très-prononcée d'ammoniaque; sa saveur est piquante et caustique. Il est si volatil, qu'il se dissipe entièrement à l'air, même à la température ordinaire, en perdant une partie de son ammoniaque, et passant ensuite à l'état de bicarbonate.

Il est composé, abstraction faite de l'eau qu'il contient, de 1 volume ½ de gaz acide carbonique et 2 volumes de gaz ammoniac.

Usages. — Le sesqui-carbonate d'ammoniaque est employé en médecine. On s'en sert pour le faire respirer aux personnes qui tombent en syncope; alors on l'introduit dans de petits flacons de cristal bouchés à l'émeri. On l'administre à l'intérieur à petite dose, comme un excitant et un sudorifique très-énergiques; il sert de réactif dans les laboratoires, quelques arts en font usage; mêlé à la pâte de farine en petite quantité, il lui donne, en se volatilisant par la chaleur du four, la propriété de se gonfler, et rend ainsi le pain plus léger. Cette addition est surtout faite, en Angleterre, aux pâtes préparées avec des farines avariées, et qui produiraient un pain trop mat. Ce sel est quelquefois employé par les dégraisseurs pour faire disparaître, sur les tissus de soie, les traces produites par les acides végétaux.

Bicarbonate d'ammoniaque. — Ce sel est seulement employé dans les laboratoires.

Sulfate d'ammoniaque. — Ce sel ne se rencontre dans la nature qu'uni au sulfate d'alumine; on l'a trouvé, mais en petite quantité, parmi les laves de l'Etna et du Vésuve. Il a été nommé autrefois *sel ammoniac secret de Glauber*, parce que c'est ce chimiste qui le prépara le premier; il a reçu aussi, à une certaine époque, le nom de *vitriol ammoniacal.*

Usages. — Ce sel est employé dans les laboratoires pour obtenir l'ammoniaque et le carbonate d'ammoniaque. Dans les arts, il

sert à la préparation du sel ammoniac et de l'alun.

Phosphate d'ammoniaque. — On rencontre ce sel tout formé dans l'économie animale; il existe dans l'urine humaine, associé aux phosphates de soude et de magnésie; il forme avec ce dernier une variété qui constitue non-seulement quelques calculs vésicaux chez l'homme, mais encore il est la base de ces énormes concrétions intestinales qu'on trouve parfois dans les chevaux.

Usages. — Le phosphate neutre d'ammoniaque est employé pour obtenir l'acide phosphorique en le calcinant avec précaution dans un creuset de platine. Suivant une observation due à Gay-Lussac, un tissu imprégné d'une solution concentrée de phosphate d'ammoniaque, et séché ensuite, se charbonne au feu sans produire de flammes. Cet effet est dû à l'acide phosphorique, qui est mis à nu par la chaleur, et qui, recouvrant chaque filament du tissu, l'empêche de brûler à l'air. Cette propriété permet donc d'employer ce sel pour rendre les tissus moins combustibles, et trouvera sans doute des applications nombreuses.

Nitrate d'ammoniaque. — Ce sel, désigné autrefois par les anciens chimistes sous le nom de *nitre inflammable*, a été examiné par Berthollet, et ensuite par Davy.

Ce sel est employé dans les laboratoires pour obtenir le protoxyde d'azote. Il sert encore dans les recherches analytiques pour brûler les particules charbonneuses qui peuvent rester dans les cendres obtenues de la combustion des matières organiques.

Sels ammoniacaux formés par les hydracides. — Berzélius regarde ces sels comme des combinaisons d'ammonium avec les radicaux des hydracides, et désigne sous les noms de *chlorure, bromure et iodure d'ammonium* les hydrochlorate et hydrobromate d'ammoniaque.

Dans l'opinion de ce chimiste, l'hydrogène des acides s'unirait à l'ammoniaque pour constituer l'*ammonium*, et leur radical formerait avec ce métal un composé analogue aux chlorures et iodures métalliques.

Hydrochlorate d'ammoniaque. — Ce sel, anciennement connu, a été désigné sous le nom de *sel ammoniac*, et ensuite sous celui de *muriate d'ammoniaque.* Le premier nom lui a été donné, suivant Pline, parce qu'il se trouvait en grande quantité aux environs du temple de Jupiter Ammon, en Afrique.

On le rencontre, en général, aux environs des volcans, sous forme pulvérulente ou en masse irrégulière, au milieu des laves. Il existe aussi dans l'urine de l'homme et dans quelques animaux, mais en très-petite quantité, ainsi que dans d'autres liquides sécrétés. Pendant longtemps ce sel a été tiré de l'Egypte, où on l'extrayait de la combustion de la fiente des chameaux.

Le procédé par lequel on le retirait consistait à recueillir la suie provenant de cette combustion, à en remplir presque entièrement de grands ballons de verre qu'on laissait exposés à l'action du feu, sur un bain de sable, pendant plusieurs jours. Le sel ammoniac se sublimait à la partie supérieure des ballons, et y formait une couche hémisphérique demi-transparente, grise noirâtre à sa surface, qu'on livrait ainsi au commerce.

Aujourd'hui on l'obtient, en Europe, par un procédé dont la découverte est due à Baumé, et qui est mis en pratique depuis près d'un demi-siècle. Ce procédé consiste à décomposer par le feu des matières animales, telles que les os, les cornes, les sabots, etc., et à convertir le carbonate d'ammoniaque, formation d'hydrochlorate d'ammoniaque et de sulfate de soude qu'on sépare par évaporation et cristallisation. L'hydrochlorate d'ammoniaque, plus soluble que le sulfate de soude, reste dans l'eau-mère mêlé à une petite quantité de ce sel. On évapore la solution jusqu'à siccité, et, après avoir desséché le résidu, on le sublime dans des vases de terre cuite, en prenant la précaution d'éviter l'obstruction de l'ouverture qui déterminerait la rupture des vases. L'hydrochlorate d'ammoniaque, sublimé à la partie supérieure de ces vases, se présente alors en pains ronds, aplatis, demi-transparents, blancs ou légèrement colorés en gris. C'est à l'aide de ce procédé qu'on prépare, en France, la plus grande partie du sel ammoniac que les arts consomment. Depuis quelques années, on le fabrique dans quelques manufactures, en saturant par l'acide hydrochlorique les eaux ammoniacales qui proviennent de la distillation du charbon de terre, lors de la préparation du gaz propre à l'éclairage. Plusieurs manufactures ont été établies, d'après ce procédé, aux environs de Paris.

Ce sel est employé en médecine comme fondant, stimulant et sudorifique ; on le donne à l'intérieur, à la dose de 12 à 14 grains pour l'homme. Il entre dans la composition de quelques médicaments composés ; on l'administre aussi à l'extérieur en poudre, ou dissous dans l'eau. Dans les arts, il est usité pour l'étamage du cuivre et pour plusieurs opérations de teinture. On emploie pour la première opération le sel ammoniac gris et impur qu'on trouve dans le commerce, tandis que, pour la seconde, on préfère avec raison le sel ammoniac blanc, qui est exempt d'impuretés. Ce dernier est aussi recherché pour les différentes opérations pharmaceutiques.

Hydrosulfate sulfuré d'ammoniaque. — Ce composé liquide a été obtenu, pour la première fois, par Bayle, et désigné, à cause de cela, sous le nom de *liqueur fumante de Bayle.*

On prépare cet hydrosulfate sulfuré en mettant du soufre en contact avec une solution d'hydrosulfate d'ammoniaque ; il en résulte un liquide jaune orangé qui donne l'hydrosulfate sulfuré d'ammoniaque en solution dans l'eau.

La grande volatilité de ce composé, et la propriété dont jouit sa vapeur de noircir instantanément les sels de plomb et de bismuth, le fait employer par les diseurs de bonne aventure pour faire paraître sur un papier les lettres qui y ont été tracées d'avance avec une solution de l'un ou de l'autre de ces sels métalliques. Ils produisent cet effet en écrivant d'avance sur plusieurs papiers avec une solution de nitrate de bismuth ou d'acétate de plomb, et faisant choisir à la personne qui est le sujet de leur expérience un de ces papiers qu'ils enferment dans un bocal au fond duquel on a répandu quelques gouttes de cet hydrosulfate sulfuré. On conçoit alors que le contact de cette vapeur décompose les oxydes métalliques, et les transforme en sulfures qui ont une couleur noire.

AMMONIAQUE, son assimilation par les racines des plantes. *Voy.* NUTRITION DES PLANTES.

AMMONIUM. *Voy.* AMMONIAQUE.

AMORPHISME.—On désigne sous ce nom un état particulier des corps qui est opposé à la cristallisation. Lorsqu'on observe une substance en train de cristalliser, on remarque un mouvement incessant dans le liquide, comme si les molécules solides étaient de petits aimants. Elles se repoussent les unes les autres dans une direction, s'attirent, au contraire, dans une autre, et se déposent les unes à côté des autres ; enfin, elles s'arrangent de façon à présenter une forme régulière, forme qui est toujours la même pour la même substance, lorsque d'ailleurs toutes les conditions de l'expérience demeurent les mêmes. Mais les choses n'ont pas toujours lieu de cette manière, lorsqu'une substance passe de l'état liquide ou gazeux à l'état solide. Pour que la cristallisation s'opère, il faut non-seulement un certain laps de temps, mais encore que le mouvement des molécules ne soit pas troublé. Ainsi, quand nous forçons un corps liquide ou gazeux à se solidifier brusquement, et ne donnons pas à ses molécules le temps de se grouper entre elles et de s'agréger dans le sens où leur attraction (force de cohésion) est la plus forte, il ne se forme pas de cristaux, mais tout simplement des corps solides qui diffèrent des cristaux par la couleur, la dureté, le degré de cohésion et le pouvoir avec lequel ils réfractent la lumière ; en un mot, nous obtenons des corps amorphes. C'est ainsi que nous avons du cinabre rouge et du cinabre noir comme du charbon ; du soufre solide et dur, et du soufre mou, transparent et ductile ; du verre opaque, d'un blanc laiteux et d'une dureté telle qu'il fait feu avec l'acier, et du verre commun transparent, à cassure conchoïde. Ces différences d'état et de propriétés d'un seul et même corps proviennent de ce que, dans un cas, les atomes se sont groupés d'une façon régulière, tandis que, dans l'autre, ils se sont disposés d'une manière confuse.

Dans un cas, le corps est cristallisé ; dans l'autre, il est amorphe. Nous avons tout lieu de croire que l'argile schisteuse, ainsi que diverses espèces de waéke gris, ne sont pas autre chose que du feldspath amorphe, du micaschiste ou du granit, de même que le calcaire de transition est du marbre amorphe, le balsate et la lave un mélange de zéolithe et d'augite.

AMPÈRE, sa théorie cristallo-atomique. *Voy.* THÉORIE CRISTALLO-ATOMIQUE.

AMPHIDES (sels). *Voy.* OXYGÈNE.

AMPHIGÈNE (*leucite, zéolite,* etc.). — Existe plus particulièrement en Italie, à Albano, Frascati, dans les environs du Vésuve, dans des laves, des roches de trapp, etc. Couleur blanche, parois d'un blanc grisâtre ou jaunâtre et rarement rougeâtre, translucide, etc.

AMPHIGÈNES (corps). *Voy.* OXYGÈNE.

ANALYSE (d'ἀναλύω, *je résous, je délie*). — L'analyse est un mode d'opération qui consiste à décomposer en ses éléments un corps ou un assemblage de corps quelconque. L'objet de l'analyse peut appartenir, soit au règne animal, soit au règne végétal ou au règne minéral; la matière sur laquelle porte l'analyse peut être organique ou inorganique. L'opération analytique n'est point également facile dans l'un ou dans l'autre cas. En effet, la matière à analyser appartient-elle au règne minéral, en un mot, est-elle inorganique, l'analyse est, en général, facile pour celui qui a l'habitude des travaux de ce genre, et les résultats obtenus sont presque toujours sensiblement les mêmes. La matière à analyser appartient-elle, au contraire, au règne végétal ou au règne animal, l'analyse devient extraordinairement difficile; elle présente quelquefois des obstacles à celui-là même qui a la plus grande habitude de ces travaux, et les résultats obtenus ne sont pas constamment les mêmes. Ces difficultés tiennent principalement à l'instabilité ou à l'extrême mobilité des éléments. C'est ici le lieu de définir ce que c'est qu'un corps organisé et un corps organique, expressions qu'on a souvent confondues et que l'on confond encore l'une avec l'autre. Un corps organisé est celui dans lequel les différents organes destinés à l'entretien de la vie fonctionnent dans toute leur intégrité; en un mot, c'est un corps vivant; et tout corps organisé, dès que l'analyse cherche à l'attaquer, se détruit irrévocablement. Ainsi, le sang est un corps organisé tant qu'il coule dans les veines et dans les artères; mais, retiré de ces vaisseaux, il cesse instantanément d'être ce qu'il était; ses molécules prennent un autre arrangement, et semblent obéir à une autre force que celle de la vie. Cette tendance à la transformation ne s'arrête point; elle amène sans cesse d'autres phénomènes, elle va à l'infini; et ce corps, auparavant organisé, et dans lequel la vie est maintenant éteinte, est ce qu'on appelle corps organique. En résumé, les corps organisés sont en quelque sorte en dehors du domaine de l'analyse; ils appartiennent à une sphère où il ne nous est pas permis d'opérer avec nos réactifs et nos agents ordinaires. Quant aux corps organiques, ils sont, il est vrai, accessibles à nos moyens d'analyse; mais les résultats qu'on obtient sont souvent défec-

tueux, ce qui tient précisément à la grande mobilité des éléments de la matière organique. On a distingué l'analyse en *qualitative* et *quantitative.* L'analyse qualitative ne s'occupe que de constater simplement les différentes espèces de substances existant dans un composé donné. L'analyse quantitative a pour objet de constater la quantité ou le poids de chacune des substances indiquées par l'analyse qualitative. — Les principaux agents de l'analyse sont le calorique, l'électricité, et différents réactifs donnant naissance à des précipités insolubles ou du moins très-peu solubles, exactement connus et déterminés. Ainsi, par exemple, quand on veut doser l'acide sulfurique, on se sert d'une dissolution de baryte; le précipité qu'on obtient est du sulfate de baryte insoluble, qu'on ramasse sur le filtre; après l'avoir lavé et séché, on le pèse. Or, sachant que telle quantité de sulfate neutre de baryte contient tant de baryte et tant d'acide sulfurique, on a nécessairement la quantité d'acide sulfurique qu'on cherche. Pour doser l'acide chlorhydrique, on se sert du nitrate d'argent; pour les sels de chaux, on emploie l'oxalate d'ammoniaque; pour les sels d'alumine, le sulfate de potasse, etc. Et si la baryte et le sel d'argent servent à doser l'acide sulfurique et l'acide chlorhydrique, ces deux acides servent *réciproquement* à doser, l'un la baryte, l'autre l'argent.

L'analyse qui procède par le moyen du calorique s'appelle analyse par *voie sèche;* celle qui procède par le moyen des réactifs sur les substances en dissolution, s'appelle analyse par *voie humide.* La dernière donne, en général, des résultats plus nets et plus exacts que la première; car il y a des chances de perte surtout lorsque les substances ne sont ni complétement fixes, ni complétement volatiles, ce qui a presque toujours lieu. L'électricité est un des agents de décomposition les plus puissants; c'est au moyen de l'électricité qu'on est arrivé à décomposer les bases alcalines et terreuses, réputées simples pendant fort longtemps. Néanmoins on ne se sert guère de l'électricité dans les analyses ordinaires.

ANALYSE DES MINÉRAUX. — L'analyse chimique est l'ensemble des moyens propres à opérer la séparation des principes constituants des corps, et à en reconnaître la nature et les proportions. C'est en étudiant les phénomènes que les corps présentent en se combinant, qu'on est parvenu à en déterminer les principes constituants. Nous ne nous occuperons ici que de la partie de l'analyse qui s'applique aux minéraux; nous n'en exposerons même que les principales notions, parce qu'un pareil travail exigerait un ouvrage particulier; il nous suffit d'indiquer les moyens propres à faire une analyse; nous renvoyons, pour de plus amples détails, au traité de chimie de M. le baron Thénard.

On connaît diverses sortes d'analyses; nous allons énumérer les principales.

Analyse par l'électricité. — On parvient à

décomposer certains corps en les soumettant à l'action de la pile voltaïque ; on est même parvenu à obtenir cet effet sur quelques-uns dont on n'avait pu encore opérer la décomposition. C'est à ce moyen que nous devons la découverte de plusieurs métaux regardés auparavant comme des terres et des alcalis, ainsi que la connaissance du chlore, l'analyse la plus exacte de l'air et de l'eau, celle de plusieurs sels, etc.

Analyse par le calorique. — Cette analyse ne doit point être considérée comme on la pratiquait autrefois, mais comme on en fait usage maintenant pour séparer les corps qui se fondent à divers degrés de chaleur, ou qui s'évaporent à des températures différentes. Ainsi, à un degré de température peu élevé, on séparera par la fusion un alliage de plomb avec un métal moins fusible, comme on volatilisera le mercure d'un amalgame d'or ou d'argent, et l'on aura pour résidu l'un ou l'autre de ces métaux.

Les corps entrent en fusion à des températures plus ou moins élevées, et d'autres résistent à toutes les températures : ceux-ci sont appelés *apyres* ou *infusibles.* Lorsqu'on veut étudier l'influence de la chaleur sur un minéral, c'est surtout à l'aide du chalumeau que le minéralogiste entreprend ces essais. Dans le principe, on avait recours au chalumeau des orfévres ; depuis, cet instrument a été perfectionné par un grand nombre de savants ; et, pour obtenir des températures plus élevées, on a imaginé d'en construire qui fussent propres à être alimentés par le gaz oxygène ou par les gaz hydrogène et oxygène. Ces chalumeaux se trouvent décrits avec leurs gravures dans la physique amusante de M. Julia de Fontenelle. De tous les chimistes qui se sont livrés à l'analyse des minéraux au moyen du chalumeau, Berzélius est celui qui en a fait l'emploi le plus étendu et qui a le mieux démontré les nombreux avantages qu'on pourrait en recueillir. M. le Baillif a inventé, de son côté, des coupelles très-blanches, de quatre lignes de diamètre et d'un tiers de ligne au plus d'épaisseur ; le cent ne pèse que 108 grains ; elles sont composées d'un mélange à parties égales de terre à porcelaine et de la plus belle terre à pipe ; tout métal est sévèrement exclu de leur fabrication ; l'ivoire seul y est employé. Si l'on essaye un oxyde ou un métal, 5 milligrammes ou la neuf centième partie d'un grain sont toujours plus que suffisants pour faire un essai complet. M. le Baillif a également inventé un chalumeau qui offre de grands avantages sur les autres.

Lorsqu'on a placé le minéral dans une de ces coupelles, et qu'on l'a exposé à l'action du chalumeau, on examine le changement qu'il a subi, les caractères de l'émail, s'il y a eu fusion ; car ils sont utiles à l'égard des roches et autres agrégés dont on ne peut reconnaître les caractères géométriques. Il est souvent nécessaire d'employer un fondant pour analyser le minéral ; ce fondant est le borax, préliminairement fondu et pilé pour empêcher son boursouflement ; dans un grand nombre d'essais il devient indispensable.

Le chalumeau produit souvent deux sortes de flammes : l'une, qui est bleuâtre, et qu'on attribue au gaz hydrogène, annonce l'oxydation de tous les métaux ; et l'autre, qui est blanche, accompagne leur réduction.

Analyse par l'eau. — Cette analyse peut être purement mécanique ou chimique ; ainsi, dans les lavages des *minerais aurifères*, etc., l'eau ne fait qu'entraîner les substances étrangères plus légères que le métal, qui en est débarrassé en grande partie, tandis qu'elle dissout divers oxydes, tels que la barite, la chaux, la potasse, la soude, etc., et qu'elle sépare les sels solubles de leur mélange avec ceux qui ne le sont pas ; elle sert aussi de moyen pour reconnaître ou établir leurs formes cristallines. Comme il est divers sels qui ont des propriétés physiques analogues, leur degré de solubilité peut être un de leurs caractères distinctifs, etc.

Analyse par les réactifs. — Cette analyse exige une connaissance entière de tous les moyens que nous offre la chimie. C'est en faisant réagir une série de corps les uns sur les autres, et en étudiant soigneusement les nouveaux phénomènes qu'ils présentent, qu'on parvient à en reconnaître la nature, ainsi que les proportions de leurs principes constituants, s'ils ne sont pas simples. Cette analyse est la base fondamentale de la chimie.

Analyse des pierres. — Les pierres, ainsi que les terres qui en sont des débris, sont composées quelquefois d'un, mais généralement de plusieurs oxydes ; il arrive aussi qu'elles sont unies à des substances combustibles, à des oxydes et à des sels.

En général, les pierres sont composées d'alumine, de chaux, de magnésie, de silice et des oxydes de fer et de manganèse en combinaison binaire, ternaire, quaternaire, etc. Il en est quelques-unes, mais c'est le très-petit nombre, qui comptent parmi leurs principes constituants, la potasse, la soude, la glucine, le zircone, l'yttria, l'oxyde de chrome, et même la barite, la lithine, l'oxyde de nickel, l'oxyde de chrome et de titane ; enfin, des acides fluorique, borique, phosphorique et carbonique.

Les terres peuvent être attaquées par les acides, tandis que presque toutes les pierres ont assez de cohésion ou de dureté pour résister à leur action. Cette cause tient le plus souvent à la grande quantité de silice que renferment toujours ces dernières, laquelle forme, avec les autres oxydes, de véritables silicates. Les substances qui, par leur agrégation et leur cohésion, résisteront donc à l'action des acides, devront être traitées par la potasse caustique, ou par le nitrate de plomb, si l'on y soupçonne quelque alcali. De tous les oxydes, ceux qui entrent le plus souvent et en plus grande quantité dans la composition des pierres, sont la silice et l'alumine ; la chaux vient après. La silice y est en combinaison saline, et forme des silicates simples ou multiples. On croit que l'alumine jouit de la même propriété.

Quand on voudra procéder à l'analyse d'une pierre ou d'une terre, on commencera d'abord par réduire la pierre en poudre impalpable : à cet effet, on la broiera dans un mortier d'agate ou de silex, par parties d'un demi-gramme au plus, jusqu'à ce que la poussière placée entre l'ongle et le doigt ne paraisse plus rugueuse ; ensuite on en pèsera 5 grammes, que l'on mettra, avec 15 grammes d'hydrate de potasse, dans un creuset de platine ou d'argent ; celui-ci, surmonté de son couvercle, sera exposé peu à peu à la chaleur rouge, retiré du feu dès que la matière sera fondue, ou au moins devenue pâteuse, et abandonné à lui-même, pour qu'il se refroidisse. Alors on y versera, à plusieurs reprises, de l'eau, que l'on fera chauffer et que l'on décantera chaque fois dans une capsule ; par ce moyen, toute la matière se séparera du creuset et deviendra capable de se dissoudre dans l'acide hydrochlorique, que l'on n'ajoutera que par portion, et en ayant soin que l'effervescence produite ne projette point de la liqueur hors du vase. On chauffera alors, et si la dissolution n'est pas complète, malgré l'excès de l'acide, c'est un signe que la pierre n'a pas été complétement attaquée ; on laissera alors déposer ; on décantera ensuite, à l'aide d'une pipette, et l'on traitera ce résidu de nouveau, pour être ajouté à la première portion. Lorsque la dissolution hydrochlorique sera complète, il faudra l'évaporer jusqu'à siccité, en ayant soin de ménager le feu sur la fin, afin de ne pas décomposer l'hydrochlorate de fer. Lorsque la poudre ne sentira plus l'acide hydrochlorique, ce qui est nécessaire pour précipiter toute la silice, on la délayera dans 20 à 30 fois son volume d'eau ; on fera bouillir la liqueur, à laquelle on ajoutera quelques gouttes d'acide hydrochlorique, et on la filtrera ensuite. Si la liqueur ne passait pas, ce serait un signe qu'il y reste de la silice en dissolution ; il faudrait alors évaporer de nouveau.

Sur le filtre restera la silice ; dans la dissolution seront l'alumine, la magnésie, la chaux, l'oxyde de fer, de manganèse, et supposons même, quoique ces substances ne se rencontrent jamais ensemble, de la glucine, de la zircone et des oxydes de chrome et de nickel. Au moyen de l'ammoniaque caustique, on précipitera les oxydes de fer, de manganèse, plus la zircone, la glucine et une partie de la magnésie : nous les nommerons *précipité* B. Dans la liqueur se trouverait alors la chaux, la magnésie, le nickel resté en dissolution par un excès d'alcali, et le chrome à l'état de chromate de potasse. En évaporant la liqueur jusqu'à ce que l'excès d'ammoniaque soit dégagé, on précipitera l'oxyde de nickel seulement. En faisant ensuite passer un courant de gaz sulfureux, on désoxydera l'acide chromique, et on pourra le précipiter par l'ammoniaque. Il faut alors passer la liqueur, ou la précipiter de nouveau par l'oxalate d'ammoniaque. La chaux seule sera précipitée à l'état d'oxalate, et la ma-

gnésie restera en dissolution. On la séparera en évaporant à siccité, calcinant, reprenant par l'acide hydrochlorique, et précipitant par le sous-carbonate de soude. Le carbonate de magnésie se séparera. Le précipité B, après avoir été bien lavé à l'eau bouillante, sera traité par une solution de potasse caustique, qui dissoudra la glucine et l'alumine seulement. On séparera ces deux oxydes l'un de l'autre ; car, en saturant la liqueur par un acide, et précipitant de nouveau par un excès de carbonate d'ammoniaque, la glucine se redissoudra, tandis que l'alumine restera intacte. Le résidu insoluble dans la potasse sera donc formé d'oxydes de fer, de manganèse, de zircone et de magnésie. En calcinant ce précipité, on rendra la zircone incapable de se redissoudre dans les acides, tandis que les autres oxydes conserveront cette propriété nouvelle. La dissolution des trois oxydes restant étendue de beaucoup d'eau, et précipitée par l'ammoniaque, séparera la magnésie qui restera en dissolution à l'état de sel double. On séparera enfin le fer du manganèse, en les redissolvant dans l'acide hydrochlorique, saturant exactement la liqueur par l'ammoniaque, et précipitant par le bi-arséniate de potasse ; l'arséniate de fer seul sera précipité, tandis que celui de manganèse restera en dissolution ; on filtrera la liqueur, on lavera le précipité à l'eau bouillante, et on le fera sécher pour en connaître le poids. Quant à la dissolution qui retiendra l'arséniate de manganèse, on y mettra une dissolution de potasse caustique, qui le décomposera, et on séparera l'oxyde de manganèse.

ANDALOUSITE (*feldspath apyre ; spath adamantin ; macle*, etc.). — Trouvée pour la première fois dans l'Andalousie, en Espagne, et depuis dans du schiste micacé à Douce-Montain, comté de Wicklow, à Dartmoor, dans l'île de Unst, etc. Il est en masse ou cristallisé en prismes rectangulaires à quatre pans, s'approchant du rhomboïde ; la structure des prismes est lamelleuse, et les jointures sont parallèles aux faces ; couleur rouge de chair ou rouge rosé, translucide, cassante ; elle raye le quartz, et est infusible au chalumeau. Poids spécifique, 3,165.

ANIMAUX, *composition atomique*. — Nous nous bornerons à donner une idée générale de la structure des muscles et des nerfs, et à faire connaître la composition physique du sang et de quelques sécrétions qui renferment des globules considérés comme molécules organiques.

Des muscles. — Pour étudier la structure des muscles et des nerfs, on est arrêté par cette considération, que tous les anatomistes qui ont traité la question ne sont pas d'accord entre eux. Nous nous en tiendrons aux faits généralement adoptés, et nous exposerons les opinions des divers anatomistes.

Borelli a considéré les muscles comme des faisceaux sur lesquels on voit des fibres transversales. En général, tous les anatomistes ont vu ces lignes transversales qui sont très-serrées les unes contre les autres ; mais ils ont différé d'opinion sur la manière dont on devait décrire ces stries, ainsi que leur forme élémentaire. Suivant Leuwenhoek, les muscles sont composés de fibres sur lesquelles on remarque des stries circulaires, et dont la largeur est le quart d'un cheveu ; il en faut, dit-il, deux cents pour former un muscle. Chacune de ces fibres est elle-même composée de cent à deux cents fibres élémentaires, et entourée d'une membrane. Tréviranus a avancé que les muscles sont composés de cylindres entourés de stries transversales parallèles, chaque cylindre ayant ses stries qui disparaissent en comprimant les fibres. Bauer et Home considèrent les fibres élémentaires comme composées de globules ayant la grandeur des globules du sang. Suivant d'autres observateurs, tels que Vagnier, le muscle paraît composé, sous le microscope, de faisceaux musculaires séparés, prismatiques, qui font voir, à la surface des lignes transversales, qu'il existe de véritables rides dont l'intervalle est toujours marqué par la ligne noire ; ces rides, toujours parallèles, n'entourent pas quelquefois tout le faisceau, puisqu'elles s'en trouvent déviées. Elles appartiennent à chaque faisceau, ne sont que superficielles, n'appartiennent pas à des cloisons, et disparaissent à une forte pression. Vagnier considère chaque faisceau comme composé de fibres primitives très-minces, presque parallèles et de même grandeur, dans tous les animaux vertébrés, les insectes, etc. Suivant cet anatomiste, il existe une grande uniformité dans la structure des muscles de l'homme, des mammifères, des oiseaux, des poissons, des insectes et des crustacés, conséquence à laquelle ont été conduits également d'autres anatomistes.

MM. Prévost et Dumas divisent la fibre musculaire en trois ordres, savoir : en fibres tertiaires, qui sont les filaments musculaires que l'on obtient en fendant le muscle dans le sens de sa longueur ; en fibres secondaires, qui proviennent de la division des précédentes, et en fibres primitives, qui proviennent de la division de celles-là. M. Milne-Edwards, qui s'est occupé d'une manière spéciale de la fibre élémentaire, a reconnu qu'elle était identique dans tous les animaux, à tous les âges, et formée d'une série de globules d'un même diamètre ; les fibres secondaires seraient donc formées de la réunion d'un faisceau de semblables chapelets. Suivant ces trois observateurs, quand on soumet à un microscope d'un grossissement ordinaire les fibres secondaires, on les voit comme des lignes barrées en travers par un nombre considérable de petites lignes sinueuses, placées à la distance régulière de $\frac{1}{500}$ de millimètre. Cet aspect, qui paraît dû à la gaîne membraneuse dont elles sont revêtues, ne se retrouve pas dans la fibre secondaire qui a été fendue ou déchirée, et varie avec la direction de la lumière ; on doit donc le considérer, suivant eux, comme un effet d'optique. Du reste, elle est composée d'un très-grand nombre de petits filets

élémentaires placés parallèlement, ou à peu près, à côté les uns des autres. En examinant également au microscope un muscle en repos et suffisamment fin pour qu'on puisse le voir par transparence, on voit qu'il est formé de la réunion d'un certain nombre de fibres sensiblement parallèles, très-flexibles, et disposées de manière à pouvoir changer facilement de position : tout cet échafaudage est maintenu par un tissu cellulaire, et sillonné en différents sens par des vaisseaux et des nerfs qui le parcourent, sans avoir avec lui de liaisons faciles à observer.

Nous passerons sous silence les travaux des autres anatomistes, pour indiquer les recherches microscopiques récentes, pleines d'intérêt, de M. Bouman, qui a étudié avec soin les muscles de divers animaux, et dont M. Becquerel a constaté l'exactitude.

1° Les faisceaux primitifs des muscles élémentaires consistent en masses allongées, polygonales, composées elles-mêmes de particules élémentaires ou éléments charnus, arrangées et unies ensemble aux deux bouts et sur les côtés, de manière à constituer, dans ces deux directions respectives, des fibrilles et des disques qui peuvent en être séparés ; les stries noires longitudinales sont des ombres entre les fibres, et les stries noires transversales sont des ombres entre les disques.

2° Chaque faisceau primitif est entouré d'une gaîne membraneuse très-délicate, transparente et probablement élastique, comme on peut le voir en examinant au microscope un fragment de muscle de raie, qu'on a tiraillé de manière à rompre les fibrilles. A cet effet, en enlève avec une pince et un scalpel un lambeau de fibre, et avec deux aiguilles on en détache les faisceaux primitifs, que l'on puisse apercevoir au microscope. Un de ces faisceaux est placé sur une lame de verre avec un peu d'eau, et on le recouvre d'une lame de mica. Dans les préparations, il faut mouiller le muscle.

3° Chaque faisceau primitif contient des corpuscules qui sont les noyaux des cellules primitives de développement. Pendant l'accroissement, ces corpuscules deviennent plus nombreux.

4° Les extrémités des faisceaux primitifs, dans certains cas au moins, sont continues directement avec la structure tendineuse ou fibreuse ; elles ne sont pas coniques, mais tronquées obliquement ou transversalement. Cette manière de voir est en opposition avec l'opinion que le tendon entoure chaque faisceau et est continu d'un bout à l'autre, en constituant la gaîne cellulaire.

Pour voir les stries transversales, il faut opérer sur la fibre musculaire du bœuf, que l'on divise avec une aiguille ; pour obtenir une section transversale, il faut prendre le muscle pectoral d'un oiseau, le faire dessécher, et en couper une tranche que l'on étale sur une lame de verre. Ces observations sont de nature à fixer l'opinion des anatomistes sur la structure des muscles.

Des nerfs. — Nous allons agir à l'égard des

nerfs comme pour les muscles, c'est-à-dire exposer succinctement les opinions des physiologistes sur leur structure, afin de ne prendre que ce qu'il y a de commun, seul point qu'on puisse regarder comme ce qu'il y a de plus certain. Les opinions sont partagées à l'égard du cerveau, origine des nerfs, dont la structure est en général globuleuse ou tubuleuse, ainsi que sur la forme, la grandeur et le rapport des globules.

Haller admettait dans les nerfs une structure tubuleuse. Borelli considérait le nerf comme composé d'un faisceau de plusieurs filets fibreux, ayant une enveloppe commune, considérant ces filets fibreux comme creux et remplis d'une matière molle.

Malpighi pensait que la structure du cerveau était glanduleuse. Leuwenhoek varia dans ses opinions; dans les dernières années de sa vie, il annonça que les nerfs étaient composés de tuyaux parallèles, longitudinaux, creux, et dont le diamètre était trois fois aussi large que leur cavité interne.

Della Torre a considéré les nerfs comme composés de filaments droits, mais non transparents, d'une délicatesse extrême, sans aucun canal au milieu; mais parmi eux se trouvent un grand nombre de petits globules presque ronds et transparents.

Prochaska admit que ces globules étaient huit fois plus petits que les globules du sang, qu'ils n'étaient pas du tout réguliers, ni en rapport avec les différentes parties du système nerveux.

Fontana à considéré la substance médullaire du cerveau comme composée de cylindres ou canaux transparents irréguliers, se repliant ensemble en manière d'intestins, substance qu'il a nommée *intestinale*. A côté d'elle se voient des corpuscules nageant dans l'eau. Suivant lui, le cylindre nerveux primitif, c'est-à-dire le nerf dépouillé avec une aiguille de la surface raboteuse qui l'enveloppe, est un cylindre transparent.

Tréviranus a dit que les nerfs des animaux des quatre classes étaient composés de tuyaux parallèles, membraneux, remplis d'une substance tenace, et s'offrant à l'état de petits globules à l'intérieur.

MM. Prévost et Dumas, ainsi que M. Milne-Edwards, trouvent, dans ce que Fontana appelait fibres primitives, quatre autres fibres composées de globules de $\frac{1}{300}$ de millimètre, dont deux au bord du tuyau et deux à l'intérieur. Les quatre fibres internes seraient donc les véritables fibres élémentaires.

M. Raspail, ayant fait dessécher spontanément sur une lame de verre de gros nerfs, enleva, à l'aide d'un rasoir, des tranches qui dépassaient à peine $\frac{1}{10}$ de millimètre, et qui, vues au microscope, se présentent sous une forme parfaitement homogène, et sans la moindre solution de continuité. Il y a donc deux opinions bien distinctes. Les uns admettent une structure globuleuse, tandis que d'autres, et c'est l'opinion généralement admise, considèrent les nerfs comme formés de tubes plus ou moins irréguliers.

M. Ehrenberg a cherché à prouver que

l'état globuleux ne saurait exister. En examinant au microscope la matière blanche du cerveau, de la moelle, des nerfs, de l'ouïe, de la vue et de l'odorat, il a reconnu qu'ils étaient composés de tubes transparents, présentant, à des intervalles marqués, des dilatations sphéroïdes et globuleuses, ce qui leur donne la forme d'un chapelet. Ces tubes sont parallèles et ne perdent cette position que par la manœuvre de l'observateur; ils présentent une cavité intérieure remplie d'une matière particulière, sans aucune trace de globules, et à laquelle Ehrenberg a donné le nom de fluide nerveux; leur diamètre varie entre $\frac{1}{95}$ et $\frac{1}{3000}$ de ligne. En les déchirant, on ne voit jamais sortir de liqueur. Plus on se rapproche de la périphérie du cerveau, plus les tubes diminuent de diamètre, de manière que, dans la matière grisâtre, ces tubes ne forment plus qu'une masse granuleuse, formée de grains extrêmement fins, qui sont unis au moyen de fils très-minces. Parmi ces fibres, ainsi qu'à la surface de la rétine, se trouvent des grains plus forts, qui paraissent formés de petites granulations, et servent peut-être à la nourriture des nerfs; qui, par leurs bouts béants, pourraient les absorber.

Telle est, suivant Ehrenberg, la constitution des nerfs du sentiment. Voyons comment il envisage la structure des nerfs du mouvement.

Ces nerfs sont pourvus de tubes droits et uniformes bien différents, sans dilatation, plus gros que les tubes articulés dont ils sont la continuation. Ils contiennent dans leur intérieur une matière peu transparente, blanche, visqueuse, qu'on peut retirer des tubes sous forme de grumeaux, et qu'il appelle matière médullaire. Leur diamètre varie entre $\frac{1}{18}$ et $\frac{1}{1000}$ de ligne.

Krause n'admet pas tous ces résultats; il regarde le cerveau comme formé de fibrilles solides, composées d'une masse soluble dans l'eau, et de globules blancs sphériques de $\frac{1}{800}$ de ligne de diamètre.

Valentin considère le système nerveux comme composé de deux masses primitives, de fibres primitives isolées et de petits corps isolés en forme de massue, qui forment la couche. Ces deux formes se trouvent également dans le système nerveux central et périphérique; il n'y a pas de transition entre elles. Quand les fibres primitives se trouvent parallèlement les unes aux autres, elles constituent la formation des nerfs. Ces tubes, ainsi que les petits corps isolés, sont entourés de graines variant d'épaisseur dans les différentes parties du système nerveux, et composés du tissu cellulaire.

Les petits corps varient de forme, qui tantôt est plus ou moins ronde ou allongée. La substance des fibres primitives est partout transparente; les gaînes des nerfs et des globules sont beaucoup plus épaisses dans les parties périphériques que dans le centre; elles deviennent extrêmement minces sitôt que les nerfs entrent dans le cer-

veau; c'est alors qu'elles deviennent vari-
ceuses par la simple pression.

Burdach a fait des observations intéressantes sur l'influence de la température et
de différents réactifs chimiques sur les nerfs.
Il paraît que les fibres primitives du cerveau
et de la moelle épinière éprouvent une altération, même une destruction complète, plus
rapidement que les fibres primitives des
nerfs périphériques. Dès lors il faut observer au microscope, autant que possible, sans
soumettre les nerfs à l'action de la chaleur
ou des réactifs.

En résumant tout ce qui a été dit concernant la structure des nerfs, on voit que la
structure globuleuse, admise d'abord comme
structure élémentaire du système, a été
abandonnée bientôt par les auteurs, tandis
que la structure tuberculeuse, repoussée par
les anatomistes, qui croyaient voir dans les
globules des parties élémentaires des nerfs
et des muscles, paraît être admise aujour-
d'hui par la plupart des anatomistes, qui sont
néanmoins encore en désaccord sur leur
contenu solide ou liquide.

Nous revenons sur l'opinion de MM. Prévost et Dumas à l'égard de la constitution
des nerfs. Si l'on divise, suivant eux, un
nerf dans le sens de la longueur, et qu'on
étale sous l'eau la matière pulpeuse, renfermée sous le névrilème, on voit un assemblage nombreux de petits filaments parallèles, égaux en grosseur, et qui semblent continus dans toute la longueur du nerf. Ces
filaments plats paraissent composés de quatre fibres élémentaires disposées à peu près
sur le même plan, et formées de globules
qu'on n'adopte plus aujourd'hui.

Il nous importe, pour la théorie des contractions, de suivre le nerf à son entrée
dans le muscle, puisque celui-ci se contracte
par l'excitation du nerf. On voit le nerf se
ramifier d'une manière peu régulière en apparence, si ce n'est une tendance marquée
dans les rameaux à se diriger perpendiculairement aux fibres musculaires. On peut
faire cette observation sur le muscle sterno-
pubien de la grenouille. Il suffit d'observer
avec des lentilles d'un grossissement de
deux ou trois cents diamètres. On voit deux
troncs nerveux, parallèles aux fibres du
muscle, qui cheminent à distance l'une de
l'autre, et se transmettent mutuellement de
petits fils nerveux. D'autres fois, le tronc
est perpendiculaire aux fibres du muscle;
on voit les derniers ramuscules nerveux
épanouis et établis dans les troncs, puis se
répandant au travers des fibres musculaires
et perpendiculairement à leur direction, se
contournant sur eux-mêmes en forme d'anse,
pour venir dans le tronc qui les a fournis.
Les nerfs n'auraient donc point de terminaison, et se comporteraient comme les vaisseaux sanguins.

M. Breschet, qui a étudié la structure des
nerfs, a remarqué que les filets provenant des
troncs nerveux, disséminés dans le tissu
musculaire sous-cutané, se subdivisent à
l'infini en approchant du derme, et on ne

pourrait les distinguer si l'on ne voyait le
point où ils entrent et celui où ils aboutissent. La direction des papilles dans l'épiderme est oblique et légèrement inclinée;
outre leur névrilème, elles ont encore une
gaîne propre, qui les couvre en forme de
capuchon, laquelle est formée aux dépens de
la matière cornée. Le corps des tiges nerveuses s'effile et s'arrondit par un sommet
renflé comme une baguette de tambour.

Le corps du nerf, sous le névrilème, est
formé de stries légères ondulées, qui, partent de la base, deviennent moins marquées
et souvent vaporeuses à mesure qu'elles
serpentent vers le renflement terminal, où
elles paraissent se réunir en demi-cercle
concentrique. La surface en est lisse et unie,
et aucune partie ne s'en détache pour communiquer avec les tissus voisins. Cette manière de voir a de l'analogie avec celle de
MM. Prévost et Dumas; néanmoins elle
n'est pas adoptée par plusieurs anatomistes.

Pour étudier les causes qui interviennent
dans la production de la chaleur animale chez
l'homme et les autres mammifères, il faut
avoir une idée des principaux organes où
elle a lieu. Commençons par le cœur. Le
cœur est placé entre les poumons, dans une
cavité de la poitrine appelée thorax. Il est
enveloppé par une espèce de double sac
membraneux, le péricarde; sa forme générale est celle d'un cône renversé; sa substance est presque entièrement charnue. Il est
composé de quatre cavités, deux à droite,
deux à gauche; de chaque côté il y a une
oreillette et un ventricule; ce sont, pour
ainsi dire, deux cœurs qui jouent ensemble.
Suivons le sang dans son cours : le ventricule gauche, qui renferme le sang artériel,
lance ce dernier, en se contractant, dans le
système artériel; il pénètre jusqu'aux radicules artérielles les plus ténues, qui constituent, avec les radicules veineuses, le système
capillaire. Le sang passe ensuite des premières dans les secondes. Les deux systèmes
capillaires sont-ils continus ou s'abouchent-
ils ensemble, ou bien le sang, pour passer
de l'un dans l'autre, traverse-t-il la trame
même du tissu? C'est ce qu'on ne peut décider d'une manière complétement satisfaisante. Au surplus, c'est dans ce passage,
quel que soit le mode dont il s'effectue, que
se fait la nutrition interstitielle, que s'opèrent les décompositions et recompositions
qui ont lieu dans chaque point de l'organisme tant que dure la vie; c'est dans ce
passage enfin qu'a lieu la transformation du
sang artériel en sang veineux. Le sang, après
cette transformation, arrive dans le système
capillaire veineux; là il chemine en raison
de forces dont je n'ai pas à m'occuper ici;
après avoir parcouru le système veineux, il
arrive dans l'oreillette droite du cœur, mais
il ne fait qu'y passer, car celle-ci se contracte
afin de pousser le sang dans le ventricule
droit, qui, à son tour, l'envoie dans un vaisseau qui se nomme *artère pulmonaire*, quoiqu'elle renferme du sang veineux. Elle se divise en deux branches, une pour chaque

poumon. Le sang passe ainsi dans les radicules de l'artère pulmonaire ; ces radicules se ramifient sur les parois des vésicules pulmonaires, et là se continuent immédiatement avec les radicules des veines pulmonaires. Ces vésicules pulmonaires sont des espèces de cellules irrégulièrement cloisonnées, et dans lesquelles l'air arrive par les ramifications des bronches. C'est donc immédiatement à travers les membranes excessivement minces qui constituent les parois des radicules du système capillaire des poumons que le sang veineux, chargé de gaz acide carbonique, et qui arrive par l'artère pulmonaire, reçoit par absorption de l'air la part de l'oxygène et une certaine quantité d'azote, qui, en se dissolvant dans le sang, en chassent une partie des gaz qui s'y trouvaient. Cette opération terminée, le sang artériel passe dans les radicules des veines pulmonaires ainsi désignées, bien qu'il s'agisse du sang artériel. Les veines pulmonaires conduisent le sang artériel dans l'oreillette gauche, qui ne sert pour ainsi dire que de passage ; car, en se contractant bientôt, elle envoie ce sang dans le ventricule gauche, pour voyager ensuite comme nous venons de le dire. En exposant les diverses causes qui concourent à la production de la chaleur animale, nous parlerons nécessairement des effets produits dans le mouvement circulatoire du cœur.

Des globules constitutifs des tissus organiques et des globules du sang et de diverses sécrétions. — On a pu voir, d'après les détails dans lesquels nous sommes entré relativement à la structure des muscles et des nerfs, que ces organes, du moins les muscles, paraissent avoir pour molécules constitutives des globules, et qu'il est probable que c'est à cette cause que l'on doit attribuer les formes arrondies que les corps organisés affectent ordinairement ; iis ne prennent, en effet, de formes polyédriques que dans des cas particuliers, et lorsque l'animal vivant n'est pas sain. La réunion des molécules organiques donne naissance à des formes compatibles avec les fonctions que doivent remplir les organes ou tissus qui en résultent. C'est ainsi que les tuniques des artères et des veines se roulent en tubes ; la fibrine, qui est la partie constituante des muscles, s'allonge en fibres rapprochées les unes des autres ; le tissu cellulaire s'épanouit en feuilles minces, membraneuses, etc. Tous ces corps, nous le répétons, vus au microscope, paraissent constituer une trame de petits corpuscules sphériques que l'on considère comme les molécules organiques constitutives.

Passons en revue les globules organiques dans le système musculaire, le système nerveux, le système vasculaire et les liquides transportés dans les organes, enfin dans diverses sécrétions. Nous avons déjà parlé des globules de la fibre élémentaire dans les muscles, ainsi nous n'y reviendrons pas. Quant aux nerfs, on sait seulement qu'en soumettant au microscope d'un fort grossissement la matière cérébrale, elle paraît composée de globules de graisse et de globules d'albumine. On n'a reconnu aucune différence bien prononcée entre la composition du sang artériel et celle du sang veineux. Une goutte de sang, vue au microscope, paraît remplie de particules plates, minces et translucides, nageant dans une liqueur jaune. Quand on soumet à l'expérience la membrane natatoire de la patte d'une grenouille ou la membrane de l'aile d'une chauve-souris, on reconnaît que le sang marche dans les vaisseaux les plus déliés, et que les globules qui s'y trouvent se tournent tantôt d'un côté, tantôt de l'autre, ce qui ne permet pas d'admettre qu'ils soient sphériques. On croyait jadis que ces globules étaient formés par la matière colorante du sang ; mais M. Young a prouvé qu'on pouvait les séparer de cette matière, et qu'ils continuaient alors à nager dans l'eau pure ou dans le sérum. La composition organique de ces globules a occupé divers physiciens. Home avait annoncé qu'ils étaient composés d'une molécule de fibrine incolore, entourée d'une pellicule de matière colorante rouge, qui cessait d'envelopper la fibrine quelque temps après que le sang était tiré. MM. Prévost et Dumas confirmèrent cette observation, et montrèrent, en outre, que les globules sont circulaires chez les mammifères, elliptiques chez les oiseaux et les animaux à sang froid, et que, dans une même espèce animale, les globules avaient la même grosseur, tandis qu'ils variaient avec les espèces : à l'égard de la différence qui existe entre le sang artériel et le sang veineux, le premier contient 1 pour cent de son poids de globules de plus que le sang veineux ; que le sang des oiseaux est le plus riche en globules ; que parmi les mammifères, les carnivores en ont plus que les herbivores, et qu'enfin les animaux à sang froid sont ceux qui en ont le moins.

Nous donnons ici, d'après M. Mandl, le diamètre des globules du sang d'un certain nombre d'animaux.

Diamètre exprimé en fractions de millimètre.

Homme.	$\frac{1}{125}$
Chien.	$\frac{1}{250}$
Kanguroo.	$\frac{1}{132}$
Eléphant d'Afrique.	$\frac{1}{100}$
Tapir.	$\frac{1}{160}$
Cerf de l'Inde.	$\frac{1}{150}$
Girafe.	$\frac{1}{160}$
Bouc de l'Inde.	$\frac{1}{300}$
Mouton d'Astrakan.	$\frac{1}{275}$
Mouton d'Ecosse.	$\frac{1}{250}$
Mouton de Norwége.	$\frac{1}{300}$
Dromadaire.	$\frac{1}{125}$
Alpaca.	$\frac{1}{128}$
Perroquet.	$\frac{1}{90}$
Paon.	$\frac{1}{87}$
Tourterelle.	$\frac{1}{80}$
Murœna anguilla.	$\frac{1}{75}$
Cyprinus carpio.	$\frac{1}{60}$
Grenouille.	$\frac{1}{45}$
Salamandre.	$\frac{1}{30}$

Astacus fluviatilis. , $\frac{1}{300}$

Helix pomatia. . . . $\frac{1}{350}$

L'éléphant est, de tous les quadrupèdes, celui dont les globules sont les plus gros; mais ils sont moindres cependant que les globules des oiseaux.

Pour observer les globules, il suffit de mettre une goutte de sang sur le porte-objet du microscope, immédiatement après la sortie du vaisseau, et de l'étendre en appliquant un verre dessus: il ne faut pas exercer une forte pression, crainte de déformer les globules. Il faut, pour observer le sang de l'homme, éviter d'y ajouter de l'eau et d'employer un réactif qui les déformerait. Il est indispensable encore d'étudier ces globules sur les animaux vivants, attendu, d'une part, que la coagulation plus ou moins rapide du sang est un obstacle, et que, de l'autre, la putréfaction et les réactions chimiques qui suivent la mort les déforment.

Les liquides qui remplacent le sang dans les animaux à sang froid contiennent également des globules, mais qui sont privés d'enveloppe colorée. D'après MM. Milne-Edwards et Audouin, dans ces liquides, les globules ont l'apparence de vésicules membraneuses, de volume différent, et beaucoup plus grosses que chez les animaux à sang chaud. On a annoncé encore que le nombre de globules contenus dans le sang, la rapidité avec laquelle ce dernier circule, et la fréquence de la respiration, avaient des rapports avec la température des animaux. En effet, les oiseaux qui ont le plus de globules sont ceux chez lesquels la température est la plus élevée et la respiration la plus active; viennent après eux les mammifères. On ne peut néanmoins ériger en loi ce rapport; car le singe, qui a plus de globules de sang, un pouls plus accéléré, une respiration plus rapide que l'homme, a cependant une température moins forte que ce dernier; le cheval, qui a presque les deux tiers des globules de l'homme, a presque la même température. On n'a pas reconnu jusqu'ici dans la lymphe de globules organiques. Quant au chyle, qui a de l'analogie avec la lymphe, on y a reconnu une foule de globules de graisse qui se coagulent.

M. Donné, qui a fait une étude toute spéciale des globules sécrétés par divers organes, en distingue trois espèces d'une structure et d'une composition identiques sous le rapport de leurs caractères physiques et chimiques. Ces trois espèces de globules sont les globules muqueux contenus dans le mucus, sécrétés par les membranes muqueuses proprement dites, les globules blancs du sang et les globules du pus. Ces trois sortes de globules sont composés, suivant M. Donné, d'une vésicule arrondie, contenant dans son intérieur de petits globulins, au nombre de trois ou quatre, et ayant moins de $\frac{1}{100}$ de millimètre de diamètre. Leur surface est légèrement granuleuse et leur contour un peu frangé; ils sont blancs, sphériques, et jouissent de plusieurs propriétés chimiques, entre autres d'être solubles dans l'ammoniaque

au bout d'un certain temps, tandis qu'ils sont insolubles dans l'acide acétique. La seule différence que l'on puisse observer entre ces trois espèces de globules est que les globules blancs du sang sont d'une texture délicate, moins résistante aux agents extérieurs que ceux du pus, par exemple, et que les globules du mucus sont liés entre eux par une matière visqueuse que l'on ne retrouve ni dans le sang, ni dans le pus. M. Donné, vu cette analogie de structure, ne pense pas qu'il y ait également analogie et identité d'origine et de nature entre ces trois espèces de globules; cette similitude ne dépend que du mode de formation de ces globules, qui est uniforme.

Voici la loi qu'il établit à cet effet : les petits globulins, tels qu'ils existent dans beaucoup de liquides et dans le chyle en particulier, ont la propriété, quand ils viennent à rouler dans un liquide albumineux, de s'envelopper d'une couche albumineuse en forme de vésicule; telle est, suivant lui, l'origine de la vésicule primitive et des trois espèces de globules mentionnées précédemment. Ce mode de formation s'applique non-seulement aux globulins du chyle arrivant dans le sang, mais encore très-probablement aux globules du mucus et du pus. Toutes les membranes dites *muqueuses* ne sécrètent pas des globules muqueux. M. Donné en distingue deux espèces : les muqueuses proprement dites, sécrétant de véritables globules muqueux, et des fausses membranes muqueuses qui ne sont que des replis de la peau. D'après l'étude qu'il a faite de ces membranes, il a reconnu que toute membrane muqueuse sécrétant un mucus à globules est alcaline, et les globules sont dans ce cas un véritable produit de sécrétion. Toute membrane fournissant un mucus à lamelles épidermiques est acide, et les lamelles ne sont que le produit de la desquamation de l'épiderme. Il distingue encore cependant une troisième membrane intermédiaire entre les deux précédentes, qui participe en partie des propriétés de la peau et des muqueuses. Elle existe près des orifices, à l'endroit où la peau commence à changer de nature. Le produit de la sécrétion de cette membrane est composé en partie de lamelles épidermiques, et en partie de globules muqueux; il est tantôt acide, tantôt alcalin, suivant la prédominance des uns ou des autres.

Il ne nous reste plus à parler que des globules du lait, qui, d'après M. Donné, sont parfaitement transparents au centre, très-nets dans leurs contours; de différents diamètres, $\frac{1}{1000}$ de millimètre jusqu'à peut-être $\frac{1}{100}$ et plus; avec les réactifs, ils se comportent comme la matière grasse, et sont en effet constitués par la partie butyreuse du lait, dans lequel ils existent tout formés en plus ou moins grand nombre, suivant sa richesse, et constituent la crème par leur réunion à la surface du lait; ils nagent dans le sérum, où le caséum est en dissolution. C'est à la suspension de ces globules que le lait doit sa couleur blanche; on peut, en effet,

filtrer du lait de manière à laisser les globules sur le filtre : le liquide qui passe est tout
à fait clair comme de l'eau. M. Donné pense
que le lait ne présente pas cette constitution
dès sa formation dans les mamelles. Le lait
primitif ou *calostrum* est caractérisé par la
présence de corpuscules particuliers, auxquels il a donné le nom de *corps granuleux*
ou *calostrum*.

ANIMAUX MICROSCOPIQUES du ferment. *Voy.* Ferment.

ANIMAUX INFUSOIRES. *V.* Germination.

ANIMÉ (résine). — On l'extrait de l'*hyme-
nœa courbaril*, ou *courbaril de Cayenne*, arbre
qui croît dans l'Amérique méridionale. Elle
se présente sous forme de morceaux jaune
pâle, à cassure vitreuse et à surface poudrée.
Elle est employée en médecine et entre dans
la composition de quelques vernis.

ANTHRACITE (*geanthrace; houille éclatante*). — Substance charbonneuse noire, opaque, amorphe, brûlant difficilement, sans
répandre ni flamme, ni fumée, ni odeur, excepté lorsqu'elle est unie à des grains de pyrite ferrugineuse. L'anthracite existe dans
toutes les contrées où se trouvent des sols
intermédiaires d'une vaste étendue.

L'anthracite commence à se montrer dans
les terrains intermédiaires, où elle se trouve
le plus souvent au milieu des roches arénacées, désignées sous le nom de *grauwacke*
(Vosges, Harz, Saxe, Bohême, etc.); quelquefois entre des couches de roches amygdaloïdes
ou porphyriques. Mais il s'en trouve aussi
plus haut dans la série des formations; d'a-
bord avec la houille, au milieu de laquelle
elle forme des veines, des rognons, ou même
des couches (exploitation de la Bleuse-Borne
à Anzin); puis, et plus particulièrement encore, dans le lias alpin (Dauphiné, Tarentaise, Faucigny, Valais, etc.). Il pourrait bien
se faire que cette substance n'eût pas de gisement particulier, et qu'elle ne fût qu'une
modification soit de la houille, soit des stipites et lignites, par des circonstances diverses qui ont fait dégager le bitume ou les matières volatiles quelconques que ces combustibles renferment. En effet, on peut remarquer
que l'anthracite se trouve en général dans
des terrains où l'on rencontre fréquemment
des amygdaloïdes, des dolérites, des porphyres diverses, des gneiss, des schistes argileux ou talqueux, etc., en relation intime
avec les matières arénacées qui renferment
le combustible. Or, si ces roches peuvent
être regardées comme ayant une origine
ignée, il est clair qu'elles ont dû, au moment
de leur épanchement, exercer une influence
considérable sur toutes les matières des terrains qu'elles ont traversés : elles auront
par conséquent modifié les couches combustibles comme toutes les autres, et cela dans
les terrains intermédiaires comme dans les
terrains secondaires.

Les matières arénacées qui accompagnent
l'anthracite renferment assez fréquemment
des débris organiques; mais ils sont en général très-altérés, et l'on ne peut guère en
déterminer les espèces : on voit seulement
que ce sont des débris de plantes qui doivent se rapporter à la famille des fougères et
à celles des équisétacées. Ce n'est que dans
les dépôts d'anthracite du lias alpin qu'on a
trouvé des débris susceptibles de détermination, et ce qu'il y a de remarquable, c'est
qu'ils appartiennent aux mêmes espèces de
plantes que celles qu'on trouve dans le terrain houiller qui est beaucoup plus ancien.

L'anthracite peut être et est en effet employée comme matière combustible. A la vérité elle est difficile à allumer, et il faut la
mêler, soit avec du bois, soit avec la houille,
et surtout disposer les fourneaux de manière
à ce qu'il puisse y entrer une grande quantité d'air; mais une fois qu'elle est allumée,
elle donne une grande chaleur, et brûle avec
flamme courte, blanche, que le jeu des soufflets rend longue et très-brillante : on peut
ensuite ajouter de nouvelles portions de
combustibles, que les premières allument
alors facilement.

Ce combustible est employé avec succès
dans les fonderies; il est très-avantageux
dans toutes les opérations où l'on a besoin
d'une haute température; on l'emploie de
préférence, partout où il existe, pour la cuisson des pierres calcaires très-denses, dont la
réduction en chaux exige une grande chaleur. Mais on ne peut l'employer que pour
des travaux en grand; car il ne brûle qu'autant qu'il est en grande masse, et l'on ne
peut parvenir à en allumer une petite quantité; si l'on vient même à en retirer un morceau d'un brasier où la combustion est en
pleine activité, il s'éteint à l'instant en se
recouvrant de cendre. Par suite de cette circonstance, on ne peut employer l'anthracite
ni dans les appartements, ni à la forge du
maréchal; elle serait d'ailleurs peu propre à
ce dernier usage, qui exige une matière
dont les morceaux s'agglutinent pendant la
combustion. *Voy.* Houille.

Un des grands inconvénients que présente
l'anthracite est d'éclater au feu, de s'y briser en petits fragments, même en poussière,
qu'il n'est plus possible d'allumer par aucun moyen; et il faut alors de toute nécessité en débarrasser les fourneaux.

ANTIDOTE contre les empoisonnements
par le cuivre. *Voy.* Cuivre. — Par l'arsenic.
Voy. Arsenic.

ANTIMOINE. — Vers la fin du XVe siècle,
Basile Valentin, moine allemand, se servit
de l'antimoine pour avancer la fonte des
métaux. Il en jeta un jour à des pourceaux,
et il remarqua que ces animaux, après avoir
été excessivement purgés, engraissèrent
beaucoup. Persuadé, par cette expérience,
que s'il en faisait prendre aux moines ses
confrères, il rendrait leur santé parfaite, il
en composa des remèdes et des breuvages
qui firent mourir tous ceux qui en avaient:
de là le nom d'antimoine (du grec ἀντὶ, contre,
et du mot français *moine*).

L'antimoine se rencontre dans presque
tous les pays. On le trouve quelquefois à l'é-
tat natif, quelquefois à l'état d'oxyde, et le
plus souvent uni au soufre. Ses minerais

sont connus depuis très-longtemps, mais Basile Valentin est le premier qui fasse mention de sa réduction à l'état métallique. L'antimoine avait tellement attiré l'attention des alchimistes, qu'aucun autre métal, sans excepter le fer et le mercure, n'a été soumis à tant d'essais. Malgré cela, nos connaissances sur la nature de ce métal sont encore incomplètes.

L'antimoine existe dans la nature sous plusieurs états.

1° A l'état natif, on le trouve au Hartz, en Suède, et à Allemont, près Grenoble. Il est toujours en petite quantité et allié à l'arsenic. 2° A l'état d'oxyde; il est mêlé avec un peu de silice et d'oxyde de fer. 3° A l'état de sulfure; sous ce dernier état, il est très-commun. On le rencontre abondamment en France, dans les départements de l'Isère et du Puy-de-Dôme; on en trouve aussi de grandes quantités en Hongrie, en Saxe. Enfin, il s'offre, mais rarement, combiné tout à la fois à l'oxygène et au soufre.

Ce métal est particulièrement extrait du sulfure, qui est le minerai le plus abondant.

Le sulfure d'antimoine, purifié par fusion, était livré et connu autrefois sous le nom d'*antimoine cru*, pour le distinguer de l'antimoine métallique, qu'on désignait sous le nom de *régule d'antimoine*.

L'antimoine métallique, à l'état de pureté, est blanc bleuâtre, très-cassant, d'une texture lamelleuse. Lorsqu'on le frotte quelque temps entre les doigts, il répand une odeur particulière. Sa densité est de 6,712.

Ce métal, exposé à l'action du feu, entre en fusion au-dessous de la chaleur rouge, à une température de $+432°$ environ. On remarque à la surface des morceaux d'antimoine du commerce des rudiments de cristaux qui affectent par leur disposition la forme des feuilles de fougère.

L'antimoine se combine en trois proportions avec l'oxygène, et produit trois composés bien déterminés.

Le *protoxyde d'antimoine*, connu autrefois sous le nom de *fleurs argentines d'antimoine*. — Il se présente en petites aiguilles blanches inodores, insipides et insolubles. Il fond au-dessous de la chaleur rouge et se volatilise en partie dans des vases fermés; au contact de l'air, il s'exhale presque entièrement en vapeurs blanches. Cet oxyde était usité en médecine à cause de sa propriété émétique; il ne sert plus que rarement aujourd'hui.

Le protoxyde d'antimoine est le seul des oxydes de ce métal qui puisse s'unir aux acides et former des sels. Le deutoxyde et le tritoxyde d'antimoine se comportent plutôt comme des composés électro-négatifs par leurs caractères acides; aussi, à cause de ces propriétés, les a-t-on désignés, l'un sous le nom d'*acide antimonieux*, et l'autre sous celui d'*acide antimonique*.

Protochlorure d'antimoine. — Le protochlorure d'antimoine est blanc, solide à la température ordinaire, demi-transparent, extrêmement caustique. Il fond au-dessous de 100° et présente ainsi l'aspect d'une huile épaisse et butyreuse; c'est ce qui lui a fait

donner autrefois le nom de *beurre d'antimoine* par les anciens chimistes. En refroidissant, il cristallise avec la plus grande facilité en tétraèdres.

Exposé à une chaleur au-dessous du rouge, il se volatilise sans éprouver aucune décomposition; au contact de l'air, il attire peu à peu l'humidité qui s'y trouve, se résout en un liquide épais, très-acide et très-caustique. C'est sous ce dernier état qu'on l'emploie en médecine pour cautériser certaines plaies, et principalement celles occasionnées par la morsure des animaux enragés.

La poudre blanche (oxichlorure d'antimoine), obtenue par l'action de l'eau sur le chlorure d'antimoine, était très-employée autrefois en médecine; on la connaissait sous le nom de *poudre d'Algaroth*.

Sulfure d'antimoine. — Le soufre et l'antimoine se combinent en trois proportions qui correspondent aux trois oxydes connus. Le protosulfure est le seul qu'on rencontre dans la nature; les deux autres s'obtiennent en faisant réagir l'acide hydrosulfurique sur l'acide antimonieux et l'acide antimonique; il en résulte des sulfures proportionnels au degré d'oxydation de l'acide.

Le protosulfure d'antimoine se trouve communément dans beaucoup de pays. Il existe en assez grande quantité dans plusieurs départements de la France, principalement dans ceux du Puy-de-Dôme, de l'Isère, de l'Allier et du Gard; c'est la mine d'antimoine qu'on exploite pour l'extraction du métal.

Il est si commun qu'on ne se donne pas la peine de le préparer; on se contente, pour les besoins ordinaires, de purifier par plusieurs fusions celui que fournit la nature.

Le protosulfure d'antimoine est le seul de ces composés qui soit employé; il sert à l'extraction de l'antimoine. C'est avec lui qu'on prépare le verre, le crocus et le foie d'antimoine, le kermès et le soufre doré, composés médicamenteux fort usités.

Il y a bien longtemps que le sulfure d'antimoine est connu, et c'est le plus ancien fard dont il soit fait mention dans l'histoire. Job donne à l'une de ses filles le nom de *vase d'antimoine* ou de *boîte à mettre du fard*. Isaïe, dans le dénombrement qu'il fait des parures des filles de Sion, n'oublie pas les aiguilles dont elles se servaient pour peindre leurs paupières; la mode en était si bien établie, que Jésabel, ayant appris l'arrivée de Jéhu à Samarie, se mit les yeux dans l'antimoine, ou les peignit avec du fard, pour se montrer à cet usurpateur. Cet emploi du sulfure d'antimoine ne finit pas avec les filles de Judée; il s'étendit et se perpétua partout. Les femmes grecques et romaines l'empruntèrent aux Asiatiques: et nous voyons Tertullien et saint Cyprien déclamer contre cette coutume, encore usitée de leur temps en Afrique. C'est de cet usage que le sulfure d'antimoine reçut le nom d'*alcofol*, qu'il porta dès les premiers temps historiques. Le terme *alcool*, appliqué aujourd'hui en chimie au liquide spiritueux qui constitue l'eau-de-vie, fut d'abord appliqué au sulfure d'antimoine naturel, si l'on en croit Homerus Poppius Thallinus. Les Romains l'appelèrent ensuite *stibium*. Les alchimistes le désignaient sous un grand nombre de dénominations absurdes, telles que *othia, alkosol, bélier, saturne des philosophes, fils et gendre de Saturne*, etc.

Le *verre d'antimoine*, ainsi nommé à cause de son aspect vitreux et de sa transparence, s'obtient en exposant à une douce chaleur, longtemps continuée, le protosulfure d'antimoine pulvérisé jusqu'à ce qu'il soit converti en une matière grise cendrée, formée d'une grande quantité de protoxyde d'antimoine et de sulfure non décomposé. Si l'on chauffe rapidement cette substance dans un creuset, elle se fond, et peut être ensuite coulée en plaques minces de l'épaisseur du verre à vitre.

Ce composé vitreux, transparent, regardé comme un oxysulfure, a une couleur rouge jaunâtre ; il est insoluble dans l'eau et contient, d'après Vauquelin, une quantité de silice qui quelquefois s'élève à environ $\frac{10}{100}$, et provient des creusets de terre dans lesquels la fusion a été faite. M. Soubeiran, en faisant l'analyse d'une portion de cet oxysulfure du commerce, l'a trouvé composé de 91,5 protoxyde d'antimoine, 4,5 silice, 3,2 peroxyde de fer et 1,9 de protosulfure d'antimoine. La composition de cet oxysulfure est donc variable.

On le désignait autrefois sous le nom d'*oxyde d'antimoine sulfuré vitreux*.

Le safran des métaux, *crocus metallorum*, safran d'antimoine, est une préparation pharmaceutique, qu'on obtient facilement par un grillage moins prolongé du protosulfure d'antimoine, et ensuite sa fusion. Ce composé opaque, d'une couleur rouge marron foncé, renferme du protoxyde d'antimoine et une plus grande quantité de sulfure que le verre d'antimoine. On le distinguait de celui-ci par le nom d'*oxyde d'antimoine sulfuré demi-vitreux*.

Le *foie d'antimoine*, ainsi nommé à cause de sa couleur et de son aspect, s'obtient en projetant dans un creuset, chauffé au rouge, un mélange de parties égales de protosulfure d'antimoine et de nitrate de potasse. Une partie du sulfure d'antimoine est brûlée par le nitrate de potasse, d'où résulte du sulfate de potasse et de l'antimonite de potasse, qui restent mêlés avec la portion de sulfure d'antimoine non décomposée, ainsi qu'avec la quantité de sulfure de potassium qui s'est également produite pendant la réaction.

D'après ce que nous venons d'établir, le foie d'antimoine est un mélange de sulfate de potasse, d'antimonite de potasse, de sulfure de potassium et de sulfure d'antimoine. En le traitant par l'eau, on dissout le sulfate et le sulfure de potassium, et on transforme le sous-antimonite en sur-antimonite qui se précipite avec le sulfure d'antimoine.

Un autre médicament, qui était très-employé autrefois, est l'*antimoine diaphorétique*. On l'obtient en calcinant au rouge

dans un creuset, pendant une heure, un mélange d'une partie d'antimoine en poudre, et d'une partie et demie de nitrate de potasse.

Le résultat de cette calcination et du sous-antimoniate de potasse, *antimoine diaphorétique non lavé* ; traité par l'eau bouillante à plusieurs reprises, il se transforme en un composé blanc insoluble de sur-antimoniate de potasse, *antimoine diaphorétique lavé*. Les eaux de lavage contiennent l'excès de potasse et une certaine quantité de sous-antimoniate en solution ; en les saturant par un acide, il s'en précipite une matière blanche, pulvérulente, qui est de l'acide antimonique hydraté. C'est à ce précipité qu'on avait donné autrefois le nom de *matière perlée de Kerkringius*.

Alliages d'antimoine. L'alliage formé de deux parties d'antimoine et d'une partie de fer, connu autrefois sous le nom de *régule martial*, est blanc, dur, cassant et beaucoup plus fusible que la fonte ; il ne s'altère que lentement à l'air humide. On prétend que cet alliage peut servir avec plus d'avantages que la fonte de fer pour la confection d'objets moulés en relief.

L'alliage d'antimoine et d'étain, formé de neuf parties d'étain et d'une d'antimoine, est blanc, plus dur que l'étain et cassant. Il sert à la fabrication des planches à graver la musique.

C'est avec cet alliage, désigné improprement sous le nom de *métal d'Alger*, qu'on fabrique des cuillers, des fourchettes et des timbales, imitant l'argent par sa couleur et le beau poli qu'il est susceptible de prendre.

ANTIMOINE DIAPHORETIQUE. *Voy.* Antimoine.

ADIPOCIRE. *Voy.* Cholesterine.

APPAREILS CHIMIQUES. — Privée des secours du verre, du liége, du platine et du caoutchouc, la chimie n'aurait peut-être pas encore, à cette heure, fait la moitié des progrès qu'elle a accomplis. A l'époque de Lavoisier, les études chimiques n'étaient accessibles qu'à un fort petit nombre de personnes, et seulement à des gens riches ; cela dépendait de la cherté des appareils.

Il n'est personne qui ne connaisse les merveilleuses propriétés du verre. Il est transparent, incolore, très-dur, inattaquable par les acides et la plupart des liquides. A une certaine température, il devient ductile et flexible comme la cire. Dans la main du chimiste, il prend, quand on le soumet à la flamme d'une lampe, toutes les formes d'appareils dont celui-ci a besoin pour ses expériences.

Le liége, de son côté, ne possède pas des propriétés moins précieuses. Cependant combien est petit le nombre des personnes qui savent apprécier la valeur de cette substance si commune ! En effet, c'est en vain que l'on chercherait une matière plus appropriée que le liége à l'emploi que nous en faisons chaque jour, c'est-à-dire au bouchage des bouteilles. Le liége est une masse molle et extrêmement élastique, qui se trouve naturellement pénétrée par une substance (la *subérine*) qui tient le milieu entre la cire, le suif et la résine. C'est à la subérine que nos bouchons doivent la propriété d'être complétement imperméables aux liquides, et même jusqu'à un certain point aux fluides gazeux. Au moyen du liége, nous unissons ensemble de larges orifices et des orifices étroits. A l'aide du caoutchouc et du liége, nous unissons nos vaisseaux et nos tubes de verre, et nous construisons les appareils les plus compliqués. Grâce à ces deux substances, nous n'avons pas besoin, à chaque instant, de l'ouvrier en métaux et du mécanicien, de vis et de robinets. Ainsi nos appareils chimiques sont aussi peu dispendieux que prompts et faciles à fabriquer ou à réparer.

Sans platine nous serions hors d'état d'exécuter certaines analyses chimiques. Pour analyser un minéral, il faut le réduire à l'état liquide, soit par dissolution, soit par fusion. Or, le verre, la porcelaine, toutes les espèces de creusets non métalliques, sont détruits par les procédés à l'aide desquels nous liquéfions les minéraux. Les creusets d'argent et même d'or fondent à une température très-élevée. Le platine est meilleur marché que l'or; il a plus de dureté et dure plus que l'argent. Il est infusible à toutes les températures de nos fourneaux, et n'est attaqué ni par les acides, ni par les carbonates alcalins. En un mot, le platine réunit à lui seul les propriétés de l'or et de la porcelaine infusible. Sans le platine, nous ignorerions peut-être encore aujourd'hui la composition de la plupart des minéraux. Sans le liége et le caoutchouc, nous aurions à chaque instant besoin de l'assistance du mécanicien. Enfin, sans la dernière de ces substances, nos appareils seraient bien plus coûteux et bien plus fragiles. Mais le plus précieux des avantages que nous trouvions dans le liége et dans le caoutchouc, c'est l'énorme économie de temps qu'ils nous procurent.

Actuellement le laboratoire du chimiste n'est plus la voûte à l'épreuve du feu, mais obscure et froide, du métallurgiste : ce n'est plus l'officine du pharmacien remplie de cornues et d'alambics. Le chimiste travaille dans une chambre claire, chaude et confortable. Des lampes parfaitement construites remplacent les fourneaux de fusion. La flamme pure et inodore de l'esprit de vin remplace le charbon et nous fournit tout le feu dont nous avons besoin. Si à ces simples auxiliaires l'on ajoute encore la balance, l'on aura l'inventaire du mobilier scientifique du chimiste.

Le physicien mesure, et le chimiste pèse. C'est là ce qui distingue essentiellement les deux sciences; on peut même dire qu'il n'existe pas entre elles d'autre différence. Il y a déjà des siècles que les physiciens mesurent; il y au contraire à peine cinquante années que l'on s'est mis à employer la balance. Toutes les grandes découvertes de Lavoisier, nous les devons à la balance,

à cet incomparable instrument qui confirme toutes nos observations et nos découvertes; qui dissipe nos doutes et fait briller la vérité, qui redresse quand nous avons commis une erreur, ou bien établit l'exactitude de nos recherches quand nous avons procédé convenablement. C'est la balance qui a mis fin au règne de la physique d'Aristote.

APPAREILS SIMPLES *à courant constant.* *Voy.* Electricité dégagée *dans les actions chimiques.*

APPERT, procédé pour la conservation des substances organiques. *Voy.* Conservation *des matières organiques.*

ARABES. — Quand on veut sortir du champ des conjectures, il faut descendre jusqu'au viii° siècle pour trouver des notions exactes sur l'état des connaissances chimiques, quoiqu'on puisse assurer que celles-ci datent de plus haut. En effet, c'est vers ce temps que vécut Geber, fondateur de l'école des chimistes arabes, qui s'est acquis tant de célébrité parmi les écrivains du moyen âge, l'auteur du *Summa perfectionis*, le plus ancien ouvrage de chimie qui nous soit parvenu. Geber rassemble toutes les connaissances chimiques des mahométans; et quoiqu'il n'ait point la prétention de se donner comme inventeur des notions réunies dans son ouvrage, il est difficile de voir en lui un simple compilateur. Quoi qu'il en soit, nous lui devons du moins la possibilité de nous faire une idée juste de l'état de la science à cette époque. Son ouvrage, écrit tout entier dans une vue alchimique, nous montre que déjà l'on croyait dès longtemps à la transmutation des métaux, et l'on sait que cette erreur, dont on ne connaît point la source, s'est prolongée pendant un grand nombre de siècles. On y trouve aussi l'indication de la médecine universelle. Geber donne, en effet, son *élixir rouge*, qui n'est qu'une dissolution d'or, comme un remède à tous les maux, comme un moyen de prolonger la vie indéfiniment et de rajeunir la vieillesse.

Au surplus, c'est bien avant Geber que se montre pour la première fois le mot d'alchimie. Dès le iv° siècle, on voit la chimie désignée sous ce nom, dans lequel la particule *al* exprime une perfection, comme s'il eût existé des chimistes purement routiniers, et que des chimistes plus lettrés eussent voulu se distinguer d'eux.

Quelques phrases tirées du traité le plus pratique de Geber, celui qui est intitulé *De Investigatione magisterii*, vont nous initier à la chimie de cette époque. « Prétendre extraire un corps de celui qui ne le contient pas, c'est folie; mais, comme tous les métaux sont formés de mercure et de soufre plus ou moins purs, on peut ajouter à ceux-ci ce qui est en défaut, ou leur ôter ce qui est en excès. Pour y parvenir, l'art emploie des moyens appropriés aux divers corps. Voici ceux que l'expérience nous a fait connaître : la calcination, la sublimation, la décantation, la solution, la distillation, la coagulation, la fixation et la procréation. Quant aux agents, ce sont les sels, les aluns, les vitriols, le verre, le borax, le vinaigre le plus fort et le feu. » On sent à la fermeté du style de Geber et à la netteté de ses expressions, qu'il résume des idées bien arrêtées et qui probablement lui viennent de loin. Outre le mercure et le soufre, Geber reconnaît un troisième principe : c'est l'arsenic.

Ecrivant en arabe, Geber a dû initier les Arabes, plus que toute autre nation, aux pratiques de son art. Aussi est-ce chez ce peuple surtout que se trouve cultivée l'alchimie après Geber, et bientôt nous voyons paraître, dans cette contrée, des auteurs bien connus dans l'histoire de la médecine et de la pharmacologie. Ce sont Rhazès, Avicenne, Mesué, Averroës, qui laissèrent des noms célèbres, soit pour avoir décrit quelques préparations nouvelles, soit pour avoir cherché à donner à la médecine un mouvement nouveau.

Les connaissances chimiques, dont les Arabes étaient en possession depuis longtemps, ne pénétrèrent en Europe que vers le xiii° siècle. Elles y vinrent à la suite du mouvement produit par les croisades, et c'est là un des nombreux services qu'elles ont rendus à la civilisation. On l'a déjà remarqué d'ailleurs, tous ces grands mouvements de guerre, mêlant des peuples qui s'ignoraient, et les obligeant à une étreinte passagère, mais étroite, ont toujours été l'un des moyens les plus efficaces pour la transmission et la diffusion des lumières propres à chacun d'eux. C'est ainsi que la conquête de la Hollande, pendant notre révolution, nous a dotés des arts chimiques dont cette contrée se réservait le monopole. La chimie nous est donc arrivée par le moyen des Croisés, et sous sa forme alchimique, telle que les Arabes la leur avaient apprise, telle que l'avait perfectionnée l'esprit ardent de ces peuples, qui avaient vu dans les préparations de la chimie une source féconde d'utiles médicaments dont l'efficacité était inconnue à Geber. Un certain vernis de magie, qui doit être attribué sans doute à l'origine orientale de la chimie parmi nous, semble inséparable du souvenir de nos premiers chimistes. Il s'est tellement associé à leur renommée et à leur mémoire, qu'il suffit de citer leurs noms pour en rappeler l'idée.

ARABINE. — On a donné, dans ces derniers temps, le nom d'arabine à un principe immédiat qui existe dans les différentes espèces de gomme, et leur communique leurs propriétés particulières. Ce principe, dans quelques espèces, est associé à un autre qu'on a désigné sous le nom de *bassorine*, à cause de la présence qui en a d'abord été constatée dans la gomme de Bassora. Le nom d'*arabine*, appliqué au premier, indique assez que ce principe fait partie de la *gomme arabique. Voy.* Bassorine.

ARACHIDE. *Voy.* Corps gras.

ARBRE DE LA VACHE. *Voy.* Cire.

ARBRE DE DIANE. *Voy.* Mercure (*usages du*).

ARDOISES. — L'ardoise est un schiste argileux, qui fournit les plaques les plus convenables dans la plupart des localités où les vents, n'étant pas trop violents, permettent d'employer des couvertures légères, et par conséquent les charpentes les moins dispendieuses. Cette roche se laisse, en effet, diviser en feuillets suffisamment solides, qui n'ont pas plus de deux lignes d'épaisseur, et souvent moins, dont la toise carrée de couverture ne pèse que 100 à 125 livres. Ces roches portent en France le nom d'*ardoise.* Il y en a plusieurs exploitations considérables (Angers, Charleville), indépendamment d'un assez grand nombre de petites exploitations dans plusieurs lieux (Saint-Lô, Cherbourg, environs de Grenoble, Traversac et Villac près Brives, Blâmont, Lunéville, etc.). Ce sont les ardoises d'Angers et de Charleville qui sont faites avec le plus de soin ; les premières fournissent presque entièrement à la consommation de Paris.

Les ardoises épaisses sont au contraire recherchées dans les localités où les vents ont fréquemment beaucoup de violence, et où les matières qui couvrent les toits doivent apporter, par leur poids, une résistance suffisante.

Dans les montagnes où il tombe beaucoup de neige, on préfère encore les ardoises épaisses, parce qu'elles résistent mieux au poids énorme dont elles sont quelquefois chargées. Tantôt ces plaques sont fournies par des schistes analogues à ceux dont on fait les ardoises minces (côte de Gênes); tantôt par les roches quarzeuses micacées (Savoie, Piémont), par les grès schisteux, ou les argiles schisteuses plus ou moins chargées de bitumes, qui proviennent de la formation houillère (Thuringe, Mansfeld) ou des premiers calcaires secondaires qui la recouvrent, par le calcaire schisteux (Bourgogne, Bourbonnais); et les phonolites (Auvergne, Velay).

ARGENT (ἀργός, *blanc.*) — Métal connu dès la plus haute antiquité. Les alchimistes le désignent par le symbole de la Lune ou de Diane, par allusion à l'éclat de ce métal. L'argent est d'un blanc très-pur; il réfléchit fortement la lumière lorsqu'il a été poli. Obtenu par voie de précipitation, il se présente sous forme de petits grains cristallins d'un blanc mat, qui prennent un grand éclat sous le brunissoir. Il est un peu plus élastique, conséquemment plus sonore, que l'or. Après l'or, c'est le plus malléable et le plus ductile des métaux. On peut le réduire en feuilles si minces, qu'il en faudrait 100,000 pour faire une épaisseur de 2 centimètres ; avec un grain d'argent, on peut faire un fil de 2,500 mètres de longueur. Il est plus tenace que l'or ; un fil de 2 millimètres de diamètre exige un poids de 85 kilog. pour se rompre. Quant à la densité de l'argent, les auteurs varient depuis le nombre 10,474 jusqu'au nombre 10,542, ce qui tient probablement à l'état de pureté plus ou moins grand dans lequel ils l'ont obtenu. La densité de l'argent parfaitement pur est 10,510 (Gay-Lus sac). L'argent se dilate de $\frac{1}{100}$ en longueur, de 0° à 100°. Il fond à la température rouge tirant sur le blanc cerise, ou vers 550°; il est, comme beaucoup d'autres métaux, susceptible de cristalliser, par le refroidissement, en octaèdres ou en cubes. Il est peu volatil à la température ordinaire de nos fourneaux. Chauffé dans un four à porcelaine, au milieu d'une brasque de charbon, il perd environ 0,005 de son poids : mais, exposé au foyer d'une lentille ou à la température du chalumeau, il se volatilise promptement, et ses vapeurs brûlent avec une flamme verdâtre scintillante. L'argent est inaltérable à l'air et dans l'eau, ce qui lui a valu, de la part des anciens, l'épithète de noble. S'il se ternit à l'air, ce n'est pas qu'il s'y oxyde : il se sulfure alors au contact de l'acide sulfhydrique, qui peut se trouver accidentellement mêlé à l'air. L'argent présente, pendant sa fusion, un singulier phénomène : il absorbe une quantité prodigieuse d'oxygène (au moins jusqu'à 22 fois son volume); cette absorption est comparable à une véritable dissolution de ce gaz dans l'argent liquide. Dès qu'on vient à refroidir l'argent en le plongeant dans l'eau, l'oxygène se dégage aussitôt avec une effervescence tumultueuse (Gay-Lussac). Les anciens chimistes paraissent avoir eu connaissance de ce phénomène. Sam. Lucas dit expressément que, au moment où l'argent fondu se fige sous l'eau, il se produit un mouvement d'effervescence remarquable ; mais il ne donne aucune explication positive à cet égard. La présence d'une petite quantité d'or suffit pour faire perdre à l'argent la propriété d'absorber ainsi l'oxygène à une température élevée. Chauffé avec du phosphore, l'argent présente le même phénomène qu'avec l'oxygène : par un refroidissement brusque, il abandonne le phosphore en répandant une très-belle gerbe de feu. Un alliage d'argent et de cuivre soumis au grillage éprouve une perte notable; car le cuivre entraîne, en s'oxydant, une certaine quantité d'argent. Le seul acide qui attaque et dissolve bien l'argent, même à froid, c'est l'acide azotique. L'acide sulfurique ne l'attaque qu'autant qu'il est concentré et bouillant : il y a alors dégagement d'acide sulfureux et formation de sulfate d'argent. L'acide chlorhydrique l'attaque très-peu, même à chaud. L'eau régale attaque très-bien l'argent ; en le transformant en chlorure insoluble. L'argent se dissout, à chaud, dans une dissolution de sulfate de fer au *minimum* : il s'y oxyde à la faveur de l'oxygène de l'air qu'absorbe le sel de fer; mais l'argent se précipite à mesure que la liqueur se refroidit.

Les principales mines d'argent natif se trouvent en Norwége; en Sibérie, en Espagne, au Hartz, etc. Les autres se rencontrent surtout au Pérou et au Mexique (1). On en a trouvé, mais en très-petite quantité, en France, à Allemont, près Grenoble, et à Sainte-Marie-aux-Mines, dans les Vosges.

(1) Le tableau suivant donnera une idée de la ré-

Plusieurs mines de plomb sulfuré renferment assez d'argent pour qu'on puisse extraire ce métal avec avantage.

Les procédés d'extraction de l'argent varient suivant la nature de la mine et le lieu où ils sont exécutés.

Celui qu'on pratique en Norwége sur l'argent natif consiste, après avoir brocardé et lavé la mine, à la fondre avec son poids de plomb. L'argent s'unit aisément au plomb et forme un alliage qui se sépare de la gangue.

Pour séparer le plomb de cet alliage, on place ce dernier au milieu d'un fourneau à réverbère, dans une cavité oblongue, faite en briques et recouverte d'une couche de cendres lessivées ou d'os calcinés, pulvérisés et bien battus. Cette cavité, qui porte le nom de *coupelle*, est de niveau par ses bords avec l'aire du fourneau. A l'une de ses extrémités est placé le tuyau d'un fort soufflet

partition et de la production des mines d'argent exploitées actuellement :

EUROPE ET ASIE.

	marcs.
Confédération-Germanique	105,000
Autriche	85,000
Russie et Pologne	77,000
Suède et Norwége	20,700
Prusse	20,000
Iles Britanniques	12,000
France	6,627
Piémont, Suisse, Savoie	2,500
Belgique et Pays-Bas	700
	329,527

AMÉRIQUE.

	marcs.
Mexique	2,196,000
Pérou	600,000
Buénos-Ayres	525,000
Chili	250,000
Etats-Unis	130,000
Colombie	1,200
	3,702,200

Au Pérou et dans la plupart des districts métallifères de l'Amérique espagnole, les ouvriers qui travaillent dans les mines ne reçoivent pas un salaire fixe ; seulement il leur est permis d'emporter, à la fin de leurs douze heures de travail, un *capacho* rempli du minerai qui est amoncelé devant la porte de la mine (à peu près 15 kilogrammes de déblais). Ce mode de payement donne lieu à un mode d'échange dont on ne trouve d'exemple nulle part. L'Indien ou le métis, à la fin de sa journée, apporte au cabaret son tablier tout rempli de pierres. Là, il boit de l'eau-de-vie, de la *chica*, mange un *chupé*, mâche de la *coca*, fume son cigare, et il paye en morceaux de pierres. Il en est de même pour tout ce dont il a besoin, habillement, chauffage, etc. Chaque marchand ou marchande est donc tenu de faire entrer dans les nécessités de son état la connaissance des minerais d'argent, étude longue et qui demande un coup d'œil éprouvé; car bien souvent, au premier aspect, rien ne distingue la pierre, plus ou moins riche en argent, de celle même qui n'en contient pas. Rien n'est ordinaire comme de voir une marchande de poisson, assise sur la porte de sa boutique, et tout en surveillant le débit de sa marchandise, concasser du minerai, le réduire en poudre, puis le pétrir avec du mercure, le laver, le brûler, enfin le mettre à l'état de lingot. (Comte de Sartiges, *Relation d'un voyage dans l'Amérique du Sud, en 1834.*)

qui amène le vent sous une légère inclinaison ; à l'autre existe un trou qui communique par une rigole avec l'intérieur de la coupelle. Dès que la température est au rouge-cerise, on dirige le vent du soufflet sur le bain fondu ; le plomb s'oxyde seulement et se vitrifie, en formant une couche liquide qui, poussée par le vent du soufflet, sort par le trou opposé, et va se rendre dans un bassin de réception où il se solidifie en petites paillettes rougeâtres. Lorsque l'alliage a été ainsi privé d'une certaine quantité de plomb, on le place dans une coupelle plus petite, faite entièrement en os calcinés, et on chauffe comme dans la première opération ; le protoxyde de plomb qui se forme est absorbé par les parois de la coupelle, et l'argent reste à l'état de pureté. On le retire avec des ringards froids auxquels il s'attache, puis on le sépare en le plongeant dans l'eau froide.

Cette opération est fondée sur la propriété qu'a l'air d'oxyder le plomb sans altérer l'argent, et de convertir le premier en un oxyde fusible qui est moins dense que l'argent, et qui n'exerce aucune action sur lui.

Les plombs argentifères sont traités par la même méthode ; comme ils contiennent de très-petites quantités d'argent, on est obligé de soumettre de grandes masses de plomb à la coupellation, ce qui se pratique facilement, en entretenant la coupelle toujours remplie; car à mesure qu'une portion de plomb est oxydée, elle est entraînée hors la coupelle, et va se solidifier et cristalliser dans des bassins particuliers qui sont en communication avec elle. Le protoxyde de plomb, ainsi cristallisé, qu'on obtient dans ce travail, est la source de toute la litharge qu'on trouve dans le commerce.

Le sulfure d'argent qu'on rencontre, mêlé aux sulfures de fer et de cuivre, est soumis à un autre traitement. On grille la mine dans un fourneau à réverbère, après l'avoir mêlée avec un dixième de sel marin. Il en résulte des sulfates de soude, de fer, de cuivre, et du chlorure d'argent ; cette masse, après avoir été réduite en poudre et lavée pour enlever les sels solubles, est mise en contact dans des tonneaux qui tournent sur leur axe, avec la moitié de son poids de mercure, de l'eau et des morceaux de tôle. Dans cette opération, le fer décompose le chlorure d'argent en s'unissant au chlore pour former du chlorure de fer soluble dans l'eau, et le mercure et l'argent se combinent ensemble. Au bout de dix heures, on cesse de faire tourner les tonneaux, et on en retire l'amalgame liquide qu'on soumet à la presse dans les sacs de coutil, pour en faire sortir l'excès de mercure. L'amalgame solide qui reste dans le sac est distillé ensuite dans des cornues en fonte ; le mercure se volatilise, et l'argent reste au fond.

C'est par cette dernière méthode, connue sous le nom d'*amalgamation*, qu'on extrait l'argent du sulfure à Freyberg. Le procédé suivi au Pérou et au Mexique est très-peu différent de celui-ci.

Oxyde d'argent. — L'argent ne se combine qu'en une seule proportion avec l'oxygène pour former un oxyde stable. On ne peut l'obtenir qu'en dissolvant ce métal dans les acides, et précipitant l'oxyde formé par la potasse ou la soude caustique.

L'ammoniaque caustique se combine avec l'oxyde d'argent, et produit un composé découvert par Berthollet et désigné sous le nom d'*argent fulminant*. On l'obtient en délayant l'oxyde humide et récemment précipité avec de l'ammoniaque pure, et abandonnant la matière à l'évaporation spontanée, il reste une poudre noire, micacée, qui détonne avec une extrême violence au moindre contact. Ce composé, qu'on a regardé comme une ammoniure d'argent, ne doit être préparé qu'en petite quantité, pour éviter les dangers auxquels exposerait son explosion subite lorsqu'il est sec.

Les expériences de Davy et de Sérullas tendent à faire regarder cet *argent fulminant* comme un azoture ammoniacal d'argent.

Chlorure d'argent. — Le chlore à l'aide de la chaleur s'unit à l'argent, sans dégagement de lumière et en donnant naissance à une masse blanche qui est le chlorure d'argent.

Le chlorure d'argent se présente en flocons blancs caillebottés, insipides, insolubles dans l'eau et dans tous les acides, mais solubles entièrement dans l'ammoniaque. Exposé à la lumière, il se colore sur-le-champ et devient violet par un commencement de décomposition. Chauffé au-dessous de la chaleur rouge, il entre en fusion, et se prend par le refroidissement en une masse grise, demi-transparente, ayant la consistance et l'aspect de la corne; ce qui lui a fait donner le nom d'*argent corné* par les anciens chimistes.

Si l'on mêle avec le chlorure d'argent du zinc en limaille, et qu'on verse dessus de l'eau et de l'acide sulfurique, l'hydrogène qui provient de cette réaction se porte sur le chlore, et l'argent est réduit rapidement. Ce moyen, dû à M. Arfwedson, est souvent employé dans les laboratoires pour obtenir de l'argent à l'état de pureté.

Le chlorure d'argent se trouve dans la nature, ou en petites masses ou en couches dans les mines d'argent natif, quelquefois il est cristallisé en cubes. On l'a rencontré dans la plupart des pays qui fournissent des mines d'argent. C'est un minéral assez rare.

Iodure d'argent. — L'iodure d'argent se prépare comme le chlorure en précipitant un sel d'argent, soit par l'acide hydriodique ou par un iodure.

Vauquelin a rencontré dans une mine d'argent natif, provenant des environs de Mexico, l'iodure d'argent. C'est le premier exemple de la présence de l'iode dans les minéraux.

Sulfure d'argent. — L'argent a une grande affinité pour le soufre; on est journellement témoin de cette propriété. Lorsque ce métal est exposé aux émanations sulfureuses, il perd son éclat et noircit bientôt par la décomposition du gaz hydrosulfurique et la formation du sulfure d'argent. Le contact des substances alimentaires contenant du soufre agit de la même manière. C'est ce qu'on observe en faisant cuire des œufs dans des plats d'argent, ou en les touchant quand ils sont cuits avec des ustensiles formés par ce métal.

Ce sulfure se trouve presque dans toutes les mines d'argent ; il est quelquefois cristallisé ou en masse. Souvent il est mêlé avec d'autres sulfures métalliques, tels que les sulfures de fer, de cuivre, de plomb et d'antimoine. Il existe surtout dans les mines d'argent du Mexique, de Saxe et de l'Allemagne.

SELS A BASE D'OXYDE D'ARGENT.

Carbonate d'argent. — On trouve ce sel dans .a nature, mais il est rare ; il se présente en masse grisâtre, ou disséminé à travers d'autres minéraux ; il a été rencontré dans la mine de Winceslas en Souabe. On le forme dans les laboratoires en versant un carbonate dissous dans la solution d'un sel d'argent ; il se précipite aussi en flocons blancs. Ce sel est insoluble ; il noircit un peu à la lumière ; exposé à l'action de la chaleur, il se décompose, donne de l'acide carbonique et de l'oxygène, et, pour résidu fixe, de l'argent métallique.

Nitrate d'argent. — Ce sel s'obtient en faisant dissoudre à une douce chaleur l'argent fin grenaillé dans deux fois son poids d'acide nitrique pur à 35 degrés. Dès que la réaction a lieu, une partie de l'acide nitrique est décomposée par l'argent, d'où résulte l'oxyde d'argent qui s'unit à l'autre portion d'acide, et du deutoxyde d'azote qui se dégage avec une vive effervescence. Lorsque la dissolution est faite, on l'évapore à moitié, et en l'abandonnant à elle-même, elle cristallise. On peut préparer le nitrate d'argent avec l'argent du commerce allié au cuivre, mais il faut le faire cristalliser plusieurs fois pour le séparer du nitrate de cuivre, qui est plus soluble, ou faire bouillir la solution des deux nitrates avec de l'hydrate d'oxyde d'argent, qui décompose tout le nitrate de cuivre et en précipite l'oxyde de cuivre.

Le nitrate d'argent se présente en belles lames transparentes et brillantes, ayant une forme hexaédrique, ou quelquefois tétraédrique ou triédrique. Sa saveur est amère, âcre et caustique ; il est inaltérable à l'air, mais à l'action de la lumière il brunit à sa surface par suite de la réduction d'une partie de l'oxyde ; exposé au feu dans un creuset d'argent ou de platine, il fond bien au-dessous de la chaleur rouge, se boursoufle un peu par l'évaporation de la petite quantité d'eau interposée entre ses cristaux. Si, lorsque la fusion est tranquille, on le retire du feu et qu'on le coule dans une lingotière échauffée d'avance et enduite de suif, il se solidifie par le refroidissement, et prend la forme de petits cylindres blancs grisâtres. On le connaît alors sous le nom de *nitrate d'argent fondu*, ou plus communément sous celui de *pierre infernale.*

Ce sel, tenu en fusion à une chaleur rouge, se décompose en donnant du deutoxyde d'azote, de l'acide nitreux, de l'oxygène et de l'argent métallique. L'eau à la température ordinaire en dissout un poids égal au sien. Cette solution produit sur la peau et sur toutes les parties organisées des taches brunes qui ne disparaissent que par la chute de la surface touchée.

Usages. — Le nitrate d'argent est très-employé en médecine : on l'a administré avec succès à la dose d'un grain à deux par jour, dissous dans l'eau, pour combattre l'épilepsie. Ce traitement présente cela de remarquable, qu'au bout d'un certain temps la peau des malades se trouve colorée en brun verdâtre. Ce sel, à la dose de 30 à 40 grains, est un poison corrosif local, dont les effets doivent être combattus immédiatement par l'administration de l'eau salée, les évacuants et ensuite les émollients. Fondu et coulé en petits cylindres, on en fait usage à l'extérieur comme escarrotique pour ronger les chairs baveuses ou animer les ulcères indolents ; il agit alors localement sans être absorbé.

La facilité avec laquelle ce sel est décomposé par tous les tissus organiques, le rend propre à marquer le linge d'une manière indélébile. On pratique cette opération en mouillant le tissu avec une solution de carbonate de soude, faite dans les proportions d'une partie de ce sel sur quatre parties d'eau. Lorsque la partie imprégnée de cette solution est sèche, on y forme des caractères avec une solution de nitrate d'argent, épaissie par un peu de gomme arabique. Par l'exposition à la lumière solaire, les traits formés avec cette liqueur deviennent bruns et indélébiles par suite de la décomposition et de la réduction du nitrate d'argent.

Dans les laboratoires, le nitrate d'argent est fréquemment employé comme réactif, pour reconnaître la présence du chlore libre ou combiné.

ARGENT FULMINANT. *Voy.* **ARGENT.** (*oxyde*).

ARGENTAN. *Voy.* **NICKEL.**

ARGENTURE ET PLAQUÉ. — C'est principalement le cuivre et le laiton qu'on argente.

Le procédé le plus ancien pour l'argenture du cuivre consiste à appliquer à la surface de ce dernier métal, préalablement bien décapé et préparé, des feuilles d'argent très-minces qu'on fait adhérer, à l'aide de la chaleur et d'une pression longtemps exercée, au moyen d'un brunissoir d'acier ; on applique ordinairement 4 à 8 feuilles à la fois sur le cuivre, et on en superpose ainsi 30, 40, 50, 60, suivant la solidité et la durée qu'on veut donner à l'argenture. On termine le travail en *brunissant à fond*, c'est-à-dire qu'avec un instrument en acier on polit avec soin toutes les places, de manière à ce qu'on ne puisse apercevoir aucun joint, et que l'œil le plus exercé ne puisse distinguer une pièce argentée d'une semblable pièce en argent.

Ce mode d'argenter est fort dispendieux et ne peut guère être pratiqué sur les petites pièces de métal destinées aux ornements, surtout lorsqu'elles sont relevées en bosse; et puis, l'argent n'étant que superposé sur le cuivre, l'usure en est assez prompte. Un autre inconvénient de cette argenture en feuilles, c'est qu'on ne peut réparer une pièce usée en quelques endroits sans la réargenter en entier.

Un Allemand, nommé Mellawitz, a imaginé une autre manière d'argenter le cuivre, dont on fait usage pour les cadrans d'horlogerie et les limbes gradués des instruments de physique. On lui a donné le nom d'*argenture au pouce,* parce qu'on l'applique sur le cuivre par frottement.

La base des préparations employées pour cette argenture est presque toujours le chlorure d'argent. Si l'on frotte une lame de cuivre ou de laiton avec ce chlorure récemment précipité et humecté d'un peu d'eau salée, l'argent revient à l'état métallique; pénètre assez profondément dans le cuivre; et forme à sa surface une croûte très-solide, qu'on rend encore plus adhérente en faisant rougir la pièce et en la brunissant.

Les ouvriers ont une foule de recettes pour argenter de cette manière. Quelquefois ils rendent le chlorure d'argent soluble dans l'eau, au moyen de chlorures alcalins et de sel ammoniac, et ils plongent dans ces liqueurs, appelées *bouillitoires*, les pièces de cuivre bien décapées, qui se recouvrent promptement d'une couche d'argent très-brillante et sans taches ni aspérités; ils lavent ensuite avec soin ces pièces argentées, et les sèchent immédiatement.

Si l'on brise une de ces pièces, on remarque que l'argent a pénétré le cuivre. Si quelque partie se détériore ou se trouve altérée par les vapeurs d'hydrogène sulfuré, on peut la réparer facilement sans retoucher à toute la pièce; il suffit de la frotter avec de la *poudre à blanchir*, c'est-à-dire avec le chlorure d'argent.

Ce qu'on appelle le *doublé* ou le *plaqué* est du cuivre recouvert d'une plaque d'argent destinée à remplacer l'argenture ordinaire, toujours assez coûteuse en raison de son peu de solidité. Ce genre d'industrie, anciennement connu des Gaulois, a repris naissance en Angleterre; mais, depuis les premières années de ce siècle, on l'exploite en France, et aujourd'hui nos fabricants livrent au commerce des produits d'une grande perfection et d'un très-bas prix. En 1833, on a exporté pour 3,175,470 fr. de plaqué français. Cette industrie occupe à Paris 2,000 ouvriers, et emploie un capital d'environ 8,000,000 de francs. Voici en peu de mots comment on fait le plaqué.

Après avoir choisi une plaque de cuivre du poids de 10 kilogrammes et de 2 centimètres environ d'épaisseur, on rend une de ses surfaces parfaitement unie, et, à l'aide du laminoir, on l'étend à peu près au double de son étendue. On passe alors sur la face polie une forte dissolution d'azotate d'argent, puis on applique dessus une plaque d'argent fin laminée, de manière à recouvrir entièrement le cuivre, et même à le déborder tout autour de 1 à 2 millimètres. On rabat cet excédant sur la surface non grattée du cuivre, de manière que l'argent ne peut ni glisser ni se séparer. On chauffe alors au rouge brun les deux plaques superposées, on les passe au laminoir pour chasser l'air qui se trouve entre les deux métaux, et les amène au degré d'amincissement convenable. C'est par la privation entière de l'air et la compression que les métaux adhèrent, sans soudure, entre eux, de manière à ne pouvoir plus être séparés.

On plaque au degré de force qu'on désire, en donnant à la lame d'argent le dixième, le vingtième, le quarantième du poids primitif du cuivre. Pour plaquer au dixième, on applique sur le cuivre, qui pèse 10 kilogrammes, une lame d'argent du poids de 1 kilogramme. Les deux métaux laminés ensemble, et réduits à l'épaisseur d'environ 1 millimètre, conservent toujours le même rapport d'épaisseur, de sorte que l'argent est toujours le dixième de l'épaisseur totale. On ne plaque pas plus bas qu'au quarantième.

Le plaqué d'or et de platine est fait de la même manière. Seulement la liqueur d'*amorce* consiste en une dissolution d'or ou de platine dans l'eau régale.

C'est par ces différents moyens, l'*argenture* et le *plaqué*, qu'on est parvenu à multiplier les services que peut rendre l'argent. Il serait à désirer que l'usage de ce métal se répandît de plus en plus, surtout pour la préparation des aliments, en raison de son inaltérabilité et de son innocuité.

Si l'argent de vaisselle n'est pas altéré visiblement par la plupart des liquides ou des mets avec lesquels on peut le mettre en contact, ce ne serait pas, cependant, sans danger qu'on mangerait des aliments ayant séjourné, et s'étant refroidis dans des vases d'argent, surtout dans ceux au titre de $\frac{800}{1000}$. Une cuillère d'argent à ce titre, laissée pendant quelques heures dans une infusion sucrée de violettes ou de tilleul, suffit pour donner à ces liquides une saveur métallique désagréable et bien prononcée (d'Arcet).

ARGILES. — Les argiles sont de véritables silicates d'alumine hydratés : ce qui le prouve, c'est que les argiles sont inattaquables par les dissolutions alcalines; de plus, si on les traite par l'acide azotique ou l'acide chlorhydrique concentré et bouillant, qui enlève une partie de l'alumine, les alcalis dissolvent alors d'autant plus de silice, que l'acide a dissous lui-même une quantité d'alumine plus grande, phénomènes qui ne peuvent s'expliquer qu'autant qu'il y a combinaison de la silice et de l'alumine, et non un simple mélange de ces corps.

Les argiles sont blanches, opaques, onctueuses au toucher; tendres et à grains très-fins; elles happent fortement à la langue, et ont une densité de 2,5. Ces propriétés ne conviennent qu'aux argiles pures, c'est-à-dire à celles qui ne contiennent que de là silice, de l'alumine et de l'eau en combinaison.

Les argiles peuvent contenir en mélange beaucoup de substances diverses, qui sont : le quartz à l'état de sable, le carbonate de chaux, le peroxyde de fer anhydre, ou hydraté, l'oxyde de manganèse, les silicates de fer, le graphite, le bitume. Toutes ces substances, excepté le quartz, les bitumes, le graphite, rendent les argiles plus ou moins fusibles en formant des silicates doubles, et empêchent celles qui en contiennent des quantités notables d'être propres à la fabrication des briques réfractaires, des creusets, etc. C'est au silicate de protoxyde de fer que les argiles verdâtres doivent leur couleur. C'est au peroxyde de fer hydraté que les argiles doivent leur couleur rouge ou jaune; alors elles portent les noms de *terres bolaires*, de *terres glaises*, d'*ocre*, etc. L'oxyde de manganèse n'entre jamais que pour une petite quantité dans les argiles. Les argiles mélangées de carbonate de chaux sont très-communes : on les reconnaît à la propriété qu'elles ont de faire effervescence avec le vinaigre et les acides. Celles où le carbonate calcaire abonde constituent les marnes qui servent à amender les terres sablonneuses désignées dans la science agricole sous le nom de *terres froides*, et qui s'emploient avec beaucoup d'avantage dans la fabrication de la faïence, en raison de leur fusibilité.

Les argiles renferment presque toutes du sable *quartzeux*; on le prouve en pétrissant la pâte avec de l'eau et en la lavant avec soin; alors l'argile reste en suspension tandis que le sable se précipite. Le bitume fait partie de beaucoup d'argiles ; il en est qui en contiennent une si grande quantité, qu'on est tenté, au premier aspect, de les prendre pour des combustibles. On les exploite même maintenant pour le bitume qu'elles contiennent. Lorsqu'on les calcine, elles noircissent dans leur intérieur et ne perdent cette couleur que par un grillage soutenu.

Toutes les argiles mises en contact avec l'eau s'y gonflent et s'y délayent rapidement. Humectées convenablement et pétries, elles donnent lieu, en vertu de leur *propriété plastique*, à des pâtes liantes et ductiles, susceptibles de toutes sortes de formes, et qui, exposées à l'air, se dessèchent peu à peu, prennent beaucoup de retrait et se fendillent en même temps toutes les fois que la dessication n'a pas été extrêmement lente. Calcinées au rouge naissant, elles n'abandonnent pas complétement leur eau de combinaison; à la chaleur blanche elles en contiennent encore sensiblement, se contractent beaucoup, et deviennent assez dures pour faire feu au briquet. Les acides étendus d'eau ne les attaquent pas. L'acide sulfurique dissout l'alumine tout entière à la chaleur de l'ébullition. Les dissolutions alcalines sont sans action sur elles; mais les alcalis et les carbonates forment avec toutes, au degré de la chaleur rouge, des silicates

doubles peu fusibles, insolubles dans l'eau seule, et très-solubles au contraire dans l'eau chargée d'acide sulfurique, azotique ou chlorhydrique.

L'argile *kaolin* est précieuse, car elle sert à faire la porcelaine, dont la consommation est considérable dans l'économie domestique. Cette argile se compose, quand elle est pure, de 48 de silice et de 52 d'alumine, composition qui est très-bien représentée par la formule Al^2O^3, SiO^3. Ce kaolin paraît provenir, au dire des minéralogistes et des géologues, de la décomposition des roches *feldspathiques*, dont la composition peut être représentée, d'après M. Berthier, par la formule $KOAl^2O^3, 4SiO^3$. On trouve des carrières de kaolin : en France, à Saint-Yriex; près Limoges; à Chauvigny et à Maupertuis, dans les environs d'Alençon; près de Bayonne; en Angleterre, dans le comté de Cornouailles; en Saxe; en Chine et au Japon.

L'argile *figuline* est très-douce au toucher, et forme avec l'eau une pâte assez tenace. On l'emploie dans la fabrication des fourneaux, des faïences et poteries grossières à pâte poreuse et rougeâtre. Il en existe une grande quantité près de Paris, dans les environs de Vanvres, de Vaugirard, d'Arcueil, dont on se sert non-seulement pour faire les poteries du plus bas prix, mais encore pour glaiser les bassins et pour modeler.

Parmi les autres argiles on distingue : 1° l'argile du Montet, près du Creusot, qui est d'un blanc un peu grisâtre, dont les grains sont fins et qui sert à faire d'excellentes briques réfractaires ; 2° l'argile de Hesse, en Allemagne, qui sert à faire des creusets très-réputés dans toute l'Europe, et qui prend une petite teinte rougeâtre par la calcination; 3° l'argile d'*Abondant*, près de Dreux, qui est blanche, qui a beaucoup de ténacité, et qui sert à faire les étuis ou gazettes dans lesquels on cuit la porcelaine; 4° l'argile *smectique* ou *terre à foulon*, qui est onctueuse, grasse au toucher, qui se dilate facilement dans l'eau. Cette argile sert à enlever aux étoffes de laine l'huile qui est employée dans leur fabrication : à cet effet, on les foule avec une certaine quantité de cette argile et d'eau; 5° l'argile de Montereau-sur-Yonne, qui est grise, très-liante, qui blanchit par un feu médiocre, et devient d'un fauve sale par un grand feu : c'est avec cette argile qu'on fait à Montmartre et à Paris les faïences fines et blanches, nommées *terres blanches*, *terres à pipe* ou *terres anglaises*.

ARGILE SMECTIQUE. — Ce sont des argiles très-grasses au toucher, qui se délayent dans l'eau, qu'elles rendent plus ou moins savonneuse; ce qui fait que, dans les endroits où elles existent, le peuple s'en sert pour blanchir le linge, et à tous les usages auxquels nous employons ordinairement le savon. Elles sont de la plus grande utilité pour les fabriques de draps, et c'est par leur moyen qu'on débarrasse ces tissus de l'huile dont on a été forcé d'imbiber la laine pour la travailler. On foule ces étoffes avec cette terre dans de grandes auges et sous des pilons de bois, et c'est de là qu'est venue la dénomination de terre à foulon.

C'est aussi une argile smectique qu'on emploie comme pierre à détacher, qui est particulièrement utile pour les taches de graisse; celle qu'on vend à Paris, sous la forme de tablettes, est une marne de la formation gypseuse, qui forme une couche épaisse à Montmartre. On l'emploie seule, ou mélangée avec un peu de carbonate de soude. C'est ce dernier sel qui produit surtout l'effet de raviver les couleurs dégradées par l'acide nitrique, dont les gens qui les vendent font journellement l'expérience sur les places publiques.

ARICINE. — On a donné ce nom à un alcaloïde analogue à la cinchonine par quelques caractères, et qui a été découvert, en 1829, dans une écorce venue d'Arica, et mélangée avec quelques espèces de quinquina.

Cette écorce, analysée par MM. Pelletier et Corriol, leur a offert ce nouvel alcali organique qu'ils ont désigné sous le nom d'aricine.

L'acide nitrique concentré lui fait prendre une belle couleur verte.

ARNAUD DE VILLENEUVE.—A l'époque où florissaient Roger Bacon et Albert le Grand, la France ne possédait aucun savant de quelque renom, qui fût versé dans les études chimiques ; mais elle ne resta pas longtemps en arrière. Un homme, dont la renommée égala celle des chimistes que nous venons de citer, Arnaud de Villeneuve, né en 1238, à Villeneuve en Languedoc, ne tarda pas à se montrer, et fit faire à la chimie des progrès plus grands qu'Albert le Grand, et comparables à ceux qu'on attribue à Roger Bacon.

S'il n'est point l'inventeur de l'art de distiller, art beaucoup plus ancien, puisque Dioscoride a donné une description de l'alambic qu'il nomme *ambica*, la particule *al* ayant été ajoutée plus tard, du moins est-il certain qu'on lui doit d'avoir insisté sur l'utilité de la distillation, et d'avoir répandu la connaissance de quelques-uns des produits les plus importants que l'on extrait par ce moyen. Si ce n'est pas lui qui a découvert l'esprit de vin, il est toujours constant que c'est lui qui en a fait connaître les principales propriétés.

Vous serez curieux de savoir comment il s'exprime à ce sujet. Dans *l'Antidotarium*, vous trouverez quatre lignes sur la distillation des médicaments, où il dit que la distillation du vieux vin rouge donne une *eau ardente* d'un excellent usage contre la paralysie, etc. Et ailleurs, dans son traité *De conservanda juventute*, vous lirez : « Discours sur *l'eau* de vin, que quelques-uns appellent *eau-de-vie*, etc. » Ces façons de s'exprimer supposent que cette liqueur aurait été généralement connue, et laissent le droit de penser qu'Arnauld joue ici le rôle d'historien plutôt que celui d'inventeur.

On le donne aussi comme ayant découvert l'essence de térébenthine; et il la désigne sous le nom d'*oleum mirabile*; mais il faudrait ajouter qu'il rapporte à un autre que lui l'honneur de la découverte de l'essence de romarin. En effet, contre sa coutume, il raconte en détail comment Azanarès, se trouvant à Babylone, apprit d'un vieux médecin sarrasin, à force de soins et d'instances, le procédé qui permit d'obtenir cette essence par la distillation.

Après avoir fait ses études de médecine à Paris, il professa cette science à Montpellier d'une manière très-distinguée. Les ouvrages fort nombreux qu'il a laissés indiquent des notions saines de médecine, une pharmacologie aussi avancée qu'on peut l'attendre de cette époque, et des connaissances de chimie qui ne sont point sans intérêt, dont quelques-unes même en ont beaucoup. D'ailleurs, Arnaud de Villeneuve possède, comme les autres, la pierre philosophale, et donne la recette pour faire de l'or, mais en termes inintelligibles et dans lesquels il est impossible de comprendre absolument rien, à moins d'être initié au langage sous lequel les chimistes se plaisaient à cacher leurs moyens de procéder et leurs découvertes réelles ou fictives en ce genre.

Les ouvrages d'Arnaud de Villeneuve sont remplis de faits et de détails instructifs ; mais la forme n'en est pas exempte d'une pédanterie rigide qui les rend difficiles à lire. Ils sont composés d'une multitude de traités divisés uniformément en sections et en articles, écrits d'un style aride et pauvre, qui ferait supposer que ce sont des résumés de ses leçons faits par lui ou plutôt par ses élèves.

Rien n'y rappelle l'esprit vif ou élevé que ses découvertes et ses succès près des grands permettent de lui attribuer, ni le scepticisme qu'on lui a prêté et qui s'accorde bien avec les diverses circonstances de sa vie. Poursuivi à Paris comme hérétique, il se réfugia en Sicile, auprès de Frédéric d'Aragon. Le pape Clément V, étant tombé malade, l'appela auprès de lui pour le soigner; mais il périt dans la traversée de Naples à Avignon, en 1314.

ARRAGONITE (*carbonate de chaux prismatique*). —Doit son nom au royaume d'Aragon, où elle fut trouvée pour la première fois : elle a été rencontrée depuis dans les Pyrénées, etc., engagée dans du gypse; sa couleur est gris verdâtre ou gris de perle ; dans le milieu, elle est souvent d'un bleu violet et verte. On ne l'a encore trouvée que sous forme de cristaux hexaèdres, ayant deux faces opposées, plus larges. Les six faces sont striées dans leur longueur ; la cassure tient le milieu entre la fibreuse et la lamelleuse ; elle raie le spath calcaire, est très-cassante, clivage double, l'un parallèle à l'axe des cristaux, et l'autre formant avec lui un angle de 116°,0'. Poids spécifique, 2,9468.

Variétés. — *Arragonite cristallisée* en prismes simples rhomboïdaux (assez rare), modifiés par des sommets à deux faces, ou bien en prismes hexaèdres irréguliers, terminés par des sommets dièdres ou polyèdres. — *Maclée*, disposés en groupes réguliers.—*Aciculaire.* — *Coralloïde* ou *flos ferri*. Ce stalactite est remarquable par ses canaux intérieurs, qui ne sont pas verticaux; ils ont différentes directions; leur structure est fibreuse et leur cassure souvent vitreuse. — *Bacillaire.* — *Fibreuse*, etc

ARROW-ROOT. — MOUSSACHE. — Fécules que fournissent les racines de différentes plantes des Antilles; elles sont très-adoucissantes et très-faciles à digérer. Celle que l'on connaît sous le nom de *fécule de dictame* ou de *moussache de Barbade* est une des plus digestibles et des plus douces. On a vu ces fécules réussir souvent, lorsqu'il fallait rechercher des aliments de leur nature, et que les meilleurs farineux n'étaient pas bien supportés; et je regarde comme mal informés les auteurs qui nous disent qu'elles peuvent toujours se remplacer par la fécule de pomme de terre. Elles sont surtout précieuses lorsque l'estomac et les intestins sont très-sensibles. Elles conviennent beaucoup aux petits enfants, etc.

Elles s'emploient et se préparent absolument comme la fécule de pomme de terre.

ARSENIATES. *Voy.* Arsenic (*sels*).

ARSENIC. — Il est très-anciennement connu; Dioscoride se servait déjà du mot *arsenicum*. Aristote connaissait l'arsenic sous le nom de *sandaraque*. Paracelse savait qu'on pouvait extraire un métal de l'arsenic blanc. Il se trouve dans la nature, quelquefois à l'état métallique, plus souvent combiné avec le soufre et les métaux.

L'arsenic est solide, gris d'acier, fragile, brillant lorsque sa cassure est récente, se ternissant bientôt à l'air; sa texture est grenue et écailleuse; frotté, il communique aux doigts une odeur sensible. Il n'a pas de saveur; sa pesanteur spécifique = 5,959. Soumis à une chaleur de 180°, il se volatilise sans se fondre. Pour le fondre il faut le chauffer à une pression plus forte que celle de l'atmosphère.

L'oxygène et l'air humide oxydent lentement l'arsenic, mais, à une température élevée, l'oxygène est promptement absorbé et il se forme un acide blanc appelé *arsénieux*. Plusieurs métalloïdes, l'hydrogène même, se combinent avec l'arsenic de même que la plupart des métaux. L'eau n'a aucune action sur lui, à moins qu'elle ne contienne de l'air, car alors l'arsenic s'empare de l'oxygène dissous, forme de l'acide arsénieux qui se dissout. Cette dissolution est connue sous le nom de *mort aux mouches*.

L'arsenic se trouve à l'état natif, à l'état d'oxyde et de sel, et combiné avec le soufre ou divers métaux. On l'obtient en traitant l'oxyde blanc par du charbon qui s'empare de l'oxygène, et l'arsenic mis à nu se volatilise.

Uni à l'étain, le cuivre et le platine, il sert à faire des miroirs de télescope. L'arsenic se combine en trois portions avec l'oxygène; il forme un sous-oxyde et deux acides.

Sous-oxyde arsénique. — Il se forme par l'oxydation de l'arsenic à l'air libre; c'est une poudre noire qui, lorsqu'on la chauffe, se sublime, d'abord en acide arsénieux, puis en arsenic.

Acide arsénieux (oxyde d'arsenic). — On le connaît sous le nom d'*arsenic blanc*; il est rare dans la nature, mais il s'en forme une grande quantité pendant le grillage des minerais de cobalt arsénifère; il se dégage avec la fumée et se condense dans de grands réservoirs; on le purifie par sublimation.

Propriétés. — Distillé lentement il se sublime sous forme d'octaèdres réguliers. Ordinairement il est en masse d'un blanc de lait, vitreux dans sa cassure. Chauffé au rouge naissant, il se ramollit, se volatilise sous forme de vapeur blanche, sans odeur déterminée; l'odeur d'ail appartient à l'arsenic métallique qui s'oxyde. La densité de l'acide arsénieux est de 3,699. Lorsqu'une solution concentrée d'acide arsénieux cristallise, elle en contient $\frac{1}{15}$. Immédiatement après la sublimation, l'acide arsénieux est en morceaux vitreux, transparents, qui peu à peu blanchissent du dehors en dedans. D'après Guibourt, l'acide vitreux pèse 3,7385, l'acide laiteux 3,699. Ce dernier est beaucoup plus soluble dans l'eau que le premier. La dissolution de l'acide vitreux rougit le papier de tournesol; celle de l'acide laiteux paraît plutôt douée d'une réaction alcaline.

Composition. L'acide arsénieux est composé de 2 atomes d'arsenic et de 3 atomes d'oxygène; sa capacité de saturation est égale aux $\frac{4}{3}$ de la quantité d'oxygène qu'il contient. Divers acides dissolvent l'acide arsénieux; mais les combinaisons ne jouissent pas des propriétés qui caractérisent les sels.

Usages. — On emploie cet acide dans les arts, dans les manufactures de toiles peintes, dans la fabrication du verre, pour préparer l'orpiment, le verre de Schéele. Connu sous le nom d'arsenic, mélangé avec de la farine, il sert à empoisonner les rats. Quoiqu'un des poisons les plus violents, il s'emploie en médecine (1).

(1) On prépare moyennement, chaque année, dans les usines de Reichenstein et d'Altemberg, 1500 quintaux métriques d'acide vitreux, et 25 quintaux métriques d'acide en farine. Ce sont le plus souvent des criminels condamnés à mort qui exécutent ces dangereuses opérations. Sans cesse exposés à des vapeurs mortelles, ils ont besoin de prendre des précautions de régime; les boissons alcooliques leur sont funestes; on leur distribue par jour deux petits verres d'huile d'olive; ils prennent peu de viande et mangent principalement des légumes accommodés avec beaucoup de beurre. — L'*arsenic sublimé*, avec lequel les empoisonnements avaient lieu au moyen âge n'est autre chose que l'acide arsénieux. Charles le Mauvais, roi de Navarre, le même qui périt dans un bain d'eau-de-vie enflammée, était très-versé dans la pratique de la science hermétique, et surtout dans la connaissance des poisons. Il chargea, en 1384, le ménestrel Woudreton d'empoisonner Charles VI, roi de France, le duc de Valois son frère, et ses oncles les ducs de Berri, de Bourgogne et de Bourbon. Voici les instructions qu'il lui donna à cet égard : « Il est une chose qui se appelle *arsénit sublimat*. Se un

Acide arsénique. — Découvert par Schéele. On le prépare en faisant bouillir 8 parties d'acide arsénieux, 2 parties d'acide hydrochlorique et 24 parties d'acide nitrique. On distille dans des vases de verre jusqu'à consistance sirupeuse ; on chauffe ensuite dans un creuset de platine à une chaleur voisine de la chaleur rouge et longuement prolongée. A la chaleur rouge, il se décompose en une masse contenant des acides arsénieux et arsénique. Cet acide est d'un blanc de lait ; il attire l'humidité de l'air et peut former des cristaux déliquescents.

Composition. — L'acide arsénique est formé de 2 atomes d'arsenic et 5 d'oxygène.

Mitscherlich a fait voir que les acides phosphorique et arsénique, saturés par les mêmes bases, donnaient des sels qui cristallisaient de même et étaient isomorphes, et c'est sur ces deux acides qu'il fit pour la première fois ses importantes observations sur l'isomorphisme.

Hydrogène arséniqué. — Il est gazeux, formé de 1 volume d'arsenic et de 3 volumes d'hydrogène condensés en 2 volumes. C'est l'*arséniure trihydrique, hydrogène arséniqué,* découvert par Schéele. Le meilleur moyen d'obtenir ce gaz à l'état de pureté est de traiter par les acides l'arséniure de zinc obtenu par la fusion des deux métaux. L'hydrogène arséniqué est un gaz incolore ; son odeur est toute particulière ; sa densité est de 2,695. La chaleur modérée d'une lampe à esprit de vin suffit pour le décomposer. L'oxygène, à l'aide d'une étincelle, le brûle. Le chlore, l'iode, le soufre, le phosphore, décomposent l'hydrogène arséniqué. L'eau dissout $\frac{4}{5}$ du volume de ce gaz. Les acides nitrique et sulfurique le décomposent. C'est un gaz très-délétère ; plusieurs chimistes ont éprouvé de graves accidents en le préparant (1).

Arséniates. — L'acide arsénique forme avec les bases des sursels et des sous-sels dans la même proportion que l'acide phosphorique. On reconnaît les arséniates au chalumeau, par l'odeur qu'ils répandent au feu de réduction. Fondus dans un tube de verre avec de l'acide borique et de la poudre de charbon, ils donnent de l'arsenic métallique. Ce caractère convient également aux arsénites ; pour les distinguer on observera que le nitrate d'argent précipite les arséniates en rouge brique

Arsénites. — Le nitrate d'argent produit dans leur dissolution un précipité jaune clair, surtout quand ils sont bien saturés et que la dissolution du nitrate ne renferme point d'acide libre ; quand on ajoute aux arsénites un excès d'acide, ils donnent instantanément, par le gaz sulfhydrique, un précipité d'un beau jaune. Les arséniates précipitent moins rapidement par ce réactif ; le précipité est d'un jaune clair. Les arsénites produisent avec les sels de cuivre une couleur verte, connue sous le nom de *vert de Schéele.*

L'arsenic agit comme poison sur les végétaux et les animaux vivants, sans exception. L'acide arsénique et après lui l'acide arsénieux sont les combinaisons les plus vénéneuses de ce métal. Les sels et les sulfures le sont à un bien moindre degré. C'est une connaissance utile à tout le monde que celle des phénomènes propres à faire naître le soupçon d'un empoisonnement avec ce métal dangereux, et des moyens qu'il convient d'employer comme antidote. Les symptômes occasionnés par une dose dangereuse d'arsenic commencent environ un quart d'heure après que le poison a été pris. Le malade éprouve d'abord des douleurs à l'estomac, accompagnées d'anxiété, puis une chaleur brûlante dans l'estomac et dans les intestins, avec une soif presque inextinguible ; plus tard surviennent, l'un après l'autre, des vomissements, d'affreuses coliques, et quelquefois une diarrhée violente, dans laquelle le rectum perd sa tunique interne et s'ulcère ; des sueurs froides, des syncopes, des spasmes cruels dans les bras et dans les jambes, la perte du sentiment, des convulsions, et enfin la mort. Cet état terrible peut se prolonger de cinq à dix heures et souvent au delà. Le cadavre se gonfle beaucoup, et si l'individu était pléthorique, et que la saison soit chaude, il entre promptement en putréfaction fétide, à laquelle l'arsenic n'a cependant point de part directe. A l'ouverture du corps, on trouve la membrane interne de l'estomac enflammée, çà et là corrodée et détruite ; cependant il n'est pas sans exemple que des empoisonnements d'arsenic aient eu lieu sans des symptômes inflammatoires apparents. Les vaisseaux du cerveau sont gorgés de sang, et il n'est pas rare qu'il y en ait quelques-uns de rompus ; de sorte qu'on y observe les mêmes phénomènes que dans l'apoplexie, quoique à un plus haut degré.

Recherches médico-légales sur l'arsenic. — On se propose souvent de rechercher l'arsenic dans le cadavre d'une personne qu'on soupçonne avoir été empoisonnée par une préparation arsénicale. Voici les expériences qu'on exécute à cet effet.

On fait bouillir le contenu de l'estomac et ses membranes coupées avec de l'eau rendue alcaline par un peu de potasse caustique ; on sursature la liqueur avec de l'acide hydrochlorique, on la filtre et on y fait passer un courant de gaz sulfhydrique. Si elle

---

homme en mangeait aussi gros que un poiz, jamais ne vivrait. Tu en trouveras à Pampelune, à Bordiaux, à Bayonne et par toutes les bonnes villes ou tu passeras, à hôtels des apothicaires. Prends de cela et fais en de la poudre, et quand tu seras dans la maison du roy, du comte de Valois son frère, des ducs de Bérry, Bourgoigne et Bourbon, tray-toi près de la cuisine, du dréçouer, de la bouteillerie, et de quelques autres lieux où tu verras mieulz ton point ; et de cette poudre mets ès potages, viandes ou vins, au cas que tu le pourras faire à ta seureté ; autrement ne le fay point. » — Woudreton fut pris, jugé et écartelé en place de Grève, en 1384.

(1) Parmi les composés sulfurés, nous devons mentionner le *protosulfure d'arsenic.* Voy. RÉALGAR.

renferme de l'arsenic, elle jaunit au bout de quelque temps, puis il s'en précipite du sulfure d'arsenic,à l'état de poudre jaune. Si la quantité d'arsenic est très-faible, la liqueur devient jaune sans qu'il y ait formation d'un précipité ; mais, en l'évaporant, le sulfure d'arsenic se dépose à mesure que l'acide se concentre par l'évaporation. On fait passer la *dissolution* à travers un très-petit filtre, et on lave le sulfure d'arsenic. Si la quantité en est tellement petite qu'on ne puisse le retirer du filtre, on l'enlève au moyen de l'ammoniaque caustique qu'on évapore ensuite dans un verre-de montre ; le sulfure qui reste peut être détaché du verre et recueilli. On le transforme en acide arsénique ; à cet effet on le jette peu à peu sur du nitre qui se trouve à l'état de fusion dans un tube de verre fermé par un bout. Le sulfure d'arsenic s'oxyde avec une faible effervescence et sans déflagration ; alors on dissout le sel qui reste dans quelques gouttes ou dans le moins d'eau possible ; on ajoute à la liqueur un excès d'eau de chaux et on la fait bouillir pour rassembler l'arséniate calcique. On expose ce sel à une légère chaleur rouge, on le mêle avec du charbon récemment rougi et on introduit le mélange dans un tube de verre fermé par un bout effilé. On commence par chauffer doucement le tube afin de chasser l'humidité que le-mélange pourrait avoir absorbée ; puis on expose le fond à la flamme du chalumeau jusqu'à ce que le verre commence à fondre. L'arsenic est alors réduit et se rassemble dans la portion étroite où il se trouve réparti sur une surface si petite, que les doses les plus faibles peuvent être reconnues. Il suffit d'un $\frac{1}{4}$ centigramme de sulfure d'arsenic pour avoir une réaction décisive.

Quand on ajoute de l'acide borique au mélange précédent, la réduction s'opère à une température moins élevée ; mais comme cet acide entre toujours en fusion et se boursoufle, il est préférable de ne pas l'employer.

Procédé de Marsh. — Le procédé précédent est aussi sûr qu'exact ; mais aujourd'hui on emploie un moyen beaucoup plus sensible, et que des débats judiciaires et académiques ont rendu très-célèbre ; je veux parler du *procédé de Marsh*.

Le procédé de Marsh rend facilement sensible $\frac{1}{1000000}$ d'acide arsénieux existant dans une liqueur ; des taches commencent même à paraître avec une liqueur renfermant $\frac{2}{2000000}$ environ.

Si le procédé de Marsh était toujours appliqué par des savants habiles et expérimentés, j'admettrais parfaitement l'emploi de ce moyen ; mais considérant, 1° que des hommes très-exercés ont trouvé par ce procédé de l'arsenic où on n'en trouve pas ; 2° que les réactifs employés peuvent contenir de l'arsenic, et qu'on peut introduire dans l'expertise le corps du délit, résultat à jamais déplorable, je conclus que cet appareil ne doit être employé qu'avec la plus grande réserve par des commissions d'experts bien

sûrs d'eux-mêmes, et que le plus souvent il vaut mieux recourir aux moyens anciennement usités.

Antidotes ou contre-poisons. — Faire vomir, puis administrer de l'hydrate de peroxyde de fer en grande quantité.

Quand on soupçonne qu'un homme, qui tombe subitement malade, est empoisonné, on a recours à trois moyens pour le sauver. On peut lui administrer des vomitifs, qui font évacuer le poison ; ou des remèdes neutralisants, qui suspendent l'action du venin, ou en adoucissent l'effet ; ou enfin, on peut lui donner des substances enveloppantes, qui garantissent les intestins contre le poison. Aucun de ces moyens ne doit être négligé. On commence par des vomitifs, pour faciliter l'évacuation par le vomissement, que le poison produit ordinairement de lui-même ; on donne une grande quantité d'eau tiède ou de lait contenant un peu d'alcali, pour rendre sa saveur plus nauséabonde. L'ipécacuanha est préférable aux autres vomitifs dans les empoisonnements par l'arsenic, car il irrite moins l'estomac. Cependant on emploie souvent le sulfate zincique, à cause de la promptitude de son action, qui ne laisse point à l'arsenic le temps d'agir sur la membrane interne de l'estomac. Il faut recueillir les matières que le malade a rendues, pour les examiner ; car souvent la majeure partie du poison sort par cette voie. On donne ensuite des remèdes neutralisants, qui sont, dans les empoisonnements par l'arsenic, les alcalis et l'eau chargée de gaz sulfide hydrique. Les premiers méritent la préférence, parce qu'on les a toujours sous la main ; il suffit de verser de l'eau bouillante sur des cendres ordinaires, et de mêler cette lessive avec du lait ou de la soupe de gruau un peu épaisse ; on en fait prendre beaucoup au malade, et on lui en administre une portion nouvelle, quand il a rendu la première par des vomissements. Faute de lessive, on peut employer une dissolution de savon dur, qui est cependant moins efficace. L'alcali se combine avec l'acide arsénieux, pour former de l'arsénite potassique, qui est beaucoup moins vénéneux, tandis que le lait où le gruau revêt les membranes de l'estomac, et les protége contre l'action de ces matières nuisibles. Je ne saurais décider si l'eau chargée de gaz sulfide hydrique, quand on peut s'en procurer, doit être préférée à l'alcali ; car je ne sache pas qu'on ait établi une comparaison entre la vénénosité de l'arsénite et celle du sulfure. Si la comparaison était à l'avantage de ce dernier, le mieux serait peut-être d'administrer quinze à vingt grains de foie de soufre, dissous dans une grande quantité d'eau, par exemple, dans une chopine. A côté de tous ces antidotes, il ne faut point négliger les enveloppants, parmi lesquels le lait occupe le premier rang. Quand le plus grand danger a disparu, il reste une susceptibilité des intestins, qui peut occasionner la mort, par suite d'imprudence ou de mauvais traitement. En général, il est beaucoup plus facile de sauver des personnes âgées que des jeunes gens, et on a remarqué que des animaux très-vieux pouvaient supporter, sans être fort incommodés, des doses qui tuaient rapidement de jeunes individus de la même espèce.

ARSÉNIEUX (acide). *Voy.* ARSENIC.

ARSÉNIQUE (acide). *Voy.* ARSENIC.

ARSÉNITE de cuivre. *Voy.* CUIVRE (*sels*).

ARSÉNITE DE POTASSE. *Voy.* POTASSE

ASBESTE. *Voy.* AMIANTE.

ASPARAGINE.—Cette substance, trouvée d'abord dans le suc des tiges d'asperges, par Vauquelin et M. Robiquet, a été rencontrée dans d'autres parties de végétaux; sa présence a été démontrée dans les racines de guimauve, de consoude et les pommes de terre. On l'obtient par la concentration du suc ou de l'infusion aqueuse de ces parties de plantes.

ASPHALTE (*bitume de Judée; karabé de Sodome: baume de momie*). — Cette substance est connue de temps immémorial sur les bords du lac de Judée, ou lac Asphaltique. Elle se porte continuellement à la surface des eaux de ce lac, et elle est poussée par le vent dans les anses et les golfes, où on la recueille. On cite à la surface des mers un grand nombre de lieux où le bitume se trouve de la même manière.

Les anciens Égyptiens ont employé l'asphalte de Judée pour embaumer les corps, et en faire ce que nous nommons aujourd'hui des *momies ;* toutes les parties du cadavre en étaient pénétrées, toutes les cavités en étaient remplies. Il paraît qu'ils se sont servis aussi de bitume, mais sans qu'on puisse dire positivement de quelle espèce, pour les constructions, et l'on assure que les murs de Babylone étaient construits en briques cimentées par du bitume fondu.

Aujourd'hui, le principal usage de l'asphalte est pour la confection de la couleur qu'on nomme *momie*, parce que la matière dont on se sert a été quelquefois extraite des cadavres embaumés tirés d'Egypte, et que l'on a cru être de meilleure qualité. On le fait aussi entrer dans des vernis noirs, et quelquefois dans la cire à cacheter noire.

ASSA FOETIDA.— On l'extrait, par incision, de la racine du *ferula assa fœtida*. Quand elle vient d'être desséchée, cette gomme-résine est d'un jaune clair; mais avec le temps elle se rembrunit. Elle se compose de grains jaunes, brun clair et blancs, agglomérés en une masse. Elle a une odeur et une saveur fortes, très-désagréables, se raye sous l'ongle et se ramollit dans la main.

L'assa fœtida est très-employé en médecine. Il doit son efficacité à l'huile volatile et à la résine qu'elle contient. Dès qu'il a perdu son odeur en vieillisant, il est sans action. Aux Indes on a l'habitude de frotter les plats avec cette gomme-résine pour épicer les mets (1).

(1) L'odeur si agréable du citron était bien en exécration chez la plupart des peuples anciens! C'est bien le cas d'appliquer le dicton populaire : qu'il ne faut pas disputer des goûts et des couleurs.

Dans l'Amérique du nord, les chasseurs ont reconnu depuis longtemps que l'odeur de l'assa fœtida produit sur les renards une espèce de paralysie qui leur ôte l'usage de toutes leurs facultés. Lorsque les chasseurs font une battue, ils sont armés de brandons en résine dans laquelle on a fait dissoudre de l'assa fœtida. La fumée qui s'exhale de leurs torches, fortement imprégnée de l'odeur de cette substance, suffit pour ôter aux renards jusqu'à la volonté de s'enfuir.

ASTÉRIE. — On appelle ainsi une étoile blanchâtre à six rayons, que l'on remarque sur quelques variétés de corindon. Elle s'observe par réflexion, et aussi par réfraction, lorsqu'on place la pierre entre l'œil et une vive lumière. Ce phénomène est un fait dont on n'a pas d'explication, seulement on remarque qu'il est en rapport symétrique avec la forme des cristaux dans lesquels on l'observe. L'étoile ne se présente en effet que dans les cristaux qui sont taillés perpendiculairement à l'axe, surtout lorsqu'ils le sont en cabochon ; chacun des rayons correspond à une arête culminante du rhomboèdre, qui est la forme primitive du corindon; trois rayons correspondent au sommet supérieur, et les trois autres au sommet inférieur. Il y a des cristaux de corindon qui n'offrent qu'une partie de ce phénomène; ce sont des cristaux naturels à sommets rhomboédriques, dont les arêtes culminantes sont un peu arrondies; chacune de ces arêtes présente alors une ligne brillante, d'un éclat fort analogue à celui que l'on reconnaît dans l'étoile en question. Il résulte de là qu'on peut soupçonner que trois des rayons de l'étoile appartiennent au sommet tourné vers l'observateur, et les trois autres au sommet opposé, vu à travers la pierre. Lorsque cette pierre est taillée en boule, on voit les rayons d'un sommet se prolonger jusqu'à l'autre, de sorte que les lignes lumineuses se présentent comme des côtes sur la partie de la boule qui correspond à un prisme hexaèdre placé entre ces deux sommets.

Il est nécessaire de faire remarquer que le phénomène ne se laisse bien apercevoir que sur les variétés de corindon dont la transparence est un peu troublée; on le reconnaît plus communément dans les variétés bleues, connues dans le commerce sous le nom de saphir, que dans les variétés rouges, connues sous le nom de rubis; et, en effet, ce sont les variétés bleues qui sont plus sujettes à devenir laiteuses.

On observe aussi un phénomène analogue dans le grenat; on aperçoit alors une étoile très-vive à trois ou six rayons, quatre ou huit. *Voy.* SAPHIR.

ATMOMÈTRE. *Voy.* ÉVAPORATION.

ATMOSPHÈRE. — L'atmosphère est cette couche de corps gazeux qui entoure la surface du globe. Les substances qui la composent n'ont pas assez de cohésion pour prendre la forme solide ou liquide, et, par leur réunion avec le calorique, elles résistent à l'action de la pesanteur et des autres forces mécaniques qui cherchent à leur donner da-

vantage de consistance. Elles ne sont retenues que par l'attraction de la masse terrestre, sans laquelle elles se répandraient à
l'infini dans l'espace. C'est ce qui fait qu'elles
sont plus denses que partout ailleurs à la
surface de la terre, où l'attraction agit avec
plus d'énergie, et que leur densité diminue
à mesure qu'elles s'élèvent, de manière
qu'elles se terminent enfin par un espace vide.

Les recherches de Faraday ont mis hors
de doute que les substances gazeuses, comme
celles qui sont liquides, ont une face horizontale à un degré de ténuité qui varie pour
chaque corps à chaque température. Ainsi,
par exemple, dans un espace clos contenant
de l'acide sulfurique, du mercure et autres
substances peu volatiles, conjointement avec
de l'air, les vapeurs de ces corps ne s'élèvent que jusqu'à une certaine hauteur au-
dessus de la surface du liquide ; ce dont on
peut facilement se convaincre au moyen de
réactifs que l'on tient à des hauteurs différentes. Que, dans un long vase cylindrique,
on suspende des feuilles d'or à diverses hauteurs sur du mercure, et qu'ensuite on laisse
l'appareil en repos, les feuilles s'amalga-
ment jusqu'à une certaine hauteur, mais
point au-dessus, et cet effet n'a lieu à zéro
que très-près de la surface du métal, tandis
qu'à $+$ 10 degrés il se manifeste à une couple de pouces de hauteur, et qu'à $+$ 20 degrés il atteint déjà jusqu'à dix pouces. Il suit
donc de là que les corps évaporés, qui font
partie de l'atmosphère, ne s'élèvent pas aussi
haut que l'air proprement dit, et que leur
surface horizontale se maintient bien au-
dessous de celle de ce dernier.

Pendant longtemps on a été partagé sur la
question des limites de l'atmosphère. Laplace avait bien cherché à démontrer, par
les lois de la gravitation, qu'elle ne peut
point s'étendre à l'infini, mais c'est à Wollaston que nous devons les arguments les
plus concluants contre cette hypothèse. Si
l'univers était rempli d'un air atmosphérique excessivement rare, chacun des corps
qu'il contient devrait en condenser autour
de lui une quantité proportionnelle à sa
masse et à sa force d'attraction, de manière
que, dans notre système planétaire, le Soleil,
Jupiter et Saturne devraient être entourés
d'atmosphères beaucoup plus considérables
que celle de la Terre. Mais, en observant le
passage de Vénus devant le disque du Soleil,
Wollaston n'a pu apercevoir aucune trace de
la réfraction qui aurait dû avoir lieu, si ce
dernier astre était réellement entouré d'une
enveloppe gazeuse, augmentant peu à peu
de densité. Les observations des éclipses des
satellites de Jupiter prouvent suffisamment
aussi que Jupiter n'est point entouré d'une
atmosphère ; d'où il résulte que l'atmosphère
est une particularité propre à la Terre, et
que, par conséquent, elle doit avoir des limites bien tranchées.

On peut calculer la hauteur de l'atmosphère d'après l'état du baromètre et les lois
connues de la condensation. Sa hauteur
moyenne est estimée à environ 9 lieues géo-

graphiques ; sa forme est sphéroïdale, comme
celle du globe terrestre ; mais le diamètre
qui passe par son équateur est beaucoup
plus grand, proportionnellement à son axe,
que celui de la Terre, parce que l'échauffement de la partie moyenne du globe raréfie
l'air en cet endroit, et forme entre les tropiques un courant ascendant que les pôles
alimentent en quantité égale à celle de l'air
qu'il entraîne.

L'atmosphère de la terre a, comme la mer,
un flux et un reflux, qui sont produits par
l'influence du soleil, et principalement de la
lune, mais qu'on ne peut cependant point
apercevoir avec le baromètre, parce que la
colonne d'air qui s'élève est soutenue par la
force attractive de la lune. Entre les tropiques, elle a en même temps un flux et reflux
journaliers, qui agissent sur le baromètre.
Tous les jours, à partir de quatre heures du
matin, l'air devient de plus en plus pesant,
et reste ainsi jusque vers midi ; alors il redevient peu à peu plus léger jusqu'à quatre
heures après midi, recommence ensuite à
augmenter de pesanteur jusqu'à dix heures
du soir, reste dans cet état jusque vers mi-
nuit, et redevient enfin plus léger jusqu'à
quatre heures du matin. Cependant les dimi-
nutions ne sont, pendant la nuit, que la
moitié de ce qu'elles sont dans le jour. Suivant toutes les probabilités, ce phénomène
dépend de l'échauffement inégal de l'atmosphère, qui entretient un courant ascendant
continuel d'air échauffé au-dessus des parties
de la terre recevant le plus de chaleur. C'est
ce qui arrive dans le jour, entre dix et quatre heures, temps durant lequel l'atmosphère
doit se refroidir en même temps dans la région opposée de la terre, où il fait nuit.

Les substances dont l'atmosphère est composée peuvent être très-variées, et différer
les unes des autres d'un grand nombre de
manières diverses. Ses parties constituantes
principales sont cependant au nombre de quatre seulement : le gaz nitrogène, le gaz oxygène, le gaz aqueux et le gaz acide carbonique, dont les deux premiers sont si peu
variables, qu'on peut à bon droit les considérer comme y existant dans une proportion fixe
et constante. On a recueilli de l'air à plusieurs milliers de toises au-dessus de la
surface du globe, dans des ascensions aé-
rostatiques ; on en a pris sur de hautes
montagnes, dans des vallées, sous la ligne,
au voisinage du pôle, et partout sa composition a paru la même. Mais la quantité de
gaz aqueux qui s'y trouve contenue est extrêmement variable, suivant la température
de l'air, et suivant que la surface de la terre
contient plus ou moins d'humidité. Quant à
celle du gaz acide carbonique, elle change
en raison des saisons, et suivant que les
animaux, les plantes et la combustion développent plus ou moins de ce gaz. L'air atmosphérique est composé de 78 $\frac{999}{1000}$ parties
de gaz nitrogène, 21 de gaz oxygène et environ $\frac{1}{1000}$ de gaz acide carbonique, le tout
évalué en volumes.

Chaque pouce cube d'air atmosphérique

pèse, terme moyen, 0,4681 grains, ou un peu moins d'un demi-grain. Par conséquent, l'air est au delà de 770 fois plus léger que l'eau, et la surface de la terre est pressée par lui avec autant de force qu'elle le serait si elle se trouvait couverte d'une couche de mercure haute de 76 centimètres, ou 28 pouces et $\frac{9}{10}$ de ligne. C'est à cette pression de l'air qu'est dû le phénomène que les anciens expliquaient par l'horreur du vide. Elle est cause en effet que de l'eau ou du mercure qu'on renferme dans une bouteille renversée s'y maintient lorsque l'ouverture du vase est assez étroite, ou qu'on l'enfonce au-dessous de la surface d'un liquide; mais si le vase est assez haut pour que la colonne d'eau ou de mercure qu'il renferme pèse plus qu'une pareille colonne d'air de la hauteur de l'atmosphère entière, cette colonne s'abaisse jusqu'à ce qu'elle fasse équilibre à la pesanteur rivale de l'atmosphère. Que, par exemple, on remplisse de mercure un tube de verre long de 30 pouces, qu'on le renverse sur-le-champ, et qu'on plonge son extrémité inférieure dans une cuve à mercure, le métal y descend jusqu'à 28 pouces $\frac{9}{10}$ de ligne, et laisse un vide d'un pouce et $\frac{1}{10}$ de ligne. Telle est l'origine du baromètre, instrument à l'aide duquel on détermine les variations de la pression atmosphérique par celles de la hauteur d'une colonne de mercure.

Chaque pied carré de la surface de la terre porte, à 76 centimètres ou 336,9 lignes de hauteur barométrique, un poids de 2216.$\frac{4}{?}$ livres, qui, à chaque ligne dont le baromètre monte ou baisse, change d'environ 6,5795 livres, ou à peu près 6 $\frac{9}{10}$.

Si l'on détermine les principes constituants de l'air atmosphérique en poids, on trouve que leurs quantités relatives sont les suivantes : gaz nitrogène, 75,55; gaz oxygène, 23,32; gaz aqueux (calculé d'après la capacité de l'air pour l'eau à la température moyenne de + 10 degrés), 1,03; gaz acide carbonique, 0,10. La pression que chacun de ces gaz exerce pour sa part, à 76 centimètres ou 336,9 lignes de hauteur barométrique, sur la colonne de mercure, correspond aux hauteurs suivantes du baromètre :

	centimèt.		lignes.
Le gaz nitrogène. . .	57,4180	ou	254,52795
Le gaz oxygène. . . .	17,7232	ou	78,56508
Le gaz aqueux. . . .	0,7828	ou	3,47007
Le gaz acide carboniq.	0,0760	ou	0,33690
	76,0000		336,90000

Le pouvoir réfringent absolu de l'air est de 0,0005891712, et l'on évalue son pouvoir relatif à 1,000. Sa chaleur spécifique, comparée à celle d'un poids égal d'eau, est de 0,2669. Quand il se raréfie, sa capacité pour la chaleur augmente dans une proportion qu'on ne connaît point encore, mais qui cependant, d'après ce qu'on a pu en juger jusqu'ici, ne paraît point être proportionnelle à sa raréfaction.

L'air est extrêmement élastique. On peut le comprimer à tel point que les instruments les plus forts n'aient plus la puissance de le retenir, sans qu'il perde pour cela son élasticité et sa forme de gaz. Il est également très-raréfiable; dans ce cas, son élasticité, ou plutôt sa force d'expansion, se comporte en raison inverse de son volume, c'est-à-dire que sa faculté de s'étendre augmente dans la même proportion que son volume diminue par la compression, ou diminue dans la même proportion qu'il se dilate (lois de Mariotte). L'instrument à l'aide duquel on mesure les changements que l'air éprouve dans sa densité, porte le nom de *manomètre*. Une *machine pneumatique*, au contraire, est un instrument qui sert à retirer l'air de vaisseaux convenablement disposés à cet effet. On ne peut toutefois pas produire un vide parfait avec le secours de cette machine, qui ne parvient qu'à raréfier beaucoup l'air. L'extrémité supérieure du tube d'un baromètre offre un vide parfait : on est dans l'usage de l'appeler *vide de Torricelli*, en l'honneur de celui qui a inventé le baromètre.

La chaleur depuis zéro jusqu'à + 100 degrés dilate l'air d'un peu plus du tiers de son volume, de manière que 100 pouces cubes d'air à zéro dont on porte la température à + 100 degrés, occupent 137,5 pouces cubes. En d'autres termes, l'air se dilate à chaque degré du thermomètre d'environ 0,00375 du volume qu'il occupe à zéro, et cette dilatation est parfaitement égale à tous les degrés; ce qui a lieu également, d'après les expériences de Humphry Davy, lorsque l'air est comprimé ou raréfié. L'air échauffé et dilaté devient plus léger, gagne les régions élevées, et se trouve remplacé par de l'air plus froid et plus dense, aussi longtemps que l'échauffement dure, ce qui entretient un courant ascendant au-dessus de l'endroit échauffé.

La température de l'atmosphère est plus élevée près de terre que partout ailleurs, parce que l'air étant diaphane ne peut point décomposer les rayons lumineux, ni par conséquent être échauffé par eux, avant que le calorique s'en soit séparé à la surface opaque du globe. Une fois qu'il est devenu chaud de cette manière, il s'élève, mais en se mêlant peu à peu avec celui des régions supérieures qui est plus froid et qui le refroidit. Voilà pourquoi on trouve l'atmosphère d'autant plus froide qu'on s'y élève davantage, de manière qu'à quelques milliers de toises au-dessus de la surface de la terre; la température est fort inférieure au degré nécessaire pour entretenir la congélation, même dans les étés les plus chauds. Cet effet doit avoir lieu jusque sous l'équateur, quoiqu'à une élévation bien plus considérable en cet endroit, ou à une certaine hauteur, la température est aussi basse qu'aux pôles, au-dessus des régions qui ont encore une certaine densité. De là vient aussi que la neige ne fond point au sommet des hautes montagnes, celles même qui sont sous la ligne; ces montagnes représentent en petit des régions où le climat et les productions sont semblables à ce que la nature nous offre en grand depuis l'équateur jusqu'aux pôles.

Quand on chauffe des corps combustibles dans l'air jusqu'à un certain degré, ils s'enflamment et brûlent, phénomène durant lequel l'air perd son gaz oxygène, et de l'azote reste, mais ordinairement mêlé avec des produits de la combustion, et désormais incapable d'alimenter celle-ci. Dans la combustion, l'air, échauffé et dépouillé de son gaz oxygène, forme un courant ascendant, et il est continuellement remplacé en-dessous par de l'air plus froid; sans cette circonstance, la combustion s'arrêterait au bout de quelques instants, c'est-à-dire lorsque le gaz oxygène, entourant immédiatement les corps combustibles, serait consumé. Voilà pourquoi le feu brûle mal, s'éteint même tout à fait, dans les foyers où l'air échauffé et devenu plus riche en azote éprouve de la difficulté pour s'élever et faire place à de l'air plus froid, qui contienne encore son oxygène. Au contraire, plus le courant est fort, plus l'air se renouvelle rapidement autour du corps en combustion, et plus ce corps doit brûler avec violence, plus il doit consumer à chaque instant d'oxygène. De là vient qu'en soufflant avec force on peut accroître le renouvellement de l'air, à tel point que le corps qui brûle soit mis en contact, dans un temps donné, avec autant d'oxygène que si la combustion avait lieu au milieu du gaz oxygène pur. C'est ce qui fait que la chaleur est accrue dans nos foyers par les soufflets, dans nos fourneaux par un courant d'air, et que l'art de construire les cheminées et les poëles consiste principalement à les disposer de manière que l'air échauffé puisse s'élever avec autant de liberté et de rapidité que possible.

Les corps brûlent avec ou sans flamme; ce dernier cas est celui des corps qui ne sont pas susceptibles de se volatiliser. Le premier a lieu lorsqu'à une haute température les corps dégagent des molécules gazeuses. La flamme n'est autre chose que ce gaz qui brûle. La différence entre un corps qui ne fait que rougir en brûlant et un autre qui donne de la flamme, consiste donc en ce que c'est, dans le premier cas, un corps fixe qui brûle, tandis que, dans le second, c'est seulement un gaz dégagé. Voilà pourquoi le charbon et le fer, par exemple, brûlent sans flamme; mais le zinc, qui est un métal volatil, brûle avec flamme, parce que ce n'est point sa portion fondue ou liquide qui brûle, mais celle que la chaleur a convertie en gaz.

Lorsque du charbon brûle à une haute température dans un courant d'air incomplet, il donne lui-même une petite flamme bleue, ou, s'il est en grandes masses, une faible flamme d'un rouge clair. Cet effet tient à ce que le charbon, lorsque le gaz oxygène y afflue en petite quantité, se convertit en un gaz combustible, le gaz oxyde carbonique, qui produit de la flamme en brûlant. Les gaz qui brûlent d'eux-mêmes donnent des flammes légères, isolées. La flamme offre souvent des teintes différentes : celle du zinc et du phosphore est blanche, celle du soufre bleue, celle du cuivre verte, etc.

Suivant la différence des corps, la flamme qu'ils donnent en brûlant est plus ou moins lumineuse, et cette faculté éclairante n'est point en proportion de la faculté échauffante. Lorsque les matières qui se forment pendant la combustion restent sous forme gazeuse dans la flamme, celle-ci ne répand qu'une lumière faible, comme, par exemple, celle du gaz hydrogène, du gaz oxydé carbonique et de l'alcool; mais si l'on ajoute pendant la combustion un corps solide que la flamme puisse faire rougir, ce corps continue à être lumineux, tant qu'il reste rouge dans la flamme. Voilà pourquoi le zinc et le phosphore jettent une lumière si vive, parce que leur combustion s'accompagne de la formation d'oxyde de zinc et d'acide phosphorique, qui gardent la forme solide et deviennent rouges.

Lorsqu'on chauffe un corps solide, par exemple, un fil de platine, dans la flamme du gaz hydrogène, qui ne jette presque pas d'éclat, elle devient beaucoup plus lumineuse qu'elle ne l'est par elle-même. Si la flamme du gaz oléfiant et de nos bougies ou lampes éclaire tant, c'est qu'au premier contact des gaz combustibles avec l'air, le gaz oléfiant qu'ils contiennent ne brûle qu'en partie, et dépose dans la flamme une portion de son carbone qui y rougit, jusqu'à ce qu'arrivée au bord de la flamme, elle se mette en contact avec l'air et entre en combustion. La preuve que cette explication est exacte, c'est que quand on plonge un corps froid, par exemple une lame de couteau, dans la flamme, le carbone précipité s'attache à sa surface, où il forme ce qu'on appelle du noir de fumée.

Cette explication si simple de l'inégalité dans la faculté éclairante de la flamme avait échappé totalement aux physiciens, lorsque Davy la fit connaître, il n'y a pas longtemps, dans un mémoire fort intéressant sur la nature de la flamme.

Il est difficile de déterminer avec quelque précision quelle est l'intensité de la chaleur de la flamme. Becquerel a cru trouver, en comparant les diverses altérations de l'aiguille magnétique, pendant l'échauffement d'une paire thermoélectrique dans la flamme d'une lampe à esprit-de-vin, que la chaleur était de 1350 degrés thermométriques au bord externe de cette flamme; de 1080 degrés dans la flamme même, et de 780 degrés près du bout de la mèche, au milieu de la flamme.

Quand l'air ne se renouvelle plus autour d'un corps en combustion, et que l'oxygène est consumé entièrement, ce corps s'éteint; mais comme la chaleur de sa masse ne se dissipe point avec la même rapidité, il continue encore à s'en échapper une grande quantité de substances volatiles, qui forment une colonne ascendante de fumée. Cette fumée, qui produisait auparavant la flamme, prend feu de nouveau à l'approche de l'air, pourvu que le corps éteint ait conservé encore sa température, ou lorsqu'on approche de lui un corps en ignition. Qu'on souffle une chandelle, par exemple, la mèche est tellement refroidie par la violence du courant d'air, que le gaz ne peut plus brûler ; mais la mèche continue à être rouge et à exhaler les gaz combustibles sous la forme de fumée, de manière que si l'on tient une chandelle allumée à quelque distance au-dessus d'une mèche ainsi fumante, le gaz s'enflamme, et la flamme semble descendre de la chandelle allumée à celle qui avait été soufflée. Si la mèche a cessé d'être rouge, la fumée, qui se forme alors à une basse température, n'est plus susceptible de prendre feu, et consiste principalement en eau, huile empyreumatique et vinaigre, tandis qu'à une chaleur plus considérable le carbone aurait décomposé ces corps, avec lesquels il aurait formé du gaz oxyde carbonique, des gaz carbures d'hydrogène et un peu d'acide carbonique.

Tout ce qui empêche l'air d'arriver à la surface d'un corps en combustion éteint celui-ci. Nous nous servons de l'eau pour éteindre le feu, tant parce qu'elle recouvre la surface des corps qui brûlent, que parce qu'elle les refroidit. Si on l'emploie mêlée d'argile, d'ocre, de sel, de vitriol ou de substances analogues, ces substances restent après la vaporisation de l'eau, et contribuent à empêcher que le corps brûlé ne s'enflamme de nouveau. Aussi a-t-on proposé, pour éteindre le feu, diverses substances qui peuvent être de quelque utilité dans les petits incendies, mais qui manquent leur but dans les grands. Les expériences que l'on a faites avec ces substances, même en Suède, sur des maisons enduites de goudron et remplies de paille et de corps gras, n'ont fait qu'éblouir et tromper les spectateurs ; car ces corps brûlent bien avec une flamme éclatante, mais ils répandent moins de chaleur, et sont tout aussi faciles à éteindre avec de l'eau qu'avec les mélanges vantés pour éteindre le feu. Lorsque, dans un incendie, la température est fort élevée, et la masse en combustion assez considérable pour que l'eau avec laquelle on cherche à l'éteindre ne puisse pas refroidir la place sur laquelle elle tombe, la violence du feu s'en trouve accrue ; car le charbon brûle aux dépens de l'oxygène contenu dans l'eau, et le gaz hydrogène, qui se dégage en même temps que du gaz oxyde carbonique, brûle avec une flamme élevée et pâle, qui éclate avec violence, comme on le voit souvent dans les incendies de grands bâtiments. En pareil cas, les pompes ne sont d'aucun secours. Le gaz acide sulfureux éteint le feu très-promptement ; c'est pourquoi lorsque le feu prend dans une cheminée, on peut souvent réussir à l'éteindre en faisant brûler du soufre dans le foyer.

Lorsque de l'air est renfermé dans un endroit où se trouvent, soit des corps organisés,

soit des débris de ces corps, son oxygène est consumé peu à peu pendant la décomposition lente qu'il subit, et le nitrogène reste seul ou mêlé avec les émanations gazeuses de ces corps. Si l'on introduit une chandelle allumée dans l'endroit, elle s'éteint, et les hommes comme les animaux y périssent sur-le-champ, sans pouvoir être rappelés à la vie. Le terreau noir est composé de débris de plantes et d'animaux, mêlés avec une plus ou moins grande quantité de substances terreuses : c'est ce qui fait qu'il se décompose très-promptement à l'air. L'air des caves qui n'ont point de soupiraux, ou qui sont demeurées longtemps fermées, est peu propre à la respiration, et quelquefois si mauvais, que les hommes y périssent de suite. De là résultent souvent des malheurs, surtout dans les mines. Il arrive quelquefois qu'on rencontre dans ces dernières le gaz acide carbonique en proportion extraordinaire, allant jusqu'à 0,07 ; ce qui fait que l'air y exerce une influence très-fâcheuse sur la santé des ouvriers, quoiqu'ayant d'ailleurs une composition régulière. Quand la quantité d'acide carbonique contenu dans l'air s'élève jusqu'à 9 pour cent du volume de ce dernier, il devient suffocant, parce qu'alors l'air inspiré contient autant de gaz acide carbonique qu'en renferme ordinairement l'air expiré.

On a été longtemps dans l'incertitude si l'air atmosphérique est une combinaison chimique d'oxygène et d'azote, ou seulement un mélange de ces gaz, et l'on a voulu conclure des faibles variations de sa composition fondamentale, que c'était une combinaison chimique, un oxyde d'azote. L'une des principales raisons qui ont été alléguées en faveur de cette hypothèse, c'est que si le gaz oxygène était plus pesant que le gaz azote, il se précipiterait dans les temps de calme parfait, et qu'alors la région inférieure de l'atmosphère en contiendrait davantage. Mais cette conclusion est dénuée de tout fondement ; car les gaz se mêlent ensemble de la même manière que font les liquides, et le mélange est parfaitement proportionnel sur tous les points, sans que la pesanteur puisse le détruire dans l'état de repos absolu. Ainsi, quelque long temps qu'on laisse en repos un mélange d'alcool et d'eau, ces deux corps ne se séparent jamais l'un de l'autre.

C'est pourquoi, lorsqu'on dégage une certaine quantité, par exemple, de gaz hydrogène dans l'air atmosphérique, ce gaz commence bien par s'élever, mais en s'élevant il se mêle peu à peu avec l'air dans lequel il finit par être uniformément répandu. La même chose arrive au gaz acide carbonique et au gaz oxygène, qui tombent d'abord, mais qui se répandent ensuite de tous les côtés. Une bouteille ouverte, qu'on remplit de gaz oxygène et qu'on laisse tranquille, devrait rester pleine de ce gaz, qui est plus pesant que l'air ; cependant, au bout de deux heures, elle n'en contient pas davantage qu'il n'y en a dans l'air de la chambre. De même, une bouteille renversée devrait conserver le gaz hydrogène qu'on y introduit ; mais quelques heures après ce gaz a totalement disparu.

Les gaz ont une certaine tendance à se mêler ensemble, qui fait qu'ils mettent peu de temps à se pénétrer mutuellement, et à se répandre les uns dans les autres, comme dans des espaces vides. Ce phénomène a été la source de plusieurs erreurs dans l'appréciation d'expériences chimiques exécutées au moyen des vaisseaux poreux, par exemple, en terre ou en grès, parce que l'air contenu dans les pores de ces vaisseaux établit une communication entre celui du dehors et celui du dedans. Qu'on remplisse une vessie de bœuf sèche d'oxygène, et qu'on la laisse suspendue pendant vingt-quatre heures, on trouve, au bout de ce temps, que le gaz qu'elle contient n'est guère plus riche en oxygène que l'air ambiant, parce que celui-ci s'est mêlé avec l'oxygène à travers les pores de la membrane.

Des physiciens très-recommandables ont voulu prouver que l'air atmosphérique est un oxyde d'azote. Ils se fondaient principalement sur ce qu'il est composé, d'une manière à peu près exacte, de quatre mesures d'azote et d'une d'oxygène, et qu'en conséquence il contient moitié autant de gaz oxygène que le gaz oxyde nitrique. Mais s'il en était ainsi, l'air atmosphérique nous offrirait le premier exemple connu d'un simple mélange ayant absolument les mêmes propriétés qu'une combinaison chimique composée des mêmes éléments. En effet, un mélange artificiel de quatre parties d'azote et une d'oxygène ne diffère point de l'air atmosphérique quant à ses propriétés physiques et chimiques; et ce qui prouve clairement que ce mélange n'est point une combinaison chimique, c'est qu'aucun changement, ni dans le volume, ni dans la température, ne l'accompagne au moment où on le fait. Comme, en outre, le gaz oxyde d'azote se convertit en acide nitreux aux dépens de l'air, il résulterait de là qu'un oxyde plus élevé, et contenant davantage d'oxygène, aurait le pouvoir, sans la coopération d'aucun corps étranger, de réduire un degré inférieur d'oxydation du même radical, cas dont la chimie n'offre aucun exemple.

L'air atmosphérique n'est donc point un oxyde d'azote gazeux, mais un simple mélange de gaz d'azote et de gaz oxygène.

S'il n'était composé que d'oxygène, les animaux y périraient promptement, par l'oxydation excessive du sang dans leurs poumons, et la moindre imprudence commise avec le feu incendierait bientôt la plus grande partie de la surface du globe. Au reste, nous ignorons comment se répare le gaz oxygène consommé sans cesse dans toutes les opérations chimiques, organiques et inorganiques. Nous ne connaissons pas un seul acte de désoxygénation qui soit assez grand et assez général pour remettre en liberté tout l'oxygène qui se combine à chaque instant, et pour entretenir les proportions qui ne varient jamais entre les deux gaz. La solution de ce problème est de la plus haute impor-

tance pour la théorie chimique; peut-être est-ce un secret qu'avec le temps nous parviendrons à dérober à la nature, qui, dans un si grand nombre de cas, aime à s'entourer de mystère.

On a cru pendant longtemps que les plantes exposées aux rayons solaires décomposaient l'eau dans leurs humeurs, et dégageaient l'oxygène sous forme de gaz; mais cette hypothèse est fausse, et la composition de l'air reste la même, été comme hiver. Si l'on voulait avoir recours à l'hypothèse dont j'ai déjà parlé, qui suppose l'air répandu dans l'univers entier, à un degré infini de raréfaction, pour en conclure que l'atmosphère terrestre se renouvelle sans cesse, le problème en question ne deviendrait pas plus clair pour cela, puisque nous ne voyons pas la quantité de l'oxygène combiné et des corps oxydés augmenter d'une manière sensible à la surface de la terre.

Prévost a calculé que l'oxygène consommé par les êtres organisés de la terre pendant un siècle ne s'élève pas à plus de $\frac{1}{7100}$ de toute la masse en poids de celui qui est contenu dans l'atmosphère, et que par conséquent elle n'est point appréciable à l'eudiomètre. Que cela soit, ou non, car on ne peut démontrer l'exactitude de pareils calculs, ce qu'il y a de certain, c'est que l'histoire ne nous a transmis aucune circonstance qui puisse nous conduire à présumer que l'atmosphère contenait autrefois plus d'oxygène qu'elle n'en renferme aujourd'hui.

L'atmosphère communique une teinte bleue au ciel. Cette couleur appartient vraisemblablement à l'air, et, suivant toutes les probabilités, elle est si faible qu'on ne l'aperçoit que quand l'air se trouve en masse. Si l'air était parfaitement transparent, le ciel paraîtrait noir, nos regards plongeraient dans une obscurité indescriptible, et la lumière du jour frapperait notre terre d'une manière fort inégale; au lieu que, les rayons lumineux étant réfléchis par l'atmosphère, contribuent à rendre la lumière plus vive, et à la distribuer avec plus d'uniformité. La couleur propre de l'air paraît être le bleu foncé. Lorsqu'on contemple le ciel du sommet d'une haute montagne, il paraît d'autant plus foncé qu'on s'élève davantage, parce qu'alors l'atmosphère devient plus basse, et que l'espace obscur qui l'entoure rend sa couleur plus sombre. Le passage de la couleur du ciel du bleu foncé au bleu clair, et enfin presqu'au blanc, tient aux vapeurs aqueuses qui, nageant dans l'air, sont éclairées par le soleil, et réfléchissent sa lumière. Plus ces vapeurs sont abondantes dans l'atmosphère, plus aussi elle paraît blanche, et *vice versa*. C'est ce qui explique pourquoi elle a une teinte plus claire le matin et le soir, et une teinte plus foncée tant à midi que pendant la nuit, surtout en hiver.

L'art de trouver la quantité de gaz oxygène contenu dans l'air, porte le nom d'*eudiométrie*. On a cru pendant longtemps que la quantité d'oxygène contenue dans l'air atmosphérique était sujette à varier, et que l'air pouvait être, d'après cela, plus ou moins nuisible à la santé. Mais il a été reconnu que la composition de l'atmosphère en plein air demeure toujours la même ; d'où il suit, par conséquent, que cette hypothèse est fausse. Les substances qui rendent l'air nuisible à la santé, et susceptible d'attirer des maladies aux hommes et aux animaux, s'y trouvent sous la forme de vapeurs, et influent si peu sur la quantité d'oxygène qu'il contient, que l'atmosphère fétide des cadavres, soit à l'air libre, soit dans des chambres non hermétiquement closes, a paru en contenir tout autant que la plus pure. Ces substances ne sont mêlées à l'air qu'en quantités extrêmement faibles, et elles y sont vaporisées de la même manière que le phosphore l'est dans le gaz hydrogène ou le gaz azote, sans changer sa nature. On ne peut point les découvrir par l'eudiométrie, quoiqu'on ait appris dans ces temps modernes à les détruire, et à prévenir ainsi leur funeste influence sur la santé.

ATOMES. — La question des atomes a donné lieu à de grands débats en chimie. Nous emprunterons aux éloquentes *Leçons sur la philosophie chimique*, par M. Dumas, ce que nous avons à dire sur cette matière tant controversée, et nous le laisserons parler lui-même.

« La facilité avec laquelle tous les phénomènes de l'analyse quantitative ont été expliqués ou prévus en partant du principe de l'existence des atomes, a fait adopter généralement les vues de Dalton ; mais la base même de ces vues n'a point été démontrée. Quelques personnes ont voulu, il est vrai, présenter les phénomènes chimiques comme offrant à leur tour une démonstration de la réalité des atomes ; c'était faire un cercle vicieux, et leur argumentation est demeurée sans autorité.

« Pour expliquer les lois de la chimie quantitative, est-il indispensable, au surplus, de recourir à la supposition des atomes ? Est-il nécessaire d'admettre l'insécabilité des particules matérielles entre lesquelles se passent les actions chimiques ? A cette question je répondrai ici sans hésiter : Non, cela n'est pas nécessaire ; non, parmi tous les faits de la chimie, il n'en est aucun qui oblige à supposer que la matière soit formée de particules insécables ; il n'en est aucun qui donne quelque certitude, ou même seulement quelque probabilité touchant l'insécabilité des particules.

« Supposez que les actions chimiques ne puissent s'exercer qu'entre *des masses d'un certain ordre*, divisibles, si l'on veut, par des forces d'une autre nature, peu importe : tous les phénomènes de la chimie s'expliquent avec une facilité non moins grande que si l'on admettait l'indivisibilité comme propriété essentielle de ces masses. En effet, qu'elles soient, si l'on veut, susceptibles d'être découpées à l'infini par des forces en dehors de la chimie, qu'importe pour l'explication des faits dépendant de cette science ? Ne conçoit-on pas également bien la juxta-

position de ces particules, leur séparation, leurs remplacements mutuels ? Toutes les conceptions des chimistes ne subsistent-elles pas dans leur intégrité, indépendamment de cette divisibilité ultérieure ?

« Ainsi donc, pas d'incertitude possible, la chimie seule n'a pas la vertu de nous éclairer sur l'existence des atomes. Mais si d'autres considérations peuvent l'établir, le rapprochement fait par M. Dalton acquerra peut-être une grande probabilité, et deviendra capable de servir de point de départ aux plus sublimes découvertes que l'homme eût osé se promettre dans l'étude de la nature.

« On se flattera peut-être alors, et non sans raison, de parvenir un jour à fouiller les entrailles des corps, de mettre à nu la nature de leurs organes, de reconnaître les mouvements des petits systèmes qui les constituent. On croira possible de soumettre ces mouvements moléculaires au calcul, comme Newton l'a fait pour les corps célestes. Alors les réactions des corps, dans des circonstances données, se prédiront comme l'arrivée d'une éclipse, et toutes les propriétés des diverses sortes de matière ressortiront du calcul. Mais, d'ici là, quel chemin à faire, que de travaux à exécuter, que d'efforts il reste à tenter aux chimistes, aux physiciens, aux géomètres !

« Or, voyons ; est-il une base solide sur laquelle repose l'existence des atomes ? Une seule démonstration en a été proposée dans les temps modernes. Elle est vraiment expérimentale, et mérite une discussion très-attentive.

« On sait que l'air est un corps, qu'à mesure que l'on s'éloigne de la terre il se dilate davantage, et l'on peut faire le raisonnement suivant : Si la matière de l'air est formée d'atomes, ceux-ci pourront éprouver un écartement considérable, mais limité ; à une certaine distance de la terre, il s'établira un équilibre entre la terre et les atomes les plus éloignés, et l'atmosphère ne pourra s'étendre indéfiniment.

« Si, au contraire, la matière de l'air est divisible à l'infini, elle se répandra dans l'espace, et elle ira se condenser autour de tous les globes, au moins de tous ceux de notre système, comme elle l'est autour de la terre.

« Alors la lune aura son atmosphère. Au premier abord, cet astre paraît très-propre à nous donner la solution de la difficulté. Il est de beaucoup le plus voisin de nous, et l'on peut croire, au premier aperçu, que les moyens que possède l'astronomie vont s'y appliquer sans nul obstacle. Mais si l'on essaie de s'en rendre compte par le calcul, on revient bientôt de cette opinion. En effet, pour exercer des actions égales, il faut que les masses soient dans le rapport des carrés des distances, ou que les distances soient comme les racines carrées des masses. Or on sait que la masse de la terre est beaucoup plus considérable que celle de la lune. On conçoit donc que pour trouver l'air dans notre atmosphère au même état où il serait à la surface de la lune, il faudrait se transporter à une fort grande distance du centre de notre globe. Si vous effectuez le calcul, vous trouvez que la masse de la lune ne pourrait condenser à sa surface qu'une atmosphère égale en densité à celle qui existerait à environ 2000 lieues de la terre.

« Maintenant, je vous le demande, comment apprécier la présence d'une atmosphère aussi dilatée ? Les phénomènes de réfraction offriraient seuls le moyen de la reconnaître. Or la réfraction qu'elle produirait serait tout à fait insensible à nos instruments astronomiques. Si donc ceux-ci ne nous fournissent aucune indication d'atmosphère autour de la lune, la question qui nous occupe n'en est pas pour cela résolue.

« Mais il est évident que la question pourrait être retournée. Puisque la faible masse de la lune ne nous permet pas de reconnaître à sa surface, avec les instruments dont nous pouvons disposer, une atmosphère analogue à la nôtre, cherchons à retrouver autour d'un astre plus dense l'atmosphère de la terre que l'on supposerait lancée dans les espaces. Le soleil, dont la masse énorme vaut tant de fois celle de notre globe, paraît éminemment propre à nous fournir la solution cherchée.

« A la surface du soleil, la force d'attraction est immense, tellement que si les choses s'y passaient comme sur la terre, la densité de l'air condensé autour de cet astre ne serait pas moindre que celle du mercure, en supposant, il est vrai, que son état gazeux fût conservé. En un mot, pour trouver le point de l'espace où l'air de cette atmosphère aurait la densité de celui que nous respirons et dont la réfraction est si sensible à nos lunettes, il faudrait s'écarter du soleil à une distance égale à 575 fois le rayon de la terre. Tout se réduit donc à trouver un corps qui passe derrière le soleil, et que l'on soit forcé de voir au travers de l'espace occupé par cette atmosphère supposée. Si celle-ci existe, la marche apparente du corps sera retardée de quantités très-mesurables. Or telle est précisément la condition où l'on se trouve, en observant le passage au méridien de Mercure et de Vénus, quelques jours avant et quelques jours après la conjonction. Alors, en effet, les rayons lumineux, réfléchis par la planète, passant auprès du soleil avant d'arriver jusqu'à nous, sont obligés de traverser l'espace qu'occuperait l'atmosphère solaire. Il ne reste donc plus qu'à consulter l'expérience pour vérifier s'ils sont effectivement réfractés. Eh bien, l'observation a prononcé. Le 31 mars 1805, M. Vidal, de Toulouse, a observé, sans but particulier, mais très-soigneusement, l'instant du passage de Mercure au méridien, lorsqu'il se présentait derrière le soleil et dans le voisinage de cet astre : le 30 mai de la même année, il a pareillement observé le passage de Vénus dans les mêmes circonstances. Depuis lors, Wollaston et Kater, dans l'espoir d'éclaircir ce point de philosophie naturelle, ont aussi observé Vénus à peu de distance de sa conjonction ; et les observations faites dans le mois de mai 1821,

par ces savants, comme celles de M. Vidal faites seize ans auparavant, nous font voir un accord parfait entre le moment du passage observé et le moment calculé, sans tenir compte d'aucune réfraction. Ainsi donc point d'atmosphère solaire ; ainsi celle de la terre demeure limitée.

« Dirait-on que l'intensité extrême de la chaleur du soleil s'oppose à la condensation d'une atmosphère aussi dense que la nôtre ? Soutiendrait-on que la dilatation produite par la haute température de cet astre atténue les effets de l'attraction de sa masse, quelque forte qu'elle soit, au point de les rendre insensibles pour nous ? Eh bien, il serait facile de trouver un exemple capable de fournir une démonstration à l'abri de cette objection.

« Jupiter est 1280 fois aussi gros que notre globe ; il est cinq fois aussi éloigné que nous du foyer de notre système planétaire ; sa masse exerce donc une force attractive bien plus forte que celle de la terre, et sa température doit être bien plus basse. Là devrait donc se trouver, par ces deux motifs, une atmosphère incomparablement plus dense que celle qui nous environne. Or les mouvements des satellites de Jupiter nous apparaissent tels qu'ils doivent être, et sans modification qu'on puisse attribuer à une réfraction produite par l'air de la planète ; l'absence de tout fluide réfringent sensible autour de Jupiter semble démontrée.

« Toute contestation est donc impossible. Notre atmosphère ne se répand point indéfiniment dans l'espace ; elle s'arrête à une certaine limite.

« Wollaston regarde donc comme chose prouvée que la matière qui constitue l'air ne peut se subdiviser à l'infini. Mais cette conséquence est-elle effectivement nécessaire ? Il est permis d'en douter. L'expansibilité indéfinie de notre air n'est possible qu'autant qu'il conserve toujours son état gazeux. Mais si l'on admet que l'air puisse devenir liquide ou solide dans les dernières régions de l'atmosphère, ne voyez-vous pas que, par cela seul, tout l'échafaudage des raisonnements précédents s'écroule de lui-même ?

« En effet, à une température voisine de 0°, le mercure n'est-il pas dépourvu de la propriété d'émettre des vapeurs, et ne devient-il pas incapable de blanchir l'or que l'on maintient même très-près de sa surface pendant des années entières ? Qui peut assurer que dans les confins de notre atmosphère l'oxygène et l'azote ne sont pas des liquides ou des solides aussi bien dépourvus de tension que le mercure lui-même l'est à zéro et au-dessous ?

« Vous hésitez, je le vois ; vos préjugés se révoltent à voir admettre la possibilité de la liquéfaction de l'air dans les hautes régions, sachant qu'un froid de 100° au-dessous de zéro est impuissant pour la produire. Mais qu'est-ce qu'un froid de 100° au-dessous de zéro, et quelle idée imparfaite nous aurions des effets de la chaleur, si nous ne connaissions pas le moyen de produire des températures supérieures à celle de l'eau bouillante ? Quand on pourra produire un froid de 1500 ou 2000 degrés au-dessous de zéro, si jamais on y parvient, les effets que nous regardons comme impossibles s'obtiendront sans peine, soyez-en convaincus ; en y réfléchissant, vous ne serez plus si éloignés d'admettre avec moi qu'il est probable que l'air liquéfié ou solidifié aux extrémités de l'atmosphère y reproduit les phénomènes que l'eau nous montre dans les régions qui nous sont accessibles. Et pourquoi n'en serait-il pas de ce fluide comme de l'eau que nous voyons près du sol faire partie de l'air sous la forme d'un véritable gaz, et qui, dans les nuages ordinaires prend l'état de vapeur vésiculaire ou d'eau liquide, ou même celui d'eau solide, dans les nuées neigeuses ? Ainsi pour produire de l'air liquide ou de l'air neigeux, comparables du reste à cet acide carbonique liquide et neigeux que M. Thilorier forme si facilement, il suffit d'admettre un abaissement très-considérable de température dans les couches extrêmes de l'atmosphère. Avant de repousser ces conceptions, vous les examinerez avec l'attention qu'elles méritent, si j'ajoute que l'existence de ce grand froid et la liquéfaction de l'air qui en doit résulter sont des vues admises par le plus illustre géomètre de notre âge, par M. Poisson.

« Vous pourriez donc concevoir, comme une condition de l'état actuel de notre atmosphère, comme la cause de son étendue limitée, la liquéfaction de ses éléments à une certaine distance de la terre ; il en résulterait une couche de vapeur vésiculaire, qui en formerait l'enveloppe, et où viendrait s'anéantir l'expansibilité indéfinie propre aux substances gazeuses.

« L'abaissement excessif de température nécessaire pour produire la liquéfaction ou même la congélation de l'air extrêmement raréfié, qui se rencontre aux extrêmes régions de l'atmosphère, est regardé par M. Poisson comme un phénomène nécessaire, indispensable même, pour que l'atmosphère puisse se terminer.

« Sans entrer ici, sur ce sujet, dans des détails qui nous écarteraient de notre but, je fais remarquer que le froid intense, qui est nécessaire pour liquéfier l'air dans ces régions élevées, n'exprime nullement la température qu'y prendrait un thermomètre. Celui-ci, recevant la chaleur rayonnante de notre planète et des astres, tirerait de cette source une masse de chaleur qui détruirait bientôt l'effet frigorifique produit par le contact d'un fluide aussi rare que doit l'être l'air liquéfié à une pression aussi faible que celle des dernières couches de l'air. La température apparente de ces couches serait donc peu différente de celle qu'on observerait au-dehors de l'atmosphère, c'est-à-dire de la température de l'espace que M. Poisson regarde comme très-peu inférieure à zéro.

« Ainsi nous dirons à Wollaston : Vous avez bien établi l'absence d'atmosphère autour du soleil et de Jupiter, mais vous n'a-

vez rien trouvé qui soit applicable à la question des atomes. Que la matière soit divisible à l'infini, que sa division s'arrête à un certain terme, il n'importe : vos observations s'expliqueront sans difficulté sérieuse dans l'un et l'autre système.

« Ainsi l'existence des atomes n'est démontrée ni par les phénomènes de la chimie quantitative, ni par les phénomènes observables dans les espaces célestes. Voyons dès lors comment l'idée d'atomes s'est introduite dans la science. Voyons surtout comment on tire parti de cette idée dans les applications que l'on en fait à la chimie, et dans quelles bornes il faut la renfermer.

« Ici nous sommes forcé de sortir un peu du domaine de la chimie, dont je ne m'éloigne qu'à regret, pour faire une rapide excursion dans celui de la philosophie pure.

« La première notion des atomes date d'environ 500 ans avant l'ère chrétienne. Vers cette époque, s'était formée en Grèce, à Elée, une école philosophique bien connue sous le nom d'Ecole éléatique. Elle faisait sur la nature le raisonnement suivant.

« La matière existe ; tout ce qui existe est matière. Mais faites disparaître la matière, que restera-t-il ? Ah ! qui peut le concevoir ? Ce sera le néant, direz-vous, le vide, l'espace. Alors le néant existera. Or, s'il existe, c'est un être, c'est une matière, et la matière n'aura pas disparu. Le néant n'existe donc pas. Mais si le néant n'existe pas, la matière est partout, *il n'y a pas de vide.*

« C'était, comme vous le voyez, un jeu de mots roulant sur le mot *néant*, que l'on ne voulait admettre qu'à condition d'en faire un être et un être matériel. Prenant le raisonnement au sérieux, les disciples de l'Ecole éléatique en développaient sans hésitation toutes les conséquences.

Puisqu'il n'y a pas de vide, disaient-ils, l'univers ne forme qu'un seul être homogène, qu'une masse continue. Le mouvement est donc impossible ; car où loger un corps qui se déplacerait, tout l'espace étant rempli. Par conséquent, ajoutaient-ils, l'univers est immobile, immuable. Les êtres organisés ne peuvent pas naître, ils ne peuvent pas croître, ils ne peuvent pas mourir ni se décomposer.

« Ainsi, vous le voyez, il faut admettre l'existence du vide, dont la nature échappe à notre conception, par la raison même que sa définition repose sur des idées négatives, ou bien rejeter complétement le témoignage des sens.

« En pareil cas, un philosophe est capable de tout : aussi l'Ecole éléatique professait-elle gravement que l'univers était homogène, qu'il était continu, qu'il n'y avait aucun mouvement ; que les animaux et les plantes ne naissaient pas, ne vivaient pas, n'engendraient pas, ne mouraient pas.

« Qu'il y ait eu des gens qui se soient révoltés contre leurs raisonnements, en face de telles conséquences, cela ne vous surprendra pas. Aussi bientôt vit-on Leucippe s'élever contre eux, et, tenant le témoignage des sens pour quelque chose, essayer de rétablir l'existence du vide. Mais en les combattant à si bon droit, il faut convenir qu'il employait de singuliers arguments, et que ses expériences méritent d'être rappelées comme offrant un contraste curieux entre leur prodigieux défaut de précision et l'extrême importance des conclusions qu'il en tirait.

« C'est ainsi qu'il prétendait qu'un vase plein de cendres pouvait recevoir autant d'eau que s'il eût été vide. Que faisait-il donc de l'eau dont la cendre prenait la place ? La différence des quantités de liquide nécessaires dans les deux cas était pourtant facile à reconnaître. Je ne sais si nous argumentons beaucoup mieux qu'alors, mais on conviendra du moins que l'art d'expérimenter a fait quelques progrès depuis Leucippe.

« Il apportait encore à l'appui de sa doctrine une autre démonstration expérimentale non moins remarquable. C'était la compression qu'il croyait observer sur le vin renfermé dans une outre soumise à un violent effort. Il ne s'apercevait pas que l'outre était extensible et que le vin qu'il s'imaginait voir comprimé dans le point où la pression avait lieu était simplement refoulé dans les autres parties de l'outre.

« Il invoquait enfin, et cette fois avec quelque apparence de raison du moins, les phénomènes de la nutrition des êtres organisés. Leur développement démontre en effet la réalité d'un espace où il puisse se produire : car la matière que ces êtres s'approprient ne peut se transporter, se mouvoir, qu'autant qu'on admet des espaces vides entre leurs propres particules.

« En un mot, le mouvement dont l'existence ne peut être contestée, à moins de se laisser aveugler par des sophismes, lui fournissait des arguments sans réplique.

« Quoi qu'il en soit, Leucippe regardait la matière comme une éponge dont les grains isolés nagent dans le vide. Ces grains sont solides, pleins, impénétrables, infiniment petits. Tous les corps que nous connaissons sont ainsi formés de vide et de plein. Avec l'élément matériel, ou l'élément du *plein*, avec le néant, l'espace ou le vide, et avec le mouvement, Leucippe constitue le monde. Les grains qui le composent diffèrent de figure, ce qui entraîne et explique la dissemblance des diverses sortes de matière que nous observons. D'ailleurs, il admet qu'en variant seulement d'ordre et de disposition, ces éléments matériels peuvent produire des corps tout différents. C'est en quelque sorte une prévision de l'isomérie des chimistes modernes, qui s'est offerte à Leucippe, qui pour développer sa pensée se sert d'une comparaison fort nette. Il assimile les éléments identiques en nombre et en nature, mais diversement groupés et produisant ainsi des matières différentes, à des lettres qui, en variant leur assemblage, peuvent également bien fournir une comédie ou une tragédie. Enfin, il se rend nettement compte de la composition et de la décomposition des corps,

et il admet que, nés de l'agrégation des particules matérielles, ils se détruisent par la dissociation de ces mêmes particules.

« Les Éléates, argumentant de la divisibilité infinie de la matière, mettaient donc en contradiction les sens et la raison, et se trouvaient conduits à nier le vide et le mouvement. Leucippe avait cherché à démontrer l'éternité du mouvement, principal attribut des éléments matériels, et l'existence du vide. Il avait cherché à mettre en évidence et à faire adopter les principales conséquences auxquelles ces notions l'avaient amené; mais Leucippe se bornait à admettre le mouvement, les éléments matériels et le vide, sans se prononcer sur la divisibilité de la matière et sur sa durée.

« Démocrite l'Abdéritain, si connu parmi les philosophes de l'antiquité, est allé plus loin que Leucippe ; il s'est chargé de combattre cette divisibilité, et il a considéré nettement la matière comme n'étant pas divisible à l'infini. Si la matière pouvait être divisée à l'infini, dit-il, on arriverait à des particules sans étendue; des particules sans étendue ne sauraient produire des corps doués d'étendue; la matière doit donc se diviser en parties limitées qui aient de l'étendue. Ce sont ces parties qu'il nomme *atomes*, et c'est Démocrite qui a créé ce mot, maintenant si souvent employé dans l'étude de la chimie. S'agit-il de la durée de la matière, il se fonde sur l'éternité du temps pour établir que tout n'a pas été créé.

« Pour lui, le vide est donc éternel et occupe un espace infini; les atomes sont éternels comme l'espace, ils sont inaltérables, et leur nombre est infini : la figure et l'étendue constituent leur essence.

« Les idées de Démocrite sur la constitution des corps sont grandes et élevées; mais il eut le tort d'appliquer à la morale et à la psychologie les idées dont il s'était pénétré en méditant ses théories atomistiques. Il voulut voir aussi dans l'âme un assemblage périssable d'atomes, une agrégation qui se dissolvait à la mort; il admettait même deux âmes ou deux divisions de l'âme par individu; l'âme intelligente dans la poitrine; l'âme vivante et sensible par tout le corps.

« Tout porte à croire qu'il n'admettait pas l'existence de Dieu, car, en vérité, l'on ne saurait accorder ce nom aux êtres qui, selon lui, voltigent autour de la terre et qu'il regarde comme des fantômes, des simulacres, des êtres aériens d'une prodigieuse grandeur. Leur organisation ressemble à la nôtre, mais ils périssent difficilement; il y en a de bons, il y en a de méchants. Ces êtres nous envoient leurs images dans nos songes.

« Voilà à quoi se réduit la divinité aux yeux de Démocrite qui, ainsi que tous les anciens atomistes, se trouvait conduit par l'atomisme aux idées du matérialisme le plus complet.

« La théorie atomique a puisé un complément dans les doctrines d'Épicure; car à la figure et à l'étendue admises avant lui dans les atomes il ajoute une troisième propriété, celle de la pesanteur. L'un des écrits où ce philosophe a exposé ses idées avec le plus de détails est demeuré longtemps perdu et a été retrouvé dans les fouilles d'Herculanum.

« Cet ouvrage a servi de base au fameux poëme de Lucrèce. Là vous trouverez les idées d'Epicure développées, embellies par l'harmonie du langage, et étendues avec toute la hardiesse d'un esprit poétique. Lucrèce admet le vide, les atomes et le mouvement. Les atomes, dans une perpétuelle agitation, se précipitent de haut en bas dans le vide. Mais leur chute n'est pas exactement perpendiculaire ; elle présente une *déclinaison* faible et variable, qui joue un grand rôle dans la cosmogonie de Lucrèce. Avec des atomes qui flottent dans l'espace, avec un mouvement qui les anime, avec un peu de hasard qui les fait marcher obliquement, Lucrèce bâtit, en effet, le monde tout entier et dans tous ses détails. Ces atomes se présentent les uns aux autres d'une manière assez heureuse pour s'accrocher ; leur forme s'y prête, car leur figure joue ici le plus grand rôle. Les divers corps de la nature prennent naissance ; les petites masses engendrent des masses plus grandes par leur réunion, et tout l'univers se trouve formé, la terre ainsi que tous les astres, les corps bruts aussi bien que les êtres organisés. De cette manière, toute création s'est faite par cas fortuit.

« Les idées atomiques en restèrent à peu près à ce point jusqu'à une époque beaucoup plus voisine de la nôtre. Elles étaient pour ainsi dire, oubliées lorsque s'éleva entre Descartes et Gassendi, il y a maintenant deux siècles, une discussion remarquable qui ramena les esprits à ces questions. C'était au temps où Galilée combattait la physique scolastique par ses découvertes, et la foudroyait avec ses nouvelles et admirables expériences. Descartes voulait refaire le roman de la nature *more antiquo*. Regardant l'étendue comme divisible à l'infini, appliquant à la matière le même principe, il rejetait l'existence des atomes et bâtissait son système sans les admettre. Gassendi, tout au contraire, l'adversaire le plus constant de Descartes et son digne adversaire, Gassendi compose l'univers d'atomes. Mais ceux-ci ne s'accrochent pas comme dans l'imagination d'Epicure et de Lucrèce : ils ne se touchent même pas. Maintenus à distance par des forces qui les dominent, ils laissent entre eux beaucoup de vide, et leur assemblage ne présente que peu de plein. Ainsi, Gassendi, perfectionnant l'image que l'on se faisait des atomes et de leurs rapports mutuels, l'a rapprochée de celle que nous en faisons aujourd'hui, en admettant des forces qui tiennent les atomes en équilibre et des espaces qui les séparent et qui sont beaucoup plus étendus que les atomes eux-mêmes.

« Si jusque-là Gassendi demeure dans le vrai, ou du moins ne s'écarte pas des idées les plus vraisemblables, bientôt il s'éloigne des hypothèses raisonnables et tombe dans ces écarts qui ont si souvent et non sans rai-

son exposé les partisans des atomes aux dédains des esprits exacts et positifs. Il forme, en effet, la lumière d'atomes ronds ; ce sont des atomes particuliers qui font le froid, le chaud, les odeurs, les saveurs ; le son lui-même est formé d'atomes. Toutes ces erreurs reconnues et condamnées par les physiciens qui lui succédèrent entraînèrent dans un commun naufrage ce qui pouvait être utile et vrai dans le fond de ses idées.

« Les atomes, il y a moins de cent ans, revinrent sur l'eau sous une forme qui fit grand bruit en Allemagne. Je veux parler de Wolf et de sa théorie des monades. Les monades de Wolf ne sont autre chose que des atomes, mais des atomes, doués, il faut en convenir, de propriétés très-extraordinaires. Son système fut discuté en Prusse avec une grande vivacité, et y occupa tellement les esprits que l'Académie de Berlin jugea convenable de proposer, en 1746, un prix pour la meilleure dissertation sur les monades. L'issue du concours académique fut fâcheuse pour elles et pour Wolf : on couronna un de ses adversaires.

« Les monades vous offrent le plus bel exemple de l'abus du système atomique. Il n'est pas d'absurdité où l'on ne puisse arriver avec des atomes à qui l'on prête des propriétés de fantaisie. Rien de plus dangereux qu'une notion aussi vague, quand, dégagée de tout point d'appui expérimental, elle s'empare d'une imagination active et déréglée et surtout quand on ne recule pas devant son application à l'étude des phénomènes psychologiques.

« Adressez-vous à Wolf, et demandez-lui ce que sont ses monades ; il vous répondra que ses monades sont des espèces d'atomes, mais des atomes d'une telle nature qu'il va les mettre à l'abri de l'argument déduit de la divisibilité infinie de la matière. En effet, ce ne sont pas des atomes doués d'étendue, ce ne sont pas non plus des points sans étendue. Qu'est-ce-donc, direz-vous ? Ce sont, répond-il sérieusement, des substances *quasi-étendues*. Avec cette définition bâtarde, à laquelle vous ne vous attendiez guère, Wolf se croit tiré de tout embarras et placé sur un terrain inexpugnable.

« En ce qui concerne le mouvement, il ne veut non plus blesser personne. Ses monades ne se meuvent pas ; elles ne sont pourtant pas immobiles ; mais elles ont en elles *la raison suffisante du mouvement*.

« Voilà comme à l'aide d'une quasi-étendue et d'une raison suffisante du mouvement l'auteur de la théorie des monades croyait aplanir toutes les difficultés qu'on opposait aux systèmes atomiques.

« Avec lui, tout est monade. Dieu est une monade. Nous sommes des monades, et nos idées aussi. Les monades se pressent-elles devant nous dans l'espace, elles deviennent obscures ; nous n'avons plus d'idées nettes. Mais s'écartent-elles, elles s'éclaircissent, la lumière se fait dans nos idées, et nos conceptions deviennent justes et précises.

« Ce système ne satisfit personne, malgré

ces expédients dejuste-milieu. Wolf eut beau chercher à éclaircir ses monades pour combattre le jugement académique, il fut accablé, et il n'est resté de ses théories qu'un enseignement historique qui nous montre les dangers auxquels s'expose celui qui veut expliquer la nature *a priori*.

« Presqu'en même temps parut en Suède un homme fort singulier, qui eut aussi le malheur d'écrire des choses étranges sur les atomes. C'est le fameux Swedenborg, né à Stockholm en 1689. Il se distingua d'abord dans la culture des lettres et de la poésie, et obtint de fort bonne heure des succès brillants dans cette carrière. Dès l'âge de vingt ans, il publia ses *Carmina miscellanea ;* et à trente ans son mérite déjà connu et apprécié lui valut des titres de noblesse. Quand on sait avec quelle réserve cette faveur était accordée en Suède, on voit combien il fallait que son talent fût estimé pour lui mériter un tel honneur.

« Vers l'âge de quarante ans, quittant les muses pour les sciences, il publia ses traités métallurgiques, qui sont des ouvrages classiques, dignes d'occuper une place entre le traité d'Agricola et les meilleurs de ceux que l'on ait faits de nos jours. Il en existe une édition très-belle en trois volumes infolio et qui a maintenant un siècle de date, ce qui lui donne un vif intérêt en ce qui touche l'histoire des arts métallurgiques. Jusque-là les travaux de Swedenborg, poétiques ou scientifiques, brillant tour à tour par l'imagination ou par les faits, offraient les uns et les autres le genre de mérite qui leur convenait. Mais bientôt des idées trop abstraites s'emparent de son esprit, et il met au jour son *Prodromus principiorum*, où sont consignées ses idées sur la théorie atomique. Toutefois, comme s'il craignait de se compromettre, cet ouvrage paraît sans nom d'auteur.

« Il admet dans les atomes une forme généralement sphérique ; mais il les conçoit associés de manière à constituer de petites masses diversement figurées. C'est donc de lui qu'est venue la première idée de créer ainsi des cubes, des tétraèdes, des pyramides, et les différentes formes cristallines, par des assemblages de sphères : et c'est une idée qui depuis a été renouvelée par des savants très-distingués, et en particulier par Wollaston.

« Dans les solides, suivant Swedenborg, les atomes se touchent. Mais il y a nécessairement entre eux des intervalles vides en raison de la courbure de leurs surfaces. Plus écartés dans les liquides, les atomes se tiennent à distance et laissent entre eux des espaces plus grands. Dans ces espaces vides il introduit d'autres atomes dont la forme se prête à les remplir. Ce ne sont plus des sphères ; ce sont des particules terminées par des surfaces courbes concaves et disposées de manière à imiter une sorte de coin.

« Avec cela il entre dans un détail que l'on n'avait jamais abordé. L'eau est formée de sphères et de molécules interposées dans

leurs interstices. En se désagrégeant au fond de la mer, ces dernières prennent un nouvel arrangement d'où résulte le sel marin. Les angles solides que renferment ces particules intersticielles constituent l'acide que l'on peut en extraire, et ce sont elles qui libérées constituent l'acide chlorhydrique.

« Avec toutes ces hypothèses, il a la prétention de donner théoriquement, comme provenant de calculs basés sur les principes qu'il admet, des formes cristallines et des densités semblables à celles qui fournit l'observation. A voir l'accord de ses résultats calculés avec ceux de l'expérience, on croirait volontiers qu'il y a quelque chose de fondé dans son système. Mais remarquez que ce sont tout simplement des conditions qu'il s'était posées et auxquelles il a satisfait dans ses spéculations. S'il avait tenté d'appliquer ses raisonnements à d'autres cas que ceux qu'il avait pris pour point de départ, il n'aurait pas manqué d'arriver à des conséquences toutes différentes des données expérimentales.

« Observez cette tendance de son esprit qui l'arrache aux études précises pour le jeter dans les idées spéculatives : elle continue toujours à se manifester. Ses conceptions, à mesure qu'il avance, sont de plus en plus éloignées des faits ; et au *Prodromus rerum naturalium* succède le *Prodromus philosophiæ ratiocinantis* dont le titre s'explique, au besoin, par celui des divisions de l'ouvrage, qui sont intitulées *de infinito et causa finali creationis,* et encore *de mechanismo operationis animæ et corporis.* En appliquant son esprit à de telles méditations, il fait si bien qu'arrivé à l'âge d'environ 54 ans il devient illuminé, s'imagine recevoir la visite de Dieu et se trouver en communication avec les anges. Il prétend que dans ces entrevues mystérieuses des secrets cachés jusque-là dans le sein de la divinité lui sont dévoilés ; il abandonne les sciences, et publie divers ouvrages mystiques, dans lesquels vous trouverez, entre autres choses fort curieuses, une description détaillée du paradis, tel qu'il s'est offert à l'esprit égaré du pauvre visionnaire. Bref, il n'a pas laissé de devenir, après sa mort, chef d'une secte particulière, qui compte, il est vrai, bien peu de membres, et qui est connue en Angleterre sous le nom de nouvelle Eglise de Jérusalem.

« Selon Swedenborg, on ne meurt pas, on se transforme ; c'est une espèce de métempsycose. Au surplus, si vous voulez prendre une idée de sa doctrine mystique, consultez un de nos modernes romanciers, qui a consacré l'un de ses ouvrages à l'exposition et à la personnification des dogmes des swedenborgiens.

« Après Swedenborg, Le Sage de Genève, en publiant son *Essai de chimie mécanique,* ouvrage d'ailleurs fort rare, car il n'a pas été mis dans le commerce, a mis au jour le dernier écrit que je connaisse qui ait pour objet d'établir un système atomique indépendamment de l'expérience. Le Sage, du reste, était devenu prodigieusement distrait et absordé par ces idées ; tant s'est montrée fatale l'influence des méditations sur les atomes à ceux qui s'y sont jetés imprudemment et sans frein expérimental !

« Tel était l'état des choses, à l'époque où furent reconnues les proportions chimiques, et où Dalton, s'appuyant sur elles, fit revivre les atomes.

« Lorsque M. Gay-Lussac fit connaître sa belle loi sur les combinaisons des gaz, le premier volume de la Philosophie chimique de Dalton avait seul paru. On devait s'attendre à la trouver adoptée et développée dans le second : car c'était une bonne fortune rare pour un inventeur. Eh bien, pas du tout. Dalton la repousse avec une sorte de dédain. Il en fait l'objet d'une note, comme s'il s'agissait du fait le plus insignifiant.

« Si, dit-il, cette loi est vraie, c'est une « traduction de la mienne, et une traduction « moins générale. Vous ne pouvez envisager « que les gaz, quand j'embrasse tous les « corps. Vous nommez *volume* ce que j'ap- « pelle *atome;* voilà d'ailleurs la seule diffé- « rence. » C'est ce que M. Gay-Lussac avait lui-même bien déclaré. « Mais, ajoute Dal- « ton, vous n'avez qu'à lire mon premier « volume, et vous y verrez que *les atomes des* « *gaz sont tous sphériques, et que le vo-* « *lume des sphères, quoique le même pour cha-* « *que gaz, varie d'un gaz à l'autre.* Votre loi « ne saurait donc être exacte. »

« Et, au fait, Dalton s'appuie sur toutes les analyses connues et incorrectes de ce temps pour montrer que les gaz ne se combinent pas en rapport simple, que seulement les rapports ordinaires de la loi des proportions multiples se font reconnaître dans leurs combinaisons ; et Dalton n'a jamais, que je sache, fait connaître son adhésion à la loi de M. Gay-Lussac, tant les idées préconçues les plus hypothétiques sur la forme et le groupement des molécules matérielles finissent par acquérir la force et l'empire de la réalité la plus claire. Pourtant les idées de M. Gay-Lussac étaient basées sur des épreuves précises, dont il était facile à tout le monde, à Dalton comme à tout autre, de vérifier l'exactitude.

« Mais si Dalton, fort de ses hypothèses, niait cette belle loi de la nature, il s'est trouvé d'un autre côté bien des chimistes, qui, en l'admettant, s'en sont fait une base pour se précipiter dans d'autres hypothèses. Double écueil que la sagesse de l'inventeur avait su également éviter.

« En effet, la plupart des chimistes qui se sont essayés aux spéculations de la théorie atomique, de même que quelques physiciens qui ont examiné ce sujet, ont cru pouvoir admettre, sans risque trop grave, que, dans les gaz, les atomes sont placés à d'égales distances, et qu'à volume-égal il y en a par conséquent le même nombre dans deux gaz différents.

« Ceci, disait-on, paraîtra hors de doute, si l'on se rappelle que les gaz sont tous également compressibles, également dilatables, et que leurs combinaisons se font en volumes simples. Pourquoi les variations qu'éprouve un gaz dans son volume par les changements de pression ou de température sont-elles indépendantes de sa nature ? Pourquoi cette identité dans les effets produits par les forces physiques, sur tous les différents corps gazeux, identité qui n'existe plus pour les corps solides et liquides ? Ce ne peut être que le résultat d'un même mode de constitution, propre à toutes les matières gazeuses. Il faut donc que leurs atomes soient placés à la même distance, quand les circonstances sont les mêmes : car comment concevoir autrement la similitude de leur constitution ? Enfin, les observations de M. Gay-Lussac, en établissant que dans l'énoncé des lois des combinaisons entre gaz on pouvait substituer le mot *volume* au mot *atome*, semblaient donner aux considérations précédentes le plus haut degré de probabilité.

« La physique et la chimie paraissaient donc conduire également à cette même conséquence. Mais si les gaz renferment le même nombre d'atomes à volume égal, il faut pourtant s'expliquer : car 1 volume de chlore et 1 volume d'hydrogène en font 2 d'acide chlorhydrique ; 1 volume d'azote et 1 volume d'oxygène en font 2 de bi-oxyde d'azote. Par conséquent, il faut que l'atome du chlore et celui de l'hydrogène puissent se couper en deux, pour donner naissance aux deux atomes de gaz chlorhydrique. Il faut de même que l'atome d'azote et l'atome d'oxygène se coupent en deux, pour former les deux atomes de bi-oxyde d'azote. Une multitude de composés gazeux nous forcerait à reconnaître des divisions analogues dans les atomes de leurs éléments.

« C'est aussi ce que j'ai admis, il y a dix ans (1), quand j'ai commencé à écrire sur ces questions, en ayant d'ailleurs bien soin d'expliquer en quel sens j'entendais alors le mot atome ; et je n'oserais citer ici mon opinion sur ces matières. si je n'avais été pris à partie par un chimiste anglais à ce sujet.

« Comment, dit-il, M. Dumas nous de- « mande de partager le chlore et l'hydro- « gène en atomes, c'est-à-dire en petites « masses indivisibles, insécables ; puis, « quand à grand'peine je me suis représenté « de telles masses, il ajoute : Maintenant « voulez-vous faire de l'acide chlorhydrique? « Alors, coupez en deux ces masses inséca- « bles !!!

« Puis, quand vous aurez coupé ces ato- « mes, prenez la moitié d'un atome de « chlore et la moitié d'un atome d'hydro- « gène, soudez-les, et vous ferez un atome « d'acide chlorhydrique.

« Si c'est là votre recette, ajoute le chi- « miste anglais, permettez que je vous ré- « ponde par un petit apologue.

« Je trouve dans Lewis l'histoire d'un *dé-* « *mon* qui enlève une jeune dame, et qui, « pour gagner ses bonnes grâces, s'engage « à exécuter ses trois premiers ordres. « Mon- « trez-moi, lui dit-elle, le plus sincère de

(1) M. Dumas professait ceci en 1836.

« tous les amants. » Cela fut fait à l'instant. « Bien, monsieur, continue-t-elle, mais « montrez-m'en un plus sincère mainte-« nant? » Le démon fut déconcerté.

« Mais que serait-il arrivé si la dame eût « été entre les mains de celui qui peut nous « montrer un atome, puis le couper en deux? « Celui-là n'aurait éprouvé aucun embarras « sans doute à faire paraître l'amant le plus « sincère, puis un plus sincère encore. »

« M. Griffins n'a pas compris que j'avais pris soin de distinguer des atomes relatifs aux forces physiques et des atomes relatifs aux forces chimiques ; c'est-à-dire des masses insécables pour les premières, et d'autres masses insécables pour les secondes. Il est donc possible de couper avec les unes ce qui résiste aux autres. Dans le cas du chlore et de l'hydrogène, la chimie coupait les atomes que la physique ne pouvait pas couper. Voilà tout.

« Quelques personnes ont voulu éviter ces distinctions et ont imaginé de restreindre la règle générale aux gaz simples. Ceux-ci, dit-on, sont tous comparables entre eux, et ne le sont plus avec les gaz composés : eux seuls renferment le même nombre d'atomes à volumes égaux.

« Voici ce qui en résulterait : C'est qu'en prenant la densité de l'oxygène pour 100, celle des autres gaz simples donnerait leur poids atomique, et l'on aurait ainsi :

Oxygène. . . . , ...	100
Hydrogène.	6,24
Azote	88,5
Chlore.	221,3

« La densité de la vapeur du brome et de celle de l'iode conduirait de même aux nombres suivants :

Brome.	489,1
Iode	789,7

« Ces atomes, ainsi établis, satisfont non-seulement à la règle d'où ils découlent, mais encore à toutes les convenances de la chimie. Aussi tout le monde les admet-il ; aussi a-t-on pensé que cette règle, en quelque sorte devinée, devenait un axiome incontesté en présence d'un tel accord. Voyons donc si en effet son application ne peut donner lieu à aucune contestation.

« Dans l'ammomiaque on trouve 3 volumes d'hydrogène pour 1 volume d'azote. Or l'hydrogène phosphoré lui ressemble beaucoup. Ce sont deux composés correspondants de deux corps simples dont les propriétés chimiques présentent la plus grande analogie; ce sont deux gaz susceptibles de jouer le rôle de base, et qui renferment l'hydrogène au même état de condensation. On devait donc admettre que dans l'hydrogène phosphoré l'azote de l'ammomiaque se trouvait remplacé par le phosphore, volume pour volume; on devait croire que pour 3 volumes d'hydrogène il y avait un volume de phosphore gazeux : auquel cas, la densité de la vapeur du phosphore eût été exprimée, en la rapportant à celle de l'oxygène prise

égale à 100, par le nombre 196. Mais l'expérience donne 392, c'est-à-dire le double.

« L'arsenic va nous conduire à une observation toute pareille. Il est absolument dans le même cas. Car en partant de l'hydrogène arséniqué, et le comparant à l'ammoniaque, on trouvera 470 pour la densité de la vapeur d'arsenic, tandis que la densité de sa vapeur observée donnerait le nombre 940.

« Ainsi donc point de milieu : il faut ou renoncer aux plus belles analogies de la chimie, et à des lois que nous discuterons tout à l'heure et qui sont pleines d'intérêt, ou convenir qu'à volume égal le phosphore, l'arsenic et l'azote ne contiennent pas le même nombre d'atomes.

« On fera peut-être quelques difficultés, en s'appuyant sur la nature problématique de l'azote. Des chimistes très-distingués, et M. Berzélius en particulier, ont en effet présenté des considérations qui tendraient à faire envisager ce gaz comme un corps composé. Mais que dire dans le cas de l'oxygène et du soufre ? Ne sont-ce pas des corps qui se ressemblent en tous points, et bien connus tous les deux ? Et cependant, si, partant de la composition de l'eau qui renferme 2 volumes d'hydrogène et 1 volume d'oxygène, vous dites que l'hydrogène sulfuré doit contenir aussi 2 volumes d'hydrogène et 1 volume de vapeur de soufre, vous trouverez pour la densité du soufre en vapeur 201, en prenant 100 pour celle de l'oxygène. Or l'expérience fait voir qu'elle est réellement représentée par 603. D'où l'on voit qu'ici le poids atomique déduit de la règle, qui ferait admettre des nombres égaux d'atomes dans les corps simples gazeux, à volumes égaux, est triple de celui qu'auraient fait adopter les analogies si frappantes que le soufre et l'oxygène présentent dans leurs combinaisons avec l'hydrogène ou les métaux.

« Il ne peut donc rester aucun doute à ce sujet : la conséquence que l'on pouvait se permettre de tirer des densités des quatre corps simples naturellement gazeux et des densités observées dans le brome et l'iode en vapeur se trouve ouvertement et incontestablement démentie par les observations dont le phosphore, l'arsenic et le soufre ont été l'objet. Ainsi, il faut le déclarer nettement : les gaz, même quand ils sont simples, ne renferment pas, à volume égal, le même nombre d'atomes, du moins le même nombre d'*atomes chimiques*.

« Vous remarquerez que, dans les trois exemples qui nous ont servi à le prouver, les atomes chimiques semblent s'être groupés ; qu'ainsi les particules gazeuses de phosphore ou d'arsenic en contiennent deux fois autant que celles d'azote ; que les particules gazeuses du soufre renferment trois fois autant d'atomes chimiques, qu'il y en a dans les particules du gaz oxygène. Vous direz donc à l'égard de ces corps que l'action chimique produit une division plus grande que l'action de la chaleur, et vous ne pourrez rien affirmer de plus.

« Je dois vous faire observer que le contraire paraissait d'abord avoir lieu à l'égard du mercure. Ce métal constitue des composés que l'on a tout lieu de regarder comme analogues à ceux du plomb ou de l'argent. L'oxyde rouge de mercure devrait donc renfermer 1 volume de mercure uni à 1 volume d'oxygène, ainsi que l'a depuis longtemps supposé M. Gay-Lussac. Par suite, l'oxygène étant 100, on aurait 1264 pour le poids atomique du mercure. Or l'expérience donne 632 pour la densité de la vapeur de ce métal. Dans le cas actuel, la chaleur diviserait donc les particules du corps plus que l'action chimique, et il faudrait dire que les atomes chimiques du mercure se divisent en deux pour constituer les particules du mercure gazeux.

« Mais tout porte à croire que c'est aux formules généralement admises et données par M. Berzélius qu'il faut s'en prendre et non point à la densité de la vapeur du mercure, s'il y a là une anomalie aussi choquante. En effet, il y a toute apparence que le véritable atome du mercure est représenté par 632, comme l'indique la densité de sa vapeur ; et que si le mercure est analogue à l'argent, ce que je suis loin de nier, c'est l'atome de l'argent qu'il faut modifier et réduire à moitié, ainsi que les observations de M. Rose l'ont conduit à le faire.

« Ainsi, en admettant que la chimie ait quelque moyen de définir les poids atomiques, on peut dire qu'en prenant des volumes égaux de gaz, on a tantôt le même nombre d'atomes chimiques, tantôt le double ou le triple de ce nombre, mais jamais moins. En conséquence, on ne peut éviter de convenir que la considération des gaz ne nous apprend rien d'absolu à ce sujet.

« Que l'on admette, si l'on veut, dans les gaz des groupes moléculaires ou des groupes atomiques en nombres égaux, à volume égal, on contentera tout le monde ; mais on ne donnera rien d'utile à personne jusqu'à présent. Ce ne sera après tout qu'une hypothèse, et sur ce sujet l'on n'en a déjà que trop fait.

« Résumons les faits. Les gaz sont tous également compressibles ; ils sont de même également dilatables. Ils se combinent en rapports constants, et simples en volumes : la contraction qu'ils éprouvent en se combinant est nulle ou de nature à s'exprimer par un rapport simple. Voilà des propositions qu'on peut énoncer en toute confiance, parce qu'elles ne sont que l'expression des résultats de l'expérience.

« Si on veut aller plus loin, on peut ajouter que les gaz paraissent formés de groupes moléculaires plus ou moins condensés, que ces groupes contiendraient tantôt un même nombre de ces autres groupes qui constituent les atomes chimiques, tantôt un nombre double ou triple. Car on doit supposer non-seulement que les atomes physiques des gaz sont des réunions de masses petites, distinctes les unes des autres, mais qu'il en est encore de même des atomes chimiques.

« Voilà où nous en sommes sur ce point, et si maintenant j'ajoute qu'au lieu de creuser plus à fond ces hypothèses il vaudrait bien mieux chercher des bases certaines pour appuyer des théories plus solides, vous serez très-probablement de mon avis. Vous penserez (comme moi), sans nul doute, qu'il sera plus rationnel et plus utile de s'attacher à déterminer les densités des vapeurs qui nous sont inconnues par les méthodes que nous possédons, quand elles peuvent s'y appliquer, ou bien d'imaginer de nouvelles méthodes pour les cas où celles-ci sont inapplicables, sans dédaigner la recherche des densités des corps composés : car, bien que moins utiles en apparence, elles nous apprennent néanmoins des lois de condensation d'un très-haut intérêt. Voilà, sans contredit, la seule direction profitable pour les esprits qui veulent s'occuper de ces questions ; voilà la seule voie qui puisse actuellement mener à éclaircir nos vues sur ces matières.

« N'allez pas vous imaginer en effet que je nie l'importance des découvertes faites sur les gaz ou les vapeurs. Je me borne à dire que le sujet n'est point achevé, et que par suite il a été jusqu'ici impossible d'établir aucune loi absolue, mais que l'on a trouvé seulement des rapports variables quoique toujours simples.

« C'est il y a bientôt vingt ans que la théorie atomique eut son beau moment. On croyait alors à l'efficacité des notions puisées dans les considérations relatives au gaz, et MM. Petit et Dulong firent connaître une loi qui, pouvant embrasser tous les corps, et particulièrement les corps solides, semblait destinée à combler le vide que ne pouvaient remplir les notions précédentes, à l'égard des corps fixes ou trop difficiles à volatiliser. Mais malheureusement cette loi nouvelle appliquée à la détermination des atomes chimiques va nous offrir non moins d'exceptions que la loi de l'égalité du nombre d'atomes, à volume gazeux égal. Elle consiste à dire que, pour échauffer d'un degré un atome de chaque corps simple, il faut une égale quantité de chaleur.

« Les quantités de chaleur nécessaires pour échauffer d'un degré les différents corps, pris à poids égaux, varient suivant leur nature ; ce dont il est facile de s'assurer par l'expérience. Si, par exemple, vous prenez un kilogramme d'eau à 20° et un kilogramme d'eau à 10°, après le mélange, vous trouverez dans la masse une température qui sera réellement la moyenne des températures observées auparavant dans chacune des parties, et vous aurez ainsi deux kilogrammes d'eau à 15°. Mais au lieu d'opérer sur deux masses d'une même nature, prenez-en deux de nature différente ; prenez, si vous voulez, un kilogramme d'eau à 14°, et un kilogramme de mercure à 100°. La température moyenne serait 57°. Eh bien, ce ne sera point celle que vous remarquerez dans les deux kilogrammes mélangés ; bien loin de là, le thermomètre y indiquera seulement

17°. Ainsi le mercure perd 83°, quand l'eau en gagne 3 ; ainsi une même quantité de chaleur produit sur des masses égales de mercure et d'eau des variations de température qui sont dans le rapport de 83 à 3. Par conséquent, le mercure n'exigera, pour s'échauffer d'un certain nombre de degrés, que les $\frac{3}{83}$ ou le $\frac{1}{28}$ de la quantité de chaleur qui fera subir à l'eau la même élévation de température. Ce nombre $\frac{1}{28}$ est ce que l'on appelle la *chaleur spécifique* du mercure, ou sa capacité pour la chaleur.

« Si vous cherchez ainsi les chaleurs spécifiques des divers corps simples, vous trouverez des nombres très-différents, qui ne vous paraîtront assujettis à aucune loi. Mais au lieu de comparer les corps simples sous le même poids, prenez-en de poids proportionnels à leurs poids atomiques ; prenez, par exemple, 201 parties de soufre, 339 parties de fer, 1143 parties de platine, et vous trouverez qu'en prenant d'égales quantités de chaleur ces corps éprouveront un égal changement de température.

« Rien de plus facile que de vérifier ce fait, en connaissant les chaleurs spécifiques obtenues à l'aide des moyens dont la physique permet de disposer. Elles nous font connaître d'une manière relative les quantités de chaleur absorbées par un même poids des différents corps, pour subir une même variation de température. Multiplions-les par les poids atomiques : nous aurons l'expression relative des quantités de chaleur absorbées par des poids qui représentent le même nombre d'atomes ; ce qui donnera par conséquent les rapports des quantités de chaleur prises par les atomes eux-mêmes, pour une égale élévation de température.

« Evidemment, cette vérification ne peut se faire qu'avec des poids atomiques admis déjà sur d'autres bases. Mais la loi une fois établie, on pourra s'en servir pour déterminer des poids d'atomes que d'autres considérations ne permettraient pas de fixer. En effet, puisque le produit du poids atomique par la chaleur spécifique devra toujours donner un nombre constant et connu, il suffira de diviser ce nombre constant par la chaleur spécifique pour avoir le poids atomique.

« Voici du reste le tableau des poids d'atomes déduits des chaleurs spécifiques observées par MM. Dulong et Petit. Vous voyez que le produit des poids atomiques par les capacités pour la chaleur est toujours environ 37, 5, de sorte qu'en supposant que la loi fût vraie, il suffirait de diviser ce nombre par la capacité calorique d'un corps simple pour en avoir le poids atomique.

	Capacités pour la chaleur.	Poids atomiq.	Produits de la capacité par le poids atomique.
Bismuth,	0,0288	1330	38,30
Plomb,	0,0293	1294	37,94
Or,	0,0298	1243	37,04
Platine,	0,0314	1233	38,71
Etain,	0,0514	735	37,79
Argent,	0,0557	675	37,59
Zinc,	0,0927	403	37,36
Tellure,	0,0912	401	36,57
Cuivre,	0,0949	395	37,55
Nickel,	0,1035	369	38,19
Fer,	0,1100	339	37,31
Cobalt,	0,1498	246	46,85
Soufre,	0,1880	201	37,80

« Mais les particules matérielles auxquelles cette loi s'applique sont-elles les mêmes que les atomes chimiques ? c'est là maintenant ce qu'il faut voir.

« Considérons d'abord les gaz élémentaires. Nous n'y trouverons matière à aucune objection. La capacité pour la chaleur de l'oxygène, de l'azote et de l'hydrogène, a été déterminée par M. Dulong, et il s'est assuré qu'à volumes égaux elle était la même pour ces trois gaz. En leur appliquant la loi de MM. Petit et Dulong, on serait donc conduit à y reconnaître un nombre égal d'atomes à volume égal ; ce qui s'accorde à la fois avec les vues de la chimie, et la supposition anciennement faite sur la constitution des corps gazeux.

« Prenons ensuite le soufre, dont la densité à l'état gazeux nous a offert une anomalie si inattendue. La chaleur spécifique du soufre, ainsi que vous le voyez dans le tableau, conduit au poids atomique 201, qui est précisément celui que tous les chimistes ont adopté. Ici par conséquent se manifeste une opposition inévitable entre la théorie qui supposerait un même nombre d'atomes dans des volumes égaux de corps simples gazeux, et celle qui supposerait à ces atomes une même capacité pour la chaleur. L'adoption de l'une nécessite le rejet de l'autre, puisque l'atome du soufre donné par la vapeur serait égal à 603 et qu'il n'est que 201, quand on le prend par les chaleurs spécifiques. Mais nous avons déjà fait le sacrifice de la première hypothèse comme moyen de nous donner les atomes de la chimie. La seconde nous mène à choisir pour le soufre l'atome déduit des considérations fournies par la chimie elle-même. Jusque-là rien de mieux.

« Mais si, remontant le tableau, nous passons au cobalt, nous rencontrons alors un poids d'atome qui n'est que les $\frac{2}{3}$ de celui que la chimie exige. Effectivement, comparé avec le fer, le nickel, le zinc, etc., le cobalt est l'un des corps dont l'atome chimique est le mieux fixé par ses analogies. Il faut que les composés du cobalt soient représentés par des formules semblables à celles des composés correspondants de nickel, de zinc, etc. Il faut par conséquent que l'atome de cobalt pèse 369 : autrement cette condition ne pourrait être remplie. Mais la chaleur spécifique du cobalt donnerait 246, c'est-à-dire les deux tiers du nombre précédent. A l'égard de ce métal, voilà donc la règle tirée des capacités pour la chaleur qui se trouve elle-même en défaut.

« Si cette exception était la seule, peut-être quelques personnes seraient-elles portées à attribuer cette anomalie à la présence de quelques impuretés dans le cobalt sur lequel on a opéré pour en chercher la chaleur spécifique, et à croire qu'il se trouvait combiné avec une certaine quantité de carbone, qui aurait changé complétement les résultats. Je dois dire même que tel est mon avis, le cobalt employé provenant de la distillation de l'oxalate, et le carbone ayant une chaleur spécifique si forte, qu'une quantité très-faible de ce corps suffirait pour modifier tout à fait la chaleur spécifique du cobalt.

« Mais nous allons trouver un exemple qui, je le crois, ne laisse plus rien à répliquer, dans le tellure, lequel, comparé au soufre, s'en rapproche de toutes les manières sous le point de vue chimique, et s'en éloigne tout à fait sous le point de vue des capacités pour la chaleur. Car tandis que, pour représenter les combinaisons correspondantes que forment le soufre et le tellure, il faut prendre 802 pour le poids atomique de ce dernier corps, sa chaleur spécifique lui en assignerait un qui pèserait seulement 401, c'est-à-dire moitié moins.

« Enfin j'arrive à l'argent, et je vois que pour satisfaire à la loi des capacités calorifiques il faudrait lui donner 676 pour poids atomique, nombre qui est encore moitié trop faible, car les chimistes ont adopté généralement 1352.

« En vous rappelant la réduction à moitié que la densité de la vapeur du mercure semble exiger dans le poids atomique admis pour ce métal, vous allez peut-être dire : Eh bien, il est tout simple que la chaleur spécifique de l'argent réclame pour son poids atomique une pareille réduction. Car les poids atomiques des deux métaux étant ainsi l'un et l'autre pareillement réduits, leurs combinaisons ne cesseront pas d'être d'accord. Mais alors, prenez-y garde, car la chaleur spécifique du mercure, celle que lui assignent les expériences qui méritent le plus de confiance s'accorde sensiblement avec le poids atomique ordinaire que les chimistes ont jusqu'ici adopté pour ce métal.

« Conséquemment, pour fixer les poids atomiques du mercure et de l'argent, admettra-t-on la chaleur spécifique du premier? Celle du second ne vaudra rien; et alors il en sera de même de la densité de la vapeur du mercure. Voudra-t-on s'appuyer sur la chaleur spécifique de l'argent, ce qui permettra d'invoquer pour le mercure la densité de sa vapeur? on sera forcé de repousser la chaleur spécifique de ce dernier métal. Ainsi, dans l'un et l'autre cas, il faudra rejeter une des données fournies par les chaleurs spécifiques. Avouons que l'état liquide du mercure peut rendre sa chaleur spécifique tout autre que celle qu'il aurait à l'état solide.

« Rappelons que la capacité calorifique du tellure ne conduit pas plus à son atome chimique que la densité de la vapeur du soufre à l'atome chimique de celui-ci. En face de ce fait, il faut nécessairement conclure en disant que, si les densités des corps simples, à l'état gazeux, ne peuvent pas nous fournir leurs atomes chimiques, leurs chaleurs spécifiques ne sauraient non plus nous l'enseigner d'une manière absolue.

« Me demanderez-vous comment je conçois les particules matérielles qui ont la même capacité pour la chaleur? Je vous répondrai que dans l'état actuel il est impossible de rien affirmer de précis sur cette question. Que si l'on veut se laisser aller aux suppositions, on sera disposé à penser que la chaleur spécifique se rapporte aux vrais atomes, aux dernières particules des corps. Ceci admis, l'on conçoit très-bien comment les atomes chimiques pourront être exprimés par des nombres quelquefois égaux à ceux qui représenteraient ces dernières particules, et d'autres fois par des nombres plus forts ou plus petits, selon l'unité adoptée.

« Pour me faire facilement comprendre, je supposerai pour un moment qu'il y ait, par exemple, dans un atome chimique de soufre, de cuivre, de zinc, etc., 1000 atomes du dernier ordre; qu'il y en ait 2000 dans un atome chimique de tellure et 250 dans un atome chimique de carbone. Supposons d'ailleurs que les atomes chimiques du soufre, du fer, du cuivre, du zinc, soient exprimés chacun par le même nombre que l'atome vrai, déduit de la capacité calorifique; ne faudra-t-il pas que l'atome chimique du tellure, qui renfermera deux fois plus de véritables atomes que ceux des corps précédents, soit représenté par un poids double ? Le poids atomique des chimistes ne sera donc plus alors égal au poids tiré de la chaleur spécifique : il sera exprimé par un double. L'atome chimique du carbone, au contraire, pèsera quatre fois moins.

« L'exemple du tellure et du soufre paraît tout à fait concluant en particulier pour permettre de croire à des arrangements de cette nature.

« Au surplus, il reste beaucoup à faire sur ces matières. Avant de bâtir avec quelque confiance un système sur ce terrain, il faut qu'un grand nombre d'expériences précises soient venues l'éclairer. C'est ainsi qu'il serait de la plus haute importance d'étudier les corps composés sous le rapport de leurs capacités pour la chaleur; car il ne faut pas s'imaginer que la relation des capacités calorifiques aux poids d'atomes n'existe que pour les corps simples : elle se retrouve aussi dans les composés du même ordre. On aurait donc tort d'y chercher une preuve de la justesse de l'idée que nous nous faisons des corps qui nous paraissent élémentaires, et l'on peut dire que la capacité de leurs atomes chimiques tend vers l'égalité, parce que ce sont des corps du même ordre, et sans que la simplicité de leur composition en découle nécessairement.

« Jetez les yeux sur le tableau où sont écrits les résultats de M. Neumann sur la chaleur spécifique d'un certain nombre de carbonates et de sulfates. Vous y voyez que les carbonates de chaux, de baryte, de strontiane, de protoxyde de fer, de zinc et de magnésie, doivent avoir à nombre égal d'atomes des capacités pour la chaleur égales; car les produits de leurs poids atomiques par leur capacité à poids égal donnent toujours à peu près le même nombre, et ne diffèrent que de quantités qui, sans aucun doute, doivent être attribuées aux erreurs d'expériences qu'il est impossible d'éviter dans des recherches si délicates. Les sulfates de baryte, de strontiane, de chaux, de plomb, donnent lieu de faire une semblable remarque. En multipliant leurs poids atomiques par leurs chaleurs spécifiques, on obtient pour tous environ 155.

	Capacités pour la chaleur.	Poids atomiq.	Produits de la capacité par le poids atomique.
Carbonate de chaux,	0,2044	652	129,2
Carbonate de baryte,	0,1089	1231	132,9
Carbonate de fer,	0,1810	715	130,0
Carbonate de plomb,	0,0810	1668	135,0
Carbonate de zinc,	0,1712	779	133,5
Carbonate de strontiane,	0,1445	923	133,2
Carbonate double de chaux, Magnésie,	0,2161	1167	126,1
Moyenne.			131,4
Sulfate de baryte,	0,1068	1458	155,7
Sulfate de chaux,	0,1854	857	158,9
Sulfate de strontiane,	0,1300	1148	149,2
Sulfate de plomb,	0,0830	1895	151,3
Moyenne.			154,6

« Pour les autres corps composés, nous manquons de données assez précises pour nous permettre de faire de semblables comparaisons. Cependant ce sont des points qui sont du plus haut intérêt pour la philosophie de la chimie. Déterminez donc un grand nombre de chaleurs spécifiques, et certainement leur discussion attentive jettera la plus vive lumière sur cet important sujet.

« Dans l'état actuel des choses, il paraît assez vraisemblable que l'égale capacité pour la chaleur appartient aux vrais atomes, mais que la chimie met en mouvement des groupes de ceux-ci, dans lesquels le nombre des atomes varie suivant la nature des corps, quoique toujours en rapport simple, et que d'ailleurs il ne faut pas s'attendre à retrouver constamment dans des volumes égaux de gaz un nombre égal des plus petites particules matérielles, ni même un nombre égal des groupes de ces particules sur lesquels la chimie opère.

« Voici donc, relativement à l'état présent de nos connaissances, la conséquence la plus probable à laquelle on arrive, ce me semble, en essayant de rendre compte de la constitution intime des corps. La matière est formée d'atomes. Les chaleurs spécifiques nous enseignent les poids relatifs des atomes des diverses sortes. La chimie opère sur des groupes d'atomes de matières. Ce sont ces groupes qui, en s'unissant dans différents rapports, produisent les combinaisons en suivant la loi des proportions multiples; ce sont eux dont le déplacement mutuel donne lieu de remarquer la règle des équivalents dans les réactions. Enfin la conversion en gaz ou en vapeur crée encore d'au-

tres groupes moléculaires, dont dépendent les lois observées par M. Gay-Lussac.

« Ainsi les densités à l'état gazeux et les chaleurs spécifiques sont loin de nous suffire pour fixer le poids des atomes chimiques, et ne sauraient d'ailleurs s'appliquer à tous les corps. Cherchons, s'il est possible, une méthode plus sûre et plus générale. Or il en est une troisième due à M. Mitscherlich, et dont la première base a été signalée par M. Gay-Lussac.

« M. Gay-Lussac observa, il y a déjà longtemps, qu'un cristal d'alun à base de potasse, transporté dans une dissolution d'alun à base d'ammoniaque, y grossissait, sans que sa forme se modifiât, et pouvait ainsi se recouvrir de couches alternatives des deux aluns, en conservant sa régularité et son type cristallin. Cette expérience fut ensuite répétée par M. Beudant, qui remarqua pareillement d'autres faits analogues

« Dans ces derniers temps, M. Mitscherlich approfondit ces observations, et précisa les conditions dans lesquelles deux substances peuvent se substituer l'une à l'autre dans un cristal, sans en altérer la forme. Il fit voir qu'elle n'avait lieu qu'entre les corps dont la forme cristalline est la même, ou du moins ne diffère que par de légères modifications dans les angles. Il établit de plus que tous les sels, et, en général, tous les composés, qui se correspondent par leur composition, qui se représentent par des formules atomiques similaires, sont susceptibles de cette substitution mutuelle dans un même cristal, précisément parce que leurs cristaux appartiennent au même type; propriété qu'il a désignée sous le nom d'*isomorphisme*.

« Comme le nom l'indique, les corps *isomorphes* sont donc ceux qui cristallisent de la même manière, et qui par suite sont capables de se mêler ou de se superposer dans un cristal sans en changer la forme. Comme conséquence de ces observations, M. Mitscherlich a admis qu'en général les corps isomorphes devaient être formés d'un même nombre d'atomes unis de la même manière.

« A l'aide de cette loi, rien de plus facile que de déterminer les poids atomiques d'un grand nombre de corps simples. Il ne s'agit que de fixer une unité, en quelque sorte, c'est-à-dire une formule qui serve de point de départ. Tout le reste s'en déduit ensuite immédiatement.

« Admettez, par exemple, que la chaleur spécifique du fer vous donne son poids atomique, qui sera 339. Pour satisfaire à ce poids d'atome, il faudra que le protoxyde de fer ait pour formule FeO, et le peroxyde, Fe^2O^3. Le manganèse, l'un des corps qui se rapproche le plus du fer par ses propriétés, aura son atome doublement fixé par l'isomorphisme. Car son protoxyde étant isomorphe avec celui du fer, et son sesquioxyde avec le peroxyde de fer, il faudra assigner à ces deux oxydes les formules MnO et Mn^2O^3, qui conduisent l'une et l'autre au nombre

346, comme poids de l'atome de manganèse.

« Mais les conséquences déduites de l'isomorphisme et basées sur le poids atomique adopté pour le fer ne vont pas s'arrêter là : il s'en faut de beaucoup.

« D'abord, comme le bioxyde de cuivre, les protoxydes de nickel, de cobalt, de zinc, de cadmium, etc., sont isomorphes avec les protoxydes de manganèse et de fer, leurs métaux ont leurs atomes fixés en même temps que celui du manganèse. Il en est de même pour le chrome, l'aluminium, le glucinium, etc., car leurs oxydes sont isomorphes avec les sesquioxydes de fer et de manganèse.

« Mais, de plus, voilà les formules des composés oxygénés du manganèse arrêtées, de la manière suivante :

    MnO pour le protoxyde.
    Mn^2O^3 pour le sesquioxyde.
    MnO^2 pour le bioxyde.
    MnO^3 pour l'acide manganique.
    Mn^2O^7, pour l'acide permanganique.

« Et les formules de ces deux acides vont nous servir à reconnaître les atomes d'autres corps simples. L'acide manganique, en raison de l'isomorphisme des sels qu'il forme avec les sulfates, les séléniates, les chromates, etc., nous donne le moyen d'en déduire les poids atomiques du soufre, du sélénium, du tellure, du chrome, etc. L'acide permanganique, étant de même isomorphe avec l'acide perchlorique, nous apprendra à connaître le poids atomique du chlore, et par suite ceux de ses isomorphes ; tels que le fluor, le brome, etc. De telle sorte que de cette manière presque tous les corps de la chimie se rattacheront l'un à l'autre.

« L'application de l'isomorphisme à la recherche des poids d'atomes se fait donc avec la plus grande facilité. Vient-on ensuite à se servir des atomes ainsi établis, on trouve qu'ils satisfont très-bien aux besoins de la chimie. Avec eux, on réunit tous les corps qui se ressemblent chimiquement, ceux qui peuvent se remplacer, et qui cristallisent de la même manière aux angles près, et on leur assigne des formules qui rappellent toutes ces propriétés.

« En résumé, l'étude des densités des gaz ou des vapeurs, des chaleurs spécifiques, des formes cristallines, fournissent, quand on fait intervenir l'idée d'atomes, des notions du plus haut intérêt, quoique encore incomplètes. Par cela seul, on peut le dire, l'existence des atomes a paru très-probable, et peut-être s'est-on trop pressé de l'admettre, si on entend le mot *atome* à la manière des anciens.

« Mais comment définir leur nombre, même relatif, dans les volumes gazeux, leurs poids dans les masses soumises aux expériences de capacités calorifiques, les rapports suivant lesquels ils sont réunis dans les cristaux ? En un mot, quelle confiance méritent les poids atomiques adoptés et la marche suivie pour les déterminer ?

« Voici ma réponse. S'agit-il de la chimie, prenez l'isomorphisme : il rend sensibles mille notions pleines d'intérêt. Que faire ensuite des autres propriétés physiques des corps, telles que les densités à l'état gazeux et les chaleurs spécifiques ? Il faut en faire des caractères dont on pourra tirer parfois un parti fort avantageux, mais dont il ne faut pas oublier que la valeur n'a rien d'absolu. Il faut y voir des caractères dont l'importance peut varier, comme on le remarque souvent dans ceux qui servent à classer les êtres organisés. Ainsi, par exemple, posez-moi cette comparaison : dans les animaux la couleur du sang est très-importante. Pourtant les annélides ont le sang rouge, et ils ne se rapprochent que des familles dans lesquelles le sang est blanc. Le nombre et la position des mamelles sont aussi certainement très-importants. Irez-vous toutefois placer la chauve-souris à côté de l'homme, parce qu'elle lui ressemble sous ce rapport ? Eh bien, serait-il impossible que les trois grands caractères dont il s'agit eussent des valeurs différentes selon les familles des corps simples ? C'est ce que l'avenir et l'expérience peuvent seuls nous apprendre.

« Je terminerai par une dernière considération, par celle qui, si j'en étais le maître, se graverait le plus profondément dans vos esprits.

« Nous pouvons dire d'une manière certaine combien il faut de tel ou tel acide pour équilibrer chimiquement 501 parties d'acide sulfurique, combien il faut de telle ou telle base pour équilibrer 590 parties de potasse.

« Mais quand on a voulu étendre ce genre de calcul à la chimie entière, on n'a pu le faire sans abandonner la voie de l'expérience, qui ne suffisait plus lorsqu'il a fallu comparer entre eux les composés binaires, et par suite les éléments eux-mêmes.

« Combien faut-il de sulfure de plomb pour équivaloir une quantité connue de chlorure de soufre, d'eau ou d'oxyde de carbone ? Ce sont là des questions auxquelles on a d'abord répondu par des analogies, par de simples analogies plus ou moins contestables.

« Tant que les tables atomiques ont été formées ainsi en partie d'après les lois de Wenzel et de Richter, et en grande partie par de simples tâtonnements, elles ont laissé bien des doutes dans les meilleurs esprits.

« C'est pour sortir de cette situation que l'on a essayé de tirer les poids atomiques de la densité des corps élémentaires de leur chaleur spécifique. En effet, si les poids atomiques des éléments étaient donnés, ceux des composés en découleraient nécessairement. L'inverse n'est pas également vrai ; on le conçoit, et c'est pourtant cette marche inverse qu'on avait été d'abord obligé de prendre.

« Il est certain que la densité des gaz ne donne pas leur poids atomique ; il est probable que la capacité calorifique des corps ne la donne pas non plus ; les équivalents des acides, bases ou sels, ne peuvent nous faire connaître les atomes élémentaires; et tout considéré, la théorie atomique serait une science purement conjecturale, si elle ne s'appuyait sur l'isomorphisme.

« Mais l'isomorphisme est un caractère observable non-seulement dans les sels, les acides, les bases, mais aussi dans les composés binaires ou les éléments. Entre deux corps binaires analogues, il peut servir à décider quels sont ceux qui s'équivalent. Ainsi, par exemple, quand vous trouvez que les sulfures de cuivre et d'argent Cu^2S et AgS sont isomorphes, il faut de toute nécessité que l'un des deux métaux ait été mal formulé. Comme Cu^2 paraît l'être bien par divers motifs, il faut écrire Ag^2, et admettre que l'ancien atome de l'argent en représentait réellement deux.

« Ainsi l'isomorphisme vient contrôler et compléter ce que la neutralité, les doubles décompositions avaient commencé. Il nous apprend à découvrir les *composés binaires équivalents*, les *éléments équivalents*, et à ce titre, sa découverte constitue l'un des plus grands services qu'on ait jamais rendu à la chimie, à la philosophie naturelle.

« Mais vous le voyez ; que nous reste-t-il de l'ambitieuse excursion que nous nous sommes permise dans la région des atomes ? Rien, rien de nécessaire du moins.

« Ce qui nous reste, c'est la conviction que la chimie s'est égarée là, comme toujours, quand, abandonnant l'expérience, elle a voulu marcher sans guide au travers des ténèbres.

« L'expérience à la main, vous trouvez les équivalents de Wenzel, les équivalents de Mitscherlich, mais vous cherchez vainement les atomes tels que votre imagination a pu les rêver, en accordant à ce mot, consacré malheureusement dans la langue des chimistes, une confiance qu'il ne mérite pas.

« Ma conviction, c'est que les équivalents des chimistes, ceux de Wenzel, de Mitscherlich, ce que nous appelons *atomes*, ne sont autre chose que des groupes moléculaires. Si j'en étais le maître, j'effacerais le mot *atome* de la science, persuadé qu'il va plus loin que l'expérience ; et jamais en chimie nous ne devons aller plus loin que l'expérience.

« Les forces de la nature ont des bornes sans doute, mais quand nous sera-t-il permis de dire avec certitude : c'est là que sont les bornes assignées par une sagesse infinie aux forces de la nature ? »

ATOMES. *Voy.* Théorie atomique.

ATOMES *des philosophes grecs. V.* Atomes.

AUGITE. *Voy.* Corindon et Pyroxène.

AVELANÈDES. — On appelle ainsi les glands du chêne velani, qui croît dans les îles de l'Archipel, sur les côtes de l'Asie Mineure et dans d'autres endroits de l'Orient. Smyrne en fait un grand commerce, et la France en importait dans ces dernières années jusqu'à 700,000 kilogrammes.

Cette substance, qui est styptique et astringente, a tous les caractères de la noix de galle, et sert comme elle à la teinture en noir ; mais on l'applique surtout à la prépa-

ration ou au passage des cuirs. On l'estime d'autant plus qu'elle offre comparativement plus de cupules que de glands.

AVENTURINE. *Voy.* Couleurs dans les minéraux.

AZOTATE DE POTASSE. *Voy.* Nitre.

AZOTATE HYDRIQUE. *Voy.* Azotique (*acide*).

AZOTE (*nitrogène ; alcaligène ; septone ; air vicié ; mofette atmosphérique*). — C'est l'*air phlogistiqué* de Priestley. Guyton de Morveau substitua à ce nom celui d'*azote* (d'*à* priv. et ζωή, *vie*), désignant ainsi une des propriétés négatives de ce gaz, celle d'être incapable d'entretenir la vie.

L'histoire de sa découverte, due à un jeune médecin anglais, est assez curieuse pour que nous la fassions connaître. Ruterfort, afin de couronner ses études médicales, dans la fameuse université d'Oxford, se chargea de soutenir une thèse sur différents phénomènes de la vie, et particulièrement sur la respiration des animaux. Il fit donc respirer un oiseau sous une cloche remplie d'air. Il remarqua alors que sa respiration devenait de plus en plus gênée, et qu'il finissait par périr. Il le retira pour le remplacer par un autre, puis par un troisième, etc. Il remarqua alors que le gaz restant sous la cloche devenait de plus en plus pernicieux, et qu'il arrivait une époque où l'animal obligé de le respirer périssait dans très-peu de temps. Il examina cet air particulier, et il reconnut non-seulement qu'il était incapable d'entretenir la vie des animaux, mais qu'il ne pouvait, en outre, entretenir la combustion des corps.

L'azote est un gaz un peu plus léger que l'air ; sa densité est 0,9760. Un litre de ce gaz à 0°, et sous la pression de 0 ^{m}, 76, pèse un gramme 2674. C'est un fluide élastique permanent. Il est complétement inodore, insipide, incolore. Son pouvoir réfringent est 1,010. Il est peu soluble dans l'eau. 100 litres d'eau dissolvent 2 litres 4 d'azote. — Bien différent de l'oxygène, qui se combine facilement avec la plupart des autres corps simples, l'azote ne se combine avec aucun corps par voie directe. Il se distingue de l'oxygène par des propriétés négatives, quoiqu'il soit le congénère de ce gaz dans la constitution de l'air atmosphérique. L'azote se combine à l'état de gaz naissant, c'est-à-dire au moment où il se dégage d'un corps en décomposition, avec l'hydrogène pour produire de l'ammoniaque, avec le carbone pour former le cyanogène, avec l'oxygène en différentes proportions pour former une série de composés acides ou indifférents. L'azote, comme l'acide carbonique, éteint les corps en combustion ; mais il se distingue de ce dernier en ce qu'il ne rougit pas la teinture de tournesol, qu'il ne précipite pas l'eau de chaux, et qu'il a une densité moins grande. Il est irrespirable comme l'hydrogène, et comme ce dernier il produit l'asphyxie, non pas en détruisant les tissus, mais en privant la respiration de son aliment indispensable.

On a cru, pendant quelque temps, que le

sang absorbait du nitrogène dans la respiration, mais des expériences plus exactes, qui ont été faites depuis, ont renversé cette opinion. Allen et Pepys ont constaté, dans leurs expériences sur la respiration des cochons d'Inde au milieu d'une atmosphère de gaz hydrogène et de gaz nitrogène, qu'il s'exhale du nitrogène du sang, et que celui qu'on obtient ainsi dépasse quelquefois le volume de l'animal. Dulong et Despretz ont fait voir depuis que, durant la respiration ordinaire dans l'air atmosphérique, le sang exhale toujours du nitrogène, bien qu'en petite quantité.

L'azote existe dans l'air à l'état de liberté. Il existe à l'état de combinaison dans l'ammoniaque, dans l'acide nitrique, dans presque toutes les substances animales et dans un grand nombre de substances végétales, telles que la farine (*gluten*), les alcalis végétaux, comme la quinine, la morphine, la strychnine, etc. En enlevant à l'air l'oxygène, on obtient pour résidu l'azote. Il y a différents moyens d'enlever cet oxygène; 1° avec le phosphore qu'on brûle sous une cloche contenant de l'air atmosphérique. Il se produit des vapeurs blanches et épaisses d'acide phosphorique qui se dissolvent dans l'eau. L'eau monte au-dessus de son niveau, à mesure que l'oxygène est absorbé. L'azote qui reste est mêlé d'un peu d'acide carbonique, qu'on enlève facilement au moyen de la potasse caustique ; 2° avec la limaille de fer, chauffée au rouge dans un tube de porcelaine. L'air qu'on y fait arriver perd son oxygène, qui se porte sur le fer pour l'oxyder; et l'azote peut être recueilli sous l'eau à l'autre extrémité du tube; 3° avec l'hydrogène (lampe des philosophes), qu'on enflamme sous une cloche contenant de l'air; le gaz qui reste est de l'azote, mêlé d'un peu d'acide carbonique. Pour avoir l'azote parfaitement pur, on remplit un long tube de verre avec parties égales de chlore et d'ammoniaque; on l'agite un peu en tenant les deux extrémités du tube hermétiquement fermées. Bientôt l'azote se dégage, pour venir occuper la partie supérieure du tube. Dans cette action le chlore décompose une partie de l'ammoniaque (NH^3), pour former, avec l'hydrogène de celle-ci, de l'acide chlorhydrique, qui, à son tour, se porte sur une ammoniaque non décomposée pour former du chlorhydrate d'ammoniaque. L'azote de l'ammoniaque décomposée se dégage. La formule de l'azote est : N. (*nitrogène*) ou Az^2=177,036 (2 atomes)=1 équivalent. On se sert quelquefois de l'azote pour former des atmosphères artificielles, lorsqu'on veut opérer sur des corps qui pourraient se dénaturer dans l'air atmosphérique.

L'azote peut s'unir en différentes proportions avec l'oxygène, mais jamais directement en mélangeant ces deux gaz. Néanmoins on peut, en soumettant leur mélange à l'action prolongée d'une série d'étincelles électriques, en opérer la combinaison dans certains rapports, comme l'ont observé Priestley et Cavendish.

On connaît aujourd'hui cinq composés d'azote et d'oxygène. Parmi ces combinaisons, il y a deux oxydes et trois acides. Tous ces composés sont remarquables par le rapport simple qui existe entre leurs éléments.

Ces cinq composés, rangés ci-dessous dans l'ordre inverse de leur quantité d'oxygène, ont reçu les noms suivants :

1° Protoxyde d'azote ;
2° Deutoxyde d'azote ;
3° Acide hypoazoteux, ou azoteux ;
4° Acide azoteux ou hypoazotique ;
5° Acide azotique.

Acide nitrique ou azotique. **Voy.** Azotique.

Protoxyde d'azote. — Le protoxyde d'azote est incolore, inodore, d'une saveur légèrement sucrée, d'une densité de 1,5269, et capable de se liquéfier sous une forte pression. Il entretient la combustion que l'air atmosphérique excite; il rallume même les bougies qui présentent quelques points en ignition, quoique ne contenant qu'un demi-volume d'oxygène : sous ce rapport il diffère de l'oxygène, en ce qu'il ne fait pas entendre, comme le gaz, une petite explosion au moment même où le corps allumé pénètre dans l'éprouvette, et en ce que l'action n'est pas aussi vive. Jouissant de la propriété d'allumer les bougies, on s'est demandé si ce gaz pourrait entretenir la vie des animaux. Les essais tentés dans ce sens ont constaté que, dans cette circonstance, il n'agissait pas comme l'oxygène, et qu'il donnait au contraire la mort aux animaux qui le respiraient. Cependant il n'agit pas comme poison, mais comme asphyxiant. Davy, Tennant et plusieurs autres chimistes anglais ont avancé que le système nerveux était fortement agité lorsqu'on respirait ce gaz quelques minutes. D'après eux, le gaz détermine d'abord du vertige, du tournoiement, puis, comme le café, de l'agitation, et enfin un besoin de rire tout à fait irrésistible. Des expériences nombreuses faites en France, pour constater ces faits, n'ont mené à aucun résultat dans le sens des chimistes anglais; chez nous on a toujours éprouvé un malaise et un commencement d'asphyxie, et non cette excitation du cerveau qui procurait aux chimistes anglais une si grande volupté.

Voici sur ce point le sentiment de Berzélius :

« Les animaux et les hommes qui respirent ce gaz éprouvent une saveur douceâtre, particulière et agréable, qui semble remplir tous les poumons. Quand il est exempt d'air atmosphérique, et qu'avant de le respirer on a bien vidé les poumons d'air, on tombe dans une sorte d'ivresse agréable, qui dure une ou deux minutes, et qui disparaît sans laisser de suites fâcheuses. L'expérience se fait au moyen d'une bourse en baudruche, garnie d'un tube assez large, qu'on tient dans la bouche, et par lequel on inspire et expire successivement le gaz, après s'être fermé les narines. Le volume du gaz diminue rapidement dans cette opération, et, de trois à quatre pintes, il ne reste que quelques pouces cubes au bout d'une minute. L'ivresse peut aller jusqu'à la perte de connaissance, lorsqu'on prolonge beaucoup l'inspiration. Du reste, on n'a pas observé que le gaz exerçât d'influence fâcheuse sur la santé, et les inconvénients que certains expérimentateurs ont éprouvés de sa part, tenaient à du chlore, qui s'y trouve mêlé lorsqu'on s'est servi d'un sel impur pour le préparer, ou à du gaz oxyde nitrique, qui peut s'y trouver aussi, soit quand la chaleur a été trop forte pendant sa préparation, soit quand le sel contenait du nitrate argentique ou cuivrique. Dans tous les cas, il faut, avant de se livrer aux expériences inspiratoires, introduire une petite quantité de gaz dans le poumon, pour s'assurer s'il est exempt de chlore ou de gaz oxyde nitrique, dont la présence se décèle sur-le-champ par un sentiment désagréable d'âpreté ou même de suffocation dans la trachée-artère. En général, on doit poser en principe qu'il ne faut pas respirer un gaz qui n'est point pur dès l'origine, attendu que jamais on n'est certain de le purifier assez par les lavages, pour qu'il soit possible de le respirer sans inconvénient. La propriété qu'il a de causer l'ivresse lui a fait imposer le nom de *gaz hilariant*. Il est dissous par le sang, auquel il communique une couleur purpurine. »

Ce gaz a été découvert, en 1776, par Priestley, chimiste anglais; il a été l'objet de nouvelles recherches de la part de Berthollet et de MM. Davy et Gay-Lussac. Quelques essais, tentés en 1832, par Sérullas avec la solution aqueuse de protoxyde d'azote sur huit cholériques froids et *cyanosés*, auxquels on fit boire, dans cinq à six heures, de 3 à 4 litres de cette solution édulcorée avec du sirop, ont démontré que chez ces malades la chaleur s'est rétablie peu à peu, et que la cyanose a aussi successivement disparu. (Séance du 16 mars, Académie des sciences.)

Azoture d'hydrogène. Voy. AMMONIAQUE.

Chlorure d'azote. Voy. ces mots à l'article CHLORE.

Iodure d'azote. — Lorsque ce composé est sec, il détonne avec violence par le plus petit frottement. La chute du papier qui en est recouvert suffit pour déterminer son explosion. Il détonne souvent spontanément.

Azoture de carbonne. Voy. CYANOGÈNE.

Acide hydrocyanique. Voy. HYDROCYANIQUE (acide).

AZOTE, son assimilation par les racines des plantes. *Voy*. NUTRITION DES PLANTES.

AZOTIDE DE CHLORE (*chlorure d'azote; chloride nitreux*). — Composé liquide, d'une couleur fauve, d'une odeur piquante, particulière. Il est si peu stable, qu'il se décompose déjà à la température de 3°; sa décomposition est accompagnée d'une explosion terrible. Comme les deux éléments de ce corps sont des fluides élastiques (chlore et azote) très-condensés, on conçoit que leur séparation doit avoir pour effet une détonation violente et souvent dangereuse. Aussi faut-il manipuler ce corps avec une grande dextérité, et se mettre à l'abri du danger d'être blessé. Le chlorure d'azote ne paraît jouer ni le rôle d'acide ni celui de

base. Des quantités minimes de phosphore, d'huile grasse, d'oxyde de plomb, de succin, produisent une détonation violente, quand on les met en contact avec le chlorure d'azote : l'azote et le chlore reprennent leur état élastique.

Ce corps, si dangereux à manier, a été découvert par Dulong, en 1812.

La facilité avec laquelle le chloride nitreux produit explosion fait que toutes les expériences qu'on entreprend sur ce composé sont fort dangereuses, et qu'on ne doit s'y livrer qu'avec les précautions les plus sévères, telles que celles d'entourer les appareils d'un grillage en fil de fer, de se couvrir le visage d'un masque de verre, etc. L'étude de ce corps attira un mal d'yeux grave à Dulong, l'auteur de sa découverte, qui eut en outre les doigts mutilés; et Davy, qui se livra ensuite au même genre de recherches, fut blessé à l'œil par une explosion inopinée. La manière la plus simple et la moins dangereuse de démontrer la force explosive de cette substance, consiste à en laisser tomber une goutte sur un morceau de papier gris, qu'on approche ensuite rapidement d'une bougie allumée; l'explosion se fait avec un bruit plus fort que celui d'un coup de pistolet. Si l'on veut, au contraire, rendre sensibles les effets violents qui peuvent résulter de là, on n'a qu'à mettre dans une tasse à café propre un peu de chloride nitreux couvert d'une légère couche d'eau, placer la tasse à terre sur une planche libre, et toucher ensuite le chloride, soit avec un fer chaud, soit avec une baguette trempée dans l'huile d'olive : l'eau se trouve de suite lancée de tous côtés, et la portion de la tasse sur laquelle reposait le chloride, enfoncée profondément dans le bois.

AZOTIQUE (acide); syn. *acide nitrique; eau-forte; esprit de nitre; acide du sulpêtre; azotate hydrique* (Baudrimont). — Cet acide fut découvert, suivant les uns, par Geber, au IXe siècle, suivant d'autres, en 1225, par Raymond Lulle, en distillant un mélange d'argile et d'azotate de potasse. Tel fut aussi pendant longtemps le procédé que l'on suivit pour obtenir l'*eau-forte* du commerce. Le résidu de cette opération, lavé, mélangé avec les débris des cornues (cuines) de grès, se vendait sous le nom de ciment d'eauforte. La décomposition incomplète du nitre, la décomposition et la perte d'une grande partie de l'acide mis en liberté, rendaient alors sa préparation dispendieuse. On a remplacé cette méthode par celle que nous allons décrire. Cavendish a reconnu le premier les principes constituants de l'acide azotique. Davy, Dalton, Gay-Lussac et plusieurs autres chimistes ont complété son étude.

État naturel.—L'acide azotique, de même que les différents acides énergiques, ne se rencontre qu'exceptionnellement à l'état de liberté dans la nature; on le conçoit, puisqu'il s'empare des bases mêmes combinées avec divers acides, et peut agir ainsi, notamment sur les carbonates, si généralement répandus. Sa tendance à s'unir avec la p tasse, la soude, la chaux et la magnésie, à l'état de porosité dans lequel se trouvent les substances qui contiennent ces bases, paraissent être au nombre des causes de la formation de cet acide au moyen de ses éléments (azote et oxygène), constitutifs de l'atmosphère ; ailleurs, l'azote naissant ou en combinaisons instables, mis en présence de l'oxygène de l'air pendant les altérations des déjections et des débris des animaux, concourt à la production des matériaux salpêtrés. Ces réactions spéciales rencontrent des conditions favorables dans les enduits humides ou poreux, en plâtre mêlé de calcaire, des étables, écuries, caves, celliers et sous le sol des villes populeuses. Une source incessante d'acide azotique vient des commotions électriques qui éclatent en présence des vapeurs aqueuses dans l'atmosphère ; c'est ce qui explique la présence de l'azotate d'ammoniaque dans les eaux pluviales. Cette circonstance peut contribuer à développer la fertilité du sol et la richesse en matières azotées des productions végétales dans certaines contrées où les orages sont fréquents. On sait, en effet, qu'une série d'étincelles électriques, même dans les petits appareils dont nous pouvons disposer, suffit pour opérer la combinaison de l'azote de l'air avec l'oxygène.

Dans plusieurs pays chauds, notamment dans les grandes Indes et en Égypte, le nitrate de potasse se forme, en quantités considérables, à la petite profondeur du sol où l'humidité se conserve ; les pluies et l'évaporation l'amènent en efflorescences ou croûtes cristallines à la superficie. Pour l'extraire, il suffit de lessiver le mélange terreux, de le faire évaporer, d'abord à l'air, dans de grands bassins, puis dans des chaudières, et de le laisser ensuite cristalliser. Quelquefois les eaux-mères sont jetées ; on peut cependant utiliser les nitrates de chaux et de magnésie qu'elles contiennent, en les décomposant par le carbonate de potasse des cendres. Au Pérou, des bancs énormes de nitrate de soude sont exploités aussi simplement ; ces deux sources fournissent actuellement la presque totalité des matières premières de la fabrication de l'acide azotique. Les diverses circonstances naturelles qui introduisent les azotates dans le sol permettent de comprendre sa présence dans beaucoup de végétaux et dans les déjections animales, et le rôle notable qu'il joue dans les engrais.

Composition et propriétés. — L'acide azotique est formé d'oxygène : 5 équivalents (40) du premier, et 1 équivalent (14) du deuxième ; il ne peut exister qu'à l'état de combinaison avec 1 équivalent d'eau (9) : le poids équivalent de l'acide le plus concentré possible ou monohydraté est donc représenté par 63 ; dans les azotates précités, l'équivalent d'eau de combinaison avec l'acide est remplacé par un équivalent de base.

L'acide azotique monohydraté, pur, est blanc, liquide, odorant, corrosif, fumant en présence de l'air humide ; il pèse une fois et demie autant que l'eau (environ 1,510, l'eau pesant 1,000) ; il tache la peau en jaune, l'attaque vivement et la désorganise ; aussi est-il fortement vénéneux ; sa réaction est très-acide, lors même qu'il est étendu de 100 fois son poids d'eau.

L'acide azotique monohydraté bout à $+86°$ sous la pression de $0^m,76$ de mercure ; la température rouge le décompose en acide hypoazotique et oxygène. La lumière vive détermine une décomposition semblable : dans ce cas, l'acide hypoazotique restant dans le liquide, le colore en jaune orangé ou en brun, et la décomposition s'arrête, parce qu'il se trouve dans le liquide plus d'eau, relativement à l'acide restant non décomposé.

L'acide azotique est un des agents d'oxydation les plus énergiques ; cette propriété motive ses principales applications et celles même des composés usuels qu'il forme, soit avec la potasse (azotate ou nitrate de potasse ou salpêtre), soit avec la soude (azotate de soude).

L'acide azotique se combine en plusieurs proportions avec l'eau, et le mélange s'échauffe au moment où cette combinaison s'opère. Les différents acides du commerce contiennent depuis 1 jusqu'à 6 équivalents d'eau ; ils renferment, en outre, très-souvent des acides hypoazotique, azoteux, ou du bioxyde d'azote, qui lui donnent une coloration plus ou moins sensible jaune orangé. L'acide azotique s'unit avec plusieurs proportions d'acide sulfurique, en dégageant de la chaleur. Si l'on échauffe un mélange d'acide sulfurique concentré avec de l'acide azotique, il se dégage des vapeurs rouge orangé d'acide hypoazotique et de l'oxygène, parce que l'acide sulfurique s'empare d'une partie de l'eau qui était unie à l'acide azotique. Ces dernières réactions expliquent des phénomènes auxquels il faut avoir égard dans la fabrication de l'acide azotique.

FABRICATION DE L'ACIDE AZOTIQUE.

Cette opération se fonde aujourd'hui sur la réaction facilement réalisée entre 2 équivalents d'acide sulfurique et 1 équivalent d'azotate de potasse ou d'azotate de soude. Voici le tableau indicatif de ces deux réactions et de leurs produits :

EN EMPLOYANT L'AZOTATE DE POTASSE.

Matières premières.		Produits.		
$AzO^5,KO =$	102	AzO^5	54	
$2(SO^3,HO)$	98	6HO	54	108
4HO	36	$KO,2SO^3$		128
	236			236

EN EMPLOYANT L'AZOTATE DE SOUDE.

Matières premières.		Produits.		
$AzO^5,NaO =$	86	AzO^5	54	
$2(SO^3,HO)$	98	6HO	54	108
4HO	36	$NaO,2SO^3$		112
	220			220

En comparant, on remarque que l'emploi de 102 d'azotate de potasse est nécessaire pour une production d'acide azotique égale à 108; tandis qu'il ne faut employer que 86 d'azotate de soude pour obtenir la même quantité d'acide azotique. Dans les fabriques, 100 d'azotate de potasse donnent 100 d'acide azotique, tandis que 100 d'azotate de soude produisent 115 d'acide azotique au même degré (36°). La décomposition, dans les deux cas, exigeant d'ailleurs la même quantité d'acide sulfurique relativement à l'acide azotique obtenu, on voit qu'à prix égal les fabricants devraient préférer, comme matière première, l'azotate de soude à l'azotate de potasse. A la vérité, la valeur des produits accessoires ou résidus est en sens inverse : le sulfate de potasse se vend toujours plus cher que le sulfate de soude ; il y a donc lieu d'introduire cette compensation dans le calcul, en tous cas facile, puisque pour en avoir tous les éléments il suffit d'ajouter aux données précédentes les chiffres que fournissent les prix courants du commerce.

Dans les deux cas, la proportion d'acide sulfurique employé correspond au double de ce qu'il faudrait pour obtenir un sulfate neutre, aussi obtient-on un bisulfate. Cet excès d'acide a pour but de faciliter la décomposition totale et de faire dégager le plus possible d'acide azotique, produit qui a le plus de valeur. On arriverait au même résultat en employant de l'acide sulfurique moins concentré (à 60° au lieu de 66), et réduisant la proportion à 1 équivalent et demi (l'eau favorisant la réaction). C'est ce que l'on fait pour la préparation de l'acide azotique à 36°, quoique alors, la fonte des appareils soit plus attaquée. On ne peut avoir le choix s'il s'agit de produire de l'acide monohydraté : la décomposition, dans ce cas, doit toujours se faire par l'acide sulfurique concentré.

Applications et consommation annuelle. — On consomme annuellement en France environ 45,000,000 kilogr. d'acide azotique pour les divers usages énumérés ci-après.

Fabrication de l'acide sulfurique; dérochage du cuivre, des bronzes et laitons; affinage et dissolution de l'or et du platine ; dédorage par le mélange de quelques centièmes dans l'acide sulfurique; *préparation des azotates de mercure, de cuivre, d'argent* (et pierre infernale), *azotate de plomb; chlorure d'étain; fabrication de l'acide oxalique, des amorces fulminantes, du pyroxyle* (coton-poudre), *de la dextrine, du précipité rouge* (deutoxyde de mercure); *gravure* dite *à l'eau-forte; sécrétage des poils pour la chapellerie; essais de l'or, de l'argent, du bronze, des soudes contenant des sulfates; préparations diverses et incinérations* dans les laboratoires de chimie, *cautérisations, impressions en jaune sur soie* (par l'acide à 24° épaissi au moyen de la gomme).

AZOTURE DE POTASSIUM. *Voy.* **Potasse.**

AZURITE (*cuivre carbonaté bleu; cuivre azuré; cuivre bleu*).— Dans les localités où cette substance est abondante on l'emploie pour la préparation du cuivre; mais il est mieux de s'en servir pour la fabrication du sulfate de cuivre.

B

BABLAH.— Il y a de l'analogie entre la couleur que le bablah donne aux étoffes et celle que leur donne le brou de noix; mais le fauve du premier est moins rougeâtre que celui du second. Lorsqu'on passe simultanément du coton, de la soie et de la laine non mordancés dans une infusion de bablah, la soie, et surtout le coton, prennent une couleur plus intense que la laine. Si les étoffes sont alunées, le fauve est exalté, mais en jaune et non en rouge. Si les étoffes sont piétées de peroxyde de fer, elles donne prennent un gris-noir rougeâtre. Le bablah de la douceur à la laine. Le bablah est une légumineuse qui croît dans l'Inde et en Égypte.

BACON (Roger), cordelier anglais, le magicien des auteurs dramatiques, le premier écrivain chimiste que nous ayons eu en Europe. La lecture des ouvrages qu'il nous a laissés et qu'il écrivait vers l'an 1230, porte à l'envisager comme un esprit fort remarquable. On est frappé à la fois de la netteté de ses connaissances et de leur universalité; mais on regrette que sa crédulité lui fasse adopter de confiance des faits controuvés. Il possède les connaissances dont se composait la mécanique d'alors ; il a sur la physique des notions claires; enfin, si, quand il aborde les questions de chimie, il n'était préoccupé de ses idées alchimiques, on serait étonné de la précision de quelques-unes de ses vues.

Il a composé un ouvrage d'un bon style, intitulé *Opus majus*, dans lequel se fait remarquer surtout un chapitre sur l'art d'expérimenter. Il place l'expérience au plus haut degré possible dans l'échelle des connaissances humaines. C'est au moyen de cet art d'expérimenter, dit-il en terminant son *Opus majus*, que certains chimistes sont parvenus aux plus brillantes découvertes, et qu'il leur a été permis, par exemple, d'opérer la multiplication des métaux précieux et de découvrir le moyen de prolonger leur vie pendant plusieurs siècles. Mettez de côté cette idée chimérique, qu'il faut comprendre comme elle est émise : car Roger Bacon ne dit pas qu'il ait fait de l'or ou qu'il ait obtenu la panacée; mais, victime de sa crédulité, il paraît convaincu, d'après les merveilles que la chimie lui a offertes, que d'autres ont pu atteindre cette haute perfection; mettez de côté cette idée, et vous sentirez que, s'il n'avait vraiment travaillé à la chimie de son temps, il n'eût pas insisté à son sujet sur la nécessité de l'expérimentation, comme il ie fait dans son ouvrage. N'est-il pas curieux, d'ailleurs, que dans un homme si disposé à accueillir les faits à la légère, on trouve déjà ce qui, dans tous les temps, a caractérisé la marche véritable de la chimie, cette fois complète dans l'expérience, qui, depuis Roger Bacon jusqu'à nos jours, n'a jamais abandonné les vrais chimistes? ·

Que Roger Bacon, avec les connaissances de physique, de mécanique, d'histoire naturelle et de chimie, qu'il possédait, et dont il s'exagérait tant le pouvoir, ait laissé la réputation dont il jouit aujourd'hui, cela ne doit pas nous étonner. Comment voulez-vous qu'un homme qui, le premier, a donné la préparation de la poudre à canon, ou qui, le premier, du moins, a fait connaître sa terrible puissance, comment voulez-vous que cet homme n'ait pas été un magicien? Toutefois, si vous consultez ses ouvrages, vous n'y trouverez aucune de ces histoires merveilleuses dont on s'est plu à le faire le héros; vous n'y apprendrez rien au sujet de la tête d'airain parlante qu'il aurait fabriquée, et qu'il consultait à l'occasion.

Mais il ne vous sera pas difficile de comprendre pourquoi Roger Bacon a passé pour sorcier, si vous lisez son traité *De mirabili potestate artis et naturæ*. Il exagère tant cette puissance de l'art et de la nature, que vous pouvez vous figurer, avec un peu de bonne volonté, qu'il a connu l'art de s'élever et de se diriger dans les airs, aussi bien que la cloche du plongeur, les ponts suspendus, le microscope, le télescope, et les voitures ou bateaux à vapeur; car c'est tout au plus si ces merveilles de notre âge réalisent tous les effets qu'il dit pouvoir être obtenus de . son temps.

Ces assertions d'un esprit exagéré et crédule laissent beaucoup de doute sur les connaissances que Roger Bacon a pu avoir en ce qui concerne la poudre à canon. Voici sa recette : *Sed tamen salis petræ* LURU VOPO VIR CAN UTRIET *sulphuris, et sic facies tonitrum et coruscationem, si scias artificium.* Comme on voit, le charbon et les doses y seraient désignés d'une manière énigmatique ; et quand il ajoute qu'avec une portion de ce mélange de la grosseur du pouce, on peut détruire une armée et bouleverser une ville, on serait tenté de croire qu'il n'avait jamais manié de poudre, si on ne savait quelles exagérations a toujours fait naître la découverte des substances explosives ou vénéneuses.

BALLONS; comment on les gonfle. *Voy.* HYDROGÈNE.

BARIUM (βαρύς, *pesant*). — L'existence de ce métal a été prouvée, comme celle du calcium, en soumettant la barite à l'action de la pile voltaïque. Jusqu'à présent on n'a pu en obtenir d'assez grandes quantités pour l'étudier d'une manière complète; on a seulement reconnu que ce métal était solide, d'un éclat argentin, fusible au-dessous de la chaleur rouge, non volatil, capable d'absorber l'oxygène à la température ordinaire, et de dé-

composer l'eau en s'appropriant promptement l'oxygène et laissant dégager l'hydrogène.

Ce métal se trouve dans la nature à l'état d'oxyde et en combinaison avec certains acides minéraux. Cet oxyde, découvert en 1774, par Scheele, fut désigné sous le nom de *barite*, à cause de la pesanteur qu'on avait reconnue à ses composés. Bien qu'on eût soupçonné, à cette époque, que cette matière était un oxyde métallique, les essais qu'on avait tentés alors ayant été infructueux, on la considéra comme une terre analogue à la chaux. Ce ne fut qu'en 1808 que Davy, après avoir décomposé ia potasse et la soude, fut porté à penser que toutes les terres qui jouissent de certaines propriétés analogues à ces alcalis étaient aussi des oxydes métalliques. Son soupçon se trouva vérifié par l'expérience.

BARWOOD. — C'est un bois rouge, qui a beaucoup d'analogie avec le santal. Il a été introduit en Europe par les Portugais, il y a une soixantaine d'années. Il est fourni par un grand. et bel arbre de la colonie de Sierra-Leone, en Afrique. Il n'est utilisé qu'en Angleterre pour la teinture. Il est, dans le commerce, en poudre grossière, d'un rouge vif, semblable à celle du santal, sans odeur et sans saveur prononcées; il ne colore presque pas la salive; il est à peine attaqué par l'eau, mais il colore presque immédiatement l'alcool rectifié en rouge vineux très-foncé, et il lui cède 23 p. 0,0 de matière colorante rouge; le santal rouge n'en donne que 16,75, d'après Pelletier. L'éther, le vinaigre, les liqueurs alcalines, agissent sur le *barwood* comme sur le santal; il en est de même des différents réactifs sur la solution alcoolique.

On obtient avec ce bois, dans les teintureries anglaises, des nuances rouges et brunes d'une grande beauté. La couleur rouge est brillante, mais elle n'est pas aussi solide que celle de la garance; elle devient brunâtre avec le savon. Quant aux couleurs brunes, elles sont parfaitement solides. Le rouge foncé qu'on voit habituellement sur les mouchoirs *bandanas* anglais est, la plupart du temps, produit par la matière colorante du *barwood*, rendue plus foncée par le sulfate de fer. En associant à ce bois du quercitron et d'autres substances tinctoriales, on produit une grande variété de nuances; mais, dans ce cas, on teint avec les deux matières colorantes l'une après l'autre.

Le *camwood*, autre bois rouge qui arrive également de la côte d'Afrique, et qui possède toutes les propriétés du *barwood*, fournit des couleurs analogues; mais il n'est pas employé, son prix étant une fois et demie plus élevé, et les nuances qu'il produit étant moins solides. Il est probable que ce n'est qu'une variété de *barwood* venant d'une autre localité.

BARYTE (*protoxyde de barium; terre pesante*). — Cet oxyde se retire de l'acide sulfurique ou de l'acide carbonique, auxquels il est naturellement combiné. Le protoxyde de barium se présente en une masse blanche, poreuse, très-facile à réduire en poudre,

Sa saveur est plus caustique que celle de la chaux. Il verdit fortement le sirop de violettes et absorbe l'eau avec tant de rapidité, qu'il se produit, pendant cette action, un bruit comparable à celui qu'on entend en plongeant un fer rouge dans ce liquide.

Abandonné à l'air, le protoxyde absorbe peu à peu, à la température ordinaire, la vapeur d'eau qu'il contient, se délite et passe à l'état de sous-carbonate ; à une chaleur rouge, il attire l'oxygène de l'air et l'acide carbonique, et se transforme en partie en deutoxyde et en partie en protocarbonate.

L'eau à + 100° peut dissoudre au delà de la moitié de son poids de protoxyde de barium. Si l'on abandonne cette solution filtrée à elle-même, par le refroidissement, la plus grande partie du protoxyde de baryte se dépose à l'état d'hydrate, sous forme de belles lames, qui paraissent être des prismes hexagones aplatis. Ces cristaux se groupent et affectent la forme de véritables feuilles analogues à celles de la fougère.

Cet hydrate de protoxyde de barium contient une grande proportion d'eau qui s'élève à $\frac{493}{1000}$. Exposé à la chaleur, il éprouve la fusion aqueuse, perd une partie de son eau, se dessèche ensuite, et peut devenir liquide de nouveau à une température rouge, sans perdre l'eau qui lui reste. Dans cet état, c'est un hydrate qui renferme encore $\frac{104}{1000}$ d'eau combinée.

L'eau, à + 15°, dissout environ $\frac{5}{100}$ de son poids de protoxyde de barium : cette solution est connue sous le nom d'*eau de baryte*. Elle attire promptement l'acide carbonique contenu dans l'air, lorsqu'elle s'y trouve exposée, et se convertit en sous-carbonate de baryte insoluble.

Cette solution, qu'on conserve dans des flacons bouchés, est fréquemment employée comme réactif dans les laboratoires. Elle démontre la présence de l'acide sulfurique partout où il se trouve libre ou combiné, en formant un précipité blanc de sulfate de baryte, insoluble dans tous les acides.

La composition du protoxyde de barium a été déduite de l'analyse de son sulfate. Il en résulte qu'il est formé de :

Barium... 100.... ou 1 atome.
Oxygène.. 11,42 ou 1 atome.

Cet oxyde, en raison de sa causticité, est un poison violent, dont les effets peuvent être détruits sur-le-champ par les limonades acidulées par l'acide sulfurique, ou par le sulfate de magnésie qu'on administre dissous dans l'eau.

SELS DE BARYTE.

Carbonate de baryte. — On trouve ce sel natif en cristaux réguliers ou en masse ; il a été rencontré dans le Lancashire en Angleterre, et depuis quelques années en France, mais en très-petite quantité. Les minéralogistes l'ont d'abord connu sous le nom de Withérite, qui rappelle le nom de l'auteur de la découverte.

Quoique insoluble dans l'eau, ce sel exerce une action vénéneuse lorsqu'il est introduit dans les organes digestifs, sans doute parce qu'il est transformé peu à peu en sel soluble par les acides qui sont naturellement sécrétés dans l'estomac.

Sulfate de baryte. — Ce sel existe en abondance dans la nature, en filons, ou accompagnant les mines de différents métaux usuels, et, dans ce dernier cas, il en forme la gangue. On le trouve dans la plupart des pays, ou en masse compacte, ou en boules à surface tuberculeuse, ou en prismes droits ou obliques ; il contient souvent de la silice, de l'alumine et de l'oxyde de fer. On en rencontre en grande quantité dans certaines montagnes de l'Auvergne et dans le département du Cantal, etc. Les minéralogistes lui ont donné le nom de *spath pesant*, à cause de sa densité, qui est plus grande que celle de la plupart des autres sels naturels. D'après M. G. Barruel, le sulfate naturel d'Auvergne contient une quantité notable de sulfate de strontiane. On obtient le sulfate de baryte artificiel en versant de l'acide sulfurique dans de l'eau de baryte, ou en précipitant un sel de baryte par un sulfate soluble. Le sulfate de baryte naturel calciné au rouge, après avoir été pétri avec de l'eau et de la farine, présente une propriété remarquable ; c'est de luire dans l'obscurité. Ce caractère, remarqué pour la première fois par un cordonnier de Bologne sur un échantillon de sulfate naturel trouvé aux environs de cette ville, a fait donner à ce produit le nom de *phosphore de Bologne*. Cette phosphorescence, dont la cause est encore ignorée, puisque le sulfate artificiel calciné avec le charbon ne jouit pas de cette propriété, tient peut-être à quelques phosphures formés par la décomposition des phosphates que contient naturellement la farine.

Le sulfate de baryte pur est composé de :

Acide sulfurique. . . 33,9. . . 1 atome.
Protoxyde de barium. 66,1. . . 1 atome.
<hr>
100,0

Ses usages sont peu nombreux : on emploie seulement celui qui est naturel comme fondant dans quelques fonderies de cuivre. Dans les laboratoires, il sert à l'extraction de la baryte et de tous les sels de baryte.

Hyposulfate de baryte. — Ce sel n'est usité que dans les laboratoires pour la préparation de l'acide hyposulfurique.

Nitrate de baryte. — Ce sel est vénéneux comme toutes les préparations de baryte solubles ; il est employé seulement dans les laboratoires pour préparer la baryte et comme réactif.

Chlorate de baryte. — Il n'est employé que pour obtenir l'acide chlorique dans les laboratoires. *Voy.* BARIUM.

BARYTE CARBONATÉE. *Voy.* WITHÉRITE.

BASE, BASIQUE. — Base, dans le sens électro-chimique, signifie l'opposé d'acide, et on entend par là tous les corps qui peuvent neutraliser les propriétés des acides, et former des sels avec eux. C'est dans les alcalis et les terres alcalines que nous trouvons ces propriétés au plus haut degré ; elles sont moins fortes dans les terres, et plus faibles encore dans les oxydes métalliques. Une base est donc un alcali, une terre ou un oxyde métallique proprement dit, et la dénomination se fonde sur ce qu'on considère la base comme le principe caractéristique des sels. *Basique*, employé en parlant d'un sel, signifie qu'il contient un excès de base, et en parlant d'un oxyde, qu'il peut produire des sels en se combinant avec des acides. Nous faisons cette différence entre *base* et *radical*, que le premier s'emploie pour les oxydes, par opposition aux acides, et le second pour les corps combustibles, par opposition à l'oxygène. Ainsi la potasse est la base dans le nitrate potassique, mais le potassium est le radical de la potasse.

BASES ORGANIQUES. *Voy.* ALCALOÏDES.

BASSORINE. — Le nom de *bassorine* a été donné à la partie insoluble dans l'eau de la gomme de Bassora, matière qui se retrouve dans plusieurs autres espèces de gommes, tant indigènes qu'exotiques.

En traitant la gomme de Bassora par l'eau froide, et ensuite par l'alcool, il reste une substance gélatineuse qui est la bassorine.

BATTITURES (*Oxyde des*). *Voy.* FER.

BAUME DE LA MECQUE (*balsamum gileadense, opobalsamum*). — Il s'extrait en Arabie de l'*amyris gileadensis*. On l'obtient, soit en faisant des incisions dans cet arbre, soit par l'ébullition avec de l'eau. Le baume qui s'écoule de l'arbre incisé est si estimé chez les Turcs, qu'il n'en paraît en Europe que ce que les sultans en envoient comme cadeau aux souverains. Il est d'un jaune clair, très-fluide et doué d'une odeur agréable, qui tient autant de celle de la sauge que de celle du citron. Le baume obtenu par l'ébullition avec de l'eau est plus visqueux que le baume de copahu, mais plus fluide que la térébenthine. Frotté dans la main, il devient blanc et mousse comme du savon, et, versé goutte à goutte dans de l'eau, il s'étend à la surface de celle-ci, et se laisse facilement écumer avec une plume. On regarde ces deux propriétés comme une preuve de la bonté du baume de la Mecque.

Le baume de la Mecque était autrefois employé en médecine. Chez les Turcs, il jouit d'une grande réputation comme remède fortifiant à l'usage interne.

BAUME DU PÉROU. — On extrait ce baume du *myroxylon peruiferum*, qui croît au Pérou, au Mexique, etc. On en connaît plusieurs espèces, dont une s'écoule spontanément des incisions faites dans l'arbre ; elle est presque incolore ou légèrement jaunâtre. Elle a une saveur âcre et une odeur agréable, analogue à celle du storax et du benjoin. L'alcool la dissout complètement, mais l'éther par lequel on la traite laisse en non-solution une substance blanche.

On obtient une autre espèce de baume du Pérou par l'ébullition des branches et de l'écorce avec de l'eau. Le baume se liquéfie et tombe au fond de l'eau. Cette espèce est connue dans le commerce sous le nom de *baume du Pérou noir*.

Le baume du Pérou est employé en médecine. Il est souvent falsifié, soit avec de la térébenthine, soit avec du baume de copahu. La térébenthine se décèle par l'odeur qu'elle répand, lorsqu'on chauffe fortement le baume qui en contient.

BAUME DE TOLU. — On l'extrait par incision de l'écorce du *toluifera balsamum*, qui croît dans l'Amérique méridionale. Il est d'abord fluide, jaune clair, d'une odeur de citron et de jasmin agréable et pénétrante, d'une saveur douceâtre, aromatique et échauffante. Peu à peu il se colore en rouge jaune, acquiert plus de consistance, et finit par se durcir, en sorte qu'on peut le réduire en poudre. Tel qu'il nous arrive dans les coques du fruit d'une plante du genre courge, il est d'un jaune rougeâtre, filant, et doué de presque toute l'odeur que possède le baume frais. Il est composé de résine, d'huile volatile et d'acide benzoïque.

BÉCHER, né à Spire en 1635, auteur de l'ouvrage intitulé *Physica subterranea*, sur le frontispice duquel Stahl ne craignit pas d'écrire : *Opus sine pari.* Malheureusement, il ne nous en reste que la première partie.

Ouvrez cet ouvrage sans pareil, et la singularité du début vous étonnera beaucoup. *De gustibus non disputandum esse* : ce proverbe, dit-il, est d'accord avec la raison et l'expérience. Aux uns, il faut des aliments sucrés ; à d'autres, des acides ; ceux-ci préfèrent l'amertume. Il est des gens qui se plaisent aux élans de la gaieté ; d'autres recherchent l'émotion de la tristesse. Ceux-ci sont passionnés pour la musique ; à ceux-là elle n'offre aucun attrait. Mais qui croirait qu'il existe un goût, auquel il faut sacrifier son honneur, sa santé, sa fortune, son temps, et même sa vie ? Ce sont donc des fous qui s'y livrent, direz-vous ? Non ; ce sont seulement des individus d'un genre excentrique, hétéroclite, hétérogène, anomal ; ce sont les chimistes :

> Gens macérés dans l'eau de pluie,
> Flairant de loin l'odeur de suie,
> Flambés, roussis ou rissolés,
> Et par leur fumée aveuglés ;

comme il le dit en vers latins.

D'où lui vient une humeur si noire ? Hélas ! nous le voyons d'abord premier médecin de l'électeur de Mayence, puis de celui de Bavière, et ensuite en butte à mille attaques près de l'empereur, poursuivi à outrance, et forcé de se réfugier d'abord en Hollande, puis en Angleterre. L'envie des courtisans, les persécutions que son insupportable vanité lui suscitait partout, ont fait de Bécher l'un des hommes les plus malheureux qui aient existé. Et pourtant, c'était une noble intelligence ; c'était un de ces hommes rares, chez qui toutes les facultés sont également développées, et qui s'occupent avec un égal succès de théologie, de politique, d'histoire, de philologie, de mathématiques et de chimie. Bécher a écrit, en effet, sur toutes ces sciences malgré sa vie errante, et si je n'ajoutais que dès sa jeunesse il s'était façonné au travail le plus rude et le plus assidu, on concevrait difficilement que sa courte et aventureuse existence lui eût laissé le loisir d'approfondir d'aussi graves sujets.

Parmi les ouvrages de Bécher, celui qui nous frappe le plus aujourd'hui, c'est son *Tripus Hermeticus fatidicus pandens oracula chymica*. Vous trouvez là, en effet, ce qu'il appelle son laboratoire portatif, espèce de fourneau qui mérite bien ce nom, puisqu'il parvient, à l'aide de dispositions simples et ingénieuses, à le plier à tous les besoins de la chimie. Les petites et excellentes forges mobiles qu'on a récemment remises en usage s'y trouvent déjà figurées.

Comme les chimistes de son temps, Bécher n'est pas toujours intelligible pour nous; mais quand il l'est, ce qui arrive ordinairement, on aime son style net, franc, élégant; et ses pensées toujours vives et spirituelles frappent et intéressent.

Bécher semble avoir établi le premier d'une manière précise l'existence de corps indécomposables, et celle des corps composés et surcomposés.

Si la dissidence de la philosophie scolastique et de la chimie avait pu jusqu'à lui sembler douteuse, sa Physique souterraine l'établirait dans les termes les plus précis. « *Bon péripatéticien, mauvais chimiste, et réciproquement*, dit-il, car la nature n'a rien de commun avec les imaginations dont la philosophie péripatétique se nourrit. »

Ailleurs, il porte à Aristote et à toute sa secte un défi formel, et il les invite à expliquer pourquoi l'argent est dissous par l'acide nitrique, pourquoi il est précipité par le cuivre, le sel marin, etc.

Mais la réputation de Bécher repose surtout sur la doctrine des trois éléments qu'il appelait les trois terres, savoir : la terre vitrifiable, ou l'élément terreux, la terre inflammable, ou l'élément combustible; la terre mercurielle, ou l'élément métallique. Chacune d'elles ne représente pas une matière unique et toujours identique ; elles peuvent affecter des modifications et revêtir des caractères extérieurs variés.

Quand on met de côté les prétentions géologiques de Bécher, aussi bien que ses prétentions alchimiques, il reste dans sa *Physica subterranea* une véritable philosophie chimique, telle que la comportait son époque. L'expérience y est placée au rang qu'elle doit occuper, en des études où les raisonnements *a priori* ont si peu de portée. Bécher connaît bien les faits; il en donne une appréciation vraie; il les classe avec sagesse et méthode ; il s'élève enfin par moments aux idées les plus nettes sur la nature des réactions chimiques. Pour lui les phénomènes chimiques se passent entre des principes matériels qu'une force propre réunit pour former des composés. Rien n'empêche de détruire ceux-

ci et de faire reparaître les principes avec leurs qualités fondamentales.

Il est curieux de remarquer qu'après avoir tant insisté sur la nature matérielle des êtres qui produisent les phénomènes chimiques, Bécher et son commentateur Stahl aient si peu accordé d'attention l'un et l'autre à l'une des qualités les plus sensibles de la matière, sa pesanteur.

Le célèbre inventeur de la théorie du phlogistique, Stahl, à qui nous devons la connaissance de la meilleure partie des ouvrages de Bécher parvenue jusqu'à nous, a certainement puisé le germe de ses idées dans les écrits de ce dernier. Il n'en parle qu'avec une sorte de fanatisme. Ainsi il appelle son ouvrage, *opus sine pari;* ailleurs, *primum ac princeps;* ailleurs encore, *liber undique et undique primus.* Loin de se parer des dépouilles de Bécher; il cherche par tous les moyens à montrer l'estime profonde qu'il porte à son ouvrage. Il prétend y avoir puisé les premières notions de sa théorie. Mais on serait presque tenté de révoquer en doute le témoignage de Stahl, et de regarder cette assertion comme une exagération de sa modestie et de son admiration pour Bécher. En tout cas, il est certain que si Bécher lui a fourni le premier germe du phlogistique, quand il a fallu féconder cette pensée-mère, Stahl y a mis beaucoup du sien.

BELLADONE. *Voy.* HUILES et CORPS GRAS.

BEN. *Voy.* CORPS GRAS.

BENJOIN. — On extrait cette résine par incision du tronc et des branches du *styrax benzoin* qui croît à Sumatra. Le benjoin est employé dans les pharmacies, principalement à la préparation de l'acide benzoïque et de la teinture de benjoin. Les parfumeurs en consomment aussi dans leur art.

BENZOILE: *Voy.* BENZOÏQUE.

BENZOIQUE (*Acide*). — Cet acide, qui tire son nom de *benzoinum* (benjoin), a été trouvé non-seulement à l'état de liberté dans ce baume naturel, mais encore dans la plupart des produits analogues et dans certaines parties de végétaux, telles que les gousses de vanille, la fève de Tonka, et suivant M. Vogel, dans plusieurs plantes odorantes composant l'herbe des prairies naturelles, telles que l'*anthoxanthum odoratum* et l'*holcus odoratus.* Son existence a surtout été signalée par Fourcroy et Vauquelin dans l'urine des animaux herbivores, où il est en combinaison avec la potasse. Mais M. Liebig a démontré qu'il ne préexistait pas dans ce liquide, et qu'il était un des résultats de la décomposition par la chaleur d'un acide particulier, qu'il a nommé acide *hippurique.*

Cet acide se produit aussi par l'action directe de l'air sur l'huile essentielle des amandes amères.

L'acide benzoïque à l'état de pureté est blanc, inodore, d'une saveur piquante et très-âcre; il est susceptible de cristalliser en prismes allongés, flexibles, et inaltérables à l'air. Exposé à l'action du feu, il fond, se décompose en partie, et se volatilise sous forme de belles aiguilles blanches. Projeté sur les charbons ardents, il se réduit à l'instant en une fumée blanche très-irritante, qui provoque la toux. Il est peu soluble dans l'eau froide, très-soluble dans l'eau bouillante. L'alcool en dissout une si grande quantité, qu'il le laisse presque entièrement précipiter par son mélange avec l'eau.

Cet acide est employé, mais rarement, en médecine, soit à l'intérieur, soit à l'extérieur. Celui qu'on retire directement du benjoin par la chaleur, et qui contient une huile volatile, entre dans la composition des *pilules balsamiques de Morton*.

D'après les considérations déduites des nouvelles expériences de MM. Wohler et Liebig, sur l'essence d'amandes amères, et sa conversion à l'air en acide benzoïque pur, ces chimistes regardent cette transformation comme le résultat d'oxydation de l'huile essentielle, pendant laquelle celle-ci perdrait 2 atomes d'hydrogène qui se convertiraient en eau, et acquerrait en plus 1 atome d'oxygène. Ils ont envisagé cette réaction sous un point de vue nouveau, qui les a portés à admettre l'existence d'un radical ternaire qui fournirait l'acide benzoïque en s'unissant à l'oxygène. Ce radical, qu'ils ont nommé *benzoyle* (de ὕλη, *principe, matière*), existe uni à l'hydrogène dans l'huile essentielle d'amandes amères, et constitue un *hydrure de benzoyle*. Par son exposition à l'air, 2 atomes d'hydrogène sont transformés en eau, et 1 atome d'oxygène s'unit au benzoyle, et produit l'acide benzoïque qui, retenant l'atome d'eau, donne 1 atome d'acide benzoïque cristallisé.

Quoique le benzoyle n'ait pu encore être isolé des combinaisons qu'il produit avec les corps simples, et que son existence ne soit rien moins qu'hypothétique, l'explication précise des réactions que présente l'huile d'amandes amères ou hydrure de benzoyle, lorsqu'on l'expose à l'air ou qu'on la traite par le chlore, le brôme, l'iode, ne peut être bien connue sans l'admission d'un tel radical composé.

Ces résultats sont d'une grande importance pour la chimie organique, et jettent un jour tout nouveau sur cette partie de la science ; ils démontrent qu'un composé de carbone, d'hydrogène et d'oxygène se combine à la manière d'un corps simple, et produit des composés à proportions définies : ces faits, suivant Berzélius, peuvent être considérés comme le commencement d'une nouvelle ère dans la chimie organique.

Benzoates. — Les benzoates de soude, de potasse et d'ammoniaque sont seulement employés dans les laboratoires de chimie. Comme l'acide benzoïque forme, avec le peroxyde de fer, un composé insoluble, et avec le protoxyde de manganèse un sel soluble, on s'en sert pour séparer le premier du dernier dans quelques recherches analytiques.

BÉRIL. *Voy.* Picnite et Émeraude.

BERTHIÉRITE. — Substance decouverte par M. Berthier dans plusieurs minerais de fer de la Champagne, de la Bourgogne, de la Lorraine, etc., et qui leur communique la propriété magnétique. Cette substance est en petits grains, dans le rapport de 8 à 10 pour cent et quelquefois davantage.

BERTHOLLET (Claude-Louis), célèbre chimiste, né en 1748, à Talloires en Savoie, d'une famille originaire de France, étudia d'abord en médecine et vint de bonne heure à Paris, où il fut nommé médecin du duc d'Orléans. Il abandonna bientôt sa profession pour se livrer tout entier à l'étude de la chimie, qui lui offrait une vaste carrière de découvertes ; se fit connaître par d'excellents mémoires, et fut successivement nommé membre de l'Académie des sciences, puis de l'Institut, commissaire pour la direction des teintures (1784), membre de la commission des monnaies (1792), professeur aux écoles normales (1794). Il accompagna Bonaparte en Egypte, et fit dans ce pays d'importantes recherches sur le natron. Il fut nommé par l'Empereur membre du Sénat (1805), devint pair sous la Restauration, et mourut en 1822, dans sa maison d'Arcueil. Cuvier et Pariset ont écrit son éloge. Les principaux ouvrages de Berthollet sont, outre une foule de mémoires lus à l'Institut ou dans d'autres sociétés savantes, ses *Eléments de l'art de la teinture*, 2 vol. in-8°, 1791 et 1804 ; ses *Recherches sur les lois de l'affinité*, et sa *Statique chimique* (1803 et 1804). On lui doit la découverte des propriétés décolorantes du chlore et l'application de ces propriétés au blanchiment des toiles, l'emploi du charbon pour purifier l'eau, la fabrication de plusieurs poudres fulminantes. Il fut, avec Lavoisier et Guyton, un de ceux qui contribuèrent le plus à opérer en chimie une révolution salutaire, et à constituer la nouvelle langue de cette science. Il fut aussi, avec Monge, un de ceux qui furent chargés, pendant les guerres de la révolution, de diriger la fabrication de la poudre et de multiplier les moyens de défense.

BERZÉLIUS. — Parmi les savants contemporains qui ont le plus contribué au développement de la chimie, pendant la première moitié du XIX° siècle, et qui lui doivent une belle gloire, l'illustre Suédois que nous venons de nommer mérite d'être rangé en première ligne. Pendant plus de trente ans, il n'a cessé de travailler à élargir la sphère des connaissances acquises, en consacrant exclusivement à la chimie des qualités rarement unies, une sagacité aussi vive, aussi infatigable que patiente et circonspecte, une lucidité d'esprit remarquable, une adresse, une précision, une justesse de main dans l'expérimentation, qui ont donné aux résultats pratiques obtenus par lui un caractère de certitude universellement reconnu dans le monde savant. Indépendamment de ses découvertes personnelles, qui sont nombreuses, et des théories, presque aussi nombreuses, il ne s'est pas fait depuis trente ans, en Europe, une expérience un peu importante sans qu'elle ait été répétée, confirmée, rectifiée ou combattue par lui. Jouissant en France d'une célébrité incessamment accrue par des recherches nouvelles et des communications fréquentes avec l'Institut, dont l'illustre Suédois était membre associé, et aussi par des débats importants avec quelques-uns de nos chimistes distingués, sur divers points de la science, le nom de Berzélius possède dans le nord de l'Europe une autorité qui a presque la force d'une loi pour tout ce qui concerne la chimie.

« Jacques Berzélius, ennobli plus tard par le roi Charles XIV, est né en 1779, d'une famille bourgeoise, en Suède, dans la ville de Linkœping, chef-lieu du gouvernement de ce nom, formé de l'ancienne province d'Ostgothie. Ses parents, qui le destinaient à la médecine, l'envoyèrent, jeune encore, à l'université d'Upsal; la chimie faisant partie de l'objet de ses études, il dut s'en occuper, sous la direction d'Afzélius, qui professait alors cette science à Upsal. A cette époque, comme cela se pratique encore aujourd'hui dans les universités suédoises, les élèves étaient, après le cours public, admis dans le laboratoire, où ils pouvaient s'exercer à faire des manipulations. Aussitôt que le jeune Berzélius eut commencé l'étude de la chimie, il se rendit comme les autres dans le laboratoire, se montrant fort curieux et fort impatient d'opérer, et désireux surtout d'entreprendre quelque chose d'intéressant et de difficile. Le professeur, n'ayant qu'une médiocre confiance en son habileté, lui confia la tâche fort simple de préparer du safran de Mars (*crocus Martis*), c'est-à-dire de chauffer du sulfate de fer dans un creuset; et comme l'élève se montrait assez peu flatté de cette besogne de manœuvre, Afzélius lui promit pour un autre jour quelque chose de beaucoup plus intéressant; et cet autre jour venu, il le chargea de brûler dans le même creuset de la crème de tartre, pour préparer la potasse caustique. « Je fus si dégoûté, dit « Berzélius dans un récit que j'emprunte à « un journal anglais (1), je fus si dégoûté « du peu d'intérêt que m'offraient de sem- « blables expériences que je résolus de ne « plus demander d'opération. Cependant je « continuai à revenir dans le laboratoire; « j'y fis même quelques manipulations; mais « ce qui déplaisait le plus à Afzélius et à « son préparateur Ekelberg, c'est que j'opé- « rais silencieusement, et que je ne faisais « jamais la moindre question : car j'aimais « beaucoup mieux chercher à me rendre « compte, par des lectures, des méditations, « des expériences, que de m'adresser à des « hommes qui, n'ayant eux-mêmes aucune « connaissance pratique, me donnaient des « réponses sinon évasives, au moins insigni- « fiantes, sur des phénomènes qu'ils ne « comprenaient eux-mêmes qu'à moitié. » La chimie, à cette époque, à Upsal, consistait encore en une masse d'idées vagues, obscures, souvent contradictoires, que l'on soudait tant bien que mal les unes aux autres, au moyen d'hypothèses et de chimères fantastiques, et cette science jouissait de si peu

(1) *Edinburgh philosophical journal.*

de considération que nul ne songeait à s'en occuper pour elle-même; cependant le jeune Berzélius sentait à chaque expérience augmenter son intérêt, et l'ardeur, la persévérance avec lesquelles il s'obstinait à rechercher la solution des questions difficiles, avaient déjà attiré sur lui l'attention du professeur et de ses condisciples, lorsque, après avoir terminé ses cours, il vint à Stockholm, et fut nommé *assistant* (suppléant du professeur Sparrman, qui occupait alors une chaire de médecine à l'Université; et après la mort de Sparrman, en 1806, il lui succéda dans sa chaire. Il n'y avait alors à l'école de médecine de Stockholm que trois professeurs, de sorte que chacun d'eux était surchargé de cours; pour sa part Berzélius enseignait la médecine, la botanique et la pharmacie chimique. Plus tard, d'autres chaires ayant été établies, le jeune professeur put se borner à l'enseignement de la pharmacie chimique; au bout de deux ans, il commença en même temps un cours de chimie proprement dite, et, tandis que ses leçons de médecine obtenaient le plus grand succès, son cours de chimie ne fut d'abord que très-peu suivi. On avait alors l'habitude, en Suède, de donner tout au long chaque leçon orale, sans l'entremêler d'aucune expérience, et ce mode d'enseignement était aussi fatigant pour le professeur qu'ennuyeux pour l'élève; ce ne fut que plus tard, en 1812, dans un voyage que Berzélius fit à Londres, qu'ayant reçu d'un professeur anglais une liste des expériences que ce dernier faisait dans son cours, il les répéta dans le sien, en agrandit considérablement le nombre, et cette liste, augmentée par lui, fut bientôt adoptée dans plusieurs universités de la Suède et du continent.

« Ainsi enrichies d'une série d'expériences qui en facilitaient l'intelligence, les leçons de Berzélius eurent bientôt un succès de vogue; son cours de médecine fut délaissé, tandis que son amphithéâtre de chimie ne pouvait plus contenir son auditoire.

« Cependant les soins du professorat n'étaient déjà qu'un accessoire de la carrière de Berzélius. La grande théorie qui venait de renouveler la chimie lui avait inspiré le vif désir de contribuer à son développement, et déjà des découvertes importantes le signalaient à l'attention du monde savant. En 1804, faisant avec un autre chimiste, son ami M. Hisinger, des recherches sur un minéral découvert dans une mine de cuivre, il y avait reconnu l'oxyde d'un métal nouveau, auquel il avait donné le nom de *Cerium*, du nom de la planète de Cérès, qui venait d'être aperçue pour la première fois à la même époque. L'invention de la pile galvanique, faite par Volta, l'avait porté à observer l'influence de cet agent nouveau sur divers corps, et, en découvrant les premiers que la pile avait la propriété de décomposer les sels, MM. Berzélius et Hisinger avaient eu l'honneur de préparer la grande découverte de Davy sur la décomposition des alcalis, jusque-là considérés comme des corps simples, découverte dont la science devait retirer de si grands avantages.

« Deux théories, dit un écrivain (1), se disputaient alors l'empire de la chimie : celle qui supposait la matière susceptible de combinaisons en nombre illimité, et celle de Proust, qui, traçant un cercle circonscrit, n'admettait que deux combinaisons possibles entre les mêmes corps. Les recherches de Berzélius vinrent confirmer les idées de Proust en les étendant un peu, et l'analyse exacte d'un nombre presque incommensurable de composés devint pour la science une de ses plus belles acquisitions. Reprenant tous les travaux de ses devanciers, apportant dans ses expériences un degré d'exactitude inconnu jusqu'alors, il prouva par d'innombrables analyses les lois qui président aux combinaisons chimiques, qu'il réduisit à un degré de simplicité qui les rendait plus admirables encore.

« Ces lois une fois bien connues, il fut possible de contrôler le résultat des analyses, de prévoir même un grand nombre de combinaisons alors inconnues, et de porter dans tous les travaux une exactitude dont il n'eût pas été possible jusque-là de prévoir même la possibilité. Ne bornant pas leur application aux composés que le chimiste peut former, M. Berzélius procura bientôt à la minéralogie les moyens de connaître scientifiquement une grande partie des substances que lui offre la nature, et que jusque-là on n'avait pu faire rentrer dans aucune classification véritablement scientifique. Il unit si intimement ces deux sciences, que l'étude des minéraux ne put plus être séparée de celle de la chimie.

« Il serait impossible, à moins d'entrer dans des détails extrêmement minutieux, de rappeler seulement le titre de tous les mémoires de M. Berzélius : peu de chimistes en ont publié un aussi grand nombre; on peut à peine citer quelques corps sur lesquels il n'ait pas fait d'essais, et chacun de ses travaux renferme quelque méthode nouvelle ou quelque modification de procédés connus qui devient d'une utile application pour la science. Depuis que Bergman a donné les premiers procédés d'analyse exacte, beaucoup de savants se sont occupés de cette branche importante de la chimie; mais les méthodes de M. Berzélius l'emportent sur tout ce qui a été fait de plus exact en ce genre. Les chimistes suédois, parmi lesquels on peut citer principalement Galm, ont fait un usage extrêmement précieux du chalumeau, comme moyen d'essai des minéraux; à peine employé en France, cet important instrument est devenu entre les mains de M. Berzélius un moyen des plus exacts pour l'analyse des substances inorganiques. Dans un ouvrage sur cet instrument, il a fait connaître son utilité et toutes les ressources que l'on peut tirer de son emploi. Cet important ouvrage a été traduit en français (2).

(1) M. Gaultier de Claubry.
(2) De l'emploi du chalumeau dans les analyses

Indépendamment de ses mille travaux de détails sur le *selenium* et le *silicium*, qu'il a découverts; sur le *lithium*, découvert par son élève M. Arfwedson; sur les quantités proportionnelles du soufre dans les sulfates et les sulfures; sur les propriétés de l'acide *tungstique*, découvert par Schecle; sur l'*osmium*, découvert par Smithson-Tennant; sur les fluides animaux, sur les proportions relatives des principes constituants de l'eau, sur l'acide fluorique, sur le thorium, sur les propriétés du tellure; sur le lantanium, nouveau métal récemment découvert par M. Mosander, et en laissant de côté un très-grand nombre de mémoires intéressants insérés dans l'Annuaire des progrès des sciences physiques, qu'il dirige à Stockholm, M. Berzélius a publié deux ouvrages qui méritent une mention particulière : son *Traité complet de Chimie*, qui a paru pour la première fois, en 1825, en suédois; traduit en anglais et en allemand, et enfin, en 1829, en français, à Paris, sous les yeux mêmes de l'auteur, par MM. Jourdan et Esslinger. On a reproché à cet ouvrage, dont la traduction forme 8 volumes, de contenir trop de détails : c'est, en effet, le répertoire le plus exact et le plus complet de tous les faits aujourd'hui acquis à la science, et le défaut qu'on lui reproche est une qualité précieuse qui rend la lecture de cet ouvrage aussi utile aux savants qu'aux étudiants.

« L'autre ouvrage particulièrement important de M. Berzélius est son *Essai sur la théorie des proportions chimiques, et sur l'influence chimique de l'électricité*, 1 vol. in-8°, également traduit en français. Cet ouvrage, où l'auteur traite de l'union des particules les plus divisées des corps ou atomes, les unes avec les autres, pour former les corps composés, renferme la base des nombreuses recherches auxquelles s'est livré M. Berzélius sur une partie importante de la science, aux progrès de laquelle il a particulièrement contribué : nous voulons parler de la chimie organique, à l'étude de laquelle il a appliqué les mêmes idées électro-chimiques qui l'avaient guidé dans l'observation du mode de combinaison des éléments de la nature inorganique.

« L'étude chimique de la nature organique, dit M. Berzélius dans un important rapport publié il y a quatre ans, est devenue une des branches les plus intéressantes des sciences physiques. Délaissée pendant longtemps par une suite naturelle du peu de développement des idées, elle est devenue tout à coup, par ses progrès toujours croissants, une de celles qui préoccupent le plus un grand nombre de chimistes. Ses progrès ont été miraculeux, et les acquisitions de la science dans cette partie ont été telles, dans les dix ou douze dernières années, que la chimie organique est aujourd'hui une science beaucoup plus vaste et plus étendue que la

chimiques et les déterminations minéralogiques, traduit du suédois par Fresnel. Paris, 1821; 1 vol. in-8°.

chimie inorganique, qui ne lui est plus comparable, et qui avait été beaucoup plus étudiée. Cependant combien voit-on de corps organiques connus qui n'ont point encore été analysés, et combien parmi ceux inconnus ne pourrait-on pas faire de découvertes! Après avoir montré les difficultés de cette partie de la science qui recherche les lois suivant lesquelles les éléments se combinent dans les corps organiques, sous l'influence des phénomènes si nombreux et si variés de la vie, M. Berzélius pense que le moyen le plus sûr est de procéder du connu à l'inconnu, en vertu d'un principe qu'il formule ainsi : « L'application des phénomènes « qui nous sont connus dans le mode de « combinaison des éléments de la nature « inorganique aux combinaisons de la nature « organique est le fil au moyen duquel nous « pouvons espérer de parvenir à l'explica- « tion exacte et conséquente du mode de « composition des corps soumis à l'influence « des fonctions de la vie. »

« Or les idées électro-chimiques en vertu desquelles les molécules des corps simples se remplacent suivant leur rang dans la série électrique, formant la base des précédentes recherches de M. Berzélius, et se trouvant sur quelques points contredites par la théorie des substitutions, récemment développée par un de nos plus éminents chimistes, M. Dumas, il en est résulté entre ces deux savants une suite de discussions fort importantes, dont le résultat ne tendrait à rien moins, suivant M. Dumas, qu'à renverser toute la théorie électro-chimique de M. Berzélius.

« Ne pouvant ni ne voulant entrer dans 'es détails d'une discussion qui n'est pas plus de ma compétence que de celle de la majorité de mes lecteurs, je crois devoir cependant poser la question et donner les conclusions des deux parties.

« Que doit-on entendre, dit M. Dumas, par « théorie des substitutions? On a reconnu, « depuis quelques années, qu'une substance « organique hydrogénée, qui est soumise à « l'action de l'oxygène, du chlore, du brome « ou de l'iode, et qui perd de l'hydrogène « sous leur influence, prend presque tou- « jours une quantité d'oxygène, de chlore, de « brome ou d'iode, équivalente à celle de « l'hydrogène qu'elle a abandonné. Dans le « plus grand nombre des cas, le chlore qui « s'engage ainsi dans le produit nouveau « perd ses propriétés caractéristiques. Ainsi, « quand on traite l'huile de cannelle par le « chlore, elle perd huit volumes d'hydro- « gène, gagne huit volumes de chlore, et « donne ainsi naissance à un composé nou- « veau, dans lequel la présence du chlore ne « se reconnaît qu'autant qu'on ramène, par « une décomposition totale, la matière à ses « éléments inorganiques; c'est cette règle qui « a reçu le nom de *théorie des substitutions,* « auquel je préfère celui de *métalepsie* (rem- « placement). Depuis qu'elle a été reconnue, « elle est devenue la base d'excellentes re- « cherches. Nier l'existence de cette relation

« entre l'hydrogène qui s'en va et le chlore « qui le remplace, ce serait nier l'évidence; « aussi n'est-ce pas à ce point de vue que « s'est placé M. Berzélius pour la combattre. « Il veut bien accorder le fait comme un cas « particulier, sans doute, de la théorie des « équivalents. Il partage à cet égard une « opinion souvent reproduite en Allemagne, « savoir : que la théorie des équivalents suf- « fisait pour apprendre que l'hydrogène se- « rait remplacé par son équivalent de chlore « ou d'oxygène. Je ne saurais dire qui le « premier s'est servi de cette objection con- « tre la théorie des substitutions; mais je n'ai « jamais pu croire qu'elle fît quelque im- « pression sur l'esprit des chimistes. »

« Après avoir prouvé qu'il ne s'agit pas ici d'un remplacement en quantités différentes, susceptible de s'exprimer par des équivalents quelconques, et appartenant comme tel à la théorie des équivalents, mais bien du remplacement exact d'un corps par l'autre, volume à volume, et à quantités parfaitement égales, lequel cas constitue le caractère précis de la loi des subtitutions; M. Dumas continue ainsi :

« Mais ce n'est pas là encore que l'objec- « tion de M. Berzélius s'adresse ; ce qu'il ne « saurait admettre, c'est que l'hydrogène « puisse être remplacé par du chlore, du « brome ou de l'oxygène ; c'est qu'un corps « aussi remarquable que l'hydrogène par « ses propriétés électro-positives puisse être « remplacé par les corps les plus électro- « négatifs que nous connaissions. Avant « d'exposer à quelles conséquences l'examen « de cette objection m'a conduit sous le point « de vue théorique, je crois devoir faire « connaître quelques faits qui me paraissent « décisifs : de ce nombre est la production « de l'acide remarquable dont je vais parler. « Il s'agit du vinaigre, de l'acide acétique, « dans lequel je suis parvenu à faire dispa- « raître tout l'hydrogène, et à le remplacer « par du chlore ; c'est donc du vinaigre sans « hydrogène, du vinaigre chloré ; mais, « chose remarquable, au moins pour ceux « qui répugnent à trouver dans le chlore un « corps capable de se substituer à l'hydro- « gène dans le sens complet du mot, le vi- « naigre chloré est toujours un acide comme « le vinaigre ; son pouvoir acide n'a pas « changé. »

« Après avoir développé scientifiquement et avec une série de formules tous les faits relatifs à la formation et aux propriétés de cet acide chloracétique, M. Dumas conclut en ces termes :

« Il est évident qu'en m'arrêtant à ce sys- « tème d'idées dicté par les faits, je n'ai pris « en rien en considération les théories élec- « tro-chimiques sur lesquelles M. Berzélius « a généralement basé les idées qui do- « minent dans les opinions qu'il a cherché « à faire prévaloir. Mais ces idées électro- « chimiques, cette polarité spéciale, attri- « buée aux molécules des corps simples, « reposent-elles donc sur des faits tellement « évidents qu'il faille les ériger en articles

« de foi, ou du moins, s'il faut y voir des
« hypothèses, ont-elles la propriété de se
« plier aux faits, de les expliquer, de les
« faire prévoir avec une sûreté si parfaite
« qu'on en ait tiré un grand secours dans
« les recherches de la chimie? Il faut bien
« en convenir, il n'en est rien..., etc., etc. »

« Voilà l'attaque; elle sent peut-être un
peu *l'acide acétique*, c'est-à-dire le vinaigre.

« Voici maintenant la défense, qui me
semble avoir, sinon plus de force, ce que je
suis incompétent à décider, du moins peut-
être un peu moins d'aigreur.

« Après avoir exposé les prétentions déjà
connues de M. Dumas à renverser la théorie
*électro-chimique et à faire une révolution
complète dans la chimie*, M. Berzélius ajoute:
« Quand des questions aussi grandes sont
« agitées, l'amour du vrai dans la science
« doit provoquer un mûr examen des thèses
« de l'auteur d'une telle révolution, pour nous
« engager à nous mettre de son côté s'il a
« raison, et à nous opposer à lui s'il a tort.
« Un des grands avantages de la théorie des
« substitutions sur les idées électro-chimi-
« ques paraît être que le type de composi-
« tion conserve les mêmes propriétés après
« l'échange de l'hydrogène contre le chlore.
« Examinons donc le petit nombre de pro-
« priétés de l'acide chloracétique, que M.
« Dumas nous a fait connaître, en les com-
« parant à celles de l'acide acétique. Nous
« verrons que ces deux acides diffèrent
« infiniment plus entre eux que l'acide acé-
« tique de l'acide formique, par exemple. »
Suit une série de formules dans le détail
desquelles je ne puis entrer, et à la suite
desquelles M. Berzélius conclut en disant:

« On voit donc que, pour éviter la révo-
« lution qui menace les idées électro-chimi-
« ques, il ne faut que mettre les symboles
« de la formule de l'acide chloracétique dans
« un ordre un peu différent de celui de M.
« Dumas, et que par ce petit changement
« la nouvelle combinaison rentre dans une
« classe de corps déjà connue.

« Nous sommes à une époque où une théo-
« rie chimique des combinaisons organiques
« se laisse entrevoir; mais si, au lieu de lui
« permettre de se développer à mesure que
« notre expérience s'étend, on veut la baser
« sur des faits isolés, considérés sans égard
« pour leurs relations avec le système de
« nos connaissances en général, et en don-
« nant des explications sans harmonie avec
« les principes de la science, et si en outre
« on veut en conclure que ce défaut d'accord
« doit faire rejeter comme erronés des prin-
« cipes bien constatés d'ailleurs, on ne
« réussira jamais à trouver la vérité. Voilà
« à-peu-près ce que j'ai cru nécessaire de
« dire à cette occasion pour la défense des
« idées électro-chimiques. » Depuis cette
époque, c'est-à-dire depuis la fin de 1839,
le débat s'est souvent reproduit entre MM.
Dumas et Berzélius; je dois ajouter que
M. Liebig, un des plus illustres chimistes
de l'Allemagne, semble être, sur la question

des substitutions, de l'avis de M. Dumas
contre M. Berzélius.

« Mais laissant ces savants se démêler entre eux, je propose au lecteur, pour finir,
de le mener à Stockholm faire une visite à
M. Berzélius, en prenant pour guide le voyageur anglais que j'ai déjà consulté au commencement de cette notice. Ce petit voyage
sera probablement plus agréable au lecteur
que le procès entre la théorie électro-chimique et la théorie des substitutions.

« L'étranger, dit mon guide, qui veut visiter Berzélius, se dirige par Drottning-Gattan, la partie la plus fashionable de Stockholm, et arrive jusqu'à Kunks-Backa, à la
rue appelée Kyrko-Gattan (tout cela est un
peu dur, mais patience), au commencement
de laquelle se trouve l'église d'Adolphe-
Fréderic. La maison qui forme l'angle de
cette rue est le grand bâtiment acheté dernièrement pour Berzélius par l'Académie
des sciences de Stockholm, dont il est le
secrétaire perpétuel.

« En entrant par Drottning-Gattan, l'étranger monte deux petites marches et se trouve
vis-à-vis une porte; ce qu'il a de mieux à
faire alors est d'entrer. Qu'il ne craigne point
d'entrer à l'improviste; le son d'une petite
cloche lui servira d'introducteur; il reconnaîtra, par divers ustensiles disposés dans la
première pièce, qu'elle fait partie d'un laboratoire de chimie. S'il n'est ni chimiste, ni
même amateur, et quelle que soit la délicatesse de son odorat, qu'il ne s'effraye pas à
la vue d'appareils de chimie; il n'aura rien
à redouter de ces émanations qui, dans la
plupart des laboratoires, affectent si péni-
blement les organes de la respiration. Ici un
système de ventilation habilement disposé
les fait disparaître aussitôt; et même, si
quelque opération est en train, il pourra
s'en approcher sans crainte. A sa droite il
verra, ajustée avec soin, près de la fenêtre,
une cuve à mercure qui brille au soleil d'un
vif éclat. Plus loin il apercevra une petite
table en porcelaine à bords relevés, et sur
laquelle quelques verres indiqueront peut-
être les traces d'une expérience récente.
Après avoir jeté un regard sur le chalumeau
dont Berzélius a tiré un si grand parti, sa
grande lampe et tous les objets qui l'environnent, il arrivera au bain de sable. C'est
en vain qu'il chercherait dans ce laboratoire
des fourneaux en brique ou en pierre; on
peut s'en servir sans doute pour les opérations les plus grossières, mais ils ne pourraient être employés dans les opérations délicates de l'analyse. L'appareil dont se sert
Berzélius consiste en un foyer ou âtre élevé
de trois pieds au-dessus du sol, et surmonté
d'un manteau pour faciliter la disparition
des vapeurs. Sur ce foyer est un petit bain
de sable, chauffé avec le charbon de bois, et
un petit fourneau de fer présentant des ouvertures pour des tubes, des cornues, etc., etc.

« Dans la seconde pièce, le premier objet
qui se fait remarquer est une cage en verre
qui repose sur une table; sous cette cage est
la balance. Que de lumières cet instrument si

fragile et si simple a repandues sur les sciences naturelles ! que de phénomènes il a expliqués ! combien de vérités cachées il a révélées ! Qui pourrait compter les discussions qu'il a terminées? Qui eût pu croire, dans les temps anciens, que la découverte des lois les plus mystérieuses de la nature serait due aux oscillations de ces deux bras mobiles? Mais considérez cette balance avec attention, car elle a rendu de grands services à la science, et les modifications qu'elle présente n'y ont pas peu contribué... Suit une description de la balance.

« Autour de cette pièce sont placés, dans des tiroirs ou dans des armoires vitrées, divers appareils et plusieurs préparations chimiques dans un ordre parfait. Vous tournez ensuite à gauche, et vous apercevez, dans une autre pièce, celui que vous aviez cherché en vain dans les deux premières : c'est Berzélius. Il est occupé à écrire; sa table est couverte de journaux, et ses tablettes ploient sous le poids des livres. A sa gauche est un petit cabinet, dans les armoires duquel sont placées les substances et les préparations chimiques les plus rares, le rhodium, l'osmium, le selenium et leurs composés, les fluorures, les sels de lithium, d'yttrium et de thorinium, ainsi que beaucoup d'autres combinaisons précieuses que l'on chercherait en vain ailleurs, et qu'il prendra plaisir à vous montrer; peut-être même ne vous retirerez-vous pas sans en recevoir de lui quelques échantillons. Mais vous pouvez vous avancer vers le maître du logis et vous présenter, certain, avant même d'avoir remis vos lettres d'introduction, d'une réception amicale et bienveillante.

« Berzélius est un homme d'une soixantaine d'années, de taille moyenne, avec des dispositions à l'embonpoint; sa figure n'est peut-être pas très-belle, mais ses traits sont très-délicats, et leur expression est pleine d'agrément; celle de la bouche est tout à fait particulière et indique un bon naturel. Cette expression se trouve très-bien indiquée dans un de ses portraits gravés à Berlin. C'est en vain que l'on chercherait dans son extérieur quelque chose qui correspondît à sa grande célébrité : rien, sous ce rapport, ne le distingue du reste des hommes; il n'affiche ni prétention, ni réserve, ni originalité; il n'a même rien de cette pédanterie qui caractérise généralement les savants de sa nation; il est d'un caractère aimable; son abord est simple et franc; ses manières sont celles d'un homme bien élevé, et il comble d'attentions et de prévenances les étrangers qui vont le visiter. Berzélius avait autrefois des élèves particuliers, mais depuis quelque temps il a renoncé à cet usage. Leur nombre était cependant fort restreint, car on n'en compte guère plus d'une douzaine en Suède et en Allemagne, au nombre desquels trois se sont distingués particulièrement, Henri Rose et Wohler, que l'Allemagne compte parmi ses chimistes les plus éminents, et Mitscherlich, peut-être le plus grand minéralogiste de l'époque. Berzélius a abandonné

depuis plusieurs années la chaire de professeur à son suppléant, le docteur Mosander, pour n'avoir plus qu'à s'occuper de recherches scientifiques. Il travaille douze à quatorze heures par jour ; c'est dans son cabinet qu'il reçoit les visites du matin, et, n'étant point marié, il est rarement obligé de le quitter.

« Le dernier roi de Suède lui a conféré, outre la noblesse, la croix de l'ordre de Wasa et la grand-croix de l'Etoile Polaire, ainsi que le patronage de toutes les chaires de chimie et de médecine du royaume. La noblesse l'a choisi pour la représenter à la diète, mais il ne prend que très-peu de part aux affaires politiques, et n'assiste guère aux débats de la Chambre que lorsque ses lumières peuvent être plus particulièrement propres à éclairer la discussion. La plupart des souverains de l'Europe l'ont honoré de justes distinctions; il est membre correspondant de toutes les sociétés savantes ; il a fait, depuis 1819, plusieurs voyages à Paris, où la grâce de ses manières et l'aménité de son caractère lui ont acquis l'affection de tous ceux qui ont eu l'honneur de le connaître personnellement. Dans un de ces derniers voyages, il a été présenté par l'ambassadeur de Suède au roi Louis-Philippe, qui connaît non-seulement la Suède, jadis visitée par lui, mais aussi, dit-on, la chimie, sur laquelle il disserte avec la même facilité et la même abondance que sur toutes choses, et le roi et le chimiste ont pu discuter ensemble la *théorie des substitutions*.

« En un mot, et pour conclure, la vie de Berzélius est une belle et noble vie, et la Suède est justement fière de le compter parmi ses enfants. »

L'illustre chimiste est mort depuis la publication de cette notice biographique, que nous empruntons à l'auteur de la *Galerie des contemporains illustres*.

BÉTEL, POIVRE BÉTEL.—Tous les indigènes des régions intertropicales en mâchent les feuilles, comme les Européens le tabac, après les avoir mêlées avec de la chaux et des noix d'arec. Ce masticatoire rougit la salive et les parties internes de la bouche, gâte les dents et cause une sorte d'ivresse les premières fois qu'on en fait usage; mais il aide à digérer et soutient les forces affaiblies par l'action débilitante du climat chaud et humide des Indes.

BÉTONS. *Voy.* CHAUX HYDRAULIQUES.

BEURRE.—On l'obtient de la crème en la battant pendant quelque temps, opération qui est connue sous le nom de *barattage*. Les globules de graisse se réunissent par là en petits grumeaux, et abandonnent la matière caséeuse, qui reste en emulsion, avec une plus petite quantité de graisse. Ce qui prouve que la présence de l'air n'est point une condition nécessaire au succès de l'opération, c'est que la formation du beurre a lieu également dans des vaisseaux clos. Des expériences faites, dans ces derniers temps, par Macaire-Prinsep, ont prouvé aussi qu'il n'y a point d'oxygène absorbé à l'air pendant le barattage, et que cette séparation mécanique du beurre s'exécute aussi bien dans le vide que dans tous les gaz qui n'exercent pas d'action chimique sur la crème. La liqueur de laquelle le beurre s'est séparé porte le nom de *lait de beurre*. Après que les grumeaux isolés ont été réunis en une seule masse, le beurre forme une graisse dont chacun connaît les caractères extérieurs. Dans l'état où on l'emploie, c'est un mélange de graisse avec environ un sixième de son poids de substances provenant du lait de beurre (1), dont l'extraction change beaucoup sa saveur et son aspect. Quand on veut les enlever, on met du beurre frais, non salé, dans un verre cylindrique élevé, et on l'expose à une température qui ne dépasse point 60°. Le beurre fond et nage à la surface du lait de beurre, qui se réunit au fond du vase. Quand la graisse est éclaircie, on la verse dans un autre vase contenant de l'eau à 40°, avec laquelle on l'agite très-long-temps, afin d'en extraire tout ce qui est soluble dans l'eau. Elle se rassemble ensuite par le repos, et se fige à la surface du liquide. Dans cet état, le beurre a entièrement perdu son aspect primitif; mais on peut le lui rendre, jusqu'à un certain point, en le refroidissant d'une manière subite dans un mélange de sel et de neige. Si le beurre, à l'état de fusion, n'est pas parfaitement clair, on le filtre à travers du papier, dans un endroit où la température soit à 40°. Fondu, il est incolore et limpide comme de l'eau. S'il a parfois une teinte jaune, elle est accidentelle et provient des aliments, mais on a de la peine à l'en dépouiller. D'après Chevreul, le beurre fondu de moyenne consistance peut être refroidi jusqu'à 26°,5, avant qu'il commence à se figer, et sa température monte alors à 32°, point où elle reste jusqu'à la solidification complète. Cent parties d'alcool bouillant à 0,822 en dissolvent 3,46 de beurre. Le beurre se saponifie aisément, et n'exige pas pour cela plus de 0,4 de son poids d'hydrate potassique. Celui de vache donne 88,5 pour cent d'acides solides fixes, qui contiennent un peu d'acide stéarique, 11,85 de glycérine, et trois différents acides gras volatils. Le beurre est composé de trois sortes de graisses, une stéarine, une élaïne, et une graisse qui donne lieu à la formation des acides volatils. Cette dernière graisse, qu'on n'a point encore pu obtenir parfaitement pure, a reçu de Chevreul, qui l'a découverte, le nom de *butyrine* (de *butyrum*, beurre). Les proportions relatives de ces trois graisses peuvent varier suivant les circonstances, ce qui fait que le beurre lui-même varie également beaucoup sous le rapport de la consistance.

BEURRE (*Economie domestique*).—Lorsqu'on a séparé le beurre du lait contenu dans la baratte, on le lave à grande eau en le malaxant jusqu'à ce qu'il ne la blanchisse plus sensiblement. C'est alors qu'on le livre

au commerce. Il renferme toujours, dans cet état, une certaine quantité de sérum et de caséine, qui contribuent à lui donner cette saveur délicate et ce goût frais qu'on aime tant à y retrouver. Malheureusement ces substances le font *rancir* très-vite, surtout en été. On est donc obligé de le saler ou de le fondre pour le conserver.

On pratique la fusion du beurre en grand, à une température élevée, ce qui lui communique une saveur désagréable et âcre. Il est préférable de le fondre à une chaleur de 90 à 100°, de le maintenir liquide pendant assez de temps pour permettre à la caséine et au sérum de se déposer, et de le décanter ensuite dans des vases propres et secs, de peu de capacité et à petits orifices. On obtient ainsi un produit aussi bon que le beurre frais pour la préparation des aliments.

Quant à la salaison, on incorpore avec soin, au moyen du pétrissage, 500 gr. de sel séché au four et finement pulvérisé par 6 ou 10 kil. de beurre, et on en remplit immédiatement des pots en terre ou des barriques à douves bien jointes, en recouvrant la surface du beurre d'une couche de sel. Quelquefois on sale le lait ou la crème avant le battage, ainsi que cela se pratique en Bretagne.

Le docteur Anderson a indiqué, en 1705, le moyen suivant de conserver le beurre. Aussitôt que cette substance est séparée du lait de beurre, on y mêle intimement, dans la proportion de 1 sur 16, une poudre composée de 2 parties de sel, 1 partie de sucre et 2 parties de nitre; puis on l'enferme dans le vase où il doit être gardé, en le pétrissant bien, de manière à ne laisser aucun vide. Le beurre, ainsi préparé, n'a pas de suite un goût agréable, mais, au bout d'une quinzaine de jours, il acquiert une saveur qu'aucun autre beurre ne présente naturellement.

Les usages du beurre sont assez connus. C'est un aliment dont l'emploi remonte à une antiquité reculée, puisque les Grecs et les Romains en avaient connaissance. Lorsqu'il est rance ou altéré par le feu, il présente une âcreté souvent nuisible, et la propriété qu'il possède, avec les autres graisses, de faciliter l'oxydation du cuivre et du plomb, dont il dissout les oxydes, expose journellement à des dangers contre lesquels il faut se mettre en garde. Un moyen bien simple que M. Girardin emploie depuis longtemps déjà pour enlever au beurre sa rancidité, c'est de le pétrir avec une eau légèrement alcaline, c'est-à-dire renfermant un peu de bicarbonate de soude, qui dissout parfaitement bien l'acide butyrique et la caséine altérée qui donnent au beurre rance sa saveur détestable. Lorsqu'elle a disparu par un lavage suffisant, on pétrit le beurre à plusieurs reprises dans de l'eau fraîche, puis on le sale immédiatement.

Suivant Beckmann, les Grecs n'ont connu le beurre que fort tard, et ils en furent redevables aux Scythes, aux Thraces ou aux Phrygiens; ce seraient les Germains qui en

---

(1) C'est pour préserver ces substances de toute altération qu'il faut saler le beurre.

auraient fait connaître l'usage aux Romains, qui ne s'en servaient qu'en remède, pour oindre les enfants, et jamais en aliment. Les Espagnols n'en firent très-longtemps que des topiques pour les plaies. Dans les ordonnances indiennes de Wisnou, écrites douze siècles avant l'ère chrétienne, à ce que conjecture Bechmann, il est question du beurre pour certaines cérémonies religieuses. Il est parlé du beurre dans la Genèse, chap. XVIII, v. 8. Durant les premiers siècles de l'Église, on brûlait du beurre dans les lampes au lieu d'huile; cette pratique s'observe encore dans l'Abyssinie.

BEURRE DE GALAM. *Voy.* CORPS GRAS.

BEURRE DE MUSCADE. *Voy.* CORPS GRAS.

BEURRE DE BISMUTH. *Voy.* BISMUTH, *chlorure.*

BEURRE D'ANTIMOINE. *Voy.* ANTIMOINE *protochlorure.*

BÉZOARDS. — Il est des calculs intestinaux qu'on nomme bézoards, auxquels on attachait autrefois beaucoup de prix en Europe, et qui sont encore aujourd'hui fort estimés dans certaines parties de l'Asie, en Perse, par exemple, où l'on ne peut les obtenir qu'en présent du souverain ou des membres de sa famille. Ces calculs se rencontrent dans le canal intestinal d'un animal herbivore qui vit en Perse, au Tibet, etc., mais sur le compte duquel on ne sait rien de certain. Ils sont ronds ou ovalaires, d'un brun foncé, jusqu'au noir, ou bruns, lisses à la surface, et composés de couches concentriques, qui n'ont cependant rien de régulier. Quelques-uns d'entre eux sont solubles en certaine quantité dans l'alcool, d'autres ne le sont pas, mais tous se dissolvent dans les alcalis caustiques. On les a souvent analysés, mais ces analyses remontent à une époque où les produits du canal intestinal n'étaient point encore si bien connus qu'aujourd'hui sous le rapport chimique, et où, par conséquent, on attribuait principalement les matières qui s'y trouvaient aux plantes servant à la nourriture des animaux. Mais les bézoards ne sont évidemment autre chose que des produits de la cholestérine, de la résine biliaire et autres matières grasses analogues, peut-être aussi du mucus intestinal qui, au lieu de se mêler avec les excréments humides, se sont accumulés et réunis en masses arrondies, absolument comme le noir d'imprimerie adhère à l'encre lithographique, sans s'attacher à la pierre humide. Cependant, malgré leur ressemblance extérieure, ils offrent souvent des différences relativement à la manière dont ils se comportent chimiquement. *Voy.* BILE.

BIBORATE DE SOUDE. *Voy.* BORAX.

BICARBONATE DE MAGNÉSIE. *Voy.* MAGNÉSIE.

BICARBONATE DE SOUDE. *Voy.* SOUDE.

BICARBONATE DE POTASSE. *Voy.* POTASSE.

BIÈRE (1). Dans les contrées du nord, où la vigne ne peut être cultivée, on prépare en grand, au moyen de certains fruits sucrés ou saccharifiés, des boissons qui remplacent le vin; la bière est, sans contredit, la plus usitée de ces sortes de boissons. Dans ces pays la fabrication est d'une grande importance : à Londres, par exemple, la consommation s'élève annuellement jusqu'à 250 millions de litres. A Paris, où l'on dispose de beaucoup de vin à bas prix, la consommation de la bière ne dépasse guère 15 millions de litres par année.

On désigne sous le nom générique de bière les boissons légèrement alcooliques résultant de la saccharification des matières amylacées, puis de leur fermentation après une addition des principes aromatiques et amers du houblon.

Matières premières : orge, matières sucrées, houblon, eau. — La substance amylacée qui sert de base à la fabrication de la bière est en général fournie par les fruits des céréales ; parmi ces grains on choisit de préférence l'orge, dont le prix est ordinairement moins élevé.

Les grains d'orge doivent être sains, assez lourds (1 hectolitre pèse de 64 à 67 kilogr.); ils doivent surtout offrir la propriété de germer régulièrement.

Pour s'assurer que les grains ont cette propriété, on les laisse s'hydrater en les plaçant sur une couche de 3 ou 4 millimètres d'eau, dans un vase plat, où l'humidité se conserve et où la température se maintient entre 15 et 20° centésimaux. Dans l'orge de bonne qualité, tous les grains doivent germer, et à peu près simultanément : ce qui, du reste, a lieu quand l'orge est de la même année et qu'elle provient du même terrain.

On emploie pour certaines bières, celles de Louvain, par exemple, outre l'orge germée, du blé et de l'avoine non germés, dits *grains crus.* L'avoine renferme un principe aromatique qui donne à la bière un goût agréable particulier. Depuis longtemps, en France, on ajoute à la bière des matières sucrées, telles que la mélasse, le sucre brut, la glucose. Cette addition, qui offre souvent une économie au brasseur, rend le travail plus facile, et assure à la bière une plus grande conservation; et cela se conçoit, puisqu'on diminue ainsi les proportions des principes de l'orge les plus altérables, notamment des matières azotées qui engendrent ou développent les ferments. Toutefois, les bières fabriquées avec du sucre seul, ou même

commune des anciens Égyptiens. Les Espagnols, les Germains, les Gaulois connaissaient de temps immémorial sa préparation. Suivant Pline, les Gaulois appelaient la bière *cerevisia*, et le grain qu'on y employait *brance*. Cette double expression s'est conservée chez nous d'âge en âge. L'une a formé le mot *brasseur*, qui subsiste toujours, et l'autre celui de *cervoise*, qui subsistait encore il n'y a pas longtemps. L'ordre insensé que Domitien donna de faire arracher toutes les vignes dans les Gaules dut y rendre général l'usage de la bière. Bien des actes démontrent que c'était la boisson populaire en Normandie avant le XIVe siècle.

---

(1) La bière était, au rapport d'Hérodote et des autres historiens grecs et latins, la boisson la plus

des grains et au sucre, ont l inconvénient d'être *sèches* à la bouche, tandis que celles fabriquées exclusivement avec des grains, humectent agréablement le palais, ce qui est dû aux principes mucilagineux contenus en assez grande proportion dans l'orge.

L'addition des matières sucrées dans la préparation des moûts qui doivent servir à la fabrication de la bière vient d'être adoptée en Angleterre : la loi, en vue de l'économie des subsistances, a permis l'application de ce procédé, ainsi que l'introduction sans droits des céréales.

L'odeur aromatique de la bière est due au houblon, plante de la famille des urticées, et dont la matière utile, dans cette circonstance, est une sécrétion jaune glanduleuse, aromatique, qui se trouve à la base de chacune des folioles (bractées) des cônes du houblon. Cette sécrétion renferme l'huile essentielle qui doit donner à la bière son odeur spéciale, et le principe amer qui concourt à sa saveur.

Pour essayer les houblons, on frotte les cônes dans l'intérieur de la main. L'odeur plus ou moins forte, plus ou moins agréable, qui se développe, éclaire le praticien exercé sur la qualité de ce produit.

Cette odeur varie avec la température moyenne des localités où le houblon végète, et selon la saison, l'époque de la récolte, le temps écoulé depuis l'emmagasinage et les moyens employés pour sa conservation.

Le climat exerce une grande influence sur le développement et les qualités de l'huile essentielle du houblon, comme cela se remarque pour toutes les plantes aromatiques ; dans les pays chauds cette sécrétion est très-abondante, mais d'une odeur moins suave que dans les pays tempérés.

Pour obtenir le maximum d'huile essentielle, il faut récolter les cônes du houblon lorsqu'ils sont encore verdâtres, avant que les graines soient complétement mûres.

Après la récolte, on doit faire sécher le houblon assez rapidement, pour éviter toute déperdition de l'arome, ainsi que sa transformation partielle en résine au contact de l'air. On atteint ce but en comprimant le plus possible le houblon, dès qu'il est suffisamment desséché. En France, on se borne à le piétiner dans des sacs ; mais cette pression est insuffisante pour sa conservation.

En Amérique et en Angleterre, on se sert de presses hydrauliques, et l'on maintient la pression en cousant solidement les plis des sacs ; le houblon se conserve alors beaucoup plus longtemps. Cette conservation donne quelquefois lieu à une fraude, qui consiste à changer sur les sacs le millésime de l'année de la récolte. Le houblon, en effet, perd de sa qualité en vieillissant, et se paye d'autant moins cher qu'il a plus d'années. Si donc on parvient, par la méthode que nous venons d'indiquer, à faire passer du houblon de deux ou trois ans pour du houblon de la récolte de l'année, c'est une preuve évidente de l'efficacité du moyen de conservation.

La partie glanduleuse du houblon contient les matières suivantes :

Eau, cellulose, huile essentielle, résine, deux matières grasses, matières azotées, principe amer, substance gommeuse, acétate d'ammoniaque, soufre, chlorure de potassium, sulfate et phosphate de potasse, sulfate et carbonate de chaux, oxyde de fer, silice.

Deux substances surtout, dans ce nombre, sont utiles pour la fabrication de la bière : l'huile essentielle et le principe amer. L'huile essentielle, outre le goût particulier qu'elle donne à la bière, est, ainsi que ses congénères, un agent de conservation. Cette huile a la propriété précieuse pour cette application, d'être en grande partie soluble dans l'eau, ce qui lui permet de se répartir plus uniformément, d'entrer en plus grande proportion et de se maintenir dans la bière.

Le principe amer du houblon pourrait être remplacé par d'autres substances amères solubles, et on a cherché, il y a quelque temps, à lui substituer frauduleusement d'autres agents d'un prix moins élevé ; on a principalement employé le buis, qui contient une grande quantité d'huile essentielle, et un principe amer très-abondant ; mais cette fraude est facile à reconnaître, car l'huile essentielle du buis diffère, par sa saveur et son odeur de celle du houblon (1).

Le choix de l'eau que l'on doit employer dans la fabrication n'est pas sans importance. On doit préférer les eaux douces, les eaux de rivière, par exemple, quand la position de la brasserie le permet. Si l'on se sert d'eau de puits, il faut la choisir, autant que possible, peu séléniteuse.

Les principales opérations de la fabrication comprennent : 1° le *mouillage* des grains ; 2° la *germination ;* 3° la *dessiccation des grains germés ;* 4° la *séparation des radicelles ;* 5° la *mouture* (ces cinq opérations donnent le produit appelé *malt*, qui entre comme matière première dans les manipulations suivantes) ; 6° *trempes ;* 7° *décoction du houblon ;* 8° *décantation* et *refroidissement du moût ;* 9° *fermentation ;* 10° *clarification* ou *collage.*

Le mouillage a pour but d'introduire dans les grains une quantité d'eau suffisante pour déterminer la germination : il sert en même temps à éliminer les grains vides qui viennent nager à la surface de l'eau, et à enlever les matières solubles et quelques corps étrangers qui peuvent salir la superficie des grains de l'orge.

La germination sert surtout à produire la diastase qui doit transformer l'amidon en sucre. C'est une des opérations les plus délicates et les plus importantes de l'art du brasseur : on doit s'appliquer à produire une quantité de diastase suffisante pour cette transformation. Il faut éviter avec soin que la germination ne se prolonge trop, car le développement des radicelles et de la gem-

---

(1) Le conseil municipal de la Seine, afin de diminuer l'appât offert par cette fraude et quelques autres qui pourraient être dangereuses pour la santé publique, vient d'exempter le houblon de tous droits d'octroi.

mule consomme une partie de l'amidon, qui est définitivement transformé en cellulose insoluble, inutile à l'opération. On reconnaît facilement le terme où la germination doit s'arrêter : c'est lorsque la gemmule a atteint un développement égal aux deux-tiers de la longueur du grain ; alors, en effet, l'orge germée recèle une proportion de diastase largement suffisante pour transformer l'amidon de tout le périsperme en dextrine et en glucose.

Il faut à ce moment arrêter la germination, afin d'éviter la perte qui aurait lieu si elle continuait. Pour cela il suffit de faire dessécher l'orge d'abord à l'air libre, puis au moyen de l'air chaud ; après cette dessiccation, on sépare les radicelles qui ne contiennent aucun principe utile pour la fabrication de la bière, et rendraient le travail plus dispendieux, en augmentant le volume de la matière et la difficulté des lavages.

On soumet l'orge sèche à un broyage qui a pour but de faciliter les opérations suivantes, en multipliant les surfaces de contact avec l'eau et déterminant la réaction de la diastase sur l'amidon hydraté.

L'orge, ainsi préparée, constitue le malt, dont la fabrication dans les pays de grande consommation, comme en Angleterre, forme une industrie spéciale fort importante.

Les opérations ultérieures du brassage proprement dit ont pour résultat : d'abord la saccharification de la matière amylacée du malt ; puis la décoction du houblon qui communique son odeur et une saveur spéciale au liquide sucré (moût) ; la fermentation qui transforme la glucose du moût en acide carbonique et en alcool ; enfin la clarification du liquide, qui rend la bière limpide et potable.

La saccharification s'opère en maintenant le malt délayé dans de l'eau à une température de **70 à 80°**; c'est effectivement à la température de **75°** centésimaux que la diastase produit son maximum d'action. Le malt est ensuite épuisé par des lavages successifs, et le moût obtenu est chauffé à **100°** avec le houblon, en prenant les précautions nécessaires pour retenir l'huile essentielle, puis, après avoir filtré ou décanté le liquide, on abaisse sa température au degré convenable à la fermentation.

La transformation de la substance sucrée en alcool s'opère sous l'influence d'un ferment, la levure, résidu qui devient lui-même une matière première indispensable à la fabrication.

Cette substance pâteuse ou pulvérulente est composée d'une foule de petits végétaux globuliformes rudimentaires, dont l'organisation consiste en une cellule à double enveloppe renfermant des principes qu'on rencontre dans tous les végétaux. La levure, placée dans des circonstances convenables (c'est-à-dire en présence de l'eau aérée, de la matière sucrée, de certaines substances minérales et matières azotées), se développe tout en provoquant la transformation de la glucose en alcool et acide carbonique ; aussi,

durant la fermentation de la bière qui rassemble ces conditions, se produit-il une quantité de levure à peu près cinq fois plus considérable que celle employée, tandis que dans les liquides sucrés, où manquent les principes de sa constitution, la levure s'épuise elle-même par la fermentation qu'elle détermine, et ne se multiplie pas.

Composition chimique de la levure :

Substances azotées, plus traces de soufre et de phosphore.	63,0
Enveloppes, cellulose, dextrine, sucre. .	29,0
Substances minérales (phosphates et autres sels).	5,9
Matières grasses et traces d'huile volatile.	2,1
	100

En clarifiant la bière, on la rend plus agréable à l'œil et au goût, et on la débarrasse d'une petite quantité de levure en suspension qui la rendrait légèrement purgative, et provoquerait ultérieurement la fermentation acide.

L'*ichthyocolle* (colle de poisson), qui est la seule substance qu'on ait pu employer avec succès pour clarifier rapidement la bière, se prépare en lavant, tordant et faisant dessécher les membranes de la vessie natatoire d'une espèce d'esturgeon (*acipenser huso*). Elle doit ses propriétés à sa texture particulière et encore organisée. La bière ne contenant pas de tanin, ne peut être clarifiée, comme les vins, par précipitation au moyen de la gélatine ou de l'albumine.

La clarification par l'ichthyocolle est facile à comprendre : les membranes de cette substance sont composées d'un grand nombre de fibrilles entre-croisées qui, sous l'influence des acides faibles, se gonflent au point de centupler de volume, et peuvent se contracter, reprendre leur volume primitif au contact de l'alcool et des corps en suspension dans la bière ; ces fibrilles, gonflées et répandues dans le liquide, y forment une espèce de réseau qui se précipite, emprisonnant et entraînant avec lui les matières qui troublaient la transparence.

On divise l'ichthyocolle en battant ses membranes à coups de marteau sur une enclume, les découpant en petits lambeaux et les tenant plongés dans l'eau froide, qu'on renouvelle plusieurs fois pendant cinq ou six heures en été et vingt-quatre heures en hiver ; on les malaxe ensuite afin de les mieux désagréger ; enfin on opère le gonflement des fibrilles en les délayant dans de la bière aigrie (ou dans du vin blanc, si l'on veut l'appliquer à clarifier des vins) ; on emploie 4 ou 5 grammes d'ichthyocolle sèche pour la clarification d'un hectolitre de bière.

La proportion de houblon dans la bière varie : les bières de garde en reçoivent jusqu'à 2 kilogrammes par hectolitre, pour assurer leur conservation. On emploie pour les bières ordinaires de 0 kil. 750 à 1 kil. 50 ou 1 kilogr. en moyenne de houblon ; la petite bière ne reçoit guère que le lavage qui a servi à préparer la bière forte.

Voici quelles sont les proportions usitées dans la brasserie française :

Malt 2 000 kilogr.	Eau à 60° 2 500 lit.	qui produisent 6000 litres de bière double.
Plus 200 sirop à 35°.	» 90° 2 500	
	» 110° 1 200	
Lavage du malt	eau à 100° 4 000	produit 4 000 litres de petite bière, représentant 2 000 litres de bière double.

Les dosages suivants s'appliquent à la préparation des bières anglaises :

Pour fabriquer de 50 à 60 hectolitres d'*ale*, on emploie :

    Malt pâle, ... 40 hectolitres.
    Houblon de Kent, 50 kilogrammes
    Sel marin, . . . 1 »
    Levure, ... de 15 à 25 »

Pour obtenir de 56 à 66 hectolitres de *porter* (*brown stout*) on emploie :

    Malt pâle, ... 21 hectolitres.
    Malt ambré, . . 16 - »
    Malt brun , . . . 8 »
    Houblon brun , . de 60 à 67 kilog.
    Sel marin, . . . de 1 à 2 »
    Levure, ... de 20 à 50 »

Le malt brun, qui contribue à donner le goût et la coloration spéciale du *porter*, a éprouvé dans la touraille une altération profonde : une partie de la matière sucrée qu'il contenait est transformée en caramel et ne peut plus donner d'alcool. On pourrait éviter cette perte en colorant la bière avec du caramel ordinaire, si l'on ne tenait à cette odeur, développée par quelque huile essentielle empyreumatique, qui communique au *porter*, en même temps que sa couleur, un goût spécial de grain roussi.

On fabrique à bord des vaisseaux anglais, en voyage de long cours, une sorte de bière où le houblon est remplacé par de jeunes pousses de pin, qu'on a embarquées, ou que l'on se procure en divers parages ; la matière sucrée de cette bière est empruntée à la mélasse ou au sucre, qui remplace le malt. Cette préparation est précieuse pour les hommes habitués à l'usage de la bière, et auxquels on ne pourrait en donner dans de telles circonstances : en effet, les sortes de bières qui supportent de longs transports sont les plus riches en houblon et en alcool, et, par conséquent, les plus dispendieuses.

Depuis longtemps, à Paris, on a remplacé une partie du malt par des matières sucrées, telles que la mélasse, la glucose de fécule, qui peuvent être ajoutées au moût en certaines proportions ; dans ce cas, le brassage devient plus facile, exige moins de force mécanique, puisqu'on peut délayer le malt dans une plus grande quantité d'eau. La bière ainsi obtenue est moins altérable ; propriété importante, en été surtout. Il serait à désirer qu'on cessât d'employer les sirops provenant de la saccharification de la fécule par l'acide sulfurique, car ces sirops contiennent toujours une forte proportion des sels calcaires peu salubres. Il vaudrait mieux employer directement la fécule dans la cuve-matière, cette substance étant facilement saccharifiée par la diastase en excès que contient le malt. Le gouvernement anglais ayant levé l'interdiction qui s'opposait à l'usage du sucre ou de la mélasse dans la brasserie, et rendait obligatoire l'emploi exclusif du malt, sur lequel on percevait un droit considérable, les brasseurs anglais commencent à se servir de diverses matières sucrées, notamment de sucre brut, pour compléter la densité des produits du malt.

Voici, d'après une analyse faite par MM. Payen et Poinsot, la composition d'une bonne bière de Strasbourg, fabriquée avec l'orge et le houblon.

Elle renferme 4, 5 p. 100 d'alcool absolu et contient par litre :

    48 gr., 44 de substances solides ;
    0 ,81 d'azote ;
    3 ,93 de substances minérales.

100 gr. de la substance sèche contiennent 1 gr., 69 d'azote.

Un litre de cette bière renferme donc 48 gr., 50 d'une substance azotée, qui semblerait être, à poids égal, aussi nourrissante que la céréale elle-même. Cette composition montre que la bière peut réellement avoir une certaine propriété nutritive.

Emploi des résidus de la fabrication de la bière. — Les grains légers provenant de la trempe sont employés à la nourriture des animaux, notamment des poules.

La drêche égouttée ou mélangée de matières alimentaires sèches entre dans l'alimentation des bestiaux, et particulièrement des vaches laitières.

La levure sert dans les industries dont les opérations nécessitent une fermentation alcoolique : les boulangers et les distillateurs en consomment de grandes quantités. La levure s'altère très-facilement ; on parvient toutefois à la conserver en la desséchant sur des tablettes en plâtre par un courant d'air à 30 ou 35°.

Le houblon épuisé peut servir comme engrais faible, ou comme moyen de couverture pour préserver les plantes de la gelée ou faciliter la végétation des prairies.

BIÈRE DE BAVIÈRE. — Les bières d'Angleterre et de France, et la plupart de celles d'Allemagne s'aigrissent peu à peu au contact de l'air. Cet inconvénient ne se rencontre pas dans les bières de Bavière, que l'on peut conserver à volonté dans des futailles pleines ou à demi vides, sans qu'elles s'altèrent. Il faut attribuer une qualité si précieuse au procédé particulier dont on fait usage pour faire fermenter le *moût*, procédé qu'on appelle *fermentation avec dépôt*, et qui a résolu un des plus beaux problèmes de la théorie. Nous allons exposer cette fabrication d'après M. Liebig.

« Le moût de bière est, en proportion, bien plus riche en gluten soluble qu'en sucre ; lorsqu'on le met en fermentation d'après le procédé ordinaire, il s'en sépare une grande quantité de levure à l'état d'une écume épaisse, à laquelle s'attachent les bulles d'acide carbonique qui se dégagent, la rendent spécifiquement plus légère, et la soulèvent vers la surface du liquide. Ce phénomène s'explique facilement. En effet, puisque dans l'intérieur du liquide, à côté des *particules* de sucre qui se décomposent, il se trouve des particules de gluten qui s'oxydent en même temps, et enveloppent pour ainsi dire les premières, il est naturel que l'acide carbonique du sucre et le ferment insoluble provenant du gluten se séparent simultanément et adhèrent l'un à l'autre. Or, lorsque la métamorphose du sucre est achevée, il reste encore une grande quantité de gluten en dissolution dans la liqueur fermentée, et ce gluten, en vertu de la tendance qu'il présente à s'approprier l'oxygène et à se décomposer, provoque aussi la transformation de l'alcool en acide acétique; si on l'éloignait entièrement, ainsi que toutes les matières capables de s'oxyder, la bière perdrait par là la propriété de s'aigrir. Ce sont précisément ces considérations que l'on remplit dans le procédé suivi en Bavière.

« Dans ce pays, on met le moût houblonné en fermentation dans des bacs découverts, ayant une grande superficie, et disposés dans des endroits frais, dont la température ne dépasse guère 8 à 10° c. L'opération dure trois à quatre semaines ; l'acide carbonique se dégage, non pas en bulles volumineuses, éclatant à la surface du liquide, mais en vésicules très-petites, comme celles d'une eau minérale, ou d'une liqueur qui est saturée d'acide carbonique, et sur lequel ou diminue la pression. De cette manière, la surface du liquide est continuellement en contact avec l'oxygène de l'air, elle se couvre à peine d'écume, et tout le ferment se dépose au fond des vaisseaux, sous la forme d'un limon très-visqueux, nommé *lie*.

« La lie ne provoque pas les phénomènes de la fermentation tumultueuse ; c'est pour cela qu'elle est tout à fait impropre à la panification, tandis que la levure superficielle seule peut y servir. Cette levure de dépôt est une matière toute spéciale ; ce n'est pas le *précipité* qui se dépose au fond des cuves dans la fermentation ordinaire de la bière, mais c'est une matière entièrement différente. Il faut des soins tout particuliers pour se la procurer à l'état convenable. Dans le principe, les brasseurs de Hesse et de Prusse trouvaient toujours plus d'avantages et de sûreté à l'aller chercher à Wurtzbourg ou à Bamberg en Bavière, qu'à la préparer eux-mêmes. Une fois la première fermentation établie et bien réglée, on en obtient en abondance pour une autre et pour toutes les opérations suivantes.

« A quantité égale d'orge germée, la bière fabriquée avec dépôt contient plus d'alcool et est plus capiteuse que celle qu'on obtient par le procédé ordinaire. Dans plusieurs Etats de la confédération germanique, on a fort bien reconnu l'influence favorable qu'exerce sur la qualité des bières l'emploi d'un procédé rationnel pour faire fermenter le moût. Ainsi, dans le grand-duché de Hesse, on a proposé des prix considérables pour la fabrication de la bière d'après le procédé que l'on suit en Bavière. Ces prix se décernent aux brasseurs qui sont à même de prouver que leur produit s'est conservé pendant six mois dans les fûts sans s'aigrir. A l'époque où se firent les premiers essais, plusieurs milliers de tonneaux se détériorèrent, jusqu'à ce qu'enfin l'expérience conduisit à la découverte des véritables conditions, telles que la théorie les avait prévues et précisées.

« Ni la richesse en alcool, ni le houblon, ni l'un et l'autre réunis, n'empêchent la bière de s'aigrir. En Angleterre, on parvient, en sacrifiant les intérêts d'un capital immense, à préserver de l'acidification les bonnes sortes d'ale et de porter, en les laissant séjourner pendant plusieurs années dans des fûts énormes bien clos, dont le dessus est couvert de sable, et qui sont entièrement remplis. Ce procédé est identique avec le traitement que l'on fait subir aux vins pour qu'ils *déposent*. Il s'établit alors un léger courant d'air à travers les pores du bois ; mais la quantité de matières azotées contenues dans le liquide est tellement grande, par rapport à celle de l'oxygène qui se trouve en présence, que ce dernier ne peut pas agir sur l'alcool. Cependant la bière qui a été ainsi maniée ne se conserve pas plus de deux mois dans des futailles plus petites, où l'air a de l'accès. »

Faire en sorte que la fermentation du moût de bière s'accomplisse à une température basse, qui empêche l'acétification de l'alcool, et que toutes les matières azotées s'en séparent parfaitement par l'intermédiaire de l'oxygène de l'air, et non pas aux dépens des éléments du sucre, voilà le secret des brasseurs de Bavière. C'est aux mois de mars et d'octobre que se fabrique la bière dans ce pays

BIJOUX. — Un grand nombre de minéraux sont travaillés en bijoux, tels que boîtes, petits coffrets, poignées de sabres et de poignards. C'est ainsi qu'on emploie assez fréquemment le lapis — lazuli, la malachite, quelquefois le fluor, et surtout le feldspath de Labrador, le feldspath vert, dont le dernier est très-recherché. Le quartz blanc, le quartz améthyste, les bois agathisés, le caillou de Rennes, le poudingue d'Angleterre, etc., sont appliqués aux mêmes usages. On se sert même de diverses autres matières qui se trouvent en nids, en veines, en rognons peu considérables dans la nature ; tels sont le *quartz aventuriné*, les *calcédoines* ou *agathes*, le *jaspe vert* ou *héliotrope*, le *jaspe sanguin*, le *jaspe panaché* ou *caillou d'Egypte*, la *gangue d'opale* ou *prime d'opale*, qui est une matière argileuse remplie de petits grains d'opale irisée, le *feldspath*, compacte, uni, veiné, jaspé, rubanné ; un assez grand nombre de substances mélangées, telles que *quartz grenatifère*, *serpentines* vertes, demi-transparentes, souvent remplies de grenat rouge; des *quartz*, des *feldspath*, des *calcaires micacés*; certaines variétés de *marbre bleu antique* à très-petites veines; certaines *lumachelles*, telles que celles d'*Astracan*, de *Carinthie*, etc., etc.

Plusieurs sortes de pierres qui, par elles-mêmes, ne sont pas très-recherchées, sont employées, par suite de leur finesse et de leur inaltérabilité, à ce que la sculpture a de plus fini et de plus délicat. Les anciens nous ont laissé de superbes ouvrages en ce genre (*apothéoses d'Auguste*, de *Germanicus*, *Jupiter Agiocus*), et les artistes modernes ont aussi produit des chefs-d'œuvre qui ne le cèdent en rien à ce que l'antiquité a produit de plus beau. Ceux de ces ouvrages qui sont le plus connus sont les *camées* ou pierres à couches de diverses couleurs, sculptées en relief. La plupart sont exécutés sur des calcédoines, pour lesquels on a toujours recherché celles qui offrent au moins une belle couche blanche sur une autre noire ou brune, et plus encore celles qui présentent une couche blanche entre deux couches de couleur rembrunie. Aujourd'hui on teint assez fréquemment les pierres, soit d'un seul côté, soit de deux, en brun, en lilas, etc. Les artistes conservent la couche plus foncée pour servir de fond, sculptent le relief principal sur la partie blanche, et réservent quelque chose de la couche supérieure, soit pour les cheveux, soit pour les vêtements ou quelques accessoires.

On a également gravé, soit en relief, soit en creux, sur des pierres de couleurs uniformes, et particulièrement sur des cornalines, des sardoines, des calcédoines, des jaspes rouges, des jaspes sanguins, quelquefois sur l'améthyste, et enfin sur des pierres fines, telles que *rubis*, *émeraude*, *topaze*, *zircon*, etc.

C'est ici le lieu de parler des camées exécutés sur des schistes onyx, qui sont apportés de la Chine comme objets de curiosité. Ce sont des plaques de roches analogues à certaines variétés très-denses de nos ardoises, qui présentent trois ou quatre couches de couleur différentes : une brune, qui doit servir de fond; d'autres rougeâtres, blanchâtres, verdâtres, sur lesquelles les Chinois ont sculpté divers sujets, et particulièrement des intérieurs de maisons, des paysages, quelquefois animés de personnages et d'animaux; il y en a de grandes dimensions qu'on peut regarder comme de bas-reliefs de décorations.

BILE. — C'est un liquide verdâtre sécrété par le foie. Il a une réaction alcaline et mousse avec l'eau comme le savon. La bile, dépouillée de la matière grasse et de la matière colorante, donne, par la calcination, 11,16 de carbonate de soude, et 0,54 de sel marin, et des traces de potasse.

Il se forme, dans la vésicule du fiel, des concrétions pierreuses composées en grande partie de matière colorante et de cholestérine. Les *bézoards*, auxquels on attribuait autrefois des propriétés merveilleuses, ne sont autre chose que des calculs biliaires qui

se développent dans la vésicule du fiel de certains animaux (1). Les calculs biliaires se distinguent des calculs urinaires par leur structure cristalline (2).

Les usages de la bile dans l'économie ne sont pas positivement connus. On présume qu'elle a une grande influence sur les phénomènes de la digestion; qu'elle concourt à la digestion duodénale et opère la séparation du chyme en chyle, qui est absorbé, et en matière excrémentitielle, qui est peu à peu expulsée hors du corps. Cependant, comme MM. Lassaigne et Leuret l'ont constaté, la chylification peut encore avoir lieu quand on empêche la bile d'arriver dans les intestins, d'où il faut conclure qu'elle a une toute autre fonction que celle qu'on lui a attribuée généralement.

La bile est quelquefois appliquée à des usages techniques. On s'en sert, par exemple, pour enlever les taches de graisse sur les étoffes, on la mêle avec certaines couleurs employées par les peintres, et l'on s'en sert en médecine, tant à l'intérieur qu'à l'extérieur. Afin de pouvoir la conserver en quantité suffisante pour subvenir aux besoins, on l'évapore jusqu'en consistance d'extrait, état dans lequel elle n'est plus aussi sujette à s'altérer. Autrefois on employait de préférence la bile d'ours en médecine, parce que l'ours, comme l'homme, vit à la fois de substances végétales et de substances animales; mais aujourd'hui on ne se sert plus guère que de la bile du bœuf. On prétend avoir fait disparaître des taches sur la cornée transparente de l'œil avec la bile du brochet.

BILE DE BOEUF. — Cette matière, connue généralement sous les noms de *fiel de bœuf* et d'*amer*, est employée par les dégraisseurs pour enlever les taches de graisse sur les tissus qui sont altérables par les alcalis et le savon, parce qu'en raison de sa légère alcalinité, elle se mêle très-bien aux corps gras, qu'elle dissout en grande partie ou qu'elle amène à un état d'extrême division. Les peintres à l'aquarelle et à la miniature, les enlumineurs, en font également usage pour donner plus de ton, de brillant et de vivacité aux couleurs, qu'elle fixe plus facilement sur les corps polis, et qu'elle conserve mieux que les autres matières visqueuses.

Comme la bile se putréfie promptement, surtout dans les temps chauds et humides, on la réduit souvent en consistance d'extrait, après l'avoir fait bouillir et écumer; c'est ce qu'on appelle alors le *fiel de bœuf concentré*,

(1) Ces animaux sont herbivores et vivent en Perse, au Tibet, etc., mais on ne sait rien de certain sur leur compte. Les bézoards sont encore aujourd'hui fort estimés dans certaines parties de l'Asie, en Perse, par exemple, où l'on ne peut les obtenir qu'en présent du souverain ou des membres de sa famille. *Voy.* Bézoards.

(2) On a remarqué le plus souvent leur présence chez les personnes tristes et mélancoliques. Plusieurs médicaments ont été préconisés, pour la dissolution de ces calculs, mais les effets en sont incertains. Tel est le mélange de trois parties d'éther sulfurique et de deux parties d'essence de térébenthine.

qu'on délaye simplement dans l'eau pour en faire usage. Comme la couleur propre à la bile altère plus ou moins certaines couleurs de peintures, telles que le bleu, qu'elle fait paraître vert, et le carmin, qu'elle affaiblit, on la décolore au moyen d'un procédé indiqué par M. Tonckius, chimiste anglais. Pour cela, après l'avoir fait bouillir et écumer, on la partage en deux flacons, dans l'un desquels on ajoute 32 grammes d'alun, et dans l'autre 32 grammes de sel par litre. On laisse reposer jusqu'à ce que les liqueurs soient éclaircies; on les décante, on les mêle et on laisse reposer de nouveau. On filtre ensuite, et on obtient ainsi un liquide incolore, qui se conserve très-bien, et est nommé *fiel de bœuf purifié*.

BISMUTH. — Le bismuth était déjà connu des anciens, qui le confondaient souvent avec le plomb et l'étain. Stahl et Dufay montrèrent les premiers que c'est un métal particulier, bien distinct de tous les autres. On le trouve presque toujours à l'état natif; quelquefois aussi la nature nous l'offre combiné avec du soufre, et très-rarement oxydé. La plupart du temps on l'extrait des mines de bismuth natif que l'on rencontre en Saxe, en Bohême et en Transylvanie. A cet effet, on entoure le minerai de charbon ou de bois, que l'on allume : le métal entre en fusion et se rassemble dans une cavité creusée sous le four. En 1770, quand on cherchait à découvrir des métaux à Gregersklack, près du Bispberg, dans la province de Delarne, et qu'on appliqua du feu à la roche pour la faire éclater, il s'en écoula une quantité considérable de bismuth fondu. Depuis on a cherché ce métal dans le même endroit; mais on n'en a trouvé que quelques morceaux pour les collections. Le bismuth, extrait de sa gangue par la fusion, est versé dans le commerce à un prix qui n'est pas élevé, comparativement à sa rareté dans la nature. Dans cet état, il n'est cependant pas pur, car il renferme du fer, de l'arsenic et peut-être d'autres métaux encore. Pour le purifier, on le dissout dans l'acide nitrique; on mêle la dissolution limpide avec de l'eau, qui précipite le bismuth et retient les autres métaux; on sèche le précipité, on le mêle avec un peu de flux noir, et on le réduit, à une douce chaleur, dans un creuset, au fond duquel le métal se réunit en un culot. Chaudet indique la méthode suivante : on fond le bismuth du commerce dans un test ou dans une coupelle semblable à celles qu'on emploie ordinairement pour la coupellation de l'argent; le métal s'oxyde et est absorbé par le test. En mêlant ensuite la masse du test avec deux parties de flux noir, et chauffant le mélange, le bismuth se réduit. En répétant encore une fois la même opération, on obtient du bismuth assez pur.

Le bismuth, à l'état de pureté, est solide, d'une couleur blanche brillante, légèrement violacée, d'une structure lamelleuse. Il est très-cassant et facile à réduire en poudre. Sa densité est de 9,822.

Il fond à une température de $+ 256°$, et ne peut être volatisé à l'abri de l'air.

Chlorure de bismuth. — Il présente une masse comme butyreuse; de là le nom qu'il portait autrefois de *beurre de bismuth*.

SELS A BASE D'OXYDE DE BISMUTH.

Parmi ces sels, nous nous bornerons à mentionner le sous-nitrate de bismuth. — Le *sous-nitrate* de bismuth produit par l'eau était désigné autrefois sous le nom de *magistère de bismuth*; on lui a aussi donné le nom de *blanc de fard*, à cause de l'usage qu'on en fait pour se farder la figure. Mais ce blanc a un grand inconvénient qui devrait le faire exclure de la toilette : c'est de rendre la peau rugueuse, et d'un autre côté de noircir par les émanations plus ou moins chargées de gaz hydrosulfurique, qui le transforment en sulfure de bismuth d'une couleur noire.

Cette propriété que possède le nitrate de bismuth d'être décomposé par le gaz hydrosulfurique ou les gaz qui en contiennent, rend ce sel propre à la composition d'une encre qui devient visible en l'exposant à l'action de l'air imprégné de ce gaz. Si, après avoir écrit sur un papier avec une solution de nitrate acide de bismuth, on l'expose dans un flacon au fond duquel on a versé un peu d'eau saturée d'acide hydrosulfurique ou de l'hydrosulfate d'ammoniaque, les caractères tracés qui n'étaient point apparents, même après leur dessiccation, le deviennent tout à coup par suite du sulfure de bismuth qui se produit.

Les autres sels de bismuth sont sans importance.

BITUME GLUTINEUX. *Voy.* MALTE.

BITUME DE JUDÉE. *Voy.* ASPHALTE.

BITUME ÉLASTIQUE. *Voy.* POIX MINÉRALE.

BLANC DE BALEINE. *Voy.* GRAISSES.

BLANC DE PLOMB. *Voy.* CÉRUSE.

BLANC de Venise, de Hollande, de Hambourg. *Voy.* CÉRUSE.

BLANC D'OEUF, antidote contre les empoisonnements produits par les sels métalliques. *Voy.* ALBUMINE.

BLANC DE FARD. *Voy.* BISMUTH, *sous-nitrate.*

BLANCHIMENT des toiles. *Voy. Chlorite de chaux*, au mot CALCIUM. *Voy.* aussi SOUDE.

BLENDE, ou sulfure de zinc. *Voy.* ZINC.

BLEU DE PRUSSE NATIF. *Voy.* FER, *protosulfate.*

BLEU DE PRUSSE. *Voy.* CYANURE DE POTASSIUM.

BOIS. — La cellulose, plus ou moins injectée de matière incrustante, forme le tissu des bois employés dans les constructions, les traverses des chemins de fer, la menuiserie, l'ébénisterie, la fabrication des produits pyroligneux, le chauffage, etc.

La matière incrustante des bois est dure et cassante; les proportions varient dans les différents bois; elle est plus abondante dans le cœur que dans l'aubier, et dans les bois durs et lourds que dans les bois tendres et légers. Elle contient plus de carbone et d'hydrogène que la cellulose ; c'est à sa présence que sont dus l'excès d'hydrogène sur les proportions qui constituent l'eau, et les plus fortes proportions de carbone que l'on rencontre dans tous les bois, même lavés ; c'est elle qui explique les différences notables de la composition du *ligneux*, que l'on considérait naguère comme un principe pur, et qui est en réalité un mélange de matière incrustante et de cellulose en proportions variables suivant la nature du bois.

La matière incrustante donne aux bois une densité plus considérable, une plus grande dureté, les rend susceptibles de prendre un poli plus brillant. Si les bois sont employés comme combustibles, la matière incrustante y est utile en raison de son excès d'hydrogène, gaz qui, pour se brûler et former de l'eau, exige, à poids égal, trois fois autant d'oxygène que le carbone pour former de l'acide carbonique, et qui développe en brûlant au moins trois fois autant de chaleur que le carbone. Si l'on considère les bois comme matière première de l'acide acétique, il est utile de savoir qu'à poids égal la quantité d'acide produit augmente avec la quantité de matière incrustante contenue dans les bois. En effet, M. Payen a obtenu :

Pour 100 de chêne   4,0 d'acide acétique.
Pour 100 de peuplier   3,6   »
Pour 100 de coton   2,7   »
Pour 100 d'amidon   2,3   »

Le tableau suivant donne la composition élémentaire de plusieurs bois et de la cellulose pure. Les nombres de la dernière colonne indiquent l'équivalent, en charbon, de chaque substance considérée comme combustible :

BOIS	CARBONE.	HYDROGÈNE.	OXYGÈNE.	ÉQUIVALENT EN CHARBON.
Sainte-Lucie.	52,90	6,07	44,03	55,35
Ebénier.	52,89	6,00	41,15	53,75
Sapin.	51,79	6,28	41,93	54,70
Chêne.	50,00	6,20	43,80	53,30
Hêtre.	49,25	6,40	44,65	51,40
Peuplier.	47,00	5,80	47,20	47,20
Cellulose.	44,44	6,17	49,59	44,44

En analysant la substance incrustante extraite de différents bois, on ne lui trouve pas la même composition élémentaire, ce qui prouve qu'elle est un produit complexe. Elle se compose, en effet, de quatre principes immédiats distincts, désignés par les noms de *lignose*, *lignone*, *lignin* et *ligniréose*. Les propriétés de ces substances et de la cellulose sont réunies dans le tableau suivant :

INSOLUBLES DANS LES LIQUIDES INDIQUÉS EN REGARD.					SOLUBLES DANS LES SOLUTIONS OU LIQUIDES INDIQUÉS EN REGARD.			
Lignose.	Eau.	Alcool.	Ether.	Ammoniaque.	Potasse.	Soude.		
Lignone.	Eau.	Alcool.	Ether.		Potasse.	Soude.	Ammoniaque.	
Lignin.	Eau.		Ether.		Potasse.	Soude.	Ammoniaque.	Alcool.
Ligniréose. . . .	Eau.				Potasse.	Soude.	Ammoniaque.	Alcool. Ether.
Cellulose	Eau.	Alcool.	Ether.	Ammoniaque.	(*)	(*)		

(*) La cellulose est insoluble dans ces solutions bouillantes, excepté lorsqu'elle est faiblement agrégée.

APPLICATIONS DES BOIS.

Ces applications varient suivant les qualités spéciales des bois que l'on peut ranger dans les quatre classes dites *bois blancs*, *bois durs*, *bois de travail* et *bois résineux*. Le peuplier, l'un des plus légers parmi les bois blancs, s'emploie en planches minces, pour

confectionner des caisses, des tonneaux légers, les divers emballages dont on a intérêt
à ne pas augmenter le poids, et pour les vo-
liges des couvertures en ardoises. C'est un
des plus mauvais combustibles : à poids
égal, et à plus forte raison pour un égal volume, il donne moins de chaleur que tous
les autres. Le bouleau, auquel on le mélange souvent, est bien préférable sous ce
rapport : son tissu est plus serré ; dans les
couches épidermiques de son écorce, il renferme une matière résinoïde blanche (bétu-
line) qui conserve l'écorce, protége le bois,
et présente, comme les résines, un pouvoir
calorifique très-grand. Cette sorte d'épiderme, multiple ou feuilleté, sert à confectionner divers objets, tels que boîtes, tabatières, etc., qui résistent beaucoup mieux
au frottement et à l'humidité que les cartonnages. Il donne à la distillation une matière
goudronneuse qui, mêlée à des jaunes d'œufs,
et appliquée aux cuirs par le corroyage, leur
communique l'odeur et les qualités du cuir
de Russie : il suffit d'allumer un instant,
puis d'éteindre cet épiderme, pour que la
vapeur pyrogénée développe dans l'air cette
odeur caractéristique. Les bois de plusieurs
peupliers sont utiles pour former les extrémités des trains ou coupons, et assurer sur
les rivières le flottage des bois durs (chêne,
hêtre, charme). On emploie aussi les bois
légers ou demi-durs (peupliers, aunes, bourdaine, tilleuls, fusain, saules), et même, en
Espagne, les tiges écorcées de chanvre (chè-
nevottes), pour préparer des charbons très-
combustibles qui peuvent entrer avantageusement dans la composition de la poudre à
tirer.

Les bois durs propres, soit au chauffage, soit à divers ouvrages, sont nombreux ; les bois indigènes qu'on utilise le
plus communément sont ceux de chêne, de
hêtre, de charme, d'orme, de frêne, de
cormier, de noyer, de châtaignier (1) et d'a-
cacia. Ce dernier est aujourd'hui l'un des
plus estimés parmi les bois résistants; il
doit sa dureté à la grande proportion et à la

(1) Le chêne commun, dont le cœur est beaucoup
plus résistant que l'aubier, est un des bois le plus
généralement usités pour les constructions, la menuiserie, la tonnellerie, la confection des échalas, les
parties solides de divers meubles. Certaines espèces
fournissent des produits spéciaux : un bois colorant;
par leur écorce, le tan; par leur tissu sous-épidermi-
que (périderme), le liége; par des excroissances végétales que provoquent des insectes, la noix de galle.
Le hêtre et le charme sont particulièrement employés
dans la menuiserie et dans la confection des meubles communs, ou destinés au placage ; le hêtre peut
en outre servir à la filtration du mercure dans certains procédés métallurgiques. L'orme s'emploie dans
le charronnage, notamment pour les moyeux des
roues, les vis des pressoirs. Le châtaignier sert à la
plupart des usages du chêne ; il est toutefois préféré
pour les sommiers (écrous) des pressoirs. Le frêne
sert aux mêmes usages que le hêtre et le charme;
on l'emploie, en outre, dans le charronnage. Les
branches des bois durs servent à fabriquer du charbon, et les menus branchages comme combustible
pour chauffer les fours, cuire la chaux, le plâtre, les
briques, etc.

cohésion de la cellulose, peu injectée de
matière incrustante, qu'il renferme. Sa rapide croissance permet de l'obtenir à un prix
moins élevé que la plupart des bois durs. Il
est économiquement employé pour les objets qui doivent résister au frottement, tels
que les *alluchons* et les *dents des roues d'en-
grenage;* pour ceux qui doivent présenter
beaucoup de résistance et être peu accessibles à la pourriture, tels que les *bobines* des
filatures de lin, les *chevilles*, les *gournables*
(sortes de chevilles des navires), les *rais*
des roues, les *coins* des rails de chemins de
fer, les *échalas* des vignes, les *tuteurs* des
pépinières, les *encoignures* des caisses d'o-
rangers, les *traverses* des chemins de fer et
les *pavés en bois*. L'acacia est employé avantageusement dans le *boisage* des mines, où
sa durée est double ou triple de celle du
chêne, et de quatre à six fois plus considérable que celle des autres bois (1).

Les *bois des îles* ou exotiques d'ébénisterie ont, en général, un tissu injecté de matières colorantes et incrustantes présentant
beaucoup de cohésion; aussi peut-on les diviser en lames très-minces, susceptibles d'un
beau poli, applicables surtout dans l'ébénisterie comme bois de placage. Les Antilles, le
Brésil, le Japon, les Indes orientales nous
fournissent des bois fortement injectés de
matières colorantes et employés en teinture,
après avoir été réduits en copeaux, parfois
même en poudre : on peut citer le *bois de
Brésil* et de *Fernambouc* (plusieurs espèces
du genre *Cæsalpina*), le *campêche* (Hema-
toxylon campechianum), le *santal rouge* (Pterocarpus santolinus), le *bois jaune* (Morus
tinctoria), un arbrisseau de nos contrées
méridionales le *fustet*, le *quercitron* (Quercus tinctoria) de l'Amérique septentrionale.

Quelques arbres recèlent dans leur tissu
ligneux des huiles essentielles en assez grandes proportions pour exhaler très-longtemps
une odeur agréable ; tels sont le *Cedrela odorata*, le *bois de rose* (Convolvulus scoparius),
l'*Amyris balsamifera*. Ces bois odorants s'emploient dans l'ébénisterie pour la confection
de divers petits meubles, garnitures et objets de luxe.

Quelques bois d'une grande dureté sont
plus particulièrement réservés pour les menus objets de tour : ce sont notamment le
gayac (Guaiacum officinale), le *sainte-Lucie*
(Cerasus mahaleb), l'*ébène* (cœur du Diospy-
ros ebenum), le *buis*, dont on fabrique une
foule d'objets usuels, des galets, des moules
à soufre, etc.

Les bois résineux, tels que le pin, le mé-

(1) Plusieurs bois, comme le noyer, employés pour
la confection des meubles, de quelques objets d'ébénisterie, etc., sont intermédiaires entre les plus
lourds et les plus légers : ce sont, notamment, le meri-
sier, qu'on colore pour imiter l'acajou ; le platane remarquable par ses reflets brillants lorsqu'il est verni ;
le marronnier et le sycomore (érable), utilisés dans
la fabrication des instruments de musique; le tilleul,
qui sert à sculpter de petites figures, découper des
feuilles très-minces, des bandelettes de sparterie, et
dont l'écorce est fort usitée pour confectionner des
cordes à puits.

lèze, le cèdre, etc. , résistent longtemps aux agents atmosphériques, en raison de la résine dont ils sont imprégnés. Cette circonstance explique comment, à poids égal, ils donnent plus de chaleur que les bois blancs. Ils résistent bien dans les constructions au-dessus du sol, et surtout dans les maçonneries à la chaux ; on doit même les enduire de chaux lorsqu'on les pose sur les assises de pisé, qu'ils servent à relier, retenus eux-mêmes par des ferrures aux extrémités.

Procédés relatifs à la conservation des bois. — Le problème de la conservation des bois est l'un des plus importants que puisse avoir à résoudre la chimie industrielle ; en effet, par suite des développements de l'industrie et de l'établissement des chemins de fer, la consommation des bois est toujours croissante, tandis que plusieurs causes, parmi lesquelles il faut d'abord compter les défrichements, tendent à en diminuer la production.

Avant de décrire les moyens appliqués à la conservation des bois, nous indiquerons les principales circonstances qui déterminent leurs altérations.

La présence de la matière azotée dans les bois y provoque l'altération désignée sous le nom de *pourriture*, qui résulte des fermentations produites par le concours de l'oxygène de l'air, de l'humidité et des ferments que les matières azotées engendrent. Ces ferments transforment en acide carbonique, alcool, acides acétique, lactique, etc., les substances sucrées et leurs congénères, puis déterminent la putréfaction des matières azotées, etc. C'est encore la substance azotée qui, servant de nourriture à divers insectes, tels que les scolytes, cossus, saperdes, le peritelus, les termites, et à certains mollusques, tels que les tarets, etc. , porte ces espèces destructives à envahir les arbres, les bois abattus qu'elles détériorent rapidement, et les bois des navires dans les bassins en construction. C'est surtout encore aux dépens de ces matières azotées analogues aux matières animales, que se développent à la surface et jusque dans le centre du bois, les moisissures, les champignons et diverses végétations cryptogamiques.

La cause principale de l'altération des bois réside, comme on le voit, dans la présence de l'altérabilité des matières azotées. On peut en conclure que les agents propres à la conservation des bois doivent être ceux qui opèrent la conservation des matières animales elles-mêmes.

La principale difficulté que présente le problème qui nous occupe consiste dans la pénétration complète de l'agent antiseptique dans l'intérieur des cellules, des fibres, des vaisseaux et dans les interstices qui les séparent.

Un des procédés les plus anciens, celui de Champy, consiste à plonger dans du suif, chauffé à 200°, des bois encore humides. Pendant cette immersion, l'eau hygroscopique se réduisant en vapeur, chasse l'air et les gaz enfermés dans le tissu ; sa condensa-tion par le refroidissement opère un vide, et la pression de l'atmosphère force la matière grasse à pénétrer dans les pores du bois. Les bois ainsi injectés se conservent parfaitement. Plusieurs liquides, dont le point d'ébullition est plus élevé que celui de l'eau, peuvent pénétrer dans les bois à l'aide de ce moyen ; ainsi les huiles, les résines, les goudrons, agents efficaces de conservation, pénètrent les bois légers, tels que les pins, les sapins, les peupliers, etc. En faisant subir cette préparation aux bois légers, M. Payen a augmenté de 50 pour 100 leur poids, et a pu leur donner une imputrescibilité qui permettrait de les employer dans quelques constructions où domine une humidité habituelle, et dans laquelle les bois durs eux-mêmes ne résistent pas, ainsi que dans les fabriques de produits chimiques, où des vapeurs acides attaquent les bois plus rapidement que l'humidité seule.

Le procédé par imbibition consiste à immerger simplement le bois dans un liquide antiseptique, en l'y laissant baigner pendant un temps assez long ; mais les gaz que renferment les bois s'opposent à la pénétration du liquide au delà de quelques millimètres.

M. Kyan a fait l'essai de ce procédé, pour imprégner d'une solution contenant 0,01 de bichlorure de mercure, les bois destinés à la construction des serres du duc de Devonshire ; il a diminué l'inconvénient que nous venons de signaler, en divisant le bois en planches, qu'i fit assembler avec des boulons pour en former des poutrelles, après une immersion de quinze jours.

M. Bréant fit construire un appareil à l'aide duquel il soumit à une pression de dix atmosphères les bois immergés ; réduisant ainsi le volume de gaz, il fit pénétrer les solutions dans presque toutes les cavités. Son procédé devint plus efficace encore en effectuant d'abord le vide pour faire dégager les gaz renfermés dans le tissu ligneux, puis opérant une pression pour forcer le liquide à pénétrer dans les cavités du bois.

M. Perrin obtient un effet analogue par une disposition nouvelle : il adapte au bout d'un tronc, coupé à 3 ou 4 mètres de longueur, un vase en fonte dans lequel il fait le vide en un instant par la combustion d'une étoupe imprégnée d'esprit de bois. L'autre extrémité de la pièce de bois, étant dans toute sa section en contact avec un liquide maintenu par un sac de tissu imperméable, on conçoit que la pression atmosphérique pousse le liquide et lui fasse, en une, deux ou trois opérations, traverser le corps du tronc de l'arbre.

M. Moll expose le bois dans une chambre close où il injecte de la vapeur qui, raréfiant l'air, force les gaz contenus dans le bois à s'échapper. Il introduit ensuite de la vapeur de créosote, qui se condense, pénètre dans les bois et les protège contre la pourriture et les insectes.

M. Boucherie emploie l'aspiration vitale pour injecter dans les arbres, debout ou récemment abattus, le liquide préservateur.

Cet ingénieux procédé pourra être utilisé dans des circonstances particulières. L'aubier des arbres étant plus poreux que le cœur, le liquide y pénètre assez facilement, tandis qu'il n'arrive pas en général vers le centre. Certaines irrégularités dans la pénétration des bois par ce moyen peuvent produire, par des sciages ou des coupes appropriées, des veines ou marbrures d'un aspect agréable. Ces bois pourraient trouver des applications dans l'ébénisterie pour des objets de luxe ; mais la consommation en serait assujettie aux caprices de la mode.

L'application de ce procédé est simple : en effet, l'arbre étant sur pied, il suffit de faire à la base deux incisions laissant entre elles un intervalle de quelques centimètres, et de disposer à l'entour une bande de toile enduite de caoutchouc recevant d'un petit tonneau le liquide qui doit être aspiré par l'arbre.

Enfin, on a essayé un procédé dit *par déplacement*. Il consiste à placer l'arbre, récemment abattu, dans une position presque horizontale, à entourer le tronc, près de son extrémité large, d'un sac de cuir ou tissu imperméable que l'on maintient sur un bourrelet de glaise, par une forte ligature ; on fait arriver le liquide préservateur dans ce sac, à l'aide d'un tube partant d'un tonneau placé à proximité ; la séve est chassée par le liquide qui s'introduit dans les conduits ouverts. Relativement à certaines essences, il suffit de quelques minutes pour que le liquide arrive à l'autre bout de l'arbre ; cela tient à ce que les canaux des bois sont très-irréguliers dans certaines espèces, et que le passage se fait plus facilement et presque entièrement dans les canaux d'un grand diamètre. C'est ce qui arrive dans le chêne, dont l'aubier présente ces canaux à large section ; tandis que dans les pins et les sapins, les fibres ligneuses, sous forme de longs tubes, laissent infiltrer bien plus régulièrement les liquides et déplacer la séve. M. Boucherie a récemment rendu très-simple et facile l'exécution de ce procédé : il prend, par exemple, une pièce ou bille de bois ayant deux fois la longueur d'une traverse de chemin de fer ; il donne au milieu un trait de scie qui pénètre jusqu'à 3 ou 4 centimètres du côté opposé ; soulevant au milieu la pièce de bois au-dessous de la portion ménagée, il fait ouvrir ses fentes, garnit ses bords d'une corde goudronnée ; puis, ôtant la cale de dessous, le poids de la pièce fait serrer fortement la corde de la fente ; il suffit alors de percer un trou de tarière entre le dessus de la pièce et l'espace vide entre les deux parties pour insérer le bout d'un tube et faire arriver un liquide qui s'insinue dans les fibres et canaux et se rend peu à peu vers les deux extrémités.

En définitive, les procédés Champy, Bréant, Boucherie, Perrin et Moll semblent pouvoir réunir des conditions suffisantes de pénétration et d'économie pour être praticables en grand.

Principaux agents de la conservation du bois. — Le *tannin* est un des agents efficaces de conservation : il agit sur la matière azotée contenue dans les bois, comme sur la matière animale dans le tannage des peaux. On doit lui attribuer la longue durée du chêne immergé dans l'eau, ainsi que celle des filets que les pêcheurs ont soin de plonger de temps à autre dans une solution de tannin.

Le grand usage que l'on fait du *goudron* depuis si longtemps dans la marine, démontre les propriétés préservatrices de cet agent. Les goudrons des fabriques où l'on carbonise le bois en vases distillateurs contiennent de la créosote, que l'on peut dissoudre par l'eau aiguisée avec quelques centièmes d'acide *pyroligneux;* on obtient ainsi une solution antiseptique dont le prix de revient est très-modique

Les *huiles*, les *suifs* et les *résines* conservent les matières organiques, et le bois en particulier, en les garantissant de l'humidité ainsi que du contact de l'air.

Le *sel marin*, employé si généralement à la conservation des viandes, des poissons, des peaux, etc., est aussi un très-bon agent de conservation des bois ; les Américains l'emploient pour conserver les bordages de leurs navires. On a observé dans les mines de sel des pièces de chêne et de sapin qui, se trouvant plongées dans l'eau salée, se sont conservées depuis des siècles sans la moindre altération.

Les bois imprégnés de cet agent se conserveraient bien dans les endroits un peu humides ; mais un excès d'eau pourrait dissoudre le sel et le faire sortir du tissu ligneux. Dans les lieux alternativement humides et très-secs, le sel marin pourrait venir à l'extérieur en efflorescences.

Les *sulfates de fer, de zinc* et *de cuivre* sont des agents de conservation ; mais, introduits seuls dans les bois sans précaution, ils les désagrégent en agissant par leur acide libre (ou mis à nu par la combinaison des oxydes avec les substances organiques) sur les pectates et les pectinates, matières agglutinatives, et sur la cellulose. Les sulfates de cuivre et de zinc, qui peuvent être obtenus neutres, ont bien moins d'inconvénient, sous ce rapport, que les sulfates de fer, qui sont toujours acides. M. Bréant est parvenu à prévenir cette altération en faisant pénétrer de l'huile de lin dans les bois déjà injectés de sels métalliques. Le *pyrolignite de fer* a été employé avec succès par M. Boucherie. C'est un des plus puissants antiseptiques : il contient en effet, outre le sel ferrugineux, du goudron et de la créosote.

L'*acétate de plomb*, dont l'oxyde forme, avec un grand nombre de matières organiques, des composés insolubles et imputrescibles, est un agent qui pénètre aisément et conserve bien le bois.

Le *bichlorure de mercure*, employé avec succès pour la conservation des pièces anatomiques et des herbiers, s'applique aussi à la conservation des bois. On a essayé l'*acide arsénieux* en Angleterre, mais on a reconnu qu'il devient dangereux pour les ouvriers chargés de mettre en œuvre les bois qui en sont imprégnés.

Le *chlorure de calcium* agit comme le sel marin ; il offre quelques avantages dans certaines applications, par exemple pour les cercles en bois employés dans des lieux secs, car sa faculté hygroscopique, en préservant les bois d'altération, leur conserve en outre leur souplesse.

Enfin, un *mélange de cire et de suif*, en injection, est applicable aux bois dans certaines industries : ainsi il empêche les planches gravées de gauchir, de se gercer, etc. Son prix est élevé, mais l'augmentation de la dépense est peu importante dans ce cas, si on la compare avec la valeur des objets conservés. Il faut employer, pour pénétrer les bois, un excès de la substance liquide ou fondue ; il peut en rester engagé dans le tissu ligneux jusqu'à 50 et 60 pour 100 du volume des pièces imprégnées.

La *dessiccation* est un moyen généralement usité qui, sans préserver indéfiniment les bois de toute altération, la retarde de beaucoup en diminuant les quantités et les effets de l'eau hygroscopique. Les bois desséchés lentement et graduellement sont d'ailleurs moins sujets, lorsqu'ils sont travaillés, à subir des variations de volume, parce que cette opération a rendu le tissu plus serré, par conséquent moins perméable et moins hygroscopique, et, par suite, moins altérable.

On parvient à éviter le fendillement du bois, durant la dessiccation, en l'humectant d'abord d'une manière uniforme à l'aide de l'eau ou de la vapeur ; on doit, en tous cas, le dessécher dans un courant d'air dont on gradue très-lentement la température au fur et à mesure que la dessiccation s'opère (1). *Voy.* Ligneux.

BOIS BITUMINEUX. *Voy.* Lignite fibreux.

BOIS DE SANTAL. *Voy.* Couleurs végétales, § I.

BOIS DU BRÉSIL. *Voy.* Couleurs végétales, § I.

BOIS DE CAMPÊCHE. *Voy.* Couleurs végétales, § I.

BOUCANAGE. *Voy.* Conservation *des matières organiques.*

BOLIDES. *Voy.* Pierres météoriques.

BORATE DE SOUDE. *Voy.* Borax.

BORATE DE CHAUX. *Voy.* Calcium.

BORATE DE MAGNÉSIE ou BORACITE. *Voy.* Magnésie.

BORAX. — De l'arabe *baurach*. (*Borate de soude ; biborate de soude ; tinckal ; chrysocolle.*) — Ce sel, bien connu des anciens, existe en solution dans l'eau de plusieurs lacs des Indes orientales et du Tibet, et s'en sépare par évaporation spontanée : on le connaît alors sous le nom de *tinkal*. Dans cet état il est impur et retient une matière grasse qui, suivant Vauquelin, est à l'état de savon. Ce produit est purifié, en Europe, soit par la calcination, qui brûle la matière organique, soit en le dissolvant dans l'eau et ajoutant de la chaux à la solution, qui en précipite la substance grasse. Aujourd'hui on fabrique de toutes pièces ce sel en saturant l'acide borique naturel par le carbonate de soude.

Ce sel est formé d'acide borique $2BO^3 = 70$, uni à la soude, $NaO = 32$; son poids équivalent est donc représenté par 102 à l'état anhydre ; cristallisé en prismes, il prend 10 équivalents d'eau, son équivalent devient 192. Une autre variété commerciale, cristallisée en octaèdre, ne contient que 5 équivalents d'eau, et se représente (toujours pour 1 équivalent de borax) par $102 + 45 = 147$.

Le borate de soude prismatique pur est blanc, diaphane, en prismes plus ou moins volumineux, hexaèdres, terminés par une pyramide trièdre ; son poids spécifique est égal à 1705 ; sa cassure est vitreuse ; il se dissout dans 2 fois son pesant d'eau bouillante ; sa solubilité diminue beaucoup avec la température ; sa solution a une réaction alcaline prononcée.

Le borax prismatique, chauffé, se fond dans son eau de cristallisation. Cette eau, en se vaporisant, tuméfie considérablement toute la masse, qui devient alors friable ; chauffée davantage, elle se ramollit, éprouve la fusion ignée à la température rouge, et peut s'écouler en un liquide qui, refroidi, forme un verre transparent.

Le borax octaédrique diffère du précédent par la moindre proportion d'eau qu'il renferme, par son poids spécifique plus considérable (1815). Ses cristaux adhèrent tellement entre eux, que leur agglomération détachée des parois des cristallisoirs forme des plaques dures, sonores, tandis que les cristaux de borax prismatique n'ont presque aucune adhérence. Ces deux borax se distinguent encore en ce que le borax octaédrique reste transparent dans l'air sec, et devient opaque en s'hydratant (et formant des petits cristaux de borate prismatique) dans l'air humide. C'est tout le contraire relativement au borax prismatique ; il reste transparent dans l'air humide, et devient opaque en perdant la moitié de son eau dans l'air sec. Ces deux borates perdent toute leur eau en se boursouflant par la chaleur ; desséchés, ils ne diffèrent plus en rien, et constituent le borax anhydre dont le poids spécifique égale 2361.

Les propriétés du borax, lorsqu'il éprouve la fusion ignée en présence des oxydes métalliques, sont remarquables et motivent ses principales applications. Le liquide, ainsi

---

(1) On est parvenu dernièrement au même résultat en imprégnant la superficie des traverses destinées aux chemins de fer avec la glu marine (solution de gomme laque dans deux fois son poids d'*essence* du goudron de houille) ; ces pièces de bois se dessèchent alors très-lentement et ne sont plus sujettes à se fendre. On obtient plus économiquement le même résultat en enduisant les traverses d'une peinture composée d'huile lourde provenant de la distillation du goudron, dans laquelle on a fait dissoudre 15 à 20 centièmes de brai (résidu de la même distillation).

formé, à la température rouge, dissout les oxydes en prenant des teintes qui, en général, caractérisent chacun d'eux : aussi le bioxyde de manganèse le colore en violet ou en bleu indigo ; l'oxyde de cobalt lui donne une couleur bleue intense ; sa coloration par l'oxyde de fer est vert-bouteille ; par l'oxyde de chrome, vert-émeraude ; par l'oxyde de cuivre, vert clair. De là l'emploi du borax pour essayer les oxydes, en les fondant avec lui sous le dard du chalumeau. On peut souvent obtenir la teinte du peroxyde en chauffant par la pointe de la flamme qui est oxydante, ou la teinte due au protoxyde en chauffant avec la partie interne de la flamme qui contient un excès de combustible, et est désoxydante. Les oxydes blancs donnent des vitrifications incolores ou légèrement jaunâtres.

Le borax, liquéfié à une haute température, non-seulement dissout les oxydes à la superficie des métaux, mais encore forme une sorte de vernis impénétrable à l'air, qui préserve la surface métallique d'une nouvelle oxydation : c'est ce qui explique son utilité dans les brasures du fer avec le cuivre, du platine avec l'or, et de l'or avec divers alliages. La fusibilité et l'imperméabilité du borax le rendent utile pour garantir de l'oxydation les minerais, alliages durs, etc., soit dans les essais métallurgiques, soit lorsqu'on opère la fusion des métaux dans des creusets.

Fabrication du borax. — Dans une cuve en bois intérieurement doublée de plomb, munie d'un couvercle ouvrant en 2 ou 3 parties, on verse environ 1500 litres d'eau ; on fait arriver un courant de vapeur par un tube qui plonge jusqu'au fond, qu'il contourne horizontalement ; la vapeur, dégagée par d'étroites ouvertures en traits de scie faites au tube circulaire, traverse tout le liquide, l'échauffe et l'agite ; lorsque la température arrive à 100°, on verse peu à peu 1300 kilogr. de carbonate de soude en cristaux, et dès qu'ils sont dissous, on ajoute par petites portions, et en soutenant la température, 1200 kilogr. d'acide borique : cet acide se combine à la soude, et dégage l'acide carbonique, qui produit une effervescence vive, surtout lorsqu'on ajoute les dernières portions, parce qu'une partie du gaz acide carbonique ayant été retenue, et formant du sesquicarbonate, celui-ci donne, vers la fin de la saturation, 1 fois et demie plus de gaz que n'en pouvait fournir le carbonate. Dans ce moment, la projection d'une trop grande quantité d'acide borique, occasionnant une forte effervescence, a parfois fait monter le liquide par-dessus le bord de la cuve, et blessé des ouvriers.

Quelques instants après les dernières additions d'acide, l'effervescence cesse, bien que le liquide soit bouillant : sa température est d'environ 104°, et il doit marquer de 21 à 22° à l'aréomètre : s'il était plus dense, on ajouterait assez d'eau pour le ramener à ce terme ; s'il était moins dense, on ajouterait un peu de borax brut impur pour

compléter le degré. On ferme le couvercle de la cuve, on laisse déposer pendant 10 ou 12 heures, puis on décante au robinet ou à l'aide d'un siphon, et l'on dirige, au moyen de tuyaux plus ou moins allongés, la solution claire dans des cristallisoirs. Les cristallisoirs à borate de soude brut sont de grandes auges en bois doublées de lames de plomb épaisses de 4 à 5 millimètres ; leur largeur peut être de 1m,66, leur profondeur de 0m,33, et leur longueur de 6 mètres, telle enfin qu'un seul de ces cristallisoirs puisse contenir tout le liquide soutiré de la cuve.

Il reste au fond de celle-ci un dépôt de sable, d'argile, de carbonate de chaux et de magnésie provenant des sulfates décomposés par le carbonate alcalin ; on retire ces dépôts boueux par une bonde de fond, on les lave à l'eau chaude, et l'on emploie, au lieu d'eau pure, les solutions qu'on tire.

La première cristallisation du borax s'opère en 36 ou 72 heures, suivant la température de l'air ambiant : on fait alors écouler l'eau mère dans un réservoir en retirant une bonde de fond dont la tige en fer dépasse le niveau du liquide (il a fallu préalablement dégager au ciseau cette bonde des cristaux qui l'entourent).

Les cristaux qui adhèrent la plupart aux parois sont détachés en traçant, dans l'épaisseur des incrustations qu'ils forment, des rainures, sans entamer le plomb ; les plaques cristallines, ainsi enlevées, sont portées sur une aire en pente recouverte d'une nappe de plomb qui dirige l'eau-mère dans un réservoir.

Pour les opérations suivantes on remonte dans la cuve les eaux-mères et les eaux de lavage des dépôts, on y ajoute du carbonate de soude, puis de l'acide borique dans les proportions relatives ci-dessus indiquées, et de manière à porter la densité de la solution totale à 22° Baumé. On laisse alors déposer 10 ou 12 heures, et l'on fait couler dans un cristallisoir comme la première fois.

Au bout de trois ou quatre opérations semblables, suivant que l'acide employé était plus ou moins impur, le sulfate de soude est assez abondant pour cristalliser dans les eaux-mères ; alors on soutire celles-ci dès que leur température s'est abaissée à 30°.

Le maximum de solubilité du sulfate de soude ayant lieu à 33°, on comprend que sa cristallisation n'aura pas commencé lorsque celle du borax sera presque entièrement achevée. Après la cristallisation du sulfate de soude, l'eau-mère évaporée dans une chaudière en fonte donnera une cristallisation de borax dont on séparera encore l'eau mère à 30° centésimaux pour faire cristalliser le sulfate de soude à part. La solution plus impure encore contiendra alors probablement assez de sel marin pour qu'on doive l'extraire par précipitation à chaud en faisant bouillir cette solution ; le liquide clair décanté dans un cristallisoir donnera par le refroidissement encore un peu de borax.

Chacun des sels épurés par le lavage ou par une deuxième cristallisation, recevra son application spéciale, à moins que, pour éviter les frais d'épuration, on ne préfère les livrer avec le peu de borax et de carbonate de soude qu'ils retiennent, aux fabricants de verre, chez lesquels le sulfate, le carbonate et le borate de soude peuvent concourir à la fabrication du verre. Quant au sel marin, comme il aurait beaucoup moins de valeur dans cette application, on préfère le raffiner pour le livrer soit à la consommation, soit aux divers usages du sel non alimentaire. En tous cas, les eaux-mères incristallisables sont évaporées à siccité : elles donnent une sorte de salin applicable à la fabrication du verre.

Les propriétés du borate de soude expliquent l'utilité du borax dans les soudures ou brasures de l'or avec des alliages plus fusibles, du platine au moyen de l'or, et du fer à l'aide du cuivre ou du laiton. Il n'est pas moins utile dans les divers essais métallurgiques au creuset et au chalumeau, où il agit par sa fusibilité et sa résistance à la volatilisation ; dans la préparation des alliages lentement fusibles, qu'il préserve de l'action oxydante de l'air ; dans les compositions des couvertes pour les faïences dures. Dans les mélanges propres à confectionner les glaces et les divers objets en gobeleterie, la fluidité et le liant qu'il donne au verre facilitent le travail, et rendraient son emploi plus fréquent si son prix n'était encore trop élevé.

Le borax rend les fondants des couleurs vitrifiables et certaines couvertes suffisamment fusibles et très-ductiles, sans qu'on soit obligé d'ajouter un excès d'oxyde de plomb ; il fixe la soude dans les silicates, et permet d'éviter ainsi diverses défectuosités accidentelles.

Le borax entre encore dans les compositions des strass blancs et colorés.

Le borax nous est venu pendant assez longtemps de l'Inde, en masse cristalline dont la surface était couverte d'une matière grasse particulière, et on le raffinait en Europe ; aujourd'hui on le fabrique au moyen de l'acide borique qu'on tire des lacs de Toscane.

Le borax sert de fondant dans une multitude d'opérations. Les orfévres et les bijoutiers s'en servent pour préserver les soudures de l'oxydation, et faciliter leur fusion dans la réunion de leurs diverses pièces.

BORE. — La combinaison de ce corps avec l'oxygène qui se rencontre dans la nature a d'abord été connue avant les propriétés particulières de ce corps simple ; mais son isolement à l'état de pureté est une suite de la découverte du potassium. Bien qu'on eût prouvé par l'action de la pile que l'acide borique était formé d'oxygène et d'une substance différente des autres corps simples, on ne l'avait pas encore obtenue en assez grande quantité pour l'étudier, lorsqu'en 1808, MM. Gay-Lussac et Thénard parvinrent à se procurer ce corps en décomposant l'acide borique par le potassium.

Pour l'extraire, on doit suivre le procédé suivant : on place au fond d'un tube de cuivre une couche de potassium qu'on a le soin de bien tasser ; on recouvre celle-ci de deux parties d'acide borique, fondu et pulvérisé, et successivement jusqu'à ce que le tube soit rempli aux deux tiers. Il faut avoir la précaution que l'acide borique forme la dernière couche. On dispose ensuite verticalement le tube, après l'avoir fermé avec un bouchon, dans un fourneau, et on le fait peu à peu rougir en approchant des charbons incandescents. Le potassium, en se volatilisant, passe sur la couche d'acide borique échauffé et le décompose ; le bore est mis à nu, et le protoxyde de potassium qui s'est formé s'unit à une partie d'acide borique pour faire un sous-borate de potasse. Lorsqu'on a tenu le tube au rouge pendant cinq à six minutes, on le laisse refroidir, et on y verse à plusieurs reprises de l'eau bouillante, qui dissout le sous-borate de potasse et isole le bore qui se précipite au fond de l'eau sous la forme d'une poudre brune verdâtre. On le lave, et après l'avoir recueilli dans une capsule, on le fait sécher à une douce chaleur.

Propriétés. — Le bore est solide, toujours sous la forme d'une matière pulvérulente, d'un brun verdâtre, et sans odeur ni saveur ; il est fixe au feu, infusible, d'une plus grande densité que l'eau ; quoique insoluble dans celle-ci, il peut, s'il est très-divisé, y rester longtemps en suspension sans se précipiter.

A la température ordinaire, il n'a aucune action ni sur l'air, ni sur le gaz oxygène ; il se combine avec ce dernier à une chaleur rouge et brûle en partie en se convertissant en acide borique.

Acide borique. Voy. Borique (acide).

Le chlore et le soufre forment avec le bore des composés sans importance.

BORIQUE (acide). — L'acide borique n'existe guère à l'état libre que dans des produits gazéiformes journellement amenés à la surface du sol par des phénomènes analogues à ceux qui entourent plusieurs productions volcaniques ; cette source, naguère sans importance, fournit actuellement la plus grande partie de l'acide borique consommé en Europe. A l'état de combinaison avec la chaux et la soude, l'acide borique est assez abondant en certaines contrées ; les eaux naturelles qui tiennent en solution le borate de soude dans l'Inde, la Perse, la Chine, l'île de Ceylan, la Tartarie méridionale, donnent, par leur évaporation spontanée, le borax brut du commerce que l'on emploie encore concurremment avec le borax fabriqué avec l'acide de Toscane et la soude artificielle.

La découverte de l'acide borique fut faite en 1702 par Homberg. MM. Thénard et Gay-Lussac démontrèrent, les premiers, en 1808, la composition de cet acide que Davy découvrit presque en même temps à Londres. La première observation à laquelle se rattache l'exploitation industrielle remonte à 1776. Hœffer et Mascagny constatèrent alors la présence de l'acide borique dans de petites mares d'eau (appelées *lagoni*), situées au milieu des maremmes de la Toscane, et qui reçoivent d'abondantes vapeurs souterraines; la source de ces vapeurs paraît, d'après M. Brongniart, être sous ou dans le terrain de transition. Elles traversent une masse épaisse de calcaire compacte amenant à la superficie du sol un mélange de liquide globulaire, de vapeurs, de gaz et matières terreuses; ce courant arrive à la température de 100° par de nombreuses fissures ou canaux qu'il a creusés dans le sol, et répand dans l'air des nuages blanchâtres au-dessus de toutes ces embouchures, sur une étendue de plusieurs lieues.

Partout où ces jets de vapeurs, appelés *suffioni*, traversent les *lagoni*, ils y laissent, au bout de quelque temps, 1 à 2 centièmes d'acide borique; lorsque les vapeurs arrivent sans rencontrer une certaine masse d'eau, elles ne contiennent pas d'acide. Si l'on tient compte de cette circonstance et de la composition des courants de vapeur, voici comment on peut expliquer ces phénomènes remarquables, ainsi que les curieux résultats de l'exploitation manufacturière en question.

Théorie de la formation de l'acide borique. — Partant d'abord d'une hypothèse présentée par M. Dumas, on admettra que vers l'origine des sources profondes, d'où les gaz ou vapeurs émanent, il existe un dépôt de sulfure de bore. Si l'on suppose que l'eau de la mer puisse pénétrer continuellement, et en quantités limitées, jusqu'à ce dépôt, on comprendra que l'eau décomposée par le sulfure de bore produise une combinaison entre le soufre de celui-ci et l'hydrogène de l'eau, et dégage aussitôt de l'acide sulfhydrique, tandis que l'oxygène de l'eau, s'unissant au bore, engendre de l'acide borique. Ce n'est pas tout : la température élevée donne lieu à la décomposition 1° du chlorure de magnésium : de là, formation d'acide chlorhydrique et de magnésie ; 2° des matières organiques azotées, qui produisent du carbonate d'ammoniaque, transformé lui-même en chlorhydrate d'ammoniaque et acide carbonique.

L'acide borique, entraîné par l'eau et le courant de gaz, doit se déposer à une certaine distance.

L'influence de l'air et des terrains poreux, dans les parties rapprochées de la superficie, réagissant sur l'acide sulfhydrique, en brûle intégralement une partie, donnant ainsi de l'acide sulfurique et de l'eau; une oxydation moindre forme de l'acide sulfureux qui, en présence de l'acide sulfhydrique, produit de l'eau et du soufre. Dans les deux cas, la proportion de l'azote augmente dans les gaz. Enfin, ces produits attaquant la masse calcaire, ainsi que les argiles parfois pyriteuses qu'ils traversent, introduisent dans les eaux des *lagoni* les solutions troubles contenant, en proportions très-variables, les produits suivants : acide borique, sulfate de chaux, sulfate de magnésie, sulfate d'ammoniaque, chlorure de fer, acide chlorhydri-

que, matières organiques, huile essentielle (à odeur de marée), argile, sable. M. Payen a recueilli dans un appareil particulier les gaz qui s'échappent avec la vapeur d'eau; ils sont composés d'acide carbonique 0,573, d'azote 0,348, d'oxygène 0,0657, et d'acide sulfhydrique 0,0133.

J'ai dit que l'acide borique manque dans les vapeurs des *suffioni*, tandis que celles-ci l'apportent dans les eaux qu'elles traversent directement. On peut expliquer ce fait qui, lui-même, dirige l'exploitation. Il suffit d'admettre que l'acide borique s'est déposé dans le parcours des vapeurs, que là il ne saurait plus être entraîné sans une cause accidentelle; qu'enfin, c'est précisément une pareille cause que l'on provoque en entourant une ou plusieurs embouchures des *suffioni* avec une maçonnerie cimentée d'argile, puis remplissant d'eau ces cavités.

L'eau glisse sur les parois des canaux souterrains; parfois absorbée, elle est vomie de nouveau avec les gaz. Dans ces mouvements divers, il est probable qu'elle peut atteindre les dépôts d'acide borique, et qu'elle leur apporte le véhicule capable d'entraîner cet acide.

Composition, propriétés. — 2 équivalents de bore et 6 équivalents d'oxygène composent l'acide borique dont l'équivalent 2 BO³ est de $22 + 48 = 70$. Cet acide est blanc, soluble dans l'eau, cristallisable par refroidissement en petits prismes ou en lamelles, lorsque la solution est rendue un peu visqueuse; ses cristaux, qui contiennent 6 équivalents ou 0,44 d'eau, perdent la moitié de cette eau à la température de 100°, et le reste à une plus haute température. L'acide borique cristallisé est doué d'une faible saveur acidule, aussi fait-il seulement virer au violet la couleur bleue du tournesol, et non au rouge clair, comme la plupart des autres acides. L'eau n'en dissout que 3 pour 100 à $+ 8°$ et 7, 9 à 100°; l'alcool peut aussi dissoudre l'acide borique, et cette solution brûle avec une flamme verte.

L'acide borique en cristaux, soumis à une température élevée, se fond et bouillonne; une partie, entraînée avec la vapeur d'eau, se sublime et se dépose en paillettes légères, diaphanes, brillantes; la portion restée anhydre éprouve, à une température rouge claire, la fusion ignée, et peut alors être étirée en fils vitriformes. L'acide borique présente donc des analogies avec la silice ou acide silicique, quoique bien plus fusible; aussi les borates sont-ils plus facilement fusibles que les silicates, et leur introduction dans la composition du verre et des couvertes des émaux rend-elle ces produits plus faciles à fondre et à travailler.

Accidents de l'extraction. — « Quelques accidents remarquables, dit M. Payen, semblaient menacer d'anéantir cette industrie : voici les deux principaux.

« L'un consiste dans la désagrégation continuelle du terrain par l'action des vapeurs souterraines. Ce phénomène rend parfois très-dangereux le parcours entre les *lagoni*, ainsi que les opérations manuelles indispensables pour faire écouler les eaux des uns dans les autres et pour réparer les maçonneries et les conduits : il est souvent arrivé que des cavités, creusées par la vapeur sous les sentiers, ont occasionné la chute des ouvriers dans ces creux pleins de vapeur ou de liquide brûlant, masqués par une croûte peu épaisse de terrain. Une observation attentive, et la précaution de frapper le sol en avant lorsqu'on marche sur ces sentiers, diminuent les chances d'accidents souvent graves que nous venons de signaler. Parfois aussi la vapeur occasionne des bouleversements tels que les *lagoni* sont démolis et les eaux dispersées. Il arrive enfin que des orages répandent sur les *lagoni*, toujours en plein air, des eaux torrentielles qui endommagent tous les travaux, et entraînent les eaux déjà chargées. En somme, ces pertes accidentelles n'augmentent que de quelques centièmes les frais généraux.

« L'autre phénomène, en apparence plus menaçant, consiste dans l'énorme dégagement d'hydrogène sulfuré répandu sans cesse avec les vapeurs des *suffioni*. Ce gaz domine tellement dans l'air même des parties closes des usines, que l'odeur forte de l'acide sulfhydrique y règne toujours, et que les pièces d'argenterie, les peintures à la céruse, et même les cartes de visites tenues dans la poche, deviennent noires, en quelques jours, par sulfuration; qu'ainsi, on doit exclure des habitations situées dans ces fabriques tous les objets sulfurables de ce genre.

« Ces circonstances faisaient attribuer à l'air de ces localités une insalubrité d'autant plus redoutable que l'on avait cru pouvoir expliquer l'insalubrité réelle des vallées voisines par le dégagement de l'hydrogène sulfuré.

« Les faits bien observés ont prouvé que ce gaz infect n'est pas la cause vraie des maladies endémiques; qu'il n'entre pour rien dans les effets pernicieux de la *mal aria* des maremmes. En effet, dans les vallées insalubres, le gaz sulfhydrique est à peine sensible, tandis que dans les usines où le gaz est toujours abondant, aucune affection spéciale ne s'est manifestée. La salubrité complète de l'air de ces usines est aujourd'hui reconnue; et le préjugé qui faisait craindre les dangers du séjour près des *lagoni* est entièrement dissipé. »

Applications. — Le principal emploi de cet acide consiste dans la fabrication du borax; c'est même en passant à l'état de borate que l'acide borique agit dans certains composés vitrifiables, où on le fait entrer en nature. Quelquefois il est ajouté dans des enduits appliqués intérieurement aux cassettes pour donner une vapeur qui vernit les pièces de porcelaine. On fait usage de l'acide borique épuré pour préparer, dans les pharmacies, la crème de tartre soluble; pour composer, avec l'eau et l'acide sulfurique, une solution qui sert à imprégner les mèches des bougies stéariques, afin de faire courber ces mèches et de vitrifier leurs cendres; pour vitrifier et analyser les roches contenant de la soude ou de la potasse.

BOUGIES STÉARIQUES (*bougies de l'Etoile, du Phénix, du Soleil*, etc.).—Ces bougies sont préparées avec les acides margarique et stéarique retirés du suif. Cette fabrication a pris, depuis 1839, un grand développement. On en fabrique annuellement à Paris plus de 100,000 kilogr. Cette industrie est née en France; elle est fondée sur les résultats des belles recherches de M. Chevreul, sur les corps gras. La bougie stéarique a une très belle apparence extérieure; elle est parfaitement lisse, aussi blanche, aussi sèche et aussi inodore que la cire. La blancheur et l'éclat de sa lumière ne le cèdent en rien aux mêmes effets de la bougie ordinaire; elle brûle seulement un peu plus vite. Mais d'un autre côté elle est moins chère, et en réalité son emploi est plus économique.

La fabrication des bougies stéariques exige deux opérations distinctes : 1° la conversion du suif en acides gras; 2° l'élimination de la portion fluide non cristallisée. La première se fait économiquement dans le voisinage des fabriques d'acide sulfurique.

Les suifs que l'on emploie pour la préparation des bougies stéariques, proviennent des bœufs et des moutons; les autres matières grasses se vendent à des prix trop élevés, ou sont trop pauvres en acides solides pour servir à cette fabrication.

Le suif de mouton contient plus d'acides solides et est plus facile à travailler; mais le suif de bœuf étant moins cher, cette considération détermine les fabricants de bougies stéariques à l'employer presque exclusivement.

Voici les opérations qui se succèdent dans la fabrication des bougies stéariques :

1° *Saponification.* — Elle consiste à décomposer le suif par l'hydrate de chaux, c'est-à-dire à hydrater et combiner les acides gras avec la chaux et à éliminer ainsi la base organique, glycérine, qui s'unit également à un équivalent d'eau;

2° *Pulvérisation* du savon calcaire;

3° *Décomposition* de ce savon par l'acide sulfurique étendu;

4° *Lavage* des acides stéarique, margarique et oléique mis en liberté par de l'acide étendu d'eau, puis par de l'eau pure;

5° *Cristallisation* des acides gras;

6° *Pression à froid;*

7° *Pression à chaud;*

8° *Epuration* des acides solides par de l'eau acidulée, puis par de l'eau pure;

9° *Clarification;*

10° *Moulage* des acides solides;

11° *Blanchiment* des bougies;

12° *Polissage*, etc., *mise en paquets*.

Saponification. — La chaux pour la saponification des acides gras doit être aussi pure que possible, c'est-à-dire qu'on emploie de la chaux grasse de bonne qualité. On l'éteint complètement avec dix fois son poids d'eau chaude, et on la passe au travers d'un tamis en toile de fer.

La saponification a pour but de détruire

la combinaison des acides gras avec la glycérine, au moyen de la chaux qui la remplace, et d'obtenir des stéarate, margarate et oléate de chaux solides. La glycérine, mise en liberté, se dissout dans l'eau.

On procède de la manière suivante : dans une cuve en bois légèrement conique, de la contenance de 2,000 litres, doublée en plomb, on verse 500 kilogr. de suif avec 800 litres d'eau environ. On chauffe au moyen d'un tube circulaire placé dans le fond de la cuve, et qui lance de la vapeur par un grand nombre d'ouvertures faites avec des traits de scie. Quand le suif est fondu, on ajoute peu à peu une quantité de bouillie de chaux (600 litres environ) équivalente à 60 kilog. de chaux vive, et on facilite la combinaison en ayant le soin d'agiter continuellement la masse. Cette agitation peut être opérée à bras ou mécaniquement ; dans ce dernier cas, le mouvement est transmis par une courroie, afin qu'au moment où la solidification du savon calcaire oppose une forte résistance, la courroie glisse et ne fasse pas tordre l'arbre de l'agitateur.

Au bout de sept heures, durée moyenne de la saponification, on soutire la partie liquide, qui entraîne en dissolution la glycérine ; puis on extrait de la cuve les stéréate, margarate et oléate de chaux, sous forme d'un savon consistant, qui devient très-dur par le refroidissement. Dans quelques fabriques, on profite du temps pendant lequel le savon est encore chaud, un peu mou et grenu, pour l'attaquer, dans la même cuve, par l'acide sulfurique.

Pulvérisation. — Dans d'autres fabriques, on concasse à bras d'hommes le savon de chaux, on le passe au crible, puis on le porte directement dans de nouvelles cuves de la même forme que les précédentes, où il est soumis à l'action de l'acide sulfurique étendu. Cet acide doit le décomposer à l'aide de la chaleur, et mettre en liberté les acides stéarique, margarique et oléique, en s'emparant de la chaux pour former du sulfate de chaux.

Décomposition. — Les cuves à décomposition par l'acide sulfurique sont de la même capacité que les cuves à saponifier, et comme elles légèrement coniques, chauffées directement à la vapeur, et doublées en plomb.

L'acide sulfurique peut être employé tel qu'il sort des chambres, pour la décomposition des savons de chaux ; il doit même être encore étendu d'eau. Il sera donc avantageux, toutes les fois que les prix de transport le permettront, d'employer cet acide, puisqu'on évitera ainsi les frais de sa concentration.

On détermine la quantité d'acide sulfurique nécessaire à la décomposition des savons de chaux, par la simple proportion suivante, qui donne l'équivalent, en acide, de la chaux employée :

28 = éq. de la chaux : 49 = éq. de l'acide

:: 60 : x = 105.

On emploie, pour mieux assurer la réaction, un excès d'acide égal à 10 pour 100, c'est-à-dire 116 kilogr.

La décomposition est terminée au bout de trois heures environ ; alors on laisse reposer quelques instants : les acides gras viennent surnager le liquide ; le sulfate de chaux se précipite, au contraire, sur le fond de la cuve, et le liquide acide reste interposé sous la couche oléiforme.

Lavage des acides gras. — On procède ensuite au lavage des acides gras : à cet effet, au moyen d'un robinet placé au-dessus du dépôt, on les soutire dans une cuve de bois semblable aux précédentes, également chauffée à la vapeur et doublée en plomb. Dans cette cuve, les dernières traces de chaux sont enlevées au moyen d'une solution d'acide sulfurique étendue à 12° ; on ajoute, dans ce deuxième traitement, les rognures sales ou colorées par des savons d'oxyde de fer. Une seconde cuve, semblable à la première, est destinée à opérer un deuxième lavage à l'eau pure. Tous ces lavages se font à chaud, au moyen de la vapeur.

Cristallisation. — Les acides gras, privés, autant que possible, de chaux et d'acide sulfurique, sont enfin soutirés dans des moules en fer-blanc, de la contenance de trois litres et demi à peu près, et un peu évasés ; les pains d'acides solidifiés en sortent facilement, et leurs dimensions doivent correspondre avec la section de l'auge des presses horizontales, afin qu'on puisse les placer après la première pression, et tout enveloppés de laine, directement entre les étendelles de la presse à chaud. Ces pains, dont le poids est à peu près de 2 kilog., ont une teinte fauve qui tient à l'acide oléique liquide, interposé entre les cristaux des deux acides solides, stéarique et margarique. Il suffit donc, pour obtenir ces deux derniers, d'exprimer par une forte pression l'acide oléique, qui est coloré par les substances étrangères qu'il tient en solution.

Pression à froid. — Les pains d'acides gras sont alors enveloppés dans une serge et placés sur le plateau d'une presse hydraulique ordinaire. On pose alternativement une plaque épaisse de zinc et un lit de pains enveloppés, jusqu'à ce que la presse soit chargée à la hauteur d'un mètre environ ; on dispose le plateau supérieur, puis on procède à une pression très-graduée.

Une grande partie de l'acide oléique s'écoule à froid, mais les dernières portions ne peuvent être extraites qu'à l'aide d'une température peu à peu élevée jusqu'à 40°.

Pression à chaud. — Il est nécessaire, pour répartir la chaleur, d'employer des presses disposées horizontalement, semblables à celles qui fonctionnent dans les huileries ; et dans lesquelles les pains se placent verticalement dans des étendelles en crin disposées entre deux plaques chaudes en fonte.

Les presses horizontales se composent de la bâche où la pression a lieu, du piston presseur et de plaques épaisses en fonte, que l'on plonge à chaque opération dans une caisse pleine d'eau bouillante ou de vapeur, et que l'on place ensuite entre les pains d'acide enveloppés de serge, et renfermés chacun entre les mâchoires d'une étendelle en tissu de crin épais.

Dans quelques usines, toutes les parois de la bâche qui contient les pains sont doubles, et l'on y peut introduire à volonté un jet de vapeur, qui entretient une température plus régulière. On est même parvenu à éviter de retirer les plaques en fonte à chaque opération; elles peuvent rester dans la bâche, car elles sont creuses, et reçoivent par la partie inférieure un jet de vapeur qui se distribue dans toutes à l'aide de tubes articulés, communiquant d'une plaque à l'autre et se rapprochant comme les branches d'un compas, à mesure que la pression resserre les plaques.

L'acide oléique s'écoule librement au fond de la bâche, d'où il se rend dans des cristallisoirs. Par le refroidissement, il laisse cristalliser l'acide stéarique et l'acide margarique, dissous et entraînés dans l'acide oléique par l'élévation de la température. Ces nouveaux pains de deuxième cristallisation doivent être pressés à froid et réunis aux acides gras des opérations suivantes, dans la deuxième cuve à lavage acide.

Après les deux expressions (à froid et à chaud), l'acide oléique est suffisamment éliminé, et les pains ou tourteaux, formés d'acide stéarique et d'acide margarique, sont blancs et prêts à raffiner. Lorsqu'on doit les livrer à l'état de tourteaux, on les expose trois ou quatre jours à l'air et à la lumière, afin de blanchir leur superficie

Épuration et clarification des acides gras pressés. — Pour raffiner les tourteaux, on les porte dans la cuve à épurer par l'acide sulfurique étendu. Cette opération a pour objet de débarrasser les acides gras des dernières traces de chaux; il ne reste plus qu'à enlever l'acide sulfurique par des lavages à l'eau bouillante. Le lavage bien opéré, on laisse reposer la matière; puis on la décante dans une cuve inférieure contenant de l'eau pure, que l'on chauffe par la vapeur et qu'on renouvelle à deux fois; enfin, on clarifie avec des blancs d'œufs. On laisse de nouveau reposer, on soutire dans les moules, et on obtient ainsi des pains bien épurés, que l'on expédie aux fabricants établis dans des villes; ceux-ci se bornent à couler les bougies stéariques dans les moules. On peut aussi couler directement la matière clarifiée dans les moules à bougie.

Moulage des bougies. — Si l'on emploie les acides en pains solides et blancs, on doit les faire refondre au bain-marie dans une chaudière de cuivre à double fond, chauffée par la vapeur. On ajoute ordinairement à l'acide stéarique de 3 à 5 pour 100 de cire, qui rend la cristallisation plus confuse et empêche les bougies et les stalactites qui se forment sur elles d'être trop friables.

Les moules dans lesquels on coule les bougies sont semblables à ceux qui servent à mouler les chandelles; seulement, l'entonnoir qui les surmonte est plus grand, afin que la masse de matière qui y reste fondue laisse sortir les gaz et remplisse mieux le moule. Les moules préférés aujourd'hui ont

un seul entonnoir ou bassin pour trente bougies. On fixe la mèche à la partie supérieure avec un petit disque évidé, dans le centre duquel un trou laisse passer la mèche, qu'arrête un nœud fait au bout; à la partie inférieure du moule, une cheville de bois serre la mèche tendue dans l'axe. Cette mèche est tressée, afin d'éviter de moucher la bougie : par suite du tressage, en effet, et d'une torsion donnée au moment de la serrer avec la cheville dans l'orifice inférieur, la mèche, au fur et à mesure que la bougie brûle, se détourne et se recourbe légèrement; de sorte que l'extrémité va se consumer en débordant la flamme, et recevant le contact de l'air. Ces précautions, toutefois, ne suffisent pas; car les cendres de la mèche, en se répandant sur la bougie, la saliraient. On est parvenu à réduire le volume des cendres, au point qu'elles deviennent imperceptibles : pour atteindre ce but, il suffit de plonger les mèches dans une solution d'acide borique. Cet acide forme, avec la chaux et la silice des cendres, un verre fusible qu'on voit briller, sous forme de globules, à l'extrémité de la mèche, à mesure que la combustion avance.

Les mèches étant fixées dans l'axe des moules, on porte ceux-ci, rangés par douze ou trente, sur l'entonnoir en fer-blanc, au chauffoir destiné à élever leur température. Ce chauffoir est formé de caisses en tôle à double enveloppe, recevant chacune trente moules, et environnées par un bain d'air maintenu à une température de 100°, au moyen d'un jet de vapeur lancé dans la double enveloppe. Un robinet permet de laisser échapper l'air de la double enveloppe; un second robinet sert à évacuer l'eau de condensation.

Dès que les moules sont suffisamment chauds (à 45° environ), on les porte sur un bâtis en bois, et on les remplit au moyen d'une cuiller à long bec; il faut employer de l'acide stéarique fondu d'avance et qui commence à cristalliser : cette précaution et celle qu'on prend de chauffer les moules sont nécessaires pour permettre à l'acide gras de couler et de remplir les moules sans se figer, puis de donner presque aussitôt une cristallisation assez rapide pour être confuse et à grains fins.

Après le refroidissement des moules, on ôte la cheville qui retient la mèche, et l'on retire les bougies; on casse à la jonction de la masselote, et l'on coupe la mèche sous le petit disque. Les déchets sont épurés avec de l'acide tartrique, dans une chaudière plaquée en argent, et ils sont directement employés au moulage des bougies.

Blanchiment. — Quand les bougies sont moulées, il est nécessaire de les exposer quelque temps à la lumière et à l'humidité, pour qu'elles acquièrent toute la blancheur désirable. Dans les villes, où le terrain est cher, on peut faire avec avantage cette exposition sur une terrasse construite au-dessus des ateliers.

Les dernières préparations que l'on fait

subir aux bougies sont le rognage et e polissage; ces deux opérations se font à l'aide d'une machine très-simple.

BOUILLONS GRAS. — Ils sont très-digestibles lorsqu'ils ont été bien préparés. Ils se font avec différentes espèces de viandes, notamment le bœuf, le mouton, la poule. La viande fraîchement tuée est toujours préférable pour ces préparations. On la fait cuire à feu doux, dans environ trois fois son poids d'eau; on ajoute des légumes et un peu de sel. Les *consommés* ou bouillons pour lesquels on emploie moitié moins d'eau, sont plus substantiels, mais moins faciles à digérer.

Pour préparer les bouillons, on ne doit point se servir d'eau de puits, car elle renferme toujours plus ou moins de sels calcaires; les viandes et les légumes cuits dans des eaux de cette nature sont plus durs, moins sapides et procurent des bouillons moins odorants et moins savoureux.

M. Chevreul a reconnu qu'il n'est pas indifférent de mettre la viande dans l'eau froide et d'amener lentement cette dernière à l'ébullition, ou de plonger immédiatement les viandes dans l'eau bouillante. Dans le premier cas, on obtient un bouillon aussi sapide que possible, parce que tous les principes de la chair se dissolvent successivement dans le liquide. Dans le second, au contraire, le bouillon est plus faible et inférieur sous tous les rapports, parce que l'albumine et la matière colorante du sang se trouvent immédiatement coagulées dans l'intérieur de la viande, par la température élevée du liquide; elles forment alors une sorte d'enveloppe compacte, qui met obstacle à la libre sortie des sucs de la viande. (Girardin, *Chimie élém.*, t. II, p. 870.)

Lorsque le bouillon contient une certaine quantité de graisse, il est de digestion difficile

BOUQUET et SAVEUR DES VINS. — Le bouquet et la saveur des vins sont toujours le résultat de combinaisons particulières qui se forment pendant la fermentation. Ainsi les vieux vins du Rhin contiennent de l'éther acétique, et un certain nombre d'entre eux renferment de faibles proportions d'éther butyrique dont la présence leur communique le bouquet et le goût agréables de vieux rhum de la Jamaïque qui les distinguent. Tous les vins contiennent de l'éther œnanthique : c'est à lui qu'ils doivent leur odeur vineuse. Les combinaisons dont il vient d'être question, se forment en partie dans l'acte même de la fermentation, et en partie pendant le repos du vin, par l'effet de la réaction des acides sur l'alcool. Il paraît que l'acide œnanthique se produit pendant la fermentation du vin; car, jusqu'à présent du moins, il n'a pas été rencontré dans la grappe. Les acides libres qui existent dans les sucs en fermentation contribuent de la manière la plus marquée à la production de ces substances aromatiques; ce qui le prouve, c'est que les vins des pays méridionaux que l'on prépare avec des grappes par-

faitement mûres, contiennent, il est vrai, du tartrate de potasse, mais ne renferment aucun acide organique libre. Or ces vins ont à peine l'odeur caractéristique du vin, et ne peuvent en rien, sous le rapport du bouquet, soutenir la comparaison avec les vins fins de France ou du Rhin.

BOUTEILLES, verre à bouteilles. *Voy.* VERRE.

BOUTEILLES, fabrication et essai des bouteilles à vin de Champagne. *Voy.* VIN.

BOUTEILLE de Leyde. *Voy.* ÉLECTRICITÉ.

BRIQUES. — Les briques ont été les premiers matériaux employés par les hommes lorsqu'ils ont commencé à bâtir. Elles entrent dans la construction de la plupart des bâtiments les plus anciens, surtout de ceux qu'on trouve encore dans les plaines d'Asie, où l'on suppose que se sont formées les premières sociétés. Plusieurs de ces anciennes briques sont très-grosses en comparaison des nôtres, et ne paraissent pas avoir été cuites au feu; elles ont été simplement séchées au soleil. Pour leur donner plus de solidité, on ajoutait à l'argile sablonneuse dont elles étaient composées, de la paille hachée, et même des fragments de joncs et d'autres plantes des marais. Telles sont les briques de l'Egypte et de l'ancienne Babylonie. On avait aussi employé, dans la construction de Babylone, des briques cuites, et même vernissées, ou émaillées de couleurs assez vives.

BRIQUET PNEUMATIQUE. *Voy.* CALORIQUE.

BRIQUETTES. *Voy.* ÉCLAIRAGE AU GAZ.

BROME ($\beta\rho\tilde{\omega}\mu o\varsigma$, fétidité). — Il a été découvert par Balard, en 1826. Ce chimiste le trouva en très-petite quantité dans l'eaumère qui reste après la cristallisation du sel marin dans les eaux salines, à Montpellier. Il est contenu dans les eaux de la mer sous forme de bromure magnésique. Peu de temps après, on le trouva en quantité notable dans les eaux de la mer Morte et dans presque toutes les salines du continent, surtout dans celles de l'Allemagne, dont quelques-unes en fournissent beaucoup; c'est surtout à Théodorshalle, près de Kreuznach, que l'on en rencontre assez pour en faire l'extraction avec profit. Un quintal des eaux-mères des salines de cette localité fournit jusqu'à 66 grammes de brome. On admet à présent que le sel marin, dans son état naturel, est le plus souvent accompagné de petites quantités de bromure sodique et de bromure magnésique.

Propriétés du brome. — Le brome est liquide à la température ordinaire; rouge orangé, brun très-intense vu par réflexion, il se montre rouge hyacinthe vu en couche mince et par transmission; son odeur très-forte et désagréable lui a fait donner son nom; son poids spécifique est près de trois fois plus grand que celui de l'eau (: : 2,966 : 1,000); il a une saveur très-caustique. Il est vénéneux, car il attaque fortement les matières organiques; il corrode la peau en la teignant en jaune orangé ; à—20°, il devient solide et très-fragile. Le brome bout à + 47° ; à la température ordinaire, sa tension est telle que sa vapeur se répand très-vite dans de grands espaces. On met obstacle à cette cause de perte du brome en le conservant dans des flacons sous une couche d'acide sulfurique concentré qui en dissout à peine des traces. Le brome est un peu soluble dans l'eau, plus dans l'alcool ; l'éther en dissout de fortes proportions. L'affinité du brome pour l'oxygène est faible, tandis que, de même que le chlore, il a une telle tendance à se combiner avec l'hydrogène, que pour s'en emparer il décompose une foule de substances organiques et de gaz hydrogénés.

Applications du brome. — Jusqu'à l'époque de la découverte de Daguerre, et même quelque temps après, le brome n'était employé que dans les recherches scientifiques ; aujourd'hui, l'application qui en fait consommer le plus est relative à la préparation des épreuves photographiques : son concours avec l'iode rend en effet les épreuves plus belles, par la rapidité des effets obtenus de la lumière.

On doit transvaser ce corps avec beaucoup de précautions : ses propriétés corrosives, à la tension de sa vapeur, son poids et sa liquidité exposent les manipulateurs à des contacts fort dangereux, par l'énergie de l'agent et les grandes surfaces qu'il peut rapidement atteindre.

Le brome agit même à petite dose, comme un poison caustique très-violent. Une goutte ingérée dans le bec d'un oiseau suffit pour lui donner la mort en peu de temps.

L'acide bromique, l'acide hydrobromique, le bromure de carbone, l'hydrocarbure de brome, le chlorure de brome, etc., sont des composés de peu d'importance.

BROME, son extraction. *Voy.* Varechs.

BROMURE DE POTASSIUM. *Voy.* Potasse.

BRONZE.—Il se compose essentiellement de cuivre et d'étain, mais presque toujours il renferme accessoirement plusieurs autres métaux, tels que zinc, fer et plomb.

Cet alliage, beaucoup plus dur et plus fusible que le cuivre, est employé avec avantage pour la fabrication des canons, des cloches, des statues, des médailles, des cymbales, des timbres d'horlogerie, des tamtams, etc. La proportion de l'étain qu'on allie au cuivre, pour le convertir en bronze, varie suivant les usages auxquels on doit appliquer ce dernier. Voici les proportions généralement suivies pour les diverses espèces de bronze de commerce.

	Cuivre.	Etain.	Fer.
Bronze des statues	90,10	9,90	»
des médailles	88 à 92	12 à 8	»
des canons	90 à 91	10 à 9	»
des cloches	78	22	»
des cymbales et tamtams	80	20	»
des timbres de pendules	71	27	2
des miroirs de télescopes	66,7	33,3	»

On croit généralement, dans le monde, que les cloches anciennes renferment des métaux précieux et surtout de l'argent, qu'on ajoutait à l'alliage pour embellir le son. « Pas un habitant de Rouen, dit M. Girardin, ne met en doute que la *cloche d'argent* du beffroi de la Grosse-Horloge ne renferme une grande quantité d'argent, comme semble l'indiquer son nom. Elle n'en contient cependant pas une parcelle, ainsi que je m'en suis assuré en 1830, et il est très-vraisemblable que les autres cloches anciennes n'en contiennent pas davantage. Il est pourtant bien constant que lors de la fonte de ces grands corps sonores, on introduisait dans le bain une assez forte proportion de ce métal précieux. Mais voici comment les fondeurs d'autrefois tiraient habilement parti de la crédulité de leurs contemporains.

« Lors du baptême d'une cloche, les parrains et les gens pieux, qui apportaient en offrande à la paroisse la quantité d'argent nécessaire à embellir le son de la cloche, étaient invités à plonger dans le four, et de leurs propres mains, l'argent qu'ils consacraient à cette opération ; mais, le trou ouvert sur le haut du fourneau, et par lequel se faisait cette introduction, était pratiqué directement au-dessus du foyer et par conséquent très-éloigné de la sole du four sur laquelle les matières étaient mises en fusion. Il résultait de là que la totalité de l'argent qu'on projetait par ce trou, au lieu d'être introduite dans le bain de bronze liquéfié, tombait immédiatement dans le foyer, coulait et allait se rassembler dans le cendrier, d'où les adroits fondeurs s'empressaient de le retirer, une fois la cérémonie terminée et l'atelier désert. » (*Voy.* Cuivre et Etain ; *alliages.*

BRONZITE. *Voy.* Diallage.

BROU DE NOIX. — La liqueur provenant de la macération prolongée du brou de noix dans l'eau est employée dans la teinture de la laine ; mais comme la partie soluble du brou est susceptible d'éprouver une altération progressive, et qu'il n'y a pas d'époque précise pour l'employer, il en résulte que l'on peut obtenir des couleurs assez différentes du brou de noix, quoiqu'elles rentrent cependant toujours dans ce qu'on appelle le *fauve* ou la *couleur de racine.*

Le fauve du brou de noix tire plus ou moins sur le rouge violâtre ; il se fixe également bien sur la laine non mordancée et sur la laine alunée : il est solide, et la laine qui en est teinte, loin d'être dure, est, au contraire, douce et facile à filer.

BROUILLARD. *Voy.* Eau.

BRUCINE. — Cette base salifiable organique a été découverte, en 1819, par MM. Pelletier et Caventou, dans l'écorce de la fausse angusture (*brucea antidysenterica*) ; elle s'y trouve combinée à l'acide gallique, et peut en être obtenue par les mêmes procédés que la strychnine.

Le mode d'action de cette base salifiable

est analogue à celui de la strychnine, elle détermine des attaques de tétanos, et agit sur les nerfs sans attaquer le cerveau, ni affecter les facultés intellectuelles.

Les sels de brucine se rapprochent beaucoup de ceux des sels de strychnine.

BUTYRINE. *Voy.* **Beurre.**

BYSSUS. *Voy.* **Coton.**

C

CACAO. *Voy.* **Huiles.**

CACHALOT. *Voy.* **Corps gras.**

CACHOU. — C'est un extrait astringent, préparé au Pégu, dans les Indes orientales, avec le bois de l'*acacia catechu* et du *butea frondosa*, et qui était nommé jadis *terre du Japon*. On s'en sert, en effet, depuis fort longtemps dans les Indes, pour la teinture et le tannage des peaux. Avec cette substance, la fabrication du cuir est opérée dans l'espace de cinq jours, et il n'en faut qu'un kilog. pour remplacer 7 à 8 kilog. d'écorce de chêne. Il était uniquement employé autrefois, en Europe, pour les usages de la médecine; mais depuis une douzaine d'années, cet extrait joue un très-grand rôle dans les fabriques d'indiennes et les teintureries. Il donne des couleurs très-solides sans l'emploi des mordants, et il colore le coton et la laine en brun; mais en y associant différents sels ou mordants, on obtient une grande variété de teintes : ainsi, des carmélites, des couleurs de bois foncées et claires, avec le vert-de-gris et le sel ammoniac; des gris, des olives, des bronzes, des bruns plus ou moins foncés, avec les sels de fer et de cuivre; des jaunes paille et chamois, avec le sel d'étain; des rouges et des rouges bruns, avec l'écorce de saule et le chromate de potasse. Généralement, après avoir teint en cachou, on passe les tissus ou les fils dans un bain de bichromate de potasse, ce qui rend les couleurs plus foncées et plus solides.

Il y a dans le commerce deux espèces de cachou bien distinctes : le *brun*, qui vient de Calcutta, et le *jaune*, qui arrive de Batavia. Le brun est distingué en *brun luisant coulé sur feuilles*, et en *brun coulé sur terre ou sur sable*.

Le *cachou brun coulé sur feuilles*, qui a une couleur brune rougeâtre ou noirâtre uniforme, est en pains de 35 à 40 kilog., enveloppés dans les feuilles de l'arbre qui l'a produit; il est sec et luisant. Celui qui est en morceaux détachés est moins estimé. Il arrive dans des emballages de grosse toile, et en sacs de 35 à 40 kilog. Il vaut actuellement 45 fr. les 50 kilog.

Le meilleur cachou brun *coulé sur terre* ou *sur sable* est celui qui contient le moins de terre ou de sable. Il arrive en sacs, en caisses et en barils de différents poids. Il est peu employé, parce qu'il est moins pur que le précédent et qu'il donne beaucoup de déchet. Il ne vaut que 15 à 20 fr. les 50 kilog.

Le *cachou jaune* est en petits pains cubiques de couleur cannelle; il doit être sec et d'une couleur brune dans sa cassure récente; celui qui est d'un jaune pâle est

moins estimé. Il est emballé dans une toile légère, en forme de suron, et recouverte d'une natte tressée; chaque suron pèse 75 à 80 kilog. Il vaut actuellement 40 fr. les 50 kilog.

Si l'on en juge par les prix respectifs, le *cachou brun coulé sur feuilles* doit être supérieur au *cachou jaune*; cependant les avis sont partagés. En Normandie, on préfère le premier pour la teinture, et on estime qu'il fournit plus de matière colorante; en Alsace et en Suisse, on emploie de préférence le second, surtout pour l'indienne. Cette divergence provient, sans aucun doute, de la manière de les mettre en œuvre. En Angleterre, c'est surtout le cachou jauné qui sert pour le tannage, et on en consomme, pour cet objet, des quantités considérables.

En 1829, la France ne recevait que 191 kilog. de cette substance. En 1837 et 1838, les teinturiers de Rouen en ont employé, à eux seuls, un million de kilogrammes; et de 1839 à 1841, il est arrivé des Indes trois millions de kilogrammes des trois espèces de cachou. La consommation s'en est un peu ralentie dans ces derniers temps.

Le cachou peut être fraudé par l'addition de sable, d'amidon, de sucs astringents de moindre valeur. On a trouvé, sous le nom de *cachou épuré de Paris*, des cachous noirs qui renfermaient jusqu'à 40 pour 100 de sang desséché. Par l'incinération, on reconnaît le sable; tout ce qui dépasse 5 pour 100 représente les matières terreuses ajoutées. Pour l'amidon, on traite le cachou par l'alcool; le résidu, bien lavé par l'alcool faible, est repris par l'eau bouillante; cette dissolution bleuit alors par la teinture d'iode, dans le cas de fraude. Quand le cachou est additionné de sucs astringents., la dissolution prend alors, par les sels ferriques, non pas une coloration vert foncé, mais une couleur noire plus ou moins prononcée. Enfin, quand le cachou contient du sang, le résidu laissé par l'alcool contient de la fibrine reconnaissable à sa forme, à sa solubilité dans les acides et les alcalis, et aux produits ammoniacaux de sa calcination. Les bons cachous ne doivent pas donner plus de 11 à 12 pour 100 de résidu dans l'alcool bouillant.

On transforme quelquefois le cachou jaune en cachou brun, en le fondant à une douce chaleur et en y ajoutant un centième de bichromate de potasse réduit en poudre fine, qui abandonne vraisemblablement de l'oxygène au cachou; le cachou fondu est versé dans des vases de bois où il forme, après le refroidissement, une masse brune noirâtre, à cassure conchoïde, qui, dans une atmosphère humide, devient un peu pâteuse, possède une saveur astringente, mais qui ne .retient plus l'arrière-goût douceâtre du cachou jaune. On reconnaît ces cachous bruns factices par l'incinération et l'analyse des cendres, dans lesquelles on constate aisément la présence de l'oxyde de chrome.

CADAVRES (moyens de conservation). — Nous avons exposé au mot Embaumement le procédé de M. Gannal, et au mot Momies celui des Egyptiens. Dans certaines localités, le sol ; en raison de sa porosité, de sa température, ou de sa constitution chimique, jouit de la propriété remarquable de dessécher et de conserver, à l'abri de toute corruption, les cadavres qu'on y dépose. Les grottes calcaires présentent surtout ce phénomène qui, dans plusieurs pays, a donné lieu à une foule d'idées superstitieuses et à ces histoires de *vampires*, qui étaient supposés sortir de leurs tombes, poussés par un esprit de vengeance, pour aller sucer le sang des vivants. Auprès de Maëstricht, est la montagne de Saint-Pierre, dont on tire, depuis plus de 15 siècles, une pierre calcaire tendre, et qui est traversée par un si grand nombre de galeries, qu'elle offre un labyrinthe inextricable d'environ 24 kilomètres de circonférence. En 1831, deux Anglais, en la visitant, trouvèrent dans une galerie un cadavre, une véritable momie desséchée, que l'air sec et l'absence de toute espèce d'insectes avaient parfaitement conservé. La contraction des membres du cadavre fit supposer qu'un voyageur, après s'être égaré dans le dédale épouvantable des galeries, avait succombé aux angoisses de la faim. A la forme de ses habits, restés intacts, on rapporta l'époque de sa mort au milieu du xviii° siècle.

Le charnier des Cordeliers de Toulouse, celui des Jacobins de la même ville, l'église souterraine de Saint-Michan, à Dublin, possèdent cette propriété de momifier les corps. Les auteurs de l'Histoire du Languedoc attribuent le phénomène de conservation des corps dans les caveaux de Toulouse, au long séjour d'une grande quantité de chaux qui y aurait été déposée lors de la construction des monastères dont ils font partie.

Non loin de Palerme, il existe un couvent de Capucins très-renommé dans toute la Sicile par la propriété merveilleuse dont jouit son caveau de préserver les corps de la corruption. Après six mois de séjour dans ce caveau, les corps, revêtus de leurs habits, sont rangés le long des murs de galeries souterraines qui en renferment ainsi des milliers ; car non-seulement on y place les religieux décédés dans le couvent, mais encore tous les Palermitains de distinction, qui, pour disputer quelque chose à la destruction, veulent reposer dans le caveau des fils de saint François. Voilà bien des siècles qu'on y enfouit des cadavres. M. le baron d'Haussez, qui visita cet immense charnier en 1833, a su d'un moine qui l'accompagnait, que, pour prévenir les effets inévitables de la putréfaction, on injecte une

préparation de sublimé dans l'intérieur des corps, et qu'on les couvre d'une légère couche de chaux. Ce n'est donc plus à la nature chimique du sol, mais bien au sublimé corrosif qu'il faut rapporter la faculté conservatrice du caveau des Capucins. Ceci nous apprend l'ancienneté de l'emploi du perchlorure de mercure comme antiseptique. Toutefois, comme jusqu'à M. d'Haussez rien n'avait transpiré sur la partie fondamentale du procédé des Capucins, il est juste de conserver à Chaussier le mérite d'une application si heureuse des connaissances chimiques.

CADMIUM. — Ce métal a été découvert au commencement de l'année 1818. L'année précédente, la fabrique de produits chimiques, à Schonebeck, avait fourni à plusieurs pharmaciens allemands un oxyde de zinc impur, qu'on avait obtenu en Silésie, en procédant à la réduction du zinc, et que l'on avait débarrassé par la lévigation des impuretés qui pouvaient s'y trouver à l'état de simple mélange. Cet oxyde de zinc fut rejeté en plusieurs endroits par les médecins, parce qu'on trouva qu'après l'avoir dissous dans un acide, il donnait avec le sulfide hydrique un précipité jaune, que l'on supposa provenir de la présence de l'arsenic. Ces observations furent faites sur différents points, de manière que plusieurs personnes éloignées les unes des autres se trouvèrent conduites à analyser en même temps l'oxyde en question, et firent simultanément la découverte du nouveau métal. La première notice, publiée à ce sujet, fut celle de Roloff, insérée dans le cahier d'avril 1818. du journal médical de Hufeland. Peu de temps après, Hermann, propriétaire de la fabrique de Schonebeck, annonça qu'il avait trouvé un métal nouveau dans l'oxyde de zinc de Silésie ; là-dessus, Stromeyer, à qui principalement nous sommes redevables de ce que nous savons sur ce métal, rappela que, dès la fin de l'année 1817, il l'avait trouvé dans l'oxyde de zinc impur et dans plusieurs minerais zincifères, et qu'il lui avait donné le nom de *cadmium*, tiré de *cadmia fossilis*, dénomination sous laquelle on désignait autrefois le minerai ordinaire de zinc, en l'honneur de Cadmus.

Le cadmium se rencontre, surtout en Silésie, dans plusieurs minerais de zinc, mais toujours en très-petite quantité ; il est facile de reconnaître sa présence au moyen du chalumeau ; car à la première impression du feu de réduction, les minéraux cadmifères tapissent le charbon tout autour d'eux d'un cercle jaune rougeâtre d'oxyde de cadmium. Pour obtenir le cadmium, on s'est presque toujours servi jusqu'à présent de l'oxyde de zinc impur de Silésie, qui en contient, suivant Hermann, depuis 1 ¼ jusqu'à 11 pour 100.

Le cadmium a la couleur de l'étain ; il est brillant, et susceptible d'un beau poli. Sa cassure est fibreuse ; il cristallise facilement en octaèdres réguliers, et en se solidifiant, sa surface se couvre d'arborisations en feuilles de fougère. Il est mou, facile à ployer, à limer et à couper, et tache comme le plomb, les corps qui le touchent ; il est plus dur et a plus de ténacité que l'étain. Lorsqu'on le ploie, il fait entendre un cri comme l'étain. Il est très-ductile, et l'on parvient aisément à le tirer en fils, et à le réduire, par le marteau, en feuilles très-minces, sans qu'il se fendille sur les bords ; cependant l'action prolongée du marteau y produit de petites fissures. Hérapath indique, comme un signe propre à faire juger de sa pureté, qu'il puisse être coupé avec des tenailles incisives, sans que la partie moyenne se brise ; si elle se rompt, il contient de l'étain. Sa pesanteur spécifique, à l'état fondu, est de 8,604 à + 16,5 degrés, et de 8,6944 quand il a été martelé.

Sulfure de cadmium. — Il n'entre en fusion qu'au rouge blanc naissant, et il cristallise, pendant le refroidissement, en lames micacées, demi-transparentes, d'une belle couleur citrine. Tant qu'il est chaud, sa couleur paraît d'un rouge cramoisi foncé, mais elle passe au jaune par le refroidissement. A froid, il est dissous par l'acide hydrochlorique concentré, avec dégagement de gaz sulfide hydrique, sans dépôt de soufre ; mais l'acide étendu le dissout difficilement, même à l'aide de la chaleur. Réduit en poudre fine, il donne une couleur rouge de feu, d'une beauté remarquable, qui peut devenir d'un grand prix pour la peinture, tant à l'huile qu'à l'aquarelle, et qui donne de très-belles nuances de vert quand on la mêle avec des couleurs bleues.

Le sulfure cadmique est composé de 77,60 parties de métal et 22,40 de soufre ; ou de 100 du premier et de 28,866 du second.

Les *sels de cadmium* sont sans importance.

CAFÉ (1). — Le café a été analysé par un grand nombre de chimistes, qui sont arrivés à des résultats plus ou moins différents.

Les grains de café contiennent une petite quantité d'huile volatile.

Ils contiennent aussi une résine, et une huile grasse, ayant l'aspect de suif.

L'extrait de café contient une substance particulière, cristallisable, qui a reçu le nom de *caféine*. Elle est remarquable, sous le rapport de sa composition, en ce qu'elle est, après l'urée et l'acide urique, de toutes les matières organiques analysées jusqu'à ce jour, celle qui contient le plus d'azote. Berzélius et Mulder ont démontré, en 1838, que la *caféine* est identique avec la *théine*, et aussi avec le principe que Th. Martius a extrait, en 1826, du guarana, pâte tonique et astringente, que les Guaranis du Brésil préparent avec les semences d'un arbrisseau grimpant, le *Paullinia sorbilis*. Il est assu-

(1) Il est positif qu'on connaissait le café en Perse dès 875. Des cafés publics s'établirent en Italie, en 1645 ; à Londres, en 1652 ; à Paris en 1672. Louis XIV fut le premier qui but du café, en France, en 1644. C'est madame de Sévigné qui, en 1690, a imaginé le café au lait. Dans l'origine, le kilogr. de café valait jusqu'à 280 francs. Il en entre annuellement en France plus de 10 millions de kilogr.

rement très-remarquable de rencontrer la *théine* ou la *caféine* dans les deux substances alimentaires qu'on emploie dans les conditions les plus semblables, dans le thé et le café, qu'on peut considérer comme à peu près équivalents par leurs usages et par leur action sur notre économie.

La torréfaction ou le grillage change presque entièrement la nature du café, y développe un arome très-agréable, une saveur prononcée et une couleur d'un jaune brun. Jusqu'ici on ignore complétement les modifications chimiques que cette graine éprouve dans cette opération, on sait qu'il se dégage de l'eau, de l'acide acétique et de l'huile empyreumatique, mais quel est ce principe aromatique et si actif qui prend naissance sous l'influence de la chaleur ? C'est un secret que les chimistes n'ont encore pu pénétrer.

Dans les dernières années de l'Empire, lorsqu'on rechercha dans les produits de notre sol des succédanées aux matières alimentaires que l'habitude rendait indispensables à la majeure partie de la population, le café ne fut pas oublié. Mais on ne fut pas aussi heureux que pour le sucre ; car si l'on parvint facilement à donner à beaucoup de substances végétales brûlées l'aspect de cette poudre si recherchée, on ne put trouver de matière qui réunît à ses caractères extérieurs l'arome et la saveur délicieuse qui font de l'infusion de la fève d'Arabie un breuvage de prédilection pour toutes les classes de la société. Toutes les substances, tour à tour essayées, ne ressemblent au café que par l'amertume et le goût d'empyreume. Il faut en excepter les graines du *petit-houx*, dont l'arome, développé par la torréfaction, est si exactement celui du café, que bien des personnes peuvent s'y méprendre. Il est vrai que leur infusion est beaucoup trop fade, parce que la matière amère y manque totalement ; mais, en l'y ajoutant artificiellement, on pourrait obtenir de cette liqueur une boisson agréable.

On a essayé successivement une foule de graines, entre autres celles des céréales, du glaïeul, du pois-chiche, du genêt, du haricot ; les glands de chêne, les châtaignes, les racines de carotte, de fougère, de gratteron, de chicorée, de betterave. Ces deux dernières substances ont seules continué à être employées. Depuis 1830, on fait beaucoup de café indigène aux environs de Valenciennes, avec les racines de betteraves trop petites pour être rapées. Le café de betteraves a une saveur distincte du café-chicorée ; on le mélange avec lui pour le livrer au commerce. En Angleterre, un membre de la chambre des communes, Hunt, a gagné une grande fortune par la vente de seigle grillé, sous le nom de *graine rôtie*, pour remplacer le café. L'usage de cette graine a pénétré jusque dans les villages où le goût du café était jusqu'alors inconnu. Son débit a rapporté, à une certaine époque, de 300 à 400 pour 0/0 de bénéfice. En 1824, où le prix du café était très-élevé en Angleterre, à cause des droits, on le falsifiait avec de la *graine rôtie*.

Souvent le café brûlé et moulu des épiciers est additionné d'une plus ou moins grande quantité de chicorée. Il y a un moyen bien simple de reconnaître cette fraude, qui fort heureusement ne peut nuire à la santé. On fait tomber une pincée du café suspect dans un tube à moitié rempli d'eau froide. Si l'eau, après quelques minutes, demeure diaphane et incolore, la poudre restant à sa surface, le café pourra être considéré comme bon et pur. Mais si l'eau se colore sensiblement en jaune ou en brun, et que la poudre laisse précipiter des grains rougeâtres qui se dissolvent peu à peu dans le liquide qu'ils traversent, c'est qu'évidemment le café renferme de la chicorée ; et il en contiendra d'autant plus que la coloration de l'eau sera plus prononcée. Ce procédé, indiqué par M. Coulier, est fondé sur la texture différente des deux poudres, qui absorbent l'eau dans un espace de temps bien différent. La poudre mouillée, tombée au fond du tube, est molle et n'a pas la consistance du café qui a séjourné dans l'eau.

CAÏNCIQUE (acide). — Découvert dans l'écorce de la racine de caïnca employée comme fébrifuge au Brésil. C'est à cet acide que cette racine doit sans doute ses propriétés médicales.

CALCAIRE (syn. *carbonate de chaux*). — Substance donnant une matière caustique (chaux) par calcination ; soluble à froid, avec une vive effervescence, dans l'acide nitrique.

Aucune substance dans la nature ne se présente sous tant d'aspects différents que le calcaire, ce qui tient sans doute à son extrême abondance à la surface de la terre, dans toutes les positions imaginables. Ses formes régulières et accidentelles sont extrêmement nombreuses ; les structures, les mélanges, les couleurs, les odeurs, etc., etc., donnent également lieu à une multitude de distinctions, dont on peut encore augmenter le nombre par des considérations de gisement.

Le calcaire offre en quelque sorte tout ce que peut produire le système cristallin rhomboédrique ; toutes les modifications de chaque espèce de forme possible dans ce système, toutes les combinaisons imaginables de forme les unes avec les autres semblent être en quelque sorte réalisées dans cette espèce. Il n'y a qu'un seul genre de solide, qu'on ne peut pas dire précisément exclus du calcaire, mais qui y est extrêmement rare ; c'est le dodécaèdre à triangles isocèles, et par suite toutes les combinaisons, si communes dans d'autres substances, des diverses variétés de ce solide, soit entre elles, soit avec les prismes à base d'hexagone régulier. On ne connaît jusqu'ici que cinq sortes de solides de ce genre dans le calcaire.

Les variétés cristallines de calcaire qu'on a pu étudier jusqu'ici s'élèvent à près de 1400 ; mais dans l'impossibilité, je dirais même l'inutilité, de les décrire avec détail,

M. Beudant les partage en quatre divisions d'après les formes dominantes, savoir : 1° les cristaux rhomboédriques, 2° les cristaux en prisme hexagone régulier, 3° les dodécaèdres à triangles scalènes, 4° les dodécaèdres à triangles isocèles.

Le carbonate de chaux est naturellement incolore, mais les matières étrangères dont il peut être mélangé mécaniquement, ou chimiquement, lui donnent des couleurs très-variées, qu'on observe dans toutes les variétés et plus particulièrement dans les variétés saccharoïdes compactes et terreuses.

Les variétés cristallines présentent fréquemment des teintes jaunes de diverses nuances, quelquefois de rose, de rouge, de gris et même de noir, de verdâtre et de bleuâtre. Les variétés en grande masse offrent les mêmes couleurs, mais beaucoup plus variées dans les nuances, et leurs mélanges forment une multitude de dessins plus ou moins agréables qui les font souvent rechercher dans les arts.

Quant à l'éclat, il est vitreux dans la plupart des variétés cristallines ; il est nacré dans un grand nombre de cristaux modifiés perpendiculairement à l'axe, et il devient soyeux dans certaines variétés fibro-fibreuses. On peut reconnaître l'éclat gras dans certaines variétés fibro-compactes ou compactes, et l'absence d'éclat, ou le *mat*, se fait remarquer dans beaucoup de calcaires compactes et dans toutes les variétés terreuses.

Gisement. — Le calcaire est la matière la plus répandue à la surface du globe, et celle qui constitue la plus grande partie de nos continents. Appartenant essentiellement aux formations sédimentaires, il se trouve en dépôts immenses à tous les étages de la série, depuis les dépôts siluriens jusqu'aux formations les plus récentes. Tantôt il compose des couches plus ou moins puissantes qui alternent avec des dépôts divers, arénacés ou argileux, tantôt il forme des montagnes et même des chaînes entières. Quelques-uns de ces grands dépôts se distinguent par le mode d'agrégation de leurs particules, les uns ayant une structure compacte, les autres étant terreux et plus ou moins grossiers. Tous sont remplis de débris organiques dont la nature varie considérablement des plus anciens aux plus modernes, et qui fournissent des caractères importants pour les distinguer les uns des autres, même dans les collections.

Dans les terrains primitifs, on rencontre des couches calcaires, au milieu du gneiss indépendant, et surtout dans les micaschistes et les schistes argileux. Ces calcaires sont ordinairement saccharoïdes, à lamelles plus ou moins fines, tantôt blancs, tantôt gris bleuâtre, ou veinés de gris, de rouge, etc. Dans un très-grand nombre de cas, ils sont mécaniquement purs ; mais dans beaucoup d'autres, ils sont mélangés de diverses substances : tantôt ce sont des paillettes cristallines de mica, ou des cristaux très-déliés d'actinote, qui s'y trouvent disséminés en plus ou moins grande quantité ; tantôt ce sont des feuillets, continus ou interrompus, et plus ou moins contournés, de mica, de diallage, de serpentine, etc., ou bien des nids plus ou moins volumineux de ces diverses substances. Dans tous les cas, il en résulte des roches composées calcaires, à structure schisteuse ou entrelacée.

Dans les terrains intermédiaires, on retrouve encore des couches calcaires semblables à celles que nous venons de citer, et en relation avec des roches de même genre ; mais c'est particulièrement dans les dépôts inférieurs, car dans les parties moyennes, ce sont des calcaires compactes, quelquefois blancs, le plus souvent colorés de diverses manières, tantôt purs, tantôt mélangés de mica, d'actinote, de diallage, etc. Dans les parties supérieures de cette grande période de formation, les dépôts calcaires deviennent encore beaucoup plus considérables ; ce ne sont plus simplement des couches intercalées avec diverses autres sortes de roches, ce sont des montagnes entières qui se prolongent à de très-grandes distances. Les calcaires qui forment ces montagnes sont compactes, le plus souvent gris, noirs, ou de couleurs foncées, quelquefois verdâtres, rougeâtres, ou même d'un rouge décidé plus ou moins vif.

Dans les terrains secondaires, le carbonate calcaire constitue presque tous les dépôts qu'on trouve aux différents étages. Ce sont alors en général, des calcaires compactes, ou plus ou moins terreux, ou des calcaires oolitiques, qui diffèrent principalement les uns des autres par la nature des débris organiques qui les renferment, lorsque, par une circonstance ou par une autre, on ne peut voir les dépôts qui précèdent et ceux qui suivent, et par conséquent reconnaître leur position dans la série.

Dans les terrains tertiaires, nous trouvons encore des dépôts calcaires très-variés, dont la masse est séparée du terrain crayeux par des argiles, des sables ou des agglomérats de cailloux roulés. Les plus anciens, et aussi les plus abondants, sont les calcaires dont on se sert autour de Paris pour la bâtisse, et qui sont fréquemment désignés sous le nom de *calcaire marin parisien*, quoiqu'ils se trouvent dans beaucoup d'autres localités. Ils sont, en général, jaunâtres ou blanc sale, ternes, peu compactes, plus ou moins solides, presque toujours mélangés de sables fins, et le plus souvent remplis de coquilles d'un grand nombre de genres et d'espèces, qui se rapprochent beaucoup plus des coquilles qui vivent actuellement dans nos mers, que celles que nous avons citées dans les calcaires précédents, dont d'ailleurs on ne retrouve plus les espèces ni même les genres, car il n'y a plus d'ammonites, de bélemnites, etc., etc. Le nombre des espèces de coquilles qu'on a déterminées s'élève à plus de quinze cents, parmi lesquelles il est presque impossible de choisir des espèces caractéristiques. Les *cérites*, les *buccins*, les *murex*, les *coquilles turbinées ou turri-*

culées, en général, y sont extrêmement nombreuses. On a souvent désigné ces calcaires sous le nom de *calcaire à cérites*, parce que les cérites sont vraiment caractéristiques par leur nombre, et par la variété des espèces.

Ces calcaires sont quelquefois compactes, à grains très-fins, et fort difficiles à distinguer alors de certains calcaires du Jura, sur les échantillons qui ne renferment pas de coquilles ; ailleurs ils sont moins solides, souvent même tout à fait terreux, tantôt remplis de sable fin, tantôt mélangés d'argile. Les parties compactes sont fréquemment siliceuses ; la silice y est tantôt disséminée uniformément, tantôt en espèce de réseau, qui reste sous la forme d'une masse celluleuse cariée, lorsqu'on a enlevé le carbonate de chaux par un acide. La présence de la silice a fait souvent désigner ces calcaires sous le nom de calcaires siliceux.

Au-dessus de ces calcaires à coquilles d'eau douce, se présentent de nouveau des calcaires à coquilles marines, que l'on désigne sous le nom de *calcaire moellon, marnes marines*, qui renferment quelques espèces des premiers dépôts tertiaires avec d'autres qui leur sont particulières.

Dans les dépôts les plus modernes de nos continents, dans ceux qui se rattachent aux formations qui se continuent de nos jours, il se trouve encore des masses très-étendues de carbonate calcaire ; tels sont les *tufs calcaires* qui se forment à la surface du sol, par les eaux qui se sont chargées de matières calcaires en traversant les dépôts plus anciens. Il en est qui constituent des masses considérables, dont la matière est compacte, homogène, et plus ou moins cariée ; d'autres sont fibreux, stalactiques, stratoïdes, et enfin il en est qui sont presque terreux.

Enfin, il se fait journellement encore des dépôts calcaires qui paraissent fort étendus, dans nos mers, soit sur les rivages, où les matières arénacées de diverse nature se trouvent agglutinées (Messine en Sicile, môle de la Guadeloupe, île Ceylan), soit dans les bas-fonds où se trouvent à la fois des débris de roches de toutes espèces, des débris de coquilles, et des coquilles entières, qu'un ciment calcaire réunit, en donnant à la masse plus ou moins de solidité.

Nous venons de voir les positions relatives des grands dépôts calcaires qui se trouvent à la surface du globe et les caractères qui les distinguent aux différents étages de formation. Il serait superflu de s'appesantir sur des détails de position géographique, puisque ces matières constituent la plus grande partie de nos continents, et qu'on les retrouve dès lors partout en collines, en montagnes, en chaînes de montagnes plus ou moins considérables. Nous nous contenterons de tracer rapidement l'emplacement des dépôts de diverses époques sur le sol de la France, qui nous intéresse plus particulièrement. Les dépôts des environs de Paris peuvent être cités comme exemples des formations tertiaires de toutes espèces, des calcaires marins de diverses époques comme des calcaires fluviatiles, dont on distingue aussi plusieurs formations. Ces dépôts, ou leurs différentes parties, constituent tout ce qu'on appelait l'Ile-de-France (Beauvoisis, Laonnois, Gâtinois), la Beauce et l'Orléanais. Tantôt ce sont les calcaires marins qui dominent (Laonnois, Beauvoisis, environs de Paris), tantôt, au contraire, ce sont les calcaires fluviatiles (Orléanais). Des dépôts analogues se représentent dans une grande partie de la Guyenne, de la Gascogne, du Languedoc, jusqu'aux pieds des Pyrénées, ou ce sont encore en général des dépôts marins, dans la Provence, le Comtat, le Bas-Dauphiné, sur les bords du Rhône, où l'on rencontre tantôt des dépôts marins, tantôt des dépôts fluviatiles. Ces derniers se représentent par lambeaux plus ou moins étendus dans les départements de l'Allier, du Puy-de-Dôme, de la Haute-Loire, et on les retrouve çà et là sur les bords du Rhin, depuis Bâle jusqu'à Mayence.

Les dépôts de craie sont aussi extrêmement abondants sur le sol de la France ; ils entourent partout le grand dépôt tertiaire, dont Paris est en quelque sorte le centre, et couvrent la Champagne, l'Artois, la Picardie, la Normandie, le Maine, la Tourraine, une partie du Berry et la partie septentrionale du Poitou. On les retrouve plus loin dans l'Angoumois, la Saintonge, la partie méridionale du Périgord. Des côtes de la Manche, où elle forme toutes les falaises, depuis Calais jusqu'à Honfleur, elle se prolonge sur les côtes de l'Angleterre, où elle forme aussi des dépôts considérables.

Les autres calcaires secondaires couvrent la Lorraine, la Franche-Comté, la partie orientale du Dauphiné, la Provence, une partie de la Bourgogne, du Berry, du Poitou, de l'Angoumois, du Périgord, du Languedoc ; ils se retrouvent entre la craie et les terrains primitifs dans l'Anjou, le Maine, et se prolongent par Argentan et Caen jusqu'à Valognes. Presque partout ce sont les formations jurassiques qui constituent la plus grande partie du sol, et ce n'est que çà et là qu'on rencontre les dépôts inférieurs de lias et de calcaire pénéen.

Les autres parties de la France occupées par des terrains de cristallisations ne présentent plus que çà et là des couches subordonnées de diverses sortes de calcaires saccharoïdes et compactes (Dauphiné, Pyrénées, etc).

Les variétés stalactitiques, panniformes, tuberculeuses, mamelonnées, tapissent l'intérieur des cavernes ou grottes des pays calcaires. Les stalactites sont fixées à la voûte de ces cavités, d'où elles descendent verticalement en se pressant les unes contre les les autres. Ici elles finissent en pointes à des hauteurs différentes suivant qu'elles se sont plus ou moins accrues : là elles se joignent aux dépôts ondulés que les eaux ont formés sur le sol, et présentent alors des espèces de colonnes, des piliers qui semblent placés tout exprès pour soutenir les parties supé-

rieures, et qui, se liant aux stalactites plus courtes, forment des espèces de portiques par lesquels la caverne se trouve partagée en plusieurs salles. Les variétés panniformes tapissent les parois latérales où elles forment des draperies ondulées, des guirlandes festonnées, qui ornent les colonnades formées par les stalactites. Ce sont ces dépôts qui donnent aux cavernes des terrains calcaires cet intérêt particulier qui y attire les curieux de toutes les classes ; la variété, la bizarrerie de leur forme, la blancheur des uns, l'éclat éblouissant des autres, les accidents de toute espèce de leur assemblage, offrent toujours un spectacle imposant, relevé souvent par tout ce que l'imagination peut y ajouter et tout ce que la crédulité superstitieuse a suggéré aux gens du pays qui servent de conducteurs. Plusieurs grottes ont sous ce rapport une grande célébrité ; telles sont celles d'Antiparos, où Tournefort crut voir les pierres végéter à la manière des plantes, celles d'Auxelle, en Franche-Comté, de Pool's Hole, en Derbyshire, etc.

Les variétés filiformes et cotonneuses se trouvent dans les fissures des matières poreuses, et particulièrement des calcaires secondaires et tertiaires, où elles sont le résultat d'une exsudation lente des eaux chargées de carbonate de chaux. La variété cotonneuse ne s'est encore trouvée que dans les fissures des calcaires sableux parisiens, à Vaugirard, Nanterre, Grignon, etc.

Les variétés fibreuses, à fibres parallèles, sont encore produites de la même manière, et se trouvent le plus souvent dans les fissures de différentes roches, dans les schistes argileux, les calcaires compactes, etc. Ce sont de petits filets formés par exsudation de chaque côté de la fente, qui se sont accumulés les uns sur les autres, se sont joints au milieu de la fente en se déformant par leur pression mutuelle, et ont formé un plan de jonction plus ou moins irrégulier, où l'on trouve quelquefois une pellicule de matières étrangères.

Les variétés globuliformes se trouvent dans certaines localités où il existe des sources d'eau calcarifères ; il s'en trouve particulièrement à Karlsbad, en Bohême, à Saint-Philippe, en Toscane, à Tivoli, à Vichy, en Auvergne, et elles se forment continuellement sous nos yeux.

Les variétés incrustantes se trouvent encore partout où il existe des eaux calcarifères ; en France, on cite particulièrement la fontaine de Saint-Alyre, près de Clermont, en Auvergne, qui doit sa réputation à ce que l'ancienne source a formé un dépôt qui, en se prolongeant successivement, a jeté un pont naturel sur le petit ruisseau où ses eaux viennent se rendre : on connaît de ces sortes de ponts dans plusieurs localités. Les eaux d'Arcueil incrustent journellement les aqueducs et engorgent les tuyaux de conduite qui les distribuent dans les quartiers Saint-Jacques, du Luxembourg, etc.

CALCEDOINE. — Elle prend son nom du lieu où elle fut trouvée, dans les temps reculés dans l'Asie Mineure. Elle comprend un grand nombre de sous-espèces; nous allons examiner successivement les principales. La calcédoine commune se présente sous des couleurs diverses : blanc, gris, jaune, brun, vert et bleu. Celle en vert noirâtre paraît, en regardant à travers le minéral, passer au rouge de sang. On trouve cette espèce en morceaux arrondis, uniformes, stalactiformes, portant des impressions organiques ; elle se rencontre aussi en filons en masse. La calcédoine est plutôt lithoïde que hyaline ; elle est opaque ou translucide, fait feu au briquet, infusible, blanchit par l'action du calorique sans dégagement d'eau. Sa composition chimique est la même que celle du quartz. Il est fort rare de la trouver en cristaux, qui sont des rhomboèdres ; elle est un peu plus dure que la pierre à fusil.

Les calcédoines viennent de Féroë, d'Islande, d'Obertein, département de la Sarre, de la Transylvanie et principalement des Indes, où on la taille en coupes, tasses, etc., qui sont très-estimées et fort recherchées. Au rapport de Pline, les belles calcédoines, si bien gravées par les anciens, provenaient des pays des *Nasamons*, en Afrique et des environs de Thèbes ; on achetait les premiers à Carthage, et on les taillait à Rome en camées, coupes, etc. On en trouve de fort belles, parfaitement gravées à la bibliothèque Nationale, entre autres celles qui représentent les bustes d'un jeune guerrier, de la déesse Rome, du taureau Dionysiaque.

Voy. Quartz et Sardoine.

CALCIN (incrustations des chaudières). — Les eaux calcaires ont le grave inconvénient, lorsqu'elles servent à alimenter une chaudière à vapeur, de former un dépôt de carbonate et de sulfate de chaux, qui s'attachent aux parois du vase, et forment des incrustations plus ou moins épaisses, qu'on appelle *calcin* dans les ateliers. Ces incrustations ont presque toujours la même composition. D'après M. Penot, on y trouve le plus souvent :

Sulfate de chaux.	46,20
Carbonate de chaux.	52,56
Substances diverses	1,24
	100,00

Ces croûtes calcaires, qui s'attachent aux parois intérieures des chaudières, présentent des inconvénients de plus d'une espèce. Empêchant le contact immédiat du liquide avec le métal, elles retardent la transmission de la chaleur ; elles portent obstacle à une bonne utilisation de la chaleur du foyer ; il faut donc consommer plus de combustible pour porter l'eau à l'ébullition et l'y entretenir ; de plus, ces croûtes donnent lieu fréquemment à l'altération des chaudières dans les parties les plus rapprochées du foyer, et dont la température peut s'élever au point de permettre la combustion du métal, ou du moins la dislocation des joints de la tôle. Elles produisent encore parfois un autre effet non moins grave, et celui-là est de nature à éveiller toute l'attention des

maîtres et des ouvriers, c'est le danger de l'explosion. — Lorsque, par quelque temps de travail, des croûtes assez épaisses se sont formées au fond des chaudières, et que, par suite de la rupture de ces croûtes, déterminée par la grande dilatation du métal où elles étaient adhérentes, le liquide est tout à coup mis en contact avec des parties de métal chauffées à une température excessive, il se forme subitement une masse de vapeur telle, qu'elle agit sur la chaudière comme le ferait un violent coup de marteau, et peut en déterminer l'explosion malgré l'existence des appareils de sûreté.

Pour remédier à ces inconvénients, on est obligé, dans les fabriques, d'enlever les dépôts calcaires tous les quinze à vingt jours ; mais, comme ils sont très-adhérents à la chaudière, et d'autant plus qu'il y a plus de temps qu'ils sont en contact avec le métal, on est obligé de recourir au battage avec des instruments aciérés, qui ne sont pas sans attaquer le métal. Ce battage, d'ailleurs, prend beaucoup de temps, de là un chômage dans le travail, et nécessairement une perte d'argent plus ou moins considérable.

Quelquefois aussi, mais plus rarement, on attaque les incrustations calcaires au moyen de l'acide chlorhydrique qui dissout, s'il est employé en quantité suffisante, tout le carbonate, et désagrége, dans tous les cas, la croûte adhérente aux parois des chaudières. Je n'insiste pas sur ce moyen de nettoyer les chaudières, car il est bien plus simple et plus rationnel de s'opposer à la formation des dépôts qui s'incrustent et transforment, pour ainsi dire, les chaudières en carrières de pierres calcaires. On a trouvé fort souvent des incrustations de 10 à 13 centimètres d'épaisseur. Ces incrustations se présentent aussi parfois dans les tuyaux d'alimentation, dans les condenseurs et jusque dans les cylindres des machines à vapeur.

Lorsqu'on examine le calcin, on voit qu'il est composé de cristaux bien apparents. M. Kuhlmann, professeur de chimie à Lille, considère la cristallisation des sels calcaires comme la cause essentielle de la solidification des croûtes des chaudières, et il affirme que si l'eau des générateurs pouvait être maintenue continuellement dans un état de grande agitation, l'on s'opposerait à la cristallisation du carbonate et du sulfate de chaux, et, par conséquent, à la formation de tout dépôt dur et adhérent. Ce qui vient confirmer cette opinion, c'est qu'il a observé que les générateurs qui travaillent jour et nuit ne s'incrustent pas si facilement, proportionnellement à la quantité d'eau vaporisée, que ceux qui chôment la nuit.

Depuis longtemps on a proposé bien des moyens d'empêcher cette incrustation des chaudières. On a employé successivement, avec plus ou moins de succès, à la dose d'un kilogramme par force de cheval, les pommes de terre, les radicules d'orge provenant de la préparation de la drèche chez les brasseurs, et autres substances amylacées ; un mélange de plombagine et de graisse avec lequel on frotte les parois intérieures des chaudières ; l'argile délayée, conseillée dès 1824, par Pelouze père ; le verre pilé ou en fragments ; des rognures de fer-blanc, de tôle ou de zinc, qui, par leur mouvement continuel au sein de l'eau, opèrent le recurage des parois et s'opposent à toute incrustation. En 1839, MM. Néron et Kurtz ont indiqué la décoction concentrée de tan ou de bois de Campêche, ou la poudre et les copeaux de ce bois tinctorial, ou même l'extrait résineux de Campêche, que le commerce fournit à très-bas prix. Ils ont reconnu que la décoction à 10 ou 20° de concentration, employée à la dose d'un litre par 1,000 litres d'eau, ou la poudre à la dose de 1 kilogramme par force de cheval, s'opposent complétement à toute incrustation. Avec ces proportions, les chaudières peuvent marcher pendant six semaines à deux mois ; lorsqu'on les ouvre, l'eau, en s'écoulant, entraîne avec elle un dépôt boueux, et les parois des chaudières sont parfaitement nettes. M. Roard a proposé, dans le même but, la poudre d'acajou. M. Saillard a fait adopter depuis peu, pour les paquebots à vapeur, l'emploi d'un sel de potasse ou de soude à acide colorant et organique, qui prévient les dépôts de sel dans les générateurs alimentés avec l'eau de mer. L'efficacité des matières colorantes, dans tous ces cas, n'est pas douteuse. Les parcelles calcaires, les sels peu solubles, en passant de l'état de dissolution à l'état solide, se trouvent enveloppés de matière colorante, qui a pour ces sels une certaine affinité. Cette enveloppe les empêche de se joindre et d'adhérer entre elles ainsi qu'au fer de la chaudière. Cette espèce d'habit de la molécule saline est un préservatif contre l'affinité d'agrégation.

Enfin, M. Kuhlmann fait usage, pour arriver au même but, de carbonate de soude, qui détermine la précipitation du carbonate de chaux et la décomposition du sulfate de chaux en particules très-ténues. Le carbonate de chaux tel qu'on l'extrait des chaudières, après un mois ou six semaines de travail, est à l'état d'une division extrême ; aucune adhérence ne se remarque, celle des anciennes croûtes des chaudières est même détruite. Avec une eau très-calcaire, il ne faut que 100 à 150 grammes de sel de soude à 80° alcalimétriques, par force de cheval et par mois de travail. Cette quantité devient plus considérable, lorsque l'eau contient en outre du sulfate de chaux, et elle est proportionnelle à la quantité de sel séléniteux dissous dans l'eau et à la masse de liquide qu'il s'agit de vaporiser. Le procédé a été expérimenté avec plein succès à Lille et à Arras.

CALCINATION. — On appelle ainsi l'application du feu à des substances solides. Elle se fait à l'air libre, lequel, dans la plupart des cas, exerce une influence profonde sur la matière soumise à la calcination. Si c'est un métal, il perd son aspect et se transforme en une poudre diversement colorée, selon la nature du métal ; c'est ce qu'on appelle *oxyde*, résultat de la combinaison de l'oxygène, un des principes de l'air, avec le métal. L'argent, l'or, le platine résistent à la destruction par le moyen de la calcination. Tout métal calciné, c'est-à-dire oxydé, a augmenté de poids. Cette augmentation de poids, qui avait longtemps échappé aux observateurs, fut le point de départ d'une des plus grandes découvertes de la chimie, celle de l'*oxygène*.

CALCIUM. — C'est le radical de la chaux. Les propriétés de ce métal sont peu connues : on ne l'a encore obtenu qu'en petite quantité par l'action de la pile galvanique. On sait seulement, d'après Davy qui l'a découvert, qu'il est blanc, avec éclat métallique, et qu'il brûle au contact de l'air en absorbant rapidement l'oxygène, et en passant à l'état d'oxyde de calcium.

Oxyde de calcium. Voy. CHAUX.

Chlorure de calcium, connu autrefois sous le nom de *muriate de chaux*, puis d'*hydrochlorate de chaux*.

Fluorure de calcium, employé surtout pour la préparation de l'acide hydrofluorique et des autres fluorures. Lorsqu'on le projette sur une pelle de fer rougie au feu, il décrépite et devient phosphorescent en répandant une lumière violacée.

Sulfure de calcium, est quelquefois employé en médecine, principalement dans le traitement des maladies cutanées. On le mêle à des corps gras pour en composer des pommades, ou on fait usage de sa solution aqueuse pour lotion.

Phosphure de calcium, employé pour la préparation du gaz hydrogène perphosphoré. Si l'on jette dans un verre plein d'eau quelques morceaux de *phosphure de calcium*, on voit l'hydrogène phosphoré monter bientôt à la surface de l'eau, sous forme de petites bulles qui crèvent en prenant feu. Il en résulte une succession d'éclairs ou de lames de feu qui ne cessent d'apparaître que lorsque tout le phosphure de calcium est détruit. Cette expérience n'étonne pas moins les personnes étrangères à la science que la combustion vive du phosphure au sein de l'eau.

Peu de temps après la découverte du phosphure de calcium, Schmeisser, professeur de chimie à Hambourg, se trouvant à Londres, fit voir dans une leçon publique la décomposition de ce corps par son immersion dans l'eau, et la combustion spontanée du gaz hydrogène phosphoré qui en résulte. « Il faudra, s'écria un des spectateurs, renvoyer tous ces Allemands, sans quoi ils finiront par mettre le feu à la Tamise ! »

SELS A BASE D'OXYDE DE CALCIUM OU SELS DE CHAUX.

Carbonate de chaux. Voy. CALCAIRE et CARBONATE DE CHAUX.

Sulfate de chaux. Voy. PLÂTRES et SULFATE DE CHAUX.

Sulfite de chaux et *Hyposulfite de chaux*, tous deux sans importance.

Phosphate de chaux. — Les combinaisons de l'acide phosphorique avec l'oxyde de calcium peuvent se faire en cinq proportions différentes et former autant d'espèces Ce sont :

Le phosphate,

Le phosphate neutre,

Le bi-phosphate,

Le sesqui-phosphate,

Et le phosphate sesqui-basique.

Ce dernier n'a encore été rencontré que dans les os fossiles.

Le *sous-phosphate de chaux*, qui fait partie constituante des os frais, n'appartient point à cette variété ; il contient, d'après Berzélius, 51,66 de chaux et 48,34 d'acide phosphorique, où 8 atomes du premier et 3 atomes du second, ce qui en fait une variété particulière.

Ce dernier sel est si abondamment répandu dans les os de tous les animaux, que c'est de ceux-ci qu'on l'extrait. Après les avoir calcinés au contact de l'air pour les priver de leurs tissus parenchymateux, on pulvérise le résidu blanc poreux qu'on en obtient, et on le met en contact à la température ordinaire avec la moitié de son poids d'acide nitrique étendu de son volume d'eau. Ce résidu, formé de sous-phosphate de chaux et de carbonate de chaux, est dissous avec effervescence par suite de la décomposition de ce dernier sel. Si alors on verse dans la liqueur de l'ammoniaque en excès, il se reforme du sous-phosphate de chaux qui se précipite en une gelée blanche qu'on lave par décantation, et qu'on recueille ensuite sur un filtre pour le dessécher. Le sous-phosphate de chaux, ainsi obtenu, perd peu à peu son volume, et se racornit par la dessiccation ; quand il a été calciné, il est blanc, pulvérulent, insipide, et susceptible de se fritter à une forte chaleur ; il est insoluble dans l'eau, mais devient soluble en présence des acides qui le décomposent en partie et le transforment en bi-phosphate.

Considéré physiologiquement, ce sel joue un rôle important dans l'exercice des fonctions vitales ; car il est sans cesse charrié par plusieurs liquides qui le contiennent, ou déposé dans le tissu osseux, ou absorbé de nouveau ; enfin, c'est dans l'acte de la nutrition que les animaux s'assimilent la portion que contenaient les végétaux.

Ses usages sont très-nombreux ; il est employé dans les laboratoires pour la préparation de certains phosphates et pour celle du phosphore.

Borate de chaux. — Il n'existe dans la nature que combiné au silicate de chaux et constitue un minéral découvert en Norwége et nommé *datolithe*.

Nitrate de chaux. — La nature offre ce sel tout formé. On le rencontre dans les vieux plâtres salpêtrés et en solution dans quelques eaux de puits. Il y est mêlé au nitrate de magnésie.

Ce sel, en raison de sa grande affinité pour l'eau, est employé quelquefois pour dessécher les gaz, mais on se sert plus généralement du chlorure de calcium.

Chlorite de chaux. — Ce sel que la plupart des chimistes ont regardé longtemps comme un simple *chlorure d'oxyde de calcium* ou *chlorure de chaux*, s'obtient en mettant le chlore gazeux en contact avec l'hydrate d'oxyde de calcium ; la réaction a lieu à la température ordinaire ; une portion de la chaux est décomposée, son oxygène s'unit à une partie du chlore pour former de l'acide chloreux qui la combine à l'autre partie de la chaux tandis que le calcium attire l'autre portion du chlore pour former du chlorure de calcium.

Le chlorite de chaux, que l'on connaît plutôt dans le commerce sous le nom de *chlorure de chaux*, est sous la forme d'une poudre blanche ayant l'odeur faible du chlore ; sa saveur est âcre et désagréable.

Le chlorite de chaux dissous dans l'eau exerce sur les matières colorantes la même action que le chlore et l'acide chloreux ; il les détruit toutes plus ou moins promptement, et agit de la même manière sur les matières putrides. Dans ces diverses réactions, suivant M. Balard, à qui on doit la découverte de l'acide chloreux, lorsque le chlorite agit seul, sans le concours des acides, c'est uniquement l'oxygène de l'acide et de la base du chlorite qui peuvent décolorer et désinfecter, et celui-ci se transforme en chlorure de calcium. Dans le cas où l'on ajoute un acide, l'acide chloreux mis en liberté se décompose, et c'est alors le chlore qui en provient qui décolore et désinfecte par un mode d'action qui n'est pas encore bien connu, mais qui se rapprocherait de celui du chlore pur.

C'est d'après ces propriétés qu'on emploie depuis longtemps la solution de ce chlorite pour le blanchiment des toiles de coton, de lin, de la pâte de papier, etc., etc. L'avantage qu'elle présente sur la solution aqueuse de chlore, c'est d'en contenir davantage sous le même volume, et de n'avoir qu'une faible odeur qui ne peut nuire à la santé des ouvriers chargés de l'employer. Sous le rapport de la désinfection, la solution de ce chlorite, comme celle des autres chlorites, agit d'une manière efficace et prompte ; de simples lotions, faites sur les objets imprégnés de matières animales putréfiées, ou sur des plaies gangréneuses, suffisent pour faire disparaître toute espèce d'odeur fétide : on l'a conseillée dans ces derniers temps pour la guérison de la gale de l'homme et des animaux.

Il existe plusieurs procédés pour déterminer le titre ou la qualité du chlorite de chaux ; celui qui est le plus répandu dans le commerce est dû à M. Descroizilles ; il a été perfectionné dans ces derniers temps par M. Gay-Lussac. Ce mode d'essai est fondé sur la décoloration des couleurs végétales par le chlore, et sur ce principe, que la même quantité de ce corps, soit à l'état gazeux, soit en solution dans l'eau, ou en combinaison avec un oxyde métallique pour constituer un chlorure d'oxyde, détruit la même quantité de dissolution sulfurique d'indigo, de sorte que, connaissant la quantité de dissolution décolorée, on peut en conclure celle du chlore, et par conséquent celle du chlore pur.

CALCULS URINAIRES. *Voy.* URINE.

CALENDULINE. *Voy.* MUCILAGE VÉGÉTAL.

CALOMEL et **CALOMÉLAS.** *Voy.* CALOMÉLAS *et* MERCURE, *protochlorure.*

CALOMÉLAS (*Calomel*). — Les alchimistes, que leur imagination déréglée portait à accorder des vertus merveilleuses à la plupart des substances qu'ils préparaient, soumettaient le chlorure mercureux à des sublimations sans nombre, croyant qu'à chaque sublimation il acquérait des propriétés de plus en plus puissantes. Après trois sublimations, ils le nommaient *aquila alba;* après six, *calomélas*, et après neuf, *panacée mercurielle.* Louis XIV acheta le procédé de ce dernier médicament, d'un nommé Labrune, pour le rendre public. Turquet de Mayerne, savant médecin chimiste du xviiᵉ siècle, illustré par les persécutions injustes de la Faculté de Paris, qui sévissait alors contre les novateurs, a donné au chlorure mercureux, malgré sa blancheur, le nom de *calomélas* ou *calomel,* qui signifie *beau noir* ou *joli noir,* en l'honneur d'un jeune nègre qui l'aidait dans ses opérations chimiques.

Plusieurs lexicographes, notamment Morin, Lunier, Boiste et N. Landais, trompés par l'étymologie et ignorant la circonstance que je viens de rapporter, ont avancé à tort que le *calomel* est une *substance noirâtre.*

CALORIQUE. — Le calorique est un des principes constituants des rayons solaires. Il ne disparaît point à nos sens, comme la lumière, quand ces rayons viennent à être absorbés, mais devient appréciable par une sensation particulière qu'il excite en nous, et qu'on désigne sous le nom de *chaleur.*

La zone moyenne de la terre est constamment chaude, parce que sa situation à l'égard du soleil se trouve telle, qu'elle reçoit les rayons de cet astre perpendiculairement à sa surface. Mais, plus on approche des pôles, plus la terre se refroidit, parce que sa forme ronde fait que les rayons solaires ne tombent qu'obliquement sur ces deux régions. Il résulte de là que plus l'angle d'incidence des rayons sur la courbe décrite par la surface du globe s'éloigne d'un angle droit, moins est grande la quantité que cette surface en reçoit, proportion gardée, sous le rapport de l'étendue, et moins aussi le sol s'échauffe, de manière qu'enfin les rayons solaires ne faisant que passer devant les pôles eux-mêmes, ils n'y déposent point de chaleur : cependant l'inclinaison de la terre sur son orbite fait que le soleil éclaire chaque pôle durant six mois, dans une direction fort oblique, et que la zone sur laquelle les rayons de cet astre tombent à plomb s'écarte de l'équateur alternativement un peu vers le nord et un peu vers le midi.

Ainsi la surface de la terre est froide par elle-même. Il n'y existe de calorique que là où la chaleur se sépare des rayons solaires, et cette chaleur persiste à une plus ou moins grande profondeur dans la masse du globe,

suivant que la surface de celui-ci se trouve plus ou moins échauffée. Si le soleil cessait de luire, la terre se refroidirait très-promptement jusqu'à la température qui règne sous les pôles, peut-être même au delà, parce qu'elle ne recevrait plus de chaleur, et qu'en accomplissant sa révolution elle perdrait sans cesse celle qu'elle aurait acquise auparavant, la chaleur n'ayant pas de pesanteur, ce qui fait qu'elle n'est ni attirée ni retenue par la masse de notre planète.

C'est de cette manière que la rotation du globe terrestre, présentant successivement les diverses parties de sa surface au soleil, explique la différence de température qui règne entre le jour et la nuit, entre l'été et l'hiver. La même cause aussi fait que les pôles de la terre sont une masse solide, et que l'eau qui constitue les lacs et les mers ne devient liquide qu'à une certaine distance de ces deux points, sur lesquels il ne tombe pas de rayons solaires assez denses pour y fondre la glace au moyen de leur calorique. Nous ignorons si la terre est plus chaude ou plus froide dans son intérieur qu'à sa surface; les expériences faites pour résoudre ce problème n'ont pas donné de résultats uniformes. En mesurant la chaleur de la mer dans des endroits profonds, on a trouvé qu'elle diminuait avec la profondeur, de sorte qu'à la plus grande qu'on ait encore atteint, elle n'était que d'un ou deux degrés au-dessus de zéro. Mais l'eau froide étant plus pesante que la chaude, il doit s'opérer un mouvement qui précipite l'eau des régions froides vers le fond des bassins des contrées chaudes, dont l'eau chaude va gagner la surface de ceux des pays froids; d'où résultent des courants qui entretiennent l'eau du fond de la mer à une basse température. Les mesures prises dans les mines, tant en Europe qu'en Amérique, ont appris, au contraire, que la chaleur augmente avec la profondeur, et qu'elle paraît croître d'un degré de thermomètre à chaque distance de 32 mètres (107,2 pieds); ce qui semble dénoter que la terre a une température fort élevée dans son intérieur, et qu'elle pourrait bien être déjà rouge à 36,000 pieds du sol. Cependant on a voulu attribuer l'élévation de la température des mines à des développements accidentels de chaleur provenant des travaux qu'on y exécute, de sorte que ce point de doctrine ne paraît pas être parfaitement éclairci. Mais quand on réfléchit que les éléments des composés qui constituent la terre ne peuvent se combiner les uns avec les autres sans qu'il en résulte une élévation considérable de température, il devient vraisemblable que notre planète a été jadis beaucoup plus chaude à sa surface qu'elle ne l'est aujourd'hui, hypothèse à l'appui de laquelle la géologie fournit d'ailleurs des arguments presque invincibles, et qu'en se retirant de la surface avec le temps, la chaleur a fort bien pu rester profondément dans l'intérieur de la terre, d'où il ne lui est plus possible maintenant de se dégager qu'avec une extrême lenteur.

Un corps échauffé d'une manière quelconque laisse échapper peu à peu son calorique, et celui-ci l'abandonne, soit en rayonnant comme la lumière, soit en se communiquant aux corps voisins, qui s'échauffent par là.

Le calorique, en cessant d'être lumineux, ne perd pas totalement la faculté de rayonner : aussi peut-on, à l'aide d'un miroir métallique concave, recueillir les rayons de chaleur qui s'échappent d'un corps échauffé, mais non rouge, c'est-à-dire non lumineux, et les concentrer au foyer, où le thermomètre, quand on l'y place, monte beaucoup plus haut qu'il ne fait dans le milieu environnant. Scheele est le premier qui ait enseigné à connaître la différence entre la lumière et la chaleur rayonnantes, et qui ait démontré que l'une et l'autre obéissent aux mêmes lois dans leur réflexion. Longtemps auparavant déjà l'Académie del Cimento, en Italie, avait fait une expérience dont le but était de recevoir et condenser les rayons de froid d'un morceau de glace; mais cette expérience et les conséquences qui en découlent furent entièrement oubliées des physiciens jusqu'à l'époque où Pictet répéta l'une et constata l'exactitude des autres. Comme nous avons de puissantes raisons pour penser que le froid n'est autre chose que l'absence de la chaleur, ceci paraît d'abord incompréhensible.

Voici comment les choses se passent, d'après l'explication que Prévost en a donnée le premier. L'idée d'une substance rayonnante entraîne nécessairement celle que cette substance continue à s'échapper tant qu'il en reste encore un peu, et sans nul égard à la quantité de la même substance qui peut sortir d'autres corps voisins. Quand, par exemple, deux lumières d'inégale clarté se trouvent à côté l'une de l'autre, la flamme la plus faible émet sa lumière tout aussi bien que la plus forte, et la flamme d'une bougie ou d'une lampe à esprit-de-vin qu'on expose au soleil ne cesse pas d'envoyer de la lumière, quoique l'on ne s'en aperçoive plus. La même chose doit avoir lieu à l'égard des corps chauds. Lorsque deux corps voisins A et B jettent autant de chaleur l'un que l'autre, ils conservent la même température, parce que chacun d'eux reçoit autant qu'il donne. Mais si A jette plus de chaleur que B, il reçoit moins qu'il ne laisse échapper, et se refroidit autant, tandis que B, recevant plus qu'il ne fournit, s'échappe davantage. Or, comme les expériences ont démontré que le calorique non lumineux a la propriété de s'échapper sous la forme de rayons, il doit être vrai aussi qu'un corps, même lorsqu'il est entouré d'autres corps plus chauds que lui, dégage encore de la chaleur, mais qu'il en reçoit de ces derniers plus qu'il ne leur en abandonne, et que par conséquent il s'échauffe. Si donc on suspend un morceau de glace au foyer A, et au thermomètre à air au foyer B, on voit distinctement que la boule doit fournir, de son côté tourné vers le miroir, plus de rayons de chaleur qu'il ne lui en est

envoyé, dans la direction opposée, par le morceau de glace; en sorte que le thermomètre doit descendre par le seul fait de la perte d'une partie de sa chaleur, que la glace ne lui rend point.

L'expérience se réduit donc, en dernière analyse, à mettre la boule du thermomètre dans un milieu dont, au commencement de cette expérience, la température soit égale à celle de l'instrument, avec l'attention de l'y placer de manière qu'elle reçoive moins de rayons qu'elle n'en laisse échapper, et que, par sa propre émission, elle descende au-dessous de la température de l'air environnant. Les commençants ont quelquefois de la peine à concevoir cet effet. On y parvient en appelant les rayons lumineux à son secours, et se figurant qu'une boule noire a été placée au foyer de l'un des miroirs, tandis qu'on a mis à l'autre un morceau de papier blanc, sur lequel le foyer forme une tache noire, une ombre, sans qu'on puisse dire que l'obscurité est réfléchie par le miroir; au lieu que, si l'on porte la vue sur le côté de la boule noire qui regarde le miroir, on s'aperçoit que la réflexion des rayons lumineux, par le papier tenu au foyer de l'autre miroir, l'éclaire vivement.

Un problème insoluble encore aujourd'hui se présente à l'occasion du calorique rayonnant. Il consiste à savoir si les rayons qui partent de corps diversement échauffés sont également chauds, mais d'inégale densité, c'est-à-dire en nombre différent, ou s'ils peuvent avoir une chaleur inégale. Est-il possible, en rassemblant au moyen d'un miroir ardent, pour les concentrer sur un plus petit espace, les rayons d'un corps dont la surface répand, par exemple, 100 degrés de chaleur, d'en tirer une chaleur supérieure à ces 100 degrés?

Leslie a démontré, par des expériences fort intéressantes, que les différences qu'on remarque entre les corps, à l'égard de leur surface, influent beaucoup sur la quantité de chaleur qu'ils peuvent répandre, et par conséquent aussi sur la durée du temps qui leur est nécessaire pour s'abaisser jusqu'à la température de l'air ambiant. Les surfaces planes et polies sont celles qui jettent le moins de chaleur; les surfaces raboteuses et sillonnées en donnent davantage; et les surfaces couvertes de suie et de vapeur de charbon sont celles qui en renvoient le plus. Pour s'en convaincre, on n'a qu'à prendre un vase cubique de fer-blanc, polir un de ses côtés, couvrir le second d'une plaque de verre, dépolir le troisième avec du tripoli, ou l'enduire d'un peu de mercure, et salir le quatrième avec du noir de fumée, ou le noircir en l'exposant à la fumée du liége en combustion; qu'on remplisse ensuite ce vase avec de l'eau bouillante, et qu'on le suspende au foyer d'un verre concave, en face d'un autre verre semblable, dont le foyer est occupé par un thermomètre à air; que l'on tourne d'abord la face polie vers le miroir, et qu'on observe le thermomètre jusqu'à ce qu'il ne monte plus; si l'on tourne ensuite la face couverte de verre du côté du miroir, l'instrument monte encore; quand il est arrêté, si l'on met le côté mat du cube en regard avec le miroir, on voit aussi le thermomètre qui recommence à monter; enfin, si l'on tourne le côté noirci, l'instrument s'élève encore avec une rapidité surprenante. On voit d'après cela que le vase cubique se refroidit inégalement par ses quatre faces, au moyen de l'émission de sa chaleur.

Dans la plupart des cas, l'émission du calorique rayonnant contribue plus au refroidissement des corps que la perte de chaleur qui résulte de l'échauffement de l'air ambiant. Leslie a suspendu des corps chauds dans le vide, par conséquent dans un espace où leur refroidissement devait s'opérer surtout par rayonnement, et il a trouvé que ceux dont la surface était lisse s'y refroidissaient moitié plus lentement que dans l'air, et ceux dont la surface était enduite de noir de fumée, avec un tiers plus de lenteur seulement; de manière qu'un corps laisse échapper, dans le premier cas, moitié seulement, et, dans le second, deux tiers en plus du calorique qu'il perd quand il se refroidit à l'air libre.

Lorsqu'un corps perd sa chaleur et la communique à d'autres situés dans son voisinage, il en est certains, parmi ces derniers, qui s'en emparent très-promptement; mais la laissent échapper avec autant de rapidité, tandis que d'autres la reçoivent d'une manière lente, mais la retiennent aussi plus longtemps. On appelle les premiers *conducteurs de la chaleur*, vulgairement *froids*, et les autres *non-conducteurs*, ou *chauds*. Les meilleurs conducteurs de la chaleur sont les métaux; les plus mauvais sont l'air, la laine, les poils, le bois, le charbon, etc.

On constate la diversité de la faculté conductrice en tenant, par exemple, une cuiller d'argent au-dessus de la flamme d'une bougie, où elle ne tarde pas à devenir assez chaude pour qu'on ne puisse plus la garder en main, tandis qu'un morceau de charbon ne s'échauffe pas du tout, quoiqu'il soit rouge à l'autre extrémité. Une théière pleine d'eau bouillante brûle la main qui en saisit l'anse, lorsque celle-ci est d'argent, au lieu que, quand elle est de bois, on peut la tenir sans éprouver aucune incommodité. Si nous nous enveloppions le corps d'habits fabriqués avec du fil de métal, nous gèlerions en hiver, parce que le calorique serait soutiré continuellement à notre corps, tandis que des habits faits avec des substances peu conductrices, telles que des étoffes de laine, le retiennent et empêchent l'air extérieur de nous refroidir.

Despretz a constaté, par des expériences exactes, que la faculté conductrice relative des corps solides suivants pour la chaleur peut être exprimée par les nombres inscrits à la suite du nom de chacun d'eux :

Or.	1000,0
Argent	973,0
Cuivre.	898,0
Platine	581,0
Fer.	574,3
Zinc	363,0
Etain.	303,9
Plomb.	179,6
Marbre	23,6
Porcelaine.	12,2
Argile.	11,4

'La chaleur se propage de deux manières dans les corps liquides : d'un côté, parce qu'elle se transmet de molécule à molécule, et, de l'autre, parce que la portion échauffée de liquide se dilate, devient plus légère, gagne la partie supérieure, et fait ainsi place au liquide froid, qui s'échauffe à son tour dans le même endroit. Lorsque, par exemple, on verse dans un verre ordinaire de l'eau à laquelle on a mêlé du succin grossièrement pulvérisé ou toute autre poudre légère, et qu'on chauffe avec circonspection le fond du vase, en le plaçant au-dessus d'une bougie allumée, la poudre commence à s'élever du milieu du fond, et retombe sur les parois latérales du vase, de manière que les particules de l'eau passent toutes l'une après l'autre sur le fond du vase, comme dans un tourbillon continuel, et s'y échauffent. Si, au contraire, on couvre le verre avec une plaque de fer chaud ou tout autre objet analogue, et qu'on échauffe ainsi l'eau de haut en bas, il ne s'opère pas de circulation comme dans le cas précédent; mais l'eau chaude, qui est plus légère, surnage toujours, et la masse du liquide, en vertu de sa faculté conductrice, s'échauffe peu à peu, quoique avec beaucoup de lenteur, de haut en bas.

Si l'on remplit d'eau un vase cylindrique, qu'on y plonge un thermomètre de manière à ce que la boule de l'instrument soit tournée en haut et couverte à peine d'une ligne de liquide, qu'on verse ensuite un peu d'éther à la surface de celui-ci et qu'on l'enflamme, on le voit brûler, à une ligne de distance de la boule du thermomètre, sans que l'instrument commence à monter, si ce n'est au bout d'un laps de temps assez long, quoique la surface du liquide soit en contact immédiat avec du feu.

Les liquides sont donc par eux-mêmes mauvais conducteurs de la chaleur, et ils ne la conduisent bien que quand on les chauffe de bas en haut, circonstance dans laquelle s'opère en eux un mouvement occasionné par le changement de pesanteur spécifique. Cette propriété des liquides est cause qu'en construisant les vases dans lesquels on les fait bouillir, on doit avoir soin d'en rendre le fond très-large, afin d'agrandir autant que possible la surface du liquide qui entre en contact avec la chaleur. En garnissant l'intérieur des vases avec des lames minces ou des fils de métal, on accélère l'échauffement du liquide, parce que ces lames ou fils conduisent le calorique du fond dans la masse bien plus facilement que ne fait le liquide lui-même.

Le calorique est conduit par l'air de la même manière qu'il l'est par l'eau ou par d'autres fluides, savoir : en faible quantité seulement par communication, et en grande partie par l'effet de la diminution que subit la pesanteur des molécules échauffées et du mouvement ascensionnel qui leur est imprimé. De là résultent dans l'air des tourbillons semblables à ceux qui se forment dans l'eau. On peut s'en convaincre aisément dans une chambre qui vient d'être balayée et où voltige encore de la poussière ; lorsque les rayons du soleil y rencontrent un corps obscur et l'échauffent, on aperçoit un courant continuel de poussière qui s'élève au-dessus de ce corps.

Le calorique a la propriété de diminuer l'affinité d'agrégation ou la cohésion de tous les corps auxquels il se communique. Son premier effet sur un corps solide consiste donc à l'étendre dans tous les sens. Ainsi, par exemple, une barre de fer de longueur donnée et qui remplit exactement un trou pratiqué pour la recevoir, non-seulement s'allonge lorsqu'on la chauffe, mais encore devient trop grosse pour pouvoir pénétrer dans ce trou. Lorsqu'elle est refroidie, elle a repris ses dimensions primitives. Si l'on remplit une vessie d'air à moitié, et qu'on la tienne au-dessus d'un brasier, l'air qu'elle contient se dilate peu à peu par la chaleur, et la distend jusqu'au point qu'elle finit par éclater bruyamment lorsque le volume de l'air s'est tellement accru qu'il n'y a plus de place pour lui dans la vessie.

La distension que la chaleur occasionne est égale en tous sens dans les corps liquides et aériformes ; mais cette règle n'est pas sans exceptions pour les corps solides. Mitscherlich a fait voir qu'un changement de température modifie les angles des cristaux, ce qui prouve que leur volume change davantage dans un sens que dans l'autre. Cependant il y a une exception pour les cristaux appartenant à ce qu'on appelle des systèmes-réguliers, tels que, par exemple, le cube, l'octaèdre, le rhombo-dodécaèdre. Si dans les corps solides qui n'ont point une texture cristalline, la distillation se fait uniformément en tous sens, cet effet tient à ce que leurs molécules sont elles-mêmes tournées les unes vers les autres, sans régularité, dans tous les sens.

Cette propriété qu'a le calorique de dilater les corps nous sert de moyen pour apprécier leur degré d'échauffement, et l'instrument qu'on emploie pour atteindre à ce but porte le nom de *thermomètre*.

L'air est le seul corps dont on puisse se servir pour mesurer des degrés élevés de chaleur. Mais il reste encore à trouver une manière commode de l'appliquer à cet usage.

Toutes les fois que la température demande à être évaluée avec beaucoup de précision, il faut avoir égard aux changements occasionnés par la dilatation que la chaleur fait éprouver au verre. Dulong et Petit ont trouvé que le verre se dilate à $+100°$ d'environ $\frac{1}{11700}$ de l'espace qu'il occupe à zéro ; à $+200°$ d'environ $\frac{1}{4444}$; et à $+300°$ d'environ $\frac{1}{3135}$. Cette dilatation du verre produit, à $+100°$ et à $+200°$ une apparence de dilatation du mercure qui provient du ré-

trécissement de la cavité du tube, et qui, d'après les expériences de Laplace et Lavoisier, doit s'élever, pour chaque degré du thermomètre centigrade, à $\frac{1}{6480}$ du volume que le mercure occupe à zéro, mais cependant ne demeure pas toujours la même, et peut être estimée, terme moyen, à $\frac{1}{5000}$

A $+300°$, la dilatation du verre est déjà si considérable, qu'elle ne permet plus de compter sur des résultats exacts. D'après Dulong et Petit, le mercure se dilate, pour chaque degré du thermomètre centigrade, à $+100°$ d'$\frac{1}{5550}$, à $+200°$ d'$\frac{1}{5350}$, et à $+300°$ d'$\frac{1}{5130}$ de l'espace qu'il occupe à zéro. Par conséquent à $+300°$ réels, c'est-à-dire mesurés au moyen du thermomètre à air, un thermomètre à mercure, fabriqué avec une matière dont la dilatation suivrait celle du mercure, devrait marquer $+314°,15$; tandis qu'un thermomètre ordinaire ne marque pas plus de $+307°,64$, à cause de la dilatation beaucoup moins considérable du verre.

Si l'on employait les corps suivants pour mesurer les températures, les thermomètres à la confection desquels on les ferait servir marqueraient, d'après les expériences de Dulong et Petit, à $+300°$ du thermomètre à air, le nombre de degrés inscrits à la suite de chaque corps, savoir :

Fer.	352°,2	Verre.	322°,1
Argent	329°,3	Cuivre	320°,0
Zinc	328°,5	Platine.	317°,9
Antimoine . . .	324°,8	Mercure . . .	314°,15.

Nous nous servons fréquemment aussi, pour apprécier la température d'un corps, de l'impression qu'elle fait sur nos sens. Mais c'est un moyen infidèle, parce que le résultat dépend de notre propre chaleur, et qu'en conséquence il est sujet comme elle à varier. Ainsi un corps que nous trouvons chaud quand nous le tenons à la main nous semble froid quand nous l'approchons de notre joue, parce que le visage est plus chaud que la main. Nous appelons *chauds*, en effet, les corps qui nous communiquent de la chaleur, et *froids* ceux qui nous en soustraient. Le *froid* n'est donc autre chose qu'un défaut de chaleur.

Quand il s'agit d'évaluer de hautes températures, auxquelles le mercure entrerait en ébullition, on se sert d'autres instruments, appelés *pyromètres*.

On ne saurait dire si la température a des limites au delà desquelles elle ne puisse plus s'élever ou s'abaisser. On a beaucoup écrit sur l'absence absolue de la chaleur. Dalton, Clément et Desormes, Herapath et plusieurs autres ont essayé de déterminer, d'après des expériences connues, à quel nombre de degrés au-dessous du zéro actuel du thermomètre correspondrait ce zéro absolu. Mais la différence des résultats auxquels on est arrivé, en suivant des voies diverses, montre qu'on est toujours parti de suppositions inexactes. Clément, Desormes et Herapath ont fixé le zéro absolu à $-266\frac{1}{2}°$ de l'échelle centigrade. Le fait qui leur a servi de base est l'observation recueillie par Gay-

Lussac, qu'à chaque degré du thermomètre l'air augmente ou diminue de 0,0375 de son volume, mesuré au point de congélation de l'eau, suivant que la température hausse ou baisse ; de sorte, par conséquent, qu'à + 266 $\frac{2}{3}$°, il devrait occuper un espace double de celui qu'il remplit à zéro, et qu'à — 266 $\frac{2}{3}$° son volume serait réduit à zéro. Mais, comme nous ne connaissons point la nature du calorique, il faut renoncer, quant à présent, à résoudre ce problème.

Dès qu'un corps solide est échauffé jusqu'à un certain degré, la cohésion diminue tellement en lui que ses molécules deviennent mobiles, susceptibles de changer de situation les unes par rapport aux autres, et séparables au moindre effort. Il se liquéfie, et ce passage de l'état solide à l'état liquide est appelé *fusion*. Les corps fondus présentent toujours une surface horizontale, c'est-à-dire concentrique à celle de la terre et calquée sur l'arrondissement du globe. On est dans l'usage de leur donner le nom de *liquides*, pour les distinguer des *fluides*, dénomination qui s'applique également aux corps aériformes. La température nécessaire pour produire cet état varie suivant le corps, de manière qu'il en est qui entrent en fusion à la température moyenne ordinaire de l'air, ou avant de rougir ; d'autres qui exigent pour cela un degré de chaleur plus élevé ; quelques-uns enfin que nous ne parvenons pas à fondre, même au plus haut degré de chaleur qu'il soit en notre pouvoir de produire. Ainsi, par exemple, le mercure devient liquide à — 35°, l'eau à zéro, la cire à + 65°, l'étain à + 228°, le plomb à + 312°, le cuivre à + 2530° et le fer à + 12000°, etc., en supposant toujours qu'on puisse admettre ces dernières données, qui sont fournies par des expériences pyrométriques.

Si l'on continue à élever la température d'un corps fondu, la cohésion de ses molécules diminue encore, et il prend la forme d'air ou de gaz. C'est à cela que tient le phénomène de l'*ébullition*, qui consiste en ce que de petites bulles du gaz produit traversent la portion du corps qui n'est encore que liquide, et viennent crever à la surface. L'ébullition n'est donc autre chose que le mouvement occasionné par l'ascension du gaz dans lequel un corps fondu s'est transformé. Tout liquide susceptible de prendre la forme gazeuse bout, quand il est exposé à l'air libre et sous la pression ordinaire de l'atmosphère, à une température donnée, qui varie pour chacun : par exemple, l'éther à + 36°, l'alcool à + 78°, l'eau à + 100°, l'acide sulfurique à + 326°, le mercure à + 356 $\frac{1}{2}$°, etc. Ces liquides ne peuvent plus s'échauffer au delà du degré auquel ils entrent en ébullition ; car tout le calorique qu'on y ajoute alors s'unit à une portion de leur masse, et lui fait prendre la forme de gaz.

La température à laquelle un corps bout dans l'atmosphère varie en raison du degré de pression que cette dernière exerce, c'est-à-dire d'après l'élévation du baromètre. La hauteur du liquide qui bout apporte aussi,

toutes choses égales d'ailleurs, des variations à cet égard ; la raison en est fort simple. Quand un liquide bout, il se forme au fond du vase de petites bulles qui doivent soulever à la fois et le liquide placé au-dessus d'elles, et l'air dont la pression s'exerce sur ce liquide, puisque l'un et l'autre tendent, par leur pesanteur, à les comprimer, c'est-à-dire à les empêcher de quitter l'état liquide. Or, il est clair que quand la pression de l'atmosphère ou la hauteur de la colonne du liquide augmente, la force qui produit ces bulles, c'est-à-dire la température, doit s'élever aussi.

Voilà pourquoi les liquides bouillent à une température beaucoup plus basse dans le vide qu'à l'air libre. On peut y faire bouillir l'eau à toutes les températures au-dessus de zéro, pourvu seulement qu'on ait soin d'entretenir la couche inférieure plus chaude de quelques degrés que la surface. Mais si la température est aussi élevée que possible à la surface, ou répandue uniformément dans toute la masse, l'eau s'élève de sa superficie même sous la forme de gaz, parce qu'alors il n'y a point de circonstance qui détermine la formation du gaz dans l'intérieur de la masse, et qu'en conséquence cette formation ne rencontre aucun obstacle qui l'empêche de s'effectuer à sa surface. On peut s'en convaincre par une expérience aussi simple que récréative. Qu'on verse de l'eau dans une bouteille de Florence jusqu'aux deux tiers, et qu'on la bouche bien avec un bouchon de liège, dans lequel on aura soin d'ajuster d'avance un tube de verre dont la portion saillante hors de la bouteille soit tirée à la lampe ; qu'on fasse alors bouillir l'eau ; qu'après un quart d'heure d'ébullition, et, sans interrompre celle-ci, on soude l'extrémité pointue du tube pour la fermer, puis qu'on retire subitement la bouteille du feu ; tout l'air a été chassé par les vapeurs aqueuses pendant l'ébullition ; mais ces vapeurs, en se condensant lorsque la bouteille se refroidit, laissent un vide au-dessus de l'eau : par conséquent, si l'on refroidit la bouteille avec rapidité au-dessus du niveau de l'eau, en l'entourant d'un corps froid, et qu'ainsi l'on condense une quantité plus considérable de vapeurs aqueuses, le vide augmente encore, et l'eau recommence à bouillir dans la bouteille ; si l'on plonge celle-ci entière, presque jusqu'au col, dans un gobelet de verre plein d'eau froide, toute la masse d'eau qu'elle contient entre dans une vive ébullition, parce que les vapeurs aqueuses sont continuellement condensées à la partie supérieure de la bouteille par l'eau froide qui l'entoure, et cette ébullition dure tant que l'eau n'est pas refroidie jusqu'à un certain degré, c'est-à-dire ordinairement près d'un quart d'heure.

Gay-Lussac a remarqué que les liquides se convertissent plus facilement en gaz lorsqu'ils sont en contact avec des surfaces anguleuses et inégales, que quand les surfaces qui y touchent sont parfaitement lisses et polies. Il avait aussi observé que l'eau bout à une température plus basse d'un degré et un tiers dans des vases de métal que dans des vases de verre. Cet effet tient à ce que la surface du métal, même quand elle est polie, conserve toujours des inégalités que ne présente pas celle du verre, qui est le résultat de la fusion. Si l'on chauffe de l'eau dans un vase jusqu'au point où elle doit l'être pour commencer à bouillir, et qu'on y jette alors de la limaille de fer, du verre pilé ou tout autre corps pulvérulent, on la voit sur-le-champ bouillir avec violence, de manière à sauter souvent par-dessus les bords du vase, quoique la poudre qu'on y fait tomber l'ait refroidie, et elle continue ensuite de bouillir à la même température comme dans un vase métallique. Il semble donc d'après cela que le calorique soit transmis plus facilement par les surfaces raboteuses que par les surfaces unies. Cependant il n'est pas possible que ce soit là l'unique cause du phénomène; car quand on jette dans un liquide tenant en dissolution un gaz qui est sur le point de s'échapper, une poudre dont la température soit la même que celle de ce liquide, une portion du gaz se dégage de la surface des molécules de la poudre.

L'ébullition n'est pas la seule manière de réduire les corps à l'état de fluide aériforme. La plupart des corps volatils laissent déjà échapper, à la température ordinaire de l'atmosphère, une très-petite portion de leur masse, qui se dégage sous la forme de gaz, et dont la quantité augmente à mesure que la chaleur s'élève. De là résulte que les corps perdent continuellement de leur volume, et quand il s'agit des liquides, on dit qu'ils se dessèchent. Leur ascension lente et graduelle sous forme d'air porte le nom d'*évaporation*. Elle a lieu plus facilement que partout ailleurs dans le vide; mais dans l'air elle s'opère d'autant plus lentement que cet air est plus pesant, et celui dans lequel elle se fait avec le plus de lenteur est celui qui se trouve déjà très-chargé du corps en évaporation.

On a imaginé un instrument particulier pour montrer avec quelle facilité l'évaporation se fait dans un espace soustrait à la pression atmosphérique. On souffle aux extrémités d'un tube de verre deux boules, dont l'une soit arrondie et l'autre tirée en pointe déliée; on remplit ce tube aux deux tiers d'eau, en chauffant les boules pour chasser l'air, et plongeant de suite la pointe dans le liquide, qui monte à l'instant où l'air refroidi se condense; puis on incline un peu le tube, dont la pointe doit être tournée en haut; on place une lampe à esprit-de-vin sous la boule, et on fait bouillir l'eau pendant une demi-heure à peu près, ou jusqu'à ce que l'air atmosphérique soit entièrement expulsé; il faut avoir soin d'entretenir l'ébullition avec beaucoup d'uniformité, car, si elle vient à être interrompue, on s'expose à ce que de l'air s'introduise par la pointe. Lorsque la coction a diminué l'eau jusqu'au point dont il vient d'être parlé, on soude la pointe, tout en abaissant peu à peu au-dessous de la boule la lampe qu'on finit par

enlever quand la soudure est achevée. On fond aussitôt la pointe, afin de l'affleurer autant que possible à la circonférence de la boule. Cela fait, si on tient le tube obliquement, de manière à laisser un petit vide dans la boule inférieure qu'on saisit avec la main, la surface de l'eau emprisonnée commence à s'échauffer par la chaleur des doigts, et l'on voit des bulles de gaz aqueux passer l'une après l'autre de la boule dans le tube. Si l'appareil est bien disposé et parfaitement purgé d'air, chaque bulle de vapeur se condense avant d'avoir atteint la surface de l'eau dans le tube, et en faisant entendre un petit bruit causé par le claquement de l'eau à l'instant où la bulle disparaît. On a donné le nom de *pulsimètre* à cet instrument, parce qu'une plus grande vivacité du pouls s'accompagne ordinairement d'une chaleur plus considérable de la main, et qu'à son tour celle-ci détermine une ascension plus rapide des bulles dans le tube. Si on ne laissait pas de vide dans la boule, le phénomène n'aurait point lieu, parce qu'alors il ne se formerait pas de surface évaporatoire, et que la chaleur de la main ne suffirait pas pour faire entrer le liquide en ébullition

On donne aux corps réduits à l'état aériforme le nom de *gaz*, pour les distinguer de l'air proprement dit, dénomination sous laquelle on désigne le mélange gazeux, qui constitue l'atmosphère de la terre. De même qu'un liquide, un gaz est un corps fluide; mais ses molécules s'étendent dans toutes les directions, ce qui fait qu'elles ne prennent point une surface horizontale dans nos vases.

Au milieu de tous les changements que la chaleur produit dans la forme d'agrégation des corps, ceux-ci se combinent avec une certaine quantité de calorique, qui devient dès lors partie essentielle des fluides, c'est-à-dire condition sans laquelle ils ne pourraient être, et qui cesse d'être appréciable, soit au thermomètre, soit aux sens. On donne à ce calorique le nom de *latent* ou *combiné*, pour le distinguer de celui que les corps peuvent recevoir et dégager sans subir de changement dans leur forme d'agrégation, qui agit toujours sur les sens, comme sur le thermomètre, et qu'on désigne par l'épithète de *libre*.

Un exemple éclaircira cette proposition. Qu'on place à peu de distance l'un de l'autre, sur un poêle chaud, deux assiettes contenant, la première une livre d'eau à la glace, et la seconde autant de neige fondante. Au bout de quelque temps on trouvera que la première assiette est déjà plus chaude, qu'enfin même elle tiédit, tandis que l'autre, dans laquelle la neige se fond, est encore tout aussi froide qu'auparavant, quoiqu'elle ait reçu la même quantité de calorique. Cette différence tient à ce que tout le calorique communiqué à la neige se combine avec elle pour produire de l'eau liquide, qu'il est par conséquent engagé, et qu'il cesse de pouvoir agir sur le thermomètre, non plus que sur les sens. Mais une fois que la neige est fondue, et qu'il ne se combine par conséquent plus de calorique, la seconde assiette commence à s'échauffer aussi, c'est-à-dire à recevoir du calorique libre.

Quand l'eau prend la forme solide, non par l'effet du refroidissement, mais sous l'influence d'une autre cause quelconque, le calorique latent qu'elle contenait se dégage, devient libre et produit une forte chaleur. Lorsque, par exemple, on évapore certaines solutions salines jusqu'à un certain degré, en les faisant chauffer, et qu'ensuite on les laisse refroidir, le liquide conserve sa limpidité tant qu'il demeure en repos ; mais dès qu'on vient à le remuer, la masse saline, tout à coup solidifiée, s'échauffe par le dégagement instantané du calorique latent qui l'avait maintenue liquide jusqu'alors. De même, l'eau parfaitement tranquille, qu'on expose à un froid de trois à cinq degrés au-dessous de zéro, se refroidit jusqu'à ce même degré sans geler ; mais aussitôt qu'on la remue, elle se congèle, et un thermomètre qu'on y plonge monte du degré de froid qu'elle marquait jusqu'à zéro, parce qu'en ce moment le calorique latent du liquide se trouve tout à coup mis en liberté.

Lorsqu'un corps passe de l'état liquide à l'état gazeux, il se combine avec une quantité bien plus considérable encore de calorique, qui n'exerce aucune action sur le thermomètre, tant que le corps conserve la forme de gaz. C'est ce qui fait qu'on ne peut pas échauffer un liquide au delà du terme auquel il entre en ébullition, tout le calorique qu'il reçoit ensuite devenant latent et étant entraîné par le gaz qui s'élève. Il faut encore faire remarquer à ce sujet qu'un très-grand nombre de corps qui ont pris l'état de fluide aériforme ne peuvent plus être ramenés à celui de liquide ou de solide, c'est-à-dire ne peuvent plus être dépouillés de leur calorique, ni par le refroidissement, ni par la compression, ni par ces deux moyens réunis. On les appelle *gaz fixes* ou *permanents*. L'oxygène, le nitrogène, l'hydrogène, etc., nous en fournissent des exemples. Mais, en s'unissant à d'autres corps, ces gaz permanents peuvent, tout aussi bien que l'eau qui se combine avec la chaux vive, passer à l'état solide ou liquide, opération pendant laquelle leur calorique, qui se sépare d'eux, devient libre et appréciable aux sens. Tout gaz est donc composé de deux substances principales, le calorique, et une matière pondérable de laquelle il tire son nom.

Le gaz que l'on peut faire passer à l'état solide ou liquide, par la compression ou le refroidissement, se partage en deux classes, sous le rapport de la facilité avec laquelle cette transmutation opère :

1° *Gaz coercibles*, qui conservent l'état aériforme sous la pression et à la température ordinaire de l'atmosphère, mais qu'on parvient à condenser quand on les soumet, soit à une pression qui doit équivaloir au moins à celle de trois atmosphères, soit à un froid voisin de celui auquel le mercure se congèle, ou même plus considérable encore.

Ces gaz ont été considérés pendant longtemps comme permanents ; mais Faraday a fait voir qu'on peut les réduire à l'état liquide, en les soumettant à une pression plus forte que celle de l'atmosphère. C'est ainsi qu'il a liquéfié le chloride hydrique, le chlore, l'oxyde chloreux, l'oxyde nitreux, l'oxyde nitrique, l'acide carbonique, le sulfide hydrique, l'ammoniaque et le cyanogène, en leur faisant subir une compression qui n'est pas la même pour tous. En effet, il faut à peine quatre atmosphères pour le cyanogène, tandis que trente et quelques sont nécessaires pour l'acide carbonique, et même cinquante pour l'oxyde nitreux, jusqu'à + 7 degrés. Bussy a démontré ensuite qu'à l'aide d'un degré extraordinaire de froid on obtient une partie des résultats auxquels Faraday est arrivé.

2° *Gaz non permanents*, qui sont produits par l'ébullition de corps qu'on trouve solides ou liquides à la température et sous la pression ordinaires, tels entre autres que l'éther, l'alcool, l'eau, le soufre, divers métaux, etc. Tant qu'on tient ces corps à une température qui surpasse celle à laquelle ils entrent en ébullition, ils conservent de la transparence, de l'élasticité, en un mot toutes les propriétés des gaz ; mais, dès qu'ils sont mis en contact avec un corps froid, ils lui abandonnent leur calorique latent, l'échauffent, et se condensent autour de lui, sous la forme de gouttelettes, ou sous celle d'un solide.

Quand un de ces gaz se répand dans l'atmosphère, il abandonne son calorique à l'air, dont chaque interstice se remplit d'une de ses molécules ; en sorte que par là l'air cesse d'être transparent, et devient une espèce de brouillard. Mais, dans cet état, ce n'est plus du gaz ; ce sont seulement des molécules solides ou liquides accumulées dans l'air, qui n'ont pas encore pu se réunir, et qu'on désigne sous le nom de *vapeurs*. Lorsque, par exemple, on fait bouillir de l'eau dans un vase de verre terminé par un tube étroit, on voit que le gaz aqueux est parfaitement transparent au-dessus du liquide ; mais, dès qu'il sort du tube, à l'instant même il devient trouble, et forme un nuage plus ou moins épais, provenant de ce que le gaz qui, dans l'intérieur du vase, avait assez de calorique latent pour conserver son état aériforme et sa transparence, se refroidit dans l'air, et s'y précipite en une infinité de gouttelettes, ou, plus exactement, de petites vésicules qui produisent le nuage.

Quelques écrivains appellent *vapeurs* les gaz produits par l'ébullition, qu'ils soient à l'état aériforme parfait, ou déjà précipités, c'est-à-dire sous la forme de vapeur proprement dite. Cette manière de s'exprimer manque de justesse. Il est de la nature des gaz non permanents de pouvoir, beaucoup plus facilement que les gaz coercibles, prendre la forme liquide ou solide, quand on les comprime à la température nécessaire pour les maintenir à l'état aériforme. De là vient aussi que le degré de chaleur auquel ils

prennent naissance s'élève en même temps
que la pression augmente. Lorsque les gaz
permanents ou coercibles sont exposés à
une pression plus considérable, quoique non
assez forte cependant pour condenser ceux
qui sont susceptibles de l'être, leur volume
diminue, mais leur élasticité ou tension,
c'est-à-dire la pression qu'ils exercent sur
les parois du vase dans lequel ils se trouvent
contenus augmente dans la même proportion que la force comprimante. Ceci ne s'applique cependant point au cas où la pression
est très-forte. OErsted avait déjà reconnu
que les gaz coercibles, soumis à une pression voisine de celle qui produit leur condensation, éprouvent une diminution de
volume plus considérable qu'elle ne le serait, étant proportionnelle à la pression; et
Despretz a mis ce fait hors de doute, en démontrant que le gaz hydrogène lui-même,
qui n'est point coercible, éprouve, sous la
pression de quinze à vingt atmosphères, un
surcroît de condensation qui ne correspond
point à cette même pression. Non-seulement
les gaz non permanents se condensent davantage lorsqu'ils sont soumis à une pression plus forte, mais encore on en voit une
partie se déposer de suite sous forme liquide.

Cagniard de la Tour a fait voir, au contraire, que des liquides peuvent être gazéi-
fiés par l'élévation de la température dans
un espace resserré, et qui ne contient qu'un
petit nombre de fois le volume primitif du
liquide. Au moyen de cette expérience, on
s'est convaincu que le gaz exerce sur les
parois du vaisseau une pression beaucoup
moins considérable que celle qu'on serait
tenté d'admettre en comparant l'espace qu'il
occupe avec celui qu'il devrait occuper à la
même température sous la pression de l'atmosphère. Cagniard de la Tour renferma de
l'éther, de l'alcool, du naphte, de l'huile de
térébenthine et de l'eau dans de petits tubes
de verre, qui étaient remplis de chaque liquide jusqu'à moitié; puis il fit fondre l'extrémité ouverte des tubes, sans chasser
préalablement l'air par l'ébullition; lorsqu'ensuite il chauffa les tubes avec précaution, le liquide qui s'y trouvait renfermé se
convertit en gaz. L'éther prit la forme de gaz
dans un espace équivalent à peine au double
de son volume, à une température de + 60°,
et, dans cet état, il exerçait une pression
égale à celle de trente-sept à trente-huit atmosphères; l'alcool se gazéifia à + 207°,
dans un espace triple environ du volume
qu'il avait étant liquide, et alors il exerçait
une pression égale environ à celle de cent
dix-neuf atmosphères. L'eau faisait ordinairement éclater le verre, parce qu'elle commençait à le dissoudre; mais, en ajoutant un
peu de carbonate sodique, on parvint à prévenir cet inconvénient, et à la température
de la fusion du zinc, l'eau se maintint sous
à forme gazeuse dans un espace quatre fois
plus grand que le volume qu'elle avait étant
liquide.

Quand nous cherchons à nous rendre raison du pouvoir qu'a la chaleur de changer le
volume des corps, nous parvenons assez
facilement à nous en faire une idée en admettant que les corps sont composés d'une
infinité de molécules entourées de calorique,
de manière à ne pouvoir pas se toucher. Si
la quantité de calorique qui pénètre dans un
corps augmente, la distance entre les molécules croît aussi, et le volume du corps devient plus considérable. La forme d'agrégation qu'un corps affecte dépend, d'après
Laplace, du rapport mutuel de trois forces,
savoir : 1° l'attraction de chaque molécule
pour les autres molécules qui l'entourent,
ce qui fait qu'elles tendent à s'approcher autant que possible les unes des autres; 2° l'attraction de chaque molécule pour la chaleur
qui entoure les autres molécules situées
dans son voisinage; 3° la répulsion entre la
chaleur qui entoure chaque molécule et celle
qui entoure les molécules voisines, force qui
tend à désunir les particules des corps.
Quand la première de ces forces l'emporte,
le corps est solide ; si la quantité de chaleur
augmente, la seconde force ne tarde pas à
devenir prédominante, les molécules se meuvent alors avec facilité, et le corps est liquide.
Cependant les molécules sont encore retenues, par l'attraction pour la chaleur voisine,
dans les limites du même espace que le corps
occupait auparavant, excepté à la surface,
où la chaleur les sépare, c'est-à-dire occasionne l'évaporation, jusqu'à ce qu'une pression quelconque empêche la séparation de
s'effectuer. Quand la chaleur augmente à tel
point que sa force répulsive réciproque
l'emporte sur l'attraction des molécules les
unes pour les autres, celles-ci se dispersent
dans toutes les directions, aussi longtemps
qu'elles ne rencontrent pas d'obstacle, et le
corps prend la forme gazeuse. Si, dans l'état
gazeux auquel Cagniard de la Tour a réduit
quelques liquides volatils, la pression ne répond pas à ce qu'elle aurait dû être d'après
le calcul, cette différence semble dépendre
de ce que, quand les molécules ne trouvent
point occasion de s'écarter beaucoup, les
deux premières forces continuent toujours à
agir, et s'opposent ainsi à la tension du gaz,
qui ne s'établit dans toute sa portée que
quand les molécules sont assez distantes les
unes des autres pour ne plus ressentir l'influence de ces forces.

Des corps de nature différente peuvent,
quoique exposés à une même température,
contenir cependant des quantités différentes
de calorique. En d'autres termes, de deux
corps également froids qu'on veut échauffer
du même degré, l'un peut exiger pour cela
plus de calorique que l'autre. Cette quantité
inégale de calorique que les corps contiennent à égale température s'appelle leur *chaleur
propre* ou *spécifique*. On dit d'un corps possédant plus de chaleur propre qu'un autre,
qu'il a davantage de *capacité pour la chaleur*.
Cette propriété n'a point de connexions avec
la densité; car il arrive souvent qu'un corps
possède plus de chaleur propre qu'un autre
qui est moins dense que lui, et *vice versa*

Lorsqu'on mêle ensemble parties égales d'eau à la glace et d'eau bouillante, le mélange prend une température de + 50 degrés, parce que l'eau froide et l'eau chaude ont toutes deux la même capacité pour la chaleur. Si, au contraire, on mêle de l'eau à la glace avec la même quantité en poids de mercure échauffé jusqu'à + 100 degrés, le mélange ne prend qu'une température de + 3°. Par conséquent, le mercure n'a pas besoin, pour s'échauffer jusqu'à + 97°, de plus de calorique qu'il n'en faut pour porter la température de l'eau jusqu'à + 3°. Si l'on mêle ensemble parties égales en poids d'eau chaude à + 100° et de mercure à zéro, le mélange indiquera, par la même raison, une température de + 97°, parce que l'eau n'a que trois degrés à abandonner pour échauffer le mercure jusqu'à + 97°. L'eau contient donc, à température égale, près de trente-trois fois autant de calorique que le mercure. Quand il s'agit de comparer la chaleur spécifique *des corps* solides et liquides, comme lorsqu'il est question de la pesanteur spécifique, on prend ordinairement pour terme de comparaison l'eau, dont on fait la chaleur spécifique = 1,000. Il résulte de là que la chaleur spécifique du mercure est de 0,033. Quant à celle des gaz, on l'exprime ordinairement en supposant la chaleur propre de l'air = 1,000.

La capacité des corps pour le calorique peut varier en raison de diverses circonstances. Tout changement de ce genre produit de la chaleur ou du froid, suivant que la capacité se trouve diminuée et une partie de la chaleur spécifique du corps mise en liberté, ou que la capacité augmente et que le corps enlève plus de chaleur à ceux qui l'environnent. La compression diminue la capacité pour la chaleur, et met du calorique en liberté. Par exemple, quand on passe un métal au laminoir ou à la filière, son volume diminue, il devient plus dense et perd sa chaleur spécifique.

L'air et les gaz en général, comparés sous la même pression, à la même température et sous le même volume, ont la même chaleur spécifique, d'après les expériences de Hagenraft, et surtout d'Aug. Delarive et Fr. Marcet.

Clément et Désormes ont cherché à démontrer expérimentalement que le vide lui-même a une chaleur spécifique, qu'ils estiment assez forte pour lui permettre, à + 12 1/2 degrés, d'échauffer un égal volume d'air depuis + 12 1/2 degrés jusqu'à + 114. Mais Gay-Lussac a fait voir, par une expérience ingénieuse, qu'il n'y a point de chaleur propre dans le vide. Il renferma dans le vide d'un baromètre d'une largeur extraordinaire un thermomètre à air fort sensible, qui indiquait clairement un centième de degré de l'échelle centésimale. Si le vide avait réellement une chaleur propre, quand il augmente ou diminue d'une manière soudaine par la chute ou l'ascension du mercure, le thermomètre devrait monter ou descendre sensiblement. Or, c'est ce qui n'eut jamais lieu. Mais lorsqu'on faisait entrer la moindre parcelle d'air, le thermomètre montait à l'instant même où l'on permettait au mercure de s'élever davantage dans le tube du baromètre. Le vide paraît donc, d'après cela, ne pouvoir contenir que du calorique rayonnant.

On sait aussi que le frottement fait naître de la chaleur, mais on ignore comment. Rumford, ayant essayé de déterminer la chaleur qui se développe pendant la perforation d'un canon, a trouvé qu'il suffisait de l'action par laquelle on détache quelques onces seulement de métal pour échauffer l'eau jusqu'au degré de l'ébullition, et qu'en continuant la térébration, le liquide pouvait s'entretenir bouillant. Celui qui connaît la différence entre la chaleur spécifique du fer et celle de l'eau demeure bientôt convaincu qu'ici l'échauffement ne peut point être produit par la compression de la matière métallique. Quand un serrurier frappe sur un clou jusqu'à ce qu'il rougisse, ce clou rouge, quoique comprimé par le marteau, n'occupe cependant pas un espace plus petit que celui qu'il remplit après s'être refroidi. Le phénomène n'est donc point expliqué jusqu'à présent.

Il est digne de remarque que les corps conducteurs de l'électricité produisent de la chaleur quand on les frotte les uns contre les autres, tandis que ceux qui ne sont pas conducteurs produisent de l'électricité, et ne s'échauffent que quand cette dernière, accumulée au plus haut degré, ne trouve point d'écoulement. On ne doit pas confondre ensemble la chaleur à laquelle le frottement donne lieu, et celle que l'on exprime en quelque sorte par la compression. L'expérience suivante, très-facile à exécuter, suffit pour faire connaître cette dernière. Que l'on taille une bandelette de gomme élastique, qu'on l'échauffe jusqu'à la température du corps, qu'on la pose ensuite entre les lèvres sèches, et qu'on l'y étende avec force et rapidité, on sentira manifestement qu'elle s'échauffe, et si l'on prête assez d'attention on reconnaîtra aussi qu'elle se refroidit en revenant sur elle-même. Si l'on étend un morceau de gomme élastique dans de l'eau à + 30 degrés, il revient sur lui-même, ce qui n'a pas lieu dans l'eau froide. Si l'on attache un petit poids à l'une des extrémités de la bandelette de gomme élastique, et qu'on suspende celle-ci à une échelle graduée, on remarque qu'elle se raccourcit au chaud et s'allonge au froid. La même chose arrive à un fil qu'on trempe dans l'eau, laquelle joue ici le rôle de la chaleur. Ces deux expériences sont favorables à l'opinion suivant laquelle le calorique pénètre dans les corps et y est retenu de la même manière absolument que l'eau s'introduit et reste dans les corps poreux.

Quand on comprime l'air, il se produit également de la chaleur. Une compression forte et rapide peut même allumer certains corps inflammables. Ainsi, en donnant quelques coups de piston avec force et rapidité,

on parvient à enflammer de l'amadou, du coton, du gaz détonnant et autres substances
semblables, dans la pompe foulante d'un fusil
à vent. C'est sur ce principe que repose la
construction du *briquet pneumatique*, instrument composé d'un tube de métal ou de
verre, auquel s'adapte exactement un piston;
un seul coup sur ce dernier suffit pour comprimer l'air intérieur, à tel point qu'il enflamme de l'amadou ou du coton. Aussitôt que
l'air cesse d'être comprimé, il reprend et son
volume primitif et la capacité pour le calorique dont il jouissait auparavant, ce qui
donne lieu à du froid. Quand, par exemple,
on comprime de l'air jusqu'à un certain
degré, assez considérable, dans un grand récipient, et qu'on lui permet ensuite de s'é-
chapper par un tube métallique, ce tube se
refroidit jusqu'au-dessous de zéro, de sorte
que l'eau qu'on verse à sa surface s'y congèle. Gay-Lussac a fait voir qu'en prenant
deux cloches de même capacité, dont l'une
contient de l'air, tandis que l'autre est vide,
et plaçant un thermomètre dans chacune,
l'instrument descend dans la première lorsqu'on fait passer l'air dans la seconde, et
qu'il monte dans celle-ci d'un nombre de
degrés à peu près égal à celui dont il est descendu dans celle-là. Ce phénomène tient à
ce que l'air se dilate de plus en plus dans
le premier récipient, tandis que l'air du second, qui était fort raréfié et qui avait absorbé une très-grande quantité de calorique,
se trouve ensuite continuellement comprimé
par l'air affluent, et contraint de cette manière à laisser échapper le calorique qu'il
s'était approprié auparavant en se raréfiant.
Gay-Lussac a montré, au contraire, que de
l'air qu'on chasse dans l'air, à l'aide d'un
soufflet, ne change pas de température,
parce que la compression qu'il éprouve dans
l'intérieur de l'instrument lui fait mettre en
liberté autant de calorique précisement qu'il
a besoin ensuite, quand on le chasse dans
l'air, où il cesse d'être comprimé, d'en recevoir pour se maintenir à la même température. Delarive le jeune et Marcet le jeune
ont varié cette expérience de la manière
suivante : ils ont fait parvenir un courant
d'air dans un espace vide, au moyen d'un
tube délié, s'ouvrant à quelques lignes de
distance de la boule d'un thermomètre très-
sensible, suspendu dans ce même espace.
Dans les six ou sept premières secondes, le
thermomètre descendit d'un ou quelques degrés, suivant la grandeur du vide; mais
quand la pression fut arrivée dans celui-ci
à quatre pouces de hauteur barométrique,
il demeura stationnaire jusqu'au moment où
la pression fut de six pouces, commença
alors à monter, et continua de le faire jusqu'à ce qu'enfin il devint de quelques degrés
plus élevé qu'il ne l'était dans le milieu environnant. Ce phénomène tient à ce que,
dans le premier moment, l'air qui arrive du
dehors se raréfie beaucoup, et se refroidit
par cela même, de manière que, quand il
frappe la boule du thermomètre, il abaisse
la température de l'instrument; mais, dès

qu'une certaine quantité d'air a pénétré,
quoique le gaz affluent continue à se raréfier, celui qui s'était déjà introduit se
trouve comprimé; ce qui rend la température stationnaire, parce que l'un dégage autant de calorique que l'autre en absorbe, et
quand cet effet a duré quelque temps, l'air
intérieur étant plus comprimé proportionnellement que celui qui pénètre ne se dilate,
la température monte. Enfin, si elle devient
plus élevée que celle du milieu ambiant,
c'est parce que l'air, dans les premiers moments de son afflux, rafraîchit le tube qui
sert à l'introduire, tandis qu'ensuite il
abandonne de la chaleur quand il recouvre
sa pression primitive. Lorsqu'on fait pénétrer du gaz hydrogène dans le vide, le même
phénomène a lieu; mais si, après que le
thermomètre est devenu stationnaire, on introduit de l'air atmosphérique ou du gaz
acide carbonique, l'instrument recommence
à baisser.

Quand la capacité d'un corps pour le calorique augmente, ou qu'une force quelconque
met ce corps dans la nécessité de passer de
l'état solide à l'état liquide, ou de celui-ci à
l'état de fluide aériforme, il enlève aux corps
voisins autant de calorique qu'il en a besoin
pour subir cette transformation, et de là résulte du froid. Lorsque, par exemple, un sel
se dissout dans l'eau, il est obligé de devenir liquide, et, pour passer à cet état, il
absorbe une certaine quantité de calorique;
ce qui a pour effet de produire du froid,
parce que le calorique qu'absorbe le sel disparaît pour les sens et pour le thermomètre.
Lorsqu'on mêle avec de la neige un sel sec
qui a beaucoup d'affinité pour l'eau, ces deux
corps donnent naissance à une dissolution
saline, et, en se liquéfiant, ils enlèvent tant
de calorique aux corps voisins, que de là
résulte un froid de plusieurs degrés. C'est
là-dessus que se fonde l'expérience connue,
qui consiste à faire geler une assiette dans
une chambre chaude : à cet effet on place
l'assiette dans un peu d'eau, et on la remplit
d'un mélange intime de sel bien pulvérisé
et d'un peu de neige; au bout de quelques
minutes elle est tellement gelée, qu'on ne
peut plus la retirer. C'est aussi là-dessus
que repose la préparation des glaces. Plus le
sel a d'affinité pour l'eau, plus la substance
saline et la neige se fondent rapidement aux
dépens de la chaleur des corps environnants,
et plus le froid qui en résulte est intense.
C'est pourquoi tous les sels qui attirent l'humidité atmosphérique et qui se liquéfient
quand on les laisse exposés à l'air, produisent un froid considérable lorsqu'on les
mêle avec de la neige.

Il existe plusieurs mélanges frigorifiques,
au moyen desquels, en plein été, et sans le
secours de la glace ou de la neige, on peut
abaisser la température au-dessous du point
de congélation, et produire de la glace. Ainsi,
par exemple, quand on mêle cinq parties de
sel ammoniac finement pulvérisé avec une
égale quantité de salpêtre réduit aussi en
poudre, et qu'on verse sur le tout seize par-

ties d'eau de puits fraîchement tirée (d'une température de + 10 degrés environ); ou lorsque sur mélange finement pulvérisé de dix parties de salpêtre, trente-deux de sel ammoniac et trente-deux de chlorure calcique, on verse un poids quadruple du sien d'eau à + 10 degrés, le mélange descend jusqu'à — 12 degrés pendant la dissolution des sels, et le verre se couvre en dehors d'une couche de glace, due à la congélation de l'humidité atmosphérique; plus les sels sont finement pulvérisés, plus le mélange est parfait, plus enfin la dissolution se fait rapidement, et plus le froid produit est intense. Dans les pays où il est difficile de se procurer de l'eau fraîche pour boire, on emploie ce mélange réfrigérant, dans lequel on plonge les carafes. Le sel peut servir une seconde fois, après avoir été desséché. Si l'on veut obtenir un degré de froid plus considérable encore, on pulvérise neuf parties de phosphate sodique cristallisé, et on les dissout dans quatre parties d'eau-forte; la température du mélange peut descendre ainsi de + 10 degrés jusqu'à — 24.

La meilleure manière de produire un froid artificiel est de chauffer du chlorure calcique, jusqu'à ce qu'il soit converti en une masse sèche, blanche et poreuse; à le pulvériser ensuite, à passer la poudre au travers d'une gaze, et à la mêler avec moitié, deux tiers, ou tout au plus parties égales de neige. Plus la neige est froide, et plus le froid obtenu de cette manière est considérable. Si l'on n'a pas eu préalablement le soin de tamiser le chlorure, il se dégage d'abord un peu de chaleur, parce qu'alors le sel fondu commence par reprendre son eau de cristallisation, et que l'eau passe à un état plus solide que celui sous lequel elle se trouve dans la neige; ce qui cause un dégagement de chaleur et diminue la puissance réfrigérante du mélange. Le mieux est d'opérer ce dernier dans un vase de bois, qu'on introduit dans un autre, où on l'entoure de neige et de sel marin; le sel calcaire et la neige sont tamisés, par couches alternatives peu épaisses, dans le vaisseau intérieur et autour des corps qu'on veut refroidir. C'est de cette manière qu'on est parvenu à solidifier et faire cristalliser le mercure, à faire cristalliser l'ammoniac liquide et l'éther, etc. Cependant il faut choisir les hivers les plus rigoureux pour tenter cette expérience et employer au moins deux ou trois livres de sel calcaire à la fois. Les proportions les plus convenables sont celles de dix à quinze livres; on est parvenu, dans un pareil mélange, à solidifier près de soixante livres de mercure à la fois. Quand on n'opère que sur de petites quantités, ce qu'on a de mieux à faire c'est de n'employer d'abord qu'une livre de chlorure, et dès que la faculté réfrigérante du mélange est épuisée, de préparer un nouveau mélange pour y plonger le corps qu'on veut refroidir. Il est rare que le mercure ne se congèle pas promptement dans ce dernier.

On peut également produire du froid par l'évaporation des corps volatils. Si, par exemple, on verse de l'éther goutte à goutte sur la boule d'un thermomètre, le mercure descend rapidement, et lorsque l'instrument est suspendu à un fil qui sert à le balancer dans l'air, ou qu'on souffle dessus, le métal peut descendre jusqu'à zéro, parce que le renouvellement continuel de l'air augmente l'évaporation. Aux Indes orientales, on renferme l'eau, pendant la nuit, dans des cruches de grès poreux, au travers desquelles elle s'évapore constamment à la surface, tandis que, dans l'intérieur, elle se refroidit au point de se congeler en partie.

Leslie a imaginé un procédé au moyen duquel on produit très-rapidement un froid violent par l'évaporation dans le vide. On place sous le récipient d'une machine pneumatique une soucoupe ou tout autre vase large, contenant de l'acide sulfurique concentré, et quelques pouces au-dessus un petit godet de verre renfermant une once à une once et demie d'eau. Cela fait, on retire l'air du récipient jusqu'à ce que le mercure ne soit plus qu'à un huitième de pouce de hauteur dans l'éprouvette. L'eau prend alors la forme de gaz, et, au lieu d'air, le récipient ne contient plus que du gaz aqueux. Mais l'acide sulfurique concentré a tant d'affinité pour l'eau, qu'il convertit sur-le-champ le gaz en liquide, absorbe ce dernier à mesure qu'il se forme, et vide ainsi le récipient de tout gaz. Or, l'évaporation de l'eau se trouve tellement activée par là, que la portion restante dans le godet se congèle et se solidifie. Ce phénomène tient à ce que l'eau qui s'élève sous la forme de gaz se combine avec du calorique qu'elle acquiert aux dépens du calorique libre de l'eau liquide, et à ce que la soustraction qu'elle en fait s'opère avec trop de rapidité, pour pouvoir être compensée par la chaleur rayonnante des corps environnants; de sorte que la température s'abaisse au-dessous de zéro, et que l'eau se congèle. Si la machine pneumatique n'est pas bonne, l'expérience ne réussit point. Dans le cas contraire, l'eau se congèle en quatre minutes après l'expulsion de l'air pourvu que la surface par laquelle a lieu l'évaporation soit assez large. L'eau, dans cette expérience, se refroidit toujours jusqu'à —5 degrés avant de se congeler; mais la plupart du temps aussi elle prend ensuite la forme solide tout à coup : l'acide sulfurique qu'on emploie s'affaiblit en raison de l'eau qu'il condense, et s'échauffe, de manière que le calorique passe en quelque sorte de l'eau à l'acide. En faisant bouillir ce dernier, après l'opération, pour le débarrasser de l'eau qu'il a absorbée, on peut le faire servir une seconde fois au même usage. Leslie a trouvé depuis que divers corps très-secs et pulvérulents, par exemple la terre, la farine, etc., sont susceptibles de remplacer l'acide sulfurique. Il assure même que la farine d'avoine bien sèche surpasse ce dernier par la promptitude avec laquelle elle détermine la production du phénomène.

Wollaston a imaginé un autre instrument

pour produire du froid d'après les mêmes principes, et il lui a donné le nom de *cryophore* ou *porte-glace*. C'est un pulsimètre dont les deux boules sont courbées de haut en bas, et qui ne contient que la quantité d'eau nécessaire pour remplir une de ces boules à moitié. On plonge la boule vide dans un vase, par exemple, dans un gobelet, et on l'entoure de glace pilée ou de neige bien mêlée, soit avec du sel de cuisine, soit avec du sel ammoniac réduit en poudre fine. La partie vide du pulsimètre ne contient point alors d'air, mais elle est continuellement remplie par une portion de gaz aqueux, qui se dépose le long de la paroi interne du verre, sous la forme de glace, quand la boule, plongée dans le mélange réfrigérant, se trouve refroidie fort au-dessous du point de congélation. De là résulte un vide, et l'eau s'évapore dans la boule non refroidie, pour remplacer le gaz condensé. Mais, comme le gaz se condense dans la boule refroidie avec autant de promptitude qu'il se produit dans l'autre, l'eau éprouve un refroidissement tel dans cette dernière, par l'effet de l'évaporation, qu'au bout de quatre à huit minutes elle est convertie en une seule masse de glace. Le tube intermédiaire entre les deux boules peut être fort long sans que la congélation ait plus de peine à s'effectuer pour cela, mais la moindre parcelle d'air dans le pulsimètre fait manquer l'expérience.

Edelcrantz avait proposé, il y a quelques années, de condenser l'air dans un instrument particulier de son invention, afin de pouvoir ensuite le refroidir autant que possible, puis de lui permettre de se dilater, et de pousser ainsi le refroidissement presque à l'infini par le concours de plusieurs appareils se refroidissant mutuellement. Mais ce projet n'a point été mis à exécution. On a dit, dans ces derniers temps, que Hutton, à qui l'idée d'Edelcrantz n'était assurément pas connue, avait réussi à produire, au moyen d'un appareil construit d'après des vues analogues, un degré de froid si considérable, que l'alcool, le seul liquide presque qu'on n'ait point encore pu solidifier, s'y était congelé. Leslie a fait voir que quand on entoure de coton imbibé d'éther la boule d'un thermomètre descendu jusqu'à zéro, et qu'on place l'instrument sous le récipient de la machine pneumatique, on peut y solidifier le mercure en faisant le vide avec rapidité. Marcet rapporte qu'en se servant d'un liquide plus volatil encore, le sulfide carbonique, le mercure, sans avoir été préalablement refroidi, peut se congeler dans l'espace de trois à quatre minutes, et un thermomètre à esprit-de-vin descendre jusqu'à — 60 degrés. Bussy a produit des froids plus considérables par l'évaporation d'un liquide bien plus volatil encore, l'acide sulfureux, gaz coercible, qui se liquéfie à — 18 degrés, sans augmentation de la pression, et qui bout à — 10 degrés. Le mercure se congèle en quelques instants lorsqu'on entoure la boule d'un thermomètre avec du coton imbibé d'acide sulfureux liquide; le thermomètre à esprit-

de-vin descend à — 57 degrés à l'air libre, et jusqu'à — 68 degrés sous le récipient de la machine pneumatique; l'esprit de 0,85 se solidifie. A de pareils froids, d'autres gaz coercibles se condensent, et lorsque ensuite on les réduit de nouveau à l'état de gaz, ils produisent un abaissement de température plus considérable encore, mais qui n'a point été estimé jusqu'à présent.

Nous ignorons ce qu'est, à proprement parler, le calorique. Plusieurs des expériences qui viennent d'être rapportées mènent à conjecturer que la chaleur et la lumière ne sont qu'une seule et même substance, qui nous apparaît sous la forme de lumière quand elle se propage avec une grande vélocité, et sous celle de chaleur lorsque sa propagation a lieu d'une manière moins rapide. D'autres ont pensé que la chaleur est une certaine vibration des corps, qui fait naître la sensation du chaud en agissant sur nos organes, se communique aux corps froids, etc. Mais toutes ces hypothèses ne nous font pas faire un seul pas vers la véritable connaissance de la nature particulière du calorique. S'il est impondérable, et s'il n'augmente pas le poids des corps dans le vide, ce phénomène ne peut tenir qu'à ce que, malgré ses affinités chimiques, il n'est point attiré par la masse de la terre, seule et unique circonstance de laquelle dépende la pesanteur des corps. Il est donc possible qu'il existe des substances sur lesquelles la terre n'exerce point d'attraction, qui soient par conséquent dépourvues de la pesanteur inhérente à tous les autres corps, et que la lumière, le calorique, l'électricité, le magnétisme, soient des substances de ce genre, dont les molécules, n'ayant pas de force de cohésion, doivent se répandre dans l'univers entier.

Mais que les choses soient ainsi ou autrement, on rend l'explication de tous les phénomènes produits par la chaleur plus facile, en admettant que le calorique est une substance particulière, impondérable, comme la lumière, qui a de l'affinité pour un grand nombre de corps, et qui forme avec eux des combinaisons, tantôt plus, tantôt moins intimes.

Le calorique augmente dans certains cas, et modifie, dans d'autres, les affinités chimiques d'une multitude de corps, tant parce qu'en les fluidifiant il leur permet de se mêler ensemble et de se toucher par un plus grand nombre de points, que parce qu'à certaines températures il fait entrer en jeu des affinités qui reposent ou qui n'existent pas du tout à d'autres températures. Les anciens chimistes exprimaient le premier membre de cette proposition par l'axiome suivant : *Corpora non agunt, nisi soluta*, les corps n'agissent les uns sur les autres qu'autant qu'ils sont dissous; ce qui veut dire que les corps solides agissent peu ou même n'exercent aucune action les uns sur les autres, mais que lorsqu'ils passent à l'état de fluide, et qu'au moins l'un d'eux est fluidifié, le jeu des affinités entre en action. Quant au second membre, le mercure nous fournit une preuve à l'appui de l'assertion qu'il renferme. Ce métal n'éprouve aucun changement à la température ordinaire de l'atmosphère, mais à la chaleur de l'ébullition il commence à se combiner avec l'oxygène, et à produire une poudre rouge (oxyde rouge de mercure), ce qui continue tant qu'on le fait bouillir ; vient-on ensuite à chauffer davantage cette poudre rouge, l'affinité du mercure pour l'oxygène cesse une seconde fois de s'exercer, l'oxygène se dégage sous la forme de gaz, et le mercure reprend celle de métal qu'il avait dans le principe. •

CALORIQUE LATENT. *Voy.* CALORIQUE.

CALORIQUE SPÉCIFIQUE des corps simples. *Voy.* ATOMES.

CALORIQUE DES COMPOSÉS. *Voy.* ATOMES.

CAMÉE. *Voy.* BIJOUX.

CAMÉLÉON MINÉRAL. *Voy.* MANGANIQUE (*Acide*).

CAMELINE. *Voy.* CORPS GRAS.

CAMPHRE (de l'arabe *kapur* et *kampur*). — Le camphre est un principe immédiat des végétaux, qui peut être regardé, avec raison, comme une espèce d'huile volatile concrète. Il existe tout formé dans plusieurs végétaux, et surtout dans une espèce de laurier, nommé *camphrier, laurus camphora*, qui croît au Japon. On le retire aussi de l'exposition à l'air de plusieurs huiles essentielles, telles que celles de sauge, de marjolaine, de romarin, de lavande, etc. Cette dernière peut en fournir, suivant Proust, jusqu'à 0,25 de son poids.

L'extraction du camphre du *laurus camphora* est très-simple : on réduit en morceaux menus son tronc et ses branches, et on les place, avec une petite quantité d'eau, dans de grandes cucurbites de fonte, surmontées de chapiteaux de terre, garnis intérieurement d'un réseau fait en paille de riz. En chauffant légèrement, le camphre se volatilise et se condense sur les cordes de riz en petits grains grisâtres. C'est sous cet état qu'on l'envoie en Europe, où alors on le raffine, en le mêlant avec une petite quantité de chaux, et le sublimant de nouveau sur un bain de sable dans des matras de verre à fond plat. Le camphre ainsi sublimé et condensé a la forme hémisphérique du vase où l'opération a été faite.

Propriétés. Le camphre à l'état de pureté est solide, blanc, demi-transparent, d'une contexture lamelleuse et flexible ; sa pesanteur spécifique est de 0,988. Son odeur est forte et pénétrante, sa saveur âcre et chaude. Il est si volatil, qu'il se dissipe à l'air et se sublime spontanément dans les vases qui le renferment. Exposé à l'action de la chaleur dans un vase fermé, il fond à + 175°, et bout à + 204° ; il est si combustible, qu'il s'enflamme à l'approche d'un corps en combustion, et continue de brûler à la manière des huiles volatiles, en produisant une fumée noirâtre. ·

Mis en contact avec l'eau, il présente un phénomène singulier dû à sa grande volatilité. Si l'on tient en partie plongé dans l'eau un petit cylindre de camphre, l'eau qui le touche est repoussée tout à coup, et revient ensuite sur elle-même, en produisant l'image d'un flux et d'un reflux autour du camphre. Un effet non moins surprenant se manifeste quand on racle avec un canif, à la surface de l'eau, un morceau de camphre : chaque petite masse détachée, flottant sur l'eau, prend un mouvement de rotation très-rapide sur elle-même, et ce tournoiement est anéanti à l'instant où l'on vient à toucher en un point de la surface de l'eau, avec une pointe d'épingle trempée dans une huile fixe ; on admet qu'alors une pellicule très - mince d'huile se répand sur toute la surface de l'eau, et empêche le contact du camphre entre l'eau et l'air.

L'eau n'a que peu d'action sur le camphre, cependant elle en dissout assez pour en acquérir l'odeur particulière. Les véritables dissolvants de ce corps sont ceux des huiles volatiles, c'est-à-dire l'alcool et l'éther ; ce premier liquide en dissout les $\frac{1}{4}$ de son poids ; les huiles volatiles et les huiles fixes le dissolvent aussi.

La solution alcoolique de camphre, mêlée à l'eau, est décomposée sur-le-champ ; le camphre est précipité en flocons blancs grenus, par suite de l'union de l'alcool et de l'eau. Le camphre est fort employé en médecine ; on l'administre à l'intérieur à petite dose comme anti-spasmodique et sédatif ; à plus haute dose, il est stimulant, et devient très-irritant lorsque la dose est un peu considérable ; il peut déterminer même la mort, en agissant violemment sur le cerveau et enflammant le tube digestif. Son absorption est si rapide, qu'il passe sur-le-champ dans tous les organes, et s'exhale de l'économie surtout par les voies respiratoires

On administre le camphre à l'intérieur, soit à l'état de poudre mêlé avec d'autres médicaments, soit dissous dans une huile fixe ou un jaune d'œuf, ou suspendu dans l'eau à l'aide d'un mucilage. Sa solution dans l'alcool faible, connue sous le nom d'*eau-de-vie camphrée*, s'emploie à l'extérieur comme antiseptique ; elle est formée d'une partie de camphre dissoute dans trente-deux parties d'alcool à 22°. L'*alcool camphré*, usité aussi en médecine, est composé d'une partie de camphre et de sept parties d'alcool à 36°. L'*huile camphrée*, employée contre les douleurs rhumatismales et quelques, tumeurs glanduleuses, se prépare en dissolvant à froid par l'agitation le camphre pulvérisé dans quatre fois son poids d'huile d'olives.

Le camphre est employé dans les vernis, surtout dans l'espèce recherchée sous le nom de *vieux-laque*. On s'en sert aussi dans les feux d'artifices, tant à cause de sa grande combustibilité qu'en raison de la blancheur de sa flamme. La propriété qu'il a de brûler sur l'eau a fait supposer qu'il entrait dans la composition du *feu grégeois.*

Son odeur est mortelle pour les petits animaux, notamment pour les insectes. Voilà pourquoi on le répand dans les armoires où l'on conserve les collections d'histoire naturelle, afin d'en écarter les papillons et autres insectes qui viennent pour déposer leurs œufs. C'est pour la même raison qu'on en-ferme de petits sachets de camphre dans les coffres où l'on serre les pelleteries et les étoffes de laine.

C'est un très-bon antiseptique aussi est-il utilisé pour les embaumements. On l'emploie encore comme aromate, et, comme tel, il fait partie des pastilles odorantes dont on se sert pour parfumer l'air. Enfin, il rend de très-grands services à la médecine. C'est un exci-tant puissant, qui peut devenir mortel, même a une très-faible dose.

CAMWOOD. *Voy.* BARWOOD.

CANTHARIDINE. — C'est la matière vési-cante de la cantharide (*meloe vesicatorius*, *mylabris chicorii*, et quelques autres espèces du même genre). Elle a été obtenue pour la première fois par Robiquet, et, depuis, L. Gmelin l'a plus amplement examinée. Pour l'obtenir, on traite avec de l'eau des cantharides pulvérisées, on évapore la disso-lution jusqu'à siccité, on épuise le résidu par de l'alcool concentré et chaud, on éva-pore la liqueur alcoolique, et on traite le ré-sidu par l'éther. Ce qui reste après l'évapo-ration de l'éther est mis en contact avec de l'alcool, qui enlève une matière jaune, et la cantharidine reste pure. Dans cet état, elle forme de petites écailles cristallines, sembla-bles à des paillettes de mica, qui, lorsqu'on les chauffe, fondent en un liquide oléagineux jaune. Ce liquide prend une texture cristal-line, en se solidifiant par l'effet du refroidis-sement. Si l'on chauffe davantage la cantha-ridine, elle se volatilise sous la forme d'une fumée blanche, qui se condense en un su-blimé blanc et cristallin. Le moindre atome de cette matière suffit pour faire naître une ampoule à la peau, et quand on la sublime, sa vapeur est dangereuse pour les yeux, le nez et les organes respiratoires. La cantha-ridine est complétement neutre.

CAOUTCHOUC (*gomme élastique*). — Ce principe existe dans un grand nombre de plantes. C'est lui qui contribue à donner l'apparence laiteuse à beaucoup de sucs; on le trouve particulièrement dans plusieurs plantes de la famille des atrocarpées, des pa-pavéracées, et surtout des euphorbiacées, telles que l'*hevea guianensis*, *jatropha ela-stica*, *tabernœmontana elastica*, *lobelia caout-chouc*, etc.

Le suc des arbres qui fournissent le caout-chouc, appliqué en couches minces sur un corps résistant, se solidifie et se transforme en caoutchouc cohérent; si on chauffe ce suc, le caoutchouc se coagule avec l'albu-mine végétale; l'alcool détermine la même coagulation. L'eau ni l'alcool ne dissolvent le caoutchouc devenu cohérent; il se dissout dans l'éther privé d'alcool; il se dissout également bien dans les huiles empyreumatiques recti-fiées qu'on obtient par la distillation du charbon de terre et du goudron de bois; mais il se dissout beaucoup mieux dans le liquide que fournit le gaz de l'éclairage comprimé. Une des propriétés les plus re-

marquables du caoutchouc, c'est de fournir par la distillation à feu nu une huile qui, par plusieurs rectifications, peut devenir aussi légère que l'éther sulfurique, et qui possède par excellence la propriété de dissoudre par-faitement le caoutchouc cohérent.

Le caoutchouc dissous dans cette huile empyreumatique, ou dans les produits liqui-des résultant de la décomposition de l'es-sence de térébenthine par le feu, est employé pour rendre imperméables à l'eau les diffé-rents tissus avec lesquels on confectionne ensuite des manteaux, des habits, des coiffes de chapeaux, des tabliers de nourrices, des clysoirs, des matelas et des coussins à air. Ces tissus furent préparés d'abord à Man-chester, par MM. Mackintosh et Hancock. MM. Rattier et Guibal les fabriquent à Paris, en étendant au moyen de la brosse, sur une des faces d'une étoffe, une couche de vernis élastique, obtenu avec l'huile volatile du charbon de terre. Lorsque le vernis est de-venu gluant, par un commencement de des-siccation, on applique sur l'étoffe une autre pièce du même tissu qui a été verni de la même manière. On soumet à une certaine pression l'étoffe double ainsi préparée; on l'expose à un courant de vapeur d'eau pen-dant quelque temps, puis on fait sécher. L'usage de ces tissus imperméables, si com-modes pour les voyageurs, a pris un dévelop-pement considérable depuis quelques années.

Le caoutchouc fournit par la distillation 95 pour 100 de liquide empyreumatique; ce caractère est excellent pour le distinguer des matières résineuses avec lesquelles on pourrait le confondre; il a d'ailleurs, selon Faraday, une composition toute particulière : il est formé de 87,2 de carbone et de 12,8 d'hydrogène.

Il y a environ un siècle que le caoutchouc est connu en Europe. C'est un nommé Fres-nau qui en fit la découverte à Cayenne, et c'est la Condamine qui envoya, en 1751, d'Amérique, la première description scien-tifique de cette substance. On l'appela, par suite de fausses idées sur sa nature, *résine élastique* et *gomme élastique*.

Le caoutchouc devient chaque jour un ob-jet commercial plus important : aussi le prix de cette substance s'accroît-il chaque année. On réduit le caoutchouc en fils qu'on tisse et qu'on applique surtout à la fabrication des bretelles, des lacets, des jarretières. C'est à Vienne qu'on a, dit-on, confectionné pour la première fois des tissus en caoutchouc. Cette industrie a été perfectionnée et agrandie, en France, par MM. Rattier et Guibal, qui font par jour près de 2,000 bretelles; sur cette quantité, 1,500 sont expédiées pour l'Amé-rique. Les préparations des sondes, imagi-nées en 1768 par Macquer, et celles d'un grand nombre d'autres instruments de chi-rurgie, consomment aussi une énorme quan-tité de caoutchouc. Au Brésil, à la Guyane, on en confectionne des chaussures imper-méables, des bouteilles, des seringues : ce dernier emploi a valu à l'arbre qui fournit le caoutchouc le nom de *pao-di-xiringa*. Les naturels de Cayra, dans le haut Orénoque, entourent de poires de caoutchouc l'extrémité des baguettes avec lesquelles ils frappent leurs tambours.

CAOUTCHOUC MINÉRAL. *Voy.* ÉLATÉRITE.

CAOUTCHOUC FOSSILE. *Voy.* POIX MINÉRALE.

CARBONATE DE CHAUX.—On trouve le carbonate de chaux cristallisé dans la nature, sous deux formes différentes : 1° sous la forme rhomboédrique ; exemple : le *spath calcaire* qui cristallise en rhomboèdres dont les angles sont 105° 50 et 75° 55; 2° sous la forme prismatique; exemple : l'*arragonite*, qui, sous l'action de la chaleur, se divise en lamelles affectant la cristallisation du spath calcaire. Le carbonate de chaux obtenu artificiellement se présente sous forme d'une poudre blanche, presque insoluble dans l'eau. Lorsqu'on verse à froid, dans une dissolution d'un sel de chaux, un carbonate alcalin, on obtient un précipité blanc de carbonate de chaux, qui, par suite d'un séjour prolongé dans l'*eau froide*, se ramasse en petits grains présentant la forme rhomboédrique du spath calcaire. Si le précipité a été fait à chaud (à la température de l'eau bouillante), il ne tarde pas à prendre la forme prismatique de l'arragonite; mais, par suite d'un séjour prolongé dans l'eau, il perd la forme prismatique de l'arragonite, pour reprendre la forme rhomboédrique du spath calcaire. Le carbonate de chaux a une densité qui varie de 2,3 à 3,8. Il raye le sulfate de chaux hydraté. Les lames du carbonate cristallisé (*spath d'Islande*) présentent un phénomène d'optique remarquable. Lorsqu'on regarde à travers ces lames, on aperçoit deux images (effet de double réfraction de la lumière). Le carbonate de chaux est presque insoluble dans l'eau : elle n'en dissout que 3 à 4 millièmes. A la chaleur rouge, il perd tout son acide carbonique, et donne pour résidu de la *chaux vive*. Cette décomposition s'effectue rapidement, quand on fait passer sur le carbonate un courant de vapeur d'eau ou un courant d'air, de manière à diminuer la pression à laquelle se trouve soumis l'acide carbonique. On doit à M. Chevalier une expérience curieuse : on chauffe, à la température blanche, de la craie placée dans un canon de fusil hermétiquement fermé; la chaux entre en fusion : l'acide carbonique, ne pouvant se dégager, se combine plus intimement avec la chaux. Après l'expérience on trouve, dans le canon un corps grenu, cristallisé, ressemblant parfaitement à du marbre. Cette expérience doit intéresser au plus haut point les géologues. Le carbonate de chaux se dissout dans un excès d'acide carbonique. *Voy.* CALCAIRE.

CARBONATE D'AMMONIAQUE. *Voy.* AMMONIAQUE, *sels*.

CARBONATE D'ARGENT. *Voy.* ARGENT.

CARBONATE DE BARYTE. *Voy.* BARIUM.

CARBONATE DE CUIVRE. *Voy.* CUIVRE, *sels*.

CARBONATE DE FER. *Voy.* SIDÉROSE.

CARBONATE DE MAGNÉSIE. *Voy.* MAGNÉSIE.

CARBONATE NEUTRE de soude. *Voy.* SOUDE.

CARBONATE DE PLOMB. *Voy.* CÉRUSE.

CARBONATE DE POTASSE. *Voy.* POTASSE.

CARBONATE DE STRONTIANE. *Voy.* STRONTIUM.

CARBONE.—Le carbone est un corps que la nature nous offre avec abondance, car il entre dans la composition des corps animaux et végétaux; de plus, il existe en grandes masses, mélangé avec d'autres substances, dans le sein de la terre; mais il se trouve rarement à l'état de pureté.

Sous cet état, il constitue le diamant. C'est là un fait que la science a ignoré pendant longtemps; et on le conçoit, en se rappelant les grandes différences physiques qui existent entre le charbon noir, sans éclat, poreux, et le diamant qui est si compacte, dont l'éclat est si éblouissant, les couleurs si belles, et qui est inaltérable. Newton, le premier, après avoir remarqué que les corps réfractaient d'autant plus la lumière qu'ils étaient plus combustibles, après avoir constaté que le diamant était doué d'un grand pouvoir réfringent, soupçonna que cette substance était composée d'une matière combustible. Les académiciens de Florence, si célèbres par leurs ingénieuses expériences, confirmèrent cette idée du grand géomètre anglais, en brûlant un diamant au foyer d'un miroir ardent.

Mais il était réservé à Lavoisier de nous apprendre et de nous démontrer, par des expériences simples, que le diamant est du carbone à l'état de pureté complète. Cet illustre chimiste parvint à brûler cette substance dans des vases clos remplis d'oxygène, et à reconnaître qu'il se formait de l'acide carbonique dans cette combustion; il put en conclure que le diamant était du carbone. Cette découverte a d'ailleurs été confirmée par de nombreux travaux entrepris par les chimistes de l'époque de Lavoisier.

Les diamants se trouvent dans la nature, enfouis dans les terres et les sables de quelques parties du Nouveau-Monde; mais ils sont rares, surtout ceux qui sont d'une grande dimension. Voilà pourquoi cette matière est si précieuse et si recherchée. Le prix élevé du diamant est non-seulement le résultat de sa rareté, mais encore de l'éclat qu'il donne; car il réfléchit les couleurs les plus brillantes, ce que ne peuvent faire les pierres précieuses fabriquées et taillées dans le but d'imiter les diamants.

Le charbon proprement dit, cette matière noire, plus ou moins poreuse, et friable, sans éclat, si abondante dans l'économie domestique, s'obtient en décomposant en vases clos des matières animales et végétales. Cette substance contient non-seulement du carbone, mais encore de l'hydrogène et des principes fixes qui se trouvaient dans la matière organique que l'on a soumise à la distillation. Ce sont ces principes qui forment les cendres qui restent après la combustion du charbon. Le charbon connu sous le nom de *noir de fumée* est du carbone presque pur ; il est formé par une poussière très-ténue et très-légère, qui se précipite naturellement de la fumée produite par la combustion des matières huileuses et résineuses. Mais pour que le noir de fumée soit pur, il faut le priver d'une huile qu'il contient toujours, ce qui se fait en le calcinant dans des vases fermés.

Nous venons de considérer le carbone à l'état de diamant, puis de charbon résultant de la distillation des matières organiques. Il reste à parler d'une troisième espèce de carbone, de celui que l'on trouve au sein de la terre, en couches très-épaisses et d'une grande étendue, de celui qu'on appelle charbon de terre. Ce charbon paraît provenir de la décomposition lente des matières organiques qui ont été enfouies dans la terre par suite des révolutions du globe. Tantôt ce charbon est disposé en couches et imprégné de matières bitumineuses et de différentes substances minérales : on le connaît alors sous le nom de *houille* ou de *charbon de terre* ; tantôt il est noir, luisant, compacte, friable, sans formes régulières et mêlé d'alumine, de silice et d'oxyde de fer ; il est alors connu des minéralogistes sous le nom d'*anthracite*. Ce dernier charbon, qui ne peut brûler qu'avec difficulté, depuis peu d'années employé dans les arts, ne peut servir dans l'économie domestique ; la houille, au contraire, remplace avec avantage le bois par le chauffage, et le charbon de bois dans les arts et dans certaines opérations métallurgiques. Les pays les plus riches en houille sont l'Angleterre, la Belgique, puis la France.

La houille contient du carbone, de l'hydrogène, du soufre et des matières fixes. C'est en calcinant ce corps dans de grands cylindres en fonte, qu'on prépare le gaz hydrogène carbonisé, qui sert maintenant à l'éclairage des grandes villes. Comme ces charbons contiennent toujours du soufre, il en résulte qu'il se produit aussi, dans les mêmes circonstances, du gaz hydrogène sulfuré, et de l'hydrosulfate d'ammoniaque, qui communique au gaz de l'éclairage une odeur tout à fait désagréable. On peut l'en priver en agitant avec des dissolutions métalliques de sulfate de fer, par exemple ; on obtient alors du sulfate d'ammoniaque et du sulfate de fer.

Le fusin, dont les dessinateurs font un fréquent usage, n'est autre chose qu'un charbon qui résulte de la distillation en vases clos du bois de saule.

Le noir de pêche et le noir d'ivoire, qui sont employés en peinture, résultent de la combustion, dans les mêmes circonstances, des noyaux de pêche et de l'ivoire.

Quoique plusieurs propriétés du charbon aient été analysées, nous allons les reprendre et les compléter. Le carbone est toujours solide, car les hautes températures auxquelles on l'a exposé n'ont jamais pu le liquéfier, ni le gazéifier. Il est inodore, insipide, insoluble dans l'eau et dans les dissol-

vants des autres corps. Mis en contact avec les gaz, il les absorbe avec rapidité. Cette curieuse propriété a été étudiée avec soin par M. Théodore de Saussure. Ce chimiste a reconnu que tous les corps poreux jouissaient de la propriété d'absorber les gaz, mais que le charbon, surtout le charbon de bois, jouissait de cette propriété au plus haut degré. D'après son travail, un volume de charbon de bois privé d'air et d'humidité, soit par sa calcination, soit par son exposition dans le vide de la machine pneumatique, condense : 90 volumes de gaz ammoniac, 85 de gaz acide chlorhydrique, 63 de gaz acide sulfureux, 55 de gaz acide sulfhydrique, 40 de protoxyde d'azote, 35 d'acide carbonique, 35 de bicarbure d'hydrogène, 9,42 d'oxyde de carbone, 9,25 d'oxygène, 7,50 d'azote, 1,75 d'hydrogène. Tous ces gaz sont absorbés avec un faible dégagement de calorique ; tous, à l'exception de l'hydrogène, sont dégagés par la chaleur, sans avoir éprouvé d'altération. Le gaz oxygène se combine peu à peu avec le charbon, et se transforme en acide carbonique. Le charbon, lorsqu'il est imprégné d'acide sulfhydrique, s'échauffe du moment qu'il est exposé à l'air ou à l'oxygène ; l'hydrogène de ce gaz se combine avec l'oxygène, et le soufre se décompose. C'est là un phénomène très-curieux, et dont les chimistes tireront certainement un grand parti.

Le charbon ne se combine pas avec l'oxygène à la température ordinaire ; mais quand la température est élevée, la combinaison, comme nous l'avons vu à l'étude de l'oxygène, s'effectue avec un grand dégagement de chaleur et de lumière. L'expérience peut se faire en introduisant dans un flacon rempli d'oxygène un morceau de charbon qui présente un point en ignition. Le charbon se transforme par l'oxygène en acide carbonique gazeux. La présence d'un corps acide dans le flacon se constate en y versant de la teinture de tournesol, qui est aussitôt rougie ; de plus, l'eau de chaux et l'eau de baryte, versées dans ce flacon, sont troublées et laissent précipiter des flocons blancs de carbonate de chaux ou de carbonate de baryte.

Une des propriétés les plus curieuses et les plus importantes du charbon pour les arts et l'industrie, c'est la faculté qu'il possède d'absorber l'odeur et le goût de certaines substances, et de détruire la couleur de plusieurs autres. Car des liquides qui contiennent des matières animales putréfiées en suspension, et qui, pour cette raison, ont une odeur et une saveur désagréables, perdent leur odeur et leurs propriétés nuisibles quand on les fait passer à travers une couche de charbon. C'est sur cette propriété qu'est basée l'habitude de charbonner l'intérieur des tonneaux destinés à contenir l'eau des marins. Enfin, ce qui est plus important, un grand nombre de liquides peuvent être décolorés par le charbon. Tout le monde sait maintenant que c'est avec le charbon qu'on décolore le sucre et les sirops. On tomberait dans une grave erreur si l'on pensait que tous les charbons jouissent au même degré des propriétés décolorante et désinfectante : celui qui provient de la calcination des os (noir d'os, noir animal du commerce) l'emporte sur tous les autres sous ce double rapport. On peut se faire une idée juste de cette supériorité en cherchant à décolorer le même vin avec du noir animal et du noir de fumée ; la décoloration sera complète avec le premier charbon, et seulement partielle avec l'autre. Le charbon peut aussi enlever le mauvais goût aux viandes qui auraient déjà subi un commencement de putréfaction ; il suffit pour cela de les faire bouillir dans une eau qui contient du charbon divisé.

Le carbone à la température ordinaire est inaltérable par l'air. Voilà pourquoi les encres et les peintures noires dont la base est le charbon se conservent éternellement, comme l'attestent les manuscrits trouvés à *Herculanum*, ancienne ville d'Italie, qu'une éruption du Vésuve, arrivée le 24 août de l'année 79 de l'ère chrétienne, ensevelit sous un déluge de cendres, en même temps que les deux autres villes de *Pompeïa* et *Stabia*. Les caractères des manuscrits qu'on a retirés des décombres, dans ces dernières années, sont parfaitement visibles, bien qu'ils aient près de vingt siècles d'existence ; ils ont été tracés avec une encre composée de noir de fumée délayé dans de l'eau gommée.

Le charbon est également inaltérable dans la terre humide, et c'est sur cette propriété que repose l'usage de charbonner la surface des pièces de bois, des pieux, des pilotis, qui doivent séjourner dans la terre ou dans l'eau. Les anciens connaissaient bien cette incorruptibilité du charbon ; nous avons beaucoup de preuves des avantages qu'ils savaient en tirer ; je n'en citerai que deux. En retirant, dans ces derniers temps, les pilotis de l'antique temple de Diane, à Éphèse, on a reconnu qu'ils avaient été carbonisés. Il y a une cinquantaine d'années environ qu'on a trouvé une grande quantité de pieux de chêne dans le lit de la Tamise, à l'endroit même où Tacite rapporte que les Bretons enfoncèrent des pilotis pour arrêter le passage de César et de son armée. Ces pieux, très-fortement carbonisés, avaient tout à fait conservé leur forme et étaient très-durs.

C'est à cause de la décomposition de l'eau par le charbon rouge, et de la production des gaz aussi combustibles que l'oxyde de carbone et l'hydrogène carboné, qu'une petite quantité de ce liquide projetée sur un brasier augmente l'intensité de la combustion au lieu de la ralentir. C'est ce que l'expérience a appris depuis longues années aux forgerons et aux serruriers, qui mettent ce principe en usage à chaque instant. En effet, ils aspergent de temps en temps, avec un goupillon le charbon qu'ils veulent mieux enflammer dans leurs forges. On comprend maintenant, d'après cette explication, le mal qu'on occasionne dans les incendies, en ne faisant arriver sur les matières embrasées que de petites quantités d'eau. Lorsqu'on

fait agir les pompes pour arrêter les progrès du feu, il faut projeter le plus grand volume d'eau possible, ou s'arrêter si l'on ne peut disposer que d'une faible quantité de liquide ; car, dans ce dernier cas, on fait plus de mal que de bien, puisqu'on augmente la vivacité du feu, puisqu'on fournit aux corps combustibles un nouvel aliment dans l'oxygène de l'eau, qui se trouve décomposée par le charbon rouge.

Ceci est une nouvelle preuve que la science est bonne à connaître, même dans les opérations qui semblent les plus simples. C'est parce qu'on ignore ses principes qu'on commet journellement tant de fautes si faciles à éviter, et qu'on compromet souvent, d'une manière déplorable, les intérêts les plus chers.

Les personnes étrangères à la science ne penseraient jamais que les mêmes éléments, le carbone et l'hydrogène, concourent à la formation de substances aussi différentes par leurs propriétés physiques que la *gomme élastique* ou *caoutchouc*, les huiles concrètes de rose, de menthe poivrée, d'anis ; les essences de citron, de cédrat, de limette, de térébenthine, de poivre noir, de genévrier, etc. ; le naphte et le pétrole, bitumes si communs dans la nature ; enfin le gaz de l'éclairage, et celui qui se dégage de la vase des marais et dans les mines de houille.

Et cependant pour le chimiste, il est bien constant que ces composés si divers ne sont que des variétés de CARBURE D'HYDROGÈNE, différant seulement entre elles par les proportions de leurs deux principes constituants. Il y a plus même, et ce n'est pas un des faits les moins curieux découverts par la chimie moderne : quelques-uns de ces carbures d'hydrogène contiennent les mêmes proportions de carbone et d'hydrogène, quoique leurs caractères physiques soient fort différents, et parfois même tout à fait opposés. C'est ainsi, par exemple, que l'huile concrète de rose et le gaz retiré de la houille par la distillation, que l'essence de citron, si suave, et l'essence de térébenthine, si infecte, ont absolument le même mode de composition, et se ressemblent autant, sous le rapport du nombre et des quantités de leurs composants, que se ressemblent deux gouttes d'eau.

N'est-ce pas là de ces singularités de ces phénomènes merveilleux qu'il n'était donné qu'à la chimie de nous faire connaître ? Quelle autre science eût pu nous apprendre qu'un simple changement dans le mode de rapprochement ou de condensation des molécules des corps peut influer d'une manière si prononcée sur les caractères extérieurs, sur l'aspect des substances dont la nature intime est identique ? Assurément la découverte de lois naturelles aussi remarquables est bien faite pour expliquer cette admiration profonde et cet enthousiasme sans cesse renaissant que professent les chimistes pour leur science favorite.

On doit facilement comprendre que, pour arriver à constater des faits aussi étranges, les chimistes modernes doivent posséder des méthodes d'expérimentation bien puissantes et bien délicates. Il y a trente ans, de pareilles découvertes étaient impossibles ; aujourd'hui, grâce aux progrès de la science, ce n'est plus qu'un jeu ; et chaque jour, d'ailleurs, dans nos laboratoires, nous découvrons des phénomènes non moins dignes d'intérêt.

CARBONIQUE (acide). — L'acide carbonique est très-répandu dans la nature à l'état libre et gazeux. Les volcans le produisent en grande quantité, et des siècles même encore après leur extinction, il continue à se dégager par les fissures des terrains voisins. Aussi sature-t-il la plupart des eaux de source qui sourdent dans ces contrées, et toute l'eau qui s'assemble dans des cavités où l'acide peut sortir par les fissures des montagnes. A l'état de combinaison, il est un des principes constituants les plus communs de notre terre, et, uni à la chaux, il forme des terrains de calcaire primitif, ceux de calcaire de transition, ceux de craie, et les différentes couches de calcaire des formations tertiaires.

A la température et sous la pression ordinaire, l'acide carbonique ne peut subsister, ni à l'état solide, ni à l'état liquide, et il s'y maintient toujours gazeux. Comme il est également un produit de la respiration des animaux et de la plupart des combustions, il entre aussi, sous cette dernière forme, dans la composition de l'atmosphère.

A la température de zéro, et sous une pression de quarante atmosphères, il peut, d'après les expériences de Faraday, se condenser en un liquide sans couleur et extrêmement coulant. Pour l'obtenir liquide, il faut se servir de tubes très-forts et courbés, qui permettent d'introduire d'abord du carbonate ammoniaque, puis de l'acide sulfurique concentré, de manière que ces deux corps n'entrent pas de suite en contact l'un avec l'autre. On soude alors l'extrémité encore ouverte du tube, et après qu'elle s'est refroidie, on tourne le tube de manière que l'acide puisse couler sur le sel. Lorsque l'action a cessé, on refroidit l'extrémité soudée en dernier lieu, par le moyen d'un mélange réfrigérant, et l'acide carbonique y distille peu à peu. Cet acide étant un des gaz les plus difficiles à coercer, l'expérience exige beaucoup de circonspection, et presque toujours les tubes se brisent. Si l'on essaye d'en rompre un dans lequel se trouve de l'acide carbonique condensé, il éclate avec explosion en un millier de morceaux.

A la température de zéro, on peut liquéfier autant de gaz acide carbonique que l'on veut, par le moyen d'une pompe foulante capable de produire une pression d'au moins trente-six atmosphères, pourvu que les vaisseaux soient assez forts pour résister. Liquide, il est très-coulant, transparent, incolore, et réfracte la lumière moins que ne fait l'eau.

Humphry Davy a conclu le premier de ce

fait important que les gaz comprimés pourront un jour être employés comme agents mécaniques, et substitués à la vapeur d'eau, puisqu'il suffira de légères différences de température, comme celle entre le soleil et l'ombre, pour produire des changements de pression de plusieurs atmosphères, qu'on ne peut obtenir dans les machines à vapeur ordinaires qu'en brûlant une grande quantité de combustible. Notre célèbre compatriote Brunel, dont le nom est attaché à l'une des entreprises les plus gigantesques de notre siècle (la construction du pont sous la Tamise), a voulu réaliser les idées de Davy, en construisant une machine dans laquelle l'acide carbonique liquide, alternativement raréfié par la chaleur et condensé par le froid, pût développer une force motrice considérable. L'acide carbonique liquéfié est renfermé dans deux cylindres qui communiquent, l'un avec la partie supérieure, l'autre avec la partie inférieure d'un corps de pompe garni d'un piston. Si l'on échauffe cet acide à l'aide d'un courant d'eau bouillante, dans des tubes intérieurs de l'un des deux cylindres, la pression qui résulte de son expansion est égale à celle de 90 atmosphères ; et comme elle agit sur un piston qui ne résiste qu'avec la force de 30 atmosphères, si l'on suppose la température de 0°, la puissance motrice, égale à la différence, est de 60 atmosphères. On conçoit qu'en échauffant et refroidissant alternativement l'acide carbonique enfermé dans les deux cylindres, on obtient un mouvement alternatif dont la force constante, dans l'hypothèse citée, est égale à 60 atmosphères. Si donc l'on peut vaincre les difficultés qui résultent de la facilité avec laquelle l'acide carbonique liquide fait explosion par la moindre élévation de température, et trouver des appareils assez forts pour résister à la haute tension de sa vapeur, on pourra produire des effets bien autrement prodigieux que ceux de la machine à vapeur, dont la force, cependant, a déjà multiplié au centuple la puissance humaine. L'azote, et surtout l'hydrogène, dans l'état liquide, exerceraient, sans aucun doute, une bien plus puissante action que l'acide carbonique. La raison recule effrayée à l'idée des efforts que l'homme pourra surmonter avec de telles armes.

L'acide carbonique, soumis à une forte pression et à un froid de 20°, peut se liquéfier ; mais à la température ordinaire il peut même se solidifier par un procédé très-remarquable dû à un Français, M. Thilorier. Ce chimiste a fait connaître son procédé à l'Académie des sciences. Depuis il ne cesse de montrer dans les grands amphithéâtres de Paris, à la Sorbonne, au jardin des Plantes, à l'école de Médecine, à l'école Polytechnique, devant un grand concours de spectateurs, l'ingénieux appareil avec lequel il est parvenu à opérer ce prodige. Ce n'est pas sans un vif sentiment d'admiration et d'enthousiasme manifesté par des cris, des trépignements et des battements de mains que les auditeurs, jeunes et vieux, voient l'acide carbonique, le type des gaz, transformé en une matière solide et blanche ayant l'aspect de la neige, pouvant solidifier le mercure, et qui, en contact avec les chairs, les désorganise et produit une sensation analogue à la brûlure.

L'acide carbonique est très-facile à préparer. Il suffit de traiter le carbonate de chaux par un acide. Si l'on prend du marbre, il faudra employer de l'acide chlorhydrique, parce que le chlorure formé est soluble et que la masse, qui est compacte, se trouve constamment attaquée par l'acide; le contraire arriverait avec l'acide sulfurique. Il faut avec cet acide prendre de la craie, qui est un carbonate très-divisé et dont chaque partie peut être environnée d'acide et être attaquée par lui. La craie, si elle était traitée par l'acide chlorhydrique, donnerait une effervescence si grande, que toute la matière serait projetée au dehors du vase. Pour faire l'expérience, on prend un flacon à deux tubulures; l'une sert à introduire l'acide, tandis que l'autre sert au dégagement du gaz.

L'acide carbonique est un gaz incolore, possédant une saveur et une odeur piquantes analogues à celles des vins mousseux. Il fait éprouver un picotement à la peau, lorsqu'elle est plongée dans un vase qui en contient. Sa densité, 1, 524, est plus grande que celle de l'air; voilà pourquoi on peut le transvaser comme un liquide. Il est vénéneux, et il asphyxie les animaux qui sont plongés dans son atmosphère. Ces propriétés démontrent qu'on ne doit pénétrer qu'avec de très-grandes précautions dans les lieux où du gaz acide carbonique peut se dégager; dans ces lieux il est évident que l'acide carbonique doit se trouver à la partie inférieure et l'air au-dessus. Les phénomènes que présente la grotte du Chien, près de Naples, sont donc facilement explicables. Un homme peut y entrer impunément, tandis qu'un chien tombe au bout de quelque temps et périt infailliblement si on ne le porte au dehors. Cette caverne est remplie par deux couches gazeuses: l'une d'acide carbonique, qui produit l'asphyxie du chien, et l'autre d'air située au-dessus de la première, que respire l'homme et qui ne lui peut occasionner aucun accident.

L'acide carbonique éteint les corps en combustion; c'est là une propriété importante qui pourra déjà donner des indices sur la présence de ce gaz dans les caves, car alors il suffira d'y pénétrer avec une bougie enflammée et de voir si elle s'éteindra. Le gaz carbonique pénètre dans certaines caves par les fissures du terrain, se dégage pendant la fermentation de la vendange et dans les cuves où fermentent la bière; il se produit aussi lorsqu'on transforme une matière sucrée en liqueur alcoolique. Il ne faudra donc pénétrer qu'avec de grandes précautions dans les lieux où le gaz se produit. Quand, certain de sa présence, on voudra s'en débarrasser, il suffira de le saturer par une dissolution de potasse ou de soude, ou bien encore par du lait de chaux. Il est vénéneux et n'agit pas seulement sur l'économie,

comme asphyxiant: pour mettre ce fait hors de doute, il suffira de rappeler une expérience tentée par M. Colard sur lui-même. Il se mit dans un sac imperméable aux gaz, et rempli d'acide carbonique; tout son corps, à l'exception de la tête, était entouré par le gaz; cette disposition lui permettait de respirer dans l'air. Au bout de quelque temps il éprouva des picotements, puis un engourdissement et enfin une véritable défaillance, signe évident que les pores de la peau aspiraient un véritable poison; il se retira, et tout porte à penser que l'expérience se serait terminée d'une manière terrible pour celui qui la tentait, si elle avait été continuée (1). L'acide carbonique ne peut devenir vénéneux et asphyxiant qu'autant qu'il est respiré en quantité convenable: ainsi, quand l'atmosphère n'en contient que trois ou quatre centièmes, comme l'air que nous respirons quelquefois, il n'est pas vénéneux; mais il le devient quand il en renferme huit ou dix centièmes.

Cependant Berzélius dit que l'air atmosphérique peut en contenir jusqu'à un vingtième de son volume, sans devenir nuisible, et quelques expériences ont paru établir qu'un mélange de cette espèce serait utile dans la phthisie pulmonaire.

La volatilité de l'acide carbonique et la faiblesse de ses affinités font qu'il est déplacé par la plupart des autres acides. Il se dégage alors sous la forme de gaz; et quand c'est d'un liquide qu'il s'exhale, il donne naissance à une multitude de petites bulles, qui viennent crever à la surface en pétillant. Si le dégagement a lieu d'une manière lente et à l'air libre, il n'est point accompagné de pétillement à la surface. Au reste, c'est toujours des parois du vase, ou des corps solides, surtout anguleux et réduits en petits morceaux, qui se trouvent dans la liqueur, que part la plus forte effervescence, phénomène qu'augmentent en général l'agitation et le mouvement, et dans lequel on observe la même chose que ce qui arrive pendant l'ébullition de l'eau, où le dégagement du gaz aqueux se fait plus facilement au contact des corps étrangers, surtout de ceux qui sont à l'état pulvérulent.

Il est à remarquer que, dans ce cas, l'eau ne perd pas tous le gaz qu'elle devrait perdre. Au lieu de perdre les $\frac{8}{10}$ de gaz acide carbonique, elle n'en perd que les $\frac{6}{10}$ environ, c'est-à-dire qu'elle en retient environ 2 volumes de plus qu'elle n'en devrait retenir réellement sous la pression atmosphéri-

(1) Il paraît à peu près certain aujourd'hui que c'est au moyen du gaz carbonique que les prêtres de l'antiquité déterminaient les convulsions des pythies, chargées de faire connaître la volonté des dieux. Cet acide produit, au reste, les effets les plus variés et même les plus contraires sur le système nerveux, car tantôt il cause des spasmes violents, et tantôt il paraît plonger les facultés cérébrales dans une atonie complète; ce qu'il y a de singulier, c'est qu'en plaçant une blessure récente dans une atmosphère de ce gaz, on parvient à faire cesser la douleur qu'elle occasionne.

que ordinaire. Aussi, lorsqu'on laisse tomber dans cette eau une croûte de pain, un
morceau de papier roulé et chiffonné, ou un
corps poreux quelconque, à l'instant l'effervescence recommence, et l'eau abandonne
une nouvelle quantité d'acide carbonique.
On peut renouveler ainsi l'expérience à plusieurs reprises. Il y a donc là une espèce d'é-
quilibre instable dont on ne sait pas encore
se rendre exactement compte. L'hydrogène,
l'azote, enfin tout gaz incapable de se combiner avec l'acide carbonique, déplace facilement ce dernier gaz de sa dissolution dans
l'eau. Ce fait très-général a surtout acquis
de l'importance dans la nouvelle théorie de
la respiration. La quantité de gaz que déplace un autre gaz de sa dissolution est en
raison inverse de sa solubilité.

Dans plusieurs contrées de l'Europe, en
Allemagne surtout, on trouve des eaux naturellement chargées d'acide carbonique, qui
contiennent, en outre, des carbonates alcalins et terreux, du carbonate de fer ou de
manganèse, et plusieurs autres sels étrangers : telles sont les eaux de Pyrmont, de
Fachingen, de Selters, de Vichy, et celles de
beaucoup d'endroits où se voient des restes
d'anciens volcans éteints. En ajoutant à de
l'eau gazeuse les sels que ces eaux contiennent, et dans les mêmes proportions, on obtient des eaux minérales artificielles qui ressemblent parfaitement aux naturelles, sous
le point de vue médical.

Les boissons spiritueuses qui moussent
quand on les transvase contiennent de l'a-
cide carbonique, qui s'en dégage par une
lente effervescence : telles sont la bière et le
vin de Champagne. L'acide carbonique s'y
est développé par la fermentation, et il y est
retenu par les parois et le bouchon des bouteilles. Ces liqueurs moussent en pétillant
encore davantage lorsqu'on y ajoute du sucre, ce qui provient de l'air contenu dans
les pores du sucre, qui, en se dégageant,
entraîne de l'acide carbonique, mais surtout de la tendance qu'a cet acide à reprendre la forme gazeuse à la surface des corps
solides plongés dans l'eau qui le tient en
dissolution.

Le phénomène produit par le dégagement
de l'acide carbonique était connu des anciens sous le nom d'*effervescence*, et rangé
par eux au nombre des plus importants.
Black fit voir qu'il est dû au dégagement
d'une espèce de gaz, auquel il donna le nom
d'*air fixe*, parce qu'il avait trouvé qu'il
existait à l'état solide dans divers corps.
Bergmann prouva que ce gaz est un acide,
et l'appela *acide aérien*. Il inventa la manière
de le combiner avec l'eau, et fit connaître
en grande partie sa manière de se comporter avec les alcalis, les terres et les métaux.

L'acide carbonique est composé, d'après
les expériences de Saussure, de 27,36 parties de carbone et 72,64 d'oxygène. Quand le
gaz oxygène se convertit en gaz acide carbonique, il ne change point de volume. Ce

dernier contient donc un volume égal au
sien de gaz oxygène.

L'acide carbonique de l'air se combine
avec toutes les oxybases. Il n'existe donc
pas, à dire vrai, d'oxydes basiques dans la
nature, mais des carbonates ou des sous-
carbonates. Le rôle que joue l'acide carbonique libre dans l'air est plus grand qu'on
ne le pense. Les combinaisons en apparence
les plus stables sont, à la longue, altérées
par l'acide carbonique de l'air; et l'absorption de l'oxygène lui-même par les métaux
est puissamment favorisée, non-seulement
par l'humidité, mais surtout par la présence
de l'acide carbonique, qui provoque, en
quelque sorte, l'oxydation. Des expériences
concluantes prouvent que les métaux ne
s'oxydent à l'air qu'autant qu'il y a de l'a-
cide carbonique. Ce fait, ajouté à tant d'autres, nous autorise à établir la loi suivante :
*Deux corps ayant peu de tendance à se com-
biner directement se combinent très-facilement dès qu'on les met en présence d'un troisième corps, susceptible de se porter sur le
composé que pourraient former les deux premiers.* Voici quelques exemples à l'appui de
cette loi : L'oxygène et l'azote ne se combinent pas directement : on a beau foudroyer
par une série d'étincelles électriques un mélange de 2 vol. d'azote et de 5 vol. d'oxygène,
on n'obtient jamais d'acide nitrique. Mais
qu'on mette ce mélange en présence d'un
peu de potasse, aussitôt l'oxygène et l'azote
se combinent, et il se produit du nitrate de
potasse. De même, l'azote et l'hydrogène ne
se combinent pas directement : quoi qu'on
fasse, jamais un mélange de 2 vol. d'azote et
de 6 vol. d'hydrogène ne produira directement de l'ammoniaque. Mais en foudroyant,
par une série d'étincelles électriques, ces
deux gaz en présence d'un acide tel que l'a-
cide sulfurique ou l'acide chlorhydrique, il se
produit aussitôt du sulfate ou du chlorhydrate d'ammoniaque. Le potassium, le sodium, etc., peuvent décomposer l'acide carbonique complétement. Le résidu est du
carbone pur. D'autres, comme le fer, le cuivre et le carbone lui-même, ne le décomposent qu'incomplétement : ils ne lui enlèvent
que la moitié de son oxygène, pour le transformer en oxyde de carbone.

L'acide carbonique existe à l'état de liberté dans l'air. 1000 vol. d'air contiennent,
terme moyen, 4 vol. d'acide carbonique.
Cette proportion est sensiblement la même
dans les vallées profondes et sur les montagnes élevées. Saussure a trouvé de l'acide
carbonique sur la cime du Mont-Blanc, c'est-
à-dire à une hauteur de 5090 mètres. La
quantité d'acide carbonique diminue à la
surface de la mer. Il se produit journellement des torrents d'acide carbonique dans
nos foyers, dans les usines, et partout où
l'on brûle beaucoup de charbon ; mais ces
torrents ne sont que des gouttes dans l'o-
céan gazeux. La respiration des animaux et
celle des plantes dans l'obscurité est une
source intarissable d'acide carbonique. La
fermentation et la décomposition des sub-

stances organiques donnent également naissance à une grande quantité de ce gaz.

CARBONIQUE (acide), sa solidification. *Voy.* Gaz.

CARBURE DE FER. *Voy.* Graphite.

CARMIN. *Voy.* Cochenille.

CARTES DE VISITE. — Depuis quelques années, on leur donne l'apparence de l'émail ou de la porcelaine, en les recouvrant d'une couche de céruse et les soumettant au frottement d'un cylindre d'acier poli, qui fait naître un lustre très-vif. Si l'on en présente une à la flamme d'une bougie, on aperçoit bientôt, à la surface du charbon, de petits globules métalliques; et, en secouant la carte à demi-brûlée, il en tombera de petites parcelles, qui brûleront rapidement en traversant l'air.

CARTHAME (*safranum*, faux safran; safran d'Allemagne).— Noms que le commerce donne à la fleur d'une espèce de chardon que les botanistes appellent *carthamus tinctorius*.

Dans les fleurs du safranum, il y a deux matières colorantes distinctes : l'une jaune, soluble dans l'eau, et que l'on peut enlever par un simple lavage; l'autre rouge, insoluble dans l'eau, soluble dans les alcalis faibles, peu soluble dans l'alcool et encore moins dans l'éther. Cette dernière, à laquelle M. Chevreul a donné le nom de *carthamine*, dérive d'un principe incolore, cristallin, qui se convertit en principe rouge aussitôt qu'il a le contact de l'oxygène et des alcalis. Suivant Doebereiner, la matière jaune est de nature alcaline, tandis que la matière rouge est si manifestement acide, qu'il lui a imposé le nom d'*acide carthamique*. D'après lui, cette matière rouge forme, avec les alcalis, des sels particuliers incolores qui offrent le caractère distinctif de laisser précipiter une substance rose brillante par l'action des acides végétaux.

Pour obtenir la carthamine qui sert a préparer le *rouge végétal*, dont la belle couleur rose rend aux dames de si grands services pour restituer à la peau la fraîcheur qu'elle a perdue, on lave le safranum à l'eau froide, en le foulant et le pressant au milieu de ce liquide, après l'avoir enfermé dans un sac de toile, jusqu'à ce qu'il ne colore plus l'eau, ce qui demande un temps fort considérable; on fait ensuite macérer la fleur, dépouillée de sa matière jaune, dans son poids d'eau aiguisée de 15 centièmes de carbonate de soude pendant une heure ou deux, et on plonge dans ce bain des écheveaux de coton sur lesquels on précipite la matière colorante au moyen du jus de citron. On lave plusieurs fois le coton pour enlever un peu de matière jaune qui restait dans le bain, puis on le fait tremper dans une eau alcaline, pour redissoudre la carthamine ainsi purifiée. En neutralisant la liqueur par le jus du citron, on isole la couleur qui se dépose en flocons légers. On rassemble ceux-ci avec soin pour les laver et les sécher sur une assiette. On a alors des écailles minces, d'un rouge brun, qui, broyées à l'eau avec

du talc réduit en poudre impalpable, donnent le *rouge-végétal* qu'on fait dessécher sur des petits vases de porcelaine.

Le safranum ne fournit que quelques centièmes de son poids de carthamine, aussi cette couleur pure vaut-elle environ 3,000 fr. le kilogramme; c'est à peu près le prix de l'or. Heureusement qu'il n'en faut qu'une très-petite portion pour couvrir et teindre en beau rose une grande surface.

Malgré le peu de solidité de cette couleur, on s'en sert pour teindre la soie, le coton et le lin en ponceau, en nacarat, en cerise, en rose, en couleur de chair, nuances très-brillantes et fort recherchées. On a soin de bien dépouiller le safranum de sa couleur jaune, qui ternit les rouges et les roses. Pour leur communiquer plus de feu, on donne au tissu un pied léger de rocou, surtout pour les ponceaux. Quelquefois, par économie, pour les nuances fortes, on ajoute au bain à peu près ⅓ d'orseille.

Dans le midi, les pauvres cultivateurs emploient le safranum à la place du safran, pour colorer leurs mets. *Voy.* Couleurs végétales, § I.

CARTON. *Voy.* Papier.

CASÉINE. — On distingue la *caséine animale* et la *caséine végétale*. La caséine (animale) s'obtient sous forme de flocons agglomérés, par l'ébullition du lait écrémé. Elle est à peu près insoluble dans les acides minéraux un peu étendus. Elle se redissout dans un excès d'acides tartrique, acétique et oxalique. Elle est également soluble dans les alcalis. Par l'incinération, elle laisse un résidu salin de sulfate de chaux. La caséine (animale) constitue la partie essentielle des fromages. La caséine végétale présente l'aspect de l'empois; desséchée, elle forme une masse compacte et transparente. Elle se dissout aisément dans les acides tartrique et oxalique étendus. Sa solution n'est pas précipitée par l'alcool ni par le sublimé corrosif. La caséine végétale (*légumine*) existe dans un grand nombre de plantes, et particulièrement dans les fruits des légumineuses. Pour l'obtenir, on broie, dans un mortier, des haricots, des lentilles ou des pois, ramollis dans l'eau. La bouillie qui en résulte est mêlée de beaucoup d'eau; ce mélange est jeté sur un tamis fin, qui retient les cosses, tandis que l'amidon et la caséine passent à travers. Par le repos, l'amidon se dépose et la caséine reste en dissolution. Cette dissolution, d'un blanc jaunâtre, s'acidifie à l'air, et se coagule comme du lait écrémé. Elle est précipitée par l'alcool et les acides minéraux étendus; le précipité donne une cendre alcaline, composée de phosphate calcaire. La caséine tant animale que végétale se compose, terme moyen, de 53 pour 100 de carbone, 7 pour 100 d'hydrogène, 15 d'azote et 23 d'oxygène.

CASÉUM. — Il existe dans le lait une matière particulière qui présente la plus grande analogie avec l'albumine ou la fibrine qu'on a nommée caséum, parce qu'elle forme la majeure partie du fromage. Pour l'extraire du lait, il faut abandonner le lait à lui-même, l'écrémer, laver le caillé à grande eau, puis avec de l'alcool et de l'éther.

La matière ainsi obtenue est le caséum à l'état insoluble ; à l'état de dissolution il diffère de l'albumine en ce qu'il n'est point coagulé par l'ébullition, mais il forme de même que l'albumine des combinaisons insolubles avec les acides, et il se comporte de même avec les alcalis et les sels ; nous devons nous contenter d'exposer les différences. Il se coagule aussi, mais d'une manière toute spéciale, sous l'influence de la *présure* ou matière contenue dans l'estomac des jeunes veaux. On pensait que cette coagulation était occasionnée par l'acide lactique des sucs gastriques, mais il est bien prouvé que c'est par une action toute spéciale que s'opère la coagulation du caséum sous cette influence. Cette action organique présente la plus grande analogie avec l'action des ferments, l'action de la gélatine végétale sur l'eau de sucre, l'action de l'orge germée sur la colle de fécule.

Le caséum, séché à l'état de coagulation, mêlé avec des proportions variables de beurre, constitue *les fromages* ; là le caséum, étant en partie privé d'eau par la pression, subit divers changements, et suivant qu'il est altéré de telle ou telle matière, il constitue les variétés si nombreuses de fromages. La marche de ces transformations est réglée par une température appropriée et par l'addition de proportions variables de sel marin.

CASSITÉRITE (*étain oxydé ; mine d'étain*, etc.). Ce minerai est assez répandu dans la nature. Cependant la France n'en possède encore que des traces ; en sorte que tout l'étain nécessaire à l'industrie est apporté de l'étranger. Il en entre annuellement 7,000 quintaux, dont la valeur est d'environ 500,000 francs. L'Angleterre en livre annuellement au commerce plus de 100,000 quintaux, d'une valeur de plus de 7,000,000. La Saxe en fournit 3 à 4 mille quintaux ; la Bohême 2000, et en tout, en Europe, il s'en extrait de 100 à 110 mille quintaux. Le Mexique, le Brésil, en possèdent des mines abondantes ; l'Asie méridionale est extrêmement riche dans ce genre de produit. Il en existe beaucoup en Chine, au Pégu, à la presqu'île de Malaca, à Sumatra, Banca, etc. On assure que cette dernière île en fournit à elle seule plus de 70,000 quintaux.

CASTINE. *Voy.* FER.

CASTOREUM. — On l'obtient du castor (*castor fiber*), animal chez lequel il est sécrété dans deux bourses, tant par les mâles que par les femelles. Ces bourses consistent en un tissu cellulaire très-dense, formant plusieurs feuillets, entre lesquels le castoréum est renfermé et adhérent ; les bourses sont placées parallèlement l'une contre l'autre sous la peau ; elles pendent ensemble, et s'écartent un peu à l'une des extrémités, qui est plus large et arrondie, tandis que l'autre est oblongue. A l'extérieur, elles sont lisses, d'un brun-noir, et sans poils.

Le castoréum les remplit entièrement, mais laisse une cavité dans le centre, caractère auquel on distingue celui qui est vrai de celui qui a été falsifié.

Le castoréum est mou chez l'animal ; sa consistance est intermédiaire entre celle de la cire et celle du miel. Après que la bourse a été détachée du corps, il se dessèche ; alors il est sec, sans cependant être dur, d'un brun noir, terne et facile à écraser. Il a une odeur particulière, forte et désagréable, une saveur amère, piquante, un peu aromatique, et qui persiste longtemps.

Le castoréum n'a pas, dans sa composition, autant d'analogie avec le musc qu'on pourrait le présumer, et ses parties constituantes diffèrent beaucoup de celles de ce dernier.

On ignore quels sont les usages physiologiques du castoréum.

Cette substance est employée depuis la plus haute antiquité en médecine, comme médicament interne. On en trouve deux sortes dans le commerce, le castoréum de Russie et celui du Canada. Sous le premier nom, on désigne la plus grande partie du castoréum d'Europe, parce qu'il vient de la Sibérie pour la plupart, car l'espèce du castor paraît être presque entièrement anéantie en Europe. Celui qui arrive du Canada passe pour le plus mauvais, et le prix élevé du castoréum fait qu'en outre ce dernier est si souvent falsifié qu'on le rejette. Cependant, il n'y a pas de doute que le castoréum non falsifié du Canada ne soit de même nature que celui d'Europe et d'Asie. On donne comme caractères du vrai castoréum, d'offrir, sur les bourses qui le renferment, deux petites poches remplies d'une graisse ayant l'odeur du castoréum, ou du moins d'en présenter des traces bien prononcées à l'endroit où elles existaient. Lorsque ce caractère manque, on peut soupçonner une falsification, qui consiste, entre autres, en ce qu'on prend le scrotum de jeunes boucs, ou la vésicule biliaire de moutons. On reconnaît en outre une vraie bourse à ses membranes, dont il y a plusieurs superposées, et dont la plus intérieure est parsemée, à sa face externe, d'un grand nombre de petites écailles argentées. En examinant l'intérieur de ces poches, on reconnaît qu'elles proviennent réellement du castor, non-seulement à ce qu'il se trouve une cavité dans le centre, mais encore à ce que le castoréum est tellement enveloppé de membranes, qu'on ne peut l'en détacher, soit par l'eau, soit par l'alcool, qu'après l'avoir séché et concassé ; le faux castoréum, au contraire, se dissout aisément dans l'alcool, et la dissolution colore en noir la dissolution d'un sel ferrique, par l'effet de matières végétales chargées de tannin qu'elle contient. En général, on prétend que le castoréum falsifié renferme un mélange de vrai castoréum avec des gommes résines, des résines et des baumes, qui, après la dissolution, laissent depuis $\frac{1}{2}$ jusqu'à $\frac{1}{4}$ de membranes.

CATALYSE (*phénomène de contact, action*

de présence). — Il existe des réactions remarquables qui semblent, en quelque sorte, faire exception à la règle. Certains corps, mis en présence d'autres corps, font naître des produits nouveaux, sans que les corps qui font naître ces produits soient altérés dans leur constitution. Ainsi, le platine en éponge, plongé dans un mélange d'oxygène et d'hydrogène, détermine la combinaison de ces deux gaz, avec élévation de température, sans que le platine change de nature. Le contact de l'argent décompose le bioxyde d'hydrogène, sans que l'argent s'altère en aucune manière. La présence de l'acide sulfurique change l'amidon en sucre. Après l'expérience, on retrouve la même quantité d'acide sulfurique aussi intacte qu'avant l'expérience. La levure de bière transforme le sucre en alcool, sans s'altérer elle-même. Berzélius considère ces phénomènes comme étant dus à une force particulière, qu'il compare à la propriété assimilatrice des animaux, consistant à changer des aliments pris dans le règne végétal en chyle, en sang, en chair, etc., et il appelle cette force *catalytique*. L'admission de cette hypothèse est préjudiciable au progrès de la science; car elle satisfait en apparence l'esprit, naturellement paresseux, et entrave ainsi les recherches ultérieures.

CAUSTIFICATION. — Lorsqu'on emploie les carbonates de potasse et de soude à déterger et blanchir les tissus, ou à la fabrication des savons, on leur fait subir préliminairement une opération qui porte le nom de *caustification*. Elle a pour objet de mettre à nu les alcalis qui les composent, en leur enlevant l'acide carbonique qui masque en grande partie leur action sur les matières colorantes ou sur les substances grasses. L'expérience a appris depuis longtemps, en effet, que ce n'est jamais qu'à l'état de pureté que la potasse et la soude peuvent s'unir aux corps gras pour former des savons, et agir efficacement sur les diverses matières étrangères qui altèrent la blancheur des fils du lin, du chanvre et du coton.

Pour rendre les alcalis caustiques, c'est-à-dire pour leur enlever l'acide carbonique qui neutralise leurs propriétés, on fait bouillir les dissolutions de potasse et de soude du commerce avec une suffisante quantité de chaux vive. Celle-ci s'empare de l'acide carbonique, passe à l'état de carbonate de chaux qui se dépose en raison de son insolubilité, et laisse dans la liqueur la potasse et la soude dépouillées de l'acide qui leur était combiné. C'est à ces liqueurs qu'on donne le nom de *lessives caustiques*, de *lessives des savonniers*; et on appelle *potasse caustique*, les alcalis purs et solides obtenus par l'évaporation des lessives. Ils sont alors doués de la causticité au plus haut degré.

C'est Black qui, en 1756, reconnut le véritable rôle de la chaux dans la caustification, et qui constata la nature des alcalis caustiques. Avant lui, on croyait que la chaux ne donne plus de force et d'alcalinité à la potasse et à la soude du commerce qu'en les

débarrassant d'une matière mucilagineuse dont elles étaient enveloppées, et qu'en atténuant ou divisant leurs molécules.

Pour démontrer la justesse de la théorie de Black, relativement à la préparation des lessives caustiques, on fait agir de la chaux vive sur des dissolutions de carbonates de potasse et de soude. Après une heure d'ébullition, on filtre les liqueurs pour recueillir à part le dépôt blanc qui s'est formé. On peut constater alors que, tandis que ce dépôt laisse dégager de l'acide carbonique par l'action de l'acide chlorhydrique ou sulfurique, les liqueurs très-caustiques ne font plus d'effervescence avec ces acides, comme cela avait lieu avant leur ébullition avec la chaux. L'acide carbonique a donc abandonné la potasse et la soude pour se porter sur la chaux, avec laquelle il a produit ce dépôt blanc, insoluble, qui n'est alors que du carbonate de chaux.

C'est le même effet qui se produit en versant de l'eau de chaux claire dans une dissolution de carbonate de soude. Un précipité blanc se forme; c'est du carbonate de chaux qui s'isole à mesure qu'il prend naissance.

Si l'on comprend bien le rôle de la chaux vive dans la fabrication des lessives, on s'apercevra de l'erreur où sont beaucoup de blanchisseurs qui ne veulent point caustifier leurs soudes et leurs potasses, par là persuasion qu'ils ont que la chaux reste en dissolution dans les lessives, et que c'est elle qui brûle les tissus. Si ces lessives, obtenues à l'aide de la chaux, brûlent les tissus, c'est uniquement parce qu'elles sont trop concentrées ; et le moyen de remédier à cette action trop énergique, c'est de les étendre d'eau.

Lorsqu'on a rendu une lessive caustique à l'aide de la chaux, on dit dans les ateliers qu'elle est devenue *plus mordante*. Elle est alors onctueuse et comme grasse au toucher, parce qu'elle attaque et dissout promptement l'épiderme. La plupart du temps, on se borne à ce caractère pour apprécier la force d'une lessive. On y trempe l'index et on le frotte contre le pouce. Si les doigts glissent l'un sur l'autre aussi facilement que s'ils étaient imprégnés d'huile, on dit que la *lessive est très-grasse*. « On voit combien le défaut de connaissances positives, dit Robiquet, entraîne dans des idées fausses. Comparer une lessive à une matière huileuse est une erreur des plus grossières, car c'est trouver de l'analogie entre les choses les plus disparates. Les alcalis, comme on sait, se combinent aux huiles et aux graisses pour les convertir en savons, en détruisant leurs propriétés premières. Si une lessive paraît onctueuse au toucher, c'est qu'elle corrode la peau et la convertit aussi en une espèce de savon. »

Concluons donc de ces considérations *qu'il faut que les alcalis soient dans l'état caustique, c'est-à-dire décarbonatés, pour produire tout leur effet utile dans le blanchiment ou le dégraissage, et dans la fabrication des savons.*

CAVIAR. — Le caviar dont on fait une si grande consommation en Russie, en Allemagne, en Autriche, en Italie et en Angleterre, est le frai de l'esturgeon qu'on pêche dans le Volga. Le frai, débarrassé des pellicules du sang qui s'y trouve mêlé, est lavé avec soin; puis plongé dans de la saumure, exprimé et pétri dans des tonneaux jusqu'à ce qu'il ait été réduit en une pâte bien homogène. Ainsi préparé, ce mets est susceptible d'une longue conservation. Il est très-recherché en Russie.

CELLULOSE. — La trame du tissu solide de tous les végétaux est formée de cellulose, matière ainsi appelée parce que, généralement, au début de son organisation, elle affecte la forme de cellules. La cellulose présente des propriétés physiques qui varient en raison de l'état d'agrégation des particules. Dans le lichen d'Islande, une partie des cellules sont constituées avec une agrégation légère, affaiblie encore par l'interposition de l'inuline, en sorte que sous l'influence de l'eau bouillante, elles se gonflent, se désagrégent et se résolvent en un liquide qui forme, en se refroidissant, une gelée colorable en violet par l'iode. Le même phénomène de coloration se produit avec le tissu de quelques champignons, et des cellules épaisses des feuilles de quelques aurantiacées, tandis que les membranes épaisses des périspermes du dattier, du phytéléphas, présentent la cellulose dans un état d'agrégation tel que ces tissus sont durs à tailler, et que les fruits assez volumineux du phytéléphas peuvent servir à confectionner les objets de tabletterie imitant l'ivoire.

Les tubes plus ou moins épais des fibres textiles sont de la cellulose presque pure.

Le tissu ligneux du bois est composé en grande partie de cellulose qui, suivant l'âge et l'espèce de l'arbre, se trouve imprégnée de matière incrustante plus ou moins abondante.

La cellulose, quel que soit le végétal ou la partie de la plante d'où on l'ait extraite, offre toujours la composition suivante :

En centièmes		Equivalents	
Carbone. . . .	44,44	C^{12} = 72	
Hydrogène . . .	6,18	H^{10} = 10	
Oxygène. . . .	49,38	O^{10} = 80	
	100		162

composition identique ou isomérique avec celle de l'amidon, de la dextrine et de l'inuline.

La cellulose pure est blanche, diaphane, insoluble dans l'eau, l'alcool, l'éther et les huiles fixes et volatiles. Les solutions alcalines faibles sont sans action sur cette substance fortement agrégée. Il en est de même des acides minéraux étendus. Les acides sulfurique et phosphorique concentrés attaquent la cellulose et la transforment en matière amylacée, puis en dextrine, enfin en glucose. L'acide acétique est sans action sur

la cellulose. L'acide azotique concentré forme avec elle un produit insoluble dans l'eau, analogue à la xyloïdine obtenue de l'amidon; monohydraté, il s'y combine en plus forte proportion et donne le produit appelé *pyroxyle* dont il sera parlé plus loin.

La combustion de la cellulose s'opère au milieu de l'eau, en présence d'agents très-oxydants, tels que le chlore ou l'hypochlorite de chaux. Si, dans un ballon de verre contenant une solution saturée d'hypochlorite de chaux, on délaye de la pâte à papier, en élevant la température, une réaction très-vive se manifeste, et peut se continuer sans autre chaleur que celle provenant de l'action même. Il se produit un fort dégagement d'acide carbonique, et la cellulose se désagrége, brûle et disparaît. On voit par cette réaction avec quel ménagement, dans les proportions et la température, il faut user d'agents aussi énergiques que le chlore ou les hypochlorites, dans le blanchiment des fils, des tissus, et des pâtes à papier.

Si l'on verse quelques gouttes de solution aqueuse d'iode sur la cellulose (coton, lin, chanvre, moelle, tissu du périsperme ou phytéléphas, etc.), et qu'on mouille ensuite la substance avec de l'acide sulfurique, on voit paraître une belle coloration bleu indigo, semblable à celle que produirait l'iode sur l'amidon hydraté : ainsi donc, avant de se transformer en dextrine, la cellulose, en se désagrégeant, passe par un état intermédiaire, analogue aux groupes des particules amylacées.

L'épuration de la cellulose varie avec les substances d'où on veut l'extraire. Parmi celles qui donnent facilement de la cellulose pure, on peut citer le coton, le papier, le vieux linge. Pour obtenir la cellulose de ces diverses substances, on les soumet à des lavages successifs à chaud par une solution de soude ou de potasse caustique, puis à froid par l'acide chlorhydrique étendu et l'ammoniaque (en ayant le soin, après l'emploi de chaque agent, de faire un lavage complet à l'eau pure); enfin par l'alcool et l'éther.

Quand on veut extraire la cellulose du bois, on est forcé d'employer des lavages au chlore et au chlorure de chaux faible, après la réaction de la potasse, et même de répéter deux ou trois fois cette double réaction, afin d'extraire toutes les matières incrustantes, azotées et colorantes enfermées dans l'épaisseur des parois et d'obtenir blanche et pure la partie la plus résistante, ou cellulose spongieuse.

L'extraction de certains principes immédiats constitue diverses industries très-utilement annexées aux exploitations rurales : car lorsqu'on tire parti de tous les résidus en les employant comme engrais, ces industries donnent au sol des principes qui soutiennent sa fertilité.

Ainsi, lorsque, pour extraire la cellulose textile, on répand en irrigations les eaux de rouissage du chanvre et les débris pulpeux des écorces; lorsque, pour extraire la fécule pure, on répand de même les eaux de lavage et qu'on alimente les bestiaux avec la pulpe; lorsque, extrayant le sucre pur des betteraves, on utilise la pulpe et les mélasses comme aliment, les fumiers qui en proviennent et les écumes des sirops comme engrais; enfin lorsque, pour obtenir l'huile, on traite les graines oléagineuses en réservant les tourteaux pour les bestiaux et les déjections de ceux-ci comme engrais : il est évident que tous les sels, une grande partie de la matière azotée, restent au sol, et que les produits vendables (fibres textiles, fécule, sucre, huile grasse) s'exportent sans rien emporter des engrais, ni des amendements de la terre.

On peut se procurer plus facilement la cellulose des feuilles et des tiges des plantes herbacées, en prenant ces substances dans les excréments des herbivores, la digestion ayant dissous ou désuni les principes adhérents à la cellulose sans détruire les portions fortement agrégées de celle-ci (notamment les vaisseaux).

La cellulose faiblement agrégée, comme dans le parenchyme des jeunes feuilles, les lichens, les périspermes de certains fruits, peut servir d'aliment comme la matière amylacée. Sous la forme de tubes longs, plus ou moins épais et fortement agrégés, elle constitue les filaments des diverses plantes textiles, du lin, du chanvre, du coton, de l'agave, du *phormium tenax*, du bananier, de l'*urtica nivea*, qui servent à la fabrication des *fils*, des *cordes*, des *tissus*, des *papiers*, du *carton*, de la *pyroxyline*.

Cellulose animale.

A mesure que l'on descend dans l'échelle des êtres organisés, doués de locomotion, et que de l'examen des animaux ayant une organisation élevée on passe à celui des êtres qui se rapprochent du règne végétal, cette distinction devient de moins en moins sensible : les propriétés et la composition de certaines parties des tissus (notamment de quelques enveloppes animales) peuvent se rapprocher alors de celles de la cellulose au point même de se confondre avec elle.

Compositions comparées des enveloppes des animaux et des végétaux.

1° Enveloppe des animaux	Peau	20	azote.
	Chitine	9	»
	Tuniciers	4,5	»
2° Cuticule végétale		2 à 2,5	»

La peau, enveloppe des animaux supérieurs, diffère essentiellement, comme on le voit, de l'enveloppe végétale. La chitine, enveloppe des crustacés et des insectes, s'en rapproche cependant, puisqu'elle résiste à l'ébullition prolongée dans une lessive caustique, et donne à la calcination des vapeurs acides ; elle contient toutefois une forte proportion d'azote. L'enveloppe des tuniciers, animaux qui semblent former un des anneaux de la chaîne qui lie les deux grandes classes d'êtres organisés, contient seulement le double de l'azote renfermé dans l'épiderme des plantes ; les substances azotées y sont d'ail-

leurs interposées entre des fibres très-souples, dépourvues d'azote, lorsqu'elles sont complétement épurées par des solutions de potasse ou de soude caustique : elles peuvent alors prendre, sous les influences combinées de l'iode et de l'acide sulfurique, la coloration violette intense, indice de la présence et de la désagrégation de la cellulose, dont elles présentent tous les caractères et la composition intime, ainsi que l'ont démontré MM. Lœvig et Kœliker.

Essai des fils et tissus d'origine végétale et animale.

Les substances filamenteuses d'origine animale se distinguent des fibres végétales par leur composition quaternaire, et la forte proportion qu'elles renferment du quatrième élément, l'azote. Elles sont faciles à distinguer les unes des autres : car, tandis que la plupart des substances d'origine animale se dissolvent facilement dans une lessive alcaline bouillante, celles d'origine végétale ne sont, dans les mêmes circonstances, que faiblement attaquées, puisque la cellulose fortement agrégée qui les compose, résiste à cet agent. Ainsi, pour reconnaître la présence et les proportions des fils de lin, de chanvre ou de coton intercalés dans la chaîne ou dans la trame d'un tissu de laine ou de soie, on comptera sous une loupe montée le nombre de fils de chaîne et de trame dans un carré de 5 millimètres; on fera bouillir le tissu dans une solution contenant 10 pour 100 de soude ou de potasse caustique : si la totalité du tissu est en laine ou en soie, sa dissolution sera complète; si une partie des fils de la trame et de la chaîne sont en lin, chanvre ou coton, ces fils résisteront seuls, et il suffira de les compter sous la loupe pour apprécier leur nombre et leur proportion dans une surface donnée. On pourrait constater leur proportion pondérale en les lavant et les pesant desséchés, comparant leur poids avec celui du tissu pesé avant la réaction de l'alcali. Il est d'ailleurs facile de distinguer les fils et les tissus de soie de ceux qui sont en laine : ces derniers, contenant du soufre, prennent une coloration brune dans une solution de plombate de soude; tandis que les premiers ne se colorent pas dans la même solution.

CELLULOSE. *Voy.* PLANTES, leur composition. *Voy.* aussi BOIS.

CÉMENTATION. *Voy.* ACIER.

CÉRÉALES, composition de leurs fruits. *Voy.* GLUTEN.

CÉRÉBRINE. — On désigne sous ce nom la matière grasse blanche découverte par Vauquelin dans le cerveau de l'homme et des animaux, mais obtenue d'abord par lui dans un état d'impureté.

Exposée à l'action de la chaleur, elle ne fond point, noircit en se boursoufflant et répandant une fumée qui brule avec une flamme éclatante. Le charbon qui provient de cette combustion renferme de l'acide phosphorique libre, comme Vauquelin l'a remarqué le premier, et qui est produit par lè phosphore qu'elle contient parmi ses éléments. Desséchée sur un feu doux, elle devient friable et peut se réduire en poudre.

Éléencéphol. — Sous ce nom, nous désignons avec M. Couerbe la *matière grasse rouge du cerveau* qui reste en solution dans l'alcool après la précipitation de la cérébrine.

Cette substance est liquide, d'une couleur rougeâtre, d'une saveur désagréable ; elle est soluble en toutes proportions dans l'éther froid, ainsi que dans l'alcool bouillant. Son analyse, faite par M. Couerbe, y a démontré les mêmes éléments que dans la cérébrine, mais dans d'autres rapports.

CÉRINE. *Voy.* CIRE.

CÉRIUM. — Le cérium existe, en Suède, dans un minéral de la mine de Bastnäs, près de Riddarhytta, dans le Westmanland. Ce minéral est très-pesant, ce qui l'avait fait appeler *pierre pesante de Bastnas* (Bastnas schwerstein) par les anciens minéralogistes allemands. Par la suite on lui donna le nom de cérite, d'après le métal qu'il renferme. Ce métal lui-même a été découvert, en 1803, par Hisinger et par Berzélius, et à la même époque par Klaproth, qui décrivit le nouveau corps minéral comme une terre, qu'il appela ochroïte. Hisinger et Berzélius lui ont donné le nom de *cérium*, dérivé de celui de Cérès ; d'après cela plusieurs chimistes allemands ont cru qu'il fallait le nommer cererium ; mais comme l'observation de ces règles est de peu d'importance, et que le nouveau nom est moins agréable à l'oreille et plus difficile à prononcer, Berzélius a cru devoir maintenir le nom de cerium. Ce métal a été trouvé depuis par Ekeberg, Thomson et Wollaston dans différents minéraux du Groenland. Il entre toujours comme partie constituante dans la gadolinite ; on le rencontre, aux environs de Fahlun, combiné avec de l'acide hydrofluorique, et il entre dans la composition de plusieurs minéraux de ces contrées. Il existe aussi dans l'orthite, minéral assez commun dans le granit scandinave.

Il est infusible au plus violent feu qu'on puisse produire dans les forges ordinaires.

Les composés sont sans usage.

CÉRUMEN. — Le *cérumen* est sécrété, à la face interne du conduit auditif externe, par une multitude de petites glandes. Dans les premiers moments de sa sécrétion, il forme un lait jaune qui, en s'épaississant peu à peu, produit une masse jaune-brunâtre et visqueuse. Il a été analysé pour la première fois par Vauquelin, qui l'a trouvé composé de 0,625 d'une huile brune, butyracée, soluble dans l'alcool, et de 0,375 d'une matière ayant les diverses propriétés de l'albumine, et contenant en même temps une matière extractiforme amère. Ces derniers doivent cependant renfermer une quantité d'eau assez considérable.

Le cérumen paraît avoir pour usage d'empêcher les insectes de pénétrer dans le conduit auditif externe, soit parce qu'il les retient en vertu de sa viscosité, soit parce que

son principe amer leur inspire de la repugnance.

Quelquefois il s'amasse en quantité, s'endurcit, et cause la surdité, en bouchant le conduit auditif. Dans un cas pareil, on le ramollit aisément, en versant dans le conduit un mélange d'huiles de térébenthine et d'olive, qui rend la graisse liquide.

CÉRUSE (carbonate de plomb). — On a rencontré le carbonate de plomb en petites masses dans plusieurs localités : en Ecosse, au Hartz, en Bohême. On l'a aussi trouvé en France : dans les Vosges, à Sainte-Marie aux Mines ; dans le Languedoc, à Saint-Sauveur ; dans la Bretagne, à Paulaouën. En général, ce sel accompagne d'autres minerais de plomb, et ne constitue nulle part le principal minerai. Le carbonate de plomb naturel est tantôt en cristaux réguliers dérivés d'un prisme rhomboïdal, tantôt en petites agglomérations à cassures vitreuses : parfois compacte, presque toujours blanc ou légèrement brun-jaunâtre ; son poids spécifique varie de 6,070 à 6,558. Le carbonate de plomb, généralement employé dans les arts, est obtenu artificiellement, et se présente en poudre très-fine ou fortement tassé en masse, conservant la forme des vases coniques, où il a reçu une sorte de moulage Depuis quelque temps les fabricants préparent en outre de la céruse mêlée et broyée à l'huile.

Le carbonate neutre de plomb est formé des équivalents de protoxyde de plomb, pesant 112, plus 1 équivalent d'acide carbonique. Il est souvent mêlé, dans la céruse commerciale, d'hydrate de protoxyde de plomb, dans des proportions variables.

Le carbonate de plomb est insoluble dans l'eau pure ; il se dissout, avec effervescence et dégagement de gaz acide carbonique, dans les acides azotique, acétique, etc. Sa solubilité dans divers acides, même dans l'eau chargée d'acide carbonique, favorise son action vénéneuse ; il est décomposé par l'acide sulfhydrique et le sulfhydrate d'ammoniaque, qui, enlevant l'oxygène pour former de l'eau, laissent le soufre s'unir au plomb, constituant un sulfure noir, opaque : de là les altérations des peintures exposées à ces gaz sulfurés des fosses d'aisances, gaz d'éclairage, etc. Chauffé au rouge, le carbonate de plomb se décompose en perdant son acide carbonique : si la calcination est prolongée au contact de l'air, le protoxyde se change par degrés en *mine orange* (variété la plus pure de minium).

La préparation de la céruse, qui remonte aux Grecs et aux Romains, a été décrite par Théophraste et Dioscoride. Cette industrie fut ensuite pratiquée chez les Arabes, et successivement à Venise, à Krems, en Hollande, en Angleterre ; introduite depuis trente ans en France, elle y a pris, depuis quelques années, une telle extension, qu'elle peut subvenir à la consommation totale, qui s'élève, chez nous, à plus de 4 millions de kilogrammes chaque année.

La céruse prend naissance toutes les fois que le plomb est en présence de l'air et de l'humidité; l'air agit par son oxygène pour oxyder le métal, et par son acide carbonique pour carbonater l'oxyde à mesure qu'il se forme, et pour provoquer même la formation de cet oxyde. Ce qui démontre que le carbonate de plomb peut se former dans ces circonstances, c'est l'expérience de MM. Barruel et Mérat, qui retirèrent jusqu'à 400 grammes de ce sel, en faisant évaporer six voies d'eau, qui avaient séjourné pendant deux mois dans une cuve de bois doublée de plomb et exposée à l'air. On pourrait encore préparer le carbonate de plomb en traitant un sel soluble de plomb par du carbonate de potasse.

Mais, comme la céruse est très-employée dans les arts, il est évident qu'on a dû rechercher des procédés de fabrication plus économiques. Il y a déjà un grand nombre d'années que l'on met en pratique, à Clichy, un procédé qui fut découvert par M. Thenard : il consiste à faire passer un courant de gaz acide carbonique dans du sous-acétate de plomb en dissolution, jusqu'à ce qu'il ne se forme plus de carbonate de plomb. Le sous-acétate, ainsi privé d'une partie de sa base, est ramené à l'état d'acétate neutre, que l'on peut transformer de nouveau en sous-sel en le faisant bouillir avec de la litharge. L'opération, comme on le voit, est continue; de plus, avec une même quantité de sous-acétate de plomb, il est possible de fabriquer des quantités considérables de céruse. A mesure que celle-ci se forme, elle se dépose au fond des vases, d'où on la retire pour la laver, la faire sécher et la verser dans le commerce.

Avant notre première révolution, la Hollande possédait seule en Europe le monopole de la fabrication des céruses de bonne qualité; mais, après la conquête de ce pays par les armées françaises, on sut bientôt en France le secret de ses procédés. Dans des pots en terre, où l'on ménage à l'intérieur un rebord à une certaine hauteur, on met du vinaigre, puis, sur le rebord, une feuille de plomb recourbée sur elle-même plusieurs fois, de telle sorte qu'elle ne touche pas le vinaigre; enfin on met sur les pots une lame de plomb, du fumier, puis une seconde rangée de pots, etc., presque jusqu'à la hauteur de la chambre destinée à cet usage. Cependant toute la chambre n'est pas ainsi remplie : on laisse une partie vide qui est séparée de l'autre par des plateaux en bois mal joints, afin de laisser à l'air la liberté de pénétrer dans le fumier. Après plusieurs semaines, on retire les lames de plomb des pots, et on les trouve recouvertes d'une couche blanche de céruse que l'on peut séparer en les pliant et en les grattant avec précaution. Cette céruse, qui a toujours une teinte grisâtre, doit être lavée à plusieurs reprises. La théorie de cette opération est la même que celle de la précédente. Comme dans la préparation de la céruse de Clichy, il y a formation d'oxyde de plomb et d'acétate basique; l'acide carbonique fourni par la fermentation du fumier convertit le sel basique en sel neutre, qui sert de nouveau

à la préparation de l'acétate tribasique. M. Pelouze, à qui on doit cet heureux rapprochement, a donné pour preuve à l'appui les faits suivants; savoir : 1° que l'acide formique volatil, comme l'acide acétique, mais qui ne forme pas de sel basique, ne saurait remplacer le vinaigre; 2° que l'acétate neutre de plomb peut être substitué à l'acide libre.

Les ouvriers qui fabriquent la céruse et les peintres qui l'emploient sont exposés à ces coliques saturnines si graves, dont les effets se prolongent et parfois sont mortels. Des lotions et des bains sulfureux fréquents peuvent arrêter l'intoxication, en transformant sur la peau le carbonate en sulfure; on enlève ce sulfure avec du savon vert, et l'on réitère une ou deux fois cette double opération. Il est rare toutefois que les hommes exposés aux funestes effets de la céruse veuillent s'astreindre à de pareils soins; d'ailleurs les poussières plombeuses qui pénètrent à l'intérieur produisent des désordres que l'on ne peut guère prévenir.

La céruse est journellement employée pour peindre les boiseries des appartements, pour étendre les couleurs et dessécher les huiles. En la mêlant avec un peu de charbon ou de l'indigo, on lui donne un reflet bleu. L'on n'en consomme que des quantités fort restreintes pour fabriquer la mine orange (minium pur), et pour préparer quelques sels de plomb pur. Quelquefois aussi on fait entrer directement la céruse dans les mélanges destinés à former la *composition* des cristaux, des couvertes et des couleurs vitrifiables. Les fabricants de faïence la font entrer dans la composition de leurs émaux.

La falsification des vins au moyen de la céruse ou de la litharge est assez rare, contrairement à ce que l'on croit généralement.

On vend quelquefois la céruse dans le commerce, sous les noms de *blanc de Venise, blanc de Hollande, blanc de Hambourg.*

CERVEAU.—La substance qui compose le cerveau est évidemment formée de deux parties distinctes : l'une *grise*, l'autre *blanche*. Le cerveau entier offre dans son aspect une substance pulpeuse en partie grise et blanche, molle et douée d'une sorte d'élasticité; il est doux au toucher, d'une odeur fade, et plus pesant que l'eau. Sa densité varie de 1048 à 1060. Abandonné à lui-même, au contact de l'air, il se putréfie plus facilement que toutes les autres substances animales. Exposé à l'action de la chaleur, il devient plus consistant et finit par se dessécher et devenir cassant; broyé avec l'eau, il forme une émulsion qui se coagule par le feu, les acides et l'alcool.

La première analyse raisonnée du cerveau humain faite par Vauquelin en 1811, a fourni les résultats suivants : matière grasse blanche 4,58, matière grasse rouge 0,70, osmazome 1,12, albumine 7,00, phosphore uni aux matières grasses 1,50; soufre, phosphate de potasse, phosphate de chaux et de magnésie 5,15. Le cervelet est formé des mêmes éléments, ainsi que le cerveau des animaux herbivores.

D'après des recherches entreprises par M. Couerbe, dans le courant de 1834, le cerveau humain contiendrait cinq matières grasses bien caractérisées, savoir : 1° les *matières grasses blanche* et *rouge*, extraites et étudiées sous ce nom par Vauquelin, ont été exposées dans cet ouvrage sous le nom de *cérébrine* et *d'éléencéphol* ; 2° de la *cholestérine* identique avec la cholestérine de la bile, tant sous le rapport de ses propriétés que sous celui de sa composition élémentaire; 3° deux autres graisses jaunes dont l'une est pulvérulente et l'autre élastique, et qui ont été désignées sous les noms de *stéaroconote* et *céphalote*. Toutes ces matières grasses, à l'exception de la cholestérine, admettent de l'azote, du phosphore et du soufre au nombre de leurs éléments.

En analysant comparativement la cérébrine de l'homme sain, et celle extraite des cerveaux d'*aliénés* et d'*idiots*, M. Couerbe est arrivé à conclure que la proportion du phosphore variait dans ces différents cerveaux ; il admet qu'elle est de 2 à 2,5 dans le cerveau à l'état normal, de 1 à 1,5 dans celui des idiots, et de 4 à 4,5 dans le cerveau des aliénés. D'après lui, ce grand excès de phosphore dans l'encéphale des aliénés, serait la cause de l'irritation vive dont le système nerveux serait le siége et *exalterait les individus en les plongeant dans le délire épouvantable que nous appelons folie ou aliénation mentale. (Annales de chimie et de physique,* t. LVI, p. 191.)

« Nous ne chercherons pas à combattre ici les idées admises par M. Couerbe, dit M. Lassaigne, mais les expériences que nous avons faites depuis le travail qu'il a publié, sont loin de confirmer ce qu'il a avancé au sujet du cerveau des aliénés. L'analyse de deux cerveaux aliéniques qui nous ont été remis cette année (1836) par M. le docteur Mitivié, ne nous a pas offert une plus grande proportion de phosphore que celle qui existe dans le cerveau à l'état normal. Dans l'un nous avons trouvé 1,97 0⁄0 de phosphore, et dans l'autre 1,93 0⁄0. »

Analyse comparative du cerveau et des substances blanche et grise.

	Cerveau entier.	Substance blanche.	Substance grise.
Eau	77,0	73	85,0
Albumine	9,6	9,9	7,5
Matière grasse blanche.	7,2	13,9	1,2
Matière grasse rouge	3,1	0,9	3,7
Osmazome acide lactique et sels.	2,0	1,0	1,4
Phosphates terreux.	1,1	1,3	1,2
	100,0	100,0	100,0

CÉVADIQUE (acide). — Cet acide a été rencontré dans la graine de cévadille (*verátrum sabadilla*). Son odeur est analogue à celle du beurre.

CHALEUR. *Voy.* CALORIQUE.

CHALEUR SPÉCIFIQUE. *Voy.* CALORIQUE.

CHALEUR, son influence sur l'affinité. *Voy.* AFFINITÉ.

CHALEUR ANIMALE. — Les animaux à sang chaud étant doués d'une chaleur intérieure particulière qui est là même dans quelques circonstances qu'ils se trouvent, ce qui les soustrait aux lois générales de la distribution du calorique entre les corps, il y a donc en eux une cause principale de production de chaleur et de froid.

Cette cause, qu'on a ignorée pendant longtemps, est liée intimement aux fonctions respiratoires; on plaça sa source dans le phénomène de la respiration. Lorsque Lavoisier eut découvert qu'une portion d'oxygène disparaissait pendant cet acte, et était remplacée par une certaine quantité d'acide carbonique, on vit dans ces résultats une véritable combustion, semblable à celle qui a lieu avec les autres corps combustibles. Les expériences que firent à cette époque Lavoisier et Laplace, en estimant la chaleur qu'abandonne un animal dans un temps donné avec celle due à la formation de l'acide carbonique et de l'eau dans la respiration, leur firent conclure alors que la presque totalité de la chaleur développée par un animal est due à l'espèce de combustion qui a lieu dans les poumons par l'oxygène de l'air sur le sang veineux.

Mais ces résultats, pour être rigoureux, réclamaient des expériences nouvelles, afin de s'assurer plus comparativement que ne l'avaient fait ces célèbres chimistes, si sur un même animal le rapport de la chaleur perdue dans un temps donné était égal à celui qu'on pouvait attribuer aux causes indiquées. C'est ce qui a été entrepris d'abord par M. Dulong, avec toute la sagacité qui le caractérise, et ensuite par M. Desprets qui, de son côté, est parvenu aux mêmes résultats.

L'appareil imaginé par M. Dulong, pour résoudre cet important problème, consiste en une boîte de métal, doublée intérieurement d'une cage d'osier, dans laquelle on plonge l'animal sur lequel on veut expérimenter. Cette boîte est plongée dans une autre boîte entourée d'une quantité connue d'eau froide. Elle est en communication par deux tuyaux latéraux avec deux gazomètres, l'un rempli d'air et l'autre d'eau. L'air sort du premier sous une pression constante par une certaine quantité d'eau qui le déplace et qui vient d'un des réservoirs supérieurs. Le courant d'air s'établit dans la boîte aisément, en soutirant, à l'aide du syphon qui plonge dans le gazomètre rempli d'eau une quantité d'eau égale à celle qui chasse le gaz du premier dans le second.

Par cette disposition, la même quantité

d'air n'est pas respirée plusieurs fois par l'animal; après avoir servi à la respiration, l'air se rend dans le second gazomètre rempli d'eau, à la surface de laquelle se trouve un disque de liège pour empêcher la solution d'une portion du gaz acide carbonique dans l'eau ; enfin l'on connaît par des tubes de verre gradués, qui communiquent avec l'intérieur des deux gazomètres, quelle est la quantité de gaz qui sort et qui entre dans chacun. Quant à l'analyse de l'air expiré, on la détermine facilement par les moyens que nous avons indiqués, en extrayant une portion de gaz par le robinet surmonté d'un tube recourbé.

La quantité d'air introduite dans la boîte est connue exactement ; la chaleur abandonnée par l'animal est mesurée par l'élévation de température de l'eau qui entoure la boîte où est placé l'animal ; il ne s'agit plus que de la comparer à la chaleur que l'on peut supposer être due à la formation de l'acide carbonique et de l'eau.

Dans les nombreuses expériences que M. Dulong a entreprises sur le chat, le chien, la cresserelle, le cabiai, le lapin et le pigeon, il a reconnu que la somme de chaleur que peut produire la respiration seule représente, dans certains cas, les $\frac{8}{10}$ de la chaleur perdue par l'animal, et dans d'autres les $\frac{7}{10}$ seulement ; que cette fonction produit chez les carnivores une portion moins considérable de la chaleur animale totale que chez les frugivores et les herbivores.

Ces résultats, obtenus en 1822 par M. Dulong, ont été en partie confirmés par M. Desprets, *dans un travail postérieur.*

On peut donc admettre aujourd'hui que la respiration est la principale source du développement de la chaleur animale; qu'il y a néanmoins dans les animaux une autre source de chaleur encore inconnue, qui existe peut-être dans les diverses sécrétions, la nutrition, la circulation, le frottement des parties les unes sur les autres, ou dépendante de l'action plus ou moins énergique du système nerveux, d'après les idées de M. Brodio.

Une partie de ces causes se trouve aujourd'hui démontrée par les nouvelles expériences de MM. Becquerel et Breschet. Ces physiologistes, en se servant pour mesurer la température du corps, d'un galvanomètre très-sensible terminé par une aiguille déliée formée de deux métaux, qu'ils introduisent dans les divers organes, sont arrivés aux conclusions que l'on peut énoncer par les propositions suivantes :

1° Il existe une différence bien marquée entre la température des muscles et celle du tissu cellulaire sous-cutané dans l'homme et les animaux , différence qui paraît provenir du refroidissement que ces êtres éprouvent à la surface de leur corps.

2° Les muscles offrent une différence de température qui varie de 2°,25 à 1°,25.

3° Les corps vivants se trouvent dans le cas des corps inertes dont on a élevé la température, et qui sont soumis à un refroidissement continuel causé par le milieu ambiant.

Ce refroidissement est sensible d'abord à la surface, puis s'étend successivement au sein des couches intérieures jusqu'au centre.

4° La température moyenne des muscles de l'homme est de 36° 88, c'est-à-dire à peu de chose près de la température des autres organes. Cette température subit de notables changements en raison de l'état de santé de l'individu.

5° La température de la poitrine, de l'abdomen et du cerveau est, dans le chien, sensiblement la même que celle des muscles.

6° La contraction chez l'homme a la propriété d'augmenter la température des muscles d'un demi-degré centigrade, et si cette contraction a lieu dans des mouvements généraux, violents et répétés sans interruption pendant quelques minutes, la température peut s'élever à plus d'un degré.

7° La compression d'une artère amène au contraire dans les muscles auxquels cette artère se distribue un abaissement de quelques dixièmes de degrés.

CHALUMEAU AÉRHYDRIQUE. *Voy.* HYDROGÈNE.

CHALUMEAU A GAZ OXYHYDROGÉNÉ. *Voy.* HYDROGÈNE.

CHALUMEAU. — Il *est possible* d'augmenter singulièrement la chaleur des flammes, en dirigeant sur elles un courant d'air qui, insuffisant toutefois pour les refroidir et les éteindre, active vivement la combustion des gaz qui les produisent. L'instrument qui sert à cet objet porte le nom de *chalumeau.* Ce n'est autre chose, comme l'indique son nom, qu'un tube de verre ou de métal dont un bout est arqué, et dont le canal intérieur va en se rétrécissant jusqu'à ne former, à cette extrémité, qu'une ouverture aussi fine que le serait un trou fait avec une aiguille. C'est cette ouverture qu'on tient contre la flamme, tandis qu'on souffle par l'autre bout avec la bouche. Comme la vapeur humide qui sort des poumons se dépose dans le tube et l'obstrue, il y a, vers la courbure du chalumeau, une ampoule ou petite sphère creuse où le liquide se réunit. Le jet d'air que l'insufflation produit par le bout capillaire n'est plus interrompu par les globules aqueux qui s'y mêleraient sans cette précaution.

Les orfévres, les émailleurs, les bijoutiers, les essayeurs de monnaies, font un fréquent usage du chalumeau, depuis une époque très-reculée, pour opérer des soudures de peu d'étendue, monter des diamants, faire des essais, enfin, toutes les fois qu'ils veulent fondre une petite quantité de métal ou d'alliage.

Cet instrument fut longtemps employé dans les arts avant qu'on songeât à l'utiliser pour les essais chimiques. Anton Swab, métallurgiste suédois, fut le premier qui en fit l'application à l'essai des minéraux, vers l'an 1738. Depuis, l'usage en est devenu indispensable aux chimistes et aux minéralogistes, qui reconnaissent, par son secours, avec une promptitude et une précision remarquables, la nature et les principaux caractères des plus petites quantités de substances minérales.

Le chalumeau des orfévres a été modifié et perfectionné par Bergmann et surtout par Gahn, chimiste suédois, qui ont porté l'art de l'analyse par le chalumeau à un point de perfection inimaginable. Le dernier avait acquis, dans ce genre d'essais, une telle habileté, qu'il déterminait la nature d'une matière que l'on avait peine à apercevoir à l'œil nu, tant sa quantité était minime.

Le chalumeau porte au milieu de la flamme une masse d'air condensé qui chasse devant lui un torrent de matières combustibles qu'elle contient et qui brûlent alors très-rapidement. C'est ainsi que la chaleur de cette flamme acquiert une très-grande intensité. Si l'on souffle trop doucement, l'effet est médiocre; si l'on souffle trop fort, l'impétuosité du courant d'air enlève la chaleur aussitôt qu'elle est développée et la flamme disparaît. C'est ce qui arrive quand on souffle vivement avec la bouche sur une chandelle allumée, pour l'éteindre.

Ce chalumeau, malgré la très-haute chaleur qu'il communique à la flamme, ne suffit pas, cependant, pour opérer la fusion des substances désignées sous le nom de *réfractaires*, parce qu'elles résistent aux plus violents feux de forge. Pour celles-ci on alimente alors le chalumeau, non plus avec l'air de la poitrine, mais avec un mélange fortement comprimé d'oxygène et d'hydrogène, fait dans les proportions nécessaires et la formation de l'eau. La chaleur qui se développe dans ce cas est si forte, qu'il n'y a aucun corps de la nature qui ne se fonde et ne se volatilise instantanément. C'est ainsi qu'on est parvenu à opérer, en peu d'instants, la fusion de substances regardées, pendant longtemps, comme absolument infusibles, telles que le platine, le palladium, la chaux, le sable, le grès, la porcelaine dure, etc.

Le professeur Robert Hare, de Philadelphie, est le premier qui ait pensé à construire un chalumeau à gaz oxygène et hydrogène condensés.

Cet appareil est connu sous le nom de *Chalumeau de Clarke*. C'est le même que celui de Brook ou de Newman, à la seule différence des toiles métalliques et de l'huile, nécessaires pour diminuer les dangers que l'on court en faisant des expériences de ce genre.

M. Skidmore, de New-York, a remarqué que le jet lumineux qu'on obtient avec ce chalumeau peut être introduit sous l'eau à l'aide de quelques précautions, sans qu'il s'éteigne. La flamme, dans l'eau, est globuleuse; elle brûle le bois, rougit les fils métalliques. Aussi le physicien américain pense-t-il que les marins trouveront, à la guerre, les moyens d'appliquer son observation.

On ne saurait prendre trop de précautions en expérimentant avec cet appareil; car la moindre étincelle qui pénétrerait dans le chalumeau, causerait l'inflammation subite du mélange gazeux, et, par suite, une ex-

plosion terrible qui pourrait frapper de mort l'opérateur. C'est un effet de ce genre qui a failli tuer l'ingénieur Conté, et qui l'a privé de la vue pour le reste de ses jours.

CHAMOISITE. — Elle se trouve en couches peu étendues, mais très-nombreuses, dans les dépôts calcaires de la montagne de Chamoison, arrondissement de Saint-Maurice, dans le Valais. Elle est exploitée avec avantage comme minerai de fer et donne des produits de bonne qualité.

CHAPTAL (Jean-Antoine), né en 1756, à Nozaret (Corrèze), fit ses études médicales à Montpellier, et, aussitôt après sa réception, se rendit à Paris pour étudier la chimie sous Sage, Macquer et autres hommes célèbres, qui préparaient la réforme de cette science. En 1781, il fut appelé, quoique bien jeune encore, à occuper la chaire de chimie que les états de Languedoc venaient d'instituer à Montpellier. Il débuta dans la carrière de l'enseignement avec un très-grand succès. Héritier d'une belle fortune, il voulut joindre la pratique à la théorie, et se fit fabricant de produits chimiques. Dès 1783, Chaptal publia le *Tableau analytique* de son cours, et bientôt après, en 1790, il donna ses *Éléments de chimie*, qui furent traduits dans toutes les langues, et dont la 4ᵉ édition parut en 1803. Sa célébrité devint telle, que Washington le sollicita, jusqu'à trois reprises différentes, de venir se fixer près de lui, et que, à la même époque, le roi d'Espagne lui fit offrir 36,000 francs de pension et un premier don de 200,000 francs, s'il voulait venir professer dans ses Etats. Pendant le régime de la Terreur, en 1793, la reine de Naples lui offrit un asile à sa cour; mais le patriotisme de Chaptal se refusa à une émigration qui eût été une sorte de désertion, et qui eût dérobé à son pays ses talents et ses services. La patrie les réclama bientôt. Chaptal, appelé dans la capitale par le comité de salut public, fut chargé de diriger les ateliers de Grenelle, pour la fabrication du salpêtre et de la poudre. Il réussit à livrer 35 milliers de poudre par jour. A l'époque de la création de l'école Polytechnique, il y fut appelé pour professer la chimie végétale; mais, peu de temps après, il fut envoyé à Montpellier pour réorganiser l'école de médecine, où il occupa la chaire de chimie. L'Institut de France, à sa formation, le compta parmi ses membres les plus actifs. En l'an IX, Bonaparte l'appela au ministère de l'intérieur. Dans ce dernier poste, il rendit d'immenses services à la science et à l'industrie.

Malgré ses nombreuses occupations administratives, Chaptal n'en cultivait pas moins sa science favorite. Indépendamment de plus de 80 mémoires qu'il a publiés sur les arts chimiques, on lui doit des ouvrages spéciaux sur les *salpêtres et goudrons*, sur le *Perfectionnement des arts chimiques en France*, sur le *blanchiment*, sur la *culture de la vigne et l'art de faire le vin, les eaux-de-vie, les esprits et vinaigres*; un *Traité de chimie appliquée aux arts*, qui a été traduit dans toutes les langues; l'*Art de la teinture du coton en rouge*, et l'*Art du teinturier dégraisseur ;* un grand ouvrage sur l'*industrie française*, un *mémoire sur le sucre de betteraves*, et enfin une *Chimie appliquée à l'agriculture*. Chaptal fut successivement sénateur, comte de l'empire, puis pair de France en 1819. Pendant trente années consécutives, la Société d'encouragement de Paris, dont il était un des fondateurs, le choisit pour son président. Il est mort à Paris, le 30 juillet 1832, d'une hydropisie de poitrine.

CHARBON DE BOIS. — Les substances végétales formées de carbone, d'oxygène, d'hydrogène et d'azote, chauffées à l'abri du contact de l'air, perdent l'oxygène, l'hydrogène et l'azote, qui se dégagent en diverses combinaisons, dont plusieurs entraînent une certaine partie du carbone ; mais une portion considérable de ce dernier forme le résidu fixe. Les dernières portions d'hydrogène ne se dégagent qu'à une température très-élevée : aussi le charbon n'est-il pur qu'après avoir été soumis, pendant une demi-heure au moins, à la température d'un feu de forge. Le charbon ainsi épuré se prépare en calcinant du sucre en vase clos. Il n'est employé que pour les recherches de laboratoire ; tandis que le charbon de bois, en retenant un peu de cendres et plus ou moins d'hydrogène, est employé à une foule d'usages économiques.

Le charbon des matières organiques est noir, sa cassure est brillante ; il est opaque. Lorsque la matière dont il provient n'est pas fusible au feu, le charbon conserve la forme des fragments calcinés ; si la matière est fusible, il est boursouflé, caverneux, et dans ce cas encore il a conservé véritablement la forme que possédait la substance à l'instant de la carbonisation : tels sont les charbons de sucre, de gomme, de corne, de sang, etc. En effet, ces matières se fondent d'abord, ensuite elles se remplissent de bulles produites par la vapeur et les gaz qui se dégagent, puis elles se solidifient bientôt en cet état, et se carbonisent en perdant les autres principes volatils.

Le charbon est pulvérulent lorsqu'on carbonise une matière organique mêlée d'un corps fixe, et encore lorsqu'on décompose par la chaleur une substance volatile en la forçant à traverser un tube incandescent : le charbon se dépose alors en poussière qui se moule sur les tubes, en prend la forme et le poli ; il s'en détache en pellicules brillantes sur les faces en contact. Si les tubes sont longtemps chauffés, les particules accumulées du charbon acquièrent beaucoup d'agrégation. C'est ce qu'on remarque dans les cylindres où se produit le gaz de l'éclairage : les charbons déposés y acquièrent une densité telle, qu'ils font feu au briquet et rayent le verre.

Les charbons de bois varient dans leurs propriétés en raison de la nature, de l'âge du bois et de la température qu'il a éprouvée. Les bois lourds des terrains secs donnent des charbons plus compactes que les bois légers ou venus dans des terres humides. Une température élevée augmente la conductibilité du charbon.

Le bois chauffé dans une cornue jusqu'au point où il ne dégage plus de vapeurs donne en résidu un charbon ordinaire ; si l'on élève la température de la cornue jusqu'au rouge, les propriétés du charbon sont changées, et plus on élève la température, plus ce changement devient notable (Chevreuse, *Annales de Chimie*, t. XXIX).

	CHARBONS ORDINAIRES.	CHARBONS ROUGIS.	CHARBONS CHAUFFÉS A BLANC.
FACULTÉ CONDUCTRICE :			
1° Pour l'électricité. .	Non conducteurs.	Bons conducteurs.	Excellents conducteurs.
2° Pour la chaleur. . .	Très-mauvais conduct.	Bons conducteurs.	Excellents conducteurs.
COMBUSTIBILITÉ	Très-facile.	Moins facile.	Difficile.

On sait surtout combien est grande la différence relative à la conductibilité du fluide électrique entre les divers charbons, depuis les belles expériences de Davy. Dans la construction des paratonnerres, on doit donc employer exclusivement le charbon chauffé au rouge vif.

Les expériences de M. Berzélius ont fait voir (*Traité du chalumeau*) que le pouvoir conducteur pour le calorique est considérablement exalté dans les charbons qui ont subi une température élevée : tels sont ceux qui échappent à la combustion dans les hauts-fourneaux, et que l'on retrouve parmi les laitiers. Ces charbons sont si bons conducteurs, que des morceaux longs de 15 centimètres, qu'on fait rougir par un bout au chalumeau, ne tardent pas à s'échauffer tellement, qu'on ne peut plus les tenir par l'autre bout.

Les bois compactes donnent des charbons moins combustibles que les bois à tissus lâches : les cavités remplies d'air qui se trouvent dans le charbon diminuent sa conductibilité pour la chaleur, et la masse conduit d'autant moins qu'elle est d'une texture moins serrée. Ainsi, les bois très-légers et peu carbonisés donneront du charbon très-combustible : tel est celui de chanvre ou de chènevotte ; tels sont encore, à un moindre degré, la braise de boulanger et les charbons de bois blanc. Le charbon qui provient du vieux linge offre une combustibilité telle, que dans beaucoup de pays on s'en sert au lieu d'amadou. On en remplit une petite boîte en fer-blanc, au-dessus de laquelle on bat le briquet ; les étincelles en ignition qui résultent du choc du briquet contre le silex, suffisent pour enflammer ce charbon, qui peut servir dès lors à mettre le feu aux allumettes, pourvu qu'on ait soin d'activer la combustion en soufflant légèrement sur le point enflammé.

Les charbons de bois dur sont, au contraire, peu combustibles, et d'autant moins qu'ils ont éprouvé une température plus haute. Les charbons de buis, d'ébène, brûlent plus difficilement que tous les charbons usuels. Dans l'oxygène, tous ces charbons, une fois allumés, continuent à brûler. A l'air, le charbon absorbe l'humidité atmosphérique avec une rapidité telle, que le charbon ordinaire, au bout de quelques jours, contient déjà toute l'eau qu'il peut enlever à l'air.

D'après M. Chevreuse, 100 parties de charbon, placées dans de l'air saturé d'humidité, éprouvent les augmentations de poids suivantes :

	Charbon de peuplier non rougi.	Charbon de peuplier rougi.	Charbon de gaïac non rougi.	Charbon de gaïac rougi.
1er jour.	0,176	0,153	0,058	0,021
5e jour.	0,235	0,230	0,082	0,040
30e jour.	0,235	0,235	0,119	0,094

L'absorption est bien plus rapide si les charbons sont plongés dans l'eau; dans ce cas, ils en prennent pour 100 parties :

Charbon de peuplier non rougi.	755
« de peuplier rougi.	482
« de gaïac non rougi.	77
« de gaïac rougi.	46

On vend ordinairement le charbon à la mesure; mais les plus pesants étant les plus estimés, l'acheteur ne doit fixer son choix qu'après avoir vérifié si le charbon est sec. L'eau cause une double déperdition, car une partie de la chaleur produite est employée en pure perte à évaporer cette eau. Les charbons du commerce contiennent en général de 8 à 12 pour 100 d'eau.

Le charbon de bois conservé pendant longtemps devient très-friable, et chaque fois qu'on le remue pour le transporter, il se réduit partiellement en poussier. Les charbons provenant de bois légers sont plus altérables de cette manière que les charbons compactes.

CHARBON D'OS (noir animal). — L'emploi du noir animal, introduit dans la fabrication du sucre en 1813, a pris un très-grand développement. On s'en sert aujourd'hui dans toutes nos fabriques indigènes, dans la plupart de nos sucreries coloniales, et dans toutes les raffineries de sucre en France et en Angleterre.

Les fabriques de noir, ou de charbon d'os, s'établissent dans le voisinage des grandes villes, parce qu'elles y sont mieux placées pour se procurer la matière première.

Une grande partie du charbon d'os consommée en France et dans nos colonies, se fabrique dans le département de la Seine. On le comprend, car la matière première y est plus abondante que partout ailleurs. Le tableau suivant qui indique la consommation moyenne de la viande de boucherie et le poids des chevaux abattus à Paris chaque année, donne une idée de la quantité d'os que représente l'abatage total.

99 068 bœufs	pesant chacun	300 kil.	=	29 720 400 kil.
13 264 vaches	»	215	=	2 851 760
111 029 veaux	»	40	=	4 441 160
498 021 moutons	»	20	=	9 960 420
65 000 porcs	»	100	=	6 500 000
518 agneaux et chevreaux	»	14	=	7 252
15 000 chevaux	»	100	=	1 500 000

Poids total des animaux, non compris les intestins.. . . 54 980 992 kil.

Le poids des os forme les deux dixièmes de cette quantité ou 11 000,000 de kilogr. d'os. De ce chiffre il semblerait que l'on dût retrancher le poids des os emportés par les boues, brûlés dans quelques foyers, etc. ; mais ces déperditions se trouvent compensées par les os importés à Paris des villes et campagnes environnantes jusqu'à 20 kilomètres.

Tous les os recueillis ne sont pas employés à la fabrication du noir. Ceux qui ont des dimensions et une épaisseur suffisantes sont destinés à des ouvrages de tabletterie ; on les désigne sous le nom d'os *de travail.* Les autres sont divisés en deux catégories, les os gras humides et les os secs.

Les os gras humides proviennent des boucheries, et après avoir servi aux usages culinaires, ils ont pu être ramassés encore frais. On peut en extraire les 0,8 de la graisse, qui s'y trouve en moyenne dans la proportion de 9 pour 0[0. Après ce traitement, on les emploie, sous le nom d'os bouillis, à la fabrication du noir. Une partie est traitée dans de grandes marmites ou chaudières autoclaves, afin d'en obtenir de la gélatine par le procédé de Papin. Les os secs sont employés directement à la préparation du noir animal.

Structure et composition des os. — Quelques notions sur la composition organographique et chimique des os feront mieux comprendre leurs applications et la composition des produits qu'on en tire.

Les os gras contiennent, pour 0[0, environ 50 de matière organique, dont 32 de tissus fibreux, 8 d'eau, 9 de graisse, 1 d'albumine, vaisseaux, etc., et 50 de substances minérales, qui comprennent 38 de phosphate de chaux et 2 de divers sels, tels que chlorure de sodium et de potassium ; sulfates, matières sableuses, etc.

La matière organique constitue un tissu spongieux dans lequel se trouvent déposées les substances minérales. Ce tissu se transforme presque totalement en gélatine par l'ébullition dans l'eau.

Gélatine extraite des os. — On peut, du reste, facilement isoler le tissu organique des substances minérales. On fait digérer les os dans de l'eau acidulée avec 0,20 à 0,25 de son poids d'acide chlorhydrique, tous les sels calcaires se dissolvent, et il reste une substance molle, transparente que l'on épure, 1° à l'aide d'une solution faible (à 2 centièmes) d'acide chlorhydrique ; 2° par un lavage complet à l'eau pure. Le tissu organique ainsi épuré est très-souple tant qu'il est hydraté ; il, conserve la forme de l'os.

Ces réactions sont mises à profit pour la fabrication de la gélatine. Les os très-minces et très-irréguliers, comme les os de tête, ou très-poreux, comme les os de l'intérieur des cornes, dits *cornillons*, sont surtout employés dans la fabrication de la gélatine par ce procédé. On ne doit leur faire subir ce traitement que dans les saisons d'automne, d'hiver et de printemps, car les chaleurs de l'été rendraient le tissu organique attaqué par l'acide, même étendu.

Extraction de la matière grasse. — La matière grasse est répartie dans le tissu des os, et surtout dans les parties les plus spongieuses, comme dans les renflements qui se trouvent aux extrémités des gros os, près des articulations, par exemple. Ces renflements sont séparés avant de livrer le corps compacte cylindrique comme os de travail, et l'on fait sortir la moelle (tissu médullaire cylindroïde) de ces cylindres ouverts, en les trempant un instant dans l'eau bouillante.

Après avoir ainsi séparé les os pouvant servir à la tabletterie, on divise les autres en petits fragments, avec une hache, de manière à mettre à nu la plus grande surface possible des cavités de ces os que l'on doit soumettre à l'ébullition pour en extraire la graisse. Un os de côte, par exemple, doit être divisé dans le sens de sa longueur. Ce travail n'a pu se faire avantageusement au moyen de machines, car il exige toujours l'attention des ouvriers pour choisir le sens des sections qui ouvrent le mieux passage à la graisse ; il faut d'ailleurs une adresse que donne l'habitude.

Lorsqu'on veut extraire la graisse des os, on doit éviter qu'ils ne se dessèchent. On ne traite donc jamais dans ce but les os qui, par une longue exposition à l'air sec, ont perdu la plus grande partie de l'eau qu'ils contenaient à l'état frais, car ils ne cèdent plus de matière grasse ; c'est ce qui avait fait penser à tort, que pendant la dessication la graisse s'était évaporée : en effet, les os secs retiennent la matière grasse, seulement elle ne peut plus être enlevée par l'ébullition, parce qu'elle s'est infiltrée dans le tissu osseux en se substituant à l'eau à mesure que celle-ci s'est exhalée en vapeur.

Après avoir coupé les os gras, on les met avec de l'eau dans une chaudière hémisphérique en fonte ayant environ 1 m. 50 de diamètre et 0 m. 75 de profondeur, et on les soumet à l'ébullition en ayant soin de les remuer un peu, de temps en temps, avec une pelle percée de trous ; cette agitation met en liberté les gouttelettes de graisse engagées sous des fragments d'os. Après quelques instants d'ébullition, la plus grande partie de la graisse montée à la surface est enlevée avec une grande cuiller peu profonde, puis versée sur un tamis au-dessus d'un baquet placé sur le bord de la chaudière. La graisse se sépare de l'eau, qui se précipite au fond du baquet et que l'on fait

écouler de temps à autre dans la chaudière par un petit trou de fausset.

On reconnaît que la graisse libre est sortie lorsqu'en remuant les os on ne fait plus remonter de graisse à la superficie du liquide ; alors on enlève les os avec une grande écumoire ou pelle percée, et on les remplace par des os frais (1). Les os débouillis, égouttés et à demi séchés à l'air sont prêts à être *carbonisés*.

Pour obtenir le noir animal, il faut chauffer les os à l'abri de l'air, décomposer la matière organique, volatiliser les gaz, afin de laisser du charbon interposé entre les substances inorganiques. La quantité de charbon contenue dans le noir d'os est d'environ 10 pour 0[0.

Révivification du noir animal. — Lorsque, dans la fabrication ou le raffinage du sucre, on a fait passer une certaine quantité de sirop, plus ou moins coloré, sur du noir, la propriété décolorante de ce charbon s'épuise, et, si l'on n'avait trouvé un moyen économique de la lui rendre, les quantités de charbon d'os eussent été insuffisantes pour notre industrie sucrière. On parvient à rendre au noir en grains sa propriété décolorante en le débarrassant, par un lavage, des matières solubles ou délayables dans l'eau, puis le soumettant à une calcination qui carbonise les substances organiques adhérentes, et met les surfaces charbonneuses à découvert. Le noir peut être révivifié de 20 à 25 fois, car la déperdition qu'il éprouve est évaluée à 4 ou 5 pour 0[0 dans chaque révification.

CHARPIE, différence entre la charpie de coton et celle de chanvre, de lin. *Voy.* Coton.

CHAUX. — La chaux libre ne se rencontre pas dans la nature, puisque cette base énergique, en présence de l'acide carbonique, s'y combinerait rapidement.

Cette combinaison est elle-même très-répandue parmi les terrains de diverses formations ; les carbonates de chaux différents par leur état de pureté, de cristallisation, ou par les substances étrangères qui les accompagnent, donnent lieu à de très-nombreuses exploitations.

Le carbonate de chaux blanc, en cristaux fortement agglomérés, doué d'une demi-transparence sensible, constitue les marbres blancs, et cette variété remarquable, la plus homogène, désignée sous le nom de *marbre statuaire*, dont les carrières les plus abondantes se trouvent en Italie dans les montagnes de Carrare et de Serravezza. Une cristallisation à grains plus fins, moins résistants,

(1) On rend cette manipulation plus facile et plus économique de main-d'œuvre en plaçant les os dans un grand panier en tôle trouée, concentrique à la chaudière. Le liquide dépasse les bords de ce panier, qui ne nuit pas à l'enlèvement ou écumage de la graisse. Lorsque toute cette dernière est sortie des os, on retire d'un seul coup le résidu, ou les os épuisés, en élevant par une grue tournante le panier qu'on laisse égoutter ; on le dépose sur le sol de l'atelier, on le renverse, puis on le recharge pour une deuxième opération.

forme l'albâtre calcaire, employé surtout par des sculptures d'ornement. L'interposition en couches variées de substances minérales diversement colorées par des oxydes métalliques, quelquefois de matières bitumineuses, forme les nombreux marbres veinés ou noirs que chacun connaît.

Enfin, les immenses dépôts des calcaires plus ou moins compactes ou grossiers donnent lieu aux exploitations des différentes carrières qui fournissent les pierres employées par les artistes lithographes, les pierres de taille propres aux grandes constructions, les moellons destinés aux constructions ordinaires, la craie employée dans les fabriques de produits chimiques (fabriques de soude, d'acide carbonique, d'eaux gazeuses, de bicarbonates, de glucose, de chaux, etc.), la partie minérale des coquilles, des corallines, des madrépores et les différentes marnes utiles à l'amendement des terres. Sous toutes ces formes, le carbonate de chaux sert à la fabrication de la chaux des diverses espèces.

Cette industrie, que nous allons décrire, utilise en effet les débris de marbre, d'albâtre, de quelques autres pierres calcaires denses et presque pures, la craie, etc., qui donnent la chaux grasse ; on y emploie divers calcaires mélangés d'argile, de sable, etc., qui fournissent la *chaux hydraulique*, les *ciments* et les *chaux maigres* propres aux divers usages que nous énumérerons plus loin. Les eaux naturelles renferment presque toutes du carbonate de chaux, dissous par l'acide carbonique. Lorsque l'acide carbonique en excès abandonne cette solution, le carbonate de chaux se précipite ; il forme alors des incrustations dans les conduits, ailleurs des stalactites ou stalagmites, et celles-ci constituent, lorsqu'elles sont assez volumineuses, des albâtres blancs ou nuancés, susceptibles d'être découpés en tables ou sculptés. Ce sont les eaux naturelles qui, empruntant aux sols cultivés le carbonate de chaux et d'autres sels calcaires, permettent aux plantes de puiser, dans des tissus spéciaux, cette partie de leur nourriture minérale dont elles décomposent une partie.

La chaux, unie à différents acides, constitue dans la nature plusieurs sels importants pour les arts et l'agriculture, notamment le sulfate de chaux, matière première de la fabrication du *plâtre*, le phosphate de chaux, dont le rôle est si important dans les deux règnes des êtres organisés, l'azotate de chaux et les sels acides organiques (oxalate, tartrate, malate, etc.), combinaisons que la végétation a le pouvoir d'effectuer.

La chaux pure est composée d'un équivalent de calcium (20) uni à un équivalent d'oxygène (8) ; son poids est donc représenté par 28. Ce protoxyde de calcium est solide, blanc, cristallisable en hexaèdres ; son poids spécifique est égal à 2,300 ; une température très-élevée ne l'altère pas ; l'eau à la température ordinaire peut en dissoudre 0,0014 de son poids, et moitié moins à chaud : aussi

se précipite-t-elle (en petits hexaèdres) par l'ébullition. Elle a une saveur alcaline prononcée.

Exposée humide ou en solution au contact de l'air, la chaux absorbe un équivalent d'acide carbonique (22) et forme du carbonate de chaux, combinaison qui peut même s'effectuer en présence de l'air, à une température voisine du rouge.

Fabrication de la chaux. — La fabrication de la chaux est fort simple. Lorsqu'il s'agit de préparer de la *chaux grasse* convenable pour les industries chimiques, on emploie le carbonate de chaux naturel le plus pur qu'on puisse se procurer ; les fragments ou déchets de marbre seraient préférables à tous les autres calcaires, mais on ne peut guère disposer de quantités suffisantes que dans quelques localités très-voisines des carrières ; partout ailleurs on emploie divers calcaires compactes qui ne contiennent pas plus de 2 à 5 centièmes de matières étrangères ; on se sert aussi de craie semblable à celle qu'on exploite à Meudon et à Sèvres, auprès de Paris.

Pour obtenir la chaux, il suffit de calciner la pierre à une température rapidement élevée au rouge blanc : à cette température le carbonate se décompose, la chaux (oxyde de calcium) seule reste fixe, tandis que l'acide carbonique se dégage à l'état gazeux, et d'autant plus facilement qu'il peut être entraîné par la vapeur d'eau encore contenue dans l'intérieur de la pierre, lorsque les parties superficielles commencent à se décomposer.

Il faut donc employer la pierre humide ou la mouiller si elle était sèche, et afin que, dans un même temps, toutes les pierres éprouvent les mêmes effets de la chaleur, il est bon qu'elles aient un volume à peu près égal et assez peu considérable pour qu'on puisse élever brusquement la température.

Caractères distinctifs et applications des chaux grasses.

Les chaux grasses se distinguent non-seulement par leur composition, mais encore par leurs propriétés d'absorber l'eau rapidement en s'échauffant alors au delà de 150°, si l'on évite l'emploi d'un excès de liquide ; d'augmenter de volume au point que l'hydrate occupe jusqu'à 3 fois autant d'espace que la chaux anhydre, et de retenir tellement l'eau dans cet hydrate, que la température de 250 à 300° ne l'en puisse éliminer.

La plupart des applications nombreuses de la chaux sont relatives aux industries chimiques. On comprend qu'elles exigent, dans cet agent, la plus grande proportion possible de chaux libre. C'est encore en raison de la chaux pure que les chaux grasses agissent dans la préparation des mortiers ; mais ceux-ci utilisent, souvent mieux encore, la chaux mise en présence de la silice prête à s'y combiner, dans le produit même de la calcination. Ces applications spéciales seront indiquées plus loin en traitant des *chaux hydrauliques* et des *mortiers*.

La chaux doit être hydratée (combinée

avec l'eau, pour agir convenablement dans presque toutes ses applications. Cet hydrate peut être obtenu pulvérulent, en ajoutant l'eau peu à peu, et en faible excès, à mesure que la combinaison s'effectue, et de manière que tout l'excès d'eau soit chassé par la chaleur que dégage la combinaison. L'hydrate de chaux en pâte, tel qu'il convient aux mortiers, est obtenu de la même manière, mais en ajoutant plus d'eau, pour préparer une pâte fluide qui prend plus de consistance par l'extinction (hydratation) des dernières particules de chaux. Enfin, l'hydrate de chaux liquide peut s'obtenir en ajoutant à l'hydrate en pâte assez d'eau pour délayer, au point convenable, la pâte calcaire. S'il s'agissait de préparer une petite quantité de cet hydrate liquide, il faudrait employer de l'eau chaude, bouillante même, afin de faciliter la combinaison en évitant le refroidissement de la petite masse, et d'obtenir rapidement l'hydrate excessivement divisé. Dans tous les cas, l'hydrate obtenu est une combinaison de 1 équivalent de chaux (28), plus un équivalent d'eau (9), combinaison pulvérulente plus ou moins délayée dans l'eau.

La chaux sert à enlever l'acide carbonique aux carbonates de soude, de potasse et d'ammoniaque : on obtient ainsi les *soudes et potasses caustiques*, la *potasse factice*, la *lessive caustique* (solution de soude, à 36° de l'aréomètre de Baumé), les *lessives douces des savonneries*, l'*alcali volatil* (ammoniaque caustique). On emploie aussi la chaux pour *précipiter la magnésie dans les salines*, et obtenir un chlorure de calcium qu'on élimine par 1 équivalent de sulfate de soude. La chaux s'applique à la *préparation des hypochlorites décolorants et désinfectants*, à *l'essai des sels ammoniacaux*, à *clarifier les solutions de carbonate de soude* (¼ millième suffit), à *éliminer l'acide carbonique des eaux naturelles* et à *précipiter le carbonate calcaire* que cet acide tenait en solution; elle entre *dans la composition des mortiers*, qui renferment, en outre, du sable, ou de la pouzzolane, ou de l'argile calcinée. En parlant des mortiers. nous verrons comment la chaux grasse peut entrer dans la composition des chaux hydrauliques artificielles. On l'applique parfois directement au blanchissage de la *filasse*, du *chanvre* ou du *lin*, des *chiffons destinés aux papeteries*. Elle sert à l'*épuration du gaz-light*, à l'*assainissement des fosses, puits, caves*, contenant des gaz délétères (acides carbonique, sulfhydrique); à préparer l'*eau de chaux*, réactif des laboratoires; à l'amendement des terres qui utilisent les chaux pulvérulentes impures, dites *cendres des fours à chaux*; au chaulage des *grains* pour les préserver de certaines maladies (1). Chauffée en

fragments, par un courant d'hydrogène 2 et d'oxygène 1 enflammés, elle devient rouge, incandescente, et produit une lumière des plus vives, employée pour *éclairer le microscope à gaz*.

La chaux sert encore : à former, avec des acides végétaux, des sels qui, décomposés, donnent les *acides acétique, citrique, tartrique*; à *épurer le camphre, déféquer le jus des betteraves, raffiner le sucre, épiler les peaux, précipiter l'indigo et le désoxyder*, à l'aide du sulfate de protoxyde de fer; à *conserver* et *préparer les colles matières*, (débris de peaux, tendons, tissus organiques des os); à *conserver les œufs* (par l'eau de chaux), les *fruits* (par l'hydrate pulvérulent); à *confectionner la graisse noire*, à *rectifier l'alcool* et *l'obtenir anhydre*, à *préparer un lut albumineux*, à *faciliter les acides gras* (et les *bougies stéariques*), à *développer la matière colorante de l'orseille* (chaux 5, urine 125 pour 100 d'orseille), *traiter la lake-dye*. Délayée en bouillie claire avec des argiles ocreuses et de l'eau, la chaux forme un *badigeon* avec lequel on peint les murailles, et qui durcit en absorbant l'acide carbonique de l'air.

Applications des chaux maigres. — Ces chaux contiennent 20 à 26 pour 100 de magnésie; elles n'ont pas la propriété de *fuser* et d'augmenter beaucoup de volume avec l'eau; en un mot, elles ne présentent avec ce liquide que les phénomènes relatifs aux proportions de chaux pure qu'elles recèlent, c'est-à-dire qu'elles développent moins de chaleur, augmentent moins de volume, et se délitent moins aisément.

Les chaux maigres peuvent servir à presque tous les usages des chaux grasses, mais elles ont, dans ces applications, une infériorité évidente.

CHAUX HYDRAULIQUES. — La théorie de la préparation et des effets des chaux hydrauliques naturelles et artificielles doit être considérée comme l'une des plus belles et des plus utiles découvertes de notre siècle.

M. Vicat, principal auteur de cette découverte et de ses plus grandes applications dans l'art des constructions, a reçu une récompense nationale de notre gouvernement, et le grand prix de la société d'encouragement pour l'industrie nationale.

De tout temps on a pu préparer et employer avec succès des chaux hydrauliques dont les propriétés remarquables étaient signalées par plusieurs observateurs; mais il semblait que leur matière première fût rare et exceptionnelle. Grâce aux nombreuses recherches de M. Vicat et aux analyses de divers ingénieurs, on rencontre dans presque toutes les localités les pierres à chaux hydrauliques; là où elles manquent on les compose en réunissant leurs éléments principaux contenus dans plusieurs dépôts naturels, et l'on fabrique de toutes pièces le produit appelé chaux hydraulique artificielle.

100 grammes de sulfate de soude dissous dans l'eau rendent l'adhérence plus grande et l'effet plus assuré

---

(1) Notamment de la carie des blés due à une sorte de champignon microscopique. 2 kilogrammes de chaux éteinte en poudre suffisent pour chauler 1 hectolitre de grain que l'on a humecté quelques instants avant de le semer avec 20 litres d'eau, afin de faire adhérer la chaux. 100 grammes de sel marin on

Les chaux hydrauliques se distinguent des chaux grasses par les caractères suivants : elles absorbent l'eau sans augmenter beaucoup de volume et sans dégager une grande quantité de chaleur ; la substance pâteuse qu'elles forment, recouverte d'eau, acquiert graduellement une solidité remarquable.

Cette propriété, qui explique l'utilité des chaux et mortiers hydrauliques, tient à la présence du silicate d'alumine et à l'état de division extrême de la silice dans la pierre à chaux. Cette division elle-même mettant, après la calcination et au moment où on l'hydrate, la chaux en contact avec la silice par un très-grand nombre de points, on comprend que la silice, dans ces circonstances, peut jouer son rôle d'acide, s'unir par degrés à la base (chaux) et former un silicate de chaux qui s'unit au silicate d'alumine et à une certaine proportion d'hydrate de chaux.

La division de la silice a une influence tellement favorable dans cette application, qu'employée à l'état gélatineux avec la moitié de son poids de chaux grasse, elle forme un composé très-résistant, tandis qu'employée à proportions égales, mais à l'état sableux ou de cristal de roche pilé, le mélange ne peut acquérir, dans le même temps, aucune consistance notable.

Il résulte, d'ailleurs, des expériences de M. Berthier, que les chaux hydrauliques contenant, outre la silice, de la magnésie, peuvent acquérir une dureté plus grande que si elles n'avaient pu former qu'un simple silicate de chaux. Il semble évident que l'alumine contribue à la solidification des chaux hydrauliques, car, en faisant calciner en grand 4 parties de craie de Bourgogne avec 1 de kaolin de Limoges, on obtient une chaux très-hydraulique, contenant 13 de silice, 12 d'alumine, plus 75 de chaux. Les oxydes de fer et de manganèse n'ont pas communiqué de propriétés hydrauliques à la chaux grasse.

C'est encore la silice divisée par l'argile interposée, dans certaines pouzzolanes, qui agit sur la chaux grasse, forme des silicates attirant l'excès de chaux hydratée, et consolide ainsi la masse. De là un moyen simple d'essai des pouzzolanes : les meilleures sont celles qui fixent les plus fortes proportions de chaux lorsque l'on fait filtrer de l'eau de chaux au travers de leur masse, après les avoir pulvérisées ou mises en grains.

Fabrication des chaux hydrauliques artificielles. — Au lieu de calciner les calcaires naturels renfermant de l'argile et du carbonate de chaux et donnant les chaux hydrauliques, on peut obtenir ce produit artificiellement, soit au moyen de mélanges de chaux et de silice en gelée, soit en calcinant ensemble de l'argile plastique et du carbonate de chaux.

Voici l'un des procédés les plus économiques qui a été indiqué par M. Vicat, et mis en pratique sur une grande échelle par M. de Saint-Léger : on ajoute à 4 volumes de craie de Meudon 1 volume d'argile (glaise de Vaugirard) ; on rend le mélange très-parfait en délayant avec l'eau ces matières, dans une auge circulaire, au moyen de deux meules verticales que font tourner deux chevaux. Dès que le tout est mis en bouillie homogène, on fait couler, en levant une vanne, dans un caniveau conduisant à des bassins en maçonnerie. Lorsque le dépôt est devenu compacte, on décante l'eau claire qui peut servir à un nouveau délayage. On façonne rapidement en briquettes la pâte consistante, à l'aide d'une sorte de louchet ou truelle à lame coudée. Ces briquettes, posées de champ sur un sol battu, s'y dessèchent à l'air ; lorsqu'elles sont desséchées on les empile, puis on procède à la cuisson ou calcination.

Calcination des diverses pierres à chaux hydrauliques. — Cette opération se fait dans des fours semblables à ceux où l'on traite les pierres à chaux grasses. Seulement il importe de ménager davantage la calcination, car si l'on dépassait beaucoup la température indispensable au dégagement de l'acide carbonique, la chaleur réagirait sur la silice et l'alumine, au point de former des silicates demi-fondus analogues aux matières vitreuses.

Préparation des ciments hydrauliques. — Les ciments hydrauliques (dits *ciment romain, plâtres-ciments*) se préparent en Angleterre et en France avec le même calcaire argileux, compacte, à grains fins, dur, pesant de 2,2 à 2,59, dont les énormes bancs ont été en partie disloqués, et dont les fragments, roulés par les eaux de la mer, ont pris, dans plusieurs parages, les formes arrondies des galets. Un calcaire très-convenable pour la préparation du ciment hydraulique a été découvert près de Pouilly, par M. Lacordaire. Un calcaire analogue s'applique maintenant aux mêmes usages en Russie.

Ces ciments, après avoir éprouvé le degré de calcination convenable, doivent être réduits en poudre, passés au tamis et conservés en barils bien clos. Ils se distinguent des chaux hydrauliques, et à plus forte raison des chaux grasses, non-seulement par la grande proportion d'argile qu'ils renferment, mais aussi par leurs propriétés spéciales, notamment celles d'absorber l'eau sans presque s'échauffer, ni augmenter de volume, de se gâcher ainsi comme du plâtre, de faire alors une prise solide, et de former des masses plus ou moins considérables qu'on peut immerger dans l'eau. C'est ce qui explique la forme pulvérulente qu'on leur donne pour faciliter leurs importantes applications dans les grandes constructions hydrauliques.

Pouzzolanes. — On désigne ainsi des argiles des environs de Pouzzoles, poreuses, parfois sous forme d'arènes, qui ont subi, dans les phénomènes volcaniques, une certaine calcination. Les pouzzolanes sont très-propres à donner, avec les chaux grasses, des mortiers hydrauliques. On peut obtenir artificiellement des pouzzolanes de bonne qualité, avec des argiles plastiques contenant de la chaux (environ 2 centièmes); leur calcination doit d'ailleurs être convenablement ménagée.

Calcinées dans des fours à courant d'air où la température est plus uniforme, les pouzzolanes artificielles semblent d'autant meilleures qu'elles présentent la silice et l'alumine divisées et simplement déshydratées au point convenable pour mieux réagir sur l'hydrate de chaux et former surtout le silicate de chaux dont les particules se soudent et fixent autour d'elles une certaine proportion de chaux hydratée.

Mortiers et bétons. — Les mortiers de chaux grasse et sable (non hydrauliques) se préparent en éteignant la chaux dans une cavité formée au milieu d'un tas de sable; on ajoute l'eau peu à peu, mais sans longue interruption, jusqu'à ce que l'hydratation soit complète et donne une bouillie molle représentant près de 4 fois le volume de la chaux employée; on mélange alors cette pâte avec du sable humide qui, s'il est fin et exempt de terre, doit représenter 3 fois le volume de la chaux, et avec un égal volume de sable gros. Le mortier ainsi obtenu peut s'employer directement pour cimenter les moellons ou les pierres siliceuses. Si l'on veut en composer une assise sous une fondation, on y ajoute 2 fois son volume de cailloux gros qui, s'appuyant les uns sur les autres en même temps que leurs interstices se trouvent remplis de mortier sableux, constituent une masse solide appelée *béton.*

Les mortiers et bétons de chaux grasse acquièrent lentement une dureté très-grande lorsqu'ils restent humides, comme cela a lieu dans les fondations, les caves et les murs jusqu'à un mètre au-dessus du sol; dans ces circonstances la chaux absorbe par degrés l'acide carbonique ambiant, et forme un carbonate de plus en plus compacte : c'est une sorte de pierre calcaire régénérée.

Si ces mortiers étaient au milieu de l'air sec ils pourraient devenir pulvérulents ou se désagréger; enfin, s'ils étaient en présence d'un excès d'eau, la chaux se dissoudrait et le mortier serait désagrégé. Pour résister dans ce dernier cas, les mortiers doivent être confectionnés à la chaux hydraulique.

Mortiers hydrauliques. — Les bonnes pouzzolanes donnent, avec la chaux grasse, des mortiers dans lesquels se constituent des silicates capables de résister à l'eau. Au bout d'un temps quelquefois assez court on obtient des effets analogues en mélangeant, avec la bouillie toute récente de chaux grasse, des tessons de vases de grès pulvérisés. Cette sorte de mortier, fortement comprimé dans les joints des moellons ou briques, et lissé avec la truelle en fer, prend une dureté remarquable.

Applications des matériaux hydrauliques. — Lorsque l'on construit des ouvrages que l'eau doit promptement submerger; les mortiers hydrauliques sont bien préférables aux mortiers de chaux grasse. On les confectionne en mélangeant à la chaux hydraulique éteinte, en pâte, des sables siliceux.

S'il s'agit de fonder, au milieu de l'eau même, des constructions solides, on doit préférer le ciment hydraulique qui, gâché comme du plâtre, peut cimenter des briques et divers matériaux durs, et faire sous l'eau une prise solide, assez prompte pour résister immédiatement à l'action de l'eau. Il est utile de réunir ces conditions lorsqu'il s'agit de réparer et de construire des canaux dans l'eau, ou d'établir des galeries au travers du lit de vastes rivières, comme le hardi tunnel exécuté sous la Tamise, grâce à la direction habile de Brunel, ingénieur français.

On peut même former par la réunion de matériaux durs et de ciment hydraulique dans des encaissements (sorte de grands moules), d'énormes blocs capables de constituer les bases de jetées solides dans les eaux mêmes de la mer, comme on l'a fait pour agrandir la rade d'Alger.

De pareils ouvrages, accomplis facilement de nos jours, eussent été impraticables autrefois, même pour les Romains, qui ne connaissaient ni la théorie ni la fabrication de ces remarquables *ciments plastiques,* auxquels on a donné la dénomination évidemment impropre de *ciment romain.*

CHAUX FLUATÉE. *Voy.* FLUORINE.

CHAUX SULFATÉE. *Voy.* GYPSE.

CHAYAVER. — Nom malabare, qui veut dire *racine propre à fixer les couleurs.* C'est la racine d'une plante, l'*oldenlandia umbellata,* qui appartient à la même famille que la garance. Cette plante, qui croît naturellement dans plusieurs contrées de l'Inde, et qu'on cultive surtout à la côte de Coromandel, est pour les Indiens ce que la garance est pour nous, c'est-à-dire la substance tinctoriale rouge par excellence. C'est avec sa racine qu'ils font les beaux rouges dits des Indes, et toutes les autres couleurs semblables à celles qu'on produit en Europe avec la garance.

Les propriétés tinctoriales du chayaver sont dues, d'après M. Robiquet, à l'alizarine, dont il contient trois fois moins que la racine précédente. M. Gonfreville fils, de Déville, près Rouen, a rapporté, en 1830, les procédés des Indiens pour la teinture au moyen du chayaver ; et c'est lui qui nous a appris que le rouge brun de Paliacate, généralement employé pour les pagnes et les chites ou toiles peintes, le rouge enfumé de Madras pour les mouchoirs, le rouge vif de Maduré pour les turbans, le violet de Nerpely, le noir d'Oulgaret, sont obtenus avec cette racine.

Le chayaver diffère complétement, par son apparence extérieure, de l'alizari; il n'est pas coloré en rouge et est beaucoup plus fin. Ce qui le caractérise essentiellement, c'est qu'il donne de très-belles couleurs au coton seulement, sur des apprêts d'huile, sans engallage, ni alun, ni sel d'étain; que la teinture peut avoir lieu à froid, et que de simples lavages à l'eau suffisent pour l'avivage. Les alcalis faibles sont nécessaires pour développer la couleur rouge de cette racine qui renferme une proportion notable de sulfate acide de chaux ; aussi les Indiens font usage d'eaux naturelles très-calcaires qui neutralisent cette acidité prononcée du chayaver.

CHENEVIS. *Voy.* HUILES et CORPS GRAS.

CHICA. *Voy.* COULEURS VÉGÉTALES, § I.

CHIMIE. — La chimie est la science qui a pour but de rechercher les éléments des corps de la nature, puis avec ces éléments de former des corps composés, en étudiant les lois des phénomènes qui se passent dans la réunion de ces éléments, ou dans leur désunion. Ainsi la chimie n'est pas simplement une science de description ; elle s'occupe non-seulement de décrire les propriétés apparentes et extérieures des corps, comme on le fait dans l'histoire naturelle, mais aussi de constater les phénomènes qui se passent dans leur composition ou décomposition ; et comme ces actions ont lieu, non entre les masses et à distance, mais à des distances inappréciables et entre les dernières molécules de la matière, on voit tout de suite l'importance de cette science. Si, comme la physique, elle n'a pas à constater de grandes lois, son rôle parmi les sciences n'est pas moins beau, car elle a sur celle-ci l'avantage de faire naître une foule d'applications importantes et utiles à l'humanité.

On n'est pas d'accord sur la véritable étymologie du nom de *chimie*. Ceux qui attribuent l'invention de cette science aux Egyptiens font dériver ce nom de *chemia* ou *chamia* (pays de Cham) : c'est ainsi qu'on appelait anciennement l'Egypte. D'autres font, avec plus de raison, venir le mot *chimie* de χέειν, χεύειν, couler, faire fondre. Ce qu'il y a de certain, c'est que les noms de *chimie* ou de *chymie* (ὀργάνα χυμικά, instruments chimiques) ne se rencontrent pour la première fois que chez les auteurs du quatrième et du cinquième siècle.

Ce fut au jardin des Plantes, à Paris, que fut fondée, en 1606, la première chaire de chimie.

CHIMIE ORGANIQUE. — Nous ne pouvons mieux faire que de laisser parler sur ce sujet un des chimistes les plus éminents du xixᵉ siècle, M. Berzélius.

« Dans la nature organique les éléments paraissent obéir à des lois tout autres que dans la nature inorganique : les produits qui résultent de l'action réciproque de ces éléments diffèrent donc de ceux que nous présente la nature inorganique. En découvrant la cause de cette différence, on aurait la clef de la théorie de la chimie organique. Mais cette théorie est tellement cachée, que nous n'avons aucun espoir de la découvrir, du moins quant à présent. Néanmoins nous devons faire des efforts pour nous rapprocher de cette connaissance ; car nous finirons par y arriver, ou bien par être arrêté à une limite que nos investigations ne sauraient dépasser.

« Un corps vivant, considéré comme un objet des recherches chimiques, est un la-

boratoire dans lequel s'accomplissent une foule d'opérations chimiques, dont le résultat définitif est, d'une part, de produire tous les phénomènes dont l'ensemble constitue ce que nous appelons la *vie* ; de l'autre part, d'entretenir ce laboratoire de manière à ce qu'il se développe depuis un atome jusqu'au dernier point de perfection ; après quoi il commence à décliner. Les opérations se ralentissent alors de plus en plus et finissent par cesser entièrement, et dès ce moment les éléments du corps, d'abord vivant, commencent à obéir aux lois de la nature inorganique. Il en est de même de tout corps vivant. L'espace de temps pendant lequel durent ces phénomènes de développement et de déclin varie beaucoup ; mais la vie, une fois commencée, parcourt ces deux périodes, puis cesse. Dans l'ignorance où nous sommes des lois qui régissent la nature organique, il n'y a rien de contradictoire dans l'idée qu'un corps organique développé dans toute sa perfection, pourrait continuer à être sans cesse affecté de la même manière, par les mêmes matières et par les mêmes forces, et que, par conséquent, le période de sa décadence ne devrait pas nécessairement succéder à celui de son développement ; mais si nous tournons nos regards sur les groupes innombrables des différents êtres du monde vivant, nous voyons que l'expérience prouve absolument le contraire, et nous pouvons conclure de là que si nous connaissions parfaitement les lois qui régissent l'existence des êtres organisés, nous reconnaîtrions que l'existence, sans altération, d'un corps organique, sous l'influence prolongée de circonstances égales d'ailleurs, est une impossibilité physique, dont la cause dépend justement de ces lois.

« Tout corps organique diffère, par conséquent, d'un corps inorganique, en ce que le premier a un commencement ostensible, suivi de son développement, de sa décadence et de sa destruction ; tandis que le corps inorganique existait avant nous, et continue à exister de telle manière, qu'à moins de subir une décomposition chimique, il subsistera toujours.

« A la vérité, les éléments de la nature organique sont aussi indestructibles ; mais l'existence proprement dite des corps organiques est détruite sans retour. L'individu qui meurt, et qui rend ses éléments à la nature inorganique, ne revient jamais. Il s'ensuit de là que l'essence du corps vivant n'est pas fondée dans les éléments inorganiques, mais dans quelque autre principe, qui dispose les éléments inorganiques communs à tous les corps vivants, à coopérer à la production d'un résultat particulier déterminé et différent pour chaque espèce.

« Ce principe, que nous désignons par le nom de *force vitale* ou *assimilatrice*, n'est pas inhérent aux éléments inorganiques, et ne constitue pas une de leurs propriétés originaires, telles que la pesanteur, l'impénétrabilité, la polarité électrique, etc. ; mais nous ne pouvons concevoir en quoi il consiste, comment il prend naissance, comment il finit. Nous pouvons donc prévoir que si le globe terrestre existait avec ses éléments inorganiques, sans la nature vivante, mais du reste dans les mêmes circonstances, il continuerait à rester sans êtres organisés. Une force incompréhensible, étrangère à la nature morte, a introduit ce principe dans la masse inorganique ; et cela s'est fait, non comme un effet du hasard, mais avec une variété admirable, avec une sagesse extrême, avec le but de produire des résultats déterminés et une succession non interrompue d'individus périssables, qui naissent les uns des autres, et parmi lesquels l'organisation détruite des uns sert à l'entretien des autres. Tout ce qui tient à la nature organique annonce un but sage, et se distingue comme production d'un entendement supérieur ; et l'homme, en comparant les calculs qu'il fait, pour atteindre un certain but, avec ceux qu'il trouve dans la composition de la nature organique, a été conduit à regarder sa puissance de penser et de calculer comme une image de cet être à qui il doit son existence. Cependant plus d'une fois une philosophie bornée a prétendu être profonde, en admettant que tout était l'œuvre du hasard, et que les produits pouvaient seuls se perpétuer, qui avaient accidentellement acquis le pouvoir de se conserver et de se propager. Mais cette philosophie n'a pas compris que ce qu'elle désigne, dans la nature morte, sous le nom de hasard, est une chose physiquement impossible. Tous les effets naissent de causes ou sont produits par des forces ; ces dernières (semblables aux désirs) tendent à se mettre en activité et à se satisfaire, pour arriver à un état de repos qui ne saurait être troublé, et qui ne peut être sujet à quelque chose qui réponde à notre idée du hasard. Nous ne voyons pas comment cette tendance de la matière inorganique, à parvenir dans un état de repos et d'indifférence, par le désir de se saturer que possèdent les forces réciproques, sert à les maintenir dans une activité continuelle ; mais nous voyons cette régularité calculée dans le mouvement des mondes ; nos recherches nous conduisent tous les jours à de nouvelles connaissances sur la construction admirable des corps organiques, et il sera toujours plus honorable pour nous d'admirer la sagesse que nous ne pouvons suivre, que de vouloir nous élever, avec une arrogance philosophique, et par des raisonnements chétifs, à une connaissance supposée de choses qui seront probablement à jamais hors de la portée de notre entendement.

« J'ai dit plus haut qu'un corps vivant, considéré sous le point de vue chimique, est un laboratoire où des opérations chimiques s'exécutent par le moyen d'instruments propres à la production de la substance organique qui doit prendre naissance ; ces instruments reçoivent le nom d'*organes*, et c'est de là que vient le nom de *nature organique*, qu'on a donné à la nature vivante, et que nous étendons aux résidus et aux produits des corps vivants, jusqu'à ce que leurs éléments se trouvent combinés absolument de la même manière que dans la nature inorganique.

« La composition des corps organiques diffère de celle des corps inorganiques sous les rapports suivants :

« I. Tous les corps de la nature inorganique, que l'on considère comme simples, ne peuvent pas servir d'éléments à la composition des corps organiques, et on n'en trouve qu'un petit nombre dans la nature vivante. Ces corps sont principalement l'oxygène, l'hydrogène, le carbone et le nitrogène ; mais quelquefois des substances organiques contiennent de petites portions de soufre, de phosphore, de chlore, de fluor, de fer, de potassium, de sodium, de calcium et de magnésium. La masse principale est toujours composée des quatre premiers.

« II. Les atomes composés du premier ordre sont généralement formés de plus de deux éléments. La nature végétale est principalement composée de trois éléments : savoir de carbone, d'hydrogène et d'oxygène, auxquels se joint, dans la nature animale, un quatrième corps, le nitrogène. Cependant il y a plusieurs matières végétales qui renferment du nitrogène et plusieurs matières animales qui n'en contiennent point. Mais quand le nitrogène entre dans la composition des matières végétales, sa quantité est généralement petite, comparée à celles qui entrent dans les substances animales ; et le nombre des substances animales qui ne renferment point de nitrogène, est très-limité. L'oxygène étant dans la nature organique un des éléments essentiels, les produits organiques peuvent être considérés comme des oxydes de radicaux composés. Ces radicaux ne sauraient exister sans être combinés avec l'oxygène, du moins nous n'en connaissons aucun, et ils sont tout à fait hypothétiques ; sans quoi, ce que nous appelons aujourd'hui atomes composés du premier ordre, seraient proprement des atomes du second ordre, et leurs radicaux hypothétiques formeraient les véritables atomes du premier ordre. Quand plusieurs combinaisons contiennent du carbone et de l'hydrogène dans le même rapport relatif, en sorte que le radical peut être regardé comme identique ; les différentes combinaisons ne présentent pas des séries de multiples d'oxygène, comme cela arrive ordinairement pour les radicaux simples. La composition des acides formique, succinique, gallique et citrique, fournit la meilleure preuve à l'appui de cette observation.

« III. Les trois ou quatre éléments sont unis de telle manière qu'aucun d'eux n'entre ou n'a pas besoin d'entrer pour un atome dans le composé, mais que plusieurs atomes d'un élément se combinent avec plusieurs atomes d'un autre élément pour donner naissance à un seul atome composé. Si, par exemple, dans la nature inorganique l'acide sulfurique est composé d'un atome de soufre et de trois atomes d'oxygène, nous trouvons dans la nature organique que, par exemple, l'acide tartrique est composé de 4 atomes de carbone, 4 atomes d'hydrogène et 5 atomes d'oxygène. Il s'ensuit que les atomes composés du premier ordre dans la nature organique doivent avoir un volume plus grand que dans la nature inorganique, et qu'ils ont, par conséquent, dans leurs combinaisons avec d'autres corps oxydés, une capacité de saturation beaucoup plus faible, c'est-à-dire qu'ils y entrent pour un poids plus grand, ce qui se trouve confirmé par l'expérience.

« Mais ces rapports de composition peuvent éprouver quelques modifications. De même que les éléments de la nature inorganique imitent, dans quelques cas rares, le mode de combinaison de la nature organique, en ce que, par exemple, 2 atomes d'un élément se combinent avec 3 ou 5 d'un autre élément, pour donner naissance à un atome composé du premier ordre; de même il arrive, dans la nature organique, qu'un atome composé du premier ordre se compose seulement de deux éléments; ainsi Théodore de Saussure et Houtou-Labilla-dière ont trouvé que plusieurs huiles volatiles du règne végétal ne contiennent point d'oxygène, et sont composées uniquement de carbone et d'hydrogène. Mais ils ne sont pas formés, comme les produits inorganiques, d'un atome d'un élément, et d'un ou de plusieurs atomes de l'autre élément, mais bien de plusieurs atomes de chaque élément, en sorte que par l'analyse on n'y retrouve aucun rapport simple.

« Beaucoup de chimistes envisagent la composition organique d'une manière différente de celle qui vient d'être exposée. Ils considèrent les atomes ternaires et quaternaires du premier ordre comme des atomes du deuxième et du troisième ordre, et non comme des oxydes d'un radical composé; ils partagent l'un des éléments entre les deux autres, d'où résulte, soit deux combinaisons oxydées, ou une combinaison de carbure d'hydrogène avec de l'eau, ou avec un degré d'oxydation hypothétique de l'hydrogène, soit supérieur, soit inférieur; ou une combinaison de carbure d'hydrogène avec des oxydes de carbone; et dans les composés nitrogénés des combinaisons de l'ammoniaque ou d'un oxyde de nitrogène, avec du carbure d'hydrogène, du carbure de nitrogène, etc. Nos connaissances dans ce champ ne sont pas encore assez mûres pour que nous puissions dire avec certitude jusqu'à quel point cette manière de voir est admissible ou non. Il n'existe qu'un petit nombre de corps organiques composés de manière à ce qu'on puisse les regarder comme le résultat de la combinaison d'atomes binaires du premier ordre, comme, par exemple, l'alcool et l'éther, qu'on peut regarder comme composés d'eau et de gaz oléfiant en proportions différentes. Dans la plupart des corps organiques, les combinaisons binaires dont on les suppose composés, sont inconnues jusqu'à présent;

en outre, on peut pour chaque corps en admettre plusieurs différentes, que chacun choisit à son gré, et une manière aussi arbitraire d'envisager les combinaisons doit conduire à des vues confuses et compliquées. Même pour les corps qu'on peut se représenter comme composés de combinaisons binaires déjà connues, il est impossible, à peu d'exceptions près, de produire des décompositions mutuelles ou des séparations d'un des composés binaires, comme cela arrive constamment pour les combinaisons inorganiques du même genre. Ainsi on peut se représenter l'urée comme composée d'acide cyaneux, d'ammoniaque et d'eau; mais on n'y retrouve aucune des propriétés d'un sel ammoniaque, et l'urée ne peut pas être décomposée en acide cyaneux, en ammoniaque et en eau, et ne précipite aucun des sels métalliques qui sont ordinairement précipités par les cyanites. La cause de cette différence doit tenir à ce que dans l'urée les éléments se trouvent unis d'une autre manière que dans un sel ammoniaque, d'où il résulte que l'urée ne peut être regardée comme un semblable sel.

« Par les exemples cités, on voit que la nature organique peut donner naissance à un nombre incalculable de combinaisons, et c'est précisément de cette manière que la nature produit les modifications illimitées de corps qui sont composés des mêmes éléments en proportions si variables, qu'au premier aperçu on pourrait être conduit à la supposition qu'il n'y a point de proportions définies dans la nature organique. Mais elles n'en existent pas moins, et il suffit que nous dirigions notre attention sur *les rapports dans lesquels ces atomes organiques composés du premier ordre se combinent avec des atomes composés inorganiques du premier ordre, pour trouver que, tant que nos recherches nous permettent d'en juger, ils suivent les mêmes lois que les atomes inorganiques, c'est-à-dire que l'oxygène de l'un (ordinairement de l'oxyde organique) est un multiple par un nombre entier de l'oxygène de l'autre* (1); *ou que, quand des acides organiques contiennent cinq atomes d'oxygène, l'oxygène de ces derniers est à celui de l'oxyde inorganique dans le même rapport que celui que j'ai dit exister pour les atomes inorganiques à cinq atomes d'oxygène.* Par ce moyen, il a été possible de calculer dans les corps organiques les atomes simples dont ils sont composés, ainsi que je le ferai voir plus bas.

« Mais, outre ces différences dans la manière d'après laquelle les éléments se combinent dans la nature organique, il en existe une autre, non moins remarquable dans la nature chimique même et dans les propriétés de ces éléments, tant qu'ils sont soumis à l'influence de la nature vivante, ou main-

(1) Cette règle souffre quelques exceptions apparentes dans les bases salifiables organiques, qui disparaîtront probablement, lorsqu'on connaîtra mieux la constitution chimique intérieure de ces bases.

tenus dans les combinaisons que la vie organique leur a fait contracter. Ainsi, dans la nature inorganique, le soufre est toujours un corps fortement électro-négatif, dans quelque combinaison qu'il entre, tandis que le carbone n'est que très-faiblement électro-négatif, et se trouve chassé, par la plupart des autres corps, de toutes les combinaisons dans lesquelles il joue le rôle d'élément électro-négatif. L'hydrogène est dans le même cas, mais à un plus haut degré. Nous admettons que ces propriétés dépendent de l'état électrique primitif (polarité électrique) de ces corps, et nous présumons que cet état est la cause de leur action réciproque et de leurs affinités. Au contraire, dans la nature organique, des corps composés des mêmes éléments jouissent de propriétés chimiques si différentes que, considérés sous le même point de vue, il est impossible de les regarder comme formés des mêmes éléments. Par exemple, le sucre, la gomme, etc., sont composés d'oxygène uni au carbone et à l'hydrogène ; aucun de ces corps n'a des propriétés acides ou basiques, ou du moins ils les possèdent à un si faible degré que ces propriétés ne se développent que dans des circonstances particulières. Les acides acétique, succinique, citrique, formique, etc., sont également composés d'oxygène combiné avec du carbone et de l'hydrogène ; mais ces corps sont des acides puissants, tels que ceux qui seraient formés, dans la nature inorganique, de radicaux dont les propriétés électro-négatives seraient extrêmement prononcées ; malgré cela, l'acide acétique et l'acide succinique contiennent moins d'oxygène que la gomme et le sucre, tandis que l'acide citrique et l'acide formique en contiennent quelques centièmes de plus. L'acide oxalique est, sous ce rapport, un exemple remarquable. Il n'est composé que de carbone et d'oxygène, et le carbone y est combiné avec 1 fois ½ autant d'oxygène que dans l'oxyde carbonique, et seulement avec ¾ de la quantité qui entre dans la composition de l'acide carbonique, dont les propriétés acides sont si faibles ; en considérant ces trois composés comme les divers degrés d'oxydation du carbone, on arrive à la série suivante :

Oxyde carbonique......	C + O.
Acide oxalique........	2 C + 3 O.
Acide carbonique......	C + 2 O.

« Ainsi, dans ce cas, le degré d'oxydation supérieur, composé d'un atome d'un élément et de deux atomes de l'autre, est, contrairement aux rapports ordinaires, un acide faible ; tandis qu'un degré inférieur, composé de plus d'un atome d'un élément et de plusieurs atomes de l'autre, est un acide très-fort. Il est donc évident que l'acide oxalique, qui est un des acides les plus puissants, a un radical beaucoup plus électro-négatif que l'acide carbonique. Mais le premier de ces acides est produit immédiatement par un corps vivant, où il est un des résultats de la destruction des corps organiques arrivée à un certain point, et par là son radical a ac-

quis des propriétés électro-chimiques toutes différentes de celles qu'il peut conserver, après avoir repassé de cet état à l'espèce de combinaison qui constitue la nature inorganique.

« Les oxydes des radicaux composés prennent donc, dans les organes des corps vivants qui les produisent, un état électro-chimique particulier, qui ne dépend pas seulement de la nature de l'élément inorganique employé, mais principalement de la structure propre à l'organe vivant, et, en partant de ce point de vue, il paraît tout naturel d'admettre que la nature organique peut contenir deux corps qui, quoique formés des mêmes éléments et en mêmes poids relatifs, jouissent de propriétés différentes.

« Il ne nous est pas donné de rechercher ni même de conjecturer comment agit l'organe. Depuis que nous croyons avoir trouvé que l'état électrique des corps, et en général les électricités, sont le *primum movens* de toute activité chimique, nous pouvons former cette conjecture assez vraisemblable, que les organes des corps vivants possèdent le pouvoir de déterminer, d'une manière particulière, la polarité électrique des corps qu'ils produisent ; mais c'est là tout ce que nous pouvons dire à ce sujet, si nous ne voulons nous perdre dans de vaines spéculations.

« Plusieurs corps organiques diffèrent tellement de la nature primitive des éléments inorganiques, par l'état électro-chimique dans lequel ils se trouvent, qu'ils ne peuvent exister que sous l'influence de la force qui a développé cet état électrique, et qui les a enfermés dans le lieu du corps vivant qui est destiné à les recevoir ; par la plus faible influence étrangère ils commencent à subir une altération. D'autres ont plus de stabilité, et quelques-uns se conservent, sous forme sèche, pendant des milliers d'années ; mais tous ont cela de commun, que quand ils sont exposés aux agents chimiques qui réagissent sur la surface de la terre (la chaleur, l'air et l'eau), ils retournent graduellement d'un état électro-chimique à l'autre, et forment des produits de plus en plus stables, jusqu'à ce qu'ils se résolvent enfin en combinaisons binaires de leurs éléments, c'est-à-dire jusqu'à ce que les éléments soient enfin du domaine de la nature inorganique. C'est donc par suite de la tendance qu'ont les éléments inorganiques, de reprendre leurs propriétés électro-chimiques primitives, que les produits chimiques de la nature vivante sont détruits peu à peu. Les réactions chimiques qui s'opèrent dans ce cas, et qui font graduellement passer les éléments, par la destruction d'une combinaison, dans une autre, qui à son tour se trouve résoute en une nouvelle combinaison, reçoivent les noms de *fermentation* et de *putréfaction*, et donnent naissance à un grand nombre de produits remarquables, et à des phénomènes que je décrirai plus tard.

« Il n'est pas donné à l'art de combiner les éléments inorganiques à la manière de la nature vivante ; dans nos expériences nous ne produisons que des combinaisons binaires. Il est même beaucoup de matières que les corps vivants ne peuvent pas produire avec des corps purement inorganiques, et pour la formation desquelles ils ont besoin de produits d'autres corps vivants qui leur servent de matériaux. Ainsi la nature végétale d'une année est entretenue par les résidus des années précédentes ; les herbivores ont besoin de plantes, les carnivores d'autres animaux pour leur nourriture, c'est-à-dire comme matériaux à l'entretien des actions chimiques qui s'opèrent dans chaque individu.

« En ayant recours à l'influence des réactifs chimiques sur les produits organiques, le chimiste parvient à donner naissance à un petit nombre d'autres matières analogues aux produits organiques ; mais en même temps, les éléments des corps soumis à cette action se trouvent rapprochés de quelques pas de leur séparation finale en combinaisons binaires. Ainsi nous obtenons de l'acide malique et de l'acide oxalique en traitant un grand nombre de corps par l'acide nitrique ; du vinaigre et des huiles empyreumatiques, par la distillation à feu nu ; mais on n'a jamais réussi à produire, à l'aide d'éléments inorganiques, de l'acide oxalique, ou de l'acide malique, ou de l'acide acétique, et on n'a pas été plus heureux en ayant recours, pour leur donner naissance, à des combinaisons binaires, qu'en essayant de combiner les éléments isolés. Les conditions nécessaires à la production d'un oxyde à radical composé, qui lui donnent un caractère électro-chimique déterminé, et bien différent de celui qu'il devrait avoir d'après ses éléments, sont donc aussi inconnues que le mode d'action des organes vivants.

« Nous pouvons néanmoins produire avec des matières inorganiques un petit nombre de substances dans lesquelles les éléments sont unis de la même manière que dans la nature organique ; mais ces substances sont justement placées sur la limite extrême entre la composition organique et celle inorganique. Ce sont : 1° une matière astringente, que l'on obtient en traitant par l'acide nitrique le charbon de bois pulvérisé, et qui, d'après son inventeur, a reçu le nom de tannin artificiel de Hatchet, parce qu'elle précipite la solution de colle ; mais cette matière n'a de commun avec le tannin ordinaire que la saveur et cette propriété de précipiter la gélatine ; 2° quand on dissout la fonte dans l'eau régale ou dans l'acide nitrique, qu'on précipite l'oxyde ferrique par l'ammoniaque, et qu'on fait bouillir le précipité avec de l'eau, celle-ci se colore en jaune, et laisse, après l'évaporation, une matière qui ressemble à celle qu'on obtient quand on fait bouillir le terreau, et qui est le dernier produit des différents modes de combinaison organique que parcourent les substances animales et végétales avant de se résoudre entièrement en combinaisons binaires. Une

portion de cette matière peu soluble reste sous forme d'une poudre noire, sans se dissoudre dans l'acide, et colore en jaune l'eau avec laquelle on la fait bouillir, et en noir la potasse caustique ; 3° si l'on fait passer et repasser des vapeurs aqueuses sur du charbon en poudre chauffé au rouge, ou si l'on dirige à travers un tube de porcelaine chauffé au rouge naissant, un mélange de 10 parties de gaz carbure dihydrique, 20 parties de gaz carbure tétrahydrique et 1 partie de gaz acide carbonique, il se forme un corps volatil blanc, qui ressemble au suif et qui a été découvert par Bérard. Ce corps a une odeur empyreumatique particulière, une texture cristalline, et exige, pour s'enflammer et pour brûler, même dans le gaz oxygène, une température beaucoup plus élevée que celle à laquelle il se volatilise ; 4° ainsi que je l'ai déjà dit plus haut, on obtient de l'urée quand on fait évaporer une combinaison d'acide cyaneux, d'ammoniaque et d'eau.

« Quand même nous parviendrions avec le temps à produire avec des corps inorganiques plusieurs substances d'une composition analogue à celle des produits organiques, cette imitation incomplète est trop restreinte pour que nous puissions espérer de produire des corps organiques, comme nous réussissons, dans la plupart des cas, à confirmer l'analyse des corps inorganiques, en faisant leur synthèse.

« Ainsi, les observations auxquelles nous sommes conduits par nos recherches dans cette partie mystérieuse de la chimie, ne peuvent être exactes qu'autant qu'elles se rapportent aux changements chimiques que les corps vivants opèrent dans les milieux, c'est-à-dire dans les agents chimiques qui les entourent ; les mêmes recherches peuvent nous apprendre à connaître les phénomènes qui accompagnent les fonctions vitales, à suivre celles-ci autant que possible, à isoler les produits organiques, à étudier leurs propriétés et à déterminer leur composition. Mais tout cela est fort difficile ; la chimie s'élève ici à une puissance plus élevée, s'il m'est permis de me servir de cette expression mathématique, et même l'œil le plus perçant est exposé à des erreurs continuelles, tandis que la découverte de la vérité dépend souvent autant du hasard que d'une méditation profonde. »

CHIMIE ANIMALE. — On a beaucoup plus étudié la structure du corps humain et une grande partie des opérations qui s'exécutent dans son intérieur que la texture et les fonctions des végétaux : aussi les connaît-on mieux et d'une manière plus certaine. Développer les phénomènes des opérations chimiques qui s'accomplissent dans le corps vivant est le but scientifique auquel tendent, en dernière analyse, les efforts de la chimie animale, et fait le but principal de la physiologie, science de la plus haute importance pour l'art de guérir. Mais pour bien concevoir les phénomènes chimiques qui ont lieu dans le corps vivant, il est indispensable de connaître sa structure, c'est-à-dire de posséder l'anatomie.

La chimie animale a encore un autre côté qui, moins important sans doute pour le médecin, est d'autant plus essentiel pour les études du chimiste proprement dit : savoir, la connaissance de la manière dont les réactifs chimiques se comportent à l'égard des substances produites dans le corps animal, telles qu'elles se trouvent après avoir été séparées de ce dernier. C'est, en général, sur cette partie de la chimie animale que roulent les manuels de la chimie ; c'est elle qu'on connaît le mieux et elle fournit plusieurs applications utiles à la vie sociale.

C'est chez l'homme que la partie chimique des opérations de la vie animale a été le plus examinée. Quatre des classes linnéennes du règne animal, savoir, les mammifères, les oiseaux, les reptiles et les poissons, auxquelles des zoologistes modernes ont donné le nom collectif d'animaux vertébrés, ont tant d'analogie d'ensemble, eu égard aux rapports physiologiques généraux, que tout ce qu'on sait de la physiologie de l'homme s'applique aussi en grande partie à elles. L'anatomie et la physiologie des autres classes d'animaux ont été moins étudiées, et il est réellement beaucoup plus difficile d'apprendre à les connaître d'une manière exacte. Moins le cerveau et le système nerveux sont développés chez les animaux qui les constituent, plus les phénomènes de la vie sont difficiles à étudier en eux, et plus ces êtres se rapprochent de la condition des plantes, en ce que l'on peut diviser leur corps, et, cependant, voir la vie continuer longtemps encore à s'exercer dans les parties qui ont été détachées.

Le corps animal contient les mêmes éléments que les végétaux ; mais l'azote s'y présente bien plus généralement comme partie essentielle. Le soufre et le phosphore existent aussi en beaucoup plus grande quantité dans les matières animales que dans les substances végétales ; on ne sait pas encore avec certitude sous quelle forme ces deux éléments y sont contenus : on ignore s'ils y constituent l'un des éléments de l'atome composé du premier ordre, ou bien s'ils forment des combinaisons particulières qui s'associent en petites quantités à plusieurs atomes composés du premier ordre, pour produire un atome du second ordre.

Il a été souvent question, dans les temps modernes, de *molécules* appelées organiques. Dans la nature inorganique, les corps composés se font presque toujours remarquer par des formes géométriquement régulières, qui, à ce qu'il paraît, dépendent de causes fondamentales géométriques. Mais les choses se passent tout autrement dans la nature organique. Les formes géométriquement déterminables s'y montrent fort rares, et elles sont totalement bannies du corps sain de l'animal vivant. L'agrégat organique d'atomes composés prend de tout autres formes, qui sont calculées d'après certaines fins et dans l'intérêt de certaines fonctions. Ainsi, les tuniques

des artères se roulent en tubes ; là fibrine qui fait la base des muscles, s'allonge en fibres rapprochées les unes des autres ; le tissu cellulaire s'épanouit en expansions plates et membraneuses, etc. Mais ces tissus sont naturellement formés aussi de parties plus petites, d'atomes composés, sur la tendance desquels à l'agrégation repose leur configuration extérieure. Il entre presque toujours dans la composition organique un assez grand nombre d'atomes simples, dont l'arrangement, les uns par rapport aux autres, diminue aussi la tendance à revêtir des formes géométriques ; les atomes composés du premier ordre ont, en outre, un volume beaucoup plus considérable ; et ces circonstances réunies font que la force de cohésion doit se manifester par des résultats tout différents. Ceux qui ont voulu approfondir la disposition du tissu organique dans le règne animal, se sont, à cet effet, servis du microscope ; avec le secours duquel ils ont découvert des particularités dans la texture, de la même manière et peut-être avec presque le même degré de certitude qu'à l'aide de cet instrument on peut apercevoir le mode d'entrelacement des fils dans les étoffes d'un tissu extrêmement fin. Le résultat général de ces recherches a été que la matière animale solide, quelque différentes que puissent être d'ailleurs ses propriétés, consiste en une trame de petits corps sphériques, réunis de manière à former tantôt des fibres, tantôt des tissus plats, etc. Les fibres charnues se réduisent, au miscrocope, en rangées semblables à des colliers de perles ; et, dans les tissus plats, on n'aperçoit pas cette disposition en rangées, ou bien elles ne sont point parallèles entre elles. Les petites particules sphériques qui forment ces rangées de perles paraissent être de grosseur parfaitement égale, tant dans les solides dissemblables que chez les animaux d'espèce différente. Les expériences que plusieurs physiciens ont tentées pour mesurer leur grosseur, ont fourni des résultats divers, suivant les moyens employés ; mais, en général, on a reconnu que les mesures prises de la même manière indiquaient toujours le même volume. Dumas et Prevost d'un côté, Milne Edwards de l'autre, ont trouvé leur diamètre d'un trois-centième de millimètre ; mais ce dernier convient que la manière dont on s'y prend pour les mesurer n'étant pas très-sûre, leur volume réel pourrait bien être d'un quart au-dessous ou au-dessus de cette évaluation. Ces corps sphériques sont ce qu'on a appelé les molécules organiques. On doit les considérer non comme des atomes, mais comme des agrégations d'atomes ; de même que dans la nature inorganique, le cristal n'a vraisemblablement pas la forme de l'atome, mais une forme qui dépend de l'agrégation d'un certain nombre d'atomes.

Les matières solides vivantes, telles qu'elles s'offrent à nos moyens d'investigation, se trouvent dans un état tout particulier ; très-ordinaire dans la nature organique, surtout dans le règne animal, et auquel la nature inorganique n'offre rien qui corresponde. Cet état est celui de *ramollissement*. Dans leur condition naturelle, les matières animales solides sont, à peu d'exceptions près, molles, flexibles, plus ou moins extensibles, quelquefois douées, et parfois aussi privées d'élasticité, ce qui dépend de ce qu'elles se laissent pénétrer par l'eau, qui, lorsqu'elle y existe en certaine proportion, leur communique ces propriétés, sans qu'on puisse, pour cela, dire qu'elles sont mouillées, et sans qu'elles puissent humecter d'autres corps en leur communiquant ce liquide. L'eau, ainsi contenue en elles, s'élève jusqu'aux quatre cinquièmes de leur poids, et même plus. Elle ne paraît pas leur appartenir par affinité chimique, puisqu'elle s'évapore peu à peu, et que l'on peut l'exprimer instantanément en les exposant à une très-forte pression entre des feuilles de papier brouillard. Lorsque l'eau a été enlevée de l'une ou de l'autre manière, la matière animale solide s'est considérablement retirée sur elle-même; elle est devenue dure, jaunâtre, translucide, pulvérisable, et, après la dessiccation, une matière animale solide ressemble tellement aux autres, quant à l'aspect extérieur, qu'il est rare qu'on puisse l'en distinguer. Si on la replonge dans l'eau, elle se ramollit peu à peu, se gonfle et reprend son apparence primitive, sa flexibilité, son élasticité, son poids. La perte de l'eau détruit tout à fait la vie dans une partie vivante. Cependant quelques animaux des dernières classes peuvent être desséchés, et reprendre vie ensuite quand on les ramollit de nouveau. Un animal vivant doit donc être considéré comme une masse ramollie dans l'eau, dont celle-ci fait au moins les trois quarts du poids total.

Chevreul a fait sur cet état particulier de ramollissement des matières animales solides vivantes, plusieurs expériences qui établissent que l'eau pure a seule le pouvoir de le produire. Les matières animales sèches peuvent bien absorber une certaine quantité d'eau, fortement chargée de sel; mais elles ne se ramollissent pas pour cela et ne reprennent point leur premier aspect. Elles absorbent aussi en grande abondance l'alcool, l'éther et les huiles, sans en être le moins du monde ramollies. Toutes ces absorptions, tant d'eau que d'autres liquides, sont, d'après les expériences de Pouillet, accompagnées d'un dégagement de chaleur.

Les molécules organiques dont j'ai parlé tout à l'heure se trouvent dans cet état de ramollissement par l'eau; la dessiccation les dépouille de leur forme globuleuse, ou, pour parler plus exactement, les rend indiscernables.

Les animaux, si différents des végétaux par leur organisation, s'en distinguent surtout par plusieurs propriétés particulières. Ces caractères viennent à disparaître dans les espèces des classes inférieures, à mesure que l'on se rapproche des limites contiguës à ces deux règnes, de manière qu'il serait alors difficile de tracer la ligne de démarcation qui sépare les animaux des végétaux. Mais si l'on considère les êtres qui occupent un degré plus élevé dans l'échelle organique, on établit des distinctions très-sensibles.

Les parties qui composent les animaux sont formées elles-mêmes par la réunion de plusieurs principes plus simples; ces principes, que l'on peut séparer par des procédés peu compliqués soit des solides ou liquides animaux, ont reçu le nom de *principes immédiats des animaux*, par analogie avec ceux qui composent les végétaux.

Ces principes, d'après leurs propriétés et leur composition, ont été divisés, comme ceux des végétaux, en plusieurs classes; les uns sont neutres, les autres présentent plus ou moins les caractères des acides : enfin, il en est qui, comme les huiles végétales, sont très-hydrogénés et se rapprochent beaucoup des propriétés de celles-ci.

Leur composition élémentaire est différente des principes immédiats des végétaux; ils contiennent, indépendamment de l'oxygène, de l'hydrogène et du carbone, une certaine quantité d'azote. Parmi ces principes immédiats, on en rencontre un assez grand nombre qui sont dépourvus d'azote et qui sous ce rapport ont la plus grande analogie avec certains principes des végétaux.

Classification méthodique des principes immédiats qui composent les solides et les fluides des animaux vertébrés.

PRINCIPES immédiats neutres.	PRINCIPES colorants.	PRINCIPES immédiats très-hydrogénés.	PRINCIPES immédiats acides.	PRODUITS artificiels.
Fibrine.	Hémachroïne.	Stéarine.	Acide acétique.	Gélatine.
Albumine.	Choléchlorine.	Oléine.	— urobenzoïq.	Sébacique.
Caséum.		Margarine.	— urique.	Stéarique.
Mucus.		Butyrine.	— rosacique.	Margarique
Osmazôme.		Phocénine.	— lactique.	Oléïque.
Urée.		Hircine.	— cholique.	Butyrique.
Sucre de lait.		Cétine.	— allantoïque.	Phocénique.
Sucre biliaire.		Cholestérine.		Hircique.
Résine biliaire.		Cérébrine		Caproïque.
		Eléencephôl.		Caprique
		Stéaroconote.		Cyannique.
		Céphalote.		Purpurique.

(Dans la colonne « Produits artificiels », les acides Sébacique à Purpurique sont réunis par une accolade portant la mention « Acides ».)

Indépenaamment des principes que nous avons consignés ci-dessus, qui forment ou les tissus des animaux, ou qui entrent dans la composition des différents produits et fluides qu'on y rencontre, il existe un grand nombre de corps appartenant au règne minéral tels que du phosphore, du soufre, du fer, des oxydes métalliques, des phosphates de chaux, de soude, d'ammoniaque, des sulfates de potasse, de soude, des chlorures de sodium et potassium, etc., etc. Quelques-uns de ces composés se trouvent naturellement dans ces substances, d'autres y sont apportés par suite de l'assimilation des principes alimentaires.

Avant d'examiner en [particulier chacun des principes immédiats que nous venons d'exposer, il importe d'étudier la manière générale dont ils se comportent lorsqu'ils sont en contact avec le calorique, l'eau, les corps combustibles non métalliques, les acides, les oxydes métalliques et les sels. Cette description nous dispensera de répétitions par la suite, et fera connaître de suite les réactions qui s'exerceront sur une matière animale composée de deux ou d'un plus grand nombre de principes immédiats.

Exposés à l'action d'une douce chaleur, les principes immédiats azotés, ou les matières animales qui en sont formées, perdent peu à peu leur humidité, se dessèchent, deviennent dures et cassantes, et peuvent être conservées ainsi sans éprouver d'altération; à une température plus élevée, le calorique, en pénétrant leurs molécules, dissocie leurs éléments, les combine dans des ordres différents déterminés par le jeu des affinités chimiques qui s'exerce; d'où résulte, 1° un produit liquide formé par une huile épaisse, empyreumatique et de l'eau tenant en solution du carbonate d'ammoniaque, de l'acétate d'ammoniaque de l'hydrocianate d'ammoniaque; 2° des fluides élastiques composés de gaz acide carbonique, de gaz oxyde de carbone, d'hydrogène protocarboné d'azote; 3° et un résidu fixe, noir, plus ou moins boursoufflé, formé par une partie du carbone de la matière animale retenant toujours de l'azote en combinaison, et tous les sels ou oxydes métalliques qu'elle contenait.

La plupart des principes immédiats très-oxygénés fournissent par le feu des produits plus ou moins analogues à ceux des huiles végétales; quelques-uns seulement se volatilisent en partie sans éprouver d'altération.

Les acides animaux éprouvent généralement la même décomposition que les principes immédiats. Deux sont seulement volatils, l'acide acétique et l'acide formique.

L'eau opère la solution de plusieurs principes immédiats neutres et acides; sur les autres elle agit différemment: ou elle est sans action comme sur les corps gras ou très-hydrogénés, ou elle s'y combine, les gonfle en leur communiquant une certaine élasticité; c'est ainsi qu'elle agit sur la plupart des tissus animaux qui doivent leur souplesse à l'eau qui est ou combinée ou

interposée entre leurs parties. Toutefois, par un contact prolongé et à une température de $+ 15°$ à $+ 20°$, elle favorise la réaction des éléments des principes immédiats azotés insolubles, et détermine alors leur fermentation putride ou putréfaction.

L'alcool et l'éther sulfurique n'exercent ordinairement d'action dissolvante que sur les principes immédiats hydrogénés qui y sont plus ou moins solubles, les autres offrent des résultats variés.

Parmi les corps combustibles non métalliques, il n'y a que le chlore, l'iode et le brôme qui aient de l'action sur les principes immédiats azotés; ils s'y combinent ou les décomposent peu à peu en s'unissant à une partie de leur hydrogène.

Les acides étendus d'eau sont, pour la plupart, sans action sur les matières animales; quelques-uns d'entre eux peuvent s'y unir et former des composés solubles ou insolubles; mais lorsqu'ils sont concentrés, ils les altèrent en les décomposant, et les transforment en nouveaux produits plus ou moins remarquables.

L'acide sulfurique concentré, mis en contact à froid avec certaines matières animales azotées insolubles dans l'eau, les convertit en matières solubles; c'est ainsi qu'il agit sur le tissu des muscles, sur la laine et la soie.

L'acide nitrique donne des résultats variables qui ont été signalés depuis longtemps, mais qui ne sont bien connus que depuis peu; il se produit dans l'action de l'acide nitrique sur une substance azotée, de l'eau et de l'acide carbonique provenant de l'action d'une partie de l'oxygène de l'acide nitrique sur une partie de l'hydrogène et du carbone de la matière organique, du deutoxyde d'azote, de l'azote en grande quantité, de l'acide acétique, de l'acide hydrocyanique, de l'acide oxalhydrique, de l'acide oxalique; enfin, une matière jaune amère, connue d'abord sous le nom d'*amer de Welther*, et qui n'est que de l'acide *carbazotique*, identique avec celui qu'on forme en traitant l'indigo par l'acide nitrique.

Les oxydes métalliques insolubles sont sans action sur les matières animales neutres; mais ceux qui sont solubles en ont plus ou moins: telles sont les solutions d'oxyde de potassium et de sodium, qui décomposent à chaud les matières animales et les transforment en ammoniaque qui se dégage, en acide carbonique, en acide acétique, et d'après MM. Gay-Lussac et Chevreul, en d'autres acides particuliers qui restent unis à l'oxyde métallique. C'est en raison de la solubilité de la plupart des matières animales dans la potasse et la soude caustiques, qu'on avait proposé autrefois de les employer à la fabrication des savons propres à certaines opérations d'art.

CHITINE ($\chi\iota\tau\acute{\omega}\nu$, pourpoint). — On commence à appeler ainsi, d'après Odier, la croûte dure qui forme le tégument extérieur d'une grande partie des insectes et des élytres des coléoptères.

Le test des insectes est fréquemment orné de couleurs brillantes. Celles qui ont l'éclat métallique ne proviennent que d'un phénomène de réfraction, dû à des causes purement mécaniques. Elles deviennent souvent brunes ou rouges par l'action prolongée de la lumière solaire.

CHLORATE DE POTASSE. *Voy.* Potasse.

CHLORE (*acide marin déphlogistiqué; acide muriatique oxygéné; gaz oxy-muriatique*).—Le chlore fut découvert par Scheele, en 1774; sa nature était ignorée lorsque MM. Gay-Lussac et Thénard démontrèrent que, loin de constituer un *acide oxygéné*, le chlore avait les propriétés d'un corps simple. Davy arriva, dix-huit mois plus tard, aux mêmes conclusions. Les importantes applications du chlore dans le blanchiment sont dues aux travaux de Berthollet; Guyton de Morveau appliqua ses propriétés désinfectantes; Tennant substitua avantageusement à la préparation du chlore la fabrication de l'hypochlorite de chaux (dont M. Balard fit depuis connaître la véritable composition); M. Valter indiqua les conditions du maximum d'effet de ce composé dans le blanchiment des toiles; M. Labarraque a montré les avantages et popularisé l'emploi des hypochlorites (alcalins dans la désinfection de divers ateliers; plusieurs praticiens, et surtout Lisfranc, ont étendu ses applications en chirurgie (pansement des plaies, engelures, etc.).

On ne rencontre le chlore dans la nature qu'à l'état de combinaison, soit avec l'hydrogène, constituant l'acide chlorhydrique, soit avec le sodium et formant les énormes dépôts de sel gemme, les solutions salines naturelles (sources salées, eau de mer, etc.). Le chlorure de magnésium l'accompagne souvent dans diverses eaux naturelles; on rencontre le chlorhydrate d'ammoniaque dans les vapeurs des volcans, les gaz des houillères, les produits de la torréfaction des urines évaporées. On sait que le chlorure de calcium et plusieurs chlorures métalliques (les chlorures de cuivre, d'argent, etc.), se rencontrent quelquefois à l'état naturel.

La couleur du chlore est le jaune-foncé. Plus il contient d'air et plus sa teinte pâlit. Certaines personnes lui trouvent quelque chose de verdâtre; c'est à cause de cela qu'Humphry-Davy lui a imposé son nom, dérivé du mot grec χλωρός, qui veut dire *vert clair*. Il a une odeur particulière suffocante, qui produit un sentiment de sécheresse dans le nez, et de l'irritation dans la trachée-artère, avec oppression de poitrine; ces symptômes durent plus ou moins longtemps, suivant que l'air qu'on a respiré était plus ou moins chargé de chlore gazeux. Il leur arrive fréquemment de dégénérer en un coryza accompagné de maux de tête et d'une fièvre légère. Le chlore gazeux respiré pur est absolument mortel. Sa pesanteur spécifique est de 2,47. Il entretient la combustion d'un très-grand nombre de corps, et la plupart y prennent feu à la tem

pérature ordinaire de l'atmosphère, particularité qui le distingue tant de l'oxygène que du soufre. Beaucoup de métaux, quand on les projette en poudre dans du chlore, s'enflamment et rougissent en se combinant avec lui.

L'affinité du chlore pour l'hydrogène est si grande, qu'il l'enlève aux corps organisés pour se substituer à sa place, équivalent pour équivalent, d'après la loi des substitutions; il en résulte alors un équivalent d'acide chlorhydrique qui s'échappe ou que l'on peut chasser, et un nouveau corps organique ne différant de celui sur lequel on a expérimenté, qu'en ce qu'un équivalent de chlore remplace un équivalent d'hydrogène, corps nouveau à la vérité par ses propriétés physiques, mais dont les propriétés chimiques sont les mêmes. Souvent la couleur et l'odeur du corps sont changées : aussi le chlore est-il employé dans un grand nombre de circonstances pour changer ces qualités dans les produits naturels où elles sont nuisibles.

Cette propriété a été découverte par Berthollet, qui en a fait l'application au blanchiment en grand du coton et du lin. Dans le blanchiment avec l'eau de chlore, appelée aussi, à cause de cette propriété, *eau de blanchiment*, l'effet décolorant continue tant que le liquide contient du chlore; mais l'acide hydrochlorique qui s'y forme par cela même, peut nuire à la qualité des tissus, si l'on n'a pas soin de les bien laver. C'est pour cette raison qu'aujourd'hui on se sert la plupart du temps d'une dissolution de chlorite calcique dans l'eau.

Le chlore uni à l'eau n'exerce pas seulement son action destructive sur les couleurs d'origine organique; il détruit aussi les émanations odorantes des animaux et végétaux malades ou morts, de même que les miasmes, tant ceux qui se propagent par l'intermède de l'air (*miasmes proprement dits*), que ceux qui agissent seulement par un contact immédiat (principes contagieux). C'est pourquoi on se sert de l'eau de chlore pour laver les étoffes ou autres effets soupçonnés de recéler des germes de contagion ou d'infection. C'est pourquoi aussi on dégage du chlore gazeux dans les chambres des malades, pendant les maladies contagieuses surtout. Ce gaz, aidé de l'humidité contenue dans l'air, décompose toutes les substances étrangères qui se trouvent mêlées avec ce dernier. On l'emploie généralement à cet usage dans les hôpitaux. Pour le dégager, on se sert d'un mélange d'une partie de manganèse réduit en poudre fine et de deux parties de sel ordinaire concassé, qu'on met dans une soucoupe, et sur lequel on verse peu à peu, par cuillerées à café, un mélange d'acide sulfurique et d'eau à parties égales. Le dégagement du chlore gazeux commence à l'instant même, et dure quelque temps. On peut aussi se contenter d'humecter de temps en temps, avec un peu d'acide hydrochlorique, du manganèse pulvérisé contenu dans une soucoupe. Il va sans dire que, dans les chambres habitées par des malades, le dégagement du gaz doit ne pas être assez fort pour gêner la respiration.

La première expérience tentée pour combattre les émanations animales fétides par une fumigation de ce genre, fut faite, en 1769, par Guyton de Morveau, dans la vue de détruire l'insupportable odeur qui régnait dans la cathédrale de Dijon, infectée par les effluves des cadavres enfouis dans ses caveaux. Mais Guyton de Morveau employa le gaz acide hydrochlorique, qui, bien que moins énergique, produisit cependant l'effet désiré. Cette application était presque oubliée, lorsqu'un médecin anglais, nommé Smith, appela de nouveau l'attention sur l'utilité dont elle peut être dans les hôpitaux, au temps des épidémies, et maintenant l'usage du chlore gazeux, en pareil cas, peut être mis au nombre des moyens dont l'efficacité est parfaitement constatée.

Le chlore peut faire disparaître les traces de l'encre à écrire; ce fait s'explique, si l'on pense que l'encre est formée d'une matière organique destructible par le chlore, et d'un oxyde de fer coloré moins oxydé que le peroxyde et facilement suroxydable. On peut avoir besoin de faire reparaître une écriture enlevée dans un but criminel : cette opération est possible si le papier a été simplement traité à l'eau de chlore; il faut alors plonger le papier falsifié dans une dissolution du cyanure de potassium et de fer. A l'instant les caractères se reproduisent, mais en bleu; c'est qu'alors il se forme du bleu de Prusse sur les caractères. Pour faire reparaître ces caractères en noir, il faudrait laver le papier avec une dissolution d'acide tannique; on ne réussirait pas si le papier avait été préalablement lavé à l'acide chlorhydrique.

On connaît aujourd'hui quatre combinaisons du chlore avec l'oxygène, savoir :

L'acide chloreux,
Le deutoxyde de chlore,
L'acide chlorique,
L'acide perchlorique ou oxychlorique.

Dans ces différents degrés d'oxydation le rapport des éléments est tel, que deux volumes de chlore gazeux se combinent avec 1, 4, 5 et 7 volumes de gaz oxygène.

Aucun de ces composés ne peut être produit directement; leur formation n'a lieu que dans certaines circonstances.

Acide chloreux. — Le chlore présente cette singularité entre les autres corps simples, que son premier degré d'oxydation est un acide faible, à la vérité, et son deuxième degré un oxyde.

Cet acide, dont M. Berzélius a admis le premier la formation lorsqu'on fait passer du chlore à la température ordinaire, à travers des solutions faibles d'oxyde de potassium, de sodium de calcium, ou d'autres oxydes hydratés ou délayés dans l'eau, n'avait pas encore été séparé de ces combinaisons que l'on a regardées pendant longtemps comme des *chlorures d'oxydes.*

M. Balard, par des expériences faites dans le courant de l'année 1834, a isolé cet acide

et a déterminé ses propriétés et sa composition.

Le soufre et le phosphore, en contact avec ce gaz, le décomposent instantanément avec une forte détonation et une vive lumière.

Sa composition, d'après l'analyse qui en a été faite, est de 1 volume d'oxygène et 2 volumes de chlore, ou $= Ch^2 O^1$.

Deutoxyde de chlore. — Ce composé de chlore et d'oxygène a été découvert, à peu près en même temps, par MM. Davy et Von Stadiou.

Lorsqu'on chauffe ce gaz à la température de $+ 100°$, il est décomposé tout à coup avec plus de violence que l'acide chloreux et avec un dégagement très-sensible de lumière.

La composition de ce gaz est facile à déterminer, en le soumettant à l'action de la chaleur; d'après M. Soubeiran, sa formule $= Ch^1 O^1$.

Acide chlorique. — Cet acide, dont l'existence avait été soupçonnée par Berthollet dans les sels qu'on connaissait autrefois sous le nom de muriates suroxygénés, et qui sont aujourd'hui désignés sous le nom de chlorates, a été isolé pour la première fois par M. Gay-Lussac. On l'obtient en décomposant le chlorate de baryte dissous dans quatre à cinq parties d'eau par une quantité convenable d'acide sulfurique affaibli.

D'après quelques considérations analytiques sur cet acide, M. Gay-Lussac a établi qu'il était composé de cinq volumes d'oxygène pour deux volumes de chlore ou 5 at. oxyg. et 2 at. chlore. Sa formule est donc $Ch^2 O^5$.

Acide perchlorique ou oxychlorique. — Cet acide a été observé (en 1814) par M. le comte Von Stadion dans le résidu de l'action de l'acide sulfurique sur le chlorate de potasse.

Sa composition est de sept volumes d'oxygène pour deux volumes de chlore, ou sept atomes d'oxygène et deux atomes de chlore. Sa formule $= Ch^2 O^7$.

Acide hydrochlorique. Voy. CHLORHYDRIQUE (*acide*).

Chlorure d'oxyde de carbone. — Ce composé, qui a été découvert par M. John Davy, s'obtient en mettant dans un flacon sec parties égales de gaz chlore et de gaz oxyde de carbone également desséchés. Si l'on expose ce mélange pendant un quart-d'heure environ à la lumière du soleil, la combinaison s'effectue, et la couleur jaune du chlore disparaît entièrement. En ouvrant alors le flacon sous un bain de mercure, le métal remonte jusqu'à la moitié du flacon, ce qui prouve que les gaz se sont rencontrés, par leur union, de la moitié de leur volume. C'est en raison de la formation de ce composé, sous l'influence de la lumière, que M. Davy avait proposé de le désigner sous le nom de gaz phosgène (φῶς, lumière, γένος, engendré).

CHLORHYDRATE DE SOUDE. *Voy.* SEL MARIN.

CHLORHYDRIQUE (*acide*) syn. : *acide mu-*

riatique; esprit de sel ; acide hydrochlorique.
— Son nom actuel rappelle sa composition véritable, découverte par MM. Thénart et Gay-Lussac, et qui représente 1 équivalent de clore uni à 1 équivalent d'hydrogène : la somme des deux est égale à 37, c'est l'équivalent de l'acide chlorhydrique pur.

Propriétés physiques et chimiques, état naturel. — L'acide chlorhydrique pur est gazéiforme sous les pressions et températures atmosphériques, tandis qu'il se liquéfie par une forte pression et par un refroidissement à 50° au-dessous de zéro. Il est incolore, et répand des vapeurs blanches dans l'air en s'unissant à la vapeur d'eau qu'il y rencontre. Son affinité pour l'eau est telle que ce liquide se précipite dans le gaz chlorhydrique anhydre comme dans le vide : cette propriété explique la facile condensation de l'acide chlorhydrique au moyen de l'eau, sans qu'il soit nécessaire de faire plonger les tubes qui l'amènent.

A 20° de température et sous la pression de $0^m,76$, l'eau peut absorber 475 fois son volume d'acide chlorhydrique gazeux : elle est alors saturée ; ce liquide en contient 0,4285 ; le poids spécifique de cette solution est égale à 1210. L'acide chlorhydrique exhale une odeur très-piquante. Inerte sur le carbone, le soufre et les autres métalloïdes, il agit au contraire vivement sur plusieurs métaux ; il forme alors des chlorures et laisse dégager l'hydrogène.

On n'a observé l'acide chlorhydrique libre que dans quelques produits gazéiformes des volcans, et dans les eaux de deux rivières, le Rio-Grande et le Ruiz, où il accompagne l'acide sulfurique.

On peut l'obtenir directement en mêlant le chlore et l'hydrogène, et en les exposant, soit à la lumière diffuse, soit à celle du soleil, soit enfin à l'action de la chaleur. Dans le premier cas la combinaison est lente, elle se fait dans l'espace de quelques jours ; dans le second, elle a lieu si rapidement, qu'à l'instant où le mélange est frappé par un rayon du soleil, il y a une détonation si forte, que le flacon est brisé tout à coup par l'expansion qu'acquiert le composé qui a été formé. C'est pourquoi il est nécessaire de prendre des précautions en faisant cette expérience, pour éviter le danger d'être blessé par les fragments de verre. Après avoir fait le mélange des gaz, on doit placer le vase qui les renferme dans un endroit d'où l'on puisse l'éclairer à volonté, sans le tenir dans les mains.

Le gaz hydrochlorique se prépare dans les laboratoires en traitant le chlorure de sodium par l'acide sulfurique concentré. L'eau qui contient ce dernier se trouve décomposée ; son oxygène est attiré par le sodium qui passe à l'état d'oxyde de sodium (soude), et s'unit à l'acide sulfurique pour former du sulfate de soude ; son hydrogène se porte sur le chlore pour constituer le gaz acide hydrochlorique qui se dégage, et qu'on doit recueillir sur le mercure.

L'acide chlorhydrique le moins pur s'emploie ordinairement à la *préparation du chlore et des hypochlorites* (*chlorures décolorants et désinfectants* du commerce).

L'acide plus pur est acheté, soit pour la préparation du chlore ou des chlorures, soit pour servir aux usages suivants :

Confection de l'*eau régale* (mélange avec l'acide azotique propre à dissoudre l'or, le platine, attaquer divers minerais); *fabrication des chlorures d'étain, d'antimoine, etc., du chlorhydrate d'ammoniaque* (sel ammoniac); *extraction du tissu organique des os pour fabriquer la gélatine et les colles fortes*; préparation et conservation des *colles fortes liquides*; *amollissement de l'ivoire* par dissolution des sels calcaires, pour obtenir des *canules, sondes, bouts de sein,* et divers *ustensiles chirurgicaux; passage à l'eau acidule des tissus imprégnés de chlorure de chaux*: préparation de *l'acide carbonique pour fabriquer les bicarbonates,* eaux gazeuses, etc.; *épuration des sables ferrugineux;* dissolution des *incrustations dans les bouilleurs,* conduits, chaudières, grilles et colonnes *évaporatoires;* préparation du *cirage anglais; essais de manganèse;* diverses analyses et opérations de laboratoire.

CHLORIDE NITREUX. *Voy.* Azotide de chlore. ·

CHLORITE DE POTASSE. *Voy.* Potasse.
CHLORITE DE CHAUX. *Voy.* Calcium.
CHLORITE DE SOUDE. *Voy.* Soude.

CHLOROFORME. — Ce composé, découvert en France par M. Soubeiran, et en Allemagne, presque en même temps, par M. Liebig, paraît être appelé à jouer un grand rôle dans l'intérêt de l'humanité. Sa vapeur, mêlée à l'air, produit dans l'acte de la respiration des effets enivrants analogues à ceux obtenus par l'éther, et capables d'amener cet état (anesthésique) d'insensibilité profonde et passagère qui peut supprimer la douleur, enlevant ainsi à certaines opérations chirurgicales ce qu'elles ont de plus redoutable (1).

Dans cette application le chloroforme n'est pas lui-même exempt de ces dangers d'asphyxie que l'emploi de l'éther a fait craindre, et qui déjà s'étaient réalisés; il faut donc procéder avec les plus grandes précautions à ces applications délicates et toujours en présence d'un médecin habile. Ainsi seulement peut être évité le principal reproche que l'on a fait à l'une des plus grandes découvertes du siècle.

Propriétés, composition. — Le chloroforme est un liquide diaphane, incolore, pesant 1,480, (près d'une fois et demie le poids de l'eau), doué d'une odeur éthérée spéciale; le point

(1) Le chloroforme a été observé en 1851 par M. Soubeiran, étudié en 1852 par M. Liebig, en 1835 par M. Dumas, et essayé sur les animaux par M. Flourens, le 8 mars 1848. Simpson d'Edimbourg fit, en novembre 1847, les premières opérations publiques chirurgicales. 5 grammes ou environ 100 goutes sur une éponge, mouchoir en cône, etc., suffisent ordinairement pour amener par la respiration de sa vapeur mêlée à l'air, l'état d'insensibilité convenable chez une personne adulte de force moyenne.

de son ébullition, inférieur à celui de l'alcool, est à 60° centésimaux ; sa vapeur est au delà de quatre fois plus dense que l'air : elle pèse 4,2, l'air pesant 1. Le chloroforme, ne s'enflammant pas directement, ne présente donc pas les dangers d'incendie, toujours imminents lorsqu'on transvase l'éther. L'alcool et l'éther dissolvent le chloroforme qui est séparé par l'eau de ces solutions.

La composition du chloroforme déterminée par M. Dumas correspond à la formule et aux nombres suivants :

$$C^2 = 12 \text{ ou en centièmes. . .} 10,10$$
$$H = 1 \quad\quad — \quad\quad 0,84$$
$$Cl^3 = 108 \quad\quad — \quad\quad 89,06$$

Préparation.—Le moyen le plus simple de se procurer ce liquide consiste à distiller un mélange de 1 kilog. d'hypochlorite de chaux avec 3 litres d'eau et 165 grammes d'alcool, dans une cornue assez grande pour n'avoir point à craindre le boursoufflement (1). On peut le laver avec de l'eau pure que l'on enlève ensuite à l'aide d'une pipette. Si on voulait le rendre anhydre, il faudrait l'agiter avec six fois son volume d'acide sulfurique, laisser déposer, décanter le chloroforme et le distiller au bain-marie sur de la baryte ou de la chaux : on l'obtient alors avec les propriétés indiquées ci-dessus. Une distillation directe et convenablement ménagée sur la chaux suffirait probablement.

D'après les expériences de M. Miahle le chloroforme pur a une faible action rubéfiante sur la peau. Lorsqu'il agit jusqu'à produire des phlyctènes, c'est qu'il contient de l'alcool anhydre. On reconnaît cet état en laissant tomber une goutte de chloroforme dans l'eau : la goutte se précipite et reste diaphane si le produit est pur, tandis qu'elle acquiert une teinte opaline prononcée s'il contient de l'alcool.

Le chloroforme pur dissolvant en grande proportion les substances résineuses et grasses, on pourra peut-être l'utiliser pour la confection des vernis.

CHLOROPHYLLE. *Voy.* Cire.

CHLORURE DE CALCIUM. *Voy.* Calcium.

CHLORURE DE POTASSIUM. *Voy.* Potasse.

CHLORURE D'OXYDE DE CARBONE. *Voy.* Chlore.

CHLORURE D'AZOTE. *Voy.* Azotide de chlore.

(1) On prépare plus économiquement ce produit en chauffant par la vapeur d'eau le mélange dans un vase cylindrique en bois doublé de plomb ; un tube au haut du vase conduit le chloroforme dans un flacon intermédiaire ; un deuxième tube le dirige vers un serpentin où la condensation s'opère. M. Flourens, par suite de ses expériences sur les animaux, a nettement caractérisé ainsi les grands avantages et les dangers des moyens anesthésiques : l'éther est un agent à la fois merveilleux et terrible. Ce savant déclarait plus tard à l'Académie des sciences que le chloroforme est un agent plus merveilleux et plus terrible encore. M. Jules Roux vient d'appliquer le chloroforme sur les plaies mêmes des opérations chirurgicales, en sorte que la propriété calmante y continue son action.

CHLORURE DE SODIUM. *Voy.* Sel marin et Selmare.

CHLORURE DE PLOMB. *Voy.* Plomb.

CHLORURES (leurs usages). — Les travaux d'un grand nombre de chimistes, et surtout ceux de M. Chevallier, ont démontré que les chlorures employés en arrosements ou lotions sont d'excellents agens hygiéniques pour l'assainissement des ateliers, des vaisseaux, des prisons, des lazarets, des hôpitaux, des salles de dissection, des salles de spectacle, des halles, des mines, des latrines et égouts, des puits et puisards, des écuries, des étables, et en général de tous les lieux rendus infects et malsains par la décomposition putride des matières végétales ou animales.

Ces chlorures sont encore employés pour les embaumements, les exhumations et les recherches médico-légales qui en sont la suite. On enveloppe alors les cadavres d'un drap mouillé avec une solution contenant $\frac{1}{100}$ de son poids de chlorure de chaux. Cette précaution serait excellente à prendre pour inhumer, dans les temps de chaleur, les cadavres qui doivent traverser les cités et séjourner dans les églises.

On peut aussi en tirer un très-bon parti pour détruire l'odeur de la peinture dans les appartements fraîchement vernis. Il suffit tout simplement, dans ce cas, de saupoudrer de chlorure de chaux en poudre, du foin qu'on étale en couche épaisse sur le sol, et de n'ouvrir les appartements, pour renouveler l'air, qu'après 24 ou 48 heures.

Ce qui rend les chlorures préférables au chlore pour tous ses emplois, c'est que l'odeur en est moins vive, moins suffocante ; l'action en est lente, successive, continue, sans en être moins certaine, et peut être graduée à volonté ; l'application en est simple ; ils se conservent mieux et sont d'un transport plus facile.

Les chlorures ne se décomposent pas par eux-mêmes ; ils n'abandonnent du chlore que quand ils sont en contact avec des acides, et l'acide carbonique que renferme l'air suffit pour produire cette décomposition. MM. Darcet et Gaultier de Claubry ont établi par expérience :

1° Que la décomposition du chlorure de chaux à l'air est due à l'acide carbonique atmosphérique. Cet acide, en s'unissant à la chaux, chasse le chlore, qui réagit ensuite sur les miasmes et les décompose ;

2° Qu'en faisant passer de l'air putride, privé par les alcalis caustiques d'acide carbonique, à travers du chlorure de chaux, cet air n'est pas désinfecté ;

3° Qu'il l'est, au contraire, lorsqu'on le fait passer à travers le chlorure sans le priver de son acide carbonique.

C'est parce que la décomposition de ces chlorures par l'acide carbonique de l'air est très-lente, que le chlore qui s'en dégage incessamment est moins susceptible d'agir sur l'économie animale, quoiqu'il décompose tout aussi bien les miasmes putrides. C'est donc une véritable fumigation guytonienne, seulement moins forte et plus longtemps prolongée.

En raison de cette action de l'air, il faut priver les chlorures de son contact, pour pouvoir les conserver sans altération.

Ils n'agissent également sur les matières colorantes qu'autant qu'ils sont en présence de l'air ou d'un acide. Alors ils les détruisent subitement. Toutefois leur action est bien plus faible que celle du chlore, à moins que les liqueurs colorées ne soient acides. Ainsi, avec les solutions d'indigo, qui sont toujours très-acides, il n'y a aucune différence entre l'action des chlorures et celle du chlore; mais avec des décoctions végétales, les premiers n'agissent que très-lentement. C'est pour cette raison que, dans le blanchiment par les chlorures, on fait succéder aux bains de ceux-ci un bain d'acide sulfurique ou chlorhydrique qui met le chlore en liberté.

Quand on n'emploie pas d'acide, il faut agiter fortement la liqueur colorée qu'on a mêlée au chlorure, afin que l'acide carbonique de l'air puisse produire le même effet; mais, dans ce cas, la décoloration est toujours moins prompte.

Les chlorures, et surtout le chlorure de chaux, sont encore employés au blanchiment des chiffons destinés à la fabrication du papier, aux enlevages des toiles peintes en fond uni sur lesquelles on veut produire des dessins. On les a aussi fait servir à la conservation des œufs, en plaçant ceux-ci dans une solution ne contenant qu'un 32ᵉ de son poids de chlorure; à la conservation de la viande (solution à 1|40ᵉ) pour enlever à l'eau-de-vie de grains son odeur désagréable.

On les emploie encore journellement, ainsi que le chlore dissous, pour blanchir les vieilles estampes, restaurer les vieux livres, enlever les taches d'encre qui, très-souvent, diminuent la valeur de ces objets. Rien de plus simple que cette restauration : on trempe les estampes dans une légère dissolution de chlore ou de chlorure de chaux pendant quelques minutes, et on les passe ensuite dans de l'eau fraîche pour en ôter toute l'odeur. Lorsqu'il s'agit d'opérer sur un livre, il faut nécessairement le découdre et le mettre en feuilles. Le chlore n'attaque aucunement l'encre d'imprimerie, l'encre lithographique, qui ont pour base des corps gras et du noir de fumée, et qui diffèrent beaucoup, sous ce rapport, de l'encre ordinaire.

Le chlore et les chlorures rendent encore de nombreux services à la médecine. La première application de ces corps au traitement de certaines maladies est due au chirurgien Percy, qui employa, dit-on, l'*eau de Javelle*, en 1793, à l'armée du Rhin, contre la pourriture d'hôpital. Hallé, dans des expériences faites sur lui et des malades, a constaté que le chlore liquide, étendu de 60 fois son poids d'eau et donné à la dose de 60 à 90 grammes, excite et facilite la digestion. C'est le seul agent dont on puisse faire usage avec succès contre les asphyxies par l'hydrogène sul-

furé et par les émanations qu'exhalent les fosses d'aisances. Dans ce cas, on trempe dans une faible dissolution de chlore ou de chlorure de soude, dit vulgairement *liqueur de Labarraque*, une éponge ou un tampon de linge qu'on place sous le nez du malade, jusqu'à ce qu'il soit revenu à la vie. Employé de cette manière, le chlore peut détruire les effets formidables de l'*acide prussique*, poison dont jusqu'ici, la puissance n'avait pu être contre-balancée avec avantage. Mêlé à beaucoup d'air, on le fait quelquefois respirer aux phthisiques, d'après les indications de M. Gannal. Il est avantageux de se frotter les mains avec une solution légère de chlore ou de chlorure, matin et soir, lorsqu'on habite des lieux où se développent sans cesse des miasmes organiques ; il adhère à nos organes, et l'on se trouve exposé pendant tout le jour à une faible émanation de ce gaz. C'est de cette manière que M. Thénard fit cesser les ravages d'une épidémie qui désolait, en 1815, une partie de la Hollande. Le voisinage des établissements où l'on fabrique le chlore et les chlorures, celui des grandes blanchisseries bertholiennes, est, quoi qu'on en dise, plus salubre que nuisible à la santé publique. On peut citer, à l'appui de cette assertion, le Petit-Gentilly, dit *la Glacière*, la Maison-de-Seine, près Saint Denis, aux environs de Paris, localités autrefois très-malsaines par les fièvres intermittentes qui y régnaient, et qui ont aujourd'hui totalement disparu, parce qu'il y a aux alentours des fabriques de chlore et des blanchisseries.

CHOLESTÉRINE (de χολή, bile, et στερεά, solide). — Ce nom a été proposé par M. Chevreul pour distinguer des autres corps gras une matière particulière qui a été trouvée d'abord dans les calculs biliaires humains, et qui avait été désignée par Fourcroy sous le nom d'*apidocire* et rangée à côté du blanc de baleine.

La cholestérine se retire facilement des calculs biliaires humains en traitant ceux-ci par l'alcool bouillant, filtrant la solution alcoolique et la laissant refroidir; elle se précipite alors sous la forme de lames brillantes nacrées.

La cholestérine est composée, d'après M. Chevreul, de carbone, 88,095, hydrogène, 11,880, oxygène, 3,025.

Pendant longtemps on l'a regardée comme produite par une altération particulière des éléments de la bile; mais M. Chevreul a démontré qu'elle existait dans la bile saine de l'homme et de quelques animaux, et qu'elle s'en déposait seulement dans certaines circonstances pour former les concrétions biliaires.

On l'a trouvée dans d'autres concrétions pathologiques, dont la formation ne peut être attribuée à la bile. Elle existe aussi dans le sang et la substance cérébrale. La cholestérine cérébrale présente la même composition que la cholestérine biliaire.

CHROMATE DE PLOMB. *Voy.* Plomb, *chromate.*

— **CHROMATE DE POTASSE.** *Voy.* Potasse.

CHROME (de χρῶμα, couleur, à cause des diverses colorations qu'affectent ses combinaisons). — Vauquelin découvrit ce métal en 1797, en faisant l'analyse d'un minerai de plomb, connu des minéralogistes sous le nom de *plomb rouge de Sibérie*. Il constata que ce minéral était composé d'oxyde de plomb et d'un acide métallique, dont le radical était un métal nouveau.

Depuis, la présence de ce métal a été observée dans d'autres minéraux. On l'a rencontré dans l'émeraude du Pérou, dont la belle couleur verte est due à l'oxyde de ce métal ; le rubis spinelle paraît aussi devoir sa couleur rouge à une des combinaisons de ce corps métallique.

Le chrome uni à l'oxygène et à l'oxyde de fer se trouve abondamment en France, dans une mine du département du Var, près Grenoble, etc. Il est en masses irrégulières ou cristallisées. C'est du traitement de ce minerai qu'on obtient tous les autres composés de chrome.

Le protoxyde de chrome s'obtient en calcinant le chromate de potasse avec la moitié de son poids de soufre.

Le protoxyde de chrome est sous la forme d'une poudre verte plus ou moins foncée ; il est inodore, insipide, insoluble dans l'eau et dans les acides lorsqu'il a été ainsi calciné. Le feu le plus violent ne lui fait éprouver aucune altération. Il est composé de 100 parties de chrome et de 42,6 d'oxygène.

On n'a pas encore fait usage du chrome en médecine. Suivant C.-G. Gmelin, il exerce, surtout à l'état d'acide, une action vénéneuse sur les animaux. On emploie l'oxyde chromique, dans plusieurs manufactures, comme couleur verte pour peindre sur émail et sur porcelaine. Il peut supporter tous les degrés de chaleur sans être altéré, tandis qu'il arrive souvent le contraire avec l'oxyde de cuivre. Un émail vert d'oxyde chromique, appliqué sur des feuilles d'argent ou de cuivre, donne un enduit qui simule l'or. La combinaison de l'acide chromique avec l'oxide plombique offre à la peinture une belle couleur jaune, inaltérable, qu'on prépare en grand, particulièrement pour peindre les voitures. Elle sert aussi très-fréquemment en teinture, où on la fixe sur les étoffes par double décomposition, au moyen de l'acétate ou du nitrate plombique et du chromate potassique.

CHROMITE. — Substance noire, d'un éclat métalloïde, paraît se trouver en général dans des roches de serpentines. On l'emploie pour en fabriquer le chromate de potasse, au moyen duquel on prépare le chromate de plomb, couleur d'un très-beau jaune qu'on emploie en peinture, et même en teinture, en préparant les étoffes avec l'acétate de plomb et les plongeant ensuite dans le bain de chromate. On en forme aussi l'oxyde vert dont on se sert pour peindre sur émail ou sur porcelaine.

CHRYSOBÉRIL (*cymophane* d'Haüy, *chrysolite* ou *orientales* des lapidaires). — On ne doit point confondre ce minéral avec celui de Pline, qui devait être une variété du béril ; d'un jaune verdâtre. Werner est le premier qui l'a séparé des autres espèces ; on ne l'a encore découvert qu'au Brésil, dans l'isle de Ceylan, dans le Connecticut, et, dit-on, en Sibérie, à Nortschink.

Le chrysobéril se trouve le plus souvent en masses arrondies, de la grosseur d'un pois, et parfois en cristaux prismatiques octaèdres, terminés par des sommets hexaèdres ; couleur vert d'asperge, passant tantôt au gris jaunâtre et tantôt au gris verdâtre ; cette nuance peu agréable est relevée par un globule lumineux d'un blanc violâtre qui se promène dans les divers points de la pierre au fur et à mesure qu'on la fait changer de position. C'est ce caractère qui en fait le principal mérite et qui lui a fait donner, par Haüy, le nom de *cymophane* ou *lumière flottante*. Cette pierre est demi-transparente, cassure conchoïde, cassant, rayant le béril et le quartz ; infusible au chalumeau, réfraction double, électrique par le frottement.

On taille les cymophanes transparentes en facettes ; et, celles qui sont chatoyantes, en cabochon ; on les monte en bagues, boucles d'oreilles, épingles, etc. ; quand la couleur de cette pierre tombe sur le *doré*, non-seulement elle soutient la comparaison avec les plus belles topazes d'Orient, mais avec le diamant jaune même. Cette variété est très-recherchée au Brésil. — *Voy.* CYMOPHANE.

CHRYSOCALE. *Voy.* CUIVRE.

CHRYSOCOLLE. *Voy.* BORAX.

CHRYSOLITE. *Voy.* CORINDON, CHRYSOBÉRIL et TOPAZE.

CHRYSOLITE DES VOLCANS. *Voy.* PÉRIDOT.

CHRYSOPALE. *Voy.* CYMOPHANE.

CHRYSOPRASE. — Cette pierre n'a encore été trouvée que dans la haute Silésie, aux environs de Kosemütz ; elle est toujours en masse ; sa cassure est unie, et quelquefois écailleuse ; à peine présente-t-elle quelque éclat ; elle est un peu moins dure que la calcédoine ; sa couleur se rapproche beaucoup du vert pomme.

CHYLE (de χυλός, jus, suc). — On a donné le nom de *chyle* à un liquide qui est le résultat principal de la digestion, et qui se forme pendant le passage de l'aliment chymifié dans le canal intestinal. Ce fluide, produit aux dépens des éléments de la substance alimentaire, est pompé par une suite de vaisseaux appelés *lactés* ou *chylifères* qui le transportent au canal thoracique, d'où il passe dans les vaisseaux sanguins et est converti en sang.

Pour se le procurer en quantité un peu considérable, il faut donner à manger à un animal, et, pendant sa digestion, lier le canal thoracique près de la veine sous clavière ; en l'ouvrant alors au-dessous de la ligature, on donne écoulement au chyle qu'on peut recevoir dans un vase.

Ainsi obtenu, le chyle est toujours mêlé d'une certaine quantité de lymphe provenant des vaisseaux lymphatiques que reçoit le canal thoracique; il diffère beaucoup dans ses propriétés, suivant les aliments qui l'ont produit. D'après l'observation de plusieurs physiologistes, il paraît constant que le chyle formé par des substances qui n'admettent point de graisse ou d'huile au nombre de

leurs éléments est généralement limpide et transparent, tandis que celui qui provient de substances qui contiennent plus ou moins d'azote et de corps gras, est blanc, laiteux et opaque. Le tableau ci-dessous indique ces résultats.

ESPÈCES DE NOURRITURE.	COULEUR du chyle.	ESPÈCES DE NOURRITURE.	COULEUR du chyle.
Sucre.	Limpide.	Pommes de terre cuites.	Limpide.
Sucre.	Limpide et rosé.	Chou cuit et graisse.	Blanc laiteux.
Gomme, tendons et cartilages.	Blanc laiteux.	Pain.	Limpide.
Fibrine.	Limpide.	Fromage mou.	Blanc laiteux.
Lait.	Blanc.	Gomme et papier.	Transparent.
Pain.	Grisâtre.	Pain et viande..	Terne et rosé.
Viande cuite.	Blanc.	Paille et foin.	Limpide et rosé.

Le chyle est, en général, blanc laiteux chez les animaux carnivores, et transparent ou opalin chez les herbivores; il est inodore, d'une saveur légèrement salée. Sa densité est plus grande que celle de l'eau; il ramène au bleu le papier de tournesol rougi par un acide.

Abandonné à lui-même, il ne tarde pas à se coaguler spontanément, à prendre une teinte rosée au contact de l'air, en se séparant en deux parties, savoir : une partie liquide et une partie solide, de consistance gélatineuse, plus pesante; quelquefois il se rassemble à la surface de la partie liquide une légère couche de matière grasse, principalement sur le chyle blanc opaque.

La portion liquide ou le sérum du chyle est formé d'une grande proportion d'eau, qui s'élève entre 0,90 et 0,96°. Suivant MM. Tiedemann et Gmelin (*Recherches sur la digestion*, p. 275), il contient en solution de l'albumine qui lui donne la propriété d'être coagulé par la chaleur, les acides, l'alcool; une matière grasse blanche qu'on peut en séparer par l'alcool bouillant; une matière soluble dans l'alcool et analogue à l'osmazome; enfin, de la soude, du chlorure de sodium, de l'acétate de soude, du phosphate de soude et du phosphate de chaux.

La partie solide du chyle ou le caillot est un mélange de fibrine, de matière grasse et d'une portion de sérum; on en sépare la fibrine par la pression et le lavage, ou en enfermant le caillot dans un linge et le malaxant dans l'eau. Quant à la matière grasse, on la retire de la fibrine par l'intermède de l'alcool bouillant.

La matière grasse du chyle est différente des corps gras en général; elle est insoluble dans la potasse, suivant Vauquelin. Quant à la fibrine, elle n'est pas aussi fibreuse ni aussi élastique que celle retirée du sang par le même procédé : la potasse et la soude la dissolvent plus facilement; l'acide acétique la gonfle d'abord et la dissout.

Le chyle n'a été examiné jusqu'à présent que sur le cheval, la vache et le chien. Ce fluide, à part les proportions des éléments que nous avons rapportés, offre à peu près les mêmes résultats; toutefois, ces différences dépendent de l'espèce de nourriture, comme nous l'avons dit.

Les expériences que nous avons entreprises, M. Leuret et moi, dit M. Lassaigne, nous ont prouvé que sur la même espèce d'animal, les aliments non azotés fournissaient un chyle aussi fibrineux, et même souvent plus que celui formé par des aliments azotés, ce que nous ne pouvons rapporter qu'à l'état différent où se trouvaient les animaux soumis à nos expériences. Nous avons seulement remarqué, en prenant la moyenne de toutes nos expériences, que chez les animaux carnivores, le chyle contenait plus de fibrine que chez les herbivores, que ce rapport était en plus de $\frac{491}{100000}$ pour les premiers, et seulement de $\frac{157}{100000}$ pour les seconds. (*Recherches sur la digestion*, page 160).

MM. Macaire et Marcet ont, dans le courant de l'année 1832, soumis à l'analyse comparative le chyle des animaux carnivores et celui des herbivores; ils sont arrivés à ce résultat fort remarquable, que dans ces deux classes d'animaux dont le genre de nourriture est bien différent, le chyle présente la même composition élémentaire : nous consignons ici ces résultats obtenus sur le chyle du chien et du cheval, desséchés l'un et l'autre dans le vide sec, et analysés par le deutoxyde de cuivre.

	Chyle de chien.	Chyle de cheval.
Carbone	55,2	55
Oxygène	25,9	26,8
Hydrogène	6,6	6,7
Azote	11,0	11,0

D'après l'exposé que nous avons fait du chyle, on peut le considérer comme formé d'eau, d'albumine, de fibrine un peu différente par ses propriétés de celle du sang, d'une matière grasse qui s'en sépare spontanément, et paraît provenir des aliments, de soude libre et de tous les sels que nous avons énoncés plus haut. Tous ces faits démontrent l'analogie de composition entre le chyle et le sang ; la seule différence qu'on y remarque est l'absence de la matière colorante qui caractérise le sang, mais qui paraît se former dans l'économie vivante, lorsque le chyle, sous l'influence de la respiration, est converti en sang.

CHYME. *Voy.* DIGESTION.

CICUTINE. — Le suc vénéneux de la ciguë a été analysé par Schrader, et, selon lui, sa composition a une analogie frappante avec celle du jus de chou.

CIDRE (1). — La poire et la pomme servent à fabriquer une boisson, nommée *cidre* lorsqu'elle est préparée avec des pommes, et que l'on désigne sous le nom de *poiré* quand elle est faite avec des poires. La consommation du cidre de pommes est beaucoup plus considérable que celle du poiré. Les départements des anciennes provinces de Normandie et de Picardie, sans y comprendre la Bretagne, produisent annuellement environ 4 millions d'hectolitres de cidre, et 867 mille hectolitres de poiré.

Les nombreuses variétés de pommes employées dans la fabrication du cidre peuvent se diviser en trois classes distinctes : 1° les pommes douces ; 2° les pommes acides ; 3° les pommes acerbes ou âpres : ces dernières fournissent en général un jus plus dense, un cidre plus alcoolique, plus clair, plus facile à conserver. Les pommes acerbes sont, en effet, plus riches en matières sucrées, et leur jus se clarifie mieux. Les pommes douces donnent un cidre agréable lorsqu'il est récemment préparé ; les pommes acides fournissent un liquide peu dense et difficile à clarifier. Le premier cidre que l'on prépare vient des fruits que divers accidents font tomber avant l'époque de la maturité. On doit se hâter de le consommer, car il s'altérerait rapidement.

Le jus obtenu par l'expression des pommes marque de 4 à 8° à l'aréomètre de Baumé, tandis que le jus des poires marque de 6 à 12°.

(1) Les Hébreux ont connu cette boisson. Les Egyptiens, les Grecs, les Romains, les Ibériens et surtout les Celtibériens avaient du vin de pommes et de poires, ce qui est la même chose que le cidre et le poiré. Suivant Pline et Diodore de Sicile, les Romains faisaient un grand cas des pommes qui provenaient des Gaules. D'après Bullet, les pommes étaient désignées, chez les anciens Gaulois, sous le nom d'*aval* que l'on retrouve encore dans le langage bas-breton et qui dérivait d'*Algia*, le pays d'Auge, contrée si fertile en pommiers. — Le mot *cidre*, qu'on écrivait d'abord *sidre*, dérive du mot latin *sicera* qui, servait à désigner toutes les liqueurs fermentées autres que le vin. — La connaissance de la bière est encore plus ancienne que celle du cidre, puisqu'elle se perd dans l'histoire fabuleuse de Cérès et d'Osiris, comme l'indique son nom latin *cerevisia*, traduit en français par le mot cervoise

Nous dirons un mot de la composition organographique des poires, qui ne diffèrent de la structure des pommes que par la présence de concrétions ligneuses.

On trouve dans la poire, en allant de la périphérie au centre, d'abord une pellicule épidermique dure, résistante, ayant la composition générale de l'épiderme des plantes ; au-dessous se trouve le tissu herbacé renfermant de la matière colorante, des huiles essentielles et divers autres principes ; de nombreuses concrétions adhérentes à ce tissu présentent, même à l'œil nu, de petites mouchetures rapprochées les unes des autres ; vient ensuite la partie charnue de la poire, composée principalement de cellules renfermant du sucre de fruits et la plupart des substances de l'analyse immédiate ci-après indiquée. On remarque dans les poires une couche de concrétions pierreuses, formée de la matière incrustante du bois, renfermée dans des cellules très-nombreuses non-seulement sur le tissu herbacé, mais encore disséminées dans les tissus, et disposées en agglomérations environnées de cellules irradiées du centre *pierreux*. Ces concrétions, rassemblées en une couche plus épaisse autour des loges centrales, y constituent une espèce de noyau qui enveloppe les pepins. Les pepins contiennent, comme les graines en général, des matières grasses abondantes, des matières azotées et une huile essentielle ayant une odeur spéciale qui se communiquerait au cidre, si dans la fabrication l'on n'évitait d'écraser ces graines.

La récolte des poires et des pommes s'opère en agitant les branches pour faire tomber les fruits mûrs, puis en détachant par un gaulage ceux qui ont résisté aux premiers efforts. Cette méthode, qu'il serait d'ailleurs difficile d'améliorer, donne toujours une certaine quantité de pommes et de poires blessées ou meurtries qui éprouvent promptement des altérations susceptibles de se propager dans les tas.

L'époque la plus convenable pour préparer le cidre est celle de la complète maturité des fruits. On admet généralement que l'écrasage ne doit avoir lieu qu'environ six semaines après la récolte ; ce temps, que l'expérience indique, se trouve confirmé par les données théoriques : il se produit, en effet, après l'abatage, une deuxième maturation, qui augmente la quantité du sucre. Lorsque les fruits ont atteint ce degré maximum, on sait qu'ils se *blétissent ;* alors la composition des fruits change, et, s'il est utile d'avoir une maturité complète, il est également important de ne point la dépasser. Nous donnons ici les compositions comparées des poires sous ces trois états.

POIRES

	VERTES.	MURES.	BLETTES.
Eau	86,28	83,88	62,73
Glucose	6,45	11,52	8,77
Cellulose et concrétions ligneuses.	3,80	2,20	1,90
Gomme (ou matière analogue).	3,17	2,05	2,60
Acide malique	0,11	0,08	0,60
Chlorophylle	0,08	0,02	0,04
Albumine	0,08	0,21	0,23
Chaux	0,03	0,04	0,05
Amidon avant la maturité, sels de potasse, acides pectique, malique, etc., pectine, matière grasse, matière azotée soluble, huile essentielle, silice	en proportions non encore constatées.		
	100,00	100,00	76,92

On voit que les poires blettes ont perdu de l'eau et 2 sur 11, ou environ 18 pour 100 de matière sucrée.

Principales opérations qui se succèdent dans la préparation du cidre. — Ces opérations sont : 1° le *broyage* ou *écrasage*; 2° le *pressurage*; 3° la *clarification*; 4° le *soutirage*, et 5° la *conservation*.

L'écrasage se fait à l'aide d'une meule verticale tournant dans une auge en granit. Cette meule est ordinairement en bois; quand elle est en pierre, il est bon de l'évider, afin d'en diminuer le poids. Les meules en fonte ne sont jamais employées : par leur poids elles écraseraient les pepins et donneraient au cidre une saveur particulière qui en rendrait la vente difficile, outre que l'oxyde de fer déterminerait une coloration trop foncée. Cette dernière considération ne doit pas toutefois empêcher l'emploi des râpes pour la division des pommes, car la petite surface de leur denture n'a aucun inconvénient, et le rendement plus considérable en jus que procure ce moyen de division devrait même le faire adopter, si l'on ne craignait de déchirer une trop grande quantité de pepins, et d'altérer ainsi le goût du cidre, inconvénient qu'on pourrait, du reste, éviter en faisant usage de râpes à grosse denture.

On emploie quelquefois, pour écraser les pommes, des cylindres cannelés, qui peuvent se rapprocher à volonté, et entre lesquels on fait passer les pommes à deux reprises, afin d'obtenir de la pulpe mieux désagrégée. Très-généralement on ajoute pendant l'écrasage 10 à 15 d'eau pour 100 de pommes en poids.

Les pommes écrasées sont mises en tas, pour qu'elles puissent y macérer de douze à vingt-quatre heures. La surface exposée à l'air se colore en rouge brun, et donne au cidre cette coloration, cette teinte ambrée qu'on y recherche ordinairement. En outre, le tissu des pommes commence à se désagréger, de manière à rendre la pression plus efficace. Enfin, cette macération détermine aussi la formation des ferments. On sait, en effet, que la présence de l'air est indispensable pour commencer la fermentation. C'est, du reste, ce que démontre l'expérience suivante, faite par Gay-Lussac.

Si, dans une cloche remplie de mercure, on fait passer quelques grains de raisin, qu'on élimine toute trace d'oxygène par plusieurs additions d'acide carbonique expulsé à son tour, et qu'on écrase le fruit avec une baguette en verre, il ne se passe d'abord aucun phénomène appréciable; mais si l'on introduit une bulle d'air ou d'oxygène dans cette cloche, la fermentation ne tarde pas à se développer : elle se manifeste, en effet, par une production abondante de gaz acide carbonique, qui fait abaisser le niveau du mercure.

Après la macération, la pulpe est soumise à la presse, qui fait sortir le jus. Lorsque, par une première pression, on a extrait le plus de jus possible, on coupe les bords du marc pour les mettre au milieu et les soumettre à une seconde pression. On obtient ainsi 500 kilog. de jus, de 1000 kilog. de pommes. Mais comme le marc qui a subi ces deux pressions est loin d'être complétement épuisé, on le soumet à un nouveau broyage, en y ajoutant de 200 à 250 kilog. d'eau : cette addition a pour but de gonfler le tissu et de faciliter l'écoulement du jus par endosmose et déplacement. On fait alors subir au marc une troisième pression, qui produit un cidre de qualité inférieure.

La deuxième pression donne, pour 1000 kilog. de pommes, 250 kilog. de jus, que l'on réunit au jus obtenu de la première expression.

1re et 2e fermentation. — Le liquide est mis à fermenter dans des vases cylindriques ou tonneaux debout, où se fait une sorte de guillage, c'est-à-dire une première fermentation; celle-ci clarifie le liquide, par suite du dépôt spontané des substances lourdes et de l'ascension des matières légères, qui, entraînées par l'acide carbonique, viennent former une écume à la superficie. On tire au clair le cidre dans des tonneaux de 600 à 800 litres de capacité. Lorsque les fûts ont déjà renfermé du cidre, il faut les laver avec beaucoup de soin, et les rincer avec un peu d'alcool avant de les remplir; il serait même préférable, si le prix n'était un obstacle, d'employer des *pipes* ayant contenu de l'eau-de-vie. Ces tonneaux sont ensuite placés dans des caves, où on les laisse légèrement bouchés, pour donner passage à l'acide carbonique qu'y fait dégager une seconde fermentation. La bonde hydraulique pourrait encore être employée avantageusement dans cette circonstance.

Cidre paré. — Après la seconde fermentation, le cidre conserve une saveur douce recherchée par les consommateurs des grandes villes, où ce liquide est une sorte do boisson de luxe ; mais il ne tarde pas à éprouver une dernière fermentation plus complète, qui convertit tout le sucre en alcool et donne à la boisson une saveur de plus en plus acide et un peu amère. C'est dans cet état qu'on préfère le cidre dans les pays de production ; on le nomme alors *cidre paré,* c'est-à-dire *prêt* à être bu.

Dans les grandes villes, le cidre doux succède souvent à la bière chez les consommateurs : aussi la plupart des brasseurs le préparent-ils. On y emploie ordinairement des pommes douces, et l'on arrête la fermentation avant la transformation complète du sucre, en soutirant le liquide dans des barriques où l'on a brûlé une mèche soufrée.

Le poiré se fabrique de la même manière que le cidre ; cependant, comme il doit être blanc, loin d'exposer le fruit en tas à l'air, après le broyage, il faut le soumettre directement à la presse. Les précautions nécessaires pour la conservation des vins blancs légers sont applicables au poiré.

Maladies du cidre. — Les principales maladies du cidre sont : la fermentation acide, la fermentation putride et la coloration brune. Ces accidents arrivent surtout dans les fûts en vidange, et par l'influence de l'air. On pourrait les éviter en ajoutant un peu d'alcool ou de matières sucrées, et en ayant soin de tenir les tonneaux parfaitement remplis. Au moment de consommer le cidre, il est bon d'en soutirer une partie dans des fûts plus petits et soufrés, et de mettre le reste en bouteilles.

CIMENT ROMAIN. — Les anciens connaissaient les chaux hydrauliques, et c'est à leur emploi que leurs ciments devaient leur extrême solidité. Tout le monde a entendu célébrer le *ciment romain,* dont la dureté a bravé les outrages de tant de siècles. Deux Anglais, Parker et Wyath, sont parvenus, en 1796, à imiter le ciment romain, en préparant avec des pierres calcaires très-argileuses, compactes et tenaces, des comtés de Sommerset et de Glamorgan, une variété de chaux hydraulique qui a la propriété de se solidifier presque instantanément, comme le plâtre, soit au contact de l'air, soit au milieu de l'eau, lorsqu'on l'a gâchée en pâte un peu consistante. On fait un usage considérable de cette chaux, sous le nom de *ciment romain,* pour le maçonnage des fondations, des caves, des citernes, des aqueducs, etc. Les bâtiments anglais la prennent comme lest, pour la transporter jusque dans les Indes.

On a trouvé aux environs de Boulogne-sur-Mer, à Pouilly (Côte-d'Or), à Vassy (Haute-Marne), en Russie, etc., des calcaires qui fournissent une espèce de chaux tout à fait semblable au *ciment romain* des Anglais. Les ciments de Pouilly et de Vassy sont supérieurs à ce dernier pour toutes les

constructions. *Voy.* CHAUX HYDRAULIQUES.

CINABRE (*sulfure de mercure*). — Le mercure et le soufre s'unissent facilement, et forment, en se combinant, une masse connue sous le nom de *cinabre,* qui est diversement colorée, suivant son état d'agrégation. On prépare le cinabre en faisant fondre une partie de soufre, et y ajoutant peu à peu six à sept parties de mercure, avec la précaution de remuer constamment le mélange. Les deux corps se combinent avec dégagement de chaleur, et la masse s'enflamme ; il faut alors la couvrir, pour la préserver du contact de l'air. On obtient ainsi une masse noire, non métallique, que l'on débarrasse du soufre excédant, en la réduisant en poudre fine et la chauffant dans une tasse à thé, sur le bain de sable, de manière à volatiliser le soufre non combiné avec le mercure. La poudre noire qui reste est introduite dans un petit matras de verre, dont le col est imparfaitement bouché ; on pose le matras dans un creuset contenant du sable, et on sublime le sulfure à la chaleur rouge : on obtient ainsi une masse brillante, d'un rouge foncé, à cassure cristalline, qui devient d'un rouge vif par la trituration. C'est surtout dans la Hollande que l'on prépare ce produit en grand. Plus la quantité de cinabre qu'on prépare à la fois est grande, et plus la couleur est belle. Il importe, en outre, que le mercure et le soufre dont on se sert soient purs, et il est nécessaire qu'on chasse le soufre non combiné, qui se mêlerait, pendant la sublimation, avec le cinabre et altérerait sa teinte.

Cette combinaison se rencontre dans la nature ; on l'y trouve quelquefois d'une beauté extraordinaire. A Almaden, en Espagne, on recueille à part le cinabre cristallisé et pur, pour le vendre aux peintres et aux fabricants de cire à cacheter.

Le précipité qu'on obtient, en décomposant une dissolution de chlorure mercurique par un courant de gaz sulfide hydrique, doit avoir la même composition que le cinabre. Ce précipité est noir, volumineux, pulvérulent, et ne ressemble nullement au cinabre par son extérieur ; mais, en le soumettant à la sublimation, il donne du cinabre, absolument comme la masse noire qu'on obtient par la fusion du soufre avec le mercure ; et en le décomposant par le minium, Sefström y a trouvé les mêmes quantités de soufre et de mercure que dans le cinabre, sans traces sensibles de gaz hydrogène. On voit donc que, dans ce cas, la couleur dépend uniquement de l'état d'agrégation des molécules ; et quoiqu'il puisse paraître que la sublimation est une condition nécessaire à la production de la couleur rouge, il existe cependant plusieurs méthodes pour l'obtenir par la voie humide.

On a pensé que le cinabre, en passant au rouge, perdait une petite quantité d'hydrogène, et Payssé prétend que le cinabre qui n'est pas tout à fait rouge le devient quand, après l'avoir réduit en poudre fine, on verse de l'eau dessus, et qu'on le laisse pendant quatre semaines à un endroit humide, en ayant soin de le remuer souvent. De son côté, Berthollet a trouvé que le précipité noir obtenu par le gaz sulfide hydrique prend, après quelque temps, une teinte rouge quand on le laisse en contact avec la liqueur.

Le deutosulfure de mercure naturel (cinabre natif) existe dans beaucoup de pays : à Idria, en Carniole ; à Almaden, en Espagne; en Hongrie, en Chine, au Pérou, à Guanca-Velica. Il se présente en masses ou en filons plus ou moins réguliers au milieu de roches, ou cristallisé en prismes hexaèdres ; il sert principalement à l'extraction du mercure.

Le cinabre réduit en poudre fine, d'une belle couleur rouge écarlate, est désigné dans le commerce sous le nom de *vermillon*.

Albert le Grand démontra le premier, par la synthèse, que le cinabre (*lapis rubeus*) qui se rencontre dans les mines est un composé de soufre et de mercure.

CINABRE NATIF. *Voy.* MERCURE.

CINABRE VERT. *Voy.* PLOMB, *chromate.*

CINCHONINE. — L'existence d'un principe particulier cristallisable dans le quinquina gris, avait été entrevue depuis long-temps par MM. Duncand d'Edimbourg, et Gomez de Lisbonne, et l'examen de quelques-unes de ses propriétés avait été fait, non-seulement par ces deux chimistes, mais encore par M. Laubert, en France. La nature alcaline de ce principe, désigné alors sous le nom de *cinchonine*, n'a surtout été démontrée qu'en 1821 par MM. Labillardière, Pelletier et Caventou. Ces deux derniers chimistes, en faisant l'analyse de plusieurs variétés de quinquina, ont été amenés à découvrir une autre base analogue à la première, mais très-différente par ses caractères, et qu'ils ont conséquemment distinguée par le nom de quinine.

Ces deux bases alcalines, qui se trouvent associées dans quelques espèces de quinquina en proportions variables, forment les principes fébrifuges de ces médicaments.

La cinchonine se retire surtout du quinquina gris (*cinchona condaminea*), où elle existe en combinaison avec l'acide kinique.

Des expériences directes ont constaté que cet alcali n'exerçait aucune action nuisible sur l'économie, que c'est à sa combinaison avec l'acide kinique que le quinquina gris doit sa vertu fébrifuge, que cette propriété est plus développée dans les sels de cinchonine, à cause de leur solubilité ; mais, toutefois, moins que dans les sels formés par le quinine.

Sels de cinchonine. — Les sels de cinchonine formés par les acides minéraux sont solubles et cristallisables; parmi ceux produits par les acides végétaux, il n'y a que l'acétate qui le soit.

CIRE. — La cire est un produit immédiat qui est très-répandu dans le règne végétal. C'est elle qui produit cette espèce de vernis que l'on aperçoit à la surface des feuilles et des fruits, et qui les rend imperméables à l'eau; elle constitue aussi la base des al-

véoles construites par les abeilles ; mais, dans ce cas, on la regarde comme résultant du travail de ces insectes. Une expérience de Huber rend cette opinion vraisemblable : ce savant naturaliste a prouvé qu'en nourrissant les abeilles avec du sucre ou du miel, elles n'en composaient pas moins des rayons formés de cire; ce qui tend à démontrer que cette matière est le produit de l'élaboration, dans leur estomac, d'une partie du sucre ou du miel qu'elles ont récolté.

La cire ordinaire, recueillie par les abeilles, est sur la limite entre les produits du règne végétal et ceux du règne animal. Elle transsude entre les anneaux de l'abdomen des abeilles.

La cire d'abeilles, telle qu'on l'obtient en lavant celle qu'on trouve dans la ruche, est jaune et a une odeur particulière, semblable à celle du miel.

Pour la blanchir, on la réduit en lames minces ou en rubans, en la fondant et la faisant tomber par filets sur un cylindre de bois qui, en partie plongé dans l'eau, tourne rapidement sur son axe. La cire, ainsi laminée, est blanchie en l'exposant à l'action de la rosée sur le pré, ou en la plaçant sur des toiles tendues à un pied du sol et l'arrosant tous les matins avant le lever du soleil. Ce mode de blanchiment de la cire, très-usité autrefois, est remplacé par un procédé moins long, qui consiste à traiter à plusieurs reprises la cire jaune rubanée par une solution de chlore ou d'un chlorite alcalin, et à la fondre ensuite après l'avoir soumise à plusieurs lavages.

La cire, ainsi purifiée, est blanche et translucide sur les bords minces; elle n'a ni odeur ni saveur; sa pesanteur spécifique est de 0,96 à 0,966. Elle entre en fusion à 68°, mais à 30° elle devient molle et flexible, en sorte qu'on peut la pétrir et la mouler. A 0° et au-dessous, elle est dure et cassante.

La cire d'abeilles contient deux espèces de cire, auxquelles John, qui le premier les a séparées, a donné les noms de *cérine* et de *myricine*. Si l'on fait bouillir de la cire avec de l'alcool, on obtient une solution qui dépose, par le refroidissement, de la cérine sous forme d'une graisse analogue à la cire; on continue à faire bouillir la solution filtrée, refroidie, avec la cire non dissoute, jusqu'à ce que le volume de celle-ci ne paraisse plus diminuer, et, après chaque ébullition, on laisse la liqueur déposer ce qu'elle peut abandonner par le refroidissement. Le poids de la cérine qui s'est déposée de l'alcool, jointe à la petite quantité qui reste dissoute dans l'alcool froid, s'élève, d'après John, à 0,9, d'après Boissenot et Boudet à 0,7 de la cire. Séché et fondu, ce précipité de cérine forme une graisse qui se comporte à peu près comme la cire.

Le résidu insoluble dans l'alcool bouillant est de la *myricine*, ainsi appelée parce qu'elle existe en quantité plus grande dans la cire de *myrica cerifera*. Après avoir été fondue, la *myricine* est moins dure que la cire.

Quelquefois on falsifie la cire en la mêlant avec de la fécule de pomme de terre, fraude qui se découvre par la fusion. Quelquefois elle est mêlée avec du suif, dont la présence est moins facile à constater, quand il se trouve en petite quantité. On prétend qu'on peut le découvrir par l'odeur de suif que répand la mèche d'une bougie faite avec une pareille cire, lorsqu'on souffle la flamme et que la mèche présente encore des points en ignition. Selon Boudet et Boissenot, on peut découvrir le suif par la distillation sèche. La cire pure ne donne point d'acide benzoïque (sébacique); mais si elle renferme seulement deux pour cent de suif, on obtient de l'acide benzoïque, facile à reconnaître en ce qu'il communique à l'eau avec laquelle on fait digérer le produit de la distillation, la propriété de précipiter l'acétate plombique neutre.

La cire, par sa combustibilité, est nonseulement employée pour la formation des bougies, mais encore elle entre dans plusieurs compositions fort usitées; elle fait la base de l'encaustique pour cirer les meubles ou les parquets; combinée à l'huile d'olive, elle forme le cérat, et fait partie constituante de beaucoup d'onguents et d'emplâtres employés en médecine.

Cire du myrica. — On l'obtient en faisant bouillir avec de l'eau les baies de plusieurs espèces de myrica, surtout celles du *myrica cerifera.* La cire ainsi obtenue est verdâtre; mais en la faisant bouillir dans l'eau, elle se décolore en partie, et, par l'exposition au soleil, elle blanchit tout à fait. A froid, elle est plus dure que la cire d'abeilles, et peut être réduite en poudre; à chaud elle se laisse plus difficilement pétrir que la cire ordinaire; elle entre en fusion à 43°. Sa pesanteur spécifique est de 1,015. Les différentes espèces de cire tirées immédiatement du règne végétal sont en général plus cassantes et plus fusibles que la cire d'abeilles; employées à la confection des bougies, elles répandent moins de lumière que la cire blanchie, et on est obligé d'y ajouter du suif pour les rendre moins cassantes.

La cire du palmier s obtient en grattant l'écorce du *ceroxylon andicola*, fondant sous l'eau la cire ainsi obtenue, et la coulant. Elle est jaune clair ou vert sale, cassante et susceptible d'être réduite en poudre. L'alcool froid en dissout très-peu, mais elle est soluble dans cinq ou six fois son poids d'alcool bouillant; par le refroidissement, la solution se prend en masse. Elle est soluble dans l'éther, et donne du savon avec la potasse. Mêlée avec du suif, on s'en sert pour fabriquer des bougies qui répandent une forte lueur quand on les triture dans l'obscurité. Bonastre a donné à cette substance cristalline le nom de *céroxyline.*

Cire extraite du lait de l'arbre de la vache. — On l'obtient en évaporant le lait et faisant ainsi coaguler l'albumine. Elle se sépare à l'état fondu, et peut être décantée. Le lait en contient à peu près la moitié de son poids. Par ses propriétés, cette cire approche plus qu'aucune autre de la cire d'abeilles. Elle est d'un blanc tirant un peu sur le jaune, se ramollit à 40° et peut alors être pétrie; se fond à 60°, se dissout dans l'alcool bouillant, d'où elle se précipite par le refroidissement, se saponifie facilement avec les alcalis caustiques, et brûle très-bien à l'état de bougies.

Chlorophylle ou cire provenant des feuilles et des tiges vertes. — On l'obtient, soit en traitant par l'alcool ou l'éther le coagulum dont nous avons parlé, soit en exprimant l'herbe, après l'avoir fait bouillir avec de l'eau, et traitant le résidu par l'alcool qui dissout la matière colorante verte, et en même temps les résines. En mêlant la dissolution alcoolique avec de l'eau, et distillant l'alcool, la cire verte vient nager à la surface. Après le refroidissement, elle est encore molle, et elle ne devient dure qu'après quelque temps. Elle est blanchie par l'exposition au soleil et par le chlore, et ce dernier la rend en même temps plus ferme. Les acides détruisent également sa couleur. La potasse caustique la transforme en savon. Elle se dissout dans l'alcool, l'éther, les huiles grasses et volatiles.

CIRE A CACHETER. *Voy.* GOMME LAQUE.

CITRIQUE (acide). — Le nom de cet acide est tiré du mot latin *citrus*, citron, parce que c'est dans ce fruit qu'on a constaté d'abord l'existence de cet acide. Il a été découvert par Scheele, en 1784. On l'a depuis rencontré dans les limons, les oranges; associé à l'acide malique, il se trouve, mais en petite quantité, dans les groseilles, les cerises, les framboises et les fraises.

L'acide citrique se présente en prismes rhomboïdaux blancs et demi-transparents, contenant $\frac{18}{100}$ d'eau. Sa saveur est d'une acidité très-prononcée; il est inaltérable à l'air. Exposé à l'action de la chaleur, il fond, abandonne son eau de cristallisation, et se décompose ensuite en donnant naissance à un nouvel acide volatil (acide pyrocitrique); à de l'eau, de l'huile empyreumatique, de l'acide acétique, de l'acide carbonique et de l'hydrogène carboné. Il est très-soluble dans l'eau, qui en dissout plus de son poids à la température ordinaire.

Réduit en poudre et mêlé avec du sucre aromatisé avec quelques gouttes d'essence de citron, il forme une *limonade sèche*, qu'il suffit de délayer dans l'eau pour obtenir aussitôt une boisson rafraîchissante fort agréable. On rend cette limonade gazeuse, en y ajoutant une petite quantité de bi-carbonate de soude qui, au moment où on le dissout, est décomposé avec effervescence par l'acide citrique.

De nouvelles expériences entreprises par M. Tilloy, pharmacien à Dijon, ont démontré qu'on pouvait extraire cet acide des groseilles avec avantage, et le livrer à un prix très-inférieur à celui retiré du suc de citron.

Le procédé à l'aide duquel on le retire des groseilles à maquereau consiste à les écraser et faire ensuite fermenter leur jus. Par la distillation, on retire 10 parties d'alcool, marquant 20 degrés, sur 100 parties de groseilles. Le résidu de la distillation, saturé par le carbonate de chaux, fournit du citrate de chaux ; d'où l'on extrait l'acide citrique par l'action de l'acide sulfurique; le poids de l'acide citrique s'élève, terme moyen, à $\frac{1}{100}$ du poids des groseilles.

Il est employé par les teinturiers pour obtenir le rouge de carthame, et aviver les nuances de cette belle matière colorante; pour préparer une dissolution d'étain qui produit, avec la cochenille, de plus beaux écarlates que le sel d'étain ordinaire, surtout pour la soierie et le maroquin. Les indienneurs l'utilisent comme rongeant et pour faire des réserves. On s'en sert encore pour enlever les taches de rouille et les taches alcalines sur l'écarlate, pour préparer une dissolution de fer qui est en usage chez les relieurs de livres pour donner à la surface de la peau une apparence marbrée.

Le suc de citron peut remplacer et remplace souvent l'acide citrique dans ses différents emplois. Il est d'un usage journalier dans l'économie domestique, comme assaisonnement; il est bien plus agréable que le vinaigre. Les marins anglais en consomment une grande quantité. Pour le conserver à bord des bâtiments, on y ajoute 10 pour 100 d'eau-de-vie, qui précipite le mucilage et prévient ainsi l'altération du suc. Lord Anson et le capitaine Cook furent, à ce qu'il paraît, les premiers navigateurs qui firent usage du suc de citron pour guérir ou préserver leurs équipages du scorbut. Les anciens regardaient ce suc comme un antidote précieux pour toutes les espèces d'empoisonnements ; ses propriétés ont été célébrées par Virgile. Salmona l'Arabe fit, dans les premiers siècles de l'ère chrétienne, un traité sur la dissolution des perles dans le suc de citrons.

CIVETTE. — La civette provient de deux espèces du genre *viverra* (*v. zibetha* et *v. civetta*), dont l'un vit en Afrique, et l'autre en Asie. On apprivoise ces animaux et on les élève en domesticité pour en obtenir le produit.

La civette est une matière grasse, onctueuse, ayant une forte odeur analogue à celle de l'ambre, qui coule d'elle-même ou qu'on retire par une ouverture située entre les organes génitaux et l'anus. A l'état frais, elle est blanche, mais avec le temps, elle jaunit, en acquérant une odeur plus agréable. L'analyse en a été faite par Boutron-Charlard, qui a trouvé que son odeur provenait d'une huile volatile, susceptible d'être séparée par la distillation avec de l'eau. Cette huile est d'un jaune clair. Elle a une forte odeur de civette et une saveur âcre et brûlante.

La civette était employée autrefois en médecine ; mais aujourd'hui elle n'a plus que des usages très-bornés dans la parfumerie.

CLARIFICATION DES VINS. *Voy.* VIN.

CLARIFICATION DES EAUX TROUBLES. *Voy.* ALUN.

CLINQUANT. — C'est une lame de cuivre doré ou argenté, amincie par le laminoir. Il est souvent coloré et protégé par un vernis transparent. Il sert à augmenter le brillant et l'éclat des galons, des rubans et des broderies. C'est, avec l'oripeau, l'or et l'argent des théâtres. *Voy.* ORIPEAU.

CLIVAGE (de l'allemand *kloben*, fendre du bois). — De même qu'il y a deux sortes de formes dans les minéraux, il existe deux sortes de structures : une structure régulière polyédrique, et une structure irrégulière, ou accidentelle.

La structure régulière se manifeste lorsqu'on vient à briser certains cristaux ; chaque fragment présente alors un petit polyèdre, et la poussière même de ces corps, considérée au microscope, est un assemblage de petits solides régulièrement terminés. C'est ainsi que le sel commun, le minerai de plomb, se brisent en petits cubes; que le fluor, le diamant, se brisent en octaèdres; que le sulfate de baryte, la topaze, se brisent en prismes romboïdaux ; que la pierre calcaire cristallisée, le rubis et le saphir se brisent en rhomboèdres, etc. Ces divisions naturelles des corps sont généralement désignées sous le nom de *clivage*.

Tous les corps bruts cristallisés n'ont cependant pas cette propriété; il en est beaucoup qui ne brisent jamais qu'en fragments irréguliers, comme le cristal de roche, le grenat, l'émeraude, etc. Dans d'autres, il n'y a que deux directions de clivage, souvent même une seule, et par conséquent point de solide déterminé. Souvent aussi les clivages ne se manifestent que par des miroitements qu'on aperçoit à l'intérieur du cristal.

L'observation des clivages est extrêmement utile pour distinguer les différents corps qui appartiennent au même système de cristallisation. C'est ainsi que le diamant, si caractérisé d'ailleurs, ne se confondra pas avec le sel commun, quoique cristallisant dans le même système. A plus forte raison distinguera-t-on les substances de systèmes différents, lorsque les formes extérieures seront masquées ou détruites par une circonstance quelconque.

CLOCHES. Renferment-elles de l'argent ? *Voy.* BRONZE.

COAGULATION DU LAIT. — Abandonné à lui-même, pendant quelque temps, dans un lieu propre et frais, le lait, au bout de 24 heures, se sépare en deux couches distinctes ; la première, qu'on nomme *crème*, surnage ; la seconde a reçu le nom de lait *écrémé*. Les globules graisseux, spécifiquement plus légers que le liquide dans lequel ils flottent, se réunissent à la partie supérieure du lait, et y constituent cette couche de crème beaucoup plus jaune que lui, et composée principalement de la matière grasse ; cette couche finit par devenir assez homogène, à mesure que la plus grande partie du sérum s'en sépare; celui-ci retient cependant une portion assez considérable de matière butyreuse.

Conservé plus longtemps, le lait finit par devenir fortement acide et par se coaguler,

Ce phénomène est dû à la production spontanée d'une certaine quantité d'acide lactique, qui réagit sur la caséine et la précipite en entier. L'acide lactique se produit toujours à la suite d'une fermentation spéciale, que MM. Boutron et E. Fremy ont étudiée dans ces derniers temps.

Cette propriété du lait se rattache donc aux phénomènes si variés des fermentations. Gay-Lussac a démontré, en effet, que de même que, dans la fermentation du jus de raisin, l'air intervient en provoquant la formation du ferment alcoolique, de même aussi il intervient dans la formation du ferment qui produit l'acide lactique. On peut en effet conserver le lait pendant plusieurs mois, si on le fait bouillir tous les jours ; de cette manière, on chasse l'air qu'il a pu absorber, et on prévient sa coagulation.

Darcet a cherché à retarder la coagulation du lait, qui se consomme en si grande quantité à Paris, et qui est surtout sujet à cette altération en été ; il conseille d'y ajouter, quand il doit être transporté un peu loin, $\frac{1}{2000}$ de son poids de bicarbonate de soude : l'innocuité de ce sel en permet l'emploi d'une manière avantageuse.

La coagulation spontanée du lait est due à la fermentation lactique, mais elle devient bientôt elle-même un obstacle à sa continuation ; si on veut que cette fermentation continue, il faut neutraliser par du bicarbonate de soude l'acide qui se produit. Ce sel, en rendant le caséum soluble, le dispose à agir comme ferment lactique.

Mais, si on laisse subsister la réaction acide, la fermentation prend un autre caractère ; on observe un dégagement de gaz, et il se produit de l'alcool.

On sait depuis longtemps que les Tartares convertissent le lait de jument en une liqueur spiritueuse, dont ils retirent de l'alcool par la distillation. Voici comment ils opèrent.

Le vase destiné à faire fermenter le lait est fait avec de la peau de cheval non tannée, mais fortement durcie par la fumée. Sa forme est conique et un peu triangulaire. Il paraît se composer de trois morceaux attachés à une base circulaire. C'est dans cette espèce d'outre qu'on introduit le lait qu'on veut faire fermenter ; on la remplit à peu près jusqu'aux trois quarts, et on ferme son ouverture avec une lanière faite de la même peau que celle qui a servi à fabriquer l'outre. On agite ce vase plusieurs fois par jour et on l'ouvre de temps en temps. Au bout de quelques jours, le lait a déjà acquis une saveur et une odeur vineuses. On continue à l'agiter, jusqu'à ce que l'acidité soit devenue plus considérable ; bientôt il arrive un moment où il diminue ; on décante alors la liqueur, pour la séparer du magma qui s'est déposé ; on l'enferme aussitôt dans d'autres outres, et on la consomme comme vin.

Ce procédé n'est pas le seul qu'emploient les habitants des diverses contrées de la Tartarie.

Quelquefois ils se contentent d'ajouter au lait qu'ils veulent faire fermenter, une portion de lait aigre : ou bien ils versent le lait frais sur le magma qui constitue le résidu d'une fermentation précédente ; d'autres, enfin, ajoutent au lait de la pâte aigrie de farine d'orge ou d'avoine.

Parmentier et Deyeux ont examiné les produits de la fermentation spontanée du lait de vache, et ont constaté la nature alcoolique de cette fermentation, en recueillant l'acide carbonique et isolant l'alcool. Scheele avait déjà observé le dégagement d'acide carbonique. M. Hess a complété cette étude.

Si on laisse la liqueur alcoolique au contact de l'air, la fermentation change encore de nature ; il y a absorption d'oxygène et formation d'acide acétique. Scheele avait proposé d'appliquer cette propriété du lait à la fabrication du vinaigre. En mettant une cuillerée d'esprit-de-vin, renfermant 50 p. 100 d'alcool, par litre de lait frais, on obtient, dit-on, au bout d'un mois, une liqueur chargée d'acide acétique et exempte d'acide lactique.

L'alcool, le tannin, la plupart des sels métalliques précipitent le lait, soit en s'emparant de l'eau, soit en se combinant au caséum.

Beaucoup de plantes peuvent coaguler le lait ; elles agissent ordinairement par les acides qu'elles renferment. Parmi celles qui n'offrent pas de réaction acide, les fleurs d'artichaut et de chardon jouissent cependant de la propriété dont il s'agit. Chose remarquable ! lorsqu'on prépare l'infusion de ces fleurs à chaud, elles ne coagulent plus le lait, quoiqu'une infusion froide agisse d'une manière plus rapide et plus efficace, lorsque le lait a été préalablement chauffé.

Le *pinguicula vulgaris* possède la propriété d'aigrir le lait et de le rendre si visqueux, qu'on peut aisément le tirer en fils. Une fois que cette opération a été faite dans un vase de bois, celui-ci conserve cette propriété. Le lait, ainsi modifié, provoque une altération semblable dans du lait frais qu'on met en contact avec lui.

Dans quelques provinces septentrionales de la Suède, on se sert du lait ainsi modifié comme nourriture. On lui donne le nom de *talmjolk*.

Parmi les corps qui déterminent la coagulation du lait, aucun n'agit d'une manière aussi remarquable que la présure ; une partie de présure coagule, en effet, 30,000 parties de lait.

La présure, telle qu'on l'emploie à Paris, est un liquide acide très-complexe : elle renferme de l'acide chlorhydrique, de l'acide lactique, des acides gras volatils, des sels terreux, du sel ammoniac, du sel marin ; en outre, la substance animale azotée, à laquelle elle doit particulièrement la propriété de coaguler le lait. On a donné à ce corps le nom de *chymosine ;* ses caractères se rapprochent de ceux de la *pepsine,* si toutefois ces deux corps ne sont pas identiques. La chymosine est insoluble dans l'eau, l'alcool, l'éther et les huiles ; elle se dissout dans l'eau, à la faveur des acides ; les alcalis l'en précipitent à l'état de flocons ; le tannin la précipite également. Elle réduit l'acide io-dique à l'état d'iode.

C'est à la présence de cette substance que la membrane muqueuse de l'estomac des animaux, et le liquide de l'estomac lui-même, doivent la propriété de précipiter le lait.

La présure est employée, tantôt à l'état liquide, tantôt à l'état sec. Voici comment on la prépare : on prend la caillette d'un veau qui n'a pris que du lait pour nourriture, on en détache les grumeaux et on les lave à l'eau fraîche. Après les avoir essuyés avec un linge bien propre, on les sale et on remet le tout dans la caillette, qu'on fait sécher pour s'en servir au besoin.

La minime quantité de présure, soit liquide, soit solide, qui suffit pour provoquer la la coagulation du lait, explique comment il se fait que, chez les peuples pasteurs, les vases poreux de terre cuite ou même de bois qui ont servi une fois à la coagulation du lait peuvent servir constamment au même usage, et la déterminent sans qu'on ait besoin de rien ajouter au lait. Pendant les premières coagulations, il se forme des ferments particuliers qui se logent dans les pores des vases et que des lavages n'enlèvent pas. La même chose arrive aux vases préparés pour faire le lait filant.

Il y a une remarque à faire sur le sérum qu'on sépare du précipité des matières caséeuses et grasses, quand la coagulation a été faite de la présure. Il suffit, d'après M. Schubler, d'ajouter un peu d'acide acétique à ce sérum, et de porter sa température à 75°, pour obtenir un coagulum qui, d'après cet observateur, posséderait des propriétés intermédiaires entre celles de l'albumine et celles de la caséine. Mais toutes les propriétés de la substance qui se précipite, dans cette circonstance, sont analogues à celles de la caséine précipitée par l'acide acétique. On s'en sert en Suisse pour faire un fromage pauvre auquel on donne le nom de *zieger*.

Dans quelques départements français, on évapore le sérum, dont on a séparé le premier précipité de caséine, et on le coagule de nouveau. On obtient ainsi des fromages de qualité inférieure connus sous le nom de *broute*, qui sont consommés sur place.

COBALT. — Ce nom vient de *cobold*, *cobalus*, dénomination sous laquelle les ouvriers superstitieux du moyen âge désignaient un mauvais génie des mines, et il paraît que les mines de cobalt ont reçu ce nom, parce que les mineurs étaient trompés par leur apparence avantageuse.

L'usage des mines de ce métal pour la coloration du verre en bleu, paraît avoir été connu longtemps avant qu'on eût appris que cette propriété était due à un métal particulier. Ce fut Brandt, en 1733, qui le distingua des autres métaux par le nom de *cobalt*.

Ce métal existe dans la nature combiné à l'oxygène et à certains acides ; mais il se trouve plus abondamment uni au soufre, à l'arsenic, au fer et au nickel. C'est sous ce dernier état qu'on le rencontre à Tunaberg en Suède, à Madum, en Norwége, à Giern en Silésie, et dans plusieurs parties de l'Allemagne. Cette mine se présente en masse grise plus ou moins éclatante, sous diverses formes, et cristallisée en cubes ou en octaèdres.

L'extraction de ce métal, à l'état de pureté, exige des grillages prolongés pour la séparation de la plus grande partie du soufre et de l'arsenic qui s'y trouvent, et ensuite un traitement particulier de la dissolution dans les acides de la mine grillée.

Ces moyens de purification du cobalt ne sont usités que dans les laboratoires ; ils sont dus principalement aux recherches de Laugier, qui est parvenu le premier à obtenir ce métal dans le plus grand état de pureté.

De toutes les combinaisons du cobalt avec les corps combustibles non métalliques, la plus curieuse est sans contredit le chlorure. Ce composé peut se préparer directement ou en dissolvant l'oxyde de ce métal dans l'acide hydrochlorique, et évaporant à siccité la dissolution.

Ce chlorure est susceptible de cristalliser en prismes courts d'une belle couleur rose-foncé ; il est déliquescent, et très-soluble dans l'eau, qu'il colore en rose. Exposé à l'action de la chaleur, il perd son eau et prend une couleur bleue, en se convertissant en chlorure anhydre ; mais ce chlorure reprend peu à peu de l'eau à l'air, tombe en déliquescence et redevient rose.

C'est en raison de cette propriété qu'on emploie la solution de ce chlorure pour composer une encre dite *de sympathie*. En écrivant sur du papier blanc avec une semblable solution étendue d'eau, les lettres formées, qui ne peuvent se distinguer quand l'écriture est séchée spontanément, deviennent tout-à-coup visibles en chauffant légèrement le papier, et disparaissent par suite de leur exposition à l'air, ou en dirigeant sur elles l'air humide qu'on expire.

L'oxyde de cobalt est particulièrement employé dans les arts pour colorer le verre et les émaux en bleu. C'est avec lui qu'on forme les fonds bleus sur la porcelaine et la faïence. On fait rarement usage de l'oxyde de cobalt pur ; on se contente de griller plusieurs fois la mine de cobalt, pour la séparer d'une partie de l'arsenic, de dissoudre le résidu dans l'acide nitrique ou hydrochlorique, et de précipiter cette dissolution par le sous-carbonate de potasse. C'est ce précipité qu'on vend dans le commerce aux manufacturiers, sous le nom impropre d'*oxyde de cobalt*. C'est un mélange de sous-carbonate de cobalt, de fer et d'arséniates de ces deux métaux.

On donne, dans le commerce, le nom de *safre* au produit du grillage du minerai de cobalt mêlé avec 4 à 5 parties de sable et 2 parties de potasse. Ce safre fondu et vitrifié fournit l'*émail bleu*, ou smalt, qui, après avoir été pulvérisé et lavé, produit l'*azur*, que l'on distingue sous les noms d'azur **1°**,

2°, 3° et 4° feu, suivant son degré de ténuité.

COBALT ARSENICAL. *Voy.* SMALTINE.

COCHENILLE (*coccus cacti*). Cet insecte est très-riche en matière colorante, et fournit les plus belles couleurs rouges, tant à la peinture qu'à la teinture. Il vit sur les *Cactus coccinellifer, opuntia, tuna* et *peresxia*, que l'on cultive, pour son éducation, dans plusieurs pays chauds. Après l'accouplement, on récolte les femelles, on les tue par la chaleur, et on les fait sécher. Elles sont ensuite versées dans le commerce, sous la forme de petits grains d'un brun foncé, çà et là couverts d'un enduit blanc d'acide margarique. La cochenille a été analysée par Pelletier et Caventou.

La cochenille est employée pour préparer des couleurs à l'usage des peintres, et pour teindre tant le coton que la soie. On se sert pour cela de sa décoction ; celle-ci contient, outre la matière colorante, une substance animale, qui, par l'addition d'acides, se précipite, entraînant avec elle la matière colorante, laquelle, ainsi combinée, prend des nuances beaucoup plus belles que celles qu'elle a quand elle est seule. Les couleurs qu'on prépare avec la cochenille sont le carmin, la laque carminée, ou laque de Florence, et une encre rouge pour écrire. En communiquant ici quelques notions générales sur la manière de les obtenir, notre but n'est nullement de donner des méthodes techniques pour arriver à une préparation certaine de ces couleurs.

On obtient le carmin de la manière suivante. On fait bouillir douze livres d'eau de pluie filtrée dans une chaudière d'étain, et on y ajoute ensuite 4 onces de cochenille finement pulvérisée ; on laisse bouillir le mélange pendant cinq minutes, en le remuant toujours avec une baguette de verre, puis on y ajoute 5 scrupules d'alun réduit en poudre fine et parfaitement exempt de fer. On continue encore de faire bouillir pendant deux minutes, on retire la chaudière du feu, et on laisse la masse s'éclaircir, après l'avoir couverte. Dès qu'elle est claire, on verse la liqueur éclaircie et encore chaude dans des capsules de verre ou de porcelaine, qu'on laisse en repos pendant quelques jours, en les garantissant de la poussière. L'alun précipite peu à peu la matière colorante, en combinaison avec la matière animale et un peu d'alumine, qui cependant n'est point essentielle à la couleur. On met le précipité sur un filtre, on le lave et on le fait sécher à l'ombre.

On prépare également des espèces de carmin, en ajoutant de la crème de tartre et une solution d'étain. Je ne dis rien de plus à cet égard, parce qu'une simple recette ne suffit pas. Il reste encore à apprendre des fabricants le procédé même qu'on doit suivre pour que la couleur ait ce grand degré de beauté qui en fait toute la valeur.

On fait un autre carmin en ajoutant à la décoction de cochenille un peu de potasse, puis de l'alun exempt de fer, décantant la liqueur après qu'elle s'est éclaircie, la faisant bouillir, et la mêlant avec une dissolution de colle de poisson dans l'eau ; le carmin se dépose alors dans l'écume qui se forme ; on retire la chaudière du feu, on laisse la masse s'éclaircir, on réunit la couleur sur un filtre, et on la lave. Elle doit se laisser réduire en poudre entre les doigts.

Le carmin est la plus belle couleur rouge à l'usage des peintres. Il coûte aussi fort cher. La matière colorante peut en être extraite par l'ammoniaque. Le meilleur est celui qui se dissout en totalité dans cet alcali, en ne laissant qu'un faible résidu d'alumine. D'autres sortes laissent une matière animale rouge, qui paraît être ou de la colle, ou la matière animale particulière de la cochenille. La dissolution dans l'ammoniaque peut être employée comme belle couleur propre à la peinture à l'aquarelle ; mais elle a toujours une teinte de pourpre.

La laque carminée s'obtient en prenant une décoction de cochenille, ou si l'on veut la liqueur qui reste après que le carmin s'est déposé, la faisant macérer avec de l'hydrate aluminique, et ajoutant de nouvelles quantités de décoction, jusqu'à ce que la couleur ait acquis l'intensité qu'on désire. On la fait aussi en ajoutant d'abord de l'alun, puis de l'alcali, et partageant le précipité en première et en seconde portion, dont la première est celle qui a la couleur la plus foncée. L'alun dont on se sert doit toujours être exempt de fer.

On obtient une belle encre rouge en filtrant une décoction de cochenille qui contient un peu de tartre, et y suspendant un morceau d'alun de Rome attaché à un fil, qu'on remue jusqu'à ce que la couleur ait acquis le degré d'intensité qu'on souhaite ; si on laisse l'alun plus longtemps, la couleur passe au jaune. La décoction peut aussi être employée seule ; mais avec le temps elle devient gélatineuse et se corrompt.

Plusieurs autres espèces de coccus contiennent également de la carmine ; tels sont le *coccus ilicis*, ou *kermès*, le *coccus ficus*, ou *laccœ*, et le *coccus polonicus*. Ce dernier contient la même matière colorante absolument que le *coccus cacti* ; mais d'autres substances qui l'accompagnent ne permettent pas de l'employer aussi facilement.

CODÉINE. — Ce nouvel alcali de l'opium a été découvert en 1832 par M. Robiquet. On l'obtient des eaux-mères d'où la morphine a été précipitée. Elle se distingue de la morphine parce que l'acide nitrique ne la colore point en rouge et que les sels de peroxyde de fer ne la bleuissent pas.

Son action sur l'économie animale est différente de celle de la morphine, tout en agissant sur le cerveau comme celle-ci, et provoquant le sommeil ; elle ne produit d'après M. Barbier d'Amiens, ni engourdissement, ni vertiges, ni accablement chez les personnes qui sont sous son influence.

COHÉSION. — L'attraction des molécules des corps ne s'exerce qu'à des distances infiniment petites, non perceptibles par conséquent à nos sens, et décroissant avec une

extrême rapidité. Ce n'est plus très-probablement en raison inverse du carré de la
distance, mais bien d'une puissance inconnue de cette distance qu'elle agit. Il faut y
rapporter : 1° les effets de l'action mutuelle
des molécules similaires, ou de la force d'a-
grégation appelée cohésion ; 2° les phénomènes capillaires produits au contact des
solides et des liquides ; 3° les actions entre
les molécules hétérogènes comprenant les
phénomènes chimiques. Les forces qui produisent ces phénomènes, avec l'électricité,
la chaleur, la lumière et la pesanteur, complètent le système des forces qui régit la
nature inorganique et intervient dans la nature organique. Nous allons exposer successivement les effets généraux des attrac-
tions agissant à de petites distances, après
avoir dit quelques mots cependant de l'i-
nertie de la matière, dont on a fait une
force, quoiqu'elle ne représente en réalité
qu'un état passif. Tout corps persévère dans
l'état de repos ou de mouvement. Ce défaut
d'aptitude à apporter par lui-même aucun
changement dans son état actuel est appelé
inertie. Or, lorsqu'un corps en mouvement
est sollicité par une force, ce mouvement
est accéléré, ralenti, ou la direction de ce
corps est changée, suivant l'intensité et la
direction de cette force. Si celle-ci est entièrement opposée à la ligne parcourue par le
corps, les effets produits peuvent être comparés à ceux d'une résistance. De même,
quand un corps est en repos, il oppose une
résistance à l'action d'une force qui tend à
lui faire perdre cet état : cette résistance, ce
défaut d'aptitude qu'a le corps pour entrer
en mouvement par lui-même, peut donc être
assimilé à une force agissant en sens inverse. C'est sous ce point de vue que l'on
envisage l'inertie de la matière comme une
force, qui intervient dans l'action de celles
dont il va être question. C'est pour ce motif
que nous en faisons mention.

Pour avoir une idée de la cohésion, on
n'a qu'à presser l'un sur l'autre avec frottement deux disques de verre parfaitement
polis ; si l'on veut ensuite les séparer, on
éprouve une résistance plus ou moins grande, qui augmente tellement avec le temps,
que l'on a vu des glaces adhérer avec une
si grande force, qu'on les aurait brisées plutôt que de les séparer. On doit rapporter
également à la même cause la formation de
certains grès composés de petits grains de
quartz adhérents les uns aux autres sans
l'intermédiaire d'un ciment ; ainsi que la
production de ces masses compactes qui se
forment à la longue dans les poudres homogènes, comme M. Chevreul en a vu un
exemple dans du soufre très-divisé. Ces
effets, qui n'ont lieu toutefois qu'au contact
immédiat, sont produits quelque minces que
soient les corps. C'est donc un phénomène
de surface, c'est-à-dire provenant seulement
de l'action des molécules composant ces surfaces, et agissant par conséquent à de petites
distances. Pour concevoir comment la cohésion augmente avec le temps, soit dans l'ad-

hésion des disques, soit dans la production
des grès, il faut admettre que son action
prolongée sollicite les molécules à de petites
oscillations en vertu desquelles les parties
saillantes de chaque espèce se placent dans
les interstices de l'autre, et d'où résulte un
rapprochement plus intime. Pour estimer
avec précision le degré de résistance qu'opposent avec le temps les corps à leur séparation, il faut diriger la force qui tend à
produire celle-ci dans le sens où elle agit,
c'est-à-dire dans le sens perpendiculaire aux
surfaces de contact. Parmi les effets nombreux de la cohésion, nous citerons la forme
sphérique que prennent de très-petites masses
liquides projetées sur un plan n'exerçant
sur elles aucune action, et cette propriété
que possèdent tous les corps de cristalliser,
c'est-à-dire de prendre une forme régulière
en passant plus ou moins lentement de l'état
liquide ou gazeux à l'état solide, quand aucune cause perturbatrice ne vient y mettre
obstacle. Dans ce cas, le cristal est formé de
molécules similaires qui n'ont pu se réunir
qu'autant qu'elles ont eu toute liberté d'effectuer les mouvements oscillatoires nécessaires pour qu'elles présentent les unes aux
autres les faces convenables.

D'après la définition que nous avons donnée de la cohésion, cette force doit être
nulle ou à peu près dans les gaz, sensible
dans les liquides, et acquérir son maximum
quand les molécules prennent l'état solide,
et que le corps possède la plus basse température. C'est pour ce motif qu'en chauffant les corps on diminue la cohésion, jusqu'au point de la liquéfaction. Peu d'expériences ont été faites dans le but de connaître la loi que suit la diminution de la
cohésion avec la température.

La cohésion est loin d'être la même dans
tous les corps ; elle varie non-seulement en
raison de leur nature, mais encore avec
l'arrangement de leurs molécules. C'est aux
modifications qu'elle éprouve qu'il faut rapporter non-seulement dans tous les corps,
mais encore dans le même corps, ces propriétés ou plutôt ces quantités désignées
sous la dénomination de dureté, fragilité,
ductilité, élasticité, qui varient suivant l'arrangement des molécules et la température,
et que l'on a un si grand intérêt à connaître
pour les besoins des arts. Enumérons les
différents effets de la cohésion.

De la cristallisation. — La cohésion nous
conduit naturellement à l'étude de la force
en vertu de laquelle les molécules similaires
se groupent régulièrement pour former des
cristaux, ou du moins des circonstances
principales qui modifient son action, car la
nature de la force nous est tout à fait inconnue. Une substance tenue en dissolution
dans un liquide cristallise toutes les fois
que ce liquide s'évapore lentement, qu'aucune cause ne met obstacle à l'action de la
force d'agrégation, ou bien lorsque les molécules de cette substance, en se déposant
lentement, peuvent se placer les unes à côté
des autres, suivant les faces convenables ;

mais, dans tous les cas, la forme du cristal qui en résulte est susceptible de varier, comme la nature nous en offre un grand nombre d'exemples. Beudant, qui a fait une série nombreuse d'expériences pour déterminer les causes de ces variations, en reconnaît trois fondamentales, dont chacune peut agir isolément, ou avec les deux autres, ce qui donne naissance à cette multitude de formes qu'une même substance peut affecter. Voici ces causes :

1° Les mélanges mécaniques de matières étrangères qu'un sel peut entraîner en cristallisant ; 2° la nature du liquide au milieu duquel se forment les cristaux, laquelle peut varier par la présence des matières solides, liquides et gazeuses tenues en solution et non susceptibles de se combiner avec la substance qui cristallise ; 3° la combinaison en proportions variables de telle ou telle substance avec celle qui cristallise. Citons quelques exemples de l'influence de ces trois causes.

Influence des mélanges mécaniques. — En général, on observe dans la nature que les cristaux mélangés mécaniquement de matières en particules plus ou moins fines ont toujours une forme plus simple que ceux formés d'une substance pure. Les cristaux d'axinite, de feldspath, en sont une preuve. La même chose arrive quand on fait cristalliser un sel au milieu d'un dépôt de matières incohérentes, en particules très-fines, et dont les cristaux en entraînent une portion qui s'y trouve à l'état de dissémination.

Influence de la nature du liquide. — Cette influence se fait sentir, soit par un changement de forme, soit par la production de facettes additionnelles. Le chlorure de sodium, par exemple, cristallise presque toujours en cubes dans l'eau pure, en cubes tronqués sur les angles dans une solution d'acide borique. L'alun prend la forme octaédrique en cristallisant dans l'acide nitrique, celle de l'icosaèdre dans l'acide chlorhydrique; en ajoutant dans ce dernier cas de l'alumine, on fait naître des faces du cube plus ou moins étendues. Dans l'eau pure, ce sel donne l'octaèdre complet. On fait varier la cristallisation de plusieurs sels, en versant quelques gouttes de leur acide dans leur solution, etc.

Des effets analogues ont dû être produits dans la nature lors de la formation des substances minérales qui ont rarement cristallisé seules. On observe effectivement qu'un même composé affecte en général la même forme quand il est accompagné des mêmes substances, et qu'il présente des formes diverses quand il se trouve entouré de substances différentes. Ainsi, l'arragonite des mines de fer est en cristaux pyramidaux très-aigus; elle est, au contraire, en cristaux prismatiques dans les argiles gypseuses des dépôts salifères. Nous pourrions citer bien d'autres exemples semblables, mais ceux-ci suffisent pour montrer l'influence des matières mélangées sur la cristallisation.

Influence des matières qui se combinent. —

Les modifications dues à cette influence sont du même ordre que celles produites par la cause précédente. Ainsi le sulfate de fer, mélangé de sulfate de cuivre, prend toujours la forme simple d'un prisme oblique rhomboïdal. Le sulfate de nickel produit le même effet, celui de zinc un effet différent, etc. Les mélanges chimiques modifient également les formes : par exemple, l'alun parfaitement pur cristallise dans l'eau pure en octaèdre plus ou moins modifié ; vient-on à le faire cristalliser dans une solution simple d'alumine assez concentrée pour qu'il en entraîne une partie, il prend la forme cubique. Lors donc qu'on place un cristal, tel qu'un octaèdre d'alun, dans une solution qui donne ordinairement la forme cubique, le premier continuera à s'accroître, mais prendra la forme cubo-octaèdre, pour arriver au cube. Des effets semblables ont dû se produire et se produisent probablement encore dans la nature, surtout quand on voit sur le même groupe des formes différentes superposées, ce qui tend à prouver qu'elles n'appartiennent pas aux mêmes époques.

Les observations qu'on a faites sur la production de gros et petits cristaux nous indiquent qu'en général les premiers sont formés quand la solution est plus volumineuse et que la concentration a été mieux conduite ; que les seconds s'obtiennent ordinairement dans de petits vases, ou lorsque la solution est plus étendue. On peut cependant obtenir un ou plusieurs gros cristaux avec une solution peu volumineuse, en enduisant les parois intérieures du vase d'une couche de matière grasse, à l'exception de l'endroit où l'on veut obtenir un cristal. On peut encore placer la solution dans un vase cylindrique étroit, ayant dans le bas une petite cavité où s'opère la cristallisation. Au moyen de cette disposition, la solution est toujours saturée dans la partie inférieure quand il ne se produit plus de cristaux sur les parois, puisque, lorsque la solution est épuisée dans le bas, elle est remplacée immédiatement par celle des couches supérieures.

Il n'a été question jusqu'ici que des causes qui président à la production des cristaux réguliers, et nullement de celles dont l'action donne naissance à des formes plus ou moins oblitérées qui ne permettent pas toujours de reconnaître les formes régulières d'où elles dérivent. Cette partie de la cristallographie est encore peu avancée. Voici néanmoins ce que nous savons à cet égard. Pour obtenir des cristaux réguliers, il faut que la solution soit dans un état de concentration suffisante, et que rien ne trouble la cristallisation ; si l'évaporation est interrompue ou que la solution prenne de l'eau à l'atmosphère, alors les arêtes de cristaux s'arrondissent et leur surface devient rugueuse.

Avec une solution trop concentrée, on a souvent des groupes irréguliers de cristaux, et quand ils se forment dans une solution très-concentrée au milieu d'une matière terreuse, ils se présentent assez fréquemment avec des faces creuses, les arêtes seules étant nettement formées. Les cristaux naturels à faces creuses paraissent se former dans des circonstances semblables, comme nous en avons les preuves dans les cristaux de quartz qui se rencontrent au milieu de matières terreuses incohérentes.

Les cristaux aciculaires se produisent à certains degrés de température ; ainsi on peut, avec la même substance, obtenir à volonté des aiguilles ou des cristaux parfaitement réguliers ; plusieurs sels, tel que le sulfate simple d'alumine, ne peuvent être obtenus que sous formes d'aiguilles.

On obtient des dendrites quand les dissolutions salines sont peu concentrées, et que l'évaporation est peu rapide, et, dans ce cas, les molécules salines se déposent les unes à côté des autres sur les parois des vases, et y forment des végétations plus ou moins irrégulières, ayant de la ressemblance avec les arborescences.

Beudant a fait des expériences curieuses qui mettent sur la voie du mode de certaines macles ; en faisant cristalliser du sulfate de soude, du sulfate double de potasse et de magnésie, du tartrate de potasse et de soude, etc., au milieu d'un précipité de cyanure de fer, il a reconnu que la partie de cette dernière substance, qui est entraînée dans l'intérieur du cristal par l'action cristallisante, présente une pyramide quadrangulaire à base carrée ou à base rhombe, plus ou moins allongée, suivant le sel, et dont les arêtes forment souvent des prolongements suivant les diagonales du solide, en dessinant sur sa base une croix plus ou moins nette. Quelquefois aussi la matière bleue se dépose en couches plus ou moins espacées, parallèles aux faces prismatiques du cristal.

Il existe encore des structures accidentelles, dues à des causes que nous devons indiquer. La structure saccharoïde a lieu avec une solution très-concentrée, qui, en se prenant en masse, forme un agglomérat de très-petits cristaux. La structure fibreuse est le résultat de l'accumulation, dans le sens longitudinal, de molécules formant des dendrites, ou bien lorsque la solution s'échappe par des fissures de matières poreuses. Dans la nature, on trouve des effets du même genre produits dans des circonstances analogues ; c'est ainsi que les substances fibreuses remplissent ordinairement des fissures dans les roches. Nous nous bornons à indiquer les causes générales, ne pouvant entrer dans tous les détails des circonstances très-variées qui en modifient les effets. Il ne reste plus maintenant, pour compléter ce que nous avons à dire sur les causes qui concourent à la production des cristaux et aux modifications qui en résultent quelquefois, qu'à parler de celles qui influent sur le changement de système cristallin.

Beudant, qui a tâché de remonter aux causes de variation du système cristallin, a trouvé quelques résultats qui ne sont pas sans intérêt pour la physique moléculaire.

Suivant lui, ces causes paraissent dépendre de la nature du dissolvant. Voici comment il s'exprime à cet égard après avoir rappelé que l'eau peut dissoudre souvent à saturation deux sels différents ; cela posé, voici ce qui arrive ordinairement : « Si le sel que « l'on fait dissoudre dans un liquide déjà sa- « turé par un autre sel est plus cristallisable « que celui-ci, il arrive qu'il se dépose bien- « tôt en cristaux, qui, au lieu d'affecter la « forme qui leur est particulière, prennent « celle de l'autre sel. » Le nitrate de chaux et celui de potasse en solution saturée sont dans ce cas, car le nitrate de potasse cristallise dans le système rhomboédrique, qui est celui du nitrate de chaux, au lieu du système prismatique rectangulaire droit, qui lui est propre. Le sulfate de fer cristallise en octaèdre régulier, dans une solution renfermant à la fois beaucoup d'alun et de sulfate de magnésie. En suivant cette marche et en opérant à des températures élevées ou basses, Beudant est parvenu à faire cristalliser une même substance dans les trois systèmes différents. De là, il a été conduit à cette conjecture, que la cristallisation est indépendante des substances cristallisables, et n'est que le résultat *des forces plastiques de la solution.*

La chaleur seule peut aussi produire un changement dans le système cristallin. Il suffit, en effet, d'élever la température de certains cristaux pour obtenir ce changement ; nous en avons un exemple dans l'arragonite, qui tombe en poussière en la chauffant suffisamment, et qui se change très-probablement alors en carbonate de chaux ordinaire.

Les cristaux octaèdres du soufre obtenus par la voie humide, en laissant évaporer du carbure de soufre tenant du soufre en solution, appartiennent au système prismatique rectangulaire droit ; tandis que ceux formés par la voie sèche, en faisant fondre du soufre et le soumettant à un refroidissement lent, dérivent de prismes obliques à base rhomboïdale incompatibles avec les premiers. Ces cristaux, abandonnés à eux-mêmes à la température ordinaire, deviennent opaques, friables, et se convertissent en petits octaèdres disposés bout à bout. On pourrait citer un grand nombre de faits du même genre : ainsi, l'iodure rouge de mercure, chauffé de 150 à 200°, perd sa couleur rouge pour prendre la couleur jaune-citron, changement qui annonce un nouvel arrangement moléculaire. L'acide arsénieux fondu donne une masse vitreuse, transparente et d'une couleur tirant sur le jaune ; abandonnée à elle-même à la température ordinaire, elle se convertit peu à peu en une substance opaque d'un blanc laiteux. Nous citerons encore comme exemples de dimorphisme les changements de couleur qu'éprouvent certains corps quand ils sont échauffés ; ainsi l'acide titanique, chauffé au rouge, passe du blanc au jaune verdâtre ; l'oxyde de mercure, du rouge au violet, etc.

Tous ces faits et bien d'autres que nous

pourrions rapporter, prouvent que deux corps, identiques dans leurs propriétés chimiques, peuvent se présenter à nous avec des propriétés physiques différentes sous le rapport de la forme cristalline, de la densité, de la dureté, de la couleur et des propriétés optiques ; tel est le caractère du dimorphisme.

De la dureté. — Les molécules d'un corps solide sont dans une position où elles offrent le plus de résistance à un changement d'état. Cette résistance constitue la dureté, qui varie d'un corps à l'autre. Si, ayant perdu momentanément leur position d'équilibre |par une cause quelconque, elles y reviennent en effectuant une série d'oscillations isochrones, et que le corps n'ait point perdu par conséquent sensiblement sa forme primitive, on dit qu'il est élastique. Cet effet ne peut être produit qu'autant que les molécules ne sont pas sorties de leur sphère d'activité ; car, si elles vont au delà, elles prennent alors de nouveaux états d'équilibre stable, et le corps conserve la forme qu'on lui a donnée. Tel est le caractère d'un corps ductile. Un corps solide peut donc être élastique ou mou ; entre ces deux états, il en existe une infinité d'autres dont les arts ont tiré de grands avantages. La dureté, qui est une conséquence de l'adhérence entre les molécules, s'oppose plus ou moins à la manifestation de ces diverses propriétés contre lesquelles lutte sans cesse la force expansive de la chaleur, qui s'oppose à la force attractive des molécules. L'influence de la figure des molécules intervient dans la cohésion ; on en a la preuve dans les phénomènes de la congélation et de la cristallisation.

On juge des différents degrés de dureté d'un corps avec la lime et le marteau, mais de préférence avec la lime ; car la résistance qu'opposent les corps au frottement n'annonce pas toujours la faculté de résister à la percussion. Nous sommes conduits ainsi à faire une distinction entre les corps durs. Prenons le verre et le bois : le premier est plus dur que le second, et cependant il cède plus facilement que lui à la percussion. Le diamant nous offre un exemple d'un autre genre ; il est regardé comme le corps le plus dur de la nature, puisqu'il raye toutes les substances connues, et cependant il se divise sous l'effet du marteau. La fragilité est la faculté que possèdent certains corps, comme le verre, de se briser avec plus ou moins de facilité par la percussion. Les corps privés de cette faculté sont, comme nous l'avons déjà dit, élastiques, mous, etc.

La ductilité est la faculté que possèdent un grand nombre de corps de changer de forme sous l'action de forces plus ou moins considérables. Tantôt elle se manifeste par le plus léger effort, comme dans l'argile, la cire, etc. ; quelquefois il faut employer des forces énergiques, la percussion, le laminoir et la filière, comme plusieurs |métaux nous en offrent des exemples.

Métaux rangés suivant la facilité avec laquelle ils peuvent être travaillés au marteau, passés au laminoir ou tirés à la filière.

Métaux travaillés au marteau. — Plomb, étain, or, zinc, argent, cuivre, platine, fer.

Métaux passés au laminoir. — Or, argent, cuivre, étain, plomb, zinc, platine, fer.

Métaux tirés à la filière. — Platine, argent, fer, cuivre, or, zinc, étain, plomb.

La température, écartant les molécules, augmente nécessairement la ductilité. Quelques métaux, cependant, font exception : le cuivre se forge plus difficilement à chaud qu'à froid ; le plomb et l'étain, qui sont si ductiles à froid, se brisent à une température peu éloignée de leur terme de fusion.

Voy. Affinité,

COING, mucilage de coing. *Voy.* Mucilage végétal.

COKE. *Voy.* éclairage au gaz.

COLCOTHAR ou ROUGE D'ANGLETERRE. — C'est un tritoxyde de fer qu'on emploie dans les arts, et en médecine sous le nom de *safran de Mars astringent.* Il sert à la peinture sur porcelaine, au polissage des glaces, etc. *Voy.* Fer, *peroxyde.*

COLIQUE DE PLOMB. *Voy.* Plomb, *alliages.*

COLLAGE DU VIN. *Voy.* Vin.

COLLAGE DU PAPIER. *Voy.* Papier.

COLLE.—On emploie, pour faire de la colle, des tendons, des cartilages, des rognures de peau, etc. Si, à la dissolution concentrée d'un poids déterminé de colle, on ajoute une égale quantité de sucre de canne, que l'on coupe la masse solidifiée en plaques, on obtient ce qu'on appelle la *colle à bouche,* qui se ramollit par le seul fait de son apposition sur la langue, et dont on se sert pour coller rapidement du papier ou autres objets semblables.

La *colle forte* contient les matières extractiformes dont nous venons de parler et une multitude d'autres substances étrangères, de l'alumine coagulée, etc., auxquelles elle doit sa couleur jaune, ou même brune foncée. Mais on peut la débarrasser aisément de ces matières en la ramollissant dans de l'eau froide, que l'on a soin de renouveler souvent, jusqu'à ce qu'elle ne la colore plus. Pour s'en servir, on commence par la ramollir avec de l'eau froide, que l'on décante ensuite, puis on la fait fondre sans y ajouter d'eau, et on la fait bouillir jusqu'à ce qu'il se forme une pellicule à sa surface. Lorsqu'on veut s'en servir, on la fond au bain-marie et on chauffe les surfaces que l'on veut coller ensemble, afin qu'elles ne solidifient pas de suite la colle par leur température inférieure à la sienne. On favorise l'adhésion par la pression exercée au moyen de presses à vis, jusqu'à ce que le collage soit au moins à moitié sec.

La *colle de poisson* est préparée avec la membrane interne et brillante de la vessie natatoire de l'esturgeon (*accipenser huso et sturio*). Pour l'obtenir, on ramollit la vessie natatoire dans de l'eau froide, on enlève la membrane extérieure, dès qu'elle peut se détacher, on roule l'interne, et on la fait sécher.

Elle forme une colle parfaitement incolore et limpide comme de l'eau, sert dans les cas où il faut que la colle ne communique point de couleur. On la ramollit d'abord dans de l'eau-de-vie, avec laquelle on la fait ensuite bouillir, jusqu'à ce qu'elle soit dissoute. L'eau-de-vie fait que la colle à l'état de gelée se conserve mieux sans s'altérer ; mais elle colle bien plus faiblement que la colle forte, et comme elle est d'un prix beaucoup plus élevé, il y a un grand avantage à la remplacer par cette dernière, qu'on épuise, comme on l'a dit tout à l'heure, avec de l'eau dont la température ne soit pas au-dessus de 14°.

La colle sert en outre à fixer les couleurs à l'eau dans la peinture, et, mêlée avec de l'alun, à coller le papier. *Voy.* GÉLATINE.

COLLÉ DE POISSON. *Voy.* COLLE.

COLLE A BOUCHE. *Voy.* COLLE.

COLLE FORTE. *Voy.* COLLE.

COLLODION. *Voy.* COTON-POUDRE

COLOMBIUM. *Voy.* TANTALE.

COLOPHANE. C'est la résine que laissent les différentes espèces de térébenthine, après qu'elles ont été débarrassées de l'huile volatile. On l'appelle aussi *brai-sec*. Telle qu'elle reste dans la cucurbite, elle a une couleur foncée, et paraît brun jaunâtre, vue par transparence. Lorsque la distillation n'a pas été poursuivie assez longtemps, la résine qui reste est encore molle et reçoit le nom de térébenthine cuite. On la fond alors à l'air libre, pour la débarrasser de l'eau et de l'huile qui y restent. Après le refroidissement elle se présente sous forme d'une masse brunâtre, dure et cassante, qui est la *colophane*. On fond celle-ci avec $\frac{1}{4}$ de galipot, on place la masse fondue sur un filtre de paille, et on projette sur la résine liquide un peu d'eau. On obtient ainsi de la *résine commune*, colorée en jaune d'or, et appelée aussi poix de Bourgogne.

La colophane est employée en grande quantité par les pharmaciens et dans les arts. Tout le monde sait qu'on s'en sert pour frotter les archets, afin d'empêcher qu'ils ne glissent sur les cordes des violons.

COLOSTRUM.— Lait sécrété immédiatement après la délivrance. Il diffère essentiellement du lait proprement dit. Ainsi, le colostrum des vaches est jaune, visqueux, non coagulable par la présure et ne renferme que des traces de beurre.

COLZA. *Voy.* HUILES.

COMBINAISON. — Ce mot est très-fréquemment employé en chimie. La combinaison est le résultat de l'union de deux ou un plus grand nombre de corps, opérée en vertu d'affinités réciproques. Deux circonstances sont nécessaires à sa formation, savoir : l'affinité des corps en présence, et leur état respectif ; ce dernier n'est pas toujours à considérer quand les corps ont un grand degré

d'affinité l'un pour l'autre, mais quand la cohésion l'emporte sur cette force, il faut la détruire par l'influence du calorique, lorsqu'on veut combiner deux corps solides. Ainsi les anciens philosophes, qui avaient remarqué en général la nullité d'action entre les corps solides, avaient reconnu cette vérité dans l'axiome qu'ils ont donné sur la combinaison (*corpora non agunt nisi sint soluta*). Ils exprimaient par là que les corps ne pouvaient s'unir s'ils n'avaient été liquéfiés, ou du moins l'un d'eux, ou, ce qui est la même chose, si leur force de cohésion n'avait été détruite.

Plusieurs phénomènes se manifestent au moment où les corps entrent en combinaison. Il y a tantôt dégagement de lumière et de chaleur, tantôt seulement dégagement de chaleur sans lumière, mais jamais de lumière sans chaleur. Quelquefois aussi il y a production de froid. Indépendamment de ces phénomènes plus ou moins apparents, il en existe d'autres qui ne sont pas aussi faciles à constater, et qui exigent le concours d'appareils particuliers : ce sont les phénomènes électriques qui sont une conséquence générale de l'union des corps entre eux. Les expériences faites par M. Becquerel à l'aide du multiplicateur électro-magnétique prouvent que la plus faible action chimique développe de l'électricité.

Suivant leur degré d'affinité entre eux, les corps peuvent fournir deux genres de combinaisons. 1° Ceux qui jouissent d'une grande affinité l'un pour l'autre ne se combinent qu'en un petit nombre de proportions dont les rapports sont toujours simples. Prenons pour exemple le cuivre et l'oxygène, qui se combinent en deux proportions pour former le protoxyde et le deutoxyde de cuivre. En comparant les quantités d'oxygène absorbées par ce métal pour constituer ces deux oxydes, l'on voit que le protoxyde est composé de 100 cuivre $+$ 12,5 oxygène, et le deutoxyde de 100 cuivre $+$ 25 oxygène, quantité précisement double de celle que contient le premier oxyde ou le moins oxygéné. Par conséquent, les quantités d'oxygène dans ces deux oxydes sont entre elles comme 12,5 : 25, ou dans ce rapport plus simple, qui est absolument le même, comme 1 : 2.

Lorsque les corps se combinent entre eux, la combinaison se fait toujours entre des parties tellement ténues qu'elles échappent par leur petitesse à l'œil, armé même du meilleur microscope, ce qui prouve que l'affinité de composition s'exerce entre les dernières particules de la matière, ou les molécules qui sont invisibles et ne peuvent être divisées, ou les atomes.

Dans les corps composés, les propriétés respectives des corps changent ; ils en acquièrent de nouvelles par l'effet de la combinaison, comme dans leur état physique, leur couleur, leur saveur, leur odeur, leur solubilité et leur action sur l'économie animale. Ainsi deux corps à l'état de gaz peuvent produire par la combinaison un corps liquide ; exemple : l'oxygène et l'hydrogène, qui, par leur union, forment l'eau ; le soufre, qui a une couleur jaune, et le mercure un éclat brillant argentin, forment par leur union un composé d'un rouge vif (cinabre ou sulfure rouge de mercure). En se combinant avec une certaine dose d'oxygène, le soufre donne naissance à un corps caustique d'une saveur très-acide, l'acide sulfurique). L'hydrogène, uni à l'azote ou au soufre, constitue deux composés particuliers très-odorants, quoique les éléments, pris séparément, n'aient aucune action sensible sur l'odorat ; l'un est l'ammoniaque (hydrogène azoté), qui jouit d'une odeur si forte qu'il produit la suffocation et le larmoiement ; l'autre, l'acide hydrosulfurique, remarquable par son odeur fétide d'œufs pourris et son action délétère. Nous pourrions multiplier ces exemples sur les changements qui arrivent dans les corps à la suite de leur combinaison entre eux, si ceux que nous venons de présenter ne suffisaient pas déjà pour faire concevoir de quel intérêt doit être l'étude de ces actions et des résultats qui en proviennent. C'est de la connaissance de ces réactions réciproques que naissent les applications de la chimie, si utiles à la médecine et aux arts industriels.

2° Dans les combinaisons qui résultent d'affinité faible, les corps peuvent s'unir en proportions variables, du moins entre les limites où leur combinaison peut s'effectuer ; mais alors les propriétés du composé sont peu différentes de celles des composants ; c'est ce qu'on observe dans l'action de l'eau sur le sucre et le sel de cuisine. Ces derniers corps communiquent leur saveur particulière à ce liquide, et le résultat de cette action peut être regardé comme une combinaison faible d'eau avec le sucre ou le sel.

Nous avons dit plus haut que lorsque deux corps se combinaient dans plusieurs proportions, on remarquait un rapport simple entre les quantités pondérables de l'un d'eux ; dans les corps à l'état de gaz ou de vapeur, on observe également dans leur combinaison un rapport simple entre leur volume, comme Gay-Lussac l'a fait connaître le premier par des observations et des expériences nombreuses.

Lorsque, par l'effet d'une combinaison, les corps ont été unis, et qu'ils jouissent d'une grande affinité l'un pour l'autre, il n'est plus possible de les séparer qu'en mettant le composé qui en est résulté en contact avec un troisième corps qui ait plus d'affinité pour l'un des deux éléments que ceux-ci n'en ont l'un pour l'autre. C'est ce qu'on pratique lorsqu'on fait l'analyse d'un corps composé.

Il arrive souvent qu'un composé binaire A + B ne peut être décomposé ni par un corps C, ni par un corps D pris séparément ; mais si l'on prend leur combinaison C + D, et qu'on la mette en contact avec A + B, alors, en vertu d'une affinité double, les éléments constitutifs des deux composés se séparent, se combinent dans un autre ordre, d'où résultent deux nouveaux composés A + D et B + C. C'est à ce genre d'attraction récipro-

que qu'on donne en chimie le nom de double décomposition.

L'affinité des corps les uns pour les autres n'est pas aussi absolue qu'on le croyait autrefois ; elle est influencée, comme nous l'avons déjà dit, par la quantité des corps mis en présence, la force expansive des uns et la cohésion des autres. Ainsi, un composé binaire dont les éléments A + B auraient beaucoup d'affinité l'un pour l'autre, peut, dans certaines circonstances, être en partie ou entièrement décomposé par un troisième corps C, qui aurait moins d'affinité qu'en ont A et B. Ce cas se présente lorsque C est en excès par rapport à A B, ou qu'il peut former avec l'un des éléments un composé plus fixe.

Ce sont ces différentes causes qui rendent la mesure de l'affinité impossible. Toutefois on peut, en mettant les corps en contact, et en réagissant sur leurs composés, déterminer l'ordre de leurs affinités relatives. *Voy.* NOMENCLATURE CHIMIQUE.

COMBUSTION. — Action chimique dont le feu et l'air sont les intermédiaires. Pendant cette action, l'oxygène de l'air se combine avec un des éléments du corps qui brûle.

Dès l'année 1630, Jean Rey, médecin du Périgord, observa que le plomb et l'étain augmentent de poids quand on les calcine, et attribua cette augmentation à de l'air qu'ils absorbent. L'Anglais Robert Hooke donna ensuite, en 1665, dans un livre intitulé *Micographie*, l'explication suivante de la combustion : « L'air dans lequel nous vivons est le dissolvant de tous les corps combustibles. Cette dissolution (la combustion) n'a lieu qu'après que les corps sont échauffés, et l'effet de la dissolution détermine l'élévation de température que nous appelons feu. La dissolution du corps combustible est le résultat d'une substance inhérente, qui se trouve mêlée à l'air. Cette substance ressemble à celle qui est fixée dans le salpêtre ; mais elle n'est pas la même. Une partie du corps combustible se convertit en air et se volatilise ; mais une autre portion se combine avec l'air ; et forme un coagulum, ou un précipité dont quelques parties sont si légères que l'air les entraîne, tandis que d'autres sont plus grossières et restent. » On voit que Hooke a parlé de la combustion des matériaux ordinaires de chauffage, et qu'il s'en était formé une idée plus exacte que ne l'ont fait beaucoup d'écrivains après lui. Son compatriote et contemporain Jean Mayow, écrivit, en 1674, sur l'augmentation du poids de l'antimoine et du plomb pendant la calcination; Mayow attribuait aussi ce phénomène à la combinaison, avec les métaux, d'un principe constituant de l'air, auquel il donnait le nom d'esprit nitro-aérien, et qu'il croyait se comporter de la même manière avec les autres métaux. Ses idées étaient du reste confuses et mystiques. Robert Boyle chercha dans le même temps à prouver que l'augmentation de poids provient de la fixation du feu, qui s'est combiné avec le corps brûlé. Vers 1700, Becher, chimiste allemand, commença à dériver le phénomène de la combustion d'une terre volatile ou d'un soufre, qui se dissipait, et qu'il appelait *terra secunda, inflammabilis, pinguis, sulphurea,* admettant qu'il existe dans tous les corps combustibles. Son disciple, George Ernest Stahl, donna plus d'extension encore à cette idée, et imposa à la *substance* de Becher le nom de *phlogistique* (combustible). Négligeant l'augmentation de poids des corps brûlés, qui avait été le principal objet des recherches des physiciens anglais, il déclara tous les corps composés de phlogistique et d'un radical incombustible particulier. Ainsi, par exemple, le soufre était composé, suivant lui, de phlogistique et d'acide sulfurique, et le fer, de phlogistique et d'oxyde ferrique. Le phénomène du feu tient, dans cette théorie, au dégagement du phlogistique, qui laisse le radical incombustible. La réduction d'un oxyde métallique par un autre métal ou par un corps combustible résulte de ce que le phlogistique passe du corps qui opère la réduction à celui qui est réduit. De là les termes de *phlogistiqué* et *déphlogistiqué*, dont se servaient les anciens chimistes, et dont le premier signifiait réduire, le second oxyder. Du reste, Stahl considérait le phlogistique comme une terre, et lui supposait de la pesanteur.

L'hypothèse du phlogistique permettait d'expliquer les phénomènes de la combustion avec quelque vraisemblance. Stahl fut ainsi le créateur d'une théorie chimique qui s'est maintenue pendant plus d'un demi-siècle, et qui, au moment de sa chute, trouva des défenseurs ardents parmi les premiers chimistes du temps. Cependant on lui fit subir quelques restrictions, et l'on finit même par considérer le phlogistique comme la matière fondamentale du feu. Un ancien chimiste de la Suède, Wallerius, soutint cette doctrine (1). Macquer croyait le phlogistique identique avec la matière de la lumière, parce que l'acide nitrique, l'oxyde aurique et l'oxyde argentique sont réduits par la lumière du soleil (2). La théorie de Stahl subit encore beaucoup d'autres modifications, dans le nombre desquelles il s'en trouve même d'absurdes, qui ne méritent point d'être rapportées. Tandis qu'elle se répandait dans toute l'Europe, et qu'elle imprimait une direction scientifique à la chimie, un chimiste écossais, Joseph Black, était conduit à des vues nouvelles par des recherches pleines de sagacité sur la chaleur. Il avait déjà découvert l'acide carbonique, au commencement de l'année 1750, et fait connaître la différence qui existe entre les alcalis caustiques et les alcalis doux, noms sous lesquels on désignait alors les carbonates. Ses expériences l'avaient également conduit à rechercher la cause des différentes formes d'agrégation des corps. C'est à cette occasion qu'il développa la théorie de la chaleur libre et combinée, qui est presque entièrement son ouvrage.

(1) De materiali differentia luminis et ignis : in Disp. acad. fasc. I, n. 8. Holmiæ et Lipsiæ, 1780.
(2) Dictionnaire de Chimie, par Macquer.

Dès l'an 1763, il lut son travail remarquable devant une compagnie de savants, et sa théorie fut depuis lors confirmée et développée chaque année par les travaux qu'il exécuta de concert avec Watt. Les expériences de Black avaient fait voir comment un gaz qui se condense dégage de la chaleur; de sorte qu'il avait mis au jour une des vérités qui étaient nécessaires pour expliquer la combustion. Son caractère calme et modeste le retint dans une sphère bornée. Ses découvertes ne se répandirent que fort tard, parce qu'il se contenta de les exposer, pour la plupart, dans ses cours et dans ses entretiens avec les savants qui le visitaient. Les copies des cahiers de ses élèves se vendaient fort cher dans divers pays; ce qui porta un grand nombre de savants, d'ailleurs recommandables par leur mérite, à s'attribuer des découvertes dont ils puisaient le germe dans ces manuscrits, ce qui leur réussissait pendant quelque temps (1). De son côté, l'anglais Crawford avait fait une multitude d'expériences fort intéressantes sur la différence qui existe entre les corps à l'égard de la chaleur spécifique, et il croyait être parvenu, à constater par ses essais que la combustion consiste en une combinaison du phlogistique avec l'air, ce qui devait diminuer la chaleur propre de ce dernier. La combustion devait aussi, suivant lui, mettre plus ou moins de chaleur en liberté, suivant que le corps qui brûlait avait plus ou moins de phlogistique à communiquer (2). Déjà, en 1774, Bayen, chimiste français, avait remarqué que la théorie de Stahl ne pouvait point s'appliquer au mercure, dont la chaux se réduit sans addition de phlogistique, et que la conversion de ce métal en chaux ne tenait point à une perte de phlogistique, mais à la combinaison du mercure avec l'air, dont le poids, ajouté au sien, était la cause de l'augmentation de pesanteur qu'il subissait pendant la calcination (3). Les expériences de Bayen dirigèrent sur cet objet l'attention de Lavoisier, qui, la même année, fit ses premières recherches ayant pour but de prouver l'absorption de l'air pendant la calcination. Lavoisier fit fondre de l'étain dans un grand matras de verre, fermé hermétiquement, et dont le poids avait été déterminé d'avance, ainsi que celui du métal; lorsqu'au bout de trois heures l'étain se fut recouvert d'une couche épaisse de cendre métallique, il laissa refroidir l'appareil et le pesa : son poids était le même qu'auparavant; mais lorsqu'on le déboucha, l'air s'y précipita, et le matras devint plus lourd de dix grains qu'il ne l'était auparavant. A peu près vers la même époque, Priestley, en Angleterre, et Scheele en Suède, avaient découvert l'oxygène. Scheele démontra la composition de l'air par une série d'excellentes

(1) Cours sur les éléments de chimie du Dr Josèphe Black, publié par le Dr Jean Robison.
(2) Adair Crawfords Experiments and observations on animal heat. London, 1788.
(3) Journal de Physique, 1774, p. 288-294.

recherches, et fit voir la différence qui existe entre les gaz nitrogène, oxygène et acide carbonique. Il appela le premier *air méphitique*, le second *air vital*, et le troisième *acide aérien*. En 1777, il publia, à Leipzick, en langue allemande, son excellent traité du feu et de l'air, dans lequel toutes ses expériences étaient décrites. Il s'y hasarda aussi à donner une théorie de la combustion. Il avait reconnu, par des expériences, que du phosphore qui brûle dans du gaz oxygène, absorbe complétement ce gaz; de manière que le vaisseau dans lequel s'opère la combustion devient vide, et que quand on l'ouvre sous l'eau, il se remplit de ce liquide. Le gaz ayant ainsi disparu, Scheele crut qu'il s'était combiné avec du phlogistique, et dissipé sous la forme de lumière et de chaleur; de sorte qu'il admettait que le phénomène du feu tenait à une combinaison de phlogistique avec du gaz oxygène, lequel donnait de la lumière ou seulement de la chaleur, suivant que la quantité de phlogistique était plus ou moins considérable. Mais, dans toutes ses expériences, Scheele avait négligé de peser les corps brûlés, sans quoi il aurait certainement trouvé la théorie de l'oxydation. La même année, Lavoisier prouva que la combustion consiste en une absorption de gaz oxygène, et que l'augmentation qu'on observe dans le poids du corps qui a subi la combustion, correspond au poids de l'oxygène qui a été absorbé (1). L'année suivante, il démontra que l'oxygène entre dans la composition de tous les acides; ce qui le détermina à lui donner le nom sous lequel on le désigne encore aujourd'hui. D'après cela, il remplaça la dénomination d'air vital par celle de gaz oxygène. Le vaste génie de Lavoisier imprima une direction tout à fait nouvelle à la chimie. En 1789 parut son traité élémentaire, où la nouvelle théorie se trouvait exposée dans tout son excellent ensemble. L'incertitude où l'on était par rapport à l'origine de la lumière dans la combustion, fut une des circonstances qui firent que la théorie de l'oxydation rencontra longtemps des adversaires. Quelques-uns proposèrent une sorte de terme moyen, et, tout en admettant cette théorie, considérèrent la lumière comme un élément des corps combustibles, qui, dans la combustion, se combine avec le calorique du gaz oxygène, et s'échappe sous la forme de feu. D'autres, qui ne voulaient point admettre l'oxydation, soutinrent que le phlogistique a une pesanteur négative, c'est-à-dire qu'il tend à s'éloigner du centre de la terre; de sorte qu'il rend plus légers les corps avec lesquels il se combine, et que, quand il se sépare d'eux, il les laisse avec leur pesanteur primitive.

Lavoisier s'attacha principalement à développer et à soutenir par des preuves sa nouvelle opinion sur la nature de la combustion. Il ne négligea point le phénomène du feu; mais celui qui suit le développement de ses

idées, s'aperçoit qu'il ne l'explique qu'accessoirement. Dans nombre de cas, le gaz oxygène absorbé s'était solidifié, et son calorique latent, mis en liberté, avait produit de la chaleur. Cependant, comme dans la théorie antiphlogistique, la lumière et le calorique sont des substances différentes, il restait la difficulté de concevoir d'où venait la lumière; mais la fureur des troubles civils ne permit pas à Lavoisier de terminer ses grands travaux. Il périt à la fleur de son âge, avant d'avoir pu achever l'ouvrage qu'il venait de commencer. S'il lui avait été donné de profiter des moyens que nous offrent aujourd'hui de nombreuses expériences et d'étonnantes découvertes, quel fruit la science n'aurait-elle pas dû recueillir des travaux de l'homme de génie qui aperçut d'abord ce qu'un grand nombre de ses contemporains ne purent reconnaître qu'à la suite de longues discussions !

Gren voulut remédier à la difficulté que présentait l'explication de l'origine de la lumière dans la théorie de Lavoisier, en rendant la combustibilité un corps matériel. Il admit que la lumière combinée avec un corps le rend combustible, et que, pendant l'oxydation, elle se dégage et se combine avec le calorique émis par le gaz oxygène absorbé. Ce changement dans la théorie n'a jamais été ni généralement adopté, ni combattu.

On fit bientôt l'observation que le charbon qui brûle dans le gaz oxygène ne change point le volume de celui-ci en le convertissant en gaz acide carbonique; mais que, quoique le gaz oxygène ne subisse aucune diminution de volume, et que le carbone passe de l'état solide à celui de gaz, la température s'élève considérablement. Il n'y a ici aucune consolidation à laquelle le dégagement du calorique puisse être attribué; au contraire, le charbon perd sa forme solide, pour prendre celle de gaz. On s'imagina donc que la chaleur spécifique du gaz acide carbonique était inférieure à celle du gaz oxygène et du carbone, avant leur combinaison, et que cette différence produisait l'élévation de la température. On ne connaissait pas alors la chaleur spécifique de ces corps, ou bien les expériences que l'on faisait pour la trouver étaient trop imparfaites pour que les résultats fussent dignes de confiance. Cependant, comme elles ne démontrèrent point le contraire, on crut que cette explication était admissible; et autant qu'on peut juger par les écrits de la plupart des chimistes actuellement vivants, elle leur a paru jusqu'ici probable; mais notre expérience a acquis, même sur ce point, des lumières qui nous mettent en état de mieux examiner cette hypothèse. Nous connaissons maintenant la chaleur spécifique de plusieurs substances gazeuses, et la forme d'agrégation ne met plus d'obstacles à la détermination de la valeur réelle des changements de cette chaleur. D'après les expériences de Delaroche et Bérard, qui paraissent être faites avec tout le soin nécessaire pour mériter

(1) *Mémoires de l'Académie des sciences*, 1777 p. 592.

confiance, la chaleur spécifique du gaz oxygène est 0,9765, et celle du gaz acide carbonique 1,2583, celle de l'eau atmosphérique prise pour unité. Il suit de là que le gaz acide carbonique ayant une plus grande chaleur spécifique que le gaz oxygène, a dû absorber du calorique pour se maintenir à sa propre température ; il faut donc que la différence entre la chaleur spécifique du charbon et celle du gaz acide carbonique ait été assez grande pour produire une élévation de température portée jusqu'à l'ignition. Mais la chaleur spécifique du charbon (comparée avec celle d'un poids d'eau pris pour unité) est de 0,26, celle du gaz acide carbonique est de 0,221, et celle du gaz oxygène de 0,236. L'acide carbonique est composé, en négligeant les fractions, de 27 de carbone et de 73 d'oxygène. Or, en supposant qu'il ne résulte de l'union des deux éléments aucun changement spécifique, celle de la combinaison doit être 0,232 ; mais l'expérience a donné 0,221. Outre que cette différence n'est pas trop grande pour ne pouvoir dériver d'une erreur d'observation, il paraît assez évident qu'elle ne suffit point pour expliquer la chaleur intense produite par la combustion du charbon dans le gaz oxygène.

On pourrait dire qu'ici le feu est produit par une plus grande chaleur latente ou combinée dans le gaz oxygène que dans le gaz acide carbonique : mais cette explication ne serait guère mieux fondée, puisque le gaz oxygène conserve son volume sans altération, et que le charbon qui se dilate doit rendre latente une nouvelle quantité de calorique. On ne peut pas supposer un dégagement de calorique là où au contraire il y a absorption de calorique latent.

Mais choisissons un autre exemple, dont le résultat est encore plus frappant, savoir, la combustion du gaz hydrogène. La chaleur spécifique d'une partie d'eau est toujours prise pour 1,000 ; il faut donc que dans cent parties d'eau, il y ait 100,000 de chaleur spécifique. Nous venons de voir que la chaleur spécifique du gaz oxygène est 0,2361 ; celle du gaz hydrogène, comparée avec celle d'un poids égal d'eau, est 3,2936. Il y a dans 100 parties d'eau 11,1 parties d'hydrogène, dont la chaleur spécifique peut être représentée par 36,55, et 88,9 parties d'oxygène, dont la chaleur spécifique est 20,99. En ajoutant 20,99 à 36,55, on a 57,54 pour la chaleur spécifique du mélange de gaz hydrogène et de gaz oxygène nécessaire pour produire 100 parties d'eau. La combinaison faite, il en résulte de l'eau gazéiforme, dilatée par un feu violent à un volume plusieurs fois plus grand que celui du mélange des deux éléments gazeux. Mais la chaleur spécifique de cette eau refroidie et liquide est 100, c'est-à-dire 42,46 de plus que celle de ses deux éléments à l'état de gaz. D'où vient donc cette énorme quantité de calorique dégagée par la combustion du gaz hydrogène ? Elle n'est point due à un changement de chaleur spécifique, puisqu'il devrait produire

un haut degré de froid ; ni au dégagement du calorique, qui donne la forme gazeuse à l'oxygène et à l'hydrogène, puisque l'eau, au moment où elle est formée, produit une vapeur beaucoup plus dilatée que ses éléments gazeux, et que la condensation de l'eau n'est que l'effet du refroidissement par les corps environnants. Si donc les expériences qui nous servent ici de bases ne sont pas trop inexactes, il faut que toutes les explications admises jusqu'à présent sur l'origine du feu soient défectueuses, et nous nous voyons forcés à en chercher d'autres.

Kunkel avait déjà observé que les métaux chauffés avec le soufre se combinent avec ce dernier en produisant un feu qu'il comparait à celui du salpêtre, et il en conclut que le soufre participe de sa nature. Ce phénomène, oublié depuis le premier période de la chimie antiphlogistique, fût rappelé au souvenir des savants par quelques chimistes hollandais, et parut d'autant plus remarquable que ce fait était contraire à la théorie qui attribue le feu à la seule oxydation, puisqu'ici il était produit par la combinaison de deux corps solides. Il y eut pourtant des savants qui voulurent expliquer ce phénomène par la présence d'une quantité d'air ou d'eau, qui devait être décomposée par l'action réciproque du métal et du soufre. Mais l'expérience décida bientôt que cette opinion était mal fondée ; et nous savons maintenant que la combinaison des métaux avec le soufre est accompagnée du même phénomène de feu que leur oxydation, et que ce feu est le même, que le métal chauffé soit exposé à l'action du soufre liquide ou transformé en gaz, soit par l'effet de la chaleur, soit par sa combinaison avec l'hydrogène. La combustion produite dans ces cas est absolument la même que celle qui naît de l'oxydation ; et il n'y a de différence que dans le corps avec lequel le métal se combine. L'expérience a encore prouvé que la combinaison de deux métaux peut être accompagnée de l'ignition ; et l'on a vu une base chauffée dans le gaz d'un acide, s'allumer et brûler un moment en produisant un sel. Il est depuis longtemps connu que l'acide sulfurique concentré, mêlé avec de la magnésie caustique, se combine avec la terre, en élevant la température au point de faire rougir le mélange. En un mot, l'expérience a prouvé qu'il se dégage du calorique à chaque combinaison chimique, faite dans des circonstances favorables pour rendre ce dégagement sensible, et que, par la saturation des affinités les plus fortes, la température monte souvent jusqu'à un feu incandescent, tandis que les plus faibles ne font que l'élever de quelques degrés.

Mais l'expérience a aussi prouvé que le phénomène du feu peut être quelquefois produit par des corps déjà combinés, sans qu'il y ait aucune addition ni dégagement, et qu'alors la combinaison perd de sa tendance à s'unir à d'autres corps. Nous savons que c'est le cas de la zircone, de l'oxyde chromique, de quelques antimoniates et antimonites métalliques, de la gadolinite, etc. ; et nous avons sujet de croire que la répugnance de quelques corps à se combiner et à se dissoudre après leur exposition au feu, provient d'un pareil changement, quoique l'augmentation de la température n'ait pas été assez forte pour produire l'ignition. C'est cette espèce d'insolubilité que nous trouvons, après la calcination, dans l'alumine, dans l'oxyde ferreux, l'acide titanique, etc.

L'explication antiphlogistique de la combustion doit être modifiée de cette manière : 1° que, comme l'on entend par combustion la combinaison des corps, accompagnée de feu, elle n'appartient pas uniquement aux combinaisons avec l'oxygène, mais qu'elle peut, dans des circonstances favorables, avoir lieu dans les combinaisons entre la plupart des corps ; 2° que la lumière et le calorique qui en naissent, ne proviennent, ni d'un changement dans la densité des corps, ni d'une moindre chaleur spécifique dans le nouveau produit, puisque sa chaleur spécifique est souvent aussi grande, ou même plus grande que celle des divers éléments réunis.

Il ne paraît pas juste de faire ici distinction de la lumière : lorsqu'on décrit les propriétés de la lumière et du calorique, on trouve l'explication plus facile en les considérant comme des corps différents ; mais nous ne pouvons pas assurer qu'ils le soient en effet ; et si nous examinons soigneusement les phénomènes, nous trouverons que la lumière accompagne toujours une certaine température ; en sorte que l'on peut dire que l'ignition, c'est-à-dire le dégagement simultané de la lumière et du calorique, n'est qu'un degré de température plus élevé que celui du calorique sans lumière. On sait que des combinaisons qui produisent ordinairement le feu, peuvent s'opérer de manière que la température ne s'élève pas jusqu'à la chaleur lumineuse : par exemple, la magnésie et l'acide sulfurique concentré, qui, à l'instant de leur combinaison, s'échauffent souvent au rouge, ne dégagent qu'une chaleur modérée, si l'acide est étendu d'eau, et la température diminuera à mesure que l'acide est plus étendu, parce que le calorique qui, dans le premier cas, produisait l'ignition, sert, dans l'autre, à élever la température de l'eau ajoutée. Il ne se fait alors aucun dégagement de lumière, quoiqu'il semble que si elle était un corps particulier, elle devrait être sensible à la vue, bien qu'à un moindre degré, de même que la chaleur se manifeste à des températures peu élevées. Ceux qui ont l'habitude de faire des expériences au chalumeau doivent avoir souvent remarqué que ce n'est pas toujours la partie la plus ardente de la flamme qui donne le plus de lumière, mais que des corps solides, placés dans ce point, deviennent à l'instant même lumineux, et que quelques-uns jettent même une clarté si vive, que l'œil peut à peine la supporter. Que l'on dirige, dans une chambre obscure, un courant de gaz oxygène sur la flamme d'une lampe à l'es-

prit-de-vin, les objets n'en seront pas éclairés ; mais que l'on mette dans cette flamme un fil de platine assez épais pour ne pas se fondre, il passera en quelques instants à la chaleur blanche la plus intense, et éclairera les objets d'alentour. Nous ne pouvons pas expliquer la cause de ce phénomène ; mais il paraît démontré, à l'appui de ce que nous avons déjà exposé, que le calorique, dans certaines circonstances, produit ou devient la lumière ; et il semble parfaitement prouvé que la chaleur, parvenue à une certaine température, est toujours accompagnée de lumière, bien que cette température varie suivant les corps, qui d'ailleurs, à la même température, éclairent plus ou moins. Les gaz ont besoin, pour produire de la lumière, d'une température infiniment plus élevée que les corps solides. On a cru, d'après quelques expériences faites par Wedgewood, que les gaz n'en pouvaient pas donner ; mais la flamme du gaz acide carbonique et du gaz hydrogène prouve le contraire, puisque le corps brûlant et le produit de la combustion sont également gazeux. Mais, malgré toutes ces probabilités en faveur de ce que nous avons exposé, l'on rencontre des difficultés que l'on ne peut ramener d'une manière conséquente au même principe : car il y a des phénomènes de la lumière qui ne sont pas accompagnés d'une quantité sensible de calorique, comme, par exemple, la lumière de la lune, diverses phosphorescences produites par les corps organiques, etc. Néanmoins l'on pourrait admettre que l'explication de la combustion, qui expliquera complétement l'origine du calorique, aura en même temps montré la source de la lumière. Il reste donc à examiner d'où provient la chaleur dans les combinaisons chimiques.

En exposant, dans les livres élémentaires de chimie et de physique, les circonstances qui produisent l'ignition, on a ordinairement omis ou négligé le phénomène du feu produit par la décharge électrique, et composé, dans sa forme la plus pure, par l'étincelle électrique : c'est pourquoi l'on y a prêté peu d'attention, jusqu'à ce que la découverte de la pile électrique eut fait comprendre l'électricité dans la théorie chimique. Ce feu électrique est cependant le même que celui produit par des combinaisons chimiques (1). L'étincelle électrique allume l'hy-

(1) Quelques physiciens ont attribué la production de l'étincelle électrique au passage rapide de l'électricité à travers l'air qui en est fortement comprimé, et s'échauffe par le calorique que cette compression fait dégager. Mais l'explication du feu électrique doit, non-seulement convenir aux phénomènes du passage de la décharge électrique à travers l'air, elle doit aussi être applicable à tous les phénomènes de lumière et de calorique qui sont produits par l'électricité, dans le vide, dans les liquides et dans les solides. Il est difficile de concevoir comment, dans l'expérience intéressante de Davy, où l'eau est échauffée jusqu'à l'ébullition par l'action de la pile voltaïque, il pourrait y avoir une compression, ou quel est le corps qui, par sa compression, laisse dégager du calorique. On peut donc regarder cette explication comme réfutée par nombre de faits découverts postérieurement.

drogène, l'éther, l'argent fulminant, etc. L'étincelle électrique allume toùs les corps combustibles, échauffe, fond et volatilise les métaux. La décharge continue de la pile électrique échauffe l'eau jusqu'à l'ébullition, et les corps solides jusqu'au feu rouge ; un charbon qui est chauffé jusqu'au rouge dans le vide par la pile électrique est, relativement au phénomène de l'ignition, dans le même état qu'un charbon qui brûle par l'oxydation. La différence n'est pas dans l'état de l'ignition, mais dans la manière dont elle est produite. Or nous avons toujours sujet d'attribuer des phénomènes semblables aux mêmes causes; et toutes les autres manières d'expliquer la cause du feu n'étant pas justes, il nous reste à examiner si l'union des électricités opposées ne pourrait pas être la cause de l'ignition dans la combinaison chimique, aussi bien que dans la décharge électrique.

Cette idée est venue à la plupart des savants qui ont suivi les progrès communs de la chimie et de la théorie de l'électricité, depuis 1802, époque à laquelle l'influence de l'électricité sur les affinités chimiques commença à fixer leur attention.

Longtemps même avant la découverte de la pile électrique, l'on pressentit le rapport de l'ignition avec l'électricité. Wilke écrivait, dès 1766, qu'on pouvait s'attendre à obtenir avec le temps des lumières, *sur les rapports que la nouvelle physique venait de découvrir entre le feu et l'électricité;* et plus tard Winterl fit entrer aussi l'électricité dans ses fictions de théorie chimique. Quelques-unes de ses idées sur cette matière se sont confirmées dans la suite ; mais il laisse toujours le lecteur dans l'incertitude si ce qu'il expose de vrai n'est pas aussi fantastique que le grand nombre d'erreurs et même d'absurdités que l'on trouve dans ses écrits.

Volta avait observé, dans beaucoup d'expériences faites avec soin, que deux métaux mis en contact deviennent électriques, et que c'est à cette cause que sont dus les phénomènes de la pile électrique. Davy démontra ensuite que cet état électrique augmente en raison de la force des affinités mutuelles des corps employés, et qu'il peut être produit, et même aperçu, moyennant certaines précautions, dans tous les corps qui ont de l'affinité l'un pour l'autre. Il résulte encore des expériences de Davy, que par la température qui, comme nous le savons, augmente l'affinité, s'accroît également l'intensité de l'état électrique dans les corps qui se touchent ; mais que ce contact mécanique étant suivi de la combinaison, tous les signes d'électricité cessent incontinent, c'est-à-dire qu'à l'instant où, dans des circonstances favorables, il éclate du feu, il se fait une décharge et la tension électrique disparaît. Ces faits s'accordent donc beaucoup avec la conjecture que les électricités opposées dans les corps qui se combinent, se neutralisent mutuellement au moment de la combinaison, et qu'alors le feu est produit de la même manière que dans la décharge électrique. Des expériences plus récentes, faites

par Becquerel à l'aide du multiplicateur électromagnétique, doivent également être considérées comme des preuves positives de l'action électrique dans les combinaisons chimiques; ce savant a prouvé que la plus faible action chimique produisait sur l'aiguille aimantée l'effet d'une décharge électrique. Parmi les expériences de Becquerel, nous citerons la suivante : il adapta à l'extrémité d'un des fils du multiplicateur une pincette en platine, munie d'une petite cuiller en or enveloppée de papier ; à l'autre fil il fixa un petit morceau de platine ; lorsqu'il plongea les deux extrémités ainsi garnies dans un verre rempli d'acide nitrique, il n'y eut point d'effet électrique, et l'aiguille resta tranquille ; mais dès qu'on versa dans le liquide une goutte d'acide hydrochlorique très-étendu, l'aiguille dévia, et par suite de la combinaison produite, la liqueur fut colorée en jaune par le chlorure aurique. En employant, à la place de l'or, du cuivre enveloppé de papier, la combinaison chimique s'opéra sans acide hydrochlorique, et l'aiguille aimantée dévia.

En exposant toutes les circonstances qui parlent en faveur de cette hypothèse sur l'origine du feu, nous ne devons pas nous aveugler sur le compte de celles qui ne peuvent point s'expliquer de la même manière. De ce nombre est le phénomène de lumière qui se manifeste, quand le suroxyde hydrique, l'oxyde chlorique, l'acide chloreux. le chlorure et l'iodure d'azote, se décomposent avec explosion. Quand on mêle du suroxyde hydrique avec de l'eau et de l'oxyde argentique, la liqueur entre en ébullition, et nous ne découvrons, pendant ce dégagement de chaleur, aucun autre phénomène chimique, que la mise en liberté de tout l'oxygène de l'oxyde argentique, et de la moitié de celui qui est combiné avec l'hydrogène dans le suroxyde hydrique. Dans ces cas, il y a dégagement de chaleur et de lumière, et ces phénomènes se manifestent dans une occasion directement opposée à la combinaison chimique, c'est-à-dire au moment de la séparation des éléments et de leur passage à l'état isolé primitif, circonstance dans laquelle on devrait plutôt s'attendre à une absorption de chaleur, c'est-à-dire, une production de froid, ce qui n'a pas été confirmé par l'expérience. Si, par exemple, on fait passer à travers la boule d'un bon thermomètre à air un fil métallique, dont les extrémités se terminent hors de la boule par une pointe, et qu'on décharge avec ce fil une batterie électrique, en le tenant à une distance telle qu'il ne se produise point d'étincelle, les électricités contraires par lesquelles les électricités libres de la batterie se trouvent neutralisées, s'écoulent du fil ; mais la température du thermomètre à air ne change pas. Les expériences paraissent donc prouver que l'origine du feu est souvent accompagnée de circonstances qui ne nous permettent pas de nous en rendre compte, et que l'explication que nous donnons à ce phénomène, en disant qu'il provient de la réunion des électricités, pourrait bien n'être pas conforme à la réalité. Cependant nous essayerons de tirer parti de cette hypothèse, pour expliquer les différents phénomènes qui se présentent, jusqu'à ce qu'on en propose une autre qui s'accorde mieux avec les faits.

Si ces corps, qui se sont unis et ont cessé d'être électriques, doivent être séparés, et leurs éléments ramenés à leur état isolé avec leurs propriétés primitives, il faut qu'ils recouvrent l'état électrique détruit par la combinaison ; ou bien, en d'autres termes, si ces corps combinés sont rétablis par quelque cause dans leur état primitif d'électricité, qui a cessé par l'union, il faut qu'ils se séparent et qu'ils paraissent avec leurs propriétés primitives. Aussi sait-on que, par l'action de la pile galvanique sur un liquide conducteur, les éléments de ce liquide se séparent, que l'oxygène et les acides se rendent du pôle négatif au pôle positif, tandis que les corps combustibles et les bases salifiables sont poussés du pôle positif au négatif.

Nous croyons donc maintenant savoir avec certitude que les corps qui sont près de se combiner, montrent des électricités libres opposées, qui augmentent de force, à mesure qu'elles approchent plus de la température à laquelle la combinaison a lieu, jusqu'à ce que, à l'instant de l'union, les électricités disparaissent avec une élévation de température souvent si grande, qu'il éclate du feu. Nous avons, d'autre part, la même certitude que des corps combinés exposés, sous la forme convenable, à l'action du courant électrique produit par la décharge de la pile, sont séparés et recouvrent leurs premières propriétés chimiques et électriques, en même temps que les électricités qui agissent sur eux disparaissent.

Dans l'état actuel de nos connaissances, l'explication la plus probable de la combustion et de l'ignition qui en est l'effet, est donc : *Que dans toute combinaison chimique, il y a neutralisation des électricités opposées, et que cette neutralisation produit le feu,* de *la même manière qu'elle le produit dans les décharges de la bouteille électrique, de la pile électrique et du tonnerre, sans être accompagnée, dans ces derniers phénomènes, d'une combinaison chimique.* — *Voy.* OXYGÈNE.

COMPTEURS. *Voy.* ÉCLAIRAGE AU GAZ.

CONCRÉTIONS ARTHRITIQUES. *Voy.* SYNOVIE.

CONDENSATION DES GAZ par les corps poreux, etc. *Voy.* GAZ.

CONDUCTEURS (CORPS), ou non conducteurs du calorique. *Voy.* CALORIQUE.

CONDUCTIBILITÉ des métaux pour le calorique et l'électricité. *Voy.* MÉTAUX.

CONGRÈVE (fusée à la Congrève). — Le mélange qui entre dans les fusées *à la Congrève* se compose, d'après Darcet, de 53,5 de salpêtre, et de 46,5 de bitume, suif ou graisse, de soufre et sulfure d'antimoine.

Les fusées de guerre qu'on nommait autrefois rochettes, n'ont pris le nom de *fusées à la Congrève* que depuis que lord Congrève

les a remises en usage, en 1801, pour l'attaque de la flotte française à Boulogne. C'est bien à tort qu'il s'est attribué la gloire de l'invention, puisqu'il est aujourd'hui reconnu que cette composition désastreuse date de plusieurs siècles.

CONSERVATION DES MATIÈRES ORGANIQUES.—Les corps organiques les plus altérables peuvent se conserver indéfiniment si une seule des conditions suivantes manque : 1° une température au-dessous de 5° ; 2° la présence de l'eau ; 3° la présence de l'oxygène. Ainsi, pour éloigner la putréfaction, il suffira : 1° ou de placer les corps qu'on voudra conserver dans un milieu au-dessous de 0 ; 2° ou de les dessécher complétement ; 3° ou de les placer dans un milieu privé d'oxygène. On peut aussi employer des corps qui entrent en combinaison avec la matière organique et qui forment avec elle une combinaison imputrescible. La première condition est très-difficile à remplir artificiellement; dans nos climats tempérés on avait essayé de transporter du poisson dans la glace, mais cette spéculation, qui repose sur un principe vrai, n'a pas réussi. La seconde condition se remplit beaucoup plus facilement. On dessèche des plantes et des parties pour les conserver. Plusieurs moyens sont employés pour arriver à ce but : 1° la dessiccation au soleil, à l'étuve, par la pression, dans le vide ; on a desséché avec succès de la viande par ces moyens réunis ; 2° les corps qui peuvent absorber l'eau sans communiquer aucune mauvaise qualité au produit, et parmi ces corps les plus heureusement employés sont le sel et le sucre. On aide l'emploi de ces moyens par une dessiccation préalable. On conserve de la morue et des harengs au moyen du sel. On y a, dans quelques cas, substitué le sucre avec beaucoup d'avantages pour la conservation des poissons. Mais il n'est pas bien prouvé que le sel ne fasse que s'emparer de l'eau ; il peut former avec les matières organiques une combinaison imputrescible, de même que plusieurs acides ou autres sels, et comme eux il peut utilement s'opposer au développement des productions d'êtres microscopiques moteurs de la fermentation putride. 3° La conservation dans un milieu dépourvu de gaz oxygène est sans contredit le moyen le plus parfait ; mais cette condition ne peut pas toujours être remplie d'une manière complète. S'il s'agit de matières sur lesquelles l'oxygène de l'air ait déjà réagi et que l'action décomposante ait commencé, on a beau priver ces corps organiques de la présence de l'oxygène, la putréfaction qui a commencé continue toujours ses périodes. On doit encore observer que les matières organiques contiennent dans leurs interstices de l'air atmosphérique dont il est très-difficile de les débarrasser complétement, et cet air suffit pour déterminer la putréfaction.

Boucanage. — Très-souvent on ne se contente pas de saler les viandes et les poissons, mais on les dessèche encore en les exposant à la fumée. L'art de *fumer* ou de *bou-*

caner les viandes a été porté, à Hambourg, à une telle perfection, que les autres nations n'ont pu l'atteindre, et le *bœuf fumé de Hambourg* jouit partout de la plus grande réputation. Cet art est cependant assez simple, puisqu'il consiste à exposer, pendant quatre ou cinq semaines, les viandes dépécées, salées et suspendues dans une chambre, à l'action de la fumée produite par des copeaux de chêne très-secs. Le *saurage* du hareng est une opération semblable : seulement on suspend les poissons salés dans des espèces de cheminées faites exprès, appelées *roussables*, et où l'on fait un petit feu de menu bois, qu'on ménage de manière à ce qu'il donne peu de flamme et beaucoup de fumée. On laisse le hareng jusqu'à ce qu'il soit entièrement sauré ou sec et enfumé. Vingt-quatre heures suffisent pour cette opération. Dix à douze milliers de harengs peuvent être saurés à la fois. Ce genre d'industrie est très-étendu en Hollande ; cette nation vend, chaque année, aux autres peuples, pour plus de 60 millions de fr. de harengs *blancs* ou *salés*, et de harengs *rouges* ou *saurs*, *saurés* ou *fumés*.

La découverte du mode de préparer et d'encaquer le hareng fut faite dans le milieu du XVe siècle, par un pêcheur nommé Beuckels. Ce fut une invention d'une importance sans égale pour la Hollande, qui accrut par elle sa richesse et sa puissance, et pour les peuples chrétiens, qui purent se procurer ainsi, pendant le carême, un aliment économique. L'empereur Charles-Quint se trouvant en 1596, à Bierwliet, où Beuckels avait été enterré, alla visiter son tombeau, et lui fit élever un monument magnifique.

Procédé d'Appert.—Le moyen le plus parfait pour conserver les aliments frais est celui proposé par Appert : il repose sur les principes suivants : 1° les matières qui ont déjà absorbé l'oxygène de l'air et sont devenues fermes, perdent cette propriété si on les expose à 100°, et elles ne la reprennent que par une nouvelle absorption de gaz oxygène; 2° les matières organiques placées dans un vase hermétiquement clos absorbent à 100° tout l'oxygène contenu dans ce vase sans devenir ferment. Voici comme Appert opère :

Il remplit, par exemple, entièrement un flacon de pois verts frais, le bouche hermétiquement, le ficelle, et goudronne le bouchon ; il place ensuite le flacon dans un pot d'eau, qu'il chauffe jusqu'à l'ébullition. Pendant qu'on les chauffe, les pois absorbent l'oxygène de l'air contenu dans le flacon, qui n'est plus remplacé par l'oxygène extérieur. Les pois se conservent sans altération pendant toute une année. Mais si le bouchon ne ferme pas hermétiquement, l'air pénètre dans le flacon, s'y renouvelle et détermine promptement la putréfaction des pois, qui répandent alors une odeur infecte. On peut, par le même moyen, conserver des matières végétales et animales. Il suffit pour cela de les placer dans des vases hermétiquement fermés, et de les y chauffer lentement jusqu'à 100° pendant un temps variable et selon les substances.

M. Bérard avait conseillé l'emploi du gaz azote pour conserver les fruits ; on obtient ce gaz en plaçant de l'hydrate d'oxyde ferreux dans des vases contenant ces fruits. Cet oxyde s'empare de l'oxygène de l'air, et l'azote reste libre ; mais l'oxygène contenu dans ces fruits réagit sur eux, et, après quelques jours, l'altération commence ; sa marche est singulièrement ralentie, mais les fruits perdent leur apparence ; il n'est pas douteux que l'action vitale continue malgré l'absence d'oxygène, et ne contribue à l'altération.

L'emploi du *deutoxyde d'azote*, conseillé par Priestley, et qui a le même résultat que le protoxyde de fer, est très-avantageux ; mais ce moyen n'est guère exécutable en grand, car la viande prend une couleur rouge, et souvent une saveur étrange.

CONSERVATION DES BOIS. *Voy.* Bois.

CONSTITUTION CHIMIQUE DES ROCHES. — Au premier coup d'œil que l'on jette sur la distribution géographique des roches, et sur l'étendue que chacune d'elles occupe dans les parties accessibles de l'écorce du globe, on reconnaît que la substance la plus répandue est l'*acide silicique*, ordinairement opaque et coloré. Immédiatement après l'acide silicique solide vient la chaux carbonatée, puis les combinaisons de l'acide silicique avec l'alumine, la potasse et la soude, avec la chaux, la magnésie et l'oxyde de fer. Les substances que nous comprenons sous le nom générique de *roches* sont des associations déterminées d'un nombre fort restreint de minéraux simples, auxquels viennent se joindre quelques autres minéraux parasites, mais toujours d'après certaines lois fixes. Les éléments ne sont pas particuliers à telle ou telle roche; ainsi le quartz (acide silicique) le feldspath et le mica, dont la réunion constitue essentiellement le granit, se retrouvent isolés ou combinés deux à deux, dans un grand nombre de formations différentes. Une citation suffira pour montrer combien les proportions de ces éléments peuvent varier d'une roche à l'autre, par exemple, d'une roche feldspathique à une roche micacée; Mitscherlich a fait voir que, si l'on ajoute au feldspath trois fois la quantité d'alumine, et le tiers de la proportion de silice qu'il renferme déjà, on obtient la composition chimique du mica. Ces deux minéraux contiennent de la potasse, dont la présence dans un grand nombre de roches est un fait antérieur, sans aucun doute, à l'apparition des végétaux sur la terre.

COPAHU (baume ou résine.) — On l'extrait au Brésil et aux Antilles, par incision de plusieurs plantes du genre *copaïfera*. Pendant longtemps on croyait qu'il provenait uniquement de l'espèce *copaïfera officinalis*, mais il est prouvé aujourd'hui que plusieurs autres espèces en fournissent, par exemple, les *copaïfera coriacea, Langsdorffii, multijuga.* Cette circonstance explique la différence qui existe dans les données sur cette résine. En général, le baume de copahu tiré du Brésil est regardé comme le meilleur, car celui des Antilles manque ordinairement de limpidité. Il est quelquefois jaune clair, parfois jaune foncé et transparent ; sa fluidité, qui est presque égale à celle d'une huile grasse, diminue quand on le conserve pendant longtemps, en sorte qu'il finit par avoir la consistance du miel. Il a une odeur particulière aromatique, qui n'est pas désagréable, et une saveur âcre, amère, persistante.

Le baume de copahu est très-employé en médecine ; assez souvent on le falsifie. Autrefois on le mêlait avec une huile grasse quelconque, fraude qu'on parvenait facilement à découvrir, en traitant le baume par l'alcool, qui laissait l'huile sans la dissoudre.

COPAL (résine). — Elle s'écoule spontanément du *rhus copallinum* et de l'*elæocarpus copaliferus*. Le premier de ces arbres croît en Amérique, le second dans les Indes orientales. Une troisième espèce se trouve aux côtes de la Guinée, surtout dans le voisinage des rivières, où on la retire du sable. Cette résine n'est employée qu'à la préparation des vernis.

COPAL FOSSILE (*résine de Highgate*). — Substance résineuse, jaune ou brunâtre, très-fragile, odeur aromatique. Elle a été trouvée en grande quantité, dans des argiles blancs, à la colline de Highgate, près de Londres. Beudant pense qu'il y a probablement plusieurs sortes de matières fort différentes rangées sous ce nom

CORINDON (*spath adamantin*). — On le trouve dans l'Inde, sur la côte de Malabar, etc. Il est en masses, en cristaux ou en morceaux roulés, d'un blanc verdâtre qui passe au gris de cette couleur, et quelquefois au gris de perle passant au rouge de chair. Il raye le quartz.

Le *corindon prismatique* comprend le chrysolithe, l'olivine, la coccolite, l'augite et la vésuvienne, qui, par leurs principes constituants, rentrent dans la famille des silicates.

CORINDON GRANULAIRE. *Voy.* Émeril.
CORINDON VERMEIL. *Voy.* Saphir.
CORNALINE. — La couleur la plus estimée de cette pierre est le rouge de sang. Cette couleur varie dans certaines cornalines du rouge de chair au blanc rougeâtre, au blanc de lait, au jaune et au brun rougeâtre; son éclat est très-grand.

Les plus belles cornalines nous viennent de Cambaye et de Surate, dans l'Inde. On la trouve dans les lits des torrents de ces contrées, ayant une couleur d'olive noirâtre passant au gris; on les expose à la chaleur dans des pots de terre pour leur donner ces belles couleurs qui les font rechercher des joailliers.

Les lapidaires divisent la cornaline en deux classes : ils rangent dans la première, sous le nom de cornalines de *vieille roche*, celles qui sont d'un rouge vif, foncé; dans la deuxième ou *cornalines femelles des anciens*, celles qui sont d'une couleur pâle ou qui ont une teinte jaunâtre. Les premiè-

res sont très-estimées ; elles proviennent de Cambaye et de Surate; les anciens tiraient leurs cornalines de la Perse, des Indes, de l'Arabie, des îles d'Assos, de Paros et de Ceylan, de la Lydie, etc.

CORNALINE. *Voy.* Sardoine.

CORNUE. — Vase pyriforme, à col allongé ; c'est le plus simple des vases distillatoires. On distingue dans une cornue, la panse, la voûte et le col. Les cornues sont quelquefois tubulées, et la tubulure peut être fermée avec un simple bouchon de liége ou avec un bouchon de verre. Les cornues sont faites en verre, en terre, en porcelaine, en fer battu, en fonte, en plomb et en platine, selon les usages auxquels on les destine. Quand on se sert d'une cornue comme vase distillatoire, on y joint presque toujours un *récipient* destiné à recevoir le produit de la condensation. Ce récipient a un col allongé à large ouverture, ou bien un col court. Le récipient est souvent joint à la cornue par une allonge qui sert pour l'éloigner du feu. Les trois pièces peuvent être réunies. Les cornues de verre peuvent être chauffées à feu nu, au bain-marie, au bain d'huile ou au bain de sable. Les cornues de grès et de porcelaine sont généralement chauffées dans un fourneau à réverbère. Les cornues de plomb servent à la préparation du fluorure hydrique et pour celle du florure borique. Les cornues de platine servent à la distillation des acides.

CORPS GRAS (leur usage). — Pour les chimistes, les *corps gras* sont des substances neutres, d'une consistance variable, qui fondent à une température peu élevée, qui tachent le papier, c'est-à-dire le rendent transparent, sans que la chaleur lui restitue son opacité et sa blancheur premières ; qui sont douces au toucher, peu sapides, insolubles dans l'eau, peu solubles dans l'alcool froid et même bouillant; que les acides et les alcalis rendent, en général, solubles dans l'eau, en les convertissant en de nouveaux produits connus sous le nom de *savons*.

Les corps gras pénètrent facilement les substances avec lesquelles on les met en contact, mais ils ne les ramollissent pas, comme le fait l'eau. Lorsqu'on veut graisser, avec de l'huile, du cuir ou d'autres substances analogues, afin de leur conserver de la mollesse et de la flexibilité, il faut d'abord ramollir le cuir devenu dur. A cet effet, on le met tremper dans l'eau, et on le graisse pendant qu'il sèche. L'huile se loge alors dans les pores ouverts par l'eau.

L'argile absorbe très-bien les corps gras, mais par un simple effet mécanique, et non par une affinité chimique. On profite de cette propriété pour faire disparaître les taches d'huile répandues sur du papier, des vêtements, du bois ou des pierres. On recouvre les taches avec de la *terre à foulon* ou de la *terre de pipe*, réduite en pâte ferme avec de l'eau. La pâte, en se desséchant, absorbe si complétement l'huile, qu'il n'en reste plus de trace sur l'objet. On peut même enlever avec de l'argile sèche, mais souvent renouvelée, les taches d'huile sur des objets qui, tels que le papier, ne doivent pas être mouillés... Toutefois, le dégraissage par l'argile ne réussit bien qu'autant que les taches ne sont pas trop anciennes, attendu que les corps gras, altérés par un long contact avec l'air, ne sont plus absorbés par cette substance. Il faut, dans ce cas, recourir à l'emploi souvent répété des alcalis faibles ou de l'éther, qui dissolvent très-bien les corps gras.

Les corps gras nous rendent des services multipliés. Non-seulement ils servent d'assaisonnement à un grand nombre d'aliments, auxquels ils communiquent une qualité douce et onctueuse, mais ils peuvent être également considérés comme un excellent aliment, pris en quantité convenable et associés aux autres substances nutritives. Chez les ours et les autres animaux dormeurs, ce sont eux qui servent à l'entretien des organes, pendant la cessation de leurs fonctions durant l'hiver.

La médecine utilise de toutes les manières ces mêmes matières, surtout à l'extérieur, en les convertissant en pommades, cérats, onguents, emplâtres et liniments. Longtemps on a cru que chaque espèce de graisse ou d'huile était douée de vertus médicinales particulières; aussi les anciens médecins faisaient-ils souvent usage des graisses d'ours, de blaireau, de renard, de cerf, d'homme même, en particulier de la graisse de pendu, que le bourreau avait seul le droit de vendre. Encore aujourd'hui, les coiffeurs prétendent que la graisse d'ours et la moelle de bœuf sont préférables à toutes les autres pour faire pousser les cheveux. Mais ces opinions n'ont aucun fondement. Toutes les graisses, toutes les huiles, suffisamment purifiées, jouissent des mêmes propriétés, et le choix qu'on fait de certaines d'entre elles repose uniquement sur la facilité de se les procurer.

Dans les arts, les corps gras servent à la fabrication des savons, des vernis gras, à délayer les couleurs pour la peinture, à enduire une foule de corps que l'on veut rendre plus mous, glissants et flexible, ou que l'on veut défendre des injures de l'air. On les emploie aussi pour favoriser le jeu et le mouvement des machines, pour composer des mastics. Les anciens en mettaient dans leurs mortiers hydrofuges. Mais leur plus grand emploi, c'est de nous fournir de la lumière, au moyen des lampes, des chandelles, ou du gaz hydrogène bicarboné qu'on en obtient par leur décomposition en vases clos.

Nous allons indiquer, d'après un habile chimiste, M. Girardin, les divers usages de chaque espèce de corps gras

I. HUILES VÉGÉTALES SICCATIVES

Huile de lin. Pour la peinture commune, les vernis gras. On la rend plus siccative en la faisant bouillir avec 7 à 8 pour 0|0 de litharge. On l'écume avec soin, et, quand elle a acquis une couleur rougeâtre, on la retire du feu et on la laisse se clarifier par le repos. C'est ce qu'on appelle *huile de lin*

cuite. La litharge fournit de l'oxygène, car le plomb est en grande partie réduit. — On obtient rapidement un vernis excellent et très-pur en mélangeant 500 gram. d'huile avec 15 gram. de litharge fine, ajoutant $\frac{1}{44}$ du volume d'une dissolution de sous-acétate de plomb, et agitant le tout convenablement. Après plusieurs heures on laisse le mélange se clarifier par le repos, et on le filtre à travers du coton. Le vernis, d'un jaune clair, se dessèche parfaitement dans un endroit chaud en 24 heures. — C'est avec l'huile de lin rapprochée sur le feu en consistance convenable, et broyée avec $\frac{1}{5}$ de son poids de noir de fumée, qu'on prépare l'*encre des imprimeurs.* Pour l'*encre des lithographes*, on donne à l'huile une consistance plus épaisse. Les *taffetas gommés* reçoivent leur enduit de plusieurs couches successives d'huile de lin lithargirée. Il en est de même des *cuirs vernis*, des *toiles cirées*.

Huile de noix. Plus siccative que l'huile de lin. Sert de préférence pour les peintures fines. Employée pour les vernis, l'éclairage, le savon vert. Récente, sert pour la cuisine, dans quelques pays. On en faisait une grande consommation à Paris aux xii* et xiii* siècles, tant pour les aliments que pour l'éclairage. La lampe dont on se servait à cette époque ressemblait à celles encore en usage dans nos provinces méridionales, et qui sont appelées *creziou*. Au lieu de coton pour faire la mèche, on employait la moelle d'un certain petit jonc.

Huile de chènevis. La peinture, et surtout le savon vert. Sert peu dans l'éclairage, parce qu'elle forme vernis sur le bord des lampes.

Huile d'œillette ou *huile blanche.* Dans le midi de l'Allemagne et le nord de la France, employée comme aliment : car elle n'a, contre l'opinion ancienne qui l'avait fait proscrire, aucune des propriétés nuisibles de la capsule du pavot. Un arrêt du Châtelet, de 1717, enjoint aux épiciers de ne pas mêler l'huile d'œillette à l'huile d'olives, et surtout de la vendre pour cette dernière, sous peine d'une amende de 3000 livres. Il y eut des punitions exemplaires; mais comme elles ne suffirent pas pour arrêter la fraude, le Châtelet, en 1742, défendit la vente de l'huile d'œillette; et, 12 ans après, le parlement, déclarant que cette huile était d'un usage pernicieux, ordonna qu'on y mêlerait de l'essence de térébenthine dans le moulin même où elle serait fabriquée, et interdit aux marchands d'en vendre autrement qu'altérée ainsi. Malgré les observations de l'abbé Rosier et l'avis de la Faculté de médecine, qui, en 1774, déclara que *l'huile de pavot n'a rien de narcotique et rien de préjudiciable ou de nuisible*, les arrêts précédents eurent force de loi jusqu'à l'époque de la révolution française. — Éclairage. — Dans la peinture, sert à délayer les couleurs blanches et claires, dont elle n'affaiblit pas l'éclat; on la blanchit, à cet effet, en l'exposant au soleil dans des vases plats et ouverts qui sont remplis d'eau salée et d'huile à parties égales

Huile de ricin. Employée en médecine, comme purgative.

Huile de croton. Employée en médecine; elle est si violemment purgative et émétique, qu'une goutte ou deux procure de fortes évacuations. Elle renferme un acide volatil très-acre, l'acide *crotonique*, qui est une de ses parties actives.

Huile de belladone. Sert en Souabe et dans le Wurtemberg à l'éclairage et dans la cuisine. Les vapeurs qu'elle exhale pendant qu'on l'extrait étourdissent les ouvriers. Le principe narcotique de la plante est retenu par les tourteaux ou marcs, qu'on ne peut, par conséquent, donner aux bestiaux.

Huile de sapin. Vernis et couleurs. C'est surtout dans la Forêt-Noire qu'on l'extrait très-en grand.

Huile de pin. Idem.

Huile de raisin. Employée comme aliment dans quelques localités.

II. HUILES VÉGÉTALES NON SICCATIVES.

Huile d'amandes. En médecine et en parfumerie. Sert à faire le savon médicinal.

Huile d'olives. Aliment. Fabrication des savons durs. Huilage des cotons destinés au rouge des Indes. Ensemage de la laine. Les horlogers l'emploient pour graisser les rouages délicats des montres, après l'avoir purifiée de la manière suivante : ils enferment l'huile dans une bouteille avec une lame de plomb, et l'exposent au soleil. L'huile se couvre peu à peu d'une masse blanche et grumeleuse, qui se dépose en partie au fond, tandis que l'huile perd sa couleur et devient limpide.

Huile de navette ou *rabette.* Eclairage, savons mous, foulage des étoffes de laine, et préparation des cuirs.

Huile de colza. Idem.

Huile de moutarde noire. Commence à être employée aux mêmes usages que les deux précédentes.

Huile de moutarde jaune. Idem.

Huile de prunes. Employée dans le Wurtemberg pour l'éclairage. C'est une des meilleures huiles pour cet objet.

Huile de faînes. Employée dans les départements de l'est de la France pour la cuisine et pour l'éclairage.

Huile de ben. Peu de temps après qu'elle a été exprimée, elle se sépare en deux portions, l'une solide (margarine), l'autre liquide. Cette dernière a été longtemps employée presque exclusivement par les horlogers, pour adoucir le frottement des mouvements des montres, à cause du double avantage qu'elle présente de ne point se figer et de ne point rancir. Les parfumeurs emploient l'huile de ben pour obtenir l'odeur fugace du jasmin et de la tubéreuse.

Huile de caméline. Préférable aux huiles de colza et de navette pour l'éclairage, parce qu'elle donne moins de fumée en brûlant. Cependant elle est un peu moins estimée dans le commerce.

Huile d'arachide. Aliment, savons durs, éclairage et autres usages économiques. On la mêle maintenant à l'huile d'olives. Elle est préparée en France en assez grande quantité avec les semences qui viennent de la côte de Guinée et du Brésil. Cette huile a un goût de haricot.

Huile de sésame. Employée dans tout l'Orient depuis la plus haute antiquité comme aliment et pour tous les usages économiques. En Egypte, les femmes en boivent le matin pour acquérir de l'embonpoint. Dans le levant, on la mêle à l'amidon et au miel pour en composer un mets nommé *calva*, que les calvadgi vendent dans les rues à Smyrne. En Amérique on s'en sert en guise d'huile de ricin. Depuis quelques années, on la fabrique à Marseille avec des graines qui viennent d'Egypte. En 1844, on a importé de ces graines plus de 9 millions de kilogrammes. L'huile sert à la fabrication des savons, et pour allonger l'huile d'olives.

III. HUILES VÉGÉTALES SOLIDES.

Beurre de cacao. Il a la consistance du suif. Rancit difficilement. Employé en médecine.

Huile de palme. Consistance du beurre de vache. Vient de Cayenne et de la Guyane, et surtout actuellement des côtes de Guinée. Jusqu'en 1817, elle était considérée comme article de droguerie. A cette époque, un parfumeur de Londres imagina de la faire entrer dans la confection du savon de toilette. Depuis lors, elle est devenue la base d'un commerce d'échange considérable. En 1836, l'Angleterre en a reçu plus de 32 millions de kilog. — Sert surtout pour faire des savons durs, avec le suif et la résine. — La *graisse jaune*, qu'on emploie pour graisser les essieux des wagons des chemins de fer, est préparée avec 30 kilog. d'huile de palme et 12 kilog. de suif qu'on fond ensemble, et auxquels on ajoute par petites portions 9 kilog. d'eau de soude à 20° ; on incorpore avec soin et on y introduit par fractions 130 kilog. d'eau. Après une heure de coction, on verse dans des rafraîchissoirs, en continuant de mêler jusqu'à entier refroidissement. Dans les chaleurs, 90 kilog. d'eau suffisent, mais alors la soude doit avoir 5° de plus. — A Londres, on en fait des bougies.

Beurre de Galam. Consistance du beurre de vache. Vient de la côte d'Afrique. A beaucoup d'analogie avec l'huile de palme.

Beurre de coco. Consistance onctueuse. Vient de l'Amérique méridionale. Aliment. Eclairage et bougies. Savons

Suif de Piney. Consistance du suif. Vient du Malabar.

Beurre de muscade. Préparé en Hollande. Il est en gâteaux carrés aplatis. Il se compose de 43,07 d'huile semblable au suif, de 52,08 d'huile jaune butyreuse, et de 4,85 d'huile volatile. Employé en médecine.

Huile de laurier. Consistance du beurre ; légèrement grenue. Médicinale.

Suif végétal. Il a toutes les propriétés du suif des animaux. Il sert en Chine à faire des chandelles. Pour lui donner la consistance convenable, on y ajoute de la cire et $\frac{1}{100}$ d'huile.

IV. GRAISSES ANIMALES.

Axonge ou saindoux. Aliment. Employée en médecine. Elle est la base des pommades cosmétiques. Sert pour la corroirie, la hongroirie, pour l'éclairage, pour graisser les roues des voitures..

Suif de bœuf. Fabrication des chandelles, des bougies, des savons, etc.

Suif de mouton. Idem. Usité en médecine. Le *vieux-oing*, qui sert à graisser les essieux des roues, est un mélange des suifs de bœuf et de mouton ; on en fait aussi avec de la graisse de porc battue et non fondue.

Suif de bouc. Fabrication des chandelles, des savons, etc. Il doit son odeur à un acide gras volatil appelé *acide hircique*, de *hircus*, bouc. Très-recherché, ainsi que le suif de chèvre, par les fabricants de bougies, parce qu'il fournit plus d'acide stéarique que le suif de bœuf.

Moelle de bœuf. Parfumerie.

Beurre. Aliment. Doit son odeur à un acide gras volatil appelé *acide butyrique*. Il renferme un principe immédiat liquide, distinct de l'oléine, et qu'on appelle *butyrine*.

V. HUILES ANIMALES.

Huile de dauphin. Savons mous, éclairage, préparation des cuirs. Cette huile doit son odeur à un acide gras volatil appelé *acide phocénique*. Elle renferme un principe immédiat liquide comme l'oléine, mais ayant des propriétés différentes : on l'a nommée *phocénine*, de *phocena*, nom latin du marsouin.

Huile de baleine. Savons mous, éclairage, préparation des cuirs. Doit son odeur à l'acide phocénique.

Huile de cachalot. Idem. — Elle a acquis depuis peu de temps, dans le commerce, une grande valeur, à cause de son emploi concurremment avec les huiles à graisser. Son prix actuel est à peu près le double de toutes les autres huiles, en exceptant celles d'olives, d'amandes et de pieds de bœuf. C'est particulièrement pour simuler cette dernière qu'on fait des mélanges de beaucoup d'autres huiles avec celle de cachalot.

Huile de foie de morue. Sert en médecine, dans la chamoiserie et la corroirie. Doit son odeur putride à du sang et à de la matière animale qu'elle tient en suspension. M. Gobley y a reconnu l'existence du phosphore et du soufre, et M. Jongk celle du chlore et du brôme.

Huile de foie de raie. Médecine. Elle contient, outre l'iode, du phosphore et du soufre, comme la précédente.

Huile de pieds de bœuf. Sert au graissage des mécaniques, des rouages des horloges, parce qu'elle ne s'épaissit et ne se fige que difficilement. Employée aussi dans la cuisine pour les fritures. Pour l'éclairage. C'est sans contredit la plus fraudée ; il est presque impossible de s'en procurer de pure.

CORPS SIMPLES PONDÉRABLES. — Les substances pondérables simples sont celles

qu'il ne nous est pas donné de réduire en d'autres parties constituantes. Notre impuissance à cet égard ne prouve cependant pas qu'elles soient réellement simples ; mais si elles doivent naissance à la combinaison de substances plus simples qu'elles, celles-ci nous sont vraisemblablement inconnues, et les forces qui président à leur association, trop énergiques pour que nous puissions les surmonter avec le secours d'aucun des moyens dont nous disposons. Elles se comportent donc comme corps simples par rapport à nous. Leur nombre est considérable, car il s'élève à plus de 60. On les trouve en quantité très-diverse à la surface et dans l'intérieur de la croûte qui revêt le corps de notre planète, corps sur la nature duquel nous n'avons aucune notion. Quelques-unes font la base des montagnes et de la terre, comme l'oxygène, le silicium, le potassium, le calcium, l'aluminium, le carbone. D'autres, au contraire, sont moins répandues, par exemple, le cuivre, l'argent, l'or, le platine. Certaines, enfin, sont si rares, qu'on a de la peine à s'en procurer des quantités suffisantes pour étudier leurs propriétés ; tels sont l'yttrium et le tantale. Parmi ces corps simples, il n'y en a qu'un nombre très-limité qui fassent la base de la nature organique, c'est-à-dire qui soient parties constituantes des êtres vivants, dans lesquels ils sont combinés d'après un mode d'association qui ne peut s'effectuer qu'en vertu de l'influence de la vie, sur laquelle nous n'avons que des notions incomplètes : ceux-là sont l'objet d'une branche spéciale de la chimie.

La description des corps simples et de leurs combinaisons se partage donc en deux parties distinctes, la *chimie inorganique* et la *chimie organique*.

Quand la pile électrique se décharge à travers des liquides, certains corps se portent ordinairement au pôle positif, et d'autres au pôle négatif. L'oxygène gagne toujours le pôle positif, comme aussi le potassium va toujours au pôle négatif. Nous tirons de là le moyen de ranger les corps entre ces deux extrêmes, suivant qu'il leur arrive plus fréquemment de se porter vers un pôle que vers l'autre, quand les combinaisons dans lesquelles ils entrent viennent à être décomposées. Il en résulte, entre l'oxygène et le potassium, une série de corps à la moitié desquels on peut donner le nom d'*électronégatifs*, c'est-à-dire qui se portent de préférence au pôle positif, tandis que les autres peuvent être désignés sous celui d'*électropositifs*, c'est-à-dire qui se portent de préférence au pôle négatif. Cette série, bien établie, forme, à proprement parler, la base de la chimie, considérée comme un système scientifique de faits et de leurs causes.

Certains corps sont si généralement répandus et doués d'affinités si puissantes, que nous les employons de préférence à tous les autres dans nos recherches pour étudier ces derniers. Les bien connaître est un préliminaire indispensable pour faire quelques pas de plus dans la science. C'est donc par eux qu'il a fallu commencer. Mais si l'on rangeait les corps d'après la fréquence de l'emploi qu'on en fait, dans les expériences et suivant la méthode adoptée par les anciens chimistes, avant que la science fût arrivée au point où elle est aujourd'hui, il pourrait aisément résulter de là quelque confusion dans les idées. Il est donc nécessaire de suivre en général un ordre scientifique pour la classification des corps, mais de sacrifier quelquefois cet ordre, afin de rendre l'étude plus facile.

Parmi les corps simples, il en est un certain nombre qui se distinguent par des caractères extérieurs particuliers et bien tranchés. Nous appelons ceux-là métaux. D'autres ne possèdent point ces caractères, et ne sont point des métaux. D'après cette différence, on a divisé les corps en *non métalliques* ou *métalloïdes*, et en *métaux*. Cette division n'est pas dépourvue de quelque connexion avec les propriétés chimiques et électro-chimiques des corps; car tous les métalloïdes appartiennent à la série de ceux qui, soit quand ils se trouvent isolés, soit quand ils sont combinés avec l'oxygène, vont gagner de préférence le pôle positif, et sont par conséquent électro-négatifs. Cependant parmi ceux que l'on range au nombre des métaux, il y en a beaucoup qui sont également dans ce cas ; et quand on cherche à établir des limites précises entre les deux classes, on reconnaît que, sous le rapport de leurs propriétés, les corps passent d'une classe à l'autre, et le font même par une transition si insensible, que plusieurs d'entre eux peuvent être rangés, à aussi bon droit, dans l'une que dans l'autre.

Pour rendre philosophique l'étude des corps simples, il faut évidemment, autant que la science le permet, réunir par groupes les corps qui offrent des ressemblances et des propriétés communes. On a reconnu les rapports évidents qui lient le chlore, le brôme et l'iode les uns aux autres. On a constaté des rapprochements de même ordre entre le barium, le strontium et le calcium. Ce sont ces observations préliminaires, dont chacun est vivement frappé, qui ont porté M. Dumas à grouper de la même manière un certain nombre de corps, en les choisissant parmi ceux qui sont les mieux caractérisés, et dont les propriétés communes sont manifestes. C'est ainsi que le chlore, le brôme et l'iode se réunissent sans contestation : le fluor viendra se placer à côté d'eux quand on l'aura isolé.

Le soufre a plusieurs analogues : tout nous porte à placer à côté de lui le sélénium et le tellure. En comparant l'eau oxygénée et le polysulfure d'hydrogène, les oxydes et les sulfures, on est même conduit à placer l'oxygène avec ces trois corps. De même l'arsenic et l'antimoine se placent à côté du phosphore, avec lequel ils ont tant d'analogie. Très-près de ces trois éléments on re-

marque l'azote, qui en diffère à quelques égards, quoique à bien d'autres il s'en rapproche beaucoup : enfin on forme un quatrième groupe avec le carbone et ses analogues, qui sont le bore, le silicium et le zirconium.

Comme l'hydrogène n'a pas d'analogue parmi les métalloïdes, on est conduit à adopter la classification suivante pour les corps simples non métalliques.

1579	Iode.	802	Tellure.
978	Brome.	494	Sélénium.
442	Chlore.	201	Soufre.
255	Fluor.	100	Oxygène.

Hydrogène.

76	Carbone.	177	Azote.
272	Bore.	196	Phosphore.
277	Silicium.	470	Arsenic.
420	Zirconium	1620	Antimoine

Dans chaque groupe de ce tableau les corps ont été rangés selon leur affinité pour l'hydrogène, qui augmente à mesure qu'on se rapproche de l'hydrogène placé au centre. Il est à remarquer que le poids de l'équivalent diminue à mesure que cette affinité augmente. Comme cette circonstance se reproduit dans tous, elle ne saurait être fortuite.

Il est à remarquer aussi que le corps prend de plus en plus des caractères métalliques quand son poids d'équivalent augmente, et que son affinité pour l'hydrogène diminue tellement, que certains d'entre eux qui occupent les derniers rangs, comme le tellure, le zirconium, l'arsenic et l'antimoine, ont été confondus avec ces métaux eux-mêmes. C'est là une raison puissante qui porterait à réunir les corps précédents aux métaux dans la classification naturelle, puisqu'on passe des corps non métalliques aux métaux par une nuance insensible.

Les caractères précédents sont déjà très-importants; mais on en peut joindre d'autres, tirés des combinaisons que peuvent former ces corps : car le fluor, le chlore, le brome et l'iode forment avec l'hydrogène des acides gazeux énergiques et fumants à l'air. Deux volumes d'hydrogène et deux volumes de chacun des trois derniers corps en forment quatre d'acide : il n'y a donc pas condensation. L'oxygène, le soufre, le sélénium et le tellure produisent avec l'hydrogène des composés très-faiblement acides, ou même indifférents. Deux volumes d'hydrogène unis à l'autre corps ne forment que deux volumes du composé, ce qui revient à dire qu'il y a condensation du volume du corps électro-négatif, mais que l'hydrogène lui-même ne se condense pas. L'azote, le phosphore, l'arsenic, produisent avec l'hydrogène des composés qui jouent le rôle de l'eau. Six volumes d'hydrogène unis à l'autre corps en font quatre du composé; ce qui revient à dire que dans celui-ci le corps électro-négatif se condense tout entier, et qu'en outre l'hydrogène lui-même se condense dans le rapport de 3 à 2. Enfin le carbone qui, seul parmi les corps auxquels on le compare, a été combiné avec l'hydrogène, paraît produire de préférence des combinaisons qui jouent aussi le rôle de base, et dans lesquelles l'hydrogène se condense plus ou moins, et souvent beaucoup plus que dans le cas précédent.

Ainsi, parmi les caractères nombreux communs aux corps qui composent chacun de ces quatre groupes, ceux que l'on tire de leurs combinaisons hydrogénées offrent une netteté qui les rend préférables à tous les autres quand il s'agit de justifier la classification adoptée. Ceci posé, M. Dumas observe que si, au lieu de classer ces corps comme on l'a fait plus haut, on les dispose dans un ordre inverse, c'est-à-dire en mettant près de l'hydrogène ceux qui ont le plus de ressemblance avec ce corps, ou le moins d'affinité pour lui, on obtient le tableau suivant :

Fluor	Oxygène
Chlore	Soufre.
Brome	Sélénium
Iode	Tellure

Hydrogène.

Zirconium	Antimoine
Silicium	Arsenic
Bore	Phosphore
Carbone	Azote

dans lequel il est évident qu'à mesure que le corps perd de son affinité pour l'hydrogène, il acquiert le caractère métallique. Car on sait que les corps qui se ressemblent le plus sont ceux qui ont le moins de tendance à se combiner ; de là M. Dumas arrive à conclure que l'hydrogène n'est probablement pas autre chose qu'un métal gazeux, ce qui s'accorde d'ailleurs avec des considérations d'une autre nature, et ce qui conduit à confondre l'hydrogène avec les métaux les plus électro-positifs. On peut dire que la base de la classification des corps précédents consiste *à réunir ceux qui se ressemblent par la nature, les proportions et le mode de condensation de leurs combinaisons avec l'hydrogène. Voy.* NOMENCLATURE CHIMIQUE.

CORPS ORGANISÉS, *composition atomique.* — Les corps organisés se reconnaissent à leurs formes arrondies et à la diversité de leurs parties, soumises néanmoins à la loi de symétrie. Ces parties sont, en effet, différentes, suivant les fonctions qu'elles sont chargées de remplir ; la plupart paraissent avoir pour molécules constitutives des globules plus ou moins sphériques : il est donc impossible de confondre un corps organisé avec un autre qui ne l'est pas, attendu que, dans celui-ci, toutes les parties sont similaires et susceptibles de donner naissance, en se groupant régulièrement, à des polyèdres à faces planes.

Mais il existe encore une différence caractéristique entre ces deux grandes catégories de corps, les uns pouvant toujours exister sans éprouver de changement, tandis que les autres naissent, vivent et meurent. Les éléments des derniers sont donc dans un mouvement continuel, conséquence de la vie, tandis que les éléments des premiers restent en équilibre, lorsque aucune cause étrangère n'intervient. Si on prend les corps à leur naissance, on trouve encore de grandes différences. Dans les corps organisés, il y a génération ; dans les autres, accroissement moléculaire. Les premiers naissent de germes semblables à eux, et toutes les espèces se perpétuent sans que nous puissions apercevoir aucune différence dans leur configuration ou dans leur constitution ; ils sont composés, en outre, d'un très-petit nombre d'éléments. Il n'en est pas de même des corps inorganisés qui sont formés chacun d'un nombre plus ou moins grand d'éléments, que nous regardons comme simples et doués de propriétés particulières, en vertu desquelles ils peuvent se combiner ensemble et produire des milliers de composés.

Les corps organisés ne renferment, comme parties constituantes essentielles, que quatre éléments, le carbone, l'oxygène, l'hydrogène et l'azote. Ce dernier se montre rarement dans le règne végétal, tandis qu'il est indispensable dans le règne animal. Ces corps renferment en outre, accidentellement, de petites portions de soufre, de phosphore, de chlore, de fluor, de fer, de potassium, de sodium, de calcium, de magnésium. Mais comment se fait-il que ces quatre éléments inorganiques, en se groupant en diverses proportions, donnent naissance à des quantités innombrables de corps organisés ? D'après quel principe la matière passe-t-elle de l'état inorganique à l'état organique ? Ce sont, nous le répétons, des mystères que l'homme n'a pu découvrir, et qui sont tellement impénétrables que si, par une cause quelconque, tous les corps organisés étaient réduits à leurs éléments simples, nous ne voyons pas comment les forces qui régissent la nature inorganique pourraient à elles seules reproduire les germes de ces corps.

Les faits les plus authentiques nous apprennent que vers la formation des terrains intermédiaires, la matière a été organisée, animée par une cause créatrice, et que depuis lors la terre n'a pas cessé d'être habitée par une multitude d'animaux de tous genres, et recouverte d'une végétation plus ou moins riche. Il suffit, en effet, d'interroger les diverses formations jusqu'aux terrains primitifs, pour être convaincu que le développement de la vie a été graduel, c'est-à-dire qu'il a commencé par les êtres les plus simples, et a continué jusqu'à l'homme, qui parut quand la surface du globe eut cessé d'être bouleversée par ces grands cataclysmes dont nous voyons partout des preuves irréfragables. Nous dirons avec Berzélius : « Qu'une force incompréhensible, étran- « gère à la matière morte, a introduit le « principe de la vie dans la nature inorgani- « que, et que cela s'est fait, non comme un « effet du hasard, mais avec une variété « admirable, une sagesse extrême, et dans le

« but de produire des résultats déterminés
« et une succession non interrompue d'indi-
« vidus périssables, naissant les uns des au-
« tres, et parmi lesquels l'organisation dé-
« truite des uns sert à l'entretien des autres ;
« et que tout ce qui tient à la nature orga-
« nique prouve un but sage et nous révèle
« un entendement supérieur. L'homme, en
« comparant ses calculs, pour atteindre un
« certain but, avec ceux qui ont dû présider
« à la composition de la nature inorgani-
« que, a été conduit à regarder la puissance
« de penser et de calculer, comme une
« image de cet être auquel il doit l'exis-
« tence. »

Les corps organisés eux-mêmes n'ont le pouvoir d'organiser la matière qu'à l'aide de matériaux déjà organisés ; la végétation et la vie animale nous en offrent chaque jour des exemples. En effet, pour se développer, les plantes ont besoin de détritus de matières végétales ou animales ; les herbivores se nourrissent de plantes, et les carnivores de débris d'autres animaux. La chimie, malgré ses efforts pour former des composés organiques, n'a pu obtenir, en faisant réagir divers agents sur des composés déjà organisés, que les acides malique, oxalique, acétique, etc. ; l'urée et les huiles empyreumatiques, au moyen de la distillation, et quelques autres substances placées à la limite des deux règnes, telles que le tannin artificiel et une substance qui a de la ressemblance avec l'extrait de terreau bouilli.

Les matières organiques doivent être classées d'après des considérations physiologiques et chimiques. C'est sous ce point de vue qu'a été envisagée la question par M. Dumas, que nous allons prendre pour guide dans les considérations générales que nous allons présenter à cet égard.

Quand on voit, par le seul effet de la vie ou par la putréfaction, les parties des animaux se résoudre en acide carbonique, eau ammoniaque, et que, d'un autre côté, on voit les plantes se nourrir essentiellement d'ammoniaque, d'eau et d'acide carbonique, on est disposé à regarder ces corps comme la limite qui sépare le règne minéral du règne organique. Les substances qui précèdent l'apparition de ces trois composés binaires dans toute décomposition de matière organique, sont encore des substances organiques elles-mêmes ; celles qui en sont le plus éloignées offrent le type le plus élevé des produits de l'organisation.

On est conduit, par ces considérations, à diviser la matière de l'organisation en cinq classes, savoir :

1° *Matières organisées.* — En général non cristallisées, elles se présentent sous forme de cylindres ou de sphéroïdes. Les masses qu'elles constituent ne sont jamais terminées par des plans. Non volatiles, elles sont toujours décomposées par la chaleur. Putrescibles, elles éprouvent des altérations spontanées sous l'influence de l'eau et de l'air à la température ordinaire. Nutritives, elles peuvent ordinairement servir à l'alimentation

des animaux. La fibrine, l'albumine, le caséum, la cellulose, l'amidon, appartiennent à ce groupe. 2° *Matières organiques fixes.* — Cristallisables et capables de former des combinaisons cristallisables. Non volatiles, elles éprouvent des transformations souvent peu compliquées par la chaleur. Non putrescibles, mais capables de s'altérer sous l'influence de l'air et de l'eau à la température ordinaire. Capables de nourrir d'une manière absolue, mais pouvant participer aux phénomènes de la vie animale. Le sucre, l'acide tartrique, l'acide citrique, appartiennent à ce groupe. 3° *Matières organiques volatiles.* — Elles sont volatiles en effet, sans altération ; elles cristallisent ou constituent des combinaisons sous-cristallisables ; elles ne sont pas nutritives, et ne prennent même, en général, aucune part aux phénomènes de la vie animale ; elles se conservent presque toujours sans altération spontanée en présence de l'air et de l'eau à la température ordinaire. L'acide acétique, l'alcool, l'acide benzoïque, appartiennent à cette classe. 4° *Composés binaires de la nature minérale.* — Eau, acide carbonique, ammoniaque, cyanogène. 5° *Eléments.* — Carbone, hydrogène, oxygène, azote.

En général, les matières organisées sont celles qui ont les atomes les plus composés ; viennent après les matières organiques fixes, puis les matières organiques volatiles. Ainsi, le travail d'organisation que la vie effectue a pour objet de produire des matières complexes ou organisées. Quand la vie cesse ou quand les matières organisées se défont, se brûlent, elles passent à l'état de matières organiques fixes, de matières organiques volatiles, de composés binaires enfin, car c'est là que leur décomposition s'arrête généralement.

Passons à la composition atomique des substances organisées. Les opinions sont très-partagées à cet égard. Les combinaisons inorganiques sont binaires, ternaires ou quaternaires, etc. La combinaison binaire est formée de deux éléments possédant des propriétés différentes, et appelés, par cette raison, *antagonistes*, l'un jouant le rôle d'acide, l'autre celui de base. Ces éléments peuvent toujours être séparés l'un de l'autre. Dans les combinaisons d'un ordre supérieur, l'antagonisme existe encore, et l'on peut également séparer les deux éléments composés, du moins dans le plus grand nombre de cas ; surtout en employant l'électricité, sans ramener chacun d'eux à leurs éléments simples. C'est ainsi que dans l'acide sulfurique, composé d'un atome de soufre et de trois atomes d'oxygène, le soufre joue le rôle de base et l'oxygène celui d'acide, et que ces deux éléments peuvent être séparés l'un de l'autre. Dans le sulfate de potasse formé d'un atome de potasse et d'un atome d'acide sulfurique, l'acide et la base peuvent être également séparés. Toutes les lois de combinaison des atomes dans les composés inorganiques sont, en général, simples et faciles à découvrir ; mais il n'en est pas de même à l'égard des composés organiques, malgré les travaux récents exécutés dans le but de ramener leur composition à celles des autres corps. Quelques exemples vont en donner la preuve.

L'acide sulfurique (S O), avons-nous dit, renferme un atome de soufre et trois d'oxygène; l'acide hydrochlorique, un atome de chlore et un d'hydrogène, tandis que l'acide tartrique, qui appartient à la nature végétale, est composé de quatre atomes de carbone, quatre atomes d'hydrogène et cinq atomes d'oxygène.

L'acide gallique a une composition encore plus complexe, puisqu'il renferme quatorze atomes de carbone, six d'hydrogène et cinq d'oxygène. On ne reconnaît plus, dans ces deux derniers acides, la composition atomique simple à laquelle sont soumises les combinaisons des atomes inorganiques; c'est-à-dire que l'oxygène de l'un, ordinairement de l'oxyde organique, est un multiple par un nombre entier de l'oxygène de l'autre; ou que, lorsque des acides organiques contiennent cinq atomes d'hydrogène, l'oxygène de ces acides est à celui de l'oxyde inorganique dans le même rapport que celui qui existe pour les atomes inorganiques à cinq atomes d'oxygène. C'est en partant de ce principe que Berzélius a déterminé, dans les combinaisons organiques, le nombre d'atomes simples dont elles sont formées. Continuons notre examen.

Deux substances organiques peuvent être composées des mêmes éléments en même proportion atomique, et cependant ne pas jouir des mêmes propriétés physiques et chimiques, comme le sucre et la gomme en sont des exemples. Dans ce cas, il faut que les mêmes éléments, en se groupant de diverses manières, donnent naissance à des molécules constitutives différentes. La nature inorganique nous offre des exemples semblables d'isomérie.

La première question qui se présente quand on s'occupe de la composition des substances organiques est celle-ci : Les combinaisons suivent-elles la loi de l'antagonisme, c'est-à-dire, ont-elles toujours lieu entre deux éléments doués de propriétés opposées? Il est difficile de répondre à cette question, en raison de la difficulté que l'on éprouve à séparer ces éléments. On est réduit à imaginer des formules pour représenter la composition des corps inorganiques, en s'appuyant sur l'antagonisme. On peut toujours faire valoir des considérations chimiques qui engagent à adopter une théorie plutôt qu'une autre. Ces théories ne doivent donc pas être considérées comme des vérités absolues, mais bien comme des moyens de classer les corps, de manière à en faciliter l'étude.

Ceux qui désireraient connaître ces théories auront recours aux ouvrages de MM. Dumas, Liebig, Kopp, etc., qui ont émis sur ce sujet les idées les plus vraisemblables.

CORPS HÉTÉROGÈNES en contact développent l'électricité. *Voy.* ÉLECTRICITÉ.

COTON. — C'est une matière filamenteuse, fine et soyeuse, qui entoure les semences de plusieurs espèces de plantes et d'arbustes de la famille des mauves. Les cotonniers sont originaires des Indes orientales, et aussi, à ce qu'on croit, du Brésil et des Antilles. On en a peu à peu étendu la culture vers le nord, jusqu'à la latitude à laquelle ils ont entièrement refusé de produire. Il y en a plusieurs espèces; mais il en est deux surtout qui sont cultivées de préférence :

Le *cotonnier herbacé*, qui croît en Egypte, en Perse, dans l'Asie Mineure, aux États-Unis et dans plusieurs contrées de l'Europe méridionale; c'est tantôt une plante annuelle de 50 à 55 centimètres d'élévation; tantôt un arbuste de 1 mètre 60 centimètres à 2 mètres;

Et le *cotonnier arborescent*, arbrisseau de 5 à 6 mètres 50 centimètres, qui croît dans les Indes, l'Egypte, l'Arabie, les Canaries et le Nouveau-Monde.

La culture de ces plantes est un objet de la plus haute importance pour tous les pays qui s'y livrent. Elle est fort ancienne dans les Indes, la Chine, l'Arabie et l'Egypte, où la fabrication des tissus de coton avait acquis, depuis une longue série de siècles, un tel degré de perfection, que ces tissus égalaient, par leur délicatesse, les toiles d'araignée. Chez les Egyptiens, et plus tard chez les Juifs, les prêtres portaient des vêtements en coton. Les mots *schesch* et *buz*, employés si souvent dans les Livres saints pour désigner certains tissus, doivent s'appliquer au coton, d'après M. Penot; il doit en être de même du mot *byssus* des auteurs grecs et latins. Du temps des Carthaginois, Malte s'était élevée à un haut point de prospérité par ses manufactures et son commerce de beaux tissus de coton. Lorsque Christophe Colomb aborda en Amérique, il en trouva les habitants vêtus de coton. Beaucoup d'antiques manuscrits mexicains, qui nous ont été conservés, sont peints sur toiles de coton. Ce n'est, toutefois, que depuis un demi-siècle qu'on a commencé à cultiver les cotonniers dans la Caroline et la Géorgie, et ils y ont si bien réussi depuis, que leur duvet forme maintenant une des productions les plus importantes des Etats-Unis (1).

Le coton entoure les graines qui sont contenues dans des capsules sèches et ligneuses, à quatre loges. On en fait la récolte

(1) Le mot *coton* dérive de l'arabe. Il paraît que, de temps immémorial, cette substance a été désignée dans cette langue sous le nom de *coton* ou *godon*. Les Maures, qui cultivaient cette plante en Espagne, y ont apporté aussi ce nom qui, précédé de l'article *al*, a formé *algodon*, qui est le nom espagnol du coton. Ce mot, légèrement modifié, a été ensuite adopté par tous les peuples de l'Europe. — Le nom grec βύσσος, que nous rendons par *byssus*, paraît venir évidemment de l'hébreu ou du chaldéen *buz*; M. Fée pense que celui de *gossypium*, adopté en botanique, et qu'on trouve dans les auteurs latins, était le nom barbare du cotonnier. (Penot, 1er *Mémoire pour servir à l'histoire du coton*. — Société de Mulhausen, t. XIV, p. 99.)

vers la fin de septembre. On sépare le duvet des graines au moyen de deux cylindres cannelés, disposés horizontalement, l'un au-dessus de l'autre, et assez rapprochés pour que le coton seul puisse passer. Les graines tombent du côté opposé. C'est ici que l'art des machines vient très à propos au secours de l'industrie. L'Indien, encore réduit à ses bras, emploie toute une journée pour éplucher 500 grammes de coton. Aux États-Unis, une machine, mise en mouvement par un cheval et dirigée par trois ouvriers, fournit, chaque jour, jusqu'à 450 kilogrammes de coton épluché. C'est en 1793 qu'un Améri-cain, nommé **Whitney**, inventa la machine à éplucher.

Le coton est blanc, jaune ou rougeâtre ; ses fibres sont plus ou moins longues, fortes et soyeuses. Suivant ces qualités, on distingue les *cotons longue soie* et les *cotons courte soie*. Les Etats-Unis produisent les plus beaux cotons *longue soie* et *courte soie*. Le Brésil ne fournit que des cotons *longue soie*, la plupart fort estimés. L'Inde et le Levant donnent des uns et des autres.

En général, on doit préférer les espèces qui sont les plus pures, les plus nettes ; car lorsque le coton est malpropre, rempli d'ordures ou gâté par l'humidité, il se file mal, donne un déchet considérable, se blanchit difficilement et prend mal la teinture.

Les filaments velus du coton sont des tubes creux, cylindriques, dans l'état de crois-sance ; mais ils s'aplatissent plus ou moins lorsque la laine mûrit et qu'elle devient sè-che. Ils sont fermés aux deux extrémités. Ils apparaissent, sous le microscope, comme des espèces de rubans irréguliers, tordus sur eux-mêmes ; dans la partie plate de ces ru-bans, la transparence est parfaite, et l'on re-marque de chaque côté une lisière semblable à un ourlet. Leur diamètre aplati varie, selon la qualité, de 1/55e à 1/110e de millimètre.

Le lin a une structure bien différente : ses filaments isolés sont des tubes creux, cylin-driques, rigides, ouverts par les deux bouts, dont la surface est lisse comme celle d'un tube de verre, mais présentant quelques tra-ces noires, irrégulières, et parfois des inter-sections opaques, qui semblent des cloisons assez inégalement placées. Leur diamètre est d'environ 1/40e à 1/80e de millimètre.

Longtemps on a admis, et quelques per-sonnes admettent encore, sur l'autorité de Leuwenhoeck, que les fibrilles du coton sont triangulaires et à angles tranchants : voilà pourquoi, dit-on, les étoffes de coton les plus fines sont plus dures sur la peau que celles du lin, et pourquoi la charpie de coton enflamme les plaies. Ces opinions n'ont aucun fondement. Les filaments ruba-nés du coton sont mille fois plus flexibles que les tubes du lin ; et si la charpie de coton ne peut être substituée sans inconvénient à celle du lin, cela provient tout simplement de ce que les rubans fermés du coton, rem-plis d'une substance organisatrice qu'aucun lavage ne peut enlever, n'aspirent point le sang ou le pus, ainsi que le font les tubes du

lin, qui sont ouverts et que le rouissage a vidés de tous les sucs qui étaient suscepti-bles de les obstruer.

Le coton a remplacé le lin et le chanvre dans la plupart de leurs emplois, et surtout dans la confection des vêtements. C'est prin-cipalement en France, en Angleterre, aux Etats-Unis, qu'il est devenu un des plus importants objets de fabrication et de com-merce. Sa culture, les transactions aux-quelles il donne lieu, l'art de le filer, ceux de le tisser, de l'imprimer, de le teindre, oc-cupent des millions d'agriculteurs, de négo-ciants, de manufacturiers, de marins et d'ou-vriers. Ce n'est cependant que dans la se-conde moitié du dernier siècle que l'emploi de cette précieuse substance a commencé à prendre parmi nous cette prodigieuse exten-sion dont les annales du commerce n'offrent aucun autre exemple.

Ce furent les Vénitiens et les Génois, d'a-près M. Aikin, qui, dans le commencement du xiv° siècle, importèrent les premières balles de coton en Angleterre. Mais, à cette époque, le coton ne servait exclusivement qu'à faire des mèches de chandelles. En 1430, quelques tisserands des comtés de Chester et de Lancastre s'avisèrent de le faire servir à la fabrication d'étoffes grossières, à l'instar des futaines flamandes. Ce coup d'essai, qui réussit à merveille, décida quelques arma-teurs de Bristol et de Londres à diriger leurs navires vers le Levant, pour y prendre des chargements de coton. Henri VIII et Edouard VI favorisèrent cette branche d'in-dustrie ; et déjà, en 1652, les métiers à tisser et à filer le coton étaient très-répandus dans les petites paroisses, et occupaient un grand nombre d'agriculteurs lorsque les travaux de la campagne étaient interrompus. Cette fabrication a fait de tels progrès, grâce aux admirables inventions mécaniques de Har-greaves, de Peel, d'Arkwright, de Wyatt, de Crompton et de quelques autres, que ni l'ex-trême modicité des salaires dans l'Inde, ni la supériorité que ses habitants avaient ac-quise depuis longues années dans le travail du coton, n'ont pu mettre ces peuples à même de lutter avec avantage contre ceux qui leur achètent le coton brut, et qui, après lui avoir fait parcourir environ 800 myria-mètres, le leur renvoient en tissus.

L'invention des filatures mécaniques a prodigieusement étendu l'emploi du coton. Quoique l'Angleterre en employât plus que les autres nations européennes, elle n'en im-portait pas plus de 2,000,000 de kilogrammes, jusqu'à la fin du xviii° siècle ; en 1833, son importation fut de 151,863,000 kilogrammes. Aujourd'hui, les manufactures anglaises con-somment à elles seules plus de la moitié du coton qui se produit dans le monde entier. On a calculé que le coton filé annuellement en Angleterre ferait 203,775 fois le tour du globe. D'après les supputations de Mac-Cul-loch, la valeur totale des produits des diverses manufactures de coton est de 850,000,000 fr. On estime à 900,000 le nombre d'ouvriers qu'emploie cette industrie. En 1838, on a importé en France 51,200,000 kilog. de coton; le nombre d'ouvriers employés dans les filatures est d'environ 1 ouvrier sur 49 broches, soit 70,000 pour toute la France.

COTON POUDRE (pyroxyle). — La découverte du coton poudre, annoncée en 1846, par M. Schœnbein, fit une grande sensation dans le monde savant et politique, comme parmi les différentes classes de la population et à l'étranger.

L'auteur fit d'abord un secret de cette découverte; mais, au moment même où elle fut annoncée en France, M. Dumas et M. Pelouze, rappelant les observations de M. Braconnot sur la xyloïdine, la composition de cette substance indiquée par M. Pelouze, les propriétés d'inflammation rapide de composés (papier et tissus azotiques) auxquels on attribuait la même composition, mirent sur la voie des chimistes, qui préparèrent bientôt des produits doués d'une vive combustibilité. M. Morel, le premier, essaya avec succès, dans les armes à feu, le coton azotique qu'il avait fabriqué lui-même. M. Knopp indiqua une amélioration importante : l'emploi de l'acide sulfurique uni à l'acide azotique, mélange qui attaque bien moins le coton et donne une plus grande quantité de produits que l'acide azotique employé seul; ce dernier acide est d'ailleurs plus dispendieux. Avant la publication de M. Knopp, M. Morel avait signalé, dans une note déposée sous cachet à l'Institut, l'utilité de ce mélange.

Enfin, chacun apportant son tribut, la découverte mystérieuse se trouva bientôt connue de tous, puis décrite à l'Académie des sciences, plus complète, sans doute, que la première fois. Les travaux du conseil de salubrité et les expériences du comité d'artillerie annoncèrent, peu de temps après, les dangers qui accompagnent la préparation et l'emploi du coton poudre; ils indiquèrent, en outre, les précautions à prendre pour les éviter, et firent présager quelque désavantage en raison du prix de revient et des effets *brisants* sur les armes, dans la substitution de ce nouveau produit à la poudre de guerre et de chasse. Les diverses observations faites laissent même douteuse encore l'utilité de son application aux exploitations des mines et des carrières. Quant à son application essayée dans les machines dites explosives, pour développer de la force mécanique, tout porte à croire qu'on doit y renoncer définitivement.

Le coton et le papier azotiques, d'après les analyses de M. Pelouze, peuvent être considérés comme formés de deux équivalents de cellulose, qui ont perdu trois équivalents d'eau, en se combinant avec 5 équivalents d'acide azotique, constituant sans doute un composé double.

Ce composé explosif peut se transformer complétement en gaz à la température qui l'enflamme, c'est-à-dire de 175 à 180°. L'oxygène de l'acide, brûlant tout le corps de la matière organique, formerait en volume, 46 d'oxyde de carbone, 2 d'acide carbonique,

10 d'azote et 34 de vapeur d'eau. Il s'engendre sans doute des produits plus complexes et variables, mais, en tout cas, il ne reste dans les armes convenablement chargées ni charbon, ni acide, lorsque, toutefois, la matière première organique se compose exclusivement de coton cardé, préparé avec un mélange d'acides purs, et bien lavé.

Le coton azotique pur est insoluble dans l'eau, l'alcool et l'acide acétique; à peine soluble dans l'éther hydrique pur; plus soluble dans le même liquide contenant quelques centièmes d'alcool; soluble en faibles proportions (1 $\frac{1}{4}$ à 2 pour 100) dans l'éther acétique pur; 5 fois plus soluble lorsqu'il a été préparé avec de l'acide azotique contenant de l'acide azoteux; dans ce dernier cas, le coton azotique est plus ou moins désagrégé et plus lentement combustible.

Diverses autres propriétés ont peu d'intérêt, mais il est fort important de faire observer que sous la même dénomination de pyroxyle ou pyroxyline, on distingue parfois des produits doués de propriétés explosives très-différentes, bien qu'ils contiennent les mêmes principes élémentaires en proportions égales; et, chose très-digne de remarque, ceux qui font explosion à la plus basse température présentent le plus faible pouvoir balistique et ont le plus d'action destructive sur les armes par la vapeur d'acide hypoazotique qu'ils engendrent : ce sont, en un mot, ceux qui occasionnent le plus d'accidents lors de leur préparation et de leur emploi.

Les causes de ces différences très-grandes semblent résider dans les différences de cohésion des substances organiques employées : ainsi le coton formé de tubes minces, ayant une cohésion uniforme, offrant le maximum de surface à l'action de l'acide comme à la propagation du feu, donne, lorsqu'il est exempt d'altérations, les meilleurs produits, les seuls qu'il soit prudent d'employer pour les armes à feu (tout en réduisant les charges au quart environ du poids de la charge de poudre). Le coton altéré des vieux linges, le lin et le chanvre usés; à plus forte raison le papier qui offre plus de variations dans son épaisseur et dans l'altération des fibres qui le composent, sont parfois inflammables à une plus basse température : ainsi le papier azotique épais, récemment préparé et restant un peu acide après le lavage, peut détonner à 110°; c'est le produit qui a le plus brisé d'armes tout en lançant moins loin les projectiles, par la raison, sans doute, que sa décomposition commence dans l'arme, à une température moins élevée, dégage d'abord des vapeurs hypoazotiques, et se termine quelquefois presque instantanément.

Le pyroxam (amidon azotique), plus inflammable encore (à 100°), est tellement instable lorsqu'il a été saturé complétement d'acide azotique, qu'il se décompose spontanément à la température ordinaire, donnant d'abondantes vapeurs rutilantes d'acide hypoazotique et produisant même une détonation.

Le pyroxam s'altère plus rapidement encore dans l'air humide : le dégagement des gaz soulève bientôt la masse qui devient pâteuse, puis sirupeuse et graduellement plus acide et soluble dans l'eau ; desséchée alors elle n'est plus explosible, et se dissout en très-grandes proportions dans l'alcool anhydre.

Tous les produits pyroxyliques sont d'ailleurs d'autant moins stables et plus inflammables qu'ils sont plus récents, surtout s'ils retiennent un excès d'acide faute de lavages suffisants.

Ainsi le maximum d'instabilité se rencontre dans le produit (amidon azotique) dont la base organique a le moins de cohésion et dont l'agrégation est la plus irrégulière, puisque chaque couche concentrique de tous les granules possède plusieurs degrés de cohésion ; en effet, l'amidon azotique, dissous dans son poids d'éther acétique et réduit par l'évaporation en lamelles diaphanes dont la cohésion est homogène, est stable à l'air et ne s'enflamme plus à 100° ; le même éther ne dissout que 3 centièmes de papier azotique.

Fabrication du coton poudre, du papier azotique, du pyroxam. — La préparation du coton poudre est très-simple, mais elle exige beaucoup de précautions, et d'autant plus qu'on opère sur de plus grandes masses.

On prépare d'avance, pour qu'il se puisse refroidir, un mélange d'acide azotique, monohydraté, 1 équivalent (63) avec 1 équivalent d'acide sulfurique concentré. Le liquide doit présenter un volume suffisant pour que tout le coton y soit immergé : si une certaine quantité de coton, seulement imprégnée d'acide, était laissée en dehors du mélange, la combinaison échaufferait surtout les filaments mauvais conducteurs du calorique et non immergés, au point de décomposer l'acide azotique, de répandre des vapeurs rutilantes dangereuses à respirer, et même d'occasionner une déflagration.

Au bout de 15 à 20 minutes d'immersion, on peut retirer la matière filamenteuse en la pressant avec des spatules de verre ou de grès. On la plonge alors, pour la laver, dans un grand excès d'eau, puis on presse alternativement et l'on réitère les lavages dans de nouvelle eau, jusqu'à ce qu'il n'y ait plus la moindre trace d'acidité ; enfin, on soumet le coton à une dernière pression qui élimine la plus grande partie de l'eau, et l'on termine l'opération par la dessiccation. Le coton peut alors servir immédiatement à charger les armes ; toutefois il devient sensiblement plus stable et de meilleure qualité au bout de quelques jours.

La préparation du papier azotique est absolument la même que celle du coton azotique, mais elle exige plus de précautions, afin d'éviter que les feuilles ou lanières de papier ne soient déchirées et réduites en pâte durant les lavages.

Pour obtenir du pyroxam (amidon ou fécule azotique), produit explosif découvert par M. Vrig, et dont la composition se confond avec celle du coton azotique, il faut dessécher la fécule dans le vide, à la température de 125°, afin d'enlever l'eau d'hydratation ; on la laisse refroidir en vases clos et secs, puis on la délaye dans 15 fois son poids du mélange d'acides sulfurique et azotique ; on laisse réagir pendant 6 heures, temps après lequel on lave à épuisement dans l'eau ; enfin on fait dessécher.

Application du coton poudre dans les armes à feu, le tirage des roches et le pansement des plaies. — On doit employer, pour la charge des fusils de chasse, au lieu de 3 gr., 20 de poudre ordinaire, le quart seulement de coton azotique, c'est-à-dire 8 décigrammes. Dans un fusil de munition, 2 grammes de coton azotique produisent sur une balle pesant 25 grammes, sensiblement les mêmes effets que 8 gr., 9 de poudre de guerre. Il paraît qu'à mesure que les charges augmentent dans des armes plus volumineuses, les différences de force impulsive entre la poudre et le pyroxyle diminuent. Ces différences, en tout cas, ne sont pas en rapport avec les volumes des gaz, puisque 1 kilogr. de poudre développe de 450 à 500 litres de gaz, et que le coton poudre en produit de 600 à 800 litres (à 0° et $0^m,76$ de pression). On ne pourrait donc comprendre la plus grande force de ces derniers, sans supposer que leur température s'élevât beaucoup plus par la presque instantanéité de la combustion.

Les avantages que présente le coton azotique, comparativement avec la poudre, sont de rendre les transports moins coûteux, de n'éprouver aucune altération par un excès d'humidité ou même par une immersion accidentelle dans l'eau, d'éviter la crasse dans les armes ; enfin, de faire moins *écarter* les charges à petit plomb.

Il est douteux que ces avantages puissent contre-balancer le prix plus élevé (9 fr. au lieu de 1 fr. 50 le kilogr.), et surtout l'effet brisant sur les armes, pour peu que la préparation soit défectueuse ou que l'on exagère les charges.

La propriété que possède le coton poudre, de détonner par le choc, avait fait espérer qu'il serait propre à confectionner des amorces fulminantes ; mais cette application n'a pu jusqu'à présent réussir aux habiles armuriers qui en ont fait l'essai. Les effets du papier azotique sont irréguliers et généralement plus énergiques sur l'arme, qu'ils détériorent, que sur le projectile qu'on veut lancer ; ces inconvénients, d'autant plus graves que le papier est plus épais, et dont nous avons ci-dessus indiqué les causes, doivent faire rejeter son emploi pour les armes à feu.

Les expériences de MM. Combes et Flandin, relatives au tirage des roches dans les mines et les carrières, ont été favorables à l'emploi du coton poudre, dont la force explosive s'est montrée environ quatre fois plus grande que celle des poudres de mine ; mais le prix de revient jusqu'ici étant à peu près sextuple, cette application même ne semble pas devoir être économique.

On parviendra sans doute à rendre moins dispendieuse la préparation en extrayant une plus grande partie du liquide acide par une pression énergique, pression que l'on pourrait exercer sur une couche épaisse d'un mètre, par exemple, dans des vases cylindriques en grès, munis d'un faux fond perméable, sous lequel un ajutage permettrait de faire le vide ; un disque en grès, percé de petits trous et placé sur la masse du coton, répartirait également la pression de l'air atmosphérique ; celui-ci, passant enfin entre les fibrilles du coton précipiterait la sortie du liquide acide.

Le mélange acide écoulé ainsi directement, serait rendu apte à servir en y ajoutant assez d'acide sulfurique pour neutraliser l'effet de l'eau enlevée au coton. Afin de pouvoir ajouter ainsi deux ou trois fois de l'acide sulfurique, il conviendrait d'en employer seulement un demi-équivalent dans le premier mélange, ou 25 pour 63.

On pourrait compléter l'effet de l'appareil extracteur en faisant passer, à l'aide de la même pression, graduellement de l'eau sur le coton azotique ; mettant à part les premiers liquides pour les décomposer par le carbonate de chaux, on éliminerait ainsi l'acide sulfurique à l'état de sulfate de chaux ; l'azotate de chaux décomposé ensuite par le sulfate de soude donnerait de l'azotate de soude par la concentration du liquide.

M. Combes est parvenu à diminuer de plus des deux tiers le prix du pyroxyle, en employant ce produit mélangé avec 8 dixièmes d'azotate de potasse ou 7 dixièmes d'azotate de soude : la température plus haute, développée par la déflagration de ces mélanges, compense le moindre volume des gaz, et l'effet balistique reste sensiblement le même que celui d'un poids égal de pyroxyle pur.

M. Maynard de Boston vient de faire une application curieuse du pyroxyle obtenu dans des conditions, indiquées par M. Gaudin, qui le rendent soluble dans l'éther. Il désigne cette solution agglutinative sous le nom de *collodion*. Voici comment il la prépare : le coton est plongé dans un mélange d'acide sulfurique, 3 parties avec 2 parties d'azotate de potasse ; on laisse réagir durant 15 minutes, puis on lave et l'on sèche comme à l'ordinaire.

Le produit dissous incomplétement dans l'éther contenant 6 à 8 centièmes d'alcool, forme un liquide sirupeux, que l'on conserve en vases bien clos ; étendu à plusieurs couches sur la peau, il forme, en laissant évaporer l'éther, une pellicule imperméable très-adhésive, résistant à l'eau et à l'alcool ; il offre ainsi un moyen, utilisé déjà en Amérique, pour couvrir ou réunir des plaies, remplaçant les taffetas adhésifs dits d'Angleterre.

La pellicule qu'on obtient sur une lame de verre s'enlève et brûle moins vivement que le coton poudre à tirer ou pyroxyle pur. Le collodion peut servir à imprégner des tissus qu'il rend imperméables et susceptibles de remplacer les taffetas cirés et divers tissus enduits de caoutchouc.

Ces nouveaux tissus sont exempts d'odeur désagréable ; mais leur prix plus élevé ne permettra probablement pas de les substituer dans le plus grand nombre des cas aux produits imprégnés de caoutchouc. On pourra toutefois en faire usage pour couvrir certaines plaies, en collant sur la peau les bords de ces tissus à l'aide de la solution adhésive.

Essais du coton poudre. — Si l'on craignait qu'un mélange de coton ordinaire n'eût été ajouté au coton azotique, on s'en assurerait sans peine en mettant sous le microscope un petit échantillon imprégné d'une solution d'iode, et ajoutant une goutte d'acide sulfurique : le coton azotique, très-lentement attaqué, conservera la coloration jaune communiquée par l'iode, coloration qui deviendra même plus intense ; tandis que les fibrilles du coton ordinaire seraient, dans ce cas, désagrégées plus vite, et prendraient, avant de se dissoudre, une vive coloration violette.

Un moyen simple de distinguer le coton azotique du coton usuel, consiste à le frotter dans l'obscurité : le premier, suivant l'observation de M. Gaiffe, devient lumineux, tandis que le deuxième reste sombre.

Cause probable des accidents de détonations à froid. — Les observations que M. Payen a faites sur la décomposition spontanée de la fécule azotique (pyroxam), peuvent expliquer les détonations arrivées dans des barils pleins de chanvre azotique, préparé à Vincennes, si l'on considère que certains chanvres, d'après une curieuse remarque de M. Malagutti, contiennent de l'amidon (ou peut-être de la cellulose aussi peu agrégée). En effet, il suffit de quelques fibres de chanvre amylacé renfermant du pyroxam, pour que l'altération de ce dernier, au milieu d'une masse peu conductrice, puisse élever la température à 100°, terme auquel le pyroxam détonne avec flamme et peut allumer toute la masse.

COULEURS VEGETALES. — Les plantes vivantes sont parées des plus belles couleurs. Des nuances de vert, variées à l'infini, ornent les têtes des arbres et couvrent les prés. Les couleurs de la plupart des corolles sont belles, et rivalisent avec les couleurs de l'arc-en-ciel par leur éclat et leur pureté. En outre, les plantes logent dans leur intérieur des matières colorantes, que l'on parvient à extraire par voie d'art et à fixer sur des étoffes de laine, de soie, de coton et de lin. La connaissance de ces matières colorantes et des méthodes qu'on emploie pour les extraire et les fixer, constitue l'*art de la teinture*, art qui s'occupe en général de phénomènes purement chimiques, mais souvent très-compliqués.

Il serait impossible d'appliquer aux matières colorantes végétales des caractères chimiques communs à toutes. Les propriétés suivantes sont les seules qui appartiennent à toutes : 1° elles sont colorées ; 2° ces couleurs sont détruites, sans retour, par le chlore, et ordinairement en peu de temps par la lumière du soleil, ou par une température élevée, mais insuffisante pour les charbonner ou les brûler. L'acide sulfureux blanchit aussi la majeure partie des couleurs végétales ; mais ce phénomène repose sur la formation d'une combinaison incolore entre la matière colorante et l'acide, et il suffit de décomposer cette combinaison pour mettre la matière colorante en liberté. La division des matières colorantes, suivant leurs propriétés générales, en matières extractives, résineuses, etc.; ne conduit pas à une base de classification qui soit applicable dans tous les cas ; car il y a beaucoup de matières colorantes d'une nature tellement particulière, qu'il serait impossible de les réunir à d'autres. Nous rangerons donc dans une même classe les matières colorées de la même manière.

§ Ier. — Matières colorantes rouges.

La *garance* (1) est la racine du *rubia tinctorum*, qu'on cultive dans l'Asie Mineure et dans plusieurs pays de l'Europe. La garance du Levant est la meilleure. On en sépare les filaments et l'épiderme, substances qui reçoivent le nom de *garance nulle ;* on en enlève également la moelle, et on cherche à obtenir seul le ligneux de la racine, qu'on pile et qu'on introduit dans des tonnes, pour le verser dans le commerce sous le nom de *garance véritable*. La garance du Levant est connue sous le nom de lizzari ou d'alizari. La racine de garance contient une matière colorante rouge, qui donne des teintes très-belles et très-solides. Plusieurs chimistes en ont étudié les propriétés ; mais sa nature véritable n'a été déterminée que par Robiquet et Collin. Ces chimistes l'ont appelée *alizarine*, nom tiré de celui qu'on donne dans le commerce à la racine du Levant.

Si l'on nourrit des animaux, pendant un certain espace de temps, avec des substances mêlées de garance, leurs os deviennent d'un rouge foncé dans toute la masse; leur urine prend une couleur jaune, rougeâtre et donne par l'ammoniaque un précipité rouge de phosphate calcique ; le lait des vaches soumises à ce traitement devient également rouge. La coloration de ces substances tient, d'une part, à la grande solubilité de la matière colorante de la garance dans les liqueurs albumineuses du corps, et, de l'autre part, à son affinité plus grande encore pour le phosphate calcique, qui est coloré en rouge lorsqu'il se dépose, pendant la reproduction des os. Si l'animal cesse de manger de la garance, la couleur des os disparaît au bout d'un certain temps.

La garance donne une des couleurs les plus

(1) De *varantia*, nom qu'on donnait, au moyen âge, à la racine de cette plante, et qui signifie *couleur rouge*. Dans toutes les langues, le nom de cette plante rappelle l'usage qu'on en faisait. Elle est originaire de l'Asie moyenne et de l'Europe méridionale.

solides; on l'emploie à la teinture en rouge ordinaire, en rouge d'Andrinople, en violet et en brun. Elle sert également à la préparation des laques de garance. Pour préparer de la laque de garance, on introduit 100 parties de garance, préalablement macérée dans l'eau froide, dans un sac de toile, et on l'y pétrit avec de l'eau chaude, jusqu'à ce que celle-ci ne dissolve plus rien ; 60 parties de la racine restent sans se dissoudre. On fait bouillir la liqueur rouge dans une chaudière d'étain, on la mêle avec une dissolution de 50 parties d'alun pur, et on la laisse refroidir; la laque de garance, d'un rouge foncé, se dépose. Si l'on ajoute à la liqueur décantée une dissolution de carbonate alcalin, il se précipite une laque de couleur plus claire, et à chaque nouvelle addition d'alcali on obtient une laque d'un rouge plus clair, en sorte qu'en recueillant les précipités à différentes époques de la précipitation, on obtient des laques de diverses nuances. Ces précipités consistent en matière colorante rouge plus ou moins saturée d'alumine.

Le *carthame* (pétales du *carthamus tinctorius*) contient une des couleurs rouges les plus belles. — Le carthame est cultivé dans le midi de l'Europe et dans le nord de l'Afrique, et le meilleur nous arrive de l'Egypte. On assure que les fleurs de carthame, qui viennent d'être cueillies, sont pilées et comprimées, lavées avec de l'eau salée et séchées à l'ombre. Le carthame contient un extrait jaune, qui, mêlé avec la matière colorante rouge, altère l'éclat de cette dernière; comme cet extrait est soluble dans l'eau, on s'en débarrasse en lavant le carthame à grande eau, jusqu'à ce que celle-ci ne soit plus colorée en jaune.

La couleur rouge du carthame est très-facilement détruite et blanchie par la lumière solaire. Étendue sur de la porcelaine ou du papier, et séchée, elle prend peu à peu une couleur jaune et de l'éclat métallique, et à la fin elle devient verte à la surface. Broyée avec de l'eau et du talc en poudre fine, elle donne un mélange rose, qui, introduit dans de petits vases de porcelaine et séché, constitue le rouge de fard ordinaire.

L'*orcanette* est la racine de l'*anchusa tinctoria*. Cette racine, et surtout sa pellicule corticale, renferme un principe colorant rouge, insoluble dans l'eau, que l'on obtient à l'état de pureté, selon John, en réduisant en poudre fine l'écorce de la racine, extrayant le principe colorant par l'éther et distillant celui-ci. La matière colorante reste à l'état de pureté, sous forme d'une masse d'un rouge foncé, à cassure résineuse, d'une densité égale ou peu supérieure à celle de l'eau. On peut aussi l'obtenir et à meilleur compte, en épuisant la racine d'abord par l'eau pure, puis par l'eau tenant en dissolution un peu de carbonate potassique ou sodique ; on obtient aussi une liqueur de couleur foncée tirant sur le rouge bleu, d'où la matière colorante peut être précipitée par un acide. Le principe rouge de l'orcanette ne s'altère pas à l'air.

Dans les pharmacies on emploie l'orcanette pour colorer en rouge la pommade pour les lèvres, et en général les huiles et la graisse.

Le *bois de santal rouge* (*ptærocarpus santalinus*) contient un principe rouge appelé *santaline*, qui est insoluble dans l'eau et que l'on peut extraire du bois de santal en traitant celui-ci par l'alcool.

Le bois de santal est employé par les pharmaciens pour colorer en rouge les dissolutions spiritueuses.

Bois de Brésil et de Fernambouc.—Le premier est tiré du *cæsalpina sapan* (ou du *cæs. crista* et du *cæs. vesica*); le second, du *cæsalpina echinata*. Ces espèces de bois sont le ligneux de grands arbres, qui est surtout riche en matière colorante dans les parties situées le plus près de la moelle. Elles contiennent une matière colorante rouge très-sensible à l'action des agents chimiques et très-altérable, qui est colorée en jaune par les acides, et en violet par les alcalis, et que les rayons solaires blanchissent promptement.

Le bois de Fernambouc et le bois de Brésil sont fréquemment employés à la teinture du coton et du lin, quoique les couleurs ainsi obtenues aient peu de solidité. On se sert aussi de ce bois pour préparer l'encre rouge.

Le *bois de campêche* est la partie ligneuse de l'*hæmatoxylon campechianum*, arbre qui croit en Amérique. Ce bois a beaucoup d'analogie avec le bois de Brésil et de Fernambouc; mais sa composition immédiate est mieux connue, grâce à un travail étendu de Chevreul.

Le bois de campêche n'est employé, pour ainsi dire, qu'en teinture, principalement dans la teinture en noir; rarement on l'administre comme médicament astringent et fortifiant. On en fait aussi entrer dans la composition de l'encre.

Orseille.—On donne ce nom à une matière colorante que l'on prépare avec différentes espèces de lichen, principalement avec le *lichen roccella*, le *lichen parellus*, le *lichen tartareus*, le *lichen deustus*, le *lichen dealbatus*. Ces diverses espèces de lichen ne contiennent point de matière colorante; celle-ci est totalement produite pendant le traitement qu'on leur fait subir, et elle se forme aux dépens de certains principes, sous l'influence simultanée et prolongée de l'air et de l'ammoniaque. Cette réaction remarquable des lichens propres à donner de la matière colorante, n'a été reconnue que dans ces dernières années.

La véritable orseille se prépare aux îles Canaries avec du *lichen roccella*. On sèche le lichen, on le moud, et on le réduit avec de l'urine en une pâte qui, abandonnée à elle-même, entre en putréfaction et dégage de l'ammoniaque qui dissout la matière colorante. Quelquefois on y ajoute de la chaux. En France, on prépare un produit analogue avec du *lichen parellus* et du *lichen dealbatus*, qu'on traite par l'urine et la chaux; en Angleterre on se procure une couleur semblable en introduisant le *lichen tartareus* dans de l'ammoniaque caustique faible, ob-

tenue en distillant l'urine pourrie avec de la chaux; cette couleur est appelée *cudbear*, nom tiré de celui de son inventeur *Cuthberth Gordon*. En Allemagne, on a donné le nom de *persio* à une couleur analogue aux précédentes qu'on prépare avec du *lichen tartareus*, de la chaux et de l'urine; mais, selon Hermbstädt, le produit qu'on vend sous le même nom n'est fort souvent qu'un mélange de bois de Brésil moulu avec de l'urine pourrie. Ordinairement ces matières colorantes s'introduisent encore humides dans des tonnes où elles se dessèchent peu à peu; elles se présentent alors sous forme d'une masse terreuse, d'un violet foncé, qui tombe facilement en poudre. Après avoir été conservée pendant plusieurs années, la matière colorante de cette substance est complétement détruite; néanmoins on croit qu'elle est meilleure au bout d'un an que lorsqu'elle est toute fraîche.

On extrait la matière colorante de l'orseille par l'eau et l'alcool, ou, plus complétement par l'ammoniaque.

L'orseille fournissant une teinte peu solide, on ne l'emploie ordinairement qu'en combinaison avec d'autres matières colorantes.

Le *chica* est un principe colorant rouge, qui sert en Amérique à plusieurs tribus indiennes à teindre la peau en rouge. On l'extrait du *bignonia chica*, dont on fait bouillir les feuilles avec de l'eau; la décoction décantée laisse déposer, en se refroidissant, une matière rouge, qu'on ramasse et qu'on réunit en pains. Les sauvages mêlent cette matière colorante avec la graisse du crocodile (*crocodilus acutus*), et se frottent la peau avec ce mélange.

§ II. — *Matières colorantes jaunes.*

Les matières colorantes jaunes sont beaucoup moins connues que les matières colorantes rouges. Les plus remarquables sont celles contenues dans l'écorce de quercitron, le bois jaune et la gaude.

Le *quercitron* est l'écorce du *quercus tinctoria*, débarrassée de son épiderme brun. Ce quercus est originaire de l'Amérique septentrionale.

Le quercitron contient beaucoup de tannin et une matière colorante jaune, susceptible d'être extraite par l'eau, qui donne, après l'évaporation à siccité, une quantité d'extrait égale à 8 pour 100 du poids de l'écorce. Le tannin de quercitron appartient à l'espèce qui colore l'oxyde ferrique en vert. Sa présence est très-nuisible à la beauté de la couleur jaune, parce qu'il est précipité par les mêmes réactifs que la matière colorante elle-même, et qu'il lui donne une teinte brunâtre. Pour obtenir la matière colorante jaune exempte de tannin, on introduit dans l'infusion de quercitron de la vessie de bœuf, gonflée, découpée et privée de toutes les matières solubles dans l'eau froide; le tannin se combine alors avec la substance de la vessie. On peut aussi le précipiter par une solution de colle de poisson.

Dans les ateliers de teinture, on précipite le tannin du quercitron en ajoutant une solution de gélatine à la décoction ou au mélange d'eau et de quercitron, qui constitue le bain de teinture ; on obtient ainsi un jaune plus tendre et plus brillant, surtout si l'on n'élève pas beaucoup la température du bain.

Le quercitron est très-employé en teinture, où il fournit de belles couleurs jaunes, olives, grises, etc.

Le *bois jaune* est celui du *morus tinctoria*. Chevreul y a découvert une matière colorante jaune incristallisable, qu'il appelle *morin*, et qui se dépose de l'infusion concentrée et refroidie du bois jaune.

Le bois jaune est employé en teinture.

La *gaude* ou *vaude* (*reseda luteola*) est une plante dont toutes les parties donnent à l'eau avec laquelle on la fait bouillir une couleur jaune. Une décoction étendue est d'un jaune légèrement verdâtre. Les acides rendent cette couleur plus pâle ; les alcalis, le sel marin et le sel ammoniac lui donnent plus d'intensité, et produisent des précipités jaune foncé, lorsqu'on les dissout en quantité suffisante dans la décoction.

La gaude est employée par les teinturiers, et les couleurs qu'elle fournit ont en général plus de solidité que celles obtenues par le quercitron et le bois jaune. On se sert aussi de la gaude, ainsi que des deux colorants précédents, pour préparer une couleur qu'on emploie en peinture, et qu'on obtient en introduisant dans une décoction de substance colorante, dans laquelle on a dissous de l'alun, de petites portions de craie en poudre fine, jusqu'à ce que toute la couleur jaune soit précipitée. La couleur a une nuance plus vive lorsqu'on a préalablement précipité le tannin contenu dans les décoctions de bois jaune et de quercitron.

Le *rocou* est une matière colorante de consistance pâteuse et d'une odeur particulière très-prononcée, qui recouvre les graines du rocouyer (*bixa orellana*), renfermées elles-mêmes dans des capsules. Pour l'obtenir on sépare les graines de la capsule, on les broie sous l'eau chaude, et, après les avoir laissées tremper pendant plusieurs semaines, on sépare la liqueur des parties solides, en la faisant passer à travers un tamis.

On emploie le rocou dans la teinture en soie et en coton ; mais il fournit une couleur très-peu solide.

Le *curcuma* (*terra merita*) est la racine de l'*amomum curcuma*, qui contient une matière colorante jaune, peu soluble dans l'eau, plus soluble dans l'alcool. Cette matière colorante est colorée en rouge brun par les alcalis, qui la dissolvent en grande quantité. C'est sur cette coloration en rouge brun qu'est fondé l'emploi du curcuma comme réactif, pour reconnaître la présence d'un alcali ; on emploie à cet effet du papier trempé dans une décoction ou teinture de curcuma, et séché.

La couleur de curcuma, employée comme réactif, peut facilement induire en erreur.

Le curcuma est employé dans la teinture de la laine et de la soie. On s'en sert dans les pharmacies pour colorer certaines préparations, et quelquefois on l'emploie au même usage dans les cuisines.

Dans l'art de la teinture, on emploie plusieurs autres matières colorantes jaunes, par exemple, la *sarrette* (*serratula tinctoria*), dont la décoction teint la laine en jaune verdâtre fugace, mais donne de belles nuances jaunes, lorsque la laine a d'abord été traitée par un mélange d'alun et de tartre, ou de solution d'étain et de tartre ; la genestrole (*genista tinctoria*), qui, traitée par l'urine et la potasse, donne un orangé assez vif ; la *graine d'Avignon* (fruit du *rhamnus infectorius*), dont la décoction donne avec les mordants appropriés une couleur jaune sur laine et sur coton, qui jouit d'une grande vivacité, mais n'est pas très-solide : cette même décoction, mêlée avec de l'alun et précipitée par de la potasse, donne des laques employées dans la fabrication des papiers peints ; le *fustet* (*rhus cotinus*), arbrisseau qu'on cultive en Provence, en Hongrie, etc., et qui, traité de la même manière que le bois jaune, fournit une matière colorante qui a de l'analogie avec celle extraite de ce bois, mais qui se trouve en quantité plus faible dans le fustet. Enfin, on peut extraire des couleurs jaunes des fleurs et des tiges de la cannabine (*datisca cannabina*), des écorces du pommier sauvage et du hêtre, des baies du *ligustrum vulgare*, du *trigonella fœnugræcum*, de l'*anthemis tinctoria*, du *caltha palustris*, du *trifolium pratense*, etc.

Le *safran* est le stigmate du *crocus sativus*. Il contient une matière colorante jaune, dont une petite quantité suffit pour donner une couleur jaune à de grandes quantités d'eau, et que l'on a appelée *polychroïte*.

Le safran est employé en médecine et dans les cuisines ; on s'en sert également dans la peinture en miniature.

§ III. — *Matières colorantes vertes.*

On serait tenté de croire que la nature, en répandant une si grande quantité de vert dans l'épiderme des feuilles et des tiges des plantes, a épuisé tout ce qu'elle possédait de cette matière colorante ; car jusqu'à présent on n'a trouvé dans aucune plante une couleur verte qui se rapproche, par sa nature, des matières colorantes précédemment décrites, et, dans l'art de la teinture, on est obligé, pour produire du vert, d'avoir recours à l'action des agents chimiques, ou de composer cette couleur par la réunion du bleu et du jaune.

Macaire Prinsep a étudié la matière colorante des feuilles, aux différentes époques où celles-ci sont vertes, jaunes ou rouges, et il croit pouvoir tirer de son travail les conséquences suivantes : les trois couleurs citées sont des modifications de la même matière colorante. Les couleurs que prennent les feuilles à l'automne ne sont pas produites dans l'obscurité, et les feuilles d'une plante conservée à l'abri de la lumière sont décolorées en vert. Exposée à la lumière, la feuille verte cesse, pendant l'automne, de dégager de l'oxygène ; elle en absorbe au contraire, et de là résulte la formation d'un acide qui colore la feuille d'abord en jaune, puis en rouge. Si l'on fait macérer une feuille rouge avec de la potasse, elle devient verte ; les acides la font alors repasser au jaune. Le même changement de couleur se présente lorsqu'on traite les feuilles vertes, fraîches, par un acide. La couleur jaune ou rouge a plus d'analogie avec les résines qu'avec la cire ; on peut l'extraire par l'alcool, tandis que l'éther qui ne la dissout pas, s'empare de toute la graisse et de la cire contenues dans la feuille ; après avoir fait agir l'éther, on peut obtenir la matière colorante jaune ou rouge au moyen de l'alcool. La solution alcoolique est colorée en vert par les alcalis. Macaire Prinsep conclut de ses expériences que la couleur rouge et la couleur jaune des fleurs et des calices colorés est de la même nature que la couleur des feuilles jaunies.

En peinture on emploie comme couleur verte à l'eau, connue sous le nom de *vert de vessie*, le suc exprimé des graines du *rhamnus infectoria*, qu'on évapore à cet effet à consistance d'extrait, après l'avoir mêlé avec un peu d'alun.

§ IV. — *Matières colorantes bleues.*

On rencontre les matières colorantes bleues principalement dans les pétales et les fruits ; quelquefois on en trouve aussi dans la plante elle-même, comme, par exemple, dans le chou rouge et le chou bleu, et parfois dans les racines, comme dans les betteraves rouges. Le suc exprimé des violettes était autrefois employé par les chimistes pour reconnaître la présence des alcalis et des acides ; avant de s'en servir on le mêlait pour pouvoir le conserver avec une quantité de sucre suffisante pour le transformer en sirop, état dans lequel il était connu sous le nom de *sirop de violettes*. Entre autres réactifs semblables, on peut citer le suc de l'ancolie (*aquilegia vulgaris*), et celui du chou rouge ; pour les conserver on les transforme en sirop, en y ajoutant du sucre, ou on les évapore dans le vide pour les obtenir à l'état sec ou en solution alcoolique. C'est à l'aide du suc du chou rouge que les charlatans font le tour de verser d'un même flacon une liqueur rouge, bleue, verte ou incolore ; à cet effet, ils rincent le verre dans lequel ils veulent verser la liqueur colorée par le chou rouge, avec un acide, de l'eau, de la lessive, ou à la fin avec du chlorite potassique qui détruit la couleur ; ou bien en versant la liqueur, ils la font couler par dessus le bout d'un doigt trempé dans un de ces réactifs.

Plusieurs fleurs ont la propriété de blanchir en se desséchant ; dans ce cas sont, par exemple, les bleuets (*centaurea cyanus*), et, au grand déplaisir de tous ceux qui font des herbiers, la plupart des autres fleurs bleues. Il en est cependant qui, telles que le pied

d'alouette (*delphinium consolida*), conservent leur couleur bleue sans altération.

Un grand nombre de baies, qui sont vertes avant leur maturité, deviennent en mûrissant, rouges, bleues ou noires ; dans ce cas sont les cerises, les mûres noires, les baies de myrtille, les mûres sauvages (*rubus saxatilis*), etc. Le suc exprimé de ces fruits est ordinairement un liquide rouge, contenant un suc bleu rougi par l'acide libre qui se trouve dans le fruit.

Les couleurs des baies ont beaucoup d'affinité pour le lin et la laine, et ne disparaissent entièrement que par l'action de la lumière ou du chlore.

Le *tournesol* est une matière colorante bleue, qu'on range souvent parmi les couleurs végétales rouges. On le prépare à l'aide du *roccella tinctoria* et du *ceanora tartarea*, que l'on traite par de l'urine, de la chaux et de la potasse, à peu près comme lorsqu'il s'agit de préparer de l'orseille. Dans le commerce on le rencontre sous forme de cubes d'une couleur bleue plus ou moins belle. On prétend qu'on obtient aussi du tournesol en trempant des chiffons de toile de lin dans le suc du *croton tinctorium*, et les tenant exposés à la vapeur ammoniacale de l'urine en putréfaction, jusqu'à ce qu'ils aient pris une couleur bleue. Ces chiffons reçoivent le nom de *tournesol en drapeau*, tandis qu'on appelle *tournesol en pain* celui obtenu par le premier procédé.

Les chimistes se servent du tournesol pour préparer le réactif le plus sensible à la présence des alcalis et des acides. A cet effet, ils trempent du papier dans une infusion saturée de tournesol, et ils le sèchent ; dans cet état il a une belle couleur bleue, et peut servir à reconnaître la présence des acides. Pour découvrir les alcalis, on trempe le papier dans une infusion rougie par un acide. Pour rendre le papier de tournesol plus sensible à la présence des acides, on mêle l'infusion aqueuse de tournesol avec de petites portions d'acide hydrochlorique, jusqu'à ce que la liqueur commence à tirer sur le rouge. Si l'on a versé trop d'acide, on ajoute à la liqueur une nouvelle quantité d'infusion. L'alcali libre contenu dans l'infusion se trouve ainsi saturé, et l'acide le plus faible agit alors librement sur la matière colorante étendue sur le papier. Le papier rouge se prépare avec la même infusion neutralisée par l'acide hydrochlorique ; à cet effet, on y ajoute quelques gouttes d'acide acétique, de manière à ce qu'elle devienne visiblement rouge, en conservant néanmoins une légère teinte bleue. L'infusion rougie par un acide plus fort que l'acide acétique, ne donne pas du papier assez sensible. Dans quelques localités, les blanchisseuses emploient le tournesol pour donner au linge une teinte bleuâtre, qui empêche qu'on aperçoive la nuance jaune que le linge prend quand on le conserve pendant longtemps,(1). *Voy.* IN-DIGO.

(1) Le célèbre poëte allemand **Goëthe** rapporte que les fabricants de mosaïques, à Rome, emploient

COULEURS DANS LES MINÉRAUX. — Les substances minérales sont incolores ou colorées. L'incoloration, jointe à l'opacité, constitue la blancheur. Les couleurs qu'on observe dans ces corps sont de deux espèces : les unes tiennent à la nature même du corps, les autres sont le résultat du mélange de telle ou telle matière étrangère qui s'y trouve disséminée ou combinée. Il faut donc aussi distinguer, dans les minéraux, les couleurs propres et les couleurs accidentelles.

Les *couleurs propres*, qui peuvent être d'une assez grande importance pour la distinction des différentes matières, sont celles qu'on observe dans les métaux, dans le soufre, dans les sulfures, dans les oxydes métalliques, ainsi que dans les composés où ces oxydes entrent comme parties constituantes essentielles. Ces couleurs sont toujours uniformes et constantes dans le même corps, pourvu qu'il soit pur; les seules variations qu'elles éprouvent tiennent au plus ou moins de compacité que quelques-uns des corps qui en sont doués peuvent avoir, ce qu'on remarque particulièrement dans les oxydes. Ces corps, supposés purs, étant à l'état pulvérulent, présentent une couleur déterminée, dont l'intensité est toujours la même ; mais lorsque leurs particules sont agrégées entre elles, par cristallisation régulière ou par cristallisation confuse, il arrive fréquemment que l'intensité de la couleur en dénature en apparence plus ou moins l'espèce; c'est ainsi qu'un grand nombre de couleurs diverses, comme le bleu, le violet, le vert, le rouge même, prennent souvent une intensité telle, qu'elles paraissent plus ou moins noires au premier abord. C'est pour éviter toute erreur qu'on indique fréquemment la couleur de la poussière plutôt que celle des masses, dans les caractères qu'on établit pour distinguer les minéraux.

Couleurs accidentelles. — Les couleurs accidentelles peuvent varier à l'infini dans la même substance, suivant la nature des matières étrangères qui les produisent. On conçoit, par conséquent, qu'elles ne peuvent, en aucune manière, avoir l'importance des couleurs propres, et ne peuvent fournir que des indications assez vagues pour la distinction des corps. Ces couleurs, comme nous l'avons déjà dit, peuvent avoir lieu de deux manières dans les corps : elles peuvent résulter d'un mélange purement mécanique, ou bien d'une espèce de combinaison chimique qui se fait alors en proportions illimitées.

Les couleurs par mélanges mécaniques se font remarquer principalement dans les substances qui ont cristallisé au milieu de quelque dépôt de matière colorée, soit pulvéru-

15,000 variétés de couleurs; chacune de ces variétés à 50 nuances, depuis la plus foncée jusqu'à la plus claire, ce qui fait 750,000 teintes différentes que les artistes distinguent avec la plus grande facilité. On croirait qu'avec un pareil choix de couleurs il n'est pas de peinture qu'on ne puisse reproduire avec exactitude; cependant les ouvriers, au milieu d'une si étonnante profusion, manquent souvent de nuances indispensables.

lente, soit solide, dont elles ont entraîné quelques parties au moment de la cristallisation. Quelquefois le mélange est assez visible pour être reconnu au premier instant, soit à la vue simple, soit au moyen d'une forte lentille, surtout à l'aide d'une vive lumière; mais les particules étrangères sont quelquefois si fines, si uniformément disséminées dans l'intérieur du corps, qu'il devient extrêmement difficile d'en reconnaître la présence.

Certaines substances doivent leur couleur à des principes fugaces que le feu enlève avec facilité, et qui sont dues, à ce qu'il paraît, tantôt à du carbone, tantôt à du carbure d'hydrogène.

Il serait bien possible, cependant, que quelques-unes de ces couleurs que le feu peut détruire, fussent dues à une autre cause qu'à la présence d'un principe fugace; elles pourraient être produites par un certain arrangement des particules du minéral que le feu détruirait, pour en faire prendre un autre qui ramènerait la matière à sa couleur naturelle la plus ordinaire.

Les *couleurs par combinaisons chimiques* de matières étrangères sont aussi extrêmement fréquentes dans la nature. Toutes celles qui font rechercher la plupart des pierres fines pour la joaillerie, sont de cette espèce, ce qui est démontré par cela même que les mêmes pierres sont tantôt colorées d'une manière, tantôt colorées d'une autre. Par exemple, il existe des émeraudes d'un vert foncé (émeraude proprement dite), des émeraudes d'un vert bleuâtre (aigue marine), des émeraudes d'un vert clair (béril), des émeraudes jaunes, des émeraudes blanches ; de même il existe des topazes jaunes, des topazes bleues, des topazes blanches, des diamants de toutes les couleurs, etc. Ici le principe colorant doit être en combinaison avec le corps, car, d'un côté, il n'en altère ni la transparence ni l'éclat, et, d'un autre, on ne peut jamais distinguer les particules étrangères, quelle que soit la force des lentilles que l'on emploie à cet effet.

Quoique les couleurs accidentelles puissent varier, et varient en effet à l'infini, il faut cependant observer qu'elles ne se présentent pas toutes indifféremment dans telle ou telle espèce de minéral; il en est que certains minéraux affectent plus particulièrement, ce qui tient aux circonstances de leur gisement, et qui dès lors peuvent donner, sinon la certitude, du moins quelques probabilités de distinction, surtout lorsqu'on a acquis cette habitude particulière qui permet d'apprécier des nuances souvent impossibles à caractériser.

Nuances et dessins des couleurs. — Les couleurs propres sont toujours uniformes dans toute l'étendue de la masse, mais il n'en est pas de même des couleurs accidentelles; s'il arrive quelquefois qu'un minéral ainsi coloré présente partout la même couleur, il arrive fréquemment aussi que les couleurs varient dans l'étendue de la même masse, soit par l'espèce, soit par la nuance ou le degré d'intensité. On indique souvent, dans les descriptions, les dessins que ces couleurs forment entre elles par des épithètes diverses, telles que *rubané*, *zonaire*, *tacheté* ou *pointillé*, *veiné*, *nuagé*, *flambé*, *dendritique*, *ruiniforme*, etc., suivant qu'elles présentent des bandes parallèles, droites, ondulées, ou en zigzag, des bandes concentriques, circulaires, ondulées, ou en zigzag, des taches isolées de diverses formes, qui peuvent être plus ou moins grosses, ou ne former que des points sur un fond quelconque, des veines comme celles du marbre, des dessins qui imitent des nuages, des flammes, des plantes, des ruines, etc.

Ces sortes de dispositions de couleurs sont fréquemment recherchées dans diverses matières, soit comme objet de curiosité, soit comme objet d'ornement; mais, sous le rapport même de la science, elles méritent aussi de fixer notre attention, relativement à leur origine. La plupart paraissent être produites d'une manière tout à fait analogue à celle dont se produisent les marbrures du savon, dont Darcet a parfaitement établi la théorie. Dans la fabrication du savon, le résultat de la première cuite est un mélange de savon alcalin, qui en forme la majeure partie, et de savon alumineux qui renferme une petite quantité d'hydrosulfate de fer, par laquelle toute la masse est uniformément colorée en bleu noirâtre; c'est en travaillant cette matière qu'on peut, à volonté, obtenir du savon blanc ou du savon marbré. Si l'on dissout ce produit dans une suffisante quantité d'eau, tout le savon alumineux se précipite et entraîne la matière colorante; il se fait alors deux couches, l'une supérieure, blanche, l'autre inférieure, colorée, et le tout se fige en masse plus ou moins solide. Si l'on dissout ce même produit dans une plus petite quantité d'eau, le savon alumineux coloré ne se précipite plus de la même manière, il se cristallise au milieu du savon blanc et y produit des veines, des taches de toutes les formes, plus ou moins larges, très-foncées dans certaines parties, parce que la matière est plus abondante, très-claire dans d'autres, et offrant tous les genres de dispositions et de dégradation des teintes. Si la quantité d'eau employée est encore plus petite, et le refroidissement convenablement ménagé, on obtient un savon à très-petites taches blanches et bleues, pressées les unes contre les autres. Enfin, lorsque la quantité d'eau est très-petite, on n'obtient plus qu'une masse uniformément colorée, comme celle dont nous sommes partis.

Il est infiniment probable que c'est de la même manière que sont produites la plupart des dispositions que l'on peut reconnaître dans les couleurs accidentelles des minéraux; à cela près que les circonstances étant beaucoup plus variées dans la nature que dans les ateliers, les résultats doivent l'être également. On conçoit en effet facilement que la solution de telle ou telle substance, qui renferme en même temps telle ou telle autre matière, dissoute ou simplement suspendue en

particules fines, soit assez étendue pour que toutes les matières étrangères se précipitent, et qu'il se forme alors une masse solide, incolore dans sa partie supérieure, colorée plus ou moins fortement à la partie inférieure, où la matière étrangère est empâtée par la substance dominante; il y a une foule d'exemples de ces sortes de dispositions dans la nature, surtout dans le quartz et dans le feldspath, qui font partie des masses granitiques. On conçoit de même que la solution se trouve plus concentrée, et qu'alors, comme dans la fabrication du savon, la matière colorante se dispose en veines, en taches, en dendrites intérieures, etc., au milieu même de la masse principale, comme cela arrive dans les marbres, dans beaucoup d'autres matières. Une solution encore plus concentrée donnera lieu à un dépôt où les matières seront entremêlées, en petites parties pressées les unes contre les autres; c'est ce qui arrive à la roche désignée sous le nom de *granitello* par les Italiens, qui ressemble complétement au savon obtenu d'une solution suffisamment concentrée, et ce que l'on observe dans une multitude de substances. Enfin, on conçoit des solutions tellement concentrées, que toutes ces matières se précipitent également à la fois, et que la matière étrangère, uniformément disséminée, produise une couleur uniforme. Plus on examinera les masses minérales en grand, plus on se convaincra de la vérité de ces explications pour un grand nombre de cas, et plus facilement on concevra les variations infinies de disposition des couleurs qui peuvent avoir lieu çà et là dans la même masse, dont on ne recueille souvent que les extrêmes, comme plus curieuses pour les collections : on verra alors par les passages d'une disposition à l'autre, que les variétés nuagées, flambées, dendritiques, quelquefois même certaines variétés ruiniformes, sont produites par des circonstances analogues.

Il ne faudrait pas croire cependant que toutes les dispositions que l'on peut remarquer dans les couleurs des minéraux sont produites de la même manière; il y a d'autres circonstances qui peuvent aussi en produire diverses variétés. D'abord il arrive souvent que les dispositions rubanées et zonaires sont le résultat de l'accroissement de la masse minérale, par des couches successives qui proviennent de solutions diversement colorées; d'un autre côté, ces mêmes dispositions sont dues tantôt à des infiltrations, tantôt à des décompositions. On trouve souvent des matières minérales colorées en jaune par de l'hydroxyde de fer, qui a pénétré dans la masse, et qui y a produit des teintes jaunes dont les nuances vont en dégradant depuis le point où l'infiltration a eu lieu jusqu'à une certaine profondeur où elles deviennent nulles : tantôt cette pénétration s'est faite de l'extérieur de la masse à l'intérieur, tantôt elle s'est faite à l'intérieur même, à partir d'un point central, où se trouvait quelque matière en décomposition, jusqu'à une certaine distance tout autour. Enfin, il arrive aussi qu'elle s'est faite par l'intermédiaire de certaines fissures qui se sont probablement remplies d'une solution colorée, qui a pénétré de part et d'autre; dans ce cas, les couches prennent souvent la disposition flambée.

. Les dispositions de couleurs produites par l'altération des matières qui étaient d'abord uniformément disséminées, ne sont pas moins communes. Il arrive souvent que des matières minérales exposées à l'air, ou à l'action d'autres gaz plus ou moins actifs, subissent une décomposition plus ou moins avancée, qui quelquefois n'altère que la matière colorante, et lui fait éprouver des changements qui varient suivant la profondeur; il en résulte des dispositions rubanées, plus ou moins ondulées, si la surface soumise à l'action décomposante est assez étendue, et des dispositions zonaires, si la décomposition s'opère sur des morceaux isolés de toutes parts. C'est surtout dans les solfatares, dont nous parlerons plus tard, que ces divers accidents se font plus particulièrement remarquer. Lorsque les matières décomposantes pénètrent dans des fissures, les dispositions de couleurs qui se font de part et d'autre des fentes, jusqu'à une certaine profondeur, sont encore plus bizarres, lorsqu'on coupe ensuite les masses dans un certain sens. Il en résulte encore des dispositions flambées, et quelquefois aussi la disposition ruiniforme : c'est du moins ainsi que M. Brongniart a été conduit à expliquer l'origine du marbre ruiniforme de Florence et de plusieurs autres endroits de l'Italie, en remarquant que ces marbres, lorsqu'ils sont en place, n'offrent la disposition qui les fait rechercher, qu'auprès des fentes d'où se dégagent les vapeurs qui produisent le phénomène des fumerolles.

Couleurs irisées. — Il y a aussi des couleurs qui ne tiennent ni à la nature des corps, ni à celle des matières qui s'y trouvent accidentellement mélangées. Les unes sont produites par des fissures, d'autres par une décomposition de la surface du corps, ou par des pellicules de matières étrangères qui la recouvrent, d'autres enfin proviennent d'un arrangement particulier des molécules matérielles, soit à la surface du corps, soit dans son intérieur.

Les fissures produisent, dans l'intérieur des corps, des effets semblables à ceux des anneaux colorés de Newton : elles donnent lieu tantôt à des anneaux concentriques plus ou moins irréguliers, tantôt à des bandes lumineuses qui offrent des teintes rouges, bleues, jaunes, etc., comme les couleurs de l'arc-en-ciel, d'où l'on a dérivé l'épithète irisé. Elles se manifestent dans toutes les matières compactes, transparentes, homogènes, qui peuvent se fêler avec plus ou moins de facilité, et plus particulièrement encore dans celles qui sont susceptibles de clivage, parce que le moindre choc peut y produire une solution de continuité entre les lames. Dans le gypse, par exemple, on peut en produire à volonté, et faire varier la nature des

couleurs, la disposition et l'étendue des anneaux, en soulevant plus ou moins les lames, ou en les pressant entre les doigts.

Les couleurs irisées, produites par la décomposition, se font remarquer particulièrement dans certains minerais de cuivre (cuivre pyriteux, sulfure de cuivre), dans le sulfure d'antimoine, etc. Quelquefois la décomposition n'a lieu qu'à la première pellicule du corps, mais dans quelques cas elle a pénétré assez profondément; quelquefois même toute la masse la subit plus ou moins. Les couleurs dominantes de ces décompositions sont fréquemment le bleu de l'acier, et les différentes nuances de violâtre, de rouge, de jaune, qui se présentent sur l'acier trempé, que l'on a recuit plus ou moins.

Les couleurs, qui sont dues à des pellicules de matières étrangères, se font remarquer sur tous les corps, principalement sur les minerais de fer (fer oligiste cristallisé de l'île d'Elbe, peroxyde et hydroxyde de fer en stalactite) à la surface des cristaux de certains carbonates de chaux mélangé de carbonate de fer et de manganèse ; entre les feuillets de certains schistes micacés, dans les fissures des matières charbonneuses qu'on trouve dans le sein de la terre, etc. Elles sont quelquefois assez uniformes, mais le plus souvent elles présentent une réunion de plusieurs espèces de couleurs, et dans tous les cas sont d'un éclat très-vif; ce sont des teintes d'or et de cuivre, des bleues, des rouges, des jaunes, etc., de la plus grande vivacité.

Il y a des cas où les iris que présente la surface des corps semblent être plutôt dues à un arrangement particulier des molécules matérielles qu'à un enduit qui recouvrirait la surface; c'est ce que l'on croit souvent apercevoir dans les cristaux de fer oligiste, et dans l'ilvaïte. Dans ce cas, les couleurs ne sont pas détruites par le lavage, même lorsqu'on frotte la surface des corps avec une brosse, tandis que les mêmes opérations enlèvent souvent toutes les couleurs qui font le prix de certains échantillons, lorsqu'elles ne sont dues qu'à des pellicules de matières étrangères.

Les couleurs qui tiennent à un arrangement particulier des molécules matérielles dans l'intérieur même du corps, se font remarquer dans l'opale, dans la pierre de Labrador, etc. Dans l'*opale*, les iris, qui sont souvent d'une grande vivacité, et qui font tout le mérite de cette pierre dans la joaillerie, ont été attribuées par Haüy à de simples fissures; mais il est impossible d'admettre cette explication, qui n'a pu venir à l'esprit de ce savant que parce qu'il est parti d'une expérience inexacte, que sans doute il n'a pas faite lui-même. Il a annoncé que toutes les couleurs de l'opale disparaissaient du moment que l'on brisait cette pierre ; mais il n'en est pas ainsi, car les plus petits fragments, ceux mêmes qu'on ne peut observer qu'au microscope, présentent des couleurs aussi vives et aussi variées que les plus gros. Il est à remarquer que ce n'est jamais dans les opales transparentes qu'on observe les belles couleurs qui donnent tant de prix à cette pierre ; ces couleurs ne se manifestent que quand la transparence est troublée même assez fortement, et pour les provoquer dans les variétés plus transparentes, il faut les chauffer un peu. Il y a des variétés qui perdent toutes leurs couleurs, lorsqu'elles sont dans une atmosphère humide, et qui les reprennent pour peu qu'on les approche du feu. Il en est d'autres, au contraire, qui n'offrent leurs couleurs que quand elles sont humides : ce sont celles qui sont un peu trop opaques, et qui redeviennent un peu translucides, en imbibant de l'eau. On doit remarquer aussi que les opales qui ne sont pas constamment renfermées, celles que l'on porte habituellement, finissent à la longue par perdre de leurs couleurs ; elles subissent alors une altération qui les rend plus opaques. Il paraît, d'après ces observations, que le phénomène des iris que présente l'opale est dû à des vacuoles qui existent dans l'intérieur de ces pierres, et qui, se trouvant remplies par des fluides de réfringence différente, peut-être de l'eau et de l'air, décomposent les rayons lumineux de mille manières ; il paraît qu'il est nécessaire que le nombre de ces vacuoles soit en certaines proportions avec les parties pleines. Nous ferons remarquer qu'on imite jusqu'à un certain point ces jeux de l'opale avec du verre dans lequel on introduit des matières infusibles, comme de l'oxyde d'étain, des os calcinés pulvérisés, qui se mélangent dans la matière, en troublent la transparence, et donnent lieu à des décompositions partielles de la lumière.

On remarque dans les minéraux différents effets qui paraissent avoir beaucoup d'analogie avec ceux que présente l'opale : tels sont les reflets plus ou moins vifs, blanchâtres, rougeâtres, jaune d'or, etc., qui sortent de certaines pierres, comme de l'opale girasol, de certaines variétés de corindon (corindon opalin) ou de feldspath (pierre de soleil), lorsqu'on les présente à une vive lumière, ou qui semblent flotter dans l'intérieur de la pierre comme dans le feldspath adulaire (pierre de lune), le quartz chatoyant, le cymophane, etc. Ce dernier effet a été nommé *chatoiement*, par allusion aux yeux du chat dont ces pierres imitent grossièrement le reflet, lorsqu'elles sont taillées en cabochon. Tous ces effets ne se manifestent généralement que quand la transparence de la pierre est plus ou moins troublée, ce qui paraît encore avoir lieu ici par l'interposition d'une matière étrangère, soit de petits globules d'eau ou d'air, comme dans l'opale girasol, soit de matière solide qui est quelquefois disposée en fibres extrêmement fines, comme on le voit souvent dans le quartz chatoyant : dans quelques cas, il paraîtrait que ces jeux de lumière sont l'effet d'un tissu fibreux de la pierre, qui occasionne aussi des vides où la lumière peut se décomposer de différentes manières. On imite aussi ces reflets dans le verre par des matières infusibles qui y restent en suspension.

L'aventurine présente aussi des reflets qui sont indépendants des matières colorantes du corps, et se rapportent à des degrés de réfraction différents, dans les différents points de la masse. Cette variété de quartz a une structure granulaire, qui résulte d'une accumulation de cristaux de quartz quelquefois assez distincts, parmi lesquels il s'en trouve de plus vitreux les uns que les autres, ce qui tient probablement à une différence de position. Il en résulte alors des points scintillants, sur un fond beaucoup moins éclatant, qui ne renvoient que de la lumière blanche, et des reflets jaunâtres, brunâtres ou brun-rougeâtres, dans le cas où la pierre est pénétrée accidentellement de matières ferrugineuses qui semblent être souvent déposées entre les grains. On a aussi attribué ces jeux de lumière à des fissures, en remarquant surtout que les pierres qui les présentent se trouve en cailloux roulés, qui, en se heurtant les uns contre les autres dans le transport par les eaux, auraient pu se fendiller de toutes les manières ; mais il n'est pas probable qu'il en soit ainsi, car des fissures produites de cette manière ne se trouveraient qu'à la surface des cailloux roulés, tandis que les effets de l'aventurine ont lieu dans toute la masse, quelque grosse qu'elle soit.

La *pierre de Labrador* présente des effets différents des précédentes, et dont l'explication ne peut encore être donnée d'une manière satisfaisante. Ce sont des couleurs très-vives qui ne se manifestent que sous certaines positions, et qui changent fréquemment d'une position à l'autre, en sorte que sur la même surface on aperçoit, dans un sens par exemple, des teintes bleues de toutes les nuances, et dans un autre des teintes vertes, rouges, jaunes, etc., etc. Quelquefois les masses étant formées de cristaux groupés en différents sens, on aperçoit sur la même surface, et sous une même inclinaison, des parties diversement colorées, qui sont toujours d'un très-bel effet. Ces couleurs ont une certaine analogie avec celles qu'on observe dans les plumes de certains oiseaux, sur les ailes des papillons, etc. On remarque quelquefois aussi dans la structure intérieure du minéral quelques circonstances analogues à celle de la structure de ces productions animales : la masse paraît en effet assez souvent formée soit de petites lamelles, qui sont comme des écailles empilées les unes sur les autres, soit de petites fibres, ou de petites aiguilles accolées les unes aux autres, et placées bout à bout.

On ne peut chercher jusqu'à présent l'explication de ces effets que dans la théorie des accès de facile réflexion et de facile transmission imaginée par Newton. L'espèce de couleur réfléchie sous une certaine position, dépendrait de l'épaisseur des lames que la lumière incidente peut traverser avant d'être reportée vers l'œil, épaisseur qui, devenant plus ou moins grande suivant qu'on incline plus ou moins la face du minéral dans tel ou tel sens, produirait tous les changements que l'on observe dans ces circonstances. Il faut cependant avouer qu'il se présente une multitude de petits accidents, qui doivent être en rapport avec les phénomènes principaux, dont on ne peut se rendre compte dans cette théorie.

On a quelquefois comparé les effets de la pierre de Labrador à ceux de la nacre de perle, qui présente aussi fréquemment des couleurs irisées ou très-variées ; mais il y a cette grande différence, que la nacre de perle imprime sa propriété sur les corps mous susceptibles de se modeler sur sa surface, comme la cire d'Espagne noire fondue, qui offrent ensuite les mêmes reflets, tandis que la pierre de Labrador ne l'imprime pas. Par conséquent, il y a à la surface de la nacre une disposition moléculaire saillante, malgré le poli, qui n'existe pas dans le minéral dont nous nous occupons.

COUPELLATION. — C'est le plus ancien procédé d'analyse. La coupellation remonte à une époque bien antérieure au règne de Philippe Auguste. Cette opération, aussi importante que belle, avait déjà été vaguement indiquée par Pline, Strabon, Diodore de Sicile ; elle est parfaitement décrite par Geber (IXᵉ siècle). Voici comment il s'exprime :

« L'argent et l'or supportent seuls l'épreuve de la coupellation. Le plomb résiste le moins ; il s'en va et se sépare promptement. Voici ce mode d'opération : Que l'on prenne des cendres passées au crible, ou de la chaux, ou de la poudre faite avec des os d'animaux brûlés, ou un mélange de tout cela, ou d'autres choses semblables. Puis il faut les humecter avec de l'eau, les pétrir et les façonner avec la main, de manière à en faire une couche compacte et solide. Au milieu de cette couche, on fera une fossette arrondie et solide, au fond de laquelle on répandra une certaine quantité de verre pilé. Enfin, on fera dessécher le tout. La dessiccation étant achevée, on placera dans la fossette (coupelle, *fovea*) l'objet que l'on veut soumettre à l'épreuve, et on allume un bon feu de charbon. On soufflera sur la surface du corps que l'on examine, jusqu'à ce qu'il entre en fusion. Le corps étant fondu, on y projette du plomb, un morceau après l'autre, et on donne un bon coup de feu. Et lorsqu'on verra le corps s'agiter et se mouvoir fortement, c'est un signe qu'il n'est pas pur. Attendez alors jusqu'à ce que tout le plomb ait disparu. Si le plomb a disparu, et que ce mouvement n'ait pas cessé, c'est que le corps n'est pas encore purifié. Alors il faudra de nouveau y projeter du plomb, et souffler sur sa surface jusqu'à ce que tout le plomb soit séparé. On continuera ainsi à projeter du plomb et à souffler, jusqu'à ce que la masse reste tranquille, et qu'elle apparaisse pure et resplendissante à sa surface. Après que cela a eu lieu, on arrête et on éteint le feu, car l'œuvre est terminée. Lorsqu'on projette du verre sur la masse qu'on soumet à l'épreuve, on remarque que l'opération réussit mieux ; car le verre enlève les impuretés. A la place du verre on pourra employer du sel ou du borax, ou quelque alun. On pourra également faire l'épreuve du *ciniritium* (coupellation) dans un creuset de terre, en soufflant tout autour et sur sa surface, comme nous l'avons indiqué plus haut. Le cuivre se sépare de l'alliage un peu plus lentement que le plomb, mais il est plus facilement enlevé que l'étain. Le fer ne se prête pas à la fusion, et c'est pourquoi il ne s'allie pas avec le plomb. Il existe deux corps qui résistent à l'épreuve de la coupellation, savoir, l'or et l'argent, à cause de leur solide composition, qui résulte d'un bon mélange et d'une substance pure. »

La coupellation est encore aujourd'hui employée, quoique plus rarement qu'autrefois, dans les analyses des monnaies d'or et d'argent. Ce procédé ancien a été généralement remplacé par le procédé de Gay-Lussac.

COUPEROSE BLANCHE. *Voy.* ZINC, *sulfate.*

COUPEROSE VERTE. *Voy.* SULFATE DE FER.

COUPEROSE BLEUE. *Voy.* CUIVRE.

CRAIE DE BRIANÇON. *Voy.* STÉATITE et TALC COMMUN.

CRAYONS ROUGES ou SANGUINES. *Voy.* OLIGISTE.

CRÈME. — La formation de la crème tient à ce que les parties émulsives, étant plus légères que la dissolution dans laquelle elles sont tenues en suspension, gagnent peu à peu la surface, où elles se réunissent d'une manière d'autant plus complète que le vase dans lequel on conserve le lait est moins élevé, parce qu'alors elles ont moins de chemin à parcourir. Les parties constituantes de la crème sont du beurre et de la matière caséeuse, mêlés avec un peu de lait.

CRÈME DE TARTRE. *Voy.* TARTRATES.

CRÉOSOTE (χρίας, chair ; σώζω , je conserve). — Ce nom a été donné à un produit huileux liquide, qui existe dans le goudron du bois distillé, et qu'on en sépare par une distillation ménagée. La liqueur qui provient de cette opération, soumise à plusieurs distillations successives, fournit une huile pesante jaunâtre, qu'on dissout dans une solution de potasse caustique pour l'isoler de l'*eupione* et d'autres huiles qui surnagent et qu'on enlève.

Pour obtenir la créosote pure, il faut, en dernier lieu, la distiller avec de l'eau d'abord, puis seule, avec du chlorure de calcium.

La créosote, à l'état de pureté, se présente sous la forme d'un liquide huileux, transparent, incolore, doué d'une grande réfrangibilité ; elle a une odeur pénétrante et désagréable, analogue à celle de la viande fumée, une saveur âcre et caustique. Sa densité est de $= 1{,}037$; elle bout à $+ 203°$. Cent parties d'eau en dissolvent $\frac{1}{1,2}$; elle forme avec ce liquide un hydrate, contenant $\frac{1}{10}$ d'eau.

L'alcool, l'éther, la dissolvent avec facilité. Mise en contact avec l'albumine, elle la coagule peu à peu en un caillot blanc. Cette propriété a fait proposer sa solution aqueuse pour arrêter les hémorrhagies des petits vaisseaux; elle jouit de la propriété antiputride au plus haut degré; car de la viande fraîche, macérée dans une solution de créosote et retirée au bout de plusieurs heures, peut ensuite se conserver à l'air sans subir la putréfaction. C'est cette propriété qui lui fait donner le nom qu'elle porte.

La créosote exerce une action violente sur l'économie animale, qui doit la faire ranger parmi les substances vénéneuses caustiques. On a cependant beaucoup préconisé son emploi dans le traitement de certaines affections cancéreuses, des pourritures, des caries des os et des dents; mais les essais entrepris en France depuis 1833 n'ont pas justifié la réputation dont elle jouit en thérapeutique peu de temps après sa découverte.

CRISTAL. Le cristal était connu à une époque fort ancienne, ce qui fut démontré, en 1787, par l'analyse du *miroir dit de Virgile.* D'après Fougeroux de Bonderoy, ce miroir, du poids de 15 kilogr., poli sur les deux faces, transparent, mais coloré en vert jaunâtre, contenait la moitié de son poids d'oxyde de plomb, et offrait tous les caractères du cristal. Il avait été conservé depuis les premiers temps de la formation du trésor de Saint-Denis, qui remontait à une époque bien antérieure à la découverte du cristal moderne. Le nom de ce miroir est inexact et ne démontre ni qu'il ait appartenu à Virgile, ni qu'il soit d'une antiquité aussi reculée. L'existence de cette pièce prouve seulement qu'on a su faire le cristal à une époque éloignée de la nôtre, et assez bien même, puisqu'on a pu former un miroir d'une dimension qui serait remarquable encore aujourd'hui. Le secret s'était perdu pendant très-longtemps.

On désignait indifféremment, autrefois, sous le nom de cristal, le verre incolore, quel qu'il fût, c'est-à-dire le verre simple, silicate de potasse et de plomb. Aujourd'hui le nom de cristal s'applique exclusivement à ce dernier, qu'on emploie dans la fabrication des vases d'ornement ou de divers objets d'économie domestique. Le cristal, qu'on emploie à la fabrication des instruments d'optique, est plus spécialement désigné sous le nom de *flint-glass,* et celui qui imite les pierres fines porte le nom de *strass.*

Fabrication du cristal. — La plupart des oxydes métalliques sont capables de se combiner avec la silice, et de s'unir ainsi aux silicates alcalins; mais presque tous sont colorés. Le protoxyde de plomb et l'oxyde de bismuth semblent seuls pouvoir donner des silicates peu colorés, et par suite des verres incolores par leur mélange avec le silicate de potasse à dose convenable. L'oxyde de bismuth étant beaucoup plus cher que celui de plomb, on emploie ce dernier exclusivement pour la fabrication du cristal ordinaire.

Le cristal, bien préparé, est incolore: plus transparent, plus brillant et plus lourd que le verre commun, il doit ses caractères au silicate de plomb; mais comme ce dernier est lui-même coloré en jaune, il donne, lors-que sa proportion est trop grande, une teinte jaunâtre au cristal.

Les compositions du cristal varient suivant l'état des fours et la nature du combustible. Pour des fours à la houille et à pots couverts on emploie les dosages suivants en poids :

	1re	2e	3e	4e
Sable pur. . .	300	300	300	300
Minium. . . .	200	200	215	180
Carbonate de potasse purifié. .	100	90 à 95	110	120
Groisil. . . .	300 { Azotate de potasse } 10 Groisil 300			
	Borax	10		

On ajoute quelquefois dans ces compositions :

Oxyde de manganèse.   0,45, et acide arsénieux } 0,60

Le cristal se façonne comme le verre ordinaire, mais il se prête à diverses manipulations que celui-ci supporte difficilement; cela tient à sa fusibilité, qui est plus grande, et surtout à la résistance qu'il peut opposer à la dévitrification, ce qui permet de le ramollir au feu un plus grand nombre de fois que le verre commun. On obtient, en soufflant le cristal dans des moules en bronze, des reliefs ou des incrustations fort nettes, mais néanmoins faciles à distinguer, par leurs arêtes mousses, des saillies à vives arêtes que l'on obtient par la taille, sur des vases semblables.

La faible dureté du cristal le rend plus facile à tailler que tout autre verre. Cette opération se divise en quatre manipulations distinctes : 1° on ébauche la pièce avec une meule de fer et du sable; 2° on l'adoucit avec une meule de grès qui fait disparaître le grain grossier de l'opération précédente; 3° on polit la surface, d'abord avec une meule de bois et de la pierre ponce; et 4°, pour finir, avec une meule de liége et de la potée d'étain. *Voy.* VERRE.

CRISTAL DE ROCHE. *Voy.* QUARTZ.

CRISTALLISATION. — Les molécules intégrantes des corps, liquéfiées par le calorique, ou par un liquide convenable, prennent, par le refroidissement ou par l'évaporation d'une partie de ce liquide, un arrangement symétrique plus ou moins régulier, mais toujours fixe et constant pour chaque espèce de minéral: c'est cet arrangement symétrique qu'on appelle cristallisation.

Il est certaines conditions qui favorisent la cristallisation : 1° on doit laisser refroidir lentement le corps ou le liquide qui le tient en solution, sinon l'on n'obtient que des masses informes; 2° il faut le repos du liquide dans lequel a eu lieu la solution; il est cependant des cas où un léger mouvement détermine la cristallisation; 3° la présence de l'air : le sulfate de soude ne cristallise point dans le vide; 4° une masse saline convenable; car plus elle est forte, plus les cristaux sont gros; 5° un degré de froid suffisant; aussi ne manque-t-on pas d'exposer les solutions salines dans les endroits frais. La pression peut même déterminer la cristallisation ; enfin, on peut obtenir des cristaux très-beaux et très-réguliers en suivant la méthode de M. Leblanc; elle consiste à placer dans une solution saline des cristaux très-réguliers du même sel, et à les retourner tous les jours.

Les molécules intégrantes des minéraux ont pour chacun d'eux une forme invariable à laquelle doivent être rapportées toutes celles que prennent leurs cristaux. En effet, un cristal n'est qu'une réunion de molécules qui, quoique ayant toutes la même forme, peuvent cependant, par un arrangement particulier, donner naissance à une infinité de formes secondaires qui participent toutes de la forme primitive. On peut donc regarder comme une loi, en cristallographie, que toutes les formes secondaires que les cristaux nous offrent ne sont produites que par la superposition ou par l'arrangement différent que prennent les molécules intégrantes.

La forme primitive se trouve comme enveloppée par des lames, dont l'arrangement représente quelquefois celui de la forme primitive ; mais le plus souvent il donne lieu à diverses formes dites secondaires, qui s'en écartent. De nos jours, on est parvenu à démontrer par le clivage, ou la dissection des cristaux, l'heureuse application de la pratique à cette théorie. On peut, en effet, à l'aide de la dissection, parvenir à reconnaître la forme primitive d'un cristal; mais cette dissection n'est possible que sous certaines conditions. Il est des faces qui résistent aux instruments, tandis que d'autres se laissent aisément diviser; ces effets sont produits suivant que l'instrument est dirigé dans le sens naturel de la superposition des lames du cristal, ou dans le sens opposé; d'où il résulte que, toutes les fois qu'on parvient à enlever les lames parallèlement aux faces, la forme de ce cristal est la même que la primitive, attendu qu'en continuant cette dissection on ne fait que diminuer la grosseur du cristal sans altérer sa forme. Lorsqu'au contraire on ne peut détacher que des fragments obliques aux faces, on doit en conclure que la figure du cristal est secondaire, c'est-à-dire engendrée par la superposition et l'arrangement des lames qui enveloppent sa figure primitive.

On connaît six systèmes cristallins auxquels tous les cristaux observés peuvent être rapportés. Dans chacun de ces systèmes il y a une série de formes que l'on peut rencontrer libres ou combinées les unes avec les autres ; mais jamais celles d'un système ne se combinent avec celles d'un autre. Les parties que les cristaux présentent à l'observation sont des faces, des arêtes, des angles et des axes. Les arêtes, les faces et les angles peuvent varier de nombre et de position; mais les axes sont invariables. Chaque système cristallin reçoit son nom des formes principales qui lui appartiennent; mais comme ces formes ne sont pas toujours appréciables, il y a quelque importance à fonder la nomenclature de ces systèmes sur la

relation de leurs axes. En rejetant tout ce qui est étranger aux relations géométriques, les cristaux peuvent se disposer en trois groupes principaux, selon qu'ils possèdent des axes d'un seul ordre, ou de deux ordres ou de trois ordres différents. Les deux derniers groupes peuvent se subdiviser eux-mêmes, selon le nombre des axes identiques, ou selon leur relation de position. Ces distinctions conduisent à établir six systèmes *géométriques* auxquels on peut donner les noms suivants, la première particule numérique étant relative à la nature des axes, et la seconde l'étant à leur nombre :

Cristaux dont les axes de même nature sont tous égaux, ou cristaux à une seule sorte d'axes principaux.		Monaxiques. Isoaxiques.
Cristaux à deux sortes d'axes principaux.	Diaxiques.	Didiaxiques. Ditriaxiques.
Cristaux à trois sortes d'axes principaux.	Triaxiques.	Trihortaxiques. Triclinhortaxiq. Triclinaxiques.

(*Voyez* Baudrimont, *Traité de chimie générale*, tome II, page 12.)

Davillon, vers le commencement du dix-septième siècle, parle le premier de la cristallographie sous un point de vue scientifique. L'auteur étend le principe de la cristallisation non-seulement aux sels et à des substances minérales, mais encore aux alvéoles des ruches et à certaines parties des végétaux, telles que les feuilles et les pétales des fleurs. Il ramène toutes les formes cristallines à cinq figures géométriques, qui sont le cube, l'hexagone, le pantagone, l'octaèdre et le rhomboèdre. Un sujet aussi intéressant et nouveau devait naturellement ramener un esprit, d'ailleurs assez spéculatif, aux doctrines anciennes de Pythagore et de Platon, suivant lesquelles toute l'harmonie de la création repose sur les nombres et les figures géométriques. (*Voy.* Hoefer, *Histoire de la chimie*, tom. II, pag. 243.) *Voy.* Théorie atomique et Cohésion.

CRISTAUX. — Les corps inorganisés se présentent à nous, tantôt sous la forme polyédrique ou de cristaux, tantôt à l'état amorphe, qui est lui-même variable en raison de l'arrangement plus ou moins irrégulier des molécules ; ils affectent la forme de cristaux, quand ils passent lentement de l'état liquide ou gazeux à l'état solide. Les cristaux sont des solides à faces planes, dont le nombre est plus ou moins considérable, mais qui peuvent toujours se rapporter à des cristaux simples appelés formes primitives. Deux surfaces planes se rencontrent suivant des lignes droites appelées arêtes ; les pointes où aboutissent les arêtes sont les sommets des cristaux.

Linné est le premier qui ait annoncé que les cristaux étaient le résultat de forces constituantes, et que leur étude devrait être prise en considération dans la description des substances. Romé de l'Isle s'empara de cette idée, et décrivit, dans un ouvrage publié en 1772, un grand nombre de cristaux, la plupart inconnus, en donnant la mesure de leurs angles; il fit en même temps connaître ce fait fondamental, que ces angles étaient les mêmes dans la même variété, et essaya de lier entre elles les diverses formes cristallines d'un même minéral.

Bergmann et Haüy observèrent en même temps la cassure lamelleuse de quelques cristaux, et les directions constantes qu'elle suit dans tous ceux qui appartiennent à une même variété. Le premier se borna à en tirer quelques inductions relatives à la structure des cristaux, tandis que le second étendit ce résultat à toutes les espèces susceptibles de le présenter, et établit une théorie au moyen de laquelle il fit dépendre toutes les formes cristallines de la même espèce d'une forme primitive, ce qui lui permit de mesurer les angles avec plus d'exactitude qu'on ne l'avait fait jusque-là. Ce principe de la forme primitive n'a pas toute la généralité que lui supposait Haüy, qui, néanmoins, est regardé comme le fondateur de la théorie cristallographique; mais, avant de la développer, exposons les propriétés générales des cristaux.

A l'exception du tétraèdre, les cristaux ont ordinairement leurs faces parallèles deux à deux. Les plans qui composent les cristaux sont, en général, ordonnés symétriquement, soit tous ensemble, soit partiellement par rapport à une ligne appelée axe. Cette ligne passe toujours par le centre du cristal et par deux angles opposés, ou par les centres de deux faces opposées, ou bien encore par les centres de deux arêtes opposées. Un grand nombre de substances cristallisées jouissent de la propriété de se laisser diviser ou cliver dans des directions planes avec plus ou moins de facilité. Souvent même on ne fait que soupçonner le clivage à l'aspect des stries ou lignes tracées sur les faces des cristaux. Ces indices sont même quelquefois si faibles, qu'on ne peut les déterminer qu'au moyen de reflets produits, quand on expose le cristal à une vive lumière. Pour effectuer le clivage, on se sert d'un instrument tranchant que l'on incline dans le sens présumé de la lame que l'on veut enlever, et sur lequel on frappe un coup sec avec un marteau.

Un cristal présente ordinairement plusieurs clivages: l'antimoine fondu en a jusqu'à dix; il y a des cristaux qui n'en ont qu'un ou deux. Il est des clivages qui tous ont le même degré de netteté dans tous les sens, comme la chaux fluatée et la galène (plomb sulfuré) en sont des exemples. La première en a quatre parallèles aux faces d'un octaèdre régulier, et la seconde trois dans des directions rectangulaires. Ces clivages sont une conséquence de la forme des cristaux, car il n'y a pas de motif pour que l'un d'eux soit plus facile dans un sens que dans un autre. Dans les substances dont le système cristallin ne dépend pas de l'octaèdre régulier, du cube et du rhomboèdre, les clivages n'ont pas la même netteté dans différents sens. Ainsi la chaux sulfatée, qui

dérive d'un prisme rhomboïdal oblique, en a trois, dont un très-facile et deux autres beaucoup moins, qui laissent à découvert des faces dépourvues d'éclat. Dans les substances qui ont des clivages nombreux, comme la chaux carbonatée, on remarque souvent qu'ils sont partagés en ordres différents par rapport à leur degré de netteté. On observe d'abord, en effet, un clivage triple très-facile, et plusieurs autres triples ou sextuples, qui le sont beaucoup moins. Ces derniers ont été appelés clivages surnuméraires par Haüy. La réunion des plans de clivage et les annotations relatives à leur netteté doivent être prises en considération par le physicien, car la réunion de ces plans constitue une forme géométrique intérieure constante, et les annotations montrent que la force d'agrégation qui produit le groupement des molécules n'est pas la même dans les différents sens de clivage. Nous ajouterons que les différentes formes cristallines d'une substance appartenant au même système cristallin sont toujours liées entre elles par des rapports symétriques, et que les divers solides formés de la réunion des clivages de différents ordres ont entre eux des rapports géométriques analogues. On appelle *système cristallin* d'un minéral l'ensemble des lois symétriques principales auxquelles les différentes parties de ses formes cristallines paraissent assujetties.

Exposons les faits qui peuvent nous éclairer sur la structure des cristaux, abstraction faite de toute supposition, de toutes idées théoriques, sur le groupement ou l'arrangement des molécules auquel on rapporte les formes variées que présente souvent un même minéral.

Toutes les formes cristallines d'une même substance appartenant à un même système cristallin peuvent être rapportées à une forme unique, appelée *forme primitive* par Haüy, et que l'on extrait la plupart du temps par le clivage ou un refroidissement brusque, ou que l'on peut déterminer par des considérations géométriques. Voici comment Haüy parvint à extraire la première fois, d'un cristal prismatique de chaux carbonatée, le rhomboèdre obtus, forme primitive de cette substance. Un cristal prismatique de chaux carbonatée s'étant détaché par hasard d'un groupe, Haüy remarqua que la fracture qui s'était faite à l'endroit où le cristal tenait à ce groupe, avait laissé à découvert une face nette et polie qui remplaçait une des arêtes de la base. Il en conclut que l'on devait considérer cette face comme faite suivant un des joints naturels du cristal. Il reconnut encore que le plan de cette face était sensiblement incliné de la même quantité, tant sur la base du prisme que sur la face adjacente. Ayant produit de semblables clivages sur les arêtes des deux bases, il reconnut qu'il n'y en avait que trois, parmi les six dont ces bases se composaient, qui se prêtassent à cette opération, et encore ces six plans étaient parallèles deux à deux. En continuant la division jusqu'à ce que toutes les faces du prisme aient disparu, il obtint un rhomboèdre obtus dont les faces, prises vers un même sommet, étaient inclinées d'environ 101°,5, c'est-à-dire que ce rhomboèdre était précisément celui que l'on obtient en clivant des lames de spath calcaire. Haüy conclut de cette observation (qu'il étendit à d'autres variétés plus ou moins complexes de chaux carbonatée), que toutes ces variétés renfermaient un noyau absolument semblable à celui qu'il avait obtenu avec le prisme hexaèdre, noyau qui devait être considéré comme la forme primitive. Telles sont les bases de son système de cristallographie, dont il a suivi toutes les conséquences avec la plus grande sagacité.

Nous venons de voir comment Haüy était parvenu, par le clivage, à extraire d'un cristal prismatique de chaux carbonatée le rhomboèdre primitif; appliquons cette méthode à d'autres formes de la même espèce pour en faire connaître la fécondité. Si l'on prend le rhomboèdre aigu de la même substance, dont l'angle plan du sommet est de 75°31' (variété inverse), et qu'on dirige les plans parallèlement aux arêtes supérieures, on arrive au rhomboèdre primitif. Dans le dodécaèdre à triangles scalènes (métastatique), le clivage doit être dirigé de telle manière que les bords inférieurs du rhomboèdre se confondent avec ceux du dodécaèdre, et que les plans de clivage passent par ces mêmes bords pris deux à deux. Si l'on considère d'autres substances, telles que l'amphibole, le pyroxène, le feldspath, l'arsenic sulfuré, etc., on arrive également par le clivage à un noyau primitif, qui est un prisme oblique rhomboïdal, dont la base est plus ou moins inclinée à l'axe, et dont les faces latérales font entre elles des angles plus ou moins ouverts, suivant l'espèce à laquelle appartient ce noyau. La baryte et la strontiane sulfatée, la stilbite ont pour formes primitives des prismes rhomboïdaux droits. Le quartz, le corindon, le fer oligiste, le mercure sulfuré ont pour forme primitive un rhomboèdre plus ou moins aigu; la galène ou plomb sulfuré, un cube, etc.; enfin, toutes les formes primitives observées jusqu'ici peuvent être rapportées aux six formes suivantes :

1° Régulière, ou tétraédrique;
2° Prisme à base carrée;
3° Rhomboèdre;
4° Prisme droit rhomboïdal.
5° Prisme oblique symétrique;
6° Prisme oblique non symétrique.

Quand un cristal se prête à la division mécanique dans tous les sens, rien n'est plus simple que d'en extraire le noyau primitif; mais quand la division mécanique ne peut s'effectuer en tout ou en partie, il faut avoir recours à d'autres expédients pour l'obtenir. Le premier est la direction des joints naturels : on brise un cristal de manière à laisser subsister en partie la face qui est parallèle à un joint, et en faisant mouvoir ensuite cette face à une vive lumière, on aperçoit deux espèces de rayons réfléchis,

les uns renvoyés par les résidus de la face, les autres par les lames intérieures. En faisant tourner le cristal, on voit paraître et disparaître successivement les rayons qui produisent les deux reflets; on en conclut alors qu'il existe dans l'intérieur du cristal un joint naturel situé parallèlement à la face dont on parle. D'autres fois, quand le clivage et les stries ne peuvent donner aucune indication, on fait rougir le cristal, et on le jette dans l'eau; il arrive quelquefois que l'on met ainsi à découvert les faces de la forme primitive. On est parvenu à retirer, par ce moyen, d'un prisme de cristal de roche, le rhomboèdre considéré comme sa forme primitive. On peut poser en principe que toutes les formes cristallines d'une même substance minérale, appartenant au même système cristallin, peuvent être rapportées à une même forme unique; nous disons appartenant au même système cristallin, car il peut arriver qu'une même substance possède deux systèmes cristallins différents, conduisant à deux formes primitives incompatibles. La chaux carbonatée, l'arragonite, en sont un exemple; le soufre cristallisé par fusion et le soufre natif, un autre.

En effet, la chaux carbonatée a pour forme primitive un rhomboèdre dont les faces ont pour inclinaison 105°,5', et 74° 55'; l'arragonite, un prisme droit rhomboïdal dont les inclinaisons sont de 116°, 5' et 63° 55', deux formes qui ne peuvent se déduire l'une de l'autre. Les cristaux de soufre naturels et ceux obtenus par voie humide ont pour forme primitive un prisme rectangulaire droit, tandis que ceux obtenus par fusion et décantation dérivent de prismes obliques à bases rhombes, qui ne peuvent être rapportés au prisme droit rectangulaire. La forme primitive se prête elle-même aussi au clivage, et l'on est conduit alors à des solides qui ne sont plus susceptibles d'aucune division mécanique et que Haüy a nommés *molécules intégrantes*. En groupant ces molécules, soit dans la direction des arêtes, soit dans celle des diagonales du noyau primitif, d'après certaines lois hypothétiques, il est parvenu, comme on le verra plus loin, à reconstruire les formes cristallines secondaires.

Citons quelques exemples de molécules intégrantes. Dans un cube spath-fluor, si l'on abat successivement les huit angles par des plans perpendiculaires aux diagonales, on obtient, d'une part, des tétraèdres qui, ne pouvant être sous-divisés qu'en abattant les angles, représentent la forme de la molécule intégrante; de l'autre, un octaèdre régulier, qui est la forme primitive. La galène donne un cube pour la forme primitive, ainsi que pour la molécule intégrante. Le parallélipipède conduit, par la division mécanique, à des parallélipipèdes semblables entre eux et au type principal. C'est ainsi que le rhomboèdre primitif de la chaux carbonatée se divise en d'autres rhomboèdres semblables; ce clivage doit s'effectuer jusqu'au dernier terme de la division mécanique. Il y a cependant d'autres divisions qui partagent le rhomboèdre en deux prismes triangulaires, mais nous n'en parlerons pas ici. La forme primitive du sel marin, qui est un cube, se divise également en cubes.

Le dodécaèdre rhomboïdal est divisible par des plans passant également par le centre, et parallèlement aux différentes faces ; on obtient alors vingt-quatre tétraèdres, dont chacun a pour face quatre triangles isocèles.

Il n'en est plus de même des autres formes ; le prisme hexaèdre régulier, celui de la chaux phosphatée, par exemple, peut être divisé par des plans qui passent par les centres des bases et les diagonales, d'où résultent six prismes triangulaires équilatéraux. En continuant les divisions suivant les directions parallèles aux premières, on obtient des prismes triangulaires qui, pris deux à deux, forment des parallélipipèdes ou prismes droits. On peut donc considérer le prisme hexaèdre régulier comme formé de la réunion de prismes droits.

Le prisme droit rhomboïdal, forme primitive de la staurotide, peut être divisé par des plans non parallèles aux faces. Dans ce prisme, les plans les plus inclinés forment entre eux un angle de 129° 30'. Le clivage montre que ce prisme peut être subdivisé par un plan qui passe par les petites diagonales des bases, de manière à produire deux prismes isocèles semblables. De même, la forme primitive de la baryte sulfatée, qui est un prisme de même espèce, présente un clivage suivant les deux diagonales de chaque base ; ce qui produit quatre prismes triangulaires, dont les bases sont des triangles rectangles scalènes égaux et semblables. Ces exemples, et d'autres que l'on pourrait citer, montrent que les solides, les uns prismatiques, les autres tétraèdres, que l'on obtient par la subdivision d'un parallélipipède faisant fonction de forme primitive, sont autant d'indices qui mettent sur la voie de la forme de la molécule intégrante, ou, du moins, de la forme la plus simple que l'on puisse obtenir par la division mécanique. Si donc on avait des instruments assez délicats pour atteindre le dernier terme de cette division dans un rhomboèdre de chaux carbonatée, on aurait encore un rhomboèdre semblable, susceptible d'être divisé dans quelques circonstances, suivant certaines directions, et après quoi on ne pourrait plus agir sans séparer l'acide carbonique de la chaux. Jusqu'ici on n'est parvenu à extraire des six solides, auxquels on rapporte les formes primitives, que trois formes de molécules intégrantes ou solides plus simples, le tétraèdre, le prisme triangulaire, et le parallélipipède.

Quoiqu'il ne soit pas possible de démontrer que les formes géométriques dont il est question représentent celle des molécules sur lesquelles agit la force d'agrégation, on ne peut disconvenir, néanmoins, qu'elles n'aient de très-grands rapports avec les formes des molécules élémentaires, puisque l'on peut concevoir par la pensée la division mécanique poussée jusqu'à la dernière limite, c'est-à-dire jusqu'au point où il n'y ait plus à vaincre que les forces chimiques pour séparer les éléments.

Théorie sur la structure des cristaux.

Ayant remarqué que les lames enlevées dans le clivage d'un cristal, pour arriver à la forme primitive, augmentaient progressivement d'étendue à mesure que l'on approchait du noyau, Haüy en conclut que, pour passer des formes primitives aux formes secondaires, les effets étaient les mêmes que si les lames décroissaient à mesure qu'elles s'écartent du noyau, par la soustraction d'une ou de plusieurs rangées de molécules, les bords de ces lames étant toujours compris dans le même plan ; et comme ces bords sont très-rapprochés, leur ensemble devait constituer les faces du cristal secondaire. Les stries parallèles observées fréquemment sur ces faces indiquent, en effet, l'existence de ces bords, et, par suite, celle des décroissements.

Ces observations, que l'on a souvent l'occasion de vérifier, tendent à justifier les vues théoriques de Haüy, en vertu desquelles la cristallisation a dû commencer par produire un noyau absolument semblable à celui obtenu par la division mécanique, et que ce noyau s'est ensuite accru par une superposition en retrait de lames analogues à celles que donne la division mécanique. Suivant cette manière de voir, qui gagne à l'examen, les faces des cristaux secondaires ne seraient que la somme des lignes qui résultent de l'alignement des molécules formant des lames de superposition qui ont subi des décroissements, soit sur les côtés, soit suivant les diagonales ou d'autres directions déterminées par le mode de superposition des lames et les angles des faces.

La théorie d'Haüy repose en partie sur des faits, en partie sur des hypothèses qu'on ne saurait admettre complétement : par exemple, pour avoir des décroissements en nombre entier des molécules, soit sur les angles, soit sur les faces, on est obligé de prendre pour formes primitives et pour molécules intégrantes des solides dont les inclinaisons des faces et les dimensions permettent d'atteindre le but. Il faut l'avouer, ces inclinaisons ne sont pas toujours d'accord avec l'expérience. Tant que l'on n'a employé que des goniomètres grossiers, qui ne donnaient que des résultats comportant des erreurs de $\frac{1}{4}$ degré et de même 1°, Haüy a toujours pensé qu'il y avait un accord parfait entre les déductions du calcul et les résultats de l'expérience. Il n'en a plus été de même dès l'instant que l'on a soumis la mesure des angles des cristaux à des moyens très-précis. En effet, au moyen du cercle répétiteur, Malus trouva que la plus grande incidence des faces du rhomboèdre primitif de la chaux carbonatée était de 105° 5', valeur qu'avait également obtenue Wollaston avec son goniomètre à réflexion.

D'après des considérations géométriques, et en ayant égard à toutes les lois simples de décroissement en vertu desquelles sont formés un certain nombre de cristaux secondaires de la chaux carbonatée, Haüy assigna à cette incidence une valeur de 104°, 28', différence de 23' avec la précédente; cette différence, qui n'a pas peu contribué à jeter du doute à l'égard de quelques-unes des données de la théorie, a été attribuée par Haüy à des inégalités qui se trouvaient sur les surfaces. Mais, éclairés par de nombreuses expériences, les physiciens actuels n'en ont pas moins adopté l'angle déterminé par Wollaston et Ma'us, comme représentant la plus grande incidence de deux faces du rhomboèdre primitif de la chaux carbonatée.

Quoi qu'il en soit, la théorie des décroissements rend compte d'un grand nombre de faits; elle s'accorde parfaitement avec la loi de symétrie, loi en vertu de laquelle toutes les parties d'une forme primitive, angles et arêtes semblablement placés par rapport à l'axe, éprouvent les mêmes modifications, c'est-à-dire que les diverses faces de la forme primitive, qui sont identiques, égales et semblables, doivent s'assimiler les unes aux autres dans les décroissements que subissent les lames de superposition qui les recouvrent. Nous terminerons ce que nous avons à dire sur le décroissement, en faisant voir comment il se combine avec la structure. On a vu précédemment qu'un cristal, quelle que soit sa grosseur, donne par le clivage ou tout autre moyen, soit physique, soit analytique, une forme primitive qui n'est certainement pas celle sur laquelle la nature a opéré; on peut se demander alors sur quel noyau primitif le décroissement a commencé. Pour répondre à cette question, il suffit d'examiner avec attention les cristaux d'une même substance, et d'en suivre le développement progressif, jusqu'à ce qu'ils aient pris un grand accroissement; on ne tarde pas à voir que l'arrangement des molécules, par lequel la formation des cristaux a commencé, représentait déjà comme en raccourci celui qui existe dans le plus volumineux. Le cristal n'a donc fait que s'accroître en conservant la même forme.

L'observation vient à l'appui des vues qu'on vient d'exposer sur la manière dont s'opère l'accroissement des cristaux. Nous en avons la preuve dans certains cristaux de quartz prismés, qui ont été brisés un peu au-dessus de la base d'une de leurs pyramides. On aperçoit des couches concentriques de différentes teintes, qui ont contribué successivement à l'augmentation du volume. On trouve aussi des cristaux de chaux carbonatée prismés, dont la base est marquée d'hexagones concentriques qui offrent des indices de l'accroissement en épaisseur. On voit donc que le cristal, en commençant par un embryon imperceptible à nos yeux, s'accroît par une superposition d'enveloppes qui, en se succédant l'une à l'autre, laissent subsister les traits de la forme originale; d'après cela, l'opération de la nature a son ori-

gine au centre du cristal. Si la théorie suppose qu'elle part de la surface du noyau, c'est que notre esprit s'accommode d'autant mieux de cette manière de voir, que c'est d'elle que procèdent les vrais principes de la théorie, dont le but est d'appliquer notre géométrie à celle de la nature.

CROCOISE (χροχόεις, jaune aurore). Syn. *plomb chromaté; plomb rouge*, etc. — Substance rouge-orangé. Cette substance se trouve en veines dans des roches granulaires, micacées, aurifères, avec galène, etc. en Sibérie et au Brésil. Cette matière a été d'abord employée en nature pour la peinture, et c'est ce qui a donné l'idée de la fabriquer avec les chomites de fer qui sont plus abondants.

CROISETTE. *Voy.* STAUROTIDE.

CROTON. *Voy.* HUILES et CORPS GRAS.

CRYOPHORE ou *porte-glace*, instrument pour produire du froid. *Voy.* CALORIQUE.

CUIR DE RUSSIE. *Voy.* MAROQUIN.

CUIVRE. — C'est peut-être le métal le plus anciennement connu. On pense que le χαλχὸς dont parle Homère, et avec lequel Vulcain fabriquait les armes des dieux et des héros, était probablement du cuivre, sinon pur, du moins allié à l'étain, dont les Phéniciens faisaient depuis longtemps un commerce considérable. Suivant Pline, l'usage de l'*œs* (cuivre pur ou allié) remonte à la fondation de Rome. Le σίδηρος des Grecs, que les traducteurs rendent par *fer*, n'était le plus souvent qu'un alliage de cuivre. Au moyen âge, le cuivre a joué un grand rôle dans la recherche de la pierre philosophale, c'est-à-dire dans la transformation des métaux *vils* en métaux *nobles*. Les Romains et les Grecs le tiraient de l'île de Chypre, d'où son nom de *Cyprium* et par corruption *cuprum*.

C'est un métal d'un beau rouge éclatant, cristallisable en cubes par la *voie humide* et en rhomboïdes par la *voie sèche*. Sa densité est 8,836. Il est très-ductible et malléable. C'est le plus tenace de tous les métaux après le fer : un fil de deux millimètres ne se rompt que sous un poids de 137,4 kil. Allié avec l'étain, il acquiert une grande sonorité. C'est dans cet état qu'on l'emploie dans la fabrication des instruments à cordes, pianos, harpes, etc. Il est plus dur que l'or et l'argent. Il communique à la flamme une belle couleur verte.

A l'air humide, le cuivre se recouvre d'une couche verte (carbonate de cuivre hydraté) appelée *vert de gris*. La plupart des composés de cuivre sont vénéneux. Il s'allie avec tous les métaux, excepté avec le fer et le plomb.

Le cuivre se rencontre quelquefois à l'état natif, mais le plus souvent à l'état de sulfure, d'arséniure et de carbonate. Ces minerais existent dans les terrains anciens et dans les terrains secondaires, particulièrement le grès rouge. On trouve encore le cuivre dans les cendres de quelques végétaux; dans le thé (ce qui tient probablement à la préparation de cette plante), dans le quinquina, dans la garance, dans le café, et en général dans les plantes de la famille des rubiacées.

La gelée de veau, de mouton (gélatine) en contient des quantités assez notables.

Les *composés oxygénés* sont : 1° le *protoxyde* d'un rouge de foie pulvérulent. C'est cet oxyde qui se forme quelquefois sur les statues ou médailles de bronze qui sont restées longtemps enfouies sous terre. 2° Le *bioxyde hydraté*; il est d'un beau bleu, couleur qu'il conserve, mêlé avec de l'argile, de la colle forte, de la silice, etc. Fondu avec le borax, il donne des verres bleus ou verts. Les verres bleus qu'on remarque dans la peinture ancienne contiennent de l'oxyde de cuivre.

Le *sulfure* de cuivre et de fer se rencontre cristallisé dans la nature, et prend le nom de *pyrite*. C'est un minerai souvent exploité pour l'extraction de ces deux métaux.

Les *sels de bioxyde de cuivre* sont colorés en bleu ou en vert et sont tous vénéneux. L'ammoniaque produit dans ces sels un précipité blanc verdâtre que dissout un excès d'ammoniaque, et cette dissolution, d'un bleu céleste, est douée d'une grande puissance tinctoriale : il suffit d'une très-petite quantité pour colorer une énorme quantité d'eau.

Voici quelques-uns des sels de cuivre:

Sulfate de cuivre (*vitriol bleu; couperose bleue; vitriol de Chypre*). Tant qu'il contient de l'eau, il est coloré en bleu. Déshydraté par la calcination, il est blanc, et colore aussitôt en bleu par l'addition de l'eau. Le sulfate de cuivre du commerce contient presque toujours du sulfate de fer; or ce sulfate ferrugineux ne peut être employé en teinture sur papier, car il donne une couleur moins belle et peu stable : elle s'altère et tire sur le jaune d'ocre.

On prépare ce sulfate en traitant le cuivre métallique par l'acide sulfurique bouillant. Dans les arts, on le prépare en chauffant le métal avec du soufre et en arrosant avec de l'eau, au contact de l'air, le sulfure qui en résulte. Dans ces circonstances, tout le sulfure finit par se changer en sulfate qu'on enlève par le lavage. On évapore la distillation (*eau de vitriol*), et le sel se dépose sous forme de cristaux bleus. Le sulfate de cuivre est quelquefois employé en médecine dans le traitement de l'épilepsie, de la chorée, etc. Il suffit d'une quantité minime de sulfate de zinc ou de cuivre pour rendre à la farine avariée des propriétés que les boulangers recherchent dans la panification.

Les principaux emplois de ce sel dans les arts sont pour le chaulage du blé de semence, pour la teinture en noir ou en bleu, et pour la préparation des cendres bleues et du vert de Scheele. Celles-là sont un mélange d'hydrate de deutoxyde de cuivre et d'hydrate de chaux; celui-ci est de l'arsénite de cuivre (*Voy.* plus bas). En médecine le deutosulfate de cuivre est usité à l'extérieur comme léger escarrotique; il entre dans la composition de certains collyres et de plusieurs médicaments externes. Ce sel est éminemment vénéneux à l'intérieur, comme tous les sels solubles de cuivre. C'est avec lui qu'on prépare,

en pharmacie, cette belle liqueur bleue, désignée sous le nom d'*eau céleste*, et qui consiste en une dissolution du deutoxyde de cuivre dans l'ammoniaque, obtenue en décomposant le deutosulfate de cuivre par un excès de cet alcali. Cette liqueur, employée comme collyre, s'obtient en dissolvant 32 grains de deutosulfate de cuivre dans un litre d'eau distillée et ajoutant ensuite 1 gros et demi environ d'ammoniaque au liquide. Le précipité qui se forme d'abord ne tarde pas à se redissoudre dans l'excès d'ammoniaque, en produisant une belle couleur bleu céleste.

Carbonate (vert-de-gris). — Nous ne mentionnerons que la variété de carbonate de cuivre qui se trouve dans la nature, qui colore les produits fossiles appelés *turquoises*, et les *cendres bleues*, employées dans la teinture de papier et fabriquées depuis longtemps en Angleterre. Ces cendres contiennent une certaine quantité de sulfate de chaux.

Arsénite. — Il est d'un beau vert-pré, connu sous le nom de *vert de Scheele*. Il est fréquemment employé en peinture et pour colorer les papiers de tenture.

Deutonitrate de cuivre. — Il est employé pour la préparation des cendres bleues, et fournit avec la chaux une belle couleur bleu-ciel.

Acétates de cuivre. — Distinguons le vert-de-gris commun ou *verdet*. Ce sel était connu des anciens : Pline en décrit la préparation. On l'obtient en recouvrant des lames de cuivre avec du marc de raisin en fermentation. Le *vert-de-gris* qui se forme à la surface des ustensiles de cuivre est aussi un acétate de cuivre : il est dû aux huiles grasses contenues dans les matières alimentaires que l'on fait bouillir dans du cuivre mal décapé. Ces substances ne deviennent vénéneuses en se chargeant de cuivre que par le refroidissement; c'est seulement alors que l'air peut traverser la liqueur, pénétrer jusqu'au cuivre et favoriser sa dissolution (1).

Cuivre (alliages). — Parmi les alliages que le cuivre forme avec les autres métaux, on distingue le *laiton*, composé de 2|3 de cuivre et de 1|3 de zinc. Mais comme ce laiton n'est

(1) Les oxydes et les sels de cuivre sont astringents et fortifiants; à forte dose ils excitent des vomissements, et puis, en plus grande quantité encore, ils exercent une action vénéneuse sur l'économie animale, occasionnent des coliques, des vomissements, la diarrhée, etc. « La meilleure manière de combattre ces accidents, dit Berzélius, consiste à faire avaler au malade une grande quantité d'eau très-sucrée. L'action du sucre est si énergique, que, d'après les essais d'Orfila, une dose de vert-de-gris qui tuerait un chien dans l'espace de deux heures ne lui cause aucune incommodité quand on la lui fait prendre mêlée avec beaucoup de sucre. Duval injecta dans l'estomac d'un chien deux onces de vert-de-gris dissous dans du vinaigre, et après quelques minutes, quatre onces de sirop de sucre; dans l'intervalle d'une demi-heure, il lui administra encore deux fois la même dose de sirop, en sorte que l'animal prit en tout douze onces de sirop. Les symptômes d'empoisonnement, qui s'étaient manifestés d'abord, cessè-

pas encore assez sec et qu'il graisserait la lime, on y ajoute 2[100 de plomb. Le laiton est d'une belle couleur jaune d'or. Il est parfaitement ductile et se laisse bien travailler à la température ordinaire : à la chaleur rouge, il devient cassant. Les chaudrons, les marmites et autres ustensiles se composent de 70 parties de cuivre et de 30 parties de zinc.

Le *chrysocale* (χρυσός, or, et καλός, beau) se fait avec 90 parties de cuivre, 7,1 parties de zinc, et 1 partie de plomb.

On obtient l'*alliage de Keller* avec 91 parties de cuivre, 5 à 6 parties de zinc, 1, 2 parties d'étain, et 0,01 partie de plomb. Les statues de Versailles sont faites avec cet alliage.

Le bronze, le *métal des canons* et des *cloches*, est un alliage de cuivre et d'étain. L'étain rend le cuivre dur et lui fait perdre sa couleur. Le *métal des cloches* se compose de 80 parties de cuivre et de 20 parties d'étain. Le métal des cloches est cassant, mais il possède une propriété remarquable que les Chinois connaissaient depuis longtemps : cet alliage rougi et subitement refroidi, en le trempant dans l'eau contenant des sels, au lieu de se durcir, devient très-malléable et ductile, de manière qu'on peut le travailler avec la plus grande facilité. Ainsi trempé, il devient *très-sonore*, lorsqu'on le recuit dans un four et qu'on le refroidit lentement. C'est probablement dans cet état que les Chinois et les Turcs l'emploient pour en faire des cymbales, des tamtams, etc., qu'on fabrique aujourd'hui dans toute l'Europe.

Les Grecs et les Romains connaissaient la trempe des alliages de cuivre et d'étain. La plupart des instruments que nous fabriquons avec le fer et l'acier, les anciens les fabriquaient avec le bronze ou avec des alliages de cuivre et de zinc.

Le cuivre existe encore comme alliage dans l'or et l'argent des bijoutiers, ainsi que dans l'or et l'argent monnayés (*Voy.* Mon-naies). Il forme avec le platine un alliage qui imite la couleur, la densité et jusqu'à un certain point l'inoxydabilité de l'or.

Observation curieuse. — D'après M. Sarzeau, presque toutes les plantes renferment du cuivre, mais en bien petites quantités toutefois, puisque chaque kilogramme de plantes sèches ne lui en a fourni que quelques milligrammes.

Le froment renferme 4 milligrammes 666 de cuivre par kilogramme; la farine en contient 0 milligramme 666. Par conséquent, c'est dans le son et nullement dans la partie amylacée qu'existe le métal ; en sorte que le pain fait avec les plus grossières farines est celui qui contient le plus de cuivre. Il résulte donc de là que nous introduisons journellement du cuivre dans notre corps,

rent, et le chien conserva la santé. A l'extérieur, les préparations de cuivre produisent un effet astringent, lorsqu'on les emploie en petite dose, tandis qu'en plus grande quantité elles sont irritantes, ou même corrosives. »

puisque l'aliment de première nécessité en renferme. D'après les calculs de M. Sarzeau, un homme en mangerait, dans l'espace de 50 ans, 6 grammes 9 centigrammes, quantité bien faible et qui ne peut inspirer de craintes pour la santé. Suivant le même chimiste, la quantité de pain consommée journellement en France étant de 18 millions de kilogrammes, il y aurait conséquemment 10 kilogrammes de cuivre mangés tous les jours, ou 3,650 kilogrammes par an; et comme d'un autre côté, le poids du froment nécessaire à l'alimentation de la France, pendant une année, est à peu près de 7 milliards 300 millions de kilogrammes , il résulte que 34,061 kilogrammes 800 grammes de cuivre sont annuellement enlevés au sol; quantité énorme , qui prouvera autant l'abondance que l'extrême division du cuivre dans le sol.

Le café, d'après M. Sarzeau, contient les 8 millionièmes de son poids de cuivre ; mais ce métal reste entièrement dans le marc du café grillé qu'on fait infuser dans l'eau, en sorte que la boisson que l'on sert sur nos tables sous le nom de *café* ne contient pas de cuivre. La consommation annuelle du café en Europe étant de 70 millions de kilogrammes, le poids du cuivre contenu dans ces 70 millions de graines exotiques est de 560 kilogrammes. Par conséquent , une masse de cuivre de 560 kilogrammes est ajoutée annuellement au sol européen.

CUIVRE. *Voy.* Panabase.

CUIVRE CARBONATÉ. *Voy.* Azurite et Malachite.

CURAÇAO. — La couleur jaune orangée du *curaçao de Hollande* est due à la couleur du campêche passée au jaune par l'acide libre des oranges qui servent à la composition de cette liqueur. Quand un liquoriste veut prouver que son curaçao est bien de Hollande, il en verse quelques gouttes dans un verre d'eau ordinaire, pour montrer qu'il y prendra une couleur rose ou rouge; ce qu'il donne comme une preuve incontestable de l'origine de sa liqueur. C'est au carbonate de chaux contenu dans l'eau qu'il faut rapporter ce virement de couleur. C'est pourquoi, si l'on voulait intriguer le liquoriste, il faudrait lui présenter de l'eau distillée, le curaçao ne changerait pas alors de couleur.

CURARINE. — Cette base organique a été découverte par Boussingault et Roulin dans une matière dont les Indiens de l'Amérique méridionale se servent pour empoisonner les flèches qu'ils emploient à la chasse. Cette matière est appelée *curara* ou *urari*. D'après une donnée de M. de Humboldt, il paraît qu'on la prépare en traitant par l'eau une espèce de liane appartenant à la famille naturelle des strychnées, et qu'on connaît dans le pays sous le nom de *mava cure*, et mêlant l'extrait aqueux, pour lui donner de la consistance, avec l'extrait gommeux d'une autre plante. La curara, introduite dans une plaie, tue, dans l'espace de deux à dix minutes, mais elle peut être avalée sans suites funestes.

Les expériences de Boussingault et Roulin

ont été répétées et confirmées par Pelletier et Petroz.

CURCUMA. *Voy.* Couleurs végétales, § II.

CYANATE D'AMMONIAQUE. *Voy.* Urée.

CYANHYDRIQUE (acide). *Voy.* Hydrocyanique.

CYANIQUE (acide). *Voy.* Cyanogène.

CYANITE. *Voy.* Disthène.

CYANOGÈNE (κυάνεος, bleu, et γίγνομαι, je deviens). — Aucune expérience n'avait encore signalé l'existence de ce composé binaire, lorsque Gay-Lussac en fit l'importante découverte en 1815. En examinant l'action du feu sur le sel désigné autrefois sous le nom de *prussiate de mercure*, il reconnut qu'il était décomposé en un fluide élastique particulier, en mercure métallique, et en une matière noirâtre charbonneuse. Les recherches qu'il entreprit sur ce gaz le convainquirent bientôt que c'était un composé à proportions définies de carbone et d'azote, qu'il existait tout formé dans ce sel de mercure, et que la chaleur ne faisait que le dégager. Par suite des propriétés qu'il reconnut aux combinaisons de ce nouveau gaz avec les autres corps, il crut devoir le distinguer par le nom de *cyanogène*, parce que ce composé est un des principes constituants du bleu de Prusse, duquel on le retire, et qu'il en produit directement par son union avec le fer.

Ce composé est d'autant plus remarquable qu'il joue à l'égard de certains corps le rôle de corps simple. Sous ce rapport, il a la plus grande analogie avec le chlore, l'iode, le brome, par les combinaisons qu'il forme. Son histoire, par cela même, est très-intéressante. Elle a naturellement conduit par la voie de l'expérience à considérer et à prouver la véritable nature de l'acide prussique, dont la découverte est due à Schéele.

Le cyanogène peut s'obtenir de la manière suivante : on met dans une petite cornue de verre une certaine quantité de prussiate de mercure bien desséché, que de nouvelles expériences ont appris être un simple composé de cyanogène et de mercure, et on chauffe peu à peu jusqu'au rouge obscur. Par l'action de la chaleur, cette combinaison se ramollit, se boursoufle, noircit et laisse dégager en abondance du cyanogène, qu'on recueille sur la cuve à mercure. Il reste au fond de la petite cornue un léger résidu de couleur de suie ; tout le mercure séparé de sa combinaison se trouve condensé en petits globules brillants à la voûte de la cornue.

Dans cette calcination, la plus grande partie du cyanogène est dégagée de sa combinaison ; une très-petite partie se décompose et fournit le résidu noir charbonneux, qui est du carbone un peu azoté.

Propriétés. — A l'état de pureté, le cyanogène est un gaz incolore, d'une odeur piquante et vive, et tout à fait particulière. Sa densité est de 1,8064. Il est impropre à la combustion comme à la respiration. Il exerce même une action délétère sur l'économie animale. Lorsqu'on le met en contact avec

un corps enflammé, il brûle lentement par couches, en émettant une lumière d'un beau bleu-pourpré. Les résultats de la combustion sont faciles à prévoir : le carbone est converti en acide carbonique, et l'azote est mis en liberté.

Une chaleur rouge ne peut en opérer la décomposition. Par un froid très-grand et une compression plus ou moins forte, il se liquéfie et se congèle même.

L'eau en dissout, à la température ordinaire, quatre fois et demi son volume, et l'alcool pur vingt-trois fois.

La solution aqueuse a l'odeur du gaz et une saveur piquante et comme poivrée. Mise en contact avec la teinture de tournesol, elle la rougit ; mais la couleur bleue reparaît par la chaleur, qui en chasse la plus grande partie du gaz. Abandonnée à elle-même, cette solution perd sa transparence en moins d'un jour ou deux, se colore en brun, et après un long laps de temps on retrouve que le cyanogène, qui y était dissous, a été converti, en vertu des éléments de l'eau qu'il décompose, en acide carbonique, en acide hydrocyanique, en acide cyanique, combinés tous les trois à l'ammoniaque produite de son côté, et en une matière charbonneuse (expérience de Vauquelin).

Aucun des corps simples ne réagit directement, à l'état de liberté, sur le cyanogène de gaz naissant, lorsque celui-ci est à l'état gazeux ; mais ils peuvent s'y combiner presque tous et former des combinaisons nouvelles.

L'oxygène, qui n'a point d'action sur le cyanogène à la température ordinaire, en a une très-grande à une température élevée, ou sous l'influence de l'électricité. Ce gaz est alors brûlé et transformé en acide carbonique et en azote libre.

C'est sur ce principe qu'est fondée la détermination du rapport des éléments de ce gaz.

Si l'on fait détonner dans l'eudiomètre à mercure 100 volumes de cyanogène avec 250 volumes d'oxygène, on retrouve, après la combustion, 200 volumes d'acide carbonique, 100 volumes d'azote, et 50 volumes d'oxygène en excès. De cette expérience on doit nécessairement conclure que le cyanogène est composé de 100 volumes de vapeur de carbone et 100 volumes d'azote condensés en 100 parties, ou plus simplement qu'un volume de cyanogène contient un volume de carbone et un volume d'azote. Ce qui fait en poids :

Azote. . . .	54,02	1 atome
	ou	
Carbone. . .	45,98	1 atome
	100,00	

Dans un grand nombre de cas, l'azote et le carbone, qui ne peuvent s'unir directement, se combinent pour former du cyanogène ; mais cette combinaison ne peut se faire que dans les circonstances où l'azote passe à l'état de gaz, ou en présence d'une base métallique avec laquelle le cyanogène puisse se combiner.

Le chlore forme deux composés avec le cyanogène ; un *protochlorure* et un *deutochlorure*. Ce dernier exerce une action très-délétère sur les animaux, car un grain dissous dans l'alcool et injecté dans l'œsophage d'un lapin, l'a tué à l'instant.

L'*iodure* et le *bromure* de cyanogène n'offrent pas d'intérêt.

L'acide *cyanique* paraît avoir une action peu prononcée sur l'économie animale. Introduit dans l'œsophage de deux lapins, il n'a pas produit d'effets marqués. *Voy.* HYDRO-CYANIQUE.

CYANURE DE FER ET DE POTASSIUM (*prussiate de potasse ferrugineux*).—Il se prépare en faisant bouillir du bleu de Prusse, privé d'alumine par les acides, avec une solution de potasse caustique, jusqu'à ce qu'il ait perdu sa couleur bleue, et qu'il en ait pris une jaune rougeâtre.

Le cyanure de fer et de potassium est non-seulement employé comme réactif dans les laboratoires, mais il sert à teindre, dans les arts, la soie en bleu, après l'avoir imprégnée de peroxyde de fer. Cette opération se pratique en plongeant, pendant un quart d'heure, de la soie écrue dans l'eau tenant en solution un vingtième de persulfate de fer, la lavant et la tenant ensuite dans une solution de savon presque bouillant. Si alors on retire la soie qui est combinée à une certaine quantité de peroxyde de fer, et qu'on la mette dans une solution faible de cyanure de fer et de potassium acidulée par l'acide sulfurique, il se forme aussitôt du bleu de Prusse qui reste appliqué sur la soie, et la teint en bleu plus ou moins foncé.

CYANURE DE POTASSIUM. — L'un des produits les plus remarquables de la décomposition, par le feu, des matières animales azotées, c'est la formation du cyanure de potassium en les calcinant avec la potasse. La fabrication du bleu de Prusse est fondée aujourd'hui sur ce principe.

On fait un mélange de parties égales de potasse du commerce, soit avec des rognures de corne, soit avec du sang desséché, ou, ce qui est préférable, avec du charbon d'os (noir d'os), qui offre un volume moindre et renferme toujours une certaine quantité d'azote. Ce mélange est ensuite calciné jusqu'à la température rouge dans un grand creuset de fonte placé dans un fourneau à réverbère, et muni d'un long tuyau d'aspiration, ou dans le four d'un fourneau à réverbère.

Par la calcination, la matière animale est décomposée ; il s'en dégage tous les produits que nous avons signalés plus haut, et il se forme de plus, par l'action de la potasse sur une portion du carbone et de l'azote, du cyanure de potassium qui fait partie du résidu noir charbonneux restant au fond du creuset. On délaye alors ce résidu dans douze à quinze fois son poids d'eau froide ; le cyanure se dissout ainsi que les sels étrangers qui étaient contenus dans la potasse ; et si on verse dans la liqueur filtrée une solution

d'alun contenant la moitié de son poids de protosulfate de fer, il en résulte tout à coup, par l'excès d'acide de l'alun, une effervescence due à la décomposition d'une partie de carbonate de potasse et de sulfure de potassium, qui existaient avec le cyanure, et d'une autre part un précipité très-abondant, blanc, bleuâtre ou verdâtre sale, formé d'alumine, de bleu de Prusse et de sulfure de fer. Le bleu de Prusse provient de la réaction du cyanure de potassium sur le sulfate de fer ; l'alumine, de la décomposition de l'alun par le carbonate de potasse ; et le sulfure de fer, de l'action du sulfure de potassium sur une partie du sulfate de fer.

Toutefois, ce précipité est lavé par décantation un grand nombre de fois avec de l'eau limpide. Il prend, par suite de ces lavages, une couleur bleue de plus en plus foncée, par suite de la décomposition à l'air du sulfure de fer qu'il contient. Lorsqu'il est parvenu à ce point, on le rassemble sur des toiles tendues, et on le laisse bien égoutter avant de le dessécher en morceaux plus ou moins gros : c'est sous cet état qu'on le livre dans le commerce. Suivant la proportion d'alumine qu'il renferme, il est plus ou moins coloré, ce qui constitue dans le commerce les différentes qualités de ce produit.

Le bleu de Prusse, qui, d'après son nom, rappelle celui du pays où ce composé a été obtenu pour la première fois, a été observé, en 1710, par Diesbach, fabricant de couleurs à Berlin. Ce dernier en fit la découverte accidentellement, en versant dans une décoction de cochenille, mêlée à de l'alun et du sulfate de fer, de la potasse qui avait servi à la calcination du sang desséché. Au lieu d'une laque rouge qu'il désirait obtenir, il remarqua la formation d'un précipité bleu foncé. Trompé dans son attente, il fit part de ce résultat à Dippel, qui lui avait vendu la potasse ; celui-ci, se rappelant à quelle opération elle avait été employée, ne tarda pas à reconnaître quelle était la cause de ce produit, et à trouver le moyen de le former à volonté en mêlant une solution de sulfate de fer et d'alun à une lessive de potasse calcinée avec du sang, ou toute autre matière animale. Cette composition ne fut publiée que quatorze ans après, ayant été tenue secrète pendant tout ce temps.

Dès que ce produit fut connu dans sa préparation, les chimistes s'empressèrent tour à tour d'en rechercher la nature, et bientôt on admit que c'était un composé d'oxyde de fer et d'un acide particulier. Scheele le prouva dans un mémoire, où il parvint à l'isoler et à en examiner les propriétés. C'est alors qu'il le désigna sous le nom d'*acide prussique*.

Cet acide fut soumis ensuite à de nouvelles expériences, et l'on doit la connaissance parfaite de sa composition à Gay-Lussac.

Enfin, d'après les expériences les plus récentes, on est autorisé à conclure aujourd'hui que le bleu de Prusse est un double cyanure formé de protocyanure et de percyanure de fer, que Berzélius désigne sous l'épithète de *cyanure ferroso-ferrique.*

Le bleu de Prusse est employé pour peindre soit à la gouache, soit à l'huile ; il se distingue par l'intensité et la stabilité de sa couleur. On a commencé à s'en servir pour teindre en bleu la soie, qu'on trempe à cet effet dans une dissolution de sulfate ferrique mêlé avec du bitartrate potassique, puis dans une dissolution de cyanure ferroso-potassique. Plus tard Raymond fils a fait connaître un procédé pour teindre les laines au moyen du bleu de Prusse. En Suède et dans d'autres pays, on l'avait employé pendant quelque temps pour donner au papier la nuance bleue qu'on produit ordinairement à l'aide du smalt. Mais le papier ainsi préparé prend une teinte verdâtre et un aspect désagréable. On prépare une combinaison d'amidon et de bleu de Prusse, d'un bleu moyen très-beau ; elle est très-estimée, mais on fait un secret de la manière de la préparer. Quand on la fait bouillir dans l'eau, l'amidon se dissout, et la masse devient verte et semblable à de la colle d'amidon. L'amidon peut être enlevé par la digestion avec de l'acide sulfurique étendu, sans que la couleur bleue soit détruite. Pendant quelque temps on s'est servi du cyanure ferroso-potassique dans l'analyse des minéraux pour précipiter le fer à l'état de bleu de Prusse ; on admettait que $\frac{1}{4}$ de l'oxide ferrique qui restait après la calcination du précipité avaient été précipités de la dissolution. Mais cette méthode a été abandonnée.

CYMOPHANE (*chrysobéril*, *chrysopale*, *chrysolite orientale et chatoyante*).— On rencontre ce minéral au Brésil, dans l'île de Ceylan, dans le Connecticut et en Sibérie. Les variétés transparentes du cymophane sont très-éclatantes et d'un très-bel effet en pierre taillée à facettes ; elles sont alors recherchées et même d'un prix très-élevé. On les désigne sous le nom de *chrysolite orientale*, quelquefois sous celui de *topaze orientale*, et on les confond alors avec les corindons jaunes, qui portent le même nom. Les variétés chatoyantes se taillent en cabochon et n'ont de prix que quand les reflets sont très-beaux et très-vifs. *Voy.* CHRYSOBÉRIL.

D

DALLES. — Les matières schistoïdes sont recherchées dans l'architecture, lorsqu'elles sont susceptibles de se tailler facilement, de recevoir un douci suffisant avec peu de travail. Les pierres qu'on emploie sont principalement des calcaires et des schistes argileux ; ces calcaires sont, ou les parties de couches minces feuilletées de la formation du Jura (carrière de Papenheim, sur les bords du Danube, etc.), ou la pierre de liais des terrains tertiaires : elles ont encore l'avantage d'être d'un grain plus fin que des couches beaucoup plus considérables. Les schistes sont ceux des terrains où l'on exploite l'ardoise même ; mais on choisit alors les parties du dépôt qui se divisent en plaques épaisses, et qui, dans cette épaisseur, ont assez d'homogénéité ; on les emploie alors pour carrelages et dalles, après les avoir dégrossies ou adoucies, pour les marches d'escalier, les aires de balcons, pour lesquels on les suspend seulement sur des potences de fer, pour revêtir le pied des murailles dans les églises et les maisons, et les garantir ainsi de l'humidité.

DAMASQUINER. *Voy.* ACIER.

DAMMARA (résine). — On a donné ce nom à une résine qu'on ne trouve dans le commerce que depuis peu de temps, et qu'on croit provenir du *pinus dammara*, Lamb., ou du *dammara alba*, Rumph., arbres des Indes Orientales.

La résine dammara peut devenir utile dans les arts. Selon Lucanus, 2 parties de cette résine donnent, par l'agitation avec 2 $\frac{1}{4}$ parties d'huile de térébenthine, un vernis pour tableaux, lithographies, dessins, etc., qui est beaucoup préférable au vernis à mastic ordinaire, en ce qu'il est plus transparent, plus durable et moins coloré. La résine dammara convient aussi, par sa solubilité dans les huiles de lin et d'œillet, à la préparation du vernis à retoucher.

DAVY (HUMPHRY). — Je m'étonne toujours, en voyant la quantité d'hommes éminents qui se sont élevés du sein de la classe pauvre. Le père de Davy était un pauvre fermier de Cornouailles. Durement éprouvé avec sa famille par la misère, il mourut de bonne heure laissant à sa veuve quatre jeunes enfants. Cette pauvre femme se retira dans la petite ville de Penzance, où son mari, obligé de quitter sa ferme, avait vécu quelque temps dans l'état de menuisier. C'est là qu'elle éleva ses enfants. Elle gagnait sa vie en louant des chambres garnies aux personnes malades que la douceur de l'air attire sur cette côte. Le jeune Humphry, après avoir reçu quelque instruction dans l'école de l'endroit, fut placé comme apprenti chez un apothicaire. Cet apprentissage ne semblait guère devoir lui convenir. Il était plein de feu ; à l'âge de douze ans, une traduction d'Homère lui étant tombée entre les mains, il s'était mis en tête de faire, lui aussi, un poëme épique, et sur Diomède ; et faisant preuve au moins d'une remarquable vaillance, il avait réellement mené à fin un large morceau de son ambitieuse entreprise. Son succès l'avait mis en verve : elle éclatait en toutes sortes de poésies ; et aucun état, surtout quand il jetait les yeux sur l'officine de son patron, ne lui paraissait plus séduisant et plus beau que l'état de poëte. Certes, il ne se doutait pas alors que c'était dans la chimie qu'allait éclore et grandir la gloire de sa vie. Une de ces circonstances que nous nommons de hasard décida sa destinée. Le fils de Watt étant venu à Penzance, et ayant pris logement dans une des chambres de madame Davy, le pauvre enfant, tout ému et tout ravi de se trouver ainsi presqu'en contact avec une des célébrités de l'Angleterre, et voulant à tout prix entrer en conversation, de manière à attirer ses regards, avec l'hôte illustre de sa mère, se mit à lire, et à lire avec une ferveur violente, une traduction de la chimie de Lavoisier, qu'il avait trouvé moyen d'emprunter dans la ville. Il en acheva la lecture en deux jours, comme à son âge on expédie d'ordinaire celle des romans. Mais celle-ci profita. Son intelligence en reçut ce coup sacré que le génie donne comme par un éclat de lumière au génie. Un monde bien différent de celui d'Homère, le monde mystérieux des phénomènes secrets de la nature, s'était ouvert devant Davy; l'instinct de sa première destinée l'y poussait; disant adieu à ses exercices de poëte, il s'y jeta.

Son premier travail fut une analyse de l'air contenu dans les vésicules des fucus. L'ayant adressé au docteur Beddoes, qui avait établi à Bristol une maison de santé pour le traitement des maladies de poitrine par la respiration des divers gaz que la chimie venait de découvrir, celui-ci fut frappé de voir une pareille œuvre sortir d'une boutique d'apothicaire de village (Penzance à cette époque n'était guère que cela), et des mains d'un enfant. Il voulut avoir le jeune chimiste près de lui, et, prenant confiance dans sa hardiesse, il lui donna son laboratoire pour y faire ses expériences, et son amphithéâtre pour y faire des leçons. Davy grandit aussitôt. Un de ses premiers coups fut de découvrir le protoxyde d'azote, ce gaz singulier par son action sur l'économie animale, et qui, à son apparition, sembla un instant appelé à jouer, comme agent, soit de jouissance, soit de santé, un si curieux rôle dans nos sociétés. Agé à peine de vingt ans, il se vit appelé à Londres, et installé comme professeur de chimie dans l'Institution royale, récemment fondée par le comte de Rumford, dans le but de vulgariser la connaissance des sciences et de les mettre en honneur dans le grand monde de la capitale. Aidé par le charme de son élocution, par la grâce de ses manières, aussi par son mérite, le jeune professeur obtint dans la haute compagnie réunie à ses leçons un succès immense. On était à la fin du xviiie siècle, cette ouverture de l'âge d'or de la chimie, et en Angleterre comme en France cette science faisait fureur parmi les gens du monde; la mode l'avait prise sous sa protection et lui attirait l'admiration, même des plus ignorants, en exagérant à plaisir ses merveilles et celles de son avenir. Cet engouement général ne fut sans doute pas sans influence sur la prompte fortune du jeune Davy, dès ses premiers pas dans le monde. Mais il sut glorieusement soutenir la précoce illustration de son nom

en le recommandant à l'estime des savants par de solides travaux. C'est le sujet que nous devons considérer ici particulièrement.

Nous n'entrerons point dans le détail de tout ce qu'a fait Davy; nous devons nous borner à l'exposé succinct de ceux de ses travaux qui sont au premier rang dans l'histoire de la chimie au xixe siècle. Les autres sont trop particuliers et trop nombreux.

La pile voltaïque, ce magnifique instrument que Lavoisier n'avait point connu, et que la physique a communiqué à la chimie au commencement de ce siècle, fut la puissance que Davy mit en jeu pour ses premières découvertes. L'action chimique de la pile, révélée à l'attention des physiciens par l'effet singulier des deux fils sur l'eau mise en contact avec eux, avait été étudiée avec le plus grand soin, dès 1803, par MM. Berzélius et Hisinger. Ces savants chimistes, soumettant à la pile, avec les précautions convenables, une série variée de substances, avaient été conduits à donner une haute généralité au phénomène de la décomposition de l'eau. Ils avaient vu que les substances salines placées dans le cercle d'une forte batterie étaient toujours décomposées de telle sorte que les acides se trouvaient portés vers le fil positif, les bases vers le fil négatif. Pour les oxydes, une décomposition analogue avait lieu, l'oxygène se dirigeait à l'extrémité du courant positif, le radical à l'extrémité du courant négatif : ainsi à l'égard de l'eau, dont la décomposition, en apparence si singulière lors des premières observations, ne se présentait plus désormais que comme un cas particulier d'une grande loi. Ce sont là les expériences dans le courant desquelles, secondé par le secours d'une pile énergique, entra Davy. Privé du mérite de l'originalité, il eut du moins tout celui que le génie, lorsqu'il s'unit à la sagacité et à la persévérance, peut encore déployer dans une carrière qui n'est plus neuve. Reprenant pour les étendre les observations de MM. Berzélius et Hisinger, et les consolidant par des observations nouvelles, il acheva de donner toute l'autorité dont les lois naturelles sont susceptibles à celle que ces savants avaient eu l'honneur de signaler; mais s'élevant plus haut qu'eux dans l'ordre de la généralisation, et remontant jusqu'au principe dont la loi des décompositions voltaïques n'est qu'une conséquence, il jeta, au milieu du chaos encore bien obscur des phénomènes chimiques, la lumière de cette puissante conclusion « que l'affinité chimique n'est autre chose que la force d'attraction des électricités opposées. » Ce travail était un des plus beaux que la science eût vus depuis longtemps. L'Institut de France, sans s'inquiéter ni de la guerre qui divisait alors la France et l'Angleterre, ni des passions haineuses soulevées par la vivacité de la querelle entre les deux nations, couronna solennellement, le 1er janvier 1808, le jeune Anglais, et cette conduite, où l'on n'aurait dû voir que le résultat de l'indépendance scientifique, parut, chez nos ennemis d'outre-mer, un hommage conquis de vive force par l'éminente suprématie de leur compatriote. Davy eut peut-être le tort, dans cette occasion, de ne pas s'abstenir entièrement de cette erreur, et de prendre pour de la déférence ce qui n'avait été que de la justice. On sait que la loi de Davy, combinée avec la belle loi des proportions définies, de MM. Dalton et Gay-Lussac, est devenue une des bases principales de la théorie atomique de Berzélius. Davy, en établissant cette loi, a donc contribué, pour une des parts les plus glorieuses, à donner à la chimie cette noble simplicité dont se revêtent toutes les sciences dans les degrés supérieurs de leur développement. Les travaux dont il nous reste à parler ont eu cette même tendance.

Il existe de tels rapports entre les propriétés générales des oxydes métalliques, des terres et des alcalis, que l'analogie qui réunit dans une même classe ces diverses substances avait depuis longtemps frappé tous les chimistes. En effet, en les considérant en elles-mêmes, indépendamment de toute question d'origine, leur liaison naturelle tombe pour ainsi dire sous les sens. Mais il restait à rendre cette liaison évidente pour l'esprit en constatant que toutes ces substances appartiennent à un ordre identique de génération. C'est ce qu'avait pressenti, dès 1789, le hardi génie de Lavoisier. « Peut-être, avait dit cet illustre père de la chimie moderne, les terres ne sont-elles que des oxydes irréductibles par les moyens ordinaires? » Davy, toujours aidé par la puissance de l'électricité, démontre ce qu'avait seulement soupçonné Lavoisier. En soumettant la potasse à l'action héroïque de la pile, il vit la potasse se décomposer, l'oxygène se portant au pôle positif, tandis qu'un métal nouveau, réuni par gouttelettes comme du mercure, se portait au pôle négatif. Ce métal, c'était le potassium mis à nu pour la première fois. Davy eut la gloire de le produire, de l'étudier, de le faire connaître au monde pour la première fois. On soupçonna que ce singulier métal, si inflammable qu'il décompose l'eau pour se brûler à ses dépens, était peut-être le principe dont avaient fait usage les alchimistes de l'empire d'Orient pour la composition de leur feu grégeois. Mais cela fût-il certain, la gloire de Davy n'en serait nullement troublée; il lui resterait toujours le mérite d'avoir démontré le premier la véritable composition des alcalis et des terres, résultat bien autrement fécond pour le perfectionnement intellectuel et le bonheur du genre humain que l'invention du feu grégeois. Et quand il n'aurait fait que retrouver le secret perdu d'un agent aussi extraordinaire, l'industrie, sinon la nôtre, celle du moins de la postérité, devrait peut-être à sa mémoire des marques considérables de reconnaissance. Il va sans dire que, la composition de potassium une fois découverte, l'analyse des autres alcalis et des terres ne se fit pas longtemps attendre. Ici ce fut au tour de Davy d'être aidé dans le développement de son travail par Berzélius. Ainsi fut démontré, par une expérience bientôt généralisée et diversifiée, que le savant pressentiment de Lavoisier ne l'avait point trompé, et que les alcalis ainsi que les terres ne sont, de même que les oxydes métalliques, que les produits variés de la combinaison de l'oxygène avec les métaux.

L'ammoniaque, qui se lie par tant de rapports avec les alcalis ordinaires, qu'il est impossible à la nomenclature de l'en distraire, et qui ne donne à l'analyse que de l'hydrogène et de l'azote, fournit une anomalie jusqu'à présent inexplicable dans la grande loi de l'uniformité de composition des alcalis. Ne pouvant réussir à réprimer par l'expérience cette sorte d'insubordination chimique, Davy tenta de lui imposer silence par une hypothèse hardie. Conservant pour l'ammoniaque, malgré la déclaration en apparence contraire de l'analyse, l'allégation de Lavoisier sur les alcalis en général, il maintint que l'ammoniaque renfermait secrètement un principe métallique analogue à celui des autres alcalis. Une fois lancé sur ce terrain glissant de l'hypothèse, il s'y avança audacieusement et bien au delà de toute lumière d'expérience. On pourrait peut-être lui en faire un reproche, s'il n'y avait pas, dans l'histoire des sciences tant d'exemples que les découvertes les plus certaines ont souvent eu pour origine les propositions les plus aventurées. Davy, levant donc à demi la bannière d'une chimie nouvelle, en opposition, dès ses premiers principes, avec la chimie classique de Lavoisier, laissa tomber, comme corollaire à son théorème de l'analogie des alcalis, le soupçon que les métaux n'étaient peut-être point des corps simples, mais le résultat de l'union de l'hydrogène avec des radicaux inconnus : ainsi les alcalis proviendraient tout uniformément d'une combinaison de ces radicaux avec une certaine proportion d'eau, et tous, aussi bien que l'ammoniaque, renfermeraient de l'hydrogène. Nos moyens de décomposition sont si faibles, et il y a tant de choses en chimie qui nous sont évidemment inconnues, nommons seulement l'action des métaux sur l'azote, que l'on ne saurait sans doute tirer un moyen authentique de cassation contre une théorie du seul fait que cette théorie n'aurait aucune expérience directe en sa faveur. Mais il faut convenir aussi qu'une théorie simple, appuyée sur l'expérience, et donnant pour tous les cas, sauf un cas anormal et peut-être mal considéré par nous, une explication claire et facile de l'ordre établi par la nature ; il faut convenir, disons nous, qu'une pareille théorie, et c'est de la théorie de Lavoisier que nous entendons parler, est trop solide et respectable pour céder à une théorie qui n'a d'autre avantage sur elle que de mettre le pied sur une exception. N'est-il pas possible que l'ammoniaque soit l'unique représentant parmi nous d'une classe particulière d'alcalis, comme

l'hydrogène sulfuré l'a été pendant longtemps d'une classe particulière d'hydracides?
Cela seul suffit pour condamner à un ajour-
nement indéfini, jusqu'à instruction plus
complète, la théorie chimique de Davy.

Davy, dans sa rivalité avec Lavoisier,
fut plus heureux sur l'important terrain de
la combustion. Mais là, du moins, il ne fut
pas véritablement adversaire. Il ne fit qu'é-
tendre les lois d'un phénomène que Lavoisier, dans sa pénurie d'expériences, n'avait
point généralisé autant qu'il doit l'être.
Tout en montrant que Lavoisier n'avait pas
su tout dire, les travaux de Davy sur le
chlore servirent de preuve que Lavoisier,
dans ses mémorables travaux sur l'oxygène,
avait frappé de main de maître. Le phénomène fondamental de la combustion est-il
spécial à l'oxygène, ou bien appartient-il également à d'autres corps? Lavoisier l'avait
cru spécial à l'oxygène, Davy montra qu'en
ce qu'il a de plus essentiel, c'est-à-dire la
production des acides, il appartient également à d'autres corps. Et même, en posant
ainsi la question, je m'aperçois que je fais
aux travaux de Davy une part trop large
dans sa solution. Bien avant lui, Berthollet, en étudiant l'hydrogène sulfuré, avait
démontré, avec la dernière évidence, que ce
gaz remarquable, dans la composition duquel
l'oxygène n'a aucun rôle, jouissait, nonobs-
tant, de toutes les propriétés considérées
comme caractéristiques des acides, et notamment de celle de former des sels neutres
avec les bases. M. Ampère, appuyé sur de
hautes considérations de philosophie naturelle, avait proposé, de son côté, de rétablir
à l'égard de l'oxygène, la chaîne de l'analogie faussement interrompue, et de considérer plusieurs autres corps comme étant entre
certaines limites ses correspondants. Davy,
dans ce sujet envisagé d'un point de vue
général, n'a donc réellement point eu l'ini-
tiative, et sa part doit strictement se réduire
à ce qui concerne l'action de l'hydrogène
sur le chlore.

Nous sommes même encore obligé de faire
ici une réserve. MM. Gay-Lussac et Thénard,
en étudiant l'acide hydrochlorique, que l'on
nommait alors acide muriatique, et le chlore,
que l'on nommait acide muriatique oxygéné,
avaient été amenés à penser que ce second
corps, au lieu d'être, comme les chimistes se
l'étaient jusqu'alors imaginé, de l'acide muriatique chargé d'une plus forte proportion
d'oxygène, n'était peut-être que de l'acide
muriatique dépouillé d'hydrogène. Dès lors
l'acide muriatique aurait dû se trouver placé
à côté de l'hydrogène sulfuré, et le prétendu
acide muriatique oxygéné à côté des corps
simples. Si ces deux chimistes avaient eu la
hardiesse d'affirmer ce dont ils s'étaient con-
tentés, dans le compte-rendu de leur travail
(Mém. de la soc. d'Arcueil, t. II), d'exprimer
le soupçon, il ne resterait à Davy d'autre
gloire en cette circonstance que d'avoir confirmé leur découverte par ses belles expériences. Mais il demeure certain que c'est
Davy qui, le premier, a constaté et posi-

tivement déclaré que l'acide muriatique est
un hydracide, et l'acide muriatique oxygéné
un corps simple. C'est lui qui a eu l'honneur
de tirer pour ce corps du vocabulaire grec
le nom de chlore. De sorte qu'il est vrai de
dire que cet agent si essentiel de l'industrie
et de la chimie est né en France, a été étudié en France, et a eu son parrain en Angleterre. Rappelons, pour terminer ce sujet,
que les idées sur la propriété acidifiante
de l'hydrogène et la simplicité du chlore
ont été, depuis le travail de Davy, qui est
de 1810, considérablement renforcées par
les beaux travaux de Gay-Lussac sur l'iode et le cyanogène. Certains sulfures deviennent même susceptibles, en diverses
occasions, d'être considérés comme acides.
De tous ces travaux réunis est née cette
belle loi inconnue à Lavoisier, « que l'acidité ne dépend pas de la vertu d'un seul
corps, mais des vertus relatives des deux
corps combinés. »

Ici s'est arrêtée la carrière purement scientifique de Davy. On ne saurait trop le regretter. Est-il donc vrai que la fortune, qui
ne devrait être que la récompense du génie,
soit souvent un abîme où il vient se perdre?
Celle de Davy avait été rapide; nommé
membre de la Société royale en 1803, élevé
à la dignité de secrétaire perpétuel en 1807,
enrichi par un brillant mariage, lancé dans
le tourbillon le plus aristocratique de Londres, honoré par les faveurs du gouvernement et du public, le grand chimiste avait
laissé bien loin derrière lui, trop loin peut-
être, le pauvre apprenti de l'apothicaire de
Penzance. Certains dédains d'un monde auquel sa gloire n'avait pu faire oublier son
origine, et au sein duquel il avait eu le
tort de se précipiter trop passionnément,
contribuèrent peut-être à le détacher de la
chimie qui n'avait point su jeter sur sa personne tout le prestige qu'il aurait souhaité,
et que les soldats de fortune obtiennent
quelquefois. Quoi qu'il en soit, depuis 1810
Davy ne s'est plus occupé de chimie que
comme distraction et pour en faire quelques
applications à l'industrie.

De ces diverses applications, la seule qui
ait véritablement quelque puissance est
celle que Davy a faite d'une particularité du
phénomène de la combustion au perfectionnement de la lampe des mineurs. Il a rendu,
en cette circonstance, à l'humanité malheureuse, un service digne d'être senti, et dont
elle s'est montrée reconnaissante en conservant au bienfait le nom de son auteur. La
lampe *de Davy* est destinée à mettre les mineurs et les travaux souterrains à l'abri de
ces explosions malheureusement trop fréquentes, et qui, en certains endroits, donnent en quelque sorte à l'industrie la figure
hideuse de la guerre. On a comparé avec
raison le métier des mineurs, dans ces dangereuses houillères, à celui des soldats qui
s'en iraient battre les briquets dans l'intérieur des magasins à poudre. Souvent, en
effet, l'air que l'on rencontre dans ces profondeurs est aussi inflammable et aussi ter-

rible dans ses effets que la poudre. Il suffit de l'approche d'une lampe pour déterminer la combinaison de l'hydrogène et mettre en un instant toute la mine en feu. En entourant la lampe d'une simple cheminée de toile métallique, Davy est parvenu à couper court à ces explosions, parce que l'on empêche par là le feu de se communiquer à l'atmosphère au delà de l'enceinte de cette cheminée. C'est une bénissable invention ; malheureusement elle ne détruit pas la cause du danger, qui est le suintement continuel de l'hydrogène à travers l'épaisseur de la houille. Il suffit de la moindre imprudence d'un seul homme pour tout perdre. Les mineurs avec cette lampe sont comme des gens armés de lanternes, que l'on enverrait au travail dans une poudrière ; qu'il prenne fantaisie à l'un d'eux, pour mieux voir, d'entr'ouvrir un instant la sienne, et une formidable détonation, répondant à son geste, va peut-être faire sauter, avec la vivacité de l'éclair, hommes et matériaux. Il est d'autant plus permis de désirer un remède plus efficace, que la prudence est rarement la vertu des ouvriers, et que cet entourage de la flamme par un canevas à mailles assez serrées nuit singulièrement à la clarté. Comme dans beaucoup de mines l'éclairage est au compte des mineurs, ces pauvres gens, pressés par la misère, ne craignent pas de braver, à flamme ouverte, le danger, afin d'économiser chaque jour quelques centimes sur leur dépense de lumière.

Une application de la chimie, plus ingénieuse encore, s'il est possible, que celle-ci, mais qui, dans la pratique, n'a pas eu les avantages qu'au premier abord on avait cru pouvoir en attendre, est celle des principes de l'électricité voltaïque au doublage en cuivre des vaisseaux. A la mer, ce cuivre s'oxyde et se détruit promptement. C'est une grande affaire pour une puissance commerciale. Elle méritait bien par son étendue de prendre place à côté des explosions, car la navigation et la houille sont les deux pivots de l'Angleterre. Davy, sur la demande du conseil de l'amirauté, se mit donc à cette question. Il devina promptement que l'oxydation du cuivre était causée par la tension électrique à laquelle ce métal se trouve soumis par suite de son contact avec l'eau de la mer ; par conséquent, en obligeant le métal à se tenir dans l'état électrique opposé, ce qui se fait aisément en le mettant en contact avec du fer ou du zinc, on doit arrêter le cours de l'oxydation, car on en détruit le principe. En effet, un simple clou de fer planté de distance en distance dans le doublage de cuivre, suffit pour le garantir complétement contre cette cause instante de dégradation. Cette solution si élégante et si simple d'un problème en apparence si complexe est, si je ne me trompe, un des exemples où la puissance de la chimie mérite le plus notre admiration. Malheureusement cette invention n'a pas été d'une grande utilité pour la marine. Le doublage étant porté par la présence du fer à un état d'électricité né-

gative, il s'y dépose une croûte de carbonate terreux sur laquelle viennent se fixer des zoophytes et des mollusques, de sorte que ce doublage devient véritablement inutile. La marche du navire devient aussi mauvaise que si on lui avait fait un doublage avec quelque mortier. L'idée de Davy n'est cependant pas totalement infructueuse, car elle est applicable aux objets de cuivre qui demeurent exposés à l'air, et que l'on veut préserver des altérations que l'humidité produit à leur surface.

Mentionnons, pour terminer, les tentatives, malheureusement impuissantes, de Davy pour le déroulement des papyrus d'Herculanum. Le Régent, dont l'esprit éclairé s'intéressait beaucoup à ces recherches qui peuvent, en effet, devenir un jour d'une haute fécondité pour l'humanité tout entière en lui rendant tant d'anciens ouvrages perdus, avait envoyé Davy à Naples pour cet objet. Ce voyage, à peu près manqué dans son but principal, tourna cependant d'une autre manière au profit de la science en mettant Davy en position de se livrer à de belles études sur les éruptions volcaniques, devant celle, toute flagrante, du Vésuve, et, dans les ruines de Pompéi, à de curieuses observations sur les couleurs employées dans la peinture antique.

Les dernières années de Davy furent tristes. Poursuivi par cette noire mélancolie qui s'attache souvent après les hommes comme un ulcère qui les ronge, il les employa à voyager en France, en Italie, en Suisse, en Allemagne, fuyant partout devant son ennui et le retrouvant partout. La chasse et la pêche étaient ses amusements favoris, et il a écrit sur ce dernier, sous le titre de *Salmonia*, un petit ouvrage plein de finesse d'observation et de goût. Il a laissé également, sous le titre de *Consolations in travel*, un livre d'une toute autre portée, inspiré par le spiritualisme le plus naturel et le plus élevé, et empreint çà et là, dans ses aventureuses rêveries, de ces beaux traits où le génie se marque. Il l'avait composé, comme le titre l'indique, durant le loisir de ses voyages, et en le lisant, il semble voir en plus d'un endroit le glorieux chimiste, blessé dans sa vanité de grandeur, s'efforcer par un dernier effort de retrouver la paix en renouant amitié avec le jeune poëte, longtemps oublié, de l'échoppe de Penzance. Davy mourut à Genève le 29 mai 1829. Les autorités et les corps savants de cette république honorèrent leur Etat, ainsi que l'illustre mort, en se chargeant du soin de ses funérailles.

DÉCOCTION. — Action de décomposition partielle qu'une matière organique éprouve dans l'eau bouillante. L'eau chargée des principes dont la matière s'est ainsi dépouillée s'appelle un *decoctum*. On emploie souvent, quoiqu'à tort, le nom de décoction comme synonyme de *decoctum*. C'est ainsi qu'on dit décoction de racine de guimauve, de graine de lin, etc. Les tisanes ne sont autre chose que des décoctions ou plutôt des *decocta* de racines, de feuilles, de tiges, etc., employées en médecine. Il importe de distinguer la décoction de l'*infusion*. Dans l'infusion l'eau est versée bouillante sur les matières organiques dont on veut extraire certains principes, tandis que dans la décoction ces matières sont bouillies simultanément avec l'eau. Chacune de ces opérations présente des résultats différents : une plante ne cède pas les mêmes principes par la décoction que par l'infusion. Par la décoction on obtient en général les principes extractifs, résineux et amers, tandis que par l'infusion on se procure une bien plus grande quantité de principes volatils aromatiques, d'essences, etc. Ces principes peuvent avoir sur l'économie animale une action toute différente de celle qu'auraient les principes obtenus par la décoction. Il importe donc de ne point confondre la décoction avec l'infusion.

DÉCOUPAGE DU VERRE. *Voy.* VERRE.

DÉCOMPOSITIONS CHIMIQUES, effets électriques produits. *Voy.* ÉLECTRICITÉ DÉGAGÉE dans les actions chimiques.

DÉLIQUESCENCE.— Propriété qu'ont certains corps, particulièrement les sels, d'absorber l'humidité et de couler ou de tomber en *deliquium*. Les sels doués de cette propriété sont appelés *déliquescents*. Comme ces sels sont très-avides d'eau, on les emploie pour dessécher l'air. Le chlorure de potassium est le plus souvent employé dans ce but.

DELPHINE. — Cette base salifiable a été découverte, en 1819, dans les graines de staphisaigre (*delphinium staphisagria*), par M. Feneulle et M. Lassaigne ; à peu près en même temps, M. Brandes a fait de son côté la même découverte. Cette base se trouve dans les graines combinée à l'acide malique, et peut être séparée en faisant bouillir dans une petite quantité d'eau les semences mondées et réduites en pâte fine, filtrant la décoction, qui contient entre autres principes le malate acide de delphine qu'on décompose par la magnésie, et en se conformant à ce que nous avons rapporté pour l'extraction des autres alcalis végétaux.

La delphine est le principe actif des graines de staphisaigre. A la dose de cinq à six grains, elle occasionne chez les chiens une vive inflammation du tube digestif, à la suite de laquelle survient en quelques heures la mort.

DENTS. — Les dents sont de petits corps très-durs, de nature osseuse, recouverts, sur une partie de leur surface, par une matière vitriforme, désignée sous le nom d'*émail*. Leur nombre, leur forme, sont variables, ce qui a établi leur distinction en trois classes. On distingue deux parties dans les dents : la *racine*, tout à fait analogue par ses propriétés physiques à l'os, est enchâssée dans les alvéoles ; la *couronne*, qui est à découvert, est recouverte d'une matière blanche demitransparente, très-dure et lamelleuse (l'émail). Au milieu de celle-ci se trouve une cavité remplie d'une pulpe à laquelle vien-

nent aboutir les nerfs et les vaisseaux qui traversent la racine.

Les dents sont formées, comme les os, d'une matière animale parenchymateuse, dans laquelle se trouvent déposés le phosphate et le carbonate de chaux ; aussi se comportent-elles au feu et par les acides comme les os proprement dits. Elles contiennent plus de phosphate de chaux, et moins de matière organique que ceux-ci.

La matière organique, traitée par l'eau bouillante, se résout en gélatine comme celle des os.

DESCROIZILLES, sa méthode d'essai alcalimétrique. *Voy.* ALCALIMÉTRIE.

DÉSINFECTION. — Action tendant à détruire ou à neutraliser l'odeur fétide de certaines exhalaisons. Le chlore et les oxychlorures ont été fréquemment employés comme moyens désinfectants. Il est probable que le chlore agit ici en détruisant les molécules organiques qui paraissent principalement déterminer la fétidité de certains gaz.

DÉSOXYDATION. — Action qui consiste à enlever l'oxygène à un oxyde ou à tout autre corps oxygéné. Les moyens désoxydants les plus communs sont le charbon et l'hydrogène. Le nom de *désoxygénation* est souvent employé au lieu de désoxydation. *Voy.* RÉDUCTION DES MÉTAUX, etc.

DEUTOCHLORURE DE PHOSPHORE. *Voy.* PHOSPHORE.

DEUTOCHLORURE D'ÉTAIN. *Voy.* ETAIN.

DEUTONITRATE DE CUIVRE. *Voy.* CUIVRE, sels.

DEUTOSULFURE D'ÉTAIN. *Voy.* ETAIN.

DEUTOXYDE DE CHLORE. *Voy.* CHLORE.

DEUTOXYDE DE POTASSIUM. *Voy.* POTASSIUM.

DEUTOXYDE D'ÉTAIN. *Voy.* ETAIN.

DEUTOXYDE DE PLOMB. *Voy.* PLOMB.

DEXTRINE. — C'est un produit non cristallin qui, parfaitement desséché, ressemble à de la gomme arabique. C'est le premier produit des transformations de la substance amylacée. La dextrine doit son nom à la propriété que possède sa solution de dévier à droite le plan de la lumière polarisée ; elle est soluble dans l'eau et l'alcool étendu, insoluble dans l'alcool pur ; sa composition élémentaire est la même que celle de la fécule. L'iode ne change pas sa couleur ; toutefois, lorsque sa transformation est incomplète, il fait virer au violet d'autant plus rougeâtre ses solutions, que la transformation est plus avancée, tandis que le même réactif fait acquérir à l'amidon hydraté une teinte bleu indigo. En dissolution dans l'eau, la dextrine possède des propriétés analogues à celles de la gomme arabique, et peut, en certains cas, la remplacer dans les arts. Le prix des gommes étant beaucoup plus élevé que celui de la fécule, la fabrication de la dextrine a pris depuis plusieurs années un grand développement. Divers procédés sont employés dans l'industrie pour transformer plus ou moins complétement en dextrine la fécule de pommes de terre. Une méthode ancienne, en usage encore aujourd'hui, consiste à désagréger la fécule à l'aide d'une température de 210° environ. On nomme léiocomme, ou amidon grillé, la fécule ainsi désagrégée.

Applications de la dextrine. — La dextrine très-sucrée hygroscopique, obtenue en faisant réagir pendant trois heures la diastase sur la fécule, trouve de nombreuses applications, suivant ses différents états : dans les pains de luxe, le parou des tisserands, les tisanes mucilagineuses ; la bière, le cidre, l'alcool, les liqueurs, les sparadraps adhésifs, etc. Elle fut employée avec succès dans les hôpitaux pour édulcorer les tisanes. Depuis, on lui a substitué le sirop de fécule, préparé par l'acide sulfurique ; mais ce sirop contenant toujours une proportion notable de composés calcaires et souvent un excès d'acide qui altèrent sa saveur et le rendent moins salubre, on a dû bientôt renoncer à son emploi.

La dextrine mucilagineuse obtenue pulvérulente par un étuvage avec $\frac{1}{100}$ d'acide azotique, ou rendue plus épaississante par une addition de fécule hydratée à chaud ou gonflée par 2 centièmes de soude, trouve dans les arts les applications suivantes :

Apprêts des tissus et tulles ;

Encollage des tissus, parou des chaînes de coton, lin ou chanvre ;

Application et épaississage des mordants sur les tissus d'indienne, de soie et de laine;

Impressions des couleurs sur les tissus de coton ;

Colle fluide à froid, imputrescible ;

Papiers peints, fonçage des tons, gommage des couleurs ;

Papiers autographiques, fixation des papiers sur planches à lavis;

Gommage des estampes coloriées et des dessins ;

Bains mucilagineux à imprimer sur soie.

M. Velpeau a fait une des plus utiles applications de la dextrine en l'employant pour confectionner des bandes agglutinatives propres à consolider et maintenir la réduction des fractures. Cette préparation est simple et rapide : on délaye 100 grammes de dextrine avec 60 centimètres cubes d'eau-de-vie camphrée. Ce mélange se fait sans difficulté, car la dextrine pulvérulente s'y répartit sans se dissoudre. On ajoute aussitôt 40 grammes d'eau, la dextrine s'hydrate, ses grains se gonflent, se désagrégent et se dissolvent graduellement ; en 2 ou 3 minutes le liquide est devenu assez mucilagineux pour être appliqué à l'enduit des bandes.

A cet effet, on le verse dans une petite trémie au fond de laquelle le bout d'une bande plongée dans le liquide est passé sous un rouleau ; on l'enroule aussitôt sur un petit cylindre mobile.

Les bandes ainsi préparées ou enduites sont adhésives ; elles sèchent et durcissent, après avoir été déroulées en les passant autour du membre, de façon à former une enveloppe exactement moulée. Cette enveloppe est d'une solidité telle, qu'elle évite le danger des fausses positions pendant tout le temps nécessaire à la consolidation ; il est d'ailleurs facile d'enlever tout ou partie de cette enveloppe, s'il survient une enflure ou toute autre indication: il suffit pour cela d'humecter les bandes avec un peu d'eau tiède qui dissout la dextrine, ce qui permet de dérouler la bande, ou de pratiquer une ouverture ou *fenêtre* avec des ciseaux.

Le procédé des bandages moulés dont l'idée première remonte à notre grand chirurgien Larrey, avait déjà reçu une modification heureuse par l'emploi des bandages amidonnés, imaginés par M. Seutin de Bruxelles.

Les principaux avantages de cette méthode, perfectionnée par l'application de la dextrine, sont de mieux maintenir en rapport les os fracturés ; de permettre, dès le deuxième ou le troisième jour, de faire changer la position du blessé ; d'éviter surtout cette immobilité durant trente-cinq ou quarante jours, immobilité si douloureuse, qui affaiblit le membre privé de mouvement et expose les blessés à des dangers réels. Les quantités de dextrine employées varient avec les surfaces à envelopper dans les proportions suivantes :

Pour une fracture de la clavicule. .	400 gr
» de la cuisse. . .	300
» de la jambe. . .	200
» de l'avant-bras .	150

M. le baron Sylvestre, membre de l'Institut, a fait tout récemment une intéressante application de la dextrine, dont les beaux-arts profiteront. On sait que les tableaux peints à l'huile ne peuvent être vernis que fort longtemps après qu'ils ont été terminés; mais alors leurs couleurs deviennent mates, perdent leur brillant, et les tableaux éprouvent ce qu'on appelle *l'embu*, c'est-à-dire que toutes les couleurs se confondent à l'œil, et qu'il est impossible de les voir et de les apprécier. M. Sylvestre a reconnu qu'en passant sur les tableaux récemment faits une dissolution de dextrine dans l'alcool faible, on empêche les effets de l'embu, et on donne aux tableaux une sorte d'éclairci imitant un vernis léger, qu'il est ensuite facile d'enlever avec une éponge mouillée, lorsqu'au bout de quelques mois on veut se servir des vernis ordinaires et brillants. La même dissolution a encore l'avantage de pouvoir servir à vernir parfaitement les aquarelles et les lithographies coloriées, à fixer les dessins au crayon et à l'estompe, de manière qu'ils n'éprouvent plus d'altération par aucune espèce de frottement. Pour opérer, on trempe en entier le dessin dans la dissolution mise dans un vase de forme et de grandeur convenables. On fait ensuite sécher à l'air. On peut encore imbiber de la liqueur une feuille de papier non collé, qu'on pose sur le dessin, jusqu'à ce qu'il soit bien humecté, on enlève ensuite la feuille avec précaution, et on laisse sécher.

— Voici comment on prépare les dissolutions de dextrine pour les deux cas dont on vient de parler.

Liqueur pour les tableaux non vernis.		*Liqueur pour les dessins et lithographies.*
Dextrine	2 parties.	2 parties.
Eau	6 –	2
Alcool à 33°	1	1|2

DIABÈTE. *Voy.* Sucre.

DIALLAGE (*Bronzite*). — Ce minéral se trouve dans l'île de Corse, où il est connu des artistes, qui en font des tabatières, des bagues, etc., sous le nom de *verde di Corsica.* Il existe aussi en Suisse, près du lac de Genève, aux environs de Turin, etc. La roche dont le diallage est une des parties constituantes essentielles a été décrite sous le nom de *Gabbro.* Couleur vert d'herbe, éclat luisant ou nacré. Par le clivage, on obtient un prisme rhomboïdal dont les bases sont brillantes et les bords très-ternes. Il est translucide, cassant, dur, fusible au chalumeau en un émail gris verdâtre. Poids spécifique, 3,1.

DIAMANT. — Corps vitreux, en cristaux plus ou moins parfaits qui offrent un clivage facile parallèlement aux faces d'un octaèdre régulier.

Pesanteur spécifique, 3,52.

Rayant tous les corps et n'étant rayé par aucun.

Très-fragile par suite de la facilité des clivages.

Se dépolissant à la surface au feu d'oxydation du chalumeau, mais se consumant difficilement ainsi ; détonant lorsqu'il est réduit en poudre, avec le nitrate de potasse.

Composition. Carbone pur sans aucune portion d'hydrogène.

Variétés.

Diamant cristallisé.—En octaèdre régulier, en cube (rare), en tétraèdre régulier, en dodécaèdre rhomboïdal.

Diamant maclé.—En octaèdres simples ou modifiés sur leurs arêtes, réunis deux à deux, et presque toujours avec un très-grand élargissement des faces de jonction.

Diamant sphéroïde.—En cristaux dont les arêtes sont curvilignes. Ce sont les variétés les plus communes.

Diamant groupé. — Réunion de cristaux groupés de manière à offrir l'apparence d'un cristal sur les surfaces duquel se trouveraient placées des lames cristallines, ou cristaux très-aplatis, qui laissent entre elles des angles rentrants de toute espèce.

Le diamant est *incolore,* ou *jaunâtre, enfumé, brun noir* et *opaque,* rarement avec des couleurs vives, *jaune, jaune verdâtre, vert, rouge hyacinthe, rose.*

Le diamant n'a encore été trouvé que dans des dépôts de transport, dont on ne connaît pas l'âge d'une manière positive, mais qui paraissent assez modernes et à peu près de même nature dans toutes les localités. Ce sont en général des dépôts de fragments et de cailloux roulés quartzeux, liés entre eux par une matière argilo-ferrugineuse, sableuse, plus ou moins abondante. Ces dépôts portent au Brésil le nom de *Cascalho,* et y renferment accidentellement du fer oligiste, de l'oxyde de fer magnétique, de l'oxyde rouge métalloïde, des fragments de kieselschiefer, de grunstein granitoïde, compacte et schisteux, diverses variétés de quartz coloré, etc.; on y a également rencontré du bois pétrifié. Ils s'étendent sur de très-grands espaces, et partout sont absolument à découvert, ce qui est cause de l'incertitude où l'on est sur leur âge relatif. On cite dans l'Inde (wassergerrée, Munnemung, Largumboot) des couches solides au-dessus des matières terreuses qui renferment le diamant, mais on ignore quelle en est la nature, et rien ne prouve que ce ne soit pas encore le même dépôt consolidé. C'est absolument sans aucune raison qu'on a prétendu, relativement aux Indes surtout, que ces dépôts diamantifères étaient des détritus de terrains trappéens, expression vague qui indique le plus souvent des roches d'origine ignée; on peut croire avec plus de fondement que ce sont des débris de moutagnes primitives ou tout au plus intermédiaires, comme nous verrons plus loin en parlant de l'or. Ces dépôts reposent sur des roches granitiques, des roches amphiboliques, ou des roches schisteuses, quelquefois sur des calcaires qui ne paraissent pas très-anciens (Santorita, capitainerie de Saint-Paul).

Les diamants se trouvent toujours en très-petite quantité dans ces dépôts, disséminés çà et là, et généralement très-écartés les uns des autres; ils sont presque toujours enveloppés d'une croûte terreuse qui y adhère avec plus ou moins de force et empêche de les reconnaître avant qu'ils aient été lavés. On a cru remarquer au Brésil que c'était en général dans le fond et sur les bords des larges vallées plutôt que sur la croupe des collines, et à très-peu de profondeur au-dessous de la surface du sol, que se trouve le diamant; les plus riches sont celles où il existe beaucoup d'oxyde de fer, surtout en grains lisses.

On n'a encore découvert le diamant que dans un petit nombre de lieux à la surface du globe, et l'Inde est à cet égard le pays le plus anciennement connu, quoiqu'on ait peu de renseignements sur les véritables points où se trouvent les exploitations. Il en existe principalement dans les provinces de Visapour, de Hidrabad (Golconde), Orissa, Allahabad, qui font partie du Décan, et au Bengale. On cite particulièrement les contrées de Raolkunda à cinq journées de Golconde, de Outare, Carore, dans la partie septentrionale de Visapour, de Gaudjicoa, dans la vallée de Pennar sur les frontières de Missore, de Sumbelpour, sur les bords de la rivière de Mahameddy, de Parna dans le Allahabad, etc., etc. On trouve aussi des diamants dans l'île de Bornéo, où les principales mines sont à Ambauwang et à Sandak, suivant les auteurs.

On a trouvé cette précieuse substance au Brésil vers le commencement du dix-huitième siècle, dans la province de Minas Géraès. Il y existe aujourd'hui plusieurs exploitations sur un terrain dont l'étendue est de seize lieues du nord au sud, sur huit lieues de l'est à l'ouest, autour de la ville de Téjuco. La plus considérable est celle de Mandaga, sur le Jigitonhonha, dans le district de Serro do Frio, à dix ou douze lieues au nord de Téjuco. Il en existe plusieurs autres, telles que celles de Saint-Gonzalès, de Montero, du Rio-Pardo, de Carolina, de Canjeca. Le Serro San Antonio, l'arrondissement de Rio-Plata, celui d'Abatje, sont aussi très-riches en diamants, mais qui ne sont nulle part exploités, si ce n'est par quelques contrebandiers.

On vient de trouver aussi cette substance en Sibérie, sur la pente occidentale des monts Ural, près de Keskanar, à 250 verstes à l'ouest de la ville de Pern, et 25 verstes au nord-est de la mine de fer de Bissersk. Il paraît qu'elle y est exactement dans le même gisement qu'au Brésil, dans des dépôts aurifères et platinifères.

La recherche du diamant a lieu par lavage et triage des matières dans lesquelles il est renfermé. Si ces matières sont solides, on commence par les briser : on les lave ensuite pour les débarrasser des parties terreuses que l'eau peut entraîner, et après avoir enlevé les cailloux grossiers, on cherche dans le reste les diamants qui peuvent s'y trouver.

Il paraît qu'aux Indes la recherche du diamant est à peu près libre, qu'il existe seulement un droit pour les chefs des contrées où elle a lieu. Au Brésil, le gouvernement se l'est réservée, mais il emploie à ce travail des nègres que lui louent des particuliers qui en obtiennent le privilége. Ce mode de location est, à ce qu'on assure, la principale source de la contrebande, qui est très-considérable, et par laquelle entrent dans le commerce les diamants les plus gros et les plus beaux. Ces nègres sont cependant surveillés très-rigoureusement par des inspecteurs, qui ne les perdent de vue dans aucun de leurs mouvements ; ils sont aussi encouragés par des primes, suivant la grosseur des diamants qu'ils trouvent ; celui même qui a trouvé un diamant de 17 carats 1|2 (1) est mis solennellement en liberté, et son maître est indemnisé.

Le lavage se fait ici sous un hangar, sur une espèce de plancher incliné, partagé dans sa longueur en différents compartiments ou *caisses* dans chacune desquelles est un nègre : un courant d'eau est amené vers la partie supérieure, où se trouve un tas de de cascalho, dont chaque laveur fait tomber successivement quelque partie pour la bien laver, et cherche ensuite dans le gravier qui reste les diamants qui peuvent s'y trouver. Il y a ordinairement vingt nègres dans chaque atelier, et plusieurs inspecteurs, qui sont assis sur des banquettes élevées, placées vers la partie supérieure des caisses.

Aussitôt qu'un nègre a trouvé un diamant, il doit en avertir en frappant des mains, et le remettre à un inspecteur, qui le dépose dans une gamelle suspendue au milieu de l'atelier ; chaque soir cette gamelle est portée à l'officier principal, qui compte et pèse les diamants et les enregistre.

Les mines de diamant exploitées au Brésil ont rapporté au gouvernement, depuis 1730 jusqu'en 1814, 3,023,000 carats, ce qui produit un revenu annuel de 36,000 carats, un peu plus de 15 livres ; mais ce produit a considérablement diminué dans les dernières années, car M. Maw assure que, de 1801 à 1806, il n'a été que de 115,675 carats, ce qui ne porte la moyenne annuelle qu'à 19,279 carats. La dépense réelle du gouvernement pour les employés pendant ce même intervalle de temps a été de 4,419,700 fr. ; en en défalquant le produit en or de ces mêmes lavages, il en résulte que le carat de diamant brut coûte 38 fr. 20 c. de frais d'exploitation.

La contrebande, que nous avons déjà dit être très-considérable, est évaluée au tiers du produit des exploitations.

C'est le Brésil qui fournit aujourd'hui tout le commerce de diamants ; il en parvient en Europe de 25 à 30,000 carats par an, c'est-à-dire de 10 à 15 livres, qui sont réduits par la taille à 8 ou 900 carats.

Usages.—Tout le monde sait le prix qu'on attache en général au diamant ; sa dureté, son éclat, sa force de réfraction qui décompose la lumière et la fait jaillir en faisceau de mille couleurs, l'ont fait rechercher dans tous les temps et le mettront toujours au premier rang des pierres précieuses qu'on emploie dans la joaillerie. On estime surtout celui qui est d'une parfaite limpidité, et il perd beaucoup de son prix lorsqu'il a quelque teinte jaunâtre, ce qui arrive fréquemment. Ce n'est que quand les couleurs deviennent franches et vives qu'il reprend sa valeur, et quelquefois même une plus considérable.

Jusqu'à la fin du xve siècle on a employé les diamants bruts ; les plus recherchés étaient alors ceux qui présentaient une forme pyramidale, que l'on nommait pointes naïves. Ce ne fut qu'en 1576 que Louis de Berguem découvrit l'art de tailler cette pierre, au moyen de sa propre poussière, et ce fut alors seulement qu'on connut toute sa beauté. On a taillé le diamant de diverses manières, mais on a renoncé successivement à la plupart des formes imaginées, et l'on se tient aujourd'hui à la taille en rose pour les pierres plates, et à la taille en brillant pour les pierres épaisses (1).

---

(1) *Carat* vient du nom de la fève d'une espèce d'*erythryna* du pays du Shangallas, en Afrique, où se fait un grand commerce d'or. Cet arbre est appelé *kuara*, mot qui signifie *soleil* dans le pays, parce qu'il porte des fleurs et des fruits de couleur rouge de feu. Comme les semences sèches de cet arbre sont toujours à peu près également pesantes, les sauvages de ce pays s'en sont servis, de temps immémorial, pour peser l'or. Ces fèves ont été ensuite transportées dans l'Inde, où on les a employées, dans les premiers temps, à peser les diamants.

(1) C'est le hasard qui a fait découvrir les moyens de tailler le diamant. Un jeune homme de Bruges, d'extraction noble, Louis de Berguem, ayant remarqué, en 1576, que deux diamants frottés fortement

Le diamant est toujours d'un prix très-élevé ; nous avons vu qu'il revient à 38 fr. 20 cent. le carat (4 grains) au gouvernement brésilien pour les frais d'exploitation. Aussi les pierres brutes défectueuses, reconnues pour ne pas pouvoir être taillées, se vendent-elles encore à raison de 30 ou 36 francs le carat. On les emploie pour faire la poudre du diamant, ou *égrisée*, qui sert à tailler, polir, graver les différentes pierres dures.

Les petits diamants bruts de bonne forme pour la taille valent, lorsqu'on les achète en lots, 48 fr. le carat ; mais lorsqu'ils sont au-dessus d'un carat, on les estime par le carré de leur poids multiplié par 48 ; c'est-à-dire qu'un diamant brut de 2 carats vaut 4×48 ou 192 fr.

On conçoit que le diamant taillé est d'un prix beaucoup plus élevé, parce que, d'une part, il a coûté du temps, et que, de l'autre, on aperçoit des défauts qu'on n'avait pas vus dans la pierre brute, qui en font rejeter beaucoup. Les très-petits diamants en rose, dont on se sert pour des entourages de peu de valeur, dont il se trouve jusqu'à 40 au carat, valent de 60 à 80 fr. le carat ; plus gros ils valent 125 fr., et même beaucoup plus, quoique le peu d'épaisseur les tienne toujours beaucoup au-dessous du brillant.

Le brillant de $\frac{1}{4}$ à 3 grains de belle qualité, acheté par parties de 10 à 50 carats, vaut de 168 à 192 fr. le carat ; ceux de 3 grains, qui sont très-recherchés, valent en lots jusqu'à 216 fr. A 4 grains (1 carat) un brillant vaut de 216 à 240 et même 288 fr., lorsqu'il est très-beau ; mais au-dessus d'un carat, le prix augmente beaucoup et hors de proportion, et il est sujet à quelques variations, suivant le besoin du commerce. Une pierre de 5 à 6 grains vaut de 312 à 336 fr. ; à 6 grains, de 400 à 480 fr. ; à 12 grains ou 3 carats, où elles sont très-recherchées pour des centres de collier, elles vont de 1680 à 1950 fr. ; à 16 grains, de 2,400 à 3,120 fr. ; et pour un seul grain de plus, elle peut aller à 3,800 fr.

On estime en général le diamant taillé au-dessus d'un carat par le carré de son poids multiplié par 192 fr., prix du carat ; mais de cette manière on n'arrive pas toujours à des prix exacts pour des pierres de grande dimension ; par exemple, un diamant de 49 carats ou 196 grains vaudrait, suivant cette estimation, $49 \times 49 \times 192$ ou 460,992 fr., et une telle pierre a été payée par le vice-roi d'Egypte 760,000 fr.

Lorsque le diamant a des couleurs vives bien décidées, ce qui est en général très-rare, il prend encore une valeur plus considérable que lorsqu'il est limpide, quoiqu'il soit généralement moins recherché. Un diamant de 8 grains d'un beau vert a été poussé à la vente de M. de Drée, jusqu'à 900 fr., et un diamant rose de 11 grains l'a été jusqu'à 2,000 fr. Les couleurs jaune et hyacinthe sont beaucoup moins recherchées. Un diamant jaune de chrysolite de 10 grains n'a été, à la même vente, qu'à 600 francs, et une couleur hyacinthe de 15 grains, à 1560 fr., par conséquent au-dessous de la valeur des diamants limpides du même poids.

Les diamants de 5 à 6 carats sont déjà de fort belles pierres ; ceux de 12 à 20 carats sont rares, et à plus forte raison ceux d'un poids plus élevé : on n'en connaît que quelques-uns qui dépassent 100 carats.

Le plus gros diamant connu est celui du raja de Matun, à Bornéo ; il est évalué à plus de 300 carats (plus de deux onces). Celui de l'empereur du Mogol était de 279 carats, et avait été évalué par Tavernier à 11,723,000 fr. ; il le compare à un œuf coupé par le milieu. Celui de l'empereur de Russie, 193 carats ; il est de la grosseur d'un œuf de pigeon, et de mauvaise forme ; il a été acheté 2,160,000 fr. et 9,600 fr. de pension viagère. Le diamant de l'empereur d'Autriche pèse 139 carats ; il a une teinte jaunâtre, est taillé en rose et de mauvaise forme ; il est estimé 2,600,000 fr. Le diamant du roi de France, qu'on nomme le *Régent*, pèse 136 carats ; il pesait 410 carats avant d'être taillé. On assure qu'il a coûté deux années de travail. Il est remarquable par sa belle forme, ses belles proportions et sa parfaite limpidité ; et il est regardé comme le plus beau diamant de l'Europe. Il fut acheté par le duc d'Orléans, alors régent, 2,250,000 fr., et il est estimé plus du double. Tous ces beaux diamants viennent de l'Inde ; le plus gros qu'on ait trouvé, au Brésil, et que possède le roi de Portugal, est, suivant les plus fortes estimations, de 120 carats ; mais M. Maw n'en porte le poids qu'à 95 carats $\frac{1}{2}$; il n'a pas été taillé, et il porte la forme octaèdre naturelle.

La dureté extrême du diamant le fait aussi employer dans les arts ; on en arme des forets qui servent à percer les pierres, des espèces de burins pour les graver, etc. Les vitriers s'en servent habituellement pour couper le verre, et emploient à cet usage le diamant cristallisé à arêtes curvilignes ; mais, suivant les justes observations de Wollaston, c'est moins la dureté de la pierre que sa forme curviligne qui fait ici le principal mérite : les diamants taillés, ou à arêtes trop vives, ne font que rayer le verre au lieu de le couper, et au contraire toutes les substances capables de rayer le verre acquièrent la propriété de le couper, lorsqu'on les taille à faces bombées et à arêtes curvilignes.

l'un contre l'autre s'usaient mutuellement et se réduisaient en poussière, mit à profit cette observation importante, et créa l'art de la taille, qui s'exécute encore aujourd'hui à peu près de la même manière. Cette taille se pratique au moyen d'une plate-forme horizontale, en acier très-doux, qu'on recouvre de poudre de diamant ou *égrisée* délayée dans de l'huile, et contre laquelle on appuie, pendant qu'elle tourne rapidement, le diamant qu'il s'agit de tailler. Lorsqu'une des faces est usée, on le change de position, et ainsi de suite. La découverte de Louis de Berguem fut très-bien accueillie par Charles le Téméraire, duc de Bourgogne, qui le récompensa magnifiquement. Le premier diamant taillé fut porté par ce prince, qui le perdit, avec tous ses autres joyaux, à la bataille de Morat, que les Suisses gagnèrent sur lui. Depuis il a été retrouvé et vendu à Henri VIII, roi d'Angleterre, qui le donna en présent de noces à sa fille, lorsqu'elle épousa Philippe II, roi d'Espagne.

DIASPORE. *Voy.* ALUMINIUM.

DIASTASE. *Voy.* SUCRE. — Sa réaction pour rompre les téguments de la fécule. *Voy.* ENDOSMOSE.

DICHROÏSME. *Voy.* POLYCHROÏSME.

DIGESTION. — Les aliments, après avoir été placés dans la bouche, sont d'abord coupés, déchirés et broyés par les dents ; pendant que cette fonction s'exécute, la salive et le liquide sécrété par les cryptes de la membrane muqueuse affluent dans la bouche, les humectent de manière à en former une matière molle, désignée sous le nom de *bol alimentaire*. A cette première fonction succède la déglutition par le pharynx et l'œsophage, qui transmettent le bol alimentaire de la bouche à l'estomac. Les modifications que l'aliment a ainsi éprouvées dans la bouche, le pharynx et l'œsophage, ne sont que préparatoires : parvenu dans l'estomac, il s'y imprègne de suc gastrique que son contact fait sécréter, y séjourne plus ou moins, change de nature, devient mou, acide, et se convertit en une bouillie nommée *chyme*.

Cette matière, qui présente des différences suivant la nature des aliments, contient du reste une grande quantité d'albumine soluble et des molécules organisées, semblables à celles qu'on trouve dans le chyle ; elle passe bientôt, à des intervalles plus ou moins rapprochés, de l'estomac dans les intestins grêles, où elle se mêle à la bile et au suc pancréatique, qui y sont versés continuellement par des canaux particuliers. C'est alors, suivant la plupart des physiologistes, que s'opère la séparation du chyle d'avec la matière excrémentitielle ; mais si, comme l'ont observé M. Leuret et M. Lassaigne, il se forme spontanément dans le chyme des molécules chyleuses, la bile et le suc pancréatique ne feraient que favoriser cette formation en atténuant et dissolvant les substances qui ne l'ont pas été dans la chymification. Enfin, par suite de la progression du chyme dans les différentes parties des intestins, le chyle est absorbé, et la matière excrémentitielle rejetée en dehors au bout d'un temps plus ou moins long. Sa couleur particulière est due à son mélange avec la matière colorante de la bile altérée.

Lorsque ces fonctions s'exercent dans toute leur force, il ne se dégage aucun fluide élastique dans l'estomac et les premiers intestins. Ce n'est que vers les dernières régions du tube intestinal que le résidu des aliments, déjà converti en véritable excrément, commence à éprouver, par son séjour et la chaleur, les premiers mouvements de la fermentation putride. Alors ces parties sont distendues par des fluides élastiques composés d'acide carbonique, d'hydrogène, d'hydrogène carboné, d'azote, et quelquefois d'hydrogène sulfuré. Toutefois, les rapports de ces gaz sont très-variables ; la proportion d'acide carbonique est plus abondante dans le gros intestin que dans les autres parties du tube intestinal.

Quels sont les usages de la salive et du suc gastrique sur les aliments dans l'acte de la digestion ? Ces liquides, essentiellement formés d'eau, n'agissent sans doute qu'en les ramollissant, les atténuant et dissolvant les principes solubles, car ils n'exercent aucune autre action dissolvante que celle de l'eau ; c'est sous cet état qu'ils sont alors facilement transformés en chyle, et qu'ils passent dans les tubes capillaires, où s'achève l'assimilation. Quant aux usages de la bile et du suc pancréatique, on leur avait attribué la propriété de séparer le chyle des matières excrémentitielles, mais les expériences semblent prouver que ces liquides n'agissent encore qu'en atténuant les substances qui ne l'ont été qu'imparfaitement dans la chymification ; peut-être même la bile, qui colore alors ces matières, les rend-elle assez irritantes pour exciter les contractions de cette partie du tube intestinal, de manière à favoriser leur expulsion à l'état d'excréments.

On conçoit du reste qu'il est impossible de déterminer, dans l'état actuel de la science, les altérations chimiques qu'éprouvent les aliments végétaux ou animaux dans le canal digestif, parce que leur mélange avec les liquides qui sont sécrétés aux différentes parties de ce canal complique extraordinairement les résultats, et ne permet pas d'isoler ce qui provient de l'aliment altéré, de ce qui appartient au liquide intestinal dont il se trouve imprégné. Toutefois, les substances alimentaires nourrissent d'autant mieux qu'elles sont plus disposées à entrer en fermentation, que leur composition alimentaire se rapproche plus de celle des matériaux constitutifs du corps animal, et qu'elles sont plus solubles dans l'eau et les acides faibles, etc. Celles qui ne renferment point du tout d'azote, quelle que soit la classe d'où elles ont été extraites, ne peuvent servir à la nutrition ; elles se comportent de deux manières : 1° si elles sont insolubles, elles passent dans le tube digestif sans être altérées, comme l'amidon ou le ligneux, etc. ; 2° si au contraire elles sont solubles, elles sont en partie absorbées, et finissent par produire un changement dans la nature de plusieurs sécrétions : telles sont la gomme, le sucre, qui ne peuvent entretenir la vie qu'un certain temps, comme l'a prouvé M. Magendie

La digestion n'est point un phénomène aussi compliqué qu'on l'avait d'abord supposé ; c'est une simple fonction d'absorption, car l'animal ne crée point de matière organique, il se borne à l'assimiler ou à la dépenser en la brûlant. Les matières solubles des aliments passent dans le sang, inaltérées pour la plupart ; les matières insolubles arrivent dans le chyle, étant assez divisées pour être aspirées par les orifices des vaisseaux chylifères. Ainsi, les matières amylacées se changent en gomme et en sucre ; les matières sucrées s'absorbent ; les matières grasses se divisent, s'émulsionnent, et passent ainsi dans les vaisseaux, pour former ensuite des dépôts que le sang reprend et brûle au besoin. Les matières azotées neutres, la fibrine, l'albumine, la caséine, dissoutes d'abord, puis précipitées, passent dans le chyle très-divisées ou dissoutes de nouveau.

« Ainsi, dit M. Dumas, l'animal reçoit et s'assimile presque intactes des matières azotées neutres qu'il trouve toutes formées dans les animaux ou les plantes dont il se nourrit; il reçoit des matières grasses qui proviennent des mêmes sources; il reçoit des matières amylacées ou sucrées qui sont dans le même cas.

« Ces trois grands ordres de matières, dont l'origine remonte toujours à la plante, se partagent en produits assimilables, fibrines, albumine, caséine, corps gras, qui servent à accroître ou à renouveler les organes, et en produits combustibles, sucre et corps gras, que la respiration consomme.

« L'animal s'assimile donc ou détruit des matières organiques toutes faites, il n'en crée donc pas.

« La digestion introduit donc dans le sang des matières organiques toutes faites; l'assimilation utilise celles qui sont azotées; la respiration brûle les autres. Des matières organiques nouvelles peuvent bien naître dans les tissus ou les vaisseaux animaux; mais ce sont toujours des matières plus simples, plus rapprochées de l'état élémentaire que celles qu'ils ont reçues.

« Les animaux défont donc peu à peu ces matières organiques créées lentement par les plantes; ils les ramènent donc peu à peu vers l'état d'acide carbonique, d'eau, d'azote, d'ammoniaque, état qui leur permet de les restituer à l'air. En brûlant ou en détruisant ces matières organiques, les animaux produisent toujours de la chaleur qui, rayonnant de leur corps dans l'espace, va remplacer celle que les végétaux avaient absorbée.

« Ainsi, tout ce que l'air donne aux plantes, les plantes le cèdent aux animaux, les animaux le rendent à l'air : cercle éternel dans lequel la vie s'agite et se manifeste, mais où la matière ne fait que changer de place. »

Nous savons maintenant que le sang provient du chyle; mais il nous reste à apprendre le rôle qu'il remplit dans l'économie. On sait, à n'en pas douter, que c'est lui qui fournit à tous les organes les matériaux nécessaires à leur développement; qu'il donne des phosphates terreux et du tissu cellulaire aux os; de l'albumine aux membranes et aux cartilages; de la fibrine aux muscles, etc. Mais comment chaque organe agit-il sur la masse du sang pour en séparer les principes qui lui sont essentiels? comment s'opère l'assimilation, la nutrition des organes? C'est un secret que la science n'a encore pu pénétrer. Ces mystérieuses opérations s'accomplissent avec une régularité admirable, sans qu'il soit possible de reconnaître les agents employés à les effectuer.

Mais, indépendamment de cette fonction réparatrice, le sang concourt aussi à la formation de ces liquides différents qui paraissent nécessaires à la conservation de l'économie animale, et qu'on désigne d'une manière générale sous le nom de sécrétions. Telles sont la *bile*, la *salive*, les *larmes*, la *synovie* ou matière qui suinte à la surface des articulations, dont elle favorise le jeu, etc. Tels sont le *lait*, la *sueur*, l'*urine*, qui sont rejetés au dehors du corps, et qui ne pourraient y être conservés longtemps sans danger. Nous ne sommes pas plus instruits, d'ailleurs, sur la production de ces sécrétions que sur la manière dont s'effectue l'assimilation.

Le tableau suivant, que j'emprunte à M. Dumas, résume parfaitement les différences fondamentales qui existent entre les deux grandes séries des êtres vivants :

Le végétal	*L'animal*
Produit des matières azotées neutres, des matières grasses, des sucres, fécules, gommes.	Consomme des matières azotées neutres, des matières grasses, des sucres, fécules, gommes
Décompose l'acide carbonique, l'eau, les sels ammoniacaux.	Produit de l'acide carbonique, de l'eau, des sels ammoniacaux.
Dégage de l'oxygène.	Consomme de l'oxygène.
Absorbe de la chaleur.	Produit de la chaleur,
Soutire de l'électricité.	De l'électricité.
Emprunte ses éléments à l'air ou à la terre.	Rend ses éléments à l'air ou à la terre.
Transforme les matières minérales en matières organiques.	Transforme les matières organiques en matières minérales.
Est un appareil de réduction.	Est un appareil de combustion ou d'oxydation.
Est immobile.	Est locomoteur.

DIMORPHISME. *Voy.* Isomorphisme.

DIOPSIDE. *Voy.* Pyroxène.

DISTHÈNE. Syn. *cyanite, schorl bleu.* — Couleur naturellement blanche, mais fréquemment bleue, d'où le nom de cyanite, quelquefois rougeâtre, jaunâtre par suite de mélanges.

Disséminé dans les roches de micaschiste, quelquefois dans les hyalomictes, dans la dolomie, dans le calcaire grenu. Il est fréquemment accompagné de staurotide, de grenat, de tourmaline, etc., quelquefois de graphite, par lequel il est coloré en gris.

Le disthène, à cause de son infusibilité, est quelquefois employé comme support dans les essais au chalumeau.

DISTILLATION. — La distillation est une opération par laquelle on réduit les liquides en vapeur, à l'aide de la chaleur, pour les faire retourner ensuite à l'état liquide par le refroidissement. Cette opération a pour but principal de séparer les liquides d'avec les corps fixes, ou des corps d'une volatilité différente. Elle peut encore avoir pour but la désunion des éléments d'un composé, et de donner ainsi naissance à des produits nouveaux. On opère la distillation dans des vases particuliers (*Voy.* ALAMBIC). L'art distillatoire n'est pas une invention des Arabes, cet art est beaucoup plus ancien.

Pline décrit ainsi un procédé distillatoire extrêmement curieux, et qui prouve combien l'esprit humain est habile à faire varier les moyens pour arriver au même but. « On allume, dit-il, du feu sous le pot qui contient la résine : une vapeur (*halitus*) s'élève et se condense dans de la laine qu'on étend sur l'ouverture du pot où l'on fait cuire la résine. L'opération étant terminée, on exprime la laine ainsi imprégnée d'huile. » Ce procédé distillatoire, dont Pline ne prétend pas être l'inventeur (ce qui en fait remonter la découverte probablement à plus de 2000 ans), rappelle le passage suivant d'Alexandre Aphrodise, déjà signalé par l'illustre Alex. de Humboldt : « On rend, y est-il dit, l'eau de mer potable en la vaporisant dans des vases placés sur le feu, et en recevant la vapeur condensée sur des couvercles (récipients). » Le célèbre commentateur d'Aristote ajoute qu'on peut traiter de même le vin et d'autres liquides. Geber (qui vivait, d'après Abulféda, vers la fin du VIII° ou au commencement du IX° siècle) s'exprime ainsi sur la distillation : « Il y a deux espèces de distillations : l'une s'opère à l'aide du feu, l'autre sans le feu. La première peut se faire de deux manières différentes : ou par *ascension* des vapeurs dans l'alambic, ou *per descensum*, dans le but de séparer des huiles ou d'autres matières liquides par les parties inférieures du vase. Quant à la distillation sans l'aide du feu, elle consiste à séparer les liquides limpides par le filtre : c'est une simple filtration. » On voit que le mot *distillation* avait autrefois un sens beaucoup plus large qu'aujourd'hui. « La distillation par le feu peut être, continue Geber, variée dans son intensité, suivant qu'on chauffe le vase sur un bain d'eau ou sur un bain de cendres. » (HOEFER, *Histoire de la Chimie*, t. I, pag. 317.)

DISSOLUTIONS CHIMIQUES, effets électriques produits. *Voy.* ÉLECTRICITÉ DÉGAGÉE dans les actions chimiques.

DORURE. — Depuis 1841, deux nouveaux procédés et tous deux fort curieux ont été imaginés pour dorer le laiton, l'argent et presque tous les autres métaux. L'un a lieu par une réaction chimique et par voie humide, l'autre par une réaction électro-chimique.

Le premier, d'origine anglaise, et dû à M. Elkington, consiste à dissoudre l'or dans l'eau régale, à évaporer la dissolution au bain-marie, jusqu'à vaporisation de l'acide superflu, à dissoudre le chlorure d'or dans

130 fois son poids d'eau, et à y ajouter une quantité de bicarbonate de potasse égale à 7 fois le poids du chlorure d'or. C'est dans ce mélange bouillant qu'on plonge, pendant quelques minutes, les métaux qu'on veut dorer. Ce qu'il y a de plus singulier, c'est que la dorure cesse d'avoir lieu aussitôt que le bain ne renferme plus de bicarbonate de potasse. Mais par ce procédé on ne peut fixer qu'une quantité d'or tellement faible à la surface de la pièce, qu'il est impossible à la meilleure dorure par la voie humide d'atteindre l'épaisseur à laquelle la plus mauvaise dorure au mercure est forcée d'arriver.

L'autre procédé est tout différent. L'idée première en appartient à M. de la Rive, savant professeur de physique à Genève, qui, le premier, a songé à utiliser la propriété du courant électrique pour opérer la précipitation de l'or sur le laiton et l'argent. Cette idée lui a été suggérée par les belles expériences galvano-plastiques du professeur Jacoby, de Saint-Pétersbourg. Lorsqu'on soumet à l'action d'un faible courant-électrique, par le moyen de petites piles à cloison amorcées avec le sulfate de cuivre, des plaques sur lesquelles des figures ou des caractères sont tracés au burin, la décomposition du sulfate de cuivre est déterminée par le courant, et il se dépose du cuivre métallique qui s'attache aux planches gravées plongeant dans la liqueur. Il en résulte alors des empreintes en relief des dessins gravés en creux sur l'original. M. Jacoby obtient ainsi des empreintes en cuivre de médailles, de bas-reliefs, de planches gravées au burin, qui ont toutes le précieux et le poli des modèles. Ce nouvel art, qu'utilisent déjà l'imprimerie, la stéréotypie, la fabrication de billets de banque, la gravure sur cuivre, a reçu de son inventeur le nom de *Galvano-Plastique*. Il a été singulièrement perfectionné, depuis quelques années, par MM. de la Rive, Boquillon, Vogel, Soyet, etc. On a pu former un moule des images daguerriennes, recouvrir d'une couche mince de cuivre des statuettes de plâtre et des têtes en ronde-bosse, etc.

Eh bien! ce sont ces procédés galvaniques qui ont été étendus par M. de la Rive, puis par M. Perrot, de Rouen, et en dernier lieu par MM. Elkington et de Ruolz, non-seulement à la dorure et à l'argenture du cuivre, du bronze, du laiton, de l'étain, du plomb, du fer, du platine et de l'acier, mais au platinage, au zincage, au cobaltisage et au nickelisage du fer, c'est-à-dire à l'opération par laquelle on recouvre ce dernier métal d'une couche mince et homogène de platine, de zinc, de cobalt et de nickel. M. de Ruolz s'est assuré la propriété de ce nouvel art par un brevet d'invention en date du 19 décembre 1840. Aujourd'hui la dorure des métaux, la fabrication du vermeil, sont effectuées dans tous les ateliers par son procédé, qui consiste en définitive à plonger les objets à dorer dans un bain composé de chlorure double et de potassium dissous dans du cyanure de potassium, en même temps que les objets et le bain sont soumis à l'action d'un faible courant galvanique. Les métaux sont dorés très-rapidement par ce moyen avec des couleurs très-pures et très-belles. On varie à volonté l'épaisseur de la couche d'or, sa couleur même. On peut faire sur la même pièce des mélanges de mat et de poli; enfin, on dore avec une égale facilité les pièces de grande dimension, les pièces plates ou à relief, les pièces creuses ou gravées, et les filaments les plus déliés. Le maillechort, l'acier, le fer, prennent bien la dorure; aussi fabrique-t-on maintenant beaucoup de couverts en maillechort vermeillé, et recouvre-t-on d'un vernis d'or suffisamment résistant les couteaux de dessert, les instruments de laboratoire et de chirurgie, les armes, les montures de lunettes et d'autres objets en fer ou en acier.

L'adoption de ces nouveaux procédés de dorure est un événement mémorable dans l'histoire de l'industrie, au point de vue de la science et de la pratique; mais c'est de plus un bienfait pour la classe des ouvriers doreurs, qui sont ainsi affranchis de la meurtrière influence des vapeurs mercurielles, qui les décimaient si rapidement. Aussi, envisageant la question sous tous ces rapports, l'Académie des sciences a-t-elle décerné, dans sa séance publique du 19 décembre 1842, un prix de 3,000 francs à M. de la Rive, et des prix de 6,000 francs à MM. Elkington et Ruolz.

Pour la dorure de la porcelaine, on fait usage d'or en poudre, obtenu de deux manières différentes. Lorsqu'on verse une dissolution de sulfate de fer dans une dissolution d'or par l'eau régale, il se dépose de l'or, réduit en poudre noirâtre, qu'on lave bien, qu'on fait sécher, et qu'on broie ensuite avec du miel pour mieux le diviser. On lave la pâte à l'eau bouillante pour enlever le miel, et l'or qui reste, étant mêlé avec un douzième de sous-azotate de bismuth, est fixé sur la porcelaine au moyen d'un mordant gras. On passe la pièce au feu; le mordant gras se brûle, le fondant entre en fusion, et l'or se colle à la pièce.

L'autre moyen d'avoir la poudre d'or consiste à broyer des feuilles d'or sur une glace avec du miel ou une dissolution épaisse de gomme arabique, qu'on sépare ensuite à l'aide de l'eau chaude. L'or très-divisé qui reste est ordinairement étendu en couches minces dans des coquilles; aussi le connaît-on, dans les arts, sous le nom d'*or en coquille*. Cet or, broyé de nouveau avec la gomme, s'emploie pur pour dorer la porcelaine tendre; mais, pour la porcelaine dure, on ajoute un fondant qui est souvent le sous-azotate de bismuth.

On fait la dorure à l'huile ou à la colle en recouvrant la surface qu'on veut dorer de l'une ou l'autre substance; et quand elle est presque sèche, on applique les feuilles d'or, en les appuyant légèrement avec du coton. C'est ainsi qu'on dore la tranche des livres,

le plâtre, le bois, le carton, le cuir, le fer, etc. On recouvre ensuite le plus souvent l'or avec un vernis. Les cadres de tableaux sont d'abord encollés avec de la céruse, puis poncés, polis et dorés ainsi qu'on vient de le dire. Dans tous les cas, il faut mettre plusieurs couches successives d'or. Enfin on frotte au brunissoir.

Cette pratique de dorer les bois, les lambris, le marbre et autres objets d'ornementation, nous vient des Romains, qui adoptèrent généralement ce luxe peu de temps après la ruine de Carthage, 146 ans avant Jésus-Christ.

DURETÉ. — On jugeait autrefois de la dureté des corps par le choc du briquet; cette méthode est défectueuse : c'est moins la dureté des corps qui détermine les étincelles qui se produisent, que leur mode d'agrégation; car nous avons des variétés de quartz qui, étant friables, ne donnent point d'étincelles, quoique étant de même nature que les silex les plus durs. On a donc cru juger de la dureté des minéraux par la résistance qu'ils opposent à se laisser rayer par d'autres, et c'est la comparaison de cette même résistance entre les corps plus ou moins durs qui établit leur degré de dureté. Lorsqu'on fait de pareils essais, il faut, autant que possible, prendre des échantillons cristallisés. Sous le rapport de la dureté, on a divisé les minéraux en six classes.

La première comprend ceux qui ne sont rayés que par le diamant, qui est le plus dur de tous les corps.

La deuxième, ceux qui le sont par le quartz.

La troisième, ceux par l'acier : ainsi le marbre est rayé par l'acier, tandis que le porphyre ne l'est pas, ce qui sert à les distinguer.

La quatrième, ceux dont on compare la dureté avec celle du verre : ainsi, quoique l'asbeste et la trémolite se ressemblent beaucoup, celle-ci raye le verre, tandis que la première ne produit point cet effet.

La cinquième a pour point de comparaison le marbre.

La sixième, la chaux sulfatée ou gypse, qui est rayé par l'ongle.

Le professeur Mohs, qui a beaucoup étudié les degrés de dureté des minéraux, les a exprimés ainsi :

1	exprime celle du	talc.
2	—	gypse.
3	—	spath-calcaire.
4	—	spath-fluor.
5	—	apatite.
6	—	feld-spath.
7	—	quartz.
8	—	topaze.
9	—	corindon.
10	—	diamant.

Dans quelques ouvrages de minéralogie, on range les corps en durs, demi-durs et tendres.

1° Les durs ne se laissent pas entamer par le couteau, et font feu avec l'acier. On appelle extrêmement durs ceux qui ne se laissent pas entamer par la lime; très-durs ceux qui lui cèdent un peu, et durs ceux qu'elle est susceptible de rayer.

2° Les demi-durs ne font pas feu au briquet, et se laissent difficilement entamer par le couteau.

3° Les tendres sont coupés aisément par le couteau, mais non entamés par l'ongle.

DUSODYLE (*houille papyracée; terre bitumineuse feuilletée*, etc.). — M. Cordier a donné ce nom à une matière rapportée de Sicile par Dolomieu, qui se présente en masses feuilletées, à feuillets minces, papyracés, tendres et flexibles, d'un gris jaunâtre ou verdâtre, combustible, brûlant facilement en répandant une odeur infecte, qui lui a valu le nom de *Stercus Diaboli* ou *Merda di Diavolo*, qu'il porte vulgairement en Sicile, et laissant un résidu terreux très-considérable.

Le dusodyle se trouve à Melili près de Syracuse, en Sicile, en couches minces, entre des bancs calcaires qui paraissent appartenir aux formations tertiaires ; il renferme quelquefois entre ses feuillets des empreintes de poissons et aussi de plantes qui paraissent appartenir à la division des dicotylédones. On a cité une matière analogue à Châteauneuf, près Viviers, département du Rhône.

DUTROCHET, ses expériences d'endosmose. *Voy.* ENDOSMOSE.

E

EAU.—L'eau est composée d'oxygène et d'hydrogène.

Je crois superflu de décrire ici toutes les expériences rigoureuses qu'on a faites pour recomposer l'eau avec ses éléments, et déterminer les qualités relatives de ceux-ci. Il suffit de dire qu'on a brûlé ensemble du gaz oxygène et du gaz hydrogène dans des appareils où le poids des gaz pouvait être déterminé avec précision avant l'expérience, ainsi que celui de l'eau obtenue et du gaz restant, et que constamment on a trouvé le poids de l'eau fabriquée ainsi égal à celui des gaz qui avaient disparu. Dans les expériences que Fourcroy, Vauquelin et Séguin ont faites assez en grand pour produire une quantité d'eau pondérable avec des gaz d'un poids connu, et qui leur ont fourni plusieurs onces de liquide résultant de la combustion, on a cru trouver que l'eau était composée de 85 parties d'oxygène et 15 d'hydrogène. Mais il a été constaté ensuite, par des expériences rigoureuses, que deux volumes de gaz hydrogène se combinent exactement avec un volume de gaz oxygène, et depuis que l'on a déterminé les poids relatifs des deux gaz, il a été reconnu que l'eau est composée de 88,904 parties d'oxygène, et 11,096 d'hydrogène, en poids.

Après la pesée des gaz eux-mêmes, le meilleur moyen d'apprendre à connaître la composition de l'eau d'une manière précise, consiste à mettre une quantité connue d'oxyde cuivrique dans un tube de verre convenablement disposé, à diriger ensuite du gaz hydrogène pur et sec dans ce tube, et, après l'expulsion de l'air atmosphérique, à chauffer l'oxyde au-dessus d'une lampe à esprit-de-vin ; l'oxyde se trouve réduit et de l'eau formée. On recueille cette eau et on la pèse ; on pèse également le cuivre métallique restant : alors ce que l'eau pèse au delà du poids que l'oxyde a perdu exprime les quantités relatives de l'hydrogène et de l'oxygène qui ont servi à la formation de l'eau. Ce résultat est conforme à celui qu'on obtient par la détermination de la pesanteur spécifique des deux gaz.

La découverte de la composition de l'eau appartient à Cavendish, et ne date pas encore d'un demi-siècle. Elle fut constatée par les chimistes français, mais trouva cependant d'opiniâtres contradicteurs. On crut avoir trouvé que l'eau versée goutte à goutte sur des métaux rouges, ou conduite à travers des tubes d'argile rougis au feu, se convertissait partiellement en gaz nitrogène. Mais de Hauch prouva que ce gaz nitrogène provenait de l'air atmosphérique voisin, et qu'on n'en obtenait point lorsqu'on employait des appareils de métal, en évitant les vases poreux, tels que ceux de terre ou de grès. On crut aussi avoir trouvé que l'eau peut se convertir en terre, soit par la trituration dans un mortier, soit par la coction dans des vases de verre. Mais la terre obtenue provenait, dans le premier cas, de l'usure du mortier, et, dans le second, de la dissolution du verre. Lavoisier tint de l'eau en digestion pendant quatorze semaines, à une température de +85 degrés, dans un vaisseau de verre clos, et reconnut que le vase avait perdu un poids égal à celui que formaient ensemble la terre mêlée avec l'eau et les substances que celle-ci laissa lorsqu'on la fit évaporer.

L'eau est toujours liquide à la température ordinaire de notre atmosphère : mais si la température baisse usqu'au-dessous de zéro du thermomètre, elle prend la forme solide, et se convertit en *glace*. La glace n'est donc autre chose que de l'eau solidifiée ; il y a la même différence entre elle et l'eau liquide, qu'entre le soufre solide et le soufre fondu. Une partie considérable de la surface de la terre est formée par de l'eau à l'état solide, et on ne la trouve liquide que dans les régions qui peuvent être échauffées par les rayons solaires.

Lorsque l'eau se congèle, elle prend une forme cristalline, comme la plupart des autres corps. C'est ce que prouvent assez les figures dont se couvrent en hiver les vitrages de nos fenêtres. Si l'on examine l'eau qui commence à se congeler lentement, dans un vase mince et à un froid modéré, on voit se former d'abord une légère pellicule de glace à la surface, puis des aiguilles qui se dessinent sous des angles déterminés de 60 et 120 degrés; à ces aiguilles s'en joignent d'autres, puis d'autres encore, et ainsi de suite, jusqu'à ce qu'enfin la masse entière soit devenue solide. Ces cristaux prennent, comme ceux d'autres corps, des formes diverses, qui dépendent soit de la violence du froid et de la rapidité avec laquelle eux-mêmes se produisent, soit des différents degrés de repos pendant la congélation, et d'autres circonstances semblables. Ainsi on trouve l'eau cristallisée, tantôt en longues aiguilles droites, tantôt en plumes, tantôt en feuilles brillantes et écailleuses, qui laissent entre elles des intervalles polygones, etc. Cependant on n'a observé que rarement des cristaux de glace bien formés. Dans un endroit où la nébulosité d'une chute d'eau avait produit, à une température de 0°,5, des stalactites de glace pendantes à une arche de pont, Clarke trouva des cristaux rhomboédriques présentant des angles de 60 à 120 degrés. On a rencontré plus souvent des prismes hexaèdres réguliers, mais presque jamais ces prismes n'étaient terminés, et Smithson dit avoir observé des cristaux de glace sous la forme de doubles pyramides à six pans, dans lesquelles les deux faces terminales faisaient ensemble un angle de 80 degrés. Toutes ces formes appartiennent au système rhomboédrique.

A un repos parfait il faut une température bien plus basse que le degré de congélation, pour que l'eau passe à l'état solide. On a déjà dit précédemment qu'alors elle peut demeurer liquide à plusieurs degrés au-dessous de zéro, et qu'elle ne se prend en masse que quand on la remue. Dans le vide, elle ne gèle jamais que quand elle est refroidie presque jusqu'à —5 degrés, mais, au moment de sa solidification elle se réchauffe jusqu'à zéro.

La glace fait une exception peu commune au rapport qui existe ordinairement entre le volume des corps à l'état liquide et celui de ces mêmes corps à l'état solide. Elle est plus légère, et par conséquent occupe un espace plus grand qu'un pareil volume d'eau liquide. Sa pesanteur spécifique est de 0,916, et quelquefois moindre encore. Nous ignorons à quoi tient cette expansion de l'eau congelée. Elle commence à quatre degrés au-dessus du point de congélation, augmente peu à peu, jusqu'au moment où l'eau se solidifie, et augmente alors tout à coup considérablement. Elle dépend en partie d'une cause accidentelle qui rend la pesanteur spécifique de la glace moindre qu'elle ne serait sans cela. Cette cause consiste en ce que l'eau contient une quantité déterminée d'air, qui ne peut point prendre la forme solide, et qui, au moment de la congélation, se sépare en une infinité de petites bulles, dont la présence rend la glace opaque, et qu'on peut apercevoir même à l'œil nu.

On a essayé de débarrasser l'eau de cet air par l'ébullition ou par la machine pneumatique, et malgré cette précaution on a toujours trouvé ensuite des bulles dans la glace. Cependant, lorsqu'on fait bouillir de l'eau distillée dans un petit alambic en verre, de manière que l'air sorte par la partie supérieure de l'appareil, et soit remplacé par du gaz aqueux, puisqu'on bouche hermétiquement l'alambic pendant l'ébullition, et qu'ensuite on expose cette eau à la congélation, on obtient une masse de glace parfaitement exempte d'air et transparente, dans laquelle la glace ne se distingue de l'eau qu'au moyen de la réfraction des rayons lumineux par les faces de ses cristaux. Mais cette glace même est moins pesante que l'eau. L'expansion de la glace se fait avec une telle force, qu'un globe de cuivre qu'on remplit d'eau et qu'on bouche bien, éclate lorsque le liquide vient à se congeler.

L'eau qui contient d'autres substances, par exemple, des sels, des acides, de l'alcool, etc., gèle, à peu d'exceptions près, plus lentement que l'eau pure, et avec d'autant plus de lenteur, que la quantité de ces substances étrangères y est plus considérable. Quand une dissolution semblable se congèle en partie, il n'y a ordinairement que l'eau presque seule qui prenne la forme solide, et la concentration du reste augmente en raison de la perte de liquide qu'il a éprouvée. Aussi est-on dans l'usage d'employer ce moyen pour concentrer, par exemple, le vinaigre et le suc de citron.

La glace est conductrice de la chaleur pour tous les degrés au-dessous de zéro, mais c'est un mauvais conducteur du calorique. Au dessus de zéro, elle absorbe ce dernier, et se convertit ainsi en eau. On peut l'électriser par le frottement, de manière qu'elle ne saurait être rangée parmi les corps conducteurs de l'électricité. Lorsqu'elle se fond, les cristaux les plus réguliers et les aiguilles qui se sont formées en premier lieu se conservent plus longtemps que le reste, moins régulièrement cristallisé, de la masse. Pour se convertir en eau à la température de zéro, elle fait passer à l'état latent autant de calorique qu'il en faudrait pour échauffer jusqu'à + 75 degrés une égale quantité d'eau liquide à 0°.

L'eau à l'état liquide est peu élastique, comme tous les liquides, et la compression qu'on peut lui faire subir est tellement peu considérable, qu'on a pendant longtemps considéré comme une chose impossible de la réduire à un volume moindre que le sien. La pression d'une atmosphère entière diminue à peine son volume de 0,000045. Cependant sa propre pesanteur la comprime à tel point, dans les lacs et dans la mer, que sa densité va toujours en augmentant depuis la surface jusqu'au fond. La compression de l'eau a été difficile à déterminer pendant longtemps, parce que les vaisseaux dans lesquels on l'essayait étaient susceptibles de se distendre par la pression, mais enfin Perkins est parvenu à entourer l'appareil, propre à constater la compressibilité de l'eau, d'eau comprimée avec la même force. Cet appareil a été simplifié depuis par OErsted ; de manière que l'expérience est maintenant une de celles qu'on peut faire avec la plus grande facilité dans une leçon publique.

La pesanteur spécifique de l'eau est admise pour 1,000, et sert de terme comparatif pour celle de tous les autres corps.

L'eau pure n'a ni couleur, ni odeur, ni saveur. Elle est, par elle-même, absolument invariable.

A l'instar de tous les autres corps, elle est dilatée par le calorique. Mais il y a une différence remarquable entre cette dilatation et celle d'autres corps. Elle est très-faible, et, depuis zéro jusqu'à $+100$ degrés, elle ne s'élève qu'à 0,012 du volume de l'eau.

La plus grande densité de l'eau ne correspond point à zéro, mais seulement à $+4°,1$ au-dessus du point de congélation. A partir de ce point, le liquide va toujours en se dilatant, soit qu'il se refroidisse, soit qu'il s'échauffe, de manière qu'à zéro il occupe exactement le même volume qu'à $+9$ degrés. C'est ce qu'on peut démontrer par une expérience fort simple. On plonge deux thermomètres dans un verre d'eau à zéro, de manière que la boule de l'un soit un peu plus élevée que celle de l'autre. A mesure que l'eau s'échauffe, le thermomètre dont la boule est le plus profondément située, monte, parce que l'eau plus chaude s'enfonce dans la froide. Lorsque l'instrument inférieur est arrivé à $+4°,1$, il cesse de monter ; mais le supérieur s'élève jusqu'à $+4°,1$, et les deux instruments sont alors égaux ; au bout de quelques instants, le supérieur monte bien plus rapiment que l'inférieur, parce qu'à cette époque l'eau chaude surnage la froide. Cependant cette expérience ne peut jamais être assez exacte pour donner autre chose qu'une indication approximative du véritable état du thermomètre, et beaucoup de physiciens ont fait à ce sujet des expériences diversement combinées, dont le résultat a varié entre trois et cinq degrés. Les recherches les plus approfondies à cet égard sont celles de Haellstroem d'Abo : correction faite de toutes les circonstances qui pouvaient induire en erreur, elles ont donné le nombre, déjà cité précédemment, de $+4°,1$.

Cependant à ce degré extrême de densité, l'eau ne réfracte pas la lumière avec plus de force qu'elle ne fait quand elle est moins dense. Arago et Fresnel ont observé que son pouvoir réfringent augmente continuellement jusqu'au point de congélation, absolument de même que si elle se condensait sans cesse jusqu'au moment où elle se prend en masse.

Cette exception, unique en son genre, aux règles de l'action que le calorique exerce sur les corps liquides, mérite d'autant plus d'attention, que, s'il n'en était point ainsi, une grande partie des zones froides de notre globe serait inhabitable. En hiver, effectivement, l'eau, même dans les grands lacs, se refroidirait promptement jusqu'à zéro et au-dessous, et se prendrait en masse tout à

la fois ; les poissons périraient tous, les autres classes d'êtres vivants manqueraient d'eau liquide, et l'été suffirait à peine pour fondre ces énormes masses de glace. Mais, dans l'état actuel des choses, l'eau, dès qu'elle est refroidie jusqu'à $+4°,1$, tombe au fond des bassins, et c'est seulement lorsque sa masse entière a acquis cette température que sa surface peut se refroidir encore davantage, parce que l'eau plus froide surpasse alors celle qui l'est moins en légèreté, et que l'eau, comme tous les liquides, transmet le calorique avec beaucoup de lenteur. Ainsi, le fond des lacs conserve la température de $+4°,1$, et l'eau qui s'en écoule est toujours à trois ou quatre degrés au-dessus du point de congélation, température qu'elle conserve également au fond des rivières, de même qu'il est rare de voir, même dans les plus rigoureux hivers de Suède, les rivières et les gros ruisseaux gelés jusqu'au fond.

Dans la mer, au contraire, où l'eau contient une très-grande quantité de sel en dissolution, cette anomalie n'a point lieu, d'après les recherches de Marcet. Ce n'est point à $+4°,1$ que l'eau salée de la mer a le plus de densité ; elle n'a pas non plus de point correspondant qui exprime son maximum de condensation ; elle se condense constamment jusqu'à ce qu'elle prenne la forme solide, et même alors il n'y a que de l'eau qui se solidifie ; car le sel reste avec l'eau non congelée, formant un liquide d'autant plus concentré et pesant. Voilà pourquoi, dans la mer elle-même, il n'y a que la surface de l'eau qui puisse se convertir en glace. Erman fils a fait voir que la présence du sel marin dans l'eau abaisse le point de la plus grande densité, qui finit par disparaître tout à fait lorsque le sel est assez abondant pour que la dissolution ait une pesanteur spécifique de 1,020.

Haellstroem a dressé des tables sur les changements de volume de l'eau suivant les différents degrés de chaleur, aux températures ordinaires de l'air. En s'aidant du calcul des probabilités, il a reconnu que les incertitudes dans le poids qu'il donne s'élèvent à 0,0000035, et par conséquent ne portent que sur les deux dernières décimales.

Depuis $+4°,1$, l'eau se dilate peu à peu jusqu'à $+100$ degrés, et là elle acquiert le plus grand volume qu'elle soit susceptible d'avoir. Alors elle entre en ébullition et se convertit en gaz. Quelques instants avant de commencer à bouillir, elle fait parfois entendre un frémissement. Cet effet tient à ce que les bulles de gaz aqueux qui se forment au fond, se refroidissent et se condensent en montant, d'où résulte un vide que l'eau remplit, ce qui produit le bruit en question. Aussitôt que la masse entière du liquide a acquis la température de $+100$ degrés, les vapeurs montent sans subir aucun changement, le bruit disparaît et l'on entend celui que produit le bouillonnement de l'eau. Comme le point d'ébullition du liquide à $+100$ degrés du thermomètre est, à proprement parler, exact pour la hauteur barometrique de 336 lignes de Paris, il faut remarquer qu'à chaque ligne que le baromètre monte ou baisse entre 342 et 320 lignes, ce même point s'élève ou s'abaisse aussi de quatre-vingt-quatre millièmes d'un degré. Pour faire passer l'eau du degré de l'ébullition à la forme de gaz, il faut, d'après les expériences de Despretz, autant de chaleur que pour porter la température du liquide de $+100$ degrés à $+531$. (Watt disait jusqu'à 524, Ure, 537, Clément et Desormes, 550.) D'après Gay-Lussac, un volume donné d'eau converti en gaz aqueux occupe, à 76 centimètres de hauteur barométrique et à la température de $+100$ degrés, 1696, 4 fois autant d'espace qu'il en occupait lorsqu'il était sous forme liquide.

Depuis le point de l'ébullition, le gaz aqueux conserve la forme gazeuse, à toutes les températures plus élevées, à l'air libre, et quand il n'est point comprimé. Son volume augmente avec l'accroissement de la température, de la même manière qu'il arrive à tous les autres gaz. C'est sur cette propriété que repose la construction des machines à vapeur.

Le gaz aqueux a les propriétés suivantes dans l'état de pureté. Il n'a ni couleur, ni odeur, ni saveur. Il est plus léger que l'air. Sa pesanteur spécifique est difficile à déterminer par la balance, mais Gay-Lussac a fait voir que deux volumes de gaz oxygène et un volume de gaz hydrogène produisent deux volumes de gaz aqueux, d'où il suit que sa pesanteur spécifique est de 0,6201. Comme la pression comprime davantage les gaz coercibles que ceux qui ne le sont pas, il est fort possible que la pression atmosphérique comprime le gaz aqueux, de manière que sa pesanteur spécifique soit un peu plus élevée que le calcul ne l'indique : c'est aussi ce que l'on a trouvé par les expériences. Sa chaleur propre, comparée à celle d'un poids égal d'air, est de 3,136, et comparée à celle d'un égal poids d'eau limpide, est de 0,8407. Cette dernière comparaison indique que le calorique nécessaire pour élever la température de l'eau liquide d'un certain nombre de degrés, dix, par exemple, est au calorique nécessaire pour élever celle d'un poids égal de gaz aqueux d'un même nombre de degrés, dans la proportion de 1,0000 à 0,8407.

Lorsque la température du gaz aqueux descend au-dessous de $+100°$, ce gaz se condense et passe à l'état d'eau liquide. Si le refroidissement a lieu dans l'air, le gaz passe à l'état intermédiaire, dans lequel il porte le nom de vapeur, et forme un amas d'eau aussi divisé que possible, semblable à ceux qui constituent les nuages. L'eau précipitée ainsi ne produit point de gouttes, mais des vésicules infiniment petites. Il est facile de s'en convaincre en examinant, avec un microscope d'un pouce et demi à deux pouces de foyer, les vapeurs aqueuses qui se forment au-dessus d'un liquide coloré, par exemple du café ou de l'encre, qu'on fait chauffer un peu ; on voit ces petites vésicules qui se

meuvent dans plusieurs directions, c'est-à-dire en suivant les courants d'air produits par l'échauffement de la surface du liquide. On observe la même chose dans les nuages, sur de hautes montagnes, ou par un temps nébuleux, lorsqu'on dirige un microscope de cette espèce sur un corps obscur, tel que le fond d'une tabatière noire. En même temps, on voit çà et là une véritable gouttelette traverser le foyer du verre grossissant, ce qui fournit un objet de comparaison pour les vésicules. Celles-ci n'ont pas toutes la même grosseur : d'après les mesures de Saussure, le diamètre des plus petites est de $\frac{1}{4500}$ de pouce, et celui des plus grosses de $\frac{1}{2780}$. Lorsqu'elles viennent à se heurter, elles crèvent et forment une petite goutte.

Si le gaz aqueux se refroidit à la surface d'un liquide froid ou d'un corps solide, il ne se forme pas de vapeur, et l'eau passe de suite à l'état liquide.

Ce qui vient d'être dit de la condensation du gaz aqueux et de la formation des vapeurs aqueuses s'applique également à tous les liquides volatilisés par l'ébullition, qui se condensent dans l'air ou sur des corps froids.

De l'eau à l'état liquide dans l'atmosphère. — La quantité d'eau contenue dans l'atmosphère éprouve à chaque instant des variations qui dépendent, soit du mouvement continuel que la répartition inégale de la chaleur imprime à l'air, soit de ce que l'air chargé d'une plus grande quantité d'eau a une pesanteur spécifique moins considérable, soit enfin de ce que la température n'est pas la même sur les divers points de la surface du globe, non plus que dans les différentes couches de l'atmosphère.

Si le soleil cessait de luire, la partie liquide du globe tomberait dans un repos absolu, et l'air contiendrait une quantité invariable de gaz aqueux, qui correspondrait à la tension de l'eau sous la température d'alors, en supposant toutefois qu'il ne régnât pas un froid assez intense pour réduire cette tension à zéro. Mais les rayons solaires, en tombant sur la terre, sont décomposés par sa masse solide, et laissent échapper ainsi leur calorique : il suit de là que la couche inférieure de l'atmosphère, étant très-dilatée, se trouve obligée de s'élever pour faire place à de l'air plus froid, qui s'y précipite partout et produit un mouvement dans l'atmosphère. En même temps, les rayons du soleil n'échauffent pas les diverses parties de la surface de la terre au même degré : la terre ferme l'est plus que l'eau, qui réfléchit la majeure partie des rayons solaires ; et de là résulte un second mouvement de l'air, plus fort que le précédent. Enfin la portion équatoriale de la terre est fortement échauffée, tandis qu'un froid rigoureux règne autour de ses pôles ; et de là provient un troisième mouvement dans l'atmosphère, le plus considérable de tous. Car l'air chaud doit continuellement s'élever au dessus des contrées échauffées, et céder peu à peu sa place à celui des régions plus froides ; tandis que la colonne qu'il forme ainsi en montant se renverse à droite et à gauche, pour aller gagner les points d'où afflue l'air froid; de manière que de là résulte en grand, dans l'atmosphère, une circulation semblable à celle qu'on a décrite en parlant de l'échauffement des liquides et de la propagation de la chaleur dans leur intérieur. L'échauffement inégal des divers points de la surface du globe, et d'autres causes semblables, doivent faire naître des milliers de circulations, et l'atmosphère doit se trouver ainsi dans une agitation continuelle.

Cependant tous ces changements sont fort souvent si peu considérables, que nous ne les apercevons pas, et qu'il n'en résulte ni ouragans ni vents. Ces derniers phénomènes proviennent bien aussi des changements généraux et lents qui nous occupent actuellement; mais ils se rattachent en même temps à des variations barométriques dont les causes principales sont encore un mystère pour nous. Du reste, ils n'interrompent point la marche des mouvements de l'atmosphère produits par l'échauffement inégal de la terre, quoiqu'ils la modifient et l'altèrent d'une manière locale.

Par conséquent, l'air ne reste jamais assez longtemps en repos à la surface de la terre et des mers, pour pouvoir se rapprocher de son maximum d'humidité. Au contraire, lorsqu'il est devenu humide jusqu'à un certain degré, les mouvements plus ou moins rapides de l'atmosphère l'entraînent, soit dans des régions de celle-ci, soit vers des contrées de la terre où il se refroidit, et dépose, en proportion du refroidissement qu'il y éprouve, une quantité d'eau qui forme des nuages, de la pluie, du brouillard, etc. L'air, ainsi dépouillé de son humidité par le refroidissement, vient-il à repasser dans des pays plus chauds ou des régions plus basses de l'atmosphère, il se trouve fort sec proportionnellement à la température de ces nouvelles localités, et peut reprendre du gaz aqueux. Ces changements continuels font que la quantité de ce gaz qu'il contient ne peut jamais être aussi uniforme que l'est celle des gaz permanents qui s'y trouvent mêlés. Ce sont donc eux qui entretiennent les sources, les fleuves, les lacs, et en même temps toute la nature vivante.

Nuages et pluie. — Pour bien concevoir la formation des nuages et de l'origine de la pluie, il faut se figurer ces deux phénomènes se passant au-dessus d'une grande contrée uniformément échauffée, et au milieu d'un repos parfait dans les couches supérieures et inférieures de l'atmosphère. L'eau des lacs, des fleuves et du sol humide, s'évapore avec la tension proportionnée à sa température; mais l'air, qui reçoit le gaz aqueux ainsi formé devient plus léger, tant à cause de son mélange avec le gaz, qu'en raison de son échauffement par la lumière solaire. Il doit, par conséquent, s'élever et faire place à de l'air moins humide. De cette manière, il monte peu à peu jusqu'à ce qu'il parvienne à des couches de l'atmosphère où il éprouve un refroidissement tel, que l'eau dont il est

charge ne peut plus demeurer à l'état gazeux et se précipite sous la forme de vapeurs. Plus l'air est chaud, et moins il est saturé d'eau, plus aussi est considérable la hauteur à laquelle arrive ce précipité, qui ne devient visible et ne produit un nuage que parce que la masse des vapeurs se trouve éclairée par le soleil, ou placée devant lui, de manière à le couvrir. Plus les vapeurs qui s'amoncèlent sont épaisses, moins elles ont de transparence, et, par conséquent aussi, plus leur couleur nous paraît foncée.

Les nuages augmentent peu à peu et flottent quelque temps dans les hautes régions de l'air, parce que les petites vésicules de la vapeur aqueuse ont une pesanteur spécifique à peu près égale à celle de l'air; mais c'est encore une énigme pour les physiciens que de savoir comment ils se maintiennent des jours entiers dans l'air, ce qui n'a aucune connexion avec l'échauffement de la couche inférieure de l'atmosphère, ou du côté externe des nuages eux-mêmes, comme l'ont pensé quelques naturalistes, puisqu'ils conservent également leur place pendant la nuit. Lorsque enfin les nuages ont atteint une certaine densité, ils commencent à descendre peu à peu; et une fois que les vapeurs sont arrivées dans une couche d'air plus chaude, elles se redissolvent par degrés, jusqu'à ce que l'air ait atteint son maximum d'humidité. C'est ainsi que des nuages peuvent s'abaisser sans qu'il tombe une seule goutte de pluie. Mais l'air qui se trouve entre la face inférieure des nues et la terre se rapproche de son maximum d'humidité, parce que les nuages couvrent le sol, ce qui refroidit l'atmosphère et diminue la force expansive de l'eau. Dès qu'il a atteint ce maximum, la pluie commence à tomber. En observant l'hygromètre, on voit l'humidité atmosphérique augmenter peu à peu jusqu'à ce qu'elle arrive au maximum, moment peu avant ou après lequel les premières gouttes d'eau commencent à se faire sentir

Les gouttes d'eau sont produites par les vésicules, qui, lorsqu'elles cessent d'être dissoutes dans leur chute par l'air devenu trop humide pour cela, se rapprochent de plus en plus les unes des autres, et forment de petites boules d'eau. Une fois que cette formation de gouttes a commencé, elle se propage dans toute l'étendue du nuage; mais nous ignorons quelle en peut être la cause. Les gouttes augmentent de volume en tombant, soit parce qu'elles se réunissent avec d'autres vésicules et gouttelettes, soit parce qu'elles tombent ordinairement d'une région de l'atmosphère plus froide dans une autre qui l'est moins, et qu'à l'instar de tous les corps froids plongés au milieu d'un air humide et chaud, elles font, dans leur chute, précipiter de l'eau à leur surface. Voilà pourquoi, en été, les gouttes d'eau sont plus larges au commencement d'une pluie, et vont ensuite en diminuant peu à peu. En hiver, au contraire, et dans les saisons froides, où la différence entre la température des régions supérieures et celle des régions inférieures de l'atmosphère est moins grande, cette différence n'est pas aussi sensible ; elle l'est également moins lorsque, comme il arrive quelquefois, les vapeurs aqueuses, précipitées en haut, conservent encore une partie de la température de la région d'où elles proviennent, et sont par conséquent plus chaudes que l'air inférieur. Il survient aussi des changements nombreux et variés dans les orages et les pluies battantes.

Quand le nuage tout entier s'est précipité peu à peu de cette manière, le ciel s'éclaircit, le soleil reparaît, et l'air, que la pluie avait rafraîchi, se réchauffe. L'hygromètre indique alors un accroissement rapide de sécheresse, parce que l'eau, dont l'air était saturé avant la pluie, a été précipitée par les gouttes froides ; et plus la pluie est froide, plus l'air est sec ensuite, par des raisons faciles à saisir.

Telles sont les lois fondamentales de la pluie en général. C'est à peu près ce qu'on voit quand il pleut à la suite d'un brouillard du matin qui s'est élevé. Mais il est extrêmement rare que ce phénomène arrive par un temps parfaitement calme, et d'une manière aussi simple que je viens de le décrire. Les mouvements continuels de l'atmosphère et les électricités y apportent des variations dont les unes sont faciles à concevoir, mais dont les autres sont inexplicables dans l'état actuel de nos connaissances.

Il est rare que la pluie tombe précisément dans l'endroit d'où l'eau s'était élevée auparavant par évaporation. En général, cette eau est entraînée par l'air à une plus ou moins grande distance, avant de se condenser par le refroidissement et de se précipiter. La plupart de celle qui s'élève dans l'atmosphère provient de la surface des mers et des lacs, où elle retombe aussi en partie ; cependant il y en a beaucoup qui va tomber sur terre.

L'inclinaison de la terre sur son orbe fait que chaque pays a deux saisons, l'une chaude, l'été, et l'autre froide, l'hiver ; le printemps et l'automne ne sont que des transitions d'une de ces saisons à l'autre. Pendant l'été, les lacs et l'humidité de la terre s'évaporent, et l'eau évaporée, obéissant au grand mouvement circulatoire général dont j'ai parlé plus haut, suit le courant ascendant d'air chaud dans les pays froids, dont l'air plus froid et plus sec remplace l'air plus chaud et plus humide, aussitôt après son départ. Cet air plus chaud, qui est mêlé de gaz aqueux, s'y refroidit peu à peu ; il y produit des nuages et de la pluie, sous le rapport desquels il présente cela de particulier, qu'après en avoir déposé une certaine quantité à une température donnée, il peut encore en déposer d'autres dans un climat plus froid. Voilà pourquoi les mois d'été sont en général plus secs, tandis que ceux d'automne, de printemps et d'hiver, sont plus humides et plus riches en pluie et en neige. Ceci s'applique à la terre tout entière, même sous l'équateur, où l'hiver n'est que de quelques degrés moins chaud que l'été, mais où ce léger refroidissement suffit néanmoins pour condenser l'eau qui s'évapore de la

surface de la terre. De là vient aussi que l'eau diminue en été dans nos lacs et nos rivières, au lieu que dans les trois autres saisons elle y augmente peu à peu.

Cependant il pleut également en été. Ce phénomène tient d'un côté à ce que l'air chaud absorbe souvent plus d'eau à la surface de la terre, qu'il n'en peut conserver sous forme de gaz lorsqu'il est arrivé dans les hautes régions de l'atmosphère, et que cette eau est obligée de se condenser et de se précipiter ; d'un autre côté, à ce que les vents irréguliers qui soufflent hors des tropiques chassent souvent tout à coup l'air chaud d'un pays dans un autre pays plus froid, où l'eau qu'il contient se condense et produit de la pluie. L'été a généralement plus de jours sereins ; il est rare, au contraire, d'en voir dans l'hiver, où le temps est presque toujours nébuleux.

La pluie a divers degrés de violence, d'après laquelle on la désigne sous des noms différents, tels que *pluie fine*, *pluie battante*, etc. Ces différences proviennent de la hauteur des nuages, lorsqu'elles ne dépendent pas de l'électricité. Dans une pluie fine, les nuages se trouvent souvent à la surface même de la terre ; dans une pluie battante, ils sont beaucoup plus élevés. Plus les nuages sont hauts, plus les gouttes qui tombent ont de largeur, et plus leur chute est rapide. Voilà pourquoi les pluies battantes sont plus communes dans les pays chauds que dans les contrées du nord, parce que les couches chaudes de l'atmosphère y étant plus épaisses, le gaz aqueux est forcé de s'élever à une plus grande hauteur avant de se condenser en nuages. De là vient aussi qu'entre les tropiques les gouttes de pluie ont souvent trois lignes de diamètre, et qu'on en a même vu parfois, sous l'équateur, dont le diamètre s'élevait à un pouce entier.

Nous appelons *pluie d'orage* celle qui est accompagnée des phénomènes électriques. Les nuages orageux marchent souvent avec une rapidité extrême, en sens contraire du vent régnant, et sont fréquemment précédés par des ouragans dont la fureur ne s'exerce que sur des bandes de terrain fort étroites. Nous ne savons rien, ni de leur origine, ni de leur connexion avec l'électricité, et nous ignorons si celle-ci est la cause ou l'effet de la formation souvent très-rapide des nuages orageux. Quelques physiciens ont émis l'opinion absurde que le bruit du tonnerre est produit, dans les hautes régions de l'atmosphère, par la déflagration d'un mélange de gaz hydrogène et d'air, au moyen de l'étincelle électrique, et que la pluie qui tombe résulte de là. Mais on peut opposer les preuves les plus positives à cette assertion, qui repose uniquement sur l'analogie du son, et sur ce que les nuages orageux donnent de la pluie.

Une pluie est ordinairement annoncée par l'abaissement du baromètre. Cet effet dépend, suivant toutes les probabilités, de ce qu'à mesure que l'humidité de l'air augmente, il devient plus léger, et l'atmosphère par conséquent plus haute qu'elle ne l'est par un temps sec, d'où il résulte que la partie supérieure de la colonne d'air humide s'épanche sur les côtés, et ne peut par conséquent point faire équilibre à une colonne de mercure aussi élevée qu'auparavant. On a cru aussi, mais cette opinion est peut-être moins exacte, que la pluie tient à la raréfaction de l'air, indiquée par l'abaissement du baromètre, à peu près de même que l'air renfermé dans une cloche humide, sur la machine pneumatique, devient trouble et se remplit de vapeurs aqueuses quand on le raréfie par quelques coups de piston, parce que l'air qui se dilate dans la cloche absorbe le calorique du gaz aqueux, diminue la tension de ce gaz, et le force à se précipiter en partie. Cependant ce gaz reprend en peu d'instants sa forme gazeuse et sa transparence, lorsqu'on laisse rentrer de l'air.

Neige. — Quand il se forme des nuages à une température au-dessous de zéro, les vapeurs aqueuses se convertissent en une infinité de petits cristaux aciculaires, dont il y a toujours plusieurs qui se réunissent sous des angles de 60 et 120 degrés, comme les aiguilles de l'eau en congélation, et qui produisent aussi des formes cristallines diversifiées, d'un aspect fort agréable, dont la configuration est partout semblable dans une même chute de neige. Ces cristaux s'accroissent dans leur chute, comme les gouttes de pluie, et forment souvent de gros flocons en s'accumulant. En général, tout ce que j'ai dit de la pluie s'applique aussi à la neige, et la différence ne tient qu'à la température.

Il ne tombe pas de neige lorsque le temps est calme et très-froid, parce qu'il ne peut plus se précipiter de gaz aqueux. Pour qu'il neige, il faut que de l'air moins froid et plus humide arrive dans la contrée ; il s'y refroidit alors, et dépose son eau. Voilà pourquoi le temps se radoucit ordinairement avant qu'il tombe de la neige. On a coutume d'attribuer ce phénomène à la mise en liberté du calorique du gaz pendant la cristallisation de l'eau ; mais si telle en était la cause, le calorique augmenterait de nouveau la force expansive de l'eau, et, par conséquent, il ne pourrait dans aucun cas se former plus de neige que le refroidissement ne le permettrait. Lorsqu'il nous arrive d'avoir de la neige par un vent impétueux du nord et un froid vif, elle s'est ordinairement formée dans l'air venant des pays chauds, qui traverse en sens opposé les hautes régions de l'atmosphère.

Quand le vent du nord souffle sans neige, le temps est communément serein, et la neige s'évapore, ainsi que la glace. En effet, cet air s'est fortement refroidi dans les contrées septentrionales, où il a déposé son eau. Lorsque ensuite il se réchauffe peu à peu, en avançant vers le sud, la faculté qu'il a de contenir du gaz aqueux augmente aussi par degrés, et ce gaz est fourni, en raison de la température, par la neige et la glace au-dessus desquelles l'air passe.

Grêle. — La grêle est également produite par le froid, mais dans des circonstances tout à fait différentes. On ne la voit que dans l'été ou dans les pays chauds. La grêle consiste en grains arrondis, et non en cristaux réguliers, comme la neige. Ordinairement ces grains sont si froids, que l'eau qui s'applique à leur surface pendant leur chute se prend sur-le-champ en une croûte glacée, au centre de laquelle le grain primitif de grêle est renfermé, sous la forme d'un noyau blanc et transparent. Dans les pays chauds, où les nuages sont souvent fort élevés, et où l'air contient davantage d'humidité, la grêle acquiert fréquemment une grosseur bien plus considérable que dans le nord, et on en a vu tomber des morceaux pesants plusieurs livres. Les grêlons ne se forment pas tout d'un coup dans l'atmosphère ; ils n'acquièrent cette grosseur insolite que dans leur chute, soit par l'effet de l'eau qui se précipite à leur surface en raison de l'abaissement de leur température, soit par suite de l'agglomération de plusieurs grains, qui doit augmenter à chaque instant ; car la rapidité croissant en proportion plus grande dans les gros grains que dans les petits, ceux-ci sont dépassés par les autres dans leur chute, et doivent se réunir à eux.

La cause qui produit si rapidement du froid dans l'atmosphère d'été nous est inconnue. La grêle est accompagnée, sinon toujours de tonnerre, au moins constamment de signes bien manifestes d'électricité ; mais nous ne pouvons pas dire quel rapport existe entre l'électricité et cette production rapide du froid.

Brouillard. — Le brouillard provient des mêmes causes que les nuages. Ce n'est, à proprement parler, qu'un nuage qui se forme près de terre. On voit naître du brouillard quand la température de l'air tombe rapidement de quelques degrés au-dessous de celle du sol : l'eau continue alors à s'évaporer de la surface de la terre et des eaux avec une tension correspondante à la chaleur du sol ; mais à peine le gaz aqueux est-il produit, qu'il se refroidit et se précipite dans l'air ; après quoi le mouvement de l'air plus chaud qui avoisine la terre le fait monter peu à peu. Le brouillard commence de cette manière sur les eaux et les prairies marécageuses, quelques heures après le coucher du soleil, ou une heure avant son lever, et continue jusqu'à ce que sa propre pesanteur le détermine à tomber en pluie fine, ou qu'au lever du soleil l'air échauffé le dissolve. Souvent, dans ce dernier cas, on le voit commencer à disparaître près de terre, puis diminuer aussi peu à peu dans les régions supérieures, à mesure que les couches d'air qui occupent ces régions s'y échauffent successivement. Comme la surface des eaux fournit une évaporation plus abondante que celle de la terre, c'est sur les mers, puis sur leurs rivages, que les brouillards sont le plus communs et les plus épais. Ils offrent moins d'étendue sur terre. On les observe aussi bien en hiver qu'en été, et il arrive souvent, dans les journées froides d'hiver, qu'on voit une fumée s'élever des sources et des courants non gelés. Lorsque le brouillard tombe par un froid vif, il se dépose sur les arbres et les maisons sous la forme de cristaux lanugineux, et produit ce qu'on appelle le *givre*.

Rosée. — La différence qui existe entre le jour et la nuit, sous le rapport de la température, en produit une dans la quantité d'eau que l'air contient; mais, au lieu de se précipiter dans l'air sous la forme d'une vapeur, le gaz aqueux se dépose sur la terre, et l'air conserve sa transparence. De là résulte la rosée. Il est difficile de dire quelles sont toutes les forces qui concourent à la production de la rosée; mais la principale cause est le refroidissement, et si elle se précipite sur le sol, au lieu de le faire dans l'air, c'est parce que la précipitation commence dans la couche d'air la plus rapprochée de la terre, cette couche étant la plus chaude et la plus abondamment chargée d'eau. Le gaz aqueux des couches supérieures se répand ensuite peu à peu dans les inférieures, parce que l'air y est moins chargé de ce gaz, et de là vient que le précipité continue à s'effectuer en bas. Au reste, ce qui prouve que les corps solides exercent de l'attraction sur l'eau, c'est que la rosée ne se dépose pas uniformément à la surface de tous les corps. Les corps non conducteurs du calorique sont ceux qu'elle baigne le plus; il y en a moins sur ceux qui sont conducteurs, et les métaux en sont rarement mouillés, à moins qu'elle n'ait été d'une abondance extraordinaire. On a présenté, comme une circonstance rendant l'explication de ce phénomène difficile, l'observation que, quand il tombe de la rosée, la terre est toujours d'un ou plusieurs degrés plus chaude que l'air. Il en est bien réellement ainsi pour une profondeur d'un à deux pouces en terre; mais la croûte du globe et les plantes qui s'en élèvent se refroidissent par le rayonnement du calorique, et, en conséquence, avec beaucoup plus de rapidité que l'air. Wells a prouvé, par une série d'expériences fort intéressantes, que la précipitation de la rosée est un pur effet du refroidissement occasionné par le rayonnement du calorique. Ainsi, par exemple, il plaça, le soir, une quantité déterminée de laine à l'air libre, et tout auprès une autre quantité pareille et occupant la même surface, mais couverte d'une table. La laine non couverte avait beaucoup plus augmenté de poids que celle qui était placée sous la table, parce qu'il s'était opéré entre cette dernière et la table un rayonnement mutuel de calorique, en vertu duquel elle avait éprouvé un refroidissement moins considérable que la laine exposée en plein air, dont les rayons calorifiques s'étaient dissipés sans que rien ne compensât la perte. C'est ce qui explique pourquoi la rosée tombe très-souvent en grande quantité dans les soirées sereines, pourquoi aussi elle est plus rare et moins abondante dans les temps couverts, les rayons calorifiques de la terre étant rempla-

cés, dans ce dernier cas, par ceux des couches de nuages situés au-dessus d'elle. Les métaux et les corps conducteurs de la chaleur ne se couvrent point de rosée, tant que l'air ou ce qui est placé sous eux leur restitue le calorique qu'ils perdent par rayonnement.

Lorsque l'air contient assez peu d'eau dans la journée pour qu'elle puisse s'y maintenir, par sa tension, à la température de la nuit, il ne tombe pas de rosée. On peut s'en convaincre en mesurant la tension de l'eau quelques heures avant et une heure après le coucher du soleil. S'il se trouve, par exemple, que la quantité d'eau contenue dans l'air pendant la journée corresponde à la tension de $+$ 16 degrés, et que la température descende, après le coucher du soleil, à $+$ 15, $+$ 12, $+$ 10 degrés, etc., il doit tomber de la rosée, et s'en former jusqu'à ce que la température de l'air soit descendue au plus bas degré qu'elle puisse atteindre, c'est-à-dire jusqu'au lever du soleil. Dans cette expérience, l'hygroscope indique le maximum d'humidité atmosphérique près de terre, mais commence à retourner au sec lorsque la rosée disparaît vers le matin, et que la force expansive de l'eau est accrue par la chaleur du jour. On prétend qu'une grande partie de la rosée provient des émanations des plantes, qui ne peuvent point être prises par l'air : mais cela est peu croyable ; car les émanations des végétaux devraient alors être exhalées sous forme liquide, et la rosée se manifesterait, même en plein midi, toutes les fois que l'air serait au maximum d'humidité. On a trouvé de la rosée sur des plantes placées sous des cloches de verre, qu'on avait laissées la nuit à l'air. Cette rosée se forme de la même manière qu'à l'air libre, et elle peut être tout aussi abondante, parce que l'air, plus chaud sous la cloche, contient davantage d'humidité. Ce qui prouve clairement qu'elle ne provient pas des émanations des plantes, c'est qu'il faut toujours que l'air ait acquis son maximum d'humidité sous la cloche, parce qu'il ne peut guère s'y renouveler, et que, dans ce cas, les émanations des plantes les couvriraient d'une rosée continuelle. Dans nos climats, on n'observe la rosée que sur terre; mais, sous les tropiques, elle tombe également ment en mer.

Il tombe une autre sorte de rosée en hiver lorsqu'à un vent froid en succède un autre, qui l'est moins. Ce dernier contient de l'eau, laquelle se précipite sur les murs, les maisons, les arbres, etc., qui conservent encore la température des jours précédents. Ces objets sont donc humides jusqu'à ce qu'ils aient repris la température de l'air, ou qu'il survienne un vent plus sec. Par un temps froid, cette sorte de rosée se prend en givre. Lorsque après un hiver rigoureux le printemps s'annonce de suite par des jours chauds, on voit souvent les murailles, les maisons en pierre et les églises se couvrir de givre à l'extérieur : ce phénomène tient à ce que les murs s'échauffent moins vite que l'air, et conservent encore assez de froid pour que l'eau puisse se précipiter et se congeler à leur surface.

Eau de pluie. Eau de neige.—Cette eau est parfois très-pure, mais il faut pour cela qu'on l'ait recueillie dans de larges vases, en rase campagne et quelque temps après qu'il avait commencé à pleuvoir. Ordinairement elle contient de l'air atmosphérique, un peu d'acide nitrique, et, à ce qu'on prétend, une quantité extrêmement faible de chlorure calcique. Cependant la présence de ce dernier sel est peu vraisemblable ; car il est absolument fixe, et ne prend jamais, que nous sachions, la forme de gaz. Quant à l'acide nitrique, au contraire, il se forme en petite quantité dans les combustions, de sorte qu'il doit toujours y en avoir dans l'atmosphère. Cependant les recherches de Liebig ont appris qu'il n'y en a que dans l'eau de pluie d'orage, et qu'on n'en rencontre jamais dans l'eau de pluie ordinaire. L'eau de neige nouvellement fondue a une saveur particulière, et l'on croyait jadis qu'elle contenait davantage d'oxygène ; mais elle ne contient jamais plus d'air qu'elle n'a pu en attirer de l'atmosphère pendant la fonte de la neige.

La plupart des impuretés que l'eau charrie sont simplement mêlées avec elle, et dues à de la poussière qui voltige dans l'air, et qui est entraînée par la pluie ou la neige. Voilà pourquoi l'eau de pluie dépose une poudre grisâtre, et l'on trouve un dépôt pulvérulent dans la neige fondue, même lorsque celle-ci a été prise au milieu de grands lacs gelés. C'est aussi pour cette raison qu'on entend quelquefois parler de pluies de soufre, de pluies de sang, etc., c'est-à-dire de pluies qui entraînent du pollen jaune, rouge ou diversement coloré, des plantes en fleurs à cette époque. Lorsque, par exemple, il survient tout à coup une pluie pendant la floraison des genévriers et des pins, on trouve sur l'eau, dans les contrées montueuses, une poudre jaune, qui ressemble parfaitement à des fleurs de soufre, mais que, par un examen plus attentif, on reconnaît être le pollen de ces végétaux conifères, qui s'était accumulé dans l'atmosphère, d'où il a été précipité par la pluie.

Cependant, en général, l'eau de neige et de pluie est assez pure pour qu'on puisse l'employer dans la plupart des opérations chimiques. Sa pesanteur spécifique est la même que celle de l'eau distillée.

De l'état de l'eau liquide à la surface de la terre. — Sources. La plus grande partie de l'eau atmosphérique se précipite sur les montagnes, tant parce que l'air chaud des vallées, des plaines marécageuses et des lacs, se refroidit en montant sur le revers des montagnes, et y dépose son eau sous la forme d'une rosée douce, mais continuelle, que parce que la température à laquelle le gaz aqueux de l'air commence à se condenser, et qu'on appelle *point de rosée*, ne s'élève pas à une grande hauteur dans l'atmosphère, et que les montagnes qui vont jusqu'à ce point

condensent toujours le gaz aqueux de l'air, ce qui les mouille, enfin, parce que les nuances se rencontrent davantage autour des points élevés, et y déposent de la pluie, tandis que le pays plat situé au-dessous jouit d'un beau temps. Une partie de l'eau qui se rassemble sur les montagnes coule à leur surface, et produit des ruisseaux ; une autre tombe dans leurs fissures et s'enfonce à de grandes profondeurs. C'est surtout dans les mines qu'on aperçoit clairement cette origine des sources. Les montagnes sont intérieurement remplies, dans toutes les directions, de fissures, d'où l'eau coule de tous les côtés à peu de distance au-dessous du sol ; partout on entend tomber des gouttes d'eau, et ce phénomène augmente à mesure qu'on s'enfonce ; de manière qu'on est forcé d'entretenir des machines dans toutes les mines, pour pomper l'eau qui s'y insinue. Comme à cette eau qui filtre en succède toujours d'autre, dont elle a le poids à supporter, elle cherche sans cesse à se frayer des routes à travers les fentes, jusqu'à ce qu'enfin elle parvienne à un point où il lui soit impossible de s'enfoncer davantage, et il est probable que les fissures des montagnes sont remplies d'eau aussi loin que celle-ci peut y pénétrer. La pesanteur de la colonne d'eau qui presse sur le liquide contenu dans ces cavités le refoule vers les vallées et les régions basses, à travers les couches de sable et de terre, dans lesquelles il se creuse un ou plusieurs conduits, d'où il débouche sur certains points pour former des sources. Suivant que ces montagnes sont diversement configurées et prolongées sous terre, les sources jaillissent à une plus ou moins grande distance d'elles.

On a voulu rejeter cette théorie de l'origine des sources, en disant que la terre proprement dite se laisse rarement traverser par un peu d'eau. Ainsi, par exemple, après avoir enfoncé en terre un grand tonneau, du fond duquel partait un tuyau mince allant se rendre dans une cave profonde, on n'a jamais trouvé que, même après les plus fortes pluies il eût passé la moindre quantité de liquide dans ce tuyau. Mais à cette objection on répond que ce sont principalement les montagnes d'où les sources tirent leur origine, et que la terre, quoique humide partout au-dessous de sa croûte, retient cependant toujours son eau, à peu près comme ferait une éponge. Dans les puits, au contraire, l'eau se rassemble peu à peu des couches de terre voisines : la cavité se remplit lentement, et le niveau du liquide reste au-dessous de la surface du sol, à une profondeur qui varie suivant l'abondance d'eau contenue dans les couches de la terre.

Les eaux de source ont presque toujours la même température dans un même climat. En Suède, cette température est de + 7 degrés durant l'été, et un peu moindre dans les hivers rigoureux, quand il ne tombe pas beaucoup de neige. Cette température invariable tient à ce que la croûte de la terre, lorsqu'elle est échauffée jusqu'à un degré correspondant à la faculté échauffante des rayons solaires sous chaque latitude, ne peut, à une certaine profondeur, ni acquérir plus de chaleur en été, ni se refroidir davantage en hiver, mais conserve, à quelque distance de la superficie, une sorte de température moyenne qui ne change ensuite que d'une manière graduelle, à mesure qu'on pénètre davantage dans l'intérieur. Cette température moyenne est pour Stockholm d + 7 degrés, et pour Paris, de + 12,4 degrés ou un peu moins; elle est plus considérable encore dans les pays plus chauds. Les eaux des sources jaillissantes conservent cette température, à quelques variations insignifiantes près, qui tiennent à leur trajet plus ou moins long au travers de la croûte de la terre, laquelle se trouve sous une dépendance plus immédiate de la chaleur de l'atmosphère.

Les *sources chaudes* doivent quelquefois leur chaleur à des volcans, ou si elles ne sont pas voisines de montagnes ignivômes, elles paraissent la tenir d'anciennes masses volcaniques qui ne sont point encore refroidies, et dont les orifices supérieurs ont été détruits par des révolutions subséquentes du globe, à la suite desquelles il n'est plus resté que des masses de basalte, de pierre-ponce et de lave. Il y a deux sortes de sources chaudes. Les unes, qui paraissent être un phénomène volcanique, et qui persistent quelquefois des milliers d'années encore après l'extinction des volcans, sont riches en gaz acide carbonique et en chlorure, sulfate et carbonate sodiques; elles contiennent aussi parfois du gaz sulfide hydrique. Il n'est pas rare que leur composition reste identique, même après que la chaleur est déjà descendue jusqu'à la température moyenne de la terre. Les autres contiennent des chlorures calcique et magnésique, mais point de carbonate sodique, et presque toujours une petite quantité de gaz sulfide hydrique. On les trouve dans les lieux où il est souvent impossible de découvrir aucun vestige d'anciens volcans, de sorte qu'on croit pouvoir expliquer leur chaleur en disant qu'elles viennent d'une profondeur assez considérable pour être échauffées par la température intérieure de la terre, celle-ci, toutefois, supposée croissante avec la profondeur. Ces sources se rencontrent toujours dans des terrains primitifs; mais il n'y en a point en Suède, probablement parce que la distance entre la surface de la terre et la profondeur à laquelle la température s'élève jusqu'à ce degré, y est trop considérable.

Les eaux de Carlsbad et d'Aix-la-Chapelle ont une température de + 70 à + 90 degrés, et l'eau du Geyser, en Islande, qui de temps en temps pousse dans les airs, avec une force incroyable, une colonne d'eau de dix-neuf pieds de diamètre, sur cent de hauteur, est bouillante.

Au reste, les sources présentent, soit sous le rapport de leur température, soit sous celui de la manière dont elles coulent, des particularités surprenantes, que je suis obligé

de passer sous silence, tant parce qu'elles rentrent dans le domaine de la physique, que parce que nos connaissances chimiques actuelles ne suffisent pas pour en donner l'explication.

En parcourant les fissures des montagnes, et se filtrant à travers la masse de la terre, les eaux de sources dissolvent une quantité de substances qui altèrent leur pureté lorsqu'elles viennent à se montrer au jour. Ces substances sont de la silice, divers sels et acides, et même de la matière extractive, dont elles se chargent en traversant la couche de terre végétale qui forme la croûte du globe. On ne sait point encore comment l'eau s'empare de ces substances; car diverses sources en contiennent certaines en si grande abondance, qu'il serait impossible aux alentours du cours de la source de les fournir pendant deux mois seulement. Ainsi, par exemple, il coule annuellement, avec l'eau de Carlsbad, 746,884 livres de carbonate sodique et 1,132,923 livres de sulfate sodique, sans compter les autres substances qui accompagnent ces deux sels. Il est probable que ces eaux filtrent à travers des montagnes dont elles décomposent et dissolvent peu à peu la masse, excitant ainsi un travail chimique dont le résultat est de les charger elles-mêmes des substances qu'on y trouve à leur sortie, et dont la quantité est quelquefois si considérable, que l'art pourrait à peine imiter une semblable dissolution. C'est pourquoi la quantité de substances contenues dans ces eaux doit varier suivant les circonstances; c'est pourquoi aussi les sources doivent, avec le temps, mais peut-être seulement après plusieurs siècles, changer de nature, suivant que les substances solubles ont été entraînées totalement, qu'il en reste moins, ou qu'au contraire il y en a davantage encore à dissoudre.

Toutes les eaux provenant de la terre contiennent une plus ou moins grande quantité d'acide carbonique, et, en outre, diverses terres dissoutes dans un excès de cet acide, notamment de la chaux et de la magnésie, parfois aussi des oxydes de fer et de manganèse. Si on laisse de l'eau de source exposée pendant quelque temps à l'air libre, l'excès de cet acide se dissipe peu à peu, et les terres se précipitent, ainsi que les oxydes métalliques : la même chose arrive quand on fait bouillir l'eau. C'est à ces sels terreux que tient la croûte qui se forme dans les vases dont on se sert pour la mettre sur le feu. Lorsqu'ils se déposent dans la source même, ou le long de son trajet, sur les pierres ou autres objets baignés par l'eau, ils produisent autour de ceux-ci des incrustations, auxquelles on donne le nom de *tuf* (1). Il n'existe pas de sources semblables en Suède; mais on les trouve quelquefois en abondance dans les pays chauds, surtout au voisinage des

(1) On donne ce nom de *tuf* à diverses pierres disposées par couches peu épaisses et à peu de profondeur de la terre végétale.

volcans en activité. Qu'on y jette une pièce de monnaie ou tout autre moule quelconque, au bout de quelque temps il se forme autour une incrustation pierreuse, facile à détacher, et dont l'intérieur offre l'image en creux du corps à la surface duquel elle s'est déposée.

Les sources produisent des *ruisseaux*, et leur eau perd son acide carbonique en coulant, de manière qu'on ne retrouve plus, ni dans les ruisseaux, ni dans les fleuves et lacs qui en proviennent, aucune trace des carbonates acidules que cette eau contenait à sa source. Les autres sels y restent volontiers; mais, comme leur quantité est extrêmement peu considérable, en proportion des carbonates, l'eau des fleuves est plus pure que celle des sources. Elle dissout le savon blanc et le savon vert presque sans se troubler, tandis que l'eau de source les décompose par le moyen de ses carbonates terreux, et précipite les principes huileux avec les terres. On lui donne le nom technique d'*eau dure* (1).

Les rivières se réunissent dans des *lacs*, dont l'eau est rendue impure par les végétaux et animaux qui y vivent et meurent. Cependant, malgré cette cause, l'eau des lacs n'est qu'un peu moins pure que celle des rivières.

Les lacs forment de grands courants qui conduisent leurs eaux à la *mer;* le vaste amas d'eau qui occupe la plus grande partie de la surface du globe, et qui reçoit toutes les eaux provenant de la terre, contient tous les sels de ces dernières, mais laisse échapper son eau par l'évaporation. De là résulte une circulation continuelle d'eau, qui s'évapore de la surface de la mer, s'élève dans les airs sous la forme de gaz, se condense ensuite sur les continents, principalement autour de leurs montagnes, y tombe sous la forme de pluie, produit, de la manière que j'ai décrite, les sources, les lacs et les courants, et retourne à la mer par ces derniers. C'est cette circulation qui rend nos sources, nos lacs et nos rivières presque invariables, et qui pourvoit continuellement la nature vivante d'eau douce.

L'*eau de mer* a une saveur salée, un peu amère, et, sur les côtes, une odeur désagréable. Elle tient en dissolution des sels dont la quantité s'élève à 3 ¼ jusqu'à 4 pour cent du poids de l'eau, et dont le sel commun fait la plus grande partie, quoiqu'il ne s'é-

lève jamais à plus de 2 ¼ pour cent du poids de l'eau. Les autres sels consistent en chlorure calcique, chlorure magnésique et sulfate sodique.

D'après l'analyse de Marcet, 1000 parties d'eau de mer en contiennent 26,6 de chlorure sodique, ou sel marin, 4,66 de sulfate sodique, 1,232 de chlorure calcique, et 5,154 de chlorure magnésique, en évaluant tous ces sels à l'état anhydre. Wollaston a trouvé que l'eau de la mer contient en outre du chlorure et du sulfate potassiques, lesquels n'y forment toutefois pas au delà de $\frac{1}{1000}$ du poids de l'eau, et Marcet a fait voir qu'on n'y trouve aucun vestige de nitrates. Elle dépose, par l'évaporation, une quantité assez considérable de carbonate calcique. Ce dernier sel, qu'elle tient en dissolution, paraît être la source à laquelle les mollusques testacés marins puisent les matériaux pour la formation de leurs coquilles. L'eau de mer contient en outre une très-petite quantité de brome et d'iode, combinés avec du sodium et du magnésium.

On croit que les sels contenus dans l'eau de la mer proviennent de mines de sel gemme que la mer baigne et dissout, et que leur quantité augmente, d'année en année, par les sels que les fleuves y apportent. A la vérité, la quantité de sel que la mer contient varie beaucoup dans certains endroits, suivant que les fleuves qui s'y jettent apportent un tribut d'eau douce plus ou moins abondant. Mais les vents et les courants marins qui en résultent mêlent tellement les eaux ensemble, que la différence ne saurait être considérable. Dans les golfes qui ont une entrée étroite, par exemple, dans la mer Baltique et la mer Noire, la salure est moindre que dans le grand Océan; elle est un peu plus considérable, au contraire, dans la Méditerranée. Du côté des pôles, l'eau est moins salée que dans les pays chauds, quoique la différence soit peu sensible, à cause du mélange continuel de l'eau. Lorsque la mer gèle, il n'y a non plus que l'eau pure qui se solidifie; la glace fondue donne une eau douce et potable, qui contient peu de sel. Immédiatement au-dessous de la glace, là où l'eau est le plus rapprochée du terme de la congélation, elle est peu salée; mais la quantité de sel augmente ensuite peu à peu avec la profondeur, de manière qu'à trois ou quatre pieds, la mer est aussi salée que partout. D'après les pesées faites entre le 60° degré de latitude boréale et le 40° de latitude méridionale, la pesanteur spécifique de l'eau de la mer varie, à + 17 degrés entre 1,0285 et 1,0269.

Dans le voyage de découvertes exécuté sous les ordres du capitaine Freycinet, on a essayé avec succès de la distillation de l'eau de mer pour se procurer de l'eau douce, en se servant d'un appareil disposé de manière à ce que l'eau fût distillée par le superflu de la chaleur nécessaire pour préparer les aliments.

On peut rendre l'eau de la mer propre au lavage, et la dépouiller de la propriété de dé-

---

(1) On a agité la question de savoir si, dans l'évaporation qui se fait des eaux de la mer, un peu de sel marin ne serait point entraîné par les vapeurs aqueuses, puisqu'il est facile de prouver qu'au voisinage des mers l'eau dépose du sel ordinaire, et l'eau de pluie en contient. Mais ce sel ne s'élève point dans les airs sous la forme des vapeurs; il y est seulement entraîné par l'action des vents violents sur les vagues : celles-ci se couvrent, à leur bord supérieur, d'une écume qui lance une multitude de gouttelettes en l'air, et ces gouttes, entraînées par les vents, s'évaporent, laissant le sel marin qu'elles contenaient divisé en molécules si petites, qu'elles peuvent voltiger longtemps dans l'atmosphère avant de se précipiter.

composer le savon, en y mêlant de la potasse, qui précipite les sels terreux.

Eau distillée. — Quand on veut avoir de l'eau parfaitement pure, il faut la distiller. L'opération achevée, les sels restent dans la cucurbite, et l'eau pure, qui passe en vapeur, se rassemble, sous forme liquide, dans le réfrigérant. On pratique cette distillation dans les mêmes vaisseaux que ceux qui servent à la fabrication de l'eau-de-vie. Il ne faut pas distiller plus des deux tiers de l'eau, sans quoi le résidu la rend souvent empyreumatique. Chez les pharmaciens on distille l'eau dans les mêmes vaisseaux qui servent pour l'alcool; mais de là résultent deux inconvénients. Ce qui reste d'alcool dans le serpentin s'acidifie par l'excès de l'air, et forme de l'acétate de cuivre, qui se dissout pendant la distillation et rend l'eau cuivreuse. C'est pour cela qu'il arrive très-souvent à l'eau ainsi obtenue de bleuir, lorsqu'après l'avoir évaporée doucement, on y verse de l'ammoniaque; elle prend aussi une teinte brunâtre quand on y ajoute du gaz sulfide hydrique. Cet effet peut tenir quelquefois à une quantité de cuivre trop faible pour être appréciable à l'aide d'aucun autre réactif. Mais l'eau peut encore contenir, indépendamment de ce cuivre, de l'alcool indécomposé, qui se décompose ensuite peu à peu, de manière qu'au bout de quelques jours la liqueur se trouble et dépose un sédiment muqueux. L'eau dont on a besoin pour des expériences chimiques exactes doit être distillée dans des vaisseaux de métal, et condensée dans un serpentin d'étain. Le réfrigérant doit être ou d'étain pur, ou de cuivre fortement étamé; il ne doit point être soudé avec un mélange de plomb et d'étain, parce que dans ce cas l'eau contient toujours du plomb et de l'étain. Les vaisseaux de verre conviennent moins pour cette opération, parce que le verre du col de la cornue, où les vapeurs se condensent, est ordinairement attaqué, ce qui donne une eau impure. Lorsqu'on est obligé de distiller de l'eau de puits, qui tient presque toujours du chlorure magnésique en dissolution, il faut y ajouter d'abord un peu de potasse, afin de retenir l'acide hydrochlorique, sans quoi il en passerait dans le produit. C'est pour avoir négligé cette précaution que beaucoup de chimistes ont cru à l'impossibilité d'obtenir par la distillation de l'eau exempte d'acide hydrochlorique. En agissant avec beaucoup de circonspection, on parvient à se procurer une eau parfaitement pure, et qui n'a ni saveur ni odeur; mais la moindre imprudence dans la conduite du feu lui communique une saveur particulière, un peu empyreumatique, qui n'est pas sans ressemblance avec celle de l'eau de neige nouvellement fondue.

EAUX TROUBLES, purifiées par l'alun. *Voy.* ALUN.

EAU (*boisson*). — Lorsqu'elle est de bonne qualité et qu'elle réussit, c'est la boisson la plus salutaire, soit pour se désaltérer, soit pour boire aux repas. On remarque que les buveurs d'eau conservent mieux leurs forces,

maîtrisent mieux leurs passions, sont moins sujets aux maladies, qu'ils jouissent plus complétement de leurs facultés intellectuelles, et qu'ils vivent souvent fort longtemps. « C'est une expérience constante, dit M. Hoffmann, que ceux qui ne boivent que de l'eau conservent plus longtemps leurs dents et leur vue, et qu'ils sont plus sains, vivent plus vieux et mangent plus que ceux qui usent du vin ou de la bière. » (*Méd. raison.*, t. III, p. 85.)

On a tort de reprocher à l'eau l'inconvénient de décolorer, puisque beaucoup d'individus aux couleurs vermeilles n'ont jamais eu d'autre boisson, et qu'il est même des personnes qui, après avoir perdu l'éclat de leur teint, ne l'ont repris qu'en se mettant à l'usage de l'eau. C'est bien à tort aussi que l'on répète souvent qu'elle affaiblit le physique et le moral; elle était l'unique boisson du jurisconsulte André Tiraqueau; cela ne l'empêcha pas d'être le père de vingt enfants légitimes et l'auteur d'un grand nombre d'ouvrages remarquables. Pittacus, Charles XII roi de Suède, et autres hommes célèbres qui en faisaient leur boisson habituelle, ont donné la preuve qu'ils ne manquaient ni de courage, ni de force, ni de capacité. L'eau n'éteint pas la vivacité du génie, dit Zimmermann. Démosthène, que Longin comparait à la foudre ou à une tempête, ne buvait que de l'eau. Locke, Haller, Milton étaient des buveurs d'eau.

Cependant nos habitudes, nos usages, nous font trouver l'eau pure trop peu sapide, et nous sommes presque toujours obligés de relever sa saveur par quelques mélanges; mais ces mélanges doivent seulement donner à l'eau un goût plus agréable, et la rendre plus digestible, sans changer notablement ses qualités.

Eau de bonne qualité. — La meilleure eau est en général limpide, fraîche, inodore, et quelque peu sapide; elle s'échauffe et se refroidit avec facilité, dissout aisément le savon, et cuit bien les légumes; elle conserve sa transparence lorsqu'on la fait bouillir. Pour être salubre comme boisson, elle doit contenir de l'air, afin de ne pas peser sur l'estomac. On reconnaît qu'elle en renferme, si elle est d'une saveur agréable, qu'elle perle quand on la transvase, et que l'air s'en dégage sous forme de bulles quand on la fait chauffer.

Eaux des rivières, des fleuves. — On les cite comme ayant le plus de qualité, surtout lorsqu'elles ont coulé rapidement et longtemps sur un lit de sable ou du roc; alors elles se sont emparées d'une petite quantité d'air, et dépouillées des sels qu'elles contenaient en sortant des sources; mais on doit les puiser dans les lieux où elles sont courantes et ne reçoivent pas d'immondices.

Eau de pluie. — C'est la meilleure, après l'eau de rivière, si on la recueille quand la pluie a déjà tombé assez de temps pour entraîner les substances qui sont capables d'altérer l'eau, et qui se trouvent disséminées dans l'atmosphère et sur le toit des maisons,

Il faut se méfier de cette eau lorsqu'elle tombe sur des toitures de zinc ou de plomb.

Eau de fontaine. — Après les eaux de pluie, on place les eaux de fontaine, lesquelles, en s'éloignant de leur source, coulent sur un lit de sable, et peuvent ainsi se pénétrer d'air, et déposer les sels qu'elles tiennent en dissolution.

Eaux de puits, eaux sortant des sources. — Elles sont moins honnes que les précédentes, parce qu'elles sont souvent privées d'air, et chargées de sels. On les appelle *eaux dures* ou *eaux crues*, lorsqu'elles renferment beaucoup de substances salines ; alors elles dissolvent mal le savon, durcissent les légumes qu'on y fait cuire, et sont réputées très-malsaines. Si on les emploie comme boissons, elles pèsent sur l'estomac, occasionnent des coliques.

Eaux des citernes, des étangs, des mares, des lacs, des marais, et toutes les eaux stagnantes. — Elles sont presque toujours altérées par des substances salines, et par la putréfaction des matières végétales et des matières animales. Elles seraient donc d'un fort mauvais usage si on les employait sans les assainir.

Assainissement des eaux. — Pour assainir les eaux, on les laisse déposer, et on les filtre ; mais comme, en les filtrant, elles perdent une partie de l'air qu'elles contiennent, et qui est essentiel à leur qualité potable, on doit, avant de les employer comme boissons, les agiter pour qu'une nouvelle quantité d'air se combine avec elles.

Les eaux que l'on fait bouillir pour les purifier ne deviennent pas aussi pures que si on les filtrait. En outre les eaux bouillies sont plus fades et plus lourdes que les eaux filtrées, parce que l'air se dégage par l'ébullition. Les eaux distillées sont les plus pures, mais fades et difficiles à digérer, parce qu'elles sont privées d'air. — Les eaux de fonte de neige et de glace sont très-pures ; mais, étant privées d'air comme les précédentes, elles ont les mêmes inconvénients. Pour rendre potables ces différentes eaux, il faut y introduire de l'air, et pour cela les exposer au contact de ce fluide pendant un jour au moins, et les agiter ou les battre.

Conservation de l'eau. — Les meilleurs vases pour conserver l'eau sont ceux en verre, en grès ou en terre vernissée. Elle pourrait s'altérer dans des vaisseaux de bois ; ceux en fer lui donnent un goût désagréable, et la rendent rousse ; les vases de zinc lui communiquent des propriétés malfaisantes. Il est très-dangereux, dit le professeur Orfila, de boire de l'eau que l'on a gardée pendant longtemps dans des vases de plomb exposés à l'air. L'eau qui séjourne dans un vase de cuivre peut devenir vénéneuse.

EAU, son action sur le plâtre. *Voy.* PLATRE.

EAUX DE MER. — Les eaux de la mer diffèrent essentiellement des autres espèces d'eaux naturelles par leurs caractères physiques, qui sont dus à leur constitution chimique toute particulière. Elles ont une saveur salée, un peu amère et nauséabonde, et sur les côtes une odeur désagréable ; elles possèdent, en outre, une certaine viscosité ; elles tiennent en dissolution des sels dont la quantité varie depuis 3 jusqu'à 4 p. 100 du poids de l'eau, et dont le chlorure de sodium fait la plus grande partie, quoiqu'il ne s'élève jamais à plus de 3 p. 100.

Voici la composition des eaux de la mer :

MATIÈRES EN DISSOLUTION DANS 1000 GRAMMES D'EAU.	MÉDITER-RANÉE.	MANCHE.	MER NOIRE.	MER D'AZOW.	MER CASPIENNE.
Chlorure de sodium	27,22	27,05948	14,0195	9,6583	3,6731
— de potassium	»	0,76552	0,1892	0,1279	0,0761
— de magnésium	6,14	3,66658	1,3085	0,8870	0,6324
Sulfate de magnésie	7,02	2,29578	1,4700	0,7642	1,2389
— de chaux	0,15	1,40662	0,1047	0,2879	0,4903
Bicarbonate de chaux	0,01	0,03301	0,3586	0,0221	0,1705
— de magnésie	0,19	»	0,2086	0,1286	0,0129
Potasse	0,01	»	»	»	»
Matières organiques, iodure de potassium	traces	traces	traces	traces	traces
Acide carbonique	0,20	»	»	»	»
Bromure de magnésium	traces	0,02929	0,0052	0,0035	traces
Acide silicique	traces	traces	traces	traces	traces
Matières solides	40,94	35,25628	17,6643	11,8795	6,2942
Eau	959,06	964,74372	982,3357	988,1205	993,7058

La densité et la salure des eaux du grand Océan varient peu, et les expériences de MM. Gay-Lussac et Despretz ne justifient nullement l'opinion admise jusqu'ici, que la mer est plus salée sous l'équateur que sous les pôles. M. Darondeau vient de constater que la densité et le degré de salure sont plus considérables au fond qu'à la surface.

L'eau de mer est impropre à la boisson et aux autres usages de la vie ; elle ne peut, en effet, ni cuire les légumes et les viandes, ni dissoudre le savon qu'elle décompose. Aussi, embarque-t-on toujours de l'eau fraîche à bord des bâtiments. On a cherché les moyens de rendre l'eau de mer potable. La distillation fut le premier procédé auquel on eut recours ; et, après bien des essais, c'est à lui qu'on a définitivement donné la préférence (1).

Le capitaine Freycinet, dans son voyage autour du monde, à bord de l'*Uranie*, s'est

(1) C'est Jean-Baptiste Porta, né à Naples en 1537 et mort en 1615, qui employa le premier la distillation pour rendre l'eau de mer potable. Avec 3 litres d'eau de mer, il parvint à faire 2 litres d'eau douce.

procuré de bonne eau pour le service de son équipage, en distillant l'eau de mer dans un appareil construit par ses ordres, sous les yeux du chimiste Clément, et qui donnait par jour 1000 litres d'eau distillée, au prix de 1 centime le litre. Cet officier trouva qu'en abandonnant l'eau distillée pendant 15 à 20 jours au contact de l'air, elle perd peu à peu sa saveur désagréable, et devient semblable à l'eau de rivière.

Rochon en 1813, de Keraudren en 1816, le capitaine danois de Konnig en 1825, Wells et Davies en 1836, ont perfectionné successivement les appareils distillatoires pour la marine, en sorte qu'aujourd'hui les navigateurs sont à l'abri de tous les inconvénients qu'entraînait autrefois le manque d'eau douce à bord des bâtiments. L'appareil de Wells et Davies est supérieur à tous les autres par la simplicité de sa construction, le peu de place qu'il occupe, l'économie du combustible, la quantité et la pureté de l'eau qu'il fournit. Il a environ 97 centimètres en tous sens, et peut suffire à la cuisson des vivres nécessaires à un équipage de 50 ou 60 hommes ; il consomme environ 3 kilog. de charbon par heure, en produisant 20 à 25 litres d'eau distillée. Des expériences faites en 1836, dans le port de Boulogne, à bord du sloop anglais l'*Alliance*, ont démontré les avantages de cet appareil. Maintenant un très-grand nombre de navires en sont pourvus, ce qui leur a permis d'utiliser au moins les 4/5e de la place occupée jadis par l'eau douce, embarquée dans des caisses de tôle. *Voy.* EAU.

EAUX GAZEUSES ARTIFICIELLES. — La préparation des eaux minérales gazeuses constitue une industrie de quelque importance, depuis que l'usage s'en est répandu dans les populations ouvrières : circonstance heureuse, et dont on doit s'applaudir, puisqu'elle introduit l'habitude d'étendre le vin avec l'eau dite de Seltz, qui diminue ou annule les propriétés enivrantes, tout en donnant à la boisson une saveur piquante due à l'acide carbonique ; tandis que l'eau simple rendait jusqu'alors la boisson trop fade pour être du goût des consommateurs.

L'eau gazeuse, dite eau de Seltz factice, qui peut faire disparaître l'abus des boissons alcooliques, ne diffère d'ailleurs de l'eau potable ordinaire que par l'introduction dans cette eau d'une quantité d'acide carbonique qui représente environ 4 ou 5 fois son volume. La pression, équivalente à environ 4 atmosphères au delà de la pression ordinaire, retient le gaz tant que le bouchon reste solidement fixé ; mais dès qu'il cède à l'excès de la pression intérieure, une grande partie du gaz s'échappe en projetant le bouchon et entraînant une portion du liquide : celui-ci reste plus ou moins gazeux tant que dure le dégagement du gaz en excès sur un volume à peu près égal à celui du liquide. Ce terme arrive d'autant plus vite et la quantité d'acide carbonique qui reste est d'autant moindre que la température est plus élevée.

Prix de revient et produit. — Le compte de fabrication établi ci-dessous complétera les renseignements sur cette industrie :

Pour un appareil coûtant 2500 francs, dans lequel on décompose trois ou quatre charges de craie en 12 heures.

DÉPENSE :		
Acide sulfurique, 0,kil. 62, à 15 f.	9 f. 30 c.	
Craie (carbonate de chaux), 0 kil. 66, à 2 fr. . . .	1	32
Bouchons, 1,200, à 5 fr.	56	»
Bouteilles à remplacer et frais imprévus.	25	»
Frais div. : transports, loyer, direction, main-d'œuvre, réparations, intérêts.	34	»
Frais généraux durant les chômages	15	»

120 fr. 62 c.

Produit : 1200 bouteilles, coûtant 120 fr. ; chaque bouteille d'eau gazeuze, chargée à 4 ou 5 atmosphères, revient à 10 centimes.

EAUX MINÉRALES et THERMALES. — Les diverses sources minérales salines, acidules, hépatiques, ne sont pas aussi communes que les sources ordinaires, mais elles n'ont pas en général d'autres gisements ; elles sortent de toute espèce de roches, depuis le granit jusqu'aux derniers dépôts tertiaires. Il en est de même des eaux thermales ou eaux minérales chaudes ; il paraît seulement qu'il ne s'en trouve pas au delà des terrains secondaires, et qu'en général dans ces terrains elles sont à une température moins élevée que dans les terrains plus anciens.

La chaleur des eaux thermales a donné lieu à beaucoup d'hypothèses. On a quelquefois pensé qu'elle était due à l'action des volcans ; mais comme ces eaux se trouvent dans tous les terrains, souvent fort loin des contrées volcaniques, il a fallu recourir à une autre explication, qui n'est pas meilleure, et qu'on a cru trouver dans la décomposition du sulfure de fer. Aujourd'hui on est naturellement conduit à d'autres idées ; on a observé que la température augmente à mesure que l'on s'enfonce dans l'intérieur de la terre, et à peu près de 1 degré pour 20 à 30 mètres de profondeur de plus. D'après cela, il suffit de supposer que les eaux viennent de telle ou telle profondeur pour expliquer la température à laquelle elles se trouvent ; ainsi, pour les eaux bouillantes ou à la température de 80 degrés, il suffirait de supposer qu'elles viennent d'une profondeur de 2 à 3 mille mètres.

Tableau des principales eaux minérales de France.

LOCALITÉS.	COMPOSITION PRINCIPALE.	TEMPÉRATURE Réaumur.	TERRAINS d'où elles sortent.
EAUX PRESQUE PURES CHAUDES.			
Vic (Cantal).		80^d?	Granit.
Bagnères-de-Bigorre (Hautes-Pyrénées).	Un peu de sulfate de chaux.	15^d à 45^d.	Calcaire intermédiaire
Dax (Landes).	Un peu d'hydrochlorate de magnésie, et sulfate de soude.	48^d	
Luxeuil (Haute-Saône).		24^d à 26^d	Sous le grès rouge.
EAUX SALINES FROIDES.			
Passy (Seine).	Sulfate de chaux, de magnésie, de fer, d'alumine; hydrochlorate de soude; carbonate de fer; acide carbonique.		Argile plastique.
Forges (Seine-Inférieure).	Carbonates de fer, de chaux; sulfate de chaux; acide carbonique; hydrochlorates de soude, de magnésie; silice.		Argile plastique.
EAUX SALINES CHAUDES.			
Chaudes-Aigues (Cantal).	Sous-carbonate de soude; hydrochlorate de soude (carbonate de chaux).	70^d	Gneiss, etc.
Néris (Allier).	Sous-carbonate, sulfate et hydrochlorate de soude, silice.	53^d	Terrain houiller.
Plombières (Vosges).	Sous-carbonate et sulfate de soude (hydrochlorate de soude, carbonate de chaux; silice, matière animale).	30^d à 53^d	Sous le grès rouge.
Bourbonne-les-Bains (Haute-Marne)	Hydrochlorate de soude; hydrochlorate et sulfate de chaux.	44^d	Calcaire du Jura.
EAUX ACIDULES FROIDES. *Acide carbonique.*			
Pougues (Nièvre).	Carbonates de chaux, de soude, de magnésie; hydrochlorate de soude.		Craie tufau.
Provins (Seine-et-Marne).	Carbonates de chaux, de fer, de magnésie; hydrochlorate de soude.		Argile plastique.
EAUX ACIDULES CHAUDES.			
Vals (Ardèche).	Carbonates de fer et de soude; hydrochlorate de soude.	44^d	Granit.
Vichy (Allier).	Carbonates de soude, de chaux, de fer, etc.	17^d à 37^d	Terrain secondaire ancien.
Cranzac (Aveyron).	Sulfates de magnésie, de chaux, d'alumine de fer.	33^d	Terrain houiller.
Balaruc (Hérault).	Hydrochlorate de soude. Un peu d'hydrochlorates de magnésie et de chaux; carbonate et sulfate de chaux; carbonate de magnésie.		
Mont-Dor (Puy-de-Dôme).		36^d	Calcaire secondaire.
	Carbonate de fer, etc.; silice.	34^d	Trachyte.
EAUX HÉPATIQUES FROIDES. *Hydrogène sulfuré.*			
Montmorency.	Sulfates de chaux et de magnésie (carbonate de chaux); hydrochlorates de magn. et de soude.		Gypse tertiaire.
Saint-Amand (Nord).			Entre la craie et le terrain houiller.
EAUX HÉPATIQUES CHAUDES.			
Eaux-Bonnes (Hautes-Pyrénées).		21^d	Granit.
Cauterets (idem).		16^d à 40^d	Granit.
Barèges (idem).	Hydrosulfate, carbonate et hydrochlorate de soude.	30 à 38^d	Calcaire intermédiaire.
Bagnères-de-Luchon (idem).		24^d à 48^d	Granit.
Bourbon-l'Archambault (Allier).	Hydrochlorates de soude et de magnésie; sulfate de soude, etc.	19^d à 46^d	Calcaire intermédiaire
Greoulx (Basses-Alpes)	Acide carbonique, hydrochlorates de soude et de magnésie.	27^d	Calcaire du Jura?

On peut ajouter à cette liste les eaux chaudes acidules et sulfureuses d'*Aix*, en Savoie, de *Saint-Didier*, dans la vallée d'Aost; beaucoup de sources des environs de *Gênes*, de divers lieux de l'*Italie*; en Allemagne tous les endroits désignés sous le nom de *Baden*; en Bohême, *Carlsbad*, et tous lieux nommés *Baden*, *Teplitz*, *Toplitza*; en Hongrie, Croatie, Transylvanie, les lieux désignés sous les mêmes noms, et *Bude*, *Eisenbach*, *Glashütte*, *Füred*, *Menadia*, etc.; en Angleterre, les eaux de *Bath*, *Bristol*, *Brightown*, etc., etc.

EAU DE JAVELLE. *Voy.* Potasse, *chlorite de potasse.*

EAU-FORTE. *Voy.* Azotique (acide).

EAU CÉLESTE. *Voy.* Cuivre sulfaté.

EAU PHAGÉDÉNIQUE. *Voy.* MERCURE, *deutochlorure.*

EAU MERCURIELLE. *Voy.* MERCURE, *deutonitrate.*

EAU RÉGALE. — Lorsqu'on mêle de l'acide hydrochlorique avec de l'acide azotique, l'aspect du liquide change sur-le-champ : d'incolore qu'il était il devient jaune, et, si les deux acides sont concentrés, il prend une odeur de chlore et d'acide nitreux. Ce mélange a reçu le nom technique d'*eau régale*, parce que c'est le meilleur dissolvant de l'or, appelé *roi des métaux* par les anciens chimistes. Le procédé qui convient le mieux pour l'obtenir consiste à mêler ensemble deux parties d'acide hydrochlorique et une d'eau-forte. Mais on la prépare aussi en dissolvant du nitre dans de l'acide hydrochlorique, ou du sel marin dans de l'acide azotique. La propriété qu'a ce mélange de dissoudre les métaux, mieux que ne ferait chacun des deux acides pris isolément, tient à ce que, dans la liqueur, il se forme du chlore aux dépens de l'acide azotique, qui est réduit, par l'hydrogène de l'acide hydrochlorique, à l'état d'acide nitreux, lequel contribue avec le chlore à produire la coloration jaune, l'un et l'autre étant d'une couleur jaune. Cependant la décomposition s'arrête lorsque la liqueur est saturée de chlore, et celle-ci ne dégage point le gaz chlore, à moins qu'on ne la chauffe; car alors la décomposition continue jusqu'à ce que l'un des deux acides soit entièrement décomposé. Si l'on plonge un métal dans de l'eau régale, il s'empare du chlore, se dissout dans le liquide, et l'opération dure jusqu'à ce que tout le métal soit converti en chlorure métallique ou l'un des acides décomposés. Si l'opération continue, c'est donc parce que la liqueur ne peut jamais se saturer que de chlore libre, celui-ci étant pris à mesure par le métal. Cette dissolution marche plus rapidement à chaud qu'à froid; mais si l'on emploie de l'eau régale trop concentrée, on s'expose à perdre beaucoup de chlore en faisant intervenir la chaleur. La dissolution d'un métal dans l'eau régale est accompagnée d'un dégagement de gaz oxyde d'azote, et l'on pourrait conjecturer d'après cela que l'hydrogène de l'acide hydrochlorique ramène l'acide azotique à l'état d'oxyde d'azote ; mais Humphry Davy a démontré, par des expériences, qu'un mélange d'acide hydrochlorique et d'acide nitreux ne possède en aucune manière les propriétés de l'eau régale. En conséquence, le dégagement de l'oxyde d'azote tient à la décomposition spontanée de l'acide nitreux en acide azotique et oxyde d'azote.

L'eau régale est d'un usage général pour dissoudre l'or, le platine et les sulfures métalliques, comme aussi pour acidifier le soufre. On s'en sert également dans plusieurs autres cas semblables.

EAU OXYGÉNÉE (bioxyde d'hydrogène). — L'oxygène, en se combinant avec l'hydrogène, produit non-seulement l'eau ordinaire, mais encore un nouveau composé qu'on appelle *eau oxygénée* ou *bioxyde d'hydrogène*, et dont la découverte, faite en 1818, est due à M. Thénard.

Si l'on venait à traiter le bioxyde de barium par l'acide chlorhydrique, il se formerait un équivalent d'eau, un équivalent de chlorure de barium, et un équivalent d'oxygène, qui, à l'état naissant, peut se combiner avec l'équivalent d'eau aussi à l'état naissant, et former un composé nouveau qui est le bioxyde d'hydrogène. C'est en partant de ces idées que M. Thénard a été conduit à la découverte de ce corps. Pour séparer le chlorure de barium, on traite la liqueur par l'acide sulfurique, produit de l'acide chlorhydrique et du sulfate de baryte insoluble : en filtrant, la liqueur ne sera plus qu'une dissolution, dans l'eau, d'eau oxygénée et d'acide chlorhydrique. Si on la traite alors par le sulfate d'argent, il se formera du chlorure d'argent insoluble, que l'on pourra séparer par la filtration, et de l'acide sulfurique, qui restera mélangé au bioxyde d'hydrogène. Pour séparer cet acide, on projette peu à peu dans la liqueur de l'hydrate de baryte, et il ne reste plus que le bioxyde d'hydrogène en dissolution dans l'eau.

Comme on le voit, le procédé de M. Thénard est long, dispendieux et minutieux; aussi y a-t-il avantage à préparer l'eau oxygénée en traitant le bioxyde de barium, non pas par l'acide chlorhydrique, mais par l'acide fluorhydrique. Il se forme alors du fluorure de barium insoluble et du bioxyde d'hydrogène qui reste en solution dans l'eau de l'acide fluorhydrique et dans celle qui sert à délayer l'oxyde barytique. L'expérience se fait dans un flacon à large ouverture, placé dans un mélange réfrigérant. On commence d'abord par délayer du bioxyde de barium bien pur dans un peu d'eau distillée, puis on verse l'acide fluorhydrique. Cet acide élèverait évidemment, par son action rapide sur l'oxyde, la température du mélange, et par suite causerait la décomposition de l'eau oxygénée, si l'on ne prenait pas la précaution de refroidir le vase dans lequel se fait la réaction. On filtre, et la liqueur obtenue peut être considérée comme de l'eau oxygénée étendue d'eau ordinaire. Pour enlever cette dernière, on la concentre sous le récipient de la machine pneumatique, à côté d'un vase qui contient de l'acide sulfurique concentré ; l'eau pure, qui est plus volatile, se vaporise la première, de sorte qu'au bout de deux jours on obtient de l'eau oxygénée très-concentrée. On reconnaît que la liqueur est aussi concentrée que possible lorsque, chauffée à 14°, elle donne, à la pression ordinaire de 0^m,76,475 fois son volume de gaz.

Le bioxyde d'hydrogène à l'état de pureté est inodore, incolore, d'une saveur un peu styptique, d'une densité de 1,452. Il détruit en peu de temps la couleur des papiers de tournesol et de curcuma; il attaque promptement l'épiderme, le blanchit et produit des picotements ; il blanchit aussi la langue et épaissit la salive. Il reste liquide à un froid de 30° au-dessous de zéro. La chaleur le décompose promptement en oxygène qui se dégage, et en eau ordinaire qui reste dans la liqueur.

Les acides retardent la décomposition de ce corps; on pourrait facilement expliquer un pareil fait en supposant que le bioxyde d'hydrogène joue, comme l'eau, le rôle d'une base vis-à-vis des acides. La fibrine, matière organique qui fait la base des tissus et du sang, a une action singulière sur le bioxyde d'hydrogène. L'expérience peut se faire dans une cloche courbe, sur le mercure. On remarque alors qu'elle agit comme le platine, l'or, l'argent en limaille, c'est-à-dire qu'elle opère la décomposition de l'eau oxygénée sans s'emparer de l'oxygène. L'albumine, principe organique qui se trouve abondamment dans les animaux, est loin d'agir de la même manière (1). L'expérience peut se faire avec un morceau de chair qui est composé en grande partie de fibrine, ou bien avec la fibrine qui provient de l'agitation du sang par des verges : celle-ci, étant plus pure, doit être préférée.

Un centimètre cube d'eau oxygénée, pesant 1 gramm. 452 cent., donne, par sa décomposition complète, 475 centimètres cubes de gaz oxygène, dont le poids équivaut à 0,680. Si l'on soustrait ce dernier poids de 1,452, poids du bioxyde d'hydrogène, il reste 0,772 pour poids de l'eau ordinaire. Or, celle-ci est composée de 0,092 d'hydrogène et de 0,680 d'oxygène, poids égal à celui de l'oxygène séparé. Par conséquent, le bioxyde d'hydrogène est formé de volumes égaux d'oxygène et de 0,092 d'hydrogène, et en poids de 1,360 d'oxygène et de 0,092 d'hydrogène.

Aussitôt après la découverte de l'eau oxygénée, M. Thénard, à cause des propriétés oxydantes de ce corps, eut l'heureuse idée de le faire servir à la restauration des anciens tableaux. On sait que la céruse, ou carbonate de plomb, est presque toujours employée par les peintres pour former les couleurs de leurs tableaux; mais comme des émanations d'acide sulfhydrique ont toujours lieu dans les appartements où ils sont exposés, il se forme sur ces tableaux du sulfure de plomb, qui les tache en noir, et qui rend peu vives leurs couleurs. Si alors, avec une barbe de plume ou un léger pinceau, on lave ce tableau avec de l'eau oxygénée, le sulfure noir sera transformé en sulfate, qui est blanc. Par suite, le tableau paraîtra tout à fait neuf et pourra être recherché par certains amateurs; car, pour d'autres artistes, l'air de vétusté d'un tableau d'un ancien maître est une qualité qu'on ne peut lui enlever sans nuire à sa beauté.

Le bioxyde d'hydrogène est aussi employé dans la préparation de certains oxydes

métalliques qu'on ne pourrait préparer par d'autres moyens.

Différents essais tentés par M. Lassaigne ont prouvé que la solution aqueuse de chlore agissait tout aussi efficacement que l'eau oxygénée, pour faire disparaître sur le papier les taches noires de sulfure de plomb.

EAU AFRICAINE (*eau de Perse, eau d'Egypte, eau de Chine*). — C'est de l'azotate d'argent dissous dans l'eau. Cette dissolution est promptement décomposée par tous les corps avides d'oxygène, par les matières organiques, et voilà pourquoi elle tache fortement la peau en noir, d'une manière indélébile, ainsi qu'Albert le Grand l'a remarqué le premier. Les coiffeurs l'emploient, depuis quelques années, pour noircir les cheveux rouges ou blancs. La coloration des cheveux est due à ce qu'ils renferment du soufre, qui donne lieu à la formation d'une légère couche de sulfure noir. Glauber connaissait déjà cette propriété du sel d'argent de brunir les matières organiques ; mais c'est Snaw, qui, en 1758, a conseillé l'emploi de sa dissolution pour teindre les cheveux en noir.

Depuis longtemps en Angleterre, et maintenant en France, on se sert de la même dissolution pour marquer le linge de ménage. A cet effet, on dissout 2 parties d'azotate fondu dans 7 parties d'eau distillée, à laquelle on ajoute 1 partie de gomme arabique, pour la rendre un peu visqueuse. La portion du linge où l'on doit poser la marque est rendue un peu ferme avec du carbonate de soude ou du savon ; on lui donne un certain poli avec un fer chaud, et l'on écrit ensuite dessus, comme sur le papier, avec la dissolution du sel d'argent, ou bien on imprime les caractères au moyen d'un cachet de bois, gravé en relief, et préalablement trempé dans la liqueur. Pour mieux voir les traits que l'on trace, on colore souvent celle-ci avec un peu d'encre de Chine. En exposant le linge au soleil pendant quelques minutes, les caractères deviennent noirs, par suite de la réduction du sel. Ils sont ineffaçables, et deviennent d'autant plus noirs que le linge est plus souvent lavé. Après deux cents lessives, ils n'ont subi aucune altération.

Ce mode de marquer le linge et les étoffes est supérieur à tous les autres, et devrait être généralement adopté.

EAU DE PERSE, d'Egypte, de Chine, etc *Voy.* Eau africaine.

EAUX-DE-VIE et LIQUEURS. — Les eaux-de-vie de marc de raisin, de grains, de pommes de terre, sont beaucoup moins agréables que les eaux-de-vie de vin, parce qu'elles renferment des huiles essentielles âcres et très-fortes. C'est pour marquer la saveur de ces liquides alcooliques que très-souvent on les aromatise avec des baies de genièvre et autres aromates communs. Toutefois, les peuples du Nord préfèrent ces sortes d'eau-de-vie aux vins les plus suaves (1). Dans les

____

(1) Ceci démontre avec la dernière évidence que la fibrine et l'albumine sont des principes organiques essentiellement différents.

(1) C'est ce qui a fait dire des Moscovites que, *vour trouver leur sensibilité, il fallait les écorcher. En*

départements du nord et de l'est de la France, en Belgique, en Hollande; et dans tout le nord de l'Europe, on fabrique des masses de ces eaux-de-vie de grains et de pommes de terre.

En Allemagne, les eaux-de-vie de grains indigènes sont aromatisées avec le cumin.

L'eau-de-vie du commerce est toujours colorée en jaune brunâtre, couleur qu'elle a contractée en vieillissant dans les barriques de chêne où on l'enferme. Cette espèce d'eau-de-vie contient toujours un peu de principe extractif, et de l'acide tannique qui lui donne la propriété de noircir lorsqu'on y verse quelques gouttes d'une solution de persulfate de fer.

Dans le commerce de l'épicerie, on débite sous le nom d'eau-de-vie de l'alcool affaibli avec de l'eau, et coloré avec un peu de caramel. Cette liqueur, bien différente de la première par la saveur, s'en distingue en ce qu'elle ne change pas de couleur par l'addition du persulfate de fer.

Les eaux-de-vie et liqueurs sont les boissons les plus alcooliques et les plus échauffantes; il importe beaucoup de ne les employer que de fois à autre, et toujours à petite dose. Elles conviennent aux sujets forts, lorsqu'ils se portent bien, mais sont peu favorables aux faibles; elles nuisent aux jeunes gens, aux vieillards, aux individus sanguins, et à ceux dont les nerfs sont irritables. Il faut éviter d'en contracter l'habitude, car la force qu'elles procurent est ordinairement suivie d'abattement et de faiblesse. Il est très-malsain d'en user à jeun, et sans les accompagner d'aliments solides. Leur usage fréquent rend l'estomac paresseux, et dispose à la longue aux affections nerveuses, etc.

L'abus de ces boissons abrége la vie, ou attire de bonne heure des infirmités qui la rendent malheureuse; il est une cause fréquente de l'apoplexie, de la paralysie, des maladies chroniques de l'estomac, des intestins et du foie; de la goutte, de l'hydropisie, de l'aliénation mentale; et c'est particulièrement vers le suicide que tendent toutes les actions du buveur en démence. Chez les individus adonnés aux boissons spiritueuses, on remarque aussi la stérilité, l'impuissance, les spasmes, les convulsions, l'épilepsie, l'émoussement et les hallucinations des sens, la combustion spontanée, etc.; etc.

La meilleure *eau-de-vie* est celle que l'on retire du *vin*; elle doit avoir de 18 à 22 degrés; elle se perfectionne en vieillissant. L'*eau-de-vie de grain* et l'*eau-de-vie de sucre*, ou *rhum*, sont plus irritantes.

« La mauvaise eau-de-vie est très-souvent altérée ou falsifiée : tantôt, par le mauvais état des vases de fabrication, elle contient des sels de cuivre ou de plomb; tantôt, pour donner à un alcool faible une saveur plus forte, on y fait infuser du poivre, du poivre long, de l'ivraie, du stramoine.

« L'*eau-de-vie de pommes de terre* (whiskey), en usage chez les Irlandais, contient une assez grande quantité de solanine et d'acide cyanhydrique pour pouvoir causer de graves accidents. » (*Journ. des Connaiss. médico-chirurg.*)

Les *liqueurs* se composent avec de l'alcool et du sucre, dont on modifie la saveur et l'odeur à l'aide d'aromates ou d'autres substances très-sapides; elles participent des propriétés des substances qu'on y fait entrer. Quelques-unes sont moins salubres que les eaux-de-vie, parce qu'elles contiennent souvent, outre l'alcool, des huiles essentielles et autres principes fort actifs qui les rendent très-irritantes. Parmi celles qui présentent cet inconvénient à un assez haut degré, on doit placer le *curaçao*, l'*absinthe*, l'*anisette de Bordeaux*, etc. Il faut y comprendre aussi la *crème de café*, l'*huile de vanille*, etc., qui produisent quelquefois de très-mauvais effets, tout en séduisant par leur saveur douce et exquise et leur parfum délicieux.

L'*eau de noyau*, et toutes les liqueurs de table, dans lesquelles il entre des amandes amères, contiennent de l'acide prussique, et pourraient, par cette raison, avoir une action très-nuisible, si la dose des amandes était trop élevée.

Le *kirschwasser*, le *ratafia de Grenoble*, le *marasquin de Dalmatie*, sont des liqueurs préparées avec des merises; elles renferment une petite quantité d'acide prussique, et doivent, à cause de cela, être comptées au nombre de celles dont l'abus est le plus dangereux.

Les *prunes à l'eau-de-vie*, la *liqueur d'absinthe*, doivent souvent leur belle couleur verte, soit aux vases de cuivre dans lesquels on les prépare, soit à des sous qu'on y fait séjourner à dessein, soit même au vert-de-gris qu'on y ajoute; elles peuvent alors donner lieu aux symptômes de l'empoisonnement.

« L'*eau-de-vie de Dantzick*, qu'on pare avec des feuilles d'or allié de cuivre, peut contenir, d'après M. Barruel, une certaine quantité de vert-de-gris. » (*Journ. des Connaiss. chirurg.-médic.*, n. 1, 1838.)

« Les confiseurs ne doivent employer, pour mettre dans leurs liqueurs, que des feuilles d'or ou d'argent fin. On bat actuellement du chrysochalque, presqu'au même degré de ténuité que l'or; cette substance, contenant du cuivre ou du zinc, ne peut être employée par les liquoristes.

« Quelques distillateurs se servent d'acétate de plomb ou sucre de Saturne pour clarifier leurs liqueurs; ce procédé est susceptible de donner lieu à des accidents graves, cette matière étant vénéneuse. » (*Conseil de salubrité de la ville de Paris*.)

Monsieur, disait au spirituel Brillat-Sava-

1814 et en 1815, lors de l'invasion de la France par les troupes russes et allemandes coalisées, les soldats préféraient nos mauvaises eaux-de-vie de marc, de cidre et de grains, à nos plus fines eaux-de-vie; et quand celles-ci furent consommées, les fournisseurs furent obligés de gâter les bonnes eaux-de-vie pour les leur faire recevoir.

rin un riche marchand d'eaux-de-vie de Dantzick, on ne se doute pas, en France, de l'importance du commerce que nous faisons, de père en fils, depuis plus d'un siècle. J'ai observé avec attention les ouvriers qui viennent chez moi, et quand ils s'abandonnent sans réserve au penchant, trop commun chez les Allemands, pour les liqueurs fortes, ils arrivent à leur fin tous à peu près de la même manière. D'abord, ils ne prennent qu'un petit verre d'eau-de-vie le matin, et cette quantité leur suffit pendant plusieurs années (au surplus, ce régime est commun à tous les ouvriers, et celui qui ne prendrait pas son petit verre serait honni par tous ses camarades) ; ensuite ils doublent la dose, c'est-à-dire qu'ils en prennent un petit verre le matin et autant vers midi. Ils restent à ce taux environ deux ou trois ans ; puis ils en boivent régulièrement le matin, à midi et le soir. Bientôt ils en viennent prendre à toute heure, et n'en veulent plus que de celle dans laquelle on a fait infuser du girofle ; aussi, lorsqu'ils en sont là, il y a certitude qu'ils ont tout au plus six mois à vivre ; ils se dessèchent, la fièvre les prend, ils vont à l'hôpital et on ne les revoit plus.

Suivant le pays et la nature des liqueurs fermentées, on donne au produit spiritueux de la distillation des noms différents. Il est utile de connaître les principaux : les voici sous forme de tableau.

NOMS des ESPRITS.	LIQUEURS FERMENTÉES qui LES PRODUISENT.	PAYS où ON LES FABRIQUE.
Eau-de-vie de grains.	Bière et graines céréales fermentées.	France, Europe septentrionale.
Genièvre.	Id., avec baies de genièvre.	Idem.
Goldwasser.	Id., avec addition d'aromates.	Dantzick.
Wiskei.	Orge, seigle et pomm. de terre, prunelles sauvages.	Ecosse, Irlande.
Lau.	Riz fermenté.	Siam.
Eau-de-vie de pommes de terre ou de fécule.	Pulpe ou fécule de pommes de terre.	Europe, France.
Kirschwasser.	Cerises écrasées et ferment. avec leur noyau.	Suisse, Allemagne.
Maraschino.	Idem.	Zara.
Skis-Kayavodka.	Lie de vin avec fruits.	Scio.
Rakia.	Marc de raisin et aromates.	Dalmatie.
Troster.	Idem et graminées.	Bords du Rhin.
Show-Choo.	Lie de manduring de Chine.	Chine.
Tafia.	Moùt de la canne à sucre.	Antilles.
Rhum ou rum.	Mélasse et écumes du sirop de la canne.	Idem.
Rum.	Séve d'érable.	Amérique septent.
Agua ardiente.	Pulque des Mexicains.	Mexique.
Araka, arki, ariki.	Koumiss.	Tartarie.
Rak ou arack.	Riz fermenté.	Grande partie de l'Orient.
Rack.	Séve du palmier.	Siam.
Rack ou arack.	Suc de canne fermenté, avec addition de l'écorce aromatique d'un arbre appelé *jagra*.	Indoustan.
Rack.	Séve de cacoyer.	Amérique.
Araki.	Séve de palmier fermentée.	Egypte.
Arrack.	Idem, avec addition de l'écorce d'un acacia.	Indes.
Arrack Mahwah.	Idem, avec addition de fleurs.	Idem.
Arrack tuba.	Séve de palmier fermentée.	Philippines.
Statkaiatrava.	Herbe sucrée inconnue.	Kamtschatka.
Y-wer-a.	Racine de terroat, cuite, pilée et fermentée.	Sandwich.
Watky.	Eau-de-vie de riz.	Kamtschatka.

EBULLITION. *Voy.* Calorique.

ECAILLES DE POISSONS. — Dans diverses petites espèces de cyprins, les écailles sont couvertes, à l'extérieur, d'une substance animale ayant le brillant de l'argent, et qui se détache aisément lorsqu'on tient le poisson dans la main. On emploie dans les arts celle qui provient de l'ablette (*cyprinus alburnus*). On agite les petits poissons avec de l'eau, afin de détacher la substance qui les enveloppe, et de pouvoir ensuite la décanter avec le liquide qui la tient en suspension. Lorsqu'elle s'est déposée, on fait couler l'eau, on verse de l'ammoniaque caustique sur la substance brillante, et on la conserve dans un flacon bien bouché ; une bonne partie se dissout dans l'ammoniaque, tandis qu'une autre reste en suspension dans la liqueur. Cette dissolution est connue sous le nom d'*essence d'Orient*, et on s'en sert pour la fabrication des perles artificielles. Après l'avoir remuée on en verse un peu dans des perles de verre soufflé, on en mouille exactement la surface interne de ces dernières, et on laisse ensuite couler le liquide excédant ; l'ammoniaque se volatilise, et le côté interne du verre reste enduit de la matière brillante ; alors on remplit la perle de cire blanche. *Voy.* Ablette.

ECLAIRAGE AU GAZ. — L'invention de cette industrie est due à l'ingénieur français Lebon, qui, en 1786, fit paraître son thermo-lampe, sorte de poêle dans lequel il distillait du bois ou de la houille, afin d'obtenir à la fois de la chaleur applicable au chauffage des ateliers ou des habitations, et des gaz propres à l'éclairage. En 1792, Murdoch en fit en Angleterre l'application avec succès. Toutefois ce ne fut que dix ans plus tard qu'il construisit une grande usine et qu'il éclaira les vastes ateliers de constructions de machines à vapeur de Watt et Bolton, à Soho, près de Birmingham. En 1811, M. de Chabrol, préfet de la Seine, fit étudier la question de l'éclairage au gaz et construire un appareil qui depuis ne cessa d'éclairer l'hôpital Saint-Louis. Vers 1812, Windsor forma une compagnie pour l'éclairage de Londres.

En 1820, M. Pauwels établit, par ordre du gouvernement, une petite usine d'éclairage pour le palais et le quartier du Luxembourg. Deux grandes usines s'élevèrent bientôt ensuite et presque simultanément : l'une, sous le nom de *Compagnie française*, fut fondée par Pauwels, et l'autre, dite *Compagnie anglaise*, par MM. Manby et Wilson. A partir de cette époque, l'éclairage au gaz fit de rapides progrès, et la plupart des villes de quelque importance l'adoptèrent successivement.

Dans tout ce que nous avons à dire sur l'éclairage au gaz, nous prendrons pour guide l'intéressant travail de M. Payen sur cette matière.

Matières donnant le gaz à l'éclairage; étude sur la combustion des gaz. —Toutes les matières organiques soumises à la distillation sèche donnent, parmi les produits de leur composition, des gaz inflammables contenant de l'hydrogène et du carbone en proportions variables. Ce sont ces gaz qui forment en brûlant la flamme de nos foyers. Suivant la nature des matières soumises à cette opération, les gaz inflammables sont plus ou moins abondants, et la flamme qu'ils produisent possède aussi un pouvoir éclairant plus ou moins intense. Les substances qui admettent dans leur composition une grande quantité de carbone et d'hydrogène, mais peu d'oxygène, comme les bitumes, les matières grasses et résineuses, sont celles qui produisent le plus de gaz propre à l'éclairage; celles qui, contenant l'hydrogène et l'oxygène dans les rapports qui constituent l'eau, fournissent de l'hydrogène peu carboné, donnent un gaz qui brûle avec une flamme peu éclairante.

La presque totalité de la lumière, dans la combustion des gaz hydrogènes carbonés, est due au carbone solide qui se précipite dans la flamme, et y est porté à une température assez élevée pour devenir lumineux. Aussi peut-on rendre éclairant un gaz qui l'est aussi peu que l'hydrogène pur, en le chargeant de carbone au moyen d'un carbure d'hydrogène volatil. En faisant par exemple, barboter l'hydrogène dans l'essence de térébenthine, ou dans les divers carbures très-volatils obtenus soit de la décomposition des résines, soit de la distillation des goudrons, on lui donne des propriétés éclairantes comparables à celles du gaz de la houille.

Une autre expérience très-simple peut encore démontrer que la flamme ne doit sa propriété lumineuse qu'à des particules de charbon qui y demeurent en suspension. Si l'on introduit le bec d'un chalumeau dans la flamme d'une bougie, et qu'on insuffle de l'air, la combustion devient plus vive et la température plus élevée ; mais le carbone et l'hydrogène étant brûlés simultanément, il n'y a plus de particules solides en suspension dans la flamme, et celle-ci cesse d'être éclairante. De même, si l'on mélange un bon gaz-light de houille avec deux ou trois fois son volume d'air avant de l'allumer, il perd presque tout son pouvoir éclairant, parce qu'ici encore la présence de l'oxygène dans la flamme fait brûler une grande partie du carbone en même temps que l'hydrogène. Pour qu'une flamme soit éclairante, il faut donc qu'elle tienne en suspension des particules charbonneuses, et que sa température soit suffisante pour élever ces particules au rouge.

Cet effet d'ailleurs est dû à l'état solide des particules de charbon ; car, en plongeant dans la flamme de l'hydrogène un corps susceptible d'y être échauffé au rouge blanc, un morceau de chaux par exemple, ce corps devient lumineux. Cette théorie de la production de la lumière a été donnée par Davy.

On a cherché, de plus, quelles étaient les conditions économiques de la combustion d'un gaz donné, et on a trouvé qu'elles correspondaient à l'emploi du minimum d'air utile à une combustion complète : car alors, pour une quantité de gaz, le volume de la flamme est le plus grand possible et contient le maximum de particules charbonneuses. On augmente encore la lumière en élevant la température de l'air, et alors la flamme devient plus blanche. On obtiendrait également une flamme plus blanche, en augmentant le tirage ; mais, dans ce cas, il y a perte réelle de pouvoir lumineux, car la combustion plus active, qui échauffe les particules au rouge blanc, en diminue le nombre, et le volume de la flamme s'amoindrit ainsi que son intensité lumineuse totale.

Le principe de l'éclairage par le gaz est le même que celui de l'éclairage ordinaire ; seulement, dans les lampes, les chandelles et les bougies, les gaz et vapeurs combustibles, produits de la distillation sèche, se forment au contact de la mèche elle-même, près des points en ignition : dans ce cas, M. Péclet a démontré que les conditions économiques du maximum de lumière sont encore semblables à celles indiquées pour le gaz.

Les diverses substances qui servent à l'éclairage ordinaire, la cire, le suif, les acides gras, les huiles et les matières résineuses, pourraient servir à la production du gaz ; mais la houille est, de toutes les matières premières, celle qui s'emploie en général le plus avantageusement, attendu que son prix est peu élevé, et qu'elle laisse un résidu, le coke, qui a presque autant de valeur que la houille employée.

Toutes les qualités de houille ne sont pas également propres à la distillation ; on doit préférer celles qui contiennent les plus fortes proportions de carbures d'hydrogène, et qui présentent à l'analyse le plus d'hydrogène en excès sur la quantité nécessaire pour former de l'eau avec l'oxygène de la même houille. Les diverses espèces de houille donnent des quantités et des qualités différentes de gaz; elles exigent une température plus ou moins élevée et soutenue, laissent un coke plus ou moins estimé, enfin dégagent, suivant les proportions de bisulfure de fer qu'elles contiennent, des combinaisons de soufre avec l'hydrogène et avec le carbone, qui altèrent la qualité du gaz et nécessitent une épuration dispendieuse. On doit avoir égard à toutes ces circonstances dans le choix des matières premières. Les houilles de Mons ou de Commentry, qu'on emploie généralement à Paris, donnent en moyenne 23 mètres cubes de gaz par 100 kilogr. On en obtenait un plus grand volume en faisant usage de la houille de Saint-Étienne, mais le gaz était plus sulfuré.

La distillation de la houille s'opère dans des cornues de fonte ou d'argile. Ces cornues sont placées au nombre de deux, de trois ou de cinq, au-dessus d'un seul foyer. Elles sont formées de deux pièces distinctes : la cornue cylindrique, qui doit être chauffée au point utile pour opérer la distillation, et la tête de la cornue qui se trouve en dehors du fourneau; ces deux pièces sont réunies par leurs brides à l'aide de boulons. La cornue proprement dite est la seule partie qui s'use rapidement et qu'il faille renouveler au bout de quinze à dix-huit mois de service. La tête de la cornue porte le tube par lequel se dégage le gaz; ce tube s'ouvre dans l'atelier. Son orifice, par lequel on charge la houille, se ferme à l'aide d'un obturateur de fonte, solidement maintenu par une vis de pression, prenant son point d'appui sur une sorte d'étrier à crochets.

Après avoir essayé un grand nombre de cornues de diverses formes, on donne aujourd'hui la préférence à celles qui, sans offrir de difficultés au moulage, ont une assez grande surface chauffante; leur section représente un rectangle de 66 centimètres de large et 33 centimètres de haut, dont les angles sont arrondis.

On confectionne depuis quelques années des cornues plus épaisses en terre réfractaire ou à creuset, auxquelles on applique toujours une tête en fonte. Les cornues de terre, qui coûtent environ 33 pour 100 moins que celles de fonte, durent environ dix-huit mois et ne sont pas attaquées à l'extérieur par l'air et les produits de la combustion, qui oxydent le métal; mais aussi elles résistent moins aux changements de température, ce qui oblige à les faire fonctionner sans interruption et à conserver un certain nombre de fourneaux à cornues de fonte, qui seules peuvent supporter les chômages accidentels; enfin elles s'incrustent à l'intérieur par le goudron qui les pénètre, y dépose du carbone et rétrécit graduellement leur section.

Pour obtenir le maximum de gaz le plus éclairant, il faut que, pendant la durée de la distillation, la température soit régulière et maintenue à la température du rouge cerise clair : car, à une température sensiblement plus élevée, le gaz qui se forme perd une partie de son carbone, augmente de volume, et en somme éclaire moins; tandis que, par une température inférieure au rouge-cerise, il se produit beaucoup de carbures d'hydrogène condensables qui se mêlent au goudron, et l'on obtient moins de gaz, en sorte que dans ce deuxième cas la quantité de la lumière totale est encore diminuée.

Les cornues étant chauffées très-graduellement au rouge, qu'on maintient au degré convenable, on y introduit la houille; on ajuste ensuite et l'on presse l'obturateur préalablement garni d'argile en pâte qui forme lut, puis on laisse la distillation s'opérer durant trois ou quatre heures. Au delà de ce temps, les gaz produits deviennent de moins en moins éclairants et exigent, pour se dégager, une plus haute température, qui occasionne plus d'altération dans les cornues et qui fait déposer sur leurs parois intérieures une partie du carbone de l'hydrogène carboné; de sorte que le mélange de ces gaz serait plus nuisible qu'utile à la production économique de la lumière.

La durée de la distillation varie d'ailleurs avec les différentes sortes de houilles, et aussi selon leur état hygroscopique.

Le tableau suivant donne la composition du gaz de la houille aux époques successives de la distillation. Les acides carbonique et sulfhydrique avaient été éliminés de ce gaz, qui retenait environ $\frac{4}{100}$ de carbures d'hydrogène, des traces de sulfure de carbone, etc.

100 volumes =	Hydrog. bicarboné.	Hydrog. carboné.	Hydrog.	Oxyde de carbone.	Azote.	Rapport de la lumière.
1er gaz. . . .	13	82,5	0	5,2	1,3	54
2e id	12	72	8,8	1,9	5,3	48
3e id.	12	58	16	12,3	1,7	40
4e id.	7	56	21,3	11	4,7	35
5e id.	0	20	60	10	10	10

On voit que la densité du gaz diminue à mesure que la distillation est plus avancée; la proportion d'hydrogène carboné diminue aussi, tandis qu'il se produit, au contraire, une plus grande quantité d'oxyde de carbone et d'hydrogène. Il est donc convenable d'éviter de pousser la carbonisation trop loin. En effet, le dernier gaz obtenu au bout de six heures de chauffage a un pouvoir éclairant très-faible, moindre que le quart de la moyenne, et son mélange avec les gaz obtenus durant les trois premières heures ne pourrait que diminuer la quantité totale de lumière.

Qualités et essai des houilles à distiller. — Il importe beaucoup au fabricant d'essayer les houilles qu'il se propose d'employer, afin de s'assurer du rendement et de la qualité du gaz et du coke. Pour faire ces essais, on doit avoir dans chaque usine un appareil isolé consacré à cet usage; il vaut mieux, toutefois, adapter à deux des cornues de l'atelier un appareil condensateur spécial, qui conduit à volonté les gaz vers un petit gazomètre d'essai : de cette manière on essaye la houille dans les conditions mêmes auxquelles elle est soumise lors de la distillation en grand. On mesure le volume du gaz obtenu, et l'on détermine son pouvoir éclairant comparativement avec la lumière d'une carcel; on mesure également le volume du coke, et l'on essaye sa qualité en le brûlant sur une grille d'appartement : on a ainsi tous les éléments qui feront connaître la valeur des houilles.

Epuration physique du gaz. — Dans la distillation de la houille il se forme non-seulement les gaz dont nous venons de parler, mais encore divers autres produits condensables ou gazeux qu'il faut éliminer.

Les produits volatils de la distillation de la houille sont : de l'eau, de l'hydrogène bicarboné et protocarboné, de l'hydrogène, de l'oxyde de carbone, de l'azote, des carbures d'hydrogène plus ou moins aisément condensables, de la créosote et quelques autres principes des *goudrons*, de la naphtaline, de l'ammoniaque unie aux matières goudronneuses, des sels ammoniacaux (carbonate, sulfhydrate, cyanhydrate, chlorhydrate, acétate d'ammoniaque) et du sulfure de carbone. Il reste dans les cornues un charbon brillant, conservant la forme boursouflée due à la fusion du bitume et au gonflement opéré par le dégagement des gaz et vapeurs; ce charbon, appelé *coke*, retient le protosulfure de fer, correspondant au bisulfure que contenait la houille, et les matières fixes qui constituent les cendres de ce combustible.

Au sortir de la cornue, le gaz passe dans un barillet, cylindre placé à la partie antérieure du fourneau, dans lequel se rend le tuyau du dégagement du gaz; ce tuyau (ou l'ajutage à sa suite) plonge d'environ 2 centimètres dans l'eau du barillet. L'effet utile de cette disposition est d'intercepter la communication libre entre l'intérieur des cornues et le reste des appareils; de sorte que l'on puisse ouvrir les cornues sans donner accès à l'air, ou issue au gaz, dans le reste de l'appareil. Il résulte encore de la fermeture hydraulique effectuée par le barillet que le gaz, s'enflammant dans une cornue, peut y brûler sans communiquer le feu au delà.

Il s'opère dans le barillet une première condensation de l'eau et du goudron; aussi est-il muni d'un trop-plein pour maintenir le liquide à un niveau constant, en laissant écouler continuellement l'excès des produits condensés.

Les tubes, par leur immersion de 2 ou 3 centimètres dans le liquide du barillet, occasionnent une faible pression sur le gaz qui traverse ce liquide; mais à cette pression s'ajoute celle qui résulte des frottements et immersions dans la suite des appareils, outre la pression représentée par le poids du gazomètre que doit soulever le gaz. A toutes ces pressions, lorsque l'usine est dans une localité plus haute que les lieux de distribution (c'est-à-dire que les quartiers à éclairer), il faut ajouter la pression nécessaire pour contre-balancer le poids de l'atmosphère, plus pesante naturellement dans les lieux bas, puisque la colonne d'air s'y trouve plus haute.

Ces causes réunies portent par fois à 25 et même à 30 centimètres d'eau la pression totale qui réagit sur l'intérieur des cornues, contribue à les détériorer, à faire échapper le gaz par tous les joints et les fissures, et à occasionner des déperditions de 10 à 15 pour 100.

On obvierait à ces inconvénients en plaçant l'usine dans un lieu plus bas que les quartiers où le gaz doit être distribué; mais comme le choix de cette situation favorable n'est pas toujours possible, il convient d'employer des moyens mécaniques pour aspirer le gaz au fur et à mesure de sa production, et le refouler dans les appareils à la suite, et de là dans le gazomètre, de manière à pouvoir disposer de la pression la plus convenable pour la distribution.

La force mécanique peut être obtenue à bon marché en y appliquant la chaleur perdue, et toujours considérable, qu'entraînent dans la cheminée traînante et la cheminée verticale les produits de la combustion après avoir chauffé au rouge les cornues.

On s'est servi de la cagniardelle, comme dans la fabrication de la céruse de Clichy, pour aspirer et refouler le gaz.

Epuration chimique du gaz. — En sortant du condensateur, le gaz est loin d'être pur; il renferme encore une partie de tous ses composants, et surtout du carbonate et du sulfhydrate d'ammoniaque, parfois aussi de l'acide sulfhydrique. Pour débarrasser le gaz de ces matières étrangères, on le soumet à des moyens d'épuration plus ou moins énergiques.

Jusque dans ces derniers temps, l'épuration du gaz s'exécutait au moyen de la chaux seule, hydratée et pulvérulente, et cette méthode est encore suivie aujourd'hui dans un grand nombre d'usines. Elle s'opère au moyen de grandes caisses en fonte ou en tôle, divisées en deux compartiments par un diaphragme vertical partant de la partie inférieure; dans chaque compartiment on place quatre ou cinq claies formées de lattes et fixées de champ, espacées de 3 à 4 millimètres, sur lesquelles on répand la chaux hydratée, pulvérulente, en couches de 8 à 10 centimètres; le gaz, arrivant par la partie inférieure d'un des compartiments, est obligé de sortir par la partie inférieure de l'autre; ainsi, en montant par le premier compartiment et descendant dans le second, il se tamise deux fois à travers quatre ou cinq couches de chaux. Chacune des caisses est fermée avec un couvercle dont les bords plongent tout autour de la caisse dans une gorge remplie d'eau. Ce couvercle est, à volonté, enlevé ou reposé à l'aide d'une chaîne passant sur une poulie et s'enroulant sur un treuil, et cette manœuvre est faite toutes les fois que l'on doit vider et rechanger un épurateur. C'est par le haut que l'on charge et que l'on vide chacun des épurateurs.

Depuis quelque temps, un moyen ingénieux est en usage pour rendre méthodique l'épuration à la chaux; pour cela on se sert de quatre épurateurs semblables à celui que nous venons de décrire. Ces quatre épurateurs sont placés autour d'un réservoir à cloche, qui permet de mettre en communication trois des épurateurs en isolant le quatrième, qui peut alors être vidé et rempli de chaux nouvelle; la cloche est divisée par des diaphragmes en cinq compartiments, et, suivant la position de cette cloche, on peut isoler l'un quelconque des épurateurs, et forcer le gaz qui arrive du condensateur à traverser successivement les six compartiments des trois autres épurateurs avant d'entrer dans le tube central qui conduit le gaz du réservoir à cloche vers l'un des gazomètres de l'usine.

On comprend qu'à l'aide de cette disposition il est facile d'utiliser le plus possible la chaux, en faisant arriver le gaz d'abord dans la caisse qui renferme la chaux chargée déjà par deux passages du gaz précédemment épuré; que, d'un autre côté, on fait toujours passer sur la chaux neuve de la troisième caisse le gaz qui va se rendre au gazomètre.

Application des sels métalliques à la purification du gaz. — L'épuration par la chaux, quoique rendue méthodique, n'est pas complète; il reste dans le gaz du sulfhydrate d'ammoniaque, et, en outre, l'ammoniaque que la chaux a mise en liberté : la chaux d'épuration retient interposés ces gaz infects qui s'exhalent et incommodent le voisinage lorsqu'on vide les caisses et qu'on transporte ces résidus.

M. Mallet est parvenu à éviter ces inconvénients en complétant l'épuration du gaz par un lavage dans des solutions métalliques. Il emploie de préférence le chlorure de manganèse, résidu de la fabrication du chlore ou du chlorure de chaux, et qui jusqu'alors était presque entièrement perdu. Quand on ne peut se procurer ce sel, on le remplace par le sulfate de fer, dont le prix est en général peu élevé.

L'épuration par les solutions métalliques doit précéder le passage sur la chaux. Les sels ammoniacaux sont alors décomposés : le carbonate et le sulfhydrate d'ammoniaque forment un carbonate et un sulfure métallique, en donnant en même temps un sel

ammoniacal fixe aux températures ordinaires, et il reste du gaz acide sulfhydrique libre, qui peut être facilement absorbé par la chaux; alors celle-ci, ne retenant plus de gaz infects non combinés, n'incommode plus les habitants du voisinage, condition importante, surtout pour les usines établies dans l'enceinte des villes.

Gazomètres. — Le gaz épuré est dirigé dans les gazomètres, où on l'emmagasine pour le distribuer ensuite aux consommateurs. On appelle *gazomètre* (1) une grande cloche en tôle pouvant contenir environ les $\frac{5}{10}$ de la production du gaz d'une journée. Il y en a ordinairement deux renfermant ainsi les $\frac{4}{10}$ de la fabrication, les $\frac{4}{10}$ étant consommés au fur et à mesure de la production pendant les longues soirées. Cette cloche plonge dans un réservoir en maçonnerie, rempli d'eau, qu'on nomme *cuve*. Le poids du gazomètre suffit ordinairement pour donner la pression nécessaire à l'écoulement du gaz. Il convient, dans une usine, d'avoir un gazomètre supplémentaire, afin de pouvoir satisfaire à la consommation en cas de réparations à faire à l'un des deux gazomètres habituellement employés. Le gazomètre se compose donc de deux parties, la cuve et la cloche. La cuve est en bois, en maçonnerie ou en fonte. Comme les grandes dimensions que l'on donne (de 20 à 32, et jusqu'à 40 mètres de diamètre, et de 10 à 16 mètres de hauteur) aux gazomètres obligent ordinairement à construire la cuve en maçonnerie, il importe que les matériaux soient bien choisis, imperméables et cimentés avec un mortier de chaux hydraulique; qu'ils présentent par leur masse, surtout dans les fondations, une grande stabilité, afin d'éviter les fuites qui, faisant baisser le niveau de l'eau dans la cuve, obligeraient à une dépense journalière de force mécanique pour la remplir. Ces fuites, lors même qu'elles sont très-faibles, peuvent avoir de graves inconvénients; car les eaux qui s'infiltrent dans le sol, étant chargées de matières goudronneuses et contenant plusieurs composés à odeur forte, infectent parfois les eaux des puits voisins, dont les propriétaires sont dès lors fondés à intenter des actions en dommages-intérêts aux compagnies d'éclairage.

On éviterait ces inconvénients en employant des cuves de fonte, qui, étant construites isolées, peuvent permettre de découvrir et de réparer facilement les fuites. En Angleterre et en Belgique, on a profité du bas prix des minerais de fer, du combusti-

<hr>

(1) La fonction principale du gazomètre devrait le faire désigner par un autre nom, équivalent, par exemple, au mot anglais *gase-holder*, réservoir ou récipient de gaz. La mesure du gaz étant indiquée sur ces grands réservoirs par une échelle peinte extérieurement, portant en chiffres le nombre des mètres et centimètres immergés, ainsi que le volume de gaz correspondant en mètres cubes, il est facile d'en déduire la quantité, en ayant égard à la pression que marque le manomètre communiquant avec le gaz ainsi qu'à la pression et à la température atmosphériques.

ble et des transports, pour appliquer la fonte en plaques à rebords boulonnés à la construction des cuves, même de grandes dimensions.

Les tubes d'arrivée et de sortie du gaz pénètrent au travers du fond des cuves, et montent au-dessus de la surface de l'eau; mais il faut remarquer que cette disposition peut occasionner des fuites en désagrégeant la maçonnerie autour des tuyaux.

La cloche, qui est construite en tôle, peut être maintenue par des contrepoids, afin que le gaz n'ait pas une trop forte charge à soulever. Ces contrepoids sont supportés par des chaînes passant sur des poulies. Des galets, disposés sur les montants, empêchent le frottement trop rude de la cloche contre les parois de la cuve. C'est dans le même but que l'on prévient ordinairement les effets de la pression latérale du vent au moyen d'un mur circulaire qui s'élève au même niveau que le fond supérieur de la cloche pleine de gaz.

Un mode de suspension plus commode, qui permet de dégager la maçonnerie des tubes d'arrivée et de sortie, est employé avec succès depuis plusieurs années par M. Pauwels; il consiste en deux tubes rendus flexibles à l'aide d'articulations, et servant, l'un pour introduire, et l'autre pour faire sortir ce gaz. Le mouvement du tube articulé se fait à frottement doux dans un *stuffing-box*.

Conduites et tubes de distribution. — La distribution du gaz se fait au moyen de tuyaux établis depuis l'usine jusqu'aux lieux à éclairer. Il convient, lorsqu'on fonde une usine à gaz, de placer des conduites principales assez grandes pour donner passage à une quantité de gaz double de celle que l'on doit produire, afin de pouvoir augmenter la fabrication sans frais extraordinaires, relativement à la pose de nouvelles conduites; d'ailleurs les conduites larges exigent une pression moindre pour laisser écouler le gaz, et les pertes sont ainsi diminuées. Voici les dimensions que l'on donne maintenant aux tuyaux de distribution :

Diamètre des tubes.	Nombre de becs.
0,^m17	1200
0, 20	1650
0, 30	3600
0, 40	6500
0, 60	15000
0, 65	20000

Les tuyaux ou conduites de distribution peuvent être en fonte, en tôle garnie de mastic, ou même en grès et en verre portant des brides mastiquées. Les tuyaux de très-grande dimension sont toujours en fonte, et cette matière doit être de très-bonne qualité, bien homogène et assez douce pour être percée et taraudée. Outre que ces tuyaux sont essayés sous une pression de dix atmosphères, on vérifie la régularité d'épaisseur des parois, et l'on s'assure, par de petits coups frappés avec la pointe d'un martelet, que des soufflures vides ou remplies de rouille ou de lut ne réduisent pas l'épaisseur en quelques endroits ; car ces parties minces, assez promptement percées par l'oxydation ultérieure sous le sol, ouvriraient des passages qui occasionneraient ainsi des pertes journalières de gaz , et d'énormes dépenses pour chercher les fuites et remplacer les conduites défectueuses.

Depuis quelques années M. Chameroy fabrique des tuyaux en tôle étamée intérieurement, et recouverte à l'extérieur d'une couche épaisse de mastic bitumineux incrustée de sable; des vis et des écrous en alliage coulés sur les tuyaux eux-mêmes servent à les réunir. Ces tuyaux, imperméables, d'une pose facile, sont ainsi mis à l'abri de l'oxydation et exempts de soufflures, outre que leur assemblage, plus facile et plus prompt, donne lieu à moins de fuites que les assemblages des tuyaux en fonte. Ces avantages remarquables sont déjà bien appréciés par les fabricants de gaz; d'ailleurs, à section égale, les tuyaux bituminés coûtent environ 33 pour 100 moins cher que les tuyaux en fonte. Les tubes en grès ou en verre qu'on peut employer, seulement pour les tuyaux de diamètre moyen, ne présentent d'économie que dans certaines localités.

Quant aux tubes de distribution dans les maisons des particuliers, ils sont ordinairement en plomb ou en fer creux. Les tubes en plomb peuvent donner lieu à divers accidents qui, un jour, les feront sans doute exclure de cette application : en effet, le plomb est assez mou pour que le choc accidentel d'un marteau, d'un clou, etc., puisse les aplatir ou les percer, interrompre le passage du gaz ou le laisser se répandre dans les habitations, et constituer avec l'air des mélanges explosifs.

Une explosion de gaz qui eut lieu il y a quatre ans, à Paris, fut occasionnée par une fuite provenant d'un trou pratiqué par un rat, dans un tube de plomb qui avait été scellé la veille et bouchait le passage de ce petit animal.

Pour éviter ces divers accidents, il faudrait placer les tubes de distribution dans des sortes de canniveaux en maçonnerie, qui seraient ventilés et dirigeraient toutes les fuites au dehors; cette précaution importante a, du reste, été prise à Londres depuis quelque temps pour l'éclairage de plusieurs établissements particuliers. Il conviendrait, en outre, de substituer des tubes solides, en fer ou en étain, aux tubes en plomb.

Une autre précaution indispensable à prendre dans la pose des grandes conduites consiste à placer dans tous les points bas où peuvent se réunir les liquides condensés, des tubes conduisant à des réservoirs spéciaux qui reçoivent les liquides et les empêchent de diminuer la section de passage. On peut retirer de temps à autre ces eaux de condensation à l'aide d'une pompe qui se visse sur un tuyau plongeant au fond du réservoir.

Compteurs de gaz. — Le gaz est livré, soit à un prix déterminé par bec et par heure d'éclairage, soit au mètre cube; dans ce dernier cas, l'abonné doit être muni d'un compteur qui indique à la compagnie la quantité de gaz consommée. Ce dernier système est évidemment vicieux, car en une heure le même bec brûle plus ou moins de gaz, suivant sa densité, pour produire une égale quantité de lumière. On pourrait éviter cette cause d'erreur en vérifiant de temps à autre le pouvoir éclairant du gaz à l'aide des moyens photométriques usuels, et pour un volume déterminé par le même compteur.

Le compteur Grafton, le plus généralement employé, consiste en une espèce de cylindre, à augets en fer-blanc ou tôle galvanisée, dont l'axe est horizontal. Il est plongé dans une enveloppe cylindrique remplie d'eau jusques et y compris l'axe. Un tuyau amène le gaz au-dessous de l'axe, dans un auget qui s'élève, sort de l'eau et permet au gaz de se répandre dans la partie supérieure du cylindre, et de s'échapper par un tube qui le conduit aux becs; pendant ce temps, un second auget s'emplit de la même manière. Le gaz, pendant tout le temps qu'il s'écoule, imprime donc à la roue un mouvement de rotation, et, au moyen de rouages communiquant à des aiguilles placées sur des cadrans à la partie extérieure du cylindre, la capacité des augets étant déterminée, on peut connaître le volume du gaz brûlé par le nombre des révolutions du cylindre intérieur. M. Lefebvre a proposé un compteur très-simple et indépendant des variations du pouvoir lumineux : il consiste en un mouvement d'horlogerie qui marque la durée de l'éclairage, car il agit ou s'arrête, suivant qu'on ouvre ou qu'on ferme le robinet. Pour que ce moyen soit exact, il suffit de régler les becs à la hauteur ordinaire de la flamme.

Becs à gaz. — Les becs employés pour la combustion du gaz, dans les habitations, ont généralement la forme des becs d'Argant. Un petit cylindre bifurqué conduit le gaz dans un double cylindre creux, recouvert d'une couronne métallique percée d'un plus ou moins grand nombre de trous qui donnent issue au gaz : ces trous ont de $\frac{1}{4}$ à $\frac{1}{2}$ millimètre de diamètre. L'air passe à la fois par le tube intérieur enveloppé par ce double cylindre, et tout autour. Le bec porte une galerie sur laquelle on pose une cheminée en verre qui favorise la combustion en opérant un tirage. Les becs généralement adoptés ont vingt trous et dépensent de 120 à 150 litres de gaz par heure, sous la pression de 20 à 30 millimètres d'eau. Les becs d'éclairage public, *à ailes de papillon* ou de *chauve-souris*, sont de petits tubes épais à bouts sphéroïdes, fendus verticalement par un trait de scie qui descend jusqu'au trou dans l'axe où passe le gaz; celui-ci, sortant en lame mince de toute la section étroite, produit, dès qu'on l'allume, une flamme ayant à peu près la forme d'une aile de papillon ou de chauve-souris.

Becs à enveloppes métalliques. — M. Macaud a introduit dernièrement un perfectionnement notable dans la construction des becs :

il enveloppe la base de la galerie d'une toile métallique n° 40, contournée en forme de cône creux; par cette disposition, les courants d'air, même assez violents, n'agitant pas la flamme, celle-ci reste plus tranquille, plus régulière et aussi éclairante pour un moindre volume consommé; ce qui se conçoit, car l'air servant à la combustion est, pour ainsi dire, tamisé par l'enveloppe en toile métallique. Le frottement qu'il éprouve dans chacun des passages très-petits et très-multipliés ne permet pas une libre accélération de mouvement au travers de toute l'enveloppe : le mouvement de l'air variant peu, la flamme ne saurait être agitée. D'un autre côté, l'air s'échauffe par son contact sur la grande surface des nombreux fils métalliques qu'il touche, en sorte qu'il emprunte moins de chaleur à la flamme; étant d'ailleurs mieux et plus constamment utilisé, il laisse une plus haute température et plus de durée aux particules charbonneuses incandescentes. Ces deux conditions tendent évidemment, d'après la théorie que nous avons exposée, à réaliser une plus grande partie du maximum possible de lumière pour un volume de gaz soumis à la combustion. L'expérience, dans ce cas encore, a justifié cette théorie.

Régulateurs de l'écoulement du gaz-light. — L'utilité des appareils qui peuvent régulariser la pression sous laquelle le gaz s'écoule par les becs d'éclairage est facile à comprendre : il est évident que si l'on parvenait à fixer en chaque lieu la pression du gaz-light et à la maintenir pendant la durée de l'éclairage, on pourrait sans peine aussi fixer les sections de passage de l'air qui alimente la combustion, et les dimensions des cheminées en verre qui correspondent à un maximum de lumière pour une consommation donnée.

On sait que ce maximum n'est obtenu qu'autant que l'*excès* d'air, qui favorise une combustion complète, est aussi faible que possible, car alors il se trouve dans la flamme le plus grand nombre de particules charbonneuses incandescentes et lumineuses pour un volume de gaz consommé. Mais toutes ces relations sont troublées dès que la pression varie, et c'est ce qui arrive inévitablement, deux ou trois fois chaque soir, chez les consommateurs du gaz courant. En effet, lorsque l'allumage commence, les premiers becs reçoivent le gaz sous une pression maxime que l'on doit modérer en diminuant l'ouverture de chaque robinet; mais bientôt un grand nombre d'autres becs allumés, offrant des issues multipliées et rapidement ouvertes, la pression s'abaisse, et il faut ouvrir davantage les robinets. Des effets inverses ont lieu lorsqu'on commence à éteindre : la pression, augmentant à mesure que les issues se ferment, les flammes s'allongent outre mesure, et il faut encore ordinairement, à deux reprises, modérer l'écoulement en tournant un peu la clef du robinet principal.

Les inconvénients de ces variations sont parfois assez notables :

1° Le service est plus assujettissant, plus difficile, et la dépense du gaz est accrue.

2° Malgré tous les soins, des changements plus ou moins brusques dans l'intensité de la lumière ont lieu et fatiguent la vue.

3° Chaque fois que l'on est averti de l'excès de pression par la hauteur des flammes, celles-ci, pendant quelques instants, ne se trouvent plus dans les conditions normales d'un excès d'air : manquant d'oxygène, la combustion est incomplète ; les particules charbonneuses, précipitées trop abondamment dans la flamme, sortent de la cheminée en verre, se répandant dans l'air, trop refroidies pour brûler ; une partie même du gaz, avec ses combinaisons sulfurées, échappe à la combustion : de là l'odeur désagréable, les altérations des peintures, de l'argenterie, des dorures et des étoffes d'ameublement, indépendamment des causes d'insalubrité que toutes ces substances occasionnent dans l'air respirable.

Les inconvénients que nous venons de rappeler sont graves, surtout dans les grandes salles d'assemblées, les théâtres et divers lieux publics, où les détériorations des tentures et objets de décors se manifestent très-vite sous ces influences.

Le seul moyen que l'on connaisse d'éviter ces fâcheux effets des variations de la pression consiste dans l'emploi des appareils régulateurs. Depuis longtemps on s'est préoccupé de leur donner cette application ; mais, outre les difficultés d'introduire dans les habitations tout objet nouveau qui exige un emplacement spécial et change quelque chose aux habitudes, on a rencontré des obstacles dans les moyens économiques d'exécution.

Deux régulateurs actuellement employés semblent assez simples, suffisamment précis et assez peu volumineux pour lever les obstacles qui s'opposaient à l'une des améliorations les plus importantes dans l'emploi du gaz courant.

Tous deux, comme ceux qui les ont précédés, se fondent sur l'emploi d'une cloche, ou petit gazomètre, dont l'élévation même, occasionnée par la pression qui s'accroît, détermine la fermeture partielle ou totale du tube amenant le gaz, tandis que, par l'effet contraire d'une pression amoindrie, la cloche s'abaisse et fait ouvrir plus large le passage du gaz. Il est dès lors facile de déterminer la pression plus ou moins forte sous laquelle on veut obtenir l'écoulement dans les becs ; il suffit de charger la cloche d'un poids tel, que le poids total exige cette pression même pour être soulevé.

Emploi des résidus de la fabrication du gaz. — Le coke, principal résidu de la fabrication du gaz, se vend facilement dans les grandes villes, où il est surtout employé aux usages domestiques, ainsi qu'au chauffage des locomotives ; ce coke, toutefois, n'a pas autant de valeur que celui qui est obtenu dans les fours où l'on distille la houille en plus grandes masses. On essaye, dans ce moment, un moyen de fabrication du gaz qui donnerait du coke de bonne qualité pour les fonderies et divers usages industriels : ce moyen consiste à distiller la houille dans des fours, comme pour la fabrication ordinaire du coke, et à faire passer les produits de la distillation dans des tubes en fonte remplis de coke chauffé au rouge, où les carbures condensables se transforment en gaz permanents propres à l'éclairage.

Extinction salubre du coke. — Un des plus graves inconvénients des usines placées dans l'intérieur des villes consiste dans la grande quantité de vapeurs sulfureuses, accompagnées de poussière, qui se dégagent pendant l'extinction du coke : cet inconvénient suffirait même pour empêcher l'établissement d'une usine dans des quartiers populeux. M. Lacarrière, d'après le conseil que lui en donna Darcet, emploie un moyen fort simple, qui prévient les effets nuisibles de cette opération. Pour éteindre son coke, il le fait verser dans un espace rectangulaire en maçonnerie, dont la partie supérieure peut être close par un couvercle mobile en tôle, qui ne descend pas jusque sur le sol à sa partie antérieure ; lorsque le coke est placé dans cette espèce de caisse, on fait tomber de l'eau en pluie fine au moyen d'un tuyau percé d'un grand nombre de trous : la caisse communiquant par une large cheminée traînante avec la cheminée générale de l'usine, le tirage entraîne les vapeurs produites et les cendres soulevées pendant l'extinction du coke ; la plus grande partie se dépose dans la cheminée traînante, et le surplus se rend dans la cheminée verticale par laquelle il s'exhale avec la fumée dans l'atmosphère.

Produits du goudron. — Le goudron, soumis à la distillation dans de grands alambics en tôle, donne successivement des carbures d'hydrogène légers, environ 7 pour 100 à 27° Cartier, et lourds 20 pour 100, à 5° Baumé : les premiers servent à l'éclairage, les seconds à la dissolution de la laque et du caoutchouc, pour composer la glu marine (1). On emploie aussi cette huile pour dissoudre son poids de résine, et former avec des ocres une peinture propre à conserver les bois, notamment les traversines des chemins de fer. Quant au résidu de la distillation (goudron épais, ou brai gras ; environ 66 centièmes du poids du goudron à distiller), mélangé à chaud avec 4 parties de craie sèche et de sable, il donne un mastic propre à cimenter diverses constructions, à former des enduits sous les carrelages, et à recouvrir les tuyaux inventés par M. Chameroy. On peut aussi employer le brai gras

(1) La glu marine se prépare en laissant le caoutchouc longtemps en contact dans des vases clos avec l'huile de goudron, qui en dissout 2 centièmes ; ce liquide peut dissoudre à chaud environ trois fois son poids de *gomme laque*, et constituer la *glu marine*, qui se solidifie par le refroidissement, et on la fait liquéfier de nouveau par une température d'environ 120° pour l'appliquer à réunir très-fortement les bois, calfater les navires, etc.

pour remplacer la résine dans la peinture des traverses.

Il arrive souvent que, dans les usines à gaz, on est embarrassé d'une partie des goudrons qui s'y produisent ; aussi a-t-on essayé de les employer comme combustibles sous les cornues. Une bonne disposition consiste à faire arriver le goudron dans le foyer, en le faisant couler par une rigole de côté sur une sole en briques, distante d'environ 1 mètre de la première voûte ; le goudron se divise beaucoup et brûle complétement dans le grand espace qui lui est offert, en présence d'ailleurs d'un excès d'air chaud.

Houille distillée.	Gaz obtenu en mètres cube.	Coke, hectolit.	Coke menu dit escarbille, hectolit.	Goudron, kilogr.	Eaux amoniacales, litres.
1 voie = 15 hectol. ou 1200 kil.	270	20	1,2	68	100

Les produits des houilles d'Anzin et de Commentry diffèrent peu de ceux-ci.

Sels ammoniacaux, briquettes. — Parmi les résidus obtenus directement, nous n'avons pas compris les sels ammoniacaux obtenus en employant les solutions de sels métalliques : leur valeur compense les frais d'épuration, et ils permettent de ménager la chaux, dont ils facilitent l'action. Dans plusieurs usines on augmente la valeur des menus fragments de coke en les agglomérant par la pression dans des moules sous formes de briquettes, ou de grosses bûches, après les avoir mêlés avec 12 ou 15 centièmes d'un mortier formé d'argile plastique délayée dans l'eau.

ECLAT (*minér.*) — On définit l'éclat, dans les ouvrages de minéralogie, la manière dont la lumière est réfléchie par les minéraux, soit à l'extérieur, soit dans leur cassure ; ou, plus exactement, l'effet que les rayons réfléchis par un minéral produisent sur l'organe de la vue, suivant la manière dont leur réflexion s'est opérée. Mais nous devons remarquer qu'il y a ici deux effets, qui existent tantôt seuls, tantôt simultanément ; l'un de ces effets est une véritable réflexion, qui est plus ou moins régulière, suivant le degré de poli du corps, la finesse du grain que présente la cassure, et la structure que cette cassure nous dévoile ; l'autre effet dépend de l'action même que ce corps exerce sur les molécules lumineuses qui le touchent immédiatement, et pénètrent en quelque sorte dans la première pellicule, avant d'être reportées à notre œil dans toutes les directions. C'est ce dernier effet qui dépend de la nature du corps, et qui varie considérablement d'un corps à l'autre : on peut facilement l'isoler du premier, en plaçant le minéral de manière à ce que la lumière réfléchie à sa surface ne puisse être portée à notre œil. C'est ainsi que dans le diamant, par exemple, ou dans quelques échantillons de carbonate de plomb, on reconnaît d'une part un effet de réflexion, de l'autre un éclat particulier que l'on ne saurait définir, qui a quelque chose de métalloïde, et qui est surtout très-remarquable dans le diamant noir ; mais ces deux effets

Emploi des chaux d'épuration. — Ces résidus sont utilisés quelquefois dans la fabrication des mortiers destinés à cimenter des murs extérieurs ; mais l'odeur qu'exhalent longtemps ces chaux empêche d'en faire usage dans les constructions intérieures.

Eaux ammoniacales. — Ces eaux, provenant de la condensation et du lavage du gaz, servent à la fabrication de l'ammoniaque ou de sels ammoniacaux.

Voici les nombres représentant le rendement moyen d'une des usines de Paris employant du charbon de Mons, et dans les conditions ordinaires :

sont souvent confondus, et cela surtout parce que les caractères qu'on en tire sont trop peu importants pour qu'on se soit donné la peine de chercher à les isoler.

On distingue, dans les minéraux, plusieurs sortes d'éclat : l'*éclat métallique*, l'*éclat vitreux*, l'*éclat résineux*, ou d'empois desséché ; l'*éclat gras*, huileux ou céroïde ; l'*éclat nacré*, l'*éclat soyeux*. Il y a aussi des substances qui n'ont point d'éclat ; on dit alors qu'elles sont *mates* ou *ternes* ; quelquefois on a dit, dans ce cas, *éclat terreux*. On indique de diverses manières le plus ou le moins de vivacité de l'éclat ; c'est ainsi que l'on dit éclat métallique ou demi-métallique, vitreux ou demi-vitreux, etc., etc. ; on dit aussi *éclat métalloïde*, pour désigner l'apparence métallique que présentent diverses substances pierreuses. La plupart de ces expressions n'ont besoin d'aucune définition ; mais il en est quelques-unes sur lesquelles il est nécessaire de donner quelques détails.

L'éclat résineux tient, en quelque sorte, le milieu entre l'éclat vitreux et l'éclat gras ; c'est celui que présentent certaines résines végétales, comme le benjoin ; on le retrouve particulièrement dans l'opale. L'éclat gras huileux se présente dans certaines substances de nature vitreuse, dont la surface semble avoir été frottée d'huile ; l'éclat gras céroïde se trouve particulièrement dans les matières compactes lithoïdes, dont la cassure est esquilleuse. Quant à l'éclat nacré, il paraît être souvent le résultat d'une structure schisteuse, et c'est dans la division parallèle aux feuillets qu'il se fait remarquer. Il est à observer qu'on le reconnaît très-fréquemment sur les bases des prismes, sur les faces qui remplissent profondément des angles solides culminants des rhomboèdres, dans des substances même qui ne se divisent pas dans ce sens : ce n'est que sur ces faces que le carbonate de chaux, le double carbonate de chaux et magnésie, présentent cet éclat qui, dans la dernière substance, est souvent très-vif et très-agréable. Dans le corindon, c'est encore sur des faces semblables que l'éclat nacré se fait remarquer, ou sur les arêtes culminantes des rhomboèdres lorsqu'elles sont un peu arrondies. C'est par les faces de la base que l'apophyllite, la stilbite, etc., sont nacrées. L'éclat soyeux est le résultat de la structure fibreuse ; il se fait remarquer dans un grand nombre de substances, et particulièrement dans celles qui sont d'ailleurs susceptibles de présenter isolément l'éclat nacré.

Le genre d'éclat ne peut que très-rarement servir à distinguer les espèces les unes des autres, à moins qu'on n'ait acquis une très-grande habitude des minéraux : la même espèce présente, en effet, beaucoup de genres d'éclat différents dans les divers échantillons qu'on en peut observer. Cependant l'éclat métallique et l'éclat vitreux ne se présentent pas indifféremment dans la même substance, et conduisent au moins à partager les corps en deux groupes très-distincts l'un de l'autre, que quelques autres caractères accessoires peuvent diviser et sous-diviser de diverses manières.

ÉCUME DE MER. *Voy.* MAGNÉSITE.

ÉGAGROPILES. — Concrétions formées par les poils que les animaux avalent en se léchant ; quelquefois elles sont recouvertes d'une couche épaisse de mucus desséché.

ÉGRAPPAGE. *Voy.* VIN.

ÉGYPTIENS. — Les Egyptiens, ainsi que les Phéniciens, étaient très-avancés dans les arts dépendant de la chimie. On observe chez eux une industrie très-perfectionnée, dans laquelle une foule d'observations ont été mises à profit et ont donné naissance à des arts très-compliqués. Ainsi les Egyptiens avaient poussé fort loin l'art de la verrerie, connaissaient non-seulement les verres blancs, mais encore les émaux, les verres colorés ; et quand on examine les produits sortis de leurs mains, l'on est saisi d'étonnement et d'admiration, en y reconnaissant des preuves incontestables d'une industrie presque aussi avancée que celle que nous possédons aujourd'hui. Non-seulement ils savaient recueillir le *natron*, que la nature leur donnait tout formé ; mais ils le purifiaient ; mais ils connaissaient la potasse, et savaient que cet alcali peut être retiré des cendres ; ils fabriquaient des savons ; ils n'ignoraient pas que la chaux peut se préparer par la calcination des pierres calcaires, et ils avaient une connaissance détaillée des usages auxquels elle se prête ; ils avaient même découvert qu'elle rend caustique le carbonate de soude. Déjà, qui plus est, chose bien singulière ! le génie de la fraude avait su mettre à profit cette propriété, pour donner à la soude une causticité capable de faire illusion sur sa valeur vénale, comme on le fait de nos jours ; et tout naturellement on avait cherché et découvert les moyens propres à déceler cette sophistication.

Leurs connaissances en metallurgie ne sont pas moins remarquables. On les voit faire usage du cuivre, de l'or, de l'argent, du plomb, de l'étain, du fer. Ils ont donc des procédés d'extraction pour ces différents métaux ; et ceux que nous connaissons comme ayant été pratiqués par eux diffèrent souvent bien peu des nôtres. Ils savent combiner ces métaux, et produire un certain nombre d'alliages, ainsi que d'autres préparations métalliques. La litharge, les vitriols et plusieurs autres sels leur sont parfaitement connus.

C'est avec un succès pareil que nous les voyons pratiquer les arts qui dépendent de la chimie organique. Leurs procédés de teinture sont déjà très-avancés. Ils connaissent l'art de faire le vin et le vinaigre, et même, ce qui semble plus compliqué, ils possèdent la fabrication de la bière. Ils savent tirer parti des produits de la distillation des bois résineux en diverses circonstances, et très-probablement en particulier pour la préparation de ces momies, que nous trouvons encore intactes après tant de siècles écoulés.

Conclurons-nous de tous ces faits que les Egyptiens étaient de savants chimistes, qu'ils possédaient des théories chimiques coordonnées et approfondies ? Non, du tout. Les Egyptiens n'avaient pas besoin de théories chimiques pour en arriver là ; ils n'en avaient pas plus besoin que les Chinois, chez lesquels certains arts sont arrivés à un degré de perfection qui fait notre désespoir, bien que l'on ne trouve parmi eux aucune de ces notions scientifiques qui accompagnent l'industrie des Européens et des autres peuples arrivés au même état de civilisation ; ils n'en avaient pas plus besoin que les Indiens, à qui l'on doit tant de procédés industriels, qui ont, par exemple, fait preuve d'une si grande habileté dans l'application des matières tinctoriales, et qui, en Europe, n'ont pas toujours été égalés sous ce rapport.

Cela doit-il nous surprendre ? Non, sans doute. Pour s'en rendre compte, ne suffit-il pas, sans aller plus loin, de jeter les yeux sur ce qui se passe autour de nous ? Dans notre propre industrie, ou du moins dans celle de notre époque, nous trouverions une foule d'exemples propres à mettre en évidence tout ce que peut une pratique longue et étendue. Oui, aujourd'hui même, quand la science fait tant d'efforts, et des efforts si glorieux pour éclairer et diriger les arts, nous ne manquerions pas de ces exemples fameux, qui nous font voir comment il est possible que la pratique seule, suivie avec constance par un esprit judicieux, comment il est possible même que le simple hasard conduise à des méthodes industrielles parfaites, que la théorie n'aurait jamais pu imaginer.

Rappelons seulement ce qui s'est passé au Mexique, relativement à l'exploitation des mines d'argent. Depuis 1561, ces mines sont exploitées par un procédé qui réalise toutes les conditions désirables. Il est dû à un homme presque inconnu d'ailleurs, Hernando Velasquez, qui n'avait aucune des connaissances de chimie théorique nécessaires pour imaginer son procédé. En effet, celui-ci est extrêmement compliqué, et n'a été compris ni de cet auteur, ni de ceux qui sont venus après lui. Ce n'est que depuis quelques années que les efforts réunis de MM. Sonneschmidt, Humboldt, Karsten et Boussingault, nous ont permis d'en concevoir la théorie. Velasquez y avait été conduit par la pratique seule, en passant d'une expérience à une autre, sans s'en rendre compte, sans qu'il lui fût même possible de s'en rendre compte.

Et pour citer un exemple plus récent encore, le procédé de l'emploi de l'air chaud dans les hauts fourneaux, qui vient d'être si heureusement imaginé, et qui est adopté dans les usines avec tant d'empressement et de succès, est-il le résultat des méditations de la théorie? Le comprenons-nous seulement? Non, ce procédé est l'enfant du hasard, et parmi les explications que l'on s'efforce de nous en donner, il n'en est peut-être aucune qui soit entièrement digne d'obtenir de nos esprits une adhésion complète. Eh bien! faute de théorie, se propage-t-il moins vite? Pas du tout.

Ainsi, dans les arts, on peut faire des découvertes d'une haute portée, sans être guidé par aucune lumière scientifique. L'état florissant de l'industrie des Egyptiens ne prouve donc nullement qu'ils aient possédé la théorie des arts dans lesquels ils excellaient, et, quoi qu'en aient dit les auteurs qui veulent faire les chimistes aussi vieux que le monde, il est difficile d'admettre que les Egyptiens aient été chimistes dans le sens exact et actuel du mot.

Ce que les Egyptiens ont connu, sans aucun doute, c'est l'art de lier entre elles des observations fortuites, celui de les coordonner, de passer de l'une à l'autre, et d'en tirer parti pour fonder ou perfectionner leurs industries. S'ils n'ont pas été chimistes, ils ont eu quelque chose de la méthode des chimistes, l'art d'observer. Ne soyons donc pas trop surpris si, aussitôt qu'on a commencé à écrire sur l'histoire de la chimie, on a regardé les Egyptiens comme des chimistes très-avancés; si on a pensé que leurs hiéroglyphes cachaient des détails scientifiques sur les opérations de la chimie; et si enfin, dans le mot même de chimie, dont l'étymologie fort obscure ne peut rien nous apprendre de positif à cet égard, on a voulu voir l'ancien nom de l'Egypte.

On pourra peut-être savoir à quoi s'en tenir par la suite sur l'origine égyptienne de la chimie, maintenant que les découvertes de Champollion permettent de déchiffrer les caractères hiéroglyphiques. Jusqu'ici, dans ce qu'on a écrit en faveur de cette opinion, s'il n'y a rien qui paraisse improbable, il n'y a rien non plus dans le détail des faits qui mérite une attention sérieuse. Que pourrions-nous dire, en effet, des prétendus ouvrages d'Hermès Trismégiste, ce roi d'Egypte trois fois grand, auquel on accorde tant de connaissances en chimie, sinon que ce sont de pures inventions des alchimistes modernes?

Il est facile de comprendre comment on a conclu les connaissances chimiques des Egyptiens de la perfection des produits de leur industrie. Mais avec notre chimie si savante, et pourtant si populaire et si simple, nous ne comprenons plus cette haute idée que quelques Pères de l'Eglise professaient pour la chimie de leur temps, qui nous semble si pauvre. Ils ne consentaient pas à y voir une invention humaine; ils en cherchaient l'origine dans les amours des Egrégores, et en particulier dans celles de leur dixième roi, Hexael, avec les filles des hommes, qui auraient appris cette science par les indiscrétions de ces anges ou de ces démons. Borrichius, il est vrai, malgré son zèle pour la chimie antédiluvienne, renonce à peu près à cette origine quasi-divine; mais, confondant toujours la chimie et les arts, il ne fait aucun doute que l'on doive regarder Tubalcaïn, le huitième homme après Adam, le fondeur et le forgeron de l'Ecriture, *malleator et faber in cuncta genera æris et ferri*, comme le premier chimiste, et comme un grand chimiste.

ÉLATÉRITE (*caoutchou minéral; bitume élastique*). — Substance brunâtre, tirant quelquefois sur le verdâtre; compressible entre les doigts; extensible et élastique, surtout lorsqu'elle a été chauffée dans l'eau bouillante. Fusible à une faible température et réductible en matière visqueuse qui conserve sa viscosité. Donnant par la combustion une odeur particulière qui tient de celle de la cire ou du suif et de celle du bitume.

L'élatérite a été trouvée d'une part en Angleterre, dans la mine de plomb d'Odin, au nord de Castleton, dans le Derbyshire, dans les matières calcaires qui encaissent le dépôt métallifère. M. Olivier d'Angers l'a trouvée en France dans les mines de houille de Montrelais, dans des veines de quartz et de carbonate de chaux.

L'élatérite d'Angleterre est souvent accompagnée d'une substance résinoïde, friable, qui ne se ramollit pas par la chaleur; tantôt brunâtre, tantôt verdâtre, qu'on a regardée comme une modification de la même substance, à laquelle, en effet, on croit apercevoir des passages : mais il est à présumer que cette matière, si différente de l'autre, est d'une nature particulière, et il serait intéressant de l'examiner sous le rapport de sa composition.

ELECTRICITÉ. — L'électricité a été découverte pour la première fois dans le succin, et comme ce corps est appelé ἔλεκτρον en grec, elle a pris de là le nom d'*électricité.*

Le soufre, l'ambre jaune, le verre sec, un bâton de cire à cacheter et plusieurs autres substances, ont la propriété d'attirer des corps légers, tels que des brins de papier, lorsqu'on les frotte avec un morceau d'étoffe de laine. Cependant, tous les corps ne deviennent point électriques par le frottement. Ceux qui le deviennent le plus ordinairement, et de la manière la plus prononcée, sont, outre les substances déjà citées, la résine, la soie ou les étoffes de soie, la laine les poils, le bois séché au four, la cire et une foule d'autres. Ces corps reçoivent l'épithète d'*idio-électriques*, indiquant qu'ils sont *électriques par eux-mêmes.*

Quand on observe avec un peu plus d'attention l'électricité développée par le frottement, on s'aperçoit que ce n'est pas seulement le corps frotté qui s'électrise; on reconnaît que le corps dont on se sert pour le frotter acquiert aussi la même propriété, mais que ces deux corps se comportent autrement l'un que l'autre à certains égards; de sorte que l'électricité dont chacun d'eux est animé semble être différente de celle que l'autre possède.

On a conclu de là que tous les corps de notre planète contiennent une substance à laquelle on peut donner le nom de *matière électrique*, et qui est composée elle-même de deux électricités simples. Cette substance ne jouit d'aucune propriété qui la rende susceptible de tomber sous les sens, et elle ne se manifeste que quand elle se résout en ses deux éléments.

Franklin, qui essaya le premier d'établir une théorie de l'électricité, et qui croyait que la différence entre les deux électricités consistait en ce qu'il y a dans l'une excès et dans l'autre défaut de matière électrique, désignait la première sous le nom d'*électricité positive* (+E), et la seconde sous celui d'*électricité négative* (—E). Ces dénominations se sont maintenues jusqu'à présent.

L'électricité positive diffère sensiblement de la négative par la manière dont elle se comporte dans une multitude de circonstances :

1° Par les figures auxquelles donne lieu une poudre fine répandue avec un tamis à la surface d'un corps électrisé. Lorsque, par exemple, on place un bouton métallique sur une plaque de verre étamée ou sur un gâteau de résine, et qu'on fait tomber dessus une étincelle d'électricité positive ; si l'on enlève le bouton au moyen d'un bâton de cire à cacheter, et qu'on répande sur l'endroit électrisé un peu de résine en poudre ou de fleurs de soufre lavées et séchées ensuite, il se forme une figure étoilée ronde. Quand on fait l'expérience avec l'électricité négative, on voit paraître aussi une figure ronde, mais sans rayons, et avec des ramifications dendritiques. Cette expérience réussit lors même qu'on répand la poudre sur la plaque avant d'électriser.

2° Par la saveur que l'électricité dégagée d'une pointe électrique imprime sur la langue; elle est acescente pour l'électricité positive; brûlante, au contraire, et presque alcaline, pour l'électricité négative.

3° Par la diversité des phénomènes chimiques que les deux électricités font naître dans les corps, particulièrement dans les liquides. Ainsi l'électricité positive qu'une pointe lance sur du papier de tournesol humide, change en rouge la couleur bleue de ce papier. Ce signe annonce qu'il s'est formé un acide durant l'expérience. Quand on fait la même expérience avec une pointe électrisée négativement, il ne se produit pas de tache rouge, et l'on assure même que celle qui a été occasionnée par la pointe électrisée positivement disparaît.

4° Par la diversité de leur lumière. L'électricité positive qui s'écoule par une pointe un peu émoussée forme un faisceau lumineux long souvent de plusieurs pouces, et d'un bleu rougeâtre, au lieu que quand c'est de l'électricité négative qui s'échappe par cette pointe, on n'aperçoit qu'un simple point lumineux. Ces deux phénomènes deviennent plus frappants lorsqu'on opère dans le vide.

5° Parce que différents corps, dans certaines circonstances, conduisent facilement l'une des deux électricités, mais ne se laissent que très-difficilement traverser par l'autre.

Deux corps qui possèdent la même électricité se repoussent l'un l'autre, tandis que ceux qui sont animés d'électricités différentes s'attirent mutuellement. La distance à laquelle ce phénomène a lieu est appelée *atmosphère électrique*. Les objets légers qui ne sont point électrisés sont attirés à une faible distance par les corps électrisés; mais ces mêmes corps les repoussent aussitôt après leur avoir communiqué la même électricité qu'eux-mêmes possèdent. Si alors on les place au voisinage d'un corps qui jouisse de l'électricité contraire, ou même qui ne soit pas à l'état électrique, ils sont attirés par ce corps, déposent en lui leur électricité, et redeviennent susceptibles d'être attirés de nouveau par le corps électrique avec lequel on les avait mis en contact la première fois ; en sorte qu'on peut les faire aller et venir de cette manière, jusqu'à ce qu'ils aient pris et transporté ailleurs la plus grande partie de l'électricité du corps électrique. C'est là-dessus que repose la construction de plusieurs machines récréatives, telle que l'araignée électrique, le carillon électrique, etc.

On profite aussi de cette circonstance pour déterminer quelle est l'espèce d'électricité dont un corps se trouve animé. Ainsi, par exemple, l'expérience a constaté que le verre acquiert par le frottement l'électricité positive ; et la résine, au contraire, l'électricité négative. Si donc on prend un tube de verre soufflé en boule aux extrémités, et qu'on en couvre une moitié de vernis à la laque, le frottement donne, sur le côté enduit de vernis, de l'électricité négative, et sur l'autre côté, où le verre est à nu, de l'électricité positive. Lorsque ensuite on communique à une petite boule de moelle de sureau suspendue à un fil de soie l'électricité du corps que l'on veut explorer, il est facile de reconnaître, avec ce tube de verre, par laquelle de ses deux extrémités la boule est attirée ou repoussée.

La répulsion qu'exercent l'un sur l'autre les corps animés d'une même électricité a fait imaginer un instrument au moyen duquel on parvient à reconnaître la présence de l'électricité, lorsqu'elle a trop peu d'intensité pour pouvoir tomber sous les sens. Cet instrument consiste, soit en deux petites boules de liége ou de moelle de sureau, soit en deux brins de paille, longs d'un pouce, que l'on attache au bout d'un fil mince; soit enfin en deux feuilles d'or suspendues à un fil métallique, et qui, placées au voisinage ou dans l'atmosphère d'un corps électrique, acquièrent l'électricité dont jouit ce corps, et se repoussent mutuellement: on lui donne le nom d'*électromètre* (*mesureur de l'électricité*), ou mieux d'*électroscope* (*indicateur de l'électricité*).

Certains corps se laissent traverser facilement par l'électricité développée. On les appelle, pour cette raison, *conducteurs de l'électricité*. Les meilleurs conducteurs sont les métaux, le charbon de bois, la mine de plomb ou graphite, et plusieurs autres. D'autres corps, au contraire, laissent passer l'électricité avec plus de difficulté et de lenteur; ceux-là portent le nom de *demi-conducteurs*: l'eau, la craie, les pierres en général, etc., appartiennent à cette catégorie. Certains, enfin, refusent presque absolument tout passage à l'électricité; on leur donne l'épithète de *non conducteurs*; tels sont le verre, la résine, et généralement tous les corps qui deviennent électriques par le frottement.

Les deux électricités, dont la réunion constitue la matière électrique inappréciable pour nous, peuvent être séparées l'une de l'autre par divers moyens, tant mécaniques que chimiques, et devenir ainsi susceptibles de frapper les sens.

Excitation de l'électricité par le frottement.— Ce phénomène a lieu quand deux corps viennent à se choquer ou à frotter l'un contre l'autre.

La collision ou le frottement développe de l'électricité dans tous les corps; mais on conçoit que cette électricité ne peut point s'accumuler dans les corps conducteurs qui ne sont pas placés sur des corps non conducteurs, de manière à lui ôter la liberté de s'écouler dans le sol. Quand un corps conducteur se trouve disposé de cette manière, on dit qu'il est *isolé*.

C'est en frottant des corps non conducteurs, par exemple du verre et de la résine, avec de la laine ou des poils, qu'on développe le mieux et le plus abondamment l'électricité.

La séparation des deux électricités dépend dans ce cas de ce que, par exemple, le verre soumis au frottement s'empare de l'électricité positive du corps contre lequel on le frotte; en sorte que l'électricité négative, auparavant unie à la positive dans ce dernier corps, doit s'y accumuler. Si c'est de la résine qui supporte le frottement, la même chose arrive, avec cette seule différence que la résine attire à elle l'électricité négative du corps contre lequel on la frotte, et qu'en conséquence l'électricité positive s'accumule dans celui-ci.

Si les deux corps, tant celui qui subit que celui qui exerce le frottement, sont isolés, c'est-à-dire tellement entourés de corps non conducteurs, que l'électricité mise en liberté dans leur intérieur ne puisse pas s'en échapper, la décomposition de la matière électrique en électricité positive et électricité négative se réduit presque à rien; mais si l'un de ces deux corps, peu importe lequel, communique avec le sol, par le moyen d'un conducteur, de manière que son électricité

ait la liberté de s'écouler, et qu'elle ne puisse plus s'opposer à la décomposition de la matière électrique, l'électricité contraire s'accumule en plus grande quantité dans l'autre corps. Si l'on met les deux corps en communication avec le sol à l'aide de conducteurs, la plupart des signes de l'électricité excitée disparaissent, parce qu'au moment même de son excitation cette électricité est enlevée par les conducteurs, qui la transmettent au globe.

Si l'on applique un conducteur isolé à un corps électrisé, il prend une partie de l'électricité de ce dernier; et quand on plonge le doigt ou tout autre corps conducteur dans son atmosphère, on voit jaillir une étincelle dont la manifestation fait disparaître l'électricité du conducteur, rendue en quelque sorte par lui à la terre, et ramenée ainsi à l'équilibre.

Mais cette étincelle n'est pas une simple communication de l'électricité du corps électrique au conducteur. Elle se compose de l'électricité positive de l'un des corps et de l'électricité négative de l'autre, lesquelles se réunissent ensemble, et se mettent en équilibre dans un point quelconque de la distance que l'étincelle semble parcourir. Si le corps qu'on approche du conducteur a une surface uniformément arrondie, l'étincelle se montre au milieu de l'espace qui sépare les deux corps. Cet effet dépend de ce qu'à l'instant où le corps électrisé laisse échapper un excès, par exemple, d'électricité positive, celui qui n'est point électrisé, et qui semble ramener cet excès au globe terrestre, laisse dégager une quantité correspondante d'électricité négative; en sorte que les deux électricités se rencontrent à moitié chemin, se mettent en équilibre et disparaissent à nos sens. C'est ce qui fait que l'étincelle éclate au point de réunion, là où cessent tous les phénomènes de l'électricité.

Plus la surface est arrondie, et plus elle laisse facilement échapper l'électricité. De là vient que quand on approche d'un conducteur électrisé un autre conducteur moins arrondi et non isolé, l'étincelle électrique jaillit sur ce dernier, parce qu'il laisse plus difficilement que l'autre écouler l'électricité. Si l'on diminue la rondeur d'un corps jusqu'à le rendre plane, et qu'en même temps on rétrécisse peu à peu le diamètre de l'autre corps arrondi jusqu'au point que ce dernier finisse par présenter une pointe, on trouve que l'endroit où paraît l'étincelle se rapproche de plus en plus du corps aplati, jusqu'à ce qu'enfin, quand on tient une surface parfaitement plane en regard d'une pointe, cette étincelle disparaît tout à fait, et les deux électricités se réunissent sur la surface plane elle-même. En ce cas l'électricité positive qui s'écoule affecte, dans l'obscurité, la forme d'une aigrette lumineuse d'un bleu rougeâtre, tandis que la négative se présente sous celle d'une petite étoile brillante.

Les pointes laissent toujours échapper de l'électricité, qu'elles soient d'ailleurs électrisées elles-mêmes, ou seulement rapprochées d'un corps électrique : elles ne peuvent point en absorber, comme on se le figurait jadis Voilà pourquoi une pointe métallique qu'on rapproche jusqu'à une certaine distance d'un conducteur électrisé positivement, par exemple, de celui d'une machine électrique, ne soutire pas d'électricité positive à ce conducteur, mais lui fournit de l'électricité négative qui, par sa réunion avec l'autre, fait disparaître l'électricité du conducteur. On peut facilement s'en convaincre en tenant entre la pointe et le conducteur une bougie allumée, sur la flamme de laquelle on aperçoit d'une manière sensible l'action d'un courant partant de la pointe. Ce courant provient de ce que la pointe électrise continuellement l'air placé au devant d'elle, et que quand il a acquis une électricité pareille à la sienne, elle le repousse aussitôt. C'est sur cette propriété que repose la construction de plusieurs divertissements électriques, tels que la roue électrique, le moulin à vent électrique et divers autres.

On appelle *machines électriques* les appareils au moyen desquels on parvient à exciter l'électricité par le frottement et à l'accumuler ensuite dans des conducteurs isolés.

Le corps, soumis au frottement, est ordinairement de verre, soit une plaque arrondie, soit une boule ou mieux un cylindre, qui frotte sur un coussin de cuir dont la surface a été couverte d'un peu d'or mussif ou d'un amalgame d'une partie de zinc, une d'étain et deux de mercure, réduit sous forme d'onguent à l'aide d'un peu de graisse. Le coussin est garni en outre d'un morceau de taffetas ciré, disposé de manière à pouvoir se renverser autour du cylindre pendant le frottement. On donne le nom de *frottoir* à ce coussin.

Le conducteur isolé est ordinairement en laiton, et soutenu par un pied de verre. Il porte le nom de *conducteur*. Plus sa surface est étendue relativement à sa masse, mieux il remplit son office, et *vice versa*. Ainsi un conducteur long et mince condense et retient plus d'électricité qu'un autre de masse égale, mais court et épais. En effet, l'électricité semble se porter exclusivement à la surface ; de telle sorte qu'un conducteur plein ne s'électrise pas davantage qu'un autre qui est creux. Les pieds de verre qui supportent le conducteur l'isolent d'autant mieux qu'ils sont plus élevés, et que leur diamètre est moins considérable. Il faut avoir soin, en outre, de les enduire d'un vernis bien isolant. L'extrémité du conducteur qui est tournée du côté opposé à la machine doit se terminer par une boule assez forte, tandis qu'il faut que l'autre extrémité, celle qui regarde la machine, et qui ne doit être séparée du verre que par une distance d'un demi-pouce à un pouce, se termine par une ou plusieurs pointes.

Quand on fait tourner la machine, et qu'on l'électrise ainsi par le frottement, le conducteur acquiert la même électricité qu'elle. Cet effet ne tient pas à ce qu'il attire l'électricité du verre, mais à ce que l'électricité

positive que le frottement excite dans la machine est neutralisée par l'électricité négative qui afflue du conducteur, dans lequel une quantité correspondante d'électricité positive se trouve mise en liberté.

Il faut écarter du voisinage de la machine toutes les pointes autres que celles du conducteur, parce qu'elles lui communiqueraient de l'électricité contraire à la sienne, et arrêteraient son action.

L'air humide est conducteur de l'électricité, tandis que l'air sec ne lui livre point passage. Aussi ne peut-on isoler aucun corps dans l'air humide, qui détruit en totalité ou en grande partie l'énergie de la machine électrique.

Lorsqu'on isole, dans une machine, et le frottoir et le conducteur, il ne se développe qu'une électricité très-faible. Mais quand on met le frottoir en communication avec le sol, l'excitation de l'électricité commence aussitôt à avoir lieu, et le conducteur acquiert l'électricité positive, dans les machines ordinaires en verre. Si, au contraire, on isole le frottoir, et qu'on mette le conducteur en rapport avec la terre, le frottoir se charge d'électricité négative. On peut donc de cette manière obtenir à volonté, d'une machine bien faite, soit de l'électricité positive, soit de l'électricité négative.

Toutes les fois qu'un corps non conducteur, c'est-à-dire susceptible de s'électriser par le frottement, reçoit d'une manière quelconque de l'électricité libre par un de ses côtés, il laisse échapper de l'autre côté une quantité correspondante d'électricité de même nature, à moins qu'on n'ait interrompu la communication entre le sol et lui, ou, en d'autres termes, à moins qu'il ne soit isolé. Il est facile de concevoir que l'*émission* et la *réception* de l'électricité sont subordonnées à cette circonstance, que le corps lui-même soit ou pointu ou entouré de pointes.

Si les faces d'un corps non conducteur électrisé de cette manière sont couvertes de plaques métalliques, le phénomène a lieu d'une manière plus prononcée encore, et devient d'autant plus intense, que le corps non conducteur est plus mince. Quand, par exemple, on garnit de feuilles d'étain les deux côtés d'une plaque de verre neuve, bien nettoyée et sèche, de sorte que le métal y laisse à découvert un rebord plus ou moins large, selon la grandeur de la plaque, afin qu'il n'y ait point connexion entre les deux garnitures, et qu'ensuite on fait affluer, par exemple, de l'électricité positive sur l'un des côtés, on s'aperçoit, en approchant le doigt de l'autre côté, qu'il s'en échappe une égale quantité de la même électricité. De là résulte qu'il s'accumule sur un des côtés un excès d'électricité positive, et sur l'autre un excès d'électricité négative. Si alors on établit une communication par le moyen d'un corps conducteur entre les armatures métalliques des deux côtés, on voit une étincelle se manifester avec un vif pétillement, et si c'est un homme qui fait la chaîne avec ses deux mains, il ressent une forte secousse dans les bras. Ce phénomène, qu'on appelle *commotion* ou *coup électrique*, tient à ce que les deux électricités accumulées sur les deux côtés du corps non conducteur, le mettent en équilibre avec une violence extraordinaire, en se réunissant pour produire de la matière électrique neutre. Toute trace d'électricité disparaît en même temps dans la plaque.

Aux plateaux en verre garnis de feuilles métalliques on peut substituer des bouteilles ou autres vases plus grands, de la même matière, qu'on revêt de feuilles d'or ou d'étain à l'extérieur ou à l'intérieur, jusqu'à 2 ou 4 pouces de l'ouverture, dont le pourtour reste libre. On ferme cette ouverture avec un bouchon de liége traversé par une tige métallique, dont l'extrémité inférieure touche à l'armature interne de la bouteille, et dont la supérieure, qui fait saillie hors du vase, se termine par une petite boule en laiton. Cet appareil porte le nom de *bouteille de Leyde.* Quand on l'électrise, on dit qu'on *charge.* Un instrument fait en fil de fer, ayant la forme d'une pince, muni d'un manche en verre et garni à ses deux extrémités antérieures de boules, au moyen desquelles on établit la communication entre les deux armatures, est appelé *excitateur.* En réunissant plusieurs bouteilles de Leyde, de manière que leurs armatures extérieures communiquent ensemble, et qu'on puisse électriser simultanément leurs armatures intérieures, il résulte de là un appareil qu'on désigne sous le nom de *batterie électrique.* Il faut davantage d'électricité pour charger cet appareil; mais la commotion qu'il produit est, par cela même, beaucoup plus forte, et on peut l'accroître jusqu'au point qu'elle devienne capable de tuer des animaux de petite taille, par exemple, des chiens, des chats, etc.

Toute explosion électrique s'accompagne de chaleur. Dans les petites bouteilles de Leyde, cette chaleur est peu considérable, mais suffisante cependant pour faire prendre feu à l'éther, à l'alcool, à la résine et à plusieurs autres corps très-inflammables; avec des batteries plus fortes, on parvient à enflammer du bois, à faire rougir et fondre des fils métalliques, et quelquefois même, quand ces fils sont minces, à gazéifier instantanément le métal. Une forte commotion électrique, dirigée à travers l'eau, réduit sur-le-champ une partie de celle-ci à l'état de gaz, qui, en se dégageant, chasse au loin le reste du liquide.

Toute étincelle électrique est, jusqu'à un certain point, une explosion électrique. La différence entre une étincelle du conducteur et celle d'une décharge consiste uniquement dans la violence et la quantité de l'électricité, qui, toutes deux, sont beaucoup plus fortes dans le second cas que dans le premier. Aussi l'étincelle électrique a-t-elle également le pouvoir d'enflammer les corps combustibles, et de dégager de la chaleur;

seulement elle le possède à un moindre degré.

On doit à Ekmark une fort belle expérience qui montre quel chemin les électricités suivent en se déchargeant. Une plaque de verre est garnie d'étain laminé à sa face inférieure, et saupoudrée en dessus de fleurs de soufre, préalablement bien lavées et séchées. Sur la face saupoudrée on place deux bouteilles de Leyde chargées, égales en volume, et dont l'une a l'armature extérieure chargée d'électricité positive, tandis que celle de l'autre est chargée d'électricité négative. Ces bouteilles sont à trois ou quatre pouces de distance l'une de l'autre, en sorte que, quand on fait communiquer leurs armatures intérieures par le moyen d'un excitateur isolé, une étincelle, qui les décharge, jaillit entre les armatures extérieures. Après la décharge on trouve, tout autour des bouteilles, dans les fleurs de soufre, la figure de l'électricité qui appartenait à l'armature extérieure de chacune d'elles; mais, dans l'endroit où l'étincelle a jailli, les fleurs de soufre sont tout à fait balayées, et le chemin est parfaitement net. Du reste, ce chemin est entouré, à partir de l'armature positive, de figures positives, et à partir de l'armature opposée, de figures négatives, mais qui cessent entièrement non loin du point où elles se rencontrent; là se trouve souvent, lorsque le coup a été assez fort, une grande tache ronde, totalement dégarnie de fleurs de soufre, qui est entourée de petites figures, et où les grandes masses d'électricité se sont réunies pour se neutraliser. Quand on emploie, pour cette expérience, des bouteilles de grandeurs différentes, et que cependant on les charge d'une quantité à peu près égale d'électricité par un même nombre de tours imprimés à la machine électrique, on trouve que le point où la décharge s'est effectuée est toujours plus rapproché de la grande bouteille, dont la charge était moins forte que celle de l'autre.

Il est bon de faire remarquer, à l'occasion de ces expériences, que les électricités au moment de la décharge, c'est-à-dire quand elles cessent de se manifester comme électricité, paraissent sous la forme de lumière et de chaleur, ou produisent ces deux phénomènes. L'apparition du feu dans les décharges électriques n'a lieu que quand le corps à travers lequel la décharge s'opère jouit d'une faible capacité, en proportion de la quantité d'électricité qu'il éconduit. C'est pour cela qu'on ne remarque pas d'élévation de température dans les grands excitateurs, tandis que les petits s'échauffent, et quand ils sont très-déliés, on les voit, suivant leur degré de ténuité, rougir, entrer en fusion, ou se convertir en gaz. Le phénomène de la production du feu augmente d'intensité dans la même proportion que le corps qui détermine la décharge est insuffisant pour le passage des électricités, de la même manière qu'un petit morceau d'amadou s'allume au foyer d'un miroir ardent, tandis qu'un morceau de fer non poli, du poids d'une ou plusieurs demi-onces, ne peut pas, durant le temps nécessaire pour que l'amadou prenne feu, s'échauffer jusqu'à un degré qui soit appréciable au thermomètre.

Quand on décharge les électricités à travers un carton, un papier plié en plusieurs doubles, ou même une plaque de verre mince, il se fait, à l'endroit où le coup porte, un trou dont le diamètre varie suivant la quantité d'électricité. Le papier qui sert à cette expérience ne se brûle ni ne se charbonne ; le verre n'éprouve pas non plus de fusion ; mais il est converti en poudre, comme s'il eût été perforé par une pointe acérée : ce qui paraît prouver que l'électricité a besoin d'espace pour passer, et que, par conséquent, elle est obligée d'écarter les corps non conducteurs qui se trouvent sur sa route.

J'ai déjà fait remarquer que les électricités ne s'accumulent qu'à la surface des conducteurs, et que peut-être pénètrent-elles à peine dans leur intérieur. D'après cela, quand on garnit un fil métallique, soit de cire à cacheter fondue, soit d'un vernis à la laque bien siccatif, ou qu'on le coule dans un tube de verre, et qu'ensuite on le fait traverser par une forte décharge électrique, l'enduit non conducteur s'en détache avec éclat. Cette expérience semble démontrer également que les électricités ont besoin d'espace pour cheminer à la surface du fil métallique. Si l'on examine avec attention le trou qu'elles pratiquent dans une carte ou dans du papier, on voit qu'il présente un rebord élevé de chaque côté, ce qui paraît prouver que la décharge ne se fait pas sur un point unique, mais que les courants opposés qui partent des deux armatures du corps qu'on décharge se traversent réciproquement.

Dans toutes ces circonstances, l'électricité semble avoir besoin d'un corps sur ou à travers lequel elle s'étende, et l'on est en droit de se demander si elle peut traverser le vide. La solution de ce problème est de la plus haute importance pour arriver à connaître la nature de l'électricité. Car si l'électricité est isolée par le vide, de manière qu'elle n'y donne lieu à aucun phénomène électrique, on pourrait être conduit à penser qu'elle n'est point une substance particulière, mais seulement un état différent des corps à la surface desquels elle se manifeste ; opinion qui a l'assentiment de quelques-uns des plus grands physiciens de notre époque. Si, au contraire, les phénomènes électriques peuvent se produire dans le vide, l'électricité est quelque chose de matériel, comme on est porté à le croire d'après les circonstances indiquées précédemment, dans lesquelles elle semble avoir besoin d'un espace. Quoique la manifestation de l'étincelle dans l'air semble déjà indiquer que, dans la formation de cette étincelle, l'électricité ne suit point l'air, mais le traverse, cependant ce fait ne suffit pas seul pour trancher la question. Aussi Davy a-t-il essayé d'arriver à une solution directe. Il souda un fil de platine à l'une des extrémités d'un tube de verre un peu large, et courba ensuite le tube en manière de siphon ayant une branche très-courte, qu'il garnit d'un robinet. La branche la plus longue fut remplie de mercure, préalablement bien bouilli, après quoi on la tourna en haut, et l'on mit le robinet en communication avec une machine pneumatique ; l'air fut alors pompé de l'extrémité la plus courte, en sorte que le mercure baissa dans la branche la plus longue, et laissa un vide entre lui et le fil de platine.

L'électricité fut parfaitement conduite par cet espace vide ; lorsque la température était élevée, elle produisait, en le traversant, une forte lueur, de couleur verte ; mais quand la température baissait, la lumière devenait moins vive, et à —29° elle était si faible, qu'il fallait une obscurité complète pour pouvoir la discerner. Cependant l'électricité n'en traversait pas moins le vide, ce dont on acquit la conviction en lui faisant traverser, l'un après l'autre, deux espaces vides, dont l'un était chaud et l'autre froid ; elle répandait une forte lueur dans le premier, quoiqu'elle n'y pût arriver qu'à travers le second. La décharge électrique se faisait avec étincelle, dans le vide comme dans l'air ; des décharges plus faibles eurent lieu lentement sans étincelle. L'électricité traversa également un vide obtenu de la même manière par de l'étain fondu qu'on avait laissé se figer ; mais ce fut avec une lumière aussi faible que celle qui avait lieu à —29° dans le vide sur le mercure. Ces expériences semblent donc démontrer qu'on peut trouver de l'électricité dans le vide, et qu'elle le traverse plus facilement qu'elle ne traverse l'air. On sait aussi que le vide, dans les baromètres bien purgés d'air, répand une lueur électrique par le frottement du mercure contre le verre, et que dans un tube de verre exempt d'air, soudé et contenant un peu de mercure, celui-ci devient lui-même lumineux dans l'obscurité, par la même cause, quand on le met en mouvement.

Les sensations que produisent sur nous les décharges électriques varient. Une petite bouteille de Leyde bien chargée donne une commotion plus forte qu'une grande batterie peu chargée, quoiqu'une faible charge de cette dernière exige beaucoup plus d'électricité qu'il n'en faut pour celle de la petite bouteille. Ceci tient à ce que nous sommes principalement affectés par la violence de la décharge, qui est supérieure de beaucoup, dans une petite bouteille bien chargée, à celle d'une bouteille de volume plus considérable, mais moins chargée. Au contraire, le développement de chaleur et les décompositions chimiques sont en raison directe de l'étendue de la surface chargée de la bouteille, c'est-à-dire en raison de la quantité d'électricité que cette surface peut recevoir ; de manière qu'il arrive fort souvent que le coup d'une batterie, quoique assez peu violent, fond des métaux et enflamme des corps sur lesquels le coup violent d'une petite bouteille n'aurait exercé aucune influence appréciable.

La propriété qu'ont les corps non conducteurs de se charger d'électricité, ou, quand ils en reçoivent une d'un côté, de dégager par l'autre côté celle de nature opposée, rend facilement raison de divers autres phénomènes électriques forts singuliers. Si, par exemple, à l'une des extrémités d'un conducteur isolé, on suspend deux petites boules de liége par le moyen d'un fil, et qu'on approche de l'autre extrémité un bâton de cire à cacheter électrisé par frottement, les boules s'écartent l'une de l'autre ; mais elles se rapprochent aussitôt qu'on éloigne le bâton de cire à cacheter, sans que le conducteur conserve la moindre trace d'électricité. Par conséquent, le conducteur n'a pas reçu d'électricité du bâton de cire à cacheter, quoique les deux boules se soient repoussées mutuellement. Ceci tient à ce que la petite couche d'air $a\,b$, interposée entre le bâton de cire à cacheter et le conducteur, est un corps non conducteur, qui, lorsque le bâton lui communique, du côté a, de l'électricité négative, engage, du côté b, de l'électricité positive ; or elle est obligée de tirer celle-ci du conducteur, dont la matière électrique se trouve par là décomposée en électricité positive que la couche d'air retient, et en électricité négative qui, devenue libre dans le conducteur, oblige les boules de liége à s'écarter l'une de l'autre. Quand on vient à éloigner le bâton de cire à cacheter, et avec lui l'électricité négative, du côté de la couche d'air, la tension électrique de l'air cesse, et l'électricité positive du conducteur, au lieu de s'y porter, se réunit à l'électricité négative, pour produire de la matière électrique insensible. Mais si, tandis qu'on tient le bâton de cire à cacheter près du conducteur, et que l'électricité positive de ce dernier se porte sur la couche d'air en b, on vient à toucher le conducteur du doigt, son électricité négative libre s'écoule, et les boules retombent l'une sur l'autre. Qu'on éloigne alors le bâton de cire à cacheter, la tension électrique de la couche d'air cesse, parce qu'on lui soutire l'électricité négative en a ; l'électricité positive, qui était retenue auparavant, devient libre, les boules se repoussent de nouveau, et le conducteur redevient animé de l'électricité positive qui, tandis qu'on approchait le bâton de cire à cacheter, avait été séparée de son électricité négative par le doigt.

Ce phénomène a donné lieu de rechercher comment l'électricité se propage, si c'est par un courant continu, ou par division des électricités, produisant dans le corps conducteur des zones d'électricité décomposée, de manière que quand, par exemple, il doit s'écouler de l'électricité positive par un fil métallique, l'action de cette électricité fasse naître dans le fil une multitude de zones contenant de l'électricité positive et de l'électricité négative à l'état d'isolement, et dans lesquelles l'électricité négative de la première zone sature l'électricité positive de la zone suivante, en même temps que son électricité positive, mise ainsi à nu, se réunit à l'électricité négative de la zone qui vient après, et

ainsi de suite, jusqu'à ce qu'enfin il reste l'électricité positive de la dernière zone, qui semble alors avoir traversé le fil métallique dans toute sa longueur, quoiqu'elle ne s'y soit pas avancée plus loin que ne l'exigeait la division par zones.

Plusieurs circonstances portent à croire que cette division par zones s'opère réellement. Tels sont surtout les phénomènes offerts par les corps demi-conducteurs et par les non conducteurs. Cependant il y a aussi des phénomènes qu'on ne peut expliquer par là seulement. Ce sont, entre autres, la facilité plus grande avec laquelle l'électricité s'écoule par les pointes, celle avec laquelle elle traverse l'air raréfié ou le vide, la propriété qu'ont certains corps demi-conducteurs de laisser passer une électricité plus facilement que l'autre ; enfin les trous que l'électricité pratique dans les corps minces, en se déchargeant. Tous ces phénomènes sont aussi favorables à l'hypothèse de la division par zones qu'à celles du passage de courants continus opposés.

Excitation de l'électricité par le changement de la température. — Plus nous apprenons à connaître les phénomènes électriques, et plus nous voyons se multiplier les motifs de croire qu'il n'existe pas de corps dans lesquels les électricités soient en équilibre parfait, quoique leur séparation soit inappréciable jusqu'à ce qu'une circonstance quelconque accroisse assez leur intensité pour qu'elles deviennent susceptibles d'affecter nos sens. Je vais parcourir quelques-unes des conditions qui semblent contribuer à rendre appréciable la séparation primitive des électricités ; et d'abord je parlerai du changement de température.

Certains corps cristallisés du règne minéral ont la propriété de devenir électriques quand on les fait chauffer, de rester dans cet état aussi longtemps que leur température s'accroît ; mais lorsqu'elle est devenue stationnaire, de perdre leur électricité, qui redevient néanmoins sensible dès qu'ils se refroidissent. En pareil cas, les électricités contraires s'accumulent dans deux points opposés, qui sont situés aux sommets du cristal, de manière que l'axe électrique coïncide avec l'axe de celui-ci ; ce qui arrive même lorsque, dans le morceau sur lequel on opère, l'axe est de dimension inférieure au diamètre de la coupe transversale. Les deux points électriques opposés portent le nom de *pôles électriques*, et l'on dit que les corps électrisables de cette manière sont susceptibles d'acquérir la *polarité électrique.*

On a trouvé que le point dans lequel la chaleur développe de l'électricité positive devient pôle négatif par le refroidissement. Lorsque, après avoir fait acquérir la polarité électrique à un corps, on l'approche de petits morceaux de papier ou d'autres corps légers, ceux-ci sont attirés par ses pôles, autour desquels ils s'accumulent ; ou même, si l'électricité est forte, ils sont alternativement attirés et repoussés par eux. Ce phénomène a lieu d'une manière plus ou moins prononcée dans plusieurs minéraux, par exemple, dans diverses espèces de tourmaline, dans la mésotype, la topaze, la prehnite, etc. La coïncidence de l'axe électrique et de l'axe de cristallisation semble prouver que la propriété de s'électriser dépend d'une polarité électrique des molécules, et autorise à conjecturer que cette polarité joue un rôle dans la production des formes cristallines régulières (1).

Divers corps développent une grande quantité d'électricité lorsqu'ils prennent l'état solide, ou qu'ils entrent en fusion. Ainsi, par exemple, quand de l'eau se congèle avec rapidité dans une bouteille de Leyde dont l'armature extérieure n'est point isolée, l'instrument se charge faiblement, d'après les expériences de Grotthuss ; son armature intérieure acquiert l'électricité positive, et l'extérieure l'électricité négative. Que la glace, au contraire, repasse avec promptitude à l'état liquide, le phénomène inverse a lieu, c'est-à-dire que l'armature interne est électrisée négativement, et l'externe positivement. La cire et le chocolat qui se figent deviennent souvent électriques, au point de pouvoir attirer des corpuscules légers. Quand un liquide s'évapore, sa portion réduite à l'état de fluide aériforme est électrisé négativement, tandis que celle qui conserve encore l'état liquide l'est positivement. Le contraire a lieu dans la condensation d'un gaz, où la partie condensée est animée de l'électricité négative, et celle qui a encore la forme gazeuse, de l'électricité positive. Cependant il est difficile de faire ces expériences de manière à pouvoir découvrir et apprécier les électricités qui sont mises en liberté.

Excitation de l'électricité par le contact mutuel de corps hétérogènes. — Des expérien-

(1) Linné, par un pressentiment vague, attribuait déjà les phénomènes de la tourmaline à l'électricité. Alpinus a fait voir qu'ils sont réellement électriques, mais sans parvenir à s'en faire une idée exacte. Wilcke, qui avait assisté aux expériences d'Alpinus, engagea l'Académie des sciences de Stockholm, dont il était secrétaire, à faire acheter quelques tourmalines (minéral alors rare et cher), afin qu'il pût continuer à en étudier les phénomènes. Le hasard amena les tourmalines acquises entre les mains de Bergmann, qui, avant de les remettre à l'Académie, fit sur elles quelques expériences dont le résultat, communiqué ensuite par lui à la compagnie, fut de porter nos connaissances sur les phénomènes électriques de ce minéral au degré où elles sont demeurées jusqu'à ces derniers temps. Wilcke, qui reprit ensuite ces expériences, sans y pouvoir ajouter rien de nouveau, se plaignit amèrement du procédé de Bergmann. Becquerel a publié quelques remarques qui avaient échappé à Bergmann, et qui sont fort remarquables. En effet, il a trouvé que quand on chauffe une moitié d'un cristal de tourmaline un peu long, sans que la température de l'autre moitié éprouve aucun changement, on ne voit se développer, pendant le refroidissement, qu'une seule électricité, la même qui se manifesterait si la tourmaline entière avait été chauffée, sans qu'on puisse apercevoir la moindre trace de l'électricité contraire dans le bout qui n'a point été mis au feu.

ces nombreuses ont appris que si l'on met deux corps hétérogènes isolés en contact l'un avec l'autre, et qu'ensuite on vienne à les séparer, l'un possède de l'électricité positive libre, et l'autre de l'électricité négative libre, qui ne se manifestaient point à l'état de liberté quand les deux corps étaient encore en contact. De la nature des corps qui se touchent ainsi dépendent et l'intensité de l'électrisation et l'espèce d'électricité qui devient libre dans chacun d'eux.

L'intensité de l'électrisation paraît tenir, toutes choses égales d'ailleurs, à la puissance de l'affinité chimique de ces corps, de manière qu'elle est grande quand cette affinité est forte, et peu considérable, ou même nulle, dans le cas contraire ; mais l'espèce d'électricité qui devient libre dans un corps dépend de la nature chimique de celui-ci. Ainsi, par exemple, celui des corps combustibles qui, par sa combinaison avec l'oxygène, produit l'alcali le plus fort, c'est-à-dire l'oxyde doué de l'affinité la plus puissante pour les acides en général, acquiert l'électricité positive, tandis que l'autre prend l'électricité négative, quoique d'ailleurs son oxyde puisse également se combiner avec les acides, ou même qu'il soit un acide. La loi est la même quand les corps mis en contact se trouvent déjà oxydés. Les corps qui conviennent le mieux, et dont on se sert le plus habituellement pour ces expériences, sont le zinc et le cuivre, ou le zinc et l'argent ; le zinc étant celui qui donne l'oxyde alcalin le plus fort, est aussi celui qui acquiert toujours l'électricité positive.

Il est facile de se convaincre que l'électricité est excitée par le contact ; en prenant une plaque de zinc et une autre de cuivre ou d'argent, fixant à chacune un manche isolé, par exemple, un bâton de cire à cacheter, les appliquant l'une contre l'autre, et les séparant ensuite à l'aide du condensateur, on reconnaît qu'il s'est développé de l'électricité positive dans le zinc, et de l'électricité négative dans le cuivre ou l'argent. Quand on passe un corps pulvérisé à travers un tamis en fil d'argent, la poudre devient électrique par l'effet de son contact avec ce dernier, et si on la reçoit sur une plaque de verre, on peut reconnaître, à l'aide du condensateur, quelle espèce d'électricité elle a acquise.

On ne connaît point encore parfaitement la raison pour laquelle des corps deviennent électriques par le contact. S'il est exact d'admettre dans tous les corps un certain degré d'électricité à l'état de décomposition, et si cet état dépend de la polarité électrique des molécules, le phénomène qui vient d'être décrit doit tenir à ce qu'au moment du contact les métaux neutralisent une partie de leurs électricités contraires (savoir, de l'électricité négative du zinc, et de l'électricité positive de l'argent) ; après quoi, quand on sépare les plaques, de l'électricité positive devient libre dans le zinc, et de l'électricité négative dans l'argent.

Quand on se sert de l'électricité excitée

par le contact pour charger des corps non conducteurs, demi-conducteurs ou mauvais conducteurs, il se manifeste des phénomènes électriques différents, selon la nature et la disposition des corps qu'on emploie.

1° Lorsqu'on garnit un corps non conducteur, par exemple, une plaque très-mince en verre, résine, soufre, taffetas ou autres substances semblables, d'un côté avec une feuille de zinc, de l'autre avec une feuille d'argent, et qu'on place plusieurs appareils semblables l'un au-dessus de l'autre, de manière que le côté argent d'une couche soit en contact avec le côté zinc d'une autre, la plaque non conductrice se charge légèrement d'électricité développée par le contact; mais la tension électrique qu'elle acquiert ainsi est si faible, qu'elle ne devient appréciable qu'autant qu'on empile les unes sur les autres quinze, vingt et jusqu'à trente plaques armées. Si l'on met les armatures extérieures des plaques métalliques supérieure et inférieure en communication par le moyen d'un fil métallique, l'électricité se décharge, et il faut qu'un petit laps de temps s'écoule avant que les plaques se chargent de nouveau. Ce retard tient à la lenteur avec laquelle les électricités se répandent dans les corps non conducteurs, quand elles ont si peu de force qu'en a l'électricité résultant du contact.

La raison pour laquelle plusieurs plaques empilées les unes sur les autres produisent une tension électrique plus considérable, tient à ce que, quand deux plaques armées et superposées deviennent électriques par le contact de leurs faces internes, leurs armatures externes reçoivent en même temps de l'électricité libre. Si alors on les couvre d'une troisième plaque ayant l'armature contraire tournée en dessous, celle-ci se charge, non-seulement de l'électricité devenue libre dans l'armature de la seconde plaque, mais encore de la nouvelle quantité d'électricité qu'excite le contact des secondes et troisièmes. paires de plaques métalliques hétérogènes. Par conséquent la tension électrique des trois paires réunies est plus forte que celle des deux premières paires. Si l'on ajoute une quatrième plaque, elle reçoit non-seulement l'électricité libre de l'armature supérieure de la troisième, mais encore l'électricité excitée par le contact de celle-ci et de sa propre armature. Il y a donc plus d'électricité départie dans chacune des quatre plaques qu'il n'y en avait auparavant dans trois. La tension augmente ainsi d'intensité à chaque nouvelle plaque qu'on ajoute. Les causes qui entrent en jeu dans cette circonstance sont donc parfaitement analogues à celles en vertu desquelles un aimant, placé au-dessus d'une enclume ou d'une autre grande masse de fer, porte un morceau de fer plus considérable que celui qu'il supporterait hors de là, et le laisse tomber aussitôt qu'on éloigne l'enclume.

2° Si, au lieu de corps non conducteurs, on choisit des demi-conducteurs, il se manifeste également des phénomènes de ten-

sion électrique; seulement la tension se rétablit en peu d'instants après la décharge, parce que le départ des électricités s'opère avec beaucoup plus de rapidité dans les corps demi-conducteurs armés que dans les non conducteurs. Si l'on prend des disques de papier dont les deux côtés, couverts, l'un d'étain battu en feuille mince, et l'autre de cuivre rouge ou jaune également battu, représentant celui-ci, l'argent ou le cuivre, celui-là le zinc, et qu'on empile ces disques les uns sur les autres, de manière que le côté zinc de l'un corresponde au côté cuivre de l'autre, on obtient un appareil semblable à celui qui vient d'être décrit, avec cette différence qu'ici le papier est le corps qui doit recevoir la charge. Pour que les phénomènes de charge électrique de cet appareil soient appréciables, il faut mettre six cents à mille paires de disques et même plus, les unes sur les autres, en les pressant d'une manière légère, afin que le papier entre bien en contact avec les métaux. L'usage est d'entourer ces disques d'un cylindre ou étui en verre, dont les deux extrémités sont pourvues de plaques de laiton hermétiquement vissées et garnies de boutons métalliques, qui sont en contact immédiat avec l'armature externe des disques de papier supérieur et inférieur. L'un de ces boutons est toujours électrisé positivement, tandis que l'autre l'est constamment négativement. Si, ayant plusieurs de ces piles en son pouvoir, on les dispose de manière à ce qu'elles se touchent par leurs pôles contraires, l'intensité de leurs phénomènes se trouve accrue d'une manière considérable.

Plusieurs procédés ont été imaginés pour construire ces sortes de piles. On en a fait, par exemple, avec des couches d'amidon sec entre des disques de zinc et d'argent ; on a employé aussi des disques de papier argenté avec des feuilles d'étain battu à la place du zinc ; ou enfin, ces mêmes disques de papier argenté d'un côté et recouvert sur l'autre d'un mélange de miel et de manganèse pulvérisé, qui, comme tous les suroxydes, joue, à raison de l'oxygène en excès qu'il contient, le rôle d'élément négatif par rapport à tous les corps combustibles, et remplace ici la feuille de zinc. On a revêtu ces piles de résine fondue ou de soufre. Mais toutes sont bien plus faibles que celles dont on vient de donner la description, et perdent beaucoup plus tôt leur activité.

Si l'on met les pôles d'une pile semblable en communication par le moyen d'un conducteur, il s'opère une décharge qui se répète immédiatemment après, parce que les disques métalliques de la pile se rechargent l'un l'autre presque instantanément par leur contact mutuel. Cependant les petits appareils de ce genre dont on s'est servi jusqu'à présent ne donnent point de commotion, et lorsque la décharge a lieu dans un liquide, celui-ci n'est pas sensiblement décomposé. On prétend néanmoins que quand les disques de papier ont trois à six pouces de diamètre, et qu'ils sont garnis sur toute leur surface, ces piles produisent de faibles effets chimiques. Zamboni assure qu'une pile de deux mille plaques peut, quand on la décharge, donner des étincelles longues d'une ligne et visibles en plein jour : il dit même que ces étincelles peuvent acquérir un demi-pouce de longueur quand le bouton d'où on les tire est bien isolé et renfermé dans un verre où l'air soit maintenu sec.

Le phénomène le plus remarquable qu'on ait produit jusqu'à présent avec ces piles, consiste en ce que l'extrémité d'une aiguille mince et isolée, qu'on suspend en équilibre sur un axe très-mobile, entre les pôles de deux piles placées à peu de distance l'une de l'autre, oscille continuellement de droite à gauche et de gauche à droite. Les piles se déchargent au moyen de cette aiguille, la tiennent par cela même dans une oscillation continuelle, et forment ainsi une sorte de mouvement perpétuel. On a aussi placé des clochettes isolées aux pôles, et suspendu entre elles une petite boule métallique légère et creuse, qui mise en mouvement par la décharge de la pile, oscille d'un côté à l'autre entre les clochettes, et produit un carillon qui, dans certains cas, dure plusieurs mois de suite. Quelquefois le bruit cesse; mais, au bout d'un certain laps de temps, il recommence de lui-même à se faire entendre.

On a cru que l'intensité de la charge de ces piles dépendait de l'état électrique de l'air, et que le nombre des oscillations décrites dans un temps donné par l'aiguille dont il vient d'être question pouvait fournir des notions sur l'électricité atmosphérique. Mais des expériences faites avec plus de soin ont démontré que les différences observées dans les oscillations tiennent, d'une part, aux changements de la température, et, de l'autre, à l'humidité inégale de l'air, ce qui fait que la force électromotrice de la pile et l'intensité électrique de ses pôles varient suivant que la plus ou moins grande sécheresse de l'air produit un isolement plus ou moins parfait.

On a prétendu que le phénomène de la charge de ces appareils électriques dépendait de l'humidité du papier. Mais Jaeger a montré que, quoique ces piles, après avoir été parfaitement desséchées, donnent des traces moins semblables d'électricité à la température ordinaire de l'air, parce que le papier se trouve alors converti en un corps non conducteur, cependant à une température plus élevée, par exemple, entre + 40 et + 60 degrés, elles acquièrent de nouveau leur charge primitive et redeviennent aussi fortement électriques qu'elles le sont à la température ordinaire de l'air, quand le papier n'a pas été desséché d'une manière complète. Ce phénomène a lieu même lorsque les piles sont renfermées dans des étuis qui ne laissent point pénétrer l'humidité. Il paraît qu'on doit l'attribuer à ce que le papier sec et chaud est un corps demi-conducteur, tandis que le papier sec et froid n'est point conducteur. On a cru que les piles ainsi disposées ne pouvaient agir qu'en présence de l'air ; mais elles se maintiennent tout aussi électriques dans le vide, et elles continuent à y mouvoir les petits appareils excitateurs avec beaucoup plus de régularité qu'elles ne le font dans l'air même.

On a remarqué que l'action de ces piles diminue au bout d'un certain temps, et qu'elle finit par cesser tout à fait. La cause n'en est point encore connue ; mais il peut bien se faire qu'elle tienne au changement que les charges électriques continuelles produisent dans la composition du papier, ou à l'oxydation du métal, ou enfin à quelque autre circonstance analogue, puisque la théorie ne paraît point indiquer que l'action doive nécessairement s'arrêter.

Nous arrivons maintenant aux plus remarquables des phénomènes que produit l'électricité excitée par le contact. Lorsqu'au lieu des solides non conducteurs ou demi-conducteurs dont il a été parlé jusqu'ici, on emploie un liquide qui conduit l'électricité, les effets de la transmission électrique augmentent d'une manière surprenante. Qu'on prenne, par exemple, une pièce d'argent, et une autre pièce de zinc, d'égale grandeur, qu'on les place l'une sur la langue, et l'autre dessous ; au moment où elles se touchent devant le bout de l'organe, on sent une saveur brûlante, qui, au côté zinc, se rapproche de celle des acides, et, au côté argent, a un caractère moins déterminé. Cette saveur cesse lorsqu'on éloigne les métaux l'un de l'autre, c'est-à-dire lorsqu'ils ne sont plus électriques par le fait du contact. Ici l'humidité de la langue est le moyen à l'aide duquel les électricités contraires des métaux, après avoir été mises en liberté, exercent, si l'on peut s'exprimer ainsi, la faculté qu'elles ont de charger ; et cette charge a pour résultat, outre le sentiment qu'excite le passage des électricités dans les nerfs, de déterminer un changement dans le liquide lui-même, dont certaines parties se portent vers l'argent, et d'autres vers le zinc. Si l'on applique un petit morceau de zinc à la face interne d'une joue, et une pièce d'argent sur la paroi interne de l'autre joue, et qu'on fasse communiquer les deux métaux en dehors par le moyen d'un fil d'argent, on éprouve dans l'œil, au premier mouvement du contact, une sensation de lumière qui se dissipe rapidement, tandis que le sentiment d'une chaleur brûlante au voisinage des métaux annonce qu'il se fait une décharge continuelle. Chaque fois qu'on rétablit la communication au moyen du fil métallique, on voit reparaître la scintillation, qui n'est autre chose que l'effet de la première violence de la décharge électrique, laquelle s'étend jusqu'aux nerfs optiques, et fait éprouver à l'âme la sensation de la lumière, parce que toutes les impressions qui portent sur ces nerfs produisent cette espèce de sensation, même celles qui sont purement mécaniques, comme les coups sur l'œil, le frottement de cet organe.

Tandis que le liquide est affecté ainsi par les décharges de l'électricité des métaux de venue libre, la cause du départ des électricités par le contact continue sans interruption à agir; c'est-à-dire qu'il s'opère entre les métaux eux-mêmes une décharge continuelle, en vertu de laquelle ils redeviennent continuellement électriques.

Wollaston a démontré ces décharges d'une manière tout à fait inattendue et par une expérience fort ingénieuse. L'instrument qu'il emploie pour atteindre à ce but est un dé à coudre en cuivre, semblable à celui dont se servent les tailleurs, et assez comprimé pour représenter une ellipse très-allongée. Un disque de zinc est assujetti dans cet anneau par de la cire à cacheter, de manière à s'en trouver parfaitement isolé, et les deux métaux communiquent ensemble, au moyen d'un petit manche métallique que porte l'anneau, par une lamelle de platine, aussi mince que possible. Lorsqu'on plonge ce petit appareil, jusqu'aux trois quarts de sa hauteur, dans de l'acide hydrochlorique étendu, et que l'électricité du zinc et du cuivre, excitée par le contact, se décharge rapidement à travers le liquide fortement conducteur, la réunion des électricités opposées, par lesquelles naît l'électricité de contact, s'opère, au point de contact des métaux, avec une violence telle, que la petite lamelle de platine, qui sert à unir ces métaux, devient rouge comme du feu, et qu'on peut y allumer de l'amadou. Le succès de l'expérience est encore plus assuré lorsqu'on donne des dimensions plus grandes à l'appareil; mais comme la théorie indique d'avance qu'il doit réussir également en petit, Wollaston s'était proposé de constater par l'observation l'exactitude de cette donnée théorique.

Cette expérience prouve donc qu'à mesure que l'électricité développée par le contact se décharge à travers le liquide, elle est excitée avec non moins de rapidité au point de contact par la décharge continuelle entre les métaux, et qu'en conséquence la matière électrique, si toutefois cette matière est autre chose qu'une hypothèse propre à rendre les phénomènes plus saisissables par notre intelligence, est sans cesse décomposée et recomposée dans le petit appareil.

Il existe plusieurs manières d'introduire un liquide entre des métaux électriques. Le procédé le plus usité et le plus efficace consiste à imbiber de ce liquide des disques de carton un peu plus petits que ceux de métal. Si l'on entasse plusieurs couches les unes sur les autres, dans l'ordre suivant : zinc, argent, carton mouillé ; zinc, argent, carton, etc., et qu'on termine la série par un disque d'argent, il résulte de là ce qu'on appelle une *pile électrique* ou *voltaïque*, dans laquelle l'intensité des phénomènes électriques augmente, de la manière qui a été décrite précédemment, avec le nombre des paires de disques. Ces piles donnent déjà des commotions sensibles, produisent des étincelles en se déchargeant, et décomposent les liquides à travers lesquels la décharge s'opère. C'est au premier moment que leur action a le plus d'énergie ; elle va ensuite en accroissant toujours, et cesse dans le cours de deux ou trois fois vingt-quatre heures.

Les liquides qu'on peut employer pour cela sont des mélanges d'acides et d'eau, ou des dissolutions, soit d'alcalis, soit de sels, dans l'eau. L'eau pure agit faiblement, parce qu'elle est mauvais conducteur, et que les effets croissent en proportion de la rapidité avec laquelle un liquide conduit l'électricité. L'addition d'un sel la rend meilleur conducteur, et augmente l'activité de la pile d'une manière notable. Mais lorsque la substance qu'on ajoute à l'eau est facile à décomposer, l'action devient encore plus forte. Ainsi, l'acide nitrique agit avec plus d'intensité que l'acide sulfurique, et le sel ammoniac que le sel marin. Les substances qu'on a principalement appliquées à cet usage sont : l'acide hydrochlorique, le sulfate sodique, le sel marin, le sel ammoniac, l'alun et plusieurs autres, dont on emploie la dissolution dans l'eau, tantôt seule, tantôt avec l'addition d'un acide.

On a reconnu que l'acide nitrique est la substance qui donne la charge la plus forte; mais qu'aussi l'action qu'il exerce cesse promptement. Son activité est en raison directe de sa concentration. Il résulte des expériences de Thénard et Gay-Lussac, que l'addition de dix, vingt, trente, quarante ou quatre-vingts parties d'acide nitrique concentré à une quantité donnée d'eau, détermine également une gradation de dix, vingt, trente, quarante ou quatre-vingts dans l'intensité des phénomènes électriques excités par la liqueur. L'acide sulfurique donne lieu à des effets moins énergiques que l'acide nitrique, et qui ne durent pas plus longtemps. L'acide hydrochlorique agit avec moins de force que le sulfurique, mais son action est plus durable. C'est donc à l'acide nitrique qu'il faut recourir, quand on a besoin d'appliquer sur-le-champ la plus grande énergie possible de la pile, tandis qu'on emploie l'acide hydrochlorique lorsqu'il s'agit d'obtenir une action prolongée.

Les dissolutions salines agissent plus faiblement que les acides, mais leurs effets durent beaucoup plus longtemps. Le sel ammoniac est celui qui se rapproche le plus des acides. Le sel de cuisine, surtout quand il a été dissous dans du vinaigre, agit aussi d'une manière puissante, et c'est de lui qu'on se sert le plus généralement. Du reste, on a observé que les effets des dissolutions salines ne sont pas proportionnés à leur concentration, et qu'en outre des sels différents agissent aussi d'une manière différente. Gay-Lussac et Thénard ont reconnu qu'en temps donné une pile électrique établie avec un acide donne 87 mesures de gaz quand elle se décharge dans l'eau, tandis qu'elle n'en donne que 12 lorsqu'on emploie une dissolution saline, et qu'elle en fournit 187 si l'on a recours à une dissolution saline dans la préparation de laquelle entre autant d'acide que l'autre contenait d'eau pour dissoudre le sel.

L'action de la pile est d'autant plus forte, que la couche de liquide interposée entre les deux métaux hétérogènes est plus mince.

Il y a plusieurs manières de construire ces piles électriques.

1° La première et la plus ordinaire est celle qui suit : on soude ensemble des plaques de zinc et de cuivre, de la grandeur d'une pièce de cent sous, et on les empile les unes sur les autres, en plaçant entre chaque paire une rondelle de carton, préalablement bien imbibée d'une dissolution de sel commun dans le vinaigre. Lorsqu'on commence la pile de manière que le côté cuivre de la paire inférieure soit tourné en haut, il faut continuer de même pour toutes les autres paires. On peut aussi se servir de plaques métalliques qui ne soient pas soudées ensemble ; mais souvent alors il arrive que le liquide exprimé des rondelles de carton pénètre entre les disques eux-mêmes, ce qui affaiblit singulièrement l'activité de la pile. Il ne faut d'ailleurs pas faire entrer plus de vingt à trente ou quarante paires de plaques dans la composition d'une pile, sans quoi la pression, devenant trop considérable, exprime le liquide des rondelles inférieures de carton. Aussi, quand on veut employer une force provenant d'un plus grand nombre de paires, cent par exemple, le mieux est de construire plusieurs petites piles, et de mettre leurs pôles opposés en communication par le moyen de fils métalliques. Quand l'action de l'appareil s'arrête, il faut le démonter pour nettoyer les plaques métalliques de la pellicule oxydée qui s'est formée à leur surface pendant l'expérience, et qui d'ordinaire y adhère assez fortement. Comme ce nettoyage est fort incommode, on a imaginé d'autres méthodes, qui exemptent d'y recourir, et que voici :

2° On se procure au moins cinquante petits verres, d'un pouce de diamètre au fond, et de deux pouces et demi à trois pouces de haut, cylindriques. On les réunit sur une planche percée d'un trou pour chacun d'eux, et on les emplit aux deux tiers d'acide hydrochlorique faible. On prend alors une suffisante quantité de fils de cuivre assez forts, longs de sept à huit pouces, à l'une des extrémités de chacun desquels, après les avoir bien nettoyés et enduits d'un peu de dissolution de sel ammoniac, on coule une boule de zinc, par le moyen d'un moule à balles ordinaires. On peut aussi tremper dans du zinc fondu le bout de fil, qui en retient un peu, et répéter l'immersion plusieurs fois de suite, pour augmenter le volume du bouton de zinc ; mais ce procédé est plus long. Les fils de cuivre étant préparés, on les introduit dans les verres, de manière que la boule de zinc touche au fond, et que le fil, courbé sur lui-même, s'enfonce dans le verre suivant, jusqu'à un demi-pouce de distance de la boule de zinc. Plus le fil est fort, et plus l'appareil agit avec énergie. On peut même accroître encore cette dernière en aplatissant la portion recourbée du fil de cuivre pour lui donner plus de surface. On peut aussi employer des bandelettes de cuivre et de zinc, soudées ensemble, et courbées de manière que l'extrémité zinc plonge dans un verre et l'extrémité cuivre dans le suivant. Cet appareil porte le nom d'*appareil à tasses de Volta.* C'est le plus commode parmi ceux de petites dimensions, et celui dont l'entretien coûte le moins. Lorsqu'on ne veut plus s'en servir, il n'y a qu'à enlever les fils métalliques, les laver dans l'eau, et les essuyer avec un linge propre. Quelques minutes suffisent pour les remettre en place quand une autre expérience l'exige.

3° On appelle *piles à auges* les appareils dans lesquels les plaques plongent immédiatement dans le liquide, sans rondelles de carton ou de draps interposées. Dans la plus ancienne sorte de ces appareils, qui a été mise en usage par Cruikshank, les plaques métalliques soudées et entourées d'un mastic non conducteur, sont disposées dans une cuve en bois, qu'on emplit ensuite d'un liquide approprié. Ordinairement on se sert pour cela de grandes plaques carrées, ayant presque toujours quatre pouces de long sur autant de large, ce qui leur donne seize pouces carrés de superficie. A la fin de chaque expérience, on vide la caisse du liquide qu'elle contient, on la lave avec de l'eau pure, on la laisse égoutter, et on la fait sécher.

Ce premier mode de construction des piles à auges a été singulièrement perfectionné depuis en Angleterre. On fait maintenant des auges en porcelaine, qui sont partagées en dix ou douze compartiments par des cloisons intermédiaires. A Londres, on fait de ces auges qui ont quatorze pieds et demi de long, sur six de large, avec dix compartiments. Ceux-ci reçoivent des paires de disques alternatives en cuivre et zinc, unies par une bande de cuivre large d'un pouce.

L'expérience a appris qu'en doublant les plaques de cuivre on double aussi l'énergie chimique de l'appareil, parce qu'alors les deux faces du zinc agissent également. Dans ce cas, on replie la plaque cuivre d'une paire autour de la plaque zinc de la paire voisine. On s'aperçoit aisément que, l'appareil étant disposé ainsi, les plaques de zinc doivent agir des deux côtés, tandis que, dans le précédent, leur action ne s'exerce que d'un seul. Au reste, l'action croît toujours proportionnellement à l'étendue de la surface du métal électro-négatif, de manière que, d'après les expériences de Marthanini, celle-ci peut être jusqu'à sextuplée, avec accroissement toujours considérable de force ; passé ce terme, la force augmente moins vite. Quand la surface du cuivre plongé dans le liquide est décuplée, l'action est triplée ; pour quadrupler celle-ci, il faut que la surface du cuivre soit rendue trente fois plus étendue.

Hare a imaginé un nouveau mode de construction des appareils à auges. On place un disque de carton ou de cuir entre les plaques de zinc et de cuivre, puis on roule le tout en spirale, et après avoir enlevé la rondelle de cuir, on fixe les plaques métalliques dans la situation qu'elles occupent, en glissant entre elles de petits morceaux de bois qui empêchent les métaux de se toucher. La communication du zinc d'une paire avec le cuivre de l'autre s'établit à l'aide d'une barre de bois transversale. On plonge ensuite ces plaques métalliques, ainsi roulées, dans un vase de verre cylindrique ; ce qui présente plusieurs avantages : car, outre que des plaques d'une grandeur énorme trouvent à se loger dans des cylindres d'un diamètre de quelques pouces, la plus grande partie des deux faces de chaque métal est active, et la quantité nécessaire de liquide est aussi petite que possible, lorsqu'on fait le rouleau de plaques assez grand pour remplir exactement le vase. Hare a construit depuis un autre appareil moins dispendieux, dont l'énergie égale celle de l'instrument qui vient d'être décrit. On taille des plaques de zinc laminé, larges, par exemple, de trois ou quatre pouces ; à chacune d'elles on fait un étui en cuivre laminé mince, qui l'entoure à la distance d'une ligne au plus, sans y toucher ; on les fixe alors, au nombre de cinquante, par exemple, sur une barre de bois, en ayant soin de les attacher de manière qu'il leur soit impossible de changer de place, ce qui pourrait faire qu'ils touchassent aux étuis de cuivre. La plaque de zinc d'une paire est unie, sur la barre de bois, avec l'étui en cuivre de la paire voisine. Ces étuis sont placés à côté les uns des autres, et l'on introduit entre chacun de leurs couples un morceau de carton mince trempé dans du vernis à l'huile de lin et à moitié sec ; puis on les comprime de manière qu'ils appuient tous les uns contre les autres, et que l'eau ne puisse pas pénétrer entre eux. L'appareil étant disposé ainsi, on le plonge dans une seule auge allongée, sans cloisons, qui contient de l'acide nitrique affaibli. Quatre de ces appareils réunis ensemble, c'est-à-dire présentant un ensemble de deux cents paires, possèdent une force extraordinaire. Hare leur a donné les noms de *calorimoteur* et *déflagrateur*, parce que leur décharge produit, relativement à l'espace qu'ils occupent, une chaleur infiniment supérieure à celle qui résulte des appareils ordinaires à auges.

Les appareils à auges ont de grands avantages, mais aussi de graves inconvénients. Ils exigent des quantités considérables de liquide, ce qui devient assez dispendieux quand on se sert d'acides. Une batterie à auges de Londres, d'environ cinquante paires de plaques, exige vingt à trente pintes de liquide. La grande et inégale distance qui se trouve entre les plaques de chaque paire rend l'action de ces appareils beaucoup plus faible qu'elle ne l'est lorsqu'on empile les plaques les unes sur les autres, en les alternant avec des disques de carton imbibés du même liquide. Comme, en outre, on est dans l'usage, pour augmenter l'action, de remplir l'auge avec une dissolution d'alun aiguisée d'acide sulfurique, le dégagement du gaz hydrogène, qui a lieu pendant l'action de l'appareil, est si considérable et gêne tellement la respiration, que l'opérateur a déjà de la peine à la supporter quand le nombre des paires de plaques est de cinquante. L'Institution royale de Londres possède un de ces appareils contenant deux mille paires de plaques réparties dans deux cents auges ; mais il est placé sous une voûte souterraine, et l'électricité est conduite, par des fils métalliques isolés dans une chambre située audessus, ce qui permet de la mettre en expérience sans crainte d'être incommodé.

Dans tous les cas, guidé par l'expérience, Berzélius conseille plutôt à ceux qui n'ont pas plus de cinquante paires de plaques, de les empiler les unes sur les autres, en les alternant avec des disques de carton, que de les disposer dans une auge, parce que l'action, qui est cinq à six fois plus énergique, compense bien la peine qu'on est obligé de prendre pour dresser l'appareil. Mais quand on en a plusieurs centaines de paires à sa disposition, le mieux est d'employer l'auge, parce qu'alors l'appareil peut être mis en jeu par une ou deux personnes, ce qui ne serait pas praticable autrement.

Indépendamment de ces méthodes pour multiplier l'énergie de l'électricité développée par le contact, il en existe plusieurs autres encore, dont nous ne ferons pas mention ici.

Les diverses dimensions de la pile électrique sont aussi une source d'effets différents, toutes choses égales d'ailleurs. Ces dimensions se rapportent à *l'étendue de la surface du liquide touché par les métaux électriques opposés*, et au nombre des *paires de plaques qu'on associe ensemble.*

L'énergie électro-chimique de la pile, c'est-à-dire sa faculté de décomposer le liquide, de produire le phénomène du feu, etc., augmente dans la même proportion que s'accroît la surface de la liqueur. Les métaux, au contraire, n'ont besoin que de se toucher par une très-petite surface, relativement à celle du liquide. Aussi, dans les piles composées de petites plaques, ne faut-il qu'un point ; tandis que, dans celles qui sont plus grandes, une surface de contact un peu plus étendue est nécessaire pour que l'électricité déchargée entre les métaux puisse se transmettre sans obstacle.

On a essayé des plaques de différentes dimensions, et toujours on a reconnu qu'avec leur grandeur augmente aussi leur énergie. Sous ce rapport, la plus grande batterie connue est celle que Children construisit en 1812 ; elle se composait de vingt paires de plaques, ayant six pieds de long, sur deux pieds huit pouces de large. La chaleur qu'elle donnait à l'endroit où elle se déchargeait était incroyable ; un fil de platine, long de plusieurs pieds, dont on se servait pour la décharger, demeurait continuellement rouge.

La seconde dimension de la pile est relative au nombre des paires de plaques. Si l'on réunit dix piles égales par leurs pôles opposés de manière qu'elles n'en fassent plus qu'une seule contenant dix fois plus de plaques, cette pile l'emporte de beaucoup en force sur chacune des dix, prises en particulier; mais ce n'est pas dans son action chimique qu'elle se montre plus énergique, c'est principalement dans ceux des phénomènes qui tiennent à l'intensité de l'électricité décomposée. Ainsi, par exemple, elle écarte davantage les boules de l'électromètre et donne une commotion bien plus violente qu'une seule pile dont les plaques sont dix fois plus grandes. Cette particularité tient à ce que l'intensité de la charge augmente avec le nombre des paires de plaques, c'est-à-dire qu'alors l'électricité tend à se décharger avec plus de force.

Maintenant il reste encore à parler du changement que le liquide subit dans la pile, et des phénomènes physiques et chimiques que produit la décharge de cette dernière.

Le changement du liquide est extrêmement remarquable. On sait que, pendant la décharge électrique, certains principes constituants se portent au métal positif, d'autres au métal négatif, et que ce départ a lieu dans un ordre fixe; de manière que, parmi les corps simples, l'oxygène, et, parmi les corps composés, les acides, gagnent le côté positif, tandis qu'on voit se rassembler au côté négatif les corps combustibles simples, et, parmi les composés, tous les oxydes susceptibles de former des sels avec les acides, et dont les radicaux ont plus d'affinité pour l'oxygène que n'en a l'hydrogène, comme, par exemple, les alcalis, les terres, les oxydes du zinc, du manganèse, du cérium et de plusieurs autres métaux. Ainsi, dans une pile construite avec des plaques de zinc, des plaques de cuivre et des rondelles de carton imbibées d'une dissolution de nitrate sodique, au côté cuivre se rassemblent l'hydrogène de l'eau, qui s'échappe sous la forme, du gaz, et la soude du sel, qui reste en dissolution dans l'eau, tandis qu'au côté zinc s'accumulent l'oxygène de l'eau et l'acide du sel; mais l'oxygène, au lieu de s'échapper sous forme de gaz, se combine avec du zinc et de l'acide nitrique, d'où résulte du nitrate zincique. Dès que tout l'alcali s'est porté au cuivre, et tout l'acide au zinc, l'action de la pile s'arrête; ordinairement même elle cesse aussitôt que le zinc s'est couvert d'une couche d'oxyde épaisse, qui interrompt la conduction, et sans laquelle l'électricité continuerait toujours dans les appareils à auges, où la mobilité du liquide empêche que les principes constituants, mis à nu par la décharge, restent tranquilles à l'endroit qui leur est dévolu.

Les phénomènes électriques de la pile ont d'autant plus d'intensité que le fluide se décompose plus facilement, c'est-à-dire qu'il faut moins de force pour en séparer les principes constituants et les conduire chacun vers son pôle respectif. De là vient que quand nous construisons la pile de manière à employer, au lieu de nitrate sodique, une dissolution des principes de ce sel, savoir, de

l'acide nitrique liquide et de la soude caustique, et que nous mettons ces substances en contact avec les métaux dans un ordre opposé à celui où elles se trouvent à la cessation de l'action de la pile, c'est-à-dire quand nous construisons la pile de manière qu'on y voie figurer successivement du cuivre, du zinc, du carton avec de la soude caustique, du carton avec de l'acide nitrique, et ainsi de suite; de là vient, dis-je, qu'il est beaucoup plus facile alors à l'acide de gagner le côté zinc, et à l'alcali de se rendre au côté cuivre, que quand ces deux substances sont combinées ensemble et ont besoin d'être d'abord dissociées. De là vient aussi qu'une pile construite d'après ce principe produit des effets électriques extraordinaires, et beaucoup plus considérables que lorsqu'on emploie une dissolution de nitrate sodique. Cependant son action diminue à mesure que l'acide et la soude se combinent pour produire du sel, et lorsqu'ils se sont neutralisés réciproquement, cette action devient beaucoup plus faible, mais n'en continue pas moins à s'exercer jusqu'à ce que les principes constituants du liquide se soient portés en grande partie aux pôles opposés, savoir, l'alcali au cuivre et l'acide au zinc.

L'action des piles de cette espèce se partage donc en deux temps différents : dans l'un, qui dure jusqu'à la combinaison de l'alcali avec l'acide, elle est plus forte, et la décharge électrique est aidée par l'affinité mutuelle de l'acide et de l'alcali; dans l'autre, où elle est plus faible, l'affinité contrarie la décharge électrique, celle-ci devant commencer par détruire la combinaison que l'acide et l'alcali ont contractée ensemble, pour les entraîner en sens inverse l'un de l'autre. Il est manifeste que ce dernier temps seul a lieu dans nos piles ordinaires, construites avec les dissolutions salines ; de sorte que, pour obtenir la pile la plus énergique, il faut placer à la suite l'un de l'autre cuivre, zinc, alcali, acide, etc. Une semblable pile continue à agir jusqu'à ce qu'il se soit établi un autre ordre donnant cuivre, zinc, acide et alcali.

Lorsque de prime abord on construit une pile dans ce dernier ordre, elle n'est pas absolument inerte; mais son action est extrêmement faible, et ne diffère pas de celle qu'on obtiendrait si on se servait d'eau seulement pour imbiber les rondelles de carton. Cette eau est effectivement décomposée et réduite à ses éléments: l'hydrogène se porte au cuivre, l'oxygène se combine avec le zinc, et la décharge continue à se faire ; mais la présence de l'alcali et de l'acide n'y contribue qu'en rendant l'eau un peu plus conductrice.

Les phénomènes électro-chimiques décrits jusqu'ici n'ont lieu que quand il s'opère une décharge continuelle de la pile. Si l'on interrompt cette dernière, ou si les électricités s'accumulent aux pôles sans décharge, le liquide cesse d'éprouver aucune altération. Il n'en surviendrait non plus aucune si l'on pouvait tenir les pôles dans un isolement absolu; mais comme, à chaque instant, une partie des électricités accumulées est déchargée par l'air ambiant, il résulte de là que le liquide subit encore une légère décomposition, et l'on trouve même le zinc un peu attaqué lorsque la pile demeure sans se décharger. D'après cela, ce n'est point le développement de l'électricité dans la pile qui produit les phénomènes électro-chimiques, mais ces phénomènes ont lieu pendant la décharge des électricités à travers le liquide conducteur.

Les phénomènes physicochimiques qui résultent de cette décharge ne méritent pas moins d'attention que les précédents. Lorsqu'on suspend un électromètre en liège à l'un des pôles de la pile, et qu'on isole l'autre pôle, les deux boules s'écartent. L'étendue de cet effet dépend du nombre des paires de plaques et non de leur grandeur. On peut aussi produire de cette manière, mais seulement à un faible degré, plusieurs des phénomènes ordinaires de l'attraction et de la répulsion électriques.

Si l'on joint les deux pôles par un fil métallique, et que la charge ait une certaine intensité, une étincelle jaillit au moment de la décharge. On l'obtient mieux avec les excitateurs pointus qu'avec ceux qui sont arrondis, et son volume est proportionné à la grandeur des plaques, c'est-à-dire qu'elle est plus apparente lorsqu'on emploie un petit nombre de grandes paires de plaques, que quand on se sert de petites plaques. On l'obtient aussi en dirigeant les fils métalliques des deux pôles dans l'eau, en les mettant en contact l'un avec l'autre au milieu du liquide. Ce phénomène tient à ce qu'ici l'intensité de l'électricité est tellement faible que l'eau, bien qu'elle joue le rôle de conducteur à l'égard d'une électricité plus forte, agit jusqu'à un certain point comme corps non conducteur par rapport à celle-là. On aperçoit même encore cette étincelle au milieu de la flamme d'une bougie, et l'intensité de son éclat ne s'affaiblit point en la traversant. Si l'on se sert, pour excitateur, d'un fil de fer délié, par exemple d'une corde de clavecin n° 10, la pointe de ce fil prend feu sur-le-champ, et lance des étincelles tout autour d'elle. Les plus vives et les plus brillantes étincelles sont celles qu'on obtient en déchargeant la pile avec de l'or de Manheim battu, et du mercure, mis chacun en rapport avec un pôle.

Au reste, la décharge de la pile produit le même phénomène de feu et de chaleur que l'électricité ordinaire. L'étincelle allume un mélange de gaz oxygène et de gaz hydrogène. Une pile de plaques enflamme et rougit les corps à travers lesquels elle se décharge, lorsque leur capacité est trop petite pour décharger l'électricité aussi rapidement qu'elle se produit. On peut de cette manière, en déchargeant une forte pile par le moyen de deux fils de platine, souder ceux-ci ensemble au point de contact, brûler plusieurs aunes de fil de fer au moment de la décharge, embraser du charbon, etc. La grande

pile de l'Institution royale de Londres fait rougir deux morceaux de charbon, au point de décharge, plus fortement qu'on ne parvient à le faire avec tout autre moyen de combustion, et cela même au milieu de gaz dans lesquels la combustion ne saurait avoir lieu. C'est ce qui nous prouve, de la manière la plus frappante, qu'aussitôt que les électricités cessent de se montrer à l'état de départ, elles se manifestent comme lumière et chaleur rayonnantes, ou du moins produisent ces deux phénomènes. On est parvenu, avec la grande batterie à plaques de Children, à fondre des métaux qui sont infusibles au feu, l'iridium, par exemple.

Hare et Silliman ont produit, avec le déflagrateur, des températures si élevées que quand la décharge s'opérait entre des pointes de charbon, cette substance semblait se fondre en petits globules brillants. L'expérience présentait, en outre, une circonstance singulière : c'est que, du charbon communiquant avec le pôle positif du déflagrateur, se détachaient de petites parcelles qui s'accumulaient sur la pointe négative et l'allongeaient (1). La lumière était si vive que les yeux ne pouvaient la supporter ; on pouvait la comparer à celle du soleil, tant elle était incolore et avait de faculté illuminante.

Lorsqu'on décharge une grande pile de plaques dans une petite quantité de liquide, celui-ci s'échauffe, et finit par entrer en ébullition. Si, par exemple, on verse une dissolution saline dans un petit vase conique de métal, qui soit en rapport avec l'un des pôles, et qu'ensuite on introduise dans la liqueur un épais morceau de métal, par exemple, une balle qui ne remplisse pas tout à fait la capacité du vase, le liquide devient bouillant dans l'espace de quelques minutes. Cependant, pour que l'expérience réussisse, il faut que la pile soit très-forte, et que les métaux excitateurs présentent autant de surface que possible, parce qu'autrement les électricités ne pénétreraient point dans l'eau en quantité suffisante pour la faire bouillir. Si la masse du liquide est considérable, et la pile faible, le premier se refroidit par l'action de l'air avec presque autant de rapidité qu'il s'échauffe, de ma-

(1) D'après les expériences de Hare et Silliman, le déflagrateur ou calorimoteur dévoile encore une propriété remarquable : c'est que quand on le met en rapport, par les pôles contraires, avec un appareil à auges ordinaire composé de plaques d'une égale grandeur et baigné par le même liquide, il n'augmente pas l'activité de cet appareil, qui le traverse seulement, comme elle ferait tout autre corps conducteur ; l'activité du déflagrateur est totalement arrêtée par l'appareil à auges. Hare explique ce phénomène en admettant que, dans des appareils qui ne sont pas semblables, les combinaisons de l'électricité et de la chaleur se développent en proportion inégale. Suivant lui, l'appareil ordinaire développe davantage de la première, et le déflagrateur davantage de la seconde ; ce qui fait que l'activité de l'appareil à auges traverse bien le déflagrateur, mais que celle du déflagrateur ne passe point à travers l'appareil à auges.

nière que l'échauffement qu'il acquiert est insensible.

Quand, de chaque pôle d'une pile, on conduit un fil métallique isolé à chacune des deux armatures d'une bouteille de Leyde, celle-ci se trouve chargée à l'instant même de toute l'intensité de la pile, que d'ailleurs la bouteille soit petite ou qu'elle fasse partie d'une batterie entière. Van Marum a trouvé qu'une pile de fort petites plaques chargeait instantanément la grande batterie qui fait partie de la colossale machine électrique du Musée de Teyler, jusqu'au degré particulier à cette pile; ce qui exigerait plusieurs tours de la puissante machine. On voit d'après cela que la différence entre les effets de l'électricité développée par le frottement, et de celle qui est excitée par le contact, consiste en ce qu'une petite quantité de la première jouit d'une grande intensité d'action, tandis qu'une quantité infiniment grande de la seconde n'en a qu'une faible.

S'il est exact de considérer le liquide de la pile voltaïque, à l'instar du verre armé de la bouteille de Leyde, comme un corps chargé, on peut admettre que cette différence de l'électricité tient à ce que le liquide a infiniment plus de capacité que le verre pour l'électricité décomposée, et que par conséquent il faut, pour lui procurer une charge de faible intensité, une quantité d'électricité infiniment supérieure à celle que le verre exige, en raison de sa moindre capacité. Mais si l'intensité de la charge ne peut pas devenir considérable, il faut l'attribuer à ce que les causes excitatrices de l'électricité ayant elles-mêmes peu d'intensité, la charge de la pile ne peut jamais en acquérir plus que n'en possède la cause qui la détermine.

Pour recevoir une commotion de la pile voltaïque, il faut tremper ses mains dans l'eau, ou mieux dans l'eau salée, afin de rendre conducteur l'épiderme qui, sans cette précaution, l'est si peu, qu'il s'oppose même à la décharge de la pile. On a coutume ensuite de prendre une cuiller d'argent, une clef, ou en général une grande pièce de métal, dans la main mouillée, parce que la force de la commotion dépend en partie de l'étendue que présente la surface de la main qui entre en contact avec l'excitateur. Les secousses les plus fortes sont celles qu'on éprouve en se plongeant les mains dans deux tasses remplies d'eau salée, et mettant chacune de ces tasses en rapport avec un pôle. Les commotions ne sont sensibles qu'au premier moment de la décharge, et les convulsions cessent lorsque les mains restent appliquées contre les pôles ; mais si l'on a quelque lésion à la peau, des envies, par exemple, en un mot quelque place où les nerfs soient moins protégés par l'épiderme, un sentiment continuel de chaleur brûlante qu'on y ressent annonce que la décharge continue à s'opérer. On s'en aperçoit aussi par le sens du goût, lorsqu'on décharge la pile avec la main et la langue;

car, après les premières convulsions, la langue est affectée d'un sentiment analogue à celui d'une saveur, même alors que le corps qu'on met en rapport avec elle n'est que de l'eau pure.

Ces circonstances prouvent que les étincelles et les commotions qui accompagnent la décharge de la pile voltaïque, proviennent de ce que, quand les pôles sont isolés, la charge du liquide arrive à un degré d'intensité qui surpasse celui que le contact peut produire lorsque la décharge est continuelle. Ce qui le démontre encore, c'est que quand l'action de la pile diminue, elle ne donne plus d'étincelles un peu fortes, à moins qu'après l'avoir déchargée on ne la laisse en repos pendant un instant, avec les pôles isolés, ce qui augmente peu à peu l'intensité de la charge.

Les effets chimiques de la décharge ressemblent, avec une légère différence, à ceux qui se passent entre chaque paire de plaques: Si l'on ferme un tube de verre aux deux extrémités, avec un bouchon de liége, et qu'à travers chaque bouchon on enfonce un fil métallique dans son intérieur, assez profondément pour que les extrémités internes des deux fils soient à environ un huitième de pouce de distance l'un de l'autre; qu'ensuite on remplisse le tube d'un liquide, qu'on garnisse le bouchon supérieur d'un tube propre à donner issue aux fluides aériformes, et qu'enfin on mette chacun des deux fils en communication avec un des pôles de la pile, le liquide se décompose dans le tube de la même manière qu'il le ferait s'il était renfermé entre les métaux opposés de la pile elle-même. On peut donc considérer ce petit appareil de décharge comme une nouvelle paire de plaques de la pile, au moyen de laquelle les pôles de celles-ci ont été mis en communication l'un avec l'autre. Peu importe ici la nature des fils métalliques, qu'ils soient de même métal ou de métaux différents, qu'ils soient même disposés en sens inverse; c'est-à-dire dans un ordre contraire à celui des métaux qui sont dans la pile; ces circonstances n'exercent pas la moindre influence, parce que l'intensité de la charge de la pile triomphe de si petits obstacles. La décomposition du liquide, dont j'ai parlé plus haut, a lieu de même ici; seulement elle se fait d'une manière qui frappe davantage les yeux. En effet, si le liquide est de l'eau pure, il se forme un courant de gaz hydrogène au fil négatif, et un courant de gaz oxygène au fil positif; quand le fil est d'or ou de platine, chacun des deux gaz peut être recueilli à part, dans un petit appareil, sous des cloches de verre, et il se trouve ainsi séparé d'avec l'élément auquel il était auparavant combiné. Si le fil positif n'est point d'or ou de platine, mais d'un métal facilement oxydable, tel que le cuivre, on voit se détacher de sa surface un nuage toujours croissant d'oxyde, provenant de ce que l'oxygène, au lieu de prendre la forme gazeuse, se combine avec le métal. Lorsque le liquide est de l'acide sulfurique, il se dépose du soufre au fil négatif, et il se dégagé du gaz oxygène au pôle positif. Si le liquide est une dissolution saline, on voit se rendre au fil négatif, indépendamment de l'hydrogène qui se dégage, l'alcali ou la terre, en un mot la base du sel; tandis qu'autour du fil positif se dégage du gaz oxygène et se rassemble l'acide de ce sel ; ici l'acide et la base restent tous deux libres, chacun autour de son fil. Quand le fil positif n'est point d'or ou de platine, il s'oxyde aux dépens de l'oxygène dégagé de l'eau, et l'oxyde forme un sel métallique avec l'acide du sel. Si la liqueur elle-même contient un sel de quelque métal ayant pour l'oxygène une affinité inférieure à celle qu'a pour lui l'hydrogène de l'eau, celle-ci ne se décompose point, mais seulement le sel, et l'oxygène de l'oxyde métallique se porte, avec l'acide, au fil positif, tandis que le métal va gagner le fil négatif, sur la surface duquel il se montre à l'état métallique, et souvent même cristallisé.

On voit donc, d'après tout cela, que, dans les déchargés de la pile à travers un liquide, l'oxygène et les acides sont repoussés par le pôle négatif, et attirés par le pôle positif; les affinités des corps sont vaincues, les plus forts liens chimiques brisés, et les principes constituants ramenés à l'état de liberté. Tous les corps ne sont pas décomposés avec la même facilité, et, en général, ils le sont d'autant moins aisément, qu'ils se trouvent étendus d'une plus grande quantité d'eau. Ceux que les petites piles ne décomposent point, par exemple, la potasse et l'acide phosphorique, sont aisément décomposés par les grandes piles à plaques, lorsqu'on a soin de les employer contenant le moins d'eau possible, de manière qu'il n'y a peut-être point d'affinité chimique dont une pile voltaïque assez forte ne puisse triompher. Ces effets peuvent, d'un autre côté, aller si loin, qu'un corps solide, par exemple un métal, rendu électrique par son contact avec un autre, déploie, quand on l'entoure d'un liquide exerçant une action chimique sur lui, des affinités tout à fait différentes de celles dont il jouissait avant l'immersion. Le métal électrisé négativement se comporte comme un métal dont les affinités sont beaucoup plus faibles, détruites même, tandis que celui qui l'est positivement paraît jouir d'affinités bien plus fortes que celles dont il est doué dans son état ordinaire. Si, par exemple, on attache un morceau de zinc fraîchement limé sur une plaque de cuivre polie, et qu'on plonge l'un et l'autre dans une dissolution de sel marin, le zinc s'oxyde aussi promptement que s'il avait des affinités bien supérieures à celles du zinc ordinaire ; quant au cuivre, il ne s'altère point, tandis que s'il était seul il serait promptement attaqué par la liqueur saline. C'est de cette circonstance que Davy a fait une si belle application pour préserver la doublure en cuivre des vaisseaux.

Comme ces phénomènes pourraient difficilement avoir lieu si les affinités chimiques, envisagées d'une manière générale, n'étaient point considérées comme des effets de forces électriques, le développement complet de ce point important de doctrine contient la clef de la théorie de la chimie.

La circonstance que les éléments de l'eau s'écartent après la décomposition, et que chacun d'eux se rassemble autour du fil correspondant, même alors que les fils sont fort éloignés l'un de l'autre, ou séparés par une matière soit végétale soit animale, fut d'abord très-difficile à expliquer, d'autant plus qu'aucun de ces éléments gazeux n'est soluble dans l'eau en quantité notable. Lorsque, par exemple, on bouche l'une des extrémités d'un tube de verre avec une vessie mouillée, qu'on emplit le tube d'eau jusqu'aux deux tiers, qu'on le plonge ensuite dans un autre vase avec de l'eau, qu'on introduit un fil de fer dans cette dernière, et qu'on glisse également un fil de fer dans l'eau du tube de verre, le fil positif développe de l'oxygène et le négatif de l'hydrogène, quoique les deux portions d'eau soient séparées l'une de l'autre par la vessie. Cependant la séparation n'est qu'apparente ; car l'eau ramollit la vessie, remplit ses interstices, et ne forme, par conséquent, qu'un seul et même tout dans les deux vases

La forme que prennent les corps mis en liberté par l'action de la pile ne dépend point de l'électricité, mais elle est déterminée par leur propre nature chimique. Les corps gazeux s'échappent sous la forme de gaz, les insolubles se précipitent, et les solubles restent dans la liqueur, autour du conducteur par lequel s'opère la décharge.

Une circonstance dont je n'ai point encore parlé, et qui cependant est d'une grande importance, consiste en ce que les métaux dont on s'est servi pour décharger une pile électrique, et qui pendant la décharge étaient en contact, soit d'un seul côté, soit des deux côtés à la fois, avec un liquide également excitateur, conservent pendant quelque temps encore après, même hors de la pile, un état particulier de polarité. Cet état n'agit point sur l'électromètre, mais se manifeste par des effets chimiques et par des phénomènes d'électricité de contact. Il y a déjà longtemps qu'on a observé des effets qui en dépendent, mais c'est à Auguste de la Rive qu'on doit de connaître quelle en est toute la portée. Cet état ne se développe pas instantanément, et il exige quelque temps pour arriver à son maximum. Il passe peu à peu de lui-même; mais ne peut point être détruit par le contact avec d'autres corps conducteurs. Il persiste d'autant plus, que la décharge dure plus longtemps, et se soutient depuis quelques heures jusqu'à quelques jours. Qu'on prenne, par exemple, deux tubes, qu'on les unisse par le moyen d'un seul fil métallique, jouant, par conséquent, le rôle de conducteur positif dans l'un et de conducteur négatif dans l'autre; puis qu'on fasse décharger une pile électrique puissante à travers ces tubes pendant une couple d'heures, le fil métallique se trouve doué de la polarité à la fin de l'expérience, et ses deux extrémités non-seulement produisent plusieurs des phénomènes qui caractérisent l'électricité excitée par le contact, mais encore déploient, tant que cet état dure, des affinités chimiques différentes. Si l'on coupe ce fil en deux, les deux morceaux jouissent aussi de la polarité, mais à un bien plus faible degré que le fil entier. Cette polarité ne change point quand on enlève le fil et qu'on l'essuie, non plus que quand on le replie sur lui-même de manière à mettre ses deux bouts ou ses deux pôles en contact l'un avec l'autre; mais si l'on place entre ces deux mêmes bouts une couche mince d'un liquide conducteur, alors ils agissent comme une seule paire électrique, et l'état de polarité ne tarde point à cesser tout à fait. La polarité se développe aussi dans les fils conducteurs dont un des bouts est fixé à la pile, tandis que l'autre conduit l'électricité dans le liquide excitateur. Ritter construisit une pile avec un métal et un seul liquide; elle n'était point électrique; mais après qu'il l'eut fait traverser pendant quelques heures par la décharge d'une autre pile électrique, elle se trouva convertie en une pile active, qu'il appela *pile de charge*. La cause de cette prolongation d'action fut une énigme jusqu'au moment où l'on connut bien l'état de polarité dont il vient d'être question. Marianini a fait voir que le liquide employé dans la pile de charge peut être échangé contre un autre tout frais, et que les plaques métalliques peuvent être nettoyées sans que la pile, après avoir été reconstruite, perde par là son état électrique. Ce phénomène d'une polarité électrique qui peut naître et persister dans un bon conducteur électrique, est fort surprenant, mais paraît se rattacher d'une manière intime à ce qui a été dit précédemment par rapport au rôle que les électricités jouent dans le jeu des affinités.

L'état de polarité dont il s'agit maintenant se développe sans doute aussi dans les conducteurs liquides; mais il est si facilement détruit par la mobilité des molécules, qu'on ne peut point l'apercevoir, à moins qu'il ne soit opéré en même temps une séparation chimique durable des substances dissoutes, cas dans lequel il devient fort sensible.

Aux phénomènes qui ont été déjà décrits s'en joignent encore quelques autres, que je vais indiquer ici, et dont la cause ne paraît point aussi claire qu'il serait à désirer qu'elle le fût, mais qui se rattachent évidemment à la nature électro-chimique des corps agissants.

On met du mercure pur et distillé au fond d'une capsule, et l'on verse dessus un liquide dans lequel ont été introduits les fils servant à décharger une pile électrique de force médiocre, avec l'attention, toutefois, que ces fils ne touchent point au mercure. Ce dernier métal entre alors dans un mouvement de rotation dont la rapidité et la direction dépendent de la nature du liquide, et en partie aussi de l'activité de la pile. Si le liquide est un acide fort et en même temps concentré, le mercure se meut avec une vi-

tesse extrême, et sa direction est du pôle négatif au pôle positif, au-dessous des fils et entre eux. Si c'est, au contraire, un alcali, le mercure reste en repos; mais quand on ajoute alors à ce dernier un métal électro-positif, par exemple, du potassium ou du zinc, il commence à se mouvoir du côté positif au côté négatif. La millionième partie du poids de mercure en potassium et la cent millième en zinc suffisent pour produire un effet appréciable. L'étain et le plomb ne sont pas non plus sans influence. Il résulte aussi de là que la moindre addition d'un de ces métaux au mercure s'oppose à son mouvement lorsqu'on se sert d'acide.

Ces phénomènes, remarqués d'abord par Erman, ont été examinés plus en détail par Herschell fils. Pfaff a découvert d'autres mouvements encore, qui doivent être rapportés à la même cause, mais dont je suis obligé de passer la description sous silence, parce qu'elle me conduirait trop loin. Il a fait voir que le mercure y est indispensable, et que ces mouvements ne sont produits ni par l'argent ni par l'or employés de la même manière.

Runge dit que si l'on verse une dissolution de sel marin sur du mercure, dans un verre, et qu'on laisse tomber sur le mercure un très-petit morceau d'un sel solide provenant d'un métal facile à réduire, par exemple, de vitriol bleu ou de sublimé corrosif, en touchant le mercure avec un métal électro-positif, tel que du fer ou du zinc, le sel entre dans un mouvement rapide qui ressemble beaucoup à celui d'un petit insecte courant avec vitesse, et qui dure aussi longtemps que le mercure est touché par le métal positif, ou jusqu'à ce que le sel soit dissous. Ces mouvements ne sont jamais plus vifs que quand, au lieu d'une dissolution de sel marin, on en prend une de sublimé corrosif, et qu'on laisse tomber une parcelle du même sel sur le mercure. Toutes les dissolutions salines ne les produisent pas; mais ils se manifestent alors, quand on fait communiquer le pôle négatif d'une pile électrique faible avec le mercure, et le pôle positif, par le moyen d'un fil métallique, avec la dissolution saline. Dans cette expérience, le sel dépose à chaque instant un peu de son métal dans le mercure, et paraît ensuite être repoussé par l'endroit amalgamé, ce qui est la cause du mouvement. Quand on fait tomber une très-petite boule de potassium sur la surface du mercure humecté par l'haleine, un mouvement semblable se produit par la même cause, et dure jusqu'à ce que tout le potassium ait disparu.

La découverte de l'électricité développée par le contact, et des effets auxquels elle donne lieu, est peut-être, eu égard à l'influence qu'elle a exercée sur toutes les branches de la physique, une des plus importantes que l'esprit humain ait jamais faites. Lorsqu'on réfléchit à ce que la philosophie chimique est déjà devenue depuis cette époque, et qu'on se rappelle qu'elle n'était même pas soupçonnée il y a cinquante ans, on doit se féliciter d'être né dans un siècle où le genre humain marche à plus grands pas que jamais vers son perfectionnement intellectuel.

Ce fut un phénomène électrique fort ordinaire qui devint la source de ces découvertes. Galvani, professeur d'anatomie à Bologne, exerçait quelques élèves à disséquer des grenouilles, lorsqu'un d'entre eux ayant reçu par hasard une étincelle d'une machine électrique située auprès de lui, les muscles de la grenouille commencèrent à entrer en convulsion sous son scalpel. Galvani, frappé du phénomène, résolut de chercher quelle utilité on pourrait tirer de cette sensibilité inattendue des nerfs d'une grenouille morte pour l'électricité, en les employant comme moyen d'apprécier l'état électrique de l'atmosphère. Il allait se livrer à une expérience de ce genre, lorsque, ayant coupé un morceau de la moelle épinière d'une grenouille, auquel tenaient encore les membres postérieurs de l'animal, et passé un anneau de cuivre à travers la moelle épinière, le hasard lui fit découvrir, après s'être longtemps servi de cet appareil pour observer l'électricité de l'atmosphère, qu'une grenouille disséquée, et garnie d'un crochet propre à la saisir, éprouvait, étant placée sur un vase de fer-blanc, des convulsions qui se renouvelaient toutes les fois qu'après avoir soulevé le crochet de dessus le vase on le remettait en contact avec lui. Quelque temps après, Galvani trouva qu'en garnissant deux points différents d'une grenouille ainsi disséquée de métaux également différents, les convulsions paraissaient aussitôt qu'on mettait les deux métaux en contact, ou qu'on les faisait communiquer ensemble par le moyen d'un fil métallique, et que le zinc et l'argent étaient les métaux les plus propres à produire ce phénomène. Dès lors, la découverte était complète. Galvani publia ses expériences en **1791**, et donna au principe actif le nom d'*électricité animale*. Son désir d'appliquer les faits qu'il avait découverts à la science qui formait le principal objet de ses études, le conduisit à des théories physiologiques qui ne tardèrent pas à tomber dans l'oubli.

Pendant les dix années qui suivirent, un grand nombre de physiciens recommandables multiplièrent tellement les expériences sur ce sujet, qu'il suffirait de les recueillir pour se créer une petite bibliothèque. On s'attacha de préférence à envisager la question sous le point de vue physiologique, et l'on commença à considérer la matière qui produisait les convulsions dans les grenouilles préparées comme un fluide subtil et particulier, analogue à l'électricité. Ce fluide fut appelé *galvanisme*, dénomination dont on se sert fréquemment encore aujourd'hui pour désigner l'électricité développée par le contact. Jusqu'alors la chimie n'avait point tiré parti de cette découverte, et ne pouvait pas soupçonner la révolution qui en résulterait pour elle.

En **1800**, Volta découvrit la pile électrique,

et, au bout de six mois, à peine se trouvait-il un physicien qui n'eût confirmé cette étonnante découverte par ses propres observations. Volta décrivit la pile comme un appareil électrique dans lequel l'électricité est produite par le contact mutuel de métaux différents. Les opinions étaient partagées à cet égard, parce qu'on ne s'accordait point sur la question de savoir si le principe agissant dans la pile, le galvanisme, était ou non de l'électricité. Cependant on ne tarda pas à savoir ce qu'il fallait en penser, lorsqu'on parvint à charger deux bouteilles de Leyde au même degré d'intensité, au moyen de la pile électrique pour l'une et de la machine électrique ordinaire pour l'autre, et remarquant que leurs armatures opposées se déchargeaient réciproquement. Mais on fut longtemps à disputer sur les causes de la charge électrique de la pile. Les différences presque infinies que cet appareil présente dans son activité, en raison des liquides dont on se sert, et parmi lesquels l'acide nitrique est celui qui lui imprime le plus d'énergie, firent présumer qu'il y avait en jeu une autre cause que le contact; que c'était principalement l'oxydation d'un des métaux qu'il fallait considérer comme le premier moteur de l'électricité, puisque son excitation augmentait à proportion que l'oxydation devenait plus considérable. Un grand nombre de physiciens regardèrent donc l'électricité de la pile voltaïque comme une conséquence de l'oxydation du zinc, et virent dans cette oxydation une condition nécessaire, sans laquelle l'électrisation n'aurait point lieu. Volta et plusieurs autres combattirent cette hypothèse par des preuves puissantes; mais la question ne fut décidée que par une série de recherches de Humphry Davy, sur lesquelles ce chimiste fit, en novembre **1806**, à la Société royale de Londres, un rapport qui doit être rangé parmi les meilleurs mémoires dont on ait jamais enrichi la théorie de la chimie.

Quoiqu'il ait coûté tant de peine pour trouver enfin la vérité, cependant nous pouvons aujourd'hui lever tous les doutes par des expériences fort simples, telles que la suivante. Qu'au fond de chaque vase d'une batterie à tasses, on verse de la potasse caustique liquide, et par-dessus de l'acide nitrique, mais avec précaution, pour que les deux liqueurs ne se mêlent point ensemble; le zinc plonge alors dans l'alcali et le cuivre dans l'acide, qui, peu à peu, l'oxyde et le dissout, tandis que le zinc n'est point attaqué par l'alcali. Or, si l'oxydation était le premier moteur de l'électricité, lorsque la pile se déchargeait, le pôle cuivre serait positif, et le pôle zinc négatif, c'est-à-dire que les métaux posséderaient des électricités opposées à celles qui les animent. Mais qu'on permette à la pile de se décharger réellement, l'oxydation du cuivre dans l'acide s'arrête à l'instant même, le zinc s'oxyde sensiblement dans l'alcali, et le pôle zinc devient positif, comme il a coutume de l'être. De là suit manifestement que ce n'est pas l'oxydation, mais le contact des métaux, qui est la vraie cause du développement de l'électricité dans la pile.

Les effets chimiques de la pile électrique fixèrent d'abord, moins que ses phénomènes physiques, l'attention de ceux qui avaient découvert cet appareil. Nicholson et Carlisle furent les premiers qui s'aperçurent qu'elle décomposait l'eau, et que les éléments disjoints du liquide se dégageaient chacun à son pôle. Dès lors ces effets chimiques devinrent un sujet important de recherches. On crut avoir découvert qu'en se déchargeant à travers des liquides, le pôle positif produit des acides, et le pôle négatif des alcalis, et l'on commença à conjecturer que les éléments de l'eau pourraient produire aux pôles correspondants de l'acide hydrochlorique et de la soude. Mais Simon prouva qu'en se servant d'eau pure on n'obtient ni acide ni alcali, mais seulement du gaz oxygène et du gaz hydrogène. Dans une série d'expériences que firent Berzélius et Hisinger, et qu'ils publièrent en 1803, ils parvinrent à démontrer la véritable manière dont les choses se passent dans la prétendue formation d'acide et d'alcali, et à faire voir que tous ces phénomènes dépendent des lois générales dont il a été parlé précédemment, lois en vertu desquelles, quand la pile se décharge à travers des liquides, les corps combustibles et les bases salifiables se rassemblent autour du pôle négatif, tandis que l'oxygène et les acides vont se réunir au pôle positif. Trois ans après, Davy répéta ces expériences avec de plus grands appareils, et éprouva que cette loi s'applique jusqu'à un degré dont on n'avait encore eu aucun soupçon. Ses puissants appareils dégagèrent même la silice et la soude du verre dans lequel les expériences se faisaient, de manière que des traces sensibles de soude se montrèrent au pôle négatif. Il réussit aussi à décomposer des corps qui ne l'avaient point encore été, et en réalisant les conjectures du grand Lavoisier sur la nature des alcalis, il tira de ces substances, par la puissance de l'électricité, une série de nouveaux corps métalliques, qui accrurent considérablement les résultats surprenants des découvertes dues à l'électricité excitée par le contact.

Deluc imagina, en 1814, les piles sèches de papier argenté et de zinc, dont Jaeger a donné la théorie la plus vraisemblable. Le phénomène des conducteurs unipolaires est une découverte d'Erman.

ÉLECTRICITÉ, ses rapports avec l'affinité. *Voy.* Affinité.

ÉLECTRICITÉ DÉGAGÉE dans l'expansion de la vapeur des chaudières. *Voy.* Électricité dégagée dans les actions chimiques.

ÉLECTRICITÉ DÉGAGÉE DANS LES ACTIONS CHIMIQUES.—Il est reconnu en principe que toutes les fois que les molécules des corps perdent leur position d'équilibre par une cause quelconque, il y a dégagement d'électricité. Ce dégagement de l'électricité dans les réactions chimiques a été longtemps un sujet de controverse entre les physiciens et les chimistes, attendu que les moyens d'expérimentation manquaient pour mettre ce fait en évidence, et surtout pour en faire connaître les lois ; mais la découverte d'OErsted a mis à notre disposition des moyens tels que nous pouvons résoudre aujourd'hui complétement cette question. Laissant de côté les essais plus ou moins infructueux qui ont été faits pour parvenir à sa solution, abordons de suite les faits généraux.

Présentons d'abord quelques exemples du dégagement d'électricité dans les actions chimiques, pour en avoir de suite une idée nette.

Premier exemple. — Lorsque l'on plonge l'un après l'autre dans l'acide nitrique ordinaire les deux bouts du fil de cuivre d'un multiplicateur, on a aussitôt un courant électrique qui réagit sur l'aiguille aimantée, de telle manière que le bout plongé le premier prend au liquide l'électricité positive. Cet effet est dû à la différence des actions chimiques exercées par l'acide sur les bouts du fil, différence en faveur du bout plongé le dernier, qui est le plus attaqué, attendu que sa surface est recouverte d'une couche d'oxyde. Dès lors, quand un acide réagit sur un métal, celui-ci dégage de l'électricité négative, et l'acide de l'électricité positive. En exposant les phénomènes thermo-électriques, nous prouverons que le dégagement de chaleur dans la réaction chimique n'est point la cause du phénomène.

Deuxième exemple. — Plongeons dans de l'acide nitrique pur deux bouts de deux fils d'or à surface très-propre, en communication par les deux autres bouts avec les extrémités du fil d'un multiplicateur à fil long, il ne se produit aucun effet ; mais si l'on ajoute une très-petite quantité d'acide chlorhydrique près de la partie immergée de l'un des deux bouts, l'aiguille aimantée accuse aussitôt, par sa déviation, la production d'un courant électrique ; le bout attaqué prend à l'acide l'électricité négative et lui donne l'électricité positive. En remplaçant l'un des fils d'or par un fil de platine, les effets sont les mêmes, c'est-à-dire qu'il n'y a production de courant qu'autant qu'on ajoute de l'acide hydrochlorique, et le bout attaqué prend encore l'électricité négative. Cette expérience met hors de doute ce fait fondamental, que lorsqu'un acide réagit sur un métal, l'acide prend l'électricité positive, le métal l'électricité négative. Bien que l'effet produit paraisse simple, il est cependant complexe, comme on va le voir ; mais, pour l'analyser complétement, nous allons exposer les effets électriques produits dans la réaction des dissolutions les unes sur les autres.

§ I. — *Effets électriques produits dans la réaction des dissolutions les unes sur les autres.*

Lorsqu'un métal est attaqué par un liquide quelconque, il y a toujours production de chaleur, formation d'un composé qui exerce une réaction sur le liquide environnant pendant que s'opère le mélange. Voilà deux causes qui troublent l'équilibre des forces électriques : pour l'instant, occupons-nous de la dernière, et commençons par l'examen des effets électriques produits dans la combinaison d'un acide et d'un alcali, l'un et l'autre à l'état liquide. On prend deux capsules en porcelaine : dans l'une on verse une solution de potasse, et dans l'autre de l'acide nitrique ; dans chacune de ces solutions on plonge une lame de platine que l'on met en communication avec l'un des fils d'un multiplicateur, et l'on fait communiquer les deux liquides au moyen d'une mèche de coton ; à l'instant où l'on ferme le circuit, l'aiguille aimantée est fortement déviée, et accuse un dégagement considérable d'électricité ; la direction du courant indique que l'acide a pris l'électricité positive, et l'alcali la négative. Si l'on veut avoir des effets plus énergiques, on opère de la manière suivante : on prend une cuiller de platine et une pince de même métal que l'on met en communication avec le multiplicateur ; on remplit la cuiller d'acide, et on fixe entre la branche de la pince un morceau de potasse ; à l'instant où l'on plonge ce dernier dans l'acide, on a un courant très-énergique dirigé comme il est dit précédemment ; mais cette méthode d'expérimentation, ainsi que les précédentes, n'est pas à l'abri des objections des physiciens qui admettent des effets électriques de contact indépendamment des réactions chimiques. Pour éviter ces objections, on opère ainsi : on prend deux capsules en platine remplies d'acide nitrique, et mises en communication avec un multiplicateur à fil long avec deux lames de platine ; on place les deux capsules à un décimètre de distance l'une de l'autre, et on les fait communiquer au moyen d'une mèche de coton imbibée d'eau, et soutenue convenablement au milieu ; cette mèche, en raison de sa longueur et de la différence de poids spécifique des deux liquides, s'oppose longtemps à leur réunion ; vers le milieu on pose doucement, avec un tube, à côté l'une de l'autre, une goutte d'acide et une goutte de la solution alcaline. Tant que les deux gouttes sont séparées, il n'y a aucun effet produit ; mais dès l'instant que leur réunion a lieu, il y a production d'un courant électrique qui annonce que l'acide a laissé dégager de l'électricité positive et l'alcali de l'électricité négative, comme dans les expériences précédentes ; dans ce cas, on ne peut attribuer l'effet produit au contact du platine d'une part avec l'acide, de l'autre avec l'alcali, puisque le platine est en contact de chaque côté avec de l'acide nitrique : en substituant d'autres liquides à l'acide et à l'alcali, on a les résultats suivants :

L'acide nitrique est positif avec :
- l'acide hydrochlorique.
- — acétique.
- — nitreux.
- les dissolutions alcalines.
- — de nitrate.
- — de sulfate.
- — de chlorures neutres.

L'acide nitrique est négatif avec :
- l'acide sulfurique.
- — phosphorique.

L'acide phosphorique est positif avec :
- l'acide hydrochlorique.
- — sulfurique.
- les dissolutions alcalines, salines, etc.

On voit que l'acide phosphorique est le plus positif de tous les liquides ; or, le contact de l'acide nitrique avec la dissolution de nitrate de cuivre, et en général la réaction d'un acide avec une de ces dissolutions, ne devant être considérés que comme des dissolutions, on doit en conclure que celles-ci produisent des effets électriques analogues à ceux qui ont lieu dans les combinaisons.

Pour observer les effets électriques produits dans la réaction des acides et des alcalis sur l'eau, et des dissolutions neutres les unes sur les autres, on opère de la manière suivante : si l'acide est solide, on en fixe un morceau entre les branches d'une pince de platine, et on le plonge dans l'eau que contient la cuiller ; s'il est liquide, on plonge d'abord une éponge de platine en communication avec un multiplicateur dans la dissolution acide ; on trouve alors que l'eau se comporte comme un alcali : avec des dissolutions alcalines, les effets sont inverses. On tire de là la conséquence que l'eau, en s'unissant à un acide, se comporte comme un alcali, et qu'elle joue, au contraire, le rôle d'acide dans sa réaction sur les alcalis.

Quant aux sels neutres, on ne peut opérer que sur des dissolutions à différents degrés de concentration, car ils ne sont pas conducteurs à l'état solide. L'expérience prouve qu'avec des solutions neutres, celles qui sont les plus concentrées sous le rapport des effets électriques se comportent à l'égard de celles qui le sont moins, comme les acides dans leurs combinaisons avec des alcalis. Les doubles décompositions opérées dans la réaction de deux solutions de sels neutres ne donnent lieu à aucun effet électrique ; le mode d'expérimentation est analogue au précédent ; aussi ne nous y arrêterons-nous pas. Ce fait prouve que, dans les doubles décompositions, il y a neutralisation complète des deux électricités dégagées. Il est nécessaire, d'une part, que les deux solutions soient parfaitement neutres, car l'excès d'acide ou d'alcali de l'une d'elles, en réagissant sur l'eau de l'autre, donnerait lieu à des effets électriques ; de l'autre, que les deux solutions renferment des quantités atomiques égales des deux sels.

Lorsqu'une solution de potasse et un acide communiquent ensemble au moyen d'un tube coudé rempli d'eau, il y a réaction de l'acide et de l'alcali sur l'eau, d'où résultent des effets électriques dirigés dans le même sens que si l'acide réagissait immédiatement sur l'alcali, et qui s'ajoutent quand les deux solutions communiquent au moyen d'un fil de platine.

Nous venons de voir que les dissolutions, en réagissant les unes sur les autres, donnent lieu à des effets électriques analogues à ceux que l'on observe dans les combinaisons ; il faut montrer actuellement comment on peut reconnaître, par ces effets, s'il y a simplement combinaison ou solution, ce qui n'est pas toujours facile en chimie quand les réactions sont tellement faibles qu'il en résulte de si petites quantités de composés qu'il est impossible d'en constater l'existence, ou bien quand il y a de très-faibles variations de température. Pour cela on opère de la manière suivante, d'après M. Peltier : l'appareil complet se compose de deux multiplicateurs, d'une pile thermo-électrique et de deux capsules en platine. On en prend une que l'on met en communication avec l'un des bouts du fil d'un multiplicateur à fil long, puis un trépied thermo-électrique composé de trois couples, bismuth et antimoine, dont les extrémités inférieures sont de rang pair ou impair, afin qu'étant échauffées ou refroidies en même temps, elles produisent des courants dirigés dans le même sens ; on pose la seconde capsule en communication avec l'autre bout du fil du multiplicateur sur le trépied ou pile thermo-électrique qui est en relation avec un multiplicateur à fil court, et l'on joint les deux capsules au moyen d'une mèche de coton ou d'asbeste. On verse dans chaque capsule une dissolution, et les deux dissolutions agissent l'une sur l'autre par l'intermédiaire de la mèche d'asbeste ou de coton. S'il y a combinaison, les deux capsules s'échauffent ; celle qui repose sur le trépied lui communique de la chaleur qu'elle a prise, laquelle est aussitôt accusée par l'aiguille du multiplicateur thermo-électrique ; s'il y a simplement solution, l'abaissement de température de la capsule produit un courant thermo-électrique dirigé en sens inverse du premier, de sorte que la direction du courant thermo-électrique suffit pour indiquer quand il y a combinaison ou solution, lors même que les variations de température qui en résulteraient seraient excessivement faibles, et exigeraient des thermomètres d'une grande sensibilité pour être appréciées.

Après avoir exposé avec des développements suffisants tout ce qui concerne les effets électriques produits dans la réaction des dissolutions les unes sur les autres, de manière à faire ressortir les lois qui les régissent, nous allons étudier ces mêmes effets dans la réaction des acides et des dissolutions salines en général sur les métaux. Reprenons l'expérience déjà citée, col. 628. Soient deux capsules A et A', remplies d'acide nitrique, et communiquant ensemble au moyen d'une mèche d'asbeste ; si l'on prend deux lames d'or et que l'on mette chacune d'elle en communication par un bout avec une des extrémités du fil d'un multiplicateur, et que

l'on plonge les deux bouts libres, chacun dans une capsule, il n'y a aucun effet électrique produit toutes les fois que les surfaces ont été lavées avec soin dans de l'eau distillée, pour enlever les corps étrangers adhérents ; mais si l'on verse dans la capsule A quelques gouttes de chlorure d'or près de la lame qui y plonge, l'aiguille aimantée est aussitôt déviée fortement, dans un sens tel que le bout A devient négatif par rapport au liquide ; si, au lieu de la dissolution, on verse quelques gouttes d'acide hydrochlorique, l'effet est le même. Dans le premier cas, l'effet est dû à la réaction de l'acide nitrique sur le chlorure d'or ; dans le deuxième, à la réaction de l'eau régale sur l'or, et à celle de la dissolution formée sur l'acide nitrique. Voilà deux causes qui donnent lieu à un dégagement d'électricité dans le même sens, attendu que la dissolution d'or est négative par rapport à l'acide ; on ne peut donc douter que la réaction des deux liquides n'exerce une influence sur les effets électriques observés dans la réaction de l'eau régale sur l'or. Cette expérience montre combien il est difficile de déterminer immédiatement le dégagement de l'électricité, dans l'acte même de la combinaison d'un métal avec un acide, abstraction faite de la réaction de la dissolution qui se forme sur le liquide environnant. On y parvient néanmoins de la manière suivante.

On remplit deux capsules A et A' d'une dissolution de nitrate de cuivre, que l'on met en communication au moyen d'une mèche de coton, et l'on plonge dans chacune d'elles le bout d'une lame de cuivre parfaitement décapée, dont l'autre est en relation avec un multiplicateur ; il ne se produit aucun effet électrique ; mais si l'on verse une goutte d'acide nitrique dans le liquide de la capsule A, le cuivre qui plonge dedans devient fortement négatif. Dans ce cas, on a bien l'effet électrique résultant de la réaction du métal sur l'acide ; car le courant produit dans la réaction de la dissolution qui se forme sur la dissolution environnante, doit être très-faible et même nul, dans le cas où la solution de nitrate est saturée.

L'étain et son sulfate, le fer et son hydrochlorate, le plomb, l'antimoine et le bismuth agissent de même que le cuivre par rapport à ses dissolutions, quand on ajoute quelques gouttes d'acide Il en est encore de même du zinc, du fer, avec les dissolutions de leur nitrate. Le métal s'empare de l'électricité négative, conformément au principe général ; mais avec des dissolutions de leur sulfate, ces deux derniers métaux produisent quelquefois des effets inverses ; à l'instant où l'on ajoute quelques gouttes d'acide sulfurique, le métal devient positif. On voit donc combien il est important, dans les appareils destinés à produire de l'électricité au moyen des actions chimiques, de prendre en considération les effets résultant de la réaction des dissolutions les unes sur les autres, car il peut arriver quelquefois que cette réaction, qui est une cause puis-

sante de dégagement de l'électricité, co..tra-
rie les effets que l'on a en vue.

Voyons ce qui se passe dans la réaction de
deux métaux différents sur un ou plusieurs
liquides. Pour bien interpréter ces effets, il
faut partir du principe que lorsqu'un métal
est attaqué, il dégage de l'électricité négative, et l'acide de l'électricité positive. Il s'ensuit que lorsqu'on plonge deux métaux, en
communication par un fil métallique dans un
acide ou autre liquide actif, on a un courant
électrique dû à la différence des effets produits. Dès lors, si l'on veut atteindre le maximum d'effet, il faut que l'un des deux soit
attaqué, et que l'autre ne le soit pas, car, à
effets égaux des deux côtés, le courant
est nul.

Si l'on veut construire des appareils simples, produisant des courants à peu près
constants, il faut remplir deux conditions :
la première est de séparer les deux liquides
avec un diaphragme qui permette une réaction lente entre eux, et qui n'apporte que le
plus faible obstacle possible à la circulation
du courant; la seconde, d'employer des
substances métalliques dont les surfaces ne
donnent pas lieu à des courants secondaires,
lesquels, agissant en sens inverse, tendent
continuellement à affaiblir l'effet du courant
primitif. Avant de décrire la construction et
l'usage des appareils électro-chimiques simples à courant constant, il est indispensable
de parler des diaphragmes, des propriétés
du zinc amalgamé et des lames mises en
contact avec le gaz.

Des diaphragmes. — Puisqu'il est bien démontré que pour avoir un courant intense
en employant un circuit composé de deux
métaux et de deux liquides différents, il est
nécessaire que l'un des deux métaux soit attaqué par l'une des deux dissolutions, et que
celles-ci réagissent lentement l'une sur l'autre, afin que les effets électriques qui en résultent s'ajoutent avec ceux produits par la
réaction du liquide sur le métal, on ne peut
remplir ces conditions qu'autant que les deux
liquides sont séparés par un diaphragme qui
leur soit perméable, et laisse le courant
passer, sans qu'il en résulte une perte sensible dans son intensité. Ce diaphragme doit
varier de nature et d'épaisseur, suivant la
nature des liquides et l'intensité du courant;
car plus celui-ci est intense, plus on peut
donner d'épaisseur au diaphragme. Jusqu'ici
on a employé sept espèces de diaphragmes,
savoir : 1° baudruche, vessie; 2° peau, cuir
tanné; 3° toile à voile à texture serrée,
planches minces de sapin ou de bois à tissu
fibreux; 4° kaolin (argile exempte de chaux);
5° porcelaine dégourdie, terre demi-cuite
comme celle des *alcarazas;* 6° têtes de pipe,
creusets, plâtre gâché; et 7° enfin le carton
légèrement goudronné. Nous allons passer
en revue les avantages et les inconvénients
de ces divers diaphragmes, dont plusieurs
peuvent être avantageusement employés dans
les applications de l'électricité aux arts.

La baudruche et la vessie sont les diaphragmes qui, en raison de leur épaisseur,
opposent le moins de résistance à la transmission du courant; ils ne peuvent servir
que dans les expériences de recherches, et
encore quand les solutions ne sont ni acides
ni alcalines, ou qu'elles ne renferment aucuns sels d'or, d'argent ou de platine, dont
les oxydes sont réduits par les matières organiques; car alors les agents chimiques les
détruisent promptement. La présence des métaux réduits sur leur surface présente des inconvénients dont il va être question ci-après.

Le cuir et la peau tannés à sec, c'est-à-
dire tannés sans corps gras, ont à la vérité
les mêmes inconvénients; mais étant plus
résistants, leur durée est plus longue et leur
emploi avantageux. Le cuir doit être plongé
pendant plusieurs jours dans l'eau, afin d'enlever toutes les matières organiques solubles; quand il a séjourné dans l'eau salée,
qu'il a été laissé à l'air et qu'on le fait servir de nouveau, il acquiert une densité telle
que les courants ne passent plus. Cet effet
est dû non-seulement à la cristallisation du
sel marin dans les pores du cuir, mais encore à la formation d'un composé que l'eau
chaude ne saurait dissoudre. D'après cela, il
faut, toutes les fois que les diaphragmes ont
été plongés dans l'eau salée, les remettre
tremper dans l'eau, afin d'éviter les effets signalés. On conçoit que l'on puisse changer,
donner de grandes dimensions à des diaphragmes de ce genre, en réunissant plusieurs peaux par une couture à points serrés, et goudronnant les points de suture. De
semblables diaphragmes bien préparés tiennent longtemps le liquide sans perte sensible; le seul inconvénient est l'épaisseur souvent un peu forte du cuir. La peau chamoi-
sée et la peau en général sont trop perméables au liquide. On ne peut les employer
que dans le cas où les deux liquides possèdent un très-faible degré d'endosmose. Le
cuir préparé avec des corps gras ne peut
convenir, parce qu'il s'oppose au passage du
courant.

La toile à voile est un des meilleurs diaphragmes, surtout avec des dissolutions
neutres n'ayant qu'un faible degré d'endosmose, car le courant n'est pas sensiblement
arrêté, et l'on peut enlever facilement les
cristaux de sel résultant de la réaction des
deux dissolutions l'une sur l'autre. On peut
donner aux diaphragmes de toile à voile la
grandeur que l'on veut, ce qui est un avantage dans l'industrie; la couture doit être
faite avec un fil enduit de poix.

Les planches de sapin ou de tout autre bois,
fibreux à tissu lâche, ne peuvent être employées que lorsqu'elles n'ont pas plus de
deux à trois millimètres d'épaisseur; mais il
faut encore avoir soin d'enlever la sève et
les matières résineuses en plongeant le bois
pendant longtemps dans de l'eau bouillante
alcalisée; ces diaphragmes ne peuvent servir
que dans des cas assez bornés, car ils finis
sent par se cambrer lorsqu'ils sèchent.

Le kaolin ou l'argile exempte de carbo
nate de chaux est sans contredit la matière
qui offre les plus grands avantages pour

former des diaphragmes, attendu qu'on peut leur donner une épaisseur de plusieurs centimètres sans que l'intensité du courant diminue sensiblement, pourvu toutefois que l'argile soit imbibée d'un liquide bon conducteur, et qu'elle ne soit pas trop fortement tassée. Un des grands avantages des diaphragmes d'une certaine épaisseur, est que l'on retarde tellement le mélange des dissolutions, que l'on voit souvent celui ci ne pas s'opérer sensiblement pendant plusieurs mois. Il en résulte quelquefois aussi un inconvénient dont il faut se garantir. Lorsque deux dissolutions réagissent l'une sur l'autre par l'intermédiaire de l'argile, s'il se forme une combinaison hydratée, alors l'argile perd l'eau qui serva't à l'humecter, et acquiert une compacité telle, que le courant finit par ne plus passer. C'est un motif pour placer dans le circuit une boussole destinée à faire connaître les variations du courant. Quand on reconnaît que l'argile a acquis trop de compacité, il faut l'enlever et la remplacer. On évite d'employer de l'argile qui renferme des carbonates, parce que lorsqu'un des liquides est acide, il se produit un dégagement d'acide carbonique qui vient porter le trouble dans l'appareil.

La porcelaine dégourdie est employée avec avantage, et offre plus de résistance que la terre demi-cuite ou les creusets et les têtes de pipe : seulement il faut avoir soin de laver les diaphragmes de temps à autre, afin d'enlever les sels qui, en cristallisant dans l'intérieur, finissent par faire éclater les parois. On peut à la vérité donner la même qualité aux creusets en leur faisant supporter un plus fort degré de cuisson. Les creusets sont les diaphragmes les plus commodes en raison de la facilité que l'on trouve à se les procurer ; seulement quand leurs parois sont trop épaisses, il faut diminuer cette épaisseur avec la lime et enlever la couche vernissée, s'il y en a, sans quoi la terre ne s'imbiberait pas de liquide et le courant ne passerait pas. Les diaphragmes en plâtre peuvent être employés, mais non avec des dissolutions renfermant de l'acide sulfurique libre ; car l'acide sulfurique dissout peu à peu le sulfate de chaux, et le diaphragme finit par disparaître.

Le papier ou carton goudronné perméable au liquide est un bon diaphragme, facile à préparer, le goudron n'étant employé que pour empêcher le carton de se délayer dans l'eau.

En général, toute substance perméable aux liquides, qui n'est pas attaquée ou délayée par eux, peut servir à établir des diaphragmes ; mais elle ne doit pas renfermer de matières conductrices de l'électricité, car il en résulterait, par suite du passage du courant, autant de centres d'actions décomposantes. En effet, toutes les fois qu'un corps solide conducteur se trouve dans un liquide traversé par un courant, l'extrémité de ce corps qui regarde le pôle positif devient un pôle négatif, et l'autre extrémité un pôle positif, de sorte que le corps constitue un élément voltaïque qui, en réagissant sur le liquide ambiant, opère la décomposition des substances qu'il tient en solution. Il faut éviter, d'après cela, que les diaphragmes ne contiennent du charbon, des pyrites et autres substances métalliques : c'est à la présence de ces matières dans l'argile que des décompositions s'opèrent quelquefois dans la croûte du globe.

Les substances organiques ne présentent pas cet inconvénient, car elles ne sont conductrices que quand elles sont mouillées : néanmoins, quand quelques-unes de leurs parties sont très-denses, elles peuvent servir d'éléments décomposants. Dans les liquides organiques il existe des globules qui peuvent servir de conducteurs.

Après avoir exposé ce qui concerne les diaphragmes, nous devons indiquer les substances métalliques les plus convenables pour éviter la polarisation et la production de courants en sens inverse. Pour les appareils simples, il faut deux métaux, l'un oxydable ou producteur de l'électricité, lequel étant attaqué par un liquide, prend l'électricité négative, tandis que le liquide s'empare de l'électricité positive, qui est recueillie par le métal non oxydable.

Il est bien prouvé maintenant que lorsqu'on plonge deux lames de métal différent dans une solution neutre, acide ou alcaline, la direction et l'intensité du courant dépendent de l'action exercée par le liquide sur chacune des lames, et en particulier sur le métal le plus oxydable, ainsi que du pouvoir conducteur de la solution. On peut donc prévoir *a priori*, dans le plus grand nombre de cas, quand on connaît la nature de la solution et les deux métaux, dans quel sens sera dirigé le courant. Nous allons en citer quelques exemples. En plongeant deux lames dans de l'eau salée, l'une de cuivre et l'autre de zinc, en communication avec le multiplicateur, le zinc prend au liquide l'électricité négative, attendu qu'il est plus attaqué par celui-ci que ne l'est le cuivre ; mais si le liquide est une solution de sulfure de potassium, le courant suit une direction opposée, parce que le cuivre est plus attaqué que le zinc. Une lame de cuivre et une lame d'étain plongées dans une solution acide et saline donnent naissance à un courant qui va, de l'étain au cuivre, à travers le liquide ; tandis qu'avec l'ammoniaque, le courant suit une direction opposée. En plongeant dans de l'acide nitrique concentré et dans de l'acide nitrique étendu divers couples métalliques, on forme le tableau suivant, dans lequel chaque métal est positif par rapport à celui qui le précède.

Acide nitrique concentré.	*Acide nitrique étendu.*
Fer oxydé.	Argent.
Argent.	Cuivre.
Mercure.	Fer oxydé.
Plomb.	Fer.
Cuivre.	Plomb.
Fer.	Mercure.
Zinc.	Etain.
Etain.	Zinc.

Un couple or et cuivre ne donne aucun effet quand on emploie le mercure comme liquide. M. de la Rive a émis le doute que la formation de l'amalgame fût une véritable action chimique ; mais cette assertion ne saurait être fondée, attendu qu'il y a combinaison en proportions définies ; il y a sans nul doute aussi action électrique, mais le multiplicateur ne peut accuser le courant produit, car les deux électricités trouvent plus de facilité à se recombiner sur la surface de l'or et du mercure, qu'à suivre le fil du multiplicateur. En général, toutes les fois que le corps intermédiaire est meilleur conducteur ou même aussi bon que le fil du multiplicateur, la recomposition s'opère sur la surface même de contact. Le sens du courant dans un couple qui plonge dans un liquide est bien dépendant de l'énergie avec laquelle s'exerce l'action chimique sur l'un des éléments de ce couple ; celui qui est le plus attaqué prend au liquide l'électricité négative. Mais peut-on, en augmentant la surface du métal le moins attaqué, comparer et même surpasser l'action la plus vive de ce liquide sur l'autre métal ? M. de la Rive, qui a étudié cette question, a reconnu que cela a lieu quelquefois quand la différence entre les propriétés chimiques des métaux est peu de chose, mais qu'en général la somme d'un grand nombre d'actions chimiques très-faibles, sous le rapport des effets électriques produits, ne peut jamais égaler une action chimique très-forte, lors même que celle-ci ne s'exercerait que sur une très-petite surface.

Du zinc amalgamé. — Une plaque de zinc amalgamé possède la singulière propriété de ne pas être attaquée par de l'eau légèrement acidulée par l'acide sulfurique ; mais si l'on vient à la toucher avec un fil de cuivre ou de platine, l'action devient aussitôt vive, le zinc se dissout et l'hydrogène se dégage sur le fil qui devient le pôle négatif du couple voltaïque. On peut considérer cet effet comme une anomalie, car le mercure constituant par son contact avec le zinc et l'eau acidulée un couple voltaïque, le zinc devrait être plus attaqué que lorsqu'il ne lui est pas associé. Or, comme le contraire a lieu, il faut donc que les particules du zinc, par suite de leur contact avec le mercure, se trouvent dans le même état que les particules d'une lame de fer rendu inactif par l'acide nitrique.

On amalgame le zinc en le décapant dans de l'eau acidulée par l'acide sulfurique, et étendant dessus du mercure. Si on plonge dans de l'eau ainsi acidulée une lame de zinc ordinaire et une autre amalgamée, et qu'on les fasse communiquer au moyen d'un fil de cuivre, la lame amalgamée se comporte comme le zinc, et l'autre comme le cuivre dans un couple voltaïque ordinaire. Ce qui distingue les effets produits dans l'eau acidulée par une lame de zinc amalgamé en relation avec une lame de cuivre ou autre de ceux qui ont lieu avec une lame de zinc et une lame de cuivre, c'est que l'action chimique, d'ordinaire violente et intense sur le

zinc, est tranquille et uniforme sur les lames de zinc amalgamé. De plus, les pouvoirs électriques sont plus fortement exaltés, et sont en jeu plus longtemps qu'avec du zinc seulement : en employant une solution d'acide nitreux, ces pouvoirs acquièrent un grand degré d'intensité. Voici les résultats d'une expérience de M. Faraday avec un couple zinc amalgamé et platine ; la surface de chaque lame était de quatre pouces (anglais) carrés, et le liquide intermédiaire de l'eau acidulée par l'acide sulfurique :

Dans le premier moment, la déviation a été de 62°,5,	
puis en 5 minutes	60°
10	57
15	55
20	52,5
25	49
30	48
35	47
40	46,50
45	46
50	45
55	45
60	45

L'appareil ayant fonctionné pendant une heure, le circuit fut interrompu une minute, et la solution agitée avec les lames qu'elle contenait ; puis, la communication rétablie, l'aiguille, après quelques oscillations, s'est arrêtée à 47°, c'est-à-dire que le courant a repris son intensité première. Le circuit étant resté fermé pendant une heure, la déviation était encore de 42° ; au bout d'une heure, elle n'était pas changée. On trouve dans ce résultat une preuve que le zinc amalgamé peut être employé avec avantage dans la construction des piles à courant constant ; mais d'où peuvent donc provenir les propriétés du zinc amalgamé ? M. Faraday, qui s'est occupé de cette question, n'a pu la résoudre ; mais cependant les réflexions qu'il a faites sont de nature à l'éclairer. Une solution de trente parties d'eau et d'une partie d'acide sulfurique n'agit que faiblement sur le zinc pur, tandis qu'elle attaque énergiquement le zinc du commerce. M. de la Rive a attribué cette différence à la présence du fer, du cadmium, qui se trouvent dans le zinc impur, lesquels constituent autant de couples voltaïques ; il résulte en effet, de cette multiplicité d'actions, qu'il y a beaucoup de zinc détruit, et que l'hydrogène se dégage en apparence sur la surface, bien qu'en réalité ce dégagement n'ait lieu qu'à la surface des particules métalliques étrangères ; on conclut évidemment de là que ces particules servent en même temps à décharger l'électricité du zinc, et diminuent ainsi le pouvoir qu'a ce métal de produire un courant électrique, ce qui fait que l'intensité du courant qui passe dans le circuit métallique se trouve beaucoup affaiblie. En amalgamant la surface de zinc, on amène la surface dans une condition uniforme qui détruit l'action des petits couples voltaïques. La difficulté est d'expliquer pourquoi la présence du mercure s'oppose à ce que le zinc soit attaqué tant qu'on ne le touche pas avec un fil de cuivre ou de platine. Tout ce qu'on peut dire à cet égard, c'est que la surface du zinc étant partout recouverte de mercure, une partie ne peut agir comme déchargeur vis-à-vis de l'autre ; dès lors l'action chimique est suspendue.

Deux avantages importants résultent de l'emploi des lames de zinc amalgamé. Le premier est que l'équivalent complet d'électricité s'obtient par l'oxydation d'une certaine quantité de zinc, c'est-à-dire que si l'on opère la décomposition d'un sel métallique en dissolution avec l'appareil simple, on obtient un équivalent de métal réduit pour un équivalent de zinc consommé.

Le second avantage est que le zinc ne soit pas attaqué quand le circuit n'est pas fermé ; nous en signalerons un troisième. L'action n'est pas régulière avec un couple dans lequel se trouve du zinc ordinaire, attendu que la perturbation portée dans le liquide par le gaz amène à la surface du zinc des quantités inégales d'acide qui ne décape pas également les surfaces, ce qui n'arrive pas avec le zinc amalgamé, en raison de son action régulière.

Il paraîtrait que lorsque la circulation du courant est gênée entre le zinc amalgamé et le cuivre ou le platine par la présence d'un diaphragme, la quantité de zinc consommée diminue également, ce qui établit une relation remarquable entre l'intensité du courant, la quantité de zinc dissoute et la quantité de sel métallique décomposé, relation que nous ne pouvons expliquer. Nous avons encore plusieurs points à examiner avant de décrire les appareils simples à courant constant.

De l'influence de la température des lames de platine servant à conduire les courants électro-chimiques. — Pour bien se rendre compte des effets électriques qui ont lieu dans la réaction des dissolutions les unes sur les autres, il faut tenir compte de ceux produits quand on chauffe une lame de platine qui plonge dans une dissolution neutre, acide ou alcaline. On conçoit que la lame échauffée introduite dans le liquide élève la température de la couche de liquide en contact avec elle, de sorte qu'il y a réaction de cette couche sur le liquide ambiant et courant électrique qui peut être dans le même sens ou en sens inverse de celui que l'on veut obtenir. Pour résoudre cette question, il faut savoir ce qui se passe dans la réaction d'un liquide chaud sur un liquide froid. Pour cela on prend deux capsules contenant, l'une un liquide chaud, l'autre un liquide froid. On plonge dans chacune d'elles une lame de platine communiquant avec un multiplicateur, et on établit la communication entre les deux capsules avec une mèche de coton. Voici ce que l'expérience donne : quand de l'eau ou une solution alcaline chaude réagit sur de l'eau ou une solution alcaline froide, celle-ci prend l'électricité positive, et le liquide échauffé l'électricité contraire. Une solution acide chaude et une solution froide produisent des effets contraires, c'est-à-dire que le liquide chaud prend l'électricité posi-

tive. Nous devons ajouter encore que les effets électriques sont inverses pendant le refroidissement. Les expériences dont on vient de rendre compte peuvent être faites avec un multiplicateur à fil long, destiné à reconnaître les effets électro-chimiques, et qui ne peuvent servir à transmettre que difficilement les courants thermo-électriques ; par conséquent on doit en conclure que, dans le mélange d'une solution chaude avec une solution froide, il s'opère un phénomène chimique analogue aux combinaisons, sous le rapport des effets électriques ; le mélange de l'eau chaude avec l'eau froide donne donc réellement lieu à une action chimique.

On conçoit, d'après cela, que lorsqu'un liquide réagit vivement sur un métal, non-seulement il y a effet électrique résultant de l'action chimique, mais la couche de liquide adhérente s'échauffant si l'action est vive, il doit y avoir réaction du liquide chauffé sur le liquide environnant. Dans l'analyse des effets électriques, on doit donc en tenir compte.

Réflexions sur la théorie du contact. — Les effets électriques produits au contact des solides et des liquides ont une telle importance en électro-chimie, puisqu'ils servent de base à cette nouvelle branche des sciences physico-chimiques, que l'on ne saurait les étudier avec trop de soin. Volta crut pouvoir les expliquer en admettant l'existence d'une force électro-motrice, dont l'action était telle, suivant lui, que deux corps conducteurs en contact se constituaient dans deux états électriques différents par le seul fait du contact. Fabroni nia l'existence de cette force et attribua une origine chimique aux effets de contact ; ces deux opinions ont été tour à tour combattues, défendues et modifiées par Wollaston, Davy et autres physiciens ; mais ce n'est réellement que lorsque l'on eut analysé les effets électriques produits, soit dans les actions chimiques, soit dans les phénomènes moléculaires, que l'on fut obligé d'admettre l'influence directe des réactions chimiques sur la production des effets électriques de contact, ou bien l'action de la chaleur ou d'une cause mécanique quelconque pouvant troubler l'équilibre naturel des molécules. Les effets de contact de Volta peuvent bien avoir lieu quand les affinités s'exercent entre deux corps en contact, avant que la combinaison s'effectue ; mais ces effets, dont nous ne nions pas entièrement l'existence, disparaissent vis-à-vis de ceux que nous venons de mentionner.

Les partisans de la théorie de Volta, n'envisageant la question que sous un seul point de vue, ne peuvent expliquer que très peu des faits nombreux que l'on découvre chaque jour, et qui, en raison de leur nombre et de leur singularité, débordent de toutes parts le cadre dans lequel on cherche à les renfermer. Cette théorie a le seul avantage de fournir à l'analyse mathématique un principe simple, à l'aide duquel on peut déduire des formules renfermant des constantes arbitraires, dans quelques cas particuliers, les résultats de l'expérience. C'est un des motifs qui ont contribué à la maintenir dans la science. Au surplus, en discutant sur un principe sans apporter à l'appui de son opinion d'autres faits que ceux connus, ou analogues, la science n'avance pas, et chacun reste avec son opinion. Si l'on n'eût pas cherché à démontrer l'insuffisance de la théorie de Volta, comme l'ont fait M. de la Rive et M. Becquerel, pour expliquer une foule de faits nouveaux dans lesquels les réactions chimiques jouent le principal rôle, l'électro-chimie serait restée stationnaire. Nous croyons nécessaire d'exposer les recherches récentes de M. Faraday, qui ont eu pour but de montrer que le contact, non suivi d'effets chimiques, était insuffisant pour produire des effets électriques.

M. Faraday a employé des liquides n'exerçant aucune action chimique, afin de voir ce qui arriva t'en excluant cette cause de dégagement d'électricité. Ces liquides seulement avaient la faculté de conduire un courant électrique provenant d'un seul couple bismuth et antimoine. Voici quelques-uns de ses résultats.

1° Sulfure de potassium, en solution étendue, dans laquelle plongeaient deux lames de platine en relation avec un couple thermo-électrique et un multiplicateur, le tout formant un circuit fermé. A température égale dans toutes les parties de ce circuit, il n'y avait point production de courant ; mais en chauffant ou réfroidissant les points de jonction bismuth et antimoine, l'aiguille aimantée déviait quelquefois jusqu'à 80°. En substituant d'autres couples thermo-électriques au couple bismuth et antimoine, les mêmes effets avaient lieu ; seulement ils étaient moins marqués.

2° En substituant l'acide nitreux anhydre à la solution de sulfure de potassium, le courant thermo-électrique ne fut pas transmis ; mais cet acide, étendu de son volume d'eau, devenait assez bon conducteur pour livrer passage au courant thermo-électrique.

3° L'acide nitrique, privé d'acide nitreux, conduisait mal ; l'acide jaune-paille était meilleur conducteur, et l'acide rouge pouvait être considéré comme bon conducteur. Ainsi, l'acide nitrique pur devait donc être un mauvais conducteur pour les courants thermo-électriques.

4° L'acide sulfurique ordinaire conduisait mal le courant électrique, tandis que, mélangé à deux volumes d'eau, il devenait meilleur conducteur que les deux premiers liquides.

Enfin, une solution concentrée de potasse ne conduisait que très-faiblement.

En essayant le pouvoir conducteur de différents corps solides pour les courants thermo-électriques, M. Faraday a reconnu que la galène, le bisulfure de fer, les pyrites arsénicales, le double sulfure de cuivre et de fer, le sulfure de cuivre naturel, les sulfures de

bismuth, de fer et de cuivre, les globules d'oxyde de fer brûlé, l'oxyde des batitures, etc., conduisaient très-bien le courant, tandis que les peroxydes de manganèse et de plomb ne le conduisaient que médiocrement, et que le sulfure d'étain gris artificiel, la blende, le cinabre, l'hématite, le fer oligiste, l'oxyde de fer magnétique, l'oxyde d'étain natif, le wolfram, le peroxyde de cuivre, le peroxyde de mercure, ne le conduisaient nullement.

Des circuits mixtes, formés avec tous ces corps liquides ou solides, n'ont jamais donné de courant quand la température était la même dans toutes les parties du circuit, bien que les courants thermo-électriques, qui sont les plus faibles que nous connaissions, traversassent chacun d'eux. M. Faraday a recherché ensuite ce qui se passait dans les circuits mixtes, en suivant la même marche que Becquerel avait adoptée longtemps auparavant, quand le physicien français avait opéré avec un circuit fermé, composé de deux fils d'or et d'acide nitrique ou hydrochlorique. M. Faraday a indiqué plusieurs autres exemples de circuits mixtes inactifs qu'il est bon de connaître : 1° il s'est servi d'un circuit formé d'une sulfure de potassium, d'une lame de fer et d'une lame de platine en contact ; la dissolution a été placée dans deux verres où plongeaient deux lames de platine en relation avec le multiplicateur, et les deux verres communiquaient ensemble, au moyen du couple métallique. Toutes les fois que le circuit était fermé, l'aiguille restait à zéro, ce qui annonçait évidemment qu'il n'y avait pas production d'électricité au contact du fer et du platine, car s'il y en eût eu, elle aurait passé avec facilité, attendu que le courant thermo-électrique qui avait lieu quand on appliquait la chaleur au point de jonction fer et platine, traversait le liquide de manière à faire dévier l'aiguille de 30 à 50° ; bien entendu que l'effet négatif ne se manifestait que lorsque les surfaces métalliques étaient très-propres, et que l'on s'était mis en garde contre les causes capables de faire naître des effets secondaires. En substituant au fer le nickel, le palladium, l'or, etc., on obtient les mêmes résultats.

Les expériences ont également été faites avec la solution de sulfure de potassium, le platine et des substances minérales, telles que la galène, les pyrites, et les effets ont été constamment négatifs ; il est donc bien prouvé par les faits précédents que toutes les fois qu'il n'y a pas réaction des liquides sur les solides, il y a absence d'effets électriques. Passons au cas où le contact est suivi d'action chimique. Les faits observés par M. Faraday donneront plus de force encore à l'origine chimique de l'électricité voltaïque. Le liquide actif était encore du sulfure de potassium, et les métaux, des fils de platine, d'or, de fer, de plomb et d'étain ; deux de ces fils successivement en communication avec le multiplicateur, furent plongés dans la solution de sulfure, avec l'étain et le platine, courant énergique du premier au deuxième à travers la solution. Le courant diminua rapidement d'intensité; dix minutes après, l'aiguille était revenue presque à zéro. Dans cet état, le circuit ne pouvait livrer passage à un courant thermo-électrique provenant d'un couple antimoine et bismuth. Cet effet négatif provenait de la présence sur l'étain d'un sulfure insoluble non conducteur.

Plomb et platine.—En substituant le plomb à l'étain, forte déviation, diminution rapide, puis, peu d'instants après, l'aiguille revient à zéro; et cependant un faible courant thermo-électrique pouvait circuler, attendu que le sulfure de plomb est conducteur; seulement, la présence de ce composé arrêtait l'action chimique, et par suite détruisait la cause qui dégageait de l'électricité. En combinant le plomb avec d'autres métaux, on obtenait des effets absolument semblables.

Dès l'instant que l'on admet que l'action chimique est la cause productive du courant, il est convenable de rechercher si les contacts métalliques restant les mêmes, les causes qui font varier l'action chimique n'influent pas également sur l'intensité du courant. Déjà M. de la Rive avait appris par ses expériences que l'accroissement d'action d'un couple métallique plongé dans un liquide chaud, était dû en grande partie à l'exaltation de l'action chimique. Pour dissiper tous les doutes sur l'origine chimique des effets électriques attribués au contact, M. Faraday a opéré seulement avec un métal et un liquide, de telle sorte que le circuit ne fût composé que d'un liquide chaud, d'un liquide froid et d'un métal, expérience que M. Becquerel avait déjà faite depuis longtemps, mais non avec autant de détails. L'appareil se composait d'un tube de verre recourbé, de 135 millimètres de long et de 7 millimètres de diamètre, placé sur un support de manière à chauffer à volonté une des deux branches dans chacune de quelles plongeait une lame de métal en communication avec un galvanomètre ou avec un couple antimoine et bismuth.

Nous passons sous silence les effets obtenus avec un seul métal, attendu qu'ils n'offrent rien de particulier, et qu'ils rentrent complétement dans ce qui a été dit précédemment; mais nous prendrons le cas où les deux métaux sont différents, et d'où résultent des effets plus complexes. Supposons qu'on ait eu pour liquide de l'acide sulfurique étendu, et pour métaux, un fil d'argent et un fil de platine, on a obtenu une déviation de 4° dans une direction telle, que l'argent prenait au liquide l'électricité négative, ce qui annonçait une légère action chimique sur le métal. En chauffant l'eau acidulée autour du platine, la déviation fut portée à 30° dans le même sens. En chauffant autour du fil d'argent, il devient plus négatif; mais l'aiguille ne fut déviée que de 10°. Dans le premier cas, l'effet électrique résultant de la réaction du liquide chaud sur le liquide

froid, a dû augmenter l'intensité du courant; tandis que dans le deuxième, le liquide chaud, réagissant sur l'argent, avec plus de force que le liquide froid, le courant électrique qui en a résulté a dû l'emporter sur celui provenant de la réaction du liquide chaud sur le liquide froid produisant un courant en sens inverse.

Les exemples nombreux que nous venons de citer ne doivent laisser aucun doute dans les esprits sur l'inefficacité du contact des solides et des liquides pour dégager de l'électricité toutes les fois que ce contact n'est pas suivi d'une action chimique, calorifique ou mécanique. Apporter de nouvelles preuves à celles que nous avons présentées jusqu'ici n'aurait aucun but. Nous allons continuer l'examen des effets électriques produits dans les actions chimiques, afin de bien connaître les lois qui les régissent, et de pouvoir construire des appareils électro-chimiques simples, fournissant des courants constants pendant un temps plus ou moins long.

§ II. — *Des effets électriques produits dans les décompositions chimiques.*

Il a été établi que, dans la combinaison d'un acide avec un alcali, le premier laisse dégager de l'électricité positive, le second de l'électricité négative. Dans les décompositions chimiques, les effets sont inverses. Pour observer ces effets, on procède de la manière suivante : on place sur un disque de métal, fixé à l'un des bouts d'une tige horizontale soudée au plateau inférieur d'un condensateur, un creuset de platine préalablement chauffé au rouge, ou bien que l'on échauffe avec de fortes lentilles, dans lequel on verse le liquide sur lequel on veut opérer. A la place de la capsule, on se sert avec plus d'avantage de lames épaisses de platine, qui conservent plus longtemps la chaleur qu'on leur communique. Si l'on jette quelques gouttes d'eau distillée, on n'obtient aucun signe d'électricité; par conséquent l'évaporation seule n'est pas une cause du dégagement de cet agent. Quand l'eau renferme de la strontiane ou d'autres bases, la capsule se charge d'un excès d'électricité positive, et la vapeur prend l'électricité négative. Cet effet n'a lieu néanmoins qu'à l'instant où l'eau de combina son s'échappe. Les effets sont inverses avec l'ammoniaque étendue d'eau. Dans cette dernière expérience, l'ammoniaque se vaporisant plus facilement que l'eau, emporte avec elle l'électricité positive, et laisse à l'eau, et par suite à la capsule, l'électricité négative. Dès lors les effets sont inverses de ceux qui ont lieu dans les combinaisons. Quand l'eau renferme un acide et que l'acide s'évapore, il emporte avec lui l'électricité négative : effet également inverse de celui que l'on obtient dans les combinaisons chimiques. Pour bien voir les effets électriques produits dans les décompositions, on opère avec le bicarbonate de soude que l'on projette dans la capsule rougie; ce sel se décompose en laissant échapper de l'acide carbonique. La capsule possède un fort excès d'électricité positive, tandis que l'acide emporte avec lui l'électricité négative: Si l'on remplace le bicarbonate par du sel marin, le sel décrépite, l'eau de cristallisation emporte avec elle l'électricité positive.

M. Peltier a précisé une circonstance indispensable pour la production du phénomène que nous devons signaler. Si l'on verse quelques gouttes d'eau sur un morceau épais de platine, légèrement bombé, et dont on a élevé la température au moyen d'une lampe, il s'opère différents effets connus des physiciens relativement à la forme et au mouvement de l'eau. Nous dirons qu'après diverses évolutions, elle finit par mouiller le platine, s'aplatit, et se vaporise sans qu'il y ait d'électricité produite si l'eau est parfaitement pure, et que le morceau de platine soit très-propre. Avec une dissolution peu étendue de sel marin, l'effet est le même la première fois; mais le sel abandonné par l'eau forme alors une couche légère sur le platine; si l'on ajoute une nouvelle quantité d'eau, cette couche est reprise par celle-ci; dès l'instant que la goutte est diminuée de volume par suite de l'évaporation, elle devient presque opaque, et l'on voit une multitude de petits filets cristallins s'agiter dans l'intérieur. Bientôt après on entend de petites décrépitations accompagnées de projections salines. Le vase devient alors négatif; mais si la température est assez abaissée pour permettre le mouillage, la décrépitation cesse, la goutte s'étend, l'eau se transforme en vapeur, et l'électricité s'échappe avec celle-ci. L'effet augmente à mesure que la couche saline est plus épaisse, et il est en rapport avec la décrépitation. Le sel qui décrépite sans fusion aqueuse produit le même effet.

Si l'on opère avec le nitrate d'ammoniaque, il y a fusion aqueuse, évaporation sans production d'électricité, puis décrépitation et dégagement d'électricité. Dans les expériences de M. Peltier, il y a production d'électricité lors de la séparation des molécules d'eau combinées; elle s'est donc manifestée pendant la décomposition chimique. Cette observation rentre à la vérité jusqu'à un certain point dans la manière de voir de M. Pouillet, puisqu'il n'y a pas émission d'électricité pendant l'évaporation de l'eau distillée dans un vase parfaitement décapé. C'est un fait qui est aujourd'hui acquis à la science; mais relativement aux effets électriques produits dans les décompositions, il y a une différence dans la manière de voir de ces deux physiciens; seulement, comme les effets sont constants dans l'un et l'autre cas, il faut admettre que la décrépitation, autrement dit la séparation de l'eau combinée, donne le maximum d'effets.

Nous sommes naturellement amené à parler du dégagement de l'électricité dans l'expansion de la vapeur des chaudières des locomotives.

Du dégagement de l'électricité dans l'expansion de la vapeur des chaudières à vapeur. — On a observé, dans ces derniers temps, un dégagement considérable d'électricité dans le jet de vapeur d'une chaudière, fait remarquable en raison de l'intensité de ses effets et des circonstances dans lesquelles il est produit. Ce fait, observé la première fois par M. H.-E. Armstrong (*Philos. Mag.*, nov. 1840), dans l'usine de Sighilles, près de New-Castle, a été depuis l'objet d'investigations de la part de plusieurs personnes. La chaudière à vapeur qui a servi à l'observation n'offrait rien de particulier dans sa construction; seulement à la partie inférieure de la soupape se trouvait une rondelle fixée par des boulons. Cette soupape était séparée de la paroi de la chaudière par un ciment composé de craie, d'huile et d'étoupes, afin qu'elle joignît aussi bien que possible. Une fissure s'étant faite dans ce ciment, un jet de vapeur s'en échappa, tellement électrisé, qu'en plongeant une des mains dedans et appuyant l'autre sur le levier de la soupape, on voyait passer une étincelle brillante chaque fois que l'on interrompait la communication. On ressentait une violente commotion dans le bras. Ces effets étaient les mêmes, quel que fût le point de la chaudière que l'on touchât. Celle-ci ayant été nettoyée quelque temps après, l'on trouva une forte incrustation de calcaire qui fut enlevée; on fit fonctionner la chaudière, et les effets électriques furent moins marqués, quoique encore assez sensibles pour produire une étincelle distincte et un choc dans le bras. Il fut prouvé par là que la présence de l'incrustation était une des causes, non pas peut-être indispensable à la production du phénomène, mais du moins nécessaire pour en augmenter l'intensité.

Dès l'instant que ce fait fut connu, on répéta de toutes part l'expérience de M. Armstrong, et ce dernier lui-même en varia toutes les circonstances pour tâcher de remonter à la cause. Avant de chercher à expliquer le phénomène, commençons d'abord par l'exposition de tous les faits. On reconnut d'abord qu'en se plaçant sur un tabouret isolant, les étincelles acquéraient, ainsi que la commotion, une plus forte intensité. La vapeur était positive, la chaudière retenait donc l'électricité négative. On chargea une bouteille de Leyde, qui donna de fortes secousses à plusieurs personnes formant chaîne. La quantité d'électricité émise par le jet de vapeur augmentait ou diminuait avec la charge de la soupape.

L'expérience ayant été répétée avec le jet de vapeur d'une chaudière d'une machine à haute pression et alimentée par de l'eau pure, les effets furent nuls; d'après cela, la formation ou la présence d'une incrustation dans la chaudière paraissait, dans ce cas, une condition indispensable à la production du phénomène, que l'on doit étudier avec d'autant plus d'intérêt, qu'il paraît avoir de l'analogie avec les effets électriques qui accompagnent ordinairement les trombes et les orages.

M. Armstrong recommença ses expériences en se servant de la chaudière d'une locomotive et opérant presque toujours la nuit, afin que les effets lumineux fussent plus visibles. Il se plaça sur un tabouret isolant, et tint d'une main une tige de fer placée immédiatement au-dessus de la soupape, lorsque la vapeur s'échappait, et approcha l'autre main d'un conducteur en rapport avec la chaudière; il obtint des étincelles d'un pouce anglais de longueur; en élevant la tige au-dessus de la soupape, mais la laissant toujours dans la vapeur, il arrivait à un point où les étincelles avaient deux pouces de longueur. L'effet lui parut proportionnel à la quantité de vapeur qui s'échappait par la soupape. Il n'avait cependant encore fait aucune expérience rigoureuse pour s'assurer jusqu'à quel point cette loi était exacte. La soupape ayant été ouverte brusquement, les bords du levier et de la rondelle devinrent lumineux.

M. Pattinson (*Phil. Mag.*, nov. 1840) répéta l'expérience qu'on vient de décrire, en précisant bien les circonstances de la production du phénomène. La vapeur sortait d'abord d'une soupape qui se trouvait sous la pression de cinquante-deux livres par pouce : les étincelles avaient alors trois pouces de longueur. S'étant placé, comme M. Armstrong, sur un tabouret isolant, et le conducteur à pointe plongeant dans la vapeur, les étincelles étaient d'autant plus longues que la soupape restait fermée plus longtemps. Au bout d'une ou deux minutes de fermeture, si on la soulevait brusquement, les étincelles avaient quatre pouces de longueur. La pression n'étant plus que de quarante livres par pouce, les étincelles devinrent plus petites, et les plus longues n'avaient pas plus de trois pouces; à vingt livres, elles n'avaient qu'un pouce; à dix livres, d'un quart à un demi-pouce; à cinq livres, elles étaient presque invisibles. Mais, à toutes ces pressions, les effets augmentaient toutes les fois qu'on laissait la soupape fermée pendant quelque temps. Il en fut de même quand la chaudière fut isolée avec des pièces de bois séché.

M. Pattinson tira la conséquence de la série de ses expériences, que l'électricité paraissait se produire à l'instant où l'eau entrait en vapeur, celle-ci prenant l'électricité positive, l'eau et la chaudière l'électricité négative, déduction qui ne saurait être admise d'après les expériences de M. Pouillet, précédemment rapportées; il remarqua de plus que la vapeur humide produisait peu d'électricité. Les effets les plus énergiques observés jusqu'ici ont été produits dans les chaudières échauffées par des tubes en cuivre.

Pour mieux éclairer la question, M. Armstrong, qui avait découvert le fait fondamental, reprit les expériences, dans l'espoir de trouver la cause et les lois du phénomène, mais ses tentatives n'eurent pas le succès

qu'il espérait (*Phil. Mag.*, janv. 1841). Il en résulte, suivant lui, contrairement à ce qui a été dit, qu'un jet de vapeur à haute pression n'est guère plus électrique qu'un jet de vapeur à basse pression; seulement l'électricité fournie par la première est plus facile à recueillir; en isolant la chaudière, la quantité d'électricité positive diminue. Voici la nouvelle série d'expériences qui furent faites.

Un robinet adapté à la chaudière ayant été surmonté d'un tube de verre, on aperçut des étincelles briller le long du tube quand on ouvrait le robinet; ces étincelles se remarquaient depuis le nuage formé par la vapeur en dehors jusqu'au robinet, et cela que la chaudière fût isolée ou non. Les parois du tube n'étaient pas humides.

M. Armstrong tira la conséquence de la transmission de l'électricité du jet au robinet, que l'électricité positive de la vapeur ne se développe que lorsque celle-ci devient visible. Il nous semble que cette conséquence ne s'accorde pas avec le fait précédemment rapporté, savoir, que la lueur électrique est visible autour de la soupape. Il est certain que si les étincelles commencent à se montrer dans le tube, à partir du bout supérieur, en se succédant jusqu'au robinet, le fait est à prendre en considération dans l'explication du phénomène; mais pour l'instant, ne nous en occupons pas, et continuons l'examen des faits, afin d'avoir les documents nécessaires à cette explication.

M. Schafthœutl a fait des recherches sur le même sujet (*Phil. Mag.*, févr. 1841), mais en se servant d'un appareil à la portée de tous les physiciens. Il prit une sphère en fer creux, de cinq pouces anglais de diamètre, contenant du mercure dans lequel plongeait un tube servant de manomètre, et au-dessus de l'eau distillée. Dans l'intérieur de cette sphère plongeait un thermomètre dont la tige traversait la surface de la sphère. La couche d'eau distillée qui se trouvait sur le mercure avait un pouce un quart d'épaisseur (mesure anglaise). Dans la direction du jet de la vapeur, à une distance de neuf pouces environ de l'orifice du robinet, se trouvait une cloche en verre, de neuf pouces de diamètre et de cinq pouces de hauteur, dans laquelle aboutissaient les extrémités des deux fils de cuivre communiquant avec un fil unique du même métal. Quand l'eau fut entrée en ébullition, et que le manomètre indiqua un excès de pression de 31 pouces anglais, le robinet fut ouvert, la vapeur se précipita dans la cloche, s'y condensa, et fournit assez d'électricité en quelques secondes pour faire diverger les feuilles d'or d'un électroscope condensateur, en relation avec un fil de cuivre. Il en fut de même quand la pression en excès était de 23 pouces. L'eau distillée, qui avait servi à l'expérience, avait pris une teinte rougeâtre due à la présence du peroxyde de fer; elle fut remplacée par une dissolution de sel marin, puis ensuite par de l'eau distillée, et alors on ne recueillit point d'électricité. Cette expérience fut répétée plusieurs fois avec de l'eau distillée, en nettoyant bien la surface intérieure, et toujours les effets furent. négatifs; on n'en obtint que lorsque l'on mit exactement dans la sphère la même quantité d'eau qui avait servi dans la première expérience. M. Schafthœutl crut devoir en tirer la conséquence que l'effet devait être attribué à l'eau très-divisée que la vapeur entraînait avec elle et qui se condensait sur la paroi de la cloche de verre. Un bruit particulier produit par le jet de vapeur était l'indice du phénomène.

Cet observateur alla plus loin : il avança qu'il ne suffisait pas, pour que l'effet eût lieu, que la vapeur se condensât sous forme de brouillard , mais qu'il était nécessaire qu'elle devînt liquide. L'expérience, suivant lui, réussit également bien quand l'eau renfermait du sel marin ou du sulfate de chaux, pourvu que la quantité de liquide fût convenable. Il attribua uniquement l'électricité dégagée à la condensation soudaine de la vapeur et à la séparation de l'eau formée, la vapeur condensée prenant l'électricité positive, et la négative restant à la chaudière. A quelques modifications près , c'est la manière de voir de plusieurs physiciens anglais.

Les expériences précédentes ne parurent pas encore suffisantes à M. Armstrong pour expliquer le phénomène, il reprit cette question, et fit de nouvelles expériences dont plusieurs sont intéressantes.

Il condensa de l'air, sous une pression de 8 atmosphères, dans un vase à parois très-résistantes, de la contenance d'un peu moins de sept litres, et muni d'un tube de verre par lequel l'air devait s'échapper : le vase fut placé sur un isoloir. Ayant tourné le robinet pour laisser échapper l'air, il n'obtint, la première fois, aucun résultat. Dans une seconde expérience, le verre devint si fortement négatif, qu'il put en tirer des étincelles de 1[4 de pouce de long. Cette expérience fut répétée souvent avec le même succès. L'électricité du vase, quoique ordinairement négative, comme avec la vapeur, était cependant quelquefois positive; aussi devait-il se présenter des cas où il n'y avait aucun dégagement d'électricité, quand le vase passait de l'état négatif à l'état positif. L'expérience réussissait mieux par un temps froid et légèrement humide que lorsqu'il était sec et chaud. Cette circonstance est à noter, car elle semblerait faire croire que la présence de l'eau dans l'air est une des causes de la production du phénomène; aussi cette conjecture n'a-t-elle pas échappé à M. Armstrong.

Dans l'expérience précédente, il paraîtrait que l'influence de la présence de l'eau en vapeur est telle, que lorsque le récipient est parfaitement sec et échauffé, jusqu'à ce qu'on ne puisse y tenir la main, la sortie de l'air ne produit pas d'électricité. Si l'intérieur du récipient est humide, on ne peut faire disparaître les signes d'électricité qu'en élevant davantage la température; quand celle-ci est basse, la présence de l'eau con-

tribue peu aux effets électriques. En effet, M. Armstrong ayant desséché complétement l'intérieur d'un récipient, y introduisit une certaine quantité de potasse pour enlever à l'air condensé l'eau qu'il contenait; puis il comprima de nouveau de l'air, et plaça l'appareil dans un endroit froid pendant douze heures, afin que la potasse eût le temps de produire son effet. L'expérience ayant été faite ensuite, les effets furent les mêmes, comme si l'on n'avait pris aucune précaution pour enlever l'humidité.

Les expériences furent recommencées avec une chaudière de trente pouces de long et quatre pouces de large (mesure anglaise), le couvercle ayant une soupape de sûreté graduée. Le fourneau était porté sur quatre pieds de verre; un tube de cuivre partait du couvercle de la chaudière, entrait dans le fourneau, y serpentait plusieurs fois, en sortait latéralement , et son extrémité était terminée par un robinet au moyen duquel on donnait issue à la vapeur, qui se desséchait en passant dans le tube chaud. Cet appareil a donné des effets assez considérables, et a permis de reconnaître les circonstances dans lesquelles la chaudière était tantôt positive, tantôt négative.

Les expériences faites à cet égard portent à croire que l'état calorifique de la portion de la chaudière en contact avec la vapeur est probablement une des causes des effets produits : car, suivant M. Armstrong, la construction du fourneau permet, en fermant sa porte latérale, d'opérer un grand accroissement de température au haut de la chaudière où se trouve la vapeur ; et alors, presque toujours, l'électricité négative de la chaudière et la positive de la vapeur diminuent et disparaissent entièrement, puis la positive paraît dans la chaudière, et la négative dans le jet de la vapeur. La diminution de l'eau favoriserait aussi l'accumulation de la chaleur dans le haut de la chaudière, et cette circonstance est très-propre aux changements des électricités. Nous croyons cependant qu'il y a d'autres causes qui déterminent les variations des signes électriques, entre autres l'état électrique du tube, qui, étant le même que celui de la chaudière, doit produire des recompositions continuelles d'électricité.

Voyons comment influe la pression sur la production du phénomène.

Pour déterminer l'intensité comparative de l'électricité dégagée par la vapeur à divers degrés de pression, on s'est arrangé pour qu'il sortît en même temps des poids égaux de vapeur; et pour cela, on diminua l'ouverture par laquelle sortait la décharge, dans la même proportion que la pression augmentait, et réciproquement. La soupape de sûreté remplissait ce but. Il fallait encore, pour que les résultats fussent comparables, que la vapeur fût toujours dans le même état de sécheresse : ce que l'on obtenait en modérant le feu de manière à obtenir cet effet. On enleva d'abord la soupape pour laisser sortir librement la vapeur ; il n'y eut aucun des effets

precedcinmäħt décrits. La soupape, remise
en place et sous la pression d'un peu plus
d'une livre par pouce carré, les lames d'or
d'un électroscope convenablement placé
commencèrent à donner des signes d'électricité dus à la cause que l'on étudiait. Dans
cet état, en augmentant très-peu la pression, les effets électriques devinrent plus
considérables ; car, à la pression de trois livres par pouce carré, on tirait cinq à six petites étincelles par minute. En augmentant
ensuite la pression, l'accroissement des effets électriques était moins rapide qu'auparavant. C'est ainsi que l'électricité obtenue
sous la pression de trois pouces n'était doublée que lorsque la pression était de quinze
livres ; elle était triplée à cinquante livres,
quadruplée à cent vingt ; et à deux cent
cinquante livres, l'électricité n'était seulement que cinq fois plus forte qu'à trois livres.

On ne peut rien inférer de ces résultats,
relativement à l'effet de la pression, attendu
que les causes qui font changer d'électricité
à la chaudière ont dû bien certainement
intervenir.

Voici encore quelques faits généraux qui
doivent être signalés.

1° Une augmentation considérable de pression produit. toujours dans la chaudière,
qui est d'abord positive, un retour tempo-
raire à l'électricité négative, lequel dure une
ou deux minutes ; puis la chaudière reprend
ensuite son état positif.

2° Lorsque la pression est considérable,
la tendance négative du jet de vapeur est
fortement augmentée par le passage de la
vapeur à travers un tube de cuivre, à tel
point que l'on peut obtenir souvent du tube
un jet de vapeur négatif, tandis qu'on en
reçoit un autre positif de la soupape. A de
basses pressions, le passage de la vapeur à
travers le tube produit plutôt un effet inverse.

3° Les effets les plus énergiques sont produits lorsqu'on décharge la vapeur à travers
un tube de verre court fixé à la chaudière ;
si le tube est long, il y a diminution dans
les effets. L'électricité est, en général, plus
faible quand la chaudière est positive et le
jet négatif, que lorsque l'une et l'autre sont
dans un état contraire.

Pour savoir jusqu'à quel point l'électricité provenait de l'expansion de la vapeur,
M. Armstrong a fait l'expérience suivante :
il a fixé un cylindre métallique au robinet
latéral qui terminait son tube de cuivre ; ce
cylindre a été maintenu suffisamment chaud
pour empêcher toute condensation de vapeur au dedans ; son extrémité supérieure
était percée de petites ouvertures par lesquelles s'échappait la vapeur : il n'y eut aucune diminution dans l'électricité. Cette expérience prouve donc que l'expansion de la
vapeur n'est pas la cause du développement
de l'électricité ; M. Armstrong l'attribue à la
précipitation de la vapeur.

Suivant une autre expérience, l'électricité
produite dans le vase évaporatoire par l'é-
mission de la vapeur est évidemment de l'é-

vaporation concomitante. Dans ce cas l'eau
avait été chassée de la chaudière, et cependant cette électricité était toujours positive.
Les circonstances suivantes devront être
appréciées dans la théorie que l'on essayera
de donner du phénomène.

Il paraît que la tendance du nuage de vapeur à donner de l'électricité négative au
lieu d'électricité positive augmente à mesure
que l'on se sert plus longtemps de l'appareil ;
jusqu'à ce qu'enfin l'électricité positive ne
paraisse plus que rarement dans le jet.

Pensant que l'état négatif du nuage provenait de l'oxydation du métal, on examina
l'intérieur de la chaudière, et on trouva la
paroi intacte. L'état négatif fut le même
après qu'on l'eut lavée avec de l'eau ; mais
avec une solution de potasse, le jet devint
positif.

Dans les expériences subséquentes, M.
Armstrong ayant ajouté une petite quantité de
potasse à l'eau qui engendrait la vapeur, l'intensité de l'électricité augmenta à un point tel
qu'il obtint plus de trente étincelles d'un
demi-pouce de longueur pendant une minute ; avec la soude, l'effet était semblable,
mais à un degré moindre. En y substituant
une petite quantité d'acide nitrique, la vapeur
devint négative ; les acides sulfurique et hydrochlorique ne parurent pas exercer une
grande influence, même lorsque la chaudière renfermait de la limaille de fer sur
laquelle ces acides devaient agir. La chaux
rendit la vapeur positive, le nitrate de cuivre agit à peu près comme l'acide nitrique.
Enfin, les effets puissants obtenus quand
l'eau contenait de la potasse ont fait penser
que l'on pourrait remplacer les machines
électriques ordinaires par des appareils va-
poro-électriques.

Tels sont les faits qui ont été exposés jusqu'ici relativement à l'électricité produite
dans les chaudières des machines à vapeur
quand il sort un jet, soit par la soupape,
soit par un robinet disposé à cet effet.

Quand on songe aux effets nombreux et
souvent contradictoires, au peu d'expériences rigoureusement exactes, pour étudier le
phénomène de manière à en saisir les lois,
on éprouve de grandes difficultés à expliquer d'une manière satisfaisante les nombreux effets observés. Nous allons cependant
essayer de les rapporter aux causes connues du dégagement de l'électricité ; car, s'il
existe une cause non encore étudiée, il faut
avouer que la question n'est pas assez éclairée pour que l'on puisse, dans l'état actuel
des choses, reconnaître quelle est réellement cette cause. Nous avons vu qu'il y
avait dégagement d'électricité dans les actions chimiques, calorifiques, moléculaires
et magnétiques ; tels sont les jalons sur lesquels nous devons nous appuyer pour expliquer le phénomène de M. Armstrong.
Le dégagement de l'électricité dans la formation de la vapeur a été longtemps un
sujet de discussion entre les physiciens, attendu que l'expérience donnait des résultats tantôt dans un sens, tantôt dans un au-

tre. En montrant que lorsqu'on faisait évaporer de l'eau distillée dans un vase de platine, et qu'en remplaçant cette eau successivement par de l'eau acidulée ou alcalisée, on avait des effets nuls ou des effets électriques dans deux sens différents, M. Pouillet a résolu la question ; et il fut prouvé par là que le changement d'état de l'eau ne produisait pas d'électricité ; que dans le deuxième cas la vapeur étant négative, et dans le troisième positive, ces effets devaient être attribués à une décomposition chimique, c'est-à-dire à la séparation de l'eau d'avec l'acide ou l'alcali.

Pour réussir dans l'expérience de la chaudière à vapeur, il faut que l'eau renferme un sel quelconque et qu'il se forme un encroûtement, car l'effet est d'autant plus fort que celui-ci est plus considérable. Mais ce qui complique le phénomène, ce sont : 1° les effets électriques complexes résultant d'abord de l'action chimique du liquide sur la fonte ou le métal dont se compose la chaudière ; 2° de la séparation de l'eau des substances qu'elle tient en dissolution, et auxquelles il faut rattacher les effets qui accompagnent la décrépitation ; 3° de l'électricité due à des phénomènes thermo-électriques dont la cause n'est pas encore bien connue, et qui, d'après les observations de M. Armstrong, interviennent pour faire changer de signe la chaudière qui, étant ordinairement négative, devient dans quelque cas positive. D'un autre côté, l'expérience qui a été faite avec de l'air comprimé humide vient compliquer singulièrement la question ; car dans ce cas on ne peut admettre une action chimique, puisque les effets électriques sont dus uniquement à la sortie de l'air comprimé par une ouverture étroite. Peut-être le frottement de l'air contre les parois métalliques est-il pour quelque chose dans la production du phénomène.

D'après cela, il n'est pas étonnant que l'on n'ait pas encore donné une explication satisfaisante des effets électriques produits lors de l'émission de la vapeur dans les chaudières des machines à haute et basse pression, lorsqu'on voit qu'il y a peut-être quatre causes connues qui concourent à l'effet général. On ne pourra avoir une explication complète que lorsqu'on connaîtra la part d'action de chacune de ces causes. Nous avons présenté avec d'assez grands développements les phénomènes électriques qui accompagnent l'émission de la vapeur des chaudières, en raison de la similitude de ces phénomènes avec d'autres analogues produits dans l'atmosphère.

Des effets électriques produits dans le contact des gaz et des métaux non oxydables. — Lorsqu'une lame de métal plonge dans un liquide capable de réagir chimiquement sur elle, il y a un dégagement d'électricité dont on a donné des lois ; ce dégagement est nul si la lame n'est pas attaquée, à moins qu'elle ne soit recouverte de substances solides ou gazeuses capables de réagir chimiquement sur le liquide. Nous avons étudié ce qui ar-

rivait avec des substances solides ; il nous reste à montrer comment se comportent les gaz.

Quand on décompose de l'eau distillée avec deux lames de platine plongeant dedans et communiquant avec une pile voltaïque, que l'on interrompt la communication au bout de quelques instants, et qu'ayant détaché les deux lames des extrémités de la pile on les réunisse avec un fil en relation avec un multiplicateur, on a un courant dirigé en sens inverse du premier : c'est-à-dire que la lame qui primitivement était le pôle positif devient le pôle négatif, et réciproquement. Cet effet se reproduit encore en opérant avec un seul couple. Voici l'explication que M. Becquerel a donnée depuis longtemps de ce phénomène :

Quand deux lames de platine, plongeant dans une solution saline, font partie d'un circuit voltaïque, la surface de la lame positive se recouvre d'éléments acides et d'oxygène, et la surface de la lame négative d'éléments alcalins et d'hydrogène. Les deux lames se trouvent donc dans le même état que si la première avait été mise en contact avec une solution acide, et que l'autre plongeât dans une solution alcaline ; dans les deux cas, les effets sont les mêmes. M. Becquerel avait fait l'expérience en mettant une lame dans une solution de potasse, et l'autre dans de l'acide nitrique. M. Matteuci l'a faite également en mettant en contact pendant quelque temps les lames avec du gaz hydrogène et du gaz oxygène ; puis, les plongeant dans de l'eau distillée, il a obtenu des déviations considérables ; la lame recouverte d'oxygène a pris à l'eau l'électricité positive ; ces deux gaz, en réagissant sur l'eau, ont donc donné lieu à des effets électriques semblables à ceux que l'on aurait obtenus directement dans la combinaison de l'oxygène avec l'hydrogène. Les lames ont conservé pendant longtemps cette propriété. Il est nécessaire, pour la leur enlever au bout de plusieurs heures, de les faire rougir. L'azote se comporte, quand il adhère à une lame de platine, à l'égard de l'oxygène comme l'hydrogène, et relativement au dernier gaz comme l'oxygène. Lorsque les lames d'or ou de platine produisent des effets secondaires tels que ceux dont il s'agit, on dit que les lames sont polarisées. On doit se mettre en garde dans les expériences délicates contre cette polarisation, quand des lames sont restées longtemps en contact avec l'air, sans quoi on attribue à d'autres causes les effets dont il est question.

§ III. — *Des appareils simples à courant constant.*

Les connaissances que nous avons acquises sur les effets électriques produits dans les actions chimiques en général étaient indispensables pour concevoir la théorie des appareils électro-chimiques simples à courant constant, destinés à fonctionner pendant plus ou moins de temps, et celles relatives aux effets décomposants des courants électriques. Tant que l'on s'est borné à employer une lame de zinc et une lame de cuivre plongeant dans de l'eau acidulée et communiquant ensemble au moyen d'un fil métallique, on n'obtenait qu'un courant dont l'intensité diminuait rapidement, de sorte qu'en laissant continuer l'action, au bout d'un certain temps il était incomparablement plus faible qu'en commençant. Pour parer à cet inconvénient, il faut disposer les appareils pour que l'action chimique soit toujours sensiblement constante, et que les lames ne se polarisent pas de manière à produire un contre-courant qui viendrait détruire l'effet du premier. Nous allons décrire les appareils qui remplissent quelques-unes des conditions exigées.

Le premier appareil est composé de deux bocaux en verre, dont l'un renferme une solution de potasse caustique concentrée, et l'autre de l'acide nitrique également concentré. Les deux vases communiquent ensemble par l'intermédiaire d'un tube de verre recourbé rempli de kaolin ou d'argile exempte de carbonate de chaux, et humectée d'une solution de sel marin. Dans le bocal où se trouve l'alcali plonge une lame d'or, dans l'autre une lame de platine. Si l'on met en communication les deux lames au moyen de fils d'or ou de platine, on a un courant assez énergique provenant de la réaction de l'acide sur l'eau et le sel marin d'une part, de la potasse de l'autre sur l'eau et le sel marin. La direction du courant montre que la lame plongée dans l'alcali prend l'électricité négative, et la lame plongée dans l'acide l'électricité positive ; la permanence dans l'intensité du courant pendant plusieurs jours annonce que les surfaces des lames ne sont point polarisées ; il est facile, en effet, de le prouver. Pendant que cet appareil fonctionne, le nitrate de potasse qui se forme à chaque instant est décomposé par l'action du courant ; l'acide est transporté au pôle positif, qui est la lame plongeant dans la potasse, tandis que la potasse est transportée sur la lame négative qui plonge dans l'acide. Or, l'acide et l'alcali transportés, se trouvant en contact d'un côté avec la potasse, de l'autre avec un acide, se combinent immédiatement avec les liquides environnants, de sorte que les lames sont toujours parfaitement décapées ; dès lors il ne peut y avoir aucun effet secondaire. Le courant ne diminue d'intensité que lorsque le nitrate de potasse qui se forme peu à peu cristallise en assez grande quantité dans le tube de communication pour interrompre la circulation du courant ; dans ce cas, il faut changer l'argile, inconvénient que l'on évite en disposant l'appareil de la manière suivante : le tube intermédiaire est tubulé à la coudure, les deux extrémités du tube ne renferment qu'une petite quantité d'argile retenue au moyen d'une lame très-mince de platine, et percée de trous pour laisser passer le courant ; le reste du tube est rempli d'eau salée qu'on peut changer à volonté. On peut aussi introduire les deux bouts du tube recourbé, en les faisant moins longs, dans deux tubes de platine, afin de recueillir une plus grande quantité de l'électricité dégagée dans la réaction des liquides ; mais alors il faut éviter qu'ils soient soudés à l'or, attendu que l'eau régale qui se forme dans la réaction de l'acide nitrique sur le sel marin attaquerait ce métal.

On peut encore adopter une autre disposition qui présente des avantages dans les expériences en petit. On introduit de l'argile dans un tube de verre recourbé en U, d'un à deux décimètres de longueur et d'un centimètre d'ouverture, de manière à occuper plusieurs centimètres de la partie recourbée et humectée d'eau salée, mais de sorte qu'elle ne forme pas une pâte trop liquide. Au milieu de la coudure se trouve une petite ouverture ; dans l'une des branches on verse de l'acide nitrique, et dans l'autre une solution de potasse ; puis l'on plonge le tube dans un vase qui renferme de l'eau dont le niveau est le même que celui des autres liquides. On met ensuite des lames de platine dans l'acide et dans l'alcali ; l'eau est destinée à enlever le nitrate de potasse à mesure qu'il se forme. Cette disposition peut servir encore à former de petits couples à courant constant, composés comme il sera dit ci-après.

L'appareil suivant a de grands avantages. On emploie pour diaphragme un cylindre en terre demi-cuite, et que l'on remplit d'amalgame liquide de zinc dans lequel plonge une lame de platine fixée à un fil de même métal. Le cylindre est placé dans un bocal contenant une solution saturée de sulfate de cuivre sur l'amalgame, et donne naissance à un courant dont on utilise l'action ; des appareils à courant constant, celui-ci offre le plus d'avantages, car il peut fonctionner pendant un temps fort long. Le zinc consommé est remplacé par des morceaux de même métal que l'on met dans le cylindre qui contient le mercure.

Souvent il est plus commode, quand on ne veut pas faire fonctionner l'appareil très-longtemps, d'employer l'eau acidulée par l'acide sulfurique, et d'y plonger tout simplement une lame de zinc amalgamé et une lame de cuivre entourant les deux surfaces de zinc à la façon des couples à la Wollaston. Au moyen d'appendices fixés aux deux lames, on les met en relation avec les substances sur lesquelles on veut opérer. On peut imaginer bien d'autres dispositions ; mais elles se rapportent toutes à celles que nous venons de présenter : nous nous sommes attaché à donner celles qui offrent le plus d'avantages dans les recherches scientifiques et les applications aux arts.

En réunissant plusieurs appareils et mettant en relation le cuivre d'un couple avec le zinc de l'autre, on forme des piles dont nous nous sommes occupé précédemment (*Voy.* ÉLECTRICITÉ.) ; nous n'avons voulu traiter ici que du dégagement d'électricité et de la construction des appareils électro-chimiques simples, dont la connaissance est indispensable pour l'interprétation du mode d'action de l'appareil dont la découverte est due au génie de Volta.

§ IV. — *Des effets électriques produits dans l'action chimique de la lumière solaire.*

On doit retrouver dans les phénomènes chimiques produits sous l'influence de la lumière solaire les mêmes effets électriques qui accompagnent les actions chimiques en général. Les premières recherches pour observer ces effets sont dues à M. Edmond Becquerel, et ont été publiées en juillet 1839. Il avait remarqué qu'en faisant agir un faisceau de rayons solaires sur deux liquides superposés avec soin et agissant chimiquement l'un sur l'autre, il se développait un courant accusé par un multiplicateur très-sensible, dont les deux extrémités étaient en relation avec deux lames de platine plongeant dans les dissolutions. Le phénomène observé était composé, attendu qu'il se compliquait de l'action de la lumière sur les lames de platine; M. E. Becquerel fut conduit ainsi à faire une série d'expériences touchant l'action des rayons solaires sur les lames de métaux inoxydables.

Quand deux lames de platine, communiquant avec un galvanomètre, plongent dans un liquide conducteur, il n'y a aucun effet électrique produit toutes les fois que les lames sont très-propres et qu'elles ont la même température; mais pour peu qu'il y ait entre elles une différence de température, il se produit un courant dont l'intensité et la direction dépendent de la nature du liquide et de celle des lames. Or, comme le phénomène se reproduit quand on expose inégalement aux rayons solaires deux lames de platine ou d'or plongeant dans une solution acide neutre ou alcaline, il s'agit de voir jusqu'à quel point la radiation calorifique intervient dans la production du phénomène. Pour cela, il ne faut pas perdre de vue qu'une lame chaude est négative par rapport à une lame froide, lorsqu'on plonge l'une et l'autre dans l'eau ou une solution alcaline, ces deux lames communiquant métalliquement ensemble, tandis que le contraire a lieu dans un acide. Les effets étant les mêmes par le contact d'un liquide froid avec un liquide chaud, on peut en conclure que l'immersion d'une lame chaude de métal dans un liquide échauffe la couche liquide qui entoure cette lame : d'où résulte un courant électrique dû à la réaction de la couche chaude sur le liquide environnant.

Pour observer les effets de la radiation solaire, on se sert de l'appareil suivant, qui est composé d'une boîte de bois, noircie intérieurement, et partagée par une membrane très-mince en deux compartiments que l'on remplit de la solution d'essai; dans chacun d'eux plonge une lame de platine ou d'or, dont la surface a été chauffée préalablement au rouge ; ces lames sont mises en relation avec un multiplicateur à fil long, et placées

horizontalement pour être mieux influencées par la radiation solaire. Chaque compartiment est recouvert d'une planchette mobile formant couvercle, et qu'on enlève quand on veut opérer. Lorsque les compartiments renferment une solution alcaline, on trouve que la lame exposée aux rayons solaires prend au liquide l'électricité négative; avec une solution acide, c'est l'inverse. Dans le premier cas, la déviation est de 2 à 3°; dans le deuxième, de 6 à 7°. On pourrait croire que ces effets sont dus à l'action calorifique des rayons solaires; mais il n'en est pas ainsi, comme on peut le voir en comparant, sous le rapport des effets électriques produits, l'ordre des écrans de verre colorés placés successivement sur l'appareil avec l'ordre de ces mêmes écrans placés sur les deux pôles d'une pile thermo-électrique, car on trouve alors que l'effet n'est pas dû au rayonnement calorifique.

Pour reconnaître comment les diverses parties du spectre agissaient sur les lames de platine, une d'elles fut placée verticalement; on fit tomber dessus les rayons colorés du spectre formé en réfractant les rayons directs du soleil. Les deux compartiments étaient remplis d'eau acidulée ; dans celui caché à la lumière se trouvait une lame de platine en relation, comme l'autre, avec un multiplicateur.

Voici les effets obtenus :

Aucune action dans les rayons . . . . { rouges. / orangés. / jaunes. / verts.

Faible action dans les rayons . . . . { bleus. / indigo.

Action marquée dans les rayons violets.

On peut conclure de ces résultats que les rayons qui agissent sur les lames de platine ou d'or plongées dans les dissolutions, étant plus réfrangibles que les rayons calorifiques, ne sauraient produire des effets de chaleur. Mais quel est le mode d'action de ces rayons? Quoiqu'on ne puisse répondre catégoriquement à cette question, cependant, comme les effets sont presque nuls quand les surfaces sont très-nettes, il est probable qu'ils sont dus à l'action des rayons chimiques sur les corpuscules adhérents aux surfaces. Pour voir jusqu'à quel point cette conjecture est fondée, il faut examiner l'influence que, dans cette circonstance, exercent le charbon et divers oxydes placés en couches très-minces sur les lames; dans ce cas, on trouve que les effets, au lieu d'être plus considérables, sont au contraire moindres; d'un autre côté, si le phénomène est calorifique, la présence de ces deux corps devrait augmenter le pouvoir absorbant du platine.

On ignore si l'altération excessivement faible du platine n'interviendrait pas dans la production du phénomène; ce qui est certain, c'est qu'en opérant avec une lame en contact depuis plusieurs jours avec l'eau, le courant est moins fort que lorsqu'on vient de faire rougir la lame.

Voyons maintenant ce qui se passe en opérant avec des lames de métal oxydable. On s'est servi d'abord de lames de laiton, et pour liquide, de l'eau acidulée par quelques gouttes d'acide nitrique. Les lames ont constamment donné un courant de 4° à 5°, dont la direction était telle, que la lame exposée au rayonnement prenait au liquide l'électricité positive, effet inverse de celui qui aurait eu lieu si la lame eût été attaquée par l'eau acidulée.

Deux lames qui avaient déjà servi furent employées comme électrodes à l'égard d'une pile de trente éléments ; la composition s'est oxydée, tandis que l'autre est restée brillante ; alors on les a exposées successivement aux rayons solaires. La lame brillante s'est comportée comme auparavant, c'est-à-dire qu'elle a pris l'électricité positive ; la déviation de l'aiguille était de 3 à 4 ; tandis que la lame oxydée est devenue fortement négative, à tel point que l'aiguille du galvanomètre fut chassée violemment à 90°. Cette action énergique n'est produite que lorsque la lame est fortement couverte d'oxyde. L'ordre des lames étant interverti, les effets furent les mêmes : nous devons faire remarquer qu'elles n'étaient mises en expérience qu'après avoir perdu la polarité qu'elles acquièrent quand elles servent d'électrodes. En employant comme écrans les différents verres colorés ci-dessus mentionnés, on a obtenu les résultats suivants, en exposant la lame oxydée aux rayons solaires :

Ecrans.	Intensité du courant.	Rapport des effets produits, 100 représentant l'action exercée sans l'interposition d'aucun écran.
sans écran	35,5	100
verre violet	9	27
— bleu	10,5	31
— vert	1	2,5
— jaune	6,5	10,5
— rouge	1	2,5

La lame étant exposée aux diverses parties du spectre solaire, on a eu :

Spectre	Intensité du courant.
dans les rayons rouges	1
— orangés	1
— jaunes	2
— verts	4
— bleus	2
— indigo	1
— violets	0

En opérant avec la lame de laiton décapée et les écrans colorés, on a obtenu un courant en sens inverse du précédent, dont l'intensité varie, comme on le voit dans le tableau suivant :

Ecrans.	Intensité.	Rapports des effets produits.
sans écran	4°,5	100
verre violet	2°	44,5
— bleu	1°,5	27,
— jaune	0	0.

Il y a deux effets inverses bien distincts, produits lors de l'action des rayons solaires sur les lames de laiton : d'abord celui qui s'opère lorsque la lame est oxydée ; on voit, de plus, que les écrans se comportent différemment par rapport aux rayons qui opèrent ces actions.

Avec des lames d'argent et de l'eau acidulée par l'acide sulfurique, on a eu un courant de 1 à 2°, dans une direction telle, que la lame exposée était négative. Avec les lames qui avaient servi d'électrodes, les effets ne furent pas plus marqués. Cette faible action pouvant être négligée, on déposa sur leur surface des vapeurs d'iode et de brome, afin de voir jusqu'à quel point l'on pourrait observer les effets électriques produits par la réaction de ces deux corps sur l'argent, sous l'influence de la lumière solaire. Chargée d'une couche mince d'iode, la lame prit au liquide l'électricité positive ; avec une couche épaisse, l'effet fut inverse : dans le premier cas, la couche d'iodure d'argent passa à un état d'ioduration moindre ; dans le second, l'iode réagit sur l'argent. La déviation de l'aiguille fut de 45° à 50°, en opérant sous l'influence des rayons solaires.

Avec une couche épaisse d'iode et les divers écrans de verre coloré, on a eu :

Ecrans.	Intensité du courant produit.	Rapports des effets produits.
sans écran	55	100
verre violet	22	40
— bleu	14	25,5
— jaune	7	12,7
— rouge	1	1,8

Avec la vapeur de brome, la lame d'argent exposée aux rayons solaires est devenue également négative relativement au liquide ; l'action était tellement forte, qu'à la lumière diffuse la déviation était de 50°.

La lame ayant été exposée à la lumière diffuse pendant 10', puis mise à l'abri du rayonnement et exposée de nouveau à son action, la déviation n'a plus été que de 3 à 4° ; la réaction était alors en grande partie terminée. Une couche de chlore, substituée à l'iode ou brome, a produit un effet à peu près nul. Les effets électriques que nous venons d'exposer servent évidemment à reconnaître et même à mesurer jusqu'à un certain point les réactions qu'éprouvent les métaux, et en général les corps conducteurs, à la surface desquels on dépose des couches de diverses natures, sous l'influence des rayons solaires.

Nous avons à examiner actuellement les effets électriques produits dans l'altération des chlorure, bromure et iodure d'argent sous l'influence de la lumière, effets intéressants à connaître pour expliquer un certain nombre de faits, et en particulier ce qui concerne les actions produites dans la photographie, sous l'influence des rayons solaires.

Commençons par le chlorure d'argent, qui se change en sous-chlorure sous cette influence, et qui, en raison de sa non-conductibilité, ne peut être employé qu'en couche très-mince. Une lame de platine plongée dans l'eau reçoit le chlorure nouvellement préparé, en couche la plus mince possible ;

on dispose ensuite l'appareil comme il a été dit précédemment. A peine la lame est-elle exposée aux rayons solaires, que le chlorure noircit; l'aiguille du multiplicateur est aussitôt chassée dans un sens qui annonce que la lame est positive. Cet effet provient de ce que le chlorure d'argent prend l'électricité positive, qu'il transmet à la lame de platine avec laquelle il est en contact, tandis que le liquide prend l'électricité contraire. Cette expérience ne peut être faite avec une lame d'argent qui serait attaquée par le chlore provenant de la décomposition du chlorure, d'où résulterait un courant en sens inverse du précédent. Il faut tenir compte de l'action du rayonnement solaire sur le platine, qui produit un courant en sens inverse, accusé par une déviation de 1 à 2°. L'or se comporte comme le platine.

Si l'on veut avoir l'effet électrique produit par la décomposition seule du chlorure d'argent, il faut interposer entre le métal et le chlorure une bande de papier non collé. Comme on diminue alors le pouvoir de transmission du circuit, on n'a plus qu'une déviation de 3 ou 4°. Pour que le chlorure d'argent adhère suffisamment à la lame, et qu'il ne s'en détache pas, on la chauffe doucement dans l'obscurité jusqu'à ce que le chlorure soit fondu; les effets sont d'autant plus intenses que la couche de chlorure est plus mince.

Tels sont les phénomènes électriques produits dans l'action chimique de la lumière, dont on s'est servi pour étudier cette action dans des circonstances où jusqu'ici on n'avait pu le faire.

ÉLECTRO-MAGNÉTISME. *Voy.* Force électro-magnétique.

ÉLÉENCÉPHOL. *Voy.* Cérébrine.

ÉLÉMENTS. *Voy.* Nomenclature chimique.

ÉLÉMI (résine). —Elle découle par incision de l'*amyris elemifera*, arbuste de l'Amérique méridionale, et de l'*amyris ceylanica*, qui croît aux Indes orientales. Celle extraite de ce dernier arbuste est la meilleure ; la première se rencontre plus ordinairement. La résine élémi est jaune, transparente, molle, odoriférante ; elle contient un peu d'huile volatile.

La résine élémi sert à préparer des vernis et des emplâtres.

ELLAGIQUE (acide).—Cet acide existe dans la noix de galle conjointement avec l'acide gallique ; il a été observé par MM. Chevreul et Braconnot. Ce dernier chimiste, qui en a constaté les caractères particuliers, lui a donné le nom qu'il porte et qui est formé du mot renversé *galle*, auquel on a joint la terminaison *ique*.

EMAIL. *Voy.* Étain, sels.

EMBAUMEMENT. — Opération que l'on pratique sur les corps humains ou les corps d'animaux dans le but de les conserver, en s'opposant à leur putréfaction. L'embaumement remonte aux temps les plus reculés. Hérodote et Moïse nous fournissent à ce sujet les documents authentiques les plus

anciens (*Voy.* Hoefer, *Histoire de la chimie*, tome I, p. 58). Il y avait en Egypte des prêtres particulièrement chargés du soin de préparer les corps et de les embaumer. Ces prêtres portaient le nom de *Rephim*, qui signifie littéralement faiseurs de sutures ou de bandelettes, et que l'on a inexactement traduit par *médecins*. S'il est vrai que les momies les plus anciennes remontent à deux ou trois mille ans avant l'ère chrétienne, on pourra se faire une idée de l'antiquité de l'art de l'embaumement en usage chez les Egyptiens. On a beaucoup admiré l'art égyptien de l'embaumement d'après les monuments qui nous en restent, et on en est venu à conclure que les anciens possédaient des secrets dont la connaissance n'est pas arrivée jusqu'à nous.

Il y a ici de l'exagération, parce qu'on n'a pas tenu compte du climat, de l'état atmosphérique, en un mot des circonstances environnantes. Et c'est pourtant là qu'il fallait chercher le grand secret de l'art égyptien. Ne rencontre-t-on pas souvent dans les déserts de l'Afrique des momies d'hommes ou d'animaux uniquement préparées par le soleil et les sables brûlants, et qui, dans un état complet de dessiccation, se sont conservées pendant des siècles ? Si les embaumeurs anciens avaient pratiqué leur art sur les bords de la Seine ou sur ceux de la Tamise, nous ne verrions probablement pas beaucoup de momies dans nos musées.

Pour conserver les cadavres, M. Gannal a employé avec beaucoup d'avantage l'acétate d'alumine à 18° de concentration. 5 à 6 litres d'acétate d'alumine, injectés par l'une des artères carotides dans un cadavre, suffisent pour le préserver de la putréfaction pendant six mois environ. Avec 1 kilogr. de sulfate simple d'alumine, 250 gram. d'acétate de plomb et 2 litres d'eau, on obtient la dose du mélange nécessaire pour conserver un cadavre pendant quatre mois. On peut garantir pendant deux mois un cadavre de la décomposition putride en employant le sulfate simple d'alumine à la dose de 1 kilogr. pour 4 litres d'eau. L'Académie des sciences, après s'être convaincue de l'efficacité des procédés de M. Gannal, lui a décerné un prix de 8,000 francs.

ÉMERAUDE. — *Béril*, *aigue-marine*, etc. *Smaragdus* des anciens, *smaragd* des Allemands.

On ne doit ni comprendre ni ranger dans la même classe l'*émeraude du Brésil*, l'*orientale*, la *fausse*, la *primitive*, celle de *Carthagène*, celle de *Morillon*, l'*aigue-marine orientale*, le *béril bleu*, etc.

Quoique cette pierre précieuse nous vienne principalement du Pérou, on la trouve aussi en Egypte, dans le granit de l'île d'Elbe, en France, dans des dépôts de granit graphite, à Chanteloube, dans le Limousin, à Marmagne, à Nantes, ainsi qu'en Suède, en Sibérie, etc. Les plus belles sont celles du Pérou ; après le rubis, c'est la gemme la plus estimée.

La belle émeraude est d'un vert *sui gene-*

ris, plus ou moins foncé ; elle est presque toujours cristallisée en petits prismes hexaèdres simples ou modifiés de diverses manières ; elle est éclatante, transparente, presque aussi dure que la topaze, médiocre réfraction double, se colore en bleu quand on la chauffe modérément, et reprend sa couleur par le refroidissement ; à une haute température, elle donne un verre blanc vésiculaire. Poids spécifique, 2,6 à 2,77.

EMERIL (*corindon granulaire*).— Il existe en abondance dans l'île de Naxos, ainsi qu'à Smyrne. On le trouve en Allemagne, en Espagne, en Italie, en Saxe, etc.; il est toujours en masses informes, mêlé avec d'autres minéraux. Sa couleur tient le milieu entre le noir grisâtre et le gris bleuâtre; peu brillant, cassure inégale et à grains fins, translucide sur les bords, cédant à peine à l'action de la lime et rayant la topaze.

Ce minéral, réduit en poudre fine, sert à polir les métaux et les corps durs, à user le verre, etc.

ÉMÉTINE (d'*ἐμέω*, je vomis). — MM. Magendie et Pelletier ont d'abord donné ce nom à un produit extractiforme retiré de l'ipécacuanha, et qu'ils avaient regardé comme pur et neutre, mais que M. Pelletier a depuis considéré comme une base salifiable organique.

Action de l'émétine sur l'économie animale. — Administrée à la dose d'un demi-grain, elle agit, suivant MM. Magendie et Pelletier, comme vomitif puissant, suivi d'assoupissement, et à la dose de six grains elle excite des vomissements violents et produit l'engourdissement et la mort à la suite d'une vive inflammation des poumons et des intestins. Elle entre à petite dose dans plusieurs préparations pharmaceutiques, et surtout dans un sirop particulier (sirop d'émétine).

ÉMÉTIQUE (*tartre stibié, tartrate basique d'oxyde d'antimoine et de potasse*). — Ce sel double est connu depuis 1630 ; il a été nommé *tartre stibié*, du mot latin *stibium*, antimoine ; *émétique*, à cause de ses propriétés vomitives. Sa préparation a été rapportée pour la première fois par Adrien Mynschit.

On l'obtient par plusieurs procédés : le plus ancien, que l'on suit encore quelquefois, consiste à faire un mélange intime d'une partie et demie de bi-tartrate de potasse (crème de tartre), et d'une demi-partie de verre d'antimoine, tous les deux porphyrisés, et à les faire bouillir dans 10 à 12 parties d'eau distillée pendant une demi-heure environ, filtrer la liqueur ensuite et l'abandonner à elle-même pour que ce sel cristallise.

Plusieurs phénomènes se font remarquer dans cette opération. Le verre d'antimoine, qui est composé de protoxyde d'antimoine, d'une certaine quantité de sulfure d'antimoine, d'oxyde de fer et d'oxyde de silicium provenant du creuset où la fusion a été faite, est peu à peu attaqué par l'excès d'acide tartrique du bitartrate de potasse ; le protoxyde d'antimoine qu'il contient est dis-

sous et transformé en proto-tartrate d'antimoine ; l'oxyde de fer passe également à l'état de tartrate qui s'unit au tartrate de potasse, tandis que l'oxyde de silicium, en raison de sa grande division, se dissout dans l'eau. Pendant toute la durée de l'ébullition, il se dégage du gaz hydrosulfurique provenant de la décomposition de l'eau par le sulfure d'antimoine, en présence de l'acide tartrique, et lorsque la liqueur est retirée du feu, elle se trouble et laisse précipiter des flocons bruns marron de sulfure d'antimoine hydraté (kermès). Ce dernier composé, qui se forme à mesure que la liqueur refroidit, résulte de la réaction du gaz hydrosulfurique qui reste encore dans la solution sur une portion d'émétique.

Les cristaux d'émétique qu'on obtient ainsi par le refroidissement de la liqueur ne sont point purs ; ils sont ordinairement jaunes verdâtres et recouverts de petites houppes soyeuses de tartrate de chaux qui existait dans la crème de tartre : comme il n'est déposé qu'à leur surface, on l'enlève aisément en brossant légèrement les cristaux secs ; quant au tartrate de potasse et de fer qui les colore en jaune, on parvient à le séparer en les faisant redissoudre et cristalliser à plusieurs reprises. Toutefois l'eau-mère colorée en jaune par la grande quantité de tartrate de fer qui s'y trouve, et qui a laissé précipiter les premiers cristaux d'émétique, en retient encore qu'on peut obtenir par la concentration ; mais comme, en raison de la silice qui s'y trouve dissoute, elle se prend en gelée à une certaine époque qui gênerait la cristallisation, on l'évapore à siccité pour la silice insoluble, et par l'eau bouillante on redissout le tartrate de potasse et d'antimoine, ainsi que celui de fer, qu'on sépare ensuite par voie de cristallisation.

Les deux procédés que l'on suit aujourd'hui fournissent l'émétique pur dès la première cristallisation. L'un d'eux consiste à faire bouillir dans l'eau parties égales de bi-tartrate de potasse et d'oxychlorure d'antimoine (poudre d'Algaroth), à filtrer la liqueur et à la concentrer jusqu'à 25° de l'aréomètre. L'émétique se dépose, pour la plus grande partie, en cristaux blancs très-purs qui n'ont besoin que d'être séchés.

Le protoxyde d'antimoine que contient l'oxychlorure d'antimoine est non-seulement dissous par l'excès d'acide du bi-tartrate, mais encore la portion de chlorure d'antimoine qui lui était unie est décomposée par l'eau; d'où résulte une nouvelle quantité de protoxyde et de l'acide hydrochlorique qui reste dans l'eau-mère où l'émétique a cristallisé. Pour obtenir les dernières portions de ce sel qui restent dans l'eau-mère, on la sature par la craie et on l'évapore de nouveau jusqu'à 25°.

Le deuxième procédé, proposé par M. Philips, chimiste anglais, est analogue à celui que nous venons de décrire : il consiste à traiter également par l'eau bouillante un mélange de proto-sulfate d'antimoine et de bitartrate de potasse, filtrer la liqueur et l'évaporer jusqu'à ce qu'elle marque 22°. Le tartrate de potasse et d'antimoine cristallise par refroidissement.

Propriétés. — Le tartrate de potasse et d'antimoine se présente à l'état de pureté en cristaux blancs, octaèdres, demi-transparents, qui s'effleurissent à l'air et deviennent opaques; sa saveur est légèrement styptique. Exposé à l'action de la chaleur, il décrépite un peu, noircit, se décompose en répandant l'odeur caractéristique des tartrates. Le résidu de cette décomposition est du charbon, du sous-carbonate de potasse et de l'antimoine métallique; mais si la chaleur a été assez forte, on obtient un alliage de potassium et d'antimoine par suite de l'influence du charbon et de l'antimoine sur l'oxyde de potassium. Cet alliage s'enflamme à l'air. L'eau, à la température de $+ 16°$ dissout $\frac{1}{15}$ de son poids de ce sel, et l'eau bouillante $\frac{1}{3}$. C'est sur cette différence de solubilité à chaud et à froid que sont fondées sa purification et sa cristallisation.

La solution aqueuse du tartrate de potasse et d'antimoine est incolore; elle rougit faiblement la teinture de tournesol; forme, avec la potasse et la soude caustiques, un précipité blanc de protoxyde d'antimoine soluble dans un excès; l'ammoniaque produit le même effet, mais le précipité reste insoluble. Les eaux de chaux et de barite occasionnent un précipité blanc abondant, formé tout à la fois de tartrate de ces bases et de protoxyde d'antimoine. Les acides sulfurique, nitrique et hydrochlorique, y déterminent des précipités blancs; le premier acide y forme un sous-sulfate, le second en isole le protoxyde d'antimoine, et le troisième produit, par son action sur le protoxyde, un précipité d'oxychlorure d'antimoine. L'acide hydrosulfurique, versé dans la solution de ce sel, réagit sur le protoxyde d'antimoine, et le convertit en sulfure d'antimoine hydraté (kermès) qui se précipite en flocons rouges orangés, tandis que la portion d'acide tartrique qui lui était combinée se reporte sur le tartrate de potasse et le transforme en bi-tartrate. Les hydrosulfates de potasse, de soude et d'ammoniaque, agissent de la même manière sur le tartrate d'antimoine.

Beaucoup de substances végétales jouissent de la propriété de décomposer le tartrate de potasse et d'antimoine, surtout celles qui sont amères, astringentes, et qui renferment du tannin. Telles sont les décoctions d'écorce de quinquina, de chêne, l'infusion de noix de galle, etc. Il se forme, dans tous les cas, un composé insoluble de la matière astringente (tannin) avec le protoxyde d'antimoine. Cette observation doit mettre en garde les praticiens qui administrent ce sel, en l'associant à des substances qui participent plus ou moins des propriétés que nous avons énoncées; de plus, elle fournit un bon moyen pour neutraliser les effets de l'émétique, dans les cas d'empoisonnement par ce sel.

L'eau ordinaire, tenant en solution du carbonate de chaux, jouit de la propriété de décomposer les petites quantités d'émétique qu'on y fait dissoudre, comme l'a prouvé M. Guéranger; aussi ne doit-on administrer ce sel qu'en solution dans l'eau distillée, lorsqu'on veut lui conserver toutes ses propriétés.

La composition de l'émétique cristallisé est représentée, d'après Berzelius, par : acide tartrique, 53,20; protoxyde d'antimoine, 27,10; potasse, 12,53; eau, 7,17. C'est donc un véritable sel double formé par l'union du tartrate de potasse et du tartrate d'antimoine.

Usages. — Ce sel est employé comme un médicament très-énergique. A la dose d'un grain et demi à deux dans un verre d'eau tiède, il est ordinairement vomitif chez l'homme. Chez certains sujets, cette dose est insuffisante et ne peut être augmentée qu'avec beaucoup de circonspection, en raison de son action sur l'économie. Il est vénéneux à haute dose, et détermine, lorsqu'il n'est pas rejeté par les vomissements, tous les accidents occasionnés par les poisons corrosifs. Appliqué en topique sur la peau, ou mêlé à un corps gras, il produit une inflammation vive, à la suite de laquelle se développent de nombreux boutons qui entrent en suppuration. Cette propriété en fait un des meilleurs dérivatifs pour le traitement de certaines affections chroniques.

EMPLATRE DIAPALME. *Voy.* Savon d'oxyde de plomb.

EMPOIS. *Voy.* Amidon.

EMPOISONNEMENT.—Introduction d'une matière minérale ou organique dans l'économie animale, introduction suivie bientôt d'une perturbation si profonde, que, dans quelques cas, la mort est presque instantanée.

L'empoisonnement peut avoir lieu de plusieurs manières : 1° par l'ingestion du poison dans les voies digestives; 2° par l'absorption ou l'application du poison sur la peau dénudée de l'épiderme; 3° par la voie de la respiration. Dans tous les cas, le poison pénètre par les vaisseaux absorbants dans le torrent de la circulation, et porte le trouble dans l'organisme. La solubilité est la condition principale de l'absorption. Tous les poisons sont donc plus ou moins solubles. Aucune matière insoluble ne peut être un poison, car le verre pilé, introduit dans l'estomac, agit mécaniquement sur les tissus, en les déchirant; la mort qu'il détermine n'est donc pas l'effet d'une action dynamique, qui caractérise les substances vénéneuses proprement dites. Ces données conduisent naturellement aux moyens qu'il faut employer pour combattre l'empoisonnement. Après avoir essayé d'expulser par le vomissement une partie du poison introduit dans l'estomac, on cherche à neutraliser ou à rendre insoluble la partie du poison qui n'a pu être rejetée par le vomissement.

Les matières employées pour neutraliser ou rendre insolubles les poisons au sein de l'économie, sont appelés *contre-poisons* ou *antidotes*. C'est ainsi que l'oxyde de fer a été proposé pour neutraliser l'effet de l'acide arsénieux, avec lequel il forme un arsénite de fer neutre et insoluble. L'albumine a été employée dans l'empoisonnement par le sublimé corrosif (bi-chlorure de mercure), parce que ce dernier sel, qui est très-soluble, est réduit par l'albumine à l'état de calomélas (protochlorure de mercure), qui est très-peu soluble. Dans les empoisonnements par les acides, les bases salifiables sont les meilleurs contre-poisons : et réciproquement, dans les empoisonnements par les bases salifiables caustiques, telles que la potasse, la soude, l'ammoniaque, les acides se recommandent naturellement. En général, il ne faut pas trop compter sur l'efficacité des contre-poisons, par la raison très-simple qu'une grande partie de la substance vénéneuse ingérée dans les voies digestives échappe, par l'absorption, à l'action neutralisante des contre-poisons, qui d'ailleurs ne sont presque jamais administrés à temps, c'est-à-dire au moment même de l'empoisonnement.

L'absorption des substances toxiques et le moyen d'en constater la présence dans un corps empoisonné devaient particulièrement fixer, en médecine légale, l'attention des chimistes experts. Ces deux questions sont en effet inséparables l'une de l'autre ; car s'il est vrai que le poison introduit dans l'économie d'une manière quelconque pénètre, par l'absorption, dans toutes les parties du corps, jusque dans la substance même des os, le chimiste expert appelé en témoignage devant la justice pour constater le *corpus delicti*, c'est-à-dire le poison, s'imposera le devoir rigoureux d'explorer, par tous les moyens d'investigation connus, non plus seulement l'estomac et les intestins, mais encore les muscles, le cerveau, le foie, le cœur, les poumons, enfin toutes les parties du corps dont il pourra disposer. Tous les tissus absorbent-ils également les poisons ? l'absorption est-elle en raison de la vascularité des tissus ? Quelques poisons, comme l'arsenic, l'antimoine, se déposent-ils, se *localisent-ils* dans certains organes, comme le foie et les poumons, en y établissant, pour ainsi dire, leur siége de prédilection ? La plupart de ces questions, du plus haut intérêt pour la toxicologie, ne sont pas encore résolues définitivement. Quant à la constatation directe des poisons à l'aide des procédés chimiques, la science a fait depuis quelque temps des progrès si rapides, que désormais le crime restera difficilement impuni à l'ombre de l'ignorance.

Tous les poisons empruntés au règne minéral peuvent se retrouver entre les mains d'un chimiste expérimenté. Mais il n'en est pas de même des poisons empruntés au règne végétal ou animal. Ceux-là ne sont pas réfractaires au feu comme les premiers. Les poisons organiques s'altèrent et se détruisent par l'action de la chaleur, en donnant naissance à des produits qui n'ont plus les caractères d'un poison. L'avenir de la toxicologie repose donc sur la découverte des moyens qui permettraient d'extraire d'un corps empoisonné les poisons organiques, avec toutes les propriétés qui les caractérisent dans leur état d'intégrité.

EMPOISONNEMENT par l'arsenic. *Voy.* Arsenic.

EMULSION. *Voy.* Albumine végétale

ENCENS. *Voy.* Oliban.

ENCRE usuelle. — L'encre se compose principalement de tannate de protoxyde et de paroxyde de fer, maintenu dans le liquide par la propriété mucilagineuse de la gomme arabique ; la matière colorante du bois de campêche donne de l'intensité à la nuance qui, d'ailleurs, devient plus foncée par l'action de l'oxygène de l'air à mesure que l'oxydation plus avancée forme plus de tannate de protoxyde.

On peut obtenir une encre usuelle de bonne qualité en employant les doses suivantes :

	Kil.
Noix de galle concassées en menus frag uents.	2,000
Sulfate de fer.	1,000
Bois de campêche divisé.	0,150
Gomme arabique.	1,200
Huile essentielle de lavande.	60 à 30 gout.
Eau de rivière filtrée.	22 litres.

On laisse macérer : 1° la noix de galle avec le campêche dans 10 litres d'eau ; 2° la gomme dans 5 litres d'eau ; au bout de 24 à 36 heures on verse le mélange de galle et de campêche dans une chaudière en cuivre ; la température est maintenue près de l'ébullition pendant 2 heures ; on filtre dans une chausse ; la solution claire est alors mélangée avec le sulfate de fer et la gomme dissoute à part ; on agite et on laisse à l'air dans une terrine, pendant 2 ou 3 jours ; on ajoute l'essence, puis on met dans des bouteilles qui doivent être bouchées hermétiquement.

L'emploi de l'encre est fort ancien ; il en est déjà fait mention dans le Pentateuque de Moïse. Le principal ingrédient était le noir de fumée ; c'était par conséquent de l'*encre de Chine*.

La découverte de notre encre ordinaire ne remonte pas au delà de trois cents ans avant l'ère chrétienne.

ENCRE DES IMPRIMEURS. — Elle se prépare avec l'huile de lin. On fait bouillir l'huile jusqu'à ce qu'on voie par la vapeur, qui devient de plus en plus épaisse et plus infecté, que le vernis est formé. Pendant que l'huile bout, on y plonge du pain desséché et enfilé dans des broches de bois ; on prétend empêcher ainsi que l'encre des imprimeurs ne jaunisse le papier. Après une cuisson suffisante, on retire la chaudière du feu, on la découvre, et on enflamme l'huile en tenant un copeau allumé dans la vapeur d'huile. On la laisse brûler pendant 5 minutes en la remuant sans cesse, et si la flamme ne s'éteint pas d'elle-même, on l'éteint en couvrant le pot, que l'on refroidit rapidement en l'enfouissant dans la terre. Après le refroidissement, on ajoute à l'huile du noir de fumée bien calciné, et on remue le mélange jusqu'à ce qu'on n'y aperçoive plus de grumeaux de noir de fumée.

ENCRE ROUGE. — On obtient une belle encre rouge, en filtrant une décoction de cochenille qui contient un peu de tartre, et y suspendant un morceau d'alun de Rome attaché à un fil, qu'on remue jusqu'à ce que la couleur ait acquis le degré d'intensité qu'on souhaite ; si on laisse l'alun plus longtemps, la couleur passe au jaune. La décoction peut aussi être employée seule ; mais avec le temps elle devient gélatineuse et se corrompt.

ENCRE DE SEICHE. — Elle a été examinée par Prout et Bizio. Les animaux du genre *sepia* possèdent, dans une vésicule particulière, un liquide mucilagineux, noir, qu'ils lancent, quand ils sont poursuivis, de manière à troubler l'eau autour d'eux, et à échapper ainsi à leurs ennemis. Suivant Prout, cette liqueur, après avoir été desséchée dans sa vésicule, laisse une matière dure, cassante et d'un noir brunâtre à cassure conchoïde, et dont la poudre est d'un noir velouté. Il l'a trouvée inodore et de saveur un peu salée. Sa pesanteur spécifique était de 1,64.

Quand on versait de l'eau dessus, ce liquide se chargeait d'une poudre noire tenue en suspension, qui exigeait une semaine entière pour se déposer. Cette poudre consiste en une masse noire, insoluble dans l'eau, mêlée avec des carbonates calcique et magnésique. La matière colorante noire qu'elle renferme a été appelée par Bizio *mélaine* (de μέλας, noir).

On prétend que certaines espèces d'*encre de la Chine* sont en partie composées d'encre de seiche desséchée.

Le seiche porte dans le dos une espèce de bouclier, qui est connu dans le commerce sous le nom d'*os de seiche*. On s'en sert pour polir les ouvrages en ivoire et en os, et autrefois on l'employait aussi en médecine. Cette substance est composée de carbonate calcique, avec une trace de phosphate calcique, et une certaine quantité d'une matière animale membraneuse, qui lui sert de trame.

ENCRE SYMPATHIQUE. — Cette encre consiste dans l'emploi d'un liquide incolore, avec lequel on trace des caractères qui ne deviennent visibles que par l'action d'un gaz, tel que l'hydrogène sulfuré. Le liquide incolore dont on se sert est, en général, une dissolution aqueuse d'un sel métallique (nitrate ou acétate de cobalt, de nickel, de fer, de plomb), susceptible de donner naissance à des sulfures noirs. Dans l'antiquité, l'effet de l'encre sympathique consistait dans une simple action mécanique, l'adhérence de la poussière de charbon au corps gras du lait. Ovide enseignait aux jeunes filles un moyen de tromper la vigilance des gardiens qui cherchaient à intercepter leur correspondance amoureuse : ce moyen consistait à tracer les lettres avec du lait frais, et à les rendre lisibles avec de la poussière de charbon. Nicolas Lemery, dans son Cours de chimie, qui parut

pour la première fois à Paris en 1675, revient, à plusieurs reprises, sur les encres sympathiques, sujet qui intéressait vivement la curiosité du public. Il proposa de tracer les caractères avec une dissolution de plomb dans du vinaigre, ou du bismuth dans de l'eau-forte, et de les frotter, après leur dessiccation, avec un morceau de coton imbibé d'une décoction de scories d'antimoine (sulfure d'antimoine), ou de chaux et d'orpiment (sulfure de calcium). Il semblait ne pas ignorer que les caractères, d'abord invisibles, deviennent noirs et lisibles parce que les molécules sulfureuses s'unissent au plomb ou au bismuth. Hellot, dans un mémoire qu'il communiqua, en 1736, à l'Académie des sciences de Paris, fait mention d'une nouvelle encre sympathique (solution de minerai de cobalt exposée à la chaleur) qu'il venait de découvrir, et indiqua tous les moyens de préparation des encres sympathiques, qu'il divisa en quatre classes : « 1° Faire passer une nouvelle liqueur ou la vapeur d'une nouvelle liqueur sur l'écriture invisible ; 2° exposer la première écriture à l'air, pour que les caractères se teignent ; 3° passer légèrement sur l'écriture une matière colorée, réduite en poudre subtile ; 4° exposer l'écriture (invisible) au feu. »

ENDOSMOSE et EXOSMOSE. — On observe dans les trois règnes de la nature un grand nombre de phénomènes qui montrent que, lorsque deux liquides quelconques sont séparés par une membrane ou un corps doué d'une certaine porosité, il s'opère deux effets concomitants. Chaque liquide traverse la membrane ou le corps poreux pour se mêler ou se combiner avec l'autre, mais de telle sorte qu'il arrive souvent qu'un liquide reçoit de l'autre plus qu'il n'en donne, d'où résulte que son niveau s'élève, tandis que celui de l'autre liquide s'abaisse. Jadis on attribuait ce double effet à la capillarité ; mais aujourd'hui il est bien démontré qu'il est dû à plusieurs causes réunies, et constitue le phénomène d'endosmose et d'exosmose.

Une preuve que la capillarité n'est pas la seule cause agissante, c'est qu'il arrive quelquefois que l'un des liquides passe presque entièrement d'un côté, tandis que l'autre liquide, celui qui reçoit le premier, n'en donne presque pas à l'autre. Le niveau, dans ce cas, s'élève de plusieurs décimètres, et l'on ne voit pas comment, si la capillarité intervenait, le liquide pourrait être maintenu. Voyons quelles sont les observations qui ont conduit à la découverte de ce phénomène.

M. Fischer, de Breslaw, avait un jour placé dans une dissolution de cuivre un tube de verre rempli d'eau distillée et fermé en bas par une vessie, mais de manière que la surface de la dissolution fût d'un pouce plus élevée que l'eau dans le tube. Un fil de fer ayant été plongé dans l'eau, il reconnut que le cuivre provenant du sulfate de cuivre passé dans le tube avait été réduit par le fer ; que le liquide s'était élevé dans l'espace de plusieurs semaines à une hauteur de plus

Je 1 décimetre au-dessus de la dissolution. Cet effet, qui est évidemment dû à l'endosmose, avait été observé par Fischer, avant que M. Dutrochet n'ait décrit ce phénomène.

M. Magnus fit cette expérience d'une manière inverse: il mit la dissolution de sulfate de cuivre dans le tube, et l'eau distillée dans le vase. L'eau entra dans le tube, et le niveau du liquide s'éleva au bout de quelque temps de plus de 5 centimètres. Il reconnut que le diamètre du tube, ainsi que la nature de la membrane, étaient sans effet sur la production du phénomène, qui avait lieu avec des sels quelconques. Il avança qu'avec les sels peu solubles, tels que le sel marin, l'ascension est moins grande, tandis qu'elle est très-notable avec les sels très-solubles; que, lorsque la dissolution se trouve dans le tube intérieur ou dans le vase où celui-ci est placé, le liquide monte toujours dans celui des deux vases qui contient la dissolution. Il résulte de là qu'en mettant l'eau dans le vase le plus étroit, le niveau s'abaisse au-dessous de celui de la dissolution saline; les effets ne cessent que lorsque les deux liquides contiennent le sel au même degré de saturation. La dissolution de cuivre, en raison de sa couleur, se prête très-bien à ces expériences.

Parrot fit une expérience que nous devons aussi rapporter.

Si l'on remplit d'alcool, aussi complétement que possible, un petit vase de verre, fermé avec un morceau de vessie de bœuf ramollie dans l'eau, et qu'on renverse cet appareil dans un vase rempli d'eau, au bout de quelques heures une grande quantité d'eau aura pénétré dans l'alcool, et la vessie se distendra à un point tel que, si on la pique avec une épingle, on aura un jet de trois à six décimètres de haut. Ce phénomène est dû en partie à la forte affinité de l'eau pour l'alcool, en vertu de laquelle ce dernier s'empare des molécules d'eau engagées dans la vessie, et oblige ensuite la molécule qui vient immédiatement après à prendre la place de celle que l'alcool a enlevée à l'eau.

On doit rapporter en partie à des effets du même genre le fait observé par Sömmering, relatif à la concentration de l'eau-de-vie dans les peaux; mais, dans ce cas, il faut ajouter que l'eau peut dissoudre certains principes constituants de la peau que l'eau-de-vie ne peut attaquer. Dans ce cas, la vessie ou la peau est pénétrée par une dissolution aqueuse concentrée; l'eau de cette dissolution s'évapore à la surface extérieure de la vessie, tandis que la substance dissoute enlève à l'eau-de-vie une nouvelle quantité d'eau pour se dissoudre.

Il faut encore rapporter à la même cause des effets produits quand on laisse séjourner pendant longtemps des fruits dans l'eau-de-vie, tels que cerises, prunes, abricots, etc. : on trouve qu'au bout d'un certain temps ils ont absorbé une grande quantité d'alcool. Il faut donc que les sucs intérieurs aient attiré une plus grande quantité d'alcool que l'eau.

Il est bon de remarquer aussi que l'urine n'imbibe pas la vessie, tandis que celle-ci peut laisser passer des sérosités de l'extérieur.

Tel était l'état des choses quand M. Dutrochet reprit tous ces phénomènes, en découvrit un grand nombre de nouveaux, et les réunit tous dans une théorie qu'il nomma théorie de l'endosmose et de l'exosmose. Jamais tous ces phénomènes n'avaient été étudiés d'une manière aussi complète. Ce qui précède et ce qui va suivre prouvera que M. Dutrochet, s'il a été aidé par les expériences faites avant lui, a le mérite incontestable d'avoir approfondi les phénomènes plus que ses devanciers ne l'avaient fait, et n'en doit pas moins être considéré comme l'auteur de la découverte. Pour mieux étudier ce phénomène, il prit une vessie de poulet, la remplit d'une substance plus dense que l'eau, telle que le lait, la gomme, l'albumine, etc. Après l'avoir fermée avec une ligature, il la plongea dans l'eau. La vessie ne tarda pas à se gonfler. L'état turgide dura plusieurs jours, après lesquels l'effet cessa. Le cœcum, par suite de la putréfaction, devint flasque, en sorte que la vessie perdit ce qu'elle avait gagné d'abord. Dans ses expériences, M. Dutrochet s'est servi d'un tube de verre terminé d'un côté par un large évasement, dont l'ouverture est bouchée au moyen d'un morceau de vessie fixée au moyen d'une ligature. La cavité remplie du liquide dont on veut connaître la force d'endosmose plonge dans de l'eau distillée. Si le liquide qui produit de l'endosmose est de l'eau de gomme, de l'eau sucrée ou une solution saline, on le place dans le tube tenu dans une position verticale. Ce liquide s'élève à une hauteur plus ou moins considérable.

M. Dutrochet a posé en principe, que lorsque deux liquides hétérogènes, pouvant se mêler, sont séparés par une cloison à pores capillaires, ils marchent inégalement l'un vers l'autre, en traversant les pores. Il existe donc deux courants : le plus fort a été appelé *endosmose*, le plus faible *exosmose*, et l'appareil destiné à produire le double phénomène, *endosmomètre*.

La différence de densité n'est pas toujours en rapport avec le degré d'endosmose, quoique ce soit ordinairement du côté le plus dense que se dirige le courant d'endosmose. L'alcool et l'éther font exception; ils se comportent relativement à l'eau comme des liquides plus denses.

On reconnaît le double courant en opérant avec de l'eau salée d'un côté, de l'eau de l'autre, et se servant de nitrate d'argent pour réactif.

Le mélange des deux liquides hétérogènes est une condition indispensable pour la production du phénomène; sans cela le volume de l'un ne pourrait pas s'accroître aux dépens du volume de l'autre, comme cela arrive avec l'eau et l'huile. Il n'en est pas de même quand on opère avec une huile volatile et une huile fixe, telles que l'huile de lavande et l'huile d'olive ; le courant va de la première à la seconde. Le phénomène a encore lieu entre l'alcool et les huiles volatiles, parce que ces deux liquides se dissolvent l'un dans l'autre.

Les membranes végétales produisent les mêmes effets que les membranes animales.

On prouve de la manière suivante que la cloison séparatrice, en raison de sa nature chimique, exerce une grande influence sur ce phénomène. Si l'on prend pour membrane séparatrice du taffetas enduit de caoutchouc, qui n'est point perméable à l'eau, et que l'on opère avec ce liquide et de l'eau sucrée, il n'y a point d'endosmose ; mais il n'en est pas de même quand on met dans le réservoir, à la place de l'eau sucrée, de l'alcool : il y a endosmose de l'eau vers l'alcool. Pendant un certain temps, elle est d'abord très-lente, puis elle devient plus rapide, en raison de l'action exercée par l'alcool sur le caoutchouc, laquelle rend perméable la cloison aux deux liquides. Il y a en même temps exosmose.

Dans les essais qui ont été faits pour voir jusqu'à quel point les lames poreuses minérales produisent des effets d'endosmose, M. Dutrochet a substitué à la membrane organique une lame de grès tendre de 6 millimètres d'épaisseur, et a opéré avec de l'eau ordinaire et de l'eau chargée de 2 centièmes de gomme. L'endosmose ne s'est pas produite. Il en a été de même avec une lame de 4 millimètres. Avec une lame de grès dur et ferrugineux de 3 millimètres d'épaisseur, on a eu une endosmose très-faible. En général, le grès ne donne point le phénomène d'endosmose, bien que doué de la perméabilité capillaire.

La porcelaine dégourdie, qui n'est autre chose qu'un silicate d'alumine avec excès de base, est très-perméable à l'eau, comme on sait ; elle ne donne aucun signe d'endosmose, en opérant même avec des liquides possédant à un haut degré cette puissance, tels que les solutions fortement chargées de sucre, d'alcool, etc. Dans les expériences tentées à cet égard, le liquide supérieur a toujours filtré à travers le liquide inférieur, pour se mettre de niveau avec lui. M. Dutrochet conclut de ce fait et du précédent que les corps siliceux étaient privés de la propriété de produire l'endosmose. Il n'en est pas de même des diaphragmes en argile cuite, mais non suffisamment pour mettre obstacle au passage des liquides. Une lame d'argile cuite, d'un millimètre d'épaisseur, produit le phénomène à un degré assez marqué. Il en est de même en donnant une épaisseur de 2 à 5 millimètres au diaphragme. On a obtenu également des effets, mais moins marqués, avec des lames d'argile grossière d'un centimètre et demi d'épaisseur. Ainsi donc, les substances alumineuses sont très-propres à produire l'endosmose ; propriété dont paraissent en grande partie privées les substances siliceuses, comme nous venons de le dire.

Passons au calcaire. Une lame de calcaire

tendre ne produit point le phénomène. Des effets négatifs furent produits également avec des lames de calcaire de 3 millimètres d'épaisseur. Une lame de marbre de 1 millimètre d'épaisseur, et qui perdait par filtration, dans l'espace d'un jour, 21 millimètres d'eau mesurée par le tube, a donné une endosmose de 7 millimètres en 24 heures, avec l'eau et l'eau sucrée. On doit considérer le carbonate de chaux comme possédant à un faible degré la propriété endosmomique.

L'élévation de température augmente la quantité de liquide introduit par l'endosmose dans un temps donné. Cette expérience a été faite en adaptant à un tube de verre un cœcum de poulet au moyen d'une ligature, et remplissant ce cœcum d'une solution composée de deux parties de gomme dans dix parties d'eau. On avait pesé d'abord cet appareil ; on le plongea dans un vase contenant de l'eau distillée de 14° centigrades. Au bout d'une heure et demie, l'appareil n'ayant point changé, on le pesa de nouveau, et on lui trouva une augmentation de poids de 13 grammes. En le plongeant dans de l'eau de 25 à 26°, l'accroissement de poids fut de 23 grammes.

L'effet de l'endosmose est en général proportionnel à l'étendue de la surface de la cloison. L'expérience a confirmé ce fait. On prend pour élément de la vitesse et de la force de l'endosmose, la quantité de liquide introduite dans un temps donné pour le même appareil, et par conséquent avec la même membrane. En général, plus le liquide qui se trouve dans l'endosmomètre est dense, plus la vitesse est considérable. Il est nécessaire aussi que les expériences se suivent rapidement ; car si elles sont faites à de longs intervalles, on obtient quelquefois des résultats différents de moitié. Ces variations tiennent, soit au changement dû à la densité, soit à celui que la membrane a dû éprouver. Il résulte de plusieurs séries d'expériences faites par M. Dutrochet, que les vitesses de l'endosmose obtenues avec diverses densités d'un même liquide intérieur, sont proportionnelles aux excès de leur densité sur celle de l'eau. Pour mesurer cette vitesse, M. Dutrochet s'est servi d'un appareil à peu près semblable à celui employé par Hales et divers physiologistes pour mesurer la force ascensionnelle de la séve.

En employant de l'eau sucrée, on préserve la face intérieure de la membrane d'altération, mais non la surface extérieure. Dans ce cas, l'endosmose s'arrête ; mais, en changeant l'eau, on la voit reparaître. Les expériences qui ont été faites montrent que la loi qui préside à la force de l'endosmose est la même que celle que l'on a reconnue pour sa vitesse.

Cette loi, néanmoins, ne doit pas être considérée comme générale, attendu que l'endosmose ne dépend pas seulement de la différence de densité des deux liquides, mais encore des qualités propres aux liquides. En effet, comme on l'a déjà vu précédemment, l'alcool, qui a une densité moindre que l'eau, produit une endosmose très-énergique dirigée de l'eau vers l'alcool. On remarque des effets semblables avec des liquides organiques, effets qui ne dépendent nullement de la densité. M. Dutrochet a cherché la mesure comparative de l'endosmose produite par différents liquides mis en rapport avec l'eau pure, en se servant de la même membrane. Ses expériences présentent quelques difficultés, attendu que la membrane séparatrice ne conserve pas le même degré de perméabilité, quand les expériences sont de longue durée. Les expériences qu'il a faites à ce sujet montrent qu'il est impossible d'obtenir des résultats rigoureusement comparables en mesurant avec le même endosmomètre le pouvoir d'endosmose de chaque liquide. Cependant, c'est le seul moyen d'expérimentation que l'on puisse employer ; seulement, il faut faire un grand nombre d'expériences, écarter les résultats les plus discordants et prendre des moyennes. C'est en opérant de cette manière que M. Dutrochet a trouvé qu'à même densité une solution de sel marin et une de sulfate de soude ont un pouvoir d'endosmose dans le rapport de 1 à 2. Ces solutions étant mises en rapport avec l'eau pure, avec l'eau de gomme arabique et l'eau sucrée à même densité, le rapport paraît être également de 1 à 2, ou plus exactement de 8 à 17.

Des expériences ont été faites pour comparer le pouvoir d'endosmose de l'eau chargée de gélatine et d'albumine, qui sont les deux substances les plus répandues dans l'organisme animal. La gélatine a été tirée de la colle de poisson, et l'albumine de l'œuf d'une poule.

L'eau gélatineuse avait une densité de 1,01. L'eau albumineuse, à la même densité, contenait 0,041 de son poids de l'albumine ; quantité égale à celle de la gélatine contenue dans l'eau gélatineuse ayant la même densité. Les moyennes des résultats obtenus ont montré que le rapport du pouvoir d'endosmose de l'eau gélatineuse au pouvoir d'endosmose de l'eau albumineuse, l'eau pure étant le liquide extérieur, était :: 1 : 4.

On a vu que le sucre était, de toutes les substances végétales, celle qui, dissoute dans l'eau, avait le plus de pouvoir d'endosmose. On a cherché naturellement quel était le rapport du pouvoir d'endosmose de l'eau sucrée et de l'eau albumineuse ayant la même densité que celle déjà indiquée, 1,01. Ce rapport est d'environ 11 à 12. Dès lors, on peut établir le rapport suivant pour les pouvoirs d'endosmose :

Eau gélatineuse.	3,
Eau gommée.	5,17
Eau sucrée	11,
Eau albumineuse.	12

Voyons maintenant comment se comportent dans l'endosmose les acides et les alcalis. Dans ses premières expériences, en 1826, M. Dutrochet avait annoncé que les acides avaient une action opposée à celle des alcalis, dans leur réaction sur l'eau dont chaque

solution était séparée par une membrane. Avec la solution alcaline, le courant allait de l'eau vers cette dissolution. Deux ans après, en soumettant à l'expérience divers acides, M. Dutrochet reconnut que le vinaigre et les acides nitrique et hydrochlorique, séparés de l'eau par une vessie, donnaient lieu à un courant d'endosmose dirigé de l'eau vers l'acide. Quant aux acides sulfurique et hydrosulfurique, qui sont impropres à la production de l'endosmose, ils ont reçu en conséquence la qualification de liquides inactifs.

Dans une autre série de recherches, M. Dutrochet a été conduit à une suite de faits que nous allons faire connaître. Dans ses premières expériences, les acides avaient toujours été placés dans l'endosmomètre, par conséquent au-dessus de l'eau. L'acide hydrochlorique, à divers degrés de densité, et l'acide nitrique seulement à des degrés assez élevés de densité, avaient montré un courant d'endosmose dirigé de l'eau vers l'acide. L'acide sulfurique assez étendu, et l'acide hydro-sulfurique, descendaient toujours et graduellement dans le tube de l'endosmomètre. Il en conclut aussitôt que les acides ne produisaient aucune endosmose et filtraient mécaniquement à travers les pores de la membrane, en vertu de leur propre poids ; mais ayant opéré avec de l'acide oxalique placé dans l'endosmomètre, il vit l'acide s'abaisser rapidement dans le tube ; il répéta alors l'expérience inverse, c'est-à-dire qu'il plongea l'endosmomètre, rempli d'eau dans une solution d'acide oxalique ; il vit alors l'eau monter dans le tube, ce qui annonçait évidemment un courant dirigé de l'acide vers l'eau. En analysant cette expérience, il constata l'existence du double courant. L'endosmose était d'autant plus rapide, que l'acide oxalique extérieur avait une plus forte densité. Voilà donc un liquide plus dense que l'eau, qui donne naissance néanmoins à un courant en sens contraire ; ce fait était une exception à la règle générale, à laquelle ne pouvaient être rapportés que l'alcool et quelques liquides végétaux. M. Dutrochet a cherché quelle pouvait être la cause de cette inversion ; voici les expériences qu'il a faites à ce sujet. Il a commencé par comparer la filtration de ces liquides dans le même endosmomètre, dont la membrane était baignée extérieurement par le même liquide, en observant la quantité de son abaissement dans le tube de l'instrument, pendant le même temps employé pour observer la filtration de l'eau, les circonstances, bien entendu, étaient exactement semblables. En opérant ainsi, il a trouvé qu'à la température de + 21°, la filtration de l'eau de pluie étant représentée par 24, la filtration d'une solution aqueuse d'acide oxalique à la faible densité de 1,005 était représentée par 12 ; à la densité de 1,01, la filtration était 9. On voit donc que l'eau traverse plus facilement les membranes animales que ne le fait une solution aqueuse d'acide oxalique, et cependant ce dernier liquide traverse la membrane animale plus facilement et en plus grande quantité que ne fait l'eau, lorsque cette dernière baigne la face extérieure.

Cette propriété de l'acide oxalique est partagée par les acides tartrique et citrique, qui sont beaucoup plus solubles. De plus, ces deux acides jouissent de la singulière propriété que leurs effets d'endosmose, à différents degrés de densité, ne sont pas dans le même sens, c'est-à-dire que des solutions très-denses et des solutions moins denses présentent l'endosmose dans un sens inverse. A l'égard de l'acide tartrique, quand la solution a une densité supérieure à 1,05, et qu'elle est séparée de l'eau par une membrane animale, à la température de + 25 centigrades, le courant va de l'eau à l'acide; pour les densités inférieures à 1,05, le courant va en sens inverse. A la densité moyenne de 1,05, il n'y a point d'endosmose, mais il y a pénétration d'acide et d'eau à travers la membrane.

En cherchant comment la température intervenait dans ces diverses expériences, M. Dutrochet a reconnu que l'abaissement de température favorise l'endosmose vers l'eau; que son élévation la favorise vers l'acide, et, par un grand nombre d'expériences que nous ne rapportons pas ici, que l'endosmose est soumise à des lois tout à fait différentes de celles qui régissent la simple filtration capillaire. Nous ajouterons que les liquides acides sont les seuls qui aient offert le courant d'endosmose dirigé vers l'eau. L'acide sulfurique, par exemple, à la densité de 1,093, et à la température de + 10° centigrades, étant séparé de l'eau par un morceau de vessie, le courant est dirigé de l'eau vers l'acide; à la densité de 1,024, pour la même température et une partie du tube étant plongée dans l'eau, l'endosmose est dans un autre sens. Il y a absence d'endosmose à la densité de 1,07.

L'acide sulfureux qui, à la densité de 1,02, n'offre que la seule endosmose vers l'eau, avait assez d'énergie à la température de + 5°, comme à celle de + 25°.

L'acide hydrosulfurique se comporte de la même manière.

L'acide chlorhydrique, qui est le plus puissant pour opérer l'endosmose de l'eau vers l'acide, exige que l'on affaiblisse considérablement sa densité pour avoir un courant en sens inverse. Ainsi, à la température de + 22°, il faut que cette densité soit réduite à 1,003. A une température au-dessous de 22°, le même acide produit la même endosmose : en possédant une plus forte densité, le terme moyen où il y ait absence d'endosmose est la densité 1,017, à la température de + 10° centigrades. A cette même température et à la densité de 1,02, l'endosmose est dirigée vers l'acide, et à la densité de 1,015, le phénomène est en sens inverse. A une température plus élevée, l'endosmose est dirigée vers l'acide. En employant une membrane végétale au lieu d'une membrane animale, la singularité de ces phénomènes est encore plus évidente.

Quand l'acide oxalique est séparé de l'eau par une membrane animale, l'endosmose est toujours dirigée de l'acide vers l'eau. On a rempli d'une solution de cet acide une gousse de baguenaudier, dont on a fait un endosmomètre; l'immersion dans l'eau de pluie a indiqué que l'endosmose se dirigeait vers l'acide. Il en a été de même avec une membrane d'*allium porum*. Ces effets inverses de ceux produits par la membrane animale sont les mêmes avec les acides tartrique, citrique et hydrosulfurique.

L'acide sulfureux à la densité de 1,02, qui produit avec une membrane animale l'endosmose vers l'eau, à toutes les températures au-dessus de zéro et jusqu'à 25°, ne jouit pas de cette propriété avec la membrane végétale, tandis qu'avec une lame d'argile cuite on a une endosmose très-énergique vers l'eau. Dans les expériences avec les acides il n'a été question que du courant d'endosmose, mais l'on peut facilement voir le courant d'exosmose; il suffit de plonger le réservoir de l'endosmomètre contenant de l'acide nitrique et chlorhydrique dans un bocal rempli d'eau, on voit alors l'acide traverser la membrane et descendre dans l'eau sous forme de stries nombreuses.

M. Dutrochet, dans ses premières expériences, avait remarqué qu'en ajoutant un peu d'acide sulfurique ou hydrosulfurique à l'eau gommée, le courant d'endosmose cessait de se porter de l'eau vers l'eau gommée, de sorte que le liquide du tube s'abaissait. Cet effet est évidemment dû à la direction du courant d'endosmose de l'acide vers l'eau. On a vu plus haut que l'endosmose était due à l'existence d'un courant fort, opposé à un contre-courant faible; mais si ces deux courants, qui sont antagonistes, deviennent égaux, il ne peut s'accumuler de liquide ni d'un côté ni de l'autre. Dans ce cas, il y a absence d'endosmose.

On conçoit maintenant comment il se fait que la présence de l'acide hydrosulfurique dans les liquides qui renferment des substances animales en putréfaction détruise l'endosmose. On a vu qu'avec tous les acides l'endosmose est dirigée vers l'eau quand leur densité est convenable; l'acide hydrosulfurique donne constamment cette direction.

Ajoutons à une solution de gomme ayant une faible densité une quantité considérable de cet acide; il lui communiquera sa propriété. Si la quantité d'acide est moins considérable, le liquide mélangé tendra à couler par endosmose vers l'eau, avec autant de force que l'eau tendra à couler par endosmose vers ce même liquide mélangé. Les deux forces se feront alors équilibre, et il n'y aura plus d'endosmose. Si la quantité d'acide est faible, la puissance d'endosmose de l'eau de gomme l'emportera.

Au surplus, des expériences réitérées ont prouvé que c'est à la seule présence de l'acide hydrosulfurique dans les conduits capillaires de la cloison, qu'est due l'abolition de l'endosmose.

M. Dutrochet a entrepris quelques recherches dans le but de connaître les effets que présentent les liquides acides quand ils sont séparés des liquides alcalins par une membrane animale. La cloison était d'un morceau de vessie, et il mit dans l'endosmomètre une solution aqueuse de soude d'une densité égale à 1,069; le liquide extérieur était une solution aqueuse de l'acide hydrochlorique d'une densité égale à 1,193; l'endosmose fut dirigée de l'alcali à l'acide dont la densité était supérieure. L'expérience fut continuée en diminuant graduellement la densité de l'eau acidulée. L'endosmose fut toujours dirigée de l'alcali vers l'acide, jusqu'à ce qu'on fût arrivé à la densité 1,086. Il n'y eut plus alors d'endosmose, et le phénomène fût produit en sens inverse, en continuant à diminuer la densité de l'acide. On arriva par conséquent à un point où la solution alcaline était inférieure en densité à celle de l'acide. Il en fut encore de même lorsque la densité de l'acide fut égale à celle de la solution alcaline, c'est-à-dire à 1,069. A partir de ce point, en diminuant seulement la densité de la solution alcaline, l'endosmose ne changea pas de direction. Il en a été encore de même jusqu'à ce que la solution alcaline fût descendue à 1,00001. On voit par là que les solutions acides et alcalines, séparées par un morceau de vessie, se comportent absolument comme le font les solutions acides et l'eau pure dans les mêmes circonstances. Tels sont les phénomènes généraux observés jusqu'ici à l'égard de l'endosmose. Nous allons maintenant faire connaître les opinions émises sur leur production.

Théorie de l'endosmose. — On sait que Porette a prouvé qu'en divisant un vase en deux compartiments par un morceau de vessie, et remplissant d'eau chacun des compartiments, si l'on mettait en communication les compartiments avec les deux pôles d'une pile, au moyen de deux lames de platine, on voyait l'eau transportée du compartiment positif dans le compartiment négatif, et s'élever dans ce dernier. M. Dutrochet répéta l'expérience avec un cœcum de poulet rempli d'eau, auquel il ajusta un tube de verre, et qu'il plongea également dans un vase rempli d'eau. L'eau du vase fut mise en communication avec le pôle positif, et l'eau du cœcum avec le pôle négatif. L'eau du tube ne tarda pas à s'élever au-dessus des bords; l'expérience fut répétée en sens inverse, et le cœcum se vida. L'électricité produirait donc des effets semblables à ceux obtenus avec deux liquides de diverse densité, dans les expériences d'endosmoses. Cette expérience tendait donc à donner une origine électrique aux phénomènes d'endosmose et d'exosmose, mais il suffit d'une simple analyse de tous ces phénomènes pour être convaincu que plusieurs causes concourent à leur production.

Poisson, en 1826, à l'époque où M. Dutrochet publia ses premières expériences, émit l'idée que les phénomènes pouvaient être dus à l'action capillaire, jointe à l'affinité des deux liquides hétérogènes. D'après cette manière de voir, il ne devrait exister qu'un seul courant au travers de la membrane séparatrice; courant dirigé vers celui des deux liquides qui est doué de la plus grande force d'attraction. Cette conséquence de l'analyse est en opposition avec les faits. On peut consulter, page 73 de l'ouvrage de M. Dutrochet sur l'endosmose, le passage de Poisson relatif à cette théorie.

G. Magnus publia, dans les *Annales de Poggendorf*, une théorie qui revient à peu près à celle de Poisson. On a, dit-il, une explication complète du phénomène, en regardant la vessie comme un corps poreux, et en admettant : 1° qu'il existe une certaine force d'attraction entre les molécules des liquides différents ; que les liquides différents passent plus ou moins facilement par la même ouverture capillaire. Plus loin il ajoute : Quand les molécules d'une dissolution saline quelconque auront entre elles plus de cohésion que celles de l'eau, elles passeront plus difficilement que l'eau par des ouvertures très-étroites, toutes choses égales d'ailleurs. Il en résulte que plus une dissolution est concentrée, plus elle aura de difficulté à pénétrer par des ouvertures capillaires.

Or il n'en est pas toujours ainsi, comme les solutions acides le prouvent, ce qui montre que les données de Poisson et Magnus ne sont pas suffisantes pour expliquer les phénomènes. La théorie du célèbre mathématicien est infirmée encore par ce fait, que les cloisons siliceuses sont incapables de produire l'endosmose, bien qu'elles possèdent la porosité, et par conséquent la capillarité nécessaire pour que le phénomène ait lieu.

D'autres physiciens ont rapporté ce phénomène à la différence de viscosité des deux liquides ; le liquide le moins visqueux, filtrant avec plus de facilité que l'autre, devait augmenter sans cesse de volume. Suivant cette manière de voir, on serait obligé de considérer certains liquides très-peu denses comme des liquides très-visqueux, afin d'expliquer pourquoi l'endosmose est dirigée de l'eau vers l'alcool. Or différents faits montrent que le courant d'endosmose n'est pas toujours dirigé du liquide le moins visqueux vers le liquide qui l'est le plus. Au surplus, pour montrer ce fait, M. Dutrochet a cherché la mesure comparative de la viscosité des liquides, en observant le temps que chacun d'eux, à volume égal, mettait à s'écouler par un tube capillaire de verre, à la même température. Il a reconnu, en expérimentant ainsi, que la viscosité de l'eau sucrée, qui contient une partie de sucre sur trente-deux parties d'eau, est très-peu supérieure à celle de l'eau; que la viscosité de l'eau gommée dans les mêmes proportions est bien supérieure à celle de l'eau sucrée précédente. D'autres faits tendent encore à prouver que l'endosmose ne peut être attribuée à la viscosité des liquides, et entre autres celui-ci, qu'il n'y a pas d'endosmose entre deux liquides n'ayant pas la même vis-

681 END END 682

cosité quand ils sont séparés par un diaphragme siliceux.

Dans l'origine, M. Dutrochet, pour expliquer les phénomènes d'endosmose et d'exosmose, avait admis que leur production était due à la différence de l'ascension capillaire entre deux liquides : mais ayant observé depuis des effets contraires dans la direction avec les acides de l'eau, cette exception devait infirmer la loi générale qu'il avait cherché à établir ; dès lors il se borna à dire que cette loi ne pouvait être appliquée qu'aux faits généraux qui sont les plus nombreux. Ainsi M. Dutrochet a donc posé en principe « que l'inégalité de l'ascension capillaire des deux liquides que sépare une cloison à pores assez petits pour s'opposer à la facile perméabilité de ces deux liquides, en vertu de leur seule pesanteur, est une des conditions générales de l'existence de l'endosmose qui, dans le plus grand nombre de cas, dirige son courant, du liquide le plus ascendant dans les tubes capillaires, vers le liquide le moins ascendant. » Pour s'assurer jusqu'à quel point ce principe était fondé, l'inégalité de densité des liquides étant une cause d'endosmose, il a dû rechercher quelle était la différence d'ascension capillaire résultant d'une différence déterminée dans cette densité. Il fallait ensuite rechercher si la différence d'ascension capillaire des deux liquides était en rapport constant avec la différence de l'endosmose ; c'est ce qu'a fait M. Dutrochet.

On sait que l'eau est de tous les liquides celui qui s'élève le plus dans les tubes capillaires : que les sels, ainsi que les substances qu'elle tient en solution, augmentent sa densité et diminuent sa propriété capillaire, propriété qui est également diminuée par la chaleur ; l'alcool et l'éther se comportent absolument comme les liquides denses.

Passons aux expériences. M. Dutrochet a d'abord expérimenté avec le même tube, à température égale, et prenant pour liquides l'eau et une solution de sel marin. On sait que la couche de liquide qui mouille intérieurement le tube est un des éléments de l'ascension capillaire. Si on opère avec de l'eau et un tube préalablement mouillé avec ce liquide, l'eau s'élèvera à une certaine hauteur ; mais si les parois ont été mouillées avec tout autre liquide, l'eau ne s'élèvera pas à la même hauteur. En vain voudra-t-on enlever avec de l'eau le liquide adhérent qui s'oppose à l'ascension de l'eau ; on ne peut y parvenir complétement qu'à l'aide du frottement. M. Dutrochet a opéré avec une solution de chlorure de sodium ayant une densité de 1,12, celle de l'eau étant 1 ; en ajoutant à cette solution un volume égal d'eau, la densité était égale à 1,06. Il avait donc ainsi deux solutions salines dont les excès de densité sur celle de l'eau étaient 0,12 et 0,06 ; et considérait ces deux excès, qui sont dans le rapport de 2 à 1, comme devant servir de mesure à l'endosmose produite par chacune des deux solutions salines par rapport à l'eau. L'expérience lui a montré effec-

tivement que tel était le rapport du pouvoir de l'endosmose. Il a cherché ensuite le rapport entre la densité et l'ascension capillaire. Voici les résultats obtenus :

1° L'ascension capillaire de l'eau étant   12

L'ascension capillaire de la solution saline étant $6\frac{1}{4}$

L'excès de l'ascension capillaire de l'eau est $5\frac{3}{4}$

2° L'ascension capillaire de l'eau étant   12

L'ascension de la solution saline la moins dense étant $9\frac{1}{8}$

L'excès de l'ascension capillaire de l'eau est $2\frac{7}{8}$

Ces résultats nous montrent que les deux excès d'ascension capillaire de l'eau sur l'ascension capillaire de chacune des deux solutions salines sont également dans le rapport de 2 à 1. On peut se demander, d'après cela, si l'on doit rapporter l'endosmose à la densité respective des liquides ou à leur ascension capillaire respective. Les expériences qu'on a faites pour décider l'alternative s'il existe un rapport entre le degré d'ascension capillaire des liquides, et l'endosmose qu'ils sont aptes à produire quand ils sont séparés de l'eau par une membrane animale, n'ont peut-être pas encore été assez multipliées pour résoudre la question ; quant à la cause du phénomène, M. Dutrochet se borne à dire qu'elle existe dans la cloison séparatrice.

Des phénomènes d'imbibition et d'absorption dans les animaux. — Dans les actes de la vie, il se produit des phénomènes physiques et chimiques dus à des forces qui sont subordonnées aux forces vitales, puisque celles-ci les dominent sans cesse. La dépendance est telle que les solides et les liquides de l'organisme n'obéissent pas toujours aux lois physiques et chimiques, comme ils le feraient si leurs parties n'étaient pas soumises à l'action vitale. Développons un peu plus notre pensée.

Les phénomènes qui se produisent dans nos corps quand la vie est éteinte sont en général des phénomènes d'imbibition et d'endosmose, qui sont d'autant plus intéressants à étudier, qu'ils servent à montrer de quelle manière les forces vitales résistent à l'action des forces physiques. Les liquides circulent dans les corps organisés en vertu d'actions physiques et chimiques, dans lesquelles intervient le jeu des tissus , en raison de leur constitution et de leurs propriétés vitales, telles que la contractilité, l'excitabilité, etc. Ces tissus sont donc les organes de la vie, puisque c'est entre leurs molécules que s'opèrent toutes les fonctions qui concourent au maintien de l'existence des corps. La connaissance de ces tissus est donc indispensable quand on veut étudier l'intervention des forces physiques dans les phénomènes physiologiques. L'ensemble des propriétés des tissus constitue la force de tissu qui cesse quelque temps après la vie. Quand elle n'existe plus, les forces physiques et chimiques agissent seules. Voyons d'abord ce que devient le sang après la mort. Le système artériel contient à peu près 15 kil. de sang dans l'état de vie. Après la mort on ne trouve tout au plus qu'un kilog. de caillots veineux dans les veines. Le côté gauche du cœur est à peu près complétement vide, ainsi que les artères. Le côté droit, les grosses et les petites veines, sont la plupart du temps dépourvus de sérosités. Ces sérosités, probablement, filtrent à travers les parois vasculaires pour imbiber les divers tissus de l'organisme. Le sang tend à s'accumuler dans les parties les plus déclives, telles que la partie postérieure du tronc, si elle est appuyée.

L'imbibition a lieu plus facilement en été, sans qu'il y ait pour cela putréfaction. Il est probable que, sous l'empire de la vie, tous les tissus, les muscles, les parois vasculaires se trouvent dans un état de tension, auquel succède, à la mort, un relâchement général qui produit le phénomène en question. Nous citerons comme un phénomène frappant, l'imbibition de la plupart des organes parenchymateux par le sang filtrant à travers les parois des vaisseaux.

On trouve fréquemment des imbibitions sanguines dans le poumon, le foie, la rate, etc. Les congestions sanguines à la suite des maladies disparaissent souvent à l'instant de la mort par l'extinction de la force vitale qui résistait. On observe des effets semblables dans les érisypèles, les ophthalmies, qui disparaissent souvent quelques heures après la mort.

Quand l'estomac renferme des liquides à l'instant de la mort, il arrive souvent qu'ils imbibent la muqueuse ainsi que les membranes constituant les parois de l'estomac. Il faut néanmoins avoir un peu de pratique pour distinguer ces altérations cadavériques de celles qui sont le fait des maladies. Quelquefois l'imbibition des liquides qui se trouvent dans l'estomac est si considérable, que ces liquides perforent les parois, comme Carzwel l'a observé.

Les phénomènes d'imbibition ont également lieu dans les intestins; la bile filtre un peu à travers les parois qui l'enveloppent; les environs de la vésicule du fiel sont fortement teints par la bile infiltrée. Chose digne de remarque, l'urine ne filtre pas et n'imbibe jamais la vessie. D'après des observations de M. Alfred Becquerel, l'exosmose de l'urine n'a pas lieu, tandis que l'endosmose des liquides extérieurs s'opère.

Suivant M. Nathalie Guyot, le cerveau jouit de propriétés hygrométriques remarquables après la mort. Un morceau de substance cérébrale d'un chien, d'un chat, etc., plongé dans de la sérosité ou dans de l'eau, double de poids. Pendant la vie, les ventricules cérébraux sont remplis d'une sérosité claire et transparente qui, après la mort, est absorbée entièrement, ou du moins en grande partie, par le cerveau.

L'hydrocéphale aiguë, chez les enfants, consiste dans l'épanchement d'une quantité anomale de sérosité dans les ventricules du cerveau. Après la mort, on ne retrouve que peu ou point de cette sérosité. S'il y a des différences dans les effets produits, elles proviennent de propriétés hygrométriques particulières à certains cerveaux.

L'hydropisie consiste dans l'épanchement d'une certaine quantité de sérosité dans le tissu cellulaire ou les membranes séreuses, telles que le péritoine, membrane qui revêt intérieurement les parties du bas-ventre. Après la mort cette sérosité imbibe et pénètre les organes avec lesquels elle est en rapport; ce qui n'a pas lieu sous l'empire de la vie.

Le péritoine laisse passer une certaine quantité de sérosité dans la vessie; quand cette dernière contient de l'urine, celle-ci devient alors albumineuse. Cet effet n'a pas lieu seulement dans l'hydropisie, mais encore dans beaucoup d'autres cas où il n'existe pas d'épanchement dans le ventre.

Après la mort, le globe de l'œil n'est plus arrondi, saillant; il devient mou, flasque, et contient moins de liquides. Ceux-ci passent, par l'effet de l'imbibition, à travers les parois du globe de l'œil : ce qui le prouve, c'est que la cornée transparente devient demi-opaque et nacrée, parce qu'elle a été imbibée par les liquides contenus dans les chambres de l'œil.

On produit des effets d'absorption dans le membre d'un animal, en détruisant la force vitale, arrêtant, au moyen d'une ligature, l'arrivée du sang artériel, et annihilant l'influence nerveuse; la gangrène ne tarde pas alors à se déclarer.

Dans certaines maladies, comme la peste, les typhus, on observe des effets analogues, particulièrement dans les poumons; car rien n'est plus commun que d'y trouver des congestions à la partie la plus déclive, au moment de l'agonie, où la force vitale diminue de plus en plus; les forces physiques tendent sans cesse à l'emporter. Alors, dans ce cas, la mort arrive la plupart du temps par le poumon, attendu que le sang, filtrant à travers les vaisseaux, comprime fortement cet organe et l'empêche de fonctionner.

Lors de la convalescence, la diminution de la force vitale qui s'est opérée pendant la maladie, ayant donné de la prédominance aux forces physiques, il en résulte des hydropisies dues à la filtration de la sérosité dans le tissu cellulaire ou à travers les parois vasculaires. Cet effet s'opère plus facilement chez les enfants que chez les adultes. On trouve fréquemment dans un membre paralysé, où il y a diminution de la force vitale, une infiltration de sérosité, à travers les parois vasculaires, dans le tissu cellulaire.

Ces faits sont d'une grande importance, en ce qu'ils montrent la lutte continuelle qui existe entre le principe de la vie et les forces physiques. Le devoir du physicien est d'établir les rapports qui existent entre toutes ces forces, afin de mettre le médecin à même d'employer les moyens convenables pour en maintenir l'équilibre; mais il faut pour cela que ce dernier étudie l'action des forces physiques, ce qu'il ne fait pas toujours, car il ne voit souvent que des phénomènes physiologiques, dus seulement à des forces vitales, là précisément où existent des effets à la production desquels concourent toutes les forces dont la nature dispose pour régir les corps organisés. Cette observation doit être prise en considération par tous ceux qui se livrent à l'art de guérir ; car, en général, on attribue à des causes occultes ce qui n'est quelquefois qu'un effet naturel des forces connues. Gardons-nous surtout, pour expliquer des faits complexes, de faire intervenir des forces nouvelles sans nous être assurés que celles que nous connaissons sont insuffisantes. On ne doit jamais perdre de vue que la nature ne dispose que de peu de principes, et qu'en lui en attribuant un grand nombre, on l'amoindrit en lui faisant perdre son unité, en même temps que l'on s'éloigne du point de vue philosophique sous lequel on doit cultiver la science.

Nous ne quitterons pas ce qui concerne le phénomène d'imbibition dans lequel intervient l'endosmose, chez les animaux vivants, sans parler de la propriété que possèdent les os d'absorber le principe colorant de la garance.

De l'absorption du principe colorant de la garance par les os. —Prise à l'intérieur par les animaux, la garance pénètre leurs os et les colore en rouge. Ce phénomène a été observé pour la première fois, vers le milieu du xvi° siècle, par Miseau, médecin à Paris ; mais il n'a été bien étudié qu'un siècle et demi après par Pelchier et Duhamel. Le premier, à la suite d'une observation due au hasard, mêla de la racine de garance en poudre à la nourriture qu'il destinait à un coq ; au bout de seize jours, l'animal étant mort, ses os avaient pris une teinte rouge, tandis que toutes les autres parties, les muscles, les membranes, les cartilages, avaient conservé leur couleur.

Duhamel Dumonceau confirma cette expérience sur des poulets, des pigeons, des cochons, et prouva que la garance avait la propriété de ne rougir que les os : ainsi les plumes, le bec, la corne, les ongles n'éprouvaient aucun changement. Suivant le même observateur, lorsque des os ont été rougis par la garance, si on interrompt le régime alimentaire, la couleur rouge ne disparaît pas ; seulement les couches rouges sont recouvertes par des couches blanches provenant du travail incessant des os, de sorte que, en soumettant un animal alternativement au régime de la garance et au régime ordinaire, on a des couches alternatives, blanches et rouges.

M. Flourens, qui a repris le travail de Duhamel, a eu l'occasion d'observer des faits intéressants, mais qui ne sont pas de notre compétence. Nous citerons seulement une observation qui prouve que le phénomène d'imbibition s'opère quelquefois dans l'espace de cinq heures, quand on soumet à l'expérience des oiseaux, tels que des pigeons de deux à trois semaines au plus ;

les résultats les plus prompts ont été obtenus sur des sujets qui n'avaient que quinze à seize jours. Il paraît que l'absorption est d'autant plus faible que l'animal est plus vieux. Enfin, M. Flourens a montré, comme Duhamel l'avait déjà observé, que les dents se coloraient par la garance ; mais Hunter et Pelchier ont reconnu que cette faculté appartenait à la partie osseuse et non à l'émail.

Robiquet, auquel on doit un beau travail sur le principe colorant de la garance, a cherché la nature de la substance qui colorait en rouge les os des animaux, et a reconnu que des deux matières colorantes de la garance, c'était plutôt la purpurine que l'alizarine qui se fixait sur les parties.

Le pouvoir absorbant des os à l'égard du principe colorant de la garance est très-important à étudier, en raison des conséquences que l'on peut en tirer en physiologie ; d'un autre côté, il nous porte à croire que d'autres substances non colorées peuvent également se répandre par imbibition dans le système osseux, seulement les effets de couleur manquent pour nous accuser leur présence ; l'analyse chimique, dans ce cas, doit y suppléer. Il serait donc à désirer que des physiologistes, de concert avec des chimistes, fissent à cet égard des expériences qui ne pourraient manquer d'avoir un grand intérêt.

Des phénomènes d'imbibition, d'absorption, d'hygroscopicité dans les végétaux. — Tous ces phénomènes sont des effets d'imbibition résultant de la capillarité et de l'endosmose.

Quoique leur type soit le même, les tissus des plantes varient d'une plante à l'autre, en raison de la dureté, de la porosité, de la nature du liquide et de celle des matières déposées, etc. Outre ces propriétés, les tissus en ont d'autres dépendant de leur organisation, et dont on doit tenir compte : 1° l'extensibilité, qui varie suivant que les substances absorbées sont plus ou moins liquides ; elle a une limite ; elle est nécessaire à la croissance de la plante ; quand elle cesse, celle-ci meurt ; 2° l'élasticité, propriété dépendant de la précédente ; elle en diffère en ce qu'elle permet aux molécules de revenir à leur position primitive ; 3° l'hygroscopicité, qui, suivant M. de Candolle, a la faculté d'absorber l'eau, laquelle dépend des causes physiques, chimiques et vitales. Dans les corps inorganiques, il y a dissolution, saturation avec suintement ; dans les corps organisés, il peut y avoir distension, allongement des parties, comme les cheveux, les fanons de baleine, les divers tissus végétaux qui nous en offrent de nombreux exemples. Les tissus végétaux ayant pour base un réseau formant un tissu lâche, doivent absorber d'autant plus d'eau qu'ils renferment moins de matières étrangères, comme les dépôts en extensions scarieuses privées de nourriture en sont des exemples.

L'hygroscopicité produit allongement des

tissus. Si des parties filiformes se tordent en spirale, l'eau absorbée les détord; la sécheresse produit un effet contraire. L'hygroscopicité dépend de plusieurs causes physiques qui ne tiennent pas à la vitalité, mais qu'il faut rapporter à la capillarité et à l'endosmose. Cependant, il y a une différence entre l'hygroscopicité et la capillarité proprement dite. Cette dernière s'exerce dans des corps dont les interstices sont visibles, tandis que la première ne se manisfeste que lorsque le microscope ne laisse point apercevoir de pores; mais on peut se demander où commence l'endosmose et où finit l'hygroscopicité. Ce qu'il y a de plus probable, c'est que l'hygroscopicité dépend tantôt de la capillarité, tantôt de cette cause et de l'endosmose.

Voici un tableau qui renferme le degré d'allongement de divers tissus dans une même circonstance :

Pour un allongement d'un cheveu de	8 mm
Celui d'une lanière de *fucus tendo* était de	50
— *digitatus*	78
— *laureus*	90
— *saccharinus*	170

On a remarqué que la force hygroscopique de certaines parties du tissu végétal offre assez de régularité pour qu'on puisse les employer comme hygromètre.

Les plantes, ainsi que les autres corps organisés, quand elles ne sont pas saturées d'eau, en prennent aux corps qui le sont, et avec lesquels on les met en contact. L'examen de l'aptitude plus ou moins grande des plantes à absorber l'eau, et le détail des instruments qui servent à mesurer cette absorption, constituent l'hygroscopicité ou l'hygrométrie, dont nous n'avons pas à nous occuper. L'on a vu plus haut que, lors de l'absorption il y a mutation dans la forme, contraction et dilatation, suivant le tissu et la distension des fibres, une corde, faite de fibres tendues, éprouve un renflement, puis un raccourcissement. Des toiles fabriquées avec des fils tors éprouvent un rétrécissement après avoir été mouillées. Il n'en est pas de même du papier, composé de filaments très-déliés, très-courts, disposés irrégulièrement dans toutes sortes de directions.

Des effets produits dans les végétaux par l'imbibition de substances vénéneuses et montrant l'influence de l'endosmose. — Cette question, qui est du ressort de la physique végétale, doit néanmoins attirer notre attention, puisque nous examinons de quelle manière les liquides de diverses natures sont absorbés par les végétaux. Elle a été traitée par Jaeger, Séguin, Marcati et Macaire. Le mode d'expérimentation employé par ces savants est tres-simple : il suffit d'arroser des plantes en végétation avec les solutions d'essai; elles périssent quand on arrose avec des solutions arséniatées. Toutes les familles des plantes participent aux effets de l'empoisonnement; l'absorption d'eau renfermant de l'arsenic change la couleur des pétales, qui devient brune, jaunâtre ou blan-

châtre. La rose à cent feuilles devient pourpre ou parsemée de taches pourpres. La vapeur du mercure peut être absorbée par les plantes, qui alors languissent, se dessèchent et meurent. Le mercure introduit dans un arbre n'est nullement absorbé, comme M. de Saussure l'a reconnu par une expérience de trente ans. Les solutions métalliques sont également absorbées par les plantes, ainsi que le prouve une expérience de Philipps sur un jeune peuplier arrosé avec une solution cuivreuse; il ne tarda pas à mourir, en commençant par les branches inférieures; le bois était tout imprégné de solution cuivreuse. Les plantes absorbent également la fumée de bois, composée d'eau, d'huiles en vapeurs et de matières carbonacées ; les jeunes végétaux périssent promptement; les jeunes pousses paraissent brûlées, et les feuilles désarticulées de leurs tiges.

M. Boucherie a fait une application très-heureuse de la propriété absorbante des végétaux et des arbres pour les préserver des variations de volume, diminuer leur combustibilité, augmenter leur densité, leur ténacité, et leur donner des couleurs durables plus ou moins vives et plus ou moins variées. A cet effet, on les coupe en pleine séve et on les plonge dans une cuve renfermant la solution que l'on veut leur faire aspirer. En quelques jours, les liquides sont transportés jusque dans les feuilles, à l'exception du cœur. Pour les sujets âgés, il suffit que l'arbre n'ait qu'un bouquet de feuilles : l'effet est le même, que l'arbre soit couché ou debout; il n'est pas même nécessaire de couper l'arbre en entier; il suffit de pratiquer une cavité au fond. Les pyrolignites qui renferment de la créosote durcissent le bois et le garantissent des piqûres des insectes. Les chlorures terreux et les eaux-mères des marais salants donnent au bois de la souplesse et de l'élasticité. Ainsi préparé, le bois peut être divisé en feuilles, tordu en spirale, sans perdre de son élasticité ; il ne se fend pas dans la sécheresse et ne peut propager l'incendie.

L'ébénisterie pourra tirer parti des nuances variées dont on peut colorer les bois. Le pyrolignite de fer leur donne une teinte brune qui se marie bien avec le ton du bois non imbibé. En faisant absorber ensuite une matière tannante, le bois prend une teinte noire ; si, au lieu de tannate, on prend du prussiate de potasse, il se forme du bleu de Prusse. En employant successivement de l'acétate de plomb et du chromate de potasse, on a du chromate de plomb ; et, par l'absorption successive de chacune des substances précitées, on peut produire des nuances bleues, jaunes et brunes assez variées.

La séve portant continuellement dans les végétaux, par l'effet de l'endosmose, diverses espèces minérales qui sont déposées par l'effet de l'évaporation, ou même décomposées par l'action vitale, il est possible de produire différentes réactions, en faisant absorber successivement diverses substances salines. Rappelons succinctement quelques-

'unes des substances que l'on rencontre ordinairement dans les plantes, et qu'on pourra essayer de reproduire par ce moyen. Parmi les terres que l'on trouve dans les végétaux, pures ou combinées, on doit citer la chaux, la magnésie, la silice et l'alumine. La chaux existe dans tous les végétaux, excepté dans le *salsola soda*. On a avancé qu'elle se trouve à l'état de chaux vive, dans la bulbe de l'ail, l'écorce de liége, et se présente sous la forme d'efflorescences blanches à la surface du *chara* exposé à l'air. Elle existe à l'état de carbonate dans presque toutes les plantes, particulièrement dans les pailles de graminées. On la trouve à l'état de sulfate dans le bois de campêche, l'écorce du bouleau, la racine d'*aconitum lycoctonum*, de *rhubarbe* ; à l'état de phosphate ou de sous-phosphate dans les feuilles d'aconit napel, les racines de pivoine, de réglisse, etc.; à l'état de nitrate dans la bourrache, l'ortie, l'hélianthe, la pariétaire ; à l'état de chlorure dans la racine d'*aconitum lycoctonum*, le suc des feuilles de tabac. La magnésie est moins abondante que la chaux dans les végétaux; on la rencontre, dit-on, à l'état de terre dans le liége et dans les graines et pailles des graminées.

La silice pénètre également dans les végétaux par voie de suspension ou de solution. On la trouve en quantité considérable dans la partie extérieure et les concrétions des monocotylédones, dans les feuilles, dans plusieurs grains, etc. Suivant Davy, l'épiderme du rothan en contient une quantité suffisante pour faire feu au briquet, ou même en frottant deux morceaux l'un contre l'autre.

Les concrétions du bambou appelé *tabachir* sont formées de silice presque pure.

Dans les dicotylédones, la silice est ordinairement rare, si ce n'est dans les feuilles. Suivant M. de Saussure, elle varie dans les espèces qu'il a essayées de 3 à 14.

L'alumine est la terre qui se trouve en moins grande quantité dans les végétaux. Suivant M. de Saussure, elle existe à peine pour un centième dans leur cendre.

Passons maintenant aux alcalis.

On sait que la potasse existe dans presque tous les végétaux ; elle s'y trouve à l'état de potasse hydratée ou de sous-carbonate, particulièrement à ce dernier état. On trouve aussi du chlore de potassium dans la graine de lin, le céleri, l'absinthe, les feuilles de tabac, la paille de froment, etc.

Le sulfate de potasse existe dans beaucoup de plantes, dans la paille de froment, la bulbe de l'ail, les plantes maritimes, etc.

Le phosphate se trouve dans le fruit du marronnier d'Inde, la graine de lin, la fève, etc., le nitrate de potasse dans les racines de plusieurs plantes, et en particulier dans les fanes de la betterave.

La soude se rencontre ordinairement dans les plantes qui végètent dans le voisinage des eaux salées. Suivant M. Chevreul, elle y est à l'état d'oxalate.

Parmi les métaux qui existent dans les plantes, on cite spécialement le fer, le manganèse, puis le cuivre, qu'on ne trouve qu'en quantité très-minime. Quant aux corps non métalliques, nous citerons le chlore, l'iode, le soufre, qui est à l'état pur dans les crucifères, particulièrement dans les graines de moutarde, dans les fleurs d'oranger, dans le céleri ; enfin le phosphore se montre à l'état d'acide phosphorique dans le suc de l'ognon, l'ergot des céréales, etc.

Une discussion s'est élevée entre les physiologistes pour savoir si ces substances étaient formées dans l'acte de végétation ou bien si elles étaient tirées du sol sans avoir éprouvé de décomposition. Ceux qui pensent que leur présence est due à l'absorption disent que toutes ces substances se trouvent dans les terrains où croissent les végétaux; que la quantité en est d'autant plus grande, qu'il s'en trouve davantage dans le sol, et que les mêmes espèces de végétaux présentent des produits différents, lorsqu'elles croissent dans d'autres terres. C'est ainsi que, dans le voisinage de la mer, la soude est substituée à la potasse.

Davy ayant cultivé de l'avoine dans un sol composé de carbonate de chaux, la plante y vécut mal, et donna moins de silice que dans des terrains où on la cultive ordinairement. Lampadius émit une opinion opposée, en assurant que du seigle qu'il avait cultivé dans de la silice, de l'alumine, de la chaux, de la magnésie, a donné les mêmes résultats à l'analyse; mais on a élevé des doutes sur l'exactitude de cette assertion.

Nous ne citons uniquement ces faits que pour faire sentir la nécessité d'étudier avec soin les phénomènes d'absorption; cette question, quoique du domaine de la physiologie végétale, appartient aussi aux sciences physico-chimiques, attendu qu'il est indispensable, pour faire végéter des plantes dans des matières pulvérulentes de diverse nature, de les arroser avec des solutions également diverses, de favoriser les phénomènes d'absorption; d'étudier les tissus à diverses époques de la végétation et de les analyser. Il faut, en outre, connaître tout ce qui concerne la capillarité et l'endosmose. Ce sont tous ces motifs qui nous ont engagé à entrer dans les détails que nous venons de présenter. Voyons comment on peut expliquer l'ascension de la séve dans les végétaux à l'aide des phénomènes de l'endosmose.

Explication de différents phénomènes dépendant de l'endosmose. De l'ascension de la séve dans les végétaux. —L'état de réplétion dans les végétaux peut être considéré comme résultat de l'endosmose, dès l'instant qu'il se trouve dans les organes un liquide plus dense que la séve qui doit s'infiltrer à travers les parois. La séve lymphatique étant introduite avec excès dans le liquide laiteux, distend les organes qui contiennent ce dernier; leurs parois distendues réagissent par leur élasticité sur ce liquide, qu'elles expulsent en se resserrant comme s'il y avait une contractilité ; c'est ce qu'on observe dans le jeune bois de figuier que l'on vient de couper; il sort de la plaie un liquide laiteux. Suivant cette manière de voir, l'ascension de la séve dépendrait de deux actions : 1° d'une impulsion ; 2° d'une attraction.

L'impulsion est mise en évidence au printemps par l'émission de la séve à l'extrémité tronquée des branches de la vigne ; l'ascension, par l'attraction qui a lieu lorsque l'on plonge dans l'eau l'extrémité inférieure d'une tige coupée. Voyons, d'après M. Dutrochet, quelle est la cause de l'impulsion de la séve et de quel lieu elle part. Ce physiologiste avait choisi une branche de vigne longue de 2 mètres ; il en coupa l'extrémité, et vit la séve s'écouler goutte à goutte d'une manière continue. Il coupa ensuite la tige d'un seul coup, près du sol ; aussitôt l'écoulement de la séve par l'extremité supérieure cessa. Dès lors la force d'impulsion n'avait pas son siége dans les organes de la tige, puisque, par l'effet de la pesanteur, la séve s'écoulait par le bas, la portion de la tige adhérant au sol continuant à verser de la séve. La terre ayant été enlevée ainsi par la racine, et celle-ci coupée transversalement, la séve s'écoula lentement de la partie inférieure de la racine restée dans le sol. En continuant ainsi ses sections, il trouva que la cause impulsive de l'ascension de la séve avait son siége dans les extrémités des racines ou dans le chevelu. Ayant pris ensuite un filament de chevelu dont la spongiole était assez developpée pour pouvoir facilement être observée, il mit la spongiole dans l'eau, et vit aussitôt la séve suinter par l'extrémité supérieure du chevelu et sortir par cette même ouverture : la cause d'impulsion existait donc dans les spongioles. Or la spongiole du chevelu, examinée au microscope, paraissait entièrement composée de tissus cellulaires ; la partie centrale, formée de cellules articulées en séries longitudinales, était contiguë avec le système cortical de la radicelle. A l'aide d'une goutte d'acide nitrique, M. Dutrochet reconnut que le tissu cellulaire qui composait toute l'organisation de la spongiole renfermait dans ses cellules un liquide très-dense, coagulable par cet acide. Au moyen de ces données, il put expliquer l'ascension de la séve de la manière suivante : l'eau dont la terre est imbibée est introduite par un effet d'endosmose dans les cellules remplies d'un liquide dense, et cette eau ou séve lymphatique qui pénètre sans cesse est chassée dans les organes de la tige par lesquels s'opère son ascension. Les expériences faites avec l'endosmomètre prouvent que l'ascension du liquide dans le tube est capable de supporter le poids de plus d'une atmosphère, ce qui rend compte de la force par laquelle la séve est poussée de bas en haut dans la vigne. Donnons plus de développement à cette théorie, et pour cela commençons par examiner comment s'opère l'ascension de la séve dans une tige privée de ses racines par une troncature, et dont l'extrémité coupée plonge dans l'eau. Hales ayant remarqué que les végétaux aspirent d'autant plus de séve qu'ils ont plus de feuilles, en avait conclu aus-

sitôt que la cause résidait dans les feuilles, lesquelles exerçaient une succion du liquide qu'elles livraient ensuite à l'évaporation.

M. Dutrochet combattit cette explication, en disant que si la vacuité des cellules des feuilles était la cause de l'ascension de la séve, l'ascension devrait être d'autant plus rapide et d'autant plus abondante, que la vacuité des cellules serait plus considérable. Or, l'expérience lui a prouvé qu'il n'en était pas toujours ainsi. Une série d'experiences que nous ne pouvons rapporter l'ont conduit aux conséquences suivantes :

1° Que la vacuité des cellules de la plante n'est point la cause de l'ascension de la séve ;

2° Que cette ascension n'a lieu que lorsqu'il existe préalablement une quantité d'eau suffisante dans le tissu de la plante ;

3° Que la diminution peu considérable de la quantité de cette eau, préalablement existante dans le tissu de la plante, augmente considérablement l'ascension de la séve par attraction ;

4° Que l'ascension de la séve n'a lieu que lorsque les cellules ou les autres organes qui la contiennent et composent le tissu végétal, sont susceptibles de posséder leur état turgide naturel, ou de le reprendre lorsqu'ils l'ont perdu. Or, cette faculté de prendre ou de conserver cet état n'est autre que le pouvoir de produire l'endosmose, qui dès lors devient la cause de l'ascension de la séve par attraction. M. Dutrochet pense que la fixation de l'oxygène respiré dans le tissu végétal intervient d'une manière puissante pour occasionner l'état turgide des cellules, et produire l'ascension de la séve par attraction.

Cela posé, examinons comment on peut expliquer, au moyen de l'endosmose qui produit la turgescence des cellules, l'ascension de la séve lymphatique par ingestion : les cellules des feuilles qui ne renferment pas d'air sont remplies d'un liquide organique dense, et quand elles sont en contact avec les organes qui contiennent la séve lymphatique, elles deviennent turgescentes par un effet d'endosmose ; de là introduction de l'eau, son évaporation dans l'air ; production d'endosmose d'une manière continue. L'eau pénétrant sans interruption dans les cellules, la séve doit monter sans interruption, comme l'eau dans les endosmomètres ordinaires.

Ainsi, en admettant que dans les spongioles des racines, il existe une force impulsive qui chasse la séve lymphatique vers le sommet du végétal, tandis que dans les feuilles et les autres organes de la tige, il y a une force attractive qui attire la séve, on rend compte des phénomènes de son ascension. Il est facile d'expliquer plusieurs effets observés par M. Dutrochet dans diverses expériences sur des mercuriales qui avaient perdu par l'évaporation une quantité plus ou moins considérable de leur liquides intérieurs. Lorsque les feuilles de la mercuriale ont perdu, par l'évaporation, une plus ou moins grande quantité de leurs parties aqueuses, la densité des liquides cellulaires se trouve augmentée ; l'endosmose devient plus forte, et l'ascension augmente d'autant. Lorsque, par l'effet de la dessiccation, les feuilles ont perdu une quantité assez considérable de leurs parties aqueuses, les liquides organiques contenus dans les cellules n'ayant plus leur liquidité première, ne sont plus aptes ensuite à déterminer l'endosmose; par suite, la séve lymphatique n'existe plus dans les organes qui la contiennent ordinairement. On voit par là pourquoi l'ascension cesse d'avoir lieu; et pourquoi, lorsque le tissu des feuilles a été complétement desséché, il n'est plus apte à reprendre son état turgide vital par l'immersion dans l'eau; alors le tissu de la feuille s'imbibe d'eau et devient flasque. La théorie de l'endosmose rend si bien compte des phénomènes d'ascension de la séve dans les végétaux, qu'elle semble avoir été créée à cette fin.

De la manière dont agit la diastase pour déterminer la rupture des téguments de la fécule. — M. Dutrochet a employé l'endosmose pour expliquer ce qui se passe dans la réaction de la diastase pour opérer la rupture des téguments de la fécule.

On sait que l'enveloppe tégumentaire des grains de fécule est rompue par l'action de divers agents qui mettent en liberté en même temps la substance qu'elle renferme. Parmi ces agents, on doit compter l'eau à la température de l'ébullition. Lorsque la quantité de liquide est peu considérable, alors la substance se prend en gelée par le refroidissement, parce que la substance intérieure de la fécule est très-soluble dans l'eau chaude et peu dans l'eau froide. Or, l'eau bouillante peut déterminer la rupture des téguments en les ramollissant; mais on ne peut s'empêcher de faire intervenir l'endosmose, qui doit être très-énergique, en raison de la grande densité de la substance liquéfiée renfermée dans les grains de fécule; dès lors il y a une distension en même temps qu'il passe dans l'eau de la matière intérieure. On conçoit ainsi comment l'endosmose, aidée de l'action de la chaleur, peut produire la rupture des téguments.

D'un autre côté, on sait qu'il se produit dans l'acte de la germination des céréales une substance particulière à laquelle MM. Persoz et Payen ont donné le nom de *diastase.* Cette substance opère avec une grande rapidité la dissolution de la fécule. Or, on a vu que la fécule était très-peu soluble dans l'eau froide; l'addition d'une petite quantité de diastase, 0,0005 par exemple, donne rapidement à cette substance une extrême solubilité dans l'eau froide, et tend en même temps à la convertir en sucre. M. Dutrochet attribue à cette augmentation de solubilité de la substance intérieure de la fécule, la rupture des téguments qui la renferment. Dans ce cas, la substance forme avec l'eau un liquide très-dense; il résulte aussitôt une endosmose énergique qui fait crever très-rapidement les téguments des grains de fécule. Pour vérifier cette théorie, M. Dutrochet a soumis à l'expérience comparativement la force d'endosmose de l'eau froide aussi chargée de substances solubles de la

fécule, qu'elle peut l'être par l'action préalable de l'ébullition, et la force de l'endosmose de l'eau froide chargée d'une certaine quantité de cette substance, modifiée ou rendue soluble par la diastase. Le premier de ces liquides, dont la densité était 1,002, ne produisit point d'endosmose; le second, dont la densité était 1,006, produisit une endosmose qui, comparée à celle de l'eau sucrée de la même densité, était dans le rapport de 7 à 9.

On peut rapporter aux causes précédentes ce qui se passe dans les graines des végétaux pendant l'acte de la végétation. La diastase qui se forme rend soluble dans l'eau froide la substance intérieure des grains de fécule, et peu à peu la transforme en sucre, d'où résulte un gonflement de la graine par suite de l'endosmose.

ENGRAIS (*fumier*). — Les principes inorganiques, dit M. Hoefer, l'eau, l'acide carbonique, l'ammoniaque, les sels minéraux, servent d'aliments aux végétaux, de même que les principes organiques servent d'aliments aux animaux. Les excréments que ceux-ci rejettent se composent en grande partie de principes inorganiques; ils servent d'*engrais.* C'est ainsi que l'existence des végétaux est en quelque sorte indispensable à celle des animaux. La vie parcourt ici un cercle qui vient merveilleusement à l'appui de certaines théories spéculatives des philosophes anciens.

Tous les engrais sont des matières excrémentitielles, ou le résultat de la décomposition lente (putréfaction) et de la combustion de substances organiques (cendres). L'opinion sur la partie vraiment active des engrais était autrefois partagée : les uns soutenaient que les engrais ne doivent leur action de hâter l'accroissement des végétaux qu'aux matières organiques qui s'y trouvent mélangées; selon les autres, cette action n'est due qu'à la présence des principes inorganiques. C'est cette dernière opinion qui prévaut aujourd'hui généralement. Le carbone, l'hydrogène, l'oxygène, l'azote, tels sont en effet les éléments qui paraissent être essentiellement destinés à l'accroissement et au développement des plantes. Mais, pour cela, ces éléments ne doivent pas être employés à l'état isolé; il faut qu'ils soient à l'état de combinaison; l'acide carbonique, l'eau, l'ammoniaque, représentent la forme sous laquelle le carbone, l'hydrogène, l'oxygène, l'azote, doivent être offerts aux végétaux comme aliments. Les principes de la terre végétale, les acides géique, ulmique, humique, crénique et apocrénique, sont susceptibles d'absorber de l'ammoniaque, et de fournir, par leur décomposition, les éléments indispensables à la végétation. Avec des éléments si peu nombreux, la nature forme les produits les plus variés. Sous l'influence de l'engrais, l'embryon rompt les langes qui l'emprisonnent, se détache des cotylédons comme le fétus de ses enveloppes; et, se développant librement, selon son espèce, il devient, lui, imperceptible point albumineux, un assemblage gigantesque d'écorce, de bois, de feuilles renfermant les substances si diverses, aux formes si variées, dont la chimie a fait son héritage. Ces substances représentent toutes les classes des produits de la chimie : les unes sont acides (acides malique, citrique, oxalique, etc.), les autres alcalines (morphine, quinine, phloridzine, etc.), d'autres enfin neutres (albumine, huiles essentielles, etc.). Tout cela est l'œuvre de la végétation activée par les engrais, sous l'influence d'une puissance mystérieuse, cachée, ayant pour auxiliaires l'air atmosphérique et une température appropriée. Parmi les divers principes des végétaux, ceux qui sont acides se combinent naturellement avec les alcaloïdes qu'ils rencontrent. C'est pourquoi ces derniers se trouvent toujours à l'état de sels au sein de la végétation. Très-souvent aussi les acides végétaux sont combinés avec des bases minérales, la potasse ou la soude. Ces bases, les végétaux les empruntent au terrain où ils croissent. Les roches feldspathiques les plus dures ne résistent pas à l'action toute vitale des racines : ces roches, réfractaires au feu le plus violent, se décomposent sous l'influence végétative des spongioles, qui absorbent la potasse dont la plante a besoin pour saturer les acides. Par l'incinération du végétal, l'acide se détruit, se change en acide carbonique ; et la potasse, à l'état de carbonate, retourne au sol fécondé par les cendres.

L'usage de l'engrais pour fertiliser le sol remonte à la plus haute antiquité. Ainsi, nous voyons dans Homère le vieillard Laërte fumer lui-même son champ. Tout fumier n'était pas indifférent. Varron donne la préférence à celui provenant de la fiente de pigeon, qu'il vante beaucoup pour les pâturages des bêtes à cornes. Selon Théophraste, l'urine de l'homme, mêlée de poils de peaux tannées, est un engrais propre à transformer certaines plantes sauvages en plantes domestiques. Les excréments humains, les fumiers de chèvre, de mouton, de bœuf, de cheval, la fougère et même le plâtre, étaient également employés comme engrais par les Grecs et les Romains (*Voy.* Hoefer, *Histoire de la chimie*, tome I, pag. 180).

Les engrais ont été, de notre temps, l'objet de nombreuses recherches. M. Mulder (*Journal für prakt. Chemie*, etc., année 1844) a été conduit, par une série d'expériences, à établir les principes suivants : 1° L'eau de pluie et l'air atmosphérique donnent aux végétaux une nourriture insuffisante. La présence de l'acide ulmique favorise la végétation ; l'acide numique la favorise encore davantage. 2° Le charbon et les cendres de bois ne sont pas aussi favorables à la végétation que la terre végétale proprement dite. 3° Sous l'influence de l'eau et de l'air atmosphérique, les corps non azotés peuvent absorber une certaine quantité d'azote, et donner, par la distillation sèche, des produits ammoniacaux. L'hydrogène à l'état naissant, qui se dégage des matières organiques, se combine avec l'azote pour former de l'ammoniaque, absolument comme l'hydrogène qui provient de la dé-

composition de l'eau par la limaille de fer.

MM. *Boussingault*, *Kuhlmann*, *Schattenmann* ont reconnu, par l'expérience, l'efficacité de l'emploi des sels ammoniacaux comme engrais. Dans un mémoire lu à l'Académie le 11 septembre 1843, M. Boussingault a démontré :

1° Que le sulfate et le chlorhydrate d'ammoniaque ne pénètrent pas en nature dans les plantes, et n'agissent comme engrais qu'après leur conversion en carbonate d'ammoniaque ; 2° que les sels ammoniacaux fixes, mêlés avec de la craie lavée et du sable humecté, de manière à donner au mélange la consistance d'une terre meuble et convenablement humide, émettent à l'instant même, à la température ordinaire et à l'ombre, des vapeurs de carbonate d'ammoniaque qu'il est possible de doser ; en quelques jours la décomposition des sels ammoniacaux est complète ; 3° que le chlore renfermé dans les cendres des plantes qui croissent sur les bords de la mer n'est nullement en rapport avec la forte proportion d'alcalis qu'elles contiennent, et que par conséquent la totalité du sodium n'entre pas dans le végétal sous forme de chlorure, mais très-probablement à l'état de carbonate de soude, et cela par suite d'une réaction analogue à celle que fait éprouver le carbonate calcaire aux sels ammoniacaux.

ENGRAIS COMMERCIAUX. — Durant les premières années de l'application, dans les raffineries, du noir fin et du sang de bœuf pour la décoloration et la clarification des sirops, le résidu de cette opération, mélange de charbon et de sang coagulé, était entassé dans les usines et transporté aux décharges publiques. En 1822, à la suite d'un concours où M. Payen avait indiqué l'application nouvelle qui déjà lui avait réussi, l'on essaya ces résidus comme engrais des terres en culture ; les résultats obtenus furent tellement heureux que les raffineurs purent bientôt commencer à vendre cette matière, dont le cours, graduellement élevé, dépasse aujourd'hui le prix du noir d'os en poudre fine : ainsi le résidu de la décoloration se vend plus cher que le produit fabriqué exprès pour opérer cette décoloration.

Le *noir animal*, résidu des clarifications, employé principalement dans les départements de l'ouest approvisionnés par la Loire, est transporté à Nantes non-seulement des villes de France qui comptent des raffineries (Marseille, le Havre, Paris, etc.), mais encore des raffineries d'Angleterre, de Hambourg, d'Amsterdam, de Russie, etc. La quantité de ce noir consommé comme engrais, dans l'ouest de la France, s'élève annuellement au delà de 10 millions de kilogr.

On a cru pouvoir attribuer exclusivement le pouvoir fertilisant du noir à la présence du phosphate de chaux ; mais des expériences directes, faites avec du phosphate de chaux provenant des os calcinés ou des résidus de colle d'os, ont démontré que ce produit demeure sans action fertilisante sur la plupart des sols qui recèlent des proportions suffisantes de phosphate de chaux. Le charbon animal (neuf), employé sans mélange, n'est efficace qu'autant qu'il a retenu des quantités notables de matières azotées après la calcination. De semblables résultats ont conduit naturellement à reconnaître que le sang est la principale cause des effets très-remarquables produits par les résidus charbonneux. Ces résultats ont dû ramener vers l'opinion primitivement émise, que les résidus charbonneux des raffineries doivent leur principale action nutritive, dans la végétation, au sang qu'ils contiennent.

En comparant l'effet obtenu du noir qui renferme 15 à 20 centièmes de sang avec les résultats d'une quantité équivalente de sang employé seul, on a constaté que le noir produit environ quatre fois plus d'effet que le sang qu'il renferme. Cette sorte d'anomalie apparente est facile à comprendre en se rappelant que le charbon a la propriété de retarder la putréfaction et, de plus, d'absorber les gaz que celle-ci développe. Le sang mélangé avec du charbon se décompose donc assez lentement pour que la plante ait le temps d'absorber et de s'assimiler les produits de sa fermentation; tandis que le sang, employé seul, se putréfie tellement vite qu'une grande partie des produits de cette décomposition se répand dans l'atmosphère sans agir sur les plantes du champ ainsi fumé.

Dès que les utiles effets du noir des raffineries furent admis dans la pratique, son emploi prit une telle extension que la production devint insuffisante. Alors d'habiles manufacturiers imaginèrent de fabriquer un engrais semblable ou fort analogue.

Il s'agissait d'abord de préparer un charbon poreux en poudre et bien désinfectant, puis de le mélanger avec une quantité de substances organiques azotées en rapport avec les proportions de sang contenues dans le noir des raffineries. On obtient des noirs désinfectants qui remplissent ces conditions en calcinant de la terre végétale contenant assez de débris organiques pour que le charbon divisé donne au produit une nuance brun foncé ; il est d'ailleurs facile d'y ajouter des matières carburantes à bas prix, telles que les goudrons provenant de la distillation des houilles et du bois.

Les terres que l'on veut carboniser ainsi doivent être argileuses et contenir un peu de carbonate de chaux. L'argile pure pourrait même être employée et serait très-absorbante, pourvu qu'on la chauffât seulement à la température de la carbonisation des matières organiques (260° environ); car elle éprouve, par l'effet d'une forte calcination, un retrait qui diminue sa porosité. Les terres trop légères ou sableuses ne sont pas douées d'une faculté d'absorption assez grande pour former la base de cette fabrication.

Ces terres carbonisées, en raison de leur action antiseptique et absorbante, sont employées avec succès dans la préparation des engrais de matières fécales qu'on appelle *noirs animalisés ;* la désinfection produite par la terre sera d'ailleurs plus efficace et plus complète si l'on a préalablement mé-

langé aux matières stercorales une faible proportion d'un sel métallique, tel que du sulfate de fer ou du chlorure de manganèse : en effet ces sels transforment en composés inodores, par voie de double décomposition, les produits volatils, causes ou véhicules de l'odeur infecte, le carbonate et le sulfhydrate d'ammoniaque, et donnent lieu à la formation de sulfures métalliques et de sels ammoniacaux fixes.

Il serait sans doute fort désirable de voir s'introduire dans les fermes l'usage de désinfecter les matières fécales pour les convertir en engrais faciles à doser et à répandre sur les sols cultivés; mais c'est dans les énormes dépôts de ces matières, à Montfaucon, par exemple, que l'emploi d'un pareil procédé serait surtout d'une haute utilité. Aujourd'hui, pour fabriquer dans de pareilles voiries l'engrais appelé *poudrette,* on soumet les matières fécales à une dessiccation spontanée qui, plus ou moins retardée par les pluies, dure en moyenne cinq années, pendant lesquelles les matières étendues sur le sol perdent, par la fermentation et le lavage, environ les ⅔ de leur valeur, et répandent sans cesse dans l'atmophère des exhalaisons qui infectent l'air à de grandes distances.

En Flandre, les matières fécales sont depuis des siècles recueillies avec soin et employées en agriculture sous le nom d'*engrais flamand.* On les enferme dans des citernes voûtées et bien closes, d'où les gaz ne s'échappent que par une issue très-retrécie ; l'air n'y pouvant avoir accès sensiblement, la fermentation est suspendue, et l'on évite de cette manière les déperditions. Les matières ainsi conservées s'emploient à l'état liquide. On les conduit sur le sol dans des tonneaux, et on les fait écouler par une bonde de fond, d'où elles tombent sur une planche inclinée qui les divise en les répandant sur les terres. Quelquefois on les fait distribuer aux plantes sarclées par des enfants ou des femmes, qui les puisent dans des baquets et les versent par grandes cuillerées près de chaque touffe des plantes sarclées.

L'emploi de ces engrais infects présente quelques inconvénients, lorsque les parties foliacées des plantes ainsi fumées (certains légumes, par exemple) doivent servir de nourriture aux hommes, ou lorsque ces plantes sont destinées à la nourriture des vaches laitières : car l'excès de matière infecte qu'elles retiennent dans leurs pores, les cavités de leurs stomates, communiquent à ces substances alimentaires un goût désagréable qui peut même se transmettre à la sécrétion lactée.

Les déjections animales employées comme engrais rendent au sol les sels minéraux et une grande partie de la matière azotée utile à la nutrition des végétaux. Dans beaucoup de localités où on les néglige, elles pourraient, convenablement employées, doubler les engrais dont l'agriculture dispose, et accroître dans la même proportion les produits nets du sol.

Les débris d'animaux, tels que le sang des

abattoirs, dont une partie seulement est utilisée comme engrais après avoir servi dans les clarifications des raffineries, le sang et la chair musculaire des chevaux morts ou abattus, constituent de très-riches engrais. On prépare en grand le sang coagulé et desséché et la chair musculaire sèche, qui sont expédiés dans les colonies et servent à fertiliser les champs de cannes. On comprend sans peine que nous expédiions à de grandes distances un des engrais les plus puissants ; mais il est remarquable que la valeur fertilisante du sang soit mieux appréciée dans nos colonies qu'en France, tandis qu'un engrais à peu près équivalent, le guano, est transporté des côtes du Pérou jusqu'à Paris, c'est-à-dire au lieu même d'où le sang est expédié, de telle sorte que les deux engrais se croisent en route. On avait appris, par les relations de M. de Humboldt, que le guano était employé depuis des siècles pour fertiliser les sables arides du Pérou, mais il n'a été importé chez nous que depuis la publication des données théoriques et pratiques sur la composition et la nutrition des végétaux ; cet engrais, très-recherché maintenant, est formé par les excréments accumulés, depuis un temps immémorial, d'oiseaux aquatiques très-nombreux dans les parages des îles du Sud.

Un grand nombre de résidus des industries qui s'exercent sur les matières animales, sont employés comme engrais, soit seuls, soit mélangés avec divers produits. Malheureusement la fraude ne pouvait manquer de s'introduire dans ce commerce, comme elle s'est interposée déjà entre les raffineries et les consommateurs des résidus charbonneux de ces usines ; on comprendra donc combien il est important de pouvoir déterminer d'une manière précise la richesse d'un engrais, puisque c'est un moyen sûr de moraliser ces sortes de transactions, d'introduire dans ce commerce l'habitude d'acheter et de vendre les marchandises suivant leur titre, d'activer le perfectionnement des engrais, et d'accroître ses débouchés en offrant aux consommateurs des garanties sur leur valeur réelle ou leur pureté.

Les agriculteurs admettent maintenant que les débris animaux sont les meilleurs engrais. Ces substances diffèrent des matières d'origine végétale, surtout par les proportions des produits azotés facilement putrescibles et décomposables en gaz ou matières solubles propres à la nourriture des plantes ; or, les plantes ne peuvent s'assimiler que des produits solubles ou gazeux, et la nécessité de matières azotées dans leurs aliments se trouve démontrée par la décomposition même des plantes et de la sève. Nous avons effectivement fait remarquer que la sève, les jeunes organes des végétaux et les parties où les fonctions vitales s'exercent avec le plus d'énergie, contiennent dans leurs principes organiques une grande quantité de substance azotée analogue aux matières animales ; ils peuvent donc être alimentés par les substances congénères qui entrent dans la composition des débris animaux.

Les matières organiques azotées étant indispensables à la nutrition des plantes, et presque toujours insuffisantes dans le sol, où elles ne sont d'ailleurs jamais en excès, doivent surtout être recherchées dans les engrais : en déterminant donc la quantité d'azote renfermée dans un engrais et la comparant à celle que contient un autre engrais pris pour unité, on peut en conclure, sous ce rapport, leur valeur relative, et ces résultats seront d'autant plus concluants, que les débris organiques azotés renferment, en général, les sels et oxydes qui complètent les matériaux de la nutrition végétale.

Sans doute les matières inorganiques qui manqueraient dans le sol devraient d'ailleurs y être ajoutées, mais généralement ces substances minérales se rencontrent à bas prix dans les produits ou résidus, désignés sous les noms d'amendements ou stimulants (marnes, chaux, plâtre, cendres neuves et lessivées, etc.).

Dans un travail analytique sur les engrais, M. Boussingault et M. Payen ont pris pour unité le fumier de ferme ordinaire, qui donne à l'analyse 4 d'azote pour 1000, et en supposant une fumure annuelle moyenne de 10,000 kilogr. de ce fumier pour 1 hectare, ils ont trouvé que, dans la quantité de l'engrais normal employé, il y avait 40 kilogr. d'azote ; on comprend donc qu'un engrais aura, à poids égal, une valeur d'autant plus grande qu'il en faudra une quantité moindre pour représenter 40 kilogr. d'azote : cette quantité de la matière organique équivalente à 40 kilogr. d'azote est celle qu'ils appellent *l'équivalent* de l'engrais. La notion positive qui découle de cette donnée ne dispense pas de tenir compte des composants minéraux qui peuvent, suivant les sols et les cultures, augmenter la valeur de l'engrais.

Tableau des équivalents des principaux engrais.

ENGRAIS.	AZOTE POUR 1,000		Equivalent pour 1 hectare.
	dans l'engrais normal.	dans l'engrais sec.	Engrais normal.
Excréments.			
Fumier de ferme	4	19,5	10,000
Fumier d'auberge du Midi	7,9	20,8	5,100

| ENGRAIS. | AZOTE POUR 1,000 | | Equivalent pour 1 hectare. |
	dans l'engrais normal.	dans l'engrais sec.	Engrais normal.
Excréments.			
Fumier de couches à champignons épuisé.	»	26,6	1,503
Id. de fosses des cérusiers.	19,2	19,2	2,105
Id. de couches (des maraîchers).	10,82	0,82	3,696
Litière de terre imprégnée d'urine,	4,70	87,0	8,510
Eaux de fumier	0,6	15,4	66,666
Excréments solides, de vache.	3,2	23,0	12,500
Id. mixtes, id.	4,1	25,9	9,800
Urines id.	4,4	38,0	9,101
Excréments solides, de cheval	5,5	22,0	7,300
Id. mixtes, id.	7,4	30,2	5,400
Urines, id.	26,0	125,0	1,533
Excréments de porc	6,3	33,7	6,300
Id. de mouton	11,1	29,9	3,600
Id. de chèvre	21,6	59,3	1,850
Urines des urinoirs publics desséchées à l'air.	168,3	175,6	233
Id. id. (liquides, ammoniacales).	7,2	231,1	5,600
Engrais flamand liquide (minimum).	1,9	»	21,000
Id. id. (maximum).	2,2	»	18,200
Poudrette de Belloni	58,5	44,0	1,033
Id. de Montfaucon.	15,6	26,7	2,550
Colombine.	83,0	90,2	500
Guano (importé en Angleterre).	50,0	62,6	800
Id. (passé au tamis)	54,0	70,5	540
Id. (importé en France)	139,0	157,3	285
Id. d'Afrique.	97,4	107,2	412
Litière des vers à soie.	32,9	34,8	1,200
Débris animaux.			
Harengs frais.	27,3	»	1,468
Chrysalides des vers à soie	19,4	139,3	2,050
Hannetons	32,0	142,5	1,390
Chair musculaire séchée à l'air.	133,4	138,6	300
Morue salée	67,0	187,4	600
Id. lavée et pressée.	155,0	168,0	258
Sang sec soluble (tel qu'on l'expédie).	121,8	171,0	325
Id. liquide (des abattoirs)	29,5	»	1,333
Id. id. (des chevaux épuisés).	27,1	»	1,500
Id. (coagulé et pressé)	45,1	170,0	886
Sang sec insoluble (séché en fabrique).	148,0	170,0	275
Os fondus.	70,2	75,8	570
Os humides	53,1	»	750
Os gras non fondus.	62,2	»	650
Résidus d'os de colle	5,3	9,1	7,600
Marc de colle (de peaux et tendons).	37,8	56,3	1,100
Pain de cretons	118,8	129,3	333
Rognures de cuir désagrégées	93,1	»	429
Plumes.	153,4	176,1	250
Bourre de poil de bœuf	137,8	151,2	290
Chiffons de laine	159,9	202,6	250
Id. désagrégés à chaud.	168,2	168,2	233
Râpures de corne	143,6	157,8	280
Goëmon brûlé	3,8	4,0	10,526
Coquilles d'huîtres.	3,2	4,0	12,500
Coquillages de mer desséchés.	0,52	0,52	73,073
Vase de la rivière de Morlaix	4,00	4,2	10,000
Merl (sable marin).	5,1	5,2	7,810
Débris végétaux.			
Suc de pommes de terre.	3,76	82,8	10,638
Pulpe de pommes de terre (pressée)	5,26	19,5	7,600
Eaux de féculeries (lavage à 4 vol.)	0,70	82,8	57,162
Dépôt des eaux de fécul. (égoutté en tas).	3,60	18,1	11,110
Id. id. (séché à l'air)	15,38	18,0	2,450
Écumes de défécations.	5,4	15,8	7,500
Marc de houblon	6,00	22,28	6,655
Sciure de bois de chêne.	5,4	7,2	7,400
Id. d'acacia	2,9	3,8	18,790
Id. id.	2,3	3,1	17,390
Id. de sapin	1,6	2,2	25,000

ENGRAIS.	AZOTE POUR 1,000		Equivalent pour 1 hectare.
	dans l'engrais normal.	dans l'engrais sec.	Engrais. normal.
Débris végétaux.			
Marc de raisins	18,22	35,25	2,195
Pulpe de betteraves (séchée à l'air) . . .	11,4	12,6	3,500
Id. id. (sortant de la presse).	3,78	35,25	2,195
Roseaux des bords de la Méditerranée (*Arundo phragmites*)	9,61	»	4,266
Acide pyroligneux brut	0,56	10,6	71,428
Pailles, fanes, feuilles et tiges.			
Paille de froment (d'Alsace).	2,4	3,0	16,700
Id. (ancienne des environs de Paris).	4,9	5,3	8,200
Id. (partie inférieure).	4,1	4,3	9,800
Id. (partie supérieure).	13,3	14,2	3,000
Paille de seigle (Alsace) , ...	1,7	2,0	23,529
Paille de seigle (environs de Paris). . .	4,2	5,0	9,500
Id. d'avoine	2,8	3,6	14,500
Id. d'orge	2,3	2,6	17,400
Balles de froment (d'Alsace).	8,5	9,4	4,700
Paille de pois	17,9	19,5	2,223
Id. de millet.	7,8	9,5	5,128
Id. de sarrasin	4,8	5,4	8,333
Id. de lentilles	10,1	11,2	4,000
Tiges sèches de topinambours	3,7	4,3	10,800
Fanes de madia sèche (ayant donné graine).	5,7	6,6	7,010
Id. verte (avant la graine). .	4,5	15,34	8,888
Genêt (tiges et feuilles)	12,2	13,7	3,278
Fanes de betteraves vertes	5,0	45,0	8,000
Id. de pommes de terre	5,5	23,0	7,272
Id. de carottes	8,5	29,4	4,700
Feuilles de bruyères (séchées à l'air). . .	17,4	19,0	2,290
Fucus digitatus	8,6	14,1	4,650
Id. id	9,5	15,8	4,210
Id. *saccharinus* (séché à l'air). . . .	13,8	22,9	2,890
Id. id. (sortant de la mer) . . .	5,4	»	7,400
Touraillons . . . , ...	45,1	49,0	880
Racines de trèfle.	16,1	17,7	2,480
Graine de lupin blanc.	34,9	43,5	1,140
Feuilles d'acacia	7,21	15,57	5,547
Id. de poirier	13,6	15,80	2,940
Rameaux et feuilles de buis	11,7	28,9	3,418
Feuilles de chêne	11,75	15,65	3,400
Id. de mûrier blanc	»	60,66	»
Id. id. (15 juillet)	»	49,58	»
Id. id. (25 août)	»	39,30	»
Id. de hêtre	11,77	19,06	3,398
Id. de peuplier	5,28	11,66	7,434
Madia sativa (plante entière en fleurs). .	4,51	»	8,869
Lupin blanc (plante entière) sèche. . . .	»	16,5	2,484
Tourteaux.			
Tourteaux de lin.	52,0	60,0	769
d. colza.	49,2	55,0	813
Id. navette	46,4	»	862
Id. arachis	83,3	88,9	462
d. madia	56,0	57,0	714
d. coton.	40,2	45,2	999
Id. cameline.	55,1	59,3	725
Id. chènevis.	42,1	47,8	950
Tourteaux de faines	33,1	85,3	1,208
Id. noix.	52,4	55,9	763
Id. pavot.	53,6	57,0	746
Id. sésame	67,9	74,7	589
Marc d'olives.	7,38	»	5,417
Trouille d'Avignon.	43,0	»	930
Engrais artificiels.			
Noir animalisé (préparé depuis 11 mois). .	10,9	19,6	3,700
Id. (des camps près Paris) . . .	12,4	29,6	3,200

ENGRAIS.

	AZOTE POUR 1,000		Equivalent pour 1 hectare.
	dans l'engrais normal.	dans l'engrais sec.	Engrais normal.
Engrais artificiels.			
Noir animalisé (dit engrais hollandais). . .	13,6	24,8	2,950
Herbes marines animalisées	24,0	27,3	1,650
Résidus de bleu de Prusse (mêlé de sang). .	13,1	28,0	3,050
Noir anglais (sang, chaux, suie).	69,5	70,2	600
Noir animalisé des raffineries . . , . .	10,6	20,4	5,800
Id. (exporté de Paris). , . .	13,7	19,1	2,900
Noir d'os (fabrique de Paulet)	14,0	»	2,857
Sels ammoniacaux.			
Sulfate d'ammoniaque cristallisé . , . .	»	188,0	212
Chlorhydrate d'ammoniaque sec.	»	269,8	148
Carbonate d'ammoniaque en solution dans les eaux ammoniacales des usinés à gaz.	3,6	»	11,111
Terres et terreaux.			
Terre de Boulbène (Haute-Garonne) . . .	»	0,7	
Id. Limagne	»	3,2	
Id. Marville	»	2,2	
Id. Russie.	»	1,7	
Id. maraîchère sèche (Paris). . . .	»	4,97	8,048
Terreau épuisé (sec)	»	19,6	2,040
Terre noire servant d'engrais pour les vignes (Haute-Marne).	»	2,92	13,698

Bien que l'utilité des engrais ainsi que leur prix soit très-généralement proportionné à la quantité d'azote qui s'y trouve engagé dans diverses combinaisons, on doit se rappeler que leur action peut être plus ou moins rapide, suivant qu'ils sont plus ou moins facilement altérables. Ainsi, le sang liquide se décompose tellement vite, que ses produits s'échappent en grande partie sans être absorbés par les plantes. En le faisant coaguler on retarde sa décomposition et il profite mieux à la végétation. Lorsqu'on le mélange avec une terre carbonisée, la présence du charbon en poudre retarde plus encore le dégagement des produits volatils de sa décomposition, son influence devient plus grande. La soie, la laine, les râpures de corne sont douées d'une cohésion si forte, que, malgré leur état de division, elles ne se décomposent entièrement qu'au bout de cinq ou six années, et leur action favorable se fait sentir pendant tout ce temps. Il peut être utile de désagréger ces matières, afin de hâter leur effet sur les plantes ; M. Goubin y est parvenu par un moyen simple, pour les débris de laine : il consiste à échauffer ces débris humectés par une faible solution de potasse ; après une forte dessiccation, la substance est attaquée au point d'être facilement réduite en poudre et d'agir alors beaucoup plus rapidement.

Voici encore deux faits remarquables de ce genre qui prouvent l'influence de l'état particulier des engrais organiques :

Le terreau épuisé des maraîchers, comme le fumier sec extrait des fosses à céruse, ayant perdu les matières azotées et non azotées les plus altérables, ne peut plus agir que très-lentement, d'une manière presque insensible ; mais si l'on ajoute à l'un ou à l'autre une matière qui serve de ferment, 20 à 25 pour 100 d'urine, par exemple, la putréfaction désagrége bientôt toute la masse et la couvertit en un bon engrais.

Ce fait explique l'action si utile des engrais répandus sur des terres qui contiennent jusqu'à 600 kilogr. d'azote pour 1 hectare, dans une profondeur de 33 centimètres : c'est que la résistance de cette masse de substance azotée la rend presque inerte, jusqu'au moment où quelques quintaux de fumier ou d'urine viennent déterminer une fermentation assez active pour amener la décomposition des détritus engagés dans le sol.

ENGRAIS FLAMAND. *Voy.* Engrais Commerciaux.

ENVELOPPES des animaux et des plantes, composition. *Voy.* Cellulose.

EPIDERME. — L'épiderme des graminées présente, selon Humphry Davy, cette singularité, qu'il contient une grande quantité de silice qui s'y est déposée, et qui, vue au microscope, se présente sous forme d'un tissu brillant, rétiforme, qui donne à l'écorce de la rudesse et du tranchant ; ainsi c'est à la présence de la silice que le rotin (*calamus rotang*) doit la propriété qu'il possède quelquefois de donner des étincelles au briquet, et c'est pour la même cause que la prêle (*equisetum hyemale*) peut être employée à polir le bois. Davy a trouvé dans l'écorce externe du jonc des Indes 90 p. 0/0 de silice, dans celle du bambou 17,4 p. 0/0, dans celle du rotin 48,1 pour 0/0, et dans le chaume des céréales ordinaires environ 5 pour 0/0.

EPINGLES. — Les premières épingles furent faites en Angleterre en 1543. Les dames se servaient auparavant de brochettes de bois, d'ivoire ou d'épine. La fabrication des épingles est une industrie très-importante ; on peut évaluer à 6,000 quintaux le fil de laiton qu'elle emploie. Jusqu'à présent, en France, elle est restée entre les mains des habitants de la campagne des environs de Laigle et de Rugles, aux confins des départements de l'Eure et de l'Orne. Non-seulement ces deux petites villes fournissent à toute la consommation d'épingles en France, mais elles font encore des exportations considérables, et luttent avantageusement avec les fabriques de Birmingham. L'usine de Romilly (Eure) commence à entrer en concurrence pour ce genre de produit.

Rien assurément n'est plus commun qu'une épingle, et cependant chacun de ces petits bouts de laiton, dont nous nous servons à tout instant, sans trop savoir d'où ils viennent et comment ils sont obtenus, n'exige pas moins de quatorze opérations distinctes. Mais tel est le prodigieux résultat de la division du travail, que douze milliers d'épingles sont confectionnés par quatorze ouvrières pour la modique somme de 4 francs; c'est-à-dire que chaque épingle ne revient pas à quatre dix-millièmes de centime ! Un atelier complet produit par jour environ cent milliers d'épingles de tous numéros.

La fabrication des épingles par des moyens mécaniques n'a encore qu'une faible importance en France. M. David Bel, à Gand, a fait monter des machines dont l'une confectionne les têtes et coupe le fil de laiton, dont une deuxième fait les pointes, et dont la troisième fixe les épingles sur le papier. La première machine débite 200 épingles par minute, la deuxième 600 et la troisième remplace 6 ouvriers.

La seule opération chimique qui soit pratiquée dans la préparation des épingles, c'est leur blanchiment ou étamage. On les recouvre d'une couche mince d'étain, afin de préserver le laiton du contact de l'air, qui pourrait produire à sa surface du vert-de-gris, et surtout pour éviter cette odeur désagréable que l'alliage communique aux mains. Le blanchiment s'opère de la manière suivante :

On décape d'abord les bouts du laiton en les faisant bouillir pendant une demi-heure environ dans de la lie de vin ou de bière, ou dans une dissolution de crème de tartre. On place alors une couche d'épingles dans une bassine à fond plat ; on met par-dessus une couche d'étain pur en grenailles, et ensuite une couche de crème de tartre ; on remplit la bassine, en continuant ces couches superposées ; on verse doucement de l'eau sur le tout, et on fait bouillir pendant une heure ; au bout de ce temps les épingles sont parfaitement étamées.

Comment ce résultat est-il obtenu ? La crème de tartre est un sel acide, formé de potasse et d'acide tartrique. Sous son influence, l'étain décompose l'eau, s'oxyde à ses dépens, en mettant l'hydrogène en liberté ; puis l'oxyde produit sature l'excès d'acide de la crème de tartre, et il se fait ainsi une tartrate double de potasse et de protoxyde

d'étain. Le laiton, ou plutôt le zinc qu'il renferme, décompose alors ce sel d'étain; le zinc se dissout en réduisant l'oxyde d'étain, qui abandonne sur chaque morceau de laiton une couche très-mince et uniforme de son métal. C'est donc un nouvel exemple de ces précipitations métalliques dont nous avons parlé ailleurs. *Voy.* Étain, *alliages.*

ÉQUISÉTIQUE (acide). — M. Braconnot, en entreprenant des recherches chimiques sur la nature des prêles et principalement de la prêle fluviatile (*equisetum fluviale*, L.), a été amené à découvrir dans ce végétal, dont les tiges sont employées dans les arts pour polir le bois et les métaux, cet acide particulier qui y existe uni à la magnésie.

ÉQUIVALENTS CHIMIQUES. — Les combinaisons des corps ont toujours lieu dans des rapports simples. Cette remarque est surtout frappante dans la combinaison des corps qui s'offrent à l'état gazeux à la température ordinaire, car le volume respectif des composants est facilement mesuré avant et après leur combinaison, et il est alors permis de déduire de ces faits des règles générales. C'est à M. Gay-Lussac que l'on doit les premières observations exactes qui ont démontré que les gaz, en s'unissant entre eux, se combinaient, soit à volumes égaux, soit dans le rapport de 1 volume de l'un, à $2, 2\frac{1}{4}, 3$ volumes de l'autre, ou cet autre rapport 2 à 3, 4, 5, 6, 7 volumes., mais jamais au delà. Dans l'union des corps entre eux on remarque que la quantité de l'un étant prise pour l'unité, celle du second, dans une même série de combinaison, croît aussi en poids dans un rapport aussi simple que celui qui a été démontré pour les corps à l'état de gaz.

Ce sont ces premières observations sur la combinaison chimique qui ont fait admettre que les corps ne se combinaient pas dans toute espèce de proportions, mais dans des limites en deçà et au delà desquelles il n'y avait plus de combinaison. Cette loi fort remarquable a reçu le nom de loi *des proportions* multiples; elle repose sur ce principe fondamental reconnu par l'expérience, que si deux corps se combinent en plusieurs proportions, la quantité de l'un d'eux étant prise pour quantité fixe, celle de l'autre croîtra suivant un rapport simple dans la série des combinaisons que ces deux corps peuvent produire.

Si nous prenons pour exemple les cinq composés que l'azote forme avec l'oxygène, nous reconnaîtrons que le volume du premier étant représenté par l'unité, l'oxygène se combine avec lui dans les rapports suivants $\frac{1}{2}, 1, 1\frac{1}{2}, 2, 2\frac{1}{2}$ volumes.

Nous ferons également la même observation sur les solides; le soufre nous en donnera ici un exemple : ainsi un poids de soufre représenté par 1, s'unit à $\frac{1}{2}, 1, 1\frac{1}{4}, 1\frac{1}{2}$ d'oxygène en poids, pour former les oxacides hyposulfureux, sulfureux, hyposulfurique et sulfurique.

L'expérience a de plus appris que lorsque deux corps se combinent séparément avec un troisième, il existe le même rapport entre les premiers, s'ils viennent à s'unir à un quatrième corps.

Ainsi, si nous supposons deux corps A et B pouvant s'unir à C : admettons que 150 parties A s'unissant à 100 parties de C, et 200 parties B à 100 de C, le rapport entre A et B dans ces deux composés sera : : 150 : 200 : ou ce rapport plus simple, : : 3 : 4.

Si maintenant nous combinons A et B avec un nouveau corps D, nous trouverons, par exemple, que 100 parties D s'uniront à 30 A et à 40 B, pour former les composés A + D et B + D. Or, dans ce nouveau composé, A et B sont entre eux précisément dans le même rapport que dans la première combinaison avec C.

Leur rapport était, pour le premier cas, : : 150 : 200, ou : : 3 : 4 ; dans le second, il est : : 30 : 40, ou encore : : 3 : 4 ; d'où l'on voit que si l'on voulait combiner une quantité quelconque de E avec A ou B, on peut connaître la quantité A par la quantité B, et inversement celle de B par la quantité de A. Exemple : si 100 E saturent 75 de A, ils doivent saturer un tiers en sus de B, c'est-à-dire 100, comme l'indique la proportion 75 : 100 : : 3 : 4.

On trouverait de même que si 100 E saturent 100 de B, la quantité de A qu'ils satureront sera les ¾ de 100, ou 75.

Il en résulte que, connaissant la quantité d'un corps qui se combine avec un autre, on peut en déduire celle d'un troisième, qui formerait une combinaison avec le même corps.

C'est sur ce principe de saturation réciproque des corps qu'a été établie la loi des nombres proportionnels. Cette loi a cela de remarquable que les nombres qui expriment les quantités des corps qui peuvent s'unir à l'un d'eux, pris pour unité, représentent exactement les proportions simples ou multiples qui entrent dans toutes les combinaisons définies, et qui peuvent se déplacer réciproquement. On leur a donné aussi le nom d'*équivalents chimiques*, parce que chacun de ces nombres est l'équivalent des autres ; c'est-à-dire qu'un poids d'un corps, représenté par son équivalent, pourra s'unir avec le poids d'un autre corps, représenté aussi par son équivalent, ou être déplacé de cette combinaison par une quantité d'un autre corps qui sera au premier dans le rapport de son équivalent.

Nous rappellerons l'exemple que nous avons donné ci-dessus, et nous représenterons l'équivalent de E par 100, l'équivalent de A sera 75 ; et celui de B sera 100, puisque ce sont ces quantités de A et de B qui peuvent saturer réciproquement 100 de E. Si maintenant nous voulons déplacer A de sa combinaison E+A, nous le mettons en contact avec une quantité de B qui sera à la quantité A dans le composé E+A comme l'équivalent B est à l'équivalent A. Ainsi en supposant E+A formé de 100 E+75 A, il faudra 100 B pour chasser les 75 A de leur combinaison avec 100 parties de E ; de même,

si l'on voulait isoler B d'un composé formé de 100 E et de 100 B, il serait nécessaire d'ajouter 75 parties de A.

C'est de cette manière qu'on a calculé le nombre proportionnel, ou l'équivalent de tous les corps simples, en prenant pour base la quantité de ces corps en poids qui se combine avec 100 d'oxygène, et forme la première combinaison. L'équivalent des corps composés résulte de la somme des équivalents de chacun des corps, et dans le rapport où ils entrent dans la combinaison.

Ainsi l'expérience a appris que l'eau était formée en poids de 100 d'oxygène et de 12,42 d'hydrogène ; ce dernier nombre est par conséquent l'équivalent de l'hydrogène.

Le carbone forme deux composés gazeux avec l'oxygène. Le premier, celui qui renferme moins d'oxygène (oxyde de carbone), est formé de 100 oxygène et 75,33 ; par conséquent ce dernier nombre est l'équivalent du carbone. L'azote produit cinq composés avec l'oxygène. Le protoxyde d'azote présente une composition telle que 100 d'oxygène exigent 177,02 d'azote pour former le protoxyde. Ce dernier nombre est donc l'équivalent de l'azote. Tous les nombres proportionnels des autres corps simples ont été ainsi déterminés, en calculant, d'après le premier degré d'oxydation des corps, la quantité qui s'unissait à 100 d'oxygène.

Les tables qui représentent les nombres des corps simples ont été ainsi calculées, ou par des procédés peu différents.

Table des équivalents des corps simples non métalliques et métalliques les plus connus.

NOMS DES CORPS.	NOMBRES Exprimant l'équivalent ou la quantité capable de se combiner à 100 d'oxygène.
Oxygène	100,00
Hydrogène	12,46
Carbone	75,33
Azote	177,02
Phosphore	196,15
Soufre	201,16
Sélénium	494,58
Chlore	442,64
Iode	1566,70
Brome	932,80
Silicium	277,47
Aluminium	114,14
Potassium	487,92
Sodium	290,89
Calcium	256,01
Fer	359,21
Etain	735,29
Cuivre	791,39
Zinc	405,23
Mercure	2531,60
Plomb	1294,50
Argent	1350,60
Or	2486,02
Platine	1215,22

On trouve facilement, à l'aide de ce tableau, l'équivalent des composés que peuvent former ces différents corps. Exemple : l'eau, qui est un véritable protoxyde d'hydrogène, aura pour équivalent le nombre équivalent de l'oxygène, plus celui de l'hydrogène, c'est-à-dire, 100 + 12,46 = 112, 46. Ce dernier nombre est évidemment l'équivalent de l'eau.

L'oxyde de carbone sera représenté par 100 + 75,33 = 175,33. Comme l'acide carbonique contient deux fois autant d'oxygène que l'oxyde de carbone, son équivalent sera l'équivalent de l'oxygène multiplié par 2 (100 × 2 = 200) plus l'équivalent du carbone, = 75,33, c'est-à-dire 275,33.

L'azote forme cinq composés avec l'oxygène. Le protoxyde d'azote sera la somme des deux nombres consignés dans le tableau précédent, c'est-à-dire 100 + 177,02, = 277,02. L'équivalent des autres composés sera celui de l'azote, plus l'équivalent de l'oxygène multiplié par le rapport qui existe entre l'oxygène du protoxyde et celui des autres. Ainsi le deutoxyde aura pour équivalent 177,02 + 100 × 2, puisqu'il y a deux fois autant d'oxygène dans le deutoxyde que dans le protoxyde, et cette progression croîtra jusqu'à 5 pour l'acide nitrique, qui contient cinq fois plus d'oxygène.

C'est ainsi qu'on peut former l'équivalent de ces différents composés :

Protoxyde d'azote, azote 177,02 + oxygène 100.
Deutoxyde d'azote, azote 177,02 + oxygène 100 × 2.
Acide nitreux,   177,02 + oxygène 100 × 3.
Acide hyponitrique,   177,02 + oxygène 100 × 4.
Acide nitrique, azote   177,02 + oxygène 100 × 5.

Les nombres rapportés dans le précédent tableau, leurs multiples et sous-multiples expriment non-seulement ceux qui représentent les combinaisons de l'oxygène avec les autres corps, mais encore les différents composés que ceux-ci forment entre eux.

C'est ce qu'il est facile de vérifier d'après des analyses exactes qui en ont été données. Exemple : le sulfure de carbone est composé de 84,2 de soufre et de 15,8 de carbone. Dans ce composé, ces deux corps sont entre eux comme l'équivalent du soufre, 201, est à la moitié de l'équivalent du carbone, 37,7. Les combinaisons gazeuses du carbone avec l'hydrogène nous en offrent encore une preuve : l'hydrogène protocarboné est formé en poids de 75,1 de carbone et 24,9 d'hydrogène, nombres qui correspondent assez exactement à l'équivalent de l'hydrogène = 12,46, et à la moitié de l'équivalent du carbone, = 37,70.

L'hydrogène deutocarboné, qui renferme le double de carbone, sera représenté par l'équivalent de l'hydrogène = 12,46, plus l'équivalent du carbone = 75,33. En effet c'est ce que prouve l'analyse élémentaire qui en a été faite. Ce gaz contient sur cent parties 85,8 de carbone et 14,2 d'hydrogène ; or ces deux nombres sont entre eux comme l'équivalent du carbone est à celui de l'hydrogène, ainsi qu'on peut le voir ci-dessous :
85,8 : 14,2 :: 75,33 : 12,46.

Nous pourrions étendre ces comparaisons, mais nous croyons en avoir assez dit pour faire sentir toute l'importance de ces observations, qui sont d'une si grande utilité dans la pratique de la chimie, et qui deviennent indispensables à connaître dans l'explication précise de la plupart des réactions chimiques.

La connaissance des poids équivalents fixés dans la mémoire ou obtenue en consultant des tables, a rendu nettes et faciles une foule de réactions chimiques naguère difficiles à opérer complétement ; les manufacturiers ne sauraient trop y avoir recours pour vérifier ou rectifier leurs dosages et les rendre aussi économiques que possible.

Les premiers poids équivalents indiqués se rapportaient au poids de l'oxygène pris pour base. Un chimiste anglais, Prout, pensa que si, comme base d'un pareil système, on choisissait le corps dont le poids équivalent fût le plus petit, et qu'on le prît pour unité, tous les autres équivalents des différents corps simples et de leurs composés en seraient des multiples exacts.

Un grand nombre de résultats analytiques ne s'accordant pas avec cette hypothèse, bien que les différences fussent peu considérables, elle ne fut pas généralement admise ; cependant des déterminations plus précises, notamment celles de l'hydrogène même et du carbone, faites par M. Dumas, ont porté cet illustre chimiste à l'admettre. Nous croyons devoir présenter ici la table des poids équivalents établis sur cette base (1).

15 MÉTALLOIDES.

Noms.	Signes.	Poids équivalents.
I.		
Oxygène.	O	8
Hydrogène.	H	1
Soufre.	S	16
Sélénium.	Se	40
Tellure.	Te	64
II.		
Chlore.	Cl	36
Brome.	Br	78
Iode.	Io	126
Fluor.	Fl	18
III.		
Azote (2).	Az	14
Phosphore.	Ph	32
Arsenic.	As	76
Carbone.	C	6
Silicium.	Si	22
Bore.	Bo	11

16 MÉTAUX.

Noms.	Signes.	Poids équivalents.
I.		
Potassium (*Kalium*).	K	40
Sodium (*Natrium*).	Na	24
Lithium.	Li	6
Barium.	Ba	68
Strontium.	Sr	44
Calcium.	Ca	20
II.		
Magnésium.	Mg	12
Glucinium.	Gl	26
Aluminium.	Al	14
Zirconium.	Zr	68
Thorium.	To	60

(1) Pour transformer tous ces équivalents en équivalents rapportés à l'oxygène, dont le poids serait supposé égal à 100, il suffit de multiplier chacun des nombres de cette table par 12,5. On parvient aisément à faire de mémoire ce petit calcul, en multipliant par 10, puis ajoutant le quart du produit.

(2) Ou nitrogène, N.

Noms.	Signes.	Poids équivalents.
Yttrium.	Yt	22
Cérium.	Cé	46
Lantane.	La	40
Didyme.	Di	»
Erbium.	Er	»
Terbium.	Tr	»
Manganèse.	Mn	28

III.

Noms.	Signes.	Poids équivalents.
Fer.	Fe	27
Zinc.	Zn	34
Nickel.	Ni	30
Cobalt.	Co	30
Chrome.	Cr	28
Vanadium.	Vd	68
Cadmium.	Cd	56

IV.

Noms.	Signes.	Poids équivalents.
Etain (*Stannum*).	Sn	34
Antimoine (*Stibium*).	Sb	128
Uranium.	U	60
Titane.	Ti	24
Molybdène.	Mo (ou Mb)	48
Niobium.	Nb	»
Ilménium.	Il	»
Pélopium.	Pp	»
Tantale (*Colombium*).	Ta	92
Osmium.	Os	100

V.

Noms.	Signes.	Poids équivalents.
Cuivre.	Cu	32
Plomb.	Pb	104
Bismuth.	Bi	108

VI.

Noms.	Signes.	Poids équivalents.
Mercure (*Hydrargyrum*).	Hg	100
Rhodium.	Rd	52

VII.

Noms.	Signes.	Poids équivalents.
Argent.	Ag	108
Or (*Aurum*).	Au	100
Platine.	Pt	98
Palladium.	Pd	53
Iridium.	Ir	98
Ruthénium.	Ru	»

Les alliages et les amalgames peuvent sans doute être constitués en proportions définies ; mais les limites sont en général peu déterminables, sauf dans quelques cas : par exemple, on amalgame l'or ou l'argent avec un excès de mercure, on presse ensuite le mélange dans une peau de chamois, l'excès du métal fluide (mercure) sort, et le poids de l'amalgame solide resté montre que les deux métaux sont unis en proportions fixes.

Ainsi dans la même substance on trouve toujours les mêmes é éments unis dans les mêmes proportions, telle est la définition de la loi générale des proportions définies. Il est digne de remarque que cette loi, fondée sur la théorie de Dalton et les travaux modernes de Gay-Lussac, s'accorde, ainsi que l'a fait observer M. Dumas, soit avec l'hypothèse des philosophes grecs sur les limites de la divisibilité des corps (atomes ou molécules insécables), soit avec les expressions des saintes Ecritures : « Dieu, dit la Bible, a tout créé par nombre, poids et mesure. »

EQUIVALENTS des principaux engrais. *Voy.* Engrais commerciaux.

ERBUE *Voy.* Fer.

ESPÈCE (*Minéralogie*). — Les diverses propriétés des minéraux n'ont pas toutes le même degré d'importance. Il est évident que

les formes et les structures irrégulières ou accidentelles, qui peuvent varier à l'infini suivant les circonstances, et se trouver à peu près dans tous les minéraux, ne peuvent avoir que fort peu d'importance, et qu'il n'y a que les formes et les structures régulières qui puissent être prises en considération. Dans les caractères optiques, l'éclat, les couleurs accidentelles, ne peuvent avoir qu'une très-faible valeur, et il n'y a que les couleurs propres, les phénomènes de réfraction ou de polarisation, qui puissent avoir de l'importance. La dureté, la ténacité, la flexibilité, la ductilité, les divers genres d'action sur le toucher, sont ou trop difficiles à comparer d'un corps à un autre, ou trop variables, par suite de la structure ou de l'état d'agrégation des particules, pour pouvoir être employés avec quelque confiance, si ce n'est dans des cas particuliers. Les odeurs propres, les saveurs, très-utiles dans plusieurs circonstances, ne peuvent servir que pour certains corps, et même faut-il être bien sûr qu'elles ne tiennent pas à quelques mélanges ; d'ailleurs elles entrent dans les caractères chimiques. L'électricité ne peut encore être prise en considération, puisqu'elle peut varier et d'intensité et d'espèce, par diverses causes dont la plupart nous échappent entièrement. L'action sur l'aiguille aimantée ne peut tout au plus distinguer qu'un très-petit nombre de corps dans lesquels le fer ou ses oxydes, en conservant leurs propriétés, entreraient comme parties constituantes ; et encore comme les proportions de ces principes entraîneraient de grandes différences, qu'il serait difficile de mesurer avec quelque précision, ces propriétés ne pourraient rien dire de positif. Quant à la pesanteur spécifique, elle doit avoir plus d'importance, puisqu'elle tient évidemment à la nature intime des corps et aux proportions des éléments qui les composent ; cependant ce caractère ne peut encore être d'une très-grande valeur, parce que souvent il n'y a que de très-petites différences entre des corps fort éloignés par leur nature. Il serait inutile de nous étendre beaucoup pour faire voir que la composition chimique et tous les caractères qui en dérivent sont d'une haute importance, et cependant nous ferions remarquer que cette importance ne peut être réelle, dans le cas de spécification, qu'autant que, du moins pour les corps composés, les proportions sont définies.

Il résulte de ce résumé rapide, que les caractères de première valeur pour la spécification des minéraux, sont la forme ou la structure régulière, les couleurs propres et les phénomènes de réfraction, la pesanteur spécifique, la composition chimique ; d'où il suit qu'on peut définir aussi l'espèce minérale, *la collection des corps qui, par la forme ou la structure régulière, les couleurs propres, le genre et l'espèce de réfraction, la pesanteur spécifique, la composition chimique, ont entre eux des analogies qu'on ne trouve dans aucun autre.*

L'espèce est rigoureusement déterminée

toutes les fois qu'on peut réunir cet ensemble de caractères; mais comme il n'arrive pas toujours que cette heureuse réunion se manifeste dans les minéraux que l'on a à examiner, on est conduit naturellement à demander quels sont ceux des caractères de première valeur auxquels on doit donner la préférence. Cette question est impossible à résoudre *a priori*, parce que les caractères que nous venons de citer sont des propriétés de genres tout à fait différents, entre lesquels il est par conséquent impossible d'établir des rapports de plus et moins : on ne peut pas savoir, en effet, ce qu'il y a de plus important de la forme ou de la composition, etc. Le seul moyen qui soit en notre pouvoir, est de chercher quelles sont celles de ces propriétés qui se soutiennent le plus constamment dans les minéraux, et qui peuvent, par conséquent, servir à les distinguer ou à les confondre dans le plus grand nombre des cas.

En étudiant avec soin le degré de permanence des caractères de première valeur que nous venons de citer, on est conduit à reconnaître que celui qui mérite le plus d'attention est la *composition chimique*. En effet, quelque importance que paraissent avoir les formes régulières et le clivage, d'après le succès avec lequel Haüy, le premier des cristallographes, les a employés pour établir des analogies ou des différences entre des substances qui avaient été mal à propos séparées ou réunies, il n'en est pas moins vrai qu'elles ne suffisent pas pour distinguer un corps dans tous ses états, puisque, dans un grand nombre de circonstances, il peut se présenter sous des formes et avec des structures qui sont produites par agrégation ou par accident. Il faut donc recourir à la composition ou à des caractères qui en dérivent, pour pouvoir prononcer avec quelque certitude, et les cristallographes les plus exclusifs nous en donnent continuellement l'exemple. En effet, ce n'est pas d'après la forme ou le clivage que, dans les systèmes cristallographiques, les marbres saccaroïdes ou compactes, les calcaires fibreux, la craie, les tufs calcaires, etc., se trouvent réunis en une même espèce avec les cristaux de spath calcaire. Ce n'est pas par la forme qu'on peut distinguer les diverses sortes de pierres à plâtre, fibreuses, saccaroïdes, compactes, etc., des pierres calcaires auxquelles elles ressemblent; enfin ce n'est pas sur la forme que sont établies plus de vingt espèces de substances minérales qu'on n'a jamais trouvées cristallisées, et qui n'en sont pas moins regardées comme parfaitement distinctes.

Mais il y a plus : si les corps se trouvaient toujours parfaitement cristallisés, leur forme ne pourrait encore servir seule à les distinguer, car il en est un assez grand nombre qu'on ne peut confondre les uns avec les autres, et qui cependant se rapportent identiquement au même système de cristallisation. Pour prendre des exemples frappants, il suffit de citer le sel marin, le sel ammoniaque, l'alun, les sulfures de plomb et de fer, les métaux les plus connus, comme l'or, l'argent, le cuivre, etc., qui tous se rapportent au système de cristallisation cubique, et dont plusieurs donnent aussi le cube par le clivage. On a cru longtemps, et peut-être un grand nombre de minéralogistes croient-ils encore que cette similitude de cristallisation, entre des corps évidemment différents, n'avait lieu que pour les formes régulières de la géométrie; mais nous savons actuellement d'une manière positive, par les expériences de M. Mitscherlich, et celles de M. Beudant, qu'elle existe également pour des formes cristallines qui n'appartiennent pas aux polyèdres réguliers de la géométrie. En effet, le sulfate de fer a bien évidemment la même forme que le sulfate de cobalt; le sulfate de magnésie a la même forme que le sulfate de zinc et le sulfate de nickel; plusieurs sels doubles très-différents présentent aussi des formes tout à fait identiques, ou bien des formes si rapprochées les unes des autres, qu'il est très-facile de les confondre, surtout quand on les examine à des températures différentes.

Nous ferons des observations analogues sur les modifications qu'éprouve la lumière en passant à travers les corps; car ces phénomènes exigent de la transparence, une cristallisation régulière, et dans une multitude de circonstances, les minéraux sont absolument opaques et cristallisés confusément. Les couleurs propres sont souvent masquées par des couleurs accidentelles, par l'état d'agrégation des particules matérielles, et d'ailleurs ne se distinguent fréquemment que par des nuances qu'une longue habitude permet seule de reconnaître. Enfin, si nous nous rappelons ce que nous venons déjà de dire de la pesanteur spécifique, il demeurera certain que les caractères tirés de la composition chimique sont ceux auxquels on doit attribuer le plus d'importance lorsqu'on veut comparer deux ou un plus grand nombre de corps, pour savoir s'ils appartiennent ou s'ils n'appartiennent pas à la même espèce; ce n'est, le plus souvent, que par la nature et par les proportions de leurs parties constituantes, qu'on peut prononcer qu'il y a entre eux identité ou différence. Partant de là, il est clair que la définition la plus exacte, comme la plus simple, de l'espèce, est *la collection des minéraux de même composition, ou des minéraux formés des mêmes principes, et en mêmes proportions.*

C'est aussi à cette même définition qu'on arrive, par un raisonnement fort simple. La notion générale de l'espèce dans les trois règnes est *la collection des individus, qui, par l'ensemble de leurs caractères, ont entre eux des analogies qu'on ne retrouve dans aucun autre.* Pour appliquer cette définition au règne minéral, il ne s'agit que de savoir ce que l'on doit alors entendre par individu. Or, tant qu'il ne s'agit que des êtres organisés, il est facile de comprendre la notion de l'individu; car tous ces corps présentent un certain nombre de parties qui ont chacune leur forme, leur grandeur, et dont les positions relatives sont définitivement arrêtées ; d'où il résulte que l'on ne peut diviser ces corps sans les détruire, et c'est ce que l'on indique par l'expression individu. Dans le règne inorganique, il est plus difficile d'acquérir *l'idée d'individualité*, et l'on ne peut même y parvenir tant que l'on considère ces corps sous des rapports purement physiques : cela tient à ce que ni la forme ni la structure ne sont essentielles aux substances inorganiques, qui dès lors peuvent être divisées et subdivisées à l'infini, sans cesser d'être toujours le même corps, la moindre parcelle possédant évidemment les mêmes propriétés que le tout. Mais dès que l'on envisage la question sous les rapports chimiques, on parvient à des idées précises de l'individu. En effet, du moins pour les corps composés, nous voyons qu'il y a certaines opérations que l'on ne peut pratiquer sur eux sans les détruire, sans les diviser en parties hétérogènes : ces opérations sont donc les limites de leur divisibilité, et pour elles les corps deviennent des individus. Il résulte de là que l'individu minéralogique ne peut être que l'assemblage d'un certain nombre d'éléments en certaines proportions.

Dé là il est facile de tirer la notion de l'espèce. En effet, des individus qui ont plus d'analogie entre eux qu'ils n'en ont avec tous les autres, ne peuvent être que des corps formés des mêmes principes ; mais comme ces principes peuvent se combiner en diverses proportions, il en résulte que l'analogie n'est la plus grande possible que dans les corps où ces proportions sont identiques. Donc l'espèce, qui doit être la réunion d'individus la plus simple possible, est nécessairement, en minéralogie, *la collection des corps formés des mêmes principes et en mêmes proportions.*

Cette définition suppose, à la vérité, qu'on a toujours les moyens de déterminer la véritable composition d'un corps ; et malheureusement la chimie des minéraux n'est pas encore assez avancée pour qu'on puisse prononcer avec certitude dans tous les cas ; mais les difficultés que l'on rencontre dans les travaux d'analyses chimiques ne peuvent attaquer, en aucune manière, les considérations que nous avons exposées ; elles montrent seulement que nous ne sommes pas encore en état de tirer tout le parti possible de l'unique caractère qui puisse nous guider au milieu du dédale des espèces et de leurs nombreuses modifications.

Il ne faut pas croire cependant que le nombre des cas où l'analyse chimique laisse des incertitudes soit très-considérable ; on peut regarder comme bien connus les corps simples, les oxydes des anciens métaux, leurs divers sels, ainsi que ceux des terres alcalines, la plupart des sulfures et des arséniures simples, ce qui forme déjà plus des deux tiers des substances minérales. Le reste se compose en grande partie de corps formés par les oxydes qu'on a, pendant longtemps,

désignés sous le nom de terres, et la nature de ces corps s'éclaircit de jour en jour, depuis qu'on a reconnu que la silice y fait fonction d'acide ; il en est déjà un assez grand nombre qu'on doit regarder comme assez bien connus, et s'il existe des incertitudes sur beaucoup d'autres, cela paraît tenir à ce que les analyses n'ont pas été faites avec toutes les précautions que nous savons aujourd'hui nécessaires ; elles s'éclairciront certainement, à mesure qu'on pourra examiner de nouveau ces corps.

Si l'on ne peut comparer entre eux, sous le rapport de plus ou moins d'importance, les caractères qui sont tirés de propriétés de genres différents, on peut les examiner comparativement sous un autre point de vue, celui de déterminer jusqu'où ils peuvent être d'accord, pour établir qu'il y a analogie ou différence entre telle ou telle substance. Or, si nous étudions ainsi les caractères tirés de la forme régulière, des propriétés optiques, de la composition chimique, nous remarquons qu'ils peuvent être mis assez souvent sur la même ligne. En effet, nous avons fait observer que le mode d'action des corps sur la lumière était en rapport avec le système de cristallisation, qu'il y avait identité d'action pour identité de formes, et différence, soit dans le genre, soit dans l'espèce, toutes les fois que les formes étaient différentes. L'ensemble des comparaisons qu'on a pu faire jusqu'ici entre la forme et la composition nous fait voir aussi que très-souvent les minéraux de même forme sont composés de la même manière, et que les minéraux de formes différentes sont composés différemment. Il résulte de là que ces trois sortes de caractères, les deux premiers surtout, peuvent, dans quelques circonstances, se suppléer mutuellement, et conduire aux mêmes résultats ; c'est-à-dire que ce qu'on distinguera par l'un de ces moyens sera assez souvent distinct par l'autre.

Mais si ces caractères peuvent être mis quelquefois sur la même ligne, il ne faut pas croire cependant qu'on puisse toujours les employer indifféremment, parce que, comme nous venons de le voir, ils n'ont pas tous le même degré de généralité. Il en est ici tout autrement que dans le règne organique, où il paraît qu'on peut partir indifféremment de l'une ou de l'autre des grandes classes d'organes (ceux de la nutrition, de la reproduction, etc.), et arriver à la même classification. En minéralogie, les classifications faites par la forme et par les phénomènes optiques seraient tout à fait identiques ; mais, sans être absolument opposées à la classification chimique, elles s'en éloigneraient cependant, en cela qu'elles seraient moins complètes. En effet, un assez grand nombre de corps que la chimie distinguera toujours, cristallisant de la même manière, se trouveraient nécessairement réunis dans une classification faite rigoureusement par la forme ; c'est ainsi que l'on confondra le phosphate et l'arséniate de plomb, le sulfate de fer et le sulfure de cobalt, les diverses espèces d'alun, le chlorure de sodium et le chlorure de potassium, etc., etc.

Une autre circonstance qui s'oppose à l'identité des classifications physiques et chimiques est la faculté que paraissaient avoir les corps d'affecter plusieurs formes différentes, et que la méthode purement chimique rapprochera toujours. Pendant longtemps cette diversité de formes d'un même corps n'avait été reconnue que dans une seule substance, dans le carbonate de chaux, dont une partie se trouvait en rhomboèdre et l'autre en prisme droit rhomboïdal (arragonite); mais aujourd'hui nous la reconnaissons dans plusieurs autres : dans le sulfate de fer qui cristallise tantôt en cube (sulfure jaune), tantôt en prisme rhomboïdal (sulfure blanc); dans un double silicate d'alumine et de soude, qui cristallise tantôt en prisme hexagone régulier, et constitue la néphéline, tantôt en dodécaèdre rhomboïdal, où il constitue le lazulite. Nous pouvons nous-mêmes provoquer ces différences dans nos laboratoires, comme l'a fait M. Mitscherlich, en faisant cristalliser le soufre, à volonté, en prisme droit ou en prisme oblique, avec le nitrate de potasse, le nitrate de soude, le sulfate de fer.

Maintenant il se présente une question importante à résoudre : doit-on suivre, pour la classification des corps susceptibles de plusieurs formes, l'analogie fournie par les caractères chimiques, ou conserver la distinction établie par la cristallisation ? Il y a des données en faveur de cette dernière manière de voir, et d'autres qui militent en faveur de la première. Si l'on fait attention que tout change dans ces corps avec la forme, que les phénomènes de réfraction, la pesanteur spécifique, la dureté, etc., ne sont plus les mêmes, on sera conduit, comme plusieurs chimistes célèbres, à modifier la définition de l'espèce que nous avons vue précédemment, en y ajoutant la condition que *les particules réunies se trouvent arrangées entre elles de la même manière.* Mais si l'on se reporte à l'expérience importante que M. Mitscherlich a faite avec le soufre, il semble qu'on est conduit à penser tout autrement; car les cristaux qu'il a obtenus appartiennent trop visiblement au même corps, pour qu'on puisse en faire deux espèces distinctes. Je ne puis m'empêcher de comparer ces états différents qu'un même corps est susceptible d'offrir à ceux de l'acier réduit et de l'acier trempé, du métal de *tam-tam* refroidi lentement à l'air ou subitement dans l'eau de la larme batavique et du verre refroidi lentement, du phosphore refroidi graduellement ou brusquement, etc. En effet, dans ces différents corps, les caractères de dureté, de pesanteur spécifique, les propriétés optiques (qu'on peut observer dans la larme batavique), etc., en un mot, l'arrangement des particules, se trouvent entièrement différents dans les deux états. Or, cependant, personne n'a eu, et n'aura probablement l'idée de considérer les métaux *doux* et les métaux *trempés*, le phosphore jaune doué de la cou-

leur noire, le verre qu'on a coulé sur le sable et celui qu'on a laissé tomber en gouttes dans l'eau, mais constituant des corps différents. D'après ces considérations, il me semble qu'on doit maintenir la définition de l'espèce, telle que nous avons été conduits à la donner, et que la différence de forme, et par suite celle de pesanteur spécifique, de dureté, etc., ne doit établir que des subdivisions. Il n'est pas inutile de remarquer que quand ces corps cessent d'être cristallisés régulièrement, ou au moins transparents, les différences s'évanouissent plus ou moins complétement, et que le caractère chimique est encore le seul qui reste.

Les mélanges, quels qu'ils soient, apportent toujours quelques difficultés dans l'application de la définition que nous avons donnée de l'espèce, et, comme nous l'avons dit, ce n'est que par de nombreuses analyses, par l'étude minéralogique du corps et de ses diverses associations, que l'on parvient à reconnaître ce qu'il renferme d'essentiel et ce qui est accidentel. Mais les mélanges chimiques, qui sont de véritables combinaisons, offrent des difficultés de plus, surtout lorsqu'ils se font entre des substances de même formule. En effet, d'un côté la combinaison de ces corps peut se faire en toutes proportions, et de l'autre nous avons beaucoup d'exemples où tout nous indique qu'elle doit avoir lieu en proportions définies : or, on se demande naturellement quels sont les moyens que nous avons de distinguer ces deux cas, et lorsqu'il y a mélange en proportions illimitées, comment on peut rapporter le corps à telle ou telle espèce.

1° Reconnaître s'il y a espèce ou mélange. — La solution de cette difficulté est une des plus embarrassantes que l'on puisse avoir; car c'est là que se trouve la question de savoir s'il y a des espèces dans le règne minéral, ou s'il n'existe que des individus; on peut dire même qu'elle est rigoureusement impossible, car tout ce que l'on peut faire est de tracer artificiellement des limites auxquelles on admettra l'espèce, et entre lesquelles on ne verra que de simples mélanges. Pour cela rappelons-nous ce que l'on entend aujourd'hui par proportions définies : ce sont, pour les substances naturelles, les proportions qui se présentent constamment dans un assez grand nombre d'analyses, faites sur des échantillons de localités diverses, et qui offrent des rapports simples de 1 atome à 1, 2, 3, 4, etc., plus rarement de 2 atomes à 3, de 3 à 4, etc. : ce sont ces nombres que l'on peut prendre pour limites; on admettra espèce toutes les fois qu'il y aura constance et simplicité de rapports, et au contraire on adoptera qu'il y a mélange toutes les fois qu'on ne trouvera ni cette constance ni cette simplicité. Ainsi, on fera une espèce distincte du double carbonate de chaux et magnésie, dans lequel on trouve constamment 1 atome du premier et 1 atome du second; peut-être même devra-t-on faire d'autres espèces de diverses réunions de ces deux corps, ou de quelques autres qui sont isomorphes, dans lesquelles on trouve 2 atomes de carbonate de chaux à 1 atome de carbonate de magnésie, quelquefois en partie remplacé par des carbonates de manganèse et de fer. Au contraire, on devra regarder comme des mélanges les réunions qui ne présentent aucune constance dans les divers échantillons et dans lesquels les rapports sont plus compliqués, tels que 3 atomes de carbonate de chaux, 5 atomes de carbonate de fer, 13 atomes de carbonate de manganèse, et beaucoup d'autres qui varient à l'infini. Si l'on ne possède qu'une seule analyse, et qu'on y remarque des rapports simples, il sera encore prudent d'attendre, à moins qu'elle n'offre quelques particularités déterminantes, pour voir si les mêmes rapports se soutiennent constamment ; autrement on risquerait de prendre pour une combinaison définie un mélange qui par hasard, dans l'échantillon analysé, se serait trouvé dans des proportions convenables.

Telle est la seule manière de sortir de l'embarras que présente la question proposée. Qu'on ne croie pas qu'il soit plus facile de sortir de cette difficulté en admettant la spécification cristallographique, car les mélanges des corps de même formule, en quelques portions qu'ils aient lieu, font toujours varier les angles proportionnellement; par conséquent il faudrait de même établir des limites qui souvent n'auraient ici d'autres bases que l'idée particulière de chaque minéralogiste. Il n'y a que les considérations atomiques qui puissent fournir ici des bases certaines à la cristallographie : ainsi, pour ne pas sortir des exemples précédents, si l'on admet l'angle de 105° 5' pour le carbonate de chaux le plus pur, celui de 107° 25' pour le carbonate de magnésie, les considérations atomiques nous donneront pour caractères cristallographiques du double carbonate, composé de 1 atome de l'un à 1 atome de l'autre, l'angle de 106° 15'. Nous verrons de même que les mélanges de 5 atomes à 2, de 19 à 5, doivent avoir pour mesures 105° 45', 105° 34' 10", et que, par conséquent, ils se trouvent entre deux espèces définies; ils peuvent être rangés avec l'une ou avec l'autre; avec la première, comme carbonate de chaux magnésifère, ou, avec la seconde, comme double carbonate de chaux et magnésie calc.fère. Nous pourrions prendre d'autres exemples dans un grand nombre de corps, comme dans ceux que l'on désigne sous les noms de pyroxène, d'amphibole, où l'on remarque les mêmes variations d'angles, quoiqu'elles soient moins sensibles.

2° *Trouver la place d'un mélange parmi les espèces.* — Les mélanges des matières de même formule, que l'on observe si souvent parmi les espèces minérales, donnent lieu à beaucoup d'incertitude sur la place qu'on doit leur assigner dans la méthode ; ils semblent même, au premier abord, renverser la définition de l'espèce : en effet, une réunion de corps formés des mêmes principes et en mêmes proportions ne paraît guère pouvoir admettre ces combinaisons en proportions illimitées. Mais ici il en doit être précisément comme des *métis* dans les règnes organiques, où leur existence n'a pu faire concevoir de doutes sur la définition de l'espèce; et, en effet, le *mulet* et le *bardeau*, par exemple, ne peuvent empêcher de regarder l'âne et le cheval comme des espèces distinctes, qui ont seulement assez d'analogie pour pouvoir se croiser de toutes les manières : de même, en minéralogie, les mélanges, quelque variés qu'ils puissent être, n'empêcheront jamais de regarder l'une et l'autre des substances réunies comme des espèces parfaitement déterminées. Quant à la place de ces mélanges, il faut encore suivre ici la règle que l'on observe dans les autres parties de l'histoire naturelle, où l'on place les métis en appendice auprès de l'espèce avec laquelle ils ont conservé le plus de rapport, et qui, dans l'ordre naturel, doit toujours être voisine de celle qui leur a aussi imprimé plus ou moins son type : cela veut dire qu'en minéralogie le mélange doit être placé auprès de l'espèce dont les proportions dominent, et qui, pour suivre l'ordre naturel, doit être voisine de celle que l'on trouve mélangée en plus ou moins grande quantité. Il ne peut y avoir de difficulté que dans le cas-où les corps mélangés sont en parties à peu près égales : dans ce cas, on est libre de placer le mélange où l'on veut, et le corps est alors un être flottant entre les espèces réelles qu'il renferme. Il est assez remarquable que la plupart des espèces que nous devons faire entrer dans la classification ne sont pas autrement établies, puisque, comme nous l'avons vu, il est infiniment rare que les substances minérales soient pures. Tous nos soins dans la discussion d'une analyse ont pour but de découvrir la composition des corps dominants : si l'on trouve que ce corps se rapporte à une espèce établie, c'est auprès de cette espèce qu'on le range ; s'il ne se rapporte à aucune espèce connue, on en forme une nouvelle pour le placer dans la méthode ; s'il arrive même qu'on reconnaisse un mélange d'espèces inconnues, dont aucune ne domine, on ne laisse pas, et avec raison, de former une espèce particulière, qui n'est elle-même que l'appendice des corps que l'on pourra trouver par la suite à l'état de pureté.

Des variétés de l'espèce. — Dans le règne minéral, comme dans toutes les autres parties de l'histoire naturelle, l'espèce se sousdivise en variétés ; mais il ne peut y avoir ici aucune difficulté, et d'ailleurs chacun se trouve à peu près maître d'ajouter ou de retrancher. Ces distinctions sont fondées sur la diversité des formes régulières qui dérivent d'un type déterminé, sur les formes oblitérées, les formes accidentelles, les formes empruntées, etc.; sur les diverses sortes de structures, lamellaire, bacillaire, fibreuse, grenue, compacte, schisteuse, fissile, etc.; sur les degrés de transparence et d'opacité; sur le genre d'éclat; sur les couleurs, simples ou bigarrées; sur les degrés de ténacité, de flexibilité; sur l'odeur; sur les mélanges chimiques de diverses sortes ; sur le mode de formation ; sur le gisement ; sur les matières minérales disséminées ; sur la nature des débris organiques qui se trouvent renfermés dans une substance, ou sur lesquels cette substance est modelée, etc., etc. Sans doute il y a divers degrés d'importance dans ces variétés, mais toutes doivent être prises en considération dans une collection minéralogique ; seulement il faut se garder d'attribuer à certaines variétés une importance telle, que leurs détails fassent perdre de vue toutes les autres. A cet égard, je ne puis, dit M. Beudant, partager les idées que Haüy a émises dans ses ouvrages, où il attribue une telle valeur aux variétés cristallines, qu'il leur a imposé à toutes un nom particulier ; je crois que c'est vouloir surcharger la mémoire sans aucun avantage, et qu'il y a même dans cette manière d'agir un très-grand inconvénient, celui de faire perdre dans les détails les objets généraux qui méritent le plus d'attention. Les détails minutieux de ces variations, auxquelles, dans tout état de cause, il ne faudrait pas donner de nom, ne peuvent convenir qu'à des monographies de chaque espèce.

Disons un mot en terminant sur les noms que l'on doit de préférence adopter dans la nomenclature des espèces.

Toutes les fois qu'une substance possède un nom qui est univoque, facile à prononcer, je crois qu'on doit le conserver scrupuleusement, quel qu'il soit, et qu'il faut toujours des raisons majeures pour le changer. Dans les noms qu'on est obligé de faire, il faudrait, autant que possible, éviter les noms significatifs qui sont dérivés de quelques idées théoriques, car de tels noms, qui conviennent aujourd'hui à certains corps, demain deviendront absurdes, parce que les théories seront changées : c'est ce qui arrive par exemple au mot *pyroxène* (étranger au feu), formé sur une idée particulière à Dolomieu, et qui aujourd'hui est devenu fort mauvais, parce qu'on pense absolument le contraire : il en est de même d'une infinité d'autres dont il faut oublier l'étymologie. Les noms insignifiants seraient peut-être les meilleurs ; mais ils ont un autre inconvénient, car par cela même qu'ils n'expriment rien qui ait rapport au minéral auquel ils sont appliqués, ils deviennent très-difficiles à classer dans la mémoire. On voit donc qu'on se trouve ainsi entre deux écueils ; mais on peut éviter l'un et l'autre, en prenant le nom dans quelque propriété inhérente au corps, et qui soit indépendante de toute espèce de théorie : par exemple, les noms d'*euclase* (qui se brise facilement), d'*axinite* (qui a la forme de hache), de *sphène* (qui a la forme de coin), etc., sont très-bons, parce qu'ils expriment des propriétés des corps que les théories ne peuvent pas changer. Le premier rappelle la facilité avec laquelle la substance se clive, ce qui la distingue à l'instant de l'émeraude, avec laquelle elle a d'ailleurs quelques analogies. Le second rappelle les cristaux minces, très-

tranchants, et comme un fer de hache, que la substance affecte le plus ordinairement ; enfin, le troisième a aussi une propriété analogue. Malheureusement il y a peu de noms en minéralogie qui aient été faits avec le même bonheur ; assez souvent ils sont fondés sur des observations si futiles, que c'est à peu près comme s'ils n'exprimaient rien, fort heureux encore s'ils ne présentent pas une idée fausse. Cependant il n'est pas nécessaire que la propriété d'où l'on tire le nom soit bien importante ; il suffit qu'elle rappelle quelque chose de constant, qui ne se rapporte pas indifféremment à un grand nombre de corps : elle peut être positive ou négative, exprimer un fait minéralogique, ou un emploi dans les arts, une opposition ou une comparaison à un objet quelconque, etc., etc. Les noms de localités sont assez bons jusqu'à un certain point, parce qu'ils rappellent du moins un fait de minéralogie géographique, le lieu où le minéral a été trouvé pour la première fois, où il existe en abondance, etc. ; mais il en résulte souvent des pléonasmes ou des contre-sens assez bizarres dans les indications des différentes localités où l'on rencontre le même corps, comme, par exemple, vésuvienne (pierre du Vésuve) du Vésuve, *vésuvienne* du Tyrol, *vésuvienne* des Etats-Unis, etc. Les noms d'hommes ont le précieux avantage, soit de rappeler l'auteur de la découverte du minéral, ou d'une matière qu'il renferme, ou de quelques-unes de ses propriétés importantes, soit d'être un hommage permanent à quelque savant distingué ; mais il est rare qu'ils puissent être formés autrement qu'en ajoutant les terminaisons *ite* ou *lithe*, et nous avons déjà tant de noms qui se terminent ainsi, qu'il en résulte une monotonie fastidieuse dans la nomenclature.

On voit donc combien il est difficile d'imaginer un nom convenable, et l'on ne sera plus étonné d'en trouver un grand nombre de fort mauvais, et surtout de fort peu harmonieux dans la série des espèces. On ne peut trop recommander comme accessoire agréable de la science, de choisir des noms sonores, d'intonations et de terminaisons variées, et surtout qui n'aient rien de bizarre. Enfin il est essentiel d'observer qu'on ne doit donner de noms qu'aux substances bien caractérisées comme espèces, dont on connaît la composition et dont on peut fixer nettement la place dans la méthode. Il faut de grandes raisons pour se déterminer à donner un nom à un corps qui doit, jusqu'à nouvel ordre, rester dans un appendice parmi les espèces douteuses, et dont il ne sortira peut-être que pour être une simple variété d'une espèce déjà connue. Il est réellement à regretter qu'on ait ainsi appliqué la plupart des noms des savants les plus distingués à des corps qu'on n'a pu étudier que d'une manière très-vague, souvent sur des parcelles imperceptibles, et que l'on ne sait où placer faute de données positives.

ESPRIT PYROLIGNEUX ou PYROACÉTIQUE. *Voy.* ACÉTONE.

ESSAI DES VINS. *Voy*. VIN.

ESSENCE D'ORIENT. *Voy*. ECAILLES DE POISSON et ABLETTE.

ESSENCES. *Voy*. HUILES ESSENTIELLES.

ÉTAIN (*stannum*). — L'étain est un des métaux le plus anciennement connus. Il en est déjà fait mention dans les livres de Moïse (1): On le tire, en Europe, de l'Angleterre, de l'Allemagne, de la Bohême, de la Hongrie, et, hors de l'Europe, de l'île de Banca, de la presqu'île de Malacca, du Chili et du Mexique. C'est Malacca qui fournit l'étain le plus pur, et Cornouailles, en Angleterre, qui en produit le plus. On le trouve rarement en combinaison avec le soufre; presque toujours on le rencontre à l'état d'oxyde stannique, plus ou moins pur. On a trouvé aussi cet oxyde en Suède, par exemple, à Finbo dans le voisinage de Fahlun, et dans la mine de fer d'Utö (Outeu), mais en si petite quantité, qu'il ne fournit que des échantillons pour les collections de minéralogie.

L'oxyde stannique est le minerai d'étain le plus commun; on ne le rencontre que dans les terrains primitifs, où il est accompagné de l'arsenic, du tungstène, de l'antimoine, du cuivre et du zinc, qui altèrent la pureté de l'étain quand ils se mêlent avec lui, après avoir été réduits pendant le cours des opérations que l'on fait subir au minerai, pour en extraire l'étain. En Cornouailles,

(1) Les mines d'étain du comté de Cornouailles en Angleterre, qui sont très-considérables, ont été exploitées depuis les temps les plus reculés; car leurs produits attiraient dans les ports de la Grande-Bretagne, alors nommée îles Cassitérides, du mot grec *cassiteros*, étain, les vaisseaux des Phéniciens qui venaient s'y approvisionner. Mais après la destruction de Carthage, les marchands de Marseille se rendirent maîtres de ce commerce et transportèrent l'étain de Cornouailles à Narbonne, qui devint alors le grand marché de ce métal; mais lorsque l'Angleterre fut conquise par les Normands, ces peuples s'emparèrent des mines d'étain de Cornouailles et en tirèrent de grands profits. Au xiii° siècle, on ne connaissait, en Europe, d'autre étain que celui de Devon et de Cornouailles, car les Maures avaient dévasté et comblé les mines d'Espagne; ce ne fut qu'en 1240 que l'Allemagne commença à exploiter les mines d'étain qu'elle possède. La production de ce métal dans le Cornouailles représente, à peu de chose près, toute la production européenne; elle a, en effet, atteint le chiffre de 45,000 quintaux métriques, tandis que celle de la Saxe ne dépasse plus 5,500 quintaux, et que celle de quelques mines existant en Suède et en Autriche s'élève à peine à 750 et 380 quintaux. Le Mexique, l'île de Banca et la presqu'île de Malaca, dans la mer des Indes, fournissent beaucoup d'étain. L'île de Banca en produit à elle seule plus de 35,000 quintaux métriques. La France consomme annuellement 15 à 19,000 quintaux qu'elle reçoit de l'étranger.

L'étain des Indes est le plus pur, surtout celui de Malaca. On l'appelle *étain en chapeau*, parce qu'il est en pyramides quadrangulaires à sommet tronqué, et dont la base est entourée d'un rebord saillant horizontal. L'étain d'Angleterre, qui est en saumons plus ou moins pesants, en lingots, en baguettes, en larmes ou en grains, renferme du cuivre et une très-petite proportion d'arsenic. L'étain d'Allemagne, celui du Mexique, sont les plus impurs.

l'étain se trouve, tantôt en filons dans les terrains primitifs, tantôt en dépôts particuliers dans les terrains de transition. Dans le dernier cas, l'oxyde stannique se présente à l'état de grains arrondis, plus ou moins volumineux, qui forment ensemble une couche couverte par de l'argile et des cailloux roulés. Cet oxyde ayant visiblement été enlevé de son site primitif par l'eau, et arrondi sur les angles pendant le mouvement que l'eau lui a fait subir, s'est trouvé par cela même débarrassé des matières métalliques moins dures, lesquelles, étant plus facilement réduites en poudre, ont été entraînées par l'eau. Il en est donc parfaitement exempt, et donne l'étain le plus pur par la simple réduction avec du charbon de bois; cette opération se fait dans des fourneaux particuliers, qui ressemblent à ceux qu'on emploie en Suède pour l'extraction du cuivre. Ce minerai est appelé, en Angleterre, *streamtin*; il donne de 65 à 75 pour cent d'étain. Quant à celui qu'on retire des mines, il faut le débarrasser, par le bocardage et le lavage, de la gangue adhérente, et ensuite le griller pour chasser le soufre, l'arsenic et une partie de l'antimoine; après quoi on le réduit dans des fourneaux particuliers, avec du charbon de terre. L'étain qu'on obtient par la première fusion est soumis à la liquation, à laquelle on procède dans un fourneau à réverbère, à l'aide d'une légère chaleur. L'étain pur entre le premier en fusion, et se sépare d'une combinaison moins fusible d'étain, de cuivre, d'arsenic, de fer et d'antimoine. L'étain, ainsi obtenu, s'appelle, en Angleterre, *common grain-tin*. Le résidu est fondu et donne de l'*étain en saumon* (ordinary-tin). Le *grain-tin* se consomme en grande partie en Angleterre même, et les espèces les moins pures sont celles qu'on verse ordinairement dans le commerce. L'étain de Malacca est autant estimé que le *grain-tin* des Anglais; au contraire, celui que l'on tire d'Allemagne est toujours de la qualité de l'*ordinary-tin* des Anglais.

L'étain pur est d'un blanc argentin, très-mou et très-malléable; de sorte qu'on peut le réduire en feuilles de $\frac{1}{1000}$ de pouce d'épaisseur, et même moins : ces feuilles servent pour mettre les glaces au tain. Il fait entendre, quand on le ploie, un bruit particulier, que l'on a nommé le *cri de l'étain*, et qui provient de ce que la cohésion qui réunit ses molécules est détruite. Cette circonstance fait que l'étain qui a passé à la filière est très-cassant, et qu'un fil de $\frac{1}{4}$ de pouce de diamètre ne porte pas plus de trente-une livres. Quand on ploie l'étain ou qu'on le frotte, il répand une odeur particulière, dont les doigts restent souvent imprégnés pendant longtemps. Sa pesanteur spécifique est de 7,285, et de 7,293, après qu'il a été laminé. En général, il est d'autant plus léger que sa pureté est plus grande. La pesanteur spécifique de l'étain du commerce varie entre 7,56 et 7,6. En outre, il a la propriété de produire, en se combinant avec quelques autres métaux plus pesants que lui, des alliages dont la densité est plus grande que celle du métal plus pesant. L'étain fond, d'après Creighton, à + 228 degrés; mais une fois qu'il est fondu, on peut le refroidir jusqu'à + 225 degrés et demi avant qu'il ne commence à se figer, et alors sa température remonte tout à coup jusqu'à + 228 degrés; par un refroidissement lent, il cristallise, mais irrégulièrement. A une très-haute température, il se volatilise lentement.

Deutoxyde d'étain. — Cet oxyde est blanc, indécomposable par la chaleur, fusible à une chaleur rouge; il rougit légèrement le tournesol, ce qui lui a fait donner le nom d'*acide stannique* par quelques chimistes, car cet oxyde est capable de saturer en quelque sorte les alcalis, et de former avec la potasse et la soude des combinaisons cristallisables, analogues aux sels. C'est de cet oxyde naturel qu'on retire l'étain pour les besoins des arts.

On emploie cet oxyde dans les arts pour la fabrication des émaux blancs opaques qui recouvrent les faïences communes, afin de masquer la couleur rouge de la terre. Fondu avec le borax ou avec le phosphate de soude, il donne un émail blanc, employé dans la fabrication des cadrans de montre, etc. Une très-petite quantité de cet oxyde fondue avec du verre suffit pour lui donner un aspect laiteux. Dans le commerce, on en fait usage pour donner un certain poli aux glaces et aux verres des lunettes; alors on le connaît sous le nom de *potée d'étain*. Sa préparation s'exécute facilement en calcinant l'étain au contact de l'air, ou plutôt un alliage de ce métal avec le plomb; alors il est uni à une certaine quantité de protoxyde de plomb.

Chlorure d'étain. — Ce composé, employé dans les arts, était regardé comme un sel et désigné sous le nom de *muriate d'étain*.

Deutochlorure d'étain. — Ce composé a été découvert par un chimiste du xviᵉ siècle, nommé Libavius, et connu pendant longtemps sous le nom de *liqueur fumante de Libavius.*

Ce deutochlorure étant principalement employé dissous dans l'eau pour la fixation de certaines couleurs sur la laine, se prépare en dissolvant l'étain en grenailles dans un mélange d'acide nitrique et d'acide hydrochlorique, ou en faisant agir sur ce métal un mélange de huit parties d'acide nitrique et une partie d'hydrochlorate d'ammoniaque. Cette dissolution d'étain est surtout usitée dans la teinture en écarlate comme mordant.

Deutosulfure d'étain. — Cette combinaison était connue et désignée par les anciens chimistes sous les noms d'*or mussif*, *aurum mosaicum, or de Judée*, à cause de son brillant métallique et de sa couleur jaune dorée. Depuis longtemps on le prépare pour les arts, en exposant à une douce chaleur une partie d'amalgame d'étain en poudre formé d'une même quantité de mercure et d'étain, une partie et demie de fleur de soufre et une partie d'hydrochlorate d'ammoniaque. Après

avoir mélangé toutes ces substances réduites séparément en poudre, on les introduit dans un matras de verre luté, qu'on remplit jusqu'aux trois quarts, et on chauffe doucement pendant plusieurs heures. Au bout de ce temps, on trouve au fond du matras une masse très-légère, formée de petites paillettes jaunâtres brillantes, qui est le deutosulfure d'étain. Les réactions qui se produisent dans cette opération sont très-compliquées, à en juger par les produits différents qu'on obtient; car, indépendamment du deutosulfure d'étain fixe, on remarque la formation successive d'une certaine quantité d'acide hydrosulfurique libre, d'hydrosulfate sulfuré d'ammoniaque, puis du sulfure et du deutochlorure de mercure qui se subliment à l'entrée du col du matras, et au-dessus de ceux-ci, une couche mince de soufre.

Il est assez probable que dans les premiers moments de l'opération les deux métaux passent à l'état de sulfure, mais qu'à une température un peu plus élevée, une partie du sulfure de mercure réagit sur l'acide hydrochlorique du sel ammoniac, d'où résulte du deutochlorure de mercure pur et de l'hydrosulfate d'ammoniaque qui, en se dégageant, absorbe du soufre pour se transformer en hydrosulfate sulfuré.

On peut, d'après les observations de M. Pelletier père, obtenir de l'or mussif en exposant à une douce chaleur un mélange de protosulfure d'étain, de fleur de soufre et d'hydrochlorate d'ammoniaque.

Le deutosulfure d'étain bien préparé se présente sous la forme de légères écailles brillantes, d'un jaune doré, adhérant facilement les unes aux autres. Il est doux au toucher et donne aux corps sur lesquels on le frotte un aspect jaunâtre métallique, un peu analogue à celui que donne la poudre d'or.

Lorsqu'on le chauffe au rouge obscur, il abandonne la moitié du soufre qu'il contient, et se transforme en protosulfure.

D'après les analyses de Berzelius et John Davy, ce deutosulfure est formé de :

Etain	100	1 atome.
Soufre	54,4	2 atomes.

Ce composé est employé dans les arts pour bronzer les statues de plâtre ainsi que le bois peint; il sert aussi pour frotter les coussins des machines électriques, afin d'accroître l'électricité sur le plateau de verre.

Les SELS D'ÉTAIN ont une réaction acide. Le zinc, le fer, le cadmium, précipitent l'étain de ses dissolutions sous forme de poudre grise qu'on peut aplatir sous le marteau, et réunir en un petit culot d'étain métallique. Fondus avec du borax, les sels d'étain donnent des émaux opaques, qu'on applique sur la faïence ou sur la poterie. Comme la faïence et la couche d'émail qui la recouvre sont inégalement dilatables, il arrive que la surface se fendille sous l'influence de la chaleur.

Les *sels d'étain* sont nombreux, mais sans importance.

ALLIAGES D'ÉTAIN. — La plupart des métaux malléables deviennent cassants et perdent de leur ductilité quand on les unit à l'étain : c'est la raison pour laquelle on don-

nait autrefois à l'étain le nom de *diabolus metallorum*.

Poterie d'étain des ouvriers de Paris.	
Etain.	90
Antimoine	9
Cuivre	1
	100

Métal argentin de Paris.	
Etain	85,44
Antimoine	14,50
Plomb	0,06
	100,00

Métal d'Alger pour couverts et planches à graver la musique.	
Etain	60,0
Plomb	34,6
Antimoine	5,4
	100,0

Pewter des Anglais pour vases à boire.	
Etain	88,42
Antimoine	7,16
Cuivre	3,54
Bismuth	0,88
	100,00

Minofor pour ustensiles et couverts.	
Etain	68,63
Antimoine	17,00
Zinc	10,00
Cuivre	4,37
	100,00

Métal de la reine pour théières anglaises.	
Etain	73,56
Antimoine	8,88
Plomb	8,88
Bismuth	8,88
	100,00

Le *fer-blanc* est un alliage d'étain et de fer. Une feuille de fer bien décapée (tôle), qu'on plonge dans un bain d'étain, se mouille comme dans de l'eau ; à mesure que la couche d'étain se refroidit, elle reste fortement adhérente au fer (superposition de l'étain). L'étain rend le fer très-cassant, et susceptible de s'altérer rapidement dans l'eau. En lavant le fer-blanc avec de l'eau régale ou avec de l'acide azotique affaibli, on met à découvert la face cristalline de l'étain, offrant des dessins bizarres assez agréables à la vue. C'est là ce qui constitue le *moiré* (mot tatare signifiant *bigarrure*) qui se vendait autrefois au poids de l'or, et que les Chinois et les Orientaux connaissaient bien longtemps avant les Européens. Comme le *moiré* se ternit à l'air, il faut le recouvrir d'une légère couche de vernis. Le moiré n'est autre chose que la cristallisation naturelle de l'étain allié avec le fer. Les acides enlèvent la couche d'étain la plus superficielle, ternie par l'action de l'air et confusément cristallisée par suite d'un refroidissement brusque et inégal (1).

(1) « Un Français, nommé Alard, a découvert, il y a quelques années, une méthode pour rendre cristalline la surface du fer-blanc ; il donna le nom de *moiré métallique* au fer-blanc ainsi préparé. Pour obtenir ce moiré, on chauffe la feuille de fer-blanc, jusqu'à ce que l'étain soit fondu à sa surface, puis on la refroidit, en jetant de l'eau sur l'autre côté. L'étain prend alors, en se solidifiant, la forme de ramifications cristallines, semblables à celles qui se forment en hiver sur les vitres des croisées ; mais cette cristallisation n'est pas visible de suite, parce qu'elle se trouve couverte de la pellicule du métal, qui s'est solidifiée la première. Plus le refroidissement est prompt, plus les ramifications sont petites, de manière qu'il dépend entièrement de la volonté du fabricant de les rendre plus ou moins grandes, en variant la température de l'eau qu'il emploie pour refroidir le fer-blanc. Si l'on chauffe assez la feuille sur un point, pour que l'étain se fonde à partir de ce point vers la périphérie, il se forme une étoile cristalline, ayant ce point pour centre. On peut, à l'aide d'un fer à souder trempé dans de l'étain fondu, dessiner sur le revers de la feuille des lettres ou des figures, qui deviennent visibles de l'autre côté. On couvre de résine le côté sur lequel on veut dessiner, et il faut que le fer à souder soit assez chaux pour fondre l'étain sur lequel on le pose. Pour mettre ensuite la cristallisation à nu, on enduit le côté opposé d'un mélange d'acide hydrochlorique et d'acide nitri-

Comme le fer-blanc est moins oxydable que le fer, il sert à cause de cela pour la confection d'une infinité de vases et d'ustensiles.

Le cuivre et l'étain forment les alliages que l'on appelle *bronze* et *métal de cloche*. Une petite quantité d'étain rend le cuivre jaunâtre et augmente sa dureté, sans rien lui faire perdre de sa ténacité. Les anciens se servaient de cet alliage pour la fabrication des épées et des armes, avant que l'acier fût connu. Aujourd'hui on se sert d'un mélange semblable, de dix parties de cuivre et d'une partie d'étain, pour faire le métal des canons.

Si l'on abandonne cet alliage à un refroidissement lent, l'étain se sépare du cuivre. Aussi, lorsqu'on brise le bouton après la fonte des canons, on remarque que la surface de la cassure présente un mélange purement mécanique d'étain et de cuivre, et quand on chauffe la masse jusqu'au point de fusion de l'étain, celui-ci s'écoule, et il reste une masse poreuse, qui est du cuivre contenant moins d'étain. Par une plus grande quantité d'étain, par exemple 20 à 25 pour cent, la masse devient élastique, sonore et cassante : on l'emploie alors pour faire les cloches. Refroidi lentement, cet alliage durcit. Si on le plonge incandescent dans l'eau, il devient mou, susceptible d'être tourné, et se laisse forger à une température voisine de la chaleur rouge. Une proportion d'étain plus forte encore donne un métal blanc, argentin, qui prend le poli, et dont on se sert pour la confection des miroirs métalliques. L'addition

que, qui ne doit pas être très-concentré, sans quoi tout l'étamage serait dissous. Quand les cristaux paraissent avec un éclat suffisant, on plonge la feuille dans de l'eau pure, et on y passe ensuite à plusieurs reprises un peu de lessive de potasse caustique, afin d'enlever la pellicule d'oxyde stannique, que l'eau précipite souvent de l'acide, après quoi on rince la feuille avec de l'eau pure. Pour conserver l'éclat de ces cristaux, il faut recouvrir le fer-blanc d'un vernis transparent. Dans cette opération, l'acide ne dissout d'abord que la couche non cristalline, parce que les parties qui ont cristallisé rapidement et d'une manière irrégulière sont dissoutes plus vite, par tous les dissolvants, que celles qui sont à l'état de cristaux réguliers. Tout acide susceptible de dissoudre l'étain produira ces cristallisations, en y introduisant le fer-blanc. » Berzelius.

d'un peu d'arsenic améliore le métal des miroirs, qui est ordinairement formé de trois parties de cuivre, d'une d'étain et d'un peu d'arsenic; ou bien de deux parties de cuivre, d'une d'étain et d'un seizième d'arsenic. Little prescrit 32 parties de cuivre, 4 de laiton (fil à faire les épingles), $16\frac{1}{4}$ d'étain et $1\frac{1}{4}$ d'arsenic. Le mélange fondu est granulé, puis fondu une seconde fois. Quoique l'étain précipite le cuivre de ses dissolutions dans les acides, cependant on peut précipiter l'étain sur du cuivre, et recouvrir ce dernier d'étain, ainsi que le prouve l'étamage des épingles. On dissout de l'étain dans un mélange d'une partie de surtartrate potassique, de deux d'alun, de deux de sel marin et d'une certaine quantité d'eau, et on y introduit les épingles. Quelque temps qu'on laisse les épingles dans cette liqueur, elles ne s'étament pas; mais, si l'on y met un petit morceau d'étain, toutes les épingles, qui sont en contact les unes avec les autres, s'étament. Si aucune épingle n'est touchée par l'étain, l'étamage ne s'opère pas. On s'aperçoit aisément que c'est là un phénomène électro-chimique, dû au contact de l'étain avec le cuivre. L'étamage réussit avec de l'alun sans tartre; mais la couleur des épingles devient d'un blanc mat, semblable à celui de l'argent, dont la surface a été affinée par l'ébullition avec le tartre. On peut, à l'aide du procédé suivant, étamer de petits objets en fer, en cuivre ou en laiton : on mêle de l'alun, du tartre et du sel marin dans la proportion qui vient d'être indiquée; on ajoute au mélange un peu de sulfate ou de chlorure stanneux; puis on met une petite bande de zinc en contact avec l'objet qu'on veut étamer, et on les introduit tous deux dans la liqueur. Après quelques moments, l'étamage est achevé, surtout quand la liqueur a été employée à chaud. Si la surface est mate, et qu'on veuille la rendre brillante, il suffit de la frotter avec un linge, après l'avoir lavée avec de l'eau. Cet étamage empêche les métaux de s'oxyder à l'air.

Marggraff, chimiste de Berlin, ayant avancé, en 1746, que l'étamage et la poterie d'étain étaient d'un usage dangereux, en raison de l'arsenic que l'étain renferme, l'alarme se répandit de toute part. Mais Bayen et Charlard, chargés, par le gouvernement, de répéter les expériences du chimiste prussien, démontrèrent, en 1771, que les craintes qu'on avait sur la nocuité de l'étain de vaisselle n'étaient pas fondées, parce que la quantité d'arsenic qu'il contient habituellement est toujours trop faible pour exercer une influence fâcheuse sur la santé. Boyer s'assura qu'une assiette d'étain, dont, depuis deux ans il faisait usage à tous ses repas, n'avait perdu que 21 centigrammes de son poids, et que l'arsenic qui pouvait être contenu dans ces 21 centigrammes, enlevés plutôt par le récurage quotidien de l'assiette que par l'usage, ne montait pas probablement à plus d'un centième de milligramme par jour!

ÉTAMAGE. — L'étamage consiste à plonger des vases de cuivre ou des lames de fer dans un bain d'étain. C'est une opération fort ancienne. Pline l'a parfaitement décrite. « On se sert, dit-il, de l'étain pour recouvrir des vases de cuivre, qui présentent le double avantage d'être exempts d'une saveur désagréable et d'être préservés de la rouille. » C'est aux Gaulois que revient l'honneur de cette belle découverte, si utile à la santé de l'homme. Les airains étamés des Gaulois étaient appelés *vasa incoctilia*. Dans la ville d'Alise (Provins), on substitua l'argent à l'étain pour étamer des objets d'airain. Les habitants de Bourges argentaient jusqu'à leurs voitures, leurs litières et leurs chariots.

Dès 1778, Biberel père a fait connaître un mode d'étamage qui dure sept fois autant que l'étamage ordinaire à l'étain, et qui est tout à la fois plus économique et plus salubre. Il consiste à faire usage d'un alliage de 6 parties d'étain et de 1 partie de fer. Cet alliage est beaucoup plus dur que l'étain commun, et bien moins fusible : aussi peut-il être appliqué sur le cuivre en couches aussi épaisses que l'on désire. C'est à ces deux circonstances qu'il faut attribuer la plus grande durée de l'étamage de Biberel; en effet, par la méthode ordinaire et ancienne, il est impossible d'augmenter à volonté l'épaisseur de la couche d'étain, parce qu'il n'y a alliage qu'au contact des deux métaux, et que tout l'étain excédant se dépose et coule aussitôt que la pièce est exposée à une chaleur suffisante. En 1811, Biberel fils fit revivre l'invention de son père, et dans ces dernières années une compagnie s'est formée, à Paris, pour l'étamage des vases de cuivre et de tous les ustensiles de cuisine, au moyen de l'alliage de Biberel; seulement elle a donné à son procédé le nom d'*étamage polychrône*. Il est à désirer qu'on adopte ce nouveau procédé, recommandé avec raison par la société d'encouragement et le conseil de salubrité. Napoléon avait donné l'ordre aux intendants de sa maison de confier à Biberel tous les étamages qui y deviendraient nécessaires.

ÉTAMAGE. *Voy.* Étain, *alliages.*

ÉTHER. *Voy.* Lumière.

ÉTHER (*oxyde d'éthyle; éther hydrique; éther sulfurique; naphtha vitrioli; oleum vitrioli dulce*). — Basile Valentin parle déjà de la préparation de l'éther sulfurique. En 1537, Valérius Codrus donna un procédé pour préparer de l'éther, qu'il décrivit sous le nom d'huile douce de vitriol. Un grand nombre d'anciens naturalistes, *Boyle, J. Newton, T. Willis, F. Hoffmann, Stahl, Henket, Poot*, etc, ont décrit et obtenu l'éther, mais en employant divers procédés et lui donnant autant de noms. Ce fut en 1730 qu'un chimiste allemand, *Fobrenius*, l'étudia avec soin, et le premier lui donna le nom d'éther. *Geoffroy Duhamel, Hellot, Baumé, Macquer*, etc., s'en occupèrent ensuite. Un grand nombre de chimistes ont, de nos jours, attaché leurs noms à l'histoire des éthers.

On divise les éthers en trois genres : le premier genre ne comprend qu'une espèce, l'éther hydratique, formé de deux volumes de carbure bihydrique et d'un volume de vapeur d'eau. On l'obtient par la réaction des acides sulfurique, arsénique, phosphorique, fluoborique sur l'alcool ; 2° les éthers du deuxième genre proviennent de la réaction des acides sur l'alcool, et sont composés de volumes égaux d'hydrogène bicarboné et de l'acide employé à leur préparation : tels sont les *éthers* des hydracides *chlorhydrique, bromhydrique,* etc. ; 3° enfin, dans le troisième genre se trouvent les éthers formés d'un acide oxygéné et d'éther hydratique, *éther nitreux, acétique, oxalique,* etc.

La classification précédente est l'expression de faits. On a voulu chercher à se rendre compte comment les éléments sont combinés dans les éthers. Voici la théorie plus généralement admise. On associe les éléments de l'éther de manière à avoir d'un côté l'équivalent d'oxygène, et de l'autre un radical formé de quatre équivalents de carbone et de cinq équivalents d'hydrogène. Ce radical prend le nom d'*éthyle*, et l'éther sulfurique est l'*oxyde d'éthyle.* Alors, les éthers du troisième genre sont des combinaisons de l'oxyde d'éthyle avec un acide constituant un véritable oxysel, obéissant aux lois ordinaires de ce genre de composés et ne contenant pas d'eau de cristallisation. Les éthers du deuxième genre deviennent, dans cette hypothèse, des combinaisons analogues aux chlorures, aux cyanures, etc. On admet que quand un hydracide agit sur l'éthyle, l'hydrogène de l'acide et l'oxygène de l'oxyde d'éthyle se combinent pour former de l'eau, et il reste une combinaison de l'éthyle avec le radical de l'acide (chlorure, iodure, bromure d'éthyle).

Éther sulfurique (éther hydratique, *oxyde d'éthyle*). — C'est un liquide incolore, très-fluide, d'une odeur particulière, forte et pénétrante ; d'une saveur d'abord brûlante puis fraîche ; il est neutre, ne conduit point l'électricité et réfracte fortement la lumière. Sa densité à 20° est de 0,713 ; il bout à 35,66 à une pression de 0,67 ; à — 31°, l'éther commence à cristalliser ; à — 44° il se présente sous forme d'une masse blanche, solide, cristalline. L'éther brûle facilement avec une flamme blanche très-étendue ; l'eau dissout ⅛ de son poids d'éther ; il se mêle en toutes proportions avec l'alcool. L'éther dissout un grand nombre de matières organiques.

Pour obtenir l'éther, prenez : alcool à 36°,4 parties ; acide sulfurique à 66°, 2 p. Mélangez exactement l'acide avec la moitié de l'alcool dans une terrine ou dans une cruche de grès ; versez pour cela l'acide par petites portions sur l'alcool en agitant continuellement. Ayez d'une autre part un appareil composé d'une cornue tubulée en verre, d'une allonge et d'un ballon, ce dernier communiquant avec un serpentin en plomb rafraîchi par un courant d'eau ; la cornue sera posée sur un bain de sable. L'appareil ainsi monté, on versera dans la cornue le mélange encore chaud, et on le portera aussi rapidement que possible à l'ébullition ;

la tubulure de la cornue sera bouchée avec un bouchon de liége donnant passage à un tube en verre effilé à sa partie inférieure, qui plongera dans le liquide jusqu'à 4 ou 5 centimètres du fond ; la partie supérieure de ce tube sera recourbée au-dessus du bouchon, sous un angle convenable pour pouvoir s'adapter, au moyen d'un tube de caoutchouc, à un vase contenant le reste de l'alcool, placé à une certaine distance du fourneau.

Ce vase devra porter à sa partie inférieure un robinet qui permette d'introduire à volonté l'alcool dans la cornue. Dès qu'on aura recueilli par la distillation un volume de liquide égal au quart ou au cinquième environ de l'alcool introduit dans la cornue, on le remplacera en ouvrant le robinet qui fait communiquer le réservoir d'alcool avec la cornue ; on réglera le jet de l'alcool de manière à ce que l'ébullition ne soit jamais interrompue, et à remplacer aussi exactement que possible le liquide qui distille continuellement. Lorsqu'on aura ajouté ainsi tout l'alcool, et que le produit distillé sera égal aux trois quarts environ de la totalité de l'alcool employé, on arrêtera l'opération et l'on démontera l'appareil. Le produit de la distillation, qui est un mélange d'eau, d'éther, d'alcool, d'acides et d'huile douce, de vin, a besoin d'être rectifié. On y parvient en y ajoutant 15 grammes de potasse caustique à la chaux par litre d'éther ; on agite le mélange à plusieurs reprises ; après vingt-quatre heures de contact, on sépare par décantation la solution alcaline de l'éther qui la surnage, et l'on distille celui-ci au bain-marie dans un alambic ordinaire. On fractionne les produits ; ceux qui marquent moins de 56° sont mis de côté, et rectifiés par une nouvelle distillation à une très-douce chaleur.

Pendant longtemps les phénomènes qui se produisent dans la formation de l'éther ont été inconnus. Ce n'est qu'en 1797 que Fourcroy et Vauquelin établirent les premières bases d'une théorie qui a été ensuite confirmée et combattue dans plusieurs points.

Les expériences les plus récentes et les plus en rapport avec la composition élémentaire des produits qu'on obtient aux différentes époques de cette opération, tendent à faire admettre, 1° que dans la réaction de l'alcool sur l'acide sulfurique, ce dernier, par son affinité pour l'eau, détermine une portion d'oxygène et d'hydrogène de l'alcool à s'unir, et qu'il en résulte alors de l'éther ; 2° que celui-ci se combine à l'acide sulfurique, et forme un composé (sulfate acide d'éther) qui se détruit par la chaleur, d'où résulte une partie d'éther qui se volatilise sans altération ; 3° qu'à une certaine époque, le bisulfate d'éther qui reste dans la cornue est décomposé ; l'excès d'acide sulfurique qu'il contient réagit sur l'éther, lui enlève tout son oxygène et une portion correspondante d'hydrogène pour former de l'eau ; qu'alors le carbone et l'hydrogène restant, qui se trouvent dans les proportions où ils existent dans l'hydrogène deuto-carboné, forment avec l'acide sulfurique un composé huileux (*sulfate neutre d'hydrogène carboné*) ; 4° que ce composé distille en partie et se mêle à l'éther produit ; mais que, par suite de l'élévation de la température qui va en croissant, il se décompose, en fournissant de l'acide sulfureux, une huile particulière composée d'hydrogène et de carbone, de l'hydrogène deuto-carboné, et un dépôt de charbon qui colore en noir le résidu contenu dans la cornue.

Telle est l'explication raisonnée que l'on peut donner des différentes phases de l'éthérification, d'après les faits observés par MM. Hennel et Sérullas. On avait admis autrefois qu'il se formait pendant la production de l'éther un acide que l'on a désigné sous le nom d'acide *sulfovinique*, et qui a été regardé d'abord comme de l'acide sulfurique désoxygéné en partie uni à une matière huileuse, et ensuite comme de l'acide hyposulfurique modifié par une matière organique. Sérullas a démontré que toutes les propriétés reconnues à cet acide sont dues à ce composé d'acide sulfurique et des éléments de l'éther (sulfate acide d'éther), qui se produit

et qui forme, en s'unissant aux oxydes, des sels doubles solubles que l'on peut regarder avec raison comme des sulfates d'éther et d'oxydes métalliques. Toutefois, ces sels sont encore désignés aujourd'hui sous le nom de *sulfovinates*. Quelques chimistes les regardent comme des sulfates doubles à base d'alcool, d'autres comme des sulfates doubles hydratés à base d'hydrogène bicarboné.

Tous ces résultats, en rendant mieux compte des phénomènes qu'on remarque dans la transformation de l'alcool en éther, confirment ce qui avait été déjà reconnu, que l'alcool passe à l'état d'éther lorsqu'on lui enlève une certaine quantité d'oxygène et d'hydrogène ; que l'huile particulière qu'on observe plus tard, et à laquelle on avait donné autrefois le nom d'*huile douce de vin*, est le résultat de la décomposition du sulfate neutre d'hydrogène carboné qui s'est formé pendant l'opération.

En représentant en volumes la composition de l'alcool, celle de l'éther et de l'huile douce de vin, l'on voit que ces deux derniers produits ne sont que de l'alcool, moins une certaine quantité d'oxygène et d'hydrogène.

L'alcool est formé de
$\begin{cases} \text{1 vol. d'hydr. deuto-carboné.} \begin{cases} \text{1 vol. de carbone.} \\ \text{2 vol. d'hydrog.} \end{cases} \\ \text{1 vol. de vapeur d'eau.} \begin{cases} \text{1 vol hydrogène.} \\ \text{1}|\text{2 vol. oxygène.} \end{cases} \end{cases}$

L'éther sulfurique, de
$\begin{cases} \text{1 vol. d'hydrogène carboné.} \begin{cases} \text{1 vol. de carbone.} \\ \text{2 vol. d'hydrog.} \end{cases} \\ \text{1}|\text{2 vol. de vapeur d'eau.} \begin{cases} \text{1}|\text{2 vol. d'hydrog.} \\ \text{1}|\text{4 vol. d'oxygène.} \end{cases} \end{cases}$

L'huile douce est composée de
$\begin{cases} \text{1 vol. de vapeur de carbone.} \\ \text{2 vol. d'hydrogène.} \end{cases}$

D'après des expériences récentes de M. Mitscherlich, l'acide sulfurique, dans la formation de l'éther, n'agirait que par une influence de contact ; il déterminerait, à une température de $+ 140°$, la conversion de l'alcool en éther et en eau sans autre produit ; il est arrivé à cette conclusion en faisant passer un courant d'alcool absolu au travers d'un mélange d'acide sulfurique et d'eau bouillant à $+ 140°$; il a vu l'alcool disparaître et être remplacé par des quantités proportionnelles d'*éther* et d'*eau*. Quoique cette théorie, fondée sur les réactions de contact dont la chimie minérale présente quelques exemples, soit plus simple, elle ne peut suffire à l'explication de tous les phénomènes qui se passent pendant l'éthérification. (*Voy.* Annales de chimie et de physique, t. LVI, p. 343.)

L'eau n'a qu'une faible action sur l'éther ; elle n'en dissout qu'un dixième de son volume : l'alcool s'y unit, au contraire, en toutes proportions. Les corps combustibles, à l'exception du chlore et du brome, n'ont pas d'action sur l'éther sulfurique ; le soufre et le phosphore s'y dissolvent en petite quantité ; quant aux métaux, il n'y a que le potassium et le sodium qui en absorbent peu à peu l'oxygène.

L'éther sulfurique exerce une action dissolvante sur beaucoup de corps ; il dissout le deuto-chlorure de mercure et celui d'or,

et les enlève même à leur solution aqueuse. Il opère également la solution des huiles grasses, des huiles volatiles, des résines, du camphre, du caoutchouc et de quelques autres principes immédiats : aussi en fait-on fréquemment usage dans l'analyse végétale.

Sa composition est facilement représentée, comme nous l'avons déjà indiqué, par un volume d'hydrogène deuto-carboné et un demi-volume de vapeur d'eau. Sa formule atomique est $= C^4 H^{10} O^1$.

Usages. L'éther sulfurique est très-employé en médecine comme anti-spasmodique et tonique à l'intérieur, surtout à petite dose ; mais administré en grande quantité, il agit comme poison. Il entre dans la composition de plusieurs médicaments composés ; mêlé à son poids d'alcool, il fait la base de la *liqueur d'Hoffmann.*

Les éthers du second genre sont formés, comme nous l'avons dit, de volumes égaux d'hydrogène bicarboné, et de l'hydracide employé pour les obtenir : tels sont les éthers hydrochlorique, hydriodique, hydrobromique et hydrocyanique. Dans ces composés, l'acide est exactement saturé par l'hydrogène bicarboné, qui paraît faire fonction d'une base ; leur formule rationnelle est $1 C^4 H^8 + 1$ atome hydracide.

Parmi les éthers du troisième genre, il n'y en a que deux qui soient employés, savoir : l'éther nitreux et l'éther acétique ;

Tous les éthers de ce genre avaient été regardés comme des composés d'alcool et d'acide, mais MM. Dumas et Boullay ont démontré, par leur analyse, qu'on pouvait les considérer comme formés d'éther hydratique et d'acide, dont la formule rationnelle est $C^4 H^{10} O^1 + 1$ at. acide.

Éther nitreux. — Cet éther a été d'abord désigné improprement sous le nom d'*éther nitrique*, et ensuite sous celui d'*éther nitreux*. MM. Dumas et Boullay ont démontré sa véritable composition.

Éther acétique. — Cet éther, que l'on peut regarder comme formé d'éther hydratique et d'acide acétique, a été découvert, en 1759, par M. de Lauraguais.

Cet éther est employé en médecine ; on l'administre à petite dose à l'intérieur, comme sudorifique dans certains accès de goutte et de rhumatisme, mais on l'emploie le plus ordinairement pur en frictions ; il entre dans la composition de quelques liniments.

ETHIOPS MARTIAL. *Voy.* FER, *deutoxyde*, et AIMANT.

ETHIOPS MINÉRAL. *Voy.* MERCURE, *protoxyde*.

EUCLASE (qui se brise facilement). — Existe au Brésil et au Pérou, d'où elle fut apportée par Bombey. On ne l'a encore trouvée qu'en cristaux dont la forme primitive est le prisme droit à bases rectangles : le plus souvent elle est en prismes à quatre faces obliques, striés en longueur et à bords diversement tronqués. Couleur verte de diverses nuances et quelquefois bleu de ciel, clivage et réfraction doubles, frangible, raye le quartz, éclat vitreux, cassure un peu conchoïde. Poids spécifique de 2,9 à 3,3.

L'euclase est électrique par le frottement ; elle est frangible, d'un éclat vitreux, à cassure conchoïde ; exposée au chalumeau, elle perd sa transparence et se fond en un émail blanc.

EUDIOMÈTRE. *Voy.* ATMOSPHÈRE.

EUPHORBE. — Il s'extrait par incision de l'*euphorbia officinalis*, de l'*euphorbia antiquorum* et de l'*euphorbia canarensis*, qui croissent dans l'intérieur de l'Afrique. Il nous arrive en morceaux assez grands, irréguliers, souvent percés de trous, qui proviennent des épines de la plante autour desquelles l'euphorbe s'est solidifié. Il est extérieurement d'un jaune sale ou rougeâtre, intérieurement blanc.

L'euphorbe est employé en médecine comme moyen vésicant.

ÉVAPORATION. — Quand on laisse de l'eau à l'air libre, elle perd peu à peu de son poids, et finit par disparaître entièrement. C'est là ce qu'on appelle *évaporation*. Ce phénomène a lieu d'autant plus rapidement que la température est plus élevée, la surface de l'eau plus étendue, et l'air qui la baigne plus renouvelé.

On a discuté pour savoir si, dans ce cas, l'eau est dissoute par l'air, comme un sel l'est par l'eau, ou si elle se convertit en un gaz sans intermède de l'air, et uniquement par l'effet de la température. Cette dernière opinion est celle en faveur de laquelle des expériences exactes se sont prononcées. Effectivement, après avoir renfermé de l'eau dans le vide du baromètre, on a observé, non-seulement qu'elle y prend la forme de gaz, tout aussi bien qu'à l'air libre, mais encore qu'elle s'y vaporise en aussi grande quantité, à hauteur égale du thermomètre, que si l'air avait accès dans l'instrument. Cette expérience nous a appris aussi que notre planète, qu'elle fût ou non entourée par de l'air atmosphérique, aurait autour d'elle une atmosphère de gaz aqueux, dont la quantité dépendrait de la température, et serait toujours la même à des températures égales, soit qu'il y eût de l'air, soit qu'il n'y en eût pas.

Il résulte encore de là que l'affinité chimique de l'air pour l'eau n'augmente pas l'évaporation de cette dernière, et nous pouvons d'autant mieux en être convaincus, que tous les gaz absorbent la même quantité d'eau à des températures égales. D'un autre côté, il semble incompatible avec cette loi que l'évaporation de l'eau soit augmentée par le renouvellement de l'air ou le vent, et que l'eau fasse passer ainsi à l'état latent une quantité de calorique assez considérable pour que la surface sur laquelle a lieu l'évaporation se refroidisse. Mais cette contradiction n'est qu'apparente ; car le renouvellement de l'air ne favorise l'évaporation qu'en entraînant le gaz aqueux formé à la surface de l'eau. Lorsqu'on se représente une surface aqueuse en évaporation, on trouve qu'il doit se former, dans la couche d'air située immédiatement sur elle, une couche de gaz aqueux qui repose sur elle aussi, et que le nouveau gaz soulève à mesure qu'il se forme, mais que, par cela même, l'évaporation doit se ralentir d'autant plus, que cette couche de gaz aqueux devient plus épaisse. Le gaz aqueux met obstacle à l'évaporation, tant par sa pesanteur que par son inertie, c'est-à-dire par la résistance que tout corps en repos oppose à ceux qui veulent le mettre en mouvement. L'air est donc plutôt un obstacle qu'une circonstance favorable à l'évaporation, parce qu'il laisse occupé l'espace dans lequel le gaz aqueux se répandrait. C'est ce qui explique pourquoi cette opération a lieu d'une manière bien plus rapide sur de hautes montagnes, dans un air plus raréfié, où le gaz aqueux trouve davantage d'espace pour s'étendre. En général, l'évaporation augmente dans la même proportion que la pression de l'air diminue, de manière que, d'après Daniell, elle est doublée quand la pression se trouve réduite à moitié ; dans le vide, elle s'opère avec la rapidité du boulet lancé par une pièce de canon.

L'évaporation doit refroidir la surface qui lui sert de point de départ, quoique l'ascension de l'eau sous la forme de gaz ne soit déterminée que par la chaleur de cette surface. En effet, quand une surface aqueuse s'évapore, par exemple, à + 15 degrés, dans de l'air sec, c'est-à-dire dans de l'air qui ne contient pas déjà du gaz aqueux, le premier gaz s'élève avec la tension dont l'eau jouit à + 15 degrés. Mais, pour passer à l'état de gaz, l'eau est obligée d'absorber du calorique, et par là de refroidir la surface de laquelle elle s'élève sous forme de gaz. Si ce refroidissement était d'un demi-degré, l'eau restante serait à + 14 1/2 degrés, elle s'évaporerait avec la tension qui appartient à ce degré de chaleur. Que le gaz nouvellement formé vienne à être enlevé en même temps, l'évaporation devient d'autant plus rapide, et le refroidissement d'autant plus considérable proportionnellement, parce que la chaleur qu'a perdue l'eau ne peut point lui être restituée avec la même promptitude par l'air et les corps voisins. Il résulte de là qu'à de basses températures, l'air étant sec, l'eau peut se refroidir, par l'évaporation, jusqu'au point de se congeler, et que l'éther, le sulfide carbonique et autres corps très-volatils produisent de même, en été, un degré de froid beaucoup plus considérable encore. Ainsi, toute surface qui s'évapore doit avoir une température plus basse que les corps voisins, et cela d'autant plus que l'évaporation a lieu d'une manière plus rapide, et que le calorique est moins complétement restitué par les corps situés aux alentours.

De tout ce qui précède, on doit conclure que l'humidité atmosphérique ne dépend point de la faculté dissolvante de l'air, mais que l'eau contenue dans l'atmosphère est un véritable gaz aqueux, qui, l'air étant même absent, entourerait la terre en quantité invariable à chaque température donnée.

Puisque je parle ici de gaz, je dois rappeler qu'un gaz diffère d'une vapeur, en ce que celle-ci est un gaz précipité dans l'air, au milieu duquel la matière qui le constituait voltige dans un état de division extrême, sous la forme d'une fumée opaque. Il importe donc de ne pas confondre les gaz non permanents avec les vapeurs, quoique certains auteurs considèrent mal à propos ces deux mots comme synonymes.

Le gaz aqueux a, comme tous les autres gaz, une tendance continuelle à se mêler avec d'autres substances gazeuses. De là vient qu'il se répand partout dans l'air, de sorte que la pesanteur de l'atmosphère ne met obstacle à l'évaporation qu'en rendant l'expansion du gaz aqueux plus difficile. L'évaporation ne peut point être empêchée par la pression d'un gaz autre que le gaz aqueux lui-même, ou en général par le nouveau gaz auquel l'évaporation elle-même donne naissance. Voilà pourquoi elle s'opère d'autant plus rapidement qu'il y a moins de gaz aqueux contenu dans l'air, et qu'elle cesse à peu près entièrement lorsque celui-ci renferme autant de gaz qu'il peut en contenir à la température de la surface par laquelle l'évaporation a lieu.

Tout ce que nous avons dit de l'eau s'applique aussi aux autres corps volatils, comme l'éther, l'alcool, le soufre, le phosphore, l'acide sulfurique, le mercure, etc., quoique l'évaporation soit si peu considérable, dans ces derniers corps, qui jouissent d'une volatilité moins grande, qu'on peut la considérer comme nulle à la température ordinaire de l'air.

Lorsque de l'eau ou tout autre liquide volatil s'évapore, et que le gaz qui s'en dégage se mêle avec l'air, le poids du mélange gazéiforme augmente d'une quantité égale au poids du gaz non permanent ajouté ; d'où il suit que celui-ci doit alors supporter une colonne de mercure d'autant plus élevée. On peut aisément s'en convaincre par une expérience fort simple : que l'on courbe un tube de verre d'un huitième à un quart de pouce de diamètre, de manière à lui donner la forme d'un siphon ; qu'on ferme l'une de ses extrémités à la lampe de l'émailleur, qu'on verse ensuite dans l'autre assez de mercure pour que le métal s'élève un peu au-dessus du milieu de la branche ; puis, qu'en inclinant celle-ci on fasse sortir de l'autre assez d'air pour que le mercure soit à la même hauteur dans toutes les deux quand on redresse le siphon ; cela fait, qu'on attache à l'extrémité d'un fil d'archal recuit un petit morceau d'éponge fine imbibée d'un liquide volatil quelconque, comme eau, alcool ou éther, et qu'on porte cette éponge, à travers le mercure, dans la branche fermée, où on la laisse quelques instants : le liquide s'y évapore jusqu'à ce qu'il y en ait assez qui ait pris la forme gazeuse pour fournir la quantité de gaz susceptible de se maintenir à la température du moment ; qu'on retire ensuite le fil avec l'éponge, et l'on trouve le mercure plus élevé dans la branche ouverte que dans l'autre. Lorsqu'on opère sur de l'eau, ce surcroît d'élévation ne dépasse point une ou deux lignes à la température ordinaire de l'atmosphère, mais il est plus considérable pour l'alcool, et va même jusqu'à deux pouces pour l'éther.

Si, variant l'expérience, on remplit plusieurs tubes barométriques de mercure, et qu'on les renverse les uns auprès des autres dans un vase rempli du même métal, on trouve (lorsque, avant qu'on versât le mercure, l'un de ces tubes était bien sec et les autres mouillés, l'un avec de l'eau, le second avec de l'alcool, le troisième avec de l'éther) que le métal s'y tient à des hauteurs inégales dans tous, et que celui dans lequel il s'élève le moins est celui où il offrait la hauteur la plus considérable dans l'expérience précédente. Mais la cause est la même dans les deux cas : dans le premier, la pesanteur du gaz non permanent soulève une colonne de mercure jusqu'à une certaine hauteur ; dans le second, au contraire, la pesanteur de ce gaz supplée à une colonne de mercure d'égale hauteur, pour faire équilibre à l'atmosphère.

On se sert de la hauteur de la colonne de mercure pour mesurer la tendance des liquides volatils à prendre la forme de gaz, et on appelle cette tendance leur *force d'expansion* ou leur *tension*. Ainsi, par exemple, on dit que la tension de l'eau s'élève à + 15 degrés à ¼ pouce, ou plus exactement à 12,837 millimètres, parce qu'à cette température le gaz aqueux supporte une colonne de mercure de cette hauteur.

Si nous venons à l'exemple précité du siphon, et que nous nous figurions le verre de sa branche fermée ayant la faculté de se distendre, le mercure devrait baisser dans la branche béante, tandis que l'air augmenterait de volume dans l'autre, par l'addition du gaz aqueux. Mais lorsqu'on connaît la force d'expansion ou la tension du liquide évaporé, il est facile de calculer de combien l'air se trouve distendu par le mélange de celui-ci, parce que la somme des tensions de tous deux fait équilibre à la pression de l'atmosphère, c'est-à-dire doit être égale à la hauteur barométrique à laquelle on fait l'expérience. Supposons que nous fassions évaporer dans de l'air à 76 centimètres de hauteur barométrique un liquide dont la tension soit de 38 centimètres, la somme des tensions de tous deux est de 1,14 mètre, tant qu'ils sont renfermés ; mais acquièrent-ils la liberté de s'étendre, leur volume augmente jusqu'à ce que leur tension commune soit de 76 centimètres. Mais alors le volume de l'air est doublé, de manière que sa tension n'équivaut qu'à 38 centimètres, c'est-à-dire que le volume du gaz ajouté était égal à celui de l'air. Si, au contraire, la tension du liquide est de 19 centimètres, il faut que l'air se dilate jusqu'à ce que sa tension soit de 57 centimètres, c'est-à-dire que son volume augmente d'un quart ; car $19 : 76 :: 1 : 4$, et le volume du gaz nouvellement formé fait le quart du volume de l'air. Enfin, si la tension du liquide était de 72 centimètres (telle, par exemple, que celle de l'éther près de son point d'ébullition), il faudrait que l'air se dilatât jusqu'à ce que sa tension fût seulement encore de 4 centimètres, c'est-à-dire que son volume se multipliât dix-neuf fois ; car $4 : 76 :: 1 : 19$.

La tension de tous les liquides volatils est la même (c'est-à-dire égale à la hauteur du baromètre) au degré de l'ébullition ; et comme tous les gaz sont dilatés d'une manière uniforme par le calorique, on devrait croire qu'à un pareil nombre de degrés au-dessus du terme de l'ébullition leur tension augmente uniformément aussi. La même chose devrait avoir lieu également pour la diminution de leur tension au-dessous de ce terme, de sorte qu'elle fût la même pour tous les liquides volatils, à un même nombre de degrés au-dessous du point où ils commencent à bouillir. Ainsi, par exemple, l'eau bout à + 100 degrés, l'alcool à 78, et l'éther à + 35 : donc l'eau à + 80 degrés, l'alcool à + 58, et l'éther à + 15, devraient avoir la même tension, tous trois se trouvant alors refroidis de 20 degrés au-dessous du terme de l'ébullition. Des expériences faites par Ure et Despretz ne confirment pas cette opinion de quelques chimistes.

La manière dont un gaz non permanent se comporte lorsqu'il se répand dans l'air atmosphérique est aussi celle dont il se comporte en se répandant au milieu d'un autre gaz non permanent. Voilà pourquoi, en distillant

deux liquides mêlés, mais non combinés ensemble, on peut, quand on connaît le point auquel tous deux entrent en ébullition, déterminer d'avance quel est le volume relatif de chacun qui passe à l'état de gaz ; et quand on sait en outre quelle est la pesanteur spécifique de leurs gaz, on peut même calculer d'avance la quantité relative en poids que la distillation fournira de chacun : il suffit, pour cela, de multiplier la tension de chaque liquide au degré d'ébullition du mélange par la pesanteur spécifique de son gaz.

L'eau perd de sa tendance à s'évaporer, c'est-à-dire de sa force expansive ou de sa tension, lorsqu'elle tient d'autres corps en dissolution ; et elle exige alors, pour entrer en ébullition, une température d'autant plus élevée, que son affinité pour les substances dissoutes est plus considérable. Elle a bien, dans cette circonstance, une tension égale à celle de l'eau pure, à un pareil nombre de degrés au-dessous du point de l'ébullition ; mais cette tension change par l'évaporation de l'eau et la quantité relative des substances dissoutes : de manière que continuellement elle devient de plus en plus faible, et que le degré d'ébullition s'élève d'autant plus que le liquide se concentre davantage. Lorsqu'enfin ce liquide est complétement saturé des substances qu'il tient en dissolution, la tension et le point d'ébullition demeurent invariables. Ainsi, par exemple, une dissolution saturée de sel marin bout à + 109 degrés, et une dissolution également saturée de nitre à + 115 2/3. Certains corps s'unissent à l'eau avec une telle force, que sa tension devient égale à zéro ; mais cet effet n'a lieu que quand l'eau entre en combinaison chimique avec les acides forts ou avec les bases fortes.

Le gaz aqueux contenu dans l'air, ou l'humidité atmosphérique, peut varier par une infinité de circonstances. Ainsi cette humidité varie suivant la nature du pays : elle est plus considérable sur les bords de la mer et dans le voisinage des grands lacs, moindre sur les continents et lorsqu'il a été longtemps sans pleuvoir. Ses variations dépendent principalement de la température : lorsque celle-ci diminue dans un air contenant autant de gaz aqueux qu'il peut en admettre à ce degré de chaleur, c'est-à-dire saturé d'humidité, une partie du gaz aqueux perd sa forme gazeuse, se précipite et se convertit en vapeurs ; la transparence de l'air se trouve troublée par là, et il devient plus ou moins opaque et nébuleux, suivant que la quantité d'eau précipitée qu'il tient en suspension est plus ou moins considérable. Ainsi, par exemple, lorsqu'en hiver, par un froid très-vif, on ouvre une porte, l'air froid du dehors se précipite dans la chambre, avec l'air plus chaud de laquelle il se mêle, et un nuage se fait apercevoir dans l'appartement, si le soleil y a accès. Ce nuage n'est autre chose que la vapeur aqueuse qui se précipite de l'air plus chaud de la chambre, quand celui-ci vient à être rafraîchi par l'air du dehors. On observe rarement ce phénomène dans les froids ordinaires, parce que l'air extérieur s'échauffe sur-le-champ jusqu'au degré qui permet au gaz aqueux de se maintenir. La même cause fait que l'air expiré prend la forme d'un nuage en hiver, et non point en été; car le froid de l'hiver précipite le gaz aqueux qui, dans l'expiration, s'exhale de la surface interne des poumons; tandis qu'en été ce gaz demeure à l'état gazeux et se répand dans l'air extérieur, qui est plus chaud. Cependant, lorsque celui-ci est déjà saturé d'humidité, comme il arrive pendant où immédiatement avant une pluie, on peut souvent apercevoir la vapeur de l'haleine, même à une température de + 18 et + 20 degrés, quoiqu'elle soit beaucoup moins sensible qu'elle ne l'est en hiver.

Quand on place un corps très-froid dans de l'air chaud, il se couvre d'eau, qu'il précipite de l'atmosphère, en refroidissant les couches d'air qui l'entourent et soustrayant le calorique au gaz aqueux qui s'y trouve contenu. C'est ce que nous voyons sur une bouteille qui vient d'être remplie d'eau fraîche, et en hiver sur les vitres de nos croisées. L'air de nos appartements a ordinairement une température de + 18 à + 20 degrés, et contient en même temps beaucoup de gaz provenant de notre respiration et de notre transpiration; mais cet air est continuellement refroidi en hiver par les vitres des croisées, sur lesquelles, par conséquent, l'eau se précipite et se convertit en glace si le froid est assez considérable. Si l'air de la chambre est très-sec, les carreaux ne gèlent point, même quand il y a une grande différence entre la température du dehors et celle du dedans; mais qu'on porte dans la chambre un vase plein d'eau chaude, par l'évaporation de laquelle l'air se sature complétement de gaz aqueux, les vitres commencent à se geler au bout de quelques minutes.

L'humidité de l'air varie aussi en raison des animaux et des plantes, dont les exhalations continuelles l'augmentent. Elle varie également en raison de différents sels et d'une foule d'autres corps situés à la surface de la terre, qui, par leur affinité pour l'eau, la précipitent de l'air, où elle était disséminée sous forme de gaz, et diminuent ainsi l'humidité atmosphérique.

La propriété qu'ont les corps poreux d'admettre et de comprimer des substances gazeuses dans leurs interstices, se manifeste d'une manière bien plus sensible dans le gaz aqueux interposé au milieu des molécules de l'air, que dans les gaz permanents. L'eau est condensée par eux en quantité considérable, et c'est pourquoi nous disons que ces corps absorbent l'humidité. Si on les chauffe ensuite dans une petite cornue de verre ou dans un tube de verre soufflé en boule à l'une de ses extrémités, ils rendent l'eau, qui se dépose en gouttelettes sur la partie la moins échauffée du tube. Il suit de là que des corps dont les pores sont trop larges pour leur permettre d'absorber une quantité notable de gaz permanents condensent cependant ceux qui ne sont pas permanents, et que des corps pulvérulents qu'on laisse

exposés pendant quelques heures à l'air, même sec, donnent des gouttes d'eau lorsqu'on vient ensuite à les faire chauffer dans une cornue ou un tube de verre. Retirés de l'appareil et laissés de nouveau à l'air, ils en attirent encore l'humidité, comme auparavant. La quantité d'eau condensée de cette manière varie suivant la nature des corps et l'humidité plus ou moins grande de l'atmosphère. Il se condense davantage de gaz aqueux dans un air humide, et quand celui-ci redevient plus sec, il reprend de nouveau une partie du gaz qui s'était condensé d'abord. C'est pour cette raison qu'il est très-difficile de peser des corps pulvérulents pour des opérations délicates de chimie, parce que, même quand on a eu soin de les priver d'eau en les faisant rougir, ils condensent, pendant la pesée, assez de celle qui est contenue dans l'air pour que cette quantité puisse influer sur le résultat de l'expérience. Aussi doit-on être convaincu qu'il ne faut jamais peser de poudres dans un air humide, lorsqu'on veut entreprendre des recherches où l'exactitude est nécessaire.

L'art d'évaluer la quantité d'eau contenue dans l'air porte le nom d'*hygrométrie*, et les instruments dont on se sert à cet effet sont appelés *hygromètres*. D'après ce qui a été dit précédemment, l'humidité atmosphérique est proportionnelle à la température; de manière qu'avec la même quantité de gaz aqueux qui lui imprime le maximum d'humidité à + 5 degrés, par exemple, l'air peut être parfaitement sec à + 20 degrés. L'hygromètre sert à nous indiquer à quel degré de chaleur l'air aurait acquis son maximum d'humidité avec la quantité de gaz aqueux qu'il contient; ou, pour s'exprimer d'une manière plus précise, à quelle tension de température correspond son contenu en gaz aqueux; par conséquent de combien il peut se refroidir sans déposer rien de son eau, ou combien de gaz aqueux il peut absorber encore, indépendamment de celui qu'il contenait déjà.

Maintenant, pour trouver à quel degré de température correspond la quantité d'eau contenue dans l'atmosphère, on remplit d'eau un cylindre allongé de verre : s'il se dépose de l'humidité à la surface du verre, on le vide, on l'essuie bien à l'extérieur, et on y verse de nouvelle eau; de l'humidité se dépose-t-elle encore à sa surface, on le vide une seconde fois, puis on l'essuie en dehors, et l'on recommence ainsi jusqu'à ce qu'il cesse de s'humecter à la surface, après avoir été rempli d'eau. Alors on examine la température de l'eau, qui fait connaître à quel degré de chaleur l'air serait saturé par la quantité d'eau qu'il contient; cherchant ensuite ce degré de chaleur sur les tables dressées *ad hoc*, on trouve la tension du gaz aqueux exprimée par la hauteur de la colonne de mercure qu'il serait en état de porter.

Une autre méthode plus précise et plus facile de déterminer la quantité d'eau que l'air contient, consiste à prendre une boule de thermomètre en acier ou en argent, à la faire bien polir en dehors, et à y adapter parfaitement un tube de thermomètre de longueur convenable. On emplit l'instrument, d'après le procédé ordinaire, de mercure, ou, si la boule est en argent, d'alcool coloré. Veut-on savoir quelle quantité d'eau l'air contient, on prend de l'eau froide, ou, si l'on ne peut pas s'en procurer qui le soit assez, on fait un mélange de sel ammoniac et d'eau ou de neige : on entoure ensuite la boule du thermomètre d'un étui en taffetas ciré impénétrable à l'eau, et on la plonge dans l'eau froide ; à chaque fois que le thermomètre baisse d'un ou deux degrés, on le retire de son étui, pour voir si la boule se couvre d'humidité : on finit par arriver de cette manière à un point où la boule, quand on la retire, se couvre d'une vapeur qui ne tarde pas à disparaître ; on s'assure du degré auquel ce phénomène arrive, et, au moyen de la table, il sert à faire connaître la tension de l'eau atmosphérique. Plus la différence entre la température extérieure et le degré de chaleur auquel on arrive ainsi est grande, plus aussi l'air est sec, et *vice versa*. Si, par exemple, la température de l'air est de + 20 degrés, mais que l'hygromètre se couvre seulement d'humidité lorsqu'il est refroidi jusqu'à + 8 degrés, il s'ensuit que l'air pourrait être refroidi de + 12 degrés avant de déposer aucune parcelle d'eau, et que toute évaporation devrait s'y faire avec une force égale à la différence entre la tension de l'eau à + 8 degrés et celle dont elle jouit à + 20 degrés.

Daniell a imaginé un hygromètre fort commode, qui consiste en un cryophore, dans lequel on met de l'éther au lieu d'eau, et dans l'une des deux branches duquel se trouve un petit thermomètre. La boule de ce dernier est oblongue, et enfoncée jusqu'à moitié au-dessous de la surface de l'éther. Si l'on refroidit la boule du cryophore avec de la glace, ou, dans l'été, en l'entourant d'une mousseline qu'on imbibe d'éther, il résulte de là que l'éther s'évapore dans l'autre boule, qui se refroidit et commence à se couvrir extérieurement de vapeur aqueuse. Le thermomètre intérieur indique alors la température de la boule.

Il existe encore, pour déterminer l'humidité atmosphérique, divers autres instruments, dont la construction repose sur des principes tout différents, et qui donnent des résultats beaucoup plus incomplets. On les désigne sous le nom général d'*hygroscopes*, parce qu'ils n'indiquent le degré de sécheresse de l'air que d'une manière approximative. Tels sont l'hygromètre à cheveu de Saussure, l'hygromètre à baleine de Deluc, et ceux qu'on fait soit avec une corde à boyau, soit avec une planchette de sapin. Tous sont fondés sur ce que les corps qu'on emploie pour les fabriquer attirent, suivant le degré d'humidité de l'atmosphère, une quantité d'eau plus ou moins considérable, qui les oblige à se dilater ou à se resserrer sur eux-mêmes.

L'hygromètre de Saussure se distingue

des autres par sa commodité et par l'exactitude des résultats qu'il fournit. Cependant il ne fait pas connaître, comme la méthode précédente, la quantité totale du gaz aqueux contenue dans l'air, mais seulement la sécheresse relative de ce dernier ; c'est-à-dire qu'il indique de combien l'air est éloigné de son maximum d'humidité à la température sous laquelle se fait l'observation.

Gay-Lussac est pourtant parvenu à construire une table dans laquelle les degrés de l'hygromètre à cheveu sont exprimés en tensions correspondantes du gaz aqueux.

Le *thermohygromètre* de Leslie se compose de deux thermomètres à marche uniforme, de l'un desquels la boule est entourée d'un morceau de toile imbibée d'eau. Tous deux marquent la même température dans l'air humide ; dans l'air sec, au contraire, celui qui est enveloppé descend d'autant plus, que la sécheresse est plus grande et la boule plus refroidie par l'évaporation. August a reproduit l'usage de cette méthode, et fait voir qu'elle procure des résultats aussi certains que l'hygromètre de Daniell : seulement la différence de température entre la boule humide et la boule sèche n'est que la moitié de celle qu'indique l'instrument de Daniell, ce qu'il faut rectifier ensuite par le calcul.

Leslie a encore imaginé, pour mesurer la quantité d'eau contenue dans l'air, un autre instrument qui consiste en une boule de grès poreux, à laquelle se trouve adapté un tube de verre gradué : on emplit cette boule d'eau distillée, par le tube, et on bouche ensuite celui-ci, afin que la hauteur de la colonne de liquide ne pèse pas sur les parois de la boule. Le grès poreux laisse alors suinter l'eau, de manière que la boule se maintient toujours humide à l'extérieur. Plus l'air est sec, plus il s'évapore d'eau à la surface de la boule, et plus le liquide baisse rapidement dans le tube. Si l'air était dans un repos parfait autour de la boule, la rapidité de l'abaissement du liquide dans le tube serait en raison directe de la sécheresse de l'atmosphère, et l'instrument deviendrait un hygromètre ; mais comme le mouvement de l'air favorise l'évaporation, cet instrument ne peut servir que pour mesurer la force de cette dernière : c'est pourquoi Leslie lui a donné le nom d'*atmomètre*.

La théorie de l'évaporation, si intéressante sous le rapport tant chimique que physique, est un résultat des recherches faites dans ces derniers temps. Leroy, qui soutenait l'opinion que l'eau est dissoute dans l'air à la manière d'un corps solide dissous dans l'eau, contribua beaucoup par ses expériences à répandre du jour sur ce point de doctrine. Il se servit le premier d'un mélange d'eau et de glace, qu'il remuait avec un thermomètre, afin de déterminer la température à laquelle la paroi externe du verre commence à se couvrir d'humidité. Deluc, qui rejetait les vues de Leroy, croyait que l'eau contenue dans l'air s'y trouve réduite en ses éléments d'une manière qui nous est inconnue, et qu'elle se reforme quand le ciel s'obscurcit et qu'il commence à pleuvoir. Dalton prouva, par des expériences faites dans le vide barométrique, que la tension du gaz aqueux ne dépend pas de la présence de l'air, mais seulement de la température ; il détermina la tension de l'eau à diverses températures, et reconnut la plupart des lois qui président à l'évaporation des corps volatils. Ayant trouvé, par des expériences, que la vapeur de l'éther a une tension égale à celle de l'eau, il conclut de là que tous les gaz non permanents doivent avoir la même tension relative. Mais cette assertion paraît ne point être exacte. Gay-Lussac, après avoir confirmé les données de Dalton, a réduit en corps de système tout ce qu'on savait sur l'évaporation des corps volatils et sur leur tension à des températures inégales.

EXOSMOSE. *Voy.* Endosmose.

EXPORTATION DES VINS. *Voy.* Vins.

EXTRACTION DES MÉTAUX. — Les métaux se rencontrent sous la surface de la terre, dans les montagnes, plus rarement dans les terrains sédimenteux, dans le sable des rivières ou dans le sol des lacs. Lorsqu'ils se présentent sous forme métallique et à l'état de pureté, on les appelle *natifs*. Ce cas est rare. Ordinairement ils sont, comme on dit, minéralisés par l'oxygène, le soufre ou l'arsenic. Quelquefois on les trouve à l'état de sels. Les minéraux métallifères sont nommés *minerais*. Ils forment des couches ou filons dans les montagnes, surtout dans les terrains primitifs et de transition, où ils sont séparés de la masse principale de la roche proprement dite, et mêlés avec presque toutes les espèces possibles de minéraux. Le minéral le plus abondant de la mine est appelé la *gangue* (matrix) du minerai. La quantité du minerai n'est pas la même sur tous les points. Lorsque les minerais sont en filons, leur quantité est plus variable encore que quand ils constituent des couches, et la nature présente sous ce rapport des particularités fort étranges, mais dont l'exposition serait déplacée ici.

Les métaux sont extraits des minerais par différents procédés, dont voici le résumé. Si le minerai n'est pas pur, il faut en séparer la gangue, afin de ne pas augmenter inutilement les difficultés de la fusion du métal. On casse donc le minerai en morceaux, puis on le pulvérise ou bocarde, ce qui s'exécute au moyen de machines particulières. Ensuite, pour séparer les minerais des métaux rares de la gangue, on a recours au lavage à grande eau, c'est-à-dire qu'on enlève avec l'eau les particules de la roche, qui sont plus légères, tandis que celles du minerai, qui sont plus pesantes, restent. Quelques minerais qui contiennent des sulfures ou des arséniures, dont la pesanteur n'est pas beaucoup plus considérable que celle de la gangue, et qu'on ne pourrait par conséquent soumettre au lavage sans éprouver une grande perte, sont ordinairement mis en fusion à l'aide de minéraux très-fusibles ; ce qui fait que la roche

se réduit en scories, et se sépare du sulfure métallique fondu, lequel se rassemble au fond du fourneau, sous les scories. Après qu'on a débarrassé autant que possible le minerai de la gangue, on cherche à en séparer le soufre et l'arsenic : pour y parvenir, on la grille pendant longtemps, et sur la fin de l'opération on élève considérablement la chaleur ; le soufre et l'arsenic s'échappent en grande partie, sous la forme d'acides sulfureux et arsénieux, et le métal reste à l'état d'oxyde. Il faut, pendant le grillage, augmenter la chaleur par degrés, afin que le minerai n'entre point en fusion, et quelques minerais exigent que l'on répète cette opération. Le grillage a lieu, soit dans des fourneaux particuliers, soit en tas qu'on élève à l'air libre, sur une base de bois à brûler.

Le minerai grillé est réduit dans un fourneau construit exprès pour cet usage. Après l'avoir mêlé avec des substances appelées flux, on l'y dépose par couches avec du charbon. Les flux servent à faciliter la fonte des portions de gangue encore adhérentes, et à dissoudre l'oxyde de fer, que tous les minerais contiennent, quelques-uns en grande quantité. Ils produisent un verre particulier, opaque et très-coulant, qu'on appelle *scorie*. La chaleur est accrue dans ces fourneaux par un fort tirage ou par des soufflets. L'oxyde métallique se trouve réduit par le charbon, et il se dégage du gaz oxyde carbonique et du gaz acide carbonique, dont le premier brûle avec une grande flamme d'un bleu rougeâtre, à l'orifice du fourneau. Le métal réduit, qui se rassemble au fond du fourneau, sous les scories, est rarement pur ; il contient d'autres métaux, même du carbone, que le charbon lui a communiqué au moment de la réduction. La scorie fondue, qui couvre sa surface, l'empêche de s'oxyder dans le fourneau. Celui-ci est disposé de manière qu'on peut laisser écouler et la scorie et le métal, chacun à part, à mesure qu'ils s'accumulent.

Quant à la purification de la masse métallique ainsi obtenue, elle varie pour chaque métal.

Quelques métaux n'ont pas besoin de toutes les opérations qui viennent d'être décrites, et d'autres exigent qu'on leur fasse subir certaines modifications.

L'art de déterminer en partie la quantité de métal qui se trouve dans un minerai, ainsi que les phénomènes qui doivent se présenter quand on le traite en grand, porte le nom de *docimasie*. On le partage en docimasie par la voie sèche, et docimasie par la voie humide. La première consiste à imiter en petit les opérations qu'on exécute en grand sur le minerai. L'échantillon qu'on prend pour cela doit, autant que possible, être choisi, d'après ses caractères extérieurs, dans un minerai de moyenne qualité, ou se composer de morceaux pris sur différents points, et que l'on mêle bien ensemble. On le concasse, on le pèse, et on enlève la gangue par le lavage dans un vaisseau approprié. Alors on le fait sécher, et on le pèse de nouveau ; la perte qu'il a subie fait connaître la quantité de gangue. Cela fait, on grille le minerai, en le remuant toujours dans un petit têt, opération qu'on exécute ordinairement dans un fourneau à moufle, afin de laisser un libre accès à l'air, sans qu'il puisse tomber ni cendre ni poussière dans la masse. D'abord on couvre le têt, afin qu'il ne se perde rien par la décrépitation à laquelle donne lieu la première action de la chaleur. Ensuite on continue le grillage tant qu'on remarque encore un changement dans le poids du minerai. On note la perte que celui-ci a éprouvée; puis on le mêle avec de la poudre de charbon et un flux, et on l'expose, dans un creuset, à la chaleur nécessaire pour le réduire. La substance dont on se sert de préférence, à titre de flux, est la potasse chargée de charbon, que l'on obtient en faisant détoner un mélange de deux parties de tartre cru et d'une partie de nitre. C'est ce qu'on appelle *flux noir*, auquel on ajoute communément, dans les essais, un peu de sel marin, pour le rendre plus fusible. L'alcali concourt ici à la réduction, principalement en ce qu'une portion du potassium se dégage sous la forme de vapeurs, et réduit les parties de l'oxyde qui, sans lui, resteraient dans le même état, faute d'être en contact parfait avec le charbon. Lorsque l'essai a été bien fait, le flux présente une surface unie après le refroidissement, et on ne trouve au fond qu'un seul culot métallique, qu'on pèse après l'avoir débarrassé des scories. Il est presque inutile de dire que l'on doit employer, dans ces opérations, de bonnes balances bien sensibles. Une règle dont on ne doit jamais s'écarter dans ces sortes d'opérations, c'est de soumettre toujours le même minerai à deux essais successifs : si tous deux donnent le même résultat, ils sont exacts, sans quoi il faut recourir de nouveau à un troisième, pour savoir quel est celui sur lequel on peut compter.

Les métaux sont-ils simples? L'état actuel de nos connaissances ne nous permet pas de résoudre formellement ce problème, et nous ne pouvons que hasarder des conjectures à son égard. Un des corps que Berzélius range parmi les métaux, l'ammonium, est manifestement composé d'azote et d'hydrogène, et sa métallisation par l'action de l'électricité semble indiquer que l'idée d'un métal composé n'est point une chose absurde. L'ammonium, comme métal composé, joue, par rapport

aux métaux simples, le même rôle que le cyanogène, comme corps halogène composé, à l'égard du chlore, du brome et des autres corps halogènes simples. Ce qui rend la simplicité des autres métaux douteuse, c'est qu'ils paraissent naître, dans la nature organique, de substances dans lesquelles on n'a pu jusqu'à présent en découvrir aucune trace.

Plusieurs physiciens, tels que Schrader, Braconnot, Greiff, ont semé des graines, par exemple, de cresson, dans diverses poudres, dans des fleurs de soufre, de l'acide silicique pur, de l'oxyde plombique, de la cendrée de plomb, etc., corps dont nous considérons la composition comme parfaitement connue. On arrosa les graines avec de l'eau distillée. Elles germèrent, et ces plantes continuèrent à végéter; en les coupant de temps en temps, on parvint à s'en procurer une assez grande quantité, que l'on fit sécher et qu'on réduisit en cendres. Un seul gros de ces graines donna assez de végétaux pour que leurs cendres s'élevassent à plusieurs gros. Ces cendres contenaient les mêmes alcalis, terres ou sels qu'on trouve dans celles de la même plante, qui croît en plein air, par exemple, de l'acide silicique, de l'alumine, du phosphate et du carbonate calciques, du carbonate magnésique, du sulfate et du carbonate potassiques, de l'oxyde ferrique. Comme ces substances n'existaient ni dans la poudre servant de sol à la plante, ni dans l'eau employée pour l'arroser, et qu'elles ne se trouvent pas non plus, que nous sachions, dans l'air, il ne reste d'autre manière d'expliquer leur présence dans la plante que d'admettre qu'elles ont été tirées, pendant l'acte de la végétation, des matières dont la plante était entourée, c'est-à-dire de l'air, de l'eau et du corps pulvérulent destiné à la soutenir. Mais comme nous croyons connaître la composition de ces matières, il semble qu'on pourrait être conduit par là à conjecturer que les différents corps trouvés dans la cendre, c'est-à-dire la potasse, la chaux, la magnésie, l'alumine, l'oxyde ferrique, l'acide silicique, l'acide sulfurique et l'acide phosphorique, sont composés d'éléments communs à tous. Il ne faut pas toutefois considérer cette hypothèse comme une vérité démontrée.

EXTRAIT de Saturne ou de Goulard. *Voy.* Acétate de plomb.

F

FABRICATION DU VERRE. *Voy.* Verre.

FABRICATION DE LA SOUDE au moyen du sel commun, et son importance pour le commerce et l'industrie. *V.* Soude, *sub fine.*

FALSIFICATIONS par le plâtre. *V.* Platre.

FALSIFICATIONS et altérations du lait. *Voy.* Lait.

FAMILLES (*Minéralogie*). — Les espèces se réunissent en genres, les genres se groupent en familles. Pour former les familles,

il faut, suivant le principe général des classifications naturelles, *rapprocher les genres qui ont entre eux le plus d'analogie.* Or, si, pour la formation des espèces et des genres, on n'a pu employer les propriétés physiques, il est clair qu'on pourra encore moins s'en servir pour l'établissement des familles : donc, il faut recourir à des caractères chimiques, et ces caractères entraînent nécessairement un principe commun dans les genres, puisqu'il serait impossible de comparer chimiquement des corps complétement différents par la nature de leurs éléments. Mais il se présente ici des difficultés de différents genres : d'abord, si l'on vient à imaginer de réunir les genres en familles d'après l'élément électro-négatif seul, on ne peut arriver à rien ; en effet il ne peut pas exister deux genres de composés qui aient le même principe électro-négatif, puisqu'ils n'en formeraient réellement qu'un seul ; d'où il suit que tout ce que l'on pourrait faire alors serait de réunir certains composés auprès de l'élément qui joue en eux le rôle électro-négatif ; c'est-à-dire réunir, par exemple, les sulfures avec le soufre, les arséniures avec l'arsenic, les antimoniures avec l'antimoine, les telluriures avec le tellure, les hydrargures avec le mercure, etc. Tous les genres de sels resteraient nécessairement isolés, à moins qu'on ne les plaçât à la suite de leur acide, auquel cas il faudrait démembrer le genre formé par la réunion des corps oxygénés (oxydes et acides), ce qui est un autre inconvénient, et encore ne formerait-on jamais que des couples de genres ; or, il est évident que ce ne sont pas de tels petits groupes, qui ne pourraient jamais s'étendre quels que soient les progrès de la science, que l'on peut regarder comme des familles, et comparer aux familles naturelles des autres règnes.

On n'est pas plus avancé si l'on imagine, par suite de ces difficultés, de prendre les corps électro-positifs pour bases des diverses sortes de réunions. En effet, il faut d'abord changer les genres, qui dès lors n'offrent plus, comme nous l'avons fait voir, rien qui puisse les faire regarder comme naturels ; et ce changement absurde étant fait, on retombe sur des difficultés plus grandes encore que les précédentes, car on ne trouve alors que des genres isolés, qu'il est impossible, dans la plupart des cas, de réunir même deux à deux.

C'est donc nécessairement d'une autre manière qu'il faut former les familles, et d'abord rejeter l'idée d'un principe unique, déterminé *a priori*, pour base de la réunion des genres ; il faut se borner seulement à admettre un principe chimique commun, sans spécifier qu'il soit électro-positif ou électro-négatif, et le prendre seulement de telle manière qu'il y ait le plus d'analogie possible entre les genres qu'on réunit. Or, voici comment on est conduit. Le *soufre* et les *sulfures* vont parfaitement ensemble ; c'est un corps simple, puis le même corps faisant fonction de principe électro-négatif. Après ces deux genres se présentent naturellement les *sulfates*, qui renferment un principe commun aux deux autres, et offrent par cela même un caractère chimique facile à saisir, qui ont du reste de l'analogie avec les sulfures, puisque chacun d'eux peut être considéré comme un sulfure oxydé ; il serait d'ailleurs impossible de trouver une autre place à ce genre, car auprès de quelque autre qu'on puisse le mettre, il n'aura

jamais avec lui la moindre des analogies qu'il peut avoir avec les précédents. Mais les sulfates entraînent nécessairement l'*acide sulfurique* auprès d'eux, et par suite l'*acide sulfureux*, de sorte qu'en définitive on groupera naturellement ensemble le *soufre*, les *sulfures*, l'*acide sulfureux*, l'*acide sulfurique* et les *sulfates* ; cette réunion de toutes les substances qui renferment du soufre, et où ce corps est tantôt électro-négatif, tantôt électro-positif, a l'avantage de pouvoir être assez nettement caractérisée pour qu'on ne puisse jamais errer dans l'application du caractère à la reconnaissance des corps qui lui appartiennent.

En faisant des raisonnements analogues, on trouve à réunir ensemble le *carbone*, les *carbures*, l'*acide carbonique*, les *carbonates* et les *carbonites* ; l'*arsenic*, les *arséniures*, l'*acide arsénieux*, les *arséniates* et *arsénites* ; la *silice* et les *silicates* ; l'*oxyde titanique*, les *titanates* et *silicio-titanates*, etc., etc. Le seul inconvénient réel de ces sortes de réunions est le démembrement du genre formé par les corps oxydés, qui est en quelque sorte forcé, et qui, une fois commencé, paraît devoir être continué, puisqu'il serait ridicule de laisser subsister un reste de genre. C'est sans doute un résultat fâcheux, beaucoup moins cependant qu'on ne pourrait le croire au premier abord, parce que ce genre oxyde est presque impossible à caractériser ; mais en voulant l'éviter, on tombe dans un inconvénient plus grave encore. En effet, pour être conséquent, il n'y a alors d'autre parti à prendre que de former un groupe de corps simples, un groupe de composés non oxygénés, un groupe de corps oxygénés simples, et un groupe de sels comprenant les hydrates. Or, non-seulement ce serait alors la méthode la plus artificielle possible ; mais encore, si l'on était forcé d'admettre de tels groupes, il serait impossible de les caractériser d'une manière générale.

Etant ainsi conduit à classer les corps oxydés auprès de leur élément électro-positif, on doit leur annexer nécessairement les oxydes hydratés, qui ont chacun plus d'analogie avec l'oxyde anhydre qu'ils n'en ont entre eux ; par conséquent, il faut aussi démembrer le genre hydrate ; mais à cet égard nous dirons que si l'on conservait un genre hydrate dans la méthode, il faudrait de toute nécessité y placer les sels hydratés ; or, ces sels se trouveraient alors séparés des mêmes sels à l'état anhydre, avec lesquels cependant ils ont plus d'analogie qu'ils n'en ont entre eux. Ce dernier inconvénient nous paraît assez grave pour que, dans tout état de cause, on rejette le genre hydrate.

On voit, d'après cette discussion, que la réunion des genres en familles présente de grandes difficultés ; mais qu'on ne croie pas qu'elles tiennent à l'état actuel de la science, ou à ce qu'on n'a pas encore trouvé la véritable manière de l'envisager ; elles ont une tout autre cause, et quels que soient les progrès de la minéralogie, quelles que soient les considérations auxquelles on puisse se livrer, elles ne disparaîtront que pour être remplacées par d'autres ; elles tiennent à la nécessité où l'on se trouve, dans un livre, dans un cours ou dans une collection, de faire des séries linéaires, qui sont toujours artificielles et rompent toujours plus ou moins les rapports. Dans le cas présent, si, au lieu de former des familles, on réunissait les corps simples et les différents corps composés en tableau susceptible de plusieurs sens de lecture, on verrait toutes les anomalies disparaître, en même temps qu'on découvrirait toutes les analogies.

Du moment que l'on convient de former les familles en réunissant les genres qui ont un principe commun, à quelque état qu'il soit, rien n'est plus facile que de les caractériser et aussi de les désigner. Relativement à ce dernier cas, on tirera le nom du principe qui sert de point de ralliement ; ainsi le groupe qui renferme le *soufre*, les *sulfures*, l'*acide sulfureux*, les *sulfates*, sera pour nous la famille des *sulfurides ;* nous appellerons famille des *anthracides* ou des *carbonides* le groupe qui renferme le carbone, les carbures, l'acide carbonique, les carbonates et carbonites ; nous aurons de même la famille des *arsénides*, des *silicides*, des *titanides*, etc. Il est clair que les propriétés du corps qui sert de type à une famille serviront à la caractériser.

Les familles une fois établies, il est clair qu'on ne peut pas les réunir indifféremment entre elles, comme si on les prenait l'une après l'autre au hasard ; il doit exister un certain mode de réunion plus naturel qu'un autre, et c'est ce mode qu'il s'agit de chercher. Mais il se présente ici une difficulté de plus que dans la formation des genres ou des familles ; dans ces deux cas on a trouvé dans les corps un principe commun qui a pu servir de point de ralliement, et ici il n'en peut plus être de même, puisque chaque famille, telle que nous avons pu la former, a pour type un corps différent. Il est évident qu'on ne peut pas non plus prendre pour base les caractères extérieurs, puisqu'ils n'ont pu même servir à la formation des groupes moins élevés ; par conséquent, nous n'avons d'autres moyens que de chercher s'il existe quelques relations entre les différents corps simples que chaque famille renferme, soit à un état, soit à l'autre. Ces corps sont :

Aluminium.	Molybdène.
Antimoine.	Or.
Azote.	Osmium.
Bismuth.	Palladium.
Bore.	Phosphore.
Carbone.	Phtore.
Chlore.	Platine.
Chrome.	Sélénium.
Cobalt.	Silicium.
Cuivre.	Soufre.
Etain.	Tantale.
Fer.	Tellure.
Hydrogène.	Titane.
Iode.	Tungstène.
Magnésium.	Urane.
Manganèse.	Zinc.
Mercure.	

Voyons donc comment l'ensemble des propriétés que présentent ces corps peut servir à les disposer entre eux. Nous nous appuierons en grande partie, pour cette recherche, sur un mémoire de M. Ampère, qui a pour objet la classification des corps simples.

Pour présenter d'une manière plus claire les rapports que nous voulons faire connaître, nous partirons du silicium. Nous établirons facilement que ce corps a, d'une part, une grande analogie avec le tantale, le titane, le tungstène, le molybdène, et de l'autre avec le bore, le carbone, etc. En effet, le *silicium* combiné avec l'oxygène, et par conséquent à l'état de silice, joue dans la nature le rôle d'un acide insoluble qui entre dans une foule de combinaisons ; les *oxydes de tantale*, de *titane*, de *tungstène*, de *molybdène*, sont dans le même cas, et les premiers forment même des sels, pierreux ou vitreux, qui ont, par quelques caractères extérieurs, assez d'analogie avec les silicates. Tous ces oxydes se combinent avec la potasse et la soude, et forment, la plupart, des sels solubles, dont ils sont séparés, sous forme pulvérulente, par l'action d'un acide. Le silicium présente de l'analogie avec le *bore* et le *carbone*, par la propriété, qu'ils possèdent tous trois, de former avec le fer des composés analogues à l'acier, et se trouvent aussi par là en rapport avec le phosphore et l'arsenic, quoiqu'ils en diffèrent beaucoup sous d'autres points de vue. Le bore et le silicium se combinent tous deux avec le phtore, et il en résulte des corps gazeux susceptibles de faire l'un et l'autre fonction d'acide.

On trouvera aussi de l'analogie entre le silicium et l'*aluminium ;* d'un côté, ces corps à l'état d'oxyde pur cristallisent dans le même système, et affectent des formes très-rapprochées, le rhomboèdre de la silice étant de 94°, 15' et 85° 45', et celui de l'alumine (dans le corindon) étant de 86° 4' et 93° 56' ; d'un autre côté, l'alumine fait quelquefois fonction d'acide, et donne alors lieu à des corps pierreux assez analogues aux silicates ; elle paraît aussi pouvoir remplacer la silice dans quelques circonstances, et former des aluminates, isormophes peut-être avec les silicates, et susceptibles de se mélanger avec eux en toutes proportions.

Cela posé, prenons les autres corps. Le *titane* présente des analogies assez marquées avec l'*étain ;* car, à l'état d'oxyde, ces deux corps cristallisent de la même manière, tous deux en prismes à bases carrées de même dimension, et l'analogie se soutient jusque dans les mâcles. Ces deux oxydes font également fonction d'acides, et tous deux, à l'état de peroxyde, sont insolubles dans divers acides qui les séparent même de leurs sels. A côté de l'étain se place l'*antimoine*, qui a de l'analogie avec lui, non-seulement par sa couleur, mais bien plus encore par ses oxydes, dont la plupart sont des acides, et par ses chlorures, qui jouent, comme ceux de l'étain, le rôle d'acide. L'antimoine appelle naturellement près de lui l'*arsenic*, autre métal acidifiable, formant, comme lui, des oxydes volatils. Il est impossible de ne pas voir aussi une analogie assez marquée entre l'arsenic et le *tellure*, car ces deux substances sont volatiles à l'état métallique et à l'état d'oxyde, et toutes deux se combinent avec l'hydrogène, en formant des gaz permanents. Le *sélénium*, présentant des propriétés analogues, vient se joindre naturellement à ces corps, auxquels il ressemble, en outre, par la propriété de donner une odeur particulière par la combustion, ce qu'on ne retrouve que dans l'*osmium*. Ce dernier corps présente aussi les mêmes caractères de volatilité et de combinaison avec l'hydrogène; mais il diffère des précédents par la propriété de former des solutions colorées, ce qui le lie en outre avec une série de substances dont nous parlerons plus loin.

Ces derniers corps ne peuvent être éloignés du *chlore*, car, d'un côté, cette substance a quelque analogie d'odeur avec l'osmium; d'un autre, elle a la propriété de se combiner avec l'hydrogène, comme le sélénium, et de former aussi un corps qui joue le rôle d'acide. Le *phthore* ou *fluor* ne peut manquer d'être placé à côté du chlore, car il a nécessairement des propriétés analogues; l'*iode*, qu'on a aussi découvert dans le règne minéral, est en quelque sorte intermédiaire entre le sélénium et le chlore. Mais puisque nous sommes aux substances qui sont susceptibles de former des hydracides, il faut bien leur adjoindre le *soufre*, le seul des autres corps qui ait aussi cette propriété.

Nous n'avons pas encore fait remarquer que si l'arsenic a beaucoup d'analogie avec le tellure, il en a peut-être plus encore avec le *phosphore* : d'un côté, par l'odeur particulière produite par la combustion; d'un autre, par la propriété de former, avec l'hydrogène, des composés gazeux, d'une odeur analogue, tous deux insolubles dans l'eau, et incapables de faire fonction d'acide; enfin, par la propriété de former, avec l'oxygène, des acides solides qui se conduisent presque absolument de même avec les réactifs, et qui, en se combinant avec les oxydes, produisent des sels isomorphes susceptibles de se mélanger en toutes proportions.

Aucun des autres corps qui servent de types aux familles minérales ne peut être intercalé entre ceux que nous venons d'indiquer, mais ils se rattachent tous aux groupes précédents, et les uns aux autres par différents caractères. Le *chrome* a évidemment une certaine analogie avec le molybdène : c'est, après les corps que nous avons déjà indiqués, celui qui produit le plus facilement des acides par sa combinaison avec l'oxygène. L'*urane* présente aussi les propriétés acides dans son peroxyde, ce que l'on retrouve également dans les *peroxydes de fer et de manganèse;* ces deux derniers métaux se rapprochent d'ailleurs, par beaucoup de propriétés analogues dans leurs oxydes et dans leurs sels, et par leur

fréquente réunion, leur substitution réciproque dans les corps naturels. Le *cobalt* se lie au fer par la propriété magnétique dont il jouit, et qu'on ne retrouve ensuite que dans le *nickel;* les *oxydes d'or* et de *platine* offrent encore, à un certain point, les propriétés acides, et ces deux corps entre eux et avec le *palladium* ont la propriété commune de former facilement des sels doubles avec la potasse, la soude, l'ammoniaque, lorsqu'ils sont dissous dans l'eau régale. Le *cuivre* se rapproche aussi du manganèse en ce que ces deux corps peuvent former des sels de même formule qui ont beaucoup d'analogie dans leurs formes. Enfin tous ces corps ont la propriété de former des solutions colorées, ce qui les lie entre eux, et aussi avec le molybdène, le tungstène, le titane, le tantale.

En parlant de l'étain, nous avons déjà fait connaître plusieurs corps qu'on ne peut se dispenser de placer les uns à côté des autres; mais on peut aussi arriver par ce métal à une série différente : ainsi on ne peut s'empêcher de voir l'analogie qui existe entre ce corps, le *zinc* et le *bismuth.* Ceux-ci, en se combinant avec le chlore, produisent des composés qui ont des propriétés de même genre que les chlorures d'antimoine et d'étain, c'est-à-dire qui sont, comme eux, susceptibles de jouer jusqu'à un certain point le rôle d'acide. Le zinc a encore une certaine analogie avec l'étain, en ce que son oxyde, saturant assez bien les alcalis, possède par conséquent, par rapport à ces bases, les propriétés acides, tandis qu'il se lie aux corps qui le suivent, en ce qu'il fait le plus souvent comme eux fonction de base. A la suite de ces deux métaux se placent tout naturellement le *mercure*, l'*argent*, le *plomb*, dont les oxydes possèdent la propriété de saturer la chaux, la baryte, et qui se rapprochent cependant de plus en plus des bases salifiables alcalines; l'oxyde de plomb a même une alcalinité bien prononcée dans son oxyde jaune. Tous ces corps ont en outre la propriété commune de ne produire que des solutions blanches dans les acides.

Le *magnésium*, le seul corps métallique dont il nous reste à parler comme type de famille, se lie d'un côté avec le plomb par l'alcalinité de son oxyde, de l'autre avec le zinc, en ce que les deux oxydes sont isomorphes, comme le prouvent les sulfates, carbonates et aluminates de ces bases. Il ne forme non plus que des solutions blanches dans les acides.

Si ces différents corps se lient les uns aux autres et par suite avec l'étain, on doit remarquer qu'ils se rattachent encore à plusieurs de ceux dont nous avons parlé précédemment. En effet, la magnésie et l'oxyde de zinc se lient avec les protoxydes de manganèse, de fer, de cobalt, qui sont des bases éminemment salifiables, isomorphes entre elles, et avec les deux précédentes, auxquelles par conséquent elles se substituent dans les combinaisons.

Nous devons aussi faire remarquer que

l'alumine, dont nous avons fait voir la relation avec la silice, présente aussi une analogie marquée avec cette nouvelle série, en ce qu'elle fait tantôt fonction d'acide, tantôt fonction de base, et que ses solutions, qui se font facilement dans tous les acides, sont aussi toujours blanches. Comme les corps de la dernière série, l'alumine se lie également avec la série précédente; car les peroxydes de fer et de manganèse sont isomorphes avec l'alumine, et la remplacent dans diverses combinaisons.

Il ne nous reste plus à parler que de l'azote et de l'hydrogène, qui sont les corps les plus difficiles à classer. On ne peut établir l'analogie de ces corps qu'avec le soufre et le carbone, encore ces affinités sont-elles beaucoup moins marquées que celles que nous avons déjà citées. L'hydrogène, le carbone et l'azote semblent avoir surtout de l'analogie entre eux, par une égale affinité pour l'oxygène, par le rôle qu'ils jouent tous trois dans la composition des matières organiques. L'hydrogène et le carbone ont encore cela de commun, qu'ils se combinent tous deux avec l'azote, et forment des composés gazeux, l'ammoniaque et le cyanogène. L'azote et le soufre se rapprochent l'un de l'autre par la propriété de former des bases salifiables en se combinant avec certains corps; par exemple, la combinaison de l'azote avec l'hydrogène forme l'ammoniaque, un des corps les plus salifiables, et l'on connaît plusieurs sulfures qui jouent le rôle d'alcalis dans quelques combinaisons.

Voici l'ordre sériel dans lequel Beudant a rangé les familles minérales :

Silicides.	Argyrides.
Borides.	Plumbides.
Anthracides.	Aluminides.
Hydrogénides.	Magnésides.
Sulfurides.	
Phthorides.	—
Chlorides.	Manganides.
Iodides.	Sidérides.
Osmides.	Cobaltides.
Sélénides.	Cuprides.
Tellurides.	Uranides.
Phosphorides.	Palladides.
Arsénides.	Platinides.
	Aurides.
—	Chromides.
Antimonides.	Molybdides.
Stannides.	Tungstides.
Zincides.	Titanides.
Bismuthides.	Tantalides.
Hydrargyrides.	

Cette série linéaire est tout à fait indépendante de toutes les divisions qu'on peut y établir; elle peut rester entière sans aucun inconvénient, et c'est peut-être ce qu'il y a de mieux à faire; mais aussi on peut y faire autant de coupures que l'on voudra, sans rien changer aux rapports établis, et par conséquent sans la rendre ni plus ni moins artificielle. Or, comme il est assez commode d'avoir des divisions dans une longue série de corps, on peut la partager en trois groupes, comme nous l'avons indiqué par la dis-

position. Cela fait, il faut chercher des caractères pour chacun de ces groupes; or ces caractères sont tout établis par suite des analogies que nous avons indiquées dans ce qui précède, et il n'y a plus qu'à les rappeler; mais dès que ces analogies ont été démontrées une fois pour toutes, il suffit, pour caractériser le groupe, de choisir un seul caractère qui soit commun à toutes les familles qu'il renferme, et ce caractère n'a pas même besoin d'être d'une grande valeur, puisque ce n'est pas lui qui détermine les rapprochements, et qu'il ne sert qu'à distinguer un groupe de l'autre.

D'après ces réflexions, on peut remarquer que, dans le premier groupe des silicides aux arsénides, les corps qui servent de type aux familles ont tous cela de commun, qu'ils sont gazeux, ou peuvent produire des gaz permanents, en se combinant soit avec l'oxygène, soit avec l'hydrogène, soit avec le phthore ou fluor, et quelquefois avec tous. Le nom de *gazolytes*, imaginé par M. Ampère, le caractérise parfaitement.

Le second groupe offre aussi deux caractères qui sont communs à tous les corps qui servent de types aux familles qu'on y remarque; il est négatif, et consiste en ce que ces corps ne forment pas de gaz permanent; l'autre est positif, et consiste en ce qu'ils ne forment que des solutions incolores avec des acides; le nom de *leucolytes* (solutions blanches) exprime ce dernier caractère.

Enfin le troisième groupe présente aussi des caractères communs à tous les corps types qu'il renferme; l'un négatif, qui consiste encore en ce qu'aucun d'eux ne forme de gaz permanent; l'autre positif, qui consiste en ce que leurs solutions dans les acides sont colorées; le nom de *chroïcolyte* (solution colorée) exprime ce dernier caractère.

Il n'est pas inutile de remarquer que les trois caractères que présentent les mots gazolytes, leucolytes et chroïcolytes ne sont pas tout à fait absolus. En effet, la propriété d'être gazeux ou de former des gaz permanents n'est pas absolument restreinte au type des familles qui constituent le premier groupe, puisqu'on reconnaît quelques indices de volatilité dans quelques oxydes des autres séries; mais ce n'est pas à la température ordinaire, comme dans la première. On observe aussi que si les types des familles du second groupe donnent en général des solutions blanches, il en est cependant quelques-uns qui, dans certaines circonstances, donnent des solutions légèrement colorées. De même, si les corps qui servent de types aux familles du troisième groupe donnent en général des solutions colorées, il en est plusieurs qui, à un certain degré d'oxydation, donnent des solutions blanches. Mais ces anomalies ne sont pas ici très-importantes, parce qu'il ne s'agit que d'une indication générale, et non d'établir des séparations absolues, qui ne peuvent être fondées que sur l'ensemble des caractères, et qui le sont en effet ainsi dans les trois groupes. On ne doit pas être plus difficile ici dans ces sortes de grandes indications caractéristiques, que dans les autres parties de l'histoire naturelle, où il existe des anomalies du même genre dans les indications caractéristiques des grandes divisions, sans que personne y voie autre chose qu'un léger inconvénient provenant de la nécessité où l'on se trouve d'abréger les caractères.

« Telles sont, dit M. Beudant, les considérations qui paraissent justifier la formation des espèces, leur réunion en genres, celle des genres en famille, et même l'arrangement naturel de ces familles, aussi bien que leurs divisions en trois classes. J'espère ne m'être pas écarté des voies d'une saine logique; mais je suis loin de croire que le tableau de classification auquel j'ai été ainsi conduit, puisse être regardé comme parfait; j'y reconnais moi-même quelques vides, quelques incohérences, et je suis persuadé qu'il subira de grands changements, auxquels j'espère au moins contribuer, à mesure que les connaissances minéralogiques positives s'étendront; mais je crois aussi que les bases en subsisteront, et qu'on l'améliorera sans le détruire.|

« J'ai entendu plusieurs fois faire la réflexion que le nombre des substances minérales était si peu considérable, qu'il ne valait guère la peine que l'on se donne pour les classer; que chacun pouvait à peu près les disposer à sa manière, et que jusqu'à présent toute méthode était bonne. Ces assertions me paraissent tout à fait erronées : d'abord, de ce que les substances sont peu nombreuses, je ne vois pas que ce soit une raison pour négliger les rapports qu'elles ont entre elles, pour les étudier en amateur, en se bornant à des caractères assez faciles à saisir, mais fort propres à tout brouiller, ce qui a lieu nécessairement quand on peut se contenter de les réunir au hasard. D'un autre côté, si le nombre des substances minérales est peu considérable, c'est précisément parce que, pendant trop longtemps, on les a traitées avec cette légèreté que l'on voudrait encore conserver, et qui n'est certainement pas un moyen d'agrandir le domaine de la science. Ce nombre augmente tous les jours, même de manière à faire penser que la minéralogie arrivera, sous ce rapport, au niveau des autres parties de l'histoire naturelle, depuis qu'on examine les substances avec plus de précision; et je ne veux pas parler de cette multitude d'espèces que l'on fait tous les jours d'après des caractères extérieurs, et qu'on est obligé de reléguer parmi les *incertæ sedis*, mais bien de celles qui sont fondées sur de bonnes analyses, sur des proportions chimiques définies. Je pense que l'adoption d'une méthode, la plus naturelle que l'on puisse déduire de l'ensemble des faits connus, est un moyen infaillible de conduire à de nouvelles recherches, soit pour établir les analogies qui peuvent encore manquer, soit pour remplir les lacunes que l'on aperçoit alors, et qui ne peuvent se manifester autrement. Une méthode, lors-

qu'elle est fondée sur des analogies importantes, n'est pas seulement un moyen de nous aider dans la reconnaissance des corps, mais c'est encore la clef d'une foule de découvertes que les méthodes empiriques ne provoqueront jamais. »

FARD, mentionné dans Job et dans Isaïe. *Voy.* ANTIMOINE, *sulfure.*

FAUSSE TOPAZE, fausse émeraude, faux rubis. *Voy.* FLUORINE.

FÉCULE.— La fécule amylacée ou amidon est un produit immédiat qui se trouve abondamment dans certaines parties de végétaux. Il existe en très-grande quantité dans toutes les graines céréales, dans la plupart des graines légumineuses et dans plusieurs racines, telles que celles d'arum, de bryone et de pommes de terre.

Les fécules amylacées sont formées de couches représentant, en quelque sorte, des sacs emboîtés les uns dans les autres, visibles dans certaines espèces, invisibles dans d'autres, mais qu'il est souvent facile de faire apparaître par la désagrégation partielle du grain, en le soumettant, par exemple, à l'influence de la chaleur, qui désagrége la substance amylacée vers la température de 200 à 215°, puis de l'eau qui gonfle toutes les couches et les fait apparaître plus ou moins distinctes, lorsqu'on vient à les teindre en violet par une solution aqueuse d'iode.

A la température et sous la pression ordinaires, l'eau ne dissout pas la matière amylacée, mais elle s'y combine en plusieurs proportions définies. La fécule des pommes de terre, par exemple, desséchée complétement dans le vide à une température de 100 à 140° centésimaux, ne retient que son équivalent d'eau de constitution, et forme alors une poudre très-mobile douée de propriétés hygroscopiques remarquables. La fécule, en cet état, absorbe rapidement l'humidité de l'air, et passe à l'état d'hydratation suivant, où elle contient, outre l'eau combinée, 2 équivalents d'eau, terme d'hydratation de la *fécule* dite *sèche* du commerce. Placée dans un air saturé d'humidité, elle pourrait encore absorber 6 équivalents d'eau et en renfermer alors 10 équivalents ou 35 pour 100 de son poids. Dans cet état, les grains de fécule ont entre eux une adhérence notable; ils ne passent plus au travers des tamis fins; en les pressant dans la main, on en fait des pelotes assez consistantes. La fécule peut être dans un état d'hydratation plus avancé encore, constituant alors ce qu'on nomme la *fécule verte :* c'est la fécule humide obtenue du traitement des tubercules et séparée de l'eau par la seule action absorbante d'une aire en plâtre, sur laquelle on l'a placée. La fécule verte contient 45 pour 100 d'eau; si on la projette en cet état par flocons sur des plaques chauffées à 150°, ses granules se gonflent brusquement et se soudent entre eux. On met à profit cette propriété de la fécule de pommes de terre pour imiter certaines formes des fécules exotiques connues dans le commerce sous le nom de *tapioca, sagou,* etc. La fécule verte représenté les deux tiers de son poids de fécule sèche commerciale.

Les matières amylacées, sous l'influence de la chaleur et de l'eau, éprouvent des changements dignes de fixer l'attention. La fécule, complétement séchée dans le vide, peut être portée à la température de 160° sans éprouver de modifications; à 200°, elle prend une couleur ambrée, et, sans changer de poids, elle éprouve une désagrégation qui la transforme partiellement en dextrine soluble dans l'eau froide. Lorsque la fécule est hydratée, qu'elle contient, par exemple, 4 équivalents d'eau, la température de 160° suffit pour opérer cette transformation, plus prompte encore lorsqu'on opère en vase clos, de manière à prévenir l'évaporation.

Si l'on porte à l'ébullition un mélange de fécule et d'un excès d'eau ne contenant, par exemple, que 1 pour 100 de matière amylacée, cette dernière se gonfle tellement qu'elle paraît se dissoudre. La liqueur est limpide et passe en grande partie au travers d'un filtre. Cependant, ce n'est que l'effet d'une extension considérable de la matière, et les particules amylacées désunies peuvent se réunir de nouveau sous l'influence de la gelée, en sorte que, par une série de congélations et de dégels successifs, on parvient à séparer de l'eau la fécule, qui se précipite sous formes de flocons insolubles. D'ailleurs, bien que la substance amylacée disséminée dans l'eau ne puisse en être séparée à l'aide des filtres de nos laboratoires, on peut l'éliminer en employant un filtre beaucoup plus délicat, que l'organisme végétal nous offre dans les spongioles des radicelles des plantes. Les spongioles n'absorbent, en effet, que les substances à l'état de dissolution dans les liquides qui les environnent. Si donc on plonge les radicelles d'un bulbe de jacinthe dans le liquide amylacé limpide indiqué ci-dessus, à mesure que l'eau est aspirée par la plante, des flocons de matière amylacée se rassemblent et on les aperçoit autour des radicelles.

La fécule délayée dans douze ou quinze fois son poids d'eau peut être chauffée à 55° sans qu'on observe aucun changement; à 57°, les grains les plus jeunes commencent à se gonfler; à mesure que la température augmente, ce phénomène s'étend sur un plus grand nombre de grains. A 72° le liquide s'épaissit très-sensiblement, et sa consistance va en augmentant jusqu'à ce que le mélange arrive au degré de l'ébullition. Il a pris alors la forme d'un empois de plus en plus consistant.

En passant à cet état de gonflement, les grains de fécule tendent à occuper de vingt-cinq à trente fois leur volume primitif; c'est ainsi que l'empois est consistant lorsque le volume du liquide, moindre que ce gonflement, laisse manquer d'espace aux grains amylacés : ceux-ci se pressent les uns contre les autres et se soudent entre eux. Par le refroidissement, l'empois se contracte, il durcit et parfois se fendille. Si l'on rend plus forte cette contraction par un abaissement de tem-

pérature au-dessous de 0°, l'empois, gelé et dégelé ensuite, laisse échapper, par une faible pression, l'eau interposée. On obtient ainsi une espèce de feutre nacré qui pourrait avoir quelques applications dans la confection des papiers et cartonnages.

Les solutions de soude et de potasse transforment à froid et directement la fécule en empois : le contact d'un liquide contenant 0,02 de son poids de soude caustique suffit pour faire gonfler la fécule des pommes de terre rapidement, de manière à occuper soixante-quinze fois son volume primitif.

Les acides sulfurique, chlorhydrique, azotique, déterminent, à froid, le gonflement et la dissolution des granules amylacés. Pour produire cet effet avec l'acide sulfurique, le liquide doit contenir au moins 0,3 de cet acide concentré. Sous l'influence des acides étendus et à la température de l'eau bouillante, la fécule subit diverses transformations dont la première donne naissance à la dextrine, substance isomérique avec la matière amylacée, mais soluble dans l'eau froide, et dont les propriétés présentent quelque analogie avec celle de la gomme; la dextrine est surtout caractérisée par son pouvoir de dévier à droite le plan de polarisation de la lumière. Un contact prolongé des acides, à chaud, transforme la fécule en une substance sucrée appelée glucose, qui contient deux équivalents d'eau de plus que l'amidon.

On peut se rendre compte de la série des transformations successives de la fécule en dextrine et en glucose à l'aide des réactions auxquelles une solution d'iode donne lieu sur la substance en voie de dissolution. Lorsqu'on met en contact avec la matière amylacée simplement hydratée par l'eau bouillante, puis refroidie, une solution d'iode, il se manifeste une belle coloration bleue indigo ; cette coloration tire au violet, puis au rouge vineux, enfin au rouge cramoisi et orangé à mesure que la fécule, sous l'influence de l'eau aiguisée d'acide sulfurique et bouillante, se désagrége et subit les transformations dont nous venons de parler. On peut donc juger du degré de désagrégation par la nuance que prend le liquide en y versant quelques gouttes de solution d'iode, jusqu'à ce que, la transformation en dextrine et glucose étant complète, l'effet de l'iode est devenue nul ou n'ajoute que la coloration jaunâtre de ce réactif.

Parmi les acides à réaction énergique, l'acide acétique seul est sans action sur les particules amylacées; parmi les alcalis, l'ammoniaque caustique présente la même inertie. On peut profiter de ces observations pour l'essai des sels ammoniacaux et celui des vinaigres : si l'on ajoute à la solution d'un sel ammoniacal 5 centièmes environ de son poids de fécule, puis, goutte à goutte, une solution faible et titrée de soude caustique, celle-ci déplace son équivalent d'ammoniaque et s'empare de l'acide; aussitôt que le sel est complétement décomposé, un léger excès de soude réagit sur la fécule, fait gonfler les grains, et donne lieu à la formation d'une sorte d'empois. Il sera donc facile de connaître la richesse de la solution saline en ammoniaque par la quantité équivalente de soude employée à la décomposer.

Des phénomènes du même ordre que ceux qui se produisent sous l'influence des acides étendus et de l'ébullition, se présentent lorsque la fécule hydratée est mise en contact avec un principe immédiat azoté et neutre, que MM. Persoz et Payen ont appelé diastase (du mot grec διάστασις division). Ce principe, extrait d'abord de l'orge germé, s'est rencontré dans toutes les céréales germées, autour des pousses de la pomme de terre, près des bourgeons de l'*aylanthus glandulosa*, en un mot, partout, dans l'organisme végétal, où l'amidon doit se dissoudre avant de servir à former de nouveaux tissus.

La diastase peut transformer graduellement en dextrine et en glucose deux mille fois son poids de fécule, en présence d'une quantité d'eau égale au moins à huit fois le poids de la substance amylacée; la transformation peut s'opérer en une heure, si la température est maintenue entre 75 et 80° centésimaux. On ne doit pas dépasser cette température, parce qu'au delà, et surtout près de 100°, la diastase s'altère et perd toute son énergie sur l'amidon.

Extraction de la fécule. — La pomme de terre fournit la matière première de cette industrie; sa culture est d'ailleurs d'un grand intérêt pour la production agricole. Comme toutes les plantes sarclées, elle prépare le sol pour les récoltes suivantes, et notamment pour les prairies artificielles, qui, sans cette culture, exigeraient un défoncement parfois trop dispendieux. Si l'on compare les récoltes moyennes de différentes cultures dans un même sol, on voit que la pomme de terre est une des plantes les plus productives.

SUPERFICIE = 1 HECTARE.	POIDS NORMAL.	PRODUIT SEC.
Pommes de terre. . . .	21,000	5,250
Topinambours	19,000	3,839
Betteraves	30,000	4,500
Navets	18,000	1,115
Blé, 16 hectolitres . . .	1,200	1,080

Dans les conditions les plus favorables on obtient, pour une égale superficie, des quantités différentes de tubercules; ceux-ci rendent plus ou moins de fécule à poids égal. Le tableau suivant montre que, sous ce double rapport, la variété dite patraque jaune mérite la préférence.

VARIÉTÉS.	TUBERCULES par 1 hectare.	FÉCULE.
Patraque jaune . . . . (1)	23,000	5,300
Shaw d'Écosse . . . . (2)	20,000	4,400
Tardive d'Islande . . .	35,000	4,310
Ségonzac	20,000	4,160
Sibérie	25,000	5,500

(1) On pourrait obtenir plus encore de la pomme de terre Rohan; mais ses tubercules, trop aqueux, sont bien moins estimés des fabricants de fécule.

(2) Cette variété, plus hâtive que la précédente, four-

La quantité de fécule, variable, comme on le voit, suivant les variétés cultivées, change en outre, suivant la nature du sol et l'humidité ou la sécheresse de la saison; les proportions de la fécule diminuent d'ailleurs à mesure que l'on s'éloigne de l'époque de la récolte : on le comprendra, si l'on songe que les tubercules, en magasin, s'échauffent peu à peu, poussent des tiges et des radicelles qui, en se développant, font dissoudre la fécule, puis la transforment en cellulose des tissus en voie de développement. C'est ainsi qu'en octobre, novembre et décembre, on obtient, dans les fabriques, 17 de fécule pour 100 de pommes de terre, tandis qu'en janvier et février, la proportion n'est plus que de 15,5, et seulement de 13,5 en mars et avril. Il est donc convenable de terminer la fabrication dans un intervalle de temps de trois ou quatre mois.

Emmagasinage. — Pour préserver les tubercules de diverses altérations spontanées, on doit les placer dans un lieu où la température soit peu élevée et peu variable : une cave, un cellier ou un silo peuvent réaliser ces conditions. Il faut éviter de mettre en magasin des pommes de terre déjà détériorées, meurtries ou écrasées, et choisir pour les emmagasiner un lieu qui ne soit pas excessivement humide, ni accessible à la gelée.

Il convient généralement, pour les grandes féculeries, de mettre les pommes de terre dans des silos ou fossés creusés dans un sol ferme, pas trop humide; leurs dimensions ordinaires sont de 1^m,5 à 2 mètres de large, 1 mètre de profondeur, 20, 30 et jusqu'à 100 mètres de longueur : les tubercules y sont amoncelés en talus ayant une inclinaison de 45°, et recouverts de 25 à 30 centimètres de terre pour les préserver de la gelée.

Quelquefois, comme chez M. Dailly, on emmagasine les pommes de terre dans des silos couverts en chaume : ce sont des fossés larges de 10 à 15 mètres et maçonnés sur leur pourtour; des ouvertures y sont pratiquées de distance en distance pour faciliter l'emmagasinage des tubercules, qui sont, dans les fortes gelées, recouverts de paille et d'une légère couche de terre. On apporte ainsi une notable économie dans la main-d'œuvre, car, une fois construits, ces magasins ne nécessitent pas, comme les silos ordinaires, une nouvelle dépense chaque année. On établit un couloir qui communique directement avec le silo le plus rapproché de l'usine, et à son extrémité un bassin laveur en maçonnerie où plonge une chaîne sans fin qui sert à monter les pommes de terre au fur et à mesure qu'on les

nit les premiers tubercules vendus avantageusement dans les villes pour la consommation usuelle, et aux féculeries, qui peuvent, en l'employant, commencer plus tôt leurs opérations. Elle a plus de chances d'échapper à la maladie spéciale; enfin, la récolte laissant plus tôt le terrain libre permet d'y faire une culture de plus, dans la même année, en semant, par exemple, des navets ou du sarrasin, etc.

verse, à l'aide de brouettes à bascule, dans ce bassin.

Observation. — C'est dans la fécule, dit Fourcroy, que l'homme puise l'aliment le plus abondant, le plus nourrissant, le plus facile à conserver. Tandis que des familles immenses d'animaux mangent et rongent cette substance pure et telle que la nature la leur présente, l'homme sait lui donner mille formes variées, depuis la cuisson la plus simple à sec ou dans l'eau jusqu'à cette préparation si perfectionnée parmi les habitants modernes des zones tempérées, connue sous le nom de *pain*; depuis la *cassave* des Américains jusqu'à ces pâtisseries si délicates, si légères, si douces et si suaves, qu'on fabrique dans quelques parties de l'Europe, et surtout en France, en Italie et en Allemagne. Cet aliment primitif se prête à toutes les combinaisons avec les huiles, le beurre, le lait, le fromage, les œufs, le sucre, les aromates, les sucs de fruits, les jus de viande; sa douceur, sa fadeur naturelle, le rendent l'excipient approprié d'une foule de matière d'assaisonnement.

L'apprêt que l'on donne aux toiles de lin, de chanvre et de coton, pour leur communiquer du lustre et une certaine fermeté, est souvent fait avec l'empois de fécule de pommes de terre. Il est facile de s'en assurer, en mouillant ces toiles et les touchant avec un tube humecté de teinture d'iode; il se développe une couleur bleue sur les tissus, si l'apprêt a été fait avec l'amidon. C'est encore avec l'amidon que, dans beaucoup de papeteries, on encolle le papier pour l'empêcher de boire l'encre. Cette seule application en exige des quantités considérables; et, pour en donner une idée, nous dirons qu'une seule fabrique de papier mécanique produisant une moyenne de 14 à 1,500 kilog. par jour, emploie par an 15 à 16,000 kilog. de fécule. A chaque instant on utilise la *colle de pâte* pour faire adhérer le papier aux surfaces qu'on veut recouvrir. Cette colle est faite habituellement avec de la farine ordinaire de blé. Les tisserands préparent leur *parement* ou *parou*, soit avec la farine, soit avec les fécules de diverses qualités. *Voy.* AMIDON.

FÉCULE, rupture des téguments par la diastase. *Voy.* ENDOSMOSE.

FELDSPATHIQUES (ROCHES), ou MARBRES DURS. — Les marbres sont les roches qu'on emploie le plus fréquemment dans la décoration, parce qu'on trouve dans leurs innombrables variétés tout ce que le goût le plus délicat peut exiger dans les différents genres d'effets, et qu'ayant une dureté suffisante pour recevoir un beau poli, elle n'est cependant pas assez grande pour exiger des frais très-considérables dans leur travail. Il n'en est pas de même des roches feldspathiques, qui sont d'une dureté extrême, et par cela même très-difficiles à exploiter; elles ne sont employées que pour des objets d'un luxe élevé, des décorations monumentales très-recherchées, et presque toujours à l'intérieur. On se borne le plus souvent même à

employer les divers ornements préparés par les anciens, qu'on a d'abord apportés de l'Egypte jusqu'à Rome, transportés quelquefois en d'autres lieux, et que l'on a tirés ensuite des monuments romains. A peine il se prépare aujourd'hui quelques tables, quelques chambranles, de petites colonnes, des vases, que des particuliers même se donnent rarement.

Les roches que les anciens ont travaillées, et que nous avons successivement tirées de leurs monuments, sont, des *granits*, des *siénites*, des *porphyres* de diverses sortes, des *euphotides*, etc., dont ils ont fait des colonnes, des cuves sépulcrales, ou baignoires, des tombeaux, des tables, etc. Nous exploitons encore quelques roches semblables, mais la plupart sont débitées en plaques, ou tables, dont le travail est à la fois plus facile et moins dispendieux.

Toutes les variétés des différentes roches que nous avons citées n'ont pas été, et ne peuvent être employées indifféremment, parce qu'elles ne sont pas toutes capables du même effet. Ainsi, parmi toutes les variétés de granits et de siénites, il n'y a que celles qui présentent des teintes vives, où les cristaux de feldspath sont de grandes dimensions, ou se distinguent nettement, qui puissent produire de beaux effets (*granit rouge d'Egypte* (siénite) *et des Vosges*, *granit de l'Ingrie* à fond rouge et nodules chatoyants de feldspath, *granit* (siénite) *noir et blanc*, *granit* (siénite) *orbiculaire de Corse*, à pâte granitoïde, renfermant des globules à couches concentriques vertes et blanches et des stries vertes en rayon); les variétés à petits grains, qui sont le plus souvent grisâtres, et qui appartiennent presque toutes à la plus ancienne des formations primitives sont le plus souvent insignifiantes, et n'ont été que rarement employées. Les porphyres doivent présenter aussi un fond d'une couleur vive, des cristaux qui tranchent agréablement dessus, qui soient nettement dessinés, plus ou moins grands, et convenablement écartés les uns des autres. (*Porphyre rouge antique, brun antique, brun de Suède, noir antique, vert antique, porphyre globuleux de Corse*, à pâte jaunâtre, au milieu de laquelle se trouvent de gros globules radiés du centre à la circonférence.) C'est dans les terrains intermédiaires, dans le voisinage des siénites, que ces belles variétés se présentent; la base des terrains secondaires peut en offrir encore quelques-unes, et on pourrait en trouver quelques variétés à petits cristaux dans les terrains trachytiques; rarement les terrains primitifs en offrent qui soient capables d'un bel effet. Les euphotides (gabbro des Florentins) employées sont les variétés où le diallage est en grandes lames présentant des reflets satinés, métalloïdes, bronzés, sur un fond verdâtre ou grisâtre.

A la suite des porphyres nous devons indiquer les variolites, qui n'en sont que des variétés, où, au lieu de cristaux de feldspath distincts, ce sont des globules de la même substance, compactes, ou striés du centre à la circonférence, ou simplement des taches plus claires de la même matière. On les emploie encore comme objets d'ornement, mais assez rarement en grand.

Si les roches cristallines que nous venons de citer nous offrent des matières susceptibles d'être employées avec succès dans la décoration de nos édifices, leurs débris accumulés çà et là dans la série des formations, tantôt en fragments irréguliers, tantôt en cailloux arrondis, et cimentés fortement ensemble, peuvent encore présenter des matériaux importants. On distingue la *brèche universelle* (de la vallée de Qosseyr, en Egypte), qui est un assemblage de fragments et des cailloux de siénite de diverses variétés, de porphyres, de feldspath compactes colorés, liés par un ciment de feldspath amphiboleux vert. M. de Rosière a fait connaître une sorte de poudingue des déserts de l'Egypte, à pâte de grès dur, qui réunit un nombre plus ou moins considérable de l'espèce de jaspe connue sous le nom de cailloux d'Egypte, qui a été fréquemment employée par les Egyptiens, et qui est d'un très-bel effet.

Nous possédons aussi, dans les terrains tertiaires, des poudingues à pâte de grès dur, remplis de cailloux roulés, siliceux, brunâtres, noirâtres, simples ou rubannés, qui produisent un très-bel effet, mais qu'on ne trouve guère en grandes pièces.

- FELDSPATH. *Voy.* Orthose.

FELDSPATH OPALIN. *Voy.* Labradorite.

FELDSPATH APYRE ou ADAMANTIN. *Voy.* Andalousite.

FER (*Minér.*).— Substance métallique, gris bleuâtre, ductile ou cassante, attirable à l'aimant; quelquefois cristallisée en octaèdre, ou présentant des clivages parallèlement aux faces de ce solide.

Substance simple de la chimie, mais dans laquelle on a toujours reconnu un mélange de nickel; du chrome, et même du cobalt, dans les analyses les plus récentes.

On a cité du fer à l'état métallique dans des amas ou des filons de fer hydraté ou de sidérose en Saxe, en Bohême, montagne du Grand-Albert; Isère, dans les mines d'étain; en Saxe, en filets malléables dans du grenat brun (Steinbach en Saxe). Proust en a indiqué des parcelles disséminées dans les pyrites d'Amérique, et le baron d'Eschwege en a cité, il y a quelques années, en petites lames, dans du peroxyde de fer de Gaspar Suarez au Brésil. Le docteur Torry en a annoncé, mélangé avec du graphite, à la montagne de Scholey, près de Canaxu, dans les Etats de New-York, et MM. Bourralt et Lee l'ont décrit comme associé à de l'acier natif dans des roches de quartz et de micaschistes. Il est difficile, comme on voit, de révoquer complétement en doute l'existence de cette matière dans les gîtes métallifères, mais elle est au moins très-rare, car on n'en a pas cité plusieurs fois dans le même lieu, et on ne l'a jamais rencontrée qu'en petite quantité.

C'est à l'état de blocs épars à la surface de la terre qu'on trouve plus particulièrement le fer métallique. Ces blocs sont plus ou moins volumineux; il en est qui sont évalués à 30 et à 40 mille livres pesants, et d'autres qui paraissent même devoir être beaucoup plus considérables. Ils reposent sur toutes espèces de terrains, sur des sédiments très-modernes, quelquefois même sur la terre végétale, et par conséquent ne paraissent pouvoir se rattacher à aucune formation. Leur origine a été longtemps un problème, mais il n'est plus possible aujourd'hui de la méconnaître : ils sont évidemment tombés de l'atmosphère, car nous en avons des exemples indubitables. En effet, il est positif qu'il en est tombé une masse à Hrasina, près d'Agram en Croatie, le 26 mai 1751, à six heures du soir; une à Lahore dans l'Indostan, le 17 avril 1621 ; une autre dans le forêt de Naunhof en Misnie, de 1540 à 1550 ; une quatrième dans le Djordjau en 1009 ; enfin, en Lucanie, cinquante-deux ou cinquante-six ans avant l'ère chrétienne. Or, celles de ces masses qui ont été recueillies, celles dont les caractères ont été bien indiqués, sont cristallines ou caverneuses, précisement comme celles dont l'époque est inconnue, et les unes comme les autres renferment du nickel et du chrome, qui n'existent dans aucun des fers de fabrication. Ainsi. les grandes masses de fer isolées qu'on connaît aujourd'hui dans un assez grand nombre de localités, en Sibérie, dans le Tucuman, aux environs de Durango, Nouvelle-Biscaye, au Mexique, à la Louisiane, sur la rive droite du Sénégal, au cap de Bonne-Espérance, aussi bien que les petites que l'on a découvertes en Bohême, en Hongrie, à Acken, près de Magdebourg, etc., sont évidemment tombées de l'atmosphère. D'ailleurs, les chutes de pierres, regardées pendant si longtemps comme des contes populaires, mais dont on a constaté un très-grand nombre depuis celle qui eut lieu à l'Aigle le 26 avril 1803, sont de nouvelles preuves en faveur de cette opinion. En effet, la plupart de ces pierres offrent aussi des grains de fer à l'état métallique, et ce fer renferme du nickel et du chrome.

On trouve aussi du fer métallique, soit parmi les produits des volcans (ravin de la montagne de Graveneire, près de Clermont en Auvergne; Bourbon et Madagascar ?), soit parmi les produits des houillères embrasées (Labouiche, près de Néri en Auvergne).

La connaissance du fer et l'art de le travailler ont dû être bien postérieurs à l'emploi des autres métaux usuels, car son extraction offre de grandes difficultés. Une seule fonte suffit pour rendre l'or et l'argent ductiles et malléables; mais il n'en est pas ainsi du fer; un morceau de fer fondu sort intraitable du moule dans lequel il a été jeté, et n'est pas plus ductile qu'un caillou. Il a donc fallu, avant qu'on ait pu le forger, trouver l'art d'adoucir et de rendre ductile la première fonte.

Quelques auteurs attribuent la découverte et l'usage du fer aux Cyclopes, d'autres aux

Chalybes, peuples très-anciens et très-renommés pour travailler ce métal. Clément d'Alexandrie prétend que le secret de rendre le fer malléable est dû aux Noropes. Le livre de Job prouve que, dès les siècles qui se sont écoulés depuis le déluge jusqu'à la mort de Jacob, on connaissait et l'on savait exploiter le fer dans quelques contrées. Les livres de Moïse constatent l'ancienneté de cette découverte dans l'Egypte et dans la Palestine. Ce législateur dit que le lit d'Og, roi de Basan, était de fer. Il compare la servitude que les Israélites éprouvèrent en Egypte, à l'ardeur d'un fourneau où l'on fond ce métal. L'art de convertir le fer en acier, et le secret de la trempe, remontent au moins à mille ans avant l'ère chrétienne, puisque Homère en parle en termes clairs.

Les auteurs païens s'accordent à placer la découverte du fer chez les Grecs et l'art de le travailler sous le règne de Minos 1er, 1431 ans avant J.-C. Cette connaissance aurait passé de Phyrgie en Europe avec les Dactyles, lorsqu'ils quittèrent les environs du mont Ida pour venir s'établir dans la Crète. Toutefois l'usage de ce métal ne paraît pas avoir été très-répandu dans la Grèce et chez les autres peuples de l'antiquité.

FER (*Chimie*). — Le fer est le plus remarquable de tous les métaux. Il est connu de toute antiquité. C'est chez les peuples civilisés de l'Orient que l'on trouve les premières notions exactes sur le travail des mines de fer, qu'on ne pouvait réduire qu'à une chaleur très-élevée. Aussi ces notions ont-elles été transmises et perfectionnées à mesure que les peuples ont avancé dans la civilisation et que leurs moyens industriels ont acquis plus de développement. C'est d'après cette vérité qu'on a dit que le degré de civilisation d'un peuple pouvait être apprécié par les progrès qu'il avait faits dans la manière de travailler le fer.

Ce métal, abondamment répandu dans la nature, se rencontre :

    à l'état natif. *Voy.* FER (*Minéralog.*),
    à l'état d'oxyde,
    à l'état de sulfure,
    à l'état de sel.

Le *fer pur* est d'un gris bleuâtre, et lorsqu'il a été poli, il a l'éclat de l'argent. Il est flexible et privé de toute élasticité. On peut, comme le plomb, le rayer avec l'ongle. Ce fer ne se rencontre jamais dans le commerce ; il n'y a pas longtemps qu'on est parvenu à le préparer en chauffant, au feu le plus fort, un mélange de limaille de fer avec un quart de son poids d'oxyde de fer, dans un creuset de Hesse, formé par un couvercle de verre exempt d'oxydes métalliques. Sa cassure est écailleuse, et il a une saveur et une odeur faibles, mais bien appréciables.

Le fer le plus pur du commerce contient au moins de 1 à 4 millièmes de carbone ; et ce carbone, loin d'être nuisible aux qualités qu'on recherche dans le fer, est, au contraire, fort utile, pourvu toutefois qu'il ne dépasse pas certaines proportions. Le

maximum de la densité du fer est 7,788. Sa texture varie suivant les circonstances. Lorsque le fer n'a pas été forgé, sa texture est *grenue;* mais il prend sous le marteau une texture *fibreuse* et *crochue.* C'est le fer à texture fibreuse qu'on recherche le plus, à cause de ses nombreux usages. Ce même fer exposé à de forts courants d'air, ou à l'action de vibrations prolongées et souvent répétées, reprend la structure *grenue* et redevient cassant. C'est pourquoi les bandes des roues de voitures, et surtout des voitures d'artillerie, se cassent facilement, bien qu'elles aient été faites avec du fer de bonne qualité. Ce changement s'opère, du reste, plus ou moins rapidement ; la température rouge sombre produit le même effet que l'action des vibrations prolongées, et on peut ainsi rendre cassant le fer le plus malléable, comme le prouvent les expériences de Gay-Lussac. Cependant ce même fer grenu et cassant redevient, sous le marteau, fibreux et malléable.

Le fer a une dureté supérieure à celle des autres métaux. Son élasticité est extrême. C'est le métal le plus tenace : un fil de 2 millimètres de diamètre exige un poids de 250 kilogrammes pour se rompre. Une faible solution de continuité, ou une substance étrangère dans l'intérieur de la masse, suffit pour en déterminer la cassure. C'est d'après le degré de ténacité qu'on évalue la bonté du fer. Le fer est, en outre, extrêmement ductile ; on peut le réduire en fils aussi fins que des cheveux (perruques de fils de fer). Il se laisse également réduire, au laminoir, en feuilles assez minces. Ainsi donc le fer réunit et possède à un haut degré toutes les qualités qu'on recherche dans un métal : la dureté, l'élasticité, la ténacité, la ductilité et la malléabilité. Le fer est un des métaux les plus difficiles à fondre. Il n'est fusible que dans des fours très-profonds (hauts fourneaux alimentés par de forts soufflets). Cependant il se ramollit à une forte chaleur rouge, et se laisse alors pétrir sous le marteau et se souder sur lui-même. Le fer est tout à fait fixe. Il se dilate un peu moins que les autres métaux : de 0 à 100°; sa dilatation linéaire est $\frac{1}{819}$.

Le fer jouit, au plus haut degré, de la propriété d'être attiré par l'aimant, et il peut lui-même l'acquérir. Il perd cette propriété à la chaleur blanche (Barlow). Wochler est parvenu à faire cristalliser le fer en cubes ou en octaèdres, en le maintenant plusieurs jours à une chaleur élevée.

Le fer ne s'altère pas sensiblement, dans l'air sec, à la température ordinaire. Il est complétement inoxydable dans l'air privé d'acide carbonique ; peu importe que cet air soit sec ou humide. En élevant un peu la température, le fer se recouvre, au contact de l'air, d'une mince pellicule d'oxyde, qui présente des couleurs variées, selon la température. A la chaleur rouge, il se recouvre d'écailles d'oxyde noir, désigné sous le nom d'*oxyde des battitures.* Ces battitures se convertissent en peroxyde par l'action de la chaleur. Le fer obtenu à l'état pulvérulent en réduisant un oxyde, entre 300 à 400°, au moyen d'un courant d'hydrogène, est *pyrophorique*: il s'enflamme spontanément quand on le répand dans l'air. Si la température à laquelle on réduit l'oxyde de fer par l'hydrogène est trop élevée, le fer qu'on obtient n'est plus pyrophorique (Magnus). Un fil de fer présentant un point en ignition, brûle dans l'oxygène en lançant des étincelles du plus vif éclat; les petits globules qui tombent au fond du vase, et qui pénètrent, à cause de la grande élévation de température, jusque dans la substance même du verre, sont composés d'un oxyde semblable à l'oxyde magnétique. Le fer pur ne s'altère pas dans l'eau distillée. Le fer du commerce s'oxyde lentement dans l'eau ordinaire, et surtout dans l'eau privée d'acide carbonique. L'oxydation s'accélère à mesure que la température s'élève : il y a dégagement d'hydrogène et formation d'oxyde noir (*oxyde magnétique*). On peut préserver les chaudières de fer de l'action oxydante de l'eau, en y plongeant des morceaux de zinc ; c'est alors le zinc qui décompose l'eau.

Le fer s'allie avec presque tous les métaux. Ceux avec lesquels il ne s'allie pas en proportions considérables sont l'argent, le plomb, le cuivre, le mercure.

Le fer se rencontre à l'état natif, mais plus souvent à l'état minéralisé. C'est, de tous les métaux, le plus universellement répandu dans la nature. Il existe dans les trois règnes. Tous les animaux à sang rouge contiennent du fer ; le fer existe dans le caillot du sang; on ignore dans quel état. La masse totale du sang d'un homme adulte, de taille ordinaire, peut contenir environ 2 grammes de fer métallique. Les cendres de presque tous les végétaux contiennent du fer. La quantité de ce métal varie suivant la nature du terrain où croissent les végétaux. Mais c'est surtout dans le règne minéral que le fer est, pour ainsi dire, répandu avec profusion. C'est de ce règne que le fer passe successivement dans le règne végétal, et de là dans le règne animal, par suite des fonctions vitales de l'absorption et de la nutrition. Le fer ne se rencontre à l'état natif qu'accidentellement et dans des masses isolées, qui sont, en quelque sorte, étrangères au sol où ces masses existent. *Voy.* Pierres météorites.

Le fer à l'état d'oxyde est si commun, qu'on le trouve dans presque tous les pays ; tantôt il est à l'état de pureté et cristallisé différemment ; d'autres fois, il est uni à d'autres oxydes, tels que la silice, l'alumine et la chaux. C'est de ces différentes mines qu'on retire ordinairement ce métal.

Avant d'être traitées directement par le charbon à une température élevée, ces mines sont soumises à des opérations mécaniques préliminaires, qui ont pour but de les débarrasser des terres argileuses ou calcaires qui les enveloppent, ou de les diviser et de les séparer par une calcination à l'air des particules de soufre et d'arsenic qu'elles peuvent contenir. La première opération se pratique

sur les mines terreuses en les bocardant et en les lavant sous un courant d'eau ; la seconde s'exécute surtout sur les mines en roches ; elle se fait en plaçant la mine concassée avec du bois, ou de la houille dans des fours particuliers.

Après ces opérations, on procède à la réduction de la mine en la mettant en contact avec du charbon à une température très-élevée dans des fourneaux particuliers, désignés, à cause de leurs dimensions, sous le nom de *hauts fourneaux*.

Ces fourneaux, d'une hauteur moyenne de 25 à 30 pieds, représentent à peu près deux cônes tronqués et creux, appliqués par leur base. La partie inférieure de ces fourneaux offre une cavité particulière désignée, sous le nom de *creuset* ; c'est dans cette partie que viennent se rendre les produits de la fusion ; au-dessus de celle-ci existent trois ouvertures : deux latérales, qui portent les tuyaux de forts soufflets ou de pompes soufflantes, sont destinées à entretenir un courant d'air continu ; la troisième, située à la naissance du creuset, a pour objet de donner écoulement au laitier qui a été produit. On remplit d'abord de charbon de bois ou de coke le fourneau, et lorsque sa température est très-élevée, on jette par la partie supérieure alternativement de la mine et du charbon, de manière à entretenir le fourneau toujours plein, ainsi qu'une certaine quantité d'argile ou de terre calcaire pour faciliter la fusion des substances étrangères contenues dans la mine. La nature de ce fondant varie suivant la nature de la mine ; lorsqu'elle est très-siliceuse ou alumineuse, on ajoute du carbonate de chaux, qui porte, en terme d'art, le nom de *castine*, et, de la terre argileuse, connue sous le nom d'*erbue*, lorsque la terre calcaire domine dans le minérai.

Dans quelques usines, par un choix raisonné de différents minérais, on se dispense d'ajouter un fondant qui résulte de l'action réciproque des terres que renferment naturellement les mines mélangées.

L'oxyde de fer est réduit en même temps qu'une petite quantité de silice, par le carbone, tandis que l'autre portion de silice s'unit à l'alumine et à la chaux, et forme avec celles-ci un verre plus ou moins coloré sous le nom de *laitier*. A mesure que le fer est ramené à l'état métallique, il se combine avec une certaine quantité de carbone, fond en se convertissant en fonte, qui se rend avec le laitier dans le creuset. La séparation de ces deux substances ne tarde pas à s'opérer par la différence de densité, et lorsque le creuset est rempli de fonte, le laitier qui la recouvre continuellement et la préserve de l'action de l'air s'écoule par une ouverture pratiquée au bord du creuset. Après cette époque, on débouche avec un ringard un trou fait au fond du creuset et qu'on tient bouché avec de l'argile, et aussitôt la fonte coule en flots de feu, et se rend dans des sillons creusés dans la terre et enduits de sable. En se refroidissant dans ces sillons, elle se moule et acquiert cette forme triangulaire qui distingue la fonte ainsi coulée, qu'on connaît alors dans les arts sous le nom de *gueuse*.

La fonte ainsi obtenue varie par sa couleur; elle est grise ou blanche, suivant la nature de la mine et de la température produite dans le haut fourneau. Indépendamment du carbone qu'elle contient, elle renferme du silicium provenant de la réduction d'une certaine quantité de silice à l'aide du fer et du carbone; on y trouve aussi ordinairement du phosphore, du soufre et du manganèse en petite quantité, provenant des combinaisons de ces corps qui existent dans les minerais de fer. Certaines fontes blanches, obtenues avec des mines manganésifères, contiennent jusqu'à 2 à 3 de manganèse pour 100. La présence de ce dernier métal est peut-être la cause de leur couleur blanche, car, contre l'opinion de quelques auteurs, elles renferment presque autant de carbone que les fontes grises. Néanmoins, l'état dans lequel se trouve le carbone dans les fontes influe sur leur couleur, comme on peut le prouver en refroidissant promptement une fonte grise fondue, qui devient alors blanche, plus dure et moins attaquable par les acides; mais elle repasse à son premier état par une nouvelle fusion et un refroidissement lent. Dans le premier cas, le carbone est uni à toute la masse de fer; dans le second, une partie seulement est en combinaison, et l'autre s'en est séparée par suite d'une cristallisation. On ne doit pas toutefois confondre la fonte grise ainsi blanchie avec celle qui l'est naturellement, car cette dernière reste constamment blanche, quel que soit le refroidissement qu'elle éprouve.

Le produit du traitement des mines de fer dans les hauts fourneaux est constamment de la fonte, c'est-à-dire un composé de fer, de carbone, de silicium, de phosphore, de soufre et de manganèse; c'est avec celle-ci qu'on obtient le fer, en la soumettant à une opération secondaire qui porte le nom d'*affinage de la fonte*.

Le but de cette opération est de brûler la plupart des substances étrangères au fer, en exposant la fonte en fusion à un courant d'air.

Cette opération s'exécutait autrefois en plaçant la fonte dans une cavité pratiquée dans un massif de brique et recouverte de charbon de bois pulvérisé et bien battu. Lorsque la fonte était fondue, on dirigeait de l'air à travers la masse du charbon qui le recouvrait, et par l'agitation on favorisait le renouvellement des surfaces. Par cette manipulation le carbone était pour la plus grande partie brûlé et réduit à l'état de gaz; tandis que le silicium, le phosphore et une portion de fer, en s'oxygénant, se combinaient pour former du laitier, qu'on séparait avec des ringards. A mesure que cet affinage s'opérait, la masse devenait pâteuse et grumeleuse; on en formait des boules ou espèces de loupes, qu'on soumettait ensuite sur une enclume à l'action de forts marteaux; on rapprochait ainsi les molécules et on en expul-

sait les dernières portions de laitier qu'elles renfermaient; puis, après les avoir réchauffées au rouge, on les forgeait en grosses barres, en les frappant sous un énorme marteau désigné sous le nom de *martinet*. Cette opération est appelée *cingler la loupe*.

Aujourd'hui on a introduit dans plusieurs usines françaises une méthode plus simple et plus économique qui a d'abord été mise en pratique en Angleterre. L'affinage, suivant cette méthode, se fait avec de la houille et dans des espèces de fourneaux à réverbère, appelés *fourneaux à puddler*. Ces fourneaux présentent une voûte surbaissée, construite en brique réfractaire, au-dessous de laquelle se trouve une cavité recouverte d'une plaque de fonte et de sable infusible. Le foyer est placé à l'une des extrémités, et séparé de la cavité par un petit mur en brique; une longue cheminée pyramidale se trouve à l'extrémité opposée, et détermine un courant d'air rapide qu'on peut diminuer ou augmenter par un registre en fer, placé à la partie supérieure, et qu'on ouvre plus ou moins à volonté.

Lorsque le four est porté au rouge blanc, on y porte la fonte en gueuse sur des pelles en fer, et on ferme l'ouverture de communication par une plaque de fonte percée d'un trou. Dès que la fonte commence à fondre, un ouvrier la remue et la brasse continuellement avec un ringard de fer; par suite de cette agitation et du courant d'air, le carbone brûle peu à peu, et la matière paraît en ébullition; on y jette de temps en temps un peu d'eau ou du laitier qui favorise, par l'oxyde de fer qu'il contient, la combustion des matières étrangères. Il se forme peu à peu des scories qu'on retire du fourneau, et qui contiennent de la silice, de l'oxyde de fer et de l'acide phosphorique; la fonte devient d'abord plus épaisse, se grumèle et se réduit en une espèce de poudre sèche. C'est alors que l'ouvrier divise cette masse en quatre à cinq boules qui sont saisies l'une après l'autre avec des pinces et portées sous le martinet, de manière à en former une masse carrée qu'on fait passer à travers un laminoir dégrossisseur qui achève d'en expulser les dernières portions de laitier.

Les barres de fer qu'on obtient ainsi ont six à sept pieds de longueur, sur trois à quatre pouces de largeur, et d'un pouce d'épaisseur. On les coupe en morceaux de deux pieds de long, et on les soude à une chaleur rouge blanche deux à deux dans un fourneau particulier, pour les faire passer de nouveau à travers les différents trous d'un autre laminoir. Les barres de fer ainsi préparées, sont placées encore chaudes sur un plan, et dressées à coups de maillets en bois. Dans certains pays, le fer est réduit à l'état de barre par l'action du marteau.

Dans l'opération que nous venons de décrire, qui est connue sous le nom de *puddlage de la fonte*, cent parties de fonte de qualité ordinaire fournissent, terme moyen, 88 à 90 de fer en barres dégrossies. D'où l'on voit que la perte, pour la conversion en fer, est plus grande que la somme des matières étrangères que contient la fonte. Une partie de la perte est due à l'oxydation d'une certaine quantité de fer pendant le travail, qui dure environ une heure et demie pour l'affinage de 180 kilog. de fonte.

Dans les Pyrénées, le pays de Foix, la Catalogne, on réduit le carbonate de fer et l'oxyde de fer sans faire passer ces minerais à l'état de fonte. Le fourneau, qu'on appelle renardière, est peu profond ; il est d'abord rempli de charbon sur lequel on met la mine ; l'air des soufflets arrive sur le charbon, s'y transforme en oxyde de carbone, qui lui-même passe à l'état d'acide carbonique en présence de l'oxyde de fer ; celui-ci, étant réduit, donne une matière qui, après avoir été chauffée, travaillée et dépouillée du laitier, peut former des loupes que l'on forge comme celles que l'on obtient de l'affinage de la fonte. Ce procédé, connu sous le nom de *méthode catalane*, est prompt, économique, et a été grandement prôné depuis plusieurs années. Il se pratique aussi dans les environs de Grenoble ; mais il ne peut être avan-

tageusement employé que lorsque la nature du minerai le permet.

Les qualités de ce métal, employé pour les besoins des arts, sont aussi variables que celles des fontes d'où il a été obtenu. Elles dépendent surtout de la nature du minerai qui l'a produit. C'est ainsi qu'il existe des fers qui sont cassants ou à chaud ou à froid, et qui doivent ces propriétés ou à une petite quantité de phosphore ou à une petite quantité d'arsenic.

Les fers du commerce offrent autant de différence dans leur composition que les fontes. En général, ceux qui sont réputés doux et très-malléables sont plus purs que les autres, qui renferment encore de petites quantités de phosphore ou de silicium. Nous rapporterons ici un tableau des analyses comparatives faites sur divers échantillons de fer. L'on voit, par ce résumé, que le fer du commerce n'est jamais dépouillé de carbone, dont la quantité s'élève entre un demi-millième et deux millièmes et demi du poids de ce métal.

Tableau présentant l'analyse de divers échantillons de fer du commerce.

NOMS DES FERS et leurs origines.	Carbone sur 1,00000	Silicium sur 1,00000	Phosphore sur 1,00000	Manganèse sur 1,00000
Fer de Suède, première qualité.	0,00293	des traces.	0,00077	des traces.
Fer de Suède, première qualité.	0,00240	0,00025	des traces.	des traces.
Fer du Creusot.	0,00159	des traces.	0,00412	des traces.
Fer de Champagne.	0,00193	0,00015	0,00210	des traces.
Fer obtenu avec la vieille ferraille de Paris.	0,00245	0,00020	0,00160	des traces.
Fer du Berri.	0,00162	des traces.	0,00177	des traces.
Fer cassant de la Moselle.	0,00144	0,00070	0,00510	des traces.

Les resultats rapportés dans ce tableau, dus aux recherches de Gay-Lussac et Wilson, montrent que les fers, même les plus purs, contiennent toujours une petite quantité de carbone que l'affinage ne peut détruire, et qui peut-être influe sur les propriétés physiques de ce métal, car le fer qu'on obtient par la réduction de l'oxyde par l'hydrogène pur, et qui, par conséquent, est dépourvu de carbone, ne peut ni se souder ni se forger.

On peut jusqu'à un certain point garantir le fer de l'action de l'eau en le frottant avec un morceau de laine imprégné d'huile de lin ou de chanvre, ou en le recouvrant d'un vernis. M. Payen a également reconnu que l'eau chargée d'une petite quantité de potasse ($\frac{1}{100}$) empêchait l'oxydation du fer qui s'y trouve immergé. Ce fait pourra trouver des applications.

Ce métal, à une température voisine du rouge-cerise, agit avec rapidité sur l'air et surtout sur l'oxygène pur. Il absorbe rapidement ce gaz et brûle avec dégagement de lumière, en se convertissant en oxyde de fer. On est journellement témoin de cette combustion du fer, dans les ateliers, en mettant en contact avec l'air une barre de fer chauffée au blanc et la martelant sur l'enclume ; il en jaillit de toutes parts des étincelles brillantes.

Dans les laboratoires on réalise d'une

manière plus curieuse cette combustion, en plongeant dans du gaz oxygène un fil de fer très-fin tourné en hélice, et portant à son extrémité un petit morceau d'amadou enflammé. Dès que l'extrémité du fil est rouge, il s'enflamme et continue de brûler avec scintillation, d'une manière si vive que l'œil en est ébloui.

Protoxyde de fer. — Il ne se trouve dans la nature qu'uni à l'acide carbonique ; on ne peut l'obtenir isolé, car il s'oxyde avec la plus grande facilité à l'air, passe à l'état d'oxyde intermédiaire et ensuite se convertit en peroxyde.

Deutoxyde de fer. — Cet oxyde existe en grande quantité et sous la forme de cristaux volumineux ; on le rencontre en Suède, en Allemagne, en Italie, en Corse, etc. La mine d'aimant n'est autre chose qu'une variété de cet oxyde, qui a acquis la vertu magnétique dans l'intérieur du globe.

C'est de cet oxyde naturel qu'on extrait une partie du fer qu'on trouve dans le commerce ; l'oxyde artificiel n'a d'autres usages qu'en médecine. On le connaît depuis longtemps, à cause de sa couleur, sous le nom d'*éthiops martial* (oxyde noir de fer).

Peroxyde de fer. — Cette combinaison du fer avec l'oxygène, la plus oxygénée des trois, est désignée sous le nom de *tritoxyde*, en admettant l'oxyde précédent comme un deutoxyde de fer. On lui donne ordinairement le nom de peroxyde de fer.

Cet oxyde se forme spontanément sur le fer par l'action de l'air humide; mais il est alors à l'état d'hydrate d'une couleur jaune d'ocre. La rouille n'est autre chose que cet hydrate de peroxyde de fer. La calcination de ce métal à l'air libre le fait aussi passer à ce degré d'oxydation. Il se produit, pendant l'exposition à l'air, du fer chauffé au rouge; mais alors il n'est point pur, c'est un mélange de peroxyde et de deutoxyde. Les battitures de fer offrent une composition analogue et contiennent, d'après M. Berthier, de 34 à 36 pour cent de peroxyde de fer; en les chauffant ultérieurement au rouge, elles se convertissent en peroxyde de fer d'une couleur rouge brune.

Dans les arts, il se prépare en grand pour l'usage du commerce, en calcinant à une chaleur rouge dans des cornues de grès le protosulfate de fer, et lavant le résidu pour le débarrasser d'une portion de sulfate non décomposée. Dans cette calcination, le protoxyde se suroxyde aux dépens d'une portion d'oxygène de l'acide sulfurique, qui passe à l'état d'acide sulfureux, tandis que l'autre portion d'acide sulfurique se vaporise ou se décompose en oxygène et en acide sulfureux.

Le peroxyde de fer est d'une couleur rouge plus ou moins foncée; il n'a point d'action sur l'aiguille aimantée. Exposé à une haute température, il abandonne une partie de son oxygène et passe à l'état d'oxyde intermédiaire.

Cet oxyde se rencontre dans le sein de la terre en masses considérables, soit en filons, soit en couches; il forme la variété de mines de fer la plus abondante; tantôt il est pur et cristallisé en prismes rhomboïdaux; comme la mine de fer de l'île d'Elbe; il est alors connu des minéralogistes sous le nom de *fer oligiste*, à cause de sa légèreté. D'autres fois, il est en masses irrégulières, jaune plus ou moins foncé, dur ou pulvérulent. Il est alors à l'état d'hydrate et souvent mêlé avec de la silice, de l'alumine et du carbonate de chaux; quelquefois même, comme dans certaines mines de fer limoneuses, il est associé à du phosphate de fer. La plupart des minerais de France exploités se trouvent sous cet état.

Le peroxyde de fer artificiel est employé dans les arts et en médecine; il sert dans le premier cas en peinture et pour polir les glaces. On le connaît sous le nom de *colcothar*, et sous celui de *rouge d'Angleterre*. En médecine, on l'administre à l'intérieur comme astringent et tonique. Il porte encore dans les pharmacies le nom de *safran de Mars astringent*, pour le distinguer de l'hydrate de peroxyde de fer (rouille), qui a reçu le nom de *safran de Mars apéritif*. Ces dénominations ont été données autrefois par les anciens chimistes, à une époque où ils distinguaient les métaux connus par les noms des principaux personnages de la fable.

Le peroxyde de fer cristallisé, qu'on trouve dans la nature, est si dur, qu'il donne des étincelles par le choc du briquet; on l'use et on le polit, pour l'employer ensuite à polir l'or et l'argent; l'oxyde rouge calciné peut servir au même usage, quand il a été trituré et soumis à la lévigation. La manière la plus économique de préparer le peroxyde de fer qu'on destine à cet usage, consiste à griller le sulfure ferrique, jusqu'à ce que tout le soufre soit oxydé et chassé, ce qui exige beaucoup de temps, et vers la fin une forte chaleur. D'après Faraday, on obtient une très-belle poudre à polir, qu'on n'a pas besoin de soumettre à la lévigation, en mêlant une partie de vitriol de fer grillé avec deux à trois parties de sel marin, et chauffant le mélange jusqu'à ce qu'il ne se dégage plus de vapeurs acides; le résidu est du sulfate de soude mêlé avec le peroxyde de fer brun foncé. En dissolvant le sulfate dans l'eau, l'oxyde reste sous forme de paillettes d'un brun foncé.

Si l'on fait fondre à une douce chaleur un mélange de peroxyde de fer et de terres ou de flux, on obtient un verre qui est d'un rouge de sang tant qu'il est chaud, mais qui devient, par le refroidissement, jaunâtre, vert, ou d'un vert bouteille foncé, suivant la quantité d'oxyde qu'il contient. La couleur du verre vert est due à la présence du fer dans les substances qui servent à sa fabrication. Pendant la fusion le peroxyde de fer est converti en oxyde de fer qui produit la couleur verte. Quand on opère avec précaution, on peut combiner le peroxyde de fer avec les flux de verre, sans qu'il se décompose; alors le verre est jaunâtre, ou même rouge, après le refroidissement. Voilà pourquoi, dans les verreries, on augmente la transparence du verre, en ajoutant au mélange du suroxyde manganique, qui convertit l'oxyde de fer en peroxyde de fer, en passant lui-même à l'état d'oxyde manganeux, de sorte que les deux oxydes se trouvent alors dans l'état convenable pour colorer le verre le moins possible. Un verre entièrement saturé de peroxyde de fer est, après le refroidissement, d'une belle teinte rouge; on s'en sert dans la peinture sur verre, à laquelle il fournit la principale couleur rouge. C'est à la présence du peroxyde de fer dans nos argiles que les briques doivent leur couleur rouge, et plus une argile renferme de peroxyde de fer, plus aussi elle est vitrifiable; voilà pourquoi les briques sont d'autant plus estimées, qu'elles sont moins rouges après avoir été cuites.

SELS A BASE D'OXYDE DE FER. — *Protocarbonate de fer.* — Ce sel se rencontre abondamment dans la nature. A l'état solide, il forme une variété de mine de fer (fer spathique), qu'on trouve cristallisée en grande quantité en Allemagne, en France et en Espagne. On la trouve aussi en Angleterre et en Écosse, mais elle est mêlée à de l'argile en différentes proportions, et constitue le fer argileux commun des minéralogistes, qu'on exploite dans ces pays pour obtenir le fer. Le protocarbonate de fer se trouve également dissous, à la faveur d'un excès d'acide carbonique, dans la plupart des eaux minérales ferrugineuses.

Ces eaux, exposées au contact de l'air et étendues sur une large surface, laissent dégager de l'acide carbonique; l'hydrate d'oxyde de fer se dépose, et recouvre les herbes, les sables, les racines des arbres, etc. (qui se rencontrent au fond du lit de ces rivières), d'un enduit jaune d'ocre. Ces dépôts jaunâtres s'observent dans beaucoup de rivières ayant leur source dans des montagnes riches en minerais de fer. L'eau de ces rivières est excellente pour la trempe de l'acier.

Dans les laboratoires, on le prépare en précipitant un sel soluble de protoxyde de fer par le carbonate de potasse ou de soude; il se forme un précipité blanc verdâtre, floconneux, de protocarbonate de fer.

Le protocarbonate de fer, préparé comme nous venons de l'indiquer, est employé à l'intérieur comme tonique et emmenagogue; il doit être distingué de cette préparation pharmaceutique qu'on désignait autrefois sous le nom de *safran de Mars apéritif*, et qui se préparait en exposant la limaille de fer à l'action de l'air et de l'humidité. Ce composé est, comme nous l'avons déjà indiqué, un *hydrate de peroxyde de fer*.

Protophosphate et perphosphate de fer.—Ce sel se rencontre dans la nature cristallisé régulièrement ou en masse amorphe d'un aspect terreux. Il constitue une variété désignée par les minéralogistes sous le nom de *bleu de Prusse natif*. Ce minéral se trouve à l'Ile-de-France et au Brésil.

Pernitrate de fer. — La solution de ce sel, mêlée à du carbonate de potasse en excès, constitue une liqueur alcaline colorée en rouge jaunâtre, employée autrefois comme médicament sous le nom de *teinture martiale et alcaline de Stahl*.

FER-BLANC. *Voy.* ÉTAIN, *alliages.*

FER SPÉCULAIRE. *Voy.* OLIGISTE.

FER CARBONATÉ ou **SPATHIQUE.** *Voy.* SIDÉROSE.

FER SULFURÉ. *Voy.* PYRITE.

FER CONTENU DANS LE SANG. *Voy.* HÉMACHROÏNE.

FERMENT. — On a donné le nom de *ferment* à une matière végéto-animale qui a encore été peu caractérisée, et qui jouit de la propriété de déterminer la décomposition du sucre et sa conversion en alcool. Cette matière doit-elle être considérée comme particulière, ou bien n'est-elle qu'une modification qu'ont éprouvée certaines matières animales? Cette dernière hypothèse paraît la plus vraisemblable, car, d'après M. Colin, plusieurs matières animales, dans un certain état de décomposition, agissent comme le ferment avec le sucre. Berzélius regarde le ferment comme une altération du gluten et de l'albumine végétale, altération qui s'est opérée au contact de l'air et que la fermentation favorise.

Quoi qu'il en soit de la nature du ferment ou de la matière qui en fait fonction, l'on sait que, dans toutes les parties des végé-

taux où il existe une matière sucrée, il se trouve aussi une matière qui est susceptible de se transformer en ferment au contact de l'air et de décomposer le sucre.

C'est à cette matière végéto-animale, qui se sépare lors de la fermentation des liquides sucrés, et à laquelle on a reconnu la propriété remarquable d'exciter de nouveau la fermentation, que les chimistes ont donné le nom de *ferment*. On désigne ce ferment sous le nom de *levure de bière*, lorsqu'il a été recueilli, pour les besoins du commerce, de la fermentation du moût de bière qui en fournit une grande quantité.

Le ferment présente les propriétés suivantes : il est insoluble, d'un blanc grisâtre, uni le plus ordinairement à une certaine quantité d'eau avec laquelle il forme une pâte ferme et cassante. Abandonné sous ce dernier état, il se putréfie facilement en quelques jours à une température de + 15° à + 20°. Exposé à une chaleur modérée dans une étuve, il se dessèche et peut se conserver longtemps sans perdre sa propriété fermentescible. L'eau et l'alcool sont sans action sur lui, mais l'eau bouillante le rend impropre à la fermentation, probablement en modérant son état physique. Délayé à l'état de pâte avec une solution faible de sucre, il ne tarde pas à réagir sur les éléments du sucre à une température de + 20°, d'où il résulte de l'acide carbonique qui se dégage, et de l'alcool qu'on trouve en solution dans l'eau.

Le ferment, sous le nom de *levure de bière*, est employé dans les grandes villes pour faire lever le pain et déterminer la fermentation des liquides sucrés qu'on veut transformer en alcool.

Plusieurs chimistes et physiologistes ont considéré le ferment, et notamment la levure de bière, comme un agglomérat d'une multitude infinie de petits êtres organisés, vivant au sein d'une atmosphère d'acide carbonique. M. Turpin leur a donné le nom de *microthermes* de la bière. Ces êtres microscopiques varient suivant la nature du ferment, qui peut être *alcoolique, acide* ou *visqueux*. Toutes les substances qui, comme les huiles essentielles, la créosote, les acides minéraux, etc., détruisent les végétaux microscopiques du ferment, arrêtent aussi la fermentation. — M. Bouchardat a publié une notice intéressante sur les ferments alcooliques, dont il distingue trois variétés : 1° le *ferment de la bière*, dont les globules offrent un diamètre variable de $\frac{1}{11}$ à $\frac{1}{110}$ de millimètre. Ce ferment convertit une solution sucrée en alcool, à une température de 10 à 30°, dans l'espace de quelques jours. Il ne détermine pas la fermentation acide de l'alcool. 2° Le *ferment de la lie*, trouvé dans la bière, est composé de globules isolés de $\frac{1}{11}$ à $\frac{1}{117}$ de millim. Ce ferment convertit l'eau sucrée en alcool à une température de 10 à 12°; mais son action n'est terminée qu'après trois ou quatre mois, et peut s'exercer dans des liqueurs qui contiennent 10 pour cent d'alcool. 3° Le *ferment noir*, recueilli dans un dépôt de vin blanc, est composé de globules ronds présentant un cercle noir bien prononcé ; la couleur de la masse est uniformément d'un gris noirâtre ; le globule est homogène et parfaitement rond ; sa dimension varie de $\frac{1}{128}$ à $\frac{1}{186}$ de millim.; placé dans l'eau sucrée à 10 ou 12°, il y détermine une fermentation qui ne dure pas moins de six mois, et qui s'accomplit dans des liqueurs contenant plus de 17 pour 100 d'alcool. M. Bouchardat a constaté dans les ferments les substances suivantes : 1° une matière albumineuse; 2° une matière azotée soluble dans l'alcool ; 3° de la graisse solide ; 4° de la graisse liquide phosphorée ; 5° acide lactique ; lactates de chaux et de soude; 6° phosphates acides de chaux et de soude.

FERMENTATION. — Si l'on expose des substances végétales à l'influence de l'air, avec la précaution d'empêcher qu'elles ne perdent l'eau qu'elles contiennent naturellement, ou qu'elles ne se dessèchent, elles commencent peu à peu à se décomposer, et cette destruction, qu'on peut appeler spontanée, a reçu le nom de fermentation. Cette décomposition offre plusieurs périodes. Les corps qui contiennent du sucre fournissent d'abord de l'alcool et de l'acide carbonique, et ce degré de fermentation a reçu le nom de fermentation vineuse ou alcoolique. Ils deviennent ensuite acides et donnent naissance à de l'acide acétique, époque qui constitue ce qu'on appelle la fermentation acide. Enfin la plupart des substances végétales se transforment lentement en terreau (humus), et subissent ainsi la fermentation appelée putride. Il n'est qu'un petit nombre de matières végétales qui puissent parcourir ces trois périodes ; un plus grand nombre d'entre elles commencent par la seconde, et la plupart ne sont susceptibles de subir que la troisième, c'est-à-dire d'entrer en putréfaction.

Fermentation vineuse. — Cette espèce de fermentation est généralement produite par des moyens artificiels, parce que le produit qu'elle fournit, qui est l'alcool, est d'une grande utilité. Les seules substances végétales qui puissent subir cette fermentation, sont les sucs végétaux qui contiennent du sucre, ou les matières végétales qui renferment de l'amidon, et dans lesquelles le sucre s'est formé sous l'influence du gluten, aux dépens de l'amidon. Tous les sucs végétaux qui contiennent du sucre de canne, du sucre de raisin ou du sucre de champignon, commencent à fermenter peu d'heures après avoir été exprimés. Mais tant qu'ils sont renfermés dans la plante qui les fournit, ils se conservent sans subir d'altération. Ainsi, lorsqu'on suspend des raisins mûrs dans un endroit sec, l'eau du suc contenu dans les grains s'évapore et ils se rident (c'est ainsi qu'on prépare les raisins secs) sans que le jus de raisin commence à se décomposer. La cause de cette conservation est l'exclusion complète de l'accès immédiat de l'air. En effet, Gay-Lussac a fait voir que si l'on exprime du raisin dans une atmosphère qui ne contient pas la plus petite

quantité d'oxygène, le jus ne commence à fermenter que lorsqu'on introduit de l'oxygène dans le gaz. Gay-Lussac broya et exprima du raisin sous une cloche remplie de gaz hydrogène ; le jus se conserva pendant un mois, tandis que le jus de la même espèce de raisin, exprimé à l'air et conservé dans une autre cloche placée à côté de la première, commença à fermenter comme à l'ordinaire. Lorsqu'il eut introduit sous la cloche remplie de gaz hydrogène une petite quantité d'air atmosphérique, le jus de raisin commença également à fermenter. La quantité d'oxygène nécessaire pour déterminer la fermentation est très-petite; et dès que la fermentation est établie, elle continue sans le concours de l'oxygène. On conçoit, d'après cela, pourquoi du jus de raisin, exprimé à l'air, fermente dans des vases qui ne contiennent point d'oxygène.

Le sucre pur, dissous dans l'eau, n'entre pas en fermentation. Celle-ci dépend donc de la présence de corps qui sont séparés par le raffinage du sucre. Pour que la fermentation ait lieu, il est indispensable qu'un autre corps agisse sur le sucre contenu dans le suc. Ce corps est le gluten ; mais il peut être remplacé plus ou moins bien par d'autres corps nitrogénés, d'origine végétale ou animale, tels que la chair des animaux, le fromage, la gélatine, etc. Cependant aucun de ces corps n'est doué de la propriété de déterminer une fermentation aussi complète que le gluten qui accompagne les sucs végétaux sucrés. Mais le gluten n'agit qu'après avoir subi un changement particulier, et il est probable que c'est à cause de ce changement que le contact de l'air avec les sucs végétaux est indispensable. On admet assez généralement, comme résultat des expériences faites sur la fermentation, que le gluten, tant qu'il est dissous dans le suc végétal, ne favorise pas la fermentation, qu'une portion du gluten est d'abord précipitée sous l'influence de l'air, attendu qu'au commencement de la fermentation la liqueur se trouble, et que dans le courant de la fermentation la totalité du gluten passe à l'état où il devient propre à favoriser la fermentation ; car, quand la fermentation est achevée, on trouve dans la liqueur un précipité insoluble, qui jouit de la propriété de faire entrer en fermentation des dissolutions de sucre pur, propriété qui lui a valu le nom de *ferment.*

Pour que la fermentation alcoolique ait lieu, la présence du sucre et de la matière qui détermine la fermentation, appelée ordinairement *ferment*, ne suffit pas ; il faut qu'en outre les conditions suivantes se trouvent remplies : 1° que le sucre soit dissous dans une certaine quantité d'eau ; lorsqu'il y a trop peu d'eau, c'est-à-dire lorsque la dissolution du sucre est trop concentrée, la fermentation ne commence pas, ou bien elle s'arrête avant que tout le sucre soit détruit; 2° il faut que la liqueur soit à un certain degré de chaleur, qui ne doit pas s'élever au-dessous de 10° ni excéder 30° ; la température de 22° à 26° paraît être la plus favorable au commencement et à la continuation de la fermentation. Plus la masse qui fermente est grande, plus aussi la fermentation est complète ; ce qui paraît tenir à ce que la masse conserve alors mieux la température nécessaire à la fermentation. On n'a pas examiné quelle influence y exerce la forme des vases dans lesquels on opère ; mais il est très-probable que la fermentation s'opère autrement sous une colonne d'eau élevée que sous une colonne d'eau qui a peu de hauteur, c'est-à-dire autrement dans un vase profond que dans un vase plat. ..

Voici ce qui se passe pendant la fermentation alcoolique : quand on exprime le suc d'une partie végétale sucrée, par exemple, du raisin, de la groseille, des betteraves, des carottes, et qu'on abandonne la liqueur limpide à elle-même dans un vase légèrement couvert, et à une température de 20° à 24°, elle devient opaline dans l'espace de quelques heures et quelquefois plus tôt ; et il s'y manifeste un faible dégagement de gaz qui augmente peu à peu, tandis que la liqueur se trouble et prend un aspect d'eau argileuse ; à la fin la masse entre en une effervescence permanente et assez forte pour être entendue, il s'y produit un dégagement de chaleur, en sorte que la température du liquide s'élève au-dessus de celle de l'air ambiant. Les bulles de gaz partent de la matière qui se précipite ; elles se fixent sur cette matière et l'entraînent avec elles à la surface de la liqueur, qui se trouve ainsi couverte d'un précipité surnageant. Les portions du précipité, qui sont débarrassées des bulles gazeuses qui les ont entraînées, tombent sans cesse au fond de la liqueur, développent de nouvelles bulles de gaz, et à peine arrivées au fond, elles se trouvent entourées de bulles de gaz, et soulevées de nouveau à la surface. Ce mouvement continue pendant un espace de temps plus ou moins long, suivant la température, la quantité et l'espèce de sucre contenu dans la liqueur, l'efficacité du ferment, etc. ; il peut durer depuis quarante-huit heures jusqu'à plusieurs semaines. Dès que tout le dégagement du gaz a cessé, le précipité, rassemblé à la surface du liquide et qui consiste en ferment, tombe au fond du vase, et le liquide s'éclaircit, parce que le ferment ne se trouve plus soulevé par des bulles de gaz. Dans cet état, la liqueur ne contient plus de sucre, et sa saveur n'est plus sucrée ; elle consiste en un mélange d'eau et d'un liquide volatil, qui est un des produits de la fermentation, et que l'on connaît sous le nom d'*alcool* ou d'*esprit-de-vin*...

Si l'on filtre la liqueur qui fermente, quand elle est arrivée à un certain point, par exemple, au quart de l'époque de la fermentation, le liquide transparent, qui passe au travers du filtre, ne fermente pas ; mais au bout de quelque temps, il recommence à se troubler et à fermenter, quoique plus lentement qu'auparavant. Si l'on filtre la liqueur quand l'opération est plus avancée, la fermentation s'arrête complétement. Il paraît résulter de là que c'est l'action qu'exerce la substance

précipitée ou le ferment sur la dissolution de sucre tiède, qui détermine le dégagement de gaz, par suite duquel le ferment se trouve conduit à la surface de la liqueur.

On voit que les produits de la fermentation sont des gaz qui se dégagent du ferment qui se précipite et la liqueur fermentée (vin, bière, cidre).

Le *gaz* qui se dégage pendant la fermentation est du gaz acide carbonique. Celui qui provient des sucs de fruits sucrés est parfaitement pur, et si on le recueille après que tout l'air atmosphérique a été chassé, on trouve qu'il est complétement absorbé par l'eau de chaux. Quand on fait fermenter des céréales, l'acide carbonique qui se dégage est mêlé, suivant Thénard et Fourcroy, avec une petite quantité d'un gaz qui n'est pas absorbé par l'eau de chaux ; c'est du gaz hydrogène.

Le ferment. — Il résulte de ce qui précède que le ferment est le produit d'une altération que subissent le gluten et l'albumine végétale, altération qui ne s'opère qu'au contact de l'air, et que la fermentation elle-même favorise. — Le précipité, qui se dépose quand la fermentation est terminée, consiste, suivant les circonstances, en un mélange de ferment pur, et peut-être de ferment décomposé par la fermentation, avec des corps insolubles qui sont contenus dans la liqueur fermentée, et qui peuvent s'y trouver d'avance ou prendre naissance pendant la fermentation.

Pour préparer du ferment pur, au moins un mélange riche en ferment, on se sert du précipité qui se forme pendant la fermentation d'une infusion limpide de malt, et qu'on appelle communément *levure*. On lave cette masse à l'eau froide, distillée, et on l'exprime entre des doubles de papier brouillard. Dans cet état, elle est pulvérulente, et se compose de petits grains d'un gris jaunâtre, qui sont transparents, vus au microscope composé ; elle contient beaucoup d'eau, qui fait qu'elle est molle, comme le gluten et l'albumine végétale ramollis dans l'eau. Si on la sèche de manière à la priver de cette eau, elle devient, comme ces substances, translucide, brun jaunâtre, cornée, dure et cassante. A l'état mou et aqueux, elle est insipide, inodore, insoluble dans l'eau et dans l'alcool. Thénard a trouvé que l'eau n'en dissout point $\frac{1}{100}$ de son poids. Si l'on abandonne le ferment, dans cet état, à lui-même, à une température de 15° à 20°, en empêchant qu'il ne puisse se dessécher, il entre en putréfaction, et offre alors tous les phénomènes que présentent le gluten et l'albumine végétale dans les mêmes circonstances ; et, de même que ces substances, il laisse à la fin une masse semblable au vieux fromage. Au commencement de cette altération, et surtout quand le ferment, soumis à l'expérience, se trouve dans une atmosphère limitée, il y a absorption de gaz oxygène, et il se dégage un volume de gaz acide carbonique à peu près quintuple de celui qui correspond au volume de gaz oxygène absorbé ; en même temps il se produit de l'acide acétique au milieu de la masse.

Le gluten et l'albumine végétale, qui sont convertis en ferment pendant la fermentation, sont de tous les corps ceux qui déterminent la fermentation avec le plus de rapidité et d'énergie. Mais il résulte des expériences faites par Proust, Thénard, et principalement par Colin, que la gélatine (la gélatine ordinaire aussi bien que la colle de poisson), la fibrine animale, le caséum, l'albumine, l'urine et d'autres substances azotées, jouissent aussi de la propriété de faire fermenter une dissolution de sucre, avec cette différence que, tandis que la levure établit une fermentation complète en moins d'une heure et à une température de 18° à 20°, ces substances exigent plusieurs jours et une température de 25° à 30° pour se transformer en ferment et pour produire la fermentation ; ordinairement celle-ci marche plus rapidement sous l'influence de matières animales fermentescibles qui ont subi un commencement de putréfaction, que lorsqu'on emploie ces mêmes matières à l'état frais. Le ferment, qui reste quand la fermentation est terminée, est moins bon que le ferment ordinaire, mais beaucoup plus actif que les matières aux dépens desquelles il a pris naissance. L'albumine des œufs est la substance qui agit le plus lentement ; quand on en fait usage, la fermentation ne s'établit assez souvent qu'au bout de trois semaines et à une température de 35° ; pendant la fermentation, qui marche très-lentement, l'albumine excédante se précipite à l'état de véritable ferment. Les matières exemptes d'azote ne produisent point de ferment.

On a cherché à expliquer de différentes manières le mode d'action du ferment. Fabroni avait admis, pendant quelque temps, que la fermentation était le résultat de l'action qu'exerçaient les acides végétaux sur le sucre ; mais, plus tard, il trouva qu'une substance azotée coopérait à la fermentation, et il admit que le carbone du ferment se combinait avec l'oxygène du sucre, pour donner naissance à de l'acide carbonique, tandis que l'alcool était produit par le restant des éléments du sucre. On chercha ensuite à attribuer ces réactions à l'électricité. Gay-Lussac a trouvé que si l'on fait arriver les deux fils d'une forte pile galvanique dans du jus de raisin qui avait été exprimé à l'abri du contact de l'air, et qui par conséquent ne fermentait pas, le jus ne tarde pas à entrer en fermentation, et Colin a excité par la pile la fermentation d'une dissolution de sucre dont la moitié, placée d'ailleurs dans les mêmes circonstances, mais soustraite à l'action de la pile, ne fermente pas dans l'espace de deux mois. Mais la pile agit plutôt en déterminant un dégagement d'oxygène, et par suite une formation de ferment, qu'en excitant la fermentation : car, dans une dissolution de sucre parfaitement pur, son action est nulle. Cependant Schweigger a essayé de rendre probable que le ferment forme avec le sucre et l'eau une foule de petites paires électriques, répandues dans tout le liquide. Mais cette manière de voir ne peut pas être la vraie, car, dans le cas dont il s'agit, il n'y a que deux éléments réunis en paires, le ferment et la dissolution du sucre, et l'un de ces éléments enveloppe uniformément et sous forme liquide l'autre élément, et s'oppose ainsi au développement de l'électricité par contact, qui repose sur ce que les deux côtés d'un corps solide sont inégalement affectés. Néanmoins, si l'on part des propriétés électriques des corps pour expliquer tous les effets chimiques en général, il est évident que la fermentation ne saurait avoir lieu sans la coopération de forces électriques ; mais il reste à déterminer comment ces forces sont mises en jeu par l'action du ferment.

En général, la question la plus essentielle paraît celle de savoir s'il s'établit entre le ferment et le sucre une action chimique, par suite de laquelle les éléments de ces deux substances contribuent à la formation des nouveaux produits, ou si l'action qu'exerce le ferment sur la dissolution du sucre a de l'analogie avec celle qu'exerce, par exemple, l'oxyde aurique sur le suroxyde hydrique, en sorte que le sucre est décomposé en acide carbonique et en alcool, dans ses points de contact avec le ferment, tandis que le ferment dégage également de l'acide carbonique. Nous ne possédons pas les données nécessaires pour résoudre cette question ; car il faudrait aussi savoir ce que devient le ferment et quel changement il subit par la fermentation.

La liqueur fermentée. — Nous avons dit qu'à la place du sucre, on trouve dans cette liqueur de l'alcool qui, quoique volatil, reste dissous dans la liqueur. On avait prétendu que le gaz acide carbonique entraînait une quantité notable d'alcool, mais Gay-Lussac a fait voir que cette quantité ne s'élevait pas à $\frac{1}{4}$ pour cent de l'alcool produit, attendu que cette évaporation est simplement le résultat de la tension dont jouit la liqueur à la température à laquelle la fermentation a lieu, et qu'elle dépend, d'une part, de la quantité de l'acide carbonique qui se dégage, de l'autre, de la proportion dans laquelle se trouvent l'alcool et l'eau. *Voy.* FERMENT.

FERMENTATION DU VIN. *Voy.* VIN.

FEU. *Voy.* COMBUSTION.

FEU GRISOU. *Voy.* HYDRURE GAZEUX.

FEU GRÉGEOIS. — Marcus Græcus indique ainsi la manière de faire le feu grégeois : « Prenez du soufre pur, du tartre, de la sarcocolle (espèce de résine), de la poix, du salpêtre fondu, de l'huile de pétrole et de l'huile de gemme. Faites bien bouillir tout cela ensemble ; trempez-y ensuite de l'étoupe, et mettez-y le feu. Ce feu ne peut être éteint qu'avec de l'urine, avec du vinaigre ou avec du sable.»

L'alcool (*eau ardente*) et l'essence de térébenthine paraissent avoir également servi à la préparation du feu grégeois. « *L'eau ardente* se prépare de la manière suivante : Prenez du vin de couleur foncée, épais et vieux. Ajoutez à un quart de ce vin deux onces de soufre pulvérisé, deux livres de tartre provenant de bon vin blanc ; deux onces de sel commun : mettez le tout dans une cucurbite bien plombée et lutée (*subdita ponas in cucurbita bene plumbata*), et après y avoir apposé un alambic, vous distillerez une eau ardente, que vous conserverez dans un vase de verre bien fermé. »

Ce qu'il y a de curieux, c'est qu'un peu plus loin Marcus Græcus décrit la distillation de l'essence de térébenthine, qu'il appelle également *aqua ardens*, eau ardente ; ce qui peut faire penser, avec raison, que toutes les huiles essentielles portaient primitivement, ainsi que l'alcool, le nom d'eaux ardentes. « Prenez, dit l'auteur, de la térébenthine, distillez-la par un alambic, et vous aurez ainsi une *eau ardente* qui brûle sur le vin, après qu'on l'a allumée avec une chandelle (*candela*). » Ceci explique peut-être pourquoi on disait que le feu grégeois brûlait sur l'eau : c'est que ce n'était pas là de l'eau commune, mais des eaux ardentes, des huiles essentielles, et notamment l'huile de térébenthine, mise en contact avec d'autres substances très-combustibles.

FEUX FOLLETS. *Voy.* HYDROGÈNE PHOSPHORÉ.

FEUILLES et TIGES VERTES. — Si l'on broie et qu'on exprime une plante fraîche et verte, il s'en écoule une liqueur trouble et verdâtre, qui répand une forte odeur d'herbe, ne s'éclaircit pas facilement et passe également trouble au travers du filtre. Cette liqueur contient réellement des globules de lait, combinés avec de la graisse verte qui colore le lait, et sans laquelle ce dernier serait blanc. Ces globules peuvent être séparés du *liquide* soit par une chaleur de 60° à 70°, soit en ajoutant au lait, de l'alcool, de l'acide, de l'alcali, un sel, etc. Après avoir été coagulée par la chaleur, la liqueur peut être filtrée, et laisse alors sur le papier le coagulum vert, qui possède l'odeur d'herbe, dont la liqueur ne présente plus que des traces. Dans cet état, il se divise facilement dans l'eau, mais on peut toujours l'en séparer par filtration. Il est composé d'albumine végétale combinée avec une graisse verte, semblable à de la cire, que l'on peut enlever à l'aide de l'alcool, ou mieux encore, au moyen de l'éther. Cependant l'albumine en retient toujours une petite quantité qui lui donne une teinte verdâtre. Après la dessiccation, l'albumine est noire. Du reste elle jouit de toutes les autres propriétés de l'albumine végétale, mais elle contient des parties de ligneux qui se sont séparées de la plante, pendant qu'on la triturait, et qui restent sans se dissoudre quand on traite l'albumine par la potasse caustique.

Si l'on fait coaguler le suc verdâtre par un acide, la couleur verte est détruite, et le lait devient gris.

La plante, dont on a exprimé le suc, et que l'on a épuisée par l'eau et l'esprit-de-vin, contient de l'albumine végétale coagulée, que l'on parvient à isoler, en traitant la plante par une dissolution étendue de potasse, et précipitant l'albumine dissoute par un acide.

Le suc qu'on obtient en broyant et exprimant certaines racines, telles que les pommes de terre, la betterave, les carottes, les navets, dépose, quand on le chauffe, un coagulum assez fort, qui consiste en une espèce d'albumine végétale, caséeuse, qui ressemble d'ailleurs à l'albumine des céréales et des graines émulsives.

Le gluten et l'albumine végétale ne sont employés comme nourriture que dans leurs associations naturelles avec d'autres substances végétales. Ce sont eux qui rendent si nutritifs tous les aliments préparés avec de la farine des céréales, parce qu'ils contiennent cette matière azotée, tandis que les pommes de terre, par exemple, qui contiennent peu d'albumine et ne renferment point de gluten, ne sont pas suffisamment nutritives si on n'y joint une certaine quantité d'aliments de nature animale. Nul doute que l'albumine végétale contenue dans les plantes vertes rende celles-ci plus nutritives pour les herbivores ; reste à savoir si ces derniers tirent de l'albumine tout ce qui entre dans les principes azotés de leurs corps. Des expériences qui consisteraient à nourrir les herbivores pendant leur croissance, avec de l'amidon et du sucre, ou avec des matières exemptes d'azote, conduiraient certainement à des résultats pleins d'intérêt.

FEUILLES, causes de leurs teintes diverses suivant les saisons. *Voy.* COULEURS VÉGÉTALES, § III:

FIBRE VÉGÉTALE (*fibre ligneuse*). — Cette fibre correspond dans les herbacées au ligneux des arbres et des arbustes. Elle est tantôt si cassante qu'on peut la rompre, tantôt si flexible et si tenace, qu'elle se plie plutôt que de rompre, tantôt flexible en tous sens, cas dans lequel on l'appelle fibre chez les herbacées et liber chez les arbres. La fibre et le liber appartiennent cependant plutôt à l'écorce qu'au bois, et constituent les parties de l'écorce les plus rapprochées du ligneux ; ainsi la fibre du lin, du chanvre, de l'ortie, du phormium tenax, de l'eupatorium cannabinum, etc., se trouve dans la partie interne de la plante, qui correspond à l'aubier des arbres ; chez le coton, au contraire, la fibre constitue l'enveloppe des semences, ce qui permet à l'air de les enlever et de les répandre au loin.

Pour séparer la fibre du lin et du chanvre de l'écorce et de la fibre végétale cassante, on dessèche parfaitement la plante mûre, de manière que toutes les parties molles durcissent et deviennent friables ; on la passe ensuite entre des rouleaux cannelés, ou on la bat, pour détacher ces parties molles de la fibre ; ou bien on la place sur un gazon humide ou sous l'eau, jusqu'à ce qu'elle ait subi une espèce de putréfaction, qui détruit la cohésion entre l'écorce et la fibre cassante, après quoi on la sèche et on l'écrase comme nous venons de le dire. Après la fermentation putride, la fibre se trouve combinée avec une substance produite par la destruction des parties pourries, qui lui communique une couleur gris jaunâtre, dont on ne peut débarrasser la fibre qu'en lui donnant alternativement des lessives et des expositions au pré où elle se trouve sous l'influence immédiate du soleil. Cette dernière opération peut être remplacée par des immersions dans la solution de chlore ou de chlorite calcique ; cependant on a reconnu que le chanvre et le lin blanchis par ce dernier moyen étaient moins solides. La fibre, débarrassée sans la fermentation des parties cassantes qui y adhèrent, devient blanche par la simple exposition au soleil.

La fibre du coton est blanche à l'état naturel. Elle est triangulaire, et c'est à cette forme qu'on attribue son tranchant, par suite duquel on n'aime pas à se servir d'un mouchoir de coton lorsqu'on est enrhumé, et qui empêche qu'on n'emploie le coton comme charpie, etc.

Sous le point de vue chimique, les différentes espèces de fibre jouissent des mêmes propriétés que le ligneux, et, d'après ce que l'on en sait jusqu'à ce jour, le chlore, les acides et les alcalis agissent sur elles comme sur le ligneux.

L'emploi de la fibre végétale à la préparation des tissus est plus ancien que l'histoire connue ; les momies égyptiennes se trouvent enveloppées dans des bandes de toiles de lin, qui sont devenues friables, après une existence de trente siècles, et les populations du Nord, qui envahirent l'Europe méridionale, portaient des vêtements en toile de lin, lors de leur première rencontre avec les Romains.

Le *papier* se prépare avec de la fibre légèrement altérée. Du lin ou du coton, imbibé d'eau, est mis en tas et abandonné à lui-même jusqu'à ce qu'il commence à entrer en putréfaction. A l'aide de machines appropriées, la masse ainsi obtenue est réduite en pâte, que l'on porte sur un tissu métallique, où elle laisse écouler l'eau ; pendant la dessiccation, les particules de la pâte prennent de la cohérence, effet qu'on favorise par une forte pression. Pour préparer du papier sur lequel on puisse écrire sans qu'il boive, il est nécessaire que la porosité du papier soit détruite; à cet effet on le trempe à l'état sec dans une solution mixte de colle-forte et d'alun, opération par laquelle le papier devient, après la dessiccation, impénétrable aux liquides. — La fabrication du papier est d'origine arabe. Les Arabes surent déjà, en 704, préparer du papier de coton. Vers le milieu du XIVᵉ siècle, la fabrication du papier de lin commença à se répandre, et Schäffer fit voir dans les années 1760 à 1770, que le foin, la paille, la sciure de bois et les feuilles peuvent servir à fabriquer du papier. Plus tard on a appris à faire du papier avec des feuilles de pin et de sapin et d'autres substances analogues. *Voy.* LIGNEUX et PAPIER.

FIBRINE. — La fibrine est une matière solide, blanche, flexible, qui fait partie, qui est même la base de la chair musculaire et

du sang des animaux. On l'obtient pure, en battant avec un balai d'osier le sang qui vient de sortir de la veine. Bientôt la fibrine s'attache à chaque tige sous forme de longs filaments rougeâtres, qu'on décolore en les pétrissant sous un filet d'eau froide. Comme ils contiennent encore une matière grasse, on s'en débarrasse en faisant macérer le produit dans l'éther

La fibrine ainsi obtenue est hydratée, légèrement élastique, insipide, inodore, plus dense que l'eau ; elle n'est ni acide, ni alcaline aux papiers, quoiqu'elle puisse cependant jouer le rôle de base et celui d'acide. Quand elle a été desséchée, elle est demi-transparente, jaunâtre, roide, cassante et susceptible de se gonfler dans l'eau, mais sans s'y dissoudre. La fibrine humide éprouve très-facilement la fermentation putride au contact de l'air, mais ne se change pas en gras de cadavre, comme on l'a cru longtemps. L'eau bouillante l'altère et la rend insoluble dans l'acide acétique. Si on la soumet à la distillation, il en résulte beaucoup d'ammoniaque, un charbon volumineux, très-brillant et difficile à incinérer ; il reste aussi des phosphates de chaux, de magnésie et de l'oxyde de fer.

Suivant Gay-Lussac et Thénard, elle est composée de carbone 53,360, d'oxygène 19,615, d'hydrogène 7,021, et d'azote 19,934. *Voy.* ALIMENTS.

La fibrine est sans usage par elle-même ; mais comme elle forme la base de la chair musculaire et du sang, on doit la regarder comme une des substances les plus nutritives.

FIEL DE BOEUF. *Voy.* BILE.

FIGULINE. *Voy.* ARGILES.

FILONS. *Voy.* GISEMENT des minéraux.

FILS et TISSUS d'origine organique. *Voy.* CELLULOSE.

FLAMBAGE DES TISSUS DE COTON (*grillage* et vulgairement *roussi*). — Quelque perfectionné que soit le filage du coton, on n'a pas encore pu obtenir un fil absolument sans duvet, et d'après la nature de cette matière filamenteuse, il est douteux qu'on puisse jamais y parvenir. Les fils de coton seront toujours plus ou moins barbus et cotonneux, si je puis parler ainsi, suivant l'espèce de coton employé et suivant le degré d'habileté du filateur.

L'apprêt que les fils reçoivent pour être tissés ne remédie que momentanément à cet inconvénient. Les bouts de filaments non engagés dans le corps du fil ne sont que couchés et collés contre lui; ils se redressent aussitôt qu'on lave la toile, dont la surface devient cotonneuse.

Dans plusieurs circonstances on en fait usage dans cet état ; mais la plupart du temps on a besoin que le corps du tissu soit à découvert et parfaitement uni; cela est de rigueur dans les calicots qu'on destine à l'impression, et même dans les toiles de ménage pour linge de table, de corps, d'ameublement, etc.

C'est en grillant le duvet qui recouvre ainsi les fils du coton et masque leur éclat et leur finesse, au moins en partie, qu'on parvient à le détruire complétement et à donner aux toiles de coton l'aspect des toiles de lin. Cette sorte de torréfaction superficielle s'appelle *grillage* ou *flambage*, et plus vulgairement *roussi*.

On l'exécute en faisant passer rapidement les toiles au-dessus d'une plaque de fonte chauffée au rouge, ou sur une flamme suffisamment chaude et pure, comme celle de l'hydrogène bicarboné, ou celle de l'esprit-de-vin.

Le *grillage à la plaque* offre plusieurs inconvénients qui l'ont fait abandonner généralement. La première idée du grillage au moyen de la flamme du gaz appartient à Molard, ancien directeur du Conservatoire des Arts-et-Métiers ; mais il n'a été mis en exécution qu'en 1817, par Samuel Hall, mécanicien anglais. Son appareil consiste essentiellement en deux tubes de cuivre, percés d'une multitude de petits trous sur leur partie supérieure. Ces tubes placés horizontalement, à peu de distance l'un de l'autre, sous une hotte faisant fonction d'aspirateur, reçoivent le gaz d'un réservoir. Le gaz s'échappe par les trous des tubes, et, lorsqu'on y met le feu, il y a alors deux lignes de feu sur lesquelles on fait passer rapidement les toiles qu'il s'agit de roussir. L'appareil de Hall fonctionne avec une rare perfection ; malheureusement il est d'un prix assez élevé. Il est employé à Rouen, chez MM. Cotté frères. Scheibler, de Creveld, avait imaginé, avant Hall, une lampe à huile pour griller les toiles, mais cette lampe avait plusieurs inconvénients inséparables de l'emploi de l'huile et des mèches. Dezcroizilles fils a pris, en 1826, un brevet pour la substitution de l'esprit-de-vin au gaz de la houille, et ce mode de grillage a été adopté dans beaucoup de fabriques, comme plus commode et moins coûteux.

Rien ne surprend davantage les personnes étrangères à l'industrie que de voir des tissus aussi légers que nos calicots, nos mousselines, traverser une ligne de flamme, sans être brûlés. Cet étonnement cesse dès qu'on sait que la fibre ligneuse est un très-mauvais conducteur de la chaleur. En effet, qu'on présente un fil de coton à la flamme d'une bougie, il y a aussitôt une scission nette, et l'inflammation qui a lieu d'abord, loin de se propager dans la longueur du fil, ne tarde pas à s'éteindre. C'est en raison de cette propriété non conductrice de la fibre végétale, qu'une toile qu'on grille n'éprouve aucune altération dans ses fils, tandis que le duvet seul, qui recouvrait sa surface, est entièrement consumé par la flamme.

Depuis quelques années, les fabricants d'indiennes ont abandonné le *roussi* pour le remplacer par l'emploi de *tondeuses* peu différentes de celles qui servent à tondre les draps. Ces machines enlèvent très-bien le duvet des toiles et fonctionnent avec plus d'économie que les appareils précédents.

FLAMME. — Tout le monde sait que le suif, la cire, le bois et l'huile fournissent de la lumière lorsqu'on les expose à une certaine température. C'est que, par l'effet de la chaleur, une partie de ces substances, dans lesquelles l'hydrogène et le carbone dominent, se décompose et se transforme en gaz combustibles qui s'unissent avec l'oxygène de l'air ; dans tous les cas, ces gaz ne peuvent devenir lumineux qu'autant qu'ils rencontrent la quantité d'air nécessaire pour opérer leur combustion complète, et que la température arrive au moins à + 600°.

Les mèches dont les chandelles, les bougies, les lampes, sont pourvues, favorisent cette élévation de température par leur combustion. Elles agissent, en outre, comme des tubes capillaires, en déterminant l'ascension continuelle des matières grasses jusque dans la partie où la combustion s'effectue.

Le manque d'air produit une combustion incomplète, et par suite une température peu élevée, ce qui nuit à l'éclat de la flamme et donne de la fumée. Un excès d'air nuit également, soit parce que la flamme en est refroidie, soit parce que la combustion totale est trop prompte.

Avec de mauvaises mèches, une partie du combustible se vaporise en pure perte sans prendre feu, et en donnant de la fumée et une odeur de matière grasse à demi décomposée. C'est ce qui arrive dans les lampes mal construites, et dans les chandelles qu'on oublie de moucher. Il y a consommation plus grande de combustible, et un plus faible pouvoir éclairant.

Tels étaient les inconvénients des lampes anciennes. Avant 1789, Argant eut l'idée très-heureuse de former les mèches cylindriques, vers le haut desquelles l'huile monte par l'effet d'un siphon ou seulement par la capillarité de la mèche ; de plus, l'air atmosphérique peut s'élever sans cesse le long de la mèche, par deux courants, l'un intérieur et l'autre extérieur ; enfin les deux courants sont rendus beaucoup plus rapides par une cheminée de verre dont le cylindre entoure concentriquement la mèche.

Un ouvrier d'Argant, le nommé Quinquet, déroba la découverte de son maître, et le frivole public honora du nom de *Quinquet* le vol scandaleux de l'invention d'Argant.

Un dernier perfectionnement restait à produire, c'était d'épargner à la main de l'homme le soin fastidieux d'amener fréquemment à la hauteur convenable, en pompant, l'huile qui doit alimenter la lampe. Carcel y parvint au moyen d'un mouvement d'horlogerie caché dans l'intérieur de la lampe. En 1803, Carcel obtint à l'exposition des produits de l'industrie une médaille de bronze pour sa précieuse invention. Les frères Girard, depuis, sont arrivés au même résultat que Carcel, par une application ingénieuse de la fontaine hydrostatique.

FLEURS DE SOUFRE. *Voy.* Soufre.

FLINT-GLASS. *Voy.* Verre et Plomb, *silicate*.

FLUATE DE CHAUX. *Voy.* Spath-fluor.

FLUIDES DES SÉCRÉTIONS. — On appelle ainsi les différents fluides qui sont formés dans les organes aux dépens du sang.

Ces fluides ont différents usages dans l'économie animale : quelques-uns sont destinés à certaines fonctions, comme la salive, la bile, le suc pancréatique ; d'autres sont rejetés au dehors, comme la sueur, l'urine et le lait, et ne pourraient demeurer longtemps dans l'économie sans y apporter plus ou moins de trouble.

Ces liquides sécrétés ont une composition variable : les uns sont, pour ainsi dire, exhalés à la surface des membranes d'où ils sortent ; tels sont le mucus, l'humeur de la transpiration et les liqueurs séreuses ; les autres, comme la salive, le suc pancréatique, sont rassemblés dans des canaux particuliers qui les versent au besoin ; d'autres, enfin, sont immédiatement déposés, après leur sécrétion, dans des réservoirs particuliers, tels sont la bile, l'urine, etc.

Une remarque curieuse qu'offrent ces fluides sécrétés, c'est de jouir de propriétés alcalines ou acides ; ce qui a fait supposer que leur formation était due dans l'économie à une force électro-chimique, et que tous ces phénomènes se passaient principalement dans les organes sécréteurs ; mais de nouvelles expériences, dues aux recherches de MM. Prevost, Dumas, Vauquelin et Ségalas, ont démontré que quelques-uns des principes qu'on rencontre dans les sécrétions étaient tout formés dans le sang, ce qui ferait supposer que les organes ne fabriquent point les fluides sécrétés, comme on le pensait généralement, mais qu'ils ne font que les éliminer du sang, où ils ne pourraient rester longtemps sans troubler toutes les fonctions animales. De nouvelles expériences seraient encore nécessaires pour appuyer cette opinion ; il faudrait, si cela était possible, examiner le sang artériel avant son entrée dans l'organe et après sa sortie, afin de reconnaître les modificacations qu'il a éprouvées en passant dans celui-ci.

FLUOBORIQUE (acide). — Si l'on met de l'acide borique en présence de l'acide sulfurique et du fluorure de calcium, on produira un gaz incolore, fumant, très-acide, éteignant même promptement les corps en combustion : c'est le gaz fluoborique. L'eau en dissout 600 fois son volume. C'est le plus fumant des gaz : voilà pourquoi les chimistes l'emploient dans leurs laboratoires, lorsqu'ils veulent reconnaître si un gaz contient de l'humidité. Il agit d'une manière singulière sur les papiers, les bois, et en général sur tous les corps ligneux ; car si l'on plonge, seulement pendant quelques instants, un de ces corps dans une éprouvette qui renferme ce gaz, on le retire charbonné. Ce phénomène s'explique très-bien par l'avidité de l'acide pour l'eau que pourraient contenir ces corps ; car le papier, le bois, les ligneux, peuvent être considérés comme formés de charbon et d'eau, ainsi que le constate la chimie organique.

FLUOR, syn. : *Phthor* (de φθείρω, je détruis). — Ce corps, non encore isolé, mais admis aujourd'hui d'après l'analogie que présentent plusieurs de ses composés avec ceux du chlore et de l'iode, n'a encore été rencontré que combiné à certains métaux et principalement au calcium. Cette dernière combinaison constitue un minéral assez commun qu'on a d'abord distingué en minéralogie par le nom de *spath fluor*, à cause de sa fusibilité, et ensuite par celui de *chaux fluatée, fluate de chaux*. Ce dernier nom lui a été donné, en 1771, par Scheele, qui, après en avoir fait un examen attentif, en retira, par l'action de l'acide sulfurique, un acide particulier qu'il désigna sous le nom d'*acide fluorique*. Il démontra alors que cet acide était uni dans ce minéral à la chaux, et qu'il avait été déplacé de sa combinaison par l'acide sulfurique.

Les nouvelles expériences qui ont été faites depuis tendent à démontrer que cet acide ne contient pas d'oxygène, mais se comporte comme un acide formé par l'hydrogène et une base inconnue, analogue aux acides hydrochlorique et hydriodique ; du moins les expériences de sir Humphry Davy donnent beaucoup de probabilité à cette dernière hypothèse, qui avait déjà été adoptée par M. Ampère.

D'après les considérations que nous venons d'exposer, l'acide fluorique serait un composé d'hydrogène et de fluor (acide hydrofluorique), et le minéral d'où on le retire, un composé de fluor et de calcium. L'on voit que l'action de l'acide sulfurique sur ce composé doit être analogue à celle qu'il exerce sur le chlorure de sodium ; que, dans cette réaction, l'eau de l'acide sulfurique doit être décomposée : son oxygène s'unit au calcium et son hydrogène au fluor pour produire l'acide hydrofluorique. Quant à l'acide sulfurique, il se combine avec l'oxyde de calcium formé et produit du protosulfate de calcium (sulfate de chaux). Ce qui donne une nouvelle force à cette hypothèse, c'est la non-décomposition du fluorure de calcium par l'acide sulfurique anhydre, comme l'a observé M. Kulmann.

FLUOR (*min.*) — Ce minéral est employé avec succès pour des vases, des ornements de fantaisie, qui sont extrêmement agréables. On choisit les variétés qui ont des couleurs vives, et particulièrement diverses teintes de violet, de rosâtre, disposées par zônes, en zigzags, imitant des fortifications. Il en est qui, sur un fond violâtre, présentent de grandes taches rosâtres, d'un éclat nacré, formées par une agrégation de carrés, résultant de la section des octaèdres ou des cubes dont la masse est composée, et qui sont du plus bel effet. On se sert aussi de quelques variétés jaunâtres relevées par des zigzags violets. On a aussi employé les mêmes variétés en incrustations, ainsi que celles d'une teinte verte plus ou moins décidée, qui sont fréquemment mélangées de quartz.

FLUORHYDRIQUE (acide). Syn. : *acide hydrofluorique, acide fluorique, acide hydrophthorique*. — Le fluor, en se combinant avec l'hydrogène, ne forme qu'une seule combinaison, l'acide fluorhydrique, dont la découverte, due à Scheele, remonte à l'année 1771. Mais l'acide qu'il a décrit sous le nom d'acide fluorique n'était point pur ; il contenait beaucoup d'acide silicique. De là vinrent un grand nombre de discussions sur sa véritable nature, jusqu'à ce que Wenzel démontra, en 1783, qu'on obtient de l'acide fluorique exempt de silice et fumant, en le préparant dans un appareil métallique convenable. Gay-Lussac et Thénard ont donné, en 1810, des préceptes plus précis relativement à la préparation de l'acide pur, dont ils ont décrit aussi les propriétés jusqu'alors presque inconnues.

Pour obtenir l'acide hydrofluorique concentrée et anhydre, on réduit du spath-fluor choisi, pur et sans silice, en poudre très-fine, puis on le mêle avec le double de son poids d'acide sulfurique concentré, dans une cornue de plomb, dont le long col aboutit dans un petit récipient.

Cet acide est très-volatil et répand des fumées épaisses à l'air. Son point d'ébullition, qu'on ne connaît point d'une manière précise, ne dépasse pas de beaucoup $+15$ degrés, ce qui ne permet pas de le conserver à ce degré de concentration. Il ne se solidifie point à un froid de -20 degrés. Une de ses propriétés les plus remarquables est d'attaquer le verre. Lorsqu'on place le vase métallique contenant l'acide concentré sous une cloche de verre, on trouve au bout de quelque temps celle-ci tellement corrodée qu'elle a perdu sa transparence. Si l'on fait tomber une goutte d'acide sur du verre, il s'échauffe, entre de suite en ébullition, se volatilise sous la forme d'une fumée épaisse, et laisse l'endroit avec lequel il était en contact corrodé et couvert d'une poudre blanche, qui est composée des éléments de l'acide et du verre. Tous ces effets dépendent de son affinité puissante pour l'acide silicique, avec le radical duquel il donne lieu à une combinaison gazeuse particulière.

Gay-Lussac et Thénard recommandent de se préserver de l'action que l'acide hydrofluorique exerce sur la peau, action qui, même lorsqu'on emploie cet acide en petite quantité, est extrêmement violente, occasionne des douleurs insupportables, et détermine des ulcères difficiles à guérir. Il suffit de toucher la peau avec la pointe d'une aiguille trempée dans l'acide, pour s'attirer une nuit sans sommeil, et parfois même un accès de fièvre. Quelques jeunes chimistes, qui les avaient aidés dans leurs expériences, et qui s'étaient imprudemment tenus les doigts exposés pendant quelques secondes aux vapeurs de l'acide, furent atteints de maux graves, qui ne guérirent qu'au bout de plusieurs semaines. L'effet ordinaire de l'acide est de causer d'abord une violente douleur dans la partie qu'il touche ; puis celles qui l'entourent deviennent blanches et douloureuses, et il se forme dessus une ampoule, avec une pellicule épaisse et blanche, qui contient du pus. L'acide se combine tellement avec la peau, qu'il ne peut même point être enlevé par le moyen de la potasse, quoique le lavage avec cet alcali apaise le mal ; la douleur diminue aussi, lorsqu'on ouvre l'ampoule le plus tôt possible. Quand l'acide est étendu, ou qu'il contient du silicium, la présence de l'eau ou du silicium s'oppose à cet effet de sa part.

L'acide hydrofluorique sert dans les arts, où on l'emploie pour graver sur le verre. On couvre le verre d'une cire ou d'un vernis propre à cette opération, et l'on dessine sur cet enduit, de manière à pénétrer jusqu'au verre ; on expose ensuite la pièce à l'action de l'acide, soit aqueux, soit gazeux. Dans le premier cas, on forme un rebord de cire tout autour du verre, sur lequel on verse de l'acide hydrofluorique étendu d'eau ; dans l'autre, on mêle ensemble du spath-fluor en poudre et de l'acide sulfurique, dans un creuset de platine ou un vase de plomb, que l'on couvre ensuite avec le verre qu'on veut graver ; après quoi on chauffe le vase assez doucement pour que la cire ne puisse pas se fondre. Quand on emploie de l'acide liquide et étendu, le dessin est poli, tandis que lorsqu'on s'est servi d'acide concentré ou gazeux, il est mat et plus apparent. Cette différence tient à ce qu'il se fixe, dans les traits, du fluorure silicique et potassique, produit par l'action de l'acide sur les éléments du verre, et qui, lorsqu'on opère avec de l'acide liquide, est enlevé par l'eau de ce dernier, sans pouvoir se fixer. On profite de cette propriété qu'a l'acide hydrofluorique pour découvrir la présence du fluor dans des corps qu'on veut analyser. On détermine la réaction en chauffant un morceau de verre assez pour que, lorsqu'on le frotte avec de la cire, il se couvre d'une couche légère de cette substance : après le refroidissement de la cire, on y dessine avec la pointe d'une épingle de cuivre jaune, ou mieux avec une tige pointue de plomb ou d'étain. La substance qu'on veut examiner est réduite en poudre fine, et mêlée avec de l'acide sulfurique, dans un creuset de platine, que l'on couvre avec le verre gravé, et qu'on chauffe, en ayant soin que la cire ne fonde pas. Au bout d'une demi-heure, on retire le verre et on le chauffe doucement pour fondre la cire, qu'on essuie avec un linge. Si le corps mis à l'épreuve contenait du fluor, le dessin s'aperçoit sur le verre ; si la quantité de fluor était peu considérable, la gravure ne paraît pas immédiatement, mais elle devient visible en passant l'haleine sur le verre (1). Cependant, si l'on avait dessiné sur la cire avec un corps dur, tel qu'une pointe d'acier, le dessin pourrait être rendu apparent par l'haleine, sans qu'il eût y eu action d'acide hydrofluorique. Sou-

(1) Ce phénomène tient à ce que la surface du verre condense des quantités inégales d'eau dans les endroits où elle est polie et dans ceux où elle l'est moins, probablement à cause du rayonnement inégal de la chaleur, qui fait que les parties mattes s'échauffent moins vite que les autres. Il suffit, par exemple, d'écrire sur un carreau de vitre avec de l'agalmatolithe, minéral mou, et de bien essuyer ensuite ; l'écriture, qui n'était pas visible, le devient en passant l'haleine sur le verre.

vent aussi, il n'y a point de réaction, quand la substance qu'on examine contient de l'acide silicique ; on la place alors dans un tube de verre long de huit à dix pouces et ouvert aux deux bouts, soit près d'une des ouvertures, soit sur une petite lame de platine glissée dans le tube ; on incline cette extrémité du tube en bas, et l'on chauffe l'échantillon à la flamme du chalumeau, jusqu'à ce qu'il soit rouge, en donnant à la flamme une direction telle, que les produits de la calcination soient poussés dans le tube. La chaleur expulse le fluoride silicique, qui se condense dans le tube, avec l'eau formée par la flamme, et dépose de l'acide silicique ; lequel, quand l'eau vient à s'évaporer ensuite par l'échauffement du tube, reste sous la forme de taches blanches de la grandeur des gouttes. M. Hann est parvenu, dans ces dernières années, à perfectionner singulièrement l'art de graver le verre par le moyen de l'acide fluorique. Il produit des demi-teintes et des ombres forcés avec une merveilleuse facilité ; il peut reporter sur verre les dessins les plus compliqués et les rendre tous au ton désiré. Il se sert d'un vernis particulier et emploie plusieurs précautions que je ne puis décrire ici.

FLUORINE (*fluor* , *spath – fluor* , *chaux fluatée* , *fluorure de calcium* , etc.). — La fluorine est fréquemment subordonnée aux gîtes métallifères, particulièrement aux gîtes de minerais de plomb (Derbyshire, Cumberland, etc.).

Les variétés de fluorine, qui présentent des couleurs vives, surtout lorsqu'elles sont disposées par zones et en zigzags, sont recherchées pour en faire des vases, des coupes, des chandeliers, et une multitude d'objets de fantaisie, qui sont très-agréables, et souvent d'un prix très-élevé. C'est principalement en Angleterre que l'on fabrique ces divers ornements avec les Fluorines qu'on trouve en dépôts considérables dans les calcaires du Derbyshire. Il paraît évident que c'était la substance avec laquelle on faisait les *vases murrhins*, si célèbres dans l'antiquité. En France, on a quelquefois employé sous le nom de *Prime d'émeraude* les variétés verdâtres mélangées de quartz et de calcédoine, disposées par couches en zigzags, pour des incrustations, qui sont d'un assez bel effet.

On a quelquefois taillé en petites pierres les variétés transparentes de fluorine, qui présentent des couleurs décidées assez vives ; on les a désignées alors sous les noms de *faux rubis*, *fausse émeraude*, *fausse topaze*, etc. C'est avec la fluorine qu'on prépare l'acide hydrophthorique dans les laboratoires.

FLUORURE de calcium. *Voy.* C**ALCIUM**.

FLUORURE de silicium. *Voy.* S**ILICIUM**.

FLUX NOIR ou **FLUX BLANC**. *Voy.* T**ARTRATES**.

FOIE de raie. *Voy.* C**ORPS GRAS**.

FOIE D'ANTIMOINE. *Voy.* A**NTIMOINE**, *sulfure*.

FOIE DE SOUFRE. *Voy.* P**OTASSE**, *sulfure de potassium*.

FOLIE, a-t-elle sa cause dans un excès de phosphore dans le cerveau ? *Voy.* C**ERVEAU**.

FONTE. *Voy.* F**ER**.

FORCE ÉLECTRO-MAGNÉTIQUE. — Je regarde comme un grand bonheur pour l'humanité, dit M. Liebig, que toute idée nouvelle qui a pour but la création d'une machine utile, le perfectionnement d'une industrie, la production de nouveaux articles de commerce, rencontre immédiatement des hommes prêts à consacrer toute leur puissance, leur fortune et leurs talents à la réaliser. Je crois que l'on partagera ma manière de voir : car, alors même que cette idée se trouve en définitive absurde et inexécutable, il sort toujours de ces tentatives infructueuses quelques résultats avantageux, quelque découverte inattendue dont il sera plus tard possible de tirer parti. Il en est donc de l'industrie comme de la science. Toute théorie nécessite des travaux et des expériences, parce qu'il faut la vérifier. Or, toutes les fois qu'on se livre à des recherches, on arrive à quelque découverte. On fait des fouilles, dans l'espérance de rencontrer du charbon, et on découvre des couches de sel ; on cherche du fer, et on trouve un métal beaucoup plus précieux.

Depuis quelque temps l'électro-magnétisme attire singulièrement l'attention du public ; on en attend des merveilles. Ainsi, cette force motrice nouvelle doit servir à mettre en mouvement les locomotives sur nos chemins de fer à si peu de frais qu'il ne vaudra pas la peine de s'en occuper. Par suite de l'emploi de ce moteur si économique, l'Angleterre se verra dépouillée de sa suprématie comme puissance manufacturière , parce que ses mines de charbon, auxquelles elle doit sa supériorité sous ce rapport, deviendront absolument inutiles. Nous avons, disent les Allemands, du zinc en quantité et à vil prix. Combien d'ailleurs il faudra peu de ce métal pour mettre en mouvement un tour, et par conséquent une machine quelconque ! Tout cela est fort attrayant et fort séduisant, nous l'avouons ; et il faut bien que les espérances conçues à ce propos aient été tout à fait merveilleuses, car sans cela personne ne s'en serait occupé. Mais malheureusement ces espérances sont presque complétement illusoires, et il suffit, pour les détruire, de se donner la peine de comparer entre elles la puissance de ces agents moteurs et les frais qu'ils doivent coûter. Avec la simple flamme d'une lampe à esprit-de-vin placée sous un vaisseau de forme convenable et rempli d'eau bouillante, on peut mettre en mouvement un petit chariot pesant deux à trois cents livres, ou bien soulever un poids de quatre-vingts à cent livres à une hauteur de vingt pieds. On peut obtenir les mêmes effets en se servant d'un morceau de zinc que l'on place dans un appareil particulier contenant de l'acide sulfurique affaibli, où le métal se dissout graduellement. Ceci constitue évidemment une découverte admirable et digne du plus haut intérêt. Mais la question n'est pas là : il s'agit uniquement de savoir lequel de ces deux agents moteurs est le plus économique.

Pour comprendre cette question et sa signification exacte, il faut d'abord se rappeler ce que les chimistes entendent par équivalents. Ce sont certains rapports invariables d'effets qui sont proportionnés entre eux, et qui par conséquent peuvent s'exprimer par des nombres. Ainsi, par exemple, si nous avons besoin de huit livres d'oxygène pour produire un certain effet, et que nous préférions, au lieu d'oxygène, nous servir de chlore pour obtenir le même effet, nous savons qu'il nous faudra trente-cinq livres et demie de chlore, ni plus ni moins. De même six livres de carbone sont un équivalent de trente-deux livres de zinc. Les nombres qui représentent les équivalents chimiques, expriment les rapports généraux d'effets qui comprennent toutes les actions que les corps sont capables de produire. Lorsque nous prenons du zinc déjà uni d'une certaine manière à un autre métal, et que nous le mettons en contact avec de l'acide sulfurique étendu, il se dissout sous forme d'oxyde de zinc : il y a combustion du zinc aux dépens de l'oxygène que lui cède le liquide. Cette action chimique a pour résultat la formation d'un courant électrique, qui, si on le conduit au moyen d'un fil, fait passer ce fil à l'état magnétique.

Ainsi donc, en faisant dissoudre une livre de zinc comme je viens de le dire, nous obtenons une certaine quantité de force capable, par exemple, de soulever à un pouce de hauteur un poids donné de fer, et de le tenir suspendu. Plus le zinc se dissoudra rapidement, plus le poids qu'il soulèvera et tiendra suspendu, pourra être considérable. En interrompant et rétablissant alternativement le contact du zinc avec le liquide acide, nous avons la faculté d'imprimer à la pièce de fer, sur laquelle agit la force motrice, un mouvement de va et vient vertical ou horizontal : par conséquent, nous possédons là un agent capable de faire mouvoir une machine quelconque.

Jamais une force ne naît de rien. Dans l'exemple que nous venons de citer, nous savons que la puissance motrice est produite par la dissolution, par l'oxydation du zinc. Mais si nous faisons abstraction du nom que l'on donne à la force motrice qui se développe dans ce cas-ci, nous savons que nous pouvons également la produire au moyen d'un appareil tout différent. Ainsi, lorsque nous faisons brûler du zinc sous la chaudière d'une machine à vapeur, c'est-à-dire dans l'oxygène de l'air au lieu de l'oxygène de la pile galvanique, nous produisons de la vapeur d'eau, et, par le moyen de cette vapeur, une certaine quantité de force motrice. Si maintenant nous admettons (ce qui du reste n'est nullement prouvé) que la quantité de force obtenue soit inégale dans les deux cas de combustion du zinc, c'est-à-dire que nous obtenions deux ou trois fois plus de force, ou bien, si l'on veut, que la déperdition de

force soit beaucoup moins considérable quand nous employons la pile galvanique, nous ne devons pas perdre de vue que le zinc peut être représenté par certains équivalents de charbon, et nous devons les prendre pour éléments de notre calcul. D'après les expériences de Despretz, six livres de zinc, en se combinant avec l'oxygène, ne développent pas plus de chaleur que la combustion d'une seule livre de charbon : par conséquent, toutes choses étant égales d'ailleurs, une livre de charbon produira six fois plus de force motrice qu'une livre de zinc. Il est évident qu'en supposant la perte de force égale de chaque côté, il serait beaucoup plus avantageux de se servir de charbon au lieu de zinc, alors même que ce métal brûlé dans la pile galvanique produirait quatre fois autant de chaleur qu'un poids égal de charbon brûlant sous la chaudière d'une machine à vapeur. En un mot, il est extrêmement probable que, si nous brûlions, sous la chaudière d'une machine à vapeur, la quantité de charbon nécessaire pour fondre du minerai de zinc, nous obtiendrions une somme de force de beaucoup supérieure à celle que pourrait produire le zinc, sous quelque forme et dans quelque appareil que ce métal fût employé.

Il existe entre la chaleur, l'électricité et le magnétisme, un rapport analogue à celui que l'on observe entre les équivalents chimiques du charbon, du zinc et de l'oxygène. Avec une quantité donnée d'électricité, nous produisons une proportion correspondante de chaleur ou de force magnétique : la chaleur et la force obtenues sont réciproquement équivalentes. Je me procure cette quantité déterminée d'électricité au moyen de l'affinité chimique qui, sous une forme, me donne de la chaleur, et, sous une autre, de l'électricité ou du magnétisme. Avec une certaine somme d'affinité, nous produisons un équivalent d'électricité ; de même, en sens inverse, avec une somme déterminée d'électricité, nous décomposons des équivalents de combinaisons chimiques. Ainsi donc, la dépense de force magnétique correspond rigoureusement à la dépense d'affinité chimique du zinc et de l'acide sulfurique qui produit la force motrice; dans la machine à vapeur, c'est l'affinité du charbon et de l'oxygène du courant d'air.

Il est vrai qu'avec une très-faible dépense de zinc, l'on peut convertir une barre de fer en un aimant assez fort pour soutenir une masse de fer pesant un millier de livres. Mais il ne faut pas nous laisser abuser par ces apparences illusoires. En effet, même avec l'aide de cet aimant, nous sommes incapables d'élever à deux pouces de hauteur une seule livre de fer, et, par conséquent, nous ne pouvons lui communiquer le moindre mouvement. L'aimant agit comme un rocher qui reste immobile, et qui presse sur une base avec un poids de mille livres; c'est un lac clos de toutes parts, sans issue et sans chute. Mais, pourra-t-on nous objecter, l'on a su lui créer un écoulement et une chute; cela est vrai, et je regarde ce succès comme un grand triomphe de la mécanique. On arrivera même, nous l'espérons, à lui donner plus de chute et plus de force qu'il n'en possède actuellement; mais cependant il n'en demeure pas moins certain que, même en laissant de côté la machine à vapeur, la plus faible de nos machines lui est supérieure, et qu'au point de vue de la génération de la force motrice, une seule livre de charbon brûlée sous la chaudière de la machine à vapeur mettra en mouvement une masse plusieurs centaines de fois plus pesante que celle que peut mouvoir une livre de zinc brûlé dans la pile galvanique.

Toutefois nos expériences au sujet de l'emploi de l'électro-magnétisme comme force motrice, sont encore trop récentes pour que nous puissions prévoir les résultats des recherches qui se feront dans cette direction. Que les hommes de science, qui se sont proposé la solution de ce problème, ne se laissent pas décourager; car si l'on arrivait à écarter tous les dangers qu'entraînent avec elles les machines à vapeur, les frais dussent-ils s'élever au double, ce serait déjà, à notre avis, un très-grand bénéfice. Il y aurait peut-être encore une autre manière d'utiliser le magnétisme sur nos chemins de fer, et d'appliquer cette force à rendre leur établissement moins dispendieux. Si l'on pouvait découvrir un appareil au moyen duquel on pût à volonté transformer les roues des locomotives en aimant doué d'une grande puissance, il serait alors assez facile de gravir des pentes assez fortes. Cette idée a été mise en avant par le professeur Weber de Gottingue; elle portera ses fruits.

Quant à la pile galvanique considérée comme agent moteur, il en sera peut-être, dans quelque temps, comme de la fabrication du sucre indigène par rapport au sucre de canne, et de l'éclairage au gaz extrait de l'huile par rapport au gaz que l'on tire du charbon de terre.

FORMIQUE (acide). — Targus, Lungham et d'autres observateurs avaient déjà vu que les fourmis rougissent les couleurs bleues végétales humides (fleurs de chicorée sauvage, de bourrache, etc.) avec lesquelles on les met en contact. Wray constata, en 1670, que les fourmis soumises à la distillation, seules ou humectées d'eau, donnent un esprit acide semblable à l'esprit de vinaigre. Mais c'est Marggraff qui, en 1749, mit hors de doute l'existence d'un acide particulier dans les fourmis.

Liebig a obtenu cet acide combiné à un seul atome d'eau, en décomposant le formiate de plomb sec par le gaz hydrosulfurique. Ainsi concentré, c'est un des plus puissants corrosifs : il surpasse l'acide sulfurique, au point que les plus petites gouttes de cet acide appliquées sur la peau y produisent, d'après ce chimiste, la même impression que ferait un fer rouge; il se forme ensuite une vésicule ou une plaie profonde, fort longue et difficile à guérir.

FOURCROY (Antoine-François de), chi-

miste, né à Paris en 1755, remplaça, en 1784, Macquer dans la chaire de chimie du jardin des Plantes, et se fit bientôt une grande réputation par le talent avec lequel il professait. Il fut nommé, en 1792, député de Paris à la Convention, et entra ensuite au conseil des Cinq-Cents. Il fut appelé, en 1799, au conseil d'Etat, devint, en 1801, directeur général de l'Instruction publique, et déploya dans ces fonctions une grande activité. On lui doit l'organisation des écoles de médecine de Paris, Montpellier, Strasbourg, ainsi que celle des écoles de droit, et d'un grand nombre de lycées. Toutefois, ses vues ne s'accordant pas entièrement avec celles de Napoléon, il se vit éloigné lors de l'établissement définitif de l'Université. Il fut très-sensible à cette disgrâce, et mourut peu après d'apoplexie, en 1809. On a de lui plusieurs ouvrages, dont les plus importants sont : *Système des connaissances chimiques, et de leur application*, 1801, 6 vol. in-4°, et 11 vol. in-8°; *Philosophie chimique*, 1792 et 1806; il a en outre laissé un grand nombre de mémoires particuliers. Fourcroy a découvert plusieurs composés qui détonent par la percussion, a perfectionné l'analyse des eaux minérales, des substances animales, etc.

FOURNEAUX (HAUTS). *Voy.* Fer.

FROID ARTIFICIEL. *Voy.* Calorique.

FROMAGE. *Voy.* Caséum.

FROTTEMENT développe l'électricité. *Voy.* Electricité.

FULMINATE D'ARGENT. — On le prépare comme le fulminate mercureux, en dissolvant 1 partie d'argent dans 20 parties d'acide nitrique, d'une densité de 1,36 à 1,38, et prenant d'ailleurs toutes les précautions que l'on prend pour la préparation du sel mercureux. On l'obtient aussi par le moyen suivant : 50 grains de nitrate argentique fondu et réduit en poudre fine sont introduits dans un vase de verre spacieux, et mêlés avec une demi-once d'alcool tiède. On y ajoute ensuite une demi-once d'acide nitrique fumant, qu'on met en une seule fois. La masse entre dans une espèce d'ébullition, et dès que la poudre noire, qui se trouve au fond du verre, est devenue blanche, on verse dessus de l'eau froide, qui arrête subitement toute réaction. L'opération entière exige seulement quelques minutes. Quand on sort la poudre pour la mettre sur le filtre, il faut se garder d'employer à cet effet un corps dur, même une plume; car on a des exemples que la masse mouillée a fait explosion, et tué la personne qui y introduisait un tube de verre. Il faut donc simplement jeter un peu d'eau sur la masse, pour l'enlever du vase et la verser sur le filtre. On la lave bien à l'eau et on la conserve sous l'eau, jusqu'au moment de s'en servir; on en prend alors de petites portions, tout au plus un demi-grain ou un grain à la fois; on les met sur du papier gris, et on les sèche avec beaucoup de précaution et à une douce chaleur. Le fulminate argentique forme une poudre cristalline qui ne rougit pas la teinture de tournesol, et qui, à l'air et par l'influence de la lumière, devient d'abord rouge et ensuite noire. Il se dissout dans 36 parties d'eau bouillante, et cristallise, par le refroidissement de la liqueur, en petites aiguilles blanches. Ce sel possède la propriété de brûler avec explosion; il détone avec presque autant de violence que l'argent fulminant ordinaire (oxyde argentique ammoniacal), et bien plus fortement que le mercure et l'or fulminants. Un quart de grain de fulminate argentique, jeté sur des charbons ardents, produit une détonation aussi forte qu'un coup de pistolet. Il fait explosion par l'étincelle électrique, par la pression avec un corps dur, quand on le frappe avec un marteau ou qu'on le touche avec un tube humecté par de l'acide sulfurique concentré; et quand il a été exposé aux rayons du soleil, il détone, d'après Trommsdorff, par le plus léger contact. De très-petites portions de ce sel, placées entre deux cartes à jouer, détonent fortement quand on tient celles-ci sur la flamme d'une bougie. Voici une manière d'employer ce sel : on coupe avec des ciseaux des bandes de papier d'une longueur quelconque, et de la largeur d'un demi-pouce à un pouce. A l'aide d'une dissolution de colle ou de gomme, on fixe sur le bout de chaque bande une petite quantité de verre en poudre grossière, dans un espace d'environ un quart de pouce. On répand un peu d'argent fulminant sur les bandes, tant au-dessus de l'endroit où se trouve la poudre de verre, que sur la place humectée par l'eau de gomme, puis on met les bandes sécher à l'air. Ensuite on en prend deux, et on les place l'une sur l'autre, en tournant les parties armées en dedans, et de manière à ce qu'elles soient très-rapprochées l'une de l'autre, sans cependant se toucher; le bout de chaque extrémité armée est muni d'une enveloppe mince, qui le presse contre l'autre bande, mais sans l'empêcher de glisser par-dessus. En tirant ensuite les bandes dans le sens de la longueur, les parties chargées de poudre fulminante détonent fortement par la friction qu'elles subissent en glissant l'une sur l'autre. En voyage, on emploie quelquefois ces bandes pour les attacher à la porte de la chambre à coucher, de manière à être éveillé par la détonation qui se produirait si l'on ouvrait la porte. On fait aussi de petits cornets, dans lesquels on met le verre en poudre avec un peu d'argent fulminant; on les ferme ensuite en collant un peu de papier sur l'ouverture. Quand on jette ces cornets avec force par terre, ou qu'on marche dessus, ils font explosion. Il faut cependant se garder d'employer ce moyen pour causer des surprises, car il en résulte souvent des malheurs qui, dans beaucoup de pays, ont provoqué des défenses contre cette espèce d'attrape. Quand on veut préparer cette poudre fulminante, il faut prendre les précautions suivantes : 1° Employer des vases assez grands pour que la liqueur ne déborde pas ; car quand l'argent fulminant sèche sur les parois externes du vase, il fait souvent explosion au moment où l'on veut l'en détacher. 2° Il ne faut jamais approcher une chandelle allumée de la liqueur chaude dans laquelle se trouve l'argent fulminant; car les vapeurs d'éther s'enflamment à une certaine distance du vase, et la masse fait explosion. 3° Ainsi qu'on l'a déjà dit, il ne faut jamais remuer la liqueur avec un corps dur, parce qu'on sait par expérience qu'elle peut faire explosion quand on l'agite avec un tube de verre (1).

Le *fulminate ammonico-argentique* détone trois fois plus fortement qu'une pareille dose de fulminate d'argent.

FULMINATE AMMONICO-ARGENTIQUE. *Voy.* Fulminate d'argent.

FULMINATE MERCUREUX. *Voy.* Poudre fulminante de mercure.

FUMARIQUE (acide). *Voy.* Malique.

FUMÉE et SUIE. — Quand on brûle des matières végétales telles que du bois, dans des foyers ordinaires, leur surface seule est frappée par l'oxygène de l'air; par suite de la combustion particulière qui a lieu, les parties intérieures de la matière végétale se trouvent échauffées, et il s'établit immédiatement, au-dessous de la surface en combustion, une espèce de distillation sèche, pendant laquelle toutes les substances produites par cette opération prennent naissance, se dégagent sous forme gazeuse, s'enflamment au contact de l'air et brûlent avec flamme. Lorsque le tirage est fort, l'air se renouvelle rapidement, et la combustion s'opère à une température si élevée, qu'il ne se forme que de l'eau et du gaz acide carbonique. Dans cette circonstance, les parties constituantes fixes du bois sont presque toutes mécaniquement entraînées par le courant d'air. Mais, par le procédé qui sert à brûler le bois dans nos cheminées et dans nos poêles ordinaires, le courant d'air n'est point si rapide, et c'est pour cela qu'on voit se former, au-dessus de la pointe de la flamme, ce que nous appelons la fumée. Celle-ci ne consiste qu'en parties non brûlées des produits de la distillation, chassées de l'intérieur du bois; ces parties ne peuvent pas s'oxyder au milieu de la

(1) Puisse l'anecdote suivante servir d'exemple à nos lecteurs. Un opticien en voyage, qui se servait probablement de l'argent fulminant pour préparer le papier fulminant dont on a parlé, avait fait venir une petite boîte de cette poudre à l'endroit où il s'était arrêté. A la poste on voulut voir ce que contenait cette boîte, et quand l'opticien y remit le couvercle, la poudre fit explosion, probablement parce qu'il en était resté une petite quantité entre le couvercle et la boîte. La main de l'opticien fut presque totalement enlevée, et on trouva des fragments d'os sous la table, dont le dessus, quoique épais de plusieurs pouces, fut percé. Des fragments de la boîte paraissaient en plusieurs endroits avoir pénétré dans la poitrine du malheureux, qui mourut au bout de onze jours. Aucun des employés de la poste ne fut atteint, et malgré la violence de la détonation, qui les priva de l'ouïe pendant quelque temps, il n'y eut point de vitre brisée, effet qu'aurait infailliblement produit une explosion bien plus faible causée par de la poudre ordinaire.

flamme, faute d'oxygène, et comme, au sortir de la flamme, elles se trouvent entourées d'air corrompu, elles ne brûlent point, mais se refroidissent, se condensent et troublent la transparence de l'air, tandis qu'elles-mêmes deviennent visibles. Elles contiennent en même temps des cendres ou des matières fixes, qui sont détachées de la partie du bois consumée pendant la combustion accompagnée de flamme et entraînées par le courant d'air. Pendant que ces parties parcourent la cheminée, sous forme de fumée, il s'en dépose une certaine quantité sur les parois, qui, comme on le sait, se recouvrent ainsi d'une couche de matière, qui devient peu à peu si épaisse, qu'on est obligé de l'enlever de temps à autre. C'est cette couche que l'on appelle *suie*. La portion de la suie qui est le plus près du foyer a pris, sous l'influence de la chaleur, un aspect demi-fondu; elle est en même temps noire et brillante. La partie supérieure, au contraire, consiste principalement en une masse moins cohérente et sous forme terreuse. La manière dont la suie prend naissance nous permet de prévoir sa composition qualitative. Elle contient de la pyrétine acide dont l'acide est saturé par les principes basiques (potasse, chaux, magnésie) des cendres que le courant d'air entraîne avec elle; et on y retrouve, en outre, les sels qui font partie des cendres, plus un peu d'oxyde ferrique, de silice et de charbon. Ce dernier provient de la combustion incomplète du gaz carbure d'hydrogène et de la pyrélaïne, dont l'hydrogène s'est oxydé sans que le carbone ait pu brûler. Cette quantité de carbone est très-faible dans la suie du bois; elle est beaucoup plus considérable dans la suie provenant de substances qui, soumises à la distillation sèche, donnent presque uniquement du gaz et de la pyrélaïne, et elle augmente dans la même proportion que ces produits, à tel point que la suie, provenant de semblables matières, comme par exemple le noir de fumée, consiste presque uniquement en charbon.

La suie est employée comme matière colorante. La viande qui a été macérée pendant une demi-heure à une heure dans une infusion d'une partie de suie dans six parties d'eau froide, se conserve sans s'altérer, comme la viande fumée. La suie est aussi employée en médecine.

FUMIER. *Voy.* NUTRITION DES PLANTES et ENGRAIS.

FUNGIQUE (acide), découvert par Braconnot dans le suc de la plupart des champignons. — Il existe en partie à l'état de liberté dans la *peziza nigra*, et uni à la potasse dans le *boletus juglandis*. Il ressemble tellement à de l'acide malique impur, qu'on peut hésiter à l'admettre comme acide particulier.

FUSION. *Voy.* CALORIQUE.

FUSTET. — Le bois de fustet donne à la laine non mordancée ou à la laine soit alunée, soit préparée au mordant d'écarlate, une couleur jaune tirant plus ou moins sur l'orangé, qui est nourrie, brillante, mais qui n'est malheureusement pas solide. Dans les ateliers où l'on tient à faire de bonne teinture, il faut en bannir le fustet, ou du moins ne l'employer que concurremment avec des ingrédients de grand teint, tels que la cochenille, la gaude, et toujours en faible proportion. Les couleurs de fustet prennent un rouge prononcé par le contact de l'eau de potasse.

G

GALBANUM. — Le *galbanum* se retire du *bubon galbanum*, ombellifère qui croît en Afrique, en Arabie et en Syrie. Il est sous forme de grains ronds, demi-translucides, de la grandeur de noisettes, qui sont blancs intérieurement, d'un blanc jaunâtre ou roussâtre extérieurement, et qui ont une consistance analogue à celle de la cire; quelquefois ces grains sont agglomérés en masses plus grandes. Moins la couleur du galbanum est foncée, mieux il vaut. Le galbanum a une odeur forte, peu agréable, une saveur amère désagréable, qui est à la fois âcre et échauffante. Il est employé comme médicament à l'intérieur.

GALÈNE. *Voy.* PLOMB SULFURÉ.

GALIPOT. *Voy.* TÉRÉBENTHINE.

GALLIQUE (acide). — Scheele a donné le nom d'*acide gallique* à un acide particulier qu'il découvrit, en 1786, dans l'excroissance particulière qui se développe sur les pétioles d'une espèce de chêne, et qu'on désigne improprement sous le nom de *noix de galle*.

Cet acide se rencontre dans la plupart des végétaux astringents; il accompagne toujours un autre principe immédiat qu'on a appelé *tannin*, et que l'on regarde aujourd'hui comme un acide différent de l'acide gallique.

On peut le retirer de la noix de galle, où il se trouve plus abondamment que dans toute autre substance végétale, en suivant le procédé de Scheele, qui consiste à faire une forte infusion aqueuse de noix de galle, qu'on abandonne à elle-même dans un bocal recouvert d'une simple feuille de papier. Le tannin que contient cette solution se décompose peu à peu, donne naissance à une moisissure épaisse qu'on retire au bout d'un mois, tandis que l'acide gallique, par suite de l'évaporation d'une partie du liquide, forme un dépôt jaunâtre ou grisâtre au fond du bocal, qu'on recueille et qu'on dissout ensuite dans l'eau bouillante pour le purifier.

D'après des observations récentes faites par M. Pelouze, l'acide gallique ne préexisterait pas dans les noix de galle, ou du moins celles-ci n'en contiendraient que de très-petites quantités; la majeure partie de cet acide proviendrait de la décomposition du tannin, sous l'influence de l'air et de l'eau.

L'acide gallique est seulement employé comme réactif dans les laboratoires. La couleur noire intense qu'il produit avec les sels de peroxyde de fer, le rend précieux pour reconnaître les sels de cet oxyde.

GALVANISATION DU FER. *Voy.* ZINCAGE.

GALVANISME. *Voy.* ÉLECTRICITÉ.

GALVANO-PLASTIE. *Voy.* DORURE.

GANTS. — Les gants sont préparés avec des peaux de chamois, de daim, de buffle, de bouc, de chèvre. Le chamoiseur les prépare en les privant de leur humidité et en les *passant à l'huile*, c'est-à-dire qu'à l'aide de manipulations multipliées, il parvient à les pénétrer de matières huileuses qui n'en altèrent pas la force, et qui leur donnent du moelleux et de la souplesse. On commence, depuis peu, à tanner légèrement les peaux dans une infusion d'écorce de saule, avant de les chamoiser. La fabrication des gants est une industrie très-importante, puisqu'on évalue à 30,000,000 de francs la valeur des gants confectionnés annuellement en France. Les fabriques de Lunéville occupent, à elles seules, 10,000 ouvriers. Vendôme prépare exclusivement les gants communs; Rennes, les gants de daim, et Niort, les gants de castor; Grenoble, Paris, Chaumont et plusieurs autres villes du Nord, concourent aussi à cette production. L'Angleterre demande à la France 1,500,000 paires de gants chaque année, quoique Londres et plusieurs autres villes en fabriquent des quantités considérables.

GARANCE. *Voy.* COULEURS VÉGÉTALES, § I. — Son absorption par les os. *Voy.* ENDOSMOSE.

GARANCINE. — Lorsqu'on mêle la garance avec les $\frac{2}{7}$ de son poids ou avec un poids égal au sien d'acide sulfurique concentré, il se produit un peu de chaleur, de l'acide acétique se dégage, et la matière se charbonne. Le principe colorant rouge n'est pas altéré et s'unit à l'acide ulmique provenant de la décomposition des autres matériaux de la racine. Si, après quelques heures de contact, l'on délaye la masse noirâtre dans l'eau, qu'on la jette sur un filtre et qu'on lave le charbon jusqu'à insipidité parfaite, qu'on soumette le résidu à la presse, qu'on le fasse sécher et qu'on le passe au tamis, on a une poudre de couleur chocolat plus ou moins claire, sans odeur et saveur bien marquées, qui ne colore aucunement la salive ni l'eau froide, même par un contact prolongé. C'est le produit tinctorial que Robiquet et Colin firent connaître en 1827, sous le nom de *charbon sulfurique de garance*, et qui est actuellement désigné sous le nom de *garancine*.

La garancine, mise dans le commerce, vers 1829, par la maison Lagier et Thomas, d'Avignon, a été longtemps repoussée par les indienneurs. C'est à partir de 1839 qu'elle a commencé à être employée d'une manière courante dans les fabriques de Rouen; les indienneurs de l'Alsace l'ont adoptée beau-

coup plus tard. Aujourd'hui elle a remplacé presque complétement la garance dans les fabriques d'indiennes. Les teinturiers seuls continuent à se servir de garance et d'alizaris. Dans les ateliers d'impression de la Normandie, on consomme annuellement de vingt à vingt-quatre mille barriques de garancine, de 2 à 300 kil. chaque. Celle d'Avignon vient en fûts de bois blancs; celle d'Alsace, beaucoup moins employée, arrive en fûts de chêne. Les garancines n'ont pas de marque; on ne les distingue que par le nom des fabricants.

Terme moyen, les bonnes garancines possèdent une richesse tinctoriale trois fois plus grande que les bonnes garances.

Les nuances obtenues avec la garancine sont généralement plus brillantes et plus vives que celles fournies par la garance. Le *rouge* est vif, de couleur carmin, d'une pureté extraordinaire, tandis que le rouge garance, mis à côté, est toujours un peu jaune ou fauve et terne, mais, par contre, plus nourri. Les *puces* et *grenats* de garancine sont beaucoup plus veloutés et plus corsés que ceux de garance. Les *violets* sont moins tendres, moins délicats et plus gris qu'avec cette dernière. Toutes les nuances sont moins solides et ne peuvent supporter les passages en savon; aussi nécessitent-elles beaucoup de ménagement dans l'avivage. Elles résistent moins à l'air et au soleil.

GASSENDI. *Voy.* ATOMES.

GAUDE (*reseda luteola*). — Cette plante fournit à la teinture une matière précieuse, à cause de la beauté et de la solidité du jaune pur qu'elle communique aux étoffes alunées depuis le jaune-paille jusqu'au jaune-citron. Cependant depuis une quinzaine d'années, on en consomme beaucoup moins, surtout dans les fabriques d'indiennes, où on l'a remplacée par le quercitron. Cela tient à ce que, d'une part, cette dernière substance tinctoriale est sept à huit fois plus riche en principe colorant que la première, et que, de l'autre, celle-ci à l'inconvénient de tacher facilement les parties des toiles qui doivent rester blanches, et de se fixer trop fortement sur les parties garancées, inconvénients qu'on évite avec le quercitron.

Mais si, sous ce rapport, la gaude est inférieure au quercitron, d'un autre côté, elle a sur lui, aussi bien que sur toutes les autres matières tinctoriales jaunes, l'avantage de fournir des jaunes purs et brillants qui s'altèrent moins par l'air et la chaleur, et qui ne passent pas aussi facilement au roux. Voilà pourquoi, pour la teinture des laines et des soies, la gaude est toujours préférée.

Pour obtenir de plus belles nuances avec cette plante tinctoriale, il faut cuire la gaude, non à la température de l'ébullition, ainsi que cela est recommandé dans les traités de teinture, mais à une température comprise entre + 70° et 80°. Comme les acides affaiblissent la couleur de la gaude, il est important d'employer des eaux calcaires pour faire les bains, ou d'y ajouter un peu de craie; et pour rehausser les teintes jaunes obtenues sur coton, il faut passer celui-ci, après la teinture, dans une eau de savon ou une lessive faible de potasse. Règle générale, il ne faut pas teindre au bouillon les cotons alunés, parce qu'ils abandonnent dans le bain une partie de leur mordant. Avec l'acétate d'alumine on obtient par la gaude des couleurs plus riches qu'avec l'alun. Pour le beau jaune sur coton, un kilog. de gaude par kilog. de coton suffit; mais il en faut davantage pour la laine et la soie. Pour les nuances olives, on ajoute au mordant des sels de fer; pour le jaune d'or, un peu de garance; pour la couleur de tan, un peu de suie.

On prépare avec cette plante une laque jaune très-solide pour les peintres. On obtient le *stil-de-grain* du commerce par l'introduction, dans une décoction alunée de gaude, de quercitron, de bois jaune ou de graines d'Avignon, de petites portions de craie en poudre fine, jusqu'à ce que toute la couleur jaune soit précipitée. Cette laque, moulée en forme de trochisques, sert dans la peinture à l'eau et à l'huile, pour colorer les cuirs, etc. La Hollande livra longtemps seule le stil-de-grain au commerce, elle en fait encore une exportation considérable. *Voy.* COULEURS VÉGÉTALES, § II.

GAUDIN, modifie la théorie cristallo-atomique de M. Ampère. *Voy.* THÉORIE CRISTALLO-ATOMIQUE.

GAY-LUSSAC. — M. Gay-Lussac est né à Saint-Léonard, dans la Haute-Vienne, le 6 décembre 1778. On peut dire de lui, comme de presque tous les savants : il fut le fils de ses œuvres. Il est mort le 9 mai 1850, âgé de près de soixante-douze ans, et jouissant depuis un demi-siècle d'un nom européen.

C'est à Berthollet qu'appartient la gloire d'avoir découvert M. Gay-Lussac. Chargé, au retour de l'expédition d'Egypte, du cours de chimie de l'Ecole polytechnique, il demanda à l'administration quatre aides pour le service de son laboratoire, et le jeune Gay-Lussac, qui venait de sortir le premier de sa promotion dans le corps des ponts-et-chaussées, fut un des quatre. La manière dont il s'attira tout de suite l'estime et la bienveillance du professeur fait honneur à tous deux. Berthollet avait conçu une idée à laquelle il attachait beaucoup d'importance, et qu'il fallait vérifier; il s'adressa pour ce travail à son jeune aide, après lui avoir communiqué ses vues générales, et esquissé la marche à suivre; mais celui-ci, s'étant mis à étudier la question à sa manière, ne tarda pas à s'apercevoir que l'expérience, au lieu de justifier la déduction hasardée du professeur, lui donnait un démenti complet. Plus d'un élève aurait craint de mécontenter son maître, plus d'un maître aurait éprouvé quelque secret froissement. Berthollet répondit à la lettre de son jeune contradicteur : « Votre destinée, jeune homme, est de faire de la science. » Il se mit aussitôt en mesure de le faire sortir défini-

tivement des ponts-et-chaussées, tout en lui conservant ses appointements, appointements bien modestes, de 800 francs par an, mais nécessaires, et il l'attacha à son propre laboratoire. L'illustre auteur de la statique chimique ne s'était pas trompé en signalant à l'élève des ponts-et-chaussées, qui s'ignorait encore lui-même, sa vraie vocation, et c'était achever le bienfait que de lui donner les moyens de la suivre.

M. Gay-Lussac eut la singulière fortune de rencontrer, dès le début de sa carrière, une de ces occasions qui suffisent pour populariser immédiatement un nom scientifique. En 1804, l'illustre chimiste Chaptal, appelé par Napoléon au ministère de l'intérieur, qui comprenait alors celui de l'instruction publique, eut l'idée de faire exécuter, au nom du gouvernement, un voyage d'exploration d'un nouveau genre, un voyage aérien. Les navigateurs devaient avoir pour programme de s'élever aussi haut que possible dans l'atmosphère avec les instruments de physique nécessaires pour s'y livrer à diverses expériences sur la variation de la force magnétique, de l'électricité, de la température, de l'humidité, et de la composition de l'atmosphère suivant la hauteur. Quels que fussent les périls de l'expédition, il n'y avait pas à craindre que les concurrents fissent défaut. MM. Gay-Lussac et Biot furent choisis. Ils partirent du Conservatoire des Arts-et-Métiers le 24 août 1804, et s'élevèrent à la hauteur de 4,000 mètres. Une seconde ascension, exécutée par M. Gay-Lussac tout seul, eut lieu le 17 septembre suivant, et l'appareil perfectionné dans sa construction, et ne portant plus qu'une seule personne, s'éleva jusqu'à 7,000 mètres environ. C'était une fois et demie la hauteur de la cime supérieure du Mont-Blanc. Aucun homme ne s'était encore élevé aussi haut. Nous avons souvent entendu raconter à Gay-Lussac, avec cette simplicité pleine d'esprit qui le caractérisait, les aventures de ce voyage qui, par quelques-unes de ses péripéties, aurait pu rappeler celui d'Icare. Dans un moment des plus critiques, ayant épuisé tout son lest, le sublime habitant des nuages se vit réduit à rejeter ici-bas la chaise sur laquelle il trônait là-haut dans le royaume de Jupiter. Une bonne villageoise passait dans ce moment sur une grande route en rase campagne : une chaise, une vraie chaise traverse les airs, et tombe en se fracassant à quelques pas devant elle... Que croire? sinon que c'était là une chaise du ciel. La bonne femme, dans sa piété naïve, la ramassa, et crut la restituer en la portant à l'église prochaine.

La première loi physique mise au jour par M. Gay-Lusssac, et il suffit de l'examen pour en faire comprendre l'importance, c'est que tous les gaz, quelle que soit leur nature, air atmosphérique, hydrogène, azote, acide carbonique, éprouvent une même augmentation de volume pour une même augmentation de température. Ainsi, qu'un certain degré de chaleur fasse doubler le volume de l'air contenu dans une vessie, ce même degré de chaleur fera doubler également le volume de tout autre gaz. Il en est, à cet égard, des substances réduites en vapeur, et notamment de la vapeur d'eau, exactement comme du gaz; non-seulement tous les gaz se trouvent ainsi dans la même condition, mais ils ont encore ce rapport, qui leur est commun avec les corps solides, c'est que le même gaz, quelle que soit la température, se dilate de la même quantité pour la même augmentation de chaleur. Ainsi, pour un même degré du thermomètre, tous les gaz se dilatent uniformément d'une quantité égale à peu près aux trois millièmes du volume qu'ils occupaient à la température de 0. On peut donc tout de suite déterminer quel volume un litre de gaz à 0° occupera à 100°: c'est un litre augmenté de trois millièmes, ou plus exactement de trente-sept centièmes. On comprend que le calcul et le perfectionnement des machines à vapeur ont dû faire appel plus d'une fois à la simple et si remarquable théorie de Gay-Lussac; et, bien que des études plus minutieuses, faites depuis lors, aient montré que, pour les températures élevées, les chiffres déduits de la loi trop uniforme de M. Gay-Lussac devaient être corrigés, cette loi n'en demeure pas moins approximativement vraie entre 0 et 100°, et constitue le premier pas vers l'acheminement de cette théorie difficile.

Les travaux de 1808 sur la loi de saturation des gaz sont d'un ordre moins supérieur, et tous les travaux de la chimie n'ont abouti qu'à les confirmer de plus en plus. Toutes les fois que deux gaz se combinent ensemble, l'union de ces gaz se fait suivant des rapports simples, c'est-à-dire qu'un litre de gaz se combine toujours avec un litre, deux litres, trois litres d'un autre gaz, mais non pas avec une proportion indéterminée, et dans le cas où la quantité de gaz qui résulte de la combinaison occupe moins de place que les deux gaz composants n'en occupaient à eux deux, ce nouveau volume demeure dans un rapport simple avec le volume de chacun des composants; c'est-à-dire qu'il en est la moitié ou le tiers, etc. Ces expériences si belles et si simples resteront à jamais dans la science comme une des bases les plus essentielles de la théorie des proportions définies, qui a, de nos jours, renouvelé la chimie de fond en comble.

Un de ses mémoires les plus intéressants, et demeurés les plus célèbres, même dans le public, est celui de 1815 sur l'acide prussique, ce redoutable poison connu aujourd'hui de tout le monde, dont une seule goutte suffit pour foudroyer un homme, et qui, à l'état de combinaison, joue dans l'industrie, et même dans la médecine, un rôle si usuel. Les expériences de M. Gay-Lussac sur cet agent prodigieux n'eurent pas seulement pour résultat d'en faire apercevoir plus complétement les propriétés utiles, tout en le rendant plus sûrement maniable; elles eurent encore, au point de vue théorique le plus élevé, un résultat frappant et qui projette sa lumière sur tout le système de la composi-

tion des corps. M. Gay-Lussac fit voir en effet que le radical de cet acide, de l'acide du bleu de Prusse, radical qu'il nomme cyanogène (du grec *je produis le bleu*), bien que composé de deux éléments distincts, l'azote et le carbone, se comporte dans toutes ses combinaisons de la même manière que les corps que la chimie nomme les corps simples; d'où il suit, par analogie, que les corps que l'on nomme simples, l'or, le fer, le carbone, etc., ne sont peut-être eux-mêmes que des corps composés, dont la science n'a pas su trouver le secret; mais si de l'analogie de leur conduite avec celle du cyanogène, il est permis de déduire l'analogie de leur nature, il est évident qu'il n'y aurait aucune impossibilité à ce qu'un jour cette fameuse transmutation des métaux, si longtemps et si ardemment poursuivie, fût réalisée; car une fois que l'on aurait décomposé l'or ou le fer, comme Gay-Lussac a décomposé le cyanogène, il n'y aurait plus qu'à trouver le moyen d'opérer la combinaison directe des éléments naturels de ces métaux. On peut donc dire, sans exagération, que par ces belles recherches M. Gay-Lussac a pleinement surpassé les alchimistes, sinon dans leur méthode, du moins dans leur tendance. « La découverte du cyanogène, dit M. Dumas dans son Traité de chimie, fait époque dans l'histoire de la chimie moderne. Le cyanogène est peut-être le corps le plus instructif que la chimie ait fait connaître. Ce n'est point un corps simple, on ne peut en douter, et néanmoins dans le plus grand nombre de ses réactions, il joue le rôle d'un corps simple. Il joue si bien ce rôle même, qu'il autorise vraiment des doutes sur la simplicité de ces sortes de corps (le chlore, le brôme, l'iode avec lesquels il a le plus d'analogie.) »

Le mémoire sur l'iode est également un des titres principaux de M. Gay-Lussac. Si la découverte de ce corps simple, dont les applications dans la médecine et dans l'industrie sont déjà si brillantes et si multipliées, ne lui appartient pas matériellement, tout le monde conviendra qu'il lui appartient moralement. Un salpétrier avait remarqué dans sa chaudière un sédiment d'une substance particulière dont il ne pouvait comprendre la nature: M. Gay-Lussac, qui en entendit parler, se rendit chez lui, se fit expliquer les circonstances du dépôt, et sur une petite quantité qu'il reçut des mains du fabricant, il fit une étude complète de ce corps remarquable dont la connaissance est une des conquêtes essentielles de la chimie. « L'iode, dit M. Dumas, intéresse à un haut degré le chimiste par son caractère net et remarquable; le médecin, par les effets merveilleux qu'il produit dans le traitement du goître; enfin le fabricant, en raison des couleurs brillantes de quelques-uns de ses composés... Le travail de M. Gay-Lussac servira longtemps de modèle pour cette réunion remarquable de précision dans les détails, et de philosophie dans l'ensemble, qui caractérise tous ses écrits. »

Nous regrettons d'être réduits à mentionner aussi brièvement les titres de M. Gay-Lussac ; mais il suffit de citer le nom de ses travaux sur la capillarité, sur l'hygrométrie, sur le mélange des gaz et des vapeurs, sur l'analyse des substances animales, sur les métaux alcalins et l'électrochimie, sur l'iso-morphisme, sur les acides fluoborique, fluor-hydrique, fulminique, hyposulfurique, etc., pour faire comprendre que nous ne pour-rions entrer dans un exposé complet, sans entreprendre, en quelque sorte, l'histoire de la physique et de la chimie depuis cin-quante ans.

M. Gay-Lussac, précisément parce qu'il dominait la science du haut, n'était pas telle-ment absorbé dans la théorie, qu'il ne com-prît qu'un des avantages essentiels de la science est de descendre incessamment à la pratique, et de contribuer ainsi à l'améliora-tion des conditions physiques de l'existence de l'homme sur la terre.

Presque toutes les applications qu'il fit de ses études à l'industrie portent le caractère de la mesure précise : c'était aussi le carac-tère de son esprit, la justesse, la concision et la netteté ; c'est à lui que l'on doit la nouvelle méthode pour l'analyse des alliages d'argent, méthode consacrée par une loi, aussi bien qu'une méthode pour mesurer les quantités d'alcool contenues dans les spiritueux au moyen de l'alcoolimètre. On lui doit aussi les instruments devenus aujour-d'hui tout à fait pratiques pour mesurer les quantités réelles d'alcali et de chlore conte-nues dans les mélanges qui ont cours dans le commerce.

Terminons enfin en rappelant aux nom-breux élèves de M. Gay-Lussac, aujourd'hui disséminés dans toutes les professions et dans toutes les parties de la science, le sou-venir de ses leçons de l'Ecole polytechnique, de l'Ecole normale, de la Faculté des sciences, du Muséum. M. Becquerel, son collègue à l'académie des sciences et au Muséum, a tracé de sa personne le portrait suivant, dont tous ceux qui ont connu de près M. Gay-Lussac admireront l'exactitude. « M. Gay-Lussac offrait le rare assemblage des plus hautes facultés intellectuelles et des vertus les plus solides. Simple, modeste, bienveil-lant, excellent ami, son caractère offrait à la fois la plus aimable douceur et la plus grande fermeté ; sa probité scientifique se retrouvait dans toutes les affaires de la vie ; ennemi de l'intrigue, il prenait part à tout ce qui pou-vait accroître la fortune de la France, et les honneurs, les titres, les distinctions de tout genre qui lui furent prodigués, n'altérèrent jamais la noble simplicité de son esprit. Homme d'un caractère antique, plein de fran-chise et de droiture, d'une constance iné-branlable en amitié, il restera comme le vrai type du savant qui comprend sa mission ici-bas, travaille avec audace aux progrès de la philosophie naturelle, agrandit le cercle de nos connaissances, enrichit le patrimoine de l'humanité, et laisse dans la mémoire du peuple un souvenir impérissable d'estime et de reconnaissance. »

GAY-LUSSAC, sa méthode d'essai d'alca-limétrie. *Voy.* ALCALIMÉTRIE.

GAYAC (résine). — On l'extrait à la Ja-maïque, à Hispaniola et dans d'autres îles des Indes occidentales, du *guajacum offici-nale*. A cet effet on pratique dans cet arbre des incisions d'où elle découle, on en retire la résine par la fusion, en chauffant des par-ties d'arbre qui en contiennent beaucoup. La plus grande quantité de la résine de gayac découle spontanément de l'arbre. Elle répand sur les charbons ardents des vapeurs aroma-tiques.

La résine de gayac est un médicament très-efficace et fréquemment employé. Souvent elle est falsifiée avec de la colophane qu'on fait fondre avec elle. Pour découvrir cette fraude il suffit de dissoudre la résine dans la potasse caustique ; la dissolution du gayac pur est limpide, tandis que celle qui ren-ferme de la colophane est trouble, tant que la liqueur contient de l'alcali libre.

GAZ HILARANT (*oxyde azoteux* ou *pro-toxyde d'azote*). — Il n'a ni couleur ni odeur ; ses effets sur l'homme sont très-variés. Sui-vant H. Davy, qui le premier a respiré ce gaz en assez grande quantité, on éprouve, après la première inspiration, une sorte de vertige qui diminue à mesure qu'on le res-pire en plus grande quantité. On sent une légère pression aux muscles, un chatouille-ment aux extrémités, un frémissement très-agréable, particulièrement dans la poitrine ; en un mot une espèce d'ivresse qui dure une ou deux minutes. Vers la fin de la respira-tion, l'agitation augmente, les facultés du pouvoir musculaire s'exaltent ; on éprouve une propension irrésistible au mouvement. Ces effets cessent dès qu'on arrête l'inspira-tion du gaz, et en moins de dix minutes on est entièrement rétabli.

Beaucoup de personnes, Tennant, Under-wood, le docteur Ure, etc., disent avoir éprouvé les mêmes sensations agréables. Chez quelques expérimentateurs, il survint un rire involontaire et une gaieté folle ; de là le nom de *gaz hilarant* imposé à ce fluide élastique.

Il s'en faut cependant que tous ceux qui ont voulu constater cette propriété du pro-toxyde d'azote aient joui du bonheur extati-que décrit par les chimistes anglais. Proust, Wurzer, Vauquelin, Thénard, et plusieurs élèves de ces deux derniers chimistes, n'ont éprouvé que des sensations douloureuses et même une perte de connaissance qui a duré pendant plusieurs minutes. A peine Vauquelin eut-il respiré ce gaz, qu'il tomba presque sans force ; son pouls était extrêmement agité ; un bourdonnement considérable avait lieu dans ses oreilles ; ses yeux étaient ha-gards et roulaient dans leurs orbites ; sa fi-gure était décomposée ; sa voix ne pouvait se faire entendre, et sa souffrance était ex-trême ; il resta dans cet état pendant envi-ron deux minutes.

Davy explique cette différence par l'im-pureté du gaz, qui peut être mêlé quelque-fois de chlore ou de deutoxyde d'azote. La constitution des individus doit sans doute avoir aussi une grande influence sur les résultats produits.

GAZ-LIGHT. — Une des applications les plus importantes des matières résineuses, c'est de servir à la fabrication du gaz-light. Depuis longtemps déjà, en Angleterre, on les emploie à cet usage ; en France, on n'a adopté cette méthode que depuis 10 à 12 ans. On utilise pour cela la résine commune des pins et sapins, la colophane ou brai sec. Dans plusieurs villes, cet éclairage est établi avec succès.

Le gaz de la résine est, comme celui des huiles, exempt de matière sulfureuse ; il a une odeur d'huile empyreumatique ou de térébenthine avant sa combustion, et pendant celle-ci il n'exhale aucune odeur et n'a aucune action sur les becs, sur les métaux, les peintures, les couleurs. Sa flamme est très-belle, et son pouvoir éclairant est supérieur à celui du gaz de houille ; en effet, 50 litres de gaz de résine donnent autant de lumière que 90 litres du second. 1 kilogr. de résine produit 497 litres de gaz. Distillée en vases clos, cett matière donne 80 à 85 p. 0|0 d'une huile plus ou moins visqueuse qui se transforme en gaz presque sans résidu, en donnant par kilogr. 822 à 891 litres de gaz.

Il y a deux méthodes très-différentes pour obtenir le gaz de la résine.

Dans certaines usines, notamment dans celle de M. Danré, à Belleville, près Paris, on distille d'abord la résine dans 'un vaste alambic, et on la convertit ainsi en produits huileux pyrogénés, qu'on soumet une seconde fois à l'action de la chaleur, mais d'une chaleur beaucoup plus intense, en la faisant écouler dans des cylindres en fonte, remplis de coke et élevés au rouge vif.

Dans d'autres usines, et notamment dans celle de M. Mathieu, à la barrière du Maine, près Paris, on liquéfie la résine par la fusion, puis on la fait tomber directement dans les cornues remplies de coke et chauffées au rouge-cerise. Elle s'y décompose complétement, se réduit en gaz carburés, en vapeur huileuse et en charbon. Le gaz se rend dans le gazomètre après avoir été lavé dans un réservoir où il abandonne une matière huileuse très-compliquée dans sa composition. Cette huile se produit dans la proportion de 30 p. 0|0 de résine employée ; elle est pour le fabricant d'une grande importance. Il la soumet à la distillation et en retire divers produits employés actuellement dans les arts, notamment pour la peinture en bâtiments et la fabrication de certains vernis.

GAZ PORTATIF ' pour l'éclairage. — M. Houzeau-Muiron, de Reims, a imaginé de transporter à domicile le gaz non comprimé dans des espèces d'outres élastiques et imperméables, munies d'un robinet et d'un tuyau. Ces outres sont disposées sur des voitures très-légères, composées d'un grand compartiment en tôle mince, qui enveloppe l'outre de même forme. Quand le conducteur de la voiture veut distribuer le gaz dans les gazomètres des consommateurs,

il fait agir une petite manivelle placée à l'extérieur ; la manivelle serre des courroies disposées de manière à comprimer l'outre, qui opère alors à la manière d'un soufflet, et chasse le gaz dans le tube d'alimentation. Ce système, qui n'a aucun des inconvénients du gaz portatif comprimé, est adopté dans plusieurs grandes villes, telles que Paris, Reims, Sédan, Marseille ; il a été en usage à Rouen pendant plusieurs années.

GAZ, LIQUÉFACTION, SOLIDIFICATION, CONDENSATION, etc. — Les états des corps n'ont qu'une existence relative, et aujourd'hui la chimie ne saurait admettre qu'un corps soit immuablement solide, liquide ou aériforme. Le platine, l'alumine et le cristal de roche, il est vrai, ne se liquéfient pas alors même qu'on les soumet à la chaleur la plus violente de nos fourneaux. Cependant, quand on les expose à la flamme du chalumeau à gaz, ces substances se ramollissent comme de la cire. D'un autre côté, parmi les vingt-huit gaz connus, il en est vingt-cinq qui se laissent réduire à l'état liquide. Enfin, il en est un que l'on est parvenu à solidifier.

La loi de Mariotte, que jusqu'alors on avait crue applicable à tous les gaz, ne peut plus être considérée comme une loi générale. Ainsi on ne saurait admettre aujourd'hui que tous les gaz diminuent de volume proportionnellement à l'augmentation de la force comprimante. En général, cependant, une pression double ou triple de la pression atmosphérique réduit le volume des gaz à la moitié ou au tiers de leur volume primitif. Mais dans le cas de certains gaz, tels que l'acide sulfureux et le cyanogène, la diminution de volume, quand on arrive à la pression de quatre atmosphères, cesse de correspondre exactement à la pression ; elle croît beaucoup plus rapidement que cette dernière. Lorsque, sous la pression atmosphérique ordinaire, on réduit le gaz ammoniaque au sixième de son volume, il cesse de suivre la loi de Mariotte ; et à la pression de trente-six atmosphères, le gaz acide carbonique se comporte de la même manière. Sous l'influence de la pression que nous venons de dire, une partie de ces gaz passe de la forme gazeuse à l'état liquide ; mais à l'instant où la pression diminue, ces liquides repassent à l'état aériforme.

Les appareils dont se servent les chimistes pour réduire les gaz à l'état liquide sont admirables de simplicité. Un froid artificiel très-intense sous un simple tube de verre recourbé remplace aujourd'hui les machines à comprimer les plus puissantes.

Lorsqu'on chauffe du cyanure de mercure dans un tube de verre ouvert, ce corps se décompose en mercure métallique et en cyanogène qui s'échappe sous forme de gaz ; mais si l'on se sert d'un tube hermétiquement fermé à ses deux extrémités, la chaleur produira comme tout à l'heure la décomposition du cyanure de mercure : seulement le cyanogène ne pourra s'échapper au dehors, et restera renfermé dans un espace clos qui est plusieurs centaines de fois plus petit que celui qu'il occuperait sous la pression atmosphérique ordinaire dans un tube ouvert. La conséquence naturelle qui résulte de là, c'est que la plus grande partie du gaz passe à l'état liquide dans la portion du tube que l'on soumet à la réfrigération. Lorsque l'on verse de l'acide sulfurique sur de la pierre à chaux dans un vase ouvert, l'acide carbonique se dégage avec effervescence sous forme de gaz. Mais si l'on opère cette décomposition dans un vase de fer de forme convenable, d'une extrême solidité et hermétiquement fermé, l'on peut obtenir jusqu'à une livre d'acide carbonique à l'état liquide. Sous une pression de 36 atmosphères, l'acide carbonique se sépare, sous forme fluide, des corps avec lesquels il était combiné.

Il n'est personne qui n'ait entendu parler, ne fût-ce que par la voie des journaux, des merveilleuses propriétés de l'acide carbonique liquide. Si on laisse couler à l'air libre un mince filet de ce liquide, il repasse à l'état gazeux avec une rapidité extraordinaire, et la portion d'acide qui redevient gazeuse soutire à la portion qui reste liquide une telle quantité de calorique, que cette dernière se congèle en une masse blanche cristalline semblable à de la neige. On crut d'abord que cette substance cristallisée était réellement de la neige, c'est-à-dire de la vapeur d'eau de l'atmosphère qui s'était congelée ; mais un examen plus attentif démontra bientôt que cette prétendue neige était purement et simplement de l'acide carbonique cristallisé par le froid. Contrairement à ce que l'on attendait, on a remarqué que cet acide carbonique solidifié n'exerce qu'une très-faible pression sur les parois qui le contiennent. Ainsi, tandis que l'acide carbonique liquide, renfermé dans un tube de verre, repasse, aussitôt qu'on ouvre le tube, à l'état de gaz, avec une explosion qui brise le tube en mille pièces, on peut toucher et manier l'acide carbonique solide, sans éprouver d'autre effet qu'une sensation de froid excessivement intense. Les molécules de l'acide carbonique sont aussi rapprochées que possible lorsqu'il se trouve sous forme solide ; la force de cohésion des fluides, qui est d'ordinaire tout à fait imperceptible, se déploie ici avec toute son énergie. C'est cette force de cohésion qui empêche l'acide de repasser à l'état gazeux. Cependant elle est à la fin vaincue, et le solide repasse peu à peu à l'état aériforme, au fur et à mesure que les corps environnants lui cèdent du calorique. Le degré de froid, ou, si on le préfère, la réfrigération que détermine la transition de l'acide carbonique de la forme solide à la forme gazeuse, est incalculable. Quand on met une masse de mercure pesant dix à vingt livres et même davantage, en contact avec un mélange d'éther et d'acide carbonique solidifié, le métal devient en un clin d'œil solide et malléable. La génération future ne sera plus admise à être spectatrice de cette admirable expérience exécutée en grand ; car, par malheur, elle est extraordinairement dangereuse, ainsi que l'a

prouvé un événement déplorable arrivé dans le laboratoire de l'Ecole polytechnique de Paris, immédiatement avant le cours de chimie. Un cylindre de fer d'un pied de diamètre et de deux pieds et demi de longueur, où l'on avait fait dégager de l'acide carbonique pour faire une expérience devant l'auditoire, éclata tout à coup, et ses fragments furent lancés avec la violence la plus terrible. Le préparateur, qui était seul présent, eut les deux jambes emportées et mourut des suites de sa blessure. On ne peut, sans frémir, songer à la catastrophe effroyable qu'aurait causée, au milieu d'une salle remplie d'élèves, la rupture de ce vaisseau en fonte de fer, extrêmement épais et tout à fait semblable à un canon de fort calibre. Cependant, ce qui éloignait encore plus toute idée de danger, c'est que ce tube avait déjà souvent servi à exécuter cette curieuse expérience. *Voy.* Carbonique (acide).

Depuis que l'on sait que la plupart des gaz se fluidifient par l'effet de la compression ou du froid, la singulière propriété que possède le charbon de bois d'absorber et de condenser de dix à vingt fois son volume de certains gaz, a cessé d'être un mystère. Ce corps absorbe même soixante-dix à quatre-vingt-dix fois son volume de gaz ammoniaque et de gaz acide chlorhydrique. Ces gaz se trouvent renfermés et condensés dans les pores du charbon dans un espace de plusieurs centaines de fois plus petit que celui qu'ils occupaient auparavant. On ne peut douter maintenant qu'ils n'y existent en partie à l'état liquide ou à l'état solide. Ici donc, comme dans mille autres cas, l'action chimique remplace les forces mécaniques. L'idée que l'on se formait de l'adhésion a, par cette découverte, acquis une signification plus étendue. Jusqu'à présent on ne l'avait jamais crue capable de déterminer un changement d'état dans la matière : aujourd'hui on voit dans la cause qui détermine l'adhérence d'un gaz à la surface d'un corps solide l'antithèse de la dissolution.

Le plus petit volume d'un gaz, d'air atmosphérique par exemple, peut, à l'aide de la simple compression mécanique, être réduit à un volume mille fois plus petit. La masse de ce volume de gaz est, à l'égard de celle que présente la surface mesurable d'un corps solide, comme la masse d'un globule de moelle de sureau est à la masse d'une montagne. Donc, par la simple action de la masse, c'est-à-dire par le simple effet de la pesanteur, tout corps solide doit attirer les molécules gazeuses et les faire adhérer à sa surface. Mais si à cette force physique se surajoute une affinité chimique, pour faible qu'elle soit, il est évident que les gaz *coercibles* ou liquéfiables ne pourront persister dans leur état aériforme.

Il nous est évidemment impossible de mesurer la condensation qu'une surface d'un pouce carré fait éprouver à l'air ; mais si nous nous figurons un corps solide présentant, dans l'espace d'un pouce cube, une surface de plusieurs centaines de pieds carrés, puis que nous placions ce corps au milieu d'un volume de gaz déterminé, il nous devient facile de comprendre pourquoi ce volume de gaz diminue : tous les gaz se comportent de la même manière dans les mêmes circonstances ; ils sont, comme l'on dit vulgairement, absorbés. Les pores d'un pouce cube de charbon offrent, au calcul le plus bas, une surface de cent pieds carrés. La propriété que possède cette substance d'absorber les gaz varie suivant l'espèce de charbon qu'on emploie. La quantité de gaz absorbée est d'autant plus grande que les pores sont plus nombreux et par conséquent plus petits dans un même espace ; en d'autres termes, le charbon à grands pores absorbe beaucoup moins que le charbon à petits pores.

Pour la même raison, toutes les substances poreuses, telles que les diverses espèces de pierres et de roches poreuses, les mottes de terre, absorbent réellement l'air atmosphérique et par conséquent l'oxygène. Chaque molécule de ces corps se trouve donc entourée par de l'oxygène condensé qui lui forme une petite atmosphère particulière ; et si, dans le voisinage de ces molécules, il existe d'autres substances qui aient de l'affinité pour l'oxygène, il s'opère une combinaison. Lorsque, par exemple, les corps situés à proximité contiennent du carbone et de l'hydrogène, ce carbone et cet hydrogène se transforment en acide carbonique et en eau, deux combinaisons chimiques nécessaires à la nutrition des végétaux. Le développement de calorique qui s'opère lorsque l'air est imprégné d'eau, et la production de vapeurs qui a lieu lorsque la terre est humectée par la pluie, sont évidemment le résultat de cette condensation par l'action des surfaces.

Le corps qui exerce l'absorption la plus extraordinaire sur l'oxygène de l'air, est le platine métallique. Le platine est un métal d'un blanc brillant lorsqu'il est en masse ; mais quand on le sépare des liquides dans lesquels on l'a fait dissoudre, il se présente à nous dans un tel état de division, c'est-à-dire sous forme d'une poudre tellement ténue, que ses molécules ne réfléchissent plus la lumière, et qu'il paraît aussi noir que du noir de fumée. Dans cet état, il absorbe plus de huit cents fois son volume de gaz oxygène. Cet oxygène doit donc se trouver alors dans un état de condensation qui le rapproche de l'eau à l'état liquide.

Lorsqu'un gaz est ainsi condensé, c'est-à-dire lorsque ses molécules primitives se trouvent ainsi extrêmement rapprochées les unes des autres, ses propriétés deviennent évidentes et faciles à apprécier ; car l'action chimique qui est propre à chaque gaz se développe avec d'autant plus d'énergie que celui-ci perd davantage sa propriété physique caractéristique. En effet, ce qui distingue essentiellement un corps gazeux, c'est que ses molécules tendent continuellement à s'écarter les unes des autres. Or, comme l'action chimique ne peut s'exercer qu'autant que les molécules sont à un cer-

tain degré de proximité les unes des autres, il est facile de comprendre comment l'élasticité des gaz est le principal obstacle qui empêche le déploiement de leur activité chimique. Mais quand les molécules gazeuses cessent de se repousser, et c'est ce qui a lieu lorsqu'elles se trouvent renfermées dans les pores ou adhérentes à la surface des corps solides, le gaz peut alors déployer toute son activité chimique. Ainsi certaines combinaisons dans lesquelles l'oxygène ne peut pas entrer tant qu'il est sous son état ordinaire, certaines décompositions qu'il ne peut pas opérer, lorsqu'il est également sous sa forme habituelle, ces combinaisons et ces décompositions, dis-je, s'effectuent au contraire avec une facilité extrême dans les pores du platine qui contiennent de l'oxygène condensé. Dans le platine réduit en poussière très-fine, et même dans ce qu'on appelle l'éponge de platine, nous possédons un véritable mouvement perpétuel, c'est-à-dire un mécanisme qui marche et se monte lui-même, une force qui ne s'épuise jamais et qui est capable de produire des effets extrêmement puissants, lesquels se renouvellent d'eux-mêmes à l'infini. Quand on dirige un courant d'hydrogène sur une éponge de platine dont les pores, ainsi qu'on vient de le dire, sont constamment remplis d'oxygène condensé, les deux gaz se trouvant en contact se combinent ensemble, et il se forme de l'eau dans l'intérieur de l'éponge métallique. Le résultat immédiat du dernier phénomène, c'est-à-dire de la combustion de l'hydrogène pour former de l'eau, est un dégagement considérable de calorique ; le platine rougit et le courant d'hydrogène s'enflamme. Si l'on interrompt le courant du gaz inflammable, les pores du platine se remplissent instantanément d'oxygène, et en dirigeant de nouveau le courant d'hydrogène, on voit se reproduire immédiatement le même phénomène ; l'expérience peut donc se répéter à l'infini et toujours avec le même résultat.

La découverte de cette propriété des corps solides, et particulièrement des corps poreux, a rendu un grand service à la science, en lui permettant d'expliquer d'une manière parfaitement satisfaisante bon nombre de phénomènes qui avaient jusqu'à ce jour résisté à toute explication. La transformation de l'alcool en vinaigre par le procédé connu sous le nom de fabrication instantanée du vinaigre, est certainement une des branches les plus importantes de l'industrie agricole. Cette fabrication est fondée sur des principes à la découverte desquels les chimistes sont arrivés par l'étude sérieuse des propriétés des corps poreux.

GAZ. *Voy.* Eclairage au gaz.

GAZ, fixes, coercibles, non permanents. *Voy.* Calorique.

GAZ HYDROGÈNE PROTOPHOSPHORÉ. *Voy.* Phosphore.

GAZ OXY-MURIATIQUE. *Voy.* Chlore.

GAZ employé comme force motrice. *Voy.* Carbonique (acide).

GAZOMÈTRE. *Voy.* Éclairage au gaz.

GÉLATINE. — L'idée de dissoudre le cartilage des os, et de l'utiliser comme aliment, fut conçue par Papin, qui le premier employa la coction dans des vaisseaux clos et à une haute pression. Sa découverte était sur le point d'attirer l'attention qu'elle méritait, lorsqu'une plaisanterie vint tout réduire au néant. Papin avait offert à Charles II d'Angleterre de préparer en vingt-quatre heures, avec onze livres de charbon de bois, cent cinquante livres de gelée, qu'il recommandait pour les maisons d'indigence et les hôpitaux. Le roi était sur le point de prêter l'oreille à cette offre, lorsque ses yeux tombèrent sur une requête qu'on avait suspendue au cou de ses chiens de chasse, et par laquelle ils priaient qu'on ne les privât pas d'une nourriture qui leur revenait de droit. C'en fut assez pour que ce prince léger écartât le projet.

Plus d'un siècle après, Proust et Cadet cherchèrent à démontrer par des expériences l'importance de cet aliment, qu'on jette la plupart du temps sans en tirer aucun parti, et ils parvinrent à le rendre un sujet d'attention générale. Il ne manqua plus ensuite de personnes qui estimaient les os bien au-dessus de la viande, et qui calculèrent la valeur relative de ces deux substances comme aliments, d'après l'inégale quantité de gélatine qu'on obtient de l'une et de l'autre, sans réfléchir que la fibrine est un aliment bien plus substantiel que la colle dissoute.

La gélatine est une substance dont l'étude offre un grand intérêt, puisque dans certains hôpitaux elle sert à faire des bouillons nourrissants, et qu'elle constitue en grande partie la colle-forte et la colle de poisson, dont les arts font une si grande consommation; elle fait partie constituante du bouillon de bœuf, de veau, de poulet et d'une foule d'autres mets. On l'emploie pour la préparation de grands bains qui sont à la fois nutritifs et adoucissants. Toutes les gélatines ou colles n'ont pas la même transparence et la même couleur : les unes sont rouges, les autres d'un brun noirâtre, quelques-unes légèrement jaunâtres; les plus belles sont complétement incolores.

La gélatine qui sert dans les hôpitaux se retire des os par la seule ébullition de l'eau qui contient ces os, à une pression plus forte que celle de l'atmosphère. Ce procédé est moins dispendieux que celui que nous allons décrire, et qui est généralement employé.

On fait tremper les os desquels on veut extraire la gélatine, dans l'acide chlorhydrique étendu, qui dissout les sels fixes et laisse intacte la matière animale, c'est-à-dire la gélatine. On remarque alors que les os conservent leur forme primitive, tout en se ramollissant, en devenant flexibles et solubles dans l'eau. On lave ensuite ces os gélatineux et flexibles à grande eau pour enlever tout l'acide restant. On fait bouillir ce que dissout la gélatine, puis on laisse reposer; on décante, on évapore et on coule la gélatine dissoute dans des moules, où elle prend la

forme de plaques par le refroidissement. On taille ensuite ces plaques en tablettes minces, et on les sèche en les plaçant sur des cadres dans un endroit aéré.

La gélatine se trouve non-seulement dans les os, mais encore dans tous les tissus animaux : dans les peaux, les tendons, les aponévroses, etc.

Les colles communes s'obtiennent aux environs des grandes villes, de Paris surtout, en faisant bouillir, dans une grande quantité d'eau, les rognures de peaux, de parchemin, de gants, les oreilles et les sabots de bœufs, de chevaux, de veaux, de moutons, etc., préalablement séparés des poils et de la graisse. Après les avoir soigneusement lavés, on écume, et quand tout est dissous, on filtre et on laisse reposer, puis on décante et on coule la gélatine dissoute dans les moules, comme nous l'avons indiqué précédemment.

La gélatine ne paraît pas être toujours identique et présenter quelques altérations dépendantes des réactions qu'elle a éprouvées de la part des agents chimiques. De là les noms de *géline*, de *gelée* et de *gélatine*, qui lui ont été donnés.

La *géline* est la gélatine des tissus organiques et des cartilages : elle n'est identique ni avec celle que l'on obtient par l'ébullition de la peau, ni avec celle que l'on extrait des os.

La *gelée* est la géline amenée par voie d'évaporation à une consistance molle et tremblante, puis reprise par l'eau évaporée et desséchée plusieurs fois. Elle finit alors par perdre entièrement la propriété de donner de la consistance à l'eau.

Les gélatines qui font bien gelée collent ordinairement très-peu. C'est la colle de poisson qui se rapproche le plus de la géline, bien qu'elle ne soit pas la géline pure, puisqu'elle n'en renferme que deux ou trois centièmes. Ce n'est autre chose que la membrane interne de la vessie natatoire de certains esturgeons; elle est presque complétement soluble dans l'eau. On prépare une colle de poisson de qualité inférieure, en faisant bouillir dans l'eau la queue, la tête et les mâchoires des baleines, et de presque tous les poissons dépourvus d'écailles. Elle se transformerait probablement en colle-forte si on lui avait fait subir les opérations citées plus haut. Elle est employée dans les apprêts pour la préparation du taffetas gommé et pour la clarification de la bière. Dans ce dernier cas, la colle de poisson entraîne toutes les matières étrangères.

La gélatine pure est une substance solide, transparente, inodore, insipide, sans réaction sur les couleurs végétales. Elle est très-peu soluble dans l'eau froide, et ne fait ordinairement que s'y gonfler; mais elle se dissout très-bien dans l'eau bouillante, et se prend en gelée par le refroidissement. Il suffit souvent dans une masse d'eau d'une proportion de gélatine de deux ou trois centièmes de cette masse, pour lui donner une consistance tremblante; mais cette gelée est

facilement altérable, car elle s'aigrit, se liquéfie et éprouve la fermentation putride. L'alcool absolu précipite la gélatine de ses dissolutions, tandis que l'alcool faible la dissout
un peu.

La gélatine soumise à l'action de la chaleur
se ramollit d'abord, se fond et se boursoufle en répandant une odeur de corne brûlée ;
puis elle s'enflamme, si l'on opère au contact
de l'air, et laisse un charbon volumineux,
lequel contient une petite quantité de phosphate de chaux fixe. Il se dégage aussi beaucoup d'ammoniaque.

L'acide sulfurique attaque la gélatine, et
produit, par une ébullition prolongée, un composé cristallin que Braconnot avait appelé *sucre de gélatine*, mais qui n'est pas un véritable
sucre, puisqu'il ne peut pas éprouver de fermentation en présence d'un ferment, comme
la levure de bière. L'acide tanique précipite
la gélatine de ses dissolutions, et donne un
précipité abondant, blanc grisâtre, complétement insolublé et tout à fait imputrescible :
c'est un phénomène semblable à celui qui
se produit dans la préparation du cuir.

La gélatine est composée, d'après Gay-Lussac et Thénard, de :

Carbone.	47,889
Oxygène.	27,207
Hydrogène. . . .	7,914
Azote	16,998

La gélatine a des usages multipliés. On s'en
sert pour composer des tablettes de bouillon ;
sous le nom de *colle-forte*, on fait usage de
sa solution concentrée pour coller le bois.
Suivant les usages auxquels elle est destinée,
elle est préparée avec plus ou moins de soin
et avec différentes substances animales. Ses
propriétés alimentaires ont été contestées
dans ces derniers temps par des expériences
multipliées (1). *Voy.* CHARBON D'OS.

GÉLATINE VÉGÉTALE. *Voy.* PECTIQUE
(acide).

GELÉE ou GÉLINE. *Voy.* GÉLATINE.

GÉNÉRATION ÉQUIVOQUE. *Voy.* GER-
MINATION.

GENRE (*Minéralogie*). — Le *genre* est
la *réunion des espèces qui ont entre elles plus
d'analogie qu'elles n'en ont avec toutes les au-*

---

(1) Le tissu cellulaire extrait des os, ou la *gélatine
brute* du commerce, peut, étant desséchée, se conserver fort longtemps sans altération, et beaucoup
mieux que lorsqu'elle a été convertie en gélatine soluble. Les faits suivants démontrent combien la matière animale des os est susceptible d'une longue conservation. Les os d'hommes et d'animaux qu'on tire
des catacombes de l'Egypte renferment encore,
après 3000 ans, tout le tissu cellulaire qui leur est
propre. M. de Gimbernat ayant traité par l'acide
chlorhydrique faible des fragments d'os fossiles du
mammouth de l'Ohio et de l'*éléphant de Sibérie*, animaux qui, selon Cuvier, sont morts depuis plus de
4000 ans, parvint à en extraire la substance animale
dont il put former de la gélatine. Celle-ci, de même
nature que celle obtenue des os frais de boucherie,
fut mangée à la table du préfet de Strasbourg, où,
pour la première fois, sans doute, dans notre siècle,
on se nourrit d'une matière animale qui existait
avant le déluge. Ceci se passait en 1814.

trcs ; c'est le principe général de la méthode
naturelle dans tous les règnes : mais sur
quoi doivent être fondés les rapprochements
entre ces espèces minérales, pour qu'ils
soient le plus conformes possible à toutes
les analogies ? C'est ce que nous allons essayer de déterminer.

D'abord, puisque les propriétés physiques
ne sont pas suffisantes pour caractériser l'espèce, il est évident que leur réunion en genres ne peut être fondée sur ces caractères,
et qu'il faut recourir à des analogies chimiques. Or, il est impossible d'établir aucune
comparaison entre des espèces dont la nature
serait entièrement différente ; donc on ne
peut penser à réunir en genres que les espèces dans lesquelles il existe un ou plusieurs
principes chimiques communs. Tout le
monde paraît d'accord à cet égard ; mais par
lequel de leurs principes constituants doit-on
rapprocher les espèces les unes des autres
pour en former des genres ? Est-ce par le principe électro-positif, ou par le principe électro-
négatif ? C'est de la solution de cette question
que dépend tout l'édifice de la classification, et
il n'est pas indifférent de choisir un des principes plutôt que l'autre pour arriver à une
distribution naturelle, c'est-à-dire pour arriver à un ordre tel, que les espèces les plus
analogues par tous leurs caractères soient
aussi les plus rapprochées.

Cette question, qui revient à savoir quelle
est dans un corps composé la partie la plus
importante, paraît avoir été jusqu'ici plutôt
tranchée que résolue. Les mineurs, qui par
état se sont les premiers livrés à l'étude des
minéraux, ont naturellement considéré les
corps qui étaient le but définitif de leurs travaux, comme plus importants que tous ceux
dont ils étaient obligés de les débarrasser.
Ils ont donc regardé les métaux usuels, l'argent, le cuivre, le plomb, le fer, etc., comme
plus importants que les principes divers qui
les *minéralisaient*. Ils ont été imités en cela
par les premiers minéralogistes systémati-
ques, qui dès lors ont pris chacun des métaux connus pour base d'un groupe, dans lequel ils ont réuni toutes les modifications,
ou *mines* d'un même métal. Depuis on a toujours suivi les mêmes errements ; tous les
métaux qui ont été successivement découverts ont été regardés comme les matières les
plus importantes dans les composés où ils
se trouvaient, par cela seul qu'ils étaient métaux, et avaient ainsi des analogies avec ceux
dont la valeur réelle avait fixé l'attention des
premiers minéralogistes. Enfin, la force de
l'habitude et les applications directes de la
minéralogie à l'art des mines ont entraîné,
dans tous les cas, à considérer le principe
modifié comme plus important que le principe modifiant, quoique nous ne puissions
avoir le plus souvent aucune raison d'attribuer plus de valeur réelle à l'un qu'à l'autre.
On n'a pas fait assez d'attention à la différence qu'il devait y avoir entre la minéralogie considérée en elle-même, et la minéralogie appliquée aux arts ; on a admis la même
classification pour tous les cas, tandis qu'il

fallait une classification particulière pour chacun d'eux.

Voilà bien certainement la marche des idées depuis les premiers moments où l'on s'est occupé des minéraux jusqu'à nos jours; d'où il suit que l'importance attribuée à l'un des composants de tel ou tel minéral a été entièrement établie, soit immédiatement, soit par comparaison, sur la valeur commerciale des premières substances qui ont été employées dans les arts; mais est-ce bien là ce qui doit guider la classification dans la minéralogie considérée comme science? Il est clair que ces valeurs idéales ne sont rien dans la nature, et que l'importance d'un corps ne peut être bien jugée que d'après l'étendue du rôle qu'il joue dans le système général des choses créées.

Or, en examinant les corps sous ce nouveau point de vue, il me semble qu'on est conduit à considérer comme les plus importants ceux que, au contraire, les minéralogistes ont jusqu'ici regardés comme d'une très-faible valeur. En effet, les corps électro-négatifs, ou corps modifiants, qui comprennent le carbone, l'oxygène, le soufre, les différents acides qu'ils peuvent former, etc., etc., sont ceux qui jouent évidemment le plus grand rôle dans la nature : ce sont les principes éminemment actifs; sans eux il n'existerait pas de corps composés, et tout le règne minéral se réduirait aux cinquante à soixante corps simples; la chimie elle-même serait réduite à rien. Les corps électro-positifs, ou corps modifiés, au contraire, sont le plus souvent comme des êtres passifs, et plus particulièrement encore ceux auxquels on avait attribué plus d'importance, comme l'or et l'argent, qui ont servi de terme de comparaison à tous les autres. Ils ne sont pas plus importants dans nos laboratoires que dans la nature même, et peut être, s'ils existaient seuls, seraient-ils aussi d'une très-faible utilité dans les usages de la vie.

Il me paraît résulter évidemment de ces considérations, que ce sont les principes électro-négatifs qui doivent être pris pour base de la réunion des espèces en genres. Non-seulement ce mode de classification est plus fondé en raison, mais encore il présente l'important avantage de rapprocher réellement les unes des autres les espèces qui ont entre elles le plus de rapports par tous leurs autres caractères, comme l'exige la définition du genre naturel. En effet, en réunissant par exemple tous les *carbonates* en un seul genre, on trouve tant d'analogies de forme, de structure, enfin de manière d'être, en général, entre les différentes espèces qui résultent des bases, que ces espèces ont été et sont souvent confondues les unes avec les autres par leurs caractères extérieurs. Quoi de plus analogue, en effet, que les carbonates de chaux, de zinc, de fer, de manganèse, etc., dont les formes cristallines appartiennent toutes au système rhomboédrique, qui donnent par le clivage des rhomboèdres presque identiques, dont les formes et les structures irrégulières, la réfraction, la du-

reté, etc., sont presque les mêmes? Les sulfates sont absolument dans le même cas; quelle analogie n'existe-t-il pas entre les sulfates de plomb, de baryte, de strontiane, etc., entre les sulfates de zinc, de magnésie, de nickel; entre les sulfates de fer et de cobalt, ceux de cuivre et de manganèse? etc. Les sulfures offrent de même des analogies sans nombre. Mais l'importance de ce mode de réunion se fait encore plus sentir dans le genre des silicates ; tout ce qui était le plus confus dans les anciennes méthodes devient parfaitement clair; toutes les objections des cristallographes contre les résultats de la chimie disparaissent, parce que les corps qui en ont fait le sujet se trouvent tout naturellement placés à côté les uns des autres, et peuvent, à volonté, être considérés comme un groupe d'espèces très-analogues par tous leurs caractères extérieurs, ou comme une même espèce : tels sont, par exemple, les grenats. Ajoutons que les genres formés de cette manière donnent une étonnante facilité pour ranger les mélanges des corps de même formule, qui dès lors se trouvent toujours naturellement entre les espèces pures dont la réunion les constitue, précisément comme les métis des règnes organiques se trouvent entre les espèces dont le croisement les a produits La réunion en genres d'après les principes électro-positifs ne présente aucun de ces avantages ; car en partant d'une base, on ne trouve aucune analogie entre les différentes espèces qui résultent de la diversité des principes électro-négatifs. En effet, en formant, par exemple, le genre *calcium*, il est impossible de trouver aucune analogie entre les chlorures, phthorures, carbonates, sulfates, nitrates, tungstates, titanates, silicates de cette base, qui formeraient alors autant d'espèces, et il est absolument impossible de ranger les mélanges qui résultent le plus souvent de la réunion de sels de diverses bases.

On doit facilement concevoir que dans des genres nombreux, il n'est pas indifférent de placer telle espèce après telle ou telle autre, et qu'il faut en général chercher à rapprocher celles qui ont entre elles le plus d'analogie. Mais pour effectuer ces rapprochements d'une manière convenable, il faudrait pouvoir disposer les espèces en séries ramifiées, réticulées, car en les disposant en séries linéaires, comme l'exige un ouvrage ou un cours, où il faut suivre nécessairement l'ordre des idées, il est impossible de ne pas rompre plus ou moins les analogies. Cependant il ne faut pas pour cela les disposer au hasard, et il y a encore quelques règles qu'il n'est pas inutile d'établir. La plus importante consiste à rapprocher, autant que possible, les composés qui sont de même formule, sans s'embarrasser de la nature des bases, parce que ce sont là les corps qui, sous tous les rapports, ont entre eux le plus d'analogie, et qu'alors on forme dans le genre des divisions qui sont très-utiles. En effet, les corps de même formule ont presque toujours des formes analogues ou des formes identiques, et se ressemblent, en général, beaucoup par tous les caractères extérieurs. Ce sont ces corps qui se mélangent le plus fréquemment, et l'on remarque souvent qu'ils se trouvent aussi dans le même gisement général. C'est dans le genre des silicates qu'il est surtout utile de prendre ces sortes d'analogies en considération. Ainsi, en faisant une division des silicates à base de chaux, une autre des silicates à base de fer, une troisième des silicates à base de manganèse, etc., etc., ce qui paraîtrait d'abord assez naturel, on romprait les rapports les plus importants qui existent entre les espèces. Au contraire l'on conserve, ou l'on établit ces rapports toutes les fois qu'on se laisse guider par les formules. Ainsi, il est très-naturel de placer à la suite l'un de l'autre le grossulaire, l'almandin, la mélanite, etc., qui ont constitué jadis l'espèce grénat, et qui sont des silicates isomorphes de même formule, parce qu'ils ont entre eux toutes les analogies possibles, que leur réunion forme un groupe très-important; il en est de même de la trémolite et de l'actinote, qui ont constitué l'espèce amphibole, de la sahlite, l'hedenbergite, la jeffersonite, qui ont constitué l'espèce pyroxène, de l'orthose, et de l'albite, qui ont constitué l'espèce feldspath, et à la suite desquelles se placent naturellement plusieurs autres espèces que l'on avait en même temps confondues dans le même groupe, etc., etc.

GERMINATION. — Linné est le premier qui ait posé en fait que tout être vivant, sans exception, se propageait par graines ou par œufs; qu'aucun corps organique ne prenait naissance sans être produit par un corps semblable, et que, conséquemment, aucun corps nouveau ne pouvait augmenter le nombre de ceux qui existent. Cette manière de voir se trouve confirmée par notre expérience, autant que celle-ci s'étend sur les corps bien développés : mais dans des classes d'animaux et de plantes, où les phénomènes de la force vitale sont moins indépendants des propriétés primitives des éléments inorganiques, il n'est pas toujours facile de prononcer à cet égard, et l'on a présumé que dans cette classe il pouvait se former beaucoup de corps organiques différents les uns des autres, qui prenaient naissance sans germination, par la destruction d'autres corps inorganiques, tels que, par exemple, la moisissure, les excroissances spongieuses, etc. Cette production a reçu le nom de *génération équivoque*, et il est certain que fort souvent il est absolument impossible de reconnaître comment plusieurs corps de ce genre auraient été produits par des individus de la même espèce. Une foule de matières organiques dans lesquelles la vie est éteinte, produisent, quand on verse dessus de l'eau, de petits corps doués de mouvement que l'on ne peut découvrir qu'à l'aide d'un fort microscope, et qui continuent pendant quelque temps à se mouvoir, après quoi ils paraissent mourir, et se trouvent quelquefois remplacés par d'autres. On leur a donné le nom d'*animaux infusoires*. Quels qu'ils

soient, leur formation ne paraît pas être une succession d'individus homologues, en sorte qu'il est incertain et même douteux que l'observation de Linné s'applique aussi aux classes les moins développées des corps organiques. Hornschuch, naturaliste plein de sagacité, a émis et rendu probable la conjecture que les premiers germes d'un de ces corps moins développés, que ce soit une graine ou une partie détachée d'un individu vivant, se développaient différemment dans des circonstances différentes, par exemple, suivant qu'il végète dans l'eau ou dans l'air, et aux dépens de différentes matières végétales et animales, et qu'il produisait ainsi des phénomènes et des formes différentes ; en sorte que dans ces classes inférieures où la force vitale agit avec moins d'indépendance, la matière différente, aux dépens de laquelle la vie s'entretient, concourt essentiellement à déterminer la nature du corps croissant. Cette idée présente beaucoup de probabilité, et se trouve appuyée d'un fait très-intéressant, découvert par Humboldt, qui consiste en ce que des plantes d'un développement imparfait, qui croissent dans des mines où elles ne sont pas frappées par la lumière, ne sont pas colorées, et prennent une forme qui empêche qu'on les reconnaisse; ces plantes, exposées à la lumière, meurent, mais leur racine donne, sous l'influence de la lumière, une nouvelle plante qui a les formes ordinaires.

Laissons à une expérience future plus étendue le soin de décider cette question, et revenons à la description des phénomènes de la germination. Les graines ressemblent aux œufs des oiseaux, en ce qu'elles renferment un petit point, à partir duquel commencent tous les phénomènes de la vie, et qui est enveloppé d'une masse végétale plus ou moins volumineuse, qui sert de matière nutritive au point vivant ; en outre elles sont entourées d'une enveloppe ordinairement triple, destinée à garantir les parties intérieures.

Toute graine porte la marque du point par lequel elle était en contact avec la plantemère pendant sa croissance. Ce point correspond au nombril des animaux, raison pour laquelle on lui donne le nom d'*ombilic* ou de *cicatricule*. Le point vivant de la graine se compose de deux parties : l'une destinée à former la racine, et appelée *radicule ;* l'autre, connue sous le nom de *plumule*, et destinée à devenir plante. Ces deux parties peuvent être distinguées dans quelques graines volumineuses, telles que les fèves, sur lesquelles on peut mieux que sur toute autre graine étudier la structure de la graine; mais souvent leur séparation ne s'aperçoit bien que quand les graines ont commencé à germer. La matière organique destinée à servir de nourriture à la plante naissante est contenue dans des organes particuliers, qui se séparent pendant la germination, et qui reçoivent alors le nom de *cotylédons*. Les graminées n'ont qu'un seul cotylédon; la plupart des plantes en ont deux, et quelques-unes, telles que le cresson, en ont jusqu'à six.

Pour que les phénomènes qui constituent la vie commencent, il faut réunir trois conditions : 1° il est nécessaire que la graine soit en contact avec un corps humide, auquel elle puisse enlever une certaine quantité d'eau; 2° elle doit être exposée à une température supérieure à 0°, parce qu'aucun phénomène de vie ne peut se manifester dès que l'eau est à l'état solide; mais la température ne doit pas être au-dessus de 30°, parce que la vie naissante est anéantie par une plus forte chaleur. 3° La graine doit être en contact avec l'air. Par l'effet de la germination la graine se gonfle peu à peu, les cotylédons se séparent, la racine se développe, pénètre dans la terre; la plumule offre les traces des premières feuilles, tend vers la lumière, et lève les cotylédons avec elle au-dessus de la terre; ces derniers se transforment alors en *feuilles séminales*, se dessèchent et tombent quand les véritables feuilles se sont formées.

Voici ce que nous savons sur la marche intérieure de la germination. La pellicule de la graine a des vaisseaux qui se remplissent d'eau, en vertu d'une force capillaire; cette eau, portée à l'intérieur, fait gonfler la graine. Toutes les graines se gonflent tôt ou tard dans l'eau; mais les graines des plantes aquatiques sont les seules qui puissent germer au milieu de l'eau. Les graines des autres plantes doivent être entourées d'un corps humide qui n'empêche pas que l'air soit aussi en contact avec la plante. Ordinairement la graine se trouve enveloppée de terre, dont elle absorbe l'humidité; mais la germination peut avoir lieu sans terre, et les graines germent tout aussi bien dans du papier brouillard humide ou sur une planche humide, etc.; bref, l'enveloppe solide n'influe sur la germination qu'en empêchant ou en favorisant les trois conditions essentielles énoncées plus haut. Toutes les autres causes de la continuation de la germination se trouvent dans la graine elle-même. L'eau qui pénètre à travers la matière organique contenue dans les cotylédons, y produit une réaction chimique, qui est accompagnée d'un dégagement de chaleur, et paraît avoir pour but de préparer la nourriture nécessaire à la plante naissante. Les produits de cette réaction varient probablement en raison des matières contenues dans les cotylédons. Ce que nous savons à cet égard se rapporte uniquement à la graine des graminées; l'amidon que cette graine contient se transforme peu à peu en cette espèce de sucre dans laquelle nous pouvons le convertir à l'aide des acides, et ce sucre disparaît pendant la germination, et laisse une substance gommeuse; en sorte que la matière contenue dans les cotylédons change chaque jour, tandis que la radicule et la plumule grandissent à leurs dépens.

On ignore si l'eau agit encore autrement qu'en transformant les corps solides de la graine en dissolutions, et les rendant ainsi actifs : si, par exemple, la plante se combine avec les éléments de l'eau, et les fait passer de la combinaison binaire qui constitue l'eau, à l'état de combinaisons ternaires; mais cette dernière supposition n'est pas probable.

Les graines qui germent dans l'air atmosphérique ne changent pas sensiblement le volume de l'air; mais elles en changent la composition de la même manière que la respiration des animaux la change; en sorte qu'une partie de l'oxygène se transforme en gaz acide carbonique, sans changer de volume. Par conséquent, le carbone contenu dans la graine diminue constamment pendant la germination, tandis que l'oxygène et l'hydrogène qui entrent dans sa composition, paraissent passer, sans subir de diminution, dans le germe qui se développe. Cette séparation de carbone, qui ne peut avoir lieu sans la présence de l'oxygène libre dans le milieu ambiant, paraît être une condition essentielle et fondamentale du phénomène de la vie dans toutes les classes des êtres organiques. En la supprimant, on empêche la vie de continuer : si donc on dépouille l'air ambiant d'une certaine quantité de son oxygène, ou qu'on le mêle avec beaucoup de gaz acide carbonique, la germination s'arrête et la graine meurt.

Si, en réunissant toutes les autres circonstances favorables à la germination, on essaye de faire germer la graine dans le vide, dans le gaz hydrogène, le gaz nitrogène, le gaz acide carbonique, etc., elle ne présente aucun phénomène de la vie; au contraire, les graines gonflées commencent à subir d'autres changements, par lesquels leur force vitale est détruite. En revanche, elles germent très-bien dans le gaz oxygène, et on a trouvé, en répétant les essais de Humboldt, que des graines très-anciennes, qui ne veulent pas germer dans les circonstances ordinaires, peuvent être amenées à germer quand on les humecte avec une faible dissolution de chlore dans l'eau, qui, par son action oxydante, produit la séparation du carbone. Cette séparation de carbone fait que le premier produit de la germination contient moins de matières solides que la graine. Th. de Saussure ayant séché et pesé des pois, les fit germer, et au bout de trois jours il sécha la graine germée; il trouva ainsi qu'elle avait perdu 4 $\frac{1}{3}$ pour cent de son poids. Le carbone enlevé par l'air entrait dans cette perte pour un peu moins d'un pour cent. Les autres 3 $\frac{2}{3}$ pour cent, que Saussure regarda comme de l'eau formée pendant la germination, étaient probablement la différence entre la quantité d'eau contenue dans les pois secs non germés, qu'on ne pouvait pas dessécher parfaitement sans les faire mourir, et entre la graine détruite par la dessiccation.

L'action immédiate des rayons solaires est nuisible à la germination. Partout dans la nature nous trouvons que les premiers phénomènes de vie, parmi les êtres organisés, prennent leur origine dans l'obscurité, et qu'ils n'ont besoin de l'influence de la lumière et ne cherchent celle-ci, qu'après être arrivés à un certain degré de développement. Cette règle se trouve confirmée par des expériences directes. Quand on expose de la graine à l'action immédiate des rayons solaires, elle meurt, quand même elle se trouve d'ailleurs dans des circonstances favorables à la germination. Exposée à la lumière diffuse, elle germe, mais beaucoup plus lentement que celle qu'on laisse dans l'obscurité, toutes les circonstances étant égales d'ailleurs. De Saussure a conclu de ces expériences que la cause de ce phénomène tenait à la force calorifique des rayons solaires, parce que quand la lumière du soleil passe par un milieu qui retient une grande partie des rayons calorifiques, son influence nuisible diminue dans la même proportion. Dans ce cas, l'effet que produisent les rayons solaires sur les graines ressemble à l'action décolorante qu'ils exercent sur les couleurs végétales, et qui peut être imitée en peu d'instants par l'exposition des corps colorés à une température convenablement élevée. Du reste, un certain degré de chaleur accélère la germination, comme toutes les opérations de la vie. Les mêmes graines germent bien plus promptement dans un climat chaud ou dans une terre chauffée, que dans un climat froid sans le secours d'une chaleur artificielle.

La matière nutritive, préparée dans les cotylédons, est absorbée par la radicule, de laquelle partent de petits vaisseaux qui se perdent dans les cotylédons. Il n'existe, au contraire, aucune communication entre ces derniers et la plumule, et celle-ci tire sa nourriture de la racine dès la première période de sa vie.

Pendant le développement de la plante, il se présente cette circonstance remarquable, que la racine tend vers le bas, tandis que la plumule prend une direction opposée. Quoique cela dépende, comme tous les autres phénomènes de la vie, des effets particuliers de la force vitale, on a cependant cherché à déterminer quelles étaient les conditions nécessaires à la production de ce phénomène ; car s'il ne consistait qu'en ce que la plante et la racine prennent des directions opposées, la cause n'en devrait être cherchée que dans l'organisation de la plante ; mais comme la racine se dirige toujours, en ligne plus ou moins directe, vers le centre de la terre, et que la tige prend la direction contraire, il n'est pas douteux que des forces plus générales contribuent aussi à produire cet effet. On a vu, par exemple, qu'un arbre qui avait crû à la surface supérieure d'un vieux mur, et qui bientôt n'y trouvait plus assez de matières nutritives, avait peu à peu envoyé une racine droite de haut en bas. En attendant, l'accroissement de cet arbre s'était arrêté ; mais sa racine, devenue plus épaisse et plus longue, finit, au bout de plusieurs années, par atteindre la terre, où elle se ramifia pour faire parvenir à l'arbre la matière nutritive nécessaire à sa croissance. Pour déterminer si la gravitation avait quelque part à ce phénomène, Knight essaya de faire germer des fèves, qui étaient attachées

à une roue horizontale mise en mouvement par une roue hydraulique. Les fèves, étant pourvues d'une quantité d'eau suffisante, germèrent et poussèrent. Dans cet état, la force centrifuge produisit sur elles le même effet que la gravitation sur les graines en repos ; la racine suivit la direction de la force centrifuge, et se tourna vers le dehors, tandis que les têtes des plantes se dirigèrent en sens inverse, et finirent par se rencontrer au centre de la roue. Dans une autre expérience, Knight fit tourner la roue avec une moindre vitesse ; alors l'influence de la gravitation ne fut pas vaincue, et la plante prit une direction intermédiaire entre celle que lui aurait imprimée la gravitation, et celle qu'elle aurait suivie sous l'influence de la seule force centrifuge ; en sorte que la racine se dirigea en dehors et vers le bas, et la tige, en dedans et vers le haut.

Duhamel mit des fèves qui germaient et des marrons au milieu de tubes d'un diamètre convenable, les recouvrit de terre, et suspendit les tubes de manière que la jeune plante était renversée, c'est-à-dire la racine en haut et la plumule en bas ; alors la plumule, ne trouvant plus d'issue directe pour arriver au jour, se roula, de même que la radicule, en spirale autour de la graine.

Dès que les cotylédons arrivent au jour, ils prennent la forme de feuilles, feuilles séminales ; la racine tire alors de la terre les matières nutritives dont elle a besoin, et les feuilles séminales remplissent à l'air les fonctions des véritables feuilles, encore imparfaitement développées, jusqu'à ce que ces dernières soient suffisamment formées, époque à laquelle les feuilles séminales se dessèchent et tombent. Mais si on enlève ces feuilles longtemps avant cette époque, la jeune plante périt ; si on les retranche à une époque plus rapprochée de celle où les feuilles sont développées, la plante conserve la vie, mais son développement se trouve considérablement retardé.   (BERZÉLIUS.)

GISEMENT DES MINÉRAUX. — La connaissance approfondie du gisement des minéraux se rattache à la géologie ; nous n'en dirons ici que ce qui est indispensable pour l'intelligence des termes.

Les minéraux se trouvent au sein des collines, qui sont elles-mêmes composées de terres et de roches. Ils sont :

1° En *couches* ou *bancs*, lorsqu'ils se présentent en masses plus ou moins épaisses, à faces parallèles, etc. On remarque dans ces couches la *direction* et l'*inclinaison*. Les couches ou bancs sont très-étendus ; ils sont coupés par les flancs des bassins, des vallées, etc. Ils sont horizontaux, inclinés, contournés en zigzag.

2° En *amas*, c'est-à-dire d'une moindre étendue que les couches, et entourés de toutes parts ou partiellement par d'autres matières.

3° En *nids, noyaux* ou *rognons*. Ce sont de petits amas qui existent dans l'intérieur des couches. Le nom de *nids* s'applique généralement aux petits amas friables de forme très-irrégulière ; celui de *noyaux*, aux petits amas, ordinairement solides , affectant la forme des amandes, et paraissant modelés dans les cavités ; en *rognons*, aux petits amas plus ou moins arrondis, souvent étranglés, et d'un volume au moins égal à celui du poing.

4° En *filons*. — Masses aplaties, à surface non parallèles, et se terminant en coins. Les filons coupent les montagnes dans un sens plus ou moins vertical ; il arrive quelquefois qu'étant dérangés dans leur route, ils suivent pendant un certain espace l'intervalle de deux couches, et reprennent ensuite leur direction ; d'autres fois ils se divisent en plusieurs branches, etc.

5° *En veines*. — Ce sont, à proprement parler, de petits filons longs, étroits, simples ou ramifiés, droits ou contournés. Les veines se montrent dans l'épaisseur des couches, ainsi que dans celle des amas et des filons qu'elles traversent dans toutes les directions.

6° *Disséminés*. — C'est-à-dire en globules, lames, cristaux, fragments dispersés, etc.

GLACES. — Les miroirs furent, pendant bien des années, l'objet d'un commerce important pour Venise, la seule ville qui pût en fournir aux acheteurs. Son procédé de soufflage fut importé en 1665, par des Français, à Tourlaville, aux environs de Cherbourg. Les plus grandes glaces qu'on pût se procurer ainsi avaient environ un mètre de côté. Elles étaient sujettes aux bulles, nœud ou stries si fréquentes dans les vitres ordinaires. Toutes ces défectuosités disparurent par l'invention du procédé de coulage maintenant usité. Abraham Thevart imagina ce moyen hardi, qui permet d'obtenir des glaces de 3^m,30, et le mit en pratique à Paris en 1685. Ce fut lui qui fonda, en 1691, la célèbre manufacture de Saint-Gobain, restée longtemps sans rivale. Trois grandes manufactures de glaces existent aujourd'hui en France : Saint-Gobain, Saint-Quirin, et Mont-Luçon.

Le verre à glaces est à base de soude et de chaux. Les fourneaux employés à cette vitrification doivent donc être chauffés vite et fort, à l'aide d'un grand tirage, car on ne peut augmenter au delà d'un certain terme la dose de la base alcaline. Les glaces seraient trop hygroscopiques ; elles s'altéreraient peu à peu à l'air et perdraient leur poli.

Le verre à glaces doit offrir une grande transparence ; il faut, en outre, qu'il soit exempt de bulles, de nœuds et de stries. Une vitrification parfaitement homogène est donc nécessaire ; on l'obtient au moyen d'un feu vif et soutenu. L'affinage de ce verre est plus difficile que celui de tous les autres.

La grande étendue des glaces exige une certaine épaisseur ; et, comme on fabrique le verre qui les forme au moyen de la soude, on est obligé d'apporter un soin particulier dans le choix des matières premières pour amoindrir la teinte verte propre au verre que donnent les soudes commerciales. Il serait possible de remédier à ce défaut en se servant de potasse, ou du moins en remplaçant une partie de la soude par de la potasse. Il paraît qu'un affinage complet de la soude et un mélange d'un ou de deux dixièmes de potasse permettent d'atteindre le but.

L'épaisseur qu'il faut nécessairement donner aux glaces augmente les chances d'y rencontrer des stries, bulles, nœuds ou filets qui réfléchissent les objets en divers sens, de manière à défigurer les images. Ces défauts ne s'aperçoivent qu'au moment où la glace a déjà supporté un polissage coûteux, et contribuent ainsi à maintenir le prix des belles glaces. Quand ils se présentent on est forcé, pour les faire disparaître, d'amincir les glaces ou de les couper en plusieurs morceaux. C'est dans le but d'éviter ces défauts qu'on fait subir au verre à glaces un affinage prolongé, et qu'on en augmente la fusibilité par une proportion d'alcali plus forte.

Dans le dernier siècle, on s'est beaucoup occupé de la teinte la plus convenable à donner aux glaces. Aujourd'hui on cherche avec raison à leur donner la plus parfaite transparence et à détruire la coloration dans le verre. On doit agir ainsi, puisque la réflexion s'effectue sur la lame d'étain adhérente à la seconde surface du verre

Depuis quelques années on se sert avec avantage de charbon de terre pour chauffer les fours de fusion destinés à la fabrication des glaces. Entre les résultats de deux fours, dont l'un est alimenté avec le bois et l'autre avec la houille, on n'aperçoit aucune différence dans la qualité du verre. On ne couvre même point les pots en employant ce dernier combustible ; mais on laisse séjourner la matière deux ou trois heures de plus dans les pots et dans les cuvettes.

Composition du verre des glaces.

Sable très-blanc	300
Carbonate de soude sec	100
Chaux éteinte à l'air	43
Calcin ou grosil	300

Le calcin n'est introduit dans les mélanges qu'après le *frittage*. Comme il doit être divisé, ont fait rougir les morceaux de verre cassés dans un four à fritte, et on les jette rouges dans des baquets pleins d'eau froide ; leur immersion subite dans ce liquide détermine une multitude de fissures et, par conséquent, une division rapide. On ajoute un centième de soude au calcin pour remplacer la quantité perdue par l'évaporation. Les proportions de sable, d'alcali, de chaux, de calcin, peuvent d'ailleurs varier entre certaines limites.

Façon. — Afin de s'assurer si le verre est convenablement préparé pour la coulée, on plonge le bout d'une canne dans la cuvette, ce qui s'appelle *tirer le verre* ; on laisse filer la portion enlevée, qui, d'elle-même et par son propre poids, prend la forme d'une petite poire ou larme de verre d'après laquelle on juge s'il a la consistance requise, et s'il ne contient plus de bulles. Lorsqu'il est au point convenable, il faut tirer les cuvettes hors du four et couler la matière dont elles sont remplies pour former les glaces. Chaque cuvette fournit une glace.

Pendant que le verre prend dans les cuvettes la consistance nécessaire, on s'occupe à chauffer les fourneaux de recuisson ainsi que la table de cuivre qui doit recevoir le verre fluide. Cette table, qui est de bronze et d'une seule pièce, a une épaisseur de 11 centimètres environ. Sa face doit être parfaitement plane et unie. On a vainement cherché à couler des glaces sur des tables de 4 ou 5 centimètres d'épaisseur; l'expérience a prouvé que ces tables ne pouvaient être employées que pour des glaces d'une petite dimension dont la masse de verre est peu considérable. Les tables épaisses elles-mêmes doivent être dressées souvent avec le rabot, les transitions de température qu'elles éprouvent rendant leur face ondulée. Le prix coûtant de ces tables est très-élevé : il en existe une à Saint-Gobain, pesant 26,000 kilogr., qui a coûté 100,000 francs.

La table de bronze est supportée par un très-solide châssis en bois, soutenu sur trois pieds. A l'extrémité de chaque pied se trouve une roulette en fonte, afin de pouvoir faire avancer à volonté la table exactement au niveau de l'embouchure des fourneaux de recuisson. L'épaisseur de la glace est déterminée par des tringles ou règles de cuivre, qui ont 27 millimètres de large, et sont aussi longues que la table elle-même. Leur épaisseur, de 8 millimètres au moins, s'accroît avec les dimensions des glaces. Ces tringles sont posées sur la table au moment du coulage; leur écartement détermine la largeur et la longueur de la glace.

Pour étaler la masse de verre sur la table, on se sert d'un rouleau qui, reposant sur les tringles, laisse entre lui et la table seulement l'épaisseur que doit avoir la glace. Cet instrument est creux, sa longueur est égale à la largeur de la table. Son diamètre est de 18 à 19 centimètres; son poids varie entre 250 et 300 kilogr.

Les fourneaux à recuire étant chauffés au rouge brun, et le verre se trouvant épaissi au degré convenable, on approche la table chauffée à point auprès de l'embouchure de la carquaise ou four de recuisson; on la nettoie, on met les tringles sur chaque côté de la face plane de la table, on prépare le rouleau et l'on procède au coulage

Coulage des glaces. — On démarge alors l'ouvreau des cuvettes qu'on veut enlever; deux ouvriers passent les crochets dans le fourneau, ils accrochent la cuvette, tandis qu'un troisième glisse une grande pince dessous. Dès que celle-ci est bien enfoncée sous le fond de la cuvette, l'ouvrier la tire à lui, aidé de ceux qui manœuvrent avec les crochets; ils amènent la cuvette à l'entrée de l'ouvreau, où elle est reçue posée sur un chariot et conduite près de la table. Deux ouvriers s'empressent de l'écrémer; puis on l'élève à 32 centimètres environ au-dessus de la table, on l'essuie partout à l'extérieur, et on renverse alors le verre sur la table, entre les deux règles, en commençant vers l'embouchure de la carquaise et retirant la cuvette du côté opposé.

Aussitôt que la cuvette est vidée, on met le cylindre en mouvement et on le fait rouler sur les tringles et sur le verre épanché, qui cède facilement au poids de ce cylindre, s'aplatit dans toute la longueur de la table et remplit uniformément l'espace qui se trouve entre les deux tringles.

On remet ensuite le rouleau sur son chevalet, on ôte aussitôt les tringles, et l'on casse les bavures qui peuvent exister aux deux côtés de la glace. Pendant ce temps, un ouvrier forme le rebord ou ce qu'on nomme *tête de la glace*, tandis qu'on essuie le sol du fourneau à recuire et qu'on arrange convenablement le sable pour que la glace y glisse sans obstacle.

Pendant qu'on procède à l'introduction de la glace dans le four de recuisson, d'autres ouvriers s'occupent à retirer du fourneau de fusion une nouvelle cuvette qui arrive à la table au moment où la glace précédente vient d'être enfournée dans la carquaise.

La glace étant encore molle, au moment où on l'introduit dans le four à recuire, l'effort qu'on exerce sur elle, pour la pousser sur le sol de ce four, produit à sa superficie des ondulations que le polissage doit faire disparaître plus tard.

Doucissage et polissage des glaces. — Après avoir réduit la glace à ses dimensions utiles à l'aide du diamant en rabot, on la scelle avec du plâtre sur une table en pierre, puis on la frotte avec une autre glace plus petite, fixée elle-même au moyen du plâtre sur un moellon pyramidal, servant de molette. On interpose d'abord du sable quartzeux, à gros grains, entre les deux glaces, pour dégrossir leur surface; puis on adoucit en faisant usage de sable plus fin.

On porte alors les glaces sur une table, où on les frotte encore l'une contre l'autre, mais en substituant au sable un peu d'émeri délayé dans beaucoup d'eau.

Enfin, on les polit, en les frottant avec un lourd polissoir, armé d'une plaque en feutre à sa partie inférieure ou frottante. Comme matière dure, on se sert de colcothar (oxyde rouge de fer) à divers degrés de finesse. Le plus gros sert pour ébaucher, et le plus fin pour finir. On procède enfin à l'étamage, qui consiste à faire adhérer une feuille d'étain au moyen du mercure, et laisse par conséquent un amalgame d'étain juxtaposé sur une face de la glace.

GLAIADINE. — En examinant le gluten de froment, M. Taddey en a retiré une substance qu'il a désignée sous le nom de glaïadine, qui se rencontre dans un grand nombre de fruits, et notamment dans les raisins. M. François attribue à cette matière la *graisse* des vins, maladie qu'on prévient en ajoutant au vin une dose convenable de tannin, qui précipite complétement la glaïadine de ses dissolutions.

GLAZER, successeur de Nicolas Le Fèvre au jardin des Plantes, a attaché son nom à un sel, au sel polychreste, qui n'est autre chose que le sulfate de potasse. C'est un homme bien inférieur à Le Fèvre pour la portée d'esprit, un homme à recettes, qui n'a jamais pu s'élever à des généralités. Il a laissé un ouvrage intitulé : *Traité de la chimie enseignant par une briefve et facile méthode toutes ses plus nécessaires préparations,* dans lequel il prend pour épigraphe : *Sine igne nihil operamur.* Glazer n'a rien ajouté aux théories de Le Fèvre. On n'a besoin que d'ouvrir son traité de chimie pour s'en convaincre : ce n'est plus un observateur à grandes vues, c'est un pur manipulateur. Pour lui, la chimie n'est plus une science ayant pour objet la connaissance de tous les corps de la nature ; mais c'est l'art d'ouvrir les mixtes par une infinité d'opérations nécessaires qui consistent à inciser, contuser, pulvériser, alkooliser, rasper, scier, léviger, granuler, laminer, fondre, liquéfier, digérer, infuser, macérer, etc., etc.; de faire, en un mot, une multitude d'opérations énumérées en une page de ce style. On ne sait que penser de la barbarie de ce langage, de la niaiserie de ces idées, et de la classification burlesque de cette multitude d'opérations. Pulvériser, alkooliser, rasper!!! rectifier, sublimer, extraire !!! Bon Dieu, quelle chimie !

C'était d'ailleurs un homme peu sociable ; très-peu communicatif, un esprit petit et obscur. Il eut une triste fin. En 1676, il fut impliqué dans l'horrible affaire de la Brinvilliers, avec laquelle, dit un de ses contemporains, il avait eu des relations trop intimes pour un honnête homme. Ces relations se bornaient, toutefois, à une vente imprudente de poisons, et il ne fut pas soupçonné d'avoir coopéré à ses crimes ; mais on le mit à la Bastille. Il fut relâché plus tard, et finit par mourir de chagrin, 1678.

GLOBULES CONSTITUTIFS des tissus organiques. *Voy.* Animaux, composition chimique.

GLOBULES DU SANG. *Voy.* Animaux, composition chimique.

GLUCOSE (γλυκύς, doux) syn. : *sucre de fruit, sucre de diabète, sucre de fécule* ou *d'amidon.* — La glucose, produit naturel de la végétation, se rencontre dans un grand nombre de fruits à réaction acide, dans le miel des abeilles, l'urine des malades affectés du *diabète sucré.* On la prépare artificiellement en faisant réagir la diastase ou l'acide sulfurique sur l'amidon hydraté à chaud. La composition élémentaire de la glucose de ces diverses origines est identique avec celle du sucre de raisin. *Voy. Sucre de raisin* à l'article Sucre.

Les applications de la glucose sont assez importantes pour qu'on en prépare environ 5 millions de kilogrammes annuellement en France. A l'état de sirop on l'emploie à la fabrication des différentes bières et de l'alcool. On la mélange quelquefois avec les sirops de sucre ; dans ce dernier cas, il est préférable de se servir de sirop fabriqué avec la diastase, qui, ne contenant pas de sulfate de chaux, n'a ni l'insalubrité ni la saveur désagréable des sirops fabriqués avec l'acide sulfurique.

Le sucre de fécule en masse peut servir aux mêmes applications, ainsi qu'à l'amélioration des vins de qualité inférieure. La glucose granulée convient aux usages que nous venons de passer en revue ; mais elle a été, surtout dans ces derniers temps, introduite frauduleusement dans les cassonades destinées à être consommées directement. Il est du reste, facile de reconnaître un sucre qui renferme 5 pour 0/0 de glucose, car il se colore fortement en brun par l'ébullition avec une solution contenant quelques centièmes de soude ou de potasse caustique. *Voy.* Sucre.

GLUCYNIUM (du grec γλυκύς, *doux,* parce que les sels de glucyne ont une saveur sucrée). — D'après l'étymologie, on devrait orthographier *glycyne.* Les synonymes sont : *glucyum ; beryllium.*

Ce métal a été découvert en 1798 par Vauquelin, dans une pierre désignée par les minéralogistes sous le nom de *béril, aigue-marine,* et ensuite dans l'émeraude du Pérou. Sans importance.

GLUTEN (*fibrine végétale*). — Principe essentiel des graines des céréales. Disons un mot de ces graines et de leur structure.

Les grains de blé ont la forme d'ellipsoïdes courts ou allongés ; une ligne les partage en deux lobes dans leur longueur, et les plans qui les forment se prolongent contournés en volute à l'intérieur, de manière qu'un grain de blé représente deux cylindres juxtaposés, qui seraient formés par l'enroulement des deux moitiés d'une feuille épaisse.

On remarque à l'une des extrémités de chaque grain de blé une petite cavité remplie par le germe ou l'embryon; le bout opposé offre des poils nombreux, dans lesquels sont souvent retenues les poussières, les moisissures ou les sporules qui environnaient les grains, et que les manipulations ont répandues dans la masse.

Le blé, altéré par ces poussières et notamment par les productions maladives dues à certains cryptogames (*charbon, rouille, carie,* etc.), est reconnaissable à la couleur brune ou roux foncé du bout velu de ses grains; les négociants le désignent sous le nom de *blé bouté.*

Si l'on coupe en deux un grain de blé perpendiculairement à son grand axe, on voit qu'il est composé d'abord d'une enveloppe générale, espèce de pellicule épidermique peu adhérente, et formée d'un tissu résistant, imprégné de silice ; et non alimentaire.

Sous cette pellicule on remarque, à l'aide du microscope, un rang de cellules d'une couleur grisâtre, et contenant surtout des matières azotées, albumineuse et caséeuse, des phosphates de chaux et de magnésie, et des matières grasses. Plus avant, dans l'intérieur, se trouvent des parties graduellement plus blanches, qui présentent, renfermés dans les cellules, plusieurs principes immédiats, et surtout l'amidon et le gluten.

Le procédé usité dans les laboratoires pour l'extraction du gluten est semblable à la méthode maintenant en usage dans l'industrie, et base du nouveau procédé salubre pour extraire simultanément le gluten et l'amidon.

Le gluten ainsi obtenu est blanc grisâtre, élastique, tenace, d'une odeur fade; son extensibilité est très-remarquable lorsqu'il n'a pas subi d'altération.

Le gluten provenant d'une farine ou de grains avariés, se réunit difficilement dans la main; ses parties, ayant peu d'adhérence, ne peuvent s'étendre en membranes. C'est qu'en effet les diverses altérations (fermentation, acidité, attaque des insectes, moisissures) ont toutes pour effet de désagréger le gluten.

On avait considéré le gluten comme un principe immédiat; il est réellement composé de quatre substances principales : glutine, fibrine, albumine et caséine végétales (Dumas). Il contient, en outre, des matières grasses, des phosphates, et toujours un peu d'amidon. Les quatre premières substances ont d'ailleurs une composition chimique analogue : elles sont azotées à peu près comme le gluten pur, lui-même, qui renferme 0,16 d'azote.

Le gluten, sous le rapport de ses propriétés nutritives, se rapproche beaucoup des substances alimentaires d'origine animale; aussi est-il considéré comme un aliment susceptible de suffire à l'alimentation des animaux, même des carnivores. Il peut, en effet, servir à la réparation des tissus animaux et aux diverses sécrétions azotées; tandis que ni l'amidon, ni les graisses, ne peuvent remplir ces fonctions : leur principal rôle, dans l'entretien de la vie, consiste à fournir à la respiration les éléments qui entretiennent, par leur combustion, la chaleur animale (Dumas et Boussingault).

Composition immédiate des fruits des céréales. — Les proportions des principes immédiats diffèrent dans les farines des diverses espèces de blé, comme on peut s'en convaincre par le tableau suivant, dans lequel on a inscrit comparativement la composition de quelques autres céréales. Les espèces et variétés de blés cultivées sous les influences des maximum de température et d'engrais tendent à se rapprocher de la composition des blés durs; dans ceux-ci, sous les mêmes influences, les caractères distinctifs deviennent plus saillants. Or, toutes choses égales d'ailleurs, les blés les plus durs sont les plus riches en gluten : ils contiennent toujours les plus fortes proportions de substances azotées, et en général plus de matières grasses, de sels inorganiques, de cellulose, et moins d'amidon que les blés tendres.

	AMIDON.	GLUTEN et autres matières azotées (1).	DEXTRINE, glucose ou substances congénères.	MATIÈRES grasses.	CELLULOSE.	SILICE, phosphates de chaux, magnésie et sels solubles de potasse et de soude.
Blé dur de Vénézuela	58,12	22,75	9,50	2,61	4	3,02
Id. . d'Afrique	64,57	19,50	7,60	2,12	3,50	2,71
Id. de Tangarok	65,30	20	8	2,25	3,60	2,85
Blé demi-dur de Brie (France).	68,65	16,25	7	1,95	5,40	2,75
Id. blanc tuzelle.	75,51	11,20	6,05	1,87	3	2,12
Seigle	65,65	15,50	12	2,15	4,10	2,60
Orge	65,45	13,96	10	2,76	4,75	3,10
Avoine.	60,59	14,39	9,25	5,50	7,06	3,25
Maïs	67,55	12,50	4	8,80	5,90	1,25
Riz.	89,15	7,05	1	0,80	3	0,90

On voit que le blé dur, le plus riche en substances azotées, en contient un peu plus du double de ce que renferme le blé blanc, et que l'amidon se trouve en raison inverse. On remarque aussi que, parmi toutes les céréales comprises dans le tableau, le maïs est le plus abondant en matières grasses, et ensuite l'avoine; que le riz renferme près de 0,9 de son poids d'amidon; qu'il contient en substances azotées le tiers de ce que donnent les blés durs; qu'en matières grasses il ne contient que le dixième de ce que présente le maïs.

Nous ferons observer d'ailleurs que le gluten entre pour la plus forte proportion dans les substances azotées des blés, tandis qu'il constitue la plus faible partie de ces substances dans les autres céréales.

Malgré ses propriétés nutritives si bien constatées maintenant, le gluten est demeuré longtemps sans emploi dans l'industrie; les amidonniers l'altéraient par la fermentation pour le rendre soluble, et le perdaient parmi les résidus liquides de leur fabrication. M. Em. Martin (de Vervins) a réalisé le procédé que nous allons décrire, pour extraire l'amidon sans altérer le gluten qui, depuis plusieurs années, a reçu des applications importantes.

Extraction en grand de l'amidon et du gluten. — Le nouveau procédé est plus facile et plus économique que l'ancien; cependant, il a d'abord présenté des difficultés sérieuses. Les produits sont aussi beaux et plus abondants; le gluten est extrait intact, et toute l'opération est plus salubre, tellement que, d'après l'avis des hommes de la science, l'administration a rangé dans la deuxième classe des établissements incommodes ou insalubres les amidonneries qui emploient ce procédé, tandis que les an-

(1) Les proportions des substances azotées ont été déduites de l'analyse élémentaire en multipliant par 6 5 le poids de l'azote obtenu.

ciennes amidonneries restent dans la première classe.

Pour entraîner l'amidon par le lavage, on fait une pâte contenant de 40 à 50 d'eau pour 100 de farine. On pétrit cette pâte, soit à bras, soit dans un pétrin mécanique, et lorsqu'elle est bien homogène, on laisse l'hydratation se compléter pendant 20 ou 25 minutes en été, et pendant une heure en hiver. La pâte est alors soumise au lavage mécanique.

Pour opérer ce lavage, on se sert d'un appareil nommé amidonnière, espèce de pétrin demi-cylindrique, dont les parois sont garnies latéralement de deux bandes de toile métallique. Un cylindre cannelé, disposé dans toute la longueur du cylindre, est animé d'un mouvement de va-et-vient qui fait rouler la pâte sur les parois, tandis qu'un tube, étendu au-dessus de l'appareil, projette de petits filets d'eau qui accomplissent le lavage de la pâte en détachant les granules amylacés; en même temps les particules du gluten se rapprochent, adhèrent entre elles, offrent une masse graduellement plus élastique et plus résistante.

On peut placer, dans une amidonnière, 38 kilogr. de pâte. La quantité d'eau nécessaire pour le lavage est de 4 à 5 fois le poids de la pâte.

Le liquide, chargé des grains d'amidon, passe à travers les deux bandes latérales de tissu métallique et s'écoule par deux rigoles dans une cuve.

On laisse déposer, pendant 24 heures, l'eau qui a entraîné l'amidon et dissous certaines parties de la farine; on décante ensuite le liquide qui contient les parties solubles, telles que la dextrine, la glucose, matières que l'on peut utiliser dans la fabrication de la bière ou pour la distillation; l'amidon demeure alors en dépôt au fond du vase. Toutefois il n'est pas encore pur, et c'est ici que M. Martin rencontra d'assez graves obstacles à l'application de son procédé : des parcelles de gluten restaient adhérentes aux grains d'amidon et occasionnaient des taches dans les apprêts et l'empesage du linge. Il eut alors l'idée de faire subir au liquide une fermentation qui, par le mouvement excité et par le développement des acides, rendît le gluten soluble et facilitât l'épuration de la substance amylacée.

Voici comment on détermine cette fermentation :

L'amidon est placé dans une cuve avec 3 fois son volume d'eau; on y ajoute environ 5 pour 100 d'eau sure provenant d'une opération précédente; on maintient le tout dans un atelier clos, chauffé à une température d'environ 25° centésimaux, et on laisse s'établir la fermentation, qui dure de six à huit jours, suivant la saison : la matière sucrée se convertit par degrés en alcool, en acides carbonique, acétique et lactique. Ces deux derniers acides dissolvent partiellement le gluten sans attaquer l'amidon, que l'on épure facilement alors, par des lavages successifs dans des baquets semblables à

ceux que l'on emploie pour l'extraction de la fécule.

Après un premier lavage, suivi d'un dépôt de 24 heures, on en fait un second, puis on passe l'amidon au tamis de soie. Lorsque le dépôt s'est formé de nouveau, l'amidon reste grisâtre à la surface : cette couche grise, séparée pour être lavée à part, donne de l'amidon de deuxième qualité.

La partie du dépôt qui est d'un blanc parfait constitue l'amidon de première qualité. On met égoutter ce dépôt dans de petits baquets percés de trous et doublés de toile, on achève l'égouttage sur une aire formée de carreaux épais en plâtre, comme dans la fabrication de la fécule; les pains sont ensuite partagés en quatre, et placés dans une étuve à air libre, où une première dessiccation a lieu durant 24 ou 36 heures. Si l'on se propose d'obtenir l'amidon en aiguilles, qui doivent conserver toute leur blancheur, il faut que chaque portion du pain soit enveloppée de papier maintenu par un fil en croix et portée dans une étuve dont l'air se renouvelle et soit chauffé avec les ménagements indiqués précédemment pour la dessiccation de la fécule.

On exige, dans le commerce, que l'amidon de première qualité se présente sous une forme particulière, et qu'il ait, pour ainsi dire, un aspect cristallisé : c'est ce qu'on appelle l'amidon en aiguilles. Ce caractère est effectivement une garantie de pureté, car l'amidon mélangé avec la fécule ne pourrait prendre cette forme particulière à l'amidon du blé, parce que les grains d'amidon sont dans le périsperme de ce fruit d'une forme lenticulaire aplatie, qui leur donne, quand ils sont juxtaposés, une certaine adhérence entre eux; le retrait qui s'opère pendant la dessiccation rompt cette adhérence avec une certaine uniformité qui répartit d'autant plus également les fissures, que la chaleur a été plus égale et mieux graduée : ainsi, la masse se divise en prismes, de telle sorte que les pains d'amidon, après l'étuvage, sont composés d'aiguilles se prolongeant de la circonférence au centre dans une profondeur de 6 à 8 centimètres.

L'extraction de l'amidon par une fermentation poussée jusqu'à la putréfaction dans toute la masse n'est avantageusement employée maintenant que lorsqu'on traite des farines ou des blés avariés, dont le gluten ne pourrait être réuni et séparé de l'amidon. Lorsqu'on suit cet ancien procédé, on peut employer le grain concassé. On le mélange avec 4 ou 5 fois son volume d'eau; on abandonne le tout à la fermentation, de quinze à trente jours, suivant la température extérieure, en ayant le soin, d'abord, d'ajouter de 10 à 12 pour 100 d'eau sure; il se produit alors des acides lactique, acétique, carbonique, sulfhydrique, et les différents produits putrides de la fermentation des matières azotées. Cette opération, qui a pour but d'éliminer le gluten, en le rendant partiellement soluble et le décomposant en partie, rend cette industrie tellement incommode, que les amidonniers, dans ce cas, sont forcés de se placer loin de toute habitation. La fermentation terminée, les opérations de lavage, de dessiccation, etc., se font de la même manière que celles que nous avons décrites, en parlant du procédé de M. Martin.

Produits obtenus par les deux procédés. — Par le procédé Martin, 100 kilogr. de farine donnent de 40 à 42 kilogr. d'amidon de première qualité, et 18 à 20 d'amidon de deuxième qualité.

Par l'ancien procédé, 100 kilogr. de farine produisent de 28 à 30 kilog. d'amidon de première qualité, 12 à 15 d'amidon de deuxième qualité, et l'on perd la totalité du gluten.

Préparation des pâtes d'Italie et du gluten granulé. — L'une des premières applications du gluten fut dirigée vers l'amélioration des pâtes destinées à fabriquer le macaroni, le vermicelle, etc., et de permettre ainsi d'obtenir, avec des blés ordinaires, des produits qui pussent rivaliser avec les meilleures pâtes d'Italie. Pour faire du vermicelle avec de la farine provenant du blé dur, on emploie 34 kilogr. de farine pour 12,5 d'eau ; cette pâte, fortement pétrie, donne 30 kilogr. de vermicelle sec.

Pour préparer avec addition de gluten le macaroni ou le vermicelle, on emploie 30 kilogr. de farine ordinaire, 10 kilog. de gluten frais et 7 kilogr. d'eau, ce qui représente aussi 30 kilogr. de pâte sèche.

On peut obtenir des pâtes très-blanches économiquement : on ajoute à 20 kilogr. de pâte à vermicelle, 12 de fécule et 4 d'eau. Quel que soit le dosage employé, l'opération se fait de la même manière, c'est-à-dire qu'on pétrit la farine (pure, ou mêlée de fécule) avec l'eau bouillante. La proportion d'eau étant très-faible, on opère le pétrissage non par les moyens ordinaires, mais à l'aide d'un ustensile nommé braie des vermicelliers ; c'est un boulin en bois, taillé sous forme de couteau sur une longueur d'environ 1 mètre, et arrondi sur le reste, 2 mètres environ, de sa longueur totale. On fixe cette braie au moyen d'un anneau pesant dans un crochet qui est boulonné dans un fort poteau scellé dans la muraille. L'ouvrier pose la pâte sur une table en quart de cercle ajustée dans l'encoignure de l'atelier et sur laquelle le tranchant du couteau repose ; il agit à l'extrémité du levier qu'il relève et appuie alternativement en pesant de tout son poids, de manière à opérer un pétrissage énergique.

On parvient plus économiquement au même résultat à l'aide d'un moulin à roue verticale à dents arrondies, qu'un cheval fait tourner, et qui s'engrène sur un disque gisant cannelé.

Dès que la pâte est bien pétrie, on lui donne une des formes spéciales qui caractérisent les pâtes commerciales : si l'on veut la mouler en vermicelle, on l'introduit toute chaude dans le cylindre d'une presse en bronze, dont le fond est percé de trous circulaires d'un diamètre égal à la grosseur que l'on veut donner au brin. Cette presse est chauffée par une double enveloppe dans laquelle circule de l'eau chaude ou de la vapeur. En faisant opérer, à l'aide d'une vis ou d'une presse hydraulique, une pression énergique sur la pâte, on l'oblige à se mouler à son passage dans les trous du fond, et à en sortir en fils cylindriques.

L'ouvrier chargé de cette opération coupe les fils de pâte lorsqu'ils ont la longueur convenable ; il les contourne et les porte sur des claies couvertes de papier pour les faire sécher dans une étuve à courant d'air.

Lorsqu'on veut fabriquer du macaroni, il suffit de changer le fond du cylindre et d'ajuster un autre disque épais dont les trous soient d'un plus grand diamètre, évasés en dedans, et portant dans le milieu un mandrin destiné à donner au macaroni la forme de tubes creux. C'est surtout pour la fabrication de cette pâte qu'il est important d'employer des farines non altérées, car pour faire sécher les macaronis on les pend sur des bâtons arrondis ; il faut donc que la pâte soit de bonne qualité et riche en gluten, pour supporter son poids sans se rompre ni se déprimer à la courbure ; on peut fabriquer cependant cette sorte de pâte avec des farines de qualité médiocre, mais alors on la fait sécher en l'étalant à plat et lui donnant dans cette position une courbure qui ressemble à celle qu'elle aurait prise sur les bâtons.

Si l'on veut préparer des pâtes en forme de lentilles, d'étoiles, d'ellipses plates, etc., le fond de la presse doit être pourvu d'une plaque percée de trous dont la section présente une de ces formes. Un couteau circulaire tourne près du fond, et coupe les pâtes à l'épaisseur voulue ; en augmentant ou en diminuant la vitesse du passage du couteau, l'on augmente ou l'on diminue l'épaisseur des pâtes. On comprend que, pour obtenir des disques ou étoiles trouées, il suffit de fixer un mandrin au milieu de chaque ouverture de la plaque.

MM. Véron frères fabriquent une nouvelle pâte à potage qu'ils ont désignée sous le nom de *gluten granulé*, et dont voici la préparation : le gluten frais est mélangé, en le divisant à la main par menus lambeaux, avec deux fois son poids de farine. On granule ensuite ce gluten dans un cylindre garni intérieurement de chevilles en fer, et dans lequel tourne un cylindre concentrique, extérieurement muni de chevilles semblables, et animé d'un mouvement rapide.

Les granules, plus ou moins allongés ainsi obtenus, sont desséchés à l'étuve, et passés dans des tamis de toile métallique de plusieurs numéros, afin d'obtenir des grains de différentes grosseurs, et offrant, pour chaque numéro, un volume à peu près égal dans tous les grains.

Le gluten granulé est supérieur aux meilleures pâtes d'Italie ; en effet, contenant plus de gluten, il est plus nourrissant, doué d'une saveur plus agréable et conserve mieux sa forme granuleuse à la coction. Le **mélange** étant opéré, ainsi que la dessiccation, à basse température, ce produit acquiert, dans les liquides, une hydratation rapide sans même qu'il soit nécessaire de soutenir l'ébullition au delà de 3 à 5 minutes, ce qui offre l'avantage de ne pas altérer le goût des potages, comme cela aurait lieu par une coction prolongée.

Le gluten granulé serait un aliment précieux dans les voyages, pour les troupes de terre et de mer, puisqu'il se tasse et se conserve parfaitement dans des vases clos et secs, et présente à volonté et poids égaux, une plus grande quantité de substance nutritive que les farines et les biscuits d'embarquement.

GLYCYRRHIZINE ou *sucre de réglisse.* — Le sucre de réglisse existe dans la racine de *glycyrrhiza glabra* et dans l'extrait tiré de cette racine, et connu sous le nom de *jus de réglisse.* Les feuilles de l'*abrus precatorius*, arbrisseau très-répandu dans les Antilles, contiennent un sucre analogue. Cette espèce de sucre, qu'il serait peut-être plus convenable de considérer comme appartenant à un genre particulier, se distingue par une saveur à la fois sucrée et amère, ou même nauséabonde, qui se fait surtout sentir dans le fond du gosier, et à la partie supérieure de la trachée-artère.

Sucre de réglisse extrait de la réglisse (glyc. glabra). — On prépare ce sucre, soit à l'aide de la racine qu'on rencontre dans les pharmacies, soit à l'aide de l'extrait connu sous le nom de *jus de réglisse*, qui doit sa saveur au sucre de réglisse.

La propriété la plus remarquable du sucre de réglisse est sa grande affinité pour les acides, les bases salifiables et plusieurs sels.

Sucre de réglisse extrait de l'abrus precatorius. — (C'est cette plante qui fournit les pois rouges, colorés en noir par un bout, dont on se sert pour faire des colliers, des chapelets, etc.) On met infuser les feuilles sèches, hachées, et on précipite l'infusion par l'acide sulfurique.

Le sucre de réglisse extrait de l'*abrus precatorius* se comporte avec les acides, les bases salifiables et les sels, exactement comme le sucre de réglisse ordinaire. Il appartient donc au même genre, et n'en diffère essentiellement que par sa saveur beaucoup plus désagréable.

Le sucre de réglisse a la propriété d'enduire le palais et la trachée-artère, et de remplacer le mucilage qui manque dans ces parties lorsqu'elles sont légèrement enflammées : c'est pour cela qu'on s'en sert généralement dans les cas de toux et de catarrhe, et qu'on le fait entrer dans plusieurs préparations pectorales. Aux Antilles, le sucre de l'abrus est employé aux mêmes usages, à l'état d'infusion faite avec les feuilles. En outre le sucre de réglisse entre quelquefois dans la composition des sauces de tabac et dans la bière, car en France et en Angleterre on emploie de grandes quantités de jus de réglisse pour colorer la bière.

On assimile aussi au sucre de réglisse la substance sucrée du *polypodium vulgare*, qui lui ressemble en ce qu'elle a une saveur sucrée intense, qui ne devient sensible que dans le gosier. Cette substance surpasse peut-être même le sucre de réglisse comme pectoral.

GMÉLINITE. *Voy.* **HYDROLITE.**

GOBELETERIE, verre à gobeleterie. *Voy.* **VERRE.**

GOEMON. *Voy.* **VARECHS.**

GOITRES, guéris par l'iode. *Voy.* **IODE.**

GOMME. — Jusqu'à présent on a confondu sous cette dénomination générale un grand nombre de corps doués de propriétés chimiques essentiellement différentes, et n'ayant de commun que ces deux caractères principaux, de former avec l'eau un liquide épais, mucilagineux, et d'être précipités de cette solution ou coagulés par l'alcool. Cette classe comprend surtout deux substances bien distinctes, que l'on a confondues parce qu'elles s'accompagnent souvent. L'une de ces substances est la *gomme*, dont le prototype est la gomme arabique, qui s'écoule spontanément de l'*acacia vera;* l'autre, le *mucilage végétal*, dont le prototype est la gomme adragant, qui, traitée par l'eau froide, reste sous forme d'une substance gonflée, mucilagineuse.

La gomme se dissout dans l'eau froide et dans l'eau bouillante, et forme un liquide, qui est épais et gluant, à un certain degré de concentration, et que l'on appelle alors *mucilago*. Elle est insoluble dans l'alcool; les sous-sels plombiques la précipitent de sa solution, qui n'est pas troublée par l'infusion de noix de galle; traitée par l'acide nitrique, elle donne presque toujours de l'acide mucique.

Le mucilage est insoluble dans l'eau froide, et très-peu soluble dans l'eau bouillante, dans laquelle il se gonfle et se transforme en un corps mucilagineux et visqueux, qui perd son eau quand on le met sur du papier à filtrer ou sur un autre corps poreux, et se contracte absolument comme l'amidon à l'état d'empois, ou comme la gelée d'amidon de lichen. Il diffère de ces derniers corps par son insolubilité dans l'eau bouillante, et en ce qu'il n'est coagulé ni par la dissolution de borax, ni par l'infusion de noix de galle.

Il est probable que toutes les plantes contiennent de la gomme. Dans différentes espèces d'acacia, prunus, etc., elle circule à l'état de dissolution concentrée dans des vaisseaux particuliers, et s'écoule quand ces vaisseaux crèvent, puis se dessèche sur l'écorce et produit ainsi des masses limpides formées par une agglomération de gouttes jaunes ou d'un jaune brunâtre, qui durcissent après avoir conservé longtemps de la mollesse. Presque toutes les plantes en donnent, lorsqu'on les traite par l'eau, qu'on évapore la solution jusqu'à consistance de sirop peu épais, et qu'on la mêle avec de l'alcool, qui précipite la gomme; ainsi obtenue, elle se trouve souvent mêlée avec d'autres matières insolubles dans l'alcool, surtout avec du malate calcique, dont les propriétés physiques ressemblent, dans plusieurs circonstances, à celles de la gomme. Plusieurs plantes contiennent de si grandes quantités de gomme, que leur infusion ne renferme pour ainsi dire que de la gomme : de ce nombre sont l'*althæa* et le *malva officinalis*, la racine de *symphytum officinale*, etc. La gomme est produite, lorsqu'on grille l'amidon ou qu'on l'abandonne à la décomposition spontanée, et lorsqu'on fait bouillir l'amidon ou la sciure de bois avec de l'acide sulfurique étendu.

La plupart des expériences relatives aux propriétés chimiques de la gomme ont été faites avec la gomme tirée de l'*acacia vera*, fait que nous croyons devoir indiquer, parce qu'il se pourrait que plusieurs substances, regardées aujourd'hui comme de la gomme, ne possédassent pas toutes les propriétés que nous allons décrire.

La gomme ne saurait être obtenue à l'état cristallisé : elle se présente sous forme de petites masses arrondies plus ou moins grandes, ou de gouttes solidifiées ; elle est transparente, incolore, quelquefois jaunâtre ou brune, coloration qui annonce la présence de corps étrangers ; sa cassure est vitrée, elle est sans saveur, inodore, et sa pesanteur spécifique est de 1,31 à 1,48. Elle ne contient point d'eau combinée ; mais lorsque sa dissolution concentrée se dessèche peu à peu, elle retient, même quand elle paraît parfaitement sèche, jusqu'à 17 pour cent d'eau, qui se dégage par la dessiccation dans le vide à la température de 100°.

Exposée à l'action de la chaleur, la gomme se décompose, en donnant naissance aux mêmes produits et aux mêmes phénomènes que les autres matières végétales ; c'est-à-dire qu'elle donne de l'eau acide, de l'huile empyreumatique, du gaz acide carbonique, du gaz carbure d'hydrogène et un charbon spongieux.

L'eau la dissout lentement, mais complétement, en toutes proportions, et plus promptement à chaud qu'à froid, la dissolution est mucilagineuse, gluante, inodore et sans saveur ; sa viscosité empêche des corps très-divisés de s'en déposer, et c'est pour cela qu'on ajoute de la gomme à l'encre, dans laquelle elle tient le gallate de fer en suspension. Si l'on dissout un sel métallique, par exemple, de l'acétate plombique dans la solution de gomme, et qu'on précipite le sel par le gaz sulfide hydrique, le sulfure ne se dépose pas ; en outre, cette dissolution empêche le sucre et les sels très-solubles de cristalliser. Les différentes espèces de gomme communiquent à la dissolution un degré variable de viscosité : ainsi la gomme arabique rend l'eau plus mucilagineuse que la gomme de cerisier. Abandonnée à elle-même, la solution de gomme devient peu à peu acide.

Les espèces de gomme qu'on emploie sont, ou *naturelles* ou *artificielles*. Parmi les espèces naturelles, nous connaissons particulièrement les suivantes :

Gomme arabique. — Cette gomme offre l'arabine presque à l'état de pureté. Elle est en petits morceaux arrondis d'un côté et creux

de l'autre, transparents, friables, incolores ou un peu colorés en jaune, solubles entièrement dans l'eau. Elle découle spontanément des branches et du tronc de plusieurs mimosa qui croissent en Arabie et sur les bords du Nil. Sa composition, d'après Gay-Lussac et Thénard, est de : carbone 42,28, oxygène, 50,84, hydrogène 6,93.

Gomme du Sénégal. — Cette gomme, analogue à la précédente par toutes ses propriétés, provient d'une espèce d'acacia (*acacia Sénégal*). Elle se présente en gros morceaux plus ou moins colorés et de forme ovoïde.

Gomme de cerisier. — Elle suinte en été du cerisier et du prunier. Extérieurement elle ressemble à la gomme arabique, mais elle en diffère par ses propriétés. Traitée par l'eau, elle laisse beaucoup de mucilage en non-solution, et sa dissolution n'est pas si visqueuse que celle de la gomme d'acacia. Elle n'est pas précipitée complétement par l'alcool, et le sousacétate plombique qu'on y verse ne la précipite qu'au bout de vingt-quatre heures en filaments fins. Elle n'est pas coagulée par le sulfate ferrique, quoique ce sel y décèle quelquefois la présence de l'acide gallique ; elle ne trouble pas la solution de silicate potassique ou de nitrate mercureux, mais elle forme avec le chlorure stannique un coagulum sous forme d'une gelée ferme. Ni la gomme de cerisier, ni celle d'acacia n'est précipitée de sa solution par l'infusion de noix de galle.

Parmi les espèces de gommes artificielles, nous connaissons les suivantes :

Gomme de l'amidon grillé. — Si l'on grille de l'amidon, jusqu'à ce qu'il commence à devenir gris, et qu'on le traite par l'eau, celle-ci en dissout ¼ ; si on le grille jusqu'à ce qu'il soit brun jaunâtre et qu'il commence à fumer, il se dissout complétement et forme une solution brune. Cette solution filtrée et évaporée donne une gomme jaune rougeâtre, qui répand une odeur de pain brûlé, est facile à réduire en poudre, et présente une cassure vitrée. L'alcool en extrait une petite quantité de matière brune, empyreumatique, à laquelle la gomme devait sa couleur. La dissolution de cette gomme, mêlée avec très-peu d'acide sulfurique, n'est pas transformée en sucre par l'ébullition. L'acide nitrique transforme cette gomme, même à la température ordinaire, en acide oxalique, sans qu'il y ait simultanément formation d'acide mucique.

Gomme provenant de la décomposition spontanée de l'empois d'amidon.

Gomme obtenue en traitant le linge, le bois, l'amidon ou la gomme arabique, par l'acide sulfurique.

La gomme est employée en médecine ; on croit, entre autres, pouvoir remplacer par sa mucosité le mucilage naturel dans la trachée-artère, le canal intestinal et les voies urinaires. On l'emploie dans la peinture en miniature pour fixer les couleurs, pour apprêter différentes étoffes, leur donner du lustre, etc. Comme la gomme arabique est plus chère que l'amidon grillé, on se sert de ce dernier pour apprêter les étoffes dont la couleur n'est pas ternie par celle de la gomme artificielle (1).

Observation. — Suivant M. Magendie, les gommes ne seraient point propres à l'alimentation, puisqu'elles ne renferment point d'azote. Cela est vrai quand il s'agit des gommes supposées pures. Mais comme, dans l'état où le commerce les fournit, elles contiennent presque toujours des matières étrangères plus ou moins azotées, on comprend alors comment il se fait qu'elles puissent servir d'aliment dans les lieux où l'on n'a pas de nourriture plus savoureuse. En effet, les voyageurs s'accordent tous à dire que, dans les pays où on les récolte, elles forment la base de la nourriture des habitants. Les nations qui peuplent les bords du Niger, les Maures de l'intérieur de l'Afrique, qui s'occupent de la récolte de la gomme du Sénégal; les Bédouins, les Hottentots, etc., vivent presque exclusivement de cette substance ; ce qui est d'autant plus commode pour eux, qu'elle est produite dans les contrées qu'ils traversent, qu'elle se conserve longtemps sans s'altérer, et que sous un petit volume elle contient beaucoup de substance alibile. 192 grammes de gomme suffisent, d'après Golberry, pour nourrir un Arabe pendant 24 heures. Suivant Paterson, les Nimiquois n'ont pas d'autre aliment ; il assure que les singes en sont très-friands et qu'ils s'en nourrissent. En Afrique, on en donne aux chevaux et aux chameaux. *Voy.* Mucilage.

GOMME ADRAGANT ou ADRAGANTE. *Voy.* Mucilage végétal.

GOMME AMMONIAQUE. — Elle s'écoule, à ce qu'on présume, de la racine du *heracleum gummiferum*, et se récolte en Libye, en Abyssinie et dans l'Égypte méridionale. Elle se compose de grains jaunes, rougeâtres et blancs, plus ou moins volumineux, qui sont agglomérés en masses plus grandes. Une autre espèce, dont la couleur est plus brune, et qui est moulée en gâteaux, contient un mélange de sable et de sciure de bois. Elle a une odeur forte et désagréable, qui rappelle à la fois celle du castoréum et celle de l'ail, odeur qui est due à la présence d'une huile volatile ; sa saveur est d'abord douceâtre, puis désagréable, amère et âpre. La gomme ammoniaque se ramollit à la chaleur de la main, mais elle ne peut pas être entièrement liquéfiée par une chaleur plus forte. Exposée au froid, elle devient cassante et susceptible d'être réduite en poudre.

La gomme ammoniaque est employée en médecine, tant à l'intérieur qu'à l'extérieur.

GOMME D'AMIDON GRILLÉ. *Voy.* Gomme.

GOMME ARABIQUE. *Voy.* Gomme.

GOMME DE CERISIER. *Voy.* Gomme.

GOMME-GUTTE. — Plusieurs plantes fournissent de la gomme-gutte, particulièrement le *stalagmitis cambogioides*, le *cambogia gutta*, l'*hypericum bacciferum* et *cayanense*, etc. Elle nous arrive en masses volumineuses, d'un jaune rouge, à cassure brillante. Elle est facile à réduire en poudre, inodore, et d'une saveur âcre qui ne se manifeste pas de suite.

La gomme-gutte est employée en médecine à l'intérieur, et le lait jaune qu'elle forme avec l'eau sert dans la peinture en aquarelle, comme une des couleurs jaunes les plus pures.

GOMME LAQUE. — Elle est produite par le *ficus indica*, le *ficus religiosa* et le *rhamnus jujuba*, et s'écoule, sous forme d'un liquide laiteux, des piqûres faites par un petit insecte, le *coccus ficus*, sur les rameaux et les petites branches de ces arbres. C'est au milieu de ce liquide que l'insecte mâle s'accouple avec les femelles rouges qui y restent enfermées ; après quoi la masse durcit peu à peu. Les tiges et les branches, enduites de résine et de couvée, sont coupées ; elles reçoivent dans cet état le nom de *laque en bâton* (*sticklac*). On concasse cette masse, on enlève les morceaux de bois, et on extrait la matière colorante rouge provenant de l'insecte, en faisant bouillir la masse avec une faible dissolution de carbonate sodique ; on obtient ainsi des couleurs rouges. Les grains, épuisés par l'eau alcaline bouillante, reçoivent le nom de *laque en grains* (*seed-lac*). On les fond, on fait passer la masse fondue à travers un sac de coton long et étroit, et on reçoit la résine visqueuse sur des feuilles de bananier (*musa paradisiaca*). Pendant qu'elle est encore molle on la comprime entre deux feuilles, de manière à la réduire en plaques minces. On l'appelle alors *laque en tablettes ou en écailles* (*shell-lac*). On la rencontre dans le commerce sous ces différentes formes, mais surtout à l'état de laque en écailles. Elle consiste principalement en résine mêlée avec des substances étrangères. La résine qui est contenue dans la laque en écailles est la plus pure ; cependant elle renferme encore de la matière colorante, une certaine quantité d'une substance analogue à la cire, et, à ce qu'on croit, du gluten. Hatchett a essayé de déterminer la composition quantitative de la gomme laque dans ces différents états ; voici le résultat auquel il est arrivé.

	Résine.	Mat. color.	Cire.	Gluten.	Subst. étrang.	Perte.
Laque en bâtons.	68,0	10,0	6,0	5,5	6,5	4,0
Laque en grains.	88,5	2,5	4,5	2,0	—	2,5
Laque en écailles.	90,5	0,5	4,0	2,8	—	1,8

John paraît avoir soumis la laque en grains à une analyse ultérieure, car il y a

trouvé en cent parties : 66,65 d'une résine dont une partie était insoluble dans l'éther ; 16,7 d'une substance particulière qu'il ap-

(1) Depuis quelques années, les parfumeurs préparent, pour le lissage des cheveux, des dissolutions visqueuses aromatisées, qui ont surtout pour base le mucilage des pepins de coings ou de graines de psyllium. C'est là ce qu'ils appellent la *bandoline*.

pelle *laccine*; 3,75 de matière colorante; 3,92 d'extractif; 0,62 d'acide laccique; 2,08 de peau d'insecte rougie par de la matière colorante (chitine); 1,67 de graisse analogue à la cire; 1,04 de sels (laccate et sulfate potassiques, sel marin, phosphates terreux); 0,62 de sable; 3,96 de perte.

Les usages de la gomme laque, abstraction faite de la matière colorante qu'elle renferme, sont très-nombreux. Elle entre comme principale partie constituante dans la cire à cacheter, emploi auquel elle est plus propre que d'autres résines, parce qu'elle est dure sans être friable. La meilleure cire à cacheter rouge se prépare de la manière suivante. On fait fondre, à une très-douce chaleur, un mélange de 48 parties de laque en écailles, de 19 parties de térébenthine de Venise et de 1 partie de baume du Pérou, et on introduit dans la masse fondue 32 parties de cinabre porphyrisé. Le cinabre qu'on emploie à cet effet est de l'espèce connue sous le nom de cinabre à laque et se distingue par sa nuance vive et belle. La masse, refroidie jusqu'à un certain point, est roulée en bâtons arrondis, ou comprimée dans des moules de laiton. Dans la préparation de la cire à cacheter commune, on remplace une grande partie de la laque en écailles par de la colophane, et au lieu de cinabre on emploie un mélange de minium et de craie. La cire à cacheter noire de la première qualité se fait avec 60 parties de laque en écailles, 10 parties de térébenthine et 30 parties de noir d'os soumis à la lévigation; pour rendre la cire odoriférante, on ajoute aux mélanges précédents un peu de storax ou de benjoin. La cire à cacheter jaune s'obtient avec 60 parties de laque en écailles, 12 parties de térébenthine de Venise, 24 parties de chromate plombique, ou de jaune de Cassel, et 1 partie de cinabre. Dans la cire à cacheter bleue on emploie comme colorant le bleu de cobalt ou le bleu de montagne, et dans la cire verte, le vert de montagne ou la combinaison de la résine de la gomme laque avec l'oxyde cuivrique. La première empreinte appliquée sur de la cire à cacheter date, selon Scholtz, de 1553, et la première notice sur la cire à cacheter a été publiée en 1563 par Garcia ab Orto (1).

La gomme laque fournit un excellent moyen pour luter des pièces de faïence, de porcelaine ou de terre. A cet effet on l'emploie seule, ou à l'état de mélange avec de la poudre de brique tamisée; on y ajoute celle-ci après avoir fondu la résine, et on moule le tout en bâtons. Les pièces qu'on veut luter sont d'abord chauffées suffisamment, pour qu'en passant dessus la laque, elle entre en fusion, après quoi on les applique l'une sur l'autre et on les tient jointes jusqu'à ce qu'elles soient froides. Les pièces

ainsi lutées tiennent parfaitement bien tant qu'on ne les chauffe pas. La gomme laque est une des principales parties constituantes des vernis à la laque.

GOMME – RÉSINE. — On appelle ainsi des mélanges de substances végétales qui, dans la plante vivante sont tenues en suspension dans de l'eau, avec laquelle elles forment ainsi un lait. Ces sucs laiteux sont contenus dans des vaisseaux particuliers, placés, pour la plupart, à la surface intérieure de l'écorce; ils laissent écouler une grande partie du liquide, lorsqu'ils sont lacérés. Le lait blanc qui s'écoule des tiges de la laitue et du pavot incisés, le lait jaune qui se répand en si grande abondance lorsqu'on cueille la grande chélidoine (*chelidonium majus*), fournissent des exemples de ce cas. — Ces liquides sont souvent très-concentrés et se dessèchent assez rapidement à l'air, en laissant ordinairement des masses gris clair, jaunes, ou plus souvent brunâtres, qui sont encore molles, en sorte qu'on peut, en les pétrissant à la main, les réunir en masses plus grandes, qui durcissent peu à peu, mais se ramollissent ordinairement par la seule chaleur de la main. Les masses ainsi séchées ont reçu le nom de gommes-résines, parce qu'elles contiennent, pour la plupart, tant de la résine que de la gomme.

GOMME DU SÉNÉGAL. *Voy.* GOMME.

GOUDRON et POIX. — (*Pix liquida et pix sicca.*) On a donné ce nom à une huile empyreumatique, qui est ordinairement mêlée avec une quantité notable de résine non détruite, et que l'on obtient, en soumettant à une espèce de distillation, *per descensum*, les parties les plus résineuses de plusieurs espèces de pins. Pour obtenir le goudron, on creuse dans la pente d'un monticule une fosse en forme de cône, dont la sommité est tournée vers le bas, où elle est munie d'une ouverture qui communique avec une gouttière peu inclinée, par laquelle la liqueur est conduite dans un réservoir pratiqué à côté de cette fosse. On remplit presque entièrement la fosse de bois fendu; un des côtés de la fosse est muni, vers la partie supérieure, d'une espèce de cheminée, et la fosse est couverte avec des branches d'arbre et de la terre ou du gazon, de telle manière cependant que l'air puisse pénétrer par quelques ouvertures qu'on y ménage. On allume le bois par le haut, et on modère le feu en bouchant peu à peu les ouvertures, en sorte que le bois se charbonne seulement, et que la chaleur s'étende du haut vers le bas. En même temps le bois placé le plus près de la chaleur donne naissance à une portion d'huile empyreumatique qui est absorbée par la résine contenue dans le bois placé en dessous et la rend fluide, après quoi ces deux corps coulent ensemble vers le fond de la fosse et de là dans la gouttière. Au commencement de l'opération, il se distille beaucoup d'acide pyroligneux mêlé avec du goudron plus fluide, mais ensuite la quantité de liquide aqueux diminue de plus en plus, et le goudron qui passe acquiert plus de consistance. Quand la chaleur a peu à

---

(1) La cire à cacheter des sceaux contenus dans les boîtes de bois ou de fer-blanc attachées aux vieux parchemins, est faite avec 15 parties de térébenthine de Venise et cinq parties d'huile d'olive, fondues avec 80 parties de cire et colorées avec du minium réduit en poudre fine par la lévigation.

peu gagné le fond de la fosse, l'opération est terminée, et il reste dans la fosse un charbon brillant et très-compacte.

En Allemagne, où le bois a plus de valeur qu'en Suède, on emploie, au lieu d'une fosse, un cylindre en tôle, qui est muni par le bas d'une gouttière, et que l'on ferme hermétiquement par le haut, après l'avoir chargé de bois ; autour de ce cylindre, et à peu de distance, se trouve un autre cylindre construit en maçonnerie ; cet arrangement permet de chauffer entre les deux cylindres, et de mieux régler la chaleur, en sorte qu'on perd moins de goudron. Au commencement, il passe un liquide résineux, appelé *bile de goudron*, à la surface duquel il se rassemble, après quelque repos, un liquide fluide peu coloré, qui donne, par la distillation avec de l'eau, une espèce d'huile de térébenthine infecte (*oleum pini, ol. templinum*), et laisse dans le vase distillatoire ce qu'on appelle *poix blanche* (*pix alba*). Il est présumable que ces substances se sont dégagées du bois soumis à la distillation sèche, sans avoir subi d'altération notable.

Le goudron est une masse visqueuse, brune, demi-fluide, qui conserve pendant longtemps de la mollesse. Il se compose de plusieurs résines pyrogénées, combinées avec de l'acide acétique, ainsi que de la colophane, et il doit sa liquidité à de l'huile de térébenthine et à de l'huile pyrogénée, par lesquelles les résines sont dissoutes. Si l'on délaye le goudron dans l'eau, celle-ci prend une couleur jaune et une saveur de goudron, et acquiert en même temps la propriété de réagir à la manière des acides. Cette dissolution a reçu le nom d'eau de goudron (*aqua picea*) ; on s'en sert quelquefois en médecine, dans les tanneries pour faire gonfler les peaux, et dans plusieurs autres circonstances. Du reste, le goudron est soluble dans l'alcool, l'éther, les huiles grasses et les huiles volatiles.

Si l'on distille le goudron avec de l'eau, il passe un mélange d'huile de térébenthine avec beaucoup d'huile pyrogénée et un peu de pyrétine, mélange qui est brun et d'une odeur désagréable. On a donné à cette huile le nom d'huile de poix ; par une nouvelle distillation avec de l'eau, elle se décolore. — Il reste dans l'alambic une masse fondue, qui se durcit pendant le refroidissement, et qui a reçu le nom de poix (*pix sicca* ou *navalis*). Néanmoins la poix ne s'obtient pas ordinairement par la distillation avec de l'eau : pour l'avoir, on évapore le goudron dans des chaudières, et à une douce chaleur, opération pendant laquelle les parties moins volatiles de l'huile de poix se déposent sur des faisceaux de branchages suspendus dans la cheminée. L'huile de poix ainsi obtenue contient beaucoup de goudron, et elle est si épaisse, qu'elle reste adhérente aux branchages : on l'en détache, et on la conserve dans des tonnes.

La poix se compose de résine pyrogénée et de colophane, mais sa masse principale consiste en pyrétine. Elle est molle à la tempé-

rature de 33°, en sorte qu'elle peut être pétrie et étirée en fils. Une boule de poix molle qui vient d'être pétrie se brise quand on la jette avec force contre la terre, et sa cassure est alors brillante. La poix se fond dans l'eau bouillante, elle se dissout dans l'alcool, ainsi que dans les carbonates et hydrates alcalins.

Les usages de la poix et du goudron sont très-étendus. Le goudron sert à graisser les essieux et à enduire la boiserie et les câbles qu'on veut préserver de l'influence de l'eau et de l'air. La poix sert aux mêmes usages et dans beaucoup d'autres circonstances. Le goudron qui n'est pas épais et l'huile de poix peuvent remplacer les huiles grasses dans la préparation du gaz de l'éclairage, et ils constituent certainement la matière la plus économique et la plus convenable pour cette opération.

En Russie, on prépare une espèce de goudron fluide en distillant le bois de bouleau ; on l'y appelle *deggut* ou *doggert*, et on s'en sert pour graisser le cuir de Russie. C'est surtout l'épiderme de l'écorce du bois de bouleau qui fournit l'huile pyrogénée.

GRAINS DE BLÉ, leur structure. *Voy.* GLUTEN.

GRAISSES. — Les matières grasses ou graisses sont très-abondantes dans les animaux. Elles se trouvent contenues dans de petites cellules d'un tissu particulier, auquel on a donné le nom de *tissu adipeux*. On les trouve plus ou moins répandues sous la peau, à la surface des muscles, qui lui doivent en partie la forme arrondie qu'ils offrent à l'extérieur, dans leur intervalle, autour des reins, dans la duplicature de l'épiploon, etc.

Les graisses sont variables par leur consistance, leur couleur, leur odeur, suivant les animaux dont elles ont été extraites. Celles que l'on trouve dans les ruminants sont solides et inodores ; molles et odorantes dans les carnivores ; solides, inodores, très-onctueuses, dans les oiseaux gallinacés ; fluides et odorantes dans les cétacés. Leur couleur varie suivant l'âge des animaux : elles sont blanches dans les jeunes sujets, et jaunes dans ceux d'un âge avancé.

Les propriétés physiques des graisses sont aussi variables que leurs propriétés chimiques ; elles se fondent à des températures très-différentes ; quelques-unes sont liquides à la température ordinaire, et désignées alors sous le nom d'huiles : telles sont les huiles de poisson et de pieds de bœuf.

Distillées en vases clos, elles fournissent par leur décomposition une petite quantité d'eau, un principe odorant volatil, plus ou moins d'acide acétique, de l'acide sébacique, des acides margarique et oléique, des gaz composés d'acide carbonique, d'oxyde de carbone et d'hydrogène plus ou moins carboné ; enfin, elles laissent une petite quantité de charbon spongieux et très-léger.

L'air exerce une action particulière sur la plupart des graisses ; il les colore, et leur communique, au bout d'un certain temps, une odeur forte et une saveur âcre. C'est à cette altération qu'est due leur *rancidité*.

L'eau est sans action sur les graisses ; mais l'alcool les dissout, surtout à chaud, en différentes proportions. L'éther sulfurique, les huiles volatiles, les dissolvent même à froid : c'est d'après cette propriété qu'on fait usage de ces dernières pour enlever les taches de graisse sur les étoffes de soie et de laine.

Les métaux n'ont que peu d'action sur les graisses, à l'exception de ceux qui sont très-oxydables, et qui peuvent alors réagir sur elles et les saponifier en partie.

Les graisses les plus employées sont celles de porc, de mouton, de bœuf. Parmi les autres matières grasses, se trouvent le beurre, le blanc de baleine, l'huile de poisson et l'huile de pied de bœuf.

Graisse de porc. — On la connaît sous le nom d'*axonge*, de *saindoux* ; elle s'extrait de la panne du porc coupée en petits morceaux, qu'on lave ensuite et qu'on fait fondre à une douce chaleur pour la séparer, par filtration, du tissu qui la contenait.

On l'emploie comme aliment ; elle fait la base de beaucoup de pommades cosmétiques et d'onguents, etc., etc.

Graisse de mouton et de bœuf. — Ces deux graisses ont à peu près les mêmes caractères ; on les désigne sous le nom de *suif* : elles se purifient comme la graisse de porc.

Elle entre dans la composition de plusieurs onguents et emplâtres ; mais son plus grand usage est pour la fabrication de la chandelle.

Beurre. — *Voy.* ce mot.

Blanc de baleine. — Cette matière grasse, d'une nature particulière, existe à l'état de dissolution dans une huile qui est interposée entre les membranes du cerveau de diverses espèces de cachalot (*physeter macrocephalus*). On le trouve aussi, mais en moins grande quantité, dans l'huile de baleine. M. Chevreul lui a donné le nom de *cétine*, κῆτος, baleine. On le sépare de l'huile avec laquelle il est mêlé par la pression dans des sacs de laine, et en le faisant bouillir ensuite avec une certaine quantité de lessive de potasse, qui saponifie l'huile et laisse le blanc de baleine à l'état de pureté (1).

Usages. — Le blanc de baleine est employé pour la confection de certaines pommades très-adoucissantes ; son plus grand usage est pour la fabrication des *bougies transparentes*, qui se préparent en l'unissant à une petite quantité de cire blanche.

Huile de poisson. — Cette huile s'extrait

(1) Cette matière grasse est, pour certains pays, l'objet d'un commerce important. L'Amérique envoie annuellement à la pêche du cachalot 150 navires environ, qui rapportent 135,000 barils d'huile, dont on retire à peu près 750,000 kilogr. de blanc de baleine. En Angleterre, cette pêche occupe 80 à 90 navires, qui rapportent annuellement 3 à 4 millions de kilogr. d'huiles dont on retire 350 à 400,000 kilogr. de blanc de baleine. En France, cette industrie est peu développée ; aussi importe-t-on chez nous 150,000 kilog. de ce produit pour alimenter nos fabriques de bougies diaphanes. Il est fâcheux que son prix élevé en restreigne beaucoup l'emploi. On le fait entrer dans la préparation de certains apprêts pour les toiles.

des différentes parties de la baleine et de plusieurs autres grands poissons marins. On l'obtient en exposant à l'action d'une douce chaleur les parties qui la contiennent, et filtrant le liquide huileux à travers une toile.

Elle est employée à l'éclairage et à la fabrication des savons communs. L'huile identique à celle-ci, qui se sépare de la purification du blanc de baleine, est connue sous le nom d'*huile de spermaceti*.

Huile de pied de bœuf. — Cette huile, formée, comme tous les autres corps gras, de stéarine et d'oléine, se prépare en faisant cuire dans l'eau les pieds de bœufs écornés. Elle ne tarde pas à nager à la surface de la décoction, d'où on la sépare pour la clarifier par le repos ou la filtration à travers un tissu de laine sur lequel on a disposé une couche de charbon animal. Cette huile purifiée est toujours jaunâtre, inodore ; elle diffère de la plupart des autres corps gras liquides, en ce qu'elle ne se congèle qu'à une très-basse température.

Usages. — On l'emploie pour le graissage des mécaniques, en raison de sa liquidité même à plusieurs degrés au-dessous de zéro ; elle est aussi recherchée pour graisser les cuirs et leur donner de la souplesse. *Voy.* Corps gras et Huiles.

GRANIT. — Les roches granitiques ne sont en quelque sorte employées qu'au défaut de toute autre pierre, ou dans le cas où l'on veut élever des monuments aussi durables que le monde ; elles sont d'une solidité à toute épreuve, témoin plusieurs monuments égyptiens qui ont traversé les siècles et n'en sont pas moins aussi frais que si on venait d'y mettre la dernière main ; mais elles sont d'une grande dureté, et par conséquent difficiles à tailler ; elles forment à la surface de la terre de très-grandes masses sans stratification, ce qui procure à la vérité le moyen d'obtenir des pièces d'aussi grandes dimensions qu'on le désire, mais l'exploitation en est par cela même pénible et dispendieuse. Cependant plusieurs contrées de la France n'emploient pas d'autres pierres à bâtir (Bretagne, Normandie, entre Cherbourg et Alençon, Marche et parties adjacentes du Bourbonnais, Limousin, une partie de l'Auvergne, du Lyonnais, de la Bourgogne, etc.); et il en est de même dans un grand nombre de contrées de l'Europe et de diverses parties du monde (quais de la Néva et le canal de Catherine, ville et fort de Rio-Janeiro, les tours de la fameuse muraille de la Chine, etc.). On transporte souvent cette roche, à grands frais, dans les parties qui en sont dépourvues, pour en revêtir des massifs dont on veut éterniser la durée, pour les trottoirs des rues, des quais, de tous les endroits d'un passage continuel, ou pour en faire des bornes, etc. Les anciens ont fréquemment employé des masses de granit d'un énorme volume ; c'est surtout ce qu'on observe dans les monuments égyptiens ; on sait que plusieurs obélisques d'une seule pièce ont été transportés jusqu'à Rome. La masse la plus imposante qu'on ait transportée, en quelque sorte de nos jours (1777), est celle qui sert de piédestal à la statue de Pierre le Grand, à Saint-Pétersbourg, du poids de trois millions de livres.

GRANOLITE. *Voy.* STAUROTIDE.

RGAPHITE (*plombagine*, *mine de plomb*, *carbure de fer*, *fer carburé*). — Substance gris de plomb ou gris de fer, d'un éclat métallique; douce au toucher, tachant les doigts en gris de plomb.

Composition.— Carbone sali par une très-petite quantité d'oxyde de fer, et quelquefois mélangé de matière terreuse.

Cette matière a été regardée pendant longtemps comme un carbure de fer; mais aujourd'hui on pense que le fer, qui est très-variable, dont on n'a jamais trouvé plus de 10 à 11 pour 100, qui est même nul dans le graphite qui se forme quelquefois dans nos fourneaux, est tout à fait accidentel. Il en résulte que la matière n'est que du carbone, qui se trouve seulement à un autre état d'agrégation moléculaire que dans le diamant.

Le graphite se trouve dans le gneiss, le micaschiste, les schistes argileux et les calcaires qui en dépendent.

Le principal usage du graphite est pour la confection des crayons dits de mines de plomb. Celui d'Angleterre, qui est d'une finesse et d'une douceur extrêmes, est la variété la plus propre à cet usage, ou plutôt la seule qu'on puisse employer pour les crayons fins. On ne lui fait subir aucune préparation, et l'on se contente de diviser la masse, au moyen d'une scie, en petites baguettes que l'on enchâsse ensuite dans un bois. Ces crayons simples sont extrêmement rares et fort chers, et la plupart de ceux que l'on trouve dans le commerce sont composés. Les uns sont formés avec la poussière qui provient du sciage des précédents, dont on fait une pâte avec une gomme particulière; ils sont encore assez bons lorsqu'ils sont bien confectionnés, et il ne leur manque qu'un peu de ténacité. Les autres, qui sont inférieurs, sont formés avec cette même poussière, ou avec des graphites de moindre qualité, de divers lieux, qu'on mélange avec des matières terreuses, avec du sulfure d'antimoine, etc.: ils sont toujours durs et ne présentent jamais cette finesse que l'on recherche dans les premiers. Après les crayons de graphite anglais, qu'on ne fabrique même qu'en Angleterre, ceux qui méritent la préférence se fabriquent avec les variétés qu'on tire de Passau en Bavière.

Conté (1) prit, le 3 janvier 1795, un brevet

(1) Conté, qui a rendu d'immenses services à l'industrie, est né à Saint-Cénery, près Séez, dans le département de l'Orne, le 4 août 1755. Il est mort à Paris, le 15 frimaire an XIV de la république. Le jury de l'an IX lui accorda une médaille d'or pour la découverte intéressante de ses crayons, qui firent cesser le tribut considérable que la France payait à l'Angleterre pour ce genre de produit. — On lira avec beaucoup d'intérêt une notice biographique sur cet ingénieux et savant artiste, rédigée par M. de Gérando et publiée dans le 22e *Bulletin de la Société d'Encouragement*, en avril 1806.

d'invention pour un procédé qui permet d'obtenir d'excellents crayons avec des mélanges convenables de plombagine réduite en poudre très-fine et d'argile bien divisée, qu'on convertit en pâte, et qu'on moule dans une espèce d'étui; ce fourreau est fait en bois de cèdre, avec une machine construite pour cet objet. Cette machine fend en long un petit cylindre de bois, et coupe au milieu un sillon carré, de même calibre que le crayon, qu'on y colle avec de la gomme. On recolle ensuite par-dessus le demi-cylindre qu'on en avait enlevé, ce qui produit un cylindre complet dont l'axe est en plombagine. Ces crayons sont très-répandus dans le commerce sous le nom de *Crayons-Conté*. On en fait aussi avec la poussière de cette substance réduite en pâte avec de la gomme ou de la gélatine. Les crayons de plombagine ne sont guère employés pour dessiner la figure, parce qu'ils produisent des reflets brillants qui sont nuisibles aux effets. Une amélioration importante a été apportée, il y a quelques années, par un nommé Fichtemberg, de Paris, dans la préparation de ces crayons. Il les compose avec un mélange de plombagine, de sanguine et de matière grasse, et obtient ainsi des crayons qui laissent sur le papier des traits graisseux qu'il est impossible d'enlever, en sorte que les notes tracées avec eux peuvent être conservées indéfiniment dans un portefeuille sans s'effacer.

On emploie aussi le graphite pour adoucir les frottements dans les machines en bois; on en frotte la fonte, la tôle, etc., pour la préserver de la rouille; enfin on le mêle avec des matières argileuses pour en former des creusets, dits *creusets de mine de plomb*, qui sont très-réfractaires et qui servent particulièrement aux fondeurs en cuivre. C'est à Passau que ces creusets se fabriquent particulièrement.

GRAVELLE. *Voy.* URINE.

GRÊLE. *Voy.* EAU.

GRENAT. — Werner a divisé les grenats en *précieux* et *communs*; Jameson, en trois espèces : le grenat *pyramidal*, le *dodécaèdre* et le *prismatique*. Beudant en a fait quatre sous-espèces : le grenat de *fer*, de *manganèse*, de *chaux* et de *fer* et *chaux*.

Grenat de fer, *almandin*, grenat *précieux*, *noble*, *oriental* ou *syrien*, *pyrope*. — Ce grenat se rencontre dans des roches et dans des couches métallifères primitives, en Allemagne, en Ecosse, en France, dans la Laponie, la Saxe, la Suède, etc.; les plus recherchés sont ceux du Pégu. Il est quelquefois en masse, parfois disséminé, mais le plus souvent en grains arrondis et cristallisés, soit en dodécaèdres rhomboïdaux (forme primitive), soit en dodécaèdres tronqués sur tous les bords, soit en une pyramide aiguë à huit pans et à surface lisse. Couleur rouge foncé, tirant quelquefois sur le bleu; à l'extérieur, peu éclatant, et beaucoup à l'intérieur, translucide ou transparent, réfraction simple, raye le quartz, cassant, cassure conchoïde.

Grenat rouge coquelicot. — Cette variété est également connue sous le nom de *grenat de Bo-*

hême, grenat pyrope, hyacinthe la belle, escarboucle des lapidaires, amélith ysonites de Pline; rouge sanguin très-vif; presque aussi dur que le précédent, moins estimé; on le taille ordinairement en cabochon : sa couleur paraît alors plus vive et plus uniforme.

Grenat cramoisi. — On le nomme aussi *grenat vermeil* ou la *vermeille.* Belle couleur cramoisi, plus ou moins forte, tirant parfois sur le vineux; assez éclatant et assez estimé. Ce grenat paraît être le *rubis des Carthaginois.*

Grenat orangé. — C'est le grenat hyacinthe des lapidaires : cette variété est fort chère quand elle a une teinte cannelée d'un beau velouté et que les pierres sont parfaites.

Grenat de chaux, grenat commun, grossulaire. — On le rencontre en masse ou bien disséminé dans des cavités drusiques, ainsi qu'en couches dans les schistes micacés, argileux, chlorite, et dans le trapp primitif, en Irlande, en France, en Norwége, etc.

Les grenats à belles teintes sont montés en bijoux; on en écarte les autres, ainsi que les brunâtres, les noirs et les verts; on les taille en perle et en cabochon; il n'y a guère que les grenats d'un beau violet velouté, tels que les grenats syriens, qui soient d'un prix élevé. Un grenat de cette espèce de forme octogone de huit lignes et demie sur $\frac{6}{12}$, fut vendu chez M. Drée 3,550 francs; un grenat rouge de feu, de Ceylan, ovale de onze lignes sur sept, fut vendu 1,003 francs.

GRÈS. — Les matières arénacées ou grès, sont beaucoup moins employées dans l'architecture que les pierres calcaires; cependant il en est quelques espèces qui présentent assez de solidité, et dont on se sert avec succès dans plusieurs contrées où les pierres calcaires manquent. On emploie, 1° le *grès rouge,* qui appartient à la partie inférieure des dépôts secondaires (partie orientale de la Lorraine, Alsace, Bourbonnais, bords du Rhin); 2° les parties solides du grès houiller (Carcassonne, canal du Languedoc, Vienne en Autriche, dans plusieurs parties de l'Italie, etc.); 3° des grès qui avoisinent le lias, tels que le *quadersandstein* (littéralement, grès à pierre de taille), roche arénacée blanchâtre ou jaunâtre, qui forment des hautes montagnes dans le Biesengebirge, entre la Bohême et le comté de Glatz, et qu'on emploie dans la bâtisse, à Dresde et sur les bords de l'Elbe; 4° différents grès des terrains tertiaires, savoir : la *mollasse,* employée avec succès en Suisse et dans le département de l'Isère; les grès des parties supérieures des formations des environs de Paris, mais qu'on réserve plus particulièrement pour les pavés, à cause de la difficulté qu'on éprouve à les tailler régulièrement; dans le département de l'Aisne, plusieurs de ces grès, qui sont en apparence très-friables et qui ne pourraient être employés à l'air, servent avec avantage pour les constructions sous l'eau.

GRIZOU (*protocarbure d'hydrogène, hydrogène carboné, grioux, brisou, terrou,* etc.). — Substance gazeuse, incolore, s'enflammant à l'approche d'un corps en combustion et détonant fortement lorsqu'il est mélangé d'air atmosphérique. Donnant de l'eau et de l'acide carbonique par la combustion.

Dans les lieux où le proto-carbure d'hydrogène se dégage du sein de la terre par des crevasses, on l'utilise, en l'enflammant, pour la cuisson de la chaux, de la brique et des poteries, ou pour évaporer des liquides. Les habitants des lieux utilisent quelquefois les feux naturels pour faire cuire leurs aliments. C'est le même gaz que l'on emploie aujourd'hui pour l'éclairage, en le préparant, soit avec la houille, soit avec des huiles, des graines oléagineuses, etc.

Si l'hydrogène carboné présente quelques avantages à l'homme sous certains rapports, il devient fort dangereux sous d'autres; On sait que ce gaz se dégage souvent en abondance de la houille, et d'autant plus que ce combustible est de meilleure qualité, et qu'il remplit les galeries des mines; or, en se mélangeant avec l'air de ces galeries, il devient susceptible de détonation à l'approche d'un corps enflammé, et peut produire les accidents les plus graves. La dilatation subite de l'air au moment de l'explosion provoque un courant d'une vitesse prodigieuse, qui lance les ouvriers avec violence contre les murs ou le sol des galeries, où ils peuvent être grièvement blessés et même tués.

Pendant longtemps on n'a connu d'autres moyens de se préserver des effets de ces explosions, désignées sous le nom de *feu grisou, feu terrou,* que de les provoquer soi-même, en choisissant le moment où les ouvriers étaient hors de la mine, ou du moins dans une retraite sûre. Mais cette précaution n'empêchait pas un autre genre d'accidents, produits par la détonation, la rupture des boisages, l'éboulement des galeries, qui devenaient aussi funestes que l'explosion elle-même. Aujourd'hui, on prévient les accidents, d'abord en établissant un bon système d'airage, provoqué, s'il est nécessaire, par des fourneaux d'appel, et ensuite en employant la lampe de sûreté dont on doit la découverte à Davy. Cette lampe consiste en une lampe à l'huile dont la flamme est enfermée de toutes parts par une toile métallique. Davy a été conduit par une série d'expériences ingénieuses, à prouver qu'un mélange détonant enfermé dans une telle enveloppe peut bien y détoner, mais que la flamme ne pouvait pas se communiquer au dehors; par conséquent, un tel appareil peut être porté dans les travaux infectés de grizou, sans crainte d'aucune explosion. *Voy.* **Davy.**

GROTTE DU CHIEN. *Voy.* **Carbonique** (acide).

GUANO (de l'indien *huanu,* excrément). — Substance d'un jaune foncé, d'une odeur forte et ambrée; noircissant au feu et exhalant une odeur ammoniacale; soluble avec effervescence dans l'acide nitrique à chaud.

Cette matière se trouve sur les côtes du Pérou, aux îles de Chinche, près de Pisco, et dans plusieurs autres plus méridionales, telles que Ilo, Iza, Arica, etc., où elle a été observée par M. de Humboldt dans son important voyage aux régions équinoxiales. Elle forme dans ces îles des dépôts de cinquante à soixante pieds d'épaisseur et d'une étendue considérable; et il paraît qu'elle est le résultat de l'accumulation des excréments d'une multitude innombrable d'oiseaux, surtout de hérons et de flamands, par lesquels ces îles sont habitées. Elle est employée avec un très-grand succès comme engrais, surtout pour la culture du maïs, et M. de Humboldt observe que c'est à elle que les côtes stériles du Pérou doivent la fertilité qu'on leur procure par le travail. On l'exploite par tranchées à ciel ouvert, et elle fait l'objet d'un grand commerce pour les habitants de Chançay, petite ville au nord de Lima; une cinquantaine de petits bâtiments vont et viennent sans cesse pour transporter cette matière sur la côte.

Le Guano a une grande analogie avec l'engrais nommé *urate*, que l'on prépare en absorbant les urines des voiries par la chaux, le plâtre, le sable, etc. *Voy.* Engrais.

GUEUSE. *Voy.* Fer.

GUYTON DE MORVEAU (L. Bern.), savant chimiste, membre de l'Institut, né à Dijon en 1737, mort en 1816, était fils d'un professeur de droit. Il entra de bonne heure dans la carrière de la magistrature, et fut longtemps avocat général à Dijon; mais il cultiva en même temps les sciences avec ardeur, fit fonder, par les Etats de Bourgogne, des cours de sciences, et se chargea lui-même d'enseigner la chimie (1775), tout en continuant à remplir ses fonctions de magistrat. On lui doit les fumigations de chlore employées contre les miasmes pestilentiels, ainsi que plusieurs autres découvertes importantes; il eut le premier l'idée de la nouvelle nomenclature chimique (1782), qu'il établit de concert avec Lavoisier (1787). Il fut député, en 1791, à l'Assemblée législative, puis à la Convention, et s'y montra chaud partisan des idées nouvelles. Il contribua à fonder l'Ecole polytechnique et y remplit lui-même une chaire; il fut enfin nommé administrateur de la Monnaie; mais il perdit cette place à la Restauration (1814). Le plus remarquable de ses ouvrages est un *Traité*

des moyens de désinfecter l'air, 1801; on lui doit en grande partie le *Dictionnaire chimique de l'Encyclopédie méthodique*.

GYPSE (*chaux sulfatée*, *sélénite*, etc.). — Le gypse appartient en quelque sorte à tous les terrains. Il est surtout abondant dans les terrains de sédiment.

Dans quelques localités, les variétés laminaires et transparentes de gypse ont été employées, en les divisant en feuillets, pour remplacer le verre et couvrir de petites images; de là les noms de *Pierre à Jésus*, *Glace de Marie*, *Miroir d'Ane*.

Les variétés compactes blanches, qui se taillent avec une grande facilité, sont employées sous les noms d'*albâtre*, *albâtregypse*, *alabastrite*, pour former les vases; les socles de pendules, les petites figures, etc., qu'on voit si fréquemment aujourd'hui dans nos habitations. C'est en Italie que se fabriquent la plupart de ces ouvrages, et les matières sont principalement tirées des environs de Voltera. On pourrait s'en procurer de même en France dans un grand nombre de lieux. On a aussi employé depuis quelque temps au même usage les gypses tertiaires de Lagny, qui présentent de beaux reflets nacrés, et qu'on a quelquefois colorés en bleu, en vert, en violet, par des dissolutions métalliques.

Les variétés calcifères des environs de Paris sont extrêmement précieuses pour la bâtisse, et fournissent par la cuisson tout le plâtre qu'on emploie dans nos environs; on en exporte même à de grandes distances, et principalement à l'état brut, pour le même usage. Les variétés pures cristallines (gypse lenticulaire, en fer de lance, Grignard, etc.), qu'on trouve en nids dans les mêmes gisements, sont recherchées par les modeleurs en plâtre, parce qu'elles donnent un plâtre plus fin. C'est aussi ce qu'on obtient avec les gypses compactes pures des terrains secondaires; mais ces plâtres fins ont beaucoup moins de solidité, et pour la bâtisse, on ne peut les employer que dans les intérieurs : c'est pour cela qu'on ne fait point usage du plâtre dans les parties centrales de la France, malgré l'abondance des dépôts de gypses secondaires.

GYPSITE. *Voy.* Aluminium.

H

HALOGÈNES (corps) de ἅλς, sel, et γεννάω, engendre. — Le chlore, le brome, l'iode et le fluor forment une classe tout à fait à part, et sont doués de propriétés qui les distinguent des autres métaux. En effet,

1° Ils ont la faculté de déployer avec une grande énergie leurs affinités pour la plupart des corps à la température ordinaire de l'air, tandis que les autres métalloïdes ne le font qu'à des températures plus élevées.

2° Les combinaisons avec l'hydrogène ne sont pas seulement des acides, mais appar-

tiennent à la série des acides les plus puissants que nous ayons à employer en chimie; et, sous ce rapport, elles marchent de pair à tous égards avec les plus forts acides dans lesquels l'oxygène entre comme principe constituant. Le soufre produit bien aussi un acide avec l'hydrogène; mais les propriétés acides de cette combinaison sont si peu prononcées, qu'on les a mises en doute pendant longtemps. Les acides que le chlore et l'iode forment avec l'oxygène sont plus faibles que ceux auxquels ces corps donnent naissance en s'unissant avec l'hydrogène; l'acide sulfurique est, au contraire, le plus fort de tous les acides.

3° Quand ils s'unissent avec un métal, il résulte de là un sel. La combinaison du chlore avec le métal appelé sodium est notre sel de cuisine, dont le nom générique de *sel* a été appliqué avec le temps à une série entière de corps analogues. Les oxydes auxquels l'oxygène donne lieu en s'unissant aux métaux électro-positifs portent la dénomination de bases salifiables, ceux qui naissent de son union avec les métaux électro-négatifs ont reçu celle d'acides, et de la combinaison d'un acide avec une base salifiable, il résulte également un sel. Par exemple, la combinaison du soufre, de l'oxygène et du fer, a une si complète analogie avec celle du chlore et du fer, que quand la forme cristalline se trouve détruite, il est impossible de les distinguer l'une de l'autre par leurs caractères extérieurs, et qu'il faut avoir recours à l'analyse chimique pour y parvenir. Quand le soufre s'unit avec un métal, il résulte de là un corps qui ne ressemble point à un sel, et les sulfures métalliques électro-positifs, en s'unissant avec les sulfures métalliques électro-négatifs, produisent des corps salins, absolument comme font les bases salifiables en se combinant avec les acides. L'azote est presque entièrement privé de la propriété de s'unir avec les métaux, et le phosphore n'en jouit qu'à un degré très-faible.

Cette propriété qu'ont le chlore, le brome, l'iode et le fluor, de donner des sels avec les métaux, sans la coopération de l'oxygène, constitue leur caractère principal. Mais elle n'appartient pas exclusivement à ces quatre corps ; quelques composés la partagent avec eux : tel est, par exemple, celui des nitrures de carbone décrits sous le nom de *cyanogène*. Afin de pouvoir comprendre dans une appellation commune toute la classe des corps simples et composés, qui donnent des sels avec les métaux sans le concours de l'oxygène, on les a appelés *corps halogènes* (formateurs *de sels, corpora halogenia*), et on a nommé les sels eux-mêmes sels haloïdes. Si nous poursuivons plus loin l'exemple précité du sulfate ferreux et du chlorure ferreux, nous trouvons le métal combiné, dans le dernier, avec du chlore, dans le premier, avec du soufre et de l'oxygène ; or, en considérant le soufre et l'oxygène comme unis ensemble, nous arrivons à l'idée d'un corps halogène composé, dans lequel entre comme élément, non-seulement l'oxygène de l'acide sulfurique, mais encore celui qui appartenait à l'oxyde ferreux avant la combinaison, et il ne serait pas difficile de considérer tous les sels comme étant des combinaisons d'un métal avec un corps halogène simple ou composé, si l'on pouvait jamais parvenir à isoler les corps halogènes composés qui résulteraient de l'union de l'acide avec l'oxygène de la base. C'est à cause de cette circonstance qu'on a regardé pendant longtemps le chlore comme un de ces corps composés d'un radical inconnu (*muria, muriaticum*) et de deux proportions d'oxygène, dont l'une le convertissait en un acide, l'acide hydrochlorique, alors appelé *muriatique*, et dont l'autre, qu'on croyait être la moitié de la précédente, suffisait précisément pour oxyder et convertir en base salifiable le métal avec lequel le chlore se combinait. Scheele, qui a découvert le chlore, l'envisageait déjà sous ce point de vue, et le désignait sous le nom d'*acide marin déphlogistiqué*, que les partisans de la chimie dite antiphlogistique traduisirent par celui d'*acide muriatique oxygéné*, et auquel Berzelius substitua ensuite celui d'*hyperoxydule muriatique*, parce que le nom d'*acide oxymuriatique* tombait en partage au chlore, dans l'esprit de cette théorie. Les phénomènes que le chlore et les corps halogènes simples produisent avec d'autres corps sont tels, qu'on peut tout aussi bien les expliquer en adoptant cette théorie qu'en suivant celle d'après laquelle le chlore est considéré comme un corps simple, et la grande analogie qu'on remarque entre les sels résultant de l'union des métaux avec le chlore et ceux qui naissent de la combinaison des oxybases avec les oxacides, fut le motif qui engagea Berzelius, pendant longtemps, à regarder comme plus probable, par conséquent, à défendre les anciennes vues, suivant lesquelles le chlore est un corps oxydé. Cependant la circonstance qu'on n'est jamais parvenu à retirer de l'oxygène, soit du chlore lui-même, soit d'aucun muriate sec, jointe à la manière dont le carbone se comporte avec le chlore, paraissait démontrer qu'on ne doit point considérer ce dernier comme un corps contenant de l'oxygène ; et depuis qu'on a découvert des sels formés par l'union des métaux avec un corps halogène composé, des sels dans lesquels l'absence de l'oxygène est hors de doute, il n'y avait plus le moindre motif de demeurer fidèle à l'ancienne théorie, c'est-à-dire de ranger le chlore parmi les corps oxygénés. Gay-Lussac et Thénard furent les premiers qui démontrèrent qu'on est tout aussi fondé, sinon même plus, à le considérer comme un corps composé ; mais ils laissèrent le choix libre entre les deux opinions, et ce fut Davy qui, conduit aux mêmes vues par ses expériences, établit la théorie actuelle, comme étant la seule exacte.

HARENGS, comment on les saure. *Voy.* CONSERVATION DES MATIÈRES ORGANIQUES.

HARMONICA CHIMIQUE. *Voy.* HYDROGÈNE.

HÉMACHROINE ($\alpha\tilde{\iota}\mu\alpha$, sang, et $\chi\rho\acute{o}\omega$, je teins); syn. *hématosine*. — On désigne sous ces noms le principe colorant pur du sang, débarrassé des différentes substances auxquelles il est uni dans le sang des animaux ; il peut exister sous trois états différents : 1° en suspension dans le sérum, 2° dissous dans l'eau, 3° à l'état coagulé et insoluble dans l'eau.

M. Brande, qui en a démontré le premier l'existence et les caractères, l'obtient en abandonnant à lui-même le sang séparé de sa fibrine par l'agitation : il se dépose peu à peu du sérum, mêlé encore à un peu d'albumine et de fibrine.

Berzelius emploie un autre procédé, qui consiste à couper en tranches minces le caillot du sang bien égoutté, le presser entre des feuilles de papier joseph pour enlever le sérum qui peut y rester, et à le triturer ensuite dans l'eau pour dissoudre la matière colorante et la séparer de la fibrine. En exposant alors la solution à l'action de la chaleur au-dessous de $+ 60°$, il en vaporise l'eau et obtient la matière colorante.

Décomposée par le feu, elle donne tous les produits des substances azotées, et laisse un charbon qui fournit par son incinération une cendre rougeâtre formée de la moitié de son poids de peroxyde de fer, de phosphate, de carbonate de chaux et de sous-phosphate de fer.

Comme la présence du fer, ne peut être démontrée par les réactifs dans les solutions acides de la matière colorante, Berzelius pense avec raison que celle-ci le contient à l'état métallique, et qu'il fait partie de ses éléments (1).

(1) La proportion du fer dans le sang de l'homme a paru si considérable à Menghini, qu'il laisse entrevoir l'espérance d'en fabriquer un jour des clous, des épées, des instruments de toute espèce. Deyeux et Parmentier avaient eu l'ingénieuse idée de faire frapper, avec le fer retiré de leur sang, des médailles destinées à éterniser la mémoire des hommes célèbres. D'après M. Lecanu, l'hématosine contient une proportion de fer représentant environ les 7/100es de son poids. La quantité du sang qui se trouve dans le corps d'un adulte étant estimée à 15 kilogrammes, et cette quantité de liquide renfermant deux grammes 414 de fer métallique, il s'ensuit qu'il y aurait, dans le sang des 32 millions d'habitants de la France, 77,248 kilogrammes de fer métallique.

« C'est trop peu de fer dans le sang, dit M. Lecanu, pour qu'on en fabrique des instruments de toute espèce, suivant la pensée de Menghini, et, par contre, peut-être trop pour que l'on puisse admettre sans réserve qu'il provient uniquement des aliments. »

En dernière analyse, le sang veineux de l'homme est formé. sur 100 parties, de

Eau,	790,3707		
Albumine,	69,8040	Sérum,	869,1547
Matière grasses, ex-tractives et sels,	10,9800		
Fibrine,	2,9480		
Hématosine,	2,2700	Globules,	130,8453
Albumine,	125,6273		
	100,0000		100,0000

Un baron allemand, homme d'une famille très-ancienne, ayant les seize quartiers dans chaque lignée, suivait, à Berlin, le cours de chimie qu'y professait alors le célèbre Klaproth. Un jour, comme le baron se rendait au laboratoire du chimiste, sa voiture versa en chemin, et lui et son cocher furent tellement meurtris par la chute, que le chirurgien appelé crut devoir les saigner l'un et l'autre. Le baron conçut alors la pensée de mettre à profit cet accident pour éclaircir une question qui l'avait souvent occupé ; il voulait déterminer si le sang d'un baron allemand et celui d'un homme du peuple sont, en effet, de différente nature, comme on l'a prétendu. En conséquence, le produit des deux saignées ayant été recueilli en deux vases différents, il l'adressa au chimiste, avec prière de le soumettre à la plus exacte

Dans un nouveau travail, publié en 1830, M. Lecanu a démontré que la matière colorante obtenue par ce dernier procédé n'est point pure, qu'elle contient encore une certaine quantité d'albumine qui lui est combinée.

Il résulte des recherches de M. Coudœver que la matière colorante du sang peut être obtenue exempte de fer. L'hématosine $(C^{44} H^{22} N^3 O^6 Fe)$, préparée d'après la méthode de Sanson, ne perd pas tout son fer, même après une digestion de plusieurs jours dans l'acide chlorhydrique ou l'acide sulfurique étendu. A l'effet d'enlever tout le fer, l'hématosine est traitée par l'acide sulfurique concentré, et conservée pendant plusieurs jours dans des flacons fermés. Par l'addition de l'eau, il se dégage des bulles d'hydrogène, ce qui prouve que l'hématosine contient le fer dans un état qui sollicite l'oxydation. La liqueur filtrée renferme du sulfate de fer. La matière qui reste sur le filtre est de nouveau lavée à l'eau, et desséchée à 120°. L'analyse y fait reconnaître la présence du fer. Traitée de nouveau par l'acide sulfurique, l'hématosine ne renferme plus que quelques traces de fer. M. Mulder conclut de là que l'hématosine pure doit être considérée comme un composé dans lequel n'entre point de fer, et représentée par la formule : $C^{44} H^{22} N^3 O^6$.

HÉMATITE. *Voy.* LIMONITE.

HÉMATOSINE. *Voy.* HÉMACHROÏNE.

HIRCIQUE (acide), de *hircus*, bouc. — On l'obtient en saponifiant l'*hircine* ou les graisses de bouc et de mouton.

HOMBERG. — L'année de la mort de Nic. Lémery, mourut aussi, et presque jour pour jour, Homberg, gentilhomme allemand, qui a donné son nom à diverses préparations, telles que son *sel sédatif*, qui n'est autre chose que l'acide borique, son phosphore, qui n'est que l'oxychlorure de calcium fondu, et son pyrophore, qu'on étudie encore dans tous les cours. On a seulement, il est vrai, un peu modifié sa préparation, qui consistait à calciner l'alun avec la matière fécale humaine, qu'on remplace par toute autre matière organique.

Homberg était l'un des chimistes les plus instruits de son époque et l'un des plus passionnés pour la science. Il était né en 1652, à Batavia, dans l'île de Java, et avait fait ses études à Leipsick. Doué d'un esprit lent, et privé de la faculté de s'exprimer avec facilité, il eût fait un très-mauvais professeur ; mais il a rempli le rôle dans lequel il pouvait être le plus utile. Inventant peu, il aimait à rassembler les travaux des autres. Aussi le voit-on passer une grande partie de

analyse. L'analyse faite, elle donna la même quantité des différents principes du sang ; seulement, le sang du baron contenait 200 parties d'eau de plus que celui du cocher, circonstance qui eût été à l'avantage de ce dernier, si cette petite différence avait mérité qu'on y fît attention. Le seigneur allemand, enchanté de ce résultat, transmit au précepteur de son fils copie de l'analyse en question, en lui recommandant bien de la mettre sous les yeux du jeune baron, toutes les fois qu'il paraîtrait regarder son sang comme plus pur que celui des autres hommes !

sa vie à voyager, parcourant l'Italie, la France, la Hollande, la Prusse, la Suède, visitant tous les chimistes les plus renommés, tels que Kunckel, Baudoin et beaucoup d'autres, tâchant de se procurer leurs recettes, achetant un secret par un autre, mettant ensuite au jour tous les procédés qu'il parvenait à connaître, et publiant une multitude de petits mémoires détachés, pleins de ces faits que d'autres cherchaient à soustraire à la connaissance du public.

Vous le voyez, les temps étaient venus. Dans chaque chimiste de cette époque se dévoile le même besoin de publicité le même besoin de communication libre de la pensée. L'esprit vif de Lémery se trouve jeté dans cette voie par les nécessités de la discussion orale ; l'esprit plus lent de Homberg est poussé dans la même route par les nécessités de la discussion écrite. Les applaudissements de la foule arrachent à Lémery les vérités qu'il laisse tomber du haut de sa chaire. Les éloges de quelques esprits choisis suffisent pour déterminer Homberg à confier ses pensées les plus secrètes à la publicité des recueils académiques.

HOMME, de son alimentation au point de vue chimique. *Voy.* ALIMENTS.

HOUBLON. *Voy.* BIÈRE.

HOUILLE (*charbon de terre, houille grasse*, etc.). — Substance opaque, noire, tendre, s'allumant et brûlant avec facilité, avec flamme, fumée noire et odeur bitumineuse. Fondant, se gonflant pendant la combustion, de manière à ce que les morceaux se collent entre eux ; donnant, lorsqu'elle a cessé de flamber, un charbon poreux, léger, solide, dur, d'un éclat métalloïde, à surface largement mamelonnée. Donnant à la distillation des matières bitumineuses, de l'eau, des gaz, souvent de l'ammoniaque, et laissant un charbon brillant, celluleux, qui a pris la forme du vase distillatoire.

La houille se compose de carbone, d'hydrogène, d'oxygène et d'azote, en différentes proportions, suivant les espèces.

La présence de l'azote dans la houille est un fait remarquable. On pense en général que les houilles, aussi bien que les autres combustibles minéraux, sont dues à des végétaux enfouis à diverses époques dans le sein de la terre, et qui y ont subi une décomposition particulière ; mais on sait que l'azote est peu abondant dans le règne végétal, et que c'est dans les produits du règne animal qu'il se trouve principalement ; par conséquent la supposition d'une origine végétale pourrait bien ne pas être aussi fondée que l'on paraît le croire en général, et peut-être devrait-on admettre que les animaux ont concouru à cette formation autant que les végétaux, à moins qu'on ne soit conduit à considérer les houilles comme purement inorganiques.

Gisement. — Les houilles ne commencent à se montrer que dans les dépôts arénacés, désignés sous le nom de terrain houiller. Ce terrain, qui forme des collines plus ou moins élevées, quelquefois de très-hautes montagnes,

et qui s'étend sur des espaces souvent très-considérables, est composé de détritus de roches diverses, quelquefois en morceaux roulés assez gros pour qu'on puisse en reconnaître la nature, le plus souvent réduits en matières sableuses et terreuses. Dans le premier cas on reconnaît des cailloux roulés de granit, de gneiss, de micaschistes, de schiste argileux, de calcaire compacte, etc. ; dans le second on ne distingue plus que le mica par l'éclat de ses paillettes, le quartz en petits grains, qui forme souvent la base des dépôts, quelquefois des parcelles de matières feldspathiques qui se trouvent fréquemment à l'état de kaolin. Ces matières sont agrégées entre elles par de l'argile ou par un ciment calcaire ; il en résulte des espèces de grès assez généralement de couleur terne, grise ou jaunâtre, mais qui varient beaucoup dans l'étendue et dans l'épaisseur du dépôt. Quelquefois ces grès sont tout à fait blancs ; dans d'autres cas ils prennent une teinte verte, due à une multitude de petits grains verts. Dans le voisinage des dépôts de combustibles ils deviennent charbonneux, bitumineux et prennent des teintes noirâtres plus ou moins foncées. Ils ont une grande tendance à la structure schisteuse, surtout dans les parties micacées, et la masse des dépôts est en général plus ou moins distinctement stratifiée.

Ces grès renferment des couches subordonnées de différentes matières. Les unes ne sont réellement que des modifications de la masse générale : telles sont des couches de matières argileuses plus ou moins fines. Les autres sont des matières particulières ; ce sont des couches calcaires souvent noires et fétides, des couches ou amas horizontaux de carbonate de fer plus ou moins argileux, qui tantôt se trouvent çà et là dans le grès même, tantôt accompagnent les couches de houille. Il s'y trouve aussi des roches compactes, simples, ou porphyriques, d'un vert sombre ou même noires, qui sont des diorites ou des dolérites compactes ; tantôt ces roches sont en couches qui suivent la stratification générale du dépôt, tantôt elles sont en filons, ou *dykes*, qui traversent toutes les couches du terrain, dont l'épaisseur va jusqu'à 150 pieds, et qui se prolongent quelquefois sur plusieurs lieues d'étendue.

Les dépôts de grès houiller sont fréquemment à découvert sur de grands espaces ; mais dans différents lieux ils sont surmontés et cachés aux yeux de l'observateur par des dépôts, souvent très-considérables, d'une autre espèce de matière arénacée que l'on désigne sous le nom de *grès rouge*, parce qu'ils offrent fréquemment cette couleur, surtout lorsqu'on les considère en grande masse. Ces grès sont quelquefois assez grossiers, et présentent alors des cailloux roulés de toute espèce, quelquefois même des débris de véritable grès houiler, qui sont empâtés par une matière argileuse plus ou moins fine. Dans quelques endroits, cette pâte est presque entièrement formée de kaolin, et réunit des grains de quartz ; c'est ce qui a particulièrement lieu lorsque le dépôt est appuyé immédiatement sur le granit et sans apparence de véritable grès houiller. Dans d'autres cas, toutes les parties composantes sont réduites en particules fines, et le grès est alors fin, quelquefois terreux, et souvent affecte la structure schisteuse.

Ces sortes de grès renferment, comme couches ou amas subordonnés, des roches feldspathiques porphyriques, le plus souvent rouges, des rétinites, et des amygdalites dont les cellules sont tantôt vides, tantôt remplies de diverses substances.

Les porphyres se trouvent quelquefois en amas horizontaux plus ou moins étendus, mais fréquemment ils couronnent les collines de grès sous la forme de plateau. Les amygdaloïdes affectent les mêmes manières d'être; mais les rétinites se trouvent seulement en amas ou bien en filons.

Les couches de houille affectent souvent des formes très-remarquables. Elles paraissent être ordinairement à peu près planes, lorsqu'on ne les considère que sur une partie de leur étendue, et elles plongent alors sous un angle ou sous un autre vers un point de l'horizon; mais lorsqu'on les examine en grand, en comparant entre elles les profondeurs des divers puits d'extraction d'une même contrée, ou les différentes inclinaisons de la même couche dans les différentes parties de son étendue, on reconnaît que dans le plus grand nombre des lieux elles sont concaves, et forment ce que les mineurs nomment le *bateau* ou le *cul de chaudron*. A partir du point le plus bas, les couches se relèvent plus ou moins rapidement de tous côtés, sur les pentes des montagnes environnantes, et leur direction en suit toutes les sinuosités.

Outre la courbure générale que nous venons d'indiquer, les couches de houille affectent encore, dans différents points de leur étendue, des ondulations plus ou moins apparentes, irrégulières, qui, partout où l'on a pu voir la superposition au sol préexistant, sont évidemment le résultat de la forme que présentait la surface de ce dernier.

Les couches de houille présentent encore d'autres circonstances qui ne sont pas moins remarquables. Il arrive fréquemment que la même couche se trouve repliée sur elle-même, contournée de la manière la plus bizarre, en formant un nombre plus ou moins considérable de zigzags plus ou moins ouverts, à branches plus ou moins longues, et qui se répètent de la même manière un nombre infini de fois, dans toute l'étendue du dépôt. Le plus souvent toutes les couches de la même mine sont contournées de la même manière, et les matières terreuses qui les séparent le sont également. Quelquefois elles sont fracturées à l'endroit des plis, mais il arrive souvent aussi que le coude est parfaitement arrondi et sans aucune rupture.

La disposition générale des couches de houille en forme de bateau, leur direction, qui suit toujours les sinuosités du pied des montagnes environnantes, les diverses ondulations qu'elles présentent dans les diffé-

rents points de leur étendue, et qui se trouvent en rapport avec les irrégularités du sol sur lequel elles reposent, mettent hors de doute que ces dépôts se sont formés dans les enfoncements du terrain préexistant, dans les bassins et vallées que les montagnes laissaient entre elles, et qu'ils en ont recouvert le fond et les pentes jusqu'à une certaine hauteur, en se modelant exactement sur leur parois. La plupart des dépôts houillers que nous connaissons paraissent réellement autant de petits bassins particuliers, dans lesquels on reconnaît plus ou moins les caractères que nous venons d'indiquer : mais il est rare que les divers bassins soient isolés; on en voit fréquemment un certain nombre qui se rattachent les uns aux autres, et dont l'ensemble constitue une zone d'une direction constante, quelquefois sur un très-grand espace. Ce sont, à ce qu'il paraît, des dépôts partiels qui se sont formés çà et là, à la même époque, dans de longues et larges vallées, ainsi que dans les vallons qui y aboutissent transversalement, ou bien dans de vastes golfes que les montagnes laissaient entre elles. Dans chacun de ces dépôts partiels, on remarque souvent quelques dispositions particulières, qui tiennent sans doute à des circonstances locales; mais dans tous ceux d'une même zone, il existe une disposition et une direction qui s'accordent partout avec la forme et la direction de la grande vallée. Ce n'est que quand le terrain a été soulevé par les roches cristallines qui l'ont traversé, que ces dispositions générales ne peuvent plus être aperçues; en effet, on n'en voit plus que des traces à peine visibles dans les anthracites qui sont intercalés avec des roches cristallines, ou qui sont voisins de ces matières, quelle que soit l'époque de formation à laquelle on puisse les rapporter.

Quant aux replis en zigzags que nous avons fait remarquer, ils ne peuvent être attribués à la forme du sol sur lequel le dépôt s'est formé. Les fractures que l'on remarque quelquefois dans les différents coudes, et la disposition même des couches, semblent indiquer que la masse du terrain a souffert quelques dérangements? C'est sur quoi nous ne pouvons avoir que des conjectures. La plus simple paraît être la supposition d'un affaissement des parties latérales, et par conséquent très-inclinées, sur elles-mêmes, à une certaine époque où la masse n'était pas entièrement consolidée.

Partout où l'on reconnaît les terrains dont nous avons étudié les caractères, on peut espérer de rencontrer de la houille, quoiqu'elle y soit quelquefois peu abondante et de mauvaise qualité. Ces terrains occupent des étendues considérables à la surface de la terre, et dans un grand nombre de lieux ils assurent pour longtemps au pays une source de richesses, si l'on sait en profiter.

En France, les mines les plus importantes sont dans le département du Nord, autour de Lille et de Valenciennes. C'est là que se trouvent les mines d'Anzin, les plus considérables et les plus remarquables par les travaux et les machines qu'on y a exécutés. Ces dépôts houillers font partie de la grande zone de 2 lieues de large sur plus de 50 de long, qui s'étend de l'ouest ¼ S.-O. à l'E. ¼ N.-E., depuis le département du Pas-de-Calais jusqu'au delà d'Aix-la-Chapelle ; elle semble se rattacher aux terrains houillers des duchés de Luxembourg et de Deux-Ponts, du département de la Moselle, où nous avons encore beaucoup d'exploitations, aux environs de Sarrelouis, et enfin à ceux du département du Haut-Rhin.

Hors de cette zone nous retrouvons de grands dépôts de terrains houillers dans le centre et le midi de la France. On les voit d'abord dans le département de Saône-et-Loire, où ils sont particulièrement exploités au Creuzot: plus ou moins interrompus par des montagnes qui les recouvrent, et par d'autres sur lesquelles ils sont adossés et autour desquelles ils tournent, ils se prolongent dans le département de la Nièvre, où l'on exploite de la houille à Décise; dans celui de l'Allier, où ils se trouvent principalement dans la vallée de la Queune, dans laquelle on exploite les mines de Noyant, de Fins, etc.; et enfin dans le département de la Creuse. Ils se prolongent aussi par Roanne, Montbrison, Saint-Etienne, Rive-de-Giers ; il se fait une exploitation considérable de houille, qui alimente les nombreuses usines de cette contrée, et en fournit en outre une très-grande quantité au commerce. A partir de Rive-de-Giers, le terrain houiller se continue au pied oriental de la chaîne de montagnes qui forment au loin la droite de la grande vallée du Rhône, et on le suit dans les départements de l'Ardèche, du Gard, de l'Hérault, de l'Aude, jusqu'au pied des Pyrénées; il existe sur cette ligne plusieurs mines exploitées, particulièrement aux environs d'Alais, de Lodève, etc. Il se représente également sur la pente occidentale de la même chaîne, parcourt les départements du Tarn, de l'Aveyron, du Lot, de la Dordogne, et va finir dans le Cantal. Il paraît renfermer encore, dans cette partie, une grande quantité de houille, que l'on grapille çà et là; on y trouve les mines des environs d'Aubin (Aveyron), qui offrent des gîtes très-considérables de combustibles et qui suffiraient seules pour l'approvisionnement de la France, si l'on facilitait le transport par quelques canaux de navigation; plus loin sont les mines des environs de Figeac (Dordogne), etc. On doit voir que ces dépôts entourent partout le groupe de montagnes anciennes qui s'élèvent au centre de la France.

Au delà de ces grands dépôts on trouve un espace immense où il n'existe plus d'indices de terrain houiller : ce n'est plus que dans les départements de Maine-et-Loire, de Loire-Inférieure, qu'il se présente; on y exploite les mines de Saint-Georges-Chatelaison, à peu de distance de Saumur, et de Montrelaix, à 5 lieues au nord de Nantes. Plus loin, on reconnaît encore ce même terrain dans les départements de la Manche

et du Calvados, où l'on exploite surtout les mines de Litry, à 6 lieues de Caen.

Telles sont, en France, la position et l'étendue des terrains houillers : nous avons cru devoir en parler avec quelques détails, parce que ce combustible étant d'une haute importance pour nous, il n'est pas inutile de connaître quelles sont les contrées où l'on peut espérer de ne pas faire des recherches vaines. Nous n'avons pas besoin d'avoir autant de détails sur les pays étrangers; et après avoir mentionné les mines de la Belgique et des provinces prussiennes sur les bords du Rhin, nous nous contenterons d'observer qu'on en retrouve aussi en plusieurs endroits, au Harz, en Saxe, en Bohême, en Autriche, en Hongrie, sur les frontières de Croatie, etc. Toutes ces contrées sont, comparativement, beaucoup moins riches que la France, et il n'y a que l'Angleterre qui puisse être mise en comparaison sous ce rapport; elle possède de très-grandes richesses, qui sont partout exploitées avec une prodigieuse activité. Le Portugal, l'Espagne, l'Italie, renferment très-peu de houille connue; en Suède, il n'en existe que dans la province de Scanie; il paraît qu'il n'en existe pas du tout, ni en Norwége ni en Russie; on en connaît quelques exploitations en Sibérie. La Chine et le Japon paraissent en renfermer une très-grande quantité. On en a découvert à la Nouvelle-Hollande, près de la ville de Sydney; il en existe aussi en Amérique, et particulièrement aux Etats-Unis, etc.

Usages. — La houille est susceptible de beaucoup plus d'applications aux arts et aux usages de la vie que l'anthracite et que tous les autres combustibles minéraux; elle peut suppléer le bois dans presque tous les cas, et elle a sur lui l'avantage de donner à poids égal une chaleur beaucoup plus intense. Les salines, les fonderies de toute espèce, les verreries, les poteries, les fours à chaux, pour lesquels on emploie les qualités inférieures, les savonneries et une multitude d'ateliers de tout genre, en font journellement une consommation prodigieuse dans toutes les contrées où on l'extrait, et dans toutes celles où elle peut arriver à bon compte. Les machines à vapeur, moteur si puissant, et par lequel on remplace ou on supplée si avantageusement les machines hydrauliques et les manéges, doivent en quelque sorte à la houille leur existence, ou tout au moins la propagation de leur emploi.

La houille est aussi employée dans un très-grand nombre de lieux pour le chauffage des appartements, et son usage va sans cesse croissant, à mesure qu'on peut parvenir à déraciner le préjugé qui attribue une influence délétère à la légère odeur bitumineuse qu'elle dégage, et qu'il est d'ailleurs si facile d'empêcher en disposant les foyers convenablement. Lorsqu'on a soin de choisir les houilles qui ne renferment pas de sulfure de fer, l'odeur bitumineuse qui s'exhale pendant la combustion est plutôt saine que nuisible; on lui attribue même des propriétés salutaires aux poitrines faibles, comme à la fumée des résines et des baumes. On croit encore que la fumée de houille arrête la propagation des maladies contagieuses, et on remarque que depuis qu'on a employé ce combustible à Londres, on n'a plus vu paraître les fièvres qui désolaient cette ville.

La faculté que possèdent les bonnes qualités de houille de se fondre en brûlant, en vertu du bitume qu'elle renferme, et de manière que les morceaux se collent les uns aux autres, la fait rechercher par les serruriers, les maréchaux, préférablement à tout autre combustible. Il résulte de cette propriété qu'il se forme au devant des soufflets une petite voûte sous laquelle le fer est chauffé de toutes parts, et peut être placé facilement. On concentre en quelque sorte la chaleur sous cette voûte, en mouillant la surface du combustible, et l'empêchant ainsi de brûler. Mais cette qualité, précieuse pour les petites forges de divers ouvriers, devient fort incommode, parce que les morceaux, en se collant, interceptent le courant d'air, dans les fourneaux dont on se sert pour une multitude d'opérations, comme dans les fourneaux à réverbère, et même assez souvent dans les fourneaux de fusion et de raffinage : aussi préfère-t-on fréquemment les houilles moins bitumineuses, qu'on trouve souvent dans les mêmes lieux que la première.

Pour remédier à ces inconvénients, on carbonise la houille, ce que mal à propos on nomme quelquefois la désoufrer, par une opération semblable à celle par laquelle on réduit le bois en charbon, et qui la débarrasse de tout son bitume. On obtient alors pour résultat une matière purement charbonneuse, solide, celluleuse, d'une teinte grise, avec éclat métallique, qu'on désigne en général sous le nom de *coak* ou *coke*, emprunté aux Anglais. Cette carbonisation de la houille se fait à l'air libre, ou dans les fours, dans les fourneaux fermés. Dans la première méthode, on profite souvent de la chaleur qui se dégage pendant l'opération, pour *griller* des minerais qu'on mélange avec la houille. Lorsqu'on emploie les fourneaux fermés, on peut recueillir une espèce de goudron qui sert avec avantage pour la marine, et dont on peut, par une nouvelle distillation douce, retirer du bitume et de l'huile empyreumatique. Dans quelques cas, on fabrique du *noir de fumée* en même temps que l'on carbonise la houille ; c'est ce qui se pratique aux environs de Sarrebruck, mais le coke qu'on en retire est un peu plus brûlé que dans les autres manières d'opérer.

Enfin c'est par une carbonisation dans des appareils clos que l'on obtient le gaz hydrogène carboné, dont on a imaginé de se servir pour l'éclairage. L'idée première de cette application est due à Lebon, ingénieur français ; elle est aujourd'hui exécutée en grand dans plusieurs pays, et notamment en Angleterre, où plusieurs villes, un grand nombre d'ateliers, sont éclairés de cette manière.

Dictionn. de Chimie.

Elle est aussi exécutée à Paris, dans divers établissements ; mais le bas prix des huiles, joint à la cherté de la houille, a empêché de donner à ce procédé l'extension qu'il a prise en Angleterre. On conçoit que les houilles les plus propres à ce genre de préparation sont celles qui renferment le plus d'hydrogène ; ainsi le cannel-coal d'Angleterre est, de toutes les variétés de houilles examinées, celle qu'il conviendrait le mieux d'employer, si l'on pouvait se la procurer en quantité suffisante.

Le coke obtenu par les divers procédés que nous avons indiqués brûle plus facilement que l'anthracite, auquel il ressemble beaucoup ; mais, il a besoin, pour s'allumer, d'un courant d'air très-fort. Il donne une très-grande chaleur, beaucoup plus que le charbon, et est employé à un grand nombre d'opérations, et surtout pour celles auxquelles le bitume, que la houille brute renferme, peut nuire d'une manière quelconque. Il est aussi employé avec avantage pour les appartements, soit seul, auquel cas il produit un feu agréable et d'une chaleur très-intense ; soit concurremment avec le bois, qu'il soutient pendant la combustion.

On emploie aussi la houille dans les appartements d'une autre manière. On se sert pour cela des parties menues, du poussier de houille, que l'on pétrit avec de la terre, pour en former des *briquettes* des *bûches économiques*, qui sont d'un très-bon usage et aujourd'hui fort employées à Paris. On fait ordinairement pour cela un mélange de différentes espèces de houille, pour avoir un corps qui ne brûle ni trop lentement, ni avec trop de vivacité. On emploie dans ces mélanges les houilles grasses d'Anzin ou de Saint-Etienne, et la houille des mines de Fraisnes, qui est un véritable anthracite.

L'emploi du charbon de terre comme combustible, et dans les travaux métallurgiques, remonte à une assez haute antiquité, puisque Théophraste d'Eressos, qui vivait 315 ans avant Jésus-Christ, nous apprend que de son temps les fondeurs et les forgerons de la Grèce faisaient une grande consommation des *charbons fossiles* qui venaient de la Ligurie et de l'Elide. Suivant Wallis, auteur d'une Histoire du Northumberland, les mines de houille du nord de l'Angleterre furent exploitées par les Romains, alors qu'ils étaient en possession de cette île. C'est sous Henri III, en 1272, que les mines de Newcastle commencèrent à être exploitées d'une manière régulière. En 1306, Edouard IV défendait l'usage de la houille dans la ville de Londres, à cause de l'inconvénient de la fumée. Les mines du pays de Liége furent ouvertes dès le xi° siècle. A Saint-Etienne, l'on possède des documents inédits qui établissent que la houille y était employée dès le xiii° siècle ; mais, pendant longtemps, l'extraction fut faite d'une manière irrégulière et pour les seuls besoins de la population ; le défaut de voies de communication ne permettait pas d'exporter ce précieux combustible.

HOUILLE sèche, maigre ou limoneuse. *Voy.* **Stipite.**

HUILES. — Chevreul a admis que toutes les huiles se composaient de deux huiles, dont l'une est moins fusible et ressemble à du suif, raison pour laquelle ce chimiste lui a donné le nom de *stéarine* (de στέαρ, suif); tandis que l'autre, plus fusible, est liquide à la température ordinaire de l'atmosphère; il appela cette dernière *élaïne* (de ἔλαιον, huile), nom qui fut plus tard changé en *oléine*. Certes il est très-important de distinguer les huiles inégalement fusibles qui composent une huile; mais rien ne prouve que cette dernière ne contienne pas plus de deux huiles. Pour séparer au moins l'huile la moins fusible d'une de celles qui l'est le plus, on a inventé plusieurs méthodes. On expose l'huile à un froid artificiel, en sorte qu'une partie se solidifie et se sépare; ou recueille cette partie sur du papier joseph, et on l'exprime entre des doubles de papier successivement remplacés par d'autres jusqu'à ce que le papier ne devienne plus gras; la partie qui reste est de la stéarine. L'élaïne peut être extraite du papier en faisant bouillir celui-ci avec de l'eau; l'huile vient alors nager à la surface, tandis que le papier imbibé d'eau tombe au fond. D'après un autre procédé, on dissout l'huile dans l'alcool bouillant, et on laisse refroidir la dissolution; la stéarine se précipite alors, tandis que l'élaïne reste avec un peu de stéarine dans la liqueur alcoolique. Evaporée avec précaution, cette liqueur donne une nouvelle quantité de stéarine, et si l'on y verse un peu d'eau et qu'on chasse l'alcool par la chaleur, l'élaïne se sépare aussi; néanmoins chacun de ces corps retient en mélange une petite quantité de l'autre. On obtient aussi de l'élaïne en faisant digérer une huile avec une quantité de soude caustique. égale à la moitié de celle qu'elle exige pour sa saponification; la stéarine est la première transformée en savon, puis une portion de l'élaïne subit le même changement; le résidu est de l'élaïne pure. Mais ce mode de séparation ne réussit qu'avec des huiles fraîches et récemment exprimées. Les propriétés de ces deux principes des huiles grasses varient suivant les huiles d'où on les a extraites, et la différence entre les huiles ne consiste pas, comme on pourrait le croire, en ce qu'elles contiennent des proportions différentes de stéarine et d'élaïne; en outre, ces deux substances isolées, extraites de différentes huiles, ne se liquéfient ni ne se solidifient pas aux mêmes degrés, et la substance, qui est de l'élaïne dans une huile solide à la température ordinaire, pourrait être de la stéarine dans une huile plus fusible.

En vases clos, les huiles se conservent très-longtemps sans subir de changement; mais au contact de l'air elles s'altèrent peu à peu. Certaines huiles s'épaississent et finissent par se dessécher en une substance transparente, jaunâtre et flexible, qui forme d'abord à la surface de l'huile une peau qui ralentit l'action de l'air sur l'huile restante.

Les huiles qui se dessèchent ainsi prennent le nom d'*huiles siccatives*, et servent, en raison de cette propriété, dans la préparation des vernis et des couleurs à l'huile. D'autres huiles ne se dessèchent pas, mais s'épaississent, deviennent moins combustibles et prennent une odeur désagréable; on dit alors qu'elles sont devenues *rances;* dans cet état, elles réagissent comme des acides, et prennent à la gorge quand on les avale. Cela tient à ce qu'il se forme dans l'huile un acide particulier, que l'on peut enlever en majeure partie en faisant bouillir l'huile avec un peu d'hydrate magnésique et de l'eau, pendant un quart d'heure, ou jusqu'à ce que l'huile ait perdu la propriété de rougir le papier de tournesol. L'acide provenant des huiles végétales devenues rances a été peu étudié. Ordinairement on attribue sa formation à des substances étrangères dissoutes dans l'huile.

Pendant que les huiles éprouvent ces changements, elles absorbent peu à peu plusieurs fois leur volume d'oxygène. De Saussure a reconnu qu'une couche d'huile de noix de trois lignes d'épaisseur, placée sur du mercure à l'ombre, dans du gaz oxygène pur, n'en avait absorbé qu'un volume égal au plus à trois fois celui de l'huile, pendant huit mois; mais, dans les dix jours suivants, elle en avait absorbé 60 fois son volume. Cette absorption a diminué successivement et s'est arrêtée au bout de trois mois, époque à laquelle l'huile avait absorbé 145 fois son volume de gaz oxygène. L'absorption la plus rapide commença à s'opérer au mois d'août; d'où l'on peut conclure que l'élévation de température de l'air y a contribué. L'huile n'avait point produit d'eau, mais elle avait dégagé 21,9 volumes de gaz acide carbonique, et elle s'était transformée, d'une manière anormale, en une masse gélatineuse qui ne tachait pas le papier. L'huile de noix est du nombre des huiles siccatives. On doit attribuer à la même cause l'élévation de température produite, lorsque de la laine graissée avec de l'huile d'olive ou de navet reste en tas; circonstance dans laquelle la laine s'est enflammée plus d'une fois, et a, de cette manière, causé la ruine de plusieurs manufactures de drap. Il est probable que l'élévation de température provient de l'absorption rapide de l'oxygène.

Les huiles grasses sont complétement insolubles dans l'eau. Lorsqu'on les agite avec ce liquide, le mélange devient trouble; mais pour peu qu'on le laisse reposer, l'huile se rassemble de nouveau à la surface de l'eau. On a souvent recours à ce moyen pour purifier l'huile, car l'eau s'empare de certaines matières végétales dissoutes ou suspendues dans l'huile. A cet effet, on bat l'huile dans des tonnes ou dans des barattes avec de nouvelles quantités d'eau, jusqu'à ce que celle-ci ne lui enlève plus rien. Après avoir subi ce traitement, l'huile renferme de l'eau, dont on la débarrasse en chauffant doucement le mélange au contact de l'air. Les huiles sont peu solubles dans l'alcool, et beaucoup plus à chaud qu'à froid. Il n'y en a qu'un petit nombre qui, telles que l'huile de ricin, se dissolvent dans l'alcool froid. L'éther, au contraire, est un excellent dissolvant des huiles, et on s'en sert dans l'analyse des matières végétales qui contiennent de l'huile, pour extraire celle-ci, après quoi on l'isole en distillant l'éther.

Les huiles grasses ne sont point volatiles. Elles supportent une température assez élevée avant de se décomposer. La décomposition commence dès que l'huile est arrivée au point d'ébullition; toutefois ce n'est pas l'huile réduite en vapeur qui se volatilise alors, ce sont les produits de sa décomposition. Celle-ci commence de 300° à 320°, et exige, pour continuer, des températures toujours croissantes. Les produits de la décomposition consistent d'abord en vapeur d'eau, puis en une huile volatile qui s'enflamme facilement, en sorte que de l'huile bouillante prend souvent feu; en même temps il se dégage du gaz carbure d'hydrogène et du gaz acide carbonique. Dans l'éclairage à l'huile, la mèche absorbe l'huile, qui y bout; l'huile volatile empyreumatique qui se forme ainsi brûle et produit la flamme à laquelle les gaz combustibles prennent part. L'huile bouillante se couvre d'écume, et quand elle n'est pas contenue en un vase spacieux, elle se répand souvent au dehors. Les produits de la décomposition varient en raison de la température à laquelle l'huile est détruite. Lorsqu'on mêle de l'huile avec du sable, ou qu'on la fait absorber par des morceaux de brique qui viennent d'être rougis au feu, et qu'on l'introduit en cet état dans un vase distillatoire, il ne se produit point d'écume, et l'on peut, sans obstacle, élever la température aussi rapidement qu'on veut; dans ce cas, on obtient une grande quantité d'une huile empyreumatique particulière (l'*oleum lateritium* des pharmaciens).

Les huiles se comportent avec les gaz comme les liquides en général; elles absorbent les gaz et les reçoivent dans leurs pores, d'où ils sont déplacés par d'autres gaz, par l'action de la chaleur ou par le vide; mais comme elles sont moins fluides, l'absorption, de même que le dégagement des gaz, se fait très-lentement. Selon de Saussure, l'huile de noix absorbe, à 18°, une fois et demie son volume de gaz oxyde nitreux et de gaz acide carbonique. Elles absorbent de grandes quantités de gaz oxyde nitrique, deviennent plus épaisses et plus denses. L'huile d'olive absorbe 1,22 fois son volume de gaz oléfiant. Les huiles n'absorbent qu'une petite quantité de gaz arséniure trihydrique; ce gaz les épaissit et leur fait prendre une teinte sombre.

Les huiles pénètrent facilement les corps avec lesquels on les met en contact; mais elles ne les ramollissent pas, comme le fait l'eau. Lorsqu'on veut graisser avec de l'huile du cuir ou d'autres substances analogues, afin de leur conserver de la mollesse et de la flexibilité, il faut d'abord ramollir le cuir devenu dur; à cet effet, on le met tremper dans l'eau, et on le graisse pendant qu'il sèche; l'huile se loge alors dans les pores ouverts par l'eau. L'huile montre beaucoup de tendance à s'introduire dans l'argile, mais cette tendance ne repose pas sur une affinité chimique. On en a profité pour faire disparaître les taches d'huile répandues sur du papier, des vêtements, ou même sur du bois ou des pierres; à cet effet, on recouvre ces taches avec de la terre de pipe, réduite en pâte ferme avec de l'eau ou de l'esprit-de-vin. Pendant la dessiccation, l'argile absorbe l'huile, en sorte qu'il n'en reste pas la moindre trace. On peut même enlever avec de l'argile sèche, mais souvent renouvelée, des taches d'huile sur des objets qui, tels que le papier, ne doivent pas être mouillés. Il est bien entendu que la tache ne doit pas être ancienne; car l'huile altérée n'est pas absorbée par l'argile.

La composition des huiles varie beaucoup moins que celle de plusieurs autres corps d'un même genre. Leur composition atomique n'a pu être déterminée, parce qu'elles ne se combinent pas avec d'autres corps sans se décomposer, de sorte qu'on n'a pas pu calculer leur poids atomique. En outre, il n'est jamais possible de les obtenir dans un état de pureté parfaite. Les chimistes qui ont principalement analysé les huiles grasses sont Gay-Lussac, Thénard et de Saussure; les résultats de leurs expériences se trouvent réunis dans le tableau suivant:

	Carbone.	Hydrog.	Oxygène.	Nitrog.	
Huile de lin	76,04	11,35	12,64	—	Saussure.
Huile de noix.	79,77	10,57	9,12	0,54	—
Huile de ricin.	74,18	11,03	14,79	—	—
Huile d'olive	77,21	13,36	9,43	—	G. L. et Th.
Stéarine de l'huile d'olive.	82,17	11,23	6,30	0,30	Saussure.
Elaïne de l'huile d'olive	76,03	11,54	12,07	0,35	—
L'huile d'amande	77,40	11,48	10,83	0,29	—
Suif de Piney	77,00	12,30	10,70	—	Babington.
Cire blanche..	84,61	13,86	4,53	—	Saussure.
La même	81,79	12,67	5,54	—	G.-L., Th.

On voit, par ce tableau, que les graisses peu fusibles renferment le plus de carbone et le moins d'oxygène, et de Saussure admet, comme un résultat de ses expériences, que les huiles sont d'autant plus solubles dans l'alcool, qu'elles contiennent plus d'oxygène.

Le nombre des huiles grasses végétales est considérable; plusieurs d'entre elles sont employées dans les arts ou en médecine, raison pour laquelle nous allons décrire spécialement les plus importantes. Elles seront rangées en trois divisions, savoir : en huiles siccatives, en huiles non siccatives et en huiles solides.

HUILES SICCATIVES.

L'huile de lin s'extrait de la graine de lin (*linum usitatissimum*), qui en fournit 22 pour 100 de son poids. La meilleure est celle obtenue par l'expression à froid. Elle est d'un jaune clair ; celle exprimée à chaud est d'un jaune brunâtre, et devient facilement rance. Elle a une odeur et une saveur particulières.

L'huile de lin est une des huiles les plus employées. On s'en sert surtout pour préparer des vernis et des couleurs à l'huile. On obtient du vernis en exposant de l'huile de lin, dans un pot vernissé, à une chaleur suffisante pour la faire bouillir pendant 3 à 6 heures. On y ajoute, par 2 litres d'huile, $\frac{1}{2}$ à 1 once de litharge en poudre fine, et $\frac{1}{4}$ d'once de sulfate zincique. L'huile devient d'autant plus siccative et se rembrunit d'autant moins que la chaleur a été plus modérée et plus longtemps soutenue. Par cette opération, l'huile parcourt en peu de temps les changements qu'elle éprouve pendant la dessiccation, en sorte qu'appliquée en couches minces, elle sèche en vingt-quatre heures. Une petite portion de l'oxyde plombique se dissout dans l'huile et peut ainsi contribuer à la dessiccation ; mais la majeure partie de l'oxyde est partiellement réduite et se rassemble au fond du vase, sous forme d'une poudre gris foncé, qu'on sépare du vernis en filtrant celui-ci. Par une ébullition suffisamment prolongée, on peut amener l'huile au point où elle devient presque solide par le refroidissement ; on la rend alors liquide en la dissolvant dans l'huile de térébenthine. C'est encore avec l'huile de lin qu'on prépare l'*encre des imprimeurs*.

Pour la couleur blanche au blanc de plomb, et pour d'autres couleurs claires, on emploie l'huile de lin sans la faire bouillir d'avance avec la litharge. Elle sèche alors plus lentement, mais sans que cela nuise à l'éclat de la couleur.

L'huile de noix s'extrait de la noix, fruit du *juglans regia*. Fraîche, elle est verdâtre, mais avec le temps elle devient d'un jaune pâle. D'après de Saussure, sa pesanteur spécifique est de 0,9283 à 12° ; de 0,9194 à 25° ; de 0,871 à 94°. Elle est sans odeur, et sa saveur est agréable. A — 15°, elle s'épaissit, et à — 27°,5 elle se prend en une masse blanche. Les noix donnent jusqu'à 50 p. 100 d'huile. L'huile de noix est plus siccative que l'huile de lin, et sert pour cette raison dans la peinture fine.

L'huile de chenevis s'extrait du chenevis, graine du *canabis sativa*. A l'état frais, elle est jaune verdâtre, mais elle devient jaune avec le temps. Elle a une odeur désagréable et une saveur fade. Elle se dissout en toutes proportions dans l'alcool bouillant, mais elle exige 30 parties d'alcool froid pour se dissoudre. Elle ne s'épaissit qu'à — 15°, et se

congèle à — 27°,5. Le chenevis donne environ 25 pour 100 d'huile. On l'emploie beaucoup dans l'éclairage ; mais elle a l'inconvénient de se déposer sous forme d'un vernis visqueux, difficile à enlever de dessus les parties extérieures de la lampe avec lesquelles elles est en contact. On a essayé de parer à cet inconvénient en faisant fondre dans l'huile $\frac{1}{8}$ de beurre qui la rend moins siccative. On l'emploie aussi en grande quantité pour préparer du savon vert et du vernis.

L'huile d'œillette s'extrait par expression des graines de pavot (*papaver somniferum*). Elle ressemble à l'huile d'olive par son aspect et sa saveur, et ne participe en rien aux propriétés narcotiques de l'opium. Sa pesanteur spécifique est de 0,9249 à 15°. Elle se solidifie à — 18° ; mais l'huile congelée, amenée à — 2°, ne se liquéfie pas au bout de plusieurs heures. Elle se dissout dans 25 parties d'alcool froid et dans 6 parties d'alcool bouillant. On peut la mêler en toutes proportions avec l'éther. Dans le midi de l'Allemagne et dans le nord de la France, on l'emploie comme aliment.

L'huile de ricin s'obtient par expression des semences du *ricinus communis*. Elle est peu fluide et tantôt jaune, tantôt incolore. Sa pesanteur spécifique est, selon Saussure, de 0,9699 à 12° ; de 0,9575 à 25°, et de 0,9081 à 94°. Elle est inodore, d'une saveur fade. A — 18°, elle se prend en une masse jaune, transparente. Exposée à l'air, elle devient rance, plus visqueuse et plus épaisse, et finit par se dessécher. A 265°, elle commence à se décomposer. Elle peut être mêlée en toutes proportions avec l'alcool et l'éther, et laisse alors déposer les substances étrangères qui y étaient mêlées. Cette solubilité dans l'alcool établit une différence importante entre l'huile de ricin et les autres huiles. D'après Bussy et Lecanu elle donne, pendant la distillation et la saponification, d'autres produits que les autres huiles grasses. Un tiers de l'huile ayant été distillé, il reste une substance particulière, qui est solide à la température ordinaire. Le produit de la distillation est une huile volatile, incolore, qui cristallise pendant le refroidissement, et qui est douée d'une forte odeur ; cette huile est accompagnée de deux acides qui se distinguent par leur âcreté, et par leur propriété de donner, avec la magnésie et l'oxyde plombique, des sels très-solubles dans l'alcool. L'huile de ricin est un excellent purgatif. On avait attribué ses qualités purgatives à une substance âcre contenue dans les semences ; mais Guibourt a fait voir que cette substance âcre était si volatile qu'elle s'échappait à la température nécessaire pour extraire l'huile par expression ou par l'ébullition avec de l'eau, et irritait, en se volatilisant, le nez et les yeux ; tandis que l'huile restante avait une saveur fade et conservait ses propriétés médicales. Des pharmaciens français ont prescrit d'extraire l'huile par l'ébullition avec de l'eau, et non par expression, ou du moins de la faire bouillir avec de l'eau, après l'avoir exprimée, afin qu'elle n'agisse pas trop violemment. Soubeiran a essayé de faire voir que les qualités laxatives de l'huile de ricin provenaient d'une résine âcre, dont il a constaté la présence par le procédé suivant : on traite l'huile avec la quantité d'hydrate potassique exactement nécessaire pour la saponifier ; on précipite la solution de savon par le chlorure calcique, et on dissout le précipité dans l'alcool bouillant. Pendant le refroidissement, il se précipite du savon calcaire. On évapore la liqueur entière, et on traite le résidu par l'éther, qui dissout la résine sans toucher au savon calcaire. Mais Soubeiran n'a pas fait voir jusqu'à quel point la substance dissoute dans l'éther était purgative.

L'*huile de croton*, tirée de la semence de *croton tiglium*, commence à être employée en médecine. On l'obtient, soit par expression, soit en traitant par l'alcool la semence, qui en contient la moitié de son poids. Cette huile est d'un jaune de miel, et de la consistance de l'huile de noix. Elle répand une odeur semblable à celle de la résine de jalap ; sa saveur est âcre et elle produit une forte irritation dans le gosier. L'alcool et l'éther la dissolvent. Elle paraît consister en un mélange d'une huile grasse avec une substance âcre, à laquelle elle doit des propriétés purgatives si violentes, qu'une seule goutte de cette huile est suffisante pour purger fortement. Si l'on épuise les semences par l'éther, on obtient, d'après Nimmo, 60 p. 100 de leur poids d'huile ; l'alcool en dissout ½ qui jouissent des propriétés purgatives, et laisse un tiers dont la saveur est fade. La substance âcre paraît être un acide, que l'on peut isoler en ayant recours à la saponification de cette huile.

Huile de la belladone (atropa bella-donna). —On l'extrait, en Souabe et dans le Wurtemberg, de la graine de cette plante vénéneuse. Elle est limpide, d'un jaune doré, d'une saveur fade et sans odeur ; sa pesanteur spécifique est de 0,9250 à la température de 15°. A. — 16° elle s'épaissit, et à — 27°,5, elle devient solide et d'un blanc jaunâtre. En préparant cette huile dans les moulins à l'huile, il faut prendre quelques précautions ; car les vapeurs qui en émanent étourdissent les ouvriers. Au reste, le principe narcotique de la plante est retenu dans les tourteaux, raison pour laquelle ceux-ci ne peuvent servir de nourriture aux bestiaux, tandis que les tourteaux des autres semences sont employés avantageusement à cet effet. Dans le Wurtemberg, l'huile de belladone est employée à l'éclairage et comme aliment.

Huile de tabac (nicotiana tabacum). — La graine de tabac fournit de 31 à 32 p. 100 de son poids d'huile. Celle-ci est limpide, d'un jaune verdâtre, inodore et fade Sa pesanteur spécifique est de 0,9232 à la température de 15°. Elle conserve sa fluidité à — 15°. Elle ne tient rien de l'âcreté du tabac.

Huile de fleurs de soleil (helianthus annuus). — Les semences de cette plante four-

nissent 15 p. 100 d'une huile limpide, jaune clair ; cette huile a une odeur agréable, une saveur fade ; sa pesanteur spécifique est de 0,9262 à la température de 15°. A — 16° elle se solidifie. On peut l'employer comme aliment, ainsi que dans l'éclairage.

Huile du pinus abies. — Dans la forêt Noire, en Allemagne, on extrait cette huile en grande quantité de la semence épluchée, qui en donne 24 pour 100 de son poids. Elle est limpide, d'un jaune doré, d'une odeur qui rappelle celle de la térébenthine, et d'une saveur résineuse. Sa pesanteur spécifique est de 0,9285 à la température de 15°. Elle est très-fluide et se dessèche rapidement. A — 15° elle s'épaissit, et à — 27°5 elle se solidifie. Elle mérite d'être employée plus généralement dans la préparation des vernis et des couleurs.

Huile du pinus sylvestris. — Elle est d'un jaune brunâtre, d'une odeur et d'une saveur analogues à celles de l'huile précédente. Sa pesanteur spécifique est de 0,9312 à la température de 15°. A — 27° elle commence à se troubler, et à — 30° elle se solidifie. Elle se dessèche tout aussi facilement que l'huile précédente.

Huile de raisin (vitis vinifera). — La graine de raisin donne 10 à 11 p. 100 de son poids d'huile. Elle est d'un jaune clair, mais se rembrunit avec le temps. Sa saveur est fade ; elle n'a point d'odeur. Sa pesanteur spécifique est de 0,9202 à la température de 15°. Elle se solidifie à — 16°. Elle est peu propre à l'éclairage, mais dans quelques localités on l'emploie comme aliment.

HUILES NON SICCATIVES.

Huile d'amande. — On l'extrait des amandes douces et des amandes amères (*amygdalus communis*). Elle est d'un jaune clair, très-fluide, d'une saveur agréable et sans odeur. Sa pesanteur spécifique est de 0,917 à 0,92 à la température de 15°. Refroidie jusqu'à — 10°, elle donne, selon Braconnot, 0,24 de stéarine, qui fond à 6°, et 0,76 d'élaïne, qui ne se congèle pas par le plus grand froid. Schubler assure, au contraire, qu'elle ne devient trouble et blanchâtre qu'à —20°, et qu'elle se solidifie totalement à —25°. Gusserow ne parvint pas à en extraire de la stéarine, et en exprimant les amandes d'abord à la température de — 12°, puis plus fortement à — 4°, et enfin à quelques degrés au-dessus de 0, il obtint toujours la même huile ; d'où il conclut que l'huile d'amande ne contient point de stéarine.

Huile d'olive. — On l'extrait du péricarpe des olives (fruits de l'*olea europœa*). Elle est tantôt d'un jaune verdâtre, tantôt d'un jaune pâle. Selon de Saussure, sa pesanteur spécifique est de 0,9192 à 12° ; de 0,9109 à 25° ; de 0,8932 à 50°, et de 0,8625 à 94°. Déjà à quelques degrés au-dessus de 0, elle commence à déposer des grains blancs de stéarine, et dans l'huile exprimée à chaud, ce dépôt est plus abondant et se forme plus tôt que dans l'huile exprimée à froid. A — 6° l'huile d'olive dépose, 0,28 de stéarine qui est fusible à 20°, et laisse 0,72 d'élaïne. D'après les expériences de Gusserow, la stéarine fond déjà à 10° quand on la maintient assez longtemps à cette température. D'après Kerwyck, on obtient de l'élaïne d'une rare beauté, en mêlant 2 parties d'huile d'olive pure avec 1 partie d'une solution de soude caustique dont la force n'est pas indiquée, et faisant macérer le mélange pendant vingt-quatre heures, en le remuant souvent. On y ajoute ensuite de l'esprit-de-vin faible ou de l'eau-de-vie, pour dissoudre le savon de stéarine, opération pendant laquelle l'élaïne, qui n'est pas encore saponifiée, se sépare et vient nager à la surface du liquide. On la décante et on l'agite de nouveau avec un poids égal d'eau-de-vie. Elle a une légère teinte jaune, dont on la débarrasse en la faisant digérer pendant vingt-quatre heures, à l'aide de la chaleur, avec du charbon animal. En filtrant l'huile on obtient de l'élaïne limpide et incolore, qui ne s'épaissit pas par l'action du plus grand froid, et n'attaque ni le fer ni le cuivre que l'on y introduit.

On trouve dans le commerce trois espèces d'huile d'olive. La meilleure, l'huile vierge, s'obtient par une douce pression à froid. Ensuite on obtient par une plus forte pression, et à l'aide de l'eau bouillante, de l'huile d'olive commune; enfin on se procure une nouvelle qualité d'huile en faisant bouillir le marc d'olives avec de l'eau, opération pendant laquelle l'huile vient se rendre à la surface de l'eau, d'où il est facile de l'enlever. Cette dernière huile sert uniquement à la préparation des savons. On obtient une huile plus mauvaise encore, en laissant fermenter les olives entassées, avant de les exprimer. L'huile d'olive est de toutes les huiles la plus employée, et comme l'olivier est très-délicat et ne croît que dans une petite partie de l'Europe, l'huile qu'il fournit est plus chère que beaucoup d'autres huiles grasses. L'huile d'olive, qui sert d'aliment, est souvent falsifiée avec de l'huile d'œillette, et celle employée dans les arts est sophistiquée avec de l'huile de navette. Il est très-important de pouvoir découvrir ces falsifications. Poutet recommande la méthode suivante pour reconnaître la présence de l'huile de graines : on dissout à froid 6 parties de mercure dans 7 ¼ parties d'acide nitrique d'une densité de 1,35. On mêle 2 parties de cette dissolution avec 96 parties d'huile, et on agite bien le mélange toutes les quinze ou trente minutes : si l'huile est pure, le mélange se prend, dans l'espace de sept heures ; en une bouillie épaisse, et au bout de vingt-quatre heures en une masse solide assez dure pour opposer de la résistance à une baguette de verre qu'on cherche à y enfoncer. D'autres huiles végétales grasses ne jouissent pas de cette propriété, de se combiner avec le nitrate mercureux, et si l'on en a ajouté à l'huile d'olive, celle-ci se prend en bouillie, mais elle ne forme pas une masse dure et résistante. Si la quantité d'huile étrangère s'élève à plus de ¼, cette huile se

sépare de la masse et forme une couche particulière dont l'épaisseur dépend de la quantité d'huile ajoutée, en sorte que si on a mêlé les deux huiles à parties égales, le volume de l'huile séparée est égal à celui de l'huile coagulée. Il convient de faire l'essai à 20°, température à laquelle l'huile et le coagulum se séparent le mieux. Si l'huile d'olive est falsifiée avec de la graisse animale, le mélange se coagule ordinairement en cinq heures ; le coagulum consiste alors en graisse animale, et la majeure partie de l'huile d'olive nage à la surface et peut être décantée. La graisse ainsi coagulée répand, dès qu'on la chauffe, une odeur de suif fondu. Mais cette épreuve présente beaucoup moins de certitude depuis qu'il a été démontré, par Boudet, que l'huile de ricin, et par Lescalier, que l'huile d'œillette et l'huile d'amande se coagulent, comme l'huile d'olive, avec le nitrate mercureux. L'huile de lin et l'huile de noix, au contraire, ne sont pas coagulées par ce sel. Rousseau a proposé une autre méthode pour reconnaître la pureté de l'huile d'olive, qui est fondée sur la propriété de l'huile d'olive, d'être meilleur non-conducteur de l'électricité que les autres huiles végétales. A cet effet, Rousseau a inventé un instrument particulier, qui consiste en une pile galvanique sèche, construite avec des plaques de zinc et de cuivre très-minces, entre lesquelles on place, au lieu d'un conducteur humide, des rondelles de papier trempées dans de l'huile d'œillette. Un des pôles est mis en contact avec la terre, l'autre peut être mis en communication, à l'aide d'un conducteur métallique, avec une aiguille faiblement aimantée et très-mobile. L'aiguille isolée porte à sa pointe une rondelle ; une autre rondelle, de même grandeur, est également fixée par un fil métallique au support de l'aiguille. Le pôle de la pile est mis en communication avec cette dernière rondelle. Pour faire usage de l'instrument, on place l'aiguille de manière qu'en vertu de sa polarité la rondelle qu'elle porte vienne coller contre la rondelle immobile. L'électricité que celle-ci reçoit de la pile se communique aussi à l'autre rondelle, qui par conséquent est repoussée. Maintenant, si une couche d'huile, d'une épaisseur déterminée, interrompt en un point le courant d'électricité qui arrive du pôle, on peut voir jusqu'à quel point l'huile interposée diminue la déviation ; celle-ci n'atteint que lentement son plus haut degré. Moins l'huile est conducteur de l'électricité, plus la déviation est lente, et Rousseau a démontré que l'huile d'olive conduit l'électricité 675 fois moins bien que toute autre huile végétale. Deux gouttes d'huile d'œillette ajoutées à 2 gros d'huile d'olive quadruplent la conductibilité de cette dernière. Mais en faisant cet essai il faut se souvenir que la stéarine de la graisse animale se comporte comme de l'huile d'olive.

L'huile d'olive se conserve mieux et plus longtemps que les autres huiles végétales sans devenir visqueuse ; aussi les horlogers l'emploient-ils, après l'avoir soumise à la purification suivante. On verse l'huile dans une bouteille, on y introduit une lame de plomb, on bouche la bouteille, et on la met à une fenêtre où elle puisse recevoir les rayons du soleil. Peu à peu l'huile se couvre d'une masse caséiforme, qui se dépose en partie au fond, tandis que l'huile perd sa couleur et devient limpide. Dès que le plomb ne détermine plus la formation de cet substance blanche, on décante l'huile devenue limpide et incolore. Ces changements demanderaient un examen scientifique.

L'huile de navette s'extrait des semences des *brassica rapa* et *napus*. Elle est jaune et douée d'une odeur particulière ; à la température de —3°75, elle se prend en une masse jaune, et, d'après Bracounot, elle se compose de 0,46 parties de stéarine, qui se fond à 7°5, et de 0,54 d'élaïne, qui conserve l'odeur de l'huile de navette. La pesanteur spécifique de l'huile extraite du brassica napus est de 0,9128 à 15°, et celle provenant du brassica rapa est de 0,9167. Exposées à la température de 6°, l'une et l'autre de ces huiles déposent des globules blancs de stéarine, et à quelques degrés au-dessous elles se prennent en une masse butyreuse. La graine du brassica napus donne 33 pour cent d'huile ; celle du brassica rapa en fournit beaucoup moins.

Huile de colza. — On donne ce nom à une espèce d'huile de navette, de meilleure qualité, qui s'extrait du *brassica campestris, var. oleifera.* Elle peut très-bien servir à l'éclairage, sans une purification préalable. Sa pesanteur spécifique est de 0,9136 à la température de 15°, et elle se congèle à —6°25. Les graines donnent jusqu'à 39 pour cent d'huile.

Huile de moutarde. — On l'extrait de la graine de moutarde (*sinapis alba* et *nigra*). La graine de moutarde jaune, réduite en pâte, donne 36, celle de moutarde noire 18 pour 100 d'huile. Cette huile est inodore, fade, plus épaisse que l'huile d'olive, d'un jaune de succin ; à la température de 15°, la densité de l'huile extraite de la graine de moutarde noire est de 0,9170 ; tandis que celle provenant de la graine de moutarde jaune n'est que de 0,9142 ; elle se congèle au-dessous de 0. Elle se dissout dans 4 parties d'éther et dans 1000 parties d'alcool de 0,833. L'alcool enlève à la graine de moutarde, entre autres substances, dont il sera question plus tard, une graisse particulière ; en évaporant convenablement la solution alcoolique, cette graisse se dépose en cristaux lamelleux, blancs, doués de l'éclat nacré, qui fondent à 120° et cristallisent par le refroidissement. Cette graisse ne forme point de savon avec les alcalis caustiques ; l'acide nitrique l'attaque difficilement et la transforme, sans donner naissance à de l'acide oxalique, en une matière jaune et résineuse, qui devient rouge cinabre quand on la traite par la potasse. L'huile de moutarde donne facilement un savon très-solide. Cette huile commence

à être employée aux mêmes usages que l'huile de navette.

L'huile des noyaux de prune (*prunus domestica*) se prépare surtout dans le Wurtemberg. Les noyaux débarrassés des coquilles donnent 33 pour 100 d'huile. Elle est limpide, d'un jaune brunâtre, et d'une saveur analogue à celle des amandes. A la température de 15° ; sa pesanteur spécifique est de 0,9127 ; elle se congèle à — 9°. Elle devient facilement rance. C'est une des meilleures huiles d'éclairage. Dans le Wurtemberg on extrait aussi de l'huile des noyaux de cerises.

L'huile de faîne s'extrait par expression des graines du *fagus silvatica*, qui donnent tout au plus 12 pour cent d'une huile limpide ; et 5 pour 100 d'une huile trouble. L'huile de faîne est jaune clair, inodore, fade, et très-consistante. A la température de 15° ; sa densité est de 0,9225. A — 17°,5, elle se congèle en une masse blanc jaunâtre.

Huile de noisette. — On l'extrait de l'amande du *corylus avellana*, qui en fournit 60 pour 100. Elle est limpide, jaune clair, inodore, et d'une saveur douce et agréable. Sa pesanteur spécifique est de 0,9242 à la température de 15° ; à — 19° elle se congèle.

Huile ou beurre de cacao. — On l'extrait des semences du *theobroma cacao*, soit par expression à chaud, soit par l'ébullition avec de l'eau. Le premier mode d'extraction est préférable au second. L'huile de cacao est jaunâtre, mais en la faisant fondre et l'agitant dans l'eau chaude, on parvient à l'avoir presque incolore. Elle a la même odeur que les semences, une saveur de chocolat douce et agréable, et la consistance du suif. Sa pesanteur spécifique est de 0,91 ; elle entre en fusion à 50°. L'huile de cacao se distingue par sa stabilité ; on en a conservé pendant 17 ans, sans qu'elle soit devenue rance. Aussi s'en sert-on en pharmacie pour préparer des onguents qui ne doivent pas devenir rances.

Huile de palmier. — Elle s'extrait, d'après les uns, du fruit du *cocos butyracea* ; d'après les autres, du fruit de l'*avoïra elais*. Elle est butyreuse et d'un jaune orangé ; elle répand une odeur de violettes. Elle fond à 37°5. On prétend qu'elle est composée de 0,31 de stéarine et 0,69 d'élaïne. Elle devient facilement rance, et blanchit en même temps. Elle est peu soluble dans l'alcool anhydre ; qu'elle colore en jaune ; la dissolution dans l'éther est orange. On s'en sert pour faire du savon, parce qu'elle est assez bon marché, et qu'elle fournit un savon dur.

Le *suif de piney* s'obtient en faisant bouillir avec de l'eau le fruit du *vateria indica*, qui croît dans le Malabar. Il est blanc, gras au toucher, d'une odeur agréable ; il est difficile de le couper avec du fil métallique fin. Il fond de 35° à 36°. Sa pesanteur spécifique est de 0,926 à 15°, et de 0,8965 à 35°. L'alcool de 0,82 en extrait 0,02 d'élaïne douée d'une odeur agréable, plus une matière colorante jaune.

Huile ou *beurre de noix muscade.* — Cette huile ressemble à du suif, et s'extrait des noix du *myristica officinalis.* C'est en Hollande qu'on la prépare ordinairement, et qu'on la verse dans le commerce sous forme de gâteaux quadrilatères aplatis. Elle consiste en un mélange d'une huile incolore, semblable au suif, d'une huile grasse, butyreuse, jaune, et d'une huile volatile, odoriférante. 16 onces de beurre de noix de muscades sont composées, d'après Schrader, de 7 onces d'huile semblable au suif, de 8 ½ onces d'huile jaune, butyreuse, et de ¼ d'once d'huile volatile. Ce beurre est décomposé par l'alcool et l'éther froid, qui dissolvent ces deux dernières huiles, et laissent le suif, qui conserve néanmoins l'odeur de muscade. Pour séparer l'huile volatile de l'huile jaune qui reste après l'évaporation de l'alcool, on mêle cette dernière avec de l'eau, et on fait distiller l'huile volatile. Par l'ébullition avec 4 fois son poids d'alcool ou d'éther, le beurre de noix muscade se dissout complétement, et pendant le refroidissement le suif se dépose. Le beurre de noix muscade n'est employé qu'en médecine, et presque toujours à l'extérieur. On l'imite très-souvent en faisant digérer de la graisse animale fondue avec des noix muscades en poudre, colorant la graisse avec un peu de rocou et l'exprimant. Mais cette fraude est facile à découvrir; car un pareil mélange ne se dissout pas dans 4 fois son poids d'alcool bouillant. Sous la coquille des noix muscades on trouve un tissu particulier, appelé *macis.* Ce tissu renferme, outre une huile essentielle que l'on peut en extraire par la distillation avec de l'eau, deux huiles grasses dont l'une peut être extraite par l'alcool.

On trouve dans la noix muscade jusqu'à quatre huiles solides, savoir : une huile incolore, semblable à du suif ; une huile jaune butyreuse, soluble dans l'alcool bouillant ; une huile jaune butyreuse, insoluble dans l'alcool bouillant ; et une huile rouge, soluble en toutes proportions dans l'alcool.

L'*huile de laurier* s'extrait par expression des baies fraîches du laurier (fruit du *laurus nobilis*). Cette huile est verte, d'une consistance butyreuse et légèrement grenue. Elle contient en mélange une huile volatile qui lui donne une odeur particulière, désagréable. Elle entre en fusion à la chaleur de la main. L'alcool en extrait l'huile volatile et la couleur verte, et laisse une huile incolore semblable au suif. L'huile de laurier n'est employée qu'en médecine à l'extérieur ; on l'imite quelquefois en faisant fondre de la graisse animale, ordinairement du beurre, avec des baies de lauriers, en y ajoutant une certaine quantité d'une autre graisse, colorée en vert par la fusion avec des feuilles de sabine, et mêlée avec un peu d'huile volatile de *melissa calamintha*. On reconnaît cette

fraude, en ce que l'huile imitée n'est pas grenue, et en ce que son poids est peu diminué par un traitement avec 5 à 6 fois son poids d'alcool froid.

HUILE DOUCE DE VIN. *Voy.* ÉTHERS.

HUILE EMPYREUMATIQUE ANIMALE (*huile animale de Dippel, huile de corne de cerf des anciens chimistes*). — On donne ce nom à une huile épaisse, brune, d'une odeur fétide, qui se forme pendant la distillation de toutes les matières animales azotées. Son odeur est forte et pénétrante, sa saveur âcre et brûlante. D'après un chimiste allemand, Unverdorben, elle contiendrait quatre bases salifiables, huileuses, volatiles, qu'il a isolées et désignées sous les noms d'*odorine*, d'*animine*, d'*olanine* et d'*ammoline*. Le nom de cette dernière est formé des premières syllabes *ammoniaque* et *oléane*.

HUILE DE TARTRE. *Voy.* POTASSE, *carbonate.*

HUILE DE VITRIOL. *Voy.* SULFURIQUE (acide).

HUILE DE BALEINE. — On extrait de plusieurs animaux marins et de certains poissons des matières grasses liquides, qui sont aujourd'hui très-employées dans les arts. Les cétacés, tels que les baleines, les cachalots, les dauphins, les marsouins, les phoques, en fournissent une grande quantité que l'on extrait du lard épais qui se trouve sous la peau de ces animaux. Ce lard, coupé par morceaux, est jeté dans de grandes chaudières avec une quantité d'eau suffisante pour l'empêcher de brûler : l'huile qui se sépare des lardons frits par une cuisson de trois heures, est coulée sur des châssis et un treillage ; elle est reçue dans de grands baquets remplis d'eau, où elle se dépure. On la verse successivement sur plusieurs eaux, pour la purifier de plus en plus. Une seule baleine a fourni quelquefois jusqu'à 50,000 kilogrammes de lard, qui donnent 40 et jusqu'à 100 tonneaux d'huile.

L'huile de baleine non épurée est de couleur orange, trouble, d'une odeur infecte. On l'épure au moyen de l'acide sulfurique, mais ce procédé ne réussit pas aussi bien que pour les huiles de graines. Le problème de la décoloration et de la désinfection de l'huile de baleine a beaucoup occupé et occupe encore beaucoup les chimistes et les industriels ; mais jusqu'ici on n'a pu le résoudre complétement. M. Preisser et M. Girardin ont publié, en 1841, un mémoire sur cette importante question. De toutes les expériences nombreuses qu'ils ont faites, il ressort cette triste vérité que, jusqu'ici, on ne connaît aucun moyen efficace d'enlever à ces huiles leur odeur si forte et si désagréable, malgré toutes les assertions contraires publiées par les journaux et recueils scientifiques. Ce qu'il y a de mieux à faire, au moins quant à présent, c'est de soumettre ces huiles soit à l'action d'une lessive caustique froide, soit à l'action successive de la craie, de la vapeur d'eau et de l'acide sulfurique ; de laisser reposer et de filtrer à plusieurs reprises sur du charbon animal.

Par là, on obtient une huile claire, presque incolore et d'une odeur moins repoussante ; mais quant à l'avoir inodore, il faut y renoncer. Les épurateurs qui se vantent de livrer au commerce de l'huile complétement désinfectée se font illusion ou trompent sciemment le public. Les huiles de poisson qu'on vend comme désinfectées ne sont autre chose que des mélanges d'huile animale et d'huile de graines, dans lesquels ces dernières entrent au moins pour la moitié ou les trois quarts.

HUILES VOLATILES ESSENTIELLES. — Les huiles volatiles se rencontrent dans toutes les plantes odoriférantes, et c'est en se volatilisant qu'elles répandent la bonne odeur propre à ces plantes. On en trouve dans toutes les parties des végétaux ; mais chez les uns, l'huile volatile réside dans une partie de la plante ; chez les autres, dans une autre. Certaines plantes, telles que le thym et les labiées odoriférantes, contiennent de l'huile volatile dans toutes leurs parties ; chez d'autres, elles se trouve dans les corolles, ou dans la semence, ou dans les feuilles, ou dans la racine, ou dans l'écorce. Quelquefois il arrive que différentes parties de la même plante contiennent des huiles différentes : ainsi l'oranger fournit trois huiles différentes, dont l'une réside dans les fleurs, l'autre dans les feuilles, la troisième dans le zeste ou épiderme des fruits. La quantité d'huile volatile que fournissent les plantes varie, non-seulement avec l'espèce, mais aussi pour la même espèce, en raison du terrain, et surtout du climat, attendu que dans les pays chauds les huiles volatiles se développent en plus grande quantité que dans les climats tempérés ou froids. Dans plusieurs plantes, l'huile volatile est contenue dans des vaisseaux particuliers, qui la tiennent si bien enfermée, qu'on peut dessécher les plantes, sans que l'huile se volatilise, et qu'on peut les conserver pendant des années entières, sans que l'huile soit détruite sous l'influence de l'air. Dans d'autres epèces, et particulièrement dans les fleurs, elle se forme continuellement à la surface même, et se volatilise à l'instant de la formation.

Les huiles volatiles s'extraient ordinairement par distillation. A cet effet, on introduit la plante dans un appareil distillatoire, on verse dessus de l'eau, et on distille celle-ci ; l'huile passe alors en même temps que l'eau. Presque toutes les huiles volatiles employées en médecine sont extraites, par distillation, de plantes desséchées ; d'autres, telles que les huiles de rose et de fleur d'orange, se retirent des fleurs fraîches ou salées.

Il est un petit nombre d'huiles qu'on peut extraire, par expression, des substances qui les renferment ; dans ce cas sont les huiles de citron et de bergamotte, qui se trouvent dans la pellicule extérieure et jaune des fruits mûrs des *citrus aurantium* et *medica*, c'est-à-dire des oranges et des citrons. L'huile s'écoule alors de l'écorce, en même temps que le suc, et vient nager sur la surface.

Pour extraire l'huile des fleurs odoriférantes qui n'ont pas de vaisseaux particuliers pour l'huile, et à la surface desquels cette dernière se vaporise de suite, telles que les violettes, le jasmin, la hyacinthe et la tubéreuse, on a recours à un autre procédé : on fait des lits alternatifs de fleurs fraîches et de coton ouaté, préalablement trempé dans une huile grasse, pure et inodore, ou de morceaux de drap trempés dans une huile semblable ; et dès que les fleurs ont abandonné toute leur huile volatile, qui est absorbée par l'huile fixe dont le coton ou le drap est imbibé, on les remplace par d'autres, et on continue ainsi jusqu'à ce que l'huile fixe soit saturée. Ensuite on distille le coton ou le drap avec de l'eau, et on obtient ainsi l'huile volatile. Mais comme ces huiles ne servent que pour parfumer, on emploie ordinairement l'huile grasse qui en est saturée, ou on extrait l'huile volatile au moyen de l'alcool.

Pour extraire l'huile de certaines fleurs douées d'une forte odeur, telles que les lis blancs, il suffit de les faire macérer avec de l'huile grasse.

Les huiles essentielles diffèrent beaucoup les unes des autres, par leurs propriétés physiques. La plupart d'entre elles sont jaunes, d'autres incolores, rouges ou brunes ; d'autres vertes, d'autres peu nombreuses sont bleues. Elles ont une odeur forte, plus ou moins agréable, qui, immédiatement après la distillation, a quelque chose de peu suave, provenant de la distillation et disparaissant avec le temps. En général, ces huiles n'ont pas une odeur aussi agréable que la plante fraîche. Leur saveur est âcre, irritante et échauffante, ou seulement aromatique quand elle est fortement affaiblie par le mélange avec d'autres corps. Elles ne sont pas glissantes au toucher comme les huiles grasses, elles rendent au contraire la peau rude. Elles sont presque toutes plus légères que l'eau, quelques-unes seulement tombent au fond de ce liquide ; leur pesanteur spécifique se trouve dans les limites de 0,847 à 1,096, nombres dont le premier indique la densité de l'huile de citron et le second celle de l'huile de sassafras. Quoiqu'on les appelle huiles volatiles, elles ont cependant moins de tension que l'eau. Leur point d'ébullition varie, mais s'élève ordinairement à 160° ; quelques-unes exigent même une température plus élevée, et on a remarqué que les vapeurs d'huile volatile ramènent quelquefois au bleu le papier de tournesol rougi, sans qu'elles contiennent de l'ammoniaque. Distillées seules, les huiles volatiles se décomposent presque toujours en partie ; et les produits gazeux provenant de la portion décomposée entraînent la partie non décomposée. Lorsqu'on mêle une huile volatile avec de l'argile ou du sable, et qu'on la distille, la majeure partie de l'huile est décomposée ; et lorsqu'on fait passer les vapeurs d'huile à travers un tube chauffé jusqu'au rouge, on obtient des gaz combustibles, et il se dépose dans le tube un charbon poreux et brillant. En revanche, elles distillent facilement avec l'eau, parce que la vapeur aqueuse qui se forme continuellement à la surface de l'eau bouillante entraîne avec elle la vapeur d'huile, qui se produit en vertu de la tension que possède cette huile à la température de 100°. A l'air libre, les huiles volatiles brûlent avec une flamme très-luisante, qui abandonne beaucoup de fuliginosités. Le point de congélation des huiles essentielles varie beaucoup : quelques-unes ne se solidifient qu'au-dessous de 0, d'autres à 0, et il en est qui sont solides à la température ordinaire de l'air. Elles se comportent, sous ce rapport, comme les huiles grasses, et il est probable qu'elles sont, comme ces dernières, des mélanges de plusieurs huiles dont le point de congélation varie; car en les refroidissant on parvient à extraire de quelques-unes une huile solide à la température ordinaire, et une autre qui reste liquide à des températures plus basses. Nous pouvons donc distinguer ces deux huiles par des noms analogues à ceux qui servent à désigner les huiles grasses, et appeler l'huile concrète *stéaroptène*, et l'huile liquide *éléoptène* (de πτηνόν, volatil; στέαρ, suif; et Ἔλαιον, huile). On sépare ces deux corps en comprimant l'huile refroidie et solidifiée entre des doubles de papier gris; le stéaroptène reste sur le papier, et l'éléoptène s'obtient en distillant le papier avec de l'eau. Quelques huiles laissent déposer un stéaroptène quand on les conserve pendant longtemps; mais on ne sait pas avec certitude s'il y existait ou s'il s'est formé pendant ce temps.

Exposées au contact de l'air, les huiles volatiles changent de couleur, deviennent plus foncées et absorbent peu à peu de l'oxygène. Cette absorption commence à avoir lieu dès qu'elles ont été extraites de la plante qui les renferme; elle est d'abord plus forte, et diminue ensuite sensiblement. La lumière contribue beaucoup à cette réaction, pendant laquelle l'huile dégage un peu d'acide carbonique, mais en proportion bien inférieure à celle de l'oxygène absorbé; il ne se forme point d'eau. L'huile devient de plus en plus épaisse, perd son odeur, et se transforme en une résine qui finit par durcir. De Saussure a reconnu que l'huile de lavande récemment distillée avait absorbé, dans l'espace de quatre mois d'hiver, et à une température inférieure de 12°, 52 fois son volume de gaz oxygène, et dégagé 2 fois son volume de gaz acide carbonique; cependant elle ne s'était pas complétement saturée de gaz oxygène. Le stéaroptène de l'huile d'anis a absorbé, à la température à laquelle elle est liquide, et dans l'espace de deux ans, 156 fois son volume de gaz oxygène, et dégagé 26 fois son volume de gaz acide carbonique Une huile qui a commencé à subir une pareille oxydation se compose d'une résine dissoute dans l'huile non altérée, que l'on peut séparer de la résine en la distillant avec de l'eau. Pour conserver les huiles volatiles sans altération, il faut les tenir à l'obscurité, dans de petits flacons bouchés à l'émeri et remplis d'huile. Si, au contraire, on les conserve dans de grands flacons qui ne sont pas pleins, et que l'on ouvre souvent, elles sont bientôt altérées.

Les huiles volatiles sont très-employées en médecine comme excitants, pour préparer les eaux odoriférantes, des pommades et des savons parfumés, etc. On les emploie aussi pour enlever les taches de graisse et de couleur à l'huile de dessus les vêtements et différentes étoffes. On s'en sert pour étendre les vernis gras qu'on emploie en peinture ; et à cet effet on prend celles qui sont les moins chères, savoir, les huiles d'aspic et de térébenthine. Dans le commerce, elles sont souvent falsifiées ; les matières avec lesquelles on les mêle le plus ordinairement sont les suivantes :

Huiles grasses, résines, baume de copahu, dissous dans l'huile volatile. On découvre cette fraude en mettant une goutte d'huile sur du papier, et l'exposant à une douce chaleur. L'huile volatile pure se vaporise sans laisser de résidu, tandis que celle qui est mêlée avec une de ces substances laisse sur le papier une tache translucide. Si c'est avec de l'huile grasse que l'huile volatile a été falsifiée, cette huile reste sans se dissoudre, quand on agite l'huile frelatée avec trois fois son volume d'esprit-de-vin de 0,84. Le baume de copahu peut être découvert de la même manière ; car il en reste une portion sans se dissoudre dans l'esprit-de-vin. La résine, qu'elle ait été produite par l'altération de l'huile ou ajoutée à dessein, est mise à nu par la distillation de l'huile avec de l'eau.

L'huile est mêlée avec de l'esprit-de-vin. Pour reconnaître cette fraude, on agite l'huile avec de l'eau dans un vase gradué. La liqueur devient laiteuse, et l'huile occupe, quand elle s'est enfin séparée, un volume moindre, l'eau un volume plus grand qu'auparavant.

Les huiles chères sont mêlées avec des huiles d'une moindre valeur. Il est difficile de découvrir cette fraude autrement qu'à l'odeur et à la saveur.

§ Ier. — *Huiles volatiles non oxygénées.*

Huile de térébenthine (essence de térébenthine). — On l'extrait de plusieurs espèces de térébenthine, qui est une sorte de résine liquide provenant de différentes espèces du genre *pinus*. Pour l'obtenir, on distille ces résines avec de l'eau. L'huile de térébenthine est de toutes les huiles volatiles la moins chère, et conséquemment la plus employée. Telle qu'on la rencontre dans le commerce, elle contient plus ou moins de résine formée par l'action de l'air; et pour l'avoir pure, il faut la *rectifier*, c'est-à-dire la distiller avec de l'eau.

L'huile de térébenthine est un produit qu'on rencontre partout dans le commerce. La fragilité des vases de verre, et la facilité avec laquelle l'huile qui s'en écoule prend feu, sont cause qu'on n'aime pas à la conserver dans des bouteilles d'une grande capacité. Ordinairement on la conserve dans des vases en bois, qui ont cependant l'inconvénient de se dessécher facilement et de laisser suinter l'huile. Pour cette raison, on met les vases qui la renferment dans d'autres vases en bois, et on remplit avec de l'eau l'espace qui sépare les deux vases. L'huile de térébenthine est employée en peinture, ainsi que nous l'avons déjà dit, pour étendre les vernis à l'huile. On s'en sert aussi pour dissoudre le copal, lorsqu'on veut avoir du vernis de copal clair, et, en général, pour préparer les vernis à l'essence de térébenthine. En médecine, on l'emploie, entre autres, à l'intérieur, comme un excellent moyen contre le ver solitaire.

En Suède, on a préparé une espèce d'huile de térébenthine à l'aide de la résine des pins et des sapins, qui a été versée dans le commerce sous le nom d'essence de térébenthine (*oleum pini*). Elle ressemble, sous tous les rapports, à l'huile de térébenthine, et n'en diffère que par son odeur, qui est si désagréable qu'on ne pourrait pas l'employer généralement à la préparation des couleurs à l'huile, raison pour laquelle on a cessé d'en préparer.

Huile de citron. — On l'extrait par pression de la partie jaune de l'écorce de citron.

L'huile de citron est employée comme parfum, et ne sert que rarement en médecine.

Huile de bergamotte. — On l'extrait par la pression du zeste de la bergamotte (fruit mûr du *citrus bergamium* et *aurantium*). Son odeur est analogue à celle des orangers; elle est limpide, jaunâtre, fluide.

§ II. — *Huiles oxygénées aromatiques.*

Huile d'anis. — Elle s'extrait des semences d'anis (*pimpinella anisum*). Elle est incolore ou faiblement jaunâtre, d'une couleur et d'une saveur d'anis.

On assure que l'huile d'anis du commerce est quelquefois falsifiée avec de l'huile d'olive dans laquelle on a fait fondre un peu de blanc de baleine.

La semence de badiane (*illicium anisatum*) et ses capsules fournissent par la distillation une huile qui a une saveur et une couleur analogues à celles de l'huile d'anis.

Huile de cajeput. — On la prépare dans les Moluques en distillant les feuilles sèches du *melaleuca leucadendron*. Le nom de cajeput signifie, dans le langage du pays, arbre blanc. Cette huile est verte; elle a une saveur brûlante et une forte odeur de camphre, de térébenthine et de sabine. L'huile de cajeput est quelquefois falsifiée avec de l'huile de térébenthine, de romarin ou de sabine, dans laquelle on dissout du camphre et de la résine de l'*achillea millefolium*, qui la colore en vert. L'huile de cajeput est employée en médecine.

Huile d'aneth. — Elle s'extrait de l'*anethum graveolens*. Elle est jaune pâle, d'une odeur pénétrante analogue à celle de l'aneth,

d'une saveur douceâtre et brûlante. Sa dissolution saturée dans l'eau est connue en pharmacie sous le nom d'*eau d'aneth.*

Huile de genièvre. — On l'obtient en distillant avec de l'eau les baies de genièvre pilées. L'huile contenue dans les baies se trouve dans de petits réservoirs, qu'il faut ouvrir pour que l'huile puisse se vaporiser. L'huile de genièvre est limpide et incolore, ou quelquefois d'un jaune verdâtre. Sa pesanteur spécifique est de 0,911. Elle a l'odeur et la saveur du genièvre. L'eau n'en dissout qu'une très-petite quantité; elle n'est pas beaucoup plus soluble dans l'alcool. L'eau-de-vie à laquelle on a ajouté une petite quantité de cette huile, forme le *genièvre* ou *gin* des Anglais. L'huile de genièvre est employée en médecine, et regardée comme un excellent diurétique; de même que l'huile de térébenthine, elle communique à l'urine une odeur de violettes. L'huile de genièvre qu'on rencontre dans le commerce est souvent mêlée avec de l'huile de térébenthine, que l'on introduit avec les baies dans l'alambic. Cette fraude peut être découverte par la pesanteur spécifique de l'huile, qui est beaucoup moindre quand elle contient de l'huile de térébenthine.

Huile de fenouil. — On l'extrait de la semence de l'*anethum fœniculum.* Elle est incolore ou jaunâtre; son odeur et sa saveur sont analogues à celles du fenouil. L'huile de fenouil et sa dissolution aqueuse sont employées en médecine. En Angleterre, on se sert fréquemment de l'huile de fenouil pour parfumer les savons.

Huile de sureau. — Elle s'extrait des fleurs de sureau (*sambucus nigra*). Elle a la consistance du beurre; sa dissolution aqueuse, connue sous le nom d'*eau de sureau*, est employée en médecine.

Huile d'hyssope. — On l'extrait de l'*hyssopus officinalis.* Elle est jaune et devient rouge avec le temps. Sa saveur est âcre et analogue à celle du camphre. Sa dissolution aqueuse constitue l'*eau d'hyssope* employée en médecine.

Huile de roseau aromatique. — Elle existe dans la racine de l'*acorus calamus*; elle est jaune, finit par devenir rouge, et a la même saveur et la même odeur que cette racine.

Huile de camomille. — Elle s'extrait des fleurs de camomille (*matricaria chamomilla*). Elle est d'un bleu foncé, presque opaque et épaisse; son odeur est analogue à celle des camomilles et sa saveur aromatique.

On obtient d'autres huiles bleues, qui ont beaucoup d'analogie avec l'huile de camomille, en distillant les plantes suivantes : la camomille romaine (*anthemis nobilis*), les fleurs de l'arnique de montagne (*arnica montana*), celles de la mille-feuille (*achillea millefolium*; cette dernière demande un sol gras, sans quoi elle fournit une huile verte.

Huile de cannelle. — Elle s'extrait de la cannelle (écorce du *laurus cinnamomum*). C'est à Ceylan qu'on la prépare, en employant pour cela des fragments de cannelle impropres à être versés dans le commerce.

L'huile de cannelle est fréquemment employée en médecine, soit seule, soit en mélange avec de l'esprit-de-vin, de l'eau et du sucre (*aqua cinnamomi*). Comme elle est d'un prix élevé, on la falsifie souvent avec une huile qu'on extrait par la distillation des boutons de fleurs du cannellier. Cette huile a beaucoup d'analogie avec celle de l'écorce, sous le rapport de la couleur, de l'odeur, de la saveur et de la pesanteur spécifique; cependant sa saveur est moins agréable, et son odeur tient de celle du storax.

Huile de menthe crépue, extraite du *mentha crispa*. — Récemment préparée, elle est d'un jaune pâle ; mais avec le temps elle devient plus foncée et d'un rouge jaunâtre. Elle a l'odeur et la saveur de la menthe. Sa pesanteur spécifique est de 0,975. Exposée à un froid considérable, elle se fige quand on l'agite. On l'emploie en médecine

Huile de carvi, extraite de la semence du *carum carvi*.—Elle est jaune pâle, et a l'odeur et la saveur du cumin. Les graines du *cuminum cyminum* fournissent une huile dont l'odeur est analogue à la précédente, quoique moins agréable. Cette huile, connue sous le nom d'*huile de cumin*, est jaune pâle, très-fluide, d'une saveur plus brûlante que la précédente. L'huile de carvi est employée en médecine, elle entre aussi dans la composition de l'eau-de-vie de cumin.

Huile de lavande. — On l'extrait de la lavande (*lavandula spica*). Elle est jaune et très-fluide, sent la lavande, et a une saveur brûlante. Cette huile est surtout employée dans la parfumerie, et sa dissolution alcoolique, connue sous le nom d'*eau de lavande*, est une des eaux odoriférantes les plus employées.

On trouve dans le commerce, sous le nom d'*huile d'aspic*, une espèce d'huile de lavande qui s'extrait par distillation d'une variété non cultivée de *lavandula spica*, qui a des feuilles plus larges, raison pour laquelle on l'appelle *latifolia*. C'est dans l'Europe méridionale qu'on prépare cette huile. Son odeur de lavande est moins prononcée que celle de l'huile ordinaire, et tient un peu de celle de l'huile de térébenthine, avec laquelle on la falsifie souvent. Elle est si bon marché, qu'on s'en sert souvent en place d'huile de térébenthine.

Huile de girofle. — Elle s'extrait des clous de girofle, qui sont les boutons des fleurs du *caryophyllus aromaticus*. Elle est incolore ou jaunâtre, a une forte odeur de clous de girofle et une saveur brûlante. C'est une des huiles les moins volatiles et les plus difficiles à distiller.

L'huile de girofle qu'on rencontre dans le commerce est brune et d'une saveur brûlante insupportable ; elle n'est pas pure, et contient en mélange de la teinture d'œillet, dont la résine âcre se trouve ainsi introduite dans l'huile. Quelquefois on la falsifie aussi avec d'autres huiles. On l'emploie en médecine, et comme remède populaire contre les maux de dents.

Huile de fleur d'oranger ou *néroli*. — Elle s'extrait des fleurs d'oranger fraîches (*citrus aurantium*). Récemment préparée, elle est jaune, exposée pendant deux heures aux rayons du soleil, ou pendant plus longtemps à la lumière diffuse, elle devient d'un rouge jaunâtre. Elle est très-fluide, plus légère que l'eau et d'une odeur très-agréable. La dissolution aqueuse, connue sous le nom de fleurs d'oranger, est employée comme substance aromatique. On l'obtient, soit en dissolvant l'huile dans l'eau, soit en distillant des fleurs fraîches ou salées avec de l'eau.

Huile de menthe poivrée, extraite du *mentha piperita*. — Elle est jaunâtre et douée d'une saveur brûlante, camphrée, beaucoup plus âcre que celle de l'huile de menthe crépue. L'huile de menthe poivrée, et surtout sa dissolution aqueuse dans l'eau (eau de menthe poivrée) sont employées en médecine. Cette dissolution se distingue par la sensation agréable de fraîcheur qu'elle excite dans la bouche.

Huile de rose (*attar*, *otto*), extraite par distillation des pétales des *rosa centifolia* et *sempervivens*. — Les roses indigènes en fournissent de si petites quantités que les frais ne sont pas payés par l'huile qu'on obtient. On assure que dans les Indes orientales on se procure de l'huile de rose, en plaçant les feuilles de roses par couches alternatives avec la graine d'une espèce de digitale, appelée *gengeli*, et très-riche en huile grasse, dans des cruches qu'on laisse ensuite pendant quelques jours dans un endroit frais. L'huile contenue dans la graine absorbe alors l'huile de rose. Si l'on répète ce traitement en employant la même graine et de nouvelles quantités de roses, la graine finit par être gonflée, soit par le suc aqueux, soit par l'huile volatile des roses; c'est alors qu'on les exprime. La liqueur trouble, ainsi obtenue, est abandonnée au repos dans des vases bien bouchés, où elle se clarifie. La couche d'huile qui nage à la surface est décantée à l'aide d'une mèche de coton : c'est une huile grasse, saturée d'huile de rose, d'où cette dernière peut être extraite par la distillation avec de l'eau.

L'huile de rose est incolore et jouit d'une odeur de rose qui n'est agréable qu'autant qu'elle est très-étendue, mais qui, quand elle est concentrée comme celle de l'huile pure, est désagréable à cause des maux de tête et des vertiges.

L'huile de rose est employée comme parfum. Les pharmaciens font usage d'une dissolution aqueuse de cette huile connue sous le nom d'*eau de rose*. Ils l'obtiennent en distillant 1 partie de pétales frais ou salés du *rosa centifolia* avec 4 parties d'eau, et retirant 2 parties de produit liquide.

Huile de romarin, extraite du romarin (*rosmarinus officinalis*), et appelée en pharmacie *oleum anthos*.—Cette huile est limpide comme de l'eau, répand une odeur de romarin, et a d'ailleurs beaucoup d'analogie avec l'huile de térébenthine. On l'emploie en médecine, et on la falsifie quelquefois avec de l'eau de térébenthine.

Huile de sabine, extraite des feuilles du *juniperus sabina*.—Elle est limpide et a l'odeur et la saveur de la sabine. Cette plante donne plus d'huile qu'aucune autre. Cette huile est regardée comme une des plus diurétiques, et sert sous ce rapport en médecine.

Huile concrète de Tonka, extraite des fèves de Tonka (*dipterix odorata* Wild.).—Cette huile volatile, douée d'une odeur agréable, a été examinée par Boullay et Boutron-Charlard, qui lui ont donné le nom de *coumarine*. Ces chimistes extraient cette huile par le procédé suivant : on fait macérer les fèves grossièrement concassées avec de l'éther, qui dissout une huile grasse et le stéaroptène, substances qui restent après l'évaporation de l'éther. On les traite par l'alcool de 0,84, qui dissout le stéaroptène et laisse l'huile grasse. Après l'évaporation spontanée de l'alcool, il reste des cristaux, salis par un peu d'huile grasse ; on les obtient purs et incolores en les dissolvant dans une petite quantité d'alcool et évaporant celui-ci.

Les fèves concassées se mettent quelquefois dans le tabac à priser, qui s'empare du stéaroptène volatil et prend ainsi l'odeur agréable qui lui est propre.

§ III. — *Huiles oxygénées âcres et vésicantes.*

Jusqu'à présent on ne connaît qu'un petit nombre d'huiles qui appartiennent à cette classe. Elles se distinguent par la propriété qu'elles possèdent d'enflammer la peau et de produire des vessies, et en ce qu'il entre du soufre dans leur composition. Les suivantes sont les seules qui présentent quelque intérêt.

Huile de raifort sauvage, extraite du raifort sauvage (*cochlearia armoracia*). — Elle est jaune clair, et a la même consistance que l'huile de cannelle. L'huile de raifort sauvage est la partie active du raifort ; c'est elle qui produit l'irritation dans le nez et provoque les larmes quand on mange du raifort ; enfin, c'est à la présence de cette huile que le raifort, râpé et appliqué sur la peau, doit la propriété de produire des vessies.

Huile volatile de moutarde. — Elle s'obtient en distillant de la graine de moutarde broyée dans l'eau. D'après *Julia Fontanelle*, elle est d'un jaune-citron, et son odeur est aussi irritante et aussi pénétrante que celle de l'ammoniaque caustique. Mise en contact avec la peau, elle produit des vessies avec une rapidité surprenante, et sa dissolution, appliquée sur la peau au moyen de compresses, fait venir des vessies en moins de deux minutes. Une petite quantité, par exemple ½ de gros d'huile volatile de moutarde, ajoutée à 3 litres de jus de raisin, récemment exprimé, retarde la fermentation de celui-ci, en sorte qu'il se conserve pendant plusieurs mois. Aucune autre huile volatile ne jouit de cette propriété.

IV. — *Huiles vénéneuses contenant de l'acide hydrocyanique.*

Certaines huiles volatiles se distinguent par leur odeur et leur saveur d'amandes amères, qui, comme on sait, provient de l'acide hydrocyanique. Cet acide, qui les rend vénéneuses, y est retenu en vertu d'une puissante affinité.

Huile d'amandes amères. — On peut l'obtenir en distillant des amandes amères avec de l'eau.

Les parfumeurs emploient de grandes quantités d'huile d'amandes amères, surtout pour parfumer le savon. Selon Bonastre, un seul fabricant de parfums à Paris prépare tous les ans plus de trois quintaux de cette huile. L'huile d'amandes amères est un poison dangereux.

On obtient des huiles analogues à la précédente en distillant les substances suivantes avec de l'eau, savoir : les feuilles de pêcher (*amygdalus persica*), les feuilles du laurier-cerise (*prunus laurocerasus*), l'écorce du prunier à grappes (*prunus padus*), et les noyaux pilés des cerises et des grappes du prunier à grappes. Toutes ces huiles contiennent de l'acide hydrocyanique, qui les rend vénéneuses, et produisent de l'acide benzoïque en absorbant l'oxygène de l'air. Selon Schrader, l'huile volatile de l'écorce du prunier à grappes donne, par le moyen indiqué plus haut, 19,2 pour 100 de bleu de Prusse, et l'acide contenu dans l'huile provenant du laurier-cerise donne 16 p. 100 de bleu de Prusse. En médecine, on emploie de faibles dissolutions de ces huiles dans l'eau, qu'on obtient en distillant des amandes amères ou des feuilles de laurier-cerise avec de l'eau ; on les appelle *eau d'amandes amères* et *eau de laurier-cerise*. Enfin, on ajoute de petites quantités de ces huiles aux liqueurs et à certains mets, pour leur donner un léger parfum d'amandes amères.

HUMUS. *Voy.* Nutrition des plantes.

HYACINTHE. — Espèce de grenat d'un rouge tirant plus ou moins sur l'orangé.

HYDRATÉS. *Voy.* Métaux.

HYDRATE DE SOUDE. *Voy.* Soude.

HYDROCHLORATE DE POTASSE. *Voy.* Potasse, *chlorure de potassium.*

HYDROCHLORATE D'AMMONIAQUE. *Voy.* Ammoniaque.

HYDROCHLORIQUE (acide). *Voy.* Chlorhydrique.

HYDROCYANIQUE (acide); syn. : *acide cyanhydrique, acide prussique.* — Cet acide a été obtenu, en 1780, par Scheele et désigné par ce chimiste sous le nom d'acide prussique, parce qu'il l'avait retiré du bleu de Prusse, dont on ignorait la composition, et qu'elle en était un des principes constituants. Bien que cet illustre chimiste ait reconnu la plupart des propriétés caractéristiques de cet acide, on ignora sa véritable composition jusqu'en 1787, époque à laquelle Berthollet, un des plus célèbres chimistes dont la France s'honorera toujours, répéta les expériences du chimiste suédois. En cherchant à reconnaître les parties constituantes de l'acide prussique, il fut amené, par une série d'expériences directes, à démontrer que c'était un composé triple de carbone, d'azote et d'hydrogène dans des proportions qu'il n'avait pu déterminer. Assurément ce nouveau résultat dut étonner, à une époque où l'oxygène était regardé, dans la théorie admise, comme le principe acidifiant des corps ; mais il appartenait au génie de Berthollet de repousser les limites de la science, et il était réservé à l'un des élèves distingués qu'il avait formés, de résoudre le problème sur la nature de cet acide. Gay-Lussac fut conduit, par sa découverte du cyanogène, à reconnaître que ce composé binaire de carbone et d'azote était le radical de l'acide prussique, et que ce dernier était une combinaison à proportions définies d'hydrogène et de cyanogène, analogue par sa composition aux acides hydrochlorique et hydriodique. C'est encore aux recherches ingénieuses de ce chimiste que l'on est redevable d'un procédé simple pour préparer cet acide à l'état de pureté.

On obtient l'acide hydrocyanique pur en faisant réagir à une douce chaleur le cyanure de mercure avec les deux tiers de son poids d'acide hydrochlorique un peu concentré. Ces deux corps se décomposent reciproquement et se transforment en deutochlorure de mercure et en acide hydrocyanique. L'appareil qu'on emploie pour cette opération consiste en une petite cornue dans laquelle on introduit le mélange de cyanure de mercure et d'acide hydrochlorique. On adapte au bec de la cornue un tube de verre horizontal d'un demi-pouce de diamètre sur 40 pouces environ de longueur. Le premier tiers de ce tube, du côté de la cornue, contient de petits morceaux de marbre blanc ; les deux autres tiers sont remplis de fragments de chlorure de calcium fondu. Les uns sont destinés à retenir l'acide hydrochlorique qui pourrait se dégager avec l'acide hydrocyanique, les autres à s'emparer de la vapeur d'eau que pourrait entraîner cet acide. L'extrémité opposée du tube horizontal communique avec un tube recourbé, qui va plonger au fond d'une petite éprouvette longue et étroite, où le tube lui-même est renflé en boule à sa partie inférieure, et fait l'office d'un petit récipient convenable pour recueillir l'acide ; cette partie de l'appareil doit être entourée d'un mélange de glace et de sel marin pour en condenser une plus grande quantité. On ferme enfin le récipient ou l'éprouvette par un tube recourbé, qui peut s'engager sous le mercure.

Propriétés. — L'acide hydrocyanique ainsi préparé est un liquide incolore, rougissant faiblement le tournesol, et ayant une odeur forte qui, en petite quantité, est analogue à celle des amandes amères ou des fleurs de pêcher. Sa saveur, d'abord fraîche, produit une sensation brûlante à l'arrière-bouche. Sa densité à + 7° est de 0,7058 ; elle est un peu plus faible à + 15°. Cet acide est si volatil qu'il produit en s'évaporant assez de froid pour se congeler de lui-même en le laissant exposé à l'air, même à + 20°. Son point d'ébullition est à 26,5. Il se solidifie et cristallise en une masse fibreuse à — 15°.

Les éléments de cet acide sont si peu

stables, qu'on ne peut le conserver sans altération pendant longtemps, même hors du contact de l'air et de la lumière. Il se décompose en moins d'un jour quelquefois ; dans d'autres circonstances, il persiste plusieurs jours. Il se colore d'abord ; la teinte brunâtre qui s'est développée se fonce, et il est alors entièrement converti en une masse noirâtre très-légère, qui dégage une odeur vive d'ammoniaque. Les produits de cette décomposition spontanée sont de l'ammoniaque en excès, de l'hydrocyanate d'ammoniaque et un charbon azoté. La chaleur en opère aussi la décomposition. Si l'on fait passer dans un tube de porcelaine, rougi au feu et contenant des fils de fer, une certaine quantité de vapeur d'acide hydrocyanique, il y a dépôt de charbon autour des fils de fer, et l'hydrogène et l'azote restent mélangés à l'état de gaz dans des rapports égaux en volume.

La vapeur d'acide hydrocyanique est décomposée par l'oxygène à une température élevée ou par l'influence électrique. Il y a toujours détonation, formation d'eau, d'acide carbonique, et l'azote redevient libre.

L'eau dissout l'acide hydrocyanique en toutes proportions ; il en est de même de l'alcool ; ces liquides retardent beaucoup sa décomposition spontanée.

De tous les corps que nous avons étudiés jusqu'à présent, il n'y a que le chlore qui agisse directement sur cet acide ; en absorbant tout son hydrogène, il le fait passer à l'état de chlorure de cyanogène (Sérullas). L'iode volatilisé dans la vapeur d'acide hydrocyanique ne lui fait éprouver aucune altération sensible. Plusieurs métaux chauffés dans cette vapeur la décomposent en absorbant le cyanogène et mettant l'hydrogène en liberté. C'est ainsi qu'agissent le potassium et le sodium, qui sont convertis en cyanures. Le volume d'hydrogène qui reste après cette décomposition est égal à la moitié de la vapeur d'acide hydrocyanique.

On voit donc que le potassium agit sur cet acide comme sur les acides hydrochlorique et hydriodique, puisqu'il dégage des uns et des autres la moitié de leur volume d'hydrogène, et que le cyanogène, quoique corps composé, joue, relativement à ce métal, le même rôle que le chlore et l'iode dans leurs combinaisons avec les métaux.

Une autre preuve qui rend évidente la composition de l'acide hydrocyanique se trouve dans les produits de la combustion de sa vapeur par l'oxygène ; 100 parties en volumes de vapeur d'acide hydrocyanique exigent pour leur combustion complète 125 volumes d'oxygène. On obtient pour résultat 100 volumes d'acide carbonique et 50 d'azote, rapport que donne le cyanogène. Comme dans l'acide carbonique il y a un volume d'oxygène égal au sien, 100 volumes d'oxygène ont été employés à la formation de l'acide carbonique, et les 25 volumes d'oxygène restant ont dû absorber 50 volumes d'hydrogène pour produire de l'eau ;

d'où il s'ensuit que 100 volumes de vapeur d'acide hydrocyanique sont composés de :

50 volumes de vapeur de carbone,
50 volumes de gaz azote,
50 volumes de gaz hydrogène,

condensés en 100 volumes par leur combinaison; ou, ce qui revient au même, de :

50 volumes de cyanogène, ou 1 atome,
50 volumes d'hydrogène, ou 1 atome.

Tous ces résultats peuvent encore être reconnus en faisant passer l'acide hydrocyanique sur le deutoxyde de cuivre porté au rouge. Cet oxyde est réduit par les éléments de cet acide, en les transformant en eau, en gaz acide carbonique et en azote, dans le rapport de 2 : 1.

L'acide hydrocyanique est donc composé en poids de :

Cyanogène. .	96,34	ou	Carbone . .	44,27
Hydrogène. .	3,66		Azote. . . .	52,07
			Hydrogène .	3,66
	100,00			100,00.

La présence de l'acide hydrocyanique peut être facilement démontrée par les sels de peroxyde de fer et les sels de deutoxyde de cuivre. Si à une portion d'eau contenant de petites quantités d'acide hydrocyanique, on ajoute quelques gouttes de solution de potasse, et qu'on verse ensuite du persulfate de fer, il se produit un précipité brun verdâtre, qui devient d'un bleu foncé par l'addition de quelques gouttes d'acide sulfurique ou hydrochlorique. L'emploi du deutosulfate de cuivre, dans les mêmes circonstances, donne un précipité blanc, qui rend l'eau laiteuse, par suite de la formation du cyanure de cuivre.

Le premier de ces réactifs permet de reconnaître $\frac{1}{10000}$ d'acide hydrocyanique dissous dans l'eau, ou tout autre liquide incolore; le second accuse la présence d'une quantité d'acide moitié moins grande que la première, c'est-à-dire $\frac{1}{20000}$.

Ces caractères deviennent précieux pour des recherches dans certains cas d'empoisonnement par cet acide.

L'acide hydrocyanique n'a encore été trouvé que dans le règne végétal, uni à quelques huiles essentielles. Il existe dans les feuilles du laurier-cerise, dans les amandes amères, dans les fleurs de pêcher, etc. On peut le démontrer en soumettant ces parties de végétaux à la distillation avec une petite quantité d'eau. Le produit distillé donne des indices certains de la présence de l'acide hydrocyanique par les réactifs que nous avons indiqués. Certaines liqueurs de table en contiennent de très-petites quantités, comme le kirschwasser; mais une partie de leur odeur est due aussi à une huile volatile particulière.

Action de l'acide hydrocyanique sur l'économie animale. — L'acide hydrocyanique pur est, de toutes les substances vénéneuses, la plus énergique. Une seule goutte portée dans la gueule d'un chien le fait périr en moins de quelques secondes. Porté dans les veines à la même dose, il agit si promptement, que l'animal tombe mort comme frappé par la foudre. Mis en contact avec les muqueuses de l'œil, il tue de même en un espace de temps très-court. Sa vapeur n'est pas moins redoutable, surtout si elle n'est pas mélangée avec une grande quantité d'air. En présentant des oiseaux à l'ouverture d'un flacon contenant de l'acide hydrocyanique, ils meurent en moins de deux inspirations. On ne saurait donc recommander trop de précautions, lorsqu'on opère sur cet acide. Les dangers auxquels on s'expose, en les négligeant, sont d'autant plus grands, que les effets primitifs que produisent sa vapeur sont peu appréciables.

Usage médical. — Il résulte d'expériences faites par M. Magendie, que l'acide hydrocyanique, administré à très-petites doses dans une grande masse de véhicule, peut produire quelques effets palliatifs dans la phthisie au premier degré. Comme, en raison de son action, cet acide ne pourrait être employé tel qu'on l'obtient par les procédés indiqués, les dispensaires prescrivent de l'étendre de trois à cinq fois son poids d'eau distillée. On le connaît alors, en pharmacie, sous le nom d'*acide hydrocyanique médicinal au quart ou au sixième*, c'est-à-dire renfermant un quart ou un sixième d'acide pur. Cet acide, ainsi affaibli, n'est encore administré qu'à la dose de quatre à six gouttes dans une potion appropriée. L'énergie avec laquelle il agit commande la plus grande circonspection dans son emploi.

Suivant le docteur Murray, les effets toxiques de cet acide peuvent être combattus par l'administration de l'ammoniaque. Bien que plusieurs expériences tentées sur les animaux autorisent à admettre cette conclusion, cet antidote doit suivre de trop près l'ingestion du poison, pour qu'on puisse beaucoup compter sur un tel résultat.

M. Siméon, pharmacien interne de l'hôpital Saint-Louis, a démontré que le chlore, que l'on faisait respirer aux animaux soumis à l'action de cet acide, était avantageux pour combattre ses effets funestes.

On ne connaît point cependant d'antidote certain de l'acide hydrocyanique, c'est-à-dire que, jusqu'à ce jour, on n'a encore découvert aucune substance pouvant être avalée sans inconvénient à forte dose, qui neutralise et annule les funestes effets de cet acide. D'après les expériences entreprises par M. Orfila, il est seulement permis d'agir avec succès contre la maladie développée par l'acide hydrocyanique, lors même que l'empoisonnement serait assez intense pour faire périr l'individu au bout de quinze à vingt minutes.

Tous les moyens proposés par différents auteurs ont été essayés par M. Orfila sur des animaux soumis à l'action de petites quantités de ce poison. Il résulte de son travail les conclusions suivantes (*Journal de chimie médicale*, t. V, p. 401) :

1° L'inspiration d'une eau ammoniacale faible (1 partie d'ammoniaque et 12 parties d'eau) peut guérir l'empoisonnement par l'acide hydrocyanique, en stimulant le système nerveux profondément affaissé. Toutefois, l'usage de ce médicament ne serait suivi d'aucun succès s'il était employé trop tard, ou si la dose d'acide ingéré était assez forte pour tuer les animaux dans un très-court espace de temps.

2° L'inspiration de l'eau faiblement chlorée (1 partie de solution saturée de chlore et 4 parties d'eau) constitue un excellent moyen de faire cesser les symptômes de l'empoisonnement par l'acide hydrocyanique, lors même que ce moyen n'est employé que quatre à cinq minutes après l'ingestion d'une proportion d'acide capable de faire périr les animaux au bout de quinze à dix-huit minutes.

3° Les affusions d'eau froide ou glacée sur la tête, sur la nuque et sur le trajet de la colonne vertébrale, recommandées par M. Herbst, sont aussi, d'après M. Orfila, un bon moyen de remédier aux effets funestes déterminés par l'acide hydrocyanique, que l'on devra mettre en usage simultanément avec ceux indiqués dans les paragraphes 1 et 2.

On devra, toutefois, si le poison a été introduit dans le canal digestif, se hâter d'administrer un émétique ou un purgatif.

Ces moyens, mis en pratique dès l'invasion des symptômes, réussissent presque toujours, à moins que la dose du poison n'ait été assez forte pour porter une atteinte funeste au système nerveux avant qu'on ait pu les employer.

HYDROGÈNE (ὕδωρ, eau, et γίγνομαι, je deviens) ; syn. : *air inflammable, gaz inflammable.*

L'hydrogène est un gaz incolore, insipide et inodore. Une pression de 100 atmosphères, et un abaissement de température de 100°, ne le font pas changer d'état. L'hydrogène est le plus léger de tous les gaz connus. Sa densité est 0,0688 ; il pèse environ 14,535 moins que l'air. Son pouvoir réfringent est 0,470, celui de l'air étant 1. L'hydrogène est, de tous les corps simples non métalliques, le plus électro-positif. Il est très-peu soluble dans l'eau. 100 litres d'eau ne dissolvent que 1 ½ litre d'hydrogène ; ou (en poids) 1 kilogramme d'eau dissout 0, kilog. 000,001 d'hydrogène.

L'hydrogène se combine directement avec le chlore, le brome, l'iode et le fluor. Il en résulte des acides de composition analogue. Un mélange de gaz chlore et d'hydrogène, à volumes égaux (dans un ballon de verre), peut être conservé indéfiniment dans l'obscurité, sans que ces deux gaz, qui pourtant ont une grande affinité l'un pour l'autre, se combinent entre eux. Mais, dès qu'on y fait arriver un rayon de soleil, la combinaison s'opère brusquement, avec explosion, sans que le volume du mélange soit changé. A la lumière diffuse du soleil, la combinaison s'effectue également, mais lentement et sans

explosion. L'hydrogène se combine avec l'oxygène, à l'aide de l'électricité ; il y a détonation et formation d'eau. Pour que la combinaison des deux gaz qui forment le mélange explosif soit complète, il ne faut pas dépasser certaines proportions (Gay-Lussac et Humboldt). Quand on dépasse la proportion de 1 : 9, l'étincelle électrique n'a plus d'action sur le mélange explosif. Les boules de platine de M. Doebereiner (faites avec une partie de noir de platine et 4 parties d'argile), portées à l'extrémité d'un fil de platine ou de fer, dans un mélange explosif, produisent une combinaison complète, quelles que soient les proportions des deux gaz. Cette combinaison s'opère graduellement et sans explosion. Les boules de platine pourront remplacer avec avantage l'emploi de l'électrophore et de l'étincelle électrique. Le platine en éponge, sur lequel on fait arriver un courant d'hydrogène, devient incandescent au bout de quelques instants. Il y a formation d'eau aux dépens de l'oxygène de l'air. C'est de ce fait que M. Doebereiner a déduit l'heureux emploi des boules de platine dont nous venons de parler. Le rhodium, l'iridium, le palladium, et probablement d'autres métaux encore, ont, à cet égard, la même propriété que le platine. Quand on fait passer un mélange explosif (1 vol. d'oxygène, 2 vol. d'hydrogène) par un tube étroit, et qu'on l'allume, la température de la flamme qui se produit est si élevée, qu'elle fait fondre en quelques instants les substances les plus réfractaires, et qu'on avait jusqu'ici regardées comme infusibles ou apyres, comme la pierre à fusil (silice) et le platine. De là la découverte et l'emploi du chalumeau. Pour prévenir les dangers d'une explosion qui pourrait être causée par la rétrocession de la flamme, on a disposé, dans l'intérieur du tube que traverse le mélange gazeux, une grande quantité (100 à 150) de toiles métalliques très-fines, qui s'opposent à la pénétration de la flamme dans l'intérieur du réservoir. La grande légèreté, le mélange explosif que l'hydrogène produit avec l'oxygène et avec le chlore, et la propriété qu'il a de brûler à l'air avec une flamme très-pâle en donnant naissance à de l'eau, tous ces caractères suffisent pour distinguer l'hydrogène des autres corps. Quand on enveloppe la flamme pâle de l'hydrogène, produite à l'extrémité d'un tube effilé (*lampe des philosophes*), avec un large tuyau de verre, on entend une série de sons ayant beaucoup d'analogie avec les sons d'un orgue (*harmonica chimique*). Il est facile de produire successivement l'octave, la tierce majeure et la quinte, enfin les sons de l'accord parfait, en élevant ou en abaissant lentement le tuyau.

L'hydrogène ne se trouve pas dans la nature à l'état de liberté. Les anciens chimistes croyaient que ce gaz existait dans les hautes régions de l'atmosphère, et que sa combinaison avec l'oxygène de l'air produisait les phénomènes de l'orage. Gay-Lussac, dans son voyage aérostatique, dans lequel il s'est élevé à **6,000** mètres au-dessus de la surface de la terre, n'a pas trouvé de tracé de ce gaz dans les hautes régions de l'atmosphère. L'hydrogène est très-répandu à l'état de combinaison. Il existe ainsi dans l'eau, dans l'ammoniaque, dans les hydracides (acide chlorhydrique, acide bromhydrique, acide iodhydrique, etc.), et dans presque toutes les substances animales et végétales.

Le gaz hydrogène, étant lui-même combustible, ne peut entretenir ni la combustion des autres corps combustibles, ni la respiration des animaux. Une allumette en ignition qu'on y plonge s'éteint sur-le-champ. Un animal qu'on y renferme ne meurt pas de suite; mais son sang n'éprouvant plus, pendant la respiration, le changement que l'air atmosphérique lui fait subir, il ne tarde pas à éprouver du malaise et à succomber. Si on le retire avant que tout signe de vie soit éteint en lui, on peut le ranimer, surtout en lui faisant respirer du gaz oxygène pur. Une atmosphère composée de gaz oxygène et de gaz hydrogène substitué au gaz nitrogène, rend, au bout de quelque temps, lourd et comme engourdi, mais ne produit pas d'autres signes de malaise. Allen et Pepys ont vu des cochons d'Inde qu'on avait laissés au milieu d'une pareille atmosphère, finir par tomber dans un sommeil profond. On a des exemples d'hommes qui, après avoir respiré pendant longtemps un mélange de gaz hydrogène et d'air atmosphérique, se trouvaient pris chaque fois de sommeil. Si le gaz hydrogène n'est pas pur, si, par exemple, il est chargé de carbone ou de soufre, les animaux y périssent à l'instant même, et rien ne peut plus ensuite les rappeler à l'existence. L'homme peut, sans inconvénient, respirer du gaz hydrogène pendant longtemps, surtout lorsque ce gaz contient un peu d'air atmosphérique.

APPLICATIONS.

Chalumeau aérhydrique.—On appelle ainsi un appareil construit en cuivre, doublé de plomb intérieurement, renfermant de l'eau acidulée avec de l'acide sulfurique et dans laquelle on introduit une certaine quantité de zinc en rognures. Cet appareil donne un jet continu d'hydrogène, que l'on fait passer par un tube flexible et que l'on réunit près d'un bec de chalumeau avec un courant proportionné d'air que fournit un soufflet; le mélange de ces gaz enflammés produit un dard de feu que des tubes flexibles en caoutchouc permettent de diriger à volonté. On applique avec un grand succès ce moyen d'élever localement la température et de promener un feu vif, à opérer des soudures entre de grandes tables en plomb; il suffit de fondre leurs bords, mis en contact, d'y ajouter un peu de *plomb* fondu par le même dard agissant à la fois sur les deux bords et sur un petit prisme de plomb promené devant la flamme. On comprend que cette fusion, toute locale, permette de réunir

des tables ou de souder des joints fort étendus, sans employer aucun alliage.

On réunit, par ce moyen, des tubes en plomb bout à bout, et on obtient une solidité égale à celle qu'auraient les objets coulés d'une seule pièce. Cet ingénieux procédé, appelé *soudure autogène*, a été inventé par M. Desbassayns de Richemond; il a rendu ainsi plus économiques, plus solides et plus résistants, les immenses vases en plomb dans lesquels on fabrique l'acide sulfurique. Le chalumeau aérhydrique est en usage aujourd'hui pour braser et souder le plomb, le cuivre, l'or, le platine dans une foule d'opérations et pour des objets de toutes dimensions.

Chalumeau à gaz oxyhydrogène. — En faisant arriver de deux gazomètres un volume d'oxygène et d'hydrogène vers un tube commun terminé par un bec de platine, et enflammant le courant des deux gaz, on produit une température excessive : si l'on expose dans cette flamme un fragment de chaux, il s'échauffe au rouge blanc et rayonne au point de produire la plus vive lumière artificielle. On se sert de ce moyen pour éclairer des vues microscopiques, dans les expériences publiques dites au microscope à gaz.

Ballons. — Les premiers aérostats imaginés par Montgolfier furent formés d'une enveloppe légère, hémisphérique à la partie supérieure, et terminée en forme ellipsoïdale ; une large ouverture circulaire à la partie inférieure recevait librement les produits gazeux d'étoupes imbibées d'alcool et d'essence, allumées au-dessous et maintenues par des fils métalliques. Bientôt le ballon, gonflé par un mélange d'air, de gaz échauffés et de vapeur, devenait en somme plus léger que l'air ambiant, dès lors il avait acquis une force ascensionnelle notable et s'élevait dans les airs.

On comprend tout ce que de pareils aérostats avaient d'irrégulier dans leur marche, par suite des variations d'intensité et de direction de la flamme, de la condensation des vapeurs, de la faible résistance d'une enveloppe très-mince, des chances d'incendie par les oscillations occasionnées par les mouvements de l'air.

L'emploi d'un gaz beaucoup plus léger que l'air dilaté permet d'éviter la plupart de ces inconvénients : l'hydrogène appliqué aux aérostats par des procédés simples, que nous allons brièvement décrire, eut aussi d'autres inconvénients, qui l'ont fait abandonner depuis dans les grandes ascensions, et remplacer par le gaz hydrogène carboné, tel qu'on peut l'extraire de la houille.

On prépare économiquement le gaz hydrogène impur applicable aux aérostats, en substituant au zinc des rognures de tôle et autres débris de fer; on obtient, dans ce cas, du sulfate de fer, au lieu de sulfate de zinc : la réaction est d'ailleurs la même. L'appareil simple et économique dont on se sert se compose de tonneaux bien cerclés, contenant la ferraille et l'eau; un tube droit en plomb, plongeant dans le liquide, permet de verser l'acide lorsque tout est disposé pour recevoir le gaz.

Un second tube, trois fois courbé à angle droit, conduit l'hydrogène sous la cloche en tôle peinte immergée dans l'eau d'un cuvier et maintenue par un poids assez fort, ou par des traverses boulonnées. Un tuyau en cuir épais, adapté au haut de la cloche, conduit le gaz dans le ballon.

Quelque soin que l'on prenne, il se perd toujours un peu de gaz, et les dernières portions d'acide réagissent très-lentement ; on doit employer un excès de matières premières de 10 pour 100 environ : ainsi, pour introduire dans l'enveloppe d'un ballon 500 mètres cubes d'hydrogène, on distribuera dans les tonneaux 1500 kilogr. de ferraille le moins possible oxydée, 15,000 kilogr. d'eau et 2,500 kilogr. d'acide sulfurique. Les solutions évaporées, en contact avec un excès de fer, décantées et refroidies, donneront 7,500 kilogr. de sulfate de fer cristallisé.

Il est facile de calculer la force ascensionnelle d'un ballon : en admettant que l'hydrogène impur pèse 100 grammes, tandis que l'air pèse 1300 grammes, on voit qu'un poids de 1200 grammes équilibrerait 1 mètre cube d'hydrogène dans l'air, sauf le poids de l'enveloppe : le taffetas enduit d'huile de lin siccative pour les grands ballons pèse 250 grammes le mètre carré ; il suffira donc de multiplier le nombre exprimant les surfaces en mètres carrés par 250 pour connaître le poids de l'enveloppe en grammes, et de diviser par 1000 pour convertir en kilogrammes le chiffre obtenu.

Le poids de l'enveloppe étant retranché du poids qui ferait équilibre au gaz, la différence indique la charge en cordages, agrès, nacelle, hommes et lest, que l'on peut donner au ballon, c'est-à-dire la charge, à 3 kilogr. près, équivalente à la force ascensionnelle qui imprime une vitesse modérée, mais suffisante.

On doit d'ailleurs vérifier cette force à l'aide d'une balance romaine. Afin de pouvoir redescendre à terre avec régularité, il faut munir l'aéronaute de moyens, sûrs et faciles, d'ouvrir des soupapes qui laissent échapper du gaz à volonté ; on doit, en outre, mettre à sa disposition assez de lest pour qu'il puisse le jeter en descendant, évitant ainsi l'accélération de vitesse due à la chute.

Quelques autres précautions sont indispensables : le ballon ne doit pas être entièrement rempli, car une dilatation accidentelle du gaz par les rayons du soleil pourrait faire rompre l'enveloppe et précipiter tout l'appareil sur le sol. A l'aide de ces précautions, Charles, Gay-Lussac et Biot, effectuèrent sans accident des ascensions durant lesquelles ils purent se livrer à d'importantes observations scientifiques ; la plus célèbre de toutes porta Gay-Lussac à une hauteur de 7,000 mètres et fournit à la science des résultats précieux.

Ballons en baudruche. — On prépare sous diverses formes de sphéroïdes, de cylindres, d'ellipsoïdes, de poissons, d'éléphants, etc.,

des petits ballons en baudruche, pellicule d'intestins amincis à l'aide de faibles solutions alcalines (de potasse).

Ces enveloppes, très-légères, laissent aux petits aérostats une force ascensionnelle que les autres enveloppes ne pourraient permettre : un ballon sphérique d'un mètre cube pèse, vide, environ 85 grammes ou 185 grammes rempli d'hydrogène, il pourrait donc enlever un poids presque égal à 1300^{gr}—185 ou 1115 grammes. Ces aérostats sont employés pour des expériences et surtout comme objets d'amusement ; dans ce but encore on peut, à l'aide d'un petit tube évasé communiquant avec une vessie à robinet, insuffler du gaz hydrogène, enfler avec ce gaz des bulles de savon qui s'élèvent dans l'air et qui s'allument au contact d'un corps enflammé.

HYDROGÈNE PROTOCARBONÉ. *Voy.* Hydrure gazeux.

HYDROGÈNE ARSÉNIQUÉ. *Voy.* Arsenic.

HYDROGÈNE SULFURÉ. *Voy.* Sulfhydrique (acide).

HYDROGÈNE, son assimilation dans les végétaux. *Voy.* Nutrition des plantes.

HYDROGÈNE BICARBONÉ. — Ce gaz n'existe pas dans la nature. C'est un produit de l'art. Il se forme dans une foule de circonstances ; dans la distillation des matières grasses, huileuses et bitumineuses, et, en général, dans la décomposition, par la chaleur, de la plupart des substances organiques.

Sa découverte a été postérieure à celle de l'hydrogène carboné, elle ne date que de 1796. On la doit à plusieurs chimistes hollandais, qui travaillaient en société.

Il est peu de gaz aussi intéressants que celui dont nous nous occupons, en raison des nombreuses applications qu'il reçoit chaque jour dans les arts. C'est lui qui constitue essentiellement le gaz de l'éclairage.

Samuel Hall, mécanicien anglais, a imaginé, en 1817, de faire servir la flamme de l'hydrogène bicarboné au *grillage* ou *flambage* des tissus de coton, qui ne peuvent être employés, au moins dans le plus grand nombre de cas, sans avoir été débarrassés du duvet qui recouvre les fils du coton et masque en partie leur finesse et leur éclat.

Green, chimiste allemand, a employé avec avantage, pour faire partir des ballons, l'hydrogène bicarboné, qu'on obtient par la distillation de la houille. Il est un peu moins léger que l'hydrogène pur, mais son extraction est beaucoup moins coûteuse.

Un Anglais, Samuel Brown, a construit des machines dont le moteur est l'hydrogène bicarboné, et qui, d'après lui, ont tous les avantages des machines à vapeur, sans présenter les mêmes dangers. Mais ces machines n'ont point été adoptées.

D'autres Anglais ont essayé d'appliquer le même gaz aux divers usages de l'économie domestique. L'église de Saint-Michel, à Londres, possède un calorifère de cinquante-neuf centimètres de diamètre, qui y maintient constamment une température douce et ne consomme, pendant 8 à 9 heures, que 51 à 68 mètres cubes de gaz de houille. M. Ricketts, qui l'a construit, a inventé aussi plusieurs modèles de fourneaux, où l'on peut à la fois faire chauffer de l'eau, cuire des ragoûts, et rôtir des viandes. Celles-ci sont enfermées dans des espèces de capuchons ou cloches disposées au-dessus des conduits de gaz, régulièrement distribués. Le sieur Gibbons-Merlé, de Londres, à pris en France, à la fin de 1834, un brevet d'importation pour un semblable fourneau.

HYDROGÈNE PERPHOSPHORÉ. — Découvert en 1783 par Gingembre ; incolore, odeur alliacée, saveur amère, s'enflammant dès qu'il a le contact de l'air ; s'enflammant également, avec détonation, aussitôt qu'on l'unit au chlore ; poids spécifique, 0,9022.

Composition en volume :

Gaz hydrogène	70
Vapeur de phosphore	30
	100

C'est ce gaz qui forme les *feux follets*, les *dragons volants*, la *lampe de macaybo* des cimetières, et qui s'enflamme aussi à la surface de certaines mares.

HYDROGÈNE CARBONÉ. *Voy.* GRIZOU.

HYDROLITE (*gmélinite, sarcolite*). — Cette substance ne s'est encore rencontrée que dans les roches amygdaloïdes (*Montechio Maggiore*, Castel dans le Vicentin ; etc.)

HYDROPHANE. *Voy.* OPALE.

HYDROSULFATE SULFURÉ d'ammoniaque. *Voy.* AMMONIAQUE.

HYDROSULFURIQRE (acide). *Voy.* SULFHYDRIQUE.

HYDROTHIONIQUE (acide). *Voy.* SULFHYDRIQUE (acide).

HYDRURE GAZEUX (*hydrure de carbone ; gaz hydrogène proto-carboné.*) — Ce gaz est également connu sous le nom de *gaz inflammable des marais* et de *mofette des mines, feu grizou* des mineurs, parce qu'il se dégage des mines de houille uni à de l'azote et de l'acide carbonique, et que c'est à lui qu'on doit les détonations et les événements malheureux qui ont lieu lorsqu'on entre dans les mines sans précaution avec une lampe allumée. Les propriétés de ce gaz sont d'être incolore, insipide, brûlant avec une flamme jaune, détonant avec son volume de gaz oxygène, et donnant de l'eau et un volume d'acide carbonique égal à celui de ces deux gaz réunis ; poids spécifique, 0,5564.

Composition : Hydrogène	2 volumes	
Vapeur de charbon	1	
En poids : Hydrogène		26
Carbone		74
		100

Ce gaz est l'aliment des feux naturels et des fontaines ardentes ; lorsqu'il est à l'état de deuto-carboné, il constitue le gaz appliqué avec tant de succès à l'éclairage, par M. Lebon.

HYGROMÈTRE. *Voy.* ÉVAPORATION.

HYPOPHOSPHOREUX (acide). *Voy.* PHOSPHORE.

HYPOPHOSPHORIQUE (acide). *Voyez* PHOSPHORE.

HYPOSULFURIQUE (acide). *Voy.* SOUFRE.

I

ICHTHYOCOLLE. *Voy.* BIÈRE.

IGASURIQUE ou STRYCHNIQUE (acide.) — Cet acide, dont la composition est inconnue, se trouve naturellement combiné avec la strychnine dans la fève de Saint-Ignace, dans la noix vomique, et dans d'autres espèces de *strychnos*.

IMBIBITION dans les substances organiques animales. *Voy.* ENDOSMOSE.

IMPRESSION DES TOILES PEINTES. — En teinture, on donne aux étoffes une couleur uniforme ; mais, pour la fabrication des indiennes, on ne colore que certaines parties de l'une de leurs places, au moyen d'une ou de plusieurs couleurs différentes, de manière à y figurer des dessins. Le prix de ces tissus peints croît avec le nombre des couleurs.

Il y a plusieurs manières de colorier les tissus.

1° On imprime immédiatement, sur les endroits qui doivent être coloriés, les couleurs qui ont été suffisamment épaissies au moyen de la gomme, de l'amidon ou de la farine, afin qu'elles ne s'étendent pas au delà des limites du dessin, et ne se mêlent pas ensemble quand on en emploie plusieurs à la fois ; car une des beautés des toiles imprimées, c'est la netteté. Dans cette manière de procéder, qui s'applique surtout aux tissus de laine et de soie, les mordants, destinés à fixer les couleurs, sont mêlés avec elles préalablement à l'impression.

2° On imprime des mordants convenables sur des points déterminés de la surface des toiles, puis on passe celles-ci dans un bain de teinture, comme pour la teinture ordinaire. La matière colorante s'attache et se combine fortement avec les parties imprégnées de mordants, de sorte qu'il en résulte, pour ces seuls endroits, des couleurs vives et inaltérables ; tandis que, ne tenant que faiblement sur les autres parties non-imprégnées de mordants, on la fait disparaître par un simple lavage à l'eau courante et l'exposition pendant quelques jours sur le pré, ou par des passages dans des bains de chlorure de soude, ou de sen, ou de savon. C'est là le mode le plus général pour les calicots.

3° Quelquefois on teint les étoffes comme à l'ordinaire, après avoir couvert les parties qu'on veut conserver blanches, avec des matières qui les préservent de l'action du bain colorant, qui repoussent les matières colorantes, pour ainsi dire, et que l'on enlève après la teinture, afin de leur donner plus tard, si cela est nécessaire, une couleur différente de celle que la pièce a prise dans le bain. Les substances qui servent ainsi à empêcher les couleurs de s'appliquer sur certaines parties des toiles, portent le nom de *réserves*, quand la couleur générale de la pièce est du bleu d'indigo à la cuve, et celui de *résistes* pour toutes les autres couleurs.

4° D'autres fois, enfin, après avoir appliqué les mordants sur toute l'étoffe, ou avoir teint une pièce d'une manière uniforme, on détruit le mordant ou la couleur sur des points déterminés, au moyen de certains agents chimiques qu'on désigne sous le nom de *rongeants*. Ces parties, redevenues blanches, sont ensuite chargées de couleurs différentes, et forment ainsi des dessins d'une autre teinte que le fond.

L'application des couleurs ou des mordants, des réserves ou des rongeants, se fait par des moyens mécaniques. Il y a plusieurs procédés d'impression : l'impression au bloc ou à la planche, l'impression à la planche plate, l'impression au rouleau, l'impression à la perrotine et l'impression au métier à la surface.

Les impressions sur laine présentent, en général, beaucoup plus de difficultés que celles sur soie et coton. Une des causes principales provient du soufre qui entre dans la composition élémentaire de la laine. Ce soufre a le grave inconvénient de s'unir à plusieurs matières métalliques qui peuvent se trouver en contact avec la laine, et de donner naissance à des sulfures qui colorent cette étoffe en noir, en brun ou en couleur de rouille. Les sels et les oxydes de cuivre ne peuvent être frappés par la chaleur, lorsqu'ils sont en contact avec la laine plus ou moins humectée, sans produire avec elle une couleur de rouille. Eh bien, cette difficulté ne se rencontre jamais avec la soie et le coton, exempts qu'ils sont de soufre élémentaire.

En terminant ces considérations générales sur la fabrication des tissus imprimés, nous dirons que ce bel art, qui emprunte tous ses procédés à la mécanique, et surtout à la chimie, a fait de grands progrès depuis que la connaissance de ces deux sciences est devenue plus familière aux industriels. C'est le perfectionnement de la gravure et des machines à imprimer, ce sont les nombreuses découvertes des chimistes modernes, qui ont donné à nos fabricants d'indienne une supériorité marquée sur les Indiens (leurs premiers maîtres dans cette partie), sous le rapport du bon goût et de l'élégance des dessins, de la netteté et de la rapidité d'exécution, de la variété, du brillant et de la solidité des couleurs. *Voy.* TEINTURE.

INCRUSTATIONS dans les chaudières, moyen de les prévenir. *Voy.* CALCIN et PLÂTRES.

INDIGO. — L'indigo, tel que l'offre le commerce, n'est point un principe colorant pur, il est mêlé à plusieurs principes étrangers dont on ne peut le débarrasser qu'en le traitant successivement par l'eau, l'alcool, et ensuite par l'acide hydrochlorique ; ce principe colorant existe dans les feuilles d'un certain nombre de plantes indigènes aux Indes et au Mexique, du genre *indigofera*; telles sont l'*indigofera argentea*, l'*indigofera disperma*, l'*indigofera anil*, l'*indigofera tinctoria*, de la famille des légumineuses; d'autres plantes en contiennent aussi, mais en petite quantité, telles sont le *nerium tinctorum* et l'*isatis tinctoria* (pastel).

Dans l'Inde, après avoir recueilli, à l'époque de la maturité, les feuilles des espèces précitées, on les lave bien et on les plonge dans une cuve contenant de l'eau, en les maintenant sous une couche de ce liquide, à l'aide de planches et de poids; il s'établit bientôt une fermentation qui donne à la liqueur une couleur verdâtre irisée et une saveur acide; alors on la décante et on l'agite avec une certaine quantité d'hydrate de chaux délayé dans l'eau, qui détermine aussitôt la séparation d'un dépôt bleuâtre qu'on lave et qu'on sèche ensuite à l'abri de la lumière. C'est ce dépôt bleu plus ou moins foncé qui constitue l'indigo du commerce.

Suivant le mode d'extraction et les soins apportés à sa préparation, l'indigo varie dans quelques-unes de ses propriétés physiques; on en connaît trois sortes dans le commerce : 1° l'*indigo flore* ou *guatimala*; il est le plus pur et le plus léger ; 2° l'*indigo cuivré*, ainsi nommé par l'aspect cuivré qu'il prend par le frottement ; 3° l'*indigo de la Caroline*, le plus impur des trois.

L'indigo est généralement solide, d'une couleur bleue plus ou moins foncée, insipide, inodore, décomposé et volatilisé en partie par le feu, inaltérable à l'air, insoluble dans l'eau, un peu soluble dans l'alcool bouillant, soluble dans l'acide sulfurique concentré, décomposé à chaud par l'acide nitrique et transformé en une matière jaune amère et en un acide particulier. Mis en contact avec les alcalis et un corps avide d'oxygène, l'indigo est désoxydé en partie et transformé en une matière jaune soluble dans l'eau alcaline, qui, au contact de l'air, redevient bleue en absorbant l'oxygène de l'air. Ces propriétés démontrent que le principe colorant de l'indigo peut exister à deux états différents d'oxydation. M. Chevreul, qui a soumis à l'analyse l'indigo de première qualité, a reconnu que celui-ci renfermait 0,45 de principe colorant pur, et que les 0,55 autres parties étaient un mélange d'indigo désoxydé, d'ammoniaque, de matière verte et de gomme, de résine rouge, de carbonate de chaux, d'alumine, d'oxyde de fer et de silice. Toutes ces substances, à l'exception de la dernière, peuvent être extraites successivement par l'eau, l'alcool et l'acide hydrochlorique.

Indigotine. — Ce nom a été donné au principe colorant pur de l'indigo. On peut l'obtenir en purifiant l'indigo du commerce comme nous l'avons dit, ou plus simplement en le chauffant doucement dans un creuset de platine recouvert de son couvercle. L'indigotine, qui fait partie constituante de l'indigo, se volatilise, et vient s'attacher au couvercle sous forme de petites aiguilles bleues pourprées.

Propriétés. — L'indigotine ainsi obtenue jouit au plus haut degré de toutes les propriétés qui caractérisent l'indigo d'où on la retire. elle se présente en petites aiguilles bleues très-foncées, ayant un aspect métallique; Elle est insipide, inodore; exposée à l'action de la chaleur, elle se sublime en partie, le reste se décompose à la manière des substances azotées; elle se comporte avec l'eau, l'alcool et l'acide sulfurique comme l'indigo même. La solution sulfurique d'indigotine, faite dans les proportions d'une partie d'indigotine et de neuf parties d'acide sulfurique, est connue dans le commerce sous le nom de *bleu en liqueur.* On la prépare ordinairement en chauffant au bain-marie l'indigo en poudre avec l'acide sulfurique concentré.

Berzelius, qui a examiné il y a quelques années cette solution d'indigotine dans l'acide sulfurique, la regarde comme une combinaison dans laquelle l'indigotine unie à l'acide sulfurique et à l'acide hyposulfurique formé constitue deux nouveaux acides qu'il a désignés l'un sous le nom d'acide *sulfo-indigotique,* l'autre sous celui d'acide *hyposulfo-indigotique.* Ces deux acides, qui sont bleus, s'unissent aux oxydes pour donner naissance à des sels particuliers également colorés en beau bleu.

De toutes les propriétés de l'indigotine, la plus remarquable est sa désoxydation par les corps avides d'oxygène, tels que le protoxyde de fer, la solution de sulfure d'arsenic dans la potasse, les hydrosulfates, etc. C'est dans l'emploi de ces moyens, qui rendent l'indigo réduit soluble dans l'eau à la faveur des alcalis, que l'art de la teinture a trouvé le procédé de fixer solidement l'indigotine sur les tissus de laine.

INDIGOTINE. *Voy.* **Indigo.**

INFUSION. — Opération qui consiste à verser de l'eau ou toute autre liqueur bouillante sur une matière organique quelconque, et à abandonner le mélange quelque temps au repos. La liqueur se trouve chargée de tous les principes qu'elle a pu dissoudre. Cette liqueur devrait s'appeler *infusum* et non pas *infusion,* nom qu'on lui donne ordinairement. Beaucoup de principes qui s'étaient dissous à chaud se déposent par le refroidissement. On obtient ordinairement des produits différents, suivant qu'on a traité une matière par infusion ou par décoction. *Voy.* **Décoction.**

INFUSOIRES, leur phosphorescence. *Voy.* **Phosphorescence.**

INQUARTATION. *Voy.* **Or,** *alliages.*

INSOLATION. *Voy.* **Phosphorescence.**

INULINE. — Ce principe a été d'abord trouvé par Rose dans la racine d'aunée (*inula helenium*); on l'a rencontré dans plusieurs autres racines (la racine de pyrèthre, les tubercules des dahlias).

L'inuline s'extrait de la décoction de racine d'aunée.

IODE. — La belle couleur violette de la vapeur de ce corps simple lui fit donner le nom qu'il porte (ἰώδης, violet). L'iode fut découvert en 1812 par Courtois, fabricant de soude à Paris, qui l'a trouvé dans les eaux mères de la soude obtenue par la combustion de plusieurs varechs, et connue dans le commerce sous le nom de soude de varech. Ses propriétés chimiques ont été étudiées d'abord par Humphry Davy, et ensuite d'une manière bien plus complète par Gay-Lussac.

Jusqu'à présent on n'a rencontré l'iode que dans le règne organique. Il fait partie constituante de diverses plantes marines, notamment de plusieurs espèces de fucus et d'ulves, comme aussi de l'éponge, dans laquelle il est contenu, du moins en partie, à l'état d'iodure de soude, et dont la cendre ne l'offre que combiné avec le sodium. Pendant longtemps on l'a cherché en vain dans l'eau de la mer, mais on a fini par reconnaître qu'une petite quantité d'iodure de soude accompagne le chlorure de soude, et cela, non-seulement dans l'eau de mer, mais encore dans les salines du continent, ainsi que dans l'eau de plusieurs sources. On l'a même rencontré dans le règne minéral combiné avec l'argent, à Albaradon, près de Zacatecas au Mexique.

L'iode est solide à la température ordinaire; il affecte la forme lamelleuse, rhomboïdale ou octaédrique; il offre un aspect métallique, une couleur noirâtre; son opacité est telle, que les lamelles cristallines aiguës qui se forment sous le microscope avec une épaisseur moindre qu'un demi-millième de millimètre, n'ont aucune translucidité. A la température de $+$ 17° l'iode pèse 4,948, l'eau pesant 1,000 sous un égal volume; il se fond à $+$ 107° et bout à $+$ 175°; il a une tension telle, cependant, à la température ordinaire, que son odeur est forte et que sa vapeur attaque fortement les membranes (vessies) dont on recouvre parfois les flacons qui le contiennent. L'eau en ébullition entraîne une grande quantité d'iode dans sa vapeur. Sa saveur est âcre et forte, bien que sa solubilité soit faible au point que l'eau pure n'en dissolve que la sept-millième partie de son poids. La densité de la vapeur d'iode est très-grande; d'après les calculs de Gay-Lussac elle serait égale à **8, 618,** et d'après les expériences directes de M. Dumas elle s'élèverait à **8,716.** On comprend que cette vapeur doive se précipiter rapidement dans l'air, puisqu'elle est plus de 8 fois ½ plus lourde que lui. Son affinité, très-faible pour l'oxygène, est très-grande pour l'hydrogène (moindre cependant que celle du brôme, et à plus forte raison que celle du chlore). Une des propriétés caractéristiques les plus remarquables de l'iode, découverte par MM. Collin et Gauthier de Claubry, est la coloration bleu-indigo que ses solutions aqueuses ou alcooliques développent sur l'amidon hydraté, et qui font de ce principe immédiat et du corps simple deux réactifs réciproques d'un fréquent usage dans les laboratoires et dans plusieurs des industries qui s'exercent sur les fécules amylacées et dans les applications de leurs produits.

De l'action de l'iode sur les matières organiques. — L'iode à une grande affinité pour diverses matières organiques, avec lesquelles il se combine sans les décomposer. Tels sont, par exemple, le sucre, la gomme, l'amidon, les huiles essentielles, surtout celle de térébenthine, etc. L'iode teint la peau en brun, mais cette couleur ne tarde pas à s'effacer. Il brunit aussi le papier, le linge et le bois; mais ici la teinte est permanente, et, de plus, le papier et le linge deviennent cassants. L'alcool et l'éther le dissolvent.

Parmi ses combinaisons avec des matières organiques, il s'en trouve une tellement caractéristique, qu'elle sert pour découvrir l'iode quand il est en si petite quantité qu'on ne saurait constater sa présence par d'autres moyens. C'est celle qu'il forme avec l'amidon. Si l'on mêle de l'amidon avec un liquide contenant de l'iode à l'état de liberté, l'amidon s'unit avec ce dernier, et acquiert ainsi une teinte rougeâtre, brun-rougeâtre ou même noire, suivant la quantité d'iode qu'il a absorbée. Lorsque ensuite on dissout ce composé dans un alcali, et qu'on le précipite par un acide, il devient bleu.

Il y a trois manières d'employer l'amidon comme réactif :

1° On mêle de l'amidon avec la liqueur qu'on a rendue acide par l'addition d'un peu d'acide nitrique, afin de dégager l'iode de toute combinaison dans laquelle il pourrait se trouver, et on laisse le mélange tranquille dans un vase clos ; peu à peu l'amidon se colore. Stromeyer, qui nous a le premier appris à nous servir de l'amidon comme réactif capable de faire reconnaître l'iode, prétend qu'on peut, par ce procédé, découvrir sa présence dans un liquide qui n'en contient que $\frac{1}{450000}$ en dissolution.

2° On mêle le liquide avec de l'acide nitrique, dans un flacon, où l'on suspend, au-dessus de la surface du liquide, un papier humide saupoudré d'un peu d'amidon ; après quoi on bouche le flacon, et on le laisse en repos pendant quelques heures. Si la liqueur contient de l'iode, l'amidon s'en trouve coloré. Baup, qui a le premier indiqué cette épreuve, a reconnu qu'elle met l'iode en évidence, dans une liqueur qui n'en contient que la millionième partie de son poids. Cette seconde méthode a un autre avantage, c'est que l'amidon ne peut être coloré que par l'iode, tandis que, quand on le mêle avec la liqueur, il peut l'être aussi par d'autres matières que l'acide précipite ; ainsi, par exemple, l'acide nitrique versé dans l'eau-mère de diverses espèces de soude, en précipite au bout de quelque temps du bleu de Prusse, qui, mêlé avec l'amidon, peut induire en erreur.

3° Comme le chlore, quand il existe, donne très-facilement naissance à du chlorure d'iode, Balard conseille, en pareil cas, de verser un peu d'acide sulfurique dans la liqueur qu'on veut examiner, et d'y faire dissoudre de l'amidon par l'ébullition. On la renferme ensuite dans un flacon, et l'on verse dessus de l'eau de chlore, avec la précaution que les liqueurs ne se mêlent point ensemble. Si la liqueur chargée d'amidon contient de l'iode, au bout de quelques instants elle prend une teinte bleuâtre à la surface de contact avec l'eau de chlore.

Applications de l'iode. — Depuis la découverte faite par Coindet, qui prouva que le principe actif des éponges incinérées et de certaines eaux qui guérissent les goîtres, est dû à la présence de l'iode ou des iodures, la plus grande partie de ces produits s'employa pour cette application et dans le traitement de quelques maladies ; on en fit aussi une certaine consommation en Angleterre, pour préparer la belle couleur rouge (iodure de mercure) qui résulte de la décomposition de l'iodure de potassium par le bichlorure de mercure. Mais, depuis quelques années, la plus grande partie de la consommation de l'iode tient à l'usage fréquent que l'on en fait dans l'art nouveau de la photographie, aussi son prix s'est-il élevé de 26 fr. le kilogr. jusqu'à 145 fr.; il s'est abaissé ensuite à 50 fr. par suite d'une concurrence nouvelle.

On emploie une certaine quantité d'iode pour préparer l'iodure de potassium ; cette préparation n'exige d'autre soin qu'une saturation très-exacte, car un léger excès de potasse rend le sel hygroscopique, et un petit excès d'iode lui fait contracter une nuance orangée sensible.

L'iode est d'un usage journalier dans les laboratoires pour découvrir la présence de la fécule amylacée, pour constater la présence et la pureté de la cellulose, distinguer cette substance pure, mélangée ou injectée de matières azotées dans les plantes.

L'iode pur est vénéneux à la dose de 4 à 5 grammes (Orfila); il agit en ulcérant la membrane muqueuse.

Acide iodique et acide hypériodique.
Acide hypériodique ou périodique.
Acide hydriodique.
Chlorures d'iode.
Bromures d'iode.
Iodures de carbone.
Hydrocarbure d'iode ou iodure d'hydrogène bi-carboné.

Ce sont des composés de peu d'intérêt.

IODE, son extraction. *Voy.* Varechs.

IODURE DE POTASSIUM. *Voy.* Potasse.

IRIDIUM. — Le nom d'iridium vient d'*Iris* (arc-en-ciel), par allusion aux couleurs diverses que les dissolutions de ce corps peuvent revêtir. L'iridium, préparé par la réduction de son oxyde au moyen de l'hydrogène, ressemble à l'éponge de platine. Il est de couleur grisâtre, et susceptible de prendre le poli par le frottement. Quant au poids spécifique de l'iridium, les auteurs varient singulièrement : suivant les uns, il est de 15,683, suivant d'autres, de 18,68. H. Rose, en analysant un échantillon d'iridium natif, provenant de la mine de Newiansk (au pied de l'Oural), trouva le poids spécifique de l'iridium égal à 22,80. D'après cette évaluation, c'est l'iridium qui est le plus pesant de tous les métaux. L'iridium n'est ni malléable ni ductible. Il est infusible et fixe. Il ne se ramollit même pas à la chaleur blanche la plus forte. L'iridium en masse compacte est inaltérable, quelles que soient les circonstances dans lesquelles il se trouve : les acides et l'eau régale ne l'attaquent point. Ce n'est qu'à l'état pulvérulent que l'iridium s'oxyde à la chaleur rouge, et que l'eau régale l'attaque sensiblement. Il s'oxyde quand on le chauffe, soit au contact de l'air, soit avec du nitre ou avec un alcali neutre. Le meilleur moyen d'attaquer l'iridium consiste à le mêler intimement avec du chlorure de sodium, et à faire arriver sur ce mélange, exposé à une légère élévation de température, un courant de chlore : il se forme un *chloro-iridate de sodium* soluble dans l'eau. L'iridium a une si grande affinité pour l'osmium, qu'il est difficile d'obtenir le premier parfaitement pur. L'iridium est isomorphe avec l'osmium, le platine et le palladium (Erdmann). Il existe dans le minerai de platine, et particulièrement dans le résidu pulvérulent noir que donne ce minerai quand on le traite par l'eau régale. M. Swanberg a trouvé dans un échantillon de minerai de Newiansk, 76,85 d'iridium, 19,61 de platine, 0,89 de palladium, 178 de cuivre, puis des traces d'une substance analogue au titane. M. Glocker regarde cette espèce d'alliage comme un minéral particulier, auquel il propose de donner le nom de *platiniridium*. Ce minéral est tout à fait semblable, par ses propriétés physiques, à l'iridium natif de Nischney-Tagilsk. M. Charles Lane a le premier fait mention du *platiniridium* d'Ava (royaume de Birman). Ce minéral est assez cassant, et renferme, proportion gardée, plus d'iridium que de platine : environ 60 p. 0/0 d'iridium et 20 p. 0/0 de platine. On le rencontre dans les rivières d'Ava, où il est accompagné d'augite, de quartz, d'émeraude, d'or, et d'oxyde de fer magnétique. La préparation de l'iridium est la même que celle du platine (*Voy.* PLATINE). L'iridium a été découvert en 1803 presque en même temps par Tennant et par Collet-Descotil, dans le résidu noir qu'on obtient en traitant le minerai de platine par l'eau régale. Formule : Ir = 1223,499.

ISAIE, mentionne le fard, rouge d'antimoine. *Voy.* ANTIMOINE, *sulfure*.

ISOMÉRISME (ἴσος, égal, et μέρος, partie). — Un corps A peut se combiner en diverses proportions avec un autre corps B, et donner naissance à des composés différents par leurs propriétés; ainsi un corps qui résultera de l'union d'une partie de A et d'une partie de B pourra être très-différent de celui qui sera formé par une partie de A et deux ou trois parties de B. Mais il peut arriver que deux corps A et B se combinent dans les mêmes proportions pour former des composés qui, cependant, ne se ressemblent pas. On donne le nom d'*isomères* à ces corps sur lesquels l'attention des savants s'est ar-

rêtée depuis quelques années. Je citerai comme exemple de corps isomériques les acides tartrique et paratartrique qui ont la même composition et qui diffèrent cependant beaucoup l'un de l'autre; il en est de même du gaz oléfiant, du méthylène, de l'hydrogène quadricarboné et du cétène; ces quatre corps, très-différents par leurs propriétés, ont été reconnus avoir la même composition.

ISOMORPHISME (ἴσος, égal, et μορφή forme). — Toutes les formes d'une substance appartenant au même système cristallin, peuvent être rapportées à une même forme type, que l'on considère comme la forme primitive. Mais, dans quelques circonstances, une substance peut avoir deux systèmes cristallins différents; on en compte huit ou dix qui jouissent de cette propriété. Il suit de là que la loi de Haüy a lieu, sauf quelques exceptions.

M. Mitscherlich est le premier qui ait appelé l'attention des physiciens sur ce fait. On avait avant lui remarqué que le spath d'Islande et l'arragonite, quoique ayant la même composition chimique, n'avaient pas la même forme primitive; on attribuait cette différence à des principes qui échappaient dans l'analyse de l'arragonite. Aussi multiplia-t-on les expériences, afin de découvrir quels pouvaient être ces principes; mais on cessa de s'en occuper aussitôt que M. Mitscherlich eut découvert le dimorphisme, propriété en vertu de laquelle les mêmes éléments chimiques peuvent se combiner de manière à donner des cristaux qui dérivent de deux formes primitives, et l'isomorphisme, autre propriété d'après laquelle deux combinaisons composées d'éléments différents affectent la même forme cristalline. Commençons par celle-ci.

Depuis longtemps on savait que les sulfates simples et doubles de potasse, d'ammoniaque, de magnésie, de protoxyde de fer et de manganèse, etc., affectaient la même forme. M. Mitscherlich chercha s'il n'en serait pas de même des combinaisons de la même base avec d'autres acides renfermant le même nombre d'atomes; on savait aussi, d'après les recherches de Berzelius, que les acides obtenus avec le phosphore et l'arsenic ont une composition analogue, et que leurs combinaisons avec les bases suivent une même loi : par exemple, que les quantités d'oxygène avec lesquelles le phosphore se combine pour former l'acide phosphorique et l'acide phosphoreux sont précisément les mêmes que celles qui entrent dans la composition des acides arsénique et arsénieux. Il suit de là que, dans les combinaisons de ces acides avec les bases, chaque arséniate a son phosphate qui lui correspond, composé d'après les mêmes proportions, combiné avec les mêmes atomes d'eau de cristallisation, et qui a les mêmes qualités physiques. Il y a donc identité dans ces deux groupes, si ce n'est que le radical de l'acide de l'un d'eux est du phosphore, tandis que celui de l'autre est de l'arsenic. Ainsi, en ajoutant aux deux acides dont on vient de parler, du carbonate de soude en excès, on obtient des cristaux dans lesquels l'oxygène de la base est à celui de l'acide comme 2 : 5. Le biarséniate et le phosphate de potasse qui en résultent prennent la même forme, qui est un prisme à bases carrées, terminé par les faces d'un octaèdre à bases carrées ; les angles sont les mêmes dans l'un et l'autre prisme. Cet exemple d'isomorphisme est frappant.

D'un autre côté, la magnésie, les protoxydes de fer, de manganèse, et l'oxyde de zinc, donnent la même forme cristalline lorsqu'ils se combinent avec les mêmes acides dans la même proportion ; ce qui tend à prouver que deux substances qui ont la même composition atomique cristallisent de la même manière ; mais la conséquence n'est pas rigoureusement exacte, car le phosphate et l'arséniate neutre de soude, quoique ayant des formes presque identiques, montrent une petite différence dans les angles : à quelle cause doit-elle être attribuée? nous verrons bientôt d'où elle peut provenir. De là on a conclu que la forme pouvait être la conséquence de la composition atomique ; cette règle a néanmoins des exceptions, puisque le biarséniate et le biphosphate de soude, au même degré de saturation et combinés avec les mêmes proportions d'eau, prennent des formes cristallines différentes et inconciliables. Voici des corps isomorphes : 1° l'oxygène, le soufre, le sélénium ; 2° le fluor, le chlore, le brôme, l'iode ; 3° le phosphore et l'arsenic ; 4° le fer, l'aluminium, le silicium, le carbone et le magnésium. Il résulte des considérations précédentes que la chaux, la magnésie, le protoxyde de manganèse, de fer, l'oxyde de cuivre, de zinc, de cobalt, de nickel, appartiennent à un même groupe isomorphe, parce qu'un atome de métal est combiné avec deux atomes d'oxygène. La beryte, la strontiane, l'oxyde de plomb, appartiennent aussi à un groupe isomorphe. C'est par un pareil motif que les formes cristallines du sulfate de baryte, de strontiane, sont semblables, en ne perdant pas de vue néanmoins cette vérité que les formes peuvent être les mêmes sans qu'il y ait égalité parfaite dans les angles correspondants. Nous rapporterons quelques observations à cet égard qui ne seront pas sans intérêt pour le lecteur.

MM. Beudant et Mitscherlich ont observé que l'angle dièdre du spath d'Islande, qui est de 105°5', variait dans les échantillons qui renferment plus ou moins de carbonate de magnésie, de fer, de manganèse; que l'angle augmentait à mesure que la quantité des deux premiers devenait plus grande et diminuait pour celle du second. Les observations faites jusqu'ici tendent à prouver que la valeur de l'angle est la moyenne des angles des carbonates considérés isolément, et est proportionnelle à la quantité de chacun d'eux. Considérons, par exemple, un carbonate qui renferme cinq particules de carbonate de chaux et une seule particule de carbonate de fer; l'angle dièdre du cristal est la sixième partie de la somme formée par cinq angles

de 105°5' et un angle de 107°, angle du carbonate de fer, c'est-à-dire 103°,24', 10". On n'a encore trouvé que deux exceptions à cette règle, encore croit-on qu'il y a mélange et non combinaison.

Nous avons présenté l'isomorphisme tel qu'on l'a envisagé jusqu'ici ; mais les recherches de M. Kopp sur la constitution des combinaisons solides et liquides, d'après les volumes, sont de nature à modifier nos idées à cet égard, en nous montrant que les substances isomorphes ont toutes un même volume spécifique, qu'une différence entre les volumes spécifiques en entraîne nécessairement une dans les formes cristallines, et que l'isomorphisme ne dépend pas du nombre d'atomes qui entrent dans une combinaison, mais bien du volume qu'ils occupent dans cette combinaison.

Nous renvoyons au mémoire de M. Kopp, dans lequel on trouvera un grand nombre de faits qui viennent à l'appui de ses idées théoriques. Nous pensons que les vues nouvelles qu'il vient d'émettre sur l'isomorphisme sont de nature à être prises en considération par les physiciens et les chimistes ; passons au dimorphisme.

Un même corps ne prend pas toujours le même arrangement moléculaire ; ainsi le soufre, qui est très-fluide quand il est près de cristalliser brusquement, sans acquérir de viscosité sensible, devient fortement visqueux quand on le chauffe bien au delà du degré où il cristallise. On ne peut s'empêcher de reconnaître ici que le dimorphisme du soufre ne provient que de la température à laquelle cette substance a cristallisé dans le système octaédrique et dans le système prismatique. L'iodure rouge de mercure, porté à la température de 150 à 200°, prend une couleur jaune citron ; si on abandonne cette iodure jaune à la température ordinaire, il reprend sa couleur rouge primitive, et les cristaux deviennent opaques, de translucides qu'ils étaient auparavant. Dans ces divers changements, le composé ne perd aucun de ses principes ; il faut donc qu'il y ait eu changement dans l'arrangement des molécules, et par suite modification dans le système cristallin. Il est bon nombre de substances, telles que le sucre, l'acide arsénieux, etc., dont l'arrangement moléculaire change avec la température. Nous avons un exemple remarquable de dimorphisme dans le charbon et le diamant, dont les principes constituants étant les mêmes, l'un cependant est noir et l'autre translucide.

Les exemples que nous venons de donner suffisent pour caractériser le dimorphisme. Il résulte toutefois des faits que nous venons de rapporter, qu'une même substance composée des mêmes éléments, combinée dans les mêmes proportions, peut affecter deux formes différentes, pourvu que des circonstances particulières exercent une influence dans l'acte de la cristallisation. *Voy.* ATOMES.

IVOIRE. — On appelle ainsi la substance qui constitue les énormes dents ou défenses de l'éléphant. La plupart de ces dents d'éléphants viennent de la côte de Guinée; il en arrive aussi des Indes orientales, surtout de Ceylan. Les défenses d'ivoire brut sont connues sous le nom de *morfil*; on en a trouvé du poids de 80 kilog. Les dents d'hippopotame, du morse et du narval, fournissent aussi des espèces d'ivoire très-estimées. Cette matière précieuse, qui est susceptible de recevoir un très-beau poli, est travaillée avec une rare habileté à Dieppe; malheureusement elle perd bientôt sa blancheur et son éclat au contact de l'air et de la poussière. Spengler, de Copenhague, a reconnu qu'il suffit de la renfermer sous une cage de verre hermétiquement close pour l'empêcher de jaunir; ainsi conservée et exposée aux rayons solaires, elle acquiert même une blancheur plus grande que celle qu'elle avait primitivement. Il a été conduit par cette observation à un procédé fort simple pour blanchir l'ivoire jauni; il suffit de le brosser avec de la pierre ponce calcinée et délayée, puis de le renfermer encore humide sous une cloche de verre que l'on expose journellement au soleil. — On teint l'ivoire de différentes couleurs, en le plongeant dans un bain de brésil, de safran ou d'épine-vinette, de vert-de-gris, de campêche et de sel de fer, selon qu'on veut avoir le rouge, le jaune, le vert, le noir; mais auparavant on le laisse tremper pendant 6 à 8 heures dans une solution d'alun ou dans du vinaigre.

L'ivoire était connu des peuples de l'antiquité, qui l'employaient soit pour orner leurs maisons et leurs temples, soit pour sculpter les images de leurs dieux. Avant qu'on employât la pierre, le marbre et les métaux pour les ouvrages d'art, on exécutait en ivoire toutes sortes d'ustensiles, des poignées et des fourreaux d'épées, etc., qu'on ornait de plaques d'or. Heyne fixe l'époque à laquelle les artistes grecs commencèrent à faire usage de l'ivoire au retour de l'expédition de Troie. Il est probable que les Phéniciens apprirent aux Grecs l'art de travailler cette matière. Les Hébreux en décoraient aussi leurs meubles et jusqu'aux murs de leurs palais, comme le prouvent plusieurs passages de l'Ecriture sainte. Salomon, dont les vaisseaux apportèrent de l'ivoire d'Afrique, s'en fit construire un trône qui fut incrusté d'or.

IVOIRE VÉGÉTAL. — Depuis quelques années, les tourneurs substituent à l'ivoire animal une substance éburnacée, d'une grande blancheur, qu'on nomme *ivoire végétal*, et qui n'est autre chose que la substance intérieure de la semence d'un arbrisseau des grandes forêts du Pérou, le *phytéléphas à gros fruits*, que les indigènes nomment *tabua* et *cabiza di negro* (tête de nègre). Les graines de phytéléphas arrivent en Angleterre et en Belgique à bon marché, puisque le cent ne coûte à Anvers que 4 à 5 francs. On les appelle *noix de tagua*, et improprement marrons ou *noix de cocos*. En France elles sont frappées d'un droit d'entrée de 38 fr. 50 c. les 100 kilog. On les travaille au tour, et on fait actuellement, à Paris, une foule d'objets élégants, qu'on ne paye très-cher que parce qu'on les vend comme *ivoire animal*, ivoire dont le prix ordinaire est de 14 à 15 fr. le kilog. Il y a un moyen très-facile de distinguer les deux sortes d'ivoire, qui a été indiqué par M. V. Pasquier, de Liége. L'acide sulfurique concentré développe au bout de 10 à 15 minutes, sur l'ivoire végétal, une teinte rose qu'un simple lavage à l'eau fait disparaître, tandis qu'il ne produit aucune coloration sur l'ivoire animal.

IVRESSE, comment on peut la dissiper. *Voy.* AMMONIAQUE.

J

JARGON DE CEYLAN. *Voy.* ZIRCON.

JASPE. — Cette pierre entre dans la composition de beaucoup de montagnes. On trouve ordinairement le jaspe en masses amorphes formant des lits, des filons et quelquefois en morceaux arrondis ou anguleux. Il est communément opaque, de couleurs variées.

On distingue le jaspe commun en masse rouge brun, d'un éclat tirant sur le mat, cassure conchoïde, opaque, peu dur, infusible au chalumeau, et finit par y devenir blanc, susceptible de prendre un très-beau poli. Il se trouve principalement en filons.

Jaspe égyptien. — Ce nom lui a été donné parce qu'on l'a trouvé primitivement en Egypte; depuis on l'a rencontré dans une ou deux contrées de l'Allemagne. On connaît deux sortes de jaspes égyptiens, le brun et le rouge.

Le *jaspe égyptien brun* se trouve en Egypte au milieu d'une brèche dont les couches constituent la plus grande partie du sol de cette antique contrée; sa couleur est le brun marron, qui varie du brun jaunâtre au gris jaunâtre: cette dernière couleur est vers le centre, et par conséquent est recouverte par les autres. La couleur brune donne lieu à des dessins rubanés concentriques entre lesquels le minéral est tacheté de noir.

Jaspe égyptien rouge. — On le trouve aussi dans le royaume de Bade, dans un lit d'argile rouge. Sa couleur tient le milieu entre le rouge écarlate et le rouge de sang; celle de la superficie est souvent jaunâtre ou d'un gris bleuâtre. Ces couleurs présentent des dessins zonaires.

Jaspe rubané. — Toujours en masse et en lits dans les collines qu'il constitue même. Ses couleurs sont le gris de perle, les gris verdâtre et jaunâtre, les jaunes de crème et de paille, le vert poireau, le vert de montagne et le gris verdâtre, le rouge de cerise, le rouge de chair, le rouge brunâtre et le brun de prune. Il est mat à l'intérieur, opaque, moins dur que le précédent, susceptible de prendre un beau poli ; cassure conchoïde.

Jaspe agate. — Se trouve toujours en masse dans les agates et les amygdaloïdes, blanc jaunâtre, blanc rougeâtre, jaune paille, etc. ; ces couleurs sont distribuées en zones et en rubans ; il est dur, opaque ; cassure conchoïde, quelquefois translucide et souvent happant à la langue.

Jaspe porcelaine. — Cette espèce est regardée comme due à une argile schisteuse qui a été durcie par des feux souterrains ; le plus souvent il se présente en masse et morceaux anguleux ; il offre quelquefois des empreintes végétales ; ses couleurs sont le bleu, le jaune, le gris, le rouge de brique, le noir grisâtre, le gris de cendre, etc. ; quoiqu'il ne soit ordinairement que d'une seule couleur, il présente souvent des dessins imagés et pointillés.

Jaspe opale. — Se trouve en masse dans le porphyre, dans la Hongrie et dans la Sibérie. Couleurs diverses, qui sont rouge, brun noirâtre, jaune d'ocre, etc. Quelque,

fois en taches et en veines, assez éclatant, ordinairement opaque, facile à casser, cassure conchoïde.

JAUNE MINÉRAL de Naples ou de Cassel. *Voy.* Plomb, *chlorure*

JAYET (*houille piciforme*). — On le trouve dans les trois formations houilleuses, mais plus communément dans les montagnes de trapp, et parfois dans des dépôts argileux entremêlés de succin. Ainsi MM. Julia de Fontanelle et Reboulh l'ont rencontré à Sainte-Colombe, où il a fait longtemps l'objet d'une grande exploitation. Le jayet est en masse ou en lames, ou bien sous forme de branches d'arbres, sans contexture régulière ; il est d'un beau noir et d'une grande compacité ; éclat gras, cassure conchoïde à grandes cavités, cassant. Poids spécifique, 1,308. Quelquefois il surnage l'eau ; alors il est moins compacte, à grain moins fin et bien moins estimé. Il brûle en répandant une odeur de houille, qui est quelquefois aromatique. On taille le jayet en France pour en faire des bijoux de deuil et des objets d'ornement, qui sont principalement expédiés en Espagne, en Allemagne, dans le Levant et en Turquie.

JOB, fait mention du fard, rouge d'antimoine. *Voy.* Antimoine, *sulfure*.

K

KALIUM. *Voy.* Potassium.

KAOLIN. *Voy.* Argiles.

KARABÉ. *Voy.* Succin.

KARSTENITE (*chaux sulfatée anhydre ; gypse anhydre*). — Forme quelquefois des masses considérables vers la jonction des terrains de cristallisation et des terrains de sédiment. Une variété est employée habituellement en Italie sous le nom de *bardiglio, marbre de Bergame*, pour faire des tables, des chambranles de cheminée, etc. Elle est d'un gris bleuâtre.

KERMÈS (*sulfure d'antimoine*). — Ce médicament, dont la découverte paraît être due à Glauber, acquit une grande célébrité vers le commencement du xviiie siècle. Il fut connu alors sous le nom de *poudre des chartreux*, à cause d'un chartreux, le frère Simon, qui en préconisa le premier les vertus médicinales. Sa préparation, tenue secrète pendant longtemps, fut achetée en 1720, par le gouvernement français, d'un chirurgien nommé La Ligérie, qui en avait eu connaissance par un élève de Glauber.

Depuis cette époque, les procédés ont beaucoup varié pour l'obtenir.

Dans les pharmacies, on le prépare aujourd'hui en faisant bouillir, dans une marmite de fonte, une partie de proto-sulfure d'antimoine pulvérisé, vingt-deux parties de sous-carbonate de soude cristallisé, et deux cent cinquante parties d'eau de rivière. Lorsque l'ébullition a été continuée pendant une demi-heure ou trois quarts d'heure, en l'agi-

tant par intervalles avec une cuiller de fer, on filtre la liqueur à travers des papiers gris étendus sur des toiles, et on la reçoit dans des terrines échauffées d'avance avec de l'eau bouillante. Au bout de vingt-quatre heures, le kermès étant précipité, on décante l'eau-mère et on le lave avec de l'eau bouillie et refroidie ; puis on le recueille sur un filtre. Lorsqu'il a été bien lavé, on en exprime l'eau qu'il contient encore, en le soumettant à la presse entre plusieurs doubles de papier, et ensuite on en achève la dessiccation dans une étuve échauffée de $+ 25$ à $+ 30°$.

En traitant à plusieurs reprises par la liqueur d'où le kermès s'est déposé la portion du sulfure d'antimoine qui n'a pas été attaquée, on en obtient une nouvelle quantité comme dans le premier traitement.

Si, après ces différentes opérations, on sature les eaux-mères du kermès par l'acide hydrochlorique ou sulfurique, il se forme un nouveau précipité jaune orangé foncé, que l'on connaît depuis longtemps sous le nom de *soufre doré*.

Le kermès obtenu par le procédé que nous avons décrit ci-dessus se présente en poudre légère, d'une couleur rouge brune foncée et veloutée.

On le prépare d'une manière plus économique, en faisant bouillir deux parties de sulfure d'antimoine, une partie de potasse caustique, et vingt-quatre parties d'eau, filtrant la liqueur au bout d'un quart-d'heure d'ébullition, et la laissant refroidir.

Comme ces procédés n'en fournissent que de petites quantités, on le prépare pour les besoins de la médecine vétérinaire, en fondant dans un creuset deux parties de sous-carbonate de potasse, une partie de sulfure d'antimoine et $\frac{1}{16}$ de soufre. Lorsque ce mélange est fondu, on le coule dans une marmite de fonte, et, après l'avoir pulvérisé, on le fait bouillir dans dix à douze parties d'eau; par le refroidissement de la liqueur bouillante, le kermès se précipite en abondance ; on le recueille avec les précautions que nous avons indiquées plus haut.

La théorie de la formation du kermès peut être expliquée suivant deux hypothèses. Dans la première, la plus ancienne, qui consiste à regarder le kermès comme un sous-hydrosulfate d'antimoine, on admet qu'en traitant le sulfure d'antimoine par le sous-carbonate de soude et l'eau, celle-ci est décomposée ; que son oxygène s'unit à l'antimoine, et son hydrogène au soufre pour former de l'acide hydrosulfurique qui s'unit en partie à l'oxyde d'antimoine et à une partie de la soude du sous-carbonate de soude, qui est alors transformé en sesqui-carbonate de soude. Il en résulte alors du sous-hydrosulfate d'antimoine et de l'hydrosulfate de soude. Comme ce dernier jouit de la propriété de dissoudre une plus grande quantité de sous-hydrosulfate d'antimoine à chaud qu'à froid, il doit nécessairement en laisser précipiter une partie par le refroidissement.

Dans la liqueur surnageante, il y a donc l'excès de carbonate de soude employé, le sesqui-carbonate qui s'est formé, et de l'hydrosulfate de soude qui, au contact de l'air, passe à l'état d'hydrosulfate sulfuré par l'oxygène qui a décomposé une partie de l'acide hydrosulfurique.

Les flocons jaune orangé de soufre doré qu'on sépare des eaux-mères du kermès par les acides proviennent de la portion de kermès que contenait à froid l'hydrosulfate de soude, et qui s'est unie à l'acide hydrosulfurique et au soufre mis en liberté pendant la saturation. Dans cette supposition, le soufre doré serait un hydrosulfate sulfuré d'antimoine.

D'après de nouvelles recherches faites par Berzelius, le kermès serait un protosulfure d'antimoine hydraté, correspondant au protoxyde de ce métal, et le soufre doré un deutosulfure correspondant au deutoxyde.

Ce savant chimiste établit que dans l'action de la potasse sur le sulfure d'antimoine, celui-ci se partage en trois parties; l'une est décomposée par l'oxyde de potassium, d'où résulte de l'oxyde d'antimoine, et du sulfure de potassium. Ce dernier dissout la seconde portion de sulfure d'antimoine, et la laisse précipiter en partie par le refroidissement à l'état d'hydrate, tandis que l'oxyde d'antimoine formé s'unit à la troisième portion du sulfure d'antimoine, et forme le résidu de l'opération. L'opinion de Berzelius sur la nature du kermès et du soufre doré, est fondée sur la manière dont se comportent ces produits au feu et leur analyse respective.

Le kermès, soumis à l'action de la chaleur dans des vases fermés, abandonne de l'eau sans dégagement de gaz, et se transforme en sulfure d'antimoine ordinaire, tandis que le soufre doré fournit en plus du soufre qui se sublime.

La différence qu'on observe entre la couleur du précipité formé par le gaz hydrosulfurique dans les sels de protoxyde d'antimoine, qui est un véritable protosulfure hydraté, et le kermès, serait due, d'après Berzelius, qui a cherché à en découvrir la cause, à ce que le kermès renfermerait toujours une petite quantité d'un sulfure double alcalin, qu'on ne peut point enlever par les lavages. (*Traité de chimie*, tom. II, page 503.)

Il paraît néanmoins, d'après les expériences de plusieurs autres chimistes, que le kermès, suivant son mode de préparation, n'est pas toujours identique, et que dans quelques cas, il renferme une assez grande quantité d'oxyde d'antimoine. Ainsi, d'après M. Henry fils, le kermès préparé par l'ébullition du sulfure d'antimoine dans la solution de sous-carbonate de soude, contiendrait, sur cent parties : protosulfure d'antimoine, 63,1 ; protoxyde d'antimoine, 27,2 ; eau combinée, 9,6. Ce résultat, s'il est exact, tendrait à faire regarder le kermès comme un oxysulfure hydraté, à proportions définies, contenant 2 atomes soufre, 1 atome oxyde, et 12 atomes eau.

Ce conflit d'opinions différentes sur la nature du kermès prouve que ce composé n'est pas encore bien connu dans sa composition, ou du moins que celle-ci est susceptible de varier suivant des circonstances qui n'ont pas encore été bien appréciées, ou plutôt suivant le mode de préparation : toutefois la majorité des faits observés jusqu'à présent sur le kermès, préparé par le procédé ordinaire, autorise à regarder ce composé comme un *oxysulfure d'antimoine hydraté*. En effet, suivant Gay-Lussac, on en extrairait du protoxyde d'antimoine en le traitant à une douce chaleur, par une solution d'acide tartrique ou de bi-tartrate de potasse.

Le prix élevé du kermès fait que, dans le commerce, certaines personnes n'ont pas honte, dans l'espoir d'un plus grand gain, de le falsifier avec des substances inactives. C'est ainsi qu'on le trouve quelquefois mélangé avec de la brique pilée, de l'oxyde rouge de fer, et certaines poudres végétales de couleur analogue. Cette falsification, qui répugne à tout homme qui exerce honorablement son art, peut se reconnaître facilement en traitant une certaine quantité du kermès suspect par six à sept fois son poids de solution de potasse caustique bouillante. Lorsque le kermès est exempt des substances nommées ci-dessus, la dissolution est complète ; dans le cas contraire, il laisse un résidu coloré sur la nature duquel un examen ultérieur peut décider.

Dans certains cas, le kermès, ayant été mal

préparé, peut contenir encore quelques substances salines; on s'en aperçoit facilement à la saveur plus ou moins salée qu'il présente ; alors un simple lavage à l'eau tiède et l'évaporation de la liqueur peuvent faire connaître directement les sels qu'il renferme.

KINIQUE ou QUINIQUE (acide). — Cet acide, retiré pour la première fois par Vauquelin, existe dans la plupart des espèces de quinquina, et principalement dans le calisaya et le quinquina jaune. On l'a rencontré d'abord en combinaison avec la chaux, d'où on l'a extrait. Depuis, on s'est assuré qu'il est en partie uni aux alcalis végétaux que contient le quinquina, savoir, à la quinine et à la cinchonine. Berzelius a retrouvé un acide identique à celui-ci dans l'aubier du sapin, et il pense qu'il est un des principes de l'aubier de presque toutes les espèces d'arbres.

KIRSCH ou KIRSCHWASSER. — Tous les fruits sucrés pourraient fournir des liqueurs alcooliques douées d'aromes particuliers ; une de ces productions est le kirsch, qui *donne* lieu à une industrie agricole dans plusieurs départements de la France (Meurthe, Meuse, Vosges, Doubs, Haute-Saône).

Cette sorte d'eau-de-vie de cerises se prépare surtout en Allemagne et en Suisse; la plus renommée vient de la Forêt-Noire. La préparation du kirsch exige des soins faciles d'ailleurs. On choisit les cerises bien mûres que l'on cueille en séparant les queues. Les fruits sont écrasés à la main sur une claie au-dessus d'une cuve où tombe le jus ; on pile environ 0,25 du marc, de manière à concasser les noyaux, et l'on ajoute cette portion du marc pilé dans le moût afin de lui communiquer l'odeur spéciale qui doit se transmettre au produit distillé. Si l'on mélangeait une proportion plus ou moins forte de noyaux écrasés, l'arome de la liqueur serait ou trop prononcé, et dans ce cas pourrait contenir un excès d'acide cyanhydrique nuisible à la santé, ou trop faible au gré des consommateurs. Lorsque le moût ainsi préparé a subi la fermentation alcoolique complète, on le distille dans des alambics étamés, chauffés par la vapeur. On sépare les premières portions obtenues au degré commercial des eaux-de-vie (19 à 21° Cartier); les derniers liquides alcooliques sont réunis au moût fermenté (vin de cerises) pour une distillation suivante.

L

LABRADOR. *Voy.* Couleurs dans les minéraux.

LABRADORITE ou *pierre de Labrador*. — Cette pierre, par la vivacité des reflets bleus, jaunes verdâtres, rouges cuivrés, etc., qu'elle présente sous diverses inclinaisons, est une substance qui promet les plus beaux effets ; malheureusement, elle est plus agréable en petites plaques isolées, qu'on peut faire mouvoir devant l'œil, que travaillée en objets d'ornements qui, dans quelques parties, n'offrent que la teinte grisâtre ou noirâtre naturelle. Elle ne se trouve dans la nature qu'en pièces peu considérables, et ne peut dès lors être employée habituellement qu'en placage et en incrustation. Ce qu'on a exécuté de plus beau, sont: une table carrée, composée de deux plaques dédoublées d'une tablette de 13 pouces sur un pouce et demi d'épaisseur; un guéridon de marbre blanc, incrusté d'une large étoile ; une pendule, des vases carrés, des candélabres, qui existaient dans la belle collection de M. le marquis de Drée.

LACTINE. *Voy.* Sucre de lait.

LACTIQUE (acide). — Scheele donna le nom d'acide lactique à un acide particulier qu'il découvrit dans le petit lait, et qui a été retrouvé depuis dans d'autres liquides, soit à l'état de liberté, soit uni à la soude. Regardé pendant longtemps comme de l'acide acétique modifié par une matière organique, Berzelius a établi d'une manière incontestable sa véritable nature.

L'acide lactique se forme dans un assez grand nombre de circonstances ; c'est, suivant Berzelius, un produit de la décomposition des matières animales dans l'intérieur du corps des animaux ; il se développe spontanément pendant la fermentation acide de beaucoup de matières végétales : c'est ainsi qu'il se produit lorsque le jus des betteraves et des haricots cuits s'aigrit à l'air, etc., etc.

LADANUM. — Le *ladanum* est une résine onctueuse, d'une odeur agréable. Elle forme un enduit sur les feuilles et les tiges du *cistus creticus*, plante qui croît à l'île de Candie et en Syrie. Elle est naturellement d'un brun foncé et molle, mais elle durcit peu à peu. Sa pesanteur spécifique est de 1,186. Elle a une odeur agréable et une saveur amère. Il nous arrive quelquefois une mauvaise espèce de ladanum, en masses contournées, qui contient en mélange du sable ferrifère ; elle n'a point d'odeur et ne vaut rien. Le ladanum sert à préparer des emplâtres, des onguents et de la poudre fumigatoire.

LAINE DES PHILOSOPHES. *Voy.* Zinc.

LAINE. — La laine est la matière filamenteuse qui couvre la peau des moutons et de certains autres animaux, tels que la vigogne, les chèvres du Thibet et de Cachemire, le castor, le lama, l'autruche, etc.

Les laines de moutons malades ne prennent que très-imparfaitement la teinture. Bosc rapporte qu'ayant fait tondre, à Rambouillet, un mouton bien portant, un mouton malade et un mouton mort de maladie, tous trois de la race des mérinos espagnols et du même âge, il en fit laver et filer les toisons séparément et mettre les fils en écheveaux, avec des marques particulières pour les reconnaître. Il les donna à Roard, alors directeur des Gobelins, qui en fit teindre un de chaque espèce en bleu, en rouge et en jaune. On reconnut que ces couleurs étaient vives dans les écheveaux de laine du mouton bien portant, faibles dans ceux de la laine du mouton malade, et ternes dans ceux de la laine du mouton mort. Tous ces échantillons avaient été teints ensemble, de la même manière et dans les mêmes bains.

La constitution anatomique de la laine la distingue, autant que sa composition chimique, des tissus végétaux. Elle est formée de filaments élastiques contournés en spirale, dont la surface est couverte de rugosités. Ces filaments sont des tubes formés par une série d'anneaux qui s'emboîtent les uns dans les autres ; aussi, sous le microscope, ils ressemblent en quelque sorte à une couleuvre ayant les bords de ses écailles un peu recourbés en dehors. Le diamètre de chaque filament varie de 18 à 27 millièmes de millimètre.

LAIT. — Pendant la première grossesse des femelles, il se développe dans les mamelles un organe sécrétoire qui, après la parturition, sécrète du lait. La composition de cet organe résulte d'une innombrable quantité de petits grains glanduleux, dont les conduits excréteurs se réunissent en canaux de plus en plus gros, formés d'un tissu tellement extensible, qu'ils servent en même temps de réservoir pour le lait accumulé.

Le lait est blanc opaque, qualité qu'il doit à une combinaison émulsive de caséum et de beurre. Le liquide dans lequel nagent les parties émulsives tient en dissolution du caséum, du sucre de lait, des matières extractives, des sels et de l'acide lactique libre, auquel il doit la propriété de rougir même à l'état frais la couleur du tournesol. Le lait contient de 12 à 13 p. 100 de matières solides, selon M. Quevenne ; mais cette quantité varie considérablement suivant les animaux et suivant leur nourriture. Le lait soumis au repos se sépare en deux parties ; la crême, plus légère, vient surnager.

On admet généralement que l'alcali renfermé dans le lait se trouve en combinaison avec l'acide lactique, mais cet acide n'a pas encore été observé dans le lait frais. On sait que cet acide se forme au moment où le lait sort du pis ; que sa quantité augmente de plus en plus, jusqu'à ce qu'il en résulte la décomposition du caséate alcalin, c'est-à-dire la coagulation du lait et la formation du lactate de caséine (caséum).

Le lait évaporé à l'air libre se couvre d'une pellicule composée principalement de caséum. Une fois arrivé à un certain degré de concentration, il se coagule spontanément.

Gay-Lussac a vu que du lait frais chauffé à 100°, lorsqu'on répète cette opération tous les jours, peut être gardé des mois entiers sans qu'il s'aigrisse. Au-dessus de 15° le lait absorbe l'oxygène de l'air et devient aigre ; de 20 à 25 cette acidification s'opère dans l'espace de quelques heures, et le lait se coagule quand on le fait bouillir. Un lait déjà aigri peut encore être bouilli quand on

a la précaution d'en saturer l'acide libre avec du carbonate de potasse ou de soude. Pendant l'acidification du lait il se forme de l'acide lactique qui convertit le caséum en un caillot gélatineux, combinaison de cette matière avec l'acide lactique ; quand il est égoutté, on le connaît sous le nom de *fromage mou*.

Quand on mêle le lait avec les *acides*, la matière caséeuse se précipite combinée avec l'acide et enveloppant le beurre qui se précipite en même temps ; le précipité est redissous par les alcalis ; mais cette dissolution s'opère difficilement quand le lait a bouilli. Les hydrates des terres alcalines coagulent le lait. Tous les sels terreux et métalliques qui précipitent une dissolution d'albumine coagulent le lait. Plusieurs matières organiques agissent sur ce liquide. Le *pinguicula vulgaris* l'épaissit considérablement et le rend filant ; le *tannin* et plusieurs matières végétales le coagulent ; mais la substance la plus remarquable sous ce rapport est la présure. *Voy.* Présure.

Lait de femme. — Sa densité moyenne est de 1,020 ; il contient 12 p. 100 de substances fixes. Le caractère essentiel du lait de femme consiste en ce que la matière caséeuse qui s'y trouve dissoute forme des combinaisons solubles avec les acides. Parmi les laits de 15 femmes examinés par Moggenhofen, il ne s'en est trouvé que trois qui fussent coagulables par les acides chlorhydrique et acétique, mais la présure le coagule régulièrement. Voici l'analyse d'un lait de femme, par Moggenhofen : 1° extrait alcoolique avec beurre, acide lactique, lactate, chlorure sodique et sucre de lait, 9,13 ; 2° extrait aqueux ; sucre de lait et sel, 1,14 ; matière caséeuse coagulée par la présure, 2,41 ; eau, 87,25.

Lait de vache. — Sa densité, d'après M. Quevenne, est de 1,029 à 1,033 pour le lait avec sa crême, et de 1,033 à 1,037 pour le lait écrémé ; et celle de la crême 1,0244.

La composition du lait de vache est la suivante, d'après une moyenne de six analyses exécutées par M. Quevenne : beurre, 3,38 ; matières caséeuses, 3,57 ; lactines, matières extractives, 5,85 ; eau, 87,20.

Le lait de chèvre a une pesanteur spécifique de 1,036. Il a une odeur hircine, plus prononcée lorsque la chèvre qui l'a fourni est foncée en couleur que quand son pelage est d'une teinte claire. Il donne beaucoup de crême et de beurre. Ce dernier, outre les autres acides du beurre, contient de l'acide hircique, auquel est due l'odeur particulière du lait de chèvre. Ce lait donne aussi beaucoup de matière caséeuse, qui devient dense et ferme, et qui perd aisément son petit lait. M. Payen y a trouvé, sur 100 parties : beurre, 4,08 ; matière caséeuse, 4,52 ; résidu solide du petit lait, 5,86 ; eau, 85,50.

Lait d'ânesse. — Il diffère beaucoup des autres laits par la proportion considérable de sucre de lait qu'il contient ; c'est à la prédominance de cette matière qu'il faut probablement attribuer la plupart de ses propriétés médicales. 100 parties de lait d'ânesse renferment : matières solides, 9,53 ;

eau, 90,47. Les matières solides sont : beurre, 1,29; sucre de lait, 6,29; caséum, 1,95. La proportion des matières solides obtenues varie entre 7 et 11 p. 100 de lait; elle est quelquefois, mais rarement, au-dessous de 7.

Hunter a observé une production de lait chez les oiseaux. Il a trouvé que le gésier des pigeons, tant mâles que femelles, sécrète, dans les premiers jours qui suivent la sortie du petit hors de l'œuf, un liquide blanc, semblable à du lait et coagulable, qui constitue d'abord la seule nourriture du jeune oiseau, et que plus tard celui-ci reçoit à l'état de coagulation et mêlé avec d'autres aliments.

On ne doit pas être surpris de ce qu'un organe si différent des mamelles sécrète du lait, puisque, dans l'espèce humaine elle-même, il s'est trouvé tant des hommes que des femmes chez lesquels du lait coulait des yeux, de l'ombilic, des jarrets, des pieds, des reins, et que, quand la sécrétion de ce liquide vient à être suspendue par une cause quelconque dans les seins, elle s'établit dans d'autres parties du corps, et y produit ce qu'on appelle des métastases laiteuses.

Plusieurs circonstances accidentelles peuvent faire varier les propriétés du lait. Immédiatement après la parturition, lorsque sa sécrétion commence, il en a qui sont tout à fait différentes de celles dont il jouit plus tard. On lui donne alors le nom de *colostrum*. Le colostrum de la femme ressemble à une eau de savon peu chargée, et quelques flocons oléagineux se déposent à sa surface. Il est opaque. A l'air il devient visqueux. Il y aigrit et s'y putréfie promptement. Le colostrum de la vache est d'un jaune foncé, épais, mucilagineux, quelquefois mêlé de petites stries de sang. Il contient très-peu de graisse, et donne des traces faibles de crème, dont on ne peut point obtenir de beurre par le barattage.

De même que l'urine, le lait peut contenir des substances accidentelles provenant de divers aliments, et en général, les matières qui passent dans l'urine s'introduisent aussi dans le lait. Lorsque les vaches ont mangé du trèfle d'eau, de la menthe, de l'ail ou de la moutarde sauvage, de la livèche, etc., on peut, à l'odeur et à la couleur de leur lait, reconnaître les principes constituants de ces végétaux qui y ont été transportés. Ainsi, plusieurs euphorbes et la gratiole le rendent purgatif; la garance, le *cactus opuntia*, le safran, le bleu d'indigo soluble, le rendent rouge, jaune ou bleu. Les huiles essentielles des labiées passent dans le lait. Celui de la femme peut subir, par l'influence d'affections morales ou de substances médicamenteuses, des changements qui souvent deviennent une source d'accidents morbides chez l'enfant qu'elle allaite.

Les pathologistes ont observé en outre des altérations diverses du lait, sous le rapport de la consistance, de la couleur et des autres propriétés, qui n'ont point encore été examinées chimiquement (1).

La destination physiologique du lait est de servir d'aliment à l'animal nouveau-né, et de lui fournir le mélange de substances nitrogénées et non nitrogénées nécessaire au développement de son corps. Chacun connaît trop bien ses usages dans l'économie domestique, pour que j'aie besoin d'insister sur ce point.

Conservation du lait. — On s'est beaucoup occupé de résoudre ce problème; le procédé d'Appert donne une solution complète, mais son exécution est embarrassante; M. Braconnot a donné un moyen d'une exécution beaucoup plus commode. On fait coaguler trois litres de lait frais avec de l'acide chlorhydrique (il ne faut pas employer celui du commerce, mais de l'acide pur, car sans cette précaution, le produit est d'une très-mauvaise qualité) à une température de 40°; on exprime, on lave, on dissout le caillot dans une solution de 5 grammes de carbonate de soude cristallisé; en chauffant au bain-marie on obtient un demi-litre de crème épaisse. Mêlée avec moitié de son poids de sucre en poudre, on obtient ainsi une *conserve de lait*, à laquelle il ne s'agira plus que d'ajouter de l'eau pour régénérer le lait. MM. Grimaud et Gallais ont indiqué un procédé pour conserver le lait. Ils nomment *lactéine* le produit qu'ils préparent par l'évaporation obtenue au moyen de l'air froid mis en mouvement dans le liquide. La lactéine contient tous les corps fixes du lait. On peut régénérer le lait en ajoutant à la lactéine 9 p. 100 d'eau.

Le lait est presque l'aliment universel de tous les peuples. Le renne dans la Laponie, la jument en Tartarie, le chameau, le dromadaire en Egypte et en Syrie, le buffle dans les Indes, le lama, la vigogne en Amérique, la vache, la brebis, la chèvre et l'ânesse, fournissent un lait qui est un aliment simple et naturel. A Paris, pour l'usage alimentaire, on n'emploie que du lait de vache.

Un bon lait est le meilleur des aliments.

---

(1) Le lait provenant d'animaux sains, présente parfois, au bout de 24 ou 48 heures, des modifications dans sa couleur, qui passe au bleu; parfois, cette coloration ne se montre qu'après plusieurs jours. D'anciens observateurs avaient déjà appelé l'attention sur ce fait que M. Bailleul a eu occasion d'étudier dans les arrondissements du Havre et d'Yvetot. La coloration bleue apparaît d'abord par taches isolées, dans lesquelles on a cru observer des touffes de *byssus*.

Le lait est sujet à une autre altération du même genre; au lieu de devenir bleu, il devient jaune. M. F. Fuchs a étudié ces phénomènes : il a observé que le lait bleu renferme un infusoire particulier, auquel il a donné le nom de *vibrio cyanogenus*. Il paraît être incolore; mais on peut faire bleuir toute espèce de lait, quand on le met en contact avec lui. Ces animalcules peuvent se multiplier dans une infusion de guimauve, et la colorent en bleu pâle. On peut les conserver, pendant longtemps, dans cette liqueur.

Le lait jaune renfermerait le *vibrio xanthogenus*, qui se comporte absolument comme le précédent. On le trouve même quelquefois dans le lait bleu.

Dans une même étable et avec le même régime, le lait de certaines vaches présente seul ces phénomènes de coloration. L'emploi du sel marin paraît obvier à l'état particulier qui les produit.

Un mauvais lait est le plus détestable de tous les aliments.

Le premier est celui que la nature présente aux jeunes animaux dont les organes, trop faibles encore pour élaborer une nourriture plus énergique, acquièrent peu à peu par l'usage de ce liquide la vigueur et le développement nécessaires.

Quand le corps est usé par les souffrances ou par un âge avancé, c'est encore au lait que le vieillard et le convalescent demandent de nouvelles forces.

On sait qu'on ne peut pas élever les enfants au biberon à Paris. Il est plus que probable que la mauvaise qualité du lait est une des plus grandes causes de la mort de ces enfants. Les nourrisseurs qui tiennent constamment leurs vaches dans des écuries peu aérées, et dans des étuves chaudes, pour qu'elles donnent plus de lait, les rendent ainsi phthisiques. On trouve des tubercules dans les poumons de presque toutes les vaches des nourrisseurs de Paris et des environs.

A propos de l'altération du lait, et d'une maladie qui régnait sur les vaches (la cocotte) M. Littré s'est exprimé ainsi : « En voyant « la phthisie pulmonaire moissonner à elle « seule le cinquième des individus qui meu- « rent dans Paris, peut-être pourrions-nous « signaler comme cause de la fréquence de « cette maladie, de coupables abus que la « cupidité seule engendre, mais qui équiva- « lent souvent, par leurs résultats désastreux, « à une perversité profonde. »

Quand il s'agit de confier un enfant à une nourrice, on a grand soin de la choisir bien portante, et l'on se garderait bien de le donner à celle à qui on reconnaîtrait le plus léger symptôme de phthisie pulmonaire, et cependant nous nous nourrissons, ainsi que nos enfants, avec le lait de vaches qui ont souvent le poumon rempli de tubercules.

Commerce du lait à Paris. — La plus grande partie du lait qui se vend à Paris est recueillie dans un rayon de dix à quinze lieues, par les récolteurs ou marchands en gros qui traitent avec les cultivateurs, et qui apportent cette denrée à Paris pour la revendre en détail aux débitants, aux laitières, etc. Le lait est payé aux fermiers par les récolteurs de 25 à 30 cent. la pinte de deux litres, les récolteurs le revendent de 30 à 40 cent. aux débitants de Paris, qui le livrent eux-mêmes aux consommateurs à raison de 50, 60 et même 80 centimes la pinte, ou 5, 6 et 8 sous le litre, plus ou moins, suivant sa qualité et suivant le quartier.

Quelquefois le lait passe en plusieurs mains avant d'arriver au débitant en détail, et il existe entre celui-ci et le récolteur des intermédiaires appelés *relayeurs*, qui se chargent de transporter et de distribuer le lait aux crêmiers. Une très-grande partie du lait consommé à Paris arrive dans de grandes voitures conduites au grand trop, et contenant plusieurs rangées de vases en fer battu étamé appelés boîtes à lait, de la capacité de 12 à 20 litres : l'arrivée a souvent lieu deux

fois par jour, le matin et le soir, et le transport constitue ordinairement une entreprise et une spéculation à part.

Le commerce du lait est extrêmement considérable à Paris, comme on doit le penser ; on assure que certains marchands en gros n'envoient pas moins de 4 à 5,000 litres de lait par jour. Une autre portion du lait consommé à Paris provient de vacheries situées dans l'intérieur de la ville ou dans ses faubourgs ; ce lait serait, en quelque sorte, beaucoup plus riche et plus substantiel que celui des fermes, attendu qu'il est fourni par des vaches mieux nourries, qui ne sortent jamais, et dont on provoque autant que possible la sécrétion lactée ; c'est donc pour ainsi dire un lait de choix qui se paye plus cher, et que l'on peut même avoir chaud en se présentant à la laiterie. Il est moins aromatique que le lait produit par les vaches vivant à l'air et dans les herbages ; on peut néanmoins le considérer comme de bonne qualité lorsqu'il provient de vaches saines, bien entretenues dans un établissement honnête et soigneux, et qu'il n'est pas travaillé ou frelaté.

Telles sont, en résumé, les deux principales sources d'où arrive le lait livré à la consommation dans Paris. On peut évaluer à 100,000 litres par jour la consommation du lait dans la capitale ; c'est donc la production de 10,000 vaches qu'absorbent chaque matin à leur déjeuner les habitants de la capitale.

En résumé, le lait qui se consomme à Paris peut d'abord se diviser en deux grandes classes ; 1° celui des nourrisseurs de l'intérieur de la ville ; 2° celui des campagnes environnantes ou éloignées.

Le premier a l'avantage de ne pas subir de transport, car le lait qui est battu et agité perd toujours insensiblement de sa qualité, surtout lorsque la température est élevée ou qu'elle éprouve de fortes variations.

Le lait des nourrisseurs vendu à 40 centimes le litre forme la première qualité.

Le lait à 30 cent. vient après ; il contient ordinairement de 2 à 3/10e d'eau, et il est écrémé. Cette qualité est vendue particulièrement par les crêmiers, mais la plupart des laitières du coin des rues tiennent aussi de cette qualité.

Le lait à 20 centimes contient une grande quantité d'eau, les 4/10e si ce n'est la moitié, c'est là la qualité qui se vend dans les rues ; mais un grand nombre de crêmiers tiennent aussi cette qualité.

Il est impossible d'avoir du lait pur au prix de 40 centimes la pinte (deux litres), prix auquel on le vend dans les rues. Il n'en est pas de même du lait vendu dans les vacheries, et qui est payé de 60 à 80 centimes. Cette différence dans le prix explique l'addition de l'eau dans ce liquide, et les quantités dans lesquelles on l'y ajoute.

Des personnes que nous avons tout lieu de croire bien renseignées nous assurent que le lait est fourni aux hôpitaux à 25 pour 0/0 au-dessous du prix de revient ! Qu'on tienne compte des bénéfices des fournisseurs, et on concevra facilement combien le lait délivré aux pauvres malades doit être sinon altéré, du moins étendu d'eau.

Falsifications et altérations du lait. — L'opinion générale est que, dans les grandes villes où la consommation du lait est très-considérable, et supérieure, dit-on, à la quantité que fournissent les vaches de l'intérieur et des campagnes environnantes, on n'en vend pas qui n'ait subi, dit-on encore, quelque addition frauduleuse.

Nous nous appuierons ici de l'opinion de M. Quevenne, pharmacien en chef de l'hôpital de la Charité, à qui l'on doit un travail très-remarquable sur les altérations du lait, travail auquel nous devons plusieurs renseignements.

Oui, le lait vendu à Paris varie infiniment en qualité ; souvent il est mauvais, mais presque toujours par des causes d'altération de même nature : soustraction de crême, addition d'eau, moyens de coloration pour lui donner une teinte jaunâtre, mais point ou peu de substances pour en changer la densité, à cause des difficultés que cela présente, ou de la facilité avec laquelle on les découvre.

Sans doute, on a pu quelquefois chercher par différents moyens à corriger la saveur aqueuse sans arome, le goût plat, la fluidité et la teinte bleuâtre que donne l'eau au lait quand elle y est ajoutée en forte proportion ; mais tout ce qu'on dit à ce sujet est au moins exagéré. On conçoit que diverses décoctions végétales, comme celles de son, d'orge, de riz, etc., seraient plus ou moins propres à remplir cet objet ; mais comme elles ne changeraient presque rien à la densité du lait, le lactomètre indiquerait aussi exactement sa valeur, que si l'on ne se fût servi que d'eau pure ; et, du reste, un peu de teinture d'iode versée dans le sérum signalerait de suite la présence de ces substances.

Aujourd'hui que le lait surabonde, quoi qu'on en dise, à Paris, par suite du système d'approvisionnement dans un rayon très-étendu, et du transport accéléré par des services particuliers ou par les chemins de fer, le lait vendu aux consommateurs est généralement moins mauvais ; il contient un peu moins d'eau, et ce n'est pas le manque de lait qui fait que le marchand y ajoute de l'eau, mais c'est un peu la faute du consommateur, qui veut ne payer le lait que 20 centimes le litre, ou 40 centimes la pinte de deux litres.

On dit que le lait qui se vend à Paris est entièrement écrémé, cela n'est pas vrai à la lettre. Il faut faire attention que le lait du commerce est ordinairement composé de la traite du soir et de celle du matin. La première, pendant douze heures qu'elle a séjourné à la laiterie, a eu le temps de se couvrir de crême et de pouvoir en être séparée ; la seconde, au contraire, est mêlée avec le lait de la veille, presque aussitôt qu'on l'a tiré. Ainsi, le lait qu'on vend à la bonne

ville de Paris doit contenir au moins la moitié de la crême que la vache a fabriquée.

Quant au lait qu'on apporte des environs de Paris, il peut être celui des deux traites de la veille, qu'on a eu le temps d'écrémer. Du reste, l'absence de la crême est facile à saisir par la dégustation et surtout par le galactomètre ; mais il ne faut pas oublier que plusieurs causes influent sur la quantité de la crême. Qui de nous ignore que quand le temps est orageux, le lait ne donne pas de crême ou fort peu ?

Ce que l'on vend sous la simple dénomination de *crême* ou de *crême à café*, n'est que du lait pur ou du lait additionné d'un peu de vraie crême ; quant à cette dernière, on n'en vend que peu sous le nom de crême double.

C'est l'addition d'eau, plus encore que la soustraction de la crême, qui diminue la qualité du lait, car elle n'agit pas seulement en étendant ses principes sapides, elle les détériore ; conséquemment on peut, en écrémant partiellement ce liquide, pour vendre la crême à part, former un aliment de deuxième qualité, il est vrai, mais encore bon, comparativement à son bas prix.

Les expériences nombreuses auxquelles M. Quevenne s'est livré, la quantité assez grande d'échantillons de lait du commerce pris au hasard qu'il a examinés, l'ont conduit à conclure que la croyance généralement admise par les gens du monde que l'on ajoute une infinité de substances dans le lait, qu'on le fabrique pour ainsi dire de toutes pièces, est fort exagérée. Sans doute, celui qui est livré à la consommation est rarement pur, mais en fait de falsification, tout se réduit ordinairement à le laisser reposer pour enlever une partie de la crême et à ajouter de l'eau.

LAITIER. *Voy.* Fer.

LAITON. *Voy.* Cuivre et Zinc, *alliages.*

LAMPES d'Argant, de Carcel, etc. *Voy.* Flamme.

LAMPE DE DAVY ou Dévyne. *Voy.* Toiles métalliques.

LAMPES DES PHILOSOPHES. *Voy.* Hydrogène.

LAMPIRES, leur phosphorescence. *Voy.* Phosphorescence.

LANTHANE. — (De λανθάνω, je suis caché, faisant allusion à la combinaison intime du lanthane avec le cérium dans la Cérite.) Le lanthane est un métal qui a été découvert récemment dans la *cérite*, par Mosander. On ne possède sur ce métal que des notions encore imparfaites. L'acide de cérium, préparé par des procédés ordinaires, contient à peu près ¼ d'oxyde de lanthane, dont la présence altère à peine les propriétés du cérium (Mosander). Pour obtenir le lanthane, on calcine fortement l'azotate d'oxyde de cérium lanthanifère. Par suite de la calcination, l'oxyde de cérium devient insoluble dans les acides étendus, tandis que l'oxyde de lanthane, qui est une base très-forte, se dissout dans ces mêmes acides. En traitant par l'acide azotique, étendu de 100 parties d'eau, le résidu de la calcination de l'azotate de cérium, on obtient une dissolution d'oxyde de lanthane, l'oxyde de cérium restant insoluble.

LAPIS-LAZULI. *Voy.* Lazulite et Outremer.

LARMES. — On a donné le nom de *larmes* au fluide sécrété par la glande lacrymale, qui est située dans un enfoncement de la paroi supérieure de l'orbite. Ce fluide continuellement sécrété a pour usage de lubréfier la muqueuse qui recouvre l'œil. Après avoir rempli cette fonction, il est absorbé par les points lacrymaux qui le portent dans un petit sac, d'où il se rend ensuite dans les fosses nasales et se mêle au mucus.

La sécrétion de cette glande est influencée par le volume qu'elle peut prendre tout à coup, et par les affections qui excitent vivement notre sensibilité.

Ce fluide est incolore, limpide, inodore, d'une saveur salée plus ou moins amère; il verdit le sirop de violettes, et ramène au bleu le papier de tournesol rougi par un acide : l'alcool le trouble et et en sépare un peu de mucus. D'après Fourcroy et Vauquelin, il est composé d'eau pour la plus grande partie et de quelques centièmes de mucus, de soude libre, de chlorure de sodium, et d'un peu de phosphate de chaux.

LARMES BATAVIQUES. *Voy.* Verre.

LAUMONITE (*zéolite de Bretagne*). — Tombant en poussière par l'exposition à l'air. Elle n'a encore été trouvée que dans les mines de plomb de Huelgoat en Bretagne.

LAURIER. *Voy.* Huiles.

LAVOISIER. — Nous ne pouvons mieux faire que d'emprunter sur ce grand chimiste le jugement de l'écrivain le plus compétent, grand chimiste lui-même, M. Dumas, dans ses *Leçons sur la philosophie chimique.*

« L'année même 1770, qui vit paraître les premiers travaux de Scheele et de Priestley, se trouve marquée par l'apparition du premier mémoire chimique de Lavoisier. C'est d'une recherche fort simple au fond qu'il est question dans ce mémoire. Mais quand on examine avec attention la méthode de l'auteur, on reconnaît avec surprise que le jeune Lavoisier, de même que ses deux illustres compétiteurs, possède déjà, et qu'il possède seul, la méthode et l'instrument dont l'emploi constant doit caractériser plus tard toutes ses recherches.

« Lavoisier se propose dans ce mémoire de résoudre une question de la plus haute importance : il s'agit de savoir si l'eau possède ou non la propriété de se convertir en terre. On sent très-bien que, partageant les idées de son temps et regardant l'eau comme un corps simple, la conversion de l'eau en terre est pour lui un phénomène du plus haut intérêt et propre à jeter la plus vive lumière sur la nature d'un des éléments admis alors. Aussi, quand il entreprend cette expérience, voyons-nous Lavoisier procéder comme il doit procéder dans toutes les re-

cherches délicates qu'il entreprendra par la suite. Ce n'est point une expérience qu'il tente au hasard, en passant, à laquelle il veut consacrer quelques heures de loisir. C'est une expérience à laquelle il se prépare, tout au contraire, de longue main, comme à une chose sérieuse, entreprise avec réflexion, exécutée avec calme et persévérance dans un grand but. On voit qu'il ne veut jamais consulter la nature en vain, et qu'il prend ses dispositions, de manière que la vérité, quelle qu'elle puisse être, soit nécessairement mise au jour.

« Il fait donc construire une balance d'une parfaite précision, instrument qui avant lui n'avait jamais été sérieusement employé dans les recherches chimiques. Il en étudie les allures, reconnaît la nécessité des doubles pesées et ne manque pas d'en adopter l'emploi.

« Comme il avait besoin de faire bouillir pendant longtemps de l'eau dans un vase de verre, et qu'il devait vérifier son poids de temps à autre pour s'assurer qu'il ne laissait rien échapper, il pèse ce vase à des températures diverses, et s'assure que le vase, quoique bien fermé, perd un peu de son poids quand il est chaud. Il n'en voit pas la cause, qui tient, comme on le sait maintenant, à ce que le verre est hygrométrique, à ce qu'il attire l'humidité de l'air, et qu'il s'en revêt d'une couche mince qui disparaît à une température assez haute pour la mettre en vapeurs. Mais si Lavoisier ne découvre pas la cause de ce fait, il n'en déduit pas moins la nécessité, trop souvent négligée depuis, de faire les pesées qu'on veut comparer aux mêmes températures. Pour le moment, c'est tout ce dont il avait besoin.

« Le vase dont il se servait est un de ceux qu'on désignait sous le nom de pélican, espèce d'alambic dont la partie supérieure communiquait avec le ventre. La vapeur d'eau condensée au chapiteau redescendait à l'état liquide au bas de l'appareil, pour y être soumise à une nouvelle distillation, parcourant ainsi et sans cesse toutes les parties de l'appareil par une circulation non interrompue, pendant toute la durée de l'expérience.

« Lavoisier prend une certaine quantité d'eau ; il la pèse et l'introduit dans son pélican dont le poids lui est connu ; il pèse l'ensemble pour plus de sûreté et ferme le vase avec soin. Alors, avec cette persévérance éclairée qui ne s'est jamais démentie et dont il a donné tant de preuves toutes les fois qu'il a eu quelque recherche sérieuse à accomplir, nous le voyons, pendant cent et un jours, distillant continuellement cette eau et la faisant circuler sans cesse dans l'intérieur du vase, jusqu'à ce que l'expérience lui semble assez avancée pour donner un résultat certain.

« Il pèse alors à la fois le vase et ce qu'il contient, et trouve que l'ensemble n'a pas changé de poids. Il démonte l'appareil pour peser séparément le vase et la liqueur, et il trouve que le vase a perdu dix-sept grains de son poids, tandis que l'eau a augmenté de densité, est devenue trouble et s'est évidemment chargée de quelque produit fixe. En effet, soumise à l'évaporation, elle laisse un résidu dont le poids s'élève à vingt grains.

« Elle renfermait donc vingt grains de substances étrangères ; et comme le vase n'en avait perdu que dix-sept, un esprit moins hardi que celui de Lavoisier se serait arrêté peut-être à cette circonstance et aurait dit : Le vase a perdu quelque chose de son poids, et cette perte est représentée par une portion de l'augmentation de l'eau ; mais pour expliquer le reste de cette augmentation, il faut nécessairement qu'une partie de l'eau se soit convertie en terre. Lavoisier, au contraire, passe outre : pour lui cette augmentation de trois grains ne prouve rien ; c'est quelque accident de l'expérience ; et dans la hardiesse de ce jugement, on le trouve tel qu'il sera toujours, saisissant le fond des choses par un instinct merveilleux, et jamais ne s'arrêtant à ces détails accidentels dans lesquels un esprit médiocre ne manque pas de s'égarer.

« Par un singulier hasard, Scheele, vers le même temps peut-être, s'occupa de cette grave question de son côté. Il arrive à la même conséquence ; mais les moyens qu'il emploie sont bien différents. Scheele, au lieu de peser, analyse. Lavoisier n'analyse pas ; il pèse. L'un et l'autre, ils font usage de la méthode qu'ils doivent préférer en toute occasion par la suite. Scheele s'assure en effet que l'eau ne se change point en terre, en déterminant la nature de cette terre qu'il reconnaît pour de la silice et en voyant que l'eau devenue alcaline s'est chargée des éléments solubles du verre. Lavoisier, de son côté, prononce le même arrêt ; mais il se fonde sur ce que le poids de l'eau est demeuré le même, et sur ce que la terre qui semblait se produire correspond en poids à la perte que le verre a subie.

« La balance est donc dès le premier essai, entre les mains de Lavoisier, un réactif, permettez-moi cette expression, et un réactif fidèle dont il a fait depuis un usage constant.

« Mais aussi n'est-ce point à la légère qu'il a choisi cet instrument. S'il l'adopte, c'est qu'il est guidé par une pensée nouvelle et profonde. Pour lui tous les phénomènes de la chimie sont dus à des déplacements de matière, à l'union ou à la séparation des corps. Rien ne se perd, rien ne se crée, voilà sa devise, voilà sa pensée ; et dès la première application qu'il en fait, il efface une grande erreur.

« Pour lui, dans toute réaction chimique désormais, les produits formés doivent peser autant et pas plus que les produits employés. Si cette condition d'égalité ne se manifeste pas, c'est que la chimie n'a pas su tout recueillir, ou bien qu'elle a méconnu l'intervention de quelque corps occulte. La balance vous apprend donc à l'instant qu'il faut retrouver le produit perdu, ou reconnaître la nature du corps qui est venu compliquer l'expérience. Son application à l'étude des phénomènes naturels devait donc révolutionner la chimie et pouvait seule la révolutionner ; aussi voyez-vous Lavoisier, peu de temps après, fonder les premières bases de sa théorie sur l'application de cet instrument.

« C'est en 1771, le 1er novembre, date que lui-même a pris soin de nous conserver, avant la découverte de l'oxygène, qu'il consigna, dans une note déposée à l'Académie des sciences, les faits qui lui ont évidemment servi de point de départ pour la formation de l'admirable théorie qui a rendu son nom si justement illustre entre les plus illustres. Dans cette note il dit : « Depuis quelques jours j'ai découvert que le soufre en brûlant donne naissance à un acide en augmentant de poids ; il en est de même du phosphore. Cette augmentation de poids vient de la fixation d'une prodigieuse quantité d'air. Si les métaux calcinés augmentent également de poids, c'est qu'il y a également fixation d'air, et par une vérification certaine je puis démontrer qu'il en est ainsi. En effet, si je prends une chaux métallique, si je la calcine avec du charbon en vaisseaux clos ; au moment où elle se réduit, au moment où la litharge se change en plomb métallique, par exemple, on voit reparaître l'air qui s'était fixé lors de la calcination, et on peut recueillir un produit gazeux dont le volume est au moins mille fois plus grand que celui de la litharge employée. »

« Ainsi, dès 1772, à une époque où ses recherches avaient à peine été dirigées vers l'étude de la chimie, il établit nettement que les corps en brûlant augmentent de poids, par suite d'une combinaison, d'une fixation d'air, et qu'on peut ensuite faire reparaître celui-ci sous sa forme première. « Cette découverte, dit Lavoisier, me paraît une des « plus intéressantes qu'on ait faites depuis « Stahl. » Jugement que la suite de ses travaux n'a fait que confirmer et auquel la postérité donne une ratification éclatante.

« Permettez-moi d'insister, permettez-moi de vous faire remarquer encore que, dès 1772, Lavoisier possédait l'idée fondamentale sur laquelle tous ses travaux se sont appuyés, et qu'il y a été conduit par cet emploi de la balance que lui seul connaissait alors ; car, avant Lavoisier, les chimistes ignoraient l'art de peser. Dès cette époque, il sait donc que la combustion est due à une fixation d'air, que le corps en brûlant augmente de poids ; et sous ce rapport Lavoisier est tellement avancé que les idées qu'il émettait ne pouvaient même pas être comprises.

« Si j'insiste particulièrement sur cette remarque, c'est qu'elle jette le plus grand jour sur toutes les questions de priorité que le hasard a si souvent suscitées à cette époque entre Scheele, Priestley et Lavoisier. Elle permet d'affirmer, sans crainte, que Lavoisier, avant que Scheele ou Priestley eussent rien produit dans cette direction, avait déjà arrêté positivement le fond de ses idées, les découvertes postérieures faites par d'autres ou par lui-même n'en ont modifié que la forme. On lui a prêté des faits ;

mais son point de vue primitif, demeuré
pur, ne s'est altéré d'aucun emprunt.

« Voulez-vous apprécier, du reste, toute
la distance qui sépare Lavoisier de ses contemporains ; lisez cette lettre de Macquer
écrite, non en 1772, mais en 1778 ; non au
moment où ses idées en germe pouvaient
être confondues avec tant d'autres théories
hasardées qu'un jour voit naître et mourir,
mais six ans plus tard, et quand les idées de
Lavoisier avaient déjà pour nous un sens
complet et basé sur d'irréprochables expériences.

« M. Lavoisier, écrit Macquer, m'effrayait
depuis longtemps d'une grande découverte
qu'il réservait *in petto*, et qui n'allait à rien
moins qu'à renverser toute la théorie du
phlogistique. Où en aurions-nous été avec
notre vieille chimie, s'il avait fallu rebâtir un
édifice tout différent ? Pour moi, je vous
avoue que j'aurais abandonné la partie.
Heureusement, M. Lavoisier vient de mettre
sa découverte au grand jour, dans un mémoire lu à la dernière assemblée publique
de l'Académie, et je vous assure que depuis
ce temps j'ai un grand poids de moins sur
l'estomac. »

« Pauvre Macquer ! L'oxygène était connu,
l'air analysé, le rôle de l'oxygène assigné
dans l'oxydation et l'acidification, dans la respiration et la combustion ; dix mémoires
pleins de faits avaient éclairé toutes ces
questions de la lumière la plus vive, et Macquer, et les autres chimistes de l'époque
comme Macquer, n'y comprennent pas davantage ; tandis que Lavoisier , six années
auparavant, alors que sa pensée commençait
à peine à poindre, en mesure déjà la portée
dans sa noble intelligence. « C'est la décou-
« verte la plus intéressante qu'on ait faite
« depuis Stahl ! » dit-il ; et ce cri de sa conscience nous prouve assez que le jeune Lavoisier avait dès lors le sentiment profond
et juste de la révolution qu'il était appelé à
accomplir dans les sciences, pendant les années trop courtes de son âge mûr.

« Un mot sur Lavoisier, que je vous présente au moment où, prononçant son *fiat
lux*, il écarte d'une main hardie les voiles
que l'ancienne chimie s'était vainement ef-
forcée de soulever, au moment où, docile à
sa voix puissante, l'aurore commence à percer les ténèbres qui doivent s'évanouir bientôt aux feux de son génie ; un mot, pour vous
faire comprendre comment il s'était préparé
à ses travaux ; pour vous faire connaître la
direction de son esprit, la tournure générale
de ses idées.

« Lavoisier, qui est pour moi l'homme le
plus complet, le plus grand homme, peut-
être, que la France ait produit dans les
sciences, Lavoisier est né à Paris, le 16 août
1743, six mois après la naissance de Scheele.
Son père, qui possédait une fortune assez
considérable acquise dans le commerce, l'a-
vait placé au collège Mazarin, où il fit des
études brillantes. Le voyant animé d'un zèle
ardent pour l'étude des sciences, il eut le
bon esprit de lui abandonner la libre dispo-

sition de son temps , se confiant à bon droit
en sa raison, jeune sans doute, mais éprouvée. Il le laisse donc libre de suivre ses dispositions naturelles, au lieu de lui assigner
un état et de l'enfermer dans une existence
routinière ; il l'abandonne à ses propres
inspirations, à l'âge où l'imagination pleine
de sève possède des trésors de fécondité.
Aussi le voyons-nous se livrer aux études
scientifiques les plus variées, mais toujours
d'une manière profonde, en homme que le
besoin d'inventer pousse et maîtrise d'une
manière impérieuse. Il étudie les mathématiques, l'astronomie auprès de l'abbé La-
caille ; il reçoit des leçons de botanique de
notre illustre Jussieu ; enfin il veut apprendre la chimie, et c'est à Rouelle, qui professait alors avec éclat, qu'est réservé l'honneur
singulier de guider les premiers pas de Lavoisier dans l'étude de cette science.

« Pendant quelque temps, Lavoisier fut
indécis sur la route qu'il devait suivre ; il
réussissait également dans ses études mathématiques et dans ses études relatives aux
sciences naturelles. Un moment même on
aurait pu le croire perdu pour la chimie, entraîné qu'il était dans le tourbillon d'un
homme ardent, auquel on doit les premiers
essais d'une carte géologique de la France.
Guettard veut l'associer à sa vaste entreprise,
lui inspire le goût de la géologie, et Lavoisier s'en occupe avec ardeur. Nous avons de
lui, en effet, un mémoire de géologie, l'un
de ses premiers écrits scientifiques, et qui,
pour avoir été publié seulement dans les
derniers instants de sa vie, n'en a pas moins
été composé en 1767, au début de sa carrière.

« A la sollicitation de l'administration ,
l'Académie avait proposé, un peu avant cette
époque, un prix à décerner au meilleur mémoire sur l'éclairage de la ville de Paris.
Lavoisier voulut s'occuper de cette question,
et ce fut pour lui l'occasion de se faire remarquer par une de ces actions où se décèle
un caractère ferme et décidé qui ne recule
devant aucune difficulté. Après quelques
expériences, il s'aperçoit que sa vue manque de la délicatesse nécessaire pour apprécier les intensités relatives des diverses
flammes qu'il voulait comparer. En conséquence, il fait tendre une chambre de noir,
et s'y enferme pendant six semaines dans
une obscurité parfaite. Au bout de ce temps,
sa vue avait acquis une sensibilité extrême,
et les moindres différences ne lui échappaient
plus. Mais quel dévouement à la science ne
faut-il pas pour se condamner, à vingt-deux
ans, à une réclusion aussi longue et aussi
sévère ! Ce dévouement fut récompensé ; car
l'Académie lui décerna une médaille d'or en
1766, à cette occasion.

« Son esprit calme et ferme s'était déjà
fait connaître dans une autre circonstance.
La position honorable de sa famille l'obli-
geait à quelques devoirs sociaux ; mais le
monde le distrait, le fatigue, et il cesse d'aller dans le monde. Bientôt cependant le défaut d'exercice, un travail trop soutenu,
altèrent ses digestions ; peu à peu il réduit

sa nourriture. Enfin, pendant plusieurs mois, il ne prend que du lait pour tout aliment, ne reculant, comme on voit, devant aucun sacrifice, pourvu que les recherches qui préoccupent sa pensée puissent suivre leur cours sans interruption.

« Là, comme partout, Lavoisier se montre donc comme un homme qui prend froidement et avec maturité chacune de ses décisions, et qui les suit jusqu'au bout d'une manière ferme, sans qu'aucun obstacle puisse ébranler sa persévérance. Reportez-vous maintenant, car je viens de vous y ramener, au moment où il écrivait sa note sur le rôle de l'air dans les combustions ou calcinations, et représentez-vous la conduite que devait suivre alors un jeune homme que des problèmes bien moins sérieux, des occasions bien moins solennelles, avaient trouvé si large dans la conception de ses plans de travail, si dévoué dans leur exécution.

« Il ne s'agissait pas moins ici que de son existence tout entière, car il fallait refaire une science qui n'existait encore que de nom ; et cette science, c'était la chimie, la plus embarrassée de toutes en détails qui semblaient inextricables alors. Lavoisier le comprit, et il n'hésita pas à sacrifier sa vie à ce grand but. Mais, pour l'atteindre, il lui fallait une vie arrêtée et calme, car il avait besoin de longues veilles, de veilles tranquilles ; il lui fallait une grande fortune, car il avait besoin d'aides, de produits coûteux et d'appareils de grand prix. Il s'occupe dès lors, en conséquence, à organiser son existence comme un général organise un plan de campagne ; il mesure de l'œil toute l'étendue de sa mission, et se prépare à l'accomplir avec cet esprit d'ordre et de méthode que vous lui connaissez déjà.

« Aussi, en 1771, au moment même où il vient de se livrer à ses premières expériences sur l'emploi de la balance dans l'étude des phénomènes chimiques, le voyez-vous chercher tout à coup dans les finances une place de fermier général, qui doit lui procurer le revenu nécessaire. Il obtient en même temps la main de Mlle Paulze, fille elle-même d'un fermier général.

« Sa fortune étant ainsi devenue considérable, il put consacrer à ses travaux une portion de son revenu qui paraîtra très-forte, car elle s'élevait de 6 à 10,000 francs, comme on a pu s'en assurer après sa mort dans ses comptes de laboratoire, qui étaient tenus avec autant de régularité que ses comptes de fermier général. Ses habitudes d'ordre se portaient sur les moindres détails.

« Ses occupations nombreuses, et en partie nouvelles pour lui, eussent complétement absorbé son existence, si cet ordre parfait qui suppléait à tout, si cette rare présence d'esprit qui lui permettait de faire chaque chose au moment prévu, ne lui eussent permis de partager son temps de façon à satisfaire à toutes les exigences de sa position et de ses goûts. Tous les matins, tous les soirs, il donnait quelques heures à la chimie ; le milieu du jour, consacré aux affaires, il le

passait à s'acquitter en homme de conscience des devoirs que sa charge lui imposait. Mais le dimanche, ce jour du repos, était pour lui un jour de bonheur complet : il ne sortait pas de son laboratoire, et c'est là qu'avaient lieu ces réunions dont nos pères nous ont conservé le souvenir.

« Le dimanche, il recevait avec une bienveillance sans pareille tous les jeunes gens qui, par leurs connaissances en chimie, pouvaient profiter de sa conversation. Il attirait autour de lui tous les savants de son époque, français ou étrangers ; il y attirait tous les artistes dont le concours devenait chaque jour plus indispensable à l'accomplissement de ses expériences de précision. C'est dans ces conférences que les hommes les plus illustres sont venus tôt ou tard payer leur tribut d'admiration à Lavoisier. C'est là qu'après avoir écouté les discussions qui s'élevaient sur les points les plus délicats de la science avec une froideur qui pouvait sembler de l'indifférence, il les terminait presque toujours en émettant un avis auquel chacun venait se ranger. Mais aussi chez lequel de ses contemporains aurait-on trouvé comme en lui tant de qualités réunies : le calme de la pensée, l'esprit logique, l'imagination brillante et réglée, et, sur toutes choses, l'art d'expérimenter poussé à un degré qui n'a pas été surpassé depuis ?

« Lavoisier était entré à l'Académie des sciences en 1768, à l'âge de vingt-cinq ans ; il y succéda à Baron, chimiste peu connu. Vous concevrez sans peine (car un exemple du même genre s'est reproduit sous nos yeux) que Lavoisier, ayant déjà quelque réputation dans les sciences, appartenant déjà à l'Académie, qui se l'était attaché plutôt sur des espérances que sur des faits accomplis, dut exciter beaucoup de murmures en acceptant une place de fermier général. « C'est un jeune homme plein d'avenir, disait-on ; mais s'il se jette dans la finance, il est perdu pour la chimie : il ne produira plus rien. » Et lorsque Lavoisier venait entretenir l'Académie de quelques découvertes : « Ah ! disait-on encore, quel dommage qu'il soit fermier général ! il ferait bien davantage. »

« Est-il besoin de le justifier de ces reproches, de prouver que Lavoisier, comme fermier général, a fait tout ce qu'il fallait faire pour se montrer supérieur à son emploi, et que Lavoisier, comme chimiste, n'a jamais eu à redouter les distractions causées par les devoirs du fermier général ? En tout cas, la tâche serait facile, comme elle le serait s'il fallait justifier Cuvier des mêmes accusations, aujourd'hui que les passions qui le poursuivaient sont venues, mais trop tard, hélas ! s'éteindre sur sa tombe.

« A peine Lavoisier est-il entré dans la compagnie des fermiers généraux, que les savants le blâment comme un déserteur, et les fermiers généraux comme un intrus incapable de s'élever aux finesses de la profession. Ces derniers furent bientôt détrompés, et il sut s'attirer parmi eux une considération qui allait jusqu'au respect. Parmi eux, il a le premier proposé d'abaisser certains impôts, convaincu que le revenu, loin de diminuer, s'élèverait au contraire par cette mesure. C'est à lui que les Juifs de Metz durent l'abolition d'un impôt odieux, vieux reste des temps de barbarie.

« Sous le ministère de Turgot, en 1776, il fut mis à la tête de la régie des salpêtres, et c'est à lui que l'on doit l'abolition de l'usage si vexatoire en vertu duquel les employés pouvaient pénétrer de force dans les caves, pour enlever les terres salpétrifiées qui en forment le sol. Il fit voir qu'on pouvait se passer de cette ressource, et qu'en se bornant même aux plâtras, il était facile de quadrupler la production. Ainsi Lavoisier fait cesser les fouilles forcées; il publie une instruction sur la fabrication du salpêtre, qui a longtemps guidé tous nos salpêtriers; il améliore la fabrication de la poudre; et dans toutes ces circonstances, ne le perdons pas de vue, c'est Lavoisier, fermier général, qui conseille ou qui agit, quoiqu'il ait *le malheur* de cumuler les lumières de l'homme d'affaires et celles du chimiste consommé.

« En 1787, il fut nommé membre de l'assemblée provinciale d'Orléans; en 1788, il fut attaché à la caisse d'escompte; enfin, et pour terminer ce court résumé de sa vie publique, en 1790, il fut nommé membre de la célèbre commission des poids et mesures. Et certes, si sa vie n'eût été tranchée avant l'heure, qui pourrait douter que sa coopération n'eût été du plus grand secours pour toute la partie expérimentale des travaux de cette commission, lui si familier avec les recherches les plus délicates de la physique? Comment ne pas regretter les conseils de cet esprit si droit et si pratique, qui eût certainement trouvé quelque moyen propre à faire pénétrer promptement dans l'esprit des masses des nouveautés où l'on s'est un peu trop écarté peut-être des anciennes habitudes de la population?

« En 1791, Lavoisier mit au jour son *Traité sur la richesse territoriale de la France*, dont l'Assemblée constituante décréta l'impression aux frais de l'État.

« Après ces détails, qu'il serait facile de développer si c'était ici le lieu, n'avons-nous pas le droit de dire que Lavoisier, comme homme public, comme administrateur, a tenu noblement sa place; qu'il a bien mérité de son pays? Et s'il n'a négligé aucun de ses devoirs comme fermier général, serait-ce donc au savant qu'on viendrait reprocher d'avoir manqué à sa mission? Le résultat l'absout d'avance; mais il est peut-être utile d'examiner avec quelque détail comment il l'a accomplie. Vous verrez à quel point le grand homme a su se multiplier, quand les circonstances l'ont exigé de lui. Prenez les volumes de l'Académie des sciences, de 1772 à 1786, et vous y trouverez au moins quarante mémoires relatifs à l'établissement de sa doctrine.

« En outre, vous voyez pendant ce même temps Lavoisier faire partie de toutes les

commissions, chargé de tous les rapports difficiles; vous le voyez se livrant tout entier, comme si rien n'eût préoccupé son esprit, aux recherches de chimie que l'occasion commande, les plus aisées comme les plus arides, les plus agréables comme les plus dégoûtantes.

« En même temps qu'il semble s'occuper avec tant d'ardeur des expériences nécessaires pour établir sa théorie, au moment où ses idées sur la chaleur le jettent dans une suite de recherches délicates, vous le voyez se livrer à un travail dont pas un chimiste ne voudrait peut-être se charger aujourd'hui : il avait pour objet de reconnaître la nature des gaz produits par les matières fécales corrompues, des gaz qui se dégagent des fosses d'aisance, et devait conduire à découvrir quelque moyen de secours pour les malheureux ouvriers qui périssaient si souvent asphyxiés par ces gaz délétères, ou brûlés par suite de leur explosion imprévue. Eh bien! Lavoisier, fermier général et millionnaire, Lavoisier, qui dans chaque minute dérobée aux recherches qu'exigeait sa théorie devait voir un vol fait à sa gloire, Lavoisier se livre sur ce sujet, avec son calme et sa persévérance accoutumés, à une longue suite d'expériences si nauséabondes, que je n'aurais pas le courage d'en rappeler ici le moindre détail. Elles durent pendant plusieurs mois, et Lavoisier se dévoue à cette étude rebutante par de simples vues d'humanité; car il n'espérait rien de ses expériences, si ce n'est le moyen de sauver la vie à quelques malheureux. Ces essais terminés, il les raconte avec une simplicité parfaite, comme si cette charité sublime qui avait éveillé son attention lui eût épargné ou ennobli tous les dégoûts de ce long travail.

« Vous le voyez, rien n'égale l'activité de Lavoisier comme savant. Pendant quatorze années, nos mémoires académiques n'ont jamais manqué de s'enrichir de quelques-uns de ses écrits, inégalement distribués, il est vrai; car il est certaines années où ils sont très-nombreux, et d'autres où il semble que Lavoisier se repose. Ainsi, l'année 1777 est remplie de ses mémoires; les années 1781, 1782 en sont encore remplies, à tel point que les volumes de l'Académie ne peuvent les contenir tous, et qu'on est obligé de dire : « Cette année, M. Lavoisier a présenté tant de mémoires, qu'il a été impossible de les imprimer tous. »

« Regardez-y de près, néanmoins, et vous verrez que ces années d'abondance ne sont pas toujours celles qui ont coûté les plus grands travaux. Les mémoires dans lesquels des recherches profondes et sévères se manifestent sont toujours précédés par quelque temps de repos, et paraissent pour ainsi dire isolés. C'est ainsi que, lorsqu'on voit paraître le magnifique mémoire sur les chaleurs spécifiques, où à tant d'exactes déterminations Laplace et lui ajoutent des observations d'un si haut intérêt sur la quantité de chaleur dégagée dans la combustion ou dans l'acte de la respiration, Lavoisier semblait se reposer depuis deux ans. C'est qu'il lui avait fallu le temps d'exécuter de nombreux essais préparatoires pour maîtriser l'emploi du calorimètre, outre le temps que les expériences précises avaient elles-mêmes exigé.

« Ainsi, pendant quatorze ans, sa pensée toujours féconde et sa main toujours infatigable n'ont pas un seul instant connu le repos. Pendant quatorze ans, il a toujours payé sa dette à la science avec la même régularité, suppléant au nombre des mémoires par leur profondeur ou à leur profondeur par le nombre. Comme savant, que vouliez-vous donc qu'il fît de plus ? Non-seulement il a élevé un monument impérissable, mais il l'a élevé pierre à pierre, et il a soigneusement taillé, dressé, poli chacune d'elles. La collection de ses mémoires ne formerait pas moins de huit volumes ; nul chimiste, jusqu'alors, n'avait autant travaillé que lui ; et s'il n'a pas travaillé davantage, hélas ! vous savez pourquoi.

« Pour apprécier les services rendus aux sciences par Lavoisier, il est indispensable d'établir une division entre ses travaux. Inséparables au fond, puisqu'ils tendent tous au même but, l'explication des phénomènes de la chimie, leur nature oblige pourtant à les distinguer en deux séries. Dans la première, nous placerons tous les mémoires de chimie qui ont trait à la théorie générale de la science ; dans la seconde, nous mettrons tous les mémoires de physique relatifs à la chaleur et destinés à compléter la théorie de la combustion.

« Considérez les mémoires chimiques de Lavoisier, et vous éprouverez quelque étonnement à le voir allier à la plus grande hardiesse de pensée une extrême prudence, une excessive réserve dans le discours. Il commence par établir que les corps en brûlant augmentent de poids en absorbant de l'air, et s'il insinue que le phlogistique n'est pas nécessaire à l'explication des phénomènes, cette pensée arrive là comme en passant et sous la forme du doute. En parcourant la suite des ouvrages de Lavoisier, on voit que ce phlogistique dont il a si peu parlé, il n'en est plus question : il ne l'admet, ni ne le rejette ; il n'en parle plus. Pendant sept, huit, dix ans, il raisonne comme si jamais on n'avait parlé de phlogistique. On dirait (et il y a bien quelque chose de semblable) qu'il ne veut de querelle directe avec personne, à ce sujet ; il veut que sa théorie s'établisse sur des faits et non sur les discussions d'une polémique, où il arrive si souvent que l'esprit l'emporte sur la raison, et où les deux adversaires laissent toujours quelque chose de cette paix du cœur dont rien ne dédommage, quand on l'a perdue.

« Ainsi, en continuant à raisonner comme s'il n'y avait pas de phlogistique, il ramasse des faits observés avec un soin infini ; il prouve qu'ils peuvent s'expliquer sans l'intervention de cet agent. Ce ne sont pas des faits pris au hasard qu'il examine, mais les faits les plus importants de la science, ceux dont l'explication entraîne et comprend celle de tous les autres. Ce n'est qu'au bout de dix ans, quand tous ces faits sont analysés, lorsque ses idées sont sorties victorieuses de tant d'épreuves et de si rudes épreuves ; ce n'est qu'au bout de dix ans, lorsque les vues de son génie sont transformées en convictions inébranlables, qu'il se résume, concentre ses forces, saisit au corps le phlogistique, le presse, l'accable d'arguments irrésistibles, et d'un seul coup le renverse foudroyé.

« Après avoir commencé le feu en 1772, ce n'est qu'en 1783 qu'il livre la bataille ; jusque-là, aux yeux des esprits superficiels, il semble céder. C'est qu'il n'avait pas encore recueilli les faits nécessaires pour asseoir sa propre doctrine et pour en montrer toute la portée. Esprit essentiellement créateur, dominé du besoin d'inventer et non de celui de détruire, peu lui importe de tuer le phlogistique, il lui importe beaucoup de découvrir une explication plus conforme à la nature des choses.

« Du reste, en parcourant les mémoires de Lavoisier qui ont pour objet la chimie générale et l'établissement de son système, il est impossible de méconnaître la nature de sa méthode. On voit, en effet, qu'il existe un tel enchaînement entre les écrits de ce grand homme, que le premier conduit au second ; que le second est indispensable au troisième, et qu'ainsi de suite tous ses travaux se commandent, les faits conduisant à de nouvelles idées, et les idées nouvelles conduisant à leur tour à étudier, avec cette attention qui fertilise tout, des faits négligés jusqu'alors, ou à découvrir des faits inconnus. Quand il expérimente, c'est avec cette rigueur dont les observations astronomiques pouvaient seules jusque-là donner une idée ; quand il raisonne, c'est avec cette logique serrée qu'il a puisée à l'école de Condillac. Comment être surpris, d'après cela, si, une fois que tous les faits qu'il a étudiés ont pris leur place dans sa théorie, ceux qu'on découvre à côté de lui, ceux qu'on a découverts après lui, sont également venus s'y ranger ?

Tous les mémoires de Lavoisier ont donc entre eux une filiation non interrompue ; pas le moindre défaut de continuité ne s'y laisse remarquer. L'histoire des sciences n'offre peut-être pas d'autre exemple d'une lutte poursuivie avec tant de persévérance et avec une telle suite dans les idées. Vous éprouveriez même, par cela seul, un plaisir singulier à la lecture de ses mémoires originaux, en y voyant comment une science se fait, s'établit à l'aide des expériences les plus simples, pourvu qu'elles soient accomplies avec précision et liées par un raisonnement sévère.

« Lavoisier commence par établir que si l'on chauffe de l'étain dans un vase fermé, une portion de l'air se fixe sur l'étain, qui passe par conséquent à l'état d'oxyde (permettez-moi d'emprunter ce mot à la nomenclature actuelle). Lorsqu'une certaine quantité d'étain est oxydée, on a beau calciner plus longtemps, le reste du métal demeure intact, quoique le vase renferme encore une grande quantité d'air; mais celle-ci ne peut plus s'unir au métal. D'ailleurs la quantité d'oxyde formée est proportionnelle au volume des vases. Ainsi, une portion de l'air disparaît, tandis que le métal augmente de poids par sa calcination, et la fixation de cet air explique l'augmentation observée.

« A cette époque, M. de Trudaine-Montigny avait donné à l'Académie une lentille de grande dimension, connue sous le nom de lentille de Trudaine, et Lavoisier avait été chargé par cette compagnie d'exécuter une série d'expériences, à l'aide de ce bel instrument. La lentille fut placée dans le jardin de l'Infante, dépendance du Louvre du côté de la Seine; car alors l'Académie tenait séance au Louvre. A son aide, Lavoisier fit beaucoup d'expériences qui ont maintenant peu d'intérêt pour nous; mais il en fit aussi quelques-unes qui en avaient beaucoup pour lui; je veux parler de la réduction de l'oxyde de mercure par l'action de la chaleur seule.

« La calcination des métaux, celle du mercure par conséquent, exigeant le concours de l'air et n'ayant lieu que par l'absorption d'un gaz emprunté à l'air, on devait, par la réduction de la chaux de mercure exécutée sans intermède et par le seul effet de la chaleur, retrouver le gaz que l'air avait fourni. L'expérience consultée, Lavoisier obtient le gaz oxygène. Il convient, à la vérité, que cette découverte a été faite en même temps par Priestley. En général, on s'accorde même à attribuer la priorité sur ce point à ce dernier, et nous l'admettrons ici sans difficulté : la gloire de Lavoisier ne repose nullement sur des découvertes de ce genre ; elle en est tout à fait indépendante.

« Comme Priestley, il voit que l'oxygène est un gaz propre à entretenir la combustion et à l'exciter, propre à entretenir la respiration. Mais il voit peu de temps après que c'est ce gaz qui engendre les acides. Il propose dès lors de l'appeler *oxygine*, générateur de l'aigreur, voulant ainsi rappeler le rôle qu'il lui attribue, et qui est basé sur ses expériences relatives à la combustion du soufre et à celle du phosphore. Mais après avoir adopté cette dénomination, voyant que les autres chimistes ne suivent pas son exemple, il l'abandonne lui-même, et pendant longtemps il se sert comme eux du terme d'*air vital*, sorte d'expression neutre, qui formait une transition nécessaire peut-être entre l'*air déphlogistiqué* de l'ancienne théorie, et l'*oxygine*, précurseur de la doctrine nouvelle. Mais qu'on ne s'y trompe point, Lavoisier cédait sur le mot, sans céder sur le fond de ses idées; il dédaignait les discussions inutiles; il évitait les polémiques qu'il aurait pu soutenir avec tant de supériorité; il se contentait d'observer des faits, de les raconter dans son style simple et grave, et il les laissait répondre pour lui.

« Le rôle de l'oxygène comme acidificateur, déjà clairement indiqué dans la production des acides du soufre et du phosphore, ne fut pourtant bien établi par Lavoisier que par une discussion savante de la nature des composés nitreux. Ici, il emploie un certain ensemble de faits, qui, comme il le remarque lui-même, ont tous été observés par Priestley. Mais, tandis que Priestley n'en avait tiré aucune théorie, Lavoisier en fait sortir une théorie parfaite.

« Quand on met en contact l'acide nitrique et le mercure, il se dégage du gaz nitreux et il se forme un sel qui, fortement chauffé, se convertit en mercure et en oxygène. Comme le mercure sort de cette expérience tel qu'il y était entré, on peut dire que c'est en perdant de l'oxygène que l'acide nitrique agit sur le mercure et se change en gaz nitreux. Lavoisier s'assure en effet que le gaz nitreux à son tour se transforme en vapeur rouge en s'unissant à l'oxygène; et que la vapeur rouge, unie à une nouvelle portion d'oxygène, représente l'acide nitrique ordinaire. Comme on voit, le rôle acidificateur de l'oxygène est établi ici, indépendamment de la connaissance exacte du radical, car Lavoisier ignorait l'existence de l'azote dans l'acide nitrique.

« C'est à peu près vers ce même temps, en 1777, que, mettant à profit les expériences qui précèdent, il exécute son analyse de l'air, aujourd'hui si célèbre, et que tous les traités élémentaires de chimie conservent encore comme un monument de son génie. Profitant de là propriété que le mercure possédait seul alors de s'oxyder à une certaine température et de perdre son oxygène à une température plus haute, il parvient à son aide à enlever la plus grande partie de son oxygène à un volume déterminé d'air. Ayant ainsi isolé le gaz azote, il chauffe l'oxyde de mercure produit, et recueille à part l'oxygène. En mêlant enfin les deux gaz, il reconstitue l'air atmosphérique doué de toutes ses propriétés et en volume égal à celui qu'il avait employé.

« Cette analyse et cette synthèse, également remarquables par la finesse du point de vue et par la délicatesse des expériences, le conduisirent à s'occuper de la respiration des animaux. Non-seulement il reconnut la formation de l'acide carbonique, mais il s'assura que la quantité d'oxygène absorbée était plus grande que celle qui était nécessaire pour former l'acide carbonique obtenu. A cette époque, la nature de l'eau n'étant pas connue, il ne pouvait aller plus loin. Cette absorption inexpliquée d'oxygène le conduisit à quelques-uns de ces rapprochements hasardés qu'il se permettait si rarement. Quand on calcine un métal, il y a absorption d'oxygène, dit-il; n'en serait-il pas de même du sang? N'est-ce point en vertu de cette espèce de calcination que le sang devient rouge, tout comme on voit le mercure former un oxyde rouge; le fer, le plomb, former des oxydes rouges; comme le mercure?

« Ce rapprochement est hasardé, je le répète, et pourtant nous ne pourrions pas affirmer, dans l'état actuel de la science, que le changement qui fait passer le sang bleu à l'état de sang rouge ne tienne point à une oxydation, mais à une oxydation qu'il faudrait envisager tout autrement que ne le faisait Lavoisier.

« A peine Lavoisier a-t-il reconnu ce qui se passe dans la respiration, qu'on le voit découvrir par une analyse également exacte ce qui se passe dans la combustion des corps gras, de la cire, du bois. Il trouve qu'il y a formation d'acide carbonique et disparition d'une certaine quantité d'oxygène, qui s'emploie d'une manière inconnue, circonstances analogues à celles qu'il avait observées dans la respiration.

« Ainsi, vous voyez qu'à cette époque toutes les expériences de Lavoisier deviennent autant d'occasions de découvrir ou de développer sa théorie. Bientôt il essaya cette théorie sur une expérience si simple à nos yeux, grâce à l'heureux succès de ses efforts, que nous aurions même quelque peine à comprendre l'importance qu'il y attachait. Il s'agit de la théorie de la préparation de l'acide sulfureux. Priestley venait de découvrir cet acide, mais il exprimait si mal sa production, que Lavoisier crut nécessaire de l'étudier la balance à la main ; il découvrit bientôt que l'acide sulfurique perd, pour se changer en acide sulfureux, une certaine quantité d'oxygène, précisément égale à celle que prend le mercure qui se convertit en sulfate.

« Lavoisier cherche en même temps avec le plus grand soin à se rendre compte d'un phénomène d'une telle simplicité pour nous, qu'il semblerait qu'on n'ait jamais eu besoin de l'expliquer *ex professo*, je veux parler de l'action des pyrites, du sulfure de fer naturel, sur l'air humide. Cette action était alors doublement intéressante à étudier, car le changement de ce sulfure en sulfate sous l'influence de l'air offrait à la fois un point de théorie et une question de chimie industrielle à approfondir.

« Il arrive à prouver que, dans cette action, les pyrites absorbent l'oxygène de l'air, et qu'en même temps elles augmentent de poids. Il montre qu'il en est de même dans la combustion de pyrophore de Homberg, phénomène dont il donne la théorie exacte.

« Enfin, Lavoisier (et c'est là un de ses plus beaux travaux), comprenant toute l'importance d'une exacte connaissance de la composition de l'acide carbonique, qu'il voyait reparaître dans tant de phénomènes naturels ; persuadé que cet acide est la base de l'édifice qu'il veut construire, se livre à un travail d'une admirable précision, dans le but de connaître la nature exacte de cet acide. Et nous voyons, avec une surprise sans égale, qu'à cette époque où l'art de l'analyse naissait à peine, en combinant ensemble les divers procédés et les corrigeant l'un par l'autre, Lavoisier arrive à connaître si bien la composition de l'acide carbonique, qu'on n'y a rien changé depuis. Quand la théorie atomique est venue plus tard critiquer ces résultats, une connaissance plus approfondie des combinaisons du carbone est venue consacrer les chiffres établis par Lavoisier. Ce

mémoire est certainement un des plus beaux qu'il ait laissés, un de ceux où l'on voit le mieux son exactitude extrême comme expérimentateur, et où l'on peut juger le mieux de sa singulière sagacité dans l'art de combiner les expériences.

« A cette époque, on expliquait mal la dissolution des métaux dans les acides. C'est même avec un vif intérêt qu'on voit un géomètre illustre, Laplace, soupçonner le premier qu'en mettant un métal avec un acide et de l'eau, celle-ci se décompose, et fournit l'hydrogène qu'on recueille avec le zinc ou le fer. Il soupçonnait donc aussi que l'oxygène était un autre élément de l'eau, qu'il produisait la modification du métal et qu'il déterminait sa dissolution dans les acides. Voilà *une idée* nécessaire à sa théorie, une idée importante que Lavoisier a certainement empruntée à un autre. Mais s'il fallait dire la part qu'a prise dans l'invention de cette idée chacun de ces deux grands hommes qui se voyaient tous les jours, qui se faisaient part mutuellement de leurs connaissances, avec tant d'abandon, compensant ce qui manquait à l'un par ce que possédait l'autre, il serait difficile de le faire aujourd'hui, si Lavoisier lui-même n'avait pris le soin de rendre justice à Laplace.

« Guidé par ce point de vue, Lavoisier analyse avec soin et la balance en main, selon son usage, les phénomènes de la dissolution du mercure dans l'acide azotique, ainsi que ceux de la dissolution du fer dans le même acide ou dans l'acide sulfurique. Il donne la théorie exacte de ces diverses réactions.

« Tout en s'occupant de la dissolution des métaux dans les acides, il ne néglige point d'examiner ce qui se passe, quand un métal en précipite un autre de ces dissolutions, et il y trouve un moyen de reconnaître la quantité d'oxygène qui se combine avec ce métal. A la vérité, les résultats qu'il donne à cet égard ne sont pas exacts, mais la science n'était pas assez avancée pour un pareil travail.

« Enfin, et toujours dans le même groupe de mémoires, vous trouverez une table des affinités de l'*oxygène*, fondée sur ses propres expériences, et un travail très-approfondi sur l'oxydation du fer.

« Fort de cette longue suite d'expériences, après tant d'épreuves décisives qui ont toutes confirmé ses idées, Lavoisier demeure convaincu que dans toutes les réactions la quantité de matière employée se retrouve toujours dans les produits, sous une autre forme sans doute, mais avec le même poids. Il conçoit alors la possibilité d'établir une équation, dans laquelle, en mettant d'un côté toutes les matières employées, de l'autre côté toutes les matières produites, on aura toujours l'égalité dans les poids.

« Et non-seulement il conçoit cette vue nouvelle, mais il en tire immédiatement tout le parti qu'on peut en obtenir. « En effet, dit-il, je puis considérer les matières mises en présence et le résultat obtenu, comme une équation algébrique ; *et en supposant successivement chacun des éléments de cette équation inconnus, j'en puis tirer une valeur et rectifier ainsi l'expérience par le calcul et le calcul par l'expérience.* J'ai souvent profité de cette méthode pour corriger les premiers résultats de mes expériences, et pour me guider dans les précautions à prendre pour les recommencer. »

« Tel est le premier essai de ces équations atomiques que nous écrivons si souvent aujourd'hui ; seulement, par suite des progrès de la chimie, nous avons introduit des atomes là où Lavoisier parlait d'un poids quelconque. Mais c'est toujours la même idée, le même point de vue.

« La pensée première de Lavoisier reparaît donc toujours dominante et agissante : rien ne se perd, rien ne se crée ; la matière reste toujours la même ; il peut y avoir des transformations dans sa forme, mais il n'y a jamais d'altération dans son poids. J'emploie ces termes à dessein, ce sont ceux qu'il employait lui-même. Personne encore n'a présenté Lavoisier comme ayant introduit ce point de vue dans l'étude de la chimie, cependant je crois pouvoir vous assurer que c'était chose à laquelle il attachait une haute importance. Mais s'il est clair que les idées de Lavoisier sur la permanence de la pesanteur des corps qui se combinent ou qui se séparent, s'il est clair, dis-je, que ces idées sont générales et justes, ses vues sur l'oxygène et sur le rôle qu'il joue dans la nature ne le sont pas moins, et elles ont eu l'avantage de se traduire en expériences éclatantes, qui, décrites en un langage nouveau et d'une clarté sans égale, ont eu le privilége d'absorber longtemps l'attention publique.

« La formation de l'eau est si fréquente, sa décomposition se présente si souvent dans nos phénomènes, qu'il est difficile de comprendre que Lavoisier ait pu, pendant bien des années, travailler au développement de sa théorie, sans connaître la nature de l'eau. A cette époque critique de sa vie, ses travaux sont vraiment curieux à étudier ; car on voit à chaque instant des décompositions ou formations d'eau troubler les phénomènes qu'il observe, sans que jamais sa raison fléchisse. Il explique ce qu'il comprend ; ce qui échappe à sa pénétration, il l'enregistre, confiant dans l'avenir.

« On voit paraître enfin le Mémoire qui couronne l'édifice, celui où il établit la composition de l'eau. Il expose comment il a été amené à reconnaître cette composition ; il y rappelle comment Laplace a été conduit à penser que les métaux devaient décomposer l'eau, quand ils donnent naissance à des sels en dégageant du gaz inflammable. C'est ainsi qu'il est conduit lui-même à tenter une expérience fort simple ; il met sur le mercure, dans une cloche, de l'eau et de la limaille de fer, qui, au bout d'un certain temps, s'est convertie en oxyde noir de fer. L'eau s'est décomposée, et son hydrogène s'est dégagé ; c'est là le premier fait relatif à la *décomposi-*

tion de l'eau. Mais cette expérience est beaucoup trop lente ; et comme, dès cette époque, on savait que la chaleur est un moyen d'augmenter l'activité des actions chimiques, il en conclut qu'en faisant passer la vapeur d'eau dans un tube de fer rougi, la décomposition marcherait beaucoup plus vite. De là l'expérience célèbre dans laquelle il exécuta, conjointement avec Meusnier, une analyse de l'eau qui levait tous les doutes que sa synthèse laissait encore à quelques esprits.

« Dès lors, Lavoisier put approfondir tous ces phénomènes compliqués dont il avait d'abord ébauché l'étude. Il put se rendre compte de ce qui se passe dans la respiration, dans la combustion ; partout enfin où il y a formation d'eau. Une lumière soudaine vient éclairer tout ce qu'il a fait ; les anomalies qui l'ont arrêté autrefois ne l'arrêtent plus ; il en voit la cause, il en voit la nature. Il s'était perdu tant de gaz, il s'était fait tant d'eau, il avait eu tort de n'y point faire attention, de ne pas suivre ce fil qui l'eût dirigé. Mais ce qu'il faut admirer, c'est que toutes ses expériences anciennes qui semblaient inexactes et imparfaites deviennent par là tout à fait précises, sans qu'il y ait rien à modifier dans le jugement général qu'il en avait porté.

« C'est ainsi qu'il est amené à reconnaître la nature des corps organiques, à établir qu'ils contiennent de l'hydrogène, de l'oxygène et du carbone, éléments auxquels, plus tard, Berthollet ajoute l'azote en ce qui concerne les matières de nature animale. C'est ainsi que Lavoisier se trouve conduit à imaginer sa méthode d'analyse pour des substances organiques, qui consiste, comme on sait, à les convertir en acide carbonique et en eau, en les brûlant avec une quantité déterminée d'oxygène : méthode si féconde, qui est encore la nôtre, quoique les moyens d'exécution aient changé.

« Sa théorie était complète alors, et rien n'eût expliqué un plus long silence à l'égard de la doctrine du phlogistique.

« Enfin, en 1783, Lavoisier se livre à une discussion approfondie et décisive de la théorie de Stahl, et, dès son début, il caractérise les découvertes du chimiste allemand avec une noble impartialité.

« De ce que quelques corps brûlaient et « s'enflammaient, dit-il, Stahl en a conclu « qu'il existait en eux un principe inflamma-« ble. S'il s'était borné à cette simple obser-« vation, son système ne lui aurait pas mé-« rité, sans doute, la gloire de devenir un « des patriarches de la chimie et de faire « une sorte de révolution dans cette science. « Rien n'était plus naturel, en effet, que de « dire que les corps combustibles s'enflam-« ment, parce qu'ils contiennent un principe « inflammable ; mais on doit à Stahl deux « découvertes importantes, indépendantes « de tout système, de toute hypothèse, qui « seront des vérités éternelles.

« La première, c'est que les *métaux* son « des corps combustibles ; que la *calcination*

« est une véritable combustion, et qu'elle en
« présente tous les phénomènes.

« La seconde, c'est que la propriété de
« brûler, d'être inflammable, peut se *trans-*
« *mettre* d'un corps à l'autre. Si l'on mêle,
« par exemple, du charbon, qui est combus-
« tible ; avec de l'acide vitriolique, qui ne
« l'est pas, l'acide vitriolique se convertit en
« soufre ; il acquiert la propriété de brûler,
« tandis que le charbon la perd. Il en est de
« même des substances métalliques : elles
« perdent par la calcination leur qualité
« combustible ; mais si on les met en contact
« avec du charbon, et en général avec des
« corps qui aient la propriété de brûler, elles
« se revivifient, c'est-à-dire qu'elles repren-
« nent, aux dépens de ces substances, la
« propriété d'être combustibles. »

« Il est aisé de voir que Lavoisier et Stahl,
en les supposant contemporains, n'auraient
pas tardé à se deviner et à s'entendre.

« Mais à cette époque Macquer, Baumé et
bien d'autres chimistes, s'étaient façonné
chacun un *phlogistique* à leur taille, pour
répondre aux exigences nouvelles de la
science. Ce n'était donc plus au phlogistique de Stahl que Lavoisier avait affaire,
mais bien à une foule d'êtres de ce nom qui
n'avaient aucune qualité commune, si ce
n'est qu'ils étaient tous insaisissables par
aucun moyen connu.

« Eh bien ! dans ce Mémoire qu'on lit encore avec un vif intérêt, Lavoisier trouve
l'art d'exposer les théories de ses adversaires
modernes avec une netteté et une précision
telles qu'on peut croire que leurs inventeurs
en comprirent pour la première fois le véritable sens. Ce n'est qu'après les avoir ainsi
épurées et rehaussées, comme pour les rendre dignes de sa colère, qu'il les discute et
les renverse à jamais.

« Chacune de ces définitions modernes du
phlogistique, qu'on pourrait appeler la monnaie avilie de l'antique pièce d'or de Stahl,
chacune de ces définitions est évoquée à son
tour et vient tomber sous les coups de Lavoisier, qui s'écrie enfin :

« Toutes ces réflexions confirment ce que
« j'ai avancé, ce que j'avais pour objet de
« prouver, ce que je vais répéter encore, que
« les chimistes ont fait du phlogistique un
« principe vague, qui n'est point rigoureu-
« sement défini, et qui, en conséquence, s'a-
« dapte à toutes les explications dans les-
« quelles on veut le faire entrer : tantôt ce
« principe est pesant et tantôt il ne l'est pas ;
« tantôt il est le feu libre et tantôt il est le
« feu combiné avec l'élément terreux ; tantôt
« il perce à travers les pores des vaisseaux
« et tantôt ils sont impénétrables pour lui :
« il explique à la fois la causticité et la non-
« causticité, la diaphanéité et l'opacité, les
« couleurs et l'absence des couleurs. C'est un
« véritable Protée qui change de forme à
« chaque instant. »

« Prenez la note de 1772 où il établit l'augmentation du poids des corps qui brûlent, et
la mémoire de 1783 où sont ramassées en faisceau toutes les conséquences des expériences

qui l'ont occupé dix années, et vous aurez
les deux termes extrêmes de cette admirable série de mémoires. Le dernier est un
résumé plein de vie de ce vaste ensemble,
et il offre un parfait modèle d'impartialité
et de bon goût. Il est impossible de triompher avec plus de modestie et de simplicité,
et pourtant le triomphe avait coûté de bien
grands efforts de génie, et promettait à la
science un avenir dont l'imagination de Lavoisier, mieux qu'aucune autre, pouvait se
former un tableau aussi magnifique qu'exact.

« Mais si la tâche de Lavoisier était accomplie, la nôtre ne l'est point encore. Il est
d'autres aspects sous lesquels il faut l'envisager, pour vous donner une idée juste de
ses travaux. Après s'être montré avec tant
d'éclat comme expérimentateur, il va reparaître d'une manière non moins remarquable
comme écrivain, dans la rédaction de son
Traité de chimie, ouvrage éternel, dans lequel en deux petits volumes il établit, sans
négliger aucun détail, les bases de sa chimie nouvelle ; dans lequel ses idées se for-
mulent à l'aide d'un style si pur, si transparent, qu'il efface tous les ouvrages qui l'ont
précédé, et qu'il les efface même d'une manière qu'on a le droit d'appeler nuisible.

« En effet, pendant la période qui a suivi
Lavoisier, vous voyez tous les ouvrages qui
lui sont antérieurs tomber dans un inexprimable abandon. La science, pour la génération qui s'élève, ne date que de Lavoisier ;
ce n'est que dans Lavoisier qu'on étudie la
chimie. Cependant avant lui bien des faits
avaient été observés, mais ces observations
se trouvaient tellement rabaissées par la
grandeur de ses découvertes, que la lecture
des ouvrages antérieurs était devenue into-
lérable à ceux qui avaient étudié le sien.
Parmi les faits observés par les anciens, tous
ceux que sa théorie expliquait n'avaient plus
d'intérêt ; et ceux qu'elle n'expliquait pas répugnaient à l'esprit d'une jeunesse, formée
à l'étude de cette chimie, qui ne voulait désormais laisser passer aucun fait, aucun détail sans explication, et qui procédait en tout
avec une rigueur géométrique. Dans ce traité
de chimie, comme je le disais tout à l'heure,
Lavoisier nous apparaît comme un écrivain
d'un style très-remarquable : c'est ce style
noble, ce style simple et clair qui convient à
la science. On reconnaît partout cet élève de
Condillac qui honore son maître, ce logi-
cien parfait qui n'emploie jamais un mot
sans le bien définir ; qui n'énonce aucune
idée qui ne soit en harmonie avec celle qui
précède et avec celle qui doit suivre.

« C'est le même style, le même ordre, les
mêmes vues élevées et philosophiques qu'on
rencontre dans l'exposition de la nomenclature chimique, ouvrage que vous trouvez
maintenant sur les quais, chez tous les bou-
quinistes, et dont le sort semble bien au-
dessous de son mérite. C'est qu'aujourd'hui
la nomenclature est passée dans le langage.
Cet ouvrage est une grammaire dont personne n'a besoin. Ouvrez ce livre cependant, et vous y trouverez un discours plein

d'intérêt, où Lavoisier examine le caractère et la formation des langues, et leur liaison avec la nature des choses qu'elles expriment ; ce morceau est un de ceux qui font le plus d'honneur à la plume de Lavoisier, considéré comme écrivain ou comme philosophe.

« Si maintenant nous laissons de côté les travaux chimiques de Lavoisier, nous aurons encore à le présenter sous un point de vue qui n'a pas moins d'importance ; je veux parler de Lavoisier physicien. Ne vous attendez pas que, sortant de mon objet, j'aille vous entretenir ici de ses recherches concernant la physique pure ; s'il ne s'était occupé que de travaux de ce genre, je laisserais aux physiciens le soin d'en faire connaître le mérite. Mais il s'est occupé de la chaleur d'une manière tellement importante, tellement nécessaire à l'établissement de son système, qu'il est indispensable de faire connaître les idées sur lesquelles il s'est appuyé.

« Lavoisier commence par établir que la chaleur accumulée dans les corps n'en altère nullement le poids. Elle doit donc être considérée comme un fluide impondérable. Ce fluide se présente sous deux formes : tantôt il est libre, et alors il est dans un état de mouvement continuel, il tend à se mettre en équilibre dans les corps qui avoisinent celui qui le renferme ; tantôt il est combiné et en repos.

« Quand il est libre, sa présence se révèle par son action sur le thermomètre ; mais quand il est combiné, le thermomètre devient insensible à son action.

« Partant de là, il fait voir que quand un corps se transforme en vapeur, il absorbe toujours beaucoup de chaleur ; que l'eau, l'alcool, l'éther en exigent une grande quantité. Il fait voir que cette absorption est d'autant plus remarquable que l'évaporation du corps est plus rapide.

« Ainsi des vapeurs sont les corps liquides ou solides transformés en gaz ou fluides élastiques, par l'absorption d'une grande quantité de chaleur. Il veut le faire voir d'une manière tout à fait décisive, il veut prouver que les vapeurs sont absolument de la même nature que les gaz ; conclusion qu'à la rigueur on n'eût pu tirer des expériences dont nous venons de rendre compte, puisque les vapeurs ne se voyaient point, et qu'elles ne devenaient sensibles qu'aux yeux du physicien, par la pression qu'elles exerçaient sur le mercure du baromètre. Il imagine, pour démontrer cette identité, des procédés ingénieux. Il fait voir, par exemple, qu'au moyen d'une cuve remplie d'eau il peut obtenir l'éther sous forme de gaz, et qu'il suffit pour cela que cette eau soit maintenue à une température de 40 degrés. Par conséquent, si l'éther n'est point gazeux, à Paris, par exemple, c'est que la température est un peu trop basse et la pression un peu trop forte. Mais l'éther devient un véritable gaz sur les plateaux élevés de l'Amérique du Sud.

« Il prouve le même fait pour l'alcool et

pour la vapeur d'eau, au moyen d'un bain d'eau-mère du nitre chauffé à 110°, à l'aide duquel il peut développer ces vapeurs dans un appareil semblable à celui dont M. Gay-Lussac a fait usage plus tard pour prendre leur densité.

« Qu'arriverait-il donc aux différentes substances qui composent notre globe, si la température en était brusquement changée, se demande alors Lavoisier? « Que la terre soit transportée tout à coup dans une région beaucoup plus chaude du système solaire, dit-il, et bientôt l'eau, les fluides analogues et le mercure lui-même entreront en expansion ; ils se transformeront en fluides aériformes ou gaz qui deviendront parties de l'atmosphère. Ces nouvelles espèces d'air se mêlant avec celles déjà existantes, il en résultera des décompositions, des combinaisons nouvelles, jusqu'à ce que, les nouvelles affinités étant satisfaites, les principes de ces différents gaz arrivent à un état d'équilibre ou de repos. »

« Ainsi, pour lui les vapeurs sont des gaz ou quelque chose d'analogue ; et en pressant les conséquences, il est conduit à conclure que les gaz ne sont eux-mêmes autre chose que des corps primitivement liquides ou solides, réduits en vapeurs ; des corps qui, par leur combinaison avec le calorique, ont pris l'état gazeux.

« Ainsi, quand il prend du gaz oxygène, qu'il le combine avec un corps quelconque qui le solidifie, le gaz oxygène perd la chaleur qui, combinée d'abord avec lui, le maintenait à l'état de gaz ; et cette chaleur qui se perd et se dissipe rend compte à Lavoisier des phénomènes de la combustion.

« Les corps solides sont donc des gaz dépouillés d'une partie de leur chaleur, et Lavoisier ne manque pas d'en tirer une conséquence qu'il oppose à celle qui précède.

« Si la terre se trouvait tout à coup placée dans une région très-froide, dit-il en effet, l'eau qui forme nos fleuves et nos mers, et le plus grand nombre des fluides que nous connaissons se transformeraient en montagnes solides, en rochers très-durs, d'abord diaphanes, homogènes et blancs, comme le cristal de roche, mais qui, avec le temps, se mêlant avec des substances de différente nature, deviendraient des pierres opaques diversement colorées. »

« L'air, dans cette supposition, ou au moins une partie des gaz qui le composent, perdant leur état élastique, reviendraient à l'état de liquidité, produisant ainsi de nouveaux liquides dont nous n'avons aucune idée. ».

« Or, vous savez comment cette belle conclusion a été vérifiée par M. Faraday et par M. Thilorier dans ces dernières années.

« En général, et l'on ne peut manquer d'en être frappé, tout ce que Lavoisier a écrit sur la chaleur, soit dans le recueil de ses Mémoires, soit dans sa Chimie, est rempli de verve et de vérité. S'agit-il de faits, ils sont observés, mesurés avec une délicatesse infinie ; s'agit-il d'opinions, elles sont pesées et mûries avec un soin tel, qu'elles sont presque toutes admises aujourd'hui comme des vérités reconnues.

« En général, Lavoisier ne laisse rien d'important en arrière dans l'étude d'un phénomène, à moins que l'expérience ne soit impossible. C'est ainsi qu'il arrive à sentir la nécessité d'étudier les phénomènes relatifs à la chaleur combinée, et qu'il invente avec Laplace le calorimètre qui porte leur nom, et à l'aide duquel ils ont mesuré la chaleur spécifique des principaux corps. Ce sont eux qui ont cherché les premiers à se rendre compte de la quantité exacte de chaleur dégagée par la combustion des corps, et la science possède à peine d'autres données que les leurs sur cet important sujet. C'est à l'aide du même appareil qu'ils ont expliqué, car c'est à eux que cette découverte est due, les phénomènes de la respiration et de la chaleur animale, en faisant voir que non-seulement l'oxygène est absorbé dans la respiration, mais encore que la chaleur animale est représentée, en grande partie, par la chaleur mise en liberté pendant la combustion du charbon brûlé dans le poumon.

« En physique comme en chimie, Lavoisier se montre donc le même. C'est toujours cet esprit mesuré et logique dont la marche mérite d'être étudiée et méditée, car on est sûr d'y découvrir comment procède l'esprit d'invention appliqué aux plus nobles conceptions de notre intelligence.

« Dans tous les cas, Lavoisier débute par une idée juste et profonde, mais par une idée incomplète, qui commence à poindre, qu'il présente avec hésitation et dont l'intérêt ne saurait frapper que les connaisseurs. Les premières conséquences en sont immédiatement soumises à l'épreuve de l'expérience ; il en découle d'autres vues qui mènent à de nouveaux essais que Lavoisier poursuit sans relâche, tant que son œil peut découvrir quelque circonstance obscure ou inexpliquée dans l'ensemble des faits qu'il veut approfondir.

« C'est ainsi que son idée première, qui apparaît d'abord voilée et confuse, peu à peu s'illumine et s'élargit, sans cesser d'être elle-même. C'est ainsi que, tout en conservant son caractère originel, elle devient successivement remarquable, importante, sublime. C'est ainsi que, fécondée par le génie, elle sort de ses langes pour se convertir en une de ces conceptions éblouissantes de clarté qui honorent l'esprit humain et qui illustrent à jamais un siècle et un pays.

« Chez lui l'expression suit la même progression. Simple et sans ornements dans ses premiers essais, elle devient plus travaillée à mesure que le sujet grandit ; elle se colore : quelque poésie vient même se mêler à sa grave pensée, et l'on peut dire que dès qu'elle est sûre du terrain, son imagination ne craint pas de s'y engager et de se permettre quelques images, toujours justes et du meilleur goût.

« Ce qu'il est dans chaque partie de ses recherches, Lavoisier l'est aussi pour leur ensemble.

« Ainsi, quand, parvenu au terme de ses recherches il croit pouvoir les réunir en un ouvrage élémentaire destiné à les populariser, celui-ci présente une description claire, nette et logique de toute la chimie philosophique qui lui est due. Cependant, pris à part, chaque chapitre ne brille que par sa clarté, mais leur ensemble offre l'enchaînement le plus parfait et le plus logique.

« Mais quand cet ouvrage est terminé et qu'il veut en résumer les principes, sûr alors de ses détails, car ce qu'il veut avant tout, c'est une base composée de faits certains, de faits vrais, incontestables, il écrit son discours préliminaire, modèle de raison élevée, de philosophie et de logique, tout comme il est un modèle du langage noble qui convient aux sciences. C'est ainsi que pour lui les faits ne sont qu'un moyen de s'élever à de hautes pensées.

« Avec Lavoisier tout tend sans cesse à la perfection, à la vérité, à la simplicité. A mesure qu'il avance dans sa carrière scientifique, ses expériences deviennent plus précises et plus délicates, ses opinions plus arrêtées et plus étendues, son langage plus net et plus translucide.

« Tel est le caractère du génie toujours plus fort que son sujet. Telle est la marche de celui qui sait enchaîner la nature, et qui, l'œil toujours fixé sur la vérité, ne se laisse jamais éblouir par de fausses lueurs.

« Ecoutez Priestley au contraire, et il vous dira : Plus j'avance et moins je comprends ; plus je découvre et moins je sais ; plus j'examine et plus je doute ; et si vous voulez l'en croire, il ajoutera que c'est là une des nécessités des sciences expérimentales, que c'est là une preuve de l'excellence de sa méthode et de la justesse de ses idées. Or, sa méthode, elle se réduit à dire que les faits sont tout et les idées générales un vain fantôme, bon tout au plus à faire découvrir quelques faits nouveaux.

« Mais tandis que l'horizon s'obscurcit de plus en plus autour de lui, pour Lavoisier chaque jour apporte une nouvelle lumière. Plus il découvre de faits, mieux il les comprend. Chacune de ses découvertes sert à aplanir quelque difficulté qui restait encore. Tous les faits qu'on observe autour de lui servent à compléter quelque raisonnement demeuré imparfait. C'est en effet le propre d'une théorie générale vraie ; non-seulement elle permet d'expliquer ce qu'on sait déjà, mais encore ce que l'on apprend ensuite, et même ce qu'on laisse à découvrir à la postérité.

« Du reste, rien de plus commun que ce contraste. Bien des gens qui raisonnent comme Priestley se trouvent encore dans la science, et ceux qui raisonnent comme Lavoisier sont rares. Aujourd'hui comme alors, demain comme aujourd'hui, vous trouverez des hommes qui diront : Plus je découvre de faits, moins je les comprends ; et d'autres, plus rares, qui ont acquis le droit de dire : Plus je découvre de faits, plus ils raffermissent mes opinions.

« Mais vous me demanderez sans doute si la théorie de Lavoisier, cette théorie qu'on lui attribue aujourd'hui d'un consentement unanime, vous me demanderez si elle n'a suscité aucune de ces réclamations si communes dans les sciences. Vous aurez raison, car la beauté des résultats de Lavoisier, la précision inconnue de ses expériences, en fixant sur lui des regards jaloux, lui attirèrent le sort qui menace tous les inventeurs de haut parage. Tant que ses idées demeurèrent obscures, on ne dit rien ; mais vers l'époque où sa théorie commençait à devenir une puissance, on déterra un ouvrage où cette théorie se trouvait présentée dans ce qu'elle avait d'essentiel. C'est là une chose dont nous sommes journellement témoins. Quand on annonce une idée nouvelle, il se trouve certains esprits qui disent aussitôt qu'elle n'est pas vraie ; quand on leur a prouvé qu'elle est vraie, ils se consolent en disant qu'elle n'est pas nouvelle, et ils le prouvent facilement, car il est toujours possible, en consultant les anciens documents, d'y trouver une pensée quelconque qui se rapproche plus ou moins des opinions qu'on attaque. C'est ce qui est arrivé pour Lavoisier.

« En 1630, époque où Salomon de Caus publiait ses expériences sur la vapeur d'eau, Jean Rey, médecin périgourdin, écrivait quelques essais sur la cause de l'augmentation de poids des métaux qu'on calcine. Cette augmentation de poids était connue dès la naissance de la chimie. Au huitième siècle Geber en parle d'une manière parfaitement claire, en ce qui concerne le plomb et l'étain. Mais personne n'en avait pu donner d'explication satisfaisante. Jean Rey l'explique en prouvant par le raisonnement et l'expérience que les métaux qu'on calcine augmentent de poids, *par le meslange de l'air espessi* ; c'est-à-dire parce qu'ils s'emparent d'une certaine quantité d'air. Il serait trop long de le suivre dans la manière dont il établit cette opinion ; mais il est certain que son ouvrage démontre qu'il entendait parfaitement la nature de ce phénomène. Ses raisonnements deviennent surtout remarquables, quand on compare son explication avec celles qui étaient présentées par ses contemporains et dont l'absurdité nous révolte aujourd'hui.

« Ainsi consultez l'un des beaux-esprits du temps, Scaliger, il trouvera cette augmentation toute simple ; il vous dira qu'elle tient à la perte des parties aériennes du métal, que les métaux augmentent de poids par la calcination, de la même manière que les tuiles par la cuisson, confondant ainsi, par une lourde bévue, le poids absolu et la densité.

« Consultez Cardan, il vous dira que le plomb calciné devient plus lourd, parce qu'il perd sa vie métallique, que l'oxyde n'est plus qu'un cadavre, et il ne manquera pas d'ajouter qu'un cadavre pèse toujours plus que l'animal en vie. Ces détails vous expli-

quent pourquoi l'excellent ouvrage de Jean Rey n'a pas été compris, et comment on a droit de dire qu'il ne pouvait pas l'être des hommes de son temps.

« Mais Jean Rey était inconnu à Lavoisier. Comment voulez-vous qu'il en fût autrement ? Il n'existait de cet ouvrage que deux exemplaires, dont un seul était complet et fut retrouvé dans une bibliothèque publique, la grande bibliothèque du roi. Cependant il fut réimprimé en 1777 et répandu avec quelque profusion. On eût laissé croire volontiers alors que Lavoisier avait emprunté à cet ouvrage le fond de ses idées. Mais il n'en est rien, soyez-en convaincus. Si Lavoisier n'avait pas découvert l'augmentation de poids des métaux pendant leur calcination, il en avait certainement découvert la cause. Sa note de 1772 respire la candeur et la bonne foi. Et de plus il avait découvert, et c'est là le point sur lequel il insiste surtout, que dans toutes les opérations de la chimie on devait retrouver ce qu'on y avait mis. C'est là sa découverte fondamentale, celle d'où découlent toutes les autres ; et s'il arrive à expliquer comment se passent tous les phénomènes de la chimie, c'est que, la balance à la main, il a étudié tous ces phénomènes, qu'il en a examiné les divers produits, qu'il a pesé tout ce qu'il employait et tout ce qu'il formait, méthode dont la chimie est fière et qu'elle n'abandonnera certainement jamais.

« Ce n'est pas tout, mais rappelez-vous que cette théorie est née en 1772, que depuis lors elle avait gagné chaque année une nouvelle certitude, et qu'en 1783, époque où elle était complète, où elle n'avait plus rien à acquérir, Lavoisier était encore seul de son opinion. Seul, je me trompe, Laplace la partageait, mais parmi les chimistes aucun ne s'était prononcé en sa faveur. Vous serez surpris et vous comprendrez peut-être les souffrances auxquelles est condamné le génie, en voyant, à l'époque dont je parle, quand ses idées étaient développées avec une clarté qui ne laissait rien à désirer, en voyant, dis-je, qu'à cette époque Lavoisier était en France sans aucun appui parmi les chimistes, et qu'à l'étranger personne ne partageait ses doctrines. Bergmann, qui vivait encore, lui faisait des objections telles qu'en vérité on a peine à les comprendre. En Angleterre, personne n'était de son avis.

« Enfin le jour de la justice arrive pour lui, mais bien tard, car ce n'est qu'en 1787 que Fourcroy professe concurremment les deux théories et qu'il consent à les mettre en parallèle dans ses cours. Berthollet adopte celle de Lavoisier en 1787. Guyton Morveau mettait en avant vers la même époque une nouvelle nomenclature, mais il l'appliquait à la théorie du phlogistique. Lavoisier, après quelques discussions, finit par entraîner tous les suffrages, et obtint que la nomenclature nouvelle serait l'expression de ses doctrines. Ce fut un vrai triomphe pour lui ; car bientôt cette théorie si belle, exposée dans un langage si clair et si logique, obtint la faveur populaire et réunit tous les suffrages.

« Après vous avoir montré ce que Lavoisier était devenu comme savant, quels services immenses il avait rendus au monde, il me reste à remplir une tâche bien douloureuse, il me reste à vous exposer comment cette vie si belle, si pure, fut brusquement tranchée. Vous ne pouvez vous faire une idée de l'émotion qu'on éprouve quand on a parcouru, comme je viens de le faire, ses Mémoires, l'honneur de la France, quand on a suivi, pas à pas, cette existence si pleine, si dévouée aux sciences et au bien public, vous ne pouvez, dis-je, vous faire une idée de l'émotion qui saisit au cœur, quand on ouvre l'ouvrage dont il s'occupait au moment de sa mort. Sa théorie était complète alors, mais il avait besoin de la résumer, d'en présenter les bases fondamentales à la postérité. Ce besoin était devenu plus impérieux que jamais, car à cette époque, par un de ces retours dont vous avez vu plus d'un exemple, la théorie de Lavoisier n'était plus celle de Lavoisier, c'était celle des *chimistes français*. On confondait l'établissement de la nomenclature avec la découverte des faits et l'invention des idées qu'elle représente. Ainsi, Lavoisier, après avoir vu sa doctrine contestée sous le rapport de l'invention, la voyait encore s'échapper de ses mains par un partage auquel tous les chimistes de son temps étaient appelés.

« Ce nouveau coup lui fut très-pénible.

« Cette théorie n'est pas, comme je l'entends dire, celle des *chimistes français*, elle est la MIENNE, s'écrie-t-il, dans une réclamation écrite presque au pied de l'échafaud. C'est une propriété que je réclame auprès de mes contemporains et de la postérité. »

« A cet égard, tout nuage a disparu et ses mânes doivent être apaisés.

« Alors il conçut la pensée de former un recueil de tous ses Mémoires, afin de donner au public les moyens d'apprécier si cette doctrine lui appartenait ou non. Si cet ouvrage était complet, nous pourrions parcourir d'un seul coup d'œil la série de ses recherches, et ma tâche eût été plus facile. Mais, au moment même où il s'occupait de sa publication, la mort, une mort affreuse vint soudain le frapper, et ce recueil incomplet demeure comme le monument le plus touchant que l'on puisse rencontrer dans l'histoire des sciences. Rien n'est douloureux à voir comme cet ouvrage dont le second volume seul est entier, et dont le premier et le troisième, en train de s'imprimer, semblent tranchés par la même hache qui frappait leur auteur !... La phrase est coupée là où se trouvait sa plume, au moment où le bourreau vint le saisir. Je le répète, il n'est point d'émotion comparable à celle-là ; il n'est rien de plus dramatique au monde que la vue de ces funèbres pages, de ces pages inachevées, dont un voile de sang nous dérobe la suite.

« Comment cet événement est-il arrivé ? Comment Lavoisier, après une vie si honorable et si pure, a-t-il été conduit sur l'écha-

faud par les fureurs de la révolution ? Hélas ! c'est une chose toute simple !

« Lavoisier était fermier général, et comme tel il fut compris dans la proscription qui les atteignit tous. Il connut son péril, mais dans le moment même où la mort planait sur sa tête, il continuait encore ses travaux ; il poursuivait, il hâtait l'impression de ses œuvres avec un calme, une sérénité dignes des temps antiques. Peut-être pensa-t-il qu'il était au-dessus du péril, et que sa réputation, sa gloire, exigeraient quelque prétexte raisonnable à son accusation. Confiance funeste ! Le prétexte ne manqua pas ; on se contentait si aisément alors !

« En 1794, le 2 mai, un membre de la Convention, nommé Dupin, ancien commis de son beau-père, vint porter à cette assemblée un acte d'accusation contre tous les fermiers généraux ; Lavoisier s'y trouva compris. Peu de jours après, le rapport est lu et changé par Fouquier-Thinville en un acte d'accusation près le tribunal révolutionnaire.

« Lavoisier était de garde, il apprend le danger qui menace sa tête, on le prévient qu'il va être arrêté. Moment cruel ! Que devenir ? Que faire ? Représentez-vous le grand homme proscrit, isolé tout à coup, déjà retranché de la société par ce décret funeste ; n'osant plus rentrer chez lui ; errant dans ce Paris où il n'est plus d'asile qu'il puisse réclamer, qu'il ose accepter, car il porte la mort avec lui.

« Le hasard lui fait rencontrer un homme de cœur, notre vieux Lucas de l'Académie et du Jardin. Lucas prend Lavoisier, l'emmène avec lui, et le cache au Louvre dans le cabinet le plus retiré du secrétariat de l'Académie des sciences qui était déjà détruite elle-même. Circonstance touchante, comme si cette Académie que Lavoisier avait tant illustrée, où il avait jeté tant d'éclat, se ranimant tout à coup au péril qui menace sa tête, ouvrait son sein, pour y cacher son bien-aimé, ou pour recueillir au moins les pensées solennelles de ses dernières heures.

« Lavoisier passe un jour ou deux tout au plus dans cette retraite ; il apprend que ses collègues sont arrêtés, que son beau-père est arrêté. Il n'hésite plus, il s'arrache à l'asile qu'on lui avait ouvert et va se constituer prisonnier. Le 6 mai il est condamné à mort ; et le 8 mai, jour de funeste mémoire, il monte à l'échafaud.

« Le tribunal, s'il est permis de profaner ainsi ce nom, le tribunal n'hésite pas un instant ; pour lui Lavoisier n'est qu'un chiffre. Ce n'est point Lavoisier qu'on a condamné, c'est le fermier général numéro cinq, sans plus d'attention ; et c'est peut-être cette indifférence imprévue pour lui qui a causé sa perte. D'autres ont échappé au même péril à la faveur des démarches les plus actives, mais lui et les siens n'ont pu s'imaginer que cette gloire dont ils sentaient tout le poids n'aurait aucune espèce d'influence sur ses juges ; ils se sont trompés.

« Il fut condamné comme tous ses collègues, sous le prétexte le plus puéril, mais il n'en fallait pas d'autres à cette époque..... L'arrêt porte :

« Condamné à mort, comme convaincu « d'être auteur ou complice d'un complot qui « a existé contre le peuple français, tendant « à favoriser les succès des ennemis de la « France; notamment en exerçant toute es- « pèce d'exactions et de concussions sur le « peuple français, en mettant au tabac de « l'eau et des ingrédients nuisibles à la santé « des citoyens qui en faisaient usage. » Vous n'ignorez point que dans la fermentation du tabac il est nécessaire d'ajouter une certaine quantité d'eau; c'est parce qu'un ancien commis vint assurer, et sans preuve aucune, qu'on en avait mis trop, que les fermiers généraux furent condamnés à mort.

« On dit que Lavoisier, condamné à mort, aurait demandé un sursis, sous prétexte de terminer quelques expériences importantes et que ce sursis lui fut refusé; cela paraît douteux. Lavoisier est mort, comme on mourait alors, avec calme et résignation, en même temps que ses collègues, avec le même sentiment qui l'avait porté à venir partager leur captivité.

« On dit aussi qu'une députation du Lycée des arts vint lui offrir une couronne, la veille de sa mort, dans sa prison. C'eût été là une pauvre jonglerie, peu digne d'une circonstance aussi douloureuse, mais je crois pouvoir assurer que le fait n'est point vrai; car, parmi les personnes qui auraient figuré dans cette scène théâtrale, se trouve désigné Cuvier, qui, à cette époque, n'était pas encore à Paris.

« Un fait bien digne d'être remarqué et qui, défiguré, a pu servir de base à cette anecdote, c'est la démarche d'un homme qui ne s'occupait point de chimie, du docteur Hallé, dont les amis savent tous la bonté, le courage. Hallé apprend avec horreur que Lavoisier est arrêté; d'une main tremblante, il rédige un rapport sur ses travaux où il essaye de retracer les services qu'il a rendus à la société; il lit ce rapport au Lycée des arts; il distribue cet écrit; mais rien n'arrête le terrible tribunal.

« Parmi les chimistes du temps, un seul osa se permettre des démarches actives et pressantes, c'est Loysel, l'auteur d'un ouvrage estimable sur l'art du verrier. Mais ces démarches furent vaines et peut-être, pour l'honneur de l'humanité, convient-il d'ensevelir dans l'oubli la réponse froide et sardonique qui les accueillit.

« Quelques personnes vous diront, oui, la mort de Lavoisier fut un crime abominable, un malheur public; mais du moins la philosophie n'y a-t-elle rien perdu; son système était complet, achevé: il se fût reposé désormais.

« Hélas, cette consolation, tant faible soit-elle, cette consolation même nous manque.

« Sans doute, le cercle tracé par Lavoisier se trouvait fermé; sans doute l'esprit humain s'y débattra longtemps encore, avant

d'en sortir; mais, loin d'être épuisé, son génie semblait se ranimer d'un nouveau feu, et ces chaînes qu'il nous a forgées, sa main les eût soulevées en se jouant.

« Lisez ses œuvres et vous verrez qu'ici Lavoisier se promet de terminer bientôt ses expériences sur la chaleur produite par la combinaison des corps; que là il annonce qu'il va s'occuper d'une étude attentive de l'affinité, d'après des vues qui lui sont propres; qu'ailleurs il parle d'un grand travail sur la fermentation, travail terminé, dont nous ne connaissons qu'une faible partie.

« Lisez ses œuvres, et votre douleur repoussera toute consolation, car vous y lirez:

« Ce n'est point ici le lieu d'entrer dans aucuns détails sur les corps organisés; c'est à dessein que j'ai évité de m'en occuper dans cet ouvrage, et c'est ce qui m'a empêché de parler des phénomènes de la respiration, de la sanguification et de la chaleur animale. »

« JE REVIENDRAI UN JOUR SUR CES OBJETS. »

« Ces lignes s'imprimaient en 93; une année après il n'était plus.

. . . .

. . . .

« Après une vie si honorable, après une mort si cruelle, qu'avons-nous fait pour Lavoisier? Qu'a fait la France pour Lavoisier? Où trouver un monument qui rappelle sa mémoire, un simple buste qui lui soit consacré? La France, hélas ! semble l'avoir oublié. Nous ne possédons qu'un portrait de Lavoisier; c'est tout ce qui nous reste de lui; un portrait de famille peint par David.

« Mais si les monuments se taisent, l'univers nous redit sans cesse son nom. L'air, l'eau, la terre, les métaux, c'est lui qui nous en a fait connaître la nature. La combustion des corps, la respiration des animaux, la fermentation des matières organiques, c'est lui qui nous en a révélé les lois et dévoilé les mystères.

« Les hommes ne lui ont élevé aucun monument de bronze ou de marbre, mais il s'en est érigé lui-même un moins périssable; c'est la chimie tout entière. Comme il domine, comme il maîtrise encore cette science! Ne voyez-vous pas son ombre planer sur elle, ne la voyez-vous pas grandir, s'élever sans cesse, comme si chacun de nos efforts, chacune de nos découvertes, continuant son œuvre, devait tourner encore au profit de sa gloire?

« Rien ne peut aujourd'hui nous donner une idée de l'enthousiasme avec lequel l'Europe savante accueillit les opinions de Lavoisier, une fois que leur adoption par les principaux membres de l'Académie des sciences les eut sanctionnées. Les esprits les plus timides, ceux qui répugnaient le plus à se jeter dans une direction nouvelle, rassurés par cette haute approbation, se laissèrent séduire, et essayèrent de se mettre au courant des doctrines qu'on préconisait maintenant avec tant d'ardeur. Et dès que le premier effort pour s'approprier ces idées, ce langage, était accompli, les partisans les plus rebelles de l'ancienne chimie, reconnaissant bientôt toute la supériorité des nouvelles opinions, s'empressaient de les adopter à leur tour et en devenaient souvent les prôneurs les plus enthousiastes.

« Comment n'être point dominé, en effet, quand, à la place de cette chimie conventionnelle, de ses explications contradictoires, de sa nature confuse, Lavoisier vous offrait une chimie vraie, dont les théories nettes et logiques perçant à jour, du même coup, tous les phénomènes naturels, expliquaient non-seulement tout ce que l'observation avait appris aux hommes, mais même tout ce que l'imagination la plus active pouvait inventer.

« Comment n'être point séduit, quand à l'époque même où Schéele, Priestley, bégayaient leurs essais de théories, Lavoisier se levait en France et prononçait ces paroles si simples, mais si solennelles :

« La phlogistique n'existe pas :

« L'air du feu, l'air déphlogistique est un corps simple ;

« C'est lui qui se combine avec les métaux que vous calcinez

« C'est lui qui transforme le soufre, le phosphore, le charbon en acides ;

« C'est lui qui constitue la partie active de l'air : il alimente la flamme qui nous éclaire, le foyer qui nous alimente ;

« C'est lui qui dans la respiration des animaux change leur sang veineux en sang artériel, en même temps qu'il développe la chaleur qui leur est propre ;

« Il forme partie essentielle de la croûte du globe tout entière, de l'eau, des plantes et des animaux ;

« Présent dans tous les phénomènes naturels, sans cesse en mouvement, il revêt mille formes ; mais je ne le perds jamais de vue et puis toujours le faire reparaître à mon gré, quelque caché qu'il soit ;

« Dans cet être éternel, impérissable, qui peut changer de place, mais qui ne peut rien gagner ni rien perdre, que ma balance poursuit et retrouve toujours le même, il faut voir l'image de la matière en général ;

« Car toutes les espèces de matière partagent avec lui ces propriétés fondamentales et sont comme lui éternelles, impérissables ; elles peuvent comme lui changer de place, mais non de poids, et la balance les suit sans peine à travers toutes leurs modifications les plus surprenantes. »

LAZULITE ou **LAPIS LAZULI.** — C'est une des plus belles pierres qu'on puisse employer en revêtement ; mais on ne la trouve qu'en petites pièces rarement de 15 à 20 pouces de côté, de sorte que la plupart des incrustations se composent de petites plaques placées l'une à côté de l'autre. C'est aussi rarement la substance pure qu'on emploie, mais plutôt la roche dans laquelle elle est disséminée en plus ou moins grande abondance, et on recherche alors celle dont le fond est d'un beau blanc avec de belles taches bleues, en proportions convenables. Les variétés pures, qui ne sont pas d'un aussi

bel effet, quoique plus riches, sont reservées pour la bijouterie. Cette matière, très-rare, ne peut être employée que pour des décorations très-somptueuses ; elle a été employée avec profusion dans les appartements du palais de marbre que Catherine II a fait bâtir à Pétersbourg. Dans quelques-églises, les tabernacles sont décorés avec cette précieuse matière. On la fait entrer en petites pièces dans les tables incrustées ou espèces de mosaïques que l'on a faites à Florence. *Voy.* OUTREMER.

LE FÈVRE (Nicolas), fit ses études dans l'académie protestante de Sédan. S'étant signalé en chimie et en pharmacie, il fut choisi par Vallot, premier médecin de Louis XIV, pour occuper la place de professeur, ou plutôt, pour nous servir des termes alors en usage, de démonstrateur de chimie, au Jardin des plantes. Le Jardin des plantes n'était pas en ce temps-là ce qu'il est aujourd'hui. Fondé durant le règne précédent, il n'avait encore reçu qu'un faible développement, et se trouvait placé tout à fait sous la dépendance du premier médecin du roi. Ainsi les cours de chimie du Jardin des plantes sont les premiers cours de ce genre que la France ait possédés, et ils datent d'une époque déjà fort ancienne.

Après avoir professé pendant quelque temps avec succès, Le Fèvre passa en Angleterre, où il fut appelé par Jacques II, qui voulait lui confier le laboratoire de Saint-James, établi à l'occasion de la création de la Société royale. La France possédait alors des chimistes, l'Angleterre en était dépourvue ; de là les efforts du roi pour attirer à Londres Nicolas Le Fèvre, et pour le déterminer à quitter son pays. D'ailleurs l'Angleterre lui assurait pour l'exercice de sa religion plus de tranquillité que la France, où s'exerçaient déjà les persécutions contre les protestants.

Ses ouvrages ont été composés à Londres. Néanmoins, étant écrits en français et publiés à Paris, ils sont acquis à la France. On y retrouve le style élégant d'un homme formé aux bonnes écoles. Son *Traité de chimie raisonnée*, n'est point, comme la plupart de ceux qu'on a publiés vers cette époque, un ramassis confus de recettes. L'auteur cherche soigneusement au contraire à se rendre compte des phénomènes, qu'il décrit avec ordre, méthode et clarté.

En commençant son livre, il se demande s'il y a plusieurs sortes de chimie, et il est conduit à en distinguer trois : la chimie philosophique, l'iatrochimie et la chimie pharmaceutique.

La chimie philosophique, c'est la science pure, dégagée de toute application à la médecine et à la pharmacie ; c'est l'étude de la nature, la recherche des composés qu'elle permet de produire, l'explication des mystères qu'elle offre à notre curiosité : elle comprend même l'étude des phénomènes météorologiques. L'iatrochimie, c'est l'application de la chimie aux phénomènes de l'organisation et des fonctions des animaux ; c'est en un mot, la physiologie animale. Enfin la chimie pharmaceutique comprend le développement des procédés à suivre pour la préparation des médicaments.

Le Fèvre se demande ensuite si la chimie est l'art des transmutations, ou bien l'art des séparations, ou bien tout à la fois l'art des transmutations et des séparations ? Doit-elle être la science des mixtes, ou celle des éléments. Chacune de ces définitions est insuffisante, répond-il ; et donnant à la chimie la plus grande extension, il admet qu'elle a pour objet la connaissance de toutes les choses que Dieu a tirées du chaos par la création, et il embrasse à la fois ainsi les matières qui dépendent de la physique et celles que la chimie actuelle s'est réservées.

S'agit-il enfin d'établir une différence entre le chimiste et le physicien spéculatif, voici comment il procède :

« Si un élève demande au chimiste de quelles parties un corps est composé, celui-ci ne se contente pas de répondre à ses oreilles ; mais il lui fait voir, sentir, toucher, goûter ces parties, dans lesquelles le mixte s'est résous entre ses mains. Que ce soient, par exemple, un esprit acide, un sel amer, une terre douce, ou tout autre produit, peu importe : il les montre en nature, et l'élève en saisit par lui-même et par ses propres sens toutes les qualités.

« Que la question s'adresse au physicien. Ah! dira-t-il, de quelles parties ce corps est composé ?..... Cela n'est pas encore bien déterminé dans l'école..... Si c'est un corps, il a de l'étendue, par conséquent il doit être divisible, et ne peut être composé que de parties ou de points. Or il ne peut se composer de points, car les points étant sans étendue ne la sauraient communiquer aux corps. Il doit donc être formé de parties étendues ; mais, lui dira-t-on, celles-ci seront divisibles elles-mêmes en plus petites qu'on pourra partager en plus petites encore, et qui à leur tour le seront de nouveau tant qu'elles auront de l'étendue. Pour que la division s'arrête, il faut manifestement arriver à des parties sans étendue, mais alors celles-ci seront des points, et les corps n'en peuvent être formés.

« Ainsi le physicien se borne à vous apprendre que le corps sur lequel vous l'interrogez doit être composé de parties étendues ; admettez pourtant, si vous voulez, qu'il est composé de points ou parties sans étendue, car dans l'état de la question, le physicien ne saurait vous donner une solution claire sur ce point.

« D'où vient, continue-t-il, cette énorme différence entre les doctrines des chimistes et celle des physiciens? C'est que les physiciens ont peur de se compromettre en se noircissant les mains de charbon. C'est qu'ils se contentent d'aller prendre leurs grades dans quelque université, et qu'ils se pavanent ensuite avec leur soutane, leur perruque, leurs parchemins et leurs sceaux. Le chimiste, au contraire, se tient attentif devant les vaisseaux de son laboratoire, dissè-

que laborieusement les mixtes, ouvre les choses composées, de manière à découvrir ce que la nature a caché de beau sous leur écorce. »

La distinction qu'établit ainsi Le Fèvre entre la chimie et la physique, telles qu'on les entendait de son temps, peut étonner ; mais elle est vraie. La chimie, prenant toujours l'expérience pour guide dans ses recherches, pouvait exposer dès-lors ses résultats précis ; l'autre science, rejetant ce flambeau pour s'attacher à des idées purement hypothétiques, se perdait au milieu d'un dédale d'arguties puériles. Voilà pourquoi Nicolas Le Fèvre, en même temps qu'il témoigne pour l'une la plus haute admiration, traite l'autre avec un mépris si profond.

Ainsi se continue cette lutte entre la chimie naissante et la physique scolastique.

Le Fèvre admettait cinq éléments : le phlegme ou l'eau, l'esprit ou le mercure, le soufre ou l'huile, le sel et la terre. Ces cinq principes présentent l'image fidèle de la distillation. Ainsi, tandis qu'Aristote était évidemment parti de la combustion du bois pour établir ses quatre éléments, Le Fèvre fut conduit à admettre ces cinq éléments par les résultats que lui fournissent les matières végétales soumises, non plus à la combustion, mais à l'action de la chaleur en vases clos.

Les péripatéticiens trouvaient dans la flamme du bois qui brûle, dans la fumée qui s'en exhale, dans l'eau qui en suinte, et dans la cendre qu'il laisse, les quatre éléments naturels du corps. Aux yeux de Nicolas Le Fèvre, ce mode de destruction ne mettait pas en évidence tous les principes de la matière : il fallait les chercher dans les produits de la distillation. Or, qu'obtenait-il, en distillant soit le bois, soit toute autre matière prise dans les végétaux ou les animaux? Il voyait se dégager des gaz qu'il confondait sous le nom d'air; il recueillait une liqueur aqueuse chargée d'acide acétique, qui lui offrait à la fois l'eau et l'esprit : car le vinaigre était pour les anciens chimistes un esprit acide; il obtenait en même temps une autre liqueur d'apparence oléagineuse et de nature inflammable, qui lui représentait l'huile ou le soufre. Enfin, dans le résidu, il trouvait un charbon propre à se résoudre en chaleur et en cendres qui lui fournissaient les deux derniers principes. Traitées par l'eau, elles se séparaient en effet en deux parties : l'une soluble, c'était le sel, l'autre insoluble, c'était la terre.

Voilà bien l'eau, l'esprit, l'huile, le sel et la terre, premiers produits de la décomposition du corps, qu'une chimie plus savante devait bientôt décomposer à leur tour.

Au reste Nicolas Le Fèvre avait senti le besoin d'admettre encore un nouvel élément, quelque chose d'analogue à la quintessence ou à l'élément prédestiné de Paracelse, c'est ce qu'il appelait l'*Esprit universel*. Il ne l'avait jamais vu. Ses propriétés, il ne s'en rendait pas bien compte. Mais en voit que le rôle qu'il lui fait jouer n'est autre chose que celui qui appartient réellement à l'oxygène, qu'on croirait s'être révélé à lui, mais comme une idée très-confuse et très-obscure. Il pensait que cet esprit universel émanait des astres sous forme de lumière ; qu'il se corporifiait dans l'air, et qu'il produisait ensuite presque tous les effets observés dans les minéraux, les plantes et les animaux. Ainsi, par exemple, suivant Le Fèvre, l'air ne se borne pas, dans l'acte de la respiration, à rafraîchir le poumon, mais il y exerce une véritable réaction sur le sang, par le moyen de l'esprit universel, qui subtilise et volatilise toutes les superfluités du sang. C'est par lui que l'animal peut exercer toutes les fonctions de la vie. Cet esprit agit de même dans les plantes, quoique plus obscurément. Il semble, dit-il, affectionner la terre ; car il descend des airs, pour se corporifier en elle. Il affectionne aussi particulièrement le sel : c'est à sa fixation qu'est due la formation du nitre, et c'est à lui que le nitre doit les propriétés qui le caractérisent.

Ainsi le rôle attribué par le Fèvre à l'esprit universel est bien celui que joue en général l'oxygène. Vous en jugerez mieux encore par le passage suivant, consacré à la description des effets produits par la calcination solaire de l'antimoine.

Hamerus Poppius avait déjà observé que l'antimoine augmente de poids quand on le calcine au moyen d'une lentille, quoiqu'une partie du produit s'exhale en fumée. *Pondus auctum potius quam diminutum*, dit-il. Mais Le Fèvre est bien plus précis à cet égard.

A côté d'une gravure très-détaillée, représentant l'artiste qui remue l'antimoine, puis la lentille et tous les accessoires de l'opération, tant l'affaire lui a paru sérieuse, vous lisez la page suivante :

« Nous avons fait voir que les calcinations de l'antimoine avec le *nitre* l'ouvraient, le purifiaient et le fixaient ; ce qu'il ne pourrait faire, si ce sel ne participait tout à fait de la lumière qui se trouve *corporifiée* en lui.

« Mais il faut que nous fassions voir ici pathétiquement que le soleil, qui est le père et la source de la lumière, qui engendre le nitre, purifie et fixe l'antimoine beaucoup mieux et plus efficacement que le nitre ne le peut faire.

« Ce digne feu conserve et multiplie l'antimoine. Si l'artiste prend douze grains d'antimoine et qu'il les calcine au feu commun, il obtient une poudre blanche ou grise qui se trouve diminuée de cinq ou six grains.

« Avec le miroir ardent, l'antimoine est converti en une poudre blanche qui pèse quinze grains au lieu de douze. »

A cette description emphatique, ajoutons que Jean Rey, en parlant de cette expérience, et voulant s'en servir pour démontrer le rôle de l'air dans les calcinations, se compare à « Hercule, qui n'avait pas plutôt coupé une « des têtes de l'hydre qui ravageait le Palu-« lernéan, qu'il en renaissait deux. » Les têtes de l'hydre, ce sont les objections qu'on lui adresse, et l'expérience de l'antimoine,

le coup décisif qu'il leur porte, après avoir recueilli ses forces et raidi son bras, afin d'abattre toutes ces têtes d'un seul coup.

Comment ces opinions si arrêtées sur l'effet principal de la calcination, comment ces idées si justes sur l'augmentation du poids des corps, ont-elles disparu des discussions de la chimie générale ? C'est que, par un instinct bien remarquable, on a toujours regardé les théories comme choses fort distinctes de la vérité. C'est qu'à ce titre on s'est accordé depuis longtemps à donner aux théories une importance proportionnelle aux services qu'elles rendaient. On a accepté les théories qui menaient à découvrir quelque chose, et on a dédaigné celles dont les inventeurs s'étaient montrés stériles. En chimie, nos théories sont des béquilles ; pour montrer qu'elles sont bonnes, il faut s'en servir et marcher. C'est ce que n'ont fait ni Jean Rey, ni Le Fèvre ; c'est ce qui explique l'oubli, le dédain même où tombèrent leurs idées ; c'est ce qui expliquera le dédain ou l'oubli dans lequel nous laissons tomber des idées justes peut-être, mises en avant de nos jours, mais dont les inventeurs devraient nous démontrer la puissance, en découvrant, à leur aide, quelqu'une de ces nouveautés que recèle toute théorie bien faite.

Une théorie établie sur vingt faits doit en expliquer trente, et conduit à découvrir les dix autres. Mais presque toujours elle se modifie ou succombe devant dix faits nouveaux ajoutés à ces derniers. On la voit naître, se développer, vieillir et mourir comme toutes les idées de transition nécessaires au progrès de l'intelligence humaine. Si un auteur se borne à représenter les vingt faits connus et qu'il s'arrête, sa pensée nous semble un avorton sans vitalité. De là cet abandon où on la laisse.

On comprendra l'à-propos de ces réflexions quand on saura que Le Fèvre, professeur habile et heureusement placé pour faire dominer une idée, n'a pu malgré ses efforts donner à son esprit universel la place qu'il méritait peut-être. Loin de là, comme Le Fèvre n'est point inventeur, qu'il se borne à généraliser, à épurer la pensée d'autrui, chacun semble avoir pensé que la stérilité de sa carrière condamnait ses doctrines, et bientôt celles-ci furent abandonnées.

Elles renfermaient pourtant un germe précieux, un premier essai de théorie ; et ce premier essai reposait sur une vue juste de la nature des choses.

Qu'il y a loin d'ailleurs de Le Fèvre à ses prédécesseurs dans la manière dont ceux-ci envisageaient leur *esprit universel*, car cette création remonte aux premières époques de la chimie ! C'est Hermès lui-même, le grand Hermès, qui en aurait révélé la connaissance aux adeptes ; mais nous pouvons nous arrêter plus près de Le Fèvre, c'est-à-dire au commencemer du dix-septième siècle. L'ouvrage *ex professo* de Nuisement, poëte alchimiste, va nous faire connaître ce que l'on en pensait alors ; et où en trouverions-nous une notion plus étendue que dans les *Traittez du vray-sel secret des philosophes et de l'esprit général du monde?*

Le monde, dit-il, n'est pas seulement corporel, mais participant d'intelligence, car il est plein d'idées omniformes. C'est son esprit qui communique la vie à tout ce qui respire, vit et croît. Le soleil est le père de cet esprit du monde, de cet esprit universel ; la lune en est la mère. L'air l'a porté dans son ventre, et la terre lui a servi de nourrice. Il se corporifie, se change en terre, et dans cette terre il conserve sa vertu.

Vous reconnaissez facilement dans cette idée le fond des dogmes du panthéisme ; et du reste, si l'alchimiste nous laissait le moindre doute à ce sujet, le poëte se chargerait de les lever tous, quand il s'écrie :

Pan le fort, le subtil, l'entier, l'universel,
Tout air, tout eau, tout terre et tout feu immortel,
Germe du feu, de l'air, de la terre et de l'onde,
Grand esprit avivant tous les membres du monde ;
Pour ame universelle en tous corps te logeant,
Auxquels tu donnes être, et vie, et mouvement. . .

Si les chimistes de ce temps avaient connu l'oxygène, ils y auraient certainement vu leur grand Pan, et, chose bizarre, il s'est trouvé de nos jours un chimiste illustre, poëte aussi, dont le penchant pour les idées panthéistiques ne s'est pas déguisé, et qui, néanmoins, antagoniste de Lavoisier, a toujours cherché à faire prévaloir la doctrine du phlogystique.

LEMERY (Nicolas). — Transportez-vous dans la rue Galande, dit M. Dumas ; suivez la foule bruyante d'étudiants qui se précipite ; ne vous inquiétez ni des équipages dorés qui amènent les seigneurs et les princes, ni des chaises à porteurs qui transportent les grandes dames. Faites-vous faire place, allez toujours. Vous trouverez une cour, au fond de la cour une porte basse, un escalier raide, au moyen duquel vous descendrez, vous tomberez peut-être dans une cave éclairée par la lumière rougeâtre des fourneaux. Bientôt vous distinguerez, à son aide, les ustensiles de la chimie du temps, et vous verrez la foule empressée, attentive, écoutant les leçons d'un jeune homme qui compte tout au plus trente années.

Ce jeune homme sur lequel tous les regards sont fixés, aux paroles duquel toutes les oreilles prêtent une si vive attention, vous le devinez : c'est une révolution personnifiée ; c'est Nicolas Lémery.

Pourquoi ce grand cours et cet empressement ? C'est qu'à de profondes connaissances il sait unir l'art de les exposer d'une manière simple, accessible à tous, et d'éclairer ses leçons par des expériences brillantes et précises. C'est que, abandonnant le langage énigmatique et voilé de ses devanciers, il consent à parler chimie en français ; c'est, pour écarter toute figure, qu'il consent à professer une chimie sage et réservée, qui tient tout ce qu'elle promet, qui ne promet que ce qu'elle peut tenir. Innovation à jamais mémorable qui, arrachant la science aux régions du mensonge et de l'erreur, en a

fait cette science positive et féconde, dans laquelle un fait en amène un autre, dans laquelle le présent s'appuye avec confiance sur le passé, pour s'élancer dans l'avenir. »

D'ailleurs Lémery, qui était alors établi comme pharmacien à Paris, avait su se concilier les esprits par d'autres qualités qui le rendirent en peu de temps populaire. Ainsi, pour les dames, il avait un blanc de fard très-estimé. Pour les étudiants il avait une multitude de bons procédés de chimie pratique. Pour les hommes graves, il avait une chimie qu'on pourrait appeler nouvelle ; il se recommandait par une philosophie sage et éclairée.

Nicolas Lémery n'avait pourtant pas reçu une éducation brillante. Né à Rouen, en 1645, élevé d'une façon très-modeste, il entra dans une pharmacie en qualité d'élève. Cherchant d'un esprit curieux à approfondir les pratiques de cet art, il y trouvait beaucoup de problèmes à résoudre, mais il n'en voyait pas la solution.

Il voulut donc étudier à fond la chimie, et dans ce but il se rendit à Paris. Glazer, à qui il s'était adressé, lui fit, heureusement peut-être, un accueil peu bienveillant et le dégoûta bientôt de ses leçons par son caractère dur et maussade. Il ne trouva dans cet homme qu'un maître mystérieux, ombrageux, craignant toujours, non-seulement de dire, mais même de laisser deviner ce qu'il croyait savoir.

Lémery se décida à courir le monde, et visita successivement les principales villes de France. Arrivé à Montpellier, il y parut d'abord comme élève ; mais bientôt il débuta comme professeur de chimie, et obtint un éclatant succès.

Ramené à Paris, en 1672, il y professa pendant vingt-cinq ans avec une vogue inexprimable. Ce fut à tel point qu'après avoir rempli sa maison d'élèves, il finit par occuper presque toute la rue Galande, pour loger ceux qui se présentaient encore. Il lui fallait chez lui, une espèce de table d'hôte pour donner à dîner aux étudiants qui briguaient l'honneur d'être admis à sa table.

En 1675, il publia son *Cours de chimie*. Cet ouvrage acquit une immense célébrité et obtint un succès si extraordinaire, que sans compter les contre-façons, il y en avait une édition nouvelle presque chaque année. D'ailleurs, il se répandit chez tous les peuples civilisés, et fut traduit en latin, en anglais, en allemand, en espagnol, en italien, et peut-être encore en d'autres langues. L'auteur en fut appelé le *Grand Lémery*. Sa gloire était à son comble ; son succès égalait tout ce que l'imagination peut présenter de plus brillant ; sa pharmacie offrait l'un des plus beaux établissements de Paris ; sa prospérité était la digne récompense de ses travaux. Tout cela dura dix ans ?

En 1681, obligé d'abandonner sa pharmacie et son enseignement, parce qu'il était protestant, il s'enfuit en Angleterre. Pressé par le désir de rentrer dans sa patrie, il revient en France en 1683. Exclu, pour ses croyances religieuses, de l'enseignement et de l'exercice de la pharmacie, il se fait recevoir médecin, dernier refuge qu'il ne conserva pas longtemps. En 1685, l'édit de Nantes est révoqué; l'exercice de la médecine est interdit aux protestants, et le voilà à quarante ans, sans fonctions, sans ressources, la misère à sa porte, et entouré d'une famille éplorée, à qui semblait naguère promis le sort le plus digne d'envie.

En 1686, réduit aux abois il embrassa le catholicisme, lui et les siens.

Dès lors son existence redevint calme, et il reprit tous ses droits. Peu après, il publia sa pharmacopée universelle et son traité universel des drogues simples. En 1699, il entra à l'académie; son dernier ouvrage, le traité de l'antimoine, traité que l'on consulte encore quand on veut s'occuper de ce métal, nous montre un observateur d'une habileté consommée. Ce n'est qu'une réunion de faits détachés, mais qui attestent un nombre prodigieux d'expériences faites par une main assurée, et dont la description écrite dans le laboratoire porte un cachet de réalité et de simplicité tout nouveau en chimie.

Comparé à Le Fèvre, Lémery nous offre, conformément à la marche habituelle de l'esprit humain, l'homme positif succédant à l'homme d'imagination. On remarquera, en effet, que toutes les fois que deux hommes très-distingués dans une science paraissent successivement sur le même théâtre, le second, par un penchant naturel et irrésistible, cherche à se présenter sous un point de vue différent de celui où le premier s'était placé. L'un avait-il brillé par son imagination, l'autre fonde sa gloire sur l'observation attentive et judicieuse des faits.

Ce qui caractérise le cours de Le Fèvre, c'est l'étendue des idées ; ce qu'on remarque dans le cours de chimie de Lémery, c'est la clarté de ses descriptions. Les opérations sont simples, les détails exacts, les termes nets, sans obscurité ni détour. Sa physique est mauvaise ; mais il y en a si peu ! ses opinions théoriques sont à peu près celles de Le Fèvre, mais il met beaucoup plus de réserve dans leur énoncé. L'esprit universel est toujours le premier principe des mixtes, mais il le trouve *un peu métaphysique* : comme ce principe ne tombe point sous les sens, il juge à propos d'en établir de sensibles : ce sont l'eau, l'esprit, l'huile, le sel et la terre, admis par Le Fèvre. Mais il a bien soin d'établir que le nom de principe ne doit pas être pris dans une signification exacte ; que ces principes ne le sont qu'à notre égard, et en tant que nous ne pouvons aller plus loin dans la division des corps.

Comme homme positif, Lémery a été éminemment utile, et tous les chimistes du temps et de l'Europe entière ont été formés à son école. Le nombre des procédés qu'il a mis en circulation est énorme, et cependant il s'en était réservé beaucoup pour son commerce. De là, pour lui un moyen de se procurer une existence très-douce.

Il mourut en 1715, laissant un fils, qui,

comme lui, s'est occupé de chimie, mais avec bien moins d'originalité et de travail.

LEUCITE. *Voy.* AMPHIGÈNE.

LEUCOLITE. *Voy.* PICNITE.

LEVAIN. — C'est le nom de la substance qu'on ajoute à la pâte, avant sa cuisson, pour lui faire éprouver cette fermentation qui en détermine le boursouflement et la légèreté. Tout le monde connaît la différence qui existe entre le pain avec ou sans levain : ce dernier est lourd, compacte, moins agréable au goût.

Le levain est tantôt de la pâte qu'on a laissée aigrir ou fermenter, tantôt de *la levure de bière*. Ce n'est pas sans peine que l'usage de cette dernière substance a prévalu dans les boulangeries des villes. La Faculté de médecine s'opposa même par un décret du 24 mars 1668, à son emploi, en déclarant que l'usage en était nuisible... Il est difficile d'établir à quelle époque on commença à faire entrer du levain dans la pâte destinée à la confection, cette coutume est fort ancienne. Nous savons seulement que le pain fermenté était connu du temps de Moïse, puisqu'il ordonna aux Hébreux de faire la Pâque avec du pain sans levain (1), ce qui suppose qu'on en faisait avec le ferment. Quelque portion de pâte oubliée dans le pétrin et incorporée avec l'eau et la farine a dû être l'origine de cet important perfectionnement (2).

LEVURE DE BIÈRE. *Voy.* FERMENT et FERMENTATION.

LIGNEUX. — Entre la moelle et l'écorce des plantes se trouve un tissu poreux, par lequel une grande partie des sucs sont conduits de la racine vers les branches de l'arbre ou de la plante. Ce tissu reçoit le nom de *ligneux*, chez les arbres, et celui de *fibre ligneuse* chez les plantes d'une texture moins solide. Ce tissu se propage depuis le tronc et les branches jusque dans les pétioles et dans les feuilles, et d'un autre côté il arrive, par le pédoncule, jusque dans les organes sexuels, et après la fécondation il se développe dans le fruit. On ignore quelles sont les différences que ce tissu peut présenter, en passant d'une partie végétale à l'autre, et je ne puis que répéter que ce qu'on en sait jusqu'à présent.

On considère comme du ligneux ou de la fibre végétale, la substance qui reste, après qu'on a traité une plante ou une partie végé-

(1) Exode, chap. XII, v. 15. — L'usage du pain sans levain, dit *pain azyme*, existe encore chez les juifs.

(2) L'institution des boulangers est fort ancienne. Ceux de la Gaule avaient choisi pour leur patron Mercure-Artaïus, ainsi nommé du grec *artos*, qui signifie *pain*, et ils lui avaient bâti un temple dont Chorier (Histoire du Dauphiné) assure qu'on voyait encore des ruines, au XVIIe siècle, dans l'endroit où se trouve aujourd'hui le village d'Artai, à un myriamètre de Grenoble. Le nom de *boulanger* vient, selon Du Cange, de ce que le pain avait dans l'origine la forme de *boules*. Il est question de *bis-cuit*, ou pain cuit deux fois, dans une ancienne chronique du règne de Charlemagne. Abbon en parle aussi dans sa relation du siége de Paris, par les Normands. Ce pain était employé sur les vaisseaux, comme de meilleure garde que le pain ordinaire.

tale par l'éther, l'alcool, l'eau, les acides, affaiblis et les alcalis caustiques en dissolution étendue, pour dissoudre toutes les matières solubles dans ces agents.

Le *ligneux* proprement dit constitue le squelette des troncs, des branches et des rameaux, des arbres et des arbustes. Il varie dans les différentes espèces sous le rapport de la texture, de la couleur, de la dureté, de la pesanteur spécifique, etc., et en raison de ces différences sa composition varie probablement aussi. La texture du ligneux est toujours poreuse, parce qu'il renferme des vaisseaux longitudinaux ; aussi est-il facile de le fendre dans la direction que prennent ses vaisseaux. Ses pores renferment, lorsqu'il est frais, des sucs contenant en dissolution différentes matières ; pendant la dessiccation du ligneux, l'eau se vaporise et laisse les matières qu'elle tenait en dissolution. C'est pour cette raison que le bois se contracte, en séchant, dans le sens de la largeur et se fend dans le sens de la longueur, mais il conserve sa longueur. On croit avoir reconnu que le bois sec de nos arbres ordinaires se compose de 96 pour cent de ligneux et de 4 pour cent de substances pouvant être dissoutes par les dissolvants précédemment cités. Mais la quantité des matières contenues dans le suc varie avec les saisons. C'est à une partie de ces matières qui restent après l'évaporation de l'eau, que les différentes espèces de bois paraissent devoir leurs couleurs ; dans ce cas la matière colorante de la plante se fixe, sur le ligneux, en vertu d'une affinité chimique, et nous imitons cette coloration lorsque nous teignons du lin. Après avoir été séché à l'aide de la chaleur, le ligneux est non-conducteur de l'électricité, mais il redevient conducteur par l'exposition à l'air, dont il absorbe l'humidité ; cette absorption est favorisée par l'état poreux du ligneux et par la présence des substances déliquescentes qui s'y trouvent contenues. Le bois sec recouvert d'un vernis n'absorbe pas l'humidité atmosphérique. Tout le monde sait que le bois nage à la surface de l'eau ; néanmoins la pesanteur spécifique du bois est plus grande que celle de l'eau, et dans le vide le bois tombe de suite au fond de l'eau. Si le bois paraît plus léger que l'eau, cela tient à la multitude de ses pores remplis d'air, d'où l'air n'est chassé par l'eau qu'après un contact prolongé. La pesanteur spécifique du bois exempt d'air varie de 1,46, pesanteur du bois de sapin et d'érable, à 1,53, pesanteur des bois de chêne et de hêtre.

Les phénomènes qu'offre la combustion du bois sont assez généralement connus, pour que je puisse me dispenser d'en parler ici. Le bois est détruit peu à peu sous l'influence simultanée de l'air, de l'eau et de la lumière. Il devient d'abord d'un gris clair, et la pluie commence à en détacher des portions isolées ; ce qui s'aperçoit très-bien sur du bois vieux partiellement peint à l'huile ; les parties non peintes sont peu à peu corrodées, se détachent et tombent. Si le bois n'est pas

placé de manière que la partie fraîche puisse se séparer du reste, il se convertit peu à peu en une masse brune, qui se réduit en une poudre grossière, quand on y touche. Dans ce cas le bois absorbe de l'oxygène et dégage du gaz acide carbonique ; mais ce changement s'opère également sans le secours de l'oxygène et de la lumière, par exemple dans l'intérieur du tronc des arbres vieux, surtout des chênes. Si l'air n'a pas libre accès, la partie pourrie ne brunit pas, elle devient blanche ou grise. L'eau enlève à ces produits de la décomposition putride du bois, de nouveaux corps, solubles dans l'eau, dont la nature n'a pas encore été étudiée. Par suite d'une autre décomposition moins fréquente, qui est connue sous le nom de putréfaction sèche, le bois coupé, même conservé dans un endroit sec et aéré, devient friable et impropre à l'usage. En Angleterre on a eu des exemples de vaisseaux, qui ont été détruits de cette manière, dans l'espace de quelques années. On ne connaît pas la cause de cette réaction destructive, et une fois qu'elle a commencé, elle s'étend comme par contagion sur le bois intact, placé à côté de celui qui est attaqué. Sous l'eau, le bois se conserve indéfiniment ; et à cet égard on peut citer comme des preuves incontestables les poutres placées dans l'eau et les troncs d'arbres tirés du fond des tourbières où ils se trouvent probablement depuis une époque antérieure à notre histoire. En Suède il existe des maisons en bois, qui sont habitées depuis trois cents ans et dont le bois a été préservé contre l'action de l'air et de l'eau par la couleur rouge (oxyde ferrique) qui le recouvre ; les cercueils des momies égyptiennes, dont quelques unes ont plus de 3000 ans, fournissent un exemple plus positif encore, pour prouver que le bois conservé dans l'air sec et à l'abri de la pluie se maintient pendant un espace de temps très-considérable et conserve assez bien sa cohésion.

Le bois soumis à l'action du chlore devient d'un blanc de neige, mais il ne se dissout pas. L'acide sulfurique concentré le transforme à froid en gomme, et si l'on mêle la masse ainsi obtenue avec de l'eau, et qu'on la fasse bouillir, la gomme se convertit en sucre de raisin. Si l'on chauffe un mélange d'acide sulfurique concentré et de sciure de bois, il se dégage du gaz acide sulfureux, la masse devient noire et se prend en un magma, qui, traité par l'eau, donne, selon Hatchett, 0,438 de son poids d'un résidu insoluble charbonneux, difficile à brûler. L'acide nitrique concentré jaunit le bois et détruit après quelque temps sa cohérence, en sorte qu'il se réduit en une masse pulvérulente, qui finit par se dissoudre et se convertir en acide oxalique. Par l'ébullition avec de l'acide hydrochlorique concentré, le bois est altéré ; l'acide se colore d'abord en rouge, puis en brun, et le bois noircit, sans devenir soluble dans l'acide ou dans l'eau ; après la dessiccation il brûle avec flamme. Les alcalis caustiques en dissolution étendue n'exercent qu'une faible action sur le bois ; mais si l'on chauffe de la sciure de bois avec un poids égal d'hydrate potassique en dissolution concentrée, jusqu'à ce que la masse soit dissoute en un liquide homogène, expérience pendant laquelle la masse se boursoufle et dégage une eau douée d'une odeur empyreumatique, on obtient, après le refroidissement, une dissolution brun noirâtre, qui contient de l'acide oxalique et de l'acide acétique, et d'où les acides précipitent une substance, qui a la plus grande analogie avec l'extrait de terreau ou avec la substance qui se dissout lorsqu'on traite la suie par un alcali. Le bois soumis à ce traitement se dissout presque sans laisser de résidu. Si l'on chauffe le mélange de sciure et de potasse à l'abri du contact de l'air, par exemple dans une cornue, la masse jaunit, et forme avec l'eau bouillie une dissolution jaune, qui absorbe l'oxygène de l'air.

La composition du bois a été examinée par Gay-Lussac et Thénard, et par Prout. Les deux premiers chimistes ne se sont occupés que des deux espèces de bois, qui ont beaucoup d'analogie, savoir du bois de chêne et du bois de hêtre, raison pour laquelle les résultats de leurs analyses se rapprochent beaucoup. Ces chimistes ont trouvé dans 100 parties de bois séchés à la température de 100° :

	Bois de chêne.	Bois de hêtre.
Carbone.	52,53	51,45
Hydrogène. . . .	5,69	5,82
Oxygène.	41,78	42,73

Prout a reconnu que l'oxygène et l'hydrogène se trouvent, dans le bois, dans la même proportion que dans l'eau. Dans le bois de saule il a trouvé 0,50 et dans le buis 0,498 de carbonne ; le restant consistait en oxygène et en hydrogène.

Il serait d'autant moins possible de calculer la composition atomique du bois, d'après les analyses précédentes, que très-probablement la masse du bois, qui se compose de tissu cellulaire et de vaisseaux entrelacés, contient plus d'un principe immédiat.

Les usages du bois sont généralement connus. L'avenir fera voir si l'on pourra s'en servir avantageusement à préparer du sucre et de la gomme. Autenrieth a annoncé, il y a quelques années, que de la sciure de bois réduite en poudre farineuse et moulée en gâteaux, après avoir été mêlée avec une quantité de farine suffisante pour la rendre cohérente, pouvait servir avantageusement à nourrir des cochons, et il assure l'avoir réellement employée à cet effet. L'exactitude de cette donnée assez importante pour l'économie rurale n'a pas encore été confirmée. Si elle venait à l'être, il faudrait admettre que les organes de digestion de l'animal ont fait subir au bois un changement analogue à celui qu'il éprouve par l'action de l'acide sulfurique. *Voy.* Fibre végétale.

LIGNITE (bois bitumineux, houille compacte, houille sèche, jayet). —Matière noire ou brune, opaque, s'allumant et brûlant avec facilité, avec flamme, fumée noire, odeur bitumineuse, souvent fétide, et sans boursouflement. Donnant, lorsqu'elle a cessé de flamber, un charbon semblable à la braise qui conserve la forme des fragments.

On ne sait pas quelle est la nature de l'espèce de matière qui s'est produite ici par la décomposition des bois. Il est seulement remarquable que le goudron qu'on obtient par la distillation ne donne pas de naphtaline, ce qui distingue éminemment ces matières de la houille.

Les grands dépôts de lignites se trouvent en général, comme ceux de houilles, dans des bassins particuliers, dans les gorges et les vallées que les montagnes plus anciennes laissaient entre elles. Ils se composent de plusieurs couches séparées les unes des autres par des matières pierreuses, qui sont aussi très-mélangées de charbon et de bitume, tantôt en masses terreuses, tantôt schisteuses. Ces couches sont fréquemment ondulées, mais jamais repliées en zig-zag, comme celles de houilles, et elles sont moins sujettes aux failles.

Les matières qui accompagnent les dépôts de lignites sont fréquemment remplies de débris de coquilles, dont le test, devenu blanc, se dessine agréablement sur le fond coloré de la pâte qui les enveloppe. On y distingue clairement des lymnées et des planorbes, qui sont des coquilles fluviatiles, mêlées avec des coquilles turriculées, des coquilles bivalves ; dont l'habitation est plus douteuse. On y trouve aussi des débris végétaux, et il est remarquable qu'ils appartiennent à des plantes dicotylédones ; ce sont des branches et des troncs d'arbres, des feuilles de diverses sortes, qu'on est toujours tenté de comparer à des feuilles de peupliers, de bouleaux, d'ormes, de châtaigniers, etc.

L'emploi des lignites est beaucoup moins étendu que celui de la houille, mais c'est encore un combustible extrêmement précieux, qui peut servir, et sert en effet, dans une multitude de circonstances. Les variétés qui ne répandent aucune mauvaise odeur par la combustion, sont d'un usage très-agréable pour les appartements, et me paraissent avoir un avantage marqué sur la houille, par suite de leur flamme claire, par leur réduction en braise semblable à celle du bois, qui, comme elle, continue à brûler lentement, lorsque la flamme et la fumée sont passées. Elles ont encore sur la houille l'avantage de ne pas répandre une fumée aussi épaisse, et surtout de ne pas remplir les appartements d'une poussière fine, dont rien ne peut être à l'abri, même dans les meubles les mieux fermés.

Tous les lignites peuvent être employés dans les usines où il s'agit de chauffer ou d'évaporer des liquides, pour la cuisson de la chaux, des poteries communes, etc. Ils donnent, à ce qu'il paraît, une chaleur plus forte que celle du bois, mais moins forte pourtant que celle de la houille, ce qui, dit-on, empêche de les employer dans les fonderies. Cette dernière assertion est cependant loin d'être prouvée, car puisqu'on emploie fréquemment le bois en pareil cas, on pourrait évidemment se servir d'un combustible plus actif, si aucune autre raison ne s'y opposait. Le fait est qu'on a fait à cet égard plusieurs essais qui ont, en général, mal réussi, sans qu'on ait pu en donner d'explication bien positive, mais il ne me paraît pas démontré qu'il soit inutile de faire de nouvelles tentatives, surtout avec les excellents lignites que nous possédons dans le midi de la France, avec ceux de la Hongrie, et les variétés qu'on a confondues avec la houille, sous le nom de houille maigre, ou houille des terrains calcaires.

On a aussi essayé de carboniser le lignite, mais on n'en a obtenu qu'un très-mauvais combustible. Les lignites des terrains calcaires ont produit une espèce de coke très-léger; les autres, une braise analogue à celle de nos fourneaux. Peut-être cependant tout tient-il encore à la manière d'opérer, car en soumettant le lignite à la distillation, il reste une matière charbonneuse fort analogue à l'anthracite, qui produit une chaleur très-considérable par la combustion, sans présenter de très-grandes difficultés à s'allumer, sans exiger de trop grands tirages d'air.

Les variétés de lignites compactes, denses, brillantes, sont employées sous le nom de jayet pour faire diverses sortes de bijoux de deuil, des boutons, des croix, des boucles d'oreille, des colliers, des garnitures de robes, des chapelets, etc. Cette fabrication a fourni autrefois un revenu pour la petite ville de Sainte-Colombe sur l'Hers, dans le département de l'Aude ; mais aujourd'hui elle est considérablement diminuée.

Les lignites pyriteux sont employés dans diverses localités pour préparer de l'alun et du sulfate de fer. On laisse ces substances effleurir à l'air, ou bien on les calcine lentement, et on lessive ensuite les matières terreuses qui se sont formées ; on évapore les liquides pour en tirer les sels, en ayant soin d'ajouter des matières potassées ou ammoniacales pour former le sel double qui constitue l'alun : c'est ainsi qu'on emploie les lignites du département de l'Aisne. Les cendres qui proviennent de cette fabrication, qu'on nomme *cendres rouges*, sont très-recherchées pour l'agriculture, et ont produit des résultats extrêmement avantageux dans les terres stériles de la Tiérache et de la Champagne. On emploie aussi avec succès le lignite même, qui est alors connu sous le nom de *cendres noires*.

LIGNITE FIBREUX (bois altérés, bois bitumineux).— Matière brunâtre, à tissu ligneux, s'allumant avec facilité, même à la flamme d'une bougie ; brûlant avec flamme comme le bois ordinaire, et donnant une fumée piquante qui fatigue les yeux. Dégageant quelquefois alors une odeur bitumineuse, quelquefois une odeur fétide, et souvent une odeur balsamique. Résidu charbonneux semblable à la braise, continuant à brûler seul, et se couvrant de cendres blanches comme la braise de bois.

Les variétés de bois altérés sont celles qu'on pourrait établir dans les bois naturels. Il y a diverses sortes de tissus ; mais qui sont en général ceux des plantes dicotylédones. Il y a des variétés vermoulues, d'autres qui semblent être à demi-pourries, quelques-unes qui sont composées d'une multitude de petits grains, etc. Il y a des parties qui se divisent comme le liber de certains arbres, et qui produisent de grands rubans minces, que l'on peut en quelque sorte subdiviser à l'infini.

Les bois altérés se montrent d'abord dans quelques dépôts de véritables lignites, auxquels ils passent par toutes les nuances ; mais c'est en général dans les parties les plus superficielles des terrains tertiaires, où plutôt dans les alluvions qui ont recouvert en dernier lieu nos continents qu'il faut les chercher.

Les bois altérés peuvent servir plus ou moins aux mêmes usages que les bois ordinaires ; il en est qui sont si bien conservés qu'on les a même employés dans la bâtisse ; d'autres ont été tournés, et on en a fait des écuelles, des vases divers, etc. Ils peuvent tous être employés comme combustibles, quoique, à ce qu'on assure, ils donnent en général moins de chaleur que le bois. On s'en sert pour la cuisson de la chaux et des poteries, et pour chauffer et évaporer des liquides. La plupart ne peuvent cependant pas être employés pour chauffage ; même dans les maisons les plus pauvres, par suite de l'odeur infecte qu'ils laissent dégager en brûlant ; les usines même sont quelquefois forcées, à cause de cela, de se placer à de grandes distances des habitations.

LIMONITE (*fer hydraté, hématite brune, minerai de fer en grains*, etc.). — Substance non métalloïde, brune ou jaune. C'est un minerai très-précieux, qui est exploité avec activité dans un grand nombre de lieux, et c'est celui qui alimente la plupart des nombreuses usines de la France. Les variétés terreuses sont exploitées pour la peinture, soit qu'on les emploie à l'état naturel où lavées avec plus ou moins de soin, ce qui constitue l'ocre jaune, la terre d'Italie, la terre d'ombre, etc., soit qu'on les calcine pour produire l'ocre rouge et le rouge de Prusse.

LIN. *Voy.* HUILES et CORPS GRAS.

LIN, mucilage de graine de lin. *Voy.* MUCILAGE VÉGÉTAL.

LIN DES MONTAGNES. *Voy.* AMIANTE.

LIQUEUR DE CAILLOU. *Voy.* POTASSE, *silicate.*

LIQUEUR FUMANTE de Libavius. *Voy.* ÉTAIN, *deutochlorure.*

LIQUEUR DE VANSWIETEN. *Voy.* MERCURE, *deutochlorure.*

LIQUEUR DE HOFFMANN. *Voy.* ÉTHER.

LIQUEURS. *Voy.* EAUX-DE-VIE.

LISSAGE DU PAPIER. *Voy.* PAPIER.

LITHARGE. *Voy.* CÉRUSE et PLOMB, *protoxyde.*

LITHIUM. — Ce nom a été donné au métal d'un oxyde analogue à la potasse, et qui a été d'abord désigné sous le nom de *lithion* ;

ce mot est dérivé de λίθος (pierre), parce qu'il a été rencontré d'abord dans une pierre particulière, et ensuite dans d'autres espèces minérales.

En soumettant à l'action de la pile galvanique l'hydrate de cet oxyde, Davy en a séparé ce métal, qui, par ses caractères physiques, ressemble beaucoup au sodium. Peut-être l'obtiendrait-on aussi par les procédés qui fournissent le potassium et le sodium. L'oxyde de ce métal a été découvert, en 1818, par M. Arfwedson, chimiste suédois, en faisant l'analyse d'une pierre trouvée à Utö, en Suède, et nommée *pétalite*. Il se trouve, dans ce minéral, uni à la silice et à l'alumine; on l'a depuis rencontré dans un autre minéral, connu sous le nom de *triphane*.

La composition de l'oxyde de lithium a été déduite par M. Arfwedson et Vauquelin de l'analyse de son sulfate. Berzélius le regarde comme formé de :

Lithium. . . .	100	1 atome.
Oxygène. . . .	123	1 atome.

Ce nouveau résultat démontre que cet oxyde contient plus d'oxygène que toutes les autres bases salifiables.

LUCRÈCE. *Voy.* Atomes.

LUMIÈRE. — Le globe terrestre serait obscur et froid s'il n'était éclairé et chauffé par le soleil.

Le soleil est un gros corps lumineux, situé au centre de notre système planétaire, d'où émanent continuellement et avec une grande rapidité de la lumière et de la chaleur, qui constituent ce qu'on appelle les *rayons solaires*. La nature de cet astre ne nous est point connue.

En n'ayant égard qu'à la propriété dont il jouit d'éclairer et d'échauffer, on pourrait le comparer à un globe de fer rougi jusqu'au blanc et sortant de la forge ; cependant la comparaison ne serait pas juste, parce que le fer incandescent ne tarde point à perdre cette propriété, tandis qu'elle persiste dans le soleil, sans y éprouver de diminution. On a prétendu, dans ces derniers temps, que la source des rayons solaires était une sorte d'atmosphère enveloppant le corps, d'ailleurs opaque, de l'astre, et l'on a été conduit à cette idée par celle qu'on s'est faite des taches du soleil, en les considérant comme des ouvertures pratiquées dans l'atmosphère lumineuse, et à travers lesquelles on aperçoit le noyau opaque. Mais ce n'est là qu'une simple conjecture.

Les rayons solaires émanent de l'astre avec une telle rapidité, qu'ils n'emploient que huit minutes et demie à parcourir l'espace immense qui sépare la terre du soleil. Ils marchent continuellement en ligne droite, et se dilatent en même temps, de manière que leur densité diminue en raison directe du carré de leur éloignement du soleil; c'est-à-dire que si la terre était à une distance de cet astre double de celle qui l'en sépare, il faudrait quatre soleils pour l'éclairer et l'échauffer autant qu'elle l'est aujourd'hui ; que si la distance était triple, il faudrait neuf soleils ;

qu'il en faudrait seize, si elle était quadruple, etc.

Lorsque les rayons solaires tombent sur un corps, celui-ci devient visible en les réfléchissant de sa surface, suivant les lois que la physique enseigne.

Divers corps ont la propriété de se laisser traverser par les rayons solaires sans leur faire subir d'altération. On les appelle *conducteurs de la lumière*, et, dans le langage commun, on dit qu'ils sont *transparents* ou *diaphanes*.

Mais en pénétrant dans l'intérieur des corps transparents, les rayons solaires se dévient de la ligne droite, et subissent une inflexion qui varie suivant les différences que les corps présentent sous le rapport de leur densité, de leur combustibilité ou de l'état de leur surface.

Si les rayons passent d'un milieu moins dense dans un autre qui le soit davantage, par exemple de l'air dans l'eau, ils se rapprochent de la perpendiculaire au point d'immersion. L'inverse a lieu lorsqu'ils passent d'un milieu plus dense dans un autre qui l'est moins. C'est sur cette propriété que se fonde une expérience bien connue, qui consiste à mettre une pièce de monnaie dans un plat, et à s'éloigner assez de celui-ci pour que son rebord la dérobe à la vue ; elle redevient visible aussitôt qu'on remplit le plat d'eau.

Quant aux modifications que la nature des corps apporte à la réfraction des rayons solaires, les combustibles sont, en général, ceux qui possèdent cette propriété au degré le plus éminent. Voilà pourquoi le diamant, le naphte, le gaz hydrogène, etc., réfractent les rayons solaires avec beaucoup plus de force qu'ils ne le feraient si ce résultat tenait uniquement à leur densité.

Enfin, l'on peut, en changeant la surface des corps, modifier la réfraction des rayons solaires, tant à leur immersion qu'à leur émergence. C'est là-dessus que repose l'art de construire les lunettes, les miroirs ardents, etc., ou la *dioptrique*.

Les lois de la réfraction de la lumière sont purement mathématiques, et rentrent dans le domaine de la physique; mais les effets qui en résultent sont aussi un objet du ressort de la chimie.

Quand on fait pénétrer les rayons solaires, par un petit trou, dans une chambre parfaitement obscure, et qu'on les reçoit sur un prisme de verre ou sur un verre taillé angulairement, derrière lequel se trouve un papier blanc tendu à une certaine distance, on obtient une figure allongée, arrondie aux deux extrémités, et composée de sept couleurs des plus belles, qui se fondent les unes dans les autres par des nuances insensibles. Cette image porte le nom de *spectre solaire*, (spectrum prismaticum). Elle tombe sur un papier un peu au-dessous de la ligne droite qu'auraient décrite les rayons solaires abandonnés à eux-mêmes, parce que ceux-ci ont éprouvé une réfraction en traversant le verre. Si l'on dirige un des angles du prisme en haut, le spectre offre successivement, de haut en bas, le *rouge*, l'*orangé*, le *jaune*, le *vert*, le *bleu*, l'*indigo* et le *violet*.

Frauenhofer a remarqué, dans le spectre solaire, quelques lignes obscures, qui se retrouvent consiamment dans la même espèce de lumière, et dont je ne dirais rien ici, leur histoire étant, à proprement parler, du ressort de la physique, si elles n'étaient sujettes à varier suivant les sources dont la lumière émane. Ainsi, par exemple, dans le spectre fourni par les rayons du soleil, de la lune et des planètes, le jaune a une double ligne noire, tandis qu'au même endroit, dans celui qui provient de la lum.ère du feu, on aperçoit une double ligne plus claire (1).

Si l'on dispose une table de manière à ce que le spectre se déploie en entier et d'une manière bien distincte à sa surface, qu'on place un thermomètre dans chacune des sept couleurs principales, et qu'enfin on établisse deux autres thermomètres hors du spectre, près des extrémités arrondies de l'image, on remarque les phénomènes suivants. Les thermomètres placés tant dans le rayon violet qu'à côté de lui, en dehors du spectre, ne s'échauffent pas ; celui qui plonge dans le rayon bleu monte un peu, et celui qui reçoit le rayon vert, davantage encore ; l'échauffement va toujours en augmentant dans l'orangé et le rouge, jusqu'à ce qu'enfin, hors de l'image, à une certaine distance de son extrémité rouge, la température s'élève plus que partout ailleurs, de manière cependant que la plus grande chaleur se développe à une faible distance de l'extrémité rouge du spectre.

Ce phénomène prouve manifestement que les rayons solaires, dans leur passage à travers le prisme, se partagent en *rayons lumineux colorés et en rayons calorifiques non lumineux*. Il démontre en outre que ces deux sortes de rayons ne se réfractent pas de la même manière. C'est cette dernière circonstance qui les empêche de correspondre au même point, et qui leur fait produire deux spectres différents, dont le calorifique est le plus allongé. Les plus denses d'entre les rayons calorifiques, étant ceux qui éprouvent le moins de réfraction, tombent un peu en dehors des rouges ; et les rayons colorés qui subissent la plus grande réfraction, tombent au même endroit que les rayons calorifiques les moins concentrés.

La décomposition de la lumière solaire en rayons lumineux et rayons calorifiques a été découverte par Herschell. Cependant Rochon

(1) Frauenhofer ayant examiné comparativement ce phénomène dans les spectres produits par les rayons de diverses étoiles fixes, a trouvé que celui de Sirius et de Castor n'offre pas de lignes noires dans le jaune, mais qu'il y en a une dans le vert et deux dans le bleu. Pollux, au contraire, produit le même effet que la lumière solaire. Il ne serait pas impossible que ces observations qui, au premier abord, promettent si peu, nous conduisissent un jour à d'importantes conclusions sur le mode de développement de la lumière dans les corps célestes lumineux par eux-mêmes.

avait déjà observé, quelques années auparavant, que les rayons diversement colorés n'ont pas tous la faculté d'échauffer au même degré. Les expériences de Herschell ont été répétées depuis par d'autres physiciens, qui les ont trouvées exactes. Mais on a r connu que la matière dont le prisme est formé influe sur les résultats. Ainsi, d'après Seebeck, le point le plus chaud tombe hors du rayon rouge quand le prism est de flint-glass anglais, et dans le rayon rouge lui-même, lorsque cet instrument est de crown-glass ou de verre blanc ordinaire ; tandis que, si l'on substitue au prisme plein un prisme composé de plaques de verre et rempli d'alcool, d'eau, d'essence de térébenthine, c'est dans le rayon jaune que se fait sentir la plus forte chaleur.

Il arrive quelquefois aux rayons solaires de subir encore un autre genre de décomposition dans le prisme. Scheele a découvert, en effet, que si, après avoir enduit un papier de chlorure argentique (corps d'un blanc de neige, qui a la propriété de noircir par l'action du soleil), on fait tomber dessus le spectre solaire à travers un prisme, ce papier ne change point de teinte dans le rayon rouge, tandis qu'il noircit beaucoup à l'extrémité externe du rayon violet. Cette expérience a été répétée depuis, avec le plus grand soin, par Ritter, Wollaston, Beckmann, Seebeck et Bérard. Tous s'accordent à dire que, comme l'extrémité rouge est la plus chaude, de même l'extrémité violette est celle qui possède au plus haut degré la propriété de noircir le chlorure argentique. Bérard a trouvé qu'une moitié des rayons du spectre, à partir de l'extrémité rouge, se réunit, quand on la reçoit sur un verre biconvexe, en un foyer incolore excessivement brillant, qui n'exerce pas la moindre action sur le chlorure argentique ; tandis que le foyer moins éclatant produit par la réunion de l'autre moitié à partir du rayon violet noircit complétement ce corps dans l'espace de quelques minutes. Seebeck a reconnu que le chlorure argentique prend une teinte rosée pâle lorsqu'on le laisse pendant longtemps exposé au rayon rouge, et que quand le prisme est fait de flint-g ass, le point où ce même chlorure rougit le plus correspond immédiatement au dehors du rayon rouge, là où tombe la plus forte chaleur. Le chlorure argentique éprouve le même changement dans sa couleur lorsqu'on le chauffe jusqu'à un certain degré, et qu'on le tient pendant quelque temps à cette température dans un endroit obscur.

Les rayons solaires qui traversent un verre de couleur produisent des effets semblables à ceux que font naitre les rayons pareillement colorés du spectre. Ainsi le chlorure argentique acquiert une teinte noire derrière un verre bleu ou violet, et ne noircit point derriè.e un verre rouge ou orangé. Au contraire, il devient rouge derrière un verre rouge, et beaucoup plus promptement même que dans le spectre solaire. Seebeck a fait en outre les observations suivantes sur la dissolution d'or, liqueur de laquelle la lumière sépare l'or à l'état métallique ; en trempant du papier dans la dissolution neutre et médiocrement concentrée, faisant de ce papier, lorsqu'il est sec, deux parts dont on conserve l'une dans l'obscurité, tandis qu'on soumet l'autre pendant quelques instants à l'influence de la lumière solaire, avec la précaution toutefois de l'y soustraire avant qu'aucune action apparente ait été exercée, et plaçant ensuite cette seconde portion de papier dans un endroit obscur, elle y subit peu à peu, par la réduction de l'or, le même changement de couleur qu'elle aurait éprouvé en demeurant toujours exposée à la lumière du jour ; l'autre portion, au contraire, ne s'altère pas le moins du monde.

On a cru remarquer aussi que les deux extrémités du spectre solaire déterminaient des effets chimiques opposés, c'est-à-dire que le côté violet opérait ou favorisait la réduction, tandis que le rouge facilitait l'oxydation. D'après cela, on a voulu trouver une analogie parfaite, quant aux effets, entre la lumière décomposée et les deux électricités séparées l'une de l'autre. Ritter prétendait avoir observé que le chlorure argentique noirci s'oxyde et devient blanc sous l'influence des rayons rouges, ce qui contredit cependant le témoignage de tous les autres expérimentateurs. Au contraire, Wollaston a reconnu que la résine de gayac verdit dans le rayon violet, en absorbant du gaz oxygène, et Bérard a observé qu'un mélange de gaz hydrogène et de gaz chlore s'enflamme quand on l'expose aux rayons violets, effet qu'aucune autre portion du spectre ne produit. Seebeck a fait voir que le phénomène a lieu aussi derrière un verre violet, mais qu'il ne se manifeste point derrière un verre rouge ou jaune. D'un autre côté, Wollaston est parvenu à constater qu'il y a véritablement opposition entre les deux extrémités du spectre, sous le rapport de l'action chimique ; après avoir fait verdir, en l'exposant aux rayons concentrés de l'extrémité violette, du papier coloré en jaune par la teinture de gayac, il lui rendit sa nuance primitive, en le reportant au milieu des rayons concentrés de l'extrémité rouge. Mais, plus tard, il reconnut que la teinte verte repasse au jaune par le seul fait de l'application de la chaleur au papier, de manière qu'on peut considérer le rétablissement de la couleur primitive, à l'extrémité rouge, comme un simple effet des rayons calorifiques ; d'autant plus surtout qu'on sait que plusieurs couleurs végétales pâlissent tout aussi bien sous l'influence d'une chaleur sèche de $+ 100$ à $+ 120$ degrés, que sous celle de la lumière du soleil.

On sait, d'un autre côté, que plusieurs corps, par exemple le sulfure barytique, le sulfure strontianique, le sulfure calcique, certains diamants, diverses variétés de spath fluor et autres semblables, sont lumineux pendant quelque temps dans l'obscurité, lorsqu'on les a laissés quelques instants exposés à la lumière du soleil. Wilson et Rit-

ter se sont assuré que ce phénomène est produit principalement par l'extrémité violette du spectre, et que les corps qui sont lumineux dans l'obscurité perdent instantanément cette propriété lorsqu'on les expose à l'action de l'extrémité rouge de l'image.

Ces faits divers attestent manifestement que les rayons qui tombent aux extrémités du spectre solaire ne sont point de même nature. Cependant, tout en convenant qu'on ne doit pas mettre de précipitation dans ses jugements, surtout lorsqu'il s'agit d'objets généraux et d'une haute portée, on ne peut disconvenir que les particularités dont il vient d'être fait mention, n'autorisent point encore à admettre que l'opposition consiste en ce que l'oxydation s'opère à l'une des extrémités et la réduction à l'autre, quelque fondé qu'on puisse être d'ailleurs à croire que des investigations plus approfondies élèveront un jour cette conjecture au rang de vérité. Les deux électricités, à l'égard desquelles on sait par expérience qu'il en est une qui favorise l'oxydation et l'autre la réduction, se manifestent sous la forme de lumière rayonnante et de chaleur dès qu'elles viennent à se réunir et à disparaître comme électricités. Quelle imposante découverte ne serait-ce pas, si l'on parvenait à déduire de la lumière rayonnante les propriétés par lesquelles les électricités neutralisées se signalent ?

Nous n'examinerons point ici la question de savoir si, comme le pensait Newton, la lumière blanche est composée de sept couleurs principales, ou si ces couleurs proviennent de la réunion de la lumière avec des quantités différentes de calorique, ainsi qu'on l'a prétendu dans ces derniers temps.

Les couleurs des corps sont dues à la décomposition des rayons solaires, la surface de ces corps réfléchissant certains rayons, tandis qu'elle retient les autres. Ainsi on dit qu'un corps est bleu, lorsque sa surface renvoie les rayons bleus et absorbe tous les autres. Les combinaisons infiniment variées des rayons réfléchis donnent lieu aux innombrables nuances des couleurs des corps. Les objets noirs absorbent tous les rayons lumineux ; les blancs, au contraire, renvoient tous ces rayons.

A chaque décomposition des rayons lumineux en couleurs, il se dégage une plus ou moins grande quantité de lumière et de chaleur, suivant que les rayons réfléchis admettent plus ou moins de calorique dans leur composition. C'est ce qui fait qu'un corps noir s'échauffe au soleil, parce qu'il absorbe toute ou presque toute la lumière ; d'où il suit que le calorique des rayons solaires devient libre en lui, et se communique aux objets voisins. Les corps qui viennent après, sous le rapport du degré auquel ils s'échauffent, sont les violets, les bleus, les verts, les jaunes et les rouges. Les corps blancs sont ceux de tous qui s'échauffent le moins, et les miroirs parfaitement polis, surtout ceux de métal, n'acquièrent point du tout de chaleur, parce qu'ils réfléchissent

les rayons sans leur faire subir d'altération.

On peut refaire de la lumière blanche
avec les sept rayons colorés, en les réunissant par le moyen d'un grand miroir ardent.
Mais cette lumière blanche ne renaît qu'au
foyer, et là même elle se trouve entourée
d'un bord coloré, parce qu'il n'est point en
notre pouvoir de réunir les rayons colorés
d'une manière parfaite. Lorsqu'on taille un
plateau de bois ou de carton en rond, qu'on
le partage en sept compartiments ayant, celui pour la couleur rouge 45 degrés, celui
pour l'orangé, 27 ; celui pour le jaune, 48 ;
celui pour le vert, 60 ; celui pour l'indigo,
60 ; celui pour le bleu, 40 ; celui enfin pour
le violet, 80 ; et qu'on peint ces compartiments de couleurs aussi vives que possible, le plateau paraît d'une blancheur parfaite, dès qu'on le fait tourner sur son axe
avec une certaine rapidité.

La physique nous apprend que quand les
rayons lumineux traversent un verre biconvexe, par exemple un verre ardent ordinaire, ils éprouvent, vers le centre de ce
verre, une réfraction en vertu de laquelle
ils prennent la forme d'un cône derrière
lui, et, qu'à une certaine distance, qui varie
suivant le plus ou moins de convexité du
verre, ils se réunissent en un seul point,
auquel on donne le nom de *foyer*. Si l'on
place un corps opaque à cet endroit, les
rayons solaires qui ont traversé toute la
surface du verre, s'y concentrent en un
point où ils déposent tout le calorique qu'ils
auraient dispersé sur un espace de la largeur du verre ardent. De là résulte sur ce
point une élévation de température, qui,
suivant la grandeur et la convexité du verre,
peut varier depuis une faible chaleur rouge
jusqu'à la plus forte chaleur qu'il nous soit
donné de produire. Mais il importe de faire
remarquer, à cet égard, que le foyer des
rayons caloriques ne coïncide pas parfaitement avec celui des rayons lumineux, et
que les rayons calorifiques éprouvant une
réfraction moins grande, leur foyer se trouve
à une petite distance, à peine appréciable,
derrière celui des rayons lumineux.

Wollaston a remarqué qu'en décomposant
la lumière au moyen d'un prisme annulaire, composé d'un verre biconvexe garni
de papier noir dans son milieu jusqu'à une
certaine distance du bord, le foyer des
rayons calorifiques est éloigné de celui des
rayons lumineux d'un douzième environ de
la distance à laquelle lui-même se trouve du
verre.

Tant que les rayons lumineux traversent
des corps conducteurs ou transparents, ils ne
subissent pas de décomposition, et le corps
qui les laisse passer n'acquiert point de chaleur. Mais moins les corps sont translucides
et plus ils s'échauffent. Voilà pourquoi les
rayons solaires déposent peu de chaleur
dans l'air, qui est le meilleur conducteur
connu de la lumière. Le verre, au contraire,
même le plus limpide, est déjà moins bon
conducteur que l'air ; ce qui fait qu'il dé-

compose une petite partie des rayons du soleil, et qu'il s'échauffe un peu. Cette circonstance explique pourquoi un froid perpétuel règne dans les hautes régions de
l'atmosphère ; car les rayons solaires n'y
trouvent pas des corps qui puissent extraire
leur calorique. Par la même raison la chaleur est très-faible sur les montagnes, où
ces mêmes rayons rencontrent une masse
de matière si peu considérable que le calorique extrait d'eux par cette masse se trouve
entraîné sur-le-champ par l'air environnant.
Ajoutons encore que, dans les temps chauds,
les rayons du soleil tombent obliquement
sur les versants des montagnes, et que, par
conséquent, ils sont moins denses.

Les corps opaques, qui absorbent toute
la lumière, dégagent aussi tout le calorique.
C'est pour cette raison qu'il fait plus chaud
sur les continents qu'en pleine mer.

On a tiré parti de cette propriété des
corps pour mesurer l'intensité ou la densité
de la lumière. On prend deux thermomètres
dont la marche soit sensiblement égale, et
l'on noircit la boule de l'un ; dans l'obscurité ils marchent tous deux de concert ; mais,
pendant le jour, celui qui est noirci monte
davantage que l'autre, et cela d'autant plus
que la lumière qui tombe sur tous deux
est plus forte. Cet instrument porte le nom
de *photomètre* : il a été imaginé par Pictet.
Leslie a trouvé, par son secours, que l'intensité de la lumière solaire est douze mille
fois supérieure à celle de la lumière d'une
bougie, en sorte qu'une portion du soleil
de la grandeur de la flamme d'une bougie éclairerait autant que douze mille bougies réunies. On peut se servir aussi de
cet instrument pour mesurer la transparence des corps. Ainsi Leslie a reconnu que
sur 100 rayons lumineux, 80 traversent la
batiste sèche, 93 la batiste mouillée, 49 le
papier fin, 80 le papier huilé, etc.

D'après cela, les rayons du soleil ne sont
points chauds par eux-mêmes ; ils ne donnent de la chaleur que quand ils viennent à
être décomposés et absorbés par des corps
non-conducteurs. C'est ce qui a fait croire
pendant longtemps qu'ils échauffaient en
imprimant du mouvement à un principe
particulier de chaleur inhérent à la terre. Il
résulte des expériences photométriques de
Leslie que, sous la latitude d'Edimbourg,
au temps du solstice d'été, la force échauffante des rayons du soleil, vers le coucher
de cet astre, est de 90 degrés du thermomètre de Fahrenheit, ou de + 32 degrés du thermomètre centigrade. En hiver, au contraire,
leur plus grande force échauffante est de 25 degrés du thermomètre Fahrenheit, ou de + 3,
6 degrés du thermomètre centigrade. Ceux qui
traversaient un ciel couvert de nuages peu
épais faisaient monter le thermomètre centigrade depuis 16 jusqu'à 20 degrés centig. en
été : tandis qu'en hiver ils ne le faisaient monter que depuis 6 degrés jusqu'à 9 cent.

Toute combustion produit des rayons
semblables à ceux du soleil, mais infiniment
moins denses, et unis par des liens beau-

coup plus faibles au calorique qu'ils contiennent. On peut aisément se convaincre de la faculté échauffante de ces rayons en se plaçant, durant l'hiver et dans une chambre froide, devant un feu de cheminée; la chaleur se fait sentir souvent à une assez grande distance du foyer, quoique l'air de la chambre ne soit point échauffé. Ce phénomène tient à ce que les rayons émanés du feu n'abandonnent pas immédiatement leur calorique à l'air, et ne le font que quand ils rencontrent un corps opaque. C'est là aussi ce qui fait que la glace se fond sur les vitres dès qu'elle est atteinte par les rayons du feu de la cheminée, quoique la chambre elle-même continue à être assez froide pour que de l'eau placée à l'ombre puisse encore se congeler entre l'âtre et la croisée.

Les rayons de la lumière du feu sont, comme ceux du soleil, susceptibles d'être réfractés, condensés et décomposés; mais ils contiennent une quantité beaucoup moins considérable de calorique, qu'ils laissent aussi échapper avec une bien plus grande facilité. C'est pourquoi, lorsqu'on essaye de les condenser par le moyen d'un verre ardent, celui-ci s'échauffe, et les rayons lumineux sont presque les seuls qui le traversent. Une circonstance particulière ici, c'est que les rayons caloriques du feu passent avec infiniment moins de perte à travers un verre ardent assez foncé en couleur pour être opaque; de manière qu'on pourrait dire que là où les rayons lumineux passent, les rayons calorifiques sont arrêtés, et *vice versa*. Les choses se passent de même avec des miroirs ardents en verre; mais quand on emploie de bons miroirs ardents en métal, on peut condenser les rayons du feu et, suivant leur degré d'intensité, échauffer ou même enflammer des corps placés à leur foyer. Par conséquent, les rayons du feu ne sont pas tout à fait si composés que ceux du soleil, quoique, de même que ceux-ci, ils puissent se réduire, en traversant le prisme, à un spectre de sept couleurs principales, lequel toutefois, comme il a déjà été dit précédemment, n'offre pas les lignes obscures qu'on aperçoit dans l'image produite par la lumière solaire.

On ne sait point encore d'une manière certaine si la présence du calorique est nécessaire ou non pour constituer un rayon lumineux. Mais qu'un rayon lumineux puisse perdre une grande partie de son calorique, sans pour cela cesser d'être, c'est ce que nous voyons, non-seulement dans les rayons du feu qui traversent un verre ardent, mais encore dans la lumière de la lune, due aux rayons solaires réfléchis par ce satellite, qui ont laissé leur chaleur et une grande partie de leur lumière sur la surface absorbante de l'astre, et qui ont totalement perdu par là leur propriété échauffante.

Beaucoup de corps répandent, même sans brûler, une lumière faible, mais qui, bien que visible, ne suffit pas pour éclairer. Tels sont, par exemple, certains animaux vivants, les matières animales et végétales en putré-

faction, plusieurs sortes de pierres, lorsqu'on les échauffe doucement, qu'on en choque ou frotte deux morceaux l'un contre l'autre, le sucre quand on le casse, etc. Divers sels, en cristallisant, produisent, au milieu du liquide, des lueurs scintillantes qui se succèdent parfois avec vitesse : on distingue dans le nombre le sulfate potassique et le fluorure sodique. Le gaz oxygène et les gaz qui en contiennent deviennent lumineux pour un instant, lorsqu'on les comprime avec force et rapidité. Nous ne savons pas d'où la lumière provient alors, de même que nous ignorons si, dans la plupart de ces circonstances, elle contient du calorique.

Les rayons lumineux influent diversement sur la composition de plusieurs corps. Ceux du soleil agissent avec plus de force que tous les autres; ce qui tient à leur densité infiniment plus considérable. Ils ont pour effet ordinaire de ramener divers corps oxydés ou brûlés à leur état primitif de corps combustibles, en dégageant l'oxygène sous la forme de gaz. Ainsi, par exemple, ils colorent l'acide nitrique pur et concentré en jaune ou en rouge, tandis qu'une partie de l'oxygène de cet acide se dégage sous forme gazeuse. En agissant sur certaines dissolutions d'or, tantôt ils précipitent l'or sous forme métallique, et tantôt ils font prendre une teinte purpurine à la liqueur. Parmi les sels d'argent, les uns sont réduits par eux à l'état métallique, et les autres noircis; cette propriété est surtout prononcée dans le chlorure argentique.

La lumière pâlit et détruit la plupart des couleurs végétales. Tous les jours nous voyons celle du soleil affaiblir les teintes de nos étoffes, et détruire la plupart de leurs couleurs. La teinture verte préparée avec l'esprit-de-vin et les feuilles de cerisier et de tilleul fournit, quand on l'expose au soleil, un exemple remarquable de ce phénomène, à raison de la rapidité avec laquelle on la voit changer; en vingt minutes elle perd sa couleur, qui, dans un endroit obscur, persiste pendant longtemps sans éprouver d'altération. Rumford présumait déjà que ces effets devaient tenir principalement à la faculté calorifique des rayons. Gay-Lussac et Thénard ont démontré, par des expériences, que les couleurs qui résistent longtemps au soleil peuvent pâlir en quelques minutes quand on les expose à une température qui surpasse celle de l'eau bouillante, sans toutefois être assez forte pour brûler l'étoffe.

La plupart des plantes qui végètent dans l'obscurité y deviennent grêles, molles, décolorées; elles ne reprennent leur couleur verte et n'acquièrent de la consistance que quand elles viennent à ressentir l'influence des rayons du soleil. Les végétaux que nous élevons dans nos appartements s'inclinent du côté de la croisée; ceux qui croissent en plein air se dirigent toujours vers la verticale, et lorsqu'on les couche sur le sol, ils décrivent un coude afin de se redresser, parce que c'est de haut en bas qu'ils reçoivent le mieux les rayons lumineux. Les anitnaux ne peuvent pas non plus se bien porter sans lumière ; c'est ce que témoignent assez les nombreux exemples de ceux qu'on a tenus renfermés pendant longtemps dans des endroits obscurs. Le contraire a lieu pour les semences et les embryons, qui, durant leur développement, sont entourés de corps opaques.

Pour que ces changements, dus à l'influence des rayons solaires, dépendissent du développement de la chaleur, il faudrait qu'à chaque instant celle-ci fût si exactement absorbée par les corps environnants, que la température à laquelle l'action chimique s'opère demeurât insensible au thermomètre.

Il ne nous est pas possible de dire ce qu'est, à proprement parler, la lumière, si elle constitue une substance particulière, ou si elle résulte de la réunion des rayons chimiques qui viennent d'être décrits avec le calorique. Quand elle est absorbée par des corps opaques, surtout par des objets de couleur foncée, elle disparaît en totalité, et cependant nous ne voyons pas que ces corps augmentent de poids, même après avoir absorbé de la lumière pendant des années entières, ni que le soleil diminue par l'exercice continuel de sa faculté d'éclairer. Cette disparition totale de la lumière absorbée a fait croire pendant quelque temps que la lumière était due au mouvement d'une matière subtile appelée *éther*, qu'on supposait remplir l'espace incommensurable de l'univers, et dont on s'imaginait que le mouvement était entretenu par le soleil.

Deux théories sur la nature de la lumière se sont partagé les opinions des physiciens.

Newton a fait voir que la manière la plus simple d'expliquer les phénomènes consiste à admettre que la lumière est une substance dont les molécules, infiniment déliées, se meuvent en ligne droite avec une rapidité extrême, que la distance entre ces molécules peut être très-considérable, par exemple, supérieure même à un demi-diamètre de la terre, sans que pour cela nos sens aperçoivent la moindre interruption dans la série qu'elles produisent ; que, par conséquent, les rayons peuvent se croiser dans toutes les directions, sans se gêner dans leurs mouvements.

On suppose donc, dans cette hypothèse, qu'une substance réelle s'échappe des corps lumineux, et, quand on fait l'application au soleil, que cette substance se détache continuellement de l'astre. C'est pour cela qu'on l'appelle le *système de l'émission*.

On a objecté contre cette théorie que, si elle était vraie, le soleil devrait perdre continuellement de sa masse, et que, comme nous n'apercevons pas la moindre diminution dans cet astre, elle est dénuée de tout fondement. Mais, quoiqu'il soit très-possible que la masse du soleil diminue, par le fait de la lumière que répand cet astre, sans que la perte soit sensible pour nous, à cause de la brièveté du temps dans lequel roule le

cercle de nos observations, d'autres circonstances semblent néanmoins se réunir pour rendre peu vraisemblable cette diminution tant redoutée. Nous avons vu que la masse des corps dans lesquels disparaissent les rayons solaires qui tombent sur eux, n'éprouve pas d'augmentation, et que, par conséquent, ces rayons, quoiqu'il puisse advenir d'eux après leur disparition, n'y restent pas ; la chaleur qui devient sensible quand la lumière disparaît, soit d'ailleurs qu'elle provienne de la rupture de la combinaison dans laquelle elle était engagée avec cette dernière, soit qu'elle résulte d'une transmutation des rayons disparus, ne reste pas non plus sur la terre. On pourrait donc admettre, d'après cela, qu'elle retourne au soleil sous une autre forme que sous celle de lumière rayonnante.

Cependant on serait fondé à objecter, contre cette nouvelle hypothèse, que la quantité des rayons solaires qui tombent sur les planètes roulantes autour de l'astre du jour, est infiniment petite, en proportion de celle des mêmes rayons qui jaillissent continuellement au milieu de l'univers, sans jamais rencontrer, dans les limites de notre système planétaire aucun corps susceptible d'arrêter leur marche, et de les renvoyer à leur source. Mais notre destinée est de rencontrer des choses incompréhensibles aussitôt que nous cherchons à tout concevoir.

Euler ne croyant pas possible d'admettre l'hypothèse d'une substance qui se détache du soleil, imagina, pour expliquer les phénomènes de la lumière, une autre théorie, au moyen de laquelle il démontrait mathématiquement l'analogie de cette dernière avec le son, et n'avait pas besoin de recourir à l'émission. Suivant lui, l'univers est rempli d'une matière infiniment subtile, qui pénètre partout, et que nos sens ne peuvent apercevoir aussi longtemps qu'elle demeure en repos. Il donnait le nom d'*éther* à cette matière. Un corps lumineux la fait entrer dans un mouvement d'ondulation semblable à celui que l'air éprouve quand il produit le son. Partant de ces suppositions, Euler fait voir que tous les phénomènes de la réfraction de la lumière s'expliquent par la réfraction des oscillations, et il a établi là-dessus une théorie fort ingénieuse, qui a reçu le nom de *théorie de l'ondulation*.

Cette théorie suffit partout où il ne s'agit que de phénomènes purement mécaniques. On la trouve déjà moins satisfaisante quand il est question d'expliquer la décomposition de la lumière par le prisme, quoique son illustre auteur ait eu le talent de la rendre séduisante même sous ce rapport ; mais lorsqu'on arrive aux effets chimiques de la lumière, elle se montre plus insuffisante encore, et l'on reconnaît clairement qu'il y a, dans ces phénomènes, quelque chose qui n'est pas purement et simplement mécanique. On peut en dire autant de quelques autres particularités qui ont été découvertes ou mieux observées par les modernes : telles sont celles que la réfraction de la lu-

mière offre, par exemple, dans le spath calcaire, l'albâtre, le mica, etc., et qu'on désigne sous le nom de *polarisation*.

« Qu'il me soit permis de saisir cette occasion, dit Berzelius, pour fixer l'attention
du lecteur sur une circonstance qui se représente fréquemment dans l'étude de la
physique, c'est-à-dire sur la manière souvent très-différente dont on y explique un
seul et même phénomène. Nous devons bien
nous persuader, dès nos premiers pas dans
cette science, qu'il est impossible de tout expliquer, et que, par conséquent, nos efforts
sont infructueux dans un grand nombre de
cas. Deux génies extraordinaires envisagent
un même phénomène sous deux points de
vue différents. Les théories qu'ils construisent ne peuvent naturellement point être
exactes toutes deux. Il n'est pas rare que
des physiciens d'un esprit peu profond en
regardent une comme étant l'expression de la
vérité même ; les jeunes gens sont plus en-
clins à cela que les hommes qui, ayant déjà
vu souvent l'expérience renverser leurs idées
favorites, sont devenus par cela même plus
défiants. Mais il n'est pas toujours nécessaire
que, de deux théories contradictoires, l'une
soit exacte et l'autre fausse ; car le véritable état des choses peut nous être encore inconnu, et il peut même arriver que cet état
ne nous soit jamais révélé. Il faut donc peser les probabilités en faveur des deux théories, sans pour cela considérer ni l'une ni
l'autre comme l'expression de la vérité ,
c'est-à-dire sans y ajouter foi pleine et entière avant d'avoir des preuves suffisantes
qu'elle seule est exacte, et que, par conséquent, toutes les autres sont fausses.

« Si nous appliquons ce principe au cas
présent, nous voyons qu'il n'est pas possible
de déterminer laquelle des deux théories,
celles de Newton et d'Euler, est plus vraisemblable que l'autre. Nous n'en pouvons donc
regarder aucune comme parfaitement exacte.

« Newton admettait que la lumière est
une substance dont les molécules se meuvent avec une grande rapidité. Son hypothèse explique bien les phénomènes ; mais
elle a contre elle la difficulté d'une diminution improbable de la masse du soleil, sans
laquelle, on ne saurait concevoir d'émission. Cette difficulté n'entraîne cependant
pas l'impossibilité que les choses soient
réellement ainsi. Mais Young a reconnu dernièrement que, dans certaines circonstances, un rayon lumineux peut être détruit
par un autre rayon lumineux, au point que
de là il résulte de l'ombre ou de l'obscurité.
Or, ce phénomène est absolument incompatible avec le système de l'émission ; tandis
que, dans celui de l'ondulation, il s'explique très-bien en disant que quand, de deux
ondes, l'une se trouve arrêtée à la moitié
de son amplitude, sa base se confond avec
le sommet de l'autre, et qu'elles se détruisent réciproquement. Euler supposait une
matière subtile, nommée *éther*, en faveur
de laquelle nul autre motif ne parle, sinon
qu'on a besoin d'elle pour expliquer les

phénomènes. En effet, cette matière ne
tombe pas sous les sens ; elle remplit l'espace, elle n'a point de pesanteur, c'est-à-
dire qu'elle n'est attirée, ni par le soleil, ni
par la terre, et ses oscillations produisent sur
nos sens l'impression que nous appelons
lumière. Mais nous ne comprenons pas
comment le mouvement qui engendre la lumière, une fois excité dans l'éther, peut
s'arrêter sans le concours d'une force contraire qui le neutralise. Cependant nous
voyons qu'il peut cesser instantanément
sans que les corps opaques projettent des
ombres, lesquelles dépendent de ce que l'é-
ther, situé derrière le corps qui porte une
ombre, reste en repos. S'il n'y a qu'une
seule force qui agisse en sens inverse de
l'éther lumineux, et le ramène au repos,
cette force doit agir comme celle qu'on appelle en physique *force d'inertie*, et l'éther
doit par conséquent opposer de la résistance aux corps qui tendent à le pénétrer.
Mais s'il en était ainsi, les planètes seraient
arrêtées par lui dans leurs orbes, et la vitesse de leur mouvement diminuerait d'année en année ; ce qui n'est pas moins contraire à l'observation, et même à toute vraisemblance, que la diminution de la masse
du soleil par le fait de l'émission de la lumière.

« Si l'on ajoute encore qu'il se passe, dans
la décomposition chimique, des phénomènes que les oscillations de l'éther n'expliquent point, nous sommes forcés de convenir que la théorie d'Euler paraît dénuée de
vraisemblance, quoiqu'il ne suive point de
là que nous puissions regarder celle de
Newton comme exacte. Il ne nous reste
donc qu'à avouer que nous avons besoin
encore d'un très-grand nombre de découvertes pour pouvoir nous figurer que nous
savons quelque chose de certain touchant
la nature de la lumière.

LUMIÈRE SOLAIRE. *Voy.* Lumière.

LUMIÈRE SOLAIRE. — Son action chimique et effets électriques produits. *Voy.*
Electricité dégagée dans les actions chimiques.

LYCOPODE, — petite plante de nos bois,
assez semblable à une mousse, qui renferme
dans ses épis une énorme quantité de pollen, dont la récolte est une opération très-
lucrative pour les habitants des Alpes, des
montagnes de la Suisse et de l'Allemagne.
Ce pollen, nommé *soufre végétal*, tant à cause
de la couleur que de la facilité avec laquelle
il s'embrase, lorsqu'on le projette à travers
la flamme d'une bougie, est la substance
qu'on emploie sur les théâtres pour produire
des feux effrayants, mais peu dangereux.
Les pharmaciens utilisent le lycopode pour
empêcher les pilules d'adhérer entre elles,
et c'est aussi avec cette poudre qu'on dessèche les écorchures qui surviennent entre
les cuisses des enfants.

LYMPHE. — La lymphe est un fluide des
plus abondants dans l'économie, que l'on
rencontre dans les vaisseaux blancs, ou
mêlé au chyle dans le canal thoracique.

Ce fluide, incolore ou légèrement jaunâtre, peut être recueilli dans le canal thoracique, après avoir fait jeûner un animal pendant plusieurs jours.

Une portion de lymphe, recueillie dans le réservoir de Pecquet sur un homme mort à la suite d'une inflammation cérébrale, était limpide, légèrement jaunâtre, d'une saveur salée; elle s'est coagulée et séparée en deux parties : l'une liquide, ramenant au bleu le tournesol, et se comportant comme la partie séreuse de la lymphe; l'autre, demi-gélatineuse, a offert tous les caractères d'un caillot fibrineux.

M

MACHINES ÉLECTRIQUES. *Voy.* ELECTRICITÉ.

MACLE. *Voy.* ANDALOUSITE

MAGNÉSIE (*oxyde de magnesium, terre amère, terre talqueuse.*) — Au commencement du siècle dernier, on vendait à Rome, sous le nom de *magnésie blanche*, une poudre blanche qui avait, disait-on, la propriété de guérir toutes les maladies. Dix ans après on trouva que cette poudre, qu'on croyait être de la chaux, se retirait du sel d'Epsom, et Black prouva, en 1755, qu'elle constituait une espèce particulière de terre.

La magnésie existe dans la nature à l'état de carbonate, de bicarbonate et surtout de sulfate et de chlorure, dans les eaux minérales et dans les eaux de la mer. On la trouve dans la *serpentine* et dans la *dolomite* (carbonate de chaux et de magnésie.)

C t oxyde est employé en médecine pour dissiper les aigreurs de l'estomac, occasionnées par une trop grande acidité du suc gastrique. C'est le meilleur antidote que l'on connaisse des acides minéraux portés dans les organes digestifs; il les sature aussitôt, et forme avec eux des sels plus ou moins purgatifs. On l'administre en suspension dans l'eau sucrée, à la dose d'un demi-gros à un gros. Mêlé avec un mucilage de gomme et du sucre, il forme la base des tablettes, connues en pharmacie sous le nom de *tablettes de magnésie.* Combiné avec l'acide sulfurique, il forme le sulfate de magnésie, sel qui est très-fréquemment employé comme purgatif en médecine humaine et en médecine vétérinaire.

SEL A BASE D'OXYDE DE MAGNESIUM OU DE MAGNÉSIE.

Carbonate de magnésie. — Ce sel se rencontre dans la nature, mais en petite quantité; il est disséminé dans certaines roches et connu sous le nom de *magnésite.* On le prépare, dans les laboratoires, par la décomposition du sulfate de magnésie, par le carbonate de potasse. Ce sel se prépare en Angleterre et en Bohême en précipitant directement les eaux de source qui contiennent du sulfate de magnésie en solution. C'est de ce sel qu'on extrait la magnésie calcinée qu'on emploie en médecine : ce carbonate n'est préparé que pour ce seul usage.

Bicarbonate de magnésie. — Ce sel se produit par la réaction des bicarbonates de potasse ou de soude sur les sels solubles de magnésie. C'est sous cet état qu'il existe dans toutes les eaux qui contiennent du carbonate de magnésie en dissolution.

Sulfate de magnésie. — Ce sel, désigné autrefois sous le nom de *sel d'Epsom*, parce qu'on le retirait des eaux minérales d'Epsum, en Angleterre, se rencontre aussi abondamment en solution dans plusieurs autres eaux minérales, telles que celles de Sedlitz, d'Egra, etc. On l'a aussi trouvé dans quelques localités, en efflorescence sur les rochers et certaines murailles.

Il est employé en médecine comme purgatif, à la dose d'une once ou deux pour l'homme, et à plus haute dose pour les animaux. C'est à la présence de ce sel que beaucoup d'eaux minérales salines doivent leur propriétés purgatives; telles sont les eaux minérales de Sedlitz, etc., qui en contiennent d'une demi-once à une once par litre. Ce sel est encore usité en pharmacie pour la préparation de la magnésie pure.

Phosphate de magnésie. — A l'état neutre, ce sel se trouve dans le règne organique ; il existe en petite quantité dans les os, dans certains liquides animaux, et dans beaucoup de graines céréales. Uni au phosphate d'ammoniaque, il produit un sel double qui est si abondant par fois chez certains animaux, qu'il forme presque entièrement ces concrétions plus ou moins volumineuses qu'on rencontre dans les intestins des chevaux.

Borate de magnésie. — Ce composé salin se rencontre tout formé dans la nature. Les minéralogistes l'ont nommé *boracite.*

Nitrate de magnésie. — Sans importance.

MAGNÉSITE (écume de mer). — Dans les roches de serpentine, à Hrubschitz, en Moravie, et en diverses localités, dans des terrains secondaires et tertiaires, à Saint-Ouen, Montmartre, Salinelle, Coulommiers, etc., en masse tuberculeuse, uniforme et vésiculaire, couleur blanchâtre, jaunâtre, ou gris jaunâtre, marquée de petites taches; tendre, rude au toucher, opaque, cassure conchoïde, raie le spath calcaire, infusible, et acquiert une telle dureté au chalumeau, qu'elle peut rayer le verre. On en trouve à l'état terreux et à l'état compacte, à cassure terreuse; cette variété porte le nom d'*écume de mer.*

MAGNÉSIUM. — Ce métal a été obtenu pour la première fois par Humphry Davy, peu de temps après la découverte du potassium, en soumettant la magnésie (oxyde de magnésium) à l'action d'une forte pile galvanique; mais les petites quantités que ce procédé en a fournies ont été insuffisantes pour l'étudier.

M. Bussy est parvenu, en 1830, à s'en procurer par le procédé indiqué par M. Wolher, pour l'extraction de l'aluminium, c'est-à-dire en composant le chlorure de magnésium dans un tube de verre par le potassium... Si l'on traite la masse calcinée par l'eau, le chlorure de potassium formé est dissous, et il se précip.te au fond du vase des globules brillants, ayant l'éclat et la blancheur de l'argent.

MAIS ou BLE DE TURQUIE. — Plante originaire des contrées méridionales. On la cultive en France; ses graines sont très-usitées comme aliment, on en retire une farine adoucissante et nutritive. Cette farine est presque toujours un peu grosse, et ne se conserve guère plus d'une année; elle est plus longtemps à cuire que les fécules pures, fait des bouillies agréables au goût et qui se digèrent mieux que celles de farine de froment. Elle donne aussi d'excellente pâtisserie; mais son pain est lourd et resserre le ventre; c'est en bouillie qu'elle est préférable.

« Selon **M. Lespès**, rapporte le docteur Deslandes, dans son *Traité d'hygiène*, p. 309, les peuples qui font usage des bouillies avec la farine de maïs, n'ont ni calculs urinaires, ni maladie de vessie. Ces bouillies ont fait disparaître des hypocondries, des dyssenteries, et délivré de l'épilepsie des populations entières. »

Les propriétés adoucissantes de la farine de maïs peuvent, en effet, avoir une influence favorable dans ces diverses maladies.

MALACHITE (*cuivre carbonaté, cendre verte, vert de montagne.*) — La malachite ou carbonate vert de cuivre, formée par la réunion de petites stalactites dont chacune a ses couches d'accroissement, sa structure fibreuse radiée, est en quelque sorte un albâtre de cuivre. Elle présente des zones de diverses teintes de beau vert, qui se fondent doucement l'une dans l'autre, se dessinent de la manière la plus agréable par le poli, et qui sont rehaussées par l'éclat légèrement soyeux qu'occasionne la structure fibreuse. Malheureusement, on ne peut l'avoir en grandes pièces, tant parce que les dépôts en sont peu considérables, que parce qu'ils sont fréquemment remplis de fissures et de cavités. La plus belle pièce qu'on ait citée est celle qui se trouvait dans le cabinet du docteur Guthrie, à Saint-Pétersbourg, de 32 pieds de longueur, 17 de largeur, et 2 pouces d'épaisseur, qu'on a estimée à 20,000 francs. Aussi débite-t-on les morceaux qu'on peut se procurer, en feuilles extrêmement minces, pour en exécuter des placages comme ceux que nous faisons avec les bois précieux. C'est par ce moyen, et par des pièces de rapport, que l'on cherche à disposer de manière qu'on aperçoive le moins possible leur réunion, qu'on est parvenu à faire des tables, des vasques d'une grande étendue, des chambranles de cheminée, etc., etc., qui sont de la plus grande beauté, et toujours d'un très-haut prix. On pétrit quelquefois les petits fragments entre

eux, et on en fait des objets pleins, qui son encore assez agréables.

MALACOLITE. *Voy.* Pyroxène.

MALADIES DU CIDRE. *Voy.* Cidre.

MALADIES DES POMMES DE TERRE. *Voy.* Pommes de terre.

MALIQUE (acide). — Acide découvert en 1783, par Schéele, en même temps que l'acide citrique. L'acide malique abonde surtout dans le suc des pommes aigres, dans les baies d'épine-vinette, les prunelles, les cormes, et les fruits du sureau, où une très-petite quantité d'acide citrique l'accompagne. Il est contenu à parties égales avec cet acide, dans la groseille, la groseille à maquereau, les fruits de l'airelle et de l'aubépine, les cerises, les fraises et les framboises, dans le suc de joubarbe à l'état de malate acide de chaux, et surtout dans les fruits gelés du sorbier, d'où on l'exprime ordinairement. On le trouve dans les fourmis, combiné avec de l'acide formique, et généralement dans la plupart des sucs de plantes; c'est l'acide végétal le plus répandu. Il est presque pur dans le fruit de l'épine-vinette.

Si l'on soumet, dans une capsule posée dans un bain de sable, l'acide malique cristallisé à une température de 130° ou 140°, il entre bientôt en fusion; mais au bout de quelque temps on voit se former, dans le liquide, des lamelles cristallines dont la quantité augmente jusqu'à ce qu'enfin le tout se trouve transformé en une masse sèche. L'eau froide en extrait l'acide malique non altéré; mais la portion qui ne se dissout pas dans l'eau froide n'est autre chose qu'un acide identique à celui que l'on retire de la plante appelée *fumeterre*, et qu'on a désigné pour cela sous le nom d'*acide fumarique*.

L'acide malique cristallise sous forme mamelonnée, et quelquefois en lamelles prismatiques. Il a une saveur fort agréable; mêlé avec du sucre et dissous dans l'eau, il donne une excellente limonade. Il fond à 90°; à une chaleur plus élevée (vers 200°), il forme deux acides nouveaux, l'*acide maléique*, qui se volatilise, et l'*acide paramalique*, qui reste dans la cornue. L'acide malique a beaucoup d'analogie avec l'acide citrique. Il est soluble dans l'eau, dans l'alcool et l'éther. Il ne précipite pas l'eau de chaux, parce qu'il forme un bimalate très-soluble dans l'eau, mais insoluble dans l'alcool. Il est isomère de l'acide citrique; sa composition s'exprime par la formule : $C^8 H^4 O^4 + HO$ (acide malique cristallisé).

MALTHE (*bitume glutineux, poix minérale, goudron minéral, pétrole tenace, pissalphate*). — Substance molle, glutineuse, d'une odeur de goudron, se durcissant dans les temps froids, et se ramollissant ordinairement pendant l'été; se durcissant cependant quelquefois de manière à résister à la température ordinaire, mais se fondant toujours dans l'eau bouillante.

La malthe se trouve quelquefois à peu près pure; elle s'écoule par les fissures des roches et en couvre la surface et le sol environnant, soit de pellicules onduleuses, soit de mamelons ou de stalactites ; mais , en général , elle imprègne des matières terreuses ou arénacées dont elle réunit les fragments et les grains , et constitue ce qu'on nomme *grès bitumineux, argile bitumineuse.*

Il serait possible que cette espèce de bitume commençât à se rencontrer dans les terrains secondaires , et même dans le grès houiller ; mais, dans les localités les plus connues , il appartient aux terrains tertiaires.

Il sort quelquefois de terre avec une grande quantité d'eau, à la surface de laquelle il se rassemble, et on cite un grand nombre de lieux à cet égard, en Grèce, au Japon, au royaume d'Ava , etc. ; dans ce cas la malthe est beaucoup plus mélangée de naphte que dans tous les autres. Il en existe également dans toutes les localités où nous avons cité le naphte.

La malthe est exploitée dans un grand nombre de localités. Celle qui s'écoule des roches n'a besoin que d'être recueillie immédiatement ; celle qui imprègne les sables et les argiles n'offre pas beaucoup de difficultés de travail. On exploite ces matières , et on les jette dans de grandes chaudières d'eau bouillantes, à la surface desquelles le bitume vient bientôt se rassembler ; dans d'autres cas , on amoncelle ces terres bitumineuses, on y met le feu vers le centre, et la malthe, devenant plus fluide, s'écoule de toutes parts dans des bassins où on la recueille.

Cette sorte de bitume est employée à un grand nombre d'usages : d'une part, pour enduire les cordages et les bois qui doivent servir dans l'eau, comme le goudron végétal artificiel. On s'en sert pour graisser les voitures, en Auvergne, en Suisse, dans toute l'Allemagne et la Hongrie ; on la mélange avec des sables , des calcaires en poudre , pour faire des tuyaux de conduite, des dalles qu'on emploie à couvrir les terrasses, à garnir les réservoirs ; on imprègne des toiles pour faire des auvents , des couvertures légères ; on la fait entrer dans la composition des vernis dont on recouvre le fer, et dans des peintures grossières qui présentent beaucoup de solidité.

MANGANÈSE. — On rencontre ce métal, en quantités considérables, dans un grand nombre de minéraux, parmi lesquels celui dont on se sert pour la préparation du gaz oxygène est un des plus riches. On en trouve aussi dans quelques matières organiques. Fourcroy et Vauquelin l'ont trouvé dans les os, et on le rencontre souvent dans les cendres des plantes.

Le minéral qu'on désigne ordinairement sous le nom de manganèse est connu depuis longtemps déjà, mais sa composition est restée cachée jusqu'aux temps de Scheele. Ce dernier le décrivit dans les Transactions de l'Académie des sciences de Stockholm, année 1774, comme une terre particulière qui, pour se conformer au langage du temps, se combinait en différentes proportions avec le combustible. J.-G. Gahn démontra ensuite que cette terre pouvait être réduite en un

métal qu'il appela *magnesium*, parce qu'en latin le manganèse était désigné sous le nom de *magnesia nigra*. Plus tard on craignit que ce nom ne fût confondu avec celui de *magnesia*, et on lui donna le nom de *manganesium*, et en français manganèse. Les chimistes allemands l'appellent manganium, le nom de manganesium ayant trop de rapports avec celui du radical métallique de la magnésie, le magnésium.

Le manganèse est d'un blanc grisâtre , d'une texture grenue. Il est très-cassant et ne peut être ni laminé ni tiré en fils. Sa densité est de 8,013. Il ne peut être fondu qu'au plus haut degré de chaleur que l'on puisse produire dans les forges ordinaires alimentées par un courant d'air. Sa fusion est évaluée à 160 degrés du pyromètre de Wegwood, ce qui correspond à peu près à 11,118 degrés du thermomètre centigrade.

Peroxyde de manganèse.—Cet oxyde existe en si grande quantité dans la nature qu'on ne le prépare pas ordinairement : on se contente de le purifier des substances étrangères avec lesquelles il se trouve.

Le peroxyde de manganèse est le seul des oxydes de ce métal qui soit employé. Il sert principalement à la préparation du chlore , des chlorures et des sels de manganèse. Cet oxyde se trouve non-seulement dans plusieurs provinces de France , mais encore en Angleterre , en Bohême et en Saxe. Celui fourni par ces derniers pays est plus pur et préféré.

L'usage qu'on faisait de ce minéral dans les verreries pour faire disparaître la couleur verte jaunâtre que les matériaux ferrugineux communiquent au verre , lui a fait donner autrefois le nom de *savon des teinturiers.* Cet oxyde, encore employé pour cet objet, agit en brûlant, à l'aide d'une portion de son oxygène, les matières charbonneuses qui peuvent troubler la transparence du verre. Lorsque sa proportion est trop grande , il colore à son tour le verre en violet. Un centième de cet oxyde suffit pour donner au verre fondu une teinte violette très-belle et foncée ; aussi fait-on usage de cet oxyde dans l'art de colorer le verre ou de fabriquer les émaux. Cette action de l'oxyde de manganèse était déjà connue des anciens : Pline dit qu'à l'aide du *lapis magnes* , on débarrasse le verre du fer et des couleurs qui le troublent : c'est peut-être à la confusion de ce nom avec celui de l'aimant naturel que le manganèse doit sa dénomination.

L'améthyste doit sa couleur à la présence de quelques parcelles de deutoxyde de manganèse.

Les *sulfures* et les *chlorures* de manganèse sont sans importance.

SELS A BASE D'OXYDE DE MANGANÈSE.

Protocarbonate de manganèse. — Ce sel se rencontre dans la nature ; on l'a trouvé à Nagyac, en Transylvanie. Il est en masse compacte, d'une couleur blanche ou rosée.

Protosulfate de manganèse. — La solution de ce sel peut servir à marquer le linge. Si, après avoir imprégné un morceau de toile de solution de carbonate de soude, on trace des caractères avec une solution de ce sel, les traits formés brunissent peu à peu à la lumière, et deviennent ineffaçables par l'eau et les solutions alcalines.

Protohyposulfate de manganèse. — Ce sel est principalement employé pour obtenir l'acide hyposulfurique.

Protophosphate de manganèse. — La nature offre ce sel, mais il est mêlé au phosphate de fer, et constitue un minéral qui a été découvert aux environs de Limoges.

Manganates. Voy. MANGANIQUE (acide).

Permanganates. Voy. PERMANGANIQUE (acide).

MANGANÉSIATE DE POTASSE. *Voy.* MANGANIQUE (acide).

MANGANIQUE (acide). — On ne connaît cet acide que combiné avec les bases, et notamment avec la potasse. Dès qu'on cherche à l'isoler, il se décompose en *acide permanganique* et en peroxyde de manganèse.

Quand on calcine du peroxyde de manganèse avec de la potasse ou avec du nitre, on obtient une matière d'un vert très-foncé, qui devient rouge par l'addition d'un acide, et repasse au vert par l'addition d'un alcali. C'est cette matière qui était depuis longtemps connue sous le nom de *caméléon minéral.* On sait aujourd'hui que ces phénomènes de coloration tiennent aux différents degrés d'oxydation que le manganèse est susceptible de subir sous l'influence de certaines circonstances. Dans cette masse verte (*caméléon*), le manganèse existe combiné avec 3 éq. d'oxygène (Mn O^3), combinaison acide (*acide manganique*) qui forme, avec la potasse, du *manganate de potasse.* Il y a différents moyens de préparer le manganate de potasse. On le prépare en chauffant, au contact de l'air, parties égales de potasse et de peroxyde de manganèse, ou 1 p. de peroxyde avec 3 p. de nitre. On continue à chauffer, jusqu'à ce qu'un échantillon de la matière colore l'eau en vert. Dissous dans l'eau, le manganate de potasse (*caméléon vert*) passe (à mesure qu'il se décompose) par différents degrés de coloration. La dissolution, d'abord d'un vert foncé, devient bleue, puis violette, purpurine, rouge clair, puis enfin incolore. Il se dépose du peroxyde de manganèse. Le meilleur procédé pour obtenir le *caméléon vert* (manganate de potasse) consiste à calciner un mélange de peroxyde de manganèse, d'oxyde rouge de mercure et de potasse. En traitant la masse calcinée par l'eau, on ne dissout que le caméléon pur. En évaporant la dissolution, qui est d'un vert foncé, on obtient des cristaux de manganate de potasse, qu'on dessèche en les pressant entre deux feuilles de papier brouillard, pour enlever l'excès de potasse. Ces cristaux sont des pyramides hexaèdres, semblables aux cristaux du sulfate de potasse (Mitscherlich). Il faut conserver le manganate de potasse à l'abri du contact de l'air; autrement il se colore en rouge en se décomposant : une portion d'acide manganique passe à l'état de peroxyde,

en cédant de l'oxygène à une autre portion d'acide manganique qui passe à l'état d'*acide permanganique. Voy.* PERMANGANIQUE (acide).

Les matières organiques décomposent promptement le manganate de potasse et en précipitent du peroxyde de manganèse. C'est d'après cette propriété qu'on a conseillé l'emploi du sous-manganate de potasse pour marquer le linge. Lorsqu'on trace des caractères ou des chiffres sur la toile avec une solution concentrée de ce sel, ils deviennent à l'instant bruns; au bout de quelque temps, on remarque qu'une portion de peroxyde de manganèse est intimement combinée au tissu, et ne peut en être enlevée ni par les solutions alcalines chaudes ni par les acides affaiblis, à l'exception de l'acide sulfureux, qui les efface en décomposant le peroxyde de manganèse, qu'il dissout ensuite. Ce moyen de marquer le linge peut trouver néanmoins quelques applications utiles.

MANNE. — La manne est un suc concrété à l'air, qui découle soit spontanément, soit par des incisions pratiquées à l'écorce d'une espèce de frêne désignée par Linné sous le nom de *fraxinus ornus ;* elle est formée de trois principes : de sucre incristallisable, d'un autre principe sucre cristallisable (mannite), et d'une matière nauséeuse incristallisable. Ce produit sucré, suivant sa pureté, est connu sous trois noms différents dans le commerce : on donne le nom de *manne en larmes* à celle qui est en morceaux oblongs, cassants et cristallins, d'une saveur douce et sucrée ; on distingue sous le nom de *manne en sorte* celle qui est en masse molle, noirâtre, résultant de l'agglutination d'un grand nombre de petites larmes ; enfin, on connaît sous le nom de *manne grasse* celle qui se présente en masse gluante, mêlée de plus ou moins d'impuretés.

La manne est surtout employée en médecine comme un purgatif doux et laxatif, à la dose d'une once à trois onces ; on l'associe souvent à d'autres substances médicamenteuses.

MANNITE (*sucre de manne*). — On le trouve dans différentes plantes, mais surtout dans le jus sucré que l'on extrait du *fraxinus ornus* et *rotundifolia,* espèce de frêne qui croît dans l'Europe méridionale. Il existe aussi dans le suc des ognons, des betteraves, du céleri, des asperges, dans l'aubier de plusieurs espèces de pinus, principalement du larix, et il est probable que beaucoup d'autres plantes douces en contiennent, quoiqu'on ne l'y ait pas encore trouvé. Proust est le premier qui ait reconnu que la saveur sucrée de la manne provenait d'une espèce de sucre différente du sucre ordinaire.

En été il s'écoule des espèces susmentionnées de *fraxinus* et du *pinus larix* un sirop limpide, épais, très-doux, qui se solidifie sous forme de gouttes blanches ou légèrement jaunâtres, et que l'on recueille. Ce produit, connu sous le nom de *manne,* constitue une drogue employée en médecine. La manne tirée des frênes est la meilleure;

celle provenant du larix est appelée *manne de Briançon*, et la térébenthine qu'elle contient lui donne une saveur si désagréable, qu'on l'emploie rarement. La manne se compose principalement de sucre de manne; elle contient aussi une petite quantité de sucre de canne, et une matière jaunâtre, extractive, qui est le principe actif de la manne, et lui communique des propriétés laxatives. Pour obtenir du sucre de manne, on dissout la manne dans l'alcool bouillant, d'où le sucre cristallise par le refroidissement. On l'exprime et on le fait cristalliser une seconde fois. La manne contient un peu plus de ⅘ de sucre de manne.

Pour extraire le sucre de manne du jus des ognons, betteraves, etc., qui contiennent en même temps une certaine quantité des espèces de sucre précédemment décrites, il faut d'abord détruire ces dernières par la fermentation vineuse; le sucre de manne reste, et peut ensuite être obtenu à l'état cristallisé.

M. Stenhouse vient de trouver la mannite dans un très-grand nombre de plantes. Il l'obtient en traitant différentes espèces de *laminaria*, de *fucus*, de *rhodomenia*, de *halydris*, etc., par l'eau, et reprenant l'extrait aqueux par l'alcool bouillant. M. Stenhouse conclut de ses recherches que la mannite, beaucoup plus abondante dans la nature qu'on ne l'a cru, paraît remplacer, dans les plantes marines, le sucre de canne ou le sucre de raisin, si fréquents dans les végétaux terrestres. *Voy.* MANNE.

MARBRES. — Toute espèce de pierre calcaire en grandes masses, à grain fin, d'un tissu homogène, susceptible de recevoir le poli, peut être désignée sous le nom de marbre, et employée comme telle avec plus ou moins de succès. Tous les dépôts calcaires peuvent en fournir, et ceux du Jura en offrent à la marbrerie commune dans les villes voisines de leurs lieux d'extraction; on en a même extrait jusque dans les terrains tertiaires (pierre de Montrouge, pierre de Saillancourt, cliquart dur de Luzarches, calcaire à lymnée de Château-Landon, près de Nemours). Mais ce sont là plutôt des objets d'utilité que des objets de décoration; les marbres de décors doivent être choisis avec plus de soin; il ne suffit pas qu'ils soient susceptibles d'un beau poli, il faut qu'ils présentent soit des couleurs vives, uniformes, soit un assortiment agréable de couleurs diverses ou de différentes teintes de la même couleur. Cependant, malgré tout ce qu'on exige dans ces marbres, on peut en trouver presque partout; les terrains secondaires en fournissent une multitude des plus agréables, et les terrains intermédiaires et primitifs beaucoup d'autres encore. La France est extrêmement riche en cette sorte de production, et peut rivaliser avantageusement avec l'Italie, sur laquelle elle l'emporte certainement par la variété; il ne faut que se donner la peine de faire quelques recherches, pour y trouver la plupart des marbres que les anciens ont employés, et qu'on arrache aujourd'hui de leurs monuments pour les ramener à grands frais sur les lieux mêmes d'où ils sont sortis, et dont on peut encore en extraire avec la plus grande facilité. Partout où les Romains ont pénétré, ils ont élevé des monuments où ils ont employé de fort beaux marbres, qu'ils ont eu le talent de découvrir dans le pays. La France leur en a fourni un très-grand nombre qu'ils ont transportés jusqu'à Rome, d'où plusieurs reviennent maintenant sous le nom de marbres antiques.

Le nombre des variétés de marbres est immense; chaque lieu, chaque carrière, chaque lit même d'une carrière, en offre une infinité par la nuance, la vivacité, le mélange, la disposition des couleurs, par une multitude d'accidents, par la présence ou l'absence des débris organiques, le mélange de substances étrangères, etc., etc. La plus grande partie de ces variétés portent dans le commerce un nom particulier, quelquefois avec une ou plusieurs épithètes, et il suffit du moindre accident aux marbriers pour donner un nouveau nom à quelques plaques, débitées souvent dans le même bloc que beaucoup d'autres. Mais, pour les classer, on ne peut guère établir que quatre grandes divisions, savoir : les *marbres simples*, incolores et veinés, les *marbres brèches*, les *marbres composés*, les *marbres lumachelles*.

Les *marbres simples* ne renferment que du carbonate de chaux plus ou moins sali par des matières colorantes. Il y en a d'unicolores, parmi lesquels on peut distinguer les *marbres blancs* (de Paros, pentélique, de Luni; de Carrare, etc.); les *marbres noirs* (de Dinan, Namur, des Hautes-Alpes, de l'Ariége, etc.); les *marbres rouges* (*rouge antique, griotte d'Italie*, qu'on tire de Caune près Narbonne, etc.), et les *marbres jaunes* (*jaune antique, jaune de Sienne*, etc.), qui sont d'autant plus estimés que la teinte est plus pure. Les *marbres simples veinés* présentent des variétés sans nombre. Il y en a de blancs veinés de gris, de bleuâtres, rosâtres, violâtres; de noirs veinés de blanc (*grand antique*) ou de jaunes (*portor*); de noirâtres veinés de blanc (*Sainte-Anne*); de bleuâtres (*bleu turquin, bleu antique, petit antique*), dont les veines sont ou plus ou moins foncées que le fond; de rouges, les uns rubanés (le *Sicile*), les autres veinés (le *Languedoc*, de Caune, près de Narbonne, le *Sainte-Baume*, du Var, le *grand rouge*, de Mont-Ferrier, Ariége, la *fausse griotte*, de Sampan, près de Dôle, le *marbre antin*, Veirette dans les Pyrénées, etc.). Il y a aussi des *marbres veinés à fond jaune* qu'on tire du même lieu que le jaune de Sienne, et dont nous trouvons de très-jolies variétés en France (le *nanquin*, Valmiger, Aude, le *Saint-Remy*, Aveyron, etc.).

Les *marbres brèches* sont les uns composés de fragments de diverses couleurs, réunis par un ciment calcaire, les autres formés par des veines qui divisent la masse en pièces qui semblent être autant de fragments réunis. On distingue les *brèches* et les *brocatelles* : les premières présentent de grandes pièces; les autres des pièces beaucoup plus petites. Leur nombre est encore très-considérable, on les distingue par la couleur de la pâte, par celle des fragments, et on nomme *brèches universelles* celles qui offrent des parties isolées de toutes couleurs. Les brèches les plus renommées sont le *grand deuil* et le *petit deuil* (Aubert, Ariége, Carcastel, Aude, Sauveterre, Basses-Pyrénées), qui offrent des éclats blancs sur un fond noir ; la *brèche d'Aix* (Alet et Tolonet, Bouches-du-Rhône), à fragments jaune et violet ; la *brèche violette* (antique), à fond violâtre avec grands éclats blancs, un des marbres les plus riches ; la *brèche de Vilette* (Tarentaise), à fond violet un peu cendré avec des taches blanches ou jaunâtres ; la *brocatelle d'Espagne*, à pâte lie de vin avec des petits grains arrondis, d'un jaune isabelle, etc., etc.

Les *marbres composés* sont des roches calcaires qui renferment des substances étrangères, disposées tantôt en feuillets plus ou moins ondulés, tantôt en nids plus ou moins volumineux, qui souvent donnent à la masse l'apparence fragmentaire, ce qui les fait encore désigner sous le nom de brèches. La matière étrangère est tantôt de la serpentine (le *vert antique*, marbre de la plus grande beauté, formé de calcaire saccaroïde et de serpentine verte, l'un et l'autre en rognons anguleux ; le *vert d'Egypte*, le *vert de mer*, le *vert de Suze*, le *vert de Florence*, où la serpentine est plus abondante), tantôt du mica disséminé (*cypolins*) ou en feuillets ondulés (*marbre campan*, dans les Pyrénées, etc.).

Les *marbres lumachelles*, ainsi désignés de l'italien *lumaca*, limaçon, sont ceux qui renferment des débris de coquilles ou de madrépores, tantôt entassés confusément les uns sur les autres, tantôt disséminés dans une pâte plus ou moins homogène ; il en existe un grand nombre de variétés (*drap mortuaire*, à fond noir, avec des coquilles coniques, blanches ; *lumachelle de Narbonne*, fond noir et belemnites blanches ; *lumachelle de Lucy-le-Bois*, à fond noirâtre avec des lignes courbes, qui sont des coupes de coquilles bivalves ; le *petit granite*, dont on se sert aujourd'hui pour tous les meubles, à fond noir, avec une immense quantité d'encrinites, des Ecaussines près Mons ; *lumachelle d'Astracan*, à pâte peu abondante, brune, et coquilles nombreuses d'un jaune orangé, qui est une des plus recherchées, mais qui ne se trouve dans le commerce qu'en petites plaques).

Les marbriers distinguent dans toutes les variétés les *marbres antiques* et les *marbres modernes :* les premiers sont, en principe, ceux dont les carrières sont perdues ou abandonnées, et qu'on ne trouve plus que dans les anciens monuments ; les seconds sont ceux qu'on exploite encore en différents lieux. Mais cette définition théorique est loin de conserver son exactitude dans la pratique ; on donne journellement le nom de marbres antiques à des marbres tirés des carrières actuelles, pour en augmenter la valeur. On peut dire en général qu'on nomme antiques tous les marbres qui, par leur beauté, peuvent rivaliser avec ce que les anciens ont employé de plus beau dans chaque espèce.

MARBRES DURS. *Voy.* FELDSPATHIQUES (roches).

MARBRE ONYX, MARBRE AGATE. *Voy.* ALBATRE CALCAIRE.

MARGARIQUE (acide). — Découvert par Chevreul. Il se produit dans l'action des alcalis sur les huiles. Il existe dans la graisse d'homme et dans plusieurs huiles végétales. Il a été rencontré à l'état de liberté par MM. Lecannu et Casseca, dans l'huile retirée de la coque du Levant (*cocculus menispermum*).

MARNES. *Voy.* ALUMINIUM.

MAROQUIN. — C'est de la peau de chèvre tannée et mise en couleur du côté de la fleur ou de la chair. On teint le rouge avant, et le jaune, le bleu ou le vert après le tannage. C'est du royaume de Maroc que l'art d'apprêter ces sortes de cuir a été importé en Europe. La France a ravi à l'Orient son industrie des maroquins vers le milieu du siècle dernier, grâce surtout au chirurgien Granger, qui publia, en 1735, la description complète de l'art du maroquinier, tel qu'il l'avait vu apprêter dans le Levant. C'est surtout depuis une cinquantaine d'années que la maroquinerie a pris de grands développements chez nous ; on ne peut rien voir de plus parfait que les peaux maroquinées qui sortent des fabriques parisiennes, et notamment de la belle manufacture de MM. Fauler, à Choisy-le-Roy, qui présentaient déjà de très-beaux produits à l'exposition de l'an IX (1801). L'exportation du maroquin français en Belgique, en Italie, en Suisse et en Amérique, s'élève à plus d'un million de francs par an. L'usage des peaux préparées et colorées est bien ancien, car Moïse parle, dans l'Exode, chap. xxv, vers. 4 et 5, de peaux de moutons teintes en orangé et en plusieurs autres couleurs. Le *cuir de Russie*, remarquable par sa souplesse, son inaltérabilité à l'air humide, son imperméabilité à l'eau, et surtout son odeur particulière, qui en éloigne les insectes, doit ses qualités à l'huile empyreumatique de bouleau, dont on l'imprègne.

Tous les cuirs colorés sont tannés avec le sumac ou la noix de galle. Mais ceux qui doivent rester blancs, tels que les peaux minces de chevreau, de mouton, d'agneau, qui sont destinées à des ouvrages délicats, et qui, par conséquent, n'ont pas besoin d'avoir une grande résistance, sont rendus imputrescibles par leur séjour dans une solution d'alun et de sel commun, après avoir été préalablement écharnés et débourrés. Il se produit un chlorure d'aluminium qui se combine au tissu animal et le rend inaltérable à l'air. C'est là ce qui constitue l'*art du mégissier*.

MARSH, procédé de Marsh. *Voy.* ARSENIC.

MASTIC. — On extrait cette résine par incision du tronc et des branches du *pista-*

cia lentiscus, qui croît aux îles de l'Archipel et surtout à l'île de Chio. Elle nous arrive en grains ou en larmes jaunâtres, demi-transparentes. Elle se ramollit sous la dent et a une faible saveur aromatique un peu amère.

Le mastic entre dans la composition de plusieurs emplâtres, onguents, vernis et poudres fumigatoires. Les habitants de certains pays, particulièrement les femmes en Turquie, le mâchent, pour fortifier les gencives et communiquer à l'haleine une odeur agréable.

MASSICOT. *Voy.* PLOMB, *protochlorure.*

MATIÈRE, est-elle divisible à l'infini? *Voy.* ATOMES.

MATIÈRE INCRUSTANTE. *Voy.* PLANTES, LEUR COMPOSITION, et BOIS.

MATIÈRES COLORANTES EMPLOYÉES POUR QUELQUES ALIMENTS. — On colorie certains aliments pour donner bonne opinion de leur qualité, et pour les rendre plus agréables à l'œil. Parmi les différentes substances employées dans ce but, il y en a qui ne présentent aucun inconvénient ; de ce nombre sont : les étamines de lis, le safran, le souci et les carottes, pour colorier en *jaune ;* la cochenille pour le *rouge ;* les épinards, la poirée et le blé vert pour la couleur *verte ;* les fleurs de carottes sauvages et les baies de sureau pour obtenir le *pourpre ;* le tournesol pour le *violet*, etc., etc.

D'après un arrêté relatif à la salubrité publique, affiché en 1840, voici les substances dont on peut se servir pour colorier les liqueurs, bonbons, dragées, pastillages et toute espèce de pâtisserie ou sucrerie.

Couleurs bleues. — L'indigo, le bleu de Prusse ou de Berlin.

Couleurs rouges. — La cochenille, le carmin, la laque carminée, la laque du Brésil.

Couleurs jaunes. — Le safran, la graine d'Avignon, la graine de Perse, le quercitron, le curcuma, le fustel, les laques alumineuses de ces substances.

Couleur verte. — On peut produire cette couleur avec le mélange du bleu et des diverses couleurs jaunes ; mais l'un des plus beaux est celui que l'on obtient avec le bleu de Prusse ou de Berlin et la graine de Perse ; il ne le cède en rien, pour le brillant, au vert de Schweinfurt, qui est un violent poison.

Couleur violette. — Le bois d'Inde, le bleu de Berlin.

Par des mélanges convenables on obtient toutes les teintes désirables.

Couleur pensée. — Le carmin, le bleu de Prusse ou de Berlin. Ce mélange donne des teintes très-brillantes.

D'après le même arrêté, voici les substances qu'il est défendu d'employer pour colorier les bonbons, pastillages, dragées et liqueurs : 1° parmi les substances végétales, la gomme-gutte, l'aconit napel et l'orseille ; 2° toutes les substances minérales (le bleu de Prusse excepté) et particulièrement les oxydes de cuivre, les cendres bleues ; les oxydes de plomb (le massicot, le minium),

le sulfate de mercure (le vermillon) ; le jaune de chrome, connu en chimie sous le nom de chromate de plomb, et qui est formé de deux substances vénéneuses (l'oxyde de plomb et l'acide chromique) ; le vert de Schweinfurt ou le vert de Scheele, poison violent qui contient *du cuivre et de l'arsenic ;* le blanc de plomb, connu sous le nom de céruse, ou de blanc d'argent ; le blanc de zinc, qui est vénéneux.

Quoique toutes ces substances puissent occasionner des accidents plus ou moins graves, elles étaient cependant fort en usage il y a peu d'années, et le sont peut-être encore dans les villes où la surveillance n'est point assez active à cet égard.

D'autres substances sont employées pour colorier certains aliments, et leur communiquent aussi des propriétés dangereuses.

Par exemple, on se sert de l'alun pour obtenir du pain plus blanc et pour aviver la couleur du vin, de l'acétate de plomb ou sucre de Saturne pour clarifier les sirops, les liqueurs, les eaux-de-vie, et pour donner une teinte plus vive aux légumes, surtout aux haricots en gousse ; du suc de chélidoine, des fleurs de renoncules, pour rendre le beurre plus jaune ; du cuivre pour colorier en vert quelques liqueurs alcooliques ou les prunes à l'eau-de-vie, et pour donner une couleur plus verte aux cornichons, aux capres, etc., que l'on confit dans le vinaigre.

MÉCONINE. — MM. Dublanc et Couerbe ont démontré presqu'en même temps l'existence de ce nouveau principe dans l'opium. Il n'y existe qu'en très-petite quantité et diffère des autres alcalis de l'opium par l'absence de l'azote au nombre de ses éléments.

La méconine se rencontre dans l'infusion d'opium dont on a précipité la morphine, et ne peut en être séparée que par évaporation et cristallisation de la liqueur.

MÉCONIQUE (acide). — Cet acide, observé d'abord par Séguin, puis décrit en 1817 par Sertuerner, existe dans l'opium en combinaison avec la morphine, ce qui lui a fait donner le nom de μήκων, pavot.

Cet acide paraît exister, mais en très-petite quantité, avec les autres éléments de l'opium, dans les capsules, les feuilles et tiges de nos pavots.

MÉLAM. — Nouveau composé azoté découvert par M. Liebig dans les produits de la décomposition du sulfocyanure d'ammonium. C'est une poudre d'un blanc grisâtre, insoluble dans l'eau, l'alcool, l'éther.

MÉLANGES FRIGORIFIQUES. — L'emploi de ces mélanges remonte déjà très-haut dans l'histoire de la science. Le *nitre* fut d'abord le sel qu'on mit en usage pour cet objet, et ce furent les Italiens qui s'en servirent les premiers, puisque, vers 1550, on rafraîchissait déjà par son moyen l'eau et le vin, dans les riches maisons de Rome. Lord Bacon, qui mourut en 1626, a écrit qu'on pouvait faire geler l'eau avec un mélange de neige et de sel marin. Vers la fin du XVIIe siècle, Boyle fit connaître beaucoup d'autres substances susceptibles d'être employées à produire des abaissements de température. C'est vers 1655 à 1660 qu'on fit l'application des mélanges frigorifiques à la confection des glaces et des sorbets. Cet art ingénieux fut apporté à Paris vers cette époque par un Florentin, *Procope Couteaux*, et ces préparations rafraîchissantes obtinrent tant de vogue, qu'en 1676 on comptait déjà dans cette ville 250 boutiques dans lesquelles on vendait des boissons glacées de toutes sortes.

Walker fut le premier chimiste qui parvint à faire de la glace au milieu de l'été, en se servant uniquement de simples solutions de sels ; et, le 20 avril 1787, il réussit à congeler le mercure.

On prépare les mélanges frigorifiques en dissolvant des sels très-solubles dans l'eau ou les acides étendus, ou en mettant en contact avec la glace ou la neige des sels, des acides, des alcalis, en certaines proportions

Voici quelques formules de mélanges frigorifiques :

	TEMPÉRATURE PRODUITE.	USAGES DE CES MÉLANGES.
Eau . . . . 10 parties Azotate de potasse. . . . 6 Chlorhydrate d'ammoniaque. 6 Sulfate de soude cristallisé. . 4 1[2	— 5°	Très-propre pour rafraîchir le vin, glacer les crèmes, et pour congeler une petite quantité d'eau.
Neige ou glace pilée. . . . 2 parties Sel marin . . . . . . : 1	— 15°	Employé habituellement dans les laboratoires.
Sulfate de soude cristallisé. . 8 Acide chlorhydrique. . . . 5 Neige. . . . . 3 Acide sulfurique faible . . . 2	— 17° de 0° à — 30•	Idem. Idem.
Sulfate de soude cristallisé. 4 Acide sulfurique à 41°. . . 3	— 5° à 8°	Très-propre à faire en été de la glace avec économie.

MELLITIQUE ou MELLIQUE (acide). — Klaproth a donné ce nom à un acide particulier qu'il découvrit, uni à l'alumine, dans un minéral très-rare, désigné par les minéralogistes sous le nom de *pierre de miel*, *mellite*. On l'extrait en faisant bouillir ce minéral pulvérisé dans l'eau bouillante.

MELLON. — C'est un des produits de la décomposition de sulfocyanogène. Il a été découvert par M. Liebig, qui le considère comme un radical composé de carbone et d'azote. C'est une poudre jaune-citron, insoluble dans l'eau, l'alcool, l'éther, mais qui se dissout dans l'acide azotique et les alcalis fixes.

MERCURE (*vif-argent, hydrargyre*). — Le mercure est connu de toute antiquité. Il est de tous les métaux anciennement connus celui sur lequel les alchimistes ont exercé davantage leur patience et leur assiduité. Son éclat brillant et sa liquidité lui avaient fait donner par eux le nom de vif-argent, d'après la croyance qu'ils avaient que ce métal était de l'argent liquide, et c'est dans le but dicté par la cupidité qu'ils l'ont soumis à de nombreuses et vaines expériences pour le solidifier et opérer sa transformation en argent. La recherche de ce prétendu secret formait l'une des bases de ce grand œuvre à l'accomplissement duquel ils sacrifiaient inutilement tous les instants de leur vie.

Si les travaux multipliés qu'ils ont entrepris pour changer tous les métaux en or ou en argent leur fournissaient toujours des résultats différents de ceux qu'ils attendaient, il faut avouer que leur curiosité leur a fait découvrir, par hasard, plusieurs combinaisons utiles qui seraient restées ignorées à cette époque.

Il existe des mines de mercure à Almaden en Espagne, dans le duché des Deux-Ponts, à Idria dans l'Illyrie, dans l'Istrie, et en différents endroits des Indes orientales et occidentales. On le rencontre à l'état natif, en globules plus ou moins volumineux, disséminés dans de l'argile endurcie ou du spath calcaire, mais plus souvent en combinaison avec le soufre, et formant le cinabre, quelquefois aussi à l'état de chlorure.

Le mercure est le seul métal qui soit liquide à la température ordinaire. Il est d'un blanc d'argent très-pur. Versé sur une surface solide, il coule en globules arrondis et bien nets, s'il est pur. Si le mercure est impur, et qu'il contienne des traces d'oxyde, les globules, au lieu d'être nets et arrondis, sont allongés; ils font *queue*, comme on dit vulgairement.

À l'état pulvérulent ou de division extrême, le mercure est gris. Il est insipide et inodore. A — 40° il se solidifie, et il bout à 360°. Sa densité est 13,599 à 0°. Il pèse environ 10,000 fois plus que l'air. A l'état solide, il a la malléabilité, la ductilité et la ténacité du plomb. Comme les autres métaux, il conduit bien la chaleur, pour laquelle il a peu de capacité. Le mercure est le plus dilatable des métaux; sa dilatation est régulière. De 0° à 100°, il se dilate de 0,0181018 de son volume. Quoique liquide, il mouille un très-petit nombre de corps, comme l'or, le cuivre, l'étain; car *amalgamer* est en quelque sorte synonyme de *mouiller*. Comme tous les liquides, le mercure donne déjà des vapeurs à 0° et même au-dessous; une lame d'or suspendue sur une cuve à mercure blanchit à une température très-basse (*Faraday*).

Par l'intervention de l'eau, on peut distiller le mercure à 100°, c'est-à-dire bien au-dessous de la température de son ébullition. (L'iode, le soufre et beaucoup d'autres corps sont entraînés, par la vapeur d'eau, à une température bien inférieure à la température d'ébullition de ces corps.) Il est important de tenir compte de cette circonstance dans les analyses. La vapeur de mercure est incolore, et d'une densité égale à 6,976 (*Dumas*). Cette vapeur est très-préjudiciable à la santé : elle cause un tremblement particulier dans tout le corps, et principalement dans les membres (*tremblement mercuriel*). Absorbé à l'état de vapeur, le mercure donne rarement lieu à la salivation. Il est à peu près inaltérable à l'air. Il faut le chauffer longtemps au contact de l'air pour qu'il s'oxyde en absorbant l'oxygène de l'air. « Si la découverte de l'oxydation du mercure à l'air était encore à faire, elle ne serait probablement pas faite aujourd'hui. Les anciens avaient une qualité précieuse qui manque aux hommes de nos jours, cette qualité était la persévérance. » (Gay-Lussac.) Les anciens chimistes avaient la persévérance de maintenir les métaux ou d'autres corps exposés à des températures élevées, non pas pendant des heures, mais pendant des semaines, pendant des mois et des années.

Le mercure se convertit, par une longue agitation, en une poudre noire qui n'est autre chose que du mercure très-divisé. Si le mercure est impur, la poudre noire qu'on obtient se compose des corps étrangers oxydés, mêlés à du mercure métallique très-divisé. (On fait l'expérience en attachant à l'aile d'un moulin à vent un flacon contenant du mercure.) Le mercure mêlé avec de la graisse (onguent napolitain) n'est point du mercure oxydé, mais du mercure très-divisé.

Le mercure se rencontre dans la nature sous quatre états différents : 1° à l'état natif, il se trouve dans la plupart des mines mercurielles, disséminé en petits globules liquides, mais en trop petite quantité pour qu'on l'extraie ; 2° allié à l'argent, il forme un amalgame solide en lames ou en cristaux octaédriques ou dodécaédriques, qui est composé de 3 parties de mercure sur une d'argent ; ce composé est assez rare, il a été trouvé en Suède et dans le Palatinat ; 3° combiné au soufre ou à l'état de sulfure, il constitue la mine de mercure la plus abondante qu'on exploite dans les arts, et qui est connu sous le nom de *cinabre natif* ; 4° enfin à l'état de chlorure ; cette combinaison a été remarquée dans les mines du Palatinat et à Idria.

L'extraction du mercure se pratique en décomposant le sulfure de mercure naturel par l'intermède de la chaux ou par sa calcination à l'air dans des appareils particuliers.

Dans le premier procédé, après avoir trié et broyé la mine, on la mêle avec le quart de son poids de chaux éteinte, et on expose ce mélange dans de grandes cornues de terre ou de fonte, au col desquelles on a adapté un récipient en terre, rempli d'eau jusqu'aux deux tiers. Par l'action de la chaleur, la chaux décompose le sulfure de mercure ; il en résulte du sulfure de calcium et du sulfate de chaux qui restent dans la cornue avec la gangue, tandis que le mercure volatilisé vient se rendre dans le récipient au fond de l'eau. On peut substituer à la chaux le fer réduit en copeaux. L'exploitation de ces mines de mercure ne peut être avantageuse qu'autant qu'elles peuvent fournir de sept à six millièmes de ce métal.

Le second procédé, que l'on suit en Espagne à Almaden, et dans le Frioul à Idria, consiste à mêler le minerai broyé avec une petite quantité d'argile pour en faire de petites masses que l'on place de distance en distance dans un fourneau dont le sol est percé de plusieurs trous. Une suite de tuyaux en terre appliqués les uns sur les autres termine supérieurement le fourneau et conduit les produits dans une chambre qui sert de récipient ; dès que la température est élevée, le soufre brûle par l'oxygène de l'air et passe à l'état de gaz acide sulfureux, tandis que le mercure, réduit en vapeur, se rend par les tuyaux en terre dans la chambre où il se condense et coule à la partie inférieure. Ce procédé a été modifié : au lieu de mêler le minerai avec de l'argile comme ci-dessus, on le place en morceaux sous des voûtes disposées les unes au-dessus des autres, et dans lesquelles on dirige un courant de flamme et d'air. La dernière de ces voûtes communique avec des conduits qui apportent le mercure volatilisé et l'acide sulfureux dans plusieurs chambres. Le premier se liquéfie, et le dernier se dégage par les cheminées qui terminent l'appareil.

Réduit à l'état solide, sa pesanteur spécifique, d'après Schulze, est de 14,391 ; il est malléable sous le marteau, mais il ne tarde pas à fondre en absorbant promptement du calorique aux corps environnants ; lorsqu'on le touche avec le doigt, il fait éprouver une sensation vive et subite, analogue à celle occasionnée par une brûlure, et le point qui a été mis en contact blanchit et perd sa sensibilité pour quelque temps.

Cette congélation ne peut se faire qu'en exposant de petites quantités de mercure enfermées dans une ampoule mince de verre, ou dans un creuset de platine, au milieu d'un mélange de deux parties de chlorure de calcium cristallisé, et d'une partie de neige, préalablement refroidis l'une et l'autre à plusieurs degrés au-dessous de 0 ; ou en plongeant le vase dans de l'acide sulfureux liquéfié, qu'on volatilise sous le récipient de la machine pneumatique.

Deutoxyde de mercure. — Cet oxyde, désigné par les anciens chimistes sous le nom de *précipité perse*, se préparait autrefois en chauffant le mercure dans des matras, au contact de l'air ; mais cette opération longue ne fournissait qu'une petite quantité de cet oxyde cristallisé en petites paillettes rougeâtres et micacées.

On le prépare aujourd'hui d'une manière plus prompte et plus facile en décomposant le proto ou le deutonitrate de mercure à une chaleur voisine du rouge brun, dans des ballons de verre.

Le deutoxyde de mercure est rouge orangé, en masse, d'une saveur un peu âcre et désagréable, d'un aspect micacé et cristallin lorsque le nitrate qui a servi à l'obtenir était cristallisé. Il prend une teinte jaunâtre par la pulvérisation. Soumis à une chaleur rouge brune, il est réduit en mercure métallique et en gaz oxygène. La plupart des corps combustibles simples le décomposent, soit en s'emparant de son oxygène, soit en enlevant tout à la fois celui-ci et se combinant au mercure.

En pharmacie, on le connaît sous le nom de *précipité rouge*, *oxyde rouge de mercure*. C'est un poison ; on l'emploie seulement à l'extérieur comme un léger escarrotique ; le plus souvent on incorpore cet oxyde dans des onguents et des pommades.

Protochlorure de mercure. — Ce composé, que l'on distingue encore par les dénominations de *mercure doux*, *calomel*, *calomélas*, *sublimé doux*, *panacée mercurielle*, s'obtient en combinant au deutochlorure de mercure une quantité de métal égale à celle qu'il contient déjà, ou en faisant réagir par la chaleur le protosulfate de mercure et le chlorure de sodium.

Le protochlorure de mercure est blanc, insipide, volatil et indécomposable par la chaleur. Lorsqu'il a été sublimé, il est en masse blanche, demi-transparente et pesante. Il est inaltérable à l'air, insoluble dans l'eau ; il noircit peu à peu par suite de son exposition à la lumière. Le soufre et le phosphore le décomposent, en s'unissant tout à la fois à ses deux éléments.

Ce composé est formé de :

Mercure	100	2 atomes.
Chlore	17	2 atomes.

On l'emploie en médecine comme léger purgatif.

Deutochlorure de mercure ou bichlorure. — Ce composé, connu depuis longtemps, a été d'abord désigné sous le nom de *sublimé corrosif*, *muriate oxygéné de mercure*, *oxymuriate de mercure*.

On le prépare par plusieurs procédés. Celui qu'on pratique aujourd'hui dans les laboratoires consiste à dissoudre le mercure dans son poids d'acide sulfurique concentré, à dessécher le deutosulfate de mercure qui en provient, et à le mêler intimement avec son poids de chlorure de sodium décrépité (sel marin privé d'eau). Si, après avoir introduit ce mélange dans un matras de verre placé sur un bain de sable, on chauffe peu à peu, il y a décomposition des deux substances et formation de deutochlorure de mercure et de sulfate de soude. Le premier se sublime à la voûte du matras, et le second reste au fond.

Le deutochlorure de mercure obtenu par sublimation est sous la forme d'une masse blanche, pesante, demi-transparente, formée par la réunion de petites aiguilles. Il est inodore, d'une saveur styptique très-prononcée et désagréable. C'est un des poisons les plus caustiques. Administré à l'intérieur, à la dose de quelques grains, il occasionne de vives douleurs, en déterminant une vive inflammation et corrodant ensuite les parties qu'il

a touchées. La mort en est souvent la suite.

Exposé à l'action du calorique, il n'éprouve aucune altération, il se volatilise et cristallise en aiguilles sur les parois du vase. Chauffé à l'air, il répand d'abondantes vapeurs blanches, âcres, très-dangereuses à respirer. L'eau à la température ordinaire en dissout $\frac{1}{16}$ et l'eau bouillante $\frac{1}{4}$ de son poids. L'alcool et l'éther sulfurique en dissolvent une beaucoup plus grande quantité.

Le deutochlorure de mercure s'unit à l'hydrochlorate d'ammoniaque, et forme un composé qui est connu depuis longtemps sous les noms de *sel alembroth*, *sel de la sagesse*. On l'obtient en sublimant ces deux corps mélangés à parties égales, ou en les dissolvant dans l'eau et les faisant cristalliser. Ce composé salin, à proportions définies, est plus soluble dans l'eau que le deutochlorure de mercure, il cristallise en prismes rhomboïdaux.

Le deutochlorure est composé, d'après les analyses qui en ont été faites, de :

Mercure	100	1 atome.
Chlore	36	2 atomes.

Les deux composés de chlore et de mercure que nous venons de faire connaître sont très-usités en médecine. Ils ont des actions différentes : le protochlorure est employé comme purgatif ; son action sur l'économie animale est bien moindre que celle du deutochlorure, qui est très-vénéneux, même à la dose de quelques grains. Celui-ci ne s'emploie qu'avec circonspection à l'intérieur ; on l'administre à de très-petites doses et associé souvent à des matières qui peuvent corriger sa trop grande activité. Il est employé avec succès pour combattre les affections syphilitiques. Dissous dans l'eau, il forme la base d'une solution qui est connue sous le nom de *liqueur de Van-Swieten*. On la prépare en dissolvant 4 décigrammes (8 grains) de deutochlorure de mercure dans 500 grammes (1 livre) d'eau distillée. Cette liqueur ne s'administre qu'à la dose d'une demi-once par jour dans du lait ou dans une tisane appropriée ; ce qui porte la quantité qu'on en prend à $\frac{1}{4}$ de grain.

La solution de deutochlorure de mercure pour lotion contient 32 grains de deutochlorure pour 500 grammes (1 livre) d'eau distillée. Cette dernière ne s'emploie qu'à l'extérieur.

L'eau phagédénique est encore une préparation pharmaceutique qu'on forme en traitant 32 grains de deutochlorure de mercure par une livre d'eau de chaux. L'oxyde de calcium décompose le deutochlorure de mercure d'où résulte du deutoxyde de mercure hydraté qui se précipite peu à peu en flocons jaunes rougeâtres, et du chlorure de calcium soluble dans l'eau.

Cette eau est particulièrement usitée pour laver et déterger les ulcères et chancres vénériens. Lorsqu'on s'en sert, on doit fortement l'agiter, pour remettre en suspension le deutoxyde de mercure qui s'est précipité.

Le deutochlorure est souvent employé à l'extérieur comme caustique. On en fait principalement usage dans la médecine vétérinaire. Il est préféré, dans quelques maladies externes, aux autres cautères.

De toutes les préparations mercurielles, le deutochlorure est la plus active, aussi ne doit-on l'administrer qu'avec prudence à l'intérieur : car il ne tarde pas à corroder les parties avec lesquelles il se trouve en contact, et détermine la mort dans d'horribles souffrances, lorsqu'il est introduit dans les voies digestives, même à petite dose. Il résulte des expériences toxicologiques de M. Orfila que le blanc d'œuf jouit de la propriété de se combiner avec le deutochlorure, et de former un composé insoluble, tout à fait sans action sur l'économie animale, ce qui le constitue un antidote sûr de l'empoisonnement par le sublimé corrosif. Les expériences directes entreprises sur des chiens qui, après avoir été sous l'influence de cette substance vénéneuse, ont été rétablis par l'administration de blancs d'œufs délayés dans l'eau, ne laissent aucun doute à cet égard, surtout quand cette dernière solution suit de près l'introduction du poison dans les organes digestifs.

La propriété dont jouit le deutochlorure de mercure de se combiner avec les tissus animaux, et de les rendre imputrescibles, le rend propre à la conservation des cadavres, des pièces anatomiques ou pathologiques, comme Chaussier en a fait le premier l'application. Le procédé est simple : il consiste à vider et à nettoyer le cadavre qu'on veut conserver, et à le plonger dans de l'eau qu'on tient toujours saturée de deutochlorure de mercure. Les chairs, en se combinant avec le chlorure, deviennent de plus en plus solides, et finissent par contracter la dureté du bois ; elles sont alors imputrescibles et inattaquables par les insectes ; elles résistent même pendant un grand nombre d'années aux agents physiques ordinaires qui déterminent la putréfaction.

Protoiodure de mercure, deutoiodure de mercure. — L'iode se combine directement en deux proportions avec le mercure. Ces deux composés correspondent aux deux oxydes et aux deux chlorures.

On les obtient facilement en faisant agir l'iodure de potassium sur les sels de protoxyde et de deutoxyde de mercure. Ils sont tous les deux insolubles dans l'eau.

Le deutoiodure, en raison de sa belle couleur, commence à être employé dans les arts. On est parvenu à l'appliquer sur les toiles peintes. En médecine, on en fait usage dans le traitement des affections syphilitiques.

Protosulfure de mercure. — Le protosulfure, que l'on ne pourrait former directement, paraît, d'après les observations de M. Guibourt, peu stable dans sa composition. On peut le produire en décomposant le protonitrate acide de mercure par l'acide hydrosulfurique. Ainsi obtenu, il est noir, insoluble dans l'eau.

Le sulfure noir de mercure, *éthiops minéral,*

qu'on prépare dans les pharmacies, en triturant dans un mortier de fer deux parties de soufre sublimé et lavé avec une partie de mercure jusqu'à extinction parfaite de ce dernier métal, ne doit pas être regardé comme un sulfure à proportions définies, mais bien comme un mélange de deutosulfure de mercure et d'un grand excès de soufre.

Deutosulfure de mercure. Voy. CINABRE.

Cyanure de mercure. — Le cyanogène gazeux ne s'unit pas au mercure. On forme ce composé en dissolvant le deutoxyde de mercure dans l'acide hydrocyanique étendu d'eau, ou en faisant agir cet oxyde sur le bleu de Prusse (hydroferrocyanate de fer). C'est par ce dernier qu'on l'obtient dans les laboratoires. On fait bouillir pendant quelques minutes dans un ballon de verre, un mélange d'une partie de bleu de Prusse en poudre fine, d'une demi-partie de deutoxyde de mercure pulvérisé et de trois parties d'eau. La couleur bleue disparaît et prend une teinte jaune verdâtre. On filtre alors la liqueur, et on lave le résidu avec de l'eau chaude ; par l'évaporation et la cristallisation de la liqueur, on obtient le cyanure de mercure, qu'on purifie par de nouvelles solutions. Dans cette opération, le bleu de Prusse, qui est un composé d'acide hydrocyanique, de cyanure de fer et de peroxyde de fer, est décomposé par le deutoxyde de mercure ; l'oxygène de celui-ci s'unit tout à la fois à l'hydrogène de l'acide et au fer du cyanure, pour former de l'eau et du tritoxyde de fer insoluble qui s'ajoute à celui qui était tout formé, tandis que d'une autre part le cyanogène de l'un et de l'autre se combine au mercure pour produire le cyanure de mercure qui se trouve dans la solution, et qu'on obtient par évaporation et cristallisation.

Le cyanure de mercure est solide, incolore, inodore, d'une saveur styptique très-prononcée ; il est plus soluble dans l'eau chaude que dans l'eau froide, et cristallise aisément en longs prismes quadrangulaires qui retiennent de l'eau combinée. Soumis à l'action de la chaleur, il donne des produits différents, suivant qu'il est sec ou hydraté ; dans le premier cas, il se décompose en fournissant du cyanogène gazeux, mêlé d'une petite quantité de gaz azote de mercure métallique, et un résidu noir fixe formé de carbone et d'azote ; dans le second cas, l'eau qu'il contient est décomposée, ses éléments s'unissent à ceux du cyanogène, d'où résulte de l'acide carbonique, de l'ammoniaque, de l'acide hydrocyanique, et très-peu de cyanogène libre. Ce qui explique la nécessité de bien dessécher ce composé dans la préparation du cyanogène gazeux.

Comme toutes les préparations mercurielles solubles, le cyanure de mercure jouit de propriétés vénéneuses assez énergiques. Ce composé a été préconisé contre la syphilis. Son usage à l'intérieur ne donne pas lieu, d'après le docteur Parent, aux douleurs épigastriques que fait naître le deutochlorure. Il n'est point altéré, comme celui-ci, par les principes organiques azotés. On l'administre au début des affections syphilitiques de $\frac{1}{16}$ à $\frac{1}{12}$ de grain par jour, qu'on porte jusqu'à $\frac{1}{2}$ grain. Il est employé dans les laboratoires pour obtenir le cyanogène et l'acide hydrocyanique.

Usages du mercure. — Ce métal est très-employé, ainsi que plusieurs de ses combinaisons. Dans les laboratoires, c'est en raison de sa liquidité et de son inaltérabilité qu'on s'en sert pour recueillir certains fluides élastiques solubles dans l'eau. Sa dilatabilité, plus grande que celle des autres liquides, la marche uniforme de sa dilatation, sa moins grande volatilité, sont autant de causes pour lesquelles on l'emploie dans la construction des thermomètres. Sa densité particulière le rend aussi plus propre que tout autre liquide à mesurer sur une échelle moins longue les différentes pressions de l'atmosphère.

Dans les arts, il n'offre pas moins d'utilité ; il sert particulièrement à l'extraction de l'or, de l'argent, et à l'application de ces métaux sur le cuivre. Plusieurs de ces alliages présentent des usages plus ou moins étendus. On désigne par le nom d'*amalgame* les combinaisons du mercure avec les métaux. Parmi ceux-ci, nous distinguerons les amalgames d'étain et de bismuth : le premier fait la base de l'étamage des glaces. On exécute cette opération en étendant, sur une table horizontale, une feuille mince d'étain, et y versant ensuite une certaine quantité de mercure ; dès que l'étain a formé une couche épaisse et unie sur toute la surface, on fait glisser la glace, qui a été polie exactement sur ses deux faces, puis on la recouvre d'une couverture de laine pliée et chargée de poids pour en expulser la portion de mercure en excès.

La combinaison de l'*argent* avec le mercure a beaucoup de tendance à cristalliser. On la rencontre dans le règne minéral, tantôt à l'état liquide, mêlée avec des cristaux ; tantôt cristallisée, soit en octaèdres réguliers à angles tronqués, soit en dodécaèdres rhomboïdes. On obtient la même combinaison cristallisée en mêlant trois parties d'une dissolution saturée d'argent dans l'acide nitrique, avec deux parties d'une dissolution également saturée de mercure dans le même acide, et plaçant, au fond du vase qui contient le mélange, un amalgame de sept parties de mercure et d'une partie d'argent en feuilles. Au bout de vingt-quatre à quarante-huit heures, on trouve dans la liqueur une multitude de cristaux, doués du brillant métallique, qui s'étendent, sous forme de ramification, jusqu'à la surface du liquide, et produisent ainsi une végétation qu'on appelait autrefois *arbre de Diane*. La formation de ces cristaux est due à la précipitation de l'argent par le mercure ; elle n'a lieu que quand il y a plus de mercure qu'il n'en faut pour la précipitation complète de l'argent, sans que toutefois il y en ait assez pour que la végétation métallique en soit dissoute. L'amalgame cristallisé est composé de 65 parties de mercure et de 35 d'argent.

Les doreurs et les miroitiers tombent quelquefois, après avoir été exposés pendant des années aux vapeurs de mercure métallique, dans un état particulier de faiblesse du système musculaire, qui est accompagné d'un tremblement continuel de tous les muscles soumis à la volonté, et qu'on parvient rarement à guérir. Il est donc de la plus haute importance que ces personnes évitent, autant que possible, de toucher le métal avec les mains nues, et que les vapeurs mercurielles soient conduites hors des ateliers : pour atteindre ce dernier but, Darcet a inventé un fourneau particulier, à l'aide duquel les vapeurs, après avoir été conduites au dehors, se condensent de manière qu'on perd très-peu de mercure.

SELS A BASE D'OXYDE DE MERCURE.

Protosulfate de mercure. — Ce sel est principalement employé pour la préparation du protochlorure de mercure.

Deutosulfate de mercure. — On prépare ce sel en traitant à chaud le mercure par son poids d'acide sulfurique concentré.

Ce sel, mis en contact avec l'eau, est peu à peu décomposé ; ce liquide enlève d'abord l'acide qui est en excès, et transforme ensuite le deutosulfate en deutosulfate acide qui se dissout, et en sous-deutosulfate insoluble qui se précipite en poudre jaune. Cet effet est instantané quand on verse de l'eau chaude qui réagit plus promptement que l'eau froide. C'est le sous-deutosulfate de mercure obtenu dans cette action de l'eau sur le deutosulfate, que les anciens chimistes et médecins désignaient sous le nom de *turbith minéral*, à cause de sa couleur jaune analogue à celle de la racine qui porte ce nom.

Le deutosulfate neutre de mercure est usité pour la préparation du deutochlorure de mercure. Le sous-deutosulfate est employé en médecine : il entre dans quelques préparations externes.

Protonitrate de mercure. — Ce sel est blanc, d'une saveur âcre et très-styptique ; il rougit le tournesol. Mis en contact avec l'eau froide, il est décomposé en protonitrate acide qui se dissout, et en sous-protonitrate insoluble ; l'eau chaude produit le même effet ; seulement le précipité est jaune verdâtre, et désigné alors en pharmacie sous le nom de *turbith nitreux.*

Ce sel est employé pour la préparation du deutoxyde de mercure. Dissous dans l'eau aiguisée d'acide nitrique, il sert aussi à obtenir le précipité blanc (protochlorure de mercure).

Deutonitrate de mercure. — Le deutonitrate de mercure est blanc, acide, plus âcre et plus caustique que le protonitrate. Mis en contact avec l'épiderme, il le tache en noir en peu de temps. Exposé à l'air, il en absorbe l'humidité, et se résout en un liquide incolore très-caustique. L'eau chaude agit sur ce sel comme sur le précédent, et le transforme en sous-deutonitrate blanc insoluble, et en nitrate acide soluble. Suivant MM. Guibourt et Henry, le sous-sel obtenu dans

cette circonstance est jaune, lorsque le deutonitrate qu'on emploie contient du protonitrate. Les auteurs que nous venons de citer
expliquent ainsi comment on avait admis
généralement que le deutonitrate donnait
avec l'eau un précipité jaune nommé *turbith
nitreux*. Cet effet, qui est dû à l'action de
l'eau sur le protonitrate qui peut contenir le
deutonitrate, prouve que ce nom ne convient
réellement qu'au *sous-protonitrate de mercure*, qui est jaune par lui-même.

Ce sel, dissous dans l'eau, est employé
comme caustique dans un grand nombre de
cas chirurgicaux; il forme la base de l'*eau
mercurielle*, employée à l'extérieur, comme
phagédénique, pour laver les ulcères ou chancres vénériens; il entre aussi dans la composition de la pommade citrine, qui n'est qu'un
mélange de ce sel et d'axonge de porc. On s'en
sert pour feutrer les poils de lièvre et de
lapin. Les doreurs en font usage pour appliquer l'or et l'argent sur le cuivre, etc.

MÉTAL D'ALGER. *Voy.* Antimoine, *alliages*.

MÉTAL DE CLOCHE. *Voy.* Étain, *alliage*.

MÉTALLURGIE.—On donne le nom de
métallurgie à l'art d'extraire les métaux de
leurs minerais.

Les travaux métallurgiques se divisent
en *préparations mécaniques* et en *procédés
chimiques*. Les premières ont pour but de
débarrasser les minerais des matières étrangères qui communiqueraient au métal des
propriétés nuisibles, ou qui rendraient la fusion de ces minerais difficile et coûteuse,
quelquefois même impossible.

Un minerai étant donné, voici la série des
opérations auxquelles on le soumet généralement.

On commence par le *trier*, au sortir de la
mine, c'est-à-dire qu'on sépare les morceaux
qui contiennent assez de métal pour être
exploités, d'avec ceux qui sont trop pauvres.

On *bocarde* le minerai trié, c'est-à-dire
qu'on le pulvérise dans un bocard ou mortier de bois, à l'aide de pilons de même matière, dont l'extrémité inférieure est garnie
d'une calotte de fer.

On lave ensuite la poudre obtenue, afin
de séparer les particules métalliques des
matières terreuses qui y sont mêlées. Le
lavage a lieu, soit sur des tables, soit
dans de grandes auges, au moyen de courants d'eau qui entraînent les parties les
plus légères, et opèrent ainsi une concentration du métal dans une moins grande quantité de sable ou de terre.

La première opération chimique qui succède au lavage est le *grillage*, qui a pour but
tantôt de chasser les matières volatiles que
renferme le minerai, telles que l'eau, l'acide
carbonique, le soufre, l'arsenic, etc.; tantôt
de diminuer la cohésion du minerai, et par
là de le rendre plus attaquable par les agents
métallurgiques qui doivent en isoler le métal. Le grillage s'opère à l'air libre ou dans
des fourneaux dont la forme varie beaucoup.

Une fois le minerai ainsi préparé, on le
soumet à la *fusion*, c'est à-dire qu'après l'a-

voir mêlé à des proportions convenables de
charbon et de *fondants*, on l'expose à une
chaleur plus ou moins violente et continue
dans des fourneaux appropriés. Le charbon,
en raison de sa grande affinité pour l'oxygène, réduit à l'oxyde métallique, met en liberté le métal, qui s'isole des matières terreuses et des autres oxydes que les *fondants*
convertissent en verre. Ceux-ci viennent
à la surface du bain métallique et s'y con-
crètent sous la forme de *scories* ou de *laitiers*.

Le charbon dont on se sert pour ces réductions est tantôt du charbon de bois, tantôt du coke. Les *fondants* sont ordinairement des oxydes terreux ou alcalins de peu
de valeur, comme l'argile, le carbonate de
chaux, et souvent aussi le sable ou acide silicique, le fluorure de calcium.

Habituellement les métaux obtenus retiennent en combinaison une certaine proportion
de charbon, mais sa quantité n'est toutefois jamais assez grande pour modifier sensiblement
leurs propriétés et les rendre impropres aux
usages auxquels on les destine.

MÉTAUX (de $\mu\epsilon\tau'$ $\alpha\lambda\lambda\alpha$, parce que les minerais forment souvent des filons et semblent
se suivre à la file les uns après les autres).
— Les métaux sont des corps combustibles,
opaques, conducteurs de l'électricité et de
la chaleur, qui, lorsqu'on les polit, acquièrent un brillant particulier, qu'on désigne
par l'épithète de métallique. La découverte
de la composition des alcalis et des terres a
donné une tout autre direction aux idées que
nous nous formions d'eux. Elle nous a montré
des corps auxquels manquent quelques-unes
des propriétés principales des métaux connus
jusqu'alors, et qui néanmoins appartiennent
indubitablement à la même classe.

Les qualités physiques que l'on considère
en général comme caractères distinctifs des
métaux, sont les suivantes:

1° L'*opacité*, tant à l'état liquide qu'à l'é-
tat solide. Une feuille d'argent de $\frac{1}{100\,000}$ de
pouce d'épaisseur ne laisse pas passer un
seul rayon de lumière. Cependant cette propriété n'est point absolue; car une feuille
d'or épaisse de $\frac{1}{100\,000}$ de pouce paraît verte
quand on la regarde par transparence; ce qui
n'aurait pas lieu si les rayons verts de la lumière ne pouvaient point la traverser.

2° L'*éclat métallique*. Cette propriété dépend de l'opacité des métaux, qui fait que la
lumière est réfléchie par leur surface plus
complétement qu'elle ne l'est par celle d'autres corps. Cependant les métaux n'en jouissent pas tous au même degré. Parmi les métaux ordinaires, le platine est celui qui a le
plus d'éclat. Viennent ensuite, d'après les
expériences de Leslie, l'acier, l'argent, le
mercure, l'or, le cuivre, l'étain et le plomb.

3° La *fusibilité*. Tous les métaux peuvent
être fondus. Dans cet état, ils conservent
leur opacité; mais ils exigent, pour se liquéfier, des températures tellement inégales
que, tandis que le mercure se liquéfie à
—38 degrés, le platine exige, pour entrer en
fusion, le plus haut degré de chaleur que
nous puissions produire par le chalumeau à

gaz oxygène, ou au foyer d'un miroir propre aux effets de combustion. Le fer et le platine se ramollissent avant de se fondre, ce qui permet de les braser. Presque tous les métaux prennent une forme cristalline régulière, quand ils passent lentement et sans trouble de l'état liquide à l'état solide. Le meilleur moyen pour mettre cette cristallisation en évidence, consiste à décomposer des dissolutions métalliques étendues par l'action d'une faible pile électrique. Le métal se dépose en cristaux brillants sur le conducteur négatif. On aperçoit souvent cette texture cristalline en attaquant légèrement par un acide faible la surface d'un métal refroidi après avoir été fondu, mais qui n'a été soumis ni au marteau ni au laminoir; l'acide dissout seulement la couche extérieure, celle qui s'était solidifiée la première, et met à nu la texture cristalline. Quelques métaux se volatilisent à une légère chaleur; d'autres exigent, au contraire, un feu violent; et les plus réfractaires, l'or et le platine, par exemple, ne peuvent être volatilisés qu'au foyer de grands miroirs à combustion.

4° La *pesanteur et la densité*. Une pesanteur spécifique supérieure à celle des autres corps était considérée autrefois comme un des principaux caractères distinctifs des métaux, dont, avant la décomposition des alcalis, on ne connaissait aucun qui ne fût au moins six fois plus pesant que l'eau; mais les radicaux métalliques de la plupart des alcalis et des terres sont beaucoup plus légers que ce liquide. Le potassium, par exemple, surnage l'eau et l'eau-de-vie ordinaire. Une grande densité ne peut donc plus être mise au nombre des caractères des métaux, puisque cette classe renferme des corps plus légers que l'eau, comme le potassium; et d'autres, dix-neuf à vingt fois plus pesants qu'elle, comme l'or et le platine.

Nous avons, dans le tableau suivant, réuni les propriétés physiques principales des métaux, telles que la densité, la couleur et le degré de fusibilité.

NOMS DES MÉTAUX.	COULEUR.	Densité.	Fusibilité en degrés du thermomètre centigrade et du pyromètre de *Wedgwood*.
Magnésium	Gris de fer.		
Calcium.	Blanc.		
Strontium.	*Id*.		
Barium	*Id*.		
Potassium.	Blanc grisâtre.	0,865	58° centigrades.
Sodium.	*Id*.	0,972	90° *Id*.
Manganèse . . . ,	*Id*.	8,013	160· du pyromètre.
Zinc.	Blanc bleuâtre.	6,681	374° centigrades.
Fer	Gris bleuâtre.	7,788	150° du pyromètre et 1500 centigrades d'après M. Pouillet.
Etain	Blanc argentin.	7,291	230° centigrades.
Cadmium	*Id*.	8,604	Plus fusible que le zinc.
Aluminium . . . ,	*Id*.		Infusible à la température qui fond la fonte.
Chrome.	Blanc grisâtre.	5,900	Presque infusible.
Antimoine.	Blanc bleuâtre.	6,702	432° cent. Pouillet.
Bismuth.	Blanc jaunâtre.	9,822	256° cent. Pouillet.
Cobalt.	Blanc argentin.	8,538	125° du pyromètre.
Plomb.	Blanc gris bleu.	11,345	334° cent. Pouillet.
Cuivre.	Jaune rougeâtre.	8,878	27° du pyromètre et près de 1150° cent.
Nickel.	Blanc argentin.	8,279	160° du pyromètre.
Mercure.	*Id*.	13,568	39° au-dessous de zéro.
Argent	Blanc éclatant.	10,477	20° du pyromètre et 1000° cent. Pouillet.
Or.	Jaune.	19,257	32° du pyromètre et 1250° cent. Pouillet.
Platine	Blanc argentin.	21,53	Presque infusible.
Palladium.	*Id*.	11,3	*Id*.
Rhodium	Blanc grisâtre.	11	Infusible.
Iridium	Blanc argentin.	18,64	Presque infusible.

5° La *propriété d'être meilleurs conducteurs du calorique et de l'électricité que ne le sont les autres corps*, est un des caractères les plus saillants des métaux. Certains corps combustibles, non métalliques, le charbon, par exemple, sont conducteurs de l'électricité, mais très-mauvais conducteurs du calorique; d'autres, tels que le soufre, ne sont conducteurs ni de l'une ni de l'autre. Les métaux se rapprochent tellement entre eux, relativement à leur faculté conductrice de l'électricité, qu'on a eu beaucoup de peine à découvrir des différences sensibles entre eux. Ils surpassent sous ce rapport tellement les autres corps, que, par exemple, un cylindre d'eau long d'un pouce oppose, suivant Cavendish, autant de résistance à l'électricité qu'un cylindre en fer de même épaisseur, ayant quatre cent millions de pouces de longueur. Le charbon lui-même, d'après Davy, résiste plusieurs milliers de fois plus au passage de l'électricité que le fer et le platine, qui de tous les métaux sont cependant les moins bons conducteurs de ce fluide.

Children a conclu de quelques expériences faites avec une très-grande pile électrique, que la propriété conductrice de l'électricité se comporte à peu près, dans les métaux, comme leur faculté conductrice du calorique. L'électricité, en se déchargeant, ne
produit de la lumière et de la chaleur que
quand la masse du corps conducteur est trop
peu considérable, ce corps mettant ainsi obstacle à son passage. Par conséquent, si deux
fils de métaux différents, mais d'égale grosseur, sont échauffés à des degrés différents
par la décharge d'une même quantité d'électricité, il semble résulter de là que le métal
qui s'échauffe le plus est moins bon conducteur que l'autre. Children croit avoir trouvé
que les métaux suivants doivent être classés
ainsi, par rapport à leur faculté conductrice
de l'électricité : argent, zinc, or et cuivre.
H. Davy a remarqué que cette faculté change
avec la température, dont l'élévation la diminue et l'abaissement l'augmente. Lorsque,
par exemple, un fil métallique rougit à l'air
par la décharge d'une forte pile électrique,
il ne peut plus décharger toute la masse
d'électricité contenue dans cette pile ; si on
le fait ensuite passer à travers de l'huile, de
l'alcool, de l'eau, en un mot à travers un milieu capable de le refroidir, il cesse d'être
rouge, et décharge alors complétement la pile.
Davy explique par là une expérience fort
intéressante qu'il a faite : on place dans un
circuit électrique un fil de platine long de
quatre à six pouces, et assez mince pour que
l'électricité qui le traverse le fasse rougir
dans toute sa longueur ; on en expose alors
une partie à la flamme d'une lampe à esprit-
de-vin, de manière à la porter au rouge
blanc : à l'instant même, le reste du fil se
refroidit jusqu'au-dessous de la température
du rouge visible. Si, au contraire, on applique un morceau de glace sur un point quelconque du fil rouge, ou qu'on y dirige un
courant d'air froid, toutes les autres parties
de ce fil deviennent instantanément beaucoup plus chaudes, et passent du rouge incandescent au rouge blanc. Pour déterminer
la différence de faculté conductrice de quelques métaux, Davy prit des fils de mêmes dimensions, et chercha combien de paires d'une
forte pile électrique ils pouvaient décharger, de manière à ne produire aucun effet
sensible dans un appareil propre à décomposer l'eau. Il trouva que le fer en pouvait
décharger complétement six, le platine onze,
l'étain douze, le cuivre et le plomb cinquante-
six, et l'argent soixante-cinq ; ce qui permet d'établir l'ordre dans lequel ils conduisent l'électricité. Mais la chaleur excitée
dans les mauvais conducteurs ne permet pas
de calculer exactement la faculté conductrice
relative. Davy a trouvé, en outre, que, dans
chaque métal, cette faculté est proportionnelle à la masse du métal, mais qu'elle ne
l'est point à sa surface, et qu'elle est en raison inverse de la longueur du morceau servant de conducteur. Ainsi, par exemple,
lorsqu'un fil de platine, épais de $\frac{1}{220}$ de
pouce et long de six pouces, déchargeait

dix paires de plaques, vingt paires l'étaient
par un fil long de trois pouces et ayant la
même épaisseur. Si une certaine longueur
d'un fil métallique décharge un certain nombre de paires d'une pile électrique, un fil
de même longueur, mais six fois plus pesant, ou, ce qui revient au même, six de
ces fils en déchargeront un nombre six fois
plus considérable. Davy a essayé de baser
sur ces faits une autre méthode de découvrir
les différences dans la faculté conductrice
de l'électricité de divers métaux : il a pris
pour cela des fils métalliques de même épaisseur, et mesuré la longueur de chacun qui
était strictement nécessaire pour décharger
complétement la même pile électrique. De
cette manière, il a trouvé les longueurs proportionnelles suivantes :

Argent.	60
Cuivre	55
Or	40
Plomb	38
Platine.	10
Palladium.	9
Fer.	8

nombres qui expriment par conséquent la
faculté conductrice relative des métaux.

Becquerel a découvert depuis, par des expériences dans lesquelles il s'est servi, pour
mesurer la faculté conductrice de différents
corps, d'une aiguille aimantée renfermée
dans un multiplicateur électromagnétique,
qu'il faut, pour que des fils d'un même métal
aient la même faculté conductrice, que le
rapport de la longueur au diamètre soit le
même dans tous : ce qui est précisément,
quant au fond, le résultat auquel était arrivé
Davy. Mais pour ce qui concerne l'inégalité
de faculté conductrice, à grosseur égale des
fils de métaux différents, il a obtenu des résultats qui diffèrent de ceux de Davy, savoir :

Cuivre.	100
Or	93,60
Argent.	73,60
Zinc	28,50
Platine.	16,40
Fer.	15,80
Etain	15,50
Plomb.	8,30
Mercure	3,45
Potassium	1,33

La faculté conductrice du calorique ne
présente pas moins de différences parmi les
métaux. L'argent est celui qui la possède au
plus haut degré ; viennent ensuite le cuivre
et l'or. Le fer et surtout le platine sont les
plus mauvais conducteurs de tous. On démontre cette différence par une expérience
fort simple : on prend des fils de différents
métaux, mais passés à travers le même trou
de filière, afin qu'ils aient exactement le
même diamètre ; on les trempe dans de la
cire fondue, et lorsqu'ils sont refroidis on
tient l'une des extrémités de chacun horizontalement dans la flamme d'une bougie,
jusqu'à ce qu'il paraisse ne vouloir plus
fondre de cire ; on mesure ensuite quelle est
l'étendue du fil dans laquelle il s'en est
fondu, en comptant depuis le bord extrême

de la flamme. Plus la cire s'est fondue loin, et plus la faculté conductrice du métal est considérable. Cette expérience procure un résultat plus certain encore lorsqu'on visse les fils métalliques autour d'une boule en cuivre pleine, que l'on chauffe à la flamme tranquille d'une lampe à l'huile ; on mesure ensuite à combien de distance du bord de la boule la cire s'est fondue. On peut aussi, au lieu de l'enduit de cire, fixer de petits morceaux de phosphore sur chaque fil, à une égale distance de la boule, et noter ensuite le temps nécessaire pour échauffer chaque métal au degré que le phosphore exige pour prendre feu. Mais ces méthodes ne procurent que des résultats approximatifs. Despretz a essayé de mesurer exactement la différence de faculté conductrice du calorique dont jouissent quelques métaux : pour y parvenir, il a fait construire avec ces métaux des prismes d'égale grandeur, présentant à des distances déterminées des enfoncements qu'il remplissait de mercure, pour y plonger des boules de thermomètre. L'une des extrémités de chaque prisme était chauffée, sur une lampe d'Argant, avec une telle uniformité, que le thermomètre le plus voisin de cette extrémité marquait le même degré dans tous les prismes ; et l'application de la chaleur fut continuée jusqu'à ce qu'on cessât de remarquer un accroissement de température à l'autre extrémité : il devint alors possible d'évaluer la différence de la faculté conductrice, d'après l'état différent des thermomètres à des distances données du premier. Pour rendre l'effet de la radiation uniforme dans cette expérience, tous les prismes avaient été recouverts d'une couche également épaisse d'un même vernis. On trouva de cette manière que tel était l'ordre dans lequel les cinq métaux suivants devaient être rangés, par rapport à leur faculté conductrice du calorique : cuivre, fer, zinc, étain et plomb. La faculté conductrice du cuivre était à celle du fer comme 12 : 5. Dans le fer et le zinc, elle est à peu près la même ; mais le plomb n'a que la moitié de celle du fer, ou un cinquième de celle du cuivre.

6° La *malléabilité* et la *ténacité*. — Ces propriétés n'appartiennent point à tous les métaux. Quelques-uns se brisent sous le marteau et se réduisent en poudre ; d'autres sont malléables jusqu'à un certain degré ; mais lorsque l'on continue à les forger, ils se fendillent ; si alors on les fait rougir, on peut ensuite les forger encore. On attribue ce phénomène à ce que les molécules étaient sur le point d'être détachées les unes des autres par l'action du marteau, et s'agglutinent de nouveau sous l'influence de la chaleur. Pendant qu'on forge un métal, il acquiert plus de densité, de la chaleur se développe, et sa pesanteur spécifique augmente. On peut, par certains procédés, forger un clou de fer de manière à le faire rougir. Autrefois on partageait les métaux, d'après leur malléabilité, en métaux *parfaits*, qui se laissent forger, et *demi-métaux*, qui se brisent sous le marteau ; mais on a abandonné ces expressions, pour les épithètes de *malléables* et *cassants*. Les métaux malléables se font remarquer par leur ténacité, qui fait qu'une force très-considérable est nécessaire pour séparer, en les tirant en sens inverse, leurs molécules. A l'égard de la ténacité, ils se rangent dans l'ordre suivant : fer, cuivre, platine, argent, or, étain, zinc, plomb.

7° La *mollesse*. — La plupart des métaux sont mous jusqu'à un certain point. Cette propriété, jointe à leur ténacité, explique comment on parvient à les tirer en fils. C'est à elle aussi qu'ils doivent la faculté de recevoir les impressions d'autres corps plus durs. Cependant il est des composés métalliques qui ne le cèdent à nul corps en dureté ; tels sont, par exemple, le carbure de fer (acier, fonte blanche) et le phosphure de cuivre.

Les propriétés *chimiques* qui appartiennent à tous les métaux sont : 1° de pouvoir se combiner avec l'oxygène ; 2° de pouvoir entrer en combinaison avec les corps combustibles non métalliques, ou les métalloïdes ; 3° de pouvoir se combiner les uns avec les autres ; 4° enfin, de ne pouvoir s'unir avec des corps oxydés sans être eux-mêmes combinés auparavant avec de l'oxygène. C'est ce défaut d'affinité entre les métaux et les corps oxydés qui fait que, quand on fond les premiers dans des creusets d'argile, avec des flux terreux ou avec du verre, ils prennent une surface convexe, ou forment des grains ronds lorsqu'ils sont en petite quantité.

La classification des métaux est une chose très-importante, capable de simplifier l'étude de la chimie. Nous allons donner celle de M. Thénard, qui est généralement adoptée par les savants. Ce célèbre chimiste a classé les métaux d'après leur affinité pour l'oxygène et l'action qu'ils exercent sur l'eau, soit à froid, soit à chaud. Voici le tableau de cette classification, un peu modifiée d'après les expériences entreprises, dans ces dernières années, par un jeune et habile chimiste, dont nous citerons plusieurs fois le nom.

1re SECTION.		Cérium.
	Fer.	Bismuth.
Potassium.	Zinc.	Cuivre.
Sodium.	Etain.	Plomb.
Lithium.	Cadmium.	Osmium.
Barium.	Cobalt.	
Strontium.	Nickel.	5e SECTION.
Calcium.		
	4e SECTION.	Mercure.
2e SECTION.		Rhodium.
	Glucynium.	Iridium.
Magnésium.	Molybdène.	Argent.
Yttrium.	Chrome.	
Aluminium.	Vanadium.	6e SECTION.
	Tungtène.	
3e SECTION.	Colombium.	Or.
	Antimoine.	Platine.
Manganèse.	Titane.	Palladium.
	Urane.	

La première section comprend les métaux qui absorbent l'oxygène à toutes les températures et décomposent l'eau subitement à la température ordinaire, en s'emparant de l'oxygène et dégageant l'hydrogène avec effervescence. On leur donne généralement le nom de *métaux alcalins*, parce que leurs oxydes sont appelés *alcalis;* ces oxydes sont irréductibles par le charbon.

La deuxième section renferme les métaux qui absorbent l'oxygène à la température la plus élevée, mais qui ne décomposent l'eau qu'à la température de 100°. On les appelle *métaux terreux,* parce que leurs oxydes, qui sont difficiles à réduire, sont connus sous le nom de *terres.*

Dans la troisième section, on place les métaux qui peuvent absorber l'oxygène à une température élevée, mais qui ne décomposent l'eau qu'au degré de la chaleur rouge. Leurs oxydes sont irréductibles par la chaleur seule, et réductibles par le charbon.

La quatrième section est formée des métaux qui peuvent absorber l'oxygène à la température la plus élevée, mais qui ne décomposent l'eau ni à chaud ni à froid. Les sept premiers corps, après le glucinium, peuvent former des acides en se combinant à l'oxygène.

Dans la cinquième section, on range les métaux qui ne peuvent décomposer l'eau à aucune température, et qui ne peuvent absorber l'oxygène qu'à un certain degré de chaleur, au-dessus duquel leurs oxydes se réduisent.

Enfin, la sixième et dernière section comprend les métaux qui ne peuvent absorber le gaz oxygène et décomposer l'eau à aucune température, et dont les oxydes, que l'on ne peut former qu'indirectement, se décomposent au-dessous de la chaleur rouge.

Combinaisons des métaux avec l'oxygène. — Les métaux s'éloignent beaucoup les uns des autres, sous le rapport de leur affinité pour l'oxygène ; ils en absorbent des quantités très-différentes, et exigent, pour se combiner avec lui, des températures qui ne sont pas les mêmes. Quelques-uns s'oxydent de suite à l'air libre, même par un froid rigoureux : tels sont, par exemple, le potassium et le manganèse ; d'autres le font avant de commencer à rougir, comme le plomb, le zinc et l'étain; d'autres encore, tels que l'or, l'argent et le platine, ne peuvent point s'oxyder aux dépens de l'air. Mais tous, à un très-petit nombre d'exceptions près, sont oxydables, par la voie humide, au moyen de l'acide nitrique et de l'eau régale. Quelques-uns s'oxydent aux dépens de l'eau, lorsqu'on verse un acide dessus : tels sont le zinc et le fer. Le rhodium et l'iridium ne sont point oxydables par la voie humide, mais ils s'oxydent très-facilement lorsqu'on les chauffe avec de l'hydrate potassique et avec du nitre. Le chrome, le tantale, le titane et le zirconium, dont aucun n'est oxydable par l'eau régale, se dissolvent, par la voie humide, dans l'acide hydrofluorique, soit seul, soit avec l'intermède de l'acide nitrique. Par la voie sèche, ils s'oxydent lorsqu'on les fait fondre avec du nitre ou de la potasse caustique.

Les oxydes de quelques métaux sont décomposés par la chaleur rouge ; l'oxygène s'échappe sous forme de gaz, et le métal reste pur. On appelle les métaux qui sont dans ce cas *métaux nobles,* parce qu'ils n'é-

prouvent aucune perte quand on les travaille au feu. De ce nombre sont l'or, le platine, l'argent et l'iridium. D'autres s'oxydent à une certaine température, et dégagent de l'oxygène à une température plus élevée, comme le palladium, le rhodium, le mercure, le nickel et le plomb. On dit que les métaux nobles peuvent être oxydés par de fortes décharges électriques. Van-Marum a fait des expériences à ce sujet avec la machine électrique de Teyler. Il a trouvé que des fils déliés de platine, d'or, d'argent et de plusieurs autres métaux, étaient réduits en poussière et volatilisés par des commotions électriques très-violentes. La fine poussière que l'air laissa déposer ensuite fut considérée comme un oxyde. Quoiqu'on ne puisse pas nier que la poussière métallique n'ait pu, pendant le refroidissement, acquérir une température favorable à l'oxydation, et se convertir, dans cet état de division extrême, en oxyde, cependant les mêmes phénomènes ont lieu lorsque le métal, réduit en poussière par l'électricité, est entouré de gaz hydrogène. Au reste, l'or et le platine ont si peu d'affinité pour l'oxygène, qu'ils ne s'oxydent même pas au pôle positif de la pile électrique, et qu'ils ne se dissolvent dans la liqueur qu'autant qu'ils sont entourés d'un liquide contenant de l'acide hydrochlorique.

Un métal combiné avec de l'oxygène a perdu son éclat métallique; il est converti en un corps terreux, blanc, ou parfois coloré. Dans cet état, il ressemble à une terre : aussi les anciens chimistes lui donnaient-ils le nom de *chaux métallique,* par une sorte de pressentiment de l'identité de composition entre les terres et les oxydes métalliques.

Il est quelques métaux auxquels nous ne connaissons qu'un seul degré d'oxydation ; mais la plupart en ont deux, et quelques-uns en ont davantage. Quelquefois, tous les degrés d'oxydation sont susceptibles de se combiner avec les acides, et de former des sels. C'est ce qui arrive, par exemple, au fer et à l'étain. Souvent il n'y a que le plus bas degré de tous qui possède cette propriété, et les autres peuvent se combiner avec les bases salifiables : le chrome et l'antimoine sont dans ce cas. Enfin, il en est dont tous les degrés d'oxydation du métal ont les caractères des acides : l'arsenic en fournit un exemple.

Les oxydes métalliques se combinent ensemble. Les combinaisons des oxydes électropositifs, ou des oxybases, avec les oxydes électronégatifs, ou les oxacides, constituent des *oxysels.* Mais des oxydes qui sont manifestement électropositifs tous deux peuvent aussi se combiner, comme, par exemple, l'oxyde plombique avec la chaux, l'oxyde cuivrique avec la potasse, par la fusion, etc. Nous ne rangeons pas ces composés-là au nombre des sels proprement dits, quoique leur existence repose sur la même opposition, plus faible seulement.

L'eau se combine aussi avec les oxydes métalliques. Ces combinaisons portent le nom d'*hydrates.* L'eau est retenue avec une telle force par les bases salifiables les plus fortes, qu'elle ne se sépare pas même au feu. D'autres la laissent échapper à une chaleur médiocre, et quelques-unes la perdent même quand on les fait bouillir dans l'eau. Plusieurs ne se combinent point avec l'eau. Les hydrates s'unissent bien plus facilement avec d'autres corps que les bases salifiables anhydres. Ordinairement l'eau se combine avec les oxydes dans une proportion telle, que tous les deux contiennent une égale quantité d'oxygène; cependant on rencontre aussi, quoique plus rarement, d'autres proportions.

MÉTAUX, leur réduction ou désoxydation. *Voy.* RÉDUCTION, etc. — Leur extraction. *Voy.* EXTRACTION DES MÉTAUX.

MÉTÉORISATION, maladie des bestiaux, remède. *Voy.* AMMONIAQUE.

MÉTÉORITES. *Voy.* PIERRES MÉTÉORIQUES.

MIASME. — On donne ce nom à toute émanation nuisible aux êtres vivants. La nature intime des miasmes est encore un problème. En thèse générale, on peut admettre qu'un miasme délétère est un gaz quelconque tenant en suspension des particules de matières putrescibles, et qui, introduites dans l'intérieur du corps par la voie de la respiration, agissent comme un ferment désorganisateur. *Voy.* CHLORE.

MICA. — Le mica est très-abondamment répandu dans la nature, et se présente sous les formes les plus variées; il est une des parties constituantes de plusieurs montagnes; il accompagne le feldspath et le quartz dans le feldspath et le gneiss; il forme quelquefois des lits peu étendus dans du granit et autres roches primitives; il est parfois aussi en paillettes dans les schistes, le sable, etc. C'est de la Sibérie qu'on extrait la majeure partie de celui qu'on trouve dans le commerce. On y rencontre des feuilles qui ont jusqu'à trois mètres de dimension. Les caractères génériques des micas sont d'être feuilletés, se divisant aisément en feuilles minces, transparentes, brillantes, élastiques et flexibles, fusibles au chalumeau; la seule chaleur d'une bougie suffit quelquefois. La composition du mica varie à l'infini; il y a des groupes qui comptent tous la magnésie parmi leurs principes constituants, et d'autres qui n'en ont pas un atome. La forme primitive des cristaux et de leurs molécules intégrantes est un prisme droit, dont les bases sont des rhombes ayant leurs angles de 120° et de 60°; il est aussi en prismes droits, dont les bases sont des rectangles, en hexaèdres réguliers, mais le plus souvent en lames ou en écailles de figure et de dimension très-variées. Les minéralogistes ont divisé le mica en *lamellaire* et *compacte*.

1° Le *mica lamellaire* est toujours à lames distinctes continues, à surfaces sensiblement planes, de couleurs variables, depuis le blanc argenté jusqu'au verdâtre et noirâtre, passant au jaune doré, au gris de cendre, au brun, etc. Il est appelé *conchoïde* quand ses lames sont recourbées en sphère; *laminaire*, quand il est en paillettes disséminées dans les schistes, les sables, etc. — 2° Le *mica compacte;* il se présente en masses plus ou moins compactes, quelquefois offrant encore des traces de lamelles aux parties qui se rapprochent de l'extérieur. Les couleurs sont le rouge-pêche, le jaunâtre et le verdâtre; il n'appartient qu'aux terrains les plus anciens en grandes masses; naguère on ne le connaissait en cailloux roulés qu'à Limoges; maintenant on le rencontre dans plusieurs autres localités.

Beudant a établi une division très-ingénieuse de micas suivant leurs propriétés optiques, indiquant un axe, ou deux axes de double réfraction, et, par conséquent, au moins deux systèmes de formes incompatibles.

Les micas en grandes feuilles servent en Russie pour vitrer les bâtiments de guerre; ils y ont l'avantage de ne pas se briser dans les explosions de l'artillerie; on s'en sert aussi pour le vitrage des maisons, pour les lanternes, etc., et cette substance est, sous ces rapports, l'objet d'exploitation assez considérable en Sibérie. Les sables micacés, et surtout les variétés nommées lépidolites, sont employés comme poudre pour l'écriture. Ce sont des lames de mica qu'on emploie dans le colorigrade pour obtenir les diverses couleurs, suivant leur plus ou moins d'épaisseur et leur degré d'inclinaison sur le rayon lumineux.

MIEL. — Quoique ce produit soit le résultat du travail des abeilles, on pense qu'il est tout formé dans les nectaires des fleurs où ces animaux vont le chercher, et qu'il ne subit qu'une légère élaboration dans leur estomac avant de le déposer dans les alvéoles de leurs gâteaux. Cette opinion est d'autant plus vraisemblable, que le suc que l'on trouve au fond du calice de certaines fleurs ressemble beaucoup par ses propriétés au miel récolté par les abeilles.

Le miel se retire facilement des alvéoles de cire qui le contiennent, en les exposant d'abord sur les claies d'osier à une douce chaleur, et ensuite en les brisant et les soumettant à une douce pression, à une température plus élevée. Le miel qui a découlé spontanément des gâteaux est le plus pur; on le connaît sous le nom de *miel vierge;* celui qui a été recueilli en second lieu est moins pur; il contient des débris d'alvéoles brisées, et une petite quantité de couvain, qu'on sépare par le repos et la décantation.

Beaucoup de causes peuvent modifier les qualités du miel, savoir : le mode de son extraction, le climat, et les plantes sur lesquelles la récolte en a été faite. On a observé que le miel recueilli sur certaines plantes participait souvent de quelques-unes de leurs propriétés. C'est ainsi que celui récolté sur des plantes aromatiques de la famille des labiées est agréable au goût et à l'odorat, tandis que celui qui a été pris sur des plantes douées de propriétés narcotiques ou purgatives, est nauséeux et possède plus ou moins de ces propriétés.

La consistance et la couleur du miel sont variables : tantôt il est liquide et à l'aspect d'un sirop transparent ; tantôt il est demi-solide, grenu, blanc ou jaunâtre, tels sont les miels de Narbonne et du Gâtinais ; d'autres fois il est coloré en rouge brunâtre, a une saveur et une odeur désagréables, tels sont les miels de Bretagne.

Les miels, à part les principes étrangers qu'ils peuvent renfermer, sont formés de deux espèces de sucre : l'une soluble et cristallisable, analogue au sucre de raisin ; l'autre incristallisable, sous la forme d'un sirop épais ; ces deux espèces constituent toutes les qualités de miel qu'on trouve dans le commerce.

On sépare facilement ces deux espèces de sucre en délayant à froid le miel dans trois à quatre fois son volume d'alcool, et filtrant ce liquide ; le sucre cristallisable se précipite, et l'alcool fournit par son évaporation le sucre incristallisable.

Le miel est très-employé, soit comme aliment, soit comme médicament ; il jouit de propriétés adoucissantes et légèrement laxatives ; on en forme en pharmacie des sirops composés, désignés sous le nom de *mellites*. Il sert aussi comme excipient d'un grand nombre de médicaments.

MINE DE PLOMB. *Voy.* Graphite.

MINE D'ÉTAIN. *Voy.* Cassitérite.

MINERAI. *Voy.* Extraction des métaux.

MINÉRAL (*minerai*). — On donne ce nom à toute combinaison de substances métalliques formées au sein de la nature. Les corps qui se trouvent le plus souvent unis aux métaux dans la nature sont l'oxygène et le soufre. Aussi les appelle-t-on corps *minéralisateurs* ; ils enlèvent aux métaux l'éclat et les propriétés qui les caractérisent, en leur donnant l'aspect de masses pierreuses plus ou moins compactes. La science qui traite plus spécialement de la connaissance des minéraux porte le nom de minéralogie.

MINÉRALOGIE. — La minéralogie a pour objet l'étude des corps qui se forment constamment, ou se sont formés, sans aucune participation des forces vitales : telles sont les combinaisons salines, pierreuses, métalliques, etc., que nous trouvons dans le sein de la terre, ou dont nous pouvons former un grand nombre à volonté, et auxquelles on a donné le nom de *minéraux*. Toutefois on a pris l'habitude d'y joindre l'étude de diverses substances d'origine organique, enfouies jadis dans le sein de la terre, où elles ont pu subir diverses modifications. On y ajoute même les corps liquides et gazeux qui se trouvent à la surface du globe ; car si le nom de minéraux paraît peu leur convenir, ce ne sont pas moins des corps bruts qu'on ne peut pas toujours ranger parmi ceux qui se forment à l'aide des fonctions vitales.

Il n'y a qu'une seule manière d'étudier les corps : c'est de les examiner individuellement, et de tenir note de toutes les propriétés qu'ils peuvent présenter. C'est la méthode analytique, la seule que le naturaliste puisse employer pour arriver aux connaissances qu'il doit posséder. Mais, lorsque les recherches spéciales se sont suffisamment étendues, il en résulte un ensemble de faits généraux que l'on peut présenter synthétiquement, et qui deviennent l'expression de ce qu'il y a de plus important à connaître. C'est alors qu'on peut comparer rigoureusement tous les corps, établir leurs analogies ou leurs différences, et parvenir à les classer de manière qu'un petit nombre d'entre eux puisse donner une idée suffisante de tous les autres. Nous sommes arrivés à ce point pour les corps bruts, aussi bien que pour les corps vivants, et nous pouvons en traiter d'une manière générale, qui devient indispensable à toute bonne éducation.

Les faits d'organisation et les fonctions de chaque organe, comparés dans tous les êtres, constituent ce qu'il y a de plus général et de plus important dans l'étude des corps vivants, et les propriétés physiques et chimiques offrent alors peu de valeur. C'est le contraire pour les corps bruts : il n'y a ni organisation ni fonctions, mais les caractères physiques ou chimiques prennent alors une grande importance par l'étonnante variété de faits qu'ils présentent. D'un côté, les formes, les structures, l'élasticité, les propriétés optiques, la composition, nous offrent une multitude de faits à recueillir ; de l'autre, les relations de ces diverses propriétés, et des circonstances qui les font naître ou les modifient, n'ont pas moins d'importance que les phénomènes physiologiques des corps vivants : ce sont là autant d'objets à traiter dans la minéralogie proprement dite.

La minéralogie emprunte ses principaux secours de la physique et de la chimie ; car, dit Beudant, si les découvertes successives de la cristallographie ont fait sortir la minéralogie de l'empirisme auquel elle était livrée, les progrès de la chimie l'ont réellement élevée au rang des sciences exactes ; elle se trouve maintenant dans une telle liaison avec ces deux sciences, qu'il est impossible d'y faire aucun progrès positif, sans y appliquer les moyens puissants qu'elles nous fournissent.

Tous les minéralogistes modernes en ont tellement senti la nécessité qu'ils ont divisé l'examen des minéraux en *physique* et *chimique* ; Beudant même a été si loin qu'il a pris pour base de sa classification les rapports chimiques de composition des substances minérales dont Haüy avait commencé à faire usage, et nous devons convenir que l'application de la nouvelle nomenclature chimique à la minéralogie est une des plus belles conquêtes que cette science ait faites.

MINES. — L'industrie des mines n'a commencé à se développer que sous la domination des Romains. Toutes les contrées qui reçurent de leur part une organisation puissante furent appelées à concourir au luxe de métaux qui caractérisait cette époque. Pline et Strabon signalent l'Espagne et les Gaules comme les sources principales des métaux. Ainsi, la Galice et les Asturies produisaient seules jusqu'à 40,000 marcs d'or par année; l'étain était fourni par les montagnes de Casis; les mines de mercure étaient en grande activité dans le pays de Cordoue. Les Gaules, ainsi que la Galice, envoyaient en abondance le plomb et l'argent. Déjà, d'après Tacite, des mines de cuivre et d'étain avaient été ouvertes sur les côtes d'Angleterre; on connaissait aussi quelques mines d'or en Transylvanie, mais la plus grande quantité venait d'Asie. Le fer était fourni par la Silésie et par l'île d'Elbe. Enfin, l'Italie elle-même produisait abondamment le cuivre, si précieux alors qu'on ne connaissait pas encore l'usage de la fonte.

La plupart des exploitations créées par la domination romaine périrent successivement aux époques d'invasion des barbares. Ce n'est plus que vers le vii⁰ siècle qu'on retrouve dans l'histoire quelques données sur la reprise des travaux des mines, reprise imposée par les besoins d'une civilisation nouvelle. Au viii⁰ siècle, les grandes exploitations se trouvent transportées dans le Tyrol, la Moravie, la Bohême et la Hongrie; les mines du Hartz furent découvertes en 965, et, dans le courant du xi⁰ siècle, celles de Saxe furent attaquées. Le domaine de l'exploitation continua à s'agrandir par la découverte des mines d'argent en Suède, des mines de cuivre du pays de Mansfeld, en 1200; et ce fut en 1240 que les premières mines de houille furent exploitées à New-castle.

Ce développement des mines dans l'ancien continent fut profondément troublé par la découverte de l'Amérique en 1492, et l'avilissement des métaux précieux qui en fut la suite. Toutefois, ce fut à partir du xv⁰ siècle que l'Angleterre commença à établir la prépondérance de ses mines. Les exploitations du Cornwall pour le cuivre et l'étain, celles du Derbyshire et du Cumberland pour le plomb, celles du Staffordshire et du pays de Galles pour le fer; enfin l'exploitation de la houille, ont placé cette contrée privilégiée en tête de la production. Ce fut dans les xvi⁰ et xvii⁰ siècles que les mines de l'Allemagne et de la Hongrie arrivèrent à leur développement, par suite des progrès remarquables qu'éprouva l'art de l'exploitation, et qu'elles purent soutenir la concurrence américaine. La France eut, dans le courant du xviii⁰ siècle, une période de grande activité. A cette époque, les gîtes des environs de Sainte-Marie-aux-Mines, ceux de Giromagny et de Plancher-aux-Mines, ceux de la Bretagne, de l'Oisans, les filons si nombreux de l'Auvergne et des Cévennes, donnèrent lieu à des extractions importantes. Mais bientôt ces mines furent successivement abandonnées, et il ne reste plus guère en activité que celles de Villefort, de Poullaouen et de Pontgibaud.

Le xviii⁰ et le xix⁰ siècle ont été marqués par l'extension prodigieuse de la fabrication du fer en Angleterre, en France et en Belgique, ainsi que par l'exploitation générale des mines de houille. L'activité remarquable des mines de plomb, en Espagne, des mines de zinc de Silésie et du Limbourg, est également un des traits les plus caractéristiques de la production de cette époque. Enfin, la Russie, par ses extractions d'or, de platine et de cuivre, s'est élevée rapidement au premier rang de l'exploitation.

Les Etats de l'Europe ont été classés ainsi qu'il suit, d'après l'évaluation de leurs produits en métaux bruts.

	MILLIONS.
Angleterre.	440
Russie et Pologne.	135
France.	132
Autriche.	67
Confédération Germanique.	62
Espagne.	54
Suède et Norwége.	54
Prusse.	49
Belgique.	40
Toscane	15
Piémont et Savoie	11
Danemark	9

La production des autres parties du monde est moins bien connue. Les exploitations des Amériques fournissent les $\frac{11}{15}$ de l'or et de l'argent extraits annuellement; le Pérou produit la plus grande partie du platine employé dans les arts; le Chili et le Mexique une quantité de mercure très-notable. La Chine fabrique abondamment le fer et le cuivre. Banca et Malacca, dans les Indes, exportent une quantité d'étain évaluée au double de la production européenne.

Les combustibles minéraux, le sel gemme, les roches de toute espèce employées dans les arts, constituent une branche d'exploitation encore plus générale et plus productive que celle des métaux proprement dits.

Ainsi, pour ne parler que de la France, on y exploite environ 300 mines de combustibles minéraux, et 22,000 ouvriers en extraient annuellement 32,000,000 de quintaux métriques. Dans les carrières de toute nature en production régulière de matériaux appliqués à la construction, une population de 70,000 ouvriers, directement employés à l'extraction, produit annuellement une valeur de 50 millions de francs.

La production minérale de la France peut être appréciée par les chiffres suivants de l'année 1840 :

	QUINTAUX MÉTRIQUES.	VALEUR.
Houille.	32,000,000	30,000,000 fr.
Tourbe.	4,472,000	3,652,000
Bitume.	25,000	456,000
Sel gemme.	200,000	4,600,000
Terres alunifères. .	120,000	1,780,000
Carrières de toute espèce.	»	50,000,000
Minerais de fer . .	40,091,000	13,500,000
Minerais divers. . .	280,000	626,000
		104,614,000 fr.

Cette valeur est augmentée par les arts métallurgiques.

Pour l'industrie du fer, de	116,850,000 fr.
Pour les autres métaux, de	756,000

C'est-à-dire portée à plus de 220 millions. On voit pour quel chiffre la production minérale entre dans la richesse publique.

MINIUM. *Voy.* PLOMB, *deutoxyde.*

MIROIR D'ANE. *Voy.* GYPSE.

MOIRÉ MÉTALLIQUE. *Voy.* ÉTAIN, *alliages* (note).

MOLÉCULES INTÉGRANTES. *Voy.* CRISTAUX.

MOLÉCULES ORGANIQUES. *Voy.* CHIMIE ORGANIQUE.

MOLYBDÈNE. — Ce métal a été découvert en 1778, par Scheele, dans un minéral qui ressemble à la plombagine, avec laquelle on l'avait confondu jusqu'alors ; il lui donna le nom de la plombagine, μολύβδαινα, *molybdæna*. Le minéral dans lequel il l'avait trouvé se compose de soufre et de molybdène ; en outre, on a rencontré ce métal à l'état de molybdate plombique. Cependant la réduction de l'acide molybdique à l'état métallique n'appartient pas à Scheele, mais à un autre chimiste suédois, nommé Hjelm, qui fit beaucoup d'expériences à ce sujet. Après Hjelm, le molybdène a été examiné par Buchholz, dont les travaux sur ce métal ont enrichi la science de la découverte des oxydes brun et bleu, et de différentes observations éparses qui prouvaient qu'il restait encore plusieurs points à éclaircir, que Berzelius a approfondis d'une manière satisfaisante.

Les composés n'ont pas d'intérêt.

MOMIES ou MUMIES. — Grâce à Guillaume Rouelle et aux savants français de l'Institut d'Égypte, on connaît parfaitement le procédé des Égyptiens pour embaumer les cadavres. Les momies égyptiennes, qui ont plus de 3 à 4 mille ans d'existence, attestent que l'art des embaumements était parvenu, chez ce peuple instruit, à un grand degré de perfection.

Suivant Hérodote, la méthode la moins dispendieuse, pratiquée par les Égyptiens, consistait à injecter, dans les intestins, une liqueur caustique qui les dissolvait, et à tenir le corps plongé, pendant 70 jours, dans une solution saturée de *natron*, carbonate de soude impur, fourni par des lacs salés. On vidait ensuite le cadavre, on le lavait et on le faisait sécher. Souvent, après cette dessiccation, on plongeait le corps dans du pissasphalte fondu, qui en pénétrait toutes les parties et les rendait noires, pesantes, et d'une odeur peu agréable. Ce sont ces momies que les Arabes vendaient autrefois aux Européens, pour l'usage de la médecine et de la peinture. Ils les retiraient des caveaux nombreux de la plaine de Sagarah ou Saqqarah ou plaine des Momies, tombeaux des habitants de la célèbre Memphis.

Pour les corps des personnes riches, on prenait plus de précautions encore. Après les avoir vidés et lavés avec du vin de palmier, on y introduisait des poudres aromatiques, de l'asphalte, et on les recouvrait de natron. Au bout de 70 jours, on les lavait, on les séchait, puis on les enveloppait dans des bandelettes de toile de lin imprégnées d'une résine appelée *commi*. Le tout était recouvert d'un enduit peint, chargé d'hiéroglyphes, et enfin renfermé dans plusieurs étuis en bois, de forme humaine.

Mais ces divers procédés, outre leur longueur, avaient encore l'inconvénient d'altérer les formes du corps et les traits du visage. Les découvertes de la chimie moderne ont fourni les moyens d'abréger la durée du travail de l'embaumement et de conserver la forme du corps sans le secours des bandelettes. MM. Capron et Boniface ont présenté en 1832, à l'Institut, une momie bien supérieure à celles qui sont conservées dans les cabinets d'antiquités, et pour la préparation de laquelle il n'a fallu que quelques jours.

MONNAIES. — Quelles que soient les variations qu'ils lui aient fait subir, tous les peuples ont eu recours à la monnaie pour la commodité de leurs échanges. Les Lacédémoniens, les Clazoméniens, les Byzantins, les anciens habitants de la Grande-Bretagne, avaient des monnaies de fer ; les Romains des premiers temps de la République, de la monnaie de cuivre, et Denys, tyran de Syracuse, fit battre de la monnaie d'étain. On a vu employer à cet usage, dans diverses contrées, des coquilles, des clous, des grains de cacao, des morceaux de cuir ; mais, dès la plus haute antiquité, l'or et l'argent ont joui du privilége presque exclusif de servir de matière première aux monnaies. Hérodote attribue la fabrication des pièces métalliques portant des empreintes ou signes convenus, et représentant une valeur déterminée, aux Lydiens, sans préciser aucune époque. Mais comme les plus anciennes pièces monnayées portaient des figures d'animaux, particulièrement de vache et de taureau (divinités égyptiennes), il est plus rationnel d'en attribuer la découverte et l'usage aux Égyptiens. Le caractère inaltérable et homogène de l'or et de l'argent, leur divisibilité extrême, leur pureté native égale en tous lieux, leur résistance au frottement, moyennant quelques particules d'alliage, peut-être aussi leur beauté naturelle, expliquent suffisamment le suffrage universel qu'ils ont obtenu dans tous les temps et dans tous les pays. Aussi, dès qu'on parle généralement de monnaie, il est convenu que c'est de la monnaie d'or et d'argent.

Sous la première race de nos rois, on moula les monnaies ou on les frappa avec des coins gravés au touret. A dater du siècle de Charlemagne, les coins furent gravés au burin, comme ils l'étaient à Constantinople depuis le fondateur de cette ville, et les monnaies eurent aussi fort peu d'épaisseur. Les expéditions de Louis XII en Italie firent connaître aux Français les procédés des arts de la gravure et du monnayage que les artistes grecs, fuyant le joug des Ottomans, avaient apportés en Italie ; ce roi les employa pour des monnaies d'argent sur lesquelles il fit graver son portrait ou sa tête, d'où leur vint le nom de *testons*, du mot italien *testone*, grosse tête. François Ier plaça le sien sur les monnaies d'or. Le règne de Henri II est celui qui apporta à la fabrication des monnaies les plus heureux change ments. C'est de cette époque qu'on grave le *millésime* (l'année courante) et le *quantième* des rois qui portent le même nom. C'est au commencement du règne de Louis XIV que Nicolas Briot inventa le balancier qui marque du même coup les deux faces des pièces de monnaie, et, en 1685, Custaing imagina la machine qui sert à marquer la tranche. Dans les premières années du XIXᵉ siècle, Gengembre a fait faire d'immenses progrès à l'art monétaire, en simplifiant les anciennes machines, et en en créant de nouvelles qui ne laissent presque rien à désirer pour la perfection du travail.

On distingue les *monnaies d'argent* et les *monnaies d'or*. Les monnaies d'argent de France contiennent $\frac{1}{15}$ de cuivre; en d'autres termes, elles sont au titre légal de $\frac{900}{1000}$. Comme il est difficile de tomber exactement sur les proportions exigées par la loi, la loi a accordé une tolérance de $\frac{2}{1000}$ au-dessus et de $\frac{3}{1000}$ au-dessous du titre. Les monnaies d'argent, d'un titre très-bas, sont faites avec un mauvais alliage; car lorsque le cuivre y entre en proportion trop grande, l'alliage n'est point uniforme; les pièces fabriquées avec ces alliages sont rougeâtres dans les points les plus saillants.

Analyse des monnaies d'argent. — Il existe deux procédés pour analyser les monnaies d'argent, l'un par la voie sèche, l'autre par la voie humide; ce dernier est beaucoup plus récent.

Le procédé par la voie sèche, connu sous le nom de *coupellation*, est assez ancien. Son origine remonte au neuvième siècle. (*Voy.* Coupellation.) Ce procédé est fondé sur la propriété que possède le plomb d'entraîner, en s'oxydant, l'oxyde de cuivre dans la substance de la coupelle faite avec la poudre d'os calcinés (phosphate de chaux). L'argent reste intact dans la coupelle, sous forme de bouton (bouton de retour). La coupellation n'indique le titre de l'argent qu'à $\frac{2}{1000}$ près, le plus ordinairement $\frac{3}{1000}$ au-dessous du titre réel. Ainsi, en mettant à la coupelle de l'argent au titre de 900, on aura un bouton de retour qui ne pèse que 896 ou 897. L'opération, qui dure environ un quart d'heure, se fait dans de petits fours appelés *moufles*. Les monnaies frappées en France antérieurement à 1829, sont au titre de 903 à 904, conséquemment 3 ou 4 millièmes au-dessus du titre légal; car pour que la monnaie sortît à la coupelle au titre légal de 900, on était obligé de la fabriquer réellement au titre de 903. Ce fut là un sujet de vives réclamations de la part des directeurs des monnaies. C'est alors que Gay-Lussac fit connaître le procédé par la voie humide, procédé beaucoup plus exact et plus expéditif que l'ancien. Dans la coupellation, l'opérateur n'est ni maître ni juge de la température à laquelle il fait son essai. S'il chauffe trop (au rouge blanc très-vif), une partie de l'argent se volatilise, et il y a conséquemment perte. S'il ne chauffe pas assez, le bouton de retour peut contenir une certaine quantité de plomb. Il est donc

très-difficile de se maintenir dans les limites de la température nécessaire. Du reste, « un homme de mauvaise foi peut toujours frauder avec la coupellation. » (Gay-Lussac.) Il serait à désirer que la coupellation fût abandonnée dans toutes les monnaies de l'Europe, comme elle a déjà été abandonnée dans les monnaies de Paris et de Londres.

Essai par la voie humide. — Ce procédé repose sur le fait suivant: *La même quantité d'argent pur ou allié exige pour sa précipitation une quantité constante de dissolution de sel marin.* Un équivalent d'azotate d'argent est exactement précipité par un équivalent de chlorure de sodium: $AgO, NO^5 + NaCl = AgCl + NaO, NO^5$; en d'autres termes, 1 gramme d'argent pur est exactement précipité par 0,gr. 54274 de chlorure de sodium. Les conditions propres et indispensables pour faire un essai par la voie humide, sont: 1° une liqueur dite *normale*, faite avec 0,gr. 54274 de chlorure de sodium pur, dans un décilitre d'eau distillée. Cette dissolution, à la température de 20° centigr., précipite exactement 1 gramme d'argent pur; 2° une liqueur dite *décime*, c'est-à-dire *dix fois* plus faible que la liqueur normale; de telle sorte qu'un décilitre de cette liqueur ne précipite que $\frac{1}{10}$ gram. d'argent pur, et qu'il faut 10 décilitres ou un litre de liqueur *décime* pour précipiter 1 gram. d'argent pur; 3° une liqueur décime d'argent (azotate d'argent), qui doit être telle qu'un litre neutralise exactement 1 litre de dissolution décime de sel marin; 4° de l'argent pur. (*Voyez*, quant aux détails et à l'exécution de cet admirable procédé, le mémoire de Gay-Lussac: *Instruction sur l'essai des matières d'argent par la voie humide*; 1832. Paris, Imprimerie royale, in-4° (88 pages avec 6 planches.)

En France, les *monnaies d'or* contiennent $\frac{1}{10}$ d'alliage (cuivre) et $\frac{9}{10}$ d'or pur; en d'autres termes, le titre monétaire légal est, sans la tolérance, de $\frac{900}{1000}$ (*loi du 7 germinal an XI, ou 28 mars 1803*). C'est la proportion d'alliage qui y entre qui rend la monnaie plus propre à résister à l'action du *frai*, c'est-à-dire à la diminution du poids par l'effet du frottement et de la circulation. La loi accorde 2 millièmes de tolérance au-dessus, et 2 millièmes au-dessous. Ainsi, une monnaie d'or (française) peut être au titre de 898 millièmes ou de 902 millièmes, sans cesser d'être légale. Au-dessous comme au-dessus de ce titre, elle est déclarée *fausse*. La tolérance pour les monnaies d'or est d'un millième de moins que pour les monnaies d'argent, parce que l'or offre, dans les essais par la voie sèche, moins de chances de perte que l'argent.

Le titre de l'or des bijoutiers (en France) est moins élevé que celui des monnaies d'or. Il est de 0,750, avec 3 millièmes de tolérance. Pour les médailles d'or le titre est de 0,916, conséquemment plus élevé que pour l'or monnayé.

Les alliages d'or et de cuivre ne s'analysent que par la coupellation. L'analyse par la voie humide donne des résultats inexacts.

Essai par la pierre de touche. — On frotte l'alliage sur une pierre lydienne. Plus il est jaune et mou, plus il y a d'or. Après l'avoir ainsi frotté, on essuie la tache avec un peu d'acide azotique étendu. Si la tache persiste, l'alliage est riche en or. Avec une certaine habitude, on juge à un centième près.

Essai par la voie sèche (inquartation). — On ajoute à l'alliage une certaine quantité de plomb, afin d'entraîner plus facilement le cuivre dans la substance de la coupelle. La quantité de plomb qu'on ajoute varie suivant la richesse de l'alliage. Enfin, pour prévenir toute chance d'erreur, on ajoute à l'alliage, outre le plomb, une certaine quantité d'argent. Pour 1 partie d'or on emploie 3 parties d'argent, c'est-à-dire 1 partie sur 4 ; de là le nom d'*inquartation* donné à cette partie de l'analyse de l'or par la voie sèche.

Fausses monnaies d'argent. — Les monnaies d'argent peuvent être fausses, 1° par altération du titre ; 2° par la substitution d'un autre métal à la totalité de l'argent.

Fausses monnaies d'argent par altération du titre. — Dans ce cas, la pièce est presque toujours au-dessous du titre légal. Ainsi, en France, une pièce marquée au coin des monnaies françaises ordinaires est fausse, si, au lieu d'être au titre légal de 900, elle se trouve au titre de 500, de 600, etc. En Prusse, en Autriche et dans d'autres pays, où le titre légal est beaucoup moins élevé qu'en France, des pièces d'argent du titre de 500, de 600, etc., peuvent n'être pas fausses, suivant le titre convenu. Les pièces d'argent au titre de 500 sont de couleur rouge : elles seraient encore plus rouges, si le faux monnayeur n'employait pas l'artifice suivant : il chauffe la pièce, dans un moufle, au rouge obscur ; la couche superficielle du cuivre s'oxyde ; l'oxyde de cuivre s'enlève ensuite facilement, au moyen de l'eau acidulée. Mais ces pièces se reconnaissent par leur légèreté ; d'ailleurs la faible couche d'argent de la surface s'use rapidement et trahit la fraude. En les raclant avec un canif, on met facilement le cuivre à découvert ; mais le meilleur moyen de constater la fraude, c'est la coupellation. C'est ainsi qu'on a découvert qu'il y avait autrefois en circulation des pièces de six francs dont le titre n'était que de 630.

On altère quelquefois le titre, en trempant une pièce de cuivre dans une dissolution d'argent. Celui-ci se précipite sur le cuivre, et acquiert par le frottement l'éclat qui le caractérise.

Les fausses monnaies d'argent par altération du titre sont rares. Il n'en est plus de même des *fausses monnaies par substitution :* celles-ci sont beaucoup plus fréquentes ; on n'y trouve ordinairement pas de trace d'argent. Les métaux employés pour être substitués à l'argent sont : 1° l'*étain.* La fraude est ici trop grossière pour n'être pas reconnue sur-le-champ. Les pièces ainsi falsifiées sont d'abord presque de moitié plus légères

que les pièces d'argent véritables, dont elles imitent le coin. Lorsqu'on les ploie, elles font entendre le *cri de l'étain.* Elles ont un son mat, et elles développent, par le frottement, une certaine odeur propre à l'étain. 2° L'*étain* et l'*antimoine* (alliage). Les pièces faites avec cet alliage ont à peu près le son de l'argent ; elles sont en général mal coulées et mal frappées. Elles donnent avec l'eau régale une dissolution dans laquelle une lame d'étain précipite l'antimoine métallique. Elles ne donnent pas de bouton de retour lorsqu'on les passe à la coupelle ; la couleur de la coupelle indique, jusqu'à certain point, après l'opération, les métaux qui entrent dans l'alliage. Une poussière blanche indique l'oxyde d'étain ; la couleur jaune indique l'oxyde de plomb ; la couleur noire, l'oxyde de cuivre ; enfin, l'antimoine tache la coupelle en gris.

Fausses monnaies d'or. — Les fausses pièces d'or sont faites, en général, avec plus de soin que les fausses pièces d'argent. La fraude consiste particulièrement dans l'altération du titre. En chauffant ces pièces avec de l'acide sulfurique, on dissout le métal étranger (qui est ordinairement du cuivre), et l'or reste intact. C'est surtout au moyen de la balance qu'on découvre aisément la fraude. Les fausses pièces d'or sont en général plus légères que l'or.

Des faux monnayeurs de Birmingham étaient parvenus à fabriquer des pièces imitant le son et la densité de véritables pièces d'or. A cet effet, ils employaient une lamelle de platine contournée en spirale, de manière à laisser très-peu d'intervalle entre chaque spire. Les intervalles de ces tours de spirale étaient remplis avec du plomb ou avec de l'étain, dont la quantité était si bien calculée, que le poids de la pièce fausse représentait exactement le poids de la pièce véritable. Puis en prenant les couches supérieure, inférieure et latérale d'une véritable pièce d'or, ils les appliquaient, au moyen d'une soudure, sur la spirale de platine préparée de la manière que nous venons d'indiquer. Les pièces ainsi fabriquées ont le son et la densité de véritables pièces d'or ; mais il est facile, au moyen des acides forts, de découvrir les jointures qui existent entre l'alliage de platine et les lamelles d'or. Enfin, on constate immédiatement la fraude au moyen de la coupellation. (HOEFER.)

MONNAIES D'OR. *Voy.* OR, *alliages.*

MONNAIES D'ARGENT. *Voy.* ARGENT, *alliages.*

MORDANTS. *Voy.* TEINTURE.

MORIQUE (acide). — Découvert par Klaproth dans une exsudation jaune brunâtre qui s'était concrétée sur le tronc d'un mûrier blanc, *morus alba ;* il y existe en combinaison avec la chaux.

MORPHINE (de μορφή, sommeil profond). La morphine a été le premier alcaloïde connu en chimie organique. Il a été découvert presque en même temps par Séguin en France et par Sertuerner en Allemagne. On retire cet alcali du suc épaissi du pavot (*papaver somniferum*), qui croît en Asie et en Turquie. Quoique ce produit ait occupé successivement plusieurs chimistes, sa composition est encore loin d'être définitivement connue. Les dernières analyses y ont signalé quatorze principes, savoir : la *morphine*, la *codéine*, la *marcéine*, la *méconine*, la *narcotine*, l'*acide méconique*, un *acide brun*, une *huile grasse*, une *résine particulière*, du *caoutchouc*, de la *gomme*, de la *bassorine*, du *ligneux* et une petite quantité d'un *principe volatil*.

La morphine, à l'état de pureté, est en petites aiguilles blanches, prismatiques, très-légères; elle est inodore, sa saveur est légèrement amère. Exposée à l'action du feu, elle fond et prend, en refroidissant, une forme cristalline rayonnée; à une température plus élevée, elle se décompose, et fournit un charbon léger et boursouflé qui brûle à l'air sans résidu. Elle est très-peu soluble dans l'eau; car ce liquide, à + 100°, n'en dissout que $\frac{1}{4}$ de son poids, qu'il laisse précipiter en partie par le refroidissement; l'alcool, au contraire, la dissout avec facilité, surtout à chaud, et la laisse cristalliser par le refroidissement. Toutes les solutions de morphine verdissent le sirop de violettes, et ramènent au bleu le tournesol rougi. Les acides s'unissent facilement à la morphine, et forment avec elle des sels neutres solubles et cristallisables; l'acide nitrique concentré la décompose en la dissolvant, et la transforme en une matière rouge de sang qui devient ensuite jaune-orangé. Les sels de peroxyde de fer, mis en contact avec la morphine, lui communiquent sur-le-champ une couleur bien foncée. (Ce caractère particulier et distinctif a été remarqué par M. Robinet.) Enfin la solution d'acide iodique est décomposée par cet alcali, effet que l'on peut constater directement en versant de l'acide iodique sur un mélange de morphine et d'amidon, qui devient bleu foncé sur-le-champ.

Action sur l'économie animale. — La morphine ingérée dans l'estomac produit à petite dose tous les effets de l'opium, mais son action est plus énergique quand elle est combinée aux acides avec lesquels elle forme des sels solubles, dont les propriétés sont celles de l'opium, et qui peuvent remplacer ce produit dans la thérapeutique.

Sels de morphine. — Tous les sels de morphine se préparent directement en saturant les acides étendus d'eau par la morphine. Deux de ceux-ci sont particulièrement employés, ce sont l'acétate de morphine et le sulfate de morphine.

Sulfate de morphine. — Obtenu en saturant l'acide sulfurique faible par la morphine, et faisant concentrer la dissolution. Ce sel cristallise en prismes ou en aiguilles déliées qui se groupent en houppes rayonnées; il est inaltérable à l'air, et soluble dans deux fois son poids d'eau; sa composition est de morphine 100, acide sulfurique, 12,46. On l'emploie à la dose d'un quart de grain.

Acétate de morphine. — Cette combinaison s'obtient en faisant dissoudre la morphine dans le vinaigre distillé ou dans l'acide acétique étendu de son poids d'eau, et évaporant en consistance sirupeuse la dissolution. L'acétate cristallise, mais difficilement, au bout de quelques jours, en une masse confuse mamelonnée; mais pour l'usage médical, on évapore à siccité la dissolution, et l'on recueille le résidu grisâtre qui en provient.

Ce sel attire un peu l'humidité de l'air; il se dissout dans son propre poids d'eau distillée à la température ordinaire

Les sels de morphine administrés à petites doses agissent comme l'extrait aqueux d'opium à haute dose; ils déterminent de graves accidents auxquels succède, dans le plus grand nombre de cas, la mort à la suite de tous les symptômes qui accompagnent l'administration de l'opium.

MORTIERS. *Voy.* Chaux hydrauliques.

MORUE. *Voy.* Corps gras.

MOUSSACHE. *Voy.* Arrow-root.

MOUTARDE. *Voy.* Huiles.

MUCILAGE VÉGÉTAL. — Pendant longtemps les pharmaciens ont confondu cette substance avec la gomme, parce qu'ils n'ont eu égard qu'à sa propriété de devenir mucilagineuse quand on l'humecte avec de l'eau. Vauquelin fut le premier qui dirigea l'attention sur une substance qui reste sous forme d'une gelée gonflée lorsqu'on traite la gomme bassora par l'eau, et à laquelle ce chimiste donna le nom de *bassorine*. Plus tard cette substance fut trouvée dans plusieurs autres matières végétales, savoir, par Bucholz, dans la gomme adragante, par John dans la gomme de cerisier, par Bostock dans la graine de lin, les pepins de coing, la racine de plusieurs espèces de jacinthe, la racine d'altée, plusieurs espèces de fucus, et enfin par Caventou dans le salep, d'où elle reçut les noms de *cerasine, prunine, dragantine*, etc.

Le procédé qui fournit le plus de mucilage, et qui est le plus facile à exécuter, consiste à traiter la graine de lin par l'eau froide ou l'eau bouillante, et à l'exprimer ensuite.

Gomme adragante. — Cette gomme exsude spontanément à travers l'écorce de l'*astragalus creticus* et de l'*astragalus tragacantha*; elle se présente en lanières blanches contournées sur elles-mêmes, se gonflant considérablement dans l'eau, et formant avec elle un mucilage épais qui ne se dissout qu'en partie dans l'eau. Cette gomme est composée, suivant Bucholz, de 0,57 d'une matière soluble dans l'eau froide *arabine*, et de 0,43 d'une matière insoluble qui forme avec l'eau une gelée très-volumineuse, *bassorine*, dans laquelle la teinture d'iode indique la présence d'une petite quantité d'amidon.

La *gomme qui s'écoule des prunes et du tronc du prunus avium*, se compose ordinairement de $\frac{1}{4}$ à $\frac{1}{10}$ de mucilage végétal.

Mucilage de graine de lin. — La graine de lin, plongée dans l'eau froide, se couvre, au bout de peu de temps, d'une couche de mucilage, qui augmente de plus en plus. L'eau surnageante devient plus ou moins mucilagineuse. Lorsqu'on fait bouillir le mélange, et qu'on l'exprime ensuite, on obtient une masse mucilagineuse, jaune-grisâtre, qui répand la même odeur que les pommes de terre râpées. Après la dessiccation elle donne une masse de couleur foncée, qui se gonfle dans l'eau. 1 partie de graine de lin et 16 parties d'eau donnent un mucilage très-filant. Ce mucilage est coagulé par l'alcool, par l'acétate plombique neutre et basique, et par le chlorure stanneux. En revanche, le chlore, l'iode, le silicate potassique, le borax, le sulfate ferrique et l'infusion de noix de galle n'agissent pas sur lui. Avec l'acide nitrique il donne beaucoup d'acide mucique.

Mucilage de coing. — Lorsqu'on met tremper dans l'eau les pepins de coing (*pyrus cydonia*), ceux-ci se couvrent de mucilage, comme la graine de lin; mais ce mucilage est limpide, incolore, et 1 partie de pepins suffit pour convertir 40 parties d'eau en un mucilage de la consistance du blanc d'œuf. Le mucilage est coagulé par les acides; l'alcool le précipite en flocons, qui, recueillis sur un filtre et séchés, forment une masse incolore, dont un grain suffit pour transformer ½ à 1 once d'eau en un mucilage épais. Le mucilage de coing est troublé par l'acétate plombique, les chlorures stannique et aurique, le sulfate ferrique et le nitrate mercureux; le sousacétate plombique et le chlorure stanneux le coagulent complétement. Le silicate potassique et l'infusion de noix de galle sont sans action sur lui.

Salep. — On appelle ainsi les racines de plusieurs espèces d'orchis (*mascula, morio, pyramidalis* et d'autres), que l'on lave dans l'eau froide, après les avoir débarrassées des fibres, et que l'on fait ensuite bouillir pendant 20 à 30 minutes dans beaucoup d'eau, qui extrait une matière dont la saveur est très-désagréable. Les racines sont ensuite séchées, et forment alors des tubercules oblongs, durs et translucides, d'un blanc jaunâtre. Ces racines contiennent très-peu de gomme et d'amidon, et beaucoup de mucilage. Par une ébullition prolongée, elles se dissolvent en un mucilage transparent; et lorsqu'on les délaye à l'état de poudre dans l'eau, elles se transforment, sans le secours de la chaleur, en un semblable mucilage, se gonflent et absorbent une grande quantité d'eau. L'acide hydrochlorique dissout le mucilage en un liquide très-fluide; l'acide nitrique le convertit en acide oxalique.

Mucilage des fleurs de souci, calenduline. — Cette substance paraît appartenir à la classe des mucilages végétaux; cependant elle en diffère par sa solubilité dans l'esprit-de-vin. Elle a été décrite par Geiger. On traite les fleurs et les feuilles de *calendula officinalis* par l'alcool, on évapore la solution jusqu'à consistance d'extrait; on traite ce dernier d'abord par l'éther, qui dissout une matière verte analogue à la cire, puis par

l'eau. Celle-ci laisse une substance mucilagineuse, gonflée, presque insoluble dans l'eau tant froide que bouillante. Elle jaunit par la dessiccation, devient cassante et translucide. Humectée avec de l'eau, elle se gonfle et se transforme de nouveau en mucilage. A l'état impur, tel qu'on le trouve dans la plante, ce mucilage se dissout dans l'eau chaude; mais pendant le refroidissement la liqueur se prend en gelée. Il est insoluble dans les acides étendus, soluble dans l'acide acétique concentré. Les alcalis caustiques, en dissolution étendue, le dissolvent; mais il est insoluble dans les carbonates alcalins et dans l'eau de chaux. Il se dissout aisément dans l'alcool anhydre et dans l'alcool qui contient peu d'eau, et se dépose du premier sous forme de pellicule sèche, du second, à l'état de gelée. L'infusion de noix de galle ne le précipite pas. Il est insoluble dans l'éther, ainsi que dans les huiles grasses et volatiles.

Le mucilage végétal a le même usage que la gomme. En médecine, il est même plus souvent employé que cette dernière. Il remplace le mucus animal naturel dans les maladies des membranes muqueuses d'une manière d'autant plus étonnante, qu'il doit souvent passer dans le sang pour arriver à ces membranes, cas qui se présente dans les catarrhes de la vessie urinaire. La graine de lin, les pepins de coing sont principalement employés pour obtenir des dissolutions mucilagineuses. Le salep sert, comme l'amidon de lichen, de nourriture aux phthisiques. Dans les arts, la gomme adragante a les mêmes usages que la gomme ordinaire.

MUCUS. — On a donné ce nom à la substance animale particulière qui, unie à l'eau, constitue le fluide plus ou moins visqueux qui lubréfie la surface de toutes les membranes muqueuses où il est continuellement sécrété.

Sous cet état, le mucus existe à la surface des fosses nasales, de la bouche, de l'estomac, des intestins, de la vessie, de la vésicule du fiel, etc. Il est transparent, visqueux, filant, inodore, insipide. Exposé à l'action du calorique, il ne se coagule point, mais se dessèche peu à peu et se transforme en une matière demi-transparente analogue à la corne; il est peu soluble dans l'eau froide et chaude, soluble dans les acides affaiblis et les alcalis. Lorsqu'il a été desséché, il se gonfle dans l'eau, s'y ramollit sans s'y dissoudre ainsi que dans les acides. Le mucus, tel qu'il est sécrété à la surface des muqueuses, contient une petite quantité de soude libre, de chlorure de potassium et de sodium, et un peu de phosphate de chaux.

Son analyse n'a pas encore été faite; on admet que plusieurs parties solides, telles que l'épiderme, les ongles, les cors, les durillons, les cheveux, la corne, la laine, les plumes, etc., sont formées presque entièrement de mucus solidifié.

D'après Berzelius, le mucus présente des différences dans ses propriétés, suivant les parties qui l'ont sécrété. C'est ainsi que le mucus des narines est identique avec celui de la trachée, et que ces deux produits diffèrent du mucus de la vésicule du fiel, des intestins et des conduits de l'urine ; mais ces variations ne dépendent-elles pas des substances étrangères qui peuvent s'y trouver ? C'est ce qu'il est permis de présumer, car, d'après Berzelius, le mucus de la vésicule du fiel est toujours plus ou moins coloré en jaune, sans doute par quelques éléments de la bile qui s'y trouvent.

MURIATE D'AMMONIAQUE. *Voy.* Ammoniaque, *hydrochlorate.*

MURIATE DE CHAUX. *Voy.* Chlorure de calcium.

MUSC. — Le musc est une sécrétion d'odeur toute particulière du *moschus moschiferus*, ruminant semblable au chevreuil, mais dépourvu de cornes, qui vit dans les montagnes de l'Asie centrale, depuis le Thibet jusqu'à la Chine. Le musc est sécrété chez les mâles, dans une poche située près de l'aine et qui se compose de plusieurs membranes superposées, extérieurement recouvertes par la peau et des poils. L'intérieur de cette poche est partagée en cellules, dans lesquelles s'opère la sécrétion du musc. Celui-ci est mou et peu dense chez l'animal vivant ; mais, tel qu'on le trouve dans le commerce, après avoir subi la dessiccation, il est solide et grenu. Il a une odeur particulière, permanente, et généralement connue. Il y en a de plusieurs sortes, qui diffèrent suivant l'âge des animaux et de la latitude plus ou moins septentrionale des chaînes des montagnes qu'ils habitent.

Le meilleur musc a les caractères extérieurs suivants : il se compose, pour la plus grande partie, de grains ronds ou ovales, un peu aplatis, parfois aussi irréguliers, dont la grosseur varie depuis celle d'une tête d'épingle jusqu'à celle d'un pois, et qui sont mêlés avec une masse plus ou moins cohérente. Ces grains ont une couleur foncée, brune-noirâtre, presque noire. Ils ont un faible éclat gras. On peut aisément les écraser entre les doigts, et leur masse est homogène à l'intérieur. Quand on les frotte sur du papier, ils y laissent un trait brun, mais peu lié. Le reste de la masse est cassant et parsemé de minces membranes brunes. L'odeur du musc, au moment où on le tire de la poche, est forte et accompagnée d'une certaine odeur accessoire, qui disparaît par la suite.

Le musc, tel qu'on le trouve dans le commerce, renfermé dans la bourse même de l'animal, contient des proportions variables de substances volatiles, dont une petite quantité consiste en carbonate ammoniaque, et le reste en eau. Thiémann en a trouvé 15 pour cent, Guibourt et Blondeau, 47 ; Buchner, 17,6 ; Geiger et Reimann, 41. Ce qui se volatilise consiste principalement en eau, mais contient environ ¼ pour cent du poids du musc d'ammoniaque, avec une trace impondérable de matière odorante. La forte odeur du musc, qui dure si longtemps, et qui se distingue de toutes les autres matières odorantes, parce que c'est celle qui, sous le plus petit volume appréciable, af-

fecte le plus vivement l'organe olfactif, n'appartient point aux principes volatils de cette substance. Tous ceux qui ont fait des expériences à ce sujet s'accordent à dire que la matière odorante du musc ne dépend point d'huiles volatiles, ou d'un arome, comme les odeurs des plantes. On ne peut point l'enlever par la distillation : le produit de l'opération en exhale bien l'odeur, mais ce qui reste dans la cornue a conservé la même odeur. Nul dissolvant ne parvient à la séparer des autres matières, qu'elle suit constamment. Lorsqu'on fait sécher du musc, par exemple, sur de l'acide sulfurique, de manière à en dégager toute l'eau, l'odeur disparaît : mais elle reparaît aussitôt que le musc a repris son humidité naturelle par l'exposition à l'air, ou dès qu'on l'humecte avec de l'eau. Geiger et Reimann ont desséché et ramolli du musc trente fois l'une après l'autre, et cependant il était encore odorant. Ils conclurent de là que la meilleure manière dont nous puissions présentement expliquer ce phénomène consiste à admettre que l'odeur du musc provient d'une décomposition que la substance éprouve peu à peu, et dont l'effet est de produire continuellement de petites quantités d'une matière fortement odorante qui se volatilise, de même que les substances organiques en putréfaction émettent des matières odorantes, mais dont l'odeur est désagréable et dégoûtante. Robiquet a cherché pendant longtemps à soutenir l'opinion que plusieurs substances odorantes doivent leur odeur à une certaine quantité d'ammoniaque qui s'en dégage et qui entraîne avec elle des matières, autrement non volatiles, dont l'odeur masque la sienne. Ce qui prouve qu'il se passe ici quelque chose de semblable, c'est qu'on trouve de l'ammoniaque dans l'eau qui se dégage du musc par la dessiccation, et dans celle avec laquelle on le distille, et l'on peut toujours se figurer que l'ammoniaque et la matière odorante sont constamment formés ensemble. Mais si l'on peut admettre comme un fait avéré, que l'ammoniaque favorise le développement de l'odeur et la rend plus sensible, il n'est pas aussi constant que cet alcali soit une condition indispensable pour les odeurs de ce genre. Sans doute une grande partie des odeurs animales sont de la même nature que celle du musc, seulement notre organe de l'odorat est moins apte à en recevoir l'impression. Mais cette faculté existe à un bien plus haut degré chez les animaux, qui le prouvent, par exemple, en suivant à la piste ceux dont ils font leur nourriture. On pourrait citer, comme exemple frappant d'une autre odeur musquée, celle de la bile, qui, à une certaine période de sa décomposition, en exhale une parfaitement analogue à celle du musc.

On ne sait point encore par laquelle des substances solides du musc la matière odorante est produite.

On croit que la destination physiologique du musc est de rendre la recherche du mâle plus facile à la femelle, à l'époque du rut, l'animal vivant seul.

Le musc est employé comme parfum ; mais il sert surtout en médecine, où on le regarde comme un médicament d'une haute importance. Il est très-cher, et par cela même exposé à de fréquentes falsifications. Celui qu'on rencontre dans le commerce vient tantôt de la Chine, sous le nom de musc du Tonquin, qui a toujours été regardé comme le plus pur ; tantôt de la Sibérie, nommé musc Kabardin, et ce dernier a été longtemps considéré comme si inférieur de qualité, qu'on n'en faisait pas volontiers usage en pharmacie ; mais, dans ces derniers temps, la Sibérie a fourni d'aussi bon musc que la Chine. La bonté du musc tient principalement à ce qu'il ait été pris sur des animaux d'un âge moyen, qui ne soient ni trop jeunes ni trop vieux. A l'égard des falsifications qu'on lui fait si fréquemment subir, il est à remarquer que toutes les bourses qui portent des traces de coutures sont fausses. Une vraie bourse de musc a deux petites ouvertures, dont l'une conduit dans la poche de la matière odorante, et l'autre dans l'urètre. Quelquefois ces ouvertures sont tellement contractées qu'on a de la peine à les retrouver ; mais, toutes les fois qu'elles manquent, la bourse est réellement fausse. Les bourses varient pour la grosseur. Elles ont depuis un pouce jusqu'à deux pouces et demi de diamètre, et sont plus ou moins rondes ; elles sont couvertes de poils jaunes ou d'un jaune brun et ro des, qui convergent vers le centre. Sur celles qui proviennent d'animaux âgés, ces poils sont plus épars ; ils paraissent comme usés, et ils ont une couleur plus foncée. Une grande quantité de petits grains arrondis dans l'intérieur est aussi un caractère certain de la bonne qualité du musc ; il faut encore qu'on n'y découvre pas de parties fibreuses à l'aide du microscope. L'odeur doit être franche, sans odeur accessoire putride. Les caractères chimiques les plus certains, qui annoncent un musc de bonne qualité et non falsifié, sont, qu'il se dissolve jusqu'aux $\frac{3}{4}$ de son poids dans de l'eau bouillante, que cette dissolution soit précipitée par les acides, et notamment par l'acide nitrique, jusqu'à devenir presque incolore, et qu'elle précipite par l'acétate plombique et l'infusion de noix de galle, *mais qu'elle ne donne pas le moindre précipité par le chlorure mercurique.* La cendre du musc brûlé doit être grise, ni rouge ni jaune, et ne pas s'élever à plus de 5 ou 6 p. 100.

MUSCLES, leur structure: *Voy.* ANIMAUX, composition atomique.

MYRICA. *Voy.* CIRE.

MYRICINE. *Voy.* CIRE

MYRRHE. — Cette gomme-résine se retire, par incision, de l'*amyris-kataf*, ou, selon Ehrenberg et Hemprich, d'un arbre analogue, que ces savants ont appelé *balsamoendron myrrha* et qui croît en Arabie et Abyssinie. Elle se présente sous forme de morceaux angulaires et de grains dont les plus volumineux sont de la grosseur d'une noisette. La meilleure myrrhe est transparente et d'un rouge brun ; elle est fragile et sa cassure offre des veines tortueuses, d'une nuance plus claire ; elle a une odeur particulière, forte, et une saveur aromatique et âpre. La myrrhe qui vient de l'Abyssinie est quelquefois flexible et tenace, en sorte qu'elle peut être coupée comme du suif. Quand on la chauffe elle ne se fond pas complétement. Elle se dissout en majeure partie dans l'eau, et donne ainsi un lait jaunâtre qui fournit, à la distillation, une huile volatile. Elle brûle difficilement, et, à la distillation sèche, elle donne un $\frac{1}{4}$ d'un liquide rouge contenant de l'acétate et du carbonate d'ammoniaque, $\frac{1}{4}$ d'une huile brune et $\frac{1}{4}$ de charbon. Après la combustion, elle laisse 3, 6 pour cent de cendres, composées de sulfate, phosphate et carbonate de chaux, d'un peu de sulfate et de carbonate de potasse, et de traces de chlorure de potassium. La myrrhe est beaucoup moins soluble dans l'alcool que dans l'eau.

La myrrhe est très-employée en médecine, et entre fréquemment dans la composition des dentifrices.

N

NAPHTE. — Substance liquide à la température ordinaire, blanche lorsqu'elle est purifiée et alors odorante ; mais ordinairement jaunâtre et d'une odeur forte de goudron. Extrêmement inflammable et prenant feu, par l'intermède de sa vapeur, en présence d'un corps en ignition placé à distance.

On ne trouve pas le naphte pur dans la nature ; ce liquide tel qu'il sort du sein de la terre renferme une matière bitumineuse non volatile qui semblerait en être la partie odorante. Celui qui en renferme le moins est de couleur jaune, mais la teinte devient de plus en plus foncée et finit par être tout à fait brune ; le liquide, qui devient alors plus ou moins visqueux, prend le nom de *pétrole;* il donne du naphte à la distillation.

Le naphte et le pétrole accompagnent le gaz hydrogène carboné dans les différents lieux où il se dégage de l'intérieur de la terre, et ils manifestent leur présence à l'état de vapeur par l'odeur qui leur est propre ; ces vapeurs s'enflamment comme le gaz hydrogène.

On assure que ces matières sont fort communes sur les bords de la mer Caspienne, et principalement autour de Bakou, et qu'il suffit de percer un trou dans le sol sablonneux de ces contrées pour qu'il s'en dégage des vapeurs de naphte en abondance. Lorsqu'on creuse des puits de huit à dix pieds de profondeur, le naphte s'y rassemble, et l'on peut en extraire une grande quantité. Il en existe aussi assez abondamment près du village d'Amiano, dans le duché de Parme, d'où l'on en extrait une grande quantité, et sur toute la pente des Apennins, dans le Modenois. On en cite également en Sicile des sources abondantes. En France, on n'en connaît qu'au village de Gabian, près de Pézenas, dans le département de l'Hérault, et toutes les autres localités que l'on a pu citer n'offrent que du goudron minéral dans lequel il existe fréquemment une petite quantité de naphte qu'on peut extraire par distillation.

Les vapeurs de naphte qui s'échappent des crevasses de la terre sont utilisées comme le gaz hydrogène carboné. Le naphte liquide d'Amiano est employé pour l'éclairage de la ville de Parme. En Perse, le peuple ne se sert que du pétrole pour se procurer de la lumière, depuis Mossul jusqu'à Bagdad. On le fait entrer dans la composition des vernis dans les lieux où il est abondant. On l'emploie aussi en médecine, d'une part comme vermifuge, et le pétrole de Gabian, sous le nom d'*huile de Gabian*, a eu une grande renommée sous ce rapport ; d'une autre part, on le regarde en Perse comme un antidote très-puissant pour les douleurs rhumatismales. Enfin, dans les laboratoires, il est fort utile pour la conservation du potassium, à l'abri du contact de l'air et en général des corps oxygénés.

NARCÉINE. — La narcéine a été découverte en 1832 par M. Pelletier. On la sépare de l'infusion d'extrait d'opium précipitée par l'ammoniaque.

Les acides minéraux étendus d'une petite quantité d'eau lui communiquent à l'instant une teinte d'un bleu d'azur, qui disparaît lorsqu'on ajoute de l'eau pour dissoudre la combinaison, et reparaît par suite de l'évaporation spontanée de l'eau.

NARCOTINE. — La narcotine, placée d'abord au rang des alcalis végétaux par la propriété qu'elle a de s'unir aux acides et de former des combinaisons cristallisables, a été découverte en 1804 par M. Derosne et désignée à cette époque sous le nom de *sel de Derosne, sel cristallisable de l'opium*.

On l'extrait du marc d'opium épuisé par l'eau froide, en traitant celui-ci par l'acide acétique étendu et bouillant.

NATRON. — On appelle ainsi le carbonate de soude recueilli en divers lieux après l'évaporation spontanée de petits lacs d'eaux alcalines salées.

La plus grande partie du natron nous vient d'Égypte ; les lacs qui le déposent en incrustations cristallines sont au nombre de neuf, situés dans le désert de Thaïat, disséminés sur une étendue de 16 kilomètres de longueur sur 1 kilomètre de largeur ; la formation du carbonate alcalin paraît due à la réaction du sel marin sur le carbonate calcaire, aidée par la force efflorescente du produit. Les petites sources naturelles qui dissolvent ces efflorescences se réunissent dans les neuf lacs, s'y

concentrent spontanément, affectent une coloration rouge provenant sans doute d'êtres organisés, animaux ou végétaux (crustacés branchiopodes ou protococcus). Après les chaleurs on ramasse les incrustations formées de sesquicarbonate de soude (2 Na O, 3 C O² + 4 HO), de sel marin, de sulfate de soude et de quelques centièmes de matières insolubles.

En Hongrie, en Amérique, etc., on récolte de la même manière les cristaux de sesqui-carbonate de soude, après l'évaporation de petits lacs, durant les chaleurs de l'été.

Plusieurs eaux minérales amènent des quantités notables de bicarbonate de soude à la superficie du sol ; ainsi les eaux de Vichy en renferment environ 5 pour 1000. — *Voy.* Soude.

NAVETTE. *Voy.* Huiles.

NÉPHRITE. *Voy.* Serpentine.

NERFS ; leur structure. *Voy.* Animaux, composition atomique.

NICKEL. — Le nickel et le cobalt sont deux métaux qui, comme le fer, jouissent de la propriété magnétique, c'est-à-dire d'être attirés par l'aimant et d'en acquérir les propriétés.

Le premier a été rencontré dans un minéral qu'on regarda pendant longtemps comme une mine de cuivre, et à laquelle les mineurs allemands donnèrent le nom de *kupfer-nickel* (faux cuivre) parce que les essais qu'ils entreprirent pour en extraire ce métal furent infructueux.

Ce ne fut qu'en 1754 que Cronstatd annonça qu'il existait dans cette mine un métal nouveau, auquel il donna le nom de *nickel*.

Ce métal se trouve dans cette mine uni au soufre, à l'arsenic, au fer et au cobalt ; ce n'est que par des grillages et des dissolutions dans les acides qu'on peut le séparer de ces différentes substances. Le nickel, à l'état de pureté, est un métal d'une couleur blanche argentine ; il est très-ductile et malléable. Sa densité, lorsqu'il est fondu, est de 8,324. Sa fusion est difficile à opérer ; elle exige une température très-élevée

Ce métal, ni aucun de ses composés, n'ont reçu encore d'application : s'il était plus facile à obtenir pur et en assez grande quantité, on pourrait en fabriquer des aiguilles aimantées ; car il conserve, aussi bien que l'acier, le magnétisme qu'on lui communique.

Il paraît qu'uni au cuivre et au zinc, le nickel fait partie constituante de certains alliages blancs, qu'on employait autrefois pour la confection de vases d'ornements.

Cet alliage est connu depuis longtemps en chimie sous le nom de *packfond* on *toutenague*, il est blanc argentin, malléable, et peut être employé à la fabrication de beaucoup d'objets coulés ou laminés : on en fabrique de grandes quantités en Allemagne sous le nom d'*argentan*. Il est composé de cuivre 50, nickel 25, zinc 25 ; ces proportions sont susceptibles de varier suivant l'usage auquel on le doit faire servir.

NICOTINE. — Cette base existe dans le tabac, qui paraît la contenir à l'état d'acétate, et lui devoir son âcreté et son action narcotique. Elle a été découverte par Posselt et Reimann, qui l'ont extraite de différentes espèces de *nicotiana*, savoir : du *nicotiana tabacum*, du *macrophylla rustica* et *glutinosa*. Elle n'existe pas seulement dans les feuilles; Buchner en a également trouvé dans la graine du tabac. La nicotine entre environ pour un millième dans les feuilles de tabac sèches. La graine de tabac a fourni à Buchner $\frac{1}{3000}$ de nicotine, mais elle en contient davantage. — Nul doute qu'on finira par employer cette base en médecine.

NID D'HIRONDELLE. *Voy.* SALANGANE.

NIELLES. — On appelle ainsi ces belles incrustations noires sur fond blanc, qui servent à faire des tabatières, des garnitures, des dorures et d'autres objets d'ornements que la mode a remis en faveur depuis plusieurs années. Ce mode de décoration fut importé, selon toute apparence, vers le VII° siècle, d'Orient en Italie; on l'employait particulièrement à orner les vases sacrés et les armes des chevaliers.

Le niellage ou la niellure consiste à produire, sur des objets en argent, des dessins qui ne s'en détachent que par leur couleur foncée, puisqu'ils ne sont ni en relief ni en creux sur la pièce métallique. On parvient à ce résultat en gravant ou ciselant assez profondément les dessins sur la plaque d'argent, et en remplissant ensuite les traits de la gravure au moyen d'un émail noir. On obtient cet émail en fondant dans un creuset 38 parties d'argent, 72 de cuivre, 50 de plomb; 36 de borax, et 384 de soufre; coulant les sulfures dans l'eau, pulvérisant la grenaille noire et la lavant avec une dissolution faible de sel ammoniac, puis avec de l'eau légèrement gommée.

On applique la nielle, en consistance de pâte, dans les creux de la plaque d'argent préparée, et on la chauffe jusqu'au rouge brun; aussitôt que le mélange est bien fondu sans soufflures et qu'il fait corps avec le métal, on retire la pièce du feu; après son refroidissement, on ôte à la lime douce la nielle qui dépasse les traits de la gravure, et on polit ensuite la surface par les moyens ordinaires. L'opposition de la teinte de la nielle avec celle de l'argent brillant produit ainsi de très-beaux effets. Ainsi, en définitive, la nielle n'est qu'un triple sulfure d'argent, de cuivre et de plomb, incrusté dans une lame d'argent.

Le niellage était pratiqué par les artistes italiens du XV° siècle avec une rare perfection. La découverte de la gravure en taille-douce fit abandonner cet art jusqu'à ce que Benvenuto Cellini s'occupât de le ranimer, vers 1550. Mais bientôt il se découragea, et les nielles retombèrent dans l'oubli. Toutefois, les Orientaux continuèrent à cultiver chez eux, dans des limites très-restreintes, cet art qu'ils avaient créé; ils se bornaient à lui faire tracer des arabesques qu'ils in-

crustaient sur l'or de leurs armes somptueuses. Les Russes, excités sans doute par le voisinage, faisaient aussi quelques petites pièces d'orfévrerie niellée, que l'on recherchait en Europe comme choses curieuses, malgré leur excessive grossièreté, lorsque MM. Wagner et Mention ouvrirent à Paris, en 1830, un atelier d'où sortirent tout à coup des nielles aussi remarquables que celles du XV° siècle. Ces artistes ont mis à profit les perfectionnements inouïs de la mécanique moderne pour imprimer sur l'argent la gravure qu'ils veulent nieller, pour reproduire, par ce moyen, autant qu'il leur plaît, le même décor, la même composition, et par conséquent réduire considérablement le prix. Ils ont commencé d'abord par faire les pièces que nous fournissait l'étranger, et leur supériorité a bientôt banni de France les tabatières russes, qu'on s'obstine à nommer très-improprement *tabatières de platine*.

NITRATE DE POTASSE. *Voy* NITRE.

NITRATE D'AMMONIAQUE. *Voy.* AMMONIAQUE.

NITRATE D'ARGENT. *Voy.* ARGENT.

NITRATE DE BISMUTH. *Voy.* BISMUTH.

NITRATE DE CHAUX. *Voy.* CHAUX.

NITRATE DE SOUDE. *Voy.* SOUDE.

NITRATE DE STRONTIANE. *Voy.* STRONTIUM.

NITRE (*nitrate de potasse; azotate de potasse, sel de nitre, salpêtre*). — On le trouve abondamment à la surface de la terre, dans l'Inde, dans l'Egypte et dans quelques contrées méridionales de l'Afrique. Il se présente cristallisé en aiguilles ou en filaments soyeux, qu'on peut recueillir avec des balais ou des houssoirs; il porte alors le nom de *salpêtre de houssaye*.

En France, en Espagne et aux Indes orientales, on en trouve dans le calcaire secondaire, d'où l'on peut l'extraire avec avantage par la lixiviation. On prétend qu'il se reproduit au bout de quelques années dans la pierre dont on l'a tiré par le lavage, de sorte que celle-ci peut en donner plusieurs fois de suite. J. Davy, qui a examiné la pierre à nitre de l'île de Ceylan, paraît croire que l'acide nitrique se forme aux dépens des éléments de l'air, dans une roche poreuse et humide, composée de carbonate de chaux mêlé avec du feldspath, et dans laquelle on trouve depuis $2\frac{1}{2}$ jusqu'à 8 pour 100 de nitre. Il a rencontré dans cette roche des traces légères de matières animales; mais il ne croit pas que ce soit cette matière qui ait fourni l'azote nécessaire pour la production du nitre, lequel en outre ne se trouve qu'à la surface où l'air avait la faculté de pénétrer dans la roche. Cependant on peut opposer à cette conjecture toutes les expériences qui ont été faites relativement à la production artificielle du nitre, et qui s'accordent dans ce résultat, que ce n'est pas l'azote de l'air qui donne naissance à l'acide nitrique, mais qu'il faut pour cela des matières organiques nitrogènes. Si dans les grottes à nitre visitées par J. Davy, le sel ne se trouve qu'à la surface, cela peut dépendre de ce que la roche (pendant que des nitrates se forment avec le temps dans l'intérieur de sa masse, aux dépens des matières organiques qu'elle renferme) se dessèche peu à peu à la superficie, par l'effet du contact de l'air ; de sorte que la capillarité amène petit à petit les liquides de dedans au dehors, et que ces liquides laissent à la surface, ou près de là, le nitre qu'ils contiennent.

La production artificielle du nitre a lieu ordinairement aux dépens des matières animales qu'on expose à l'influence de l'air, après les avoir mêlées avec de la cendre et de la terre calcaire. La plupart des matières d'origine animale renferment de l'oxygène, du carbone, de l'hydrogène et de l'azote, avec un peu de soufre et de phosphore. Lorsqu'elles se putréfient dans un endroit clos, ou après avoir été mises en tas, les corps combustibles se combinent entre eux, et l'azote produit de l'ammoniaque avec de l'hydrogène ; mais si l'accès de l'air n'est pas limité, ces éléments s'oxydent et se transforment en acide carbonique, en eau, etc. ; tandis que l'azote passe à l'état d'acide nitrique, qui se combine ensuite avec les alcalis et les terres, de manière à donner naissance à des nitrates. Les endroits où l'on veut produire du nitre doivent être couverts d'un toit, pour que la pluie n'entraîne pas le sel.

On donne le nom de nitrières artificielles à ces emplacements. On met sous le toit une terre meuble que l'on mêle avec du déchet de matières animales et végétales, de la cendre et de la chaux ou de la marne, au milieu de laquelle on place quelquefois des ramilles, qui entretiennent la porosité de la masse. Du reste, on dispose le mélange par petits rangs ou par petits tas, qu'on remue fréquemment, ou dans lesquels on pratique de petits trous, afin de donner plus d'accès à l'air. De temps à autre il faut arroser le mélange avec de l'urine, qui contient plus d'azote qu'aucune autre substance animale. Au bout de deux ou trois ans, l'acide est converti en acide nitrique, et le nitre est formé. On s'en assure en lessivant une petite quantité de la terre, et évaporant la liqueur pour la faire cristalliser. Quand le terrain est bon à exploiter, il donne quatre onces de nitre par pied cube.

Dans ce cas, il est facile de se rendre compte de la formation du nitre ; car c'est un fait certain et qui résulte de nombreuses observations, que la présence des matières azotées favorise singulièrement la production du nitre. Alors on peut admettre que l'azote de la matière azotée s'est transformé à l'état naissant, sous l'influence de l'oxygène de l'air, en acide azotique, et que cette combinaison est favorisée par l'affinité que les alcalis des plâtras ont pour l'acide azotique.

Cependant il résulte des observations de plusieurs chimistes distingués, surtout de celles qui ont été annoncées par M. Gaultier de Claubry, que le nitrate de potasse peut prendre naissance dans beaucoup de terrains

où il ne se trouve pas la moindre trace de matières azotées. Il faut donc, dans ces circonstances, que l'acide azotique se forme par l'union directe de l'azote et de l'oxygène de l'air, sous l'influence des bases ; il faut admettre que l'influence des pierres calcaires humides et poreuses peut suffire pour déterminer lentement la nitrification.

Quelques chimistes prétendent que l'électricité atmosphérique joue un très-grand rôle dans la formation du nitre. Cette opinion séduit d'abord, car elle paraît fondée sur des expériences positives. Ainsi, lorsqu'on fait passer un courant d'étincelles électriques dans un récipient qui contient de l'oxygène et de l'azote, ces deux gaz peuvent se combiner en présence de l'humidité et former de l'acide azotique. On est conduit naturellement à penser qu'il doit se passer quelque chose d'analogue pendant les orages, puisque toutes les conditions nécessaires à la production de l'acide azotique sont alors réunies. N'est-il pas raisonnable d'admettre que la petite quantité d'acide azotique qui se forme alors, tombant sur la terre avec la pluie et s'infiltrant dans le sol, doit se combiner avec les alcalis qu'elle y rencontre, et faire à la longue une quantité assez notable de nitre ? Cette cause doit agir avec d'autant plus d'évidence, que les orages sont plus fréquents dans un pays ; et il est possible d'expliquer de cette manière la grande abondance du salpêtre dans l'Inde, où il n'y a pas plus de matières animales que dans notre pays ; mais où l'air est plus chargé d'électricité. En Egypte, à la vérité, il y a peu d'orages, et cependant le pays est riche en nitre. On peut expliquer l'abondance de ce corps dans cette contrée par les débordements périodiques du Nil, qui laisse sur toutes les terres une couche de limon contenant des matières organisées qui doivent beaucoup favoriser la nitrification par leur décomposition lente.

Cependant une grave objection peut être faite à cette théorie très-simple et très-ingénieuse de la nitrification. On peut réellement et avec quelque raison ne pas concevoir la formation de la grande quantité d'azotates à la surface de la terre par l'électricité atmosphérique ; car les quantités d'azotates qui se produisent dans les lieux pendant une année ne dépendent pas des orages qui sont accompagnés de phénomènes lumineux dans l'atmosphère. Pour terminer ce que nous avons à dire sur le nitre naturel, nous dirons qu'il existe des plantes contenant de l'azotate de potasse, appelées nitreuses, et qui sont la *bourrache*, la *ciguë*, la *pariétaire*, la *graine de lin*, etc.

Dans les pays qui, comme l'Inde et l'Egypte, sont riches en terres salpêtrées, il suffit de laver ces terres et de concentrer convenablement la liqueur pour faire cristalliser le sel. En Europe, et particulièrement en France, où l'azotate de potasse est peu commun, et où les azotates de chaux et de magnésie existent plus abondamment dans les plâtras salpêtrés, on suit un procédé qui a pour but de transformer les azotates de chaux et de magnésie en azotate de potasse : il suffit de les traiter par le carbonate de la même base.

A Paris, et dans toutes les grandes villes, on choisit les plâtras des parties basses des vieux bâtiments que l'on démolit ; ces plâtras ont une saveur fraîche et piquante, et contiennent au plus 5 pour 100 de leur poids d'azotates, mêlés avec des chlorures de calcium, de magnésium, de potassium et de sodium. On écrase ces plâtras avec des battes de bois, puis on les passe à travers une claie, et on les introduit dans des tonneaux ou cuviers qui sont placés sur trois rangs. Chaque tonneau est percé latéralement, près de son fond, d'un trou fermé par un robinet, et au-dessous duquel se trouve une rigole qui aboutit à un réservoir. Tout étant bien disposé, on verse de l'eau dans les tonneaux de la première bande ; après quelques heures de contact, on ouvre les robinets pour donner issue à la lessive, que l'on met à part, et on ajoute plusieurs fois de l'eau jusqu'à ce que les lessives ne marquent plus, pour ainsi dire, que 0 degré à l'aréomètre ; on obtient de cette manière plusieurs solutions à différents degrés de concentration. Les eaux qui marquent 5 degrés à l'aréomètre sont mises à part et désignées sous le nom *d'eaux de cuite*, celles qui marquent de 3 à 5 degrés sont nommées *eaux-fortes*, et enfin celles qui sont au-dessous de 3 degrés prennent le nom *d'eaux faibles* et *d'eau de lessivage*. Les eaux fortes et les eaux faibles, moins chargées de sels que les eaux de cuite, sont successivement versées sur les plâtras de la seconde bande, que l'on épuise de sels comme ceux de la première ; enfin on agit de même sur ceux de la troisième. Par ce procédé ingénieux et continu on transforme successivement les eaux fortes et faibles en eaux de cuite.

Les eaux de cuite étant ainsi obtenues, on les fait évaporer dans une chaudière en cuivre ; il se forme alors pendant l'évaporation, des écumes et un dépôt très-abondant de *boues* qui sont formées par du carbonate de magnésie, du carbonate et du sulfate de chaux ; on les enlève à l'aide d'un chaudron placé au fond de la chaudière, et que l'on peut soulever de temps en temps avec une corde qui se meut sur une poulie ; ensuite on concentre la liqueur jusqu'à ce qu'elle marque 25 degrés à l'aréomètre de Baumé. C'est alors que l'on verse dans cette liqueur une solution concentrée de potasse du commerce, jusqu'à ce qu'il ne s'y forme plus de précipité. Le carbonate et le sulfate de potasse, qui constituent la potasse du commerce, décomposent les azotates de chaux et de magnésie, et produisent, par double décomposition, de l'azotate de potasse qui reste en solution, des carbonates de chaux et de magnésie et du sulfate de chaux qui se précipitent ; les chlorures de calcium et de magnésium sont décomposés par la potasse et transformés en chlorure de potassium soluble, en carbonate calcaire et magnésien, et en sulfate de chaux insoluble.

Lorsque la précipitation est toute faite, on porte la liqueur dans un grand cuvier de bois, appelé réservoir, où elle s'éclaircit d'elle-même par la déposition des sels insolubles ; on la tire ensuite au clair par le moyen de robinets adaptés à différentes hauteurs du cuvier, et on la concentre à chaud jusqu'à ce qu'elle marque 42°.

Cette liqueur, au moment où on la décante, contient en solution une forte proportion d'azotate de potasse, une quantité notable de chlorure de sodium et de chlorure de potassium, un peu d'azotate de chaux et de magnésie, une petite quantité de chlorure de ces mêmes bases et une proportion encore plus faible de sulfate de chaux. Lorsqu'elle est concentrée à 43°, la plus grande partie du chlorure de sodium et du sulfate de chaux cristallise ; on l'enlève avec des écumoirs, et on continue l'évaporation jusqu'à 45°. Alors on porte la liqueur dans des réservoirs en cuivre peu profonds, très-longs et très-larges, où elle cristallise par le refroidissement. On décante l'eau-mère, on lave le sel, avec de l'eau, qui en est saturé à froid ; on l'écrase, et on le livre, soit au commerce, soit à l'administration centrale de la fabrication des poudres, sous le nom de salpêtre brut, nitre de première cuite.

Le sel ainsi obtenu n'est pas pur, car il contient encore un huitième de son poids des sels étrangers que je viens de nommer. Pour le purifier, on le soumet à l'opération du *raffinage*, qui consiste à le traiter par la cinquième partie de son poids d'eau bouillante qui dissout l'azotate de potasse, l'azotate de chaux et de magnésie, et qui ne dissout pas les chlorures de sodium et de potassium, lesquels se précipitent en grande partie au fond de la chaudière ; on enlève ces sels avec soin, et lorsqu'il ne se fait plus de dépôt, on ajoute à la liqueur une quantité d'eau égale à celle qu'elle contient déjà, puis on la clarifie par la colle ; lorsqu'elle est bien claire, on la porte dans des cristallisoirs en cuivre, très-larges et peu profonds, où elle est agitée avec des râteaux pour hâter son refroidissement et pour obtenir le salpêtre en poudre. Ainsi obtenu, il n'est pas encore pur ; on le soumet à des lavages réitérés avec de l'eau saturée d'azotate de potasse, qui ne peut plus agir sur ce sel, mais qui peut dissoudre les sels étrangers. Toutes les opérations que nous venons de détailler sont pratiquées avec le plus grand soin dans Paris, à l'Arsenal, pour les besoins du département de la guerre.

Le nitrate de potasse est employé en médecine comme sédatif, rafraîchissant et diurétique. On l'administre pour l'homme à la dose d'un grain à 72 grains. Il agit en général en diminuant la chaleur du corps et excitant la sécrétion urinaire et le tube intestinal ; à haute dose, il détermine des accidents graves, à la suite desquels peut survenir la mort. En médecine vétérinaire ses usages sont très-étendus ; on l'administre aux grands animaux domestiques, à la dose d'une demi-once à deux onces, soit en solution dans leur boisson, soit mélangé avec d'autres poudres en opiats.

Dans les arts, ce sel sert à plusieurs préparations ; c'est avec lui qu'on fabrique l'acide sulfurique ; c'est de sa décomposition qu'on retire l'acide nitrique ; enfin son emploi pour la fabrication de la poudre à canon n'est pas moins important.

La poudre à canon est un mélange intime, dans des rapports déterminés, de nitrate de potasse, de soufre et de charbon ; ces trois substances, après avoir été pulvérisées séparément, sont mêlées intimement en les mettant à l'état de pâte avec de l'eau, et soumettant la masse à un battage dans des mortiers de bois pendant douze à quatorze heures. Au bout de ce temps la masse se présente en une pâte ou gâteau humide et homogène, on la sèche un peu et ensuite on la grène en la mettant par parties sur un tamis de peau qu'on fait mouvoir horizontalement, et dans lequel se trouve un plateau de bois qui brise les portions de gâteau qui sont trop compactes et les force à passer à travers les trous du tamis. Cette première opération est suivie d'une seconde qui consiste à repasser la poudre tamisée sur un second tamis plus fin, appelé *grenoir*, ensuite on la verse dans un troisième tamis, nommé *égalisoir*, qui sépare le poussier des grains.

Après ces opérations, la poudre est séchée en la disposant sur des toiles tendues dans des chambres, à travers lesquelles on fait passer de l'air échauffé à 60°. Lorsqu'elle est desséchée, on la tamise sur un tissu très-serré, pour lui enlever une petite quantité de poussier qui adhère à sa surface.

Telle est brièvement la préparation de la poudre à canon. Celle qui est destinée pour la chasse est lissée avant d'être séchée, en la faisant tourner dans un tonneau, dans lequel on a disposé parallèlement à l'axe quatre barres de bois pour augmenter le frottement des grains de poudre.

La composition de la poudre est différente, suivant l'usage auquel elle doit servir. Celle qui est employée à la guerre est formée, sur 100 parties, de 75 nitrate de potasse, 12,5 de charbon, 12,5 soufre. La poudre de chasse contient 78 nitrate de potasse, 12 charbon, 10 soufre. La poudre désignée sous le nom de *poudre de mine*, à cause de ses usages pour le travail des mines et des carrières, est composée de 65 nitrate de potasse, 15 charbon, 20 soufre.

Toutefois, les effets de ces différentes poudres sont dus à la décomposition subite et à la formation instantanée des gaz qui en résultent, et dont la force élastique se trouve augmentée par la haute température qui se produit pendant la combustion. Les fluides élastiques développés pendant la détonation de la poudre sont en grand nombre, savoir : du gaz acide carbonique, du gaz azote, du deutoxyde d'azote, du gaz oxyde de carbone, de la vapeur d'eau, du gaz hydrogène sulfuré ; enfin le résidu de la combustion est noir, il est formé d'un excès de charbon qui n'a pas brûlé, de carbonate de potasse, de sulfate de potasse et de sulfure de potassium.

L'explosion violente que la poudre produit tient à la rapidité avec laquelle se dégagent les gaz acide carbonique et azote, qui, au moment du dégagement, sont échauffés jusqu'au rouge par la chaleur produite pendant la combustion. Moins la poudre est compacte, plus la combustion est complète, plus l'action de la poudre est grande ; et lorsqu'on laisse dans un fusil ordinaire un petit vide entre la charge et la bourre, l'arme peut crever par un coup très-modéré, soit parce que toute la poudre est brûlée, soit à cause de l'expansion de l'air enfermé avec elle. Mais quand on bourre bien la charge, une grande partie de la poudre est chassée au dehors, sans avoir été brûlée, comme on le voit souvent lorsqu'on tire un coup de fusil sur un terrain couvert de neige.

Le nitrate de potasse entre encore dans la composition de plusieurs autres poudres ; elles sont connues, à cause de leurs effets, l'une sous le nom de *poudre fulminante par la chaleur*, l'autre sous celui de *poudre de fusion*. La première est composée de trois parties de nitre, deux parties de carbonate de potasse sec, et une partie de fleurs de soufre, mélangées ensemble par trituration. Si après avoir placé 20 grammes environ de cette poudre dans une cuiller de fer, on l'expose sur quelques charbons ardents, le soufre fond, réagit peu à peu sur le carbonate de potasse avec une violente explosion accompagnée de lumière. La détonation qui a lieu à cette époque est encore due au dégagement instantané des gaz azote ou deutoxyde d'azote qui excitent de vives et fortes vibrations dans les couches d'air, et y produisent un choc subit. La poudre de fusion résulte du mélange de trois parties de nitre, une partie de soufre et une partie de sciure de bois. Cette poudre offre ce caractère singulier de faire fondre, pendant sa combustion, une petite pièce de cuivre qui s'en trouve entourée. Cette fusion, qu'on peut déterminer aisément en plaçant la pièce dans une coquille de noix au milieu de la poudre qu'on enflamme, est due non-seulement à la chaleur qui se développe, mais à la formation d'un sulfure de cuivre qui est plus fusible que le cuivre pur.

NITRIFICATION, sa théorie. *Voy.* Nitre.

NITRIQUE (acide). *Voy.* Azotique (acide).

NOIR ANIMAL. *Voy.* Charbon d'os et Engrais commerciaux.

NOIRS COLORANTS. — Le *charbon de bois* broyé à l'eau est employé comme couleur. Le *noir de fumée*, le *noir de pêche*, le *noir* d'Allemagne, le *noir* d'Espagne ; etc., sont des variétés de charbon végétal.

Le *noir de fusain* est fait avec le bois de fusain calciné dans un cylindre de fonte, qu'on lute en ménageant quelques issues pour les gaz, et qu'on chauffe au rouge. Après le refroidissement, on retire les baguettes de charbon, on les taille comme des crayons et l'on s'en sert pour dessiner.

Le *noir de vigne* est obtenu en carbonisant les sarments ; le *noir de pêche* est le charbon des noyaux de ce fruit ; le *noir d'Espagne* se prépare en carbonisant les rognures du liége.

On obtient le *noir d'Allemagne* en carbonisant un mélange des *rafles* de raisin avec de la lie de vin desséchée, des noyaux de pêche et des rapures d'os ou d'ivoire en proportions variées, suivant qu'on désire donner au noir un reflet bleuâtre, si les substances végétales dominent, ou jaunâtre, si la matière osseuse est plus abondante. Ce noir, qu'on emploie dans l'imprimerie en taille-douce, renferme des sels solubles (provenant surtout de la lie de vin) que l'on extrait par des lavages.

Le *noir de fumée*, dont on fait la plus grande consommation, se prépare avec des débris résineux, des matières grasses ou de la houille. On soumet ces matières, partiellement vaporisées, à une combustion imparfaite ; le charbon se dépose en flocons légers.

L'appareil qu'on emploie pour produire et recueillir ce noir est très-simple quand on se sert de résine ou de goudron : il se compose d'une chambre cylindrique dans laquelle peut se mouvoir un cône en tôle, percé d'un trou à son sommet, et servant de cheminée pendant la combustion, et de racloir lorsque l'opération est terminée. La base du cône ayant presque le diamètre de la chambre, ses bords, quand on le fait descendre, rasent les murs et détachent le noir de fumée qui s'y trouve déposé et qu'on ramasse ensuite sur le sol. Les murs de la chambre sont tapissés de peaux de moutons ou de toiles grossières, pour garantir le noir de tout mélange des débris ou poussières de la maçonnerie. La combustion a lieu dans un fourneau latéral extérieur, dans le foyer duquel se place une marmite en fonte, qui contient la résine ou le goudron destiné à fournir le noir de fumée. On chauffe la marmite, on enflamme les vapeurs, et la fumée, entraînée dans la chambre, y dépose de volumineux flocons de carbone échappés à la combustion.

Dans les environs de Sarrebruck, on fabrique le noir de fumée au moyen de la combustion imparfaite de la houille. Ce noir est employé pour la marine, et en général pour toutes les peintures qui n'exigent pas une couleur fine.

L'appareil se compose d'un long canal en briques incliné qui sert de foyer, d'une vaste chambre voûtée où se déposent d'abord les premières portions du noir de fumée, d'une chambre plus petite où s'achève le dépôt, et dont les ouvertures règlent le tirage, enfin d'une dernière chambre placée au-dessus de la précédente et que surmonte une cheminée. On renouvelle, dans le foyer, la houille dès qu'elle ne donne plus de fumée, c'est-à-dire dès qu'elle est réduite en côke ; lorsqu'on a fait un nombre d'opérations suffisant pour charger les chambres, on procède à la récolte du noir en fractionnant les produits,

dont les plus purs se trouvent dans la chambre la plus éloignée du foyer.

On tamise le noir de fumée ; on en remplit des sacs qui ont à peu près 130 centimètres de hauteur et 28 centimètres de diamètre. Afin de bien tasser cette substance légère, on ne jette d'abord que jusqu'à une hauteur de 32 centimètres, du noir, que l'on foule en entrant pieds nus dans le sac, puis on ajoute successivement du noir en foulant toujours, jusqu'à ce que le sac soit plein ; alors on couvre l'ouverture le plus serré possible.

Pour empêcher le noir de fumée de sortir par le tissu du sac, on délaye dans l'eau de la terre argileuse bien douce, et on le frotte de cette substance avec une brosse à longs poils.

Un sac rempli de noir de fumée pèse de 44 à 56 kilogrammes ; 1000 kilogrammes de houille donnent environ 33 kilogrammes de noir de fumée, et de 400 à 500 kilogrammes de coke.

Le noir de fumée commercial n'est pas du charbon pur. M. Braconnot a fait l'analyse d'un noir de fumée provenant sans doute de la houille et de débris résineux ; il y a trouvé les matières suivantes :

Carbone	79,1
Matière résinoïde	5,3
Matière bitumineuse	1,7
Ulmine	0,5
Sulfate d'ammoniaque	3,3
Sulfate de potasse	0,4
Sulfate de chaux	0,8
Phosphate de chaux très-ferrugineux	0,3
Chlorure de potassium	trace
Sable quartzeux	0,6
Eau	8,0
	100,0

On épure le noir de fumée de toutes ces matières, sauf le sable, en le calcinant, fortement tassé dans des cylindres en tôle empilés dans un four, et qui s'ouvrent en deux au moyen de charnières, pour qu'on puisse retirer le noir après la calcination ; on le lave ensuite à l'acide chlorhydrique étendu, et enfin avec de l'eau pure.

NOISETTE. *Voy.* HUILES.

NOIX. *Voy.* HUILES et CORPS GRAS.

NOIX DE MUSCADE. *Voy.* HUILES et CORPS GRAS.

NOMENCLATURE CHIMIQUE. — La nomenclature chimique a pour but de faciliter l'étude de la science en indiquant la nature des corps composés, et certaines propriétés ou proportions de leurs combinaisons. Quant aux corps simples, leurs noms se rapportent souvent à quelque propriété spéciale, ce qui est sans véritable importance.

On a rangé les corps simples en deux classes : les métalloïdes ou non métalliques, au nombre de 15, et les 46 métaux, en tout 61 corps simples ou éléments.

Oxygène, — du grec ὀξύς, aigre, et de γεννάω, engendrer. C'est ce gaz qui produit les acides.

Azote, — de *à* priv. et ζάω, vivre, ou ζωή, vie; gaz impropre à la vie.

Bore, — solide extrait, en 1808, de l'acide *borique*, lequel se tire lui-même d'un sel apporté de l'Inde, et connu depuis longtemps sous le nom de *borax*.

Brome, — de βρῶμος, puanteur.

Carbone, — charbon pur. Le charbon du foyer contient de l'hydrogène et de la cendre : en le chauffant très-fortement dans un creuset ouvert, on chasse les matières étrangères et l'on obtient du charbon pur appelé *carbone*.

Chlore. — χλωρός, jaunâtre. On a cru longtemps que ce corps était composé, et on lui donnait le nom d'*acide muriatique oxygéné*.

Fluor. — On n'a pas encore pu l'obtenir isolé.

Hydrogène, — de ὕδωρ, eau, et γεννάω, engendrer. Ce gaz entre dans la composition de l'eau.

Iode, — découvert en 1813. Il est bleuâtre, presque violet; son nom vient d'ἰώδης, violet.

Phosphore, — de φῶς, lumière, et φέρω, porter, parce qu'il brille dans l'obscurité.

Soufre, — connu de toute antiquité.

Sélénium, — découvert par Berzelius, chimiste suédois. « Je lui ai donné, dit-il, le nom de sélénium, dérivé de σελήνη, *lune*, pour rappeler son analogie avec le tellure. »

Silicium, — de silex, *silice*, pierre dont il est le radical.

Aluminium, — du latin *alumen*, alun. L'alun est un sulfate double d'alumine et d'ammoniaque, ou de protoxyde de potassium et d'eau. On appelle *alumine* l'oxyde d'aluminium.

Antimoine, — du grec ἀντί, contraire, et du mot français *moine*. *Voy.* le mot ANTIMOINE.

Argent, — connu de toute antiquité.

Arsenic, — de ἄρσην, *mâle* ou *homme*, et de νικᾶν, *vaincre, tuer*; poison redoutable.

Barium ou *Baryum*, — base de la *baryte*, de βαρύς, pesant, à cause de sa grande pesanteur spécifique. Découvert par Scheele (1774).

Bismuth.

Cadmium, — de καδμεία, nom donné par les Grecs à la *calamine*, espèce de carbonate de zinc d'où on le retire.

Calcium, — de *calx*, chaux.

Cerium, — extrait de la *cérite* par Berzelius, en 1804.

Chrome, — de χρῶμα, couleur. Ce métal forme avec presque tous les corps des composés colorés, dont quelques-uns sont employés en peinture.

Cobalt.

Cuivre.

Didyme, — δίδυμος, *jumeau*, parce qu'il était uni au lanthane quand on l'a découvert, en 1840.

Erbium, — les mots *erbium* et *terbium* ont été formés d'*ytterby*, parce que c'est dans l'vttria que M. Mosander les a découverts,

en 1843. *Voy.* plus bas *Terbium* et *Yttrium*.

Étain, — connu de toute antiquité.

Fer, — connu de toute antiquité.

Glucinium, — de γλυκύς, doux. Extrait de la *glucine* par Wohler. Cette dernière substance est un oxyde de *glucinium* qu'on trouve dans les émeraudes et les euclases. On l'a appelée *glucine*, parce que les sels solubles qu'elle forme sont doux et sucrés.

Iridium, — de *iris*, arc-en-ciel, parce que ses dissolutions en présentent les couleurs.

Lanthane, — de λανθάνω, *caché*, ainsi nommé, parce que, uni à l'oxyde de cérium dans la proportion de 2 à 3, il n'en change pas sensiblement les propriétés, de sorte qu'il s'y tient pour ainsi dire *caché*.

Lithium, — de λίθειος, *lapideus*; c'est le radical de la *lithine*; ainsi nommé parce qu'on le trouva d'abord dans le règne minéral.

Magnésium. — Les mots *magnésie, lapis magnesius*, viennent peut-être, dit un auteur, de ce que le minerai, appeé autrefois *magnésie*, happe la langue et semble l'attirer comme l'aimant attire le fer.

Manganèse. — Le peroxyde de manganèse naturel est appelé *magnésie noire*. Quand on eut isolé le métal, vers 1774, on le nomma d'abord *magnesium*, ensuite *manganium*, et enfin *manganesium*.

Mercure, — nom donné par les alchimistes. Ils l'appelaient aussi *vif-argent* ou *hydrargyrum*, parce que, selon eux, ce n'était que de l'argent liquide.

Molybdène, — de μολύβδαινα, *plombagine*, parce que, combiné avec le soufre, il ressemble à la mine de plomb.

Nickel, — extrait du minéral que les Allemands appellent *kupfer-nickel* ou *faux cuivre*. Il a été découvert par Cronstedt, en 1754, et le nom de *nickel* lui est resté.

Or, — connu de toute antiquité.

Osmium, — découvert, en 1803, par Tennant. L'acide osmique, en se vaporisant avec l'eau, lui donne une odeur si forte et si désagréable, qu'il est impossible de la supporter; c'est probablement ce qui a valu au métal le nom d'*osmium*, d'ὀσμή, *odeur*.

Palladium, — découvert, en 1803, par Wollaston. Nom arbitraire.

Platine, — de l'espagnol *platina* ou *plata*, argent, ainsi nommé à cause de sa couleur. Découvert par don Antonio de Ulloa, vers 1735.

Plomb, — connu de toute antiquité.

Potassium, — radical de la potasse.

Rhodium, — nom arbitraire donné par Wollaston, qui a découvert ce métal en 1803.

Sodium, — radical de la soude.

Strontium, — découvert dans un minéral venu de Strontian, en Ecosse.

Tantale ou *Colombium*, — découvert, en 1801, dans un minéral venu d'Amérique, et appelé *colombium*, pour rappeler le nom de Christophe Colomb. Un chimiste suédois, l'ayant découvert presque en même temps, lui donna le nom de *tantale*, qui paraît avoir prévalu.

Terbium.

Tellure, — nom arbitraire imaginé par Klaproth.

Thorium ou *Thorinium*, — de *Thor*, ancienne divinité scandinave.

Titane, — nom arbitraire donné par Klaproth.

Tungstène, — nom qui signifie *terre pesante*.

Urane, — nom arbitraire donné par Klaproth.

Vanadium, — du nom de *Vanadès*, ancienne divinité des Scandinaves.

Yttrium. — En 1794, Gadolin trouva près d'Ytterby, en Suède, une substance particulière qu'il appela *yttria*, du nom même de l'endroit où il l'avait rencontrée. En 1827, Wohler a reconnu que ce corps était un composé d'oxygène et d'un certain métal qu'on a appelé *yttrium*.

Zinc, — de l'allemand *zinn*. Les Grecs lui avaient donné le nom de *cadmia*, en mémoire de Cadmus, qui leur avait appris à s'en servir pour faire le laiton.

Zirconium, — radical de la *zircone*, oxyde qu'on a trouvé dans la pierre appelée *zargon* ou *zircon* de Ceylan.

On doit ajouter à cette liste le *niobium*, l'*ilmenium*, le *pelopium* et le *ruthenium*, métaux récemment découverts et encore peu étudiés.

Les corps simples sont divisés en deux grandes séries : la première comprend l'oxygène, l'hydrogène, le carbone, le bore, le silicium, le phosphore, le soufre, le sélénium, le chlore, le brome, l'iode, le fluor, l'azote. Ces corps ont pour caractères communs de conduire mal la chaleur et l'électricité ; on les désigne sous le nom de *métalloïdes*. Tous les autres, au contraire, conduisent bien la chaleur et l'électricité ; on les appelle *métaux*. On remarque que généralement les métalloïdes s'unissent bien aux métaux, et qu'ils sont électro-négatifs par rapport à ces derniers.

La nomenclature chimique actuellement adoptée est une œuvre admirable qui ne date que de la fin du xviiie siècle. Les noms anciennement employés pour désigner les produits chimiques étaient enfantés par le caprice : chacun donnait au composé qu'il découvrait le nom que son imagination lui suggérait, et très-peu d'entre eux avaient une signification appropriée à la nature des corps qu'ils devaient faire connaître ; les apparences physiques les plus légères suffisaient pour légitimer le choix des noms. Ainsi il y avait des *fleurs* d'antimoine, de zinc, de benjoin ; des *beurres* d'antimoine, d'étain ; des *huiles* de vitriol, de tartre par défaillance ; et rien ne ressemble moins à des fleurs, à des beurres ou des huiles que ces divers produits. Outre la bizarrerie de ces noms, un inconvénient beaucoup plus grave était le nombre considérable des synonymies, qui s'accroissait continuellement, et qui produisait une véritable confusion des langues. Ainsi le produit que nous connaissons sous le nom de *sulfate de potasse* se nommait tantôt *arcanum duplicatum*, et tan-

tôt *sel duobus*, tantôt enfin *sel polychreste de Glaser*. On peut juger, par la singularité de ces divers noms, de ce qu'était l'ancien langage chimique, et des difficultés que devaient éprouver les élèves et les professeurs pour retenir une synonymie aussi compliquée. La nomenclature actuelle est un chef-d'œuvre de clarté ; elle repose sur un petit nombre de règles bien précises. Son adoption a certainement contribué aux progrès que la chimie a faits depuis un demi-siècle. On conçoit sans peine qu'un langage analytique aussi précis, qui n'admet rien d'arbitraire, qui non-seulement s'adapte aux faits connus, mais prévoit, pour ainsi dire, les découvertes à venir, a dû, en servant de lien commun aux savants de tous les pays, contribuer à rendre plus faciles leurs rapports mutuels. L'idée première de la nomenclature appartient à Guyton de Morveau, qui présenta son projet à l'Académie des sciences. Cette société désigna Lavoisier, Berthollet et Fourcroy, pour l'examiner. La nomenclature méthodique, qui parut en 1787, fut l'œuvre commune de ces quatre illustres chimistes : elle fut bientôt adoptée par les savants de tous les pays.

Avant de terminer ce précis historique, rappelons quelques-unes des paroles mémorables de Lavoisier sur la nomenclature chimique. « C'est, dit-il, en m'occupant de ce travail que j'ai mieux senti que je ne l'avais encore fait jusqu'alors, l'évidence des principes qui ont été posés par Condillac dans sa *Logique* et dans quelques autres de ses ouvrages. Il y établit que *nous ne pensons qu'avec le secours des mots ; que les langues sont de véritables méthodes analytiques ; que l'algèbre étant la plus simple, la plus exacte et la mieux adaptée à son objet de toutes les manières de s'énoncer, est à la fois une langue et une méthode analytique ; enfin, que l'art de raisonner se réduit à une langue bien faite.*

« L'impossibilité d'isoler la nomenclature de la science, et la science de la nomenclature, tient à ce que toute science physique est nécessairement formée de trois choses : la série des faits qui constituent la science, les idées qui les rappellent, les mots qui les expriment. Le mot doit faire naître l'idée, l'idée doit peindre le fait : ce sont trois empreintes d'un même cachet ; et comme ce sont les mots qui conservent les idées et qui les transmettent, il en résulte qu'on ne peut perfectionner le langage sans perfectionner la science, ni la science sans le langage, et que, quelque certains que fussent les faits, quelque justes que fussent les idées qu'ils auraient fait naître, ils ne transmettraient encore que des impressions fausses, si nous n'avions pas des expressions exactes pour les rendre. »

Exposons maintenant les principes de la nomenclature chimique actuelle. Pour les corps simples, les noms sont indépendants de toute règle ; ils doivent seulement se prêter facilement à la composition de noms plus complexes ; c'est pour les corps composés que la nomenclature méthodique est admirable : son usage a rendu à la science d'immenses services et en facilite singulièrement l'étude.

Il est une loi générale des combinaisons avec laquelle la nomenclature actuellement en usage est presque toujours d'accord, et qu'il serait convenable d'observer toujours, que nous allons développer avant d'entrer dans les détails. Deux, trois, quatre corps simples ou éléments, et très-rarement plus, entrent dans la composition des corps composés; mais, quel que soit le nombre des éléments, il paraît généralement vrai que les corps simples sont unis seulement par deux forces antagonistes qui se neutralisent. Les analyses que nous pouvons facilement effectuer au moyen de la pile voltaïque nous offrent une représentation aussi simple qu'élégante de cette manière de voir. Les deux pôles d'une pile en activité peuvent nous représenter deux forces antagonistes. Quand un composé binaire est placé dans la sphère d'activité de cette pile, un des éléments de ce composé se rend à un pôle, l'autre gagne le pôle opposé. Quand un composé ternaire est soumis à la même influence et que l'action est convenablement modérée, à chaque pôle se rend une combinaison binaire ayant des propriétés antagonistes. Il en est de même pour un composé quaternaire, et successivement. Ainsi nous pouvons considérer un composé, quel que soit le nombre de ses éléments, comme formé de deux corps simples ou de deux composés antagonistes. On forme la nomenclature du composé en formant le nom du genre avec le nom de l'élément électro-négatif ou celui qui se rend au pôle positif de la pile, et le nom spécifique avec l'élément électro-positif.

Le principe essentiel de la nomenclature des corps composés est de donner une idée exacte de la nature d'un corps en énonçant son nom.

Combinaisons binaires de l'oxygène. — Le nombre, l'importance des combinaisons de l'oxygène, et l'espèce de prépondérance exclusive que lui ont accordée les fondateurs de la nomenclature, nous engagent à commencer par exposer la nomenclature des combinaisons binaires de l'oxygène. Pour former le nom du composé, voici les différentes conditions auxquelles on a eu égard : 1° l'acidité ou la non-acidité du composé; les composés oxygénés, qui rougissent la teinture du tournesol, sont considérés comme acides et nommés *oxacides ;* les composés oxygénés, qui n'ont point d'action sur cette couleur, sont nommés *oxydes ;* 2° la nature du corps qui est uni à l'oxygène; 3° les différentes proportions suivant lesquelles ces corps sont susceptibles de s'unir entre eux. Ainsi, lorsqu'on veut désigner une combinaison binaire de l'oxygène qui est acide, on emploie d'abord le nom générique d'oxacide, ou, par abréviation, simplement le nom d'*acide.* Le nom spécifique est formé par le nom du corps simple qui est uni à l'oxygène; ce nom est ordinairement latinisé. En terminant ce mot par

les désinences *ique* ou *eux*, ou le faisant précéder par la préposition *hypo* (1), on indique les diverses proportions suivant lesquelles ce corps simple est uni à l'oxygène. On est convenu que la terminaison *ique* indique plus d'oxygène que la terminaison *eux*, et enfin, que la préposition *hypo* exprime toujours une proportion d'oxygène plus faible que le mot spécifique terminé en *ique* ou en *eux*. Pour éclaircir cette explication, citons un corps qui peut former avec l'oxygène quatre combinaisons qui peuvent être distinguées par les désinences et la préposition.

Le soufre forme avec l'oxygène quatre acides : inscrivons d'abord pour les quatre le nom *acide;* en prenant le nom *sulfur* et en y ajoutant la terminaison *ique*, nous avons le nom acide sulfurique; il indique la combinaison de l'oxygène qui contient le plus de soufre: En joignant la préposition *hypo* au mot sulfurique, nous formons le nom d'*acide hyposulfurique*, et nous désignons ainsi l'oxacide le plus oxygéné du soufre après le précédent. En changeant la terminaison *ique* par la terminaison *eux*, nous formons le nom d'*acide sulfureux*, qui désigne l'oxacide qui contient le plus d'oxygène après le précédent. Enfin, en joignant la préposition *hypo* à *sulfureux*, nous formons le nom d'*acide hyposulfureux*, qui indique l'oxacide du soufre le moins oxygéné.

Pour quelques acides dont le degré d'oxygénation s'élève, on ajoute la préposition *hyper* (2); ainsi on dit *acide hyperchlorique*.

Dans ces exemples, que l'on pourrait beaucoup multiplier, l'oxygène est le corps acidifiant : de là vient son nom. Mais depuis que l'on sait qu'il existe des acides exempts d'oxygène, on a formé leur nom de leurs composants en y joignant la terminaison *ique* : on dit donc acides *chlorhydrique, bromhydrique, iodhydrique*, pour désigner les acides formés de chlore, ou de brome, ou d'iode et d'hydrogène.

Nomenclature des acides binaires non acides. — Lorsqu'un corps ne forme qu'une seule combinaison avec l'oxygène, on la désigne en énonçant le nom générique d'oxyde, puis le nom du corps qui est uni à l'oxygène : par exemple, on dit oxyde d'aluminium pour désigner l'unique combinaison de ce métal avec l'oxygène; dans le cas où un corps s'unit en plusieurs proportions avec l'oxygène, on fait précéder le mot oxyde des particules dérivées du grec : *proto* pour le premier degré, *deuto* pour le second degré, *trito* pour le troisième, et enfin *tetr* pour le quatrième degré d'oxydation; on désigne quelquefois l'oxyde le plus oxygéné par le mot de *peroxyde*. Berzelius, considérant que, d'après cette méthode, on assigne des noms qui ne sont exacts qu'en égard à nos connaissances du moment, et que ces noms sont peu maniables dans la nomenclature des combinaisons plus com-

(1) Du grec ὑπό, sous.
(2) Du grec ὑπέρ, sur, au-dessus.

plexes, emploie le même principe que nous avons indiqué pour désigner les divers degrés d'oxydation dans les acides; il désigne par la terminaison en *eux* l'oxyde contenant le moins d'oxygène; ainsi oxyde ferreux indique l'oxyde qui contient le moins d'oxygène, et oxyde ferrique celui qui en contient le plus. En faisant précéder le mot oxyde des prépositions *sus*, *sous* et *sur*, on peut indiquer un grand nombre de combinaisons différentes.

Nomenclature des composés binaires non oxygénés. — Quand ces composés sont acides, on énonce d'abord le mot acide, puis un nom qui rappelle l'élément électro-négatif; ainsi pour chlore chloro, brome bromo, etc. ; puis le nom qui rappelle le nom du corps électro-positif. Ainsi on dira, pour désigner la combinaison acide du chlore avec le phosphore, acide chlorophosphorique, etc. Berzelius, pour désigner une pareille combinaison, fait suivre de la terminaison *ide* le nom du corps électro-négatif ou comburant; ainsi il dit sulfide, chloride, etc.

Pour les composés binaires non oxygénés, non acides, le nom générique est formé du nom du comburant, ou de l'élément électronégatif, auquel on adjoint la terminaison en *ure;* ainsi on dit chlorure, sulfure, iodure, etc. Quand ils forment plusieurs composés, ou bien on les fait précéder des prépositions *proto, deuto, trito,* etc., ou bien, en suivant la marche indiquée par Berzelius, on termine le nom spécifique par les désinences *ique, eux.* Ainsi, pour désigner les combinaisons du chlore avec le fer, on dit protochlorure de fer, deutochlorure de fer, ou bien chlorure ferreux, chlorure ferrique.

L'usage a consacré plusieurs exceptions à ces règles générales; nous les ferons connaître en traitant des corps auxquels elles se rapportent.

Nomenclature des sels. — Nous allons terminer cet exposé rapide des bases de la nomenclature en indiquant de quelle manière sont établis les noms des sels. Les sels sont formés par l'union de deux principes antagonistes, dont l'un jouit de propriétés acides et l'autre de propriétés alcalines. Par leur union, en de certaines limites, ces propriétés contraires sont neutralisées. Quand aucun des principes antagonistes ne prédomine, les sels sont dits *neutres;* quand l'acide prédomine, ils sont dits *acides;* on les nomme basiques quand la base ou le principe alcalin se trouve dominant.

Autant on compte d'acides, autant on compte de genres de sels. Pour nommer un sel, on a égard à trois choses : 1° à la nature de l'acide ; 2° à la base salifiable ; 3° aux proportions suivant lesquelles l'acide et la base sont susceptibles de se combiner : le nom générique rappelle le nom de l'acide, le nom spécifique celui de la base.

Première règle. — Tout acide dont la terminaison est en *ique* donne un nom dont la terminaison est en *ate;* tout acide dont la terminaison est en *eux* donne un nom dont

la terminaison est en *ite.* Ex : acide sulfurique donne sulfate ; sulfureux, sulfite; hyposulfurique, hyposulfate ; hyposulfureux, hyposulfite.

Deuxième règle. — On forme le nom spécifique en désignant la base avec laquelle l'acide est uni ; ainsi, pour nommer la combinaison de l'acide sulfurique avec le protoxyde de fer, on dit sulfate de protoxyde de fer, ou plus simplement, d'après Berzelius, sulfate ferreux.

Troisième règle. — Quand la combinaison est aussi voisine que possible de l'état neutre, la règle est d'énoncer simplement le nom du genre de sel qu'il s'agit de nommer, et ensuite celui de la base de ce même sel ; si la proportion de l'acide excède celle qui constitue le sel neutre, on joint au mot générique la préposition *sur;* si la proportion de la base excède celle qui constitue le sel neutre, on joint au nom générique la préposition *sous;* mais l'expérience nous ayant appris que les diverses proportions d'acide qui s'unissent à une base, ou réciproquement, sont entre elles comme les nombres 1, 1 ¼, 2, 3, 4, etc., on exprime dans la nomenclature ces rapports avec exactitude ; pour les sur-sels, la quantité étant supposée égale à 1 dans le sel neutre, on remplacera la préposition *sur* par les mots *sesqui, bi, tri, quadri,* etc.; suivant que les proportions correspondront à 1 ¼, 2, 3, 4 ; et ces mots précéderont le nom générique ; pour les sous-sels, ils précéderont au contraire le nom spécifique. Ainsi, bisulfate de potasse s'applique à la combinaison d'acide sulfurique et de potasse dans laquelle il y a deux fois plus d'acide que dans le sel neutre. Acétate triplombique s'applique à la combinaison d'acide acétique et d'oxyde de plomb, dans laquelle il y a trois fois plus d'oxyde plombique ou de base que dans le sel neutre.

Au moyen de cette nomenclature, la mémoire la moins heureuse peut retenir les noms qui désignent un nombre considérable de composés; cette langue chimique possède encore le précieux avantage d'indiquer la nature des corps qui entrent dans le composé, et les proportions dans lesquelles ils sont unis.

Ammoniaque et bases organiques. — L'ammoniaque, azoture d'hydrogène, composée d'hydrogène et d'azote, ainsi que diverses substances organiques formées de carbone, d'hydrogène, d'oxygène et d'azote, peuvent saturer les acides et former des sels; ce sont donc aussi des bases salifiables comme les oxydes des divers métaux.

Oxydes qui jouent le rôle d'acides. — Un certain nombre d'oxydes, basés avec la plupart des acides, peuvent remplir, vis-à-vis des bases énergiques, les fonctions d'acide. Ces combinaisons se désignent comme les autres sels : ainsi les oxydes d'étain, de zinc, d'aluminium, qui s'unissent aux oxydes de potassium et de sodium, forment des *stannates,* des *zincates* et des *aluminates* de protoxydes de potassium ou de sodium.

Hydrates. — L'eau peut former, avec plusieurs oxydes, des combinaisons plus ou moins énergiques que l'on nomme *hydrates;* tels sont les hydrates de chaux, de potasse, de soude (ou d'oxydes de calcium, de potassium, de sodium).

Combinaisons des métaux entre eux. — On les appelle *alliages,* et le nom de chaque métal, entrant dans la combinaison, est indiqué : on dit donc *alliage de plomb et d'étain, alliage d'or, d'argent et de cuivre.* Ces combinaisons peuvent être fort complexes et se former en diverses proportions. Certains alliages ont reçu des noms abrégés : ainsi, les alliages de cuivre et d'étain, auxquels peuvent se joindre en plus faibles doses plusieurs autres métaux (zinc, argent, plomb, fer), sont appelés *bronzes,* l'alliage de cuivre 75 à 80 avec 25 à 20 de zinc se nomme *laiton.* Enfin, lorsque le mercure fait partie d'un alliage, on peut supprimer le nom de ce métal en désignant le composé par le nom d'*amalgame,* ainsi on dit *amalgame d'or, amalgame d'argent,* etc., pour indiquer les composés de mercure et d'or ou de mercure et d'argent.

Oxydes unis aux combinaisons des métalloïdes avec les métaux. — On les désigne en ajoutant le mot *oxy* au nom de ces dernières combinaisons : ainsi la chaux (oxyde de calcium) unie au sulfure de calcium est un *oxysulfure* de calcium ; l'oxyde de mercure uni au chlorure de mercure est l'*oxychlorure* de mercure.

Combinaisons doubles entre les composés d'un métalloïde et d'un métal. — L'addition du mot *double* suffit pour les caractériser : ainsi, l'on dit chlorure *double* de platine et de potassium, sulfure *double* d'antimoine et de potassium.

Composés organiques. — Les principes immédiats des deux règnes sont formés d'oxygène, d'hydrogène, de carbone, d'azote, unis au nombre de deux, de trois ou de quatre de ces éléments. Celles de ces combinaisons qui jouent le rôle d'acides ont en général des noms terminés en *ique* : acides *oxalique, acétique, tartrique,* etc.; les sels qu'ils forment en s'unissant aux bases inorganiques (minérales) ou organiques se désignent en changeant en *ate* la terminaison de l'acide, et ajoutant le nom de l'oxyde ou seulement du métal, ou de la base quelconque ; ainsi, on désigne les combinaisons des trois acides ci-dessus avec la potasse ou l'oxyde de plomb par les noms suivants : *oxalates, acétates, tartrates* de potasse ou de plomb.

NUAGES. *Voy.* Eau.

NUTRITION DES PLANTES. — Une plante provient toujours d'une semence qui a été fécondée et enfouie dans la terre plus ou moins profondément. Pour que cette semence, qui renferme une petite plante emprisonnée dans des enveloppes, puisse se développer, germer, il faut qu'elle se trouve dans des conditions favorables, c'est-à-dire qu'elle ait été fécondée, qu'elle soit arrivée à une maturité complète, qu'elle ne soit pas trop desséchée, qu'elle soit débarrassée des animalcules qui pourraient la ronger dans la terre et l'em-

pêcher de germer ; il faut ensuite qu'elle soit exposée à une douce température qui varie de 10° à 30° ; il faut qu'elle soit en contact avec de l'eau ; enfin, qu'elle soit soustraite à l'action d'une trop vive lumière et au contact de l'air. L'oxygène, en agissant sur la semence, produit de l'acide acétique et de l'acide carbonique. La production du premier de ces acides peut être prouvée en faisant germer des graines de froment, de chanvre, de lentilles, dans un milieu composé de carbonate de chaux bien lavé ; à la fin de l'expérience, on trouve que ce sel est passé en partie à l'état d'acétate de chaux. On peut se convaincre de la formation de l'acide carbonique dans la germination. On trouve, à la fin de l'expérience, qu'une partie de l'oxygène a disparu et a été remplacée par un volume égal d'acide carbonique.

Quand, par l'effet de la germination, la plante a pris naissance, elle continue toujours à croître, en s'assimilant de nouveaux aliments qu'elle puise dans les milieux avec lesquels elle se trouve en rapport. La masse principale de tous les végétaux se compose de combinaisons qui renferment du carbone et les éléments de l'eau, et cela dans les proportions pour faire de l'eau : tels sont le *ligneux,* la *fécule,* le *sucre,* la *garance.* Dans une autre classe de composés carbonés, constituant certaines parties des plantes, on trouve, outre le carbone, les éléments de l'eau, plus une certaine quantité d'oxygène; elle comprend, à peu d'exceptions près, les nombreux acides organiques que l'on rencontre dans les végétaux.

Enfin, une troisième classe embrasse des combinaisons de carbone et d'hydrogène qui tantôt ne renferment pas d'oxygène, tantôt ne contiennent qu'une quantité d'oxygène moindre que celle qu'il faudrait pour former de l'eau avec de l'hydrogène. Les huiles volatiles et les huiles grasses, la cire et les résines, appartiennent à cette classe de combinaisons. Plusieurs d'entre elles jouent le rôle d'acides. Les acides organiques proprement dits ne manquent dans aucune plante ; ils constituent une partie des sucs végétaux et s'y trouvent presque toujours, à peu d'exceptions près, combinés à des oxydes métalliques. Ces derniers se rencontrent dans presque tous les végétaux et restent, après leur incinération, dans les cendres où ils peuvent être retrouvés.

L'azote est un constituant de l'*albumine végétale* et du *gluten.* Dans les végétaux, on le rencontre encore engagé dans certains acides, dans certains corps indifférents, et dans plusieurs combinaisons qui présentent toutes les propriétés des oxydes métalliques et qui portent le nom de bases végétales ou d'*alcaloïdes.*

Sous le rapport du poids, l'azote forme la plus petite portion de la masse des plantes ; cependant cet élément ne manque dans aucune plante et se rencontre dans tous les organes. S'il ne fait pas précisément partie de la constitution des organes, il se trouve néanmoins, en toutes circonstances, dans la sève dont ces organes sont imprégnés.

Le développement d'une plante dépend, d'après cela, soit de la présence d'une combinaison carbonée qui fournisse le carbone, soit de la présence d'une combinaison azotée qui offre l'azote ; outre cela, les végétaux exigent pour se développer la présence de l'eau et de ses éléments, et d'un terrain qui renferme les matières inorganiques sans lesquelles les plantes ne sauraient exister.

La première question que l'on puisse se proposer sur la nutrition des plantes, c'est la détermination du mode d'assimilation du carbone dans les plantes. Cette question, qui, au premier abord, paraît très-simple, a été cependant très-controversée.

Un grand nombre de physiologistes considèrent l'*humus*, qui est une partie du terreau, comme le principal aliment des plantes, comme la matière que la plante doit s'assimiler et dont la présence est la condition essentielle de la propagation de l'espèce et de la propagation des races. Cet *humus* est le produit de la putréfaction et de la combustion lente des végétaux et de leurs diverses parties. Cette matière, qui est brune, peu soluble dans l'eau, plus soluble dans les alcalis, a reçu, à cause de la diversité de ses caractères extérieurs et de ses réactions chimiques, plusieurs dénominations, telles que : *acide ulmique, humine, géine, acide géique*, etc. On l'obtient en traitant la tourbe, la fibre ligneuse, la suie, les lignites, etc., par des alcalis ; ou en décomposant le sucre, la fécule, la lactine, etc., par des acides ; ou bien encore en mettant au contact de l'air des solutions alcalines d'acide gallique ou de tannin. Les modifications solubles dans les alcalis portent de préférence le nom d'*acide ulmique*, et celles qui y sont insolubles s'appellent simplement *ulmine*. Toutes ces matières, obtenues par les procédés que nous venons d'indiquer, sont loin d'être identiques. Ainsi l'acide ulmique, retiré de la sciure de bois par la potasse, contient 72 pour 100 de carbone d'après M. Péligot ; celui qu'on retire de la tourbe et du lignite en contient 58 pour 100 d'après Sprengel ; suivant M. Malagutti, celui qu'on produit avec le sucre et l'acide sulfurique étendu en contient 57 pour 100 ; enfin, d après M. Stein, celui qu'on prépare avec le sucre et l'amidon, par l'action de l'acide chlorhydrique, contient 64 pour 100 de carbone. Ces résultats ont été vérifiés avec soin par d'autres chimistes. D'après les mêmes travaux, les proportions d'oxygène et d'hydrogène ne sont pas les mêmes dans ces différentes variétés d'acide ulmique.

Il faut donc conclure de là que les chimistes ont confondu sous un même nom tous les produits de la décomposition des matières organiques qui présentent une couleur brune ou brun noir, et qu'ils les ont appelés acide ulmique ou ulmine, suivant qu'ils étaient solubles ou insolubles dans les alcalis.

Les physiologistes supposent donc que l'humus du terreau est absorbé par les racines des plantes, et que le carbone de cet humus sert d'aliment à ces plantes. Ce qui les portait à adopter immédiatement une pareille

opinion, c'est la dissemblance qu'ils remarquaient dans la prospérité des mêmes plantes cultivées dans des terrains que l'on savait différer, sous le rapport de la richesse, en humus. Cependant, par un examen rigoureux, on reconnaît, de la manière la plus évidente, que l'acide ulmique, dans la forme sous laquelle il est contenu dans le sol, ne contribue en rien à la nutrition des plantes.

Pour réfuter l'opinion des physiologistes, nous remarquerons d'abord qu'ils s'accordent à dire que l'humus acquiert, par l'intermédiaire de l'eau, la faculté d'être absorbé par les racines. Or les chimistes ont trouvé que l'acide ulmique n'est soluble dans l'eau qu'autant qu'il n'a pas encore été séché, et perd entièrement sa solubilité une fois qu'il a été desséché à l'air. Il devient également insoluble lorsque l'eau qu'il renferme se congèle. Ainsi, le froid de l'hiver et les chaleurs de l'été privent nécessairement l'acide ulmique de sa solubilité et le rendent par conséquent impropre à l'assimilation. L'hypothèse ne peut alors se soutenir qu'en admettant que la chaux, et en général les alcalis que l'on rencontre dans les plantes, soient les médiateurs de sa solubilité, et, partant, de son assimilation. Comme les divers terrains renferment des alcalis et des terres alcalines en quantité suffisante, il faut examiner cette nouvelle phase de la question et démontrer qu'elle est aussi erronée.

En effet, on a trouvé que 2500 mètres carrés de forêt donnent par an, terme moyen, 1325 kilogrammes de bois de sapin, contenant en tout 2 kil. 8 d'oxydes métalliques basiques. Mais cette quantité d'oxydes peut se combiner avec un poids de 30 kil. 5 d'acide ulmique ; or la quantité de carbone de cet acide ulmique diffère énormément du carbone contenu dans le bois que la même terre a donné, savoir 1325 kilogrammes.

D'autres considérations d'un ordre plus élevé réfutent la théorie ordinaire de l'influence de l'acide ulmique dans la végétation d'une manière tellement décisive, qu'on a de la peine, à la vérité, à comprendre comment une pareille opinion a pu être soutenue avec ardeur.

Les diverses plantes que l'on cultive dans les champs et que nous recueillons, comme les bois, les blés, le foin, etc., présentent des différences énormes sous le rapport de leur masse, mais non sous celui du carbone qu'elles contiennent, comme nous allons le voir.

1° Pour 2500 mètres carrés de forêts plantées dans un terrain moyen, il croît par an, terme moyen, 1325 kilogr. de chênes, de pins, de bouleaux séchés à l'air. 2° Une prairie de la même étendue fournit environ 1250 kilogrammes de foin. 3° Un champ de la même étendue donne 900 à 1000 kilogrammes de betteraves. Le même fournit 400 kilogrammes de seigle et 890 kilogrammes de paille, en tout 1290 kilogrammes.

Or, si l'on cherche combien ces divers poids de bois, de foin, de betteraves, de seigle et de paille contiennent de carbone, on

trouvera le résultat extrêmement remarquable
qui est consigné dans le tableau suivant :

2500 m. carrés de forêt produisent 503 kil. de carb.
 Id. — de prairie . . . 504
 Id. — de terres à bet-
    teraves (feuilles
    comprises) . . 468
 Id. — de terres à céréales. 510

De ces faits irrécusables il faut conclure
que des surfaces égales de terres propres à
la culture produisent une quantité égale de
carbone ; cependant quelles différences énormes se présentent dans les conditions de
l'accroissement des plantes que l'on y cultive ! En partant de ces faits, on peut se demander où les prairies, les bois des forêts
puisent leur carbone, puisqu'on ne leur
amène pas d'engrais, et se demander encore
comment il peut arriver que ces terrains,
au lieu de s'apauvrir en carbone, s'améliorent, s'enrichissent, au contraire, de cette
substance d'année en année. Tous les ans
on enlève aux forêts et aux prairies une
certaine quantité de carbone sous forme de
bois ou de foin, et malgré cela on trouve
que le sol devient plus riche en carbone et
que la quantité d'alumine y augmente. On
dit ordinairement que, dans les terres où
l'on a cultivé des céréales, on remplace par
l'engrais le carbone qui leur a été enlevé à
l'état d'herbe, de paille ou de graines ; et
pourtant ces terres ne produisent pas plus de
carbone que les prairies et les forêts où on
ne le remplace jamais. On peut donc poser
en principe que *l'engrais ne concourt pas à
la production du carbone dans les plantes*, et
qu'il n'y exerce aucune action directe. Ce
résultat ne peut en rien infirmer l'action de
l'engrais sur les plantes, action dont nous
nous occuperons plus tard.

Lorsqu'on a voulu résoudre le problème
de l'origine du carbone dans les végétaux,
on ne s'est pas aperçu, dit Liebig, que
cette question embrasse également celle de
l'origine de l'humus. D'après ce que nous
savons, l'humus est un produit de la putréfaction et de la combustion lente des plantes
ou des parties des plantes ; il ne peut donc
pas exister d'humus originel, de terreau primitif ; car avant l'humus il y avait des plantes. Où ces plantes ont-elles puisé leur carbone ? et si c'est dans l'atmosphère, sous
quelle forme le carbone est-il contenu dans
l'atmosphère. On sait que l'air est toujours
constant dans sa composition, c'est-à-dire
que dans toutes les saisons et dans tous les
climats, on y a trouvé toujours 21 volumes
d'oxygène pour 100, avec des différences si
peu sensibles, qu'il faut nécessairement les
attribuer à des erreurs d'observation. On sait
aussi que l'air ordinaire renferme toujours
une petite proportion d'acide carbonique qui
s'élève à $\frac{1}{1000}$. Cette quantité varie suivant
les saisons, mais reste constante pour des
années différentes. Si les quantités énormes
d'acide carbonique qui s'écoulent tous les
ans dans l'atmosphère ne disparaissent pas,
par un effet quelconque, il faudrait nécessairement que la proportion en augmentât de

plus en plus, ce qui serait contraire à tou
tes les observations qui ont été faites.

On conçoit aisément que les quantités d'a-
cide carbonique et d'oxygène qui, durant des
siècles, sont ainsi demeurées constantes, doivent avoir une certaine relation entre elles,
c'est-à-dire qu'il doit exister deux causes,
l'une qui empêche l'accumulation de l'acide
carbonique en éloignant, en détruisant constamment celui qui est engendré, et l'autre
qui remplace continuellement l'oxygène que
l'air perd par les phénomènes de combustion,
de putréfaction et de respiration. Or ces
deux causes se trouvent réunies dans l'acte
vital des plantes.

L'air atmosphérique est le seul gaz qui
soit réellement apte à la nutrition et à l'accroissement des plantes. L'acide carbonique
renfermé dans cet air joue dans cette action
un rôle extrêmement actif et important ; car
tout le monde peut s'assurer, par des moyens
très-simples, que *les feuilles et les parties
vertes de toutes les plantes décomposent, sous
l'influence des rayons solaires, l'acide carbonique de l'air, s'emparent du carbone et exhalent un volume d'oxygène égal à celui de l'acide
carbonique décomposé.* Pour vérifier ce fait
important, il suffira d'exposer aux rayons
solaires une cloche renfermant un volume
donné d'acide carbonique et des parties vertes d'une ou de plusieurs plantes. La cloche
repose sur une cuve à mercure ou à eau ;
cette disposition permet, pendant le cours de
l'expérience, de se convaincre que le volume
du gaz de la cloche ne varie pas du tout. On
reconnaît aussi que l'acide carbonique de
la cloche et de la dissolution a disparu complétement, et se trouve remplacé par de l'oxygène pur. Dans une eau exempte d'acide
carbonique, ou qui renferme un alcali préservant cet acide de l'assimilation, les plantes
n'émettent pas de gaz.

Il résulte d'expériences rigoureuses de
Théodore de Saussure, que la plante augmente
de poids à mesure qu'elle dégage de l'oxygène
et qu'elle décompose l'acide carbonique. Cette
augmentation de poids est plus forte que
celle qui équivaudrait seulement à la quantité de carbone absorbée, ce qui prouve clairement que la plante s'assimile en même
temps les éléments de l'eau. Les plantes
sont donc une source intarissable de l'oxygène le plus pur ; elles réparent incessamment les pertes que l'acte respiratoire fait
éprouver à l'atmosphère. Ainsi les animaux
expirent du carbone, et les végétaux l'aspirent ; donc le milieu dans lequel le phénomène s'accomplit, c'est-à-dire l'air, ne peut
changer de composition.

Lorsque les plantes sont plongées dans
l'obscurité, les parties vertes ne continuent plus à décomposer l'acide carbonique
de l'air et à s'assimiler le carbone ; elles
exhalent, au contraire, de l'acide carbonique,
et absorbent l'oxygène de l'air. Ces résultats
ont été confirmés par un grand nombre d'observateurs. L'air, qui entoure la plante plongée dans l'obscurité, diminue de volume : il
est clair alors que la quantité d'oxygène ab-

sorbée est plus grande que le volume d'acide carbonique qui est rejeté, car, sans cela, il n'aurait pas pu y avoir diminution dans le volume de l'air. L'oxygène, qui est un des plus énergiques agents de la nature, ne devra pas rester inactif et jouer un rôle passif, en arrivant sur la plante au moment où le phénomène d'assimilation, c'est-à-dire la vie végétale, a cessé sur cette plante. Une action chimique s'établit alors, par suite de l'influence de l'oxygène de l'air sur les parties constituantes des feuilles, des fleurs et des fruits. Cette action n'a rien de commun avec la vie des plantes, car dans la plante morte elle se présente absolument sous la même forme que dans la plante vivante. On peut se convaincre de ce dernier fait en prenant du bois vert, le réduisant en copeaux tenus et le plaçant sous une cloche avec de l'oxygène; on trouve toujours au commencement que le volume de ce gaz diminue.

Le gaz oxygène qui a été absorbé par la plante pendant la nuit reste en partie dans le végétal sans éprouver d'altération ; mais la plus grande partie de cet oxygène se combine avec une quantité proportionnelle du carbone de la plante, et donne naissance à de l'acide carbonique. Une portion de cet acide reste en solution dans l'eau de végétation de la plante, tandis que la plus grande partie, indécomposable par l'absence de la lumière, est rendue à l'air par une espèce de transpiration qui a lieu par l'intermédiaire des spongioles. Ainsi une partie du carbone, peut-être tout le carbone, qui s'était fixé pendant tout le jour dans le végétal, en sortira pendant la nuit sous forme d'acide carbonique, par une transpiration des feuilles. Des expériences ont démontré que la quantité de carbone rendue ainsi pendant la nuit n'est qu'une partie de celle qui a été assimilée à la plante pendant le jour, sous l'influence de la lumière solaire. L'air tendrait donc à se purifier de gaz acide carbonique, si une autre cause sans cesse agissante ne venait rétablir l'équilibre. Ce sont les animaux que la nature a chargés de ce soin important, car ces êtres n'*expirent* pas l'air tel qu'il l'ont aspiré, et ils le rendent à l'atmosphère chargé d'une forte proportion d'acide carbonique.

Les végétaux et toutes leurs parties, dès qu'ils cessent de vivre, sont sujets à deux espèces de décompositions : l'une porte le nom de *fermentation* ou de *putréfaction*, et l'autre celui de *combustion lente* ou de *pourriture sèche*. Par la pourriture sèche, les parties combustibles du corps se combinent avec l'oxygène de l'air. Par la partie essentielle des végétaux, c'est-à-dire par le ligneux, la pourriture sèche convertit l'oxygène en un volume égal d'acide carbonique; dès que l'oxygène disparaît, la pourriture s'arrête. L'accomplissement de ce phénomène de combustion exige un temps fort long : la présence de l'eau en est également une condition indispensable. Les alcalis en favorisent le progrès, les acides l'entravent. Le ligneux, dans cet état progressif de pourriture ou de com-

bustion lente, est précisément ce que nous appellerons l'*humus* ou l'*ulmine*.

Dans un sol perméable à l'air, l'humus se comporte absolument comme dans l'air lui-même, c'est-à-dire qu'il présente une source lente et continue d'acide carbonique. Autour de chaque particule de l'humus en pourriture il se forme, aux dépens de l'oxygène de l'air, une atmosphère d'acide carbonique. Par l'ameublissement du sol, on favorise l'accès de l'air à l'humus, et l'on renferme dans le sol humide ainsi préparé une atmosphère d'acide carbonique; de cette manière, on y place le premier et le plus important aliment de la jeune plante qui doit s'y développer.

Pendant toute la durée de la végétation il s'opère, dans les combinaisons déjà existantes dans les plantes, des métamorphoses par suite desquelles des sécrétions gazeuses s'échappent par les feuilles et les fleurs, tandis que des excréments solides filtrent à travers les écorces, et que des substances liquides ou solubles sont rejetées par les racines. Ces excrétions sont surtout très-abondantes à l'époque où la floraison se détermine et pendant le cours de cette floraison; elles diminuent lors de la fructification. On remarque ces excrétions dans les racines de toutes les plantes. Elles consistent en matières très-carbonées qui retournent dans le sol. Ainsi la terre reçoit, sous forme de matières solubles et putréfiables à la fois, la plus grande partie du carbone qu'elle avait cédé à la plante, sous forme d'acide carbonique, au commencement de son développement.

Ainsi ce que le sol perd pendant la vie de la plante lui est rendu ensuite avec usure : pendant le repos de la végétation, toutes les matières se pourrissent et viennent au printemps offrir à une autre végétation une nouvelle source d'aliments. Dans l'état normal de la végétation, les plantes n'épuisent pas le sol; elles le rendent au contraire de plus en plus apte à servir à une nouvelle génération, car elles rendent à la terre plus de carbone qu'elles n'en ont reçu, et c'est, comme nous l'avons vu, exclusivement l'acide carbonique de l'atmosphère qui pourvoit à l'augmentation de leur masse.

Si nous résumons ce que nous avons dit sur l'humus, nous reconnaîtrons que l'humus nourrit les plantes, non pas parce que, comme tel, il est absorbé et assimilé, mais parce qu'il présente aux racines une source alimentaire, lente et continue, une source d'acide carbonique, et qu'il entretient en activité les organes qui ne sont pas en état de puiser leurs aliments dans l'atmosphère, comme le font les feuilles.

Des plantes ont pu arriver à leur entier développement sans le concours du terreau. Ainsi, dans du poussier de charbon bien calciné, un peu lavé, on peut porter les plantes au développement le plus parfait, à la floraison et à la fructification, si l'on a soin de les maintenir humides avec de l'eau de pluie. Or, le charbon végétal est le corps le plus indifférent, le plus inaltérable que l'on connaisse ; la seule chose qu'il puisse céder de sa propre masse à la plante, c'est de la potasse et de la silice. Mais le charbon végétal possède la faculté de condenser dans ses pores de l'air et particulièrement de l'acide carbonique ; c'est donc de la même manière que l'humus qu'il pourvoit la racine d'une atmosphère d'acide carbonique et d'air, atmosphère qui se renouvelle aussi vite qu'elle est enlevée.

On sait qu'une plante ne peut pas vivre dans l'azote pur, dans l'oxygène pur et dans une atmosphère d'acide carbonique : elle ne tarde pas à périr. D'après cela, on conçoit très-bien que si l'on fait végéter une plante dans un vase clos, de manière que l'air et par conséquent l'acide carbonique ne puissent pas se renouveler, la plante, lors même qu'elle se trouve dans le terreau le plus fécond, périt absolument comme si elle était dans le vide, dans le gaz azote, ou dans l'acide carbonique. Par des raisons identiques, on ne doit pas arroser les plantes avec de l'eau distillée, mais bien, comme on le fait d'ailleurs, avec de l'eau de pluie ou de rivière; car l'eau de pluie ou de rivière renferme un principe indispensable à la vie des plantes, qui ne leur est pas offert par l'eau pure.

L'eau est indispensable à la végétation : ce liquide agit non-seulement comme dissolvant de certains principes que la plante s'assimile, mais encore comme matière alimentaire qui cède ses principes au végétal. C'est M. Th. de Saussure qui a prouvé que, dans l'acte de la végétation, l'eau était absorbée et contribuait à l'accroissement des plantes, en leur fournissant de l'oxygène et de l'hydrogène.

En étudiant l'action des plantes pendant la nuit, nous avons reconnu comment elles pouvaient s'assimiler l'oxygène de l'air. Nous avons maintenant à rechercher comment elles peuvent s'assimiler de l'hydrogène.

Le ligneux est formé de carbone, plus d'oxygène et d'hydrogène, dans les proportions pour faire de l'eau; dans le bois il y a plus d'hydrogène qu'il n'en correspond à ce rapport, et cet hydrogène s'y trouve à l'état de *chlorophile*, principe vert des feuilles, de cire, d'huile, de résine, ou en général de matières très-hydrogénées. Cet hydrogène n'a pu être fourni à ces substances que par l'eau, et il est évident, d'après la loi des substitutions, que pour chaque équivalent d'hydrogène qui, sous l'une de ces formes, s'assimile à la plante, il faut qu'un équivalent d'oxygène vienne à l'atmosphère.

Tout l'hydrogène qui est indispensable à l'existence d'un composé organique est fourni à la plante par la décomposition de l'eau. L'assimilation, dans les végétaux, peut donc se représenter d'une manière fort simple, si on la considère comme une appropriation de l'hydrogène de l'eau et du carbone de l'acide carbonique, par suite de laquelle se sépare tout l'oxygène de l'eau et de l'acide carbonique, comme pour les huiles volatiles non oxygénées, le caoutchouc, etc., ou une partie seulement de l'oxygène de l'acide carbonique.

L'hydrogène et l'oxygène ne peuvent, soit seuls, soit en excès dans un mélange gazeux, entretenir la vitalité des végétaux. Il en est de même de l'azote ; mais il n'occasionne pas leur mort aussi rapidement que l'acide carbonique et l'hydrogène.

D'après plusieurs chimistes et physiologistes distingués, on a cru longtemps que les plantes ne pouvaient absorber l'azote, soit pur, soit mélangé aux gaz oxygène et acide carbonique.

Comme conséquence, on a professé que l'azote qui est contenu dans certaines plantes leur était fourni par les engrais et par l'eau qui en contient toujours une petite quantité en solution. Mais les recherches récentes entreprises par M. Boussingault combattent victorieusement ces idées. Le chimiste que je viens de citer, avantageusement connu dans la science par l'exactitude de ses expériences et de ses analyses, qu'il a soumises au jugement de l'Institut, a pris toutes les précautions imaginables pour éviter les erreurs et pour ne pas rendre la question complexe. Il a d'abord commencé par faire l'analyse des semences qu'il voulait faire germer et développer. Ces analyses lui ont fourni la quantité d'azote qu'elles contenaient. Il les a fait alors germer dans une caisse en verre, remplie d'un sable siliceux très-pur, qu'il arrosait avec de l'eau distillée, laquelle, par conséquent, ne contenait pas d'azote. Le tout était recouvert d'une cloche en verre sur la cuve à mercure : cette cloche communiquait avec l'air extérieur par un tube de Liebig, dont les boules contenaient de l'eau distillée qui lavait l'air en le débarrassant des petits corpuscules et animalcules qui flottent toujours dans ce gaz. Enfin, un vase rempli d'eau communiquait avec l'intérieur de la cloche, et déterminait constamment, par l'écoulement de cette eau, une aspiration de l'air extérieur et la présence dans l'intérieur de la cloche, de quantités d'air toujours nouvelles. Quand les semences furent germées et fructifiées, M. Boussingault fit de nouveau l'analyse des graines produites, et il trouva leur poids plus grand que celui des graines semées ; enfin, il put aussi reconnaître que ces analyses indiquaient en définitive un gain en azote qui évidemment ne pouvait provenir que de l'air successivement introduit dans la cloche.

La conclusion que l'on déduit naturellement de cette expérience peut encore être appuyée par des considérations d'un ordre plus élevé. Considérons, en effet, l'état d'une ferme convenablement administrée et d'une étendue telle qu'elle puisse se suffire à elle-même : nous y avons une certaine somme d'azote représentée par les hommes qui forment le personnel de cette propriété, par les animaux, les blés, les fruits, les excréments, etc. La ferme est administrée sans qu'il y soit introduit du dehors de l'azote sous aucune forme. Chaque année on échange les produits de cette ferme contre de l'argent et d'autres matières qui ne renferment pas d'azote. Mais avec le blé, avec les bestiaux, on exporte une certaine quantité d'azote sans la remplacer. Néanmoins, au bout de quelques années, la somme d'azote se trouve augmentée. Il est évident que c'est dans l'atmosphère que les plantes, et par suite les animaux, puisent leur azote.

Certains chimistes, et entre autres M. Liebig, ne paraissent pas vouloir adopter les idées de M. Boussingault. Suivant lui, l'azote de l'air ne peut pas être rendu apte, même par les actions chimiques les plus énergiques, à se combiner avec aucun élément, excepté l'oxygène, et par suite à s'assimiler dans la plante directement. Ce qui serait une preuve en faveur de cette opinion, c'est qu'il a été prouvé que beaucoup de plantes exhalent de l'azote que les racines transmettent dans les tiges sous forme d'air ou en dissolution dans l'eau. D'un autre côté, de nombreuses expériences nous démontrent que, dans les céréales, le développement du gluten azoté est dans un certain rapport avec la quantité d'azote absorbée qui, sous forme d'ammoniaque, a été amenée à leurs racines par des matières animales putréfiées.

Dans cette manière de voir, l'ammoniaque, à cause de ses nombreuses propriétés bien connues, à cause de ses métamorphoses en présence d'autres corps, serait la source où les plantes puiseraient leur azote et s'assimileraient cet aliment.

L'azote qui provient de la putréfaction des animaux est contenu dans l'atmosphère, à l'état d'ammoniaque, sous la forme d'un gaz qui se combine avec de l'acide carbonique en formant un sel volatil, lequel se dissout dans l'eau avec facilité et produit des combinaisons tout aussi solubles que lui-même. L'azote à l'état d'ammoniaque ne peut pas persister dans l'atmosphère, car il est précipité à chaque condensation des vapeurs aqueuses. Aussi les analyses les plus rigoureuses ne peuvent-elles déceler la présence de l'ammoniaque dans l'air. Les eaux pluviales doivent toujours contenir de l'ammoniaque. En été, où les jours de pluie se succèdent à de grands intervalles, elles en renferment plus qu'en hiver et au printemps. La première pluie en contient plus que la seconde, et enfin, après une grande sécheresse, les pluies d'orage ramènent nécessairement sur la terre une grande quantité d'ammoniaque. Tous ces faits sont affirmés par M. Liebig dans son *Traité de chimie organique.* Voici l'expérience qu'il indique pour prouver que l'eau de pluie contient de l'ammoniaque. On évapore presque à siccité de l'eau de pluie récemment tombée, après y avoir ajouté un peu d'acide sulfurique ou d'acide chlorhydrique. Ces acides, en se combinant avec l'ammoniaque, la privent de sa volatilité. Le résidu contient alors du sel ammoniac ou du sulfate d'ammoniaque, que l'on reconnaît à l'aide du bichlorure de platine, et plus facilement encore à l'odeur pénétrante qu'il dégage lorsqu'on y ajoute de l'hydrate de chaux pulvérisé. L'ammoniaque se rencontre également dans les eaux de neige.

L'ammoniaque existe donc dans l'atmos-

phère, c'est là une vérité parfaitement prouvée. Ce corps se renouvelle constamment par l'effet de la décomposition des matières animales et végétales, et se trouve ramené sur le sol par les eaux pluviales. Une partie s'évapore de nouveau avec l'eau, tandis qu'une autre partie est absorbée par les racines des plantes, et produit, en s'engageant dans de nouvelles combinaisons et suivant les organes, de l'*albumine*, du *gluten*, de la *quinine*, de la *morphine*, du *cyanogène*, et un grand nombre d'autres combinaisons azotées.

Tout le monde sait que le fumier animal est employé dans la culture des céréales et des plantes fourragères. L'action de ce fumier sur les terres est une preuve complète du rôle nutritif de l'ammoniaque. D'abord la proportion de gluten diffère extrêmement dans le froment, le seigle et l'orge; leurs grains, même dans l'état de parfait développement, en sont inégalement riches. Il faut nécessairement qu'il y ait une cause à ces différences: or, cette cause, nous la trouvons dans la culture. Une augmentation de fumier animal influe non-seulement sur la richesse de la récolte, mais encore, d'une manière moins marquée, il est vrai, sur la proportion de gluten qui se forme dans le grain. Bien plus, la proportion de gluten est d'autant plus grande que le fumier employé rend plus d'ammoniaque. On peut citer comme exemple la culture de Flandre, où l'urine humaine est employée comme engrais avec le plus grand succès. Or on sait que l'urine peut produire de grandes quantités d'ammoniaque. Dans la putréfaction de l'urine, il se forme en abondance des sels à base d'ammoniaque; car, par l'action de la chaleur et de l'humidité, l'urée, qui est la matière azotée qui domine dans l'urine, se transforme en carbonate d'ammoniaque.

L'urine de l'homme et des animaux carnivores contient la plus grande proportion d'azote, soit à l'état de phosphate d'ammoniaque, soit à celui d'urée; cette dernière matière se transforme par la putréfaction en bicarbonate d'ammoniaque, c'est-à-dire qu'elle prend la forme du sel que nous retrouvons dans les eaux pluviales. L'urine de l'homme est l'engrais le plus énergique pour tous les végétaux riches en azote; l'urine des bêtes à corne, des brebis et du cheval est moins riche en azote, mais elle en contient toujours infiniment plus que les excréments de ces animaux. Si l'on compare la proportion d'azote contenue dans les excréments solides de l'homme et des animaux, on trouve qu'elle est presque nulle comparativement à celle qui est renfermée dans les excréments liquides. Cela, en effet, ne peut pas être autrement.

Les aliments que prennent l'homme et les animaux ne peuvent entretenir la vie qu'autant qu'ils présentent aux organes les éléments dont ils ont besoin pour leur propre production; les blés, ainsi que les herbes fraîches et desséchées, consommés par eux, contiennent, sans exception, des principes riches en azote. La quantité de fourrage ou, en général, de nourriture qu'il faut à l'animal diminue dans le même rapport que cette nourriture est riche en principes azotés ; elle augmente au contraire dans le même rapport que cette nourriture en contient moins. Il est clair que l'azote des plantes et des graines qui servent de nourriture aux animaux est employé pour l'assimilation ; après la digestion les excréments de ces animaux doivent être privés d'azote, et, s'ils en contiennent, cela provient de quelques sécrétions biliaires ou intestinales.

Ainsi, par le fumier animal, on ramène toujours dans le sol moins de matières azotées que l'on en enlève par les récoltes ; mais ce fumier aide l'atmosphère dans son rôle actif pour fournir de l'azote aux terres. Une seule des causes aurait été insuffisante pour azoter les terres, tandis que les deux réunies agissent avec efficacité. La véritable question scientifique pour le cultivateur se réduit donc à savoir utiliser convenablement l'élément azoté des plantes que les excréments produisent par la putréfaction. S'il ne l'apporte pas dans ses champs sous une forme convenable, cet aliment est perdu pour lui en grande partie.

Tout excrément animal est une source d'ammoniaque et d'acide carbonique, qui dure tant que ce fumier renferme de l'azote; dans chaque période de sa pourriture, il dégage, lorsqu'on l'humecte d'eau, de l'ammoniaque que l'on reconnaît à son odeur et aux vapeurs blanches qui se développent par l'approche d'un corps humecté d'un acide. Cette ammoniaque s'infiltre dans le sol, de sorte que la plante trouve en elle une source d'azote bien plus féconde que ne le serait l'atmosphère. Mais c'est bien moins de la quantité d'ammoniaque amenée à la plante par les excréments des animaux, que de la forme sous laquelle elle y est introduite, que dépend cette efficacité du fumier.

Le carbonate d'ammoniaque, que les eaux pluviales amènent sur le sol, ne passe qu'en partie dans les plantes, car, avec l'eau qui s'évapore, il s'en volatilise constamment une certaine quantité. L'urine, dont les excréments solides de l'homme et des animaux sont imprégnés, contient l'ammoniaque à l'état de sels, c'est-à-dire sous une forme où elle a entièrement perdu sa volatilité. Ainsi, lorsqu'on l'offre aux plantes dans cet état, il ne s'en perd pas la moindre quantité ; elle se dissout alors dans l'eau et pénètre dans la plante par les spongioles.

L'influence si favorable du plâtre sur la végétation des prairies provient tout simplement de ce que ce corps fixe l'ammoniaque dans l'atmosphère, et empêche l'évaporation de celle qui s'est condensée avec les vapeurs d'eau. Le carbonate d'ammoniaque dissous dans l'eau de pluie se décompose par l'action du plâtre et donne lieu à du sulfate d'ammoniaque soluble et à du carbonate de chaux. Peu à peu tout le plâtre disparaît, mais son action continue tant qu'il en reste encore une trace. L'effet du plâtre comme stimulant, de même que celui du chlorure de calcium,

consiste donc à fixer dans le sol l'azote ou plutôt l'ammoniaque, principe indispensable de la végétation. La décomposition du plâtre par le carbonate d'ammoniaque ne s'opère pas tout d'un coup ; mais elle est lente, parce que le carbonate dans l'eau de pluie est restreinte dans les limites étroites, ce qui explique pourquoi son efficacité se conserve pendant plusieurs années.

L'amendement des champs avec de l'argile cuite s'explique aussi très-facilement. Quand un sol est ferrugineux, ou quand il est amendé avec de l'argile cuite dont l'état poreux favorise très-bien l'absorption des gaz, ce sol aspire pour ainsi dire l'ammoniaque et l'empêche de se volatiliser en la fixant, comme le ferait un acide que l'on aurait étendu sur le sol. Par chaque pluie, l'ammoniaque que le sol a absorbée se dissout dans l'eau, qui la présente dans cet état à la plante. Il est bien prouvé maintenant que le sesqui-oxyde de fer Fe^2O^3 et l'alumine jouissent de la remarquable propriété de se combiner avec l'ammoniaque.

Le poussier de charbon exerce, sous ce rapport, une action non moins énergique ; récemment calciné, il surpasse même tous les corps connus, par sa faculté de condenser dans ses pores le gaz ammoniac ; car 1 volume de charbon absorbe dans ses pores 90 volumes d'ammoniaque, qui s'en dégage simplement par l'humectation. Le bois pourri se rapproche, à cet égard, beaucoup du charbon, car il peut, dans le vide et sec, absorber 70 volumes d'ammoniaque. D'après cela les propriétés de l'humus s'expliquent facilement. Ce corps, qui n'est autre chose que du ligneux en pourriture, est donc non-seulement une source continue d'acide carbonique, mais aussi d'azote.

Non-seulement les végétaux renferment des substances organisées, formées des éléments oxygène, hydrogène, carbone, quelquefois unis avec de l'azote, mais ils contiennent encore des substances qui, sans faire partie nécessaire de leur organisation, s'y trouvent toujours en quantité plus ou moins considérable, tels sont : la chaux, la silice, le carbonate de chaux, les phosphates de chaux et de magnésie, les carbonates de soude et de potasse, l'azotate de potasse, les oxydes de fer et de manganèse, etc. Différentes expériences démontrent que ces substances étaient fournies par le sol, et qu'elles étaient dissoutes ou entraînées par l'eau qui les transportait dans l'intérieur du tissu végétal, en y pénétrant par les racines.

Quand on incinère les plantes, on obtient des *cendres* qui ne contiennent pas tous les sels qui existaient dans les plantes ; en effet, un grand nombre de ces sels sont formés par l'union d'un alcali avec un acide organique, tel que l'acide malique, l'acide tartrique, oxalique, etc. Or, ces acides étant destructibles par la chaleur, les alcalis qui leur étaient combinés sont mis en liberté, ou bien s'unissent à une partie de l'acide carbonique qui résulte de la combustion. Le soufre et les azotates qui existent naturellement dans les plantes sont nécessairement brûlés et transformés en d'autres produits pendant l'incinération, de même que les sels organiques, ils ne peuvent faire partie des cendres. Il en est de même de certains carbonates, qui doivent être détruits lorsque la calcination a été assez forte pour chasser l'acide carbonique.

NUTRITION. *Voy.* ALIMENTS.

O

OCRE. *Voy.* ARGILES.

OCRE ROUGE. *Voy.* OLIGISTE.

OCULUS MUNDI. *Voy.* OPALE.

OEILLETTE. *Voy.* HUILES et CORPS GRAS.

ŒUF. —C'est la partie organique qui renferme le germe des animaux nommés, pour cette raison, *ovipares*. L'œuf des oiseaux, pourvu d'une enveloppe terreuse et dure, est plus souvent employé comme aliment par l'homme, et mieux connu que l'œuf des reptiles et des amphibies, dont l'enveloppe extérieure est formée par une peau tenace. Dans la plus grande partie de l'Europe, c'est l'œuf de la poule qui est en usage, à l'exclusion de presque tous les autres. Il se compose d'au moins quatre parties distinctes, savoir : 1° d'une *coquille* formée, d'après Vauquelin, de carbonate de chaux, qui en fait la majeure partie, de phosphate de chaux, de carbonate de magnésie, d'oxyde de fer, de soufre, et d'une matière animale, probablement de nature albumineuse, qui sert de liant à ces substances terreuses ; 2° d'une *membrane* ou *pellicule* collée à la surface intérieure de la coquille, et qui la sépare des autres parties qu'elle renferme. Cette membrane se rapproche par sa composition élémentaire, d'après M. Schérer, du tissu corné et de la laine. On lui accordait jadis de grandes vertus. On la croyait propre, par exemple, à guérir la fièvre intermittente, surtout lorsqu'elle était appliquée sur le bout du petit doigt au commencement des accès. Lémery assure sérieusement que cette application détermine une douleur cuisante, et cette opinion extravagante est encore très-répandue dans la société ; 3° du *blanc* formé par des cellules lâches, pleines d'un liquide glaireux, d'un blanc verdâtre et fade, composé d'eau tenant en dissolution 15 p. 100 d'albumine et des traces de soude et de soufre. La présence du soufre dans le blanc explique la couleur noire que prennent les vases d'argent dans lesquels on le fait cuire, et l'odeur d'hydrogène sulfuré qu'il répand quand on le garde pendant quelque temps ; 4° du *jaune*, matière de consistance épaisse, d'une saveur douce et huileuse, composée essentiellement d'eau, d'une huile jaune, légèrement odorante, de phosphates de soude et de chaux, en très-petite quantité, et d'une substance azotée que M. Dumas distingue de l'albumine sous le nom de *vitelline*. Il y existe, d'après Berzelius, du phosphore dans un état inconnu de combinaison. On obtient aisément l'huile d'œufs en faisant cuire le jaune au bain-marie et l'exprimant entre deux plaques d'étain chaudes. 64 jaunes d'œufs produisent environ 125 grammes d'huile. On en faisait jadis un très-grand usage en médecine.

OLIBAN (encens).—On l'extrait des *juniperus lycia* et *thurifera*, arbres qui croissent dans l'Asie Mineure. Il nous arrive en grains transparents, fragiles, dont les plus volumineux sont de la grosseur d'une noix. Il est jaune ou rougeâtre, farineux à la surface, d'une odeur aromatique particulière et d'une saveur faible. Sa pesanteur spécifique est de 1,221. Jeté sur des charbons ardents, il répand une odeur agréable, s'enflamme et brûle facilement. A la distillation avec de l'eau, il donne une huile volatile. Il est soluble dans l'alcool.

L'oliban est principalement employé comme parfum, par exemple, dans la fabrication des poudres et des pastilles fumigatoires.

OLIGISTE (*peroxyde de fer, ocre rouge, fer spéculaire*, etc.).—Substance métalloïde, gris de fer, ou non métalloïde de couleur rouge.

L'oligiste est un des minerais de fer les plus recherchés ; partout où il existe en grandes masses il est exploité avec avantage, et produit généralement du fer de très-bonne qualité. Les variétés stalactiques, fibreuses, sont recherchées pour faire des *brunissoires* ou *ferrats*, et les variétés ocreuses servent pour la peinture sous le nom de *rouge de Prusse, rouge d'ocre, ocre rouge* ; les plus argileuses constituent les *crayons rouges* ou *sanguines*.

OLIVE. *Voy.* HUILES et CORPS GRAS.

OLIVINE. *Voy.* CORINDON et PÉRIDOT.

ONYX. *Voy.* AGATE.

OPALE —Substance tantôt hyaline, tantôt lithoïde, blanchissant au feu et donnant toujours de l'eau par calcination.—Ne donnant pas d'indice de cristallisation et point de double réfraction.— Naturellement incolore, mais susceptible d'offrir beaucoup de couleurs différentes par suite des mélanges et des jeux de lumière très-vifs.

L'opale se trouve dans plusieurs contrées de l'Europe, surtout dans la haute Hongrie ; elle est molle, quand elle est tirée depuis peu de terre ; par son exposition à l'air, elle se durcit et perd de son volume. Cette pierre est amorphe, translucide, d'une cassure conchoïde. Quelques échantillons jouissent de la propriété d'émettre divers rayons colorés avec un reflet particulier, quand on les met entre la lumière et l'œil ; ce sont celles que les lapidaires désignent par le nom d'*opales orientales*, et les minéralogistes par celui de *nobles:* ce sont les plus estimées. Les autres peuvent acquérir cette propriété par une longue exposition aux rayons solaires.

On distingue l'opale noble ou précieuse

cette variété existe en petits filons dans du porphyre argileux, dans la Hongrie supérieure, ainsi que dans des roches de trapp en Saxe, dans le nord de l'Irlande. Sa couleur est blanc de lait, tirant sur le bleu ; elle offre un jeu de couleurs très-vives et très-variées, quand on fait varier sa position, par rapport à la lumière; elle est très-éclatante, translucide ou demi-transparente, cassante, à cassure conchoïde.

Il est quelques-unes de ces opales qui jouissent de la propriété de devenir transparentes en les plongeant dans l'eau ; on les appelle *hydrophanes* ou *opales changeantes*, et *oculus mundi*.

L'opale commune existe en filons, avec la précédente, dans du porphyre argileux, ainsi qu'en filons métallifères, en Islande, dans le nord de l'Irlande, etc. Cette opale est d'un blanc de lait très-éclatant, avec une diversité de nuances, telles que le blanc grisâtre, verdâtre, jaunâtre, etc., demi-transparente, rayant le verre, cassure conchoïde.

L'opale ligniforme est, à proprement parler, *du bois* imprégné d'opale; on trouve cette opale dans un terrain d'alluvion, en Hongrie, sous forme de branches ou autres parties d'arbre. Ses couleurs sont le blanc grisâtre et jaunâtre, le jaune d'ocre, etc.

Les opales étaient très-estimées des anciens; l'Apocalypse les nomme *les plus nobles des pierres*. Les opales sont en effet les plus belles pierres de parure avec les diamants; on les monte en bagues, boucles, épingles, etc. Quand elles sont un peu plus grosses on les taille en *cabochon* ou *goutte de suie*, imitant la poire, les pendeloques et l'amande : presque toutes celles qu'on trouve en France dans le commerce viennent de la Hongrie.

Formation de l'opale. L'absence de toute trace de cristallisation dans la plupart des variétés de calcédoine et de toutes les variétés de l'opale, la disposition de ces matières en rognons dans le sein de la terre, leur aspect particulier, ont fait penser depuis longtemps qu'elles ne s'étaient pas formées par voie de cristallisation comme le quartz, mais qu'elles n'étaient que le résultat de dépôts gélatineux. « Je ne sais, dit Beudant, ce que l'on en doit croire relativement à la calcédoine ; mais, quant à l'opale, il me paraît évident que certaines variétés ont été produites de cette manière. En effet, j'ai trouvé en Hongrie, dans deux localités différentes et dans le gisement ordinaire des opales, des nids de matière tendre, onctueuse, qui se coupaient comme une pâte molle, qui étaient susceptibles de s'imbiber d'eau et de se pétrir alors entre les doigts. Ces matières que j'ai rapportées en France se sont durcies dans les collections, et en même temps se sont gercées précisément comme les précipités gélatineux qu'on laisse dessécher. Celui de ces échantillons que j'avais noté comme le plus remarquable par son apparence gélatineuse, et qui a éprouvé le plus de retrait dans la collection, a perdu **10** pour 100, s'est gercé de nouveau et a pris

encore de la dureté, lorsqu'après trois ans je l'ai exposé à l'air; cette perte s'est effectuée dans l'espace d'un mois, et, pendant près de six mois que la matière est restée ensuite à l'air, elle n'a rien perdu.

« Par conséquent c'est la même matière que les opales opaques, que l'on peut aussi soupçonner d'avoir été d'abord au même état gélatineux. »

L'opale n'est d'usage que pour la joaillerie ; on emploie les variétés brisées, quelquefois la variété jaune à reflets rouges, dite opale de feu.

OPHITE. *Voy.* Serpentine.

OPIUM.—On l'extrait par incision des têtes de pavot vertes (*papaver somniferum*). Presque tout l'opium qui arrive en Europe vient de l'Asie Mineure et de l'Égypte, où on cultive le pavot très en grand. L'opium est la plus remarquable de toutes les gommes-résines, et quoiqu'on l'ait déjà examiné, puisqu'on y a déjà découvert plusieurs corps nouveaux, il a cependant besoin d'être soumis à un nouvel examen pour être bien connu. L'opium nous arrive en morceaux bruns d'une forme arrondie, de la grosseur du poing, ou plus volumineux encore. Sa surface est couverte de semences.

Les musulmans, auxquels leur religion défend l'usage du vin, se servent de l'opium comme d'un moyen enivrant. L'opium est un des médicaments les plus utiles; il excite au sommeil, diminue l'irritabilité et calme les douleurs. On l'emploie sous différentes formes, savoir : à l'état solide, tel qu'on le trouve dans le commerce; dissous dans l'esprit-de-vin étendu ou dans le vin ; à l'état d'extrait, que l'on prépare en concentrant la dissolution aqueuse de l'opium brut, et évaporant la solution concentrée au bain-marie jusqu'à consistance de sirop, etc.

OPOPONAX. — Dans le Levant et dans l'Europe méridionale, on l'extrait par incision de la racine du *pastinaca opoponax*. Il se présente sous forme de grains dont les plus gros ont le volume des noisettes ; il est d'un jaune rougeâtre tacheté à l'extérieur, rougeâtre et à cassure terne à l'intérieur, fragile, léger, d'une odeur analogue à celle de la gomme ammoniaque, d'une saveur nauséabonde, âcre et persistante.

Il est employé en médecine.

OR. — Corps simple et métallique, inodore, insipide et ne possédant aucune propriété nuisible à la santé de l'homme. Dans un état de division extrême, l'or est de couleur pourpre, d'autres disent vert. A l'état de pureté, il est mou comme le plomb; aussi ne le travaille-t-on jamais dans cet état. C'est de tous les métaux le plus malléable et le plus ductile. On peut le réduire en feuilles de 0m. 00009 d'épaisseur. Ces feuilles, vues contre le jour, paraissent vertes. Avec 0, gr. 065 d'or, on pourrait couvrir une surface de 368 mètres carrés. L'or est tellement ductile, que deux grammes suffisent pour couvrir un fil d'argent de 200 myriamètres de longueur. Il n'est pas très-tenace : un fil de deux millimètres de diamètre rompt sous un poids de 68 kilogr.

Le poids spécifique de l'or est 19, 257. De 0° à 100° il se dilate $\frac{1}{681}$ en longueur. C'est un des métaux qui se contractent le plus en passant de l'état liquide à l'état solide. Il fond à 700°. A l'état de fusion, il est de couleur verdâtre. Il est fixe à la température de nos fourneaux; il est un peu volatil au foyer d'un miroir ardent. Il cristallise par le refroidissement.

L'or est inaltérable à l'air, soit à chaud, soit à froid, et ne se salit point au contact des corps étrangers. C'est à cause de son inaltérabilité et de sa tendance à se conserver pur et intact, que les alchimistes avaient appelé l'or *rex metallorum*, roi des métaux, et qu'ils l'avaient placé au premier rang des métaux *nobles*.

Les acides même les plus puissants n'attaquent point l'or, à l'exception de l'acide azotique mêlé à l'acide bromhydrique ou à l'acide iodhydrique, qui sont de véritables *eaux régales*. Dans les arts, on emploie ordinairement un mélange de 4 parties d'acide azotique et de 1 partie de sel ammoniaque pour dissoudre l'or. Le polysulfure de potassium attaque l'or; il se produit un sulfure double de potassium et d'or, que connaissaient les alchimistes. Les alcalis n'attaquent point l'or. Chauffé avec de la poussière de charbon, l'or acquiert une très-belle couleur jaune.

L'or se trouve disséminé sur presque toute la surface du globe, mais en très-petite quantité à la fois. Les espèces minérales sont: 1° l'or *graphique*, d'un gris d'acier; on le trouve en Transylvanie; 2° le *tellure sulfoplombifère*, d'un gris de plomb foncé très-éclatant, trouvé aussi en Transylvanie.

Il existe à *l'état natif* disséminé dans des terrains de transport, formés particulièrement de cailloux roulés, liés entre eux par un ciment argilo-ferrugineux et dans lesquels on trouve accidentellement du bois fossile, du fer oligiste, du platine et quelquefois des diamants. Les dépôts de ce genre s'appellent *cascalhos* au Brésil; on les exploite en grand au Chili, au Sénégal et dans les monts Ourals. A la Gardette (Isère) on le trouve en filons dans du cristal de roche.

L'*or natif* se rencontre cristallisé, soit en cubes, soit en octaèdres ou en dodécaèdres, soit enfin en paillettes ou en aiguilles. Il est d'un beau jaune d'or pur, ou d'un jaune de laiton. On donne le nom de *pépytes* aux plus gros morceaux (1).

(1) La quantité d'or qu'on obtient de divers minerais est peu considérable, et la plus grande partie de celui qui est versé annuellement dans le commerce provient du lavage des sables qui a lieu dans un grand nombre de localités, et principalement au Brésil, en Colombie, au Chili, à la Californie, en Afrique, et aujourd'hui sur la pente occidentale de l'Oural : il n'y a alors d'autre opération à faire que de fondre le métal récolté pour le mettre en lingots.

La quantité d'or versée annuellement dans le commerce peut être évaluée à environ 88,100 marcs, dont la valeur absolue est d'environ 74 millions. L'Europe n'est presque pour rien dans ces produits,

Les *composés oxygénés* de l'or sont le protoxyde et le peroxyde d'or (2). Les *composés chlorés* sont le protochlorure et le perchlorure d'or. Ce dernier est le *sel d'or* par excellence. Il est d'un rouge brun, très-soluble dans l'eau et dans l'alcool, qu'il colore en rouge rubis. Evaporé jusqu'à consistance épaisse, il se transforme en une masse cristalline très-déliquescente à l'air. Il se dissout dans l'éther, et lorsqu'on agite cette dissolution au contact de la lumière, il se forme, par le repos, deux couches dans la liqueur : l'une inférieure, qui n'est que de l'eau chargée d'acide chlorhydrique ; l'autre supérieure, d'un beau jaune, qui contient l'éther et l'or. C'est cette dissolution jaune qu'on employait autrefois eu médecine sous le nom d'*or potable*.

L'hydrogène, le phosphore, l'arsenic, tous les acides dont les noms se terminent en *eux*, les acides oxalique, tartrique, carbonique, précipitent l'or à l'état métallique.

Le *pourpre de Cassius*, employé dans la peinture sur porcelaine, est un composé d'oxyde d'étain, d'or métallique et d'eau, en proportions variables.

Le perchlorure d'or est vénéneux à fort petites doses.

On applique l'or sur tous les corps par différents moyens ; d'un côté, par l'intermédiaire du mercure, avec lequel on l'amalgame, qu'on étend ensuite sur la pièce et qu'on soumet à la chaleur pour chasser le métal volatil : c'est la dorure à l'*or moulu*. D'un autre côté, on dore aujourd'hui par la méthode galvanoplastique, dans laquelle on fait

car les seules mines de quelque importance sont celles de Hongrie et de Transylvanie, qui produisent ensemble environ 5100 marcs; le reste de l'Europe ne produit pas plus de 160 marcs, et l'Amérique équatoriale en fournit au contraire à elle seule environ 70,000

Le tableau suivant présente le détail de ces divers produits :

France		Fort peu.
Espagne		*Idem.*
Piémont		25 marcs.
Harz		10
Suède		8
Autriche	Salzbourg	118
	Hongrie	2600
	Transylvanie	2500
Sibérie		3000
Afrique		7000
Asie méridionale		2000
Mexique		6754
Colombie		19260
Pérou		3194
Chili		11468
Buénos-Ayres		2067
Brésil		28100

88004 marcs.

(2) On a donné le nom d'*or fulminant* à un composé d'*ammoniaque* et de *peroxyde* d'or, que l'on obtient en précipitant une solution de deutochlorure d'or par un excès d'ammoniaque, faisant digérer le précipité avec ce dernier et le lavant ensuite. Ce composé, desséché à une douce chaleur, fulmine avec force par le moindre contact; on doit donc prendre beaucoup de précautions dans sa préparation.

à froid précipiter l'or dissous sur les pièces qu'on en veut couvrir. On emploie aussi des feuilles excessivement minces qu'on colle à la surface des corps.

Alliages. — Les usages de l'or sont les mêmes que ceux de l'argent. On l'allie toujours avec une certaine quantité de cuivre pour le rendre plus dur et propre à conserver les formes qu'on veut lui donner. Les alliages de ce métal les plus intéressants à connaître sont ceux qu'il forme avec le cuivre et le mercure.

Composé en différentes proportions, l'alliage d'or et de cuivre constitue la base de la monnaie d'or et de tous les ustensiles et bijoux d'orfévrerie. Son analyse se fait, comme celle de l'argent, par la coupellation.

L'alliage employé pour la confection des pièces d'or est formé en France de 900 parties d'or et 100 parties de cuivre ; par conséquent son titre est de $\frac{900}{1000}$; celui qui sert à fabriquer la vaisselle est au titre de $\frac{920}{1000}$; les bijoux d'or sont à deux titres au-dessous de celui-ci, ou à $\frac{840}{1000}$, ou à $\frac{750}{1000}$.

L'or du commerce contenant toujours une petite quantité d'argent qui ne pourrait lui être enlevée par l'acide nitrique, on a recours à une autre opération pour la détermination précise du titre de l'alliage. On fond ordinairement l'alliage avec trois fois son poids d'argent fin ; cette opération est appelée *inquartation*, parce que l'or entre pour un quart dans l'alliage ; et après l'avoir coupellé, on réduit cet alliage en une lame mince d'un sixième de ligne d'épaisseur. Après avoir recuit cette lame, on la roule sur elle-même comme un petit cornet, puis on la soumet plusieurs fois à l'action de l'acide nitrique bouillant en excès, qui dissout entièrement l'argent. L'or insoluble, resté pur après ce traitement, est lavé, séché et pesé. Cette dernière opération est connue sous le nom de *départ*.

La coupellation et le départ pour les essais des alliages d'or et de cuivre ne peuvent être pratiqués que sur les vases et ustensiles fabriqués. Il existe une autre méthode qu'on emploie seulement pour essayer les bijoux d'or de petite dimension : tels que bagues, épingles, boucles, etc. Cette détermination, qui n'est qu'approximative, consiste à frotter le bijou à essayer, sur une espèce de trapp, pierre noire, naturelle, très-dure (nommée pierre de touche), de manière à y laisser une trace d'or, longue de six à sept lignes sur une ligne environ de largeur, et à passer dessus une couche d'acide nitrique faible. Lorsque l'alliage est au titre de $\frac{750}{1000}$, la couleur ne change pas ; dans le cas contraire elle brunit, s'efface en grande partie et d'autant plus que le titre est plus bas. Afin de mieux observer les teintes et juger par la couleur que prend l'alliage, on établit sur la pierre même des traces formées avec des alliages dont le titre est bien connu d'avance.

L'or a tant d'affinité pour le mercure, qu'il s'y combine à la température ordinaire, avec la plus grande facilité et s'y dissout. Le contact des vapeurs mercurielles suffit même pour blanchir ce métal par suite de la formation d'un amalgame Le moyen le plus prompt pour obtenir cet amalgame est celui que nous avons décrit pour préparer celui d'argent. Lorsqu'il est formé de deux parties d'or et d'une partie de mercure, il est blanc, mou, susceptible de se solidifier peu à peu. On l'emploie pour dorer le cuivre et l'argent par les mêmes procédés que ceux dont on se sert pour argenter. L'argent doré est connu dans le commerce sous le nom de *vermeil*.

Du veau d'or. — On lit dans l'Exode qu'Aaron, ayant recueilli les pendants d'oreilles des femmes, des fils et des filles des Hébreux, en fit un veau d'or ; que Moïse le mit dans le feu, le réduisit en poudre, et jetant cette poudre dans l'eau, en fit boire aux Israélites qui avaient adoré le veau. On a objecté qu'il était absolument impossible de pulvériser l'or au point de le rendre potable.

Cette difficulté embrasse deux questions qu'il importe d'éclaircir. L'or a-t-il été réellement dissous ? ou bien a-t-il été seulement pulvérisé au point d'avoir été rendu potable ?

Ceux qui admettent que le veau d'or a été *chimiquement dissous* par Moïse, trouvent des adversaires qui objectent que la science n'était point alors assez avancée pour que Moïse eût pu connaître le vrai dissolvant de l'or, savoir, l'eau régale. Mais cette objection n'est pas sérieuse ; car, l'histoire à la main, on peut démontrer que les anciens savaient le moyen de dissoudre l'or. Strabon dit expressément que les Ibériens (Espagnols) savaient le moyen de séparer l'or de l'argent. Pline (1) donne aussi la description de ce moyen, qui consistait en deux parties de sel commun, trois parties de *myse* (sulfate de fer ou de cuivre), et de nouveau deux parties d'un autre sel ou une partie d'une pierre appelée *schiste* (terre argileuse). Après avoir cité ce témoignage, un savant de nos jours, qui a parfaitement écrit sur la chimie, ajoute immédiatement : « Nous prenons acte de ces paroles de Pline, qui sont de la plus haute importance pour l'histoire de la chimie. Car, un mélange de sel commun (chlorure de sodium), de vitriol (sulfate de fer ou de cuivre) et d'argile (alumine), donne, sous l'influence de la chaleur, lieu à une réaction de laquelle résulte un des sels acides minéraux les plus énergiques, l'esprit de sel, appelé en langage chimique *acide chlorhydrique*. Et s'il faut entendre par deux parties d'un *autre sel* le nitrate de potasse, on aura l'*eau régale* (2). »

On pourrait objecter ici que Pline et Strabon sont de beaucoup trop récents pour

(1) Torretur (aurum) cum salis gemino pondere, triplici myseos, et rursum cum duabus salis portionibus et una lapidis, quem schiston vocant (*Hist. nat.*, l. xxxiv).

(2) Hoefer. *Hist. de la Chimie*, t. I, p. 110.

avoir quelque valeur relativement aux temps de Moïse. Mais il faut remarquer que ces auteurs parlent ici des Ibériens; qui, à coup sûr, n'étaient redevables de leurs connaissances métalliques qu'aux Phéniciens, qui déjà, du temps de Moïse, entretenaient probablement des relations commerciales avec l'Ibérie. Or, les Phéniciens étaient voisins des Egyptiens, qui, certes, ne le cédaient à aucun autre peuple en fait de connaissances chimiques et métallurgiques. Ainsi donc, Moïse aurait très-bien pu avoir appris en Egypte la préparation et les propriétés de *l'eau régale*, qui dissout parfaitement l'or et le convertit en une liqueur jaune tout à fait limpide, *l'or potable*.

Mais il n'est pas nécessaire de se donner tant de peine pour réfuter cette objection, qu'il est d'ailleurs très-facile de résoudre d'une autre manière. On peut en effet laisser entièrement de côté la question de savoir si Moïse s'est servi de quelque moyen chimique pour dissoudre le veau d'or; car le sens du texte original peut très-bien s'entendre d'une simple opération mécanique : « Les anciens chimistes, dit M. Hoefer, ont fait de vaines conjectures sur le *veau d'or* que Moïse brûla, et qu'il donna à boire aux Israélites. On est allé jusqu'à supposer à ce législateur des connaissances profondes en chimie et en alchimie. Stahl, l'auteur de la fameuse théorie du phlogistique, prétend que Moïse avait le secret de l'or potable, et qu'en faisant boire cette dissolution, il aggravait la punition infligée aux Israélites récalcitrants. Le mot *brûler*, remarque Wiegleb, signifie aussi *fondre*; et comme le veau d'or était probablement en bois recouvert de lames d'or, Moïse ne brûla réellement que le bois, pendant que l'or allait se fondre en culot; et les cendres, mises dans l'eau, donnèrent, non pas de l'or potable, mais une eau lixivielle (chargée de sels alcalins), qui ne devait avoir pour effet qu'une légère purgation. Il serait au moins oiseux d'agiter la question de savoir si Moïse s'était servi de quelque moyen chimique pour dissoudre le veau d'or; car, en lisant attentivement le texte hébreu, on peut se convaincre qu'il n'y est parlé que d'une opération mécanique. Voici comme je traduis textuellement : *Et il* (Moïse) *prit le veau qu'ils* (les Israélites) *avaient fait et le détruisit dans le feu, et il le moulut* (dans un moulin à bras) *en petites parcelles qu'il jeta dans l'eau et fit boire aux fils d'Israël*. Ainsi, c'était de l'or divisé par un moyen purement mécanique que Moïse fit boire aux Israélites. Toutes ces discussions sur la prétendue dissolution du veau d'or et sur les connaissances chimiques de Moïse tombent donc d'elles-mêmes devant l'évidence du texte original (1). »

Sans prétendre précisément, comme M. Hoefer, que le veau adoré par les Israélites fût de bois recouvert seulement de lames d'or, nous pensons que le verbe hébreu *scaraf* peut très-bien signifier ici altérer, détruire

(1) Hoefer, *Hist. de la Chimie*, p. 59.

les formes par le feu; et nous ne voyons pas sur quel fondement on pourrait rejeter le sens de *moudre* donné à *tahan*.

Enfin, on objecte encore qu'il est de toute impossibilité de jeter en fonte un veau, tel que celui dont il s'agit dans cette histoire, en un seul jour, comme le donne à entendre l'auteur de l'Exode.

Nous dirons d'abord que le texte sacré n'insinue nullement que cette opération s'est faite en un seul jour, car il ne détermine ni le temps qu'Aaron mit à faire cette idole, ni le moment où les Israélites commencèrent à murmurer de l'absence de Moïse. On pourrait même supposer qu'accoutumés à le voir monter tous les jours sur la montagne et en redescendre, ils s'ennuyèrent de son absence au bout de dix, de quinze ou même de vingt jours. Ainsi, Aaron pouvait avoir eu trois semaines et même un mois pour faire le veau d'or.

En second lieu, cette objection fait supposer dans ses auteurs une ignorance complète de l'art métallurgique; car l'or est fusible à une température bien moins élevée que le fer et le cuivre. Il fond à 700 degrés, c'est-à-dire à une température qu'on obtient aisément avec les moyens de chauffage connus de toute antiquité. L'or, d'ailleurs, étant assez pur de sa nature, n'a pas besoin d'être préalablement purifié pour être travaillé. L'opération de le fondre et de le jeter dans un moule exigerait donc, non pas un jour, mais à peine quelques heures de travail.

OR FULMINANT. *Voy.* OR.

OR MUSSIF ou OR DE JUDÉE. *Voy.* ÉTAIN, *deutosulfure*.

ORCANETTE. *Voy.* COULEURS VÉGÉTALES, § 1.

ORGANISME ANIMAL, son accroissement. *Voy.* ALIMENTS.

ORIPEAU. — C'est tout simplement du cuivre réduit en feuilles minces par le laminoir. Il est souvent coloré et protégé par un vernis transparent.

Il sert pour les cartonnages et une foule de petits ouvrages d'agrément. C'est l'or et l'argent des théâtres.

ORPIMENT. *Voy.* RÉALGAR.

ORSEILLE. *Voy.* COULEURS VÉGÉTALES, § I.

ORTHOSE (*feldspath, petunze*). — L'orthose appartient aux terrains de cristallisation. Il forme quelquefois à lui seul des couches plus ou moins épaisses, compactes ou lamellaires au milieu du gneiss; mais le plus souvent il entre comme partie constituante de diverses roches composées. Il fait partie du gneiss, du leptinite, où il est associé au mica, qui se trouve disposé par feuillets dans la masse, et lui donne une structure schisteuse; quelquefois ces feuillets se réduisent à un simple enduit, et l'orthose presque pur présente une masse schistoïde qui se divise en plaques plus ou moins épaisses. Il fait aussi partie constituante essentielle des granites, des protogynes, des pegmatites, où il est associé à la fois avec du mica et du quartz, ou des siénites, où il est essentiellement associé à l'amphibole. Dans

les pegmatites il est plus isolé, et par conséquent plus distinct que dans toutes les autres
roches, et c'est là particulièrement qu'il offre de belles variétés laminaire, lamellaire,
granulaire. On regarde les variétés compactes comme formant la base de la plupart des
roches porphyriques, des diorites et des
dolérites, même de beaucoup de laves.

On ne peut citer aucune localité pour
l'orthose, parce qu'il se trouve partout. Les
lieux les plus remarquables pour la beauté
des cristaux sont : le Saint-Gothard, aux
monts Adulla et Stella, où se trouvent les
variétés dites adulaires; Baveno sur le lac
Majeur, où ce sont des variétés opaques,
rouge de chair, très-nettement cristallisées et
souvent maclées. Les granites d'Autun, des
environs de Montbrison, de Saint-Pardoux
en Auvergne, etc., renferment aussi des
cristaux nets que l'on détache avec facilité
et qu'on trouve même tout détachés dans
les roches altérées.

On se sert de roches dont l'orthose fait
partie pour la bâtisse ; on emploie des variétés de granites, de siénites, de porphyres,
pour la décoration des édifices ; le feldspath
vert, le feldspath opalin, sont employés pour
de petits objets, tels que boîtes, petits vases,
pendules, etc. La variété chatoyante, ou
pierre de lune, taillée en cabochon, est recherchée dans la bijouterie lorsqu'elle est
belle, et c'est surtout celle de Ceylan qui
est la plus estimée ; on a taillé certaines
variétés de l'adulaire du Saint-Gothard, mais
qui produisent peu d'effet. La plus belle
variété pour la bijouterie est l'orthose aventuriné, qui se vend souvent à un prix très-
élevé.

OS. — Les os, considérés généralement,
abstraction faite de leurs cartilages, de leur
périoste, de la moelle que contiennent plusieurs d'entre eux, etc., sont formés de deux
parties, l'une *organique* par sa nature, et
l'autre *inorganique* ou minérale. La première
peut être regardée avec raison comme un
tissu véritablement cellulaire et épais, dans
les aréoles duquel semblent déposés une
grande quantité de sous-phosphate de chaux,
du carbonate de chaux et un peu de phosphate de magnésie.

Leur ensemble sert en quelque sorte de
charpente à toute la machine animale; ils en
soutiennent toutes les parties, et renferment
même les plus délicates dans des cavités
particulières pour les préserver des agents
extérieurs ; tels sont les os du crâne et les
vertèbres. Leur forme est extrêmement variable, suivant les usages auxquels la nature
les a destinés.

Soumis à l'action de la chaleur, à l'abri de
l'air, ils se décomposent, se carbonisent sans
se déformer, en fournissant tous les produits
de la distillation des matières azotées, c'est-
à-dire une grande quantité d'huile empyreumatique très-colorée, et un liquide renfermant beaucoup de carbonate d'ammoniaque, une certaine quantité d'acétate et d'hydrocyanate d'ammoniaque. C'est à l'huile
obtenue dans cette circonstance qu'on a

donné autrefois le nom d'*huile animale de
Dippel ;* cette huile, rectifiée par une nouvelle distillation, était administrée comme
antispasmodique et vermifuge. Le résidu
noir de cette distillation a la forme des os employés; il est composé de carbone soutenant
une petite quantité d'azote, et de tous les
sels calcinés qui existaient dans les os. C'est
à ce résidu broyé qu'on donne dans les arts
le nom de *charbon d'os, charbon animal* (noir
d'os, noir d'ivoire).

Mis en contact avec l'acide hydrochlorique affaibli, les os sont peu à peu ramollis
par suite de la dissolution des sels calcaires
qu'ils contiennent, et réduits, au bout d'un
certain temps, à leur propre tissu, présentant tous les caractères d'un tissu cellulaire
épais et très-spongieux. La matière animale
de l'os, ainsi séparée, conserve la forme de
l'os d'où elle a été retirée; traitée ensuite
par l'eau bouillante pendant quelque temps,
elle se gonfle, devient demi-transparente, et
finit par se dissoudre pour la plus grande
partie dans l'eau, en se convertissant en
gélatine. Ce procédé, dû à Darcet, a été
appliqué, non-seulement à la confection de
la gélatine pour les besoins des arts, mais à
la préparation de *tablettes sèches de bouillon,*
qui sont formées de gélatine ainsi extraite
des os et mêlée à une certaine quantité de
jus de viande et de racines. Cette gélatine
des os, par sa plus grande pureté, remplace
avec avantage la gélatine ordinaire dans tous
ses usages.

Les os des animaux qui se nourrissent de
végétaux exclusivement contiennent moins
de phosphate que les os des autres animaux,
et que ces proportions sont en rapport avec
leur genre de nourriture.

Les usages des os sont très-nombreux : ils
servent non-seulement pour l'extraction de
la gélatine, mais encore on les emploie con-
cassés comme engrais en agriculture. C'est
de leur décomposition par le feu, en vases
fermés, qu'on obtient l'*huile animale de Dippel,* si employée en médecine vétérinaire ;
c'est avec le carbonate d'ammoniaque, qui se
forme dans les mêmes circonstances, qu'on
prépare le *sel ammoniac.* Le charbon qu'ils
produisent, réduit en poudre, forme le *charbon animal* tant usité en peinture et pour
décolorer. Cette propriété, qui le fait préférer à tout autre charbon, il la doit à l'état de
division où se trouve le carbone qu'il contient; enfin, indépendamment de l'usage
qu'on fait des os entiers pour la tabletterie,
on emploie leur cendre pour composer des
coupelles propres à l'affinage de l'or et de
l'argent, et pour l'extraction du phosphore.

OS, leur composition, utilité du charbon
d'os. *Voy.* CHARBON D'OS.

OSMAZOME — (de ὀσμή, odeur, ζωμός,
bouillon), nom donné par M. Thénard au
principe savoureux et odorant du bouillon,
obtenu par l'action de l'eau sur les muscles.
Ce principe a été trouvé non-seulement dans
d'autres tissus animaux, mais aussi dans
certains fluides.

On l'obtient en broyant avec de l'eau distillée les muscles coupés en petits morceaux, filtrant la solution qui est colorée en rouge par les principes du sang, et l'évaporant jusqu'à siccité à une douce chaleur, après avoir enlevé par la filtration les flocons d'albumine coagulée qui s'y sont formés. Le résidu, traité par l'alcool à 30°, cède à ce liquide l'osmazome, qu'on sépare ensuite par une évaporation ménagée.

L'osmazome se présente alors sous la forme d'un extrait liquide, jaune rougeâtre très-foncé, d'une odeur qui rappelle celle du bouillon; sa saveur est semblable à celle du jus de viande, et un peu salée par une petite quantité de chlorure de sodium qu'elle contient. Elle ne s'altère que lentement à l'air et se dissout facilement dans l'eau et l'alcool faible. Sa solution aqueuse est précipitée par l'infusion de noix de galle, l'acétate de plomb, le nitrate de mercure et le nitrate d'argent; mais les précipités formés par ces derniers sels sont dus en partie au chlorure de sodium qu'elle contient.

C'est à ce principe que le bouillon et le jus de viande doivent leurs propriétés nutritives particulières; il paraît entrer pour $\frac{1}{2}$ dans les meilleurs bouillons.

Les propriétés de l'osmazome, telles que nous les avons rapportées, doivent faire regarder ce principe comme un mélange de plusieurs substances non encore bien isolées; aussi Berzelius le désigne-t-il dans son ouvrage sous le nom d'*extrait alcoolique de viande*.

OSMIUM (de ὀσμή, odeur). — Ce métal a été découvert, en 1803, par Smithson Tennant. On le trouve dans les minerais de platine. Il forme des grains à part, doués de l'éclat métallique, ordinairement blancs, très-durs, tantôt arrondis et inégaux à la surface, tantôt lamelleux et cristallins, qui sont répandus en plus ou moins grande quantité dans les minerais de platine; parmi ceux de l'Oural, il en est qui contiennent des grains d'osmium remarquables par leur volume, leur éclat et leur texture lamelleuse. Ces grains sont un alliage d'osmium et d'iridium, un osmiure d'iridium. Le minerai de platine lui-même renferme aussi une petite quantité d'osmiure d'iridium, qu'on dirait y avoir été introduit par fusion, et qui, après la dissolution du minerai, reste sous forme de paillettes brillantes très-déliées.

L'osmium est inaltérable à l'air et dans l'eau, à la température ordinaire. Chauffé au rouge et au contact de l'air ou de l'oxygène, il se volatilise après s'être transformé en acide osmique, caractérisé par son odeur forte et piquante. L'osmium a pour dissolvant l'eau régale, ou plutôt l'acide azotique fumant. La dissolution, d'abord verte, finit par devenir d'un jaune rougeâtre. Chauffé avec un mélange de potasse et de nitre, l'osmium donne naissance à de l'acide osmique, dont une partie se volatilise, tandis que l'autre reste combinée avec l'alcali. Le soufre, le phosphore, l'arsenic et le chlore peuvent se combiner directement avec l'os-

mium; l'action est souvent accompagnée de lumière.

Les composés sont sans intérêt.

OUTREMER (*lapis-lazuli, lazulite, pierre d'azur*). — Les plus beaux échantillons de lapis proviennent de la Chine, de la grande Bucharie et de la Perse. On le trouve le plus souvent en masse, en morceaux épars et roulés, et quelquefois mélangé avec le feldspath, le grenat et le sulfure de fer. Couleur d'un beau bleu d'azur, peu éclatant, raye le verre, cassant, opaque ou translucide sur les bords, fait à peine feu avec le briquet, cassure inégale, à grains fins, se décolore avec les acides puissants, et forme avec eux une gelée. Poids spécifique, 2,76 à 2,945.

M. Guimer est parvenu à fabriquer de toutes pièces le *lapis;* il a tenu son procédé secret. M. Gmelin y est également parvenu de la manière suivante :

On se procure de l'hydrate de silice et d'alumine, le premier en fondant ensemble du quartz en poudre avec quatre fois autant de potasse, en dissolvant ensuite la masse dans l'eau, et précipitant la silice par l'acide hydrochlorique; le second, en précipitant une solution d'alun par l'ammoniaque. On lave les terres à l'eau bouillante, et l'on détermine la quantité de terre sèche qui reste, après avoir chauffé au rouge une certaine quantité des précipités humides. L'hydrate de silice dont il s'est servi contenait sur 100 parties, 56 de silice, et l'hydrate d'alumine, 3,24 de terre anhydre. On dissout ensuite à chaud, dans une solution de soude caustique, autant de cet hydrate de silice qu'elle peut en dissoudre, et l'on détermine la quantité de terre dissoute. On prend alors, sur 72 parties de cette dernière (silice anhydre), une quantité d'hydrate d'alumine contenant 70 parties d'alumine sèche; on l'ajoute à la dissolution de silice, et l'on évapore le tout ensemble en remuant constamment, jusqu'à ce qu'il ne reste qu'une poudre humide. Cette combinaison de silice, d'alumine et de soude est la base de l'outre-mer, qui doit être teint, par du sulfure de sodium, de la manière suivante :

On met dans un creuset de Hesse, pourvu d'un couvercle bien fermant, un mélange de 2 parties de soufre et de 1 de carbonate de soude anhydre; on chauffe jusqu'à ce qu'à la chaleur rouge moyenne la masse soit bien fondue. On projette alors ce mélange en très-petite quantité à la fois au milieu de la masse fondue. Aussitôt que l'effervescence due aux vapeurs d'eau cesse, on y ajoute une nouvelle portion. Après avoir tenu le creuset une heure au rouge modéré, on l'ôte du feu, et on laisse refroidir; il contient alors l'outre-mer, mêlé à du sulfure en excès, dont on le sépare au moyen de l'eau. S'il y a du soufre en excès, on l'en dégage par une chaleur modérée. Si toutes les parties de l'outre-mer ne sont pas également colorées, on en sépare les plus belles par le lavage, après les avoir bien pulvérisées.

Le chef-d'œuvre de la chimie inorganique, sous le rapport de la reproduction des minéraux, est incontestablement le fait de la fabrication artificielle du lapis-lazuli. Aucun minéral n'était plus digne que celui-là d'attirer l'attention des chimistes. Sa magnifique couleur bleu de ciel, son inaltérabilité à l'air et au feu le plus violent, le prix énorme qu'il coûtait aux peintres qui s'en servaient dans leurs tableaux, donnaient un haut intérêt à la découverte de sa fabrication artificielle. L'outre-mer, en effet, était plus cher que l'or, et il semblait impossible d'arriver à le fabriquer ; car l'analyse chimique n'y avait fait découvrir la présence d'aucune matière colorante particulière, la silice, l'alumine, la soude étant toutes trois incolores, tandis que d'autre part le fer et le soufre ne sont nullement bleus. Or, on n'avait trouvé dans le lapis-lazuli aucun autre élément, et on ne savait à quelle cause attribuer sa couleur bleue. Actuellement, avec de la silice, de l'alumine, de la soude, du fer et du soufre, on fabrique plusieurs milliers pesant d'outre-mer, et cet outre-mer artificiel est encore plus beau que le naturel. Aujourd'hui donc on peut acheter plusieurs livres de cette magnifique couleur avec une somme qui jadis aurait à peine suffi pour en payer une once.

On peut dire que, depuis la fabrication de l'outre-mer artificiel, la reproduction d'un minéral quelconque a cessé d'être un problème scientifique pour les chimistes.

OXALATES. — La nature offre quatre oxalates, qui sont ceux de chaux, de soude, de fer et l'oxalate acide de potasse.

Les plus remarquables sont :

Le *bioxalate de potasse*. — Ce sel existe dans quelques espèces du genre *rumex*, et particulièrement dans le *rumex acetosella*, que l'on cultive en Suisse, afin d'en extraire le sel ; il se trouve aussi dans les *oxalis*, dans les tiges et les feuilles du *rheum palmatum*, etc. On prépare en grand ce sel, connu sous le nom de sel d'oseille, en saturant une partie d'acide oxalique avec du carbonate de potasse, et en ajoutant au mélange une seconde partie d'acide oxalique : l'évaporation le fournit cristallisé. Autrefois on se procurait ce sel en Suisse, en clarifiant le suc de *rumex* et d'*oxalis acetosella* avec du blanc d'œuf ou du lait, et en évaporant la liqueur jusqu'à cristallisation. On purifiait le sel obtenu impur et coloré par des cristallisations réitérées.

Le sel d'oseille est employé pour enlever les taches d'encre et de rouille de dessus le linge ; celles de rouille disparaissent beaucoup mieux lorsqu'on met le sel dans une cuiller d'étain ; ordinairement la présence de ce métal est indispensable, car, par une chaleur modérée, il ramène le peroxyde de fer à l'état de protoxyde. On se sert aussi du sel d'oseille pour découvrir la présence de la chaux, pour aviver la couleur du carthame, ou rouge végétal, et pour préparer l'acide oxalique.

L'*oxalate d'ammoniaque*, qui sert dans les laboratoires comme réactif, s'obtient en saturant l'ammoniaque par de l'acide oxalique et faisant évaporer lentement la dissolution. Les cristaux qu'on obtient sont solubles, efflorescents, doués d'une saveur piquante, peu solubles dans l'eau et insolubles dans l'alcool.

L'*oxalate de chaux* est un sel très-répandu dans la nature ; Fourcroy et Vauquelin l'ont signalé dans un assez grand nombre de calculs urinaires de l'homme. Scheele en a constaté la présence dans une foule de racines et d'écorces, telles surtout que les racines de rhubarbe, de réglisse, de curcuma, de patience et de gentiane ; les écorces de cannelle, de chêne, de frêne, d'orme, de sureau, etc. M. Braconnot l'a trouvé en très-grande quantité dans les lichens, ces petites plantes jaunâtres et coriaces qui couvrent les flancs des rochers. Les lichens crustacés en contiennent presque la moitié de leur poids. Il semble que l'oxalate de chaux soit à ces plantes ce que le carbonate de chaux est aux madrépores et aux polypiers, ou le phosphate de chaux à la charpente osseuse des animaux les plus parfaits.

OXALIQUE (acide). — On doit la découverte de cet important acide végétal à Bergman.

L'acide oxalique existe dans les trois règnes de la nature. Il constitue, combiné avec l'oxyde de fer, un minéral qui porte le nom d'*humboldtite*. Il existe dans plusieurs espèces d'*oxalis*, de *rumex*, de *cicer*, de *salsola*. Il y existe en général à l'état d'oxalate acide de potasse. Les lichens qui croissent sur des roches calcaires contiennent environ deux tiers de leur poids d'oxalate de chaux. L'acide oxalique se trouve encore, à l'état d'oxalate de chaux, dans les calculs urinaires appelés calculs muraux, qui, en raison de leurs aspérités, occasionnent de vives douleurs dans la vessie. Enfin, l'acide oxalique se produit, dans beaucoup de circonstances, par l'action oxygénante de l'acide nitrique sur les substances organiques, et particulièrement par l'action de cet acide sur le sucre ou l'amidon.

Il se rencontre dans la nature uni à la potasse ou à la chaux, et peut être extrait d'une manière économique du sel qu'on désigne dans le commerce sous le nom de *sel d'oseille*, et qui n'est autre chose que de l'oxalate acide de potasse.

Mis en contact avec l'eau, il fait entendre un petit craquement qui est dû à la rupture de ses cristaux, et se dissout à la température ordinaire, dans le double de son poids de ce liquide.

L'affinité de l'acide oxalique pour la chaux est si grande, qu'il s'en empare dans toutes les combinaisons où elle se trouve. C'est pourquoi tous les sels calcaires solubles sont précipités par l'acide oxalique ou ses combinaisons.

L'acide oxalique et ses combinaisons solubles sont employés comme réactifs en chimie pour reconnaître la chaux dans toutes ses combinaisons.

Son acidité est si forte, qu'il agit à haute

dose comme un poison corrosif à la manière des acides minéraux. Aussi, lorsqu'on l'administre à l'intérieur, doit-il être introduit à petite dose, et dissous dans une grande quantité d'eau. Ses usages, dans les arts, sont aujourd'hui très-nombreux ; il sert dans la fabrication des toiles peintes pour enlever certaines couleurs, et produire des réserves. Il exerce une action dissolvante si forte sur l'oxyde de fer et ses combinaisons, qu'on l'emploie avec avantage pour enlever les taches de rouille ou d'encre qui se trouvent sur les tissus blancs.

OXAMIDE. — L'oxamide est une matière neutre azotée, dont la découverte est due à M. Dumas, qui la considère comme le type d'une classe de corps neutres azotés, non putrescibles, et qu'il a désignés sous le nom d'*amides*. Elle est un des produits de la distillation de l'oxalate d'ammoniaque, et se dépose en partie dans le fond de la cornue et en partie dans l'eau ammoniacale du récipient ; en réunissant le tout sur un filtre, et en le lavant à grande eau, on obtient un résidu qui est de l'oxamide pure.

Quand on chauffe l'oxamide avec des alcalis ou des acides, elle se décompose, avec le concours de 1 équivalent d'eau, en acide oxalique et ammoniaque. On arrive au même résultat en exposant un mélange d'oxamide et d'eau à une température qui dépasse 100°. La décomposition que les acides font subir à l'oxamide est remarquable en ce qu'elle semble jeter quelque jour sur les métamorphoses que les acides inorganiques concentrés font éprouver à plusieurs substances organiques, et particulièrement à l'amidon, au bois et au sucre de canne. Une quantité infiniment petite d'acide oxalique suffit en effet pour transformer une grande quantité d'oxamide en oxalate neutre d'ammoniaque ; la petite quantité d'acide qui a réagi entre tout simplement en combinaison avec une certaine quantité d'oxalate neutre formé pour donner naissance à un sel acide. Si ce nouveau produit ne pouvait pas à son tour être décomposé dans ses parties constituantes, on n'hésiterait pas à ranger cette espèce de décomposition dans le nombre de celles qu'on attribue aux effets *catalytiques*.

OXYDATION. *Voy.* Oxygène.
OXYDE DE POTASSIUM. *Voy.* Potasse.
OXYDE DE KALIUM. *Voy.* Potasse.
OXYDE DE MAGNESIUM. *Voy.* Magnésie.
OXYDE DE STRONTIUM. *Voy.* Strontium.

OXYGÈNE (ὀξύς, acide, et γίνομαι, je deviens) ; syn. : *air vital, gaz nitro-aérien.* — L'oxygène est généralement répandu partout dans la nature ; mélangé avec l'azote dans des rapports peu variables, de 21 à 79 en volume, il constitue l'air atmosphérique ; uni à l'hydrogène, il forme l'eau ; combiné aux divers métaux, il fait partie des nombreux oxydes, des bases alcalines et terreuses, et, par conséquent, des substances minérales que l'on trouve dans tous les terrains : enfin l'oxygène est un des éléments constitutifs de tous les corps organisés, végétaux et animaux.

La découverte de l'oxygène remonte à 1774 ; elle est due à Priestley. Nommé d'abord *air déphlogistiqué, air vital*, etc., il reçut le nom d'*oxygène* lors de la formation de la nomenclature chimique, époque à laquelle on supposait que seul il avait la propriété d'engendrer des acides.

Lavoisier, par une étude exacte et approfondie, fit connaître au monde scientifique les propriétés principales de l'oxygène, le rôle immense qu'il joue dans la combustion, la formation de l'eau, l'acte de la respiration.

L'oxygène à l'état libre est incolore, invisible, sans odeur, gazéiforme sous toutes les pressions et à toutes les températures dont les chimistes aient pu disposer. Sa densité, d'après MM. Dumas et Boussingault, est de 1105,7, l'air à volume égal, dans les mêmes conditions, pesant 1000 ; à la température ordinaire, l'eau en dissout seulement 3, 73 pour 100 de son volume ; il réfracte moins la lumière que tous les autres gaz ; c'est de tous les corps élémentaires celui qui est doué de la plus énergique propriété électro-négative.

Le grand nombre de combustions qu'il peut accomplir le caractérise.

Si l'on plonge une allumette en ignition dans une cloche remplie de gaz oxygène, elle s'allume sur-le-champ, et brûle avec une flamme bien plus brillante que dans l'air atmosphérique. Si on la retire et qu'on la souffle, elle se rallume de nouveau dès qu'on la replonge dans la cloche. La même manœuvre peut être répétée plusieurs fois de suite. Un morceau d'amadou allumé qu'on plonge dans ce gaz y brûle avec flamme. Du phosphore contenu dans une petite cuiller de fer, fixée à l'extrémité d'un long fil, de même métal, et qu'on y plonge également, après l'avoir allumé, y brûle en répandant une lumière dont on ne connaît aucune qui se rapproche davantage de celle du soleil pour l'éclat et la clarté. Le soufre brûle dans ce gaz avec une belle flamme azurée ; mais il faut avoir soin de l'y hausser et baisser alternativement, sans quoi l'acide sulfureux qui résulte de la combustion empêcherait le gaz oxygène d'entrer en contact avec lui. Le charbon en ignition y brûle de même avec flamme. En un mot, tous les corps qui brûlent dans l'air atmosphérique, brûlent avec beaucoup plus de vivacité encore dans le gaz oxygène. Certains, qui ne brûlent pas du tout dans l'air, ou qui ne le font qu'à une température extrêmement élevée, s'enflamment et brûlent avec une grande facilité dans ce gaz : tel est, par exemple, le fer. Si l'on recourbe l'extrémité d'une aiguille à tricoter ou de tout autre fil de fer mince, qu'on y fixe un peu de charbon en ignition, et qu'on plonge le tout dans un flacon plein de gaz oxygène, le charbon s'enflamme d'abord, puis, quand il est consumé, le fil de fer commence à brûler lui-même, et se fond, à son extrémité, en un globule, d'où s'échappe en sifflant un jet d'étincelles ; le globule fondu et en partie oxydé tombe quand il est devenu trop pesant, tandis que le reste du fil continue à se fondre et à brûler aussi longtemps que le gaz oxygène n'est pas trop altéré par l'air atmosphérique qui pénètre dans le vase. Les globules qui se détachent ont une température si élevée, que, quand on les reçoit dans de l'eau, ils y conservent longtemps encore leur chaleur, et s'enfoncent profondément dans le verre ou la porcelaine du vase où ils tombent. Si l'on fait l'expérience dans une bouteille en verre mince, par exemple, dans une bouteille de Florence, ils en fondent les parois et passent à travers. C'est pourquoi, quand on veut conserver le vase, il faut avoir soin de mettre du sable au fond. Cette expérience est, du reste, une des plus belles que la chimie ait à offrir.

Lorsqu'on mêle du sang avec du gaz oxygène, sa couleur foncée disparaît, et il devient d'un beau rouge vermeil. Tel est le changement que le sang des animaux vivants subit dans la respiration, par l'absorption du gaz oxygène, et qui entretient la chaleur animale, du moins en partie. Si l'on renferme des animaux dans du gaz oxygène, leur respiration s'y entretient quatre fois plus longtemps qu'elle ne le ferait dans un pareil volume d'air atmosphérique. C'est pour cette raison que, dans le principe, on donna au gaz le nom d'*air vital*. Quand ensuite on retire l'animal, on trouve le sang beaucoup plus rouge, dans ses veines, qu'il ne l'était auparavant, et s'il a respiré le gaz oxygène pendant longtemps, ses poumons sont dans une sorte d'état inflammatoire. Voilà pourquoi l'état des personnes atteintes de phthisie pulmonaire s'aggrave beaucoup lorsqu'elles respirent cette sorte de gaz.

Tout corps qui brûle dans le gaz oxygène se combine avec l'oxygène, et augmente d'un poids égal à celui du gaz consommé. Dans le même temps s'effectue, d'une manière qui n'est pas encore bien éclaircie, une combinaison de lumière et de chaleur que nous appelons *feu*. Lavoisier et ses contemporains croyaient que le feu provenait du calorique latent qui maintient l'oxygène sous la forme du gaz permanent; mais lorsqu'on eut reconnu que cette explication n'était pas satisfaisante, parce qu'il se manifeste du feu alors même qu'il n'y a pas de gaz oxygène condensé, Crawford attribua le phénomène à un changement dans la chaleur spécifique du corps brûlé, qui, suivant lui, doit être inférieure à celle que l'oxygène et le corps combustible avaient avant de se réunir. Il a été reconnu depuis que cette théorie n'est pas exacte non plus, et non-seulement que certains corps brûlés ont autant de chaleur spécifique qu'il y en a dans leurs principes constituants, mais encore que d'autres, l'eau par exemple, en ont une supérieure à celle que possèdent leurs éléments isolés; d'où il résulterait, dans l'hypothèse de Crawford, que la combinaison de l'hydrogène devrait donner lieu à du froid, au lieu de produire du feu.

Il ne nous reste donc plus d'autre ressource que de considérer le feu comme un phénomène électrique, qui a lieu lorsqu'au moment de la combinaison des corps, leurs états électriques opposés se neutralisent réciproquement, circonstance dans laquelle il se produit du feu de la même manière qu'il s'en manifeste dans la décharge de la bouteille de Leyde ou de la foudre.

Pour que la combustion commence, il faut que le corps combustible soit échauffé jusqu'à un certain degré. Très-peu de corps ont la propriété de s'enflammer à la température ordinaire de l'atmosphère et de brûler dans l'air. Le degré de chaleur nécessaire pour qu'un corps combustible s'enflamme est ordinairement inférieur de beaucoup à celui qui se développe par le fait de la combustion, en sorte que le corps, une fois enflammé, se maintient ensuite de lui-même assez échauffé pour pouvoir continuer à brûler. La chaleur produite par la combustion est d'autant plus élevée, que l'affinité du corps combustible pour l'oxygène est plus considérable; mais elle peut varier pour un même corps combustible en raison de la densité différente du gaz oxygène. Elle n'est jamais plus forte que dans le gaz oxygène pur; mais plus les molécules de ce gaz sont écartées les unes des autres par la raréfaction ou par le mélange avec un gaz étranger, plus aussi la chaleur qui se développe pendant la combustion est faible. C'est pour cette raison qu'un corps qui brûle dans l'air y répand moins de chaleur, parce que là l'oxygène se trouve mêlé avec une quantité de nitrogène quadruple de la sienne. Si l'on se figure la proportion du gaz nitrogène allant en augmentant, un terme arrive enfin où la température née de la combustion devient égale à celle qui est nécessaire pour que le corps s'enflamme, et celui-ci continue à brûler; mais si la raréfaction de l'oxygène augmente encore davantage, la combustion ne peut plus du tout s'opérer, à moins qu'une autre circonstance quelconque ne maintienne le corps combustible au degré de chaleur nécessaire pour qu'il brûle.

Il paraît, d'après quelques calculs de Welter, que, pendant la combustion, certains corps, en consumant la même quantité de gaz oxygène, dégagent de celui-ci du calorique, soit en quantités égales, soit en quantités qui sont des multiples déterminés les unes des autres. Ainsi, par exemple, les expériences de Despretz nous apprennent que la même quantité de glace se fond à zéro, lorsque cent parties de gaz oxygène se combinent avec du carbone pour produire de l'acide carbonique, ou avec du gaz hydrogène pour donner naissance à de l'eau. La même chose semble avoir lieu aussi lorsque ces cent parties d'oxygène brûlent du bois, de la cire, de la résine, de l'alcool. Mais lorsqu'elles convertissent du phosphore en acide phosphorique, une quantité de glace exactement double de la précédente entre en fusion. On ne saurait encore dire si ces observations isolées peuvent conduire à des conclusions générales; ce qu'il y a de certain, cependant, c'est que la coïncidence dont je viens de parler mérite attention.

Divers corps s'enflamment, c'est-à-dire commencent à se combiner avec l'oxygène, à une température plus basse que celle à laquelle ils deviennent rouges ou lumineux. Ces corps continuent à s'oxyder, sans produire de feu, en se maintenant seulement chauds ; mais lorsqu'ils viennent à être mis en contact avec de l'air plus pur, le phénomène du feu éclate sur-le-champ. De là résultent deux modes de combustion, l'un à la chaleur la plus basse possible, l'autre à la température la plus élevée possible, qui peuvent souvent donner lieu à des produits tout à fait différents.

Le fait que certains corps, dans certaines circonstances, peuvent continuer de s'oxyder à la même température que celle à laquelle leur oxydation a commencé, et sans qu'il se manifeste de feu, a été la source d'une découverte extrêmement intéressante de Davy, qui consiste à transporter en quelque sorte le phénomène du feu d'un corps combustible à un autre qui ne s'oxyde ni ne brûle. On fixe à un fragment de camphre, ou à la mèche d'une lampe à esprit-de-vin, un morceau de fil de platine tourné en spirale, ou une étroite bandelette de platine laminé, décrivant huit à dix tours ; on allume le camphre ou la lampe, et un instant après on éteint la flamme en soufflant légèrement dessus. Après qu'elle est éteinte, le platine conserve une température plus élevée que celle à laquelle commence l'oxydation des vapeurs du camphre ou de l'esprit-de-vin, en sorte que celles-ci continuent, par leur contact avec le fil métallique, à s'oxyder aux dépens de l'air ; le fil de platine étant meilleur conducteur du calorique que ne le sont les gaz, il s'empare du calorique qui se développe dans cette opération, de manière qu'au bout de quelques instants il commence à rougir ; et comme, parvenu à cet état, il entretient la volatilisation du camphre ou de l'alcool, il continue aussi à demeurer rouge jusqu'à ce que le camphre ou l'alcool soit entièrement consumé.

La même chose arrive quand on fait passer un courant de gaz combustible quelconque dans l'air, et qu'on tient un fil de platine échauffé dans le courant, avec la différence que ces gaz étant d'eux-mêmes très-inflammables, ils s'enflamment par là en peu d'instants. Le platine est le corps qui convient le mieux pour cette expérience, attendu qu'il est suffisamment conducteur de la chaleur, et qu'il ne s'oxyde pas. L'expérience réussit également avec d'autres métaux, mais moins bien et moins sûrement. Le fer est celui qui se rapproche le plus du platine à cet égard. Quant à l'argent et à l'or, ils paraissent être trop bons conducteurs du calorique, ce qui fait qu'ils dissipent la chaleur. Cependant, dans toutes ces expériences, l'inflammation et la combustion ne dépendent pas uniquement de la température du platine. Le métal lui-même y contribue d'une manière qui lui est propre, quoiqu'il ne contracte pas de combinaison.

Quand un corps est combiné avec l'oxygène, on le dit *oxydé* ou *brûlé*. Le poids de l'oxyde est égal à ceux du corps combustible et de l'oxygène consommé, pris ensemble. Mais il est fort difficile de faire l'expérience d'une manière qui permette de peser tant l'oxygène restant que le corps brûlé. Si le gaz oxygène est parfaitement pur, et le corps combustible capable de le consommer en totalité, ce gaz disparaît entièrement : par exemple, qu'on y introduise autant de grains de phosphore qu'il contient de fois trois pouces cubes de gaz, qu'on le bouche ensuite pour empêcher l'air d'y pénétrer, enfin qu'on l'échauffe assez pour que le phosphore s'enflamme et brûle ; si, après que le ballon est refroidi, on vient à le déboucher sous l'eau, le liquide s'élance aussitôt et le remplit de manière à n'y pas laisser subsister la moindre bulle d'air.

On peut faire cette expérience d'une manière plus facile encore et plus brillante, en remplissant de mercure une petite cloche de verre longue de cinq à six pouces, la renversant sur le mercure, et y introduisant ensuite un petit morceau de phosphore, que sa légèreté détermine à traverser le métal pour gagner la partie supérieure de la cloche ; dès qu'il y est parvenu, on le fait fondre en tenant un creuset de terre chaud, mais non rouge, renversé sur la cloche, de manière toutefois qu'il n'y touche point ; on fait ensuite arriver du gaz oxygène dans le vase, par petites bulles. Le phosphore brûle avec une lueur éclatante, et le gaz disparaît, de manière qu'on finit par ne plus trouver dans la cloche que du phosphore et de l'acide phosphorique.

En se combinant avec les corps simples, l'oxygène change de propriétés et produit des composés que nous appelons *corps oxydés* ou *oxydes*. Les propriétés des oxydes varient, 1° suivant la nature du corps combustible qui se combine avec l'oxygène ; 2° suivant les diverses proportions dans lesquelles chaque corps combustible peut s'unir avec ce dernier.

Les corps simples se partagent en électro-positifs et électro-négatifs. Une grande partie des corps simples électro-négatifs produisent avec l'oxygène des composés qui ont une saveur acide, et que, pour ce motif, on appelle *acides* ; les métaux électro-positifs, au contraire, donnent naissance à des oxydes qui ne sont point acides, et qui, loin de là, en se combinant avec les acides, détruisent les propriétés acides de ces derniers, et leur sont tout aussi opposés que les deux électricités dont ils portent le nom le sont l'une par rapport à l'autre. Quelques corps électro-positifs, peu nombreux, produisent, avec une certaine quantité d'oxygène, ou oxyde électro-positif, et avec davantage d'oxygène, un oxyde électro-négatif, c'est-à-dire un acide : tel est, par exemple, le manganèse.

Lavoisier, qui avait reconnu la propriété dont l'oxygène jouit de former des acides avec le soufre, le phosphore, le carbone, mais qui ne s'était point aperçu qu'il n'entre pas moins dans le caractère de ce corps de donner également naissance à des combinaisons opposées (parce que la composition des oxydes électro-positifs les plus remarquables n'était point encore connue), considérait l'oxygène comme le principe générateur des acides, à l'exclusion de tous les autres. C'est d'après cela qu'il l'appela oxygène, mot formé, comme nous l'avons dit, du grec ὀξύς, acide, et γεννάω, j'engendre. Mais il a été parfaitement démontré depuis qu'il se forme des acides très-puissants qui ne contiennent point d'oxygène, et que cette dénomination est, par conséquent, inexacte. Il résulte de là que si l'on en était aujourd'hui à chercher un nom pour désigner ce corps, on ne choisirait pas celui d'oxygène. Mais ce nom étant adopté généralement, il serait inconvenant de vouloir le changer, parce qu'une fausse théorie en a introduit l'usage.

Plusieurs corps, principalement des métaux, ont, à l'état d'oxyde, la forme pulvérulente et l'aspect terreux. Aussi les anciens chimistes les appelaient-ils *chaux métalliques*, pour indiquer leur analogie avec la chaux, quoiqu'ils ignorassent que cette dernière substance est aussi un oxyde métallique

Un même corps peut avoir plusieurs degrés d'oxydation, qui, d'après la différence de leurs propriétés, se rapportent à trois classes.

1° *Sous-oxydes*. Ce degré est le plus bas de tous. Le sous-oxyde ne peut pas se combiner avec d'autres corps oxydés sans absorber une plus grande quantité de gaz oxygène. Ce degré d'oxydation est moins répandu que les autres, et jusqu'à présent on connaît peu de corps qui en offrent des exemples ; peut-être en découvrira-t-on d'autres avec le temps. Les pellicules qui se forment peu à peu sur le plomb métallique, le zinc, l'arsenic, le bismuth, etc., appartiennent à la classe des sous-oxydes.

2° *Oxydes*. Cette classe comprend les corps oxydés qui peuvent se combiner les uns avec les autres. On les partage en deux séries : les *oxydés électro-positifs* ou *bases salifiables*, et les *oxydes électro-négatifs* ou *acides*.

Les *bases salifiables*, parfois aussi appelées simplement *bases*, résultent de la combinaison des métaux électro-positifs avec l'oxygène, et sont ce que nous appelons *alcalis*, *terres* et *oxydes métalliques*. Un même métal peut avoir plusieurs degrés d'oxydation qui le constituent à l'état de base ; beaucoup en ont deux, deux en ont quatre. Pour les distinguer alors par des dénominations différentes, on dit, le fer étant choisi pour exemple, *oxyde ferreux* quand il s'agit du degré inférieur, et *oxyde ferrique* lorsqu'il est question du second degré.

On donne le nom d'*acides* aux oxydes qui sont produits par les métaux électro-négatifs et par les métalloïdes, et dont la plupart ont une saveur sensiblement aigre. Il y a aussi dans cette série plusieurs degrés d'oxydation, que l'on distingue les uns des autres par des appellations différentes, comme le prouve l'exemple des quatre acides formés par le soufre, qu'on désigne sous les noms d'hyposulfureux, sulfureux, hyposulfurique et sulfurique. Cette nomenclature n'est assurément pas bonne, mais elle est admise.

Le corps combustible contenu dans un acide ou dans une base salifiable est appelé *radical* de cet acide ou de cette base.

Lorsque des acides et des bases salifiables se combinent ensemble, il en résulte des corps particuliers appelés *sels*, dans lesquels l'acide et la base détruisent réciproquement leurs principaux caractères.

3° *Sur-oxydes*. Les corps compris dans cette classe contiennent tant d'oxygène, qu'ils ne peuvent se combiner avec d'autres oxydes ou acides sans en abandonner une partie. A cette catégorie appartient, par exemple, le manganèse, dont nous avons vu plus haut qu'on peut dégager l'excès d'oxygène en le faisant rougir au feu.

Ces divers degrés d'oxydation se font par sauts déterminés de l'un à l'autre, sans intermédiaires. Ces sauts s'opèrent ordinairement d'après certaines lois, de manière que la quantité d'oxygène contenue primitivement dans l'oxyde augmente de moitié, se double ou se triple. En général nous ne connaissons point encore tous les degrés d'oxydation des corps combustibles. Souvent on en découvre de nouveaux, et il est vraisemblable que tous les corps combustibles ont un certain nombre de degrés d'oxydation, dans lesquels les quantités d'oxygène se comportent, à l'égard les unes des autres, comme les nombres 1, 2, 3, 4, etc.; de sorte que l'oxygène ajouté est le double, le triple, le quadruple de celui qui se trouve contenu dans l'oxyde le plus bas. Mais la manière dont la plupart de ses degrés peuvent être produits n'a point encore été découverte. Jusqu'à présent nous ne connaissons que ceux dans lesquels les éléments sont réunis par les affinités les plus puissantes, et qui, par cette raison même, se forment plus particulièrement dans nos expériences.

Avant d'abandonner ce qui est relatif à l'oxygène, nous devons, à l'occasion de ce qui vient d'être dit, ajouter encore quelque chose touchant l'harmonie remarquable qui règne à l'égard des proportions dans lesquelles ce corps se combine avec d'autres corps. Gay-Lussac a découvert que quand le gaz oxygène s'unit à d'autres corps qui affectent la forme de gaz, par exemple, avec du gaz hydrogène ou du gaz azote, cette combinaison s'opère constamment dans un rapport tel que les deux gaz s'unissent en volumes égaux, ou que deux, trois, ou un plus grand nombre de volumes de l'un d'eux se combinent avec une seule proportion de l'autre, de manière qu'il n'y a jamais de fractions dans la combinaison.

Quoique nous ne puissions pas convertir

tous les corps combustibles en gaz, et que la plupart de ceux auxquels il nous est donné de faire prendre cette forme ne la conservent qu'à une température trop élevée pour nous permettre de les mesurer, cependant nous avons lieu de conjecturer que les proportions dans lesquelles l'oxygène se combine avec les corps combustibles, et même celles dans lesquelles ces derniers corps s'unissent les uns avec les autres, sont en harmonie avec les proportions relatives de ces mêmes corps à la température sous l'influence de laquelle ils revêtent la forme gazeuse (quelque élevée d'ailleurs que puisse être cette température), et que la combinaison s'opère de telle manière qu'un volume de l'un des gaz se combine, soit avec un sel, soit avec deux, trois, quatre ou un plus grand nombre de volumes de l'autre gaz.

Nous avons vu que l'oxygène peut former des bases tout aussi bien que des acides. Mais de même que la génération des acides ne lui appartient point exclusivement, de même aussi ce n'est pas lui seul qui produit des bases. On connaît encore trois corps qui partagent cette prérogative avec lui, savoir le soufre, parmi les métalloïdes, le sélénium et le tellure, parmi les métaux. Ces trois corps donnent naissance, avec les corps combustibles électro-négatifs, à des composés électro-négatifs, qui sont jusqu'à un certain point analogues aux acides, et avec les corps combustibles électro-positifs à d'autres composés électro-positifs analogues aux bases ; lesquels composés peuvent ensuite se neutraliser réciproquement de la même manière que les oxybases neutralisent les acides, c'est-à-dire en produisant des sels.

La propriété remarquable dont ces quatre corps jouissent de pouvoir produire, avec les corps combustibles, deux séries électriquement différentes et aptes à se combiner ensemble, fait de l'oxygène, du soufre, du sélénium et du tellure, une classe à part que Berzelius désigne sous le nom commun de *corps amphygènes* (corps produisant les deux séries, c'est-à-dire des acides et des bases). Les sels qui résultent de ces deux séries opposées sont appelés *sels amphydes*, pour les distinguer d'autres sels qui doivent naissance à la combinaison de deux corps simples seulement.

Les animaux vivent beaucoup plus longtemps au sein du gaz oxygène que dans un volume égal d'air atmosphérique, mais leur respiration devient plus active et plus laborieuse ; leur circulation s'accélère, et ils meurent avant que tout l'oxygène soit consommé, bien que d'autres animaux de la même espèce, placés dans ce résidu, après la mort des premiers, puissent encore s'y maintenir en vie pendant un certain temps. Cette mort est occasionnée par la grande excitation que produit l'oxygène dans les poumons, excitation qui en use rapidement les ressorts, qui les désorganise, comme le démontre l'état de violente inflammation que présentent ces organes. On explique très-

bien à l'aide de ces connaissances, pourquoi la position des personnes atteintes du mal de poitrine s'aggrave beaucoup lorsqu'elles respirent de l'oxygène pur ou même de l'air atmosphérique accidentellement plus riche en ce principe. Ce n'est donc pas sans une haute prévoyance que l'auteur de la nature a tempéré la trop grande action de cet oxygène qui nous entoure, en le mêlant avec quatre fois son volume de gaz azote, qui n'agit ici que mécaniquement. Il en est de l'air comme de l'eau rougie : c'est un agent trop énergique, qu'on affaiblit par l'addition d'un corps qui n'a, pour ainsi dire, pas d'effet sur notre organisation.

Les propriétés chimiques de l'air sont uniquement dues à l'oxygène qu'il contient. Ainsi, dans toutes les applications qu'on fait de ces propriétés aux arts, c'est l'oxygène qui agit ; l'azote n'intervient jamais : c'est un être tout passif.

Par conséquent, lorsque l'air attaque certaines substances, corrode et ronge les métaux, détruit les couleurs qui ornent nos tissus, c'est l'oxygène qui est le principe actif de ces effets. Les toiles qu'on veut blanchir complétement sont, ainsi que vous le savez, exposées à plusieurs reprises et pendant plus ou moins de temps, sur le gazon des prairies, à l'action des agents atmosphériques. Eh bien ! c'est encore l'oxygène qui, dans ce cas, fait disparaître les matières étrangères qui masquaient la blancheur des fibres du tissu.

À chaque instant, dans la teinture, les propriétés de l'oxygène de l'air sont utilisées. C'est lui, par exemple, qui est la cause de la coloration en bleu que prend une étoffe qui a été plongée dans une cuve d'indigo. Cette matière colorante, qui est d'un bleu violet à l'état de pureté, perd dans la cuve la majeure partie ou la totalité de son oxygène, et se trouve alors décolorée ; mais dès qu'elle a le contact de l'air, elle reprend à ce fluide l'oxygène qu'elle avait perdu, et repasse au bleu primitif. Telle est l'explication du phénomène que présentent le coton, la laine et la soie qu'on a plongés dans une cuve d'indigo et qu'on expose ensuite à l'air libre : de jaune qu'était l'étoffe au sortir du bain, elle devient successivement verte, puis bleue.

Une pente de coton introduite dans une dissolution de *couperose*, tordue, puis immergée dans un bain froid de lessive de potasse, prend une teinte d'un vert sale ; mais bientôt, au contact de l'air, cette nuance passe à la couleur de rouille et se fixe. C'est ainsi qu'on obtient toutes les nuances de jaune de rouille, connues sous le nom de *beurre frais*, *ventre de biche*, *nankin*, etc. C'est encore l'oxygène de l'air qui, dans cette circonstance, a opéré la coloration du tissu en rouille, en se fixant sur l'*oxyde ferreux* que la potasse avait précipité sur le fil imprégné de couperose.

Une question capitale, relativement à la constitution chimique de l'air de l'atmosphère terrestre, à été agitée dans ces derniers temps. On s'est demandé si cet air, indispensable à l'existence de tous les êtres vivants actuellement à la surface du globe, demeurerait toujours ce qu'il est ; si enfin la permanence de sa composition était assurée dans l'avenir des siècles.

Les faits acquis à la science depuis près d'un demi-siècle permettent jusqu'à un certain point de résoudre affirmativement cette question. Ce qu'il y a de certain , c'est que, depuis 42 ans, les rapports de l'oxygène et de l'azote n'ont pas changé. L'analyse de l'air fait avec le plus grand soin par MM. Dumas et Boussingault, au commencement de 1841, confirme la composition de l'air admise par les chimistes français, depuis 1805, à la suite des belles expériences de M. de Humboldt et de Gay-Lussac, puisqu'à ces deux époques si distantes on a trouvé qu'un volume déterminé d'air renferme 1/5 d'oxygène et 4/5 d'azote.

Ce qui prouve surabondamment que la constitution chimique de l'air n'a pas changé depuis 42 ans, et ce qui conduit à admettre que cette constitution sera toujours la même, c'est que le poids du litre d'air sec, à la température de 0°, est encore aujourd'hui le même qu'il y a 42 ans. En effet, à cette époque, MM. Biot et Arago ont reconnu qu'un litre d'air pesait 1 gramme 2,991, et MM. Dumas et Stas ont trouvé, en 1840, 1 gramme 2,995 pour le poids du même volume ; la légère différence est dans les limites des erreurs de pesée.

Les analyses faites sur de l'air recueilli par Gay-Lussac dans un voyage en ballon à 7,000 mètres de hauteur, sur de l'air recueilli par M. Boussingault dans les montagnes les plus élevées de l'Amérique méridionale, sur de l'air puisé au sommet du Faulhorn, dans les Alpes, par M. Brunner ; les analyses faites anciennement par Dalton en Angleterre, tout récemment à Genève par M. de Marignac, à Copenhague par M. Levy, à Bruxelles par M. Stas, à Groningue par M. Verver, confirment les analyses de MM. Dumas et Boussingault, et montrent que partout, dans les latitudes éloignées, à des époques assez distantes et à des hauteurs fort différentes, le rapport de l'oxygène et de l'azote dans l'air est invariable à 1 millième près.

Mais puisque les êtres vivants, animaux et plantes, ne peuvent continuer leur existence sans absorber l'oxygène de l'air, puisque la combustion des matières qui servent à nous chauffer et à nous éclairer ne peut avoir lieu sans l'oxygène atmosphérique qui est également absorbé par elles, puisque la destruction spontanée des matières organiques privées de vie ne peut s'effectuer sans

le concours de ce même oxygène, il en résulte qu'à chaque instant, autour de nous, il se fait une énorme consommation de ce gaz ; et cependant ses proportions ne semblent pas diminuer dans l'atmosphère. C'est qu'à chaque instant aussi les pertes que l'atmosphère éprouve en oxygène sont compensées par de nouvelles quantités de ce gaz qui y arrivent, et c'est aux végétaux qu'il a été donné de le régénérer. Il est possible, sans doute, que, dans beaucoup de localités, la reproduction de l'oxygène ne soit pas en rapport avec sa déperdition ; c'est ce qui arrive partout où il s'en fait une grande absorption par la respiration ou la combustion. Mais cet effet ne peut être que partiel et momentané : car la grande mobilité du fluide aérien rétablit bientôt l'équilibre sur tous les points : les vents, qui brassent l'atmosphère en tous sens, en mêlent les éléments, et l'on y trouve partout, et dans des proportions à peu près constantes, les principaux fluides qui la composent.

Il n'y a ni création ni destruction d'aucun élément dans les opérations de la nature. Les nombreux phénomènes de combinaison et de décomposition qui ont lieu à la surface du globe ne présentent qu'un déplacement continuel des principes et de nouvelles combinaisons qui se forment d'après des lois fixes, éternelles, immuables ; ainsi la nature se régénère sans s'appauvrir, et la matière n'éprouve que des changements qui se reproduisent périodiquement et uniformément, surtout dans les corps organisés.

OXYGÈNE. — Sa combinaison avec les métaux. *Voy.* MÉTAUX. — Ses propriétés chimiques. *Voy.* OXYGÈNE. — Les proportions de l'oxygène atmosphérique diminuent-elles. *Voy.* OXYGÈNE.

OZONE (ὄζη, odeur).—Ce nom a été donné par M. Schoenbein à un corps particulier, sur la nature duquel les chimistes ne sont pas d'accord. Suivant les uns, c'est de l'azote dans un état particulier, ou peut-être même un élément de l'azote, qui devrait être alors regardé comme un corps composé ; suivant les autres, l'ozone est un peroxyde d'hydrogène différent de celui découvert par M. Thénard. L'odeur de phosphore que présente l'oxygène obtenu par la décomposition de l'eau, en se servant de fils de platine ou d'or (comme dans la pile de Grove), serait, selon M. Schoenbein, due au corps particulier qu'il a appelé ozone. L'oxygène perd cette odeur au contact du zinc, du fer, de l'étain, du plomb, de l'arsenic, etc., parce que l'ozone se combinerait avec ces corps. Quoi qu'il en soit, on n'a pas encore dit le dernier mot sur l'ozone, qui paraît se produire dans beaucoup d'autres circonstances.

P

PAIN (fabrication du).— Si nous regardions bien à ce que nous mangeons, nous verrions que tout y est imprégné de sueur

d'homme. Combien il s'en répand, en combien de lieux, sur combien de fronts, dans combien d'opérations différentes, pour la

création d'un seul morceau de pain. On est
étonné lorsqu'on y pense en détail, et rien
ne fait mieux comprendre le triste état de
l'homme sur la terre, qui ne peut se soustraire au tourment de la faim qu'en se tour-
mentant lui-même de tant de manières. Il a
fallu construire la charrue, arracher de la
terre, pour le livrer à la forge, le fer qui doit
ouvrir son sein, ensuite défricher pénible-
ment le sol, préparer le labour, ensemencer
les sillons, veiller sans cesse pour protéger
la précieuse plante contre les envahissements
des mauvaises herbes ou la dent des animaux;
puis viennent les durs travaux de la moisson,
et le battage et la mouture, et celui qui pétrit avec tant d'efforts, et celui qui veille
pour entretenir le feu et diriger la cuisson.
Ces opérations diverses en nécessitent d'autres non moins pénibles, telles que l'extraction de la pierre, la préparation de la brique
et de la chaux, l'assemblage et la mise en
place de ces matériaux pour la construction
du four; il faut y joindre les travaux du bû-
cheron qui est allé couper le bois dans les
forêts, des voituriers et des bateliers qui
l'ont transporté, et de toutes les personnes
qui ont dû travailler pour eux pendant qu'ils
s'acquittaient eux-mêmes de ces tâches particulières. Voilà donc, pour une seule bouchée de pain, toute une multitude en haleine,
tous les métiers en activité; comptez, si vous
pouvez, les gouttes de sueur qui en composent en quelque sorte l'essence. Que serait-
ce donc si, au lieu d'un pauvre morceau de
pain, le strict remède contre l'inanition, nous
considérions ce qui nous est nécessaire pour
un repas convenable! Que serait-ce si j'en-
treprenais de peindre les fatigues, les épuise-
ments, les dangers de tout genre, endurés
sur terre et sur mer, et jusque dans les profondeurs souterraines, pour produire les mets
servis même à la table la plus frugale! Je
craindrais en les rappelant, d'y étouffer la
joie, d'y faire paraître abominable la délicatesse la moins recherchée, et devant les sai-
sissantes images des souffrances physiques
et morales dont on y savoure les fruits avec
insouciance, d'y faire tomber des larmes de
compassion et de découragement parmi les
coupes. La misère de notre condition est
partout: si nous nous réunissons pour respirer la vie en commun et goûter un peu de
joie, cette misère est là, au milieu de nous,
qui se cache, mais d'autant plus grande qu'il
y a plus de richesse dans le service. Si nous
ne la voyons pas, c'est grâce à la légèreté de
notre esprit et parce que nous ne voulons
qu'effleurer la superficie des objets; mais
partout où le luxe nous sourit, ôtons le masque, et nous verrons dessous des visages qui
pleurent.

Étudions cette substance, dont nous avons
été condamnés à nous nourrir à la sueur de
notre front.

La farine des céréales contient en proportions variables les substances suivantes:

Substances organiques neutres azotées: glutine, albumine, fibrine et caséine.

Substances organiques non azotées: amidon,

dextrine, glucose, cellulose (débris de cellules).

*Matières grasses et huile essentielle, sub-
stances minérales:* phosphate de chaux et de
magnésie, sels de potasse et de soude, silice.

Le son retient la majeure partie des substances minérales, et une plus grande quantité de matière grasse et de substance azotée,
que les parties internes du périsperme: une
farine est donc un aliment plus complet,
lorsqu'elle contient toutes les parties du fruit
de blé, à l'exception de la pellicule épidermique non digestive, formant 4 à 5 pour 100
du poids total.

Les farines les plus estimées sont d'un
blanc mat, tirant au jaune, douces au toucher, ne renfermant aucune parcelle de son,
d'une odeur agréable. Délayées et pétries
avec la moitié de leur poids d'eau, elles donnent une pâte homogène sans grumeaux ni
corps étrangers, et qui peut s'étendre en nappes minces et élastiques. La farine abandonne facilement l'eau hygroscopique (12 à
18 pour 100) quand on la soumet à une température de 100° pendant quelque temps;
mais elle la reprend quand on l'expose à
l'air.

L'excès d'humidité est une des principales
causes de l'altération des farines: elles
s'agglomèrent sous cette influence, de manière à prendre quelquefois une assez
grande dureté; c'est surtout parce que le
gluten subit des altérations quand les farines présentent ces caractères, qu'elles deviennent généralement impropres à donner
du pain léger, blanc, agréable au goût.
L'humidité favorise en outre les développements de divers champignons; quelques
farines acquièrent par cette altération une
odeur désagréable et caractéristique, et deviennent plus ou moins insalubres.

Les falsifications des farines s'effectuent
ordinairement (suivant les cours commerciaux) avec la fécule de pommes de terre,
les farines de féverole, de haricots, de maïs,
de sarrasin. La farine de féverole, qui généralement coûte moitié moins que la farine
de blé, communique à cette dernière une
nuance jaunâtre et fait mieux lever la pâte;
mais le pain qui provient de ce mélange a
un goût particulier, désagréable, surtout
lorsque la proportion dépasse 5 pour 100.

Fabrication du pain. — Les phases successives de l'opération dont le but est de
convertir la farine en pain, consistent dans
l'hydratation, le pétrissage, la fermentation, l'apprêt et la cuisson. En hydratant la
farine, on dissout la dextrine et la glucose
(dont les proportions augmentent dans la
réaction de quelques traces de diastase),
une partie de l'albumine, de la caséine et
des sels; on pénètre d'eau les principes insolubles: fécule, glutine et fibrine. La farine, pétrie avec de l'eau, produirait une
pâte compacte qui donnerait un pain très-
lourd; mais en ajoutant un *levain*, le ferment détermine des réactions entre les éléments de la glucose, qui donnent nais-

sance à de l'acide carbonique et à de l'alcool. L'acide carbonique, gazéiforme, augmente le volume de la pâte, qui se gonfle et s'allége par les vides nombreux qu'occasionne le gaz retenu par le gluten.

On appelle levain une portion de pâte prélevée à la fin de chaque opération et dans laquelle l'influence de l'eau et de l'air a déterminé la formation du ferment. On peut le remplacer pour la première opération et soutenir son énergie dans les opérations suivantes, par la levure de bière, qui agit plus vivement : employée en trop fortes proportions, cette substance communiquerait au pain une partie de l'amertume et de l'odeur spéciale de la bière, et surtout du houblon.

Il faut placer le levain dans un endroit où la température soit uniforme et douce. On le laisse ainsi sept ou huit heures pendant lesquelles il augmente graduellement de volume et dégage une odeur alcoolique : c'est le levain de chef. On le pétrit alors avec un quantité d'eau et de farine suffisante pour doubler son volume, tout en conservant le mélange à l'état de pâte assez ferme : il constitue le *levain de première*. Six heures après ce travail, on *renouvelle* le levain par une addition semblable, et l'on obtient le *levain de seconde ;* seulement on ajoute proportionnellement plus d'eau que de farine, pour avoir une pâte plus molle. Enfin une dernière manutention, faite avec soin, et semblable aux précédentes, donne le *levain de tous points*, dont le volume, en hiver, doit être égal à peu près à la moitié de la pâte nécessaire pour une fournée, et, en été, au tiers seulement.

On procède ensuite au pétrissage, qui se fait en quatre temps : *délayage, frase, contre-frase et enfournage.*

On verse d'abord sur le levain la quantité d'eau nécessaire à la préparation de la pâte, puis on malaxe, de manière à bien diviser le tout en pâte fluide, exempte de grumeaux. Quand la masse est bien homogène, on introduit la quantité de farine utile pour former la pâte ; cette opération est appelée *la frase.* On réunit alors dans le pétrin la pâte en une seule masse pour faire la *contre-frase,* c'est-à-dire qu'on relève la pâte de droite à gauche en retournant toute la masse et la travaillant ensuite, par degrés de gauche à droite ; on soulève successivement toutes les parties en la laissant retomber de tout son poids, afin d'y introduire l'air qui favorise la fermentation.

On ajoute du sel pour relever le goût du pain ; ce sel est jeté sur le levain ou dissous dans l'eau. On emploie généralement à Paris 500 grammes de sel par sac contenant 159 kilogr. de farine.

Pains de luxe. — Les *pains de gruau,* qui sont fabriqués avec les farines dites de *gruau blanc,* sont plus blancs et contiennent plus de gluten élastique, mais moins de phosphates, de matière grasse, de substances azotées non extensibles, que les pains préparés avec les farines ordinaires ou de deuxième mouture, et surtout que les pains de munition.

Les *pains de dextrine* sont fabriqués avec des farines de première qualité, auxquelles on a ajouté de 2 à 4 pour 100 de sucre, de glucose ou de dextrine sucrée, qui donne ou plutôt conserve à ces pains la saveur agréable et aromatique propre aux meilleures farines. Cela tient à ce que la matière sucrée, s'opposant à l'altération des substances azotées, laisse dominer l'odeur de l'huile essentielle du froment.

On prépare des petits pains dits *viennois* avec de la farine très-blanche, en remplaçant l'eau du pétrissage par un mélange de 1 de lait et 4 d'eau. La croûte de ces pains se ternit en opérant la cuisson dans une atmosphère de vapeur ; à cet effet, on place sur la sole du four, préalablement bien nettoyée, un tampon de paille humide, qui produit un nuage de vapeur. On a soin d'entretenir cette vapeur qui favorise une caramélisation superficielle et donne un aspect très-luisant à la croûte.

Parfois on fabrique du pain plus chargé de gluten et plus nourrissant, en ajoutant du *gluten* frais que l'on dissémine dans la farine au moment du pétrissage. Le pain renferme alors, en plus fortes proportions, plusieurs matières azotées et grasses de la farine. Ce pain est surtout convenable pour les convalescents qui, sous un faible volume, doivent prendre une alimentation substantielle.

Nous terminerons en faisant observer que la croûte et la mie du pain n'ont pas la même action sur l'économie ; la première est beaucoup plus facile à digérer que la dernière. La croûte renferme plusieurs produits (formés vers 200 à 300°) solubles dans l'eau et d'une digestion facile.

Remarquons encore que le pain est assez hygrométrique. Ainsi sur 100 parties on trouve :

Dans le pain blanc de Paris.	70 d'eau.
Dans le pain de ménage. . .	48
Dans le pain de munition. .	50

PALISSY (Bernard), célèbre potier de terre, né dans l'Agénois vers 1500, inventeur des *rustiques figurines.* Il se réduisit à la misère la plus affreuse plutôt que de renoncer à la recherche de la fabrication de la faïence. Il faut lire les paroles éloquentes qui lui échappent quand il se voit ruiné, abandonné de ses parents, de ses amis, criblé de dettes, et, pour comble, accablé sur son grabat des plus amers sarcasmes. Quand il se dépeint amaigri par ses jours sans calme, par ses nuits sans repos, et succombant sous le poids d'une idée dont la fixité semble approcher de la folie, on ne peut s'empêcher d'être ému d'une pitié profonde. Enfin il réussit à fabriquer de la faïence, devint l'artiste du roi et des grands de l'époque, rendit de vrais services à la chimie, et fut le premier professeur d'histoire naturelle en France.

Il était protestant, et eut le bonheur

d'échapper au massacre de la Saint-Barthélemy.

On a de lui un ouvrage très-singulier, où il expose avec beaucoup de profondeur et d'esprit les bases d'une philosophie naturelle, fondée sur l'observation ou l'expérience. Il y met en présence, sous forme de dialogue, la pratique et la théorie ; il y montre la pratique toujours victorieuse, renversant tous les raisonnements de la théorie, et nous laisse voir sa grande antipathie pour les physiciens scolastiques, dont l'influence menaçait d'étouffer la chimie au berceau.

PALLADIUM. — Ce nom dérive du nom de la planète Pallas. Le palladium est un corps simple, ayant presque l'éclat et la couleur de l'argent, et partage avec le platine un grand nombre de propriétés. Il est malléable et très-ductile. Il se laisse plus facilement travailler que le platine. Il est presque moitié moins dense que le platine ; son poids spécifique est 11,3, et 11,8 lorsqu'il a été laminé. Il ne fond point à la chaleur de nos fourneaux ; seulement il s'agglutine de manière à se laisser souder sur lui-même. Il fond à la flamme du chalumeau, en lançant des étincelles d'un très-vif éclat.

Le palladium spongieux, obtenu par la calcination du cyanure se comporte comme le platine spongieux, en contact avec un mélange d'hydrogène et d'oxygène ; seulement il devient moins promptement incandescent que le platine. Il est inaltérable dans l'eau et dans l'air : cette propriété, jointe à une grande malléabilité et à beaucoup de ductilité, pourra rendre ce métal précieux dans une foule d'usages.

Le palladium se rencontre, dans la nature, dans les minerais de platine, qui contiennent en outre le rhodium, l'iridium et l'osmium. Wollaston a trouvé, dans un minerai du Brésil, des graines en forme de paillettes métalliques à texture rayonnée ; composées de palladium uni à une petite quantité de platine et de rhodium. Formule du palladium : 665,899.

Le palladium a été découvert en 1803, par Wollaston. L'histoire de la découverte de ce métal présente quelques incidents curieux qu'il n'est pas sans intérêt de rapporter ici. Au mois d'avril 1803, on distribuait dans les rues de Londres un prospectus anonyme, annonçant qu'un nouveau métal, appelé *palladium*, se vendait chez M. Forster. Cette manière insolite d'apprendre au monde savant une découverte aussi importante parut suspecte à un chimiste alors célèbre, nommé Chenevix. Dans l'intention de dévoiler l'imposture dont une semblable annonce lui semblait avoir le caractère, celui-ci entreprit une série d'expériences qui l'amenèrent à conclure que le palladium n'est qu'un composé de platine et de mercure. Quelques mois après, l'auteur inconnu de la découverte publia une lettre dans laquelle, après avoir contesté l'exactitude des expériences de Chenevix, il affirmait que le palladium ne pouvait être artificiellement produit, et offrit vingt guinées à qui en pourrait faire seulement vingt grains (1 gr. 062), soit par la méthode de Chenevix, soit par tout autre procédé. La somme fut, en effet, déposée ; mais personne ne se présenta pour réclamer la récompense. Les chimistes de France et d'Allemagne prirent bientôt part à ces débats. Fourcroy, Vauquelin, Rose, Richter, Trommsdorf, Klaproth répétèrent les expériences de Chenevix, et reconnurent à l'unanimité que le nouveau métal n'est pas un amalgame de platine. Chenevix continua néanmoins à persister dans sa première opinion. Enfin, en 1805, deux ans après l'apparition du fameux prospectus qui avait annoncé la découverte du nouveau métal, le docteur Wollaston lut à la Société royale de Londres un mémoire dans lequel il exposa toutes les propriétés caractéristiques du palladium, ainsi que le moyen de le retirer du platine brut. En justifiant la conduite de l'auteur inconnu de la découverte, il termina par avouer qu'il était lui-même cet auteur anonyme ; qu'il avait cru devoir agir ainsi, afin de se réserver le loisir d'examiner et d'expliquer tous les phénomènes avant de se hasarder d'en publier l'exposé sous son propre nom.

PALME. *Voy.* Corps gras

PALMIER. *Voy.* Huiles et Cire.

PANABASE (de πᾶν, tout, et βάσις, base), appelé aussi *cuivre gris*. — Ce sont des minerais assez communs, qui forment quelquefois des gîtes presque à eux seuls, mais qu'on trouve aussi dans les divers dépôts métallifères de plomb, d'argent, de cuivre, d'étain, etc. Il y en a dans toutes les contrées. Ces matières, exploitées comme minerais de cuivre, sont souvent fort importantes, à cause de la quantité d'argent qu'elles renferment.

PAPIER. — Les matières premières de la fabrication du papier blanc sont des substances filamenteuses provenant du règne végétal, notamment les fibres textiles du chanvre, du lin, du coton et toutes celles qui ont été mises en usage pour fabriquer les fils et tissus végétaux, et qui, après un long usage, arrivent, sous forme de débris appelés *chiffons*, dans les papeteries.

On voit que le papier est formé de cellulose qui doit avoir la forme filamenteuse, afin que ses fibres, suffisamment longues et souples, s'entrelacent et forment cette espèce de feutre qui constitue la feuille de papier. On comprend que les parties des tissus végétaux, formées de cellules arrondies ou polyédriques, devenant pulvérulentes lorsqu'on les divise, ne sauraient se prêter à un pareil feutrage ; elles sont d'ailleurs éliminées par les lavages et passent au travers des tamis qui ne retiennent que les filamens : de là le déchet considérable qu'éprouvent les pailles de blé, de maïs, etc., que l'on essaye de convertir en pâte à papier.

Aux vieux chiffons, qui forment la matière première la plus employée, on joint les rognures des tissus neufs, trop menues pour servir à d'autres usages.

Voici les opérations qui se succèdent dans une papeterie : *triage, délissage, blutage, lessivage, effilochage, blanchiment, affinage, collage, mise en feuille, découpage* et *lissage*.

On sépare les uns des autres les chiffons blancs, les chiffons gris ou écrus et les chiffons diversement colorés. Les chiffons blancs sont eux-mêmes divisés en chiffons de toile (tissus de chanvre ou de lin) et en chiffons de coton. Ce triage est important, car le coton ne doit entrer qu'en certaines proportions dans le papier. Il est même complétement exclu de la fabrication des papiers très-résistants. Si l'on se rappelle que les fibres textiles du coton se composent de tubes à parois minces, faciles à déprimer, tandis que les filaments de chanvre et de lin sont formés de tubes cylindriques épais, ne se déformant pas par la pression, on comprendra la différence de solidité entre tous les produits (fils, tissus, papiers) du coton et ceux du chanvre ou du lin.

On met soigneusement à part les chiffons de matières animales (laines ou soie) : ils ne doivent pas être traités par les alcalis, qui les dissoudraient, ni par le chlore, qui ne les blanchirait pas; ils sont réservés pour les papiers gris, fabriqués sans blanchissage à la soude ni blanchiment au chlore.

Pendant le triage, on sépare toutes les parties dures et qui ne se diviseraient pas facilement, telles que les ourlets, les boutons, etc. Cette opération (délissage) se fait en coupant les chiffons sur une lame de faux implantée dans un établi, devant chaque personne occupée au triage ; on divise aussi les morceaux de chiffons qui, présentant une trop grande surface, gêneraient dans les opérations du blanchiment et du défilé.

Les chiffons triés passent et sont frottés sur une toile métallique où les matières pulvérulentes commencent à se séparer, puis on les fait tomber dans un blutoir tournant avec une vitesse de 15 à 20 tours par minute, où ils sont débarrassés de la plus grande partie des matières terreuses adhérentes. Des palettes implantées en hélice sur l'axe du blutoir augmentent le frottement des chiffons contre la toile métallique.

Le chiffon étant assez divisé dans cette opération, constitue le défilé, sorte de charpie que l'on blanchit soit au chlorure de chaux, soit au chlore gazeux. Le blanchiment avec le chlorure liquide peut se faire dans la pile en ajoutant de 1 à 3 pour 100 de chlorure de chaux à 100°; mais ce moyen, qui est peu employé maintenant, ne produit pas un blanchiment assez complet.

Pour bien blanchir le chiffon sans le désagréger, c'est-à-dire sans nuire à la solidité du papier, il faut faire agir lentement le chlorure (hypochlorite) de chaux, assez étendu d'eau et à une température basse.

Ce dernier mode de blanchiment se pratique ordinairement, soit dans des bassins en maçonnerie, soit dans des cuves en bois où se meut un agitateur qui, renouvelant sans cesse les surfaces, rend le blanchiment plus rapide. Dans ces dernières cuves, l'opération dure 5 ou 6 heures, tandis qu'elle doit se prolonger de 12 à 24 dans les bassins en repos.

Le blanchiment des chiffons par le chlore gazeux n'est pas abandonné ; on est même forcé d'y revenir quand le chiffon est difficile à blanchir, ou lorsqu'on croit devoir le désagréger sensiblement par l'action du chlore pour diminuer la dépense de force mécanique.

La pâte, lorsqu'elle ne doit pas être soumise au collage, est écoulée dans une grande cuve, où elle est prise à l'aide d'un robinet pour être mise en feuilles. Dans cet état, la pâte contient par mètre cube, c'est-à-dire par 100 litres, environ 32 kilogr. de matière sèche. On prépare ainsi directement les papiers à impressions typographiques ordinaires non collés. La mise en feuilles peut se faire à la main ou mécaniquement. Lorsque l'on se sert d'une machine pour faire le papier, et qu'il s'agit de papiers collés, on colle la pâte elle-même ; dans le premier cas, au contraire, on colle le papier déjà fabriqué et séché. Le collage est indispensable pour les papiers à écrire. On doit, en effet, rendre la superficie assez peu perméable pour l'empêcher d'absorber l'encre et d'étendre ses traces.

Le collage du papier à la cuve ou en pâte se fait avec un savon résineux, de l'alun et de la fécule. Le savon résineux et l'alun donnent lieu à une double décomposition : il se fait un savon résineux à base d'alumine et insoluble qui est imperméable. La fécule, très-dilatée par l'alcali et la température, divise la matière et la répartit plus uniformément

Voici comment on prépare le savon résineux :

150 kilogr. de résine bien épurée, broyée et passée au travers d'un tamis n° 10, sont mis dans une chaudière avec 180 kilogr. d'eau, et on fait bouillir en ajoutant 20 kilogrammes de cristaux de soude dissous dans 50 litres d'eau; lorsque la réaction est terminée, on ajoute une dissolution de 20 kilogr. de cristaux de soude dans 45 litres d'eau, et l'on fait bouillir jusqu'à ce que la saponification soit complète.

Comme le savon ainsi préparé ne serait pas facile à répartir dans la pâte, on le délaye dans 3 fois son poids d'eau contenant la fécule dont tous les grains se gonfleront considérablement dans la solution bouillante. Ce liquide est alors introduit dans la pile même, et lorsqu'il y est resté environ un quart d'heure, et bien mélangé, on y ajoute une solution d'alun ou de sulfate d'alumine pour former un précipité ou colle imperméable insoluble. Ces matières s'employent dans les proportions suivantes :

Pour une pile représentant 50 kilogr. de papier fini, on emploie de 16 à 24 litres de colle préparée. Comme nous l'avons vu, ces quantités représenteraient :

$$\text{Pour 16 litres}\begin{cases}16 \times 0{,}009 = 0^k{,}144 \text{ de fécule.}\\16 \times 0{,}083 = 1^k{,}330 \text{ de résine.}\end{cases} + \text{alun } 2^k.$$

$$\text{Pour 24 litres}\begin{cases}24 \times 0{,}009 = 0^k{,}216 \text{ de fécule.}\\24 \times 0{,}083 = 1^k{,}992 \text{ de résine.}\end{cases} + \text{alun } 3^k.$$

Le lissage se fait généralement quand le papier est en feuilles, en le soumettant à une forte pression entre des feuilles polies de laiton, de zinc ou de carton bien lisse. Pour obtenir les papiers glacés, on met les feuilles en paquet avec des lames de zinc intercalées, et on les fait passer ainsi deux, trois ou quatre fois, allant et revenant, entre deux cylindres de fonte dure polie. Alors on compte et l'on plie par mains. Un paquet de 20 fois 25 feuilles est ce qu'on appelle une *rame*. On soumet les rames durant 6 heures à une pression de 500,000 kilogr. Pour le papier à lettre, les cahiers sont de 6 feuilles, et 40 de ces cahiers font une demi-rame.

Presque tout le papier livré au commerce est maintenant fabriqué à la machine; cependant le papier à la main ou à la forme réunit certaines qualités qui le font rechercher pour les applications qui exigent une grande solidité et une durée assez longue, tels sont les papiers à timbrer, pour les actes, les feuilles à registres, le papier à dessin, lavis, gravure, etc.

Dans la fabrication du papier à la forme, on prépare le chiffon de la même manière que pour les papeteries mécaniques. La division se fait soit au pilon, soit dans les piles (1), et le chiffon, divisé et réduit en pâte, est placé dans un grand réservoir en bois, en pierre ou en cuivre, dit *cuve*, ayant $1^m,50$ en carré sur $1^m,10$ de profondeur, où l'on puise pour la mise en feuilles.

La pâte est maintenue en suspension dans la cuve par un agitateur à palettes tournant sur un axe horizontal, au tiers de la hauteur de la cuve. Cette pâte étant ainsi entretenue dans un état de fluidité bien homogène, l'ouvrier plonge sa forme (2) dans la cuve, la retire couverte de pâte, et donne de légères secousses latérales pour feutrer la pâte et faire écouler l'eau; alors il ôte la couverte, retourne la forme et pose la feuille

sur un feutre ou *flôtre* humide que lui tend l'ouvrier *coucheur*; ce dernier place ensuite sous une presse les feutres en pile, de manière que chaque feuille de papier soit entre deux feutres.

Le papier, après avoir été pressé entre les feutres, est étendu sur des perches horizontales et se dessèche à l'air libre. Lorsqu'il est sec, on fait un triage pour séparer les feuilles où se trouvent des défauts, enlever au grattoir les parties saillantes, et remettre dans la pâte les feuilles qui sont trop défectueuses.

Collage du papier à la main. — Ce collage diffère complétement du collage à la pile : il se fait non pas avec un savon résineux, mais au moyen de la gélatine ou colle forte.

La colle est préparée avec des peaux de lièvres et de lapins tondues, ou avec des peaux d'anguilles, des parchemins, ou des pieds de montons ou de chèvres. Ces matières hydratées, lavées, trempées dans l'eau de chaux et complétement rincées dans de l'eau acidulée, puis dans l'eau pure pendant deux jours, sont ensuite maintenues en ébullition dans l'eau assez longtemps pour obtenir en dissolution la matière qui peut se convertir en gélatine par l'eau bouillante.

On emploie 10 parties d'eau pour 1 de matière. L'ébullition est doucement soutenue durant six heures pendant lesquelles on saupoudre un peu de chaux au tamis afin d'enlever la graisse à l'état d'écume de savon calcaire. Lorsqu'une goutte de liquide se prend en gelée sur une soucoupe de porcelaine, la colle est préparée; 100 kilogr. de cette gelée et 3 kilogr. d'alun suffisent pour une cuve. On peut, au reste, se procurer de la gélatine sèche en feuille que l'ont fait hydrater dans l'eau froide, puis dissoudre dans de l'eau chaude. En tous cas, on ajoute de l'alun à la solution gélatineuse dans la proportion du tiers du poids de la gélatine sèche. L'addition de ce sel a pour but de rendre la colle sinon imputrescible, du moins plus résistante aux réactions spontanées, et moins soluble.

Six à huit parties de gélatine et deux ou trois parties d'alun dissoutes dans cent parties d'eau forment une solution convenable pour coller le papier d'une cuve. On a soin de maintenir la colle à une température de 25° environ, afin de lui conserver une fluidité convenable. Pour coller le papier, on plonge les feuilles par poignées de 80 dans le liquide, on les étend séparées, puis on les laisse sécher lentement.

La dessiccation doit être bien conduite pour obtenir un bon collage; elle doit être graduée et lente, sans cependant durer assez de temps pour que la décomposition spontanée de la gélatine ait lieu. Cet accident arrive parfois en été, surtout dans les temps humides et orageux : la colle devient alors

(1) La division est en général poussée moins loin que pour les papeteries mécaniques; on supprime aussi le blanchiment au chlore pour conserver plus de force aux fibres textiles, et le collage se fait à la gélatine dont la propriété adhésive augmente la solidité du papier obtenu.

(2) La forme est un châssis dont la dimension intérieure est celle que doit avoir la feuille, et dont le fond est une toile métallique très-fine; un cadre mobile (dit couverte ou frisquette) règle l'épaisseur de la couche de pâte. Afin d'obtenir des feuilles qui soient toutes de la même épaisseur, il faut que la matière solide se maintienne toujours en même proportion dans la pâte. Pour arriver à ce résultat, une soupape placée à la partie inférieure de la cuve communique avec un réservoir de pâte délayée; à mesure que l'ouvrier puise une feuille avec la forme, il lève la soupape, qui laisse arriver dans la cuve une quantité de pâte égale à celle qu'il a enlevée. Un trop-plein, situé à la partie supérieure, et recouvert d'une toile métallique, laisse écouler l'excès d'eau sans qu'il se perde de pâte.

liquide, perd ses qualités adhésives, et le collage est manqué. Si la dessiccation est trop rapide, la colle reste disséminée dans toute l'épaisseur du papier; si, au contraire, le séchage s'effectue avec une lenteur convenable, l'humidité contenue dans la feuille de papier arrive successivement à la surface, entraînant la gélatine qui vient former une couche superficielle imperméable.

Il est facile de s'assurer que le papier n'est collé qu'à la superficie en grattant et en passant un trait à l'encre sur la partie cutanée : le papier collé à la gélatine absorbera le liquide, tandis que le trait restera net sur un papier mécanique collé à la résine dans toute son épaisseur.

On peut distinguer autrement encore le papier collé à la gélatine (dit à la cuve, à la main ou à la forme) du papier à la mécanique : ce dernier, contenant toujours de la fécule, se colore en bleu indigo, lorsqu'on le met en contact avec une solution ou de la vapeur d'iode.

La blancheur étant une des qualités principales qu'on recherche dans le papier, et le chiffon, même bien blanchi, conservant toujours une légère nuance jaunâtre, on est dans l'usage d'azurer le papier, c'est-à-dire d'y ajouter une petite quantité d'une matière colorante bleue ou violette, complémentaire du jaune : on emploie, par 100 kilogr. de pâte supposée sèche, soit un litre de bleu de Prusse en pâte, soit 500 grammes de bleu de cobalt, soit 500 grammes d'outre-mer, soit enfin 500 grammes de *cendres bleues*.

Papiers teints en pâte. — On fabrique des papiers teints de diverses couleurs ou nuances par des matières colorantes ajoutées dans la pile. Voici les doses et le prix de revient de ces diverses couleurs pour 50 kilogr. de pâte supposée sèche :

Prix.

Jaune.

2k,50 sous-acétate de plomb.	} 5f,50
0k,45 chromate rouge de potasse.	

Bleu.

2k,50 sulfate de fer.	} 4f,00
1k,50 *prussiate* de potasse	

Vert.

3l bleu.	} 3f,70
1k,05 jaune	

Violet.

1k,05 bois d'Inde (extrait) . . 0f,72

Rose.

6k bois de Lima (extrait). . . 5f,10

Chamois.

3k *couperose* de Beauvais.	} 2f,35
3k chlorure de chaux.	

On mélange souvent dans le papier blanc ou coloré des substances minérales, telles que du sulfate de chaux, du sulfate de baryte ou de plomb. Ces additions constituent une double fraude, car elles rendent plus lourd, à surface égale, le papier qui se vend au poids, et diminuent beaucoup sa ténacité. La présence de ces substances est constatée par une simple incinération : en effet, le papier laissant en moyenne 2 pour 100 de cendres, une quantité plus considérable indique un mélange frauduleux. Certains consomma-

teurs, afin d'augmenter le poids des enveloppes dont le poids s'ajoute à celui de quelques marchandises, font fabriquer des papiers colorés et rendus pesants par des argiles, du sulfate de chaux ou du sulfate de plomb, et des ocres ou teintures.

Papiers divers. — On prépare des papiers moirés ou maroquinés à l'aide d'une forte pression exercée par un cylindre en bronze sur un autre cylindre en rondelles de papier : le premier étant gravé, déprime la surface du second. En faisant passer le papier entre ces deux cylindres, il se gaufre dans toutes les cavités. On peut ainsi produire des dessins en relief de diverses formes.

Les cylindres en papier sont très-durs et résistent longtemps ; voici comment ils sont préparés : sur un axe en fer, on enfile un grand nombre de disques de papier, que l'on serre les uns contre les autres le plus fortement possible, ensuite on tourne cette masse, et on obtient ainsi une surface polie et résistante.

Lorsque l'on veut obtenir du papier assez transparent pour calquer, on emploie la filasse de chanvre ou de lin écrue sans la blanchir. Les pectactes interposés entre les fibres constituent une sorte de colle naturelle qui donne la transparence requise.

Le papier gris ou commun se fabrique avec des mélanges de divers chiffons colorés et de chiffons de laine et de soie non blanchis.

En Allemagne, on fabrique un papier à gargousses très-résistant. Ce papier étant peu perméable à l'humidité, conserve mieux la poudre que les enveloppes en papier usuel, et ne laisse rien dans les canons après le tir. M. Payen a reconnu, par des essais spéciaux, que ce papier est composé de débris d'intestins, divisés et feutrés par des moyens probablement analogues à ceux qu'on emploie pour convertir les chiffons en papier.

Le carton se prépare avec les vieux papiers, que l'on fait pourrir pour détruire les matières étrangères ; on le désagrége ensuite en le broyant sous des meules verticales tournant dans une auge. La pâte, ainsi préparée, est mise en feuilles épaisses à l'aide d'une forme spéciale (toile métallique tendue dans un châssis), puis pressée et séchée à l'air libre.

Les cartons fins sont recouverts, sur chaque face, de feuilles de papier blanc. Certains cartons très-fins sont formés de plusieurs feuilles superposées à l'état humide, fortement comprimés, puis lissées entre des plaques de zinc polies. En Angleterre, on fait avec du carton une foule d'objets d'ameublement, tels que tables, nécessaires, etc. Pour donner au carton plus de ténacité et de liant, on ajoute dans la pâte une solution de gélatine, et on l'enduit de couleurs à l'huile et de vernis solides.

M. Romagnési prépare depuis longtemps à Paris une pâte dure, désignée sous le nom de carton-pierre : cette sorte de cartonnage est formée avec de la pâte à papier, une solution de gélatine, du ciment, de l'argile et de la craie. Ce mélange moulé donne des ornements légers et solides pour la décoration des appartements.

On pourrait fabriquer économiquement des cartons avec des pulpes de pommes de terre ou de betteraves épurées à l'acide sulfurique étendu ; ces pulpes lavées, puis imprégnées d'un ou de deux centièmes d'ammoniaque, acquièrent, par la formation du pectate d'ammoniaque, une propriété adhésive remarquable. Il serait utile d'y ajouter 8 ou 10 pour 100 de pâte à papier ou de défilé, afin de les rendre plus résistantes.

PAPIER. *Voy.* Fibre végétale.

PAPIER AZOTIQUE. *Voy.* Coton poudre.

PARACELSE naquit en 1493, à Einsiedeln, canton de Schwitz. C'était, si l'on s'en rapporte à l'histoire, un homme rempli de vices, débauché, ivrogne, crapuleux, ne hantant que les cabarets et les mauvais lieux. On ne conçoit pas comment, avec de telles habitudes, il a pu acquérir la haute réputation dont il a joui. « Mais il est constant par la tradition, nous dit un de ses apologistes, que Paracelse, quoique un peu ami du vin, comme étant Suisse de nation, a été un médecin merveilleux, et qu'il guérissait facilement les maladies réputées incurables. »

Appelé par la ville de Bâle pour occuper la première chaire de chimie qui ait été fondée dans le monde, car c'est à Bâle qu'elle fut établie, en 1527, il remplit quelque temps cette charge, et en sortit à la suite d'un démêlé d'une nature assez singulière.

Tout en professant la chimie, Paracelse exerçait la médecine. Mandé pour soigner un chanoine gravement malade, avant de commencer la cure, il eut soin de faire son marché, et le patient promit une récompense magnifique pour prix de sa guérison. Les conditions fixées, Paracelse lui administra deux pilules d'opium, au moyen desquels celui-ci se rétablit en quelques jours. Guéri si rapidement, le chanoine trouva que le salaire promis était exorbitant, et refusa de le payer. De là procès, recours à l'arbitrage des médecins, qui sont d'avis que Paracelse a guéri si vite son malade, qu'une légère rétribution doit lui suffire. En conséquence il perd sa cause, et la fureur qu'il en éprouve le met en hostilité avec les magistrats ; ce qui l'oblige à s'exiler du pays.

Privé de toutes ressources, il erra pendant quelque temps, et finit par mourir à Salzbourg, dans un cabaret, à l'âge de 48 ans : dénoûment triste et naturel d'une vie crapuleuse, qui vint donner un éclatant démenti aux promesses téméraires dont il berçait ses disciples. Ceux-ci ne demeurèrent pourtant pas muets en face d'un événement si positif, et pour en atténuer les fâcheuses conséquences qui rejaillissaient sur leur propre considération, ils ne manquèrent pas de dire que les ennemis de sa doctrine l'avaient empoisonné « en une débauche de vin, à quoi il n'était que trop facile de le porter. »

Paracelse, abandonnant la route des alchimistes ses prédécesseurs, s'occupa bien moins de la pierre philosophale que de la panacée universelle, c'est-à-dire d'un moyen propre à prolonger indéfiniment la vie. Pour cela, il avait des essences et des quintessences, des arcanes, des spécifiques et des élixirs, parmi lesquels l'élixir des quintessences se fait remarquer par son nom ambitieux. De tout cela il nous reste l'*élixir de propriété de Paracelse*, préparation peu usitée aujourd'hui, mais conservée néanmoins dans nos pharmacopées.

Après ce coup d'œil sur la vie de Paracelse, examinons en quoi consistent ses opinions en chimie. Il admettait, outre les quatre éléments d'Aristote, une cinquième sorte de matière résultant de la réunion des quatre autres sous leur forme la plus parfaite ; car pour lui, par exemple, le feu n'est pas tout à fait la *chaleur*, l'eau n'est pas l'*humidité*, et il regarde comme chose possible de dégager la qualité de la forme. C'est en ce sens qu'il croit possible, au moyen des quatre éléments élémentants, comme on disait alors, d'en former un cinquième qui réunisse leurs qualités dépouillées de leurs formes. C'est là l'*élément prédestiné*, c'est la quintessence de Raymond Lulle, *quinta essentia*.

Ainsi, par quintessence il entendait ce qu'il y avait de plus pur dans les quatre éléments, et il cherchait à découvrir l'élément prédestiné lui-même, ou du moins une chose qui en approchât. C'est ce qu'il croyait faire quand il voyait s'exalter une qualité quelconque dans un corps, s'y accroître une propriété médicale, par exemple. Ainsi, pour lui, la quintessence du vin c'est l'alcool ; la quintessence du drap bleu, c'est la couleur bleue. Et de fait, tant qu'il parle des matières organiques, on le comprend très-bien. S'agit-il des métaux ? Voici la figure qu'il emploie.

Dans une maison habitée, il y a deux choses, l'homme et la maison ; l'un qui va, vient, s'agite, qui veut et qui peut ; l'autre immobile, qui ne change d'aspect ou de forme qu'autant que l'homme le veut bien. Tel est le mercure et tels sont les minéraux métalliques ; ils ont en eux la maison et l'habitant animé, qui en est la quintessence. Si vous pouvez extraire ce dernier, vous avez la pierre philosophale et la panacée réunies. Mais, hélas !..... comment saisir cet homme qui se barricade en son logis, sans abattre la maison et sans l'écraser sous les décombres ? Comment isoler cet esprit caché des métaux, sans traiter ceux-ci par des dissolvants de nature trop brutale, qui l'éteignent ou l'emprisonnent sous de nouvelles écorces ?

Or, il serait aussi facile de faire bâtir une nouvelle maison par un homme mort que d'obtenir une transmutation, au moyen de la quintessence des métaux dont l'esprit s'est évanoui sous la main de l'artiste ignorant.

Dirigé par ce principe que, dans tous les objets de la nature, il devait y avoir une matière essentielle, une quintessence, Paracelse, qui avait toujours en vue de l'obtenir, s'efforçait donc d'élaguer des mélanges naturels les corps les moins actifs et d'en retirer les substances les plus énergiques. Ces idées, après tout, le guidaient d'une manière juste, car c'est comme s'il avait dit, par exemple : l'opium, la ciguë, renferment en petite quantité des composés très-actifs auxquels ces médicaments doivent leur puissance; il faut les isoler; si on y parvient, ils représentent à dose très-faible les propriétés d'une quantité considérable de la matière d'où ils proviennent. C'est comme s'il avait dit : pour les métaux, certains dissolvants peuvent exalter leurs propriétés en ouvrant la maison, d'autres les affaiblissent en la fermant. Peu importent les théories, si l'on arrive à comprendre qu'il y a des préparations métalliques qui peuvent devenir très-actives.

Voilà comment il savait tirer des remèdes un parti éminemment utile; voilà pourquoi il doit être considéré comme l'auteur de cette direction de la chimie médicale, dans laquelle on se propose d'écarter des matières médicamenteuses les substances inertes, pour ne s'attacher qu'aux substances actives, ou d'augmenter l'énergie de celles-ci en leur communiquant la solubilité qui leur manque.

Ce qui pourra étonner, c'est que Paracelse, outre les quatre éléments élémentants, outre l'élément prédestiné, reconnaît trois principes des corps tout à fait distincts. Les termes devenus célèbres de *sel*, de *soufre* et de *mercure*, qui désignent les trois principes des mixtes admis déjà par Basile Valentin, prennent une place éminente dans les doctrines de Paracelse, et deviennent le signal d'une scission qui se dessine de plus en plus entre les idées des chimistes et celles des philosophes. Il faut voir dans le sel, le soufre et le mercure, trois éléments que l'expérience des chimistes reconnaît et oppose aux quatre éléments d'Aristote; et si l'on ajoute cette nouveauté à celles que Paracelse mettait en avant à tant d'autres égards, on comprendra comment cet homme bizarre a pu remuer si profondément les imaginations et faire une révolution durable dans les esprits. On comprendra les titres de roi des chimistes, de monarque des arcanes, dont ses sectateurs ne manquent jamais de le décorer, et dont sa vanité semble s'être assez accommodée.

La recherche des quintessences, les discussions sur les trois principes ne suffisaient pas à l'imagination de Paracelse. C'est parmi ses partisans que l'on voit apparaître une nouvelle idée fantasque, la recherche d'un dissolvant sans égal, du menstrue universel, en un mot, de l'*alcaest*. Est-ce le corps alcalin par excellence, *alcali est?* est-ce un être tout esprit, *allen geist?* Nous n'en pouvons rien savoir, tant il y a de confusion dans les idées de Vanhelmont sur cet objet, et c'est lui qui s'en est le plus occupé. Paracelse s'est, pour ainsi dire, borné à en signaler l'existence, berçant ainsi l'imagination de ses élèves de l'espoir de découvrir un corps capable de récompenser les travaux les plus longs et les plus assidus, par ses merveilleuses propriétés.

Au surplus, et les détails qui précèdent

le laissent prévoir, Paracelse avait en horreur les Arabes et les scolastiques; il professait pour eux un profond mépris. Son bonnet, disait-il quand, échauffé par le vin, il se livrait à ses déclamations obscures et furibondes, son bonnet en savait plus long que Galien et Avicenne. Ce dédain pour l'école arabe remit Hippocrate en honneur dans les études médicales. Mais notre enthousiaste fit payer cher ce service par l'opinion exagérée du pouvoir de la chimie en médecine, qu'il chercha à communiquer à ses élèves, et il exerça une marche très-fâcheuse sur la marche de cette science. Boerhaave blâme Paracelse d'avoir imposé la chimie à la médecine comme une maîtresse impérieuse, au lieu de la laisser à ses ordres comme une esclave obéissante.

A partir de Paracelse commence une ère nouvelle pour la chimie, car en lui ouvrant un enseignement public, il en a assuré la perpétuité. Nous voyons après lui les chimistes se succéder régulièrement et se diviser en trois branches : les philosophalistes ou alchimistes, les médico-chimistes et les hommes d'expérience et de bonne foi.

Dès lors se dessine nettement en effet une ligne de démarcation entre les chimistes proprement dits et les hommes qui poursuivent la recherche de la pierre philosophale, esprits vains, absurdes, très-obscurs du reste, qui s'éloignent continuellement des notions scientifiques, et qui s'évertuent à substituer des supercheries à une science réelle. Ils ont passé presque inaperçus.

PARAFFINE (*parum affinis*). — La paraffine est un bicarbure d'hydrogène, isomérique par conséquent avec le gaz oléfiant. La paraffine se trouve mêlée à l'eupione dans le goudron de la houille, et dans celui que fournissent à la distillation les matières organiques et les schistes bitumineux. Sa préparation est extrêmement longue : c'est en distillant du goudron de bois qu'on prépare ce composé; on obtient trois produits liquides de nature différente, et c'est du liquide le plus pesant qu'on extrait la paraffine.

La paraffine est solide, cristalline, blanche, inodore, insipide, douce au toucher; elle fond à 43°, et forme un liquide oléagineux, transparent, qui bout à une température plus élevée sans se décomposer et sans laisser de résidu; mais elle ne fait pas tache comme la graisse. Elle s'enflamme facilement quand elle a été fondue à l'approche d'un corps en ignition, et brûle avec une lumière blanche et pure; elle est insoluble dans l'eau, peu soluble dans l'alcool même bouillant, mais plus soluble dans l'éther surtout à 25°. Ses meilleurs dissolvants sont : l'essence de térébenthine, l'huile de goudron et l'huile de naphte.

PARATARTRIQUE (acide). — On a donné ce nom à un acide qui se rapproche, par sa composition, de l'acide tartrique (de la particule grecque, παρα qui signifie *proche*). Il existe conjointement avec ce dernier acide dans le tartre de certains vins, et sa composition est la même, d'après Berzelius. Sa présence a d'abord été démontrée dans le tartre des vins de Thann, département des Vosges. Cet acide est le même que celui qu'on avait d'abord désigné sous le nom d'*acide racémique*.

Cet acide pourrait remplacer l'acide tartrique dans la plupart de ses usages.

PARCHEMIN. — On obtient le parchemin en dépilant les peaux de mouton ou de chèvre, les passant en chaux, les étendant sur des cendres pour les décharner et les réduire à l'épaisseur convenable, et en les frottant avec une pierre ponce pour les adoucir. Le *vélin* ou *parchemin vierge*, qui est plus fin et plus blanc que le parchemin ordinaire, se fait avec les peaux de veau, de chevreau ou d'agneau mort-né. Les parchemins pour les caisses de tambours se font avec les peaux d'âne, de veau, et, par préférence, les peaux de loup; ceux pour les timbales, avec les peaux d'âne, ceux pour les cribles, avec les peaux de veau, de chèvre et de bouc; enfin, ceux pour les coffres et les livres d'église, avec les peaux de porc. La plupart des ouvrages de sellerie sont confectionnés avec ces dernières sortes de peaux. La sellerie française jouit d'une très-grande réputation à l'étranger; il ne se vend pas, dans l'Amérique du sud, une selle de luxe qui n'ait été fabriquée à Paris. Cette seule branche d'industrie fournit à l'exportation une somme de plus de 2,000,000 de francs.

L'usage du parchemin remonte, dans l'Orient, à la plus haute antiquité. Il fut plus tard perfectionné à Pergame, d'où lui est venu son nom. Les Grecs écrivaient sur des peaux de mouton et de chèvre, et, suivant l'historien Josèphe, la copie des livres saints qui fut envoyée par le grand prêtre Eléazar à Ptolémée Philadelphe était faite sur une membrane très-fine. Les Romains faisaient aussi un usage très-fréquent du parchemin, et, suivant Cicéron, ils le préparaient avec tant de perfection, de son temps, qu'il dit avoir vu l'Iliade d'Homère écrite sur un parchemin si délié, qu'on aurait pu l'enfermer tout entière dans une coquille de noix.

PASTILLES DE VICHY. *Voy.* Soude, *bicarbonate.*

PATES D'ITALIE. *Voy.* Gluten.

PECTINE. — La pectine existe dans les poires, les pommes, les groseilles, les cerises, et généralement dans tous les fruits. On l'isole aisément en faisant bouillir pendant quelque temps du jus de fruit, de pommes, par exemple, pour coaguler la matière azotée ou l'albumine qui s'y trouve, filtrant et ajoutant un léger excès d'esprit-de-vin, qui précipite aussitôt la *pectine* sous forme de masse gélatineuse et transparente, qu'on purifie par plusieurs lavages à l'alcool. En faisant dessécher cette matière, elle diminue beaucoup de volume, et se réduit en fragments translucides, durs et cassants comme la gomme arabique.

Elle est insipide, insoluble dans l'esprit-

de-vin. Les acides et l'ammoniaque sont sans action sur elle, mais la plus petite quantité d'alcali ou de terre alcaline la change en un acide gélatineux qu'on appelle *acide pectique*. Aussi, quand, après avoir ajouté au suc de pommes bien dépouillé d'albumine, étendu d'eau et filtré, un peu de potasse ou de soude, qui n'en trouble point la transparence, on le mêle avec un petit excès d'acide sulfurique, y produit-on un abondant précipité gélatineux d'acide pectique.

Cet acide pectique existe tout formé, d'après M. Braconnot, dans les racines charnues, comme celles de navet, de carotte, de betterave, dans les tiges et les feuilles des plantes herbacées, et dans les couches corticales de tous les arbres. Il est sous forme d'une gelée incolore, fort peu soluble dans l'eau, rougissant légèrement le tournesol, formant avec les alcalis, des sels solubles que l'alcool, le sucre, les dissolutions salines, précipitent en gelée. Desséché, il est en lamelles transparentes. L'acide azotique le change presque en totalité en acide mucique. Sous l'influence d'une dissolution alcaline très-étendue et bouillante, il éprouve un changement moléculaire qui le convertit en un nouvel acide déliquescent, très-sapide, soluble dans l'alcool, ne prenant jamais la forme de gelée. Cet acide, bien différent, comme on le voit, de l'acide pectique, a cependant la même composition élémentaire; aussi M. Frémy, qui l'a découvert en 1840, lui a-t-il donné le nom d'acide *métapectique*. Et ce qui n'est pas moins curieux, c'est que la pectine a aussi la même constitution. Voici les nombres des principes élémentaires de ces trois composés isomériques :

Carbone	43,20
Hydrogène	5,02
Oxygène.	51,78

PECTIQUE (acide.) — C'est à Braconnot qu'on doit la découverte de cet acide. A la vérité on avait remarqué, avant ce chimiste, qu'il existe dans le suc de différents fruits, surtout des pommes, et on lui avait donné le nom de *gélatine végétale ;* mais ses véritables propriétés n'étaient pas connues. Braconnot a fait voir qu'il existe dans la plupart des végétaux et des parties de végétaux, tels que les racines, le bois, les écorces, les tiges, les feuilles, les fruits, et probablement il est rare qu'une partie quelconque de la plante n'en contienne pas. Braconnot lui donna le nom d'acide pectique, tiré du mot grec πηκτίς, *coagulum* (1).

On le trouve dans un grand nombre de parties de végétaux, tels que les racines de carottes, de panais, de betteraves, etc. ; et certains fruits, tels que les groseilles, les pommes, les coings, etc. Il paraît être très-répandu dans le règne végétal. On l'obtient avec facilité de la pulpe de l'une des racines que nous avons indiquées ; mais il est préférable d'opérer sur une racine dépourvue de couleur, telle que la betterave blanche.

L'acide pectique, en raison de la propriété

(1) Découvert en 1825.

36

qu'il a de former gelée avec l'eau, peut être employé pour la confection de gelées végétales qu'on sucre et qu'on aromatise diversement. Suivant Braconnot, les pectates de soude et de potasse pourraient être administrés avec avantage dans les cas d'empoisonnement par les sels de cuivre, de plomb, en raison de la grande insolubilité du pectate de ces oxydes.

Vauquelin a observé qu'on pouvait extraire l'acide pectique en traitant le marc de carottes, lavé et exprimé, par une solution de bicarbonate de potasse et de soude ; ce moyen lui a paru fournir un acide plus blanc.

PEINTURE SUR VERRE. — L'emploi des verres colorés, bien connus des anciens, a donné naissance à la peinture sur verre. On commença d'abord par former, avec des fragments de verre coloré, des compartiments de toutes sortes de couleurs, avant de représenter sur le verre même des sujets historiques. Le pape Léon III fit mettre, en 785, des vitres aux fenêtres de l'église de Latran. Mais ce n'est qu'au moyen âge qu'on imagina en France de dessiner et de peindre sur sa surface avec des couleurs minérales susceptibles de se vitrifier, et capables, par la chaleur du four, de se fondre plus ou moins complétement avec la surface du verre lui-même. Il est impossible de déterminer exactement l'époque de l'invention de la peinture sur verre. Le Vieil et H. Langlois la placent au xie siècle, et ils citent, comme les plus anciens vitraux peints, ceux que Suger, ministre de Louis le Gros, fit poser dans l'abbaye de Saint-Denis, près Paris. Mais Emeric David a découvert un document historique constatant que, vers le milieu du xie siècle, on conservait à Dijon un *très-ancien vitrail peint*, représentant le martyre de sainte Purchasie, et provenant de la vieille église restaurée par Charles le Chauve. Ainsi les premiers essais de la peinture sur verre auraient été faits dans le ixe siècle.

Il est probable que les vitraux sont d'origine orientale, mais l'Occident et le Nord surtout en ont fait leur chose propre. Le vitrail, par ses légendes et ses récits merveilleux, fait partie intégrante des édifices religieux de l'Occident ; il suffit, au reste, de rappeler que Saint-Marc, de Venise, cette vieille église tout empreinte des œuvres de l'école byzantine, a, comme Sainte-Sophie de Constantinople, des verrières à ses fenêtres et des mosaïques splendides dans ses dômes et ses coupoles.

L'art de la peinture sur verre alla en se perfectionnant pendant les xiiie, xive et xve siècles ; il commença à décliner à partir des troubles de religion sous François Ier, et il était presque abandonné à la fin du xviiie siècle. On croit généralement, dans le monde, que les prétendus secrets de la peinture sur verre sont perdus ; c'est une erreur partagée par les personnes les plus instruites, mais étrangères, toutefois, aux connaissances chimiques. Les dernières expositions des produits de l'industrie ont présenté d'admirables verrières, dues à nos artistes modernes qui, formés à la manufacture royale de Sèvres, ont su donner à leurs peintures une perfection que les vieux peintres verriers n'ont jamais atteinte. Il n'est que trop vrai, cependant, que la plus belle des couleurs fondamentales, le rouge purpurin, avait entièrement disparu. Mais cette magnifique couleur a été retrouvée par M. Bontems, directeur de la verrerie de Choisy. — *Voy.* Verre.

PÉPYTES. *Voy.* Or.

PÉRIDOT (*chrysolite des volcans, olivine,* etc.). — On ne sait pas quel est le gisement des péridots qu'on emploie dans la joaillerie ; on ignore même de quel lieu on les tire, et tout ce qu'on sait, c'est que le commerce s'en fait par Constantinople, ce qui fait présumer qu'ils viennent du Levant.

Une des manières d'être les plus remarquables du péridot est son gisement dans les cavités du fer météorique de Sibérie, désigné sous le nom de fer de Pallas ; il paraît que quelques grains vitreux des diverses pierres météoriques appartiennent aussi à la même espèce.

On emploie les variétés transparentes du péridot en pierres taillées à facettes ; mais c'est en général une pierre peu estimée, qui par conséquent n'est jamais d'un prix élevé. Cependant sa couleur vert jaunâtre est très-agréable, et il est possible que le peu de cas qu'on en fait généralement tienne à ce qu'on ne voit ordinairement dans le commerce que des pierres mal taillées ; celles que l'on fait retailler à Paris sont réellement d'un bel effet.

PERMANGANIQUE (acide). — On obtient cet acide à l'état de gaz, en traitant le caméléon rouge (permanganate de potasse) par de l'acide sulfurique anhydre. C'est un des corps les plus oxygénés ; il abandonne son oxygène aussi facilement que l'eau oxygénée. La présence d'une parcelle de matière organique suffit pour le décomposer.

L'acide permanganique est contenu dans la liqueur rouge dans laquelle se convertit peu à peu le manganate de potasse (*caméléon vert*) dissous dans l'eau.

PEROXYDE DE MANGANÈSE. *Voy.* Manganèse.

PÉTUNZÉ. *Voy.* Orthose.

PEWTER. *Voy.* Étain, *alliages*

PHÉNOMÈNES ÉLECTROCHIMIQUES. *Voy.* Electricité.

PHÉNOMÈNES DE COMBUSTION DANS LES ÊTRES ORGANISÉS (1). — Les parties vertes des plantes, frappées par les rayons solaires, ont la propriété de décomposer l'acide carbonique et l'eau, et d'en dégager l'oxygène, en fixant le carbone et l'hydrogène.

Dans certaines périodes de leur développement, les plantes présentent des propriétés tout autres dans leurs rapports avec l'air : ces phénomènes serviront naturellement de transition à l'étude de la respiration chez les animaux.

____

(1) Cet article est extrait du *Cours* de M. Dumas.

Pendant la germination, la floraison et la fécondation, les phénomènes de la respiration dans la plante sont complétement modifiés ; elle ne fonctionne plus comme appareil réducteur, mais elle brûle du carbone et de l'hydrogène, et produit de l'acide carbonique et de l'eau ; elle a complétement changé de rôle et fonctionne, à l'égard de l'air, comme le ferait un animal.

Quelques expériences vont le prouver de la manière la plus nette.

Si dans une cloche on expose une fleur à l'action de l'air et de la lumière, on voit l'air qu'elle renferme troubler bientôt d'une manière non équivoque l'eau de chaux avec laquelle on le met en contact ; il est même inutile, pour que le phénomène soit appréciable, de mettre la plante à l'ombre et d'en séparer très-exactement les parties vertes ; car, malgré la quantité d'oxygène que ces parties ont pu mettre en liberté, l'expérience n'a rien de douteux.

La production d'acide carbonique est facile à constater, mais il n'en est plus de même lorsque, comparant la plante à l'animal, on cherche à s'assurer, par l'expérience, que la production d'acide carbonique et d'eau, qui s'est effectuée dans les fleurs, a été accompagnée d'un développement de chaleur.

Ces observations, en effet, sont très-difficiles dans la plupart des cas. Cependant cette propriété a été constatée, dans ces derniers temps, sur des fleurs volumineuses, telles que celles de certains *arums*, et en général des plantes de la famille des aroïdées ; ces expériences sont tout à fait concluantes.

Ce phénomène remarquable a été observé pour la première fois par Lamark, en 1777, sur l'*arum italicum*. Senebier en reconnut l'existence sur une plante très-commune dans nos climats, l'*arum maculatum*. Plus tard, Hubert vit, à l'île Bourbon, le spadice de l'*arum cordifolium*, monter de 20° ou 25° au-dessus de la température ambiante.

C'est sur cette dernière plante, qui est connue maintenant sous le nom de *colocasia odora*, que M. Adolphe Brongniart a fait des expériences, dans ces derniers temps, et que MM. Vrolik et Vriese ont également opéré à Amsterdam.

M. Brongniart a découvert le fait remarquable, que la température de la fleur s'élève tous les jours, par une sorte de fièvre ou de paroxisme, bien au-dessus de la température ambiante ; le maximum est placé d'abord de midi à quatre heures ; plus tard, il a lieu dans la matinée. La fleur peut offrir 11° ou 12° d'excès sur la température de l'air. A partir de l'épanouissement du spathe jusqu'à son extinction, qui eut lieu six jours après, la fleur présenta les mêmes phénomènes tous les jours, à l'intensité près.

En confirmant les observations de M. Brongniart, les savants hollandais y ont ajouté des remarques précieuses et de nature à compléter l'étude de ce curieux phénomène. Ils ont constaté que la température de la fleur, qui monte si haut dans l'air, s'élève également dans l'oxygène, mais que dans l'azote rien de pareil ne se présente. Ils se sont assurés qu'à mesure que la température de la fleur s'élève, il y a formation d'acide carbonique, que la production de cet acide est proportionnelle à l'accroissement de la température. En un mot, ils ont reconnu, dans ce phénomène, tous les caractères d'une combustion, et ils n'hésitent pas à le caractériser de la sorte.

On peut donc affirmer que, dans le *colocasia odora*, il y a tous les jours, pendant la fécondation, une élévation de température considérable, déterminée par la combustion du carbone, et d'où résulte la formation d'une grande quantité d'acide carbonique, ainsi que le développement d'une odeur intense qui paraît liée à ce phénomène de combustion.

Ces observations, en ce qu'elles ont d'essentiel, ont été revues et confirmées plus récemment par M. Dutrochet, au moyen d'appareils thermo-électriques.

Ce que l'on vient de dire de la fleur, il faudrait le répéter ou à peu près pour le fruit : quand les fruits commencent à mûrir, quand ils perdent leur couleur verte, en prenant les couleurs que chacun d'eux revêt pendant la maturation, ils développent de l'acide carbonique, et cela jusqu'à l'époque de leur décomposition. Cette propriété des fruits se constate facilement d'une manière directe par l'expérience ; seulement le phénomène est un peu plus long à se produire.

Le même phénomène se présente pendant la germination. Dans une éprouvette, où l'on met des grains d'orge en contact avec de l'air humide, les grains germent bientôt. En examinant les gaz produits dès l'apparition des plumules, mais avant le développement complet des feuilles, on y constate la présence de l'acide carbonique.

Ceci explique ce qui se passe dans les germoirs des brasseurs ; si les locaux ne sont pas bien disposés, si l'air ne peut s'y renouveler constamment, il arrive un moment où il devient assez riche en acide carbonique pour causer de véritables accidents d'asphyxie ; et ces accidents se sont présentés dans une brasserie de Paris, il y a quelques années, avec des circonstances très-graves.

Les tubercules offrent les mêmes phénomènes pendant leur germination.

Nous avons admis que la plante, dans toutes ces circonstances, brûle du carbone et de l'hydrogène. Les expériences les plus simples ne laissent aucun doute sur la production d'acide carbonique ; avec quelques précautions on constate qu'en même temps il s'est brûlé de l'hydrogène. L'expérience exige des analyses rigoureuses. En effet, si on exécute l'analyse des graines avant la germination, et si on répète la même expérience après qu'elle s'est effectuée, l'examen comparatif des résultats ne laisse aucun doute à cet égard.

C'est précisément ce qu'a fait M. Boussingault ; voici les résultats qu'il a obtenus :

	Carbone.	Hydrogène.	Azote	Oxygène.
1000 parties de graine de trèfle, renfermant.	508	60	72	360
se réduisent par la germination, à 932 parties, renfermant	480	59	74	319
et après le développement des feuilles séminales, à 833 parties, renfermant	394	50	72	317

D'où l'on voit, en tenant compte des erreurs possibles de l'expérience, que la graine du trèfle, en germant, perd du carbone et de l'oxygène d'abord, puis du carbone et de l'hydrogène.

	Carbone.	Hydrogène.	Azote.	Oxygène.
1000 parties de grains de froment, renfermant.	466	58	35	441
se réduisent, après l'apparition des radicules, à 974 parties, renfermant.	458	57	36	423
et lorsque les tiges eurent acquis la longueur des grains, à 966 parties, renfermant	439	57	36	434
enfin, quand les parties vertés dominaient, à 841 parties qui contiennen . . . , ...	397	51	36	357

En définitive, perte de carbone, d'hydrogène et d'oxygène, mais perte de carbone prédominante.

Nous pouvons résumer ces faits en un théorème qui rappelle une des plus belles vérités que les expériences chimiques aient constatées dans ces derniers temps.

Toutes les parties vertes des plantes absorbent les rayons chimiques de la lumière ; elles absorbent de la chaleur, de l'électricité ; elles décomposent l'eau, l'acide carbonique ; elles fixent le carbone, l'hydrogène, en dégageant l'oxygène ; elles agissent comme appareils réducteurs. Les parties non vertes des plantes n'absorbent pas les rayons chimiques de la lumière ; elles produisent de l'électricité ; elles exhalent de la chaleur ; elles brûlent du carbone, de l'hydrogène. En un mot, dans toutes les circonstances où la plante a besoin de la chaleur, et quand elle n'en reçoit pas du dehors, elle agit comme le ferait un animal : elle était appareil réducteur, elle devient appareil de combustion, et on peut dire, sans métaphore, que dans ces périodes la plante devient animal et fait réellement partie du règne animal, au point de vue de la physique générale du globe.

Nous n'avons pas à nous occuper, pour le moment, de rechercher au moyen de quels matériaux la plante produit cet acide carbonique et cette eau ; nous reviendrons sur cet objet en parlant des sources de la chaleur animale ; il suffit de rappeler que certaines parties des plantes contiennent des matières qui, pendant leur germination et leur développement, disparaissent des réservoirs où elles étaient accumulées : les betteraves perdent du sucre, les pommes de terre de l'amidon, les graines oléagineuses des matières grasses.

Ajoutons, enfin, que de même qu'un animal a besoin d'oxygène pour vivre, de même la plante qui germe, qui fleurit, qui se féconde, en a besoin ; l'oxygène lui est tout aussi indispensable, dans ces périodes de sa vie, qu'à l'animal lui-même.

Mais si la plante produit de l'acide carbonique et de l'eau sans doute, dans les organes tels que la fleur ou le fruit, où elle a besoin de développer de la chaleur, que faut-il penser du développement de chaleur qui aurait lieu dans les parties vertes elles-mêmes, au milieu du jour, et par conséquent précisément à l'heure où le soleil vient de les frapper ?

M. Dutrochet a exécuté, en effet, des expériences très-délicates, d'où il résulte qu'une plante verte possède, vers le milieu du jour, une température supérieure d'un tiers ou d'un quart de degré à celle d'une plante semblable placée dans les mêmes circonstances, mais morte. La difficulté de telles expériences, la petitesse de la différence qu'il s'agit de mesurer, en rendraient les résultats très-incertains. Mais il faut dire que M. Dutrochet s'est entouré de toutes les précautions qu'il a pu imaginer, et qu'il a reconnu que la plante vivante éprouve tous les jours une élévation semblable de température, quand elle est exposée à l'air libre. Il a vu de plus que, si la plante est maintenue dans l'obscurité, le même paroxysme se manifeste pendant trois jours ; mais l'excès de température va en s'affaiblissant, et le phénomène finit par disparaître.

On peut certainement admettre, sans répugnance aucune, même en adoptant pleinement les vues que je professe ici, qu'à côté du phénomène général en vertu duquel les parties vertes des plantes décomposent l'acide carbonique en s'emparant de la chaleur et de la lumière solaire, il se passerait un autre phénomène, une véritable combustion dans les liquides de la plante, au sein même des vaisseaux qu'ils parcourent. C'est à celle-ci qu'il faudrait attribuer la faible élévation de température observée.

Après avoir cherché à faire comprendre le rôle de la plante dans ces circonstances purement accidentelles, et qui ne sauraient en rien modifier l'opinion sur leur mode d'action au point de vue général de la statique chimique des êtres organisés, il reste à étudier la respiration des animaux.

L'animal, dans sa respiration, absorbe de l'oxygène, produit de l'acide carbonique, de l'eau, de la chaleur, de l'électricité, et perd du carbone et de l'hydrogène : ce phénomène a lieu dans toute la série animale. Il faut le démontrer et l'étudier avec soin dans quelques espèces.

Rien n'est plus facile ; car il suffit d'étudier l'air confiné dans lequel un animal a vécu pendant quelque temps, pour y reconnaître les résultats essentiels.

Si, au moyen d'un soufflet, on fait barboter l'air ordinaire dans un verre rempli d'eau de chaux, on n'aperçoit pas, ou presque pas de trouble ; si, au contraire, on y fait passer l'air sortant des poumons, un trouble manifeste apparaît au bout d'un temps très-court, et la liqueur contient bientôt une quantité très-considérable de carbonate de chaux.

En enfermant pendant quelque temps un oiseau dans une cloche remplie d'air, on observe le même phénomène.

Mais ce sont là des animaux à sang chaud ; qu'arriverait-il pour les animaux à sang froid ? La même propriété se manifeste à leur égard.

Une grenouille est-elle placée dans l'air pendant quelques heures, l'air renferme de l'acide carbonique ; l'eau de chaux en donne la preuve.

Des escargots étant enfermés dans de l'air pendant quelques jours, l'eau de chaux se trouble fortement au contact de celui-ci.

Si, au lieu d'expérimenter sur des animaux aériens, on examine ce qui se passe chez les poissons, on constate le même phénomène ; leurs bronchies agissent sur l'oxygène dissous dans l'eau absolument de la même manière que le poumon de l'homme sur l'air libre qui l'entoure ; le phénomène reste le même pour le fond, la forme seulement en est changée ; d'ailleurs, la quantité d'acide carbonique est extrêmement diminuée, puisque, pour une tanche, par exemple, d'après M. de Humboldt et Provençal, elle n'équivaut qu'à la 50,000ᵉ partie de celle qui est produite par l'homme, quantité qui paraîtra bien faible néanmoins.

Rien de plus aisé, du reste, que de prouver la production d'acide carbonique et la disparition d'oxygène pendant la respiration des poissons ; il suffit, pour la mettre en évidence, d'analyser les gaz qu'on obtient par l'ébullition d'une eau qui a contenu des poissons pendant quelque temps.

Ces expériences seraient suffisantes pour démontrer ce que j'ai posé en principe ; on peut cependant pousser l'investigation plus loin et prouver que, dès l'instant où la vie animale se manifeste, les phénomènes de combustion se présentent : aussi, le développement du poulet est-il accompagné d'une véritable combustion de matières organiques qui s'effectue aux dépens de l'oxygène de l'air. La structure de l'œuf fera comprendre quels moyens la nature a mis en œuvre pour mettre le germe en rapport avec l'air.

Qu'on examine, en effet, la coupe d'un œuf en incubation. L'albumine occupe toujours la partie inférieure ; le jaune, devenu spécifiquement plus léger, se place toujours à la partie supérieure, quelle que soit du reste la position de l'œuf ; mais, en outre, la cicatricule étant elle-même spécifiquement plus légère que le reste du jaune, s'élève vers la partie supérieure, de telle façon que

c'est elle qui vient s'appliquer sur les parois de la coquille, parois parfaitement perméables à l'air.

Ainsi, l'œuf fécondé des oiseaux arrive d'abord à l'air avec des conditions qui se modifient à mesure que le besoin du développement du fœtus l'exige. Le jaune, d'abord de même densité que le blanc, devient peu à peu plus léger, en s'emparant de l'eau du blanc par endosmose. La cicatricule, autour de laquelle cette eau se rassemble surtout, devient elle-même le point le plus léger du jaune. C'est ainsi que les vaisseaux de l'aire veineuse, et plus tard ceux de la vésicule ombilicale, s'appliquant sur la coquille, s'y mettent en rapport avec l'air extérieur.

Qu'il y ait, d'ailleurs, formation d'acide carbonique, respiration véritable pendant l'incubation, c'est un fait hors de doute. Aussi le poulet ne tarde-t-il pas à périr si l'on essaye de le couver dans des gaz privés d'oxygène.

Chez les animaux ovo-vivipares, dans lesquels le fœtus est sans communication directe avec la mère ou avec l'air extérieur, l'oxygène est mis en rapport avec lui par un mécanisme à peu près de même nature. Dans la coupe par un plan vertical d'une vipère en état de gestation, on voit que le poumon occupe presque toute la longueur du corps, des deux côtés de la colonne vertébrale. L'oviducte est placé immédiatement au-dessous, vers la face abdominale : de telle sorte que, dans l'état de repos de l'animal, les œufs viennent s'appliquer sur les poumons avec les mêmes particularités que nous avons rencontrées dans l'œuf de la poule, c'est-à-dire en présentant le germe à l'action de l'air, qui lui arrive alors par l'intermédiaire du poumon, au travers de la paroi amincie de l'oviducte.

Ainsi, dans la vipère, les œufs présentent, comme dans l'oiseau, un jaune qui, devenu plus léger, s'applique à la paroi supérieure de l'œuf, qui elle-même est en rapport intime avec le poumon par l'intermédiaire des parois amincies de l'oviducte.

Ces conditions se retrouvent d'ailleurs dans tous les serpents. Les œufs de couleuvre, au moment de la ponte, renferment des fœtus d'un développement déjà très-avancé. Bien mieux, on peut transformer beaucoup de serpents ovipares en vivipares par le seul effet de la captivité : un orvet femelle en état de gestation mis dans une caisse, loin de pondre ses œufs, comme il le fait en liberté, pondra plus tard, et pondra ses petits vivants. Il y a donc, dans les serpents en général, les conditions convenables au développement de l'œuf, c'est-à-dire, les conditions nécessaires à la respiration dans le corps de la mère elle-même.

Pour les oiseaux, rien de pareil. Liez l'oviducte d'une poule pour empêcher la ponte, maintenez ainsi l'œuf pendant quelques jours dans l'oviducte, et vous n'observerez pas trace de développement du poulet. C'est qu'il n'y a aucun rapport, en effet, entre l'oviducte et le poumon ou l'air extérieur.

Tous ces faits prouvent, de la manière la plus incontestable, que dans toute l'échelle animale, depuis l'homme jusqu'au germe, les procédés de la vie s'accomplissent par une exhalation d'acide carbonique et d'eau, et par une absorption d'oxygène.

Ce dernier mot demande une explication, parce qu'il peint la manière dont nous devons envisager l'action de l'oxygène sur le sang. Les plantes absorbent de l'acide carbonique par leurs racines ou par leurs feuilles, le décomposent et exhalent l'oxygène ; les animaux absorbent l'oxygène, s'en servent pour brûler leurs aliments, et exhalent l'acide carbonique.

Cette définition pourrait être mal comprise, si on ne la rapprochait des deux théories qui sont admises pour expliquer les procédés de la respiration.

La première est due à Laplace et à Lavoisier. Ils avaient cru, ou du moins ils avaient paru croire que l'oxygène introduit dans le poumon y brûle directement une partie des éléments du sang, en produisant dans cet organe la chaleur dont l'animal a besoin. Si telle était leur pensée, elle n'était pas juste, et la preuve nous en est donnée par une expérience de Spallanzani, auquel la physiologie doit tant de travaux importants. Cette expérience a été répétée avec beaucoup de soin par M. Edwards.

On place une grenouille dans de l'hydrogène parfaitement pur, en ayant soin de la comprimer sous le mercure, pour expulser tout l'air qui se trouve dans ses poumons. Lorsqu'elle a séjourné dans la cloche pendant quelques heures, on reconnaît qu'elle a expiré une quantité d'acide carbonique, qui correspond à peu près à son propre volume : il est bien évident que cet acide préexistait, qu'il a été déplacé par l'hydrogène, qui n'a pu lui donner naissance.

Ainsi, l'acide carbonique est expiré et l'oxygène est absorbé. Est-il nécessaire d'ajouter que le procédé de la combustion s'opère dans le torrent de la circulation, et que nous devons remettre à étudier ce phénomène, avec tous les détails qu'il comporte, au moment où nous nous occuperons de l'étude du sang lui-même.

Voici quelques nombres, qui indiquent ce qu'un animal brûle de carbone dans les vingt-quatre heures.

S'agit-il d'un homme, la quantité de carbone brûlé varie de 150 à 200 grammes, et de 20 à 30 grammes d'hydrogène. En représentant l'hydrogène par une quantité triple au moins de carbone, il faut ajouter aux deux cents grammes de carbone une quantité de 90 grammes, pour représenter l'hydrogène par du carbone. Tout compte fait, on trouve que l'homme consomme par jour une quantité de combustible représenté par 250 à 300 grammes de carbone.

Voici maintenant les résultats auxquels on arrive pour d'autres animaux, en tenant compte, bien entendu, des erreurs possibles dans les déterminations de ce genre.

En vingt-quatre heures un animal consume :

	Carbone.	Hydrogène.
Cheval.	2500 gram.	27 gram.
Lapin	25	2,7
Cochon d'Inde. .	6	0,5
Pigeon. . . .	7	1,0
Chien	33	5,0
Chat	17	3,7
Grand-duc. . .	15	3,0

Un simple coup d'œil jeté sur ces nombres fait voir que la quantité d'hydrogène brûlé par un carnivore est beaucoup plus considérable que celle qui est brûlée par un herbivore., comme l'a reconnu Dulong ; cet excès provient des substances grasses que ceux-ci consomment.

Mais comment constater par l'expérience la quantité de carbone et d'hydrogène brûlés par un animal ? Celui qu'il nous importe le plus d'étudier à cet égard, c'est l'homme. Avant de passer aux moyens d'observation employés, essayons de définir les conditions dans lesquelles il faut le placer.

Si, après avoir inspiré de l'air dans son poumon, un observateur voulait l'expirer sur le mercure, l'analyse de l'air recueilli de la sorte donnerait certainement sa composition ; mais celle-ci ne permettrait pas d'en conclure la composition de l'air de la respiration normale. Tout effort modifie nécessairement la composition de l'air sortant des poumons ; il faut, pour avoir des données certaines, prendre l'air qui provient d'une respiration libre, indépendante ; il faut examiner l'air libre expiré à différentes époques de la journée, mais toujours dans des moments tels, que la respiration ne soit ni entravée, ni accélérée par des causes extérieures : au moyen de précautions, on peut arriver à des données exactes.

Voici l'appareil qui a servi à ce genre de détermination : il donne des résultats exacts, quand on s'en sert avec précaution. Il se compose d'un ballon à long col d'une capacité de 500 centimètres cubes environ, exactement gradué sur son col en centimètres ou demi-centimètres cubes ; puis d'un tube de verre qu'on engage jusque dans le ballon, et dont le diamètre est calculé de manière à ce que l'espace annulaire, qu'il laisse dans le col du ballon, soit égal ou à peu près à sa section intérieure.

Quand on veut se servir de l'appareil, il faut inspirer l'air par le nez et l'expirer par la bouche ; on acquiert aisément l'habitude de le faire : quand j'ai fait des expériences de ce genre sur moi-même, je parvenais très-bien à lire ou à travailler à mon bureau, pendant toute leur durée. Après avoir respiré pendant une demi-heure ou un quart d'heure, on peut être certain que le ballon est complétement rempli de l'air expiré ; alors, en continuant toujours à respirer de la même manière, on enlève, peu à peu, le tube en verre ; on bouche le ballon et on le porte sur le mercure ; on mesure exactement le volume du gaz, et on absorbe l'acide carbonique par la potasse caustique. Le ballon étant divisé en centimètres cubes, division qu'on lit très-aisément sur son col, et sa capacité étant de 500 centimètres cubes, chaque degré d'absorption correspond à $\frac{1}{100}$ du volume total ou environ.

En opérant de la sorte, on trouve que l'homme sain expire un air qui contient 3 à 5 pour 100 d'acide carbonique ; 3 pour 100 au moins et 5 pour 100 au plus : mais chez les malades, la proportion descend jusqu'à 1 ou 1 ½ pour 100, et peut s'élever à 7 ou 8.

La quantité normale va nous conduire à poser quelques chiffres.

On peut compter qu'un homme adulte introduit environ un tiers de litre d'air dans ses poumons, à chaque inspiration ; il en fait seize à la minute ; l'air expiré contient, d'après ce que nous venons de voir, de 3 à 5 pour 100 d'acide carbonique, et il a perdu de 4 à 6 pour 100 d'oxygène : ainsi, dans les circonstances ordinaires de température et de pression dans lesquelles nous nous trouvons à Paris, l'homme fait pousser par jour dans ses poumons de 7 à 8 mètres cubes d'air. Il aura brûlé, terme moyen et en réduisant l'hydrogène en carbone, l'équivalent de 250 à 300 grammes de carbone en vingt-quatre heures. En supposant la dépense au maximum, cette combustion exige une dépense réelle de 800 grammes d'oxygène ; le poids total d'acide carbonique est donc 1100 grammes ou 550 litres ; pour le produire, il a complétement privé d'oxygène une quantité d'air représentée par 2750 litres.

Quelques mots feront comprendre ce qui arrive quand, au lieu de faire respirer un homme dans les circonstances ordinaires de pression, on modifie ces circonstances.

Si on se transporte sur le sommet d'une montagne élevée, à mesure que la densité de l'air diminue, la respiration s'accélère et le nombre des pulsations du pouls augmente. Dans la cloche du plongeur au contraire, dans laquelle, outre la pression ordinaire, on supporte celle de toute la colonne d'eau qui la recouvre, la respiration est retardée. Dans les appareils de M. Tabarié, où on peut soumettre l'homme à des pressions très-fortes, on observe aussi le ralentissement de la respiration.

Dans une circonstance remarquable, qui s'est présentée dans l'un des accidents dont le tunnel sous la Tamise a été l'objet, on a reconnu qu'un homme qui plongeait, après avoir rempli son poumon dans la cloche du plongeur, sous une pression égale à près de deux atmosphères, pouvait rester sous l'eau bien plus longtemps qu'à l'ordinaire : résultat très-naturel de la densité de l'air inspiré dans de telles circonstances.

La quantité d'oxygène inspirée demeure donc à peu près constante dans l'état normal ; on diminue ou on augmente le nombre des inspirations pour compenser l'excès ou le défaut de densité de l'air. Si un homme inspire trop vite de l'air trop dense, la température s'élève bientôt ; s'il respire trop lentement un air trop rare, la température s'abaisse.

Quand un animal à sang chaud passe à l'état d'hybernation, sa respiration devient rare et sans ampleur. Il est facile de vérifier que, dans cet état, la marmotte, le hérisson, brûlent bien moins de carbone que dans leur période d'activité.

Quand au contraire les animaux à sang froid deviennent capables de produire de la chaleur, comme le python femelle, à l'époque où elle couve, on voit leur respiration s'accélérer, et leur dépense en aliments s'accroître.

Tout ce que les physiologistes ont constaté, tout ce que les chimistes savent relativement à la respiration, se traduit donc en définitive en une seule pensée : combustion lente des matériaux du sang par l'oxygène de l'air ambiant.

Les faits que nous venons de citer, les nombres que nous avons donnés sur la respiration normale, conduisent à conclure que l'homme consomme deux sortes de produits : comme combustible, du carbone et de l'hydrogène ; comme comburant, l'oxygène qui brûle ces matières. Mais ces corps doivent être présentés les uns aux autres dans un certain état, si on veut satisfaire aux exigences de la vie.

Ainsi il paraît démontré qu'au moment de l'expiration, l'économie sent instinctivement le besoin de se débarrasser d'un air trop chargé d'acide carbonique, et qui agirait par cela même comme poison, principalement sur les animaux à sang chaud.

Cette considération conduit à rechercher quelles sont les quantités d'air dont un homme a besoin pour vivre pendant un temps donné. On peut admettre que l'homme fait passer 7 à 8 mètres cubes d'air par jour dans ses poumons ; dans un air raréfié ou condensé, la respiration, accélérée ou ralentie, s'arrange de manière à fournir au poumon, dans un temps donné, une quantité d'oxygène toujours égale à celle que ces 8 mètres cubes représentent ; mais on commettrait une erreur grave, si on pensait qu'un homme, réduit à ne recevoir par jour que 8 mètres cubes d'air, continuerait à vivre sans souffrance.

Supposons, en effet, qu'un certain nombre d'hommes étant réunis dans une salle exactement fermée, chacun d'eux ait 8 mètres cubes d'air à sa disposition : au lieu d'y respirer à l'aise pendant vingt-quatre heures, on verrait, après un temps très-court, des symptômes d'asphyxie se déclarer sur nombre d'entre eux, et certes, au bout d'un jour, il en est peu qui sortiraient vivants de cette épreuve, puisque tout l'air de l'enceinte renfermerait alors la dose d'acide carbonique contenu dans l'air même que notre poumon rejette à chaque instant comme nuisible.

De là le besoin de ventiler. Des expériences nombreuses prouvent que, si on cherche par le tâtonnement à préciser le volume d'air qu'il convient de fournir à des hommes réunis, en augmentant ou diminuant la ventilation, selon l'impression éprouvée, on trouve qu'un homme a besoin de 6 à 10 mètres cubes d'air frais par heure.

M. Péclet, qui s'est beaucoup occupé dans ces derniers temps de la ventilation des salles d'assemblée, des écoles, etc., est arrivé, après quelques tâtonnements, à adopter ces nombres, comme pouvant servir de base à un système de ventilation efficace. A ce taux, la température ne s'élève pas d'une manière incommode; et les émanations animales, dont on ne saurait contester l'existence dans l'air non renouvelé, n'exercent pas d'influence appréciable sur l'odorat.

Cette quantité d'air est énorme; elle est vingt ou trente fois supérieure à celle qu'un homme vicie complétement dans la journée.

En conséquence, on se trouve amené à conclure qu'indépendamment de l'acide carbonique, dont l'effet nuisible ne peut être contesté, il y a dans les grandes réunions, et en général dans les lieux habités, d'autres causes : telles que l'accumulation de la vapeur aqueuse, l'élévation de la température, la production des émanations animales, qui rendent indispensable un prompt renouvellement de l'air.

La recherche de l'acide carbonique, dans l'air des lieux habités, n'en demeure pas moins le premier et jusqu'ici le seul moyen de mesurer l'étendue des altérations que l'air a subies, et d'apprécier l'efficacité des méthodes par lesquelles on cherche à y porter remède.

Voici les résultats obtenus par M. Leblanc, dans une série de recherches relatives à la composition de l'air, dans ces diverses circonstances. Dans quelques salles d'hôpitaux de Paris il a trouvé, au bout d'une nuit de clôture, l'air des dortoirs chargés d'une quantité d'acide carbonique s'élevant jusqu'à 1 pour 100. A coup sûr, une pareille proportion d'acide carbonique annonce dans l'air une altération qui ne permet pas de le considérer comme salubre, même pour un temps peu prolongé. Pour s'en convaincre, il suffit de se rappeler que l'air expiré des poumons renferme de 3 à 4 pour 100 d'acide carbonique, et qu'à cette dose il paraît réellement exercer une action nuisible sur nos organes, puisque la nécessité de l'expulser se fait sentir impérieusement.

L'expérience a prouvé que l'effet de la ventilation naturelle par les jointures des portes et des fenêtres, dans un lieu clos et qui ne renferme pas des foyers de nature à déterminer un appel actif, est moins marqué qu'on n'est généralement porté à le croire; il est, dans le plus grand nombre des cas, tout à fait insuffisant pour neutraliser les effets nuisibles de la respiration dans les lieux habités qui ont une capacité restreinte.

Il est facile de voir, d'après cela, combien la construction de la plupart de nos amphithéâtres laisse à désirer. A l'exception des théâtres dans lesquels la ventilation s'est établie d'abord par hasard par l'ouverture placée au-dessus du lustre, et pratiquée pour se débarrasser de l'odeur des lampes, on peut dire que les salles de réunion sont mal disposées. Les architectes sont d'autant plus blamâbles à cet égard qu'on connaît aujourd'hui les règles qui doivent guider dans les applications de la ventilation.

Il ne suffit pas de rendre à l'homme l'oxygène qu'il consomme, mais il faut le lui offrir convenablement délayé dans de l'air pur.

Partant des nombres qui précèdent, il devient facile de calculer la ventilation qui est nécessaire pour des écoles, des casernes, des hôpitaux, etc.

Prenons pour terme de comparaison une chambre à coucher, et rappelons-nous qu'un homme a besoin de 6 à 7 mètres cubes d'air par heure au moins. En admettant qu'il passe neuf heures dans sa chambre à coucher, il lui faudra un espace de 63 mètres cubes, ou une chambre représentant un cube de 4 mètres de côté ou de 12 pieds environ; et certainement ces conditions sont loin d'être remplies pour la plupart des individus.

Jusqu'à présent, nous avons regardé l'acide carbonique comme le moyen de donner la mesure des effets nuisibles qu'un air vicié fait éprouver à la respiration. En effet, sa proportion nous indique pour quelle portion l'air déjà respiré intervient dans le mélange qu'on examine. Cependant il est bien clair que l'acide carbonique n'est pas le seul produit nuisible qui se rencontre dans l'air vicié. Il faut tenir compte de la présence incontestable de l'hydrogène sulfuré, et des matières animales puantes que l'air des lieux habités renferme toujours. Il y a tel lieu de réunion publique, où le conducteur de cuivre d'un paratonnerre, placé près des tuyaux de dégagement de l'air vicié par la respiration, se trouve transformé, au bout de quelques mois, en sulfure de cuivre. J'ai vu, dans une fête, des pompiers jeunes et robustes, placés dans une galerie, à la partie supérieure d'une immense salle de bal, être tellement incommodés par l'air vicié qui leur parvenait, qu'ils ne pouvaient guère y rester que dix ou quinze minutes.

Si nous ajoutons à ces faits la conversion plus ou moins rapide du carbonate de plomb des peintures de nos appartements en sulfure de plomb par l'hydrogène sulfuré de l'air, l'odeur nauséabonde qui nous frappe quand nous pénétrons le matin dans le dortoir d'une caserne, ou d'un hôpital mal aéré, quand nous entrons le soir dans ces ateliers où l'industrie accumule souvent un trop grand nombre d'ouvriers, il ne reste aucun doute sur la présence de ces matières nuisibles, ainsi que sur la nécessité de s'en débarrasser promptement.

Les besoins de la ventilation sont donc incontestables. Il faut l'effectuer, soit par des cheminées, soit par des poëles bien disposés pour les petits appartements, soit enfin par des appareils particuliers pour les lieux consacrés aux grandes réunions, c'est-à-dire, les écoles, les casernes, les hôpitaux et les amphithéâtres.

Grâce à l'heureuse tendance de l'administration publique, nous verrons, sans nul doute, s'améliorer bientôt, sous ce rapport, la ventilation de tous les lieux de réunion, celle des ateliers, et surtout celle de tous les lieux qui recueillent la population ouvrière flottante des grandes villes.

Du pain et de la viande en quantité suffisante, de l'air pur, de l'eau pure, tels sont les aliments qui, en maintenant la santé de l'individu, améliorent la race humaine, et où elle puise, par conséquent, ces conditions de bonheur qui résultent d'un équilibre convenable entre les forces physiques et les forces morales elles-mêmes.

Toute dégradation physique est bientôt accompagnée d'une dégradation morale profonde ; et je ne connais rien, à cet égard, qui puisse être comparé aux effets résultants d'une habitude de vie dans des lieux mal aérés et privés de lumière. Il suffit de jeter un coup d'œil sur la population ouvrière de Birmingham, de Manchester, de Lyon ou de Lille, pour être convaincu de l'importance qu'une administration vraiment politique doit mettre à soustraire la race humaine à des conditions physiques qui portent avec elles le germe de tous les désordres comme celui des affections héréditaires les plus incurables.

L'existence des phénomènes de combustion qui ont lieu dans les êtres organisés étant reconnue, les produits généraux de cette combustion étant constatés, voyons maintenant un peu plus en détail ce qui se passe dans l'homme et dans les animaux analogues, relativement au renouvellement du combustible qui se trouve sans cesse consommé par leur respiration.

Il y a bientôt dix-sept ans que, dans un cours fait à l'Athénée, je m'exprimais de la manière suivante : « Un homme à l'état de « santé dépense l'équivalent de huit onces « de carbone par jour ; cette quantité correspond à vingt onces d'aliments quelconques. « Il dépense une demi-once d'azote par jour, « ou trois onces d'aliments azotés ; l'économie se débarrasse du carbone et de l'hydrogène par les poumons ; de l'azote par les « urines.

« Il est évident que ces matières proviennent de son sang, quels que soient le mode « et la cause première de ces transformations.

« Il ne l'est pas moins que le sang est « nécessaire à l'entretien de la vie ; que c'est « sur lui que porte la perte principale, que « c'est lui qu'il s'agit de renouveler. »

Ces bases une fois posées de la sorte, les idées que je professais sur la digestion, et qui sont celles que j'admets encore aujourd'hui, s'en déduisaient tout naturellement.

Il est clair que si un homme perd 8 onces de carbonne et une demi-once d'azote pris dans les aliments, il est impossible ou au moins difficile d'admettre que cette énorme quantité de matière détruite ait été véritablement assimilée ; il est difficile de croire que ce travail immense et inutile dans l'organisme se soit effectué ; car il faut bien

entendre par assimilation une fonction qui ferait entrer dans les organes de l'individu les principes qui les constituent. Dans l'hypothèse que nous exposons, ces principes n'y feraient qu'un séjour momentané, les procédés de la vie venant les reprendre ensuite pour les détruire.

Il paraît donc plus probable que les matières détruites chaque jour pour l'entretien de la vie, ne font, en grande partie du moins, que passer dans le sang, à l'état pour ainsi dire inorganique.

Dans les procédés de la respiration, une grande partie de ces matières, c'est-à-dire de celles que le sang charrie, agit comme combustible à l'égard de l'oxygène puisé dans les poumons ; et le travail de l'assimilation proprement dite ne se passe très-probablement que sur une petite quantité des aliments ingérés.

Il y a donc deux manières d'envisager la digestion ; la première est celle dont je viens de donner un aperçu ; la deuxième, adoptée par les physiologistes les plus illustres, consiste à dire que tous les matériaux qui passent dans le sang sont assimilés par l'organisme pour être détruits ensuite peu à peu.

Je ne puis accepter cette dernière opinion.

Je crois que l'acide carbonique, l'eau, l'ammoniaque, expulsés par l'homme, proviennent en grande partie de la combustion des produits rendus solubles par la digestion, et versés dans le sang, et non de la dissociation de la matière même de nos organes. La digestion a donc deux formes essentielles : l'une a pour objet la réparation des matériaux du sang, consommés par la combustion, qui vient exhaler ses produits dans la respiration pulmonaire ou cutanée ; l'autre, au contraire, se rapporte à la restitution des parties de l'organisme que l'exercice de la vie a détruites. Dans mon opinion la restauration du sang est, de ces deux fins de la digestion, celle qui consomme la plus forte proportion de produits tirés de nos aliments. J'en donnerai facilement la preuve.

En effet, dans les aliments de l'homme, par exemple, c'est l'amidon, le sucre, qui prédominent : or, ce sont là des aliments absolument impropres à l'assimilation. Convertis en produits solubles dans le sang et oxydables, ils sont entièrement consommés par la respiration proprement dite. Ainsi, dans les aliments de l'homme, l'assimilation porterait tout au plus sur les matières azotées neutres et sur les matières grasses ; et nous allons voir qu'une portion considérable de ces produits lui échappe, et qu'elle se brûle directement dans le sang.

Pour s'en convaincre, il suffit d'approfondir ces faits. Or, nous verrons ailleurs que le sang où s'opèrent manifestement ces phénomènes de combustion, qui caractérisent si hautement le règne animal, est un liquide très-compliqué. Nous y remarquerons entre autres substances : la fibrine, l'albumine, le caséum, la gélatine, des matières grasses, des sels à acide organique, des matières colorantes.

Nous retrouvons, dans les solides de l'économie, toutes ces matières, et de cela seul nous pourrons tirer une conclusion. Supposons, en effet, que le sang perde toute sa fibrine; si l'animal n'en meurt pas, son sang devra en reformer promptement, et il pourra en conséquence, en emprunter une partie à la fibrine toute faite que ses organes renferment. Le sang se dépouille-t-il d'albumine, il devient propre à en dissoudre qu'il emprunte à toutes les parties de l'économie.

Il en serait de même des matières grasses, des matières colorantes. En général le sang doit être considéré, relativement aux matériaux solides de l'économie, comme une dissolution saturée de ces mêmes matériaux. Dès qu'il en perd une portion, il la remplace en puisant pour cela dans le réservoir que lui offre l'économie tout entière : de telle façon que, si le sang se brûle sans être réparé par la digestion, il en résulte que l'économie tout entière est appauvrie, puisque c'est en elle que le sang trouve les matériaux à l'aide desquels sa réparation s'effectue. Les solides de nos organes se brûlent donc, non pas directement, mais par l'intermédiaire du sang où ils se dissolvent.

Dès lors tout prouve que la fibrine, l'albumine, le caséum, le gluten, la gélatine, fournis au sang par la digestion, se brûlent, en grande partie, directement; qu'il en est de même des matières grasses que nos aliments lui fournissent. L'excès seul de ces substances profite à l'assimilation. Quant aux matières végétales neutres, elles se brûlent tout entières, et l'excès, s'il y en a, s'échappe par les urines.

Mes opinions n'ont pas changé au sujet de la digestion. Evaluée en mesures décimales, la ration du cavalier français se compose de :

	Matière azot. sèche.	Matière non azotée sèche.
Viande fraîche, 125^{gr}	70^{gr}	,^{gr}
Pain de munition, 750		
Id. blanc de soupe, 516 1066^{gr}	64	596
Légumineux, 200	20	150
Carotte, choux; navets, etc., 125 (pour mém.)		
	154	746

154 gr. de matières azotées sèches correspondent à 22 gr. 5 d'azote, et 746 gr. de matières non azotées correspondent à 328 gr. de carbone. Il faut remarquer qu'on n'a rien compté pour les carottes, les navets, etc. ; ces matières contiennent beaucoup d'eau, servent d'assaisonnement, et sont plutôt des moyens de tromper la faim que de la satisfaire.

Sans entrer dans de longs développements, il me suffit de dire que quatre parties de viande fraîche contiennent trois parties d'eau. On a déterminé la quantité d'eau et de gluten du pain. Pour les légumineux, on a fait les mêmes déterminations. Ajoutons que la

viande, le gluten du pain, le caséum des légumineux contiennent environ 15 pour 100 d'azote, et que les matières amylacées contiennent environ 44 pour 100 de carbone.

On voit, en tenant compte de ces notions, que le cavalier mange bien au delà des 300 gr. de carbone qu'il expire, et que sa nourriture journalière contient de plus 22 gr. environ d'azote.

Voyons maintenant ce que devient cet azote.

Il y a longtemps qu'on l'a dit, il disparaît par les urines; telle était l'opinion professée par Fourcroy. Il est même à regretter que les premiers essais de chimie physiologique de ce célèbre professeur aient été perdus de vue pendant quelque temps, car ils méritaient plus d'attention qu'on ne leur en a accordé.

Fourcroy avait envisagé, en médecin et en naturaliste, les études de chimie organique. Il avait essayé de passer en revue tous les phénomènes de l'organisation; et, dans cette ardeur de curiosité générale qui le caractérisait, peut-être n'avait-il pas assez fait ressortir les grands principes de la science, donnant trop de valeur aux détails, et par les erreurs inévitables que ces détails entraînent, s'exposant à laisser dans les esprits des doutes sur la solution des questions fondamentales. Mais, dans le cas actuel, il avait bien vu : c'est par l'urine que s'élimine l'azote.

Passons donc à l'étude des circonstances de cette élimination. L'homme sain rend, par jour, 15 à 16 gram. d'azote par les urines, c'est-à-dire la plus grande partie de l'azote qui est absorbé par les aliments en vingt-quatre heures. Cet azote est rendu à l'état d'urée, la seule matière azotée importante de l'urine humaine, contenue en forte proportion dans l'urine qu'on trouve dans les reins, et à plus forte raison dans celle que renferme la vessie.

La première question qui se présente est celle de savoir où elle a été fabriquée. Le rein la sépare; mais est-ce dans le rein qu'elle se forme ?

Revenons, pour en juger, sur des faits que j'ai déjà mis en évidence, afin de mieux faire comprendre combien le plan de la nature est régulier et uniforme dans tous les phénomènes que la vie nous offre.

Nous avons vu que l'acide carbonique est absorbé par les pores corticaux de la plante; mais ce n'est pas là que se passent les phénomènes de réduction. Nous avons vu le poumon absorber l'oxygène et exhaler l'acide carbonique, mais ce n'est pas dans son intérieur que se passent les phénomènes d'oxydation; l'expérience faite par M. Edwards sur la grenouille qui, placée dans l'hydrogène parfaitement pur, exhale un volume d'acide carbonique qui dépasse le sien, nous l'a prouvé de la manière la plus complète. Ainsi, l'animal se sature d'oxygène, se sature d'acide carbonique; il absorbe le premier et rejette le second, dont la production n'a pas lieu dans le poumon seul, mais bien dans la masse du sang lui-même.

Eh bien! les mêmes règles, les mêmes idées président à la formation de l'urée : de même que les poumons sont le siége d'un simple travail d'échange entre l'acide carbonique exhalé et l'oxygène absorbé, de même le rein est le siége de la séparation de l'urée.

Comment concevoir, en effet, que cet organe soit chargé de fabriquer l'urée? Comment concevoir que 100 grammes de matière azotée, supposée sèche, y arrivent chaque jour pour s'y détruire et s'y détruisent?

Mais supposez un instant que la production de l'urée se fasse dans la masse du sang; alors la fonction du rein devient facile à comprendre : il est à l'urée ce que le poumon lui-même est à l'acide carbonique : un émonctoire, un organe d'élimination.

Prenez le sang d'un animal sain, examinez-le, et vous serez sans doute très-surpris de voir, après ce que je viens de dire, qu'il ne renferme pas une trace de cette substance; au moins tous les chimistes qui ont examiné le sang d'un animal sain, dans ce but, n'en ont-ils pas découvert.

On se croirait certainement autorisé, d'après cela, à tirer une conclusion contraire à l'opinion précédente; mais une expérience bien simple, que j'ai faite avec mon ami le docteur Prévost de Genève, va résoudre cette difficulté. Nous enlevions d'abord un rein à un chien, par exemple; quand l'animal était guéri, on en enlevait le second. Avec un rein l'animal vivait; mais après qu'on les lui avait enlevés tous les deux, il présentait des symptômes morbides intenses, et périssait ordinairement après trois jours. Quelques-uns de ces chiens néphrotomisés résistaient pendant huit jours, mais ces cas étaient rares. En saisissant l'instant convenable pour le saigner, et cherchant l'urée dans leur

<table>
<tr><td>N° 1.</td><td>N° 2.</td></tr>
<tr><td>Acide carbonique.</td><td>Acide lactique.</td></tr>
<tr><td>Eau.</td><td>Alcool.</td></tr>
<tr><td>Ammoniaque.</td><td>Ether.</td></tr>
</table>

Dans les animaux, et en général dans le dédoublement qui s'opère par l'emploi des forces chimiques, le ligneux se transforme, au contraire, successivement en sucre et acide lactique, enfin en eau et acide carbonique. L'oxydation est un cas particulier de ce dédoublement produit par l'emploi des forces chimiques.

Oxydez une molécule d'acide acétique, elle en produira deux d'acide formique; continuez l'oxydation, vous en obtiendrez quatre d'acide carbonique. Oxydez une molécule de sucre, elle en produira douze d'acide oxalique; continuez l'oxydation, vous en aurez vingt-quatre d'acide carbonique. Oxydez une molécule de camphre, elle en produira deux d'acide camphorique, etc.

On voit qu'en général l'oxydation des matières organiques les ramène vers l'état minéral, et qu'il doit en être ainsi dans la vie animale, puisque le phénomène chimique

sang, on en trouve une quantité notable.

Ces expériences ont été répétées par Ségalas et Vauquelin, par Mitscherlich et Tiedemann, par Marchand, avec le même résultat.

On voit qu'il est impossible de ne pas conclure que l'urée se forme indépendamment des reins, comme l'acide carbonique et l'eau se formeraient indépendamment des poumons. On est donc amené à conclure que toute l'urée rejetée par l'homme se forme dans la masse du sang, par le procédé de la respiration, c'est-à-dire par cette combustion lente qui s'y opère, et dont les produits sont l'acide carbonique, l'eau, l'urée, la matière de la bile, que nous retrouverons plus tard dans les produits nécessaires à la digestion, et quelques autres substances qui vont se loger dans différents organes spéciaux, dont nous ne nous occuperons pas ici.

C'est donc dans le sang que nous plaçons les phénomènes les plus intéressants de la chimie vivante.

Avant de pousser plus loin cet examen des effets de la combustion lente des matériaux du sang, je vais donner la preuve qu'en partant des principes posés précédemment, et s'appuyant sur quelques-unes des règles de la chimie organique, on peut entrer fort avant dans le domaine de la physiologie.

On verra bientôt, en effet, quel parti nous tirerons des deux théorèmes suivants ;

1° Dans toute matière oxygénée, la volatilité diminue à mesure que le nombre de molécules d'oxygène augmente.

2° Dans toute matière organique, si on remplace une molécule d'hydrogène ou de carbone par une molécule d'oxygène, la matière tend à passer dans une classe de produits moins complexes.

Ainsi, dans le tableau suivant, les substances passeront de la division 1 à 4, dans le travail qui s'opère au sein des végétaux verts.

<table>
<tr><td>N° 3.</td><td>N° 4.</td></tr>
<tr><td>Sucre.</td><td>Fibrine.</td></tr>
<tr><td>Acide nitrique.</td><td>Ligneux.</td></tr>
<tr><td>Gommes.</td><td>—</td></tr>
</table>

qui caractérise la vie animale est un phénomène d'oxydation.

Si on cherche à répondre maintenant à cette question : Y a-t-il ou n'y a-t-il pas assimilation d'azote de l'air pendant la respiration de l'animal? Personne n'hésiterait à répondre par la négative.

L'animal brûle les matières qu'il digère, qu'il reçoit : il n'en crée pas. Comment donc s'assimilerait-il un produit animal dont il ne saurait tirer aucun parti?

Mais, dira-t-on, s'il n'y a pas d'assimilation d'azote, ne se peut-il pas que la respiration brûle une certaine quantité de matières azotées, de manière à mettre leur azote en liberté, et à produire une exhalation d'azote?

Si l'on consulte les résultats de l'expérience acquise jusqu'à ce jour, ils paraissent favorables à cette dernière supposition, mais en même temps ils donnent la preuve de la difficulté qu'on rencontre à décider ce point.

En effet, trois cas se présentent : parfois la quantité d'azote trouvée dans l'air qui a servi à la respiration ne change pas; parfois elle diminue, c'est le cas le plus rare : le plus souvent on trouve qu'elle a augmenté. Enfin, on a des expériences qui donnent pour les mêmes individus, tantôt une augmentation d'azote, et tantôt une perte, selon la saison dans laquelle on opère. Si j'ajoute maintenant les noms des expérimentateurs, l'indécision augmentera encore : car les résultats de Lavoisier, Davy, de Humboldt, Berzélius, Berthollet, Spallanzani, Edwards, ne s'accordent pas sur ce point. Dans ces derniers temps, MM. Dulong et Despretz ont trouvé une exhalation dans presque toutes leurs expériences. M. Boussingault est arrivé à la même conclusion, mais par des moyens indirects.

La forme la plus convenable sous laquelle ces expériences puissent être exécutées, celle qui permet le mieux de conclure avec certitude, est due à M. Dulong.

Son appareil se compose de deux gazomètres qui communiquent entre eux par des tuyaux, et d'une boîte de cuivre rouge, où l'on peut enfermer un animal en le séparant complétement de l'atmosphère extérieure. Supposez un des gazomètres rempli d'air, et le deuxième rempli d'eau : vous pouvez déplacer l'air du premier, en le remplissant avec de l'eau, et faire rendre cet air dans le deuxième gazomètre; mais, dans ce trajet, il est obligé de passer à travers la boîte, dans laquelle il sert à la respiration de l'animal, qu'on y a renfermé.

D'une part donc, on emploie de l'air ordinaire; d'autre part, on recueille de l'air qui a servi à la respiration. L'air est exactement mesuré avant et après l'expérience; on peut apprécier immédiatement les changements de volume qu'il a subis, et l'analyse donne les proportions de chacun des principes qui s'y trouvent, et fait connaître leurs modifications.

Mais voici quelques causes d'erreur qui peuvent influer sur les résultats de l'expérience faite de cette manière : 1° La difficulté de l'analyse des mélanges gazeux, quand elle est exécutée par la méthode des mesures, où il faut tenir compte de la pression, de la tension, de la vapeur d'eau et de température; 2° la nécessité de conclure l'azote par différence : d'où il suit qu'il est affecté de toutes les erreurs inévitablement commises dans la mesure des autres gaz; 3° l'impossibilité de tirer une conclusion certaine par la comparaison entre le volume du gaz ingéré et celui du gaz expiré. On part, en effet, du raisonnement suivant : l'animal a reçu tant de mesures d'air d'une composition connue : donc les deux analyses indiquent le changement dû à la respiration. Mais dans la respiration, l'animal se sature d'oxygène et il exhale de l'acide carbonique. L'acide carbonique exhalé ne provient donc pas immédiatement de l'oxygène qui est absorbé. Il n'y a pas proportionnalité dans les échanges de gaz pendant la respiration, et encore moins est-

il permis de supposer que l'oxygène dissous soit identique avec celui qui fait partie de l'acide carbonique dégagé. Cette identité admise a pu induire en erreur.

En particulier, si on fait l'analyse de l'air expiré dans la respiration de l'homme, il est impossible de décider si l'excès d'azote qu'on observe provient d'une exhalation réelle, ou bien s'il est dû à la disparition de l'oxygène qui correspond à l'hydrogène brûlé.

En résumé, nous croyons qu'on peut dire avec raison que l'économie élimine l'azote pris dans les aliments par quatre voies différentes : 1° par les mucus divers; 2° par la bile et les excréments; 3° par les poumons et la peau; 4° par l'émonctoire principal de l'azote, qui se trouve placé dans le rein.

Les trois premières voies n'en rejettent qu'une quantité assez faible.

Examinons maintenant sous quelle forme l'azote est surtout éliminé. Nous l'avons déjà dit, c'est sous la forme d'urée. Cette substance existe dans l'urine du rein, dans l'urine de la vessie et dans l'urine fraîche; mais dans l'urine pourrie, on n'en trouve plus; elle a disparu, et à sa place nous trouvons du carbonate d'ammoniaque.

En effet, si à l'urine putréfiée on ajoute un acide, on voit s'effectuer tout à coup un dégagement considérable d'un gaz qui n'est autre que l'acide carbonique; si l'on ajoute un alcali, de la potasse, de la chaux, par exemple, le papier de tournesol rougi passe au bleu. Une baguette mouillée d'acide chlorhydrique, exposée aux vapeurs qui s'échappent du verre, occasionne des vapeurs intenses dues à la formation du sel ammoniac.

Ainsi, pour en arriver de l'urée qu'on trouve dans la vessie au carbonate d'ammoniaque, il s'est passé quelque phénomène digne de toute notre attention.

Si l'on abandonne l'urine à elle-même pendant peu de temps, elle devient le siége d'une seconde vie, d'une fermentation qui est le résultat de la vie de certains êtres qui peuvent exister dans un milieu pareil. C'est donc par une suite plus prolongée des phénomènes de la vie que la transformation s'effectue. Prolonger la vie, c'est, nous l'avons répété souvent, ramener les matériaux dont elle fait usage, aux derniers termes de son action, eau, acide carbonique, ammoniaque.

Il y a donc un acte de la vie générale qui se passe hors du corps de l'animal. La vie a un temps d'arrêt, motivé sur ce que nos organes n'auraient pu résister à une sécrétion de carbonate d'ammoniaque. La nature a dû chercher les moyens de le fabriquer en dehors des animaux.

Rien n'empêche que, dans la combustion lente des matières azotées du sang, la formation de l'urée n'ait été précédée de celle du cyanate d'ammoniaque. On n'a pas cherché jusqu'ici la présence de ce corps dans les analyses du sang, et certainement il faudra le faire avec tous les soins possibles.

Mais, en admettant cette identité de l'urée et du cyanate d'ammoniaque, nous sommes conduits à faire un pas de plus dans la discussion qui nous occupe. En effet, les deux corps qui constituent ce sel sont de véritables produits d'oxydation.

L'acide cyanique est l'oxyde d'un corps $C^2 Az^2$, le cyanogène; l'ammoniaque, dans les sels qu'elle forme, représente, étant unie aux éléments de l'eau, l'oxyde d'un corps $Az^2 H^4$ ou l'ammonium.

Ainsi, l'urée rentre dans le principe général auquel nous avons rattaché constamment les fonctions de la vie animale. Elle dérive manifestement de l'oxydation des matériaux azotés du sang et de leur tendance à se convertir en acide cyanique et oxyde d'ammonium, produits d'un ordre tel, que pour les dépasser, il eût fallu brûler leurs éléments, et donner naissance à de l'acide azotique, par la combustion de l'azote lui-même. Or, il en serait résulté une grande consommation d'oxygène pour une production de chaleur très-faible, ou même nulle. L'opération était donc inutile. La nature l'a évitée. La combustion des matières azotées s'arrête, quand elles sont converties en cyanate d'ammoniaque, qui est transformé lui-même tout à coup en urée, par un changement isomérique, au fur et à mesure de sa production.

A la vérité, le cyanogène et l'ammoniaque pourraient être brûlés d'une autre manière, l'un en produisant de l'acide carbonique, l'autre en donnant naissance à de l'eau, et tous les deux en laissant dégager leur azote, circonstance qui expliquerait l'exhalation d'azote que M. Dulong, M. Despretz et M. Boussingault croient avoir constatée.

L'examen que nous venons de faire nous prouve donc que la production de l'urée dans le corps d'un animal a lieu en vertu du même principe auquel se rattachent la formation de l'acide carbonique et celle de l'eau.

En un mot, l'animal produit toujours des corps oxydés; un oxyde d'hydrogène, un oxyde de carbone, un oxyde de cyanogène, un oxyde d'ammonium.

C'est dans ces corps que se résolvent tous les produits qui ont passé dans le sang et qui ont pris part au mouvement de la vie. Le poumon élimine, avec le concours de la peau, l'oxyde du carbone, c'est-à-dire l'acide carbonique. L'oxyde d'hydrogène, ou l'eau, partage le sort de l'eau de nos boissons. L'oxyde d'ammonium, qui aurait pu nuire à nos organes, est converti par l'oxyde de cyanogène en un produit soluble, dont les reins débarrassent l'économie : telle est la cause finale de la production de l'urée, tel est son rôle dans les phénomènes de la vie.

PHLOGISTIQUE. *Voy.* Combustion.

PHOCÉNIQUE (acide). — Découvert par M. Chevreul dans la phocénine ou huile de marsouin. M. Chevreul a aussi constaté sa présence dans les brins de *viburnum opulus*.

PHOSPHATE DE POTASSIUM. *Voy.* Potasse.

PHOSPHATE D'AMMONIAQUE. *Voy.* Ammoniaque.

PHOSPHATE DE SOUDE. *Voy.* Soude.

PHOSPHATE DE CHAUX. *Voy.* Calcium.
PHOSPHATE DE MAGNESIE. *Voy.* Magnésie.

PHOSPHORE. (φῶς, *lumière*, et φορός, *qui porte*).—Kunkel nous a laissé, sur la découverte de ce corps singulier, les détails les plus circonstanciés et qu'on ne peut lire sans un vif intérêt de curiosité. Laissons-le d'abord raconter la découverte du phosphore de Baudouin, qui se fit à peu près vers le même temps que celle du véritable phosphore.

« Il y avait à Grossenhayn en Saxe un savant bailli du nom de Baudouin, qui vivait dans la plus grande intimité avec le docteur Früben. Un jour il leur vint à tous deux l'idée de chercher un moyen de recueillir l'esprit du monde (*spiritum mundi*). Dans ce dessein ils prirent de la craie pour la dissoudre dans de l'esprit de nitre; ils évaporèrent la solution jusqu'à siccité, et exposèrent le résidu à l'air, dont il attira fortement l'eau (humidité); par la distillation ils obtinrent cette eau absorbée à l'air. C'était là leur esprit du monde, qu'ils vendaient douze *groschen* le *loth*. Tout le monde, seigneurs et vilains, voulait faire usage de cette eau. —On peut bien s'imaginer que la foi a opéré ici des miracles, car l'eau de pluie aurait été tout aussi bonne. »

Baudouin cassa un jour une cornue où il avait calciné de la craie avec l'esprit de nitre, et remarqua que le produit qui y restait luisait dans l'obscurité, et qu'il n'avait cette propriété qu'après avoir été exposé à la lumière du soleil.

« Aussitôt Baudouin, continue Kunkel, courut à Dresde pour communiquer ce résultat au conseiller de Friesen, à plusieurs ministres de la cour, et enfin à moi. Je fus, je l'avoue, émerveillé de cette singulière expérience; mais ce jour-là je n'eus pas le bonheur de toucher la substance de mes mains. Pour obtenir cette faveur, je fis une visite à M. Baudouin, qui me reçut fort poliment, et me donna..... une belle soirée musicale. Bien que j'eusse causé avec lui toute la journée, il me fut impossible d'en tirer le fin mot de l'histoire. La nuit étant venue, je demandai à M. Baudouin si son *phosphorus* (car c'est ainsi qu'il avait appelé son produit de la cornue) pouvait aussi attirer la lumière d'une bougie, comme il attire celle du soleil. Il se mit aussitôt à en faire l'expérience. Toutefois je n'eus pas encore le bonheur de toucher la substance en question. Ne serait-il pas, lui dis-je alors, plus convenable de lui faire absorber la lumière à distance, au moyen d'un miroir concave?—Vous avez raison, répondit-il. Sur-le-champ il alla lui-même chercher son miroir, et cela avec tant de précipitation, qu'il oublia sur la table la substance que j'étais si curieux de toucher. La saisir de mes mains, en ôter un morceau avec les ongles et le mettre dans la bouche, tout cela fut l'affaire d'un instant. » M. Baudouin revient, l'expérience commence, et Kunkel ne dit pas si elle réussit.

« Je lui demande enfin s'il ne veut pas

me faire connaître son secret. Il y consentit, mais à des conditions inacceptables. J'envoyai alors un messager à M. Tutzky, qui avait longtemps travaillé dans mon laboratoire, et le priai de se mettre immédiatement à l'œuvre, en traitant la craie par de l'esprit de nitre (car je savais qu'on s'était servi de ces deux matières pour la préparation de l'esprit du monde), de calciner ce mélange fortement, et de m'informer du résultat de l'expérience par le retour du messager. »

L'expérience réussit, comme on le pense bien, au delà de toute espérance, et Kunkel reçut, vers le soir même, un échantillon de son phosphore. Il en fit cadeau à M. Baudouin, en récompense de..... sa soirée musicale.

Il est difficile d'être à la fois plus sagace et plus spirituel. Voici maintenant les détails concernant l'histoire de la découverte du phosphore proprement dit, dans laquelle Kunkel a joué un rôle important :

« Quelques semaines après la découverte du phosphore de Baudouin, je fus obligé de faire un voyage à Hambourg. J'avais emporté avec moi un de ces têts luisants, pour le montrer à un de mes amis. Celui-ci, sans paraître étonné, me dit : Il y a dans notre ville un homme qui se nomme le docteur Brand ; c'est un négociant ruiné, qui, se livrant à l'étude de la médecine, a dernièrement découvert quelque chose qui luit constamment dans l'obscurité. Il me fit faire connaissance avec Brand. Comme celui-ci venait de donner à un de ses amis la petite quantité de phosphore qu'il avait préparée, il fallait me rendre chez cet ami pour voir le corps luisant récemment découvert. Mais plus je me montrais curieux d'en connaître la préparation, plus ces hommes se tenaient sur la réserve. Dans cet intervalle, j'envoyai à M. Krafft, à Dresde, une lettre par laquelle je lui fis part de toutes ces nouvelles. Krafft, sans me répondre, se met aussitôt en route, arrive à Hambourg, et, sans que je me doute seulement de sa présence dans cette ville, il achète le secret de la préparation du phosphore pour 200 thalers (environ 800 fr.), et à la condition de ne point me le dire à moi. Je me présentai un jour chez Brand, précisément au moment où il était en conférence avec Krafft. Brand sortit de sa chambre, et s'excusa de ce qu'il ne pouvait pas me recevoir, alléguant que sa femme était malade, et qu'il y avait encore une autre personne chez lui. D'ailleurs il me serait, ajouta-t-il, impossible de vous apprendre mon procédé ; car ayant depuis essayé plusieurs fois, je ne l'ai plus réussi. Il fallut donc, bon gré mal gré, me préparer à quitter Hambourg sans avoir rien obtenu.

« Avant mon départ, je rencontre par hasard M. Krafft, auquel je raconte naïvement tout ce qui m'était arrivé. Celui-ci m'assura que je n'obtiendrais jamais rien de M. Brand, qui est, me dit-il, un homme très-entêté. Je ne savais pas alors que Brand se fût déjà engagé envers Krafft, par un serment, à n'apprendre ce procédé à personne. Je partis donc comme j'étais venu.

« De Wittemberg j'écrivis à Brand en le priant itérativement de me faire connaître son secret. Mais il me répondit qu'il ne pouvait plus le retrouver. Je lui écrivis encore une fois, en insistant de nouveau. Il me répandit alors qu'il avait, par l'inspiration divine, retrouvé son art ; mais qu'il lui était impossible de me le communiquer. Enfin, je lui adressai une dernière lettre, dans laquelle je lui apprenais que j'allais moi-même, de mon côté, me livrer à des recherches assidues, et que, si j'arrivais à mon but, je ne lui en aurais aucune reconnaissance. Car je savais que Brand avait travaillé sur l'urine, et que c'était de là probablement qu'il avait tiré son phosphore.

« A cette lettre, il me fit la réponse suivante : « J'ai reçu la lettre de monsieur, et je vois avec regret qu'il est d'assez mauvaise humeur, etc. J'ai vendu ma découverte à Krafft pour la somme de 200 thalers. J'ai appris depuis que Krafft a obtenu une gratification de la cour de Hanovre. Si je ne suis pas content de lui, je serai disposé à traiter avec vous. Dans le cas où vous iriez vous-même découvrir mon secret, je vous rappellerai votre promesse, votre serment. »

« Cela avait-il le sens commun ? s'écrie Kunkel, justement indigné. Jamais de ma vie je n'avais supplié un homme avec des prières aussi instantes que ce M. Brand, qui se donne le titre de *doctor medicinæ et philosophiæ*. Il a encore l'audace de me demander une somme d'argent, si je parvenais moi-même à faire la découverte que je l'avais tant supplié de me communiquer !

« Enfin, de guerre lasse, je me mis moi-même à l'œuvre. Rien ne me coûta ; et au bout de quelques semaines, je fus assez heureux de trouver, à mon tour, le phosphore de Brand. Voilà, mon cher lecteur, toute l'histoire du phosphore : on voit par là que Brand ne m'en a pas appris la préparation.

« J'ai, depuis, appris que ce docteur tudesque (*doctor teutonicus*) s'est exhalé en invectives contre moi. Mais que faire d'un si pauvre docteur qui a complétement négligé ses études, et qui ne sait pas même un mot de latin ? Car je me rappelle un jour que son enfant s'étant fait une égratignure au visage, je recommandai au père de mettre sur la plaie *oleum ceræ*. Qu'est-ce que cela ? me dit-il. —Du cérat, lui répondis-je.—« Ben, ben, reprit-il dans son patois hambourgeois ; j'aurions dû y penser plus tôt. » C'est pour cela que je l'appelle le *docteur tudesque*. Son secret devint bientôt si vulgaire, qu'il le vendit par besoin, à d'autres personnes, pour dix thalers (environ quarante francs). Il l'avait, entre autres, fait connaître à un Italien qui, étant venu à Berlin, l'apprenait, à son tour, à tout le monde pour cinq thalers (environ dix-huit francs).

« Quant à moi, je fais ce que personne ne sait encore : mon phosphore est pur et transparent comme du cristal, et d'une grande force. Mais je n'en fais plus maintenant, parce qu'il peut donner lieu à beaucoup d'accidents malheureux. »

Ces faits se passaient vers l'année 1669 à 1670.

Kunkel ne fut pas aussi intéressé et ne fit pas le mystérieux comme Brand ; car il communiqua gratuitement son procédé à plusieurs personnes, entre autres à Homberg, en présence duquel il fit l'opération en 1679.

Le phosphore se retire des os des animaux, où il existe à l'état de phosphate de chaux. Le procédé d'extraction est fort long et demande une grande habitude dans l'art de manipuler. On choisit des os de mouton et de veau, et on les calcine à l'air jusqu'à ce que toute la matière organique soit détruite, et qu'il ne reste plus que la partie minérale de l'os. Celle-ci est broyée avec soin, tamisée, puis délayée avec de l'eau dans une terrine de grès, et transformée en une bouillie liquide sur laquelle on verse les cinq sixièmes de son poids d'acide sulfurique concentré. Comme les os calcinés sont formés de 76 à 77 parties de phosphate de chaux, de 20 parties environ de carbonate de chaux, d'une petite quantité de chlorure de sodium et de quelques traces d'autres principes, l'acide sulfurique, en agissant sur eux, transforme le carbonate de chaux en sulfate de la même base, et en dégage l'acide carbonique. Il agit sur le phosphore neutre en s'emparant de la moitié de la base de ce sel, de manière à le transformer en sel acide, c'est-à-dire en phosphate acide de chaux. Son action sur le chlorure de sodium donne lieu à la formation de sulfate de soude et d'une certaine quantité d'acide chlorhydrique qui forme quelques vapeurs blanches.

Pendant que cette réaction se passe, la masse se boursoufle et prend de la consistance ; cela provient de l'absorption de l'eau par le sulfate de chaux (plâtre) qui s'est formé ; on y ajoute une nouvelle quantité d'eau, puis, après vingt-quatre heures, temps pendant lequel on a soin de remuer la masse, on ajoute encore de l'eau, et l'on sépare la liqueur du dépôt par décantation. Cette liqueur est filtrée, puis évaporée dans une chaudière de plomb jusqu'à ce qu'elle prenne la consistance sirupeuse. Sous cet état, la petite quantité de sulfate de chaux qui avait été dissoute peut être isolée en jetant sur la masse trois ou quatre fois son poids d'eau bouillante, filtrant la liqueur, et l'évaporant de nouveau dans la chaudière de plomb, comme précédemment. La masse que l'on obtient alors est entièrement composée de biphosphate de chaux : c'est de ce sel qu'on extrait le phosphore.

Pour cela on ajoute au phosphate le quart de son poids de charbon pulvérisé, et l'on porte le mélange à une température rouge dans une bassine de fonte, afin de le dessécher ; on s'arrête quand on voit apparaître des lueurs phosphorescentes, et l'on introduit ce mélange dans une cornue de grès lutée, que l'on remplit aux trois quarts. Cette cornue, placée dans le laboratoire d'un fourneau à réverbère, est munie d'une allonge

très-inclinée que l'on fait rendre dans un flacon rempli d'eau. Tout étant bien disposé, et les luts étant bien secs, on chauffe l'appareil avec précaution. Lorsque la cornue est portée au rouge, il se dégage du gaz oxyde de carbone, de l'acide carbonique et du gaz hydrogène carboné ; ce dernier provient de la décomposition de l'eau contenue dans le phosphate acide par le charbon porté à une haute température. Les vapeurs du phosphore ne commencent à se dégager que plusieurs heures après le commencement de l'opération, si toutefois elle a été bien conduite, et si la cornue a été maintenue constamment au rouge : ces vapeurs se condensent dans l'allonge ou dans le récipient. Sur la fin de l'opération, il se dégage de l'oxyde de carbone et du gaz hydrogène phosphoré, ce que l'on peut concevoir avec facilité en remarquant que l'eau, dans sa décomposition par le carbone, met de l'hydrogène en liberté, qui se trouve à l'état naissant avec des vapeurs de phosphore. Ce qui prouve que les gaz dégagés contiennent du phosphure d'hydrogène, c'est que, recueillis dans une éprouvette, ils peuvent s'enflammer spontanément à l'air, à la température ordinaire.

Lorsqu'il ne se dégage plus de gaz, l'opération est terminée : le phosphore est solidifié dans le fond du récipient, mais il est impur et coloré en rouge-jaunâtre par un peu de soufre et par quelques traces de phosphure de carbone, au dire de quelques chimistes. Pour le purifier, on le place dans une peau de chamois, dont on fait un nouet bien solide que l'on place dans une terrine contenant de l'eau chauffée à 50 ou 60°. Le phosphore entre en fusion et passe à travers les pores de la peau de chamois, quand on comprime celle-ci entre les branches d'une pince en fer ; les matières qui la coloraient restent dans le nouet. Le phosphore est alors transparent, et peut être façonné en cylindres ; pour cela on se sert d'un tube de verre creux, ouvert par les deux bouts, et dont la cavité intérieure est toujours sensiblement conique ; on plonge l'une des extrémités dans la masse de phosphore fondu et recouvert d'eau, et l'on aspire d'abord de l'eau, puis le phosphore, afin que celui-ci ne puisse atteindre la bouche, puis on ferme l'extrémité inférieure avec un doigt, et l'on porte le tube, ainsi rempli en partie de phosphore, dans une cuve d'eau froide. Le phosphore, en se solidifiant, se contracte et n'adhère plus aux parois intérieures du tube, de telle sorte qu'il devient facile de l'en faire sortir en le secouant, ou bien en poussant le phosphore avec une petite tige en fer. On obtient ainsi de longs bâtons de phosphore, que l'on coupe en morceaux ou que l'on replie sur eux-mêmes pour les introduire dans des flacons remplis d'eau distillée, où ils se conservent très-bien. Nous ne pouvons trop recommander à ceux qui voudraient mettre en pratique toutes ces manipulations, d'éviter avec le plus grand soin de mettre le phosphore fondu en contact avec l'air, afin d'éviter son inflammation ; car alors ils seraient exposés à être atteints par le phosphore, dont les brûlures sont très-dangereuses, à cause des douleurs aiguës qu'elles occasionnent et par la difficulté où l'on se trouve d'éteindre le phosphore.

Dans l'extraction du phosphore, le charbon n'agit que sur un équivalent d'acide phosphorique du biphosphate ; il s'empare de son oxygène et met en liberté le phosphore qui se dégage. Ce qui prouve que le charbon agit seulement sur la moitié de l'acide du sel, c'est qu'il reste dans la cornue du phosphate neutre, sur lequel le charbon est sans action. Il est important de constater que, si l'on faisait agir le charbon sur de l'acide phosphorique, il y aurait très-peu de phosphore mis en liberté ; cela proviendrait de la volatilité de l'acide, à la température de laquelle on serait obligé d'opérer. Si dans l'action du charbon sur le biphosphate il y a un équivalent d'acide décomposé, cela tient à ce que la base retient l'acide et l'empêche de se volatiliser avant d'avoir atteint la température nécessaire pour être décomposé.

Le phosphore est un corps solide à la température ordinaire, d'une densité de 1,77 ; il est transparent lorsqu'il est pur, flexible, facile à être rayé par l'ongle et à être coupé par les instruments tranchants. Dans l'obscurité et au contact de l'air, il est toujours lumineux ; on le voit alors répandre des vapeurs blanches, signe de sa combustion. Ces vapeurs sont encore visibles au jour. Il entre en fusion à 43° : chauffé jusqu'à 60 ou 70°, puis refroidi subitement, il devient noir, ressemble à de la corne et peut redevenir incolore par la fusion. Il est bon de prévenir que ce curieux phénomène ne peut être produit qu'avec du phosphore bien purifié par plusieurs distillations. Ce phosphore noir et corné a évidemment la même nature chimique que celui qui l'a produit : et il est probable que c'est un arrangement différent des molécules qui est la cause de ce phénomène ; c'est ici comme pour le soufre fondu et refroidi dans l'eau, un état physique particulier, un véritable cas de dimorphisme.

Le phosphore, dont nous venons d'examiner les propriétés avec tant de détails, est un corps qui commence à avoir une assez grande importance commerciale, à cause de ses nombreux usages. Plusieurs fabriques de Paris en versent de grandes quantités dans le commerce, et tout fait penser que cette industrie nouvelle n'a pas encore atteint son plus haut degré de croissance. La plus grande partie du phosphore est employée à la fabrication des briquets phosphoriques et des allumettes chimiques.

Les allumettes chimiques françaises et allemandes, dont la fabrication est tenue secrète, contiennent du phosphore mélangé avec d'autres corps inflammables.

Pour terminer l'étude du phosphore, il nous reste à dire que ce corps administré inconsidérément est un poison très-violent ; qu'il agit en désorganisant les parties avec lesquelles il se trouve en contact, et que,

donné à haute dose, il agit comme un excitant très-puissant dont l'action très-prompte, mais peu durable, paraît principalement se porter sur le système nerveux. C'est en raison de cette propriété qu'on lui attribue une vertu aphrodisiaque. Comme il est insoluble dans l'eau, on l'administre dissous dans l'éther sulfurique, à la dose d'un demi-grain à un grain par jour ; toutefois cette administration doit être faite avec prudence, en raison des accidents qui peuvent survenir à la suite de son emploi.

L'acide phosphorique,
L'acide hypophosphorique
L'acide phosphoreux,
L'acide hypophosphoreux,
L'oxyde rouge du phosphore.

Acide phosphorique. — Cet acide, le plus oxygéné des quatre acides du phosphore, peut s'obtenir de plusieurs manières ; en faisant brûler le phosphore dans l'air ou l'oxygène, ou en le traitant par des composés oxygénés qui lui en cèdent une partie.

Lorsque la combustion s'opère dans l'oxygène, la lumière qui se dégage pendant cette combinaison est si vive, que l'œil peut à peine la fixer sans en être blessé.

Si, quand il est fondu, on le coule dans un vase de platine ou d'argent, il se solidifie et fournit un verre transparent, incolore, (acide phosphorique vitrifié), qu'on doit conserver à l'abri de l'air.

Ainsi fondu, cet acide éprouve des modifications dans ses propriétés, car étant dissous dans l'eau, il précipite l'albumine et forme avec le nitrate d'argent un précipité blanc, tandis qu'avant la calcination, il ne jouit point de ces propriétés. Ces effets différents sont dus à une disposition particulière des molécules déterminée par une simple action physique, car l'acide n'est point altéré dans sa composition par l'action du feu.

L'acide phosphorique est formé des proportions suivantes :

Oxygène.	56,03	5 atomes.
		ou
Phosphore. . . .	43,97	2 atomes.
	100,00	

Cet acide n'existe point à l'état de liberté dans la nature ; mais on le trouve fréquemment combiné à la chaux, ou à plusieurs autres oxydes métalliques. La première combinaison se rencontre surtout dans les os des animaux, et en constitue la base.

Acide hypophosphorique. — Cet acide se produit toutes les fois que le phosphore brûle lentement à l'air humide.

L'acide hypophosphorique ne peut s'unir avec les oxydes sans se décomposer en acide phosphorique et en acide phosphoreux, ce qui empêche de le regarder comme un acide distinct. Sa composition, déterminée avec soin par M. Dulong, offre le rapport suivant pour cent :

Phosphore. . . . 44,33   6 atomes.
ou
Oxygène 55,57   13 atomes.
——————
100,00

Toutes les propriétés reconnues à cet acide peuvent s'expliquer dans la supposition d'une combinaison à proportions définies d'acide phosphorique et d'acide phosphoreux, dans le rapport de 4 atomes du premier, et un atome du second.

Acide phosphoreux. — Cet acide ne peut s'obtenir qu'en mettant le protochlorure de phosphore dans l'eau; ce composé, en se dissolvant dans ce liquide, s'y convertit en acides hydrochlorique et phosphoreux.

L'acide phosphoreux s'unit aux oxydes, et forme un genre de sels désignés sous le nom de *phosphites*. Il est composé de :

Phosphore. . . . 56,67   2 atomes.
ou
Oxygène. . . . 43,33   3 atomes.
——————
100,00

Acide hypophosphoreux. — La découverte de cet acide est due à M. Dulong. Il l'obtint pour la première fois en 1816, en faisant réagir le phosphure de barium sur l'eau.

Il décompose plusieurs des oxydes métalliques qui ont peu d'affinité pour l'oxygène; tels que l'oxyde d'argent, l'oxyde d'or, etc., et s'unit à un grand nombre d'autres pour former des sels particuliers (hypophosphites). Il est composé de :

Phosphore. . . . 73,33   4 atomes.
ou
Oxygène. . . . 27,66   3 atomes.
——————
100,99

Lorsqu'on brûle du phosphore dans l'air ou le gaz oxygène, il reste sur la capsule un résidu rougeâtre ou jaune orangé que l'on regarde comme un acide de phosphore. Il est insipide, inodore, plus dense que l'eau, ne répand pas de lumière dans l'obscurité, même par le frottement; il ne s'enflamme qu'à une température voisine du rouge obscur.

Composition. — L'oxyde rouge de phosphore est formé de :

Phosphore. . . . 85,5   3 at. phosphore.
ou
Oxygène. . . . 14,5   1. at. oxygène.
——————
100,0

Sa formule est donc Ph + O.

Combinaisons du phosphore avec l'hydrogène. — L'hydrogène se combine en deux proportions avec le phosphore, et produit deux composés gazeux, auxquels on a donné le nom de *gaz hydrogène protophosphoré et hydrogène perphosphoré.*

Un fait curieux se remarque lorsqu'on fait passer l'hydrogène perphosphoré dans l'air sous forme de petites bulles; à mesure que la combinaison a lieu, les vapeurs blanches qui en résultent s'élèvent sous la forme d'un nuage blanc, annulaire, qui s'élargit peu à peu dans son ascension, de manière à

avoir bientôt un diamètre 10 à 15 fois plus grand qu'au moment de sa formation. Lorsque ce gaz brûle dans l'oxygène pur, l'inflammation est si vive et si rapide, que la vue n'en soutient l'éclat qu'avec peine.

Ces deux composés de phosphore et d'hydrogène sont sans usages, ils peuvent se former accidentellement dans la nature. Lorsque les matières animales, surtout celles qui contiennent du phosphore, comme la matière cérébrale, les nerfs, etc., sont enfouies dans un terrain humide, elles produisent par leur putréfaction une certaine quantité de gaz hydrogène perphosphoré. L'inflammation à l'air de ce gaz, qui tend toujours à s'échapper, avec les autres produits gazeux, par les fissures de la terre, donne une explication assez satisfaisante de ces feux qui se dégagent du sein de la terre dans les cimetières, ou tout endroit où des matières animales ont été inhumées. Ces feux, qui ordinairement sont la terreur de beaucoup d'habitants des campagnes, sont connus sous le nom de *feux follets.*

Phosphore et chlore. — Ces deux corps s'unissent en deux proportions et forment ainsi deux composés, qui ont reçu les noms de protochlorure de phosphore et perchlorure de phosphore. Le premier est liquide, et le second solide. Ces combinaisons peuvent s'obtenir directement à la température ordinaire.

Le protochlorure de phosphore est composé de :

Phosphore. . . . 22,81   1 atome.
ou
Chlore. 77,19   3 atomes.
——————
100,00

Le deutochlorure de phosphore se présente en une masse solide, d'un blanc de neige et d'une grande volatilité. Il rougit, ainsi que sa vapeur, le papier du tournesol.

Le perchlorure de phosphore est formé de :

Phosphore 15,06   1 atome.
ou
Chlore 84,94   5 atomes.
——————
100,00

Ces deux chlorures ont été étudiés par Thénard, Gay-Lussac et Davy.

Le phosphore forme encore avec l'iode plusieurs iodures, dont un est employé pour préparer le gaz hydriodique, et, avec le brome, deux bromures sans importance.

PHOSPHORE DE BOLOGNE. Voy. *Sulfate de baryte,* au mot BARIUM.

PHOSPHOREUX (acide). *Voy.* PHOSPHORE.

PHOSPHORESCENCE. — Lorsque les molécules des corps sont soumises à des actions mécaniques, chimiques ou spontanées, ou exposées à l'influence de la lumière solaire, de la lumière électrique ou autre, ou à l'action de la chaleur, il en résulte, la plupart du temps, outre un dégagement d'électricité, des effets lumineux ou de phosphorence, qui sont de nature à jeter quelque jour sur les forces qui président à la constitution moléculaire des corps.

Nous nous bornerons à étudier dans cet article la phosphorescence par insolation, la phosphorescence spontanée, et la phosphorescence des lampyres.

Phosphorescence par insolation. — Beaucoup de corps jouissent de la propriété d'émettre de la lumière après une courte exposition à la lumière solaire ou diffuse. Pour bien analyser les effets produits, l'observateur doit se tenir constamment dans l'obscurité et placé de manière à exposer à volonté les corps à la lumière et à les retirer. Une chambre noire, disposée de la manière suivante, remplit parfaitement ce but. Cette chambre est une guérite en bois d'un mètre de large sur un mètre cinquante centimètres de long, et deux mètres de haut. Une trappe en coulisse, en avant de laquelle se trouve une tablette, permet à celui qui se trouve dans la chambre de présenter à la lumière les substances sur lesquelles il veut expérimenter; après une expérience plus ou moins longue, il les retire, referme la fenêtre et observe. Il doit tenir les yeux fermés tant que la trappe reste ouverte, afin que la rétine soit sensible au moindre rayonnement lumineux.

Les effets de phosphorescence par insolation paraissent dépendre, très-probablement, soit d'un changement momentané dans l'équilibre des molécules, soit de réactions chimiques entre ces molécules, telles que celles que la lumière exerce sur les couleurs végétales et sur certains composés; soit peut-être encore d'un dérangement dans l'état d'équilibre des fluides impondérables qui se trouvent dans les espaces intermoléculaires. Les substances qui possèdent au plus haut degré la phosphorescence par insolation sont les phosphores de Canton et de Baudouin, c'est-à-dire le sulfure de calcium et le nitrate de chaux calciné. Le premier émet une couleur jaune, le second une couleur blanche. A part les phosphores artificiels, les composés à base de chaux sont en général les plus phosphorescents par insolation, de même que par la chaleur. Placidus Heinrich les a ainsi classés : 1° Chaux fluatée; 2° chaux carbonatée; 3° diverses pétrifications; 4° tests des animaux marins; 5° les perles; 6° chaux phosphatée, arséniatée, etc.

L'intensité du phénomène varie suivant la nature de l'acide. Ainsi, les fluorures paraissent occuper le premier rang; viennent ensuite les carbonates, etc. Quand le spath-fluor n'a pas été altéré par une trop grande élévation de température, il brille après quelques minutes d'exposition au soleil. La craie est très-lumineuse par insolation; il est à croire que des masses de calcaire et de craie, particulièrement celles qui restent exposées des journées entières à l'action d'un soleil ardent, peuvent, à la chute du jour, répandre au loin une faible lueur phosphorique. Ne serait-ce pas à cette cause qu'il faudrait rapporter la phosphorescence de quelques mon-

tagnes, que des voyageurs ont observée dans l'intérieur de l'Afrique ?

Les combinaisons où se trouve l'acide phosphorique sont moins aptes à produire la phosphorescence par irradiation que les autres.

Les terres siliceuses paraissent inaptes à ce mode de phosphorescence; et si quelques silicates sont faiblement phosphorescents, tels que la lazulite, l'agate, l'opale, la calcédoine, on ne doit l'attribuer qu'à des mélanges.

Le sel gemme et le sel ammoniac sont bien lumineux, ainsi que le sulfate de magnésie, l'alun, le nitrate de potasse naturel, etc.

Les diamants sont les corps sur lesquels on a étudié le plus la phosphorescence par insolation. Tous ne jouissent pas de cette propriété. Ceux qui la possèdent la manifestent après une courte exposition à la lumière. Une forte calcination la leur fait perdre. On cite des diamants qui sont restés phosphorescents pendant une heure, après quelques secondes d'exposition à la lumière.

Parmi les substances minérales combustibles, le succin seul est phosphorescent : le soufre ne donne aucune trace de lumière.

Les composés de fer et de cobalt sont plus faibles dans leur phosphorescence par insolation que ceux de plomb, de zinc et d'antimoine. La blende et l'oxyde blanc d'arsenic sont très-lumineux.

Le règne végétal est très-pauvre en composés phosphorescents; les différentes parties des plantes ne donnent qu'une faible lumière; mais elles le deviennent davantage par le desséchement. L'écorce l'est plus que le bois; l'aubier l'est très-bien. Les bois des pays chauds sont plus phosphorescents que ceux des régions tempérées. Les vieilles cannes à sucre, les dattes, la substance intérieure du coco, sont bien phosphorescentes.

Les étoffes blanchies faites de tissus végétaux se distinguent des étoffes écrues par une phosphorescence très-prononcée.

Les substances animales qui contiennent du carbonate de chaux sont plus phosphorescentes que celles qui renferment des phosphates; mais il faut les dessécher auparavant. Exemple : les coquilles d'œufs, les coraux, les perles, les arêtes de poisson, les dents, l'ivoire, le cuir. Dans tous les corps cités ci-dessus, la phosphorescence varie en durée et en intensité : dans les diamants et fluors, elle dure une heure; dans d'autres corps, ce n'est que quelques minutes; dans d'autres, quelques secondes seulement.

La durée et la vivacité de la lumière ne se trouvent pas toujours réunies : le spath-fluor et les stalactites en sont un exemple. La couleur émise par la lumière des fossiles est blanche. Le diamant, au commencement, paraît quelquefois rouge de feu. Il n'en est pas de même dans les préparations artificielles. Les rayons solaires agissent plus puissamment que la lumière diffuse, et celle-ci plus que celle émise quand le ciel est couvert de nuages. La lumière des chandelles, les lumières concentrées artificielles sont impuissantes, ou du moins agissent très-faiblement, sur le diamant et le spath-fluor vert, peut-être à cause de leur faible intensité.

Les corps blancs sont plus lumineux que les corps colorés de même espèce; ceux-ci mieux que les bruns et les noirs : il faut en excepter cependant le spath-fluor, et peut-être le diamant. Dès l'instant que la phospo-rescence est commencée, elle n'est pas interrompue ni par le contact, ni par la friction, ni par la compression. L'action continue même dans l'eau toutes les fois que les corps ne sont pas dissous.

La chaleur augmente l'intensité et diminue la durée de la phosphorescence; l'abaissement de température produit un effet contraire. Les minéraux sont plus phosphorescents en masse qu'en poudre. La lumière qui émane des minéraux placés dans l'obscurité est toujours blanche, soit que le rayon illuminant soit bleu ou d'une autre couleur, mais pourvu qu'il renferme des rayons phosphorogéniques. L'action phosphorescente pénètre dans les corps à une certaine profondeur, comme il est facile de s'en assurer. Le poli nuit à la phosphorescence : un marbre est beaucoup plus phosphorescent sur la cassure récente que sur une partie polie.

On peut en général ranger dans la même catégorie, comme corps non phosphorescents par insolation, tous les corps bons conducteurs de l'électricité. Les corps mauvais conducteurs présentent de grandes différences dans l'intensité des effets produits; quant à ceux qui sont de médiocres conducteurs, on les regarde comme très-phosphorescents.

En général, les corps isolants résistent longtemps à la phosphorescence; mais une fois qu'elle y est développée, l'émission lumineuse est durable. Dans les corps médiocres conducteurs, au contraire, la cause qui produit la lumière est ébranlée facilement; mais cette faculté n'a qu'une courte durée. Qui ne voit là des rapports immédiats avec les effets du dégagement de l'électricité dans les corps bons et mauvais conducteurs?

Il paraît exister une différence entre les effets de la chaleur et ceux de la lumière, relativement à la production de la phosphorescence. Les corps les plus lumineux par insolation ne brillent pas quand ils sont chauds : ainsi le carbonate de chaux, le sulfate de baryte, le phosphate de chaux artificiel, et quelques autres sels, luisent parfaitement après leur exposition au soleil, lors même qu'ils n'émettent plus de lumière ou qu'une très-faible par l'action de la chaleur.

Phosphorescence spontanée. — Dans le règne animal nous citerons les poissons et les infusoires marins vivants ou morts : parmi les premiers, on distingue les poissons à écailles, le pholade, la méduse phosphorique et divers mollusques; le merlan, le hareng, le maquereau.

Les poissons d'eau douce deviennent aussi lumineux, mais moins facilement que les précédents. Pour les poissons marins, il leur faut une température de 8 ou 10°, une humidité soutenue et le contact de l'air. On

voit par là pourquoi la phosphorescence n'est que superficielle. Les parties muqueuses sont les plus phosphorescentes.

La chair de quelques quadrupèdes est aussi quelquefois phosphorescente; mais le cas est rare.

Parmi les insectes, il en est plusieurs qui jouissent de cette propriété : entre autres, les fulgores (porte-lanterne), les lampyres ou vers luisants. La scolopendre électrique est une espèce de crabe nommée *cancer fulgens*.

On a observé que la quantité de lumière émise par les substances animales en putréfaction n'était pas en proportion avec cet état, mais que, bien au contraire, plus la putréfaction était grande, plus la quantité de lumière était faible; de sorte que la phosphorescence ne se manifeste que lorsque ces substances se trouvent dans un certain état de décomposition qui précède la putréfaction. Il paraîtrait qu'elle se montre particulièrement dans la lutte qui a lieu entre les forces de la nature organique et celles de la nature inorganique, puisqu'elle cesse tout à fait quand celles-ci l'emportent.

Si l'on prend des harengs, et qu'on les suspende dans un endroit quelconque, mais frais, ils commencent assez promptement à devenir lumineux à l'obscurité. Leur surface se revêt d'une matière lumineuse qu'on enlève facilement avec un couteau. La lumière diminue à mesure que le hareng se putréfie, et finit par s'éteindre tout à fait.

Pour hâter la phosphorescence des poissons, on prend environ 12 grammes de chair de hareng, que l'on met dans une solution composée de 6 grammes de sulfate de magnésie et de 48 grammes d'eau. On place le tout dans un bocal, et on l'abandonne aux actions spontanées. Le second jour, on voit distinctement un anneau luisant sur la surface du liquide, tandis que la partie inférieure reste obscure. En remuant le bocal, le tout devient lumineux et reste dans cet état. Le troisième jour, la lumière se rassemble de nouveau à la surface, mais l'anneau lumineux paraît moins vif; en secouant le bocal, le tout devient encore lumineux. Avec une solution de sel marin, on obtient les mêmes effets.

La laite du hareng, le maquereau et sa laite, produisent aussi la phosphorescence. On a remarqué que les laites de ces deux poissons émettaient plus de lumière que le poisson lui-même; cette lumière atteint son maximum d'intensité vers la troisième ou quatrième nuit.

Hume, qui a beaucoup expérimenté sur la phosphorescence spontanée, a recherché quelles étaient les substances qui éteignaient la matière lumineuse; il a trouvé que l'eau de chaux, l'eau chargée d'acide carbonique, d'hydrogène sulfuré, produisaient cet effet. Il y a, au contraire, des substances qui ont la propriété de devenir lumineuses quand on les mêle avec la matière enlevée dessus un hareng préparé dans la solution de sulfate de magnésie, telles que les solutions de carbonate de soude, de tartrate de potasse, de phosphate de soude, de nitrate de potasse, le miel, le sucre en solution.

Quand la lumière spontanée est éteinte, on peut facilement la reproduire : à cet effet on prend une solution de 21 grammes de sulfate de magnésie dans 24 grammes d'eau dans laquelle la matière lumineuse du poisson s'est éteinte; on y ajoute six fois le volume d'eau, et le liquide devient parfaitement phosphorescent; il conserve cette faculté pendant quarante-huit heures. On peut répéter l'expérience d'une manière inverse, c'est-à-dire éteindre une solution lumineuse en y ajoutant du sulfate de magnésie. Cette expérience prouve que la phosphorescence dépend d'un arrangement moléculaire, et que l'on peut éteindre et raviver une dissolution phosphorique un certain nombre de fois. Dans une série d'expériences, Hume a obtenu successivement dix extinctions. Les solutions faites avec le sel marin produisent les mêmes effets.

La lumière spontanée est rendue plus vive par le mouvement. Ce fait est d'accord avec la manière dont nous envisageons la production de la phosphorescence; elle n'est pas accompagnée d'un dégagement de chaleur appréciable au thermomètre.

Des harengs lumineux, placés dans un mélange frigorifique composé de neige et de sel marin, s'éteignent peu à peu. Dans une expérience, au bout d'une heure et demie, la lumière était totalement éteinte et les poissons gelés; en les mettant dans de l'eau froide pour les faire dégeler, ils reprirent leur état lumineux. L'abaissement de température éteint également la phosphorescence du bois dans un certain état de décomposition, ainsi que celle du lampyre.

Si l'on place devant un foyer de chaleur une partie d'un hareng lumineux et qu'on ne l'y laisse que peu de temps, mais de manière à ce qu'elle s'échauffe fortement, en le transportant dans l'obscurité on trouve que le côté qui a été exposé au feu est devenu sombre, tandis que l'autre reste lumineux.

L'eau bouillante éteint aussi la phosphorescence. Il n'en est pas de même du bois faiblement luisant quand on le met dans de l'eau tiède; sa phosphorescence augmente, et il finit par reluire d'une manière remarquable. En élevant la température jusqu'à l'eau bouillante, la phosphorescence s'éteint et finit par disparaître.

Quand on chauffe le fond d'un tube rempli d'un liquide phosphorescent à la partie supérieure, en repos depuis quelque temps, la matière lumineuse descend en filets jusqu'au fond, et s'éteint graduellement après avoir illuminé tout le liquide. Pour que cet effet s'opère, il faut que la matière qui éclaire acquière de la densité par l'action de la chaleur. Cette expérience réussit bien en opérant avec des solutions de sulfate de magnésie, de soude, de sel marin, de sel ammoniac; si l'on emploie les deux premiers, la proportion la plus convenable est 1 partie de sel et 8 parties d'eau.

Quand on mêle la matière lumineuse avec du coagulum conservé pendant quelque temps et devenu noir par la putréfaction, la lumière s'éteint peu à peu. Si l'on mêle le liquide lumineux avec du sérum en décomposition, la matière lumineuse est rejetée en globules et s'attache à la paroi du vase. L'urine, quand elle est vieille, éteint la matière lumineuse très-promptement. Il en est de même de la bile et du lait tourné, tandis que le lait devient lumineux. Tels sont les phénomènes généraux relatifs à la phosphorescence spontanée.

Phosphorescence des lampyres, des infusoires, etc. — La lumière émise par cet insecte (suivant plusieurs physiciens, et principalement M. Macaire, *Bibl. universelle*, 1821), commence à être visible entre sept et huit heures du soir dans les mois chauds de l'année, et assez ordinairement au coucher du soleil; elle est produite au moyen d'un appareil qui existe dans l'abdomen. On aperçoit effectivement sur la surface intérieure des trois derniers anneaux une matière jaune blanchâtre, demi-transparente, qui, vue au microscope, présente une organisation de fibrilles composées de nombreuses ramifications, et qui émet une vive phosphorescence. On a remarqué que la volonté de l'animal influe singulièrement sur le phénomène, puisque le bruit ou le mouvement suffit pour le déterminer à affaiblir sa faculté lumineuse.

Les lampyres, suivant M. Macaire, conservés dans une boîte à l'abri de la lumière du jour, ne deviennent pas phosphorescents lorsqu'on ouvre la boîte pendant la nuit. L'influence de la lumière solaire est donc nécessaire pour la production du phénomène, à moins que l'animal, gêné dans ses habitudes, ne soit plus apte à devenir lumineux. Sa volonté dominant cette faculté, il est certain que l'action nerveuse y est pour beaucoup.

Si l'on chauffe un lampyre vivant et obscur dans de l'eau dont la température soit de 14° cent., à la première sensation de chaleur, l'animal s'agite beaucoup, et à 27° la lumière commence à paraître; son éclat est des plus vifs à 41°. Bientôt après l'animal meurt, sans que pour cela la phosphorescence disparaisse, car elle continue jusqu'à 57°. Si le lampyre est jeté dans de l'eau à 45 ou 50°, il meurt de suite, et acquiert une vive phosphorescence. Il en est encore de même avec les lampyres morts, mais non desséchés, pourvu toutefois qu'ils n'aient pas été exposés à une température de 55 à 60°.

Un lampyre mort ayant été placé dans 48 grammes d'eau à la température de 14°, dans une fiole à large ouverture, que l'on mit ensuite dans de l'eau bouillante, la lumière du lampyre augmenta en intensité et devint plus vive.

La phosphorescence diminue par le froid, et cesse quand la température est au-dessous de 12°. Si l'on expose l'animal à l'action de la chaleur, il reprend sa faculté lumineuse. Cette propriété se retrouve également dans

les corps inorganiques doués de la phospho-
phorescence.

En élevant la tête d'un lampyre, la lumière s'affaiblit peu à peu, puis s'éteint,
pour reparaître ensuite, mais avec moins
d'éclat qu'avant ; en augmentant l'action de
la chaleur, il reluit davantage.

Dans le vide, l'animal paraît mort pendant
quelque temps. Si on le chauffe alors jusqu'à
50°, la lumière ne paraît pas ; tandis que s'il
est chauffé préalablement dans un tube plein
d'air, il jette une vive lumière ; aussitôt que
l'on rend l'air, le corps de l'animal reprend
ses dimensions, et une vive lumière se manifeste. Dans le gaz oxygène, il y a aussi
émission d'une vive lumière, qui jette plus
d'éclat que celle que l'on obtient dans l'air
à l'instant où on élève la température. Le
gaz oxyde de carbone produit à peu près les
mêmes effets. Dans l'hydrogène, un lampyre
luisant y meurt bientôt, et la lumière ne
paraît plus, même en appliquant l'action de
la chaleur ; même effet dans les gaz acide
carbonique, sulfureux, hydrogène sulfuré.

Les décharges électriques successives ne
raniment pas la phosphorescence quand elle
est perdue. Il n'en est pas de même de
l'électricité voltaïque. L'animal vivant et
obscur, placé dans le circuit voltaïque, y
devient légèrement lumineux ; on augmente
encore l'action en l'humectant d'eau, pour
rendre son corps meilleur conducteur. Si
l'on enlève la tête de l'animal et que l'on
introduise l'un des fils conducteurs de la pile
jusqu'auprès des trois anneaux et l'autre
dans une partie telle que le courant traverse
le corps, la phosphorescence se manifeste de
la manière la plus vive, surtout lorsque le
courant traverse la partie inférieure de l'abdomen où se trouve l'organe lumineux.
Dans le vide, il n'y a aucun effet.

La matière seule, soumise à l'expérience,
augmente d'éclat jusqu'à environ 41°, après
quoi elle diminue, devient rougeâtre et cesse
tout à fait à 52°. Elle se comporte en général
dans les gaz comme le lampyre. Tout concourt à faire rentrer les phénomènes lumineux propres à ces insectes dans la phosphorescence spontanée. On voit donc que
dans le lampyre, et probablement dans les
animaux lumineux, la phosphorescence est
le résultat d'une action chimique que domine
la volonté de l'animal, puisqu'il a la faculté
de la diminuer insensiblement jusqu'au
point de la faire disparaître tout à fait. Passons maintenant à la phosphorescence des
infusoires.

M. Ehrenberg, qui a étudié la lumière
émise par les infusoires et les annélides,
qui, dans certaines contrées, rendent la mer
lumineuse, surtout lorsqu'une brise légère
agite sa surface, a placé sur le porte-objet
de son microscope de l'eau renfermant de
ces animalcules ; il a été fort étonné de voir
que la lueur diffuse qui les entourait n'était
autre que la réunion d'une multitude de
petites étincelles qui partaient de tous les
points de leur corps, et particulièrement du
corps des annélides. Ces étincelles se suc-

cédaient avec une telle rapidité, elles avaient
une telle ressemblance avec celles que l'on
observe dans les décharges électriques, que
M. Ehrenberg n'hésita pas à établir leur
identité. Il s'est assuré que la lumière émise
n'était pas due à une sécrétion particulière,
mais bien à un acte spontané de l'animal, et
qu'elle se manifestait aussi souvent qu'on
l'irritait par des moyens mécaniques ou
chimiques, c'est-à-dire en agitant l'eau
ou en versant dedans un acide. C'est, de
plus, une analogie avec la torpille, qui ne
lance sa décharge que lorsqu'on l'irrite. De
même, dans ces animalcules, comme dans
la torpille, la décharge recommence après
un certain temps de repos. De cette similitude d'effets dans les mêmes circonstances
ne peut-on pas en conclure une identité
dans les causes ? Il est à remarquer encore
que les phénomènes lumineux sont d'autant
plus marqués, que les animaux sont plus
petits. Il semblerait que cette profusion de
fluide électrique, émise par les animaux des
classes inférieures, soit destinée à remplir
d'autres fonctions dans les êtres d'un ordre
plus élevé.

Voici encore quelques observations sur la
phosphorescence des substances organiques.
Dans le règne végétal, nous placerons en
première ligne, parmi les corps phosphorescents spontanément, le bois dans un certain
état de décomposition, et diverses fleurs. Boyle
avait déjà reconnu, en 1668, que la lueur du
bois phosphorique disparaissait à mesure
qu'on faisait le vide dans un récipient où on
le plaçait ; en faisant rentrer l'air, le bois
reprenait sa faculté lumineuse. L'air comprimé ne modifie en rien la lumière émise,
qui a besoin seulement, pour être produite,
de la présence de l'oxygène ; mais comme la
combustion est très-lente, une plus grande
quantité d'oxygène n'influe en rien sur l'intensité des effets lumineux.

D'après M. Dessaignes, tous les bois, de
quelque nature qu'ils soient, deviennent
phosphorescents, pourvu qu'ils soient pé-
nétrés d'eau, exposés à une température de
8 à 12° et en contact avec l'air, et que le bois
se trouve dans un état particulier de décomposition ; quand la phosphorescence cesse,
le bois a perdu sa flexibilité, sa force de
tissu et une grande partie de son poids. Le
ligneux est intact, quoique sans force de
cohésion.

Si l'on enferme du bois luisant dans un
vase rempli de mercure, on obtient de l'acide
carbonique, ce qui prouve qu'il y a une
combustion lente, et par suite un dégagement d'électricité accompagné d'émission de
lumière, attendu que le bois est mauvais
conducteur.

PHOSPHORIQUE (acide). *Voy.* PHOSPHORE.

PHOSPHURE DE CALCIUM. *Voy.* CALCIUM.

PHTHOR. *Voy.* FLUOR.

PHTHORURE DE CALCIUM. *Voy.* SPATH
FLUOR.

PHYTÉLÉPHAS. *Voy.* IVOIRE VÉGÉTAL.

PICNITE (*topaze bacillaire ; schorl blanc
prismatique ; leucolite d'Altemberg ; béril*

schorliforme. — La picnite n'est encore connue qu'en petites masses formées de fibres parallèles de la grosseur du doigt, qui se détachent avec assez de facilité et offrent des espèces de prismes striées ou cannelées sur leur longueur. On y observe une espèce de clivage peu distincte perpendiculaire à l'axe. Haüy a cité un cristal qui pourrait bien être une véritable topaze, et ne pas se rapporter à la picnite proprement dite. La couleur est le blanc jaunâtre, quelquefois salie de rougeâtre et de verdâtre.

Cette substance se trouve dans les gîtes de minerais d'étain à Altenberg en Saxe, où elle remplit des fentes, à la paroi desquelles les fibres sont perpendiculaires, au milieu des matières micacées et quartzeuses qui forment la partie principale de ce gîte métallifère. On l'indique aussi à Schlachenwald en Bohême, dans un gisement semblable, où elle présente des prismes hexagones de couleur verdâtre.

PICROTOXINE (de πικρός, amer, et de *toxicum*, poison, venant de τοξικός, *sagittarius*, car on empoisonnait les flèches). On l'a extraite des baies du *menispermum cocculus* (coque du Levant).

La picrotoxine est très-vénéneuse; elle cause des vertiges, des convulsions et la mort. Dix grains ont suffi pour tuer un chien en moins de trois quarts d'heure. Son emploi pour étourdir les poissons est connu.

PIERRE PHILOSOPHALE. —La pierre philosophale des alchimistes était le centre autour duquel gravitaient toutes les opérations du grand œuvre. C'était le mercure des sages, la panacée universelle, ou, en définitif, *santé* et *richesse;* tel était le côté pratique du grand œuvre, tandis que le côté théorique se rattachait aux mystères de l'astrologie, de la cosmogonie, à toutes les connaissances spéculatives de l'homme.

La pierre philosophale était tantôt le cinabre, tantôt le soufre; pour les uns, c'était l'arsenic, qui blanchit le cuivre; pour les autres, c'était le cadmie, qui le jaunit; pour d'autres, c'était quelque chose de surnaturel qui ne pourrait être saisi que dans certaines conditions physiques, enveloppées de mystères. Pour tous, c'était une substance ayant la vertu de transformer les métaux imparfaits en or ou en argent et de procurer immédiatement la richesse.

Mais comme la richesse n'a aucune valeur si celui qui la possède ne peut en jouir, la pierre philosophale avait en même temps pour but de rechercher le secret de guérir toutes les maladies et de prolonger la vie. C'est là la pierre philosophale, pour ainsi dire à l'état liquide, qui porte le nom d'*élixir philosophal* ou de *panacée universelle,* que les uns plaçaient dans une teinture mercurielle, les autres dans une teinture d'or ou d'argent. Atteindre le bonheur suprême dans ce monde, tel était le but de ceux qui s'occupaient exclusivement de la recherche de la pierre philosophale et de la panacée universelle. Mais comme le plus grand nombre ne trouvaient point dans ce monde le bonheur qu'ils y cherchaient, il fallait absolument franchir les limites de la sphère terrestre pour venir planer dans les régions supérieures de la vie spirituelle. C'est alors que l'adepte cherchait à s'identifier avec l'*âme du monde*, cette troisième pierre philosophale, que l'on pourrait appeler la pierre philosophale à l'état spirituel.

En résumé, on peut distinguer trois catégories de l'art sacré ainsi que de l'alchimie : 1° la *pierre philosophale;* 2° la *panacée universelle;* 3° l'*âme du monde.* Dans la première, on cherchait la richesse matérielle; dans la seconde, une longue vie: et dans la troisième, le bonheur au sein de la Divinité ou dans le commerce avec les démons.

Au reste, ces trois catégories sont loin d'être toujours bien tranchées et faciles à démêler. Le ciel et la terre, tout se confond dans le labyrinthe des doctrines néoplatoniciennes. Toutefois, au milieu de cette confusion même, on remarque toujours un principe fondamental : la *suprématie de l'esprit sur la matière.* Avant de rien entreprendre, l'opérateur invoque le Saint des saints pour la réussite de son œuvre. Aussi l'œuvre qu'il pratique s'appelle-t-il *grand;* et l'*art* qu'il cultive, *sacré* et *divin.* Les derniers commentateurs païens de Platon et d'Aristote sont comptés au nombre des maîtres de l'art sacré; mais ils appartenaient plus particulièrement à la troisième catégorie qui avait pour objet l'âme du monde ou la félicité suprême au sein de la Divinité. (*Voy.* Hoefer, *Hist. de la Chimie,* t. I.)

Dans l'antiquité, et même au moyen âge, toutes les connaissances étaient réunies et confondues ensemble sous la dénomination générale de philosophie. Transportons-nous un moment par la pensée dans le laboratoire de Zozime, ou d'un des grands maîtres de l'art sacré.

1° On chauffe de l'eau ordinaire dans un vase ouvert. L'eau bout, elle se réduit en un corps aériforme (vapeur) et laisse au fond du vase une terre pulvérulente, blanche. Conclusion ; l'eau se change en eau et en terre. Supposez que nous n'eussions aucune idée de l'existence des matières que l'eau tient en dissolution, et qui, après la vaporisation, se déposent au fond du vase, qu'aurions-nous à objecter contre cette conclusion, qui a certainement prêté son appui à la fameuse théorie de la transmutation des éléments. Il ne manquait plus que le feu pour que la transmutation fût complète.

2° On porte un fer rougi au feu sous une cloche maintenue sur une cuvette pleine d'eau : le volume d'eau diminue; une bougie portée sous la cloche allume aussitôt l'air qui s'y trouve. Conclusion : l'eau se change en feu. Cette conclusion était toute naturelle à une époque où l'on ne savait pas encore que l'eau se compose de deux corps aériformes (oxygène et hydrogène); que l'un, l'oxygène, est absorbé par le fer, et que l'autre, l'hydrogène, s'échappe sous la cloche en prenant la place de l'air atmosphérique qui s'y trouve, et que c'est l'hydrogène qui s'allume au contact d'une flamme.

3° On brûle (calcine) du plomb ou tout autre métal (excepté l'or ou l'argent) au contact de l'air; il perd aussitôt ses propriétés primitives et se transforme en une substance pulvérulente, en une espèce de cendre ou de chaux. En reprenant ces cendres, qui sont le résultat de la *mort du métal*, et en les chauffant dans un creuset avec des grains de froment, on voit bientôt le métal renaître de ses cendres et reprendre sa forme et ses propriétés premières. Conclusion : le métal que le feu détruit est *revivifié* par les grains de froment et par l'action de la chaleur. N'est-ce pas là opérer le miracle de la résurrection sur une petite échelle? Il n'y avait rien à objecter contre cette conclusion, puisqu'on ignorait complétement le phénomène de l'oxydation et la réduction des oxydes au moyen du charbon ou d'un corps organique riche en carbone, tel que le sucre, la farine, les semences, etc.

4° On calcine du plomb argentifère dans des coupelles (*Voy.* ce mot) faites avec des cendres ou des os pulvérisés. Le plomb se réduit en cendre, il disparaît dans la substance de la coupelle, et, à la fin de l'opération, il reste au fond de la coupelle un bouton d'argent pur. Le plomb ayant disparu sans que l'opérateur sût pourquoi ni comment, quoi de plus naturel que de conclure qu'il s'était transformé en argent? Cette opération n'a certainement pas peu contribué à faire accréditer une opinion ancienne, que le plomb peut se transformer en argent.

5° On verse un acide fort sur du cuivre : le métal est attaqué, et finit, au bout de quelque temps, par disparaître, en donnant naissance à une liqueur verte, aussi transparente que l'eau pure. En plongeant dans cette liqueur une lamelle de fer, on observe que le cuivre reparaît avec son aspect ordinaire, en même temps que le fer disparaît à son tour. Quoi de plus simple que de conclure que le fer s'est transformé en cuivre?

Ainsi la fameuse théorie de la transmutation des métaux, adoptée par les alchimistes, est fondée sur quelques faits réels, mais non compris et mal interprétés. Au reste, cette théorie, considérée au point de vue de la science d'alors, n'était pas aussi irrationnelle qu'elle nous le paraît aujourd'hui. Le point de départ de tout raisonnement était l'observation et l'imitation de la nature. Les métaux étaient assimilés à de véritables êtres animés, ayant, comme les végétaux et les animaux, leur vie propre. Que voit-on dans la nature? des transformations. Les écrits des chimistes anciens sont pleins d'allusions mystiques et allégoriques sur la germination, sur la génération, sur la transformation de la graine en plante, des fleurs en fruits, etc. Faut-il donc leur en vouloir d'avoir établi la théorie de la transmutation sur un simple phénomène d'échange ou de substitution qu'on explique à présent, mais qu'il était alors impossible de comprendre de la même manière qu'aujourd'hui?

Se moquer, comme on l'a fait, de la théorie

de la transmutation, cela est non-seulement injuste, mais ridicule et absurde. Il est une considération qui devrait nous rendre extrêmement prudents et circonspects dans nos jugements. La voici : si nous sommes à même d'apprécier l'insuffisance ou la fausseté des doctrines de nos prédécesseurs, c'est grâce aux découvertes qui ont été faites pendant tout l'espace de temps qui nous en sépare. Et nous, ne faisons-nous pas tous les jours des théories auxquelles nous tenons probablement autant que les anciens aux leurs? Et, à moins que le monde ne finisse demain, personne, j'espère, n'a la prétention de croire que nos contemporains aient donné le dernier mot de la science, et que ceux qui viendraient après nous n'auraient plus aucun fait à découvrir, aucune erreur à rectifier, aucune théorie à redresser.

Si nous voulons juger nos prédécesseurs, il faut nous placer à leur point de vue, et bien nous garder de les condamner en les jugeant à travers le prisme de nos connaissances actuelles. C'est avec ce principe qu'il faut aborder l'histoire des sciences, comme du reste l'histoire en général.

Ce que nous venons de dire à propos de la transmutation des métaux peut également s'appliquer à beaucoup d'autres théories qui avaient eu pour point de départ des faits réels, mais mal compris faute d'autres découvertes qui restaient encore à faire, et qu'il était alors presque impossible de prévoir.

Ainsi,

6° Les vapeurs d'arsenic blanchissent le cuivre. Ce fait, connu depuis longtemps, avait donné naissance à une multitude d'allégories obscures et d'énigmes mystiques sur le moyen de transformer le cuivre en argent. Le soufre, qui attaque les métaux, qui les noircit et les transforme en des produits ordinairement noirs, pulvérulents, était un corps tout aussi mystérieux que l'arsenic. C'est avec le soufre qu'on coagulait le mercure.

7° Lorsqu'on fait tomber le mercure en pluie fine, en le pressant à travers une peau ou un linge serré, sur du soufre fondu, on obtient une matière *noire*. Cette matière, chauffée dans des vaisseaux fermés, se volatilise sans s'altérer et se transforme en une belle matière *rouge*. On croirait à peine que ces deux corps sont identiques, si l'on ne savait pas qu'ils sont constitués exactement des mêmes éléments, de la même quantité de soufre et de la même quantité de mercure. Combien un phénomène si étrange, qui paraît à nous, même encore aujourd'hui, inexplicable (car le mot *isomérie* n'explique rien), ne devait-il pas frapper l'imagination des chimistes anciens, déjà si accessible à tout ce qui semblait merveilleux et surnaturel? Le noir et le rouge ne sont rien moins que les symboles des ténèbres et de la lumière, du mauvais et du bon principe; et la réunion de ces deux principes représentait, dans l'ordre moral, l'Univers-Dieu, cette idée panthéistique, qui a sans doute beaucoup contribué à établir ce fameux principe, adopté par les alchimistes, que tous *les corps, et principale-*

ment les métaux, ont pour éléments le soufre et le mercure.

8° Lorsqu'on analyse les substances organiques en les chauffant dans un appareil distillatoire, on obtient un résidu solide, des liquides qui passent à la distillation et des esprits qui se dégagent. Ces résultats venaient à l'appui de l'ancienne théorie, d'après laquelle l'*eau*, la *terre*, l'*air* et le *feu* formaient les *quatre éléments* du monde. Le résidu solide (*charbon*) représentait la *terre* ; les liquides de la distillation représentaient l'*eau*, et les esprits l'*air*. Quant au *feu*, il était considéré tantôt comme un moyen de purification, tantôt comme l'âme ou le lien invisible de tous les corps.

Les expériences et les opérations que je viens d'indiquer et dont il serait inutile de multiplier le nombre, étaient connues depuis longtemps ; les prêtres d'Isis et les initiés de l'*art sacré* devaient avoir journellement occasion de les exécuter dans les laboratoires de leurs temples. Mais gardons-nous bien de croire que les maîtres de l'art sacré aient exposé et décrit leurs expériences, comme le ferait un professeur de nos jours. Tout était enveloppé de mystères, et leur langage symbolique, qui avait probablement une grande analogie avec le langage hiéroglyphique, n'était compris que des initiés ; car il était défendu, sous peine de mort, de révéler les mystères aux profanes.

PIERRE MÉTÉORIQUE (*aérolithes*, *bolides*, *météorites*, etc.). — Matière en masses plus ou moins volumineuses, à arêtes et angles arrondis, garnies d'une écorce noire plus ou moins vitreuse, terne ou luisante comme un vernis, âpre ou lisse, noire ou ridée par des stries qui divergent de différents centres et sont bornées par des arêtes plus ou moins saillantes. Cassure présentant une matière pierreuse d'un gris plus ou moins foncé ; rarement homogène, mais veinée ou tachetée de différentes manières, et composée évidemment de diverses matières entremêlées, quelquefois solidement agrégées et comme fondues ensemble, ailleurs présentant peu de cohérence, et se brisant avec facilité. On reconnaît évidemment dans le plus grand nombre des grains quelquefois des veines de matière grise, métallique, plus ou moins malléables, qui ne sont que du fer mélangé de nickel, de chrome, etc. ; dans d'autres on n'en aperçoit pas de traces, et ces mêmes métaux paraîtraient se trouver à l'état d'oxyde. On y distingue aussi diverses autres matières, mais qui sont plus difficiles à déterminer ; cependant M. G. Rose, en examinant avec soin la pierre de Juvenas, y a reconnu : 1° des grains bruns plus ou moins cristallins, qui ont offert les caractères géométriques des pyroxènes ; 2° une substance blanche dont les cristaux présentent des macles analogues à celles de l'anorthite, du labradorite et de l'albite. M. G. Rose, sans pouvoir l'affirmer positivement, pense qu'elle appartient plutôt au labradorite ; 3° une substance en lames jaunes, fusible en verre noir, attirable à l'aimant ; 4° des grains mé-

talloïdes jaune-rougeâtre, qui ont les caractères du sulfure de fer magnétique.

C'est le pyroxène et le labradorite qui dominent dans cette pierre : aussi ressemble-t-elle à certaines variétés de dolérites.

Il y a encore plusieurs autres matières que l'on n'a pas pu parvenir à reconnaître : telles sont des matières blanches, en petites aiguilles, des globules noirs à surface lisse, des globules gris striés du centre à la circonférence comme dans certains perlites, des grains vitreux jaune-verdâtre, des cristaux bruns cubiques d'oxyde de fer hydraté, que l'on distingue dans des pierres de diverses localités.

Il a été fait un assez grand nombre d'analyses de pierres météoriques ; mais on conçoit que ces pierres étant des mélanges de diverses substances, il devient bien difficile de tirer parti des quantités relatives des diverses matières qu'on y a trouvées. Cependant il est à remarquer que ces analyses indiquent de très-grandes différences dans la nature des substances qui s'y trouvent mélangées, et montrent qu'il s'en faut de beaucoup qu'elles soient toutes de même espèce comme on l'a cru d'abord. En effet, il y a des analyses qui n'offrent pas d'alumine, par conséquent, il ne peut se trouver dans la pierre ni feldspath ni orthite, albite, labradorite, etc. La partie dominante présente des silicates magnésiques que très-souvent on trouve à partager en silicates, et bisilicates, et par conséquent en péridot et matières du groupe pyroxénique ; mais il y a souvent des restes dont on ne sait que faire dans la discussion, et qui jettent des doutes sur le résultat du calcul.

Dans d'autres pierres, au contraire, l'alumine se trouve en quantité plus ou moins grande, en même temps que de la potasse, de la soude, etc., et on peut en faire de l'orthose, de l'albite, du labradorite, etc., en même temps que du péridot et du pyroxène, etc. ; lorsqu'il s'y trouve du soufre, on peut toujours le combiner avec le fer pour former de la pyrite magnétique. On peut remarquer aussi que les divers fragments tombés à la même époque dans les mêmes lieux ne présentent pas toujours les mêmes proportions d'éléments, ce qui tient évidemment, ici comme dans les roches, à ce que les diverses substances ne sont pas uniformément distribuées.

Il y a bien longtemps que les chutes de pierres ont été remarquées et relatées par les auteurs, puisqu'on en trouve des citations non équivoques qui remontent à douze ou quatorze siècles avant l'ère chrétienne. Les anciens ne paraissent pas en avoir douté ; mais les modernes ont relégué ces faits parmi les fables jusqu'à la fin du siècle dernier. En vain des témoins oculaires parlèrent-ils des pierres du Ensisheim, tombées presque sous les yeux de l'empereur Maximilien, le 7 novembre 1492 ; des pierres de Lucé (Sarthe), du 13 septembre 1768 ; des pierres de Barbotan en Gascogne, le 24 juillet 1790 ; de Sienne en Toscane, le 16 juin 1794 : ils ne purent vaincre l'incrédulité, devenue générale ; peu s'en fallut qu'un rire général n'éclatât lorsqu'un savant distingué vint faire à l'Institut l'annonce de la chute de pierres de Bénarès au Bengale (19 décembre 1798), dont il venait d'apprendre la relation en Angleterre, et qui y avait fixé définitivement l'opinion des savants, déjà en grande partie convaincus par celle de Wold-Cottage en Yorkshire (13 décembre 1795). Heureusement que bientôt après se présenta le phénomène de l'Aigle en Normandie, sur lequel on fit une enquête assez précise pour qu'il ne restât plus aucun doute : la conviction devint aussi universelle que l'avait été l'opposition, et, depuis cette époque, plus de cinquante chutes de pierres constatées ont rendu le fait presque populaire.

La chute de ces pierres est généralement précédée de l'apparition d'un globe enflammé, qui se meut dans l'espace avec une grande vitesse, et toujours à une très-grande hauteur. Ces globes, après avoir brillé pendant plus ou moins de temps, éclatent tout à coup dans les parties supérieures de l'atmosphère, peut-être à plus de dix lieues de la surface de la terre, avec un bruit qu'on a comparé à de violents coups de tonnerre, à des décharges d'artillerie, qui se répète souvent plusieurs fois, et est ordinairement suivi de détonations plus faibles, multipliées, et comparables à une fusillade. Tantôt le ciel reste pur, tantôt les premières détonations sont suivies de l'apparition d'un petit nuage au milieu duquel se passent les détonations suivantes. Les pierres tombent à la surface de la terre, et s'y enfoncent à une profondeur plus ou moins grande. Leur nombre est plus ou moins considérable, et elles couvrent un espace plus ou moins étendu. Elles arrivent brûlantes à la surface de la terre, et dégagent souvent des vapeurs sulfureuses au moment de leur chute. En remarquant que toutes les pierres d'une même chute, quoique grossièrement arrondies, sont évidemment anguleuses, il est impossible de douter qu'elles n'aient fait partie d'une seule masse qui s'est brisée en éclats, en fragments plus ou moins volumineux au moment de la détonation.

Tels sont les faits. Mais quelle est l'origine de ces pierres ? C'est ce que nous ignorons complétement, et nous n'avons à cet égard que des hypothèses. On a pensé qu'elles se formaient dans l'espace, vers les limites de notre atmosphère, par la réunion subite des matières terreuses et métalliques gazéifiées ; à cela on objecte : 1° la difficulté de comprendre cette gazéification ; 2° le volume énorme du gaz qui devrait subitement se condenser pour produire le moindre corps solide, et par conséquent le bouleversement qu'il devrait y avoir alors dans notre atmosphère. On a pensé qu'elles pouvaient être lancées par les volcans de la lune, et l'on a même calculé la force de projection qui serait nécessaire pour les porter jusque vers la limite où l'attraction terrestre peut les entraîner sur notre globe. Mais on sait aujourd'hui que ce que l'on avait pris pour des

phénomènes volcaniques dans la lune ne sont que des effets de lumière, et par conséquent la base même de l'explication devient une hypothèse de plus. Enfin, on a pensé que les globes de feu sources des pierres météoriques étaient des petites planètes, ou des fragments de planètes, circulant irrégulièrement dans l'espace, et qui, se trouvant engagés dans notre atmosphère, s'y enflamment, se brisent en éclats, et tombent enfin lorsque leur vitesse de projection est suffisamment diminuée. Cette hypothèse a du moins le mérite de rattacher le phénomène à celui des étoiles tombantes ou filantes ; celles-ci seraient des corps solides du même genre, mais qui, entrant dans notre atmosphère avec une vitesse suffisante pour la traverser, ne feraient que s'enflammer en passant.

Nous n'avons parlé jusqu'ici que des pierres qui tombent à la surface de la terre ; mais la chute des matières terreuses de diverses espèces, rouges ou noires, sèches ou humides, n'est pas un fait moins constaté ; ce phénomène paraît devoir se lier au précédent, et les pierres friables et charbonneuses d'Alais semblent être le passage aux matières tout à fait terreuses.

PIERRES CALCAIRES. — Ce sont celles dont l'emploi est le plus fréquent, non-seulement parce qu'elles sont les plus abondantes, mais encore parce qu'elles ont en général l'avantage de se laisser tailler plus facilement que toutes les autres, et d'avoir cependant assez de ténacité pour résister à la pression, pour conserver les arêtes, les moulures, etc. Toutes les variétés ne sont cependant pas indifféremment employées : les unes ont trop peu de cohérence, comme, par exemple, la craie dans le plus grand nombre de ses variétés ; plusieurs pierres calcaires grenues, simples ou micacées, des terrains primitifs et intermédiaires, qui ne résistent pas à la pression. Les autres, quoique ayant leurs parties parfaitement agrégées, sont trop fragiles, trop sèches, suivant le terme expressif des ouvriers ; telles sont les pierres calcaires très-compactes à grains très-fins, à cassure conchoïdale ou écailleuse : ces variétés sont d'ailleurs fréquemment remplies de fissures qui diminuent leur solidité, soit qu'elles se trouvent ouvertes, soit qu'elles aient été remplies et resoudées par du calcaire spathique, qui n'a lui-même qu'une très-faible résistance.

Les pierres calcaires qui conviennent le mieux à l'architecture sont, en général, les variétés compactes, à cassure inégale, plate ou irrégulière, mate ou d'un éclat terreux, et celles qui sont formées de coquilles liées entre elles par un ciment demi-cristallin, demi-terreux. Ces variétés abondent surtout dans les terrains secondaires et tertiaires, dans les dépôts analogues à ceux du Jura, dans les dépôts semblables à ceux des environs de Paris. Ce sont ces formations qui ont fourni la plupart des monuments du monde civilisé, et les pierres qu'on en extrait sont souvent transportées à de grandes distances : les plus belles maisons d'Amsterdam sont bâties en pierres de Schaumburg, en Hesse; on assure que les mosquées de Constantinople sont carrelées avec des dalles de pierres des carrières de Papenheim, en Bavière, etc. Ce sont les pierres des formations secondaires qu'on emploie communément dans la partie méridionale de la Lorraine, dans la Franche-Comté, dans la Bourgogne, en Bourbonnais, sur les bords du Rhône, dans une partie de la Normandie, du Poitou, etc. Elles sont aussi très-répandues en Allemagne, et il en existe dans quelques parties de l'Angleterre.

Les pierres calcaires des terrains tertiaires sont employées particulièrement à Paris et dans plusieurs départements voisins; ce sont en très-grande partie celles qui forment la seconde assise de cette période de formation. Les ouvriers en distinguent plusieurs variétés qui sont propres à tel ou tel usage, et qu'ils désignent sous les noms particuliers de *pierre de liais*, *cliquart blanc franc*, *pierre de roche*, *lambourde*, etc.

On tire aussi des dépôts tertiaires des calcaires à lymnées et planorbes, qui sont d'une excellente qualité; on a employé avec avantage des pierres de cette espèce, tirées de Château-Landon, près de Nemours, pour la construction du pont de l'Ecole-Militaire et de plusieurs autres édifices; les environs d'Orléans sont bâtis avec des pierres semblables. Elles sont fréquemment susceptibles de poli.

On emploie encore en plusieurs lieux les dépôts calcaires, ou tufs, qui se rattachent aux formations les plus modernes; il en est d'excellente qualité. Parmi celles-ci on peut citer principalement le *travertin*, employé en Italie, et dont se trouvent formés tous les temples antiques et la plupart des monuments modernes : c'est une pierre blanchâtre ou jaunâtre, dont il existe de vastes carrières auprès de Tivoli et dans différentes parties de la Toscane.

Il est à remarquer que la plupart des pierres calcaires doivent être employées dans les édifices, de manière à être dans la même position que dans les carrières dont elles sont tirées; ce qui tient à ce que la plus grande partie de celles qu'on trouve en couches plus ou moins épaisses sont formées de petits lits à peine sensibles, mais qui font exfolier et fendre verticalement les masses lorsqu'elles sont placées en sens contraire, ce que l'on nomme placées en *délit*. Il n'y a que les pierres à structure très-compactes, bien homogènes, qui forment des couches d'une grande épaisseur, qu'on puisse indistinctement placer dans tous les sens.

PIERRES COMMUNES. — Il y a un grand nombre de pierres qui sont plus ou moins agréables lorsqu'elles sont taillées et polies; telles sont l'*idocrase* et l'*épidote*, qui peuvent être comparées au péridot; l'*axinite*, qui se rapproche de certaines variétés de spinelle; l'*éléolite* verte ou rougeâtre, qui offre un chatoiement assez agréable; le *diallage* chatoyant; l'*hyperstène*, d'un bel éclat métallique bronzé; l'*obsidienne aventurinée* à fond vert et reflets jaunâtres; le *disthène* bleu;

certaines variétés bleues de *phosphate de chaux*, qui sont assez comparables au cordiérite. On peut citer diverses variétés de calcédoine, dont la plus belle, d'une couleur bleue très-agréable, est nommée *saphirine*; la *cornaline*, qui offre diverses teintes, et a été souvent recherchée pour des cachets; les *agathes herborisées* ont été de mode, en bagues ou épingles, pendant quelque temps. On emploie assez fréquemment en parure la *calcédoine chrysoprase*, qui présente une teinte verte assez agréable, produite par l'oxyde de nickel : les marchands ont quelquefois la précaution de la tenir dans l'eau, dont elle s'imbibe assez facilement, pour relever la teinte verte; ils emploient même quelquefois des eaux colorées par les nitrates de cuivre et de fer, mais alors les pierres, en se desséchant dans les écrins, en tachent la garniture en verdâtre.

Des pierres de très-peu de dureté, peu susceptibles de résister aux frottements habituels, sont cependant employées pour des objets de fantaisie : telles sont le *carbonate de chaux fibreux*, d'un éclat soyeux, dont on fait des plaques de ceinture; le *gypse fibreux*, dont on fait des colliers, boucles d'oreilles, etc. On a employé avec plus de succès la *scolézite fibreuse*, blanche, nacrée, à fibres légèrement ondulées, entrelacées. La *mésotype natrolite*, dont on s'est servi pour avoir la lettre N dans les bagues hiéroglyphiques, offre des cercles concentriques de diverses teintes jaunes ou rougeâtres. Le *fluor*, si varié en couleur, et employé principalement en grand, a quelquefois aussi été taillé en petites pierres, et a formé ce qu'on nomme *fausse émeraude*, *fausse améthiste*, *fausse topaze*, etc.

Plusieurs matières combustibles ont été aussi employées en bijoux. Le *succin* ou *ambre jaune*, en boules taillées à facettes, a été de mode il y a quelques années, et produisait, en collier, un effet très-agréable; il est mieux encore lorsqu'il est taillé à facettes, et il rappelle alors diverses variétés de topazes. Certaines variétés de *lignites* ou *jayet* ont été longtemps employées pour faire des bijoux de deuil, mais sont aujourd'hui presque entièrement abandonnées. Enfin, on s'est servi jadis du *sulfure de fer*, connu alors sous le nom de *marcassites*, que l'on taillait en rose comme le diamant, et qui avait un éclat très-vif.

PIERRES LITHOGRAPHIQUES. — Une des plus belles découvertes de notre siècle est la lithographie, qui, à une économie réelle de main-d'œuvre, joint le précieux avantage de multiplier le dessin original d'un artiste sans aucune altération. Les pierres dont on se sert pour cet objet sont des variétés compactes de carbonate de chaux, qui doivent être bien homogènes, sur une étendue suffisante, avoir un grain très-fin et uniforme, être exemptes de veines, de fissures et s'imbiber d'eau jusqu'à un certain point. Les pierres qui réunissent plus particulièrement ces qualités sont celles des parties supérieures de la formation jurassique; les plus renommées sont celles de Papenheim, sur les bords du Danube, en Bavière ; mais on en a aussi trouvé en France qui sont de très-bonne qualité, et dont nos artistes se servent avec succès : telles sont particulièrement les pierres de Châteauroux (Indre), de Belley (Ain), de Dijon, de Périgueux ; on en a même trouvé aux environs de Paris, dans le calcaire siliceux des formations d'eau douce, et particulièrement dans certains lits de marne qui accompagnent les dépôts de gypse tertiaire.

PIERRES A AIGUISER. — Il se fait, dans les arts mécaniques, une grande consommation de matières minérales pour aiguiser, affûter les instruments tranchants, etc. Les pierres à aiguiser sont le plus souvent des grès, qu'on tire surtout de la formation du grès houiller ou du grès rouge. C'est le grès rouge qui fournit la plupart des meules et des pierres à affûter, de couleur rouge, connues sous le nom de *pierres de Lorraine*, et plusieurs autres qui sont blanchâtres, verdâtres, que l'on connaît sous différents noms de localités. On fait aussi des meules avec les grès des terrains tertiaires ; ce sont celles qui servent dans la grosse taillanderie, à laquelle on a même appliqué les grès des environs de Paris. En général, tous les grès solides, homogènes, tenaces, peuvent être et sont en effet employés à cet usage. Le grès houiller fournit la plupart des pierres grises ou noirâtres qui servent à affûter les instruments, et que l'on connaît sous les noms de *pierres à faulx*, *pierres querces*, etc. Tantôt on y emploie immédiatement les variétés fines de ces grès, que l'on taille en prismes carrés, en forme de navette, etc. ; tantôt on les broie pour en faire une pâte que l'on moule et que l'on cuit ensuite pour leur donner le degré de dureté convenable. On emploie aussi, pour ces sortes de pierres, des variétés de quartz micacé, dont les particules quartzeuses sont fines et bien entremêlées avec des paillettes de mica ; les calcaires micacés produisent aussi d'excellentes pierres.

La plupart de ces matières sont assez grossières et ne peuvent servir pour affûter les tranchants fins, si ce n'est quelques variétés de la pierre de Lorraine, employées par les graveurs, les tourneurs, pour affûter leurs burins, leurs ciseaux ; on emploie, en général, pour les instruments fins, des variétés de schiste argileux ou des matières fines, homogènes, assez dures, qui forment des couches subordonnées au schiste, auquel elles passent souvent par toutes les nuances ; telles sont la *pierre à rasoirs*, la *pierre à lancettes*, la *pierre bleue* des corroyeurs, la *pierre de Nuremberg*; ces dernières sont très-tendres, et ne servent qu'à donner le dernier douci aux tranchants. On se sert aussi de certaines variétés de dolomie à grains fins et serrés ; telle est la nature de la *pierre du Levant*, qui durcit beaucoup et change entièrement de caractère par l'imbibition de l'huile : certaines variétés compactes un peu siliceuses des calcaires tertiaires peuvent aussi être employées avec succès.

PIERRES A POLIR. — Toutes les matiè-res employées à dresser, à polir les métaux et autres objets, sont tirées du règne minéral : ce sont tantôt des matières solides, tantôt des matières en poussières plus ou moins fines. Les grès de diverses espèces sont fréquemment employés dans ce cas, et c'est ainsi qu'on se sert, à Oberstein, de grandes meules de grès pour tailler les agates. Les variétés fines de ces grès ou des grès houillers fournissent des matières propres à donner le douci, ainsi que le schiste argileux, qui, sous le nom de *pierres à l'eau*, *pierres de Nuremberg* ou de *Sonnemberg*, servent à préparer les bijoux d'or au poli vif. La *ponce en pierre* doit être encore comptée parmi ces matières.

Les substances employées à l'état de poussière sont d'abord les sables siliceux, les grès qu'on peut facilement broyer, et beaucoup d'autres substances que l'on réduit par l'art en poudres plus ou moins fines. Ce qu'on désigne sous le nom d'*émeri* n'est en principe qu'une variété de corindon très-ferrugineuse, qui, à cause de sa dureté, est très-propre à préparer toutes les matières dures au poli ; mais on emploie aussi sous ce nom des sables de grenat, de zircon, qui sont communs dans quelques localités, et qui, étant plus durs que les sables quartzeux, sont aussi très-propres à divers usages. La *ponce* est aussi fréquemment employée *en poudre* pour doucir les métaux, les bois, l'ivoire, etc. ; mais le *silex nectique* de Saint-Ouen, près Paris, la remplace avec avantage, parce que sa poussière est beaucoup plus douce ; malheureusement cette dernière substance n'est pas assez abondante pour être employée dans les arts.

Toutes les pierres n'ayant pas un très-grand degré de dureté, comme les agates, le grenat, etc., peuvent être taillées et polies avec les matières que nous venons de citer ; mais il n'en est pas de même du diamant, et on ne peut employer pour le tailler que sa propre poussière, que l'on nomme *égrisée;* on se sert, pour la préparer, de très-petits diamants et de tous ceux qui sont défectueux.

Il y a aussi des matières naturelles qu'on emploie après qu'on a donné le douci, soit pour préparer les corps au dernier poli, soit pour le leur procurer ; tels sont le *tripoli*, le *rouge d'Angleterre*, etc. Le tripoli n'est quelquefois que de la ponce broyée naturellement, transportée, lavée par les eaux, et qui est alors d'une grande finesse : dans d'autres cas, ce sont des argiles schisteuses des dépôts de houilles ou de lignites, qui ont été calcinées par l'inflammation de ces combustibles ; on en fabrique aussi artificiellement en calcinant ces mêmes matières. Plusieurs espèces d'argiles fines peuvent être employées au même usage, telles sont la *terre de Ringelbach*, près de d'Oberstein, qui n'est que la partie argileuse fine des dépôts de grès rouge, la *terre pourrie d'Angleterre*, le *schiste à polir*, etc. La craie bien lavée est encore employée dans plusieurs cas, et c'est elle que nous prenons pour raviver l'argenterie. Les *ocres jaune* et *rouge* sont aussi employés avec succès.

Quant au rouge d'Angleterre, quoique pour des usages grossiers, on emploie, sous ce nom, les ocres dont nous venons de parler, on le prépare ordinairement par la calcination du sulfate de fer, qui passe à l'état de sous-sulfate de peroxyde ou de peroxyde pur, qu'on lave avec le plus grand soin, pour l'amener ensuite au plus grand état de ténuité; c'est, par conséquent, un produit de l'art, et il en est de même de la potée d'étain.

PIERRES PRÉCIEUSES. — Indépendamment des diverses pierres dont le travail fait presque toute la valeur, il en est un assez grand nombre qu'on emploie journellement pour les bijoux de toute espèce, depuis ceux que demande le luxe le plus recherché, jusqu'à ceux des parures les plus modestes. Les unes sont réellement des *matières précieuses*, par suite de l'éclat dont elles sont douées, joint à une parfaite limpidité, à de vives couleurs, à une dureté considérable, à une grande rareté, qui les rend toujours d'un prix très-élevé. D'autres se rapprochent seulement de celles-ci par des qualités susceptibles de plaire à l'œil, par des couleurs agréables, quelque chatoiement, mais n'en ont ni l'éclat ni la dureté, sont beaucoup plus communes, et par conséquent beaucoup moins chères.

Les pierres précieuses les plus répandues dans le commerce se rapportent à un très-petit nombre d'espèces minérales, qui offrent chacune plusieurs variétés plus ou moins estimées : telles sont le *diamant*, le *corindon*, l'*émeraude*, le *spinelle*, le *cymophane*, l'*opale*, le *péridot*, la *topaze*, le *grenat*, la *tourmaline*, la *cordiérite*, la *turquoise*, quelques variétés rares de feldspath, de quartz, etc.

Le *diamant* est la pierre par excellence; sa dureté, son éclat, sa force de réfraction, qui, en décomposant la lumière, la fait jaillir souvent en faisceaux de mille couleurs, l'ont fait rechercher dans tous les temps, et lui mériteront toujours le premier rang. Le plus estimé est celui qui est d'une parfaite limpidité; il perd beaucoup lorsqu'il a quelque teinte jaunâtre, comme il arrive fréquemment, et ce n'est que quand les couleurs deviennent franches et vives qu'il reprend sa valeur, et quelquefois même une plus considérable.

Après le diamant, les pierres précieuses les plus recherchées sont diverses variétés de corindon, dont la dureté est encore excessive, l'éclat très-vif, les couleurs très-pures. Ce sont les corindons rouge (*rubis oriental*), bleu (*saphir*), blanc (*saphir blanc*), jaune (*topaze orientale*), pourpre (*améthiste orientale*), vert (*émeraude orientale*). Toutes ces pierres doivent être d'une teinte uniforme, ce qu'il est assez rare de rencontrer, d'une couleur bien décidée et d'un beau *velouté*; celles qui sont d'une teinte fausse ou qui présentent plusieurs nuances perdent considérablement de leur valeur. On emploie ordinairement les corindons isolés, et il faut qu'ils soient d'une bonne grosseur; ceux qui sont très-petits sont à peine recherchés, si ce n'est le rubis, dont on fait des entourages. Les *corindons opalisant* et *astérie* sont encore recherchés lorsqu'ils sont beaux.

Le *spinelle* nous fournit encore de très-belles pierres, qu'on désigne sous les noms de *rubis spinelle* et de *rubis balais* : les premiers peuvent rivaliser avec les corindons rubis, et sont également d'un prix très-élevé, qui varie suivant la teinte; on les vend souvent sous le nom de rubis oriental. Les seconds, d'une teinte rosâtre, rouge de vinaigre, lie de vin, sont beaucoup moins estimés, et souvent confondus avec la topaze brûlée; on en fait cependant des parures, qui sont quelquefois encore fort chères.

L'*émeraude* nous offre plusieurs variétés qui sont plus ou moins recherchées. La plus belle, la plus estimée, est la variété d'un beau vert, qui nous vient du Pérou, et qui est colorée par l'oxyde de chrome. Son prix est très-élevé lorsqu'elle présente une teinte veloutée et qu'elle est sans défaut. L'*aigue-marine*, d'un vert bleuâtre ou bleu verdâtre, a besoin d'être d'un assez grand volume, et a même alors peu de valeur. Les variétés qui sont d'un beau bleu de ciel foncé (*béril bleu*) sont beaucoup plus recherchées, et se maintiennent dans le commerce à un très-haut prix. Il y a aussi des variétés jaunes qui sont d'un assez bel effet étant polies, et qui imitent la variété de corindon dite topaze orientale; il en est d'un vert jaunâtre qu'on a quelquefois passées pour cymophane.

Toutes ces variétés d'émeraude sont employées en parure de diverses sortes, et la belle émeraude du Pérou, entourée de diamant dont l'éclat rejaillit sur elle, est d'un effet très-agréable.

Le *cymophane*, désigné sous le nom de *chrysobéril*, est encore une pierre très-estimée, lorsqu'elle est d'une belle transparence, d'une belle couleur jaune verdâtre, ou lorsqu'étant un peu laiteuse elle offre un beau chatoiement. Elle est très-recherchée au Brésil et en Angleterre, à cause de son éclat, qui rivalise avec celui du diamant.

L'*opale* est encore une espèce minérale qui offre des variétés très-recherchées, telles que l'*opale irisée* et l'*opale de feu*. La première présente de grands reflets diversement colorés, ou de petites taches qui sont comme autant de paillettes, de toutes les couleurs; ces variétés sont toujours d'un prix très-élevé, lorsqu'elles sont parfaites. L'opale de feu, les opales chatoyante, laiteuse, qui sont quelquefois employées, ont beaucoup moins de valeur; il en est de même des primes d'opale, qu'on n'emploie guère qu'en boîtes.

La *topaze*, plus commune que la plupart des pierres dont nous venons de parler, est cependant très-fréquemment employée, mais pour des parures moins recherchées. Les plus estimées sont les topazes roses; mais on leur donne quelquefois artificiellement cette couleur, en les faisant chauffer lentement; elles sont alors d'une moindre valeur, quoique toujours assez élevée; ce sont les variétés jaune roussâtre qui sont employées pour cette opération. Les topazes d'un jaune pur, orangé, sont encore très-recherchées ; viennent ensuite les topazes bleues, qui jusqu'ici ont peu de valeur, quoiqu'elles présentent de charmantes pierres, bien plus éclatantes que le béril bleu. Il en est de même de la topaze blanche, que l'on n'emploie guère qu'en pierre isolée, en épingles ou bagues, et pour imiter le diamant.

Le *grenat* offre peu de variétés qui soient d'une grande valeur. Celles qu'on trouve le plus communément et qui présentent des teintes rouges diverses, que l'on taille en perles, en cabochons, et dont on a fait anciennement des colliers, sont très-peu estimées. Il n'y a que celles d'un beau violet velouté, qui porte le nom de *grenat syrien*, qui soient d'un prix élevé. Les pierres qu'on désigne dans le commerce sous le nom d'*hyacinthe*, sont aussi fort chères, lorsqu'elles sont parfaites ; elles ont une teinte cannelle, d'un beau velouté. On emploie cependant assez fréquemment des grenats d'une moindre valeur qu'on désigne souvent sous le nom de *grenats de Bohême*, ou *pyrope*.

Le *zircon*, qu'on désigne aussi sous les noms de *jargon*, d'*hyacinthe*, mais avec lequel on a confondu le grenat essonite, est une pierre de peu d'effet, d'un éclat gras, un peu adamanteux, et dont on a substitué autrefois les variétés blanches au diamant.

Le *péridot* mériterait d'être plus estimé ; c'est une pierre vert-pré, très-agréable lorsqu'elle est bien taillée, qui produit un joli effet avec entourage de diamant.

La *tourmaline* offre peu de variétés qu'on puisse employer avantageusement ; on en taille cependant au Brésil beaucoup de verdâtres et bleuâtres, que l'on monte en bagues, en épingles, mais qui sont réellement de peu d'effet ; il y a certaines variétés d'un vert-pré, qui imitent assez le péridot, mais qui ne le valent pas. La variété verte du Saint-Gothard est assez jolie, et imite certaines aigues-marines ou bérils. La rubellite est la seule pierre de ce groupe qui puisse être employée avec succès lorsqu'elle est bien choisie. Il en est d'une teinte rouge, analogue à celle du rubis, qui est extrêmement recherchée, et qui est d'un très-grand prix, lorsqu'elle est parfaite, parce qu'il est extrêmement rare de la trouver exempte de glaces. On l'a vendue quelquefois sous le nom de rubis, et à des prix très-élevés.

La *cordiérite*, sous le nom de *saphir d'eau*, nous offre une pierre bleu-violâtre, peu estimée, parce qu'elle a peu d'éclat, et est rarement de couleurs uniformes ; une de ces pierres, de 10 lignes sur 8 ¼, n'a été vendue que 160 fr. Il y a une variété scintillante.

Les *turquoises*, quoique peu dures, sont encore des pierres très-recherchées, par l'agrément de leur teinte, et que l'on monte fréquemment avec des entourages de diamant ou de rubis. Sa couleur bleu-verdâtre se marie très-bien avec toutes les pierres, et sied parfaitement ; elle est fort estimée, et se maintient toujours à des prix très-élevés,

qui varient suivant la beauté de la teinte.

Le *feldspath* nous offre particulièrement deux variétés fort recherchées dans la joaillerie. L'une est aventurinée, et présente une multitude de points scintillants, jaune d'or ou rougeâtres ; elle est connue sous le nom de *pierre de soleil :* son prix est toujours très-élevé. L'autre variété est désignée sous le nom de *pierre de lune*, parce qu'elle offre un chatoiement d'un blanc bleuâtre, d'une teinte douce ; elle est aussi très-estimée lorsqu'elle est parfaite.

Le *quartz*, parmi toutes les variétés de couleur qu'il nous présente, ne fournit cependant qu'une seule pierre de quelque valeur, qu'on emploie habituellement dans la bijouterie ; c'est le *quartz améthyste*, qui est très-estimé lorsque, sous une bonne grandeur, il offre une belle teinte de violet velouté, bien uniforme : ces pierres de teinte foncée uniforme sont rares, et sont toujours montées isolément ; on préfère pour les parures les améthystes claires, qui sont plus communes, moins chères, mais dont l'effet est ici plus agréable ; elles se marient parfaitement avec l'or. L'*œil de chat*, que l'on regarde encore comme un *quartz chatoyant*, est aussi une pierre fort rare, d'un assez grand prix lorsqu'elle est de bonne dimension. Les variétés innombrables de quartz coloré, dont les unes, de diverses teintes jaunes imitant la topaze, d'autres le cymophane, l'aigue-marine, l'hyacinthe, etc., sont aussi fréquemment employées : on fait, surtout avec les premières, des parures qui sont fort jolies à l'œil, quoique ces pierres aient moins d'éclat que les topazes ; on les emploie beaucoup en cachets, en pierres de ceinture, de diadème.

PIERRES PRÉCIEUSES ARTIFICIELLES. — Depuis les progrès de la chimie pneumatique, les arts se sont enrichis d'un si grand nombre de nouveaux procédés, que naguère nous avons vu une cause portée devant les tribunaux, pour décider si des pierres précieuses, qui avaient été vendues, agréées et livrées, étaient vraies ou fausses. Les pierres factices sont toutes formées d'un très-beau cristal coloré de diverses manières par des oxydes métalliques ; elles diffèrent des pierres naturelles, en ce qu'elles sont en général moins dures, qu'on peut les rayer facilement, et qu'elles perdent leur poli par le frottement. Il arrive souvent aussi que les pierres factices ont quelques petites bulles dans leur épaisseur, surtout si la fusion n'a pas été bien faite. A cela près, les pierres précieuses factices les plus dures, sans bulles, d'une belle transparence et parfaitement colorées, lorsqu'elles sont bien montées, ne sont pas toujours faciles à reconnaître au coup d'œil ; il faut souvent recourir à la lime ou au burin. Nous allons offrir la recette de quelques-unes de ces pierres.

Stras. Prenez deux onces de cailloux siliceux calcinés, une once de potasse pure et six gros de sous-borate de soude (borax) calciné ; réduisez les cailloux en poudre, tamisez, mêlez toutes les substances ensemble et faites-les fondre à un feu violent ; vous obtiendrez un verre très-blanc, très-dur, brillant et de la plus grande beauté. L'éclat en sera encore plus beau, si vous y ajoutez deux gros de bonne céruse. C'est ce produit qui porte le nom de *stras*. Pour que l'opération réussisse bien, il faut se servir d'un creuset qui n'abandonne rien au mélange fondu, et qui soit propre à tenir la matière en fusion environ dix heures.

Autre. — On doit à M. Donault-Wieland une recette qui produit un très-beau stras. Voici les proportions des matières qui le composent.

	onces	gros	grains
Cristal de roche en poudre fine et tamisé,	6	»	»
Minium en poudre très-pur,	9	2	»
Potasse pure,	3	3	»
Acide borique, extrait du borax artificiel,	»	3	»
Deutoxyde d'arsenic,	»	»	6

Faites fondre le tout dans de bons creusets de Hesse, laissez en fusion pendant vingt-quatre heures. Plus la fusion est prolongée et tranquille, plus le stras est dur et beau.

Nous avons un grand nombre d'autres recettes pour faire le stras ; j'ai cru qu'il suffisait d'en rapporter deux.

Topazes. — Faites fondre deux parties de bonne céruse avec une de cailloux calcinés et pulvérisés, et vous obtiendrez un beau cristal bien net et bien transparent, dont la couleur imite celle de la topaze.

	once	gros	grains
Autre topaze. — Stras,	1	6	»
Verre d'antimoine,	»	»	43
Pourpre de Cassius,	»	»	1

Si la fusion n'est pas bien conduite, la matière est opaque ; on l'emploie alors à faire des rubis.

Rubis. — Topaze opaque,	1
Stras,	8

donnent au chalumeau un superbe rubis.

Rubis et grenats. — Faites fondre ensemble une once de stras, dont nous avons donné la préparation, avec quelques grains de pourpre de Cassius ; le cristal que vous obtiendrez imitera les différents rubis et le grenat, suivant les quantités d'oxydes d'or que vous aurez employées.

Emeraudes. — Prenez une once de stras et quatre grains d'oxyde de cuivre précipité de son nitrate par la potasse ; faites-les fondre, et vous aurez un cristal imitant très-bien l'émeraude par sa jolie couleur bleue verdâtre. Les autres oxydes de cuivre peuvent également servir à donner cette couleur, en y ajoutant un peu de nitrate de potasse.

Hyacinthe. — Pour faire ce cristal, il suffit de fondre une once de stras avec vingt-quatre grains de deutoxyde de fer. On fait passer les nuances du rouge au brun-marron en augmentant les doses de l'oxyde de fer.

Saphirs. — Faites fondre une once de stras avec deux grains d'oxyde de cobalt précipité de son nitrate ; le produit sera un beau cristal bleu, qui imite très-bien le saphir.

Améthystes. — Pour obtenir les fausses améthystes, on fait fondre le stras avec un peu d'oxyde de cobalt et de pourpre de Cassius ; on peut aussi, avec le manganèse, obtenir un beau verre violet. Il est évident qu'on augmente la couleur du cristal en augmentant les quantités d'oxyde.

Opales ou *girasole de Venise.* — Ce procédé est très-simple : il suffit de faire entrer dans la composition du stras un peu d'oxyde d'étain, pour obtenir le cristal très-brillant, mais un peu opaque, qui, suivant les quantités de cet oxyde, constitue la fausse opale et la girasole de Venise.

	onces	gros	grains
Aigue-marine. — Stras,	6	»	»
Verre d'antimoine,	»	»	24
Oxyde de cobalt,	»	»	1 0,5

PIERRES, analyse des pierres. *Voy.* ANALYSE DES MINÉRAUX.

PIERRE D'ARQUEBUSE. *Voy.* PYRITE.

PIERRE DE LABRADOR. *Voy.* LABRADORITE.

PIERRE DE CROIX. *Voy.* STAUROTIDE.

PIERRE INFERNALE. *Voy.* ARGENT, *nitrate.*

PIERRE A CAUTÈRE. *Voy.* POTASSE.

PILES DIVERSES. *Voy.* ÉLECTRICITÉ.

PINEY. *Voy.* HUILES.

PINUS ABIÈS et **SYLVESTRIS.** *V.* HUILES.

PISSALPHATE. *Voy.* MALTHE.

PLANTAIN DES SABLES (*Psyllium*). — Les négociants de Nîmes et de Montpellier font un grand commerce des semences de cette plante, qu'on emploie dans le nord de l'Europe pour le gommage des mousselines.

PLANTES, leur composition. — Dans les jeunes organes où se concentre la force vitale des plantes, c'est-à-dire la radicule et la gemmule des graines, les spongioles des radicelles et les parties centrales des bourgeons non développés, on retrouve plus abondamment que dans les autres parties des végétaux des substances organiques neutres, offrant une composition quaternaire analogue à celle des matières animales ; ces organes des végétaux renferment de 19 à 71 de matières azotées, représentant 3 à 11 p. 100 d'azote. On peut s'assurer de ce fait par l'analyse élémentaire décrite, ou tout simplement en calcinant dans un tube une petite quantité de l'une de ces substances desséchées, au-dessus de laquelle on place un papier de tournesol préalablement rougi par un acide : le changement de la couleur rouge du papier (qui virera au bleu) décèlera la présence de vapeurs ammoniacales, produites par la distillation des matières azotées, et l'excès, dans ces vapeurs, de l'ammoniaque sur les produits acides provenant des substances organiques non azotées qui font partie des mêmes organes. On peut encore remplacer cet essai par l'examen au moyen du microscope d'une tranche très-mince de l'organe, soumis à la réaction d'une faible dissolution d'iode : on verra sous cette influence la matière azotée prendre du retrait et se colorer fortement en jaune orangé. L'analyse élémentaire, toutefois, est indispensable pour constater les proportions d'azote généralement comprises entre les limites ci-dessus indiquées.

Les parties des végétaux qui commencent à se développer affectent la structure cellulaire. La forme et l'arrangement de ces cellules peuvent varier : une partie se transforme dans les plantes vasculaires, en tubes diversement perforés et cloisonnés ; mais on est parvenu à constater que la composition de leur trame est constante dans tous les végétaux. La substance invariable qui compose cette trame a reçu le nom de *cellulose* ; elle contient 34,4 pour 100 de carbone et 55,5 d'hydrogène et d'oxygène , ces deux derniers offrant entre eux le rapport de la composition de l'eau.

L'*épiderme* des plantes, en général, et toujours la cuticule épidermique qui le recouvre, sont formés de cellulose agrégée fortement et injectée de silice et de matière azotée.

La cellulose constitue également la trame des cellules, plus ou moins allongées, minces, comme dans le coton (poils de la graine du cotonnier), ou épaissies comme dans les fibres textiles du chanvre, du lin, etc., ou enfin épaissies et incrustées, comme dans les fibres ligneuses des tissus du bois. Dans ces derniers tissus la cellulose est pénétrée de matières ligneuses, et de principes colorants ; quelquefois, comme dans les algues et les lichens, elle est injectée d'inuline.

La *substance ligneuse* qui, dans le bois, injecte la cellulose, est désignée sous le nom de *matière incrustante* : c'est une matière dure, amorphe, cassante, plus riche en carbone et en hydrogène que la cellulose; elle se rencontre aussi dans l'écorce, dans les concrétions dures du liége, dans le périsperme de certains fruits, dans les enveloppes dures des noyaux ; elle forme en grande partie les concrétions pierreuses des poires. Sa propriété varie dans les différentes essences de bois, qui doivent, en général, à sa présence et à ses proportions leur plus ou moins grande dureté, leur poids, leur fragilité.

La matière incrustante est accompagnée, dans les fibres du bois, de principes colorants, d'une partie des substances azotées qu s'y trouvaient lors de la formation des fibres. Plus le bois est jeune, moins il renferme de matière incrustante, plus il contient de matière azotée, molle et altérable, cause principale de la grande altérabilité des parties jeunes du bois, de l'aubier, par exemple.

Chacune des fibres ligneuses épaissies est enveloppée d'une pellicule résistante, injectée de substance azotée, analogue à la cuticule épidermique, épaissie et soudée dans les méats intercellulaires.

Dans un grand nombre d'organismes des végétaux, les cellules sont soudées par une matière plastique formée de pectates et pectinates de chaux, de soude ou de potasse, ou de pectose transformable en pectine et acide pectique, d'après les observations récentes de M. Frémy.

Les substances d'origine minérale ne sont pas elles-mêmes distribuées au hasard dans les plantes ; elles sont sécrétées par des organes spéciaux, et souvent renfermées dans des cavités spéciales. Les plantes ne puisent pas indistinctement dans le sol tous les sels ; elles choisissent jusqu'à une certaine limite, et s'approprient ceux qui, dissous simplement ou transformés, conviennent à leur organisation (et qu'il importe de mettre à leur portée au moyen d'amendements convenables). C'est ainsi que l'on remarque les nombreuses concrétions calcaires dans les feuilles des plantes, appartenant aux familles des urticées, dans certaines espèces de characées et dans les tissus incrustés des corallinées ; les concrétions cristallines d'oxalate de chaux universellement répandues dans les plantes phanérogames, et surtout dans leurs feuilles autour des nervures, dans les tiges de divers cactus.

Les graines, les spores, les champignons, les jeunes organes des plantes, contiennent, outre la cellulose, et quelques-uns de ses congénères (amidon, dextrine, gomme, sucre, glucose), des substances azotées, des matières grasses, des sels alcalins, de la silice, du soufre et de l'eau. Voici quelques exemples de la composition immédiate de ces organismes desséchés :

	Morilles.	Champignons de couches.	Levure.	Choux-fleurs.
Matières azotées traces de soufre,	44	52	62,7	69
Substances grasses,	5,6	4,4	2,1	4,5
Cellulose et matières organique, non azotées,	36,8	38,4	29,4	45,3
Substances minérales,	13,6	5,2	5,8	11,2
	100	100	100	100

La matière organique incrustante du bois, les substances azotées, les matières grasses et les résines augmentent, dans les organismes végétaux, la proportion d'hydrogène, qui s'y trouve effectivement toujours en excès relativement à celle qui, combinée avec l'oxygène contenu dans les mêmes organes, représenterait exactement la composition de l'eau.

PLANTES d'où s'extrait la soude. *Voy.* Soude.

PLATINE. — Le platine a été découvert en Amérique, où on l'a trouvé dans le sable aurifère; on essaya de l'employer à des ouvrages en métal, et on lui donna le nom qu'il porte, et qui est le diminutif de *plata*, argent, à cause de sa couleur qui ressemble à celle de l'argent. Il a été apporté en Europe, en 1741, par l'Anglais Wood, et décrit avec détail par un mathématicien espagnol, Antoine de Ulloa. Le premier qui le désigna comme un métal particulier fut le Suédois Scheffer, directeur de la Monnaie, dans les Mémoires de l'Académie des sciences de Stockholm, année 1752. Deux ans plus tard, l'Anglais Lewis le décrivit dans les *Transactions philosophiques*.

On l'appelait dans l'origine *platina del Pinto*, parce qu'on le trouva pour la première fois dans le sable aurifère du fleuve Pinto. Depuis il a été trouvé dans différents endroits, soit au Brésil, en Colombie, au Mexique et à Saint-Domingue, soit en Sibérie, soit sur le penchant oriental des monts Ourals. On le rencontre partout dans une roche délitée, qui paraît évidemment appartenir aux terrains volcaniques des plus anciennes périodes de formation. Cette roche est réduite en une espèce de sable mêlé avec différents minéraux métalliques inaltérables; on a trouvé, soit en Amérique, soit dans l'Oural, des morceaux encore cohérents et non délités de cette roche, dans lesquels ces différents minéraux sont enfermés. Les premières connaissances positives que l'on ait eues sur le gisement géologique du platine sont dues au célèbre ingénieur français Boussingault.

On tire du sein de la terre la masse sablonneuse délitée, et on la lave à grande eau : les parties les plus pesantes restent. Elles se composent, 1° du minerai de platine proprement dit : 2° de l'osmiure d'iridium; 3° de l'or; et 4° du fer chromé et titané, parmi lesquels se trouvent quelquefois de petites hyacinthes. On cherche d'abord à séparer l'or, et ce qui en reste est extrait, soit par amalgamation, soit au moyen de l'eau régale faible, employée à froid. Les minerais de fer sont tellement plus légers que les autres, qu'il est facile de les en séparer par le lavage.

Le minerai de platine se compose de grains irréguliers, arrondis, plus rarement aplatis, de grandeur variable, souvent très-petits, et qui offrent de temps en temps quelques traces de cristallisation. Alexandre de Humboldt a rapporté d'Amérique un morceau de platine, ayant la grandeur d'un œuf de pigeon et pesant 1080, 6 grains. En 1828, on en a trouvé un à Nischne-Tagilsk dans l'Oural, qui pèse 1,75 kilogrammes, et cinquante-cinq autres, dont le plus petit est encore plus pesant que celui de Humboldt. Les grains de platine renferment principalement du platine et du fer à l'état métallique, et en même temps un peu de cuivre, de palladium, de rhodium, et presque toujours un peu d'iridium. Quelques-uns de ces grains renferment tant de fer, qu'on peut en dissoudre la plus grande partie dans l'acide nitrique, et qu'on peut les regarder comme du fer natif; mais ils sont rares, et presque toujours très-peu volumineux. Il n'y a pas de différence très-sensible ou bien déterminée dans la composition des minerais de platine de l'Amérique et de l'Oural; ils renferment tous les mêmes métaux, et tout au plus quelques centièmes de rhodium et de palladium, mais souvent bien moins. Le platine y entre pour 75 à 87 pour cent.

La préparation du platine est assez compliquée, à cause du grand nombre de substances étrangères que renferment les minerais de platine. On préfère généralement les procédés par la *voie humide* aux procédés par la *voie sèche*. On broie d'abord le minerai, afin d'en séparer les traces de fer magnétique au moyen d'un barreau aimanté; puis on le chauffe, afin d'en éliminer le mercure, qui se volatilise; enfin, on traite le minerai par de l'acide chlorhydrique, auquel on ajoute de l'acide azotique par petites doses successives. On évapore la liqueur, et on réitère l'opération jusqu'à ce que l'acide ne dissolve plus rien. La dissolution contient le platine, le palladium, le rhodium, le cuivre, un peu de fer, et une certaine quantité d'iridium. Il reste un dépôt insoluble d'osmium, d'iridium (en paillettes brillantes), de fer titané, et quelquefois de l'oxyde d'iridium sous forme de poudre noire, surtout lorsque l'acide azotique a été employé en trop forte proportion. Après avoir étendu la dissolution de dix fois environ son volume d'eau, on y verse une dissolution de sel ammoniac faite à froid : le précipité qui se forme est un chlorure double de platine et d'ammonium (*chloro-platinate d'ammonium*) coloré en *rouge briqueté* (cette couleur est due à une certaine quantité de chlorure double d'iridium et d'ammonium). On calcine ce précipité dans un creuset de porcelaine, et on traite le résidu de la calcination par de l'eau régale un peu faible, laquelle dissout le platine et laisse presque tout l'iridium intact. On précipite de nouveau la dissolution par du sel ammoniac; et tant que le dépôt qui se produit n'est pas d'un *jaune pur*, on le calcine et on le traite comme ci-dessus. Enfin, en calcinant le chlorure ammoniacal *jaune* (exempt d'iridium), on obtient le platine pur sous la forme d'une poudre noire agrégée (*éponge* ou *mousse* de *platine*.

C'est sous cette forme que le platine jouit de la propriété de condenser les gaz dans ses pores, et d'en déterminer la combinaison avec élévation de température. Cette propriété est encore plus marquée lorsque le platine est plus divisé et en poudre noire (noir de platine). On l'obtient sous cette forme en traitant le chlorure de platine et de potassium par l'alcool (Dœbereiner). Cette poudre est d'un noir de suie et tache les doigts; comme l'éponge de platine, elle est susceptible de prendre le poli par le frottement. Elle absorbe jusqu'à 745 fois son volume d'hydrogène. Au contact de l'air, elle transforme l'esprit-de-vin en vinaigre, le gaz sulfureux en huile de vitriol, l'hydrogène en eau; en un mot, elle jouit de la propriété remarquable d'amener la combinaison de l'hydrogène, non-seulement avec l'oxygène, mais avec tous les métalloïdes gazeux ou vaporisables; il n'en faut pas excepter le cyanogène lui-même. Elle détermine la combustion des corps organiques sur lesquels on la chauffe légèrement. Tous les composés d'azote (matières animales) sont changés en ammoniaque par un excès d'hydrogène, et en acide nitrique par un excès d'oxygène. Toutes ces combinaisons s'opèrent sous l'influence du platine divisé (noir de platine) sans que celui-ci perde rien de sa nature. Le noir de platine perd en partie, par la calcination, la propriété d'absorber et d'enflammer des gaz et des vapeurs combustibles.

Le platine, tel qu'il sort des mains de l'ouvrier, est très-malléable ; sa couleur est d'un gris blanc, et tient le milieu entre celles de l'argent et de l'étain. Quand il est exempt d'iridium, on peut le tirer en fils très-déliés, et le réduire en feuilles très-minces, comme l'or et l'argent. Le platine, parfaitement pur, est beaucoup plus mou que l'argent, et prend un beau poli. Dans l'état ordinaire, c'est-à-dire quand il contient un peu d'iridium, il peut être tiré en fils du diamètre de $\frac{1}{1000}$ de pouce, et il est plus solide et plus dur, de sorte qu'il l'emporte en dureté sur le cuivre, mais le cède au fer. Aussi cet alliage naturel, quand la proportion d'iridium n'excède pas de certaines limites, rend-il le platine beaucoup plus fort, et d'un emploi plus étendu. Un fil ayant 0,89 lignes de diamètre, porte, d'après Sickingen, un poids de 225 livres, avant de se rompre. Wollaston a trouvé que des fils de platine, d'or et de fer, tirés par le même trou de filière, et par conséquent de même force, exigent, pour se rompre, des poids correspondants aux nombres suivants : 590, 500 et 600 ; d'où il résulte que le platine a presque la même ténacité que le fer. Le platine est le plus pesant de tous les corps connus jusqu'à ce jour. Sa pesanteur spécifique varie entre 21 et 22. Wollaston la fixe à 21,53. Suivant Klaproth, elle est de 21,74. Ce métal ne peut pas être fondu dans nos fourneaux ; mais il se ramollit et peut être brasé. Il fond, soit dans la flamme alcoolique animée par le gaz oxygène, soit dans la flamme du chalumeau à gaz oxygène et hydrogène. A une certaine température, il entre en ébullition et lance des étincelles, comme le fer qui brûle, mais beaucoup moins brillantes. Si l'on fait brûler de l'éther dans une lampe à esprit-de-vin, et qu'on dirige du gaz oxygène dans la flamme, on parvient à fondre du fil de platine assez fort, et à le réduire en globules gros comme des pois. Assez souvent on trouve, à la surface des globules refroidis, des gouttelettes d'un verre incolore, qui sont de l'acide silicique fondu, et proviennent du silicium qui était uni au platine.

Alliages de platine. — Le platine s'allie facilement à la plupart des métaux. Lorsqu'on emploie les proportions convenables, il s'unit à plusieurs d'entre eux avec un dégagement de lumière souvent très-intense. Fox a trouvé qu'en faisant fondre le platine avec de l'étain, de l'antimoine, du zinc ou du plomb, le mélange s'échauffe jusqu'au rouge blanc complet. Si l'on roule ensemble des feuilles de plomb et de platine, et qu'on les fasse rougir par un bout, la masse s'échauffe au moment de la combinaison, au point d'être lancée de tous côtés.

Le platine, tel qu'on l'obtient par la décomposition du sel ammoniac platinique, s'unit à l'*arsenic* avec dégagement de lumière, et l'alliage entre en fusion. En faisant fondre ensemble 1 partie de platine et et 1 d'arsenic, on obtient 1 partie et $\frac{1}{4}$ d'arseniure de platine.

Parties égales de platine et de *molybdène* forment une masse, d'un gris clair, douée de l'éclat métallique, aigre et à cassure serrée. Une partie de platine et quatre parties de molybdène donnent un alliage d'un gris bleu, dur, aigre, à cassure grenue.

On obtient avec le *tungstène* une masse métallique, grise et cassante.

Le platine forme avec l'*antimoine* une masse métallique, dure, aigre, dont la cassure est à grain fin ; la majeure partie de l'antimoine peut en être chassée par la calcination. Fox a proposé de donner de la cohérence au platine, en le faisant fondre avec de l'antimoine, puis chassant ce dernier, comme il a été dit à l'article de l'or. Le petit culot de platine, qui reste, est ensuite forgé.

L'alliage de platine et d'*iridium* est parfaitement malléable, quand la proportion du dernier métal s'élève tout au plus à un ou deux centièmes ; sa dureté est beaucoup plus grande que celle du platine pur, et il résiste mieux que celui-ci à l'action du feu et des réactifs. Cet alliage convient particulièrement pour la confection des ustensiles de chimie. Une plus grande quantité d'iridium rend le platine cassant, de sorte qu'il se gerce sous le choc du marteau ; et quand l'alliage contient parties égales des deux métaux, il est tout à fait aigre, mais on peut le braser.

Le platine forme avec le *zinc* un mélange gris bleu, très-fusible, qui est si cassant, qu'on peut aisément le réduire en poudre. En l'exposant à une haute température, le zinc est brûlé ; cependant, par ce procédé, la totalité de ce métal ne peut pas être séparée du platine, parce que la masse, moins riche en zinc, qui reste, est très-peu fusible.

L'*étain* donne avec le platine un alliage dur, cassant, à gros grain. La présence d'une petite quantité de platine suffit pour diminuer la malléabilité de l'étain.

Le platine se combine très-facilement avec le *plomb* ; il suffit de verser du plomb fondu dans un creuset de platine, pour que le plomb dissolve, pendant le refroidissement, une portion considérable du creuset.

Le *cuivre* s'allie aisément au platine. A parties égales des deux métaux, l'alliage est d'un rouge clair, et sans ductilité ; $\frac{1}{24}$ de platine donne au cuivre une couleur rose et une cassure à grain fin ; l'alliage est ductile, et se conserve mieux à l'air que du cuivre pur. D'après Clarke, parties égales de cuivre et de platine donnent un alliage ductile, d'un jaune d'or. Avec 7 parties de platine, 16 de cuivre et 1 de zinc, Cooper a obtenu un alliage jaune d'or.

L'argent s'unit facilement au platine, et forme avec lui un alliage très-difficile à fonlre, beaucoup moins ductile que l'argent, et que l'on peut décomposer en partie par la liquation. Une petite quantité de platine donne plus de solidité à l'argent ; mais il suffit d'ajouter à l'argent 7 pour 100 de platine pour le rendre moins ductile et diminuer sa blancheur. Quand la proportion de platine en cède 5 pour 100, l'argent soumis à la coupellation éprouve peu de mouvement et n'offre pas le phénomène de la fulguration. En traitant l'alliage de platine et d'argent par l'acide nitrique, la dissolution contient toujours tant de platine, que quand on veut purifier de l'or contenant du platine, on le fait fondre avec de l'argent, parce que le platine se dissout avec l'argent dans l'acide nitrique.

L'inaltérabilité du platine au feu, son insolubilité dans la plupart des acides, la propriété qu'il possède, à l'état forgé, de ne pas être attaqué par le soufre ou par le mercure, le rendent plus propre qu'aucun autre métal à la fabrication des ustensiles de cuisine et *de chimie*, surtout à la confection des creusets (1). Il est un peu cher, mais beaucoup moins que l'or, et vaut, après avoir été travaillé, à peu près autant que quatre fois et demie son poids d'argent contenant un septième de cuivre.

On a commencé à faire des ustensiles de cuisine en cuivre, revêtus d'une couche très-légère de platine, à l'instar du *plaited* des Anglais. Cooper a fait voir que le précipité que forme le nitrate mercureux dans une dissolution de platine, donne le plus bel émail noir qu'on puisse produire, lorsqu'après l'avoir séché et débarrassé, par la sublimation, du chlorure mercureux, on le fait fondre avec du strass ou flux ordinaire.

Le platine fut employé, pour la première fois, en mécanique, dans l'exécution d'une montre présentée, en 1788, à Louis XVI ; les axes et les palettes de la roue de rencontre, étaient en platine. Jeannety, orfèvre de Paris, fut un des premiers qui, vers 1790, sut extraire du minerai de platine un métal susceptible d'être forgé, et qui l'appropria aux usages de la chimie, en le réduisant en fils, en lames, puis en creusets et autres ustensiles de laboratoire. Par là il contribua à la révolution qui s'opéra dans la chimie analytique, il y a une cinquantaine d'années, les vases de platine permettant l'emploi des procédés sûrs et faciles dont les anciens chimistes n'avaient aucune idée.

PLATRES. — On connaît sous le nom de plâtre le sulfate de chaux employé dans les constructions, l'agriculture et quelques autres applications. La matière première propre à fabriquer les plâtres usuels est le sulfate de chaux natif cristallisé, contenant 2 équivalents d'eau (représenté par la formule $CaO, SO^3, 2HO$, et dont le poids équivalent $28 + 40 + 18 = 86$). Ce sulfate se présente dans la nature avec la même composi-

(1) Un alambic en platine de petites dimensions, pour la concentration de l'acide sulfurique, coûte environ 25,000 fr.

tion chimique sous des formes différentes, et ces formes sont importantes à considérer, puisqu'elles donnent lieu à des qualités très-différentes, ayant des applications toutes spéciales.

On rencontre le sulfate de chaux cristallisé en lamelles ou feuillets minces superposés en très-grand nombre, formant de larges cristaux épais, diaphanes, découpés en fer de lance ; très-souvent en tables diversement biselées, à base de parallélogramme obliquangle dérivant d'un prisme d'environ 67° et 113° ; parfois aussi en lentilles jaunâtres, isolées, plus ou moins volumineuses ou groupées en rosaces.

En beaucoup d'endroits, réuni en grandes masses, le sulfate de chaux forme des couches à structure oblique, fibreuse ou lamelleuse ; des dépôts considérables se composent de cristaux très-fins, non discernables, constituant des masses amorphes.

Dans quelques localités, comme à Montmartre, Belleville, Argenteuil, les énormes bancs exploités en carrière à ciel ouvert ou dans les galeries couvertes, offrent une texture remarquable : ce sont des cristaux grenus, plus ou moins serrés, entre lesquels se trouvent du carbonate calcaire et des traces d'argile.

Cette texture caractérise la meilleure variété de plâtre ordinaire propre aux constructions. Calciné, ou plutôt desséché convenablement et mis en poudre, il absorbe l'eau modérément, s'échauffe un peu au moment où sa cristallisation a lieu, et se prend en masse dense, solide ; tandis que les plâtres à structure compacte, fibreuse ou lamelleuse, absorbent plus d'eau, mais font une prise bien moins résistante.

Théorie de la solidification du plâtre. — Voici comment on peut expliquer les différences qu'on remarque dans la solidification de ce produit. Les plâtres à texture homogène, lamelleuse, fibreuse ou amorphe et translucides gâchés ou délayés après une cuisson ou déshydratation modérée, absorbent l'eau uniformément ; toutes leurs particules augmentent simultanément et librement de volume ; ainsi écartées, elles forment une masse peu solide en raison même des grands intervalles que l'hydratation développe entre les particules solides.

Dans les plâtres formés d'agglomérations de cristaux grenus, séparés par des matières terreuses, les choses se passent autrement, au moment du gâchage l'eau s'introduit entre les groupes de cristaux ; elle hydrate d'abord les parties extérieures de tous ces groupes, et ne pénètre que lentement et par degrés jusqu'au centre des petites agglomérations. Alors les premières parties hydratées commencent à se solidifier et limitent l'écartement qui se trouve d'ailleurs réduit par l'emploi d'une moindre proportion d'eau absorbée par ces plâtres. Le gonflement moindre résultant de l'hydratation successive fait aisément comprendre la plus grande densité ou la prise plus résistante de la masse, puisqu'à volume égal il s'y trouve plus de parties solides.

On prouve de plusieurs manières que cette hypothèse est fondée : en effet, si après avoir gâché avec la quantité d'eau utile (1 volume pour 1 volume de plâtre fortement tassé) pour obtenir la bouillie de consistance usuelle, on laisse commencer la prise (ce qui arrivera au bout de dix minutes environ), et qu'alors on ajoute un volume d'eau égal au premier, en agitant on obtiendra une bouillie claire très-fluide qui, après un repos de deux ou trois minutes, commencera à prendre pour la deuxième fois. On pourrait délayer avec un troisième volume d'eau et obtenir une quatrième et une cinquième prise en masse. On voit donc bien que la solidification et l'hydratation se sont opérées successivement, et que, si l'on n'eût pas brisé les 1re, 2e, 3e et 4e cristallisations, on aurait eu chaque fois une prise plus solide que la prise suivante. La première prise abandonnée aux effets spontanés aurait donc donné une cristallisation très-compacte et la prise la plus solide.

Un autre genre d'essai prouve encore que la densité ou le peu d'écartement des particules est la cause de la solidité du plâtre, et que cette propriété ne tient pas à la composition chimique. Si l'on soumet, dans un cylindre, à une pression graduée et forte à l'état humide, l'un quelconque des mauvais plâtres qui absorbent beaucoup d'eau ou le bon plâtre détérioré par quatre gâchages successifs, on rapprochera les particules, et, après la pression et une dessiccation spontanée, tous les plâtres ainsi traités auront acquis une dureté considérable.

Essais des qualités plastiques. — On peut dire que les meilleurs plâtres pour les constructions sont ceux qui, à poids égal, exigent le moindre volume d'eau pour se gâcher au degré de consistance habituelle, et qui, d'un autre côté, pourraient absorber et solidifier le plus d'eau, si on les délayait plusieurs fois et jusqu'à cette limite où la dernière addition d'eau ne laisse plus faire qu'une prise à peine suffisante pour qu'on incline le vase sans faire couler la matière plastique.

Cet essai très-simple peut servir à reconnaître si la cuisson des plâtres a été bien ou mal dirigée. Cette condition importe beaucoup aux mouleurs qui ont besoin d'un plâtre préparé de telle sorte qu'on puisse le gâcher en bouillie très-fluide pour l'introduire dans tous les détails des moules, sans que ce délayage s'oppose à ce qu'il fasse en définitive une prise solide. Le but ne serait pas atteint si, par défaut ou excès de cuisson, on avait laissé une partie du plâtre crue, et si une autre partie avait été calcinée trop fortement : chacune de ces deux parties ne pouvant faire prise, reste inerte comme un corps sableux dans le mélange.

Si, par exemple, elles forment ensemble la moitié du volume total, il est évident que le plâtre ne contiendra que moitié de son volume de matière active ; celle-ci pouvant so-

lidifier 5 volumes d'eau, le mélange total ou le plâtre essayé ne solidifiera que 5 fois cette moitié, ou seulement 2 ½ fois son volume. Ainsi la proportion de substance inerte totale sera indiquée par ce simple essai. On conçoit qu'une partie de la matière inerte pourrait être formée de plâtre saturé d'eau par son exposition à l'air humide.

Effets de la température et action de l'eau sur le plâtre. — Le plâtre cru subit de la part de la chaleur des influences importantes à noter : à la température de 80° dans un courant d'air, et de 115° dans des espaces clos, il commence à perdre, très-lentement, une partie de son eau de cristallisation. Cette dessiccation devient plus rapide à mesure que la température s'élève, mais au delà d'un certain terme, vers le rouge cerise, une modification importante, longtemps inaperçue, a lieu : le sulfate de chaux perd la propriété de s'hydrater ou de reprendre l'eau de cristallisation ; il ressemble alors au sulfate de chaux anhydre qui se rencontre dans la nature, dont on ne peut obtenir de plâtre susceptible de se gâcher et de faire prise avec l'eau.

En chauffant à une température plus élevée, on parvient à *fritter*, puis à fondre le sulfate de chaux, et, dans cet état, on avait dès longtemps reconnu qu'il ne pouvait directement reprendre son eau de cristallisation.

Action de l'eau. — Le sulfate de chaux cristallisé, naturel ou employé dans les constructions, peut être attaqué par l'eau qui en dissout 2 pour 1000 de son poids à 0°, et 2,54 à + 35° ; il ne doit donc pas entrer dans les matériaux constamment exposés à l'action de l'eau ou de l'humidité extrême : la solubilité du sulfate de chaux, quoique faible, est suffisante pour désagréger assez promptement les matériaux de construction constamment exposés à l'action de l'eau.

Inconvénients des eaux séléniteuses. — Cette solubilité restreinte explique la présence du sulfate de chaux dans beaucoup d'eaux naturelles (appelées pour cette raison séléniteuses), et ses effets nuisibles dans diverses circonstances. Ces eaux coagulent ou précipitent en partie le savon dissous, parce que les sels gras qui constituent le savon sont décomposés : il se forme un savon calcaire insoluble et un sulfate alcalin. Lorsque par l'ébullition les eaux séléniteuses laissent déposer le sulfate calcaire, ce dépôt adhère aux surfaces en contact avec l'eau : c'est ainsi qu'il peut incruster les graines de légumineuses (haricots, pois, lentilles) et par là empêcher leur hydratation. De là cette distinction entre les *eaux douces*, qui prennent le savon et cuisent les légumes, et les *eaux crues* ou séléniteuses qui coagulent le savon et ne cuisent pas les légumes.

Les incrustations séléniteuses acquièrent parfois un énorme développement dans les générateurs si généralement appliqués à l'industrie ; alors elles forment des couches dures, résistantes sur les parois des chaudières, diminuent la conductibilité, necessitent de plus grandes quantités de combustible pour produire la vapeur; elles peuvent enfin occasionner des explosions lorsque le métal de la chaudière, chauffé au rouge, fait fendiller ces croûtes : l'eau alors atteint la paroi surchauffée, se vaporise subitement, et les issues par les soupapes devenues insuffisantes ne peuvent empêcher que la chaudière éclate.

On peut adoucir les eaux crues en y ajoutant du carbonate de soude en quantité équivalente au sulfate calcaire dissous (54 de carbonate sec pour 88 de sulfate hydraté) : alors une double décomposition a lieu, il se forme du carbonate de chaux qui se précipite presque en totalité, et du sulfate de soude qui reste dissous. L'eau éclaircie prend le savon, ne forme plus d'incrustations (à moins de la rapprocher jusqu'à précipiter le sulfate de soude). Dans les préparations alimentaires, elle pourrait avoir une légère propriété laxative.

Moyen de prévenir les incrustations dans les chaudières. — On est parvenu à prévenir les incrustations que le sulfate de chaux occasionne, par divers moyens qu'on peut ranger dans trois classes : dans la première se place l'action des matières solubles ou très-divisées, capables de s'interposer entre les particules au fur et à mesure qu'elles se précipitent, de les lubréfier et d'empêcher l'adhérence entre elles et avec les parois des générateurs ; dans la deuxième sont compris certains agents mécaniques dont les chocs ou le frottement divisent le dépôt et s'opposent à sa réunion en couches continues ; dans la troisième se présentent les réactifs chimiques qui décomposent le sulfate de chaux. Le tableau suivant indique la nature de ces agents et les proportions, en supposant l'eau à demi saturée de sulfate de chaux.

Des générateurs, produisant 300 kilogr. de vapeur par jour, exigent par mois la quantité ci-dessous de l'une des substances suivantes :

	kil.	
Glaise.	6	
Pommes de terre.	4,5	
Son	1,5	1re classe.
Sirop de fécule.	1,5	
Extrait de bois colorants.	0,1	
Rognures de fer-blanc ou de tôle.	20	2e classe.
Carbonate de soude.	5	3e classe.
Carbonate de potasse.	5,5	

Le carbonate de soude ou de potasse indiqué par M. Thénard, et les rognures de fer-blanc, tôle ou tôle zinguée, paraissent mériter la préférence : car les autres agents ont l'inconvénient de rendre le liquide légèrement visqueux, et de le faire élever en mousse jusque dans les tuyaux de vapeur, les cylindres, etc.

Les incrustations que peut former le carbonate de chaux tenu en dissolution dans les eaux naturelles, par l'acide carbonique, sont moins adhérentes que celles produites par le sulfate de chaux. D'après M. Kullmann, il

suffit, pour les prévenir, de 0^k,6 à 0^k,9 de carbonate de soude par mois dans des générateurs donnant 300 kilogr. de vapeur par jour. C'est que le carbonate de soude précipite le carbonate de chaux en s'emparant de l'acide carbonique, et forme un sesqui, puis un bicarbonate de soude. Ce dernier dégage, par l'ébullition, une partie de l'acide carbonique ; il peut donc en reprendre à l'eau avec laquelle on remplit, et qui arrête l'ébullition.

Fabrication du plâtre des mouleurs. — On opère la cuisson dans des fours à boulangers que l'on chauffe à peine au rouge brun ; on enfourne la pierre en plaquettes choisies d'épaisseur égale, c'est-à-dire de 5 centimètres environ. L'on choisit dans les carrières des pierres grenues, tendres, dont les interstices laissent facilement évaporer l'eau.

On est d'ailleurs assuré de ne pas trop chauffer le plâtre, puisque le four est à la limite indiquée, et que sa température s'abaisse par l'enfournement même de la pierre. Quand la cuisson est terminée, on reconnaît que toutes les parties ont été atteintes lorsque, en cassant quelques pierres, on constate qu'il n'y reste plus de cristaux brillants.

On conserve ce plâtre en morceaux dans des tonneaux recouverts de vieux sacs pour empêcher l'absorption de l'humidité de l'air, et on ne broie que la quantité utile à chaque moulage. Ce plâtre s'emploie tamisé fin, pour qu'il s'insinue mieux dans tous les détails des moules.

Fabrication du plâtre dur. — Dans ces derniers temps on est parvenu à donner de très-remarquables propriétés de solidification aux plâtres obtenus des pierres en cristaux lamelleux, fibreux ou compactes qui jusqu'alors ne s'appliquaient qu'à l'agriculture et étaient impropres aux constructions comme aux moulages. Ces plâtres dès lors dépassèrent en qualité les meilleurs plâtres usuels : ils exigèrent moins d'eau pour être gâchés; leur prise devint plus lente et leur dureté beaucoup plus considérable.

Voici comment on prépare cette sorte de plâtre chez M. Savoye, actuellement propriétaire des brevets d'invention de M. Kean :

On choisit comme matière première les plâtres cristallisés (lamelleux, fibreux ou compactes), que l'on casse à la grosseur du poing ; les morceaux les plus blancs sont mis à part, ceux qui sont plus ou moins salis par des matières terreuses, des ocres, sont réservés pour la fabrication d'une deuxième qualité. Toutes les opérations sont d'ailleurs les mêmes pour ces deux sortes traitées séparément : on opère une première cuisson à la température voisine du rouge sombre, soit dans un four coulant, soit dans un four à réverbère; dès que l'eau de cristallisation s'est dégagée, on tire ce plâtre cuit, puis on le plonge dans un bassin de bois épais contenant une solution préparée d'avance avec de l'eau tiède (à 35° environ) dans laquelle on fait dissoudre 12 pour 100 d'alun; au bout de deux ou trois heures, on enlève les caisses à claire-voie contenant le plâtre imbibé, on laisse égoutter, puis on fait sécher sur le four à réverbère ou sur une cheminée traînante.

On soumet à une deuxième calcination dans les mêmes fours, et l'on termine la préparation en broyant sous un moulin à meules verticales et tamisant dans un blutoir mécanique. Le gâchage de ce plâtre se fait en délayant 200 parties avec 55 ou 60 d'eau ; la prise n'a lieu qu'au bout de 55 à 60 minutes : tandis que 100 de plâtre de Montmartre gâché serré ou clair exigent de 67 à 90 d'eau, et font prise en 15 ou 17 minutes.

La théorie de cette solidification extraordinaire n'est pas bien connue. Peut-on admettre qu'elle dépende de la formation d'un double sulfate de potasse et de chaux, et de l'alumine en enveloppant des groupes de particules qu'elle resserre? Rien n'est encore démontré à cet égard.

Outre les variétés blanches et grisâtres obtenues comme nous venons de le dire, on prépare un plâtre dur rose ou rouge briqueté, en ajoutant dans la solution où on l'immerge de 4 à 8 centièmes de sulfate de fer, qui, décomposé dans la cuisson, laisse du sesquioxyde de fer rouge.

Le carbonate de magnésie, qui se rencontre quelquefois mêlé aux matières premières, donne lieu, par sa réaction sur l'alun, à la formation du sulfate de magnésie; celui-ci reste indécomposé et produit les légères efflorescences qui apparaissent sur les enduits des plâtres durs.

La matière première de cette sorte de plâtre, loin d'être limitée à l'agglomération spéciale des plâtres en grains, se trouve partout où il existe du sulfate de chaux cristallisé en masses exploitables, quelles que soient les formes cristallines de ces amas.

Applications. — Le plâtre naturel, grenu, en moellons, s'exporte pour être cuit et servir aux constructeurs et mouleurs à l'étranger. On l'emploie comme moellons à bâtir; toutefois cette application est prohibée dans les villes, parce que l'excès d'humidité ou le contact prolongé de petits filets d'eau suffisent pour dissoudre ou désagréger peu à peu les pierres à plâtre et compromettre la solidité de pareilles constructions.

Le plâtre cru réduit en poudre sert à décomposer le carbonate d'ammoniaque par une simple filtration qui donne du sulfate d'ammoniaque et laisse sur le filtre le carbonate de chaux insoluble. Ce plâtre est parfois mélangé aux couleurs broyées à l'eau dont il augmente le poids sans pâlir beaucoup l'intensité, en raison de sa transparence. On peut l'employer dans l'agriculture, mais le plâtre cuit est préférable parce qu'il est plus aisément divisé et que cette division est moins coûteuse. Certains plâtres crus à grains fins blancs, très-compactes (albâtre gypseux), servent aux sculpteurs et donnent des objets d'ornement (vases, colonnes, montures de pendules, etc.), d'un bel aspect, mais moins durables que les objets semblables en albâtre calcaire (carbonate de chaux).

Enfin l'espèce de sulfate de chaux anhydre qui se rencontre dans les terrains intermédiaires et dans les premières couches des terrains secondaires avec les dépôts de sel, en masses considérables, dures, lourdes, est quelquefois employée à faire des vases, des chambranles de cheminée, etc. Ce sulfate, rarement cristallisé (prismes rectangulaires), pèse 2,960, l'eau pesant 1,000 à volume égal; tandis que le sulfate de chaux naturel le plus répandu, à 2 équivalents d'eau, pèse 2,300. Le poids spécifique du sulfate à 1 équivalent d'eau pour 2 de sulfate, précipité à chaud dans les générateurs, est de 2,700; sa dureté est également intermédiaire entre celle des autres sulfates de chaux.

Les applications du plâtre cuit ordinaire sont nombreuses : on l'emploie très-utilement dans une foule de *constructions* et *enduits,* au-dessus du sol; pour cimenter les moellons, briques, dalles, carreaux, etc.; pour jeter promptement des *plafonds,* traîner des *moulures rectilignes, circulaires, horizontales* ou *verticales :* on met à profit, pour cela, cette première prise qu'il forme au bout de 12 à 15 minutes et qui donne une adhérence à toutes ses parties comme avec les corps rugueux. Aucune autre matière ne permet d'obtenir avec autant d'économie et de rapidité des *scellements solides.* On s'en sert pour préparer, par un moulage simple, des *carreaux à rainures et languettes,* que l'on rend très-économiques en y interposant, avant la prise, des plâtres de démolition, des scories de houille, des fragments de briques ou de poteries légères, etc. Ces carreaux fabriqués d'avance permettent de construire rapidement des *cloisons* qui sont presque immédiatement sèches, puisque les joints seuls contiennent du plâtre frais.

On fait, avec du plâtre tamisé, gâché clair, une grande variété d'objets moulés, tels que *médailles, figurines, statuettes,* etc., des *tables épaisses* et *moules en coquilles* pour couler la *pâte à porcelaine en plaques* à tableaux, *tubes, cornues,* etc. La porosité et la propriété d'absorber l'eau qui caractérise les objets façonnés en plâtre et séchés, est utilisée dans cette dernière application : elle permet l'emploi de la pâte liquide, car, en absorbant l'eau, le plâtre solidifie la matière à porcelaine qui, dès lors, peut conserver la forme du moule ou la planéité de la surface des tables.

La même propriété explique l'effet remarquable des dalles ou des tablettes épaisses construites en plâtre pour absorber l'eau et hâter la *dessiccation des couleurs* broyées en pâte, *de la fécule, de l'amidon* et *de la levure* humides.

Les *reproductions métalliques,* par la *galvanoplastie,* peuvent être obtenues à l'aide de modèles en plâtre dont les pores sont remplis avec un mélange de résine et de cire fondues ensemble, et qu'on saupoudre de plombagine pour rendre la superficie conductrice.

On coule souvent en plâtre les modèles a reproduire par le *moulage en fonte* ou *en bronze*.

Les divers ornements, enduits unis, moulages en plâtre, peuvent être garantis contre l'humidité en les imprégnant à chaud d'un mélange liquéfié de 3 de cire et 1 d'huile de lin lithargyrée, ou plus économiquement de 1 d'huile et 2 de résine.

Les applications du sulfate de chaux à l'agriculture sont plus particulièrement utiles à certaines familles végétales, telles que les légumineuses, les renouées, les crucifères, les liliacées. Le plâtre cuit, hydraté à l'air et répandu par un temps humide, produit le maximum d'effet dans ces cultures ; il paraît cependant utile dans toutes les terres, soit en déterminant dans ses pores la condensation des gaz et la formation des azotates, soit pour fixer le carbonate d'ammoniaque (des eaux pluviales et des engrais) qu'il transforme en sulfate. On en emploie de 100 à 500 kilogr. par hectare ; il produit d'autant plus d'effet qu'il est plus divisé. On peut le délayer dans les urines et le répandre dans le même but sur les fumiers ; les vieux plâtres de démolition sont propres à cet usage; ils introduisent, de plus (lorsqu'ils proviennent des murs des écuries, celliers, etc.), des azotates de chaux, de potasse, de magnésie, utiles comme engrais

On ajoute souvent 2 à 3 millièmes de plâtre dans le moût des vins blancs légers pour diminuer l'activité de la fermentation et prévenir le passage à l'aigre.

Il est à regretter que le plâtre se prête à plusieurs *falsifications* (faciles à découvrir d'ailleurs), par son mélange avec plusieurs substances grenues ou pulvérulentes, telles que le *sel marin*, la *fécule*, etc. Très-blanc et bien divisé, on l'introduit dans le papier dont il augmente le poids et diminue la qualité. Dissous à chaud dans de l'eau aiguisée d'acide, le sulfate de chaux cristallise par refroidissement en petits cristaux aiguillés que l'on a parfois employés pour falsifier le *sulfate de quinine*.

Applications des plâtres durs. — Les *produits blancs* de cette sorte de plâtre servent à former des enduits unis ou veinés (en interposant des filets du même plâtre mêlé de noir de fumée ou d'oxydes colorants). Ces enduits, poncés et polis à la pierre de touche et vernis, deviennent aussi luisants et aussi solides, mais moins coûteux que le stuc ; les menus *objets* d'ornement, figurines, petits bas-reliefs et sculptures moulés à la gélatine, sont d'un joli aspect. On leur donne la translucidité et l'apparence de l'ivoire en les imprégnant de cire dans une étuve. L'agglomération de rouleaux, boules et morceaux divers, de ce plâtre gâché et teint diversement avec des ocres rouges, jaunes, etc., donne des petits blocs ou des tables que l'on découpe et que l'on polit après dessiccation pour imiter des objets en marbres veinés, tournés ou sculptés, tels que chambranles, vases, garnitures de cheminées, etc.

Le plâtre dur de teinte grisâtre, gâché avec son volume de recoupes de pierre, prend un ton de pierre très-convenable pour les grandes constructions, pour réparer des pilastres, colonnes, revêtements, etc., en pierre de taille. Les enduits de plâtre dur de toutes nuances reçoivent plus économiquement les peintures que les enduits de plâtre ordinaire, celui-ci étant beaucoup plus poreux et plus absorbant.

Les plâtres durs se vendent au poids, savoir : les plâtres gris 8 à 10 fr. les 100 kilogr., et 15 à 20 fr. le plâtre blanc. Le plâtre ordinaire se vend à la mesure appelée muid, contenant 9 hectolitres, dont le prix est de 12 fr. environ.

Observation. — Les anciens connaissaient le plâtre ; les Romains l'employaient déjà dans l'ornementation des édifices. Pline recommande de s'en servir lorsqu'il est nouvellement détrempé, car il durcit très-vite. La fabrication du plâtre est une industrie très-productive pour Paris; l'exploitation de ses carrières en fournit à presque toute la France ; on en expédie même en Angleterre et en Amérique. Ce plâtre est d'une qualité très-remarquable. Les carrières de Paris en fournissent annuellement 7 millions d'hectolitres environ. On fait encore usage du plâtre pour amender les prairies artificielles ; c'est à Franklin que l'on doit cette belle découverte, qui s'est bien vite propagée en Europe. Pour démontrer les bons effets du plâtre à ses compatriotes, il écrivit, au moyen de poudre de plâtre, sur un champ de luzerne, situé près de Washington, ces mots : *Ceci a été plâtré.* Dans tous les endroits qui avaient été couverts par la poudre excitante, une végétation magnifique se développa, de sorte que l'on pouvait lire sur la surface de la prairie les lettres tracées par l'illustre physicien. Cette ingénieuse démonstration convertit tous les incrédules.

PLATRE, son influence sur la végétation. *Voy.* Nutrition des plantes.

PLOMB (*plumbum*, plomb). — Le plomb est un métal connu de toute antiquité. Tout le monde en connaît les propriétés principales. Ce métal est plus ductile au laminoir qu'à la filière. Sa densité est de 11,445. Il entre en fusion à $+$ 334° et reste fixe à l'abri de l'air.

Le plomb n'éprouve pas d'altération à l'air sec ; mais lorsqu'il est humide, sa surface perd son brillant et devient terne par suite de la formation d'une légère couche d'oxyde qui n'augmente pas sensiblement d'épaisseur par le temps. Cette légère oxydation se produit aussi quand ce métal est plongé sous l'eau aérée ; mais elle est si superficielle que les parties qui se trouvent au-dessous, à une très-petite épaisseur, conservent longtemps leur éclat et leurs propriétés. C'est en raison de ce peu d'inaltérabilité que ce métal est employé pour doubler les réservoirs, les bassins, et pour la confection de tuyaux destinés à la conduite et à la distribution des eaux potables.

Le plomb se trouve dans la nature sous quatre états : 1° à l'état de combinaison avec l'oxygène et le chlore; mais ces deux composés sont très-rares ; 2° à l'état de sulfure ; 3° à l'état de sels, carbonate, phosphate, arséniate, chromate de plomb.

Le sulfure de plomb est la mine de plomb la plus abondante; c'est de celle-ci qu'on extrait ordinairement ce métal. Ce sulfure se trouve dans presque tous les pays.

Après l'avoir bocardé et lavé pour le séparer de la gangue dont il est enveloppé, on le grille, soit dans un fourneau à réverbère, soit en en formant avec un peu d'argile délayée de petites mottes qu'on place sur un lit de bois allumé. Le sulfure est en partie décomposé et converti peu à peu en sulfate de plomb, en oxyde de plomb, qui restent mêlés avec la portion de sulfure de plomb qui n'a pas été brûlée.

On peut obtenir immédiatement du plomb du produit de cette calcination; en l'exposant à une température plus élevé dans le fourneau où le grillage a été fait et mêlant bien par l'agitation toutes les parties ensemble. Le soufre du sulfure réduit l'oxyde de plomb du sulfate et fait passer cet acide à l'état d'acide sulfureux qui se dégage, de manière que la portion de plomb qui est séparée provient de la décomposition réciproque du sulfure et du sulfate de plomb.

Le plus ordinairement on traite le sulfure grillé dans le fourneau à manche par le charbon, après l'avoir mêlé avec une certaine quantité de grenaille de fonte, de vieille ferraille ou de scories de forge. L'addition de ces dernières substances a pour objet de décomposer les portions de sulfure de plomb échappées au grillage, qui ne le seraient pas par le charbon seul. Par ce moyen l'oxyde de plomb et le sulfure sont tous les deux réduits, le premier par le charbon, et le second par le fer qui s'empare du soufre et forme un sulfure qui surnage le plomb et peut en être isolé en faisant passer ce métal du premier bassin de réception dans le second.

Le plomb ainsi obtenu est désigné sous le nom de *plomb d'œuvre*; il renferme quelquefois, suivant la qualité du minerai, de petites quantités de cuivre, d'antimoine et même d'argent. Souvent ce dernier métal est en proportion assez grande pour qu'on puisse l'extraire avec avantage.

Protoxyde de plomb. — Cet oxyde existe tout formé dans le règne minéral ; mais il est combiné aux acides.

On le prépare en calcinant le plomb à l'air. Il se forme d'abord des pellicules grisâtres qui, par l'action prolongée de la chaleur, se convertissent en poussière jaunâtre. L'oxyde ainsi préparé est connu sous le nom de *massicot.*

Lorsque le protoxyde de plomb a été fondu, il est susceptible de cristalliser, en refroidissant lentement à l'air, en écailles rougeâtres micacées. Il est alors désigné dans le commerce sous le nom de *litharge.* Cette litharge provient tout entière de la calcination des plombs argentifères pour l'extraction de ce dernier métal.

L'aspect blanc argentin ou jaune doré qu'offre la litharge à sa surface, lui a fait donner par les commerçants le nom impropre de *litharge d'argent* ou *d'or*, sans doute aussi parce qu'on la retirait de l'exploitation des mines de ces deux métaux.

Le protoxyde de plomb est réduit facilement à une chaleur rouge brun par le carbone et toutes les substances organiques.

Il est formé, d'après Berzelius, de :

Plomb.	100	1 atome.
Oxygène.	7,7	1 atome.

Les usages de cet oxyde sont nombreux : il entre non-seulement dans la confection des emplâtres et de certains sels très-employés en médecine et dans les arts, mais il sert encore pour rendre les huiles siccatives, pour la composition des couvertes ou émaux sur la faïence, du cristal, etc.

Deutoxyde de plomb. — Cet oxyde s'obtient en plaçant le protoxyde de plomb ou massicot en couches peu épaisses dans un fourneau à réverbère, et l'exposant pendant deux ou trois jours à une chaleur au-dessous du rouge brun. L'opération étant terminée, on retire l'oxyde, qui est alors transformé en une belle poudre rouge.

Le deutoxyde de plomb se présente toujours en poudre insipide, pesante, d'une belle couleur rouge coquelicot ou orangé ; chauffé au rouge brun, il se décompose, en donnant une certaine quantité de gaz oxygène, et se transforme en protoxyde de plomb qui entre en fusion. Cet oxyde, séparé des matières étrangères avec lesquelles il peut se trouver mélangé accidentellement, est composé, d'après Berzelius, de :

Plomb	100	2 atomes.
		ou
Oxygène.	11,5	3 atomes.

D'où l'on voit qu'il renferme une fois et demie autant d'oxygène que le protoxyde.

Bien que la composition de ce deutoxyde soit d'accord avec la loi des proportions multiples, quelques chimistes le regardent comme résultant de la combinaison d'une proportion de protoxyde et d'une proportion de tritoxyde de plomb. Ce qui appuierait cette dernière opinion, c'est la composition variable qu'il peut offrir dans certains cas. Le deutoxyde de plomb est connu dans le commerce sous les noms de *minium, mine orange, oxyde rouge de plomb.* On en fait usage comme fondant pour les émaux de la faïence ; il entre dans la composition du cristal, mais alors il est nécessaire qu'il soit très-pur et surtout dépourvu d'oxyde de cuivre qui colorerait le verre. Il s'emploie aussi en assez grande quantité comme couleur dans la peinture à l'huile. En pharmacie, il est seulement usité dans la préparation de l'emplâtre de Nuremberg.

Chlorure de plomb. — On ne connaît qu'une combinaison de chlore et de plomb correspondant au protoxyde de ce métal.

Ce composé se forme directement en mettant le plomb en fusion dans le gaz chlore sec; la combinaison s'effectue avec dégagement de calorique, mais sans lumière.

Le protochlorure de plomb est blanc, d'une saveur un peu sucrée et astringente. Il se dissout dans 25 à 30 fois son poids d'eau froide et dans une moins grande quantité d'eau bouillante. Il cristallise, par le refroidissement de cette dernière solution, en petites aiguilles blanches nacrées, de forme prismatique. En chauffant ces cristaux, ils se fondent promptement en un liquide transparent qui se solidifie ensuite en une masse blanche grisâtre et demi-transparente. Ce chlorure fondu était désigné autrefois sous le nom de *plomb corné*.

Le chlorure de plomb existe, mais en très-petite quantité dans la nature. Celui qui est artificiel, uni à une certaine proportion de protoxyde, forme une couleur jaune fixe, employée en peinture sous le nom de *jaune minéral, jaune de Naples, jaune de Cassel.* Ce composé s'obtient en faisant fondre dans un creuset un mélange de dix parties de protoxyde de plomb pur et une partie de sel ammoniac (hydrochlorate d'ammoniac). Il y a formation de chlorure de plomb par la réaction de l'acide hydrochlorique du sel ammoniac sur une partie du protoxyde de plomb, dégagement d'ammoniac et combinaison du chlorure avec l'excès de protoxyde employé.

Sulfure de plomb. — Le protosulfure de plomb se trouve abondamment dans la nature. On le rencontre dans la plupart des pays en masses ou en filons; il est alors cristallisé en larges lames brillantes, ou en cubes, ou à petites facettes. On le connaît vulgairement sous le nom de *galène.* L'espèce à petites facettes contient souvent assez d'argent pour qu'on puisse l'extraire avec avantage.

C'est de ce sulfure naturel qu'on retire le plomb pour les besoins des arts.

Le protosulfure de plomb est noir, très-brillant en masse et même en poudre, si elle n'est pas trop fine; il est insipide, moins fusible que le plomb, fixe au feu, mais décomposé, à l'aide de la chaleur, par l'air et l'oxygène qui le transforment en acide sulfureux, en protoxyde et en sulfate de plomb.

Le fer décompose avec la plus grande facilité le protosulfure de plomb à l'aide de la chaleur. C'est sur cette propriété qu'est fondée l'analyse de cette mine par la voie sèche. On mêle dans les laboratoires le sulfure de plomb avec le tiers de son poids de limaille de fer, et on expose ce mélange à la forge dans un creuset. Lorsque la fusion est opérée, on laisse refroidir, et on trouve le plomb au fond du creuset, recouvert par le protosulfure de fer.

Indépendamment des usages du protosulfure pour l'extraction du plomb, on l'emploie, sous le nom d'*alquifoux*, pour vernir la surface des poteries communes. Cette opération se pratique en saupoudrant les vases cuits avec une certaine quantité de sulfure de plomb, et les exposant ensuite au four. Le soufre est brûlé, et le plomb oxydé s'unit

avec la silice de la terre et se vitrifie. Cet émail est très-tendre et peu solide. Il est facilement attaqué par les acides faibles et même le vinaigre, qui dissolvent une certaine quantité d'oxyde de plomb, ce qui rend ces poteries ainsi vernissées peu propres à la conservation des aliments acides, qui contractent alors des qualités nuisibles à la santé.

Le laminage du plomb, ou l'art de le convertir en tables ou en feuilles, remonte à la plus haute antiquité. La cuirasse et le bouclier d'Agamemnon étaient ornés de bandes de plomb; Pausanias fait mention des livres d'Hésiode, écrits sur des lames de ce métal. Dion Cassius nous apprend que le consul romain Hirtius, assiégé dans Modène, fit tenir des avis écrits sur des lames de plomb à Decimus Brutus, qui lui répondit par le même moyen. Job faisait des vœux pour que ses discours fussent gravés sur le plomb; et, si l'on en croit Pline, les actes publics furent consignés dans des volumes composés de feuillets du même métal. On a trouvé dans le comté d'York, en Angleterre, des lames de plomb sur lesquelles était gravée une inscription du règne de Domitien.

Tous ces faits prouvent bien que les anciens avaient su, de bonne heure, réduire le plomb en feuilles, et en tirer parti, soit pour écrire dessus, soit pour recouvrir leurs monuments.

On commença d'abord, probablement, à couler le plomb en feuilles sur des tables recouvertes de sable, mais comme par ce procédé on ne pouvait obtenir des lames minces et unies, on substitua au sable une étoffe de laine, et ensuite du coutil croisé enduit de suif; ce n'est même qu'en 1787 qu'on a cessé de faire usage de ce moyen, quoique le gouvernement eût autorisé l'emploi des laminoirs pour le plomb, par arrêt du 19 janvier 1730.

Lorsqu'on fait usage du laminoir, on coule d'abord le plomb en tables de 7 à 8 centimètres d'épaisseur. Ce procédé n'a reçu d'autres perfectionnements que ceux apportés dans le mécanisme de cette machine.

Le plomb coulé, qui était d'abord assez défectueux, a reçu, dans ces derniers temps, un degré de perfection très-remarquable; en effet, on est parvenu à couler sur le sable des lames aussi unies et aussi égales d'épaisseur que si on les eût passées au laminoir; mais comme on peut, par ce moyen, obtenir des feuilles d'une épaisseur moindre de 2 millimètres, on a remplacé le coutil et le sable par des tables en pierre tendre, d'un grain uni et homogène. On coule ainsi des feuilles extrêmement minces pour presque tous les usages.

C'est avec des feuilles de plomb aussi peu épaisses que celles dont on se sert pour doubler les boîtes à thé, qu'en Angleterre on préserve les appartements de l'humidité qui pénètre par les murs. On fixe ces feuilles sur les murs avec de petits clous de cuivre, et on colle ensuite le papier de tenture immédiatement sur le plomb. Ces feuilles métalliques, qui ne pèsent que 250 et même 125 grammes au décimètre carré, ne sont aucunement perméables à l'eau.

On est parvenu tout récemment à étirer le plomb en fils assez fins. Un sieur Poulet, de Paris, fabrique, depuis 1843, des fils de plomb pour les jardiniers et les horticulteurs. M. Dumas a vu récemment à l'arsenal de Woolwich, en Angleterre, des balles de fusil fabriquées par compression, au moyen d'un appareil qui étire le plomb en cylindres. Une machine portant des cavités sphériques saisit ces cylindres, et moule ainsi les balles. Les bavures sont enlevées à l'aide d'un emporte-pièce, et l'opération s'achève en jetant les balles dans un tonneau qu'on fait tourner, et où elles prennent la forme sphérique par leur frottement les unes contre les autres. Par ce procédé nouveau, on évite les souffures produites en coulant les balles dans un moule.

Dans le monde, on a l'habitude de prendre le plomb comme type de la lourdeur, et, quand on veut parler d'un objet très-pesant, on dit ordinairement : *lourd comme plomb*. Cependant, parmi les métaux, il n'arrive qu'en septième ordre sous le rapport de la densité ; car le platine, l'or, l'iridium, le tungstène, le mercure et le palladium sont plus lourds que lui. Bien des personnes n'entendront pas dire sans surprise que l'or, à volume égal, pèse environ $\frac{4}{4}$ de plus que le plomb.

L'oxydation de ce métal dans l'air humide est très-prompte, mais superficielle ; il perd son éclat métallique, et sa surface devient d'un gris mat ; c'est un sous-oxyde qui se forme. Toutefois, le plomb est inaltérable dans l'air privé d'acide carbonique.

Sous l'eau non aérée, il garde son éclat ; il en est de même sous l'eau qui contient des matières organiques ou des sels en dissolution. Mais dans l'eau aérée et pure, il s'oxyde rapidement et se change en hydrate et en carbonate de plomb dont une partie se dissout à la faveur d'un excès d'acide carbonique. Barruel et Mérat ont retiré 62 grammes d'hydrate et de carbonate de plomb très-bien cristallisés de 6 voies d'eau laissées pendant deux mois dans une cuve doublée en plomb. Le professeur Christison, d'Edimbourg, a également constaté que de l'eau de source très-pure qui circule dans des conduits de plomb se charge d'une proportion de carbonate de plomb assez grande pour incommoder les personnes qui en boivent. C'est du carbonate de plomb hydraté, qui apparaît en croûte blanche sur les parois des bassins et des réservoirs en plomb qui contiennent de l'eau, précisément au contact du liquide, et non au-dessus. La conséquence à tirer de ces faits, c'est qu'il faut éviter d'appliquer aux usages économiques l'eau qui a séjourné dans des vases en plomb.

ALLIAGES DE PLOMB. — Pour préparer la grénaille de plomb, on ajoute un peu d'*arsenic* au plomb, qui alors s'arrondit mieux. C'est à Southwark, en Angleterre, qu'on a commencé à préparer la dragée de plomb, en faisant tomber le métal, sous forme de gouttes, du haut d'une tour. Avant cette époque,

on le coulait dans l'eau à travers un tamis.

Avec parties égales d'*antimoine*, le plomb donne une masse poreuse et cassante ; avec un tiers d'antimoine, il produit un alliage malléable, mais poreux et dur ; avec un quart jusqu'à un seizième d'antimoine, il forme la combinaison dont on se sert ordinairement pour fondre les caractères typographiques.

Le *mercure* se combine très-aisément avec le plomb. L'amalgame qui en résulte a une pesanteur spécifique supérieure à celle des deux métaux pris isolément.

Le plomb et l'*étain* s'allient en toutes proportions. En faisant fondre ensemble deux parties d'étain et une de plomb, en volumes, on obtient, d'après Kupffer, un alliage dont la pesanteur spécifique est la moyenne de celle des deux métaux. Mais quand on ajoute une plus grande proportion d'étain, la combinaison augmente de volume et sa densité diminue. L'alliage de plomb et d'étain sert à la fabrication des tuyaux d'orgue ; et tout l'étain qu'emploient les potiers d'étain renferme un peu de plomb. L'étain dont on fait différents ustensiles peut être de trois espèces : l'une contenant trois pour cent, l'autre dix-sept pour cent, et la troisième cinquante pour cent de plomb. L'emploi de cette dernière espèce n'est permis que pour de petits objets, tels que des jouets d'enfants et autres semblables. On a essayé de déterminer la quantité de plomb contenue dans l'étain, au moyen de la pesanteur spécifique ; mais comme le mélange augmente de volume pendant la fusion, et acquiert une pesanteur spécifique inférieure à celle qu'il devrait avoir d'après le calcul, on ne peut guère se servir de ce moyen. Avec parties égales de plomb et d'étain, on prépare la soudure des ferblantiers. Cette combinaison est remarquable par la facilité avec laquelle elle s'enflamme à la chaleur rouge, et continue à brûler sans le secours de la chaleur extérieure ; l'oxyde qui se forme dans ce cas produit des végétations semblables à des choux-fleurs. Quelquefois même ce mélange d'oxydes s'échauffe à un tel point, qu'il se volatilise en grande partie. C'est lui qui fait la base de l'émail ordinaire et de l'émail des poêles blancs d'appartement. Dix-neuf parties de plomb et vingt-neuf parties d'étain forment un alliage très-fusible, avec lequel on fait ce qu'on appelle les brillants de Fahlun : on réunit quelques tubes de verre, qui, soudés chacun à l'une de leurs extrémités, ont été taillés en manière de brillants et bien polis, puis on en forme la figure de brillants assemblés, que l'on veut imiter ; ensuite on fait fondre le mélange, et quand il est assez refroidi pour qu'il en reste un peu d'adhérent à un morceau de verre qu'on y enfonce, on écume bien la surface avec une carte, et on plonge les tubes taillés dans le métal limpide, dont une couche mince se fige sur le verre ; cette couche se détache facilement après le refroidissement, et ressemble alors à un assemblage de pierres taillées en relief. Si l'on encadre une grande lentille dans un disque de liége, et qu'on la plonge de même dans le métal bien écumé, on obtient un miroir ardent dont la distance focale est moitié de celle de la lentille. Ces miroirs ont besoin d'être plongés plusieurs fois de suite pour acquérir l'épaisseur convenable, et il faut en garnir le côté postérieur avec du plâtre. Le côté poli se conserve très-bien à l'air, lorsqu'on le garantit de la poussière; mais on ne peut point y toucher, ni le nettoyer, sans qu'il se raie et perde son poli. Un mélange d'une partie de plomb, d'une d'étain et de deux de bismuth, ou de huit parties de bismuth, de cinq de plomb et de trois d'étain, est si fusible, qu'il fond dans l'eau bouillante. Suivant Erman fils, l'alliage fait d'après les premières proportions change de volume par la chaleur d'une manière très-singulière. Si l'on suppose son volume à zéro égal 100, il augmente régulièrement jusqu'à + 44 degrés, température à laquelle il est de 100,83; si on le chauffe davantage, il se condense, jusqu'à ce que, entre + 57 et + 58 degrés, il ait repris le même volume qu'à zéro, c'est-à-dire 100; il continue à se condenser jusqu'à 68,8 degrés, où son volume est de 99,389; à partir de ce point, il recommence à se dilater; de sorte qu'à + 87,5 degrés, il atteint pour la troisième fois le volume de zéro. A + 93,75, il entre en fusion, et son volume est alors de 100,86. L'alliage fait d'après la dernière des deux proportions précitées, a été découvert par Newton; de là le nom d'alliage fusible de Newton qu'on lui a donné. Si on le plonge rapidement dans de l'eau froide, qu'on l'en retire de suite et qu'on le prenne dans la main, il redevient assez chaud, au bout de quelques instants, pour brûler les doigts. Ce phénomène tient à ce que pendant la solidification et la cristallisation des parties internes, le calorique latent de ces dernières est mis en liberté et se communique à la surface, auparavant figée et refroidie. Si l'on ajoute à la masse un seixième de son poids de mercure, elle devient encore plus fusible. On en fait des cuillers à thé, qui se ramollissent et fondent, quand on les plonge dans du thé bien chaud. Pour étamer l'intérieur de tubes de verre avec cet alliage, on place un bout du tube dans l'alliage fondu, on aspire par l'autre bout pour y faire monter l'alliage, et on le laisse sortir de suite; il reste alors sur la paroi interne du tube une mince pellicule miroitante. Un alliage semblable sert à étamer les globes de verre. Döbereiner a remarqué qu'en faisant un mélange de 118 parties de râpure d'étain, 201 de râpure de plomb, 284 de bismuth réduit en poudre fine, et 1616 de mercure à + 18 degrés, la température s'abaisse de + 18 jusqu'à — 10 degrés, par la dissolution des métaux solides.

Tout le monde connaît les usages du plomb pour couvrir les toits des édifices, pour faire des réservoirs, des tuyaux de conduite, des ustensiles propres à faire bouillir de certains liquides, etc. Dans l'art de la teinture, on se sert de l'acétate plombique pour préparer les acétates aluminique et ferroso-ferrique, qui sont des mordants d'un usage très-étendu. En médecine, on emploie les sels plombiques à l'extérieur et à l'intérieur. Pris inté-

rieurement, ils agissent comme substances astringentes. On n'administre guère que l'acétate, et on le donne dans des hémorragies ainsi que dans les cas de phthisie. L'usage longtemps prolongé de ce sel développe des affections scorbutiques. Prises à fortes doses, les préparations de plomb produisent une espèce de constipation, de paralysie des instestins et d'affreuses douleurs d'entrailles, accidents dont l'ensemble est désigné sous le nom de *colique de plomb*. Les ouvriers qui travaillent dans les manufactures de blanc de plomb, sont exposés à la même maladie, quand ils travaillent sans que leurs mains soient garnies de gants, et chez eux elle est d'autant plus dangereuse, qu'elle se développe d'une manière lente : aussi produit-elle alors des douleurs plus fortes, qui résistent avec une grande opiniâtreté aux secours de la médecine; souvent les bras et les jambes tombent en paralysie, et la maladie est incurable.

SELS A BASE DE PROTOXYDE DE PLOMB.

Protocarbonate de plomb. — Voy. CÉRUSE.

Sulfate de plomb. — La nature offre ce sel tout formé, mais en petite quantité; il s'y rencontre cristallisé en prismes tétraèdres ou en octaèdres réguliers. On l'a trouvé en Russie, en Ecosse, en Espagne et en Allemagne.

Ce sel peut se préparer directement en traitant à chaud le plomb réduit en limaille par l'acide sulfurique concentré. Une partie de l'acide oxyde le métal et se transforme en acide sulfureux qui se dégage; l'autre s'unit au protoxyde pour former le sulfate de plomb. Mais, sans contredit, le procédé le plus simple est la décomposition d'un sel de plomb soluble. C'est même par ce moyen qu'est produit tout le sulfate de plomb qu'on trouve dans le commerce et qui est un résidu de semblables décompositions.

On a proposé de tirer parti de la grande quantité de sulfate de plomb qui est produite dans plusieurs opérations, soit pour la confection du cristal, soit pour celle de l'émail de la faïence, car ce sel, en contact à une haute température avec la silice, se décompose; l'oxyde de plomb s'unit à la silice pour former un silicate, et l'acide sulfurique est chassé à l'état de gaz acide sulfureux et de gaz oxygène. Plusieurs applications de ce sel dans la peinture à l'huile ont démontré qu'il pouvait être employé dans cet art à la place du blanc de plomb. Cette peinture, moins susceptible de noircir que celle faite avec le carbonate de plomb, jouit d'un autre avantage dont l'insolubilité de ce sel explique la raison, c'est de mettre les peintres à l'abri des coliques qui les affectent, et qui sont dues à l'absorption du blanc de plomb dont ils font ordinairement usage.

Quelques essais tentés par un jeune peintre, M. Chané, dont les produits ont figuré à l'exposition de 1827, ont fait connaître tout ce qu'il était possible d'attendre de cette application à la peinture.

Silicate de plomb. — Il est facile de l'obtenir, en faisant fondre ensemble de l'oxyde de plomb et de l'acide silicique, ou en précipitant le fluorure silicico-plombique par l'ammoniaque. Il entre dans la composition de plusieurs espèces de verre, ainsi que dans les vernis des faïences et des poteries. On a fait beaucoup d'essais pour obtenir un vernis exempt de plomb; mais on n'en a pas trouvé qui soit aussi fusible et aussi peu coûteux que le vernis ordinaire. Chaptal a proposé d'employer comme vernis, de la poudre de verre ordinaire. Cependant l'expérience a fait voir que le vernis ordinaire ne produit aucun effet nuisible, et qu'il est inattaquable aux corps légèrement acides, quand les objets qu'on a recouverts ont été cuits à une température suffisamment élevée. L'oxyde de plomb augmente la pesanteur spécifique du verre, ainsi que son pouvoir de réfracter la lumière et de disperser les couleurs ; il communique ces dernières propriétés aussi aux sels plombiques et à leurs dissolutions dans l'eau. L'oxyde plombique entre en grande quantité dans la composition du verre incolore, qui a reçu le nom de *flint-glass*, et que sa réfrangibilité rend indispensable à la construction des lunettes acromatiques. Si l'on fait fondre, à la flamme d'une lampe, du verre qui contient du plomb, il devient plus foncé, prend une couleur brunâtre et finit par devenir noir. Ce changement paraît provenir de la réduction de l'oxyde de plomb à l'état de sous-oxyde, et enfin à l'état de métal. La composition connue sous le nom de *pierre de ris*, et que les Chinois fabriquent, à ce qu'on dit, avec du ris, consiste en une espèce de verre formée, d'après Klaproth, de 41 parties d'oxyde plombique, 39 parties d'acide silicique et 7 parties d'alumine.

Chromate de plomb. — On le trouve à l'état cristallisé dans le règne minéral ; les minéralogistes lui ont donné le nom de *plomb rouge*. Il est d'un rouge de feu brillant, et les cristaux ont un pouvoir réfringent plus grand que la plupart des autres corps. Par des voies artificielles, on obtient ce sel en précipitant le nitrate plombique par le chromate potassique ; il forme alors une poudre d'une belle couleur jaune foncée, dont la nuance est plus ou moins foncée, suivant que la liqueur d'où on le précipite est plus ou moins saturée. Quand elle contient un excès d'acide, le précipité est d'un jaune citron ; il est d'un jaune orangé ou d'un rouge de cinabre quand elle contient un excès d'alcali. La nuance varie aussi, suivant que la précipitation s'est faite à froid ou à chaud ; cependant la couleur plus foncée que le sel prend quand on opère à chaud, disparaît presque toujours pendant le refroidissement de la liqueur. Cette combinaison est peu soluble dans les acides, et se décompose facilement quand on la traite à l'état de poudre, par un mélange d'acide hydrochlorique et d'alcool ; il se dégage alors de l'éther hydrochlorique et il se forme du chlorure chromique qui se dissout, tandis qu'il reste du chlorure plombique en non solution. Le chromate plombique est totalement dissous par la potasse caustique.

La belle couleur de ce sel l'a fait employer en peinture, et sous ce rapport il mérite la préférence sur toutes les autres couleurs minérales jaunes. On le connaît dans le commerce sous le nom de *jaune de chrome*, et on en trouve de différentes nuances. Il est tantôt pur, tantôt mêlé de beaucoup de gypse, qui ne diminue pas beaucoup l'intensité de la nuance. On trouve dans le commerce, sous le nom de *cinabre vert*, une couleur verte que l'on obtient en mêlant du bleu de Prusse et du chromate de plomb, tous deux récemment précipités et encore humides, en faisant sécher le mélange. On a aussi essayé de teindre des étoffes en jaune, en les imprégnant d'un sel de plomb, en les trempant ensuite dans une dissolution de chromate de potasse. La couleur supporte assez bien l'action des acides, mais elle est décomposée par les alcalis et par le savon ; cependant elle résiste mieux à l'action de ce dernier si, avant de passer l'étoffe dans la dissolution de chromate, on fixe le sel de plomb en trempant l'étoffe dans une dissolution de chlorite calcique, mêlée avec un excès de chaux.

Protophosphate de plomb. — Ce sel se rencontre dans la nature ; il constitue deux minéraux particuliers, cristallisés et variables par leur couleur : l'un est désigné sous le nom de *plomb phosphaté brun*, l'autre sous celui de *plomb phosphaté vert*.

PLOMB CHROMATÉ. *Voy.* CROCOÏSE.

PLOMBAGINE. *Voy.* GRAPHITE.

PLUIE. *Voy.* EAU.

PLUMES. — Les plumes sont, chez les oiseaux, ce que les poils sont chez les mammifères. Leur substance paraît aussi être la même que celle de ces derniers, et John prétend l'avoir trouvée identique avec elle. La couleur des plumes, quoique provenant, la plupart du temps, d'une matière colorante, est analogue à celle qu'on aperçoit sur des surfaces couvertes de stries très-fines, par exemple, sur la nacre de perle, sur les boutons de métal finement striés, etc. Les plumes des oiseaux aquatiques ne se mouillent point et n'admettent pas l'eau. Les plumes sont vraisemblablement le plus mauvais conducteur du calorique qui existe.

POILS. — La peau des mammifères est couverte de poils. Ceux-ci paraissent être composés de la même matière chimique que la corne, et n'en différer que par la forme. Ils tirent leur origine du côté interne de la peau, qu'ils traversent, ainsi que l'épiderme, par de petits canaux. Leur structure a quelque analogie avec celle des plumes ; seulement tout ce qu'on aperçoit dans celles-ci est tellement petit, dans les poils, qu'on ne peut plus l'y distinguer à l'œil nu. Chaque poil se compose d'un tube entouré extérieurement de petits prolongements écailleux, dont les pointes regardent l'extrémité libre du poil, ce qui fait que, quand on roule un poil entre les doigts, il se meut de manière à amener en avant l'extrémité qui lui sert de racine. L'intérieur du canal renferme, comme le tuyau des plumes, un organe délié, dont la destination est de fournir des liquides aux poils, et qui, dans certaines maladies (la plique polonaise et la teigne, par exemple), se gonfle à tel point que, quand on coupe le poil, il en suinte un liquide dans lequel on a même observé quelquefois du sang mélangé. Dans leur état naturel, les poils sont secs, inaltérables et insensibles. Ils deviennent fortement électriques par le frottement, ce qui fait que les cheveux secs et longs ont coutume de s'étendre, même de pétiller et de donner des étincelles à chaque coup de peigne, et que quand on passe la main, par un temps sec, sur le dos d'un chat, ou même d'un cheval, dans un endroit obscur, on voit paraître à chaque passe des étincelles, dont il n'est pas rare non plus que le pétillement se fasse entendre.

A proprement parler, la masse des poils a la même couleur que la corne ; la diversité de couleur qu'ils offrent chez l'homme et chez les animaux dépend, d'après les recherches de Vauquelin, d'une graisse colorée, et quand il s'agit de poils noirs, d'une certaine quantité de fer, qui s'y trouve vraisemblablement en état de sulfure. Une analogie frappante existe entre la couleur des poils et celle du corps papillaire. Il est possible que le pigment noir des nègres soit dû à une combinaison de soufre analogue, et que ce soit la cause de l'odeur désagréable qu'exhale leur peau. On peut, au moyen de l'alcool ou de l'éther, extraire cette graisse colorée, après la perte de laquelle les poils prennent une teinte de gris jaune. Lorsque sa sécrétion cesse par le progrès des années, le poil devient gris ou blanc. On possède même beaucoup d'exemples de jeunes gens chez lesquels cet effet a eu lieu d'une manière très-rapide et soudaine, sous l'influence d'affections morales débilitantes. Lorsque les poils repoussent dans un endroit où il y a eu un ulcère, ils ne prennent pas de couleur, mais viennent tout blancs.

Quand on met digérer des poils dans l'alcool, cette graisse se trouve extraite. Si, après les avoir coupés en petits brins, on les fait bouillir avec de l'alcool, l'ébullition est ordinairement beaucoup plus sujette à des soubresauts que de toute autre manière, et les vaisseaux en verre ne tardent pas à se briser. Ce phénomène paraît tenir à ce que les poils ne sont point conducteurs, et en même temps à ce que leurs extrémités s'enclavent en quelque sorte les unes dans les autres. La graisse extraite par l'alcool est ordinairement acide, et contient de l'acide margarique et de l'acide oléique ; celle des cheveux roux est d'un rouge de sang, et celle des cheveux noirs d'un gris vert ; celle des cheveux châtains et blonds a la couleur ordinaire de ces acides. Mais, en même temps que cette graisse, l'alcool extrait une assez grande quantité de chlorure sodique et de chlorure potassique, avec un peu de chlorure ammoniaque, et une matière extractive acide, incolore, déliquescente, qui est de même nature que celle qu'on trouve dans les liquides de la viande ; elle contient cependant aussi du lactate ammoniaque. Ces sels et cette matière extractive n'appartiennent point à la composition des poils ; ils proviennent de la matière de la transpiration desséchée à la surface de ceux-ci. La masse pileuse restante abandonne à l'eau une petite quantité d'une matière extractive, insoluble dans l'alcool, qui prouve également de la transpiration, et le résidu se comporte de même que la corne avec les réactifs.

D'après Vauquelin, les poils donnent un et demi pour cent de leur poids d'une cendre jaune, ou d'un brun jaune, qui contient de l'oxyde ferrique et des traces d'oxyde manganique, avec du sulfate, du phosphate et du carbonate calciques, plus une trace de silice. Les cheveux noirs sont ceux qui laissent le plus de fer ; il y en a moins dans les roux ; et ceux qui en contiennent le moins sont les blonds, où, en place de ce métal, on trouve une certaine quantité de phosphate magnésique.

Vauquelin, ayant fait cuire des poils dans le digesteur, à une forte pression, c'est-à-dire à une température très-haute, trouva qu'ils se dissolvaient dans l'eau, mais que la matière dissoute variait suivant l'élévation de la température. Moins celle-ci était élevée, et moins la dissolution avait altéré la composition des poils. Les poils noirs laissent une huile de couleur foncée, qui doit cette teinte à du sulfure de fer : les roux laissent de l'huile rouge (1). La dissolution est presque incolore ; elle contient un peu de sulfide hydrique ; aussi noircit-elle les dissolutions plombiques et argentiques. Quand on l'évapore, le sulfide hydrique se dégage, et il reste une masse visqueuse, susceptible de se redissoudre dans l'eau. On ne peut pas obtenir qu'elle se prenne en gelée. Sa dissolution aqueuse est précipitée par les acides concentrés (mais non par les acides étendus), par le chlore, le sous-acétate plombique et l'infusion de noix de galle. Au total, elle se comporte comme la portion soluble de la corne qu'on a obtenue par la coction avec de l'alcali. Si la chaleur a été portée trop loin pendant la dissolution des poils, la liqueur est brune, elle a une odeur empyreumatique, et elle contient du carbonate ammoniaque, tandis que la paroi interne de la marmite est passée à l'état de sulfure.

Les poils ont la même affinité que l'épiderme pour divers sels métalliques, qui également les colorent de même. On se teint les cheveux, et surtout la barbe, en noir, avec une dissolution de nitrate argentique dans l'éther, qui a, toutefois, cela de désagréable qu'elle expose beaucoup ceux qui s'en servent à se noircir aussi la peau. On évite cet inconvénient en broyant le sel ar-

(1) M. Van-Laer, qui a examiné de nouveau, en 1843, les cheveux, y a trouvé en moyenne 5 p. 100 de soufre, mais non les huiles colorées signalées par Vauquelin ; et, d'après lui, si la couleur des cheveux est due à une matière colorante particulière, cette dernière est en quantité trop minime pour être découverte au moyen des réactifs.

gentique d'abord avec de l'hydrate calcique, puis avec un peu de pommade et d'huile, de manière à en faire un onguent, dont on se frotte les cheveux. C'est par ce dernier moyen qu'on noircit les taches blanches qui ont été produites sur le dos des chevaux après des blessures occasionnées par la pression de la selle. La matière noircissante est du sulfure d'argent, formé par le soufre des poils. Une autre manière de noircir les poils consiste à réduire une partie de minium bien pulvérisé, et quatre parties d'hydrate calcique, avec une faible dissolution de bicarbonate potassique, en une bouillie claire, dont on enduit les cheveux, par-dessus lesquels on met un bonnet de taffetas ciré, ou, à défaut de cette coiffure, des feuilles de chou fraîches, afin d'empêcher l'évaporation. Il se forme alors une combinaison d'oxyde plombique et de potasse, ainsi que du carbonate (et du tartrate) calcique; la première pénètre bientôt les cheveux, et donne naissance à du sulfide hydrique, qui les noircit aussitôt au moyen du sulfure de plomb produit. On ne parvient pas à noircir les cheveux en les mordançant d'abord avec un sel plombique, puis les traitant par un sulfure alcalin, parce que de cette manière le plomb ne pénètre point, et qu'ensuite le noir produit s'enlève toujours par le lavage.

La destination des poils est de conserver la chaleur du corps. Ce sont les plus mauvais conducteurs du calorique que l'on connaisse ; et comme ils se trouvent fixés à une très-petite distance les uns des autres, ils conservent entre eux une couche d'air échauffée et à demi emprisonnée, qui contribue davantage encore à empêcher la température de l'air ambiant d'influer sur le corps.

Les divers usages auxquels les poils, la laine, le crin, la soie de cochon, etc., servent dans les arts, sont généralement connus.

POIRÉ. *Voy.* CIDRE.

POISON (*substance toxique*). — On donne le nom de poison à toute substance qui, introduite dans l'économie animale, occasionne à petite dose une altération profonde, rapide, et souvent suivie de mort. C'est cette rapidité d'action qui caractérise essentiellement le poison. Cela est si vrai, qu'en présence de symptômes d'un mal inconnu, mais dont la gravité va rapidement en croissant, la première idée qui se présente à l'esprit est celle d'un empoisonnement. C'est pourquoi le choléra, et d'autres maladies dont la cause n'est pas manifeste, ont été primitivement confondus avec des empoisonnements.

La nature de l'altération propre à déterminer la mort varie suivant le genre des poisons. Cette altération est ou *apparente*, c'est-à-dire appréciable par nos sens, ou *non apparente*. L'altération appréciable par nos sens peut être l'effet de deux causes différentes, l'une *mécanique*, l'autre *chimique*. Ainsi, des corps durs à saillies ou arêtes tranchantes, tels que du verre, de la si-

lice, etc., pilés, peuvent, après leur introduction dans le canal digestif, occasionner la mort par une lacération toute mécanique des tissus. Ailleurs ces mêmes tissus sont profondément altérés dans leur couleur, dans leur texture, dans leur consistance, par des corps tels que l'acide sulfurique, l'acide nitrique, la potasse, l'ammoniaque, etc. Mais là, l'altération est l'effet d'une cause chimique. L'acide sulfurique enlève l'eau à tous les corps avec lesquels il se trouve mis en contact. Il en est si avide, qu'il provoque la combinaison de l'oxygène avec l'hydrogène, là où ces éléments se rencontrent exactement dans les proportions pour former de l'eau. C'est pourquoi il carbonise le bois, qui n'est autre chose qu'un composé de carbone d'hydrogène et d'oxygène. Mais, non content d'absorber l'eau, l'acide sulfurique forme, avec les éléments, des tissus détruits, des combinaisons nouvelles, souvent très-complexes. L'acide nitrique dénature les tissus par son action oxydante. La potasse et l'ammoniaque, également très-avides d'eau, forment des composés particuliers (espèce de savons) avec certains principes organiques que ces bases énergiques rencontrent au sein de l'organisme. Enfin, dans les deux cas, la lésion mortelle est bien appréciable, quoique déterminée par deux causes différentes.

Mais les substances toxiques ont un troisième mode d'action; c'est lorsqu'elles ne laissent aucune trace visible de l'altération qui a causé la mort. Les poisons de ce genre sont d'ordinaire mortels à de très-petites doses. L'acide prussique, la strychnine, la morphine, enfin presque tous les poisons organiques, sont dans ce cas. Ces poisons sont réputés causer la mort par leur action sur le système nerveux, comme si toute action sur l'économie vivante ne devait pas aboutir à l'inervation. Ce qu'il y a de certain, c'est que ces poisons troublent ou arrêtent brusquement la force qui maintient la vie. C'est là un phénomène essentiellement dynamique

D'après ce qui vient d'être dit, je propose donc de diviser tous les poisons en trois classes :

1. *Poisons mécaniques.* — Altération matérielle bien appréciable, déterminée par une cause mécanique. Contre-poison nul.

Corps du délit très-facile à constater.

2. *Poisons chimiques.* — Altération matérielle bien appréciable, déterminée par une cause chimique. Contre-poison efficace; neutralisant (pour les acides et bases), ou changeant des corps solubles et actifs en corps insolubles et inertes (pour les sels).

Corps du délit moins facile à constater.

3. *Poisons dynamiques.* — Altération non appréciable physiquement, déterminée par une cause dynamique. Action presque instantanée. Contre-poison d'un effet incertain.

Corps du délit le plus difficile à constater.

Cette classification diffère, autant que je

sache, de toutes celles qu'on a proposées jusqu'ici. Je la propose, non par esprit de théorie, mais parce qu'elle implique les idées de pratique, et qu'elle semble se rapprocher davantage du niveau des autres sciences. Car les classifications toxicologiques doivent être tout à la fois empruntées à la physique, à la chimie et à la physiologie. La classe des poisons mécaniques, dont l'action s'explique d'une manière très-simple, ont été anciennement, et surtout au moyen âge, d'un emploi plus fréquent qu'on ne se l'imagine. Les mélanges hétéroclites, décrits par les alchimistes, devaient souvent leur action toxique aux matières vitreuses produites par la fusion du nitre avec les oxydes plombiques, stanniques, ou antimoniques. Aujourd'hui ce genre de poisons ne semble plus digne d'occuper l'attention du toxicologiste. La classe des poisons chimiques est la plus nombreuse ; elle comprend presque toutes les substances minérales réputées vénéneuses. Parmi ces substances, il y en a quelques-unes qui semblent occuper la limite extrême entre la deuxième et la troisième classe. L'arsenic, les sels solubles de cuivre, de plomb et de mercure, en sont des exemples. En effet, les lésions matérielles, déterminées par ces substances, ne sont pas en rapport avec les troubles profonds qu'elles occasionnent dans les fonctions de l'économie. Les poisons de la troisième classe ne sont pas moins nombreux ; leur présence est en général aussi difficile à constater que leurs effets sont difficiles à combattre.

(Hoefer.)

POIVRE. — La plante qui le fournit paraît originaire de l'Inde ; mais elle est l'objet d'immenses cultures entre les tropiques, surtout dans l'Inde anglaise, les îles de Java, à Sumatra, à Bornéo, à Cayenne, etc. Outre une huile concrète très-âcre, d'où dépendent les propriétés actives de ce fruit, les chimistes y ont reconnu un principe immédiat azoté, insipide et neutre, doué de vertus fébrifuges ; on l'appelle *pipérin*.

Si l'usage du poivre est pour ainsi dire indispensable aux habitants des pays chauds, pour contrebalancer, par ses propriétés stimulantes, la débilité des organes digestifs produite par la chaleur excessive du climat, chez nous c'est un assaisonnement de luxe dont on pourrait très-bien se passer. « Quand on songe, dit M. Mérat, que l'Inde a été le théâtre de guerres cruelles pour conquérir ce fruit, et que l'Europe dépense environ 40 millions par an pour s'en pourvoir, on ne peut que déplorer la bizarrerie humaine. » Une substance, si riche en principes âcres, chauds et aromatiques, est regardée par beaucoup de gens comme un rafraîchissant ! C'est encore un de ces préjugés populaires qu'il faut poursuivre avec l'arme du ridicule. C'est comme si le feu, loin de brûler, rafraîchissait nos membres.

Les grains non mûrs sont connus sous le nom de poivre noir ; les grains mûrs, débarrassés de l'épiderme, constituent le poivre blanc.

POIX MINÉRALE ÉLASTIQUE (*bitume élastique, caoutchouc fossile*). — C'est un produit minéral très-rare, qui n'a été trouvé jusqu'à présent qu'en trois endroits, savoir : 1° dans une mine appelée Odin, en Derbyshire, qui contient des filons de galène, qui coupent un calcaire secondaire, et dans lesquels la poix élastique se trouve placée entre des cristaux de galène, de zinc sulfuré, de chaux fluatée, de chaux carbonatée et de barite sulfatée ; 2° dans une mine de charbon de terre près de Montrelais, en France, où on le trouve, entre des cristaux de quartz et de chaux carbonatée, dans des filons d'un grès qui appartient à la formation de la houille ; 3° dans une mine de charbon de terre près de South-Bury, dans le Massachusets. — La poix minérale élastique est brune, ou d'un brun noirâtre, et translucide en portions minces. De même que le caoutchouc, elle est élastique et molle, mais quelquefois aussi elle est dure comme du cuir, et elle partage avec le caoutchouc la propriété d'effacer des traces de crayon de graphite sur le papier ; mais celui-ci en est taché. Elle est ordinairement plus légère que l'eau, c'est-à-dire d'une densité de 0,905 ; quelques morceaux de ce corps tombent au fond de l'eau, mais alors ils contiennent des substances minérales étrangères. Elle entre facilement en fusion, et s'altère en même temps. A une température plus élevée, elle prend feu et brûle avec une flamme luisante et fuligineuse, en laissant quelquefois jusqu'à $\frac{1}{4}$ de son poids d'une cendre composée principalement de silice et d'oxyde ferrique. Si l'on chauffe dans un vase distillatoire le bitume élastique fossile d'Angleterre, il donne une eau acide et une huile volatile, d'une odeur analogue à celle de l'huile de naphte. Cette huile n'est ni acide ni alcaline, peu soluble dans l'alcool, facile à dissoudre dans l'éther. Après la distillation de cette huile et de l'eau acide, il reste dans la cornue une masse brune, visqueuse, insoluble dans l'eau et dans l'alcool, soluble dans l'éther et dans la potasse caustique. Si l'on continue la distillation, il ne reste dans la cornue qu'un charbon noir et brillant, et il passe une huile pyrogénée dont l'odeur rappelle en même temps celle de l'huile de succin. Le bitume élastique de Montrelais donne à la distillation une huile jaune, amère, puante, plus légère que l'eau, insoluble dans l'alcool ; elle réagit à la manière des acides, et se dissout dans les alcalis. Dans l'huile de térébenthine et dans l'huile de pétrole, le bitume élastique se gonfle. Suivant Henry fils, l'éther et l'huile de térébenthine bouillants extraient du bitume anglais et du bitume français une espèce de résine molle qui reste après l'évaporation du dissolvant. Elle est d'un jaune brunâtre, dépourvue d'élasticité et amère ; son poids s'élève à peu près à la moitié de celui du bitume employé. Elle est peu soluble dans l'alcool, mais elle se dissout assez facilement dans la potasse ; elle est inflammable et brûle en répandant une odeur de pétrole. La por tion de matière qui est insoluble dans l'éther et dans l'huile de térébenthine consiste en une masse grisâtre, sèche, qui ressemble à du papier ; elle brûle difficilement en se charbonnant ; la potasse ne la dissout qu'en partie. Si après avoir séparé ces deux principes, on les mêle de nouveau, la masse ne reprend pas l'élasticité du caoutchouc fossile. — L'acide sulfurique concentré n'agit pas sur ce corps. Quand on le fait bouillir longtemps avec de l'acide nitrique, il donne les produits ordinaires, savoir : de la résine, du tannin et un peu d'acide nitropicrique. Henry fils a analysé le bitume élastique ; il l'a trouvé composé de :

	Bit. d'Odin.	Bit. de Montrelais.
Carbone	52,250	58,260
Hydrogène	7,496	4,890
Nitrogène	0,154	0,104
Oxygène	40,100	36,746

POIX. *Voy.* GOUDRON.

POIX DE BOURGOGNE. *Voy.* TÉRÉBENTHINE.

POLLÉNINE. — Le pollen des fleurs contient une matière végéto-animale particulière, qui ne consiste ni en gélatine ni en albumine végétale, mais renferme du nitrogène et donne par conséquent de l'ammoniaque à la distillation. Les caractères distinctifs de cette substance sont son insolubilité dans la plupart des dissolvants, tels que l'eau, l'alcool, la potasse caustique et carbonatée, ainsi que sa propriété de brûler avec une grande facilité. C'est cette substance qui produit une flamme presque explosive quand on met du lycopodium (le pollen du *lycopodium clavatum*) en contact avec la flamme d'un corps en combustion. Fourcroy et Vauquelin sont les premiers qui aient dirigé l'attention sur ce corps, en faisant l'analyse du pollen du dattier. Bucholz examina le pollen du lycopodium, et fit connaître plusieurs de ses propriétés ; enfin John prouva qu'il constitue un principe végétal particulier, auquel il donna le nom de *pollénine*.

POLYCHROISME. — On a fait voir depuis longtemps, dans les ouvrages de physique, qu'un grand nombre de substances avaient la propriété de donner une couleur d'une certaine espèce par réflexion, et une couleur différente, qui souvent n'était pas complémentaire, par réfraction ; mais il faut bien distinguer ce phénomène de ceux dont nous voulons parler ici, et où les couleurs différentes se manifestent toutes par réfraction ; c'est-à-dire que quand on place certains minéraux entre l'œil et la lumière, on les voit d'une couleur ou d'une autre, suivant le sens dans lequel les rayons lumineux les traversent.

L'observation fait voir que ces phénomènes particuliers sont liés invariablement avec la forme dont les minéraux sont susceptibles. Il n'y a pas de différence de couleur dans les substances qui appartiennent au

système cubique, quel que soit le sens dans lequel la lumière les traverse ; ce n'est que dans les minéraux doués de la double réfraction, qu'on observe des différences plus ou moins marquées. Dans ceux qui n'ont qu'un axe de double réfraction, on n'observe que deux teintes extrêmes, ce qui constitue le *dichroïsme ;* l'une, lorsque la lumière traverse le cristal parallèlement à l'axe de double réfraction, l'autre, lorsqu'elle le traverse perpendiculairement : dans toutes les positions intermédiaires, les couleurs participent de l'une et de l'autre espèce. La cordiérite, la tourmaline, le mica du Vésuve, l'émeraude, etc., etc., présentent très-fréquemment ce phénomène. La cordiérite est ordinairement bleue dans un sens, et d'un bleu violâtre dans l'autre ; la tourmaline est ordinairement d'un noir opaque, parallèlement à l'axe, et verte, brune, rouge, etc., perpendiculairement à ce même axe.

Dans les cristaux à deux axes de double réfraction, la théorie conduit à admettre l'existence du *trichroïsme ;* une des couleurs extrêmes peut être donnée lorsque la lumière traverse le corps parallèlement au plan des axes et à la ligne moyenne ; une autre, lorsque la lumière traverse parallèlement à ce plan et perpendiculairement à la ligne moyenne, et une troisième, enfin, lorsque la lumière traverse le corps perpendiculairement à ce plan et à la ligne moyenne. M. Sorret a vérifié ces phénomènes sur une topaze du Brésil, dont la teinte était rouge, et qui ne paraissait pas avoir été brûlée ; dans la première direction, la couleur était le rose avec une légère teinte jaunâtre ; dans la seconde, c'était le violet sans mélange de jaune ; et dans la troisième on reconnaissait un blanc jaunâtre ; ces teintes extrêmes passaient de l'une à l'autre dans les positions intermédiaires.

On peut donc dire en général que les substances qui se rapportent au système cubique sont *unichroïtes ;* que les substances qui n'ont qu'un axe de double réfraction sont *dichroïtes*, et enfin, que les substances à deux axes sont *trichroïtes*. Mais il ne faut pas s'attendre à pouvoir observer toujours ces phénomènes ; ils n'ont lieu que dans les substances diaphanes colorées, et alors même il arrive fréquemment qu'ils ne se manifestent pas, soit que la différence des teintes se trouve trop faible pour pouvoir être appréciée, soit, comme le suppose M. Biot, que la matière colorante se trouve interposée sans cristallisation, ou cristallisée confusément.

POMMES DE TERRE (*solanum tuberosum*). — Les pommes de terre ont été analysées par plusieurs chimistes ; mais l'analyse la plus complète et la plus exacte qui ait été faite de cette racine est d'Einhof. En outre, la composition des pommes de terre a été déterminée par Pearson, Lampadius et Henry jeune. Voici les résultats généraux de ces analyses :

	Fibrine.	Amidon.	Album. végétale.	Gomme.	Acides et sels.	Eau.	
Pommes de terre rouges	7,0	15,0	1,4	4,1	5,1	75,0	Einhof.
Id. germées.	6,8	15,2	1,5	3,7	—	73,0	—
Germes de pommes de terre. . .	2,8	0,4	0,4	3,3	—	93,0	—
Pommes de terre en rognons. .	8,8	9,1	0,8	—	—	81,3	—
Grandes pommes de terre rouges.	6,0	12,9	0,7	—	—	78,0	—
Pommes de terre sucrées	8,2	15,1	0,8	—	—	74,3	—
Pommes de terre du Pérou. . .	5,2	15,0	1,9		1,9	76,0	Lampad.
Id. anglaises.	6,8	12,9	1,1		1,7	77,5	—
Id. d'ognon.	8,4	18,7	0,9		1,7	70,3	—
Id. du Voigtland	7,1	15,4	1,2		2,0	74,3	—
Id. cultivées dans le voisinage de Paris.	6,79	13,3	0,92	3,3	1,4	73,12	Henry.

A ces principes il faut en joindre quelques autres, que Vauquelin a découverts dans le suc exprimé des pommes de terre, savoir : 0,1 pour cent du poids des pommes de terre d'asparagine cristallisable ; 0,4 à 0,5 pour cent d'une substance azotée, semblable à de la gomme, non précipitable par le tannin; une substance résinoïde, molle, qui répand une odeur agréable quand on la chauffe ; une matière extractive qui noircit à l'air ; de l'acide citrique libre; des citrates potassiques et calciques et des phosphates des mêmes bases. Enfin, Baup prétend avoir trouvé un peu de solanine dans les pommes de terre, et surtout dans leurs germes.

Maladie des pommes de terre. — Un terrible fléau est venu, depuis cinq ans, détruire une grande partie des pommes de terre des récoltes de 1845, 1846, 1847, 1848 et 1849. On l'a désigné sous le nom de *maladie des pommes de terre.*

Cette espèce d'épidémie apparut, en 1843, aux États-Unis d'Amérique, et s'y est reproduite en 1844 ; parvenue en Europe l'année suivante, elle s'est montrée successivement en Allemagne, en Belgique, en Hollande, en Irlande, en Angleterre, et s'est introduite en France par le nord, s'avançant bientôt jusqu'au centre, et atteignant, dès l'année 1845, plusieurs localités du midi. Ce grave événement mérite de fixer l'attention des agriculteurs, des économistes et des manufacturiers.

On s'est vivement préoccupé des causes du mal et des moyens de le prévenir. De toutes les opinions émises à ce sujet, la seule qui jusqu'à ce jour ait pu expliquer les phénomènes physiologiques et chimiques observés, qui ait permis de prévoir la propagation du mal et d'indiquer les précautions à prendre pour limiter ses ravages, est celle qui admet l'introduction, dans les tubercules malades, d'un organisme parasite.

La présence d'un champignon microscopique observé d'abord par M. Montagne, en France, puis par plusieurs savants naturalistes, Morren de Liége, Berkeley et Lindley de Londres, a partout coïncidé avec l'invasion de la maladie.

Ce champignon, désigné par M. Montaigne sous le nom de *botrytis infestans,* se propage avec une étonnante rapidité par ses innombrables sporules; il se développe dans les stomates de feuilles, répand rapidement ses émanations dans les canaux séveux des tiges;

on voit, surtout aux époques de la maturité, dans l'étendue de vastes champs de pommes de terre, les feuilles et les tiges flétries et couchées sur le sol du jour au lendemain, puis les tubercules sont envahis à leur tour, et tous les phénomènes chimiques qui s'y passent graduellement correspondent aux influences qu'exercent plusieurs espèces de champignons parasites : dissolution de la fécule, assimilation partielle dès matières azotées, grasses, minérales, etc.

L'étude approfondie qu'en a faite M. Payen, à ce point de vue, dès sa première invasion, lui a permis de présager le retour probable du même fléau. En se fondant aussi sur cette hypothèse, qui rendait compte de tous les faits bien observés, la société centrale d'agriculture a publié chaque année des instructions sur les précautions qu'ont à prendre les cultivateurs pour amoindrir le mal, utiliser les récoltes envahies, etc.

Ces notions positives ont puissamment contribué chez nous à resserrer entre certaines limites le dommage, à nous mettre à l'abri des épouvantables désastres que cette sorte d'épidémie végétale a occasionnés en Irlande : là, des conseils contraires ont chaque année déterminé les cultivateurs à reproduire les mêmes cultures, loin d'abandonner l'imprudente pratique qui fonde presque sur une seule plante la subsistance d'un peuple entier; subsistance, par conséquent, tout entière compromise !

Des observations microscopiques, des recherches analytiques nombreuses et concordantes, ont permis de définir nettement les caractères de la maladie spéciale. Nous allons les indiquer brièvement.

Si l'on coupe en deux un tubercule envahi et chez lequel même le mal soit à peine apparent à l'extérieur, on remarque sur la coupe des taches rousses qui se ramifient dans la partie corticale. Ces taches semblent très-générales, plus intenses vers la tige, ainsi que dans les points correspondants aux racines latérales et aux bourgeons rudimentaires où les vaisseaux aboutissent. Cette coloration, qui diminue la transparence du tubercule, n'est le signe ni d'une fermentation, ni d'une meurtrissure, mais d'une végétation parasite reliant le tissu de la pomme de terre, et la rendant ainsi plus résistante et moins translucide.

En effet, si l'on soumet à l'ébullition dans l'eau, pendant quatre heures, un tubercule attaqué récemment, on observe, après la coction, que les portions non atteintes sont devenues molles et farineuses comme cela a lieu pour les pommes de terre saines soumises à la cuisson, tandis que les parties tachées dont la teinte rousse est alors plus foncée, sont résistantes et ne s'écrasent point entre les doigts. On pourrait même profiter de cet effet pour séparer des parties saines, à l'aide d'un tamisage, les portions ainsi indurées. L'observation microscopique de ces dernières y démontre des granules très-nombreux, indices d'une production cryptogamique spéciale.

Les réactions de la végétation parasite dissolvent par degrés, puis transforment en eau et en acide carbonique presque toute la fécule, en absorbant les substances azotées et les matières grasses.

Cette dissolution de la fécule devient même visible à l'œil nu sur une tranche très-mince ; on la voit mieux encore, lorsqu'après avoir fait bouillir les tranches dans l'eau, on les imprègne d'une solution aqueuse d'iode, qui colore en bleu les cellules remplies de fécule, et laisse incolores celles dont la matière amylacée a disparu dans une zone, plus ou moins profonde, parallèle aux progrès de la substance organique rousse, de sorte que les cellules vides restent transparentes et incolores.

En soumettant à la coction un tubercule malade, séparant ensuite toutes les parties rousses que l'on épure à chaud pendant quatre ou cinq heures, avec de l'eau aiguisée d'acide sulfurique, on obtient une substance qui peut servir aux analyses élémentaires. La détermination de l'azote dans cette matière est venue constater qu'il existe un grand rapport de composition entre elle et divers champignons précédemment analysés. En effet, elle contient 9,75 d'azote, et le champignon de couche en donne 9,98.

Cette maladie se communique d'un sujet à l'autre par le contact convenablement établi, durant douze ou quinze jours, entre une tranche d'un tubercule atteint de cette affection et une section fraîche d'un tubercule sain. Cette sorte de contagion a fait des progrès rapides après les récoltes de 1845 et 1846, surtout dans les silos. Au lieu de les renfermer ainsi, on doit donc se hâter de les faire consommer par les bestiaux (1).

(1) MM. Magendie, Sageret, etc., ont observé de nombreux exemples de cultures de tomates (*solanum lycopersicum esculentum*) attaquées dans le voisinage des champs de pommes de terre, et présentant les caractères de l'affection spéciale de celles-ci. M. Payen a constaté la présence du *botrytis infestans* reproduit à l'intérieur de ces fruits à l'exclusion, au moment de leur ouverture, de tout autre champignon. Les parties atteintes par les émanations du *botrytis* offrirent les mêmes caractères que celles envahies dans les pommes de terre, notamment la coloration rousse, l'induration après la coction à 100°, la résistance à la fermentation, la composition immédiate et élémentaire. Plusieurs plantes de familles différentes, particulièrement des betteraves, des navets et des carottes, ont éprouvé quelques atteintes du même

Lorsque la végétation cryptogamique s'est développée, surtout à la faveur de la température et de l'humidité, la pomme de terre commence à se désagréger, des insectes viennent l'attaquer, et bientôt la putréfaction s'en empare, détruit même les champignons, qui résistent toutefois plus longtemps que les parties saines à toutes les réactions spontanées.

Le meilleur parti qu'on puisse tirer des pommes de terre dès qu'elles sont atteintes, est évidemment de les soumettre à la râpe, pour en séparer la fécule avant que celle-ci ait été plus profondément altérée.

On éprouve toujours, en traitant ces tubercules trop tardivement, une déperdition notable, outre qu'une forte proportion du produit est de la fécule de seconde qualité, qui se dépose lentement et incomplétement dans les cuves de lavage. Cela tient à ce qu'une partie des grains de fécule creusés à l'intérieur sont plus légers, et parfois à ce qu'une fermentation s'établit au sein du liquide où se trouve la fécule en suspension. On peut éviter cet inconvénient en ajoutant un millième d'acide sulfureux, qui, arrêtant la fermentation, fait cesser tout mouvement dans l'eau, et permet à la fécule de se déposer.

Si la détérioration des pommes de terre était trop avancée, on pourrait les réduire en bouillie par l'ébullition et les traiter par la diastase ou l'acide sulfurique, afin d'en obtenir un liquide sucré, susceptible de fermenter et de donner de l'alcool à la distillation.

La pulpe résultant du râpage des pommes de terre malades peut être donnée comme aliment aux bestiaux sans inconvénient notable, surtout mélangée à d'autres aliments ; elle se conserve parfaitement dans les silos lorsqu'elle y est bien tassée toute fraîche, puis recouverte de paille et de terre, de manière à exclure l'air, agent indispensable du développement des moisissures.

On a remarqué un deuxième mode d'envahissement de l'épidémie sur la pomme de terre. Les propagules de la végétation parasite introduits par plusieurs points de la périphérie pénètrent dans le tubercule sous forme cylindroïde.

Enfin, une invasion cryptogamique a été reconnue par MM. Masson, Payen, E. Lefebvre, Brongniart, Montagne, etc. ; la pomme de terre est attaquée, tout autour de sa surface, par des champignons filamenteux qui y pénètrent sous forme de cylindres creux irradiés d'un axe commun.

Terminons cet article en faisant remarquer que la variété des cultures est partout une pratique utile : en augmentant et assurant

mal dans le voisinage des champs infestés. Des observations analogues recueillies en Angleterre et en Belgique par les savants cités plus haut concourent chaque année, depuis 1845, à donner une probabilité plus grande à la théorie que tous les faits signalent comme une des causes de ce formidable accident qui vient poser une limite à l'extension des cultures de la pomme de terre.

les récoltes, elle permet les bons assolements qui élèvent la puissance du sol et assurent le développement des prairies artificielles ; celles-ci accroissent la production de la viande et concourent ainsi à rendre la nourriture des hommes plus saine et plus substantielle. *Voy.* Fécule.

POMME DE TERRE (*alimentation*). — Aliment peu difficile à digérer, doux et nourrissant ; il y en a des espèces qui sont délicates et assez digestibles : telles sont la précoce, le cornichon, la jaune longue aplatie, la blanche longue, etc.

La pomme de terre doit être parfaitement mûre. Elle est malsaine lorsqu'elle est pénétrée de cercles rougeâtres.

« La pomme de terre, dit M. le professeur Girardin, n'a aucune action malfaisante sur l'économie ; mais ce qu'il y a de très-remarquable, c'est que ses tubercules en état de germination deviennent un poison narcotique pour les bestiaux ; il suffit de donner aux bêtes à cornes les lavures provenant de pommes de terre germées, pour déterminer la paralysie de leurs extrémités postérieures. » (*Chim. élém.*, t. II, p. 328.)

Les fécules de pomme de terre sont comprises dans les farineux faciles à digérer.

PORCELAINE (1). — Le silicate aluminique est la base des vases de terre, de la faïence et de la porcelaine. Cette dernière est connue depuis bien longtemps, mais la fabrication était le secret des Chinois (2). La manière de la préparer ne fut découverte qu'en 1706, par Botteher, à Dresde, et publiée ensuite par Réaumur, Tschirnhausen et d'autres.

On prépare la porcelaine avec du quartz pur et divisé par la lévigation, qu'on mêle avec une argile pure, incolore, qui a aussi été soumise à la lévigation, et qui est le résultat de la décomposition par efflorescence d'un silicate aluminico-potassique, auquel l'eau atmosphérique a enlevé le silicate potassique. La masse est délayée dans l'eau, et abandonnée à elle-même pendant assez longtemps. On cherche à la conserver dans cet état pendant plusieurs années, parce que, pendant ce temps, l'action qu'exerce l'eau contribue à diminuer de plus en plus la cohérence entre les particules, qui deviennent ainsi plus tenues et se mêlent plus parfaitement. La masse est alors moulée et doucement calcinée. Elle acquiert ainsi de la solidité et de la cohérence ; pour la vernisser, on la couvre d'une couche de feldspath bien broyé (autrefois on mêlait le feldspath avec un peu de gypse, aujourd'hui on l'emploie seul dans la plupart des fabriques), et on la calcine de nouveau. Par cette calci-

(1) Du portugais *porcellana*, petite tasse. Suivant Morsden, c'est le nom de la coquille univalve à surface blanche et polie dont on avait comparé la forme convexe au dos arrondi d'un *porcello* ou petit cochon.

(2) Pancirole, au xvi⁰ siècle, avançait que c'était une composition faite avec du plâtre, des blancs d'œufs et des écailles de coquilles marines qu'on tenait enfouies sous terre pendant quatre-vingts ans.

nation, le vernis fond à la surface de la porcelaine, et s'introduit dans la masse poreuse, qu'elle vitrifie à moitié, de sorte qu'en cassant la porcelaine, on n'aperçoit aucune démarcation tranchée entre la surface vitrifiée et l'intérieur. Le produit ainsi obtenu est appelé *porcelaine*, et se distingue facilement de la faïence par sa translucidité. La porcelaine supporte, sans se fendre, un changement de température très-considérable. On la peint de différentes manières, ce qui se fait par des procédés analogues à ceux qu'on emploie dans la peinture sur émail.

C'est avec la terre à porcelaine de Saint-Yriex, près Limoges, que l'on fabrique la porcelaine de Sèvres ; elle contient 2,5 pour cent de potasse. Dans l'ancienne porcelaine de Sèvres et dans la porcelaine dite anglaise (*porcelaine tendre*), la soude remplace la potasse. Dans la porcelaine de Piémont, c'est la magnésie qui remplace en grande partie la soude ou la potasse.

PORPHYRE. *Voy.* Feldspathiques (roches).

PORTER. *Voy.* Bière.

POTASSE (*oxyde de potassium, protoxyde de potassium, oxyde de kalium, alcali végétal, potasse caustique, pierre à cautères,* etc.) — Le nom de cet *alcali* dérive des mots anglais *pot* (pot, creuset) et *ashes* (cendres), parce que la solution alcaline extraite des cendres est, après évaporation, desséchée ou fondue dans des pots ou petites chaudières.

On sait, depuis les découvertes de Davy, de Gay-Lussac et Thénard, que la potasse est formée de potassium et d'oxygène. A l'état de pureté, cette base ne se rencontre nulle part dans la nature, tandis que combinée aux acides carbonique, silicique, sulfurique, azotique, etc., etc., aussi bien que le potassium uni au chlore, elle se rencontre dans plusieurs terrains, dans les roches feldspathiques, etc., dans plusieurs eaux naturelles, dans toutes les parties des végétaux, quoiqu'en proportions différentes. Ce sont, en effet, les plantes qui, puisant dans le sol et les engrais les solutions des sels minéraux de potasse, les accumulent dans leurs tissus après les avoir transformés partiellement en sels dont l'acide est formé dans l'organisme.

On comprend que ces *sels végétaux* dont l'acide organique est décomposable au feu (ainsi que les azotates sous les influences combinées, il est vrai, de la température et de la combustion du charbon) se transforment en carbonate. Cette transformation des sels précipités en carbonate de potasse s'opère en différents pays au moyen de l'incinération de divers débris des plantes (branchages, feuilles, tiges, etc.).

En Amérique, en Russie, en Toscane, cette opération a pris depuis longues années un développement très-considérable : ainsi de proche en proche, elle détruit les forêts dont le sol est d'ailleurs consacré au défrichement et au labourage.

Bien qu'on livre à la combustion des arbres entiers en certaines localités où l'abondance des bois est extrême, en d'autres lieux où les tiges et les gros troncs s'exploitent comme bois de travail, on n'emploie que les branchages, les arbustes, les plantes herbacées. Toutes ces matières combustibles s'utilisent parfois doublement : d'abord comme moyen de chauffage, et ensuite pour les cendres qu'elles laissent en résidu.

Lorsqu'on doit brûler les végétaux à potasse, on suit exactement la même marche que pour l'incinération des plantes à soude : d'abord on procède à la dessiccation et à la mise en tas d'une portion servant d'abris ; on fait brûler sur un terrain battu où sont creusées des fosses qui reçoivent les cendres ; celles-ci sont ensuite lessivées dans une série de tonneaux ou cuviers, ou mieux dans des caisses en tôle disposées pour un lavage méthodique. Les lessives obtenues de 15 à 20° sont évaporées dans des chaudières analogues à celles employées pour le sel de soude ; le salin est granulé dans des fours à réverbères et à l'aide de précautions que nous ne pouvons indiquer ici.

Les quantités de potasse ou salin obtenues varient suivant le sol, l'âge des plantes et les espèces végétales ; toutes choses égales d'ailleurs, les parties plus jeunes donnent plus de salin que les plus vieilles : ainsi les branches, à poids égal, fournissent plus que les tiges. Les plantes herbacées donnent aussi plus que les plantes ligneuses : 100 kilogr. de bois de chêne, de hêtre, de charme, de tremble rendent de 1 à 2 kilogr. de cendres, d'où l'on extrait de 100 à 200 grammes de potasse ; les sureaux, faux ébéniers, mûriers, noisetiers, donnent 3 à 5 kilogr. de cendres et 400 à 500 grammes de salin ; les fanes de pommes de terre, de sarrasin, de colza, de pavots, les orties, les chardons, etc., donnent 4 à 6 kilogr. de cendres, et jusqu'à 1 kilog. de potasse. Pour une superficie donnée de terrain, ces plantes herbacées produisent les maxima de potasse et de combustible (car on les utilise souvent dans le chauffage des fours, des chaudières à lessive, etc., etc.,) vers l'époque de leur maturité ; plus tard, diverses causes, telles que leur désagrégation, les eaux pluviales, etc., enlevant des sels solubles et des matières organiques, diminuent ces produits.

Les lies provenant du soutirage des vins, dans les contrées vinicoles, s'appliquent également à la fabrication de la potasse : après qu'on en a extrait par une forte pression le liquide vineux propre à préparer du vinaigre, on obtient ces lies sous la forme de tourteaux aplatis que l'on fait sécher, et qu'on incinère ensuite sur un sol bien battu entouré de briques posées à sec. 6000 kilogr. de lies sèches donnent environ 1000 kilogr. de cendres, d'où l'on extrait 500 kilogr. de salin raffiné. C'est surtout le tartre (bitartrate de potasse) contenu dans la lie du vin qui, par sa décomposition, en brûlant à l'air, produit le carbonate de potasse. Aussi obtient-on ce carbonate plus pur, *cendres gravelées*, en brûlant le tartre brut que l'on détache des douves de tonneaux dans lesquels

les vins soutirés ont séjourné longtemps. Dans les laboratoires, on facilite l'opération en ajoutant au tartre 2 fois son poids d'azotate de potasse, car l'oxygène fourni par la décomposition de ce dernier hâte la combustion du carbone que renferme l'autre sel.

Potasse caustique ou potasse rouge d'Amérique. —Outre les diverses potasses granulées (perlasse [1], potasse de *Russie*, des *Vosges*, de *Toscane*, etc.) obtenues dans des fours où l'on a soin d'agiter avec un rable, et de tirer le produit avant qu'il soit fondu, on prépare aussi des potasses fondues au feu, et préalablement rendues caustiques.

Pour rendre les potasses caustiques, il suffit, comme pour les soudes, de mélanger avec les lessives, un équivalent de chaux (28) que l'on éteint en bouillie dans de l'eau ou des lessives chaudes pour un équivalent de potasse (48). On agite pendant quelques minutes ; la chaux s'empare de l'acide carbonique qui était uni à la potasse, le carbonate de chaux se précipite par le repos, et le liquide soutiré est la solution de potasse caustique ; on l'évapore rapidement dans les chaudières, on termine la dessiccation, et l'on opère la fusion dans une chaudière hémisphérique de fonte épaisse. La matière fondue, puisée avec une grande cuiller en tôle, est versée dans des marmites où auges en fonte, où elle se prend en masse. Ces petits blocs de potasse solidifiée tombent lorsqu'on retourne l'espèce de moule qui les contient ; on casse ces masses en morceaux, que l'on se hâte d'embariller dans des fûts de bois blanc, bien cerclés, afin d'éviter l'action de l'air qui pourrait humecter la potasse.

Potasse factice. —On donne le nom de potasse factice à un produit commercial qui est en réalité composé uniquement de soude et de sels de soude. On avait remarqué depuis longtemps les effets utiles de la causticité de la potasse fondue d'Amérique dans le blanchissage du linge. Voulant faire produire des effets semblables à la soude, et en même temps dérouter le préjugé populaire qui repoussait alors la nouvelle substance alcaline, un ingénieux fabricant, nommé Ador, imagina de mettre la soude sous la forme de la potasse rouge, si estimée. Pour y parvenir, il rendit la soude caustique au moyen de la chaux, fit évaporer la solution, y ajouta 0,33 à 40 (du poids de la substance sèche) de sel marin, composé neutre, destiné à diminuer la richesse de la soude et à baisser le *degré alcalimétrique* de 75 ou 80 à 56 ou 62, degré des potasses communes.

Le sel fusible ajouté ne nuisait en rien à la préparation, mais il fallait donner à la matière cette coloration rouge caractéristique, qui fixait le choix des consommateurs ; l'inventeur y parvint, non à l'aide du peroxyde de fer, qui colore les potasses *naturelles*, et qu'il était trop difficile de bien répartir dans la masse, mais au moyen du protoxyde de cui-

---

(1) *Pearl-ashes*, en anglais, signifie *cendres-perles*.

vre, formé au sein de la matière en fusion ou prête à être coulée.

Il suffit, en effet, de projeter d'abord, pour 100 de soude environ, 1 de salpêtre, qui convertit quelques traces de sulfure en sulfate ; puis 2 de sulfate de cuivre, dont l'oxyde précipité à l'instant est réduit à l'état de protoxyde rouge, à l'aide du gaz carboné que produit l'agitation rapide d'un morceau de bois de chêne. On extrait aussitôt la matière, comme nous l'avons dit pour la potasse.

Le produit nouveau, vendu sous le nom de la potasse d'Amérique, dont il avait toute l'apparence et les propriétés, quant au blanchissage, dut contribuer à vaincre le préjugé défavorable aux soudes factices, car on sut bientôt que les blanchisseurs avaient employé avec succès un produit naguère repoussé par eux sous son véritable nom. En tous cas, un débouché très-considérable fit la fortune de l'inventeur. Tous les consommateurs ne sont pourtant pas convertis, puisqu'on fabrique encore pour l'expédier dans nos provinces de la soude sous les formes et la dénomination de potasse d'Amérique.

Potasse des mélasses de betterave.—On tire encore la potasse des résidus du sucre de betterave. La mélasse étendue d'eau, puis fermentée, donne d'abord de l'alcool par la distillation ; le résidu, dit *vinasse*, renferme les sels puisés dans le sol par la plante : on évapore ce liquide dans des chaudières étagées jusqu'à l'état de sirop à 32° environ ; versé alors dans un four à réverbère, comme les solutions de soude, les substances organiques s'enflamment, et la chaleur de leur combustion sert à l'évaporation dans les chaudières à la suite du four. Le résidu carbonné est tiré dans des étouffoirs ; refroidi, on le lessive à chaud, et, après avoir fait cristalliser le sulfate de potasse en partie, ainsi qu'une petite quantité de chlorure de potassium, on évapore à siccité, on granule et enfin on blanchit dans un four à réverbère.

Caractères et composition des potasses commerciales. —Les potasses les moins estimées sont grisâtres. Cette nuance est due à certains acides organiques bruns unis à la potasse, et désignés sous la dénomination d'*acides ulmiques*, que la calcination bien dirigée aurait pu faire brûler et détruire si l'on eût évité la fusion de la matière.

Les potasses blanches, avec quelques reflets bleuâtres, qui sont recherchées, doivent ces nuances variables à du manganate de potasse provenant des matériaux du sol ; tandis que, comme nous l'avons dit, les potasses rouges sont colorées par les sesquioxydes de fer.

Aucune potasse commerciale ne présente à l'état pur l'alcali caustique ou carbonaté ; toutes contiennent plusieurs sels, et même de la soude.

Épuration des potasses. — On peut aisément séparer des potasses la plus grande partie du sulfate qu'elles contiennent, sauf de celle des mélasses qui a déjà reçu cette épuration : il suffit de les dissoudre avec le moins d'eau possible. Le sulfate, beaucoup moins soluble que le carbonate, reste indissous pour la plus grande partie ; on le délaye plusieurs fois avec de l'eau, qui se charge de la solution alcaline interposée, et sert à dissoudre une nouvelle quantité de potasse. Le sulfate lavé et séché se vend, à poids égal., un prix à peu près égal à la moitié du prix de la potasse même, et comme dans la plupart des applications de celle-ci le sulfate n'aurait pas d'effet utile, mieux vaut l'extraire, afin de le vendre ou de l'employer aux usages auxquels il est propre, notamment pour la fabrication de l'alun.

Principales applications des soudes et des potasses.

<table>
<tr><td colspan="2" align="center">USAGES SPÉCIAUX, EN FRANCE,</td><td align="center">USAGES COMMUNS</td></tr>
<tr><td align="center">DES SOUDES.</td><td align="center">DES POTASSES.</td><td align="center">AUX SOUDES ET AUX POTASSES.</td></tr>
<tr><td>Fabrication du carbonate cristallisé et sec.</td><td>Verrerie façon Bohême.</td><td>Verreries avec mélange des deux alcalis.</td></tr>
<tr><td>Préparation du bicarbonate de soude.</td><td>Cristal.</td><td>Chlorures désinfectants (ou hypochlorites).</td></tr>
<tr><td>Fabrication des borax (borates de soude).</td><td>Salpêtre et poudre.</td><td>Blanchiment des toiles, blanchissage du linge.</td></tr>
<tr><td>Préparation des tartrates, phosphates et divers sels de soude.</td><td>Alun.</td><td>Affinage de la batiste.</td></tr>
<tr><td>Préparation des laques ; teintures.</td><td>Chlorate de potasse.</td><td>Essais des tissus { fil, coton. { soie, laine.</td></tr>
<tr><td>Préparation de la lessive caustique usuelle.</td><td>*Prussiate* de potasse.</td><td>Eau seconde.</td></tr>
<tr><td>Fabrication de la gobeleterie, des verres à vitre.</td><td>Pierre à cautères.</td><td>Dégraissage des laines.</td></tr>
<tr><td>Fabrication des glaces, bouteilles.</td><td>Savons mous.</td><td>Épuration de eaux séléniteuses.</td></tr>
<tr><td>Fabrication des savons durs.</td><td>Chamoisage.</td><td></td></tr>
<tr><td>Fabrication des savons résineux.</td><td>Préparation des cordes harmoniques.</td><td></td></tr>
<tr><td>Fabrication des potasses factices.</td><td></td><td></td></tr>
</table>

Nous devons dire que, dans les usages restés communs aux deux alcalis, la soude tend chaque jour à remplacer plus complétement la potasse, cette substitution offrant une économie notable, égale souvent à la moitié du prix total de la potasse.

Deutoxyde de potassium. — Ce degré d'oxydation s'obtient en chauffant le métal dans du gaz oxygène et même dans l'air. La combinaison se fait vivement avec un grand dégagement de calorique et de lumière. On le produit encore en calcinant à l'air l'hydrate de potasse fondu.

Le deutoxyde de potassium est solide, de couleur jaune verdâtre, caustique, fusible à une température plus élevée que celle où fond l'hydrate de potasse. Il est indécomposable par la chaleur seule, mais il est ramené à l'état de protoxyde par la plupart des corps combustibles avides d'oxygène, tels que l'hydrogène, le carbone, le soufre. Ces deux derniers s'acidifient et se combinent avec le protoxyde.

Cet oxyde, découvert par Gay-Lussac et Thénard, est composé de :

Potassium. 100   1 atome.
Oxygène 60   3 atomes.

Il renferme donc trois fois plus d'oxygène que le protoxyde. On en fait aisément l'analyse en déterminant la quantité d'oxygène absorbée par un certain poids de potassium.

Chlorure de potassium. — On ne connaît qu'une seule combinaison qui se trouve toute formée dans la nature. On peut l'obtenir directement en introduisant dans du gaz chlore des morceaux minces de potassium ; ils y brûlent avec beaucoup d'éclat et se transforment en une masse blanche, soluble entièrement dans l'eau et sans effervescence.

Ce composé de chlore et de potassium peut encore être produit en exposant à une température rouge le protoxyde de potassium et de chlore ; ce dernier s'unit au métal et en dégage l'oxygène. On le forme encore en combinant le protoxyde de potassium à l'acide hydrochlorique, qui se décomposent réciproquement :

Ce chlorure est formé de :

Potassium. 100   1 atome.
Chlore 90   2 atomes.

Il était connu autrefois sous le nom de *sel fébrifuge de Sylvius* (muriate de potasse). Dans la nouvelle nomenclature, on lui a donné celui d'*hydrochlorate de potasse*, parce qu'on le regardait comme un sel. On a prouvé depuis que c'était un simple composé de chlore et de potassium.

On le trouve dans certains végétaux, en solution dans quelques humeurs animales avec le chlorure de sodium, et dans quelques eaux minérales ; mais en très-petite quantité. M. Vogel a annoncé l'avoir rencontré dans certains échantillons de sel gemme.

Bromure de potassium. — Le bromure est blanc, cristallisé, en petits cubes qui décrépitent au feu et fondent ensuite sans subir d'altération. On a commencé à l'employer en médecine.

Iodure de potassium. — Cet iodure de potassium a été d'abord regardé comme un sel, et connu sous le nom d'*hydriodate de potasse*, mais tout porte à croire que c'est un simple composé binaire d'iode et de potassium; car, dissous dans l'eau et cristallisé, il n'augmente pas de poids, comme cela devrait avoir lieu s'il se transformait en hydriodate par la décomposition de l'eau (Gay-Lussac).

Cet iodure existe, mais en petite quantité, dans la nature. On l'a trouvé dans certaines plantes marines ; telles que les fucus, les varechs. Plusieurs productions animales en renferment, comme les éponges et quelques enveloppes de mollusques. Il a été aussi rencontré en solution dans quelques eaux salées et minérales.

Ce composé a été préconisé par le docteur Coindet, de Genève, pour le traitement des goîtres, qu'il fond en très-peu de temps. Il a été introduit dans l'art de guérir, d'après les remarques qui ont été faites sur la présence de l'iode dans les éponges et les fucus calcinés, qu'on employait autrefois avec succès dans ces maladies.

On l'administre à l'intérieur à très-petites doses, à cause de son action énergique sur l'économie. A l'extérieur, on le mêle avec de l'axonge, et on en compose des pommades qui sont très-employées pour résoudre les engorgements glanduleux, et que quelques essais nouveaux ont appris être aussi utiles dans certaines douleurs arthritiques.

Sulfures de potassium. — Le potassium et le soufre, chauffés ensemble, s'unissent en un grand nombre de proportions, et forment plusieurs composés. En raison de la grande combustibilité du métal, la combinaison ne peut se faire directement que dans un gaz impropre à la combustion, par exemple, dans le gaz azote pur.

Le protosulfure de potassium jouit de la propriété de se combiner avec le gaz hydrosulfurique, et de former un composé qui a été découvert par Gay-Lussac et Thénard. On peut l'obtenir en chauffant le potassium dans un excès de gaz hydrosulfurique : une portion de ce gaz est décomposée, il y a dégagement d'hydrogène et formation de sulfure de potassium qui s'unit à une portion d'acide hydrosulfurique non décomposée, pour constituer ce qu'on désigne sous le nom d'*hydrosulfate de sulfure de potassium.* Ce dernier paraît jouer le rôle d'un oxyde dans cette combinaison.

On connaît depuis longtemps en pharmacie, sous le nom impropre de *sulfate de potasse*, un composé qu'on obtient par la réaction du soufre sur l'oxyde de potassium. Ce composé était aussi désigné autrefois, à cause de son aspect physique, analogue à celui du foie des animaux, sous le nom de *foie de soufre.*

Ce n'est que depuis les travaux remarquables de Vauquelin, Gay-Lussac et Berzelius sur les sulfures, que l'on sait dans quel état se trouvent unis ces deux corps dans ce composé.

Pour l'obtenir, on mêle ensemble du soufre sublimé et du sous-carbonate pur et sec à parties égales. On introduit ce mélange dans un ballon de verre à fond plat, et on chauffe au bain de sable, jusqu'à ce que le produit soit en fusion tranquille. A cette époque, on retire le vase du feu, on le laisse refroidir, et après l'avoir brisé, on en retire le sulfure qu'on doit conserver dans des flacons bien bouchés.

Ce composé se présente en morceaux solides, d'une couleur rouge de foie, d'une saveur acre et sulfureuse. Exposé à l'air, il s'humecte et répand une odeur forte d'œufs pourris ; par une exposition prolongée, il se décolore, se décompose et passe à l'état d'hyposulfate de potasse en absorbant l'oxygène de l'air.

Le sulfure de potasse est très-employé en médecine ; on le pulvérise et on le mêle avec de l'axonge pour composer un onguent usité dans le traitement des maladies cutanées. Sa solution aqueuse est aussi employée pour composer des bains et des lotions.

On le prépare souvent pour les besoins de la pharmacie, en fondant, dans une marmite de fonte fermée par son couvercle, un mélange de deux parties de potasse perlasse du commerce et d'une partie de fleur de soufre. Lorsque la matière est fondue, on la coule sur un marbre huilé, ou, ce qui vaut mieux, dans des moules de tôle qu'on recouvre de leur couvercle pour abriter le sulfure de l'air. Ce sulfure est beaucoup moins pur en raison des sels étrangers que contient la potasse du commerce. Il a une couleur jaune verdâtre, et laisse un résidu vert noirâtre de sulfure de fer en se dissolvant dans l'eau. Il est principalement employé en médecine humaine et en médecine vétérinaire pour la confection des bains sulfureux.

On compose aussi, pour les mêmes usages, du sulfure de potasse liquide en dissolvant un tiers de soufre dans une solution de potasse caustique marquant 35° à l'aréomètre. Cette dissolution doit être faite dans un matras de verre qu'on chauffe ou à feu nu ou au bain de sable, jusqu'à dissolution complète du soufre. Ce produit liquide est un mélange de sulfure de potassium et d'hyposulfite de potasse. On doit le conserver à l'abri de l'air, dans des flacons bouchés.

Séléniure de potassium. — Le sélénium se combine à chaud avec le potassium et produit un composé solide, soluble dans l'eau, décomposable à l'air qui en précipite du sélénium en poudre rouge ; les acides en dégagent du gaz hydrosélénique. Ce séléniure sert à la préparation de l'acide hydrosélénique.

Phosphore de potassium. — Le phosphore et le potassium se combinent à l'aide d'une douce chaleur avec un léger dégagement de lumière. Le phosphore qu'on obtient est solide, d'une couleur brune chocolat ; mais quand le potassium est en excès, il est gris foncé avec éclat métallique, ce qui semble annoncer que ce métal peut s'unir en différentes proportions avec le phosphore.

Le phosphore de potassium est si combustible qu'il brûle quand il est exposé à l'air ; mis en contact avec l'eau, il la décompose subitement avec une sorte d'explosion, en donnant du gaz hydrogène perphosphoré qui s'enflamme et de l'hypophosphite de potasse.

Azoture de potassium. — Cet azoture est formé de :

Azote. . . . 2 atomes.
Potassium. . 3 atomes.

SELS A BASE DE PROTOXYDE DE POTASSIUM, OU SELS DE POTASSE.

Le protoxyde de potassium est le seul des oxydes de ce métal qui puisse s'unir aux acides pour former des sels.

Caractères distinctifs. — Sels blancs, généralement solubles dans l'eau, cristallisables, fixes, d'une saveur un peu salée et amère ; leur solution concentrée n'est point précipitée par le cyanure de fer et de potassium, les hydrosulfates et les carbonates ; mais lorsqu'on y verse une solution également concentrée d'acide tartrique ou de sulfate acide d'alumine, il s'y forme aussitôt un précipité blanc cristallin, qui, dans le premier cas, est du bi-tartrate de potasse, et dans le second d'alun. Le chlorure de platine versé dans la solution de ces mêmes sels y détermine un précipité jaune orangé susceptible de se redissoudre dans une grande quantité d'eau.

Carbonate de potasse. — Ce sel était connu des anciens chimistes sous le nom de *nitre fixe, sel de tartre, alcali végétal.* Le premier nom lui a été donné, parce qu'on le formait par la déflagration du nitre avec le charbon ; le second, comme pouvant être extrait du tartre, et le troisième à cause de sa présence dans la cendre de la plupart des végétaux. Depuis, on l'a désigné aussi sous le nom de *sous-carbonate de potasse,* à cause de ses réactions alcalines sur les matières colorantes ; enfin, d'après sa composition, on le regarde aujourd'hui comme un véritable sel neutre.

On le trouve dans le résidu de l'incinération des végétaux non marins, mêlé avec le sulfate de potasse, le chlorure de potassium, la silice, l'oxyde de fer, l'oxyde de manganèse, le carbonate de chaux, le phosphate de chaux, etc. ; il constitue alors la cendre proprement dite. Mais la présence de ce sel, dans ce produit du feu, est le résultat de la décomposition par la chaleur des acides organiques qui étaient unis à la potasse dans les plantes avant leur combustion. C'est à cette cause qu'il faut attribuer tous les carbonates qui font partie constituante des cendres des différents végétaux.

Le carbonate de potasse qui se trouve dans des cendres peut en être extrait par la lixiviation et évaporation de la solution ; mais on conçoit alors qu'il est impur et mêlé avec tous les sels solubles qui l'accompagnaient. C'est à ce produit si employé dans les arts que l'on donne le nom impropre de *potasse du commerce.* La préparation de la potasse ne se pratique que dans les pays où les bois sont communs, tels qu'en Amérique et en Russie ; cette opération est simple : elle consiste à brûler les bois sur le sol, à lessiver à chaud les cendres, et ensuite à faire évaporer la liqueur à siccité dans des chaudières de fonte. Mais comme le produit de l'évaporation est coloré par des matières charbonneuses entraînées, on le calcine au rouge dans un four à réverbère pour les brûler, et puis, après avoir laissé refroidir ce produit, on l'enferme dans des tonneaux et on l'expédie sous le nom de *potasse du pays* où l'extraction a eu lieu.

Les qualités des potasses du commerce sont aussi variables que la composition des terrains où les plantes ont végété ; leur valeur commerciale est en raison directe du carbonate qu'elles contiennent ; aussi leur prix n'est-il établi que sur la proportion de ce sel. Il résulte d'un travail de Vauquelin sur les différentes espèces de potasse employées, que la proportion de potasse réelle forme les $\frac{857}{1152}$ de la potasse d'Amérique ; les $\frac{772}{1152}$ de la potasse de Russie ; les $\frac{603}{1152}$ de celle de Dantzick, et les $\frac{444}{1152}$ de la potasse des Vosges. Cette quantité de potasse réelle est-elle constante dans ces différentes potasses ? C'est ce qui n'est pas vraisemblable ; tant de causes doivent la faire varier, qu'il est indispensable d'en déterminer le titre à chaque instant ; aussi est-il important aux différents fabricants de le connaître. C'est ce qu'il est facile de faire en recherchant combien un poids de potasse du commerce exige d'acide étendu d'eau pour sa saturation, et comparant ensuite cette quantité d'acide à celle que sature un poids déterminé de sous-carbonate de potasse pur et sec. Afin de rendre cette opération plus commode aux négociants et manufacturiers, M. Descroizilles a imaginé un petit appareil, désigné sous le nom d'*alcalimètre*, propre à évaluer le titre des potasses du commerce. Cet instrument se compose d'un tube à pied, de 25 centimètres de hauteur sur 2 de diamètre, divisé en 100 parties dont chacune est d'un demi-centimètre cube. On remplit ce tube gradué avec une solution d'acide sulfurique formée de 1 partie d'acide sulfurique à 66° et 9 parties d'eau distillée, et on cherche combien il est nécessaire de verser de cet acide pour saturer un demi-décagramme de potasse dissoute dans cinq à six fois son poids d'eau. L'échelle de cet instrument est ainsi établie, que chaque degré d'acide employé correspond à un centième de potasse ; de manière que si une potasse à essayer a absorbé 45 degrés d'acide pour être saturée, elle contenait $\frac{45}{100}$ de potasse réelle.

Cette méthode, aussi exacte que peut le comporter l'instrument, a été perfectionnée par Gay-Lussac. *Voy.* ALCALIMÉTRIE.

Le carbonate de potasse est blanc, d'une saveur âcre et caustique. Exposé à l'air, il tombe en déliquescence, et se résout en un liquide oléagineux, qui était très-employé autrefois en médecine sous le nom d'*huile de tartre*. Il est indécomposable par la chaleur seule, très-soluble dans l'eau et susceptible, quoique difficilement, de cristalliser. La solution aqueuse verdit le sirop de violettes et ramène au bleu le papier de tournesol rougi par les acides ; il est formé de :

Acide carbonique. . . . 100   1 atome.
                                  ou
Protoxyde de potassium. 213,57   1 atome.

Ce sel, à l'état de pureté, n'est employé que dans les laboratoires et les pharmacies ; il sert de réactif dans un grand nombre d'opérations chimiques pour opérer des décompositions ; en médecine, il est employé à petite dose, comme apéritif, diurétique et fondant, et en pharmacie pour la préparation de certains sels à base de potasse. Tel qu'il se trouve à l'état de mélange dans les potasses du commerce, les usages en sont très-étendus ; on l'emploie pour la confection des savons verts, du verre, du bleu de Prusse, pour les lessives, etc.

Bi-carbonate de potasse. — Ce sel est un produit artificiel. Il est employé comme réactif dans les laboratoires ; on le distingue facilement du carbonate précédent en ce qu'il ne précipite point à froid la solution de sulfate de magnésie. En médecine, on l'a préconisé pour combattre les affections néphrétiques occasionnées par la présence de petits calculs formés d'acide urique. On l'administre dissous dans l'eau, à la dose de cinq grammes par litre d'eau.

Sulfate de potasse. — Ce sel était connu autrefois sous le nom de *tartre vitriolé, sel de duobus, sel polychreste* de Glazer, *arcanum duplicatum*. On le trouve, mais en petite quantité, dans la nature ; il existe dans la plupart des végétaux, et fait presque toujours partie constituante de leurs cendres. On le rencontre aussi en solution dans plusieurs liquides animaux.

Il est facile de le préparer directement en saturant par l'acide sulfurique faible une solution de carbonate de potasse et faisant évaporer, mais comme ce sel est le résultat de certaines réactions chimiques, on utilise ce produit. C'est ainsi qu'on emploie le sulfate acide de potasse qui provient de l'extraction de l'acide nitrique ; on le calcine au rouge pour le priver de l'excès d'acide, ou on le sature par le sous-carbonate de potasse.

Ce sel est composé, d'après l'analyse de Berzelius, de :

Acide sulfurique. 47,1   1 atome.
                                  ou
Protoxyde de potassium . 52,9   1 atome.
                         ———
                         100,0

Ce sel est employé en médecine comme purgatif ; dans les arts, il sert pour la fabrication de l'alun.

Nitrate de potasse. — *Voy.* NITRE.

Chlorate de potasse. — Ce sel, qui est toujours un produit de l'art, se présente sous forme de paillettes blanches, rhomboïdales, nacrées. Il se compose de 1 équivalent d'acide chlorique, $ClO^5 = 76$, uni à 1 équivalent de potasse, 48.

Il est soluble dans l'eau plus à chaud qu'à froid : 100 d'eau en dissolvent 3,33 à 0° ; 19 à 49° ; 60 à 104°78, point de son ébullition lorsque le liquide en est saturé. Sa saveur est fraîche, un peu âcre.

Pour l'obtenir, on fait arriver un courant de chlore dans des flacons contenant une dissolution de potasse *un peu concentrée* ; car si la dissolution était trop délayée, il ne se formerait que du chlorure de potasse.

Le chlorate de potasse, mêlé avec quelques fragments de phosphore, produit sous le choc du marteau une vive détonation.

La première application de ce sel fut essayée pour préparer avec des corps combustibles en poudre fine (soufre et charbon de bois) une forte poudre de guerre. Cette poudre, très-forte en effet, avait plusieurs inconvénients très-graves : 1° un frottement accidentel suffisait pour l'enflammer, comme cela a lieu lorsqu'on triture dans un mortier quelques décigrammes d'un pareil mélange; 2° la trop grande rapidité de sa combustion faisait briser les armes. On crut obvier à ce dernier inconvénient en introduisant du salpêtre dans le mélange et le composant dans les proportions suivantes :

Chlorate sec.	100
Azotate de potasse.	55
Soufre.	33
Charbon roux	17
Lycopode.	15
	220

mais la poudre ainsi obtenue était trop brisante encore ; on dut y renoncer.

La deuxième application, qui pendant plus de vingt ans fit consommer des quantités toujours croissantes de ce chlorate, consistait à faire une pâte avec parties égales de chlorate en poudre et de soufre pulvérisé à part, plus quelques centièmes de lycopode ou de résine et de cinabre : le tout, rendu mucilagineux avec un peu de gomme, adhérait facilement au bout des allumettes soufrées, et celles-ci, après la dessiccation de la pâte, s'enflammaient facilement en appuyant un peu le bout ainsi préparé sur de l'amiante imprégnée d'acide sulfurique concentré, et retirant aussitôt l'allumette.

Ce moyen si facile de se procurer de la flamme a été remplacé, par un procédé plus simple encore : les allumettes dont le phosphore mêlé de gomme, de verre pilé et de bleu de Prusse, constitue la matière inflammable par frottement.

Le chlorate de potasse entrait jadis en quantité notable dans cette dernière préparation, mais la petite déflagration qu'il produisait lors de l'inflammation des allumettes, l'a fait presque complétement exclure par les fabricants.

Ce sel s'emploie encore dans la composition des capsules pour l'artillerie ou les fusils de munition. Voici deux des compositions usitées :

Chlorate de potasse	26	27,5
Fulminate de mercure	12	13,3
Azote de potasse.	30	30,7
Soufre	17	résine 16,3
Verre pilé.	14	11,2
Gélatine ou gomme	1	1,0
	100	100,0

25 milligrammes de ces mélanges formant la charge d'une capsule en cuivre (pesant 78 milligrammes), on voit qu'un kilogramme suffit pour préparer 40,000 amorces. Les capsules ainsi chargées fulminent par le choc et mettent le feu à la poudre au-dessous de la cheminée de l'arme. Si l'on enflamme à l'air libre la pâte en chauffant la capsule de 185 à 200°, la combustion a lieu en fusant avec flamme et sans explosion.

Les amorces pour armes de chasse ne renferment que 15 à 20 milligrammes du mélange dans lequel il n'entre souvent que parties égales de fulminate et d'azotate ou de chlorate de potasse ou de ces deux ensemble, un dixième de verre pilé et un peu de gomme ou de gélatine.

Ces composés ne doivent être maniés qu'avec de grandes précautions; il faut les tenir dans un état constant d'humidité jusqu'à ce que la préparation soit finie et mise à sécher.

Parmi les autres applications du chlorate de potasse, nous citerons les nombreuses *opérations des laboratoires* où l'on a besoin d'un facile dégagement d'oxygène : notamment les *analyses organiques* élémentaires, pour déterminer les proportions de carbone, d'hydrogène, et conclure de là l'oxygène ; les essais alcalimétriques des soudes sulfureuses, qu'une calcination avec quelques centièmes de chlorate épure en transformant les sulfures en sulfates, et faisant ainsi disparaître les degrés illusoires dus aux sulfures. On emploie en médecine le chlorate de potasse pour le traitement de quelques maladies.

Chlorite de potasse (Chlorure de potasse du commerce).—Ce chlorite, qu'on prépare à l'état liquide pour les besoins du commerce, s'obtient de la même manière que la solution du chlore, à la réserve qu'au lieu de mettre de l'eau pure dans le flacon qui doit retenir le gaz, on y met une solution de potasse du commerce ou de carbonate de potasse, faite dans la proportion de 1 partie de sel sur 10 d'eau. Le chlore chasse peu à peu l'acide carbonique, et réagit sur la potasse pour produire le chlorite d'oxyde qui reste en solution.

On l'emploie dans les arts aux mêmes usages que le chlorite de chaux; il est connu sous le nom *d'eau de javelle*, du nom d'un village près Vaugirard, où l'on fabriqua d'abord ce composé. On étend ce chlorite de 10 à 12 fois son poids d'eau avant de s'en servir.

L'eau de javelle est quelquefois colorée en rose par un peu de manganésiate de potasse qui s'est formé pendant sa préparation, et qui a été produit soit par un peu d'oxyde de manganèse contenu dans la potasse, soit par une petite quantité de celui-ci qu'on y ajoute, dans l'intention de la colorer; au reste, cette coloration n'ajoute rien à ses propriétés.

Silicate de potasse.—Ce composé, que l'on peut former dans différentes proportions, fait la base de certains verres dans lesquels on le trouve uni à d'autres silicates alcalins ou métalliques.

Les silicates de potasse bibasique et tribasique sont solubles dans l'eau : leur solution, connue des anciens chimistes sous le nom de *liqueur de cailloux*, se préparait en fondant une partie de silex pulvérisé et 4 à 5 parties de carbonate de potasse.

Les sursilicates sont insolubles; ils se

fondent-en un verre transparent à une chaleur rouge blanc (1).

Arsénite de potasse. — Ce sel s'obtient en saturant une solution de potasse avec de l'acide arsénieux réduit en poudre, et en concentrant la liqueur, il se présente en un liquide visqueux, jaunâtre, incristallisable, très-soluble dans l'eau. La solution est décomposée par la plupart des acides minéraux, qui en précipitent l'acide arsénieux sous forme de poudre blanche. Ce composé fait la base de la *liqueur arsénicale de Fowler*, employée contre les dartres rebelles et la lèpre.

Chromate de potasse. — On le forme en calcinant au rouge, dans un creuset de terre fermé, parties égales de mine de chrome du Var et du nitrate de potasse.

Ce sel est susceptible de cristalliser en larges prismes à quatre pans; il a une belle couleur jaune citron; sa saveur est fraîche et amère; il est indécomposable à la chaleur rouge. L'eau en dissout deux fois son poids à la température ordinaire, et se colore en beau jaune citron. On s'en sert pour obtenir l'oxyde de chrome et les chromates insolubles; il est employé en teinture pour teindre en jaune, conjointement avec l'acétate de plomb, et fournit une belle couleur jaune, fixe, qui s'applique également bien sur les tissus.

POTASSIUM (synonyme, *kalium*). — Le potassium est un corps solide, à peu près de la consistance de la cire. Récemment coupé, il a l'aspect et le brillant de l'argent; mais il se ternit rapidement, devient bleuâtre et gris (en absorbant l'oxygène de l'air). Sa densité est 0,865; aussi nage-t-il sur l'eau. A la température de 0°, il devient cassant et se laisse réduire en poudre. Il fond à 58°, et se volatilise à la température rouge sombre, en répandant des vapeurs vertes. A la température ordinaire et même à plusieurs centaines de degrés au delà, le potassium est, de tous les corps, celui qui a la plus grande affinité pour l'oxygène. Aussi enlève-t-il, dans ces circonstances, l'oxygène à tous les composés oxygénés avec lesquels il se trouve en contact. Mais à une température très-élevée, à la température blanche, le fer est un

(1) Un habile chimiste, M. Kulhmann, a fait, il y a quelques années, des expériences très-curieuses pour déterminer l'action du silicate de potasse dissous sur la chaux et sur le plâtre, qui est un sulfate de chaux. Il a été conduit à un résultat d'une grande importance pratique que nous allons indiquer. Plongeons du plâtre ou sulfate de chaux dans une dissolution de silicate de potasse faite dans des proportions convenables, nous reconnaîtrons alors, après un temps suffisant, que les couches superficielles se seront durcies et transformées lentement en silicate de chaux. Ceci paraît conforme aux lois de Berthollet, puisque le sulfate de chaux est légèrement soluble, tandis que le silicate de chaux est insoluble. M. Kulhmann propose de durcir par ce moyen les objets en plâtre. M. Munin a mis en pratique son procédé sur un buste en plâtre de Napoléon, et il a assez bien réussi. Il est évident que la chaux peut aussi, par le même moyen, se transformer en silicate de chaux. On pourra alors durcir parfaitement les chaux hydrauliques et les mortiers, en les imbibant à plusieurs reprises de silicate de potasse en solution, au moyen d'un pinceau.

corps plus désoxygénant que le potassium; car il enlève l'oxygène à la potasse. Mis dans l'eau, le potassium s'enflamme en tournoyant, et brûle avec une belle flamme pourpre. Au moment où celle-ci s'éteint, il se manifeste une légère détonation, pendant laquelle des éclats de potasse caustique sont quelquefois projetés au loin. Dans cette action l'eau est décomposée; le potassium s'empare de l'oxygène pour former de la potasse, à l'instant où l'hydrogène forme de l'eau avec l'oxygène de l'air. La coloration de la flamme est probablement due à des vapeurs de potassium qui se dégagent en même temps. Lorsqu'on fait brûler un fragment de potassium (enveloppé dans un morceau de papier) sur l'eau, *à l'abri du contact de l'air*, il ne se produit point de flamme, et il se dégage de l'hydrogène, dont le volume correspond, équivalent pour équivalent, à la quantité d'oxygène de la potasse qui se produit. De plus, ce volume d'hydrogène représente exactement le volume de chlore, de brome, d'iode ou de cyanogène que prendrait le potassium pour former un chlorure, bromure, iodure ou cyanure de potassium. On conserve le potassium dans de l'azote, dans de l'hydrogène, ou dans un liquide non oxygéné, dans un carbure d'hydrogène, dans l'huile de naphte, etc.

Le potassium a été obtenu, pour la première fois, en décomposant la potasse au moyen de la pile. Ce procédé n'est plus employé aujourd'hui. Pour préparer le potassium, on peut se servir des deux procédés suivants : 1° On place dans l'intérieur d'un tube cylindrique de fer des fils ou des fragments de fer. Ce tube est coudé au milieu, de manière que les deux extrémités se relèvent. A l'une de ces extrémités s'adapte un tube de verre qui se rend sous une cloche remplie d'huile de naphte; dans l'autre extrémité du tube, on met des fragments de potasse bien desséchés. Après avoir bien luté l'appareil, on le chauffe à une forte température. Par l'action de la chaleur, la potasse se réduit en vapeur, et arrive dans la partie concave (coude) du tube, où se trouvent les fils de fer. Là, le fer s'oxyde aux dépens de la potasse, qui se convertit en potassium, dont les vapeurs vertes viennent se condenser dans l'huile de naphte. Pendant cette action, il se dégage de l'hydrogène, ce qui tient à ce que la potasse, quelque concentrée qu'elle soit, contient toujours de l'eau. Or, le fer s'empare non-seulement de l'oxygène de la potasse, mais encore de l'oxygène de l'eau. Le potassium et l'hydrogène se dégagent donc en même temps. On n'obtient pas, par ce procédé, tout le potassium qu'on devrait obtenir, eu égard à la quantité de potasse employée.

2° On calcine, dans des cornues en fonte, de la crème de tartre (bitartrate de potasse). Celui-ci se transforme d'abord en carbonate de potasse et en charbon; et, à une température plus élevée, en potassium, qui distille et qui vient se condenser dans un récipient froid, contenant de l'huile de naphte. Il se dépose, en même temps que le potassium, une masse grisâtre pyrophorique (spontanément inflammable à l'air), qui est une combinaison particulière de potassium et d'oxyde de carbone. On distille une seconde fois pour purifier le potassium.

POTERIE. — « L'art de la poterie, dit M. Al. Brongniart, est, après l'art de fabriquer des armes pour leur défense, quelques tissus grossiers pour leurs vêtements, celui que les hommes ont cultivé le premier, celui qui a été comme la première ébauche de la civilisation; car les armes étaient indispensables pour soutenir et défendre la vie, les tissus végétaux ou de peaux pour éloigner des douleurs physiques, les deux seules choses évidemment et essentiellement utiles, tandis que la fabrication de la poterie la plus grossière est déjà un art de luxe. On peut vivre, et vivre sans souffrance, et ne point faire cuire ses aliments; mais il faut peut-être, pour faire avec le limon le moins rebelle au maniement du potier, un vase qui se durcira à l'air et au feu, et ne servira qu'après le résultat éloigné de cette opération, il faut, dis-je, plus de soins, de réflexions et d'observations, que pour façonner du bois, des os, des peaux et des filaments, des armes et des vêtements, car ces matériaux offrent immédiatement à l'ouvrier le résultat de son travail. »

POUDRE. — La poudre n'est autre chose qu'un mélange intime de salpêtre, de soufre et de charbon. Pour qu'une poudre soit bonne, il faut : 1° que le mélange des substances soit bien intime; 2° que le soufre et le nitre soient purs; 3° que le charbon soit léger, par conséquent préparé avec un bois léger (bourdaine, peuplier, tilleul, etc.); 4° enfin que le dosage soit fait de manière que le mélange produise le plus de gaz possible. Ajoutons que la forme et la ténacité du grain de poudre, que le lustre ou le lissage, que la densité de la pâte influent encore beaucoup sur sa qualité.

Les proportions reconnues les meilleures pour les quatre poudres employées, sont les suivantes :

Poudre de guerre.	Chasse.	Mine.	Anglaise.
Salpêtre	75,0	78	65	76
Charbon	12,5	12	15	15
Soufre	12,5	10	20	9

Après avoir pulvérisé les substances séparément dans des appareils particuliers, et qui diffèrent selon le procédé que l'on emploie, on les mélange intimement, on les réduit en pâte ferme au moyen d'un peu d'eau; alors on la graine, puis on l'égalise, et enfin on la sèche. La poudre de chasse reçoit une opération de plus, dont le but est de la lisser, opération qui a lieu avant de la sécher.

Quand on vient à enflammer de la poudre, il en résulte une détonation qui se produit de la même manière que celle que l'on obtient avec les poudres fulminantes, et des produits qui sont, les uns gazeux, les autres solides. Les premiers sont formés de beau-

coup de gaz acide carbonique, d'azote et d'un peu d'oxyde de carbone, de vapeur d'eau, de gaz carburé d'hydrogène et de gaz sulf-hydrique. Les produits solides sont toujours formés de sulfure de potassium, contenant parfois un peu de carbonate de potasse.

La poudre peut être enflammée aussi bien par l'étincelle électrique que par le feu; aussi doit-on avoir la précaution de placer des paratonnerres au-dessus des magasins à poudre.

La poudre doit être conservée avec soin dans les endroits bien secs, autrement elle se détériore.

La découverte et l'usage de la poudre sont beaucoup plus anciens qu'on ne le croit généralement. Nous savons maintenant, grâce aux recherches récentes de M. Ludovic Lalanne, de l'école des Chartes, que les Chinois connaissaient parfaitement, dès les premiers siècles de l'ère chrétienne, et peut-être bien avant, les effets les plus simples de la poudre, comme les feux d'artifice, les fusées, etc. Ce sont eux qui apprirent aux Romains l'usage des feux d'artifice que ceux-ci employaient, au IV° siècle, dans leurs représentations théâtrales. C'est également des Chinois que Callinicus, architecte d'Héliopolis, reçut le terrible *feu grégeois* qu'il apporta aux Grecs en 673. Cette composition, qui a donné lieu à tant de fables et de suppositions, n'était autre chose que notre poudre à canon, qu'on lançait sous forme de fusées et de boîtes d'artifice. La fusée a donc été le premier emploi de la poudre comme arme de guerre, car ni les Chinois, ni les Romains, ni les Grecs ne surent en tirer un parti plus avantageux. Ce fait n'a rien qui doive surprendre; chez les Grecs le secret du feu grégeois n'était confié qu'à un très-petit nombre d'individus, et ce n'est pas ainsi que les inventions se perfectionnent.

On voit donc combien se trompent les historiens qui veulent voir dans un certain moine allemand du XIV° siècle, Bertold Schwartz, l'inventeur de la poudre à canon, ou qui prétendent que les Vénitiens auraient été les premiers à s'en servir au siége de Chioggia, en 1380.

La préparation de la poudre se réduit à un petit nombre d'opérations fort simples, dont voici l'exposé succinct : on pulvérise séparément les matières, puis on les triture ensemble dans des mortiers, au moyen d'un système de pilons, et en y ajoutant une quantité d'eau déterminée. Au bout de quatorze heures, la poudre mélangée et comprimée est sous forme de gâteaux humides, appelés *galettes*, qu'on laisse sécher pendant deux jours, et que l'on fait ensuite passer à travers trois tamis, dont les trois sont de plus en plus petits, pour la réduire en grains. La poudre de chasse est soumise, de plus, au *lissage*, c'est-à-dire que, pour rompre l'aspérité du grain, on la remue pendant huit à douze heures, dans des tonnes convenablement préparées. On fait ensuite sécher les poudres à l'air libre, ou mieux encore en les plaçant sur des toiles, et en faisant arriver, dans les chambres où elles sont dispo sées, des courants d'air chauffé à 60 degrés environ.

Pour éviter les explosions qui arrivaient quelquefois pendant le *battage* de la poudre, on opère actuellement le mélange intime des matières dans des tonneaux contenant des balles de métal, et auxquelles on imprime pendant deux heures un mouvement de rotation. On réduit ensuite le mélange en galettes à l'aide d'une presse hydraulyque, et on le traite comme il a été dit ci-dessus.

Pendant la révolution de 1793, où quatorze armées nécessitaient la fabrication d'une énorme quantité de poudre, le mode alors suivi était si rapide que six heures de temps suffisaient pour convertir en poudre à canon les matières premières. Mais cette poudre n'était pas d'une très-bonne qualité.

L'expérience a démontré qu'un mélange de nitre et de charbon donne une poudre à canon qui porte le mobile à une assez grande distance, tandis qu'un mélange de nitre et de soufre ne produit aucun effet sur lui. C'est donc à l'aide du charbon seulement que les deux autres principes de la poudre peuvent entrer en détonation. *Voy.* Nitre.

POUDRE D'ALGAROTH. *Voy.* Antimoine, *protochlorure.*

POUDRE DES CHARTREUX. *Voy.* Kermès.

POUDRE FULMINANTE. *Voy.* Nitre.

POUDRE FULMINANTE de mercure (*fulminate mercureux*). — On l'obtient, en dissolvant une partie deux tiers de mercure pur dans vingt parties d'acide nitrique d'une densité de 1,36 à 1,38, et ajoutant à la dissolution refroidie vingt-sept parties d'alcool d'une densité de 0,85. Le mélange est chauffé au bain de sable, jusqu'à ce qu'il entre en ébullition, et retiré du feu aussitôt que la liqueur commence à se troubler. L'ébullition continue ensuite d'elle-même et s'accroît au point, que le liquide serait chassé hors du vase si l'on n'y versait de petites portions d'alcool, aussitôt que l'ébullition menace de devenir trop forte; l'alcool dont on se sert à cet effet doit être pesé d'avance, en poids égal à celui de l'alcool déjà employé. Quand tout mouvement dans le liquide a cessé, on reçoit le fulminate sur un filtre. Il est d'un gris jaunâtre. Pour le débarrasser du mercure qui s'y trouve mêlé, on le dissout dans l'eau bouillante, et on lui fait subir plusieurs cristallisations; il prend alors la forme de petits cristaux dendritiques blancs, à éclat soyeux et doux au toucher. En évaporant l'eau-mère acide et les eaux-mères provenant des différentes cristallisations, on obtient une nouvelle quantité de ce sel. Le fulminate mercureux se distingue par la propriété dont il jouit, de brûler avec une explosion très-violente quand on le chauffe jusqu'à 186°, ou qu'on le soumet à une forte percussion. L'étincelle électrique et les étincelles d'un briquet d'acier le font également détonner, de même que l'acide sulfurique et l'acide nitrique concentrés. Pendant l'explosion il se dégage du gaz acide carbonique et du gaz nitrogène, et quand le sel était humide, il se développe un peu

d'ammoniaque. Ce sel a été découvert par Howard, et, d'après lui, on l'a appelé pendant long temps *mercure fulminant de Howard*. Howard essaya de l'employer en place de poudre à tirer; mais il trouva que l'explosion se faisait en un espace de temps si court, que le canon à fusil crevait avant que le projectile fût mis en mouvement.

La propriété dont jouit ce composé de détonner par le choc, le fait employer depuis longtemps pour composer les amorces des fusils de chasse. Dans ces armes, le chien est remplacé par une espèce de marteau qui vient frapper sur une petite quantité de poudre fulminante; celle-ci est placée dans une petite capsule de cuivre qui recouvre la lumière du fusil. Cette nouvelle méthode est à l'abri de tous les inconvénients que présente parfois la poudre de chasse, lorsqu'on s'en sert pour amorcer les armes à feu; elle est généralement usitée pour les fusils de chasse.

POUDRE DE SUCCESSION. — Le *chloride mercurique* ou *sublimé corrosif* a porté dans un temps ce nom, à cause de l'infâme usage auquel on l'appliquait. C'était un des poisons de la Brinvilliers, et le principal parmi ceux que l'on trouva dans la fameuse cassette de son complice, Sainte-Croix, dont la justice s'empara. En 1613, ce fut par ce poison que le comte et la comtesse de Sommerset firent périr sir Thomas Overbury, enfermé dans la Tour de Londres. Les meurtriers essayèrent successivement sur la victime l'eau-forte, l'arsenic, la poudre de diamant, la potasse caustique, de grandes araignées et des cantharides; le sublimé corrosif, administré en lavement, amena la mort en moins de 24 heures. Il est probable que la trop célèbre empoisonneuse Locuste, qui préparait pour Néron des breuvages si subtils, connaissait et utilisait les propriétés terribles du sublimé corrosif.

POUDRETTE. *Voy.* Engrais commerciaux.

POURPRE. — Il a régné pendant longtemps une grande incertitude sur l'origine de la pourpre des anciens. Il est aujourd'hui à peu près constant, par les recherches de M. Lesson, que ce principe colorant est un liquide sécrété par un organe particulier dans plusieurs espèces de janthines, mollusques marins gastéropodes, et particulièrement par la *janthina prolongata*, qui abondent dans la Méditerranée et dans la Manche. La janthine est jetée parfois sur les côtes de Narbonne par les vents violents, de manière à joncher les grèves. Or, à Narbonne existaient, du temps des Romains, des ateliers de teinture en pourpre très-célèbres; et il est presque certain que la janthine était la véritable pourpre alors employée. La janthine laisse échapper, aussitôt qu'on la tire de l'eau, une couleur très-pure, très-brillante, du rose violacé le plus vif. Cette couleur prend par les alcalis une teinte verte; elle passe très-rapidement au rouge par les acides, et revient au bleu par les alcalis. Bizio, chimiste italien, a étudié, en 1833, le liquide colorant des autres mollusques à coquilles de la Méditerranée, le *buccin* et la *petite massue d'Hercule* ou *murex*, qui avaient déjà fixé l'attention de Réaumur et de Duhamel, comme fournissant la pourpre. Ce liquide n'est altéré sensiblement que par le chlore et l'acide azotique concentré ; d'abord incolore, il devient successivement à la lumière diffuse, jaune citron, vert clair, vert émeraude, azur rouge, et finalement, au bout de 48 heures, d'un très-beau pourpre ; mais il ne parcourt ces nuances qu'autant qu'on l'empêche de se dessécher.

POURPRE DE CASSIUS. *Voy.* Or.

POUZZOLANES. *Voy.* Chaux hidrauliques.

PRÉCIPITÉ PERSE. *Voy.* Mercure, *deu-toxyde*.

PRESSION, son influence sur l'affinité. *Voy.* Affinité.

PRÉSURE. — On nomme ainsi la membrane muqueuse de l'estomac des jeunes veaux qui ne sont nourris que de lait. On donne, en France, communément ce nom à tout l'estomac du veau contenant du lait caillé ; on l'estime d'autant plus qu'il en contient davantage. On prépare, en Bourgogne, la présure en mêlant avec les matières contenues dans cet estomac, de la crême, du sel et du poivre en assez grande proportion pour qu'on puisse sécher l'estomac. On dit la présure préférable pour faire des fromages après six mois de conservation. On ne sait point encore comment la présure détermine la coagulation du lait ; on croyait que c'était l'effet de l'acide du suc gastrique ; mais il faut chercher une autre cause de ce phénomène remarquable, qui ne peut être comparé qu'à l'action de la diastase ; car Berzelius épuisa par de l'eau la membrane muqueuse d'un estomac de veau, et une partie du poids de cette membrane coagula, à 50°, 1800 parties de lait écrémé, et cette membrane pesait encore 0,94 après l'action.

PRIESTLEY, né à Fieldhead, près de Leeds, dans le Yorkshire, le 30 mars 1733. Son père, fabricant de draps, le destinait au commerce et voulait en faire son successeur ; mais l'exaltation religieuse du jeune homme l'entraîna bientôt sur une scène plus agitée.

Livré aux soins d'une tante et de son père, le jeune Priestley fut placé dans une pension libre où il apprit le latin, le grec et l'hébreu ; et dès lors, il se fit remarquer par des succès qui prouvaient une étonnante facilité. Son père, qui le destinait toujours au commerce, le fit ensuite voyager. Nous le voyons alors employer ses moments de distraction à apprendre le français, l'allemand et l'italien. Mais bientôt ses idées religieuses l'emportent. Quoique élevé par sa famille dans des principes d'un calvanisme très-modéré, il tombe dans un état d'exaltation pénible. Il s'imagine que la grâce lui manque, s'abandonne au découragement et se livre à une profonde tristesse. Pour approfondir davantage l'Ecriture sainte, il apprend le chaldéen, le syriaque, l'arabe. L'étude des langues ne lui coûtait rien, et ses efforts étaient suivis

des progrès les plus rapides. Il s'occupa vers le même temps de son éducation mathématique.

Enfin il se voua à la carrière ecclésiastique, et voulut se faire recevoir prédicateur de sa congrégation. Mais dès le premier pas il fit naître lui-même un obstacle qu'il rendit bientôt insurmontable. Il fallait subir un examen, et, dans ses réponses, il souleva la question du péché d'Adam, et énonça ses opinions sur cette matière avec le ton d'un homme qui est peu disposé à les modifier. En conséquence, il fut écarté, et dès lors il tendit à former un schisme.

A cette époque, il s'occupait de littérature. Il faisait beaucoup de vers, et de mauvais vers ; ce qui, dit-il, lui a donné la faculté d'écrire plus agréablement en prose. Mais gardez-vous d'user de la recette : car sa prose n'a rien qui la recommande.

Il cultiva soigneusement sa mémoire qui, du reste, était si heureuse, qu'il pouvait reproduire presque complétement et de souvenir les sermons qu'il avait entendus une fois.

Devenu ministre, il s'essaya comme prédicateur à Needham, avec 650 francs d'appointements. Les dames de l'endroit, à ce qu'il nous apprend lui-même, le trouvèrent ennuyeux, et d'un autre côté on le soupçonna d'arianisme, et même de socinianisme. Au fait, il n'admettait pas la Trinité. Ainsi, dès l'âge de vingt-cinq ans, ses opinions religieuses, à peu près arrêtées, commençaient à lui susciter des ennemis. Il finit par échouer complétement dans ses prédications à Needham, abandonna cette ville, et passa à Sheefield où il eut le même sort.

Cependant à Nantwich il obtint quelques succès ; il y fonda une petite école, et, à l'aide de ses économies, il se procura une machine électrique et une machine pneumatique, premières bases de cette éducation scientifique qui devait devenir si féconde.

Plus tard, en 1761, sa réputation s'étant étendue, il fut appelé dans une petite académie, à Waringthon, pour y professer les langues anciennes. C'est là qu'il se maria. Il épousa une demoiselle Wilkinson, fille d'un maître de forges.

C'est vers cette époque, c'est-à-dire à l'âge de 32 ans, qu'il débuta dans les sciences. Un hasard le mit en rapport avec Francklin, dans un voyage qu'il fit à Londres, et la conversation de ce grand homme lui inspira le désir d'étudier les phénomènes électriques. Il conçut ainsi la première pensée de son histoire de l'électricité. Aussitôt il acheta les livres nécessaires, revint chez lui, et s'en occupa immédiatement. Bientôt le besoin de décider des questions douteuses le détermina à faire des expériences qui lui acquirent quelque réputation dans le monde savant, le firent recevoir docteur et membre de la Société royale.

En 1767, ayant été nommé pasteur de la chapelle de Mitt-Hill, à Leeds, le hasard, car, à l'en croire, le hasard joue un grand rôle dans son histoire, le hasard le logea près d'une brasserie. Ce voisinage l'invita à *s'amuser*, comme il le dit, à faire quelques expériences sur l'acide carbonique dégagé pendant la fermentation de la bière. Plus tard, ayant changé de logis, il se vit privé de cette source commode d'acide carbonique, hasard nouveau qui lui donne l'idée de produire lui-même ce gaz. Il imagine donc les dispositions convenables pour le recueillir, et se trouve conduit à l'invention des appareils qu'on lui doit pour produire, manier et étudier les gaz; source féconde en découvertes, et base de la renommée qu'il s'est acquise.

Sur ces entrefaites, le capitaine Cook se disposait à partir pour son second voyage. Connaissant Priestley sous des rapports très-avantageux, il fut sur le point de l'emmener comme chapelain de son bâtiment, et notre chimiste eût fait partie de l'expédition, si l'amirauté n'eût pas trouvé, fort heureusement pour lui et pour les sciences, qu'il n'était point assez orthodoxe. C'est la seule fois que ses opinions religieuses l'aient servi.

En 1773, lord Shelburne, marquis de Lansdown, l'attacha à sa personne, comme homme de lettres et comme chapelain. Priestley trouva en lui un protecteur puissant qui encouragea ses travaux et lui fournit les moyens de les continuer sans obtacles. Non content de lui assurer une honorable existence, le marquis voulut subvenir aux frais de son laboratoire. Priestley l'accompagna en 1774 à Paris, ce qui lui donna l'occasion d'assister à quelques séances de notre Académie et d'y assister au moment où s'y livrait une discussion animée entre Cadet et Baumé sur les propriétés de l'oxyde rouge de mercure; cette discussion ne fut pas sans influence sur la découverte du gaz oxygène qu'il ne tarda pas à faire connaître.

Priestley conserva sa position chez le marquis de Lansdown jusqu'en 1780. Pendant ce temps, il publia tout ce qu'il a fait de plus remarquable dans les sciences; c'est-à-dire, les quatre premiers volumes de ses *expériences* et *observations sur les différentes espèces d'air*. Lorsqu'il quitta le marquis, il était même sûr le point de faire paraître son dernier volume, le cinquième, qui du reste est inférieur aux précédents. Comment fut-il conduit à sortir de cette existence si douce et si philosophique pour se lancer de nouveau dans les embarras d'une vie précaire, on ne saurait le dire positivement? mais il n'est que trop évident que c'est à son exaltation religieuse qu'il faut s'en prendre.

Quand Priestley commença ses travaux, Scheele s'occupait des mêmes sujets, et Lavoisier, de son côté, se livrait à de semblables recherches. Le phlogistique était admis partout. Parmi les gaz, on n'en connaissait que deux, l'acide carbonique, que l'on appelait *air fixe*, et l'hydrogène, que l'on distinguait sous le nom d'*air inflammable*. Priestley commença par étudier ces deux corps, et fit sur leur compte une multitude d'observations utiles. Bientôt il reconnut l'existence de l'azote, puis celle du bi-oxyde d'azote. La

découverte de ce dernier corps et de l'action qu'il exerce sur l'air qui n'a point été dépouillé d'oxygène, fut pour lui l'occasion d'un vrai plaisir. Jusque-là, en effet, il n'avait eu, pour reconnaître à quel point un air était respirable, que la respiration elle-même pour réactif; il était obligé d'employer des souris qu'il introduisait successivement dans l'air à essayer, jusqu'à ce qu'elle ne pussent plus y vivre. Ses expériences étaient donc l'occasion d'une assez grande consommation de ces petits animaux, qui désormais devinrent inutiles. En cherchant à s'assurer si le bi-oxyde d'azote, qui lui offrait un moyen d'analyse moins meurtrier et plus prompt, lui offrirait aussi un moyen plus exact, Priestley fut conduit à reconnaître les singulières propriétés antiseptiques de ce gaz. Ayant mis, en effet, quelques souris dans un vase où se trouvait un excès de bi-oxyde d'azote, et l'ayant oublié, il s'aperçut à quelques jours de là, avec étonnement, qu'aucune putréfaction ne s'était manifestée. Il fut amené par ce concours de circonstances à étudier et à caractériser ce gaz éminemment antiseptique sous un point de vue qui serait probablement resté longtemps ignoré, et dont tout l'intérêt n'est pas encore apprécié.

Peu de temps après, il découvrit le gaz chlorhydrique, et ensuite le gaz ammoniaque, connus déjà l'un et l'autre depuis longtemps à l'état de dissolution, le premier sous le nom d'*esprit de sel*, le second sous celui d'*esprit de sel ammoniac*, ou d'*alcali volatil*, mais inconnus l'un et l'autre sous forme gazeuze. Après eux, le protoxyde d'azote prit naissance entre ses mains, puis l'acide sulfurique, puis l'oxygène.

Il retira ce gaz de l'oxyde de mercure le 1er août 1774; mais ce ne fut que dans le courant du mois de mars de l'année suivante qu'il lui reconnut la propriété d'entretenir la respiration, et qu'il constata son action sur le sang veineux. Enfin le gaz fluo-silicique, et beaucoup plus tard le gaz oxyde de carbone, furent encore préparés de sa main pour la première fois.

Voilà donc neuf gaz dont Priestley fit connaître l'existence, et, comme vous voyez, ce sont les plus importants. Ajoutez-en deux ou trois autres à cette série, tels que l'hydrogène sulfuré, le gaz oléfiant, l'hydrogène phosphoré, et vous aurez tous les principaux gaz, ceux dont on fait une étude spéciale dans les cours de chimie, en raison de l'importance de leur rôle dans la science ou l'industrie.

Cependant, celui qui les a découverts, si on veut l'en croire, les a tous obtenus par hasard. Il met sa gloire à répéter qu'il n'est pas chimiste, qu'il ne sait pas la chimie, et que c'est cela même qui lui a rendu ses découvertes plus faciles.

Serait-il vrai que, dans les sciences expérimentales, le hasard fût tout, et le génie une simple illusion de notre orgueil? En face de tels résultats et de telles assertions, cette question vaut bien la peine qu'on la discute.

Priestley a-t-il reconnu le by-oxyde d'azote par hasard? Non, car il en a déduit l'existence des expériences de Hales. Est-ce par hasard qu'il a découvert l'acide chlorhydrique? Non, car les expériences de Cavendish ont nécessairement dû l'y conduire. Est-ce par hasard qu'il a obtenu le protoxyde d'azote? Oui, c'est possible. Et l'oxygène? On peut l'admettre encore; mais que d'efforts pour le caractériser! C'est un gaz, puis de l'air, puis mieux que l'air, puis enfin c'est l'*air déphlogistiqué.*

Quant à l'ammoniaque, à l'acide sulfureux, à l'acide fluo-silicique, c'est toujours le même raisonnement qui conduit à leur découverte. Priestley, possesseur des appareils qu'il avait inventés pour recueillir les gaz, n'avait plus qu'à essayer à leur aide celles des expériences de ses prédécesseurs qui donnaient lieu de supposer la production d'un corps gazeux. Cette direction une fois donnée à ses travaux, il devait inévitablement rencontrer un grand nombre de gaz nouveaux. On n'en connaissait que deux, et il en restait plus de trente à découvrir.

Si une réaction donnait lieu à une effervescence, il devait y chercher un gaz insoluble ou soluble, et tenter l'opération sur l'eau ou sur le mercure. Il savait que la distillation des corps produit souvent des gaz en même temps que des liquides : il lui était facile de les recueillir. Enfin toutes les fois qu'un corps était modifié par une haute température, il pouvait se demander si cette altération n'était pas accompagnée d'un dégagement de gaz, et ses appareils lui fournissaient bientôt une réponse précise.

Ainsi, l'effervescence annonce une production de gaz; la distillation en fournit souvent; une chaleur rouge en dégage d'une foule de corps : voilà les règles observées par Priestley. Il est donc aisé de retrouver le fil qui l'a continuellement guidé; ce n'est donc pas un hasard aveugle qui le conduisait. Mais il a pu se faire illusion à cet égard : car ces idées, assez simples, pouvaient être conçues et appliquées par un homme étranger aux connaissances chimiques de son époque.

De même que ce raisonnement appliqué avec persévérance lui a fait trouver tant de gaz nouveaux, de même aussi quelques raisonnements très-simples suffisaient à le diriger dans les expériences nécessaires à la détermination de leurs propriétés les plus communes. Ainsi bornées, ses expériences excitaient encore une vive curiosité, car à cette époque les propriétés les plus communes des gaz qui nous entourent étaient ignorées. Il faut se le rappeler, pour comprendre tout l'intérêt des moindres épreuves auxquelles Priestley s'avisait de les soumettre. Sur des êtres si nouveaux pour la science et la plupart si étranges, tous les essais avaient de l'intérêt et souvent même une haute valeur. Peu importait alors, en vérité, qu'ils fussent déterminés par une puissante logique ou bien par le hasard; ses travaux sur le gaz et sur l'air en particulier n'en jetaient pas

moins une lumière inattendue sur les phénomènes les plus vulgaires. C'est lui qui, l'un des premiers, en effet, est venu fournir au monde quelques notions expérimentales sur l'air, la respiration, la combustion, la calcination; c'est-à-dire, sur ces grandes opérations qui sans cesse altèrent, modifient, renouvellent l'aspect du globe et sans lesquelles notre terre, avec sa surface éternellement aride et immuable, parcourrait l'espace comme un cadavre inutile.

Mais, pour coordonner les faits qu'il observait, pour imaginer la théorie générale à laquelle il préparait de si riches matériaux, il fallait cette logique puissante qui lui a manqué, il fallait un vrai génie. Or, si Priestley pouvait, sans connaissances chimiques, découvrir des gaz, les étudier, mettre à nu leurs propriétés et faire une foule d'observations détachées, toujours utiles et souvent même éclatantes, Priestley ne pouvait plus si aisément exécuter la réforme que ses propres découvertes rendaient imminente. Privé de connaissances chimiques, la théorie devait être son écueil, et d'autant plus qu'il en sentait moins l'importance.

Comme il fait ses expériences sans motif et sans plan arrêté, leurs résultats ne se groupent jamais dans son esprit. Aussi, à mesure qu'il trouve des corps nouveaux, il s'égare davantage. Plus ses découvertes se multiplient, moins il s'en rend compte; plus la lumière qui doit jaillir de ses observations semble près de briller, et plus l'obscurité de ses idées se montre profonde.

Rien de curieux comme la lecture de ses ouvrages. Toujours disposé à donner à quelque hasard le mérite de ses découvertes, Priestley affecte beaucoup d'humilité dans ses écrits, mais il y parle constamment de lui. Il fait bon marché de ses opinions, mais il n'en abandonne aucune, et il attaque avec aigreur les opinions d'autrui. Pour lui, les faits sont tout; il leur porte le plus grand respect et ne refuse jamais de s'y soumettre... pourvu toutefois qu'il soit question des faits qu'il a observés. Quant aux faits d'autrui, ils lui semblent tous douteux ou même falsifiés; lui seul est homme exact, véridique et bon raisonneur.

Priestley s'est rendu justice en avouant ce que le hasard a fait pour lui; il a même beaucoup exagéré, et ne s'est pas rendu compte de la part que son raisonnement avait eue dans les succès de ses travaux; mais quand il étend à toutes les découvertes humaines cette influence du hasard, il commet une erreur monstrueuse, que combattent, au lieu de l'appuyer, son histoire elle-même et ses écrits, tout imprégnés qu'ils soient de son orgueilleuse humilité.

Il nous est impossible d'analyser ses mémoires, précisément à cause de ce luxe de détails dont il les surcharge, et qui semblent avoir pour objet de nous initier au travail intérieur de son esprit. Initiation curieuse et profitable, s'il s'agit du travail d'un esprit logique, mais dont l'utilité nous semble très contestable, quand elle se borne à nous donner une énumération d'accidents fortuits toujours plus forts que la pensée de l'auteur.

S'agit-il de la découverte de l'oxygène, de cette découverte qui devait renouveler la face des sciences naturelles? Il trouve que l'oxyde rouge du mercure lui fournit un gaz. Il confond ce gaz avec le protoxyde d'azote. Quelque temps après, il l'essaie avec le bi-oxyde d'azote, comme s'il s'agissait d'analyser l'air, et il est tout surpris de voir rougir le mélange; alors il le confond avec l'air. Mais par hasard il plonge une bougie dans le résidu, et, à sa grande surprise, elle y brûle. Pourquoi cette épreuve? Il l'ignore. « Si, dit-il, je n'avais eu devant moi une « chandelle allumée, je n'aurais pas fait cette « épreuve, et toute la suite de mes expérien- « ces sur cette espèce d'air serait restée dans « le néant. » Marchant ainsi de surprise en surprise, d'un hasard à l'autre, il en arrive à établir que ce gaz est un produit nouveau, homogène, la partie respirable et comburante de l'air; magnifique conclusion sans doute, mais qui, loin de prouver que le génie n'est qu'un mot, ou qu'on peut s'en passer, prouve seulement combien est grande la puissance de l'expérimentation; car c'est bien à elle qu'appartient toute la gloire de cette découverte.

Après avoir obtenu l'oxygène par une suite de hasards, il examine les phénomènes de la respiration, et s'il faut l'en croire, c'est *sans y penser* qu'il a trouvé la solution de ce grand problème qui aurait, dit-il, éludé toutes les recherches directes.

Après avoir montré le culte que Priestley rend au hasard, pour compléter l'exposition de sa philosophie, il suffit de rappeler une de ses opinions favorites. « Plus « un homme a d'esprit, plus il est fortement « attaché à ses erreurs, son esprit ne servant « qu'à le tromper, en lui donnant les moyens « d'éluder la force de la vérité. » A ce compte, certes jamais homme n'eut autant d'esprit que Priestley, car jamais homme ne fut plus que lui attaché à ses erreurs.

En effet, après tant de brillantes découvertes, après l'observation d'une multitude de faits en opposition avec le phlogistique, il a mis un tel entêtement à soutenir cette théorie, qu'il est mort dans l'impénitence finale. Il est mort phlogisticien et seul de son avis au monde, lui dont les opinions, quelques années avant, faisaient loi en Europe. Quel contraste !

En 1776, ses découvertes étaient l'objet de l'admiration de tous les savants et tenaient le monde en suspens. Ses observations sur l'oxygène, les propriétés extraordinaires de ce gaz, avaient réveillé les espérances les plus téméraires, que lui-même d'ailleurs ne partageait pas. Sachant que ce corps était le seul principe respirable de l'air, le voyant ranimer avec tant de vigueur la combustion, dont on saisissait déjà les rapports avec la respiration, on attendait de ses recherches les moyens de ranimer la vieillesse, d'exalter les facultés vitales ; on se promettait presque l'immortalité.

En 1796, cet homme, dont l'autorité avait été si grande dans la science, et que le vulgaire avait cru destiné à changer nos destinées, cet homme a disparu de la scène, et son souvenir même s'est évanoui. Relégué au fond d'une province de l'Amérique septentrionale, incertain s'il ne devra pas aller demander l'hospitalité aux *peaux rouges*, il élève une dernière fois la voix en faveur du phlogistique ; il adresse aux chimistes français les plus illustres, une humble supplique, pour les prier de vouloir bien répondre à ses objections contre la théorie de Lavoisier. « Ne me traitez pas à la façon de Robespierre, « leur dit-il en terminant, supportez patiem- « ment une petite Vendée chimique ! Répon- « dez-moi, persuadez-moi, et n'abusez pas « de votre pouvoir. » Eh bien ! cette dernière consolation même lui fut refusée. L'envoyé du peuple français aux Etats-Unis, Adet, dont il reste quelques travaux en chimie, Adet reçut sa brochure et se chargea de la réponse. Elle était suffisante, et les académiciens français n'eurent pas besoin d'intervenir.

Que s'était-il donc passé de 1776 à 1796, et comment cette voix, jadis si puissante, se trouvait-elle alors si dédaignée ? Ah ! c'est que le génie tant nié par Priestley, c'est que le génie dont il n'avait jamais compris le pouvoir immense était venu lui donner un éclatant démenti. Epurées et vivifiées par sa flamme vengeresse, les observations de Priestley, jadis en désordre, s'étaient coordonnées comme les parties de l'édifice le plus régulier, et après avoir applaudi aux efforts de l'ouvrier heureux, qui savait tirer de la carrière des blocs du marbre le plus beau, le monde l'oubliait pour s'incliner devant l'artiste inimitable qui avait su s'en servir pour élever un monument d'une perfection achevée.

Peut-être faut-il vous dire aussi comment Priestley en était venu à cet état d'exil lointain et d'abandon, si déjà vous n'avez deviné que ses opinions religieuses doivent être accusées de ce changement de fortune.

En se séparant de lord Shelburne, il avait conservé une petite pension de ce seigneur. Il y joignit des ressources qui dans nos mœurs sembleraient fort étranges, mais qui, en Angleterre, sont admises. Il vivait des souscriptions de quelques amis des sciences, qui s'étaient réunis pour lui assurer un revenu modeste. Parmi eux, on voit avec plaisir figurer un savant distingué, que son talent comme chimiste, que son bon goût dans les arts et son habileté administrative ont fait l'un des créateurs de l'industrie si développée des poteries anglaises. C'est Wedgwood, qui lui donnait, en outre, tous les ustensiles de laboratoire que ses fabriques pouvaient lui fournir.

Avec ces moyens d'existence, Priestley se retira près de Birmingham, dans un petit village, où il exerçait ses fonctions ecclésiastiques et où il reprit avec une vigueur nouvelle ses publications théologiques. Pour comprendre la passion qu'il y mettait, il faut dire les mémoires qu'il a laissés sur sa vie,

Il n'y est pas fait mention d'une seule personne, sans que ses opinions religieuses y soient pesées et cotées avec une précision surprenante. Ce n'est pas leur couleur générale, c'est leur nuance la plus subtile qu'il détermine.

Il faut l'entendre raconter ses rapports avec un de ses amis, qui ne partageait ses opinions ni en chimie, ni en théologie. Ils se voyaient souvent, discutaient volontiers chimie et n'avaient jamais songé à se quereller par écrit à ce sujet. Mais par une convention tacite, tout au contraire, ils ne parlaient jamais religion, et leur bile s'évaporait sur ce point en livres ou brochures qu'ils publiaient l'un contre l'autre.

Non-seulement il était chatouilleux à l'excès sur ces matières, mais il avait changé plusieurs fois d'avis à leur égard; et j'oserais à peine vous donner quelques détails à ce sujet, s'il ne s'agissait de l'un des hommes les plus éminents que la chimie ait produits.

Or, s'il était entêté dans les sciences, jugez de ce qu'il était en théologie. Il fallait être tout juste d'accord avec lui, ou bien accepter le combat; il fallait aller jusqu'où il allait lui-même et s'arrêter exactement au même point : il ne faisait pas grâce de la plus légère différence d'opinion. Aussi a-t-il consacré plus de 80 volumes à des discussions théologiques, et a-t-il écrit tour à tour contre les juifs, les catholiques, les calvinistes et les anglicans, tout comme contre les déistes et les athées. Les ariens, les quakers, les méthodistes, l'ont successivement occupé. Il a écrit, en un mot, contre toutes les religions ou sectes européennes; il n'a pas même dédaigné les swédemborgistes que leur petit nombre aurait dû, ce semble, dérober à son attention. La connaissance des langues anciennes le rendait très-redoutable à ses adversaires.

Certes, en voyant le nombre de ses écrits théologiques, on serait excusable d'imaginer qu'il aurait existé un Priestley théologien et un Priestley chimiste, comme on a voulu l'établir pour Raymond Lulle.

Peu à peu Priestley devint un homme politique, car, au nom des unitaires, il réclamait la liberté de conscience pour toutes les religions; ce qui lui valut la colère de l'Eglise et même celle du ministère, peu disposé alors à favoriser les nouveautés.

D'ailleurs, la révolution française venait de s'accomplir. En le voyant défendre la liberté des cultes avec tant d'indépendance, on se figura en France que Priestley devait être un ardent républicain. En conséquence on lui décerna le titre de citoyen français, et un département, celui de l'Orne, le choisit pour son député à l'assemblée constituante. Il eut le bon esprit de regarder sa qualité d'Anglais comme indélébile. Il refusa l'honneur qu'on lui faisait, mais il ne s'en trouva pas moins signalé en Angleterre comme novateur.

Bientôt, en effet, il devint la victime d'une de ces manœuvres odieuses que les partis

politiques se croient permises pour imprimer une secousse à l'opinion. On s'efforça d'exciter le peuple contre Priestley; on le désigna de cent façons à la haine publique. Tous les murs de Birmingham étaient couverts de ces mots menaçants écrits à la craie : *Damned Priestley.*

Le 14 juillet 1791, quelques habitants de Birmingham voulurent célébrer l'anniversaire de la prise de la Bastille. Dès la veille, on répandit dans la ville une lettre séditieuse attribuée à Priestley, et la populace, ainsi excitée, s'ameuta. Ses amis politiques n'en persistèrent pas moins à donner leur dîner, mais au moment même du repas on se précipita dans la maison où il avait lieu. Elle fut pillée et incendiée. Bientôt l'église de ses coreligionnaires subit le même sort; et l'émeute, s'animant par le succès, se dirigea grondante vers la maison de campagne qu'il habitait.

Priestley, dans une ignorance complète de ces événements, était fort paisible au sein de sa famille. Quelques amis arrivés à temps l'arrachèrent au péril. Caché dans une maison voisine, il eut la douleur de voir sa bibliothèque détruite, ses instruments brisés, sa maison en flammes. Il put voir voler au milieu de la foule acharnée ses manuscrits en lambeaux, où les mains de quelques misérables cherchaient la preuve de ses crimes politiques et où ils ne trouvaient que des notes relatives aux sciences ou à la religion. Il eut le chagrin d'assister à cette horrible scène, et, il faut le dire à sa gloire, il eut la force d'y assister avec le calme d'une haute philosophie. Il ne fit pas entendre la moindre plainte, et jamais il ne parla avec amertume de ce déplorable événement.

Cependant la rage populaire n'était pas assouvie, et tous ses amis durent partager son sort. Leurs maisons furent saccagées et livrées aux flammes, et Birmingham conserve encore un souvenir douloureux de cette émeute, dont les dégâts s'élevèrent à près de deux millions.

On peut affirmer hardiment que Priestley était innocent de toute provocation, qu'il était cent fois innocent, car non-seulement il ne faisait pas même partie de la réunion qui devait avoir lieu ce jour-là, mais encore nous le voyons ensuite, pendant trois ans, habiter Londres avec la plus grande tranquillité. Non-seulement il y fait des cours, mais il continue toujours à prêcher, et certes il n'avait à attendre ni grâce ni faveur du ministère ou des agens subalternes du pouvoir. Cependant, s'il ne fut l'objet d'aucune poursuite, il n'en fut pas moins en butte à mille tracasseries que ses continuelles imprudences semblaient vouloir justifier ou attirer sur sa tête. N'y tenant plus, il s'embarqua pour l'Amérique, en 1794. Une place de professeur à Philadelphie lui fut offerte. Il la refusa, pour aller s'établir à Northumberland, aux sources du Susqueannah, où il acheta une terre de 200,000 acres. Là, sous la protection du président Jefferson, il passa tranquillement le reste de ses jours qui furent brusquement interrompus par un accident. Il fut empoisonné dans un repas avec toute sa famille, par une méprise dont on ne s'est jamais rendu compte. Personne ne succomba ; mais lui, déjà vieux et affaibli, ne put résister longtemps à l'inflammation d'estomac qui en fut la suite.

Il mourut en 1804, conservant de singulières idées psycologiques. Il croyait l'âme matérielle, et regardait la mort comme un long sommeil, au bout duquel nous devons nous réveiller, tous à la fois, pour la vie éternelle.

J'aurais voulu supprimer ces détails, mais il est bon que vous sachiez pourquoi Priestley, malgré son talent, est demeuré au-dessous de sa tâche ; pourquoi, malgré la pureté de son cœur, il a été si malheureux.

Priestley s'est perdu par l'orgueil. Dédaignant les opinions d'autrui, ne les étudiant que pour les combattre, il a voulu, en science comme en religion, imposer les siennes au public. Il en est donc de Priestley comme de la plupart des hommes célèbres à la fois par leurs talents et leurs infortunes, qui, presque toujours, auraient obtenu ou conservé la faveur publique, si leur caractère n'avait annulé tout ce qu'ils devaient à leur génie.

PRINCIPES IMMÉDIATS DES VÉGÉTAUX. — Les principes immédiats de nature organique, libres ou combinés, sont en général sécrétés ou accumulés dans des tissus spéciaux que l'on peut souvent distinguer : ainsi, les matières azotées neutres, accompagnées de matières organiques non azotées et de substances minérales, sont abondantes partout où la vie végétale est très-active ; la cellulose forme la trame, les enveloppes ou les conduits de tous les tissus.

Le sucre, dans les betteraves, et probablement dans les cannes, se rencontre en solution remplissant des cellules spéciales autour des faisceaux vasculaires.

La fécule amylacée remplit un tissu distinct, qui, dans le pois, par exemple, est posé de même autour des vaisseaux dans la racine d'igname, dans les tubercules d'orchis ; ceux-ci présentent, en outre, un tissu formé de petites cellules pleines d'amidon refoulées par de grandes cellules remplies elles-mêmes de la substance mucilagineuse qui caractérise le salep.

La matière incrustante injecte les épaisses parois des fibres ligneuses.

Diverses huiles essentielles et résines sont sécrétées dans des glandes ou des vaisseaux propres. L'oxalate de soude ou de potasse dissous remplit les nombreuses glandes périphériques des feuilles et tiges de la glaciale (*Mesembrianthemum cristallinum*) ; une ou deux rangées de cellules sous-épidermiques se montrent remplies d'huile et de matière azotée dans tous les périspermes des graminées ; le cotylédon, dans les mêmes fruits, est rempli d'huile et de substances azotées, principes qui se trouvent abondamment réunis dans les cotylédons de toutes les graines dites oléagineuses ; aucune graine, toutefois, n'en est dépourvue.

Les arts, qui puisent leurs matières premières dans les règnes organiques, ont en général pour but l'extraction des principes immédiats, ou leur transformation en de nouveaux produits vendables.

CLASSIFICATION EN TROIS GROUPES.

On peut ranger en trois grandes classes les principes immédiats en se fondant sur leur composition. Ils peuvent, en effet, être composés : 1° de carbone et d'oxygène, ou de carbone, d'hydrogène et d'oxygène ; ce dernier étant en plus forte proportion qu'il ne serait nécessaire pour produire de l'eau avec l'hydrogène du corps ; 2° de ces trois corps simples, les deux derniers étant exactement entre eux dans le rapport de la composition de l'eau ; 3° de telle sorte enfin qu'ils admettent dans leur constitution un excès d'hydrogène (et parfois de l'azote). Voici un tableau des principes immédiats rangés suivant cet ordre :

Principes contenant l'oxyg. en excès.	*Pectine, pectose.* Acides : *pectique, oxalique, tartrique, paratartrique, citrique, malique, tannique, gallique, méconique.*
Principes dans lesquels l'hydrogène et l'oxygène se rencontrent à équivalents égaux.	Substances neutres : *cellulose, amidon, dextrine, inuline, gomme, sucre, glucose.* Acides : *lactique, acétique, quinique.*
Matières contenant l'hydrogène en excès.	Substance azotées neutres (*albumine, caséine, glutine, fibrine, légumine*), matières grasses. Matières ligneuses (= *cellulose* + *lignose, lignone, lignin, ligniréose* + azote). *Résines, baumes, vernis naturels, huiles essentielles, camphre, circ, mannite, saponine, salicine, picrotoxine, olivile, columbine, amygdaline, caféine, glycyrrhizine, ménispermine, asparamine, diastase.* Bases : *cinchonine, quinine, aricine, sabadilline, delphine, strychnine, codéine, brucine, morphine, vératrine, narcéine, narcotine, atropine, solanine, émétine.* Matières colorantes.

Toutes les plantes renferment, en outre, des matières inorganiques : soufre, oxyde de fer, sels de chaux, de magnésie, de potasse, de soude, chlorures, sulfates, phosphates, etc.

PRINCIPES IMMÉDIATS des animaux. *Voy.* CHIMIE ANIMALE.

PRODUCTION ARTIFICIELLE DES MINÉRAUX SIMPLES. — Ce fut une inspiration bien féconde pour la théorie de la formation de l'écorce terrestre, et pour celle du métamorphisme, que l'heureuse idée de comparer les minéraux naturels aux scories de nos hauts-fourneaux, et de chercher à les reproduire de toutes pièces. Toutes ces opérations nous offrent, en effet, le jeu des mêmes affinités qui déterminent les combinaisons chimiques, dans nos laboratoires comme dans le sein de la terre. On a retrouvé, parmi les minéraux formés artificiellement, les minéraux simples les plus importants dont les roches d'éruption plutoniques et volcaniques et les roches métamorphiques se composent, non pas grossièrement imités, mais reproduits à l'état cristallin, avec la plus complète identité. Toutefois, il convient de distinguer les minéraux qui se sont accidentellement formés dans les scories, de ceux dont le chimiste s'est proposé la reproduction. Parmi les premiers, on compte le feldspath, le mica, l'augite, l'olivine, la blende, l'oxyde de fer cristallisé (fer spéculaire), l'oxyde de fer magnétique octaédrique et le titane métallique; parmi les seconds, le grenat, l'idiocrase, le rubis (aussi dur que le rubis oriental), l'olivine et l'augite. Ces minéraux forment les parties constituantes du granit, du gneiss et du micaschiste, du basalte, de la dolérite et d'un grand nombre de porphyres. La reproduction artificielle du feldspath et du mica est particulièrement importante, en géologie, pour la théorie de la conversion du schiste argileux en gneiss. Le premier contient les éléments du granit, sans même en excepter la potasse. Il n'y aurait donc pas lieu de s'étonner, comme l'a dit un ingénieux géologue, M. de Dechen, s'il arrivait qu'un fragment de gneiss se formât un jour sur les parois d'un haut fourneau bâti avec du schiste argileux et de la grauwacke.

PROPRIÉTÉS CHIMIQUES DU VERRE. *Voy.* VERRE.

PROTOCARBONATE DE PLOMB. *Voy.* PLOMB.

PROTOCARBONATE DE FER. *Voy.* FER, *sels.*

PROTOCHLORURE D'ANTIMOINE. *Voy.* ANTIMOINE.

PROTOCHLORURE DE PHOSPHORE. *Voy.* PHOSPHORE.

PROTOSULFATE DE MANGANÈSE. *Voy.* MANGANÈSE.

PROTOSULFURE D'ARSENIC. *Voy.* RÉALGAR.

PROTOXYDE DE POTASSIUM. *Voy.* POTASSE.

PROTOXYDE DE SODIUM. *Voy.* SOUDE.

PROTOXYDE DE BARIUM. *Voy.* BARIUM.

PROTOXYDE DE ZINC. *Voy.* ZINC.

PROTOXYDE DE PLOMB. *Voy.* PLOMB.

PROUST. — Elève de Rouelle, manipulateur habile, raisonneur exact, plein de verve et de feu dans l'expression.

Proust a vu le premier qu'il existe une constance dans l'oxydation des métaux qu'on était loin de soupçonner. Malgré la difficulté que présentait, dans l'étude des sulfures, la propriété qu'a le soufre de se dissoudre par la fusion dans certains d'entre eux presque en

toutes proportions, il reconnut également que la sulfuration donnait naissance à des combinaisons définies. Enfin, tout à l'opposé de Berthollet, il admit que partout en chimie les composés distincts étaient invariables dans leurs proportions, et que dans les combinaisons tout se faisait par sauts brusques.

En général, il n'admettait guère que deux oxydes pour chaque métal, et les deux sulfures correspondant à ces deux oxydes. On lui objecta, il est vrai, le minium. Le minium, répondit-il, eh bien! c'est un composé de protoxyde de plomb et de peroxyde. Cette manière heureuse de se représenter les oxydes intermédiaires et irréguliers comme étant de véritables combinaisons salines nous vient donc de Proust, et l'observation de leurs propriétés justifie tous les jours davantage cette vue vraiment philosophique. Il appliqua à l'oxyde noir de fer et à plusieurs autres cette explication, qui maintenant est généralement adoptée.

Doué à la fois d'un jugement très-droit et d'un esprit très-prompt, il établissait ses raisonnements sur des bases positives et savait en déduire des conséquences ingénieuses. L'expérience est constamment son guide; ses observations sont toujours exactes; ses résultats sont en général nets et précis.

Quelques chimistes de son temps, persuadés que les corps éprouvaient dans leur composition des variations continuelles, n'examinaient jamais une série de composés sans découvrir une multitude de variétés. Etudiaient-ils un métal, ils lui trouvaient cinq ou six oxydes et quelquefois davantage; s'occupaient-ils d'un sel, ils se croyaient bientôt en droit de distinguer autant de soussels ou de sels acides. Négligeant les analyses et accordant une importance exagérée à des caractères physiques souvent insignifiants, ils établissaient des variétés nouvelles, dès que l'aspect de deux produits était différent, que leur couleur n'était pas la même, ou que l'addition de quelques matières étrangères, dont ils ne soupçonnaient pas l'existence, venait en modifier certaines propriétés.

Proust, la balance à la main, ramenait à l'ordre tous ces résultats compliqués. Il prouvait l'identité des produits dans lesquels des accidents de préparation avaient déterminé les différences de propriétés physiques. Il démontrait que les dissemblances remarquées puisaient leur source dans la présence de matières étrangères qui avaient échappé aux observations qu'il critiquait.

Voilà comment il fut conduit à découvrir les hydrates, et il ne se borna pas à remarquer le premier cette classe importante de composés; il établit non-seulement l'existence des oxydes hydratés, mais encore leur composition, et il y fit voir un nouvel exemple de la constance des combinaisons. Une fois les hydrates découverts, il lui devint facile d'écarter nombre d'oxydes mal établis, basés sur de simples variations de couleur, et qui n'étaient autre chose que des hydrates plus ou moins purs.

C'est ordinairement sous un titre très-

modeste qu'il publiait ses recherches. La
plupart de ses mémoires sont intitulés :
Faits sur tel métal. Rien de plus remarquable
que ce qu'il a publié sous les simples titres
de *Faits sur l'or, Faits sur l'argent, Faits
sur l'étain, Faits sur le nickel, Faits sur l'antimoine,* etc. Ces mémoires sont effectivement remplis de faits nouveaux ou mieux
observés, et de plus ils abondent d'idées
justes et profondes. On y sent la place de
chaque métal dans l'ordre naturel ; elle y est
nettement dessinée par les observations
rapportées sur son compte : on y trouve
une appréciation juste de ses relations
avec les autres corps.

Placés à des points de vue si opposés,
Proust et Berthollet ne pouvaient demeurer
longtemps en présence sans discussion.
Aussi s'engagea-t-il bientôt entre ces deux
grands antagonistes, si dignes de se mesurer
ensemble, une longue et savante querelle,
autant remarquable par le talent que par
l'urbanité et le bon goût. Pour la forme
comme pour le fond, c'est un des plus
beaux modèles de discussion scientifique.

Chacun des adversaires apporte de puissants motifs en sa faveur ; chacun raisonne
serré, chacun expérimente. D'abord les
armes sont égales, et les deux adversaires
s'en servent avec un égal avantage ; l'issue
du débat demeure tout à fait incertaine.
Mais Berthollet, parti dans cette circonstance d'une idée fausse, se trouve engagé
dans une mauvaise route : il devient de
plus en plus obscur, embarrassé, confus.
A mesure que la discussion s'avance, on
le voit s'épuiser en efforts inutiles, et son
génie demeure impuissant.

Proust, au contraire, dont le point de vue
est juste, marche avec lui, s'élève, et grandit
sa pensée. Plus le débat se prolonge, plus
les faits qu'il découvre parlent haut en sa
faveur, jusqu'à ce qu'il demeure complètement maître du terrain Oui, s'écrie-t-il
enfin, tous les corps de la nature ont été faits
à la balance d'une sagesse éternelle. Tout ce
que nous pouvons faire, c'est de les imiter en
retombant dans ce *pondus naturæ,* dans ces
rapports qu'elle a fixés à jamais. Nous pouvons créer des combinaisons sans doute,
mais des combinaisons prévues dans l'ordre
général de la nature, et non pas des combinaisons infinies et variables au gré de nos
désirs. Quand vous croyez combiner les corps
en proportions arbitraires, pauvres myopes,
ce ne sont que des mélanges que vous faites
et dont vous ne savez pas distinguer les parties ; ce sont des monstres que vous créez,
et que vous ne savez pas disséquer.

En un mot, Proust a dit, répété, et mis
hors de doute : que les combinaisons procèdent par sauts brusques ; que les oxydes
et les sulfures sont peu nombreux et constants ; que les sels le sont également ; que le
même principe s'applique pareillement aux
hydrates. C'est aussi lui qui a prouvé que les
sulfures ne renferment pas d'oxygène. Enfin,
dans une foule de circonstances, en étudiant
les faits qui présentaient de la bizarrerie, il a

été conduit à proposer pour les caractériser,
les vues que nous admettons aujourd'hui, et
souvent des vues très-fines et très-inatten-
dues.

Bien que la plupart de ses travaux aient
été faits en Espagne, Proust était Français.
Il était né à Angers, en 1755. Son père était
pharmacien : il embrassa la même profession,
et obtint au concours la place de pharmacien
de la Salpétrière.

Rempli d'ardeur pour les découvertes scientifiques, on le voit figurer parmi les personnes
qui firent les premiers essais de la navigation aérienne. Il fit en effet, en 1784, une ascension avec Pilatre dans un ballon à air
chaud.

Les avantages que lui proposa le roi d'Espagne le décidèrent à passer dans ce pays,
où il fut d'abord professeur à l'Ecole d'artillerie de Ségovie.

Appelé peu après comme professeur à Madrid, il reçut du roi en propriété un laboratoire magnifique, monté avec un luxe rare.
Tous les ustensiles étaient en platine. Proust
devint bientôt d'ailleurs, grâce à sa position,
l'heureux possesseur d'une foule d'objets
précieux en tous genres, d'échantillons les
plus curieux en minéraux, en produits organiques et autres, provenant de l'Espagne
elle-même ou du nouveau monde.

Entre les mains de Proust se trouvait donc
réuni tout ce que peut ambitionner un chimiste. Il sut se montrer digne d'une si belle
position. C'est pendant qu'il était à Madrid
qu'il a exécuté ses recherches les plus remarquables, et qu'il a publié ses meilleurs mémoires.

Mais ces jours de bonheur eurent une
trop courte durée ; car Proust fut aussi atteint par une de ces catastrophes qui n'ont
pas épargné, vous le savez, les savants les
plus illustres. Des affaires de famille l'avaient
rappelé en France. Pendant ce temps, de
grands événements ébranlaient l'Europe.
Une armée française entra en Espagne, et
bien des gens pensèrent alors qu'ils devaient
agir comme ce chien de la fable qui mange
le dîner de son maître. C'est ainsi que le
laboratoire de Proust, où il avait réuni des
collections du plus grand prix, où il avait
placé, avec trop d'imprévoyance peut-être,
toutes ses économies, c'est ainsi que son laboratoire, à la fois théâtre de ses plus beaux
travaux et dépositaire de l'avenir de ses vieux
jours, fut pillé et détruit. L'ancien professeur de Madrid, que la munificence royale
avait placé dans une position si indépendante, est réduit tout à coup à la misère. Il
est contraint pour vivre de chercher une
dernière ressource dans la vente de quelques minéraux précieux qu'il avait emportés
avec lui et qu'il destinait à des recherches
ou à des cadeaux. « Je fus obligé, dit-il, et
c'est la seule plainte que sa triste situation
lui ait arrachée, je fus obligé de porter chez
des marchands les minéraux que je destinais
à l'analyse, et de leur dire : *Fac ut lapides
isti panem fiant :* Faites que ces pierres se
changent en pain. »

Le sort de ce chimiste distingué excitait un vif intérêt. A son insu Berthollet, son rival, appela sur lui l'attention de Napoléon. Le haut mérite de Proust, l'éclat de ses travaux scientifiques, lui méritaient la bienveillance du grand homme ; mais Proust y avait un droit plus particulier, il avait découvert le sucre de raisin. L'empereur lui accorda 100,000 fr., à la condition qu'il exploiterait sa découverte, et qu'il établirait une fabrique de sucre de raisin. Proust refusa obstinément, et il eut raison. Chimiste excellent, il pouvait être médiocre ou mauvais manufacturier. Etranger à l'industrie, il est resté fidèle à sa mission, en vouant sa vie au culte de la science. Il fallait récompenser sa découverte sans condition ; il fallait lui fournir les moyens de travailler suivant ses goûts à la recherche des vérités philosophiques.

L'existence de Proust fut très-pénible jusqu'en 1816, époque à laquelle il fut nommé membre de l'Académie des sciences, ce qui lui permit de passer tranquillement ses dernières années, d'autant plus qu'aux honoraires d'académicien Louis XVIII joignit une pension de mille francs. Sa nomination à l'Académie ne put se faire que par une honorable et rare exception, car il ne résidait pas à Paris, et les statuts exigent la résidence ; mais, grâce à la généreuse abnégation de son honorable concurrent, l'Académie put se permettre une de ces fraudes pieuses qui ne méritent que des éloges. Proust mourut en 1826.

Si l'on désire lire les Mémoires de Proust, on les trouve presque tous dans le *Journal de Physique*, et particulièrement depuis 1798 jusqu'en 1809. Leur lecture fera toujours éprouver un plaisir singulier. Son style rappelle le ton de la conversation, ses écrits sont pleins de faits et d'idées, mais leur allure est brusque et saccadée ; sa phrase est mordante ; sa pensée souvent caustique et tranchante. Il se complaisait dans la critique ; et il suffit de rappeler une série d'articles qu'il a publiés sur l'ouvrage de Fourcroy, pour montrer qu'il saisissait toutes les occasions de s'exercer. A peine l'ouvrage de M. Thénard venait-il de paraître, qu'il essaya d'en faire également une critique raisonnée ; mais il fit bientôt voir que les rapports reconnus dans les composés par la chimie moderne lui étaient demeurés étrangers, et qu'il s'était arrêté en route, après avoir ouvert la carrière à des chimistes plus habiles, en leur démontrant la permanence des combinaisons.

Si Proust était un peu querelleur, il avait du moins un cœur franc et droit ; il était doué d'une sincérité parfaite. Il avait hérité de Rouelle une profonde horreur pour les plagiaires ; il la manifestait souvent, et son respect pour les droits des premiers inventeurs était poussé si loin, que peu d'hommes seraient capables d'un désintéressement aussi rare que celui dont il a fait preuve dans son travail sur le protochlorure de cuivre.

Pelletier avait découvert le protochlorure d'étain et décrit toutes ses propriétés. Quelque temps après, Proust, qui s'était occupé

du même sujet, publia un mémoire où il confirmait les résultats de Pelletier, en y ajoutant quelques faits nouveaux. Il faisait connaître en particulier l'existence du protochlorure de cuivre, obtenu par l'action du protochlorure d'étain sur les sels cuivreux. Mais il n'hésite pas à proclamer Pelletier comme l'inventeur de ce nouveau corps, et cela par une raison qui va vous sembler bien étrange, car il se fonde sur ce que ce chimiste n'en a point : « En effet, dit-il, Pelletier a décrit l'action du protochlorure d'étain sur les dissolutions salines de tous les métaux, les sels de cuivre seuls exceptés. Puisqu'il a examiné la manière d'agir de tous les autres sels, il est impossible qu'il ait omis d'essayer aussi ces derniers ; nécessairement il les a essayés. S'il n'en a pas parlé, c'est qu'ils lui ont offert un fait qui lui a paru digne d'une attention spéciale, et qu'il a réservé pour en faire une étude ultérieure. Il a donc reconnu la formation de nouveaux corps du protochlorure de cuivre, et c'est lui qui en est l'inventeur.»

Ainsi, Proust s'efforce d'établir en faveur de Pelletier la priorité d'une découverte qu'il était le premier à faire connaître et qui lui était propre ; et, bien différent de tant d'autres qui contestent les paroles les plus claires, il va chercher ses preuves dans le silence même de son rival.

En examinant les travaux de Proust, on voit avec surprise qu'il a eu entre les mains assez de doucements pour fonder la loi des nombres proportionnels, et que néanmoins il n'a point été conduit à la découverte. C'est qu'au lieu d'établir ses résultats analytiques, en prenant pour terme constant le poids de la matière employée, il fallait choisir pour terme constant le poids de l'un ou de l'autre des composants. S'il eût agi de la sorte, il est clair que les rapports déduits de ses analyses n'auraient pas manqué de faire impression sur son esprit, et de le conduire à reconnaître la loi des *équivalents* et celle des *proportions multiples*. Il ne suffit donc pas de faire des expériences exactes, il faut encore savoir les confronter entre elles, de telle façon que les rapports naturels des nombres ne soient pas déguisés, comme il arrive toujours quand on prend une unité artificielle.

Si, par exemple, au lieu d'exprimer la composition des oxydes d'étain, en disant que 100 parties de deutoxyde contenaient 78 parties d'étain et 22 parties d'oxygène, et que 100 de protoxyde renfermaient 87 d'étain et 13 d'oxygène, il avait compté la quantité d'oxygène combinée avec 100 parties du métal dans les deux cas, il eût trouvé 28 pour le bioxyde et 14 pour le protoxyde ; certainement il aurait remarqué que le premier nombre était double du second. D'autres analyses calculées de la même manière lui auraient donné lieu de faire des observations semblables. Avec son opinion si bien arrêtée sur les limites des combinaisons, sur leur constance, sur leur simplicité, il n'eût pas manqué de généraliser ces remarques.

Mais ces idées, qui auraient dû s'offrir d'elles-mêmes à son esprit, en étaient si éloignées, que, s'arrêtant à la notion de la fixité des combinaisons, il a toujours ignoré ou méconnu la loi de Wenzel, comme celles de Ritcher et de Dalton. Son nom cependant sera toujours mêlé à la découverte des proportions chimiques ; car celles-ci sont, en définitive, une traduction plus nette de ses idées, mais une traduction singulièrement agrandie.

PRUNUS ou **PRUNIER**. *Voy.* HUILES.

PRUSSIATE DE POTASSE FERRUGINEUX. *Voy.* CYANURE DE FER et de POTASSIUM.

PRUSSIQUE (acide). *Voy.* HYDROCYANIQUE.

PSILOMÉLANE (*manganèse oxydé barytifère*, etc.). — Mélangée en quantité quelquefois assez considérable avec la pyrolusite, qui forme la masse principale du dépôt. On emploie beaucoup les minerais de la Romanèche et plus encore ceux de Périgueux.

PUDDLAGE. *Voy.* FER.

PULSIMÈTRE. *Voy.* CALORIQUE.

PUNAISES. — Pour les détruire on peut se servir du chloride de mercure. Pour cela, on lave, à deux reprises différentes, les murs, les boiseries, le carreau des appartements infectés, avec une dissolution aqueuse de ce composé, faite dans les proportions de 16 gram. de sel pour 16 litres d'eau ; on bouche les trous, jointures et fissures avec une pâte ou mastic fait avec de la colle de farine et de la craie, auxquels on associe 16 gram. de chloride de mercure par kilogram. de mélange ; enfin, on fixe les papiers de tenture avec de la colle de pâte contenant la même quantité de sublimé. Ces moyens réussissent complétement. A Clermont-Ferrand, en Auvergne, on applique à cet usage le *sel alembroth*, qui n'est autre chose qu'un mélange à parties égales de chloride de mercure et de sel ammoniac, composé bien plus soluble, que le chloride isolé.

PUTOIS. — Le putois (*viverra putorius*) a, entre l'anus et la queue, une bourse de la grosseur d'une noix, qui contient une huile extrêmement fétide, dont l'animal lance une partie lorsqu'il est poursuivi ou irrité, et dont l'odeur désagréable écarte de lui ses ennemis.

PUTRÉFACTION. — Les éléments des matières animales sont en général plus nombreux que ceux des substances végétales. Parmi ces éléments, il s'en trouve, comme le soufre et le phosphore, qui ont une grande tendance à rentrer dans la condition des combinaisons inorganiques. La putréfaction s'annonce alors par des produits d'une odeur fétide. Ces produits diffèrent des combinaisons fétides inorganiques que contractent ces mêmes éléments ; mais ils produisent des réactions analogues, par exemple, avec les sels argentiques et plombiques ; ces réactions sont à peu près les mêmes que celles qu'ils provoquent lorsque, dans la nature inorganique, ils sont combinés avec de l'hydrogène. Ils donnent naissance à la puanteur dégoûtante qui infecte l'atmosphère entière au voisinage d'un corps animal en putréfaction ; mais nous ignorons complétement ce que sont ces combinaisons fétides, quelle est

leur composition, etc. Nous savons qu'un corps qui se putréfie absorbe l'oxygène de l'air, qu'il se forme de l'acide carbonique, que parfois aussi, quand la décomposition a lieu avec le contact illimité de l'air, il se produit de l'acide nitrique, de l'ammoniaque et des effluves fétides, dont l'odeur change aux diverses périodes de la putréfaction ; que le corps perd sa cohérence, qu'il devient à demi liquide, que sa fétidité augmente dans la même proportion, et qu'il finit par se dessécher en une masse brune, mélange de terreau avec du gras de cadavre et des substances animales qui ont séché trop vite pour pouvoir être détruites complétement, et dont la décomposition totale n'a lieu que d'une manière lente, aux dépens de l'humidité atmosphérique, accélérée périodiquement par la lumière et par la chaleur.

Hildebrand a fait des expériences sur les changements que la viande a éprouvés dans diverses sortes de gaz. Mais les résultats auxquels il est arrivé manquent de précision, sous ce rapport qu'il n'a point fait connaître les moyens dont il s'était servi pour acquérir la certitude que les gaz qu'il employait ne contenaient point d'air atmosphérique. Il remplissait une cloche de gaz sur du mercure, et y introduisait un morceau de viande, qu'il y laissait un mois et demi à deux mois. Dans le *gaz oxygène*, la couleur rouge de la viande fut détruite pendant le cours des quatre premiers jours, de manière que cette viande semblait avoir été épuisée par le lavage avec de l'eau ; la putréfaction marcha, avec formation de gouttes d'un liquide à la surface ; dans la huitième semaine, la viande était noire, et quand on la retirait de la cloche, elle répandait une fétidité insupportable. Les mêmes phénomènes eurent lieu dans l'*air atmosphérique*, mais à un degré moins prononcé. Dans du *gaz hydrogène* obtenu en décomposant des vapeurs aqueuses par du fer rouge, la viande devint d'une couleur un peu plus foncée, et elle était encore sans odeur au bout de cinquante et un jours. Au contraire, dans le gaz hydrogène préparé avec du zinc et de l'acide sulfurique étendu, elle devint extrêmement fétide, mais d'une tout autre odeur que dans le gaz oxygène, et le gaz hydrogène contenait alors plus d'un tiers de gaz acide carbonique. Dans le gaz *acide carbonique*, sa couleur pâlit, mais elle était encore inodore au bout de 51 jours. Dans le *gaz oxyde nitrique*, elle devint plus rouge qu'auparavant, mais ne pourrit point dans l'espace de trois mois. Dans le *gaz ammoniaque*, elle absorba beaucoup de ce gaz, mais au bout de deux mois elle n'avait encore subi aucun changement. Dans les *gaz acide sulfureux* et *fluoride silicique*, elle n'éprouva aucune altération, de même qu'après avoir été traitée par d'autres acides.

PYRALE, chenille qui attaque la vigne. *Voy.* VIN.

PYRITE (*fer sulfuré, pyrite martiale, marcassite*). — Substance d'un jaune d'or, ne se décomposant pas à l'air.

La pyrite est une des substances les plus

répandues à la surface du globe ; il n'est point de terrains dans lesquels on n'en trouve, quoique nulle part elle ne soit en grandes masses. On en cite quelques amas ou filons dans les terrains anciens ; mais en général elle est disséminée en cristaux, en veinules, etc., dans tous les dépôts, depuis les plus anciens jusqu'aux plus modernes, et se rencontre dans tous les gîtes métallifères, où elle offre souvent alors de belles cristallisations : on cite surtout à cet égard les mines de Brosso en Piémont, qui ont offert des cristaux de la plus grande beauté. C'est à la pyrite, si commune dans la nature, que se rapportent toutes les prétendues découvertes d'or dont le peuple s'entretient dans un grand nombre de localités, et dont on berce souvent la crédulité des voyageurs.

Dans les lieux où la pyrite est abondante, on en rassemble les parties pour la fabrication du sulfate de fer, en aidant sa décomposition par un grillage. Les variétés aurifères sont exploitées pour en tirer l'or (Macugnaga en Piémont, environs de Freyberg, Bérézof en Sibérie), soit par lavage, soit par l'amalgamation. On a travaillé autrefois cette substance sous le nom de marcassite, et on l'a taillée en rose comme le diamant, pour la monter ensuite en boutons de diverses manières, où elle produit un assez bel effet à cause de l'éclat de son poli. On en a trouvé des plaques taillées et polies dans les tombeaux des anciens Péruviens, et on a supposé qu'elle leur servait de miroir ; de là le nom de *miroir des Incas*.

Dans les premiers temps de l'invention des armes à feu, on s'est servi de la pyrite au lieu de la pierre à fusil, par laquelle on l'a ensuite remplacée ; aussi la trouve-t-on désignée quelquefois sous le nom de *pierre d'arquebuse*.

PYROLUSITE (de πῦρ, fer, et λύσις, décomposition ; syn. : *peroxyde de manganèse*, etc.). — La pyrolusite est le minerai de manganèse le plus commun, celui qui forme les plus grandes masses à la surface de la terre. Il se trouve dans les terrains de cristallisation ou dans les matières sédimenteuses qui s'y rattachent immédiatement, où il forme des dépôts plus ou moins considérables. Il est cependant difficile aujourd'hui de citer les localités par suite du partage de ces minerais en plusieurs espèces, sans risquer de tout confondre. Nous ne pouvons citer positivement, en attendant que l'on ait essayé tous les minerais des dépôts connus, que ceux de Crettnick près Saarbruck, province prussienne rhénane ; de Calveron, département de l'Aude ; de Timor, rapportés par Baudin.

Cette espèce est celle qui peut être la plus importante pour les arts, puisque, renfermant une plus grande quantité d'oxygène, elle en dégage le plus par l'action de la chaleur, et peut donner plus de chlore avec l'acide hydrochlorique. C'est celle qui devrait être le plus recherchée dans le commerce, si dans chaque localité on était toujours maître de choisir.

PYROPHORE DE HOMBERG (πῦρ, feu, φέρω, porter, produire). — Lorsqu'après avoir calciné l'alun à base de potasse avec une matière végétale riche en carbone, on expose à l'air le produit qui en provient ; il se présente un phénomène digne de remarque : la matière s'échauffe peu à peu, et ensuite prend feu d'elle-même, ce qui a fait donner à ce produit le nom de *pyrophore de Homberg*, du nom du chimiste qui a observé le premier ce fait singulier.

Pour préparer ce produit, on prend trois parties d'alun et une partie de farine ; on les dessèche bien ensemble dans une cuiller de fer, jusqu'à ce que le mélange prenne une teinte roussâtre. Après avoir pulvérisé la masse qui en provient, on l'introduit dans une fiole ou un matras luté, et on la chauffe peu à peu au rouge obscur jusqu'à ce que les produits gazeux de la décomposition ne soient plus inflammables à l'approche d'un corps enflammé. On trouve, après avoir retiré le vase du feu et l'avoir bouché de suite pour fermer tout accès à l'air, une matière noirâtre poreuse, susceptible, si l'opération a été bien conduite, de s'enflammer spontanément à l'air en moins de quelques minutes, ou en dirigeant dessus l'air humide qu'on expire des poumons.

L'explication de ce curieux phénomène a été longtemps inconnue ; on sait aujourd'hui que ce pyrophore est formé de carbone très-divisé, d'alumine et de sulfure de potassium ; par conséquent, il est facile de se rendre compte et de l'action de la matière végétale dans cette préparation, et de la grande combustibilité du produit formé. La matière végétale, décomposée et carbonisée par le feu, convertit le sulfate de potasse en sulfure de potassium, qui est rendu plus combustible encore par la grande division où il se trouve, par son mélange avec le grand excès de carbone qu'a fourni la matière végétale, et l'alumine provenant du sulfate d'alumine décomposé par la chaleur seule. Dans l'inflammation à l'air du pyrophore, l'air et la vapeur d'eau agissent tous les deux ; ils sont absorbés rapidement et décomposés ; d'où résulte un dégagement de calorique qui est capable de faire prendre le feu à toute la masse. Les produits de cette combustion sont de l'acide carbonique, du gaz acide sulfureux et du sulfate de potasse. Ce qui prouve que la combustibilité du pyrophore est due au sulfure de potassium qu'il contient, c'est qu'il est impossible d'obtenir un produit semblable avec l'alun à base d'ammoniaque, et que, d'un autre côté, d'après Descotils, et tout récemment d'après Gay-Lussac, on forme un pyrophore très-combustible, en calcinant du sulfate de potasse avec un grand excès de noir de fumée.

PYROPHYSALITE. *Voy.* **TOPAZE.**

PYROXAM. *Voy.* **COTON POUDRE.**

PYROXÈNE. (*augite, diopside, malacolite, chlore volcanique*). — Ce nom collectif de pyroxène embrasse une foule d'espèces. La principale est l'augite. Quoiqu'on la trouve parmi les roches volcaniques, on croit qu'elle n'est point de nature volcanique, et qu'elle existait avant l'éruption de la lave. Elle accompagne l'olivine dans le basalte de Teesdale, ainsi que dans les roches trappéennes des environs d'Édimbourg. Ce minéral est quelquefois en grains, mais plus communément en petits prismes à six ou huit faces, avec des sommets dièdres. Il est d'une couleur brune, noire ou verte. Les cristaux qu'on trouve dans les basaltes sont plus brillants et d'un plus beau vert que ceux qui existent dans les laves. L'augite est translucide, cassante et à cassure inégale ; raye le verre, se fond en un émail noir. Poids spécifique, 3, 3.

PYROXYLE. *Voy.* Coton poudre

QUANTITÉ. — On donne ce nom à tout ce qui est susceptible d'augmentation et de diminution, en nombre, en mesure ou en poids. Les corps n'agissent pas toujours les uns sur les autres en raison de la quantité de leurs masses. Il suffit souvent d'une très-petite quantité de matière pour produire des effets et des changements très-considérables. Ainsi, quelques grains de diastase peuvent transformer plusieurs livres d'empois en sucre de raisin. Une petite quantité de ce ferment change une masse de sucre en alcool, et celui-ci en vinaigre. Une gouttelette de sang putréfié introduite sous l'épiderme peut occasionner tous les symptômes d'une fièvre putride, et amener la mort. C'est cet ordre de phénomènes que M. Millon appelle *action de petites quantités.* Cet habile chimiste a cherché, dans plusieurs travaux, à saisir les actions de cette nature, à en distinguer toutes les phases, convaincu qu'on pouvait toujours les rattacher, par une analyse suffisante du phénomène, aux règles les plus simples de l'affinité. Ainsi, la conversion du chlorate de potasse en iodate par l'iode qui déplace le chlore, non plus à l'aide de la voie sèche, comme l'a fait M. Woehler, mais en présence même de l'eau et à la faveur de quelques gouttes d'un acide énergique ; la production de l'éther nitrique, en prévenant, par un peu d'urée, la formation de l'acide nitreux ; l'influence de ce dernier acide sur l'oxydation des métaux par l'acide nitrique ; l'action oxydante de l'acide iodique suspendue par quelques gouttes d'acide prussique ; ce sont là autant d'exemples qui prouvent l'influence des petites quantités. Malgré la marche assez singulière de ces réactions, elles s'expliquent, elles s'enchaînent, et se rattachent aux opérations normales de l'affinité. Un fait d'un ordre entièrement nouveau montre que les petites quantités exercent leur influence dans les directions les plus variées. M. Millon a reconnu qu'il existe bien certainement deux oxydes de mercure de même composition, mais de propriétés distinctes. Ces deux oxydes, l'un rouge, l'autre jaune, donnent naissance à deux séries très-étendues d'oxydochlorures isomères entre eux, et d'où l'on dégage facilement l'un ou l'autre oxyde. Dans l'une de ces deux séries, on peut, à volonté, produire un oxydochlorure noir qui correspond à l'oxyde rouge, ou bien un oxydochlorure rouge de même composition, qui correspond à l'oxyde jaune. Ces deux oxydochlorures, très-différents, s'obtiennent avec les mêmes réactifs employés dans la même proportion. Le mélange simple des réactifs produit constamment l'oxydochlorure rouge ; mais ajoute-t-on une petite quantité d'oxydochlorure noir au mélange qui doit réagir, c'est l'oxydochlorure noir qui se forme à la place du rouge.

Cette marche particulière des phénomènes chimiques est tout à fait digne de fixer l'attention. Il faut considérer que les réactions ne s'exécutent pas seulement entre des masses équivalentes, mais qu'elles subissent encore la loi des petites quantités. Une petite quantité pousse à l'action des masses énormes, ou bien les condamne à l'inertie. Il faut donc s'attacher à découvrir par quelle liaison chimique on prévient le développement énergique d'affinités secondaires, dès qu'on s'oppose à la réaction initiale. Il faut suivre pas à pas une action petite, mais réitérée, qui transforme souvent, avec le temps, une masse infinie. En se familiarisant d'abord avec ces réactions, dans des circonstances simples, où les termes, peu nombreux et bien définis, permettent d'attribuer à chaque réactif la part qui lui revient, on arrivera sans doute à découvrir, pour les métamorphoses les plus obscures, l'enchaînement des phénomènes organiques.

QUARTZ. (*cristal de roche,* etc.) — Substance hyaline, ne blanchissant pas au feu et ne donnant pas d'eau par la calcination.

Cristallisant dans le système rhomboédrique, et principalement en prisme hexagone régulier, terminé par des pyramides, ou en dodécaèdres bipyramidaux, à faces triangulaires isocèles. Cristaux pouvant tous être dérivés d'un rhomboèdre obtus, dont les faces sont inclinées entre elles de 94° 15' et 85° 45'.

Possédant la réfraction double à un axe attractif, et, en outre, une espèce de polarisation particulière (polarisation rotative) parallèlement à l'axe.

Impression de froid assez marquée sur le toucher, et suffisante pour distinguer toujours le quartz des verres artificiels et de plusieurs silicates hyalins naturels.

Composition, 1 atome de silicium et 3 atomes d'oxygène, ou en poids,

Oxygène.	51,95
Silicium.	48,05
	100,00

Le quartz hyalin cristallisé appartient à tous les terrains, depuis les plus anciens jusque, en quelque sorte, aux plus modernes ; mais c'est dans les dépôts de cristallisation primitifs et intermédiaires qu'il se trouve en plus grande abondance. Il tapisse alors de grands filons qu'il forme à lui seul, ou de grandes cavités souterraines, qu'on nomme, les uns et les autres, *poches* ou *fours à cristaux* (Alpes du Dauphiné, de la Savoie ; Pyrénées, etc.). Il se trouve aussi dans les gîtes métallifères (Saxe, Hongrie, Angleterre, Mexique, etc.), mais rarement en aussi beaux cristaux que dans le premier cas. Dans les terrains secondaires et tertiaires on ne voit plus guère que de petits cristaux qui tapissent çà et là des fissures, de petites cavités. ou bien les géodes de calcédoine qui se trouvent dans les dépôts d'amygdaloïdes (Oberstein dans le Palatinat, etc.).

Le quartz se trouve disséminé en gros cristaux dans les roches désignées sous le nom de pegmatite ; on le trouve également disséminé dans presque toutes les roches composées, mais particulièrement dans les roches porphyriques. Il existe encore, à cet état, dans des roches calcaires (Carrare), dans les rognons de cette même substance dispersés dans des marnes ou des matières argileuses (Meylan, près Grenoble), dans le gypse secondaire (Saint-Jacques-de-Compostelle en Galice, Molina en Arragon, Bastènes et Caupène près Dax, etc.), où il est en cristaux isolés, ou en petits groupes calcitropoïdes de la variété hematoïde.

Le quartz cristallisé est très-rare dans les terrains d'origine ignée ; cependant on le trouve dans les trachytes proprement dits, en petits nids, en cristaux isolés, et plus particulièrement dans les roches de ces terrains désignées sous le nom de porphyre molaire (Hongrie, Auvergne, etc.). On en connaît aussi dans le basalte et même dans les laves modernes.

Les diverses variétés en petite partie n'ont pas en général d'autre gisement ; seulement, il y a quelques localités renommées pour la beauté des échantillons. Par exemple, les plus belles variétés d'améthyste viennent des Indes ; si on en a apporté beaucoup du Brésil, elles sont généralement pâles et de teinte peu uniforme ; les filons du Mexique (Veta Madre de Guanaxuato) en offrent de fort belles. En Europe, on cite différentes localités de Saxe (Rochlitz), de Bohême (Prestniz), de Hongrie (Schemnitz, Glasshute, etc.), de Transylvanie (Kapnick), d'Angleterre (Polgooth, Pednandre, dans les mines d'étain), d'Espagne (montagnes de Murcie, Vic en Catalogne), du Palatinat (Oberstein) ; en France, on en trouve dans les Alpes du Dauphiné, en Auvergne, etc. La plupart des variétés, jaune et verdâtre, qu'on trouve toutes taillées dans le commerce, nous viennent du Brésil. Le quartz aventuriné ne se trouve guère qu'en cailloux roulés (environs de Nantes, de Rennes, etc., Ecosse, Saxe, Espagne, etc.) ; on en cite de cristallisé à Ceylan.

Le quartz hyalin est une partie constituante essentielle de différentes roches composées, qui forment de grandes masses à la surface de la terre. Il constitue aussi à lui seul de grandes couches où il est tantôt à l'état vitreux, tantôt compacte ou grenu, dans les terrains primitifs et intermédiaires (Saxe, Harz, Alpes du Dauphiné, de la Savoie, etc., etc.) ; la dernière de ces variétés appartient plutôt aux terrains intermédiaires et secondaires. Quant aux variétés sableuses, plus ou moins agrégées, c'est dans les terrains secondaires et tertiaires qu'elles se rencontrent, et elles y forment souvent des dépôts considérables, soit entre les assises calcaires, soit à la partie supérieure des diverses formations dans les localités où elles ne sont point recouvertes (grès de diverses sortes aux environs de Paris, centre de la France, rives du Rhin, etc.).

Si les terrains de cristallisation primitifs et intermédiaires sont les gîtes spéciaux du quartz hyalin, les terrains secondaires et tertiaires sont en général ceux du quartz calcédoine. Les modifications de la silice se rencontrent cependant en filons plus ou moins épais, dans les terrains de cristallisation (Schlottwitz, Gersdorf en Saxe, Eisenberg en Thuringe, Carlsbad, Auvergne, etc.), et quelquefois même en couches qui se répètent un grand nombre de fois dans le même lieu, en formant ainsi des collines plus ou moins considérables ; telles sont les calcédoines jaspes (Apennins de la Ligurie, Alpes de Savoie, Pyrénées, Monts Ourals en Sibérie, etc.). Les calcédoines translucides et stratoïdes, douées de diverses teintes, se trouvent particulièrement en rognons, plus ou moins volumineux, dans les amygdaloïdes des diverses époques de formation (Oberstein dans le Palatinat, Féroë en Islande, etc.), dans les diorites porphyriques intermédiaires (environs de Kapnik en Transylvanie, Zimapan au Mexique, etc.).

Les variétés opaques, qu'on nomme plus particulièrement *silex*, se trouvent en rognons dans les roches des terrains trachytiques (Hongrie), mais en petites quantités, et dans tous les dépôts des calcaires secondaires ; elles sont surtout abondantes dans la craie où les rognons sont disposés par lits horizontaux, qui se répètent à diverses hauteurs, et quelquefois s'étendent assez horizontalement, en se joignant les uns aux autres, pour représenter en quelque sorte de petites couches. C'est dans les marnes de formation tertiaire que se trouvent les calcédoines calcifères.

Dans ses gisements au milieu des calcaires le silex renferme fréquemment des débris organiques, des coquilles, et particulièrement des madrépores.

A la fin des terrains tertiaires on trouve des dépôts, plus ou moins considérables, de matières siliceuses ; ce sont les pierres meulières qui couvrent la plupart des plateaux des environs de Paris.

Le quartz hyalin limpide a été fort employé autrefois (xve et xvie siècles) comme un objet de luxe; on en faisait des coupes, dont les plus grandes qu'on ait citées ont un pied de diamètre sur à peu près autant de profondeur, des petits vases, des gobelets, des boîtes, des lustres, etc., qui étaient d'un prix très-élevé, à cause de la dureté de la pierre, qu'on avait dès lors une grande difficulté à creuser et à tailler ; il y a eu des fabriques de ces objets à Milan, à Briançon, etc., et on en apportait de l'Inde et de la Chine. Ce genre de luxe est tombé depuis qu'on a inventé l'espèce de verre appelé cristal, parce qu'il remplaça le cristal de roche, qu'il est à la fois plus limpide, plus éclatant et plus facile à travailler, et on ne taille plus le quartz que rarement pour ces divers objets.

On emploie aujourd'hui le quartz limpide pour des verres de lunettes qui ont le grand avantage de ne pas se rayer ; mais il faut alors que les lames soient prises perpendiculairement à l'axe de cristallisation, à cause de la double réfraction de la substance qui détermine une seconde image plus ou moins distincte de l'objet, et qui gêne beaucoup la vision ; d'un autre côté cette double réfraction a fait employer le quartz pour faire des micromètres à double image, qui servent dans différents instruments d'optique.

L'améthyste a aussi été employée pour former des coupes et des vases divers, ou en petites colonnes, en placages, surtout lorsque, mélangée avec du quartz blanc, elle produit des dessins en zigzags ; on la travaille encore, quoique rarement, pour de semblables objets, aussi bien que le quartz rose. En général les quartz colorés sont travaillés en cachets, en anneaux, en pierre à facettes, que l'on monte en collier, en diadème, en bague, etc. ; on emploie particulièrement alors l'améthyste, qui est une variété précieuse, d'un prix assez élevé lorsque la teinte est belle; on se sert aussi des quartz de couleur jaune plus ou moins enfumée, du quartz aventuriné, qui est encore recherché lorsqu'il est d'un bel effet, enfin des variétés opalisante et chatoyante ; cette dernière est même fort chère lorsque la pierre est grande et belle.

Les différentes variétés de calcédoine sont aussi employées pour faire des coupes, des tabatières, des socles, des cachets. La sardoine, la cornaline, les agates herborisées, sont employées en pierres montées de diverses sortes, et il y a des variétés qui sont fort recherchées. La calcédoine chrysoprase fait très-bien en parures, avec des entourages de perles ou de petits diamants. Les calcédoines onix ont été fort employées par les anciens pour les camées, et sont encore fort recherchées pour cet usage.

Un emploi très-important de la calcédoine silex est pour la fabrication des pierres à fusil. Ce sont particulièrement les silex de la craie qu'on emploie pour cet objet, et il faut les tailler au sortir de la carrière.

Enfin nous rappellerons les meules de moulin, que l'on confectionne autour de Paris avec la calcédoine carriée ou pierre meulière, et qui sont de meilleure qualité que toutes celles que l'on peut faire avec d'autres matières.

QUERCITRON. *Voy.* Couleurs végétales, § II.

QUININE. — C'est aux travaux de MM. Pelletier et Caventou que l'on est redevable de la découverte de ce nouvel alcali végétal, qui existe surtout dans le quinquina jaune. On obtient cette base salifiable particulière par le même procédé que celui qui fournit la cinchonine ; toutefois, comme cette opération a reçu une grande extension, on distille dans un alambic les solutions alcooliques qui contiennent la quinine, afin de recueillir l'alcool qui peut servir à de nouvelles expériences.

Propriétés. — La quinine peut être obtenue cristallisée en aiguilles déliées et soyeuses par l'évaporation lente de sa solution alcoolique étendue d'eau, mais elle se présente ordinairement en masse poreuse, d'un blanc sale et d'une saveur très-amère. Exposée à une douce chaleur, elle se fond comme une résine et devient cassante en refroidissant ; elle est à peine soluble dans l'eau, mais très-soluble dans l'alcool. Les acides s'y unissent facilement et produisent avec elle des sels qui sont généralement solubles et qui ont une saveur amère très-développée. Sa composition est de : carbone 74,39 ; hydrogène, 7,25 ; azote, 8,62 ; oxygène, 9,74. Sa formule est $C^{40} H^{24} Az^2 O^4$. En comparant cette formule à celle de la cinchonine, on voit que la quinine contient 1 atome d'oxygène en plus, ce qui permet de supposer que ces deux alcalis organiques sont deux oxydes d'un radical composé de $C^{40} H^{24} Az^2$, et qu'en conséquence la cinchonine en est le protoxyde et la quinine le deutoxyde.

Action sur l'économie. — La quinine jouit des mêmes propriétés que la cinchonine ; elle exerce une action fébrifuge plus prononcée que cette dernière, et est plus particulièrement employée dans le traitement des fièvres intermitentes. Quoique insoluble, elle agit comme les sels de quinine solubles, comme l'ont prouvé des expériences directes ; elle se transforme alors dans l'estomac en un composé soluble.

Sels de quinine. — Tous les sels de quinine s'obtiennent directement en dissolvant la quinine pure dans les acides étendus d'eau. Ceux formés par les acides minéraux et l'acide acétique sont solubles et cristallisables ; les autres sont insolubles, tels que l'oxalate, le tartrate et le gallate.

Le *sulfate de quinine bi-basique* est de tous les sels de cette espèce le plus employé. On le prépare en dissolvant à chaud la quinine dans l'acide sulfurique étendu de 12 à 15 parties d'eau, filtrant la liqueur dès que la saturation est faite, et l'abandonnant à elle-même ; le sulfate de quinine cristallise par le refroidissement en petites aiguilles blanches soyeuses, qui, après avoir été égouttées, sont séchées à l'étuve entre plusieurs doubles de papier-joseph. Le sulfate de cinchonine, qui accompagne le sulfate de quinine dans cette préparation, reste dans l'eau-mère avec une portion de ce dernier.

Le sulfate de quinine bi-basique se présente en aiguilles blanches très-légères, flexibles, entrelacées, et dont la masse ressemble à de l'amiante; il est très-efflorescent, peu soluble dans l'eau froide, plus soluble dans l'eau chaude, et très-soluble dans l'alcool, même à froid. Exposé à l'action de la chaleur, il devient phosphorescent et lumineux à une température au-dessous de $+ 100°$; à une chaleur plus élevée, il se fond avant de se décomposer.

Ce sulfate bi-basique cristallisé contient 2 atomes de quinine, 1 atome d'acide sulfurique et 10 atomes d'eau; à l'air sec, il perd 6 atomes d'eau et en retient 4, qui se dégagent à une douce chaleur.

Ce sel est la préparation de quinine dont on fait le plus d'usage. On le donne, soit en solution dans l'eau, soit en pilules, à la dose de six à vingt grains dans les moments qui précèdent les accès de fièvres intermittentes, pour lesquelles on employait autrefois avec avantage soit l'extrait de quinquina, soit le quinquina en nature.

Sulfate de quinine. — Ce sel cristallise en prismes aiguillés plus volumineux que le précédent; il est aussi plus soluble dans l'eau, et se forme lorsque la quantité d'acide sulfurique employée pour dissoudre la quinine est en excès par rapport à celle-ci. Il contient, d'après l'analyse de M. Robiquet, deux fois environ plus d'acide sulfurique que le sulfate neutre.

L'hydrochlorate de quinine, préparé directement, cristallise en aiguilles blanches soyeuses; il est moins soluble que l'hydrochlorate de cinchonine.

L'acétate de quinine est en aiguilles soyeuses et nacrées; il est très-facile à obtenir cristallisé, peu soluble dans l'eau bouillante, d'où il se précipite par le refroidissement en masse formée d'une multitude d'aiguilles soyeuses très-légères.

Dans ces derniers temps, la cinchonine, mais surtout la quinine, ont acquis une grande renommée, en raison de leur emploi en médecine. L'expérience paraît avoir démontré que l'écorce de quinquina doit son efficacité à ces bases salifiables, attendu que quelques grains de sel d'une de ces bases produisent le même effet que plusieurs gros de l'écorce. On croit avoir reconnu que la quinine est plus efficace que la cinchonine, et en général on emploie de préférence du bisulfate quinique effleuri. Les sels de ces bases sont aujourd'hui considérés comme des médicaments si importants, que la plus grande partie de l'écorce de quinquina livrée dans le commerce sert à les préparer. Sept ans ne s'étaient pas encore écoulés depuis la découverte de ces bases, qu'on préparait à Paris seulement 100,000 onces de sulfates par an. Pelletier et Caventou, qui les ont découvertes, reçurent, en 1827, par l'Académie des sciences de Paris, le prix Montyon, destiné aux perfectionnements dans l'art de guérir.

Le grand débit de ce médicament et sa cherté ont été la cause de beaucoup de tentatives de falsification. On l'a trouvé mêlé avec de l'acide borique, de l'acide margarique, du sucre, du sucre de manne, du gypse. En incinérant une portion du sel sur une feuille de platine, on parvient facilement à découvrir l'acide borique et le gypse. La présence du sucre et l'acide margarique se décèlent également par la combustion du sel, qui répand l'odeur propre à ces corps. L'acide margarique peut aussi être séparé par de l'alcali caustique, qui le dissout, et l'abandonne par l'addition d'un acide. Le sucre et le sucre de manne sont dissous par une petite quantité d'eau, et restent quand on évapore une goutte de cette eau. Le sel quinique étant plus cher que celui de cinchonine, il peut arriver qu'on ajoute de ce dernier au premier. Pour découvrir cette fraude, on décompose le sel par l'ammoniaque caustique, et on dissout la base restante dans l'éther, qui laisse la cinchonine.

La fabrication du sulfate de quinine, qui était devenue une industrie chimique fort importante, a été arrêtée dans sa prospérité par une mesure irréfléchie. Dans le désir cupide de percevoir quelques francs sur un peu d'alcool, facile pourtant à dénaturer, l'administration des droits indirects, sans s'en douter, a fait passer aux Anglais la préparation du sulfate de quinine, non-seulement pour l'Angleterre, mais pour tous les peuples du globe (1). Un fabricant de Paris, Baudouin, a pris, le 26 mars 1834, un brevet d'importation pour un procédé de fabrication sans alcool. Il traite le précipité calcaire de quinine par l'essence de térébenthine ou l'huile empyreumatique de charbon de terre, et il enlève ensuite la quinine qui est en dissolution dans l'essence, en traitant celle-ci avec de l'eau acidulée par l'acide sulfurique. Ce procédé est encore suivi dans une fabrique de Paris.

QUINQUET, son origine. *Voy.* Flamme.

R

RACÉMIQUE. *Voy.* Paratartrique.

RADICAL. — Les chimistes les plus distingués de notre époque, ceux auxquels la science doit des progrès réels, semblent avoir pris pour base de la chimie organique le système des formules rationnelles; et les formules rationnelles ont conduit à la doctrine des *radicaux composés*.

(1) Ch. Dupin. — *Introd. historique au rapport du jury sur les produits de l'industrie française pour* 1834, t. I, p. 8.

« La *chimie organique*, dit M. Liebig, est la chimie des *radicaux composés*. — Toutes les combinaisons organiques peuvent se classer en certains groupes, dont le point de départ est un radical; chaque individu de ces groupes est le résultat de la combinaison du radical dont il dérive avec des corps simples, ou bien il est formé par la réunion de ces nouveaux composés avec d'autres combinaisons. »

Voici les radicaux admis par M. Liebig, et autour desquels viennent, suivant ce célèbre chimiste, se grouper tous les corps de la chimie organique :

Amide.	Oxyde de carbone.	Cyanogène.
Benzoïle.	Cynnamyle.	Salicyle.
Ethyle.	Acétyle.	Méthyle.
Formyle.	Cétyle.	Amyle.
Glycéryle.		

Il est à remarquer que tous ces radicaux sont hypothétiques, à l'exception de deux, l'oxyde de carbone et le cyanogène. Tant que l'expérience n'aura pas prononcé, chacun a le droit de rejeter les hypothèses ou de les adopter, au gré de sa volonté.

RAISIN. *Voy.* HUILES.

RAISIN, différentes sortes. *Voy.* VIN. — Structure et composition du raisin. *Voy.* VIN.

RAYMOND LULLE. — C'est le type éminemment accompli des chimistes du moyen âge, l'inventeur de l'athanor et de la médecine universelle, le *docteur illuminé*, élève d'Arnauld de Villeneuve, né vers la même année que lui (1235), mais qui, ayant étudié plus tard, lui succède dans les fastes de l'alchimie.

Il serait bien difficile et bien long de donner une idée exacte de l'existence aventureuse de ce personnage. Il faudrait pour cela dérouler sa vie tout entière, qui n'a pas duré moins de quatre-vingts ans, et qui fut toujours active jusqu'au dernier moment. Il faudrait vous le montrer voyageant de tous les côtés, ne passant jamais une année dans le même lieu, se mettant en communication avec les savants, discutant, ergotant sur tous les sujets, et en même temps laissant des écrits dont le nombre surpasse l'imagination, dans lesquels il se fait remarquer par la multitude et l'étendue de ses connaissances, et où l'on trouve un mélange bizarre de théologie, de chimie, de physique et de médecine; de théologie, parce qu'il était moine; de physique et de chimie, parce que ces deux sciences n'étaient point séparées, et qu'il avait un goût passionné pour les études chimiques; de médecine, enfin, à cause de ses rapports avec Arnauld de Villeneuve, qui cultivait cette science avec beaucoup d'ardeur.

Raymond Lulle était Espagnol : il naquit à Majorque, et appartenait à une famille noble et riche. Comme les autres seigneurs de son temps, il passa les années de sa jeunesse dans les fêtes et les plaisirs. Le hasard le fit amoureux d'une dame, et amoureux passionné. Il n'est point de folie que cette passion ne lui ait inspirée. On le vit même, son-

gez au temps et au pays, on le vit même pénétrer dans l'église à cheval, pour s'y faire remarquer de la dame de ses pensées.

Fatiguée de ses assiduités turbulentes, la signora Ambrosia de Castello lui écrivit une lettre qui nous est restée, où elle cherche à calmer cet amour dont elle se sent indigne, où elle rappelle à lui-même un esprit fait pour s'appliquer à des choses plus sérieuses. Raymond Lulle n'en continua pas moins ses poursuites; il fit des vers en son honneur; elle occupait toutes ses pensées, et le délire de son amour ne s'apaisait nullement. Enfin, inspirée par la Providence, à ce que disent des anciens auteurs, et voulant mettre un terme à ses importunités, elle lui donne un rendez-vous chez elle; et là, après avoir répété ses conseils, sans rien gagner sur son esprit, elle ajoute : « Eh bien ! Raymond, vous m'aimez; et savez-vous ce que vous aimez? Vous avez chanté mes louanges dans vos vers; vous avez célébré ma beauté, vous avez loué surtout celle de mon sein. Eh bien ! voyez s'il mérite vos éloges, voyez si je suis digne de votre amour. » Et en même temps elle lui découvrit ce sein, que rongeait un cancer affreux.

Raymond Lulle, frappé d'horreur, court s'enfermer chez lui ; il renonce au monde, il distribue ses biens aux pauvres pour entrer dans un cloître à l'âge de trente ans. Il s'y livre à l'étude de la théologie, à celle des langues et à celle des sciences physiques, avec la passion qu'il mettait naguère dans ses folies de jeune homme.

Bientôt après il conçoit l'idée d'une croisade, et porte dans ce projet toute l'exaltation de son esprit ardent. Pour cette entreprise, on le voit parcourir tous les pays de l'Europe, se mettre en rapport avec les princes et les grands de presque toutes les nations, visiter tous les hommes célèbres du temps, et, malgré son peu de succès, ne pas négliger la moindre chance pour l'organisation de sa croisade, dont le but, chose singulière, était la conversion du peuple d'Algérie et la destruction de l'esclavage. Comme il avait besoin de parler aisément la langue du pays, il prend auprès de lui un esclave mahométan ; mais celui-ci, ayant pénétré les intentions de son maître, le frappe d'un coup de poignard dans la poitrine.

Raymond Lulle eut le bonheur de ne pas succomber, et son zèle apostolique ne fut pas refroidi. Il parcourut de nouveau une partie de l'Europe sans succès, et se décida à partir seul pour Tunis, où il établit des conférences publiques sur la religion. Il fut bientôt arrêté, mis en prison, puis embarqué de force et renvoyé en Italie, où il recommença sa carrière aventureuse et agitée; sans cesser de produire quelques-uns des ouvrages si nombreux dont il est l'auteur. Enfin il se décida à retourner en Afrique, recommença ses prédications dans une ville dernièrement illustrée par le succès de nos armes, à Bougie, où la populace, ameutée contre lui, le poursuivit à coups de pierre, et le laissa mort sur le rivage. Quelques marins rapportèrent son corps dans sa patrie, où Raymond fut honoré comme un saint; et de fait, si l'on en croit la légende, son corps, abandonné sur la grève, attira l'attention des matelots à cause de la lueur qu'il répandait au loin.

Telle fut la fin de cet homme extraordinaire, qui se fût acquis un rang éminent dans l'histoire de la civilisation, si les circonstances n'eussent fait échouer sans cesse les projets qu'enfantait son génie pour soumettre l'Afrique à l'Europe.

D'après cet exposé des aventures de Raymond Lulle on croirait impossible qu'il ait pu laisser, sur la chimie surtout, des ouvrages dignes de quelque attention. Comment s'imaginer en effet qu'une vie si agitée lui ait permis de méditer des idées profondes, de se livrer à des travaux importants? Eh bien! tout en voyageant sans cesse, il trouvait le moyen d'écrire dans presque tous les pays, et souvent simultanément, sur la chimie, la physique, la médecine et la théologie. Dégagez de ses ouvrages l'élément alchimique, et vous serez surpris d'y observer une méthode et des détails qui maintenant même nous étonnent. Parmi les alchimistes, Raymond Lulle a fait école, et l'on peut dire qu'il a donné une direction utile. En effet, c'est lui qui, cherchant la pierre philosophale par la voie humide, et qui, employant la distillation comme moyen, a fixé leur attention sur les produits volatils de la décomposition des corps.

L'authenticité des écrits de Raymond Lulle ayant été souvent contestée, et non sans motifs pour certains d'entre eux, nous éviterons toute difficulté, et nous donnerons cependant une idée juste de sa manière et de celle des chimistes de son école, en puisant dans les écrits de Riplée, qui vivait environ un siècle après lui. Il suffit de citer comme exemple la recette pour obtenir la pierre philosophale, souvent reproduite par les alchimistes, qui en attribuent l'invention à Raymond Lulle. En prenant la description de Riplée à la lettre, elle est tout à fait inintelligible; mais une fois que l'on a le mot de l'énigme, on est frappé de la netteté de l'exposition des phénomènes qu'il avait en vue.

Pour faire, dit-il, l'*élixir des sages*, la pierre philosophale (et par ce mot *pierre*, les alchimistes n'entendaient pas toujours désigner littéralement une pierre, mais un composé quelconque ayant la propriété de multiplier l'or, et auquel ils attribuaient presque toujours une couleur rouge); pour faire l'*élixir des sages*, il faut prendre, mon fils, le *mercure des philosophes*, et le calciner jusqu'à ce qu'il soit transformé en *lion vert*; et après qu'il aura subi cette transformation, tu le calcineras davantage, et il se changera en *lion rouge*. Fais digérer au bain de sable le *lion rouge* avec l'*esprit aigre des raisins*; évapore ce produit, et le mercure se prendra en une espèce de gomme qui se coupe au couteau; mets cette matière gommeuse dans une cucurbite lutée, et dirige sa distillation avec lenteur. Récolte séparément les liqueurs qui te paraîtront de diverse nature. Tu ob-

tiendras un flegme insipide, puis de l'esprit et des gouttes rouges. Les ombres cymmériennes couvriront la cucurbite de leur voile sombre, et tu trouveras dans son intérieur un véritable dragon, car il mange sa queue. Prends ce dragon noir, broye-le sur une pierre, et touche-le avec un charbon rouge : il s'enflammera, et prenant bientôt une couleur citrine glorieuse, il reproduira le *lion vert*. Fais qu'il avale sa queue, et distille de nouveau le produit. Enfin, mon fils, rectifie soigneusement, et tu verras paraître l'*eau ardente* et le *sang humain*.

C'est surtout le sang humain qui a fixé son attention, et c'est à cette matière qu'il assigne les propriétés de l'élixir.

Appelez *plomb* ce que Riplée nomme *azoque* ou mercure des philosophes, et toute l'énigme se découvre. Il prend du plomb et le calcine, le métal s'oxyde et passe à l'état de massicot : voilà le *lion vert*. Il continue la calcination; le massicot se suroxyde et se change en minium : c'est le *lion rouge*. Il met ce minium en contact avec l'esprit acide des raisins, c'est-à-dire avec le vinaigre: l'acide acétique dissout l'oxyde de plomb. La liqueur évaporée ressemble à de la gomme; ce n'est autre chose que de l'acétate de plomb. La distillation de cet acétate donne lieu à divers produits, et particulièrement à de l'eau chargée d'acide acétique, et d'esprit pyroacétique que dans ces derniers temps on a nommé *acétone*, accompagné d'un peu d'une huile brune ou rouge.

Il reste dans la cornue du plomb très-divisé et par conséquent d'un gris sombre, couleur que rappellent les ombres cymmériennes.

Ce résidu jouit de la propriété de prendre feu par l'approche d'un charbon allumé, et repasse à l'état de massicot, dans une portion mêlée avec la liqueur du récipient; se combine peu à peu avec l'acide que celle-ci renferme, et ne tarde pas à s'y dissoudre. C'est là le *dragon noir qui mord et qui avale sa queue*. Distillez de nouveau, puis rectifiez, et vous aurez, en définitive, de l'esprit pyroacétique, qui est l'*eau ardente*, et une huile rouge brun, bien connue des personnes qui ont eu l'occasion de s'occuper de ces sortes de distillations, et dont elles ont dû voir leur esprit pyroacétique brut constamment souillé. C'est cette huile qui forme le *sang humain*, et qui a excité principalement l'attention des alchimistes. C'est qu'en effet elle est rouge, et j'ai déjà signalé l'importance que les alchimistes attribuaient à cette couleur. De plus, elle possède la propriété de réduire l'or de ses dissolutions et de le précipiter à l'état métallique, comme bien d'autres huiles du reste.

Riplée avait d'ailleurs purifié l'esprit pyroacétique, et il a dû l'obtenir presque exempt d'eau. Aussi connaît-il bien ses propriétés.

Après tous ces détails on ne peut s'empêcher d'être frappé de l'attention scrupuleuse qu'il a fallu porter dans l'examen des divers phénomènes qui accompagnent la distillation de l'acétate de plomb, pour les observer avec tant de précision. N'est-il pas bien remarquable que l'esprit pyroacétique dont on a coutume de faire remonter la découverte à une époque très-peu reculée, et dont l'étude vient d'être reprise dans ces derniers temps, ait été si bien connu des alchimistes ?

Et certes, en voyant que le vinaigre se change en une liqueur volatile et inflammable avec tant de facilité, par la seule action du feu, on comprend comment pour ces imaginations exaltées la puissance du feu devait paraître inépuisable et sans bornes ; on comprend que cette recette ait occupé successivement les plus célèbres d'entre les alchimistes, qui tour à tour l'ont alambiquée ou simplifiée selon la tournure de leur esprit.

Maintenant faut-il admettre avec Riplée et ses imitateurs que la distillation de l'acétate de plomb recèle vraiment le secret des opérations décrites par Raymond Lulle ? Cela peut sembler douteux ; car si les termes se ressemblent, si quelques-uns des phénomènes se ressemblent aussi, d'autres circonstances feraient croire que Raymond Lulle avait porté son attention sur des recherches beaucoup plus compliquées.

Tout porte à croire même que, dans sa *théorie* et sa *pratique*, les choses y sont plus souvent désignées par leur nom qu'on ne l'a pensé. Ainsi, quand il commence la description de son procédé, il prescrit de distiller le vitriol azoqué et le salpêtre ensemble, et il en retire une liqueur rouge qui a besoin d'être enfermée en des flacons bouchés avec de la *cire*. Ailleurs, il nous apprend que le mercure, exposé aux vapeurs vitrioliques, est attaqué et converti en vitriol blanc ou jaunâtre. Il est clair qu'il a connu le sulfate de mercure, et qu'il a réellement distillé ce corps avec du nitre, ce qui lui a fourni un acide nitrique impur.

Cet acide nitrique lui sert là dissoudre de l'argent et du mercure. Il l'emploie aussi pour dissoudre de l'or, mais il fait intervenir, en ce cas, un *mercure végétal*, dont la nature demeure ignorée. Les uns veulent y voir de l'esprit-de-vin rectifié ; d'autres, l'esprit pyroacétique pur. Voilà comme la recette de Raymond Lulle et celle de Riplée se lient et s'expliquent mutuellement.

Du reste, ce serait perdre notre temps que de suivre plus loin l'exposition de procédés dont l'interprétation laisse toujours quelque doute, quand on veut la pousser jusqu'au bout de l'œuvre ; car à la simplicité et à la clarté des premières opérations succède toujours une obscurité affectée et mystérieuse.

Nous ne quitterons pas Raymond Lulle sans rappeler que le nombre et la variété de ses ouvrages ont fait croire à quelques personnes qu'il avait existé deux hommes de ce nom : le théologien, le martyr, l'homme éminemment dramatique dont j'ai raconté la vie ; et le chimiste, dont l'existence plus humble eût passé inaperçue, et qui n'aurait marqué que par ses travaux.

Je ne puis partager leur opinion. De nos jours, Priestley a possédé des connaissances aussi variées, a écrit avec autant de fécondité sur des sujets religieux ou scolastiques, et sa vie comme chimiste s'est renfermée aussi en un petit nombre d'années qui ont commencé vers l'âge où se termine la carrière intellectuelle du commun des hommes. Ainsi, de ce que Raymond Lulle se serait fait chimiste à un âge avancé, de ce qu'il aurait travaillé la chimie pendant peu d'années, de ce qu'il aurait beaucoup produit en chimie et encore plus en théologie ou philosophie, on n'en peut rien conclure.

A quoi il faut ajouter que, parmi les ouvrages qu'on lui attribue, il en est beaucoup en chimie, au moins, qui sont manifestement fabriqués après coup.

Qu'il ait existé un chimiste espagnol du nom de Raymond Lulle et son contemporain, cela paraît peu contestable, si l'on fait attention à la direction particulière imprimée par ses écrits, dont le caractère original ne saurait être méconnu, et qui se manifeste déjà dans le cours du siècle qui a suivi la mort du martyr.

Que le chimiste et le théologien soient un seul et même personnage, c'est ce qui paraît bien probable, quand on compare l'*Ars magna*, traité de philosophie qui serait du martyr, et le *Testamentum*, qui appartiendrait au chimiste. On y trouve le même style et le même emploi des figures symboliques, qu'on n'aperçoit plus dans le *Novum Testamentum*, ni dans les ouvrages analogues, de fabrication moderne et faussement attribués à Raymond Lulle.

Après lui l'histoire de la chimie nous offre une assez longue lacune. On ne rencontre plus de chimistes proprement dits, mais seulement des alchimistes de mauvaise nature, dont les écrits sont tout à fait inintelligibles.

RAYONNEMENT DU CALORIQUE. *Voy.* CALORIQUE.

RÉACTIFS. — L'analyse est l'art de décomposer les corps ; la synthèse, celui de les recomposer. Toute la science chimique consiste dans ces deux opérations : *détruire* et *créer*. Pour pratiquer l'analyse, le chimiste fait usage d'*agents* et de *réactifs*. Tout corps qui, d'une manière quelconque, donne le moyen d'opérer la séparation des parties constituantes d'un composé, est un *agent*.

Mais lorsque, au lieu de chercher à isoler complétement les différents principes constitutifs d'un composé, on se borne à constater leur présence, on met alors en œuvre des corps qui, par leurs effets respectifs sur chacun de ces principes, font apparaître une de leurs propriétés distinctives, et permettent ainsi de discerner leur nature diverse. Les corps qui agissent de cette manière sont désignés par le nom commun de *réactifs*.

Un *réactif* est donc un corps qui, dans son contact avec un autre, donne lieu à la production de certains signes ou phénomènes caractéristiques qui se montrent toujours les mêmes dans les mêmes circonstances.

Voici trois verres remplis d'eau ordinaire : dans le premier, j'ajoute quelques gouttes de vinaigre ; dans le second, un peu de sel de cuisine ; dans le troisième, de la potasse.

Je verse ensuite dans tous du sirop de violettes. Remarquez les phénomènes particuliers qui se manifestent dans ces trois cas. La couleur du sirop ne change pas dans le verre qui contient le sel de cuisine; elle rougit sensiblement dans celui où se trouve le vinaigre; elle prend une teinte verte dans celui où j'ai mis la potasse. Ce mode d'action du sirop de violettes, si différent pour chacun des corps dont j'ai fait choix, me révèle l'existence d'une substance distincte dans chacun des verres; et comme, toutes les fois qu'un liquide contient de la potasse libre, le sirop de violettes présente cette altération remarquable dans sa couleur, ce passage du bleu au vert, j'en conclus qu'il peut servir à distinguer la potasse de toutes les autres substances qui ne présentent pas ce phénomène de coloration; que c'est en un mot un *réactif* pour la potasse.

Voici maintenant une eau naturelle dans laquelle je soupçonne l'existence du fer, parce qu'elle a une saveur âpre, tout à fait analogue à celle de l'encre. Pour m'en assurer, je vais y verser quelques gouttes d'une décoction d'écorce de chêne; aussitôt, l'eau devient noire, et ce signe suffit pour reconnaître qu'elle est ferrugineuse, car le fer seul a cette propriété de colorer en noir l'écorce de chêne et les autres substances astringentes. Ces substances sont donc un excellent *réactif* pour les dissolutions du fer.

Tout corps a ainsi son réactif propre; aussi, rien n'est plus facile que de reconnaître la composition des différentes substances qui se trouvent à la surface et dans les profondeurs du globe terrestre, ou qui forment son enveloppe aérienne. A l'aide d'un petit nombre d'*agents* et de *réactifs*, celui qui possède la science chimique peut donc pénétrer dans l'intérieur de tous les corps de la nature, les décomposer ou les reproduire à son gré.

RÉALGAR (*protosulfure d'arsenic, orpiment, arsenic rouge, soufre de rubis*). — Le soufre se combine en trois proportions avec l'arsenic. Deux de ces combinaisons correspondent aux acides arsénieux et arsénique; l'autre ne correspond à aucun de ces corps composés. Berzelius en admet deux autres. On trouve dans la nature deux de ces sulfures : l'un, qui est d'un jaune doré, est connu sous le nom d'*orpiment*; l'autre, qui est rouge, est désigné sous le nom de *réalgar*; ils diffèrent par les quantités de soufre qui sont combinées. Le premier, d'un jaune citron, cristallisé en lames transparentes, tendres et flexibles, se rencontre dans plusieurs pays, en Transylvanie, en Hongrie, en Géorgie, etc. Il est employé en peinture et dans quelques manufactures. Le second, rouge-orangé, cristallisé confusément, se trouve aussi dans beaucoup de pays, en Chine, en Saxe, en Bohême, en Transylvanie et aux environs des volcans. On en fait usage en peinture comme couleur; ces deux sulfures peuvent être préparés facilement pour les besoins des arts.

Dans les laboratoires on obtient ordinairement le sulfure jaune d'arsenic, correspondant à l'acide arsénieux, en décomposant une solution de cet acide par un courant de gaz hydrosulfurique, ou en mêlant une solution d'arsénite de potasse avec un hydrosulfate et un acide; il se précipite en flocons jaunes dorés, insolubles dans l'eau. Ce sulfure est fusible, volatil, indécomposable par la chaleur; il se sublime sans altération; chauffé au contact de l'air, il absorbe l'oxygène, brûle, et passe à l'état de gaz acide sulfureux et d'acide arsénieux.

On le forme dans les arts en chauffant dans des vases fermés un mélange de soufre et d'acide arsénieux. Ce dernier est alors décomposé, d'où résulte de l'acide sulfureux qui se dégage et du sulfure d'arsenic; mais une portion d'acide arsénieux échappe à la décomposition et se trouve toujours mêlé au sulfure. Il est connu dans le commerce sous le nom d'*orpiment artificiel*, et s'emploie aux mêmes usages que le naturel.

L'orpiment et le réalgar sont employés en médecine. On les fait entrer seulement dans la composition de quelques préparations externes. Le réalgar, uni à douze parties de nitre et à trois de soufre, est employé par les artificiers pour composer le feu blanc indien.

RECHERCHES MÉDICO-LÉGALES sur l'arsenic. *Voy.* ARSENIC.

RÉCUIT. *Voy.* ACIER.

RÉDUCTION ou **DÉSOXYDATION DES MÉTAUX.** — Lorsqu'on dépouille un oxyde métallique de son oxygène et qu'on le ramène à l'état métallique, on dit qu'on le *réduit*, et l'opération elle-même porte le nom de *réduction*. On peut exécuter cette opération de plusieurs manières différentes. Les métaux nobles se réduisent quand on chauffe leurs oxydes jusqu'au rouge; l'oxygène s'échappe alors sous forme de gaz. Au contraire, les oxydes des métaux non nobles ont besoin qu'on ajoute un corps, dont l'affinité pour l'oxygène soit supérieure à la leur. Voilà pourquoi on les mêle avec de la poudre de charbon, et on expose le mélange à la chaleur nécessaire pour fondre le métal; le charbon s'empare de l'oxygène de l'oxyde, et produit de l'oxyde carbonique, qui s'échappe sous forme gazeuse. On opère ordinairement cette réduction dans des creusets de Hesse renversés l'un sur l'autre, et lutés ensemble au moyen d'un mélange d'argile réfractaire calcinée et non calcinée. Quelquefois on pose dans le creuset un charbon qui le remplit, et dans lequel on a ménagé un trou pour la masse qu'on veut réduire, et après l'introduction de laquelle on ferme ce trou avec un bouchon de charbon. Dans d'autres circonstances on garnit l'intérieur du creuset d'une couche épaisse d'un mélange d'argile, de sable et de poudre de charbon : c'est ce qu'on appelle la *brasque* d'un creuset. Une chose importante, dans ce cas, c'est d'ajouter un flux, dont on couvre l'oxyde et la poudre de charbon dans le creuset. On se sert pour flux d'un verre pur, exempt de métal, et seul ou mêlé avec du spath-fluor. Le borax peut également être employé. Cette masse entre ordinairement en fusion avant que la réduction ait commencé, de manière que les molécules métalliques sont entourées et couvertes par elle au moment de leur réduction. Le mouvement que les gaz qui se dégagent pendant l'opération impriment au flux fait que ces molécules se rencontrent, et qu'elles se réunissent en un grain plus gros, que le verre liquide garantit de l'action de l'air qui s'introduit par les pores du creuset. Sans un pareil flux on trouverait les grains métalliques épars, et souvent ternis à la surface. Quand on retire le creuset du feu, on est dans l'usage de lui imprimer un ou deux petits chocs, afin que les grains métalliques, qui pourraient être épars dans le flux, se rassemblent. Quelques métaux exigent une très-forte chaleur pour être réduits et fondus, et la plupart se réduisent longtemps avant d'entrer en fusion. Le culot métallique qu'on obtient était appelé *régule* par les anciens chimistes ; de là l'expression *régulin*, qui veut dire métallique. Il est rare que, quand on procède à ces réductions avec la poudre de charbon, le métal soit pur ; fréquemment il contient du charbon, du silicium, ou même du bore, si l'on s'est servi de borax. Quand on veut l'avoir aussi pur que possible, il faut ne mettre que la quantité de charbon strictement nécessaire pour le réduire, ou même un peu moins. Si l'on connaît la proportion d'oxygène que contient l'oxyde, elle sert à déterminer celle du charbon qu'on doit employer. 100 parties d'oxygène en exigent 75,33 de charbon pour produire du gaz acide carbonique. Cependant on ne doit jamais perdre de vue, à cet égard, qu'il se forme une certaine quantité d'acide carbonique au premier moment de l'action de la chaleur, et que les métaux qui ont peu d'affinité pour l'oxygène donnent beaucoup de cet acide ; en sorte qu'ils ont besoin d'une moins grande quantité de charbon pour se réduire. La réduction s'opère communément dans un fourneau destiné à cet usage, qu'on appelle forge, et où la chaleur est accrue par l'action d'un soufflet. Le charbon de bois donne moins de chaleur que celui de terre, et la plus forte chaleur est celle qu'on produit avec de la houille calcinée (coke), dans une forge où le tuyau du soufflet se partage en quatre petits tubes, dont un pénètre de chaque côté du fourneau. Elle exige des creusets d'une argile très-réfractaire ; car ordinairement les creusets de Hesse ne tardent pas à fondre.

On peut aussi, dans l'opération de la réduction, remplacer le charbon par un métal dont l'affinité pour l'oxygène soit supérieure à celle du métal qu'on se propose de réduire ; mais alors le métal réduit contient toujours une certaine quantité de celui qu'on emploie pour opérer la réduction. Le métal qu'il convient le mieux de faire servir à ce genre de réduction est le potassium, qu'on enlève ensuite au moyen de l'eau, laquelle l'oxyde et le dissout, laissant le métal réduit sous la forme d'une masse poreuse, ou même à l'état pulvérulent.

Il arrive quelquefois qu'un métal qui, à de basses températures, a moins d'affinité pour l'oxygène que n'en possède un autre, surpasse, au contraire, celui-ci dans son affinité, à une température plus élevée. Ce cas a lieu quand le second métal est volatil à une haute température. Ainsi, l'oxyde ferreux est réduit par le potassium à une très-faible chaleur, tandis que la potasse est réduite par le fer à la chaleur nécessaire pour liquéfier la fonte, circonstance dans laquelle le potassium mis à nu se volatilise et se sublime.

On se sert souvent du gaz hydrogène pour la réduction des oxydes métalliques. Cette sorte de réduction se fait très-facilement en chauffant l'oxyde fortement dans un tube de porcelaine, pendant qu'on fait arriver du gaz hydrogène dans celui-ci, après l'avoir fait passer à travers un tube plein de petits morceaux de chlorure calcique fondu. On ferme l'extrémité opposée du tube de porcelaine avec un bouchon de liége garni d'un tube de verre étroit, qui donne issue au gaz. Tant qu'il se dépose de l'humidité dans ce tube, l'oxyde n'est point encore réduit ; mais aussitôt qu'il devient sec dans l'intérieur, on enlève le feu, et on fait passer du gaz hydrogène dans le tube jusqu'à ce que tout soit devenu froid. Cependant il est rare que l'on obtienne de cette manière une chaleur suffisante pour fondre le métal. Tous les métaux dont l'affinité pour l'oxygène est moindre que celle du fer sont réduits par l'hydrogène ; l'oxyde ferrique l'est lui-même ; mais les oxydes de zinc, de cérium, de titane, de manganèse, de tantale et de chrome ne le sont point.

La plupart des métaux réductibles par l'hydrogène sont susceptibles aussi d'être mis à nu par la distillation sèche de leur oxalate, opération qui donne du gaz acide carbonique, avec ou sans vapeurs aqueuses, et qui laisse pour résidu le métal sous forme de poudre.

Les oxydes métalliques peuvent aussi être réduits de différentes manières sans le concours du feu. Ainsi, lorsqu'on plonge dans la dissolution d'un sel métallique un autre métal, ayant plus d'affinité pour l'oxygène que celui qui est dissous, celui-ci se précipite à l'état métallique. Un léger excès d'acide accélère singulièrement cette opération. Cependant les métaux qui ont plus d'affinité pour l'oxygène que n'en a l'hydrogène, ne peuvent être réduits de cette manière que par l'addition d'une certaine quantité de potassium ou de sodium. On se sert ordinairement du fer ou du zinc pour opérer les réductions, parce que ce sont, parmi les métaux communs, ceux qui ont le plus d'affinité pour l'oxygène et pour les acides ; mais les métaux en général peuvent se réduire réciproquement, comme le montre la série suivante, dans laquelle chacun est réductible par celui qui vient après : or, argent, mercure, bismuth, cuivre, étain, zinc.

. La plupart des métaux nobles sont réduits par les sels ferreux et stanneux; ces derniers se convertissent en sels ferriques ou stanniques, aux dépens de l'oxygène et de l'acide du métal noble, qui se précipite ainsi à l'état de poudre métallique. Les sels ferreux ont sur les sels stanneux l'avantage que l'acide ferrique produit reste dissous dans l'acide avec lequel le métal réduit se trouvait combiné, de sorte que le précipité est du métal pur, tandis que l'oxyde stannique, qui est peu soluble dans les acides, se précipite souvent avec le métal réduit. Il arrive fréquemment que des métaux difficiles à réduire de leurs dissolutions dans les acides sont au contraire très-faciles à retirer de leurs dissolutions dans les alcalis : c'est ce qui arrive, par exemple, au tungstène et à l'étain. Mais pour cela il faut que le métal précipitant puisse, à l'état d'oxyde, se dissoudre dans l'alcali.

Lorsqu'un métal se précipite sur un autre, le premier s'étend à la surface du dernier, sous forme d'une couche mince, et au même instant commence entre les deux métaux une action électrique dans laquelle celui qui réduit est toujours à l'état positif et celui qui se trouve réduit, à l'état négatif. Ce dernier continue dès lors à s'accumuler de plus en plus sur l'autre, soit en flocons peu serrés, soit en groupes dendritiques de cristaux, tandis que le second métal se dissout sur d'autres points. Ce phénomène a soulevé naguère la question de savoir si les affinités chimiques et l'électricité ne seraient point identiques, d'autant plus qu'examinant les choses de plus près, il a été reconnu que les affinités chimiques n'entrent jamais en jeu sans que l'équilibre de l'électricité soit troublé. La décharge de la pile électrique exerce une action de réduction sur les corps dissous dans l'eau à travers laquelle elle s'opère; or nous profitons souvent de cette force pour réduire des métaux. Nous ne connaissons point encore d'affinité dont l'électricité ne triomphe, quoique les degrés élevés d'affinité exigent une action plus énergique de la part de cette dernière. Plus un corps a d'affinité pour l'oxygène, et plus il faut que sa dissolution soit concentrée, sans quoi la force de la décharge électrique se perd par la décomposition de l'eau. Ainsi, par exemple, la potasse humectée est décomposée par l'électricité, tandis que sa dissolution étendue ne l'est point. L'alumine, l'acide silicique, l'oxyde cérique et plusieurs autres ne peuvent point être réduits par la pile électrique, parce qu'ils sont absolument insolubles dans l'eau; et lorsqu'ils sont dissous dans des acides ou dans un alcali, la pile exerce son action sur le dissolvant et sur la combinaison saline. Moins un corps est soluble dans l'eau, comme sont, par exemple, les terres alcalines, et plus la décharge électrique doit avoir d'intensité; c'est-à-dire plus le nombre des paires composant la pile doit être considérable, parce qu'elle n'agit sur le corps dissous que par un excès de ce qui est employé à la

décomposition de l'eau ; la plupart des métaux proprement dits sont réduits très-facilement, même par des piles électriques faibles, et le métal réduit prend la forme de cristaux, qui sont d'autant plus réguliers, que la réduction se fait avec plus de lenteur.

Enfin, plusieurs métaux nobles sont réduits aussi par la lumière solaire. Dans un flacon de verre qui contient une dissolution neutre d'or, et qui est exposé aux rayons du soleil, la surface et le côté tourné vers la lumière se couvrent intérieurement d'une pellicule d'or, dont l'épaisseur augmente peu à peu. Berzelius a émis la conjecture que cette propriété de la lumière dépend peut-être d'une action électrique, attendu que l'électricité et la lumière se montrent partout ensemble.

Lorsque les métaux s'oxydent, ils se combinent plus ou moins intimement avec l'oxygène, ce qui occasionne une élévation plus ou moins considérable de la température. Moins l'affinité d'un corps pour l'oxygène est grande, moins il se dégage de calorique pendant sa combinaison avec cette substance; de sorte que quand un autre corps lui enlève l'oxygène, par l'effet d'une affinité plus puissante, il trouve encore une certaine quantité de calorique à en dégager. L'azote est peut-être le corps qui a le moins d'affinité pour l'oxygène, qu'il absorbe avec presque tout son calorique; aussi tous les corps qui brûlent aux dépens du nitre fondant donnent-ils avec lui autant de chaleur qu'ils en produiraient dans le gaz oxygène. Au contraire, le potassium est le corps qui a le plus d'affinité pour l'oxygène; de manière qu'il s'oxyde aux dépens de la plupart des corps oxydés, en donnant lieu à un dégagement de la chaleur, qui produit quelquefois les phénomènes de la combustion la plus vive. La quantité d'oxygène qui fait passer un métal de son premier à son second degré d'oxydation, n'a ordinairement pas perdu autant de calorique que celle qui était contenue dans le premier degré d'oxydation. De là vient que le potassium se convertit en potasse, avec dégagement de lumière, aux dépens, par exemple, des oxydes ferrique et manganique, tandis qu'au contraire il réduit les oxydes ferreux et manganeux sans rougir.

. La différence d'affinité avec laquelle les métaux retiennent les diverses proportions d'oxygène qui constituent leurs différents degrés d'oxydation, n'a pas encore été étudiée d'une manière spéciale. Tout ce que l'expérience nous apprend, c'est que l'affinité la plus énergique entre les éléments n'agit ni au maximum ni au minimum d'oxydation. Les sous-oxydes se convertissent pour la plupart, à la moindre occasion, en métal et en oxyde d'un degré supérieur. Les suroxydes et quelques oxydes se réduisent également avec beaucoup de facilité en oxygène et en oxyde d'un degré inférieur. C'est donc à peu près dans le milieu que l'affinité déploie le plus d'énergie.

RÉGIME ALIMENTAIRE. *Emploi des végétaux ou des farineux, des légumes et des fruits.* — Entre les aliments placés au même rang sous le rapport de leur digestibilité, ceux qui viennent de végétaux sont presque toujours de digestion plus lente que ceux que l'on tire des animaux ; cependant, la digestion des végétaux peut être également facile, quoique moins prompte, et, lorsqu'on les digère bien, ils doivent généralement s'employer en plus grande quantité que les substances animales, parce qu'ils fournissent une nourriture qui tempère davantage, expose moins aux maladies, prolonge l'existence, et donne au caractère plus de douceur.

On reproche à tort aux végétaux de nuire au développement des forces, puisqu'en tous pays ils sont les principaux aliments de la classe laborieuse et livrée à des travaux pénibles. Comme autre preuve de leur succès à titre de fortifiants, nous dirons que, chez les Grecs et chez les anciens en général, les athlètes parvenaient à une plus grande vigueur en se nourrissant de végétaux et s'abstenant de vin. (Voyez *Hygiène* du professeur Rostan, Introd., p. 24.) Mais nous devons dire aussi que les végétaux de la Grèce et des pays méridionaux sont plus substantiels que ceux de nos contrées.

Chez les divers peuples, les *farineux* composent les aliments les plus usités ; on les regarde avec raison comme des plus favorables à l'entretien et à l'accroissement de toutes les parties du corps.

L'usage des *légumes* est fort salubre : ils sont plus nutritifs lorsqu'on les prépare avec quelques substances animales.

Quant aux *fruits*, on doit les employer avec certaine réserve et s'assurer qu'ils réussissent ; il ne faudrait pas, sans motifs particuliers, en faire sa principale nourriture. Il est bon d'en manger peu à la fois, et presque toujours avec le pain.

On appelle communément crudités les légumes et les fruits que l'on mange crus. Les crudités sont, en général, difficiles à digérer, et, lors même qu'on les choisit parmi les végétaux les plus digestibles, elles conviennent peu aux personnes délicates.

SIX TABLEAUX

RENFERMANT LES SUBSTANCES ALIMENTAIRES LES PLUS USITÉES.

—

Ils réunissent :

1° LES ALIMENTS FACILES A DIGÉRER.	Aliments les plus utiles aux personnes faibles et à celles qui digèrent difficilement.
2° LES ALIMENTS DIFFICILES A DIGÉRER.	Aliments qui conviennent le mieux aux individus forts, et dont les digestions sont faciles.
3° LES ASSAISONNEMENTS, LES PRÉPARATIONS ALIMENTAIRES ET LES BOISSONS LES PLUS SALUBRES.	Substances qui, pour l'usage ordinaire, sont les plus favorables à la santé de tous les sujets, soit faibles, soit forts.
4° LES ASSAISONNEMENTS ; LES PRÉPARATIONS ALIMENTAIRES ET LES BOISSONS MOINS SALUBRES.	Substances dont tous les individus ne doivent user qu'avec réserve, et, à plus forte raison, les personnes faibles.

Soit que l'on fasse choix de substances alimentaires de digestion facile ou de digestion difficile, il ne faut pas négliger de prendre en considération leurs propriétés.

Iᵉʳ TABLEAU.

VÉGÉTAUX
FACILES A DIGÉRER.

Ils sont indiqués dans chaque colonne, en commençant par les plus digestibles.

Farineux.	*Légumes.*	*Fruits.*
Salep de Perse.	Épinards.	Raisin.
Arrow-root.	Chicorée cultivée.!	Cerises.
Moussache.	Endive.	Groseilles en grappes, gades ou gadelles.
Dictame.	Scarolle.	Orange.
Sagou des Indes.	Laitue.	Poires délicates : le beurré, le doyenné, la crassane, le St-Germain, le bon-chrétien, le Messire-Jean, le Martin-sec, etc.
Tapioca.	Oseille.	
Féc. de pomme de terre.	Haricots verts en cosses jeunes.	
Orge perlé.	Asperges.	
Riz-Cochina.	Cardes.	
Semoule.	Cardons.	Pommes délicates : le pigeon, la reinette, le calville, le fenouillet, etc.
Vermicelle.	Chou-fleur.	
Riz.	Petit chou de Bruxelles.	
Gruau d'avoine, ou avoine nettoyée de son écorce.	Artichaut.	Pêches.
	Houblon, sommités de ses tiges encore jeunes.	Groseilles à maquereau.
Farines de froment, des premières qualités.	Salsifis.	Merises.
	Scorsonnère.	Fraises.
	Carottes très-jeunes.	Framboises.
—	Petits pois verts.	Abricots.
		Pruneaux.
Maïs, ou blé de Turquie.—Sarrasin, ou blé noir.—Pomme de terre.	—	
	Céleri. — Potiron.—Pomme de terre.	

IIᵉ TABLEAU.

SUBSTANCES ANIMALES
FACILES A DIGÉRER.

Elles sont indiquées dans chaque colonne, en commençant par les plus digestibles.

Substances animales différentes.	*Viandes.*	*Poissons.*
Lait.	Poulet.	Merlan.
Lait de femme.	Lapereau.	Eperlan.
— d'ânesse.	Perdreau.	Limande.
— de jument.	Pigeonneau.	Carrelet.
— de chèvre.	Caille.	Plie.
— de vache.	Alouette.	Flondre.
— de brebis.	Gélinotte.	Flez.
Œufs.	Pluvier.	Flételet.
Chair des poissons faciles à digérer.	Grives.	Barbue.
	Bec-figues.	Sole.
Viandes faciles à digérer.	Ortolan.	Huîtres.
	Etourneau.	Vive.
	Vanneau.	Vandaise.
Langues.	Merle.	Perche.
Oreilles.	Bécasseau.	Carpe.

Laïtances.	Bécassine.	Bordelière.
Riz.	Faisandeau.	Ombre.
Cervelle.	Dindonneau.	Truite.
Fraise de veau.	Poularde.	Turbotin.
— d'agneau.	Chapon.	Saumonneau.
Poumon.	Pintade.	
Crêtes de coq.	Canneton.	—
Cornes de cerf.	Levreau.	
Têtes des jeunes animaux.	Chevreuil de six mois.	Lotte. — Sardine. —Feinte.
Pieds des jeunes animaux.	Chevreau.	— Mullet. — Morue.—Rouget. — Raie.—
Pattes des jeunes volailles.	Agneau.	Tortue.— Grenouilles aquatiques.
Rognons de coq.	Veau.	
	Mouton.	
	Bœuf.	

Right column group (suite) :

Rognons.	Lièvre.	Truite.
Cœur.	Sarcelle.	Carpe.
Sang.	Canard.	Perche.
Gésier, ou 2me estomac des granivores.	Oie	Bar.
Intestins, tripes.	Poule d'eau.	Hareng.
Œufs de poissons	Bécasse.	Goujon.
Rate.	Râle d'eau	Brochet.
Tête.	Macreuse.	Barbillon.
Pieds.	Mouette.	Brême.
Pattes.	Coq de bruyère.	Tanche.
Peau.	Outarde.	Alose.
Ligaments.	Paon.	Macquerau.
Aponévroses.	Cygne.	Moules.
Tendons.	Daim.	Crevette.
Cartilages.	Cerf.	Sallicoque.
Os.	Sanglier.	Ecrevisse.
	Marcassin.	Homard.
	Cochon.	Anguille.
	Chèvre.	Saumon.
		Esturgeon.
		Thon.

III° TABLEAU.

VÉGÉTAUX
DIFFICILES A DIGÉRER.

Ils sont indiqués dans chaque colonne, en commençant par les plus digestibles.

—

Farineux.	*Légumes.*	*Fruits.*
Maïs, ou blé de Turquie.	Panais.	Figues.
Pomme de terre.	Carottes.	Dattes.
Sarrasin, on blé noir.	Pomme de terre.	Jujubes.
Millet.	Patates.	Pommes.
Farines de from. moins blanches que celles des premières qualités.	Chervi.	Poires.
	Topinambourg.	Prunes.
	Betterave.	Mûres.
	Céleri.	Bigarreau.
Farine de seigle.	Chicorée.	Guignes.
Lentilles.	Laitue.	Cormes.
Fèves de marais en complète maturité.	Pourpier.	Nèfles.
	Mâches, ou doucettes.	Alyses.
		Pastèque.
Haricots en grain.	Chicorée - sauvage.	Melon.
Pois.	Cresson aquatiq.	Potiron.
Chataignes.	Melon.	Courges.
Marrons.	Potiron.	Tomates.
Orge.	Citrouille.	Aubergines.
Avoine.	Navet.	Concombres.
	Chou.	Cornichons.
—	Lentilles.	Citrouille.
	Fèves de marais.	Chataigne.
Noix. — Noisettes.—Amandes.	Haricots.	Marron.
	Pois.	Olives.
	Poireau.	Pistaches.
	Ognon.	Noix.
	Raves. — Radis.	Noisettes.
	Morilles.	Avelines.
	Truffes.	Amandes.
	Champignons.	

IV° TABLEAU.

SUBSTANCES ANIMALES.
DIFFICILES A DIGÉRER.

Elles sont indiquées dans chaque colonne, en commençant par les plus digestibles.

—

Substances animales différentes.	*Viandes.*	*Poissons.*
Chair des poissons difficiles à digérer.	Poule.	Feinte.
Viandes difficiles à digérer.	Lapin.	Lotte.
Foie.	Dinde.	Sardine.
Moelle.	Faisan.	Mulet.
Graisse.	Perdrix.	Surmulet.
Lard.	Pigeon.	Turbot.
	Mouton.	Morue.
	Bœuf.	Rouget
	Chevreuil.	Raie.

V° TABLEAU.

ASSAISONNEMENTS, PRÉPARATIONS ET BOISSONS
LES PLUS SALUBRES.

—

Assaisonnements.	*Préparations.*	*Boissons.*
Lait.	Bouillie.	Eau pure.
Crème.	Potage.	— de rivière.
Beurre.	Soupe.	— de pluie.
Huile.	Crème de pain.	— de fontaine.
Graisse.	Pain.	— filtrée.
Jaune d'œuf.	Biscuit.	Eau mêlée avec du lait.
Sucre.	Echaudé.	Eau sucrée.
Cassonade.	Fruits cuits.	Boissons acidulées, comme limonade, orangeade, eau de groseilles, eau de cerises.
Caramel.	Légumes cuits.	
Miel.	Bouillons maigres.	
Sel.		
Vinaigre.	Bouillons gras.	
Verjus.	Gelées animales	
Limons.	Gelées de viand.	
Groseilles à maquereau.	Viande mortifiée	Orgeat.
	— bouillie.	Thé.
Oseille.	— étuvée.	Infusions légères de fleur de tilleul, de feuilles d'oranger; de feuilles de capillaire; de véronique officinale, de mélisse, de petite sauge, de vulnéraire suisse, etc.
Persil.	— rôtie.	
Cerfeuil.	Poisson à l'étuvée.	
Sarriette.	— bouilli.	
Estragon.	— roti.	
Fl. de capucine.		
Thym.	OEufs à la coque, et œufs cuits mollets.	
Serpolet.		
Sauge.		
Romarin.	Crème fouettée.	
Panais.	Caillé ou mattes.	
Laurier-sauce.	Fromag. blancs nouveaux.	Eau rougie.
Poireau.	Sauce à l'huile.	Petit cidre.
Ognon.	Sauce blanche.	Bière légère.

VI° TABLEAU.

ASSAISONNEMENTS, PRÉPARATIONS ET BOISSONS
MOINS SALUBRES, EN GÉNÉRAL, QUE LES PRÉCÉDENTS.

—

Assaisonnements.	*Préparations.*	*Boissons.*
Canelle.	Chocolat.	Vins.
Vanille.	Café au lait.	— rouges.
Safran.	Soupe à l'ognon roussi dans le beurre.	— blancs.
Muscade.		— mousseux.
Moutarde.		— de liqueur
Gingembre.	Pâtisseries difficiles à digérer,	— falsifiés.
Poivre.	— échauffantes.	Piquette.
Piment.		Hydromel vineux.
Clou de girofle.	Dragées.	

Ciboule.	Fruits secs.	Gros cidres.
Civette.	Fruits confits au sucre.	Poirés.
Rocambolle.	—à l'eau-de-vie.	Bière forte.
Echalottes.	Jus de viandes.	Eaux-de-vie.
Ognon.	Consommés.	— de grain.
Ail.	Viandè lardée.	— de pomme de terre.
Cresson alénois.	— imprégnée d'huile.	Rhum.
Cochléaria.	— marinée au vinaigre.	Liqueurs.
Raifort.	—très-faisandée	— renfermant de l'huile essentielle : curaçao, anisette de Bordeaux , crème de vanille, etc.
Truffes.	— salée, fumée.	
Champignons.	Charcuterie.	
Morilles.	Œufs durs.	
Substances confites au vinaigre:câpres,cornichons, etc.	Fromages fermentés.	— renfermant de l'acide prussique : kirschwasser, noyau, etc.
Substances marinées : olives, sardines, huitres, etc.	Friture.	
	Roux.	
Viande, poisson, salés ou fumés.	Sauces piquantes ou très-relevées.	Liqueurs dont il faut se méfier.
	Glaces.	Café à l'eau.

RÉGULE D'ANTIMOINE. *Voy.* Antimoine.

RÉGULE MARTIAL. *Voy.* Antimoine; alliages.

RÉSINES. — On a désigné sous le nom de *résines* des produits végétaux dont la composition est plus ou moins complexe, et dans lesquels on rencontre souvent un *acide libre*, un *principe colorant*, une *huile volatile*, et un *principe résineux* qui imprime ses caractères au composé dans lequel il entre. Par conséquent ces substances ne peuvent être regardées comme des principes immédiats purs, et doivent être distinguées des espèces organiques.

On en rencontre dans toutes les plantes et dans toutes les parties végétales; elles appartiennent à la classe des principes immédiats les plus répandus. Aussi leur nombre s'étend-il presque à l'infini. Les seules résines qui méritent une description spéciale sont celles qu'on rencontre dans la nature en si grande quantité, qu'on les recueille pour s'en servir, ou celles qu'on retire, à cause de leur utilité, des plantes qui les renferment.

Les résines s'obtiennent principalement de deux manières : savoir, en les laissant s'écouler des végétaux qui les contiennent, ou bien en les extrayant à l'aide de l'alcool. Dans le premier cas, on les retire des arbres, plus rarement des arbustes, et la résine s'écoule spontanément par des ouvertures accidentelles, ou bien on en facilite l'écoulement par des incisions que l'on pratique dans l'arbre, et qui doivent pénétrer à travers l'écorce jusque dans le bois. Les végétaux, du moins ceux qui prennent de l'extension en croissant, ne contiennent pas seulement de la résine, mais un mélange de résine et d'huile volatile. Pendant les chaleurs de l'été, ce mélange est assez liquide pour s'écouler de ces ouvertures, au sortir desquelles il durcit peu à peu, parce que l'huile volatile se vaporise ou se convertit en résine. Enfin les résines ainsi obtenues sont séparées, par l'ébullition avec de l'eau, de l'huile volatile qu'elles contiennent, si

toutefois l'usage auquel on les destine nécessite cette opération.

Leur composition paraît résulter, au moins pour quelques-unes, d'une grande quantité de carbone et d'hydrogène, et d'une petite quantité d'oxygène qui s'élèverait à 13 environ pour 100. Les résines les plus employées sont la résine animé, de copahu, élémi, de la Mecque, copal, laque, mastic, sandaraque, sang-dragon, térébenthine et ses produits. *Voy.* ces mots, et Gaz-light.

RÉSINE DE HIGHGATE. *Voy.* Copal fossile.

RESPIRATION. — De tous les fluides élastiques simples ou composés, il n'y a que l'air atmosphérique et l'oxygène qui soient propres à entretenir la respiration; encore l'action de ce dernier est trop vive, et finit par produire une excitation qui trouble l'économie. Les autres sont tous impropres à cette fonction; ils l'anéantissent, et, suivant la manière dont ils se comportent, on peut les diviser en deux classes : 1° gaz non respirables; 2° gaz délétères. Les premiers agissent en empêchant la conversion du sang veineux en sang artériel : tels sont les gaz azote, hydrogène, et le protoxyde d'azote. On peut trouver directement leur action en plongeant un oiseau dans une cloche remplie de l'un de ces gaz : il meurt en moins d'une minute. Les seconds, par leur action spéciale sur le sang, ajoutés même en petite quantité à l'air, détruisent la vie : tels sont le gaz chlore, le gaz acide hydrosulfurique, l'hydrogène phosphoré, le deutoxyde d'azote et l'acide carbonique, etc.

Ces actions différentes des gaz sur le sang dans les animaux vivants peuvent être démontrées, pour ainsi dire, en agitant du sang veineux privé de fibrine avec ces différents fluides élastiques. On reconnaît que sa couleur rouge brune n'est pas sensiblement altérée dans l'azote et l'hydrogène; qu'il en prend une plus foncée et violacée dans le gaz acide carbonique; que le gaz hydrosulfurique lui communique une couleur brune verdâtre; que le gaz chlore le coagule en le rendant brun noirâtre, et ensuite blanc jaunâtre, par son action particulière sur la matière colorante; qu'enfin l'oxygène et l'air atmosphérique le rendent rouge éclatant, à peu près comme le sang artériel.

L'air, par l'oxygène qu'il contient, le seul gaz propre à la respiration, ne l'est que suivant certaines circonstances : lorsqu'il est trop raréfié, il ne tarde pas à faire éprouver une gêne aux animaux qui sont obligés de le respirer, et il en survient des accidents qui amènent bientôt leur mort. Il est facile de prouver ce fait en plaçant un animal sous le récipient de la machine pneumatique : après avoir extrait une certaine quantité d'air, l'animal tombe de faiblesse, fait de fréquentes inspirations, et meurt bientôt. Quand l'air est en quantité limitée, et qu'il a servi pendant un certain temps à la respiration des animaux, il n'est plus propre à cette fonction. Aussi un animal ne peut-il vivre qu'un certain temps dans le même air : il périt bientôt quand celui-ci ne peut être renouvelé.

La manière d'agir de l'air dans l'acte de la respiration a été ignorée des anciens médecins et chimistes. On avait supposé, et c'était là tout ce qu'on savait, qu'une portion d'air était absorbée. Ce n'est qu'à l'époque de la naissance de la chimie pneumatique, où la composition de ce fluide a été connue, qu'on a pu avoir des notions précises sur les phénomènes qui se produisaient dans cet acte, en analysant l'air qui avait servi à la respiration. Les premières recherches sur cette importante fonction ont été faites par Priestley, Lavoisier et Laplace.

Bien que la présence de l'acide carbonique ait été démontrée dans l'air expiré, on était loin de connaître sa source. Ces chimistes prouvèrent que l'air expiré contenait de l'acide carbonique, un peu moins d'oxygène, et une certaine quantité de vapeur d'eau. Ils reconnurent bientôt, ainsi que ceux qui, par la suite, répétèrent leurs expériences, que l'air perd dans cet acte une partie de son oxygène, qui est remplacé le plus ordinairement par un volume d'acide carbonique égal ou moindre, suivant les circonstances, à la portion d'oxygène qui a disparu; enfin, qu'il est chargé d'une plus grande quantité de vapeur d'eau.

Tous ces résultats peuvent être vérifiés en enfermant un animal dans un appareil, et le laissant respirer quelque temps l'air qui s'y trouve, afin d'apprécier par l'analyse les changements qui sont survenus dans la composition. C'est à l'aide de l'appareil suivant qu'on peut arriver à cette connaissance. Cet appareil, imaginé par Berthollet, et désigné sous le nom de *manomètre*, consiste en un bocal de verre à large ouverture, de 7 à 8 litres de capacité, fermé supérieurement par une garniture de cuivre qu'on peut y visser. Cette garniture est percée de deux ouvertures, l'une qui donne passage au tube recourbé en S, dans lequel on met une petite colonne de mercure, pour s'assurer de la force élastique de l'air intérieur; l'autre porte un robinet adapté à une capsule, sur lequel on peut visser une petite cloche graduée remplie d'eau. Un thermomètre, suspendu intérieurement, est destiné à faire connaître la température de l'air.

Lorsqu'on a placé convenablement un animal dans cet appareil, on l'y laisse quelque temps, et on extrait ensuite une portion d'air en ouvrant le robinet qui communique avec le tube rempli d'eau; ce liquide tombe alors dans le bocal et est remplacé par une portion d'air qu'a respiré l'animal. Son analyse est facile à faire : on en fait passer sous le mercure dans un tube gradué, et on absorbe l'acide carbonique par la potasse; quant à l'azote et l'oxygène restant, on détermine leur rapport par l'hydrogène dans l'eudiomètre.

Les résultats qu'ont obtenus la plupart des expérimentateurs sont tous plus ou moins variables. On peut néanmoins admettre aujourd'hui, comme une vérité, 1° que la portion d'acide carbonique contenue dans l'air expiré est toujours moindre que celle du gaz oxygène carboné; 2° que dans le plus grand nombre des cas il y a exhalation d'azote par les animaux, et souvent en telle quantité, que le volume du gaz expiré a dépassé celui du gaz inspiré. Cette dernière proposition se vérifie surtout en faisant respirer à un animal soit de l'oxygène pur, soit, ce qui est préférable, en composant une atmosphère de 79 parties d'hydrogène et 21 d'oxygène. On trouve parmi le gaz expiré une grande proportion d'azote et une portion d'hydrogène absorbé égale à celle de l'azote exhalé, suivant MM. Allen, Pepys et Edwards.

Dès que les expériences eurent appris quels changements l'air éprouvait dans la respiration, on admit alors généralement que dans cet acte l'air, mis en rapport dans les vaisseaux pulmonaires, dans le sang veineux, enlevait immédiatement à celui-ci, par son oxygène, une portion de carbone et d'hydrogène, pour former l'acide carbonique et la vapeur d'eau qu'on rencontrait dans l'air expiré; qu'alors le sang veineux, ainsi privé d'une partie de carbone et d'hydogène, recouvrait toutes les propriétés du sang artériel. Telles furent les conclusions de Lavoisier et Laplace.

Les expériences de M. Edwards paraissent opposées à ces conclusions : il a reconnu que l'acide carbonique qu'on trouve dans l'air expiré n'était pas le produit de la combinaison immédiate de l'oxygène de l'air avec le carbone du sang, mais qu'il paraissait exhalé de ce liquide même. Il est arrivé à cette conclusion en plaçant des grenouilles dans du gaz hydrogène pur; elles avaient, au bout d'un certain temps, laissé exhaler une quantité d'acide carbonique égale à leur volume. Ce physiologiste a conclu de ses expériences que, 1° l'oxygène est absorbé dans la respiration, et porté en tout ou en partie dans le torrent de la circulation; 2° qu'il est remplacé par une certaine quantité d'acide carbonique exhalé, provenant en tout ou en partie du sang veineux; 3° qu'une portion d'azote est absorbée de l'air et remplacée par une quantité plus ou moins grande d'azote exhalé du sang.

Ces conséquences tendraient à faire admettre que l'oxygène, dans la respiration, est absorbé directement par le sang veineux, modifie ses propriétés et les transforme en sang artériel; que son action paraît avoir lieu sur la matière colorante, qui, par cet acte, devient d'un rouge vermeil; qu'enfin tous les produits de cette réaction sont encore ignorés.

« Dans un travail que j'ai entrepris, dit M. Lassaigne, en 1833 et 1834, de concert avec M. Yvart, directeur de l'école d'Alfort, sur l'influence du régime alimentaire dans les phénomènes chimiques de la respiration, nous sommes arrivés aux conclusions suivantes, déduites d'expériences faites sur des cochons d'Inde.

« 1° Sous un régime d'aliments n'admettant point d'azote au nombre de leurs éléments, la vie ne peut être entretenue chez les animaux ; ils ne tardent pas à souffrir, à diminuer de poids, et lorsque la mort survient, leur masse a éprouvé une perte de plus d'un tiers, ou 38 pour 100.

« 2° Pendant toute la durée de cette période de souffrances, les fonctions respiratoires ne s'accomplissent plus comme dans l'état normal : il y a moins d'oxygène absorbé, et moins de gaz acide carbonique dans l'air expiré.

« 3° Cette différence que l'on observe dans les phénomènes chimiques de la respiration, étant en rapport avec la diminution de température qui arrive dans toute la surface cutanée de l'animal mis en expérience, vient établir de nouveau les relations qui existent entre les fonctions respiratoires et la production de la chaleur animale.

« 4° Enfin, la proportion d'azote contenue dans l'air ne peut jamais suppléer à celle qui manque dans les substances alimentaires : ce qui confirme ce qui a été déjà avancé par plusieurs physiologistes distingués, et surtout par MM. Macaire et Marcet, il y a quelques années, *que tout l'azote qu'on trouve dans les tissus des animaux ou leurs liquides* provient de celui qui fait partie constituante de leurs aliments. »

Quels que soient les effets de l'air sur le sang pendant la respiration, il n'en est pas moins constant que ce gaz respirable agit de la même manière dans les différentes classes d'animaux. Chez les poissons, MM. de Humboldt et Provençal ont reconnu que l'air contenu dans l'eau était indispensable à leur respiration ; que lorsqu'on venait à l'en priver par l'ébullition, ou en la plaçant sous le récipient de la machine pneumatique, ces animaux ne tardaient pas à mourir. Les expériences qu'ils ont faites sur des tanches (*Mémoire d'Arcueil*, tome II) leur ont démontré non-seulement qu'il y avait production d'acide carbonique, mais qu'une portion d'oxygène et d'azote était absorbée.

Vauquelin a également prouvé (*Annales de Chimie*, tome XII, page 291) que les insectes et les vers respirent comme les animaux à sang chaud, et que l'air qu'ils expirent contient de l'acide carbonique en grande quantité. Il a observé, de plus, que la force respiratoire est si considérable chez ces animaux, qu'ils peuvent absorber tout l'oxygène mêlé à l'azote dans l'air, et qu'ils ne périssent qu'au moment où il n'y a plus du tout d'oxygène libre.

RHODIUM (de ρόδον rose, par allusion à la couleur de la plupart des composés de ce corps).— La découverte de ce métal est postérieure à celle du palladium. Elle fut également faite par Wollaston en 1804. On le retire de la dissolution du platine brut par des moyens compliqués.

Ce métal, à l'état de pureté, est blanc, cassant, aussi dur que le fer, infusible aux plus hautes températures que l'on puisse produire dans les fourneaux, inaltérable à l'air. Sa densité est de 10,649. Il a pour ca-

ractère d'être insoluble dans tous les acides, et même dans l'eau régale.

Ses composés sont sans importance.

RHUM. *Voy.* ALCOOL.

RICIN. *Voy.* HUILES et CORPS GRAS

ROCOU. — Le rocou n'est guère employé que dans la teinture du coton et celle de la soie. Dans la première, il sert à faire les fonds orangés ou des dessins de cette couleur que l'on imprime à la planche. Le rocou est d'abord dissous dans une eau légère de potasse, et, une fois qu'il a été appliqué sur l'étoffe, celle-ci est passée dans une eau légèrement acidulée.

Il est employé de la même manière dans la teinture des soies ; mais c'est presque toujours comme pied de couleur, qui sera recouvert ensuite soit de gaude, soit de rose de cochenille.

Il est plusieurs cas où l'on peut appliquer le rocou en le dissolvant d'abord dans l'alcool et mêlant sa solution au bas de teinture. La couleur du rocou est peu solide.

ROSACIQUE (acide). — Cet acide a été découvert, en 1798, par Proust. Il n'a encore été trouvé que dans l'urine humaine, surtout après l'accès de certaines fièvres intermittentes ou nerveuses, ou après certaines attaques de goutte ; il s'en précipite, avec l'acide urique, sous la forme d'un dépôt rougeâtre qui s'attache aux parois des vases qui contiennent ce liquide.

On rassemble ce dépôt et on le lave bien avec de l'eau pour enlever les différents sels de l'urine qui peuvent s'y trouver ; puis, après l'avoir desséché, on le fait bouillir avec de l'alcool à 40°, qui se colore en rouge en laissant insoluble l'acide urique. La solution alcoolique, évaporée à siccité, fournit une poudre rose rougeâtre qui est l'acide rosacique.

L'acide rosacique, ainsi nommé à cause de sa couleur particulière, est sous forme pulvérulente, sans odeur, d'une faible saveur acide.

ROSÉE. *Voy.* EAU.

ROUELLE. — Pour trouver les premières vues saines sur la nature des sels, il faut remonter jusqu'à Rouelle, le premier chimiste qui ait eu des idées justes à leur égard. A cette époque on confondait sous le nom de sel à peu près tout ce qui pouvait cristalliser et se dissoudre dans l'eau. D'après cela, l'acide benzoïque figurait naturellement parmi les sels et faisait partie de ce que l'on appelait sels simples. Rouelle s'est appliqué à étudier ceux que l'on nommait sels composés. Embrassant dans l'idée générale de sel tout ce que l'on y comprenait de son temps, et voulant préciser ceux qu'il avait en vue d'une manière spéciale, il désigne ceux-ci sous la dénomination de *sels neutres*, puis il les divise en trois classes : les sels neutres avec excès d'acide, les sels neutres avec excès de base, et les sels neutres parfaits. Pour lui, un sel neutre est un acide combiné avec une substance quelconque qui lui donne une forme concrète ou solide. Voilà comment il est conduit à adopter les noms de sels neutres acides et de sels neutres alcalins ou basiques, qui maintenant vous étonnent et vous semblent tout à fait étranges. Ses sels neutres sont nos sels proprement dits; ses sels neutres acides sont nos sels acides; ses sels neutres basiques, nos sous-sels; et ses sels neutres parfaits, nos véritables sels neutres. A l'appui de cette distinction, il établit d'une manière très-nette l'existence du sulfate acide de potasse et du sous-sulfate de mercure.

Rouelle trouva dans Baumé un adversaire opiniâtre, qui s'éleva avec force et tout à fait à tort contre ses opinions et qui le contredit sur tous les points. Baumé prétendait que, des trois classes de sels neutres distinguées par Rouelle, une seule était fondée, celle des sels neutres parfaits; il n'admettait point de combinaisons particulières qui continssent un excès d'acide ou un excès de base. Toutes celles que l'on citait comme exemple ne provenaient, suivant lui, que d'un simple mélange d'un sel neutre parfait avec de l'acide libre ou une base libre; de sorte qu'il aurait suffi d'enlever, soit par des lavages, soit par tout autre moyen analogue, cet acide libre ou cette base libre dont le sel était imprégné, pour que le résidu revînt à l'état de neutralité parfaite. Rouelle le combattit vivement, mais il eut beaucoup de peine à faire admettre ses idées.

Rouelle, qui d'ailleurs a laissé comme professeur de grands souvenirs, avait un esprit très-ardent. Il était né aux environs de Caen, d'une bonne famille, et avait fait ses premiers essais chimiques au feu de la forge, chez un maréchal, son voisin. Etant venu à Paris, il y étudia les sciences, établit une pharmacie, fonda des cours particuliers, et obtint les plus grands succès. En 1742, il fut nommé démonstrateur de chimie au Jardin des Plantes, et deux ans après il entra à l'académie. Il avait une manière de professer

tres-particulière. Il arrivait à son amphithéâtre en bel habit, perruque en tête et chapeau sous le bras. Il commençait posément; bientôt il s'animait un peu et jetait son chapeau; puis il s'échauffait davantage et jetait sa perruque, puis son habit, puis sa veste, puis sa cravate. Ah! c'est alors que vous aviez le vrai Rouelle, l'homme du laboratoire, amoureux des belles expériences, sachant les faire réussir, et exposant ses démonstrations avec une véhémence entraînante.

Il ne faut pas confondre Guillaume-François Rouelle, le chimiste dont je viens de vous entretenir, avec son frère Hilaire-Marin Rouelle, appelé Rouelle le jeune, qui lui succéda en 1770. Ce dernier est connu par quelques travaux de chimie organique.

Ce qui manqua à Rouelle l'aîné, pour tirer de l'examen des sels tout le parti que ce genre de travail aurait pu lui offrir, ce fut de les étudier la balance à la main. S'il avait employé la balance pour approfondir la nature, il aurait été conduit à des résultats du plus haut intérêt, en raison de leur généralité. Mais il se borna à classer nettement les sels qu'il connaissait, d'après des rapports qualitatifs exacts. La balance ne fut appliquée à cette classe de corps que du temps de Lavoisier; et non par Lavoisier lui-même, mais par un chimiste allemand, par Wenzel, qui, malgré des travaux fort importants, est demeuré presque inconnu. *Voy.* Wenzel.

ROUGE VÉGÉTAL *Voy.* Carthame.

RUBIS. *Voy.* Saphir et Spinelle.

RUBIS DU BRÉSIL. *Voy.* Topaze.

RUSMA. — Savon dépilatoire composé de sulfure d'arsenic et de chaux, dont les Turcs et les autres Orientaux se servent pour se rendre chauves sur le sommet de la tête, genre de beauté très-recherché chez ces peuples.

S

SAFRAN. *Voy.* Couleurs végétales.

SAFRAN DE MARS ASTRINGENT. *Voy.* Colcothar.

SAFRAN DES MÉTAUX ou D'ANTIMOINE. *Voy.* Antimoine et Sulfure.

SAFRAN DE MARS ASTRINGENT APÉRITIF. *Voy.* Fer, *peroxyde.*

SAFRANUM. *Voy.* Carthame.

SAFRE. *Voy.* Cobalt.

SAGOU DES INDES. — Fécule en petits grains, retirée de la moelle d'une espèce de palmier. Elle est restaurante, de très-facile digestion, et très-adoucissante.

Elle se prépare et s'emploie comme le vermicelle.

La crème de sagou est un aliment des plus légers; on l'obtient comme la crème de riz. *Voy.* Riz.

Le sagou se conserve longtemps dans un lieu sec; celui des îles Moluques est le meilleur. Il y en a de rosé, de gris et de

blanc; les deux derniers sont les plus estimés.

SAINDOUX. *Voy.* Corps gras.

SALANGANE ou HIRONDELLE DES INDES. — Une espèce d'hirondelle (*hirundo esculenta*, L. *fuciphaga*, Thunb.), qui vit à Sumatra, Java et autres îles de l'Asie méridionale, construit son nid avec une matière animale, que les Asiatiques estiment beaucoup comme aliment. Stamford Raffles a reconnu que l'animal en tire les matériaux de son estomac, par des efforts comparables à ceux du vomissement, et E. Home, conduit par cette observation à examiner l'estomac de l'oiseau, a constaté qu'il est pourvu d'un organe particulier, dont il a cru trouver que les conduits excréteurs s'ouvrent dans l'œsophage. Cependant Rudolphi a fait voir que l'organe décrit par Home existe aussi dans d'autres hirondelles qui font des nids en terre, et que, par conséquent, il ne veut point être destiné à la secrétion de la substance avec laquelle l'hirondelle des Indes construit son nid. Thunberg présume que cette dernière en tire les matériaux d'espèces de fucus, notamment du *fucus bursa*, qui, suivant lui, est aussi gélatineux que la substance même des nids.

Chaque nid d'hirondelle pèse environ une demi-once. Il a une forme analogue à celle des nids de l'hirondelle ordinaire, c'est-à-dire celle à peu près d'une tasse à thé aplatie d'un côté. Au premier abord, on croirait ces nids formés de gelée de corne de cerf ou de gomme adragante, et les diverses couches bien apparentes qu'on y distingue prouvent qu'ils n'ont point été formés d'un seul jet. Leur nature chimique a été examinée par Dœbereiner. Ils sont composés d'une matière animale qui possède à un haut degré les propriétés du mucus, et qui, par sa manière de se comporter, ressemble parfaitement aux os des poissons cartilagineux. Ces nids d'hirondelle sont regardés comme un mets délicat par les habitants de l'Asie méridionale, où ils forment une marchandise d'un prix fort élevé.

SALEP DE PERSE. — Substance farineuse extraite de la racine ou bulbe de différentes espèces d'orchis. Elle est nourrissante, très-douce et très-digestible, ce qui la rend utile aux poitrines délicates, contre l'amaigrissement, etc.

Elle est plus agréable cuite dans le bouillon gras que dans le lait ou tout autre bouillon maigre. Deux gros peuvent donner la consistance de gelée à une livre de liquide.

Elle se prépare, du reste, comme la semoule ou comme la fécule de pomme de terre. *Voy.* MUCILAGE VÉGÉTAL.

SALICINE. — Cette substance, qui existe dans l'écorce de différentes espèces de saule, a été découverte, en 1830, par M. Leroux, pharmacien à Vitry-le-Français, dans l'écorce de saule blanc (*salix alba*).

La salicine jouit de propriétés fébrifuges, comme les alcaloïdes des quinquinas, mais à des degrés plus faibles. M. Braconnot l'a retrouvée dans l'écorce de plusieurs peupliers, et notamment dans celle du tremble (*populus tremula*); mais elle y est mélangée à une autre substance qu'il a nommée *populine* (1).

SALINES: *Voy.* SEL MARIN.

SALIVE. — La salive est une liqueur qui est sécrétée par des glandes spéciales, et versée dans la bouche par des conduits particuliers; elle est destinée à humecter les aliments, les ramollir avant qu'ils ne parviennent dans l'estomac, où ils sont ensuite convertis en chyme.

Ce fluide, à l'état de pureté, est incolore, limpide, légèrement visqueux, sans odeur ni saveur; il mousse fortement par l'agitation,

verdit le sirop de violette. Sa densité est variable; elle est un peu plus grande que celle de l'eau. Les différences que la salive présente dans la composition chez l'homme et les animaux dans l'état de santé sont peu sensibles, et paraissent provenir de la manière dont elle a été recueillie. Telle qu'on la rend par la bouche, elle est mêlée à une certaine quantité de mucus sécrété par les muqueuses de la bouche, ce qui lui ôte sa fluidité particulière et lui donne la propriété d'être convertie en mousse par l'agitation.

D'après Berzelius, la salive humaine est composée sur 1000 parties de : eau 992,9, matière animale particulière 2,9, mucus 1,4, chlorure de sodium et de potassium 1,7, lactate de soude et matière animale 0,9, soude libre 0,2.

Calculs salivaires. — Ces calculs, produits aux dépens de quelques-uns des éléments de la salive, se forment fréquemment, soit dans les parotides ou les sublinguales, soit dans leurs canaux; ils sont blancs, plus ou moins durs, de forme ovoïde ou ellipsoïde plus ou moins allongée, et formée de couches superposées; quelques-uns ont un corps étranger pour noyau.

Calculs salivaires humains. — Ces calculs sont formés de phosphate de chaux, d'une petite quantité de carbonate de chaux, et d'une matière animale qui sert de ciment à ces deux sels. Un calcul extrait du canal de Stenon, chez une femme sexagénaire était composé, d'après M. Bossou, de 55 parties de phosphate de chaux, 15 de carbonate de chaux, 25 de matière animale, 2 d'oxyde de fer et des traces de magnésie.

SALMARE (*sal maris*, sel marin; syn. : *soude muriatée, chlorure de sodium, sel gemme*, etc.). — L'usage du sel pour assaisonner les aliments est universel et de toute ancienneté; il est par cela même l'objet d'une consommation et d'un commerce immense dans toutes les parties du monde. Non-seulement l'homme s'en sert à quelque prix qu'il soit, mais encore il en donne aux animaux partout où il peut se le procurer à bon compte. Il est extrêmement favorable à la santé des bestiaux qui le recherchent avec avidité.

C'est du moyen du sel qu'on prépare, d'un côté, l'acide hydrochlorique et le chlore; de l'autre, le sous-carbonate de soude artificiel employé dans les verreries, les savonneries, etc. On s'en sert comme de fondants dans quelques opérations métallurgiques; on l'emploie pour déterminer la vitrification de la surface de certaines poteries cuites à grand feu, et leur procurer ainsi une couverte vitreuse très-solide : on se contente, pour opérer ce résultat, de jeter quelques poignées de sel dans les fours. Il a, comme la plupart des autres sels, la propriété de rendre le bois, les tissus plus difficilement combustibles, et souvent on l'a employé pour cet objet. Enfin, en petites quantités, il fertilise les champs, et dans plusieurs localités on emploie à cet usage les sables ou les

---

(1) La salicine offre ceci de particulier que l'acide sulfurique, concentré et froid, la convertit en une matière colorante d'un très-beau rouge. D'un kilogr. d'écorce de saule, on retire 22 grammes environ de salicine. 1 décigramme de cette substance suffit, en général, pour couper la fièvre.

argiles qui sont impregnés de sel, les résidus des marais salins, etc., mais quand il est en trop grande quantité, il produit l'effet précisément contraire.

La consommation annuelle du sel en Europe s'élève à 25 ou 30 milliers de quintaux, qui peuvent être évalués à 125 ou 150 millions, en portant la valeur moyenne du quintal à 5 fr., qui est au-dessous de la valeur réelle dans beaucoup de contrées. Le sel est partout la base d'impôts très-importants, qui s'élèvent à deux, trois et quatre fois la valeur réelle.

L'immense consommation du sel le fait exploiter ou préparer dans un grand nombre de localités, et à peu près partout où il se trouve à portée des routes, des canaux, des rivières. On exploite le plus souvent les dépôts de sel par puits et galeries, ou à ciel ouvert, et on détache ainsi les masses assez pures du minéral pour le livrer immédiatement au commerce. Les parties impures, les argiles fortement imprégnées de sel, sont mises en dissolution, et on évapore ensuite le liquide. Dans quelques localités, on fait de grandes cavités souterraines dans lesquelles on fait pénétrer des eaux qu'on y laisse séjourner plus ou moins de temps pour les retirer ensuite et les évaporer.

Les eaux de sources, qui sont ordinairement peu chargées, sont d'abord concentrées en plein air par le moyen de ce qu'on nomme les *bâtiments de graduation*, où on les fait passer et repasser sur des fagots d'épines, sur des cordes tendues, etc., pour offrir beaucoup de surfaces à l'air. La concentration amenée à un certain point est continuée au feu dans des chaudières.

Les eaux des lacs, des mers, sont aussi évaporées dans un très-grand nombre de lieux pour en tirer le sel. Cette opération se fait dans ce qu'on nomme les *marais salants*, espace plus ou moins considérable où l'on fait entrer une couche d'eau très-mince qu'on laisse évaporer ; on ramasse ensuite le sel, et on le laisse en tas pendant quelque temps, pour que la masse se débarrasse des sels de chaux et magnésie, qui sont très-déliquescents.

SALPÊTRE. *Voy.* **NITRE.**

SALSEPARINE. — Cette substance, dont le nom rappelle celui de la salsepareille, est le principe actif de cette racine ; elle a été découverte, en 1824, par M. Palotta, et désignée sous le nom de *parigline*.

La salseparine s'obtient en concentrant la teinture alcoolique de salsepareille, préalablement décolorée par le charbon animal; elle se dépose en cristaux qu'on purifie par une nouvelle cristallisation, dans l'alcool.

SANDARAQUE. — Elle découle, surtout dans les pays chauds, du genévrier ou *juniperus communis*, et assez souvent on en trouve dans les tas de fourmis. Néanmoins la majeure partie de la sandaraque découle, selon Broussonnet, du *thuia articulata* qui croît en Barbarie. Elle se présente sous forme de petites larmes, d'un jaune pâle, translucides, brillantes, dures et cassantes, qui ne

se ramollisent pas sous les dents, comme le mastic. La saveur de la sandaraque est balsamique et amère, son odeur est faible et rappelle celle de la térébenthine.

La sandaraque sert à préparer des emplâtres, des onguents, des poudres fumigatoires et des vernis. Frottée sur le papier, elle l'empêche de boire, propriété qui a rendu l'usage de la sandaraque très-général.

SANG. — Il y a dans le corps deux espèces de sang, qui n'ont pas la même couleur, et qui portent des noms différents. L'un de ces liquides, le *sang artériel*, est d'un rouge vermeil, va des poumons au cœur, et coule du ventricule gauche de ce dernier organe dans les artères. L'autre, le *sang veineux*, est d'un brun foncé, revient de toutes les parties du corps et passe du ventricule droit du cœur dans les poumons, où, de brun qu'il était il redevient vermeil.

Cette différence de couleur repose cependant sur une différence dans la composition chimique qui est très-peu prononcée, et qui n'est même pas encore bien connue. Aussi les propriétés chimiques générales du sang, sont-elles, si on excepte la couleur, les mêmes pour l'artériel et pour le veineux.

Le sang est un liquide trouble, qui consiste en une dissolution claire dans laquelle sont tenues en suspension des particules rouges ou d'un brun foncé. Si l'on fait tomber une goutte de ce liquide sur un verre, et que l'on examine le bord mince de cette goutte avec un microscope composé, on aperçoit manifestement des particules plates, minces et translucides, qui nagent dans une liqueur jaune. C'est ce qu'on découvre mieux encore, et d'une manière plus instructive, en étendant au foyer du microscope la mince membrane natatoire de la patte d'une grenouille, ou la membrane de l'aile d'une chauve-souris vivante. On voit alors comment le sang marche dans les vaisseaux les plus déliés, dont le calibre est déjà devenu assez petit pour ne permettre le passage que d'une seule ou de quelques-unes de ces particules non dissoutes à la fois, et l'on reconnaît en même temps qu'elles se tournent tantôt sur un côté, tantôt sur l'autre ; que, par conséquent, elles doivent être non sphériques, mais aplaties. On a donné à ces corpuscules le nom de *globules de sang*.

Les globules de sang ont été découverts par Leuwenhoeck, et ensuite observés par Hartsoeker, Hewson, Home, Wollaston, Young, Dumas et Prevost, etc. On crut d'abord qu'ils étaient formés uniquement par la matière colorante ; mais, en 1813, Thomas Young fit voir qu'on peut les séparer totalement de cette matière colorante, et que cependant ils n'en continuèrent pas moins ensuite de nager isolés tant dans le sérum que dans l'eau pure.

Home, qui a ensuite examiné les globules du sang, croit avoir remarqué qu'ils sont composés d'une molécule de fibrine incolore, entourée d'une pellicule de matière colorante rouge, et que quelque temps après qu'on a tiré le sang du corps, cette matière colorante cesse d'envelopper de toutes parts la fibrine, dont les globules s'attirent alors par les points qu'elle laisse à découvert, s'attachent les uns aux autres, et se prennent en une masse cohérente. Dumas et Prevost, à qui l'on doit les recherches les plus récentes sur les globules du sang, ont constaté d'une manière satisfaisante les résultats de celles de Home, et ils nous ont appris en même temps à connaître les différences que les globules présentent chez divers animaux. Ils sont presque sphériques chez les mammifères, elliptiques chez les oiseaux et les animaux vertébrés à sang froid. Hewson croyait avoir observé au milieu de leur partie supérieure, une élévation, dont Prevost et Dumas parlent aussi, mais Young décrit une alternative de lumière et d'ombre, qui indique, au contraire, une dépression, ajoutant toutefois qu'il est possible, dans un corps translucide de la petitesse d'un globule de sang, que ce soit là l'effet d'une illusion d'optique, et que la surface soit réellement unie. Dumas et Prevost ont trouvé les globules du sang d'une inégale grosseur dans une même espèce animale ; Young a remarqué que leur volume était variable dans les raies. Leur grosseur varie considérablement chez des animaux d'espèce différente. Parmi les mammifères qu'on a examinés sous ce rapport, la chèvre est celui qui a les plus petits, et un singe appelé *simia callitriche*, celui qui a les plus gros. En général, ils sont plus volumineux chez les animaux à sang froid que chez ceux à sang chaud. Les grenouilles et les tortues terrestres sont les animaux chez lesquels on a trouvé les plus gros. Suivant Hewson, ces globules sont plus gros dans le fœtus et le nouveau-né que dans l'adulte, ce que Dumas et Prevost ont confirmé aussi chez l'homme. On croit trouver dans cette circonstance la cause qui fait que la transfusion, c'est-à-dire le transport du sang d'un animal dans le corps d'un autre animal, dont on laisse écouler le sang, entraîne ordinairement la mort au bout de quelques jours. Les volumes assignés aux globules du sang ne sont point parfaitement certains. Les mesures de Young et de Kater, qui sont celles auxquelles on doit accorder le plus de confiance, leur assignent depuis $\frac{1}{200}$ jusqu'à $\frac{1}{260}$ de millimètres chez l'homme ; et les deux physiciens ont employé des méthodes différentes pour arriver à ce résultat. Dumas et Prevost, qui ont pris leurs mesures d'après la méthode de Kater, ont trouvé que la grosseur des globules du sang chez l'homme était de $\frac{1}{120}$ de millimètre, par conséquent double de celle que leur assigne Kater. Il est digne de remarque que, suivant Dumas et Prevost, le diamètre de la molécule de fibrine, dépouillée de sa matière colorante, s'élève toujours à $\frac{1}{600}$ de millimètre, c'est-à-dire qu'il était précisément égal à celui que les molécules appelées organiques ont, d'après Milne Edwards.

Le sang est passablement épais, quoique les particules qui y sont tenues en suspension passent au travers du filtre de papier. Sa pesanteur spécifique et de 1,0527 à 1,057, à 15°. Sa saveur est salée et en même temps nauséabonde. Il a une odeur particulière, qui varie un peu chez les divers animaux, et qui, en général, est plus prononcée dans les individus du sexe masculin. Le sang artériel ou veineux qu'on tire des artères ou des veines d'un animal vivant, et qu'on reçoit dans un vase, se coagule au bout d'un laps de temps plus ou moins long, et se prendra en une masse cohérente, semblable à de la gelée, qui peu à peu revient sur elle-même, et exprime un liquide limpide, jaunâtre, parfois tirant un peu sur le vert, dans lequel finit par nager le caillot réduit à un volume bien moins considérable. Home admet que, dans cette opération, la matière colorante, au lieu de former une enveloppe qui embrasse la fibrine de toutes parts, s'applique autour d'elle en manière d'anneau, ce qui permet aux globules fibrineux d'adhérer les uns aux autres, et d'emprisonner entre eux la matière colorante. Dumas et Prevost n'ont pas constaté que cette disposition sous la forme d'anneaux ait réellement lieu; mais ils admettent du reste, avec Home, que la coagulation du sang tient à ce que la fibrine tenue en suspension dans ce liquide se réunit en une masse cohérente. D'après eux, par conséquent, la fibrine n'est qu'en suspension dans le sang, et il n'y en a aucune portion qui se trouve à l'état de dissolution. Cependant cette opinion ne paraît pas avoir pour elle l'autorité de l'expérience ; car le liquide incolore que charrient les vaisseaux lymphatiques, c'est-à-dire la lymphe, ne contient pas, que nous sachions, de globules en suspension, ce qui n'empêche pas qu'il se coagule exactement comme le sang, et qu'il dépose un caillot incolore. Mais, si ce liquide, séparé du sang par une espèce de filtration, contient la fibrine dissoute, cette dernière est assurément aussi en partie à l'état de dissolution dans le sang; la coagulation consiste alors en ce que la fibrine dissoute se sépare et emprisonne les globules.

Lorsque l'on tire du sang du corps d'un animal pendant un froid rigoureux, de manière qu'il gèle promptement, il prend la forme solide, sans préalablement se coaguler, et on peut le conserver ainsi gelé sans qu'il subisse d'altération ; mais, en redevenant liquide, il se coagule. Si l'on examine au microscope, pendant qu'elle se coagule, une goutte de sang qu'on a laissé tomber sur un verre, on voit se manifester dans son intérieur des mouvements en quelque sorte de contraction et d'extension, qu'on a été tenté de considérer comme un phénomène de vitalité, d'autant plus qu'ils sont activés par un courant hydro-électrique à travers la goutte de sang. Mais ces mouvements ne sont que le résultat de la faculté dont les molécules de la fibrine jouissent de se rapprocher les unes des autres, et de finir par se coaguler. Quand on fait tomber du sang goutte à goutte dans de l'eau, la matière colorante se dissout, et les globules de fibrine nagent incolores dans le liquide ; mais le sang ne se coagule point, parce que la fibrine dissoute est maintenue par la liqueur étendue à l'état de dissolution. Lorsqu'on remue le sang pendant qu'on le tire de suite, comme les bouchers sont dans l'usage de le faire, la coagulation s'exécute d'une tout autre manière; la fibrine se rassemble en grumeaux autour du corps dont on se sert pour battre le sang; et ce dernier, qui ne se coagule pas, conserve parfaitement son aspect primitif: mais si on l'examine au microscope composé, on n'y découvre plus de globules, et l'on n'y aperçoit que de petits corpuscules indissous, rouges et brisés, qui nagent au milieu d'un liquide jaune. Ces corpuscules sont des parcelles de l'enveloppe de matière colorante, et, quand on filtre la liqueur, ils passent à travers le papier; mais si l'on conserve le sang pendant plusieurs jours à la température de zéro, ils tombent lentement au fond du vase; et le liquide qui les surnage s'éclaircit quoique cependant il conserve parfois encore une teinte rougeâtre, provenant d'une petite quantité de matière colorante qui s'y trouve dissoute.

Pour faire une analyse exacte du sang, il faudrait que l'on pût séparer les globules en suspension du liquide dans lequel ils nagent; mais la chose est impraticable, et l'on doit se contenter de la séparation des parties constituantes du sang, telle que l'effectue la coagulation spontanée. La masse contractée et nageante qui se forme ainsi, est connue sous le nom de *cruor* (*crassamentum sanguinis*), et le liquide dans lequel elle nage porte celui de *sérum* (*serum sanguinis*).

Cette séparation spontanée des globules rouges qui étaient en suspension dans le sérum du sang peut fournir le moyen d'apprécier, dans les sangs des différents animaux, la quantité pondérale de globules comparativement à celle du sérum. C'est ce qu'il est facile de faire en pesant le sérum qui provient d'une masse connue de sang, ainsi que le caillot, desséchant l'un et l'autre pour évaluer la proportion respective d'eau qu'ils contiennent, et considérant que l'eau qu'on trouve dans le caillot est due à une portion de sérum qu'il retenait; de manière qu'en défalquant le poids qui représente ce dernier du caillot, on aura le poids véritable des globules.

C'est en opérant ainsi que MM. Prevost et Dumas sont parvenus à estimer ce rapport pour le sang d'un grand nombre d'animaux.

D'après eux, le sang de l'homme contient, sur 10,000 parties, 1292 de globules; celui de chien 1232; celui de pigeon 1557; celui de la pie 938; celui de cheval 920; celui de la grenouille 690; celui de l'anguille 600. (*Annales de Chimie*, tom. XVII et XVIII.)

Le sérum du sang a une couleur jaune légèrement verdâtre; son odeur est fade et analogue à celle du sang entier. Sa saveur est salée; sa densité moyenne est de 1,028: il ramène au bleu le papier de tournesol rougi par une portion de soude qu'il contient à l'état de liberté. Exposé à l'action de la chaleur; il commence à se coaguler à environ 70°; se mêle en toutes proportions avec l'eau; l'alcool le coagule, ainsi que l'infusion de noix de galle, les acides et le deutochlorure de mercure. Tous ces effets sont dus à l'albumine qu'il contient.

Les quantités de principes contenues dans le sérum peuvent être facilement évaluées en évaporant à siccité ce liquide, pesant le résidu pour estimer la proportion d'eau, et traitant celui-ci par l'eau et l'alcool, qui dissoudront les portions solubles et laisseront l'albumine coagulée.

Berzelius a trouvé que 1,000 parties de sérum du sang humain ont donné : eau 905, albumine 80, lactate de soude et matière extractive soluble dans l'alcool 4, chlorure de sodium et de potassium 6, phosphate de soude 1, et matière animale 4.

Indépendamment des principes énoncés ci-dessus, le sérum renferme trois matières grasses qu'on peut en séparer en le coagulant d'abord par l'alcool froid, et faisant bouillir ensuite l'albumine ainsi coagulée avec de l'alcool. Par l'évaporation de l'alcool, on obtient une matière grasse, blanche, qui, suivant M. Chevreul, est de la même nature que celle qui existe dans le cerveau: Cette matière grasse, cristallisable, qui se trouve avec la fibrine retirée du sang, contient du phosphore au nombre de ses éléments; car lorsqu'on la calcine à l'air, elle laisse un charbon qui renferme de l'acide phosphorique; 2° un peu de cholestérine identique avec celle de la bile; 3° une autre matière grasse, blanche, fusible à + 36 centigr., insoluble dans les solutions alcalines, se rapprochant de la cholestérine par sa propriété de rougir par l'acide sulfurique, et que M. Félix Rondet a désignée sous le nom de *séroline*; enfin une petite quantité d'acide margarique et oléique, unie à la soude ou à l'état de savon, la découverte de ces différents principes dans le sérum du sang vient confirmer l'opinion de quelques physiologistes, qui admettent que le sang renferme tous les principes immédiats des sécrétions et des tissus.

Le caillot du sang, qui est la réunion des globules rouges, est composé de fibrine, de matière colorante, et imprégné d'une certaine quantité de sérum. La séparation de ces principes se fait comme nous l'avons indiqué en traitant en particulier de chacun d'eux.

D'après ce que nous venons d'exposer sur la composition du sang, son analyse consiste : 1° à abandonner le sang à lui-même pour opérer sa séparation en sérum et en caillot; 2° à examiner le premier suivant le mode indiqué, afin d'apprécier la quantité d'eau, d'albumine et de substances fixes qu'il renferme; 3° à diviser le caillot en plusieurs portions, de manière à pouvoir estimer sur l'une la quantité de fibrine en lavant celle-ci dans un nouet de linge, et sur une autre la proportion de matière colorante, en absorbant par du papier tout le sérum qu'elle contient, la faisant sécher, et soustrayant de son poids celui de la fibrine desséchée qui doit s'y trouver.

Nous ne pouvons toutefois dissimuler que cette dernière partie du procédé, qui est toute mécanique, ne peut fournir de résultats exacts, car une portion de matière colorante est entraînée en absorbant le sérum par le papier. Il serait peut-être plus convenable de dessécher le caillot, comme l'ont pratiqué MM. Prevost et Dumas, pour évaluer la quantité de sérum qu'il contient et celui des globules, et soustraire de ces derniers le poids de la fibrine desséchée.

C'est d'après les principes exposés ci-dessus que M. Lecanu a soumis à l'analyse le caillot du sang veineux, et a obtenu le résultat suivant : eau 780,145, fibrine 2,100, albumine 65,090, hémachroïne 133,000, matière grasse cristallisable 2,430, matière huileuse 1,310, matières extractives solubles 1,790, albumine combinée à la soude 1,265, chlorure de sodium, chlorure de potassium, carbonate de soude, phosphate et sulfate 8,37, carbonate de chaux, phosphate de chaux et de magnésie 2,100.

Les propriétés du sang, telles que nous les avons établies, appartiennent au sang veineux chez l'homme et les animaux à sang chaud : le sang artériel contient les mêmes éléments que le sang veineux et à peu près dans les mêmes proportions ; sa différence paraît résider dans sa matière colorante qui a éprouvé l'action de l'air dans les poumons ; mais est-ce là ce qui différencie seulement le sang artériel du sang veineux ? Non, sans doute ; sa température est d'un degré plus élevé ; et, suivant MM. Prevost et Dumas, il renferme plus de globules rouges que le sang veineux. Le rapport des globules du sang artériel chez le mouton est à celui des globules du sang veineux :: 935 : 861. La différence bien prononcée est celle qui résulte de l'analyse élémentaire des sangs artériel et veineux, par MM. Macaire et Marcet ; ces chimistes ont démontré que le sang veineux était plus carboné et moins oxygéné dans les rapports suivants :

	Sang artériel.	Sang veineux.
Carbone.	50,2	55,7
Azote	16,3	16,2
Hydrogène	6,6	6,6
Oxygène. . . . : :	26,5	21,7

(Voyez *Annales de chimie et de physique*, 1832, tome LI.)

Les modifications que le sang éprouve selon les âges, les espèces et les différentes maladies n'ont encore été que peu étudiées, quoiqu'elles soient de nature à intéresser les physiologistes et les médecins : 1° Fourcroy a remarqué que le sang de fœtus humain ne contenait que peu ou point de fibrine ; 2° M. Collard de Martigny a annoncé que, dans l'abstinence d'aliments, le sang renfermait moins de fibrine et d'albumine. M. Lecanu a observé, de son côté, que la proportion de sérum variait dans le sang d'individus de sexe et d'âge différents, dans le sang d'individus du même sexe mais d'âge différent. Elle est en général plus grande dans le sang de femme que dans le sang d'homme. D'un autre côté, M. le docteur Denis était arrivé, dans un travail antérieur, aux mêmes conclusions.

Dans les animaux, le sang présente quelques différences d'une espèce à une autre, dans le rapport des éléments organiques comme le prouvent les résultats suivants, extraits de l'ouvrage publié par M. Denis en 1830.

Noms des animaux.	Quantité d'eau sur 100.	Proportion de fibrine sur 100.	Proportion d'albumine sur 100.	Proportion d'hémachroïne sur 100.
Chien de 3 mois, sang artériel.	83,00	0,25	5,70	9,95
Chien de 3 mois, sang veineux.	83,00	0,24	5,88	9,70
Bœuf, 2 ans.	76,30	0,32	5,00	17,08
Veau, 3 semaines.	77,50	0,30	5,40	15,50
Cheval, 4 ans.	77,50	0,60	6,00	14,70
Cheval, 6 ans.	75,50	0,50	6,50	16,30
Poulet, 3 mois.	80,00	1,20	5,00	12,40
Poule, 1 an.	77,00	1,20	4.50	15,90

L'examen du sang, dans certaines maladies, n'a appris que peu de chose. MM. Parmentier et Deyeux ont soumis à l'analyse le sang des personnes atteintes de maladies inflammatoires, de scorbut et de fièvre putride. Dans le premier cas, le sang se recouvre d'une *couenne* formée de fibrine, mais ce caractère est loin d'être constant ; dans le second, le sang a une odeur particulière et se coagule moins facilement ; dans le troisième, il se forme rarement une couenne. Ces résultats laissent trop à désirer pour qu'on puisse y compter.

Dans quelques circonstances rares et qui n'ont pas été bien appréciées, on a trouvé dans les veines, chez l'homme, *un sang blanc*, d'un aspect laiteux, et qui paraît dépourvu de toute matière colorante. M. Caventou, d'après l'examen qu'il en a fait, a reconnu qu'il était neutre, non coagulable spontanément, coagulable par la chaleur, différent sous plusieurs rapports de l'albumine ordinaire. Un fait analogue a été observé par M. Lassaigne en 1831 sur le sang d'une ânesse, qui avait succombé à la suite d'une métrite, peu de temps après le part ; le sérum blanc et opaque comme du lait contenait une très-grande quantité de matière grasse blanche (cérébrine), et aucun des éléments du lait, comme sa couleur blanche pouvait le faire supposer. M. Christison, en 1830, et M. Lecanu ont démontré que l'aspect laiteux du sang veineux était dû aussi à une grande proportion de matières grasses.

SANG, ses éléments constitutifs. *Voy.* ALIMENTS.

SANG BLANC. *Voy.* SANG.

SANG (alimentation). — Le sang a de nombreux usages dans les arts et l'économie domestique. C'est une matière alimentaire fort importante, surtout celui du cochon. On prépare, en Suède, pour les gens peu fortunés, un pain très-nutritif avec le sang des animaux de boucherie et la pâte ordinaire de farine de blé. En Italie, les pauvres font communément usage de sang qu'on expose en vente dans des poêlettes analogues à celles dont on se sert pour la saignée.

Le boudin qu'on prépare avec le sang de cochon, et en général tous les aliments dans lesquels il entre du sang d'animaux, acquièrent des propriétés vénéneuses par leur altération et leur trop longue conservation. Beaucoup d'empoisonnements ont été occasionnés par l'usage de ces mets gâtés. Les anciens connaissaient cette propriété délétère du sang altéré, et ils la mettaient à profit pour l'exécution des criminels. L'histoire rapporte que Tanyoxarcès, Midas, Thémistocle et Annibal furent empoisonnés par ce moyen. Il est donc très-important de faire attention au choix des aliments, surtout ceux qui sont d'un usage journalier, en raison de leur bas prix. Ce sont surtout les viandes fumées, les saucisses, les couennes de lard, le fromage d'Italie, le jambon, le bœuf gras salé, les pâtés de jambon, et toutes les autres préparations des charcutiers, qui sont plus susceptibles de devenir vénéneuses, lorsqu'elles commencent à se corrompre ou qu'elles sont arrivées à un certain degré de vétusté. En 1839, dans une fête populaire, aux environs de Zurich, plus de six cents personnes furent empoisonnées par du veau rôti froid et du jambon qui étaient altérés par une putréfaction commençante; beaucoup périrent. En 1842, dans le Wurtemberg, huit individus éprouvèrent les mêmes symptômes d'empoisonnement par l'usage de boudin gâté; trois d'entre eux moururent en quelques jours. La chair des animaux surmenés, épuisés de fatigue ou frappés de terreur; surtout quand ils sont naturellement très-craintifs, comme le daim, le chevreuil, le lièvre; la chair des animaux morts de maladies charbonneuses, déterminent aussi des accidents graves et souvent la mort, quoique les caractères physiques et chimiques de ces aliments ne décèlent aucune modification appréciable de texture ou de composition, aucun principe toxique.

SANG-DRAGON. — Cette résine s'extrait par incision du *pterocarpus santalinus* du *dracœna draco* et du fruit mûr du *calamus rotang*, qui en est enveloppé. Elle est de qualité variable. La meilleure se présente sous forme de morceaux ronds, du volume des noix muscades, qui sont entourés de feuilles de roseau. Elle est d'un brun foncé, et donne par la trituration une poudre rouge de sang.

Le sang-dragon était autrefois employé en médecine. Aujourd'hui on s'en sert uniquement pour donner une belle couleur rouge et transparente aux vernis.

SANTAL. *Voy.* COULEURS VÉGÉTALES, § 1.

SAPHIR. — C'est, après le diamant, la pierre précieuse la plus estimée. Les plus beaux saphirs se trouvent dans les Indes orientales, et particulièrement dans le royaume de Pégu et dans l'île de Ceylan; on le rencontre aussi en Bohème, en Saxe et en France, au ruisseau d'Expailly. C'est dans un terrain d'alluvion, dans le voisinage des roches de formation secondaire ou de trap secondaire qu'on le découvre. Les principales couleurs du saphir sont le bleu et le rouge; ses variétés sont le blanc, le vert, le jaune, etc.; il est le plus souvent cristallisé; ses cristaux sont d'une petite dimension; leur forme primitive est un rhomboïde, dont les angles alternes sont de 86 et de 94. M. Bournon a décrit huit modifications de cette forme; il paraît cependant que ses formes ordinaires sont une pyramide à six faces parfaites; une pyramide à six faces, double, aiguë, etc. Le saphir est d'un éclat se rapprochant de celui du diamant; il tient le milieu entre le transparent et le translucide; il jouit d'une réfraction double, a une cassure conchoïde, est cassant, le plus dur de tous les corps après le diamant, d'un poids spécifique de 4 à 4,2, électrique par le frottement, et conservant pendant plusieurs heures son électricité, n'en acquérant plus étant chauffé; il est infusible au chalumeau.

Variétés du saphir. — 1° Les blancs sont très-rares; sans la différence de leur éclat, on pourrait les confondre avec le diamant; cependant, quand ils sont coupés, ils sont presque aussi éclatants que lui; ces variétés et celles d'un bleu pâle, par leur exposition à la chaleur, deviennent d'un blanc de neige; 2° les variétés de la plus grande valeur sont celles cramoisies et d'un rouge carmin: c'est le *rubis oriental* des joailliers, qui diffère beaucoup du *rubis ordinaire*; 3° le *corindon vermeil* ou *vermeil oriental*, *rubis calcédonien*. Au lieu de la belle couleur des *rubis d'Orient* il a un aspect laiteux, semblable à celui des *calcédoines*; 4° après le rubis oriental, la variété constituant le saphir bleu est la plus estimée; c'est le vrai saphir oriental, il est très-rare. Après celle-ci vient la jaune ou la *topaze orientale*, qui est celle qui a le plus de valeur; enfin la variété violette, ou *l'améthiste orientale*, tient le troisième rang; 5° il est aussi une autre pierre connue sous le nom *d'astérie* ou *pierre étoile* parce que, vue au soleil, en la tournant sur elle-même, elle offre l'image d'une étoile dont le centre est au milieu de la pierre. C'est une très-belle variété du saphir; elle est, en général, d'un beau violet rougeâtre, avec un éclat opalescent, ayant la forme rhomboïdale à sommets tronqués.

Les saphirs sont susceptibles de prendre un très-beau poli. On les taille avec l'égrisée ou poudre de diamant; on les polit avec de l'aimant; on taille ceux qui sont connus sous le nom de *vrais rubis* en brillant.

Les saphirs sont très-recherchés. Comme les diamants, ils paraissent avoir une valeur intrinsèque : ainsi un saphir oriental de 10 carats peut valoir 1200 fr. ; un saphir de 20 carats, de 4500 à 5000 fr. ; au-dessus de ce poids, il n'est point de règle fixe ; au-dessus de 10 carats on peut les estimer à 12 fr. le premier carat, multiplier le nombre des carats l'un par l'autre et le produit par douze, le produit sera le prix du saphir. Le plus beau saphir est celui du Jardin des Plantes ; il est de forme rhomboïdale dont le plus grand côté à 3 centimètres 3 millimètres.

SAPIN et PIN. *Voy.* **Corps gras.**

SAPONINE. — Cette substance particulière a été extraite et isolée par M. Bussy, de la racine de *saponaire d'Egypte ;* elle se trouve également dans la saponaire officinale, l'écorce de *quillaia saponaria*, et dans les fruits du marronnier d'Inde.

On l'obtient de la décoction alcoolique de la racine de saponaire pulvérisée ; elle s'en précipite par le refroidissement pour la plus grande partie.

La propriété qu'a la saponine de donner à l'eau de la viscosité et de la rendre mucilagineuse, explique l'usage qu'on fait dans l'Orient de la décoction de la racine de saponaire pour laver et nettoyer certains tissus de laine et de cachemire.

SARCOLITE. *Voy.* **Hydrolite.**

SARDOINE (*calcédoine jaune ou cornaline jaune* de Werner). — Sa couleur varie beaucoup ; elle est d'un jaune orangé ou de bistre, offrant des nuances depuis le jaune brun foncé jusqu'au jaune brunâtre orangé ; on en trouve aussi d'incolores et d'autres dites *sablées*, parce qu'elles sont parsemées de pointes opaques d'une couleur plus intense. La cassure des sardoines est lisse et sans petites écailles comme dans les calcédoines. Les sardoines sont employées à faire des bijoux, ainsi que des camées.

SATURATION. — Ce mot s'applique particulièrement à la combinaison d'un acide avec une base ou réciproquement, de telle façon que les propriétés de l'un et de l'autre corps sont effacées dans le composé (sel) auquel ils ont donné naissance. En ce cas, *saturation* est à peu près synonyme de *neutralisation*.

SAURAGE DES HARENGS. *Voy.* **Conservation des matières organiques.**

SAVONS. — La saponification est une opération qui a pour but de transformer les corps gras en savons : cette opération est connue de toute antiquité. Pline fait mention du produit sous le nom de *sapo*. Galien assure que les Gaulois, et surtout les Germains préparaient d'excellent savon, avec des cendres et du suif. Ce qu'il y a de certain, c'est que les Romains connaissaient l'art de le fabriquer, puisqu'on a découvert dans les ruines de l'ancienne ville de Pompéia, qui fut ensevelie sous les cendres du Vésuve en l'an 79 de

1ère chrétienne, un atelier complet de savonnerie, avec ses différents ustensiles et des baquets pleins de savon évidemment formé par la combinaison de l'huile avec un alcali. Le savon était dans un état parfait de conservation, quoique l'époque de sa préparation dût remonter à plus de 1700 ans. Berthollet fut le premier chimiste qui examina, d'une manière superficielle, la théorie de la saponification ; il crut que tous les corps gras étaient acides et jouissaient de la propriété de s'unir aux bases. Scheele, en faisant agir l'oxyde de plomb sur la graisse pour préparer l'emplâtre simple, observa la formation d'une matière particulière (glycérine). On pensait généralement que l'air jouait un rôle dans la saponification.

Les choses en étaient là lorsque M. Chevreul aborda ce sujet ; il consacra à l'étude des corps gras dix années de sa vie, et fit le travail le plus complet que la chimie possède.

Préparation. — Si l'on mêle 2 parties d'huile d'olive avec 1 partie d'hydrate de potasse ou de soude dissoute dans deux fois son volume d'eau, et qu'on fasse digérer le mélange pendant 24 à 48 heures, en le remuant de temps à autre, l'huile se combine avec l'alcali, et l'on obtient du savon qui vient surnager à la surface de la dissolution. Quoique ce savon soit par lui-même soluble dans l'eau, il se sépare néanmoins d'une liqueur saturée jusqu'à un certain point d'alcali caustique. Dans le cas dont il s'agit ici, la liqueur alcaline est produite par l'eau et l'excès d'alcali caustique.

Si l'on enlève le savon, qu'on le lave pour le débarrasser de l'excès de la lessive adhérente, qu'on le dissolve dans l'eau et qu'on le décompose par l'acide hydrochlorique, celui-ci met en liberté une graisse demi-solide qui vient nager à la surface de la liqueur. Cette graisse n'est plus de l'huile d'olive, elle se dissout complétement dans l'alcool bouillant, et la solution laisse déposer pendant le refroidissement des paillettes brillantes d'une graisse qui rougit le papier du tournesol, et possède toutes les propriétés d'un acide. En évaporant la dissolution alcoolique on obtient une nouvelle quantité du même acide gras, et à la fin le résidu de la dissolution évaporée donne une graisse acide qui est liquide. Cette dernière est de l'acide *oléique*. Si l'on recueille à part les produits de la première et de la dernière cristallisation de la graisse acide, solide, dissoute dans l'alcool, et provenant d'un savon fait avec une graisse très-riche en stéarine, qu'on redissolve ces cristaux et qu'on les fasse cristalliser séparément, on obtient des cristaux qui se ressemblent beaucoup par leur aspect, mais qui jouissent d'une fusibilité différente, d'où l'on peut conclure qu'ils diffèrent les uns des autres. Le produit de la première cristallisation, qui est le moins fusible, a reçu le nom d'acide *stéarique*, et celui de la dernière est appelé acide *margarique*. Ainsi, par l'action de l'alcali sur la graisse, il s'est formé trois acides qui doivent être rangés parmi les graisses ou les huiles relativement à leurs propriétés physiques, et qui appartiennent en même temps aux acides par rapport à leurs réactions et à leurs tendances à se combiner avec les bases salifiables ; on leur a donc donné le nom générique d'*acides gras*. En outre, M. Chevreul a démontré qu'il ne se forme ni acide acétique ni acide carbonique pendant la saponification.

Les acides gras ne sont pas les seuls produits de la saponification. Si l'on sature l'eau-mère alcaline d'où le savon s'est séparé, aussi exactement que possible par l'acide sulfurique étendu, qu'on évapore la liqueur jusqu'à ce qu'il commence à se déposer un sel, et qu'on mêle le résidu avec de l'alcool, celui-ci précipite du sulfate de potasse ou de soude, et laisse, après la filtration et l'évaporation, un sirop doux, que l'on appelle *glycérine* ou *principe doux*.

Toutes les huiles végétales grasses, ainsi que le suif et les graisses animales, sont transformées par la saponification en acide gras et en glycérine ; la différence qui existe dans leur composition n'influe sur le résultat de la réaction qu'elles présentent avec les alcalis, qu'en ce que le rapport dans lequel ces acides gras se trouvent, soit entre eux, soit avec la glycérine, se trouve changé. Du reste, ces acides et la glycérine paraissent être de la même nature, quelle que soit l'huile qui a servi à leur production.

Théorie de la saponification. — Pour donner une idée nette de la saponification, nous allons choisir un corps gras pur, la stéarine par exemple. D'après les analyses de MM. Liebig et Pelouze, elle est composée de 146 atomes de carbone, 286 atomes d'hydrogène et 17 atomes d'oxygène ; la stéarine correspond à 2 atomes d'acide stéarique, 1 atome de glycérine et 2 atomes d'eau. Comme hydrate d'un acide, cette combinaison est parfaitement semblable à l'acide sulfo-glycérique ; deux atomes d'acide sulfurique y sont remplacés par deux atomes d'acide stéarique, et elle contient d'ailleurs exactement la même quantité d'eau de combinaison qu'un atome d'acide stéarique libre.

La stéarine est décomposée par les alcalis en acide stéarique et en hydrate de glycérine. Si trois atomes d'eau se fixent dans cette réaction sur les nouveaux produits, savoir : deux atomes sur un atome d'acide stéarique et un atome sur l'atome de glycérine, le calcul indique que 100 parties de stéarine devraient donner une somme totale de 102,3, dont 7,9 en hydrate de glycérine (glycérine libre). Les expériences de M. Chevreul présentent une concordance frappante avec ces calculs. De 100 parties de stéarine qui devaient contenir encore une quantité sensible d'oléine, si l'on en juge par son point de fusion et celui de l'acide gras obtenu en la saponifiant, M. Chevreul a retiré 102,6 de produits dans lesquels la glycérine entrait pour 8 parties.

MM. Liebig et Pelouze admettent, d'après des faits exposés ci-dessus, que la stéarine

doit être considérée comme l'hydrate d'un acide composé d'acide stéarique et de glycérine.

Deux hypothèses principales ont été avancées sur la composition intime des corps gras purs. La première consiste à les regarder comme des combinaisons d'acides gras et de glycérine à l'état anhydre, la glycérine remplissant les fonctions d'alcali, mais étant susceptible d'être remplacée par un alcali plus puissant qui la déplace sous l'influence de l'eau nécessaire à sa formation à l'état d'hydrate. La seconde hypothèse consiste à regarder la glycérine et les acides gras comme n'étant pas tout formés dans les corps gras, mais se produisant sous l'influence de l'eau et des alcalis aux dépens des éléments de l'eau et des corps gras. La vérité de l'une ou de l'autre hypothèse ne peut être démontrée, et l'une ou l'autre expliquent également les faits ; elles ont toutes les deux des analogies dans les transformations organiques.

Préparations des savons. — On distingue dans le commerce deux espèces principales de savon, les *verts* ou *mous*, les *blancs* ou *durs*. On prépare le *savon vert* en saponifiant l'huile de chènevis et le suif par la potasse caustique. M. Thénard l'a trouvé composé de 9,5 de potasse, 44 d'acide gras et 46,5 d'eau. Le savon dur se prépare de deux manières : 1° avec l'huile d'olive et la soude ; 2° avec le suif ou la graisse et la soude ; on nomme ce dernier *savon animal*. Pour préparer les savons à base de soude, en France, on emploie immédiatement de la soude à l'état de lessive faible, puis à l'état de lessive plus forte pour saponifier l'huile à l'aide de l'ébullition. Quelquefois on prépare d'abord du savon de potasse, puis on transforme celui-ci en savon dur en le décomposant par le sel marin en poudre fine ; il s'opère alors une double décomposition.

On prépare du *savon de toilette* dur, transparent, en saponifiant de la graisse de rognons par la soude exempte de sels étrangers, en desséchant le savon ainsi obtenu, le dissolvant dans l'alcool, filtrant et évaporant la dissolution, et le coulant dans des moules dès qu'elle est assez concentrée.

Le *savon marbré* est un mélange de savon blanc en grande proportion et d'une petite proportion d'un savon à base d'alumine et d'oxyde de fer mêlé de sulfure de fer, qui proviennent de la soude employée. Les savons renferment tous de l'eau, mais non en égale portion. Très-souvent les fabricants cherchent à y en introduire la plus grande quantité possible, afin d'augmenter leur poids. Ils réussissent très-bien pour le *savon blanc*, qui peut en recevoir des quantités assez considérables ; mais il n'en est pas de même pour le savon marbré, qui ne peut en admettre qu'une proportion fixe, au delà de laquelle la marbrure la dépose. Voici les proportions d'eau contenues habituellement dans les savons du commerce :

	Savon marbré.	Blanc.	Mou.
Soude ou potasse. . .	6,0	4,6	9,5
Acides gras	64,0	50,2	44,0
Eau	30,0	45,2	46,5
	100,0	100,0	100,0

Sous le point de vue économique, il est donc préférable d'acheter du savon marbré, ou de Marseille, puisqu'il renferme moins d'eau que le savon blanc, sous le même poids.

L'*emplâtre simple* des pharmaciens est un véritable savon à base de protoxyde de plomb.

Le savon est un article commercial de la plus grande importance.

On rencontre dans le commerce plusieurs espèces de savon dur, savoir : 1° du savon blanc, du savon d'Espagne, ou du savon français, espèces préparées avec de l'huile d'olive et de la soude; 2° savon marbré, appelé aussi savon de Venise, préparé avec les mêmes ingrédients, renfermant du fer qui s'y trouve dès l'origine à l'état de sulfure, ou que l'on y ajoute à l'état de sulfate; 3° savon dit russe, également blanc, et que l'on prépare avec du suif et de la potasse; 4° savon transparent, préparé en saponifiant de la graisse de rognons par la soude exempte de sels étrangers, desséchant le savon ainsi obtenu, le dissolvant dans l'alcool, filtrant et évaporant la dissolution, et la coulant dans des moules dès qu'elle a atteint un certain degré de concentration : ce savon est jaune ou jaune brunâtre, conservant sa transparence après la dessiccation; 5° savon de palmes, préparé avec l'huile de palmier et la soude : il est jaune et doué d'une odeur de violettes très-agréable; 6° enfin plusieurs autres espèces de savons, dont on trouve la description dans les ouvrages spéciaux.

« Le savon est employé au blanchissage, au foulage du drap, en médecine et en pharmacie. Le savon mou est plus propre au lavage que le savon dur, parce qu'il contient ordinairement un peu plus d'alcali. On s'en sert pour laver le linge grossier et dans le foulage du drap. Le savon dur, au contraire, est employé pour laver le linge fin, les tissus de coton et de soie. Dans le lavage, le savon agit de deux manières : 1° Il forme une dissolution émulsive avec les corps gras qui se trouvent sur l'étoffe, et qui se dissolvent ainsi dans l'eau de savon. 2° En vertu de la facilité avec laquelle les sels dissous, qui constituent le savon, abandonnent leur alcali, qui, mis en liberté, réagit sur les impuretés qui salissent l'étoffe, ces impuretés s'unissent avec l'alcali pour donner naissance à des combinaisons qui se dissolvent ou cessent d'adhérer à l'étoffe; en même temps une quantité de savon proportionnelle à la quantité d'alcali devenue libre, passe à l'état de bi ou de quadri-oléates et margarates. Dans ce dernier cas, les acides gras ne contribuent en aucune manière au lavage, parce qu'ils se séparent; c'est l'alcali seul qui agit. On pourrait donc dire que les alcalis seraient dans le lavage d'un emploi

plus économique que le savon; mais, à l'état de carbonates, ils dissolvent moins bien les impuretés, parce qu'à la température ordinaire le dégagement de l'acide carbonique s'opère moins facilement que la décomposition de l'oléate neutre. Si, au contraire, on emploie de la potasse caustique, celle-ci réagit sur le linge même, qui en est détruit, ou du moins fortement attaqué par le lavage réitéré avec une lessive caustique étendue. A une température très-élevée, par exemple, dans de l'eau chauffée par la vapeur, le carbonate potassique produit les mêmes effets que le savon, parce que l'acide carbonique est alors chassé. C'est là-dessus qu'est fondée la méthode de blanchissage proposée par Chaptal, et qui consiste à exposer le linge préalablement trempé dans une lessive faible de carbonate sodique, pendant quelques heures, aux vapeurs de l'eau bouillante. Comme dans le lavage avec du savon, la dissolution des impuretés est basée sur une réaction accompagnée de précipitation de suroléate potassique, il faut nécessairement enlever ce sel mucilagineux, qui s'attache facilement à l'étoffe, à quoi l'on parvient en rinçant l'étoffe lavée pendant longtemps dans l'eau pure. Sans cette précaution, l'étoffe sèche répand une odeur de savon, qui appartient aussi bien aux oléates acides qu'à l'acide libre.

« Les eaux qui contiennent en dissolution du bicarbonate alcalin, ou de la chaux, ou des sulfates, nitrates ou autres sels terreux, telles que les eaux de source et de la mer, ne peuvent être employées au savonnage, parce que les sels insolubles que forment les acides gras avec les terres, se précipitent sur l'étoffe et y adhèrent, en sorte qu'il est impossible de les enlever par le rinçage. Mais une eau semblable devient très-propre au savonnage, si l'on en précipite les sels terreux contenus, par exemple, dans l'eau de la mer, au moyen d'une petite quantité de carbonate ou d'hydrate alcalin, qu'on y ajoute après avoir chauffé l'eau jusqu'à l'ébullition; ou qu'on sature l'acide carbonique libre contenu dans l'eau de source, par une petite quantité d'alcali caustique, ou même de lait de chaux. Quant à l'eau de la mer, les sels terreux qu'elle contient décomposent une partie du savon, et le sel marin qui s'y trouve empêche l'eau de dissoudre la quantité de savon nécessaire au blanchissage. Vauquelin a trouvé que l'eau de la mer sépare du savon des suroléates et des surmargarates terreux, et devient alcaline, si on ne commence par décomposer, par un alcali, les sels terreux qu'elle contient. On appelle eaux *crues* les eaux qui ne dissolvent pas le savon sans le décomposer. » (Berzelius.)

SAVON D'OXYDE DE PLOMB. — On l'appelle communément emplâtre diapalme (*emplastrum oxydi plumbici*). On le prépare en faisant bouillir cinq parties d'oxyde de plomb, réduit en poudre fine par la lévigation, avec neuf parties d'huile d'olive et avec de l'eau.

L'emplâtre d'oxyde de plomb sert de base à un grand nombre d'emplâtres composés, dans lesquels il se trouve mêlé avec les médicaments que l'on veut appliquer sur la peau.

SCAMMONÉE.— On trouve dans le commerce deux variétés de scammonée, la scammonée d'Alep et la scammonée de Smyrne. La première s'extrait du *convolvulus scammonea*, qui croît dans l'Asie Mineure, et se prépare principalement dans le voisinage d'Alep. Elle nous arrive en grandes masses sèches, légères, molles et poreuses, dont la cassure est brillante, et qui donnent une trace d'un gris cendré. Elle est fragile, facile à réduire en poudre, d'une odeur désagréable, d'une saveur d'abord faible, puis nauséabonde, amère et âcre. Si l'on frotte sa surface avec le doigt humide, elle devient blanche. Elle donne, par la trituration, une poudre blanche ou grisâtre. L'eau que l'on met en contact avec de la scammonée devient laiteuse et prend à la fin une légère teinte verdâtre. Par l'action de la chaleur la scammonée se fond entièrement, et quand on la fait bouillir avec de l'eau, après l'avoir réduite en poudre, elle se prend en masse. La scammonée de Smyrne est inférieure à la précédente et s'obtient par l'évaporation du suc exprimé. Sa couleur est presque noire; sa texture offre beaucoup plus de densité et de dureté que celle de la scammonée d'Alep; elle est difficile à réduire en poudre et donne avec l'eau une solution laiteuse, sale.

La scammonée est un excellent purgatif dont on fait souvent usage en médecine.

SCHEELE, l'un des plus grands chimistes de la Suède. Il naquit à Stralsund, dans la Poméranie suédoise, le 9 décembre 1742. Issu de parents peu aisés, il fut néanmoins envoyé au collége, et commença ses études de latinité. Il y fit, il faut le dire, très-peu de progrès. A consulter ce début, l'illustre Scheele n'était capable de rien. On ne chercha donc point à lui faire parcourir la carrière des lettres, et sa famille s'estima fort heureuse de le placer, comme apprenti, dans une pharmacie. Ainsi, dès l'enfance, Scheele manifeste son tour d'esprit; car il n'a presque rien appris des hommes; la nature fut, pour ainsi dire, son seul maître. L'apothicaire qui voulut bien le recevoir, un ami de sa famille, établi à Gothenbourg, le prit à l'âge de douze ou treize ans, et le garda six ans comme apprenti et deux ans comme élève. Pendant ce temps, Scheele montra de l'intelligence et déploya beaucoup de zèle et d'exactitude; mais rien en lui ne décélait ce qu'il devait être un jour. Le hasard fit tomber entre ses mains l'ouvrage de Neumann, élève de Stahl et l'un de ses plus grands admirateurs. Il le lut et l'étudia avec soin : voilà toutes ses études en chimie.

Suivant sa destinée avec calme, Scheele parcourut ensuite la Suède comme élève, profitant de toutes les occasions de s'instruire, et méditant profondément sur les nouvelles connaissances qu'il pouvait se procurer. C'est au milieu des occupations les plus obscures

que s'acheva son éducation dans une science où il était destiné à paraître avec tant d'éclat. Il se rendit à Stockholm, à l'âge de 27 ans. Sa carrière était déjà tracée. Dans le silence et la retraite, il avait accompli ou préparé ses plus grands ouvrages.

Mais il semble que quelque mauvais génie ait poursuivi Scheele pendant presque toute sa vie. Déjà une vive contrariété était venue le troubler dans les premiers essais dont il s'était occupé. Il prenait sur son sommeil le temps nécessaire à ses recherches; et dans un accès de malice étourdie, un de ses camarades s'avisa de mêler à ses produits une poudre détonante, de telle sorte que, revenant à ses expériences au milieu de la nuit, Scheele, dès la première expérience, détermina tout à coup une forte explosion, qui mit toute la maison en émoi et qui vint dévoiler ses travaux nocturnes. Depuis ce moment on devint plus sévère et on lui laissa moins de facilité pour se livrer aux expériences qui préoccupaient si vivement sa jeune imagination.

Ses premiers rapports avec l'Académie des sciences de Stockholm vinrent lui susciter un chagrin analogue, car il ne paraît pas que la portée de son esprit ait été convenablement appréciée par cette compagnie. Il s'était occupé de l'acide tartrique, qu'il avait extrait de la crème de tartre par un procédé à l'aide duquel il a obtenu bien d'autres acides organiques plus tard.

Il avait fait une analyse savante et complète du fluorure de calcium, qui l'avait conduit à la découverte de l'acide fluo-silicique, ce gaz que l'eau pétrifie, dont les propriétés ont tant d'intérêt et avaient alors tant de nouveauté.

Scheele comptait sur ces résultats pour commencer sa carrière scientifique. Quelque malentendu, sans doute, vint froisser son amour-propre et porter dans son esprit un découragement momentané, car loin de continuer ses relations avec l'Académie, on le vit s'éloigner du commerce des savants.

Quoi qu'il en soit, Scheele quitta Stockholm et se rendit à Upsal, où Bergmann professait alors la chimie avec un si grand éclat. Cet homme célèbre remplissait alors l'Europe de son nom, et sa haute réputation était dignement méritée. Scheele avait-il l'intention de se mettre en rapport avec lui ? C'est possible; mais soit timidité, soit humeur inquiète, il passa quelque temps à Upsal, sans tenter la moindre démarche, se montrant plus que jamais ami de la retraite et de la solitude. Ces deux hommes, si bien faits pour se connaître et s'apprécier, auraient donc pu rester longtemps séparés : un hasard heureux les rapprocha; c'est peut-être le seul dont Scheele ait eu à se féliciter.

Il était employé par un pharmacien, qui fournissait à Bergmann les produits chimiques nécessaires à ses travaux. Celui-ci, ayant un jour besoin de salpêtre, en fait prendre chez ce pharmacien; il l'emploie à l'usage auquel il le destinait, et détermine la production d'abondantes vapeurs rouges,

formées, comme on sait, par l'acide hypoazotique, mais qui, dans son opinion, n'auraient pas dû se dégager dans les circonstances où le sel avait été placé. Bergmann,
étonné, s'en prend à quelque impureté du
salpêtre. Il renvoie ce sel par un de ses élèves, qui ne manque pas une occasion si belle
de rudoyer un peu le pauvre garçon apothicaire qui l'avait livré. Mais Scheele s'informe
de ce qui s'est passé, se fait expliquer les
détails de l'expérience, et il en donne immédiatement l'explication. A peine celle-ci est-
elle rapportée à Bergmann, qu'il accourt auprès de Scheele, l'interroge, et découvre, à
sa grande surprise, à sa grande joie, sous
l'humble tablier de l'élève en pharmacie, un
chimiste profond et consommé, un chimiste
de haute volée, à qui se sont déjà révélés
nombre de faits inconnus ; un chimiste qui,
loin de s'en tenir aux détails de la pratique,
lui développe, sur la composition de l'air et
sur la théorie de la chaleur, les idées qui
ont servi de base à son *Traité de l'air et du
feu*, dans lequel il a dépassé Priestley, et où
il s'est quelquefois approché de Lavoisier.

La connaissance fut bientôt faite, et l'a-
mitié de ces deux grands hommes ne s'est
jamais démentie. Bergmann chercha les
moyens d'être utile à son jeune ami et de le
placer convenablement. Mais Scheele craint
les distractions. Frappé de tous les événements qui, à chaque instant, viennent contrarier sa carrière, il veut se retirer dans un
lieu tranquille, vivre seul et isolé du monde.
On lui propose la direction de quelques manufactures de l'Etat ; il refuse. Le roi de
Prusse s'efforce de l'attirer à Berlin ; ses of-
fres ne le tentent pas davantage.

Mais il apprend que, dans une petite ville
de Suède, à Koeping, il existe une pharmacie demeurée entre les mains d'une veuve ;
qu'il y trouverait un emploi paisible ; que la
veuve possède quelque bien, et qu'il pourrait aspirer à l'épouser. C'est l'avenir qu'il
lui faut : retraite, calme et médiocrité. Il se
transporte vite à Koeping ; il accepte tous les
arrangements et s'établit chez la veuve. Mais,
par une de ces contrariétés si fréquentes
dans sa vie, il se trouve, tout examiné, que
la succession est obérée de dettes, et que la
pauvre veuve ne possède rien. Ainsi, au lieu
d'un sort paisible, d'une existence douce et
tranquille, c'est une vie pénible et de labeur
qui se présente. Toutefois Scheele ne recule pas, et l'accepte sans hésiter, trouvant
qu'on doit être prêt à donner quand on se
croit digne de recevoir. Il se met à l'œuvre,
et, partageant son temps entre ses recherches
et les soins de la pharmacie, il emploie tous
les bénéfices de la maison à en payer les
dettes. Sur les 600 livres qu'il gagnait chaque année, il en réserve 100 pour ses besoins
personnels et consacre le reste à la chimie ;
et cette somme, si faible, suffisait aux recherches qui ont porté si haut sa renommée.

Toutefois, dans cette situation obscure,
les découvertes de Scheele auraient pu rester longtemps dans l'oubli sans l'écho
qu'elles trouvaient en Bergmann. Mais le cé-

lèbre professeur se fait l'interprète de son
ami. Dès que Scheele, du fond de sa retraite,
lui, annonce une découverte, il se hâte de la
propager partout. Aussi, tandis que la Suède
ignorait presque l'existence de Scheele, sa
renommée, grâce aux correspondances de
Bergmann, remplissait le reste de l'Europe.
Bientôt ses mémoires, traduits en allemand
et en français, portèrent sa gloire au loin,
et firent, vers la fin de sa vie, l'admiration
de l'Europe savante, tandis que dans sa patrie il n'en était pas beaucoup plus connu.

On raconte même que le roi de Suède,
dans un voyage hors de ses Etats, enten-
dant sans cesse parler de Scheele comme
d'un homme des plus éminents, fut peiné
de n'avoir rien fait pour lui. Il crut nécessaire à sa propre gloire de donner une marque d'estime à un homme qui illustrait ainsi
son pays, et il s'empressa de le faire inscrire
sur la liste des chevaliers de ses ordres. Le
ministre chargé de lui conférer ce titre demeura stupéfait.... Scheele ! Scheele ! c'est
singulier, dit-il. L'ordre était clair, positif,
pressant, et Scheele fut fait chevalier. Mais,
vous le devinez, ce ne fut pas Scheele l'illustre chimiste, ce ne fut pas Scheele l'honneur de la Suède, ce fut un autre Scheele qui
se vit l'objet de cette faveur inattendue.

Voilà l'histoire de Scheele dans ses rapports avec le monde ; mais s'agit-il de ses
rapports avec la nature, c'est tout autre
chose.

Comme chimiste, tout lui réussit ; il résolut les problèmes les plus obscurs à l'aide
des moyens les plus simples. Car il ne faut
pas se figurer que Scheele ait travaillé avec
les instruments que nous avons aujourd'hui,
ni même avec ceux qui étaient entre les
mains des chimistes de son temps. Quelques
cornues, creusets ou fioles, quelques verres
à boire et quelques vessies, auxquels il faut
ajouter les produits les plus indispensables,
voilà tout son laboratoire. Il peut dédaigner
tous les instruments compliqués, il sait s'en
passer. Il n'avait pas de cloches : des verres
à boire en faisaient l'office. Fallait-il recueillir des gaz, il attachait une vessie au col de
la fiole, au bec de la cornue où s'effectuait
leur dégagement. La vessie pleine, il en ser-
rait le col d'une ficelle. Voulait-il employer
le produit gazeux, il détachait le lien, com-
primait la vessie et soumettait le gaz qui
s'en échappait aux essais que lui suggérait
son esprit curieux.

Son habileté suppléait à tout, et sans autre appareil que ceux que nous venons d'indiquer, il a su faire les expériences les plus
délicates ; il a su isoler les corps les mieux
cachés, produire les composés les plus inat-
tendus et s'élever aux découvertes les plus
importantes. La nature semblait vouloir le
consoler des mésaventures que lui faisaient
éprouver les hommes ; elle se plaisait à lui
dévoiler ses secrets les plus beaux. Il ne
touchait pas un corps sans faire une découverte, et il est tel de ses mémoires où vous
trouvez trois ou quatre nouveaux corps
simples reconnus en même temps. On peut

citer comme exemple son Mémoire sur l'oxyde de manganèse, dont l'étude l'a conduit à découvrir le manganèse, le chlore, la baryte, et peut-être l'oxygène. Car on peut présumer, bien qu'il ne le dise pas, que c'est dans le cours des travaux qui font l'objet de ce Mémoire qu'il a découvert ce gaz ; mais il l'a réservé, en raison de son importance, pour le soumettre à une étude particulière dans son Traité de l'air et du feu.

On doit à Scheele la connaissance d'une multitude d'acides, tant organiques que minéraux. Nous avons déjà cité l'acide tartrique et l'acide fluo-silicique. On pourrait en ajouter bien d'autres et de fort importants. Les acides manganésique, arsénique, molybdique, lactique, mucique, tungstique, prussique, citrique et gallique, rappellent en effet chacun une découverte de Scheele.

Les recherches qui l'ont conduit à découvrir l'acide prussique sont surtout bien dignes de la méditation des jeunes chimistes. Qu'on parcoure le mémoire où il en établit l'existence, et on restera charmé de la simplicité des moyens, de l'enchaînement des expériences, de la précision des résultats et de la justesse des conclusions. Combien d'autres, dans les laboratoires les mieux fournis, se fussent épuisés en vaines tentatives sur un sujet hérissé de tant de difficultés, de tant de complications !

Parmi les corps simples, il en est plusieurs que Scheele a découverts et isolés, et plusieurs dont il a rendu l'existence probable, en étudiant leurs composés et les montrant aux chimistes comme des êtres distincts. C'est à lui qu'appartient la découverte du chlore. Il connut l'oxygène presque en même temps que Priestley. Son travail sur le fluorure de calcium et sur l'acide fluosilicique a conduit à admettre un radical particulier, le radical connu sous le nom de fluor. S'il ne découvrit pas le barium, dont la séparation exigeait l'emploi des forces électriques, du moins fit-il connaître la baryte, qui resta sur la liste des corps simples jusqu'à l'époque de l'extraction du potassium. Enfin il annonça le molybdène et le tungstène dans les acides molybdique et tungstique ; et depuis il a suffi, pour en extraire les métaux, de calciner ces acides avec du charbon.

Scheele a fait d'ailleurs un grand nombre d'observations détachées. Il a établi la nature de la plombagine ; il a découvert plusieurs combinaisons éthérées ; il a décrit, le premier, la préparation et les propriétés de la glycérine. Bref, si l'on voulait le suivre dans toutes ses recherches, il faudrait parcourir avec lui toutes les parties de la chimie. On verrait alors toute la souplesse de son génie, la fécondité de sa méthode, la sûreté de sa main, et la singulière pénétration de son esprit, qui le fait toujours arriver au vrai et s'y arrêter. Qu'on examine ses mémoires, on n'y trouvera pas une erreur dans tout ce qu'il dit des corps et de leurs propriétés. On ne saurait trop l'admirer, tant qu'il se renferme dans les faits qu'il a

observés et les conséquences prochaines qui en découlent. Ses mémoires sont sans modèle comme sans imitateurs. En un mot, toutes les fois qu'il ne s'agit que des faits, Scheele est infaillible.

Mais il n'en est plus de même quand il arrive à poser des théories générales ; alors on voit avec regret que son imagination l'emporte, qu'elle l'entraîne à des écarts que l'on était loin d'attendre d'un esprit si droit, et l'on ne peut méconnaître le secours que des études mathématiques préparatoires lui auraient fourni pour ses recherches de philosophie naturelle. Ainsi, lorsqu'il a voulu s'élever à la théorie de l'air et du feu, il a créé un ouvrage que les contemporains plaçaient bien au-dessus de ses mémoires, mais que la postérité juge autrement.

Il y établit, il est vrai, la véritable composition de l'air, qu'il présente comme formé de deux principes, dont l'un est absorbable par les sulfures alcalins et un certain nombre d'autres corps, tandis que le second, qu'il nomme *air corrompu*, reste intact : son analyse de l'air est même assez exacte. D'un autre côté, ayant obtenu l'oxygène en décomposant par le feu le nitre, l'acide nitrique, le peroxyde de manganèse, l'oxyde de mercure, l'oxyde d'argent, il décrit très-bien toutes les propriétés de ce gaz, qu'il désigne sous le nom d'*air du feu*. Jusque-là tout est bien ; il est encore dans le domaine des faits. Mais cherche-t-il à s'élever plus haut ? il tombe dans des théories où l'on a peine à concevoir qu'un esprit si pénétrant ait pu se jeter. Pour lui, la chaleur et la lumière sont composées du phlogistique et d'air du feu ; il suppose pesants le phlogistique et l'air du feu, et par une bizarrerie dont on ne saurait se rendre compte, il admet que de leur combinaison peut résulter un corps sans pesanteur ; il s'imagine que ce produit devient assez subtil pour traverser le verre et s'évanouir, d'abord sous forme de chaleur, puis à l'état de lumière. Enfin, pour expliquer la remarque qu'il avait faite, que l'azote, son *air corrompu*, était un peu plus léger que l'air, il le regarde comme un peu dilaté par la production énorme de chaleur qui s'est produite, pendant la combustion du corps qui s'est emparé de l'oxygène et dont il croit que cet air corrompu garde toujours quelque chose.

Ainsi Scheele, avec des expériences dont le nombre, la variété, l'exactitude vous étonneraient à chaque instant, arrive à des conclusions si erronées et si étranges, que Lavoisier les a dissipées d'un souffle.

C'est que Scheele, comme Becher, comme Stahl, attache la plus grande importance aux modifications de la forme des corps, et presque aucune aux modifications de leur poids. D'où il résulte que Scheele demeure infaillible tant qu'il se borne à traiter les questions où les modifications de la matière se bornent à la forme, et qu'il erre à chaque pas, dès qu'il aborde celles qui exigent la notion du poids, l'emploi de la balance.

Scheele montre tout ce qu'on peut, et juste

ce qu'on peut, avec les moyens limités auxquels son éducation, son caractère, les circonstances et sa fortune l'ont borné, quand on possède la pénétration extrême de son esprit, la rectitude de son jugement, l'adresse exercée dont il fait constamment preuve, et, sur toutes choses, quand on est doué de cette persévérance infatigable qu'il a mise à suivre chaque œuvre jusqu'au bout, sans se laisser détourner par aucun obstacle et jusqu'à ce qu'il fût satisfait du résultat.

Scheele s'est élevé à toute la hauteur qu'il pouvait atteindre par le travail, l'expérience et la méditation, sans le secours d'aucune éducation scientifique. Qu'il eût pu s'élever plus haut, je l'ignore ; mais c'est quelque chose que d'avoir reconnu la composition de l'air et les bases de la théorie de la combustion ; et quand on entend répéter si souvent que, pour travailler aux progrès des sciences, il faut vivre dans les grands centres universitaires et point dans la pesante atmosphère des provinces, on ne peut s'empêcher de se rappeler Scheele et Koeping.

Mais aussi quelle ardeur au travail ! Le président de Virly et d'Elhuyart allèrent le voir vers la fin de sa courte carrière. Eh bien, ils trouvèrent cet homme, dont la réputation les attirait si loin et auquel ils venaient rendre un si touchant hommage, ils le trouvèrent dans sa boutique, en tablier ; et dès qu'il connut l'objet de leur visite, il reprit son travail avec une admirable simplicité. Pendant quelques jours qu'ils passèrent à Koeping, il allait dîner avec eux ; mais, le dîner fini, il revenait à ses recherches, et les deux voyageurs ne manquaient pas de l'y suivre. Il n'est pas donné à tout le monde d'être Scheele ; mais quand on est Scheele, on l'est partout.

Au moment où cet homme illustre, dont la destinée est empreinte de tant de mélancolie, semblait destiné à jouir paisiblement du fruit de ses travaux, la mort vint le frapper tout à coup. Il venait de faire paraître ses derniers écrits ; les dettes de son prédécesseur étaient payées ; sa réputation était immense. Il voulut s'établir d'une manière définitive, et il épousa la veuve qui l'avait accueilli et dont il avait si noblement partagé la destinée. Mais le jour même de son mariage, il fut atteint d'une maladie que l'on a regardée comme une fièvre aiguë. Quatre jours après il n'était plus. Quelques-uns pensent qu'il succomba à une maladie dont il ressentait depuis longtemps les atteintes, et que, sentant sa fin approcher, il aurait voulu donner un témoignage d'attachement à la compagne de ses derniers jours, en la rendant, par son mariage, légataire de son nom et de sa petite fortune. Il mourut le 22 mai 1786, à l'âge de quarante-quatre ans.

SCHORL. *Voy.* Tourmaline.

SCHORL BLEU. *Voy.* Disthène.

SCHORL VOLCANIQUE. *Voy.* Pyroxène.

SÉBACIQUE ou SÉBIQUE (de *sebum*, suif). — Cet acide n'existe point dans le règne animal ; il se produit pendant la distillation du suif et de toutes les graisses.

L'acide sébacique forme avec les alcalis des sels très-solubles ; avec les terres alcalines et les oxydes des métaux pesants, il produit des précipités insolubles ou du moins fort peu solubles, qui sont plus ou moins colorés, suivant la base qu'ils renferment. Leurs propriétés se rattachent à plusieurs questions intéressantes.

Le sébate de potasse s'obtient en neutralisant du carbonate de potasse par de l'acide sébacique. Il cristallise de sa solution concentrée en petits cristaux mamelonnés, fort solubles dans l'eau, non déliquescents, et peu solubles dans l'alcool absolu.

La plupart des corps gras, d'origine animale ou végétale, donnent de l'acide sébacique quand on les distille. La graisse de bœuf, celle de porc, l'huile d'olives, de noix et de lin, etc., sont dans ce cas. L'acide stéarique et l'acide margarique ne donnent par la distillation, lorsqu'ils sont purs, aucune trace d'acide sébacique, pas plus que l'oxyde de glycéryle. Outre ces trois principes, les graisses solides ne contiennent que de l'acide oléique. *L'acide sébacique ne peut donc être que le produit de la distillation de l'acide oléique.*

Lorsqu'on distille de l'acide oléique seul, le produit renferme, entre autres substances, une grande quantité d'acide sébacique, dont la quantité n'augmente pas, lorsque l'acide oléique employé contient d'autres acides gras fixes. La cire ne donne pas d'acide sébacique par la distillation ; elle ne peut donc point contenir d'acide oléique. M. Thénard avait déjà indiqué la formation de l'acide sébacique par la distillation de la cire, comme moyen de reconnaître si elle était falsifiée avec de la graisse. Le blanc de baleine se trouve dans le même cas.

Comme l'acide sébacique est très-peu soluble dans l'eau froide, qu'on le reconnaît facilement à son aspect et à ses réactions avec les sels de plomb, de mercure et d'argent, qu'il précipite en blanc ; qu'il suffit de distiller quelques grammes d'un corps gras, et que l'extraction par l'eau bouillante s'opère assez rapidement, on est conduit à admettre que *l'acide sébacique est le réactif le plus commode pour reconnaître la présence de l'acide oléique dans toute matière grasse.* Ce fait présente surtout de l'importance dans la préparation de la stéarine et de la margarine ; car jusqu'à présent on n'avait d'autre moyen de constater l'absence de l'oléine dans ces substances, que la saponification et la détermination du point de fusion de l'acide mis en liberté.

SÉCRÉTIONS. *Voy.* Fluides des sécrétions.

SEL MARIN (syn. : *chlorure de sodium, chlorhydrate de soude, sel gemme*, etc.). — C'est de tous les sels le plus anciennement connu; il porte le nom de sel par excellence. Il cristallise, comme le chlorure de potassium, en cubes parallélipipèdes rectangles, ou en trémies. En Allemagne et en général dans le Nord, on le fait plus particulièrement cristalliser en trémies : ce sont de gros cristaux creux et à parois minces, donnant quelquefois le double du volume de la masse de sel réelle.

Le chlorure de sodium est déliquescent quand il est exposé à un air très-humide (80° de l'hygromètre de Saussure). Il existe abondamment dans la nature. On le trouve tantôt à l'état solide sous forme de couches considérables, c'est le sel gemme : tantôt à l'état liquide et dissous dans certaines eaux. Sous le premier état, il constitue des mines abondantes en Europe, dont les principales sont celles de Pologne, de Hongrie, de Transylvanie, d'Angleterre, d'Espagne et celles de Vic en France. A l'état liquide, il se rencontre pour la trentième partie dans l'eau de la mer et dans un grand nombre de sources salées, qui en contiennent des proportions beaucoup plus grandes.

Dans une industrie ou une exploitation quelconque, il faut toujours adapter les procédés aux lieux et aux circonstances, afin de tirer parti des ressources qui peuvent venir de ces lieux et de ces circonstances. Aussi ne suit-on pas les mêmes procédés pour extraire le sel dans les contrées méridionales, dont le sol est fortement chauffé, et dans les pays dont la température est plus basse.

Sur les bords de l'Océan, on forme avec du sable une espèce d'aire bien unie qui est baignée par l'eau de la mer pendant les hautes marées. Lorsque l'eau se retire, le sable se dessèche et se trouve recouvert d'efflorescences salines qui sont recueillies, et que l'on fait ensuite dissoudre dans de l'eau salée puisée à la mer. Par ce moyen cette dernière eau se trouve plus concentrée, et fournit facilement des cristaux de sel blanc, quand on la fait évaporer dans des bassins de plomb que l'on chauffe avec précaution. Dans certains pays, et particulièrement en Russie, on profite du froid pour concentrer les eaux de la mer. On se fonde sur cette propriété, que l'eau chargée de sel ne peut se congeler que bien au-dessous de zéro. Si donc on expose à l'action du froid une eau chargée de sel, les portions qui se congèlent les premières abandonnent les sels qu'elles contiennent à celles qui restent liquides, et qui, de cette façon, se trouvent plus concentrées. Il suffit alors de chauffer celles-ci pour obtenir du sel cristallisé.

Le procédé adopté dans les salines du Midi est le plus convenable sous le rapport du fractionnement méthodique des produits; il permet d'éliminer une grande partie des substances étrangères, notamment le sulfate de chaux avant le salinage, d'obtenir le sel plus pur et en cristaux plus solides que par les autres procédés, et, enfin, de mettre à part des eaux-mères au terme de densité propre à l'industrie nouvelle. Voici comment on opère.

L'eau de la mer est introduite d'abord dans de vastes bassins plus ou moins profonds, où elle reste assez calme pour laisser déposer les matières étrangères en suspension ; puis, à l'aide de vannes, on fait couler à volonté de ces réservoirs communs l'eau de mer dans des bassins peu profonds, graduellement moins étendus, disposés à la suite les uns des autres, et séparés seulement par des banquettes en terre, de manière à utiliser le plus possible l'emplacement.

L'établissement d'une saline est surtout facile lorsque le terrain est argileux dans une épaisseur de 75 centimètres et au delà.

Lorsque les eaux, après avoir parcouru les premières séries de bassins, se sont évaporées graduellement jusqu'à 15 ou 16°, elles sont distribuées (parfois en les élevant de 1 ou 2 mètres) dans des bassins moins profonds encore et moins étendus, proportionnellement à la diminution du volume de l'eau.

La concentration continuant sous les mêmes influences de l'air et de la chaleur estivale, le sulfate de chaux qu'elle contient n'y peut plus rester en solution, et vers la densité représentée par 18° Baumé, ce sulfate commence à se précipiter en cristaux, qui peu à peu s'agglomèrent sous forme de crêtes de coq.

L'évaporation continuant toujours, la solution marque bientôt 24 à 25° ; c'est alors qu'on la dirige dans la série des bassins le moins profonds, appelés *tables à sauner*, ou *à saliner*.

Au fur et à mesure de l'évaporation, les eaux saturées laissent précipiter du sel en cristaux ; la diminution de volume est compensée par l'introduction de nouvelles solutions à 25°.

On comprend qu'ainsi les premières tables reçoivent les eaux qui se renouvellent et qui sont les plus pures, tandis que les eaux qui ont donné une partie de leur sel sont refoulées dans les dernières tables : moins pures alors, elles déposent du sel graduellement moins beau ; les qualités des sels se maintiennent donc uniformément graduées dans la série des tables.

On continue à saliner de cette manière pendant toute la durée de la belle saison ; on fait ensuite la récolte du sel que l'on dispose en tas sur le terrain autour des tables, afin qu'il s'égoutte et se dessèche à l'air ; il se trouve dès lors prêt à être mis en sacs, expédié aux fabriques ou livré au commerce.

Préparation des eaux-mères. — Lorsque les eaux-mères, après avoir déposé du sel marin dans les dernières tables, sont chargées de sels étrangers, au point de marquer 34 à 35° à l'aréomètre de Baumé, elles fournissent une ou deux cristallisations de sulfate de magnésie, contenant plus ou moins de sel marin.

Ces cristallisations, mises à sec par l'écoulement de l'eau-mère (1), sont redissoutes

(1) Cette eau-mère passe successivement dans deux séries de tables : elle donne d'abord une cristallisation de sulfate de potasse ou de sulfate double de potasse et de magnésie. L'eau-mère surnageant ces cristallisations est décantée dans d'autres tables ; elle fournit, par suite de l'évaporation, une cristallisation contenant surtout un chlorure double de potassium

dans de l'eau pure et fournissent une solution appelée *eau pur sang*, que l'on entrepose dans des bassins spéciaux, profonds autant que larges.

On réunit en même temps, dans des bassins semblables, des eaux-mères dont on arrête exprès le salinage lorsqu'elles marquent de 28 à 31°.

Enfin on entrepose encore dans une troisième série de bassins, aussi profonds que larges, des eaux prêtes à saliner, marquant de 25 à 26° Baumé. On désigne cette troisième sorte de solutions sous le nom d'*eaux-vierges* : elles sont saturées de sel marin et contiennent le moins possible de sels étrangers. Afin qu'elles restent à l'état de saturation, malgré quelques pluies, on peut les mettre assez tôt pour qu'elles déposent une couche de sel sur les parois et au fond du bassin ; toutefois il vaudrait mieux abriter les trois séries de bassins par des couvertures en jonc ou en paille.

Ainsi, la préparation des eaux dite *travail d'été* donne : 1° des *eaux pur sang,* riches en sulfate de magnésie, débarrassées du chlorure de magnésium et des autres composés salins ; 2° des *eaux-mères* saturées de sulfate de magnésie et de sel marin, mais retenant les divers composés salins étrangers ; 3° des *eaux-vierges* saturées de sel marin, ne contenant que très-peu d'autres sels.

Le travail d'hiver consiste à profiter des plus basses températures possibles pour déterminer la décomposition du sulfate de magnésie par le chlorure de sodium. Dès que la saison est propice, on fait arriver dans des bassins peu profonds les trois sortes d'eaux qu'on a besoin de mélanger, en proportions

telles que le sulfate de magnésie et le sel marin se rencontrent en quantités équivalentes, que même ce dernier soit en excès d'un demi-équivalent, afin qu'il rende moins soluble le sulfate de soude qui doit se produire. En une ou deux nuits la double décomposition s'opère : le sulfate de soude formé cristallise, tandis que le chlorure de magnésium reste dissous. On doit se hâter dès lors de faire écouler le liquide avant que la température de la journée puisse faire redissoudre les cristaux. Le sulfate de soude ainsi obtenu contient 10 équivalents ou 55,5 pour 100 d'eau de cristallisation. On le dessèche en l'exposant, à l'abri, dans un courant d'air, ou mieux, sur des plaques chauffées par la chaleur perdue d'une cheminée des fours à soude.

On peut obtenir plus facilement encore le sulfate de soude à l'aide d'une modification dans le mode d'opérer, dite *procédé indirect*. A cet effet, on récolte pendant l'été : d'une part, le sel marin, et, d'autre part, le sulfate de magnésie, que l'on emmagasine en cristaux ; puis, la saison du travail d'hiver venue, on mélange ces deux sels dans les proportions précitées (1 équivalent et demi du premier et 1 équivalent du deuxième) ; on les fait dissoudre dans de l'eau pure chauffée à 35° environ (1). Dès que la dissolution est effectuée, on fait couler le liquide dans des bassins plats où le sulfate de soude cristallise, sans exiger une température aussi basse que par le premier procédé.

Voici les produits obtenus par ces deux procédés dans la saline de Baynas, établie sur un sol argileux convenable, et occupant une superficie de 150 hectares :

200 000 q^x sel marin.
34 000 mèt. c. eaux-mères à 31°

20 000 q^x sel d'été dont : { 11 000 q^x sulf. magnésie crist. = sulf. de soude 6 500 q^x / 9 000 sels doubles { potasse. / soude. / magnésie.

40 000 mèt. cubes { *eaux-mères* / *eaux pur sang* / *eaux-vierges* } = sulfate de soude 20 000 q^x.

Ce produit doit être réduit, en tenant compte des mauvaises saisons accidentelles, à 18,000 quintaux, revenant à 3 fr. le quintal métrique, ce qui porte le prix coûtant de la soude brute à 9 fr. Or celle-ci se vend 12 à 13 fr.; elle laisse donc un bénéfice net total de 60,000 fr.

Si l'on veut se faire une idée de l'avenir de cette industrie, il faut se rappeler que la fabrication annuelle du sulfate de soude en France s'élève à 550,000 quintaux; que sur cette quantité plus de 280,000 quintaux se préparent en laissant perdre l'acide chlorhydrique au détriment de la végétation des alentours. Il faudrait donc décupler au moins

et de magnésium. On décante encore le liquide surnageant, et s'il marque 3°, sa concentration s'arrête à son terme. On le jette alors à la mer ; toutefois il pourrait être utilisé au profit de l'agriculture, comme engrais, en raison des composés sodiques, potassiques, magnésiens, et des matières organiques azotées qu'il renferme.

la production ci-dessus du sulfate des salines pour obtenir les quantités utiles à la portion de fabrication de la soude brute, qui se fait sans utiliser l'acide chlorhydrique. Alors, non-seulement les vapeurs chargées de ce dernier acide ne se répandraient plus dans l'air, mais encore on économiserait 250,000 quintaux d'acide sulfurique correspondant à environ 90,000 quintaux du soufre tiré de Sicile chaque année. Cette industrie réagirait alors favorablement sur la régularité des cours du sel marin : car, la récolte du sulfate pouvant suffire pour payer tous les frais de l'exploitation, il est évident que l'on pourrait, dans les années de surabondance de sel, accumuler ce produit pour subvenir à la consommation durant les années pluvieuses,

(1) La solution est plus *prompte*, et le mélange plus facile, en mettant les deux sels dans un grand cylindre à claire-voie, à demi plongé dans le liquide, et que l'on fait tourner lentement sur son axe.

où la récolte des marais salants est amoindrie, et nécessite des achats plus ou moins
considérables de sels à l'étranger.

L'extraction du sulfate des salines aura
encore l'avantage d'offrir un travail fruc-
tueux aux ouvriers durant l'hiver, et de diminuer d'autant les chances de chômages.

Dans les climats tempérés, où les eaux
sont peu riches en sel, on suit un procédé
plus compliqué et très-curieux. On construit
de grands et longs bâtiments orientés de
telle sorte qu'ils offrent leurs flancs aux
vents régnants du pays où ils se trouvent ;
ces bâtiments, auxquels on ménage le plus
grand nombre d'ouvertures pour que l'air
puisse s'y engouffrer facilement, ont leurs
faces recouvertes de fagots d'épines dans
toute leur étendue, et c'est sur ces fagots,
formant des couches verticales, qu'on fait
tomber l'eau salée par le moyen de rigoles
placées à la partie supérieure du bâtiment.
L'eau de la source est amenée dans ces rigoles par un système de pompes mues par
un courant d'eau ou par une machine à vapeur. L'eau salée, en passant à travers ces
fagots, se divise en gouttelettes, en une pluie
fine qui se concentre par l'évaporation dans
l'air d'une partie de l'eau, et qui arrive petit
à petit dans un réservoir situé à la partie inférieure ; comme cette eau n'est pas suffisamment concentrée, on la fait passer de nouveau plusieurs fois, jusqu'à ce qu'elle contienne 25 centièmes de sel. Cette eau est de
nouveau concentrée dans des chaudières de
fer, puis on la laisse refroidir pour faire cristalliser le sel.

Le chlorure de sodium est un composé que
la nature nous offre en abondance, et dont la
consommation, comme matière de première
nécessité, est considérable dans les deux
mondes. Ce chlorure a une saveur très-agréable, qui plaît non-seulement à l'homme, mais
à presque tous les animaux. Voilà pourquoi
il est employé dans nos cuisines pour donner de la sapidité à nos mets, et pourquoi
aussi l'agriculture réclame vivement la diminution du prix de cette matière, afin de
pouvoir en donner aux bêtes à cornes, qui
en sont très-friandes, et dont la digestion est
singulièrement facilitée par ce sel. Il est encore employé dans les arts pour saler et conserver les viandes, pour fabriquer la soude
artificielle, le sel ammoniac, le chlore et l'a-
cide chlorhydrique (1). *Voy.* SOUDE.

---

(1) Il règne dans le monde un préjugé assez bizarre
relativement au sel blanc. On est persuadé qu'il sale
moins que le sel gris. Cette erreur, qu'il importe de
détruire, vient sans doute de ce que le dernier, en
raison des sels de magnésie qu'il contient, a une saveur amère qui se fait plus fortement sentir dans les
dissolutions que la saveur salée. En faisant abstraction de cette saveur étrangère, le sel blanc, pris sous
le même poids et dans le même état de sécheresse,
donne aux mets une saveur franche et salée plus prononcée que le sel gris, puisque celui-ci renferme des
matières terreuses qui occupent la place d'une quantité semblable de sel pur.

Il en est de même de la cassonade comparée au
sucre raffiné. On entend dire partout que la première

SEL ALEMBROTH. *Voy.* MERCURE, *deutochlorure.*

SELS AMMONIACAUX. *Voy.* AMMONIA-
QUE.

SELS AMPHIDES. *Voy.* OXYGÈNE.

SEL ANGLAIS. *Voy.* VINAIGRE.

SEL DE DUOBUS. *Voy.* POTASSE, *sulfate.*

SEL D'EPSOM. *Voy.* SULFATE DE SOUDE et
MAGNÉSIE, *sulfate.*

SEL FÉBRIFUGE de Sylvius. *Voy. Chlorure de potassium,* au mot POTASSE.

SEL DE GLAUBER. *Voy.* SULFATE DE SOUDE.

SEL MARIN et GEMME. *Voy.* SALMARE.

SEL D'OSEILLE. *Voy.* OXALIQUE.

SELS DE PLOMB. *Voy.* PLOMB.

SEL POLYCHRESTE de Glazer. *Voy.* PO-
TASSE, *sulfate.*

SEL DE SATURNE. *Voy.* ACÉTATE DE
PLOMB.

SEL DE SEIGNETTE de La Rochelle. *Voy.*
TARTRATES.

SEL DE TARTRE. *Voy.* POTASSE, *carbonate,* et TARTRATES.

SEL VOLATIL d'Angleterre. *Voy.* AMMO-
NIAQUE, *sesquicarbonate.*

SEL VOLATIL de corne de cerf. *Voy.* AM-
MONIAQUE, *sesquicarbonate.*

SÉLÉNITE. *Voy.* GYPSE.

SÉLÉNIUM. — Ce corps a été découvert
par Berzelius, en 1817, de la manière suivante :

« J'examinais, dit-il, de concert avec J.-G.
Gahn, la méthode dont on se servait autrefois à Gripsholm pour préparer l'acide
sulfurique. Nous trouvâmes dans cet acide
un sédiment, en partie rouge et en partie
d'un brun clair, qui, traité par le chalumeau,
répandait une odeur de rave pourrie et laissait un grain de plomb. Cette odeur avait
été donnée par Klaproth comme un signe
indiquant la présence du tellure. Gahn se
rappela alors qu'il avait souvent remarqué
l'odeur du tellure autour des endroits où
l'on faisait griller la mine de cuivre à Fahlun, d'où avait été tiré le soufre employé à
la fabrication de l'acide. L'espoir de trouver
un métal si rare dans ce sédiment brun me
détermina à l'examiner.

« Je fis donc rassembler tout le dépôt produit par la fabrication de l'acide sulfurique,
en n'employant pendant quelques mois que
du soufre de Fahlun, et après en avoir réuni
une grande quantité, je le soumis à un examen détaillé, qui m'y fit découvrir un corps
inconnu, dont les propriétés ressemblaient
beaucoup à celles du tellure. Cette analogie
me détermina à l'appeler *sélénium,* du mot
grec σελήνη, qui signifie la lune, tandis que
tellus est le nom de notre planète.

« Le sélénium paraît être très-peu répandu dans la nature. En Suède, on le rencontrait autrefois combiné, tantôt avec de
l'argent et du cuivre, tantôt avec du cuivre
seul, dans la mine de cuivre, aujourd'hui
abandonnée, de Skrickerum, en Smoland ; à

---

sucre plus que le second, comme si les matières
étrangères qu'elle contient ne devaient pas produire
un effet tout contraire.

Atwidaberg et à Fahlun, on le trouve en petite quantité dans la galène cubique. On l'a
rencontré, en Norwége, combiné avec du
tellure et du bismuth. Il paraît exister, en
Transylvanie, dans quelques minéraux d'or
qui contiennent du tellure. Enfin, il a été
trouvé dernièrement, par Zinken, dans le
Hartz, combiné avec du plomb, du cuivre et
du mercure; et par Stromeyer, aux îles Li-
pari, combiné avec du soufre. On l'a également trouvé dans plusieurs sortes d'acide
sulfurique d'Allemagne et d'Angleterre.

« Quant à la manière d'obtenir ce métal,
je vais décrire la méthode dont je me suis
servi pour le retirer du limon briqueté qui
se déposait sur le sol de la chambre de plomb,
dans l'ancienne fabrique d'acide sulfurique
de Gripsholm, quand on y employait du
soufre de Fahlun. Ce dépôt contient une
certaine quantité de sélénium, mêlé avec
beaucoup de soufre et pas moins de sept métaux, savoir : du mercure, du cuivre, de
l'étain, du zinc, de l'arsenic, du fer et du
plomb. L'opération à l'aide de laquelle on le
retire est, par conséquent, fort longue. On
commence par faire digérer le dépôt pendant vingt-quatre à quarante-huit heures
dans de l'eau régale, avec laquelle on en fait
une bouillie claire. Lorsque le mélange
commence à sentir la rave pourrie, il faut
ajouter une nouvelle portion d'eau régale.
Quand la digestion est achevée, la masse a
perdu sa couleur rouge, due au sélénium, et
le soufre qui ne s'est point dissous a une
teinte verdâtre sale. On ajoute alors de l'eau,
on filtre la liqueur, et on lave bien le soufre
sur le filtre. La liqueur filtrée est précipitée
par du gaz sulfide hydrique, qui en sépare
le sélénium, accompagné du cuivre, de l'é-
tain, de l'arsenic et du mercure. Le zinc et
le fer restent en dissolution, et le plomb se
trouve mêlé avec le soufre, à l'état de sulfate
plombique insoluble. Le précipité qu'on obtient est d'un jaune sale. On le redissout
dans l'eau régale concentrée, et on ne cesse
de remettre le soufre non dissous en digestion avec de nouvelle eau régale, que quand
il a acquis une teinte citrine franche. La
liqueur est évaporée jusqu'à ce qu'elle ait
perdu la plus grande partie de l'acide qu'elle
contient en excès. C'est alors un mélange
de sulfate cuivrique, de chlorure stannique,
de chlorure mercurique, d'un peu d'acide
arsénique et d'une très-grande quantité d'a-
cide sélénieux. On la mêle par petites portions avec une dissolution de potasse caustique, qui précipite les oxydes cuivrique,
stannique et mercurique. La liqueur alcaline
est filtrée, et évaporée à siccité, puis on
fait rougir le résidu dans un creuset de platine, pour enlever les traces de mercure qui
peuvent s'y trouver encore. Alors on réduit
rapidement la masse calcinée en poudre,
dans un mortier chaud ; on la mêle avec un
poids égal au sien, ou un peu plus, de sel
ammoniac également en poudre fine; on introduit le mélange dans une cornue de verre,
et on le chauffe à une chaleur graduellement augmentée. Il se dégage de l'ammo-

niaque et de l'eau, qui contiennent un peu
de sélénium en suspension, ce qui oblige à
les recueillir dans un récipient; et, quand on
pousse le feu, il se sublime du sélénium
sous la forme d'un léger enduit noir ou brun.
Si l'on chauffe le mélange lentement, il suffit
de continuer l'opération jusqu'à ce qu'une
portion du sel ammoniac se soit sublimée,
parce qu'alors tout le sélénium est réduit.

« La théorie de cette opération est que,
parmi les sels potassiques mêlés avec le sel
ammoniac, il n'y a que le sélénite qui soit
décomposé et converti en sélénite ammonique ; lequel, à une haute température, subit
également une décomposition, dont le résultat est que l'hydrogène de l'ammoniaque
s'oxyde aux dépens de l'oxygène de l'acide
sélénieux ; tandis que le sélénium se réduit,
avec dégagement de gaz nitrogène, qui entraîne avec lui une partie de ce métal, à une
température sous l'influence de laquelle il
n'est point volatil.

« On verse de l'eau sur la masse qui reste
dans la cornue; les sels sont dissous et le
sélénium reste. Ce dernier peut alors être
recueilli sur un filtre. On le lave bien, on le
fait sécher, et on le distille, à une température voisine de la chaleur rouge, dans une
petite cornue de verre.

« Le liquide ammoniacal qui passe à la
distillation contient ordinairement un peu
de sélénium. Il peut en être de même aussi
de la dissolution des sels restés dans la cornue. On évapore l'ammoniaque, on mêle ces
liquides, on fait chauffer le mélange jusqu'à
ce qu'il bouille, et l'on y verse peu à peu de
l'acide sulfureux liquide, qui réduit le sélénium et le précipite en flocons noirs.

« Une méthode fort simple pour séparer
le sélénium du sulfure de sélénium, consiste
à dissoudre celui-ci dans de la potasse caustique, qui laisse les séléniures non dissous,
si le sulfure contenait d'autres métaux. On
filtre la dissolution, et on la laisse digérer
pendant quelque temps dans un vaisseau ouvert. Le potassium et le soufre s'oxydent, et
le sélénium se précipite peu à peu, sous la
forme d'une poudre noire ou d'un brun foncé.
Quand la liqueur contient plus de soufre
qu'il ne peut s'en combiner avec la potasse,
à l'état d'acide hyposulfureux, il ne s'en
précipite cependant point avec le sélénium ;
car tant qu'il reste de ce dernier dans la dissolution, celle-ci ne contient pas le persul-
fure de potassium. Ce n'est qu'après la précipitation du sélénium, que celui-ci se forme
par l'action de l'air, et c'est seulement lorsque tout le potassium est converti en per-
sulfure, qu'il commence à se déposer du
soufre. Si, au contraire, la dissolution contient un excès de potasse, il faut attendre
jusqu'à ce que tout le soufre soit acidifié, et
alors seulement il commence à se précipiter
du sélénium.

« Il est vraisemblable qu'on pourrait retirer le sélénium en grand de la galène sélé-
nifère de Fahlun et d'Atwidaberg, en la grillant dans des fours semblables à ceux dont
on se sert à Fahlun pour préparer le soufre.

Mais il faudrait que pendant le grillage l'air eût assez d'accès, pour que le soufre pût être brûlé en totalité ou en majeure partie.

« Le sélénium est, relativement à ses propriétés chimiques, un des corps les plus curieux que l'on connaisse. Les chimistes ont donc le plus grand intérêt à pouvoir s'en procurer.

« Quand il a l'aspect métallique, il possède les propriétés suivantes : quand il se refroidit, après avoir été distillé, il prend une surface miroitante, de couleur foncée, tirant sur le brun rougeâtre, avec un éclat métallique qui ressemble assez à celui de la sanguine polie. Sa cassure est conchoïde, vitreuse, d'un gris plombé, et douée de l'éclat métallique. Lorsqu'on le laisse refroidir très-lentement, après l'avoir fondu, sa surface devient inégale, grenue, d'un gris plombé, et cesse d'être miroitante. Sa cassure est à grain fin, mate, et la masse ressemble parfaitement à un fragment de cobalt La fusion, suivie d'un prompt refroidissement, détruit cette apparence, et donne au sélénium les caractères extérieurs que j'ai indiqués d'abord. Ce métal a peu de tendance à prendre une forme cristalline. Quand il se dépose lentement d'une dissolution de sélénhydrate ammonique, il se forme à la surface du liquide une couche métallique mince, dont la partie supérieure est unie et d'un gris plombé clair, tandis que la partie inférieure est d'un gris foncé et micacée. L'une et l'autre, examinées à la loupe, présentent une texture cristalline, qui, dans la première, est irrégulière ; mais, sur la face inférieure, on aperçoit assez distinctement des facettes brillantes, carrées et à angles droits, qui ressemblent à des côtés de cubes ou de parallélipipèdes. Le sélénium cristallise aussi, au sein même de la liqueur, sur les parois du vase, à mesure que le sel est décomposé par l'action de l'air, et produit une végétation dendritique de cristaux prismatiques terminés en pointe, dans lesquels on ne peut cependant point distinguer de forme déterminée.

« La couleur de ce corps est très-sujette à varier. J'ai déjà dit que sa surface refroidie promptement est foncée et tirant sur le brun, tandis que sa cassure est grise. Précipité à froid d'une dissolution étendue, soit par du zinc, soit par de l'acide sulfureux, il est rouge de cinabre. Si l'on fait bouillir le précipité rouge, il prend une couleur noire, s'agglomère et devient plus pesant. Lorsqu'on mêle une dissolution étendue d'acide sélénieux dans l'eau avec de l'acide sulfureux ou du sulfite ammonique, dans un flacon de verre rempli à moitié, et qu'on expose le mélange à la clarté du jour, la surface du liquide se couvre, par l'action réductrice de l'acide sulfureux, d'une mince pellicule brillante, qui, au bout de quelques jours, acquiert une couleur jaune d'or et un éclat métallique parfait. Cette pellicule, reçue sur du papier ou sur du verre, ressemble à de la dorure pâle, semblable à celle qu'on obtiendrait en appliquant une feuille d'or faux sur le corps.

« Quand on réduit le sélénium en poudre, celle-ci devient d'un rouge foncé ; mais elle a beaucoup de tendance à s'agglomérer sur quelques points : le frottement du pilon lui donne du poli, et la rend grise, comme il arrive quand on pulvérise le bismuth et l'antimoine. Le sélénium en couches minces est transparent, et doué d'une belle couleur rouge de rubis foncée. Il se ramollit à la chaleur, devient demi-fluide à $+$ 100 degrés, et entre en pleine fusion à quelques degrés au-dessus. Il reste longtemps mou en se refroidissant, et peut alors, comme la cire à cacheter, être tiré en longs fils minces et très-flexibles, qui, lorsqu'on les aplatit un peu, en ayant soin de les conserver minces, montrent mieux que toute autre forme la transparence du sélénium. Ces fils sont, à la lumière réfléchie, gris et doués de l'éclat métallique ; vus à travers le jour, transparents et d'un rouge de rubis.

« Si l'on chauffe du sélénium, presque jusqu'au rouge, dans un appareil distillatoire, il entre en ébullition, et se convertit en un gaz de couleur jaune, moins foncée que celle du soufre gazeux, mais plus que celle du chlore. Ce gaz se condense, dans le col de la cornue, en gouttes noires, qui se réunissent, de même absolument qu'il arrive lorsqu'on distille du mercure.

« Quand on chauffe du sélénium à l'air libre, ou dans de larges vaisseaux, dans lesquels son gaz est refroidi et condensé par l'air qui pénètre du dehors, il se dépose sous la forme d'une poudre ayant la couleur du cinabre, et forme une masse analogue aux fleurs de soufre. Avant de se déposer, il ressemble à une fumée rouge, qui ne porte pas d'odeur sensible. L'odeur de rave ne commence à se faire sentir que quand la chaleur est montée assez haut pour produire l'oxydation.

« Le sélénium n'est point conducteur du calorique. On peut le tenir entre les doigts, et, à quelques lignes de distance, le faire fondre à la flamme d'une bougie, sans sentir la chaleur. Il n'est point non plus conducteur de l'électricité. En mettant un morceau de ce corps, long d'un pouce, sur une ligne de diamètre, en contact avec le conducteur d'une machine électrique, celui-ci donnait des étincelles longues de neuf lignes toutes les fois qu'on approchait du conducteur un excitateur à boule de laiton. Ce même morceau de sélénium ne déchargea l'électricité d'une bouteille de Leyde qu'avec un long sifflement, et, lorsque la charge était forte, une étincelle courait à la surface du sélénium, et opérait la décharge. Mais quand il y avait quelque voie plus courte que la surface du sélénium, l'étincelle la prenait toujours, même lorsque la différence se réduisait à peu de chose. Ainsi donc la décharge électrique paraît ne point être facilitée par le passage de l'étincelle sur la surface du sélénium, comme il arrive avec l'eau, le papier doré et plusieurs autres substances. Je n'ai pas pu, en frottant le sélénium, obtenir des traces d'électricité assez sensibles pour autoriser à le mettre au nombre des corps idioélectriques.

« Le sélénium n'est point dur. Il est rayé par le couteau, cassant comme du verre, et facile à pulvériser.

« J'ai trouvé sa pesanteur spécifique variant entre 4,3 et 4,32. Au reste, il est difficile de la déterminer, parce que ce corps est sujet à contenir des bulles dans son intérieur. Un refroidissement lent et une cassure grenue n'influent point sur sa densité. »

SÉLÉNIURE DE POTASSIUM. *Voy.* Potasse.

SERPENTINE (*ophite*, *néphrite*, etc.). — On emploie certaines serpentines (ou plutôt des matières qu'on nomme ainsi sans trop savoir ce qu'elles sont) en tables, en plaques, en colonnes, qui sont d'un assez joli effet lorsqu'on les choisit convenablement, surtout lorsqu'on prend les variétés diallagiques. Ces matières sont d'autant plus avantageuses qu'elles ont quelquefois les tons de couleurs des roches dures, et qu'elles sont beaucoup plus faciles à travailler.

La pierre ollaire, qu'on nomme aussi communément serpentine, est une matière très-précieuse sous un autre rapport; elle possède naturellement toutes les qualités qu'on cherche à obtenir dans les poteries, et il suffit de la tailler, de la creuser, pour en faire toute espèce d'ustensiles d'un très-bon usage. On en fait des marmites, des poêlons, etc., qui sont à très-bon compte, et qui ont un très-grand débit dans certaines localités. C'est ainsi qu'on emploie cette pierre dans le val Leza, au pied du mont Rose; dans le val Chiavenna, en Corse; à Zœblitz, en Saxe; au Groënland, à la baie d'Hudson, en Chine. Les variétés les plus fines sont employées en cafetières, en théières.

SÉRUM DU SANG. *Voy.* Sang.

SÉSAME. *Voy.* Corps gras.

SESQUICARBONATE D'AMMONIAQUE. *Voy.* Ammoniaque.

SESQUICARBONATE DE SOUDE. *Voy.* Soude et Urao.

SÉVE, son ascension dans les végétaux. *Voy.* Endosmose.

SIDERIDES *(minér.).* — Substances attaquables par l'acide nitrique, soit avant, soit après avoir été calcinées avec la poussière de charbon. Solution précipitant abondamment en bleu par l'hydrocyanate ferruginé de potasse, et ne donnant du reste l'indice d'aucun autre corps électro-négatif.

Les espèces de cette famille sont : le fer plus ou moins pur; le peroxyde de ce métal et son hydrate, et quelques ferrates : les unes sont toujours douées de l'éclat métallique; d'autres ne le prennent que dans quelques cas, et il en est qui ne le possèdent jamais. Elles sont toutes susceptibles d'agir sur l'aimant, soit immédiatement, soit après avoir été calcinées avec la poussière de charbon, ou traitées simplement au chalumeau au feu de réduction.

Cette famille est une des plus importantes sous le rapport des arts, parce qu'elle renferme les matières dont on tire la plus grande partie du fer nécessaire aux arts et aux usages de la vie, et ce métal, comme nous l'avons déjà dit, est le plus important, le plus indispensable de tous. Aussi les minerais de fer, en y comprenant la sidérose (fer spathique), sont-ils les matières les plus productives de tout le régime minéral; ils constituent, avec les combustibles minéraux, la véritable richesse minérale, et les valeurs des produits de ces deux matières l'emportent considérablement sur celle de l'or et de l'argent, dont on a, en général, une si haute idée dans le monde. La valeur des produits annuels en fer brut est évaluée, en Europe seulement, à environ 450 millons de francs. En France, où ce genre d'industrie n'a pas pris encore toute l'extension dont il est susceptible, on compte plus de quatre cents hauts-fourneaux, plus de cent forges catalanes; plus de douze mille ouvriers y sont employés constamment, et plus de cent mille trouvent leur existence dans l'extraction et le transport des minerais et des combustibles. Le revenu total annuel est de plus de 70 millions. Le tableau suivant, dressé en 1831, par Beudant, indique les quantités relatives des produits des usines à fer dans les différents États de l'Europe, en réunissant ensemble la fonte, le fer et l'acier :

En France	2800000 quint.
Angleterre	5000000
Suède.	1500000
Russie.	2000000
Autriche	1100000
Prusse.	800000
Norwége	150000
Saxe	80000
Bavière	130000
Harz, Hesse et rive droite du Rhin	600000
Pays-Bas	480000
Savoie	24000
Piémont	200000
Ile d'Elbe et côtes d'Italie	280000
Espagne	180000
	15324000 quint.

SIDÉROSE (*carbonate de fer*, *fer carbonaté*, *fer spathique*, etc.). — Le carbonate de fer est un minerai important pour la préparation du fer. On a employé de temps immémorial les variétés spathiques, mais on s'est ensuite servi avec le même succès des variétés lithoïdes qui avaient été d'abord méconnues, et qui sont les seules qu'on emploie en Angleterre. Cette espèce de minerai de fer est particulièrement propre au traitement dit à la catalane, qui n'exige que des fourneaux de petite dimension, peu dispendieux, et par le moyen desquels on obtient immédiatement du fer sans passer par l'état préalable de fonte.

SILEX. *Voy.* Quartz.

SILEX PYROMAQUE. *Voy.* Silicique (acide).

SILICATES D'ALUMINE. *Voy.* Aluminium.

SILICATE DE PLOMB. *Voy.* Plomb.

SILICATE DE POTASSE. *Voy.* Potasse, *chlorite*.

SILICATE DE SOUDE. *Voy.* Soude.

SILICIDES. — Corps composés d'oxyde de silicium, soit seul, soit combiné avec divers autres oxydes.

Les substances qui entrent dans la famille des silicides ont un assez grand nombre de caractères physiques communs. Leur dureté est presque toujours considérable ; un grand nombre d'entre elles rayent le quartz qui en fait partie ; presque toutes les autres rayent ou usent le verre ; quelques-unes seulement sont susceptibles d'être rayées par une pointe d'acier ; un très-petit nombre se laissent rayer par l'ongle, ce qui même n'a le plus souvent lieu que pour les variétés désagrégées à l'état terreux.

Les espèces de cette famille appartiennent presque uniquement aux terrains de cristallisation, c'est-à-dire aux dépôts qu'on nomme terrains primitifs et intermédiaires, aux divers dépôts d'amygdaloïdes, et aux terrains d'origine évidemment ignée. Il en est quelques-unes qui constituent à elles seules des roches simples, en couches ou en masses plus ou moins considérables ; d'autres entrent comme parties essentielles des roches composées ; mais la plupart sont disséminées dans les roches cristallines, ou en noyaux dans les amygdaloïdes et les basaltes. En général, il n'y a que la silice pure que l'on rencontre assez fréquemment hors des dépôts de cristallisation, encore y est-elle plutôt à l'état de silex qu'à l'état cristallin.

C'est à la famille des silicides qu'appartiennent la plupart des pierres qu'on emploie dans la bijouterie, à l'exception du diamant, du corindon (rubis et saphir), du spinelle et de la topaze. Il en est qui sont d'un prix très-élevé, telle que l'émeraude du Pérou, quelques variétés de grenat almandin, la cymophane, etc., et d'autres qui sont de peu de valeur et employées seulement pour des parures de moyen ordre. . . . .

SILICIQUE (acide). *Voy.* Silicium.

SILICIUM. — Le nom de silicium vient de *silex*, d'où l'on retire le silicium. C'est, après l'oxygène, le plus abondant de tous les principes constituants de la croûte du globe. On le rencontre aussi, mais seulement en petite quantité, dans le règne organique.

C'est un corps que l'on avait d'abord rangé parmi les métaux, mais que de nouvelles expériences ont fait classer parmi les corps non métalliques ou les *métalloïdes*. Ce corps, combiné à l'oxygène, est abondamment répandu dans le globe, il forme une combinaison qui a été regardée, avant qu'on en connût la composition, comme une terre, et désignée par les anciens chimistes sous le nom de *terre siliceuse, silice, terre vitrifiable*. Le premier nom lui a été donné, parce qu'elle entre dans la composition des silex ou cailloux, dont elle forme la base principale : quant à la dernière dénomination, elle a été empruntée de la propriété dont elle jouit de produire le verre ordinaire par sa fusion avec les alcalis.

En 1807, Davy, après la découverte de la composition de la potasse et de la soude, démontra que la silice était un composé d'oxygène et d'un radical qu'il désigna sous le nom de *silicium*, etc. Dès lors la silice fut regardée comme un oxyde de silicium. Les propriétés électro-négatives de ce composé l'ont fait ranger par les chimistes modernes dans la classe des oxacides, et le nom d'acide silicique est celui sous lequel on le distingue aujourd'hui.

Cet acide existe à l'état de pureté dans le cristal de roche, le quartz ; il constitue la presque totalité de certaines pierres, telles que les agates, les porphyres, les grès, les cailloux, le sable, etc., entre dans la composition de beaucoup de pierres gemmes employées dans la joaillerie, telles que l'*améthyste*, le *rubis spinelle*, l'*émeraude du Pérou*, etc. Dans la plupart de ces composés, l'acide silicique est associé à des oxydes métalliques, dont quelques-uns le colorent diversement, et sont la cause des nuances que présentent ces pierres.

Berzélius est le premier chimiste qui ait pu se procurer une quantité suffisante de silicium pour l'étudier, en décomposant le fluorure double de potassium et de silicium par un excès de potassium. On parvient à cette décomposition en plaçant successivement dans un tube de verre, fermé par un bout, une couche de potassium et une de fluorure de potassium et de silicium parfaitement desséché et alternant jusqu'à ce que le tube soit rempli aux deux tiers. En chauffant avec la flamme d'une lampe à esprit de vin, la réaction a lieu, le potassium s'empare du fluor uni au silicium, et ce dernier s'unit à une portion de potassium. Le résultat est donc un fluorure de potassium et un composé de silicium et de potassium. Lorsqu'on traite la masse par l'eau, le fluorure de potassium est dissous, et le composé de silicium et de potassium se transforme aux dépens d'une partie de l'eau en protoxyde de potassium qui se dissout également, en hydrogène qui se dégage pour la plus grande partie, et en hydrure de silicium qui se précipite sous forme de poudre brunâtre. On recueille ce dernier sur un filtre, on le lave, et, après l'avoir séché, on le chauffe au rouge obscur dans un creuset de platine découvert ; l'hydrogène de l'hydrure de silicium est brûlé par l'oxygène de l'air, et le silicium, qui est moins combustible, reste au fond du creuset, mêlé avec un peu d'acide silicique produit pendant cette calcination. Ce dernier peut être enlevé en faisant digérer le silicium avec de l'acide hydrochlorique faible et le lavant ensuite ; une solution faible de potasse agirait sans doute de la même manière.

Acide silicique (silice, *oxyde de silicium*). — On ne connaît qu'un seul composé de silicium d'oxygène, c'est celui qu'on trouve si abondamment dans la nature, soit à l'état de pureté, soit combiné à d'autres oxydes.

On peut l'extraire des composés naturels qui le contiennent en les traitant par l'oxyde de potassium, qui forme avec l'acide silicique une combinaison fusible et soluble dans l'eau, d'où les acides le séparent aisément à l'état d'hydrate.

C'est sur ce principe qu'est fondée l'extraction de l'acide silicique. On met dans un creuset de terre une partie de sable ou de grès réduit en poudre impalpable, et 3 à 4 parties de potasse caustique (hydrate de potasse), qu'on chauffe jusqu'au rouge : l'oxyde de potassium se combine peu à peu avec l'acide silicique, et forme un composé fusible qu'on peut couler.

En traitant par cinq ou six fois son poids d'eau bouillante cette masse fondue, le sous-silicate de potasse se dissout ; si l'on verse ensuite dans la dissolution de l'acide hydrochlorique jusqu'à ce qu'il y en ait un léger excès, l'acide silicique est précipité en flocons blancs gélatineux, qu'on recueille et qu'on lave à plusieurs reprises. Par leur calcination l'eau est dégagée, et l'acide silicique reste sous la forme d'une poudre blanche.

Propriétés. — L'acide silicique est toujours sous la forme d'une poudre blanche très-fine, sans odeur, sans saveur, n'ayant aucune action sur la teinture de tournesol. Sa densité est de 2,650. Exposé à la plus forte chaleur des fourneaux ordinaires, il est infusible et tout à fait fixe ; on ne peut le fondre qu'à une température très-élevée par des moyens plus puissants ; alors il devient liquide et prend l'aspect de verre.

L'eau n'a aucune action sur cet acide. Les acides même les plus concentrés ne peuvent le dissoudre, à l'exception cependant de l'acide hydrofluorique, qui le décompose et le fait passer à l'état de fluorure de silicium.

Les solutions d'oxyde de potassium et de sodium le dissolvent même à froid et perdent peu à peu leur causticité et la plupart de leurs propriétés, ce qui ne permet pas de douter que l'acide silicique se comporte comme un véritable acide à l'égard des oxydes.

Certains métaux, à une haute température, peuvent décomposer l'acide silicique ; le fer en présence du carbone peut le décomposer, comme Berzelius et Stromeyer l'ont prouvé ; le silicium entre alors en combinaison avec le fer pour former un composé qui se produit naturellement dans les hauts fourneaux, où l'on réduit les mines de fer siliceuses, et qui fait partie constituante de presque toutes les fontes du commerce.

L'acide silicique, d'après la moyenne de plusieurs analyses, est composé, d'après Berzélius, de :

| Silicium | 48,08 ou 1 atome |
| Oxygène | 51,92 ou 3 atomes. |

100,00

Usages. — Cet acide à l'état de pureté n'est employé que dans les laboratoires. Dans les arts, celui que fournit la nature a de nombreux emplois : à l'état de sable pur, il entre dans la composition des glaces et du verre blanc ; des émaux sur la faïence ; à l'état de sable coloré ou impur, il sert pour la fabrication de la grosse verrerie. Mêlé avec la chaux, il constitue cette préparation connue

sous le nom de *mortier*, dont on fait un usage fréquent dans les constructions. Dans quelques travaux métallurgiques, il sert aussi comme fondant.

Les différentes variétés naturelles de cet acide et ses combinaisons ont des usages multipliés ; les pierres à feu, les pierres à fusil, sont faites avec une pierre presque entièrement formée d'acide silicique, et que les minéralogistes désignent sous le nom de *silex pyromaque*. La variété si nombreuse connue sous le nom d'*agate* sert à la fabrication de vases, d'ornements et de bijoux, etc. L'améthyste, l'opale, la cornaline, sont aussi des variétés très-employées pour la confection d'objets de luxe.

Fluorure de silicium (gaz fluosilicique). — Le fluorure de silicium a été découvert par Scheele, en 1771. C'est ce composé qu'il obtint en traitant le spath fluor dans une cornue de verre par l'acide sulfurique, et auquel il donna alors le nom d'*acide fluorique* ; il avait remarqué qu'il contenait de la silice (acide silicique).

SILLIMANITE (dédiée par M. Bowen à M. Sillimane). — Ce minéral n'a été trouvé que dans une seule localité, dans une veine de quartz traversant le gneiss, dans le Connecticut.

SMALTINE (servant à la préparation du smalt. ; syn. : *cobalt arsénical*, etc.) — Cette matière est employée, comme la cobaltine, pour en fabriquer l'oxyde de cobalt, qui sert à colorer les émaux et les verres en bleu, ou pour en préparer immédiatement l'espèce de verre bleu désignée sous le nom de smalt. La quantité de ce minéral exploitée en Europe peut s'élever à 20,000 quintaux, dont la valeur est à peu près de 1 million, et qui, convertis en oxyde, en smalt, en verre bleu de toute espèce, donnent un produit de 3 millions. Il en existe peu en France ; mais il n'en serait pas moins intéressant d'en tirer parti, au lieu d'envoyer annuellement 300,000 francs à l'étranger pour cet objet.

SMITHSONITE (*zinc carbonaté, calamine*). — Le carbonate de zinc a été pendant longtemps confondu avec le silicate sous le nom de calamine, et c'est à M. Smithson que nous devons la distinction. Cette substance est exploitée avec la calamine, soit pour la préparation du laiton, soit pour la préparation même du zinc.

SODIUM (de *soda*, nom d'une plante d'où on l'extrait). — Ce métal, qui forme la base de la soude, a été découvert peu de temps après le potassium par Davy, en soumettant cette substance aux mêmes expériences que celles qui l'ont conduit à la décomposition de la potasse. Il reconnut qu'elle était, comme la potasse, composée d'oxygène et d'une base métallique, à laquelle il donna le nom de *sodium*.

On peut obtenir ce métal, qui a beaucoup d'analogie avec le potassium, en décomposant la soude par l'électricité, ou par le fer à une haute température : mais les décompositions présentent plus de difficulté, la tension électrique doit être plus grande et la température beaucoup plus élevée que pour préparer le potassium.

Gay-Lussac et Thénard ont même remarqué que la décomposition de la soude par le fer ne pouvait bien se faire qu'autant qu'elle renfermait un ou deux centièmes de potasse.

Le sodium ressemble beaucoup au potassium par ses propriétés physiques ; il est solide à la température ordinaire, mou et ductile comme de la cire. Son éclat est très-prononcé et tient le milieu entre celui de l'argent et du plomb. Il est bon conducteur de l'électricité. Sa densité à $+ 15°$ est de 0,972. — Soumis à l'action de la chaleur, ce métal entre en fusion à $+ 90°$; il n'est volatilisé qu'à une très-haute température.

· L'air et le gaz oxygène sec n'altèrent que faiblement le sodium à la température ordinaire, mais à chaud l'action est vive ; à peine le métal est-il fondu qu'il brûle avec un grand éclat, et se convertit en un oxyde jaunâtre, si la combustion a lieu dans un excès de gaz oxygène. — Mis en contact avec l'eau, le sodium la décompose sur-le-champ, en absorbant l'oxygène et mettant en liberté le gaz hydrogène ; mais ce dernier ne s'enflamme pas à l'air comme celui qui se développe par l'action du potassium sur l'eau, sans doute parce que la température est moins élevée. On trouve dans l'eau le protoxyde de sodium qui a été formé. Lorsque l'eau est rendue visqueuse par une certaine quantité de gomme, le sodium qu'on y projette s'enflamme à sa surface, d'après l'observation de Sérullas. Cet effet est dû sans doute à ce que la viscosité de la liqueur, en diminuant les mouvements du métal, l'empêche de se refroidir au-dessous du point où le gaz hydrogène dégagé s'enflamme à l'air.

SOIE. — Plusieurs larves d'insectes, avant de se métamorphoser en chrysalides, s'entourent d'un tissu filamenteux, qui les met à l'abri de tout contact immédiat. On distingue dans le nombre les chenilles des phalènes, et, avant toutes, celles du ver à soie, *phalœna bombyx mori*, dont on recueille le tissu, ce qui forme une branche importante d'industrie dans beaucoup de pays. La masse de la soie se trouve dans le corps de la chenille, sous la forme d'un liquide visqueux, susceptible d'être tiré en fils qui durcissent à l'air. Plongé dans de l'eau à laquelle on a ajouté une petite quantité d'acide libre, ce liquide se prend en une masse qui semble être feutrée de petits filaments blancs. A mesure que la chenille l'émet sous forme de fils, une portion se solidifie en un fil de soie simple, qui, en se contractant, fait exsuder en même temps un liquide, qui se dessèche à leur surface en y laissant les matières animales qu'il tient en dissolution ; de là résulte que le fil se trouve couvert d'un vernis, qui donne une couleur jaune à certaines sortes de soie. Ce vernis s'élève à un quart du poids de la soie écrue. Roard a trouvé que l'alcool à 0,829, bouilli

avec de la soie écrue, en extrait une matière qui ressemble à de la cire et une autre résinoïde. La cire se précipite par l'évaporation, et l'alcool se prend souvent par là en un magma bleuâtre, quoiqu'il ne tienne que très-peu de chose en dissolution. En filtrant cette masse, il reste une substance analogue à de la cire, qui fond entre 75 et 80°, en devenant noire, et qui est soluble dans 2000 parties d'alcool froid et 300 à 400 d'alcool bouillant,

On ne peut évaluer aujourd'hui à moins de 100 millions le produit de nos magnaneries et de nos filatures, et cependant les besoins de la consommation vont bien au delà. Tous les ans la douane constate encore une entrée de 60 millions de soies étrangères pour le seul besoin de nos fabriques ; c'est donc une valeur totale de 160 millions de matière première que nos fabricants de soieries mettent en œuvre dans une seule campagne industrielle. Si l'on transforme maintenant en tissus de toutes sortes les 160 millions de soie encore en écheveaux, on arrive à conclure qu'on ne peut porter à moins de 400 millions la valeur réelle de cet unique produit de notre industrie nationale.

Il y a quinze ans, la France comptait à peine une vingtaine de départements séricicoles ; aujourd'hui il y en a soixante-quatre qui cultivent le mûrier et produisent plus ou moins de soie. Ce rapide essor est principalement dû aux efforts des gens de science, et surtout à Camille Beauvais et Darcet, qui, en construisant des magnaneries salubres, ont permis aux départements du Nord de se livrer à l'élève du ver à soie avec autant et plus de succès, peut-être, que les départements du midi.

SOLANINE. — M. Desfosses, pharmacien à Besançon, en examinant le suc retiré par expression des baies de morelle noire (*solanum nigrum*), a obtenu, par la saturation avec l'ammoniaque, un précipité floconneux grisâtre, d'où il a extrait par l'alcool bouillant une matière alcaline particulière, à laquelle il a donné le nom de *solanine*. Cet alcali est en combinaison dans le suc de cette plante avec l'acide malique.

Cet alcali a été trouvé dans plusieurs espèces de morelle, dans le *solanum mammosum*, par M. Morin, et dans le *solanum verbascifolium*, par MM. Payen et Chevalier. M. le docteur Otto a constaté l'existence de cet alcali dans les germes de la pomme de terre, ce qui explique les propriétés nuisibles remarquées sur les bestiaux qui en avaient mangé.

SOLEIL (*helianthus*). *Voy.* HUILES.
SOLIDIFICATION DES GAZ. *Voy.* GAZ.
SOUCI. *Voy.* MUCILAGE VÉGÉTAL.
SOUDE (*soude caustique, hydrate de soude, alcali minéral, natron, protoxyde de sodium*). — Il existe une si grande ressemblance entre la potasse et la soude, qu'il est difficile de distinguer l'une de l'autre. Les propriétés alcalines, la saveur, la causticité, etc., sont un peu moins marquées dans la soude que dans la potasse. Comme la potasse, la

soude contient toujours au moins 1 éq. d'eau, qu'on ne peut lui enlever qu'au moyen d'un acide qui se substitue à l'eau (1).

On distingue deux espèces de soudes, les *soudes naturelles* et les *soudes artificielles.* On désigne sous le nom de *soudes naturelles* le carbonate de soude impur, résidu de l'incinération de certaines plantes venues sur les bords de la mer ou dans des terrains salés.

En France, ce sont plus particulièrement, parmi les chénopodées, les genres *chenopodium, atriplex, portulacoïdes, salsolatragus* et *salsola-kali, salicornia annua,* qui fournissent la soude de Narbonne ou *salicor,* et la soude d'Aigues-Mortes ou *blanquette.* Les soudes brutes, obtenues de la *barille* cultivée sur les côtes d'Espagne, sont très-estimées dans le commerce, et se vendent sous les noms de soudes d'Alicante, de Malaga, de Carthagène.

Parmi les ficoïdées qui fournissent des soudes commerciales, on cite les genres *reaumuria nitraria, tetragonia* et *mesembrianthemum cristallinum.* Cette dernière plante renferme sur toutes ses ramifications et ses feuilles des glandes remplies d'une solution blanche, diaphane, alcaline, d'oxalate de soude ; ce sel, dont l'acide est décomposé pendant l'incinération, laisse en résidu sa base unie à l'acide carbonique.

Extraction. — Cette opération est fort simple : on coupe les plantes avant qu'elles soient parvenues au terme de leur végétation ; on les étend sur le sol pour les dessécher, puis on les met en tas, et lorsque l'approvisionnement de matière sèche est suffisant, on procède à l'incinération. A cet effet, on creuse dans le sol des fosses circulaires de 1 mètre ¼ de diamètre et de 1 mètre de profondeur, dans lesquelles on allume, avec les débris les plus secs, un feu que l'on alimente en ajoutant peu à peu les matières desséchées, et en ayant le soin d'aérer la masse de façon à faire brûler toutes les parties le mieux possible. Lorsque la fosse est à demi ou aux trois quarts remplie de cendre agglomérée partiellement fondue, on laisse refroidir, puis on casse la masse à coups de merlin ; les morceaux, mis et tassés dans des barils, sont immédiatement livrables au commerce.

Soude artificielle. — A peine les arts chimiques commençaient-ils à s'éclairer au flambeau de la science, que tout d'un coup les nombreuses matières premières, tirées de l'étranger pour diverses industries, cessèrent de pénétrer en France. En 1792, la France mise au ban des nations, attaquée de toutes parts, manquait des agents matériels propres à sa défense, alors que l'industrie manquait elle-même de ses moyens habituels de

travail et des matières premières qui eussent pu fournir les produits indispensables à la confection des armes et de la poudre de guerre, au blanchissage, à la teinture, etc. Ce fut précisément dans cette nécessité suprême que les plus grandes améliorations manufacturières prirent leur source.

Les arts chimiques, auxquels toutes les industries empruntent des secours, ne furent pas seulement perfectionnés, il fallut encore étendre leur domaine, car toutes les conditions d'existence étaient changées ; bientôt la fièvre du travail s'emparant de nos ateliers, cette immense crise fit jaillir de notre territoire le soufre extrait des pyrites, l'alun fabriqué à l'aide des pyrites alumineuses ; le salpêtre, dont l'élément azotique se trouvait dans les vieilles murailles et les terres des écuries, enfin la soude artificielle tirée du sel marin.

Les armées flottantes de nos plus puissants ennemis ne purent empêcher l'Océan et la Méditerranée, qui les portaient, de nous fournir en abondance l'élément minéral que la science apprenait à engager dans des combinaisons nouvelles, à substituer à la base alcaline, la potasse, dont la fabrication du salpêtre utilisait aussitôt les quantités devenues disponibles.

A leur tour, les nations, qui avaient cru pouvoir anéantir notre industrie et notre commerce, furent obligées, plus tard, d'emprunter, pour se soutenir elles-mêmes, les grands moyens d'action que le génie avait enfantés.

L'un des plus importants de ces moyens fut la fabrication de la soude, et, chose bien remarquable, entre les six procédés ingénieux proposés par autant de manufacturiers habiles, un seul fut signalé par une commission scientifique comme pouvant résoudre le problème. Cette découverte s'est conservée intacte au milieu de la multitude de transformations des autres arts chimiques, et elle forme encore aujourd'hui, en France comme dans l'Europe, la base des industries soudières qui livrent annuellement chez nous, au commerce ou à l'industrie, 70 millions de kilogr. de soude brute, ou son équivalent en sels de soude.

Leblanc, l'auteur justement célèbre de ce procédé, préparait d'abord le sulfate de soude en décomposant le sel marin par l'acide sulfurique. Pour transformer ensuite le sulfate en carbonate, qui devait remplacer la plus grande partie des soudes et potasses étrangères, il imagina d'ajouter de la *craie* (carbonate de chaux) au mélange de sulfate et de charbon qu'on avait essayé dans le même but.

Ce dernier mélange, soumis à une calcination, n'avait pu produire en effet qu'un monosulfure de sodium peu propre aux usages précités.

L'addition du carbonate de chaux devait résoudre le problème : il fallut alors déterminer non-seulement les doses convenables pour la décomposition, mais encore l'excès utile, indispensable même, qui seul pouvait

(1) On prétend que cet alcali fut découvert par des marchands que la tempête avait jetés à l'embouchure du fleuve Bélus, en Syrie, lesquels ayant fait cuire leurs aliments avec des kali, les cendres qui en résultèrent, mêlées avec du sable, donnèrent par la fusion une matière vitreuse. Jusqu'à Bergmann, la soude a été confondue avec la potasse

rendre insoluble le sulfure en formant une combinaison double, ignorée alors (oxysulfure de calcium).

La soude brute est pour la plus grande partie destinée : 1° au *raffinage;* 2° à la *fabrication du savon;* 3° au *blanchissage du linge;* 4° à la *confection des bouteilles en verre brun verdâtre.*

Sulfure de sodium. — Il se prépare comme celui de potassium pour les usages de la médecine ; on le forme en calcinant le sous-carbonate de soude desséché avec la fleur de soufre. Il jouit des mêmes propriétés médicinales que celui de potassium et s'emploie sous la même forme. Voy. *Sulfure de potassium,* au mot POTASSE.

SELS A BASE DE PROTOXYDE DE SODIUM OU SELS DE SOUDE.

Les sels de soude sont, en général, plus solubles que les sels à base de potasse ; ils sont incolores, d'une saveur salée et amère ; leur solution concentrée n'est point précipitée par les carbonates solubles, ce qui les distingue des sels de lithium, ni par le chlorure de platine et le sulfate d'alumine, ce qui les différencie des sels à base de potasse.

Carbonate neutre de soude. — Ce sel existe tout formé en solution dans l'eau de plusieurs lacs de l'Egypte, de la Hongrie et de l'Amérique ; il s'obtient par l'évaporation spontanée, et est désigné dans le commerce sous le nom de *natron.* On le trouve dans quelques eaux minérales et dans les cendres de tous les végétaux qui croissent sur les bords de la mer. C'est à ce dernier produit qu'on donne, dans le commerce, le nom impropre de *soude.*

La soude du commerce, qui porte le nom du pays où elle a été faite, se présente en une masse compacte à demi fondue, formée en proportions diverses de carbonate de soude, de sulfate de soude, de chlorure de sodium, de carbonate de chaux, de silice, d'alumine, d'oxyde de fer et de charbon ; elle se prépare avec différentes plantes salées, telles que la *barille,* le *salsola kali,* le *salicornia europœa,* le *salsolatragus.* Après les avoir fauchées, on les sèche et on les brûle en plein air, vers la fin de l'été, dans des fossés pratiqués sur le bord de la mer.

Le titre des différentes soudes du commerce est établi sur la quantité réelle de carbonate de soude, et peut être évalué par le même procédé que celui employé pour déterminer le titre des potasses. C'est en raison de la plus grande quantité de carbonate de soude que les soudes d'Alicante, de Malaga, sont plus estimées que les soudes préparées en France sur les côtes de la mer.

Pendant longtemps on a retiré le carbonate de soude des soudes du commerce, en les lessivant, faisant évaporer et cristalliser la solution ; mais depuis qu'on est parvenu à obtenir pour la première fois en France, par des procédés chimiques, une soude artificielle, c'est de celle-ci qu'on l'extrait au-

jourd'hui en plus grande quantité, et d'une manière plus économique.

Propriétés. — Le carbonate de soude cristallise en prismes rhomboïdaux, ou en pyramides quadrangulaires à sommets tronqués et appliqués base à base. Ce sel a une saveur âcre légèrement caustique; exposé à l'air, il s'effleurit promptement en perdant une partie de son eau de cristallisation ; à une chaleur peu élevée, il entre en fusion, se boursoufle, se dessèche ensuite, et éprouve la fusion ignée à une température rouge sans se décomposer. Il renferme 62,69 pour 100 d'eau combinée. L'eau à + 15° en dissout deux fois son poids, et l'eau bouillante une plus grande quantité.

Ce sel est très-employé dans les arts ; il sert pour la confection du verre blanc, des glaces, des savons durs, etc.

Sesquicarbonate de soude. — Ce sel se rencontre en solution dans l'eau de plusieurs marais dans les Indes orientales ; on le trouve aussi dans certains lacs de natron en Hongrie ; il cristallise par évaporation spontanée. On le trouve également en Afrique, dans la province du Surena, près du Fezzan, et il est désigné par les habitants de cette contrée sous le nom de *trona.* Il se présente en une masse solide striée, très-dure et inaltérable à l'air, quoique renfermant 20 pour 100 d'eau de cristallisation. Ce sel contient une fois et demie autant d'acide carbonique que le carbonate neutre.

Bicarbonate de soude. — On le trouve en solution dans les eaux de Vichy et du Mont-Dor. Il se prépare artificiellement en sursaturant le carbonate de soude d'acide carbonique par le procédé que nous avons décrit pour obtenir le bicarbonate de potasse.

Ce sel est employé comme réactif dans les laboratoires. Des expériences récentes, tentées par M. Robiquet, ont prouvé l'utilité de ce sel dans le traitement de la gravelle. Sa dose est de 5 grammes par litre d'eau, qu'on réitère pendant plusieurs jours, en combinant à ce traitement un régime approprié. En raison de l'influence marquée qu'il exerce sur les fonctions de l'estomac, il a été conseillé par Darcet comme un des plus innocents digestifs que l'on connaisse ; aussi entre-t-il dans la composition des pastilles dites digestives.

Phosphate de soude. — Ce sel ne se rencontre qu'en solution dans plusieurs liqueurs animales, telles que le sang et l'urine humaine; on le forme directement en saturant, par la soude ou le carbonate de soude, l'excès d'acide du phosphate acide de chaux retiré des os ; en évaporant et concentrant la liqueur, le phosphate de soude cristallise facilement du jour au lendemain.

Le phosphate de soude calciné éprouve une modification telle dans la disposition de ses molécules, qu'il précipite en blanc le nitrate d'argent. Sous cet état on le désigne sous le nom de pyrophosphate de soude.

Usages. — Le phosphate de soude est employé à la dose d'une once à deux comme purgatif doux ; il est souvent préféré aux autres sels de soude, parce qu'il purge sans produire de tranchées. Il sert dans les laboratoires pour obtenir quelques autres phosphates insolubles.

Nitrate de soude. — Ce sel, désigné autrefois sous le nom de *nitre cubique*, a été découvert, il y a quelque temps, au Pérou, près du port de Yquiqui ; on le trouve en couche épaisse d'une grande étendue sous une terre argileuse. On l'obtient dans les laboratoires en saturant le carbonate de soude par l'acide nitrique. Il est blanc, d'une saveur fraîche et piquante, et cristallise en prismes rhomboïdaux anhydres, qui sont un peu déliquescents à l'air. L'eau à $+ 15°$ en dissout $\frac{1}{4}$ de son poids. MM. Bottée et Riffault ont substitué ce nitrate à celui de potasse dans le dosage du mélange de la poudre à canon, mais cette poudre est difficile à s'enflammer, et brûle lentement.

La grande quantité de ce sel qui est versée dans le commerce, son prix moindre que celui du nitre, le font employer avec avantage dans la préparation de l'acide nitrique et dans celle du chromate de plomb. Il remplacerait le nitre de potasse dans la plupart des opérations où ce sel est usité.

Chlorite de soude. — Ce chlorite se prépare comme le chlorite de potasse, dont il possède toutes les propriétés.

On le connaît dans les officines sous le nom de *liqueur de Labarraque*, du nom du pharmacien qui en a préconisé l'usage comme désinfectant ; on peut remplacer toujours ce chlorite par ceux à base de chaux et de potasse.

Silicate de soude. — Ce sel se produit comme le silicate de potasse. A l'état de silicate bibasique, il est soluble dans l'eau et se comporte comme le sous-silicate de potasse. La solution de ce sel, désigné sous le nom de *verre soluble*, dont on empreint le bois, les papiers et les étoffes, les rend difficiles à enflammer et incapables de propager le feu. On s'en est déjà servi à Munich pour les décorations du théâtre de cette ville.

Le sursilicate de soude, fondu et mêlé avec une plus ou moins grande quantité de silicates terreux et métalliques, fait la base du verre ordinaire.

Fabrication de la soude au moyen du sel commun ; son importance pour le commerce et l'industrie. — « On peut regarder, dit Liebig, la fabrication de la soude, au moyen du sel commun, comme la cause et le principe de l'essor extraordinaire que l'industrie moderne a pris dans toutes les directions. Cette fabrication fournit, à mon avis, un exemple sensible et frappant de la connexion intime qui existe entre les branches de commerce et d'industrie les plus diverses. Elle est en outre une preuve évidente de l'influence que les progrès de la chimie exercent sur toutes les industries.

« Le sous-carbonate de soude ou l'élément principal qui entre dans la composition de ce sel, la soude, est depuis un temps immémorial employé en France dans les manufactures de verre et de savon, deux produits de

la chimie industrielle qui, à eux seuls, mettent en circulation des masses énormes de capitaux.

« La quantité de savon que consomme une nation peut servir à mesurer le degré de son opulence et de sa civilisation. Les économistes refuseront probablement d'accorder une pareille importance au savon. Mais que l'on prenne au sérieux ou que l'on tourne en plaisanterie ma manière de voir, peu importe. Il n'en est pas moins positif que, si l'on compare deux pays également peuplés, on trouvera plus de richesse, plus de bien-être, plus de civilisation dans celui où se fera la plus grande consommation de savon. En effet, l'usage du savon n'est pas une affaire de mode ou de sensualité : il est intimement lié à l'amour du beau, du bien-être et du comfort, qui accompagne toujours celui de la propreté. Or, les peuples que de tels goûts sollicitent sont toujours les plus avancés sous le rapport de l'aisance et de la civilisation. Au moyen âge, où l'usage du savon était inconnu, les gens riches savaient, à l'aide de parfums très-coûteux, déguiser les exhalaisons peu agréables qui émanaient de leur corps et de leurs vêtements ; ils déployaient plus de luxe que nous dans leurs festins, dans leurs vêtements et dans leurs chevaux. Cependant quelle différence entre cette époque et la nôtre, où le manque de propreté est le signe le plus évident de la pauvreté et de la misère la plus affreuse !

« Tous les produits manufacturiers représentent une valeur en argent, un capital quelconque. Pour quelques-uns, ce capital disparaît absolument de la circulation et a besoin d'être sans cesse renouvelé. Le savon appartient à cette catégorie peu nombreuse. De même que le suif et l'huile qui servent à l'éclairage, il est complétement détruit par l'usage, et il n'en reste rien qui représente une valeur, quelque faible qu'on la suppose. Avec des morceaux de verre cassé, on peut encore acheter des carreaux de vitres ; avec de vieux chiffons, on peut se procurer des habits neufs ; mais l'eau de savon n'a aucune espèce de valeur. Il serait fort intéressant de connaître d'une manière exacte le montant des capitaux mis en circulation par les manufactures de savon ; car il est certainement aussi considérable que celui que met en circulation le commerce du café, avec cette différence, toutefois, qu'en Allemagne nous tirons entièrement de notre sol les capitaux employés à la fabrication du savon. »

Anciennement, la France importait annuellement d'Espagne pour 20 à 30 millions de francs de soude ; car la soude d'Espagne était la meilleure. Pendant toute la durée de la guerre avec l'Angleterre, le prix de la soude, et par conséquent celui du savon et du verre allèrent sans cesse en augmentant. Les manufactures françaises eurent donc considérablement à souffrir de cet état de choses. Ce fut alors que Leblanc découvrit les moyens d'extraire la soude du sel commun. Ce procédé fut pour la France une source de richesses ; seulement l'inventeur ne reçut pas le grand prix que Napoléon avait proposé pour cette découverte, car sur ces entrefaites arriva la restauration qui ne voulut pas reconnaître cette dette ; elle en avait de plus pressantes à acquitter, et ainsi la dette contractée envers Leblanc se trouva prescrite.

La fabrication de la soude prit fort rapidement une extension extraordinaire en France ; mais naturellement elle se développa surtout aux lieux où se trouvaient déjà les manufactures de savon. Marseille posséda à la fois, quoique seulement pour peu de temps, le monopole de ces deux fabrications. La haine d'une population irritée d'avoir perdu sous Napoléon sa principale source de richesses, le commerce de la soude, profita, par une rare réunion de circonstances, au gouvernement royal.

Pour fabriquer du carbonate de soude (car c'est à ce sel que dans le commerce l'on donne purement et simplement le nom de soude) avec le sel marin, on commence par transformer ce dernier en sel de glauber ou, en d'autres termes, en sulfate de soude. Pour convertir ainsi en sulfate de soude cent livres de sel commun, il faut, en moyenne, quatre-vingts livres d'acide sulfurique concentré. Il est facile de voir que, sitôt que le sel marin fut tombé au plus bas prix possible, ce à quoi le gouvernement se prêta très-volontiers, ce fut le prix de l'acide sulfurique qui détermina celui de la soude.

La demande d'acide sulfurique augmenta alors d'une manière incroyable. En conséquence, de tous côtés les capitaux se portèrent vers une industrie qui donnait de magnifiques bénéfices. On étudia avec toute l'exactitude possible l'origine et la formation de l'acide sulfurique, et, d'année en année, on découvrit des méthodes meilleures, plus simples, et plus économiques pour fabriquer cet acide. A chaque nouveau perfectionnement, on vit le prix de l'acide baisser, et sa consommation augmenter en proportion.

Actuellement on fabrique l'acide sulfurique dans des chambres de plomb qui sont tellement vastes qu'elles pourraient aisément contenir une maison ordinaire composée de deux étages. Quant aux procédés et aux appareils que l'on emploie dans cette fabrication, ils sont arrivés à ce point qu'il est presque impossible de les perfectionner davantage. Naguère les lames de plomb, qui servent à construire les vastes chambres dont nous venons de parler, devaient être soudées avec du plomb, attendu que l'acide sulfurique corrode l'étain et la soudure ordinaire (mélange de plomb et d'étain). Cette manière d'unir ensemble les feuilles de plomb était presque aussi dispendieuse que les lames métalliques elles-mêmes. Mais aujourd'hui que l'on se sert à cet effet du chalumeau à gaz oxygène et hydrogène, un enfant peut unir les feuilles de plomb les unes avec les autres par la simple fusion de leurs bords.

Revenons au procédé. Suivant les indications de la théorie, avec cent livres de soufre on devrait obtenir trois cent six livres d'acide sulfurique ; mais on n'en obtient que trois cents. La perte n'est donc pas considérable et ne vaut pas la peine qu'on s'en occupe.

Indépendamment du soufre, il est une autre substance qui exerçait jadis une grande influence sur le prix de revient de l'acide sulfurique. Cette substance, qui est absolument indispensable à la fabrication de l'acide, n'est autre que le salpêtre. Il ne fallait, il est vrai, que cent livres de salpêtre pour mille livres de soufre ; mais malheureusement le salpêtre coûtait quatre fois plus qu'un égal poids de soufre. Aussi cet état de choses n'a pas duré longtemps.

Des voyageurs avaient remarqué, près du petit port d'Yquiqui, dans le district d'Atakama au Pérou, de puissants amas de sels. L'analyse chimique démontra qu'ils étaient principalement composés de nitrate de soude. Le commerce qui, avec ses bras de polype, enserre le globe tout entier et cherche partout de nouveaux aliments pour l'industrie, tira bien vite parti de cette découverte. On trouva là une mine inépuisable de ce sel précieux : car il forme des couches qui couvrent une surface de plus de quarante milles allemands carrés. On en apporta en Europe des quantités considérables : le fret était de plus de moitié moins élevé que celui du salpêtre de l'Inde (nitrate de potasse). Or, comme dans la fabrication chimique de l'acide sulfurique on n'avait besoin ni de soude ni de potasse, mais seulement de l'acide nitrique qui se trouve combiné avec l'alcali, le nitrate de soude d'Amérique supplanta immédiatement le nitrate de potasse de l'Inde. Ce dernier se trouva complétement exclus du marché. La fabrication de l'acide sulfurique reçut une nouvelle impulsion par l'effet de cette découverte, et son prix diminua considérablement sans aucun dommage pour les fabricants. Depuis cette époque, à part les fluctuations causées pendant quelque temps par l'interdiction de l'exportation du soufre de la Sicile, le prix de l'acide sulfurique est resté à peu près stationnaire.

Il est actuellement aisé de s'expliquer pourquoi la demande du salpêtre (nitrate de potasse) a baissé aussi prodigieusement : c'est qu'à cette heure il n'est plus employé que dans la fabrication de la poudre à canon. Ainsi donc, si les gouvernements font une économie de plusieurs centaines de mille francs par an sur le prix de revient de la poudre à canon, c'est à la fabrication de l'acide sulfurique qu'ils en sont redevables, puisque les manufacturiers ne leur font plus concurrence pour le nitrate de potasse.

Pour se faire une idée de la quantité d'acide sulfurique qui se consomme, il suffit de savoir qu'une petite fabrique de cet acide en verse dans le commerce cinq cent mille livres pesant par année : une fabrique d'une certaine importance en produit deux millions. Enfin il est des manufactures qui fabriquent annuellement jusqu'à six millions de livres d'acide sulfurique

La fabrication de l'acide sulfurique vaut chaque année à la Sicile des sommes immenses. Elle a introduit l'industrie et le bien-être dans les districts incultes d'Atakama. Elle est encore une source de richesses pour la Russie en lui offrant un débouché pour son platine; car les cuves qui servent à la concentration de l'acide sulfurique sont en platine, et chaque cuve coûte de vingt-cinq à cinquante mille francs. Si notre verre devient chaque jour plus beau et cependant baisse de prix; si notre savon est devenu excellent, c'est qu'à cette heure on ne se sert plus de cendres, mais de soude dans leur fabrication. Maintenant ces cendres sont employées à fertiliser nos champs et nos prairies, dont elles forment l'engrais le plus utile et le plus précieux.

Il nous est impossible, dans le cadre que nous nous sommes tracé, de suivre dans toutes leurs ramifications cette merveilleuse série d'améliorations et de perfectionnements que les progrès d'une seule branche de la chimie appliquée ont provoqués dans une multitude d'industries différentes. Cependant nous croyons encore utile d'appeler l'attention du lecteur sur quelques-uns des plus immédiats et des plus importants résultats de la fabrication actuelle de l'acide sulfurique. Nous venons de dire que le sel marin (chlorure de soude) doit être transformé en sel de Glauber (sulfate de soude) avant de pouvoir servir à la fabrication de la soude du commerce. En traitant convenablement le sel commun par l'acide sulfurique, on obtient du sulfate de soude. Dans cette première partie de l'opération, il se produit, par l'action de l'acide sulfurique, une quantité considérable d'acide chlorhydrique fumant qui égale depuis une et demie jusqu'à deux fois le poids de l'acide sulfurique employé, quantité énorme lorsqu'on la considère dans sa totalité. D'abord les bénéfices que donnait la fabrication de la soude étaient si considérables que l'on ne se donnait pas la peine de recueillir l'acide chlorhydrique. Ce produit accessoire n'avait alors aucune valeur commerciale. Cependant cet état de choses changea bientôt, car on découvrit une multitude d'applications utiles de cet acide.

L'acide chlorhydrique est une combinaison de chlore et d'hydrogène. Aucun corps ne donne de chlore plus pur et à meilleur marché que l'acide chlorhydrique. L'application du chlore au blanchiment des étoffes était connue depuis fort longtemps, mais nulle part on ne l'avait encore employée sur une grande échelle. C'est seulement quand on eut songé à extraire le chlore de l'acide chlorhydrique, quand on eut découvert que, combiné avec la chaux, il pouvait se transporter sans inconvénient à des distances considérables, que l'on commença à l'appliquer au blanchiment des étoffes de coton. On vit alors l'industrie cotonnière prendre un développement prodigieux. Sans ce nouveau procédé de blanchiment à l'hypochlorite de chaux, il aurait été impossible aux manufactures de coton de la Grande-Bretagne de s'accroître d'une

façon si extraordinaire et d'arriver au point où nous les voyons aujourd'hui. L'Angleterre n'aurait pu soutenir longtemps la concurrence de l'Allemagne et de la France, à cause de l'immense étendue de terrain que nécessitait l'ancien procédé. En effet, dans l'ancien système, il fallait avant tout un vaste champ ou une prairie convenablement située. Chaque pièce d'étoffe devait être exposée pendant plusieurs semaines à l'air et à la lumière. Des ouvriers étaient constamment occupés à entretenir ces étoffes dans un état d'humidité convenable. Ces opérations ne pouvaient donc se faire que pendant l'été. Maintenant un seul établissement, celui de Walter Crums, dans le voisinage de Glascow, établissement qui pourtant n'est pas très-considérable, blanchit chaque jour quatorze cents pièces de coton, et cela pendant toute la durée de l'année. Je laisse à juger de l'étendue de terrain qui serait nécessaire à cet établissement pour blanchir, par l'ancien procédé, la prodigieuse quantité de pièces qu'il livre chaque année aux fabricants. Quelles sommes coûterait l'achat de ce terrain dans le voisinage d'une ville riche et populeuse! Les intérêts seuls de ce capital seraient si élevés qu'ils feraient énormément hausser les prix des étoffes, tandis que cette influence serait beaucoup moins sensible en Allemagne qu'en Angleterre.

A l'aide de l'hypochlorite de chaux, on blanchit les cotonnades en peu d'heures et à fort peu de frais. Indépendamment de cet avantage, les pièces d'étoffes souffrent beaucoup moins entre les mains d'ouvriers habiles et intelligents que par le blanchiment dans les prairies. Déjà même aujourd'hui, en Allemagne, les paysans de quelques localités ont adopté le blanchiment par le chlore et ils y trouvent leur avantage.

Parmi les nombreuses applications que l'on a faites de l'acide chlorhydrique, grâce à la vileté de son prix, nous en citerons une qui paraîtra une industrie assez singulière : c'est la fabrication de la colle que l'on retire des os. Les os sont composés d'une base terreuse (phosphate de chaux) et de gélatine. Ils contiennent en moyenne 30 à 36 p. 100 de cette dernière substance. Comme la matière calcaire des os se dissout aisément dans l'acide chlorhydrique affaibli et que cet acide n'attaque pas sensiblement la gélatine, on fait macérer les os dans de l'acide chlorhydrique dilué, jusqu'à ce qu'ils soient devenus transparents et flexibles comme le cuir le plus souple. Alors on a des morceaux de gélatine qui ont exactement la forme des os dont ils formaient la trame organique. On retire ces morceaux, on les lave avec soin pour les débarrasser de l'acide qui peut encore y adhérer, et on les fait dissoudre dans de l'eau chaude. On obtient ainsi, sans autre manipulation, de la colle bonne pour tous les usages possibles.

Nous serions coupable de passer ici sous silence une des applications les plus importantes de l'acide sulfurique. Nous voulons parler de l'affinage de l'argent, et de la séparation de l'or dont il existe toujours quelques parcelles dans l'argent natif. On donne le nom d'affinage de l'argent aux opérations au moyen desquelles on purifie ce métal précieux, en lui enlevant le cuivre qu'il contient. L'argent que l'on extrait des mines contient, pour un poids de 16 onces, 6 à 8 onces de cuivre. Notre monnaie et nos bijoux d'argent contiennent 12 à 13 onces de fin pour 16 onces de poids total. Dans les ateliers monétaires cet alliage s'opère artificiellement en mêlant une proportion déterminée de cuivre avec de l'argent parfaitement pur. Ainsi donc, pour que l'alliage puisse se faire en proportions exactes, il est nécessaire d'épurer l'argent brut, c'est-à-dire de l'affiner. Anciennement le procédé employé consistait à le traiter par le plomb; mais les frais de cette opération étaient nécessairement fort élevés, car il en coûtait à peu près 43 francs pour 50 livres pesant d'argent. D'ailleurs, l'argent affiné de cette manière renfermait encore de $\frac{1}{2000}$ à $\frac{1}{1200}$ d'or; et la séparation de cette faible portion d'or, au moyen de l'acide nitrique, ne compensait pas les frais de l'opération. Par conséquent cet or circulait dans nos monnaies et nos objets d'orfévrerie, et c'était une valeur tout à fait perdue. On ne tirait non plus aucun parti du cuivre extrait de l'argent brut. Mais aujourd'hui tout cela a changé d'une façon surprenante. En effet, le millième d'or que contient l'argent fait un peu plus d'un et demi pour cent de la valeur de l'argent, ce qui non-seulement couvre les frais de l'affineur, mais encore lui donne un fort joli bénéfice. Aussi observons-nous ce fait singulier au premier abord, que l'affineur auquel nous remettons de l'argent brut nous le rend parfaitement pur, et même nous rend encore le cuivre, sans nous demander aucun salaire pour son travail. Cependant il n'a soustrait aucune portion de l'argent que nous lui avons confié; il a tout simplement gardé pour rémunération la faible quantité d'or qu'il a trouvée dans l'argent.

L'affinage de l'argent par la méthode actuellement usitée est une des plus belles opérations chimiques que l'on puisse voir. On fait bouillir le métal granulé dans de l'acide sulfurique concentré : l'argent et le cuivre se dissolvent dans cet acide pendant que tout l'or qui s'y trouvait se précipite au fond presque à l'état de pureté et sous la forme d'une poudre noirâtre. La dissolution contient donc du sulfate d'argent et de cuivre. On la place alors dans des auges de plomb où on la laisse en contact avec du vieux cuivre. La conséquence de cette opération, c'est que, tandis qu'une certaine portion de cuivre métallique se dissout, l'argent se sépare et se précipite dans un état de pureté parfaite. On a donc, à la fin de l'opération, de l'argent métallique affiné et du sulfate de cuivre. Or ce dernier produit a une valeur commerciale assez considérable, car il sert à la fabrication des couleurs vertes et bleues.

Ce serait dépasser les limites d'une simple esquisse que de vouloir suivre jusque dans leurs dernières ramifications toutes les ap-

plications que l'industrie a faites de l'acide sulfurique, de l'acide chlorhydrique et de la soude. Sans les perfectionnements extraordinaires qu'a éprouvés la fabrication de l'acide sulfurique, nous n'aurions ni ces belles bougies stéariques qui ont supplanté le suif et la cire, ni ces allumettes phosphoriques qui s'enflamment par la simple percussion et qui se vendent à si bas prix. Il y a vingt-cinq ans, tout le monde eût déclaré qu'il serait toujours impossible de livrer l'acide sulfurique, l'acide chlorhydrique, l'acide nitrique, la soude et le phosphore, aux prix auxquels on les vend aujourd'hui. Maintenant quel homme pourrait prévoir les applications nouvelles que fera l'industrie chimique dans le courant des vingt-cinq années qui vont suivre?

D'après ce que nous venons de dire, on voit qu'il n'y a nulle exagération dans l'assertion que nous avons avancée, à savoir que l'industrie chimique d'un pays peut s'apprécier d'une manière fort exacte par le nombre de livres d'acide sulfurique qu'il consomme. Sous ce point de vue, il n'est pas de fabrication qui mérite davantage de fixer l'attention des gouvernements. On ne trouvera rien d'étonnant à ce que l'Angleterre se soit décidée à menacer Naples de la guerre, lors de la question du monopole des soufres de Sicile, si l'on réfléchit à l'influence que l'élévation du prix du soufre aurait exercée sur celui des cotonnades blanches et imprimées, du savon et du verre; si l'on fait attention que l'Angleterre fournit de savon et de verre une grande partie de l'Amérique, de l'Espagne et du Portugal, l'Orient et les Indes; qu'en échange elle reçoit de ces pays du coton, de la soie, du vin, des raisins, du raisin de Corinthe et de l'indigo, et qu'enfin le siége du gouvernement, Londres, est le principal entrepôt du commerce de vin et de soie que fait la Grande-Bretagne. Il n'y avait donc rien que de très-naturel à ce que le gouvernement anglais s'inquiétât du monopole établi par le roi de Naples sur le soufre, et fît tous les efforts possibles pour arriver à sa suppression.

Au reste, il était temps pour la Sicile qu'un état de choses si contraire à ses véritables intérêts eût bientôt une fin. En effet, si le monopole eût duré quelques années de plus, il est extrêmement probable que ce pays aurait vu tarir la source principale de ses richesses; son soufre serait resté sans valeur entre les mains du gouvernement napolitain. La science et l'industrie constituent aujourd'hui une puissance qui ne connaît plus d'obstacles et à laquelle rien ne peut résister. Une observation attentive pouvait alors aisément déterminer l'époque où l'exportation des soufres de la Sicile aurait nécessairement cessé. Pendant le court espace de temps que dura le monopole du soufre, il fut pris en Angleterre quinze brevets d'invention dont les auteurs se proposaient d'employer de nouveau le soufre qui avait déjà servi à la conversion de la soude, et pour cela de le transformer de nouveau en acide sulfurique. Avant que ia question du monopole des soufres eut été soulevée, personne n'avait songé à une pareille opération. Les divers essais de ces quinze inventeurs n'auraient certainement pas tardé à se perfectionner, et les esprits les plus prévenus doivent comprendre quelle réaction eût alors éprouvée le commerce du soufre de la Sicile. En effet, nous possédons des montagnes d'acide sulfurique dans le plâtre (sulfate de chaux) et dans le spath pesant (sulfate de baryte). La galène (sulfure de plomb natif) et les pyrites de fer (sulfures de fer natif) nous offrent également des masses de soufre inépuisables. Or, lorsque le prix du soufre est venu à hausser, on a senti l'avantage qu'il y aurait à extraire, pour les besoins du commerce, les énormes quantités de soufre que contiennent ces produits naturels. On se proposait donc alors de découvrir les procédés les plus économiques pour approprier ces substances à la fabrication de l'acide sulfurique. Déjà, quand le prix du soufre était fort élevé, on a réussi à extraire des pyrites de fer des milliers de quintaux d'acide sulfurique, et l'on serait parvenu à extraire l'acide sulfurique que renferme le plâtre. Sans doute il eût fallu vaincre de nombreuses difficultés, mais la science et l'industrie en seraient venues à bout. A cette heure, l'impulsion est donnée, et la possibilité du succès est démontrée. Qui peut prévoir les conséquences fâcheuses que, dans quelques années, aura produites pour le royaume des Deux-Siciles la fausse spéculation financière de son gouvernement? Il lui arrivera sans doute ce qui est arrivé à la Russie, qui, par suite du système prohibitif qu'elle a adopté, a vu énormément diminuer ses exportations de suif et de potasse. Ce n'est qu'à la dernière extrémité qu'un peuple achète quelque chose à un autre peuple qui lui ferme son marché. L'Angleterre tirait de la Russie du suif et de l'huile de lin par centaines de milliers de quintaux : maintenant elle les a remplacés par des quantités égales d'huile de palme et de noix de coco. De même les coalitions formées par les ouvriers contre les fabricants, dans le but de faire augmenter leurs salaires, nuisent constamment aux premiers, en provoquant la construction de machines merveilleuses qui rendent leurs bras inutiles. Ainsi, comme on le voit, dans le commerce et dans l'industrie, toute imprudence porte avec elle sa propre peine : tout acte d'oppression, tout système prohibitif réagit immédiatement d'une manière sensible sur le peuple qui a cru de cette façon améliorer ses affaires. (**Liebig**.)

SOUDE, son extraction. *Voy.* **Varechs**.

SOUDE CAUSTIQUE. *Voy.* **Soude**.

SOUDE VITRIOLÉE. *Voy.* **Sulfate de Soude**.

SOUDES, leur usage. *Voy.* **Potasse**.

SOUDURE AUTOGÈNE. *Voy.* **Hydrogène**.

SOUFRE (*sulphur*). — Le soufre est connu depuis la plus haute antiquité. Il jouait, au moyen âge, un grand rôle dans le laboratoire des alchimistes, qui regardaient le soufre et le mercure comme les éléments des métaux :

Omnia metalla ex sulphure et argento vivo consistunt.

Le soufre se rencontre à l'état de liberté (état natif) aux environs des volcans, autour de l'Etna, du Vésuve, autour des volcans brûlés des Indes, dans l'Amérique méridionale. Il constitué alors des dépôts considérables, produits de la vaporisation, qu'on désigne sous le nom de *sulfatares* (terre de soufre). Il existe dans le blanc d'œuf, et, d'après l'analyse de M. Muldner, dans l'albumine et la fibrine du sang (protéine). On le rencontre à l'état de combinaison dans les sulfures et dans les sulfates. Les sulfures de fer, de cuivre, de plomb, de zinc, d'antimoine, de mercure ; puis les sulfates de chaux, de strontiane, de baryte, de potasse, de soude, de magnésie, sont les composés de soufre les plus répandus.

C'est surtout dans les montagnes primitives qu'on rencontre en grande quantité le soufre à l'état de combinaison avec différents métaux, tels que le fer, le cuivre, l'antimoine, le plomb, le mercure. Il forme alors des composés désignés sous le nom de *sulfures naturels*. On donne particulièrement le nom de *pyrites* aux différentes variétés de sulfure de fer. C'est d'après sa présence dans la plupart des minéraux que les anciens avaient donné au soufre le nom de *grand minéralisateur*. Enfin, combiné à l'oxygène, le soufre forme un acide (acide sulfurique) qui existe uni à certains oxydes métalliques, et constitue des sulfates très-répandus. C'est sous cet état qu'il existe dans le plâtre, le gypse, etc.

Certaines eaux minérales connues sous le nom d'*eaux sulfureuses*, telles que celles d'Enghien, de Baréges, tiennent en dissolution une combinaison de soufre et d'hydrogène (acide hydro-sulfurique) qui est la cause de leur odeur particulière et de leurs propriétés.

Dans le règne organique, le soufre se trouve parfois au nombre des éléments de certaines substances : c'est ainsi que dans quelques graines de la famille des crucifères, la présence de ce corps est rendue manifeste par plusieurs phénomènes particuliers. Plusieurs matières animales en contiennent aussi, et le laissent dégager à l'état de combinaison, mêlé avec les autres produits de leur putréfaction.

Extraction. — Le soufre peut s'extraire par des procédés différents, suivant qu'on le retire des terres où il existe à l'état natif, ou de certains sulfures métalliques, et principalement de ceux de fer et de cuivre. — Dans les pays volcanisés, on l'extrait des terres avec lesquelles il est mêlé par la distillation dans des pots de terre cuite. Après les avoir remplis de morceaux de mine de la grosseur du poing, on les recouvre d'un couvercle en terre qu'on lute exactement. Ces pots, rangés les uns à côté des autres dans un long fourneau appelé galère, communiquent par une ouverture supérieure et latérale qui sort du fourneau avec d'autres pots oblongs, à peu près de même forme, et qui font l'office de récipient. Ces pots sont percés inférieurement d'un trou qui donne passage au soufre liquide qui s'est condensé. Ce dernier vient se rendre dans une tinette contenant de l'eau froide, où il ne tarde pas à se figer en morceaux irréguliers. Le soufre qu'on obtient ainsi est impur; il renferme depuis 10 pour cent jusqu'à 15 pour cent de matière terreuse qu'il a entraînée en se boursoufflant.

Autrefois on le purifiait en le faisant fondre dans une chaudière de fonte, et lorsque les matières terreuses étaient déposées, on le coulait dans des moules en sapin un peu humectés pour lui donner la forme cylindrique qu'il affecte dans le commerce. Cette purification se pratique aujourd'hui d'une manière plus exacte, et en même temps plus économique, par le produit qu'on en retire. On redistille le soufre brut, en le chauffant dans une chaudière de fonte surmontée d'un chapiteau voûté comme une cornue, et qui communique par un trou avec l'intérieur d'une vaste chambre munie de soupapes qui s'ouvrent de dedans en dehors. Le soufre vaporisé arrive dans la chambre, et se condense ou à l'état solide sur les parois de la chambre, ou se liquéfie et vient alors se rendre dans la partie la plus basse, d'où l'on peut le retirer au dehors par une ouverture qu'on débouche. A l'aide de ce procédé, on obtient à volonté du soufre à l'état pulvérulent ou à l'état liquide, suivant la capacité des chambres et la quantité de soufre qu'on distille dans un temps donné. Le soufre sublimé, connu vulgairement sous le nom de *fleur de soufre*, a besoin d'être lavé pour le débarrasser d'une petite quantité d'acide sulfurique, qui se forme dans l'intérieur des chambres par la combustion d'une petite partie de soufre. C'est sous cet état qu'on doit l'employer dans les laboratoires et pour les besoins de la médecine et de la pharmacie. Quant au soufre en canon, il ne subit pas d'autre préparation que le moulage. Quel que soit le procédé d'obtention de ce corps, il renferme toujours une petite quantité d'hydrogène, *dont la quantité s'élève à 0,004 de son poids.*

En Suède et dans plusieurs contrées de l'Allemagne, on extrait encore le soufre, soit en distillant dans des vaisseaux en grès les pyrites martiales qui, étant à l'état de bisulfures de fer, abandonnent une partie de leur soufre par la chaleur; soit en faisant brûler les pyrites dans des fours particuliers surmontés de longues cheminées horizontales, dans lesquelles une partie du soufre qui a échappé à la combustion vient se condenser.

Propriétés. — Ce corps combustible, à l'état de pureté, est solide, d'une belle couleur jaune citron, inodore, insipide, très-cassant; le plus petit choc suffit pour le briser ou le réduire en poudre; il est mauvais conducteur du calorique et de l'électricité. Serré dans la main, il fait entendre un petit bruit dû à la séparation des parties qui ont été échauffées. Par le frottement, il développe une légère odeur et se trouve constitué à l'é-

tat d'électricité négative. Sa densité est de 1,990. Exposé à une température de + 107°, il devient fluide. Si, lorsqu'il commence à se solidifier à sa surface, on perce la croûte qui s'est formée, et qu'on décante les parties qui sont encore fluides dans l'intérieur, on aperçoit une foule d'aiguilles jaunes, disposées les unes à côté des autres.

Soumis à une température plus élevée que celle de sa fusion, et qu'on maintient pendant quelque temps entre + 220 et + 250, le soufre liquéfié s'épaissit, devient rouge-jaunâtre, et conserve une certaine mollesse en le refroidissant dans l'eau froide. Dans cet état, il se laisse pétrir comme de la cire molle et peut servir à prendre des empreintes de médailles, de monnaies ou de cachets.

On ignore encore quels sont les changements qui surviennent dans le soufre qui reste ainsi quelque temps mou après son refroidissement. Mais ce qui rend cette propriété fort utile pour les arts, c'est que l'empreinte qui a été formée, en reprenant au bout de quelques jours de la dureté, peut elle-même servir de moule.

L'air sec ou humide, à la température ordinaire, ne fait éprouver aucune espèce d'altération au soufre; il en est de même de l'eau dans laquelle ce corps est tout à fait insoluble.

L'oxygène ne peut s'unir au soufre qu'à une température élevée. Il résulte de cette combinaison, qui se produit toujours avec dégagement de chaleur et d'une lumière bleuâtre, un composé gazeux acide. Si l'oxygène est en excès, tout le soufre est brûlé sans résidu. L'air se comporte de la même manière par l'oxygène qu'il contient; seulement la combustion est moins vive.

Quand on chauffe du soufre jusqu'à + 316°, dans des vaisseaux clos, il entre en ébullition, et se convertit en un gaz de couleur orangée, qui se maintient à cette température. Plusieurs métaux brûlent dans ce gaz, comme dans l'oxygène, et quelques-uns qui ne brûlent pas dans l'oxygène le font avec vivacité dans le soufre gazeux : tels sont le cuivre et l'argent. Si l'on chauffe un matras de verre à long col, dans lequel on a mis du soufre, et que, quand il est rempli de soufre gazeux, on y introduise des lames minces ou des feuilles, soit d'argent, soit de cuivre, elles s'enflamment et brûlent, laissant pour résidu une combinaison de soufre avec le métal. La cause du feu est la même ici que quand un corps brûle dans le gaz oxygène. Hare a trouvé une méthode facile pour démontrer la combustion des métaux dans le soufre gazeux. On prend un canon de fusil, on en chauffe la culasse jusqu'à ce qu'elle soit rouge, et on y jette un morceau de soufre, qui se convertit sur-le-champ en gaz, puis on bouche le canon avec du liège, ce qui oblige le gaz à passer par la lumière : si alors on tient devant celle-ci un fil de métal, on le voit s'enflammer, brûler et se convertir en sulfure métallique. Le soufre gazeux brûle au contact de l'air, et le métal se trouve assez fortement échauffé par là pour pouvoir s'enflammer dans la partie qui n'est point encore brûlée. La combustion du fil de fer par ce procédé est surtout un spectacle brillant. Le soufre gazeux condensé, soit par l'air frais, soit par le contact d'un corps froid, se dépose sous la forme d'une poudre jaune citron clair, appelée *fleur de soufre.*

Consommation du soufre en France. — La grande consommation du soufre dans les arts chimiques date de la fondation même de ces arts en France, et de la propagation de nos industries chimiques chez les nations européennes. Or, le soufre étant la base de la fabrication de l'acide sulfurique, à l'aide duquel on prépare presque tous les autres acides commerciaux, les sulfates et la soude, base alcaline la plus usuelle, on peut dire que la consommation du soufre, au delà des quantités destinées aux anciens usages, donne la mesure de l'état ou de l'importance de la chimie industrielle chez les peuples.

On verra quels ont été, sous ce rapport, les progrès de l'industrie en France, en consultant la consommation du soufre à diverses époques : elle était, en 1820, de 6,790,000 kil.; en 1825, de 10,500,000; en 1830, de 12,900,000; de 1835 à 1838 compris, elle s'élevait à 19,000,000; enfin elle atteignit, année moyenne, 26,000,000 de kilogr., depuis 1842 jusques et y compris 1846.

Applications. — A l'état brut, on emploie le soufre pour la *fabrication des acides sulfurique, sulfureux, et sulfhydrique;* il constitue la matière première du *soufre raffiné;* on s'en sert enfin pour *sceller* quelques pièces de fer dans la pierre.

Raffiné sous forme de canons ou de fleurs, il entre dans la composition de la *poudre à tirer,* pour la guerre, la chasse, le tirage des mines et carrières, les feux d'artifice, et dans la *confection des allumettes.* Ces deux applications du soufre se rattachent à sa propriété de s'enflammer à une température peu élevée (1). Sa grande fluidité de 110 à 140° et sa solidification par le refroidissement permettent de s'en servir pour *prendre des empreintes, mouler des médailles,* etc. Son aptitude à s'unir aux métaux le fait employer dans la fabrication des sulfures de cuivre, de mercure, de potassium, de sodium, ainsi que dans la préparation d'un lut qui se solidifie en quelques heures et est formé en poids de tournure ou limaille de fer, 100; fleurs de soufre, 10 à 20; sel ammoniac, 3 à 5; eau, quantité suffisante pour faire du mélange une pâte que l'on refoule dans les joints des chaudières, tuyaux, etc., en fonte. Le soufre, uni au caoutchouc, dans la proportion de 5 pour 100, forme un composé très-souple, élastique, non adhésif, dont on fait des tubes flexibles pour les gaz et les liquides.

Le soufre liquéfié s'attache aux tissus de grosse toile que l'on y plonge, et donne les *mèches soufrées,* que l'on fait brûler dans des

barriques humides pour produire du gaz sulfureux, et prévenir ainsi la fermentation trop vive ou la putréfaction de divers liquides, notamment des *vins blancs,* de la *bière* et du *cidre.* Le même moyen s'emploie pour conserver le *sang liquide, certains légumes cuits,* etc.

On *soufre* encore de la même manière (ou bien en faisant brûler le soufre raffiné directement), 1° les *plumes,* les *blés,* etc., pour détruire divers insectes qui les attaquent, comme on détruit l'insecte de la gale par des bains au même gaz sulfureux ; 2° après les avoir préalablement humectés et dans la vue de les blanchir, la *soie,* la *laine,* les *intestins insufflés,* les *cordes de boyaux* (dites *harmoniques*), les *sparteries,* l'*ichthyocolle,* les *tissus ayant des taches de fruits.* Celles de ces opérations qui se font en grand durent douze à vingt-quatre heures; elles ont lieu, ordinairement, dans des chambres dont toute la capacité est occupée par les objets soumis au blanchiment : ainsi, par exemple, les tissus de laine lavés au carbonate de soude, au savon et à l'eau, puis tordus, sont placés sur des traverses en bois, au haut de chambres ayant 5 mètres de hauteur et d'une capacité d'environ 300 mètres cubes ; les tissus descendent jusqu'à 30 ou 40 centimètres du sol et remplissent presque toute la chambre, écartés seulement de 15 centimètres ; on brûle, dans quatre ou huit terrines aux quatre encoignures de la chambre, 8 ou 12 kilogrammes de fleurs de soufre pour cent pièces d'étoffe.

Enfin la fleur de soufre, jetée dans un foyer dont on ferme ensuite l'ouverture à l'aide d'un drap mouillé, peut, par sa combustion, s'emparer assez rapidement de l'oxygène pour arrêter et même éteindre les feux qui se déclarent dans les tuyaux des cheminées.

Acide sulfurique. Voy. Sulfurique.

Acide hyposulfurique. — Cet acide a été découvert, en 1818, par Gay-Lussac et Welter. Cet acide est sans usage.

Acide hyposulfureux. — Sans importance.

Acide sulfhydrique. — Voy. Sulfhydrique.

Hydrure de soufre, — liquide de consistance oléagineuse, d'une odeur fétide d'œufs pourris. Sans usage.

Sulfure de carbone, — liquide transparent, incolore, d'une odeur fétide, qui a quelque analogie avec celle du chou pourri. Il bout à + 45°, et n'a pu encore être solidifié en l'exposant à un froid considérable. Ce composé a été découvert par Lampadius en 1796.

Chlorure de soufre, — liquide d'une couleur rouge orangé par réflexion. Il est sans usage.

Iodure de soufre, — solide, d'un noir grisâtre.

Bromure de soufre, — liquide sans usage.

Sulfure de phosphore et *cyanure de soufre,* ou *acide hydrosulfocyanique.* — Tous deux sans importance. Voy. Soude.

SOUFRE DE RUBIS. Voy. Réalgar.

SOURCES. Voy. Eau.

SOUS-OXYDES. Voy. Oxygène.

---

(1) La poudre peut s'enflammer à la température de 250°; alors la combustion du soufre se manifeste d'abord par une flamme bleuâtre et précède de quelques instants la déflagration.

SOUS-PHOSPHATE DE CHAUX. *Voy.* CALCIUM.

SPATH FLUOR (*phthorure de calcium, fluate de chaux, chaux fluatée*). — Ce sel existe abondamment dans la nature, le plus souvent cristallisé en cubes, dont les angles ou les bords sont quelquefois tronqués; cette forme cristalline varie; elle est aussi en octaèdres, en dodécaèdres rhomboïdaux, en cristaux oblitérés sphéroïdaux, etc. La forme primitive est l'octaèdre régulier. Ce fluate est insipide, insoluble dans l'eau, inaltérable à l'air, *Blanc* limpide et opaque, ou bien *bleu, jaune rose, vert, violet*, plus ou moins prononcés, phosphorescent par l'action du calorique, et d'un poids spécifique égal à 3,15°.

Composition : Phthore 48
Calcium 52
————
100

SPATH ADAMANTIN. *Voy.* CORINDON.
SPECTRE SOLAIRE. *Voy.* LUMIÈRE.
SPINELLE (*rubis spinelle, rubis balais, Ceylanite*, etc.). — Substance cristallisant en octaèdres réguliers, rayant tous les corps, rayée seulement par le corindon et le diamant.

Le spinelle appartient, comme le corindon, aux terrains de cristallisation ; on le connaît particulièrement dans les terrains de micaschistes, et surtout dans les dolomies, le calcaire micacé, le quarz micacé, dans des roches granitoïdes, où quelquefois le mica est remplacé par la molybdénite (Ceylan, Pégu, Aker en Sudermanie). Il est très-abondant, surtout dans les débris de ces roches, dans les sables des ruisseaux et des rivières qui coulent au milieu d'elles, et c'est là qu'on le récolte le plus ordinairement sous la forme sableuse ; car il est très-rare sur les gangues dans les collections. Celui qu'on a cité dans les détritus basaltiques ou trachytiques, dans les roches micacées et les dolomies de la Somma, n'appartient pas à l'espèce spinelle, mais bien au pléonaste, dont nous devons faire une espèce particulière.

Le spinelle est aussi employé dans la joaillerie, sous les noms de *rubis spinelle, rubis balais*. Les premiers, qui doivent être d'un rouge vif, peuvent rivaliser avec le corindon rubis, et sont également d'un prix très-élevé ; les seconds, d'une teinte rosâtre, rouge de vinaigre, lie de vin, sont beaucoup moins estimés, et souvent confondus avec la topaze brûlée : on en fait cependant des parures qui sont quelquefois fort chères. Les variétés de spinelle propres à la taille, et qui sont toujours de petites dimensions, nous viennent toutes de l'Inde.

Le prix des rubis est fort élevé. Dutems les évalue à

1 Carat	240
2	960
3	3,600
4	9,600
5	14,400
6	24,000

STAHL (GEORGE-ERNEST), né à Anspach en 1660, était un médecin. Il devint même premier médecin du duc de Saxe-Weimar, et, en 1716, premier médecin du roi de Prusse, titre qu'il conserva jusqu'à sa mort, arrivée en 1734. Tous ses ouvrages indiquent un génie vaste, un esprit pénétrant et riche de toutes sortes de connaissances. Il s'attache aux vues élevées et profondes, aux idées étendues. Il s'y abandonne même sans réserve, et poursuit leurs conséquences au travers des ténèbres de la science naissante. A cette époque obscure, la pensée de Stahl produit l'effet d'un éclair au milieu de la nuit, qui fend la nue et brille tant que la vue peut le suivre, qui brille encore quand l'œil se fatigue et le perd au loin. Son style est dur, serré, embarrassé ; on n'en supporte que très-péniblement la lecture. Ajoutez que ses ouvrages, et particulièrement le dernier volume de ses principes de chimie, présentent une bizarrerie dont je ne connais nul autre exemple ; le latin et l'allemand sont continuellement entremêlés dans tout le cours d'un gros *in-quarto*. Ce n'est même pas une alternance de phrases homogènes écrites chacune dans l'une de ces langues. Mais, dans la même phrase se succèdent, sans ordre, des mots allemands et latins, latins et allemands. Vous lisez une préposition allemande ; le nom qui la suit est latin, et se trouve au cas où l'eût régi la préposition latine ; le sujet du verbe appartient à une langue, le verbe appartient à une autre. C'est un mélange, une confusion, dont on ne peut se faire l'idée que quand on l'a sous les yeux, que quand on essaie de le traduire.

Outre l'édition et le commentaire de la *Physica subterranea*, nous avons de Sthal plusieurs ouvrages, qui sont ses *Experimenta et observationes*, son Traité du soufre, ses *Fundamenta chimiæ dogmaticæ et experimentalis*, son Traité des sels.

Comme Becher, trouvant les éléments d'Aristote inapplicables aux phénomènes de la chimie, il les rejette, et cherche ailleurs des corps indécomposables, qu'il puisse regarder comme vrais principes de la chimie. Il s'était livré à une étude approfondie de la 2e terre de Becher, de sa terre combustible ; il connaissait bien les rapports qui lient les métaux à leurs oxydes. Il avait reconnu le rôle utile de l'élément combustible dans la conversion de ces oxydes en métaux, en un mot, dans leur réduction ; il en avait saisi toute la généralité.

S'il eût pris comme éléments les métaux, ou, si vous voulez, les diverses modifications de la terre mercurielle de Becher, et s'il eût considéré les oxydes comme des composés dérivés de ces corps simples, sa théorie eût été conforme aux idées que nous avons aujourd'hui, aux doctrines qu'a établies Lavoisier. Mais il fit et devait faire l'inverse ; il vit dans les oxydes des corps simples, et dans les métaux des corps composés. Voilà son erreur fondamentale ; de là dérivent toutes les autres. Dans cette circonstance, il a été influencé par les idées qui régnaient de son temps sur la nature des métaux, que l'on s'accordait à regarder comme composés. Il a bien su mettre de côté les éléments aristotéliques, ainsi que les prétentions des physiciens ou mathématiciens à l'explication des phénomènes chimiques ; mais il a tenu compte des opinions générales sur les métaux, qui s'étaient transmises d'âge en âge, sans que personne eût jamais songé à les mettre en doute.

D'après Stahl, les terres, les oxydes d'aujourd'hui, étaient indécomposables ; le phlogistique pouvait s'y unir, et les métaux naissaient de cette union. Les métaux, par conséquent, devaient renfermer du phlogistique. Le charbon en contenait bien davantage encore. Tous les combustibles, en général, étaient plus ou moins chargés de phlogistique. Toutes les fois qu'un corps brûlait, c'était parce qu'il se dégageait du phlogistique, et il s'en dégageait d'autant plus que le corps était plus inflammable. Si l'oxyde de plomb, chauffé avec du charbon, passait à l'état métallique, c'est que le charbon, en brûlant, abandonnait son phlogistique, et que l'oxyde s'en emparait. Enfin, aux yeux de Stahl, une série d'oxydes produits par une oxydation plus ou moins avancée, représentait un métal plus ou moins déphlogistiqué.

En un mot, la théorie de Stahl ne diffère de la nôtre que parce que son auteur avait vu une combinaison là où nous voyons une décomposition, et réciproquement. Il n'a manqué à Stahl, pour rectifier ses idées, que d'avoir égard aux indications de la balance. Car, si l'on en tient compte, une objection sans réplique se présente à l'instant. Le plomb qui s'oxyde, qui se déphlogistique, dans la théorie de Stahl, augmente de poids ; la perte d'un de ses principes lui fait donc acquérir un poids plus grand. D'autre part, l'oxyde de plomb, réduit par le charbon, gagne du phlogistique ; il devrait donc peser plus qu'avant sa réduction, et pourtant il a diminué de poids.

Ce qui étonne, c'est que Stahl savait parfaitement bien à quoi s'en tenir à ce sujet. On trouve ce fait consigné dans ses ouvrages : « La litharge, le minium, les cendres de plomb, dit-il, pèsent plus que le plomb qui les fournit ; et non-seulement, par la réduction, on voit disparaître ce poids surnuméraire, mais encore même celui d'une portion de plomb. » Mais cela ne l'a point arrêté. Cette difficulté, qui nous semble monstrueuse, ne paraît pas l'avoir frappé. Nous ne trouvons dans aucune partie de ses écrits qu'il ait cherché à s'en rendre compte. Il est vrai qu'il ne suffit pas de lire ses œuvres pour être en état d'apprécier, dans tous ses détails, la doctrine de Stahl : sa conversation, ses leçons, valaient mieux que ses écrits ; et cela se conçoit d'un homme comme lui, tout de fougue et d'inspiration. Aussi avons-nous quelque peine à saisir l'idée précise qu'il se faisait du phlogistique, et quand on cherche à y parvenir, il ne faut pas se contenter de la lecture de ses ouvrages, il faut consulter aussi ceux de ses élèves. Les

opinions y prennent une forme plus nette et plus arrêtée. A une époque très-voisine de nous, Berthollet nous offrira l'occasion de renouveler cette remarque ; car ses idées ne prennent une forme claire que dans les écrits de ses élèves.

La notion de poids n'entre donc pour rien dans l'esprit de Stahl, quand il s'agit de chimie : là notion de forme est son seul guide. C'est là ce qui constitue la différence essentielle qu'il y a entre lui et Lavoisier. L'un n'a pris en considération, dans les explications qu'il a données, que le changement de forme et d'aspect des corps brûlés ; le second a eu égard à la fois au changement de forme et au changement de poids. Et quand on dit, à la gloire de la doctrine de Stahl, qu'elle a suffi, pendant près d'un siècle, aux besoins de la science, il est indispensable d'ajouter qu'elle a suffi, tant que les chimistes n'ont tenu compte que des phénomènes sur lesquels Stahl l'avait établie. Elle s'est évanouie dès que l'observation a fait un pas de plus.

Cette doctrine a pénétré tard en France. Elle y a éprouvé bien des objections. Il répugnait à beaucoup de personnes, et particulièrement à Buffon, d'admettre cet être idéal et insaisissable, que Stahl appelait phlogistique. Car, en indiquant beaucoup de corps très-riches en phlogistique, il ne dit jamais l'avoir isolé. Il le trouve à la vérité presque pur dans le noir de fumée. Mais on voit, et par d'autres passages de ses écrits, et par les écrits de ses élèves, qu'il n'a pas considéré le noir de fumée comme du phlogistique à l'état de pureté absolue. Plus tard Macquer et bien d'autres étaient portés à voir, dans le gaz inflammable, un phlogistique plus pur. Enfin, ils furent obligés d'admettre des idées plus vagues encore sur la nature de ce phlogistique : c'était la matière la plus pure du feu, c'était la lumière. Mais alors la théorie expirante succombait sous les efforts de Lavoisier.

Dès qu'il eut commencé à l'ébranler, on comprit toute la force de l'objection tirée des poids. Voici comment on essayait de la résoudre : En fait, le phlogistique ajouté aux corps leur ôtait une partie de leur poids, qu'ils retrouvaient quand il s'en séparait. Il fallait donc que le phlogistique, au lieu d'être attiré comme tout corps pesant vers le centre de la terre, eût au contraire une tendance à s'en éloigner ; il fallait qu'il eût un *poids négatif*. A l'aide de cet expédient, on expliquait comment la combinaison du phlogistique avec les autres corps les rendait plus légers, car leur poids véritable devait être diminué d'une quantité égale au poids négatif du phlogistique qui s'y trouvait uni.

Au reste, parmi les chimistes de cette époque, il s'en trouvait beaucoup, et Guyton-Morveau, par exemple, qui se contentaient à meilleur marché encore. En effet, ce dernier voyait dans le phlogistique une matière plus légère que l'air, qui, s'ajoutant aux corps, les rendait plus légers en apparence quand on les pesait dans l'air, tout comme ces vessies qui, ajoutées au corps du nageur, augmentent son poids absolu, mais diminuent sa densité de manière à le faire surnager sur l'eau. Guyton-Morveau n'avait pas compris la question, car à ce compte l'augmentation de poids eût été accompagnée d'une diminution de volume. C'est ainsi qu'un aéronaute qui, dans sa nacelle avec son ballon, s'élève dans les airs, parce que l'ensemble est plus léger que l'air, semble devenir plus lourd, quand il se sépare de son ballon pour descendre en parachute. En faisant abstraction du volume, on dirait donc que pour monter il ajoute à son poids celui de son ballon; que pour descendre, au contraire, il soustrait ce même poids. Voilà l'image exacte de l'explication de Guyton-Morveau. Elle tombe d'elle-même quand on voit que l'aéronaute, s'il ajoute à son poids pour devenir plus léger que l'air, ajoute aussi beaucoup à son volume, tandis que l'oxyde de plomb perd à la fois en poids et en volume, quand il se réduit.

La nécessité d'avoir recours à de tels expédients pour prolonger la durée de la théorie du phlogistique, fait voir qu'elle était bien malade dès les premières observations de Lavoisier sur la calcination des métaux. Elle reçut bientôt le coup de la mort quand Lavoisier vint à discuter les phénomènes de la décomposition de l'oxyde de mercure par l'action de la chaleur seule, et sans intervention du charbon ou de tout autre produit phlogistiquant. Macquer essaya de répondre en disant qu'à la vérité, dans cette opération, le mercure pouvait se passer du contact du charbon, mais que du moins il était nécessaire que la cornue où l'opération s'effectuait reçût la lumière du charbon embrasé, qu'elle vît les charbons ardents. Vains efforts ! C'en était fait de la doctrine du phlogistique.

La doctrine du phlogistique aura pourtant toujours de l'intérêt, car elle a terminé, on peut le dire, la lutte entre la physique scholastique et la chimie expérimentale. Vivement engagée dans les leçons de Paracelse, continuée dans les écrits de Bécher, celle-ci n'a cessé qu'après la découverte et l'adoption de la théorie de Stahl.

Que serait-il arrivé si la doctrine des quatre éléments d'Aristote n'avait pas préoccupé tous ces esprits ? Quand on voit dans la tête de Nicolas Le Fèvre une notion si vraie du principe comburant sur lequel il fonde sa doctrine, quand on voit dans celle de Stahl un sentiment si exact des propriétés du principe combustible auquel il rapporte toutes ses théories, on est tenté de croire que la chimie eût fait des progrès bien plus prompts.

Quoi qu'il en soit, de Paracelse à Stahl, la chimie a constamment fait effort pour se débarrasser des quatre éléments d'Aristote, et le mérite de Stahl n'est peut être pas dans le rôle qu'il a fait jouer au phlogistique, comme on le pense généralement.

Ce qui donnera toujours à Stahl une auréole de grandeur et de gloire, c'est que nonseulement il a compris qu'il fallait recon-

naître, en chimie, des corps indécomposables, tout différents des éléments d'Aristote, mais qu'il a consommé cette révolution dans les idées. Examinez la question et vous serez bien vite convaincus que l'esprit humain a fait un pas immense le jour où ce principe de philosophie naturelle a été admis, et, à partir de Stahl, il a fallu l'admettre.

C'est par là que, dans sa chimie nouvelle, il introduit une précision inconnue. Plus de vague ni d'incertitude. Les faits et l'explication se tiennent, rien ne les sépare. Les terres sont des êtres simples. Quand le phlogistique s'y ajoute, elles se métallisent, et les métaux sont des composés. Otez-leur le phlogistique, les terres reparaissent.

Quel progrès ! quand on se rappelle les éléments ou principes de ses prédécesseurs, sortes de qualités abstraites qui ne se révélaient sous forme saisissable qu'autant que leur pureté se trouvait souillée de je ne sais quelle substance terrestre qui pouvait les déguiser en cent façons.

Quel progrès ! quand à ces terres et à ce phlogistique dont Stahl fait une application si heureuse et si prochaine à l'explication de tous les faits de la chimie, on oppose les éléments de ses prédécesseurs, ces éléments un peu trop métaphysiques, comme disait Lémery, qui les décrit soigneusement à la première page, mais qui s'en débarrasse dès la seconde, comme d'un bagage pesant et inutile.

Stahl a fait descendre jusqu'aux faits les théories qui s'égaraient dans les nuages. Stahl a été le précurseur nécessaire de Lavoisier, et s'il s'est borné à lui préparer les voies, il les a du moins préparées d'une manière large qui n'appartient qu'au génie.

STANNIQUE (acide). *Voy.* Étain.

STATIQUE CHIMIQUE DES ÊTRES ORGANISÉS. — Nous n'avons rien de mieux à faire qu'à transcrire ici ce que notre illustre chimiste, M. Dumas, a publié sur ce sujet d'un si haut intérêt.

« Dans les études de chimie minérale, on voit la matière toujours immuable changer de forme et d'aspect, acquérir des propriétés nouvelles par son association en groupes diversement disposés. Chaque molécule reste cependant ce qu'elle était : si on l'isole, on la retrouve inaltérée, toujours la même; mais, par son union avec d'autres molécules, les caractères qui lui appartiennent se masquent ou se modifient à tel point, que l'analyse seule peut nous apprendre qu'il existe du plomb métallique dans la céruse, du fer métallique dans la rouille, et du charbon dans le marbre le plus blanc. A l'aspect, rien ne l'aurait fait supposer.

« Dans les animaux, dans les plantes, des matières plus éloignées encore de leur origine élémentaire nous apparaissent. Entre la molécule simple qui en fait partie, et le tissu ligneux ou la chair des animaux, la distance est si grande, qu'il ne faut pas s'étonner si on a admis dans leur formation des mystères étranges, si on a cru que ce pouvoir créateur, refusé aux forces de la chimie miné rale, existait dans les êtres organisés; si on a cru, du moins, qu'il leur était donné de transformer certains éléments de la chimie en d'autres éléments distincts de ceux-ci.

« De même, quand on voit un animal périr, se putréfier; quand on voit du bois disparaître par la combustion, on a quelque peine à ne pas se laisser préoccuper par des pensées de destruction. Mais, avec un peu de réflexion, on arrive bientôt à comprendre que si, dans la nature minérale, rien ne se perd, rien ne se crée, il en est de même dans la nature organique. Jusqu'à présent, on ne connaît ni création, ni transmutation d'éléments; tous les changements qui s'opèrent continuellement à la surface du globe, sont dus à des combinaisons qui se font, ou à des combinaisons qui se défont. La matière du tapis de verdure qui, aujourd'hui, revêt une prairie, fait partie, le lendemain, des animaux qu'elle nourrissait; quelques jours encore, et elle passera peut-être dans notre propre organisation, d'où elle s'en ira dans l'atmosphère, qui, la cédant à de nouvelles plantes, reproduira, plus tard, une nouvelle végétation. La matière du bois que nos foyers consument aujourd'hui fera peut-être demain partie de quelque végétal d'un pays lointain.

« Exposer sous une forme simple et précise les grandes lois qui président à la formation des plantes ou des animaux, aux modifications que ces êtres subissent sous certaines influences vitales ou morbides, au classement des matières qu'ils contiennent ou qui ont fait partie de leurs tissus, tel est l'objet de cet article. Il suffira pour faire comprendre quel secours la chimie peut prêter à la physiologie ou à la médecine.

« Examinons d'abord quels sont les produits excrétés par un animal carnivore, et bornons cet examen aux deux excrétions principales, sans nous occuper de celles qui n'offrent, au point de vue où nous nous plaçons, qu'un intérêt secondaire. Par les poumons, l'animal carnivore expulse de l'acide carbonique et de l'eau ; par les urines, il perd de l'oxyde d'ammonium. Peu importe, pour le moment, que cet oxyde d'ammonium soit sécrété à l'état d'urée, et que celle-ci, en s'adjoignant les éléments de l'eau, passe ensuite à l'état de carbonate d'ammoniaque.

« Un simple coup d'œil jeté sur ces matières nous fait voir qu'elles sont des produits d'oxydation, et nous pouvons en conclure que, dans un animal, les fonctions de la vie se font par des procédés d'oxydation; du moins l'examen des deux excrétions que je viens de nommer, et qui sont les principales, nous permet-il de tirer directement cette conclusion.

« Mais, pour oxyder du carbone ou de l'hydrogène, il faut de l'oxygène : or la respiration en fournit qu'elle emprunte à l'air.

« L'oxydation du carbone et de l'hydrogène est accompagnée d'un dégagement de chaleur et d'électricité. L'animal carnivore, que nous considérons, doit donc produire aussi de la chaleur et de l'électricité.

« Nous dirons donc qu'un animal carnivore produit de l'acide carbonique, de l'eau, de l'oxyde d'ammonium, de la chaleur, de l'électricité. Il se débarrasse, par l'excrétion pulmonaire ou cutanée, de l'eau et de l'acide carbonique. Les urines emportent l'oxyde d'ammonium à l'état d'urée. Quant à la chaleur et à l'électricité, nous verrons plus tard comment l'économie les utilise.

« Si nous examinons ensuite par quelles substances le carnivore remplace les matières qu'il a perdues, nous voyons qu'il les puise en entier dans ses aliments, et nous devons nous demander quels sont ces aliments. Or il mange de la fibrine, qui fait la base principale de la chair musculaire; de l'albumine, qui constitue la substance du blanc d'œuf et du sérum du sang; du caséum, c'est-à-dire la substance principale du lait et du fromage; de la gélatine, des graisses et du sucre de lait ; en un mot toutes les matières qu'il trouve toutes faites dans les animaux qu'il dévore. Ces aliments servent à régénérer les matières détruites par les procédés de la vie, et à produire, par leur combustion, la chaleur que l'animal perd par le rayonnement ou par d'autres voies.

« En comparant les aliments d'un carnivore avec les organes qui le constituent, on voit donc qu'il mange, qu'il s'assimile directement et qu'il consomme des matières dont il est lui-même composé. Nous aurons occasion, plus tard, de donner le sens précis de ces mots : assimiler et consommer. Quoi qu'il en soit, le procédé de la nutrition, chez tout carnivore, paraît offrir la plus grande simplicité.

« Il est impossible de ne pas se demander si, chez un animal herbivore, qui, au premier aspect, semble créer sa chair musculaire, et en général la matière des organes dont il est composé, le procédé de nutrition est le même. On a quelque peine à concevoir, au premier abord, qu'en définitive l'herbivore mange absolument les mêmes matières que le carnivore ; en un mot, qu'il consomme et s'assimile les mêmes principes que lui.

« Pourtant ses excrétions sont les mêmes que celles du carnivore, car il exhale de l'acide carbonique et de l'eau par les poumons, de l'oxyde d'ammonium par les urines. Son organisation diffère à peine, et l'on ne découvre nulle part en lui ces organes extraordinaires qu'il faudrait supposer pour expliquer la création des matières que le carnivore trouve toutes faites dans sa nourriture.

« Ainsi l'herbivore ne peut pas différer du carnivore, et s'il mange des graines, des semences, des feuilles, des herbes, il s'agit maintenant de prouver que, ramenées à ce qu'elles ont d'essentiel, ces substances végétales présentent un ensemble de principes qui constituent des matières identiques avec celles dont le carnivore se nourrit.

« Rien de plus facile ; une simple analyse

presque entièrement mécanique le prouve de la façon la plus nette. Citons d'abord l'exemple le plus concluant, celui qui concerne la nourriture la plus habituelle des herbivores, la farine, débarrassée le mieux possible de son.

« Si l'on fait une pâte d'une consistance un peu plus forte que celle dont on se sert pour faire le pain, et qu'on la malaxe sous un filet d'eau, on voit que l'eau passe d'abord laiteuse à travers les interstices des doigts; en prolongeant l'opération, elle coule parfaitement claire, et il reste dans la main de l'opérateur une substance d'un blanc grisâtre, molle, insipide, élastique et susceptible d'être étirée en fils. Cette matière, connue sous le nom de gluten de la farine, est complexe et se compose de plusieurs substances qu'une simple analyse par les dissolvants permet de séparer.

« Qu'on la traite d'abord par de l'éther et elle lui cédera des matières grasses. Reprend-on le résidu insoluble de ce traitement par de l'alcool qui ne soit pas trop concentré, on obtient, au moyen de l'ébullition, une dissolution de laquelle se déposeront, par le refroidissement, des flocons d'une matière qui n'est autre que le caséum. En évaporant le liquide on obtiendra ensuite une matière qui constitue la glutine proprement dite. Le résidu insoluble de ces traitements est la fibrine végétale, qui possède toutes les propriétés de la fibrine animale retirée du sang des animaux.

« Ainsi, du gluten brut on extrait: 1° des graisses; 2° du caséum; 3° de la glutine; 4° de la fibrine.

« Mais, dans l'eau trouble qui s'est écoulée, on va retrouver d'autres matières encore : en effet, par le repos, elle va laisser déposer une substance parfaitement blanche, qui formera une masse compacte; il sera facile de l'isoler en décantant l'eau surnageante. Cette substance est l'amidon.

« Dans le liquide clair, il se formera, à l'aide de la chaleur, un nuage opalescent, dû à des flocons qui, réunis par la coagulation et par l'évaporation, offriront tous les caractères de l'albumine coagulée. On pourra retirer de cette eau, en l'évaporant davantage, une matière qui n'est autre chose que du sucre de raisin ou du glucose.

« Ainsi le filet d'eau avait dissous, entraîné : 1° de l'amidon; 2° du sucre; 3° de l'albumine, identique avec celle de sérum et du blanc d'œuf.

« Dans le gluten brut, produit végétal, nous trouvons donc les véritables principes des aliments des carnivores. Les expériences de M. Magendie ont prouvé que cette substance, donnée isolément, est précisément celle qui est la plus propre à entretenir la vie des animaux carnivores, celle des chiens par exemple; qu'à ce titre elle l'emporte sur toutes les matières animales isolées, et qu'elle le cède à peine à la viande elle-même.

« Analysons par des moyens analogues les semences qui servent de nourriture à tant d'animaux, les racines, l'herbe des pâturages

elle-même, et nous trouverons toujours dans ces produits l'albumine, le caséum, accompagné d'amidon, de sucre et de matières grasses plus ou moins abondantes.

« Il ressort de là que la nutrition s'opère de la même manière chez ces deux classes d'animaux, ou mieux encore dans toute l'échelle animale, quel que soit d'ailleurs le mécanisme qui sert à broyer ou à ingérer les aliments, quelle que soit la préférence de certains animaux pour un genre d'aliments particulier : questions dont nous n'avons nullement à nous occuper ici.

« Remarquons cependant que le carnivore mange de la graisse mêlée avec des matières azotées, et qu'à la place d'une partie de ces matières grasses, l'herbivore consomme, le plus souvent, des matières amylacées, des sucres, des gommes en plus ou moins grande quantité. Mais il n'en résulte pas une différence essentielle ; les matières grasses, pas plus que les gommes, les sucres, les fécules, ne servent à l'assimilation. Ces matières constituent, dans le procédé de la vie, la plus grande partie du combustible dont l'animal a besoin pour faire de la chaleur.

« La forme de la nutrition seule est changée, mais, au fond, son caractère général reste le même. Tel animal brûle des graisses, tel autre brûle des fécules, quelques-uns brûlent les uns et les autres; mais ces matières n'ont, en définitive, aucune influence spéciale sur les résultats, pas plus que la nature du combustible qui produit la vapeur ne peut influer sur la marche des machines que celle-ci met en mouvement.

« Résumons, en quelques mots, ces vues générales. Les carnivores mangent les herbivores, et trouvent tout formés, dans ceux-ci, les principes qui constituent leur corps, ou du moins des principes très-analogues, et que les plus légères modifications amènent à l'état nécessaire pour la formation des organes. Les herbivores mangent des végétaux dans lesquels, à leur tour, ils trouvent ces mêmes principes tout formés : ils sont donc l'intermédiaire entre les carnivores et les végétaux.

« Abordons maintenant quelques détails de plus. L'aliment le plus parfait, sans contredit, c'est l'aliment analogue au lait, qui suffit au développement des jeunes animaux. Or le lait renferme : 1° du caséum, matière azotée ; 2° du beurre, matière grasse; 3° du sucre de lait, matière soluble.

« Ces trois substances se retrouvent dans tous les aliments parfaits. Le chocolat les renferme. Beaucoup de semences, et en particulier les semences émulsives, les offrent aussi.

« De ces trois matières, le sucre ou la partie soluble non azotée est celle dont les animaux se passent le mieux. La viande, les œufs, n'offrent, en effet, que deux aliments : 1° albumine, fibrine, matières azotées; 2° graisses diverses.

« Les matières sucrées, gommeuses, peuvent donc être remplacées dans l'alimenta tion; mais il n'en est pas ainsi des matières azotées.

« Ceci posé, introduisons quelques nombres dans l'examen des questions que nous venons d'effleurer, et ils prouveront toute l'importance des connaissances que la chimie pourra fournir un jour à l'économie politique, et le secours qu'elles prêteront au législateur, tout aussi bien qu'au physiologiste.

« M. Lecanu a prouvé, dans une suite d'expériences faites avec soin, que, terme moyen, un homme rend par jour une quantité d'urine contenant, en nombre ronds, 32 grammes d'urée, ou 15 grammes d'azote environ.

« D'après mes propres expériences, j'expire, par jour, une quantité d'acide carbonique qui correspond, au maximum, à 300 grammes de carbone brûlé, y compris l'hydrogène, que nous pouvons convertir en carbone par le calcul.

« Or, si l'entretien régulier de la vie chez l'homme produit une élimination de 15 grammes d'azote et de 300 grammes de carbone, il est facile de voir que l'on modifierait les conditions de son existence, si on ne lui procurait pas les aliments représentés par ces produits de nos deux grandes fonctions, la respiration et la sécrétion urinaire. De même qu'on peut faire mourir un homme d'inanition en quelques jours, de même aussi une quantité d'aliments insuffisante causerait la mort par inanition, au bout d'un temps plus ou moins long. Les conditions de l'hygiène publique seront donc altérées, si cet état de souffrance est le sort d'une partie de la population, comme cela arrive malheureusement assez souvent.

« Au moyen des deux données expérimentales que je viens de rappeler, il est facile de dire quel est le minimum d'aliment convenable à un homme, et quelle espèce d'aliment il lui faut : car, sachant, d'une part, ce qu'il doit brûler de carbone, ce qu'il doit brûler d'ammonium ; ayant, d'un autre côté, déterminé par l'analyse la nature des aliments, il suffit d'une simple équation dans laquelle les aliments divers, placés dans l'un des membres, devront équivaloir à 300 grammes de carbone et à 15 grammes d'azote contenus dans l'autre.

« On retombe ainsi sur des nombres qui correspondent, à peu près, à la ration du cavalier français, et auxquels on est parvenu sans doute après bien des essais.

« La ration du cavalier se compose, en effet, de :

		Matières azotées sèches.	Matières non azotées sèches.
Viande	285gr	70	»
Pain de munition.	750 »	1066 64	596
— blanc de soupe.	516 »		
Légumineux. . .	200 »	20	150
		154	746

« Or 154 grammes de matières azotées sèches correspondent à 22,5 grammes d'azote et à 80 grammes de carbone ; 746 grammes

de matière non azotée correspondent à 328 grammes de carbone.

« Nous voyons l'homme prendre des aliments, les prendre en quantités déterminées pour produire de l'acide carbonique, de l'eau, de l'oxyde d'ammonium ; il brûle ces aliments, ou, à leur défaut, une partie de ses organes. En même temps, il produit de la chaleur, de la force : à ce point de vue, l'homme est une machine, en tout comparable à une machine à vapeur ; mais son travail représente, à quantité de combustible égale, le double au moins, et, dans certaines circonstances, le triple de celui que pourrait produire la machine à vapeur la mieux construite.

« Mais l'homme est une machine bien autrement merveilleuse dans l'économie générale de la nature ; car il rejette dans l'atmosphère les produits qui doivent servir à reconstituer le combustible qu'il a consommé. Nous allons voir, en effet, que l'ammoniaque rendue par l'homme sert à reprendre à l'air, dans l'acide carbonique, exactement tout le carbone que l'homme lui-même a consommé, et à l'aide duquel il a formé cet acide carbonique.

« Aux considérations concises que je viens de présenter sur la nutrition des animaux, ajoutons celles qui concernent les végétaux, puisque en définitive, c'est dans ceux-ci que se préparent les matériaux que les premiers ne font qu'assimiler ou consommer. L'homme, les animaux, n'empruntent rien à l'eau, rien à l'azote de l'air. Ils consomment de l'oxygène pris à l'air pour brûler leurs aliments.

« Quelle que soit la source de ces aliments, ceux-ci se divisent en trois groupes de matières bien distinctes. — Le premier renferme les matières azotées : albumine, caséum, fibrine, gélatine ; — le deuxième, les matières végétales : amidon, gommes, sucres ; — le troisième, les matières grasses : huiles, graisses. Les végétaux contiennent ces trois classes de produits.

« Examinons, maintenant, comment ils les fabriquent, et rappelons-nous que les sécrétions animales, eau, acide carbonique, oxyde d'ammonium, sont les aliments des végétaux.

« Allons au-devant d'une objection. L'étude des fossiles nous apprend qu'il y avait des plantes à la surface de la terre avant l'apparition de l'homme et des animaux. Mais il y avait aussi des volcans, éteints aujourd'hui, et qui lançaient alors dans l'atmosphère des quantités énormes d'acide carbonique. Ces volcans rejetaient aussi de l'ammoniaque, puisque autour de ceux qui sont encore en activité aujourd'hui, on trouve des sels ammoniacaux. L'existence de l'homme ou des animaux à la surface de la terre n'était donc pas nécessaire, pour permettre à la végétation de s'établir. Il serait facile de trouver encore d'autres sources d'ammoniaque ; celle que je viens de citer suffit, et il serait inutile d'entrer, à cet égard, dans des détails qui nous écarteraient de notre objet.

« L'ammoniaque rendue à l'air par l'homme, sert donc à reprendre à l'air, dans l'acide carbonique qu'il contient, tout le carbone que l'animal avait consommé. Les recherches de M. Payen ont prouvé que tous les organes de la plante sont formés, à l'origine, par une matière azotée analogue à la fibrine, qui constitue ainsi le rudiment de tous ces organes. Ainsi l'ammoniaque, les sels ammoniacaux, servent de point de départ à la vie de la plante; de plus, ils constituent presque toujours l'aliment au moyen duquel les plantes fabriquent les matières alimentaires azotées, qui sont de beaucoup les plus nécessaires à la vie animale.

« Avant d'aller plus loin, je dois ajouter cependant qu'il y a des plantes qui, outre l'azote pris aux sels ammoniacaux, fixent l'azote de l'air; d'où nous sommes conduits à diviser les plantes en deux grandes classes : 1° celles qui ne fixent pas l'azote de l'air, telles que les céréales; 2° celles qui fixent l'azote de l'air, telles que les légumineuses en général.

« Cette distinction entre les plantes étant comprise, si on faisait abstraction des plantes qui fixent l'azote, l'agriculture serait chargée de refaire, avec l'urine de l'homme, au moyen de l'acide carbonique de l'air, le blé que l'homme mange. Mais, comme l'herbivore n'est qu'un intermédiaire entre l'homme et la plante, que la nourriture de cet intermédiaire est composée, en majeure partie, de plantes qui peuvent fixer l'azote de l'air; comme l'herbivore, outre la viande qu'il fait à l'usage de l'homme, procure encore des fumiers à l'agriculture, et que l'azote de ces fumiers, emprunté en partie à l'air, étant transformé en sels ammoniacaux par la putréfaction, devient un aliment susceptible d'assimilation par les céréales, ou par les plantes qui n'ont pas la propriété de prendre directement cet élément à l'air, le problème de l'agriculture se présente sous une autre forme : c'est, essentiellement, l'art d'extraire l'azote de l'air au profit des herbivores qui nous donnent leur viande, au profit des engrais qui nous procurent le blé.

« Si l'ammoniaque provenant des urines reproduit en grande partie les matières azotées dont les animaux se nourrissent, il est facile de déduire, comme conséquence immédiate, de ce fait, qu'une population humaine rend à la terre presque tous les produits efficaces qu'elle lui emprunte. A ne considérer qu'une partie de la surface du globe, cela est faux sans doute; en la considérant tout entière, cela est vrai, sauf quelques pertes, dont nous ne pouvons discuter la valeur pour le moment.

« Un coup d'œil sur la manière dont on utilise l'urine, montre quelles pertes locales on fait sur cette substance. Une grande partie se décompose à l'air libre, est entraînée dans l'atmosphère, retombe par la pluie, à tout hasard, sans distinction, où le vent la porte, de telle sorte que, revenant sans

cesse de la terre à l'air et de l'air à la terre, l'urine qui se décompose à Paris, peut nous revenir un jour de la Chine sous forme de thé.

« L'agriculteur doit donc, par tous les moyens possibles, fixer dans chaque localité l'ammoniaque qu'elle peut produire. S'il la laisse se dissiper, elle est tout aussi utile, sans doute, à son voisin qu'elle l'eût été à lui-même; mais en la recueillant bien, il n'y aura pour lui aucune de ces pertes qui exigent des réparations toujours très-coûteuses, et souvent même impossibles, comme on sait, dans les exploitations agricoles.

« J'insiste sur la nécessité de retenir l'ammoniaque, de n'en pas laisser perdre : car, si au lieu de nous arrêter à sa fonction dans la plante, nous poursuivons les conséquences de son emploi, il est impossible de méconnaître toute l'importance sociale de ce produit. Ainsi, l'engrais flamand, où il joue un si grand rôle, après avoir fécondé la terre, devient une source de richesse et de bonheur pour la population qui a su le ménager. Et si les sels ammoniacaux sont les agents de la production des matières azotées, c'est sur l'art de les conserver que reposent les progrès actuels de l'agriculture, puisque la production artificielle de sels ammoniacaux à bon marché, au moyen de procédés purement chimiques, n'est pas encore possible, dans l'état actuel de la science.

« Faire de l'ammoniaque à bon marché, ce serait produire l'agent qui sert dans les végétaux à élaborer de l'albumine, du caséum, de la fibrine, ce serait faire de la matière animale, et on arriverait nécessairement à conclure que, faire de l'ammoniaque à bon marché, conduirait à augmenter la population animale, et par suite à augmenter les moyens d'existence de la population humaine elle-même.

« Cet aperçu montre toute l'importance du rôle de l'ammoniaque dans les phénomènes de l'organisation.. Il reste bien encore quelques observations à faire à ce sujet; mais il faut d'abord que nous fixions nos idées sur le rôle de l'acide carbonique et sur celui de l'eau. Les matières azotées sont l'aliment principal de l'homme; elles contiennent du carbone, de l'hydrogène; de plus, nous voyons l'homme consommer des matières amylacées, gommeuses, sucrées, grasses, qui ne contiennent que du carbone, de l'hydrogène et de l'oxygène.

« Or, sauf la petite restriction que nous avons faite, en nous fondant sur les expériences de M. Payen, les plantes, pour s'assimiler le carbone, l'hydrogène et l'eau, pour en fabriquer ces matières grasses ou sucrées, etc., n'ont besoin pour tout aliment que d'eau et d'acide carbonique, ces deux autres excrétions de l'homme.

« Pompé dans le sol, par les racines, transporté par la sève dans toutes les parties des végétaux, ou emprunté directement à l'atmosphère, par les feuilles, l'acide carbonique, en contact avec les parties vertes des végétaux, est décomposé sans l'influence directe des rayons solaires ; son carbone est fixé par la plante, et son oxygène est exhalé. L'eau, dans la plante, subit sous la même influence une décomposition analogue ; son hydrogène est fixé et son oxygène est exhalé. Mais de plus, pendant la végétation, il se fixe de l'eau en nature, sous l'influence vitale, ou au moins retrouvons-nous par l'analyse, de l'hydrogène et de l'oxygène dans les rapports qui constituent l'eau ; n'importe, pour le moment, quel est le mode suivant lequel elle est fixée.

« Dans ces phénomènes, la plante agit encore d'une manière tout opposée à l'animal ; elle fixe les produits qu'il excrète par les poumons, comme nous lui avons vu fixer ceux qu'il excrète par les urines ; elle joue donc dans l'organisation un rôle tout opposé à celui de l'animal.

« La plante fixe du carbone, de l'hydrogène, de l'azote, de l'eau. Au moyen de ces matériaux, elle fabrique des matières organiques et rejette l'oxygène dans l'air. L'animal, au contraire, brûle, au moyen de l'oxygène, les matières organiques que la plante a fabriquées ; il rejette dans l'air l'acide carbonique, l'eau, l'oxyde d'ammonium. Cette opposition ne s'arrête même pas à la matière pondérable ; la plante absorbe les forces chimiques : chaleur, électricité. Nous pouvons donc résumer ces faits en disant que la plante est un appareil de réduction, que l'animal est un appareil de combustion.

« Ce cercle, ce va et vient de la matière doit-il être éternel, autant que nous puissions le prévoir ? L'agriculture qui doit nourrir l'homme, par les aliments d'abord, par l'oxygène qu'elle rend à l'air ensuite, trouvera-t-elle toujours les matériaux qui sont nécessaires à l'alimentation des plantes ?

« En prenant cette question au point de vue le plus général, nous pouvons répondre affirmativement. En effet, l'agriculture ne manquera jamais d'eau, ni d'acide carbonique, que les volcans, les animaux, les hommes rejettent toujours ; les pertes qu'elle semble faire en ammoniaque ne sont pas réelles. Cependant, l'agriculture, considérée sur un point particulier de la surface du globe, pourra souffrir faute d'ammoniaque, si elle ne prend soin de le fixer.

« Examinons rapidement quels sont les moyens de remédier à cette perte locale d'ammoniaque ; il y en a quatre principaux : 1° l'importation des bestiaux ; 2° l'importation des céréales ; 3° l'importation des fumiers azotés ; 4° la culture des prairies artificielles.

« Avec un peu de réflexion, et prenant pour base les opinions précédemment énoncées, on voit que ces quatre questions n'en font qu'une, et que l'importation des bestiaux, des céréales, des fumiers, ne seraient que des palliatifs temporaires à renouveler à chaque saison ; c'est une plaie qu'on entretiendrait sans la guérir.

« Les principes prouvent que le vrai remède consiste à maintenir dans un rapport convenable la culture de la prairie qui fixe de l'azote, l'élève de l'herbivore qui le transforme en viande et en fumier, et la culture de la terre de labour où ce fumier se change en céréales à l'usage de l'homme. Par conséquent, le remède se trouve dans ce rapport qu'il convient d'observer entre la prairie et la terre destinée aux céréales.

« Pour nourrir l'homme il faut de la viande et du blé ; pour faire du blé, il faut des fumiers ; pour faire de la viande, il faut des prairies. Une population humaine n'a que deux façons de se développer, sans s'exposer à de graves souffrances, par suite du défaut d'alimentation : l'une, si bien résolue en Flandre, consiste à récolter avec un soin incessant tous les fumiers qu'elle produit elle-même pour les reporter sur le sol ; l'autre consiste à développer et à maintenir en proportion convenable la culture des prairies.

« Le premier système produira moins de viande, mais du moins donnera du blé. Le second, qui est le système le plus parfait, donne à la fois le blé et la viande, dans les rapports appropriés à nos besoins.

« Le législateur devrait donc faire tous ses efforts pour obtenir la création de canaux d'irrigation dans les pays agricoles. Ces canaux permettraient d'augmenter la quantité des terres consacrées à la culture des prairies artificielles ou aux paturages. En conséquence, l'élève des bestiaux s'accroîtrait, et par l'augmentation des fumiers qui en résulterait, l'agriculteur, avec moins de travail, récolterait plus de blé, quoiqu'il eût diminué la quantité de terre consacrée au labour. Ainsi, l'agriculteur, s'il avait de l'eau à sa disposition, par des canaux bien aménagés, produirait plus de fourrages, augmenterait le nombre de ses bestiaux et livrerait au marché tout autant de blé et bien plus de viande. Les mêmes canaux qui lui auraient fourni l'eau, lui fourniraient un moyen de transport économique et prompt.

« Des études approfondies sur la nature des fourrages, sur celle du blé, sur la composition des viandes, ont prouvé la vérité de ce système, que tous les amis de l'agriculture voudraient voir largement adopté en France. Il y a longtemps que l'Angleterre le met en pratique. C'est à la multitude de canaux dont elle est sillonnée, c'est à la grande quantité de paturages qu'elle possède, que l'Angleterre doit l'abondance et la beauté de ses bestiaux, qu'elle doit aussi la fécondité de ses terres cultivées en blé, qui, à surface égale, produisent le double du blé qu'on retire des nôtres, dans les provinces où l'agriculture est arriérée.

« Si le gouvernement, éclairé sur cet intérêt, le plus pressant du pays, se décidait à féconder le sol par la création de nombreux canaux, il deviendrait parfaitement inutile de réclamer, comme on est forcé de le faire souvent, l'introduction des bestiaux étrangers, mesure funeste de toute façon, car elle prive à la fois l'agriculture française du bénéfice qu'elle eût obtenu de leur éducation et des fumiers qui en seraient résultés et que la fécondation de la terre labourable réclame. Qu'on donne à l'agriculture française de l'eau pour arroser ses prairies et des canaux pour transporter ses produits à bas prix, et elle pourra faire à bon marché tout ce que réclament les besoins de la France.

« En résumé, dans la nature, rien ne se crée, rien ne se perd; tous les phénomènes que nous voyons se passer à la surface de la terre dans les êtres organisés sont dus à des combinaisons qui se font, à des combinaisons qui se défont. La plante fabrique les aliments de l'animal dans les procédés de sa propre existence ; elle rend à l'atmosphère l'oxygène que l'animal consomme, dont il tire parti pour brûler et détruire ce qu'elle avait créé; les produits de la combustion qui s'opère dans l'animal sont, à leur tour, les aliments de la plante.

« Les principes les plus généraux de la statique chimique des êtres organisés se réduisent donc à dire : l'animal est un appareil de combustion; la plante est un appareil de réduction. Ce théorème que j'ai énoncé depuis plusieurs années, une fois établi, rien n'était plus facile, pour un chimiste intelligent, que d'en tirer toutes les conséquences qui en découlent logiquement, et que la pratique a, dès longtemps, reconnues et classées pour la plupart. »

STAUROLITE. *Voy.* STAUROTIDE.

STAUROTIDE (de σταυρός, croix ; synon., *croisette, granatite, pierre de croix, schorl cruciforme, staurolite*). — Couleur rouge avec plus ou moins de translucidité, ou brune, noirâtre et opaque. — Infusible, ou très-difficilement fusible en scorie noire.

La staurotide ne s'est encore rencontrée que disséminée, d'une part dans le micaschiste, de l'autre dans le schiste argileux. Dans quelques cas (Bretagne), les cristaux sont détachés de ces roches et accumulés dans les terres ou sur les bords des ruisseaux. Dans tous les lieux cette substance est accompagnée de grenats; au Saint-Gothard elle est en même temps avec le disthène, auquel elle paraît ressembler sous le rapport de la composition.

STÉARIQUE (acide), de στέαρ, suif. — Cet acide est un des résultats de la saponification du suif et des graisses. Il a été découvert par M. Chevreul.

STÉATITE (*talc-stéatite, craie de Briançon*). — Les stéatites, à cause de leur onctuosité, sont employées en poudre pour adoucir le frottement des machines dont les rouages sont en bois; ce sont les mêmes matières qu'on emploie pour faire glisser les boîtes. Les tailleurs s'en servent en morceaux pour tracer la coupe des habits, et c'est dans ce genre d'emploi que la matière est surtout désignée sous le nom de craie de Briançon, du nom du lieu d'où on la tire particulièrement.

STIBINE (*stibium*, antimoine). — Quoique peu abondante dans la nature, cette matière, qui n'est que de l'antimoine sulfuré, se trouve cependant assez communément. Elle est exploitée pour en tirer l'antimoine qui entre dans quelques alliages, notamment dans celui des caractères d'imprimerie (*Voy.* ANTIMOINE), et qui sert à la préparation du kermès, de l'émétique, etc. On fait entrer le sulfure naturel dans la composition des crayons communs de mine de plomb.

STIPITE (*houille sèche ou maigre ; houille limoneuse*). — Matière noire, opaque, tendre, s'allumant et brûlant avec plus ou moins de facilité, avec flamme, fumée noire, odeur bitumineuse et souvent fétide. Se ramollissant, se gonflant plus ou moins pendant la combustion, mais de manière à ce que les morceaux prennent peu d'adhérence entre eux. Donnant, lorsqu'elle a cessé de flamber, un charbon celluleux peu dur, mat, à surface rugueuse. — Donnant à la distillation des matières bitumineuses, de l'eau, des gaz, de l'ammoniaque et un résidu charbonneux qui ne prend qu'imparfaitement la forme du vase distillatoire.

On ne trouve guère dans les dépôts de houille des substances qui aient les caractères que nous venons de donner aux stipites. Ces matières ne commencent à se montrer que dans le grès bigarré. On les retrouve plus haut dans les marnes irisées, dans les grès du lias, dans la partie inférieure de la formation jurassique. — Ces matières forment en général des couches, ou des amas couchés, entre des bancs de matières solides qui les renferment de toutes parts, et ils ne donnent pas, comme la houille, l'idée de dépôts formés dans des bassins préexistants.

Les matières arénacées qui avoisinent les couches de stipites renferment aussi beaucoup de débris végétaux. On y trouve encore des fougères : mais les espèces sont différentes de celles qu'on trouve dans le terrain houiller. On commence à y trouver des débris de plantes de la famille des conifères, dont le terrain houiller est jusqu'ici dépourvu ; enfin, dans les couches de la partie inférieure du Jura, on commence à trouver des débris de plantes de la famille des cycadées, dont la présence a fourni à M. Brongniart la dénomination de *stipite*, d'après l'expression *stipe* par laquelle on désigne les tiges des *cycas*.

Les stipites peuvent servir à beaucoup des usages auxquels on emploie la houille ; il n'y a réellement qu'à la forge de maréchal qu'ils sont beaucoup moins propres, parce que les fragments ne s'agglutinent pas aussi bien entre eux. Cependant ces combustibles ont partout une grande défaveur, et l'on préfère souvent faire venir de la houille à grands frais que de se servir des dépôts que l'on a sous la main : il est probable qu'il y a en cela beaucoup de préjugés.

STORAX LIQUIDE (*styrax liquida*). — Il en existe de deux espèces : l'une s'écoule des incisions qu'on pratique dans le *liquidambar styraciflua*, arbre qui croît en Virginie et au Mexique ; l'autre se retire également par incision de l'*altingia excelsa*, qui croît à la Cochinchine, à Java et dans d'autres contrées des Indes orientales. Le storax provenant des Indes occidentales est jaune-rouge et devient rouge-brun, presque noir avec le temps. Il a une odeur très-agréable, participant à la fois de celle de la vanille et de celle de l'ambre, et une saveur aromatique, brûlante. Il a la même consistance que la térébenthine de Venise, et est ordinairement mêlé avec l'écorce pulvérisée de l'arbre qui le fournit. Il contient de l'acide benzoïque. Avec le temps, il devient assez dur pour qu'on puisse le réduire en poudre. On en rencontre rarement dans le commerce européen. Le storax des Indes orientales a une odeur de vanille forte et moins agréable ; il est gris-verdâtre ou gris cendré, et a une saveur amère, âcre. Bonastre rapporte qu'ayant conservé pendant longtemps de la teinture de storax, il a obtenu des cristaux d'un corps particulier, auquel il a donné le nom de *styracine*. — Le storax est employé en médecine, mais très-souvent il est falsifié avec d'autres corps.

STRAS. *Voy.* Pierres précieuses artificielles.

STRONTIUM (de Strontian, en Ecosse, où ce minéral a été trouvé pour la première fois). — L'oxyde de ce métal, désigné d'abord sous le nom de *strontiane*, a été pendant longtemps regardé comme un corps simple et rangé au nombre des terres. On ne l'a considéré comme un oxyde métallique avec la baryte qu'après la découverte de la composition de la potasse et de la soude

Les différentes tentatives qu'on a faites pour isoler ce métal, en soumettant son oxyde à l'action d'une forte pile galvanique, en ont à peine fourni pour étudier toutes ses propriétés ; de manière que son histoire est aussi incomplète que celle du barium, avec lequel il a beaucoup d'analogie par les propriétés des composés qu'il forme.

La strontiane ou oxyde de strontium existe en assez grande quantité dans certains pays ; mais elle s'y rencontre toujours à l'état de combinaison avec les acides sulfurique et carbonique.

Les combinaisons naturelles de cet oxyde, confondues d'abord avec celles de la baryte, en ont été distinguées par les docteurs Crawford et Hope, et surtout par Klaproth qui l'isola en 1793 et lui reconnut des propriétés particulières.

La strontiane combinée à l'acide sulfurique a été rencontrée depuis en France, en très-grande quantité ; ce minéral existe en masses considérables dans les montagnes de Montmartre et Ménilmontant, près Paris ; il y est mêlé avec une certaine quantité de sous-carbonate de chaux.

Strontiane (oxyde de strontium). — Le strontium ne se combine que dans une seule proportion avec l'oxygène et produit le composé qui a d'abord été connu sous le nom de *strontiane*.

L'eau, à la température ordinaire, ne peut dissoudre que $\frac{1}{161}$ de cet oxyde ; cette solution claire et limpide verdit le sirop de violettes et ramène au blanc le tournesol rougi ; elle

est connue sous le nom d'*eau de strontiane*.

Un des caractères distinctifs de l'oxyde de strontium et de ses composés, c'est de communiquer à la flamme des combustibles une belle couleur rouge pourprée. On peut en faire l'expérience en portant un peu de nitrate de strontiane dans la flamme d'une bougie allumée, ou en enflammant de l'étoupe imprégnée d'alcool dans lequel on a délayé un sel soluble de strontiane.

Chlorure de strontium. — Ce composé, connu d'abord sous le nom de *muriate de strontiane*, ensuite d'*hydrochlorate*, a été regardé comme un sel ; aujourd'hui on le regarde comme un chlorure de strontium. L'alcool en dissout $\frac{1}{24}$ et le même liquide bouillant $\frac{1}{11}$, selon Bucholz.

Cette solution alcoolique brûle avec une flamme d'une belle couleur rouge pourpre, et est employée dans les spectacles pour produire ces flammes rouges qui apparaissent dans certaines scènes infernales.

SELS DE STRONTIANE.

Carbonate de strontiane. — Ce sel a d'abord été trouvé dans une mine de plomb à Strontian, en Ecosse, et distingué du carbonate de baryte, en 1790, par Crawford. On l'a rencontré depuis dans d'autres pays. Uni au carbonate de chaux, il forme une espèce minérale très-abondante en Auvergne, connue sous le nom d'*arragonate*.

Sulfate de strontiane. — Ce sel se rencontre dans beaucoup de pays, surtout dans les terrains secondaires ou tertiaires. Il est commun à Montmartre et à Ménilmontant près Paris. Ce sel n'est usité que pour obtenir l'oxyde de strontium.

Nitrate de strontiane. — Ce sel est employé dans les laboratoires comme réactif et pour obtenir la strontiane par la calcination. Dans les arts on s'en sert pour composer les feux rouges d'artifices.

STRYCHNINE. — MM. Peltier et Caventou ont découvert cet acide végétal, en 1818, dans la noix vomique (*strychnos nux vomica*). Sa présence a été constatée ensuite dans la fève de Saint-Ignace (*strychnos ignatia*), et dans l'*upas tieute*, arbre du même genre. Il existe en combinaison avec un acide particulier qui a été désigné sous le nom d'*acide igosurique*. La strychnine est inodore, d'une saveur excessivement amère qui persiste longtemps. L'air ne lui fait éprouver aucune altération ; elle est si peu soluble dans l'eau à la température ordinaire, que ce liquide à $+ 10°$ n'en dissout que $\frac{1}{6667}$, et à $+ 100°$ $\frac{1}{2500}$.

La strychnine agit avec une grande violence sur les animaux, à la dose d'un demi-grain, elle fait périr les petits quadrupèdes à la suite de convulsions très-fortes et de secousses tétaniques. L'action des sels de strychnine est encore plus énergique. Ces sels doués d'une très-grande amertume, sont : Le *sulfate de strychnine*, formé de : acide sulfurique 9,5, strychnine 90,5 ; le *nitrate de strychnine* ; l'*hydrochlorate de strychnine*.

STRYCHNIQUE (acide). *Voy.* Igosurique.

STUC *Voy.* Sulfate de chaux.

SUBLIMÉ CORROSIF. *Voy.* Mercure, *deutochlorure.*

SUBSTANCE LIGNEUSE. *Voy.* Plantes, leur composition.

SUBSTANCES VÉGÉTALES, leurs propriétés générales (*chim. organ.*) — Les principes immédiats des végétaux sont solides ou liquides à la température ordinaire : un grand nombre d'entre eux peuvent être obtenus sous forme cristalline et régulière; en général, ils présentent des propriétés physiques très-variables.

Par l'application d'une chaleur modérée, certaines matières végétales, comme l'alcool, l'éther, l'acide benzoïque, le camphre, les huiles essentielles, etc., peuvent se volatiliser sans altération ; d'autres, comme l'acide citrique, ne peuvent se volatiliser qu'en partie, tandis que le reste subit une décomposition. Mais un très-grand nombre de principes organiques se décomposent sous l'influence de la chaleur, et ceux mêmes qui sont volatils ne peuvent résister à une haute température.

Pour étudier l'action de la chaleur sur un principe immédiat, on introduit celui-ci dans une cornue de grès que l'on place dans le laboratoire d'un fourneau à reverbère; le col de cette cornue communique, au moyen d'une allonge, avec un récipient tubulé, qui se termine lui-même par un tube recourbé, lequel va se rendre sous des cloches pleines d'eau et renversées. On chauffe modérément, et la décomposition a lieu au-dessous de la chaleur rouge, si toutefois la matière est décomposable. Ce phénomène se manifeste par un dégagement de gaz qui va se rendre sous la cloche pleine d'eau, et par la formation de vapeurs blanches qui viennent se condenser dans le récipient. Il reste ordinairement du charbon dans la cornue quand la matière sur laquelle on a expérimenté était solide et sèche. Ainsi, quand on distille une matière végétale, comme le bois, le sucre, les gommes, etc., on obtient trois sortes de produits, un produit solide, un liquide et l'autre gazeux.

Le produit solide qui reste dans la cornue se trouve être, comme nous l'avons déjà dit, du charbon mélangé quelquefois avec des résidus terreux. Ce charbon est brillant, gris foncé, difficile à incinérer quand la matière qui l'a produit a pu entrer en fusion; il est noir, très-poreux, et conserve la forme de la substance distillée quand celle-ci n'a pu être fondue. Le produit liquide qui se condense dans le récipient est d'abord limpide et presque incolore; bientôt il brunit, s'épaissit et laisse déposer sur les parois une matière noirâtre, qui ressemble à de la poix; sa consistance augmente de plus en plus, et le mélange de ces différents produits donne naissance à une masse brunâtre, très-épaisse, qui est formée d'un liquide huileux, mélangé avec une liqueur aqueuse. Cette liqueur aqueuse est transparente et peu colorée : elle répand une odeur infecte et se

trouve composée d'eau, d'acide acétique, d'huile pyrogénée et d'une espèce de goudron qui lui donne son odeur. Certaines substances fournissent encore d'autres produits : ainsi le ligneux donne de l'esprit pyroligneux ; les acétates produisent de l'esprit pyroacétique ; les benzoates, de la benzone ; les matières azotées, les produits ammoniacaux qui rendent la liqueur alcaline. Ce dernier caractère permet de reconnaître facilement si une matière organique contient de l'azote au nombre de ses éléments.

Le produit gazeux qui se rend dans la cloche terminant l'appareil est formé d'acide carbonique, d'oxyde de carbone, de carbure d'hydrogène, et quelquefois d'hydrogène pur. Tous ces gaz ne se forment pas à la même époque de l'opération, comme on peut facilement s'en rendre compte. Ils entraînent toujours avec eux une certaine quantité d'huile pyrogénée, qui leur communique une odeur fétide, qui les rend plus inflammables, et leur donne la propriété de brûler avec une flamme blanche et brillante, lors même qu'ils ne contiennent que fort peu d'hydrogène bicarboné.

Les résultats varient suivant la composition des corps que l'on soumet à l'action de la chaleur. Ceux qui contiennent une grande proportion d'oxygène fournissent, en se décomposant, beaucoup d'eau, d'acides carbonique et acétique; ceux qui sont très-hydrogénés fournissent beaucoup d'huile, de matières goudronneuses et de gaz hydrogène carboné. Il est évident que la nature des produits liquides de la décomposition varie, comme les produits gazeux, aux différentes époques de la distillation, et cela par des motifs tout semblables. Dans tout ce que nous venons de dire, nous avons supposé qu'on faisait agir la chaleur sur les substances végétales. à *l'abri de l'air ;* car, lorsqu'on les chauffe au contact de ce gaz, les produits sont différents par l'action de l'oxygène qui est contenu dans l'air. Cet oxygène vient s'ajouter à celui du principe immédiat, et fait changer la nature des produits ; ainsi, telle substance qui eût donné une grande quantité de gaz ou de liquides hydrogénés, si on l'eût distillée en vases clos, pourra, au contact de l'air, ne fournir par sa combustion que de l'eau et de l'acide carbonique. Si la chaleur est assez forte et qu'il y ait assez d'oxygène, les produits de la décomposition s'enflamment ; dans le cas contraire, une partie de ces produits se dégage sous forme d'une vapeur blanchâtre que l'on désigne sous le nom de *fumée ;* celle-ci se condense sur les corps froids, et forme alors ce qu'on appelle la *suie.*

Il n'y a qu'un petit nombre de métalloïdes qui aient de l'action sur les principes organisés des végétaux à la température ordinaire ; ce sont le chlore, le brome et l'iode, qui agissent par leur affinité pour l'hydrogène et décomposent la plupart des matières végétales. Cette action est surtout manifeste lorsque la substance est naturellement colorée ; car, aussitôt que le contact a lieu, la couleur disparaît : tel est l'effet qui se produit lorsqu'on verse une solution de chlore dans de la teinture de tournesol, dans de l'encre, etc.

Dans le plus grand nombre de cas, le chlore, le brome, l'iode passent à l'état d'acides chlorhydrique, bromhydrique, iodhydrique, en enlevant l'hydrogène de la matière organique. La loi des substitutions consiste en ce qu'une quantité de chlore, de brome, d'iode, se substitue à l'hydrogène dans la matière organique, équivalent pour équivalent, sans que le type chimique soit changé ; c'est-à-dire que, pour chaque équivalent d'hydrogène qui a été enlevé au corps à l'état d'acide chlorhydrique, il s'est combiné avec lui un équivalent de chlore. Voici les exceptions de cette loi : 1° quelquefois le chlore peut enlever de l'hydrogène à un corps sans le remplacer ; 2° le chlore peut s'ajouter à un corps qui en a déjà pris par substitution ; 3° l'oxygène, en agissant sur un corps hydrogéné, peut former de l'eau et un corps oxygéné auquel cette eau reste unie ; on peut citer comme exemple l'hydrure de benzoïle, qui se transforme en acide benzoïque hydraté ; le chlore peut de même former de l'acide chlorhydrique qui reste uni au corps formé. Quelquefois le chlore, le brome et l'iode entrent en combinaison avec les principes immédiats des végétaux sans les décomposer ; c'est ainsi que l'iode se comporte quand on le met en contact avec l'amidon.

Le soufre et le phosphore s'unissent à un grand nombre de substances végétales où l'hydrogène prédomine : ainsi, ils se dissolvent dans les huiles, dans l'alcool, et forment avec les résines des composés solides. Les métaux très-avides d'oxygène, tels que le potassium et le sodium, agissent à une température peu élevée sur les substances très-oxygénées, les charbonnent et se transforment en oxydes. Leur action est très-faible sur les substances hydrogénées.

L'eau dissout plusieurs substances organiques, les unes à chaud, les autres à froid ; il en est un grand nombre qui sont entièrement insolubles. On observe généralement que les substances où l'oxygène prédomine sont solubles dans l'eau, et que les principes très-hydrogénés sont insolubles ou peu solubles. Certaines matières organiques entrent en putréfaction et se décomposent lorsqu'on les abandonne dans l'eau pendant un temps plus ou moins long ; il se forme dans ce cas des produits à peu près analogues à ceux qui résultent de la décomposition de ces principes par le feu.

Les oxydes métalliques qui peuvent jouer le rôle de bases salifiables se combinent facilement aux principes acides et forment avec eux des sels qui offrent une analogie très-grande avec les sels minéraux. A l'aide de la chaleur, la potasse et la soude transforment les corps gras en *savons* et fournissent des composés de cyanogène avec les principes azotés. Plusieurs oxydes peuvent être réduits à une température plus ou moins élevée par certaines matières végétales qui s'emparent de leur oxygène ; c'est ainsi que se comporte le bioxyde de cuivre avec tous les principes immédiats.

La plupart des acides peuvent s'unir avec les substances végétales salifiables qu'on appelle alcalis végétaux et donner naissance à des sels ; bien souvent, pour que l'union ait lieu sans décomposition de la matière, il faut employer des acides peu concentrés. Ils se comportent de plusieurs manières à l'égard des autres substances organiques : s'ils sont faibles, comme les acides carbonique, borique, ils sont sans action ; mais les autres acides agissent diversement : l'acide azotique, par exemple, leur fournit assez d'oxygène pour faire passer le carbone ou l'hydrogène ensemble ou séparément à différents états pour les brûler, pour rendre l'oxygène prédominant dans la matière organique, et pour lui faire acquérir par conséquent des propriétés acides.

En faisant chauffer ensemble dans une cornue qui communique avec un ballon, 1 partie de sucre et 4 d'acide azotique à 25°, on obtient bientôt, par la réaction mutuelle des deux corps, de l'eau, de l'acide acétique et de l'acide oxalhydrique, qui restent dans la cornue avec l'excès d'acide azotique : dans le récipient, il vient se condenser de l'acide azoteux avec un peu d'eau et d'acide azotique, tandis que par la tubulure supérieure du récipient il se dégage de l'acide carbonique et du bioxyde d'azote. Lorsqu'il ne se dégage plus de gaz, on peut changer la nature de certains produits en introduisant encore 4 parties d'acide azotique, et chauffant de nouveau : il ne se forme plus d'acide acétique, et tout l'acide oxalhydrique se trouve transformé en un acide plus oxygéné, qui est l'acide oxalique. Ce dernier peut, à son tour, être décomposé par un excès d'acide azotique, et donner naissance, en dernière analyse, à de l'eau, de l'acide carbonique et du bioxyde d'azote.

D'autres acides, particulièrement l'acide sulfurique, peuvent agir d'une troisième manière sur les substances organiques : par leur grande affinité pour l'eau, ils peuvent leur enlever de l'eau qui provient, sous l'influence puissante de l'acide, de la combinaison de l'oxygène de la matière avec une quantité équivalente d'hydrogène, ou bien de l'hydrogène avec une quantité équivalente d'oxygène, selon que l'hydrogène ou l'oxygène sont en excès dans la matière organisée. Le charbon sera mis en liberté ou se combinera avec de l'hydrogène, si ce gaz prédominait dans la matière organique ; dans le cas inverse, le carbone se combinera avec l'oxygène pour former, soit de l'acide carbonique, soit de l'oxyde de carbone. Quand on plonge un morceau de bois dans de l'acide sulfurique, on le voit noircir immédiatement. Si l'on fait agir, à l'aide de la chaleur, 4 parties d'acide sulfurique sur 1 partie d'alcool, il y a décomposition de ce dernier, formation d'eau et dégagement d'hydrogène bicarboné. Quelquefois l'acide sulfurique, tout en décomposant a matière végétale, se décompose lui-même en partie, cède de l'oxygène à la substance sur laquelle on le fait réagir, et donne naissance à des produits divers avec lesquels il peut se combiner. En agissant sur le ligneux et l'amidon, en présence de l'eau, l'acide sulfurique transforme ces principes en gomme, puis en matière sucrée analogue au sucre de raisin. D'autres fois les acides décomposent les principes immédiats, en donnant naissance à des produits qui se combinent avec une portion d'acide non décomposé ; c'est ainsi qu'agissent les acides phosphorique et chlorhydrique.

A la température ordinaire et en présence de l'eau, quelques sels sont décomposés par suite de l'union de l'oxyde avec le principe immédiat. Si cet oxyde est facilement réductible, l'hydrogène et le carbone de la substance végétale s'emparent de son oxygène et mettent ce métal en liberté. Quelquefois, en même temps que l'oxyde est réduit, l'acide est décomposé par l'hydrogène et le carbone, et il en résulte des produits analogues à ceux qui se forment lorsqu'on fait agir directement ces deux corps simples sur les sels.

SUBSTANCES, ou agents pour la conservation des bois. *Voy.* Bois.

SUBSTITUTIONS. *Voy.* Types.

SUC GASTRIQUE. — Les physiologistes ont donné le nom de suc gastrique à un fluide particulier, sécrété par la membrane interne de l'estomac, auquel on a attribué la propriété de dissoudre les aliments qui sont ingérés dans ce viscère, et de les convertir en chyle.

Ce fluide peut être obtenu par différents procédés : 1° en tuant un animal après l'avoir fait jeûner ; 2° en faisant avaler à des animaux des éponges attachées à une ficelle, et les retirant au bout de quelque temps pour les exprimer ; 3° en déterminant le vomissement sur les personnes à jeun.

Quel que soit le procédé qu'on emploie, on voit qu'il est impossible de l'obtenir dans un grand état de pureté. En effet, il doit être plus ou moins mêlé avec une portion de salive et de mucus de la bouche, de l'œsophage et de l'estomac. Aussi, les différents médecins et physiologistes qui ont décrit ses caractères, lui ont-ils trouvé souvent des propriétés opposées.

Quant à l'action particulière de ce suc sur les aliments, Spallanzani le regardait comme leur dissolvant, opinion qui a été ensuite combattue par M. Montègre. Les expériences tentées par M. Lassaigne ont appris que ce fluide n'agissait sur les aliments que par la grande proportion d'eau qu'il contenait ; qu'il les ramollissait, les délayait et les atténuait de manière à les rendre propres à la transformation en molécules chyleuses.

SUCCIN (*karabé, ambre jaune*). — Substance résineuse, jaunâtre, rougeâtre ou brunâtre, tantôt transparente, tantôt opaque.

On a réuni sous ce nom une quantité de substances qui ont toutes à l'extérieur les

caractères des résines, mais qui probablement appartiennent à des espèces fort différentes. Les unes donnent à la distillation un acide que l'on considère comme y étant tout formé ; d'autres n'en donnent pas de traces : il en est qui donnent de l'ammoniaque. Certaines variétés sont insolubles dans l'alcool, et d'autres s'y dissolvent en partie, en laissant un résidu résineux qui n'a pas, comme dans le rétin-asphalte, les caractères extérieurs de l'asphalte. Il en est qui dégagent en brûlant une odeur aromatique ; d'autres qui donnent une odeur nauséabonde ou fétide. Cette diversité de caractères semble indiquer des substances fort différentes les unes des autres.

Il paraîtrait que les succins sont en général des composés de carbone, d'oxygène et d'hydrogène. Une variété analysée par Drapiez a fourni :

Carbone.	80,59
Hydrogène	7,31
Oxygène.	6,73
Chaux.	4,54
Alumine.	4,10
Silice.	0,63

Le succin ne présente guère de variétés que par les teintes de couleurs et les différents degrés de transparence, car du reste il se présente toujours en rognons ou en petits nids. Les couleurs varient du jaune topaze au jaune verdâtre, jaune orangé, jaune brunâtre dans les variétés transparentes. Dans les variétés opaques, elles varient du jaune d'œuf au blanc jaunâtre, et quelquefois les différentes teintes sont associées par zones, ou mélangées irrégulièrement. Fréquemment cette substance a un certain degré de ténacité ; mais quelquefois elle est très-friable, et dans quelques cas elle est terreuse.

Il y a des variétés de succins qui renferment une assez grande quantité d'insectes de diverses espèces et des débris de végétaux. Les insectes sont des hymenoptères, des dyptères, des arachnoïdes ; on reconnaît quelques coléoptères, mais rarement des lépidoptères. Ces insectes ne sont pas de même espèce que ceux qui vivent actuellement sur les lieux où se rencontrent les succins, et on a cru reconnaître qu'ils avaient plus d'analogie avec ceux des climats chauds qu'avec ceux des climats tempérés. Il paraît qu'on a quelquefois introduit artificiellement des corps organisés dans le succin ; du moins existe-t-il des morceaux de cette matière qui ont été divisés et recollés à l'endroit où on voit l'animal qui en fait tout le prix. C'est ainsi qu'il existe deux morceaux de succin au cabinet du collége de France : dans l'un se trouve une *courtillière* (*gryllotalpa vulgaris*), et dans l'autre un très-petit lézard.

Les succins appartiennent aux mêmes formations que les lignites ; il en existe dans les dépôts de ce combustible qu'on trouve dans les sables qui préludent à la craie (île d'Aix), et, à ce qu'il paraît, dans tous les terrains tertiaires où le lignite lui-même abonde. Tantôt ils se trouvent en rognons dans la matière arénacée qui renferme le combustible, et tantôt dans le lignite lui-même. Le nombre des localités où l'on connaît ces corps est considérable. En France ils existent dans un grand nombre de lieux (Auteuil près Paris, Villiers-en-Prayer près Soissons, et dans tous les dépôts de lignites du département de l'Aisne ; Noyer près de Gisors ; Saint-Paulet, Gard ; Sisteron et Forcalquier, Basses-Alpes, etc.). On en cite de même en plusieurs lieux de l'Angleterre, de l'Allemagne, en Sicile, en Espagne, etc. Mais c'est sur les bords de la mer Baltique, depuis Memel jusqu'à Dantzig, que sont les gisements les plus renommés, parce que le succin s'y trouve plus abondamment, en morceaux plus volumineux, et offre les plus belles variétés. Il est l'objet de recherches assez actives dans ces contrées ; tantôt on le recueille sur les bords des ruisseaux, où il est entraîné par les eaux, sur les côtes de la mer, où il est poussé par les vents ; tantôt on cherche dans les escarpements de la côte, au moyen d'embarcations légères, les dépôts de lignites où ils se trouvent ; on les fait ébouler, on les brise à la drague, et l'on se procure ainsi les rognons de succins qu'ils renferment.

On emploie le succin en petits ornements ; on le taille en perle à facettes de différentes grosseurs pour en faire des colliers, qui ont été en vogue il y a une vingtaine d'années en France. On en fait des chapelets, des croix, des poignées de couteau et de poignard, des embouchures de pipe, des boîtes, des coffrets, etc. Ces objets sont fort estimés dans le Levant, et presque tous ceux qui sont fabriqués passent en Turquie. On s'en sert pour la préparation de l'acide succinique, qui est fort utile dans les laboratoires : on le fait entrer dans la composition des vernis gras, blancs et transparents, auxquels il donne beaucoup d'éclat et de dureté. On l'emploie en médecine comme antispasmodique, et il entre dans la composition du sirop de karabé.

SUCRE. — Le sucre était connu des anciens, mais il n'était employé qu'en médecine. Pline, Dioscoride et Galien en parlent. Au moyen âge, l'usage du sucre paraît avoir été plus répandu ; car on connaissait déjà le moyen de le raffiner. Voici comment s'exprime à ce sujet un auteur du XIVe siècle, Bartholomée l'Anglais :

« Le sucre est en latin appelé *sucara*, et est fait des roseaux qui croissent en viviers qui sont près du Nil ; et le suc de ces roseaux est doux comme miel, et on fait le sucre par le cuire au feu ; car on pile ces roseaux, puis les met-on en la chaudière sur un feu qui n'est pas fort, où il devient dessus comme écume, et puis le meilleur et le plus épais s'en va au fond ; et ce qui est vil et plein d'écume demeure par dessus, et n'est pas si doux comme l'autre, et ne croque point entre les dents quand on le mâche, mais se fond tout en eau. On met le

bon sucre, en bons vaisseaux ronds, sécher au soleil, et là s'endurcit et devient blanc, et l'autre demeure jaune. »

En 1745, un célèbre chimiste de Berlin, Marggraff, découvrit le sucre dans la betterave et dans les racines d'autres plantes. Comme cette découverte a fait une révolution dans l'industrie, nous allons laisser Marggraff la raconter lui-même :

« Les plantes, dit-il, que j'ai soumises à un examen chimique pour tirer le sucre de leurs racines, et dans lesquelles j'en ai trouvé effectivement de véritable, ne sont point des productions étrangères ; ce sont des plantes qui naissent dans nos contrées aussi bien que dans d'autres en assez grande quantité, des plantes communes qui viennent même dans un terrain médiocre, et qui n'ont pas besoin d'une forte et grande culture. Telles sont la bette blanche ou poirée, le chervis (*sisarum Dodonœ, daucus carotta*) et la bette rouge. Les racines de ces trois plantes m'ont fourni jusqu'à présent un sucre très-copieux et très-pur. Les premières marques caractéristiques qui indiquent la présence du sucre renfermé dans les racines de ces plantes, sont que ces racines, étant coupées en morceaux et desséchées, ont non-seulement un goût fort doux, mais encore qu'elles montrent pour l'ordinaire, surtout *au microscope, des particules blanches et cristallines qui tiennent de la forme du sucre.*

« Comme le sucre, continue Marggraff, se dissout même dans l'esprit-de-vin (chaud), j'ai jugé que ce dissolvant pourrait peut-être servir à séparer le sucre des matières étrangères ; mais pour m'assurer auparavant combien de sucre pouvait être dissous par l'esprit-de-vin le plus rectifié, j'ai mis dans un verre deux drachmes du sucre le plus blanc et le plus fin, bien pilé, que j'ai mêlé avec quatre onces d'esprit-de-vin le plus rectifié ; j'ai soumis le tout à une forte digestion continuée jusqu'à l'ébullition, après quoi le sucre s'est trouvé entièrement dissous. Tandis que cette solution était encore chaude, je l'ai filtrée et mise dans un verre bien fermé avec un bouchon de liége, où, l'ayant gardée environ huit jours, j'ai vu le sucre se déposer sous forme de très-beaux cristaux. Mais il faut bien remarquer que la réussite de l'opération demande qu'on emploie l'esprit-de-vin le plus exactement rectifié, et que le verre aussi bien que le sucre soient très-secs ; sans ces précautions, la cristallisation se fait difficilement.

« Cela étant fait, j'ai pris des racines de bette blanche coupées en tranches et les ai fait dessécher, mais avec précaution, afin qu'elles ne prissent point une odeur empyreumatique. Je les ai ensuite réduites en une poudre grossière ; j'ai pris huit onces de cette poudre desséchée et les ai mises dans un verre qu'on pouvait boucher ; j'y ai versé seize onces d'esprit-de-vin le plus rectifié, et qui allumait la poudre à canon. J'ai soumis le tout à la digestion au feu, poussé jusqu'à l'ébullition de l'esprit-de-vin, en remuant de temps en temps la poudre qui se ramassait au fond. Aussitôt que l'esprit-de-vin a commencé à bouillir, j'ai retiré le verre du feu et j'ai versé promptement tout le mélange dans un petit sac de toile, d'où j'ai fortement exprimé le liquide qui y était contenu ; j'ai filtré la liqueur exprimée encore chaude, j'ai versé le liquide filtré dans un verre à fond plat, fermé avec un bouchon de liège, et l'ai gardé dans un endroit tempéré. D'abord l'esprit-de-vin y est devenu trouble, et au bout de quelques semaines il s'est formé un produit cristallin ayant tous les caractères du sucre, médiocrement pur et composé de cristaux compactes. J'ai dissous de nouveau ces cristaux dans l'esprit-de-vin, et on les obtient ainsi plus purs. »

On distingue trois espèces principales de sucre : 1° le sucre de *canne* ou sucre cristallisable ; 2° le sucre de *fruit* (de raisin, de fécule, de diabète) ; 3° le sucre de lait. Le sucre de canne a reçu ce nom parce qu'il se trouve en très-grande quantité dans la canne à sucre (*saccharum officinarum*), qui en fournit la plus grande partie ; mais il est aussi contenu dans la séve de plusieurs érables, et particulièrement de l'*acer saccharinum* et dans les racines de betteraves (*beta vulgaris*).

Extraction du sucre de canne. — La canne à sucre se cultive en grand dans les contrées de l'Asie et de l'Amérique, situées dans le voisinage de l'équateur. Quand les cannes sont mûres, on les coupe par le pied et on en exprime le suc en les faisant passer entre trois cylindres de fonte, de telle sorte qu'elles passent d'abord entre le cylindre supérieur et celui du milieu, puis entre ce dernier et le cylindre inférieur. Le suc qui s'écoule est reçu dans des vases. Tous les sucs végétaux qui sont sucrés tendent à subir une décomposition particulière dès qu'on les met en contact avec l'air. Cette décomposition, connue sous le nom de *fermentation alcoolique* ou *vineuse*, commence d'autant plus promptement que la température de l'air ambiant est plus élevée. On s'empresse donc d'enlever le suc et on le mêle avec de l'hydrate de chaux, dans une proportion variable ; ordinairement on compte une partie de chaux sur 800 parties de suc. On chauffe ensuite ce mélange dans une chaudière jusqu'à 60°. Le gluten et l'albumine se combinent avec la chaux et viennent nager à la surface, où ils forment une masse cohérente. On soutire le liquide et on le concentre par l'ébullition, en ayant soin d'enlever sans cesse l'écume qui se forme ; quand le liquide est arrivé au degré de consistance qu'on veut lui donner, on le verse dans un réservoir plat où on le laisse refroidir, et, avant qu'il soit complétement refroidi, on le soutire dans des cuviers dont le fond est percé de trous qu'on tient bouchés. Après l'avoir laissé reposer pendant vingt-quatre heures, on l'agite fortement avec un mouveron, afin d'accélérer la cristallisation du sucre, qui est terminée au bout de six heures. On débouche alors les trous et on laisse écouler le sirop non cristalisé qui donne, par l'évaporation, une

nouvelle quantité de sucre. Ce sucre, qui a bien égoutté, est grenu, jaunâtre, légèrement gluant ; on le met sécher au soleil, on l'introduit dans des tonnes et on le verse dans le commerce. Dans cet état, on l'appelle *cassonade, moscouade* ou *sucre brut*. Le sirop qui refuse de cristalliser est noir et visqueux ; mais il jouit encore d'une saveur très-sucrée. On lui donne le nom de *mélasse*, et on s'en sert pour fabriquer du *rhum*, en le faisant fermenter.

Extraction du sucre de betterave. — Ce fut Achard qui essaya d'extraire en grand le sucre de la betterave ; mais cette industrie ne prit de l'impulsion que par le système de blocus continental, sous le ministère Chaptal (1). Les procédés d'extraction se sont singulièrement modifiés depuis. Il peut aujourd'hui supporter la concurrence du sucre de canne, quoiqu'un impôt de plus de six millions frappe la production du sucre indigène. Nos départements du nord possèdent plusieurs fabriques de sucre de betterave très-florissantes, qui livrent au commerce plus de 35 millions de kilogrammes de sucre brut.

Voici, en résumé, le mode de préparation du sucre de betterave généralement suivi. On râpe la betterave ; on la soumet à l'action énergique d'une presse hydraulique, et on obtient de 68 à 73 pour cent de suc. Il y a de ce côté un grand perfectionnement à attendre, puisque 100 grammes de pulpe, fortement exprimée et bien lavée et desséchée, donnent deux grammes de résidu. On défèque au moyen de la chaux ; pour cela on chauffe à 80°, et on mêle par litre avec deux et demi de chaux éteinte, délayée dans 18 grammes d'eau. On remue le mélange, et, quand il a atteint la température de 100°, on éteint le feu et on laisse la masse s'éclaircir. Cette proportion de chaux varie quelquefois. Lorsque les betteraves sont très-saines et que la proportion de chaux est convenable, la défécation s'opère bien ; le jus, parfaitement décoloré et limpide, se sépare facilement des dépôts et des écumes. On soutire le liquide limpide ; on évapore le tout aussi

(1) Pendant le blocus continental, Napoléon offrit un grand prix à la personne qui découvrirait un produit assez abondant pour remplacer le sucre des colonies. Cette récompense considérable, d'une part, et le manque de sucre de l'autre, firent entreprendre beaucoup de recherches, par suite desquelles on découvrit deux moyens d'obtenir du sucre à bon marché. L'un et l'autre de ces moyens fournit la même espèce de sucre que l'on ne sut pas encore distinguer avec certitude du sucre de canne, quoique Lowitz eût déjà parlé de l'existence de différentes espèces de sucre. Proust démontra qu'on pouvait extraire du jus des raisins mûrs, par des méthodes très-simples, des quantités de sucre suffisantes pour les besoins de toute l'Europe méridionale ; le grand prix lui fut décerné, mais à condition qu'il établirait une fabrique en grand : comme il ne voulut pas consentir à cette clause, il ne reçut pas la récompense promise. Quelques années plus tard Kirchhoff, à Pétersbourg, découvrit qu'en faisant bouillir de l'amidon avec des acides étendus, on pouvait produire du sucre ; cette découverte fut récompensée par le gouvernement russe.

rapidement que possible, jusqu'à ce que la liqueur ait une densité de 1,035 à 1,04. On continue l'évaporation ; on ajoute à la liqueur du charbon animal en grain bi n calciné, dans la proportion de 0,04 du poids du suc, et quand la liqueur est arrivée à une densité de 1,12 et 1,13, on la filtre à travers une étoffe de laine. On facilite, dans quelques établissements, la filtration en clarifiant au préalable le suc avec du sang de bœuf. On évapore ensuite le plus rapidement possible dans d s chaudières évasées, ayant soin d'égaliser la chaleur afin que l'ébullition soit partout uniforme. Le sirop suffisamment concentré est versé dans un rafraîchissoir, et, lorsqu'il ne marque plus qu'environ 40 degrés, on le coule dans de grandes formes coniques en terre, humectées, percées à leur sommet d'un trou qu'on tient bouché avec un tampon de linge. Au bout de quelques jours, la cristallisation est terminée. On fait alors écouler le sirop incristallisable. En remplissant exactement toutes les conditions de détail indispensables, on obtient, selon M. Blanquet, 5 pour cent de beau sucre, 2 et demi de mélasse ; mais si la betterave est plus ou moins altérée, si elle a accompli sa végétation dans un terrain fumé avec une proportion exagérée d'engrais, alors l'opération suit une marche très-irrégulière ; une mauvaise défécation ne laisse plus de certitude sur la bonne marche d'aucune des opérations suivantes, et, chose remarquable, l'action décolorante du noir est presque nulle. Les conditions capitales d'une bonne fabrication sont donc la conservation des racines et la réussite de la défécation, et, malheureusement, ces conditions sont des problèmes à résoudre.

Raffinage du sucre de canne ou de betterave. —On dissout le sucre tantôt dans l'eau de chaux, tantôt dans l'eau ordinaire, à l'aide de la chaleur ; et, quand la dissolution est à 65°, on ajoute du charbon animal en poudre fine, provenant des fabriques de sel ammoniac ou de la distillation sèche des os ; on en emploie depuis 4 jusqu'à 14 pour 100 du poids du sucre. On chauffe le mélange jusqu'à l'ébullition, qu'on entretient pendant une heure ; après quoi on filtre la liqueur bouillante à travers une étoffe de laine. Dès que la liqueur est refroidie jusqu'à 40 degrés, on la mêle avec du blanc d'œuf bien délayé dans l'eau ; le blanc de 40 œufs suffit pour 500 kilogrammes de sucre. On chauffe de nouveau jusqu'à l'ébullition, puis on éteint le feu. Le blanc d'œuf se coagule et vient nager à la surface, d'où on l'enlève après avoir laissé reposer le liquide pendant trois quarts d'heure. Le sirop, ainsi clarifié, est concentré par l'ébullition jusqu'à ce qu'il ait assez de consistance. On le verse ensuite dans les rafraîchissoirs, puis dans les formes.

Au lieu de blanc d'œuf on emploie généralement, dans les grandes villes, le sang de bœuf ; quelquefois, au lieu d'ajouter du noir animal, on filtre le sirop bouillant sur des filtres montés avec du noir animal granulé.

On chauffe généralemen au moyen de la vapeur.

Le sucre cristallisé est phosphorescent sous le choc du marteau, dans l'obscurité ; il offre les phénomènes thermo-électriques de la tourmaline et de la topaze. Chauffé à 180°, il fond en un liquide tout à fait transparent ; versé dans l'eau froide, le sucre fondu se fige instantanément et constitue alors ce qu'on appelle improprement le *sucre d'orge* ou *de pomme.*

Les acides ont une action toute particulière sur le sucre de canne : ils le transforment en sucre de raisin. L'action est plus prompte à chaud. Le sucre de raisin est reconnaissable à ses cristaux ayant l'aspect de choux-fleurs. On en voit souvent sur les confitures faites avec du sucre de canne, que les acides des fruits ont transformé en sucre de raisin. Dans c tte transformation remarquable, le sucre de canne absorbe une certaine quantité d'eau.

Traité par l'acide nitrique, le sucre de canne se change en acide tartrique, formique et oxalique.

La *mélasse* ou sucre impur contient quelquefois des quantités notables de chlorure de potassium et de sodium. Le sucre blanc en pain renferme d'ordinaire 1 pour 100 de chaux.

Depuis quelques années, la consommation du sucre a pris un accroissement prodigieux.

Autrefois, sous l'empire, on consommait en France environ 16 à 17 millions de kilogrammes de sucre ; aujourd'hui on en consomme plus de 130 millions de kilogrammes.

Sucre de raisin. (Glucose, sucre de fruits, sucre de diabète, sucre de fécule ou d'amidon.) —Ce sucre se distingue du précédent en ce qu'il ne cristallise pas ou très-difficilement en prismes rhomboïdaux. Il présente un aspect mamelonné (choux-fleurs). Il fond déjà à 90 degrés. Il peut perdre jusqu'à 100 pour 100 d'eau sans se décomposer, tandis que la moindre perte d'eau entraîne la décomposition du sucre de canne. Ainsi chauffé, le sucre de raisin reste liquide et sirupeux. Il est fréquemment employé pour bonifier le vin, la bière et d'autres liqueurs alcooliques. Ce produit est destiné à un avenir immense ; peut-être, dans quelques années, en fabriquera-t-on le centuple. Il peut se vendre, dans le commerce, en raison de 20 centimes la livre.

On obtient le sucre de raisin en traitant la fécule par l'acide sulfurique étendu. L'opération se fait à la température de l'ébullition de l'eau. La fécule se change d'abord en une matière gommeuse (*dextrine*), puis en sucre.

L'extraction du sucre de raisin est une des plus remarquables opérations de la chimie organique. Changer, transformer de l'amidon, du bois, matière insipide, en sucre, et cela poids pour poids à peu près, voilà une découverte à jamais mémorable de la chimie moderne (1) ; on la doit à un chimiste

(1) M. Braconnot a découvert que plusieurs substances végétales du genre que l'on désigne par le

russe nommé Kirkoff; elle a été faite en 1812. Il est évident que c'est l'amidon et l'eau qui fournissent seulement les éléments du sucre. Plusieurs chimistes se sont occupés de la théorie de cette transformation remarquable. Th. Saussure, qui a analysé tous les produits qui se formaient, pensait que la conversion s'effectuait par une simple fixation de l'eau. En effet, les éléments de l'eau, plus de l'amidon, représentent, à très-peu de chose près, les éléments du sucre. M. Bouchardat pense, contrairement à l'opinion de Saussure, que la transformation ne consiste pas en une simple fixation de l'eau, et que l'opération est beaucoup plus complexe.

Sucre de diabète. — On connaît sous le nom de *diabète* ou de *glucosurie* (de γλυχύς, *doux*), une affection très-grave qui s'accompagne d'une faim dévorante, d'une soif inextinguible, dans laquelle un malade peut rendre, en vingt-quatre heures, plus de 12 litres d'urine qui peuvent contenir plus de 1 kil. de sucre de fécule (glucose). La quantité du sucre contenu dans les urines est toujours en raison directe de la quantité de pain ou d'aliment féculents et sucrés que les malades ont pris dans les 24 heures. Si on diminue ou supprime les aliments sucrés ou féculents, la soif suit immédiatement une marche rétrograde, et les urines reviennent peu à peu à leur quantité et à leur composition normales.

La soif ardente dont sont tourmentés les malades diabétiques trouve une explication satisfaisante dans les faits que nous connaissons sur l'action de la diastase sur l'amidon. (La diastase est un principe azoté que l'on extrait de l'orge germée en chauffant celle-ci à 75°, de manière à en coaguler l'albumine. Une partie de diastase suffit pour changer 2,000 parties d'empois d'amidon en un mélange de dextrine et de sucre.)

Le *sucre de lait* (*lactine*) diffère des espèces précédentes. Il est susceptible de fermenter, mais avec lenteur. Sa saveur est peu sucrée. L'eau dissout le ½ de son poids; l'eau bouillante en dissout davantage. Il est très-peu soluble dans l'alcool. On obtient le sucre de lait par l'évaporation du petit lait.

Composition des sucres. — Le sucre de canne est composé, en centièmes, suivant Berzelius, de :

Carbone	42,22
Hydrogène	6,60
Oxygène	51,18

Le sucre de raisin analysé par de Saussure fournit, pour cent, du :

Carbone	37,29
Hydrogène	6,54
Oxygène	55,87

Chaque sorte de sucre solide a son sucre liquide. Le sucre liquide existe-t-il dans la

nom commun de *ligneux*, telles que la sciure de bois, la paille, les chiffons de linges, les écorces d'arbres en poudre, possèdent en commun la propriété de se transformer d'abord en dextrine, puis en sucre, quand on mêle à ces corps de l'acide sulfurique concentré.

plante, ou n'est-il qu'une altération ou décomposition du sucre solide? Il est incontestable, d'après les travaux de M. Pelouze sur la betterave, qu'il y a des végétaux qui ne contiennent que du sucre cristallisable; et cependant par le travail qu'on fait subir à ce sucre, on obtient une certaine quantité de sucre incristallisable, qui, par conséquent, est un produit formé dans ce travail. Mais s'ensuit-il qu'il en soit toujours ainsi, et que jamais le sucre liquide n'existe dans la plante, en concurrence avec le sucre cristallisable? Non; et cependant c'est une opinion généralement admise par les chimistes depuis les recherches de M. Pelouze, et que particulièrement M. Peligot veut établir relativement au jus de canne dans laquelle il n'admet que du sucre cristallisable.

Dans ces derniers temps, les chimistes se sont occupés à trouver des procédés faciles et sûrs pour constater la présence du sucre dans un liquide quelconque. Le procédé de M. Biot est fondé sur l'observation que ce physicien a faite, savoir, que certaine matière organique dissoute dans l'eau dévient le plan de polarisation de la lumière, lorsqu'on observe le rayon polarisé à travers une colonne liquide. Un centième de plus ou de moins dans les proportions de la matière dissoute produit dans les angles de rotation des différences très-sensibles qui accusent le degré de densité du liquide : on remarque, d'ailleurs, que l'effet produit est à peu près proportionnel à la dose de sucre.

En renfermant des liquides rotatifs dans de longs tubes de cuivre terminés par deux verres, et faisant passer suivant leur axe un rayon de lumière polarisée, dont le plan de polarisation est connu, on a obtenu les résultats consignés dans le tableau suivant :

Sucre dissous dans l'eau.

Proportion de sucre dans l'unité de poids de la dissolution.	Densité de la dissolution.	Rotation angulaire du plan de polarisation.
0,01	1,004	0°,89 à droite
0,02	1,008	1, 78
0,04	1,016	5, 59
0,06	1,024	5, 43
0,10	1,040	9, 20
0,15	1,062	14, 08
0,25	1,105	24, 44
0,50	1,231	54, 45
0,65	1,311	75, 39

On remarque de grandes différences d'effets entre les sucres procédant d'origines diverses. Le sucre de canne tourne à droite, le sucre de raisin et ses analogues, à gauche; la même distinction a lieu entre le sucre cristallisable et le sucre incristallisable. La *dextrine* donne une rotation à droite qui dépasse considérablement celle de tous les corps connus; telle est l'origine de son nom (de *dextra*, droite).

Lorsqu'une dissolution contient du sucre en quantité inconnue et qu'elle se refuse à l'analyse chimique, soit parce qu'on ne peut séparer entièrement le sucre des matières avec lesquelles il se trouve mêlé, soit parce que les épreuves chimiques en détruiraient une partie, on y supplée parfaitement au moyen des caractères optiques. C'est ainsi qu'au moyen du pouvoir rotatoire de la solution, on a pu reconnaître que le jus de cannes à sucre contenait beaucoup plus de sucre cristallisable qu'on ne le pensait d'après la seule épreuve des procédés chimiques, et la chimie a été mise en demeure de rechercher des procédés plus parfaits.

Un autre avantage des procédés optiques, c'est de pouvoir résoudre la question très-importante de savoir quelles doses comparatives de matières sucrées contiennent les végétaux saccharifères, à telle ou telle époque de leur développement, et quelle peut être à cet égard l'influence de telle opération, tel ou tel procédé de culture.

Les sucres sont assez nourrissants, mais ils ne peuvent longtemps suppléer à une nourriture azotée; ils passent pour échauffants, mais c'est un préjugé.

On se fera une idée de l'importance de la fabrication du sucre à l'inspection des tableaux suivants, dont l'un indique la production dans le monde, l'autre la consommation du sucre en Europe.

Production annuelle.

Bengale, Chine, Siam	100	millions de kil.
Colonies anglaises	206	»
— espagnoles	135	»
— hollandaises	50	»
— suédoises et danoises	10	»
Colonies françaises	80 ⎫ 150	
France	70 ⎭	
Brésil	75	»
Louisiane	60	»
Russie, Allemagne, Italie	14	»
	780	

Consommation du sucre en Europe (non compris le sucre consommé dans les sucreries).

	Millions d'hab.	Millions de kilog.	Kilogr. par tête.
Angleterre	16,250	162	10
Ecosse	2,630	26	10
Irlande	8,250	21	2,5
Belgique	7,200	31,5	7,5
Hollande	2,800	19,1	7
France	36,000	120	3,33
Espagne	14,000	43,5	3,12
Suisse	2,200	6,5	3
Portugal	3,500	8,11 ⎫	
Danemark	2,000	5 ⎬ 2,5	
Pologne et divers	8,000	20 ⎭	
Prusse	15,000	28	1,8
Suède et Nowége	4,000	6	1,5
Italie	19,000	19	1
Autriche	36,000	32,5	0,9
Russie (1)	40,000	20	0,5
	210,200	568,21	2,70

Ce dernier tableau démontre que la consommation du sucre doit s'accroître considérablement, car la moyenne par individu, qui, dans quelques contrées s'élève (comme dans Paris) à 10 kilogr., descend au-dessous de 1 kilogr. dans d'autres pays, et ne repré-

(1) Non compris la Russie orientale et diverses possessions en Asie et en Amérique dont la consommation peut être évaluée à 28 millions.

sente, pour la consommation générale dans toute l'Europe que 2 kil., 7 par individu (1).

Ainsi la consommation devrait être triplée en France et quadruplée dans toute l'Europe pour atteindre le taux actuel de la consommation en Angleterre et en Ecosse; et ce ne serait pas la limite, car dans ces dernières contrées on estime au double la consommation qui pourra résulter de la baisse des prix en réduisant les droits de 90 à 25 fr.

Fabrication des sucres candi, d'orge, de pommes, etc. — Sous le nom de *sucre candi*, on désigne dans le commerce, le sucre obtenu en gros cristaux, à facettes et à angles bien nets.

On distingue trois sortes de sucres candis, dont le prix et les noms varient suivant les nuances; ils sont dits *candis blanc, paille* et *roux*. La première sorte est en cristaux blancs, la seconde est d'une nuance analogue à celle de la paille; enfin, la troisième sorte, qui se vend au prix le plus bas, est d'une nuance rousse comme le sucre brut commun.

En Belgique, où la consommation de ces sucres est considérable, ce sont les raffineurs qui les préparent. Dans beaucoup d'autres localités, ils sont généralement fabriqués par les confiseurs, que leur état met à même d'utiliser les sirops séparés des cristaux. Les plus blancs se vendent comme sirop de *gomme* commun; ceux qui sont légèrement ambrés forment le sirop dit de *guimauve*, et les plus foncés, le sirop dit de *capillaire*.

Lorsque le placement de ces sirops ne correspond pas aux quantités qui résultent de la fabrication des candis, on les emploie à la préparation des lumps, bâtardes, vergeoises, ou des sucres roulés ou découpés, dits *sucres d'orge* ou de *pomme*, suivant leurs nuances.

La matière première du sucre candi roux est le sucre brut de qualité moyenne. Pour le sucre candi paille, on emploie un mélange de parties égales de sucres terrés havane et de l'Inde; ce dernier, moins riche en sucre cristallisable, contribue à ralentir et rendre plus régulière la cristallisation.

Pour fabriquer le sucre candi blanc, on se sert de sucre en pains ordinaire. Ici la grande proportion de sucre cristallisable rend la cristallisation trop rapide, par conséquent plus confuse, et donne des cristaux moins volumineux; aussi remarque-t-on que le sucre candi blanc se présente parfois en trop petits cristaux (on dit que sa cristallisation est sujette à friser).

Peut-être réussirait-on à éviter cet inconvénient en ajoutant au sirop cuit, au moment de le mettre dans les terrines, 1 millième soit d'ammoniaque, préalablement mêlée à trois fois son poids de sirop froid, soit d'acide tartrique; les additions essayées en

(1) La consommation moyenne s'est accrue déjà suivant une progression plus forte que la population: ainsi, elle a été, dans la Grande-Bretagne, de 260 millions, et, en France, de 130 millions, en 1846.

petit, donnent des cristaux évidemment plus détachés, ce qui peut être attribué au ralentissement de la cristallisation.

Quelle que soit l'espèce de sucre employé comme matière première, on le traite par le noir animal fin, on le clarifie aux œufs, et on le passe sur des filtres Taylor.

La clairce étant bien limpide, on procède à la cuite, que l'on fait ordinairement dans une chaudière à bascule; si l'on voulait employer la chaudière à cuire dans le vide, il faudrait avoir la précaution d'élever la température au degré de l'ébullition à l'air libre au moment de verser dans les terrines.

Le terme du rapprochement du sirop varie suivant la qualité du sucre : si la clairce est d'une nuance foncée qui doit donner du candi roux, il faut cuire au *soufflé bien détaché*; lorsque l'on traite la clairce convenable pour obtenir le candi paille, on rapproche au *soufflé moins prononcé*; enfin devant évaporer moins encore le sirop incolore, d'où l'on obtient le candi blanc, on s'arrête au terme du *petit soufflé*.

Aussitôt que chaque cuite est versée dans le rafraîchissoir, on la tire de celui-ci pour la distribuer dans des terrines que l'on porte à l'étuve, et le travail se continue sans interruption de manière que l'étuve soit remplie en une seule matinée.

Les terrines que l'on emploie aujourd'hui sont en cuivre rouge, lisses et de forme hémisphérique ou ellipsoïdale tronquée; dix à vingt petits trous dans les parois de chacune d'elles servent à passer cinq ou dix fils maintenus ainsi horizontalement et également espacés dans la capacité que doit remplir le sirop cuit.

Un petit morceau de papier appliqué contre la paroi extérieure sur chacun de ces trous suffit pour empêcher la déperdition du sirop. On se dispense de coller ce papier lorsque l'on fait du candi roux, le sirop étant trop épais pour traverser le mince passage que laisse chaque fil; d'ailleurs un peu de candi bouche bientôt toute l'ouverture.

Lorsque les terrines sont ainsi disposées et remplies de sirop cuit, on les place sur les étagères de l'étuve.

L'étuve à candi représente en petit les étuves destinées au raffinage, si ce n'est que l'on n'y établit pas de courant d'air, et que les étages de planchers à claire-voie y sont rapprochés à 35 centimètres environ les uns des autres.

Lorsque l'étuve est entièrement garnie de terrines chargées, on referme la porte, puis, à l'aide d'un calorifère, dont la porte s'ouvre à l'extérieur, on soutient, aussi régulièrement que possible, la température à 40° en évitant avec soin tout mouvement brusque, choc, courant d'air, etc., qui pourrait troubler la formation régulière des cristaux.

Au bout de cinq ou six jours, on s'assure de l'état de la cristallisation en sondant une des terrines, cassant la croûte formée à la superficie du liquide, et tâtant les cristaux agglomérés sur les parois et autour des fils. C'est du sixième au dixième jour, suivant la capacité des vases, que la cristallisation est ordinairement finie (1). Alors on enlève toutes les terrines, on ouvre un passage au sirop, en brisant une partie de la croûte cristallisée, et on les met égoutter, en les plaçant inclinées presque verticalement sur deux traverses horizontales : une gouttière reçoit le sirop de toutes les terrines, et le conduit dans un réservoir commun.

Lorsque le premier égouttage est achevé, on détache le pain de candi en plongeant, pendant une seconde, l'extérieur de la terrine dans l'eau bouillante; puis on range les pains sur les traverses, où ils achèvent de s'égoutter et où on les laisse vingt-quatre heures pour qu'ils se sèchent; ensuite on les brise, on les emballe et on les livre au commerce.

Applications spéciales des sucres candis.— Dans diverses localités, en Flandre surtout, on fait une grande consommation de candi pour prendre le thé, le café, etc. ; ailleurs, notamment en Champagne, on s'en sert pour augmenter la matière sucrée dans les vins mousseux ; les confiseurs l'emploient pour la confection d'un grand nombre de sucreries ; enfin on en fait usage pour sucrer les liqueurs, et dans toutes les occasions où l'on veut obtenir une solution de sucre diaphane.

Sucre d'orge, sucre de pomme. — Très-généralement aujourd'hui il n'entre ni suc de pomme, ni extrait d'orge dans ces sucres, qui sont faits avec des sucres plus ou moins colorés : le plus foncé est nommé *sucre d'orge*; le plus blanc *sucre de pomme* (2).

Pour les préparer on fait dissoudre du sucre avec 34 d'eau pour 100, on clarifie avec des blancs d'œufs, puis on cuit dans une bassine à bascule, au degré du *grand cassé*. On verse le sirop sur une table de marbre que l'on a imprégnée d'huile d'olive, et lorsqu'il est froid on le coupe avec des ciseaux par petits prismes, qu'on roule sur des ardoises, et qu'on laisse ensuite durcir spontanément.

On colore quelquefois le sucre d'orge avec une décoction de safran. Afin d'obtenir des bâtons de ces deux sortes de sucre dont la grosseur soit égale, on les roule entre deux côtés parallèles d'une cavité creusée dans la table. Les sucres d'orge et de pomme sont aussi mis sous forme de petites tablettes rectangulaires, rhomboïdales, circulaires, que l'on prépare en découpant le sucre étendu, encore chaud et mou, avec des emporte-pièces représentant les contours de ces formes.

<hr>

(1) Les cristaux obtenus sont d'autant plus volumineux que les terrines sont plus grandes. En France ces vases ont ordinairement 40 centimètres de diamètre et 20 de profondeur. En Belgique, où les consommateurs préfèrent les plus gros cristaux, les terrines ont 45 centimètres de diamètre et autant de profondeur; elles sont, en outre, munies d'un couvercle étamé qui ralentit encore le refroidissement et rend la cristallisation plus régulière.

(2) On ajoute au sirop un peu de gelée de pommes et de l'eau de fleur d'oranger ou de l'essence de citron pour l'aromatiser.

Ces sucres, qui sont transparents lorsqu'ils viennent d'être préparés, perdent peu à peu leur diaphanéité et deviennent opaques et fragiles : cela tient à ce que graduellement la cristallisation s'y opère et les désagrége en les divisant en groupes de particules cristallines entre lesquelles l'air s'interpose et occasionne l'opacité.

Usages du sucre de canne. — Les usages du sucre de canne sont généralement connus. En Europe, il paraît avoir été inconnu jusqu'à l'époque des guerres d'Alexandre le Grand, et il continua à être rare et ne fut employé qu'en médecine, jusqu'à ce que des négociants vénitiens le répandirent dans l'Europe méridionale pendant les croisades. Cependant son usage n'est devenu général que depuis la découverte de l'Amérique et l'établissement des plantations de sucre dans ce pays. A sa saveur agréablement sucrée, il joint la propriété d'empêcher la putréfaction des substances organiques. Les pharmaciens s'en servent pour préparer des *sirops*, qui consistent ordinairement en sucs végétaux, et quelquefois aussi en infusions ou décoctions, dans lesquelles on a dissous assez de sucre pour leur donner de la consistance ; dans cet état, on peut les conserver pendant longtemps. Ils emploient également le sucre pour préparer des *conserves*, qui sont des mélanges de matières végétales, fraîches ou détrempées, pilées dans un mortier de bois, et pétries avec parties égales ou avec un poids double de sucre en poudre ; enfin les préparations connues dans les pharmacies sous le nom de *condits*, ne sont que des parties végétales que l'on a fait bouillir pour les ramollir, et que l'on a introduites dans du sirop, où elles restent molles, sans cependant se gâter. Dans ces derniers temps on a commencé à employer le sucre plus généralement qu'auparavant à la conservation des viandes, attendu qu'il faut beaucoup moins de sucre que de sel marin pour prévenir la putréfaction, et que le premier ne rend la viande ni moins savoureuse, ni moins nutritive. Les poissons se conservent également quand, après les avoir vidés, on répand dans leur intérieur du sucre de canne en poudre. Le sucre par lui-même est nourrissant et convient surtout aux personnes âgées. Néanmoins il est certain qu'il ne suffirait pas seul à la nutrition, parce qu'il ne contient point de nitrogène. Magendie nourrit des chiens avec du sucre, sans leur donner autre chose à manger : leurs yeux s'ulcérèrent, ils maigrirent et moururent.

Le sucre est la base d'une multitude de professions, telles que confiseurs, liquoristes, limonadiers, glaciers, pâtissiers, etc. Il est d'un emploi si continuel dans l'art du pharmacien, que pour exprimer l'impossible on dit familièrement *apothicaire sans sucre*, proverbe qui remonte au xv° siècle.

Pour l'homme, l'excès du sucre est nuisible, il agace les dents, rend la bouche épaisse, pâteuse ; il échauffe, produit des ulcérations dans la bouche, détermine le ra-mollissement des gencives, et finit par développer le scorbut. C'est surtout chez les enfants et les adultes que ces accidents surviennent plus rapidement à la suite de l'abus du sucre. Le médecin anglais Starck a fini par succomber à l'usage immodéré de cette substance. Carminati a expérimenté que plus les animaux s'éloignent de l'homme, et plus le sucre leur est nuisible. Il tue presque instantanément ceux à sang froid, les lézards, les grenouilles, même appliqué à l'extérieur ; il purge les brebis, et ne fait plus rien sur le chien, pris avec d'autres aliments. Tous ces faits démontrent que le sucre ne saurait *seul* suffire à la nutrition de l'homme en général ; qu'il ne faut pas en faire abus : mais que pris modérément avec d'autres aliments, c'est une substance bienfaisante et tellement utile, que les nègres qui en mangent à discrétion dans les colonies, pendant l'exploitation des cannes, se portent mieux alors qu'en tout autre temps, quoiqu'ils soient assujettis à un travail plus rude.

Lorsque les cassonades sont chères, les marchands ne se font pas scrupule d'y mélanger des substances étrangères, du sable, du plâtre, de la chaux, du sulfate de zinc, du sulfate de potasse, de la farine, de l'amidon, et mieux, de la dextrine sucrée ou imparfaitement saccharifiée. Ces matières augmentent non-seulement le poids, mais encore rendent les cassonades plus blanches ; ces fraudes sont heureusement reconnues en traitant la cassonade suspecte par 8 à 10 fois son poids d'eau-de-vie à 22°. Toutes les matières étrangères au sucre restent sous forme d'une poudre insoluble au fond du vase. La farine, l'amidon, la dextrine sont faciles à distinguer en faisant bouillir le résidu dans l'eau, et y versant ensuite quelques gouttes de teinture d'iode qui y développeront une couleur bleue ou violette. La moitié au moins des cassonades vendues à Rouen, en 1841, était fraudée par la dextrine, ainsi que M. Girardin et M. Morin l'ont constaté, sur la requête du procureur du roi, qui a mis en jugement les épiciers reconnus coupables d'une pareille fraude. En 1843, M. Lesage, pharmacien à Louviers, a trouvé des cassonades blondes contenant 10 p. 100 de fécule, et des cassonades blanches en renfermant 5 p. 100.

Observation. — La saveur du sucre est sensiblement modifiée par la pulvérisation et le râpage. C'est surtout le sucre très-dur, le candi, qui présente ce fait au plus haut degré. Il paraîtrait que l'effort qu'on fait avec la râpe ou le pilon élève assez la température pour que le sucre éprouve un commencement de carbonisation qui lui fait acquérir un léger goût d'empyreume. Ce phénomène a de l'analogie avec celui que nous produisons à chaque instant en frottant vivement les mains l'une contre l'autre ; on sent manifestement alors une odeur de corne grillée, qui atteste assez un commencement de combustion déterminée par le frottement. Quand on brise du sucre dans l'obscurité, il devient lumineux. Ce phénomène de phosphorescence indique, sans doute, une réaction dans laquelle quelques molécules du sucre sont décomposées.

Ce n'est pas ainsi que le célèbre mathématicien Laplace expliquait ce changement de saveur dans le sucre pilé. « Monsieur, lui disait un jour Napoléon, comment se fait-il qu'un verre d'eau dans lequel je fais fondre un morceau de sucre me paraisse beaucoup meilleur que celui dans lequel je mets pareille quantité de sucre pilé? Sire, répondit le *savant*, il existe trois substances dont les principes sont exactement les mêmes, savoir: le sucre, la gomme et l'amidon ; elles ne diffèrent que par certaines conditions dont la nature s'est réservé le secret, et je crois qu'il est possible que, dans la collision qui s'exerce par le pilon, quelques portions sucrées passent à l'état de gomme ou d'amidon, et causent la différence qui a lieu en ce cas. » C'était, sans doute, une réponse admirable pour un homme pris au dépourvu, mais un chimiste ne pourrait s'en contenter aujourd'hui.

SUCRE DE LAIT (*lactine*). — On l'obtient par l'évaporation du petit lait. En contact avec des membranes animales (membranes de l'estomac) il se transforme en acide lactique.

SUCRE DE RÉGLISSE. *Voy.* GLYCYRRHIZINE.

SUCRE DE SATURNE. *Voy.* ACÉTATE DE PLOMB.

SUIE. *Voy.* FUMÉE et SUIE.

SUIF DE BOUC. *Voy.* CORPS GRAS.

SUIF VÉGÉTAL. *Voy.* CORPS GRAS.

SUINT. — L'épiderme, les poils et les plumes sont continuellement enduits d'une graisse qui fait que, jusqu'à un certain point, l'eau ne peut pas les mouiller. On en attribue la sécrétion à de petites glandes situées dans la peau, qu'on appelle *sébacées* et dont les conduits excréteurs aboutissent à l'épiderme, à peu près comme ceux des glandes mucipores à la surface des membranes muqueuses.

La nature de cette matière grasse, chez l'homme, n'a point encore été examinée, et réellement il est difficile d'en obtenir assez pour pouvoir l'étudier.

SULFATE DE CHAUX. — Ce sel se présente sous différentes formes. On le raye avec l'ongle et on le désigne en minéralogie sous le nom de *spath calcaire*. Il contient alors 20,78 pour cent d'eau.

Sous l'influence de la chaleur (à 130°) il perd son eau en même temps que sa transparence. Dans cet état, on l'appelle *plâtre cuit* ou *calciné*, et il se trouve toujours mêlé avec du carbonate de chaux.

Ainsi calciné, il attire l'humidité de l'air. Uni à une certaine quantité d'eau, il constitue le *plâtre gâché*, employé dans les arts pour fabriquer des moules, des statues, etc. Si le plâtre est trop calciné, il n'attire l'humidité que lentement. Le marbre artificiel (*stuc*) est du plâtre calciné, qu'on recouvre d'ichthyocolle et de diverses couleurs. Le sulfate de chaux n'est pas très-soluble dans

l'eau ; il faut 132 parties d'eau pour en dissoudre 1 partie. Il est *complétement insoluble* dans l'eau alcoolisée. Exposé à la température blanche, il fond en une sorte d'émail blanc, sans se décomposer ; chauffé avec du charbon, il se transforme en sulfure de calcium. Formule : $Ca\ O,\ SO^3 = 1$ éq. de sulfate de chaux anhydre.

Composition en centièmes : 41,53 de chaux
58,47 d'acide sulf.

100,00

Le sulfate de chaux est abondamment répandu dans la nature. Il existe dans les eaux des puits de Paris. Les eaux sont, dans certaines localités, de véritables dissolutions saturées de sulfate de chaux. Lorsqu'on y verse de l'eau de savon, il se forme aussitôt un précipité blanc cailleboté de stéarate et d'oléate de chaux, qui, par leur insolubilité, s'opposent à l'action du savon. Les mêmes eaux donnent également d'abondants précipités avec le nitrate de baryte ou chlorure de baryum, et avec l'alcool. Du reste, toutes les eaux traversant des terrains gypseux contiennent une grande quantité de sulfate de chaux en dissolution. On a donné à ces eaux le nom de *séléniteuses* ; elles produisent chez certains individus une action purgative. Les pierres à plâtre (*sulfate de chaux hydraté*) sont très-communes. La *karsténite* (sulfate de chaux anhydre) se rencontre dans la nature, cristallisée en prismes droits, dont la base est un parallélogramme rectangle. Ce dernier corps est remarquable par sa dureté. Il raye le marbre, qui cependant raye la pierre à plâtre ordinaire. Sa densité est aussi plus grande; elle est de 2,98, celle du sulfate hydraté étant 2,264. L'*albâtre* est une variété de sulfate de chaux très-tendre ; on le travaille facilement pour en faire des vases, des statues, etc. Cet albâtre est différent de l'albâtre des anciens, lequel est du carbonate de chaux. La glaubérite, qu'on trouve à Villa-Rubia en Espagne, et dans beaucoup d'autres pays, est un composé anhydre de parties égales de sulfate de chaux et de sulfate de soude. Elle absorbe l'humidité et devient opaque à l'air. Le sulfate de chaux est très-utile aux statuaires. On l'emploie dans la fabrication du marbre artificiel (*stuc*), qu'on distingue du marbre naturel par le simple toucher. Une colonne de marbre artificiel qu'on touche fait éprouver une sensation de froid moindre que celle que ferait éprouver une colonne de marbre naturel ; ce qui tient à ce que le dernier est beaucoup meilleur conducteur du calorique que le premier. On se sert du plâtre comme engrais, surtout en Angleterre et dans les Etats-Unis. *Voy.* ALBATRE GYPSEUX et PLATRE.

SULFATE DOUBLE d'alumine et de potasse. *Voy.* ALUN.

SULFATE DE FER. — Le sulfate de protoxyde de fer obtenu par les cristallisations des solutions alumineuses retient toujours un peu d'alun ; il diffère, en cela, surtout, de la couperose préparée directement par l'acide sulfurique et la ferraille. Les qualités des couperoses dépendent d'ailleurs de leurs usages. On comprend que pour les teintures en noir, on préfère celles qui contiennent du sulfate de sesquioxyde de fer ; elles ont ordinairement une couleur verte foncée, tandis que les couperoses fabriquées de toutes pièces ont une faible nuance vert bleuâtre ; elles doivent contenir les plus fortes proportions de sulfate de protoxyde, et convenir comme agent de désoxydation (cuve d'in-digo, etc.). L'excès d'acide dans quelques couperoses est un motif de défaveur ; enfin, les menus cristaux se vendent à plus bas prix que les cristaux volumineux ; toutefois il y a dans les prix des couperoses certaines différences inexplicables, qui tiennent probablement encore à d'anciens préjugés.

Voici le tableau de la composition et des prix comparés des couperoses commerciales :

LIEUX DE FABRICATION

Sulfates de		Paris.	Honfleur.	Noyon.	Forges.	Prix : les 100 kilogr. se sont vendus, à la même date, suivant les provenances et les marques : fr.
Eau		47,5	48,7	48,40	46,6	
Acide en excès		3,4	1,5	0	0	
Protoxyde de fer		47,9	49,5	46,80	48,0	Couperose de Paris. 12 à 15
Sesquioxyde	soluble	0,8	0,2	1,11	1,9	Id. de Honfleur. 13 à 16
	insolubl.	0,3	0,1	0,19	0,95	Id. de Noyon. Marques. { R. 12 ; OC. 10 ; O. 9
Cuivre		0	0	0,99	0,35	
Manganèse		0,1	0	0	0	
Alun		0	0	2,51	2,20	Id. de Forges. 21 à 28
		100,0	100,0	100,0	100,0	Id. de Muiran-court. { (O) 10 ; PS 8

Voici les *applications principales du sulfate de protoxyde de fer (couperose verte)* : *teintures en noir, brun ou gris*, des fils, tissus, cuirs, etc., par la réaction spéciale du tannin contenu dans la noix de galle, l'écorce de chêne, et diverses substances tinctoriales ; *fabrication de l'encre*, par des réactions semblables ; *dissolution de l'indigo de cuve* par une désoxydation du principe colorant ; *précipitation des solutions d'or ; fabrication du bleu de Prusse*, en faisant réagir le sulfate de fer sur le prussiate de potasse (cyanoferrure de potassium) avec le contact de l'air ; la *teinture en bleu de Prusse* de la laine et de la soie (dite *bleu de France*) ; la *préparation de l'acétate de fer*, par double décomposition (acétate de chaux ou de plomb par le sulfate de fer) ; la *décomposition du sel marin ; préparation du colcothar* ou sesquioxyde de fer rouge obtenu par la décomposition au feu, du sulfate, au contact de l'air ; *confection de poteries rouges ; essai de l'acide sulfurique* contenant des composés azotiques ; *fabrication de l'acide sulfurique fumant* et de *l'acide anhydre ; arrosages des plantes chlorosées* (par litre d'eau 4 grammes sur le sol et 1 gramme pour asperger les feuilles) ; *désinfection des matières fécales* et fumiers, contenant du sulfhydrate d'ammoniaque, (composé infect que le sulfate de fer change en sulfate d'ammoniaque, sulfure de fer et eau, tous trois inodores) ; *conservations des fumiers* dans lesquels le carbonate d'ammoniaque très-volatil est transformé en sulfate, sel qui est fixe à toutes les températures atmosphériques.

SULFATE DE SOUDE (*sel de Glauber, sel admirable, soude vitriolée, alcali minéral vitriolé*). — Il existe dans la nature à l'état solide et à l'état de solution dans plusieurs eaux salées. On le trouve, sous le premier état, dans le voisinage des sources d'eaux minérales : il est sous forme pulvérulente, ou en masse cristallisée ; mais il contient environ un tiers de sels étrangers. On le rencontre aussi mêlé au sulfate de chaux dans un minéral qui a été découvert dans la Nouvelle-Castille, et qui constitue une espèce particulière.

Le sulfate de soude s'extrait des eaux salées, en même temps qu'on en retire le chlorure de sodium pour l'usage ordinaire. C'est ainsi qu'on peut l'extraire des eaux salées de Dieuze et de Château-Salins. Après les avoir concentrées, le sulfate de soude se précipite en flocons blancs combinés à du sulfate de chaux. On recueille ce dépôt, et après l'avoir lavé avec une petite quantité d'eau froide, on le traite par l'eau bouillante qui dissout le sulfate de soude qu'on obtient ensuite cristallisé par évaporation. Tel est le procédé que l'on suivait autrefois ; on se procure aujourd'hui la plus grande partie de ce sel de la décomposition du chlorure de sodium (sel marin) par l'acide sulfurique.

Les sulfates de soude s'appliquent, outre la fabrication de la gobeleterie, des verres à vitres ou à bouteilles, à la préparation des sels de *Glauber et d'Epsom*. 5 à 8 kilogr. de sulfate brut dans 100 litres d'eau forment une solution où l'on immerge les grains de semence avant de les mélanger avec 2 kilog. de chaux hydratée pulvérulente : c'est un des meilleurs *procédés de chaulage* pour prévenir les maladies du blé (*carie, charbon*) engendrées par des végétations cryptogamiques. On se sert du sulfate de soude soit pour *décomposer le chlorure de calcium* dans les eaux salées et dans les eaux-mères des salpétreries, soit pour *décomposer l'acétate de chaux* et obtenir de l'acétate de soude dans les fabriques où l'on épure l'acide *acétique* tiré du bois. Le sulfate brut décomposé par le charbon donne le *monosulfure de sodium*, propre à la *préparation des bains sulfureux* sans odeur ; le principal emploi du sulfate de soude consiste dans la *fabrication de la soude artificielle.*

· *Raffinage du sulfate de soude, fabrication des sels de Glauber et d'Epsom.* — Le sel de Glauber est un produit commercial que l'on obtient en faisant dissoudre, jusqu'à saturation, le sulfate de soude brut dans l'eau bouillante; on sature par quelques centièmes de craie (carbonate de chaux), si le sulfate est acide. La chaudière est alors couverte, et, après avoir laissé déposer pendant deux ou trois heures, on décante au moyen d'un siphon; si le liquide n'était pas parfaitement limpide, on le filtrerait sur une toile pelucheuse de coton.

La solution donnera du sel de Glauber si on la fait couler dans des vases plats de bois, doublés de plomb (ayant 2 mètres de long, 1 mètre de large, 5 centimètres de profondeur, par exemple). La cristallisation commence lorsque la température s'abaisse au-dessous de 33°; elle doit s'achever tranquillement. Le produit cristallisé se présente alors sous la forme de prismes diaphanes longs et gros, dont on sépare l'eau mère en ouvrant une bonde de fond, et en inclinant le cristallisoir. Dès que les cristaux sont égouttés, on les enlève à la pelle, on les étend sur une table en bois blanc, puis on les embarille avant que l'air ait pu commencer à enlever leur eau de cristallisation, ce qui les ferait effleurir.

La même solution, éclaircie par le repos ou la filtration, pourra donner du sel d'Epsom si on la verse dans des vases profonds (caisses en bois doublées de plomb, ayant, par exemple, 75 centimètres de large, autant de profondeur, et 1 à 2 mètres de longueur); dès que la température sera abaissée à 33°, on agitera lentement avec une spatule de bois afin de faire précipiter les menus prismes au fur et à mesure de leur cristallisation : alors tous les cristaux resteront menus, aiguillés. On terminera l'opération par l'égouttage, la dessiccation ménagée et l'embarillage. Cette forme du sulfate de soude cristallisé ressemble aux cristallisations ordinaires du sulfate de magnésie qu'on tirait de la localité d'Angleterre qui lui fit donner le nom de *sel d'Epsom.*

Ce fut, en effet, ce dernier sel qu'on voulut imiter par le sulfate de soude, produit à meilleur marché et dont les qualités légèrement purgatives diffèrent peu d'ailleurs. On comprend donc facilement que dans la médecine humaine et vétérinaire on obtienne des effets semblables à l'emploi du sel de Glauber et du sel d'Epsom, puisque communément ces deux sels sont identiques dans leur composition. Si l'on voulait s'assurer de la nature véritable du sulfate qu'on aurait acheté, il suffirait de le dissoudre et d'y ajouter une solution de carbonate de soude; cette solution, si le sel essayé était l'ancien sel d'Epsom, troublerait aussitôt le liquide en précipitant l'équivalent de carbonate de magnésie, tandis que si c'était du sulfate de soude, le même réactif (carbonate de soude) n'y produirait aucun trouble.

Le sulfate de soude cristallisé se compose de sulfate 72
Ou 1 équivalent, plus 10 équivalents d'eau de cristallisation . . . . . 90 } 162

Un courant d'air, même à froid, peut enlever aux cristaux de sulfate de soude toute l'eau qu'ils contiennent, et les réduire à l'état de sulfate anhydre pulvérulent.

SULFATE d'AMMONIAQUE. *Voy.* Ammoniaque.

SULFATE DE BARYTE. *Voy.* Barium.

· **SULFATE DE CUIVRE.** *Voy.* Cuivre, *sels.*

SULFATE DE MAGNÉSIE. *Voy.* Magnésie.

· **SULFATE DE MORPHINE.** *Voy.* Morphine.

SULFATE DE PLOMB. *Voy.* Plomb.

SULFATE DE POTASSE. *Voy.* Potasse.

SULFATE DE QUININE. *Voy.* Quinine, *sels*

SULFATE DE STRONTIANE. *Voy.* Strontium.

SULFATE DE ZINC. *Voy.* Zinc.

SULFHYDRIQUE (acide); syn. : *hydrogène sulfuré, acide hydrosulfurique, acide hydrothionique, gaz hydrosulfurique.* — Le gaz hydrosulfurique est incolore comme l'air, d'une odeur forte et désagréable qui rappelle celle des œufs pourris. Sa densité est de 1,1912. Il est impropre à la combustion et cause la mort, même à petites doses, aux animaux qui le respirent. Il est si délétère qu'il n'en faut que $\frac{1}{1500}$ dans l'air pour tuer un oiseau, $\frac{1}{800}$ pour faire périr un chien de moyenne taille, et $\frac{1}{250}$ pour donner la mort à un cheval. Ses effets peuvent se produire indépendamment du contact de ce gaz avec la surface des vaisseaux aériens et du poumon; car, d'après les observations de Chaussier et Nysten, il suffit qu'il soit en contact avec la surface cutanée pour faire périr les animaux en moins de 15 à 20 minutes, si surtout leur corps est plongé dans une atmosphère de gaz pur. Soumis à une haute température, il est en partie décomposé et donne du soufre et de l'hydrogène libre. Exposé à un froid considérable et à une pression forte il peut se liquéfier. (Faraday.)

La solution d'acide hydrosulfurique est fréquemment usitée comme réactif pour découvrir la présence de quelques oxydes métalliques en dissolution et les séparer les uns des autres.

Les vertus médicinales des eaux sulfureuses sont dues à cet acide qui s'y trouve naturellement à l'état de liberté ou à l'état de combinaison avec des bases.

Le chlore, l'iode, le brome, décomposent instantanément le gaz hydrosulfurique en lui enlevant tout son hydrogène et mettant le soufre à nu, ou en s'y combinant en partie. Ces corps réagissent de la même manière sur sa solution aqueuse. C'est principalement d'après ces actions qu'on a proposé avec raison le chlore gazeux pour désinfecter l'air chargé de gaz hydrosulfurique. Il suffit, pour parvenir à ce but, de faire dégager du chlore dans l'air qui en contient, ou de répandre sur le sol une certaine quantité de solution aqueuse de chlore, pour que l'effet se produise sur-le-champ.

Le gaz hydrosulfurique est composé en poids de :

Soufre 94,17   1 atome.
                         ou
Hydrogène. 5,83   2 atomes.
            100,00

La solution de ce gaz est non-seulement employée dans les laboratoires comme réactif, mais encore en médecine ; elle forme la base des eaux minérales sulfureuses d'Enghien et de Baréges pour boisson, que l'on peut imiter artificiellement, et qui sont particulièrement administrées dans les maladies cutanées. Il fait aussi partie des eaux de Baréges pour bains ; mais il est alors en combinaison ou à l'état d'hydrosulfate. Ces eaux sont du nombre des médicaments antipsoriques.

Le gaz hydrosulfurique se trouve non-seulement tout formé dans certaines eaux minérales, mais il se produit par la putréfaction de beaucoup de matières animales qui contiennent du soufre au nombre de leurs éléments. C'est à la présence de ce gaz dans les fosses d'aisances qu'on doit attribuer les effets funestes qu'éprouvent malheureusement les ouvriers qui y descendent pour les nettoyer (1). On doit alors, avant de les y laisser pénétrer, décomposer ce gaz si délétère, soit par des fumigations de chlore, soit par des aspersions, dans différents sens, avec une solution de chlorure de chaux, ou même renouveler l'air renfermé dans la fosse par un courant d'air établi à l'aide d'un tuyau qui descend au fond de la fosse et qui, à sa partie supérieure, porte un fourneau rempli de charbon allumé.

Le gaz hydrosulfurique a été découvert par Scheele, et désigné d'abord sous le nom de gaz *hépatique*, hydrogène sulfuré.

Cet acide est toujours libre dans la nature ; mais il ne s'y trouve jamais en grande quantité. Il se dégage d'une manière permanente des entrailles de la terre, dans les localités volcaniques, notamment aux environs du lac d'Agnano, et sur toute la surface de la solfatare de Pozzuolo, où il constitue ce qu'on appelle les *fumerolles;* ce sont des fumées plus ou moins visibles, produites par de l'eau et du soufre divisé qui résultent de la décomposition, par l'oxygène atmosphérique, du gaz acide sulfhydrique, s'échappant de petites fentes ou de trous souvent imperceptibles du terrain. — Toutes les fois qu'on perce des puits artésiens dans les bancs de marne ou d'argile, il se dégage en abondance du gaz hydrogène sulfuré. C'est ce qu'on a observé dans tous les environs de Paris. En 1833, à Gajarino, près Conégliano, gouvernement de Trieste, il sortit d'un puits que l'on forait, et qui avait alors une profondeur de 28 mètres, une si grande masse d'hydrogène sulfuré, qu'il en résulta de violentes éruptions de boue sableuse, et une colonne de flammes de plus de 2 mètres de large et de 10 mètres de hauteur.

(1) C'est lui qu'ils appellent le *plomb*.

Le même gaz se produit incessamment sous nos yeux dans une foule de circonstances. En effet, c'est un des produits constants de la putréfaction des matières organiques qui renferment du soufre au nombre de leurs éléments. De là son dégagement permanent dans les fosses d'aisances, dans les charniers infects où l'on rassemble les immondices des villes, dans la vase des marais et des fossés, dans les canaux où séjourne l'eau de mer. C'est lui qu'exhalent les œufs pourris. Il se forme encore dans les intestins de l'homme et des animaux, par suite de la digestion ; aussi fait-il constamment partie des gaz qui remplissent ces viscères à toutes les époques de la vie. — Il prend aussi naissance dans les eaux soustraites au contact de l'air, et qui contiennent tout à la fois des matières organiques et du sulfate de chaux ou plâtre, dont la réaction mutuelle détermine la formation de sulfure de calcium, et par suite d'hydrogène sulfuré. C'est pour cette raison que les eaux naturelles se putréfient dans les citernes mal construites, dans les tonneaux fermés, etc. Le même phénomène se produit dans les environs des eaux stagnantes et salées où se trouvent des matières organiques et des sulfates ; il s'en dégage incessamment de l'acide sulfhydrique. C'est ce qui arrive constamment dans les maremmes de l'Italie, aux embouchures de plusieurs rivières sur la côte occidentale de l'Afrique, et il est assez rationnel de supposer que l'hydrogène sulfuré joue un grand rôle dans le développement de la *mal aria* ou *mauvais air*, fléau qui rend ces localités si dangereuses pour l'homme.

D'après tout ce qui précède, on ne peut révoquer en doute la présence constante de l'hydrogène sulfuré dans l'atmosphère. Sans contredit, la plus grande partie de ce gaz, qui afflue dans l'air, se trouve peu à peu décomposée par l'oxygène ; mais il en reste toujours assez pour produire certains effets qui démontrent incontestablement sa présence. Ainsi, la teinte grise, puis noire, que prennent à l'air toutes les peintures à l'huile ; l'altération qu'éprouvent, au contact de ce même agent, les métaux, tels que l'or, l'argent, le cuivre, le plomb, soit dans leur couleur, soit dans leur texture, etc., sont des phénomènes dus à l'hydrogène sulfuré contenu dans l'air. C'est surtout le cuivre dont l'altération est la plus prompte et la plus prononcée. On cite un exemple remarquable d'une altération de ce genre. La pointe entièrement faite de cuivre de la flèche d'un paratonnerre surmontant un des édifices de Paris s'est trouvée complétement transformée en *sulfure de cuivre*.

C'est certainement à cet hydrogène sulfuré atmosphérique qu'il faut rapporter l'origine du soufre qu'on rencontre dans une foule de végétaux, alors même qu'ils croissent dans des milieux dépourvus de soufre et de sulfates. L'hydrogène sulfuré, de même que l'acide carbonique, est absorbé par les plantes, puis, sous l'influence des forces vitales, décomposé en ses éléments, lesquels sont assimilés ou rejetés, suivant le besoin. D'après cela, l'hydrogène sulfuré devient un gaz aussi essentiel à la vie des plantes que l'acide carbonique.

Cet acide est irrespirable et tellement délétère, qu'on a peine à concevoir la rapidité de son action. L'animal qui le respire pur tombe comme frappé par un boulet. Sa mort est presque aussi prompte lorsque le gaz est mêlé à beaucoup d'air. Il résulte en effet, des expériences de Thénard et de Dupuytren, qu'un oiseau périt dans un air qui en contient seulement $\frac{1}{1000}$ de son volume, qu'un chien de moyenne taille succombe dans un air qui renferme $\frac{1}{1000}$ de ce gaz, et qu'un cheval s'abat en moins d'une minute dans une atmosphère qui est chargée de $\frac{1}{250}$. Il suffit même qu'un de leurs membres soit plongé dans une atmosphère de ce gaz pur pour qu'ils périssent en moins de 15 à 20 minutes.

SULFURE D'ANTIMOINE. *Voy.* ANTIMOINE et KERMÈS.

SULFURE D'ARGENT. *Voy.* ARGENT.

SULFURE DE CADMIUM. *Voy.* CADMIUM.

SULFURE DE CALCIUM. *Voy.* CALCIUM.

SULFURE DE CARBONE. *Voy.* SOUFRE.

SULFURE DE MERCURE. *Voy.* CINABRE.

SULFURE DE PLOMB. *Voy.* PLOMB.

SULFURES DE POTASSIUM. *Voy.* POTASSE.

SULFURE DE SODIUM. *Voy.* SOUDE.

SULFUREUX (acide); syn. : *gaz sulfureux.* — Lorsqu'on fait brûler du soufre dans une quantité déterminée d'oxygène, le résultat de cette combustion est du gaz acide sulfureux. On trouve que le volume de ce gaz est un peu plus petit que le volume du gaz oxygène, ce qu'il est facile de constater en brûlant de petits morceaux de soufre dans une cloche courbe sous le mercure contenant 100 parties de gaz oxygène. L'acide sulfureux produit forme en moyenne les 97 à 98 centièmes du volume du gaz oxygène. On admet généralement que cette diminution est due à la petite quantité d'hydrogène qui renferme le soufre, et qui a dû former de l'eau par la combustion. En faisant abstraction de cette cause, l'on admet qu'un volume d'oxygène doit fournir un volume de gaz acide sulfureux.

Propriétés. — L'acide sulfureux est un gaz incolore, d'une odeur fort désagréable, qui suffoque et excite la toux ; elle ressemble en un mot à celle du soufre qui brûle. Il est impropre à la combustion et à la respiration, rougit la teinture de tournesol et ensuite la décolore peu à peu. Sa densité est de 2,234. Il est indécomposable par la chaleur seule. Soumis à un froid de 20°, il se liquéfie, suivant les observations de M. Bussy. Dans cet état, c'est un liquide incolore, d'une densité de 1,450, si volatil, qu'il peut, en s'évaporant à l'air, faire descendre le thermomètre à — 57°. Si on favorise son évaporation, en le plaçant dans le vide sous la machine pneumatique, il produit un abaissement de — 68°. On détermine aisément la congélation d'une petite quantité de mercure renfermée dans

une boule de verre, en la plongeant dans cet acide liquéfié, qu'on fait promptement vaporiser sous le récipient de la machine pneumatique.

La composition du gaz acide sulfureux peut être déduite rigoureusement de sa densité, en considérant qu'il est formé d'un volume d'oxygène égal au sien. Par conséquent, en retranchant 1,1026, densité du gaz oxygène, de 2,2340, densité du gaz acide sulfureux, on a 1,1314 pour le poids du soufre, d'où il suit que cet acide est formé en poids pour cent de :

Soufre	50,14	1 atome.
	ou	
Oxygène	49,86	2 atomes.
	100,00	

L'acide sulfureux à l'état de gaz a reçu plusieurs applications utiles. Dans les arts on l'emploie pour le blanchiment des laines, des tissus de soie, de paille ; il agit alors par son affinité pour l'oxygène qu'il enlève principalement aux matières colorantes que contiennent ces substances. On fait encore usage du gaz acide sulfureux pour éteindre le feu en cas d'incendie dans les cheminées et les poêles : à cet effet, on jette dans le foyer plusieurs poignées de soufre, et on ferme, aussi exactement que possible, l'ouverture intérieure de la cheminée ou du poêle. Le soufre, en brûlant, produit du gaz sulfureux qui déplace peu à peu l'air, de manière que la matière en combustion s'éteint étant plongée dans un milieu incapable de l'entretenir. En médecine, on l'a proposé pour le traitement de la gale et de quelques autres maladies cutanées. Ce traitement, simple et peu coûteux, se pratique en exposant le corps des malades à la vapeur du soufre qui brûle, et en évitant, par une disposition sage et raisonnée, que le gaz acide sulfureux ne soit respiré par les individus qu'on traite. Des boîtes fumigatoires, imaginées par M. Galès, pharmacien de Paris, ont été perfectionnées par Darcet, qui en a rendu l'usage plus facile et plus commode. C'est d'après les idées et les principes de ce savant chimiste qu'ont été construites celles qui existent soit dans les hôpitaux, soit dans plusieurs maisons de santé de Paris ; elles ont l'avantage de pouvoir servir aussi à l'administration des fumigations de vapeurs d'eau ou de plantes aromatiques, comme à celle d'autres gaz ou vapeurs. Suivant les dimensions données à ces appareils, ils peuvent être employés au traitement d'un ou de plusieurs malades en même temps.

D'après les rapports qui ont été fournis, dix fumigations suffisent dans le traitement d'une gale simple, et le prix de ces fumigations ne s'élève pas au delà de 50 centimes pour chaque malade, y compris, terme moyen, 10 centimes pour le soufre, et 40 centimes pour le combustible en charbon de bois.

Ce moyen curatif joint à une grande économie l'avantage de ne pas salir le corps par des pommades ou préparations plus ou moins dégoûtantes.

La médecine vétérinaire trouverait peut-être un puissant moyen, dans l'application de ce procédé, pour le traitement de la gale des animaux domestiques. On construirait à peu de frais, sur le même principe, des boîtes où le corps de ces animaux se trouverait seul exposé à l'action du gaz acide sulfureux. Il appartient à MM. les vétérinaires praticiens de tenter ces essais, qui ne seraient peut-être pas infructueux.

Outre les applications qu'on a su faire des propriétés du gaz sulfureux à la guérison des affections cutanées et au blanchiment des tissus, on tire encore un très-grand parti de cet acide dans les arts. Ainsi, on l'emploie pour blanchir les plumes, la baudruche, la colle de poisson, la gomme adragante, la paille des céréales avec laquelle on confectionne les chapeaux des femmes et ces jolis ouvrages dont on fait remonter l'origine aux cénobites de la Thébaïde. On s'en sert pour enlever les taches de fruit sur les vêtements; pour assainir les lieux remplis de miasmes putrides, comme les lazarets, les vaisseaux, et pour désinfecter les hardes, couvertures, matelas, etc., provenant de malades infectés, de galeux, etc. (1); pour soufrer les tonneaux dans lesquels on doit conserver le vin, la bière et autres liquides fermentés. Ce soufrage empêche ces liquides de devenir acides.

SULFURIDES. — Corps solides, liquides ou gazeux, dégageant des vapeurs d'acide sulfureux, soit immédiatement, soit par la combustion, soit par l'action de la poussière de charbon à l'aide de la chaleur; ou bien donnant de l'hydrogène sulfuré, lorsque après les avoir traités par le carbonate de potasse et la poussière de charbon, on fait agir de l'acide nitrique étendu sur le résidu.

La famille des sulfurides est une des plus importantes du règne minéral, quoiqu'elle ne présente que deux grands genres, le genre sulfure et le genre sulfate. C'est à cette famille que se rapportent la plupart des corps les plus utiles aux arts et aux usages de la vie; tous les minerais dont on tire le plomb, le cuivre, l'argent, l'antimoine, etc.., beaucoup de sels importants, ou des matières qui servent à les préparer. Sous les rapports purement minéralogiques, les diverses espèces n'offrent pas moins d'intérêt; soit par leur cristallisation, soit par les différents genres de combinaison qu'elles présentent.

SULFURIQUE. (acide), syn. *acide vitriolique, vitriol, huile de vitriol*, à cause de son aspect oléagineux. — Cet oxyde si important, qui rend aux arts et à l'industrie de si grands services, qui sert à préparer presque tous les autres acides, a été découvert au xvᵉ siècle par Basile Valentin. Il ne paraît guère probable qu'il existe libre dans la nature, mais elle l'offre abondamment uni à la po-

tasse, la soude, la baryte, la strontiane, la chaux, la magnésie, l'oxyde de fer, etc.

L'eau acide d'un torrent nommé Rio-Vinagre, originaire du volcan de Purau dans les Andes, renferme, pour 1,000 parties, acide sulfurique 1,11, et acide chlorhydrique 0,91 en partie libre; ce qui donnerait, d'après le volume et la vitesse des eaux mesurées par M. Boussingault, environ 15 millions de kilogr. d'acide sulfurique, et près de 12 millions d'acide chlorhydrique par an, environ le quart des produits de ce genre fabriqués annuellement en France.

Une autre source abondante, découverte par M. Dégenhart, aux Cordillères centrales, dans le Paramo de Ruiz à 3,800 mètres de hauteur, ayant une température de 69°,4, contiendrait des substances provenant du volcan de Ruiz, notamment de l'acide sulfurique 5,181 pour 100, et de l'acide chlorhydrique 0,881 libre et partiellement combiné avec plusieurs bases, suivant l'analyse de M. Lewy.

Il y a deux espèces bien distinctes d'acide sulfurique : 1° *l'acide sulfurique ordinaire* ou *du commerce*; 2° *l'acide sulfurique anhydre* (glacial).

1° *Acide sulfurique* ordinaire (SO_3, HO). Cet acide est d'une saveur extrêmement caustique, produisant sur la langue la sensation d'une température élevée; il est inodore et incolore quand il est pur; il est coloré en jaune, quand il contient de l'acide hyponitrique; il a l'odeur du soufre qui brûle, lorsqu'il contient de l'acide sulfureux. Par la distillation, ces deux acides, qui rendent l'acide sulfurique impur, s'en vont les premiers, et on obtient de l'acide sulfurique à peu près pur, surtout si l'on élève la température de manière à distiller l'acide sulfurique lui-même, et à laisser pour résidu les sulfates de plomb ou de fer, de potasse, de chaux, qui peuvent s'y trouver dissous. L'acide sulfurique bien concentré est de consistance oléagineuse : il coule comme une huile grasse; de là son nom ancien d'*huile de vitriol*, parce qu'on le préparait par la distillation du vitriol vert (sulfate de protoxyde de fer). Sa densité est 1,84217.. Il bout à la température de 325°, et peut être distillé. Il se congèle à 0—34°. Son ébullition est brusque, et produit des soubresauts qui peuvent projeter le liquide au loin; on évite cet inconvénient en y ajoutant de la limaille de platine, ou tout autre corps étranger non attaquable par l'acide. Il est soluble dans l'eau en toute proportion. Sa dissolution aqueuse très-étendue bout très-près de 100°; et à mesure que la proportion d'acide augmente, la dissolution ne bout plus qu'à 150°, à 200°, à 300°, etc.; de manière qu'on peut en faire varier le point d'ébullition suivant la quantité plus ou moins grande d'eau dont l'acide se trouve chargé.

Un moyen très-simple de préparer l'acide sulfurique consiste à chauffer dans un matras du soufre et de l'acide nitrique. Celui-ci se décompose, cède son oxygène au soufre, pour le faire passer à l'état d'acide sulfureux

---

(1) Les fumigations à l'aide de l'acide sulfureux sont bien anciennement connues, puisque, déjà du temps de Pline, les prêtres ordonnaient l'emploi du soufre pour purifier les maisons par la fumigation.

et d'acide sulfurique.'En chauffant davantage, on chasse l'acide sulfureux et l'excès d'acide nitrique; et arrêtant à temps l'action de la chaleur, on obtient dans le matras de l'acide sulfurique concentré, sensiblement pur.

Pour la fabrication de l'acide sulfurique en grand, on fait arriver, dans une vaste chambre de plomb remplie d'air, des vapeurs d'acide hyponitrique et d'acide sulfureux, provenant de la combustion de dix parties de soufre sur une partie environ de nitre. Au bout d'un certain temps, on retire le liquide qui recouvre le plancher de la chambre, et on l'évapore d'abord dans des chaudières de plomb, de manière à en porter la densité jusqu'à 1,35 à 40; ensuite on l'évapore dans des vases de verre ou de platine jusqu'à ce que sa densité soit de 1,85 (1,84217). C'est là l'acide sulfurique du commerce dans son plus grand état de concentration possible.

Presque tous les chimistes s'accordent à considérer les cristaux qui se forment quand on met en présence l'acide sulfureux, l'acide hyponitrique et l'eau, comme jouant un rôle essentiel dans la production manufacturière de l'acide sulfurique. On sait que ces cristaux se produisent dans des circonstances nombreuses, et qu'ils fournissent de l'acide sulfurique et un composé oxygéné de l'azote, quand on les met en contact avec l'eau. Leur composition, restée longtemps incertaine, malgré les nombreuses analyses qui en ont été faites, a été fixée, en 1840, par M. de la Prévostaye, qui a signalé leur production au moyen des acides hyponitrique et sulfureux secs, sous l'influence d'une pression considérable. La production de l'acide sulfurique paraît être cependant tout à fait indépendante de l'existence et conséquemment de la nature de ces produits, auxquels on a donné le nom fort impropre de *cristaux des chambres de plomb*.

Il résulte en effet, de l'observation journalière et du témoignage unanime des fabricants d'acide sulfurique, que ces cristaux, auxquels les chimistes attribuent la production de cet acide, ne se forment jamais dans leurs appareils quand ils fonctionnent avec régularité; ils ne sont qu'un accident de leur fabrication. La théorie proposée par M. Péligot semble expliquer, d'une manière simple et satisfaisante, tous les phénomènes qui se passent dans la fabrication de l'acide sulfurique. Elle repose sur les faits suivants: 1° l'acide sulfureux décompose l'acide nitrique; le premier se transforme en acide sulfurique, et le second en acide hyponitrique $(N\,O^4)$; 2° l'eau change ce dernier acide en acide nitrique et en acide nitreux $(N\,O^3)$; 3° ce gaz, au contact de l'air atmosphérique, reproduit de l'acide hyponitrique, que l'eau transforme en acide nitreux et en acide nitrique. L'acide sulfureux agit d'une *manière incessante et exclusive* sur l'acide nitrique, constamment régénéré dans ces différentes phases de l'opération.

Pour confirmer cette théorie, il devenait nécessaire d'étudier avec soin l'action de l'acide sulfureux sur l'acide nitrique, à différents degrés de concentration et à différentes températures, et de fixer les limites auxquelles cette action cesse de se manifester. L'appareil employé par M. Péligot consiste en un matras contenant du cuivre et de l'acide sulfurique, pour la production du gaz sulfureux, et en deux appareils à boules, le premier servant au lavage du gaz, l'autre renfermant l'acide nitrique soumis à l'expérience. L'acide nitrique contenant le moins d'eau possible, celui dont la densité est représentée par 1,51, est converti par l'acide sulfureux sec, en une masse de cristaux qui sont probablement identiques avec ceux qui ont été produits et étudiés par M. de la Prévostaye. Ce fait ne touche en rien à la théorie de la fabrication, puisque l'acide dont on fait usage est toujours à un degré de concentration beaucoup moindre. L'acide nitrique du commerce, celui qui marque de 24 à 28 degrés au pèse-acide et qui contient 27 à 34 d'acide anhydre pour 100 parties, est décomposé très-énergiquement par l'acide sulfureux; des vapeurs rutilantes d'acide hyponitrique se forment immédiatement dans la première boule de l'appareil, et colorent le liquide en vert; la température s'élève beaucoup pendant toute la durée de l'action, qui se manifeste de proche en proche, l'acide sulfureux étant absorbé en totalité, tant que tout l'acide nitrique n'a pas été employé à sa transformation en acide sulfurique. Aussi remarque-t-on une coloration différente dans chaque boule. A mesure que l'action qui se produit dans la première diminue, la couleur verte du liquide s'affaiblit; en même temps que le liquide de la seconde prend une couleur plus intense, chaque boule prend alternativement une teinte verte foncée, le liquide devient ensuite d'un vert plus pâle, puis d'un jaune orange. Quand l'acide nitrique est entièrement détruit, il redevient incolore. Quand l'acide nitrique est étendu d'une quantité d'eau plus considérable, on obtient la coloration en bleu indigo pur, qui résulte de la dissolution de l'acide nitreux dans l'acide nitrique faible, et qui se forme, comme on sait, par l'action même du bioxyde d'azote sur l'acide nitrique étendu d'eau. Lorsque l'expérience est terminée et que l'acide sulfureux cesse d'être absorbé, on reconnaît, en employant les méthodes très-délicates qui constatent les moindres traces d'acide nitrique, que le liquide qui est resté dans les boules est de l'acide sulfurique hydraté, tenant en dissolution un excès d'acide sulfureux; il est absolument privé d'acide nitrique ou de tout autre composé de l'azote. On remarque, d'ailleurs, que le contact de l'acide sulfureux avec l'acide nitrique détermine constamment la formation de vapeurs rutilantes d'acide hyponitrique dès le commencement de l'opération, et sans l'intervention de l'oxygène atmosphérique. Cela résulte de l'action même de l'acide sulfureux sur l'acide nitrique; plus tard, quand le gaz sulfureux agit sur le liquide vert ou jaune qui résulte de cette première phase, les vapeurs rouges disparaissent en grande partie ; le produit qui se forme alors est un bioxyde d'azote *entièrement pur*, absorbable, sans aucun résidu, par les sels de protoxyde de fer.

M. Péligot s'est encore assuré que l'acide nitrique, même très-étendu d'eau, transforme l'acide sulfureux en acide sulfurique, si l'on a soin d'élever la température de 60 à 80 degrés.

Des expériences qui précèdent on est conduit à admettre que l'acide sulfurique qui se produit sous l'influence d'un excès de gaz sulfureux, doit être entièrement exempt d'acide nitrique. Cette considération est très-importante pour la pratique ; car on sait que l'acide sulfurique du commerce se trouve quelquefois souillé d'une proportion plus ou moins grande de produits nitreux, dont la présence est nuisible pour certaines opérations.

M. Baudrimont n'admet pas, avec M. Péligot, que l'acide sulfureux réagissant sur l'acide nitrique donne nécessairement lieu à de l'acide hyponitrique, qui, à l'exclusion de tout autre produit oxygéné de l'azote, doive régénérer l'acide nitrique. Il ajoute qu'en cherchant à se rapprocher des conditions dans lesquelles se fabrique l'acide sulfurique, on n'observe nullement la formation de l'acide hyponitrique. En effet, si l'on adapte à un grand flacon à tubulure un appareil propre à donner de la vapeur d'eau, un autre appareil donnant de l'acide sulfureux, un troisième donnant des vapeurs d'acide nitrique, et enfin un tube ouvert pour éviter une explosion ; si l'on remplit d'abord le flacon de vapeurs d'eau, puis de gaz sulfureux, et si l'on fait enfin parvenir de la vapeur d'acide nitrique, il se forme de l'acide sulfurique, et l'on n'observe pas la *moindre trace de vapeur rutilante*. Concluant de cette expérience que l'acide hyponitrique n'est point un produit nécessaire de la réaction de l'acide sulfureux en excès sur l'acide nitrique, M. Baudrimont paraît disposé à admettre que la production du composé qui donne naissance aux cristaux des chambres de plomb n'est pas étrangère à celle de l'acide sulfurique. La facilité avec laquelle se produit le composé cristallin dont il s'agit, sa rapide destruction par l'eau, tout, dit M. Baudrimont, porte à penser qu'il se forme réellement, mais que son existence n'est que instantanée. Dans ce cas, ce n'est plus simplement l'acide sulfureux qui enlève de l'oxygène à l'acide nitrique pour devenir acide sulfurique ; ce sont leurs éléments qui s'unissent d'abord et donnent naissance à un produit qui se décompose par la présence de l'eau, en donnant de l'acide sulfurique et de l'acide nitreux.

2° *Acide sulfurique anhydre* (SO_3) ; syn. : *acide sulfurique glacial, acide sulfurique fumant, acide de Nordhausen.* — Il est solide à une température basse, et à —20° il cristallise en aiguilles blanches, opaques, ayant l'aspect de l'asbeste. Il se liquéfie à 25° et bout entre 25 et 30°. L'ébullition se fait par soubresauts. A la température ordinaire (15°), il ré-

pand des vapeurs blanches très-suffocantes, et disparaît peu à peu sans résidu. Il altère la peau par une forte action corrodante et produit sur elle de petites pustules. S'il était répandu dans l'air en trop grande quantité, il produirait des effets vénéneux.

Lorsqu'on met l'acide sulfurique anhydre en contact avec de la baryte ou de la chaux, il se produit une température tellement élevée, que les vases dans lesquels on fait l'expérience se brisent ordinairement avec violence. Or en chauffant le sulfate qui en résulte, le poids est le même avant et après la calcination : donc l'acide sulfurique ne contenait pas d'eau. L'acide sulfurique anhydre est absorbé (à —15°) en grande quantité par les chlorures de soufre, de phosphore, d'étain, de bismuth, et par beaucoup d'autres chlorures ; il se forme, dans cette circonstance, des produits qui n'ont pas encore été suffisamment examinés.

Projeté dans l'eau, il produit une effervescence et un bruit semblables à celui que produirait un fer chaud ; il ne se dégage point de gaz, et il se forme de l'acide sulfurique ordinaire.

On prépare l'acide sulfurique anhydre par la distillation de l'huile de vitriol, qui porte le nom de Nordhausen, petite ville du royaume de Prusse près de Gœttingue, où l'on prépare cet acide en grand par la calcination du sulfate de fer (vitriol vert). L'huile de vitriol de Nordhausen se compose, d'après Vogel, d'acide sulfurique anhydre et d'acide sulfurique hydraté. En distillant cet acide, on obtient d'abord des vapeurs blanches très-épaisses, qui se condensent, sous forme de cristaux, dans un récipient entouré d'un mélange réfrigérant (à —20°). Si l'on n'arrêtait pas la température à temps, l'acide sulfurique hydraté passerait lui-même dans le récipient.

On peut encore préparer l'acide sulfurique anhydre par la distillation de l'acide sulfurique concentré du commerce. L'acide sulfurique anhydre distille le premier sous forme de vapeurs blanches et très-épaisses.

L'acide sulfurique ordinaire, quoique contenant déjà un équivalent d'eau, en est encore très-avide ; aussi est-il employé comme corps desséchant, et pour enlever l'eau à certains composés organiques. Quand il est abandonné à l'air, il en attire l'humidité ; il se forme alors à la surface de l'acide une couche moins dense que les autres et qui contient beaucoup d'eau ; si on l'agite on remarquera, au bout d'un certain temps, qu'il se sera reformé une nouvelle couche aqueuse. Quand l'acide sulfurique est versé dans de l'eau, cet acide tombe au fond du vase, à raison de sa grande densité ; mais, par l'agitation, les deux liquides se combinent avec un grand dégagement de calorique. Une partie d'acide et une partie d'eau peuvent produire une élévation de température de 80° ; une partie d'eau et quatre parties d'acide élèvent la température à 104°. Quand l'acide sulfurique est mélangé avec la glace, il produit des effets différents, selon les proportions de ces deux corps. Quatre parties d'acide sulfurique et une partie de glace pilée ou de neige peuvent produire un dégagement de chaleur capable de faire monter le thermomètre jusqu'à 75°, tandis que le mélange de quatre parties d'acide sulfurique et de quatre parties de glace peut produire, par l'agitation, un froid capable de faire descendre le thermomètre jusqu'à — 15°. C'est qu'ici la chaleur nécessaire pour opérer la fusion de la neige dépasse de beaucoup la chaleur développée par la combinaison ; voilà pourquoi le mélange emprunte de la chaleur aux corps environnants, afin de faciliter la fusion de la neige.

On reconnaît que l'acide sulfurique est pur quand il n'est pas coloré en rouge par la dissolution de sulfate de protoxyde de fer.

Aujourd'hui quelques fabricants, au lieu de brûler de l'azotate de potasse dans les chambres de plomb, dirigent dans ces chambres la grande quantité de bioxyde d'azote qui se dégage dans la préparation de l'acide oxalique, par l'action de l'acide azotique sur l'amidon. Nous dirons aussi, en passant, qu'on est parvenu, depuis quelques années, à souder le plomb sur lui-même sans l'intermédiaire de l'étain, qui est un métal beaucoup plus attaquable par l'acide sulfurique que le plomb.

Souvent, au lieu de brûler du soufre pour obtenir de l'acide sulfureux, on fait brûler des pyrites de fer dont on fait rendre les produits gazeux dans les chambres de plomb, avec ceux résultant de la décomposition du nitre par la chaleur. Ce procédé pourrait être mis en usage avec avantage dans le cas où le soufre nous serait refusé par les Napolitains à un prix raisonnable. Dernièrement, MM. Pelouze et Frémy ont mis à profit les belles découvertes de M. Kuhlmann. Il suffit de faire passer sur de l'éponge de platine, dont on a élevé la température, un mélange d'acide sulfureux et d'oxygène en proportions convenables.

Enfin, tout récemment, on a découvert des procédés pour fabriquer l'acide sulfurique avec le sulfate de chaux ou plâtre qui se trouve en assez grande quantité aux environs de Paris ; ce plâtre est hydraté ; il ne se décompose pas par la plus forte élévation de température, et peut même se fondre sans être altéré. Mais si on le traite par la silice, il se forme du silicate de chaux, tandis que l'acide sulfurique, devenu libre, se décompose et donne de l'acide sulfureux et de l'oxygène que l'on peut recombiner avec l'éponge de platine.

Principales applications de l'acide sulfurique. — On se sert de l'acide sulfurique pour préparer les *acides sulfureux, chlorhydrique, azotique, carbonique, tartrique, citrique, stéarique, margarique, oléique* et *phosphorique* ; indirectement, à l'aide de quelques-uns de ces produits, il est nécessaire à la fabrication du *chlore*, des *eaux minérales gazeuses*,

des *bougies stéariques*, des *savons*, du *phosphore*.

On fabrique avec l'acide sulfurique une grande partie des *sulfates* suivants, pour les besoins de l'industrie et du commerce ou de l'agriculture : *sulfates de soude, de potasse, d'ammoniaque, de chaux, d'alumine, de fer, de zinc, de cuivre, de quinine, de cinchonine*, ainsi que le *sulfate de mercure*, destiné à la préparation du *chlorure* et du *bichlorure* (*mercure doux* et *sublimé corrosif*). On emploie l'acide sulfurique pour déterminer l'oxydation du *fer* ou du *zinc*, et en même temps *extraire de l'eau l'hydrogène* propre aux *aérostats*, aux *briquets à gaz*; au *chalumeau aérhydrique*, à fournir la *lumière du microscope à gaz*, à produire l'*hydrogène arsénié dans l'appareil de Marsh* et prouver la présence de l'arsenic. La même réaction sur le zinc opérant la décomposition de l'eau produit *un courant électrique* applicable *à l'argenture et à la dorure des métaux et alliages*. L'acide sulfurique sert, par son pouvoir saturant, *aux essais alcalimétriques* et *acidimétriques* comme à *l'analyse des savons*. Son action dissolvante s'applique au *décapage du fer pour fabriquer le fer-blanc et les tôles zinguées* ; pour *décaper et dérocher le cuivre, blanchir les flans d'argent avant de les frapper*. On l'emploie dans les *essais des oxydes de manganèse*, l'*affinage de l'or et de l'argent*, la *préparation de l'éther hydrique*, la *dissolution de l'indigo*, l'*extraction de la garancine*, l'*épuration des huiles à quinquet*, la *coloration partielle des bois de placage*, la *carbonisation des pieux à fixer en terre* (ce qui les défend contre la pourriture), la *fabrication du cirage anglais*, la *préparation du sirop de fécule*, de la *glucose solide*, la *fabrication du pyroxyle* (*coton poudre*). Il entre dans la *confection des briquets oxygénés*. Étendu de 500 à 1000 parties d'eau, il a pu *remplacer le sulfate de chaux sur les terres riches en calcaire* et très-éloignées des carrières à plâtre. On s'en sert pour *gonfler les peaux* et les *disposer au tannage*. Étendu à 40°, *il coagule vingt fois son poids de sang*, qui devient dès lors bien moins putrescible et plus facile à conserver jusqu'au moment de le répandre comme engrais sur le sol. On emploie l'acide étendu pour *dissoudre à chaud les tissus adipeux* et en *extraire le suif*. L'acide ordinaire peut *changer ou détruire l'odeur désagréable des fûts envahis par les moisissures :* il suffit de mouiller les parois de ces fûts avec un litre d'acide, laissé en contact pendant une heure, puis éliminé par le rinçage. Enfin la qualité très-fortement hygroscopique de l'acide concentré est fréquemment mise à profit dans les laboratoires, pour *opérer des dessiccations à froid sous des cloches renfermant de l'air, ou dans le vide de la machine pneumatique.* — Voy. SOUDE.

SYMÉTRIE (*cristallographie*). — Lorsqu'on examine attentivement un cristal, on est frappé de la symétrie des modifications que subissent fréquemment les arêtes ou les angles solides ; on ne tarde pas à reconnaître la belle loi de Haüy, qui sert de base à la dérivation des formes secondaires par la forme primitive, c'est-à-dire que, dans tout cristal, les parties semblablement placées par rapport aux axes sont modifiées de la même manière : ces modifications consistent en facettes plus ou moins étendues, qui remplacent les arêtes et les sommets; on peut les réduire à quatre cas principaux. 1° Les arêtes ou les angles solides de même espèce sont, sauf quelques exceptions rares, modifiés tout à la fois : le cube, l'octaèdre, le rhomboèdre et le prisme à base carrée, en sont des exemples. 2° Les arêtes ou les angles solides non semblablement placés sont modifiés différemment, comme le prisme rhomboïdal en offre des exemples. 3° Lorsqu'une arête ou un angle solide sont formés par des plans de même espèce, les modifications produisent le même effet sur chacun de ces plans. Nous trouvons cette règle dans le cube, où, toutes les faces étant égales, les arêtes sont toujours modifiées par une ou deux facettes également inclinées sur les plans adjacents. Il en est de même des angles solides. 4° Lorsqu'une arête ou angle solide se trouve formé par des plans d'espèces différentes sur chacun de ces plans; cette règle est une conséquence de la loi de symétrie; exemple : le prisme à base carrée.

Deux formes du même genre, qui n'ont pas exactement les mêmes dimensions relatives, ne présentent pas les mêmes modifications, comme on le reconnaît dans les prismes droits à base carrée. Passons rapidement en revue les modifications que subissent les formes primitives déjà citées, et desquelles il résulte un grand nombre de variétés de formes. Le rhomboèdre de la chaux carbonatée présente deux sortes d'arêtes et deux sortes d'angles : six arêtes qui aboutissent trois à trois au sommet symétrique, et six arêtes latérales aussi semblables; deux angles solides égaux aux extrémités de l'axe, et six angles d'une autre espèce, tous égaux entre eux, disposés latéralement autour de l'axe. Il y aura donc quatre genres de modifications, qui pourront encore être modifiées elles-mêmes, et former un grand nombre de variétés; aussi en a-t-on déjà observé au moins quinze cents dans la chaux carbonatée. Les autres formes primitives peuvent éprouver également des modifications nombreuses, mais toujours soumises à la loi de symétrie; néanmoins il est des cas où ces modifications ne sont pas symétriques, et que le physicien a le plus grand intérêt à étudier, car c'est dans les écarts de la nature que l'on peut saisir quelques-unes des causes qu'elle met en jeu pour produire les effets. Les anomalies qui font naître des modifications non symétriques n'ont été observées jusqu'ici que dans les systèmes cubique, rhomboédrique et prismatique carré. Dans le premier nous trouvons le dodécaèdre pentagonal, l'isocaèdre, le triacontaèdre, et toutes leurs modifications. Le dodécaèdre pentagonal, comme l'indique son nom, est formé de douzes faces pentagonales, et diffère beaucoup du dodécaèdre pentagonal de

la géométrie, dont les pentagones sont réguliers et leurs angles égaux à 108°; les inclinaisons des plans sont égales à 116°, 32', 32". Dans celui de la nature, les pentagones ne sont pas réguliers; l'un des angles plans est d'environ 121°,30'; les deux autres angles d'environ 106°, 37', et les deux autres d'environ 108°,38'. L'inclinaison mutuelle des deux faces voisines est pour les unes d'environ 127°, pour les autres d'à peu près 113°,30'.

Ce solide est produit par la moitié des modifications qui conduisent au polyèdre à faces triangulaires. L'isocaèdre de la minéralogie est composé de vingt faces triangulaires. Dans la géométrie, les faces sont égales et équilatérales; dans la nature, huit faces sont des triangles équilatéraux, et douze des triangles isocèles. Ce solide résulte de la combinaison de l'octaèdre régulier et du dodécaèdre pentagonal. Le triacontaèdre est formé, dans la nature, de trente faces quadrilatères, dont six sont des rhombes et vingt quatre des trapèzes; il est le résultat de la combinaison des faces du cube avec la moitié de celles qui conduisent au solide de quarante-huit faces; dans la géométrie, ce solide est formé de trente rhombes. Ces formes ne sont pas produites par des modifications symétriques, et cependant elles peuvent être modifiées symétriquement, et donner lieu à toutes les formes que l'on déduit de tous les autres solides simples du système cubique. Rien n'est plus facile que de voir comment l'isocaèdre peut passer au cube, au dodécaèdre rhomboïdal, etc.

Il existe d'autres défauts de symétrie dans le système cubique qu'il est important de connaître, en raison de certaines propriétés physiques qu'acquiert le cristal qui en est l'objet. Il arrive quelquefois que, dans le cube simple ou dans le cube modifié sur les arêtes, on observe des modifications par plusieurs facettes qui n'affectent que la moitié des parties sur lesquelles elles devraient agir, et qui conduisent au tétraèdre régulier ou à un solide à douze faces pentagonales.

Dans le dodécaèdre rhomboïdal, on voit quelquefois la moitié des angles composés de trois plans, modifiés par une facette qui produit encore le tétraèdre, ou la moitié des arêtes modifiées par des facettes tangentes, ce qui conduit au dodécaèdre triangulaire. Une de ces modifications se présente dans la boracite, dont la forme primitive est le cube suivant Haüy et d'après les dernières observations de M. Biot. Dans les cristaux artificiels d'alun, on observe des modifications tangentes qui n'affectent que quatre arêtes. Dans le système prismatique carré, il y a peu d'exemples de dissymétrie, et encore n'en est-on pas assuré. Dans le système rhomboédrique nous trouvons deux exceptions à la loi de symétrie, qui se rapportent l'une au quartz ou cristal de roche, l'autre à la tourmaline.

Dans le quartz il y a des cristaux qui sont modifiés par des facettes tournées seule à seule vers un pan du prisme, de gauche à droite; dans d'autres cristaux, par ces facettes tournées de droite à gauche; il est évident que, dans chaque cas, les cristaux ne présentent que la moitié des facettes résultant d'une modification symétrique. Il est aussi des cas où les cristaux offrent plusieurs modifications du même genre.

Dans la tourmaline, la dissymétrie se manifeste d'une autre manière : l'un des prismes hexagonaux ne présente jamais que la moitié de ses faces, de sorte qu'il résulte de la combinaison de deux prismes un prisme à neuf pans. Dans d'autres cas, ce sont des rhomboèdres qui se trouvent à l'un des sommets, et qui n'existent pas à l'autre, ou bien c'est la modification du sommet par une seule face perpendiculaire, ou bien encore ce sont des modifications sur les arêtes d'intersection d'un des sommets avec les plans.

M. Delafosse a cherché à démontrer que, dans ces différents cas, les anomalies n'étaient qu'apparentes, attendu qu'ils rentraient dans un autre ordre de phénomènes auquel on n'avait pas encore fait attention. Voici de quelle manière il expose ses idées à cet égard :

Prenons les cristaux de boracite, qui sont des cubes, dont quatre seulement de leurs angles sont quelquefois modifiés, de telle sorte qu'aux extrémités d'une diagonale, l'un des angles est modifié, l'autre ne l'est pas, ce qui établit une dissymétrie, puisque les deux angles, étant identiques, devraient être modifiés en même temps. Pour prouver que la loi de symétrie n'est pas violée, M. Delafosse admet que le cube n'a pas pour molécules intégrantes des cubes, mais bien des tétraèdres rangés en file, de manière qu'une base correspond à un angle solide, et le sommet à l'angle opposé, qui par là se trouve d'une espèce contraire au premier. Si les choses se passaient ainsi, la loi de symétrie ne serait pas violée. Le même raisonnement peut s'appliquer aux autres formes qui dérogent à la loi de symétrie.

Le physicien doit prendre en considération la structure d'accroissement, parce qu'elle lui révèle la manière dont le cristal s'est accru successivement depuis l'instant où il a pris naissance jusqu'à ce qu'il ait atteint le volume sous lequel on le voit. Du moment qu'un noyau cristallin s'est formé, il augmente de volume par une nouvelle agrégation de particules, qui peuvent se grouper autour de ce noyau, et en augmenter indéfiniment la masse. Cet accroissement se fait quelquefois d'une manière régulière. Quelquefois l'accroissement peut être produit par des causes qui nous échappent, mais qui nous permettent de reconnaître les changements d'accroissement aux changements de forme. C'est ainsi qu'on voit un octaèdre devenir un cube, puis un dodécaèdre, puis enfin un cube. La nature nous présente de pareils effets, que nous reproduisons dans nos laboratoires, en faisant varier la nature du liquide dans lequel s'opère la cristallisation. Il arrive quelquefois que, bien que la forme ne change pas pendant toute la durée de l'accroissement, il y a cependant des modifications telles, à certaines époques, dans le mode d'accroissement, que les parties superposées peuvent se déboîter les unes des autres quand le cristal est brisé. On trouve des exemples de ce genre dans le cristal de roche, le plomb et l'alun. Les causes qui interviennent dans cette circonstance sont telles, qu'il arrive quelquefois que les couches sont séparées par un intervalle rempli de liquide. C'est ce que nous retrouvons dans les cristaux de salpêtre et de sulfate de soude, quand la solution de ces sels est très-concentrée, et que la cristallisation s'opère rapidement.

SYNONYMIE CHIMIQUE. — Sous ce titre nous allons présenter le tableau des principaux corps simples et de leurs composés usités, d'après les nomenclatures française, suédoise et allemande.

NOMENCLATURE française.	NOMENCLATURE suédoise et allemande.	NOMS anciens et vulgaires.
Acétates	Acétates	Sels acéteux.
Acétate d'ammoniaque . . .	Acétate ammonique	Sel acéteux ammoniacal. Esprit de minderérus.
Acétate d'alumine	Acétate aluminique	Sel acéteux d'argile.
Acétate de potasse	Acétate potassique.	Terre foliée du tartre. Terre foliée végétale.
Acétate de soude.	Acétate sodique	Terre foliée minérale.
Protoacétate de fer . . . . . Peracétate de fer	Acétate ferreux . . . . Acétate ferrique	Sel acéteux martial.
Sous-deutoacétate de cuivre.	Acétate bicuivrique	Verdet. Vert-de-gris.
Deutoacétate de cuivre. . . .	Acétate cuivrique	Verdet cristallisé. Cristaux de Vénus.
Protoacétate de mercure. . . Deutoacétate de mercure . .	Acétate mercureux . . . . . Acétate mercurique	Terre foliée mercurielle.
Protoacétate de plomb. . . .	Acétate plombique.	Sucre de Saturne, sel de Saturne, sucre de plomb.

NOMENCLATURE française.	NOMENCLATURE suédoise et allemande.	NOMS anciens et vulgaires
Protoacétate de plomb tribasique	Acétate triplombique . . .	Vinaigre de Saturne. Extrait de Saturne.
Acide acétique	Acide acetique	Vinaigre radical. Esprit de Vénus.
Acide acétique faible.		Acide acéteux.
Acide arsénieux . . . . Idem.		Arsenic blanc. Oxyde blanc d'arsenic. Mort aux rats.
Acide arsénique . . . . Idem.		Acide arsénical.
— benzoïque. . . . . Idem.		Acide bensonique. Sel de benjoin. Fleurs de benjoin.
— borioue . . . . Idem.		Acide boracin. Acide boracique. Sel sédatif de Homberg. Sel volatil narcotique de vitriol.
— carbonique . . . . iaem.		Acide aérien. Acide crayeux. Air fixe. Air méphitique.
— citrique. . . . . Idem.		Acide citronien. Suc de citron.
— formique . . . . Idem.		Acide des fourmis.
Acide hydrobromique , ou bromhydrique.	Bromide hydrique.	
Acide hydrochlorique ou chlorhydrique	Chloride hydrique.	Esprit de sel fumant. Acide du sel. Acide marin. Acide muriatique.
Acide hydrofluorique ou fluorhydrique.	Fluoride hydrique	Acide spathique. Acide fluorique.
Acide hydriodique ou iodhydrique.	Iodide hydrique	Inconnu des anciens.
Acide hydrocyanique ou cyanhydrique	Cyanide hydrique	Acide prussique.
Acide hydrosulfurique ou sulfhydrique	Sulfide hydrique.	Gaz hépatique. Gaz hydrogène sulfuré.
Acide hydrosélénique ou sélénhydrique	Sélénide hydrique.	
Acide manganésique.	Acide manganique.	Inconnu .
Acide permanganésique . . .	Acide oxymanganique. . . .	
Acide nitrique ou azotique. . . . . Idem.		Esprit de n.tre. Acide nitreux. Acide nitreux fumant. Eau-forte.
Acide nitreux ou azoteux . . . . Idem.		Inconnu des anciens.
Acide succinique. . . . . . . Idem.		Sel de succin. Sel volatil de succin. Acide du succin.
Acide sulfurique. . . . . Idem.		Acide du soufre. Acide vitriolique. Huile de vitriol.
Acide sulfureux . . . . Idem.		Gaz sulfureux volatil
Accide tartrique. . . . . Idem.		Acide du tartre. Acide tartarique. Acide tartareux.
Alcool. Idem.		Esprit-de-vin.
Ammoniaque ou azoture d'hydrogène.	Oxyde d'ammonium.	Alcali volatil. Alcali fluor. Esprit de sel ammoniac. Air alcalin. . .
Antimoine . . . . Idem.		Régule d'antimoine.
Argent. Idem.		Diane ou lune.

NOMENCLATURE française.	NOMENCLATURE suédoise et allemande.	NOMS anciens et vulgaires.
Azote	Nitrogene	Air phlogistiqué. Gaz phlogistiqué. Mofette atmosphérique.
Bromures	Bromides et bromures.	Inconnus.
Carbonate d'ammoniaque	Carbonate ammonique	Alcali volatil concret. Sel volatil d'Angleterre. Sel volatil de corne de cerf. Sel ammoniacal crayeux. Sous-carbonate d'ammoniaque.
Carbonate de chaux	Carbonate calcique	Craie. Spath calcaire.
Carbonate de magnésie	Carbonate magnésique	Magnésie blanche. Magnésie aérée. Magnésie effervescente.
Carbonate de potasse	Carbonate potassique	Alcali fixe du tartre. Alkaest de Vanhelmont. Sel de tartre. Alcali effervescent. Nitre fixé par le charbon. Tartre crayeux.
Carbonate de plomb	Carbonate plombique	Céruse. Blanc de plomb.
Carbonate de soude	Carbonate sodique	Soude aérée. Alcali fixe minéral. Sel de soude.
Carbone	Idem	Charbon pur.
Chlore	Idem	Acide marin déphlogistiqué. Acide muriatique oxygéné. Acide oxymuriatique.
Chlorures	Chlorides et chlorures	Muriates.
Protochlorure d'antimoine	Chlorure antimonique	Beurre d'antimoine. Muriate d'antimoine sublimé.
Deutochlorure d'antimoine	Chloride antimonique	
Chlorure d'argent	Chlorure argentique	Lune cornée. Muriate d'argent.
Protochlorure d'étain	Chlorure stanneux	Sel d'étain. Muriate d'étain.
Deutochlorure d'étain	Chlorure stannique	Liqueur fumante de Libavius. Muriate oxygéné d'étain.
Chlorure de chaux ou chlorite de chaux	Chlorite calcique	Oxymuriate de chaux. Muriate oxygéné de chaux. Poudre de Tennant. Poudre de blanchiment.
Protochlorure de mercure	Chlorure mercureux	Aquila alba. Panacée mercurielle. Mercure doux. Calomel. Muriate de mercure doux. Précipité blanc.
Deutochlorure de mercure	Chlorure mercurique	Sublimé corrosif. Muriate oxygéné de mercure. Oxymuriate de mercure. Muriate corrosif de mercure.
Protochlorure d'or	Chlorure aureux	Inconnu.
Deutochlorure d'or	Chlorure aurique	Muriate d'or. Nitromuriate d'or.
Chlorure de potassium	Chlorure potassique	Sel fébrifuge de Sylvius. Muriate de potasse.
Chlorure de sodium	Chlorure sodique	Sel commun. Sel marin. Muriate de soude.
Chlorates	Chlorates	Muriates suroxygénés.
Chlorites	Chlorites	Chlorures d'oxydes.

NOMENCLATURE française.	NOMENCLATURE suédoise et allemande.	NOMS anciens et vulgaires.
Chlorite de potasse	Chlorite potassique	Eau de javelle. Muriate oxygéné de potasse. Chlorure de potasse. Chlorure d'oxyde de potassium.
Chlorite de soude	Chlorite sodique	Muriate oxygéné de soude. Chlorure de soude. Liqueur de Labarraque.
Cyanure de fer et de potassium	Cyanure ferroso-potassique	Alcali phlogistiqué. Alcali prussien. Prussiate de potasse. Hydroferrocyanate de potasse.
Cyanure ferroso-ferrique	Idem	Bleu de Prusse. Prussiate de fer. Hydroferrocyanate de fer.
Cyanure de mercure	Cyanure mercurique	Prussiate de mercure.
Cuivre	Idem	Vénus.
Eau { protoxyde d'hydrogène	Oxyde hydrique	Eau.
Eau oxygénée ou deutoxyde d'hydrogène	Suroxyde hydrique	Inconnu des anciens.
Etain	Idem	Jupiter.
Fer	Idem	Mars.
Fluorures	Fluorides et fluorures	Fluates.
Hydrochlorate d'ammoniaque ou chlorhydrate d'ammoniaque	Chlorure ammonique	Sel ammoniac. Muriate d'ammoniaque.
Hydrosulfate d'ammoniaque ou sulfhydrate d'ammoniaque	Sulfhydrate ammonique	Hydrosulfure d'ammoniaque. Idem sulfuré (liqueur fumante de Boyle).
Hydrogène	Hydrogène	Gaz inflammable. Air inflammable.
Hydrogène arsénié	Arséniure trihydrique	
Hydrogène protocarboné	Carbure-tétrahydrique	Gaz des marais.
Hydrogène deutocarboné	Carbure bihydrique	Gaz oléfiant.
Hydrogène protophosphoré	Phosphure trihydrique	
Hydrogène perphosphoré	Phosphure bihydrique	
Iodures	Iodides et iodures	
Protoiodure de fer	Iodure ferreux	
Periodure de fer	Iodure ferrique	
Protoiodure de mercure	Iodure mercureux	
Deutoiodure de mercure	Iodure mercurique	
Iodure de plomb	Iodure plombique	
Iodure de potassium	Iodure potassique	Hydriodate de potasse.
Iodure de sodium	Iodure sodique	Hydriodate de soude.
Mercure	Idem	Vif-argent.
Nitrate d'argent	Nitrate argentique	Cristaux de lune. Nitre lunaire. Pierre infernale.
Nitrate de potasse	Nitrate potassique	Salpêtre. Nitre. Sel de nitre. Sel de Prunelle. Cristal minéral.
Sous-deutonitrate de mercure	Nitrate mercurique bibasique	Turbith nitreux.
Or	Idem	Soleil, roi des métaux.
Oxygène	Oxygène	Air déphlogistiqué. Air vital. Air pur.
Oxydes	Idem	Chaux métalliques.
Protoxyde d'antimoine	Oxyde antimonique	Fleurs argentines d'antimoine.
Deutoxyde d'antimoine ou acide antimonieux	Idem	

NOMENCLATURE française.	NOMENCLATURE suédoise et allemande.	NOMS anciens et vulgaires.
Tritoxyde d'antimoine ou acide monique	Idem.	
Protoxyde d'azote	Oxyde nitreux	Gaz hilarant.
Deutoxyde d'azote	Oxyde nitrique	Gaz nitreux.
Protoxyde de barium	Oxyde baritique	Terre pesante. Terre spathique.
Oxyde de carbone	Oxyde carbonique	
Protoxyde d'étain	Oxyde stanneux	Chaux d'étain.
Deutoxyde d'étain ou acide stannique	Oxyde stannique	Potée d'étain.
Protoxyde de calcium	Oxyde calcique	Chaux.
Protoxyde de cuivre	Oxyde cuivreux	
Deutoxyde de cuivre	Oxyde cuivrique	Oxyde noir de cuivre.
Protoxyde de fer	Oxyde ferreux	
Deutoxyde de fer	Oxyde ferroso-ferrique	Ethiops martial Oxyde noir de fer.
Tritoxyde de fer	Oxyde ferrique	Oxyde rouge de fer. Colcothar. Safran de mars astringent.
Oxyde de magnésium	Oxyde magnésique	Magnésie pure. Magnésie calcinée. Magnésie décarbonatée.
Protoxyde de manganèse	Oxyde manganeux	
Deutoxyde de manganèse	Oxyde manganique	
Peroxyde de manganèse	Suroxyde manganique	Magnésie noire. Savon de verriers.
Protoxyde de mercure	Oxyde mercureux	Oxyde noir de mercure.
Deutoxyde de mercure	Oxyde mercurique	Précipité per se. Précipité rouge. Oxyde rouge de mercure.
Protoxyde de plomb	Oxyde plombeux	Massicot. (fondu) Litharge.
Deutoxyde de plomb	Oxyde plombique	Oxyde rouge de plomb. Minium. Mine orange.
Tritoxyde de plomb	Suroxyde plombique	Oxyde puce de plomb.
Protoxyde de potassium	Oxyde potassique	Alcali fixe. Alcali végétal. Potasse.
Protoxyde de sodium	Oxyde sodique	Alcali minéral. Soude caustique. Soude.
Plomb	Plomb	Saturne.
Potassium	Kalium	Inconnus.
Sodium	Natrium	
Sulfates	Idem.	Vitriols.
Sulfate d'alumine	Sulfate aluminique	
Sulfate d'alumine et de potasse	Sulfate aluminicopotassique	Alun.
Sulfate d'ammoniaque	Sulfate ammonique	Sel ammoniacal vitriolique. Sel ammoniacal secret de Glauber.
Sulfate de barite	Sulfate baritique	Spath pesant.
Sulfate de chaux	Sulfate calcique	Sélénite.
Deutosulfate de cuivre	Sulfate cuivrique	Vitriol de cuivre. Vitriol bleu. Vitriol de Chypre. Couperose bleue.
Protosulfate de fer	Sulfate ferreux	Vitriol de fer. Vitriol vert. Couperose verte

NOMENCLATURE française.	NOMENCLATURE suédoise et allemande.	NOMS anciens et vulgaires.
Sulfate de magnésie	Sulfate magnésique	Sel d'Egra. Sel d'Epsom. Sel de Sedlitz. Sel de Seydschutz. Sel cathartique amer.
Sous-deutosulfate de mercure.	Sulfate mercurique tribasique	Turbith minéral.
Sulfate de potasse	Sulfate potassique.	Tartre vitriolé. Arcanum duplicatum. Sel polychreste de Glaser. Sel de duobus.
Sulfate de soude.	Sulfate sodique	Sel de Glauber. Soude vitriolée. Sel admirable.
Sulfate de zinc	Sulfate zincique	Vitriol de zinc. Vitriol blanc. Couperose blanche. Vitriol de Goslard.
Sulfures	Sulfides et sulfures.	
Sulfure rouge d'arsenic . . .	Sulfide hyparsénieux.	Réalgar. Arsenic rouge.
Sulfure jaune d'arsenic. . . .	Sulfide arsénieux	Orpin. Orpiment.
Persulfure d'arsenic	Sulfide arsénique	
Protosulfure d'antimoine . .	Sulfide hypantimonieux . . .	Antimoine cru.
Deutosulfure d'antimoine . .	Sulfide antimonieux	
Tritosulfure d'antimoine . . .	Sulfide antimonique	
Protosulfure hydraté	. . . .	Poudre des Chartreux. Kermès minéral.
Deutosulfure hydraté	. . . .	Soufre doré.
Protosulfure de fer.	Sulfure ferreux	Pyrites martiales.
Persulfure de fer.	Sulfure ferrique	
Protosulfure de mercure . .	Sulfure mercureux.	Ethiops minéral. Sulfure noir de mercure.
Deutosulfure de mercure. . .	Sulfure mercurique	Cinabre. Vermillon. Sulfure rouge de mercure.
Protosulfure de plomb	Sulfure plombique.	Galène. Alquifoux.
Protosulfure de potassium. .	Sulfure potassique.	Foie de soufre. Sulfure de potasse.
Bisulfure de potassium . . .	. . . . . . Idem	
Tri, quadri, etc	. . . . . . Idem.	
Tartrates	Tartrates	Tartrites.
Tartrate de potasse	Tartrate potassique	Tartrite de potasse. Sel végétal.
Bitartrate de potasse.	. . . . . Idem.	Tartre purifié. Crème de tartre. Tartrate acide de potasse.
Tartrate de potasse et d'antimoine.	Tartrate antimonico-potassique	Tartre émétique. Tartre stibié. Emétique.
Tartrate de potasse et de fer.	Tartrate ferroso-potassique.	Tartre martia. Boules de Nancy.
Tartrate de potasse et de soude	Tartrate potassicosodique . .	Sel de Seignette. Sel de la Rochelle.
Urates.	Urates	Lithates.

Nota. Les noms de *chlorides, bromides, fluorides, iodides, sulfides*, ont été donnés par Berzelius aux combinaisons du chlore, du brome, du fluor et de l'iode avec des corps moins électro-négatifs qu'eux; il a réservé les noms de *chlorures, bromures, fluorures, iodures et sulfures*, aux composés de ces corps avec les métaux électro-positifs. Dans les premières combinaisons, les éléments sont dans les mêmes rapports atomiques que dans les acides; dans les secondes, ces rapports sont les mêmes que dans les bases.

SYNOVIE. — La synovie est une liqueur fournie par une membrane particulière qui forme les capsules synoviales des articulations, et qui est destinée à faciliter le frottement des surfaces articulaires les unes sur les autres.

Cette liqueur alcaline a été particulièrement étudiée dans le bœuf ; elle est demi-transparente, un peu verdâtre, visqueuse et filante comme du blanc d'œuf, onctueuse au toucher ; son odeur est fade et analogue au frai de grenouilles, sa saveur salée. Abandonnée à elle-même, elle prend une consistance gélatineuse, redevient fluide en laissant déposer une matière filandreuse analogue à la fibrine.

La synovie humaine, recueillie à l'aide d'une éponge sur les surfaces articulaires de plusieurs cadavres, a donné pour résultat une grande proportion d'albumine, une matière animale soluble dans l'alcool, une matière grasse, de la soude, du chlorure de sodium et de potassium, du phosphate et du carbonate de chaux.

Concrétions arthritiques. — On désigne sous ce nom les dépôts blanchâtres plus ou moins solides et irréguliers, qui se développent parfois chez l'homme dans les articulations des personnes, à la suite d'accès répétés de goutte. Ces concrétions sont formées, d'après l'analyse qui en a été faite d'abord par Wollaston, d'acide urique combiné à la soude (urate de soude). Laugier et M. Vogel en ont rencontré depuis, qui, outre ce sel, contenaient un peu d'urate de chaux.

SYSTÈME DE L'ÉMISSION. *Voy.* Lumière.

T

TABAC. —Le *tabac* paraît originaire de l'Amérique méridionale ; mais il est actuellement cultivé dans presque tous les pays. C'est vers 1560 que cette plante a été introduite en Espagne et en Portugal par Fernandès de Tolède. On croit que son nom vient de ce que les premières importations se firent de l'île de Tabago, une des Antilles, peu distante de la côte de Vénézuéla. Longtemps on l'a appelé *nicotiane* et *herbe à la reine*, parce que c'est Nicot, ambassadeur de France à la cour de Portugal, qui l'apporta à Catherine de Médicis, à son retour de Lisbonne. Ce sont les sauvages de l'Amérique qui enseignèrent aux Européens à fumer et à mâcher ou *chiquer* le tabac ; mais l'usage de *priser* la poudre de cette plante est tout européen, et appartient surtout à l'Europe occidentale.

Les feuilles de tabac renferment de l'albumine, une matière rouge azotée, un principe amer, de la gomme, une résine verte, des sels et un alcaloïde liquide, âcre et volatil, qui est la source du montant du tabac préparé et de son action narcotique et délétère. Ce principe, connu des chimistes sous le nom de *nicotine*, est combiné à l'acide acétique dans les feuilles de tabac, où il n'entre que pour quelques millièmes environ.

Ces feuilles, séchées à la manière ordinaire, n'offrent jamais ce montant et cette propriété sternutatoire si développés dans le tabac du commerce, parce que la nicotine n'est pas mise en liberté. On leur fait acquérir ces qualités en les abandonnant en tas pendant un temps plus ou moins long, après leur dessiccation, et après les avoir arrosées avec du vinaigre, puis avec une solution de sel marin. La fermentation lente qui se produit dans ces masses de feuilles paraît avoir pour résultat principal de décomposer la matière azotée et de donner naissance par là à de l'ammoniaque. Les premières portions de cet alcali, en s'emparant de l'acide qui neutralise la nicotine, mettent cette dernière en liberté, et l'excédant d'ammoniaque lui sert de véhicule. Dès lors l'odeur propre au tabac se manifeste. Lorsque la fermentation a été poussée assez loin, on hache le tabac à fumer, et on dessèche les petites lanières qu'on obtient sur des plaques en cuivre chauffées à la vapeur. Pour le tabac à priser on fait subir une seconde fermentation aux feuilles ; on les dessèche, puis on les passe dans des moulins pour les broyer. La poudre est tamisée, puis abandonnée à un nouveau degré de fermentation, qui exalte davantage l'odeur et qui produit une coloration noirâtre de toute la masse (1).

Le principe actif du tabac, ou la *nicotine*, est un poison si actif, que 4 ou 5 gouttes suffisent pour tuer un chien. On conçoit facilement, d'après cela, les maux de tête, les vertiges, le narcotisme, et cette sorte d'hébétement continuel qu'éprouvent ceux qui font un usage immodéré du tabac, soit en le fumant, soit en l'aspirant par le nez. C'est à l'irritation stimulante qu'il produit sur les membranes du nez et de la bouche, irritation agréable lorsqu'elle n'est pas portée à un trop

-(1) MM. Henry et Boutron-Charlard, dans leur travail sur le principe actif du tabac, ont reconnu en 1836 : 1° que la qualité des tabacs ne dépend pas exclusivement de la quantité de nicotine qu'ils contiennent, puisque ce ne sont pas les meilleurs (Cuba, Maryland, Virginie) qui sont plus riches en ce principe. Ils pensent, d'après cela, qu'il en est pour les tabacs comme pour les vins, dont les meilleurs ne sont pas toujours ceux qui sont le plus alcooliques : la nicotine est accompagnée, dans certains tabacs, par un principe aromatique particulier insaisissable, qui constitue une sorte de bouquet susceptible de faire préférer tel tabac à tel autre ; 2° que, dans les tabacs préparés par la fermentation, si la nicotine y paraît plus développée que dans ceux qui n'ont pas subi cette opération, c'est parce qu'elle devient libre ; car la proportion est loin d'y être aussi abondante, puisque l'ammoniaque en entraîne sans cesse avec elle une certaine quantité, et que l'air lui-même peut contribuer à en décomposer une partie quand la fermentation est trop prolongée ; c'est ce qui explique les soins extrêmes apportés par les manufacturiers à régler cette opération.

haut degré, qu'est dû l'usage de cette substance, usage qui toutefois présente tant d'inconvénients, qu'on ne saurait trop s'en abstenir lorsqu'on n'en a pas encore contracté l'habitude.

M. Zeise, de Copenhague, a reconnu, en 1843, que les parties constituantes de la fumée de tabac sont principalement une huile empyreumatique particulière, de l'acide carbonique, de l'ammoniaque, de l'acide butyrique, de la paraffine (carbure d'hydrogène) et des composés.résineux. Il s'y trouve, en outre, d'après M. Melsens, de la nicotine en proportions très-marquées ; cela explique l'effet de la fumée de tabac sur les personnes qui n'ont pas l'habitude de fumer.

La consommation du tabac est énorme, si l'on songe qu'en France seulement on en vend annuellement pour plus de 107 millions de francs. En Espagne, et surtout à Séville, les dames et les élégants font usage, comme d'un sternutatoire doux et agréable, de la poudre de tige de tabac, arrosée de bon vinaigre ; c'est là ce qui constitue le vinagrillo.

TABLEAU, restauration des vieux tableaux. *Voy.* EAU OXYGÉNÉE.

TABLETTES de bouillons de Darcet. *V.* Os.

TAFFIA. *Voy.* ALCOOL.

TAILLE DES PIERRES. — On taille les pierres fines de différentes manières, pour relever le plus possible leur éclat. Il y a diverses sortes de tailles, qui sont employées suivant les circonstances et suivant le plus ou moins de valeur de la substance. On distingue les principales tailles suivantes : 1° la *taille en rose*, qui présente d'un côté une espèce de pyramide plus ou moins élevée, garnie de facettes triangulaires, et de l'autre une large base plate, destinée à être cachée dans la monture ; 2° la *taille en brillant*, la plus riche de toutes : elle présente d'un côté une face assez large, ou *table*, entourée de facettes triangulaires, qu'on nomme *dentelles*, et de facettes en lozange ; l'autre côté présente une pyramide garnie de facettes, ou *pavillon*, destinées à réfléchir la lumière qui a traversé la pierre, et se termine par une autre petite table ou *culasse*. La partie pyramidale doit prendre à elle seule les deux tiers de la pierre ; elle doit être cachée dans la monture, qui, dans ce cas, doit toujours être à jour : ces deux sortes de taille s'exécutent plus particulièrement sur le diamant ; 3° la *taille à degrés*, ou *brillant à degrés*, qui présente d'un côté une table plus ou moins large, entourée de facettes trapézoïdales, et se termine de l'autre par une pyramide qui présente une série de facettes en échelons, jusqu'au sommet qui se termine par des facettes triangulaires ; c'est la taille qu'on emploie pour le corindon, le spinelle, le grenat, l'émeraude, etc.; 4° la *taille en pierre épaisse*, qui est une des plus simples, mais qui s'emploie rarement, parce qu'elle est de peu d'effet ; 5° la *taille en cabochon* ou *en lentille*, qui présente deux surfaces arrondies : on l'emploie pour l'opale, dont les iris ressortent alors beaucoup mieux, et ensuite pour

des pierres opaques ; quelquefois on creuse le cabochon en dessous, ce qui se nomme *chever*, pour diminuer la trop grande intensité de la couleur, et on double alors la pierre d'une feuille d'argent en la montant : c'est ce que l'on fait pour le grenat commun. Outre ces différentes tailles, il y en a beaucoup d'autres qui sont entièrement de fantaisie, et qui dépendent de l'usage auquel on veut employer la pierre.

TALC COMMUN (*talc de Venise*, *craie de Briançon*. — Se trouve en France, en Angleterre, dans le Tyrol, au mont Saint-Gothard, etc., dans du schiste argileux, du schiste micacé, et des roches de serpentine en masse ; disséminé, en plaques, sous diverses formes imitatives, et quelquefois en petites tables à six côtés ; éclat nacré, demi-métallique, couleur blanc d'argent, blanc verdâtre, vert d'asperge et vert pomme, translucide, clivage simple, à feuillets courbes, flexibles et non élastiques, très-sectile et très-gras au toucher, infusible au chalumeau ; au bout d'un temps très-long, il donne cependant une espèce d'émail ; cassure lamelleuse.

Ce talc, uni au carmin et au benjoin, constitue le rouge de toilette ; seul, il sert à donner à la peau de la blancheur et une souplesse remarquables, sans produire des effets nuisibles.

TALC STÉATIQUE. *Voy.* STÉATITE.

TANNAGE. *Voy.* STANNIQUE.

TANNAGE. — La peau desséchée sans aucune préparation se pourrit aisément, s'imprègne d'eau avec facilité, et se détruit par un frottement répété. On remédie à tous ces inconvénients, et on la rend propre à la confection de nos chaussures, en tirant parti d'une propriété qui lui est commune avec presque tous les autres tissus des animaux : c'est de pouvoir s'unir intimement au tannin. Qu'on plonge un morceau de peau dans une dissolution aqueuse de tannin, ou dans la décoction d'une substance astringente quelconque, il enlève peu à peu ce principe à l'eau, qui, au bout d'un temps suffisant, n'en renferme plus aucune trace. Le composé ainsi produit est très-dur, tout à fait insoluble, imputrescible, et peut supporter les alternatives de sécheresse et d'humidité sans absorber l'eau. Cette réaction nous indique la théorie du *tannage*, nom que l'on donne à l'opération qui convertit les peaux des animaux en cuir.

Cet art a été pratiqué de toute antiquité, et l'on en retrouve des notions chez les peuplades les plus sauvages. Les Grecs et les Romains le portèrent à une assez grande perfection ; mais c'est surtout depuis une cinquantaine d'années qu'il a fait des progrès immenses, grâce au secours de plusieurs chimistes, et entre autres de Séguin. Cette industrie, à laquelle on fait en général peu d'attention, est cependant très-importante ; elle fournit à la fois les instruments et la matière première à une multitude de travailleurs, et satisfait également les besoins du luxe et ceux de la médiocrité. Dans les ateliers, dans les manufactures, dans les exploitations rurales, dans les habitations du simple particulier, partout vous rencontrez ses produits déguisés sous mille formes, mais toujours nécessaires, souvent indispensables. Pour donner une idée du mouvement des capitaux que cette industrie entraîne, je ne parlerai que d'un de ses produits les plus communs. Il y a quelques années que M. Say estimait que le nombre de souliers fabriqués en France s'élevait à cent millions de paires, et que le salaire des ouvriers était de 300,000,000 de fr., somme énorme que la valeur de la matière première doit au moins doubler.

Armand Séguin, chargé, en 1792, de procurer des cuirs au gouvernement, dans un instant où les besoins de cet objet, si essentiel aux armées, étaient urgents, parvint à tanner, en vingt-cinq jours, non-seulement les baudriers, mais même les cuirs les plus forts. Son procédé consistait à tremper les peaux dans des infusions de tan, d'abord très-faibles en tannin, puis de plus en plus chargées de ce principe, et à mettre en fosse pendant quelque temps, pour terminer le tannage. Mais les cuirs ainsi obtenus n'étaient point de très-bonne qualité. Cependant, tout médiocres qu'ils fussent, ils n'en rendirent pas moins de grands services à la république, en lui donnant les moyens de fournir des chaussures à ses soldats victorieux, mais nu-pieds.

Depuis une douzaine d'années, des modifications plus ou moins importantes ont été apportées à l'ancien procédé par MM. Félix Boudet, Ogereau, Sterlingue, William Drake, Knowlys, Dnesbury, Vauquelin ; mais le temps n'a pas encore consacré la bonté des améliorations proposées, qui ne sont encore, pour ainsi dire, qu'à l'état d'essai dans quelques ateliers. Je me bornerai à ajouter que, par l'emploi de machines appropriées et par la substitution de l'infusion de tan à l'écorce sèche en nature, M. Vauquelin opère le tannage complet des peaux de bœufs en 90 jours, celui des peaux de vaches en 60, et des peaux de veaux en 30 jours. — *Voy.* Tannique (acide).

TANNIQUE (acide); syn. : *tannin, acide quercitannique.* — Il existe dans les noix de galle, à l'état de grande pureté, dans le sumac, et particulièrement dans l'écorce de toutes les variétés de quercus et de beaucoup d'autres plantes astringentes.

Voici le procédé d'extraction employé par Pelouze : Dans un appareil de déplacement dont l'ouverture inférieure est bouchée avec un peu de coton, on introduit des noix de galle concassées, de manière à le remplir tout à fait. On verse sur la poudre de l'éther aqueux, de manière que tout l'espace intérieur soit occupé par le liquide. On ferme hermétiquement l'ouverture supérieure de l'appareil, et on abandonne le tout à lui-même pendant plusieurs heures. Au bout de ce temps, on laisse échapper l'air contenu dans la partie inférieure de l'appareil, ainsi que les vapeurs d'éther, en soulevant légèrement le bouchon, de façon que le liquide peut s'écouler facilement. Dans la carafe de l'appareil se trouvent alors deux liquides, dont l'un est pesant, sirupeux et jaunâtre, et qui n'est autre chose qu'une solution très-concentrée d'acide tannique dans l'eau; le liquide surnageant est coloré en vert, et se compose d'une solution éthérée d'acide gallique et d'autres matières. On continue à verser de l'éther sur les noix de galle, tant qu'il s'écoule encore par l'orifice inférieur deux liquides distincts. L'éther employé dans cette opération doit être préalablement saturé d'eau. On sépare le liquide sirupeux de la solution éthérée, qui surnage; et l'ayant lavé à plusieurs reprises avec de nouvelles quantités d'éther, on le dessèche au bain-marie. On purifie la masse poreuse qu'on obtient en la dissolvant dans l'eau, et en l'évaporant dans le vide sur l'acide sulfurique.

M. Laroque a publié sur la transformation si remarquable du tannin en acide gallique une série d'expériences dont voici les conclusions : 1° Le tannin peut se changer en acide gallique, non-seulement par l'action de l'oxygène, comme l'a fait voir M. Pelouze, mais aussi, indépendamment de l'oxygène, par l'action du ferment. 2° Quelques substances chimiques entravent pendant un certain temps la transformation du tannin, et d'autres, au contraire, sont sans action sur elle. 3° Le ferment de la noix de galle transforme le sucre en alcool et en acide carbonique, comme le fait celui de la bière. 4° Enfin, la levure de bière, la chair musculaire, etc., transforment le tannin en acide gallique.

L'acide tannique jouit seul de la précieuse propriété de se combiner avec la peau des animaux, et de former avec cette peau un composé non putrescible, insoluble dans l'eau, et qui est connu généralement sous le nom de *cuir.* Lorsqu'on introduit dans la solution aqueuse de tannin un morceau de peau, celui-ci s'empare de tout l'acide, de sorte qu'au bout d'un certain temps il n'en reste plus dans le liquide. L'art du tanneur est fondé tout entier sur cette propriété de l'acide tannique.

L'acide tannique précipite complétement la dissolution de la gélatine animale, en flocons épais, qui se dissolvent dans le liquide surnageant, à la température de l'ébullition. Par un excès d'acide tannique, et à l'aide de la chaleur, ce précipité s'agglutine et forme enfin une masse visqueuse et élastique. Le tannin précipite aussi les solutions de fécule, d'albumine animale, de gluten et de fibrine animale. Sa solution aqueuse est décomposée à chaud par le peroxyde de manganèse et celui de plomb sans formation d'acide gallique.

L'acide tannique, ayant la propriété de précipiter de leur solution certains principes azotés, a été employé avec avantage pour remédier à la maladie de certains vins blancs qui tournent au gras, maladie causée par la fer mentation d'une matière azotée, glutineuse, qui existait dans les vins.

En médecine, l'acide tannique ne présente pas moins d'intérêt en raison de ses propriétés astringentes et fortifiantes, qui se retrouvent dans tous les médicaments végétaux où cet acide existe en plus ou moins grande quantité.

Tannates. — Le seul tannate qui soit employé est le tannate de peroxyde de fer, qui fait la base de l'encre et de la teinture en noir. *Voy.* ENCRE.

TANTALE (syn. *colombium*). — Ce métal a été découvert, en 1802, par Ekeberg, qui l'a trouvé dans deux minéraux inconnus jusqu'alors, l'un de Finlande, qu'il appela *tantalite;* l'autre d'Ytterby en Roslagen, auquel il donna le nom d'*yttrotantalite.* Dans le tantalite, il est combiné à l'état d'acide avec les oxydes ferreux et manganeux, et dans l'yttrotantalite avec l'yttria, l'oxyde ferrique, l'oxyde uranique et l'acide tungstique. Depuis on a trouvé ces minéraux près de Fahlun, et l'un d'eux, le tantalite, a été découvert aussi en Bavière et en Amérique. Quoi qu'il en soit, on les compte parmi les minéraux les plus rares. Ekeberg tira le nom de tantale de la propriété qu'a l'oxyde de ce métal de ne pas se dissoudre dans les acides, par allusion à la fable de Tantale, qui, plongé dans l'eau jusqu'au menton, ne pouvait se désaltérer.

L'année d'avant, un chimiste anglais, Hatchett, avait découvert, dans un minéral de la Colombie, un métal particulier, qu'il appela *colombium*, et dont l'oxyde avait les propriétés d'un acide, chassait l'acide carbonique de sa combinaison avec les alcalis, soit par la voie sèche, soit par la voie humide, et donnait au chalumeau avec le sel de phosphore un verre bleu, tirant sur le rouge; propriétés qui n'appartiennent point à l'oxyde tantalique, mais qui dénotent la présence de l'acide tungstique. Wollaston a prouvé ensuite, par des essais sur le minéral examiné par Hatchett, que le colombium et le tantale sont le même métal; et comme le tungstène accompagne assez ordinairement le tantale, il est très-probable que l'acide colombique de Hatchett était un mélange d'acide tantalique et d'acide tungstique, quoiqu'on assure que Wollaston n'ait pas pu découvrir la présence du tungstène dans le colombite.

TAPIOCA. — Fécule en petits morceaux grenus, extraite de la racine de manioc. Elle est très-adoucissante, très-digestible et agréable au goût. Elle s'emploie au gras et au maigre. Une cuillerée suffit pour une livre de liquide. Pour que le tapioca cuise mieux et plus promptement, il faut le laisser tremper à froid, pendant plusieurs heures, dans le tiers environ du liquide avec lequel on doit le préparer; on le met ensuite dans le reste du liquide bouillant, et on laisse bouillir pendant une demi-heure au moins. Le tapioca concassé extrêmement fin, cuit en moins de temps, et sans qu'on ait besoin de le faire tremper

TARTRATES. — Deux tartrates simples sont employés en médecine : ce sont le tartrate et le bitartrate de potasse; quatre autres doubles, le tartroborate de potasse, le tartrate de potasse et de soude, et le tartrate de potasse et de fer.

Tartrate de potasse. — Ce sel n'existe point dans la nature; on le prépare seulement pour l'usage médical, et il est connu depuis longtemps sous le nom de *sel végétal.*

Le tartrate de potasse se présente en cristaux blancs, transparents, ayant la forme de prismes rectangulaires à quatre pans, terminés par des sommets dièdres; il a une saveur amère. Exposé à l'air, il en altère un peu l'humidité; il fond dans son eau de cristallisation, se boursouffle et se decompose en se convertissant en carbonate de potasse.

L'eau, à la température ordinaire, en dissout $\frac{1}{4}$ de son poids. Cette solution est décomposée par tous les acides qui transforment le tartrate en bitartrate, en lui enlevant la moitié de sa base.

Ce sel est employé en médecine comme purgatif doux.

Bitartrate de potasse. — La nature offre ce sel tout formé dans le raisin et le tamarin; il est si abondant dans le premier fruit, qu'il se dépose sur les parois des tonneaux qui servent à contenir le vin avant que sa fermentation soit complétement achevée. C'est à cette incrustation de bitartrate de potasse impur, suivant qu'elle a été obtenue des vins blancs ou rouges, qu'on donne le nom de *tartre blanc* ou *tartre rouge.*

Ce sel très-impur est livré sous cet état dans le commerce. On le purifie dans les laboratoires en le dissolvant dans 15 à 20 parties d'eau bouillante, ajoutant à la solution une certaine quantité d'argile blanche délayée dans l'eau, et de charbon animal pour absorber la matière colorante; filtrant la liqueur chaude, et l'évaporant jusqu'à pellicule. Par le refroidissement, le bitartrate cristallise à l'état de pureté; il est alors connu sous le nom de *crème de tartre.*

Propriétés. — Le bitartrate de potasse se présente cristallisé en prismes tétraèdres, courts et un peu aplatis. Sa saveur est d'une acidité très-prononcée. L'air ne lui fait éprouver aucune altération; il est décomposé par le feu, transformé en charbon et en carbonate de potasse, qu'on peut facilement extraire par lixiviation et évaporation de la liqueur. C'est au carbonate de potasse ainsi obtenu qu'on donne, dans le commerce, le nom de *sel de tartre.* L'eau, à la température ordinaire, dissout $\frac{1}{60}$ de ce sel; à $+ 100°$, elle peut en dissoudre $\frac{1}{4}$. La solution de ce sel rougit la teinture de tournesol; elle précipite les eaux de chaux, de baryte, et la solution d'acétate de plomb.

Ce sel contient exactement deux fois la quantité d'acide tartrique qui entre dans la composition du tartrate neutre. On le prouve en prenant deux parties de bitartrate égales en poids, décomposant l'une par le feu et dissolvant 1 autre dans l'eau bouillante. On trouve que la quantité de carbonate de potasse, laissée par la première, suffit pour saturer l'excès d'acide de la seconde portion, et la convertir en tartrate neutre.

Usages. — Ce sel est employé en médecine comme purgatif léger et laxatif; mais comme il est peu soluble dans l'eau, on le rend soluble par son union avec l'acide borique (*voyez* ci-dessous tartroborate de potasse). En pharmacie, il sert pour la composition de plusieurs médicaments ; dans les laboratoires, on en fait usage pour préparer le carbonate de potasse, le *flux noir* et *flux blanc*. Le premier de ces composés est un mélange de charbon et de carbonate de potasse ; on le forme par la déflagration, dans un creuset rouge, de parties égales de bitartrate de potasse et de nitrate de potasse ; le second est du carbonate de potasse résultant de la décomposition réciproque de deux parties de nitrate de potasse, et d'une partie de bitartrate de potasse; l'un est employé comme fondant dans l'analyse des minéraux, l'autre sert à la fois comme fondant et désoxydant par le carbone qu'il contient. Le tartre brut ou purifié a aussi de nombreux usages dans les arts et surtout en teinture.

Tartroborate de potasse. — On a donné ce nom au bitartrate de potasse rendu plus soluble par l'acide borique. Ce composé, connu dans les pharmacies sous le nom de *crème de tartre soluble*, s'obtient en faisant dissoudre dans 24 parties d'eau quatre parties de bitartrate de potasse, et une partie d'acide borique cristallisé. Lorsque la dissolution est faite, on la filtre et on l'évapore jusqu'à ce qu'elle soit réduite en une masse solide qu'on dessèche ensuite à une douce chaleur, et qu'on réduit en poudre fine.

La crème de tartre ainsi préparée est entièrement soluble dans deux parties d'eau froide, ce qui en rend l'administration plus facile. La manière d'agir de l'acide borique sur le bitartrate a été longtemps inconnue ; c'est surtout aux travaux de pharmaciens distingués, et principalement de Lartigues, Thévenin, Meyrac et Soubeyran, que l'on en doit une explication satisfaisante. Il résulte de leurs travaux que l'acide borique, en réagissant sur le bitartrate, se combine avec une partie de l'acide tartrique de ce sel, pour former un nouveau composé acide qui s'unit au tartrate de potasse. Cette combinaison peut être regardée avec raison comme un tartrate double d'acide borique et de potasse.

Tartrate de potasse et de soude. — Ce sel, très-employé autrefois en médecine, était connu sous le nom de *sel de Seignette de La Rochelle*, du nom d'un pharmacien de cette ville qui le prépara le premier.

Tartrate de potasse et de fer. — On obtient ce sel double en faisant bouillir dans l'eau un mélange de parties égales de bitartrate de potasse et de limaille de fer. Ce métal, en présence de l'excès d'acide tartrique du bitartrate, décompose l'eau, d'où résulte un dégagement de gaz hydrogène et du proto-

tartrate de fer qui se combine au tartrate de potasse. En filtrant la liqueur et la concentrant convenablement, le tartrate de potasse et de fer cristallise en petites aiguilles verdâtres, d'une saveur styptique. Ce sel est très-soluble dans l'eau, ainsi que dans l'alcool affaibli. Sa solution dans ce dernier liquide constitue la *teinture de Mars tartarisée* qu'on emploie en médecine.

Le tartrate de potasse et de fer formait aussi la base de deux anciens médicaments désignés sous les noms de *tartre chalibé* et de *tartrate martial soluble*.

Ce sel double entre aussi dans la composition des *boules de Mars*, vulgairement nommées *boules de Nancy*; celles-ci se forment en faisant bouillir dans l'eau un mélange de parties égales de limaille de fer, de tartre rouge auquel on ajoute une certaine quantité d'espèces vulnéraires en poudre, amenant le tout à la consistance d'une pâte ferme qu'on abandonne à elle-même pendant plusieurs semaines. Au bout de ce temps on pulvérise cette masse qui s'est durcie, on la mêle avec son poids de tartre rouge en poudre, et on fait une bouillie liquide avec une décoction de plantes vulnéraires. On évapore de nouveau dans une marmite de fer jusqu'en consistance d'extrait, en ayant soin de bien agiter la matière, et lorsqu'elle est arrivée au point de se solidifier par le refroidissement, on en fait des boules du poids d'une once à deux, qu'on dessèche à l'air sec.

Les boules de Mars sont très-employées à l'extérieur comme astringent et vulnéraire; on fait alors usage de leur solution dans l'eau ou l'alcool. On l'administre aussi à l'intérieur comme tonique, apéritive et emménagogue.

TARTRATE DE POTASSE et d'ANTIMOINE. *Voy.* Émétique.

TARTRE STIBIÉ. *Voy.* Émétique.

TARTRE VITRIOLÉ. *Voy.* Potasse, *sulfate*.

TARTRE. — Le tartre est cette croûte saline plus ou moins épaisse qui se dépose peu à peu sur les parois des tonneaux où l'on conserve le vin. Cette substance est un mélange de matière colorante et de sels peu solubles, qui ont été précipités du vin à mesure que ce liquide est devenu plus riche en esprit-de-vin, par suite de la fermentation insensible qui se manifeste peu de temps après la mise en tonneau.

Le tartre est *rouge* ou *blanc*, selon la couleur du vin qui l'a fourni ; il a une saveur légèrement acide et vineuse; il craque sous la dent, se dissout difficilement dans l'eau, et brûle sur les charbons en exhalant l'odeur du pain grillé.

Ce tartre a attiré l'attention des plus anciens chimistes, qui, de bonne heure, l'employèrent comme fondant pour la préparation de certains métaux. Paracelse a émis des idées étranges sur sa nature, et a prétendu qu'on l'avait appelé *Tartare*, parce qu'il *produit l'huile, l'eau, la teinture et le sel, qui brûlent le patient comme le fait l'en-*

fer. Il le regardait comme le principe et le remède de toute maladie, et toutes les substances, d'après lui, en contenaient le germe. Vanhelmont combattit ces opinions extravagantes de Paracelse, et donna une explication assez exacte de son dépôt au sein du vin. Boerhaave, Neumann, Rouelle jeune, Spielman, Corvinus, Bucquet, prouvèrent que le tartre existe tout formé dans le suc des raisins, avant sa conversion en vin. Beguin, Sala, Libavius, Glazer, soutinrent qu'on pouvait obtenir de la potasse du tartre, et que cet alcali y est tout formé, opinion qui fut mise hors de doute par les expériences de Duhamel. Enfin Scheele dévoila le premier, en 1770, la véritable nature du tartre, en montrant que la potasse y est combinée à un acide organique tout particulier qu'il isola, et auquel on donna bientôt les noms d'*acide du tartre, acide tartareux*, *acide tartarique*, qu'on a remplacés par celui plus court d'*acide tartrique*. La découverte de Scheele est d'autant plus remarquable, que c'est elle qui marqua son début dans la carrière scientifique qu'il devait parcourir avec tant d'éclat.

Le tartre est donc du *tartrate de potasse acide* plus ou moins impur. Sa purification s'exécute en grand à Montpellier, au moyen de plusieurs cristallisations successives, et à l'aide d'un peu d'argile blanche, qu'on délaie dans les liqueurs chaudes pour précipiter la matière colorante. On expose ensuite les cristaux sur des toiles, au soleil, pour les rendre plus blancs.

On les livre alors au commerce sous les noms de *tartre pur, cristaux de tartre, crème de tartre*. Autrefois on donnait spécialement ce dernier nom aux cristaux qui venaient former une pellicule à la surface des liqueurs.

TARTRE DES DENTS. — On désigne sous ce nom la substance qui se dépose sur les dents, en remplit souvent les intervalles, et y adhère plus ou moins fortement. On pense généralement que sa formation est due à la précipitation du mucus et des sels contenus dans la salive.

En comparant le tartre des dents de l'homme avec celui des dents du cheval, on voit que celui-ci en diffère par le carbonate de chaux qui en fait la plus grande partie, tandis que c'est le phosphate dans le tartre des dents de l'homme ; cette composition nous paraît en rapport avec celle de la salive dans ces deux espèces.

TARTRIQUE (acide). — Cet acide, découvert par Scheele en 1770, existe dans les fruits, les feuilles et tiges d'un grand nombre de végétaux, raisins, ananas, tamarin, oseille, racine de rhubarbe, groseilles, etc. Il forme avec la potasse un sel acide, connu depuis longtemps sous le nom de *tartre* (bitartrate de potasse). Ce sel existe en solution dans le jus de raisins et s'en précipite en partie lorsqu'il est transformé en vin. Scheele, pour rappeler son origine, lui donna le nom d'*acide tartarique*, que l'on a changé depuis en celui d'*acide tartrique*.

Cet acide est blanc, inodore, d'une saveur très-forte ; il cristallise en prismes hexaèdres, terminés par des pyramides à trois faces, ou plus ordinairement en larges lames divergentes renfermant 1 atome d'eau. L'air ne lui fait éprouver aucune altération. Exposé à l'action de la chaleur, il fond, se boursoufle, se décompose en fournissant de l'eau, du gaz acide carbonique, de l'hydrogène carboné, et un liquide brun rougeâtre, contenant une huile empyreumatique, de l'acide acétique et un acide particulier, reconnu par Rose et désigné sous le nom d'*acide pyrotartrique*. Projeté sur les charbons ardents, il se décompose de la même manière, en répandant une odeur qui a quelque analogie avec celle du caramel. L'eau et l'alcool dissolvent avec facilité cet acide. La solution formée par ce premier liquide produit avec l'eau de chaux, l'eau de baryte et l'acétate de plomb, des précipités blancs qui se dissolvent dans un excès d'acide tartrique ; l'ammoniaque, versée dans les dissolutions de ces précipités, ne fait point reparaître le précipité de tartrate de chaux. Une solution de potasse, versée en petite quantité dans une solution concentrée d'acide tartrique, y occasionne un précipité blanc cristallin de bitartrate de potasse qu'un excès de potasse rend soluble.

Cet acide est employé aux mêmes usages que les acides citrique et oxalique, soit dans la confection des limonades sèches ou liquides, soit dans la fabrication des toiles peintes. Comme il est moins cher que l'acide citrique, on le mêle quelquefois à ce dernier pour le falsifier ; mais il est facile d'accuser sa présence par le précipité blanc que produit l'eau de chaux, et par celui qu'occasionnent dans sa solution concentrée quelques gouttes de potasse, effets que ne produit pas l'acide citrique pur.

TEINT. — Relativement à leur stabilité, on partage les couleurs en *couleurs solides* et en *couleurs faux teint*. On appelle *couleurs solides* ou couleurs de *bon* et de *grand teint* celles qui résistent à l'action décolorante du soleil, à l'influence de l'air, de l'eau, de l'alcool, des acides affaiblis, des alcalis étendus, des chlorures faibles et du savon. Aucune couleur ne supporte toutefois l'action répétée du chlore et des acides minéraux concentrés, surtout des acides azotique et chromique. On appelle, au contraire, *couleurs faux teint* ou de *petit teint* celles qui sont promptement blanchies par la lumière solaire, et qui, quoique insolubles dans l'eau, sont enlevées ou altérées par les lessives alcalines, les acides faibles ou le savon. La garance, l'indigo, le quercitron, la gaude, la cochenille, le cachou, la galle et les sels de fer, fournissent des couleurs *bon teint*. Les bois de campêche, de Brésil, de Sainte-Marthe, les graines de Perse et d'Avignon, le curcuma, le roucou, le cartname, ne donnent que des couleurs petit teint.

TEINTURE. — L'art de la teinture a pour but de fixer sur la laine, la soie, le coton et le chanvre, et sur les tissus préparés avec ces substances, des couleurs qui sont presque toutes d'origine organique, car le nombre des substances minérales employées comme colorants est fort petit.—La laine et la soie ont beaucoup de tendance à s'unir aux matières colorantes, et plusieurs de celles-ci se précipitent immédiatement sur la laine ou la soie, avec laquelle on fait digérer leurs dissolutions. Le coton et le lin présentent rarement une aussi forte affinité pour les matières colorantes ; on peut cependant citer, comme un exemple très-connu de cette affinité, la coloration produite lorsqu'on répand du vin rouge sur une nappe ; la place sur laquelle est tombé le vin devient immédiatement rouge ou violette, et tout autour d'elle la toile se mouille sans se colorer sensiblement. La cause de ce phénomène est que le vin dépose sa matière colorante sur la toile, à l'endroit où il a été mis en contact immédiat avec elle, tandis que la liqueur, privée de sa matière colorante se répand tout autour sur la toile.

L'affinité en vertu de laquelle les couleurs se fixent sur les tissus n'appartient pas exclusivement aux matières organiques ; le charbon, par exemple, la possède aussi, car c'est en faveur de la même affinité que ce corps décolore un grand nombre de liquides colorés. La laine, la soie, le chanvre, etc., se combinent avec les matières colorantes et les mordants ; le charbon produit le même effet, et on peut produire, à l'aide de ce corps, toutes les précipitations que présente l'art de la teinture, avec cette différence, que les couleurs ne deviennent pas visibles sur le fond noir du carbon.

Bancroft a divisé les couleurs en couleurs *substantives*, qui se combinent avec les étoffes, en vertu de leur propre affinité ; et en couleurs *adjectives*, qui ne se fixent sur l'étoffe que par l'intermédiaire d'une autre substance.

Relativement à leur stabilité on partage les couleurs en couleurs *solides* et en couleurs *faux teint*. On appelle couleurs solides celles qui résistent à l'action décolorante du soleil, à l'influence de l'air, de l'eau, de l'alcool, des acides affaiblis, des alcalis étendus et des savons. Aucune couleur ne supporte l'action du chlore et des acides minéraux concentrés, surtout de l'acide nitrique. On appelle au contraire couleurs faux teint celles qui sont promptement blanchies par la lumière du soleil, et qui, quoique insolubles dans l'eau, sont enlevées ou altérées par les lessives alcalines, les acides faibles, le savon.

On a donné le nom de *mordants* aux substances par l'intermède desquelles on parvient à fixer sur les étoffes les couleurs qui ne s'y fixeraient pas seules. Le nombre des mordants est très-petit ; le plus employé de tous est l'*alun* (sulfate aluminico-potassique) que l'on décompose assez souvent, de manière à remplacer une partie de l'acide sulfurique par un acide plus faible, pour augmenter ainsi l'affinité du tissu pour l'alumine. C'est ainsi qu'on mêle ordinairement l'alun avec du tartre (bitartrate potassique), cas dans lequel il se forme du tartrate aluminique ; ou avec du sel de saturne (acétate plombique), qui donne naissance à un dépôt de sulfate plombique et à de l'acétate aluminique qui reste dans la liqueur filtrée, avec l'excès d'alun et le sulfate potassique. L'acétate et le sulfate de fer sont aussi des mordants très-employés. Dans quelques cas rares on emploie comme mordant de l'aluminate potassique, du sel d'étain (chlorure stanneux), et un mélange de celui-ci avec du sulfate stanneux (dissolution de Bancroft). Plus rarement encore on se sert du sulfate et de l'acétate cuivriques, et du nitrate mercureux. Parmi les produits organiques on emploie, comme mordant, l'infusion de noix de galle, c'est-à-dire la dissolution du tannin de chêne.

On peut mordancer de différentes manières l'étoffe ou la matière destinée à être teinte. 1° On fait digérer la dissolution du mordant avec la matière qu'on veut en imprégner. Cette opération s'exécute à des températures variables ; ainsi, quand on opère sur la laine, on chauffe quelquefois le mordant jusqu'à l'ébullition, tandis que pour mordancer le lin et le coton on n'emploie jamais une température supérieure à 35° ou 40°. Le tissu se combine avec une portion du mordant dissous, qu'il précipite de sa dissolution, en sorte que le tissu peut être lavé à l'eau sans abandonner le mordant avec lequel il s'est combiné. Il n'a pas été déterminé d'une manière positive si, lorsque le mordant est un sel, tout le sel se combine avec l'étoffe, ou si le mordant fixé contient un excès de base. L'action pourrait bien varier en raison du mordant et de l'étoffe ; et il a été mis hors de doute que lorsqu'on emploie comme mordant un mélange d'acétate et de sulfate aluminiques, ou d'acétate et de sulfates ferriques, il reste sur l'étoffe des sous-sulfates et probablement aussi des sous-acétates.—Le mordant combiné avec l'étoffe donne à celle-ci la propriété de précipiter les matières colorantes de leurs dissolutions, et de former avec elles des combinaisons insolubles dans l'eau.—Ainsi, si l'on emploie l'alun comme mordant, on obtient à la teinture la même combinaison que celle que la solution d'alun aurait précipitée de la dissolution de la matière colorante. 2° Quelquefois on mêle le mordant avec la dissolution de la matière colorante ; ils doivent alors être de nature à ne pas se précipiter réciproquement ; les étoffes mises en digestion avec cette dissolution mixte, en précipitent une combinaison des parties constituantes du mordant avec la matière colorante, combinaison qui se fixe sur l'étoffe. On voit par là que la teinture à l'aide des mordants ne consiste pas seulement en ce que le mordant précipite la matière colorante, mais que l'affinité de l'étoffe contribue d'une manière particulière à la formation de la combinaison qui se précipite.

3° Quelquefois on teint une étoffe mordancée dans la solution mixte de la matière colorante et du mordant.

Le mordant ne sert pas seulement à fixer la matière colorante sur l'étoffe, mais aussi à rendre la couleur plus stable et plus propre à résister à l'action de la lumière. Quand la couleur a été détruite par l'action de la lumière et de l'air, l'étoffe se trouve dans le même état qu'avant la teinture, et si on l'introduit alors dans une solution de la même matière colorante, elle se teint de nouveau. Si l'on teint par exemple dans une solution de safran un tissu de coton dont la moitié a été alunée, la portion mordancée prend une couleur beaucoup plus intense que celle qui ne contient point de mordant, et se décolore plus lentement sous l'influence de la lumière. Après avoir été décolorée, cette portion de l'étoffe qui a été mordancée peut être teinte de nouveau dans la solution de safran, et aussi fortement que la première fois, et ce phénomène peut être répété plusieurs fois.

Les matières destinées à être teintes ont besoin d'être débarrassées des impuretés qui les couvrent, et pour certains genres de teinture il est nécessaire de les blanchir complétement. La laine contient, dans son état naturel, une substance grasse particulière, qu'on appelle ordinairement *suint*, et qui est sécrétée par la peau des moutons. La quantité de suint qu'on trouve dans la laine varie avec la finesse de celle-ci, et les laines fines en contiennent plus que les laines grossières. La laine et les tissus de laine doivent être débarrassés du suint et des impuretés qui s'y trouvent introduites pendant le filage et le tissage, après quoi on les blanchit, tant en les mettant tremper dans l'eau contenant en dissolution de l'acide sulfureux, qu'en les plaçant à l'état mouillé dans une chambre dans laquelle on brûle du soufre; dans les deux cas, l'acide sulfureux blanchit la laine. La soie écrue contient ¼ de son poids d'une substance animale étrangère, que l'on parvient à enlever, en faisant bouillir la soie avec une dissolution de savon. On détruit ensuite la couleur jaune, qui lui est naturelle, en la plongeant alternativement dans des solutions faibles de chlore et d'acide sulfureux. Le lin et le coton ont besoin d'être lessivés avec de l'hydrate ou du carbonate alcalin, et d'être exposés au soleil ou immergés dans le chlore ou le chlorite calcique.

Le mordançage et la teinture exigent, pour bien réussir, beaucoup d'habitude dans les manipulations et une foule de précautions; il est nécessaire que toutes les parties de l'étoffe soient également bien pénétrées de mordant, et prennent partout la même quantité de colorant. Il n'est pas difficile de produire une couleur à l'aide des mordants connus; mais il importe d'avoir des teintes unies, aussi brillantes et aussi économiques que possible.

Quelques couleurs employées en teinture sont d'origine inorganique. Dans ce cas sont la couleur jaune du chromate plombique et la couleur bleue du bleu de Prusse. On obtient ces couleurs en mordançant les étoffes dans le premier cas avec de l'acétate plombique, dans le second avec un sel ferrique, les séchant et les faisant passer, l'étoffe imprégnée de sel plombique dans le chromate potassique, et l'étoffe imprégnée de sel ferrique dans le cyanure ferroso-potassique.

On obtient une couleur noire à l'aide de l'infusion ou de la décoction de noix de galle, de raisins d'ours (*arbutus uva ursi*), de sumac, de bois de campêche et d'une dissolution de fer; la couleur ainsi obtenue n'est autre chose que le colorant noir de l'encre fixé sur l'étoffe.

Quelques auteurs parlent d'une animalisation du lin et du coton, et ils entendent par là un changement que subirait le lin et surtout le coton, par suite duquel ces étoffes deviendraient aussi propres que la laine à se combiner avec les principes colorants. Pour opérer cette prétendue animalisation, on prescrivait, par exemple, d'ajouter du crottin de mouton aux bains savonneux dans lesquels on traite le coton destiné à la teinture en rouge Andrinople; mais comme on obtient, sans employer du crottin de mouton, une couleur rouge tout aussi belle et aussi solide, il est évident que l'idée d'une animalisation produite par l'addition d'une substance d'origine animale est erronée.

L'impression des toiles peintes constitue une branche de l'art de la teinture. Dans les manufactures de toiles peintes on s'applique à produire sur les toiles des dessins de différentes couleurs. Ordinairement on imprime les toiles de coton, quelquefois des tissus de soie, rarement des tissus de laine. L'impression se fait avec des planches en bois, gravées en relief, ou avec des rouleaux. Les couleurs substantives, épaissies à la gomme ou à l'amidon, sont portées sur des planches, et les planches sur les tissus; on lave ensuite ceux-ci, pour enlever l'épaississant, dont la présence était nécessaire pour empêcher la couleur de couler. Les couleurs adjectives sont imprimées comme les précédentes, après avoir été mêlées avec du mordant et avec un épaississant; ou bien on imprime sur la toile un mordant épaissi, on lave la toile dans l'eau chaude pour enlever tout l'épaississant, dont la présence serait nuisible pendant la teinture, et on teint la pièce comme à l'ordinaire. La couleur se fixe alors sur les parties imprimées; tandis que les parties non imprimées abandonnent le colorant, tant par le lavage que par l'exposition au soleil. Souvent on imprime sur la même toile plusieurs mordants, qui produisent différentes teintes dans le même bain de teinture. Quelquefois on imprègne de mordant une pièce entière, et on imprime ensuite sur certaines parties des substances qui enlèvent le mordant. C'est ce qu'on appelle impression par enlevage. C'est ainsi qu'on imprime sur des pièces mordancées avec de l'acétate d'alumine ou de fer, de l'acide tartrique, de l'acide citrique, de l'acide oxalique, du bisulfate ou du biarséniate potassique, etc. Lorsqu'on lave l'étoffe, le mordant est enlevé à ces places qui ne se combinent pas d'une manière solide avec le colorant dans lequel on teint l'étoffe. Ordinairement on imprime ensuite d'autres couleurs sur ces endroits blancs. Dans certains cas, on produit du blanc en imprimant, sur la pièce déjà teinte, de l'acide tartrique ou de l'acide citrique épaissi à la gomme, et la trempant dans une solution concentrée de chlorite calcique; le chlore mis en liberté par l'acide végétal détruit alors la couleur. Lorsque celle-ci ne supporte pas le passage en chlorite calcique, on imprime sur la pièce une solution de chlore épaissie à la gomme, ou bien du chlorite calcique, et dans ce dernier cas on passe la pièce dans le vinaigre; c'est ainsi qu'on opère pour obtenir du blanc sur des pièces teintes en rose de carthame.

— Dans le genre réserves, on imprime sur les pièces du sulfate cuivrique ou du chlorure mercurique en dissolution aqueuse épaissie, et on trempe la toile dans la solution d'indigo appelée cuve à la couperose; ces sels régénèrent l'indigo et ne lui permettent pas de pénétrer les tissus à l'état dissous.

Quelquefois on empêche la coloration, en imprimant les places qui doivent rester blanches, avec un mélange d'argile et d'huile grasse.

Dans la fabrication des toiles peintes on a recours à une foule de procédés chimiques, et cette branche d'industrie a fait de grands progrès depuis qu'on a commencé à y appliquer les découvertes de la chimie. Quoique les opérations chimiques qui constituent l'impression des toiles peintes soient pour la plupart assez intéressantes pour mériter d'être décrites, nous devons les passer sous silence, pour ne pas trop nous écarter de notre sujet.

Les substances tinctoriales d'où l'on tire les couleurs qu'on fixe sur les étoffes sont minérales ou organiques. Les premières sont en fort petit nombre. Les autres appartiennent presque exclusivement au règne végétal; car il y a tout au plus 3 ou 4 substances qui soient empruntées aux animaux. Toutefois la liste des plantes ou des parties des plantes qui servent en teinture est assez restreinte, eu égard au nombre considérable des organes colorés que la nature nous offre; on en compte à peine 24 ou 25. C'est que parmi toutes les substances colorées de la nature organique, la plupart ne présentent que des couleurs fugaces ou sont trop peu riches en principe colorant pour être employées avec économie et commodité dans les ateliers.

En général, les substances tinctoriales les plus précieuses sont étrangères à nos climats; elles viennent surtout des pays chauds, de l'Asie, de l'Afrique ou de l'Amérique méridionale. Une température élevée paraît nécessaire au développement des couleurs comme à celui des odeurs dans les êtres vivants.

Cette nécessité de faire venir de loin les matières premières indispensables à l'art du teinturier a engagé, à diverses reprises, des savants et des praticiens instruits à rechercher dans les plantes de nos pays des succédanées aux substances tinctoriales de l'étranger. Notre compatriote Dambourney, notamment, s'est signalé dans ce genre de recherches; mais l'industrie n'a malheureusement tiré qu'un bien faible secours de ces louables tentatives, et jusqu'ici elle n'a pu se passer des produits exotiques.

Voici l'indication des diverses matières, tant minérales qu'organiques, qu'on utilise dans la teinture ou l'impression. Parmi les premières, la plupart n'ont été qu'essayées, car ou elles sont trop chères, ou elles ne fournissent que des nuances bien inférieures à celles qu'on peut obtenir des secondes.

§ 1er. *Substances minérales.*

NOMS DES SUBSTANCES.	NUANCES QU'ELLES FOURNISSENT.
Sulfure d'antimoine ou soufre doré,	jaune d'or et jaune orangé.
Azotate d'argent,	noirs, pour argenter les étoffes et pour marquer le linge.
Chromate d'argent,	pourpre magnifique.
Sulfure jaune d'arsenic,	toutes les nuances de jaune.
Sulfure rouge d'arsenic avec sels de cuivre,	carmélite et olive.
— avec sels de plomb,	carmélite très-foncé.
— avec sels de bismuth,	brun marron.
— avec sels de fer,	noir qui ne résiste pas.
— avec sels d'étain,	orange peu solide.
Sulfure de cadmium,	toutes les nuances de jaune sur soie.
Chlorure de cobalt;	couleur de cuivre.
Carbonate de cuivre,	vert-pomme, bleu clair.
Ammoniure de cuivre,	bleu de ciel.
Ferrocyanure de cuivre,	brun, rouge-brun.
Sulfure de cuivre,	jaune brunâtre, vert américain.
Arsénite de cuivre,	vert de diverses nuances.
Margarate et oléate de cuivre,	vert bleuâtre.
Sulfate, azotate, acétate de fer,	nankin, chamois, cuir de botte, rouille, bois.
Tannate et gallate de fer,	noirs et gris,
Bleu de Prusse,	bleus et verts.
Sulfate, acétate, chlorure de manganèse,	solitaires, carmélite.
Caméléon minéral,	brun pour marquer le linge.
Iodure rouge de mercure,	rouge orange.

Azotate de mercure,

Molybdate de potasse et sel d'étain,
Chlorure d'or,
Pourpre de Cassius,
Chlorure de platine,
Ferrocyanure de platine,
Sulfure de plomb,
Iodure jaune de plomb,
Chromate et sous-chromate de plomb,.

§ 2. *Substances organiques.*

COULEURS BLEUES.	Quercitron.
Indigo.	Bois-jaune.
Pastel-vouède.	Gaude.
Tournesol.	Sarrette.
COULEURS ROUGES.	Genet.
Garance.	Camomille.
Chayaver.	Rocou.
Ratanhia.	Fenugrec.
Orcanette.	Graines de Perse.
Bois de campêche.	— d'Avignon.
— de Brésil.	COULEURS BRUNES OU
— de Santal.	NOIRES.
— de Barwood.	Noix de galle.
Safranum ou carthame.	Sumacs.
Orseille.	Cachou.
Peganum harmala.	Bablah.
Suc d'aloès.	Libidibi.
Cochenille.	Brou de noix.
Kermès.	Ecorce d'aune.
Laque, lac-dye, lac-lake.	— de noyer.
COULEURS JAUNES.	Racine de nénuphar.
Curcuma.	Gallons du Levant.
Epine-vinette.	— du Piémont.
Fustel.	

Histoire de la teinture. — Cet art a été pratiqué avec un grand succès dans les temps les plus reculés dont l'histoire fasse mention, dans les Indes, en Perse, en Egypte, en Syrie. L'Ecriture sainte contient plusieurs passages qui témoignent des connaissances des anciens dans l'art de la teinture : Salomon faisait venir de Tyr des étoffes teintes en bleu, en écarlate et en cramoisi.

L'art de teindre les toiles paraît avoir été inconnu dans la Grèce avant l'invasion d'Alexandre dans les Indes. Pline rapporte qu'on y teignit les voiles de ses vaisseaux de différentes couleurs. Il y a apparence que les Grecs empruntèrent cet art aux Indiens.

L'Inde est le berceau des connaissances et des arts, qui se sont ensuite répandus et perfectionnés chez les autres nations. Mais la division inaltérable des castes mit promptement des entraves à l'industrie : les arts y ont été stationnaires, et il y a apparence qu'au temps d'Alexandre, la teinture s'y est trouvée à peu près au même point qu'aujourd'hui pour les étoffes de coton et de laine, car la soie y était encore inconnue ou du moins très-rare.

Les belles couleurs que l'on observe sur les toiles des Indes, auxquelles on donna d'abord le nom de perses, parce que c'est par le commerce de la Perse qu'elles nous parvinrent, pourraient faire croire que l'art de la teinture y a été poussé à un grand degré de perfection; mais les procédés des Indiens sont tellement compliqués, longs, imparfaits, qu'ils seraient impraticables ailleurs

amaranthe sur laine et soie, brun-jaune sur coton.
bleu clair et foncé, vert et noir.
pour dorer les étoffes.
pourpres, cramoisis, violets, lilas et gris.
jaune solide, orange, pourpre, olive et brun.
violet foncé solide.
vigogne clair et brun foncé.
jaunes.
du jaune clair à l'orange et au rouge orangé.

par la différence du prix de la main d'œuvre. L'industrie européenne les a bientôt surpassés par la correction du dessin, la variété des nuances et la simplicité des manipulations ; si elle n'a pu atteindre à la vivacité de deux ou trois couleurs, il ne faut l'attribuer qu'à la supériorité de quelques substances colorantes, ou peut-être à la longueur même et à la multiplicité des opérations.

L'art de la teinture était beaucoup moins étendu et moins perfectionné chez les anciens que chez les modernes; mais ils avaient une teinture qui a été ou perdue ou négligée, et qui était l'objet du luxe le plus recherché : c'est la pourpre. Ses procédés ont plus attiré l'attention des philosophes, et ils ont été mieux conservés dans les monuments historiques que ceux des autres couleurs.

Il y a grande apparence que la découverte s'en fit à Tyr, et qu'elle contribua beaucoup à l'opulence de cette ville célèbre.

Le suc dont on se servait pour teindre en pourpre était tiré de deux principales espèces de coquillages ; la plus grande portait le nom de *pourpre* (*murex brandaris*), et l'autre était un *buccin* (*purpura capillus*).

Le suc colorant des pourpres est contenu dans un vaisseau qui se trouve dans leur gosier : on ne retirait de chaque coquillage qu'une goutte de cette liqueur; on écrasait les buccins, qui contenaient aussi une très-petite quantité d'une liqueur incolore, qui, exposée à la lumière diffuse, se teint d'abord en jaune, puis en citron, puis en vert, puis en rouge, puis, après vingt-quatre heures, en un très-beau pourpre extrêmement solide. Les mollusques qui fournissaient le pourpre abondent dans la Méditerranée et même dans la Manche.

La très-petite quantité de liqueur que l'on retirait de chaque coquillage et la longueur du procédé de teinture donnaient à la pourpre un si haut prix que l'on ne pouvait avoir, du temps d'Auguste, pour mille deniers (environ 700 francs de notre monnaie), une livre de laine teinte en pourpre de Tyr.

La pourpre fut presque partout un attribut de la haute naissance et des dignités. Elle servait de décoration aux premières magistratures de Rome; mais le luxe, qui fut porté à l'excès dans cette capitale du monde, en rendit l'usage commun aux personnes opulentes, jusqu'à ce que les empereurs se ré servassent le droit de la porter : bientôt elle devint le symbole de leur inauguration. Ils établirent des officiers chargés de surveiller cette teinture dans les ateliers où on la préparait pour eux seuls, principalement en Phénicie. La peine de mort fut décernée contre tous ceux qui auraient l'audace de porter la pourpre, même en la couvrant d'une autre teinture.

La punition décernée contre ce bizarre crime de lèse-majesté fut sans doute la cause qui fit disparaître l'art de teindre en pourpre, d'abord en Occident, et beaucoup plus tard dans l'Orient où cet art était encore en vigueur dans le xie siècle.

L'on retirait du *coccus* que nous connaissons sous le nom de *kermès*, une couleur qui n'était guère moins estimée que la pourpre, et que l'on alliait quelquefois avec celle-ci. Pline rapporte qu'elle était employée pour les vêtements des empereurs. On lui donnait ordinairement le nom d'écarlate, mais on la confondait quelquefois avec la pourpre.

Il paraît que ce n'est que dans le siècle d'Alexandre et de ses successeurs que les Grecs cherchèrent à donner quelque perfection au noir, au bleu, au jaune, au vert.

Si nous négligeons de nous procurer la pourpre, si l'on n'a pas cherché à profiter des épreuves que quelques modernes ont faites sur cette couleur, c'est que nous avons acquis des couleurs plus belles et beaucoup moins chères.

Nous avons acquis du Nouveau-Monde plusieurs substances tinctoriales, la cochenille, le bois de Brésil, le campêche, le rocou. Nous devons surtout la supériorité de nos teintures à la préparation de l'alun et à la dissolution d'étain, qui prête tant d'éclat à plusieurs substances colorantes. La soie, qui est devenue si commune chez nous et qui prend des couleurs si vives et si brillantes ; le mouvement rapide du commerce, qui met à la portée du peuple même la jouissance des productions de la Chine et des Indes ; l'industrie active, éclairée, aiguisée par la concurrence des différents peuples de l'Europe, qui cherchent à contrebalancer leurs moyens de puissance, toutes ces circonstances mettent un intervalle immense entre le luxe le plus familier pour nous et celui de l'opulence de quelques particuliers chez les anciens. Mais avant d'acquérir cette supériorité, l'Europe a éprouvé toutes les dévastations de la barbarie.

Au ve siècle, tous les arts s'éteignirent dans l'Occident. Ils se conservèrent mieux dans l'Orient, et l'on en tira jusqu'au xiie siècle les objets de luxe que quelques grands pouvaient se procurer.

L'on rapporte environ à l'an 1300 la découverte de l'orseille, que fit par hasard un négociant de Florence. Ayant remarqué que l'urine donnait une belle couleur à une espèce de mousse, il fit des tentatives, et apprit à préparer l'orseille. Ses descendants, dont il reste encore une branche, au rapport de Dominique Manni, en ont retenu le nom de *Ruccelai* (receleur), pour avoir gardé le secret de cette découverte, d'où vient aussi *Rocella*, nom que portait l'espèce de mousse. *Orseille* viendrait d'*orseiglia*.

Les arts continuèrent à être cultivés en Italie avec un grand succès qui s'accrut pen-

dant longtemps. En 1429, parut à Venise le premier recueil des procédés employés dans les teintures sous le nom de *Mariegola del arte dei tentori* ; il s'en fit en 1510 une seconde édition fort augmentée.

On ne mentionne pas dans cet ouvrage l'usage de l'indigo ; il est probable que les Indiens s'en servaient dans la teinture, il paraît même que le premier qui ait été employé en Europe nous a été apporté des Indes orientales par les Hollandais. La culture s'en établit d'abord au Mexique, et de là dans d'autres parties de l'Amérique, où il a acquis des qualités supérieures à celui qui nous vient encore des Indes.

Pendant longtemps l'Italie, et particulièrement Venise, possédèrent presque exclusivement l'art des teintures, qui contribuait à la prospérité de leurs manufactures et de leur commerce ; mais peu à peu cet art s'introduisit en France. Gilles Gobelin, qui avait eu communication du procédé de la véritable écarlate, fonda un établissement dans le lieu qui porte son nom. On regarda cette entreprise comme si téméraire, qu'on donna à l'établissement le nom de *Folie-Gobelin*. Le succès étonna tellement nos crédules aïeux, qu'ils crurent que Gobelin avait fait un pacte avec le diable.

La découverte de la teinture en écarlate peut être regardée comme l'époque la plus signalée de l'art de la teinture. Les anciens avaient donné le nom d'écarlate à la couleur qu'ils obtenaient du kermès, et qui était fort éloignée de la beauté de celle que nous désignons par là.

Des Espagnols ayant observé que les habitants du Mexique se servaient de la cochenille pour colorer leurs maisons et teindre leur coton, informèrent le ministère de la beauté de cette couleur, et Cortès reçut, en 1523, ordre de faire multiplier l'insecte précieux qui la produisait ; cependant, la couleur que donne naturellement la cochenille est un cramoisi assez sombre.

Peu de temps après que la cochenille fut connue en Europe, un chimiste allemand, Kuster, trouva le procédé de notre écarlate par le moyen de la dissolution d'étain ; il porta son secret à Londres en 1643. Un peintre flamand, nommé Gluck, se procura ce secret et le communiqua à Gobelin ; ce procédé se répandit ensuite dans toute l'Europe.

L'usage de l'indigo, qui a été encore une grande acquisition pour l'art de la teinture, eut plus de peine à s'établir que celui de la cochenille : il fut sévèrement interdit en Angleterre sous le règne d'Elisabeth, de même que les bois de campêche, qu'il était ordonné de brûler lorsqu'on le trouvait dans un atelier. Cette prohibition ne fut levée que sous Charles II.

L'on proscrivit pareillement en Saxe l'usage de l'indigo ; on le traita dans l'ordonnance qui fut rendue contre lui, et qui rappelle l'arrêt contre l'émétique, de couleur corrosive, d'*aliment du diable*.

C'est vers la fin du xviie siècle que fut importé en Europe l'art de fabriquer des toiles peintes, que jusqu alors nous fournissait la Perse. Ce genre d'industrie fut introduit en France en 1740. Les premières fabriques d'indiennes furent établies à Paris, à Orange, à Marseille et à Nantes, la manufacture de Jouy fut créée en 1759 par Oberkampf.

Colbert donna à l'industrie française, qui était demeurée languissante, un essor qui l'éleva bientôt au-dessus des progrès des autres nations ; il appela les plus habiles artistes, il récompensa tous les talents, il établit plusieurs manufactures.

On s'est constamment occupé en France des moyens de faire fleurir notre industrie.

Dufay, Hellot, Macquer, ont successivement été chargés de s'occuper de la perfection de l'art de la teinture, et on leur doit des travaux précieux. Dufay fut le premier qui se forma des idées saines sur la nature des parties colorantes, et sur la force par laquelle elles adhèrent aux étoffes. Il examina avec sagacité quelques procédés, et il établit les épreuves les plus sûres que l'on put trouver alors pour déterminer d'une manière prompte et usuelle la bonté d'une couleur. Hellot publia une description méthodique des procédés que l'on exécute dans la teinture en laine. Macquer a donné une description exacte des procédés qu'on exécute sur la soie ; il a fait connaître les combinaisons du principe colorant du bleu de Prusse ; il a cherché à en appliquer l'usage à la teinture ; il a donné un procédé pour communiquer à la soie des couleurs vives par le moyen de la cochenille.

Les efforts des savants français dans les recherches sur la teinture ne se sont pas ralentis, et nous allons voir que ce que disait Home dans le siècle dernier est encore vrai aujourd'hui. Voici comme il s'exprime : « C'est à l'Académie des sciences que les « Français doivent la supériorité qu'ils ont « en plusieurs arts, et surtout dans celui de « la teinture. »

Berthollet fit paraître un ouvrage important sur la teinture : ses travaux et ceux de Chaptal régularisèrent les pratiques des ateliers, perfectionnèrent les procédés de blanchiment des tissus, et surtout des tissus de coton, de chanvre et de lin, en tirant parti des propriétés merveilleuses du chlore ; ils portèrent dans l'appréciation des recettes de la teinture cet esprit philosophique qui seul pouvait dégager l'art des entraves où la routine et l'empirisme l'avaient emprisonné depuis si longtemps. C'est à partir du commencement du xixᵉ siècle qu'on a introduit dans les ateliers l'usage des matières minérales pour colorer les tissus. Aux sels de fer sont venus successivement se joindre l'arséniate de cuivre, le bleu de Prusse, les sulfures d'arsenic, le chromate de plomb, le peroxyde de manganèse, etc., qui ont fourni aux industriels de nouveaux moyens de varier leurs produits, et de les obtenir avec plus d'économie.

Un chimiste contemporain, M. Chevreul, déjà si célèbre par ses belles recherches sur les corps gras, isola un grand nombre de principes colorants, étudia l'action des agents chimiques sur eux, et se rendit ainsi facilement compte des opérations qui ont pour but de fixer les couleurs sur les tissus.

TEINTURE DE MARS TARTARISÉE. *Voy.* TARTRATES.

TEINTURE MARTIALE de Stahl. *Voy.* FER, *pernitrate.*

TELLURE. — Ce métal est très-rare, et se rencontre toujours à l'état métallique dans la nature. Jusqu'à présent on ne l'a trouvé que dans quelques mines d'or de la Transylvanie, où il est combiné avec l'or et l'argent, quelquefois aussi avec le cuivre et le plomb. On l'a découvert en petite quantité dans la Norwége, uni au sélénium et au bismuth. Enfin, il paraît qu'on l'a aussi trouvé dans le Connecticut, en Amérique. C'est Müller de Reichenstein qui le découvrit en 1782, et qui, ne s'en rapportant pas à lui-même, envoya un petit échantillon du nouveau métal à Bergman, pour décider si c'était de l'antimoine ou non. Bergmann trouva que ce métal n'était pas de l'antimoine ; mais, n'en ayant reçu qu'une très-petite quantité, il lui fut impossible de déterminer les propriétés du nouveau métal. Ce travail ne fut fait que seize ans après, par Klaproth, lorsqu'il examina ces mines. Il fit connaître les caractères du nouveau métal, et lui donna le nom de *tellure.*

Le minerai le plus riche en tellure porte le nom de *tellure natif.* Il est composé, d'après Klaproth, sur cent parties, de 0,25 d'or, de 7,25 de fer et de 92,50 de tellure. Mais c'est le plus rare de tous. Dans les autres le tellure est combiné avec l'or, l'argent, le plomb, et avec un peu de cuivre et de sélénium. Pour séparer le tellure des autres métaux, on dissout le minerai dans l'acide nitrique ; on chasse l'excès d'acide par l'évaporation, ou on le sature par un alcali.

TEMPÉRATURE, *Voy.* CALORIQUE.

TÉRÉBENTHINE. — Cette résine s'extrait de plusieurs arbres de la famille des conifères, ce qui a établi les différentes espèces qu'on rencontre dans le commerce ; elle découle toujours des incisions faites au pied de ces arbres. La *térébenthine de Chio* se retire du *pistacia terebinthus,* qui croît dans les îles de l'Archipel, et surtout à Chio ; la *térébenthine de Venise* découle du mélèze *abies larix ;* celle de *Strasbourg,* de l'*abies taxifolia,* et celle de *Bordeaux,* du *pinus maritima.*

La résine qui découle depuis le mois de mars jusqu'au mois d'octobre des incisions pratiquées à ces arbres est reçue dans un creux situé à leur pied. On la purifie des impuretés qu'elle peut contenir en la fondant à une douce chaleur dans une chaudière, et la filtrant à travers un filtre de paille, ou en l'exposant à l'ardeur du soleil dans des caisses en bois percées de petits trous et placées sur des baquets.

Les caractères physiques de cette résine varient beaucoup ; elle est plus ou moins liquide et transparente, incolore ou colorée en jaune, d'une odeur plus ou moins forte, d'une saveur âcre et amère. Exposée à l'air, elle s'épaissit, se colore un peu, et devient tout à fait solide en perdant la plus grande partie de son odeur.

Plusieurs autres produits sont également fournis par les mêmes arbres ou par la térébenthine elle-même, savoir : Le *galipot*, qui n'est qu'une portion de térébenthine qui s'est concrétée et desséchée sur le tronc, surtout à la fin de la récolte de la térébenthine. Ce produit résineux est purifié par fusion et filtration à travers un lit de paille ; on le connaît alors sous le nom de *poix de Bourgogne*, *poix blanche*.— *L'huile volatile de térébenthine* s'obtient en distillant à feu nu la térébenthine dans de grands alambics de cuivre.

La térébenthine est employée en médecine et dans les arts, à la préparation des vernis, des mastics, etc.

TERRE AMÈRE ou TALQUEUSE. *Voy.* **MAGNÉSIE.**

TERRE ÉLÉMENTAIRE, TERRE PRIMITIVE. — Les philosophes de l'antiquité avaient admis l'existence d'un élément dans la plupart des composés solides, qu'on retrouvait toujours comme résidu après que l'art avait épuisé ses efforts pour pousser leur décomposition jusqu'où elle pouvait aller ; c'était la *terre élémentaire*, la *terre primitive*.

« Les alchimistes firent les plus grandes recherches, entreprirent les plus grands travaux, pour trouver cette terre primitive, non qu'ils se souciassent beaucoup de la connaître pour elle-même et d'en déterminer les propriétés, un pareil motif était peu capable de les toucher; mais parce qu'ils s'imaginaient que, comme l'or est le plus pur des métaux, ce devait être aussi la terre la plus pure qui entrât dans sa composition. Ils ont donc cherché presque partout cette terre élémentaire, qu'ils nommaient *vierge et pure* ; ils ont entrepris de la tirer de la pluie, de la rosée, de l'air, des cendres des végétaux, des animaux et de plusieurs minéraux. Mais, en la cherchant ainsi dans des corps composés dont elle faisait partie, c'était précisément le moyen de ne la pas trouver ; car nous verrons que quand une fois cet élément a fait partie d'un corps composé, il est comme impossible de le débarrasser entièrement des substances auxquelles il s'était uni. »

C'est Macquer qui parle ainsi en 1778. L'idée d'une terre élémentaire a régné, en effet, jusqu'à la révolution chimique de 1789. Quelques années après, Fourcroy disait déjà que ce que l'on nommait la *terre* « n'appartient plus qu'à une de ces idées vagues et indéterminées que l'imagination, peu satisfaite encore des succès de l'expérience, avait créées pour tenir lieu des faits qui manquaient encore à la science. Aujourd'hui, on ne connaît point de terre élémentaire, et, au lieu d'une, on a trouvé au moins 7 substances terreuses, qui auraient toutes autant de droit à être nommées des éléments, puisque chacune entre dans la composition de beaucoup de corps et fait partie du globe terrestre. »

Les caractères génériques de ces *terres* étaient la sécheresse, l'inaltérabilité au feu, l'infusibilité, l'insolubilité dans l'eau, le peu d'adhérence aux acides. On les partagea en deux classes : les *terres arides* ou *terres proprement dites*, telles que la *silice*, la *zircône*, l'*alumine*, la *glucyne* et l'*yttria*; et les *terres alcalines*, telles que la *magnésie* et la *chaux*. Toutes ces substances sont reconnues aujourd'hui pour des oxydes métalliques, à l'exception des deux premières. La *silice* est un acide du *silicium*, élément métalloïde, et la *zircône*, l'oxyde du métalloïde appelé *zirconium*.

Il n'y a donc plus maintenant aucune substance simple à laquelle, dans le langage exact de la science, on donne exclusivement le nom de *terre*. Ce qu'on désigne sous ce nom, dans le langage usuel, est la croûte superficielle du sol, dans laquelle croissent et se développent les végétaux.

L'analyse a démontré que la *terre végétale* ou la *terre arable* est un simple mélange de silice, d'alumine et de carbonate de chaux, dont les proportions varient à l'infini. On y trouve des cailloux et des sables de diverses natures, des substances accessoires très-variables, et, entre autres, des oxydes de fer et de manganèse, des sels de chaux et de magnésie, et des débris, plus ou moins abondants, plus ou moins modifiés, de substances organiques, qui forment un résidu brun ou noirâtre qu'on appelle *humus* ou *terreau*.

TERRE POURRIE. — On appelle *terre pourrie* un tripoli plus léger, plus fin et plus friable que celui qu'on emploie habituellement pour le polissage des métaux. La terre pourrie d'Angleterre qui est d'un gris cendré et qui existe en couches épaisses près de Bakewell en Derbyshire, est très-estimée. Cette *terre pourrie* sert, comme plusieurs argiles fines très-siliceuses, à donner le dernier poli aux corps durs qui ont déjà subi l'opération du douci.

TERRE DE COLOGNE (*terre d'ombre*; *terre de Cassel*). — Matière terreuse brune, s'allumant avec facilité et brûlant sans flamme, comme le bois pourri, et sans fumée, produisant des cendres blanches ou rouges.

Cette matière, qui a tous les caractères organiques, et qui paraît provenir de végétaux entièrement décomposés, se trouve aux environs de Cologne. Il paraît qu'elle forme des dépôts considérables, qui ont jusqu'à quarante pieds d'épaisseur et plusieurs lieues d'étendue. On y reconnaît une grande quantité de bois, parmi lesquels on en distingue qui ont le tissu des monocotylédones, et d'autres celui des dicotylédones, des fruits de diverses sortes ; mais tous ces débris sont entièrement décomposés, et se réduisent en poudre lorsqu'ils sont à l'air.

On ne peut pas trop assigner la position géologique de ces dépôts : on sait seulement que tout le sol des environs de Cologne appartient à la craie tuffeau, et que la matière combustible est recouverte de cailloux roulés.

La terre de Cologne est exploitée avec activité, et principalement comme combustible, dont on fait une grande consommation dans le pays. On la moule, après l'avoir humectée, dans des vases en forme de cône tronqué, pour pouvoir la transporter plus facilement. On l'emploie aussi en peinture, tant à l'huile qu'en détrempe, après l'avoir pulvérisée avec plus ou moins de soin suivant la délicatesse des ouvrages. On assure qu'en Hollande on la mélange avec le tabac, pour lui donner de la finesse et du moelleux.

Les cendres de cette matière sont aussi recherchées pour l'agriculture, et on en transporte jusqu'en Hollande ; on en brûle même exprès sur les exploitations pour cet usage.

TERRE A FOULON. *Voy.* ARGILES.

TERRE FOLIÉE VÉGÉTALE ou DE TARTRE. *Voy.* ACÉTATE DE POTASSE.

TERRE LABOURABLE. — On a donné ce nom aux débris organiques provenant de la décomposition des végétaux et qui constituent la fertilité du sol. Le terreau ou terre végétale jouit de la faculté de faire germer les graines, en absorbant les éléments constitutifs de l'air.

Sous l'influence de certains agents, les pierres et les roches les plus dures perdent peu à peu leur cohésion ; ce sont les résidus, les débris de cette altération qui constituent la *terre labourable*.

La désagrégation des roches s'effectue par l'effet de causes mécaniques ou chimiques; partout où les montagnes sont couvertes de neige, toute l'année, ou pendant quelques mois seulement, on remarque que le roc se délite et se brise en petits fragments qui s'arrondissent par le mouvement des glaciers, ou se réduisent en poussière. L'eau des ruisseaux et des torrents qui sourdent de ces glaciers est troublée par ces parcelles rocailleuses, qu'elle dépose dans les vallées et dans les plaines comme une terre fertile.

« Toutes les fois que je rencontrais de la terre, du sable, des cailloux roulés en couches de quelques milliers de pied d'épaisseur, j'étais tenté de m'écrier qu'il est impossible que des causes mécaniques, comme nos torrents et nos rivières, réduisent en poussière des masses si énormes ; mais, en considérant d'un autre côté le fracas de ces eaux dans leur chute, en songeant que des espèces animales entières ont disparu de la terre, et qu'elles avaient vécu pendant un temps où les mêmes causes d'anéantissement travaillaient déjà nuit et jour, je ne pouvais comprendre que les montagnes résistassent à leurs efforts. » (Darwin.)

A ces causes mécaniques s'ajoutent les actions chimiques exercées sur les parties constituantes des roches par l'oxygène et l'acide carbonique de l'air, ainsi que par l'eau.

Ces actions chimiques sont les véritables causes de la désagrégation des roches ; leur effet n'est point limité par le temps, il a lieu dans chaque seconde, alors même qu'il serait assez faible pour ne point être per-

ceptible pendant le temps que dure la vie d'un homme.

Il se passe des années avant qu'un fragment de granit, exposé aux intempéries des saisons, perde son éclat; mais avec le temps, ce fragment se divise, et les actions chimiques finissent par le réduire en débris de plus en plus petits.

L'action de l'eau est toujours accompagnée de celle de l'oxygène et de l'acide carbonique ; on saurait à peine considérer isolément l'influence de ces différents agents.

Une foule de roches, telles que le basalte et le schiste argileux, renferment, en combinaison chimique, du protoxyde de fer, qui possède la propriété de fixer de l'oxygène, pour se transformer en peroxyde. On remarque cet effet dans la terre de nos champs, si riche en oxyde de fer. Depuis la surface jusqu'à une certaine profondeur, cette terre est rouge ou d'un brun rougeâtre; elle contient alors du peroxyde ; mais les parties sous-jacentes sont noires ou d'un brun noir, et renferment du protoxyde. Lorsque le soc de la charrue creuse profondément, ces dernières sont ramenées à la surface, et alors il arrive que le sol, d'abord fertile, perd sa bonne qualité pour un certain nombre d'années. Cet état de stérilité dure jusqu'à ce que la surface soit redevenue rouge, c'est-à-dire jusqu'à ce que tout le protoxyde soit transformé en peroxyde.

Or, de même qu'un protosel de fer cristallisé, en absorbant de l'oxygène perd sa cohérence et tombe en poussière, ainsi se comportent la plupart des roches, dont les parties constitutives peuvent se combiner avec l'oxygène. L'état d'agrégation des combinaisons primitives se détruit alors à la suite de ces nouvelles combinaisons. Lorsque la roche est imprégnée de sulfures, par exemple, de pyrites de fer, qui se rencontrent si fréquemment dans le granit, ces sulfures se convertissent peu à peu en sulfates.

Le feldspath, le basalte, le schiste argileux, les porphyres, beaucoup de calcaires, et en général la plupart des roches sont des mélanges de silicates, des combinaisons très-variées de la silice avec l'alumine, la chaux, la potasse, la soude, le fer et le protoxyde de manganèse.

Pour avoir une idée nette de l'influence de l'eau et de l'acide carbonique sur les roches, il est nécessaire de se rappeler les propriétés de la silice et ses combinaisons avec les bases alcalines.

Le quartz ou cristal de roche représente la silice au plus haut degré de pureté ; dans cet état, elle n'est pas soluble dans l'eau, ni à chaud ni à froid ; elle est sans saveur et sans action sur les teintures végétales. Ce qui caractérise surtout la silice, c'est qu'elle possède la propriété de se combiner avec les alcalis et avec les oxydes métalliques, de manière à former des produits salins qui portent le nom de silicates. Le verre à vitres et à glaces est un mélange de silicates à base d'alcalis (de potasse, de soude et de chaux); et les expériences les plus communes démontrent que, dans presque toutes les espèces de verre, l'alcali est entièrement neutralisé par la silice. La propriété de se combiner avec les oxydes métalliques, et de neutraliser complétement les alcalis n'est particulière qu'aux acides ; et c'est pour cela aussi que la silice a reçu le nom d'acide silicique. Mais la silice est un des acides les plus faibles. Nous venons de dire qu'elle n'offre pas la saveur acide qui caractérise les autres corps de cette espèce, et qu'il lui manque totalement, à l'état cristallisé, la propriété de se dissoudre dans l'eau. Toutefois la silice réduite en poudre fine se dissout par une ébullition prolongée dans des lessives alcalines. Les combinaisons de la silice avec la potasse et la soude s'obtiennent aisément par la voie sèche, en faisant fondre du sable avec un carbonate alcalin ; il se produit ainsi du verre, dont les caractères varient suivant le principe soluble qui y est contenu. En employant soixante-dix parties de silice pour trente parties de potasse ou de soude, on obtient un verre qui se dissout dans l'eau bouillante, et qui, étendu sur du bois ou du fer, se dessèche en un vernis vitreux, ce qui a valu à cette combinaison le nom de verre soluble. Par l'emploi d'une plus faible proportion d'alcali, et conséquemment d'une plus forte dose de silice, le produit devient de plus en plus insoluble dans l'eau. Les silicates solubles dans l'eau sont décomposés par tous les acides. Si la dissolution du silicate renferme en silice plus de $\frac{1}{10}$ du poids de l'eau, il se produit, par l'addition d'un acide, un précipité diaphane qui possède toute l'apparence d'une gelée. Ce précipité est une combinaison de silice et d'eau, ou un hydrate de silice. Si la dissolution renferme moins de silice, elle reste limpide quand on y verse un acide. La conservation de cet état de limpidité prouve que la silice, à l'état où les acides la séparent de ses combinaisons alcalines, possède un certain degré de solubilité dans l'eau pure. En effet, lorsqu'on lessive avec de l'eau le précipité de silice gélatineuse, on le voit peu à peu diminuer de volume ; en évaporant ensuite les eaux de lavage, on peut y démontrer la présence de la silice. D'après cela, la silice possède un double caractère chimique : séparée d'un silicate par un moyen quelconque, elle offre de tout autres propriétés qu'à l'état de silex, de quartz ou de cristal de roche. Si, au moment où la silice se sépare d'une base, la dissolution renferme assez d'eau pure pour la maintenir en dissolution, il ne se précipite rien ; dans certaines circonstances, la silice est donc plus soluble dans l'eau que le plâtre. Mais elle perd cette solubilité en se desséchant tout simplement. Concentrée jusqu'à un certain point, sa dissolution dans les acides se prend, par le refroidissement, en une gelée cohérente et parfaitement limpide : on peut renverser le vase qui la renferme, sans qu'il en coule une goutte. Lorsqu'on dessèche davantage cette gelée, la silice abandonne l'eau qui la maintenait à l'état gélatineux ; d'ailleurs l'affinité

est si faible entre l'eau et la silice, que la combinaison se détruit déjà à la température de l'air. Une fois privée de son eau d'hydratation, la silice n'est plus soluble dans l'eau, sans cependant ressembler entièrement à la silice cristallisée, au sable et au quartz ; car elle conserve la propriété de se dissoudre à la température ordinaire dans les alcalis caustiques et dans les alcalis carbonatés.

Il est peu de substances terreuses qui puissent se comparer à la silice sous le rapport de ces propriétés remarquables.

La plupart des silicates naturels insolubles dans l'eau froide, et contenant des bases alcalines, se décomposent par un contact prolongé avec l'eau chaude, surtout si celle-ci renferme un acide. A une époque où l'on ne connaissait pas encore cette propriété des silicates, on avait été conduit à admettre que l'eau pouvait se transformer en terre. C'est que toute eau distillée dans des vases en verre laisse, après l'évaporation, une certaine quantité de substance terreuse. Lavoisier prouve qu'une partie du verre ou de la porcelaine se dissout dans l'eau qu'on y fait bouillir, et que la perte du vase est égale au poids du résidu terreux laissé par l'eau évaporée. Ce phénomène ne s'observe point si l'on distille l'eau dans un vase en métal.

On remarque cette action de l'eau sur les silicates par l'aspect terne que prend peu à peu le verre qui est exposé à l'injure des saisons, par exemple, le verre des cloches de nos jardins. Cette altération est surtout favorisée par la présence de l'acide carbonique, par exemple, dans les étables où l'air en est très-chargé, par l'effet de la respiration des bestiaux et de la putréfaction des matières animales.

La silice est le plus faible de tous les acides ; les silicates solubles sont déjà complétement décomposés par l'acide carbonique. Une dissolution de verre soluble se prend en gelée lorsqu'on la sature par de l'acide carbonique ; il faut nécessairement admettre que cette décomposition s'effectue aussi dans des liquides fort étendus, où l'on ne remarque aucune séparation de silice, et où ce corps reste en dissolution dans l'eau. La décomposition des silicates par l'eau et les acides est d'autant plus aisée et plus prompte, que ces sels renferment plus d'alcali.

La nature nous offre de nombreux exemples d'une décomposition continue qui s'opère dans les silicates des roches, sous l'influence de l'eau et de l'acide carbonique de l'air.

Il est aujourd'hui hors de doute que les grandes couches de kaolin, ou terre à porcelaine, se sont formées par l'action décomposante de l'eau sur des silicates de soude et de potasse, sur certains feldspaths ou roches feldspathiques. On peut considérer le feldspath comme la combinaison d'un silicate d'alumine avec un silicate à base d'alcali ; ce dernier, soluble dans l'eau, est enlevé peu à peu, et laisse le kaolin, qui résiste si bien au feu.

M. Forchammer a démontré que le feldspath se décompose par l'eau à 150°, et sous une pression correspondante à cette température : l'eau acquiert une forte réaction alcaline, et se charge de silice. Les geisers de l'Islande sont des sources d'eau bouillante qui s'élèvent de très-grandes profondeurs, et se trouvent conséquemment exposées à une très-forte pression. M. Forchammer a pareillement prouvé par l'analyse que ces eaux renferment les principes solubles des feldspaths de soude et des silicates à base de magnésie, prédominant dans les roches trappéennes ; il s'opère sans doute, au fond de ces sources, une transformation des feldspaths cristallins en argile, d'une manière continue et sur une très-grande échelle.

· A la température ordinaire, l'eau, lorsqu'elle renferme de l'acide carbonique, comme celle de source ou de pluie, agit tout à fait comme à une température élevée et sous une forte pression.

Le feldspath, à peine attaquable à froid par l'acide chlorydrique, dans le court espace de vingt-quatre heures ne résiste pas à l'action dissolvante de l'eau saturée d'acide carbonique. Les roches les plus répandues sont des mélanges de silicates qui se dissolvent dans l'acide chlorhydrique à la température ordinaire, et qui conséquemment s'attaquent encore mieux que le feldspath par l'eau, et surtout par l'eau chargée d'acide carbonique.

Aucune roche contenant des silicates à base d'alcali ne résiste, à la longue, à l'action dissolvante de l'eau chargée d'acide carbonique. Les alcalis, la chaux, la magnésie, s'y dissolvent, soit seuls, soit en combinaison avec la silice, tandis qu'il reste de l'alumine mêlée ou combinée avec de la silice.

Les calcaires riches en argile renferment comparativement la plus forte proportion d'alcali ; la marne, les pierres à ciment, appartiennent à cette classe de minéraux. Ils se distinguent des autres calcaires par la propriété remarquable qu'ils possèdent de durcir comme de la pierre, lorsque, après avoir été cuits à un feu modéré, ils arrivent en contact avec l'eau. Dans la cuisson de la marne et de beaucoup de pierres à ciment naturelles, les parties constituantes de l'argile et de la chaux réagissent chimiquement : il se produit une combinaison de silicate de potasse et de silicate de chaux, semblable à l'apophyllite anhydre, combinaison qui, au contact de l'eau, en fixe une certaine quantité, comme le fait le plâtre cuit, et cristallise avec elle.

Les considérations précédentes expliquent l'origine de la terre labourable de la manière la plus nette. Cette terre est évidemment le résultat des actions mécaniques et chimiques exercées sur des roches riches en alcalis et en terres alcalines, et qui ont peu à peu perdu par là leur cohésion.

L'influence de l'air, de l'acide carbonique et de l'humidité sur les parties constituantes des roches s'observe très-bien dans certaines contrées de l'Amérique méridionale, inhabitées depuis des siècles, et où de riches mines d'argent ont été découvertes par des

pâtres ou des chasseurs. Sous ces influences atmosphériques, les roches argentifères se désagrégent peu à peu ; les pluies et les vents en entraînent les parties solubles, tandis que le métal précieux résiste seul à cette destruction, et demeure à la surface. Les veines d'argent métallique font alors saillie sur les rochers et s'élèvent en pointes ou en arêtes.

TERRES BLANCHES, à pipe, ou terres anglaises. *Voy.* ARGILES.

TERRES BOLAIRES, GLAISES, FROIDES, etc. *Voy.* ARGILES.

TEST DES CRUSTACÉS, HOMARDS, ÉCREVISSES, CRABES, OURSINS, etc. — Ces parties sont composées, d'après M. Mérat-Guillot, de carbonate de chaux 50, phosphate de chaux 14, matière cartilagineuse 26. Les premiers jouissent de la propriété singulière de rougir dans l'eau bouillante. Cet effet est dû à une matière colorante toute formée qui réside dans une membrane appliquée sous ces croûtes et qui s'y répand par l'action de la chaleur.

THÉ. — Dans le commerce, on donne ce nom aux feuilles roulées et desséchées d'une plante de la même famille que le *camelia*, et originaire de la Chine. Des commissaires du gouvernement anglais atteignirent, en 1836, le pays à thé, près de *Kufoo*, et ils virent pour la première fois ce végétal à l'état natif, à deux milles de ce village. C'est un champ qui n'excédait pas 200 verges carrées ; le terrain était coupé de petits ravins nombreux, et on voyait à la base des plus gros arbres de petites élévations très-irrégulières. Le sol était léger, friable, coloré en jaune, bas et humide.

L'arbre à thé, dans les endroits où on l'a trouvé, ne dépasse pas la hauteur d'un petit arbre ; le plus souvent il a l'apparence d'un buisson ; il est toujours entouré d'arbres élevés et touffus, qui interceptent les rayons solaires ; ceux qui se trouvent près de l'eau ont plus de vigueur.

La feuille du thé d'Anam est grande, d'un noir de jais ou brun foncé, et très-frisée ; on y trouve quelques débris de tige ; sa saveur ressemble beaucoup à celle du *souchong brûlé* (*burnt souchong*) ; elle a un arome délicat et très-suave ; elle donne une infusion très-agréable au goût, plus foncée que celle du souchong ordinaire ; enfin, elle a toutes les qualités que possède le thé de bonne nature, et qui n'a pas éprouvé d'altération. Les peuples d'Anam ont pendant longtemps entretenu des relations avec la Chine ; il paraîtrait même que tous les ans une assez grande quantité de thé serait transportée d'une ville de cette contrée, *Polong*, dans le céleste empire.

Les produits les plus remarquables qu'on ait signalés dans le thé sont le tannin, une huile essentielle à laquelle il doit son arome, et qui a une grande influence sur son prix commercial, ainsi qu'un principe fort azoté et cristallisable, qui a été décrit sous les noms de *théine*, de *caféine* et de *guaranine*.

Indépendamment de ces produits, M. Mulder a extrait du thé onze substances, qui sont d'ailleurs celles qui entrent dans la composition de toutes les feuilles. Ce même chimiste a trouvé dans les diverses sortes de thé de Chine et de Java une quantité de théine un peu moindre de 1/2 pour 100 de leur poids.

M. Stenhouse, dans un travail récent, porte cette proportion de 1,27 à 0,98.

De son côté, M. Péligot a communiqué à l'Académie des recherches sur le thé, qui renferment plusieurs faits intéressants.

La connaissance des principes azotés étant fort importante pour l'histoire physiologique du thé, M. Péligot a d'abord déterminé l'azote total contenu dans cette feuille ; puis il a cherché à isoler les matières entre lesquelles cet azote se trouve réparti.

En dosant l'azote à l'état de gaz, il a obtenu les nombres suivants :

Thé pékoé . . .	6,58	azote dans 100 de thé
— poudre à canon.	6,45	desséché à 100
— souchong. . .	6,45	
— assam. . . .	5,10	

Cette proportion d'azote est beaucoup plus considérable que celle qui a été constatée dans aucun des végétaux analysés jusqu'à ce jour.

La proportion de produits solubles dans l'eau chaude varie très-notablement, et dépend surtout de l'âge de la feuille, qui est plus jeune, et par suite moins ligneuse, dans le thé vert que dans le thé noir. M. Péligot en a trouvé de 38,4 à 47,1 pour 100. Il a vu aussi que les thés verts renferment encore 10, et les thés noirs 2 pour 100 d'eau, provenant soit d'une dessiccation incomplète, soit d'une absorption pendant le transport.

La théine s'y trouve en quantité plus considérable que les chimistes ne l'avaient admis jusqu'alors ; M. Péligot, en effet, a retiré les quantités suivantes de théine de 100 parties de :

Thé hyson.	2,40
Autre échantillon	2,56
Mélange à parties égales de poudre à canon, de hyson, impérial, de caper et de pékoé.	2,70
Poudre à canon.	4,1
Autre échantillon..	3,5

Mais ces quantités sont insuffisantes pour représenter à l'état de théine tout l'azote de l'infusion.

Au moyen du procédé suivant, M. Péligot est parvenu à constater une proportion de théine plus considérable que celle qu'il avait d'abord obtenue. On ajoute à l'infusion du thé chaude du sous-acétate de plomb, puis de l'ammoniaque ; dans la liqueur séparée par la filtration du précipité qui se forme, on fait passer un courant d'hydrogène sulfuré, et l'on évapore à une douce chaleur la liqueur débarrassée du sulfure de plomb ; on obtient par le refroidissement une abondante cristallisation de théine, et une eau-mère qui fournit de nouveaux cristaux par une évaporation ménagée. On purifie les premiers cristaux en les faisant cristalliser dans l'eau, et l'on se sert de leur eau-mère pour dissoudre les seconds, de manière à

avoir, par des cristallisations méthodiques, le moins d'eau et le plus de cristaux possibles. En procédant ainsi, M. Péligot a retiré 2 gram. 92 de théine cristallisée de 50 grammes de thé poudre à canon ; soit 3,84 pour 100. Mais il reste un liquide sirupeux qui fournit encore de la théine à l'aide du tannin ; de manière qu'en somme 100 parties de ce thé fournissent 6,21 de théine.

Ces expériences prouvent que la théine est la principale matière azotée du thé, et qu'elle y existe en quantité beaucoup plus considérable qu'on ne l'avait admis jusqu'à ce jour.

Mais la portion insoluble dans l'eau bouillante contient aussi un principe azoté qu'on a considéré comme identique avec la caséine du lait. La rencontre de cette matière dans le thé est un fait d'autant plus digne d'intérêt, qu'elle s'y trouve dans une très-forte proportion, si, comme cela est vraisemblable, la majeure partie de l'azote contenu dans la feuille épuisée lui appartient. En admettant, en effet, avec MM. Dumas et Cahours, 16 pour 100 d'azote dans la caséine, les feuilles épuisées ne contiendraient pas moins de 28 centièmes de cette matière ; le thé, dans son état ordinaire, en renfermerait 14 à 15 pour 100. Toutefois, M. Péligot n'a pas réussi à séparer du thé toute cette caséine.

Dans tous les cas, on voit, par ces expériences, que le thé renferme une proportion d'azote tout à fait exceptionnelle.

Le commerce du thé est devenu, de nos jours, d'une telle importance, qu'il s'élève à près de 30 millions de kilog. par an. D'après des documents récents, l'Angleterre a importé, en 1840, 14 millions de kilog., les États-Unis 9 millions, la Hollande 450,498 kilog., tandis que la France n'en a reçu et consommé que 124,498 kilog. ; à la vérité, cette consommation croît, chez nous, d'après une progression rapide, car elle est représentée, en 1842, par 231,880 kilog.

Ce n'est pas un vain caprice de la mode qui a introduit et propagé l'usage du thé en Chine et au Japon. Les eaux de ces contrées étant généralement malsaines, saumâtres et de mauvaise qualité, le thé est le seul moyen par lequel on parvient à en corriger les défauts.

Cette feuille a quelques autres usages économiques : on emploie les thés défectueux à la teinture en brun ou couleur châtaigne, pour rehausser la couleur du nankin lorsqu'il commence à blanchir, pour nettoyer les dentelles noires qui rougissent, etc

THÉOBROMINE ($\Theta\epsilon\delta\varsigma$, dieu, et $\beta\rho\tilde{\omega}\mu\alpha$, aliment). — Matière analogue à la caféine, extraite de la fève de cacao.

A l'aspect seul, on reconnaît aisément que cette matière n'est point la caféine, mais que c'est un corps particulier, la *théobromine*. C'est une poudre cristalline, d'une saveur amère, analogue à celle de la caféine et de la fève de cacao ; cependant, à cause du peu de solubilité de la substance, sa saveur ne se développe que lentement, et a peu d'intensité

Formule de la théobromine : $C^{18}H^{10}N^6O^2$.

Il est curieux de voir que la proportion d'azote renfermée dans la théobromine est plus forte que celle de la caséine, substance qu'on considérait comme la plus azotée de toutes les matières végétales. Si, comme l'admettent MM. Payen et Boussingault, le pouvoir nutritif de ces substances est en raison de l'azote qu'elles renferment, la théobromine sera une des substances les plus nourrissantes (*Annales de la chimie*, année 1842).

THÉORIE ATOMIQUE. — Parmi les théories professées sur la nature de la matière, il en est une très-ancienne, la théorie atomique, à l'aide de laquelle on se fait une idée claire, et pour ainsi dire matérielle, des proportions chimiques. Cette théorie suppose que dans un espace occupé par un corps solide, liquide ou aériforme, toutes les parties de cet espace ne sont pas remplies par la matière. On admet donc que tout corps a des pores, mais des pores infiniment plus petits que ceux que nos yeux peuvent apercevoir dans un morceau de bois, par exemple. Suivant cette doctrine, un corps se compose de particules extrêmement ténues, situées à une certaine distance les unes des autres; entre deux de ces particules il existe donc un intervalle qui n'est pas rempli par la matière du corps.

La vraisemblance de cette idée saute aux yeux, puisque nous pouvons, en comprimant un volume d'air, lui faire occuper un espace mille fois plus petit, et que les corps solides et liquides eux-mêmes diminuent de volume sous l'influence d'une pression mécanique. Une bille de billard, lancée avec une certaine force contre un corps dur, s'aplatit et reprend sa forme sphérique en rebondissant. L'élévation de température augmente le volume de tous les corps, et le refroidissement le diminue.

Il résulte évidemment de ces expériences bien connues que l'espace occupé par un corps dépend de circonstances accidentelles, et qu'il varie avec les causes qui tendent à augmenter ou à diminuer son volume. Maintenant, si l'on réfléchit que dans le lieu occupé par une petite particule de matière, c'est-à-dire par ce qui, dans un corps, remplit réellement l'espace, il n'y a pas de place en même temps pour une seconde ou une troisième molécule, on arrivera tout naturellement à concevoir que l'augmentation ou la diminution du volume d'un corps est le résultat de l'éloignement ou du rapprochement de ses molécules. Il est évident que dans une livre d'eau liquide les molécules sont plus rapprochées que dans une livre de vapeur, qui occupe, à la pression ordinaire, un espace dix-sept cents fois plus grand que l'eau.

Cette théorie éclaire une foule de phénomènes que nulle autre hypothèse n'a pu expliquer jusqu'à présent d'une manière aussi simple.

La théorie atomique suppose, en outre, que les petites particules dont se compose la masse d'un corps ne sont pas divisibles en particules plus petites : de là le nom d'*atomes*, qu'elles ont reçu.

Il est tout à fait impossible à notre intelligence de se figurer des particules absolument indivisibles. Mathématiquement parlant, elles ne peuvent être infiniment petites, c'est-à-dire sans étendue, puisqu'elles sont pesantes, et que, si faible qu'on suppose leur poids, nous pouvons concevoir leur division en 2, en 3, en 100 parties.

Mais, d'un autre côté, nous pouvons très-bien concevoir que cette indivisibilité des atomes n'existe que relativement à nos moyens mécaniques de division, et que, quoique divisibles, mathématiquement parlant, jusqu'à l'infini, ils sont pour nous comme s'ils étaient indivisibles. En ce sens, un atome physique représenterait un groupe de particules beaucoup plus petites, maintenues agrégées en un tout par une force ou par des forces plus puissantes que toutes celles dont nous pouvons disposer pour opérer leur division.

Il en est des atomes, et de ce que le chimiste entend par là, comme des corps élémentaires admis par la science actuelle. Les cinquante à soixante corps simples connus ne le sont que par rapport aux forces et aux moyens dont nous disposons pour les réduire en éléments encore plus simples. Or, nous ne le pouvons pas, et, pour être fidèles aux principes de la méthode scientifique, nous les appelons corps simples jusqu'à ce que l'expérience nous ait fourni un moyen plus puissant d'analyse. Sous ce rapport, l'histoire de la science est pleine d'enseignements utiles : toutes les fois que l'on est sorti du terrain de l'expérimentation pure, il en est résulté une foule d'erreurs et de fausses hypothèses qui ont fait rétrograder la science. Sans nier la divisibilité à l'infini de la matière, le chimiste ne fait que défendre le terrain de sa science lorsqu'il admet l'existence d'atomes physiques comme une vérité tout à fait incontestable.

Un professeur de l'université de Tubingue a rendu cette idée sensible par une image ingénieuse. Il compare les atomes aux corps célestes qui sont d'une petitesse infinie, relativement à l'espace dans lequel ils se meuvent, et en constituent pour ainsi dire les atomes. Tous ces soleils innombrables avec leurs planètes et leurs satellites se meuvent à des distances déterminées les uns des autres ; ils sont indivisibles relativement à l'existence de forces capables de soustraire quelque chose à leur masse ou d'altérer leur forme et leur volume à un degré assez appréciable pour que leur rapport avec les autres corps célestes en soit troublé ; mais ils ne sont point indivisibles d'une manière absolue. En ce sens, le monde représente un grand corps dont les atomes, les corps célestes, sont indivisibles et immuables.

Ainsi, au point de vue de la théorie atomique, un morceau de verre, un morceau de cinabre, un morceau de fer, etc., représentent une agglomération d'atomes de verre, de cinabre, de fer, dont l'agrégation est déterminée par la force de cohésion. La plus petite particule de fer imaginable est toujours du fer. Quant au cinabre, nous savons de la manière la plus positive qu'une molécule de ce corps, quoique mécaniquement indivisible, contient cependant d'autres molécules encore plus petites, à savoir, une molécule de soufre et une molécule de mercure : nous connaissons même le poids relatif du soufre et du mercure qui entrent dans la composition de la molécule indivisible de cinabre.

Le fer est composé d'atomes absolument semblables entre eux. Le cinabre est également constitué par des atomes absolument semblables et dont chacun est du cinabre; mais ceux-ci, au lieu d'être simples comme ceux du fer, sont susceptibles d'une division ultérieure. Leur homogénéité n'est qu'apparente, car nous savons qu'ils sont composés. Nous pouvons, il est vrai, en le râclant, en le triturant, en le limant, réduire un morceau de cinabre en une poussière extrêmement fine; mais il nous est impossible, quelque puissance mécanique que nous employions, de vaincre la force qui tient unies les molécules non homogènes, les parties intégrantes d'un atome composé. L'affinité chimique se distingue de la force de cohésion précisément en ce qu'elle ne manifeste son action que lorsque des atomes de nature différente se trouvent en contact. Or, comme les atomes ne peuvent point se pénétrer les uns les autres, il s'ensuit nécessairement que les atomes composés résultent de la juxtaposition des atomes simples sous l'influence de l'affinité qu'ils exercent les uns sur les autres ; ils se groupent par deux, par trois, par cent, etc., et tous ces groupes représentent des parties absolument semblables de la masse totale. Nous pouvons nous figurer la plus petite particule de cinabre comme un groupe de deux atomes, dont l'un est un atome de mercure et l'autre un atome de soufre.

Quand on considère que mille livres de cinabre renferment la même proportion de soufre et de mercure qu'une livre ou un grain, et que l'on se représente un morceau de cinabre composé d'un million d'atomes, il est évident que dans un seul atome, aussi bien que dans un million, le soufre entrera toujours pour 16 et le mercure pour 101. Si nous décomposons le cinabre par le fer, l'atome de mercure sortira, et sa place sera occupée par un atome de fer. Si nous remplaçons le soufre du cinabre par de l'oxygène, un atome de ce dernier se substituera à l'atome de soufre

Il est facile de concevoir d'après cette hypothèse sur la composition des corps et sur leur remplacement réciproque, que les nombres équivalents n'expriment pas autre chose que le poids relatif des atomes. Il n'est pas possible de déterminer ce que pèse un atome isolé, de déterminer son poids absolu ; mais nous pouvons calculer la proportion pondérable pour laquelle chaque atome entre dans une combinaison chimique, c'est-à-dire le

poids relatif des atomes de nature différente. Ainsi, pour remplacer huit parties d'oxygène en poids, j'ai besoin d'un poids de soufre égal à seize ou double de celui du premier corps, parce que l'atome de soufre pèse deux fois autant que l'atome d'oxygène; mais si je veux remplacer l'oxygène par de l'hydrogène, le poids d'hydrogène dont j'ai besoin sera seulement le huitième de celui de l'oxygène, parce qu'un atome d'hydrogène est huit fois plus léger qu'un atome d'oxygène. L'oxyde de carbone est un groupe de deux atomes, l'acide carbonique un groupe de trois atomes : pour un atome de carbone, le premier contient un atome, et le second deux atomes d'oxygène.

La théorie qui se fonde sur l'existence de particules indivisibles explique la fixité des rapports pondéraux que suivent les corps dans leurs combinaisons. En effet, ces particules ayant des poids inégaux et ne pouvant pas se pénétrer mutuellement, la combinaison doit consister en une juxtaposition de molécules.

Dans le sens propre du mot les équivalents chimiques expriment des effets semblables, c'est-à-dire les proportions pondérables suivant lesquelles les corps entrent dans les combinaisons chimiques pour produire des effets égaux ; et nous nous représentons ces effets en les attribuant à des particules non divisibles qui occupent un certain espace et possèdent une forme déterminée. Nous n'avons aucun moyen de connaître d'une manière positive le véritable nombre des atomes, même dans la combinaison la plus simple ; car pour cela il faudrait être en état de les voir et de les compter. Aussi, quelle que que soit notre conviction touchant l'existence d'atomes physiques, l'opinion que les équivalents expriment en réalité le poids relatif des divers atomes n'est qu'une simple hypothèse qu'il nous est impossible de démontrer.

Un atome de cinabre contient 16 de soufre pour 101 de mercure, et les chimistes admettent que ce rapport exprime le poids relatif d'un atome de mercure et d'un atome de soufre. Or, ce n'est là qu'une pure hypothèse; car il se pourrait que le chiffre 101 représentât le poids de deux, de trois, de quatre ou d'un nombre plus considérable encore d'atomes de mercure. Si c'étaient deux atomes, ce serait par 50,5 que l'atome du mercure devrait être exprimé; si c'étaient trois atomes, il devrait l'être par le nombre 33,6. Dans un cas, nous dirions que le cinabre se compose de deux atomes, et, dans l'autre, de trois atomes de mercure pour un atome de soufre.

A quelque chiffre que l'on s'arrête et que l'on admette deux ou trois atomes de mercure ou de soufre, la composition du cinabre n'en demeure pas moins le même. L'adoption d'une autre hypothèse pour le nombre des atomes qui entrent dans une combinaison chimique n'introduirait de changement que dans la formule. C'est pourquoi ce que l'on aura toujours de mieux à faire, ce sera de bannir du langage symbolique de la chimie, dont l'unique but est de rendre intelligibles et palpables la composition des combinaisons chimiques, leurs substitutions, leurs transformations et leurs décompositions ; d'en bannir, disons-nous, tout ce qui rappelle l'hypothèse, et d'éviter, par conséquent, de faire servir les formules à exprimer des opinions sujettes à changer. Le rapport numérique des équivalents qui entrent comme parties constituantes dans une combinaison chimique est constant et susceptible d'être déterminé ; mais le nombre proprement dit des atomes qui s'unissent pour former un équivalent, sera toujours impossible à découvrir. Il n'y a nul inconvénient à ce que nous prenions les équivalents pour le poids même des atomes, toutes les fois qu'il ne s'agit que de considérations théoriques et de donner à une idée une forme plus intelligible. En ce sens, ainsi que tout le monde le comprendra, ces nombres expriment simplement les différences de poids des atomes entre eux, combien un atome pèse plus qu'un autre. Jusqu'à présent les nombres employés ont été rapportés à une unité de poids égale à la quantité d'hydrogène qui doit se trouver unie à l'oxygène pour former de l'eau. Or, l'eau renfermant une partie en poids d'hydrogène et huit parties en poids d'oxygène, si l'on admet que ce liquide se compose d'un atome d'hydrogène et d'un atome d'oxygène, et qu'on suppose, outre cela, que pour remplacer un atome du premier ou un atome du second, il ne faille qu'un atome d'un autre corps ni plus ni moins, les poids des autres corps exprimeront les poids des atomes par des nombres qui se rapporteront naturellement à une partie en poids d'hydrogène ou à huit en poids d'oxygène. En multipliant tous les nombres équivalents par $12\frac{1}{2}$, l'équivalent de l'hydrogène sera 12,5 ; celui de l'oxygène sera 100, et les autres nombres exprimeront combien il faut de chacun des autres corps pour remplacer 100 d'oxygène ou $12\frac{1}{2}$ d'hydrogène. On voit que la multiplication de tous les équivalents par un seul et même nombre ne change en aucune façon les rapports qui existent entre eux, et qu'il est parfaitement indifférent de se servir de nombres qui se rapportent à l'hydrogène, pris comme unité, ou bien à l'oxygène = 100.

Nous nous représentons les atomes comme occupant un certain espace et possédant une forme déterminée. Ces atomes, en s'unissant entre eux, donnent naissance à des atomes composés qui occupent un espace plus grand ou plus petit que les atomes simples pris ensemble. La forme de ces atomes composés doit varier suivant la manière dont les atomes simples se combinent, c'est-à-dire suivant les rapports qu'ils affectent entre eux. Dans les corps cristallisés, les plus petites particules possédant une forme déterminée, il est facile de constater le rapport qui existe entre la forme du cristal et sa constitution moléculaire. Nous possédons sur ce sujet des observations du plus haut intérêt. Lorsque, par exemple, deux sels de forme cristalline différente cristallisent dans un même liquide,

les cristaux de chacun d'eux se forment aussi parfaitement que s'il n'y avait qu'un sel dans le liquide. Quand on met une poignée de nitrate de potasse (salpêtre) et de sel marin dans une suffisante quantité d'eau, les deux sels s'y dissolvent. Si alors nous exposons la dissolution à la chaleur d'un fourneau, l'eau s'évapore peu à peu et les deux sels se déposent en cristaux au fond du vase. A l'œil nu, on distingue les cubes formés par le sel marin d'avec les longs prismes du nitrate de potasse. Si nous retirons du liquide un cristal de sel marin pour le laver avec un peu d'eau pure, nous nous convaincrons qu'il ne contient aucune trace de nitrate de potasse ; d'un autre côté, le cristal de nitrate de potasse ne renfermera lui-même aucune trace de sel marin. Or, il suffit de considérer que les deux cristaux se sont formés simultanément dans un seul et même liquide, pour conclure à l'instant, d'après la nature des cristaux, que les molécules de sel marin s'étant uniquement réunies, pour former un cristal, à des molécules de sel marin, n'ont augmenté de volume qu'en s'attirant exclusivement les unes les autres. Les molécules du nitrate se sont évidemment comportées de la même manière. Enfin, une fois que l'eau tout entière s'est évaporée, on a un mélange intime de sel marin et de nitrate de potasse ; mais les deux sortes de cristaux qui composent le mélange sont isolées les unes des autres.

Si l'on verse un peu d'eau chaude sur du sulfate de magnésie et du nitrate de potasse, et qu'on décante le liquide après qu'il s'est saturé des deux sels, des cristaux de sulfate de magnésie et de nitrate de potasse se déposeront les uns à côté des autres pendant le refroidissement graduel du liquide ; mais aucun de ces cristaux ne contiendra la moindre trace de l'autre sel. Il est clair, dans ce nouvel exemple, que les molécules du sulfate de magnésie n'ont exercé aucune attraction sur celles du nitrate de potasse. Nous devons penser, au contraire, qu'il y a eu une sorte de répulsion entre elles, car, sans cela, non-seulement les molécules du nitrate de potasse et du sulfate de magnésie, ou celles du nitrate de potasse ou du sel marin, se seraient déposées les unes à côté des autres, mais encore ces molécules auraient dû se déposer par couches les unes sur les autres.

Le sulfate de magnésie se comporte tout autrement à l'égard du sulfate de nickel ou du sulfate de zinc. Lorsque le sulfate de magnésie et le sulfate de zinc cristallisent ensemble dans le même liquide, on n'observe aucune séparation entre eux ; les cristaux formés contiennent en même temps du sulfate de zinc et du sulfate de magnésie, ou bien du sulfate de nickel et du sulfate de magnésie, et les deux sels y existent dans la proportion même où ils se trouvaient dans la dissolution. Il est évident que les molécules du sulfate de zinc et du sulfate de magnésie ont exercé les unes sur les autres, au moment de la précipitation, une égale attraction, puisqu'un cristal de sulfate de magnésie a attiré une molécule de sulfate de zinc, absolument comme il aurait attiré une autre molécule de sulfate de magnésie, et *vice versa*. Il n'y a pas ici une sorte de choix comme entre le sel marin et le nitrate de potasse.

Maintenant si l'on compare un cristal de sulfate de nickel avec un cristal de magnésie, on verra que tous les deux possèdent la même forme cristalline. Ainsi le cristal de sulfate de magnésie ressemble à du sulfate de nickel dont la couleur serait blanche, et le sulfate de nickel à du sulfate de magnésie coloré en vert ; ce sont les mêmes arêtes, les mêmes faces, les mêmes sommets. Or, un gros cristal consistant dans l'agglomération de particules cristallines, il faut nécessairement que les dernières particules du sulfate de nickel aient la même forme que la dernière et plus petite particule du sulfate de magnésie, ou, ce qui revient au même, que le groupe d'atomes qui se réunit pour former un atome de sulfate de zinc ou de sulfate de nickel, ait la même forme que le groupe qui constitue un atome de sulfate de magnésie. C'est pourquoi le cristal, dans lequel ces deux groupes se trouvent réunis, possède la forme qui caractérise chacun de ses propres éléments constitutifs (le sulfate de magnésie et le sulfate de nickel ou de zinc).

Des observations ultérieures ont démontré que la similitude des formes cristallines de deux corps n'est point la seule cause qui leur permette de cristalliser ensemble ; ce n'est pas non plus à elle seule que les cristaux mixtes doivent de présenter la forme propre aux substances qui leur ont donné naissance.

Ainsi, par exemple, un cristal de chlorhydrate d'ammoniaque présente la même forme géométrique qu'un cristal d'alun, et cependant ces deux corps cristallisent séparément dans le même liquide. Les cristaux d'alun ne contiennent point de chlorhydrate d'ammoniaque, et ceux-ci ne renferment aucune trace d'alun, ce qui dépend évidemment de ce que, malgré l'identité de forme des atomes cristallins de ces deux corps, la force avec laquelle les molécules d'alun s'attirent entre elles ou avec laquelle les molécules de chlorhydrate d'ammoniaque s'attirent mutuellement, est beaucoup plus puissante que l'attraction exercée par les molécules du chlorhydrate d'ammoniaque sur celles de l'alun ; car ici rien ne nous révèle l'existence de cette dernière.

En comparant la constitution des composés qui, malgré la similitude de leurs formes cristallines, ne cristallisent pourtant pas ensemble, avec la constitution de ceux qui, dans les mêmes circonstances, donnent lieu à des cristaux mixtes, on voit que les premiers ont une constitution non similaire, tandis que les autres présentent la même constitution dans toutes leurs parties ou fragments. Ainsi le sulfate de magnésie, le sulfate de zinc, le sulfate de nickel renfer-

ment absolument le même nombre d'atomes composés ; de sorte que ces deux derniers se distinguent uniquement en ce que, au lieu d'un équivalent ou d'un atome de magnésium, ils contiennent un atome de nickel ou de zinc. C'est pourquoi nous obtenons un cristal de sulfate de zinc ou de nickel lorsque nous enlevons le magnésium d'un cristal de sulfate de magnésie, et que nous le remplaçons par un équivalent de zinc ou de nickel.

L'atome de chlorhydrate d'ammoniaque, à raison des éléments qui entrent dans sa constitution, n'est formé que de deux atomes composés ; l'alun qui cristallise dans la même forme contient trente atomes composés. Il est impossible de se figurer une constitution moins similaire, aussi ces deux corps ne forment-ils point de cristaux mixtes.

Toutes les recherches ultérieures ont démontré que, dans une multitude de cas, la similitude de constitution dans les corps détermine une forme cristalline identique ; que deux composés de formes cristallines semblables et capables de donner des cristaux mixtes possédant la même configuration géométrique, ont aussi la plupart du temps la même constitution, ou, en d'autres termes, contiennent le même nombre d'atomes ou d'équivalents groupés dans le même ordre. Dans les cas où deux sels de formes cristallines différentes cristallisent ensemble, on observe constamment que la forme du cristal mixte est la même que celle de l'un des sels qui ont concouru à le former, et que sa constitution est semblable à celle de ce dernier. Ainsi, en mêlant du sulfate de cuivre avec du sulfate de zinc, deux sels de forme différente et de constitution non similaire, on obtient, suivant que la quantité de l'un ou de l'autre prédomine, des cristaux mixtes, qui conservent la forme du sulfate de cuivre ou celle du sulfate de zinc, et l'on voit que dans le premier cas ils ressemblent au sulfate de cuivre, et dans le second au sulfate de zinc, sous le rapport de leur constitution.

Les faits qui prouvent que, dans un grand nombre de combinaisons, la forme cristalline est tout à fait indépendante de la différence des éléments, sont nombreux. Les aluns sont les corps qui nous offrent les exemples les plus remarquables sous ce rapport. On désigne sous ce nom des composés qui possèdent une constitution analogue à celle de l'alun ordinaire, dont les parties constituantes sont l'acide sulfurique, l'alumine, la potasse et l'eau. L'alun cristallise en beaux octaèdres réguliers. Nous pouvons en extraire l'alumine et la remplacer par l'oxyde de fer, l'oxyde de chrome, l'oxyde de manganèse, sans que, d'ailleurs, l'alun éprouve le moindre changement dans sa forme ou sa constitution. L'alun ferrique, dans lequel l'oxyde de fer remplace l'alumine, est incolore et se confond par son aspect extérieur avec l'alun ordinaire. L'alun chromique n'en diffère en

rien, si ce n'est par sa couleur rouge noir,
et l'alun manganésique par sa couleur violette. Lorsqu'à la température de l'atmosphère on met un cristal d'alun chromique
dans une dissolution saturée d'alun ordinaire, à mesure que l'eau s'évapore, les
molécules cristallines de l'alun ordinaire
viennent se déposer à la surface du cristal
d'alun chromique, absolument comme si
elles étaient elles-mêmes des molécules
d'alun chromique.

La face du cristal qui touche le fond du
vase est celle dont l'étendue augmente le
plus rapidement ; mais en retournant chaque jour le cristal, toutes ses faces s'accroissent uniformément, et l'on finit par avoir un
octaèdre régulier d'alun ordinaire blanc et
transparent dont le centre est occupé par
un octaèdre régulier et rouge noir d'alun
chromique. Celui-ci sert de noyau au cristal.

De même nous pouvons enlever l'acide
sulfurique de l'alun et le remplacer par
l'acide chromique et l'acide sélénique, deux
acides dont la constitution est la même que
la sienne ; nous pouvons remplacer la potasse par l'ammoniaque, et cela sans changer le moins du monde la forme des cristaux de l'alun. Il suit de là, non-seulement
dans l'exemple que nous présente l'alun,
mais encore dans tous les cas où l'alumine,
l'oxyde de fer, l'oxyde de chrome, l'oxyde
de manganèse, ou l'acide sulfurique, l'acide
chromique et l'acide sélénique, où la potasse et l'ammoniaque se remplacent respectivement dans les combinaisons, que la
forme du nouveau composé demeure la
même. C'est seulement dans le cas où, par
suite de ces substitutions, le composé vient
à recevoir un élément nouveau ou à perdre
un de ses autres éléments, que l'on voit
la forme cristalline changer, à cause du
changement qui s'est opéré dans la constitution moléculaire du composé.

Ce n'est que successivement qu'on a appris
à connaître et à partager en groupes les
corps susceptibles de se remplacer dans des
combinaisons analogues, sans en changer la
forme cristalline. On a donné à ces corps le
nom d'*isomorphes*, c'est-à-dire substances de
même forme, expression qui indique parfaitement leur propriété. Ainsi, quand on dit :
le chlore, le brome, l'iode, le cyanogène, le
fluor, ou bien la chaux, la magnésie, le protoxyde de fer et le protoxyde de manganèse,
sont isomorphes, on entend par là que leurs
combinaisons, identiques sous le rapport de
la constitution, possèdent la même forme
cristalline et peuvent se remplacer mutuellement sans l'altérer.

Ainsi qu'il est facile de le comprendre, un
cristal d'alun peut renfermer de l'oxyde de
fer et d'alumine, ou de la potasse et de l'ammoniaque en quantités variables et tout à
fait indéterminées, sans cesser pour cela d'être
un cristal d'alun et d'être considéré comme
de l'alun. En effet, ce qui constitue le caractère propre des substances isomorphes, c'est
de pouvoir se remplacer, non pas dans des
proportions fixes, mais dans toutes les pro-

portions possibles. Cette particularité sembla
d'abord en contradiction avec la loi des proportions fixes et constantes qui avait déjà été reconnue ; mais cette apparente contradiction s'explique de la manière la plus simple et la plus
satisfaisante, une fois que l'on connaît le fait
sur lequel repose le phénomène, à savoir, l'i-
dentité de forme et d'attraction des molécules.

Cette belle découverte, qui est due à un
Allemand, a surtout profité à la minéralogie
pour laquelle elle a eu d'importants résultats.

Les tentatives entreprises pour classer les
minéraux suivant leurs éléments constitutifs
s'accompagnaient de confusions et de difficultés sans nombre. Les chimistes les plus
scrupuleux étaient en contradiction formelle
sur la composition des minéraux les mieux
caractérisés. L'un, par exemple, trouvait
dans le grenat d'Arendal au delà de 13 pour
cent de magnésie, substance qui manque
complétement dans les grenats de Fahlun, du
Vésuve, etc. ; pour le grenat rouge ou grenat
de Bohême l'analyse a donné 27 pour cent d'a-
lumine, substance dont on ne trouve aucune
trace dans le grenat jaune d'Altenau. —Quels
sont donc les éléments constitutifs du grenat ? Quel est le caractère propre de sa constitution ? — Cette énigme s'est éclaircie
d'une manière fort simple. En effet, là où
l'alumine manque, elle se trouve remplacée
par l'oxyde de fer qui lui est isomorphe ; et
l'on a reconnu que le grenat contient des
quantités variables d'oxydes isomorphes,
sesqui-oxyde de fer et alumine ou chaux,
protoxyde de manganèse et protoxyde de
fer, susceptibles de se remplacer entre eux
sans altérer la forme de la combinaison.

Plus tard des mensurations plus exactes
des cristaux ont démontré que les combinaisons analogues de substances isomorphes ne
présentent pas toujours une forme absolument identique ; que, par exemple, les angles formés par les surfaces entre elles ne
sont pas parfaitement égaux. Or la plus belle
confirmation que pussent recevoir nos idées
sur l'existence des atomes, c'est que ces différences s'expliquent par des considérations
tirées de la théorie atomique.

Effectivement, si nous nous représentons
un cristal formé par la juxtaposition d'atomes
dont chacun a une forme déterminée, et la
forme du cristal comme étant subordonnée
à celle de ses plus petites molécules, nous
concevrons alors que l'atome d'alumine doit
occuper un certain espace dans l'atome d'alun.
Si nous enlevons à ce cristal l'atome d'alumine
et le remplaçons par un atome d'oxyde de fer, le
cristal d'alun conservera sa forme géométrique, pourvu que l'atome d'oxyde de fer ait la
même forme que l'atome d'alumine. Toutefois
la forme du cristal d'alun ne restera identiquement la même qu'autant que l'atome
d'oxyde de fer aura le même volume que
l'atome d'alumine. Mais si l'oxyde isomorphe
n'occupe pas exactement l'espace de l'atome
remplacé, si son volume est plus petit ou
plus considérable, cette différence devra se
faire reconnaître à l'inclinaison des faces du
cristal par rapport à son axe.

On est parvenu, d'une manière fort ingénieuse, à comparer l'espace respectif occupé par les atomes de deux substances isomorphes qui se remplacent dans une combinaison. Chacun sait que les corps solides, liquides ou gazeux, ont des poids très-différents sous des volumes égaux. C'est une comparaison que nous faisons, sans y penser, entre l'espace qu'occupe un morceau de bois et celui qu'occupe un morceau de plomb d'un volume égal, quand nous disons que le bois est plus léger que le plomb. Une livre de bois a exactement le même poids qu'une livre de plomb; mais un pouce cube de plomb pèse plus de onze fois autant qu'un pouce cube de bois. La différence de poids que les corps possèdent sous le même volume a été déterminée avec exactitude par les physiciens et exprimée par des nombres : c'est ce qu'on appelle *poids spécifique* des corps. De même que l'on peut comparer les poids respectifs de deux corps, en cherchant combien de fois une unité de poids connue, une livre, par exemple, se trouve contenue dans la masse de chacun de ces deux corps, sans avoir égard à l'espace qu'ils occupent, de même on est convenu, pour déterminer le poids spécifique des corps, de se servir d'une unité de poids ayant un *volume connu*. C'est le poids de l'eau que l'on a choisi pour unité. Ainsi l'on exprime par des nombres qui se rapportent au poids d'un volume d'eau, le nombre de fois qu'un corps de même volume que ce liquide pèse de plus qu'un autre corps. Le poids d'un volume égal d'eau est donc une mesure, une unité de poids, et le nombre qui désigne le poids spécifique d'un corps exprime combien de fois ce corps pèse plus ou moins que l'eau, sous le même volume, ou combien de fois l'unité de poids s'y trouve contenue.

Pour trouver le poids d'un corps sans avoir égard à l'espace qu'il occupe, c'est-à-dire pour trouver son poids absolu, nous le plaçons sur l'un des plateaux d'une balance, et sur l'autre nous mettons autant d'unités de poids, de livres par exemple, qu'il en faut pour que l'équilibre s'établisse entre les deux plateaux. Il est absolument indifférent pour ce cas de prendre pour unité de poids, du plomb, du fer, du platine, du bois ou une autre matière quelconque. Donc, si au lieu d'une livre de fer nous supposons une livre d'eau, si nous admettons que sur l'un des plateaux de la balance nous avons mis le corps et versé dans l'autre une quantité d'eau suffisante pour que les deux plateaux se fassent équilibre, nous aurons le poids du corps exprimé par une livre d'eau. Si maintenant nous comparons l'espace occupé par le corps que nous venons de peser, avec l'espace qu'occupe un poids égal d'eau, nous saurons, d'une manière exacte, combien de fois, à poids égal, l'eau occupe plus ou moins d'espace que le corps en question.

Lorsqu'on place sur un plateau de balance un pouce cube de fer, il faut, pour rétablir l'équilibre entre les deux plateaux mettre 7 3/4 pouces cubes d'eau. Par conséquent,

1 pouce cube d'eau est 7 3/4 fois plus léger que 1 pouce cube de fer, ou, ce qui revient au même, 1 pouce cube de fer est 7 3/4 fois plus pesant que 1 pouce cube d'eau.

Si nous mettons dans une balance cent volumes d'essence de térébenthine en équilibre avec de l'eau, nous voyons que 86 volumes de ce dernier liquide sont aussi pesants que 100 volumes du premier, ou que 100 volumes de térébenthine occupent la place de 86 volumes d'eau ; en d'autres termes, qu'à volume égal, l'essence de térébenthine ne pèse que les $\frac{84}{100}$ du poids de l'eau.

Les poids spécifiques ne sont pas autre chose que les poids des corps comparés à des poids d'eau d'un volume égal au leur et exprimés par des nombres représentant ces poids.

Il est, pour ainsi dire, superflu de donner l'explication des nombres 7,75 pour le fer, 11,3 pour le plomb, 1,989 pour le soufre, 4,948 pour l'iode, 1,38 pour le chlore liquide. On comprend que ces chiffres expriment combien de fois le fer, le plomb, le soufre, l'iode, le chlore liquide pèsent plus qu'un égal volume d'eau. La différence de poids qui existe entre deux volumes égaux de soufre et de fer est la même que la différence présentée par les nombres 1,989 et 7,75, et la différence de poids que présentent deux volumes égaux d'iode et de chlore est comme, 4,948 est à 1,380. Il est évident que la différence de poids qui existe entre deux corps de même volume demeure absolument la même, quel que soit le volume que nous leur supposions. Les nombres qui augmentent cette différence augmenteront ou diminueront à mesure que le volume changera, mais cette augmentation ou cette diminution sera toujours proportionnelle à celle que subira le volume. La différence de poids que nous constatons entre 2 pouces cubes d'iode et 1 pouce cube de chlore, est exprimée par le rapport que présentent entre eux le nombre deux fois 4,948 = 9,896 et le nombre 1,380, etc.

Maintenant, la question qui se présente à résoudre est celle de savoir pourquoi, à volume égal, les corps ont des poids inégaux. D'après l'idée que nous nous faisons aujourd'hui de la constitution des corps, tous se composent d'une agrégation de particules pesantes, dont chacune occupe un certain espace et possède une forme déterminée. La connaissance des substances isomorphes a mis hors de doute que le fait de leur remplacement mutuel dans les combinaisons, sans que la forme cristalline de celles-ci en soit modifiée, dépend de ce que les atomes de ces substances ont une forme et un volume identiques : or, lorsque nous voyons la forme cristalline d'une combinaison changer à la suite du remplacement d'un corps par un autre, nous devons supposer que cette modification tient à ce que les atomes de ce second corps ont une forme différente de celle des atomes du premier, ou bien, tient à ce qu'ils n'occupent pas le même espace dans la combinaison. Toutes ces considérations réunies conduisent à l'idée que les particules des corps auxquelles nous donnons le nom d'atomes, ont des poids et des volumes inégaux. Cette hypothèse explique de la manière la plus simple possible le poids spécifique des corps. En effet, si le plomb, à volume égal, pèse plus que le fer, le fer plus que le soufre, l'iode plus que le chlore, ce phénomène dépend de ce que l'atome d'iode est plus pesant que l'atome de chlore, ou de ce que, sous le même espace, il se trouve un plus grand nombre d'atomes de plomb que d'atomes de fer, par exemple.

En supposant que, sous un volume d'un pouce cube, deux corps différents, tels que l'iode et le chlore, contiennent un nombre égal d'atomes, mille par exemple, les poids spécifiques de ces volumes égaux d'iode et de chlore exprimeront évidemment la différence de poids qui existe entre les atomes de ces deux substances. Si le pouce cube d'iode pèse 4,948 grains, le pouce cube de chlore devra peser 1,380 grains ; $\frac{1}{1000}$ de pouce cube d'iode, renfermant un atome de ce corps, pèsera, par conséquent, 4,948 grains ; et $\frac{1}{1000}$ de pouce cube de chlore, renfermant un atome de chlore, pèsera 1,380 grains.

Mais le chlore et l'iode étant isomorphes entre eux, si nous supposons que leurs atomes ont le même volume et la même forme, et si dans le même volume d'iode et de chlore il y a un nombre égal d'atomes de chacun, les nombres qui exprimeront les poids spécifiques de ces atomes devront être entre eux dans le même rapport que leurs nombres équivalents, ou que leurs poids atomiques. Pour enlever à une combinaison 4,948 grains d'iode, et pour les remplacer par du chlore, il faudra exactement 1,380 grains de ce dernier. Une simple règle de trois montre que les choses se passent réellement de cette manière. Le poids spécifique de l'iode est à celui du chlore comme 4,948 est à 1,380, ou, ce qui donne absolument le même rapport, comme leurs équivalents sont entre eux, c'est-à-dire comme 12,6 d'iode est à 35,2 de chlore.

Ce rapport remarquable, qui a eu pour effet inattendu de fixer l'attention des savants sur une simple propriété physique (le poids spécifique), a été constaté dans toutes les substances isomorphes. Les nombres qui représentent leurs poids spécifiques expriment les rapports pondéraux suivant lesquels elles se remplacent dans les combinaisons : ce rapport est absolument le même que celui qui nous est offert par les nombres équivalents. De plus, toutes les fois que nous remarquons une anomalie dans les corps isomorphes, toutes les fois, par conséquent, que leurs poids spécifiques ne concordent pas exactement avec leurs nombres équivalents, cette anomalie se trahit dans l'inclinaison des surfaces du cristal, dans les angles, par exemple, que les arêtes forment avec l'axe du cristal. La forme de celui-ci ne reste identiquement la même que lorsque les atomes des substances isomorphes qui se remplacent ont un égal volume, en même temps

qu'une forme semblable. Si le volume de l'atome qui entre dans la combinaison est plus petit que celui de l'atome sortant, cette différence se traduira par une modification dans la forme du nouveau cristal.

Afin de pouvoir exprimer d'une manière comparative, par des nombres, l'espace qu'occupent les atomes de corps différents, voici à quel point de vue on s'est placé.

Supposons que les nombres équivalents expriment des poids réels : admettons que le nombre 35,2 pour le chlore exprime 35,2 onces de ce corps, que le nombre 12,6 pour l'iode signifie 12,6 onces de ce corps, et qu'il en est de même des nombres 27,2 pour le fer, 29,6 pour le nickel. Maintenant, si nous divisions chacun de ces nombres par le poids de 1 *pouce cube* de chlore, d'iode, de fer, de nickel, ou, ce qui revient au même, par les poids spécifiques de ces corps (1 pouce cube d'eau pesant une once dans notre hypothèse, 1 pouce cube de chlore pèsera 1,380, 1 pouce cube d'iode 4,948, 1 pouce cube de fer 7,790, 1 pouce de nickel 8,477), il est évident que nous saurons par là combien de cubes de chlore, d'iode, de nickel ou de fer, se trouvent contenus dans un équivalent de ces corps ; en d'autres termes, les quotients obtenus exprimeront en pouces cubes l'espace qu'occupe un équivalent de chlore, d'iode, de fer et de nickel, ou, pour parler d'une manière tout à fait générale, le rapport des volumes de ces corps à leurs équivalents ou à leurs poids atomiques.

Or, dans notre hypothèse, les atomes des substances isomorphes possèdent la même forme et le même volume ; leur nombre est le même dans des espaces égaux. Si donc, dans un équivalent de chlore, il y a exactement autant d'atomes que dans un équivalent d'iode, la division de leur poids atomique par leur poids spécifique devra nous donner le même nombre pour ces deux corps. En effet, 35,2, qui est le poids atomique du chlore, divisé par 1,380, qui est le poids spécifique de ce même corps, donne le nombre 25 ; et 12,6, qui est le poids atomique de l'iode, divisé par 4,948, donne également le nombre 25.

Il est aisé de voir que, d'après la supposition que nous avons faite, il ne saurait en être autrement. Le poids atomique, ou le nombre équivalent des corps isomorphes, doit, lorsqu'on le divise par le poids spécifique, donner un seul et même quotient, puisque des espaces égaux contiennent le même nombre d'atomes. Si le nombre d'atomes n'est pas le même, ou si ces atomes diffèrent entre eux sous le rapport de la configuration et du volume, cette différence se fera également reconnaître dans les quotients. On voit combien la connaissance de ces nombres est précieuse, lorsqu'il s'agit de comparer l'espace respectif occupé par les atomes de différents corps. Pour donner un nom à ces nombres, on leur a appliqué la dénomination de volume atomique ou volume spécifique des corps. Ainsi donc, si le volume atomique du chlore est 25, et celui de l'iode également 25, nous dirons que ces deux corps sont semblables, qu'ils sont isomorphes. Le soufre, au contraire, n'est pas isomorphe au chlore : car son volume atomique, qui est 8, diffère beaucoup de celui du chlore ; mais, en revanche, il est le même que celui du sélénium, avec lequel le soufre est isomorphe.

Ces nombres permettent, par conséquent, de reconnaître, au premier coup d'œil, quels sont les corps qui, sous le même volume, contiennent un nombre égal ou différent d'atomes. On peut ainsi comparer les rapports réciproques de ces nombres, et les déterminer d'une façon rigoureuse, ce qui est d'une haute importance.

THÉORIES CRISTALLO-ATOMIQUES. — La combinaison ayant lieu en proportions définies par atomes, et non par fractions d'atome, il s'agit de montrer comment on conçoit que ces atomes, en leur supposant une forme sphérique, puissent donner naissance, par leur groupement, à des molécules dont l'arrangement régulier produit des formes géométriques appelées *cristaux*. On peut imaginer bien des théories pour expliquer de semblables groupements, mais on ne doit attacher de l'importance qu'à celles qui s'appuient sur les résultats de l'analyse chimique et les propriétés physiques des corps résultant de ces groupements.

M. Ampère a suivi, le premier, cette marche dans sa théorie cristallo-atomique, qui a l'avantage, tout en expliquant les formes cristallines des corps, de faire connaître, en raison des conditions auxquelles sont assujetties ces formes, si une combinaison est possible ou non. Cette théorie est encore basée sur ce principe, que les molécules des corps étant tenues, par l'action des forces attractives et répulsives, à des distances infiniment grandes relativement à leurs dimensions, leur forme ne peut avoir aucune influence sur les propriétés de ces corps, celles-ci ne devant, par conséquent, dépendre que du nombre et du groupement des molécules.

Voici comment a raisonné M. Ampère. Les molécules sont formées de particules élémentaires, et comme tout espace a au moins trois dimensions, il est nécessaire que chacune d'elles soit formée au moins de quatre particules, attendu que, pour circonscrire un espace, il faut au moins quatre plans, passant chacun par les centres de gravité de trois de ces particules. Dans les cas où les molécules renferment un plus grand nombre de particules ou d'atomes, les plans qui limitent leur volume passent chacun par les centres de gravité de trois atomes, sans quoi il y aurait des angles rentrants dans les cristaux. On peut ainsi former des polyèdres qui représentent les molécules des corps.

Dans les gaz simples ou composés, les molécules sont tenues par la force expansive de la chaleur à des distances beaucoup plus grandes que celles où l'affinité et la cohésion exercent leur action ; ces distances ne doivent donc dépendre que de la température et de la pression ; d'où il suit qu'à des températures et à des pressions égales les molécules de tous les gaz sont placées à même distance, et que leur volume doit être proportionnel à celui du gaz ; mais comme il arrive que des gaz ne fournissent dans les combinaisons qu'un demi-volume, et que l'on ne saurait admettre la divisibilité des particules ou atomes, M. Ampère suppose, avec raison, que les molécules des gaz simples, tels que l'oxygène, l'hydrogène, l'azote, sont composées d'un nombre pair suffisant d'atomes pour que toutes les combinaisons connues satisfassent à ces conditions La supposition la plus simple est d'admettre que les molécules de ces gaz sont composées de quatre atomes ; par conséquent, la molécule de gaz nitreux serait formée de deux particules d'oxygène et deux d'atomes d'azote ; celle de gaz oxyde d'azote, de quatre atomes d'azote et deux d'oxygène ; celle de la vapeur d'eau, de quatre d'hydrogène et deux d'oxygène ; celle du gaz ammoniacal, de six d'hydrogène et deux d'azote. Pour la molécule de chlore, on ne pourrait expliquer ses combinaisons qu'en admettant qu'elle soit composée de huit atomes, ainsi de suite.

M. Ampère a montré qu'un parallélipipède est formé de la réunion de deux tétraèdres : si ceux-ci sont réguliers, le parallélipipède devient un cube ; qu'un prisme hexaèdre peut provenir de la réunion de deux octaèdres, et qu'en combinant ensemble deux tétraèdres en un octaèdre, on obtient un dodécaèdre ; que l'octaèdre réuni d'une certaine manière avec le tétraèdre donne un hexadécaèdre formé de quatre faces triangulaires équilatérales et douze isocèles ; que deux octaèdres réunis en prisme hexaèdre peuvent se joindre à deux tétraèdres formant un cube, et donner un polyèdre à vingt sommets, composé de trente faces, savoir : six parallélogrammes rectangles et vingt-quatre triangles isocèles. Ainsi, en continuant ce mode de combinaison de divers solides, M. Ampère est parvenu à obtenir des polyèdres de cinquante-quatre, de soixante-six, de quatre-vingts faces, et même au delà, qui représentent les divers arrangements des atomes de tous les corps dont le nombre est déterminé par l'expérience. Par cette détermination on a effectivement la figure polyédrique qui correspond à la molécule ; mais est-ce bien la figure de la molécule ? Quelle preuve en donne M. Ampère ? Aucune. Il n'a pas cherché si le système cristallin d'une combinaison s'accordait avec le principe de la molécule constitutive déterminé par ses vues théoriques ; néanmoins, en suivant la déduction de cette théorie, on trouve qu'en comparant les combinaisons de l'hydrogène et de l'oxygène avec différents corps, à l'exception du chlore et du soufre, dont les combinaisons avec l'hydrogène jouent le rôle d'acide, on trouve qu'une même quantité d'un corps, susceptible de s'unir à l'hydrogène, s'y combine, de manière qu'en général il y a, dans chaque partie du composé, quatre atomes d'hydrogène de plus qu'il n'y a d'atomes d'oxygène dans la combinaison correspondante du même corps avec ce dernier gaz ; comme moyen de vérification de la théorie, on peut, la composition des corps étant connue, déterminer les rapports des quantités d'acide, de base, et même d'eau de cristallisation, qui doivent se trouver dans les sels acides, neutres, sursaturés d'une même espèce, et quand on connaît les formes représentatives des molécules de l'acide et de la base. Si l'on considère, par exemple, la forme des particules de l'acide sulfurique, forme déterminée par le nombre d'atomes qui entrent dans sa composition, conformément aux vues précédentes, on trouve, d'après l'expérience, que la plupart des sulfates sursaturés doivent contenir trois fois plus de base que les sulfates neutres, et que la quantité d'acide sulfurique est, dans les sulfates acides, le double de celle des sulfates neutres, tandis que l'acide sulfureux, d'après la forme représentative de ses molécules, peut former, avec l'ammoniaque, un sel acide, où il entre en plus grande quantité que dans le sulfate neutre. On voit par là que les considérations géométriques de M. Ampère, basées sur la composition atomique des corps, ont des moyens de vérification, auxquels peuvent s'exercer ceux qu'intéresse ce genre de recherches. Les vues que nous venons d'exposer sont certainement très-ingénieuses, et de nature à être prises en considération, puisqu'elles reposent sur la composition des corps en proportions atomiques ; mais elles ont néanmoins l'inconvénient d'admettre dans la science, pour forme des molécules, des polyèdres très-compliqués, dont il est difficile, sans un examen assez approfondi, de saisir la construction.

D'un autre côté, M. Ampère s'est attaché plutôt à satisfaire à la composition atomique qu'à vérifier si ces formes moléculaires étaient d'accord avec celles des molécules des corps que l'on peut obtenir cristallisés. C'est pour parer à ces deux inconvénients que M. Gaudin, tout en évitant, comme M. Ampère, les demi-atomes, et en satisfaisant à la loi de symétrie et à la composition atomique, a cherché à représenter les formes des molécules par des polyèdres moins compliqués que ceux dont il a été question précédemment, et en s'attachant à démontrer que, dans les cas de vérification possibles, ces formes s'accordaient avec celles de la nature. Ces modifications à la théorie de Ampère méritent d'être prises en considération.

Voici les principes qui ont servi de base à M. Gaudin pour le groupement des particules. 1° Les atomes ne viennent jamais au contact. 2° Leur distance varie suivant les oscillations qu'ils exécutent sans cesse. 3° Dans les combinaisons, il y a pêle-mêle général des atomes. Néanmoins, les atomes doués d'un fort pouvoir électro-chimique occupent dans la molécule constitutive les positions principales ; ainsi, le potassium, etc., le plomb, etc., et jamais l'hydrogène, l'azote, etc., forment le noyau de la molécule. 4° Lorsque plusieurs atomes identiques se

groupent, dans un même plan, autour d'un autre atome, c'est toujours au nombre de 2, 3, 4, 6 ou 12 ; les nombres 5, 7, 9, etc., sont exclus. Les plus usités sont 4, 6 et 8. Dans le cas où l'atome principal est celui d'un métal, et les autres atomes ceux d'oxygène, on a, en les joignant par des lignes droites, des polyèdres de 4, 6 et 8 côtés.

Voici quelques exemples de groupement. Un volume de chlore, en se combinant avec un volume d'hydrogène, donne naissance à deux volumes de gaz acide hydrochlorique. Il faut donc qu'une particule de chlore, en se combinant avec une particule d'hydrogène, produise deux particules de gaz acide hydrochlorique. Or, cette combinaison ne saurait s'effectuer, d'après M. Gaudin, qu'en admettant que les particules soient susceptibles de se diviser en deux. Il faut donc admettre, pour satisfaire à la loi de composition, que la particule soit composée d'un nombre pair d'atomes, comme M. Ampère l'indique. M. Gaudin a fixé ce nombre à deux pour les particules de chlore et d'hydrogène.

De même un volume de gaz oxygène, en se combinant avec deux volumes de gaz hydrogène, donne deux volumes de vapeur d'eau. Il faut donc que chaque atome d'oxygène s'approprie deux atomes d'hydrogène. La particule d'eau sera donc composée de trois atomes, ce qui exige que la particule d'oxygène soit biatomique. C'est par des considérations du même genre que l'on trouve que les particules du carbone et des métaux sont atomiques, celles du phosphore à l'état de vapeur tétratomiques, celles du soufre hexatomiques.

Nous ne pousserons pas plus loin les conséquences que l'on peut tirer des vues théoriques de M. Ampère, modifiées par M. Gaudin, attendu que nous avons voulu seulement montrer les efforts que l'on avait faits pour arriver à la connaissance de la forme des molécules, en s'appuyant sur la composition atomique, la loi de symétrie et même la forme cristalline de quelques corps, et indiquer la marche à suivre dans des recherches de ce genre. Quoique l'on doive se mettre en garde contre les déductions que l'on pourrait tirer de la théorie que nous venons d'exposer, néanmoins, comme elle est basée sur des faits, qu'elle les embrasse presque tous, nous avons dû lui donner place dans ce Dictionnaire.

THÉORIE DE L'ENDOSMOSE. *Voy.* Endosmose.

THÉORIE SUR LA STRUCTURE DES CRISTAUX. *Voy.* Cristaux.

THÉORIE DES ONDULATIONS. *Voy.* Lumière.

THÉORIE DU CONTACT. *Voy.* Électricité dégagée dans les actions chimiques.

THERMOHYGROMÈTRE de Leslie. *Voy.* Évaporation.

THORIUM. — Ce nouveau métal, découvert, en 1830, par Berzelius, a été trouvé dans un minéral de l'île de Lœvœn, en Norwége. Dans ce minéral, appelé *thorite*, du nom d'un ancien dieu scandinave (*Thor*), le thorium existe à l'état d'oxyde combiné à l'acide silicique, et mêlé à de petites quantités d'oxydes de fer, de manganèse, de calcium, et des traces d'oxydes d'étain et de plomb; l'oxyde de thorium forme les 57/00.

Oxyde de thorium. — Cet oxyde est en poudre blanche, qui a une très-grande densité si on l'a fortement calcinée, car sa pesanteur spécifique se rapproche alors de celle du protoxyde de plomb, et est égale à 9.402. Il est infusible, insoluble dans les acides lorsqu'il est déshydraté.

THRIDACE (*lactucarium*). — On l'obtient en incisant la tige de la laitue, à l'époque de la floraison, recueillant le suc qui s'en écoule sur une toile de coton, et exprimant celle-ci, dès qu'elle en est imbibée, dans une petite quantité d'eau ; en abandonnant cette eau à l'évaporation spontanée, dans un vase plat et à un endroit sec, la thridace se durcit et se prend en un extrait brun et fragile, d'une saveur amère.

La thridace est employée en médecine. Elle produit les mêmes effets narcotiques que l'opium, sans offrir aucun des inconvénients que présente l'usage de l'opium. Un médecin américain, nommé Coxe, fut le premier qui dirigea, il y a peu de temps, l'attention des médecins sur cette substance. Par le procédé indiqué plus haut, on n'en obtient que peu, et il revient très-cher ; on a donc proposé d'employer d'autres méthodes par lesquelles on l'obtient à meilleur compte, mais moins pur. Probart coupe la tige de la laitue au-dessus de la racine, peu de temps après qu'elle a fleuri, il en détache les feuilles et les sommités, il ouvre les branches épaisses et la tige, il enlève le tissu cellulaire aqueux, puis il découpe les parties corticales qui contiennent les vaisseaux chargés de suc laiteux; il les fait bouillir avec de l'eau, et il évapore la décoction jusqu'à consistance d'extrait. Caventou exprime toute la plante et réduit le suc jusqu'à consistance d'extrait. Quelques auteurs désignent par le nom de thridacium le résidu obtenu par l'évaporation du suc exprimé, et par le nom de lactucarium le suc laiteux desséché qui s'écoule de la plante incisée.

TINKAL. *Voy.* BORAX.

TITANE. — Ce nom rappelle celui des Titans, ouvriers de Vulcain, travaillant dans les forges de l'Etna. Ce métal a été trouvé en 1791 et 1795, par Grégor et Klaproth, dans deux minéraux différents. Le premier de ces chimistes l'a rencontré dans un minéral du comté de Cornouailles, et le second dans un minéral désigné par les minéralogistes sous le nom de *schrol rouge.*

Les propriétés du titane, à l'état de pureté, n'ont été que peu étudiées; comme il est très-infusible, on n'a pu l'obtenir réuni en une seule masse. On sait qu'il a une couleur rouge, analogue à celle du cuivre, qu'il est cassant, et qu'il s'oxyde lorsqu'on le chauffe à l'air. Il est susceptible de se combiner en deux proportions avec l'oxygène ; le peroxyde de ce métal joue le rôle d'un acide, ce qui lui a fait donner le nom d'*acide titanique.* Il se rencontre dans la nature uni à plusieurs autres oxydes.

Les composés sont sans importance.

TOILES MÉTALLIQUES. — Toutes les fois que les gaz qui brûlent avec flamme éprouvent un certain refroidissement par une cause quelconque, ils cessent d'être lumineux. Les corps métalliques agissent ainsi sur les flammes ; ils absorbent assez de calorique pour faire cesser à l'instant la combustion. En effet, Humphry Davy a constaté que la flamme ne peut passer, à la température ordinaire, à travers une toile métallique très-serrée. Ce tissu refroidit le gaz qui le traverse, de manière à réduire sa température au-dessous du degré où la lumière est produite. C'est ce qu'on observe très-bien en abaissant une toile métallique sur une flamme quelconque ; celle-ci ne traverse point la toile, et on aperçoit à travers cette dernière un cône tronqué de lumière, dont l'axe et les parties environnantes sont obscurs, et dont les bords évasés sont seuls éclairés. Si l'on approche une chandelle allumée un peu au-dessus de la toile, le gaz qui passe à travers ses mailles s'enflamme aussitôt, preuve que le métal lui enlève beaucoup de sa chaleur et le ramène à une température où il n'est plus lumineux.

Dans la même place, au-dessus de la toile où la main n'éprouve qu'une température douce, on est promptement brûlé si l'on retire la toile. Si deux feuilles de papier sont attachées aux deux faces opposées d'une toile métallique, on pourra allumer et brûler complétement l'une d'elles, sans que l'autre éprouve aucun dommage, quelle que soit d'ailleurs la situation horizontale, verticale ou inclinée de la toile.

La diminution de température qu'éprouve une flamme par la superposition d'une gaze métallique est proportionnelle à la petitesse des ouvertures du tissu et à la masse du métal. De sorte qu'une toile métallique peu serrée laisse passer la flamme qu'une toile plus serrée intercepte complétement. Plus les flammes sont chaudes, plus le tissu doit avoir des mailles petites pour les arrêter. C'est ainsi qu'une toile de cent ouvertures par centimètre carré intercepte, à la température ordinaire, la flamme d'une lampe à esprit-de-vin, mais non celle de l'hydrogène, et dès qu'elle aura été fortement chauffée, elle laissera passer la flamme de la lampe. Une toile qui, chauffée au rouge, n'arrête pas la flamme de l'hydrogène, arrête encore celle de l'hydrogène bicarboné. Enfin, une toile échauffée qui communiquerait l'explosion à un mélange d'air et d'hydrogène bicarboné, ne permettrait pas celle d'un mélange d'air et de gaz inflammable des mines de charbon de terre (hydrogène carboné) qui, par bonheur, est le moins combustible des gaz inflammables connus.

Ces observations de sir Humphry Davy démontrent donc, de la manière la plus satisfaisante, que si la flamme est interceptée par les tissus solides, perméables à la lumière et à l'air, cela dépend, non d'une cause inconnue et mystérieuse, mais simplement de leurs pouvoirs refroidissants.

Ces principes, qui dans les mains de beaucoup d'hommes eussent été stériles, sont devenus, dans celles de l'homme de génie dont je viens de citer le nom, d'une merveilleuse fécondité. Il a compris à l'instant tout le parti qu'on en pouvait tirer pour l'éclairage des mines de houille où l'inflammation du *grisou* est la cause de si affreuses et de si fréquentes catastrophes. S'appuyant de ses expériences sur l'imperméabilité des gazes métalliques à la flamme, Davy prévoit qu'en entourant d'une toile métallique à petites ouvertures la lampe ordinaire des mineurs, celle-ci ne déterminera plus l'explosion du mélange détonant qui se forme dans les galeries souterraines. Le gaz qui s'introduira dans l'intérieur de la cage métallique y prendra bien feu, mais la flamme ne pourra jamais se communiquer au dehors : elle s'éteindra en traversant la toile, puisque celle-ci jouit de la propriété de refroidir les gaz échauffés et de les abaisser au-dessous de la température où ils sont lumineux. L'expérience confirme bientôt les prévisions du chimiste anglais, et d'un instrument dangereux Davy fait un moyen de salut pour l'imprudent mineur, qui trouve dans sa nouvelle lampe un indicateur des dangers qui l'entourent et un guide inoffensif qui lui permet de traverser impunément les parties de la mine où naguère il eût trouvé la mort.

Une autre application non moins brillante qu'utile du principe que nous venons de développer est due au chevalier Aldini, physicien italien. Elle consiste dans un appareil propre à garantir les pompiers de l'action des flammes dans les incendies.

Cet appareil préservateur se compose de deux vêtements : l'un en tissu épais d'amiante ou de laine rendue incombustible au moyen d'une dissolution saline ; l'autre en toile métallique de fil de fer, recouvrant le premier. Le pompier, revêtu de ces deux tissus, peut supporter pendant un certain temps l'action des flammes sans en ressentir les funestes effets, puisque le tissu métallique extérieur refroidit ces flammes, ainsi que je vous l'ai démontré tout à l'heure, et que l'amiante ou la laine ne transmet que très-faiblement la chaleur, en raison de sa faible conductibilité.

On acquiert facilement la preuve de l'influence des tissus de métal et d'amiante pour préserver de l'action des flammes, en revêtant la main d'un gant d'amiante et la renfermant dans une enveloppe de tissu métallique. On peut alors tenir pendant quelque temps des barres de métal rougies, des bois enflammés ou en braise ; on peut plonger la main dans la flamme de l'esprit-de-vin jusqu'à ce que l'enveloppe métallique rougisse fortement, sans ressentir de brûlure ; cependant l'amiante finit par s'échauffer tellement, que son contact devient insupportable, et l'on ne saurait trop tôt s'en débarrasser.

Le tissu métallique, en refroidissant la flamme, s'échauffe progressivement et proportionnellement à la durée de son contact avec elle. Pour éviter cet inconvénient, Aldini a imaginé de placer immédiatement au-dessous de ce tissu métallique un autre tissu épais et faiblement conducteur, afin d'empêcher l'arrivée de la chaleur jusqu'à la surface du corps. Il a songé à utiliser dans ce cas l'incombustibilité de l'amiante, qu'il est parvenu à réduire en fils très-fins, dont il a pu ensuite faire des tissus de laine imprégnés de substances salines. Dans cet état ces tissus ne prennent plus feu, se calcinent sans propager la combustion, et ne se laissent pénétrer que lentement par la chaleur, comme Gay-Lussac l'a fait connaître le premier. Ainsi, le vêtement en fil de fer, qui seul serait inefficace pour garantir le corps de l'action de la chaleur, complète, avec le vêtement d'amiante ou de laine préparée, un abri impénétrable pendant un temps qui doit suffire aux manœuvres du pompier.

Armé de ces deux enveloppes, Aldini s'est exposé le premier au contact des flammes les plus ardentes ; et, encouragées par son exemple, beaucoup de personnes ont répété ses curieuses expériences, toujours avec un égal succès. Les essais faits par ce vénérable physicien, plus que septuagénaire, à Milan, à Florence, à Genève, avaient déjà prouvé l'efficacité de ses appareils, lorsqu'à la fin de 1829 il est venu lui-même à Paris les soumettre au jugement de l'Institut et du Conseil de salubrité. Ces deux corporations savantes ont publié des rapports extrêmement favorables.

Dans sa séance publique du 26 juillet 1830, l'Institut a donné à Aldini une somme de 8000 francs à titre de récompense. La Société d'encouragement de Paris lui a offert aussi une médaille d'or de première classe. La Société royale de Londres lui a décerné la grande médaille de Neptune.

Aldini ne s'est pas contenté de pourvoir à la sûreté des pompiers, qui partout exposent leur vie avec tant de courage et de désintéressement, il a songé aussi à diminuer les chances d'incendie. Une grande partie de ceux-ci sont dus à la négligence et à l'incurie des personnes qui portent une chandelle ou une lanterne ouverte ou sans verre dans les lieux contenant des matières combustibles.

Le philanthrope italien a imaginé d'envelopper d'un tissu métallique à petites ouvertures les lanternes ordinaires, et, par ce moyen, il a fait disparaître ce qu'elles pouvaient présenter de dangereux. En effet, une pareille lanterne peut être placée sur un tas de foin, en être entourée ; des brins de paille peuvent même y pénétrer et prendre feu, sans que la combustion se propage, en vertu du pouvoir refroidissant du tissu métallique qui l'entoure.

Les lanternes en fer-blanc, garnies de corne ou de verre, éclairent fort mal, comme on sait, et d'un seul côté. Les lanternes d'Aldini répandent, au contraire, une très-grande clarté, et n'ont aucun des inconvénients des premières.

Chacun peut transformer aisément une lanterne ordinaire en une lanterne de sûreté, puisqu'il suffit d'entourer la lumière d'une cage métallique à petites ouvertures. Espérons qu'une modification si simple et si peu coûteuse sera généralement adoptée une fois que la connaissance en sera répandue.

M. Maratuch a fait, en 1838, une autre application des toiles métalliques : il a eu l'idée de les employer contre les feux des cheminées. Pour cela il établit à l'entrée du tuyau des cheminées un châssis portant une toile métallique qui arrête complétement les feux les plus intenses ; seulement il faut avoir chaque jour le soin de nettoyer, avec une brosse, la toile métallique, qui n'a pas besoin d'autre entretien, et qui dispense du ramonage. Les expériences faites ont démontré l'efficacité et la commodité de ce moyen bien simple de parer à l'une des causes les plus fréquentes d'incendie dans les habitations particulières.

TOLE. *Voy.* ETAIN, *alliages.*

TOPAZE (*silice fluatée alumineuse, pyrophysalite, phengite ; chrysolite de Saxe, rubis du Brésil, aigue-marine orientale.* — Substance vitreuse. Cristallisant dans le système prismatique rectangulaire droit.

Les couleurs sont le blanc avec limpidité ; le jaune, qui varie du jaune citron au jaune brunâtre et à l'orangé rougeâtre ; le rosâtre, le bleu. La plupart des variétés sont transparentes, mais il en existe aussi d'opaques.

La topaze forme de petites veines, ou tapisse les fentes des roches cristallines ; rarement elle est disséminée. Elle se trouve dans des pegmatites et des granites, dans des gneiss, dans des micaschistes et dans des schistes argileux ; quelquefois elle est intimement mêlée avec du quartz, du mica, etc., et forme une masse particulière qu'on a nommée roche de topaze ou topazféls.

On emploie la topaze dans la joaillerie ; mais il n'y a d'estimées dans le commerce que les variétés naturellement jaune pur, jaune orangé, rouge hyacinthe, et les variétés rosâtres. Cette dernière couleur, qui existe naturellement, est souvent aussi un produit de l'art ; ce sont des topazes jaunes, roussâtres, qu'on a soumises à l'action du feu, et qu'on nomme, à cause de cela, *topazes brûlées.* Les topazes bleues, qui jusqu'ici ont eu peu de valeur, peuvent cependant faire des parures très-agréables. On emploie peu les topazes blanches, qui n'ont en effet rien d'agréable, si ce n'est en pierres isolées montées en bagues et en épingles pour imiter le diamant, parce qu'elles prennent un beau poli ; mais elles ont peu d'éclat.

En examinant les diverses analyses qu'on a faites de la topaze, on aperçoit de grandes différences dans la composition, ce qui semblerait indiquer plusieurs espèces distinctes ; mais il est difficile de rien conclure définitivement à cet égard, parce que ces analyses

ont été faites par différents auteurs, à différentes époques, et que l'on sait combien il est difficile de doser exactement la quantité d'acide fluorique. Cependant les observations optiques indiquent aussi des différences remarquables. Les topazes, comme la cristallisation l'indique déjà, sont des substances à deux axes de double réfraction ; or, l'angle de ces axes entre eux varie considérablement, suivant l'observation de M. Brewster. Dans la topaze blanche de la Nouvelle-Hollande, dans la topaze bleue d'Aberdeen, en Ecosse, l'angle des axes est d'environ 65°, tandis que dans la topaze du Brésil, où il est d'ailleurs variable, il descend jusqu'à 43°. Il y a des topazes de Saxe dans lesquelles cet angle est d'environ 50°.

TOPAZE BACILLAIRE. *Voy.* PICNITE.

TOPAZE ORIENTALE. *Voy.* SAPHIR.

TOURBES. — Matière brune plus ou moins foncée, quelquefois assez homogène, le plus souvent remplie de débris visibles d'herbes sèches, brûlant facilement, avec ou sans flamme, donnant une fumée analogue à celle des herbes sèches ou du tabac, et laissant une braise très-légère.

La tourbe compacte noire renferme :

Matière ligneuse	49 20
Ulmine	12
Substance résineuse	3,80
Substance analogue à la cire	1,30
Eau	12,50
Matière terreuse	9,42

« Cette substance, dit Beudant, est extrêmement abondante à la surface de la terre dans tous les endroits bas et marécageux ; il en existe dans toutes les parties de la France, et dans quelques-unes elle forme des dépôts très-considérables, et d'une grande importance pour le pays.

« Les plus grandes tourbières que nous possédons sont celles de la vallée de la Somme, entre Amiens et Abbeville ; il en existe aussi de considérables dans les environs de Beauvais, dans la vallée de l'Ourcque, dans les environs de Dieuze, dans la vallée d'Essone, entre Corbeil et Villeroy ; il s'en trouve aussi dans la vallée de Bièvre. En Normandie, un grand nombre de prairies sont sur la tourbe ; il en existe beaucoup aussi en Bretagne, sur les bords de la Loire, près de son embouchure. Dans le midi de la France, il en existe encore dans quelques vallées, comme dans celles de la rivière de Vaucluse, dans plusieurs îles du Rhône, etc.

« Hors de France, la Hollande est un des pays les plus riches en tourbes ; elles y sont l'objet de grandes exploitations très-soignées. En Westphalie et dans le Hanovre, elles couvrent des espaces immenses, et il en est de même en Prusse, en Silésie, etc., etc. En Ecosse, on cite particulièrement les tourbières de Kinkardine et de Flanders, dans le Pertshire, et de Dalmaly. Sans doute il en existe dans un grand nombre d'autres lieux, soit en Europe, soit dans les autres parties du monde.

« La tourbe est encore un combustible précieux dans tous les lieux où elle se trouve, et particulièrement dans ceux où le bois manque entièrement, comme, par exemple, dans la Hollande, qui, privée de cette importante production, serait absolument inhabitable. On peut l'employer à presque tous les usages auxquels le bois pourrait servir; pour le chauffage dans l'intérieur des appartements, où elle produit un feu qui n'est pas sans agrément; dans les ateliers, pour toutes les opérations où l'on a besoin de chauffer, d'évaporer, pour la cuisson de la chaux, des briques, des tuiles, etc. On a même tenté plusieurs fois de l'employer brute dans les fonderies; mais les essais ont en général assez mal réussi.

« On carbonise aussi la tourbe dans des fourneaux construits exprès, et qui permettent de récolter divers produits dont on a vanté l'emploi dans la teinture; elle donne un charbon léger dont on peut se servir à la cuisine, dans une foule d'opérations où le charbon et la braise pourraient être employés; on s'en est même servi avec succès pour la fusion et l'affinage des métaux, et l'on assure que, bien préparé, le charbon que l'on obtient peut donner autant de chaleur que le meilleur charbon de bois.

« L'anthracite, la houille, la plupart des lignites, s'exploitent quelquefois à ciel ouvert, par tranchées plus ou moins considérables, et le plus souvent par puits et galeries, au moyen desquels on va les chercher quelquefois à de grandes profondeurs; mais l'exploitation de la tourbe est beaucoup plus facile, et ne demande qu'un peu de raisonnement pour être faite avec tous les avantages que comportent les diverses localités, avec le moins de frais possible, et en conservant le plus d'étendue aux terrains où elle se trouve. Lorsque la surface est desséchée et couverte de végétation, on enlève d'abord à la bêche le limon ou la terre végétale; quand elle est couverte d'eau on l'assèche autant que possible par des canaux d'écoulement disposés convenablement, et qui peuvent même servir ensuite au transport de la tourbe par bateaux.

« La première tourbe étant, comme nous l'avons dit, grossière et de mauvaise qualité, est encore enlevée avec la bêche, et on en forme de grands parallélipipèdes qu'on met sécher à part; elle est vendue à très-bon marché, ou livrée aux ouvriers. Lorsqu'on est parvenu à la tourbe compacte, on emploie une bêche particulière, nommée *louchet* aux environs d'Amiens, et qui présente sur le côté une aile tranchante, placée à angle droit, de manière à ce qu'on peut couper la tourbe de deux côtés à la fois. On enlève par ce moyen des parallélipipèdes qui ont la largeur et la hauteur du fer de la bêche, c'est-à-dire dix à douze pouces de longueur sur cinq à six de largeur et d'épaisseur. On emploie aussi des espèces de boîtes, tranchantes à la partie inférieure, et garnies intérieurement de lames tranchantes qui la divisent en compartiments. On laisse tomber cette caisse de haut, comme un *mouton*, dans la masse de tourbe, et à chaque

coup elle rapporte un grand parallélipipède divisé en plus petits. L'avantage de cet instrument est de pouvoir servir encore à d'assez grandes profondeurs.

« Lorsqu'en employant le louchet on est parvenu au point que l'eau ne peut plus être épuisée, on a recours à la *drague*, ou pelle de tôle creuse, percée de trous, fixée à angle aigu sur un long manche, que l'ouvrier, placé sur les bords de la fosse ou dans un bateau, promène au fond. Après l'emploi de la drague on fait encore usage d'un sac de toile claire, dont l'ouverture est adaptée à un cercle fixé à un long manche. On ramasse par ce moyen toutes les parcelles de tourbe qui peuvent nager dans les eaux.

« Après avoir été tirée de son gîte, la tourbe doit être séchée aussi complétement que possible, ce que l'on fait en rangeant les parallélipipèdes extraits les uns sur les autres, de manière à ce que l'air puisse facilement circuler entre eux. Ces parallélipipèdes éprouvent alors un retrait plus ou moins considérable: plus le retrait est fort, meilleure est la tourbe. La matière qui est tout à fait en bouillie est jetée et étendue sur le terrain environnant, jusqu'à ce qu'elle ait acquis une consistance suffisante; on la divise ensuite en parallélipipèdes, ou bien on la comprime fortement dans des moules, ce qui lui donne une qualité supérieure, en rassemblant sous le même volume plus de parties combustibles. Les tourbes ainsi comprimées sont souvent très-compactes, et présentent même quelquefois la cassure conchoïdale avec l'éclat résineux. En Hollande on moule et on comprime presque toute la tourbe où les végétaux sont suffisamment décomposés; on réduit même en bouillie les parties qui ont naturellement de la solidité, pour les pétrir ensuite. Ces tourbes comprimées forment d'excellents combustibles, qui produisent une très-grande chaleur, et peuvent être employées jusqu'à un certain point dans les fonderies; le charbon qu'on en obtient par la carbonisation est lui-même très-compacte, et ne le cède en rien au meilleur charbon de bois.

« Comme la tourbe retient l'eau avec une très-grande force, on l'a employée pour rendre des digues imperméables; pour cela il faut construire deux murs espacés l'un de l'autre, et remplir l'intervalle de tourbes bien tassées. »

TOURMALINE (*schorl électrique, sibérite, aphrisite, aimant de Ceylan, apyrite, daourite et lyncurium des anciens*). — C'est à la tourmaline qu'appartiennent l'*émeraude du Brésil*, la tourmaline *brune de Ceylan*; la tourmaline *rouge du Brésil*, celle qui est *rouge violet* ou *sibérite*, le *péridot de Ceylan*, la tourmaline de la province de *Massachure*, les vertes et bleues de la même province.

La tourmaline se trouve, avec les roches primitives, dans du gneiss, du schiste micacé, du schiste talqueux, à *Ava*, en *Sibérie*, dans l'île de *Ceylan*, en *Moravie*, en *Bohême*, etc. Elle se présente en concrétions prismatiques, en morceaux roulés, mais plus souvent en cristaux dont la forme primitive est un rhomboïde de 133° 26. Ses formes secondaires sont le prisme hexaèdre régulier, l'ennéaèdre et le dodécaèdre. Ce minéral a l'aspect et la cassure vitreux, plus dur que l'amphibole et moins dur que le quartz ; tous les cristaux ont un poli brillant, tantôt un aspect vitreux; ils sont plus généralement transparents que translucides; mais cette transparence diffère suivant qu'on examine la tourmaline placée entre l'œil et la lumière, parallèlement ou perpendiculairement à l'axe. Dans le premier cas, elle est opaque; dans le second, transparente. Ce caractère ne se rencontre dans aucune autre pierre ; il n'est pas même commun à toutes les tourmalines. Ce minéral développe, par le frottement, l'électricité vitrée ; par l'action du calorique, il manifeste à une extrémité cette même électricité, et à l'autre l'électricité résineuse. Ces propriétés sont surtout bien évidentes dans les variétés brune et rouge hyacinthe ; au chalumeau il donne un émail vésiculaire d'un blanc grisâtre. Poids spécifique de 3 à 3,4.

« *Effets particuliers de la lumière réfractée dans certaines tourmalines, par M. Haüy.* — Si nous nous bornons d'abord à considérer la marche des rayons qui pénètrent la tourmaline, abstraction faite de la double réfraction, nous trouverons que plusieurs des pierres qui lui appartiennent présentent, relativement à leur transparence, une particularité dont la cause est encore inconnue. J'ai des fragments détachés de divers cristaux de cette espèce, surtout de ceux du Brésil, que j'ai mis sous la forme de cylindres dont la hauteur est plus petite que l'épaisseur. Parmi ces cylindres, quelques-uns sont transparents quand on dirige le rayon visuel parallèlement à l'épaisseur, et opaques quand il est parallèle à la longueur ; en sorte que les rayons sont transmis dans le premier cas et absorbés dans le deuxième. Un de ces cylindres a 3 millimètres de hauteur sur 7 millimètres d'épaisseur, c'est-à-dire plus du double de la hauteur. Mais cet effet n'est pas général, et d'autres cylindres sont transparents dans les deux sens. Il résulte de ce même effet que les tourmalines qui le présentent doivent être taillées de préférence, de manière que la table soit située parallèlement à l'axe de leur forme primitive pour qu'elle s'offre à l'œil dans le sens où leur transparence a vécu.

« Un autre phénomène qu'offrent certaines tourmalines et qui dépend de la double réfraction, consiste en ce que, quand on regarde une épingle par deux faces opposées sur une de ces pierres, on voit distinctement une première image de cette épingle, et, un peu en arrière de celle-ci, une deuxième image qui paraît comme une ombre, quelquefois même elle est sensiblement nulle. Le soir, à l'aide de la flamme d'une bougie, les deux images sont presque égales en intensité. » (BLONDEAU.)

Les variétés rouges de tourmaline sont recherchées pour la joaillerie, lorsqu'elles sont transparentes, d'une belle teinte, et

exemptes de glaces et de fibres, toutes qualités qui sont très-rares, qui la rendent d'un prix très-élevé, et mettent cette pierre au niveau du rubis. On taille beaucoup au Brésil les variétés verte et bleue, qu'on emploie beaucoup en Angleterre; mais ce sont des pierres qui par leur teinte foncée et sombre ne produisent aucun effet.

TOURNESOL. *Voy.* COULEURS VÉGÉTALES, § IV.

TRANSPIRATION. — On appelle ainsi le fluide exhalé du sang par la peau et qui se dégage sous deux états : 1° à l'état de vapeur et d'une manière insensible ; 2° sous forme d'un liquide qui apparaît à la surface du corps en gouttelettes ; il porte alors le nom de *sueur.*

Fluide de la transpiration insensible. — On se procure cette partie volatile de la sécrétion de la peau en condensant, dans un long manchon de verre bouché, la vapeur qui s'exale d'une partie quelconque du corps, et prenant la précaution de ne point la faire toucher à la paroi du vase de verre, qu'on refroidit extérieurement par l'application de l'eau froide ou de la glace. Le docteur Anselmino, qui a soumis le fluide ainsi obtenu à l'analyse, lui a reconnu les caractères suivants:

Ce fluide est limpide, inodore, insipide, neutre, imputrescible. Quand on a pris tout le soin pour l'avoir pur, il n'est formé que d'eau contenant des traces d'acide carbonique ; dans le cas contraire, où la partie du corps de laquelle on a condensé ce fluide a touché la paroi du vase, il est odorant, contient une petite quantité des éléments de la sueur.

Suivant le docteur Anselmino, la transpiration des individus atteints de scarlatine, de syphilis, de dartres, etc., est de la même nature que celle de l'homme en état de santé. Chez les femmes en couches, elle contient une grande quantité d'acide acétique.

Fluide de la transpiration sensible, ou sueur. — Ce liquide peut être facilement extrait, sur la surface du corps, soit en recouvrant celui-ci de tissus de laine absorbants, soit à l'aide d'éponges fines. Il est incolore, un peu trouble, rougit la teinture de tournesol, d'une saveur salée et d'une odeur variable.

Berzelius et Thénard, qui ont analysé ce fluide particulier à différentes époques sur l'homme, l'ont trouvé formé d'une grande quantité d'eau, d'un peu d'acide acétique et lactique, de chlorure de sodium et de potassium, d'une matière animale, de phosphate terreux et d'une trace d'oxyde de fer.

C'est à la présence de l'urée dans la sueur que celle-ci doit la propriété de se putréfier facilement, et de tacher le linge qui s'en trouve imprégné. C'est à l'acide acétique libre qu'elle contient qu'il faut attribuer son action sur certaines étoffes teintes. Indépendamment des substances que nous avons signalées dans la sueur, il existe pour chaque espèce d'animal un principe volatil, odorant, particulier, sur la nature duquel on n'a encore aucune connaissance. Ce principe, suivant M. Barruel aîné, existerait dans le sang des différents animaux, et serait exhalé avec les autres principes de la sueur.

TREMBLEMENT MERCURIEL. *Voy.* MERCURE.

TREMPE. *Voy.* ACIER.

TRIPOLI. *Voy.* PIERRES A POLIR.

TRITOXYDE DE FER. *Voy.* COLCOTHAR.

TUNGSTÈNE.—Le nom de tungstène vient de *tungstein*, nom allemand d'un minéral dont on extrait le métal en question. Synonymes : *wolfram*, *schwerstein* (pierre pesante). Le tungstène est un corps simple, d'un gris d'acier, très-dur, friable, et en même temps un des métaux les plus denses. Sa densité varie de 17,22 à 17,60. Il est moins fusible que le manganèse ; il est inaltérable à l'air, à la température ordinaire, mais il s'oxyde à une température élevée. Les acides sulfurique et chlorydrique ne le dissolvent pas. L'acide azotique et l'eau régale le convertissent, à l'aide de la chaleur, en acide tungstique ; et à la chaleur rouge sombre, le nitre le change en tungstate de potasse. Le chlore gazeux peut se combiner directement avec le tungstène (la combinaison est accompagnée d'une flamme rouge), pour former un proto-chlorure ; le brome, l'iode, le fluor, sont dans le même cas. Le soufre ne se combine pas directement avec lui. Le tungstène peut se combiner avec un grand nombre de métaux auxquels il communique de la dureté sans en altérer la ductilité.

Le tungstène se trouve dans le tungstate de chaux (*scheelite*). On rencontre ce dernier en cristaux octaédriques ou dodécaédriques blanchâtres. Il a l'aspect des corps gras ; sa cassure est lamelleuse. Il contient, outre le tungstate (wolframate) de chaux, de l'oxyde de fer, de l'oxyde de manganèse et de la silice.

Le wolfram existe encore dans plusieurs minerais de plomb, de fer, de manganèse, de tantale et d'étain. Il appartient aux terrains anciens.

On obtient le tungstène en réduisant l'acide tungstique à une température élevée, au moyen de l'hydrogène ou avec la poussière de charbon.

TURBITH MINÉRAL. *Voy.* MERCURE, *deutosulfate*.

TURBITH NITREUX. *Voy.* MERCURE, *protonitrate*.

TURQUOISE (*calaïte, agaphite, johnite*, etc.) — Substance d'un bleu clair ou verdâtre, compacte ou terreuse ; rayant le verre, rayée par le quartz. On cite cette substance comme remplissant des fissures ou formant des rognons dans des matières siliceuses et argiloferrugineuses, à Nichabour dans le Korassan en Perse. C'est celle qu'on désigne dans le commerce sous le nom de *turquoise de vieille roche*. On l'emploie en cabochon pour garnitures de colliers, etc. Elle produit surtout un très-bon effet avec des entourages de diamants et de rubis. Elle se maintient toujours à des prix très-élevés, qui varient suivant la beauté et la teinte : une turquoise

ovale de 5 lignes sur 5 $\frac{1}{4}$ d'un bleu clair avec légère teinte verdâtre, a été vendue 500 fr. en vente publique.

On donne aussi le nom de turquoise, et surtout de *turquoise de nouvelle roche*, à des dents de mammifères, colorées, dit-on, par du phosphate de fer, qu'on a trouvées en France, à Simorre, Auch, etc., dans le département du Gers, et dans plusieurs autres contrées. Elles sont attaquables par les acides, et répandent au feu une odeur animale. Beaucoup moins dures que la turquoise de vieille roche, qui est une matière *sui generis*, et de couleur plus pâle, plus terne, elles sont aussi beaucoup moins estimées.

TYPES. — La théorie des substitutions a préludé à la classification par types. Il est donc indispensable de dire un mot de cette théorie, qui a été l'objet de vives controverses. Quelques faits l'expliqueront mieux qu'une définition abstraite.

L'acide acétique ($C^4 H^3 O^3$), mis en contact avec le chlore sec à la lumière directe, perd tout son hydrogène, qui se trouve remplacé par la même quantité de chlore, exprimée en équivalents ; de manière qu'au lieu de $C^4 H^3 O^3$ (acide acétique) on a $C^4 CL^3 O^3$. Ce nouveau composé est également acide ; c'est l'acide chloracétique ; il forme avec l'oxyde d'argent un chloro-acétate d'argent analogue à l'acétate.

Lorsqu'on fait passer un courant de chlore dans l'alcool absolu, on obtient un composé indifférent comme l'alcool, et qu'on appelle chloral. Dans ce composé, trois équivalents d'hydrogène ont été exactement remplacés par trois équivalents de chlore.

La liqueur des Hollandais ($C^4 H^3 CL$) n'est autre chose que du gaz oléfiant, dans lequel l'équivalent d'hydrogène a été remplacé par un équivalent de chlore.

Ces faits, joints à quelques autres qu'il serait inutile de reproduire, ont conduit M. Dumas à formuler ainsi les principes de la *métalepsie*, nom qu'il préfère aujourd'hui donner à la théorie des substitutions : 1° quand un corps hydrogéné est soumis à l'action déshydrogénante du chlore, du brome, de l'iode, de l'oxygène, etc., pour chaque équivalent d'hydrogène qu'il perd, il gagne 1 équivalent de chlore, de brome, d'iode, d'oxygène, etc. ; 2° quand le corps hydrogéné renferme de l'oxygène, le même principe s'observe sans modification ; 3° quand le corps hydrogéné renferme de l'eau, celle-ci perd son hydrogène sans que rien le remplace ; à partir de ce point, si on lui enlève une nouvelle quantité d'hydrogène, celle-ci est remplacée comme précédemment ; 4° à travers toutes les substitutions qu'une molécule composée peut éprouver, alors que ses éléments ont été remplacés successivement par d'autres, tant que la molécule est intacte, les corps obtenus appartiennent toujours à la même famille naturelle ; 5° quand, par l'effet d'une substitution, un corps est transformé en un autre qui présente les mêmes réactions chimiques, ces deux produits appartiennent à un même genre.

L'alcool, l'acide acétique hydraté, l'acide chloracétique, appartiennent à la même famille naturelle ; l'acide acétique et l'acide chloracétique font partie du même genre.

Quelques chimistes n'ont voulu voir dans la théorie des substitutions qu'un cas particulier de la loi des équivalents ; d'autres n'y ont vu que la loi de Berthollet, appliquée, avec quelques modifications, à la chimie organique ; tous ont feint d'ignorer ou se sont gardés de reconnaître la véritable signification de la théorie des substitutions. Cette théorie signifie, en effet, que l'antinomie dualiste de la théorie électro-chimique est inadmissible au moins en chimie organique. En effet, s'il est vrai, ce qui est incontestable, que le chlore, *élément électro-négatif*, peut, par exemple, remplacer tout l'hydrogène, *élément électro-positif*, de l'acide acétique, et donner naissance à un acide (acide chloracétique) tout à fait analogue à l'acide acétique, il sera évident que la théorie électro-chimique est contredite par l'expérience.

Il s'agissait de savoir si une combinaison chimique constitue, pour ainsi dire, un édifice simple, ou un monument double dans le sens de la théorie électro-chimique : tel était le fond même de la question. C'était là précisément le terrain sur lequel les adversaires de la théorie des substitutions évitaient d'engager la lutte.

L'établissement des *types* était la conséquence naturelle de la théorie des substitutions.

M. Dumas et M. Laurent donnent le nom de *type* à un système de molécules dans lequel une ou plusieurs molécules peuvent être échangées contre d'autres, sans que la nature chimique du système entier en soit troublée. Ils ont proposé de comprendre dans un même *genre* tous les composés qui réunissent des formules identiques à des propriétés chimiques semblables. C'est ainsi que l'acide oxalique et les oxalates appartiennent au même genre. L'*espèce* est déterminée par la base de chaque oxalate.

Une série de mémoires du plus haut intérêt a été consacrée à ce sujet par M. Dumas dans les *Annales de physique et de chimie*, et par M. Laurent dans la *Revue scientifique*.

Voici comment M. Dumas s'exprime au début de son premier mémoire sur les *types chimiques* :

« Si l'on envisage les divers composés chimiques comme constituant autant de systèmes planétaires, formés de particules maintenues par les diverses forces moléculaires dont la résultante constitue l'affinité, on n'aperçoit plus la nécessité de cette application universelle de la loi du dualisme, formulée par la théorie électro-chimique de Berzelius. Les particules pourront être plus ou moins nombreuses ; elles seront simples ou composées ; elles joueront dans la constitution des corps le même rôle que jouent dans notre système planétaire des planètes simples comme Mars ou Vénus, des planètes composées comme la Terre avec sa lune ; et comme Jupiter avec ses satellites.

« Qu'on remplace, dans ce système ainsi constitué, une particule par une autre particule d'espèce différente, il s'établira nécessairement un nouvel équilibre ; le nouveau corps ressemblera au premier, ou bien en différera plus ou moins par ses réactions extérieures. Si la différence est faible ou nulle, les deux corps posséderont les mêmes propriétés chimiques ; si elle est plus marquée, ils appartiendront encore au même système mécanique, mais la ressemblance chimique sera plus difficile à saisir.

« L'expérience peut nous apprendre si dans un composé donné il entre des groupes complexes faisant fonction d'éléments ; il suffit, pour en être sûr, qu'on puisse substituer des éléments à ces groupes, sans que la constitution générale du composé soit altérée. C'est ainsi que certains radicaux organiques jouent bien réellement, dans les composés qui les renferment, le rôle d'éléments simples par lesquels on peut les remplacer.

« L'expérience peut également nous apprendre si deux corps appartiennent ou non au même système chimique ; car, en ce cas, toutes les réactions extérieures et leurs principaux dédoublements doivent offrir une parfaite ressemblance.

« Je laisse à qui de droit le soin d'établir par quelle série d'expériences on peut démontrer que deux corps appartiennent encore au même système mécanique, quoiqu'ils soient séparés l'un de l'autre par tout l'ensemble de leurs propriétés chimiques apparentes.

« Ce que je veux surtout mettre en évidence, c'est la haute valeur de ces propriétés chimiques, que j'ai appelées fondamentales, et au moyen desquelles on peut démontrer que deux composés, très-différents en apparence, appartiennent néanmoins au même type chimique, c'est-à-dire qu'ils sont formés du même nombre d'équivalents, unis de la même manière. »

Et dans un autre endroit le célèbre chimiste s'exprime ainsi :

« Parmi les discussions qui se sont élevées dans ces derniers temps concernant les lois de la chimie organique, l'une des plus dignes d'intérêt, sans contredit, est celle qui a trait à la proportion d'oxygène qu'une substance organique peut renfermer, et au rôle que cet oxygène y joue.

« L'un de nous a dès longtemps émis sur ce sujet des opinions qui vont devenir de sa part l'objet d'expériences nombreuses. Il pense que l'oxygène est, parmi les gaz, une des matières qui, en entrant dans la constitution des corps, tendent le plus à former des combinaisons dépourvues de volatilité. Quand on compare les chlorures et les oxydes métalliques, on voit, en effet, que les premiers sont toujours bien plus volatils que les oxydes qui leur correspondent. En s'unissant à l'oxygène, un métal perd généralement de sa volatilité. A mesure que le nombre d'atomes d'oxygène augmente dans un composé minéral, on voit de même sa volatilité diminuer rapidement. Or, comme il existe un grand nombre de combinaisons organiques qui ne sont pas volatiles, on est disposé, par cela même, à les considérer comme des corps dont les atomes renferment un grand nombre d'atomes d'oxygène.

« D'où l'on tire les conséquences suivantes : 1° Une substance organique volatile ne renferme pas plus de 5 ou 7 atomes d'oxygène, et ordinairement 1, 2 ou 3 seulement ; 2° les substances organiques non volatiles contiennent un plus grand nombre d'atomes d'oxygène, qui, sous l'influence d'une certaine température, tendent à les transformer en d'autres produits appartenant à la classe précédente, ce qui ne leur permet pas de se volatiliser sans altération ; 3° les substances organisées renferment un nombre encore plus grand d'atomes d'oxygène, qui ne peuvent exister sous cette forme qu'à l'aide de forces vitales, et qui déterminent leur décomposition spontanée, leur putréfaction, quand ces matières sont livrées à elles-mêmes

« Ce système tendrait à établir qu'à mesure que l'oxygène s'accumule dans une molécule, celle-ci tend à passer de l'état inorganique à l'état organique, et de l'état organique à l'état organisé : c'est ainsi que l'acide carbonique, matière inorganique, ne renferme que 2 atomes d'oxygène ; que le sucre, matière organique, en contient 18, et que la fibrine, matière organisée, en compte probablement bien davantage. Réciproquement, lorsqu'une substance organisée se détruit, elle repasse par l'état intermédiaire qui embrasse les matières organiques, avant d'arriver au dernier terme de sa décomposition, où elle constitue des composés de nature minérale ou inorganique

« Le problème chimique de la vie consisterait à produire des molécules contenant un grand nombre de molécules d'oxygène. L'effet de la mort, de la putréfraction, amènerait un partage de cet oxygène, d'abord entre des corps incapables de vie, mais encore de nature organique, enfin dans des corps appartenant à la chimie minérale elle-même.

« Berzelius n'a jamais développé les idées qui l'engagent à limiter à 5 ou 7 atomes la proportion d'oxygène qu'une matière orga-

nique peut contenir ; mais il est permis de présumer que c'est par une analogie soutenue avec les formes et les formules du règne minéral qu'il s'y trouve conduit. Avec un radical binaire ou ternaire et de l'oxygène, Berzelius paraît croire qu'on peut construire toutes les formules de la chimie organique, en prenant pour modèles les oxydes de la chimie minérale.

« Cette opinion trouve son application dans les parties les mieux étudiées de la chimie organique : c'est un point bien connu, et si personne ne l'avait prévu avant la découverte du cyanogène, personne ne l'a du moins mis en doute depuis. Mais étendre ces vues à la discussion des formules propres aux matières organiques fixes ou aux matières organisées, c'est conduire les chimistes dans une voie qui n'est peut-être pas celle vers laquelle l'expérience générale nous dirige.

« Voilà donc en présence deux systèmes de nature à être mis aux prises avec l'expérience. Dans le premier, toutes les matières organiques auraient pour base un radical composé, analogue au cyanogène, uni à 1, 2, 3, 4, 5, 6 ou 7 atomes d'oxygène, et jamais davantage : c'est-à-dire qu'en supposant ce radical hypothétique remplacé par un métal, on retomberait dans les lois ordinaires de la chimie minérale ; dans le second, on admet que, parmi les corps organiques, il s'en trouve à qui ce point de vue s'applique, et en particulier parmi les corps organiques volatils auxquels on en bornerait l'emploi : mais, dans les corps organiques fixes, on suppose, par les motifs indiqués plus haut, l'existence d'un plus grand nombre d'atomes d'oxygène, et dans les matières organisées, on regarde le nombre d'atomes d'oxygène comme bien plus grand encore. — Entre ces deux manières de voir il y a donc une dissidence réelle. A chaque instant les opinions qui en découlent se séparent, soit dans l'appréciation des faits ou leur discussion, soit dans la manière de formuler les vues générales qui s'y rattachent. Là où l'une voit toujours la chimie de Lavoisier, avec ses règles bien connues, l'autre croit apercevoir les premiers linéaments d'une chimie nouvelle, avec des lois nouvelles aussi. » *Voy.* l'article BERZELIUS.

U

ULMIQUE (acide). — On désigne aujourd'hui sous ce nom un produit qu'on avait d'abord distingué sous le nom d'*ulmine*, en raison de sa présence dans une exsudation trouvée sur l'écorce de l'orme. Cet acide se forme dans toutes les circonstances où les matières végétales sont abandonnées à l'influence de l'air et de l'humidité, en présence d'un alcali ou d'un carbonate alcalin. Ainsi il fait partie constituante des bois pourris, du fumier, des engrais, du terreau, de la tourbe et de certains lignites, etc., etc.

On le forme en faisant réagir dans un creuset, à l'aide de la chaleur, le bois avec de la potasse et un peu d'eau ; il en résulte une masse brune, soluble dans l'eau, d'où l'on précipite l'acide ulmique par les acides.

UPAS. *Voy.* ALCALIS.

UPAS ANTHIAR. — L'*upas anthiar* est tiré de l'*anthiaris toxicaria*, arbre très-grand qui croît à Bornéo, à Sumatra et à Java. Cette gomme-résine se présente sous forme d'une masse brun rougeâtre, de la consistance de la cire. Elle a une saveur très-amère et un arrière-goût âcre, et produit sur la langue et dans le gosier une espèce d'engourdissement.

Les indigènes de l'archipel des Indes orientales emploient l'upas anthiar de même que l'upas tieuté, pour empoisonner leurs flèches, mais il faut beaucoup plus d'upas anthiar que d'upas tieuté pour produire le même effet. La résine et le mucilage végétal ne contribuent en rien aux actions vénéneuses de l'upas anthiar, qui se manifestent par des affections du canal intestinal, des vomissements et de la diarrhée, suivis de convulsions et de la mort. Un quart de grain d'anthiarine ou $\frac{1}{4}$ grain de la gomme-résine, injecté dans la plèvre d'un lapin, fit mourir l'animal dans l'espace de cinq minutes, au milieu des convulsions.

UPAS TIEUTÉ. — Il a été analysé par Pelletier et Caventou. C'est un extrait doué de propriétés très-remarquables, que l'on tire du *strychnos upas*, arbre qui croît à l'île de Bornéo, ou, suivant Leschenault, du *strychnos tieuté*. L'upas est dur, rouge brun, ou en couches minces, d'un jaune rougeâtre et translucide ; il a une saveur très-amère, qui est sans aucune âcreté. L'eau le dissout en laissant un dépôt rouge brique. La dissolution est jaune.

Les indigènes de l'île de Bornéo s'en servent pour empoisonner les pointes de leurs flèches, qui sont ordinairement faites avec des os pointus, et qu'ils enduisent, pour les rendre vénéneuses, avec une dissolution concentrée d'upas. Les lésions faites par ces flèches produisent le tétanos et font mourir quelquefois en moins d'un quart d'heure ou d'une demi-heure.

URANE. — Le nom d'urane vient de celui de la planète *Uranus* ; car les anciens donnaient aux métaux les noms des planètes. L'urane se présente sous différents aspects, suivant les procédés employés pour l'obtenir : 1° en réduisant l'oxyde d'urane au moyen de l'hydrogène, on obtient l'urane sous la forme d'une poudre d'un brun de cannelle ; 2° en réduisant le même oxyde au moyen du charbon, on obtient l'urane en poudre noire, sans éclat ; 3° en réduisant le chlorure double d'urane et de potassium, au moyen d'un courant d'hydrogène, on obtient l'urane en petits cristaux octaédriques réguliers, presque noirs. Ces cristaux, vus au microscope, sont transparents et de couleur brune. L'urane est infusible et fixe ; la chaleur l'agglomère, sous forme de petites aiguilles brillantes, d'un gris de fer, d'une densité égale à 9,0.

L'urane est inaltérable à l'air. Exposé à la chaleur rouge, il prend feu, brûle comme du charbon, et se change en protoxyde d'urane. Les acides sulfurique et chlorhydrique concentrés ne l'attaquent ni à chaud ni à froid. L'acide azotique ou l'eau régale l'attaquent même à froid. Il ne s'allie pas avec les métaux.

En 1842, M. Péligot démontra que l'urane n'est pas un corps simple, comme Berzelius, comme tout le monde l'avait admis

jusqu'à présent. Il a fait voir, par une série d'expériences, que ce prétendu métal contient une assez forte proportion d'oxygène ; que le radical de l'urane, le vrai métal, peut être isolé ; que le composé binaire qu'on a pris pour un métal est un oxyde défini, qui, dans ses combinaisons, tantôt se comporte comme un oxyde basique ordinaire, tantôt présente les caractères d'un corps simple ou d'un radical. Il a en outre analysé et décrit une foule de combinaisons de l'urane ; et l'on peut dire que son mémoire, fort volumineux, forme une véritable monographie de ce métal et de ses combinaisons.

Voici comment M. Péligot a prouvé que l'urane contient de l'oxygène. Il a préparé de l'oxyde noir d'uranium en calcinant du nitrate d'urane pur ; cet oxyde, étant intimement mêlé avec la moitié de son poids de noir de fumée, a été soumis d'abord à une haute température, ensuite à un courant d'hydrogène sec. Les meilleures conditions pour obtenir un mélange d'urane et de charbon se trouvaient donc, dans cette expérience, doublement remplies. Or, ce mélange, soumis à l'action du chlore sec et pur dans le tube même qui avait servi à le traiter par l'hydrogène, afin d'éviter toute chance de réoxydation, a fourni une abondante et complète sublimation de chlorure octaédrique, et en même temps un dégagement de gaz acide carbonique et d'oxyde de carbone. L'oxygène de ces gaz est donc celui que renfermait le métal supposé.

URAO (natron, sesquicarbonate de soude). — MM. Boussingault et Mariano de Rivero ont observé l'urao au village de Lagunilla, à une journée de Mérida, en Colombie, dans un terrain argileux qui contient de gros fragments de grès secondaire, et qui est par conséquent assez moderne. Il y forme un banc peu épais recouvert par une couche argileuse remplie de cristaux de Gaylussite. Il paraît que c'est dans une position semblable que se trouve ce sel en Afrique, dans le Fezzan, sur les bords du grand désert, et l'on peut présumer qu'il en est de même dans la vallée des lacs de natron à vingt lieues du Caire, puisqu'il y en a des masses assez considérables pour qu'on en ait bâti des murailles ; peut-être que partout où l'on a indiqué le natron, se trouve aussi de l'urao, en couches plus ou moins épaisses, que les pluies dissolvent, entraînent à la surface du terrain, dans les lacs et les eaux des sources, etc., et dont il se décompose une grande partie par l'action de la chaleur solaire.

En outre de ces dépôts, dont l'existence est aujourd'hui constatée, il paraît que l'espèce de carbonate de soude qui nous occupe se trouve en solution dans tous les lacs que l'on nomme lacs natrifères. Ces lacs sont fort nombreux à la surface de la terre, au milieu des grandes plaines ou plutôt des vastes déserts de nos continents. En Europe nous connaissons de ces lacs dans les vastes plaines qui forment en quelque sorte le centre de la Hongrie, particulièrement autour de Debretzin, et dans les plaines qui bordent la mer Noire. Il paraîtrait qu'ici c'est le natron qui est le sel le plus abondant dans les eaux, à en juger du moins par la nature des matières que ces localités livrent au commerce. On cite un grand nombre de ces lacs dans les plaines qui bordent la mer Caspienne; il en existe en Arabie, en Perse, dans l'Inde, au Tibet, où les caravanes vont s'approvisionner. En Afrique, nous avons déjà cité les lacs de la vallée de Natron, à vingt lieues du Caire, et les natrons de Trona, dans le Fezzan, sur les bords du grand désert; on en cite aussi dans le pays des Bochimans. Il en existe aussi en Amérique, aux environs de Buénos-Ayres, au Mexique, dans la vallée de Mexico, etc.

Les carbonates de soude se trouvent aussi dans un grand nombre d'eaux minérales, dont les plus connues en France, et peut-être celles qui en renferment le plus, sont les eaux de Vichy en Auvergne. Cette circonstance a fait soupçonner que dans un grand nombre de localités ces sels sont amenés à la surface du terrain par des eaux qui viennent d'une grande profondeur et qui en sont plus ou moins chargées, en sorte qu'il a pu s'en faire des dépôts plus ou moins considérables dans les temps anciens.

L'urao est employé comme le natron pour la préparation du savon, pour les verreries, etc. En Colombie on le récolte particulièrement, suivant l'observation de M. Boussingault, pour donner du mordant à un extrait de tabac et former un bechique qu'on nomme *chino* ou *moo*. En Angleterre on se sert du même sel, qu'on prépare artificiellement pour la confection du *sodu water*.

URÉE (*cyanate d'ammoniaque*). — L'urée est une substance particulière qui se trouve dans l'urine de l'homme et de tous les animaux. Elle a été d'abord signalée par Rouelle le cadet, et étudiée ensuite par Vauquelin et Fourcroy, qui lui ont donné le nom qu'elle porte aujourd'hui.

Pour la retirer de l'urine humaine, où elle existe mêlée à une grande quantité de sels différents, on l'évapore en consistance sirupeuse à une douce chaleur, et l'on ajoute peu à peu par l'agitation, à ce résidu, son volume d'acide nitrique à 24°. Il en résulte aussitôt une foule de cristaux aiguillés de *nitrate acide d'urée*, qu'on durcit en plongeant le mélange dans la glace pilée, les lavant ensuite avec de petites quantités d'eau à zéro, et les comprimant entre plusieurs doubles de papier joseph.

Le nitrate acide d'urée étant ainsi obtenu, on le dissout dans l'eau et on en sature l'acide nitrique par le carbonate de potasse, puis on évapore la liqueur presque à siccité; en mettant le résidu en contact avec de l'alcool à 40°, l'urée seule se dissout et se sépare du nitrate de potasse. En concentrant convenablement la solution alcoolique décolorée d'abord par le charbon, et l'abandonnant à elle-même, l'urée cristallise.

L'urée, à l'état de pureté, se présente en longues aiguilles prismatiques tronquées,

incolores, inodores et transparentes; sa saveur est fraîche et piquante; elle est sans action sur les couleurs végétales.

L'urée est inaltérable à l'air sec; mais elle tombe en déliquescence à l'air chaud et très-humide; l'eau à + 15° en dissout plus de son poids, et l'eau bouillante en toutes proportions.

Exposée à l'air, la solution d'urée se colore peu à peu, devient brune au bout d'un temps assez long, et se trouve convertie en sous-carbonate d'ammoniaque.

La solution aqueuse d'urée n'est précipitée par aucun sel; de tous les acides, il n'y a que l'acide nitrique qui s'y unisse directement et la précipite, lorsqu'elle est concentrée, sous forme de petits cristaux blancs, peu solubles dans l'eau froide, *nitrate acide d'urée*. Ce caractère particulier permet de distinguer ce principe de tous les autres.

D'après M. Proust, l'urée est composée de: azote 46, 78; hydrogène 6, 60; carbone 20, 20; oxygène, 26, 42; sa composition atomique est donc $Az^2 H^4 C^4 O^4$. En ajoutant à cette formule 1 atome d'eau, on a la composition d'atome de carbonate d'ammoniaque anhydre, ce qui explique facilement la transformation de l'urée en carbonate d'ammoniaque. Enfin, si on double la valeur de l'atome de l'urée, sa composition correspond à un atome de cyanite d'ammoniaque cristallisé $= Az^2 C^2 O + Az^2 H^6 + H^2 O$.

M. Woëlher a démontré, en effet, que le cyanite d'ammoniaque formé directement se convertissait sous l'influence de l'eau en urée, tout à fait semblable à celle retirée de l'urine. Cette transformation fait voir que des corps ayant la même composition chimique peuvent différer par leurs propriétés, suivant la manière dont les atomes simples sont disposés les uns à l'égard des autres.

URINE. — Ce liquide est sécrété par les reins, que quelques chimistes regardent comme un appareil d'oxydation (combustion). En effet, le soufre et le phosphore des aliments sont changés en acide sulfurique et phosphorique, de même que les tartrates et d'autres sels à acide organique se retrouvent dans l'urine à l'état de carbonates. L'urine fraîche rougit légèrement le papier bleu de tournesol; abandonnée à elle-même, et par suite de la putréfaction, elle devient alcaline: elle se trouble en déposant des phosphates de chaux et de magnésie.

D'après Berzelius, 1,000 parties d'urine humaine contiennent:

Urée	30,10
Acide lactique libre	
Lactate d'ammoniaque	} 17,14
Matières extractives	
Acide urique	1,00
Mucus de la vessie	0,32
Sulfate de potasse	3,71
Sulfate de soude	3,16
Phosphate de soude	2,94
Phosphate d'ammoniaque	1,65
Sel marin	4,46
Sel ammoniaque	1,50
Phosphate de magnésie et de chaux	1,00

Silice 0,02
Eau 953,00
———
1000,00

L'urine des individus malades présente diverses modifications. Dans plusieurs maladies, l'urine contient de l'albumine ou même du sucre de fruits (diabète. *Voy.* Su-cre) ; mais le genre d'altération le plus fréquent consiste dans un sédiment rouge briqueté que tout le monde a eu occasion d'observer sur soi-même. C'est de l'acide urique mélangé de légères traces de carbonate et de phosphate de chaux. Cette précipitation d'acide urique a été interprétée de différentes manières. L'opinion la plus plausible, c'est celle de M. Scherer, qui pense que le dépôt d'acide urique est déterminé par suite de la formation de l'acide lactique, aux dépens de la matière extractive de l'urine.

L'acide urique combiné avec la soude ou l'ammoniaque constitue en grande partie les dépôts tophacés qu'on remarque dans les articulations des individus atteints de goutte ou de maladies rhumatismales ; il entre aussi dans la composition d'un grand nombre de calculs urinaires, dans la fiente de presque tous les oiseaux.

Les *calculs urinaires* (gravelle) se développent généralement dans la vessie sous l'influence de certaines causes encore inconnues. Il y en a aussi qui se forment dans les reins, dont ils obstruent les canaux. Les calculs urinaires les plus fréquents sont composés d'*acide urique*, d'*urate d'ammoniaque*, de *phosphate de chaux*, de *phosphate de magnésie et d'ammoniaque*, d'*oxalate de chaux*, de *cystine*, de *xanthine* et de *fibrine*.

Des variétés que présente l'urine humaine. — Cette liqueur excrémentitielle varie, d'après une infinité de circonstances et suivant l'âge. Dans le fœtus, elle est sans couleur, sans odeur, et chargée de beaucoup de mucus ; dans l'enfance, elle ne contient point ou peu de phosphates et une petite quantité de sels et d'urée ; chez les adultes, elle est telle que nous l'avons considérée ; dans la vieillesse, elle est plus chargée d'acide urique et de phosphate de chaux.

La nature de cette sécrétion varie suivant qu'elle est recueillie à différentes heures de la journée, plus ou moins rapprochées de celle des repas. Elle est incolore, sans saveur bien sensible, et ne semble être que de l'eau presque pure peu de temps après le repas ; elle a une couleur jaune pâle, une odeur particulière pendant la digestion des aliments, mais elle ne prend tous les caractères que nous lui avons reconnus que sept à huit heures après le repas, c'est-à-dire après que la digestion est entièrement opérée.

Toutes choses, égales d'ailleurs, sa quantité est en rapport inverse avec celle de l'humeur de la transpiration. C'est ce qu'on remarque facilement suivant les saisons. En été, où la transpiration par la peau est abondante, l'urine est plus rare ; au contraire, dans l'hiver, l'urine est plus fréquente et la transpiration peu sensible.

Les aliments exercent aussi une action remarquable sur les propriétés de l'urine. Outre qu'elle peut s'imprégner facilement de leur odeur, ou être modifiée par leur nature, elle contient quelquefois une partie de leur couleur, qui altère celle qu'elle a naturellement.

Enfin, les passions influent sur la nature de l'urine ; les chagrins, la frayeur, les vives affections de l'âme qui troublent subitement l'économie, font sécréter aux reins une urine claire, abondante, sans odeur ni saveur.

URIQUE (acide). — En 1776, Scheele, en examinant les calculs de la vessie de l'homme, découvrit cet acide, auquel il donna d'abord le nom d'*acide lithique*, pensant alors qu'il était toujours le principe constituant de ces pierres ou concrétions. Mais d'autres chimistes ayant démontré qu'elles étaient souvent formées par des substances différentes, on lui donna le nom d'*acide urique*, nom qui rappelle qu'il tire son origine de l'urine.

Cet acide existe dans l'urine de l'homme, dans celle de certains animaux carnivores et de tous les oiseaux ; on l'a également rencontré dans les urines des serpents ; il paraît être alors une véritable sécrétion des organes qui sécrètent l'urine, car la présence de cet acide n'a pas encore été démontrée dans le sang. C'est à sa précipitation de l'urine humaine qu'il faut rapporter les causes de la gravelle et de la plupart des maladies calculeuses qui affectent très-souvent l'espèce humaine. On a constaté aussi que cet acide se trouvait, mais en petite quantité, dans d'autres substances animales, telles que les matières excrémentitielles du ver à soie, et dans les cantharides.

USAGE DE LA BILE DE BOEUF. *Voy.* Bile de boeuf.

USTENSILES D'ARGENT (*nettoyage*). — L'emploi de la craie, du tripoli, des os calcinés, pour le nettoyage des ustensiles d'argent, est généralement usité dans les ménages, mais il a l'inconvénient de faire disparaître le mat, et de produire des stries dans les parties polies. Les taches brunes que le contact du sel marin fait naître sur l'argent ne disparaissent que fort difficilement par les moyens ordinaires ; aussi est-on très-fréquemment obligé de recourir à l'orfévre pour faire rebrunir l'argenterie et lui rendre son aspect primitif. Pour obvier à tous ces embarras et dépenses, on peut utiliser avec succès le moyen commode, expéditif, que nous devons à M. Leroy, de Bruxelles, et qui consiste à frotter les pièces d'argent, matées ou polies, avec une toile fine, imbibée d'ammoniaque liquide pure et concentrée. On répète à deux ou trois réprises différentes, si cela est nécessaire, et on ne tarde pas à voir l'argenterie reprendre son beau brillant métallique, comme si elle sortait de l'atelier de l'orfévre. On essuie à sec avec un morceau de linge bien propre. Les taches occasionnées par le sel de cuisine sont immédiatement enlevées par ce procédé, le chlorure d'argent étant très-soluble dans l'ammoniaque. Quand les pièces d'argenterie sont ciselées, il est bon alors de lier un peu de toile au bout d'une petite tige de bois, pour pou-

voir passer entre les interstices. On peut aussi nettoyer une grande masse d'argenterie en peu de temps.

V

VANADIUM. — Le nom de *vanadium* vient de *vanadis*, épithète de *Freia*, divinité germanique. Corps simple métallique. Le vanadium, obtenu par la réduction du chlorure de vanadium, au moyen de l'ammoniaque, est de couleur argentine, friable, et tout à fait semblable au molybdène. Il n'est ni ductile ni malléable ; il est infusible au feu de nos fourneaux.

Le vanadium pulvérulent s'enflamme au-dessous de la chaleur rouge, et se change en oxyde noir. Les acides sulfurique, chlorhydrique et fluorhydrique ne l'attaquent ni à chaud ni à froid. L'acide azotique et l'eau régale l'attaquent aisément, et la liqueur qui en résulte est bleue. Le soufre et le phosphore ne se combinent pas directement avec le vanadium. Les alliages que le vanadium forme avec certains métaux sont cassants et sans usage.

Le vanadium existe dans le minerai de fer de Taberg (Suède); il passe dans la fonte, et on le retrouve principalement dans les scories d'affinage du fer de Taberg. On rencontre le vanadium combiné avec le plomb dans des minéraux provenant de l'ancienne mine de Vanlok-Head, près de South-Bridge (Angleterre). Cette combinaison de vanadium recouvre la surface d'une calamine, sous forme de petits mamelons d'un brun rougeâtre, ou sous forme de petits prismes à six pans groupés (Johnston). Le seul minéral dans lequel le vanadium existe comme partie essentielle, est le prétendu souschromate de plomb de Zimapan, au Mexique. C'est une masse cristalline, blanche ou brune, composée, d'après Wœhler, environ des trois quarts de son poids de vanadate de plomb sesquibasique et de chlorure de plomb bibasique, uni à des traces d'arséniate de plomb, d'hydrate de peroxyde de fer et d'alumine.

Le vanadium a trois degrés d'oxydation, d'après Berzelius : 1° un sous-oxyde, un protoxyde et un acide. Les oxydes sont très-difficiles à réduire par le carbone, mais le potassium en opère facilement la réduction à la chaleur d'une lampe à esprit-de-vin.

VAPEURS. *Voy.* Calorique.

VARECHS (*fucus, algues marines, goëmons*). — L'industrie qui s'exerce sur les produits de l'incinération des varechs a pour but principal l'extraction de l'iode; mais elle donne aussi, en moindre proportion, un deuxième corps simple, le brome, dont la consommation est très-limitée, et procure en outre des quantités considérables de sel marin, de sulfate de potasse et de chlorure de potassium; tous ces produits doivent donc être compris dans la description de la

fabrication et du traitement des *soudes de varechs*. Ce nom, sous lequel on désigne la matière première, est assez mal choisi, car ni la soude ni le carbonate de soude ne figurent parmi les produits variés qu'on en tire : ils y existent en si faible proportion, qu'on ne les extrait pas; on les annule même en les saturant par l'acide sulfurique.

Fabrication des sels et produits des varechs. — Ces industries, qui ont acquis une importance notable après la découverte de l'iode, ont reçu de nouveaux développements depuis les applications de l'iode et du brome à la photographie : elles occupent actuellement plus de 3,000 ouvriers pour la récolte des fucus, la dessiccation et l'incinération de ces plantes.

Récolte du goëmon. — La récolte du goëmon (nom vulgaire de ces algues) avait lieu de temps immémorial sur les côtes du département de la Manche, et s'y fait encore pour l'emploi direct de ces débris végétaux, que la mer rejette ou que l'on arrache aux roches, et qui sont transportés comme engrais sur les terres en culture.

Depuis plusieurs siècles, une partie des varechs desséchés au soleil, mis en meules, étaient tous les ans, à l'automne, livrés à l'incinération, suivant des procédés simples, semblables à ceux employés pour la fabrication des soudes et potasses naturelles.

Ces soudes brutes, contenant environ deux centièmes de carbonate de soude, 33 à 56 pour 100 des sels solubles, 42 à 67 de composés insolubles (carbonate de chaux, oxysulfure de calcium, phosphates de chaux et de magnésie, silice, charbon, etc.), étaient employées dans la fabrication du verre commun. On donna plus tard la même destination aux sels solubles extraits par le raffinage, qui pouvaient d'ailleurs entrer dans la composition des verres à vitres et de gobeleterie, mais, dans ces deux cas, une grande partie des chlorures étaient volatilisés durant la fusion ou l'affinage du verre.

Aujourd'hui on opère plus exactement cette séparation, et l'on tire meilleur parti des eaux-mères dans les fabriques de Cherbourg et de Tourlaville, montées et dirigées par MM. Cournerie père et fils.

Lixiviation des soudes et séparation des sels. — Les soudes brutes achetées aux paysans doivent être essayées, afin de constater au moins la proportion des sels solubles; non-seulement les différentes espèces et variétés de fucus donnent des quantités différentes de cendres, et il se trouve, dans celles-ci, plus ou moins de composés solubles, variables même dans leurs rapports entre eux; mais encore il arrive que, par négligence ou cupidité, les ouvriers brûleurs laissent des substances terreuses s'introduire dans les soudes, ou que même ils ajoutent à dessein ces matières étrangères.

Les soudes brutes sont mises en magasin afin de subvenir au travail journalier qui se fait de la manière suivante :

La soude est d'abord pilée grossièrement au moyen d'une masse ou d'un large merlin de fer sur une épaisse plate-forme en fonte; ce travail est assez peu pénible pour pouvoir être exécuté à la main, les matières à écraser étant en général assez friables.

On remplit aux deux tiers de leur capacité des filtres rectangulaires à faux fonds en tôle percés de trous; ces filtres sont disposés deux à deux; dès qu'un filtre est plein, et tandis que l'on prépare l'autre, on fait arriver, à l'aide d'un robinet, l'eau sur la soude, jusqu'à ce que le niveau du liquide s'élève de quelques centimètres au-dessus de la matière solide; on ouvre alors un robinet fixé sous le faux fond, et la filtration commence : le liquide s'écoule dans un bassin inférieur d'où on le fait passer, à l'aide d'une pompe, sur le deuxième filtre, qu'on a chargé de soude de la même manière. La solution prend ainsi une plus grande quantité de sels, et surtout des chlorures de sodium et de potassium, qui sont plus solubles que le sulfate de potasse, puis elle est évaporée dans des chaudières superposées, au nombre de trois. Lorsque les opérations ont été mises en train, d'abord, dans les trois chaudières, on remplit ensuite avec les solutions filtrées la chaudière la plus éloignée du foyer; celle-ci fournit la solution qu'elle a concentrée à la chaudière chauffée directement où la concentration s'achève et la précipitation commence. Les liqueurs fortes obtenues dès la première filtration aux degrés de 28 à 16°, laissent précipiter d'abord du sel marin qu'on retire à l'écumoire; on couvre le feu, puis, au bout de cinq à six minutes de repos, on décante au siphon, dans un cristallisoir de tôle ou de bois doublé de plomb; par le refroidissement il se forme une croûte de sulfate de potasse cristallisé adhérent aux parois; le chlorure de potassium cristallise en cristaux plus volumineux et sans beaucoup d'adhérence. On a donc ainsi du sel marin précipité, du sulfate et du chlorure de potassium que l'on peut séparer après la décantation des eaux-mères. On traite celles-ci comme la première fois.

Quant au marc de soude resté dans les deux filtres, en continuant son épuisement à froid, ou mieux à l'eau chaude, il donne des solutions graduellement affaiblies de 15 à 5°, plus chargées de sulfate de potasse que des deux chlorures. En traitant ces solutions comme les précédentes, mais, dans une autre batterie de trois chaudières, on obtient d'abord du sulfate de potasse par la précipitation, puis ensuite un peu de sel marin; on met à cristalliser le liquide et l'on recueille du chlorure de potassium que l'on sépare du sulfate adhérent aux parois.

On continue en lessivant de même sur le second filtre de nouvelles quantités de soude brute, d'abord avec les dernières lessives obtenues de 4 à 1° par l'épuisement du premier marc. On traite d'ailleurs les eaux-mères mélangées avec les autres produits des affinages subséquents.

Quant aux sels précipités ou cristallisés par refroidissement, ils doivent être épurés par des lavages méthodiques, chacun sur une série de trois ou quatre filtres. Le sel le plus épuré dans chaque série est égoutté, séché, puis livré au commerce, ainsi que le sel de chacun des autres filtres, à mesure que son épuration parvient au même terme.

On pousse quelquefois l'épuration plus loin, dans le but surtout de donner un cachet de pureté à chacun des sels par la forme cristalline même. Cela est facile : il suffit, relativement au sulfate de potasse et au chlorure de potassium, de les faire redissoudre de manière à en saturer l'eau à la température de l'ébullition; on filtre à chaud, puis on laisse cristalliser dans de grands bassins ayant jusqu'à 2 mètres de côté : les cristaux sont d'autant plus volumineux que les masses de liquide sont plus grandes.

Quant au sel marin, sa valeur moindre, les obstacles que les droits spéciaux et les traces d'iodure mettent à son emploi dans les aliments, s'opposent à ce qu'il soit avantageux de l'épurer; on y parviendrait d'ailleurs sans peine en le faisant dissoudre à froid, laissant déposer et tirant au clair la solution, qui marquerait environ 25°; on ferait alors bouillir, et l'on obtiendrait le sel par précipitation.

Traitement des eaux-mères, extraction de l'iode et du brome. — Toute l'alcalinité des soudes est accumulée dans ces eaux; on la sature par l'acide sulfurique en léger excès, et l'on fait bouillir; on laisse déposer, puis on soutire au clair.

La solution est alors soumise à une saturation exacte par le chlore, que l'on fait dégager en même temps.

Le but de cette opération est de décomposer l'iodure de potassium et de mettre l'iode en liberté, en substituant le chlore à sa place dans la combinaison avec le potassium. L'iode, étant d'ailleurs fort peu soluble, se précipite.

Il faut éviter tout défaut comme tout excès de chlore; dans le premier cas, l'iodure non décomposé ne donne pas d'iode, il en rend une partie soluble; dans le second cas, l'excès de chlore forme du chlorure d'iode, et même de brome, composés volatils qui entraînent en vapeur et font perdre une partie du produit.

Le mieux est d'opérer une exacte saturation et de s'assurer directement qu'un petit échantillon du liquide n'est précipité ni par le chlore, ni par l'iodure de potassium.

Parvenu à ce terme on laisse l'iode se déposer; on décante la solution, puis on opère des lavages à l'eau par touillages et décantations répétés jusqu'à ce que l'eau décantée marque 0° à l'aréomètre; alors on met l'iode dans un vase conique en poterie, muni d'un

faux fond percé de trous; on pose cette sorte
de filtre sur une jarre en grès; on le laisse
bien égoutter, puis on le dessèche en le posant sur des feuilles de papier à filtre, ap-
puyées elles-mêmes sur une couche épaisse
(20 centimèt.) de cendres bien sèches et tassées
dans une caisse; on recouvre d'une feuille
de papier, puis on ferme la caisse avec son
couvercle.

Lorsque l'humidité est passée dans les
cendres, on retire l'iode pour l'épurer par la
distillation. Dans toutes ces manipulations,
on se sert de spatules, cuillers, etc., en grès,
afin d'éviter, autant que possible, le contact
avec la peau, que l'iode, à la longue, attaquerait plus ou moins profondément.

La fabrication actuelle des produits des
varechs représente, en France, l'emploi de
3 000 000 kilogrammes de *soude brute.*

Produits obtenus annuellement.

On en obtient :

500 000 kilog.	de sulfate de potasse.
540 000	de chlorure de potassium.
450 000	de chlorure de sodium (sel marin).
3 450	d'iode (ou l'équivalent en iodures).
250	de brome.
2 000 000	de résidus lessivés secs (ou l'équi-valent humide, environ 2 500 000).

Emploi des résidus dans la culture. — Les
marcs de soude de varech lessivés retiennent encore un peu de tous les sels solubles;
d'ailleurs, les sels et composés calcaires qui
forment la plus grande partie de leur poids,
sont utiles en agriculture, surtout pour les
terres où, comme aux environs de Cherbourg, le carbonate de chaux manque. On
répand de 30 à 40 hectolitres de ces marcs
sur un hectare de terre tous les trois ans;
ils ne dispensent pas de fumier dans cet intervalle de temps; mais ils font beaucoup
mieux profiter les plantes, en complétant
l'aliment minéral : leurs effets ont paru surtout avantageux sur l'orge, le sarrasin et les
prairies naturelles.

VASES DE CUISINE. — Les vases de cuisine peuvent, selon diverses circonstances,
être cause d'empoisonnements ou de maladies de langueur. Le choix de ces vases mérite donc la plus grande attention. Il faut rechercher, autant que possible, ceux qui ne
peuvent altérer les aliments. De ce nombre
sont les vases en fer, en grès, en porcelaine, en
verre, en faïence et autres terres vernissées.

La porcelaine se fait avec de l'argile blanche; on la recouvre d'un enduit ou vernis
terreux. Elle offre toutes les garanties de
salubrité.

Les vernis blancs des autres poteries sont
les plus sûrs, parce qu'ils ont pour base
l'oxyde d'étain, qui n'a rien de dangereux.

On donne le conseil de remplacer, autant
qu'on le pourra, les vases de métal par les
poteries vernies; cependant on a eu des in-
quiétudes sur l'usage des *poteries communes,*
car l'oxyde de plomb est l'ingrédient principal de leur vernis, quelle que soit sa cou-

leur, et cet oxyde est un poison facilement
attaqué par les acides et même par les graisses; mais des expériences ont prouvé qu'il
n'y a rien à craindre de ces poteries lorsqu'elles ont été bien fabriquées, parce qu'a-
lors le vernis et la masse du vase se trouvent combinés intimement, et le verre de
plomb a acquis une telle dureté, qu'il résiste
longtemps aux forces mécaniques et même
aux agents chimiques.

Les meilleures poteries sont celles qui
sont bien cuites, et dont le vernis est parfaitement vitrifié; elles donnent le son le plus
clair lorsqu'on les frappe avec un corps dur,
et leur vernis ne se laisse pas rayer avec la
pointe d'un bon couteau. Plus l'émail est
cuit et dur, moins il est attaquable par les
acides, les huiles et les graisses.

Le vernis des poteries de mauvaise qualité, n'étant pas suffisamment adhérent à la
masse argileuse, s'en exfolie aisément, et,
lorsqu'on emploie ces vases aux usages de la
cuisine, ils s'écaillent par l'action du feu, et
contractent facilement un goût détestable
qui ne peut s'enlever en les nettoyant, et se
communique à ce qu'on y fait cuire. En outre, des auteurs pensent que ce vernis se
fond peu à peu dans les graisses et les acides, et déprave assez les aliments pour que
l'usage des vases puisse, à la longue, devenir
nuisible aux individus faibles.

Toute poterie ne doit servir aux usages de
la cuisine qu'après avoir trempé quelque
temps dans l'eau chaude et avoir été bien
nettoyée.

Les vases d'*argent,* d'*étain,* de *fer-blanc,* de
cuivre, de *plomb,* peuvent former des sels
très-vénéneux. Le beurre, l'huile, les graisses, l'eau salée et les acides, sont les substances qui exposent le plus aux accidents
graves qui peuvent résulter de l'emploi de
ces vases; mais les vases en cuivre ou er
plomb sont ceux qui forment des poisons
avec le plus de facilité.

La vaisselle en argent contient du cuivre,
et celle en étain du plomb; quoi qu'il en
soit, si l'argent est au premier titre, et que
l'étain ne renferme que la quantité de plomb
consentie par la loi, l'usage de ces vaisselles
ne présente aucun inconvénient, toutes les fois
qu'on a l'attention de les tenir très-propres
et que les mets n'y séjournent pas, surtout
d'un jour à l'autre; mais la vaisselle en ar
gent est souvent au deuxième titre, et, dans
ce cas, contient du cuivre en proportion suffisante pour altérer assez promptement les
aliments qu'on y laisse séjourner. L'étain
oblige aussi à plus de précautions, lorsqu'il
renferme une certaine quantité de plomb.

Le fer-blanc, ou fer étamé, est sans danger; son étamage est plus sain que l'étamage
ordinaire; il convient cependant d'éviter que
les mets ne séjournent dans ce métal.

On fabrique actuellement, en France, des
vases qui imitent assez bien l'argent; mais,
comme ils sont composés d'une forte proportion de cuivre, ils exigent de grands soins
de propreté et beaucoup d'attention, parce
qu'ils pourraient communiquer des propriétés

vénéneuses· aux liquides acides et aux substances grasses qu'on y laisserait séjourner.

Le cuivre est, de tous les métaux, celui dont on doit le plus se méfier, vu qu'il forme avec une extrême facilité le vert-de-gris, un des poisons les plus dangereux. Voici comment Baumé s'exprime au sujet des ustensiles de cuivre : « Un auteur a cherché à rassurer sur l'emploi des vases de cuivre, en disant que tout le danger de ce métal vient du séjour de la liqueur dans les vases, et qu'il n'y a rien à craindre quand cette liqueur est en ébullition; mais le temps qu'il faut pour préparer la liqueur, la négligence ou l'inattention de ceux qui la préparent, ne rendent-ils pas ce séjour continuellement à craindre? Peut-on, d'ailleurs, ignorer que les acides et toutes les substances grasses ont, avant qu'elles soient en ébullition, une action très-vive sur le cuivre ? » (*Traité de pharmacie*, pag. 8.)

J'ajouterai à ce passage que l'ébullition ne préserve pas complétement des dangers du cuivre lorsqu'on la prolonge fort longtemps; qu'elle n'en préserve en aucune manière lorsque le vase ne contient que de l'eau salée. C'est une observation à laquelle il faut avoir égard dans les cuisines où l'on fait de l'eau de sel pour servir à la préparation des mets. Cependant, lorsque l'eau salée bouillante se trouve mêlée avec une certaine quantité de lard, de viande ou de poisson, on ne doit point redouter son contact avec le cuivre.

Le sang est encore regardé comme ayant beaucoup d'action sur le cuivre, si on le fait chauffer dans un vase de ce métal, ou qu'on l'y conserve même très-peu de temps.

L'analyse démontre l'existence du vert-degris, en certaines proportions, dans tous les mets qui ont été préparés dans des vases de cuivre. Cette proportion, qui peut n'avoir aucun mauvais effet sur un grand nombre d'individus, peut en avoir sur quelques-uns, en raison de certaines dispositions individuelles.

On doit être d'une rigueur extraordinaire sur la propreté des ustensiles de cuivre, et, lorsqu'on est obligé de les employer non étamés ou mal étamés, il faut, pour que le vert-de-gris ne s'y forme pas notablement, que la chaleur des mets soit portée le plus vite possible à l'ébullition, que celle-ci ne soit pas de très-longue durée, et que les mets soient transvasés encore bouillants.

Dès que l'ébullition cesse, le vert-de-gris se forme avec assez de facilité pour que l'on doive s'opposer fortement au séjour des aliments dans ces sortes de vases, ne dût-il pas dépasser un quart-d'heure.

Alors même qu'il n'y aurait aucun danger à laisser séjourner, pendant quelque temps, les mets dans des vases de cuivre, la prudence veut que l'on défende cette pratique, attendu que bien des faits ont démontré qu'il peut, dans certaines circonstances, en résulter de graves inconvénients.

Lorsqu'on fait des confitures ou marmelades dans une chaudière de cuivre non éta-

mée, il faut, pendant la cuisson des fruits, mettre du fer décapé dans la chaudière. C'est une précaution nécessaire, surtout lorsque la préparation doit être très-prolongée. Le fer, dans ce cas, précipite tout le cuivre que la liqueur acide a dissous avant et pendant l'ébullition; le cuivre s'attache au fer et s'isole complétement des confitures; celles-ci, alors, ne renferment plus de sel vénéneux. Il suffit, pour dix livres de confitures, d'employer une lame de fer de cinq à six pouces de long sur un demi-pouce de large, ou quelques clefs présentant à peu près la même surface.

L'eau froide ou chaude ne séjourne pas impunément dans un vase de cuivre ; elle y contracte une saveur métallique; sous son influence, l'air oxyde le métal, et il se dissout un peu de vert-de-gris.

Le cuivre jaune est peut-être moins insalubre que le cuivre rouge; mais ni l'un ni l'autre ne devraient être employés pour les ustensiles de cuivre.

On peut se servir du cuivre en toute sécurité lorsqu'il est bien étamé; mais lorsque l'étamage est mal fait où qu'il est usé en partie, il se trouve un assez grand nombre d'interstices où peut se former le poison, et il serait alors très-imprudent de laisser refroidir les aliments.

Les mets refroidis dans des vases de cuivre étamés sont toujours suspects, parce qu'il est souvent difficile de s'assurer si le cuivre est parfaitement étamé.

« Il faut avoir l'attention, dit M. le professeur Girardin, de renouveler, au moins tous les mois, l'étamage du cuivre, lorsque les vases sont d'un usage habituel, car le récurage, le frottement des cuillers, les sauces acides, en enlèvent journellement de petites portions, et mettent bientôt le cuivre à nu. »

On doit recommander de ne point placer à demeure des robinets de cuivre aux pièces de vin ou de cidre, parce qu'ils y introduisent du vert-de-gris.

VAUQUELIN. — L'histoire de Vauquelin est un des exemples de ce que peuvent la patience et une volonté forte de s'instruire. Né en mai 1763, de pauvres cultivateurs, à Saint-André-d'Hébertot, petite commune du département du Calvados, Vauquelin fut d'abord destiné aux fonctions les plus humbles. Il entra comme *garçon de laboratoire* chez un pharmacien, à Rouen, M. Mésaize, et là il puisa cette ardeur pour la chimie qui le conduisit plus tard aux honneurs et à la fortune. Avec six francs pour tout bien, le jeune Vauquelin fit le voyage de Paris, dans l'espérance d'y trouver les moyens de s'instruire. D'abord élève en pharmacie, il dut à l'un de ses maîtres la connaissance de Fourcroy, qui, ayant remarqué son aptitude et l'espèce d'avidité avec laquelle il écoutait ses discours, lui proposa de le prendre chez lui, en lui donnant le logement, la table et cent écus par an. Ces conditions parurent magnifiques au pauvre élève, qui s'empressa d'autant plus d'accepter, qu'il atteignait, en entrant dans un laboratoire de chimie, le but de tous ses désirs. Là ; travaillant avec une persistance incroyable, et dirigé par les conseils éclairés de Fourcroy, il acquit bientôt une telle habileté et un tel savoir, que ce dernier l'associa à ses recherches et lui confia les répétitions de ses cours. Quelques années étaient à peine écoulées, que l'Académie royale des sciences comptait déjà Vauquelin au nombre de ses membres. En 1794, il était professeur de l'Ecole polytechnique, inspecteur et professeur de docimasie à l'Ecole des mines ; puis professeur de chimie appliquée aux arts au Muséum d'histoire naturelle. Il est peu de chimistes qui aient eu une carrière aussi longue et aussi laborieuse. Plus de 250 Mémoires ont été publiés par lui sur presque toutes les branches de la science. Il avait un talent remarquable pour l'analyse. Ses recherches, ses découvertes, ont eu presque toutes de brillantes applications dans les arts ; elles ont rendu des services non moins signalés à la physiologie, à la médecine légale, à l'économie domestique. On peut dire que Vauquelin avait fait et vu à peu près tout ce qu'il était possible de faire et de voir en chimie. Ce célèbre chimiste, qui honore tant la France, et en particulier la Normandie, est mort au château d'Hébertot, le 14 novembre 1829.

VEAU D'OR, objections et réponses. *Voy.* **Or.**

VÉGÉTAUX (*structure et constitution*). — Les corps inorganisés se présentent à nous sous mille aspects divers, et ce n'est que rarement que nous les voyons à l'état de cristaux ou formes polyédriques à faces planes, plus ou moins semblables aux polyèdres de la géométrie. Quoiqu'il soit très-difficile de connaître les causes qui concourent à la formation des cristaux, cependant il est possible de découvrir, au moyen du clivage, les lois générales qui président à leur structure, tandis qu'on est beaucoup moins avancé à l'égard des corps organisés, dont la constitution, étant plus complexe, doit nous occuper maintenant. Commençons par les végétaux, d'une organisation plus simple que celle des animaux ; on n'y trouve pas, à beaucoup près, la même régularité que dans les cristaux ; leurs surfaces ne sont plus terminées par des faces planes ; leurs formes sont plus ou moins arrondies ; la régularité, en outre, n'est qu'apparente, car il est impossible de trouver une fleur dont les pétales soient parfaitement égaux, et une feuille présentant une identité parfaite des deux côtés. On ne peut néanmoins s'empêcher de reconnaître une symétrie de composition et de structure, soit dans les pétales, soit dans les deux parties d'une feuille. C'est en raison de cette symétrie, plus ou moins parfaite, que l'on est amené à considérer les végétaux comme des corps régulièrement organisés. Il se produit dans les végétaux, comme dans les cristaux, des irrégularités

dépendantes de phénomènes particuliers, soumis à une marche constante, comme les monstruosités nous en offrent de nombreux exemples.

On reconnaît à la première inspection qu'un végétal pourvu de tous ses organes est composé d'une tige ; de branches ou rameaux pourvus de feuilles, de fleurs ou de fruits, suivant la saison, et, si on l'isole de terre, de racines qui se ramifient en une infinité de radicules de plus en plus petites, de même que les branches se divisent en rameaux. On doit analyser chacune de ces parties, si l'on veut en connaître la structure, ainsi que les éléments dont elle se compose. Mais tous les végétaux ne présentent pas ces parties développées au même degré ; il y en a qui ne nous en montrent que les rudiments ; de là la division des végétaux en classes, en genres, en espèces et en familles. On distingue deux grandes classes : les végétaux cellulaires, ou acotylédones, suivant Jussieu, ou agames, suivant Lamarck, et les végétaux vasculaires, ou phanérogames. Les premiers sont composés d'un tissu cellulaire arrondi ou allongé ; les seconds, d'un tissu cellulaire et de vaisseaux. Les phanérogames sont eux-mêmes partagés en deux grandes classes fondamentales : les dicotylédones, ou exogènes ; les monocotylédones, ou endogènes. Occupons-nous seulement des derniers, en raison de leur état plus ou moins parfait, et décrivons rapidement les diverses parties qui les composent.

La tige des végétaux vasculaires est la partie fondamentale : elle s'élève verticalement, quand aucune cause perturbatrice ne vient la dévier de cette direction. A sa partie supérieure se trouvent les branches et les feuilles, organes respiratoires ; à la partie inférieure, les racines qui prennent aux sols, par l'intermédiaire des spongioles, les éléments nécessaires à la nutrition. La tige est plus ou moins bien développée ; quelquefois elle est rabougrie ou cachée dans la terre, comme les plantes bulbeuses, dont la tige n'est autre que le plateau orbiculaire qui fait la base de l'oignon, et d'où partent, d'un côté les racines, et de l'autre les feuilles et les fleurs. Tous les végétaux vasculaires sont donc munis d'une tige qui se réduit, dans le cas extrême, à un plan. La tendance à la verticalité ne manque que dans quelques parasites, tels que le gui, lesquels, ne vivant que de la sève préparée et élaborée par d'autres végétaux, se contournent pour prendre leur nourriture partout où ils la trouvent. On distingue dans la tige le tronc, partie principale ; les branches, affectant une direction verticale beaucoup moins constante, et garnies ordinairement de feuilles et d'écailles, quand celles-ci manquent. Les points de jonction de la tige et des racines constituent le collet.

Les feuilles partent ordinairement de nœuds qui se trouvent de distance en distance sur les tiges, et paraissent être formées de *plexus*, de fibres, comme on le voit dans les graminées. Les tiges, ainsi que les branches, se terminent en général par des parties vertes, molles, herbacées. Il y a des végétaux dont les tiges sont composées en grande partie de cette substance verte; on les appelle alors plantes herbacées, *herbe.* Leur existence est bien plus courte que celle des autres végétaux; en général elles périssent au bout d'un an, ou bien, la tige morte, il repousse du collet à la racine d'autres tiges l'année suivante.

Les tiges des végétaux qui vivent plusieurs années, et qu'on nomme en raison de cela *plantes vivaces,* ont plus de consistance et sont plus dures que les précédentes. Dans les plantes vivaces, on distingue, 1° les tiges charnues, dont la partie externe est recouverte d'un parenchyme vert très-développé; 2° les tiges ligneuses ayant la consistance et l'apparence du bois. Les végétaux de cette dernière catégorie sont divisés en sous-arbrisseaux, en arbustes et en arbres; bien que les tiges affectent ordinairement la verticalité, elles s'inclinent néanmoins quand elles sont trop faibles. Si elles ne peuvent se redresser, et qu'elles se courbent jusqu'à ce que leur sommet touche la terre, elles y prennent racine, comme les plantes grasses en sont un exemple. Souvent il arrive que les tiges qui ne peuvent se soutenir elles-mêmes sur le sol, prennent pour point d'appui les corps qui se trouvent à leur portée; telles sont les plantes rampantes. Les branches ou les rameaux dont les tiges sont pourvues vont en divergeant, et portent des feuilles et des fleurs; elles naissent de l'aisselle des fleurs, ou très-près, et tendent également à suivre la verticale; mais, au fur et à mesure qu'elles grandissent, elles tendent à prendre la direction horizontale, tant à cause de leur poids que parce que leurs extrémités se dirigent vers le bas pour chercher la lumière. Les branches inférieures étant les plus anciennes, sont naturellement les plus longues. Il existe un tel rapport entre les branches et les racines, qu'une grosse branche correspond à une grosse racine, et que, lorsqu'une racine pivotante perd son pivot, la maîtresse tige cesse de s'élever et pousse des branches latérales.

Pénétrons successivement dans l'intérieur de la tige des dicotylédones et des monocotylédones.

Dans la tige des dicotylédones, on trouve deux parties distinctes : le corps ligneux, placé au centre, et le corps ou système cortical qui enveloppe le corps ligneux, et que l'on nomme *écorce;* dans chacune de ces parties on remarque deux portions distinctes placées en sens inverse l'une de l'autre: la partie parenchymateuse, la moelle, occupant le centre, et la partie fibreuse composée du bois et de l'aubier, et disposée par couches autour du parenchyme. Dans l'écorce, la partie parenchymateuse, ou la moelle corticale, appelée *enveloppe cellulaire,* se trouve à l'extérieur, tandis que la partie fibreuse, qui comprend les couches corti-

cales et le liber, est à l'intérieur. Il y a donc inversion dans la place qu'occupent la moelle corticale et les parties fibreuses qui ont de l'analogie dans leur composition.

La tige des monocotylédones diffère de la précédente, en ce qu'elle ne présente seulement qu'une masse homogène, au lieu de deux corps différents qui croissent en sens inverse. De plus, elle n'a jamais de canal médullaire, ni de rayons médullaires distincts; les fibres ligneuses nouvelles et anciennes sont entremêlées depuis le centre jusqu'à la circonférence, et ne forment pas de couches régulières.

Les racines sont les parties de la plante qui se dirigent vers la terre; elles se distinguent des tiges en ce qu'elles ne croissent pas, lors même qu'elles sont exposées à l'air, à l'exception cependant de leurs extrémités, ou spongioles, véritables tissus destinés à produire l'ascension de la séve dans la plante. Les racines diffèrent des tiges en ce qu'elles n'ont ni trachées, ni stomates. Des coupes transversales pratiquées dans les racines présentent les mêmes parties que celles effectuées dans les tiges, si ce n'est que les racines des dicotylédones manquent de moelle. La plupart des racines se ramifient, soit latéralement, soit par leurs extrémités, en une multitude de fibrilles très-menues, dont l'ensemble constitue le chevelu. C'est à l'extrémité de ces fibrilles que se trouvent les spongioles.

Les feuilles attirent particulièrement l'attention des botanistes, en raison du rôle important qu'elles jouent dans la végétation; elles sont les organes de la respiration, de l'évaporation aqueuse et de la décomposition des sels et des sucs. La feuille se compose des parties suivantes : le pétiole ou queue de la feuille est le filet qui, partant de la tige, forme un faisceau peu ou point étalé, appelé limbe. Ce limbe est la portion où les fibres sont plus ou moins divergentes; on y distingue les nervures ou faisceaux de fibrilles qui en forment le squelette, et se divisent en primaires, secondaires, tertiaires. Entre les nervures se trouve un intervalle rempli par le parenchyme, qui n'est autre qu'un tissu cellulaire. Si l'on examine le limbe suivant une coupe transversale, on reconnaît trois parties distinctes : 1° la face supérieure, 2° la face inférieure, 3° l'espace intermédiaire rempli d'un organe appelé *mésophylle,* lequel constitue réellement le corps de la feuille. En effet, le mésophylle renferme, suivant toutes les apparences, deux systèmes très-importants; le premier, recevant la séve ascendante, la conduit au contact de l'air pour son élaboration, et permet l'exhalation des parties surabondantes, tandis que le second reçoit la séve élaborée et la reconduit dans la tige pour servir à la nutrition. Quant aux deux surfaces de la feuille, elles ne sont que des cuticules destinées à garantir le mésophylle, et peuvent être enlevées facilement dans les plantes où le tissu cellulaire est abondant. Elles sont souvent très-différentes; la supérieure a un aspect plus uni que l'inférieure ; elle a moins de poils et manque souvent de stomates, qui ne sont autres que les orifices de la cuticule. Chaque surface paraît jouer un rôle spécial, car si l'on retourne une feuille, elle ne tarde pas à reprendre sa position primitive, lors même que l'on y met obstacle.

Après les feuilles viennent naturellement les organes reproducteurs, qui sont à l'extrémité des tiges. Tous les corps organisés, végétaux ou animaux, sont reproduits par un germe qui est en quelque sorte le corps lui-même en miniature, ou une portion de ce corps. Deux opinions contradictoires divisent depuis longtemps les physiologistes, et les diviseront peut-être longtemps encore. Les uns pensent que les germes sont formés par les organes reproducteurs, les autres admettent qu'ils sont préconçus, et font remonter par conséquent leur origine à la création des êtres. Suivant cette dernière opinion, tous les germes auraient été emboîtés les uns dans les autres, et se détacheraient successivement, dans le cours des siècles, jusqu'à l'infini. Les germes se présentent sous deux états différents : tantôt ils se développent suivant les lois de la nutrition, comme les branches, les tubercules, les caïeux, les marcottes ou les boutures en sont des exemples, tantôt ils sont le résultat d'une fécondation qui s'opère dans un appareil composé d'organes dont la réunion forme la fleur.

Toutes les plantes ne sont pas pourvues d'organes reproducteurs bien apparents ; celles qui en possèdent sont appelées *phanerogames*, et celles qui paraissent en être privées *cryptogames*. Dans les phanérogames, la fleur est portée sur un rameau ou pédicelle de longueur variable, suivant l'espèce. Les pédicelles prennent naissance, soit immédiatement sur la tige, soit sur des parties de celle-ci ou des branches ; on appelle *pédoncules* ces branches ou tiges florales. Les feuilles florales sont celles dont l'aisselle émet un pédicelle. On les nomme *bractées* lorsqu'elles diffèrent des feuilles ordinaires par la grandeur, la couleur, la forme, la consistance. Les bractées doivent être considérées comme servant à protéger les parties de la fleur et à les nourrir. Sans entrer dans un examen détaillé de toutes les parties des organes qui constituent une fleur, nous dirons qu'on distingue les pistils et les étamines, organes de la fécondation. Les étamines sont libres ou soudées, monadelphes. La corolle est monopétale ou polypétale, de même nature que ces organes ; elle les enveloppe immédiatement et les protége. Le calice, de nature foliacée, leur sert de tégument externe. Il est monophylle ou feuilles soudées, ou polyphylle ou feuilles libres. Le *torus* sert de base commune à la corolle et aux étamines ; nous ne devons pas omettre non plus l'axe ou prolongement du pédicelle. Le pistil se compose du stigmate, du style, de l'ovaire, des ovules. Ces organes sont composés eux-mêmes de parties diverses, parmi lesquelles il y en a plusieurs qui

jouent un rôle important dans les phénomènes de la nutrition.

L'étamine est composée d'un filet et d'une anthère. Le filet a tantôt une forme cylindrique, tantôt une forme prismatique grêle très-allongée, tantôt il est comprimé en forme de lance, et quelquefois épanoui à son sommet en forme de capuchon. L'anthère est une bourse portée par le filet, et renfermant le pollen. Chaque granule contient, à l'intérieur, un liquide de nature un peu visqueuse. Dans le pistil se trouvent les ovules fixés sur un *placenta*. Cet organe se termine par le stigmate, espèce de spongiole située à l'extrémité des styles.

Les nectaires sont des glandes excrétoires situées sur l'un des organes floraux et renfermant un suc appelé *nectar*, que, pour se nourrir, recherchent les insectes suceurs. Aussitôt que la fécondation est achevée, les organes reproducteurs et toutes les parties de la fleur se flétrissent peu à peu. Les ovules fécondés se développent, sont transformés en graines, et les pistils en fruits, renfermant eux-mêmes des graines ; c'est à cette enveloppe, qui contient les graines, que l'on a donné le nom de péricarpe. Pour bien connaître le péricarpe, il faut avoir une idée des diverses enveloppes dont il est composé.

Les carpelles sont réellement les organes femelles des plantes. Ce sont elles qui, placées au centre de la fleur, tantôt libres, tantôt soudées, constituent le pistil pendant la floraison, et le fruit quand celle-ci est achevée. La carpelle est, comme la feuille, composée de trois parties, une surface externe, une surface interne et un plexus de fibres, de vaisseaux et de tissus cellulaires ; cet organe, appelé dans la feuille *mésophylle*, est nommé *mésocarpe* dans les carpelles, et *sarcocarpe* ou chair du fruit quand il est fort épais et très-charnu.

Les fruits sont entiers, divisés, partagés ou multiples, suivant que les carpelles sont soudées dans toute leur longueur, ou seulement dans la moitié de cette longueur, ou suivant que les carpelles sont soudées par la base ou qu'elles sont libres de toute cohérence. Pour avoir une idée complète des fruits, il faut encore connaître les parties de la fleur qui entrent dans la composition du fruit. Ces parties sont le torus, le calice ou périgone ; le premier a été déjà défini. Le calice, qui a été aussi décrit, se prolonge autour du fruit ou sous forme d'écailles distinctes, de filets filiformes, ou sous la forme d'un godet membraneux entourant les carpelles, sans adhérer ou en adhérant avec eux. Le torus et le calice réunis se collent sur les carpelles, et forment alors un ovaire ou calice adhérent. Il existe encore des organes qui semblent faire partie des fruits, quoique situés hors des fleurs : ce sont les bractées, les pédicules et les réceptacles des fleurs. A l'extrémité du cordon ombilical se trouve la graine ; les points de contact forment l'ombilic, le hile ou cicatricule. Dans certains points, le cordon s'épanouit avant d'atteindre la graine. La partie épanouie se nomme *arile*.

Nous arrivons à la structure de la graine, qu'il est important de connaître quand on veut étudier l'influence des forces physiques sur la germination.

La graine, après la fécondation, est tout simplement une cavité fermée de toutes parts et renfermant le germe de la plante, ou, pour mieux dire, le rudiment de cette plante, qui est un embryon pourvu de diverses parties, dont les unes servent à nourrir la jeune plante dans les premiers temps de la germination, et les autres de téguments protecteurs. Ces téguments sont quelquefois nommés *spermodermes, testa* ou *peau de la graine*, et renferment de l'albumen ou périsperme et l'embryon ; de sorte que la graine proprement dite se compose de trois parties principales, indispensables à connaître dans la physique appliquée, savoir : le spermoderme, l'albumen et l'embryon.

Le spermoderme est souvent composé de deux couches ou membranes distinctes dont l'extérieur, ordinairement plus résistant, a reçu spécialement le nom de *testa*, et l'intérieur, plus mince, le nom d'*endoplèvre* ou de *membrane interne*.

C'est dans l'épaisseur du testa que se rangent les vaisseaux qui, partant du funicule, vont porter à l'embryon sa nourriture. L'amande, ou le noyau de la graine, est la partie qui est renfermée dans le spermoderme ; dès lors l'amande comprend l'embryon, ses annexes et l'albumen, qui est un corps commun à plusieurs graines.

L'albumen, ainsi dénommé à cause de l'analogie de ses fonctions avec celles de l'albumine ou blanc de l'œuf, est destiné à nourrir la plante à l'époque de la germination ; tantôt il est huileux, tantôt farineux, tantôt il se présente à l'état corné et se transforme, lors de la germination, au moyen de l'eau et de la chaleur, en une matière émulsive qui est absorbée par l'embryon et sert à son développement.

L'embryon, comme nous l'avons déjà dit, est une jeune plante en miniature, munie de tous les organes indispensables à la nutrition, tels que racines, tiges et feuilles. La racine est appelée *radicule*, la tige *tigelle*, et les feuilles *cotylédons*. Dans les applications des forces physiques à la végétation, nous verrons de quelle manière les diverses parties de l'embryon se développent.

La radicule, dans la plupart des cas, a une forme conique ayant la plus grande ressemblance avec les racines ordinaires ; elle va en s'amincissant depuis le collet jusqu'à l'extrémité, qui se termine en pointe. Les racines sont souvent munies de poils d'un blanc d'argent, assez longs, hérissés et d'une consistance très-molle.

La tigelle est dirigée dans un sens opposé à la radicule. Lors de la germination, elle se dirige vers le zénith et verdit par l'action de la lumière. La tigelle va du collet aux cotylédons ; la continuation de la tigelle au-dessus des cotylédons et des feuilles rudimentaires qu'elle porte constitue la gemmule ou plumule.

Les cotylédons, comme on l'a déjà **vu**, sont les premières feuilles de la plantule ; les graines peuvent avoir un, deux ou plusieurs cotylédons. Dans le premier cas, les végétaux sont appelés *monocotylédones ;* dans le second, *dicotylédones,* et dans le troisième, *polycotylédones.* Enfin, on appelle végétaux *acotylédones* ceux dans lesquels il n'existe pas de cotylédons.

Les cotylédons sont ou charnus ou foliacés ; ils sont charnus et ne se colorent pas en vert, quand ils n'ont point de stomates ; ils sont foliacés quand ils sont munis de stomates.

Il ne reste plus à décrire que les organes de la reproduction dans les végétaux cryptogames. Il n'est pas possible, comme l'observe M. de Candolle, d'admettre qu'il existe des plantes dépourvues d'organes propres à la fructification ; c'est pour ce motif qu'il a appelé *cryptogames* les végétaux dont la fructification est obscure et même douteuse. Il y a des cryptogames, comme plusieurs mousses, qui paraissent posséder deux modes de reproduction, des graines et des bulbites ; c'est ce qui a contribué à répandre du doute sur la structure des cryptogames.

Passons actuellement aux organes élémentaires des végétaux, pour ne rien omettre de ce qui concerne leur constitution. Nous avons vu que les plantes, comme tous les corps organisés, sont composées de tissus et de matières reçues ou sécrétées par ces tissus qui constituent les corps eux-mêmes. On ne peut étudier ces organes élémentaires qu'à l'aide du microscope.

Les opinions des physiologistes varient sur l'organisation végétale ; et cela tient en grande partie à ce que différentes personnes, regardant au même microscope le même fragment, n'y voient pas toujours les mêmes choses. Lorsque l'on coupe transversalement une plante ou une partie de plante, on y aperçoit, à l'aide d'une forte lentille ou du microscope, des cavités inégales de forme variable, mais le plus souvent de forme hexagonale. Si la plante est coupée dans le sens de sa longueur, on y remarque des cavités terminées par des diaphragmes, ou bien des cavités tubuleuses dépourvues de cloisons transversales, ou des filets épars plus ou moins opaques. On appelle *cellules* ou *utricules* les cavités fermées de toutes parts ; *vaisseaux*, les tubes ; et *fibres*, les filets. Voyons quelle est la divergence des opinions sur l'organisation des végétaux : les uns, et c'est la plus ancienne opinion, ont avancé que le tissu végétal est formé de fibres très-minces et diversement entrecroisées ; d'autres, que le tissu végétal est une membrane continue de toutes parts et dont les doublements variés produisent les cavités closes, les vides clos ou tubuleux ; enfin, il y en a qui considèrent le végétal comme composé de cellules ou d'utricules. Nous allons passer successivement en revue le tissu cellulaire, les vaisseaux, les fibres ou couches, les stomates ou pores de la cuticule, les spongioles et suçoirs, les lenticelles, les poils, les réservoirs du suc propre, les cavités aériennes, etc.

Le tissu cellulaire est membraneux, formé d'un grand nombre de cellules, comme un rayon de miel ; on lui donne aussi le nom de *tissu utriculaire* et *de parenchyme*, quand on le considère en masse. Les cavités du tissu cellulaire sont appelées *cellules*, *utricules* ou *vesicules*, suivant les auteurs. Ce tissu existe dans toutes les plantes ; quelques-unes d'entre elles même en sont entièrement composées, comme les champignons, les algues, etc. En général il entoure les vaisseaux ; il est plus abondant dans les herbes que dans les arbres, et dans les jeunes plantes que dans les vieilles. Le diamètre des cellules varie, sous un grossissement de cent trente fois, de dix millimètres à un millimètre.

Les cellules sont tantôt arrondies, tantôt allongées en fuseau ou amincies aux deux extrémités, ou en tubille, ou en prisme, tantôt allongées en travers.

Les cellules sont, ou remplies d'un suc aqueux, ou pleines d'air ; on y trouve fréquemment de petits grains libres, opaques, sans couleur, appelés *fécule*; d'autres petits globules se rencontrent surtout dans les cellules des parenchymes foliacés, qui se colorent en vert à la lumière et peuvent prendre diverses autres couleurs ; ces globules, de nature résineuse, forment la matière verte des feuilles, appelée *chlorophylle*. Les cellules allongées du bois de l'aubier et des couches de l'écorce sont des parois épaissies par le dépôt de la matière ligneuse. Les cellules, étant closes de toutes parts, ne peuvent recevoir les sucs que par des effets d'endosmose ou autres. Il existe en outre, entre les cellules, des espèces de vides qu'on appelle *méats* ou canaux intercellulaires, lesquels sont remplis de sucs. Passons aux vaisseaux. Les anatomistes ne sont pas généralement d'accord sur leur structure.

Les vaisseaux sont des tubes cylindriques creux, dans lesquels on n'aperçoit aucun diaphragme, dans le sens transversal, servant à les clore. Ils diffèrent encore des cellules allongées, en ce que les parois de celles-ci ne sont pas munies de points, de raies, d'anneaux, de fentes ou de spires. Les vaisseaux spiraux et élastiques sont des trachées, mais qui manquent dans toutes les plantes cellulaires, comme les champignons, les lichens, les algues, etc., nous en offrent des exemples.

Les vaisseaux annulaires ou rayés, qui sont les fausses trachées de M. de Mirbel, se montrent dans le ligneux des végétaux vasculaires. Ce sont des tubes cylindriques simples marqués de raies régulières, transversales et parallèles entre elles. Les vaisseaux ponctués, vus au microscope, se présentent sous la forme d'un tube cylindrique dont les parois sont recouvertes de séries transversales de points opaques ; ils sont très-abondants dans les dicotylédones. Les vaisseaux en chapelet diffèrent des précé-

dents en ce qu'ils sont étranglés d'une manière plus ou moins sensible de place en place ; M. de Mirbel les considère comme des cellules placées bout à bout. Les vaisseaux réticulaires sont plus rares que les précédents ; leur nom indiquant suffisamment leur organisation, nous nous dispenserons d'en rien dire de plus. Passons aux fibres et aux couches.

Les fibres sont ces filets longitudinaux qu'on obtient en fendant, dans le sens de la longueur, une tige de plante vasculaire ; vues au microscope, elles paraissent composées de faisceaux de vaisseaux, entremêlés et entourés de tissu cellulaire allongé. Les couches sont des fibres distribuées circulairement autour d'un axe, soit réel, soit idéal, et forment en général des anneaux concentriques ou des cônes emboîtés les uns dans les autres.

La membrane mince transparente qui recouvre les plantes est l'épiderme ou la cuticule. Cet épiderme est formé d'une ou plusieurs couches particulières de tissu cellulaire, très-distinctes des suivantes, et constituant une espèce d'enveloppe.

Dans les feuilles, la cuticule est facile à enlever ; elle se présente alors comme une membrane assez fine, marquée d'aréoles de formes variées. La cuticule est ordinairement transparente et blanchâtre ; car la couleur des fleurs et des feuilles dépend de la nature des matières contenues dans le parenchyme ; néanmoins, elle influe un peu sur la coloration suivant qu'elle est plus ou moins transparente, ou bien qu'elle renferme des teintes jaunâtres ; au microscope ou à l'aide d'une forte loupe, on y distingue des raies en réseau ayant la forme d'aréoles produites par les parois des cellules qui constituent cette membrane.

L'épiderme des vieilles tiges n'offre plus la même structure ; il est formé par l'exfoliation des couches superficielles de l'enveloppe cellulaire corticale. En raison de sa consistance, l'épiderme sert à abriter l'enveloppe cellulaire et à la préserver de l'intempérie des saisons.

La cuticule de la partie herbacée des plantes, vue au microscope, se montre couverte d'orifices ovales appelés *stomates* ou glandes corticales, pores évaporatoires, pores de l'épiderme, pores corticaux ; mais on s'en tient aujourd'hui à la dénomination de stomates. La forme de ces pores est tantôt ovale, tantôt presque arrondie ; leur grandeur varie d'une plante à l'autre, et est ordinairement en rapport avec la grandeur des mailles de la cuticule. Les stomates se voient avec plus ou moins de facilité sur les cuticules des végétaux vasculaires, et en général sur les surfaces foliacées de ces végétaux.

Les deux faces de la feuille ne sont pas pourvues indifféremment de stomates ; les feuilles du poirier n'en ont qu'à la surface inférieure ; celles des liliacées ou des graminées en ont sur les deux surfaces : les feuilles flottantes n'en ont qu'à la surface supérieure. Les stomates se montrent encore sur les pétioles quand ils sont dilatés; sur les jeunes pousses, quand elles sont herbacées; on les rencontre aussi sur les calices, les involucres, quand ils sont foliacés : il en est de même des péricarpes quand leur consistance est foliacée.

Les stomates manquent dans plusieurs plantes vasculaires, et cela d'après la manière de vivre de ces dernières, et particulièrement sur les feuilles ou plantes qui vivent dans l'eau. Quoique les fonctions des stomates soient encore un sujet de controverse entre les physiologistes, néanmoins on ne peut s'empêcher d'admettre que les stomates ne servent à l'exhalaison ou à l'absorption de l'air et de l'eau. Outre les stomates ou pores visibles, il en existe d'invisibles à la surface des végétaux, et dont on ne connaît pas bien les fonctions.

On trouve à la surface extérieure du tissu certaines parties appelées *pores spongieux* ou *spongioles*, destinées à absorber les liquides avec lesquels elles sont en contact. Ces spongioles sont formées d'un tissu cellulaire très-lâche, dont les cellules sont arrondies; l'extrémité des racines en est pourvue, et c'est par elles que s'opère l'absorption des sucs nourriciers au moyen des phénomènes d'endosmose. Ces spongioles sont appelées *spongioles radicales*. On a aussi quelquefois considéré comme des spongioles pistillaires les parties de l'organe femelle qui absorbent la liqueur fécondante. On les trouve à l'extrémité de cet organe, et elles constituent la partie principale du stigmate.

Quelques physiologistes rangent parmi les spongioles les extrémités des houppes qui existent dans plusieurs lichens, ainsi que l'extrémité absorbante de certains suçoirs; ces derniers servent aux plantes parasites pour enlever aux végétaux voisins la nourriture qui leur est destinée.

L'écorce des branches des arbres présente des taches auxquelles on a donné le nom de *glandes lenticulaires*. Sous leur cuticule se trouve un amas pulvérulent, tantôt verdâtre, tantôt blanchâtre, qui paraît composé par les cellules de l'enveloppe cellulaire désunie et sous forme de vésicule ovoïde. On trouve les lenticules dans presque tous les dicotylédones, excepté dans les conifères, les rosiers; on ne les trouve ni dans les herbes dicotylédones, ni dans les monocotylédones, ni dans les acotylédones. Leur nombre, leur grandeur, varient d'un arbre à l'autre, et souvent dans les espèces du même genre.

Il existe dans les végétaux, comme dans les animaux, des organes particuliers, organes sécrétoires qui élaborent un suc spécial aux dépens du fluide nourricier commun; c'est ce qu'on nomme des *glandes*. Les unes sont placées à la surface de divers organes des végétaux, les autres dans l'intérieur de leurs tissus.

La superficie des végétaux est recouverte de petits filaments mous, et ayant beaucoup de ressemblance avec les poils des animaux.

Ces poils sont les prolongements d'une ou plusieurs cellules. On en distingue plusieurs classes qui ne se ressemblent que par leur forme générale, mais qui présentent des différences en raison de leur usage, de leur origine et de leur structure. Ainsi, l'on reconnaît des poils glanduleux, lymphatiques ou non, corollins, écailleux, ciliaires, poils radicaux.

Outre les glandes qui sécrètent des sucs particuliers, il existe des vaisseaux propres ou réservoirs qui renferment des liquides colorés, d'une nature particulière, mais seulement dans certains végétaux.

Le tissu cellulaire, en se distendant, donne naissance à des cavités qui se remplissent de suc propre; il arrive quelquefois que, par l'acte de la végétation, ce tissu, en se distendant, finit par se rompre, et forme des cavités qui se remplissent d'air, et auxquelles on a donné le nom *de moelle de vaisseaux pneumatiques, de réservoirs d'airs accidentels,* enfin *de cavités aériennes.*

On distingue enfin dans la structure des végétaux les raphides, faisceaux de cristaux que l'on trouve dans les cavités internes.

Telles sont les données générales que le physicien doit posséder sur la structure des végétaux, s'il veut se livrer à des recherches touchant l'action des forces physiques sur les phénomènes de la vie dans les plantes.

VÉGÉTAUX, leur propriété d'imbibition et d'hygroscopicité. *Voy.* ENDOSMOSE.

VEINES. *Voy.* GISEMENT DES MINÉRAUX.

VÉLIN. *Voy.* PARCHEMIN.

VENIN DES SERPENTS. — Les vipères sont pourvues de deux dents très-aiguës, dans l'intérieur desquelles règne un étroit canal longitudinal, qui s'ouvre au côté interne de la pointe de la dent, et qui à la racine de celle-ci communique avec un petit réservoir susceptible de contenir trois à quatre gouttes de liquide. Le venin qui s'amasse dans ce réservoir est sécrété par des glandes particulières, et quand le serpent mord, il est exprimé de la bourse et s'échappe dans la plaie par le canal de la dent. Fontana a bien examiné la liqueur dans laquelle est contenu le venin, mais il n'a pu découvrir la nature de ses principes constituants, ou ce qui y constitue, à proprement parler, la matière vénéneuse. Le venin qu'il a étudié provenait de la *vipera Redi.*

C'est un liquide jaune, mucilagineux, ayant la consistance d'une huile, sans odeur et sans saveur déterminées. Il n'est ni alcalin, ni acide, ni âcre, et ne produit sur la langue qu'une faible sensation d'astriction. Il se dessèche promptement à l'air, en une masse transparente, jaune, fendillée, conservant encore ses propriétés vénéneuses, qui ne disparaissent guère qu'au bout d'une année. On ne peut l'enflammer, et il brûle sans donner de flamme. La liqueur vénéneuse fraîche tombe au fond de l'eau, avec laquelle elle est miscible. Elle ne se coagule point par l'ébullition. Le résidu desséché est insoluble dans l'alcool. Plongé dans l'eau, il commence par gonfler, se ramollit, puis se dissout avec le secours de la chaleur.

Le venin des serpents et la plupart des venins animaux, comme, par exemple, les virus qui occasionnent la rage, la petite vérole et autres maladies contagieuses, ont cela de particulier, qu'il n'en faut que des quantités extrêmement faibles pour produire des effets violents. Le venin des serpents a en outre la propriété de pouvoir être avalé sans inconvénient, tandis que, introduit dans une plaie ou injecté dans une veine, il détermine des accidents dangereux et cause la mort. Quand on excise sur-le-champ la partie qui a été mordue par un serpent, ou qu'après l'avoir scarifiée, on l'arrose de potasse caustique, tout danger cesse; mais, pour n'avoir rien à redouter, il faut que ces précautions aient été prises dans la première demi-minute qui suit la morsure. Heureusement les morsures des serpents d'Europe ne sont point mortelles, ou du moins ne le sont que dans des cas extrêmement rares; mais celle du serpent à sonnettes l'est au plus haut degré.

VÉRATRINE. — Cet alcali a d'abord été rencontré, par MM. Pelletier et Caventou, dans les graines de cévadille (*veratrum sabadilla*), et ensuite dans les bulbes de colchique et l'ellébore blanc. Il est en combinaison avec l'acide gallique; on le sépare en traitant la décoction des graines de cévadille comme la solution aqueuse de l'extrait alcoolique de noix vomique. La vératrine obtenue par ce procédé n'est pas pure; elle contient, d'après M. Couerbe, trois substances, savoir : 1° une soluble dans l'eau et cristallisable, qu'il appelle *sabadilline*; 2° une matière résineuse rougeâtre (*résinigomme*); 3° une résine particulière insoluble dans l'eau et l'éther (vératrine).

Cet alcali a une action énergique; il produit, à petite dose, des vomissements violents, des superpurgations à la suite desquelles arrive la mort.

VERDET. *Voy.* Acétate de cuivre.

VERMILLON. — Le cinabre artificiel peut se préparer en faisant fondre une partie de soufre dans une bassine de fonte, ajoutant peu à peu quatre parties de mercure et agitant bien la masse; il y a combinaison, formation d'un produit violacé, qui n'est autre chose qu'un mélange de soufre et de bisulfure de mercure. On chauffe ensuite ce produit dans un matras de verre à long col; l'excès de soufre brûle ou se dégage, et le cinabre se sublime et cristallise en aiguilles violettes dans le fond du matras. En le sublimant de nouveau, on lui communique une teinte plus belle. Ce composé acquiert une belle couleur rouge lorsqu'il est pulvérisé; on le connaît alors sous le nom de *vermillon.*

Le vermillon le plus estimé nous vient de la Chine. Cependant on est parvenu depuis plusieurs années à en fabriquer de très-beau en France, en combinant cinq parties de mercure avec une de soufre par le moyen d'une petite quantité de potasse caustique en dissolution. Le mélange doit être trituré

dans une terrine de grès chauffée. Lorsque la combinaison est opérée, on ajoute à la masse deux parties de potasse dissoutes dans deux parties d'eau, et on chauffe doucement en remuant sans cesse et en ajoutant de l'eau à mesure qu'elle s'évapore. Au bout de deux heures, la masse devient rouge; on cesse alors d'ajouter de l'eau, mais on continue à chauffer et à remuer jusqu'à ce que la masse se prenne en gelée. Il ne reste alors plus qu'à laver le vermillon par décantation. *Voy.* Cinabre.

VERNIS. — L'emploi des vernis est fondé sur ce qu'ils laissent, après l'évaporation du dissolvant, une pellicule de résine à la surface des corps qui en ont été enduits, pellicule qui rend ces corps brillants et les préserve de l'action de l'humidité et de l'air.

Les vernis à l'alcool et à l'essence peuvent être colorés : en *jaune*, par le curcuma, le rocou, le safran, la gomme-gutte; en *rouge*, par le sang-dragon, la cochenille, le santal, le carthame, l'orcanette; en *vert*, par l'acétate cuivrique et les vernis à l'essence par le précipité que l'on obtient en décomposant le résinate potassique par un sel cuivrique, lavant, séchant et dissolvant le précipité dans le vernis. Du reste, on peut préparer toutes les couleurs opaques en ajoutant au vernis un colorant insoluble broyé et réduit en poudre fine par la lévigation; c'est ainsi qu'on emploie le cinabre, l'indigo, le bleu de Prusse, le jaune de chrome, etc. Le vernis couleur d'or se prépare avec 8 parties de laque en grains, 8 parties de sandaraque, 4 parties de térébenthine de Venise, 1 partie de sang-dragon, $\frac{1}{4}$ de curcuma, $\frac{1}{4}$ de gomme-gutte et 64 d'essence. Le même vernis à l'alcool se fait avec 4 parties de laque en grains, 4 de mastic, 4 de sandaraque, 4 de résine élémi, 1 de sang-dragon et 192 d'esprit-de-vin à 0,85. Ce dernier vernis est rouge et a besoin d'être mêlé avec un colorant jaune; à cet effet on prépare du vernis semblable au précédent, sauf à y remplacer le sang-dragon par une égale quantité de gomme-gutte; et pour donner à un objet un vernis couleur d'or, on s'assure par des essais préalables dans quelle proportion il convient de mêler les deux vernis. On peut donner au cuivre jaune la couleur de l'or mat, en faisant corroder sa surface, pendant quelques secondes, par un mélange de 6 parties d'acide nitrique exempt d'acide hydrochlorique et de 1 partie d'acide sulfurique, lavant le cuivre, immédiatement après, avec une dissolution saturée de tartre, et le frottant avec de la sciure de bois, jusqu'à ce qu'il soit bien sec; on y applique ensuite le vernis avec un pinceau et on le fait sécher à l'aide de la chaleur. Tous les instruments de physique ou de mathématiques qui sont en cuivre doivent être vernissés, si l'on veut préserver le métal de l'action de l'air.

Les vernis, tout en préservant de l'action de l'eau les corps qui en sont couverts, ont en outre la propriété de rendre lisse et brillante la surface de ces corps. Les métaux polis présentent naturellement une surface brillante; mais lorsqu'on emploie un vernis opaque, ou qu'on vernit un objet en bois, la surface vernissée a besoin d'être polie. On donne alors plusieurs couches de vernis, de manière à ce que la pellicule de résine acquière une certaine épaisseur, en ayant soin de n'appliquer une nouvelle couche de vernis que quand la précédente est sèche. Après une dessiccation de plusieurs jours on frotte le vernis avec du tripoli et de l'huile, et quand la surface est parfaitement lisse on la polit avec de la poudre d'amidon jusqu'à ce qu'elle soit brillante. Pour vernisser des tables en acajou ou d'autres objets semblables, on commence par user la surface du bois avec de la pierre-ponce, puis on la polit avec du tripoli et de l'huile de lin, et on frotte successivement les différentes parties de la surface ainsi traitée, avec un mélange de très-peu d'huile de lin avec du vernis à la gomme-laque, jusqu'à ce qu'elle soit recouverte d'une couche unie et brillante. Pendant le frottement, le vernis se dessèche et acquiert du poli. L'enduit est mince; il exige peu de vernis, et on le rétablit facilement quand il est usé.

VERNIS DE LA CHINE. — La matière ainsi appelée dans le commerce est un baume naturel, qu'on emploie en Chine comme vernis. Selon Boureiro, ce baume provient d'un arbre qu'il appelle *augia sinensis*, et qui croît en Cochinchine, en Chine et à Siam. Il a la même consistance que la térébenthine, une couleur brun-jaunâtre, une odeur aromatique, une saveur astringente, forte et persistante. Il s'étend à la surface de l'eau, en absorbe une petite quantité, et devient en même temps incolore et transparent. Quand l'eau se vaporise, le baume reprend son aspect primitif. Il est composé d'une huile incolore, volatile, douée d'une forte odeur, qui peut être distillée avec de l'eau, d'acide benzoïque et d'une résine jaune. Il est soluble dans l'alcool, l'éther et l'huile de térébenthine. Si l'on fait bouillir ce baume avec de l'acide sulfurique étendu, la paroi interne du vase dans lequel on opère se recouvre, d'après Macaire-Prinsep, d'une pellicule de belle couleur pourpre, sans que la liqueur se colore. Cette pellicule est une combinaison d'une résine peu altérée avec de l'acide sulfurique. Elle se dissout dans l'huile de térébenthine, qui en est colorée en jaune; mais elle est insoluble dans la potasse caustique. Ce baume est le meilleur vernis qu'on possède; il se mêle très-bien avec les couleurs, et donne un enduit très-solide et très-beau.

VERRE. — Le verre est une des découvertes les plus importantes pour l'humanité, non-seulement à cause de ses nombreux usages économiques, mais encore par les progrès immenses que cette découverte a imprimés aux sciences les plus élevées. L'astronomie, la physique, la chimie et l'histoire naturelle, sont parvenues par son secours à un admirable degré de perfection.

Les Phéniciens ont connu le verre avant tous les autres peuples, et ont longtemps conservé le monopole de sa fabrication. Les verreries de Sidon et d'Alexandrie ont produit, d'après Pline et Strabon, des ouvrages très-parfaits. Les Romains employaient le verre à un grand nombre d'usages. Cependant il était si estimé du temps de Néron qu'une tasse en verre blanc que ce prince brisa dans un accès de colère lui avait, dit-on, coûté 6,000 sesterces. Il paraît certain que les Romains n'employaient pas le verre à vitrer leurs maisons; ils se servaient pour cet usage de légères lames d'albâtre transparent. D'après les ouvrages de saint Jérôme, on peut faire dater l'emploi du verre à vitre vers le III° siècle; il était en vigueur au VI°. Ce sont des Français qui, vers le VII° siècle, enseignèrent aux Anglais l'art de la vitrerie et de la verrerie. Voici quelques détails historiques qui paraissent authentiques. Les premiers édifices fermés de vitres enchâssées dans des rainures de bois, retenues par des morceaux de plâtre, furent les églises de Brioude et de Tours, vers la fin du VI° siècle, et la basilique de Sainte-Sophie, à Constantinople, en 627. L'industrie du verre fut assez générale en Europe du temps des croisades; Venise en eut longtemps le monopole. Ce fut Colbert qui établit en France cette belle industrie. Agricola, Néri, Merrat, Kunkel, Poot, Hachard, Bosc d'Antic, Allut et Loysel, ont écrit sur le verre.

On donne dans les arts le nom de verre à un sursilicate alcalin fondu et mêlé avec une plus ou moins grande quantité de silicates terreux et métalliques. Voici la composition des différentes espèces de verre :

Verre soluble. — On l'obtient en faisant fondre 10 parties de carbonate potassique, 15 de quartz et 1 de charbon, dans un creuset d'argile réfractaire, à une chaleur soutenue de six heures. Ce verre se dissout complétement dans l'eau bouillante. Fusch a fait voir qu'une dissolution de verre soluble peut rendre les bois et les teintures employées aux décors des appartements difficiles à enflammer et incapables de propager le feu. Tout le matériel du théâtre de Munich a été recouvert d'une couche de ce verre.

Voici les recettes de différentes espèces de verres indiquées par Berzelius.

Verre blanc des vitres. — Il se fait avec 60 parties de sable, 30 de potasse pure, 15 de nitre, 1 de borax et 1 à $\frac{1}{12}$ d'arsenic blanc; ou avec 100 parties de sable, 50 à 65 de potasse, 6 à 12 de chaux éteinte, et 10 à 100 parties de retailles qui tombent quand on souffle le même verre.

Cristal. — Il est composé de 120 parties de sable silicique ou de feldspath, 46 de potasse, 7 de nitre, 6 d'arsenic blanc et ¼ de manganèse, ou de 100 parties de sable, 100 de soude d'Alicante, 100 de débris de verre et ¼ de manganèse. *Voy.* CRISTAL.

Flint-glass. — On l'obtient en fondant ensemble 120 parties de sable blanc, 35 de potasse, 40 de minium, 13 de nitre, 6 d'arsenic blanc et ½ de manganèse; ou 100 parties de sable, 80 à 85 de minium, 35 à 40 de potasse purifiée, 2 à 3 de nitre et 0,06 de manganèse.

Verre pour les glaces. — Il se prépare avec 60 parties de sable, 25 de potasse, 15 de nitre, 7 de borax et ½ de manganèse ; ou 100 parties de sable, 45 à 48 de soude purifiée, 12 de chaux éteinte et 100 de sel de Glauber. Du reste les recettes qu'on donne à cet égard diffèrent beaucoup les unes des autres.

Verre vert ou à bouteille. — Il est composé de 2 parties de cendre, 1 de sable et un peu de sel marin ; ou de 100 parties de sable, 200 de soude de varech, 50 de cendre et 100 de bouteilles cassées.

Verre vert à vitrages. — On prend 60 parties de sable, 25 de potasse, 10 de sel marin, 5 de nitre, 2 d'arsenic blanc et ¼ de manganèse.

On se sert avec avantage, pour fabriquer le verre vert, de la cendre de bois lavée, dont l'alcali plus pur est employé à faire du verre blanc. Cette cendre lessivée contient du silicate potassique (combiné avec des silicates calcique et aluminique), qui se convertit en verre vert par l'addition du sable.

Dans ces derniers temps, on a remplacé avec succès le carbonate sodique par le sulfate, dont l'acide est chassé par l'acide silicique, à l'aide d'un feu soutenu. Ces divers matériaux sont tous réduits en poudre fine, mêlés ensemble de la manière la plus intime, puis calcinés jusqu'à ce que tout soit aggluttiné en une seule masse ; ensuite on fait fondre celle-ci dans de grands creusets, au milieu d'un fourneau particulier, et quand on voit que le verre est parfaitement fondu et sans bulles, on l'écume pour enlever des substances salines étrangères, désignées sous le nom de *fiel de verre*, qui viennent nager à la surface ; puis on le travaille. Si tandis que le verre est mou on l'allonge très-rapidement, on obtient des fils creux d'une si grande ténuité, qu'on pourrait les confondre avec la soie. Avec ces fils on peut faire des aigrettes brillantes, fabriquer des tissus et même des perruques comme on le faisait dans le dernier siècle.

Verre d'optique. — M. Faraday a publié un beau travail sur le verre d'optique ; il a très-bien énuméré toutes les difficultés qui se présentaient pour avoir un verre parfait.

Le verre qu'il a principalement travaillé, et qui, tout en possédant la force de dispersion nécessaire pour lui faire remplacer le *flint-glass*, avait aussi une fusibilité qui pût permettre le mélange intime, était un borate de plomb silicaté, consistant en simples proportions de silice, d'acide borique et d'oxyde de plomb. Les matières sont d'abord purifiées d'une manière toute particulière, puis mélangées, fondues, converties en verre brut, qui est ensuite affiné et recuit dans une cuvette en platine. Pour que le verre soit beau, il faut qu'il satisfasse à deux conditions, toutes deux d'une grande importance : l'une, qui est la plus essentielle, c'est l'absence des stries et irrégularité de composition ; l'autre est d'être tout à fait exempt de bulles. La

première s'obtient par l'agitation et le mélange parfait des parties, car par le repos le verre fondu se sépare en couches de densités différentes qui forment des stries lorsqu'elles sont mélangées ; la seconde s'obtient par le repos, de sorte que les moyens requis pour réunir ces deux points sont directement opposés. Après avoir fortement brassé avec un instrument particulier en platine pour séparer rapidement les bulles, on imagina l'ingénieux moyen de verser dans le verre fondu du platine en éponge pulvérisé, qui en se précipitant facilite singulièrement le départ des bulles.

Avant d'appliquer le verre aux besoins de la chimie, il faut l'essayer. La meilleure épreuve à laquelle on puisse le soumettre est d'y faire bouillir de l'eau régale pendant quelques heures et de l'évaporer à siccité, après quoi on lave le verre et on le laisse sécher ; lorsqu'alors il ne présente point de taches, on peut le regarder comme de bonne qualité.

Peinture sur verre. — Quelques-unes des vitres de la cathédrale d'Angers et celles de l'église de Saint-Denis passent pour les premiers essais de peinture sur verre qu'on ait faits en France. Ils datent de 1140. La plupart de ces peintures sont remarquables par la naïveté du dessin, la finesse et l'éclat des draperies, et la vigueur du ton. Le XIIIe siècle vit s'élever en France des monuments remarquables, au premier rang desquels il faut placer les deux rosaces de Notre-Dame de Paris, ainsi que les admirables vitraux de la Sainte-Chapelle. Saint Louis avait fait construire cette église avec la plus rare magnificence, pour y déposer les restes des instruments qui avaient servi à la passion de Notre-Seigneur Jésus-Christ. C'est dans le XVIe siècle que la peinture sur verre a été portée au plus haut point de splendeur ; mais ce bel art tomba bientôt dans une complète décadence. Les vitraux de Saint-Eustache et de Saint-Merry furent, au commencement du XVIIe siècle, la dernière expression des beaux jours de cet art monumental, qui fut tellement négligé que le bruit se répandit en France que les secrets de la peinture sur verre étaient perdus. Cette opinion n'est pas fondée ; seulement, il n'est que trop vrai que la plus belle des couleurs fondamentales, le rouge purpurin, avait entièrement disparu, et que cette circonstance amena l'abandon de l'art. Cette belle couleur a été retrouvée par M. Bontemps, directeur de la verrerie de Choisy.

Voici les recettes des principales couleurs employées dans la peinture monumentale sur verre : elles sont dues à M. Vigné, qui est un des restaurateurs de cet art en France.

Fondant général propre à la peinture monumentale. — Litharge ou minium, 3 parties ; sable ou cailloux, 1 ; borax, 1/12, ¼ ou ½ selon le verre.

Couleur d'ocre. — Sous-sulfate de fer, 1 ; fondant 5 ; oxyde de zinc, 1.

Ocre foncé. — Sous-sulfate de fer calciné

légèrement, 4; oxyde de zinc, 1; fondant, 4 ¼.

Rouge de chair. — Peroxyde de fer rouge obtenu par la calcination du sulfate, 1; fondant, 2.

Rouge sanguin. — Peroxyde de fer obtenu par la calcination du sous-sulfate de fer, 1; fondant, 3.

Rouge violâtre. — Oxyde de fer couleur de chair, mais plus calciné, 1; fondant 3. On peut varier tous ces rouges en variant le degré d'oxydation du fer et la quantité du fondant.

Rouge purpurin. — Protoxyde de cuivre, 1; fondant, 4.

Brun clair. — Sous-sulfate de fer calciné, 1; oxyde de cobalt noir, ¼ environ; fondant, 5.

Brun foncé. — Oxyde de fer par l'ammoniaque, 1; oxyde de zinc, 4; fondant, 4.

Brun noir. — Oxyde de fer par l'ammoniaque, 1; oxyde de cobalt, 1 ¼; fondant, 4.

Gris clair. — Fondant, 4; sous-sulfate de fer, 1 ½; oxyde de zinc par voie humide, 1; oxyde de cobalt noir, 1 ¼. On fait fritter ce mélange.

Gris foncé. — Fondant, 3 1/2; oxyde de fer par l'ammoniaque, 1; oxyde de zinc par voie humide, 1; oxyde de cobalt noir, ¼. Faire fritter légèrement.

Le gris bleuâtre s'obtient en mélangeant en bleu du cobalt ainsi préparé :

Fondant, 5; oxyde de zinc par voie humide, 2; oxyde de cobalt, 1. On fond et on coule ce bleu

Noir brun. — Oxyde de fer par l'ammoniaque, ¼; oxyde de cuivre, id., 1; oxyde de cobalt noir, 1; fondant, 8; oxyde de manganèse, 2. Bien triturer et fritter légèrement.

Noir bleuâtre. — Oxyde de fer par l'ammoniaque, 2; oxyde de cuivre, *id.*, 1 ¼; oxyde de cobalt, 1 ¼; oxyde de manganèse, 1; fondant, 8. Fritter légèrement et ajouter un peu de bleu, s'il est nécessaire.

Parmi les produits que les arts chimiques livrent à la consommation, on n'en pourrait citer aucun qui, sous des formes aussi variées, fût aussi répandu que le verre chez toutes les classes de la population, et qui servît à d'aussi nombreux usages. Tous les objets en verre sont tellement usuels, que pour se faire une idée de leur importance, il suffirait de songer à quelles privations chacun serait condamné si l'on n'avait ces objets à profusion dans toutes les demeures, et d'abord si des vitres, bien peu dispendieuses aujourd'hui, ne permettaient, jusque dans les humbles réduits, de jouir de la lumière tout en abritant contre les intempéries des saisons; s'il fallait un jour se passer de ces innombrables vases qui conservent si bien nos boissons et les divers liquides alimentaires; de ces enveloppes ou lames diaphanes qui préservent de diverses altérations une foule de produits des arts sans les dérober à la vue; de ces oculaires au moyen desquels l'optique rend en quelque sorte une nouvelle vue au grand nombre de personnes chez lesquelles des circonstances naturelles ou accidentelles entravent cette précieuse faculté. Nous ne saurions sans doute entreprendre ici d'énumérer les applications utiles du verre; nous nous bornerons à rappeler, que toutes les sciences d'observation qui distinguent les civilisations avancées, qui étendent chaque jour nos connaissances et multiplient les jouissances de la vie; que ces sciences empruntent le secours du verre pour construire leurs appareils les plus fréquemment employés, la plupart de leurs instruments de précision, leurs ustensiles où l'on essaye divers procédés, où l'on apprécie les qualités des matières premières, des produits fabriqués, des substances alimentaires, où l'on parvient à découvrir les falsifications de ces produits, à déterminer la composition des amendements, des engrais utiles à l'agriculture, où l'on réalise enfin toutes les conceptions auxquelles la chimie expérimentale peut donner un caractère positif.

NOUVEAUX DÉTAILS SUR LA NATURE ET LA FABRICATION DU VERRE.

Réactions entre les matières des compositions vitrifiables. — Nous avons vu quelles étaient les matières qui entraient dans la composition du verre. Examinons les réactions qui se passent dans le creuset entre ces différentes matières. Ces réactions sont faciles à expliquer. En effet, si l'on a mélangé ensemble de la silice, du carbonate de soude et du carbonate de chaux, la silice s'empare de la soude et de la chaux, forme des silicates de ces deux bases, et l'acide carbonique se dégage. Si l'on avait mêlé de la silice avec du carbonate de potasse et du minium, ce dernier reviendrait à l'état de protoxyde en s'unissant à la silice qui se combine aussi avec la potasse, formant des silicates de potasse et d'oxyde de plomb. Il en résulte donc un dégagement d'oxygène et d'acide carbonique. Ces gaz, qui accompagnent toujours la production du verre et du cristal, expliquent la présence si fréquente des *bulles* dans les masses vitreuses. On peut chasser ces bulles en portant la température assez haut pour que le verre devienne bien fluide. Mais comme la potasse et la soude commencent à se volatiliser par cette chaleur intense, il faut introduire dans les compositions plus de potasse et de soude que le verre n'en doit conserver définitivement.

Une température très-élevée est encore nécessaire toutes les fois que l'on emploie des alcalis impurs. La présence des chlorures et celle même des sulfates qui fondent en partie sans se mêler au verre, occasionneraient dans celui-ci une foule de *nodules* ou *nœuds* blancs et opaques disséminés dans sa masse. A l'aide de la fluidité, qu'une haute température détermine, ces deux matières, spécifiquement moins pesantes que le verre, viennent nager à la surface du bain d'où on les enlève avec une poche.

La potasse, en se volatilisant, produit bien

tôt au-dessus des creusets la vitrification superficielle des briques de la voûte du fourneau ; de là des gouttes d'un verre coloré (larmes) qui tombent quelquefois dans le creuset. D'autres accidents de fabrication, les *filandres* et les *cordes*, se présentent plus souvent; quand la densité de la masse vitreuse n'est pas uniforme, le verre soufflé présente çà et là ces stries nommées *filandres*, qui dévient les rayons lumineux. Les *cordes* sont les stries superficielles et protubérantes qui se produisent quand on souffle le verre trop froid.

On emploie dans les compositions du verre des substances assez variées. On peut remplacer les carbonates alcalins par leurs sulfates, et quelquefois se servir de sables argileux et ferrugineux. Pour le verre à bouteilles, la présence de l'alumine est même indispensable. On trouve des verres contenant de la magnésie qui provient du sable employé. Les soudes brutes, les potasses brutes, les cendres elles-mêmes, peuvent être substituées aux carbonates purs ; enfin on a proposé d'appliquer à la fabrication du verre le feldspath dont la vitrification est facile, et les laves volcaniques.

Larmes bataviques. — Lorsqu'on expose le verre fondu à un refroidissement brusque, il devient très-cassant ; lorsque, au contraire, on le soumet à un refroidissement très-gradué, il devient capable de résister, sans se rompre, à des chocs assez forts, ainsi qu'à des variations de température assez brusques : on a comparé ces phénomènes à la trempe de l'acier.

Que l'on prenne, en effet, au bout d'une canne, du verre fondu et qu'on le laisse tomber goutte à goutte dans de l'eau froide, chaque goutte se solidifiera subitement dans l'eau et gardera la forme d'une larme, la petite masse détachée de la canne ayant filé pendant un instant avant de s'en détacher. La surface de ce verre est plus dure qu'à l'ordinaire ; mais dès que l'on vient à casser la queue de la larme, la masse se brise en éclats avec une légère détonation. Ces petites vitrifications sont connues sous le nom de *larmes bataviques*. On explique le phénomène qui les produit en supposant que, par l'immersion dans l'eau froide, la superficie du verre s'est subitement solidifiée, les parties centrales étant encore rouges et, par conséquent, très-dilatées. Quand ensuite ces dernières parties refroidies se sont solidifiées, elles ont dû, par des points d'adhérence avec la surface, occuper un volume plus grand que celui qui convient à la température à laquelle elles se trouvent ; les molécules centrales, plus écartées qu'à l'ordinaire, exercent donc sur l'enveloppe une très-forte traction. Dès qu'une portion de l'enveloppe se trouve rompue, les particules qu'elle retenait, vivement contractées, se brisent à l'instant, ébranlent toutes les autres, et déterminent alors, simultanément, une foule de points de rupture; tous les fragments précipités avec force chassent l'air devant eux; les dilatations et contractions brusques que

ce fluide éprouve produisent alors la détonation.

Des phénomènes analogues ont lieu dans les vases de verre un peu épais, livrés mal recuits au commerce : il arrive parfois que ces verres éclatent tout à coup sans cause apparente. On conçoit que plus les verres sont épais, et plus il y a de chances de production des effets de ce genre.

Recuit du verre. — Le recuit a pour but d'éviter les accidents précités ; il consiste à soumettre le verre, dès qu'il est solidifié dans l'air, à un refroidissement très-lent. On le place, à cet effet, dans des fours spéciaux chauffés au rouge brun, et qu'on abandonne à un refroidissement prolongé après avoir fermé toutes leurs issues. Quelquefois le recuit a lieu dans de longues galeries où l'on place des caisses de tôle liées les unes aux autres par des crochets, et rendues mobiles par des galets roulant sur un chemin de fer. La galerie est chauffée vers une de ses extrémités. Pendant le trajet, les caisses de tôle et le verre qu'elles contiennent éprouvent un refroidissement qu'on ralentit à volonté, en prolongeant le séjour des caisses dans la galerie. Cette disposition est la meilleure; en effet, une partie du four est chauffée constamment et le service est continu, méthodique et très-facile, puisque, d'un côté, on retire le verre recuit, et que, de l'autre, on enfourne à mesure le verre à recuire, qui ne se refroidit que par son éloignement graduel des parties les plus chaudes. Le chauffage même des galeries peut se faire aussi au moyen de la flamme perdue des fours à fusion.

Le recuit du verre dans les fabriques est en général insuffisant. On opère dans les laboratoires un deuxième recuit fort simple, mais qui serait trop coûteux en grand. Il consiste à placer les vases de verre dans une bassine, en ayant soin de les séparer par un peu de foin et de paille. On remplit d'eau les vases et la bassine, et l'on porte le liquide à l'ébullition ; on laisse ensuite le tout refroidir lentement. Les vases, bien plus régulièrement refroidis que dans l'air des galeries, résistent mieux encore aux effets des changements brusques de température.

Découpage du verre. — On coupe très-facilement le verre qui n'a point été recuit, en lui faisant éprouver un changement de température brusque; à l'instant même une fente très-nette se détermine sur le point échauffé ou refoidi brusquement. Les verriers mettent à profit cette propriété soit pour détacher de la canne les vases qu'ils façonnent, soit pour couper ceux-ci en divers sens. Mais lorsque le verre a été recuit, on ne parvient plus aussi facilement à le fendre par ce moyen. Il faut, en général, avoir recours à un trait de lime pour déterminer la première rupture. Quand le verre a été entamé par la lime, qu'on le chauffe au moyen d'un fer rouge ou d'un charbon ardent, et qu'on touche ensuite le point échauffé avec une gouttelette d'eau froide, la rupture s'opère subitement ; la fente une fois commencée, il suffit pour la prolonger de chauffer le verre du côté où l'on veut la diriger, et à quelque distance du point où elle s'est arrêtée d'abord. La dilatation locale que le verre éprouve occasionne de proche en proche ce prolongement de la fente. Dans les laboratoires où l'on a besoin de découper des vases de verre de diverses formes, on se sert, pour les chauffer, de petits cylindres formés avec de la poudre de charbon mise en pâte avec de l'eau gommée. Ces charbons brûlent lentement, mais, en soufflant sur le point enflammé, on rend la combustion assez vive, et la pointe se maintient conique pendant la durée de l'opération. On arrive au même résultat en se servant, comme Lebaillif l'a indiqué, de petites baguettes en bois qu'on a fait bouillir dans une solution de nitrate de plomb ; ces baguettes séchées brûlent assez vivement pour développer vers la pointe la haute température que l'on veut obtenir.

Ces moyens s'appliquent aux vases cylindriques ou sphériques ; quant aux verres plats, ils se coupent sans difficulté au moyen du diamant solidement enchâssé dans une monture à tige. On doit produire, en les rayant ainsi, une fissure unie, une fente légère continuée sans interruption d'une extrémité à l'autre de la glace qu'on veut rompre ; l'ouvrier adroit fait ensuite un petit effort sur une des extrémités de cette ligne, et la fente qu'il détermine se prolonge presque toujours jusqu'à l'autre bout.

Quand un diamant est façonné par un lapidaire, ses surfaces sont planes, et les lignes suivant lesquelles elles se coupent, c'est-à-dire les arêtes, sont droites ; mais dans les diamants naturels, ceux que les vitriers emploient, les surfaces sont généralement courbes, en sorte que, par leurs intersections, elles forment des arêtes curvilignes. Si l'on place le diamant de telle sorte qu'une de ses arêtes soit tangente près de ses extrémités à la fissure qu'on veut produire, et si les deux faces adjacentes sont également inclinées à la surface du verre, on aura satisfait aux conditions qui rendent l'opération facile. Quand le contact est convenablement établi, on entame la superficie du verre en appuyant dans toute l'étendue d'une ligne tracée suivant une règle en bois. On obtient ainsi une fissure dont les lèvres sont parallèles aux deux faces du diamant ; qui exercent une pression égale de chaque côté ; les portions contiguës de la surface du verre tendent alors à se séparer ; une fente peu profonde en résulte, limitée par l'élasticité des parties inférieures, et un léger effort suffit pour achever la rupture.

Propriétés chimiques du verre. — L'air ou l'oxygène sec, froid ou chaud, n'exerce aucune action sur les verres ; il n'en est pas de même de l'air humide : les corps désoxygénants peuvent agir, à l'aide de la chaleur, sur les verres qui renferment des oxydes de fer ou de manganèse, et surtout de l'oxyde de plomb. Quand on chauffe des verres plombeux avec du charbon ou dans un courant d'hydrogène, ces verres éprouvent

très-promptement une altération profonde : l'oxyde se réduit et le plomb métallique communique au verre une teinte noirâtre. Cet effet est si rapide, que l'on ne peut travailler le cristal à la lampe d'émailleur sans le noircir, si l'on ne prend des précautions particulières. Celle qui réussit le mieux consiste à placer un peu de savon sur la mèche de la lampe : la flamme change alors d'aspect et ne noircit plus le cristal. La présence du savon diminue la capillarité de la mèche, modère l'ascension de l'huile et permet une combustion plus complète.

L'eau n'agit pas sur tous les verres ; mais il en est plusieurs qu'elle tend à décomposer en silicate alcalin soluble, et silicate terreux et alcalin insoluble. Les verres à vitres sont altérés de cette manière surtout par l'eau bouillante. Depuis longtemps Scheele en a fait la remarque : l'eau à laquelle on fait subir une ébullition prolongée, dans des vases en verre, devient alcaline et se trouble par la portion de silicate terreux et alcalin insoluble, résidu de son action, et qui, se détachant des parois du vase, reste en suspension dans le liquide. Cet effet est tellement prononcé sur le crown-glass, le verre à glace, et certains verres à vitres ; qu'il suffit de les réduire en poudre fine et de les mettre en contact avec l'eau froide, pour qu'ils lui communiquent une réaction alcaline. Ces verres sont presque toujours hygroscopiques au point de se recouvrir d'une couche d'eau quand on les expose à l'air humide.

L'action hygroscopique explique certains phénomènes que l'on observe principalement sur les verres à base de chaux et de soude ou de potasse. On sait que les glaces polies se ternissent quelquefois à l'air ; ce résultat tient au dépôt de fines gouttelettes d'eau ; on l'observe également sur les verres des instruments d'optique. L'effet ne va pas plus loin si le verre contient les doses convenables de base terreuse ; mais, s'il est trop alcalin, l'eau déposée attaque peu à peu la superficie et produit une décomposition partielle : dès lors le verre est terni, et il faut le polir de nouveau. Quelquefois l'aspect terne est peu sensible, quoique déjà l'altération soit profonde ; mais il devient apparent dès qu'on essaie de chauffer le verre, dont la surface se détache en écailles très-minces et lamelleuses, et qui reste alors dépoli, rugueux et moins transparent. Les verres de montre, les tubes de verre, les ballons, les cornues, les verres à pied, les verres polis des instruments d'optique longtemps exposés à l'air humide, offrent souvent ce phénomène. Les tubes, dans cet état, ne peuvent être chauffés à la lampe sans perdre leur poli. Il paraît que les verres usés et polis sont encore plus exposés à cet effet que les verres ordinaires. On le comprend, car ils ont perdu leur couche superficielle brillante et dure, sorte de vernis vitreux plus compacte.

Lorsque l'eau hygroscopique a pu attaquer le verre, les faibles changements de température en font éclater de très-petits fragments qui laissent la superficie terne ou fendillée, se soulevant en écailles par le frottement. Cet effet se remarque surtout dans les vitres des écuries, qui, au bout de quelques années, se trouvent tellement altérées, qu'elles offrent les phénomènes de décomposition de la lumière que produisent les lames minces. Aussi sont-elles quelquefois remarquables par l'intensité des couleurs de l'iris qu'elles reflètent.

On conçoit que la potasse et la soude, en solution, puissent attaquer le verre plus facilement que l'eau seule. A la température rouge, non-seulement la potasse et la soude, mais les carbonates et les bases de la première section réagissent sur le verre de manière à constituer des verres plus basiques. Quand on se sert de carbonates, l'acide carbonique est chassé; on peut ajouter que tous les oxydes non décomposables par la chaleur, chauffés avec le verre, s'y combinent et forment des verres transparents ou opaques, colorés ou incolores, plus ou moins attaquables que le verre employé. En général, quand on augmente beaucoup la dose de l'oxyde, on rend le verre soluble dans les acides; c'est ce qui a lieu dans l'analyse du verre quand on le traite par le carbonate de soude, le carbonate de baryte ou l'oxyde de plomb.

Les acides tendent à décomposer le verre en s'emparant des bases et mettant la silice à nu; toutefois l'acide fluorhydrique doit être classé à part, son action étant toute spéciale.

La plupart des verres à bouteilles qui résistent à l'action du vin sont attaqués par les acides azotique, chlorhydrique et sulfurique. Il se forme des sels de chaux, de fer, d'alumine et de l'alun quand on se sert d'acide sulfurique : ce dernier acide produit, dans l'intérieur des bouteilles, des mamelons cristallins qui peu à peu percent le vase, et la silice devenue libre se prend en gelée.

Les verres à base de plomb sont d'autant plus fusibles et plus attaquables qu'ils sont plus chargés d'oxyde de plomb. Le cristal dont le dosage est convenable résiste bien. Il en est de même des verres à vitres : trop alcalins, ils sont attaqués très-facilement; bien dosés, ils résistent. L'action des acides à chaud, sur les verres en poudre, offre un moyen facile d'essayer; sous ce rapport, la qualité de ces produits.

VERRE A VITRES. — On distingue deux sortes de verre à vitres : le *blanc* et le *demi-blanc*. Le premier convient à toutes les applications; le second sert aux objets qui peuvent avoir une faible épaisseur. On fabrique simultanément ces deux variétés, car les résidus de la fabrication du verre blanc, même le *picadit* (matière vitreuse écoulée autour de la base du creuset, salie par ses adhérences avec les briques du fourneau), peuvent être utilisées dans la fabrication du verre demi-blanc.

Ces deux qualités de verre renferment de la silice, de la soude (ou de la potasse contenant quelques centièmes de soude) et de la chaux. On y rencontre accidentellement de l'alumine, de l'oxyde de fer et de l'oxyde de manganèse.

Le verre à vitres blanc ou en tables est de toutes les sortes celui dont on fait la plus grande consommation, soit pour les vitres, soit pour la confection des cylindres employés à couvrir les vases, les pendules, etc. Il sert à encadrer les estampes, à garnir les portières des voitures, à faire les plateaux des machines électriques, etc.

Il importe beaucoup pour le succès de la fabrication du verre à vitres blanc, aussi bien que pour celle des objets en gobeleterie, de choisir des matières exemptes d'oxyde de fer; de prendre du sable ou quartz blanc, du carbonate de chaux aussi pur que possible, enfin de la soude ou de la potasse exempte de fer.

Préparation. — Dans ce verre, on peut remplacer la soude par la potasse en quantités équivalentes; les proportions de chaux changent d'après l'allure du fourneau. Voici une des nombreuses compositions qui donnent un verre de belle qualité :

Sable.	100 parties.
Craie.	35 à 40
Carbonate de soude sec.	25 à 30
Groisil (verre cassé).	180
Plus quelquefois { Peroxyde de manganèse (1).	0,25
Et arsenic (acide arsénieux) (2).	0,20

Les deux compositions suivantes ont été indiquées par Bastenaire; la base alcaline s'y trouve en excès relativement à la chaux :

Pour 100 parties de sable blanc :

Potasse de bonne qualité.	65	ou Soude (à bas titre)	80
Chaux éteinte à l'air.	6	Carbonate de chaux.	8
Calcin (fragments de verre blanc).	50	Groisil.	110
Acide arsénieux.	1	Oxyde de cobalt.	0,1
Oxyde de manganèse.	0,3	Oxyde de manganèse.	0,2

(1) Le peroxyde de manganèse sert a transformer le protoxyde de fer donnant au verre une nuance verdâtre, en sesquioxyde qui ne laisse qu'une teinte jaunâtre à peine sensible; un très-léger excès de peroxyde employé blanchit cette dernière teinte par la couleur complémentaire violette. On comprend que celle-ci paraîtrait dans le verre, pour peu que le peroxyde de manganèse dominât.

(2) L'acide arsénieux agit en se volatilisant au travers de la matière en fusion, opérant une agitation favorable au mélange, qui devient ainsi plus homogène.

Il paraît qu'il peut être avantageux ae joindre le sel marin aux fondants ordinaires pour faciliter le mélange et par suite la fusion.

Gelhen introduisit en Allemagne le sulfate de soude pour remplacer le carbonate, et depuis que l'ordonnance du 17 juillet 1826 accorde la franchise du droit sur le sel à la fabrication du sulfate de soude en France, ce sel a été adopté dans nos verreries. Le but qu'on doit se proposer en l'employant est de rendre, autant que possible, sa décomposi-

tion par la silice prompte et facile. On y parvient en ajoutant au mélange une quantité de charbon convenable pour former en décomposant l'acide sulfurique des acides carbonique et sulfureux. Chaque équivalent de sulfate de soude sec exige donc 1 équivalent de charbon ou bien environ pour 72 de sulfate de soude, 6 de charbon, plus un léger excès afin de compenser les pertes. On prend, par exemple, pour avoir un beau verre à vitres :

Sable.	100 parties
Sulfate de soude sec.	44
Charbon en poudre	5
Chaux éteinte.	6
Débris de verre	20 à 100

Composition ou mélange pour verre à vitres de Rive-de-Gier.

Sable (carrière de Vezeaux). . . .	50 kil. } 100 kil.
Quartz (cailloux étonnés et broyés). .	50
Sulfate de soude.	49
Carbonate de chaux en poudre. . . .	30
Charbon de bois pulvérisé	2,50
Manganèse (de Romanèche)	1,50
On consomme par four 100 hectolitres de houille, savoir : { pour fusion en. . . .	18 heures 75
{ pour le temps du travail.	25

La valeur de la houille, étant égale à 1 fr. l'hectolitre, représente 6 pour 100 de la valeur du verre à vitres fabriqué.

Ordinairement l'activité d'un four qui allait d'abord en croissant, baisse au bout de quelques mois de service, par suite de l'altération des parois; il faut encore augmenter la dose des fondants.

Façon. — On façonne le verre à vitres de deux manières : l'une, longtemps pratiquée dans toutes les verreries, et qui est maintenant abandonnée en France, s'est conservée en Angleterre; l'autre, d'invention plus récente, est généralement en usage dans toutes nos verreries.

D'après l'ancien procédé, l'ouvrier *cueille* au bout de la canne (préalablement échauffée et plongée un instant dans la portion fondue) une petite masse de verre qu'il maintient en place, en tournant continuellement la canne jusqu'à ce que la masse commence à se figer; il cueille alors une nouvelle dose de verre, et ainsi de suite, tant que le bout de l'instrument n'en est pas suffisamment chargé. Dès qu'il a ainsi rassemblé la quantité de verre convenable, il présente le bout de la canne à un grand ouvreau pour ramollir le verre. Il souffle alors cette masse et en forme une sphère volumineuse qui, présentée de nouveau à l'ouvreau, s'y ramollit encore, et permet à l'ouvrier, en tournant toujours, d'aplatir le côté opposé au bout de la canne. Au milieu de la partie plate, il soude une autre canne et coupe le col du sphéroïde vers le bout de la première canne. Il fait alors dilater l'ouverture de ce col au moyen d'une planche qu'un aide introduit dans l'orifice et qu'il appuie contre ses parois, tandis que l'ouvrier fait tourner la pièce; il obtient de la sorte un cône tronqué semblable à une cloche. Il apporte la pièce à l'ouvreau et la chauffe fortement pour la ramollir. La canne est alors placée horizontalement sur une barre

de fer, et soumise à un mouvement de rotation très-rapide. En vertu de la force centrifuge, la cloche s'étend et s'aplatit de manière à donner une table de verre ronde et d'une épaisseur assez égale jusqu'à une certaine distance du centre.

Quand l'opération est terminée, l'ouvrier porte la feuille de verre, en ayant soin de tourner encore, sur une aire plate faite avec des cendres chaudes et placée très-près du fourneau de recuisson. Il y dépose la feuille horizontalement, et, au moyen d'un coup léger, il la détache de la canne; un aide la reprend à l'aide d'une fourche et la pose dans le four à recuire, puis la relève dans une situation verticale.

Ces sortes de vitres ont au centre un noyau épais d'un effet désagréable. Si on les découpe, pour éliminer le pontis, les vitres ne peuvent avoir de grandes dimensions, mais elles offrent un éclat qu'on ne retrouve pas dans les vitres obtenues par le procédé moderne; celles-ci, d'ailleurs, sont bien préférables sous d'autres rapports.

Procédé en France. — Lorsque le verre est affiné et écrémé, on échauffe les cannes au petit ouvreau; l'aide prend la canne échauffée, la plonge dans le verre, en cueille une certaine quantité, la retire, la tourne afin d'empêcher que la matière fluide ne s'en sépare, puis reprend une plus grande quantité de matière et passe la canne garnie au souffleur. Celui-là la pose par le bout sur une plaque en fonte en tournant toujours; il rassemble le verre près de l'extrémité, replonge la canne dans le creuset et cueille encore de nouvelle matière. Il place la masse de verre rouge, en continuant de la tourner, dans l'eau que contient une des fossettes creusées dans le bloc en bois. Pendant cette rotation en sens divers, un aide verse de l'eau sur la partie du verre qui touche la canñe afin de refroidir celle-ci et de rendre le verre plus adhérent.

La masse de verre refroidie est portée à l'ouvreau pour la réchauffer et ramollir l'extrémité. Lorsque l'ouvrier juge que le verre est assez mou, il le retire et recommence à le tourner dans l'eau, mais de manière à former un sphéroïde de la grosseur convenable ; il retire alors la canne et lui fait décrire le mouvement d'un battant de cloche. En même temps il souffle dans la canne, surtout à chaque instant où elle se trouve à peu près verticale ; le globe s'allonge ainsi et prend la forme d'un cylindre par les actions combinées du poids du verre et de l'action du soufflage.

La pièce de verre ne doit jamais rester en repos tant qu'elle est encore molle, car elle se déprimerait inégalement.

Le souffleur porte la pièce à l'ouvreau, pour la ramollir, trois et même quatre fois, avant qu'elle ait acquis l'étendue nécessaire, dès lors il pose la canne sur un crochet portatif qu'un aide soutient, et introduit le cylindre dans le four ; il chauffe l'extrémité fermée en tenant le doigt appliqué sur l'autre bout de la canne. L'air contenu dans le manchon se dilate, et la pression qu'il exerce sur l'extrémité ramollie suffit pour le crever. Dès que l'ouverture est faite, on tourne vivement la pièce de manière que l'ouverture s'agrandisse ; le souffleur retire du fourneau ce cylindre percé en tournant la canne avec vitesse, puis lui faisant faire le mouvement du battant de cloche. Par ce moyen le trou déjà fait s'agrandit encore, et le bout du cylindre présente enfin une ouverture circulaire égale à son diamètre.

Le verre se solidifie graduellement ; à mesure qu'il devient plus froid et plus ferme, l'ouvrier ralentit les mouvements, et dès que la matière est arrivée à une consistance qui lui permet de se soutenir sans déformation, il passe la pièce à un aide qui la place sur un tréteau à deux appuis, prend avec un outil en fer une goutte d'eau qu'il pose sur le bout du cylindre près de la canne, la pièce se détache avec une cassure plus ou moins égale.

On coupe alors le cylindre du côté qui tenait à la canne, afin d'obtenir un manchon de la grandeur convenable.

Il faut refendre ensuite le cylindre dans toute sa longueur : pour cette opération on le pose sur un tréteau à deux appuis ; on trace avec une goutte d'eau une ligne droite dans le sens de l'axe du cylindre, et on passe un morceau de fer rougi sur la ligne tracée par l'eau, ce qui détermine sur-le-champ la fracture du cylindre dans toute sa longueur et très-uniformément. On porte le cylindre fendu au four à étendre, dans lequel on l'introduit avec précaution à mesure qu'il s'échauffe ; et, quand il est prêt à plier sur lui-même, l'ouvrier étendeur le porte vers le milieu du four sur la plaque à étendre.

Cette plaque, connue sous le nom de *lagre*, n'est autre chose qu'une feuille ordinaire de verre. C'est la première feuille de la four-

née qu'on étale sur la sole de la terre, et qu'on saupoudre d'un peu de verre d'antimoine. De temps en temps on jette de la chaux dans le foyer ; celle-ci se trouve entraînée par le courant d'air et s'attache en partie à la superficie du lagre. Ces deux précautions suffisent pour que la nouvelle feuille ne s'attache point à la première, et que l'opération s'exécute avec facilité. Au bout de 12 à 24 heures de travail, il faut remplacer le lagre, car il se dévitrifie, durcit et rayerait les vitres que l'on fait glisser à sa surface.

Le cylindre étant arrivé sur la plaque et suffisamment ramolli, l'étendeur affaisse à droite et à gauche les deux côtés qui cèdent facilement. Au moyen d'un rabot en bois emmanché qu'on fait glisser à la surface du verre avec vitesse, on donne alors au carreau des faces planes. Le carreau de vitre ainsi terminé, on le pousse plus avant dans le four à recuire, où il prend presque aussitôt assez de consistance en se refroidissant pour se soutenir sans s'affaisser dans la position verticale qu'on lui donne.

VERRE A GOBELETERIE. — Ce verre peut être à base de soude ou de potasse ; mais le dernier est généralement préférable pour sa teinte blanche et sa diaphanéité complète. Du reste, le verre à gobeleterie ne diffère pas notablement du verre à vitres. Ainsi, pour tous les ustensiles de chimie, on refond simplement des rognures ou des cassons de verre à vitres. A la vérité le verre se colore, mais cela n'offre pas d'inconvénients dans cette application.

Verre filé. — Quand le verre a été ramolli, on peut l'allonger et le filer très-rapidement, au moyen d'une roue sur laquelle le fil s'enroule. Quand on étire un tube de verre creux, le trou se conserve, quelle que soit la finesse du fil. Un morceau de tube de thermomètre, tiré en fil par une roue ayant 1 mètre de circonférence, et mue avec une vitesse de 500 tours par minute, a donné 30,000 mètres de fil ; ce fil était d'une finesse extrême et son diamètre intérieur était à peine calculable. Il était creux cependant, car, ayant été placé sous le récipient d'une machine pneumatique, un bout en dedans, l'autre en dehors, un fragment de 5 centimètres laissa passer le mercure en petits filets brillants lorsqu'on fit le vide.

Le fil provenant d'un petit parallélipipède de verre à vitres, coupé avec un diamant, présente un grand éclat ; vu au microscope, il offre une forme aplatie et quatre angles droits distincts. C'est à cette forme particulière qu'il doit son éclat remarquable.

Les échantillons de verre filé sont assez souples pour être tissés à la manière du fil commun, et employés en ornements. MM. Dubus et Bonnel en ont tissé des étoffes : les verres jaunes orangés donnent ainsi des tissus brillants qui imitent la soie ou l'or ; les verres blancs imitent l'argent. On comprend que la grande différence de densité qui existe entre le verre et l'air interposé dans ces tissus, détruise la transparence et multiplie l'éclat des surfaces au point de leur donner un brillant métallique.

VERRE A BOUTEILLES. — Ce verre est formé, comme nous l'avons vu, de silice, potasse ou soude, alumine, chaux, oxyde de fer et de manganèse. Ces derniers oxydes colorent le verre qui doit aussi une partie de sa couleur au charbon. Comme la couleur du verre à bouteilles ne nuit pas à son débit, on peut le fabriquer à creusets ouverts, même en se servant de houille comme combustible.

Préparation. — On emploie dans la *composition* du verre à bouteilles peu de soude ou de potasse. Les matières premières de la fabrication sont des sables jaunes et ferrugineux, des résidus provenant du lessivage des soudes brutes du commerce, des cendres lessivées qu'on nomme *charrées*, des cendres neuves, des soudes de varech et de l'argile commune calcaire. Les sables colorés sont même préférables aux sables blancs : l'oxyde de fer qui les colore, tout en augmentant la dose de fondant, donne la couleur verte due au protoxyde de fer. On en élimine seulement les corps étrangers d'un volume notable, tels que les pyrites, les cailloux, etc. Pour cela on les fait sécher et on les passe au travers d'un crible.

L'argile convenable pour la composition du verre à bouteilles est jaunâtre, marneuse : c'est la terre à four qui contient de l'alumine, de la silice, du carbonate de chaux, des oxydes de fer et de manganèse. Elle est peu liante, se réduit facilement en poudre quand elle est sèche, ce qui rend les mélanges plus faciles.

Les résidus du lessivage des soudes, ainsi que les cendres lessivées dites *charrées*, sont séchés, puis passés à la claie.

Les cendres neuves proviennent en général des foyers domestiques. On préfère celles qui résultent de la combustion du bois neuf ou du charbon de bois.

Dosage ordinaire du verre à bouteille :

Sable jaune.	100 parties.
Soude de varech.	30 à 40
Charrées	160 à 170
Cendres neuves.	30 à 40
Argile jaune	80 à 100
Groisil (calcin ou verre cassé)	100

La dose du groisil n'est pas déterminée ; on l'augmente pour la première et la seconde fonte, quand on se sert de creusets neufs. Si l'on emploie un sable trop argileux, il faut supprimer la marne et la remplacer par une addition de craie. On peut se servir de natron ou de soude brute pour remplacer le sulfate de potasse que fournit la soude de varech ; mais on a soin de joindre au mélange une certaine quantité de cendres neuves, afin qu'il y ait de la potasse dans le verre.

En employant la soude de varech à plus haute dose, et supprimant la charrée, la dissolution du sable est plutôt effectuée, les fontes sont plus rapides, mais le *fiel de verre* (provenant du sulfate) devient plus abondant.

Proportions à employer dans ce mélange :

Sable jaune.	100 parties.
Soude brute de varech	200
Cendres neuves.	50
Groisil ou fragments de bouteilles.	100

Voici la composition employée dans une bonne verrerie à bouteilles, près de Lyon :

Sable du Rhône.	100 kilogrammes.
Sulfate de soude.	8
Carbonate de chaux	10

Ce mélange est fritté par la flamme perdue des fours à fusion avant d'être mis dans le creuset. Le sable, suivant les proportions d'argile ferrugineuse, donne le verre à teintes claire, foncée ou brune : on choisit du sable non argileux, et l'on ajoute $1^k,5$ de bioxyde de manganèse pour obtenir les bouteilles à teinte dite rougeâtre, usitées dans le midi. Cette coloration résulte du mélange du sésquioxyde de fer et de l'oxyde de manganèse.

Ordinairement le fourneau de fusion pour le verre à bouteilles contient six creusets qui ont de 92 à 96 centimètres de hauteur et le même diamètre ; leur épaisseur, dans le fond, est de 10 à 12 centimètres. On remplit ces vases presque jusqu'aux bords, et dès que la matière est affaissée et fondue, on remet de nouvelle composition dans les pots et on pousse le feu. Dès que la fonte est terminée (elle dure sept à huit heures), on ralentit le feu afin que le verre s'épaississe au point convenable pour le travail. A cet effet, on remplit le foyer d'escarbilles et charbon bien tassés ; on intercepte les courants d'air, et l'on évite de déranger le combustible pendant le travail, de peur de ranimer la combustion. C'est ce qu'on appelle *faire la braise.*

Façon. — Le travail du verre à bouteilles est fort simple : l'aide cueille la masse de verre convenable et passe la canne au souffleur ; celui-ci, en soufflant et tournant continuellement, forme peu à peu la panse de la bouteille, qui se termine dans un moule. Pendant que la bouteille est dans le moule, l'ouvrier continue à souffler ; il relève ensuite la canne, et, tenant la bouteille verticalement renversée, pousse le fond en dedans. Il coupe le col, fixe la canne au côté opposé dans l'enfoncement, arrondit le bord du col, et place le cordon qui doit le renforcer. Quelquefois on ajoute un pontis en verre sur lequel on imprime un cachet.

La canne est alors transmise à l'aide qui porte au four à recuire, et qui détache la bouteille de la canne au moyen d'un léger choc.

On calcule en général sur une consommation de 100 hectolitres de houille pour 3,500 bouteilles ordinaires. A Givors, les bouteilles reviennent à environ 9 fr. le 100, et se livrent sur place à 10 fr.

Usages. — Le verre à bouteilles sert à confectionner les bouteilles à vin, des dames-jeannes et quelques autres vases communs. On prépare en France une si grande quantité de vins mousseux, et la fabrication des eaux gazeuses prend une telle extension,

qu'on pourrait, en se livrant à la fabrication
de bouteilles perfectionnées nécessaires à ce
genre d'industrie, s'assurer un succès important et de longue durée. Les fabricants,
dont le zèle a été stimulé par les concours
des sociétés d'encouragement, ont perfectionné leurs produits en s'attachant à bien
doser les compositions, à rendre plus régulières les épaisseurs et surtout à recuire
bien uniformément. L'habitude qui se répand d'essayer les bouteilles sous une pression déterminée (de 12 atmosphères), con-
tribuera à rendre ces soins durables.

VERRE SOLUBLE. — Il existe un silicate
de potasse, appelé *verre soluble*, qui a une
assez grande importance aujourd'hui, parce
qu'il jouit de quelques propriétés remarquables : ainsi, il peut être appliqué comme un
vernis sur les bois et les tissus inflammables, et les rendre incombustibles à la
manière de plusieurs autres sels. Ce sel soluble s'obtient en fondant ensemble à grand
feu, dans un creuset réfractaire, 3 kilogrammes de sable bien blanc, 2 kilogrammes de
carbonate de potasse bien pur, et 200 grammes de charbon de bois en poudre. On
chauffe cette masse jusqu'à ce qu'elle soit
liquide et homogène. Le verre ainsi obtenu
est bulleux, dur, n'est transparent que sur
les bords, et possède une saveur alcaline.
L'air ne lui fait pas éprouver d'altération ;
seulement il en attire un peu l'humidité et
s'effleurit légèrement à la surface.

L'eau froide n'agit pas sur lui, tandis que
l'eau bouillante le dissout complétement,
mais avec lenteur. Quand on veut le dissoudre, il est nécessaire de le pulvériser, puis
de le jeter dans l'eau bouillante et de remuer sans cesse. En chauffant toujours, la
dissolution finit par acquérir une consistance sirupeuse ; alors elle a une densité de
1,25 et contient 28 pour 100 de verre. Concentrée davantage, elle devient d'abord visqueuse, au point de pouvoir être tirée en fils
comme le verre fondu, puis se prend en une
masse vitreuse semblable au verre ordinaire,
mais moins dur. L'alcool précipite subitement le silicate de potasse de sa dissolution
dans l'eau ; le silicate est tellement divisé,
qu'il devient alors soluble dans l'eau froide.
Le verre soluble contient, après son exposition à l'air, 62 de silice, 26 de potasse, 12
d'eau, ce qui donne pour le verre sec 70 de
silice, 30 de potasse. Le verre soluble est
principalement employé pour rendre incombustibles les bois, les papiers, les tissus végétaux et animaux. On l'applique en dissolution avec un pinceau sur ces divers corps :
il y forme un vernis et prévient leur inflammation en s'opposant au contact de l'air.
Tous les sels solubles qui éprouvent facilement la fusion ignée produisent le même
effet par les mêmes causes ; tels sont, par
exemple, les phosphates et les borates alcalins.

VERRE D'ANTIMOINE. *Voy.* **Antimoine,**
sulfure.

VERT DE SCHEELE. *Voy.* **Arsenic,** *arséniates.*

VERT DE VESSIE. *Voy.* **Couleurs végétales,** § III.

VERT-DE-GRIS ou **ACÉTATE DE CUI-
VRE.** *Voy.* **Cuivre,** *acétate.*

VÉSUVIENNE. *Voy.* **Corindon.**

VIANDES (*alimentation*). — Les viandes
fournissent les aliments les plus nutritifs,
les plus substantiels. Elles développent beaucoup de chaleur animale, et en développent
d'autant plus que leur couleur est plus prononcée. Les viandes noires ou très-colorées
sont échauffantes ; les viandes rouges fortifient beaucoup ; les viandes blanches sont
celles qui fortifient le moins, souvent elles
peuvent faire partie d'un régime adoucis-
sant.

Comme les viandes développent beaucoup
de chaleur, on doit en combiner l'usage avec
celui des végétaux, en comprenant ces derniers pour la plus forte partie.

L'abus des viandes engendre un grand
nombre de maladies, soit aiguës, soit chroniques : les plus ordinaires sont les fièvres
bilieuses, les affections inflammatoires, la
goutte, les dartres, l'hypocondrie, l'apoplexie, etc., etc.

La viande est une nourriture trop forte
pour les petits enfants. « La viande sera
pour l'enfant, dit le professeur Hufeland, ce
qu'est le vin pour le jeune homme, c'est-à-
dire trop forte, et contraire aux lois de la
nature. Voici quels en sont les résultats : on
excite et on entretient dans l'enfant une
fièvre artificielle ; on précipite la circulation
du sang ; on augmente la chaleur, et on dispose le corps à des crises violentes et à des
inflammations. Un enfant nourri de la sorte
a l'air bien portant, mais la plus petite cause
suffit pour mettre tout son sang en mouvement, et, quand les dents commencent à
pousser, que la petite vérole et autres fièvres
se déclarent, causes qui, par elles-mêmes,
portent le sang à la tête avec violence, alors
on peut s'attendre à des fièvres inflammatoires, à des convulsions, à des coups de
sang, etc. La plupart des hommes croient
qu'on ne peut mourir que de faiblesse ; on
meurt aussi d'un excès de force et d'irritation, et c'est à quoi expose l'usage mal entendu des stimulants. Outre cela, une nourriture aussi forte accélère, dès le commencement, le procédé de la vie et la consomp-
tion ; on donne trop d'activité à tous les
systèmes et aux organes, et, au lieu de fortifier la vie, on procure les causes qui l'a-
brégent. On ne doit pas non plus oublier
que par là on accélère trop le développement des dents, et par suite la puberté, un
des moyens qui abrégent le plus la vie, et
qui ont l'influence la plus fâcheuse sur le
caractère même. Les hommes et les animaux
qui vivent de viande sont tous plus violents,
plus passionnés, plus cruels. Les enfants qui
en ont l'habitude deviennent forts, mais en
même temps passionnés, violents et bru-
taux. » (*Art de prolonger la vie*, p. 231.)

« Il importe, dit J.-J. Rousseau, de ne
point rendre les enfants carnassiers : si ce
n'est pour leur santé, c'est pour leur carac-

tère, car, de quelque manière qu'on explique l'expérience, il est certain que les grands mangeurs de viande sont, en général, cruels et féroces, plus que les autres hommes; cette observation est de tous les lieux et de tous les temps. » (*De l'éducation*, p. 237, t. Ier.)

Les viandes n'ont pas la même qualité dans toutes les régions du corps de l'animal; les parties les plus exercées sont les plus fermes et les moins digestibles.

Il faut que la viande soit bien nourrie, c'est-à-dire pénétrée d'une quantité modérée de graisse. Elle se digère mal quand elle est trop grasse, ou trop maigre, ou qu'elle vient d'un animal trop âgé; dans une jeune bête, elle contient beaucoup de gélatine, ce qui la rend moelleuse, agréable et de digestion aisée. Il ne faut pas cependant que ce principe soit trop abondant; chez les animaux trop jeunes, il domine à ce point que leur chair est insipide, rebutante, peu digestible, et excite parfois des vomissements.

VIANDE BOUILLIE. — Quand on fait bouillir la viande dans l'eau, elle subit un changement qui consiste en ce que les liquides dont elle est imprégnée se coagulent, laissant entre les fibres charnues l'albumine et la matière colorante qu'ils contiennent, tandis que leurs principes solubles dans l'eau passent dans le bouillon. Ensuite le tissu cellulaire se dissout; non-seulement celui qui est en contact immédiat avec la liqueur ambiante, mais encore celui qui existe au milieu de la viande, se ramollissent et se dissolvent peu à peu dans l'eau qui pénètre cette dernière. Mais la fibrine elle-même change aussi; elle éprouve une décomposition dont le résultat est qu'il se forme une matière soluble dans l'eau, ayant la saveur de la zomidine. Plus l'ébullition dure longtemps, plus il se produit de cette substance. Pendant ce temps-là la fibre charnue se resserre, s'endurcit, et lorsque tout son tissu cellulaire est converti en colle, elle est réduite en une masse qui, après avoir été filtrée, lavée et séchée doucement, est dure et semblable à de la sciure de bois grossière. Par ce traitement, une grande partie de la viande, considérée comme aliment, se trouve détruite, quoique le liquide dans lequel on l'a fait bouillir soit par là même devenu plus riche en principes alibiles dissous. Tout ce que la viande contient est aliment, et c'est une pure perte quand il y en a une portion qui perd ce caractère. Il y a donc un terme où l'on doit arrêter l'ébullition; c'est ce point qu'il faut chercher, et la saveur de la viande cuite l'indique.

Outre le tissu cellulaire dissous en gélatine, le bouillon contient l'extrait alcoolique et l'extrait aqueux de la viande, ainsi que la substance que l'eau bouillante enlève à la fibrine; sa saveur particulière est due à de la zomidine qu'il tient en dissolution. Par l'extraction de cette dernière, la viande a perdu beaucoup de sa saveur propre, et d'autant plus que la coction a duré plus longtemps. La viande rôtie, au contraire, a conservé cette saveur de viande, parce que le rôti n'est à proprement parler qu'une coction dans l'eau que contient déjà la viande, opération durant laquelle cette dernière reste imprégnée de toutes ces substances, qui ne font seulement que se dessécher à sa surface, et y brunir par l'action de la chaleur.

VIF-ARGENT. *Voy.* Mercure.

VIGNES, variétés. *Voy.* Vin.

VIN (1). — Le vin est, de toutes les boissons usuelles, la plus importante pour notre pays. On se fera une idée de sa consommation, si l'on se rappelle qu'en France deux millions d'hectares sont plantés en vignes, et qu'il s'y vend, année moyenne, pour plus d'un milliard de francs de vins de toute espèce.

La culture de la vigne est parfaitement appropriée au climat tempéré de la France. Là, en effet, s'obtiennent les vins légers et agréables les plus variés, et recherchés par les consommateurs de tous les pays. C'est qu'il en est des huiles essentielles du raisin comme de celles qui fournissent divers aromes agréables : elles sont plus suaves dans les végétaux qui croissent sous des climats tempérés que dans les mêmes plantes développées dans les contrées plus méridionales. Dans nos départements du nord, le raisin, n'arrivant pas au degré de maturité convenable, ne peut produire en quantité suffisante la substance sucrée ni les essences utiles à la qualité alcoolite et aromatique du vin ; à plus forte raison les conditions favorables ne peuvent-elles être réunies dans les contrées plus froides que la France.

Variétés, culture de la vigne. — Il existe un grand nombre de variétés de vignes. Au premier rang, parmi les plantes qui donnent des fruits propres à faire les meilleurs vins rouges, on doit citer le *pineau noir* ou *noirien*, qui se cultive dans les bons crus de la Bourgogne et dans un grand nombre de contrées vinicoles ; le *gamay*, qui produit beaucoup de vin, mais de médiocre qualité : c'est un des plants qui réussissent le mieux dans les plaines, et on doit le cultiver de préférence dans les terrains plats où le noirien serait beaucoup moins productif sans pouvoir donner des vins fins, faute de l'exposition convenable.

Le noirien est caractérisé par des sarments déliés, courts, offrant des côtes rouge brun ; ses feuilles sont petites et espacées ; ses grappes portent des grains petits, arrondis, assez écartés pour que l'insolation sur une grande superficie favorise la maturation, les pellicules du raisin sont minces et tein-

(1) Les uns veulent qu'Osiris, surnommé *Dionysus*, parce qu'il était fils de Jupiter, et qu'il avait été élevé à *Nysa*, dans l'Arabie heureuse, ait trouvé la vigne dans le territoire de cette ville et qu'il l'ait cultivée; c'est le Bacchus des Grecs ; d'autres, attribuant cette découverte à Noé, pensent que ce patriarche est le type de l'histoire du Bacchus des Grecs et peut-être même du *Janus* des Latins, car le nom de ce dernier dérive d'un mot oriental qui signifie *vin*. Quoi qu'il en soit, c'est de l'Asie que nous est venue la vigne, et ce sont les Phéniciens qui en introduisirent la culture dans les îles de l'Archipel.

tes, sous l'épiderme, d'un violet peu foncé, tandis que la pulpe juteuse est d'un blanc légèrement verdâtre : ce raisin produit le vin de Volnai dans la Côte-d'Or, et le vin de Constance au Cap. On désigne sous le nom de *pineau gris* (muscadet) une variété dont les sarments sont plus déliés que ceux du pineau noir, et les feuilles plus petites ; le fruit de couleur grise est sucré, aromatique, et donne peu de jus ; ajouté dans la proportion de 0,05 à 0,10 au raisin noir, il donne au vin un arome plus délicat.

Le gamay se distingue par des sarments volumineux, de larges feuilles ; les grains du raisin sont gros, ronds, plus serrés, verdâtres à leur base ; leur pulpe est plus ferme, leur jus est abondant.

Parmi les raisins blancs on rencontre des variétés analogues et correspondantes aux précédentes, sauf la couleur : le *pineau gris*, le *gamay blanc*, le *furmint* qui donne en Hongrie le fameux vin de Tokay.

Le plant appelé *melon* est analogue au gamay blanc et plus productif encore ; mais son jus est trop aqueux pour donner un vin de bonne qualité.

La variété dite d'*Arbois*, dont les pampres sont très-hauts, le fruit gros, allongé, un peu âpre, donne un vin de fantaisie agréable surtout pendant qu'il est sucré. Les variétés dites *muscat rouge* et *muscat blanc*, dans plusieurs contrées méridionales, donnent des vins de liqueur à odeur musquée. On ajoute quelquefois une petite quantité de raisins d'Arbois ou muscat aux cuvées des vins fins, pour varier légèrement le bouquet de ces vins.

L'exposition des vignobles a la plus grande influence sur la qualité des vins qui en proviennent : les coteaux bien insolés donnent les produits les plus estimés, particulièrement dans les crus de Bourgogne, de Champagne et de Bordeaux. Cette influence est telle que, sur un même coteau, à des hauteurs différentes, on obtient des qualités de vin très variables : le vignoble de Mont-Rachet, par exemple, qui donne un vin très-estimé, se divise en trois parties dont les produits prennent des noms correspondants à leurs positions et à leurs qualités : le vin provenant de la partie basse du coteau est désigné sous le nom de *Mont-Rachet bâtard* ; celui qu'on récolte dans toute la portion moyenne du coteau est le meilleur et s'appelle *vrai Mont-Rachet* ; enfin, le vin du fruit cueilli à la partie supérieure, et dont la qualité est de beaucoup inférieure à celle du vrai Mont-Rachet, prend le nom de *chevalier Mont-Rachet*.

La composition du sol peut faire varier la saveur du vin, mais son influence, en général, ne s'oppose pas à la production des qualités supérieures, car on récolte des vins de très-bonne qualité, bien que doués de bouquets particuliers, dans des sols de composition très-différente : ainsi les vins justement renommés des crus de Bourgogne viennent d'un sol argilo-calcaire ; les vins de la Champagne sont obtenus dans un terrain plus calcaire encore ; le vin de l'Ermitage correspond à un sol granitique ; le vin de Châteauneuf s'obtient sur un sol siliceux ; une terre caillouteuse produit le vin de la Gaude ; des sables gras donnent les vins de Graves et de Médoc ; un sol schisteux fournit le vin de Lamalgue près de Toulon.

Il est important de choisir les engrais pour la culture de la vigne : en effet, ceux qui sont trop actifs accroissent les quantités des produits aux dépens de la qualité ; les engrais à odeur forte et désagréable, tels que les boues des grandes villes, les matières fécales non désinfectées, etc., altèrent sensiblement l'arome du vin. Divers engrais, non infects et lents à se décomposer, conviennent mieux : tels sont les chiffons de laine, les rognures de corne, le noir animalisé, les marcs de raisin épuisés, la terre végétale descendue au bas des coteaux et qu'on remonte dans le vignoble.

La vigne est sujette à un grand nombre d'accidents. L'un des plus fréquents est la gelée, qui, suivant son intensité, peut compromettre une ou plusieurs récoltes. La grêle est encore un de ces fléaux inévitables qui viennent désoler le vigneron. Les assurances mutuelles entre un grand nombre de propriétaires semblent seules pouvoir atténuer l'effet des désastres produits par ces deux causes.

Un des insectes les plus redoutables pour la vigne, la pyrale, est une espèce de chenille qui avant de se transformer en papillon attaque les bourgeons et les jeunes feuilles. On a longtemps cherché à détruire cet insecte, mais presque tous les moyens, tels que l'échenillage, la destruction du papillon au moyen de lampions allumés pendant la nuit, étaient insuffisants. On est parvenu enfin à détruire les chenilles logées dans les fissures des échalas, en les échaudant au moyen de l'eau bouillante. Cet échaudage, qui ne semblait pas applicable aux vignes elles-mêmes, a cependant été employé avec succès par M. Raclet. Il verse sur chaque cep environ un litre d'eau bouillante qui suffit pour faire périr l'insecte, sans que la température des tissus soit assez élevée pour nuire sensiblement aux ceps de vigne, dans les moments où les bourgeons ne sont pas développés.

Structure et composition du raisin. — Si l'on examine attentivement un grain de raisin, on voit qu'il est recouvert d'une couche légère d'efflorescence blanchâtre, en cire floconneuse, qui met le fruit à l'abri des influences de l'humidité atmosphérique. En continuant l'examen de la périphérie au centre, on distingue une mince enveloppe épidermique composée en grande partie de cellulose fortement agrégée et contenant de la silice et des matières azotées, injectée dans son épaisseur ; au-dessous de l'épiderme se trouve le tissu herbacé renfermant la matière colorante, une huile essentielle, des matières azotées, des sels et du tanin. La masse intérieure ou pulpe charnue du fruit est composée de cellules contenant la plus grande partie du jus ; ce tissu cellulaire, qui est traversé par des vaisseaux, renferme la matière sucrée et la plupart des principes immédiats du raisin. Au centre se trouvent les pepins, qui, comme toutes les graines, contiennent une huile grasse (environ 12 0[0), une huile essentielle, des substances azotées, de la cellulose, des incrustations ligneuses, etc. ; ils renferment en outre une assez forte proportion de tanin. Chacun des grains de raisin est supporté par un pédoncule ; la réunion de ces pédoncules et des ramifications où ils s'attachent, forme la rafle dans laquelle on rencontre beaucoup de cellulose, de l'eau, des acides, de la chlorophyle, du tanin et plusieurs autres principes, mais à peine des traces de matière sucrée.

La composition immédiate du raisin, comme celle de tous les fruits, est très-complexe ; on y rencontre les substances suivantes : eau, cellulose, glucose, acide pectique, tanin, albumine, sarment ; plusieurs matières azotées solubles dans l'eau et l'alcool ; huiles essentielles, matières colorantes, jaune, bleue et rouge, produisant plusieurs nuances, qui font virer successivement la couleur du vin violet au rouge orangé, ou paille, lorsque les colorations bleues et rouges sont affaiblies ; matières grasses dont une sans doute concourt à la formation de l'éther œnanthique ; pectates et pectinates de chaux, de soude et de potasse ; tartrates et paratartrates de potasse, de chaux, d'alumine et de potasse ; sulfate de potasse ; chlorure de potassium et de sodium ; phosphate de chaux ; oxyde de fer, silice.

Parmi les substances qui entrent dans la composition du raisin, la matière sucrée, ou glucose, qui donne lieu à la formation de l'alcool, joue un rôle important dans la vinification ; aussi cherche-t-on à déterminer approximativement sa proportion dans le moût, d'après sa densité à l'aréomètre, lorsqu'on se propose de distiller le vin qu'on en obtiendra. Dans les années favorables à la maturation complète des fruits, le jus est plus dense que dans les années froides ou pluvieuses. Quoique la parfaite maturité du raisin n'ait pas seulement pour effet d'y développer du sucre, on améliore cependant les vins, du moins on les rend susceptibles de se conserver dans les mauvaises années, en ajoutant au moût de la glucose pendant la fermentation. Cette pratique est préférable à une addition directe d'alcool, car le principe sucré, en activant la fermentation, concourt aux réactions sur les rafles, les pellicules, les pepins, etc., qui mettent en présence les principes alcoolique, acide, colorants, aromatiques, le tanin, etc., donnant ainsi lieu à la dissolution des produits utiles dans la composition du vin ; la glucose permet d'ailleurs un cuvage assez prolongé pour produire les effets indiqués plus loin.

Il est important, pour obtenir des vins de bonne qualité, de faire la vendange au moment où les raisins sont bien mûrs. Lorsque

des circonstances atmosphériques défavorables ne permettent pas d'attendre jusque-là, on doit, pour les vins fins surtout, trier les grappes et mettre à part celles qui n'ont pas encore atteint une parfaite maturité.

Dans les propriétés closes, il est possible d'attendre que le raisin mûrisse à point ; mais, dans la plupart des vignobles, on est obligé de vendanger entièrement lors du ban de vendange fixé par l'autorité locale conformément à l'avis des vignerons expérimentés. En effet, le parcours des vignes et la cueillette des grappes négligées sont permis aux habitants du pays aussitôt que la vendange générale est faite.

Diverses opérations qui suivent la vendange et se succèdent pour la préparation du vin.

Le raisin, recueilli dans des paniers, est versé dans des hottes, ou placé dans des mannes, sur des charrettes, pour être apporté aux celliers ; là il est soumis d'abord au foulage, qui, pour les vins rouges, doit non-seulement mettre le jus en liberté, afin que la fermentation s'établisse, mais encore laisser ses produits réagir sur la matière colorante, le tanin, etc., et les faire sortir des tissus désagrégés. Il est important que le foulage soit assez complet pour que la partie liquide du fruit puisse tout entière prendre part à la fermentation, et que les tissus déchirés cèdent les principes immédiats utiles qu'ils recèlent.

Le foulage se fait encore chez beaucoup de propriétaires, dans la cuve même, par des hommes qui trépignent avec les pieds le raisin au fur et à mesure qu'il y est versé. Lorsqu'un mouvement de fermentation a diminué la consistance des tissus du fruit, il est bon de répéter cette opération ; mais on doit alors user de précautions, car il arrive parfois que des ouvriers sont asphyxiés par la grande quantité d'acide carbonique que le mouvement même fait dégager du mélange en fermentation. On a recours, dans plusieurs localités, à l'écrasage mécanique, qui est plus complet ; mais il convient de disposer les ustensiles de telle sorte que l'on puisse réduire plus ou moins les proportions des rafles, qui communiqueraient au vin un goût trop acerbe en laissant dissoudre de trop fortes proportions de leurs principes, surtout lorsque, une partie des fruits ayant avorté, les rafles deviennent prédominantes.

Un moyen simple d'opérer convenablement l'écrasage consiste à l'effectuer sur un plancher percé de trous, placé au-dessus d'une cuve : le liquide s'écoulant à mesure qu'il sort des fruits, il est plus facile d'écraser tous les grains et d'éliminer à volonté une quantité plus ou moins grande des rafles restées sur la plate-forme.

Un appareil assez commode pour écraser le raisin consiste en une trémie surmontant deux cylindres recouverts d'un treillis en fil de fer ; ces cylindres tournant en sens contraire, et l'un deux fois plus rapidement que l'autre, doivent être assez peu rapprochés pour ne pas broyer les pepins et les rafles.

Dans plusieurs grandes exploitations vinicoles, on emploie une méthode plus expéditive. Les raisins sont foulés avec les pieds dans un cellier dont le sol, dallé en pierre ou en marbre, laisse écouler le jus dans un réservoir d'où il est distribué à volonté dans toutes les cuves à fermentation, à l'aide d'une pompe et de caniveaux à vannes.

L'*égrappage* ou séparation des rafles se fait soit à la main, soit en battant le raisin dans une cuve, soit en enlevant une partie des rafles avec une fourche à trois dents après l'écrasage sur les dalles, soit enfin en foulant les grappes sur un treillis en fer dont les mailles sont assez serrées pour laisser seulement passer les grains.

On peut opérer l'égrappage mécaniquement, au moyen d'un cylindre armé de pointes, tournant devant un grillage courbe : les pointes entraînent les grappes, les grains engagés dans les mailles s'en détachent, passent au travers du grillage et tombent dans une caisse ou cuve, tandis que les rafles sont lancées en avant.

Première fermentation. — Les raisins écrasés sont abandonnés à la fermentation dans de grandes cuves en bois établies dans des celliers clos. La fermentation, plus ou moins active suivant la température, peut être régularisée en évitant les changements brusques de la température. On emploie quelquefois des cuves en maçonnerie, notamment pour les vins communs destinés à la distillation.

Assez généralement les cuves sont ouvertes; cependant les avantages des cuves closes ont été constatés dans plusieurs grandes exploitations. Les considérations suivantes le feront d'ailleurs facilement comprendre.

La première fermentation tumultueuse donne naissance à un grand volume d'acide carbonique, amène à la surface une partie des rafles et des enveloppes qui forment une sorte de couverture épaisse dite le *chapeau;* en raison de la grande surface que présente à l'air le liquide mouillant ces portions soulevées, il ne tarde pas à se former de l'acide acétique dans cette *écume* volumineuse, et, soit qu'on la plonge dans le jus par un foulage, soit qu'on la laisse à la surface, cette acétification est une cause d'altération ultérieure pour les vins peu alcooliques surtout.

On peut éviter cet inconvénient en employant des cuves munies d'un couvercle en bois percé d'une seule ouverture pour laisser dégager le gaz. Une bonde hydraulique posée sur cette ouverture prévient le libre accès de l'air. On a aussi employé avec succès des cuves dans lesquelles des tasseaux, aux trois quarts de la hauteur, permettent de fixer un grillage en bois horizontalement sur la vendange foulée; dès que la fermentation produisant de l'acide carbonique augmente le volume, le moût seul s'élève, car le chapeau est retenu immergé au-dessous du liquide par le grillage. De cette manière on diminue considérablement la surface en contact avec l'air et, par conséquent, les chances d'acétification.

L'époque du décuvage varie avec les localités ; mais, en principe, il ne faut pas décuver avant qu'ait eu lieu la première fermentation, dont la durée dépend de la température ; il est facile de reconnaître qu'elle est à son terme par la cessation presque complète du dégagement de gaz, et par la coloration du liquide qui a dissous la matière colorante des pellicules. La limpidité acquise et la diminution de densité indiquent aussi le moment d'entonner.

La première fermentation dure, pour les vins ordinaires, de trois à huit jours ; dans certaines localités, cependant, le vin reste dans les cuves d'un mois à six semaines. Dans ce cas, on ferme ces vases au bout de huit jours à l'aide d'un couvercle luté ou d'une couche d'argile étendue sur le chapeau.

Lorsqu'on veut procéder au décuvage, on soutire d'abord au robinet le liquide clair pour le verser dans des tonneaux où doit s'opérer une seconde fermentation; le marc est ensuite soumis à la pression. On peut mêler le jus obtenu par deux ou trois pressions successives, avec le premier liquide employé spontanément ; cependant il est préférable de séparer les produits de la deuxième et de la troisième expression, afin d'obtenir des vins très-agréables et de qualité supérieure : car on remarque toujours dans le vin provenant des dernières expressions du marc, un goût particulier provenant des pellicules, des pepins et surtout des rafles, lorsque l'on n'a pas opéré un égrappage partiel.

On ne doit pas boucher hermétiquement les vases dans lesquels on a soutiré le vin, car il recommence à fermenter et dégage continuellement de l'acide carbonique. On peut employer avec avantage les bondes hydrauliques pour cette deuxième fermentation, qui dure de deux à quatre mois ; lorsqu'elle est terminée, on procède à un soutirage, puis au mois de mars ou d'avril on soutire encore et l'on colle le vin.

Clarification. — Le collage par l'albumine ou la gélatine clarifie les vins, les décolore un peu, enlève une partie du tanin et entraîne le ferment qui peut rester en suspension ; on évite par cette dernière opération les mouvements de fermentation qui tendent à se développer dans les vins à l'époque du printemps, lorsque la température commence à s'élever dans les caves.

On peut coller les vins rouges avec des blancs d'œuf, du sang ou de la gélatine. Ces substances, qui agissent de la même manière, s'unissent au principe astringent du vin, forment dans toute la masse du liquide un composé insoluble, floconneux, qui se dépose et entraîne avec lui les substances en suspension qui troublent le vin.

Pour coller les vins blancs qui ne contiennent pas assez de tanin, on emploie la colle de poisson préparée comme pour le collage de la bière, et qui agit de la même façon.

La composition chimique du vin présente presque tous les principes du raisin et les produits de leurs transformations partielles.

La glucose s'est en grande partie changée en acide carbonique dégagé et en alcool ; on y rencontre de l'éther œnanthique, cause de l'odeur vineuse, mais non de l'arome particulier de chaque vin, ou bouquet, qui est dû à des huiles essentielles spéciales. L'odeur de l'éther œnanthique se retrouve dans les vases vides qui ont renfermé du vin, même de qualité très-inférieure. La matière colorante se montre d'abord plus violette dans le vin que dans le raisin, puis elle vire graduellement au violet rougeâtre, puis à l'orangé, et finit même par devenir orangé jaunâtre dans les vins très-vieux.

Essai des vins. — Il importe aux vendeurs aussi bien qu'à l'acheteur de connaître la quantité d'alcool contenue dans les vins, surtout dans ceux que l'on destine à la fabrication de l'eau-de-vie ; pour cela on se sert d'un petit alambic et de l'alcoomètre de Gay-Lussac. On verse dans l'alambic 3 décilitres de vin qu'on soumet à la distillation ; lorsque le tiers du volume, ou 1 décilitre, est passé dans le récipient, on prend le degré alcoométrique du liquide à 15° centésimaux, afin d'éviter de faire une correction, car l'instrument est gradué à cette température. Il est évident qu'il faut diviser par 3 le degré obtenu, puisque le volume distillé est égal seulement au tiers du vin.

Si le vin était très-riche et contenait, par exemple, de 14 à 16 p. 0/0 d'alcool, la vinasse ne serait pas épuisée en distillant le tiers, il faudrait pousser l'opération jusqu'à ce que la moitié du liquide eût passé ; alors on ne diviserait que par 2 le degré obtenu.

M. Silbermann vient de proposer une méthode d'essai des vins qui, à l'avantage d'être plus simple que la précédente, réunit celui de demander moins de temps. Cette méthode repose sur la propriété que présente l'alcool d'être trois fois plus dilatable que l'eau, pour une égale augmentation de température, entre 0 et 78°.

Prenant pour température originelle 25° centésimaux, parce qu'en tous temps il est facile de préparer un bain d'eau à cette température, M. Silbermann plonge dans ce bain une sorte de thermomètre ayant la forme d'une pipette, et rempli soit d'eau, soit d'alcool jusqu'à un trait marqué sur la tige. Chauffant ensuite par immersion dans un autre bain, jusqu'à 50°, il marque d'un trait le point où s'élève l'eau et ensuite le point plus élevé qu'atteint l'alcool, essayant de même tous les mélanges par centièmes, depuis 1 jusqu'à 99, l'intervalle entre la dilatation de l'eau et celle de l'alcool se trouve divisé en 100 parties.

Pour essayer un vin ou liquide alcoolique avec cet ustensile, on remplit la pipette dont on élève la température à 25°, on extrait l'air ou les gaz à l'aide d'un petit piston, et l'on en fait écouler une partie en pressant par une vis un petit obturateur jusqu'à ce que le niveau soit descendu au trait marqué 0°. Il suffit alors de plonger dans un deuxième bain chauffé à 50° pour voir le niveau s'élever dans la tige jusqu'au trait in-

diquant, par un chiffre, le nombre de centièmes d'alcool pur contenu dans le liquide essayé.

Un petit thermomètre à mercure, fixé sur la même règle de cuivre, près de la pipette, facilite l'observation du degré.

Les substances salines ou sucrées contenues dans les vins ne changeant la dilatabilité ni de l'eau ni de l'alcool, on n'a aucune correction à faire, et quelques minutes suffisent pour un essai.

Proportions en volumes d'alcool pur contenu dans 100 parties de vin et de quelques autres boissons.

Porto et Madère	20
Bagnouls, Xérès, Lacryma-Christi.	17
Grenache, Madère vieux	16
Jurançon blanc	15,2
— rouge	13,7
Vin de Lunel	13,7
Saint-Georges, Malaga, Chypre.	15,0
Vauvert.	13,3
Giscours et Léoville	9,1
Laroze-Kirwan.	9,8
Cantenac	9,2
Tronquoy-Lalande	9,9
Saint-Estèphe.	9,7
Volnai	11
Mâcon	10
Champagne mousseux	10 à 11,6
Frontignan.	11,8
Ermitage blanc	15,5
Vin de Côte-Rôtie	11,3
— Sauterne blanc	15
— Beaune, id.	12,2
— Barsac, id., 1er cru	14,7
Id. id., 2e cru.	12,6
Id. id., 3e cru.	12,1
— Poudenzac, id., 1er cru.	13,7
Id. id., 2e cru.	13
Id. id., 3e cru.	12,1
Claret (Bordeaux exporté à Londres).	13
Blaye	10,25
Libourne	9,85
Saint-Emilion	9,18
Parsac	9,45
La Réole	8,50
Cubzac	8,75
Château-Laffite et Château-Margaux.	8,7
Château-Latour	9,3
Cher.	8,7
Coteaux-d'Angers.	12,9
Saumur.	9,9
Gooseberry wine (vin de groseilles, eau-de-vie et sucre).	10,7
Tokai	9,1
Rhin.	11 à 11,9
Châtillon	7,5
Verrières	6,2
Vins vendus en détail à Paris.	8,8
Vin de lie	7,6
Cidre	4 à 9,1
Poiré.	6,7
Bières anglaises. { *Burton ale.*	8,2
{ *Edinburgh ale.*	5,7
{ *London porter* (*brown stout*).	3,9 à 4,5
{ petite bière	1,2
Bière de Strasbourg	3,5 à 4,5
Bière rouge et bière blanche de Lille.	2,9 à 3
— de Paris (petite et double).	1 à 2,5

La fabrication des vins blancs diffère en quelques points de celle des vins rouges : on laisse mûrir davantage les raisins, et, pour certains vins, on attend même l'époque des premières gelées.

On cherche toujours à éviter les chances de coloration dans les vins blancs ; on ne doit donc pas laisser fermenter le moût sur la rafle et les pellicules. Le raisin est directement pressé, souvent même sans foulage, et le jus est mis dans des tonneaux debout où on le laisse de 24 à 48 heures ; on enlève alors l'écume qu'une première fermentation forme à la surface, et on le transvase dans un tonneau où s'achève la fermentation. Les bondes hydrauliques sont très-convenables pour ces vins, que le contact de l'air colore et altère plus ou moins rapidement.

Vins mousseux. — La plus grande partie des vins mousseux de Champagne se prépare avec du raisin rouge dont le jus est, en général, plus riche en matière sucrée que celui du raisin blanc. On évite soigneusement tout ce qui pourrait écraser une petite quantité de raisin, et par suite colorer le jus. Le raisin récolté par un temps chaud doit être recouvert de linges mouillés en le portant au pressoir, afin d'éviter la désagrégation du tissu renfermant les matières colorantes.

Les pressoirs mobiles sont très-propres à cette fabrication, parce que, transportés dans la vigne, leur action suit de près le travail des vendangeurs. Par une première pression on extrait, quelquefois à deux reprises, un liquide qui donne le vin le plus blanc ; puis, le marc étant foulé et soumis à une pression, on obtient un jus légèrement rosé que l'on peut ajouter au premier ou mettre à part pour obtenir le vin rosé. On fait souvent une troisième et une quatrième pression qui donnent des produits plus colorés et un peu acerbes, que l'on réunit ordinairement aux vins rouges. Les vins blancs ou rosés sont mis dans de grands tonneaux où la fermentation tumultueuse s'établit et où le vin se débarrasse soit par le dépôt, soit par les écumes, d'une partie de son ferment ; au bout de 24 heures, on soutire dans des tonneaux que l'on remplit, et lorsque la fermentation active a cessé, on remplit de nouveau, puis on ferme avec une bonde peu serrée ou une bonde hydraulique.

Au bout d'un mois, on soutire et on colle une première fois. Un mois après ce premier collage, on en fait un second après avoir soutiré, et au mois d'avril, dès qu'on a collé une troisième fois, on met le vin en bouteille, en ayant soin d'ajouter de 3 à 5 pour 100 de *liqueur* (les fabricants de vin de Champagne appellent ainsi un sirop composé de parties égales de sucre candi et de vin blanc). L'effet de la liqueur est de faciliter la production de l'acide carbonique en laissant un léger excès de sucre.

Les bouteilles doivent être bien bouchées, et les bouchons maintenus avec un fil de fer. On couche les bouteilles en interposant des lattes de bois ; alors a lieu une nouvelle fermentation, par suite de laquelle, le gaz produit ne pouvant s'échapper, il se manifeste une pression qui détermine souvent la rupture d'un grand nombre de bouteilles s'éle-

vant à 20 et même 30 pour 100, surtout lorsque la fermentation est favorisée par la température.

Les verriers apportent un grand soin dans la fabrication et le recuit des bouteilles à vin de Champagne ; et plusieurs d'entre eux les vendent avec la garantie qu'elles peuvent supporter une pression d'environ quinze atmosphères, ce que l'on vérifie facilement au moyen d'une machine fort simple construite par M. Rousseau. Le principal organe de cette machine est une pompe qui foule de l'eau dans chaque bouteille préalablement remplie et communique avec une soupape que l'on charge jusqu'à la pression à laquelle la bouteille doit résister. En essayant ainsi toutes les bouteilles, on évite la perte du vin qu'on aurait renfermé dans celles qui n'ont pu résister à l'épreuve. On est parvenu à réduire ainsi la casse des bouteilles remplies de vin, à 10 ou 12 pour cent.

On laisse les bouteilles pleines reposer couchées horizontalement pendant six mois ; après ce temps, la fermentation ayant produit une certaine quantité de levure qui trouble le vin, il faut enlever le dépôt, à l'aide d'un dégorgeage, en perdant le moins possible de gaz et de vin.

Le dégorgeage, qui est une des opérations délicates de cette fabrication, s'opère en agitant un peu la bouteille afin de détacher le dépôt, et en la renversant graduellement à plusieurs reprises, ce qui dure quelques jours. On finit par mettre la bouteille dans une position verticale, le goulot en bas, de manière que, le dépôt étant descendu sur le bouchon, en ouvrant faiblement la bouteille, la pression intérieure chasse le liquide avec force et fait sortir le dépôt. L'adresse des ouvriers consiste à chasser ce dépôt en laissant sortir le moins de vin possible.

S'il s'est fait un trop grand vide dans la bouteille, on remplit avec du vin ou avec de la liqueur à laquelle on ajoute ordinairement de l'eau-de-vie pour les vins destinés à l'exportation.

Vins de liqueur. — Les vins de liqueur sont ceux qui conservent après la fermentation alcoolique, et même pendant tout le temps qu'on les consomme, une grande partie de la matière sucrée. Ces vins se préparent surtout dans les contrées méridionales où la grande proportion de glucose contenue dans les raisins favorise la fabrication. On augmente la quantité de sucre avant la fermentation, en réduisant le moût par évaporation au quart de son volume, et en le mélangeant ensuite à un égal volume de moût ordinaire.

On arrive quelquefois au même résultat en ajoutant de 15 à 20 pour 100 d'alcool qui s'oppose à la fermentation, conserve la glucose normale du moût, et laisse au produit la saveur sucrée convenable. On peut encore augmenter la proportion de matière sucrée en laissant le raisin sécher sur pied, ou même en l'étendant sur les claies d'un séchoir. C'est à l'aide de ce dernier procédé que l'on prépare le vin de Tokaï, le plus réputé des vins de liqueur.

Les vins sont sujets à quelques défauts et à des altérations spontanées.

Vins astringents. — Quelquefois les vins sont trop astringents, surtout dans les années où les fruits ont avorté en partie et lorsque l'on cuve longtemps avec la totalité de la rafle ; on peut facilement amoindrir ce défaut en collant plusieurs fois le vin avec de la gélatine, qui élimine en partie le tanin, principe astringent, en formant avec lui un composé insoluble.

Excès ou défaut de couleur. — Lorsque les vins contiennent un excès de matière colorante, les collages la diminuent beaucoup ; quand, au contraire, ils ne sont pas assez colorés, on y ajoute des vins très-foncés en couleur, et même, dans certaines localités, on cultive une variété de raisin dite *teinturier*, contenant de la matière colorante dans tout son tissu et destinée uniquement à donner de la couleur aux vins trop pâles.

Trouble. — Les vins se troublent souvent par une fermentation qui fait monter la levure dans le liquide ; il faut se hâter d'éclaircir ces vins au moyen d'un soufrage qui arrête la fermentation et d'un collage qui entraîne les matières en suspension.

Acidité. — Un excès d'acide acétique se développe parfois dans les vins. On peut les améliorer en y ajoutant du tartrate neutre de potasse, qui, avec l'acide en excès, forme de l'acétate et du bitartrate de potasse ; ce dernier sel se sépare spontanément par le repos à l'état cristallin.

Vins filants. — Les vins qui manquent de tanin, comme les vins blancs, peuvent éprouver la fermentation visqueuse. Cette maladie est due à la présence d'une matière azotée, la glaïadine, que l'on élimine en ajoutant une certaine quantité de tanin (environ 15 grammes par pièce de 230 litres), qui s'y combine et la rend insoluble. On peut employer au même usage des sorbes (lorsqu'elles ont acquis leur maximum de développement et d'astringence avant leur maturité) : à cet effet on les concasse et on en met environ 500 grammes par barrique. On se sert aussi quelquefois de noix de galle en poudre (50 grammes par pièce), ou de pepins de raisin pilés. Toutes ces substances insolubles ou précipitées doivent être séparées au moyen d'un collage.

Goût de fût. — Cette saveur désagréable, qui provient de moisissures développées sur les parois des tonneaux, est difficile à enlever : il faut transvaser le vin dans un tonneau bien propre, pour que ce liquide n'acquière pas un goût plus prononcé. On peut toutefois atténuer considérablement ce mauvais goût en agitant le vin avec un litre d'huile d'olive par pièce de 230 litres : l'huile essentielle, à laquelle est due l'odeur spéciale, se dissout en partie dans l'huile grasse qui vient surnager.

Amertume. — En vieillissant, les vins perdent parfois toute leur matière sucrée et ils deviennent amers ; on les améliore en les mélangeant avec des vins nouveaux.

Vins piqués. — Lorsque dans le vin il se forme des champignons blanchâtres nageant à la surface, on dit que les vins sont tournés ou piqués. En arrosant les tonneaux avec de l'eau froide, on arrête cette altération, qu'on peut, du reste, éviter en ayant soin de maintenir les fûts pleins et dans des caves aussi fraîches que possible.

Vins bleus. — Quelquefois les vins acquièrent une coloration brune ou bleuâtre : dans ce cas, ils ont éprouvé une fermentation putride, par suite de laquelle une partie du tartrate de potasse s'est transformée en carbonate, dont la réaction alcaline altère la couleur du vin. On parvient à détruire cet effet en ajoutant au vin une quantité d'acide tartrique suffisante pour rétablir l'acidité et la nuance normales.

Pousse des vins. — Cette maladie est le résultat d'une fermentation tumultueuse qui se développe dans les tonneaux et donne naissance à une grande quantité d'acide carbonique. Lorsque les tonneaux sont bien bouchés, la pression du gaz peut aller jusqu'à faire rompre les cercles et défoncer les tonneaux. On peut éviter cet accident en soutirant le vin dans des tonneaux soufrés, y ajoutant un peu d'eau-de-vie, puis opérant un collage.

Inertie des vins. — Cet accident arrive quelquefois aux vins que l'on destine à devenir mousseux. On parvient à déterminer un mouvement de fermentation en élevant la température du lieu où ils se trouvent, ou en les remontant de la cave pour les placer dans un cellier exposé au midi.

Exportation. — Les vins ne résistent pas tous également aux altérations durant les voyages : le mouvement et les variations de température les exposent à la plupart des détériorations précitées, surtout lorsqu'ils sont légers. Afin de prévenir ces détériorations, on ajoute ordinairement deux ou trois centièmes d'eau-de-vie aux vins destinés à l'exportation.

Les vins s'altèrent moins lorsqu'ils sont en bouteilles ; mais ils peuvent contracter un mauvais goût dû au bouchon, soit que celui-ci ait subi quelque altération, soit que, par suite de l'humidité de la cave, il s'y développe des moisissures qui communiquent au vin leur odeur désagréable. Pour éviter cet inconvénient, on enduit l'extrémité de la bouteille d'un mastic résineux, ou l'on recouvre le bouchon avec des capsules en étain qui le préservent encore mieux.

VIN MOUSSEUX. *Voy.* Vin.

VINAIGRE (*acide acétique*). — Lavoisier et Guyton de Morveau ont les premiers donné le nom d'*acide acétique* au vinaigre distillé. La connaissance du vinaigre ainsi que des liqueurs qui le produisent remonte à la plus haute antiquité. Mais si les anciens connaissaient le vinaigre, ils ignoraient la cause qui l'engendre. Il est cependant à remarquer que le mot *khomets*, qui signifie (en hébreu, en chaldéen et en phénicien) vinaigre, dérive de *khamets*, qui veut dire *ferment*, comme pour indiquer que le vinaigre est *un* *produit de la fermentation*. On obtient le vinaigre en abandonnant le vin, la bière et d'autres liqueurs alcooliques, à la fermentation. C'est ce qui explique le nom d'*acetum*, c'est-à-dire *vinum acidum*, que les Romains donnaient au vinaigre. Cette acidification se fait aux dépens de l'alcool, qui subit une métamorphose complète. Les anciens savaient déjà que la production du vinaigre ne peut s'effectuer sans l'intervention de l'air et de quelques matières étrangères (ferments) contenues dans les liqueurs alcooliques. Mais ce sont les belles expériences de J. Davy et de Doebereiner qui nous ont appris le rôle que l'air joue réellement dans ce phénomène. J. Davy avait observé le premier que le noir de platine, en contact avec l'alcool, devient incandescent pendant qu'il se forme de l'acide acétique. Doebereiner s'empara de ce fait pour arriver à une théorie scientifique de la transformation de l'alcool en acide acétique. Il démontra que cette transformation s'opère par l'absorption de l'oxygène. En effet, les éléments de 1 éq. d'alcool, combinés avec 4 éq. d'oxygène, donnent exactement la composition de l'acide acétique :

$$C^4 H^6 O^2 = 1 \text{ éq. d'alcool.}$$
$$O^4 = 4 \text{ éq. d'oxygène (de l'air).}$$
$$C^4 H^6 O^6 = 1 \text{ éq. d'acide acétique (hydraté).}$$

Tout le secret de la fabrication du vinaigre consiste donc à hâter la marche de l'absorption de l'oxygène, et par conséquent la transformation de l'alcool. Avant tout, il faut mettre l'alcool en état d'absorber l'oxygène; car l'alcool pur ou même étendu d'eau ne s'acidifie pas à l'air : il faut le mélanger avec quelque matière organique, telle que l'orge germée, la levure de bière, le caséum, la chair, enfin avec des matières susceptibles de fermenter ou de se putréfier promptement. Par la mobilité de leurs molécules, qui tendent sans cesse à se grouper dans un ordre différent, ces matières détruisent l'inertie des éléments de l'alcool, et l'entraînent dans un tourbillon de décomposition, entretenu par l'absorption de l'oxygène. Mais il ne suffit pas seulement de faciliter le contact de l'air ; il faut aussi une température convenable pour favoriser l'acidification des liqueurs alcooliques. Cette température peut varier de 20° à 35°. Le procédé employé par J. Ham pour fabriquer le vinaigre consiste à faire couler la liqueur acidifiable sur des faisceaux de branchages, renfermés dans des tonneaux, afin d'augmenter la surface mise en contact avec l'air. La moitié supérieure des tonneaux est remplie de fagots d'où la liqueur tombe en gouttes dans la partie inférieure; à l'aide des pompes on la fait remonter sur les fagots, et on continue ainsi jusqu'à ce que l'acidification soit achevée. Dans l'espace de 15 à 20 jours, l'opération est d'ordinaire terminée. Le procédé de Ham a été perfectionné en Allemagne. D'après Mitscherlich, on mêle 2 à 3 parties d'eau avec 1 p. d'alcool et avec le suc exprimé de betteraves, jouant le rôle de ferment. Un filet continuel de ce mélange est conduit dans un tonneau rempli de copeaux, préalablement trempés dans du vinaigre fort ; le liquide uniformément répandu sur les copeaux occupe ainsi une immense surface et absorbe l'oxygène de l'air avec une telle rapidité, que la température de l'intérieur du tonneau se maintient à 30° Il faut avoir soin de renouveler l'air, à mesure qu'il perd son oxygène. L'acidification est achevée en 20 heures, et un filet de vinaigre sort continuellement du tonneau.

On sait depuis longtemps qu'il se forme dans le vinaigre de nombreux infusoires (*vibrio aceti*), souvent visibles à l'œil nu. On tue ces animalcules, en faisant passer le vinaigre à travers un tuyau d'étain, tourné en spirale et entouré d'eau chauffée à 90° ou 100°. Après que ces infusoires ont été tués par l'action de la chaleur, on filtre le vinaigre pour le rendre limpide. Le vinaigre conservé dans des vases exposés au contact de l'air ne tarde pas à se troubler; il se dépose une matière gélatineuse, connue sous le nom de *mère du vinaigre*. Elle est produite aux dépens des éléments du vinaigre, et ne renferme pas d'ammoniaque.

Les qualités du vinaigre dépendent des quantités variables d'acide acétique qu'il contient. Il est impossible de déterminer la force du vinaigre comme on évalue celle de l'alcool, au moyen de pèse-liqueurs ; car la densité de l'acide acétique ne diffère pas beaucoup de celle de l'eau. Il faut donc avoir recours à un autre moyen. Ce moyen consiste dans l'emploi de l'ammoniaque caustique d'une densité et d'un titre connus. Cette ammoniaque est colorée en bleu par la teinture de tournesol et versée dans un tube gradué ; le vinaigre qu'on essaye est ajouté par petites portions jusqu'à ce que la couleur bleue de la liqueur ait passé au rouge. Le tube gradué indique le volume du vinaigre employé, en même temps que la quantité d'ammoniaque saturée indique la quantité d'acide acétique contenue dans ce volume de vinaigre. Un bon moyen de concentrer le vinaigre consiste à le faire congeler de haut en bas et à enlever de temps en temps la croûte congelée. — Le vinaigre du commerce est quelquefois falsifié avec des acides minéraux. Si c'est l'acide sulfurique, on en constate la présence en versant dans le vinaigre un sel de baryte, qui produit un précipité blanc de sulfate de baryte, insoluble dans les acides. On reconnaît la présence de l'acide nitrique lorsqu'on verse dans le vinaigre quelques gouttes d'une dissolution bleue d'indigo dans l'acide sulfurique : celle-ci prend à l'instant une couleur jaune. L'acide chlorhydrique est reconnu par les sels d'argent, qui font naître un précipité blanc soluble dans l'ammoniaque.

Tout vinaigre falsifié avec un acide minéral est troublé par une dissolution d'émétique. Très-souvent le vinaigre du commerce est falsifié par des matières végétales âcres, telles que le fruit du piment (*capsicum annuum*), le bois gentil (*daphne mezereum*).

On reconnaît la fraude lorsque le vinaigre conserve sa saveur âcre, même après avoir été saturé par un alcali. Le vinaigre distillé n'a ni l'odeur ni la saveur fraîche et acide du vinaigre non distillé ; cela tient à ce qu'il renferme un peu d'éther acétique, qui se dégage dès le commencement de la distillation. — La liqueur acide qu'on obtient par la distillation sèche du bois, dans des fourneaux convenablement disposés, constitue, après une rectification préalable, *le vinaigre de bois ou l'acide pyroligneux*. C'est Boyle, qui le premier a fait voir que le bois fournit, par la distillation, du vinaigre et de l'alcool, qu'il appela esprit adiaphorétique. Obtenant ces deux liquides ensemble dans le récipient, il les séparait, en les soumettant à une nouvelle distillation, à une température ménagée avec soin, pour ne laisser passer que l'esprit inflammable ; mais, comme par ce procédé l'esprit de bois contenait toujours un peu de vinaigre, il traitait le mélange des deux liquides par la chaux. L'acide se fixait sur la chaux, et l'esprit de bois était rectifié et séparé seul par une dernière distillation. Le vinaigre de bois rectifié ressemble par son odeur et sa saveur au vinaigre commun. Il renferme presque toujours des traces de paraffine, d'eupione, d'esprit pyroacétique, d'esprit de bois et de créosote. Non rectifié il agit comme un poison. Le vinaigre le plus pur et le plus concentré possible peut être considéré comme un composé d'*acide acétique anhydre* avec 1 éq. d'eau ; il est représenté par la formule $C^4 H^3 O^3 + HO$. L'acide acétique anhydre $C^4 H^3 O^3$ n'a pas été isolé. Quant à l'acide acétique hydraté $C^4 H^3 O^3 + HO$, on l'obtient par la distillation des acétates secs avec l'acide sulfurique. Le procédé le plus commode consiste à chauffer doucement un mélange de 3 p. d'acétate de soude sec et pulvérisé avec 9,7 p. d'acide sulfurique exempt de vapeurs nitreuses. On obtient ainsi 2 p. d'acide acétique concentré, contenant 20 pour 100 d'eau. Les deux derniers tiers du produit de la distillation sont recueillis à part et conservés dans un flacon bien bouché, à une température de 5 à 6°. Il se forme ainsi des cristaux d'acide acétique hydraté pur.

Ce que l'on connaît depuis longtemps sous le nom d'esprit de cuivre ou de *vinaigre radical* n'est que le produit de la distillation sèche de l'acétate de cuivre. L'acide acétique hydraté cristallise en lamelles transparentes d'un grand éclat. Au-dessus de 17°, ces cristaux fondent en un liquide d'une densité de 1,063. L'odeur forte et pénétrante de cet acide l'a fait employer, sous le nom de *sel anglais*, dans des cas de défaillance, de lipothymie, etc. Sa saveur est brûlante comme celle d'un acide minéral. L'acide acétique hydraté liquide bout à 120° ; il fume en attirant fortement l'humidité de l'air. Il est miscible en toutes proportions à l'eau, à l'alcool et à l'éther. Il dissout le camphre et quelques résines. Ses vapeurs s'enflamment au contact d'un corps allumé, et donnent de l'acide carbonique et de l'eau. Ces mêmes vapeurs,

chauffées dans un tube au rouge obscur, se décomposent en acide carbonique et en acétone ; à une chaleur plus forte, celui-ci se décompose à son tour en gaz inflammable et en carbone. L'acide acétique, exposé au contact du chlore sec, se convertit, sous l'influence de la lumière directe, en acide *chloro-acétique*. La constitution de cet acide a servi de point de départ à la théorie des substitutions.

Les principaux usages du vinaigre sont bien connus. C'est l'assaisonnement le plus commun et le plus utile de nos aliments, qu'il rend plus tendres, plus faciles à digérer, dont il couvre la saveur et dont il relève le goût. Tantôt on l'emploie seul, d'autres fois on le charge de principes aromatiques, en y faisant infuser des substances odorantes comme des feuilles d'estragon, des fleurs de sureau, etc. Mais l'abus des aliments vinaigrés détermine toujours de graves accidents. Il est des personnes qui boivent du vinaigre dans l'intention de se faire maigrir, car depuis longtemps cet acide jouit de la réputation de faire cesser l'obésité ; malheureusement le remède est pire que le mal, il occasionne des irritations très-intenses de l'estomac et des intestins, irritations qui se terminent fréquemment par la mort.

Le vinaigre est un agent précieux de conservation pour les substances végétales et animales. De tout temps on l'a regardé comme très-propre à empêcher la contagion et à détruire les miasmes et les mauvaises odeurs répandus dans l'air. De là l'usage si fréquent de jeter du vinaigre sur une pelle rouge, pour purifier l'air vicié ou corrompu des habitations. Mais c'est gratuitement qu'on a accordé ces importantes propriétés au vinaigre. Il ne fait que masquer les odeurs sans les détruire ; aussi ces fumigations doivent-elles être remplacées par celle du chlore.

VINAIGRE RADICAL. *Voy.* Vinaigre.

VITRES (leur altération). — Les verres à bases de chaux et de soude ou de potasse sont altérés assez facilement par l'eau bouillante. Ils perdent leur transparence, l'eau devient alcaline, et il se dépose au fond du liquide un silicate de chaux insoluble. L'eau produit donc la séparation des deux silicates, qui composent essentiellement le verre, et cet effet est dû à la tendance qu'elle a pour le silicate alcalin qui est soluble. Les alchimistes avaient observé ce phénomène qu'ils ne pouvaient expliquer ; aussi ils croyaient y voir la transformation de l'eau en pierre, et toujours préoccupés de l'idée de fabriquer l'or, de découvrir la pierre philosophale, ils trouvaient dans ce fait un encouragement pour leurs recherches.

C'est une altération semblable que l'air humide exerce à la longue sur les vitres de nos croisées, sur les glaces de nos appartements. Tout le monde sait que les glaces polies se ternissent quelquefois à l'air, qu'il en est de même des verres des instruments d'optique. Ce résultat tient à la condensation de la vapeur aqueuse de l'air ; et, si le verre est trop alcalin, l'eau déposée en attaque peu à peu la surface et produit une décomposition semblable à celle dont nous venons de parler ; dès lors le verre est terni sans remède, ou du moins il faut le polir de nouveau. Les tubes de verre, les ballons, les cornues et même les verres à expériences de laboratoire, les verres de montre, offrent très-souvent cette altération. Les vitres des vieilles maisons, celles des endroits humides et habituellement chauds, comme les écuries, présentent souvent une surface terne et dépolie, ce qu'il faut expliquer de la même manière. Les moindres changements de température en font éclater de très-petits fragments, de toutes petites écailles brillantes. Au bout de quelques années, ces vitres sont tellement altérées, qu'elles offrent tous les phénomènes de décomposition de la lumière que produisent les lames minces; aussi sont-elles irisées, et quelquefois d'une manière fort remarquable par l'intensité et la pureté des couleurs. Le peuple attribue encore ces changements à l'influence de la lune, car lorsqu'il ne sait à qui s'en prendre, c'est ordinairement à la lumière douce et mystérieuse de la lune qu'il a recours.

On observe encore les effets dont il vient d'être question sur les verres antiques retrouvés dans les ruines et les tombeaux ; on dirait, à les voir, qu'ils sont recouverts d'un vernis métallique ou de mercure. Leur aspect vient de l'opacité de la couche intérieure du verre décomposé ; cette couche opaque renvoie toute la lumière qui traverse la partie encore transparente.

VITRES, composition, façon, etc., du verre à vitres. *Voy.* Verre.

VITRIOL BLANC ou DE ZINC. *Voy.* Zinc, *sulfate.*

VITRIOL AMMONIACAL. *Voy.* Ammoniaque, *sulfate.*

VITRIOL DE FER ou VITRIOL VERT. *Voy. Sulfate de fer.*

VITRIOL. *Voy.* Sulfurique (acide).

VITRIOL BLEU ou DE CHYPRE. *Voy.* Cuivre.

VOLUME. — On donne ce nom à l'espace occupé par un corps, abstraction faite de sa masse. Pour les gaz, le mot volume est souvent synonyme d'atome. Ainsi, on dit indifféremment : un volume d'oxygène se combine avec deux volumes d'hydrogène pour former de l'eau ; ou, un atome d'oxygène se combine avec deux atomes d'hydrogène pour former de l'eau. *Voy.* Atomes.

On trouve le *volume atomique* d'une substance en divisant son poids. atomique par son poids spécifique. Cette opération donne des nombres relatifs pour le volume atomique des divers corps. Ainsi, pour avoir l'idée du *volume atomique*, il faut considérer en même temps le poids *atomique* et *la densité;* pour arriver à la notion de la densité, il faut combiner les notions de la *masse* et du *volume.* Or, ces deux notions sont représentées en chimie : celle de la masse l'est par le poids atomique, et celle du volume par la *forme cristalline;* car un cristal est un volume régulièrement terminé. On appelle substances *isomorphes* celles dont la composition chimique est semblable, et dont la forme cristalline est la même. Deux corps isomorphes qui ont un poids atomique différent, mais dont la forme cristalline est la même, auront donc une densité différente. Puisque la densité dépend toujours de la masse renfermée sous un même volume, la densité de ces deux corps dépendra par conséquent de leur volume atomique. On peut donc résumer ces faits, en disant : 1° que dans les corps isomorphes les poids atomiques sont proportionnels aux densités ; 2° que les corps isomorphes ont le même volume atomique; 3° que les molécules des corps isomorphes sont égales, non-seulement quant à la forme, mais aussi quant aux dimensions.

W

WENZEL. — Ce fut en 1740, vers le temps qui vit naître Scheele et Lavoisier, que naquit à Dresde Charles-Frédéric Wenzel. Son père, qui était relieur, l'occupa d'abord aux travaux de sa profession. Mais à 15 ans, le jeune Wenzel s'échappa de la maison paternelle et s'abandonna aux chances d'une vie aventureuse. Il arriva en Hollande, apprit à Amsterdam la pharmacie et la chirurgie, fit un voyage en Groënland, et obtint le titre de chirurgien de la marine hollandaise. Revenu en Saxe, il étudia les siences à Leipsick, en 1766, et fut couronné par la société de Copenhague, pour un mémoire sur la réverbération des métaux. En 1780, il fut appelé à diriger les mines de Freyberg, et occupa cet emploi jusqu'à sa mort arrivée treize ans après. Quelque temps auparavant, il avait publié l'ouvrage qui fait la base de sa réputation.

Cet ouvrage, intitulé : *Leçons sur l'affinité, Lehre von dem verwandschaften der korper,* parut en 1777. Il y expose le résultat de ses observations sur la double décomposition des sels, et donne une explication nette et exacte de la permanence de la neutralité qui s'observe après la décomposition mutuelle de deux sels neutres. A l'aide d'analyses d'une admirable précision, il prouve que cet effet provient de ce que les quantités de bases qui saturent un même poids d'un acide quelconque saturent aussi des poids égaux de tout autre acide.

Ainsi voilà du sulfate de soude en dissolution, et, d'autre part, de l'azotate de baryte. Les deux liqueurs sont parfaitement neutres ; elles n'ont aucune action sur le papier bleu de tournesol et sur le papier rougi. Je les mêle ; aussitôt il y a décomposition et formation d'un précipité abondant. C'est du sulfate de baryte qui se dépose, tandis que de l'azotate de soude reste en dissolution. Que j'y plonge les papiers colorés, ils n'éprouveront aucune altération dans leur teinte, tout comme avant la réaction. Pourquoi les deux bases après l'échange de leur acide, pourquoi les deux acides après l'échange de leurs bases, se trouvent-ils encore exactement neutralisés ? C'est que la quantité de soude, qui formait un sel neutre avec l'acide sulfurique saisi par la baryte, sature précisément la quantité d'acide azotique abandonnée par cette base; c'est que les quantités de soude et de baryte, qui neutralisent la même quantité d'acide sulfurique, exigent aussi pour se neutraliser la même quantité d'acide azotique.

Telle est, en effet, la conséquence que Wenzel a été conduit à établir d'une manière générale. Ses expériences se font surtout remarquer par l'exactitude des résultats numériques. Sous ce rapport, ses analyses sont comparables à celles que l'on fait de nos jours. Cependant, que de moyens pour ce genre de recherche nous possédons aujourd'hui et dont il était dépourvu! Que de ressources sont maintenant entre nos mains et dont il ignorait l'existence! Comparé aux chimistes de son temps, on voit que non-seulement il leur a donné l'exemple d'une précision inconnue, mais qu'il n'a été égalé par aucun d'eux; ceux-là même qui vinrent s'occuper ensuite de recherches semblables, bien loin d'atteindre son exactitude, en sont restés à une grande distance.

Wenzel nous offre un exemple frappant du grand avantage que donnent les théories préconçues, quand elles sont justes et qu'elles sont appliquées par un esprit vraiment dévoué au culte de la vérité. En effet, aussitôt qu'il eut conçu la loi qu'il a cherché à prouver par ses analyses multipliées, il s'en servit comme guide et comme moyen de vérification pour toutes ses opérations. Il fut obligé de perfectionner les méthodes analytiques qu'il avait employées d'abord; il apprit à distinguer les bons procédés, à écarter les mauvais : car pour lui chaque analyse n'était plus un fait isolé, et pour vérifier ses

opinions sur la double décomposition de deux sels, il fallait exécuter une analyse vraiment parfaite des quatre sels que leurs bases et leurs acides peuvent former. Le moindre écart de l'expérience était tout de suite indiqué par la théorie, et l'observateur averti remontait facilement à la cause d'erreur qui avait d'abord échappé à son attention.

Wenzel partait donc de ce principe que les éléments des deux employés devaient se retrouver dans les deux sels produits; rien ne devait se perdre, rien ne devait se créer dans la réaction. Ce principe fécond, origine de toutes les découvertes de Lavoisier, conduisit donc aussi Wenzel à reconnaître les premières lois de la statique chimique. En Allemagne, comme en France il mit la balance en honneur parmi les chimistes, qui, malgré soixante ans de travail assidu, sont loin d'en avoir tiré toutes les vérités qu'elle peut nous apprendre.

Quand on met en parallèle la beauté du résultat de Wenzel et l'exactitude de ses recherches avec le peu de succès que son ouvrage a obtenu, on a lieu d'en être surpris. Son livre ne fit aucun bruit dans la science; il tomba bientôt dans l'oubli, et le nom de Wenzel resta même longtemps inconnu en France. C'est que les brillantes découvertes de Lavoisier, qui occupaient alors tous les esprits, éclipsèrent complétement celles du chimiste saxon, qui reposaient sur une base plus modeste, quoique non moins importante.

Wenzel doit conserver la gloire entière et pure d'avoir établi que, dans les réactions des sels, rien ne se perd, rien ne se crée, soit comme matière, soit comme *force chimique*. C'est là une des plus belles applications de la balance. D'ailleurs il a ouvert la route aux analyses de précision par la voie humide, en même temps qu'il s'est montré dans ce genre de recherches l'un des modèles les plus accomplis.

WITHÉRITE (*baryte carbonatée*, etc). — Substance de filon, plus commune en Angleterre que dans toute autre contrée. Elle n'est encore employée que pour préparer les sels de baryte.

Y

YTTRIA. *Voy.* YTTRIUM.

YTTRIUM. — Ce nom vient de *Ytterby* (en Suède). C'est le métal d'un oxyde connu sous le nom d'*yttria*, qui a été découvert, en 1794, par le professeur Gadolin, dans un minéral trouvé près d'Ytterby en Suède. Cet oxyde est combiné dans ce minéral à l'oxyde de fer et à la silice. On l'a depuis trouvé

dans d'autres minéraux du même pays.

Jusqu'à présent cette substance n'a été rencontrée que dans la péninsule scandinave, et dans l'île Bornholm de la mer Baltique.

A la température ordinaire, l'yttrium ne s'oxyde ni dans l'air ni dans l'eau. Les composés sont sans importance.

Z

ZÉOLITE. *Voy.* AMPHIGÈNE.

ZÉOLITE DE BRETAGNE. *Voy.* LAUMONITE.

ZINC. — Ce nom vient de *zinn*, nom ger-

manique de l'étain; car la fusibilité et l'oxydabilité du zinc avaient fait autrefois confondre ce métal avec l'étain.

Le zinc était déjà connu des anciens, surtout la mine de zinc qu'on appelle calamine, et dont on s'est servi de très-bonne heure pour préparer du laiton, en l'unissant au cuivre. Les Grecs donnaient à ce minerai le nom de *cadmia*, en mémoire de Cadmus, qui leur avait enseigné le premier à s'en servir. La dénomination de zinc a été introduite par Paracelse, au commencement du seizième siècle. Le zinc paraît avoir été reconnu comme métal particulier, à l'époque où il fut apporté de la Chine; car ce n'est que vers le milieu du siècle précédent qu'on a découvert les moyens de le tirer des minerais qui existent en Europe. Déjà, en 1742, Svab fit, en Suède, des essais pour l'extraire de la blende grillée, par la distillation avec du charbon en poudre; mais le produit ne couvrit pas les frais de l'entreprise.

Le zinc n'a pas encore été trouvé à l'état natif; la nature nous l'offre, soit combiné avec le soufre dans le minerai connu sous le nom de blende, soit uni à la silice ou à l'acide carbonique, constituant la calamine, soit enfin à l'état de sulfate zincique.

Le zinc est un corps simple métallique, d'un blanc bleuâtre, brillant, d'une texture cristalline, à grandes lames. Il est un peu moins mou que le plomb et l'étain. Il graisse la lime. Il est très-dilatable. Sa dilatabilité linéaire est $\frac{1}{340}$ pour l'intervalle compris entre 0° et 100°. C'est pourquoi les barres de zinc ou les toits couverts de ce métal se gercent facilement et finissent par se briser sous l'influence des variations brusques de l'atmosphère. Pour remédier à cet inconvénient, il faut, autant qu'il est possible, ne point contrarier ce métal dans ses mouvements alternatifs de dilatation et de resserrement. A la température ordinaire, il ne se laisse pas travailler au marteau. A la température de 150°, il devient ductile, se laisse réduire en fils assez minces, en même temps qu'il devient malléable. A une température plus élevée encore, il perd de nouveau sa ductilité et sa malléabilité, de manière que vers 250 à 300°, ou un peu au-dessous de la température à laquelle il fond, il devient très-cassant et pour ainsi dire pulvérisable. A la température de 360°, il fond.

Des lames minces de zinc, sous lesquelles on place une lampe à alcool, font entendre une série de sons qui deviennent très-distincts par le refroidissement brusque de ces lames, au moyen d'un mélange réfrigérant. Ce sont des vibrations transversales, semblables à celles que produirait sur ces lames un archet de violon. Les autres métaux n'offrent rien de semblable.

Le zinc du commerce n'est jamais parfaitement pur; il n'existe aucun moyen simple de le purifier.

Le zinc fondu et projeté dans l'air brûle avec une flamme d'un jaune verdâtre, accompagnée d'épaisses vapeurs blanches. Ces vapeurs sont de l'oxyde de zinc, qui se dépose sous forme de houppes soyeuses d'un très-beau blanc; de là les noms de *fleurs de*

zinc, nihil album, laine des philosophes, etc.
— A l'air humide ordinaire, contenant de l'acide carbonique, le zinc se recouvre bientôt, à sa surface, d'une pellicule grisâtre d'oxyde. Cette couche d'oxyde s'oppose à l'oxydation ultérieure des couches de zinc sous-jacentes.

La grande oxydabilité de zinc rend ce métal propre à être employé comme moyen réductif par la voie sèche et par la voie humide. Le zinc précipite presque tous les métaux (à l'état métallique) de leurs combinaisons avec les acides.

Sulfure de zinc (blende). — Ce minéral se rencontre dans presque tous les terrains. On le trouve à Vienne (Isère), à Bagnères-de-Luchon, dans l'Ardèche, dans le Var, etc. Sa couleur varie depuis le jaune et le vert jusqu'au brun et au noir.

Protoxyde de zinc (fleurs de zinc, nihil album, lana philosophica, pompholix). — Il est blanc, pulvérulent, infusible. Lorsqu'on brûle le zinc à l'air, cet oxyde se répand sous la forme d'une espèce de neige; mais ce n'est pas là une véritable volatilisation; c'est un simple déplacement mécanique. On trouve de l'oxyde de zinc dans les fentes des tuyaux servant à la fabrication du zinc.

L'oxyde de zinc est souvent employé en médecine comme antispasmodique, dans le traitement des maladies nerveuses. Mêlé avec parties égales de valériane et de jusquiame, il constitue les pilules de Méglin (1).

Alliages. — L'amalgame d'une partie de zinc, d'une d'étain et de deux à trois parties de mercure, est employé pour enduire le frottoir des machines électriques.

L'alliage de zinc et de cuivre constitue le *laiton. Voy.* Cuivre. On connaît sous les noms de tomback, pinschbeck, etc., plusieurs autres alliages de zinc et de cuivre. En Angleterre on sait transformer la surface du cuivre en laiton, de manière à produire une fausse dorure. On fait bouillir une partie de zinc et douze parties de mercure avec de l'acide hydrochlorique, du tartre brut et de l'eau; on introduit dans cette liqueur le cuivre, dont la surface a été préalablement bien décapée, au moyen de l'acide nitrique. Dans ce cas il n'est pas facile d'expliquer en vertu de quelle affinité le cuivre précipite le zinc, contrairement à l'ordre ordinaire; cependant elle paraît être la suite d'une action électrique que la présence du mercure met en jeu.

Suivant Cooper, un mélange de seize parties de cuivre, d'une de zinc et de sept de platine, donne un laiton qui ressemble tellement à l'or de seize carats (ou qui contient ½ d'or pur), qu'on peut l'employer avec avantage pour ornements.

SELS A BASE D'OXYDE DE ZINC.

Carbonate de zinc. — Ce sel qui se rencontre dans la nature en masse ou en petits

(1) Le zinc laminé est employé dans les arts pour la confection de baignoires, cuvettes, gouttières et tuyaux.

cristaux, constitue un minéral qu'on a confondu longtemps avec la *calamine*.

Outre la *blende* ou *sulfure de zinc*, le minerai de zinc le plus ordinairement employé pour en extraire le métal est la calamine. On calcine la calamine pour en chasser l'acide carbonique, opération qui n'est point absolument nécessaire. Pour la blende au contraire, le grillage ou la calcination est absolument nécessaire. Par là on chasse le soufre en transformant le sulfure en oxyde de zinc qu'on traite ensuite comme la calamine. Après avoir calciné les minerais, on les réduit en poudre impalpable, et après les avoir mêlés avec de la poussière de charbon, on les expose dans des tuyaux de terre à la température blanche. L'oxyde de zinc se réduit et le métal se volatilise pour venir se condenser dans des tuyaux disposés en guise de récipients; on a pour résidu de la silice, du fer, du plomb et d'autres substances non volatiles. Lorsqu'on traite dans les hauts fourneaux des minerais de fer riches en oxyde ou en sulfure de zinc, tout le zinc n'est pas entraîné par les gaz et les autres matières volatiles ; une grande partie se dépose sur la paroi de la cheminée du fourneau. Ce dépôt devient quelquefois si considérable qu'il finirait par obstruer le fourneau, si l'on n'avait pas soin de le détacher de temps en temps avec des ringards. Ces dépôts, connus depuis la plus haute antiquité, portent le nom de *cadmies*. Ils sont plus riches en zinc que les meilleurs minerais.

Le zinc métallique était autrefois importé de la Chine en Europe. Ce n'est que vers le milieu du siècle dernier que les Européens l'ont retiré de la *calamine*, minerai depuis longtemps connu des anciens.

Sulfate de zinc. — On le désigne dans le commerce sous les noms de *vitriol blanc*, *vitriol de zinc*, *couperose blanche*. On le rencontre tout formé, mais en petite quantité, en solution dans l'eau des fosses de certaines mines. On l'obtient par deux procédés : celui des laboratoires consiste à dissoudre le zinc dans l'acide sulfurique faible, et à évaporer la dissolution; dans les arts, on grille la blende (sulfure de zinc natif) dans un fourneau à réverbère. Il se forme, par l'action de l'air, des sulfates de zinc, de fer, de cuivre et de plomb, lorsque la blende contient les sulfures de ces trois derniers métaux. En lessivant la masse, on dissout les trois premiers sulfates qui sont solubles, et après avoir concentré la liqueur, elle cristallise en une masse blanche qu'on livre dans le commerce comme sulfate de zinc; mais ce sel est impur. On le sépare des sulfates de cuivre et de fer en le redissolvant dans l'eau, faisant bouillir la dissolution avec quelques gouttes d'acide nitrique, pour faire passer le protoxyde de fer à l'état de peroxyde, et mêlant à la liqueur de l'oxyde de zinc récemment précipité par la potasse. Celui-ci décompose les sulfates de fer et de cuivre, en s'emparant de l'acide sulfurique et précipitant leurs oxydes. En laissant reposer la liqueur, la décantant et la faisant éva-

porer, le sulfate de zinc cristallise à l'état de pureté. On le distingue facilement sous cet état, en ce qu'il forme, avec le cyanure de fer et de potassium et l'hydrosulfate de potasse, des précipités blancs, tandis qu'ils sont plus ou moins colorés lorsque le sel renferme du fer.

Le sulfate de zinc cristallise en prismes à quatre pans, terminés par des pyramides à quatre faces. Ce sel contient, sous cet état, 35,7 d'eau de cristallisation; il est transparent, d'une saveur âcre et styptique. Exposé à l'air, il s'effleurit; au feu, il éprouve la fusion aqueuse, et se dessèche ensuite : à une température élevée, il se décompose en laissant son oxyde; à la température ordinaire, l'eau en dissout deux fois et demie son poids.

Ce sel est employé en médecine. On l'administre, mais à petites doses, à l'intérieur ; car c'est un émétique violent. Dissous dans l'eau, il entre dans la composition des lotions astringentes, des collyres, etc.

ZINC CARBONATÉ. *Voy.* SMITHSONITE.

ZINCAGE DU FER (*galvanisation du fer*). — L'étain n'est pas le seul métal qui puisse servir à garantir le fer de l'oxydation. Le zinc peut jouer le même rôle, ainsi que Malouin l'a constaté et indiqué en 1742. Ce n'est que dans ces dernières années qu'on a tiré parti en grand de cette propriété. M. Sorel a pris, en 1836, un brevet d'invention pour la *galvanisation du fer*, nom pompeux et scientifique, qui revient tout simplement à celui de *zincage du fer*. Le procédé consiste à enduire le fer de zinc en le plongeant dans un bain de ce métal en fusion, tout comme on l'enduit d'étain pour fabriquer le fer-blanc. Mais tandis que, dans le *fer étamé*, le fer est rendu plus oxydable par le contact de l'étain que lorsqu'il est entièrement nu, de telle sorte que, quand l'étamage n'a pas été exécuté avec le plus grand soin, les parties qui sont à découvert s'éraillent et se détruisent avec rapidité; dans le fer *zingué*, au contraire, le fer est protégé par le zinc, non-seulement partout où ce métal le recouvre, mais même dans les parties qui, par suite de l'imperfection de l'opération, ont pu rester à nu; c'est cette précieuse propriété qui le caractérise.

C'est au commencement de 1837 que M. Sorel a livré ses premiers produits au public. Depuis cette époque ils ont été soumis à un grand nombre d'épreuves, tant dans les laboratoires que dans les ateliers, et toutes ces épreuves leur ont été favorables; on ne sait pas encore jusqu'à quel terme peut se prolonger leur durée. Cette question est du genre de celles qui ne peuvent être résolues que par le temps.

On galvanise ou on zingue tous les objets en fer quels qu'ils soient, après qu'on leur a donné les formes voulues; des clous, des chaînes, des toiles et treillis, des objets de sellerie et de carrosserie, des outils de jardinage, etc. On fait maintenant un grand usage de la tôle galvanisée pour couvrir les toits, pour confectionner des tuyaux de poêle et de cheminée, qui doivent être placés à l'extérieur, les, gouttières, les tuyaux de conduite des eaux, les tuyaux à vapeur, les formes à sucre, etc.

La tôle galvanisée n'est pas plus chère, à poids égal, que la tôle nue ; elle est à peu près du même prix que le zinc laminé, mais outre qu'elle est beaucoup plus tenace et plus flexible, elle a encore l'avantage de ne pas se fondre et de ne pas s'enflammer comme celui-ci dans les incendies.

La valeur annuelle des produits manufacturiers livrés par l'établissement de M. Sorel, à Paris, est de plus de 300,000 fr.

Les objets zingués ne doivent, dans aucun cas, être employés aux usages culinaires, ni à tout ce qui concerne les aliments. Le 26 janvier 1843, huit ouvriers serruriers de Metz furent empoisonnés pour avoir bu du vin qui était resté pendant treize heures dans un broc en fer galvanisé.

Jusqu'ici on n'était point parvenu à galvaniser la fonte, faute de pouvoir la décaper. En employant l'acide impur qui a servi à l'épuration des huiles, M. Sorel la décape convenablement, et elle s'étame parfaitement de zinc, enveloppe très-utile pour la préserver de l'action de l'air et de l'humidité. Ce résultat date de 1844.

ZIRCON. — Sous le nom de *hyacinthe*, le *zircon*, ou *jargon de Ceylan*, la *hyacinthe de Ceylan*, la *hyacinthe orientale* (c'est un saphir orangé), *occidentale* (c'est une topaze safranée), *miellée* (autre topaze jaune de miel), *la belle de dissentis* (variété de grenat), *brune des volcans* (c'est un idiocrase), et de *Compostelle* (quartz rouge cristallisé), appartiennent à d'autres espèces. Nous ne nous occuperons donc ici que des zircons ou jargons.

Ces pierres sont ordinairement en cristaux prismatiques, rectangulaires, terminés par des sommets tétraèdres et dérivant d'un prisme carré. Ils raient difficilement le quartz, ont une réfraction double, un aspect gras qui tire sur le métallique, une couleur qui est ordinairement d'un brun rougeâtre, quoiqu'il y en ait d'incolores, de bruns, de verdâtres, etc.

1° *Jargon de Ceylan*, ou *zircon-jargon*. — Dans l'Inde, le Pégu, dans la rivière de Kirtna, au nord de Madras et surtout à l'île de Ceylan. Il s'y trouve roulé parmi le sable des rivières, mêlé avec des tourmalines, des grenats, des saphirs, etc. Ses diverses couleurs sont le gris plus ou moins blanchâtre, ou jaunâtre, le vert plus ou moins intense, le bleu, le brun foncé, le rouge ; il n'est pas rare d'en trouver des cristaux qui ont plusieurs de ces teintes. Ces couleurs ont un aspect terne.

Les hyacinthes, naturellement blanches ou bien décolorées par le feu, sont improprement nommées *diamants bruts*, et, parfois, vendues comme tels. Pour les distinguer, M. Klaproth conseille d'y verser une petite goutte d'acide hydrochlorique, qui y produit une tache mate, ce qui n'a pas lieu avec le diamant.

2° Le *zircon-hyacinthe, hyacinthe de Ceylan*. — Cette variété se trouve principalement à Ceylan, dans plusieurs parties de l'Inde, etc., en France, dans le ruisseau d'Expailly, etc. Sa couleur est généralement rouge ou d'un brun jaune orangé ; ce n'est que lorsque cette teinte est rouge qu'on la nomme *hyacinthe de Ceylan*. On en trouve aussi de bleuâtres, de verdâtres. Presque toutes ces couleurs se détruisent par le feu ; alors ces pierres deviennent ou blanches ou d'un gris tendre. L'éclat des cristaux de cette espèce est plus vif que celui de la précédente.

3° *Hyacinthe la belle (hyacinthe d'Haüy)*. — C'est dans cette espèce que viennent se ranger sinon toutes les pierres qui se débitent sous le nom de *hyacinthe*, au moins une grande partie d'entre elles.

ZIRCONE (*oxyde de zirconium*). — MM. Klaproth et Vauquelin ont trouvé le zircône dans le zircon ou jargon de Ceylan, et M. Guyton de Morveau, dans l'hyacinthe. Les sables des ruisseaux d'Expailly, près du *Puy en Velay* et de *Piso*, charrient également de petits zircons.

ZIRCONIUM. — Corps simple, noir et pulvérulent. Il prend sous le brunissoir l'éclat métallique du fer. Le zirconium ne se trouve que combiné à l'oxygène : il forme alors un oxyde que l'on a regardé pendant longtemps comme une terre, et qui a reçu le nom de zircône. Cet oxyde a été découvert, en 1789, par Klaproth, célèbre chimiste prussien, en faisant l'analyse du *zircon* ou *jargon*, pierre précieuse et très-rare, trouvée dans l'île de Ceylan. Sans importance. *Voy.* ZIRCÔNE.

NOTES ADDITIONNELLES.

NOTE I.
Affinité et cohésion.

En y réfléchissant, on voit que l'attraction moléculaire se présente à nous sous trois formes bien distinctes ; car elle peut s'exercer :

D'abord, entre les molécules du même corps, c'est la cohésion proprement dite, la cohésion des physiciens ;

Ensuite, entre des molécules plus ou moins semblables qui se mêlent en conservant les propriétés individuelles qui les caractérisent : c'est la force de dissolution ; c'est la force opposée à cette résistance des corps à se dissoudre, que l'on appelle souvent aussi, en chimie, cohésion ;

Enfin, entre les molécules dissemblables qui s'unissent étroitement, et donnent un produit doué de propriétés qui lui sont propres ; c'est l'affinité.

Vous remarquerez que la cohésion physique ne comporte aucune limite entre les molécules qu'elle réunit. Chaque cristal, chaque masse solide ou liquide homogène est susceptible de se grossir, de s'accroître par l'addition de nouvelles parties, et cet accroissement n'admet aucune borne.

Il n'en est pas tout à fait de même des dissolutions. Elles ne peuvent se faire au delà de certaines limites, entre lesquelles du reste on en varie indéfiniment les proportions. Ainsi, à l'eau sucrée ou salée on ne saurait ajouter du sucre ou du sel, si elle est déjà saturée ; mais on peut y introduire de l'eau en grande quantité. Se fait-il, en tout cas, un mélange indéfini, ou bien est-ce une combinaison qui se délaie ? C'est un point que je ne veux point discuter ici : je puis dire, en passant, que je pencherais vers le dernier avis : cela d'ailleurs ne fait rien ici ; car il reste toujours vrai qu'à une dissolution on peut ajouter beaucoup du véhicule qui a servi à la faire, sans altérer le composé.

Enfin, s'agit-il de corps fortement antagonistes, comme un acide et une base ; s'agit-il, en un mot, de corps qui s'unissent étroitement et sans conserver leurs propriétés, l'action moléculaire présente des limites précises et définies ; elle se fait par sauts très-distincts.

Faut-il voir là trois forces distinctes : la cohésion, la force de dissolution et l'affinité, ou bien la même force modifiée ? Cette dernière opinion est la plus simple. N'est-ce pas aussi celle que conduit à adopter un examen attentif de la question ?

La cohésion s'exerce entre des particules *similaires* ; elle est faible et sans limite apparente. La force de dissolution s'exerce de préférence sur des particules *analogues* ; elle est plus forte que la cohésion, et si elle s'exerce d'une manière indéfinie, c'est seulement entre certaines limites. L'affinité s'exerce surtout entre des particules très-*dissemblables* ; elle est très-énergique, présente des limites tranchées et donne des produits toujours définis.

N'êtes-vous pas surpris de voir la force accroître d'intensité, et ses effets devenir de plus en plus définis à mesure que les propriétés des molécules s'éloignent ? Ainsi, prenez du cristal ; rien n'est plus facile que d'en séparer les particules similaires ; il suffit d'un choc pour le rompre. Demande-t-on la séparation des deux silicates qui le constituent essentiellement, c'est chose plus délicate. Cependant une fusion tranquille peut la produire en partie. Voulez-vous isoler la silice des oxydes, il faut avoir recours à des réactions plus puissantes, néanmoins les acides forts mettront la silice en liberté, en s'emparant des bases. Mais si vous demandez la décomposition de la silice elle-même, s'il faut surmonter la force qui réunit l'oxygène et le silicium, alors il devient nécessaire de mettre en jeu tout ce que la chimie a de plus énergique.

A ces principes se rattachent des généralités frappantes de vérité ; tels sont ces deux résultats, bien connus, que les corps se combinent avec d'autant plus de force que leurs propriétés sont plus opposées, et qu'ils se dissolvent d'autant mieux qu'ils se ressemblent davantage. Par exemple, c'est avec les corps non métalliques que se combinent de préférence les métaux ; c'est par les alcalis que les acides sont attirés avec plus de force, et ainsi de suite. S'agit-il, au contraire, de trouver des dissolvants, il faut chercher les substances qui se rapprochent le plus de celles que l'on veut dissoudre. Avez-vous des métaux à dissoudre, pour cela prenez d'autres métaux : le mercure, par exemple, conviendra le plus souvent. Sont-ce des corps très-oxydés, recourez en général aux dissolvants très-oxydés ; des corps très-hydrogénés, ce sont ordinairement des dissolvants très-hydrogénés que vous devrez choisir. Une huile dissout facilement une graisse, une résine : eh bien ! consultez la composition de ces corps, elle est toute semblable.

D'où l'on voit aisément que l'affinité de Barchusen se rapportait surtout à la force de dissolution, qui jouit en effet de la propriété d'unir des corps qui se ressemblent, et de les unir souvent d'une manière presque inextricable.

Bref, et pour résumer, une seule attraction moléculaire, pourrait fort bien suffire pour expliquer les variations que l'on observe dans les faits, puisqu'elle s'exercerait sur des particules tantôt identiques, tantôt analogues, tantôt dissemblables. Si la forme des particules doit être prise en considération, leur action réciproque devrait varier dans le même sens que la dissemblance des particules, et c'est aussi ce qui a lieu. Laissons à l'expérience ultérieure le soin de préciser la nature de cette force, et de déterminer les lois de ses effets divers, si ces vues, qu'on ne peut aujourd'hui présenter que comme probables, se trouvent vérifiées par la suite.

NOTE II.
Composition de l'air et oxygène enlevé par la respiration.

L'air atmosphérique, qui joue un si grand rôle dans la nature organique, dit M. Dumas, possède-t-il aussi une composition simple comme l'eau, l'acide carbonique et l'ammoniaque ? Telle est la question que nous avons récemment étudiée, M. Boussingault et moi. Or, nous avons trouvé, comme le pensait le plus grand nombre de chimistes, et contrairement à l'opinion du docteur Prout, à qui la chimie doit tant de vues ingénieuses, que l'air est un mélange, un véritable mélange.

En poids, l'air renferme 2,300 d'oxygène pour 7,700 d'azote ; en volume, 208 du premier pour 792 du second.

L'air renferme, en outre, de 4 à 6|10,000es d'acide carbonique en volume, soit qu'on le prenne à Paris, soit qu'on le prenne à la campagne. Ordinairement il en renferme 4|10,000es.

De plus, il contient une quantité presque insensible de ce gaz hydrogène carboné qu'on nomme gaz des marais, et que les eaux stagnantes laissent dégager à chaque instant.

Nous ne parlons pas de la vapeur aqueuse, si invariable ; de l'oxyde d'ammonium et de l'acide azotique, qui ne peuvent avoir dans l'air qu'une existence momentanée, à raison de leur solubilité dans l'eau.

L'air constitue donc un mélange d'oxygène, d'azote, d'acide carbonique et de gaz des marais.

L'acide carbonique y varie, et même beaucoup, puisque les différences y vont presque du simple au double de 4 à 6|10,000^{es}. Ne serait-ce pas la preuve que les plantes lui enlèvent cet acide carbonique et que les animaux lui en redonnent? ne serait-ce pas, en un mot, la preuve de cet équilibre des éléments de l'air attribué aux actions inverses que les animaux et les plantes produisent sur lui?

Il y a longtemps, en effet, qu'on l'a remarqué. Les animaux empruntent à l'air son oxygène et lui rendent de l'acide carbonique; les plantes, à leur tour, décomposent cet acide carbonique pour en fixer le carbone, et restituent son oxygène à l'air.

Comme les animaux respirent toujours, comme les plantes ne respirent que sous l'influence solaire; comme, en hiver, la terre est dépouillée, tandis qu'en été elle est couverte de verdure, on a cru que l'air devait traduire toutes ces influences dans sa constitution.

L'acide carbonique devait augmenter la nuit et diminuer le jour. L'oxygène, à son tour, devait suivre une marche inverse.

L'acide carbonique devait aussi suivre le cours des saisons et l'oxygène subir le même sort.

Tout cela est vrai, sans doute, et très-sensible pour une portion d'air limitée et confinée sous une cloche; mais, dans la masse de l'atmosphère, toutes ces variations locales se confondent et disparaissent. Il faut des siècles accumulés pour que cette balance des deux règnes, au sujet de la composition de l'air, puisse être mise en jeu d'une manière efficace et nécessaire; nous sommes donc bien loin de ces variations journalières ou annuelles, qu'on était disposé à regarder comme aussi faciles à observer qu'à prévoir.

Relativement à l'oxygène, le calcul montre qu'en exagérant toutes les données, il ne faudrait pas moins de 800,000 années aux animaux vivant à la surface de la terre, pour le faire disparaître en entier.

Par conséquent, si l'on supposait que l'analyse de l'air eût été faite en 1800, et que, pendant tout le siècle, les plantes eussent cessé de fonctionner à la surface du globe entier, tous les animaux continuant d'ailleurs à vivre, les analystes, en 1900, trouveraient l'oxygène de l'air diminué de 1|8000e de son poids, quantité qui est inaccessible à nos méthodes d'observations les plus délicates, et qui, à coup sûr, n'influerait en rien sur la vie des animaux ou des plantes.

Ainsi, nous ne nous y tromperons pas, l'oxygène de l'air est consommé par les animaux, qui le convertissent en eau et en acide carbonique; il est restitué par les plantes, qui décomposent ces deux corps.

Mais la nature a tout disposé pour que le magasin d'air fût tel, relativement à la dépense des animaux, que la nécessité de l'intervention des plantes pour la purification de l'air ne se fît sentir qu'au bout de quelques siècles.

L'air qui nous entoure pèse autant que 581,000 cubes de cuivre d'un kilomètre de côté; son oxygène pèse autant que 134,000 de ces mêmes cubes. En supposant la terre peuplée de mille millions d'hommes, et en portant la population animale à une quantité équivalente à trois mille millions d'hommes, on trouverait que ces quantités réunies ne consomment, en un siècle, qu'un poids d'oxygène égal à 15 ou 16 kilomètres cubes de cuivre, tandis que l'air en renferme 134,000.

Il faudrait 10,000 années pour que tous ces hommes pussent produire sur l'air un effet sensible à l'eudiomètre de Volta, même en supposant nulle l'influence des végétaux, et que néanmoins ceux-ci lui restituent sans cesse de l'oxygène en quantité au moins égale à celle qu'il perd, et peut-être supérieure; car les végétaux vivent tous aussi aux dépens

de l'acide carbonique fourni par les animaux eux-mêmes.

Ce n'est donc pas pour purifier l'air que ceux-ci respirent, que les végétaux sont surtout nécessaires aux animaux; mais bien pour leur fournir, et pour leur fournir incessamment de la matière organique toute prête à l'assimilation; de la matière organique qu'ils puissent brûler à leur profit.

Il y a donc un service nécessaire sans doute, mais si éloigné que notre reconnaissance en est bien petite, que les végétaux nous rendent, en purifiant l'air que nous consommons. Il en est un autre tellement prochain que si, pendant une seule année, il nous faisait défaut, la terre en serait dépeuplée; c'est celui que ces mêmes végétaux nous rendent en préparant notre nourriture et celle de tout le règne animal. C'est en cela surtout que réside cet enchaînement des deux règnes. Supprimez les plantes, et dès lors les animaux périssent tous d'une affreuse disette; la nature organique elle-même disparaît tout entière avec eux, en quelques saisons.

Cependant, avons-nous dit, l'acide carbonique de l'air varie de 4 à 6|10,000^e. Ces variations sont très-faciles à observer et très-fréquentes. N'est-ce pas là un phénomène qui accuse l'influence des animaux qui introduisent cet acide dans l'air et celle des végétaux qui le lui enlèvent?

Non, vous le savez, ce phénomène est un simple phénomène météorologique. Il en est de l'acide carbonique comme de la vapeur aqueuse, qui se forme à la surface des mers, pour se condenser ailleurs, retomber en pluie et se reproduire encore sous forme de vapeur.

Cette eau qui se condense et tombe, dissout et entraîne l'acide carbonique; cette eau qui s'évapore abandonne ce même gaz à l'air.

Il y aurait donc un grand intérêt météorologique à mettre en regard les variations de l'hygromètre et celles des saisons ou de l'état du ciel avec les variations de l'acide carbonique de l'air; mais jusqu'ici tout tend à montrer que ces variations rapides constituent un simple événement météorologique, et non pas, comme on l'avait pensé, un événement physiologique qui, considéré isolément, produirait, à coup sûr, des variations infiniment plus lentes que celles qu'on observe en réalité tant dans les villes qu'à la campagne elle-même.

Ainsi l'air est un immense réservoir où les plantes peuvent longtemps puiser tout l'acide carbonique nécessaire à leurs besoins, où les animaux, pendant bien longtemps encore, trouveront tout l'oxygène qu'ils peuvent consommer.

C'est aussi dans l'atmosphère que les plantes puisent leur azote, soit directement, soit indirectement; c'est là que les animaux le restituent en définitive.

L'atmosphère est donc un mélange qui reçoit et fournit sans cesse de l'oxygène, de l'azote ou de l'acide carbonique, par mille échanges dont il est maintenant facile de se former une juste idée. DUMAS.

NOTE III.
Aliments.

On désigne par *aliments* tout ce que l'on mange et tout ce que l'on boit pour se nourrir, réparer les pertes et entretenir l'équilibre, sans lesquels la vie s'éteint bientôt.

La nature donne des aliments dans l'état le plus simple, le plus convenable à l'homme; et si ces aliments n'étaient falsifiés, dénaturés par les raffinements du luxe, on serait moins exposé à une infinité de maux, ainsi qu'à des morts prématurées.

Les substances qui servent à l'alimentation sont solides et liquides. Ces substances sont fournies par les règnes végétal et animal. Le règne minéral ne sert en rien à l'alimentation. La chimie fait connaître en partie les propriétés des aliments.

Aucune substance saline, amère, aromatique ou

âcre, n'est alimentaire ; il en est de même de tout ce qui répugne à l'estomac.

L'alteration de la substance alimentaire est un caractère de sa propriété nutritive ; c'est dans l'estomac et dans les intestins qu'a lieu cette altération.

Chaque aliment a une saveur particulière qui le fait distinguer des autres et qui le fait rechercher et repousser. Cette saveur fait conjecturer les principes constituants de l'aliment, et, par conséquent, ses propriétés.

Certains aliments produisent de bons sucs et peu de matière excrémentitielle ; tels sont le pain de froment pur, frais, bien fermenté et bien cuit, les chairs de bœuf, de mouton, de veau, le chapon, la poule, la perdrix et autres oiseaux.

D'autres aliments sont peu nourrissants. De ce genre sont ceux qui sont durs, coriaces, denses, lourds, le mauvais pain, la chair de chèvre, de bouc, certains légumes, le vieux fromage, etc. Néanmoins de tels aliments ne sont pas insalubres pour tous les individus, mais seulement d'après tels ou tels tempéraments, le genre de vie, la profession, etc.

Beaucoup d'aliments contiennent de la fécule, tels, par exemple, le sagou, le riz, etc. D'autres sont saccharins ; il y en a de mucilagineux, de visqueux : les amandes contiennent un mucilage joint à une huile. On trouve des aliments acides, huileux ou graisseux, gélatineux, caséeux, albumineux, tels que les œufs, les moules, les huîtres.

La patate, la châtaigne, les haricots, les lentilles, le blé, etc., sont non-seulement farineux, mais ils ont du gluten (le gluten est un principe immédiat des végétaux ; c'est à sa présence dans les graines céréales qu'est due leur propriété de former du bon pain), surtout à l'état frais.

Les épinards, la bette, la blette, le pourpier, sont mucilagineux, mais ce mucilage est plus épais dans les asperges, les topinambours et les artichauts. Il y a un acide plus prononcé dans l'oseille, une substance sucrée ou saccharine dans la carotte, la betterave, etc. Le navet, le radis, la rave, le chou, contiennent beaucoup d'eau. Il y a un âcre très-prononcé dans l'ognon, l'ail, etc. Les substances saccharines sont les figues, les raisins, l'abricot, le miel, la canne à sucre, etc. L'acidité est plus forte dans les citrons, limons, oranges, cerises, pêches, framboises, groseilles, prunes, pommes, poires, que dans les autres fruits. On appelle substances huileuses le beurre, les huiles, les graisses. Le lait, le fromage, sont des substances caséeuses. La chair des animaux diffère non-seulement en raison de leurs espèces, mais encore d'après l'âge, le pays, la nourriture, la manière d'être, le sexe, la castration, la saison, et enfin d'après la manière dont elle est préparée.

La chair des jeunes animaux, surtout celle des nouveau-nés, est fort muqueuse, humide, lâchant le ventre ; celle des vieux animaux est au contraire dure, sèche, nerveuse, de fort difficile digestion et ne donnant que très-peu de gélatine, parce qu'elle manque avec l'âge ; il faut, par conséquent, préférer la chair des animaux qui ne sont ni trop jeunes ni trop vieux, et qui peuvent donner de la gélatine, parce qu'elle restaure et qu'elle fortifie. C'est la gélatine qui est la base de toutes les gelées, soit animale, soit végétale.

Les animaux qui vivent dans les lieux humides ont une chair plus humide.

La chair des oiseaux et des animaux sauvages est plus légère que celle des animaux domestiques, parce qu'ils font plus d'exercice et que leur substance est plus sèche.

Une chair graisseuse fatigue l'estomac et occasionne des nausées ; il faut préférer celle qui tient un juste-milieu et qui a un bon goût ; c'est ce qui existe dans la chair des animaux nourris dans de bons pâturages.

Ceux qui se nourrissent de thym, de serpolet, de lavande, de romarin, ou d'autres plantes aromatiques, donnent une viande d'un goût fort délicat.

Les animaux châtrés ont la chair tendre, agréable au goût et d'assez facile digestion, pourvu qu'elle ne soit pas trop grasse.

En général on préfère la chair des mâles à celle des femelles.

Les viandes salées ou fumées ne conviennent point aux estomacs faibles, délicats, irritables, mais bien à ceux qui sont robustes, qui exercent leurs forces.

Tout aliment qui tourne facilement à l'aigre, tels que la graisse, les beurres, les huiles, fatigue l'estomac et ne nourrit pas ; enfin, les aliments qui se corrompent facilement nuisent à la santé.

Les aliments du règne animal sont plus nourrissants que ceux que fournit le règne végétal. La chair, les tendons, les os, les muscles, donnent par l'ébullition une substance alimentaire, connue sous le nom de *gélatine* (1).

Pour ce qui concerne l'alimentation prise dans le règne végétal, les farineux tiennent le premier rang. On les trouve dans l'amidon d'un grand nombre de racines de diverses classes, dans les semences légumineuses, mais qui sont moins digestives. Ainsi la châtaigne et les glands sont des farineux nourrissants, mais pesants.

Les aliments aqueux, tels que les fruits succulents, deviennent la principale nourriture des habitants des pays chauds ; ils sont très-propres à leur faire supporter la chaleur et à les rafraîchir.

Plusieurs céréales, telles que les *holcus*, la betterave, carotte, panais, chervis, ache, etc., contiennent des sucs doux, alimentaires. Les fruits rafraîchissants,

(1) Nous avons peine à comprendre comment la commission qui a été nommée par l'Académie des sciences depuis nombre d'années, n'a pas encore fait son opinion sur la gélatine. Les uns, et c'est le plus grand nombre, disent que la gélatine est nutritive ; d'autres, le nombre de ceux-ci diminue tous les ans, assurent le contraire. Il faudrait pourtant savoir à quoi s'en tenir d'une manière officielle.

Voici, relativement aux propriétés alimentaires de la gélatine, un fait qui nous paraît très-curieux. Le docteur Roulin, voyageant dans l'Amérique méridionale pour des recherches d'histoire naturelle, s'engage, avec une suite assez nombreuse, dans des montagnes où l'espoir de trouver du gibier lui avait fait prendre une provision insuffisante de vivres. Le gibier ayant manqué et les provisions étant épuisées, il fallut chercher d'autres moyens de combattre la faim. Après des tourments indicibles, l'un des gens de la caravane s'avisa de faire roussir au feu la semelle de ses sandales ; les dents de nos pèlerins, quoique longues, n'y trouvèrent pas leur compte ; leur substance était dure et la mastication difficile ; mais leur estomac en fut satisfait, car la gélatine qui restait dans le cuir suffit à sustenter tous les voyageurs et leur donna des forces pour atteindre au gîte le plus prochain.

Les discussions sur la gélatine ont eu du retentissement. L'illustre Carême, cet ancien cuisinier des principaux princes de l'Europe, Carême, qui aimait la cuisine avec passion, qui professait l'art culinaire en véritable artiste, le même Carême alla trouver un jour M. Darcet, et lui dit :

— Je suis Carême, le cuisinier des princes, et le prince des cuisiniers ; je viens vous offrir les conseils de mon art pour diriger l'emploi culinaire de la gélatine. Ordonnez, que faut-il faire pour avoir part à la reconnaissance et aux bénédictions de mes concitoyens ?

— Vous avez fixé les lois de la cuisine du riche, lui dit l'honorable M. Darcet avec une bonhomie charmante. c'est celle des pauvres dont il faut maintenant rédiger le code. Transportez le siége de votre empire à l'hôpital Saint-Louis ; vous aurez pour sujets tous les estomacs de l'établissement ; vous trouverez là un de mes appareils à gélatine ; tout y sera mis à votre disposition.

Carême s'occupa bientôt, en effet, de la rédaction d'un livre qu'il voulait intituler le *Cuisinier des pauvres* ; mais, hélas ! il ne nous en a laissé que le premier chapitre, la parque impitoyable ne lui ayant pas permis d'arriver jusqu'au dernier feuillet.   (Aulanier.)

tels que les groseilles, les oranges, les grenades, les cerises, ananas, etc., sont moins nourrissants.

Il y a des fruits astringents, tels que les cornouilles, l'alize; et des céréales, telles que le riz, le millet. Les huileux ne se rencontrent que dans les amandes ou les fruits.

Il y a des aliments qu'on mange tels que la nature les donne, d'autres ont besoin d'être préparés. On sait que la préparation a lieu de trois manières : on les fait bouillir, rôtir ou frire.

On les fait bouillir dans de l'eau ou dans leur propre suc, à un feu lent. C'est l'albumine qui forme l'écume du pot-au-feu. Les viandes cuites dans leur jus nourrissent plus que celles qui sont bouillies dans l'eau.

L'aliment doit avoir deux qualités particulières : celle de contenir une substance capable de réparer les pertes que le corps fait sans cesse, et celle d'offrir une résistance convenable au degré d'énergie des organes qui servent à la digestion. Aussi ces organes souffriront-ils lorsqu'on leur donnera un aliment ou trop ou trop peu au-dessus de leurs forces. Il est donc indispensable de consulter les puissances digestives avant de remplir son estomac.

NOTE IV.

Amiante.

Cette substance, qu'on rencontre en petits amas dans certaines roches primitives, a des propriétés si singulières, que les anciens, séduits par l'amour du merveilleux, ont enrichi son histoire d'une foule de fables qui ont acquis à cette pierre une célébrité qui s'est perpétuée jusqu'à nous. Sa texture fibreuse, son éclat souvent soyeux, la facilité avec laquelle on en sépare des filaments extrêmement déliés, flexibles et élastiques, ressemblant en quelque sorte au lin et à la soie; enfin son inaltérabilité et son incombustibilité par le feu, la firent regarder comme une espèce de lin incombustible produit par une plante des Indes. Cette croyance, entretenue par Pline, qui avance que c'est au climat aride et brûlant sous lequel elle croit, que cette plante doit sa propriété de résister au feu, n'a été détruite que lorsque les chimistes se sont occupés de l'examen de ses prétendues fibres végétales. Ils ont reconnu que l'amiante est un minéral composé de plusieurs oxydes métalliques : chaux magnésie, alumine, unis à l'acide qu'on désigne aujourd'hui par le nom d'*acide silicique*, qui rappelle le *silex* dont il est le principal composant.

Ce minéral très-répandu se trouve surtout dans les Hautes-Alpes, dans les Pyrénées, près de Barèges, en Écosse, en Corse et dans la partie de la Savoie que l'on nomme la Tarantaise. C'est de ce dernier pays que vient l'amiante dont les filaments sont les plus longs et les plus soyeux.

Les anciens filaient l'amiante et en faisaient des nappes, des serviettes, des coiffes, que l'on jetait au feu quand elles étaient sales, et qui en sortaient plus blanches que si on les eût lavées, parce que toutes les matières étrangères étaient détruites par le feu, qui n'altérait aucunement le tissu. Le mot *amiante* signifie une chose qu'on ne peut souiller.

Chez les Grecs et les Romains, qui brûlaient les morts, on en faisait des linceuls dans lesquels on enveloppait le corps des rois, afin de recueillir leurs cendres pures de tout mélange. On trouva en 1702, à Rome, près de la porte Nævia, une urne funéraire dans laquelle il y avait un crâne, des os brûlés et des cendres, renfermés dans une toile d'asbeste d'une merveilleuse longueur : près de deux mètres sur un mètre 600 millimètres de largeur. On voyait naguère au Vatican ce monument précieux.

Les mèches incombustibles des anciens étaient faites avec l'amiante, qui, suivant certains auteurs, brûlaient dans l'huile sans se consumer. De là la fable des lampes perpétuelles. Le nom d'*asbeste*, qui

signifie inextinguible, paraît même avoir été donné à cette pierre d'après cet usage. Aldovrande, naturaliste de Bologne du xvie siècle, assurait qu'on pouvait la réduire en huile, qui brûlait sans jamais se consumer. Les autres alchimistes, non moins amis du merveilleux, l'appelaient *lin vif* ou *laine de Salamandre*, parce que, d'après leurs idées, la salamandre était à l'épreuve du feu.

Lorsque les filaments de cette substance sont assez longs, assez doux et assez flexibles, on parvient à les filer, surtout si on les mêle avec du coton ou de la filasse. Quand la toile est faite, on la jette au feu qui brûle le fil végétal ; il ne reste plus qu'un tissu d'amiante, mais qui est lâche et grossier. On est parvenu en Italie, il y a une vingtaine d'années, à fabriquer des tissus d'amiante d'une très-grande finesse, et même° de la dentelle. On en a également préparé du carton et du papier. Madame Perpenti, qui a fait revivre cette industrie, a présenté il y a quelques années, à l'Institut de France, un ouvrage imprimé en entier sur du papier d'amiante. Le père Kircher parle d'un papier d'amiante qu'il jetait au feu pour en effacer l'écriture, et sur lequel il écrivait de nouveau. Suivant Sage, on fait, à la Chine, des feuilles d'un semblable papier, de six mètres de long, et même des étoffes en pièce. Les habitants des Pyrénées en font des bourses et des jarretières, qu'ils vendent aux curieux qui visitent leurs montagnes. En Sibérie, à Nerwinski, on en fabrique aussi des bourses, des gants, etc.

Le papier d'amiante pourrait servir avec avantage à conserver des titres précieux, si l'on faisait usage d'une encre minérale qui pourrait alors subir sans danger l'action d'une chaleur violente. Le carton préparé avec cette substance, quoique cassant, pourrait aussi offrir des avantages marqués dans plusieurs circonstances, et particulièrement dans les décorations de théâtre.

NOTE V.

Nature de l'amidon.

L'amidon fut considéré comme un principe immédiat jusqu'en 1828. A cette époque, un très-habile chimiste et physiologiste, M. Raspail, en s'appuyant sur de belles recherches microscopiques, avança et soutint que l'amidon n'était pas un principe organique, un composé défini, mais un produit formé de deux matières parfaitement distinctes, et qu'il était possible de séparer sans les décomposer. Selon ce savant, l'amidon est formé de vésicules, composées elles-mêmes d'un tégument solide extérieur, espèce de sac sans ouverture, insoluble, imperméable et enveloppant de toutes parts une matière gommeuse soluble.

Plusieurs chimistes cherchèrent à étendre ou à combattre les idées de M. Raspail; voilà pourquoi, depuis une quinzaine d'années, l'amidon a été l'objet d'un grand nombre de travaux et de mémoires dans lesquels les opinions contradictoires ont été soutenues avec ardeur. Cependant il reste bien prouvé que la première découverte de M. Raspail est vraie, c'est-à-dire que l'amidon, extrait de différents végétaux, est formé de globules dont le diamètre varie de 2 dixièmes à 2 millièmes de millimètre. Ces globules n'ont pas une forme sphérique; ils paraissent organisés et terminés par de petites facettes. On y voit un point qui a été reconnu pour le hile, et qui est plus visible quand on chauffe ou quand on dessèche les globules : alors il semble aller jusqu'au centre. Ces globules sont formés de couches concentriques que l'on peut séparer, surtout aux environs du hile. Toutes les couches semblent de même nature, mais la couche extérieure paraît être la première formée et les autres semblent entrer par le hile : aussi l'amidon n'absorbe-t-il l'eau que lorsqu'il est crevé, et il est alors tellement distendu par l'eau, que l'enveloppe suspendue dans ce liquide échappe au microscope et passe à travers les filtres.

L'amidon a été replacé au nombre des principes immédiats des composés organiques élémentaires par MM. Payen et Persoz, dont les opinions sur ce corps ont été adoptées par un grand nombre de savants. M. Payen a reconnu, comme M. Raspail, l'existence de deux parties distinctes dans les vésicules; mais il paraît avoir constaté que le tégument externe n'est qu'une condensation de la matière intérieure, à laquelle il a donné le nom d'*amidone*. Il a établi aussi que la partie tégumentaire de la fécule, qu'il a appelée *amidone condensée*, ne formait que les trois millièmes de l'amidon. Certaines variétés d'amidon.ne sont pas disposées en vésicules, et par conséquent ne présentent pas de membrane tégumentaire.

NOTE VI.
Bleu de Prusse.

L'acide cyanhydrique a une action tellement prononcée sur l'homme et les animaux, qu'il est nécessaire d'entrer dans quelques détails à cet égard.

Lorsqu'on débouche un flacon de cet acide pur sans prendre aucune précaution, on ressent, à l'instant même, un mal de tête et parfois une forte constriction à la poitrine. Si l'on flaire le flacon pendant quelques secondes, ou si l'on se trouve dans une atmosphère chargée de sa vapeur, on est suffoqué subitement, et, en moins d'une seconde, on éprouve des étourdissements, une défaillance avec impossibilité de se mouvoir, des envies de vomir, un resserrement spasmodique de la gorge; ces effets ne se dissipent qu'au grand air et à la longue. Un oiseau que l'on approche un instant de l'ouverture d'un flacon plein de cet acide tombe mort; l'odeur seule suffit pour le tuer.

De toutes les substances vénéneuses tirées des trois règnes, l'acide prussique est certainement la plus terrible, celle dont les effets sont les plus prompts. Une seule goutte, portée dans la gueule du chien le plus vigoureux, le fait tomber raide mort, après deux ou trois grandes inspirations précipitées. La même quantité, appliquée sur l'œil de l'animal, ou injectée dans la veine du cou, le tue à l'instant même, comme s'il était frappé de la foudre (1).

La mort produite par cet acide est d'autant plus prompte que la circulation est plus rapide et les organes de la respiration plus étendus. Il agit sur les animaux à sang chaud, en détruisant la sensibilité et la contractilité des muscles volontaires; il anéantit également la contractilité du cœur et des intestins (2).

(1) On dit qu'en Angleterre on emploie maintenant l'acide prussique pour abattre les animaux de boucherie, dont la chair ne contracte aucune propriété nuisible, et dont la mort, plus prompte et plus sûre que par la masse, ne fait plus courir de risques aux individus chargés de ces tristes fonctions.

M. Giffard, médecin à Saint-Valéry-en-Caux, a proposé de faire servir la rapide action de l'acide prussique à la pêche de la baleine. Il conseille d'introduire un peu d'acide dans des bâtons creux armés de crampons, dans des lances, dans des flèches, dans des harpons, qui, en entrant dans le corps de la baleine, y laisseraient couler le poison. Mais n'y aurait-il pas un danger bien plus grand que les coups de queue de la baleine expirante dans le maniement de l'acide prussique, dont il faudrait nécessairement avoir de grandes provisions? Les marins, habitués à se jouer de tout, mettront-ils assez de prudence dans l'emploi du poison, et se garderont-ils d'en laisser couler sur leurs mains crevassées et presque toujours saignantes? Nous n'osons appuyer la proposition de M. Giffard, tant nous redoutons les funestes conséquences de l'emploi journalier, par des mains inhabiles, d'un composé aussi meurtrier que l'acide prussique.

(2) En 1826, à Genève, un éléphant, qu'on montrait au public s'étant échappé dans la ville et menaçant tous ceux qui voulaient l'approcher, on prit le parti de le tuer. Le chirurgien-major, que l'animal avait pris en amitié, lui donna, dans de l'eau-de-vie, liqueur favorite de l'animal, 96 grammes d'acide prussique. Mais ce poison n'eut

Il n'est pas moins délétère pour les végétaux, et il produit sur l'homme les mêmes effets que sur les animaux. Scheele, qui a tant contribué à éclairer l'histoire de ce redoutable composé, et qui est mort subitement dans le cours de nouvelles recherches sur cet acide, passe pour en avoir été la première victime. Scharinger, chimiste de Vienne, est mort, dans l'espace de deux heures, pour en avoir laissé tomber par hasard, un peu sur son bras nu. La domestique d'un autre chimiste allemand, ayant bu un petit verre d'eau-de-vie saturée d'acide cyanhydrique, qu'elle avait prise pour du kirchen-wasser, à cause de l'analogie d'odeur, tomba morte au bout de deux minutes comme frappée d'apoplexie. Bien d'autres faits analogues sont rapportés dans les ouvrages de médecine. Dans le courant de 1828, sept épileptiques de Bicêtre près de Paris succombèrent dans l'espace d'une demi-heure à trois quarts d'heure, pour avoir pris chacun environ 20 gouttes d'acide cyanhydrique faible. En 1832, la capitale frémissait d'épouvante à l'annonce du meurtre de Ramus, auquel son assassin faisait boire, avant de dépécer son corps, un mélange d'eau-de-vie et d'acide prussique.

Cette puissante action délétère rend moins incroyable l'activité prodigieuse des breuvages composés par Locuste, cette matrone gauloise que Néron associait à ses crimes, et qui préparait, avec les plantes de la Phrygie et de la Thessalie, des poisons aussi prompts que le fer. Tous ces empoisonnements subits dont le souvenir est conservé par l'histoire, s'expliquent maintenant. Polonius tua le père d'Hamlet en lui introduisant un poison dans l'oreille. Clément VII fut empoisonné par la flamme d'une bougie. Toffana, célèbre empoisonneuse napolitaine, se servait d'un couteau dont un seul côté de la lame était empoisonné, pour couper le fruit dont la moitié devait faire périr sa victime, pendant qu'elle-même mangeait impunément l'autre moitié. Eh bien! tous ces faits étranges, et qui semblaient fabuleux, ne sont rien que l'acide prussique ne puisse renouveler.

L'eau distillée de laurier-cerise, l'huile essentielle d'amandes amères, toutes les amandes de nos fruits à noyau, les pépins de pommes et de poires, et en général toutes les substances qui renferment de l'acide cyanhydrique, sont également des poisons redoutables, à de très-faibles doses. En 1837, le *Journal de Chimie médicale* racontait l'empoisonnement d'un cultivateur des environs d'Ancenis, qui, pour faire disparaître la fièvre qui le tourmentait, fit usage, d'après le conseil d'un ami, d'une décoction de feuilles fraîches de pêcher (1).

Qu'opposer à un poison qui arrête la vie en quelques secondes? Ce problème, à la solution duquel les médecins ont travaillé inutilement pendant de longues années, est enfin résolu par la chimie. Un jeune pharmacien des hôpitaux de Paris, M. Siméon, a démontré, en 1829, l'efficacité du chlore pour détruire subitement tous les phénomènes d'empoisonnement par l'acide cyanhydrique. L'inspiration, par le nez, du gaz étendu d'air, empêche les malades de périr, lors même qu'elle n'est employée que plusieurs minutes après l'ingestion du poison. Il est évident

aucun effet; 96 grammes d'arsenic, avalés par l'éléphant, furent également sans effet, même après une heure d'introduction. On le tua d'un coup de canon.

(1) Suivant M. Hoefer, les prêtres de l'Égypte connaissaient l'acide prussique et l'employaient pour faire périr les initiés qui avaient trahi les secrets de l'art sacré. Il pense que c'était en distillant avec de l'eau les fleurs et les amandes du pêcher qu'ils se procuraient le poison dont ils se servaient pour infliger la mort aux sacrilèges. Les *eaux amères* que, d'après la coutume juive et égyptienne, le prêtre faisait boire à la femme accusée d'adultère, et qui tuaient promptement, sans laisser aucune trace de lésion sur le cadavre, lui paraissent également une préparation contenant de l'acide prussique. Il y a une chose certaine, c'est que les feuilles et les fleurs du pêcher étaient souvent employées dans les opérations de l'art sacré. (*Histoire de la Chimie*, t. I, p. 226.)

qu'alors le chlore détruit l'acide, en s'emparant de son hydrogène. L'ammoniaque détruit presque subitement aussi l'action de l'acide prussique, d'après M. J. Murray, en stimulant le système nerveux profondément affaissé; mais il faut, pour ainsi dire, que l'application du remède succède instantanément à celle du poison.

La médecine légale est encore redevable aux chimistes des moyens à employer pour reconnaître la présence de cet acide dans les liquides. Ce composé est si fugace, son existence si éphémère et son action si prompte et si puissante sur le principe de la vie, que les physiologistes ont dû, naturellement, douter qu'il fût possible d'en démontrer chimiquement les traces dans le corps de l'homme et des animaux, quelque temps après la mort. M. Lassaigne a résolu le premier, en 1824, cette question importante.

Il semblerait qu'une substance aussi dangereuse à manier que l'acide cyanhydrique n'aurait point dû trouver place dans la liste des médicaments. Néanmoins, malgré les craintes que devait inspirer un remède aussi actif, il a été employé et il l'est encore tous les jours par un grand nombre de médecins, surtout dans le traitement des maladies de poitrine, et en général de toutes celles où la sensibilité est augmentée d'une manière vicieuse. On en obtient de très-bons effets. C'est une chose sans doute bien remarquable que cette disposition des médecins à rechercher dans les poisons les plus violents de nouveaux moyens de guérison, et ce qui ne l'est pas moins, c'est de voir leurs essais hardis presque toujours couronnés de succès : car il est incontestablement vrai que les remèdes les plus héroïques de la thérapeutique sont empruntés aux substances les plus délétères.

NOTE VII.

Coke.

On donne le nom de coke ou charbon épuré au résidu de la calcination de la houille, qui, par l'action du feu, se trouve dépouillée de toutes ses parties bitumineuses et sulfureuses, ce qui le rend propre à être employé dans beaucoup d'arts où ces substances seraient incommodes et nuisibles.

Ce charbon, qui est en masses poreuses comme la pierre-ponce, et plus ou moins boursouflées, a une couleur grisâtre ou noire, avec des reflets métalliques. Il est dur, mais cassant et même friable quand il est très-caverneux. Il est d'une très-difficile combustion. Il brûle presque sans flamme. Les morceaux incandescents s'éteignent dès qu'on les retire du foyer, et, quand il est en petites masses, il paraît à peine rouge. Pour qu'il se consume, il faut l'employer en grandes masses, ou bien activer sa combustion par un très-fort courant d'air ; aussi, en raison de ces circonstances, n'est-il pas d'un usage commode dans nos petits appareils de chauffage.

Aucun combustible ne produit une température aussi élevée que le coke, et comme sa densité, à volume égal, est très-supérieure à celle des autres charbons, cette température est bien plus soutenue. Voilà pourquoi il est employé avec tant de succès dans le traitement du fer et la fusion des métaux. La préférence qu'on lui accorde quelquefois sur la houille, pour le chauffage domestique, vient de ce qu'il ne répand, en brûlant, ni flamme, ni fumée odorante, et de ce que son pouvoir rayonnant étant bien supérieur, il renvoie dans les appartements une plus grande masse de chaleur.

C'est sous le règne de la reine Elisabeth qu'on imagina de carboniser la houille, afin de suppléer au charbon de bois, qui était alors d'un usage général pour la fabrication du fer. L'emploi du coke ne s'introduisit en France que vers 1772; il y fut importé d'Angleterre par un nommé Jars.

Dans l'origine, on carbonisait la houille sans four, en faisant tout simplement, en plein air, de grands tas de charbon, à peu près comme cela se pratique pour la carbonisation du bois. On y mettait le feu en différents endroits, et quand toute la masse paraissait bien allumée, on recouvrait l'extérieur avec du poussier pour l'étouffer. La combustion se continuait lentement jusqu'à ce que toutes les parties bitumineuses de la houille fussent complétement brûlées.

Ce procédé, perfectionné en plusieurs points, est encore suivi dans la majeure partie des grandes usines à fer. Les modifications les plus importantes qu'on y ait apportées consistent dans la construction, au centre des meules, d'une cheminée en briques à demeure, en forme de cône, ayant des ouvertures latérales pour laisser échapper les produits gazeux.

Dans beaucoup d'établissements, en Angleterre, au Creuzot, à Saint-Etienne, on carbonise la houille menue et collante dans des fours clos construits en briques, et accolés tous ensemble dans un seul corps de maçonnerie qui occupe un espace de 13 à 14 mètres de longueur, sur 4 mètres de largeur. La carbonisation s'y opère en 24 heures. Dans les mouleries en fonte, le coke, pour l'usage de la fonderie, est préparé dans une espèce de four à boulanger.

On obtient, terme moyen, de 100 parties de houille, 50 à 60 parties de coke.

Enfin, un dernier procédé pour la fabrication de ce charbon consiste à distiller la houille dans des cornues de fonte; c'est lorsqu'on veut en même temps recueillir et utiliser les gaz pour l'éclairage. Mais ce mode, qui n'est employé que dans les grandes villes, fournit un coke qui serait trop coûteux et trop boursouflé pour les usines. On le vend généralement pour le chauffage, auquel il convient beaucoup, en raison de sa moins grande densité, ce qui fait qu'il s'allume plus facilement et brûle sans peine jusqu'à complète destruction du charbon.

Le coke n'est jamais chimiquement pur. Il renferme toujours des substances terreuses dont la proportion varie suivant l'espèce de houille qui l'a fourni. Les houilles en gros morceaux donnent des cokes plus purs que celles qui sont en poussier. La quantité de substances terreuses mêlées au charbon varie dans les cokes depuis 35 p. 100 jusqu'à 28 p. 100.

Le coke pèse moins que la houille, mais plus que le charbon de bois. L'hectolitre de coke en morceaux pèse 40 à 45 kilogrammes. A Paris, le mètre cube ou kilolitre pèse 430 kilogrammes, ce qui donne 43 kilogrammes par hectolitre, ou 1 fois et demie autant qu'une semblable mesure de charbon de bois de Picardie.

NOTE VIII.

Caoutchouc.

Les meilleurs dissolvants du caoutchouc sont les huiles empyreumatiques rectifiées, qu'on obtient par la distillation du bois, du goudron et de la houille. Malheureusement elles lui communiquent une forte odeur et la propriété d'adhérer. On remédie en grande partie à ces inconvénients en soumettant le caoutchouc dissous à un courant de vapeur d'eau. Maintenant on donne la préférence à l'essence de térébenthine bien rectifiée ; on y ajoute d'autres essences, mais seulement pour en masquer l'odeur. Hérissant paraît être le premier chimiste qui ait indiqué le moyen de dissoudre le caoutchouc, en 1763.

C'est à l'aide de ces dissolutions qu'on rend imperméables à l'eau les différents tissus avec lesquels on confectionne ensuite des manteaux, des habits, des coiffes de chapeaux, des tabliers de nourrice, des matelas et des coussins à air. Il paraît que déjà, en 1793, un nommé Besson fabriquait en France ces sortes de tissus. Un sieur Champion s'en occupa également en 1811 ; mais ce n'est qu'entre les mains de M. Mackintosh et Hancok, de Glasgow, que cette industrie a pris, depuis une vingtaine d'années, un développement remarquable. MM. Rattier et Guibal ont importé leurs procédés en France, et ils confectionnent les tissus imperméables en étendant, au moyen de la brosse, sur une des faces d'une étoffe, une couche du vernis élastique réduit en consistance pâteuse, afin qu'il ne puisse traverser. Un cylindre règle l'épaisseur de la couche, et aussitôt que celle-ci est bien appliquée, on pose dessus une autre pièce du même tissu qui a été vernie de la même manière. On soumet à une certaine pression l'étoffe double ainsi préparée ; on l'expose à un courant de vapeur d'eau pendant quelque temps, puis on fait sécher. L'usage de ces tissus imperméables, si commodes pour les voyageurs, a le grave inconvénient d'empêcher la transpiration du corps de s'échapper.

C'est aux Indiens qu'est due l'invention des tissus imperméables au moyen du caoutchouc ; ceux qu'ils fabriquent sont au moins égaux aux nôtres.

MM. Rattier et Guibal préparent aussi, par la réunion de plusieurs doubles d'une toile enduite de caoutchouc, des courroies pour transmission de mouvement, qui sont préférables aux courroies en cuir. Ils confectionnent encore des toiles enduites d'un vernis en caoutchouc, sur lequel les impressions viennent avec une rare perfection.

En associant le caoutchouc dissous et pâteux à de l'huile de lin et à une certaine quantité de résine, on en fait un vernis pour les cuivres. M. R. Mallet, de Londres, recouvre la coque des bâtiments en fer qui naviguent sur mer, pour les préserver de la corrosion, d'un *vernis protecteur*, formé de caoutchouc pâteux associé à 40 parties de goudron de houille épaissi et coloré par cinq parties de minium. Aussitôt que le vernis est sec, on le recouvre uniformément d'une couche de *peinture zoophage* qui a pour effet d'empêcher les animaux et les végétaux marins de s'attacher à la carène, et qui n'est autre chose qu'un savon résineux additionné de minium et de réalgar. Les procédés de M. Mallet, appliqués à plusieurs steamers chargés de divers services, ont fourni de bons résultats, et on les a étendus avec succès aux bouées, corps morts, corps flottants, jetées, et autres objets en contact avec l'eau de mer. En 1842, M. Jeffery a fait connaître, sous les noms de *colle navale*, et de *glu marine*, une composition très-adhésive, élastique, insoluble dans l'eau, destinée à faire joindre ou adhérer les bois de constructions maritimes, et qu'on peut appliquer du reste à tous les cas où il s'agit d'opérer un rapprochement intime entre des bois, des pierres, des tissus. Cette colle est préparée en dissolvant deux à quatre parties de caoutchouc dans 34 parties d'huile de houille, et ajoutant au caoutchouc pâteux 62 à 64 parties de résine laque pulvérisée. On chauffe le tout jusqu'à fusion complète et mélange intime, puis on coule en plaques. Pour faire usage de cette colle, on la porte dans un vase de fer à la température de +120°, et on l'applique chaude à l'aide d'une brosse sur les parties qu'on veut réunir.

Des expériences faites, en 1843, en Angleterre et à Cherbourg, dans le but de s'assurer de la force adhésive de cette substance, ont constaté qu'elle réunit en effet les propriétés que Jeffery lui attribue ; qu'elle est plus solide que les fibres du bois de sapin sur lequel on l'a employée ; qu'elle forme un excellent enduit hydrofuge et peut servir au calfatage des navires. A l'arsenal de Woolich, plusieurs obus ont été tirés contre une pièce de bois formée de deux parties réunies par la *glu marine* ; le bois a été déchiré en tous sens, sans qu'il y ait eu séparation dans les points de jonction. L'amirauté anglaise s'est

également convaincue que la glu marine est propre à assembler solidement et économiquement les diverses pièces dont se composent les mâts des vaisseaux de guerre. A Cherbourg, les mêmes résultats ont été obtenus ; un mât, scié en quatre parties et recollé, a été soumis aux plus fortes tractions jusqu'à rompre, sans qu'on ait remarqué aucun déplacement dans les parties collées. La glu marine, comme vous voyez, est donc destinée à rendre à la marine et aux arts des services signalés.

On tire un parti fort avantageux de la grande élasticité du caoutchouc, en le réduisant en fils qu'on tisse de toutes les manières. C'est à Vienne qu'on a, dit-on, confectionné, pour la première fois, des tissus élastiques en caoutchouc. Cette industrie a été perfectionnée et agrandie en France, par MM. Rattier et Guibal. Voici, en peu de mots, comment ils opèrent : ils prennent le caoutchouc tel qu'il arrive des colonies, c'est-à-dire en poires, qu'ils aplatissent en disque par la pression. Ce disque est fixé par son centre sur un support armé d'une pointe de fer ; dans cette position, des couteaux de forme circulaire le taillent en lanières qu'on subdivise en filaments. Ces filaments sont soudés bout à bout, étirés régulièrement, puis enroulés sur un dévidoir, et laissés en cet état pendant 7 à 8 jours ; le caoutchouc semble alors avoir perdu toute élasticité. — Les fils très-fins obtenus de la sorte sont placés sur un métier à lacets, ou pour mieux dire à cravaches, et recouverts de soie, de fil ou de coton. Ces nouveaux fils garnis sont tissés immédiatement comme du fil ordinaire, en rubans, en bretelles, en jarretières, en souspieds, en ceintures, en étoffes pour corsets, etc. Ces tissus peuvent reprendre l'élasticité du caoutchouc par l'action de la chaleur, il suffit pour cela de les repasser avec un fer chaud. — Cette industrie a fait des progrès si rapides, qu'en 1833 ses produits surpassaient déjà 700,000 francs, et ses exportations à l'étranger 400,000 fr. La fabrication des bretelles en caoutchouc est aujourd'hui presqu'entièrement concentrée à Darnétal et à Rouen. M. Capron fabrique annuellement trois millions de paires de bretelles. MM. Huet et Geuffray 1,800,000 paires.

La préparation des sondes, imaginée, en 1768, par le chimiste Macquer ; celle des canules, des pessaires, des bouts de sein, des cornets acoustiques et d'autres instruments de chirurgie, consomment aussi une énorme quantité de caoutchouc. Le premier emploi de cette substance en Europe fut de servir à enlever les traces de crayon sur le papier et le parchemin, et encore aujourd'hui, sous ce rapport, elle est fort utile aux dessinateurs. A Cayenne, on en fait des flambeaux qui brûlent très-bien. Au Brésil, à la Guyane, on en confectionne des chaussures imperméables, des bouteilles, des seringues ; ce dernier usage a valu à l'arbre qui fournit le caoutchouc le nom de *pao di xiringa*. Les chaussures en caoutchouc sont aujourd'hui adoptées chez nous.

M. R. Well, lieutenant de la marine royale anglaise, a imaginé un bateau de sauvetage composé d'un certain nombre de tuyaux en caoutchouc, réunis ensemble par d'autres tuyaux aussi en caoutchouc ; doublés et recouverts d'une toile imperméable. Ces tuyaux forment le fond extérieur du bateau, et, comme ils sont remplis d'air, ils le garantissent de toute submersion et rendent sa manœuvre plus facile. Plus récemment on a construit à Londres des bateaux de sauvetage avec des planches faites de caoutchouc et de liége broyé.

Si le caoutchouc est intéressant par les nombreuses applications auxquelles on a su l'approprier, il ne l'est pas moins par sa nature chimique, qui diffère beaucoup de celle des autres principes immédiats examinés jusqu'ici. En effet, comme certaines huiles volatiles, il ne contient que de l'hydrogène et du carbone. C'est un carbure d'hydrogène formé, d'après Faraday, de :

Carbone 87,5
Hydrogène 12,5
————
100,0

Le chimiste anglais a opéré sur du caoutchouc pur et blanc, qu'il avait extrait lui-même du suc laiteux, apporté des Indes orientales dans des bouteilles bien closes.

NOTE IX.

Acide carbonique.

L'acide carbonique est, à coup sûr, un des corps les plus répandus dans la nature. Non-seulement, à l'état de gaz, il se trouve mêlé à l'air atmosphérique dans les proportions de quelque dix millièmes, mais il se rencontre pur ou presque pur dans les diverses cavités ou grottes que présentent les pays volcaniques et quelques-uns de terrains calcaires. Il existe aussi au fond des puits, dans l'intérieur des mines et des carrières. Comme il est plus pesant que l'air, il n'occupe jamais que la partie inférieure de ces cavernes, à moins que la quantité qui se dégage continuellement du sol ne soit assez considérable pour les remplir entièrement, ce qui arrive dans quelques localités. Dans le premier cas, la couche du gaz ne s'élève guère à plus de 3 à 6 décimètres, mais elle suffit toujours pour asphyxier les animaux qui cherchent un refuge dans ces lieux déserts. Les hommes peuvent y pénétrer impunément. Il n'en serait pas de même dans les cavernes abandonnées depuis quelque temps, ou dans les puits des mines; l'atmosphère en serait mortelle pour les hommes qui auraient l'imprudence d'y descendre. Dans les mines mal aérées et dans les houillères, le gaz carbonique manifeste souvent sa présence en éteignant les lumières des mineurs et en rendant leur respiration excessivement pénible; ils le nomment *mofette asphyxiante*. On a remarqué que sa quantité augmente sensiblement quand le temps est chaud et orageux, et quand le vent suit une certaine direction.

Il y a bien longtemps qu'on a observé les effets pernicieux du gaz carbonique dans les mines; l'extinction des lampes, les accidents d'asphyxie qu'il occasionne, étaient attribués, chez les Grecs et les Romains, et avec raison, à des *airs irrespirables*; mais la superstition des siècles suivants transforma ces airs ou gaz en démons et en esprits malins. Au moyen âge surtout, on croyait fermement à l'existence, dans les mines, d'esprits ou de génies qui gardaient les trésors de la terre et jouaient des tours aux mineurs. C'étaient des nains malicieux qui soufflaient la lampe du mineur pour l'égarer. L'empoisonnement des puits était une croyance très-répandue chez le peuple, à l'époque des guerres du protestantisme, et nous l'avons vue se reproduire de nos jours. Ce qui avait principalement donné lieu à cette croyance qui a fait tant de victimes innocentes, ce sont les accidents d'asphyxie occasionnés par la présence du gaz acide carbonique accumulé au fond de certains puits. Ce genre de mort si prompt, et ne présentant sur le cadavre aucune lésion apparente, ne manquait jamais de frapper de stupeur l'esprit crédule et superstitieux des hommes du moyen âge. L'asphyxie ne pouvait être que l'œuvre du diable, ou l'effet d'un poison subtil et violent, inventé par les juifs ou les alchimistes.

Les grottes qui renferment habituellement du gaz carbonique sont très-communes sur le territoire de Naples et dans quelques parties de l'Italie. On cite entre autres la célèbre *Grotte du Chien*, près de Pozzuolo, sur le bord du lac d'Agnano. Son nom lui vient de ce que, depuis des siècles, les habitants, pour faire voir l'influence mortelle du gaz qui y forme une couche de plusieurs centimètres d'épaisseur, y font entrer un chien qui perd bientôt l'usage de ses sens et meurt infailliblement si on ne le remet promptement à l'air libre. Ce phénomène naturel était connu des Romains, car l'histoire rapporte que deux esclaves, que Tibère fit descendre dans la Grotte du Chien, périrent sur-le-champ. Deux criminels que Pierre de Tolède, vice-roi de Naples, fit renfermer dans cette grotte, eurent le même sort (1).

Il se trouve beaucoup de grottes de ce genre dans plusieurs autres pays, et notamment en France. Toutes les cavités des terrains calcaires sont remplies de ce gaz; celles des environs de Paris, et surtout de Montrouge, peuvent être citées comme exemples. Les caves des quartiers de la capitale qui avoisinent ce village se remplissent d'acide carbonique dans certaines circonstances qui ne sont pas bien connues, à tel point que leur atmosphère devient mortelle en très-peu de temps. Dans toutes les *marnières* (excavations que les cultivateurs creusent au milieu des champs pour en retirer de la marne, si utile à l'agriculture) un pareil dégagement a lieu; aussi apprend-on souvent que des ouvriers ont été asphyxiés pour être descendus sans précaution dans des marnières mal aérées ou abandonnées depuis quelque temps.

Dans certaines localités l'acide carbonique sort de terre en quantité souvent fort considérable : c'est ce

(1) J'emprunte au docteur James, qui a visité la Grotte du Chien en 1843, les renseignements suivants, qui font parfaitement connaître le singulier phénomène dont il est question :

« La Grotte du Chien est située à Pozzuolo, sur le penchant d'une petite montagne extrêmement fertile, en face et à peu de distance du lac d'Aguano. L'entrée en est fermée par une porte dont un gardien a la clef. La grotte a l'apparence et la forme d'un petit cabanon dont les parois et la voûte seraient grossièrement taillées dans le rocher. Sa largeur est d'environ un mètre, sa profondeur de 3 mètres, sa hauteur d'un mètre et demi. Il serait difficile de juger, par son aspect, si elle est l'œuvre de l'homme ou de la nature. L'aire de la grotte est terreuse, noire, humide, brûlante. De petites bulles sourdent dans quelques points de sa surface, crèvent et laissent échapper un fluide aériforme qui se réunit en un nuage blanchâtre au-dessus du sol. Ce nuage est formé de gaz acide carbonique que colore un peu de vapeur d'eau.

« La couche de gaz a une hauteur de 20 à 60 centimètres. Elle représente donc un plan incliné dont la plus grande hauteur correspond à la partie la plus profonde de la grotte. C'est là une conséquence toute physique de la disposition du sol. L'aire de la grotte étant à peu près au même niveau que l'ouverture extérieure, le gaz trouve une issue au dehors par le seuil de la porte, et coule comme un ruisseau le long du sentier de la montagne. On peut suivre le courant à une assez grande distance. Une bougie qu'on y plonge s'éteint à plus de 2 mètres de la grotte.

« Voici l'expérience que le gardien montre aux visiteurs. Il a un chien dont il lie les pattes pour l'empêcher de fuir, et qu'il dépose ensuite au milieu de la grotte? L'animal manifeste une vive anxiété, se débat, et paraît bientôt expirant. Son maître, alors, l'emporte hors de la grotte et l'expose au grand air, en le débarrassant de ses liens. Peu à peu l'animal revient à la vie; puis, tout à coup, il se lève et se sauve rapidement, comme s'il redoutait une seconde séance. Voilà plus de trois ans que le chien que j'ai vu fait le service et qu'il est ainsi, chaque jour, asphyxié et désasphyxié plusieurs fois. Sa santé en général est excellente, et il paraît se trouver à merveille de ce régime. Ce chien a un instinct bien remarquable. Du plus loin qu'il aperçoit un étranger, il devient triste, hargneux, aboie sourdement, et est tout disposé à mordre. Il faut que son maître le tienne en laisse pour le conduire à la grotte, et encore se fait-il traîner en baissant la queue et les oreilles. Quand, au contraire, l'expérience finie, l'étranger s'en retourne, il l'accompagne avec tous les témoignages de la joie la plus vive et la plus expansive.

« Un chien meurt au bout de trois minutes, un chat quatre minutes, les lapins soixante-quinze secondes. Un homme y périt en moins de dix minutes, quand il est plongé dans la couche de gaz. »

M. James conclut de ses observations qu'une source d'eau thermale gazeuse passe au-dessous de la Grotte du Chien, et qu'elle laisse échapper, à travers les porosités, du sol le gaz carbonique qui se renouvelle sans cesse, comme le courant qui l'alimente.

qui a lieu près de la ville d'Aigueperse, en Auvergne, dans un lieu nommé, à cause de cela, la *Fontaine empoisonnée*; c'est un trou arrondi, placé au milieu d'un petit enfoncement du terrain, et d'où il sort continuellement une énorme quantité de gaz. Ordinairement cette cavité contient de l'eau bourbeuse à travers laquelle le gaz se dégage sous la forme de grosses bulles qui, en crevant à la surface, font entendre un bruit qu'on perçoit à la distance de 5 à 6 mètres. La végétation la plus riche entoure cette source dangereuse; tous les oiseaux, les petits quadrupèdes, les insectes qui sont attirés par la fraîcheur du feuillage, tombent asphyxiés; aussi le sol est-il sans cesse jonché de cadavres dans un rayon assez étendu. Les bergers ont grand soin d'empêcher les bestiaux d'en approcher. Une source d'acide carbonique non moins curieuse existe dans les bois qui entourent le lac Laacher, sur les bords du Rhin. Le gaz se fait jour silencieusement à travers le sol et vient aboutir dans une espèce de fosse, de 6 à 9 décimètres de profondeur, pratiquée dans la terre végétale, au milieu de broussailles. Lorsque l'air est calme, la cavité se remplit presque uniquement d'acide carbonique; le fond du trou est couvert de débris; les insectes et les fourmis y arrivent en grand nombre pour chercher leur nourriture; mais, privés d'air, ils y meurent pour la plupart et les oiseaux, à leur tour, apercevant l'appât trompeur, volent vers le piége et y sont pris. Les bûcherons, connaissant fort bien cette manœuvre, visitent souvent l'endroit et tirent profit de cette chasse dont la nature fait tous les frais.—Ces phénomènes naturels, dont les auteurs n'ont presque pas parlé, ont quelque chose de plus magique et de plus pittoresque que la Grotte du Chien, dont on a trop exalté la merveille.

Il est facile d'expliquer la présence de l'acide carbonique dans le sol, puisque c'est l'un des principaux produits de la décomposition des matières végétales et animales qui s'y trouvent toujours mêlées en plus ou moins grande quantité.

Les dangers auxquels on est exposé en pénétrant imprudemment dans les mines, grottes, carrières, ou dans les puits profonds dont on a lieu de suspecter l'air, nous font un devoir d'indiquer les précautions à prendre lorsqu'on est appelé à descendre dans ces cavités souterraines. Il faut se faire précéder par des chandelles allumées et en observer attentivement l'état; si ces chandelles brûlent tranquillement comme à l'ordinaire, il n'y a aucun danger à respirer l'air qui les environne; mais si leur flamme pâlit, si elle se rétrécit, et à plus forte raison si elle s'éteint, il faut se garder d'y entrer avant d'en avoir renouvelé l'air; on y parvient facilement en allumant à l'entrée un bon fourneau, dont le cendrier communique avec un tuyau qui va puiser l'air nécessaire à la combustion dans la cavité même. On peut encore faire usage avec succès du *ventilateur* de Desaguilier, appareil facilement transportable et que l'on pose à l'ouverture de la cavité, en le chassant ensuite au dehors avec une force proportionnée à la rapidité imprimée à ses ailes. A l'aide d'une roue dentée on peut en accélérer le mouvement, et un seul homme, de moyenne force, suffit pour le mouvoir, mais il ne peut tourner d'une manière uniforme que pendant dix minutes; il lui faut donc des remplaçants pour qu'il puisse se reposer sans que le mouvement de la machine éprouve la moindre interruption.

Mais lorsqu'on a besoin de pénétrer très-promptement dans la cavité pour en retirer, par exemple, des personnes asphyxiées, ce qu'il y a de mieux à faire, c'est d'y verser de l'alcali volatil ou ammoniaque dissous dans l'eau, ou de l'urine putréfiée, ou de la potasse, ou de la soude caustique, ou bien encore de la chaux vive, qu'on fait d'abord fuser et qu'on délaye ensuite dans l'eau; on lance ces matières dans la cavité à l'aide d'une pompe et même d'une seringue au besoin. Au bout de quelques ins-

tants, on s'assure, au moyen d'une chandelle allumée, si l'acide carbonique a été absorbé et, dès qu'elle ne s'éteint pas, on peut entrer dans le souterrain. Dans tous les cas, il est prudent de n'y laisser descendre aucun individu sans l'avoir attaché à une forte corde, de manière à ce qu'on puisse le remonter promptement, dans le cas où l'air ne serait pas complétement purifié. Une bonne précaution à suivre encore, c'est de placer au-devant de la bouche de l'homme qui descend un petit sachet en toile, contenant un mélange de chaux fusée sèche et de sel de Glauber en poudre à parties égales. Ce mélange, qui a une extrême avidité pour l'acide carbonique, purifie l'air de tout gaz malfaisant, à mesure qu'il passe ou se tamise, pour ainsi dire, au travers du sachet, et ne laisse ainsi parvenir, pour le besoin de la transpiration, qu'un air pur et salubre. A l'aide de ces précautions on sauverait ainsi un homme dont la vie tient souvent à quelques minutes, et celui qui viendrait à son secours ne serait plus victime d'un généreux dévouement.

On s'est beaucoup occupé, depuis une trentaine d'années, des moyens propres à permettre aux hommes de pénétrer et de vivre, sans inconvénients, dans des lieux infectés, soit pour porter secours aux ouvriers qui ont déjà subi l'influence délétère de l'air que ces lieux renferment, soit pour exécuter quelque opération impérieusement nécessaire. L'appareil inventé, en 1834, par M. Paulin, colonel des sapeurs-pompiers de Paris, est, sans contredit, le plus efficace de tous les moyens proposés jusqu'à ce jour. Je vais le faire connaître en peu de mots.

M. Paulin a imaginé de revêtir l'homme d'une blouse en peau, d'une espèce de camail qui lui couvre la tête et descend jusqu'à la ceinture où elle est serrée par une bande de cuir; les manches sont fixées aux poignets par des bracelets. Cette blouse est armée d'un masque en verre qui permet à l'homme de se diriger; elle porte, sur la partie qui couvre la poitrine, une lanterne qui l'éclaire au besoin. Un tuyau semblable à ceux des pompes à incendie, et communiquant par un bout à l'une de ces pompes, vient par l'autre bout se fixer au camail et s'attacher fortement à la ceinture. En faisant fonctionner la pompe à vide, elle lance l'air sous le vêtement, le ballonne et maintient l'homme dans une atmosphère condensée et sans cesse renouvelée. L'air extérieur délétère ne peut s'introduire sous le vêtement, car il est continuellement repoussé par celui qui fuit par les joints. Une fois gonflée, la blouse contient assez d'air pour qu'un homme puisse y respirer sans gêne pendant 6 ou 8 minutes; en avant du masque est un sifflet pour faire des signaux.

Cet appareil, dont l'efficacité a été constatée par de nombreuses expériences, et qui est réellement indispensable pour éteindre les feux de cave, arrêter les incendies qui se déclarent dans la cale des vaisseaux, pénétrer dans les puits, les carrières, les mines, les fosses d'aisances, etc., partout enfin où l'air est devenu impropre à la respiration, est adopté à Paris, à Londres, à Anvers et dans d'autres villes. L'Académie des sciences a décerné à son inventeur un prix de 8,000 francs en 1837.

NOTE X.

Propriétés du charbon.

La propriété du charbon a été et peut être mise à profit dans bien des circonstances. Les expériences de M. Hubart, de New-York, ont prouvé que le charbon calciné peut être utilisé avec avantage pour purifier les mines, les puits et autres excavations souterraines, de certains gaz irrespirables, notamment de l'acide carbonique. Il a suffi de descendre un chaudron rempli de charbon allumé, à deux reprises, et de le laisser à chaque fois pendant une heure ou deux au fond d'un puits qui contenait de hauteur de 5 à 8 mètres de gaz, pour le rendre praticable aux ouvriers.

C'est encore à cause de sa propriété absorbante des gaz que le charbon est très-propre à enlever aux liquides et aux matières organiques molles les odeurs plus ou moins infectes qu'ils répandent. Qu'on entoure de charbon en fragments, ou de braise, le poisson, le gibier ou les morceaux de viande qui commencent à se putréfier ; qu'on fasse bouillir dans l'eau pendant quelques minutes, et avec un peu de charbon en poudre, de la chair infecte ; qu'on filtre sur cette même poudre de l'eau croupie des mares, des fossés, de l'eau chargée d'essences, de l'eau bouillie avec des choux ou autres végétaux aromatiques, on s'apercevra bientôt que le poisson, le gibier, la viande, l'eau, auront perdu toute odeur, et pourront, dès lors, être employés comme aliments.

N'est-ce pas là une propriété admirable, qui donne au charbon un nouveau degré d'utilité pour tous les usages de la vie domestique ? C'est à Lowitz, marin et chimiste russe, que nous devons la connaissance de cette faculté désinfectante du charbon. Il la signala, en 1790, à la société économique de Saint-Pétersbourg.

Mais le charbon n'est pas seulement un excellent désinfectant, il agit encore comme un très-bon antiseptique, c'est-à-dire comme empêchant la putréfaction. On peut, en effet, en renfermant des viandes dans de la poudre de charbon bien calciné, les conserver fort longtemps exemptes de toute altération. Lorsqu'on veut transporter au loin des substances animales, des viandes, du gibier, du poisson, le moyen le moins coûteux et le plus efficace, pour empêcher qu'elles ne s'altèrent, consiste à les envelopper dans du charbon pulvérisé. Cette poudre est, dans ces cas, doublement efficace ; elle empêche le contact de l'air, et, d'un autre côté, elle absorbe l'humidité et les produits de la putréfaction commençante.

On sait que le garde-manger le mieux disposé n'empêche pas la décomposition rapide et presque instantanée des substances alimentaires, lorsque la chaleur est forte, l'air stagnant et le temps disposé à l'orage. Il suffit alors quelquefois d'une heure pour altérer la viande la plus fraîche. Le seul moyen de prévenir cet accident, c'est d'enfouir les substances dans le poussier de charbon, à nu, ou, ce qui est moins bien, après les avoir entourées de linge ou de papier ; à la vérité, dans le premier cas, on les retire souillées de charbon, mais on les en débarrasse aisément en les arrosant d'eau fraîche. Si l'infection a fait des progrès, il faut, pour leur restituer leur fraîcheur première, enlever d'abord la superficie de ce qui est gâté, les envelopper ensuite dans un linge, après les avoir totalement recouvertes de charbon lavé, et faire bouillir dans l'eau, pendant une demi-heure, plus ou moins, suivant le degré d'infection ; on lave ensuite à l'eau fraîche. Il n'y a plus dès lors aucune trace d'altération.

On est souvent fort embarrassé, pendant l'été, pour conserver du bouillon d'un jour à l'autre. Il s'aigrit dans les meilleurs garde-mangers ; il contracte presque toujours à la cave un mauvais goût. Qu'on laisse séjourner dedans un morceau de charbon bien calciné et bien lavé, ou qu'on le fasse bouillir soir et matin, ce qui est moins commode, on pourra le maintenir en bon état au milieu des plus fortes chaleurs.

Et ce n'est pas seulement le charbon de bois qui jouit de ces remarquables et précieuses qualités ; tous les charbons végétaux poreux et le charbon d'os les possèdent au même degré.

C'est parce que le charbon est tout à la fois désinfectant et anti-putride que les médecins le conseillent dans le traitement des ulcères, des plaies gangréneuses, pour faire disparaître la fétidité de l'haleine, pour retarder la carie des dents, etc. C'est un des meilleurs dentifrices. L'usage du charbon pour nettoyer les dents est fort ancien, car l'histoire grecque nous apprend que les femmes, chez les Bretons, se servaient du charbon de coudrier pour entretenir leurs dents propres et belles.

Une autre application du charbon comme désinfectant a produit, depuis dix ans, une véritable révolution dans une industrie qui, jusqu'alors, avait excité de justes plaintes, le curage des fosses d'aisances et la fabrication de la poudrette. M. Salmon a eu l'heureuse idée de rechercher si, à l'aide du charbon, il ne serait pas possible d'enlever aux matières fécales leur odeur si désagréable et de les convertir en une matière pulvérulente inodore, facile à extraire des fosses particulières. Le succès le plus complet a couronné ses tentatives.

Depuis 1826, cet industriel fabrique une poudre désinfectante en calcinant, dans des cylindres de fonte, la vase ou boue provenant du dépôt des rivières, étangs ou fossés. Elle renferme naturellement assez de matière organique pour fournir une poudre noire absorbante et désinfectante au degré convenable. Le vieux terreau, les cendres de tourbe, la tourbe carbonisée et les simples débris de cette substance si commune, la sciure de bois, le tan qui a servi à préparer les cuirs et dont on fait les *mottes*, sont très-propres au même objet, après une calcination convenable. Une expérience curieuse a même démontré qu'en mélangeant à de la terre argileuse quelques portions de matières fécales, il suffisait de carboniser ce mélange pour avoir une poudre désinfectante parfaite. La théorie indiquait d'avance ce résultat, puisque la matière fécale n'est elle-même autre chose qu'un composé de matières végétales et animales.

Le charbon ainsi préparé est soumis à la pulvérisation, et la poudre, étant blutée, est propre à la désinfection. Celle-ci s'effectue en mêlant un hectolitre de poudre avec un hectolitre de matière fécale. Dès que le mélange est opéré, toute odeur fétide disparaît.

Voici un fait curieux qui prouve à quel point cette désinfection est complète et durable. M. Darcet, qui assistait, il y a quelques années, au curage d'une fosse par le nouveau procédé, emporta avec lui de la matière désinfectée ; il la fit mettre dans une assiette de porcelaine, qu'on présenta dans son salon, où il y avait compagnie ; personne ne put indiquer de quelle nature était la matière qu'on faisait ainsi circuler en grande pompe.

Le procédé de M. Salmon pour la vidange des fosses, sanctionné par l'expérience, est très-employé à Paris et dans d'autres grandes villes. Le conseil de salubrité et l'académie des sciences lui ont donné leur approbation. En 1835, l'Institut a décerné à M. Salmon un des grands prix Montyon qu'il accorde tous les ans à ceux qui trouvent de nouveaux moyens d'assainir un art insalubre ou incommode. Au point de vue de l'hygiène publique, le procédé Salmon est d'une haute importance. Outre les désagréments qu'entraîne pour les particuliers l'ancien mode de curer les fosses, il a le grave inconvénient d'occasionner souvent l'asphyxie des ouvriers. L'emploi de la poudre désinfectante, qui permet de convertir en poudrette, dans les fosses mêmes, les matières solides qui y sont désinfectées instantanément, fait disparaître peu à peu des environs des villes ces cloaques infects tout à fait nuisibles à la santé et aux intérêts des habitants des banlieues, et fournit à l'agriculture un des engrais les plus actifs et les moins désagréables à employer.

NOTE XI.

Historique de l'analyse de l'eau.

Si les anciens philosophes ont eu conscience du rôle immense que joue l'eau dans l'harmonie de la nature, ils n'ont eu que des idées fausses sur sa véritable constitution chimique. Suivant Thalès, le chef de l'école ionienne, qui vivait 640 ans avant Jésus-Christ, *l'eau est le principe de tout ; c'est l'eau qui a produit toutes les choses ;* les plantes et les animaux ne sont que de l'eau condensée sous diverses formes ; c'est en eau qu'ils se réduiront.—Admise au nombre des quatre ou cinq éléments universels par toutes les écoles philosophiques de l'antiquité, l'eau n'a cessé d'être considérée comme un corps simple qu'à une époque bien rapprochée de nous. Voyons quels sont les chimistes qui ont contribué au renversement de cette croyance générale.

Boyle, Margraff et les autres chimistes des xviiᵉ et xviiiᵉ siècles, en soumettant l'eau de pluie à la distillation, en retiraient trois parties distinctes, à savoir : de l'air, de l'eau et de la terre, et ils en concluaient qu'elle était composée de ces trois corps ; mais, comme leurs devanciers, ils admettaient que l'eau élémentaire était indécomposable. J'en excepterai, toutefois, le célèbre médecin chimiste Hoffmann qui, vers 1700, soutint formellement que l'eau est composée d'un fluide gazeux très-subtil et d'un principe salin. C'était là une idée hardie, mais qui n'était fondée sur aucune expérience positive ; elle n'eut aucun retentissement. Et en effet, les contemporains et les successeurs n'en continuèrent pas moins à admettre la simplicité de nature de l'eau. Eller, en 1746, en broyant de l'eau dans un mortier de verre, recueillit une matière terreuse, ce qui le conduisit à conclure, comme Boyle, que l'eau se convertissait peu à peu en terre. Rouelle, le premier, reconnut la véritable origine du résidu terreux laissé par l'eau de pluie à la distillation, et il avança que ce résidu, qui n'est qu'un infiniment petit, provient de la poussière qui entre dans les vaisseaux, car l'eau ne laisse, suivant lui, aucun sédiment terreux quand on apporte beaucoup d'attention en la distillant. Lavoisier démontra ensuite, en 1770, que la terre obtenue par les anciens chimistes provient ou de la matière propre des vaisseaux de verre que l'eau dissout par une ébullition prolongée, ou de l'usure du mortier. Ayant entretenu, en effet, pendant trois mois et demi, à une température de + 85°, de l'eau dans un vase de verre clos, il reconnut que ce vase avait perdu un poids égal à celui que formaient ensemble la terre mêlée avec l'eau et les substances que celle-ci laissa, lorsqu'il la fit évaporer jusqu'à siccité.

Scheele, chimiste suédois, né à Stralsund, le 9 décembre 1742, qui, dans un laboratoire de pharmacie, avec des fioles à médecine et quelques tubes, fit plus de découvertes que tous les chimistes de son temps, paraît avoir cherché le premier à déterminer la nature des produits de la combustion du gaz hydrogène. Il reconnut que ce gaz brûle au sein de l'oxygène, qu'il s'unit avec lui, et avança que le résultat de cette réaction était du *calorique.*

En 1776, Macquer, démonstrateur de chimie au jardin des Plantes, ayant placé une soucoupe de porcelaine blanche sur la flamme du gaz hydrogène qui brûlait tranquillement au goulot d'une bouteille, observa que cette flamme n'était accompagnée d'aucune fumée proprement dite, qu'elle ne déposait point de suie. L'endroit de la soucoupe que la flamme léchait se couvrit de gouttelettes assez sensibles d'un liquide semblable à de l'eau, et qui, après vérification, se trouva être de l'eau pure. Voilà assurément un singulier résultat. Remarquez-le bien, c'est au milieu de la flamme, dans l'endroit de la soucoupe qu'elle léchait, comme dit Macquer, que se déposèrent les gouttelettes d'eau. Ce chimiste, cependant, ne s'arrête point sur ce fait ; il ne s'étonne pas de ce qu'il y a d'étonnant, il le cite tout simplement, sans aucun commentaire ; il ne s'aperçoit pas qu'il vient de toucher du doigt à une grande découverte ; et comme l'observe si bien M. Arago, le génie, dans les sciences d'observation, se réduirait-il

donc à la faculté de dire à propos : Pourquoi ?

Au mois d'août 1777, Lavoisier et Bucquet, ignorant l'expérience de Macquer, firent détoner un mélange d'hydrogène et d'oxygène, pour en connaître le produit. Bucquet pensait qu'il devait se former de l'air fixe (acide carbonique) : Lavoisier, au contraire, de l'acide vitriolique (sulfurique) ou sulfureux ; ils reconnurent leur erreur, mais ils ne surent point déterminer la substance qui avait été formée.

Le monde physique compte des volcans qui n'ont jamais fait qu'une seule explosion. Dans le monde intellectuel, il en est de même des hommes qui, après un éclair de génie, disparaissent entièrement de l'histoire de la science. Tel a été Warltire, qui, au commencement de 1781, fit une expérience vraiment remarquable, qui a amené la grande et importante découverte de la nature complexe de l'eau. Ce physicien anglais imagina qu'une étincelle électrique ne pourrait traverser certains mélanges gazeux sans y déterminer quelques changements. Il fit l'essai sur de l'hydrogène mêlé d'air ; heureusement il prévit qu'il pourrait y avoir explosion ; aussi renferma-t-il son mélange dans un vase métallique. Il observa qu'après la combustion il y avait une perte de poids très-sensible, et qu'il s'était formé de l'eau.

Cavendish répéta bientôt l'expérience de Warltire, et, comme ce dernier, il reconnut qu'il se forme de l'eau par la détonation d'un mélange d'oxygène et d'hydrogène.

Au mois d'avril 1783, Priestley ajouta une circonstance capitale à celles qui résultaient des expériences de ses prédécesseurs. Il prouva que le poids de l'eau qui se dépose sur les parois du vase, au moment de la détonation de l'oxygène et de l'hydrogène, est la somme du poids de ces deux gaz.

James Watt, à qui Priestley communiqua cet important résultat, y vit aussitôt, avec la pénétration d'un homme supérieur, la preuve que l'eau n'est pas un corps simple, et le premier il dit positivement, le 26 avril 1783 (cette date est précieuse à conserver) que l'eau est composée des deux gaz oxygène et hydrogène, privés d'une partie de leur chaleur latente ou élémentaire.

Le 15 janvier 1784, Cavendish, dans un mémoire qu'il lut à la société royale de Londres, tira aussi comme conclusion de ses expériences sur la détonation de l'oxygène et de l'hydrogène en vases clos, que ces deux gaz se transforment en eau.

Pendant que ces choses se passaient en Angleterre, Lavoisier en France, poursuivait ses recherches, et, dans l'hiver de 1781 à 1782, il fit, conjointement avec Gingembre, plusieurs détonations d'hydrogène et d'oxygène dans des vases contenant un peu d'eau de chaux, sans pouvoir reconnaître la nature de leur produit. Extrêmement surpris d'un pareil résultat, Lavoisier se servit alors d'appareils plus considérables, afin de pouvoir entretenir la combustion des gaz pendant autant de temps qu'il le désirerait, remplaçant ceux-ci à mesure qu'ils disparaîtraient. L'expérience fut faite, le 24 juin 1783, par Lavoisier et Laplace, en présence de Leroy, Vandermonde et plusieurs autres académiciens, parmi lesquels se trouvait accidentellement Blagden, secrétaire de la société royale de Londres, qui leur apprit que Cavendish avait obtenu de l'eau en pratiquant une semblable opération. Le résultat de l'essai de Lavoisier et Laplace fut 19 grammes 17 centigrammes d'eau pure, en sorte qu'ils en conclurent que l'eau est composée d'oxygène et d'hydrogène.

Monge, qui fut plus tard l'un des fondateurs de l'école polytechnique et l'un des plus illustres savants de l'expédition d'Egypte, répéta, quelque temps après, cette belle expérience, et avec autant de succès, dans le laboratoire de la ville de Mézières. Lavoisier et Meunier la firent de nouveau, sur une très-grande échelle. Ils reconnurent qu'il fallait 85 parties en poids d'oxygène et 15 parties d'hydrogène pour composer 100 parties d'eau.

Meunier, que sa coopération aux travaux de Lavoisier a rendu à jamais célèbre, mais qui l'aurait été d'ailleurs par sa glorieuse mort en défendant Mayence contre l'armée prussienne, en 1792, imagina un appareil pour montrer la formation de l'eau par la combustion de l'esprit-de-vin. 489 grammes 51 centigrammes de ce liquide, brûlés sous un serpentin qui condensait exactement toutes les vapeurs, lui fournirent près de 521 grammes d'eau. Cette opération, répétée plusieurs fois par Lavoisier, parut faire, à ce qu'il rapporte, plus d'impression qu'aucune autre sur un grand nombre de personnes.

Jusque-là on avait bien fait de l'eau de toutes pièces, mais on n'avait point encore essayé de prouver, par l'analyse, que telle était la composition de ce liquide. C'est ce qu'entreprirent Lavoisier et Meunier, dans les premiers mois de 1784. Ils firent passer de la vapeur d'eau sur de la tournure de fer très-doux, placée dans un tube de porcelaine porté à l'incandescence, et en communication avec une cloche destinée à recevoir les gaz. Par ce procédé, l'eau réduite en vapeur se décomposa à mesure qu'elle touchait le fer rouge; l'hydrogène se rendit sous la cloche; l'oxygène se fixa sur le métal, comme le démontrèrent l'augmentation de poids et l'altération singulière qu'il éprouva. Il était, quand on le sortit du tube, terne, recouvert d'une croûte noire, facile à réduire en poudre, en un mot, à l'état d'oxyde noir, précisément comme celui qui a été brûlé dans le gaz oxygène.

Dans l'expérience des deux chimistes, 5 grammes 32 centigrammes d'eau furent décomposés; 4 grammes 505 milligrammes d'oxygène s'unirent au fer pour le constituer à l'état d'*oxyde noir*, et il se dégagea 795 milligrammes de gaz hydrogène pur. Ils arrivèrent ainsi à confirmer ce que la synthèse leur avait démontré, relativement aux proportions des deux principes constituants de l'eau.

Ce ne fut pas sans une vive opposition de la part des chimistes contemporains que les idées de Watt, de Cavendish et de Lavoisier, sur la composition de l'eau, prévalurent. On conçoit qu'une opinion si opposée à celle qu'on était accoutumé, depuis des siècles, à regarder comme une vérité incontestable, dut soulever bien des esprits. Cependant, aucun fait ne l'ayant contredite, et les expériences ayant fourni toujours les mêmes résultats, les objections cessèrent peu à peu, surtout après la magnifique opération entreprise, en 1790, par Fourcroy, Séguin et Vauquelin. Ces chimistes effectuèrent la recomposition de l'eau dans le grand appareil de Lavoisier, avec tous les soins imaginables. L'expérience, commencée le 13 mai, ne fut achevée que le vendredi 22 du même mois. La combustion fut maintenue, avec peu d'interruption, pendant 185 heures. Les expérimentateurs ne quittèrent pas un seul moment l'appareil; ils se relevaient alternativement, lorsqu'ils étaient fatigués, pour se reposer pendant quelques heures sur des matelas, dans le laboratoire. Ils consommèrent 515 litres 36 centilitres de gaz hydrogène, 267 litres 30 centilitres de gaz oxygène, et obtinrent jusqu'à 384 grammes 82 centigrammes d'eau parfaitement pure, que l'on conserve encore, dit-on, au muséum d'histoire naturelle de Paris.

Ils trouvèrent, par ce moyen, que 100 parties d'eau se composaient de 85,662 d'oxygène et de 14,338 d'hydrogène. Mais nous allons voir que ces nombres ne sont pas plus exacts que ceux trouvés d'abord par Lavoisier et Meunier.

Le 30 avril 1800, Carlisle et Nicholson, en répétant les expériences de Volta sur l'électricité développée par le contact des métaux de nature différente, constatèrent un fait surprenant et bien inattendu. Ils virent que le courant électrique, en traversant l'eau, la décompose en ses deux éléments,

et ils parvinrent ainsi à les isoler l'un et l'autre. Répétons cette belle expérience, qui est un moyen aussi facile qu'élégant de faire l'analyse de l'eau.

Un petit entonnoir de verre, dont le bec tronqué est fermé par un bouchon mastiqué, au travers duquel passent deux petits tubes de verre bien scellés, qui servent à isoler deux fils de platine. L'entonnoir est rempli d'eau légèrement acide. Recouvrons chaque fil de platine avec une petite cloche de verre pleine du liquide, et faisons communiquer chacun de ces fils avec un des pôles de la pile électrique en activité. Bientôt l'eau va être décomposée; des bulles nombreuses de gaz vont se réunir dans les cloches, et ces gaz seront d'une nature différente dans chacune d'elles. Il ne faut que quelques minutes pour voir 1 centimètre cube de gaz oxygène dans la cloche qui recouvre le fil positif, et 2 centimètres cubes de gaz hydrogène dans la cloche qui recouvre le fil négatif.

Ainsi donc l'eau est formée, en volumes, de 100 d'oxygène et de 200 d'hydrogène, ou de 1 volume du premier et de 2 volumes du second. C'est ce que MM. de Humboldt et Gay-Lussac mirent hors de doute en 1804, par leurs belles expériences sur l'analyse de l'air. Ils opérèrent la combinaison des deux gaz au moyen de l'étincelle électrique dans l'appareil que Volta a imaginé, et qui est connu dans les laboratoires sous le nom d'*eudiomètre*, mot qui veut dire *instrument pour déterminer la pureté de l'air*, car c'est là, en effet, son principal emploi.

L'eudiomètre n'est autre chose qu'un tube de cristal fort épais, garni à ses deux bouts de douilles de cuivre fermées par des robinets. Dans la douille supérieure passe un conducteur pour la transmission du fluide électrique. Si, après avoir rempli ce tube d'eau et l'avoir placé sur la cuve pneumatique, j'y fais passer successivement deux mesures d'hydrogène et une mesure d'oxygène, et si je dépose, à l'aide d'une bouteille de Leyde, une étincelle électrique sur la boule du conducteur métallique, cette étincelle enflamme le mélange du gaz; de l'eau se produit, et comme elle se résout promptement en gouttelettes, il en résulte un vide dans l'intérieur de l'eudiomètre; aussi l'eau remonte-t-elle à l'instant pour le remplir, et s'élève jusqu'au sommet de l'instrument. Il ne reste plus une bulle de gaz, tout a été transformé en eau. Si je recommence l'expérience en employant deux volumes d'hydrogène et deux volumes d'oxygène, nous retrouverons, après la combustion, 1 volume d'un gaz que nous reconnaitrons facilement pour être de l'oxygène, car il rallumera une bougie ne présentant que quelques points en ignition. Si, dans un troisième essai, j'emploie trois mesures d'hydrogène pour une d'oxygène, nous aurons encore un résidu gazeux après l'inflammation; mais alors ce résidu consistera en gaz hydrogène, car il brûle avec flamme, par l'approche d'une allumette ardente. Vous voyez donc que toutes les fois que l'un des deux gaz se trouve en proportions plus grandes que celles que j'ai indiquées pour la composition de l'eau, toute la quantité excédante reste, sans avoir agi, après l'inflammation par l'étincelle; d'où il faut conclure, avec MM. de Humboldt et Gay-Lussac, que ce n'est que dans les rapports de 2 à 1 en volumes que l'hydrogène et l'oxygène s'unissent pour former l'eau.

MM. Berzélius et Dulong ont indiqué, en 1820, un procédé non moins précis, qui permet de recueillir l'eau formée par la combinaison des deux gaz et d'en prendre le poids. Il est fondé sur la propriété que possède l'hydrogène, à l'aide de la chaleur, de ramener l'oxyde cuivrique à l'état métallique, en formant de l'eau avec l'oxygène qu'il lui enlève.

C'est le même mode analytique que M. Dumas a employé, au commencement de 1842, pour déterminer la véritable composition pondérale de l'eau;

seulement il a apporté au procédé de Berzelius et Dulong d'importantes modifications qui ont introduit une bien plus grande exactitude dans les résultats. Il a produit ainsi, par 19 opérations successives, plus d'un kilogramme d'eau parfaitement pure, et il en a conclu que l'eau est formée, en poids, de 1,000 parties d'hydrogène pour 8,000 parties d'oxygène, c'est-à-dire que ces corps se combinent dans le rapport simple de 1 à 8. En d'autres termes, sur 100 parties en poids, l'eau renferme :

Hydrogène 11,12
Oxygène 88,88
—————
100,00

L'eau est donc un oxyde d'hydrogène. Son nom scientifique est OXYDE HYDRIQUE; on disait naguère : PROTOXYDE D'HYDROGÈNE.

Tel est le résumé des travaux exécutés, depuis 68 ans, sur cette grande question de la nature chimique de l'eau.

NOTE XII.

Encres diverses.

Beaucoup de recettes ont été données, depuis le xviiie siècle, pour la préparation de l'encre. Voici la formule la plus simple et qui produit l'encre du plus beau noir :

Noix de galle concassée. . . 1 kilog. » gram.
Sulfate de fer ou couperose
verte . . . . » 500
Gomme arabique . . . . . . » 500
Eau. . . . . 16 litres.

On fait une forte décoction de la galle dans 13 à 14 litres d'eau; on passe à travers une toile, on ajoute à la liqueur claire la gomme, puis la couperose, qu'on a fait dissoudre séparément dans le reste de l'eau prescrite; on agite le mélange de temps en temps, et on l'abandonne au contact de l'air jusqu'à ce qu'il ait acquis une belle teinte d'un noir bleuâtre. On laisse alors reposer, on tire à clair et on enferme l'encre dans des bouteilles que l'on bouche avec soin. Dans le commerce on l'appelle *encre double*. Ce qu'on vend sous le nom d'*encre simple* est la précédente, faite avec le double d'eau.

Les fabricants ont l'habitude de laisser l'encre se couvrir d'une moisissure avant de la soutirer, et ils prétendent que cette pratique leur procure une encre plus claire et moins sujette à se moisir dans les bouteilles et les encriers. Ce dernier inconvénient, qui paraît dû à une altération spontanée du tannin, d'où résultent des animalcules, peut être prévenu par l'addition de substances corrosives. Une petite quantité de sublimé corrosif (chloride de mercure), ou d'oxyde mercurique, ou d'une huile essentielle quelconque, remplit très-bien cet objet. Mais nous ne saurions approuver l'emploi de ces substances nuisibles, par la raison que les enfants, et même beaucoup de grandes personnes, ont la mauvaise habitude de porter fréquemment les plumes à leur bouche pour les nettoyer. Vous concevez que, dans le cas où l'encre serait additionnée des matières actives citées plus haut, il pourrait en résulter de graves accidents.

Les dépôts noirs qui se forment au fond des tonneaux, chez les fabricants d'encre, sont vendus sous le nom de *boues d'encre*, aux emballeurs, pour marquer et numéroter les caisses.

Comme la teinte de l'encre avec la couperose et la galle a quelque chose de terne, on lui donne du brillant par l'addition d'un peu de sucre et de sulfate de cuivre. Mais ce dernier sel nuit beaucoup aux plumes de fer, dont on fait aujourd'hui un si grand usage, parce que le fer, en décomposant le sulfate de cuivre de l'encre détermine une précipitation de cuivre métallique sur les plumes, ce qui les rend mauvaises et cassantes.

Souvent, on remplace la noix de galle, dont le prix est assez élevé, par d'autres matières astringentes, telles que le sumac, le bois de campêche, l'écorce de chêne ou d'aune; mais ces encres ont une teinte moins belle, ont moins de fluidité, et sont bien plus altérables. Elles sont encore moins bonnes lorsqu'on les prépare sans noix de galle et sans couperose. La mauvaise encre violette de Rouen est obtenue en faisant bouillir pendant une heure, dans six litres d'eau :

Bois de campêche en copeaux. . . 750 gram.
Alun de Rome . . . . 52.
Gomme arabique. . . . . . . 52.
Sucre candi. . . . . 16.

On laisse reposer pendant deux à trois jours, et on passe ensuite à travers un linge. Plus elle vieillit, mieux elle vaut.

L'encre à la couperose et avec les substances astringentes (écorce de chêne, noix de galle, etc.) était connue et employée 3 à 400 ans avant l'ère chrétienne. On ignore quel en a été l'inventeur. Chez les anciens, on connaissait l'emploi de l'encre. Il en est déjà fait mention dans le Pentateuque de Moïse, sous le nom de *Deyo* (1). Mais cette encre était préparée, ainsi que Pline, Vitruve et Dioscoride nous l'apprennent, avec du noir de fumée ou un charbon très-divisé, délayé dans une eau gommée. Dioscoride nous en donne la formule : trois onces de noir de fumée pour une once de gomme (2). Mais l'encre des anciens était peu coulante, pénétrait difficilement dans le corps du papier, et pouvait être facilement enlevée par le lavage ou le frottement. Toutefois, elle résistait parfaitement aux influences atmosphériques et aux agents chimiques les plus énergiques, tandis que notre encre, à base métallique, est aisément détruite par le chlore et les chlorures décolorants, les vapeurs acides, les solutions alcalines caustiques, l'acide oxalique et le sel d'oseille. L'air humide même, au bout d'un temps un peu long, altère tellement les caractères tracés avec elle, qu'il est impossible de les lire. Sur des feuilles écrites, qu'on laisserait séjourner pendant peu de temps dans quelques-unes des liqueurs que je viens de nommer, bientôt tous les caractères auraient disparu.

On connut de bonne heure les moyens d'enlever cette encre de dessus le papier; car, dès le xvie siècle, les tribunaux rendirent des jugements contre plusieurs individus convaincus d'avoir fabriqué des actes faux, et les ouvrages de chimie de cette époque mentionnent déjà l'emploi des acides et des alcalis pour faire disparaître l'encre.

De bonne heure aussi les chimistes recherchèrent les moyens de prévenir ces coupables manœuvres; et depuis 1764, que Lewis fit paraître un traité sur l'encre et les procédés à employer pour la rendre in-

(1) Nomb. v, 23, Jérémie, xxxvi, 18.
(2) Suivant Ménage, le mot encre vient de l'italien *inchiostro*, qui a été fait du latin *encaustum*, encaustique, dont les Polonais ont fait *incost*, les Flamands *inkt*, et les Anglais *ink*. C'était avec un léger pinceau que les anciens écrivait. Deux Athéniens, Polygnote et Mycon, qui excellaient dans la peinture, sont les premiers qui aient fait de l'encre de marc de raisin, que l'on nomme *tryginum*, qui veut dire *fait de lie de vin*. Les empereurs et les rois écrivaient avec une encre pourprée, qui était composée de coquilles pulvérisées et de sang tiré de la pourpre. Il n'était permis qu'à eux d'employer cette encre. Pline parle d'une espèce d'encre, qui venait des Indes, et dont il ignore la composition; mais il prétend que toute sorte d'encre doit être mise au soleil pour acquérir sa perfection, et que celle dans laquelle on ajoutait du vin d'absinthe empêchait les souris de ronger les livres. Les anciens faisaient encore de l'encre avec le sang de certains poissons. Ils se servaient d'une liqueur rouge pour écrire les titres de livres et les grandes lettres; c'était, suivant Ovide, du vermillon ou quelque liqueur dans laquelle on faisait infuser du bois de cèdre. Les Hollandais attribuent à Laurent Coster, natif d'Harlem, l'invention de l'encre dont les imprimeurs se servent de nos jours.

délébile, une foule de travaux ont été entrepris et publiés sur cette importante question.

La plupart des encres vendues comme indélébiles contiennent une certaine dose de charbon en poudre très-fine; les caractères tracés avec elles résistent assez bien aux réactifs ordinaires, mais elles sont plus épaisses que les autres, donnent lieu à des dépôts considérables par le simple repos, ne peuvent pénétrer dans le papier, et les caractères sont facilement, dans ce cas, enlevés par le frottement ou le grattage. La société d'encouragement ayant un jour chargé Clouet d'examiner une encre que l'on annonçait comme indélébile, cet ingénieux chimiste demanda que l'auteur écrivit lui-même les mots *encre indélébile* et apposât sa signature au-dessous. Le lendemain, il présenta son rapport signé de lui et de l'inventeur : il se composait de ces mots *encre délébile.* Il avait enlevé les lettres *in*, en les humectant d'un peu d'eau, et les frottant avec une brosse douce, et il avait ajouté sa signature à celle du fabricant. L'assemblée adopta, en riant, les conclusions de ce rapport laconique.

L'Académie des sciences, consultée, en 1826, par le ministre de la justice, sur les moyens d'empêcher la falsification des écritures, a fait connaître, en 1834, que la meilleure encre indélébile est l'encre de Chine délayée dans de l'acide chlorhydrique à un degré et demi, ou dans l'acétate acide de manganèse. Avec 4 ou 5 grammes d'encre de Chine et un kilogramme d'acide, on obtient un litre d'encre d'une très-bonne nuance, pour le prix très-modique de 42 centimes. L'idée de cette composition est due à Pline, qui a indiqué de délayer l'encre solide, de son temps, avec du vinaigre, afin de lui donner plus de fixité et de la rendre plus pénétrante dans le papier.

Dans un nouveau rapport publié en 1837, l'Académie des sciences a confirmé la bonté de l'encre de Chine acidulée; mais comme, depuis quelques années, on fait un grand usage de plumes métalliques, et que cette encre est de nature à les altérer, l'Académie conseille, dans ce cas, de délayer l'encre de Chine dans de l'eau rendue alcaline par la soude caustique et marquant un degré à l'aréomètre de Baumé. L'encre alcaline pénètre mieux dans la pâte du papier que l'encre acidule, lorsque ce papier est collé au moyen de l'amidon, d'un savon résineux et d'alun, sorte de collage qui est devenu général depuis plusieurs années. Il est avantageux d'ailleurs, pour que l'encre pénètre mieux, d'humecter très-légèrement le papier, d'attendre une ou deux minutes pour laisser à l'humidité le temps d'imbiber toute l'épaisseur de la feuille, puis, enfin, d'écrire avec l'encre de Chine récemment délayée dans la liqueur acide ou alcaline.

L'encre de Chine, qui est si employée pour le lavis, et dont l'importation en Europe remonte à des temps fort reculés, est préparée en Chine au moyen de décoctions de diverses plantes, de colle de peau d'âne et de noir de lampe. Elle arrive en petits parallélipipèdes rectangles, portant en relief des figures ou des caractères dont la plupart sont dorés. Elle est d'un beau noir luisant. Les Chinois ont une telle estime pour tout ce qui a rapport à l'écriture, que les ouvriers qui fabriquent l'encre jouissent du même préjugé honorable qui était attaché autrefois chez nous à l'état de nos gentilshommes verriers. Leur art n'est point considéré comme une profession mécanique (1). On prépare maintenant en France une encre semblable à celle de Chine et d'une très-bonne qualité.

M. Traille, d'Edimbourg, a fait connaître, en 1838, la recette d'une encre indélébile qui diffère notablement de celle proposée par l'Académie des sciences. On dissout, à l'aide de la chaleur, du gluten frais dans l'acide pyroligneux. Il en résulte un liquide sa-

(1) Du Halde, *Descript. de la Chine.* t. I, p. 135. — Fortia d'Urban, *Descript. de la Chine* t. II, p. 100.

vonneux que l'on étend jusqu'à ce qu'il n'y ait plus que la force du vinaigre ordinaire; on incorpore ensuite à 500 grammes de ce liquide de 6 à 9 grammes du meilleur noir de fumée, et 1 gramme 50 d'indigo. Cette encre a une bonne couleur, elle coule bien de la plume, elle sèche vite; une fois séchée, le frottement ne l'enlève pas; on ne la détruit pas en la trempant dans l'eau ; les réactifs chimiques qui détruisent l'encre ordinaire ne l'altèrent pas, à moins qu'ils n'attaquent le tissu même du papier.

On a cherché aussi à empêcher la falsification des actes et autres écritures, ainsi que le blanchiment des vieux papiers timbrés et leur rentrée dans la circulation. Un rapport de M. Cordier, directeur du timbre, fait connaître que chaque année il se blanchit pour plus de 700,000 francs de papiers timbrés, qu'on fait ainsi servir plusieurs fois, au grand détriment du fisc. Cette industrie criminelle est pratiquée dans des fabriques aux environs de Paris, et par des moyens tellement économiques, que le papier timbré blanchi est vendu moins cher que le papier timbré neuf. Pour faire cesser ce commerce, on a imaginé d'enfermer dans la pâte du papier une vignette délébile qui disparaît lorsqu'on veut enlever, par un réactif chimique, les caractères tracés à la surface de ce papier. Pour prévenir les faux partiels ou généraux, on a composé des papiers qui contiennent, dans leur pâte, un filigrane très-fin, indélébile, et qui présentent, imprimée, sur chacune de leurs faces, une vignette très-délicate, inimitable à la main et délébile. Ce sont ces sortes de papiers qu'on connaît sous le nom de *papiers de sûreté.* Les meilleurs, sans contredit, sont ceux qui ont été et qui sont encore fabriqués par M. Mosart de Paris. Malheureusement aucun de ces papiers n'empêche la destruction du texte. Aussi, le moyen le plus sûr de prévenir les faux de toute espèce, aisés ou difficiles, c'est, en définitive, l'emploi d'une encre de sûreté, telle que celle indiquée par M. Traille ou par l'Académie des sciences.

On emploie souvent, pour la tenue des écritures de commerce, des encres de couleur *rouge, jaune, verte* et *bleue.* La première est la plus usitée. Voici comment on la prépare habituellement. On fait infuser, dans 400 grammes de vinaigre, pendant trois jours, 100 grammes de bois de Brésil râpé; on fait ensuite bouillir pendant une heure; on filtre et on dissout dans la liqueur chaude 12 grammes et demi de gomme arabique, et autant de sucre et d'alun.

L'encre *rouge de Ferrari* diffère fort peu de la précédente. On fait macérer 96 grammes de bois de Brésil dans 250 grammes d'alcool à 22 degrés pendant 24 heures; on filtre et on évapore le liquide jusqu'à ce qu'il soit réduit à 96 grammes; on y fait alors dissoudre 64 grammes d'alun et 32 grammes de gomme arabique et de sucre blanc.

On obtient une encre d'une plus belle nuance en dissolvant de la laque de garance dans du bon vinaigre, ou du carmin dans l'ammoniaque. On en prépare aussi avec la cochenille.

Pour l'*encre jaune*, on fait une forte décoction de 125 grammes de graines d'Avignon dans 500 grammes d'eau, à laquelle on ajoute 16 grammes d'alun, et dans le liquide clair on dissout 4 grammes de gomme pour épaissir. En délayant dans l'eau de la *gomme-gutte* en suffisante quantité, on obtient une encre jaune d'une belle teinte et plus solide que la précédente.

On prépare l'*encre verte* avec dix grammes d'acétate de cuivre, 50 grammes de crème de tartre et 400 grammes d'eau. On fait bouillir de manière à réduire le volume du liquide à moitié, et on filtre.

On obtient une forte belle *encre bleue* avec une dissolution saturée d'indigo dans l'acide sulfurique, convenablement étendue d'eau et gommée.

Stephen et Nash ont pris, en 1840, une patente en Angleterre pour la fabrication d'une encre bleue au moyen du bleu de Prusse. Voici comment on la pré-pare : On triture avec soin du bleu de Prusse de Paris avec un sixième d'acide oxalique cristallisé et un peu d'eau, de manière à en former une bouillie très-fine qui ne contienne pas de grumeaux ; on l'é-tend alors d'eau de pluie jusqu'à ce qu'on ait atteint la nuance convenable, ce qu'on essaie en écrivant sur du papier d'un beau blanc. Sa couleur est extrê-mement foncée. Si la liqueur est faiblement étendue, l'écriture paraît toute noire et offre par la dessicca-tion un éclat cuivreux. On obtient par la dilution les plus belles nuances jusqu'au bleu de ciel le plus clair. Une petite addition de gomme épaissit l'encre et l'empêche de traverser les papiers minces. Cette encre n'est pas indestructible ; la potasse caustique, l'acide chlorhydrique et l'eau peuvent la faire dispa-raître.

On a imaginé, dans ces derniers temps, des espè-ces d'encres pour écrire sur les métaux, le zinc et le fer-blanc, entre autres, afin d'étiqueter les objets qui restent exposés à l'humidité, tels par exemple, que les clés, les vins d'une cave, les plantes dans les ser-res et les jardins de botanique. Il faut, par consé-quent, que ces encres fournissent des caractères du-rables, ineffaçables par l'intempérie de l'air et le frot-tement.

M. Braconnot a indiqué la composition suivante pour écrire sur le zinc. On prend :

Vert de gris en poudre.	1 partie.
Sel ammoniac en poudre.	1
Noir de fumée.	1|2
Eau.	10

On mêle ces poudres dans un mortier de verre ou de porcelaine, en y ajoutant d'abord une partie de l'eau, pour obtenir un tout bien homogène ; on verse ensuite le restant de l'eau en continuant de mêler. Quand on se sert de cette encre, il faut avoir soin de l'agiter de temps en temps. Les caractères qu'elle laisse sur le zinc ne tardent pas à prendre beaucoup de solidité, surtout après quelques jours. Le noir de fumée peut, au besoin, être remplacé par des matiè-res colorantes minérales.

Pour écrire sur le fer-blanc, M. Chevallier conseille de dissoudre 1 partie de cuivre dans 10 parties d'eau-forte (acide azotique), et d'ajouter ensuite 10 parties d'eau. On écrit avec ce liquide en se servant d'une plume ordinaire un peu ferme, pour que l'écriture ne *bavoche pas*. Mais les morceaux de fer-blanc pou-vant être enduits d'une matière grasse qui repousse-rait le liquide, on les dégraisse d'abord en les frot-tant avec un linge imprégné de blanc d'Espagne sec, qui enlève la matière grasse.

Depuis plusieurs années les commerçants font un grand usage de petites presses à copier les lettres, qui permettent de transporter sur une feuille de pa-pier blanc les caractères tracés sur une autre, sans que pour cela l'écriture première soit effacée. L'encre dont on se sert dans ce cas, connue sous le nom d'*encre de transport*, est préparée en faisant dissou-dre 1 partie de sucre candi dans 3 parties d'encre ordinaire.

On trouve dans le commerce un papier qui a reçu le nom de *papier hydrographique*, parce qu'en écrivant sur lui avec une plume trempée dans l'eau ou la sa-live, les caractères qu'on trace deviennent subite-ment noirs. Vous allez facilement comprendre ce phénomène assez curieux.

Si l'on trempe des feuilles de papier dans une lé-gère décoction de noix de galle gommée, et qu'après leur dessiccation on les saupoudre de sulfate de fer calciné et réduit en poudre bien fine, en frottant ensuite toute leur surface, ainsi qu'on le fait lorsque, avec de la sandaraque, on veut rendre un papier sensiblement imperméable, il est évident, n'est-ce pas, qu'on aura, sur les feuilles, les éléments essen-tiels de l'encre, moins le fluide nécessaire au déve-

loppement de sa couleur noire. Donc, en écrivant avec une plume imbibée d'eau, la réaction s'opère immédiatement entre le sel de fer et la noix de galle ; il se fait de l'encre sur-le-champ.

Ce papier hydrographique a une teinte jaunâtre. On le vend par petits cahiers de 50 centimes. C'est surtout en voyage qu'on peut en tirer un utile parti. On peut le préparer au moment de s'en servir, en appliquant, sur du papier collé et bon à écrire, une poudre fine composée, à l'avance, de parties égales de noix de galle, de gomme et de sulfate de fer cal-ciné au blanc. A l'aide d'un tampon de coton, on répand uniformément la poudre à la surface du pa-pier, en pressant assez pour qu'une couche mince y adhère. On peut ensuite écrire avec de l'eau.

Qu'on trempe du papier collé dans une dissolution faible de sulfate de fer, qu'on fasse sécher et qu'on recouvre ensuite le papier de poudre fine de *prussiate de potasse ferrugineux*, les caractères qu'on tracera avec une plume humectée d'eau auront une très-belle couleur bleue. Ils auraient une couleur marron, si, en place de sulfate de fer, on eût fait usage de sulfate de cuivre.

Ces papiers hydrographiques m'amènent naturelle-ment à parler des compositions chimiques qui por-tent le nom d'*encres de sympathie*.

On désigne ainsi les liquides qui ne laissent aucune trace sensible sur le papier par la dessiccation, et que des agents chimiques font apparaître sous diverses couleurs. Ces liquides offrent ainsi le moyen de déro-ber aux curieux une correspondance qu'on veut te-nir cachée. A cet effet, entre les lignes écrites avec l'encre ordinaire existe une deuxième ligne qui n'est visible que pour le correspondant, instruit d'avance de la manière de faire reparaître les caractères.

L'usage de ces sortes d'encres est bien ancien. Ainsi Ovide, Ausonius, Pline, conseillent de tracer les lettres avec du lait frais, et de les rendre ensuite lisi-bles avec de la cendre ou de la poussière de charbon. Ce moyen réussit, en effet, lorsque le lait n'est pas privé du corps gras (beurre) qu'il contient. Il y a là une simple action mécanique, consistant dans l'adhé-rence de la cendre ou du charbon au corps gras du lait. Dans les différentes espèces d'encres sympathi-ques modernes, il y a, au contraire, une action chi-mique. La première a été découverte et employée, en 1705, par le chimiste allemand Waitz. Depuis on en a imaginé un bien grand nombre d'autres, car rien n'est plus facile que d'écrire avec un liquide incolore, et de faire apparaître ensuite des caractères diverse-ment colorés. Vous allez en juger.

Avec l'acétate de plomb ou toute autre dissolution métallique des quatre dernières sections, on produit sur le papier des colorations variables, au moyen de l'acide sulfhydrique.

Qu'on écrive avec une dissolution légère de sulfate de fer ou de cuivre, et qu'on passe sur le papier des-séché un pinceau imbibé de *prussiate de potasse ferru-gineux*, on aura des lettres bleues ou cramoisies.

Si l'on trace des caractères avec une solution de sulfate de cuivre, et qu'ensuite on expose le papier sec au-dessus d'un vase contenant de l'ammoniaque, on voit aussitôt apparaître les caractères avec une belle couleur bleue. Cette encre de sympathie a été indiquée par Wurzer.

Les caractères invisibles, tracés avec le chlorure d'or, apparaîtront avec une couleur pourpre, au moyen du pinceau trempé dans une solution de sel d'étain.

Si l'on écrit avec l'acide sulfurique étendu, les traits ne sont pas visibles ; mais ils noircissent lors-qu'on chauffe le papier, par la raison que l'acide, en se concentrant, attaque et charbonne ce tissu vé-gétal.

Qui ne s'est amusé, dans son enfance, à écrire avec du suc d'oignon ou du suc de navet, et qui n'a ob-servé qu'en approchant ce papier du feu, il se recouvre, comme par enchantement, de caractères tantôt noirs sur un fond blanc, tantôt blancs sur un fond noir? Ces phénomènes, qui paraissaient alors surnaturels, la chimie les explique aisément. Dans le premier cas, le suc végétal se calcine avant le papier, et laisse par conséquent une empreinte charbonneuse; dans le second, au contraire, c'est le papier qui est charbonné par la chaleur, alors que le suc n'en a point encore ressenti l'action.

Tous les sucs végétaux qui renferment de la gomme, du mucilage, de l'albumine ou du sucre, se comportent comme le suc d'ognon, et peuvent servir d'encres sympathiques. Le suc de citron, d'orange, le vinaigre blanc, le suc de poires et de pommes, de sorbes, le sirop de sucre très-étendu, sont les liquides qui donnent l'écriture la plus colorée par l'application d'une douce chaleur.

Mais de toutes les encres de sympathie, la plus jolie est celle que Waitz, et après lui Moritz et Teichmeyer, ont indiquée. Elle se compose d'une dissolution aqueuse de chlorure de cobalt, assez étendue pour que sa couleur soit à peine sensible. Les caractères tracés avec cette liqueur sont invisibles à froid; ils apparaissent en bleu dès qu'on chauffe légèrement le papier; par le refroidissement ou par la simple insufflation de l'haleine, ils disparaissent complétement pour reparaître encore par la chaleur. M. Thénard nous a donné l'explication de ces faits. Le chlorure de cobalt est bleu en dissolution concentrée, et d'un rose à peine visible sous une mince épaisseur, quand il est très-étendu d'eau. Lorsqu'on chauffe le papier chargé de cette solution, elle se concentre et devient nécessairement bleue; mais lorsque le refroidissement a lieu, le papier et le sel attirent l'humidité de l'air, et dès lors toute couleur disparaît.

Voilà un nouvel exemple de l'influence de l'eau sur la coloration des corps.

On ajoute ordinairement au chlorure de cobalt une certaine quantité de chlorure de fer, parce que les caractères apparaissent en vert par la chaleur, et que les effets sont alors plus marqués. Cette encre sympathique verte peut servir à composer de jolis dessins qui représentent à volonté une scène d'hiver ou une scène d'été. En effet, si l'on dessine à l'encre de Chine un paysage dans lequel la terre et les arbres sont privés de verdure, et qu'avec l'encre sympathique très-affaiblie on ajoute les feuilles aux arbres et du gazon sur les blancs qui indiquent la neige, il suffira d'approcher le dessin du feu pour voir la terre devenir verte et les arbres se couvrir de feuilles, comme à l'approche des douces chaleurs du printemps; mais bientôt l'hiver reviendra avec ses neiges et sa désolation, en laissant le dessin à l'air, et plus promptement encore en exhalant dessus l'air humide des poumons.

Vous voyez, par tout ce qui précède, avec quelle facilité on peut produire des phénomènes intéressants, une fois qu'on connaît bien les agents chimiques et les réactions auxquelles ils donnent lieu dans leur contact mutuel, et quelles ressources infinies la chimie nous procure, soit pour notre utilité, soit pour notre amusement.

NOTE XIII.

Huiles volatiles.

Généralement la chaleur et la sécheresse sont favorables à la formation des huiles essentielles dans les organes des plantes; aussi est-ce dans le midi de la France, en Espagne et en Italie, dans l'Orient, que les végétaux fournissent le plus d'huile par la distillation. Sur les montagnes embaumées de la Provence, on rencontre de petites distilleries nomades, dont les produits viennent se verser dans les grandes parfumeries de Grasse.

On a recours quelquefois à la pression pour obtenir certaines huiles volatiles. C'est lorsqu'elles sont

renfermées en abondance dans l'enveloppe extérieure et charnue des fruits. Les citrons, les oranges, les cédrats, les bergamotes et tous les fruits analogues contiennent de l'essence dans l'écorce jaune ou *zeste* qui entoure leur pulpe acide. Vous avez pressé entre les doigts la peau d'une orange, et vous avez vu jaillir au dehors un liquide très-odorant, qu'enflamme le contact d'une bougie. Eh bien ! c'est l'huile essentielle qui est logée dans les utricules du zeste. On râpe toute la partie jaune superficielle de ces fruits, et on la soumet à la presse dans un sac de crin. Ces huiles, ainsi obtenues, sont bien plus suaves que lorsqu'on les extrait par la distillation, mais elles sont plus susceptibles d'altération : elles sont moins pures, elles font tache sur la soie et ne se dissolvent qu'imparfaitement dans l'esprit-de-vin.

Chez les parfumeurs, pour se procurer l'odeur fugace du jasmin, du lis, de la tubéreuse, de l'iris, de la violette, etc., dont on ne peut obtenir d'huile volatile par la distillation, on interpose des lits de chacune de ces substances entre des draps de laine blanche, imprégnés d'huile de ben ou d'huile d'olives. Au bout de 24 heures, on renouvelle les fleurs, et l'on continue de cette manière jusqu'à ce que l'huile fixe soit bien-chargée de l'odeur. On fait digérer les draps dans de l'esprit-de-vin, et on distille au bain-marie; ce véhicule enlève l'arome des fleurs à l'huile fixe et se volatilise. C'est alors ce qu'on nomme *l'essence de jasmin*, de *lis*, de *violettes*, etc. Un habile parfumeur de Paris, M. Tessier Prevost, remplace l'huile par un mucilage de gomme arabique sirupeux, dont il imbibe le molleton de coton blanc sur et sous lequel il met les fleurs. Ce procédé est plus économique, parce que le mucilage qui ne s'altère point est beaucoup moins cher que les divers corps gras employés jusqu'à présent à cet usage.

Un des faits, sans contredit les plus curieux que la science moderne nous ait révélés, à propos des huiles volatiles, c'est la formation de plusieurs d'entre elles, lorsqu'on vient à distiller avec de l'eau certains organes de plantes qui en sont naturellement dépourvus. Les amandes amères, les semences de moutarde noire ne contiennent que de l'huile grasse et d'autres principes complétement inodores. Eh bien ! si, après les avoir soumises à la presse pour les dépouiller de l'huile fixe, on humecte les tourteaux avec de l'eau, et qu'après quelque temps de macération on procède à la distillation, on obtient une proportion très-notable d'huile essentielle, très-odorante et agréable pour les amandes amères, très-âcre et très-irritante pour la moutarde noire.

D'où vient donc l'huile essentielle qu'on recueille à la distillation? Robiquet et Boutron, Wohler et Liebig, Bussy et Frémy nous l'ont appris. C'est le produit d'une métamorphose, d'une réaction chimique qui s'établit, sous l'influence de l'eau, entre l'albumine végétale des graines et l'un des principes inodores qui l'accompagnent. Ce principe, dans les amandes amères, est une substance blanche, cristalline, douceâtre, soluble, qu'on a nommée *amygdaline*; dans la moutarde noire, c'est une matière très-amère, cristalline, fixe, qui consiste en une combinaison de potasse et d'un acide particulier, que Bussy a désigné sous le nom d'*acide myronique*.

Que l'on prenne en effet de l'amygdaline, qu'on la mette en contact avec une dissolution d'albumine des amandes, ou plus simplement avec une émulsion d'amandes douces, le mélange acquiert presque immédiatement une odeur forte et aromatique. 100 parties d'amygdaline fournissent ainsi, par la distillation, jusqu'à 42 parties d'essence, accompagnée de 5 à 6 parties d'acide prussique.

Et ce qu'il y a de plus singulier, c'est que cette conversion d'un principe inodore en un principe très-odorant n'est opérée que par l'albumine des amandes amères, et nullement par celle des autres végétaux ni par l'albumine des animaux.

Mêmes phénomenes avec l'albumine de la mou-
,arde noire et le *myronate de potasse* qu'on extrait
des semences.

Ce qui prouve bien, d'ailleurs, que l'huile essentielle, dans les deux cas, est formée aux dépens de
l'amygdaline et du myronate de potasse, c'est que
les amandes douces, qui ne renferment pas d'amyg
daline, c'est que la moutarde blanche, qui ne contient pas de myronate de potasse, ne fournissent pas
la plus légère trace d'huile essentielle à la distillation.

Si l'on employait de l'eau bouillante pour délayer
les tourteaux d'amandes amères et de moutarde
noire, le principe volatil odorant ne se développerait
pas, attendu que l'albumine, une fois coagulée, est
impropre à provoquer sa formation.

En raison des propriétés toutes spéciales de l'albumine des amandes et de la moutarde noire, qui se
rapprochent de la diastase ou du ferment, on a distingué la première par le nom de *synaptase*, et la seconde par celui de *myrosine*.

Ces réactions remarquables peuvent, jusqu'à un
certain point, nous faire entrevoir le mode de formation des essences dans l'intérieur des organes des
plantes. On doit en tenir compte dans l'emploi si
fréquent de la farine de moutarde sous forme de
sinapismes. Il est évident que, pour la préparation de
ces topiques, il faut ne faire usage ni d'eau bouillante, ni de vinaigre, pour délayer la farine, puisqu'en coagulant la *myrosine* on s'opposerait au développement du principe actif ou de l'huile essentielle. C'est de l'eau froide ou de l'eau tiède qu'on
doit d'abord employer, et, lorsqu'on veut associer
du vinaigre au sinapisme, l'addition ne doit en être
faite qu'après un certain temps de macération de la
farine dans l'eau, afin que l'huile volatile ait pu se
développer.

Qui aurait prévu qu'une des plus vulgaires opérations de la pharmacie et de la thérapeutique se rattachait d'une manière si étroite à l'une des plus jolies
découvertes de la chimie organique, la formation des
huiles volatiles dans les plantes ? Ceci n'est-il pas
une nouvelle preuve qu'en chimie rien n'est à dédaigner, et que les faits en apparence indifférents ou
seulement curieux peuvent devenir tout à coup l'occasion d'heureuses applications à l'industrie ou aux
actes de la vie commune ?

NOTE XIV.

Hydrogène carbone.

1. Dans une infinité de localités, telles que Pietra-
Mala, sur la route de Bologne à Florence; Bari-
gazzo, près de Modène; la péninsule d'Abscheron
en Perse; les environs de la mer Caspienne, la
Chine, l'Indoustan, Java, les Etats-Unis d'Amérique, etc., il sort de terre lentement, mais d'une manière continue, un gaz qui s'embrase parfois spontanément, le plus souvent par l'approche d'un corps
allumé, et donne lieu à des flammes hautes de un à
deux mètres, que le vent ne peut éteindre. Parmi
ces flammes, les unes sont bleues et visibles seulement pendant la nuit; les autres, blanches, jaunes
ou rougeâtres, visibles le jour, comme le sont celles
du bois et de la paille; elles répandent une odeur légèrement suffocante et une chaleur assez forte pour
être sensible à plusieurs mètres. Le terrain environnant est comme calciné et n'offre aucun vestige de
végétation. Dans les contrées où ils existent, on met
à profit ces feux naturels, en les employant à la
cuisson des aliments, à la calcination de la pierre à
chaux, à la fabrication des poteries, des briques, etc.

Il y a de ces feux qui brûlent depuis les temps les
plus anciens; tels sont ceux du Mont-Chimère, sur
les côtes de l'Asie Mineure, cités par Pline, et reconnus de nouveau, en 1814, par le capitaine Beau-
fort. Auprès de Cumana, les jets de gaz sortent par

l'orifice de cavernes, et M. de Humboldt a vu parfois les flammes s'élever à plus de 30 mètres. Mais
c'est surtout autour de la mer Caspienne, particulièrement près de Bakou, que ces phénomènes se
présentent en grand; la source de feu de Bakou, à
laquelle on a donné le nom d'*Ateschjah* (demeure du
feu), est l'objet d'une vénération si profonde que l'on
a construit un temple exprès pour l'entretenir. Les
Indous de la secte des *guèbres* (adorateurs du feu),
qui desservent le temple, font du gaz un objet de
commerce assez lucratif. Ils le recueillent dans des
bouteilles ou des vessies, et l'expédient dans les provinces éloignées de la Perse et de l'Indoustan.
Comme il conserve pendant longtemps sa propriété
inflammable, cette espèce de prestige entretient la
superstition des adorateurs du feu dans le même
degré d'exaltation. Le gaz de Bakou est de l'hydrogène carboné mêlé à de la vapeur de naphte et à de
l'acide carbonique. Presque partout, d'ailleurs, il est
accompagné de bitume.

Lorsque le gaz sort de terrains situés au-dessous
d'eaux stagnantes ou d'eaux vives, il brûle à la surface du liquide, sans que celui-ci participe en rien à
ce phénomène. C'est là l'origine des *fontaines ardentes*, des *rivières inflammables*, dont les anciens
ont parlé comme de prodiges inexplicables (1).

2. On a donné depuis longtemps les noms de *salses*, de *volcans d'air*, de *volcans vaseux* ou de *boue*, à
des mares formées par de l'eau salée, reposant sur
une couche argileuse plus ou moins imprégnée de
matières bitumineuses, d'où il se dégage accidentellement du gaz hydrogène carboné. Ce gaz occasionne
des éruptions d'autant plus fortes, qu'il a éprouvé
plus de difficulté à se faire jour à travers la vase qui
est toujours visqueuse et assez tenace. Il est mélangé

(1) On connaît aux Etats Unis un grand nombre de
sources brûlantes, surtout près de Canandaigua, capitale
du comté d'Ontario; dans la partie sud-ouest de l'Etat de
New-York, à Bristol et à Middlesex, à 10 ou 12 milles de
Canandaigua. Le gaz se dégage en petites bulles, à la
surface de l'eau, et il ne s'enflamme que lorsqu'on en approche du feu; mais, lorsqu'il sort directement du roc, il
donne une flamme brillante et continue que des pluies
d'orage peuvent seules éteindre. Il est impossible de voir
sans surprise ce feu qui court sur les ondes, comme jadis
le feu grégeois. La vive imagination des Grecs n'eût pas
manqué de prendre pour le Phlégeton ou fleuve des en-
fers, ces ruisseaux américains avec leurs vagues enflammées. Ce phénomène est surtout remarquable en hiver,
lorsque la terre est couverte de neige, et que la flamme
qui en sort contraste avec la blancheur des frimas. Dans
les temps très-froids, la glace forme des espèces de tubes
de 6 à 9 décimètres de haut, d'où le gaz s'échappe; on dirait alors des flambeaux fixés sur des candélabres d'argent. Au milieu des ténèbres d'une nuit épaisse, c'est un
spectacle à la fois bizarre et magnifique que celui de ces
plaines hérissées de ces tubes de glace, d'où sortent les
gerbes de flammes qui colorent au loin la campagne. Les
habitants qui vivent dans le voisinage de ces sources de
gaz ont placés à leur orifice des bois perforés; l'autre extrémité de ces bois vient aboutir au foyer de leur cuisine,
et leur feu fourni par le gaz suffit pour faire cuire leurs
aliments. D'autres tuyaux conduisent le gaz dans le par-
loir ou salon de compagnie; la flamme qui en sort donne
une lumière égale à celle de quatre à cinq bougies. La
singularité de ce spectacle attire une foule de curieux.
Dans les districts de Young-Hian et de Wei-Yuan-Hian,
en Chine, il existe de semblables feux naturels qui sortent
de puits d'eau salée, répandus en grand nombre sur un
rayon de 5 myriamètres environ, et qui sont exploités par
les populations industrieuses du voisinage. Les Chinois,
comme les Américains, font circuler le gaz inflammable
dans de longs tuyaux de bambous, et s'en servent à échauffer et à éclairer les usines employées à l'exploitation des
puits salins, ainsi que les rues où ces usines se trouvent.
Cet éclairage existe, dit-on, dans ces districts, de temps
immémorial. C'était un grand pas pour arriver à s'éclairer
par des gaz obtenus au moyen de procédés artificiels; mais
les Chinois s'en sont tenus là, et l'industrie récente
de l'éclairage par le gaz, telle qu'elle est pratiquée en
Europe, leur est tout à fait inconnue.

l'air et d'acide carbonique, aussi ne peut-il s'enflammer comme dans le cas précédent.

Les *salses* sont assez répandues. Il en existe de considérables en Italie, dans le Modénais, le Parmesan, notamment entre Arragona et Girgenti, au lieu nommé Maccaluba; en Crimée, en Perse, dans l'Indoustan, à Java, etc.

3. Le gaz qui remplit les galeries des mines de houille est encore de l'hydrogène carboné, presque toujours mêlé à un peu d'azote et d'acide carbonique; aussi ne s'enflamme-t-il pas aussi facilement que celui des sources ou terrains inflammables. Ce gaz, connu des mineurs sous les noms de *grisou*, *feu terrou* ou *brisou*, sort de la houille avec un léger bruissement, et quelquefois en telle abondance, qu'on peut le recueillir à l'aide de tuyaux et le faire contribuer à l'éclairage des mines, pendant plusieurs années consécutives. C'est principalement des fentes, ou de ce que les mineurs appellent des *soufflures* ou *cellules*, qu'il s'échappe, surtout dans les houilles très-bitumineuses, grasses et friables. L'expérience démontre que ce sont précisément celles qui donnent ensuite le moins de gaz à la distillation.

Souvent le *grisou* devient visible et forme des espèces de bulles enveloppées de légères pellicules que les mineurs comparent à des toiles d'araignées. Ils ont soin de les écraser entre leurs mains avant qu'elles ne parviennent sur les lumières où elles s'enflammeraient. Lorsque le gaz s'accumule dans une galerie où l'air est stagnant, de manière à former le septième ou le huitième de la masse, la présence d'une chandelle ou une lampe allumée lui fait prendre feu et détermine ces terribles explosions qui sont si fréquentes dans les houillères d'Angleterre, de Belgique et de France.

4. Le gaz hydrogène carboné se rencontre encore dans la vase des marais. Priestley et Cruikshanks ont reconnu qu'il se dégage, pendant les temps chauds, de toutes les eaux stagnantes au fond desquelles se trouvent des matières organiques en décomposition; il sort également du sein des matières terreuses que le dessèchement des marais laisse à nu pendant l'été. En remuant la vase d'une mare avec un bâton, et posant dessus un flacon renversé et plein d'eau, dans le goulot duquel on a placé un large entonnoir, on peut en recueillir une très-grande quantité en peu d'instants. Mais ce gaz n'est pas pur; il renferme toujours 14 à 15 pour cent d'un mélange d'azote, d'acide carbonique, d'acide sulfhydrique et parfois d'oxygène. On le purifie en absorbant les deux gaz acides, au moyen d'une dissolution de potasse, et l'oxygène, à l'aide du phosphore qu'on y fait séjourner pendant quelques heures; mais on ne peut en séparer l'azote.

Jusque dans ces derniers temps, on ne connaissait aucun moyen d'avoir ce gaz pur; celui, en effet, qu'on obtient en décomposant les matières organiques par le feu, ou l'eau par le charbon incandescent, est toujours mélangé d'hydrogène libre et d'oxyde de carbone, après la purification du produit. Mais, en 1840, M. Persoz nous a appris qu'en calcinant au rouge dans une cornue un mélange d'*acétate de potasse* et de potasse caustique, on obtient du gaz hydrogène carboné très-pur. L'*acide acétique* du sel est alors transformé en acide carbonique que la potasse retient, et en hydrogène carboné qui se dégage.

NOTE XV.

Transmutation des métaux.

Du XIIIe au XVIe siècle, l'alchimie se répandit dans toute l'Europe et fut cultivée avec plus d'ardeur que jamais. C'est surtout pendant cette période que l'histoire des métaux s'enrichit d'un grand nombre de faits. Soumettant ces corps à une foule d'épreuves dans leurs mystérieuses opérations, qui duraient souvent des années entières, les alchimistes découvrirent plusieurs de leurs propriétés, obtinrent beaucoup de leurs composés, et même plusieurs métaux nouveaux, tels que le bismuth, l'antimoine et l'arsenic. Mais c'est aussi dans cette même période qu'apparurent les idées les plus extravagantes, relativement à la découverte de la pierre philosophale, et que surgirent un grand nombre de fourbes qui, sous le nom de *souffleurs*, exploitèrent la crédulité publique et s'évertuèrent à substituer des supercheries à une science réelle. Promettant des richesses incalculables par le moyen de la transmutation des métaux, affirmant pouvoir multiplier l'or et l'argent à l'aide de quelques grains de *pouare de projection*, ils se faisaient remettre de grosses sommes d'argent par leurs crédules clients, et ne laissaient dans leurs mains, en se sauvant après les avoir ruinés, que des alliages grossiers de cuivre et de plomb. Ils se servaient, pour faire croire à la multiplication de l'or, de petites cannes métalliques creuses, avec lesquelles ils remuaient l'or qu'ils avaient fait mettre dans un creuset rouge de feu, avec une foule de matières hétérogènes et la fameuse pierre philosophale. Après l'opération on trouvait effectivement un poids d'or beaucoup plus considérable que celui qu'on avait placé dans le creuset; mais le surplus de l'or provenait de celui qui remplissait les cannes métalliques qui étaient bouchées avec de la cire noire et qu'on ne pouvait ainsi découvrir. D'autres fois c'étaient des charbons creux, remplis de poudre d'or ou d'argent, bouchés avec de la cire que les souffleurs jetaient subtilement dans les creusets où devait s'opérer le grand œuvre. Quelques-uns, enfin, se servaient de creusets dont ils garnissaient le fond d'or ou d'argent amassé en pâte; ils couvraient cette couche d'une autre pâte, faite de la poudre même d'un creuset et d'eau gommée, qui cachait l'or ou l'argent; ensuite ils y jetaient le mercure ou le plomb, et, l'agitant sur un feu ardent, faisaient apparaître à la fin l'or ou l'argent caché dans le fond du creuset.

Un des meilleurs tours des souffleurs est celui que joua un *Rose-Croix* à Henri Ier, duc de Bouillon, prince souverain de Sedan, vers l'an 1620.

« Vous n'avez pas, lui dit-il, une souveraineté proportionnée à votre grand courage; je veux vous rendre plus riche que l'empereur. Je ne puis rester que deux jours dans vos États : il faut que j'aille tenir à Venise la grande assemblée des frères; gardez seulement le secret. Envoyez chercher de la litharge chez le premier apothicaire de votre ville, jetez-y un grain seul de la poudre rouge que je vous donne; mettez le tout dans un creuset, et en moins d'un quart d'heure vous aurez de l'or. »

Le prince fit l'opération et la réitéra trois fois en présence du souffleur. Cet homme avait fait acheter auparavant toute la litharge qui était chez les apothicaires de Sedan et l'avait fait ensuite revendre chargée de quelques onces d'or. L'adepte, en partant, fit présent de toute sa poudre de projection au duc de Bouillon. Le prince ne douta point qu'ayant fait trois onces d'or avec trois grains, il n'en fît trois cent mille onces avec trois cent mille grains, et que, par conséquent, il ne fût bientôt possesseur, dans la semaine, de 37,500 marcs d'or, sans compter ce qu'il ferait dans la suite. Il fallait trois mois au moins pour faire cette poudre. Le philosophe était pressé de partir, il ne lui restait plus rien, il avait tout donné au prince; il lui fallait de la monnaie courante pour tenir à Venise les états de la philosophie hermétique. C'était un homme très-modéré dans ses désirs et dans sa dépense; il ne demanda que vingt mille écus pour son voyage. Le duc de Bouillon, honteux du peu, lui en donna quarante mille. Quand il eut épuisé toute la litharge de Sedan, il ne fit plus d'or, il ne revit plus son philosophe, et en fut pour ses quarante mille écus.

Toutes les prétendues transmutations alchimiques ont été faites à peu près de cette manière.

NOTE XVI.

Miel.

Le miel n'est point une espèce distincte de sucre. C'est un mélange de sucre cristallisable analogue à celui du raisin, et de sucre incristallisable analogue à la mélasse, accompagné d'un principe aromatique particulier, mais variable. Quand le miel est moins pur il renferme, en outre, de la cire, un acide, de la mannite et même du *couvain*, matière végéto-animale qui lui donne la propriété de se putréfier. Ce couvain est la substance qui forme les alvéoles dans lesquelles les abeilles déposent leurs larves et leurs œufs.

Le miel se trouve dans les gâteaux que les abeilles construisent dans les ruches. Pour l'isoler, on expose ces gâteaux sur des claies au soleil; la partie la plus pure en découle : c'est ce qu'on appelle *miel vierge*. En exprimant ensuite les gâteaux, on obtient une qualité de miel plus coloré et moins agréable, qui a besoin d'être purifié par le repos et la décantation.

Les miels les plus estimés sont ceux que l'on recueille au mont Hymète, au mont Ida, à Malion, à Cuba et, après eux, ceux du Gatinais et de Narbonne. Les premiers sont liquides, blancs et transparents comme du sirop; les derniers sont blancs et grenus, en raison de la forte proportion de sucre cristallisable qu'ils renferment.

Les plantes ont une influence très-marquée sur la nature et les propriétés du miel. En effet, les abeilles qui butinent sur les plantes aromatiques de la famille des labiées, produisent des miels excellents, tandis qu'elles n'en donnent que de colorés, liquides et désagréables, comme les miels de Bretagne, lorsqu'elles vont se nourrir sur les fleurs de bruyère et de sarrasin. Les plantes vénéneuses, la jusquiame, l'azalée pontique, l'aconit, la kalmie, fournissent des miels qui causent des vertiges et même le délire à ceux qui en mangent. M. Auguste Saint-Hilaire a failli périr pour avoir mangé, au Brésil, d'un miel préparé par la guepe nommée *lecheguana*.

Ces faits semblent indiquer que le miel n'est point le résultat d'une sécrétion animale, qu'il existe tout formé dans les fleurs; car on ne concevrait pas comment le même insecte pourrait donner tantôt un produit salutaire, tantôt un produit nuisible. Au reste, cette question est encore fort obscure. Toutefois, dans le *nectar* ou suc visqueux et sucré des fleurs, ce n'est pas du miel tout formé qui s'y trouve. D'après M. Braconnot, le nectar contient des proportions peu variables de chulariose et de sucre prismatique, sans traces de glucose, de gomme ni de mannite. Voici sa composition sur 100 parties :

Sucre prismatique.	13
Chulariose ou sucre liquide. . . .	10
Eau.	77
	100

Dans quelques fleurs, cependant, la proportion du sucre prismatique paraît très-sensiblement augmentée; c'est ainsi que le *nectar* des cactus n'offre, par la cristallisation, que du sucre prismatique, presque exempt de sucre liquide.

Puisque, contrairement à l'opinion reçue, la matière sucrée des fleurs n'est point semblable au miel, et que le sucre concret que fournit le *nectar* a toutes les propriétés du sucre prismatique, il est évident que celui-ci, en séjournant dans un des estomacs de l'abeille, y éprouve une altération due peut-être à la présence d'un acide libre, ou à toute autre cause qui le fait passer à l'état de sucre de miel ou de glucose, comme le prouvent d'ailleurs les expériences de Hubert : on sait, en effet, que cet ingénieux naturaliste a nourri des abeilles uniquement de sucre de canne, aux dépens duquel ces laborieux insectes ont continué à fabriquer le miel et la cire.

On s'est beaucoup occupé, de 1810 à 1814, du moyen d'obtenir avec le miel un sucre et un sirop privés de l'odeur et de la saveur particulières à ce produit immédiat. Quelques chimistes présentèrent à la Société d'encouragement de Paris des échantillons du sucre de miel; mais le procédé d'extraction, qui consistait à délayer le miel dans un peu d'esprit-de-vin, et à presser la masse dans un sac de toile pour faire écouler le liquide chargé de la partie incristallisable, n'était point assez économique pour qu'on pût l'adopter en grand.

Quant à la fabrication du sirop, on opérait en faisant bouillir pendant quelques minutes 24 kilogrammes de miel, 6 kilogrammes d'eau et 384 grammes de craie; on ajoutait ensuite 8 kilogrammes de charbon animal, puis 8 blancs d'œufs battus dans 8 litres d'eau. On faisait cuire en consistance de sirop, on laissait reposer et on passait à travers une étamine de laine. Mais ce sirop, d'ailleurs très-limpide et presque incolore, conserve toujours l'odeur et la saveur du miel.

Le miel est aussi fréquemment employé comme médicament que comme aliment. Associé au vinaigre, il en résulte un sirop qu'on appelle *oxymel*. Si on le délaie dans l'eau et qu'on laisse fermenter le liquide, on obtient une boisson très-agréable, ressemblant presque au vin muscat, qui est connue depuis longtemps sous le nom d'*hydromel*, et dont on fait beaucoup d'usage en Russie, en Pologne, etc., et en général dans les pays où l'on ne récolte pas de vin; c'est la première boisson fermentée connue. Au xiiie siècle on ajoutait à l'hydromel des poudres d'herbes aromatiques et l'on faisait ainsi la boisson très-estimée nommée alors *borgérase* ou *borgeraste*. Le miel entre dans la composition du pain d'épices, de diverses pâtisseries et d'autres friandises. Les juifs de l'Ukraine et de la Moldavie l'exposent à la gelée dans des vases opaques et métalliques, pendant quelques semaines, pour lui faire acquérir plus de blancheur et une consistance ferme. C'est avec ce miel ainsi modifié que sont édulcorées les liqueurs de Dantzick, le marasquin de Zara et le rosoglio. Avant la découverte de l'Amérique, la cuisine faisait grand usage du miel; les anciens n'avaient pas d'autre matière sucrante.

On mélange quelquefois le miel dans le commerce avec une certaine proportion de fécule ou de farine de haricots, afin de lui donner de la blancheur et du poids; mais cette fraude se reconnaît facilement en délayant le miel que l'on croit falsifié dans une petite quantité d'eau froide, le miel se dissout à l'instant et la fécule ou la farine se précipite; avec l'iode on constate bien aisément ensuite la nature du dépôt. Lorsqu'on chauffe ces sortes de miel, ils se liquéfient d'abord, mais, par le refroidissement, ils deviennent solides et tenaces.

NOTE XVII.

Addition à l'article NOMENCLATURE.

« Ce fut en 1782 que Guyton de Morveau éveilla pour la première fois l'attention des chimistes sur la nécessité de donner aux composés des dénominations moins arbitraires et propres à en indiquer la nature. A cette époque, la théorie de Lavoisier avait déjà détrôné celle de Stahl : la nouvelle chimie répandait déjà sa brillante lumière sur les phénomènes les plus délicats de la nature; elle jetait un si vif éclat qu'elle commençait à entraîner en sa faveur les esprits les plus mal disposés contre elle, mais elle n'avait pas encore passé dans la langue. Il restait donc à faire encore en chimie une importante réforme, et c'est Guyton de Morveau qui la commença, en publiant un petit ouvrage sur la nomenclature et en présentant à l'Académie des sciences un mémoire à ce sujet. La confusion dans les termes était alors extrême. Le même corps avait souvent un grand

...ombre de noms, et la plupart des noms en usage reposaient sur les analogies les plus éloignées. Ainsi, l'on disait : *huile* de vitriol, *beurre* d'antimoine, *foie* de soufre, *crème* de tartre, *sucre* de saturne; les chimistes semblaient avoir emprunté le langage des cuisinières.

« Toutefois, à côté de ces noms si discordants, vous serez étonnés d'en rencontrer d'autres, dans lesquels se manifeste cette tendance générale de l'esprit humain à réunir les choses qui se ressemblent, à mesure que la notion de ressemblance apparaît évidente. Le nom de *vitriol*, appliqué d'abord uniquement au sulfate de fer, avait été étendu à divers autres sulfates, et l'on distinguait : le *vitriol de fer* ou vitriol vert, le *vitriol de zinc* ou vitriol blanc, le *vitriol de cuivre* ou vitriol bleu, la *potasse vitriolée* que l'on appelait encore tartre vitriolé. Le mot de *beurre* avait été donné de même aux chlorures qui se rapprochaient par leurs caractères extérieurs du chlorure d'antimoine : l'on avait des beurres de zinc, d'étain, d'arsenic, de bismuth. *L'argent corné* ou lune cornée, désignation sous laquelle on connaissait le chlorure d'argent, avait pareillement servi de point de départ, et des expressions semblables avaient été mises en usage pour les chlorures analogues à celui-là, comme, par exemple, le plomb corné ou chlorure de plomb.

« En partant de là et voyant que l'on avait déjà fait naturellement diverses tentatives pour rassembler dans les mêmes groupes et sous des noms génériques communs, les corps qui se ressemblaient par leurs propriétés et leur mode de formation, vous ne serez pas surpris que la proposition de Guyton de Morveau n'ait excité qu'un faible intérêt. Vous le concevrez d'autant mieux que son système de nomenclature n'était qu'un essai fort imparfait, qui demandait de nombreuses modifications. Les personnes qui attribuent à Guyton de Morveau le principal rôle dans la fondation de la nomenclature sont donc peut-être dans l'erreur; et, si c'est à lui qu'est due la première tentative pour cette œuvre importante, il est certain du moins que les commissaires de l'Académie qui l'ont achevée avec lui ont droit à une grande part de la reconnaissance des chimistes.

« Guyton de Morveau fut le premier qui insista sur la nécessité de réformer un langage qui permettait de dire, par exemple, huile de vitriol et huile de tartre, pour désigner un acide des plus énergiques et un sel d'une réaction très-alcaline; ou bien encore : crème de tartre et crème de chaux, comme pour indiquer une ressemblance de nature entre le bitartrate de potasse et le carbonate de chaux, tandis qu'évidemment aucune espèce d'analogie ne rapproche ces deux composés. Il signala les inconvénients de la confusion causée par un luxe de dénomination, qui faisait donner quelquefois à la même substance cinq ou six noms différents. C'est ainsi que le sulfate de potasse était appelé *sel polychreste de Glazer, arcanum duplicatum, sel de duobus, tartre vitriolé, vitriol de potasse.*

« C'était assurément avec raison que Guyton de Morveau s'élevait contre les vices du langage des chimistes de son temps, et l'utilité de le modifier dut être généralement sentie; mais son système de nomenclature n'était pas de nature à se concilier tous les suffrages. Qu'il y a loin, en effet, du plan qu'il proposa aux principes que l'on suit aujourd'hui, et qui, arrêtés avec Guyton par les commissaires de l'académie, se trouvent discutés et établis dans le célèbre rapport de Lavoisier! Vous jugerez de ce plan par l'échantillon qui suit :

« Extrait du système de nomenclature proposé par Guyton de Morveau.

Acides.	Sels.	Bases.
Vitriolique.	Vitriols.	Phlogistique.
Nitreux.	Nitres.	Calce.
Arsénical.	Arséniates.	Borate.

Acides.	Sels.	Bases.
Boracin.	Boraxs.	Or.
Fluorique.	Fluors.	Argent.
Citronien.	Citrates.	Platine.
Oxalique.	Oxaltes.	Mercure.
Sébacé.	Sébates.	Cuivre.
		Esprit-de-vin.

« Vous voyez qu'il distingue les corps en trois classes : les acides, les sels et les bases. Dans les noms d'acides, vous trouvez toutes sortes de terminaisons : vitriolique, nitreux, sébacé, arsénical, boracin. Toute espèce de désinence se trouve mise à contribution, sans règle et sans loi.

« Dans les sels nous trouvons encore à faire la même remarque. L'acide vitriolique fait les vitriols, dénomination déjà consacrée par l'usage avant Guyton de Morveau. De même, l'acide nitreux fait les nitres : déjà aussi on distinguait différentes espèces de nitres. Quant aux sels formés par l'acide arsénical, il les nomme arséniates. Voilà donc la terminaison *ate* qui se montre pour la première fois, mais sans que la terminaison *ique* se trouve dans l'acide du sel : ce n'est point d'ailleurs l'application d'un principe général; car vous trouvez à côté beaucoup d'autres finales toutes différentes, telles que celles des mots nitres, vitriols, fluors, boraxs, oxaltes. Autant que possible, Guyton généralise des noms déjà reçus. Voilà comment il est amené à nommer *fluors* tous les fluorures, en partant du fluorure de calcium qu'on appelait *spath fluor*, et qui, dans sa nomenclature, prenait le nom de *fluor de calce* ou *de chaux*. C'est par suite de la même direction d'esprit que du mot borax, consacré uniquement au borate de soude, il fait un terme générique susceptible d'admettre un pluriel, auquel cas il ajoutait un *s*, en l'écrivant *boraxs*; ce qui formait un mot assez barbare.

« Venait ensuite le groupe des bases. Au premier rang, il plaçait le phlogistique, car il en admettait encore l'existence; puis la chaux, la baryte, la potasse et autres composés dignes effectivement de figurer parmi les bases. Il y ajoutait les métaux; cependant les expériences de Lavoisier avaient déjà prouvé d'une manière incontestable que cette classe de corps ne pouvait jamais faire fonction de bases, et que leurs oxydes seulement étaient capables de remplir ce rôle. Ainsi le groupe des bases à lui seul suffisait déjà pour faire repousser ce système de classification et de nomenclature par toutes les personnes capables de voir la science d'un peu haut. Quoi qu'il en soit, c'est un fait curieux que Guyton de Morveau ait été assez bien inspiré pour faire figurer l'alcool parmi les bases, comme s'il eût été bien établi à cette époque que l'alcool n'était autre chose que la base des éthers. Il avait donc placé l'alcool au même rang que le platine, la potasse et le phlogistique.

« Enfin vous voyez, d'après ce que je viens de dire, que Guyton de Morveau ignorait complétement le parti qu'on peut tirer des désinences, véritable base de la nomenclature actuelle, et que d'ailleurs il était si peu au courant de l'état de la science dont il voulait réformer la langue, qu'il ne savait pas sous quelle forme les métaux entraient en combinaison avec les acides, et qu'il croyait encore au phlogistique. Par conséquent, il n'avait pas cherché à bien connaître les travaux de Lavoisier, ou n'avait pas su les apprécier.

« Toutefois une idée heureuse caractérisait le mémoire de Guyton; c'était lui qui, le premier, disait : Groupez sous le nom de l'acide tous les sels qui renferment le même acide, et à ce nom générique ajoutez celui de la base pour distinguer l'espèce. Il ne faisait là que généraliser l'usage déjà consacré pour les vitriols et les nitres; mais c'était rendre un grand service; car, en partant de ce principe, on pouvait former au moins cinq cents noms appliqués à des corps connus, et remplacer ainsi, par des noms très-clairs par eux-mêmes, ceux qui existaient et qui étaient souvent inintelligibles.

« Le plan de nomenclature de Guyton de Morveau ne pouvait triompher en face des nombreuses ob-,ections qu'il suscita, et,auxquelles il était impossible de répondre victorieusement. La question demeura pendante et irrésolue jusqu'en 1787. Dans l'intervalle, Guyton vint à Paris et se mit en rapport avec Lavoisier, Fourcroy et Berthollet, auxquels avait été renvoyé l'examen de son mémoire.

« C'est par la discussion en commun de ces quatre personnages, et à la suite de nombreuses conférences, que furent établies les bases de cette langue si utile, qui permet aux chimistes de s'entendre sans efforts, langue que nous parlons encore aujourd'hui, telle, à quelques légères modifications près, qu'elle fut alors établie.

« En apparence, Lavoisier ne joue là qu'un rôle secondaire, mais on ne saurait s'y méprendre, et il est impossible de ne pas reconnaître que c'est lui qui a le plus contribué à fixer les règles de la nomenclature. Dans un discours fort bien écrit, il expose les principes qu'ils ont adoptés en commun d'après les idées de M. Guyton de Morveau ; et l'on voit qu'il s'efface devant celui-ci en l'exhaussant de son mieux. Mais il y a dans cette nomenclature des choses qui lui appartiennent incontestablement. Ainsi, de qui vint l'idée de la première classe à créer, la classe des corps simples ou réputés tels, cette classe fondamentale qui fut si nettement définie? Auquel des deux l'attribuera-t-on? A Guyton, qui, n'ayant pas su distinguer ces corps d'avec les bases, les confondit avec elles dans la même catégorie? Ou bien à celui-là même dont les travaux avaient établi quelles étaient les substances que l'on pouvait considérer comme étant des substances composées, et celles qui devaient être regardées comme simples? On ne peut mettre sur le compte d'un autre que Lavoisier le classement de la nomenclature des acides et des oxydes déterminés par ses expériences, et ajoutés à ceux dont il était question dans le mémoire de Guyton. C'est assurément encore Lavoisier qui rectifia les idées de Guyton sur les sels, et qui établit leur véritable nature.

« Si la première pensée d'une nomenclature méthodique partit de Guyton de Morveau, Lavoisier eut donc tellement à modifier son système qu'il semble devoir être regardé comme le véritable fondateur de la nomenclature qui sut mériter l'assentiment universel des chimistes. Il en développe les bases avec le talent supérieur d'un grand maître; et certes il n'avait pas besoin d'aide pour la créer. Mais dans la marche qu'il suit en l'exposant, se fait voir le désir qu'il avait de ne blesser personne, de se concilier les suffrages, et d'acquérir des appuis à sa nouvelle doctrine, dont le fond allait passer d'une manière définitive, grâce à la forme. La nouvelle langue adoptée par les quatre chimistes déjà cités fut introduite dans la science en 1787, époque à laquelle parut l'ouvrage où Lavoisier exposa le résultat de leurs méditations et de leurs conférences.

« Quelles sont les bases de ce langage? Le voici : Nous avons regardé comme simples, nous dit Lavoisier, les corps dont on n'a pu extraire plusieurs autres. Ainsi, pour éviter l'inconvénient où avait fait tomber le phlogistique, on rejetait toute hypothèse, .tne prenant conseil que de l'expérience, on disait : Nous appellerons *simple* tout ce qui est *indécomposable*, tout corps qui a résisté aux épreuves de la chir ie sans se résoudre en des matières différentes. Ces corps, bien entendu, pourront n'être pas tels que le suppose le nom que nous leur assignons : peut-être un jour parviendra-t-on à les décomposer; mais jusque-là nous les considérerons comme élémentaires, n'ayant pas de raison pour rejeter cette opinion, et nous les appellerons corps simples.

« Pour eux, la nomenclature ne commande aucune règle précise. On leur donnera, si l'on veut, des noms insignifiants ; on pourra rappeler, en les nommant, une de leurs propriétés les plus saillantes, ou mieux, quelque autre trait de leur histoire ; mais ce qu'il importe surtout, c'est que leur nom se prête facilement à la formation des noms composés.

« Quant aux produits résultant de la combinaison des corps simples, ils sont de nature diverse, et dans tous les cas ils doivent recevoir des dénominations propres à faire connaître ce qu'ils sont. Ainsi, ils s'unissent à l'oxygène, et forment des acides : eh bien ! il faut que le nom de chaque acide rappelle sa composition, et le caractérise immédiatement à l'esprit de qui l'entend nommer. D'autres donnent naissance à des oxydes : il faut de même que les noms de ces oxydes rappellent leur composition, et ne permettent pas de confusion. Puis, par leur réunion, les oxydes et les acides produisent des sels : pour nommer ces sels, il faut encore des termes qui indiquent la nature des composants.

« Viendra-t-on maintenant demander pourquoi la composition des corps a été envisagée sous cette forme? La réponse serait très-facile, ce me semble : c'est que, entre plusieurs suppositions trop significatives, on a pris en somme celle qui l'est le moins, on a choisi la plus simple de toutes, celle qui se prête le mieux à la formation des noms composés. Voilà, n'en doutons pas, ce qui a déterminé Lavoisier et ses collègues à adopter la manière de voir qu'indique leur nomenclature ; ce ne fut point le résultat d'une véritable conviction.

« A l'occasion des oxydes de plomb, par exemple, on peut faire les diverses suppositions suivantes.

« On peut admettre d'abord que ces oxydes résultent chacun de la combinaison immédiate du plomb et de l'oxygène en différentes proportions. Mais de plus, et sans parler de la manière de voir d'après laquelle on fait du deutoxyde un composé de protoxyde et de peroxyde, ne peut-on pas dire : L'union de l'oxygène avec le plomb produit la litharge ; celle-ci fait le minium en se combinant avec une certaine quantité d'oxygène, puis l'oxyde *puce* en absorbant une quantité plus grande. On pourra vous dire encore : Pourquoi ne pas faire l'inverse, et admettre que c'est l'oxyde puce qui résulte de l'union directe du métal et de l'oxygène, puisque les deux autres oxydes sont des combinaisons de plomb et d'oxyde puce ? Après quoi, un troisième viendra à son tour émettre ainsi son avis : mais non, le plomb en se combinant avec l'oxygène ne forme ni de l'oxyde puce ni de la litharge; il donne naissance à du minium, et ce minium produit de l'oxyde puce en s'unissant à l'oxygène, et de la litharge en s'unissant à du plomb.

« Eh bien ! on n'a pas voulu trancher la question. Il y avait un fait incontestable: c'est que la litharge, le minium et l'oxyde puce renfermaient de l'oxygène et du plomb, sans nul autre corps simple; en conséquence, on est convenu de les appeler tous oxydes, en distinguant d'ailleurs chacun d'eux par les moyens que vous connaissez. On n'a pas cherché à approfondir davantage leur nature, on n'a pas voulu recourir à un examen plus minutieux, dont le résultat eût toujours été douteux; on a mieux aimé définir simplement ce que l'on voyait en masse, sans prétendre du reste juger des détails. En cela je trouve qu'on a eu parfaitement raison.

« Voudriez-vous d'autres exemples? L'acide sulfurique, l'acide sulfureux et l'acide hyposulfureux sont formés de soufre et d'oxygène. Mais si l'on veut s'abandonner à la recherche d'hypothèses sur la manière dont ces deux éléments s'y trouvent associés, on pourra se demander si l'acide sulfurique n'est pas parmi eux un composé fondamental qui donne lieu aux deux autres en entrant en combinaison avec du soufre; ou si ce n'est pas l'acide hyposulfureux qui prendrait une certaine dose d'oxygène pour faire

.'acide sulfureux et une autre pour faire l'acide sulfurique, ou bien encore, si l'on ne devrait pas voir
plutôt dans l'acide sulfureux un radical, qui, joint
au soufre ou à l'oxygène, produirait l'acide hyposulfureux et l'acide sulfurique. Entre ces trois systèmes, l'embarras du choix me décide, et je n'en adopte
aucun ; je me borne à énoncer que le soufre et l'oxygène sont les éléments qui constituent les trois acides en question, et que leur analyse ne m'en fournira pas d'autres.

« Ainsi, vous voyez, si je ne me trompe, qu'on s'en
est rapporté au sentiment général; on a fait la supposition la plus simple. On s'est dit : Nous ne saurions nous prononcer; et d'ailleurs, pour créer une
nomenclature simple et commode, nous n'avons pas
besoin de fixer nos idées d'une manière plus précise.
Nous n'irons pas plus loin pour le moment : peut-
être l'avenir donnera-t-il les moyens de pénétrer plus
avant.

« Ce qu'on avait fait pour les binaires, on le fit
aussi pour les sels; c'est-à-dire qu'on s'arrêta pareillement à la supposition la plus naturelle et la
plus facile à exprimer dans la formation des noms.
C'est encore l'opinion qui mérite à tous égards la
préférence aujourd'hui.

« Je ne m'engage point à démontrer que le système de Lavoisier sur la constitution des sels, qu'ont
admis les auteurs de la nomenclature, est exact. Il
fut et il reste établi sur un sentiment général de con-
venance, et n'est point basé sur des preuves péremp-
toires. Mais je me chargerai volontiers de vous faire
voir que, devant tous les autres systèmes proposés,
s'élèvent des objections de la plus grande force.

« Nous commencerons par celui de Davy, auquel
M. Dulong a prêté son appui si puissant à nos yeux.
Pour être admis et soutenu par de telles autorités,
il fallait que ce système fût plus que vraisemblable;
il devait être non-seulement possible, mais encore
philosophique, important. Il est né, il est vrai, dans
l'esprit d'un homme qui parait avoir cherché toutes
les occasions de combattre la théorie de Lavoisier, et
qui s'est constamment efforcé de lui en substituer
de nouvelles. Voilà comment il fut sans doute poussé
à se mettre en opposition avec les idées adoptées sur
la constitution des sels.

« Davy part d'un système d'idées qui lui est propre. Les hydracides, nouveau genre d'acides à la
découverte desquels il avait coopéré puissamment,
voilà son point de départ. Lavoisier n'avait reconnu
que des oxacides. Eh bien ! s'est-il-dit, je vais montrer
qu'il n'existe que des hydracides. Cette idée paraît
bizarre: elle est telle cependant qu'aujourd'hui même,
en la discutant, on reste presque indécis, et qu'il
faut approfondir cette théorie avec un soin extrême,
si l'on veut trouver quelque motif vraiment déterminant en faveur de celle de Lavoisier.

« Pour rendre l'exposé de ce que j'ai à vous dire
plus rapide et plus facile à saisir, je vous demande-
rai la permission d'employer les signes chimiques
dont on fait usage aujourd'hui. Nous allons nous servir de formules bien postérieures à l'époque où Lavoisier et Davy proposèrent leurs doctrines. Mais elles
nous fourniront un moyen de traduire leurs pensées
en quelques mots et de faciliter beaucoup leur
examen.

« Nous admettons, avec Lavoisier, que l'acide sulfurique est SO^3, que l'acide sulfurique ordinaire concentré est ce même acide hydraté $SO^3 H^2O$, et que
la substance que nous appelons sulfate de plomb,
est un composé de l'acide SO^3 avec l'oxyde de plomb
PbO. D'après Davy, rien de tout cela n'est vrai, et il
vous dirait : Vous croyez que SO^3 est un acide ; eh
bien ! pas du tout, ce n'est point un acide : je vous
défie de me montrer dans ce composé les caractères
d'un acide. — Et ce qu'il y a de bien étrange, c'est
que si l'on a accepté le défi, on demeure impuissant ;
on ne peut pas prouver que notre acide sulfurique

anhydre soit vraiment un acide. Oui, je le répète,
on ne peut pas prouver que SO^3 soit un acide. C'est,
suivant Davy, l'acide ordinaire, c'est $SO^3 H^2O$ qui est
l'acide véritable, et il l'écrirait d'une manière différente ; car, pour lui, c'est un hydracide. La formule
de l'acide de Davy sera $SO^4 + H^2$, c'est-à-dire de
l'acide chlorhydrique, dont le chlore Ch^2 est remplacé
par le radical $SO^4 + H^2$, c'est-à-dire de l'acide chlorhydrique, dont le chlore Ch^2 est remplacé par le radical SO^4. Et alors vous concevez qu'en mettant cet
hydracide en contact avec les bases, il devra se comporter comme le font les autres hydracides. Son
hydrogène se portera sur l'oxygène des oxydes pour
faire de l'eau, et le radical SO^4 s'unira au métal. De
cette sorte ce qu'on appelle sulfate de plomb ne
sera pas du tout $SO^3 + PbO$, mais bien $SO^4 + Pb$.

« Or, cela est clair ; vous pouvez appliquer ces
idées à tous les acides possibles.

« Davy ajoute que si son système est exact, il
faut, pour combiner l'acide sulfurique avec l'ammoniaque, prendre non pas l'acide anhydre, mais ce
qu'on regarde comme de l'acide hydraté. A cet égard,
il a consulté l'expérience, et il a vu que dans le sulfate d'ammoniaque desséché autant que possible, il
avait toujours avec SO^3 les éléments de H^2O, par
conséquent de quoi constituer son hydracide SO^4H^2.
Tous les sels ammoniacaux présentent une semblable particularité.

« Dans ces derniers temps on est allé plus loin :
on a essayé d'unir l'acide sulfurique anhydre, l'acide
sulfureux anhydre, au gaz ammoniaque sec, et le
résultat a encore été favorable à l'opinion de Davy.
Les composés produits ont été tout autres que les
sels formés par les mêmes acides et l'ammoniaque
en présence de l'eau : ils n'ont point reproduit ceux-
ci quand on les a dissous dans l'eau, ils n'ont point
offert les propriétés générales des sulfates ou des
sulfites.

« Enfin M. Dulong a appuyé les idées de Davy par
ses considérations sur les oxalates, qui, dans ce
système, résulteraient de la combinaison de l'acide
carbonique avec les métaux, ce qui donnerait une
explication facile de quelques-unes, ou, pour mieux
dire, de toutes leurs propriétés.

« Vous voyez donc qu'une foule de faits viennent
à l'appui de cette manière de voir. Cependant ils
ne renversent point celle de Lavoisier, et peuvent
également s'expliquer par elle. La différence de nature qui existe entre l'ammoniaque et les oxydes
peuvent bien occasionner aussi une différence dans
leur manière de se comporter avec les acides ; et les
phénomènes singuliers que présente l'acide sulfurique hydraté dissous dans l'alcool absolu, en prouvant l'influence que peuvent exercer les dissolvants
sur les réactions des corps, permettent de rattacher,
sans invraisemblance, à la même cause, les dissemblances observées dans la manière d'agir de l'acide
sulfurique, suivant qu'il est anhydre ou hydraté.

« En définitive, on serait donc tenté, sinon d'adopter la théorie de Davy, du moins de demeurer indécis entre elle et celle de Lavoisier, s'il n'y avait pas
d'objections graves à faire valoir contre la première.
On a peine à trouver un moyen de l'attaquer ; tant
elle parait bien établie, tant elle est rationnelle. Elle
semble, tout au contraire, simplifier beaucoup la
chimie. Avec elle, en effet, plus que des hydracides ;
avec elle, rien que formules semblables pour tous les
composés salins, ou plutôt plus de sels, rien que des
binaires ; les corps regardés comme sels devenant
analogues au chlorure de sodium.

« Cependant la réflexion nous fait reconnaître deux
motifs tendant à faire repousser ce système, et deux
motifs tellement puissants qu'ils me semblent décisifs.

« En voici un d'abord : c'est qu'il faudrait admettre une multitude d'êtres que nous n'avons jamais vus, et que nous devons désespérer de voir, des

acides per-sulfurique, per-azotique, per-carbonique, etc., dont les formules seraient SO^4, $Az^2 O^6$, $C^2 O^5$, etc. En un mot, chaque oxacide supposera l'existence d'un autre composé renfermant une proportion d'oxygène de plus. Or, je le déclare, toutes les fois qu'une théorie exige l'admission de corps inconnus, il faut s'en défier; il ne faut lui donner son assentiment qu'avec la plus grande réserve, que lorsqu'il n'est plus permis de s'y refuser, ou du moins qu'en présence des analogies les plus pressantes. Plus cette théorie nécessite d'être, imaginaires, plus on doit se montrer difficile. C'est, voyez-vous, et peut-être faites-vous la comparaison vous-même, c'est retomber dans l'inconvénient du phlogistique; et ici, ce ne serait pas seulement un phlogistique, ce serait une nuée de phlogistiques. Il y aurait presque autant de corps supposés. De là une confusion, un embarras pour la science auquel on ne saurait se résigner qu'en obéissant à une véritable, à une impérieuse nécessité.

« Il y a une autre raison qui augmente encore l'invraisemblance de ces hypothèses. Dernièrement on a vu que l'acide phosphorique, dissous dans l'eau, pouvait s'offrir à trois états différents, sous chacun desquels il était doué de propriétés particulières. C'est qu'en effet il forme trois hydrates :

$$Ph^2O^5, 3H^2O.... Ph^2O^5. 2H^2O.... Ph^2O^5, H^2O.$$

« Le premier de ces hydrates a reçu le nom d'acide phosphorique ordinaire; le second, d'acide pyrophosphorique; le troisième, d'acide métaphosphorique. Peu importent ces noms : laissons-les de côté. Ces trois sortes d'acide phosphorique donnent lieu à des sels différents, dans lesquels l'eau qui se trouvait primitivement unie à l'acide se trouve remplacée par la base, atome par atome, soit en totalité, soit en partie. Du reste, ces trois variétés d'acide passent facilement de l'une à l'autre, soit en perdant de l'eau par la calcination, soit en gagnant de l'eau par un contact prolongé avec ce liquide. Entre elles existent donc, d'une part, des différences incontestables et, de l'autre, des rapprochements, qui indiquent une grande ressemblance de nature. Les formules toutes simples qu'on leur assigne, en signalant entre ces acides une différence que l'on pourrait comparer, si l'on voulait, à celle qui existe entre l'alcool et l'éther, rendent également parfaitement bien compte de ces rapprochements. Or, il n'en serait plus de même, si on envisageait ces corps, non plus comme des hydrates d'un même oxacide; mais comme des hydracides tout différents. Ils seraient alors réprésentés par :

$$Ph^2O^8, H^6.... Ph^2O^7, H^4.... Ph^2O^6, H^2.$$

« Voilà de bien graves changements de nature pour des corps qui passent si aisément de l'un à l'autre. On admettrait dans leur composition des différences de premier ordre pour expliquer des différences de propriétés d'ordre très-secondaire. L'effet ne serait pas proportionné à la cause.

« J'insiste sur ce raisonnement, car je ne trouve pas d'autres faits à opposer au système soutenu par Davy et M. Dulong. Ainsi la question n'est point irrévocablement vidée. D'un moment à l'autre, il est possible que cette théorie se relève triomphante, appuyée par quelque découverte qui lui donnera une force nouvelle. Mais jusqu'à présent je suis d'avis qu'elle doit être repoussée, en raison de cette multitude innombrable d'êtres inconnus qu'elle suppose. Si seulement j'en voyais naître une partie..... j'aurais moins de répugnance à croire à l'existence du reste.

« Vous venez de voir que, dans les sels, Davy prend l'oxygène de la base pour le porter sur l'acide. Dans ces derniers temps, M. Longchamp a fait précisément l'inverse. Il veut qu'on reporte de l'acide sur la base autant d'oxygène qu'elle en contient déjà. D'après lui, l'acide sulfurique et le protoxyde de plomb donnent, en s'unissant, un composé d'acide sulfureux et d'oxyde puce, dont la formule doit s'écrire ainsi : SO^2, PbO^2. L'acide sulfurique du commerce devient une combinaison d'acide sulfureux et d'eau oxygénée : SO^2, $H^2 O^2$. C'est donc exactement l'hypothèse de Davy renversée.

« D'après cela, si vous prenez le sulfate de sesquioxyde de manganèse, que l'on représente par 3 SO^3, $Mn^2 O^3$, il faudra y voir ce qu'indique la formule $3SO^2$, $Mn^2 O^6$. Or, après cette transformation, vous voyez que vous avez un acide très-fort, l'acide manganique qui joue le rôle de base vis-à-vis un acide très-faible, l'acide sulfureux. Bien plus, c'est que ce sont deux acides qui ne peuvent co-exister; car l'acide sulfureux ramène l'acide manganique à l'état de protoxyde de manganèse.

« S'agit-il du sulfate d'alumine, il n'est plus 3 SO^3, $Al^2 O^3$, mais bien $3SO^2$, $Al^2 O^6$. Or, voilà un composé $Al^2 O^6$, que personne ne connaît et dont l'existence n'avait point été soupçonnée, et il y en aura une multitude de semblables. Car il faut qu'à tous les oxydes salifiables correspondent d'autres oxydes renfermant le double d'oxygène; et pour chaque acide susceptible de combinaison avec les bases il faudra trouver un autre composé renfermant un atome d'oxygène de moins. Il faudra admettre l'existence de FeO^2, FeO^6, $Gl^2 O^6$, MgO^2, kO^2 etc., etc., de Ph^2O^4, $Ph^2 O^4$, etc.

« Il est inutile d'insister davantage sur les invraisemblances de cette théorie bien moins heureuse que celle de Davy, et qui ne présente aucun côté philosophique.

« Quoi qu'il en soit, voilà trois manières de concevoir la composition des sels, et l'on peut représenter le sulfate de plomb par les trois formules suivantes :

$$SO^3, PbO.... SO^4, Pb.... SO^2, PbO^2.$$

« Eh bien! il y a encore une autre théorie. C'est la négation de toute prédisposition dans les composants d'un sel. Elle consiste à dire : vous cherchez comment les éléments des sels se groupent les uns auprès des autres?... Eh bien! ils ne se groupent pas les uns auprès des autres; ils sont disséminés dans le composé. Bref, votre formule n'a aucun arrangement particulier à vous peindre; vous devez écrire SO^4Pb, ou plutôt O^4PbS, en suivant l'ordre alphabétique; car vous n'auriez pas de raison pour en adopter un autre.

« Dès qu'une théorie n'est pas appuyée sur quelque nécessité, je la repousse. Il ne suffit pas qu'elle soit rigoureusement possible. Elle ne renfermerait rien d'invraisemblable que ce ne serait point encore assez. Il faut qu'elle soit nécessaire, ou tout au moins qu'elle soit utile et basée sur des raisons solides. Il faut surtout, lorsqu'elle est destinée à en remplacer une autre, qu'elle soit mieux établie et plus raisonnable que celle qu'elle doit renverser.

« Celle dont il s'agit réalise-t-elle ces conditions? Voilà ce que je ne puis admettre. Elle ne repose sur aucune base réelle; elle ne jette aucune lumière sur les propriétés des corps; elle masque les rapports qui existent entre eux; et, appliquée à la nomenclature et aux formules, elle ne ferait qu'y apporter une confusion déplorable.

« Que l'on vous dise : il y a un composé dont la formule est $C^{12} H^{12} O^4$ ou $C^3 H^3 O$. Vous en ferez-vous tout de suite, d'après cela, une idée juste? Je suppose même que l'on ajoute : c'est un liquide éthéré, très-volatil et d'une odeur suave. Serez-vous fixé sur sa nature? Vous vous demanderez : Mais qu'est-ce $C^{12} H^{12} O^4$? On voit bien, en se guidant par l'idée éther, que $C^{12} H^{12} O^4$ équivaut à $C^4 H^2 O^3$, $C^8 H^8$, $H^2 O$; mais il équivaut aussi à $C^8 H^6 O^3$ $C^4 H^4$ $H^2 O$. Cette formule $C^{12} H^{12} O^4$, ou, à plus forte raison, celle-ci $C^3 H^3 O$, vous laissera donc complétement dans l'incertitude.

« Ce sera à peu près comme si on vous disait :
j'ai à vous entretenir d'un personnage dont vous avez
entendu parler. Il s'appelle A ² BEIMRU. L'on ajouterait
même que c'est un orateur illustre, un des membres
les plus fameux de l'Assemblée constituante, que vous
ne seriez pas encore très-avancé. L'un dirait : Ah!
c'est Mirabeau; l'autre : Bon, c'est (1) l'abbé Maury.
Une obscurité semblable accompagnera la formule
$C^{12} H^{12} O^3$, qui appartient également à l'éther formique ou à l'acétate de méthylène. Qu'à sa place on
vous présente au contraire celle-ci : $C^4 H^2 O^3$, $C^8 H^8$,
$H^2 O$; dès lors, non-seulement vous savez parfaitement quel est le corps dont il s'agit; mais en vous
disant qu'il s'agit de l'éther formique, cette formule
vous offre à elle seule le tableau résumé d'un grand
nombre de ses propriétés.

« Eh bien! je vous le demande, quelle nomenclature voudriez-vous préférer? (Car je confonds ici
nomenclature, formules, manière de se représenter
la constitution du corps; c'est toujours la même question.) Est-ce celle qui ne vous apprend autre chose que
la nature des corps simples qui font partie d'un composé; ou bien celle qui le caractérise le mieux possible et qui rappelle le mieux ses propriétés essentielles? La manière la plus utile de représenter les
corps n'est-elle pas celle qu'il faut adopter de préférence?

« Au reste, ne nous obstinons point à tort. Quand
il n'y a point de faits qui permettent d'aller plus loin
que la formule brute, sachons nous y arrêter. Mais
lorsqu'il y a un système d'idées qui s'accorde à nous
présenter d'une certaine manière la constitution intime d'un corps, cherchons un nom et une formule
qui en soient l'énoncé. Il ne suffit pas qu'ils expriment des faits possibles ; il faut leur faire exprimer
des faits *certains*, et le plus de faits qu'on peu. Rappelons-nous d'ailleurs que toutes ces questions sont
entourées d'un nuage qu'il n'a jamais été permis de
dissiper complétement jusqu'ici, et soyons prêts à
faire le sacrifice de nos opinions dans le cas où des
expériences décisives viendraient à les renverser.

« La marche à suivre au milieu des difficultés
qu'offrent ce sujet peut être résumée en quelques
phrases. Il faut d'abord éviter toute idée préconçue
et faire l'analyse brute de la substance proposée,
puis la soumettre à des épreuves qui puissent en faire
connaître les principales réactions. Quand elle sera
binaire ou constituée à la manière des corps binaires, l'action des corps simples, très-positifs ou très-
négatifs, sera éminemment propre à en mettre au
jour la vraie nature. Sera-t-elle saline? les bases ou
les acides forts serviront surtout à éclaircir sa constitution intime.

« Je sais bien qu'on peut dire : Ces corps que vous
retirez n'existaient pas : vous les faites naître. J'a-
voue que leur préexistence me semble vraisemblable
et que j'y ai toujours cru. Mais si j'avais été dans le
doute, les résultats de M. Biot l'auraient levé. Il a vu
en effet que l'essence de térébenthine déviait la lumière polarisée vers la gauche, et qu'en s'unissant à
l'acide chlorhydrique pour former le camphre artificiel elle ne perdrait point cette propriété, mais qu'elle
la conservait au même degré. Il a trouvé un pouvoir
rotatoire inverse dans l'essence de citron, quoiqu'elle
ait la même composition; et s'il n'a pas pu vérifier
par des expériences précises si ce pouvoir subsistait
intact dans son chlorhydrate, il s'est assuré du moins
que ce composé déviait la lumière polarisée dans le
même sens.

« A l'égard de ces corps, le chimiste et le physicien
sont donc conduits à la même conséquence : elle
semble par conséquent bien établie; et si elle est vraie
pour le chlorhydrate d'essence de térébenthine, elle
doit l'être aussi pour les substances analogues. Les
recherches de M. Biot méritent donc par leurs con-

(1) Que le lecteur veuille bien s'attacher à la valeur
des sons et point à l'orthographe des mots.

séquences tout l'intérêt des chimistes; elles peuvent
devenir décisives pour la théorie et le sont presque
déjà.

« Pour certains composés, la forme sous laquelle
sont combinés les éléments paraît donc bien déterminée. Mais il y en a sur lesquels on ne sait trop
quel jugement porter. Ainsi, le chromate acide de
potasse est-il un composé d'acide chromique et de
potasse unis directement? Je suis bien plus porté à
croire que c'est une combinaison de chromate neutre et d'acide. De même, dans le sous-acétate de
plomb, il me semble qu'il faut voir un composé
d'oxyde de plomb et d'acétate neutre plutôt qu'un
résultat de l'union immédiate de l'acide acétique et
de l'oxyde de plomb. Ce sont au surplus des questions à résoudre par l'expérience, et non pas par des
raisonnements *a priori*. On ne saurait établir aujour-
d'hui de système général sur ces matières ; il faut
d'abord interroger soigneusement la nature, il faut
être fixe sur un grand nombre de cas particuliers :
ce n'est que par là qu'il deviendra permis de s'élever
avec confiance à des généralités.

« Est-on, par exemple, dans la vérité lorsqu'on
écrit :

$$Az^2O, \ Az^2O^2, \ Az^2O^3, \ Az^2O^4, \ Az^2O^5,$$

en admettant dans les composés ainsi représentés
de simples combinaisons directes des deux corps simples? Je ne le crois pas, et je suis persuadé, au contraire, que parmi ces cinq composés il y en a qui
résultent de la combinaison des autres, soit entre
eux, soit avec l'un des deux corps élémentaires. C'est
à l'expérience, je le répète, à préciser l'état réel de
leur constitution intime.

« Beaucoup de chimistes aujourd'hui regardent
l'oxyde de carbone comme un radical susceptible de
jouer le rôle de corps simple vis-à-vis de l'oxygène
et du chlore, par exemple. Cette manière de voir, qui
trouve à présent un véritable appui dans la théorie
des composés benzoïques, fut exposée dans un essai
de philosophie chimique, en 1827. L'oxyde de carbone y fut assimilé au cyanogène : l'acide chloroxicar-
bonique et l'acide carbonique furent donc représentés par les formules C^2O, Ch^2 et C^2O, O; et j'admis
conséquemment que le même corps simple pouvait
entrer en combinaison de deux manières différentes
dans un même produit. D'après les expériences de
MM. Wœhler et Liebig sur le benzoïle, cette manière
de voir a été généralement adoptée, et elle a reçu
une nouvelle confirmation par la loi des substitutions.

« Récemment, M. Laurent et M. Persoz ont appliqué cette idée d'une manière très-étendue. D'après
M. Persoz, l'acide azote est formé de bioxyde d'azote
et d'oxygène $Az^2O^2 + O$, et l'acide azotique d'acide
hypoazotique et d'oxygène $Az^2O^4 + O$; en un mot,
tous les acides renferment un atome d'oxygène en
dehors du radical, en sorte que l'acide borique doit
être $BO^3 + O$, l'acide chromique $CrO^4 + O$, etc. Dirai-
je qu'on doit admettre ces hypothèses? Je ne le crois
pas. On a trop peu de raisons à faire valoir en leur
faveur. Evitons soigneusement les suppositions gra-
tuites. Rappelons-nous sans cesse qu'il y a le plus
grand danger à créer des radicaux hypothétiques
sans nécessité.

« Voici donc ma proposition : Laissez les séries
binaires comme elles sont; laissez les séries salines
comme elles sont. Toutefois, faites des expériences
pour vous assurer si elles sont bien conçues, et
croyez bien d'ailleurs que la décision prise pour une
série aura besoin d'être vérifiée pour les autres, et
qu'il ne faudra pas se presser de généraliser.

« La nomenclature de Lavoisier n'exprime que la
nature à l'état des corps : elle n'avait pas d'autre
objet. Après que les équivalents chimiques furent
bien établis, M. Berzelius songea à créer une nomenclature symbolique, dans laquelle on pût indiquer
non-seulement le nom des éléments et la manière

d'envisager leur réunion, mais de plus leurs quantités respectives : ce qu'il fit en exprimant les poids des atomes par des signes auxquels il associa l'indice de leur nombre. C'est ainsi qu'il établit ces formules si commodes, comme $SO^3 PbO$, qui disent en effet tout ce que je viens d'énumérer. Aussi ont-elles été généralement adoptées. Il n'y a guère que quelques chimistes anglais qui se refusent encore à en faire usage, et nous ne pouvons trop les en blâmer hautement.

« Voilà donc deux nomenclatures bien distinctes, la nomenclature parlée et la nomenclature écrite, ayant chacune ses avantages et ses exigences. Sans doute la seconde est à la fois d'une exactitude et d'une précision bien précieuses, mais s'ensuit-il qu'il faille chercher à modeler la première sur elle? Non, mille fois non. Il faut que la seconde reste ce qu'elle a été, une langue claire, simple et même élégante ; une langue qu'on puisse parler sans effort, et comprendre sans travail ; il faut qu'elle soit exacte, mais aussi qu'elle soit concise et harmonieuse.

« Cependant il est impossible d'éviter qu'il soit fait quelques tentatives tendant à confondre ces deux manières de désigner les corps. Il ne se passe presque pas d'année où l'Institut ne reçoive un ou deux nouveaux plans de nomenclature, plus ou moins vicieux, plus ou moins niais. Les personnes qui se sont occupées d'histoire naturelle ne s'en étonneront pas. Vous savez, par exemple, combien est belle, combien est utile la nomenclature linnéenne en botanique, précisément parce qu'elle n'exprime rien, ou si peu, que l'envie de la modifier doit venir difficilement à un homme raisonnable, même quand la science a subi quelques changements. Cependant il y a des gens qui ne se rendent pas à ces raisons, et qui veulent renchérir sur Linné, au risque de former les dénominations les plus cruelles à prononcer.

« Croirait-on, par exemple, qu'il se soit trouvé un botaniste, Bergeret, qui, s'efforçant d'exprimer tous les caractères des plantes dans leur nom, n'a pas eu l'oreille blessée des mots barbares qu'enfantait son système? Et pourtant au nom ordinaire de la *mélisse*, simple et commode à prononcer, il substitue celui de *sœfnéanizara* ; la *lavande* devient *sœfniaceara* ; l'*ortie rouge, niqstyafoajiaz* ; le *serpolet, qiqgyafoasiaz*, et la *menthe, oiqgyafoajoaz !!*

« Vous admirez la mélodie de ces noms et la facilité de leur prononciation : eh bien! ce qui vous semble si sauvage pour la science des fleurs, M. Griffins vient de le renouveler pour la chimie. Ses noms expriment le *nombre des atomes* et non pas l'ordre de leur combinaison. Nous savons déjà ce qu'on y gagne philosophiquement ; voyons maintenant ce qu'on y gagne sous le rapport de l'harmonie et du beau langage. Attendez : il faut que je lise ; autrement je ne pourrais m'en tirer. Je tombe sur le feldspath : voilà un minéral d'un nom bien connu et bien commode, au moins pour sa brièveté. M. Griffins n'en veut pas ; il aime mieux dire : *Kalialisilioxi-mona-triadodecaocta*.

« Et l'alun ordinaire, il faut l'appeler : *Kalialintria sulintetraoxinocta Aquindodeca*.

« Vous allez dire peut-être que ces corps sont d'une composition très-compliquée, qui oblige nécessairement à leur donner des dénominations longues et embarrassées. Eh bien! prenons le fluoborate de baryte : dans le système de M. Griffins, il se nomme : *Baliborintriaflurintetra Aqui*.

« Enfin la craie, pour laquelle les noms communs manquent si peu, que vous pouvez appeler scientifiquement carbonate de chaux ; en langage de minéralogie, chaux carbonatée ; ou bien encore, si vous voulez, *blanc de Meudon, blanc d'Espagne, pierre calcaire*, tout comme il vous plaira, car tous ces noms me semblent préférables à celui que je vois là, que je vais prononcer ; la craie prend ici le nom de : *Calci-tcariproxintria.*

« Ces choses n'ont pas besoin d'être combattues il suffit de les lire.

« Laissons à la nomenclature écrite sa précision et ses indications rigoureuses ; mais songeons qu'à la nomenclature parlée il faut de l'élégance, il faut un peu de ce laisser-aller, sans lequel les noms deviennent d'une longueur ridicule et fatigante.

« En finissant, je ne puis m'empêcher de témoigner le regret que j'éprouve en voyant entrer dans la science des noms tels que *mercaptan*, ou *mercaptum*, qui ne reposent que sur de mauvais jeux de mots : car *mercaptan* veut dire *corpus mercurium captans*, corps qui prend le mercure ; et *mercaptum, corpus mercurio aptum*, c'est-à-dire corps uni au mercure. J'aimerais mieux en vérité la méthode d'Adanson, qui tirait au sort les lettres qui devaient former le nom dont il avait besoin. Tenez, j'en dirai autant d'un nom qui a été proposé récemment dans un des plus beaux mémoires que la chimie possède. L'importance du travail dont le corps ainsi nommé a été l'objet rend mon observation plus nécessaire : c'est le mot *aldehyde* qui signifie *alcool dehydrogenatum*, alcool déshydrogéné. Ainsi, dans l'alcool, on prend, sans s'embarrasser de l'étymologie, la particule *al*, qui dans la langue arabe où est pris le mot alcool, indique la perfection d'une chose quelconque ; particule qui par conséquent ne précise rien, qui est commune à tous les noms arabes pris à leur haut degré, et qui appartient aussi bien à l'Alcoran qu'à l'alcool. On y ajoute la syllabe *hyd* qui n'est pas non plus le radical du mot hydrogène.

« Le mercaptan, c'est du bisulfhydrate, hydrogène bicarboné ;

« L'aldehyde, c'est un corps dont les connexions avec l'acide acétique devaient surtout frapper le nomenclateur. A mon avis, dans la nomenclature des corps organiques, il faut faire peu d'attention à leur *origine* et beaucoup à leurs *dérivés*. Ainsi, le mot *chloral* ne m'apprend rien d'essentiel, tandis que le mot *chloroforme* exprime le fait saillant de l'histoire du corps, sa conversion en chlore et acide formique sous l'influence des bases.

« Je puis faire ces remarques, j'ai le droit de les faire ; car nul ne professe une plus profonde estime pour les travaux de M. Zeise ; nul ne connaît mieux que moi ce que la science doit à M. Liebig et ce que Liebig promet à la science pour l'avenir. Que M. Liebig me permette de le lui dire, il est doué d'un génie trop puissant, pour avoir le droit de cesser d'être logique, même en adoptant un mot.

« Tout cela est transitoire, il est vrai, fort heureusement ; mais cette excuse ne rend pas de pareils noms meilleurs, et c'est une nécessité de les critiquer dans un cours tel que celui-ci ; surtout quand on songe que ce provisoire peut durer tout aussi longtemps que ces baraques ignobles bâties pour un jour, et qui, pendant des siècles, ont défiguré les approches de nos plus beaux monuments. Terminons en vous exposant notre système :

« Donnez aux corps simples et aux corps qui agissent comme eux des noms insignifiants, pourvu qu'ils se prêtent facilement à la formation des noms composés ;

« Prenez pour les corps composés les formules qui, s'accordant avec l'analyse élémentaire, représentent le mieux l'expérience, et ne les basez jamais que sur elle ;

« Représentez autant que possible, dans la langue parlée, ces formules par des noms clairs et commodes, en ce qu'elles ont d'essentiel, mais en négligeant toutes les circonstances accessoires, et sans prétendre tout énoncer.

« Ceci fait, vous aurez exprimé les vérités de votre temps, les vérités de votre époque. Vous laisserez pourtant à votre esprit toute sa liberté, en vous rappelant que si vous n'enregistrez ainsi que des vérités, vous n'enregistrez pas du moins toute la vérité, et que vos neveux auront à poursuivre l'œuvre que vous avez commencée (1). »

NOTE XVIII.
Poudres fulminantes.

Rien n'est plus dangereux que le maniement de ces poudres. Un centigramme de fulminate d'argent, jeté sur les charbons ardents, produit une détonation aussi forte qu'un coup de pistolet. Le plus léger frottement entre deux corps suffit pour en provoquer l'explosion, surtout quand il est sec et chaud; aussi se sert-on de baguettes de bois tendre et de cuillers en papier pour sa préparation et son maniement. Quelques décigrammes qui détoneraient sur la main en causeraient infailliblement la perte.

De terribles accidents n'ont que trop appris, aux chimistes et aux fabricants de ces composés, les précautions avec lesquelles on doit les toucher. Figuier, de Montpellier, a perdu un œil en préparant du fulminate d'argent. Barruel, de Paris, a eu une partie de la main droite emportée par la détonation de fulminate de mercure, qu'il broyait négligemment dans un mortier de silex; l'explosion fut si violente, que le mortier disparut en poussière. L'infortuné Bellot, ancien élève de l'école Polytechnique, a perdu la vue et a été horriblement mutilé par une semblable détonation. Julien Leroy, fabricant de poudre, a été tué, il y a quelques années, par la détonation de fulminate encore, humide qu'il remuait, par imprévoyance, avec une baïonnette. Plusieurs fabriques de poudre fulminante au mercure, entre autres celle d'Ivry, près Paris, ont été entièrement détruites par l'explosion de quelques kilogrammes de matière. En 1842, un chimiste de Londres très-célèbre, Hennell, a péri victime d'une explosion effroyable produite par la même substance. Un fournisseur, nommé Dymon, qui avait traité avec la compagnie des Indes pour une quantité considérable d'obus remplis de fulminate de mercure, ne pouvant préparer lui-même, dans le délai fixé, tout ce qu'il avait promis de livrer, s'était adressé à Hennell, pour qu'il se chargeât d'une partie de la fabrication. Le 5 juin 1842, Hennell travaillait seul, dans un corps de bâtiment isolé, à cette œuvre périlleuse; le fulminate était achevé, et il ne lui restait plus qu'à le mêler avec une autre substance préparée par M. Dymon lui-même, et qui paraît constituer le secret de ses obus; tout à coup un accident qu'on ne peut expliquer, puisque le seul témoin a disparu, fit prendre feu à ces matières, et, de là, une explosion terrible. Le corps de bâtiment fut détruit; les tuiles, les briques, les charpentes, furent lancées au loin dans les rues voisines, et on ne put retrouver du malheureux Hennell que des débris horriblement défigurés.

La force développée par la détonation des fulminates est bien plus grande que celle de la meilleure poudre à canon. On s'est assuré, par exemple, qu'en détonant sous une masse creuse de cuivre, elle l'élève à une hauteur 15 à 30 fois plus considérable.

C'est avec le fulminate d'argent qu'on confectionne les bonbons chinois, si connus des enfants. Une parcelle de cette poudre est collée, en compagnie de quelques grains de verre pilé ou de sable, entre deux bandes étroites de parchemin; lorsqu'on tire ces bandes en sens contraire, le frottement des grains de verre ou de sable contre la poudre fulminante suffit pour en déterminer l'explosion. Les cartes et les pétards fulminants sont préparés de la même manière. Lorsqu'on les jette avec force par terre, ou qu'on les presse avec le pied, ils font explosion. Ces joujoux ne sont pas sans danger; ils ont souvent causé des blessures.

Le fulminate de mercure est généralement em-

(1) M. Dumas, *Leçons sur la philosophie chimique*, 9° leçon.

ployé, depuis une quinzaine d'années, pour les amorces des fusils de chasse, à cause de sa facile inflammation et de son inaction sur le fer. Les amorces les plus ordinaires sont celles qui sont connues sous le nom d'*amorces à capsules*; elles renferment environ 16 milligrammes de fulminate. On en prépare d'autres qu'on nomme *amorces cirées*; ce sont des pilules renfermant environ 33 milligrammes de fulminate incorporé avec de la cire. On mélange ordinairement de la poudre à canon ou du nitre au fulminate, avant de l'introduire dans les capsules, dans la proportion de 6 parties de poudre contre 10 de fulminate. Ce mélange communique mieux l'inflammation à la charge du fusil.

Avec 1 kilogramme de mercure on obtient 1 kilogramme 1/4 de fulminate, qui peut fournir environ 40,000 amorces à capsules. Le prix de celles-ci est ordinairement de 3 francs 50 centimes le mille.

NOTE XIX.
Tournesol.

Le nom de tournesol a été donné successivement à une foule de produits très-différents par leur nature chimique, mais semblables, parce que tous étaient colorés et appliqués ou plutôt déposés sur des tissus. Plus tard on donna encore plus d'extension à ce nom en l'appliquant à de petits pains terreux, de couleur bleue, que la Hollande versait dans le commerce français. Pommet, Lemery, et tous les anciens auteurs qui ont écrit sur les substances commerciales, décrivent dans leurs ouvrages : un tournesol en coton, deux tournesols en drapeaux différents, et le tournesol en pains. Le tournesol en coton était ainsi nommé, parce que la substance colorée était déposée sur des morceaux de coton aplatis, de la grandeur d'une pièce de cinq francs; ce tournesol, qui se rencontre encore aujourd'hui chez quelques droguiers, venait, dit-on, de Portugal, il se préparait avec la cochenille et servait à colorer en rouge les liqueurs et les gelées des fruits. Un des tournesols en drapeau avait les mêmes usages que le précédent, il était fait avec une étoffe très-fine et venait de Constantinople; l'autre était préparé en France, au Grand-Gallargues, près de Nîmes; enfin, le tournesol en pains venait de Hollande. On ne rencontre plus dans le commerce actuel que le tournesol de Provence et le tournesol en pains. Grâce aux recherches de Nisolle et de Montel, il n'existe plus de doute aujourd'hui sur l'origine du tournesol en drapeaux; on sait que ce produit est fourni par le *croton tinctorium*. Le tournesol en drapeaux est fait avec de la toile d'emballage excessivement grossière; il exhale une odeur d'urine pourrie, extrêmement fétide, il est d'un bleu sale et rougeâtre, l'eau lui enlève toute sa matière colorante et laisse le tissu entièrement décoloré. Cette dissolution aqueuse est lilas et non pas bleue; la couleur de l'infusion alcoolique est plus belle, mais sa nuance ne peut pas être comparée à celle de l'infusion aqueuse du tournesol hollandais. L'eau enlève évidemment aux drapeaux plusieurs produits différents, car la dissolution est épaisse, gluante; elle ne passe que difficilement à travers les filtres, et si on l'évapore en consistance sirupeuse et qu'on la traite par l'alcool, ce réactif en sépare un magma épais et grisâtre; la liqueur surnageante se colore fortement et laisse, lorsqu'on l'évapore, un résidu grenat de la nuance la plus riche, déliquescent, insoluble dans l'éther. La matière qui colore le tournesol en drapeaux est excessivement altérable; il suffit de faire bouillir sa dissolution aqueuse ou de la conserver pendant quelques jours pour que sa couleur change; de lilas qu'elle était, elle devient rouge vineux; enfin, elle ne possède pas la propriété caractéristique qui a rendu le tournesol de Hollande si précieux comme réactif des acides et des alcalis. A la vérité, la dissolution aqueuse traitée par un acide perd bien sa teinte lilas pour virer au rouge, mais ce rouge est la teinte vineuse que la chaleur lui fait prendre, et cette couleur, une fois rougie, ne peut plus redevenir lilas. Les alcalis, au lieu de lui faire reprendre cette teinte, paraissent l'altérer profondément. Il n'y a donc aucune analogie entre le tournesol en drapeaux et le tournesol en pains de Hollande. Le tournesol en drapeaux sert particulièrement à la coloration extérieure des fromages de Hollande. Du reste, le commerce de cette substance est fort peu considérable et son prix est peu élevé. Le *croton tinctorium* est appelé, par les paysans qui le récoltent, *tournesol, maurelle, héliotrope, herbes aux verrues*. Il est probable que ces deux derniers noms lui ont été donnés parce qu'on a cru lui découvrir quelques ressemblances avec la plante borraginée qui porte encore ce nom aujourd'hui ; car, suivant le rapport de Montel, lorsqu'on eut trouvé le moyen d'obtenir un produit coloré avec la maurelle, on essaya, mais sans succès, d'en obtenir un semblable avec la plante dont il est question. Peut-être aurait-on été plus heureux, si, guidé par des idées plus scientifiques, on avait opéré sur des plantes de la même famille. Cette idée paraîtra probable aux personnes qui ont remarqué la couleur bleue intense que prennent certaines espèces du genre *mercurialis* et particulièrement la mercuriale des bois (*mercurialis perennis*), lorsqu'on la conserve dans les herbiers.

Les chimistes ne sont pas d'accord sur l'origine du tournesol de Hollande (tournesol en pains). Les uns pensent que la plante employée est une espèce de lichen, voisine de celles qui servent à la fabrication des orseilles. Les autres, au contraire, regardent comme probable que ces deux produits sont préparés avec les mêmes végétaux ; et les différences chimiques que l'on remarque entre les orseilles et les tournesols doivent être attribuées à ce que ces derniers auraient été soumis à une fermentation beaucoup plus longtemps continuée. En analysant un grand nombre de tournesols de première qualité, M. Gélis a vu que ces tournesols contiennent toujours pour 20 parties de débris organiques, de 12 à 15 parties de carbonate de potasse ou de carbonate de soude. Les cendres de l'orseille, au contraire, ne contiennent jamais une quantité considérable d'un carbonate alcalin soluble : elles sont presque entièrement formées de carbonate de chaux, et on sait, en effet, que les fabricants d'orseille ajoutent toujours de la chaux au mélange en fermentation. Quelquefois aussi, dit-on, quelques-uns d'entre eux ajoutent de la craie après la fabrication, dans le but d'augmenter le poids du produit. Tous les lichens tinctoriaux ne peuvent produire que de l'orseille, mais si l'on ajoute à ces deux influences celle d'un carbonate alcalin soluble, dans le même espace de temps (cinq semaines) le lichen éprouve une altération toute différente, et quand même on prouverait que la présence de ces corps n'est pas indispensable à la production des modifications de l'érythrine, que l'on peut isoler du tournesol, on ne pourrait nier qu'elle la facilite considérablement. La cendre obtenue par l'incinération du tournesol ne contient pas que du carbonate de potasse ; on y trouve toujours aussi une foule de corps qui n'ont joué aucun rôle dans sa formation, savoir, une quantité notable de carbonate de chaux ou de sulfate de chaux. Les fabricants ajoutent probablement ces deux substances pour absorber une partie de l'humidité et donner à la masse une consistance qui permet de la mouler en petits pains ; peut-être aussi, vers la fin de l'opération, ajoutent-ils une petite quantité de chaux délitée, dans le but de rendre libres les dernières traces d'ammoniaque. Cette cendre contient aussi de l'alumine, de la silice et des traces d'oxyde de fer, de chlore, d'acide sulfurique, d'acide phosphorique, etc. Le tournesol en pains cède presque toute sa couleur à l'eau ; l'alcool affai-

bli en dissout une quantité assez forte, et d'autant plus forte qu'il est plus affaibli. Il est au contraire entièrement insoluble dans l'éther et dans l'alcool anhydre. Le résidu épuisé par l'eau est coloré et peut céder encore une petite quantité de matière colorante aux liqueurs alcalines. L'action des acides sur ces dissolutions est extrêmement curieuse.

On sait que lorsqu'on verse un acide dans l'infusion aqueuse de tournesol, la couleur, de bleue qu'elle était, devient rouge ; mais ce changement de coloration est le seul phénomène que l'on ait observé jusqu'à présent, et c'est, en effet, le seul changement apparent, si l'addition de l'acide est faite dans une dissolution très-étendue. Mais si on a opéré sur des liqueurs très-concentrées, elles ne paraissent transparentes qu'autant que, pour les regarder, on les place entre l'œil et la lumière ; mais elles paraissent troubles si on les voit de haut en bas. Si on essaie de les filtrer, ce qui s'écoule d'abord est très-coloré ; mais si on le rejette plusieurs fois sur le même filtre jusqu'à ce que les pores du papier soient presque entièrement bouchés, on obtient un liquide parfaitement transparent qui n'entraîne plus que fort peu de matières colorantes, et lorsque la filtration, qui du reste ne se fait qu'avec une extrême lenteur, est entièrement terminée, on trouve sur le papier une matière d'un rouge magnifique, qu'il faut laver d'abord avec de l'eau acidulée qui ne la dissout pas, puis avec de l'eau distillée qui n'en dissout que des traces. Depuis longtemps on a admis l'existence d'une matière mucilagineuse dans la solution aqueuse du tournesol ; on a même attribué à cette substance les décolorations si curieuses qu'elle éprouve lorsqu'on la conserve dans des flacons privés d'air. M. Gélis admet que l'on peut attribuer à la présence de cette même matière la difficulté que les produits colorés du tournesol éprouvent à se précipiter, et la longueur des filtrations.

Voici comment on obtient le tournesol à l'état de flocons rouges par voie de précipitation. On épuise le tournesol par l'eau, puis on fait bouillir le résidu dans une faible dissolution de potasse ou de soude caustique ; on réunit toutes les liqueurs et on les précipite par le sous-acétate de plomb. Si la dissolution est suffisamment alcaline, la liqueur est entièrement décolorée, et le dépôt qui s'est formé est d'un beau bleu. On la lave par décantation jusqu'à ce que le précipité, qui est insoluble dans l'eau chargée de sels, mais un peu soluble, au contraire, dans l'eau pure, commence à colorer la liqueur, alors on le fait traverser par un courant d'acide sulfhydrique jusqu'à refus ; lorsque son action est terminée, on fait bouillir ou on expose quelque temps le mélange à l'air, pour en chasser l'excès d'acide sulfhydrique, puis on jette le tout sur un filtre. La liqueur qui s'écoule est presque incolore et laisse pour résidu, lorsqu'on l'évapore à siccité, des flocons blancs qui n'ont pas été examinés. La totalité de la matière colorante reste sur le filtre, mêlée au sulfure de plomb. Pour les séparer on fait digérer la masse avec de l'eau ammoniacale qui fournit une dissolution fortement colorée en bleu. On ajoute à cette dissolution de l'acide sulfurique ou chlorhydrique qui en précipite des flocons d'un beau rouge ; on les reçoit sur un filtre, on les lave d'abord avec de l'eau acidulée, puis avec de l'eau distillée ; enfin on les dessèche fortement.

Lorsqu'on opère sur de petites quantités de tournesol, il n'est pas toujours facile de recueillir le produit qui est resté sur le filtre ; pour cela il faut le laver avec de l'eau ammoniacale qui dissout la matière rouge, et comme la quantité des liqueurs que l'on a à filtrer est très-faible, on peut se servir d'un filtre extrêmement petit. Quel que soit le moyen que l'on ait employé pour obtenir les flocons colorés, dans tous les cas la liqueur qui s'écoule a une teinte rouge orangé très-agréable à l'œil, et qu'elle doit à une prémière matière colorée. La quantité de cette matière est toujours extrêmement faible et varie suivant l'échantillon de tournesol qu'on examine. Pour l'isoler on sature les liqueurs par l'ammoniaque et on fait évaporer. A mesure que la concentration avance, on voit la matière qui se sépare et vient nager à la surface du liquide sous forme de pellicules noirâtres. On filtre bouillant; la matière colorée reste en grande partie sur le papier; après l'avoir convenablement lavée avec de l'eau, on la redissout dans de l'acool acidulé avec quelques gouttes d'acide chlorhydrique; on filtre de nouveau et on évapore à sec. Le résidu lavé d'abord avec de l'acool, puis avec de l'eau distillée, a la couleur puce du peroxyde de plomb; il est insoluble dans l'eau, l'alcool et l'éther, soluble au contraire dans les acides affaiblis et dans les dissolutions alcalines, qu'il colore en rouge vineux.

La matière qui est restée sur le filtre, quoique peu volumineuse relativement à la quantité de tournesol employé, contient cependant presque toute la matière colorée du tournesol. Lorsque les flocons ont été parfaitement lavés, ils ne contiennent aucune trace de l'acide qui a servi à les obtenir. Une petite quantité de cette matière pourpre que l'on avait obtenue par l'acide sulfurique, chauffée dans un tube de verre avec de l'azotate de potasse, a donné un résidu dont la solution dans l'eau ne précipitait pas par le chlorure de baryum, et celle qu'on avait obtenue avec l'acide chlorhydrique, traitée de la même manière, ne donnait pas de chlorure d'argent par l'azotate d'argent. Ces flocons ne sont cependant pas de la matière colorante pure, car lorsqu'on les incinère, ils laissent de 3 à 4 pour cent de cendre et on peut en séparer trois matières colorantes distinctes par l'action des dissolvants neutres.

En traitant cette matière pourpre par l'éther rectifié, jusqu'à ce que le liquide ne se colore plus sensiblement, on obtient une liqueur jaune orangé, qui laisse par évaporation spontanée un résidu d'un rouge éclatant, dans lequel on distingue un grand nombre de petits cristaux aciculaires qui donnent à ce produit un beau reflet velouté. Ce produit B est insoluble dans l'eau, mais l'alcool le dissout facilement; les dissolutions alcalines le disolvent en prenant une très-belle nuance violette. La portion considérable qui n'a pas été dissoute par l'éther, reprise par l'alcool, se colore en rouge de sang. Cette dissolution évaporée spontanément donne une quantité considérable d'un produit C rouge pourprée à reflet doré, de la nuance la plus riche. Cette matière colorante est la plus abondante dans le tournesol; enfin, le résidu insoluble dans l'eau, l'alcool et l'éther contient le produit D qui est très-soluble dans les dissolutions alcalines et peut en être précipité par les acides, ce qui permet de l'obtenir avec facilité. Ces trois matières ont une très-grande analogie entre elles, et on ne peut guère les distinguer l'une de l'autre que par leurs différences de solubilité dans l'eau, l'alcool et l'éther, et par leurs couleurs lorsqu'elles sont isolées. Toutes les trois se dissolvent dans les alcalis et sont précipitées de leurs dissolutions par les acides; toutes les trois paraissent contenir de l'azote, car on trouve de l'ammoniaque dans les produits de leur décomposition par le feu; l'acétate de plomb, le chlorure de baryum, le perchlorure de fer, etc., les précipitent toutes les trois; mais la ressemblance est surtout frappante entre la matière C et la matière D. Elles ont à peu près la même nuance pourpre; la dissolution dans les alcalis est bleue et rappelle la couleur de l'infusion de tournesol; elles sont inaltérables à l'air, inodores et insipides. Le chlore et l'acide azotique les détruisent rapidement; l'acide sulfurique concentré les dissout sans les altérer. Ces dissolutions sont d'un rouge amaranthe très-foncé, tout à fait semblable, et l'eau en précipite les matières rouges sans décomposition. Elles sont insolubles dans les acides affaiblis.

Leurs dissolutions ammoniacales sont bleues, et lorsqu'on les chauffe, elles perdent une partie de leur ammoniaque, et laissent un résidu violet soluble dans l'eau. Les carbonates de soude et de potasse les colorent en bleu comme les alcalis caustiques.

Les résultats qui précèdent ont été tirés d'un travail étendu de M. Gélis sur l'*origine*, la *fabrication* et la *composition* des tournesols, dont voici les conclusions:

1° Le tournesol en drapeaux est un produit tout différent du tournesol en pains, à la fabrication duquel il n'a jamais été employé; .

2° Toutes les plantes qui servent à la fabrication de l'orseille peuvent servir à celle du tournesol;

3° Les carbonates alcalins solubles jouent un rôle très-important dans la fabrication du tournesol;

4° La couleur du tournesol doit être attribuée non à un produit unique, comme on l'avait fait jusqu'à présent, mais à quatre produits colorés distincts que l'on peut distinguer et séparer par l'action des dissolvants.

NOTE XX.
Vinification.

Considérée sous le point de vue chimique, la vinification consiste essentiellement dans la fermentation alcoolique du suc exprimé des raisins. Sous le point de vue industriel, la vinification exige des connaissances technologiques et agronomiques dont les vignerons ne sont guère pourvus. En France, deux millions d'hectares de terrain sont couverts de vignobles, dont on tire chaque année une valeur de plus d'un milliard de francs; 1,200,000 familles les cultivent; ils donnent à l'État un sixième, aux villes la moitié de leurs revenus.

Dans la culture, à l'exception de quelques localités de premier ordre, tout est livré à l'arbitraire du vigneron, c'est-à-dire d'un pauvre ouvrier qui fait soigneusement ce qu'il a vu faire, et qui ne conçoit pas même l'idée qu'on puisse faire autrement; tourmenté d'ailleurs par le propriétaire toujours mécontent, il pousse à la quantité, et se met perpétuellement en quête de plants très-productifs: aucune connaissance du sol et de ses rapports avec les espèces; et pourtant le sol récèle une multitude d'influences mystérieuses qu'il serait temps de rechercher, d'analyser, d'expliquer. Le sol joue un rôle immense et presque inconnu; c'est sur les lieux mêmes que la science devrait aller surprendre ses secrets et les traduire au grand jour. Si, dans un certain sol, une variété de blés, de fourrages, de légumes, ne réussit pas, il est facile, l'année suivante, de réparer les choses; mais quand une vigne a été plantée, peut-on la faire disparaître? Et quel désordre, quelle confusion dans les cépages! Point de synonymie: tel plant porte dix noms différents en France; dix variétés fort distinctes reçoivent la même application, non-seulement de la part du petit cultivateur, mais encore chez les faiseurs de collections.

La dégénérescence des cépages, en changeant de climat, n'est point un fait fatal universellement observé; leur migration, lorsqu'ils sont traités avec intelligence, a produit, au contraire, des résultats extrêmement heureux. On en a promené de Syracuse à l'Ermitage, de la Bourgogne en Bohème et en Hongrie, d'Espagne à Bordeaux, de Madère sur les bords de la Loire, d'Europe au cap de Bonne-Espérance, qui ont parfaitement réussi. L'insuccès accidentel sera-t-il donc concluant dans la question, tandis qu'on repoussera avec opiniâtreté des faits aussi multipliés, aussi authentiques? De tous les préjugés qui aveuglent l'industrie œnologique en France, il n'en est pas de plus répandu, de plus obstiné, et qu'il fût plus important de détruire. Chose bizarre! on repousse l'introduction de *nouveaux* cépages, et, dans presque tous les vignobles on *multiplie*, on *mélange* les cépages! Or, le moindre inconvénient de cette promiscuité, c'est que les variétés n'arrivant pas à maturité en même temps, et le ban des vendanges ordonnant de les couper tous à la fois, le vin est déplorable. La seule raison alléguée est que si l'un des cépages ne réussit pas, l'autre donne; d'où suivrait ce nous semble, pour chaque cultivateur, la nécessité de chercher une variété qui, dans les conditions données du sol, et les variations atmosphériques locales régulièrement observées, produirait plus, mieux, et avec plus de consistance : or, pour cela, il faut pouvoir choisir.

La taille de la vigne, comme celle de tous les arbres fruitiers, est une opération extrêmement importante, qui a ses règles, ses principes, basés sur les lois de la physiologie végétale. Or, qui les connaît ces principes, ces règles, ces lois? Où tout cela est-il enseigné?

Que dire de la fumure? Elle est indispensable sans doute, dès que les taxes exagérées forcent le cultivateur à se tirer d'affaire par la quantité et non par la qualité des produits, mais encore faudrait-il savoir comment et jusqu'à quel point fumer, quels engrais conviennent au sol et au plant. Sur une multitude de points, la fumure est réellement extravagante, et perd des vignobles très-distingués. Il faut dire qu'il y a toutefois progrès en matière de fumure de la part de quelques propriétaires intelligents, qui commencent à rejeter les poudrettes et autres substances meurtrières. Pour un végétal délicat comme l'est la vigne, on pourrait préférer les engrais végétaux; plusieurs vignerons enfouissent avec succès le trèfle incarnat, des branches d'arbres résineux, du gazon, etc.

L'échalassement des vignes est une autre opération rurale d'un grand intérêt. Partout elle est très-onéreuse, et on peut dire hardiment que nulle part elle ne se fait bien dans la rigueur de l'expression. Le bois, en France, devient plus cher de jour en jour; sûr de vendre avec profit ce qu'il appelle *la marchandise*, le propriétaire des forêts s'inquiète peu de faire soigner la fente des échalas; ils sont donc généralement mal conditionnés, et c'est une question de savoir s'ils ne nuisent pas plus à la vigne, en devenant des repaires inexpugnables pour les insectes destructeurs qui s'y logent, qu'ils ne sont utiles au tendre arbrisseau dont ils soutiennent la faiblesse.

La vigne a beaucoup d'ennemis : parmi les insectes qui lui sont le plus hostiles, l'altise et la pyrale, cette dernière surtout, ravagent les vignobles au point d'anéantir parfois des récoltes entières. Les désastres qui ont tant affecté le Lyonnais, la Bourgogne, dans toute son étendue, et le vignoble d'Argenteuil, se sont reproduits souvent dans les temps passés. Pourquoi cette intermittence? quelle est la cause de ces terribles invasions? Nul ne le sait encore, et nul, conséquemment, ne saurait se mettre en garde contre l'ennemi.

La température générale du globe s'est-elle abaissée? Les opinions les plus respectables se balancent sur cette question, qu'une multitude de faits authentiques semblent cependant résoudre par l'affirmative. Il serait difficile, au moins, si l'on n'admet pas que le refroidissement soit général, de le contester pour quelques contrées. Henderson parle d'anciens vignobles anglais comme d'un fait traditionnel incontestable; suivant de vieilles archives trouvées dans plusieurs localités en Bourgogne, la vendange se faisait assez fréquemment autrefois dans le mois d'août, et souvent au commencement de septembre; or, cela n'arrive plus. Tout s'accorde pour contrarier la nature elle-même; le morcellement des vignobles a eu de fâcheux résultats; divisés en parcelles, ils ne peuvent être récoltés qu'avec la permission des autorités. Si l'on a peur de l'eau, on coupe en vergus; si le temps est serein, on attend que la grappe soit pourrie, et la promiscuité des cépages les menant à maturité, les uns plus tôt, les autres plus tard, achève

de jeter la confusion sur les coteaux. La fermentation par grandes cuvées est toujours meilleure, et aujourd'hui chacun fait son petit vin, pour ainsi dire, dans un baquet. Cependant la vinification devrait être une *science*, et elle est livrée aux hasards de l'empirisme le plus étrange.

Mais, dit-on, les faits de vinification sont si mobiles! Ils sont soumis à des influences si variables de sol, de climat, de température, de maturité, d'espèce! Comment tracer les règles scientifiques? — C'est précisément là, répondrons-nous, un argument en faveur des règles que dictera la science, quand elle voudra porter son flambeau sur ces intéressantes questions.

NOTE XXI.
Falsification des vins.

La falsification du vin est déplorable aussi bien sous le rapport de la morale que sous le rapport de l'intérêt agricole, qui en est cruellement atteint, car il est évident que l'eau employée à étendre les vins enlève au propriétaire non-seulement un moyen d'écoulement pour ses produits, mais que cet étendage tend aussi à avilir le prix; de sorte que si l'on n'y apporte un prompt remède, on devra renoncer à la culture des bons plants, pour ne produire que des vins communs qui puissent lutter, sur les grands marchés, tels que Paris, par exemple, avec les vins fabriqués.

Vins fabriqués. — Ces deux mots accolés ensemble indiquent, pour tout homme honnête et de sens, une opération immorale et dégradante; et cette fabrication est cependant admise légalement par la loi du 25 juin 1841, portant fixation du budget des dépenses de l'exercice de 1841.

Depuis quelques années, la falsification des vins a acquis une extension considérable; des grands centres de consommation elle s'est propagée dans les campagnes, presque sous les yeux de l'administration, impuissante à les réprimer. On n'estime pas à moins de 500,000 hectolitres, dans Paris seulement, la quantité de vin produit de la fraude. Cette coupable industrie consiste principalement dans le mélange de l'eau et de l'alcool avec des vins fortement colorés. On comprend dès lors pourquoi la consommation du vin à Paris, qui était de 162 litres par habitant, de 1806 à 1811, s'est trouvée réduite de plus d'un tiers, de 1830 à 1842, et pourquoi la consommation de l'eau-de-vie, dont, en 1789, il entrait 21,929 hectolitres, a été doublée et même triplée dans le même espace de temps. D'ailleurs, la loi du 24 juin 1824 n'a-t-elle pas permis de verser cinq litres d'alcool sur un hectolitre de vin? Mais la fraude ne s'arrête point là, et la plupart des vins destinés au commerce de Paris sont renforcés d'une grande quantité d'alcool, double et triple de celle qui est autorisée par la loi.

En le faisant entrer dans la ville comme vin, on substitue un droit plus faible à celui que devrait payer l'alcool; en l'additionnant d'une grande quantité on frustre le trésor d'une somme considérable. Sur 500,000 hectolitres d'eau ainsi vendus comme vin, le fraudeur bénéficie, au détriment du trésor seulement, une somme de 10 millions, sans parler de la moralité du fait et du préjudice qu'il doit entraîner pour la santé publique. Paris étant le plus fort de tous les marchés de consommation, il est facile d'apprécier quelle est la gravité de ces faits pour l'intérêt vinicole. Quel que soit le degré de prospérité de la vigne, ou l'abondance des récoltes, rien n'est changé dans les valeurs, la fraude se chargeant de tout niveler par un produit artificiel, variable à volonté. Tant que cet état durera, la marchandise sera toujours à vil prix, et ne pourra jamais être classée d'après sa valeur intrinsèque.

Substances qui servent à falsifier le vin. — Il est peu de substances parmi celles qui servent journellement à l'alimentation de l'homme, qui soient sujettes à autant de fraudes que les vins.

On déguise la *verdeur* des vins de mauvais terroirs; on relève la saveur des *vins plats;* on aromatise les vins communs, de manière à leur communiquer le bouquet des vins de qualité supérieure; on modifie leur couleur à l'aide de substances tinctoriales ou de sucs végétaux. Presque toujours on les mélange entre eux pour faire des cuvées qui sont vendues en détail, et très-souvent même on *fabrique des vins sans raisins*, au moyen de mélanges convenables d'eau, de sucre, d'alcool de qualité inférieure, de vinaigre et de matières colorantes diverses.

La chimie, malheureusement, ne donne que peu de moyens, bien qu'on prétende généralement le contraire, de reconnaître la plupart de ces fraudes, dont l'habitude remonte déjà à des temps fort reculés.

Oui, nous l'avouons avec un vif regret, la chimie est encore impuissante à découvrir toutes les fraudes que l'on fait subir aux vins.

Le rôle du chimiste, dans beaucoup de circonstances, est restreint dans ses expertises.

Loin de nous la pensée, en faisant cette confession... bien amère, de vouloir faire servir la science à un usage immoral et anti-social !

Mais encore une fois, dans l'état actuel de la science, nous ne pouvons pas dévoiler toutes les ruses des fraudeurs.

Et telle est l'opinion d'un de nos plus grands chimistes.

Nous allons indiquer tous les procédés connus. Nos recherches nombreuses nous permettent de croire que nous n'avons oublié aucun détail intéressant.

Mais les sophistications les plus fréquentes consistent dans l'emploi:

Des vins de crûs différents mêlés entre eux,

De l'eau,

De l'alcool,

Et des matières colorantes.

Or, de ces quatre substances, une seule, la dernière, donne prise, d'une manière absolue, à l'analyse chimique, et encore faut-il pour cela qu'elle contienne des produits étrangers à la composition du vin. Ainsi il est nécessaire qu'elle ne soit pas empruntée, par exemple, aux vins de Cahors, connus dans le commerce sous le nom de vin *à 7, à 5, à 3 couleurs,* parce qu'une pièce de vin rouge suffit pour colorer 7, 5 ou 3 pièces de vin blanc, ou bien encore à une certaine espèce de raisins fort connue des vignerons depuis quelque temps, et dont le jus est fortement coloré.

Il est vrai que l'analyse chimique pourra saisir encore quelques indices d'adultération; la présence du sucre de cannes notamment, comme cela est arrivé récemment à M. Barreswil, pour un vin donné aux malades de la clinique à Paris.

Une diminution notable de la quantité de crème de tartre pourra encore indiquer que le vin a perdu, par un mélange d'eau ou d'alcool, sa proportion normale. — Mais qui empêchera d'ajouter de la crème de tartre au vin mélangé d'eau et d'alcool ?

Enfin, si le falsificateur fait couler dans son vin une eau reconnaissable à certains caractères, le chimiste aura encore le bonheur de saisir la fraude sur le fait, comme il arriva un jour à Vauquelin. Ce savant reconnut de l'eau d'Arcueil dans les tonneaux d'un marchand de vin qui se promit bien, sans doute, d'aller désormais puiser *son vin* dans la Seine.

Pour déguiser la verdeur, on sature les acides ou l'acide des vins avec des sels alcalins (*carbonate de potasse, ou de soude, ou de chaux*).

1° Celui qui est saturé par le CARBONATE DE CHAUX donne constamment un précipité d'oxalate de chaux, lorsqu'on y verse de l'oxalate d'ammoniaque. A la vérité, le vin naturel, contenant aussi une petite quantité de tartrate de chaux, donne également lieu à un précipité; mais dans ce dernier cas, le dépôt est à peine sensible, tandis que, dans le premier, il est très-abondant.

Afin d'être certain que le précipité fourni par l'oxalate d'ammoniaque est bien réellement dû à la chaux qui aurait été employée à la saturation du vin, il faut évaporer une portion de vin de manière à le réduire au huitième de son volume environ, puis verser sur le résidu deux fois son volume d'alcool à 22°; on séparera de cette manière le sulfate et le tartrate de chaux qui auraient pu exister dans le vin, et l'on dissoudra l'acétate. Si l'on évapore avec soin à siccité la dissolution organique, et qu'on délaie le résidu dans l'eau, la nouvelle solution filtrée devra précipiter abondamment par l'oxalate d'ammoniaque et présenter les autres caractères de l'acétate de chaux.

2° Le vin est saturé par la POTASSE (*carbonate de potasse*) dans le dessein d'arrêter la fermentation et de saturer l'acide acétique que le vin contient en excès; dans ce cas, le vin renfermera de l'acétate de potasse. On fait évaporer le vin jusqu'en consistance sirupeuse, puis on l'agite pendant quelques minutes avec une petite quantité d'alcool à 36 degrés de l'aréomètre; on chauffe légèrement, l'alcool dissout tout l'acétate de potasse, on filtre; le liquide alcoolique, d'un jaune rougeâtre, est partagé en deux parties : une d'elles est traitée par l'hydrochlorate de platine, qui y fait naître un précipité jaune-serin grenu (preuve de l'existence de la potasse); l'autre partie est évaporée jusqu'à siccité, et le produit est mis en contact avec l'acide sulfurique concentré, qui dégage des vapeurs d'acide acétique, reconnaissable à son odeur. — Mais, dira-t-on, le vin sans addition de potasse se comporte de la même manière lorsque, après l'avoir évaporé, on le traite par l'alcool, l'hydrochlorate de platine et l'acide sulfurique, parce qu'il renferme toujours de l'acétate de potasse. Cela est vrai; mais la quantité d'acétate contenue naturellement dans le vin est tellement faible, que l'hydrochlorate de platine précipite à peine sa dissolution alcoolique, et que l'acide sulfurique n'en dégage que très-peu de vapeurs d'acide acétique.

3° Si le vin a été saturé par la SOUDE DU COMMERCE (*carbonate de soude*), les réactifs indiqués pour reconnaître l'acétate de potasse ne donneront que des résultats négatifs. Dans ce cas, au lieu de traiter le résidu de l'évaporation du vin par l'alcool à 40°, il faudra le traiter par l'alcool à 22°, qui dissoudra l'acétate de soude. Par l'évaporation on obtiendra un sel qui, délayé dans l'eau filtrée et rapproché lentement, donnera des cristaux d'acétate de soude, d'une saveur légèrement amère et piquante. Ces cristaux, traités par l'acide sulfurique, devront répandre l'odeur piquante de l'acide acétique.

4° De toutes les fraudes, il en est une plus condamnable que toutes les autres, parce qu'elle peut gravement compromettre la santé. C'est celle qui consiste à adoucir les vins, c'est-à-dire à neutraliser l'acide acétique des vins aigres au moyen de la LITHARGE (*protoxyde de plomb fondu*), ou de la CÉRUSE (*carbonate de plomb*). Un litre de vin dissout près de 14 décigrammes de litharge dans l'espace de quarante-huit heures; il contracte ainsi une saveur douceâtre. De l'usage journalier d'un tel vin résulte la maladie dite *colique des peintres*, qui se termine par la mort.

D'après Moeller, ainsi que le fait observer M. Girardin, c'est un prêtre de la Forêt-Noire, Martin le Bavarois, qui eut le premier l'idée d'adoucir les vins au moyen de la litharge, dont, certainement, il ne connaissait pas les propriétés délétères. Déjà, en 1698, à Eslingen, un individu, convaincu d'avoir empoisonné du vin au moyen du plomb, fut puni de mort ;

et, un siècle après, on lit, dans un ouvrage imprimé à Altona, le passage suivant :

Pour conserver au vin sa saveur, il faut y mettre un à deux kilogrammes de plomb.

Plusieurs autres ouvrages ont recommandé la litharge comme moyen d'adoucir le vin (1).

On a conseillé différents procédés pour reconnaître la présence de la litharge dans le vin. Le procédé qui réussit constamment ou ne laisse aucune incertitude sur la présence du plomb, consiste à évaporer à siccité une portion du vin que l'on veut essayer, à chauffer même assez fortement le résidu pour le charbonner, à triturer ensuite ce résidu avec deux fois son poids de nitrate de potasse, et à décomposer le mélange par la chaleur en le projetant par petites portions dans une capsule ou creuset de platine chauffé au rouge. L'azotate brûle le charbon et le plomb qui pourraient y exister. Si la matière, après cette première déflagration, était encore fortement colorée en brun, on devrait y ajouter une nouvelle portion du nitrate et calciner de nouveau. Lorsque la matière a cessé de fuser, on traite le résidu par l'eau aiguisée d'une petite quantité d'acide nitrique pur et faible, jusqu'à ce qu'il soit entièrement dissous ; on obtient ainsi une dissolution presque incolore, dans laquelle on reconnaîtra la présence du plomb, si elle précipite en blanc par les sulfates et les carbonates de soude, de potasse et d'ammoniaque ; en jaune, par le chromate de potasse ; et en noir par l'hydrogène sulfuré (acide sulfhydrique) et les hydrosulfates.

Dans beaucoup de maisons on a l'habitude de nettoyer les bouteilles avec du plomb de chasse ou en grenaille ; cette habitude a parfois des conséquences funestes. Il y a quelques jours, un individu éprouva de violentes coliques présentant tous les symptômes d'un empoisonnement, après avoir bû quelques verres de liqueur. En examinant cette liqueur, le médecin qui avait été appelé s'aperçut qu'elle avait un aspect louche, et, en la vidant pour la soumettre à l'analyse, il observa que la bouteille renfermait au fond dix grains de plomb qui s'y étaient fixés, et qui, peu à peu, avaient été transformés en acétate et en carbonate de plomb, de façon qu'il ne restait plus qu'un petit noyau de plomb métallique au centre. Tant que la liqueur avait coulé claire, elle n'avait causé aucun accident ; mais, près du fond, elle s'était trouvée contenir en dissolution les sels de plomb qui avaient causé les accidents.

5° ALUN (2). OXYDES DE CUIVRE. — Plusieurs de ces substances peuvent avoir été ajoutées à dessein pour exalter la couleur des vins, et leur communiquer une saveur astringente ou douceâtre : quelques-unes d'entre elles s'y trouvent accidentellement. Voici le procédé qu'il faut mettre en usage pour démontrer leur existence ; si le vin est rouge, on le mêle avec une suffisante quantité de charbon animal bien lavé avec l'acide hydrochlorique faible ; lorsqu'il est décoloré, on filtre ; la liqueur filtrée est évaporée et concentrée dans une capsule de porcelaine ou de platine ; lorsqu'elle est réduite au tiers de son volume, on la filtre de nouveau pour la débarrasser d'un précipité de couleur variable qui a pu se former pendant l'évaporation, et on la traite par les réactifs propres à déceler les dissolutions aqueuses d'alun, de cuivre et d'arsenic. Elle contiendra *de l'alun*, si elle offre une saveur astringente et si elle précipite : 1° en blanc par l'ammoniaque et par la potasse : ce dernier alcali doit dissoudre le précipité ; 2° en blanc par le carbonate de potasse ou de

soude ; 3° en blanc par le nitrate ou l'hydrochlorate de baryte : le précipité est du sulfate de baryte insoluble dans l'eau et dans l'acide nitrique.

Nous verrons plus loin les réactifs qu'il faut mettre en usage pour découvrir dans le vin, traité par le charbon, les sels de cuivre.

Le vin blanc frelaté par l'une ou par l'autre de ces substances sera analysé comme le vin rouge décoloré par le charbon (Orfila).

6° On falsifie le vin par l'EAU-DE-VIE, dans le dessein de lui donner plus de force et de s'opposer à sa décomposition . Le vin qui a été ainsi altéré offre l'odeur de l'eau-de-vie, et ce caractère permet de le distinguer, dans la plupart des cas, de celui qui est sans mélange. Dans l'article *Comestibles* du *Dictionnaire des sciences médicales*, M. Marc a dit avec raison qu'il avait constamment reconnu la présence de l'eau-de-vie à la déflagration, lorsqu'il projetait dans un brasier bien ardent des mélanges faits avec diverses proportions de vin et d'eau-de-vie, mais qu'il n'était guère possible d'y parvenir lorsque le mélange était ancien, la combinaison des fluides étant devenue très-intime.

7° Vin falsifié par le POIRÉ. — Dans la plupart des cas, le vin mêlé avec du poiré conserve la saveur de ce dernier corps, qu'il est par conséquent aisé de reconnaître. S'il n'en était pas ainsi, on ferait évaporer le mélange au bain-marie jusqu'à consistance de sirop clair, on le laisserait reposer et refroidir ; au bout de vingt-quatre heures on décanterait le liquide et on séparerait les cristaux de crème de tartre qui auraient pu se former : on étendrait le liquide sirupeux d'eau distillée pour le faire évaporer et cristalliser de nouveau : cette opération serait encore recommencée, et à la fin on obtiendrait un *sirop ayant la saveur de la poire*. (Deyeux.) On serait encore plus certain que le poiré a été mêlé au vin, si, après avoir fait des mélanges de vin et de poiré, on voyait qu'ils jouissent de propriétés semblables à celles des vins qu'on analyse.

Comptoir de marchand de vin en marbre. — Le luxe qui, depuis quelques années, s'est introduit dans les boutiques des marchands de comestibles, a engagé, il y a quelques années, un marchand de vin d'un des quartiers les plus somptueux de Paris à remplacer le vulgaire et antique comptoir par une table de marbre soutenue par des colonnes, et chargée d'ornements d'un goût recherché ; mais les dégustateurs dont se sert la police pour reconnaître les fraudes et les falsifications dont le vin peut être susceptible, n'ont vu dans l'établissement de cette table qu'une innovation dangereuse qu'il ne faut pas tolérer. Ils ont donc signifié au marchand de vin dont il est ici question, qu'il eût à détruire sur-le-champ son nouveau comptoir, et à reprendre le comptoir d'étain en usage chez tous ses confrères.

Les dégustateurs se sont fondés sur la remarque suivante :

Le vin de bonne qualité ne contient qu'une quantité peu considérable d'un sel acide (le *bitartrate de potasse*, vulgairement *tartre*), dont l'action même par un contact prolongé du vin avec le marbre serait à peine sensible ; dans ce cas, il se formerait une petite quantité d'une matière insoluble dans le vin et qui n'aurait aucune action sur l'économie animale ; mais les vins de mauvaise qualité et souvent avariés par leur séjour dans des tonneaux en vidange renferment souvent de l'acide acétique ou vinaigre libre. Si du vin qui a éprouvé ce genre d'altération restait longtemps en contact avec du marbre, il réagirait un peu sur ce marbre, formerait un sel soluble dans le vin, lui communiquerait une saveur désagréable et le rendrait nuisible à la santé.

Étendage et lavage du vin par l'eau. Vins réchauffés par l'alcool.

Qui ignore que ce sont là les fraudes (et non les falsifications) les plus communes auxquelles le vin soit

---

(1) Graham, Art of making wines, fruits, flowers, and herbs, all the native growth of great Britain in townsend universal cook.

(2) Rozier, dans son *Cours complet d'Agriculture*, tome 1er, p. 441, rapporte que les marchands de vins de France faisaient de son temps dissoudre dans un baril de vin d'une contenance de 465 litres, depuis un quart de kilog. jusqu'à un demi-kilog. d'alun.

soumis? Au moins la première n'est elle pas nuisible à la santé.

« 1° Si la quantité *d'eau* contenue dans le vin, dit M. Orfila, était toujours la même, on parviendrait aisément à reconnaître s'il a été frelaté par l'eau; il s'agirait tout simplement de constater combien une quantité quelconque de vin fournirait d'alcool à un degré déterminé de l'aréomètre; mais il n'en est pas ainsi : la proportion d'alcool varie considérablement suivant l'espèce de vin, et, dans la même espèce de vin, suivant que l'année a été plus ou moins favorable, etc. La chimie n'offre donc aucun moyen de parvenir à la solution de ce problème, et le dégustateur ne peut être guidé que par la saveur plus ou moins aqueuse du vin.

« 2° Les vins faibles sont fréquemment mélangés, avons-nous dit, avec une petite quantité d'*alcool* (ou d'eau-de-vie) (1) pour augmenter leur vinosité; cette addition est souvent difficile à constater lorsque le mélange est anciennement fait; les personnes habituées à la dégustation des vins peuvent facilement la reconnaître, et il est quelquefois possible de la démontrer en distillant une portion de vin; le produit distillé est plus riche en alcool que celui qu'on retire de la même espèce de vin non additionné d'alcool.

« Dans l'état actuel de la chimie, on ne peut tirer que peu de secours de ses analyses pour découvrir les fraudes commises le plus communément sur les vins. Ainsi il n'est guère possible à l'analyse chimique de constater l'altération des vins par l'eau et par l'alcool.

« En ce qui concerne l'alcool, n'est-il pas évident que, puisque sa proportion varie non-seulement dans les divers vins, mais encore dans les vins du même crû, on pourra en introduire dans un vin quelconque, sans qu'il soit possible de distinguer si cet alcool y préexistait ou s'il a été ajouté après coup? Le chimiste ne pourrait tout au plus reconnaître la fraude que dans le cas où l'alcool, ayant été produit avec des matières autres que le raisin, contiendrait quelques substances étrangères au vin. Mais quant à l'esprit de vin proprement dit, c'est-à-dire l'alcool extrait du vin par distillation, il est peu possible d'avancer qu'on sait reconnaître si la main d'un fraudeur en a ajouté à celui qui existe naturellement dans le vin. Cela supposerait que l'alcool produit pendant la fermentation du moût de raisin est à l'état de combinaison chimique dans le vin; qu'il s'y trouve en quelque

(1) L'esprit-de-vin naît du sucre; par la fermentation, le sucre se transforme en alcool. C'est pourquoi les raisins très-doux donnent un vin spiritueux, tandis que les raisins qui ne contiennent que peu de sucre donnent un vin faible. On améliore les vins, non-seulement en y versant de l'esprit-de-vin ou de l'eau-de-vie, mais encore en ajoutant du sucre au moût qui n'est pas assez sucré. Le premier moyen est coûteux, et rend le vin insalubre, lorsqu'on emploie l'alcool en proportion un peu forte. Le second moyen serait conforme à la nature, puisqu'il consiste à fournir au moût de raisins le sucre qui lui manque. On se servait autrefois de sucre de canne ou de betterave. Depuis quelques années on trouve dans le commerce un autre sucre qui diffère essentiellement du sucre de canne, c'est celui qu'on trouve dans le raisin et dans les fruits à noyaux et à pépins : pour les chimistes c'est le sucre de raisin; dans le commerce il est nommé *glucose, sucre de dextrine, d'amidon, de fécule de pommes de terre.* Il est rare qu'on tire ce sucre du raisin; celui qu'on livre au commerce est fabriqué en traitant la fécule par un acide : c'est ce sucre qu'on emploie pour améliorer le moût, parce qu'il est identique avec le sucre de raisin, et qu'il est moins cher que celui de canne. Trois à cinq kilogrammes de sucre de fécule par hectolitre suffisent, dit-on, pour améliorer les moûts des mauvaises récoltes; c'est la quantité qu'on emploie en Bourgogne. On dissout le sucre dans le moût que l'on fait chauffer; on verse la dissolution dans le vin; au moment où il sort du pressoir, si l'on presse immédiatement après la vendange. Si on laisse fermenter sur grappes, on doit verser la dissolution dans les cuveaux mêmes, dès qu'on écrase le raisin.

sorte à l'état latent, tandis que les expériences si simples, si précises de M. Gay-Lussac, ont prouvé qu'il y existe à l'état de liberté, c'est-à-dire dégagé de tout lien.

« On comprendrait encore que si l'alcool ajouté au vin après coup y produisait quelque trouble, ou séparait quelque principe, il serait peut-être possible de constater son introduction dans le vin, en ce sens qu'on ne retrouverait plus dans celui-ci les éléments qu'il présente dans son état naturel; mais tout le monde sait qu'il n'en est pas ainsi, et que l'on peut ajouter au vin des quantités considérables d'alcool sans altérer sa transparence.

« En résumé, l'alcool existe à l'état de liberté dans le vin; sa proportion varie sans cesse dans les vins naturels; celui qu'on y introduit par fraude s'y maintient également à l'état de liberté, et dès lors il est de bonne logique à croire à l'impossibilité, dans l'état actuel de la chimie, de constater par l'analyse l'altération dont il est ici question.

« Relativement au mouillage des vins, les difficultés sont exactement du même ordre que celles qui viennent d'être indiquées pour le mélange des vins avec l'esprit de vin ou l'eau-de-vie.

« Si le fraudeur mouille son vin avec de l'eau, qui ne porte pas avec elle le cachet de son origine, comment le chimiste pourrait-il reconnaître cette eau dans un liquide qui en renferme naturellement une proportion considérable, à moins toutefois qu'on ne trouve dans les vins un *alcool normal*, *une eau normale* qu'il faudrait soigneusement distinguer de l'alcool et de l'eau *ordinaires?* Jusqu'à ce qu'on ait réalisé une découverte aussi prodigieuse, jusqu'à ce qu'on ait trouvé une nouvelle méthode d'analyse, il est permis de douter de l'exactitude des moyens prétendus exacts pour reconnaître la falsification des vins par l'eau et l'alcool, lorsque, bien entendu, le fraudeur n'apporte pas dans cette eau et cet alcool des substances qui seraient de nature à compromettre de coupables manœuvres. »

En vérité, il ne peut sortir de l'analyse chimique *prise isolément*, rien de bien concluant;... ce n'est pas seulement dans les laboratoires qu'on doit chercher le moyen de découvrir, et surtout de réprimer une pareille fraude.....

Nous ne pouvons résister au plaisir de citer ici quelques lignes d'un homme à qui les sciences physiques et naturelles doivent des recherches de la plus haute portée : M. Raspail.

« Il n'y a pas deux manières de fabriquer les liqueurs fermentées; je ne connais que la fermentation : tout art qui s'en écarte est une falsification. La chimie a beau, par la synthèse, vouloir recombiner ensemble les produits qu'elle croit avoir isolés par l'analyse du vin, l'estomac qui a le malheur d'user de ce chef-d'œuvre d'alchimie ne tarde pas à en ressentir les funestes effets, et à se convaincre que l'art de l'homme est habile à fabriquer des poisons; que la nature seule a la faculté de nous engendrer une nourriture. L'alcool surajouté ne se mêle jamais, quoi qu'on fasse, ni à l'eau ni au vin, comme le progrès de la fermentation les mêle. Qui sait ensuite si l'alcool que nous obtenons par la distillation s'y trouvait sous la forme sous laquelle le récipient nous l'offre? Quoi qu'il en soit, il n'est pas moins vrai que nos vins de Paris, même les vins naturels, dont les marchands de vin augmentent le titre avec une ou deux veltes d'alcool par tonneau, ne valent jamais pour l'estomac le vin de crû, même celui de Suresnes. L'estomac en effet, absorbant vite la partie aqueuse, met à nu, avec la même vitesse, la portion alcoolique qui était non pas combinée, mais à peine mélangée à la première; et cet alcool, devenu anhydre, cautérise dès lors la muqueuse, comme le ferait de l'alcool rectifié que l'on avalerait d'un trait.

« On pourra se faire une idée de cette difficulté de répartition de l'alcool dans le vin travaillé, par le fait suivant : après avoir mis en chantier un tonneau de bon vin, de cent cinquante litres, divisez-le en trois zones horizontales de cinquante litres chaque. Si vous analysez à part le produit de chacune d'elles, vous trouverez que la zone du milieu renferme plus d'alcool que la première et l'inférieure : cela vient-il de ce que la capacité de saturation est en raison de la masse, et que la zone médiane a plus de capacité que les zones inférieure et supérieure. Je l'ignore; mais il n'en est pas moins vrai que les connaisseurs ont toujours soin de mettre à part, souvent comme vin de dessert, le tiers central de leur tonneau.

« Si le changement de l'eau potable produit un certain trouble dans nos fonctions digestives, le changement de qualité de vin agit avec de bien plus mauvais effets. Le vin, en effet, porte avec lui un poison ou un auxiliaire de la digestion, selon les doses du mélange. Or, l'excès peut résulter de notre peu d'habitude; tel vin fait pour ce buveur est trop fort pour une personne du sexe qui n'en a pas l'habitude. Calculez par là l'effet que doit produire, le dimanche, sur l'estomac du pauvre ouvrier, buveur d'eau pendant six jours de la semaine, cet alcool de pommes de terre que le marchand a étendu la veille avec de l'eau du puits, et qu'il a coloré à la hâte avec du myrtelle! Vous concevrez encore pourquoi l'ouvrier du midi de la France n'est presque jamais ivre, et que l'ouvrier de Paris l'est toutes les fois qu'il sort du marchand de vin : dans le Midi, le vin est excellent et il est à bon marché; nul n'en manque et, partant, nul ne le fraude; l'homme en a l'habitude et il n'est jamais forcé, par la cherté du produit, à en interrompre l'usage.

« Un illustre académicien, qui travaille la statistique avec des additions et des soustractions seulement, faisait un jour observer à son auditoire, pour lui prouver combien les mœurs du peuple étaient corrompues, qu'on voyait tous les vingt pas un cabaret dans la rue Mouffetard; et que dans la Chaussée-d'Antin on rencontrait à peine un marchand de vin aux coins des rues; un ouvrier qui fait de la statistique avec du bon sens lui répondit :

« Cela vient de ce que, dans la Chaussée-d'Antin, chaque habitant a sa cave, et des meilleurs vins fournie; et que, dans la rue Mouffetard, le peuple n'a d'autre cave que le cabaret. Mais dans la Chaussée-d'Antin, chaque riche consomme plus à lui seul en un repas qu'un pauvre diable ne parvient à le faire au bout de trois semaines.

« Tout l'auditoire, y compris le professeur, conçut parfaitement bien la justesse de cette contre-statistique. »

Coloration artificielle des vins. — La couleur des vins rouges provient des pellicules des raisins rouges avec lesquels on fait fermenter le moût, et dont le principe colorant, qui est cristallisable, rougi par l'acide libre du jus de raisin, se dissout à mesure que la liqueur devient alcoolique pendant la fermentation. Outre ce principe colorant, le vin enlève aux pellicules une quantité assez considérable de tannin, auquel le vin rouge doit sa saveur astringente, ainsi que la propriété de changer sa couleur rouge en une couleur noire brunâtre, quand on y ajoute une dissolution d'un sel de fer.

On admet généralement que la plupart des vins rouges doivent en partie leur couleur à des matières colorantes étrangères. Mais les marchands préfèrent souvent faire usage des vins d'Auvergne, de Languedoc et de Roussillon pour réchauffer la couleur des vins et pour colorer les mélanges qu'ils destinent à être vendus au détail.

Nous croyons devoir entrer dans quelques détails sur des essais fort curieux, faits par M. Chevalier (1) sur la matière colorante des vins naturels; en prenant aussi en considération les documents publiés par divers chimistes, et surtout ceux fournis par

(1) *Annales de l'Industrie nationale et étrangère.*

MM. Cadet de Gassicourt (1), Jacob, Vogel (2), Nées d'Esenbeck, Ryan, Clarys, Bonisson.

Les matières colorantes et tannantes étrangères, dont on se sert pour imiter les vins rouges, sont : le bois de Campêche, ou bois d'Inde, ou bois bleu, le bois du Brésil, le bois de Fernambouc, les baies de sureau, les baies d'yèble, de troène (effectivement, on prépare dans une partie de la Champagne, avec les baies d'yèble, de sureau, de troène et d'airelle, les mûres et les prunelles, une liqueur fermentée destinée à augmenter la couleur des vins, et qu'on appelle *vin de Fismes*), de myrtille, les mûres et les prunelles.

M. Ryan a donné (3) la liste des substances suivantes qui sont employées en Angleterre pour falsifier les vins :

1° Les amandes amères, pour fournir un *goût de noisette*;

2° Les feuilles de laurier-cerise, pour le même objet;

3° La feuille de ronce, l'eau de laurier-cerise et d'orvale, les feuilles de sureau, pour leur donner un fort bouquet;

4° L'alun, pour clarifier les vins jeunes et maigres;

5° Les gâteaux pressurés de graine de sureau, pour *donner de la couleur* au vin d'Oporto;

6° Le même produit pour *colorer les vins blancs*;

7° Les astringents suivants : la sciure de chêne, la prunelle sauvage, l'enveloppe des avelines, pour donner *aux vins trop jeunes* un goût astringent;

8° La teinture de grains de raisins secs, pour donner du goût aux vins frelatés;

9° Enfin diverses épices, pour donner au vin un mordant.

Maladie des vins. — Celles qui ont été étudiées jusqu'ici sont :

1° La *pousse*;

2° Le *passage à l'acide*;

3° La *graisse*;

4° Le *passage à l'amer*;

5° Le *goût de fût*.

M. Payen a très-bien signalé ces cinq maladies; nous les décrivons d'après ce savant.

1° On désigne par la *pousse* un mouvement à fermentation tumultueuse qui se manifeste quelque temps après que le vin a été mis en barriques. Lorsque, dans ce cas, celles-ci ont été hermétiquement closes, il peut arriver que la pression intérieure augmente au point de faire rompre les cercles ou d'entr'ouvrir les douves de fond en forçant les barres qui les traversent. On ne s'aperçoit quelquefois de cet accident que lorsque une ou plusieurs barriques ont ainsi fait un sorte d'explosion, et laissé perdre une grande partie de la totalité du vin qu'elles contenaient. Les bondes hydrauliques et le tube de sûreté dont on fait aujourd'hui usage préviennent constamment cette cause de déperdition. Toutefois, lorsqu'on aperçoit la fermentation tumultueuse se reproduire à cette époque, il convient de la faire cesser, de peur que ses progrès rapides n'enlèvent au vin toute la matière sucrée, et ne la fassent passer à *l'amer*. On arrête la fermentation en transvasant le vin dans des barriques fortement imprégnées d'acide sulfureux à l'aide d'une mèche soufrée; on y parvient mieux encore en ajoutant au vin un millième de sulfate de chaux. Il paraîtrait que l'on peut suspendre encore la fermentation en ajoutant dans chaque barrique un quart de kilogramme de semence de moutarde.

Dans tous les cas, il faut coller ces sortes de vins aussitôt que la fermentation a été apaisée, afin d'enlever le ferment en suspension, qui est la principale cause de la maladie.

(1) *Dictionnaire des Sciences médicales.*
(2) *Journal de Pharmacie.*
(3) *Manuel de Jurisprudence médicale.*

2° On connaît, sous le nom de *passage à l'acide*, le développement d'un excès d'acide dans le vin; ce phénomène est dû, soit à une trop faible proportion d'alcool, soit à la température trop élevée de l'air des caves, soit à des secousses répétées, soit enfin au contact de l'air, lorsque les pièces sont restées en vidanges ou débouchées. Le meilleur moyen de pallier le mauvais effet produit consiste à couper le vin acide avec son volume d'un vin plus fort et moins avancé, coller ce mélange, le tirer en bouteilles, et le consommer le plus promptement possible, car un tel vin ne se conserve plus.

Cette maladie du vin a donné lieu autrefois à des accidents fort graves, par suite de l'addition de litharge, faite dans le but réel d'adoucir le vin; mais on produisait ainsi de l'acétate de plomb, doux à la vérité, mais qui changeait complétement la saveur aigre, et dont l'action vénéneuse est d'ailleurs bien connue. Des règlements de police et la surveillance du conseil de salubrité ont fait cesser cet abus.

3° On dit que les vins *tournent au gras* lorsqu'ils acquièrent une consistance visqueuse; ils deviennent alors tout à fait impropres à servir de boisson; longtemps on a ignoré la véritable cause de ce singulier phénomène. M. François, phramacien à Nantes, est parvenu à la découvrir; il a démontré qu'elle tenait à la présence d'une matière gâtée, analogue à la glaïadine; et, en effet, ce sont les vins blancs, surtout ceux qui contiennent le moins de tannin, qui sont sujets à cette maladie. M. François fut naturellement porté à en chercher le remède dans une addition de matière astringente : sans doute le tan, la noix de galle et toutes les substances riches en tannin eussent produit l'effet désiré; mais il fallait éviter d'ajouter une matière dont la saveur désagrable nuisit à la qualité du vin. M. François est parvenu à ce résultat en employant des sorbes lorsqu'elles sont le plus astringentes, c'est-à-dire un peu avant l'époque de leur maturité. Voici comment on opère : On écrase dans un mortier une livre de ces fruits, que l'on jette dans une barrique contenant le vin filant, ou dans laquelle on a transvasé les bouteilles qui le renfermaient ; on agite vivement et à plusieurs reprises, puis on laisse reposer pendant un jour ou deux. Alors le tannin, s'unissant à la substance azotée, la sépare du liquide auquel elle communiquait la viscosité. On clarifie avec de la colle de poisson, et l'on tire en bouteilles le vin qui a repris toute sa fluidité et qui n'est plus sujet à la même maladie. On arriverait probablement, d'après M. Payen, au même résultat en employant des pépins ou des rafles écrasés.

4° Le vin *passe à l'amer* par suite d'une fermentation trop complète; car il paraît que les bons vins, quelque vieux qu'ils soient, ne doivent jamais avoir épuisé toute leur substance fermentescible; du moins il est certain que la fermentation, complète par toutes les circonstances les plus favorables, donne toujours du vin de mauvais goût et souvent trèsamer. Le meilleur moyen de remédier à ce défaut, du moins en partie, consiste à mélanger ces vins avec leur volume d'un vin analogue, mais plus nouveau. On colle ensuite, puis on tire en bouteilles.

5° Les vins acquièrent souvent dans des fûts qui sont longtemps restés vides, cette saveur désagréable, désignée par le *goût de fût*, par suite du développement des moisissures. Il est ordinairement difficile et quelquefois impossible d'enlever entièrement ce goût désagréable. L'un des moyens qui réussissent le mieux consiste, après avoir changé la pièce, à agiter fortement dans le vin environ un demi-kilogramme d'huile d'olive fraiche. Il paraît qu'une huile essentielle, principale cause du goût de fût, est entrainée à la superficie par l'huile ajoutée, et qu'ainsi le goût désagréable qu'elle occasionnait diminue beaucoup.

FIN DES NOTES ADDITIONNELLES.

TABLE ANALYTIQUE [1].

A

Ablette.

Abrus precatorius. Voyez Glycyrrhizine.

Absinthe.

Absorption.

Abus des liqueurs alcooliques. Voy. Eaux-de-vie.

Abus du vinaigre. Voy. Vinaigre.

Accroissement de l'orgauisme animal. V. Aliments.

Acétates.

Acétate de cuivre. V. Cuivre, *sels*.

— de morphine. V. Morphine.

— de quinine. V. Quinine, *sels*.

Acétique (acide). V. Vinaigre.

Acétone.

Acides.

Acide carbonique liquéfié, employé comme force motrice. V. Carbonique (acide).

Acide chloreux. V. Chlore

— chlorique. V. Chlore.

— hydrochlorique. V. Chlorhydrique (acide).

— marin déphlogistiqué. V. Chlore.

Acide muriatique. V. Chlorhydrique (acide).

Acide muriatique oxygéné. V. Chlore.

— perchlorique ou oxychlorique. V. Chlore.

— prussique. V. Cyanure de potassium.

Acide sulfurique glacial ou fumant, ou acide de Nordhausen. V. Sulfurique (acide).

Acier.

Aconit napel.

Adipocire. V. Cholestérine.

Aérolithes. V. Pierres météoriques.

Aérostats, comment on les gonfle. V. Hydrogène.

Affinage.

Affinité.

— V. aussi Combinaison chimique, et note 1re.

Agate.

Agents de la conservation des bois. V. Bois.

Agrégation.

Agriculture, emploi des plâtres. V. Plâtre.

Aigue-marine. V. Topaze et Emeraude.

Aimant.

Air.

— V. Atmosphère. — Ses propriétés chimiques. V. Oxygène. — Composition de l'air et oxygène enlevé par la respiration. V. note 2. — Son rôle dans la respiration des plantes et des animaux. V. Phénomènes de la combustion dans les êtres organisés. — Quantité nécessaire à chaque homme. V. *Ibid*.

Air déphlogistiqué, Air vital. V. Oxygène.

Alabastrite. V. Albâtre et Gypse.

Alambic.

Albâtre.

— V. Gypse.

ALBERT LE GRAND.

Albumine.

— V. Aliments.

Albumine végétale.

— V. Aliments

Alcalis.

Alcali minéral. V. Soude.

Alcali minéral vitriolé. V. Sulfate de soude.

Alcali végétal. V. Potasse, *carbonate*.

Alcali volatil. V. Ammoniaque.

Alcali volatil concret. V. Sesquicarbonate d'ammoniaque au mot AMMONIAQUE.

Alcalimétrie.

Alcaloïdes.

— V. Alcalis.

Alcool.

— Sa proportion en volumes dans les vins et quelques autres liqueurs ou boissons. V. Vin.

Alchimie. V. Pierre philosophale et Raymond Lulle, etc.

ALDINI, inventeur des appareils propres à garantir les pompiers de l'action des flammes. V. Toiles métalliques.

Ale. V. Bière.

Aliments.

— V. note 3.

(1) Nous avons indiqué dans cette table beaucoup de faits et d'observations diverses qui n'ont pas été portés dans l'ordre alphabétique du Dictionnaire.

Aliments coloriés. V. Matières colorantes employées pour quelques aliments.
Allumettes chimiques.
— V. Phosphore, Potasse, *chlorate*.
Aloès.
Alquifoux. V. Plomb, *sulfure*.
Alumine.
— V. Aluminium.
Aluminium.
Aluminite. V. Alunite.
Alun.
Alunite.
Amalgame. V. Mercure (usages), Argent.
Amande. V. Huiles volatiles essentielles.
Ambre.
Ambre jaune. V. Succin.
Amer de Welther. V. Chimie animale.
Améthyste. V. Quartz.
Améthyste orientale. V. Saphir.
Amiante.
— V. note 4.
Amidine.
Amidon.
— V. note 5.
— Réactif de l'iode. V. Iode.
Ammoline. V. Huile empyreumatique animale.
Ammoniaque.
— Son rôle dans les phénomènes de l'organisation. V. Statique chimique des êtres organisés. — Son assimilation par les racines des plantes. V. Nutrition des plantes.
Ammonium. V. Ammoniaque.
Amorphisme.
Ampère. Sa théorie cristallo-atomique. V. Théorie cristallo-atomique.
Amphides (sels). V. Oxygène.
Amphigène.
Amphigènes (corps). V. Oxygène.
Analyse.
Analyse chimique des plantes. V. Substances végétales.
Analyse des minéraux.
Andalousite.
Androïde. V. Albert le Grand.
Animaux, composition atomique.
Animaux carnivores et herbivores, s'assimilent les mêmes principes. V. Statique chimique des êtres organisés.
Animaux microscopiques du ferment. V. Ferment.
Animaux infusoires. V. Germination.
Animé (résine).
Anthracite.
Antidote contre les empoisonnements par le cuivre. V. Cuivre; — par l'arsenic. V. Arsenic.
Antimoine.
Antimoine diaphorétique. V. Antimoine.
Appareils chimiques.
Appareils simples à courants constants. Voy. Électricité dégagée dans les actions chimiques.
Appert, procédé pour la conservation des substances organiques. V. Conservation des matières organiques.
Arabes, leurs connaissances en chimie.
Arabine.
Arachide. V. Corps gras.
Arbre de la vache. V. Cire.
Arbre de Diane. V. Mercure, *usages*.
Ardoises.
Argent.
Argent fulminant. V. Argent, *oxyde*.
Argentan. V. Nickel.
Argenture et plaqué.
Argile.
— V. Aluminium.
Argile smectique.
Aricine.
Arnauld de Villeneuve.
Arragonite.

Arrow-root.
Arséniates. V. Arsenic, *sels*.
Arsenic.
Arsénieux (acide). V. Arsenic.
Arsénique (acide). V. Arsenic.
Arsénite de cuivre. V. Cuivre, *sels*.
Arsénite de potasse. V. Potasse.
Asbeste. V. Amiante et note 4.
Asparagine.
Asphalte.
Assa-fœtida
Astérie.
— V. Saphir.
Atmomètre. V. Évaporation.
Atmosphère.
— V. Air.
Atomes.
— V. Théorie atomique.
Atomes des philosophes grecs. V. Atomes.
Atomisme de Leucippe, de Démocrite, d'Épicure, de Gassendi, de Wolf, Swedenborg, Lesage, Dalton. V. Atomes.
Augite. V. Corindon et Pyroxène.
Avélanèdes.
Aventurine. V. Couleurs dans les minéraux.
Azotate de potasse. V. Nitre.
Azotate hydrique. V. Azotique (acide).
Azote, son assimilation par les racines des plantes. V. Nutrition des plantes. — Son rôle dans la nutrition des animaux. V. Aliments.
Azotide de chlore.
Azotique (acide).
Azoture de potassium. V. Potasse.
Azurite.

B

Bablah.
Bacon.
Badigeon. V. Chaux.
Balance, son usage en chimie. V. Appareils chimiques.
Ballons, comment on les gonfle. V. Hydrogène.
Barium.
Barwood.
Baryte. V. Barium.
Baryte carbonatée. V. Withérite.
Base, basique.
— V. Oxygène.
Bases organiques. V. Alcaloïdes.
Bassorine.
Battitures (oxydes des). V. Fer.
Baume de la Mecque.
— du Pérou.
— de Tolu.
Bécher.
Belladone. V. Huiles et Corps gras.
Ben. V. Corps gras.
Benjoin.
Benzoïle. V. Benzoïque.
Benzoïque (acide).
Béril. V. Picnite et Émeraude.
Berthiérite.
Berzelius.
— Belles paroles de ce chimiste sur la nécessité d'une puissance organisatrice. V. Corps organisés.
Bétel.
Bétons. V. Chaux hydrauliques.
Beurre.
— (économie domestique).
Beurre d'antimoine. V. Antimoine, *protochlorure*.
Beurre de bismuth. V. Bismuth, *chlorure*.
Beurre de Galam. V. Corps gras.
Beurre de muscade. V. Corps gras.
Bézoards.
— V. Bile.
Biborate de soude. V. Borax.
Bicarbonate de magnésie. V. Magnésie.
— de soude. V. Soude.
— de potasse. V. Potasse.
Bière.

Bière de Bavière.
Bijoux.
Bile.
Bile de bœuf.
Bioxyde d'hydrogène.
Bismuth.
Bitume glutineux. V. Malthe.
Bitume de Judée. V. Asphalte.
Bitume élastique. V. Poix minérale.
Blanc de plomb. V. Céruse.
Blanc de Venise, de Hollande, de Hambourg. V. Céruse.
Blanc de fard. V. Bismuth, *sous-nitrate*.
Blanc de baleine. V. Graisse.
Blanc d'œuf, antidote contre les empoisonnements par les sels métalliques. V. Albumine.
Blanchiment des toiles. V. Chlorite de chaux, au mot Calcium. — V. Soude.
Blende ou Sulfure de zinc. V. Zinc.
Bleu de Prusse. V. Cyanure de potassium et note 6.
Bleu de Prusse natif. V. Fer, *protosulfate*.
Bolides. V. Pierres météorites.
Borate de soude. V. Borax.
— de chaux. V. Calcium.
— de magnésie ou Boracite. V. Magnésie.
Borax.
Bore.
Borique.
Bois.
— V. Ligneux.
Bois bitumineux. V. Lignite fibreux.
Bois de santal. V. Couleurs végétales, § 1.
Bois de Brésil. V. Couleurs végétales, § 1.
Bois de campêche. V. Couleurs végétales, § 1.
Bois des îles. V. Bois.
Bois de Fernambouc. V. Couleurs végétales, § 1.
Boucanage. V. Conservation des matières organiques.
Bougies stéariques.
Bouillons gras.
Boulangerie, son origine. V. Levain.
Bouquet et saveur des vins.
Boussingault, ses idées sur la nutrition des plantes. V. Nutrition des plantes.
Bouteilles, fabrication et essai des bouteilles à vin de Champagne. V. Vin.
Bouteille de Leyde. V. Électricité.
Bouteilles, verre à bouteilles. V. Verre.
Boyaux insufflés. V. Air.
Brance. V. Bière.
Briques.
Briquet pneumatique. V. Calorique.
Briquettes. V. Éclairage au gaz et Houille.
Brome.
— son extraction. V. Varechs.
Bromure de potassium. V. Potasse.
Bronze.
— V. Cuivre, Étain, *alliages*.
Bronzite. V. Diallage.
Brou de noix.
Brouillard. V. Eau.
Brucine.
Butyrine. V. Beurre.
Byssus.

C

Cacao. V. Huiles.
Cachalot. V. Corps gras.
Cachou.
Cadavres (moyen de conservation).
Cadmium.
Café.
Caïncique (acide).
Cajeput. V. Huiles.
Calcaire.
Calcédoine. V. Quartz et Sardoine.
Calcin.
Calcination.

Calcium.
Calculs urinaires. V. Urine.
Calenduline. V. Mucilage végétal.
Calomel. } V. Mercure, *protochlo-*
Calomélas. } *rure.*
Calorique.
Calorique latent. V. Calorique.
Calorique spécifique des corps simples.
V. Atomes.
Calorique des composés. V. Atomes.
Camée. V. Bijoux.
Caméléon minéral. V. Manganèse
(acide).
Cameline. V. Corps gras.
Camphre.
Camwood. V. Barwood.
Cannabine. V. Couleurs végétales, § 2.
Cannelle. V. Huiles volatiles essen-
tielles.
Cantharidine.
Caoutchouc.
— V. note 8.
Caoutchouc minéral. V. Elatérite.
Caoutchouc fossile. V. Poix minérale.
Carat, origine de ce mot. V. Diamant.
Carbonate de chaux.
— V. Calcaire.
— de potasse. V. Potasse.
— d'ammoniaque. V. Ammo-
niaque (sels).
— neutre de soude. V. Soude.
— de plomb. V. Céruse.
— de magnésie. V. Magnésie.
— de strontiane. V. Strontium.
— de baryte. V. Barium.
— de cuivre. V. Cuivre (sels).
— d'argent. V. Argent.
— de fer. V. Sidérose.
Carbone.
— Son assimilation dans les végétaux.
V. Nutrition des plantes et phéno-
mènes de la combustion dans les
êtres organisés.
Carbonique (acide).
— Sa solidification. V. Gaz et note 9.
Carbure de fer. V. Graphite.
Carbure d'hydrogène. V. Carbone.
Carmin. V. Cochenille.
Cartes de visites.
Carthame (safranum).
— V. Couleurs végétales, § 1.
Caséine.
Caséine végétale. V. Aliments.
Caséum.
Cassitérite.
Castine. V. Fer.
Castoréum.
Catalyse.
Catalytique (phénomène). V. Ammo-
niaque.
Caustification.
Caviar.
Cellulose.
— V. Plantes, leur composition,
et Bois.
Cémentation. V. Acier.
Céréales, composition de leurs fruits.
V. Gluten.
Cérébrine.
Cérine. V. Cire.
Cérium.
Cérumen.
Céruse.
Cerveau.
Cervoise.
Cévadique (acide).
Chaleur. V. Calorique.
Chaleur spécifique. V. Calorique.
Chaleur animale.
Chalumeau.
Chalumeau aérhydrique. V. Hydrogène.
Chalumeau à gaz oxyhydrogène. V.
Hydrogène.
Chamoisite.
CHAPTAL.
Charbon de bois.
Charbon d'os.
Charbon, ses propriétés décolorantes et

désinfectantes. V. Carbone et note 10.
Charpie, différence entre la charpie de
coton et celle de chanvre et de lin.
V. Coton.
Chatoiement. V. Couleurs dans les mi-
néraux.
Chaudières, moyen de prévenir les
incrustations. V. Plâtres.
Chaudières à vapeur, électricité dé-
veloppée dans l'expansion de la va-
peur. V. Electricité dégagée dans
les actions chimiques.
Chaulage du blé. V. Chaux.
Chaux.
Chaux hydrauliques.
Chaux fluatée. V. Fluorine.
Chaux sulfatée. V. Gypse.
Cha-vayer.
Chenevis. V. Huiles et Corps gras.
Chica. V. Couleurs végétales, § 1.
Chiffons, leur usage. V. Papier.
Chimie.
Chimie organique.
Chimie animale.
Chitine.
Chlorate de potasse. V. Potasse.
Chlore.
Chlorhydrate de soude. V. Sel marin.
Chlorure nitreux. V. Azotide de chlore.
Chlorite de potasse. V. Potasse.
Chlorite de chaux. V. Calcium.
Chlorite de soude. V. Soude.
Chloroforme.
Chlorophylle. V. Cire.
Chlorure de calcium. V. Calcium.
Chlorure d'azote. V. Azotide de chlore.
Chlorure de potassium. V. Potasse.
Chlorure d'oxyde de carbone. V. Chlore.
Chlorure de sodium. V. Sel marin et
Salmare.
Chlorure de plomb. V. Plomb.
Chlorures, leurs usages.
Cholestérine.
Chromate de plomb. V. Plomb, *chromate.*
Chromate de potasse. V. Potasse.
Chrome.
Chromite.
Chrysobéril.
— V. Cymophane.
Chrysocale. V. Cuivre.
Chrysocolle. V. Borax.
Chrysolite. V. Corindon, Chrysobéril
et Topaze.
Chrysolite des volcans. V. Péridot.
Chrysopale. V. Cymophane.
Chrysopaze.
Chyle.
Chyme. V. Digestion.
Cicutine.
Cidre.
Ciment romain.
— V. Chaux hydrauliques.
Cinabre.
Cinabre natif. V. Mercure.
Cinabre vert. V. Plomb, *chromate.*
Cinchonine.
Cire.
Cire à cacheter. V. Gomme-laque.
Citrique (acide).
Civette.
Clarification des eaux troubles. V. Alun.
Clarification du vin. V. Vin.
Classification des métaux. V. Métaux.
Clinquant.
Clivage.
— V. Cristaux.
Cloches, renferment-elles de l'argent ?
V. Bronze.
Coagulation du lait.
Cobalt.
Cobalt arsénical. V. Smaltine.
Cochenille.
Codéine.
Cohésion. V. Affinité.
— Son influence sur l'affinité. V. Affi-
nité.
Coing, Mucilage de coing. V. Muci-
lage végétal.

Coke. V. Eclairage au gaz, Houille et
note 7.
Colcothar.
— V. Fer, *peroxyde.*
Colique de plomb. V. Plomb, *alliages.*
Collage du vin. V. Vin.
Collage du papier. V. Papier.
Colle.
— V. Gélatine.
Colle de poisson. V. Colle.
Colle à bouche. V. Colle.
Colle forte. V. Colle.
Collodion. V. Coton-poudre.
Colombium. V. Tantale.
Colophane.
Colostrum.
Colza. V. Huiles.
Combinaison.
— V. Nomenclature chimique.
Combustion.
— V. Oxygène.
Commotions électriques. V. Electricité.
Compteurs. V. Eclairage au gaz.
Concrétions arthritiques. V. Synovie.
Condensation des gaz par les corps po-
reux. V. Gaz.
Conducteurs (corps) ou non conduc-
teurs du calorique. V. Calorique.
Conductibilité des métaux pour le ca-
lorique et l'électricité. V. Métaux.
Congrève (fusée à la).
Conservation des matières organiques.
Conservation des bois. V. Bois.
Constitution chimique des roches.
CONTÉ, ses crayons. V. Graphite.
Contrepoison. V. Albumine.
Copahu.
Copal.
Copal fossile.
Corindon.
Corindon granulaire. V. Emeril.
Corindon vermeil. V. Saphir.
Cornaline. V. Sardoine.
Cornue.
Corps gras (usages).
Corps simples pondérables.
Corps organisés, composition atomique.
Corps simples. V. Nomenclature chi-
mique.
Corps hétérogènes en contact déve-
loppent l'électricité. V. Electricité.
Coton.
Coton poudre.
Couleurs végétales.
Couleurs dans les minéraux.
Coupellation.
Coupelle. V. Argent.
Couperose blanche. V. Zinc, *sulfate.*
Couperose verte. V. Sulfate de fer.
Couperose bleue. V. Cuivre.
Craie de Briançon. V. Stéatite et talc
commun.
Crayons rouges ou sanguines. V. Oli-
giste.
Crème.
Crème de tartre. V. Tartrates.
Créosote.
Creuset. V. Appareils chimiques.
Cristal.
Cristal de roche. V. Quartz.
Cristallisation.
— V. Théorie atomique et cohésion.
Cristallisation simultanée des sels con-
tenus dans la même dissolution. V.
Théorie atomique.
Cristaux.
Crocoïse.
Crocus metallorum. V. Antimoine (sul-
fure).
Croisette. V. Staurotide.
Croton. V. Huiles et Corps gras.
Cryophore ou porte-glace, instrument
pour produire du froid. V. Calorique.
Cuir de Russie. V. Maroquin.
Cuivre.
Cuivre carbonaté. V. Azurite et Mala-
chite.
Cuivre. V. Panabase.

Curaçao.
Curarine.
Curcuma. V. Couleurs végétales, § 2.
Cyanate d'ammoniaque. V. Urée.
Cyanhydrique (acide). V. Hydrocya-
nique.
Cyanique (acide). V. Cyanogène.
Cyanite. V. Disthène.
Cyanogène.
Cyanure de potassium.
Cyanure de fer et de potassium.
Cymophane.
    —   V. Pierres précieuses et
Chrysobéril.

D

Dalles.
Damasquiner. V. Acier.
Dammara (résine).
Davy (Humphry).
— Ses idées sur la nomenclature. V.
note 17.
Décoction.
Découpage du verre. V. Verre.
Décompositions chimiques, effets elec-
triques produits. V. Électricité dé-
gagée dans les actions chimiques.
Déflagrateur. V. Électricité.
Déliquescence.
Delphine.
Densité de l'eau. V. Eau.
Dents.
Descroizilles, sa méthode d'essai alca-
limétrique. V. Alcalimétrie.
Désinfection.
Désoxydation.
Désoxydation des métaux. V. Réduc-
tion, etc.
Deutochlorure de phosphore. V. Phos-
phore.
    —   d'étain. V. Étain.
Deutonitrate de cuivre. V. Cuivre sels.
Deutosulfure d'étain. V. Étain.
Deutoxyde de chlore. V. Chlore.
    — de potassium. V. Potassium.
    — d'étain. V. Étain.
    — de plomb. V. Plomb.
Dextrine.
Diabète. V. Sucre
Diallage.
Diamant.
Diaspore. V. Aluminium.
Diastase. V. Sucre.—Sa réaction pour
rompre les téguments de la fécule.
V. Endosmose.
Dichroïsme. V. Polychroïsme.
Digestion.
Dimorphisme.
    —   V. Isomorphisme.
Diopside.
Dissolutions chimiques, effets électri-
ques produits. V. Électricité déga-
gée dans les actions chimiques.
Distillation.
Dorure.
Dumas, discute la théorie des atomes.
V. Atomes.
Dureté.
— V. Cohésion
Dusodyle.
Dutrochet, ses expériences d'endos-
mose. V. Endosmose.

E

Eau.
Eau (boisson).
Eau séléniteuse, son inconvénient. V.
Plâtre.
Eau distillée. V. Eau.
Eau trouble, purifiée par l'alun. V. Alun.
Eau, histoire de l'analyse de l'eau.
Voy. note 12.
Eau gazeuse artificielle.
Eau minérale et thermale.
Eau de mer.
— V. Eau.
Eau de javelle. V. Potasse, chlorite de
potasse.
Eau-forte. V. Azotique (acide).

Eau régale.
Eau, son action sur le plâtre. Voy. Plâtre.
Eau oxygénée.
Eau céleste. V. Cuivre sulfaté.
Eau phagédénique. V. Mercure, deu-
tochlorure.
Eau mercurielle. V. Mercure, deuto-
nitrate.
Eau blanche. V. Acétate.
Eau africaine.
Eau de Perse, d'Egypte, de Chine, etc.
V. Eau africaine.
Eaux ammoniacales. V. Éclairage au
gaz.
Eaux-de-vie et liqueurs.
Ebullition. V. Calorique.
Ecailles de poissons.
Éclairage au gaz.
Éclat (minéralogie).
Écume de mer. V. Magnésite.
Effervescence. V. Carbonique (acide).
Egagropiles.
Égrappage. V. Vin.
Égyptiens, leurs connaissances en chi-
mie.
Elaïne.
Elatérite.
Électricité.
Électricité, ses rapports avec l'affinité.
V. Affinité. — Joue-t-elle un rôle
dans la formation du nitre? V. Nitre.
Électricité dégagée dans les actions
chimiques.
    —   dégagée dans l'expansion de
la vapeur des chaudières.
V. Électricité dégagée
dans les actions chimiques.
Électro-chimie. V. Électricité.
Électro-magnétisme. V. Force électro-
magnétique.
Électromètre. V. Électricité.
Électroscope. V. Électricité.
Éléencéphol. V. Cérébrine.
Éléments. V. Nomenclature chimique.
Élémi (résine).
Éléoptène. V. Huiles volatiles essen-
tielles.
Ellagique (acide).
Email. V. Étain, sels.
Embaumements.
Embu, dextrine employée contre les
effets de l'embu sur les tableaux.
Voy. Dextrine.
Emeraude.
    —   V. Pierres précieuses.
Emeril.
Emétine.
Emétique.
    —   V. Zinc, sulfate.
Emission (système de l'). V. Lumière.
Emplâtre diapalme. V. Savon d'oxyde
de plomb
Empois. V. Amidon.
Empoisonnement.
Empoisonnement par l'arsenic. V. Ar-
senic.
Emulsion. V. Albumine végétale.
Encens. V. Oliban.
Encres diverses. V. note 12.
Encre usuelle.
Encre des imprimeurs.
Encre rouge.
Encre sympathique.
    —   V. Cobalt.
Encre de seiche.
Endosmose.
Engrais.
— Son rôle dans la nutrition des plan-
tes. V. Nutrition des plantes.
Engrais commerciaux.
Engrais flamand. V. Engrais com-
merciaux.
Enveloppes des animaux et des plan-
tes, composition. V. Cellulose.
Epidémies, leurs causes. V. Air.
Epiderme.
Epingles.
— Leur étamage. V. Étain, alliages.
Equisétique (acide).

Equivalents chimiques.
Equivalents des principaux engrais
V. Engrais commerciaux.
Erbue. V. Fer.
Espèce (minér.).
Esprit pyroligneux ou pyroacétique.
V. Acétone.
Essai des vins. V. Vin.
Essence de perles ou d'Orient. V. Ecail-
les de poisson et Ablette.
Essences. V. Huiles essentielles.
Etain.
Etamage.
    —   V. Étain, alliages.
Ether. V. Lumière.
Ethers.
Ethiops martial. V. Fer, deutoxyde,
et Aimant.
Ethiops minéral. V. Mercure, proto-
sulfure.
Etincelle électrique. V. Électricité.
Euclase.
Eudiomètre. V. Atmosphère.
Euphorbe.
Evaporation.
Exosmose. V. Endosmose.
Exportation des vins. V. Vin.
Extraction des métaux.
Extrait de Saturne ou extrait de Gou-
lard. V. Acétate de plomb.

F

Fabrication du verre. V. Verre.
Fabrication de la soude au moyen du
sel commun et son importance pour le
commerce et l'industrie. Voy. Soude.
Falsification par le plâtre. V. Plâtre.
Falsification des vins. V. note 21.
Falsifications et altérations du lait. V.
Lait.
Familles (minér.).
Fard. V. Antimoine, sulfure; son usage
en Judée, etc., ibid.
Fausse topaze, fausse émeraude, faux
rubis. V. Fluorine.
Fécule.
    —   V. Amidon.
Fécule, rupture de ses téguments par
la diastase. V. Endosmose.
Feldspathiques (roches).
Feldspath. V. Orthose.
Feldspath opalin. V. Labradorite.
Feldspath apyre ou adamantin. V. An-
dalousite.
Fer.
Fer (chimie).
Fer contenu dans le sang. V. Héma-
chroïne.
Fer-blanc. V. Étain, alliages.
Fer spéculaire. V. Oligiste.
Fer carbonaté ou spathique. V. Sidé-
rose.
Fer sulfuré. V. Pyrite.
Ferment.
Fermentation.
Fermentation du vin. V. Vin.
Feu. V. Combustion et Oxygène.
Feu grizou. V. Hydrure gazeux.
Feu grégeois.
Feux follets. V. Hydrogène phosphoré.
Feuilles et tiges vertes.
Feuilles, causes de leurs teintes di-
verses suivant les saisons. V. Cou
leurs végétales, § 3.
Fibre végétale.
    —   V. Aliments.
Fibrine.
    —   V. Aliments.
Fiel de bœuf. V. Bile.
Figuline. V. Argiles.
Fils et tissus d'origine organique (es
sai). V. Cellulose.
Filons. V. Gisement des minéraux.
Flambage des tissus de coton.
    —   V. Hydrogène bicarboné.
Flamme.
Fleur de soufre. V. Soufre.
Flint-glass. V. Verre et Plomb, silicate.
Fluate de chaux. V. Spath-fluor.

Fluides des sécrétions.
Fluoborique (acide).
Fluor.
Fluorhydrique (acide).
Fluorine.
Fluorure de calcium.V. Calcium.
Fluorure de silicium. V. Silicium.
Flux noir ou flux blanc. V. Tartrates.
Foie d'antimoine. V. Antimoine, *sulfure*.
Foie de raie. V. Corps gras.
Foie de soufre. V. Potasse, *sulfure de potassium*.
Folie, a-t-elle sa cause dans un excès de phosphore dans le cerveau? V. Cerveau.
Fonte. V. Fer.
Force électro-magnétique.
Forme des atomes.V. Théorie atomique.
Forme cristalline. V. Théorie atomique.
Froid. V. Calorique.
Froid artificiel.V. Calorique.
Fromage. V. Caséum.
Frottement, développe l'électricité. V. Electricité.
Fulminate d'argent.
Fulminate ammonico-argentique. V. Fulminate d'argent.
Fulminate mercureux. V. Poudre fulminante de mercure et note 18.
Fumarique (acide). V. Malique.
Fumée et suie.
Fumier. V. Nutrition des plantes et engrais.
Fungique (acide).
Fusion. V. Calorique.
Fustet. V. Couleurs végétales, § 2.

G
Galbanum.
Galène. V. Plomb, *sulfure*.
Galipot. V. Térébenthine.
Gallique (acide).
Galvanisation du fer. V. Zincage.
Galvanisme. V. Electricité.
Galvanoplastie. V. Dorure.
Gants.
Garance. V. Couleurs végétales, § 1.
— Son absorption par les os. V. Endosmose.
Garancine.
Gassendi. V. Atomes.
Gaude ou Vaude.
— V. Couleurs végétales, § 2.
Gaudin, modifie la théorie cristallo-atomique de M. Ampère.V.Théorie atomique.
Gay-Lussac.
— Sa méthode d'essai d'alcalimétrie. V. Alcalimétrie.
Gayac.
Gaz.
Gaz-light.
— V. Eclairage au gaz.
Gaz employé comme force motrice. V. Carbonique (acide).
Gaz portatif.
Gaz, fixes, coercibles, non permanents. V. Calorique.
Gaz hydrogène protophosphoré. Voy. Phosphore.
Gaz hilarant. V. Azote.
Gaz oxy-muriatique. Voy. Chlore.

Gazomètre. V. Eclairage au gaz.
Geber. V. Arabes.
Gélatine.
— impropre à la nutrition. V. Aliments et Charbon d'os.
Gélatine végétale. V. Pectique (acide).
Gelée ou Geline. V. Gélatine.
Génération équivoque. Voy. Germination.
Genre (minér.).
Germination.
Gisement des minéraux.
Glace (chimie).
Gliadine.
Glazer.
Globules constitutifs des tissus organiques. V. Animaux, composition chimique.
Globules du sang. V. Animaux, composition chimique.
Glucose.
— V. Sucre.
Glucynium.
Gluten.
— V. Amidon.
Glycyrrhizine.
Gmélinite. V. Hydrolite.
Gobeleterie, verre à gobeleterie. V. Verre.
Goémon. V. Varechs.
Goîtres, guéris par l'iode. V. Iode.
Gomme.
Gomme adragante. V. Mucilage végétal.
Gomme arabique. V. Gomme.
Gomme de l'amidon grillé. V. Gomme.
Gomme de cerisier. Voy. Gomme.
Gomme du Sénégal. Voy. Gomme.
Gomme-laque.
Gomme ammoniaque.
Gomme-gutte.
Gommes-résines.
Goudron.
Grains de blé, leur structure. V. Gluten.
Graisses.
Granalite. V. Staurotide.
Granit. V. Pierres à bâtir.
Graphite.
Gravelle. V. Urine.
Grêle. V. Eau.
Grenat.
Grès.
Grizon.
Grotte du Chien. V. Carbonique (acide).
Gruau, pains de gruau. V. Pain.
Guano.
— V. Engrais.
Gueuse. V. Fer.
Guyton de Morveau.
— Sur la nomenclature. V. note 17.
Gypse.
Gypsite. V. Aluminium.

H
Halogènes (corps).
Hareng, comment on le saure.V. Conservation des matières organiques.
Harmonica chimique.V. Hydrogène.
Hémachroïne.
Hématite. V. Limonite.
Hématosine. Voy. Hémachroïne.

Hircique (acide).
Homberg.
Homme, de son alimentation au point de vue chimique. V. Aliments.
Houblon. V. Bière.
Houille.
Houille sèche, maigre ou limoneuse. V. Stipite.
Huiles.
— V. Graisses.
Huile de baleine.
Huile animale de Dippel. V. Os.
Huile douce de vin. Voy. Ethers.
Huile empyreumatique animale.
Huile de tartre. V. Potasse, *carbonate*.
Huile de vitriol. V. Sulfurique (acide).
Huiles volatiles essentielles.
— V. note 13.
Humus. V. Nutrition des plantes.
Hyacinthe.
Hydrate de soude.V. Soude.
Hydrates. V. Métaux.
Hydrochlorate de potasse. V. Potasse, *chlorure de potassium*.
Hydrochlorate d'ammoniaque. V. Ammoniaque.
Hydrochlorique (acide). V. Chlorhydrique.
Hydrocyanique (acide).
Hydrogène.
Hydrogène protocarboné. V. Hydrure gazeux.
Hydrogène arséniqué. Voy. Arsenic.
Hydrogène sulfuré. V. Sulfhydrique (acide).
Hydrogène, son assimilation dans les végétaux. V. Nutrition des plantes.
Hydrogène bicarboné.
Hydrogène carboné. V. Grizou et note 14.
Hydrogène perphosphoré.
Hydrolite.
Hydrophane. V. Opale.
Hydrosulfate sulfuré d'ammoniaque.V. Ammoniaque.
Hydrosulfurique (acide). V. Sulfhydrique.
Hydrothionique (acide). V. Sulfhydrique.
Hydrure gazeux.
Hygromètre ou Hygroscope. V. Evaporation.
Hypophosphoreux (acide). V. Phosphore.
Hypophosphorique (acide). V. Phosphore.
Hyposulfurique (acide). V. Soufre.

I
Ichthyocolle. V. Bière.
Igasurique (acide).
Imbibition dans les substances organiques animales. V. Endosmose.
Impression des toiles.
— V. Teinture.
Incendies, l'eau en petite quantité les augmente. V. Carbone.
Incrustations dans les chaudières, moyen de les prévenir. V. Plâtres et Calcin.
Indigo.
Indigotine. V. Indigo.
Infusion.
Infusoires, leur phosphorescence.V. Phosphorescence.
Infusoires du lait. V. Lait.

Inquartation. V. Or, *alliages*.
Insolation. V. Phosphorescence.
Inuline.
Iode.
— Son extraction.V. Varechs.
Iodure de potassium. V. Potasse.
Iridium.
Isomérisme.
Isomorphisme.
— V. Atomes et Théorie atomique.
Ivoire.
Ivoire végétal.
Ivresse, comment on peut la dissiper. V. Ammoniaque.

J
Jargon de Ceylan. V. Zircon
Jaspe.
Jaune minéral de Naples ou de Cassel.V. Plomb, *chlorure*.
Jayet.
— V. Lignite.

K
Kalium. V. Potassium.
Kaolin. V. Argiles.
Karabé. V. Succin.
Karsténite.
Kermès.
Kinique ou Quinique (acide).
Kirsch.

L
Labrador. V. Couleurs dans les minéraux.
Labradorite.
Lactine. V. Sucre de lait.
Lactique (acide).
Ladanum.
Lagoni. V. Borique (acide).
Laine.
Laine des philosophes. V. Zinc.
Lait.
Laitier. V. Fer.
Laiton. V. Cuivre et Zinc, *alliages*.
Lampe de Davy. V. Davy et Toiles métalliques.
Lampe des philosophes. V. Hydrogène.
Lampes d'Argent, de Carcel, etc. V. Flamme.
Lampires, leur phosphorescence.V. Phosphorescence.
Lanthane.
Lapis-lazuli. V. Lazulite et Outre-mer.
Larmes.
Larmes bataviques.V. Verre.
Laumonite.
Laurier. V. Huiles.
Lavande. V. Huiles volatiles essentielles.
Lavoisier, analyse de ses travaux et de ses découvertes.
Lazulite.
— V. Outre-mer.
Lefèvre.
Lémery.
Lessive. V. Caustification.
Leucite. V. Amphygène.
Leucolite. V. Picnite.
Levain.
Levure de bière. V. Ferment, Fermentation, Bière et Levain.
Lichens colorants. V. Couleurs végétales, § 1
Liebig, ses idées sur la nutrition des plantes. V. Nutrition des plantes.
Lignite.
Lignite fibreux.
Ligneux.

Limonite.
Lin. V. Huiles.
— Mucilage de graine de lin. V. Mucilage végétal et Corps gras.
Lin des montagnes. V. Amiante.
Liquéfaction et solidification de l'acide carbonique. V. Carbonique (acide).
Liqueur de caillou. V. Potasse (Silicate de potasse).
Liqueur fumante de Libavius. V. Étain, deutochlorure.
Liqueur de Van-Swieten. V. Mercure, deutochlorure.
Liqueur de Hoffmann. V. Éthers.
Liqueurs. V. Eaux-de-vie.
Lissage du papier. V. Papier.
Litharge. Voy. Céruse et Plomb, protoxide.
Lithium.
Lucrèce. V. Atomes.
Lumière.
— V. Combustion.
Lumière solaire. V. Lumière.
Lumière solaire, son action chimique et effets électriques produits. Voy. Electricité dégagée dans les actions chimiques.
Lycopode.
Lymphe.

M

Machines électriques. V. Electricité.
Macle. V. Andalousite.
Magnésie.
Magnésite.
Magnesium.
Maïs.
Malaria des Maremmes. V. Air.
Malachite.
Malacolite. V. Pyroxène.
Maladies du cidre. V. Cidre.
Maladie des pommes de terre. V. Pommes de terre.
Malique (acide).
Malt. V. Bière.
Malthe.
Mammouth fossile, ses os donnent de la gélatine. V. Gélatine.
Manganèse.
Manganésiate de potasse. V. Manganique (acide).
Manganique (acide).
Manne.
Mannite.
Marbres.
Marbres durs. Voy. Feldspathiques (roches).
Marbre onyx, marbre agate. V. Albâtre calcaire.
Margarique (acide).
Marnes. V. Aluminium.
Maroquin.
Marsh, procédé de Marsh. V. Arsenic.
Massicot. V. Plomb, protoxyde.
Mastic.
Matière.
Matière, est-elle divisible à l'infini ? V. Atomes.
Matière incrustante. V. Plantes, leur composition, et Bois.
Matières colorantes employées pour quelques aliments.
Méconine.
Méconique (acide).
Mélam.
Mélanges frigorifiques. V. Calorique.
Mellitique ou Mellique

(acide).
Mellon.
Mercure.
Métal d'Alger. V. Antimoine, alliages.
Métal de cloche. V. Etain, alliages.
Métallurgie.
Métaux.
Métaux, leur réduction ou désoxydation. Voy. Réduction, etc.—Leur extraction. V. Extraction des métaux.—Leur transmutation. V. note 15.
Météorisation, maladie des bestiaux, remède. V. Ammoniaque.
Météorites. V. Pierre météorique.
Miasmes. V. Chlore.
Mica.
Miel. V. note 16.
Mine de plomb. V. Graphite.
Mine d'étain. V. Cassitérite.
Mines.
Minerai. V. Extraction des métaux.
Minéral.
Minéralogie.
Minium. V. Plomb. deutoxyde,
Miroir.
Moiré métallique. V. Etain, alliages.
Molécules intégrantes. V. Cristaux.
Molécules organiques. V. Chimie organique.
Molybdène.
Monnies.
Monnaies.
Monnaie d'or. V. Or, alliages.
Monnaie d'argent. V. Argent, alliages.
Mordançage. V. Acétate.
Mordants. V. Teinture.
Morfil. V. Ivoire.
Morique (acide).
Morphine.
Mortiers. V. Chaux hydrauliques.
Morue. V. Corps gras.
Moussache. V. Arrowroot.
Moût. V. Bière.
Moutarde. V. Huiles volatiles essentielles.
Mucilage végétal.
Mucus.
Muriate d'ammoniaque. V. Ammoniaque, hydrochlorate d'ammoniaque.
Muriate de chaux. V. Chlorure de calcium.
Musc.
Muscles, leur structure. V. Animaux, composition atomique.
Myrica. V. Cire.
Myricine. V. Cire.
Myrrhe.

N

Naphte.
Napoléon, Laplace, et un verre d'eau sucrée. Voy. Sucre, observation.
Narcéine.
Narcotine.
Natron. V. Soude.
Navette. V. Huiles.
Neige. V. Eau.
Nephrite. V. Serpentine.
Nerfs, leur structure. V. Animaux, composition atomique.
Nickel.
Nicotine.
Nid d'hirondelles. V. Salangane.

Nielles.
Nitrate de potasse. V. Nitre.
Nitrate d'ammoniaque. V. Ammoniaque.
Nitrate d'argent. V. Argent.
— de soude. V. Soude.
— de chaux. V. Chaux.
— de strontiane. V. Strontium.
— de bismuth. V. Bismuth.
Nitre.
Nitrification, sa théorie. V. Nitre.
Nitrique (acide).
Noir animal. V. Charbon d'os et engrais commerciaux.
Noirs colorants.
Noisette. V. Huiles.
Noix. V. Huiles et corps gras.
Noix de muscade. V. Huiles.
Nomenclature chimique.
— V. note 17.
Nuages. V. Eau.
Nutrition des êtres organisés. V. Statique des êtres organisés.
Nutrition. V. Aliments.
Nutrition des plantes.

O

Ocre. Voy. Argile.
Ocre rouge. V. Oligiste.
Oculus mundi. V. Opale.
OEillet. V. Huiles.
OEillette. V. Corps gras.
OEuf.
OEuf, considérations curieuses sur le développement du germe dans l'œuf des différents animaux. V. Phénomènes de la combustion dans les êtres organisés.
Oléine.
— V. Huiles.
Oliban.
Oligiste.
Olive. V. Huiles et Corps gras.
Olivine. V. Coridon et Péridot.
Ondulations (théorie des). V. Lumière.
Onyx. V. Agate.
Opale.
— V. Couleurs dans les minéraux et Pierres précieuses.
Ophite. V. Serpentine.
Opium.
Opoponax.
Or.
Or fulminant. V. Or.
Or mussif ou de Judée. V. Étain, deutosulfure.
Orcanette. V. Couleurs végétales, § 1. Organisme animal, son accroissement. V. Aliments.
Oripeau.
Orpiment. V. Réalgar.
Orseille. V. Couleurs végétales, § 1.
Orthose.
Os.
Os, leur composition, utilité du charbon d'os. V. Charbon d'os.
Osmazome.
Osmium.
Outremer.
Oxalates.
Oxalique (acide).
Oxamide.
Oxydation. V. Oxygène.
Oxyde. V. Oxygène.

Oxyde de potassium. V. Potasse.
Oxyde de kalium. V. Potasse.
Oxyde de magnésium. V. Magnésie.
Oxyde de strontium. V. Strontium.
Oxygène.
Oxygène, sa combinaison avec les métaux. V. Métaux.
Oxygène, ses propriétés chimiques. V. Air.—Les proportions de l'oxigène atmosphérique diminuent-elles? V. Air.—Son rôle dans la végétation. V. Phénomènes de combustion dans les êtres organisés.
Ozone.

P

Pain (sa fabrication, etc.).
Palissy.
Palme. Voy. Corps gras.
Palmier. V. Huiles et cire.
Palladium.
Panabase.
Pansement des plaies. V. Coton-poudre, applications.
Papavéracées. V. Alcaloïdes.
Papier.
— V. Fibres végétales.
Papier azotique. V. Coton-poudre.
Paracelse.
Parafine.
Paratartrique (acide).
Parchemin.
Pastilles de Vichy. V. Soude, bicarbonate de soude.
Pâtes d'Italie. V. Gluten.
Pectine.
Pectique (acide).
Peinture sur verre.
— V. Verre.
Pépytes. V. Or.
Péridot.
Permanganique (acide).
Peroxyde de manganèse. V. Manganèse.
Petunzé. V. Orthose.
Pewter. V. Etain, alliages.
Phénomènes électro-chimiques. Voy. Electricité.
Phénomènes de combustion chez les êtres organisés.
Phlogistique. V. Combustion.
Phocénique (acide).
Phosphate de potassium. V. Potasse.
— d'ammoniaque. V. Ammoniaque.
— de soude. V. Soude.
— de chaux.
— de magnésie. V. Magnésie.
Phosphore.
Phosphore de Bologne. V. Sulfate de baryte au mot Barium.
Phosphorescence.
Phosphoreux (acide). V. Phosphore.
Phosphorique (acide). V. Phosphore.
Phosphure de calcium. V. Calcium.
Phthor. V. Fluor.
Phthorure de calcium. V. Spath-fluer.
Physiologistes, réfutation de leur théorie de la nutrition des plantes. V. Nutrition des plantes.
Phytéléphas. V. Ivoire végétal.
Picnite.
Picrotoxine.

Piles diverses. V. Électricité.
Piney. V. Huiles.
Pinguicula vulgaris, coagule le lait. V. Coagulation du lait.
Pinus abies et silvestris. V. Huiles.
Pierre philosophale.
Pierre météorique.
Pierre calcaire.
Pierre commune.
Pierre lithographique.
Pierre à aiguiser.
Pierre à polir.
Pierres précieuses.
Pierres précieuses artificielles.
Pierres, analyse des pierres. V. Analyse des minéraux.
Pierre d'arquebuse. V. Pyrite.
Pierre de Labrador. V. Labradorite et Couleurs dans les minéraux.
Pierre de croix. V. Staurotide.
Pierre infernale. V. Argent, nitrate.
Pierre à cautère. V. Potasse.
Pissalphate. V. Malthe.
Plantain des sables.
Plantes, leur composition.
Plantes. V. Végétaux.
Plantes, évaluation approximative du cuivre qu'elles contiennent. V. Cuivre.
Plantes d'où s'extrait la soude. V. Soude.
Plaqué. V. Argenture.
Platine.
Plâtre.
— Son influence sur la végétation. V. Nutrition des plantes.
Plomb.
Plomb chromaté. V. Crocoïse.
Plombagine. V. Graphite.
Pluie. V. Eau.
Plumes.
Poids spécifique. V. Théorie atomique.
Poils.
Poiré. V. Cidre.
Poison.
Poivre.
Poix minérale.
Poix. V. Goudron.
Poix de Bourgogne. V. Térébenthine.
Pôles électriques. V. Electricité.
Pollénine.
Polychroïsme.
Pomme de terre.
— V. Fécule.
Porcelaine.
— V. Dorure.
Porphyre. V. Feldspathiques (roches).
Porter. V. Bière.
Potasse.
Potassium.
Potée d'étain. V. Etain.
Poterie.
Poudre.
— Sa composition. V. Nitre.
Poudre fulminante. V. Nitre et note 18.
Poudre fulm. de mercure.
Poudre de succession.
Poudre des Chartreux. V. Kermès.
Poudre d'algaroth. V. Antimoine, protochlorure.
Poudrette. V. Engrais commerciaux.
Pourpre.
Pourpre de Cassius. V. Or.
Pouzzolanes. V. Chaux hydrauliques.

Précipité perse. V. Mercure, deutoxyde.
Présure.
Pression, son influence sur l'affinité. V. Affinité.
PRIESTLEY.
Principes immédiats des animaux. V. Chimie animale.
Principes immédiats des végétaux.
Productions artificielles des minéraux simples.
Propriétés chimiques du verre. V. Verre.
Protocarbonate de plomb. V. Plomb.
— de fer. V. Fer, sels.
Protochlorure d'antimoine. V. Antimoine.
Protophosphate de fer. V. Fer.
Protosulfate de manganèse. V. Manganèse.
Protosulfure d'arsenic. V. Réalgar.
Protoxyde de potassium. V. Potasse.
— de sodium. V. Soude.
— de barium. V. Barium.
— de zinc. V. Zinc.
— de plomb. V. Plomb.
PROUST.
Prunus ou prunier. V. Huiles.
Prussiate de potasse ferrugineux. V. Cyanure de fer et de potassium.
Prussique (acide). V. Hydrocyanique.
Psilomélane.
Puddlage. V. Fer.
Pulsimètre. V. Calorique.
Punaises.
Purification des eaux. V. Alun.
Putois.
Putréfaction.
Pyrale, chenille qui attaque la vigne. V. Vin.
Pyrite.
Pyrolusite.
Pyrophore de Homberg.
Pyrophysalite. V. Topaze.
Pyroxam. V. Coton-poudre.
Pyroxène.
Pyroxyle. V. Coton-poudre.
Pyrites, mises en convulsion par l'acide carbonique. V. Carbonique (acide).

Q

Quartz.
— V. Pierres précieuses.
Quantité.
Quercitron.
Quinine.
Quinquet, son origine. V. Flamme.
Quinquinas. V. Alcaloïdes.

R

Racémique. V. Paratartrique.
Radical.
— V. Oxygène.
Raisin. V. Huiles.
Raisin, différentes sortes. V. Vin.—Structure et composition du raisin. V. Ibid.
RAYMOND LULLE.
Rayonnement du calorique. V. Calorique.
Rayons solaires non chauds par eux-mêmes. V. Lumière.
Réactifs.
Réalgar.
Recuit. V. Acier.
Recherches médico-légales sur l'arsenic. V. Arsenic.

Réduction ou désoxydation des métaux.
Régime alimentaire.
Réglisse. V. Glycyrrhizine.
Régule d'antimoine. V. Antimoine.
Régule martial. V. Antimoine, alliages.
Résine.
Résine de Highgate. V. Copal fossile.
Respiration.
Rhodium.
Rhum.
Ricin.
— V. Huiles et Corps gras.
Rocou.
Rosacique (acide).
Rosée.
— V. Eau.
ROUELLE.
Rouge végétal. V. Carthame.
Rouille des blés ou Charbon. V. Gluten.
Rubis. V. Saphir et Spinelle.
Rubis du Brésil. V. Topaze.
Rusma.

S

Safran. V. Couleurs végétales, §.2.
Safran de Mars astringent. V. Colcothar.
Safran de Mars astringent apéritif. V. Fer, peroxyde.
Safran des métaux ou d'antimoine. V. Antimoine, sulfure.
Safranum. V. Carthame.
Safre. V. Cobalt.
Sagou.
Saindoux. V. Corps gras.
Salangane.
Salep.
— V. Mucilage végétal.
Salicine.
Saline. V. Sel marin
Salive.
Salmare.
Salpêtre. V. Nitre.
Salséparine.
Sandaraque.
Sang.
Sang, ses éléments constitutifs. V. Aliments. — Quantité de fer qu'il contient. V. Hémachroïne.
Sang blanc. V. Sang.
Sang (alimentation).
Sang-dragon.
Saphir.
Sapin et Pin. V. Corps gras.
Saponification. V. Savon.
Saponine.
Sarcolite. V. Hydrolite.
Sardoine.
Saurage des harengs. V. Conservation des matières organiques.
Savon.
Savon d'oxyde de plomb. V. Plomb.
Scammonée.
SCHEELE.
Schorl. V. Tourmaline.
Schorl bleu. V. Disthène.
Schorl volcanique. V. Pyroxène.
Sébacique ou Sébique (acide).
Sécrétions. V. Fluides des sécrétions.
Secrets du Petit ou du Grand Albert. V. Albert le Grand.
Sel marin.
Sel marin et gemme. V. Salmare.
Sel anglais. V. Vinaigre.
Sels amphides. V. Oxygène.
Sels ammoniacaux. V. Am-

moniaque et Eclairage au gaz.
Sel de duobus. V. Potasse, sulfate.
Sel d'Epsom. V. Sulfate de soude et magnésie, sulfate.
Sel fébrifuge de Sylvius. V. Chlorure de potassium, au mot Potasse.
Sel de Glauber. V. Sulfate de soude.
Sel alembroth. V. Mercure, peutochlorure.
Sels de plomb. V. Plomb.
Sel de Saturne. V. Acétate de plomb.
Sel de tartre. V. Potasse, carbonate et tartrates.
Sel polychreste de Glazer. V. Potasse, sulfate.
Sel d'oseille. V. Oxalique.
Sel volatil de corne de cerf. V. Ammoniaque, sesquicarbonate.
Sel de Seignette de la Rochelle. V. Tartrates.
Sélénite. V. Gypse.
Sélénium.
Séléniure de potassium. V. Potasse.
Serpentine.
Sérum du sang. V. Sang.
Sésame. V. Corps gras.
Sesquicarbonate d'ammoniaque. V. Ammoniaque, sels.
Sesquicarbonate de soude. V. Soude et Urao.
Sève, son ascension dans les végétaux. V. Endosmose.
Sidérides.
Sidérose.
Silex. V. Quartz.
Silex pyromaque. V. Silicique (acide).
Silicate de soude. V. Soude.
— de potasse. V. Potasse, chlorite.
Silicates d'alumine. V. Aluminium.
Silicate de plomb. V. Plomb.
Sillimanite.
Similitude de forme cristalline. V. Théorie atomique
Smaltine.
Smithsonite.
Sodium.
Soie.
Solanine.
Soleil (Helianthus). V. Huiles.
Solidification des gaz. V. Gaz
Souci. V. Mucilage végétal
Soude.
— Son extraction. V. Varechs.
Soudes, leurs usages. V. Potasse.
Soude vitriolée. V. Sulfate de soude.
Soudure autogène. V. Hydrogène.
Soufre
— V. Soude.
Soufre de rubis. V. Réalgar
Sources. V. Eau.
Sources chaudes. V. Eau.
Sous-oxydes. V. Oxygène.
Sous-phosphate de chaux. V. Calcium.
Spath-fluor.
Spath adamantin. V. Corindon.
Spectre solaire. V. Lumière.
Spinelle.
STAHL.
Stannique (acide). V. Etain.
Statique chimique des êtres organisés.
Staurotide.

Staurotide.
Stéarine. V. Huiles.
Stéarique (acide).
Stéaroptène. V. Huiles volatiles essentielles.
Stéatite.
Stibine.
Stibium. V. Sulfure d'antimoine.
Stipite.
Storax liquide.
Stras. V. Pierres précieuses artificielles.
Strontiane.
Strontium.
Strychnine.
Strycnique (acide). V. Igasurique.
Stuc. V. Sulfate de chaux.
Sublimé corrosif. V. Mercure, *deuto-chlorure*.
Substances végétales, leurs propriétés générales (chimie org.).
Substances tinctoriales. V. Teinture.
Substances ou agents pour la conservation des bois. V. Bois.
Substances composées des mêmes éléments et possédant des propriétés très-différentes. V. Carbone.
Substance ligneuse. V. Plantes, leur composition.
Substances alimentaires. V. Régime alimentaire.
Substitutions. V. Types.
Substitutions (Théorie des). V. Berzelius.
Suc gastrique.
Succin.
Sucré.
Sucre de réglisse. V. Glycyrrhizine.
Sucre de lait.
Sucre de Saturne. V. Acétate de plomb.
Sufflout. V. Borique (acide).
Suie. V. Fumée et Suie.
Suif végétal. V. Corps gras.
Suif de bouc. V. Corps gras.
Suint.
Sulfate de chaux.
— Albâtre gypseux et Plâtre.
— double d'alumine et de potasse. V. Alun.
— de fer.
— de soude.
— de potasse. V. Potasse.
— d'ammoniaque. V. Ammoniaque.
— de magnésie. V. Magnésie.
— de strontiane. V. Strontium.
— de baryte. V. Barium.
— de cuivre. V. Cuivre, *sels*.
— de zinc. V. Zinc.
— de plomb. V. Plomb.
— de morphine.
— V. Morphine.
— de quinine. V. Quinine, *sels*.
Sulfhydrique (acide).

Sulfure de potassium. V. Potasse.
— de sodium. V. Soude.
— de carbone. V. Soufre.
— de calcium. V. Calcium.
— de mercure. V. Cinabre.
— de cadmium. V. Cadmium.
— d'antimoine. V. Antimoine et Kermès.
— de plomb. V. Plomb.
— d'argent. V. Argent.
Sulfureux (acide).
Sulfurides.
Sulfurique (acide).
— V. Soude.
Swedenborg. V. Atomes.
Symétrie (cristallographie).
Synonymie chimique.
Synovie.
Système de l'émission. V. Lumière.

T
Tabac.
— V. Huiles.
Tableau, restauration des vieux tableaux. V. Eau oxygénée.
Tableaux, emploi de la dextrine contre l'embu. V. Dextrine.
Tablettes de bouillons de Darcet. V. Os.
Taffia. V. Alcool.
Taille des pierres.
Talc commun ou de Venise.
Talc stéatite. V. Stéatite.
Tannage.
— V. Tannique (acide).
Tannique (acide).
Tantale.
Tapioca.
Tartrate.
Tartrate de potasse et d'antimoine. V. Emétique.
Tartre.
Tartre stibié. V. Emétique.
— vitriolé. V. Potasse, *sulfate*.
— des dents.
Tartrique (acide).
Teint.
Teinture.
Teinture de Mars tartarisé. V. Tartrate.
Teinture martiale de Stahl. V. Fer, *pernitrate*.
Tellure.
Température. V. Calorique.
Térébenthine.
— V. Huiles volatiles essentielles.
Terre élémentaire ou primitive.
Terre amère ou talqueuse. V. Magnésie.
Terre de Cologne ou d'ombre ou de Cassel.
Terre blanche à pipe ou terres anglaises. V. Argile.
Terre à foulon. V. Argile.
Terre foliée végétale ou de tartre. V. Acétate de potasse.
Terre bolaire, glaise, froide,

etc. V. Argile.
Terre labourable.
Terre pourrie.
Test des crustacés.
Thé.
Thénard empoisonné, comment sauvé. V. Albumine.
Théobromine.
Théorie atomique.
Théorie de l'endosmose. V. Endosmose.
Théorie sur la tructure des cristaux. V. Cristaux.
Théorie des ondulations. V. Lumière.
Théorie cristallo-atomique.
Théorie du contact. V. Electricité dégagée dans les actions chimiques.
Thermohygromètre de Leslie. V. Evaporation.
Thorium.
Thridace.
Tinkal. V. Borax.
Tirage des roches. V. Coton-poudre, application.
Titane.
Toiles métalliques.
Tôle. V. Etain, *alliages*.
Tonka. V. Huiles volatiles essentielles.
Topaze.
— V. Pierres précieuses.
Topaze bacillaire. V. Picnite.
Topaze orientale. V. Saphir.
Tourbe.
Tourmaline.
— V. Electricité et Pierres précieuses.
Transpiration.
Tournesol. V. note 19.
Tremblement mercuriel. V. Mercure.
Trempe. V. Acier.
Tripoli. V. Pierres à polir.
Tritoxyde de fer. V. Colcothar.
Tungsthène.
Turbith minéral. V. Mercure, *deutosulfate*.
Turbith nitreux. V. Mercure, *protonitrate*.
Turquoise.
Types.

U
Ulmique.
— Voy. Nutrition des plantes.
Upas. V. Alcalis.
Ustensiles d'argent (nettoyage).
Urane.
Urao.
Urée.
— V. Phénomènes de la combustion dans les êtres organisés.
Urine.
Urique (acide).
Usage de la bile de bœuf. V. Bile de bœuf.

V
Vanadium.
Vapeurs. Voy. Calorique.
Varechs.
Vases de cuisine.

Vauquelin.
Veau d'or. Objections et réponse. V. Or.
Végétaux (structure et constitution). — Leur propriété d'imbibition et d'hygroscopicité. V. Endosmose.
Veines. V. Gisement des minéraux.
Vélin. V. Parchemin.
Venin des serpents.
Ventilation, son importance. V. Phénomènes de la combustion dans les êtres organisés.
Vératrine.
Verdet. V. Acétate de cuivre.
Vermillon.
— V. Cinabre.
Vernis.
Vernis de la Chine.
Verre.
Verre soluble.
Verre d'antimoine. V. Antimoine, *sulfure*.
Vert de Scheele. V. Arsenic, *arséniates*.
Vert d'eau. V. Acétate.
Vert de vessie. V. Couleurs végétales, § 3.
Vert-de-gris ou Acétate de cuivre. V. Cuivre et Acétate.
Vésuvienne. V. Corindon.
Viande (alimentation).
Viande bouillie.
Vif-argent. V. Mercure.
Vigne, variétés. V. Vin.
Vinaigre.
Vinaigre radical. V. Vinaigre.
Vinification. V. note 20.
Violette. V. Couleurs végétales, § 4.
Vitres (leur altération).
Vitres, composition, façon, etc., du verre à vitres. V. Verre.
Vitriol. V. Sulfurique (acide).
Vitriol ammoniacal. V. Ammoniaque, *sulfate*.
Vitriol blanc ou de zinc. V. Zinc, *sulfate*.
Vitriol bleu ou de Chypre. V. Cuivre.
Vitriol de fer ou vitriol vert. V. Sulfate de fer.
Volume.
— des atomes. V. Théorie atomique.

Y
Yttria.
Yttrium.

Z
Zéolite. V. Amphigène.
Zéolite de Bretagne. V. Laumonite.
Zircon.
— V. Pierres précieuses.
Zircone.
Zirconium.
Zinc.
Zinc carbonaté. V. Smithsonite.
Zincage du fer.

TABLE DES NOTES ADDITIONNELLES.

I. Affinité et cohésion.
II. Composition de l'air et oxygène enlevé par la respiration.
III. Aliments.
IV. Amiante.
V. Nature de l'amidon.
VI. Bleu de Prusse.
VII. Coke.
VIII. Caoutchouc.
IX. Acide carbonique.
X. Propriétés du charbon.
XI. Historique de l'analyse de l'eau.
XII. Encres diverses.
XIII. Huiles volatiles.
XIV. Hydrogène carboné.
XV. Transmutation des métaux.
XVI. Miel.
XVII. Addition à l'article Nomenclature.
XVIII. Poudres fulminantes.
XIX. Tournesol.
XX. Vinification.
XXI. Falsification des vins.

FIN.